dos Elementos

	Intervalo de Massa Atômica
H	[1,007 84; 1,008 11]
Li	[6,938; 6,997]
B	[10,806; 10,821]
C	[12,009 6; 12,011 6]
N	[14,006 43; 14,007 28]
O	[15,999 03; 15,999 77]
Mg	[24,304; 24,307]
Si	[28,084; 28,086]
S	[32,059; 32,076]
Cl	[35,446; 35,457]
Br	[79,901; 79,907]
Tl	[204,382; 204,385]

Ver o Boxe 3.3 para explicação dos valores das massas atômicas usados nesta tabela

10	11	12	13	14	15	16	17	18
								2 4,2 0,95 0,176¤ **He** Hélio 4,002 602 ±2
			5 +3 4275 2300 2,34 **B** Boro 10,81	6 ±4,2 4470 4100 2,62 **C** Carbono 12,011	7 ±3,5,4,2 77 63 1,234¤ **N** Nitrogênio 14,007	8 -2 90 50 1,410¤ **O** Oxigênio 15,999	9 -1 85 53 1,674¤ **F** Flúor 18,998 403 163 ±6	10 27 25 0,889¤ **Ne** Neônio 20,1797 ±6
			13 +3 2793 933 2,70 **Al** Alumínio 26,981 5385 ±7	14 +4 3540 1685 2,33 **Si** Silício 28,085	15 ±3,5,4 550 317 1,82 **P** Fósforo 30,973 761 998 ±5	16 ±2,4,6 718 388 2,07 **S** Enxofre 32,06	17 ±1,3,5,7 239 172 3,12¤ **Cl** Cloro 35,45	18 87 84 1,760¤ **Ar** Argônio 39,948
28 +2,3 3187 1726 8,90 **Ni** Níquel 58,6934 ±4	29 +2,1 2836 1358 8,96 **Cu** Cobre 63,546 ±3	30 +2 1180 693 7,14 **Zn** Zinco 65,38 ±2	31 +3 2478 303 5,91 **Ga** Gálio 69,723	32 +4 3107 1210 5,32 **Ge** Germânio 72,630 ±8	33 ±3,5 876 — 5,72 **As** Arsênio 74,921 595 ±6	34 -2,4,6 958 494 4,80 **Se** Selênio 78,971 ±8	35 ±1,5 332 266 3,12 **Br** Bromo 79,904	36 120 116 3,69¤ **Kr** Criptônio 83,798 ±2
46 +2,4 237 825 2,0 **Pd** Paládio 106,42	47 +1 2436 1234 10,5 **Ag** Prata 107,8682 ±2	48 +2 1040 594 8,65 **Cd** Cádmio 112,414 ±4	49 +3 2346 430 7,31 **In** Índio 114,818	50 +4,2 2876 505 7,30 **Sn** Estanho 118,710 ±7	51 ±3,5 1860 904 6,68 **Sb** Antimônio 121,760	52 -2,4,6 1261 723 6,24 **Te** Telúrio 127,60 ±3	53 ±1,5,7 458 387 4,92 **I** Iodo 126,904 47 ±3	54 165 161 5,78¤ **Xe** Xenônio 131,293 ±6
8 +2,4 **Pt** Platina 95,084 ±9	79 +3,1 3130 1338 19,3 **Au** Ouro 196,966 569 ±5	80 +2,1 630 234 13,5 **Hg** Mercúrio 200,592 ±3	81 +3,1 1746 577 11,85 **Tl** Tálio 204,38	82 +4,2 2023 601 11,4 **Pb** Chumbo 207,2	83 +3,5 1837 545 9,8 **Bi** Bismuto 208,980 40	84 +4,2 1235 527 9,4 **Po** Polônio (209)	85 ±1,3,5,7 610 575 — **At** Astato (210)	86 211 202 9,78¤ **Rn** Radônio (222)
0 **Ds** mstádio (281)	111 — — — **Rg** Roentgênio (280)	112 — — — **Cn** Copernício (285)	113 — — — **Nh** Nihônio (286)	114 — — — **Fl** Fleróvio (289)	115 — — — **Mc** Moscóvio (289)	116 — — — **Lv** Livermório (293)	117 — — — **Ts** Tennessino (293)	118 — — — **Og** Oganossônio (294)

+3 **Gd** línio 5 ±3	65 +3,4 3496 1630 8,27 **Tb** Térbio 158,925 35 ±2	66 +3 2835 1682 8,54 **Dy** Disprósio 162,500	67 +3 2968 1743 8.80 **Ho** Hólmio 164.930 33 ±2	68 +3 3136 1795 9,05 **Er** Érbio 167,259 ±3	69 +3,2 2220 1818 9,33 **Tm** Túlio 168,934 22 ±2	70 +3,2 1467 1097 6,98 **Yb** Itérbio 173,045 ±10	71 +3 3668 1936 9,84 **Lu** Lutécio 174,9668
+3 **m**	97 +4,3 — — — **Bk** Berquélio (247)	98 +3 — 900 — **Cf** Califórnio (251)	99 — — — **Es** Einstênio (252)	100 — — — **Fm** Férmio (257)	101 — — — **Md** Mendelévio (260)	102 — — — **No** Nobélio (259)	103 — — — **Lr** Laurêncio (262)

Análise Química Quantitativa

Grupo
Editorial
Nacional

O GEN | Grupo Editorial Nacional – maior plataforma editorial brasileira no segmento científico, técnico e profissional – publica conteúdos nas áreas de ciências exatas, humanas, jurídicas, da saúde e sociais aplicadas, além de prover serviços direcionados à educação continuada e à preparação para concursos.

As editoras que integram o GEN, das mais respeitadas no mercado editorial, construíram catálogos inigualáveis, com obras decisivas para a formação acadêmica e o aperfeiçoamento de várias gerações de profissionais e estudantes, tendo se tornado sinônimo de qualidade e seriedade.

A missão do GEN e dos núcleos de conteúdo que o compõem é prover a melhor informação científica e distribuí-la de maneira flexível e conveniente, a preços justos, gerando benefícios e servindo a autores, docentes, livreiros, funcionários, colaboradores e acionistas.

Nosso comportamento ético incondicional e nossa responsabilidade social e ambiental são reforçados pela natureza educacional de nossa atividade e dão sustentabilidade ao crescimento contínuo e à rentabilidade do grupo.

James St. John | https://search.openverse.engineering/image/900a824f-b6ba-49fd-bfad-28c12ede5f79

Análise Química Quantitativa

DÉCIMA EDIÇÃO

Daniel C. Harris
Michelson Laboratory, China Lake, California

Charles A. Lucy
University of Alberta, Edmonton, Alberta

TRADUÇÃO E REVISÃO TÉCNICA

Julio Carlos Afonso
Doutor em Ciências – Instituto de Química, UFRJ

Oswaldo Esteves Barcia
Doutor em Ciências – Instituto de Química, UFRJ

gen | LTC

- Data do fechamento do livro: 30/05/2023

- **Atendimento ao cliente: (11) 5080-0751 | faleconosco@grupogen.com.br**

- Traduzido de
  QUANTITATIVE CHEMICAL ANALYSIS, 10/e
  First published in the United States by W. H. Freeman and Company

  Publicado originalmente nos Estados Unidos por W. H. Freeman and Company

  ISBN: 978-1-319-16430-0

  LTC | LIVROS TÉCNICOS E CIENTÍFICOS EDITORA LTDA.
  Uma editora integrante do GEN | Grupo Editorial Nacional
  Travessa do Ouvidor, 11
  Rio de Janeiro – RJ – CEP 20040-040
  www.grupogen.com.br

- Capa: John Callahan
- Adaptação de Capa: Rejane Megale
- Imagem da capa: Universal Images Group North America LLC/DeAgostini/Alamy
- Editoração eletrônica: IO Design

- Ficha catalográfica

CIP-BRASIL. CATALOGAÇÃO NA PUBLICAÇÃO
SINDICATO NACIONAL DOS EDITORES DE LIVROS, RJ

H26a
10. ed.

Harris, Daniel C.

Análise química quantitativa / Daniel C. Harris, Charles A. Lucy ; tradução e revisão técnica Julio Carlos Afonso, Oswaldo Esteves Barcia. - 10. ed. - Rio de Janeiro : LTC, 2023.

Tradução de: Quantitative chemical analysis
Apêndice
Inclui índice
ISBN 978-85-216-3853-7

1. Química analítica quantitativa. I. Lucy, Charles A. II. Afonso, Julio Carlos. III. Barcia, Oswaldo Esteves. IV. Título.

23-83103 CDD: 543.1
CDU: 543

Gabriela Faray Ferreira Lopes - Bibliotecária - CRB-7/6643

SUMÁRIO GERAL

*Materiais disponíveis *online* no Ambiente de aprendizagem do GEN, mediante cadastro.

SUMÁRIO

7 Vamos Começar as Titulações 153

8 Atividade e o Tratamento Sistemático do Equilíbrio 169

9 Equilíbrios Ácido-Base Monopróticos 195

10 Equilíbrio Ácido-Base Poliprótico 219

11 Titulações Ácido-Base 243

12 Titulações com EDTA 275

13 Tópicos Avançados em Equilíbrio 297

14 Fundamentos de Eletroquímica 317

15 Eletrodos e Potenciometria 347

16 Titulações Redox 387

17 Técnicas Eletroanalíticas 409

18 Fundamentos de Espectrofotometria 451

19 Aplicações da Espectrofotometria 481

26 Métodos Cromatográficos e Eletroforese Capilar 769

27 Análise Gravimétrica e por Combustão 809

28 Preparo de Amostras 831

*Materiais disponíveis *online* no Ambiente de aprendizagem do GEN, mediante cadastro.

SOBRE OS AUTORES

Cortesia de Daniel Harris

Sally ilustrou nosso primeiro livro com caneta e tinta (1975)

Cortesia de Daniel Harris

Sempre o professor!

Dan Harris é formado em Química pelo MIT e pela Caltech, e fez pós-doutorado na Albert Einstein College of Medicine, em Nova York. O livro *Análise Química Quantitativa* surgiu do seu ensino de Química Analítica para alunos de graduação de Química e de diversas áreas na University of California, em Davis, e na Franklin & Marshall College, em Lancaster, Pensilvânia. Além de ser autor de *Análise Química Quantitativa* desde 1982, Dan é o autor de *Explorando a Química Analítica, Materials for Infrared Windows and Domes*, e coautor de *Symmetry and Spectroscopy*. **Sally Harris** trabalhou em todos os aspectos da produção de nossos livros e é responsável em grande parte pela clareza e precisão alcançadas.

Cortesia pela foto de John Ulan, pela University of Alberta Faculty of Science.

Chuck Lucy compartilha seu entusiasmo pela Química Analítica com um estudante

Chuck Lucy é Professor Emérito e 3M National Teaching Fellow pela University of Alberta, Canadá. Publicou mais de 160 artigos (26 com alunos de iniciação científica) e esteve nos conselhos editoriais de sete revistas analíticas, incluindo *Analytical Chemistry* e *Analyst*. Ele é um professor apaixonado que ministrou aulas que vão desde grandes cursos de primeiro ano até palestras de pós-graduação baseadas em descobertas recentes. Chuck organizou *workshops* de ensino e simpósios de educação química em toda a América do Norte e recebeu vários prêmios, incluindo o *Chemical Institute of Canada Award for Chemistry Education* e o *J. Calvin Giddings Award for Excellence in Education* da Divisão de Química Analítica da American Chemical Society.

Depois de contribuir com o conteúdo de vários capítulos da 9ª edição de *Análise Química Quantitativa*, Chuck passou a ter maiores responsabilidades como coautor desta 10ª edição. Os capítulos de estatística, espectrofotometria e cromatografia foram os que mais se beneficiaram da autoria de Chuck. Ele destaca as contribuições de estudantes de iniciação científica e seus novos problemas de fim de capítulo enfatizam a análise gráfica de dados. Muitos de seus problemas incorporam fontes primárias e publicações de pesquisa ou fazem uso de ferramentas *on-line* como um simulador cromatográfico, com o qual você pode observar os efeitos da variação das condições experimentais.

MENSAGEM DOS AUTORES

Nossos objetivos são fornecer um sólido entendimento físico dos princípios da Química Analítica e mostrar como esses princípios são aplicados na Química e disciplinas relacionadas – especialmente nas ciências da vida e na ciência ambiental. Tentamos apresentar os assuntos de uma forma rigorosa, compreensível e interessante, lúcida o suficiente para profissionais que não são químicos, mas contendo a profundidade necessária para estudantes de graduação em estágio avançado.

Este livro é dedicado aos alunos que o utilizam, que, ocasionalmente, sorriem ao lê-lo, que conseguem adquirir novas compreensões e que se sentem satisfeitos depois de lutar para resolver um problema. Teremos sucesso se este livro o ajudar a desenvolver um raciocínio crítico e independente que você possa aplicar a novos problemas dentro ou fora da Química. Ficamos especialmente satisfeitos por poder mostrar neste livro muitas pesquisas de iniciação científica de alta qualidade. Esperamos que esses exemplos o inspirem a buscar suas próprias oportunidades de pesquisa. Agradecemos seus comentários, críticas, sugestões e correções. Envie correspondência para Dan na Chemistry Division (Mail Stop 6303), Research Department, Michelson Laboratory, China Lake CA 93555 U.S.A., e para Chuck no Department of Chemistry, Gunning/Lemieux Chemistry Centre, University of Alberta, Edmonton, AB, Canada T6G 2G2, charles.lucy@ualberta.ca.

Dan Harris
Chuck Lucy
Outubro de 2019

SOBRE O LIVRO

A abordagem precisa e confiável que você necessita com atualizações recentes

Uma abordagem rigorosa, escrita para ensinar

Como sempre, os autores se esforçam para fornecer:

- Uma sólida compreensão física dos princípios da Química Analítica.
- Representações de como esses princípios se aplicam à Química e a disciplinas relacionadas, especialmente ciências da vida e ciências ambientais.
- Uma abordagem que seja rigorosa e de fácil leitura, clara o suficiente para profissionais não graduados em Química, mas detalhada o suficiente para estudantes de graduação em fim de curso.

Cobertura clássica com atualizações importantes

O conteúdo desta edição tem atualizações importantes, incluindo:

- Discussão aprimorada sobre espectrofotometria e cromatografia.
- Novas ilustrações dos métodos analíticos atuais.
- Maior ênfase em gráficos e análise de dados.
- Citações de pesquisas atuais, incluindo publicações de estudantes de iniciação científica.

A 10ª edição mantém a tradição de uma abordagem rigorosa, escrita para ensinar.

O objetivo da 10ª edição, assim como das edições anteriores, é oferecer aos alunos a oportunidade de alcançar uma compreensão profunda da Química Analítica. Os autores acreditam que isso pode ser realizado quando o conteúdo é explicado de maneira completa e minuciosa e ilustrado com exemplos concretos e interessantes. *Análise Química Quantitativa* se destaca com suas explicações minuciosas e é conhecido como um livro didático, interessante e de fácil leitura.

Foco em Gráficos e Análise de Dados. A 10ª edição dá mais ênfase em gráficos e análise de dados por meio de gráficos de dispersão, curvas de calibração e gráficos de resíduos. Além disso, muitos problemas novos permitem reforçar essas habilidades.

Aplicações no Dia a Dia. O envolvimento com o material também melhora a compreensão do aluno e – nas próprias palavras dos autores – ajuda a "aliviar a carga de um assunto muito denso". Exemplos de métodos analíticos na vida cotidiana são apresentados ao longo do livro. Alguns exemplos familiares são medidores de glicose (Abertura do Capítulo 4 e Seção 17.4); espectrofotômetro de *smartphone* (Demonstração 18.1); oxímetros de pulso (Seção 20.1); e colheitadeiras agrícolas (Boxe 19.1).

GRÁFICO DE RESÍDUOS

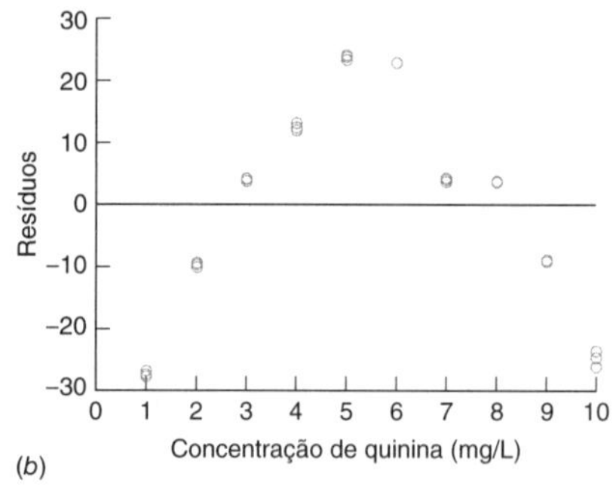

(*b*)

[Dados de J. M. Jurado, A. Alcàzar, R. Muñiz-Valencia, S. G. Ceballos-Magaña e F. Raposo, "Some Practical Considerations for Linearity Assessment of Calibration Curves," *Talanta* **2018**, *172*, 221.]

ESTUDO DE CASO: MÁ CONDUTA NO LABORATÓRIO FORENSE DE GOTHAN?

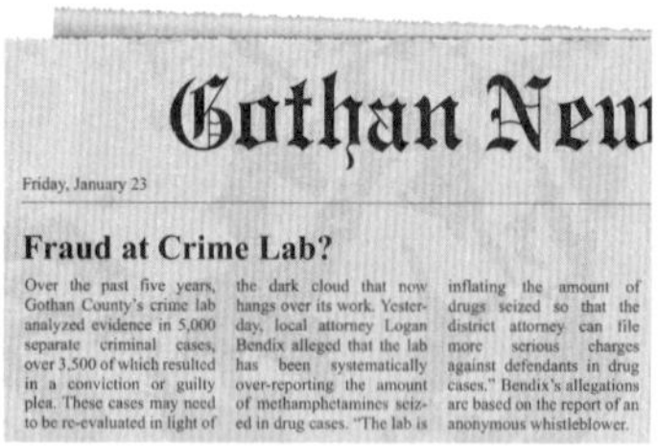

Gothan New

Friday, January 23

Fraud at Crime Lab?

Over the past five years, Gothan County's crime lab analyzed evidence in 5,000 separate criminal cases, over 3,500 of which resulted in a conviction or guilty plea. These cases may need to be re-evaluated in light of the dark cloud that now hangs over its work. Yesterday, local attorney Logan Bendix alleged that the lab has been systematically over-reporting the amount of methamphetamines seized in drug cases. "The lab is inflating the amount of drugs seized so that the district attorney can file more serious charges against defendants in drug cases." Bendix's allegations are based on the report of an anonymous whistleblower.

[S. M. Contakes, "Misconduct at the Lab?" *J. Chem. Ed.* **2016**, *93*, 314 (supplementary material file 1) https://www.fodey.com/generators/newspaper/snippet. asp. Reproduzida sob permissão © 2016 American Chemical Society]

MINHA LEITURA DE GLICOSE NO SANGUE ESTÁ CORRETA?

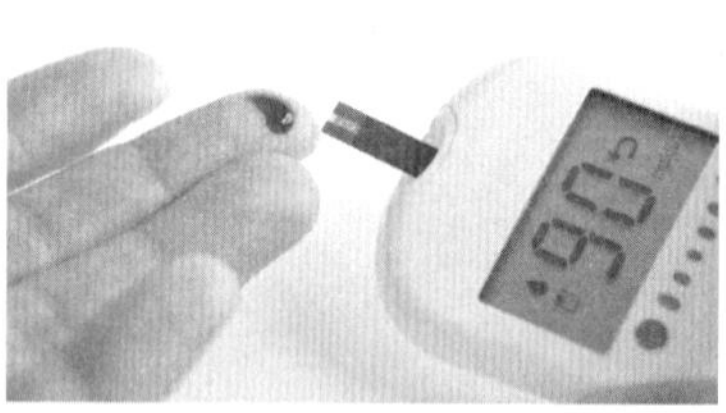

[Seasontime/Shutterstock]

CALIBRAÇÃO MULTIVARIADA EM FAZENDAS

(c)

[Dados de *Real-time moisture measurement on a forage harvester using near-infrared reflectance spectroscopy* por M. F. Digman e K. J. Shinners. (2008). *Transactions of the ASABE*, *51*(5), 1801-1810. Utilizado sob permissão.]

PRANCHA EM CORES: EXTRAÇÃO EM PONTO NUVEM

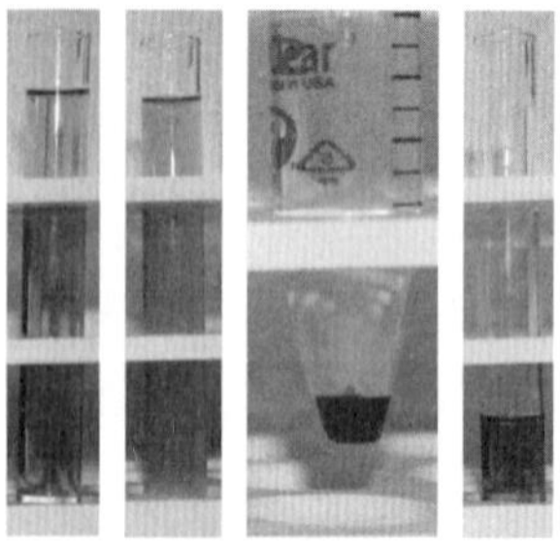

(*a*) (*b*) (*c*) (*d*)

[Fotografias obtidas pelos alunos de graduação Ashlyn Erpenbach, Sang Wook Lee, Elizabeth Liu e Cameron Zalewski são cortesia de P. Doolittle e Ashlyn Erpenbach, University of Wisconsin-Madison. Ver L. Khalafi, P. Doolittle e J. Wright, "Speciation e Determination of Low Concentration of Iron in Beer Samples by Cloud Point Extraction", *J. Chem. Ed.* **2018**, *95*, 463.]

Demonstrações Químicas Apresentadas em Pranchas em Cores. Embora os autores não possam ir até a sua sala de aula para apresentar os experimentos realizados em laboratório, eles mostram esses experimentos por meio das pranchas em cores inseridas no Encarte deste livro. Novas pranchas em cores ilustram redes de dispersão, espectros de absorção, estequiometria de absorção atômica de chama, uma tocha de plasma acoplado indutivamente, extração de ditizona, cromatografia em camada delgada de fase normal e fase reversa, e extração em ponto nuvem. As fotos de extração em pontos nuvem foram obtidas por estudantes de graduação da University of Wisconsin-Madison.

Recursos para ajudar no estudo

Termos Importantes. O vocabulário essencial, destacado em **negrito** no texto, é agrupado ao fim do capítulo.

Glossário. Termos-chave estão definidos no **glossário** (disponível *online* no Ambiente de aprendizagem do GEN).

Apêndices. Tabelas de produtos de solubilidade, constantes de dissociação ácida, potenciais redox e constantes de formação estão disponíveis *online* no Ambiente de aprendizagem do GEN. Você também encontrará discussões sobre logaritmos e expoentes, um tratamento avançado da propagação de incerteza, ajuste de curvas não lineares, suavização de dados, balanceamento de equações redox, normalidade, padrões analíticos e um pouco mais sobre o DNA.

Notas e Referências. As citações dos capítulos estão *online* no Ambiente de aprendizagem do GEN.

Capa Interna. Aqui você encontrará a tabela periódica.

Tabelas de constantes físicas e propriedades de ácidos e bases concentrados podem ser vistos no fim do livro.

ABORDAGEM CLÁSSICA COM ATUALIZAÇÕES IMPORTANTES

Por mais importante que seja envolver os alunos e "tornar a aprendizagem mais suave", é essencial que ofereçamos informações precisas, abrangentes e atuais. *Análise Química Quantitativa* é bem conhecido por sua abordagem amigável, que continua nesta 10ª edição. O texto foi atualizado e inclui muitos novos exemplos.

Novos Exemplos e Aplicações. Um transistor de efeito de campo funcionando como um "nariz eletrônico"; um eletrodo nanocristalino de fibra de carbono/nanotubo de carbono/platina usado para medir O_2 em células cerebrais; um analisador eletroquímico de cuidados intensivos usado em hospitais; uma proteína verde fluorescente usada em pesquisas biológicas; um dispositivo com nanoporos para sequenciar bases nucleotídicas em DNA; e etiquetas de massa rotulada isotopicamente para quantificar proteínas em pesquisas biológicas. Para espectrometria de massa, a Figura 22.47 apresenta a ionização assistida por matriz, e as Figuras 22.52 e 22.53 mostram implementações de última geração de separação de mobilidade iônica de onda móvel acoplada à espectrometria de massa.

Novos Problemas para Reforçar as Habilidades de Representação Gráfica. Juntamente com as atualizações do conteúdo do livro, há muitos novos problemas, principalmente aqueles que reforçam a representação gráfica e a análise de dados. Por exemplo, Problemas 5.17, 5.29 (laboratório forense de Gothan), 5.31, 18.21 (concentração de DNA), 18.27, 20.14, 20.28, 20.37 (leitura de um gráfico log-log), 21.23, 21.24 e 23.57.

Atualizações dos Capítulos de Espectrometria. Foi dada atenção especial à inclusão de métodos e técnicas de ponta críticas para este campo. O novo material inclui ionização assistida por matriz (Capítulo 22), separação de mobilidade iônica de onda móvel acoplada à espectrometria de massa (Capítulo 22), como selecionar uma técnica de espectroscopia atômica apropriada para diferentes problemas (Capítulo 21) e classificação de solventes com base em seu impacto ambiental (Capítulo 23).

SEPARAÇÃO DE MOBILIDADE IÔNICA

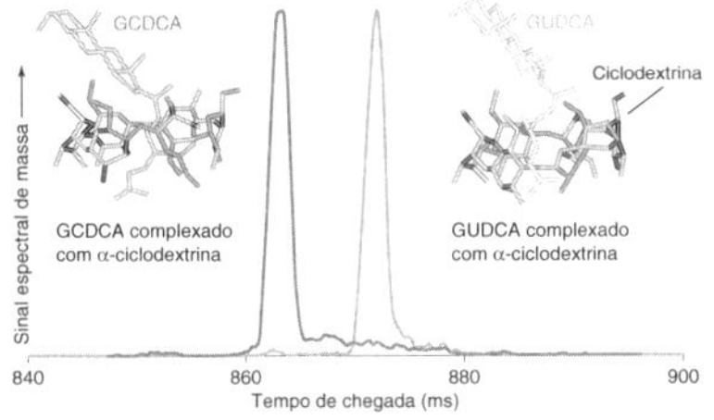

[C. D. Chouinard, G. Nagy, I. K. Webb, S. V. B. Garimella, E. S. Baker, Y. M. Ibrahim e R. D. Smith, "Rapid Ion Mobility Separations of Bile Acid Isomers Using Cyclodextrin Adducts and Structures for Lossless Ion Manipulations", *Anal. Chem.* **2018**, *90*, 11086. Reproduzida sob permissão © 2018 American Chemical Society.]

Novos Métodos de Análise Bioquímica. As aplicações à Biologia e à Medicina continuam sendo destaque do livro. Exemplos incluem derivatização (Tabela 19.2 e Problema 19.22), proteínas fluorescentes (Figura 19.19), densidade celular por dispersão óptica (Problema 19.17), transferência de energia ressonante de Förster (abertura do Capítulo 19 e Problema 19.26), microplacas com poços (Figura 19.11), imunodepleção (Seção 26.4) e bioanalisador (Seção 26.8).

Unidades SI Básicas Atualizadas. A Tabela 1.1 apresenta as novas unidades.

PROTEÍNA VERDE FLUORESCENTE

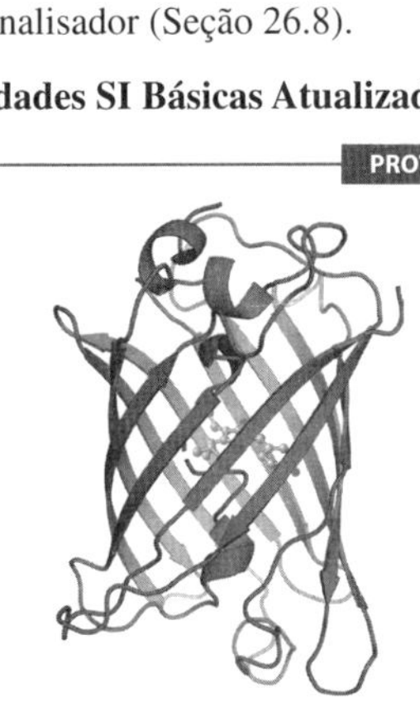

FIGURA 19.19 A proteína fluorescente verde possui a forma de uma lata de sopa. Seus 238 aminoácidos formam um barril representado por filamentos, um deles contendo um cromóforo, destacado pela estrutura no centro. [Cortesia de Robert E. Campbell, University of Alberta e University of Tokyo.]

ELETRODO COM SUPERFÍCIE MODIFICADA MEDE O_2 EM CÉLULAS DO CÉREBRO

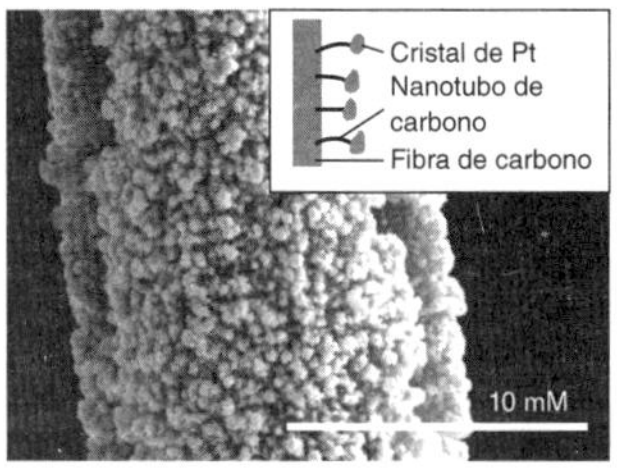

[Micrografia e dados de L. Xiang, P. Yu, M. Zhang, J. Hao, Y. Wang, L. Zhu, L. Dai and L. Mao, "Platinized Aligned Carbon Nanotube-Sheathed Carbon Fiber Microelectrodes for In Vivo Amperometric Monitoring of Oxygen", *Anal. Chem.* **2014**, *86* (10), p. 5017, Figura 1c, Figura 6. Reproduzida sob permissão © 2014, American Chemical Society.]

DENSIDADE DE CÉLULAS POR ESCANEAMENTO ÓPTICO

19.17. *Densidade celular bacteriana por dispersão.* Bactérias foram cultivadas e amostradas em diferentes estágios de crescimento. Soluções de calibração para *E. coli* em seus estágios inicial e avançado da fase estacionária do ciclo de crescimento microbiano foram preparadas por diluições sucessivas usando uma microplaca de 96 poços. A densidade óptica foi medida em 600 nm. O branco medido para o meio de crescimento foi subtraído de todas as leituras. As concentrações celulares foram determinadas utilizando um microscópio.

E. coli estágio avançado		*E. coli* estágio inicial	
Número de células ($\times 10^8$)/mL	Densidade óptica corrigida para um caminho óptico de 1,000 cm	Número de células ($\times 10^8$)/mL	Densidade óptica corrigida para um caminho óptico de 1,000 cm
0,31	0,018	0,36	0,086
1,26	0,089	0,71	0,183
2,51	0,177	1,43	0,328
5,03	0,316	2,85	0,626
7,54	0,486	5,71	1,243
12,56	0,783	11,41	2,127
17,59	1,081	28,53	3,793
27,64	1,692		

FONTE: *Dados de K. Stevenson, A. F. McVey, I. B. N. Clark, P. S. Swain e T. Pilizota, "General Calibration of Microbial Growth in Microplate Readers"*, Sci. Reports ***2017***, 6, *38838, open acess. K. Stevenson era um aluno de iniciação científica.*

(**a**) Use o Excel para traçar um gráfico dos dados de *E. coli* no estágio avançado e adicione uma linha de tendência (Seção 4.9). Escreva a equação da linha, incluindo as incertezas-padrão nos coeficientes angular e linear. Essa calibração é linear? *Dica*: resíduos – a distância vertical entre os pontos e a linha – devem estar distribuídos de forma aleatória ao longo da linha (Seção 5.4).

(**b**) Use o Excel para traçar um gráfico dos dados de *E. coli* no estágio inicial. Essa calibração é linear? Caso não seja, em qual faixa de valores essa calibração é linear?

(**c**) *Ajuste não linear.* Ajustando os dados de *E. coli* no estágio inicial a uma equação quadrática (Apêndice C) temos a equação de calibração $y = -0{,}003\ 2x^2 + 0{,}223\ 8x + 0{,}020\ 9$, com $R^2 = 0{,}999\ 7$ e pequenos resíduos aleatoriamente distribuídos. Utilizando essa calibração, qual é a concentração celular para uma densidade óptica de 2,50?

(**d**) O leitor de microplaca usou um fator de 6,37 para corrigir as leituras de absorbância de uma solução de 100 μL para um caminho óptico de 1,000 cm. Qual foi o caminho óptico real para a solução de 100 μL dentro do micropoço? Qual foi densidade óptica medida real em (**c**)?

Ninguém pode aprender por você – os dois meios mais importantes para dominar este curso são trabalhar os problemas e ganhar experiência no laboratório. O suporte para a resolução de problemas é oferecido no livro *Análise Química Quantitativa* por meio de **Exemplos Resolvidos**, questões **Teste-se** e, ao fim de cada capítulo, **Exercícios** e **Problemas**.

Exemplos Resolvidos são uma ferramenta pedagógica fundamental para ensinar a resolução de problemas e ilustrar como aplicar os conceitos do capítulo. Cada exemplo resolvido termina com a pergunta **Teste-se**.

EXEMPLO Diluição Seriada com Pouca Vidraria Disponível

A partir de uma solução estoque contendo 1 000 μg de Fe/mL em HCl 0,5 M, como é possível preparar uma solução-padrão contendo 3 μg de Fe/mL em HCl 0,1 M? Você dispõe somente de balões volumétricos de 100 mL e pipetas volumétricas de 1, 5 e 10 mL.

Solução Uma maneira de resolver esse problema é seguir as duas etapas vistas a seguir:

1. Pipetar três alíquotas de 10,00 mL da solução estoque para um balão volumétrico de 100 mL, diluindo até a marca com HCl 0,1 M. $[Fe] = \left(\frac{30\text{ mL}}{100\text{ mL}}\right)(1\,000\ \mu g\text{ de Fe/mL}) = 300\ \mu g\text{ de Fe/mL}$.
2. Transferir 1,00 mL de solução da etapa 1 para outro balão volumétrico de 100 mL diluindo até a marca com HCl 0,1 M. $[Fe] = \left(\frac{1\text{ mL}}{100\text{ mL}}\right)(300\ \mu g\text{ de Fe/mL}) = 3\ \mu g\text{ de Fe/mL}$.

TESTE-SE Proponha um esquema diferente de diluições para se obter 3 μg de Fe/mL a partir de 1 000 μg de Fe/mL. (***Resposta:*** diluir 10 mL da solução estoque a 100 mL, obtendo-se [Fe] = 100 μg de Fe/mL. Diluir três alíquotas de 1,00 mL da nova solução a 100 mL, obtendo-se ao final 3 μg de Fe/mL.)

O conteúdo ao fim de cada capítulo fornece uma prática adicional. A seção **Exercícios** reúne um conjunto de problemas que aplicam a maior parte dos conceitos principais de cada capítulo. As **Soluções dos Exercícios** estão no final do livro. Os **Problemas** no fim dos capítulos cobrem o conteúdo completo do livro, integrando conceitos de vários capítulos. As **Respostas dos Problemas** se encontram ao fim do livro.

Planilhas Eletrônicas. As planilhas eletrônicas são ferramentas indispensáveis para a Ciência e a Engenharia. Alguns dos poderosos recursos do Microsoft Excel são descritos conforme a necessidade, incluindo gráficos nos Capítulos 2 e 4; funções estatísticas e regressão no Capítulo 4 e no Apêndice C; resolução de equações com Atingir Metas, Solver e referências circulares nos Capítulos 7, 8, 13 e 19; e algumas operações matriciais no Capítulo 19. O livro ensina como construir planilhas para simular titulações e separações cromatográficas, e para resolver problemas de equilíbrio químico.

	A	B	C	D
1	Planilha de Mínimos Quadrados			
2				
3	Células Marcadas B10:C12	x	y	
4	Digite "=PROJ.LIN(C4:C7,	1	2	
5	B4:B7, VERDADEIRO,VERDADEIRO)	3	3	
6	Para PC, pressione	4	4	
7	CTRL+SHIFT+ENTER	6	5	
8	Para Mac, pressione			
9	CTRL+SHIFT+RETURN	saída de PROJ.LIN:		
10	m	0,6154	1,3462	b
11	u_m	0,0544	0,2141	u_b
12	R^2	0,9846	0,1961	s_y
13				
14	n =	4	B14 = CONT.NÚM(B4:B7)	
15	y médio =	3,5	B15 = MÉDIA(C4:C7)	
16	$\Sigma(x_i$ – médio $x)^2$ =	13	B16 = DESVQ(B4:B7)	
17				
18	y medido =	2,72	Entrada	
19	k = Número de medidas repetidas de y =	1	Entrada	
20	x obtido =	2,2325	B20 = (B18-C10)/B10	
21	u_x =	0,3735	B21 = (C12/ABS(B10))RAIZ((1/B19)+(1/B14)+((B18-B15)^2)/(B10^2*B16))	

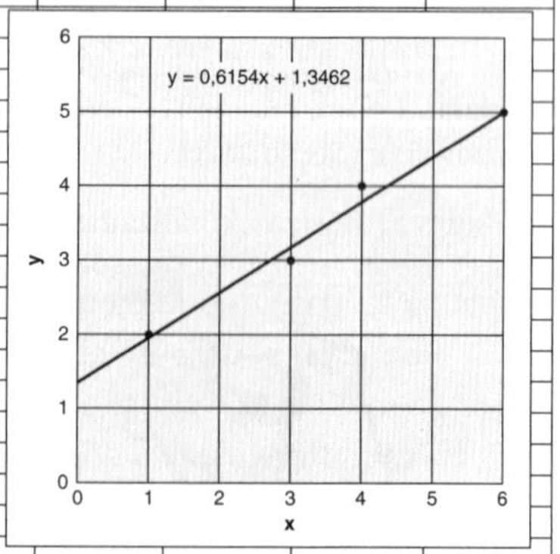

TÓPICOS DAS PLANILHAS

AGRADECIMENTOS

Minha esposa Sally trabalhou em cada aspecto deste livro. Ela foi uma das principais responsáveis por toda a clareza e exatidão que conseguimos.

As soluções para os problemas e exercícios foram meticulosamente verificadas, principalmente por Lucas Mina e Robin Abel, dois estudantes na University of Alberta com uma maturidade surpreendente para as suas idades. Di Wu e Caley Craven testaram incansavelmente muitos problemas e demonstrações antes de sua utilização.

Um livro deste tamanho e complexidade reúne o trabalho de muitas pessoas. Beth Cole e Randi Rossignol forneceram orientação editorial e de mercado. Edward Dionne certificou-se de que as milhares de partes que compõem este livro estavam corretas, prontas e se encaixavam em seus devidos lugares. Katie Pachnos gerenciou a preparação e a transferência do manuscrito do setor editorial para as equipes de produção. Richard Fox fez mágica para encontrar e obter permissão para as fotografias presentes no livro e algumas outras imagens. Sarah Wales-McGrath foi nossa editora de texto e Beth Rosato, uma revisora muita cuidadosa. Paul Rohloff gerenciou o fluxo de trabalho assim que o manuscrito entrou em produção.

Somos gratos a muitas pessoas que forneceram novas informações para esta edição, fizeram perguntas investigatórias e deram boas sugestões. David Sparkman (College of the Pacific, Stockton, California) escreveu uma crítica detalhada e sugestões para a espectrometria de massa. Chris Harrison (San Diego State University) forneceu sugestões para a abertura e conteúdo dos Capítulos 14 e 26. Yoshiki Sohrin (Kyoto University), nosso tradutor para a edição japonesa, fez várias correções detalhadas. A Prancha em Cores 36 foi produzida a partir de fotografias dos estudantes de graduação Ashlyn Erpenbach, Sang Wook Lee, Elizabeth Liu e Cameron Zalewski, e foi fornecida por Pam Doolittle (University of Wisconsin-Madison).

Juris Meija (National Research Council of Canada) compartilhou sua experiência em pesos atômicos, metrologia e a nova definição de quilograma. Marcy Towns (Purdue University) e Peter Mahaffy (King's University, Edmonton) ajudaram a comentar as novas unidades do SI na Tabela 1.1. Peter Wentzell (Dalhousie University) compartilhou materiais didáticos sobre estatística e quimiometria, respondeu a muitas perguntas e forneceu comentários de estatística e calibração multivariada. Jonathan Merten (Arkansas University) e Abdul Malik (South Florida University) iniciaram uma reconsideração do teste *F*. Katherine Elvira (University of Victoria) deu sugestões úteis sobre equações para calibração e outros tópicos. Raychelle Burks (St. Edwards University) e um estudante anônimo (University of Alberta) forneceram informações sobre oclusões. Roger Summons (Massachusetts Institute of Technology) e Ilya Bobrovskiy (Australian National University) forneceram informações e uma crítica, que foram consideradas e incluídas no livro.

Whitney Duim (University of California-Davis) forneceu micrografias de agregados da proteína huntingtina para a Figura 18.18. Alex Brolo (University of Victoria) sugeriu a Demonstração 18.1 sobre um espectrofotômetro baseado em um celular. Ele e seu colega Alex Wlasenko e o estudante Sean Coppel forneceram as imagens do arco-íris na Prancha em Cores 16. Hans-Peter Loock (Queen's University) respondeu perguntas sobre *lasers*. Florence Williams (University of Iowa) respondeu perguntas sobre derivatização para a Tabela 19.2. Robert Campbell (Universities of Alberta and Tokyo) cedeu a Figura 19.19, mostrando a proteína verde fluorescente e seu fluoróforo. Hans Osthoff (University of Calgary) deu sugestões e predições sobre química analítica atmosférica, estatística e incerteza. Wayne Moffat e Jennifer Jones (University of Alberta) coletaram dados de fluorescência para o Problema 20.40. Toru Shimada (Hirosaki University) corrigiu a estrutura e os estados de carga do azul de bromotimol.

Matt Wood-Collins e Travis Burt, da Agilent (Cary Austrália), compartilharam seus conhecimentos sobre espectrofotômetros ultravioleta-visível. Agradecimentos a Ivo Leito (University of Tartu, Estônia) pelos comentários e predições sobre erros na espectrofotometria ultravioleta/visível e o efeito do pH na CLAE. Wing Tat Chan (Hong Kong University) vasculhou seus arquivos para encontrar o simulador de luz policromática subjacente à Figura 20.12b. Agradeço também a Milton Wang (University of Victoria) pela assistência na execução do roteiro. Russ Algar (University of British Columbia) forneceu um resumo dos materiais luminescentes para a Tabela 19.3. Richard Paproski e David Dunford (Syncrude Research) enriqueceram nossa discussão sobre espectrometria atômica com sua experiência na indústria do petróleo. Gary Hieftje (Indiana University) compartilhou seu profundo entendimento da espectrometria atômica. Chad Cuss (University of Alberta) demonstrou as complexidades de um laboratório de metais-traço, e Kerstin Leopold (Universität Ulm) forneceu detalhes do que é necessário para que um recipiente esteja *analiticamente limpo*. Pete Palmer, da San Francisco State University, é uma fonte de conhecimento inestimável sobre fluorescência de raios X. Daniel Shin (Campbell University, North Carolina) apresentou sugestões para potenciais de eletrodos e promediação de sinais. Robert Kennedy e Non Ngernsutivorakul (University of Michigan) forneceram fotografias de sua sonda de microdiálise em estado sólido. Susan Murch (University of British Columbia-Okanagan) fez inúmeras sugestões sobre eletroquímica. Karl-Gustav Wahlund (Lund University, Suécia) atualizou nossa compreensão da nomenclatura de extração. Ernő Lindner (University of Memphis) forneceu informações e imagens para eletrodos íon-seletivos. Shigeru Amemiya (University of Pittsburgh) e Sushma Karra (Van London Co., Houston, Texas) corrigiram um erro de longa data sobre eletrodos de vidro de pH. Naomi Stock (Trent University, Ontario) forneceu uma imagem de espectro de massa. Diversas correções foram feitas por Brian Niece (Assumption College, Worcester, Massachusetts), Andrew Danard (um aluno da University of Guelph) e Mark Jensen e seu aluno Daniel Kaupa (Concordia College, Moorhead, Minnesota).

Marek Tobiszewski (Gdańsk University of Technology) e Andy Dicks (University of Toronto) nos deram orientações e sugestões sobre a química analítica verde. Tadeusz Górecki (University of Waterloo) e Nicholas Snow (Seton Hall University) aprimoraram nossa discussão sobre cromatografia a gás. Jaap de Zeeuw, da Restek Corporation, compartilhou várias informações sobre cromatografia gasosa e uma compreensão das simulações de cromatografia a gás Pro*EZGC*® da Restek.

James Harynuk (University of Alberta), Kevin Thurbide (University of Calgary) e Philip Marriott (Monash University) responderam a muitas perguntas sobre cromatografia a gás. Philip também forneceu dados de cromatografia a gás–espectrometria de massa para a Figura 24.23 e o Problema 24.44.

James Grinias (Rowan University) fez muitos comentários e sugestões úteis sobre cromatografia líquida. Birte Johanne Sjursnes (Østfold University College) e Lise Kvittingen (Norwegian University of Science and Technology) forneceram imagens de cromatografia de camada fina para a Prancha em Cores 31 e refinamentos para a Demonstração 25.1. Jon Belanger (Waters Corporation) gentilmente providenciou a redação da Figura 25.4. Steve Weber (Pittsburgh University) compartilhou informações sobre erros e detecção eletroquímica. Imad Haidar Ahmad e Erik Regalado, da Merck, e Kelly Zhang, da Genentech, compartilharam suas experiências no desenvolvimento de métodos para cromatografia líquida de ultra-alta eficiência na indústria farmacêutica. Davy Guillarme e Jean-Luc Veuthey (University of Geneva) revisaram aspectos de seu *HPLC Teaching Assistant* para que a planilha pudesse ser usada nos Problemas 23.30, 23.55, 23.56, 25.48 e 25.50. Agradeço a Susan Olesik (The Ohio State University) pela orientação no Problema 25.40 sobre CLAE mais verde. Xiaoli Wang, da Agilent, forneceu informações e recursos para o Laboratório em um Chip da Seção 26.8.

As pessoas a seguir revisaram a 9ª edição e nos ajudaram a elaborar a 10ª edição: Brian Zacher (University of Arizona), Abdul Malik (University of South Florida), Shauna Hiley (Missouri Western State University), Wesley Zandberg (University of British Columbia-Okanagan), Eric Flaim (University of Alberta), Kathryn Williams (University of Florida), Rebecca Barlag (Ohio University), Leslie Knecht (University of Miami), Barry Streusand (Texas State University), Nelly Mateeva (Florida A&M University), Jessica Thomas (Purdue University Northwest), Rabin Bissessur (University of Prince Edward Island), Samuel Sewall (McGill University), Douglas Stuart (University of West Georgia), Barry Lavine (Oklahoma State University) e Donald Suggs (University of Georgia). As pessoas a seguir revisaram seções da 10ª edição revisada: Tadeusz Górecki (University of Waterloo), Edward C. Navarre (Southern Illinois University Edwardsville), Kathryn R. Williams (University of Florida), Vladimira V. Wilent (Temple University), Ji Wu (Georgia Southern University), Yu Yang (East Carolina University), Justin Miller-Schulze (California State University, Sacramento) e Donna Blackney (Drexel University).

MATERIAL SUPLEMENTAR

Este livro conta com os seguintes materiais suplementares:

Restrito a docentes:

- Test Bank (conteúdo em inglês)
- Lecture Slides (conteúdo em inglês)
- Ilustrações da obra em formato de apresentação.

Material livre, mediante uso de PIN:

- Experimentos
- Planilhas de dados (conteúdo em inglês)
- Student Experiment (conteúdo em inglês)
- Tópicos suplementares
- Notas e Referências
- Glossário
- Apêndices A a L.

O acesso ao material suplementar é gratuito. Basta que o leitor se cadastre, faça seu *login* em nosso *site* (www.grupogen.com.br) e, após, clique em Ambiente de aprendizagem. Em seguida, insira no canto superior esquerdo o código PIN de acesso localizado na orelha deste livro.

O acesso ao material suplementar online fica disponível até seis meses após a edição do livro ser retirada do mercado.

Caso haja alguma mudança no sistema ou dificuldade de acesso, entre em contato conosco (gendigital@grupogen.com.br).

ENCARTE

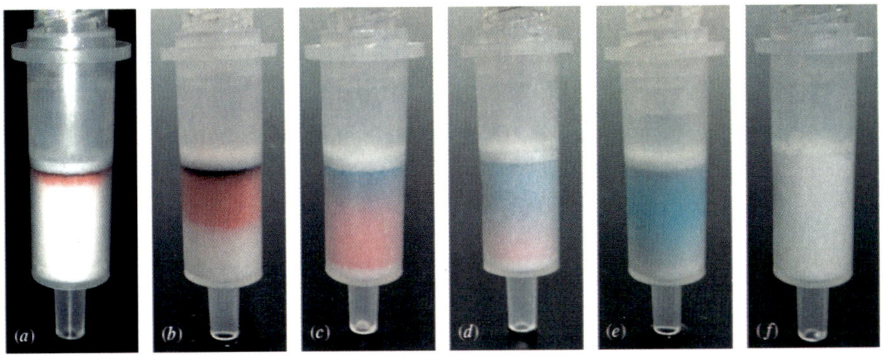

Coluna carregada com 1 mL da solução aquosa da amostra | Início da eluição com 2-propanol a 4% vol. | Após 3 mL de 2-propanol a 4% vol. | Após mais 3 mL de 2-propanol a 4% vol. | Após 3 mL de 2-propanol a 5% vol. | Após 3 mL de CH_3OH

PRANCHA EM CORES 1 Extração em Fase Sólida (Seções 0.1 e 28.3) Um volume de 1 mL de água contendo corante azul nº 1 FD&C e corante vermelho nº 40 FD&C foi passado por meio de um cartucho de extração em fase sólida contendo 500 mg de sílica-C_{18}. Antes da aplicação da solução dos corantes, o cartucho foi lavado com 5 mL de HCl 3 mM em CH_3OH, seguido de 5 mL de água deionizada. Três lavagens com solução aquosa de 2-propanol removeram todo o corante vermelho. Uma lavagem com metanol removeu todo o corante azul. [Dados de Karyn M. Usher, Metropolitan State University, Saint Paul, Minnesota. Para um experimento para estudantes, ver H. F. Rossi, III, J. Rizzo, D. C. Zimmerman e K. M. Usher, "Extration and Quantitation of FD&C Red Dye #40 from Beverages Containing Cranberry Juice", *J. Chem. Ed.* **2012**, *89*, 1551. Os três primeiros autores eram estudantes de graduação que participaram do trabalho.]

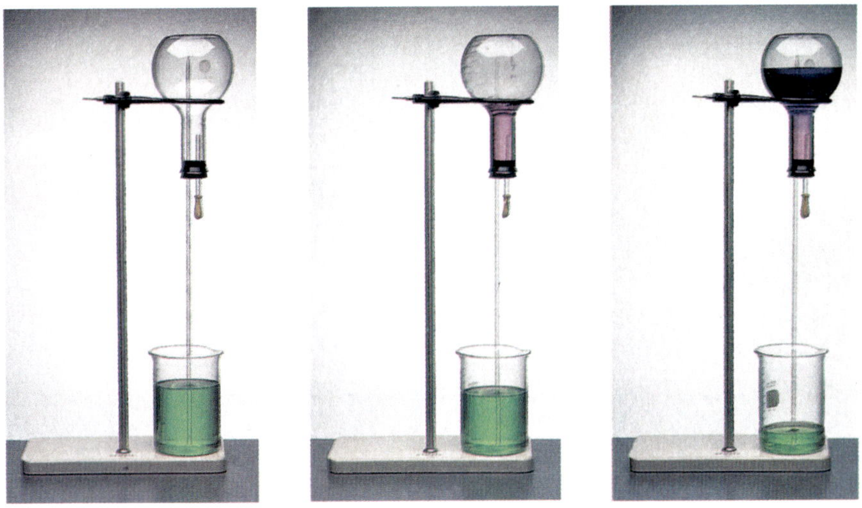

(*a*) (*b*) (*c*)

PRANCHA EM CORES 2 Chafariz de HCl (Demonstração 6.2) (*a*) Solução do indicador na forma básica no béquer. (*b*) O indicador é sugado para o frasco e muda para a cor da forma ácida. (*c*) Níveis de solução ao final do experimento. [©Macmillan, Foto de Ken Karp.]

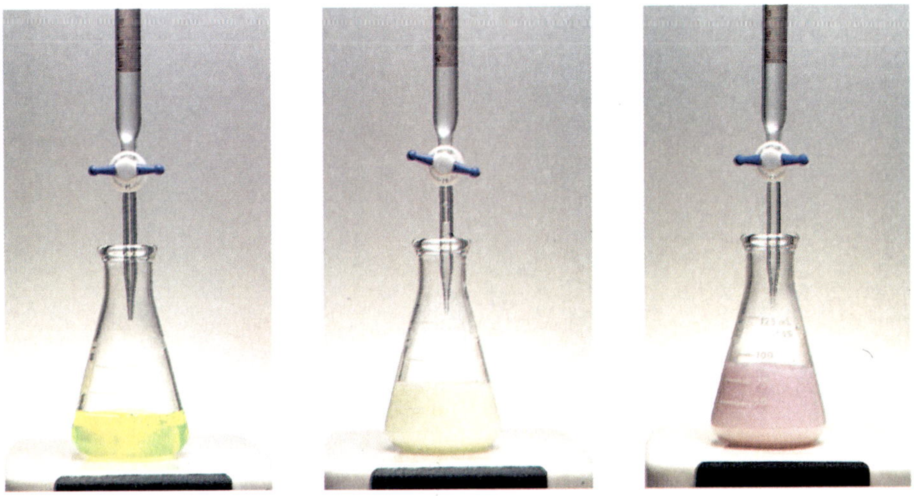

(*a*) (*b*) (*c*)

PRANCHA EM CORES 3 Titulação de Fajans de Cl^- com $AgNO_3$ Usando Diclorofluoresceína (Demonstração 7.1) (*a*) Solução do indicador antes do início da titulação. (*b*) Precipitado de AgCl antes do ponto final. (*c*) Indicador adsorvido sobre o precipitado após o ponto final. [©Macmillan, Foto de Ken Karp.]

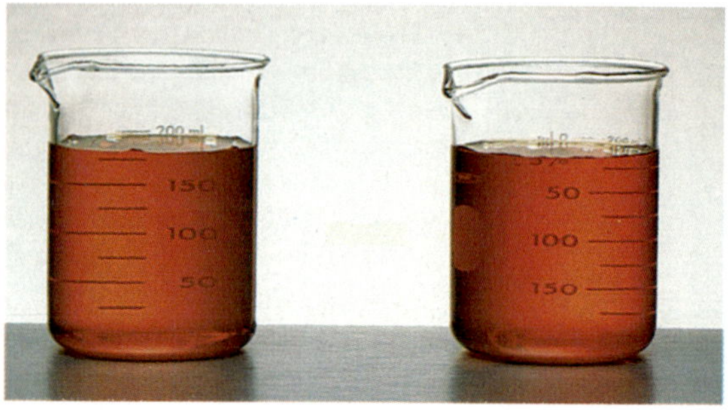

(a)

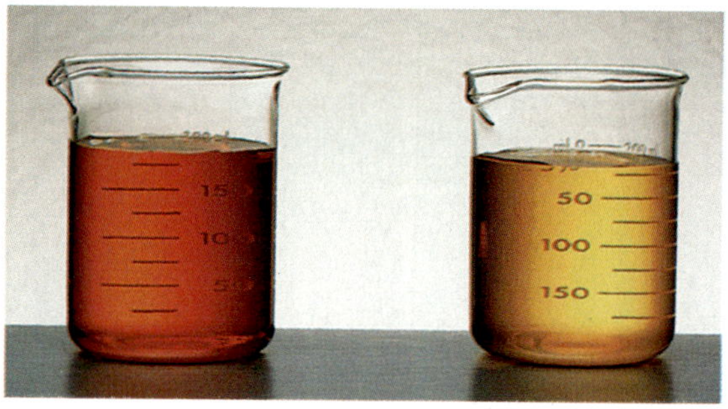

(b)

PRANCHA EM CORES 4 **Efeito da Força Iônica na Dissociação Iônica (Demonstração 8.1)** (*a*) Dois béqueres contendo soluções idênticas com $Fe(SCN)^{2+}$, Fe^{3+} e SCN^-. (*b*) A cor vermelha do $Fe(SCN)^{2+}$ enfraquece quando KNO_3 é adicionado ao béquer da direita, pois o equilíbrio $F^{3+} + SCN^- \rightleftharpoons Fe(SCN)^{2+}$ se desloca para a esquerda. [©Macmillan, Foto de Ken Karp.]

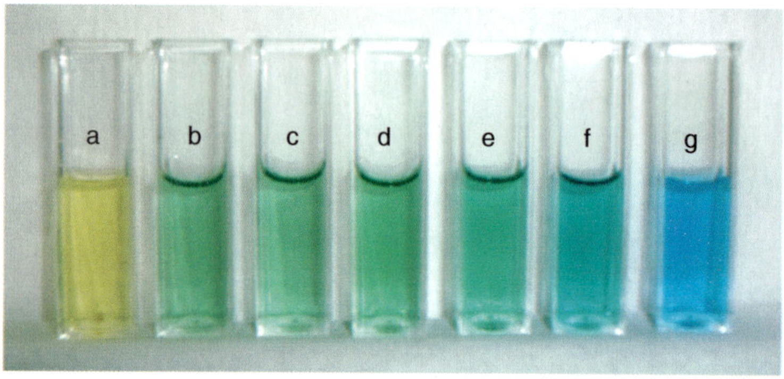

PRANCHA EM CORES 5 **Efeito da Força Iônica na Cor do Verde de Bromocresol (Problema 8.3)** A cor de ~16 μM de uma solução aquosa do indicador ácido-base verde de bromocresol (H_2BG) muda de verde para azul à medida que se adiciona NaCl. (*a*) Forma ácida amarela resultante de HBG^-, obtida em solução de HCl 0,5 mM, sem adição de NaCl. (*g*) Forma azul correspondendo a BG^{2-}, obtida em solução de NaOH 0,5 mM, sem adição de NaCl. (*b–f*) Soluções de BG sem adição de ácido ou de base, mas com concentrações crescentes de NaCl (0, 0,003 9, 0,010 6, 0,077 4, 0,203 2 M). [Dados de H. B. Rodriguez e M. Mirenda, "A Simplified Undergraduate Laboratory Experiment to Evaluate the Effect of the Ionic Strength on the Equilibrium Concentration Quotient of the Bromocresol Green Dye", *J. Chem. Ed.* **2012**, *89*, 1201. Cortesia de M. Mirenda, Universidade de Buenos Aires. Reproduzida sob permissão © 2012, American Chemical Society.]

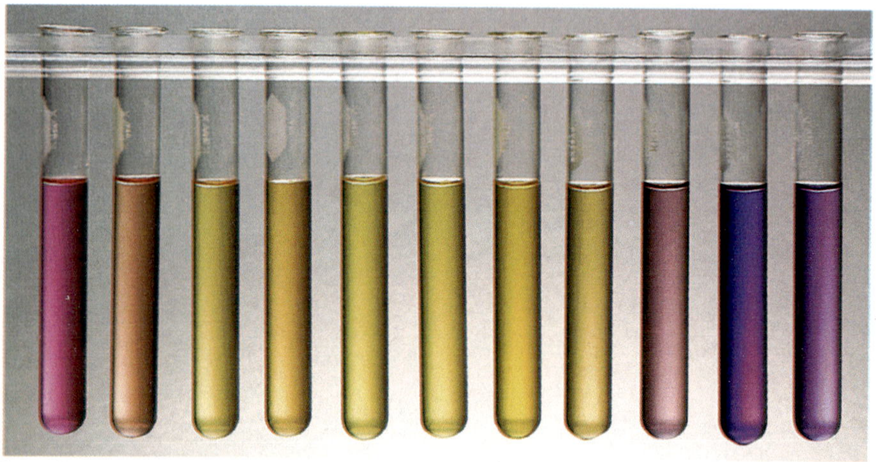

pH: 1 2 3 4 5 6 7 8 9 10 11

PRANCHA EM CORES 6 **Azul de Timol (Seção 11.6)** Indicador ácido-base azul de timol entre pH 1 e 11. Os valores de p*K* são 1,7 e 8,9. [©Macmillan, Foto de Ken Karp.]

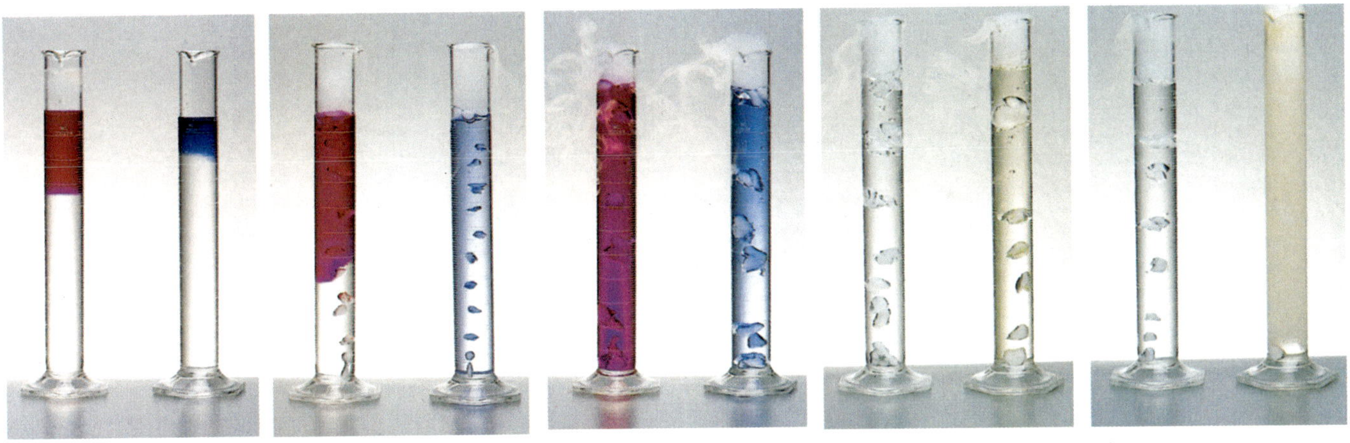

(*a*) (*b*) (*c*) (*d*) (*e*)

PRANCHA EM CORES 7 **Indicadores e Acidez do CO_2 (Demonstração 11.1)** (*a*) Provetas antes da adição de gelo seco. Soluções em etanol dos indicadores fenolftaleína (esquerda) e azul de bromotimol (direita) quando ainda não estão totalmente misturadas na proveta. (*b*) A adição de gelo seco provoca borbulhamento e agitação. (*c*) Agitação adicional. (*d*) A fenolftaleína muda para a sua forma ácida incolor. A cor do azul de bromotimol é resultado da mistura das formas ácida e básica. (*e*) Após adição de HCl e agitação da proveta da direita, bolhas de CO_2 podem ser vistas saindo da solução, e o indicador muda completamente para a cor de sua forma ácida. [©Macmillan, Foto de Ken Karp.]

PRANCHA EM CORES 8 **Titulação de Cu(II) com EDTA, Usando Agente Complexante Auxiliar (Seção 12.5)** Solução de $CuSO_4$ 0,02 M antes da titulação (esquerda). Cor do complexo Cu(II)-amônia após a adição do tampão de amônia, pH 10 (centro). Cor do ponto final quando todos os ligantes NH_3 já foram deslocados pelo EDTA (direita). [©Macmillan, Foto de Ken Karp.]

PRANCHA EM CORES 9 **Titulação de Mg^{2+} com EDTA, Usando o Indicador Negro de Eriocromo T (Demonstração 12.1)** Antes (esquerda), próximo (centro) e após (direita) o ponto de equivalência. O indicador Calmagite dá cores semelhantes. [©Macmillan, Foto de Ken Karp.]

PRANCHA EM CORES 10 **Titulação de VO^{2+} com Permanganato de Potássio (Seção 16.4)** A solução azul de VO^{2+} antes da titulação (esquerda). Mistura de VO^{2+} azul com VO_2^+ amarelo observada durante a titulação (centro). Cor escura do MnO_4^- no ponto final (direita). [©Macmillan, Foto de Ken Karp.]

PRANCHA EM CORES 11 **Analisador Fotolítico para Carbono Presente no Meio Ambiente (Boxe 16.2)** Uma amostra de água medida é injetada na câmara na esquerda, onde é acidificada com H_3PO_4 e borbulhada com argônio ou nitrogênio para remover o CO_2 proveniente do HCO_3^- e do CO_3^{2-}. O CO_2 é medido pela sua absorbância no infravermelho. A amostra é então forçada para dentro da câmara de digestão, onde $S_2O_8^{2-}$ é adicionado e a amostra é exposta à radiação ultravioleta, proveniente de uma lâmpada de imersão (a bobina no centro da foto). Radicais sulfato (SO_4^-) formados pela irradiação oxidam a maioria dos compostos orgânicos a CO_2, que é medido pela absorbância no infravermelho. O tubo em U, à direita, contém grânulos de Sn e Cu para eliminar ácidos voláteis, como HCl e HBr, liberados na digestão. [Foto da U. S. Environmental Protection Agency, Cincinnati, OH.]

PRANCHA EM CORES 12 **Titulação Iodométrica (Seção 16.7)** Solução de I_3^- (esquerda). Solução de I_3^- antes do ponto final na titulação com $S_2O_3^{2-}$ (centro à esquerda). Solução de I_3^- imediatamente antes do ponto final com a presença de goma de amido (centro à direita). No ponto final (direita). [©Macmillan, Foto de Ken Karp.]

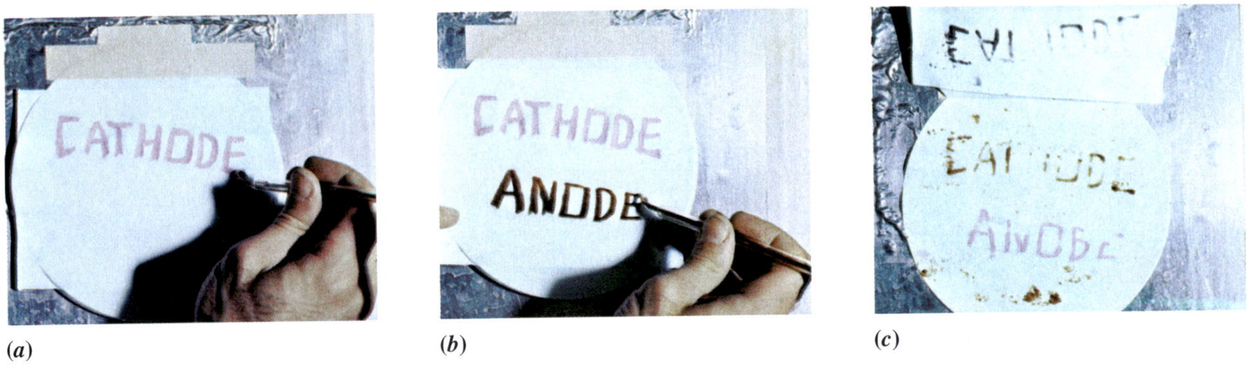

PRANCHA EM CORES 13 Escrita Eletroquímica (Demonstração 17.1) (*a*) Tinta usada como catodo. (*b*) Tinta usada como anodo. (*c*) A polaridade da lâmina de metal ao fundo é contrária à das tintas e produz uma cor inversa na folha de papel embaixo. [Daniel C. Harris.]

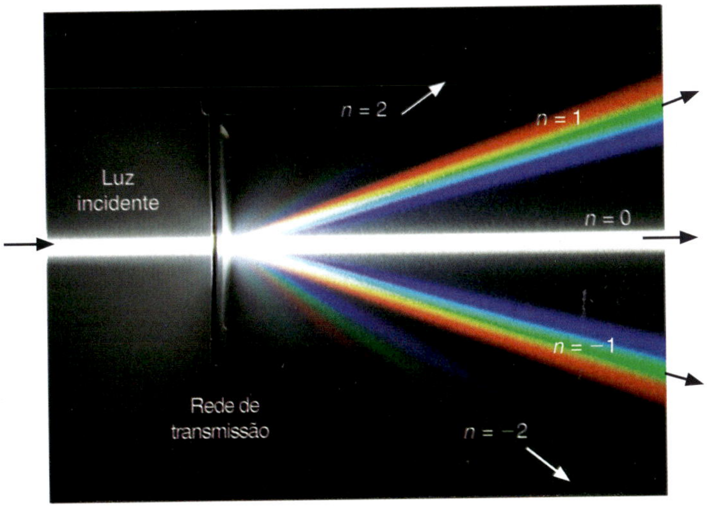

PRANCHA EM CORES 14 Rede de Dispersão (Seção 18.2) A rede de transmissão dispersa a luz branca em várias direções. Comprimentos de onda diferentes (coloridos) sofrem interferência construtiva em ângulos diferentes. Difração de ordem *n* aparece na Equação 20.2. [GIPhotoStock/Science Source.]

PRANCHA EM CORES 15 Lei de Beer (Seção 18.2) Padrões de Fe(fenantrolina)$_3^{2+}$ para análise espectrofotométrica. Os balões volumétricos contêm Fe(fenantrolina)$_3^{2+}$ com concentrações de Fe na faixa entre 1 mg/L (esquerda) até 10 mg/L (direita). A absorbância, como evidenciada pela intensidade da cor, é proporcional à concentração de ferro. [©Macmillan, Foto de Ken Karp.]

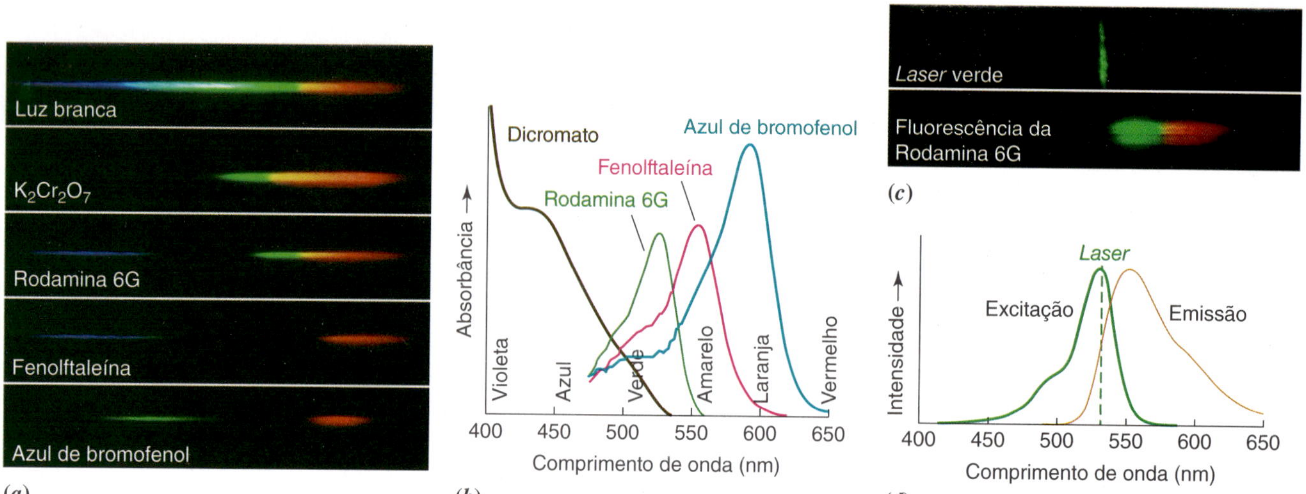

(*a*) (*b*) (*c*) (*d*)

PRANCHA EM CORES 16 Espectros de Absorção (Demonstração 18.1) (*a*) Espectros no visível de luz branca, dicromato de potássio, Rodamina 6G, fenolftaleína e azul de bromofenol detectados com um espectrômetro construído com a técnica de *papercraft* conectado a um *smartphone*. (*b*) Espectros de absorção no visível dos mesmos compostos registrados com um espectrofotômetro. (*c*) Espectro no visível do *laser* de diodo verde (532 nm) (em cima) e fluorescência da Rodamina 6G (embaixo) detectada com um espectrômetro construído com a técnica de *papercraft* conectado a um *smartphone*. (*d*) Espectros de excitação e emissão da Rodamina 6G. [Cortesia do estudante de graduação Sean Coppel, Alex Wlasenko, Dr. Alexandre G. Brolo, University of Victoria.]

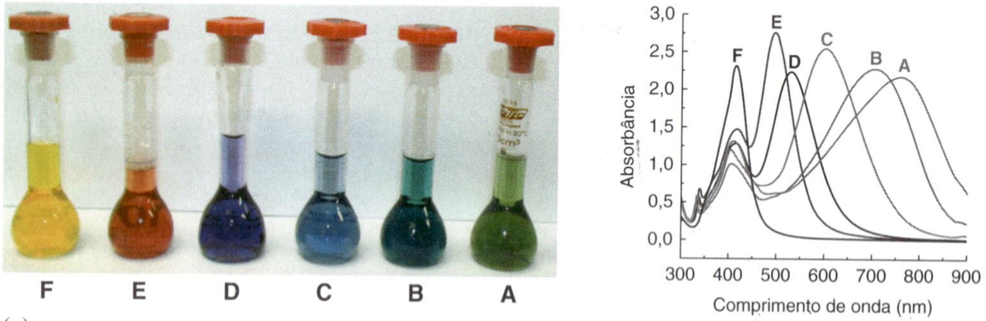

(*a*) (*b*)

PRANCHA EM CORES 17 Espectros de Absorção e Cor (Seção 18.2 e Problema 18.9) (*a*) Os balões contêm suspensões de nanopartículas de prata cuja cor depende do tamanho e da forma das partículas. Suspensões estáveis de nanopartículas são chamadas *coloides* (Demonstração 27.1). [Cortesia de J. M. Kelly e D. Ledwith, Trinity College, University of Dublin.] (*b*) **Espectros de absorção no visível.** [Adaptada de Royal Society of Chemistry, de D. M. Ledwith, A. M. Whelan e J. M. Kelly, "A Rapid, Straight-Forward method for Controlling the Morphology of Stable Silver Nano Particles", *J. Mater. Chem.* **2007**, *17*, 2459, Figura 1. Permissão transmitida por Copyright Clearance Center, Inc.]

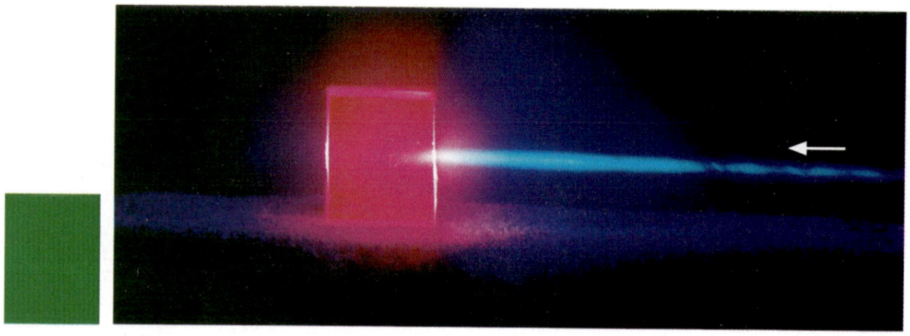

(*a*) (*b*)

PRANCHA EM CORES 18 Luminescência (Seção 18.7) (*a*) Cristal verde de granada de alumínio-ítrio contendo uma pequena quantidade de Cr^{3+}. (*b*) Quando irradiado com luz azul de alta intensidade a partir de um *laser* no lado direito, o Cr^{3+} absorve a luz azul e emite a luz vermelha de menor energia. Quando o *laser* é removido, o cristal aparece verde novamente. [Cortesia de M. Seltzer, Michelson Laboratory, China Lake, CA.]

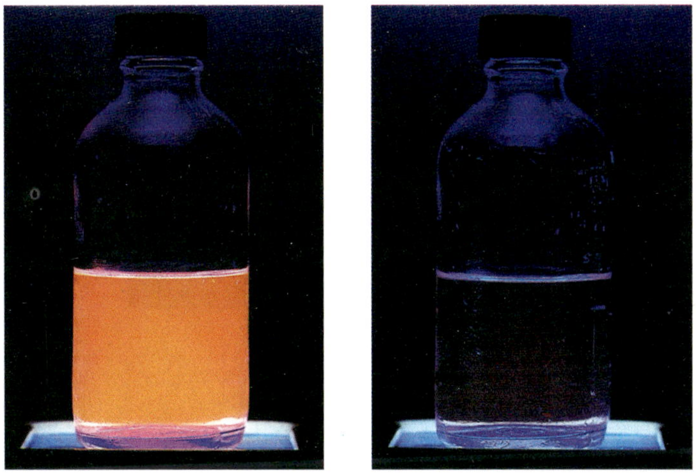

PRANCHA EM CORES 19 Desaparecimento da Luminescência do Ru(II) pelo O_2 (Seção 19.6) Esquerda: luminescência vermelho-alaranjada da solução de (bipiridil)$_3$RuCl$_2$ ~5 μM em metanol após a umidade do ar ter sido removida por meio de borbulhamento com gelo seco. Direita: luminescência é extinta (diminuída) após o borbulhamento de O_2 por 30 s. [Daniel C. Harris.]

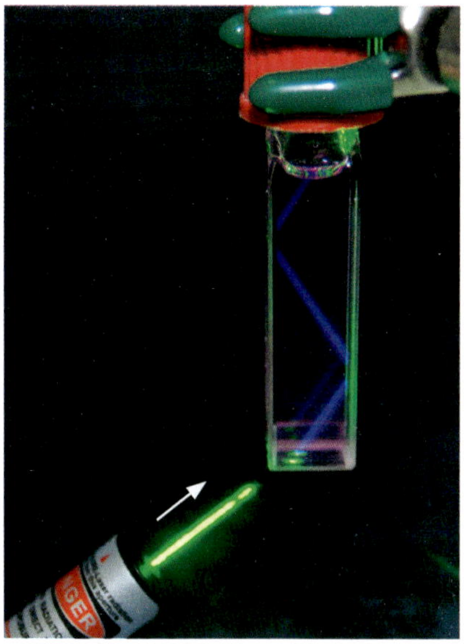

PRANCHA EM CORES 20 Interconversão (Boxe 19.3) Luz verde de baixa energia, proveniente de um *laser* de 5 mW, é convertida em fluorescência azul de alta energia. Isso viola a conservação de energia? O Boxe 19.3 fornece uma resposta. [Cortesia de F. N. Castellano e T. N. Singh-Rachford, Bowling Green State University. Ver R. R. Islangulov, D. V. Kozlov e F. N. Castellano, "Low Power Upconversion Using MLCT Sensitizers", *Chem. Commun.* **2005**, 3776.]

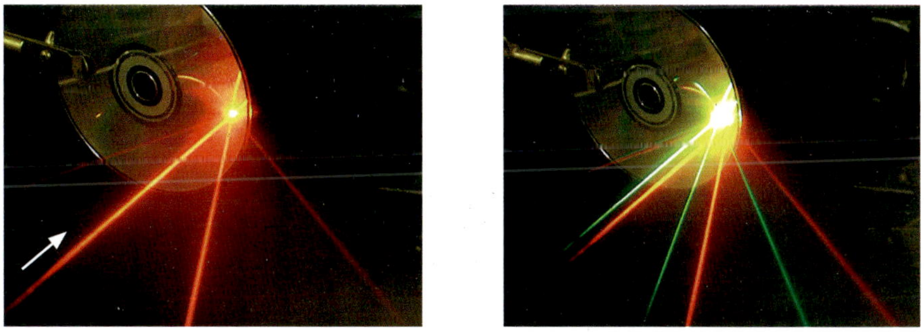

$n = -1$

Feixe incidente $n = 1$ $n = 2$

(*a*)

$n = 1$ $n = 2$

(*b*)

PRANCHA EM CORES 21 Difração de *Laser* de um Disco Compacto (Seção 20.2) As ranhuras em um disco compacto de áudio ou em um disco compacto de computador têm um espaçamento de 1,6 μm. (*a*) Quando um feixe de *laser* vermelho atinge o disco com uma incidência normal (θ = 0 na Figura 20.10 e Equação 20.4), três feixes difratados com ordens $n = +1$, $+2$ e -1 são observados. (*b*) Feixes de *lasers* vermelho e verde atingem o disco com incidência normal. A luz verde tem um comprimento de onda menor do que a luz vermelha e, assim, de acordo com a Equação 20.4, a luz verde é difratada em ângulos menores (ϕ). Os feixes se tornaram visíveis usando-se uma névoa de nitrogênio líquido. [Cortesia de J. Tellinghuisen, Vanderbilt University. Ver J. Tellinghuisen, "Exploring the Diffraction Grating Using a He-Ne Laser and a CD-ROM", *J. Chem. Ed.* **2002**, *79*, 703 (supplementary materials). Reproduzida sob permissão © 2002, American Chemical Society. F. Wakabayashi e K. Hamada, "A Simple, High-Resolution Classroom Spectroscope", *J. Chem. Ed.* **2006**, *83*, 56. Reproduzida sob permissão © 2006, American Chemical Society.]

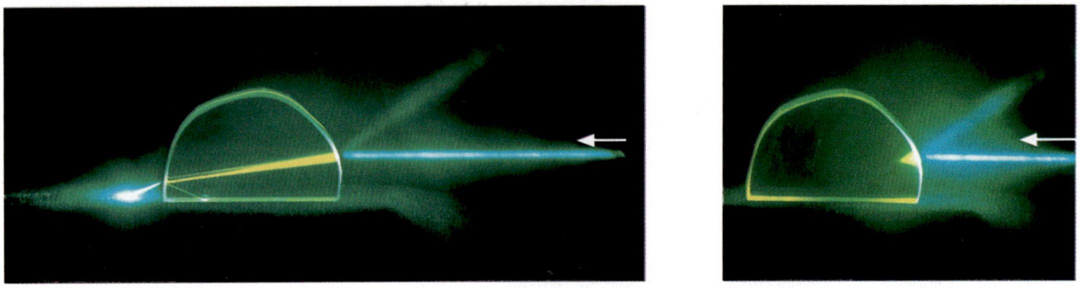

(*a*) (*b*)

PRANCHA EM CORES 22 **Transmissão, Reflexão, Refração, Absorção e Luminescência (Seção 20.4)** (*a*) *Laser* azul-esverdeado direcionado para dentro de um cristal de ítrio-alumínio dopado com Er^{3+}, que emite luz amarela. A luz que está entrando no cristal pela direita é refratada (curvada) e parcialmente refletida na superfície do lado direito do cristal. O feixe de *laser* aparece amarelo no interior do cristal em função da luminescência do Er^{3+}. Assim que ele sai do cristal no lado esquerdo, o feixe de *laser* é refratado novamente e parcialmente refletido de volta para dentro do cristal. (*b*) Mesmo experimento, mas com luz azul em vez de luz azul-esverdeada. A luz azul é absorvida mais fortemente pelo Er^{3+} e não penetra muito no cristal. [Cortesia de M. Seltzer, Michelson Laboratory, China Lake, CA.]

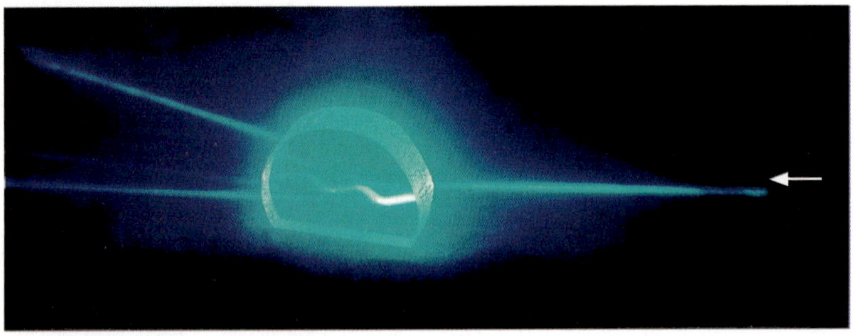

PRANCHA EM CORES 23 **Reflexões Internas Múltiplas em um Cristal Bruto (Seção 20.4)** As reflexões internas múltiplas observadas quando a luz *laser* azul entra em um cristal de granada de ítrio-alumínio dopado com Ho^{3+}. O feixe entrando pela direita é na maior parte refletido de volta para o cristal em cada face, criando um padrão zigue-zague no interior do cristal. Parte da luz é transmitida para fora do cristal em cada face. Em uma fibra óptica, o ângulo de incidência é tal que o feixe é refletido totalmente dentro da fibra. [Cortesia de M. Seltzer, Michelson Laboratory, China Lake, CA.]

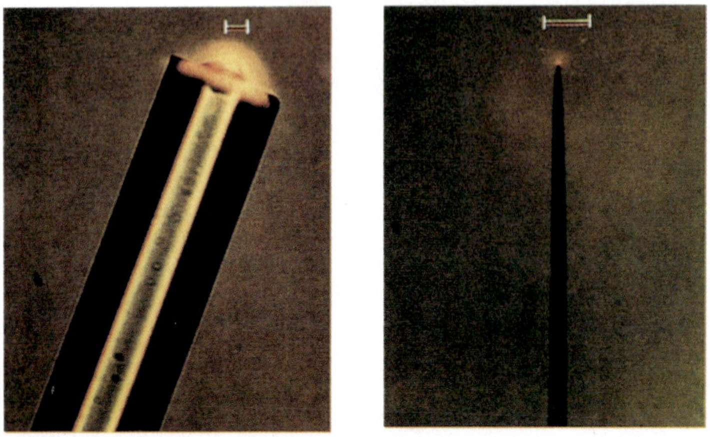

(*a*) (*b*)

PRANCHA EM CORES 24 **Optodo de Oxigênio (Seção 20.4)** (*a*) Sensor preparado a partir de uma fibra óptica de 100 μm de diâmetro. A camada ativa na ponta contém cloreto de tris(1,10-fenantrolina)Ru(II) dissolvido em poliacrilamida, que está ligada covalentemente com a fibra. A luz que passa pela fibra excita o composto de Ru, que emite a luz vermelho-alaranjada característica, detectada por um microscópio. Quando imerso em uma amostra contendo O_2, a emissão diminui. A diminuição é uma medida da concentração de O_2. (*b*) Um optodo com uma ponta de submícron extraída de uma fibra maior. Esta fibra pode detectar 10 amol de O_2. [Dados de Z. Rosenzweig e R. Kopelman, "Development of a Submicrometer Optical Fiber Oxygen Sensor", *Anal. Chem.* **1995**, *67*, 2650. Reproduzida sob permissão © 1995, American Chemical Society.]

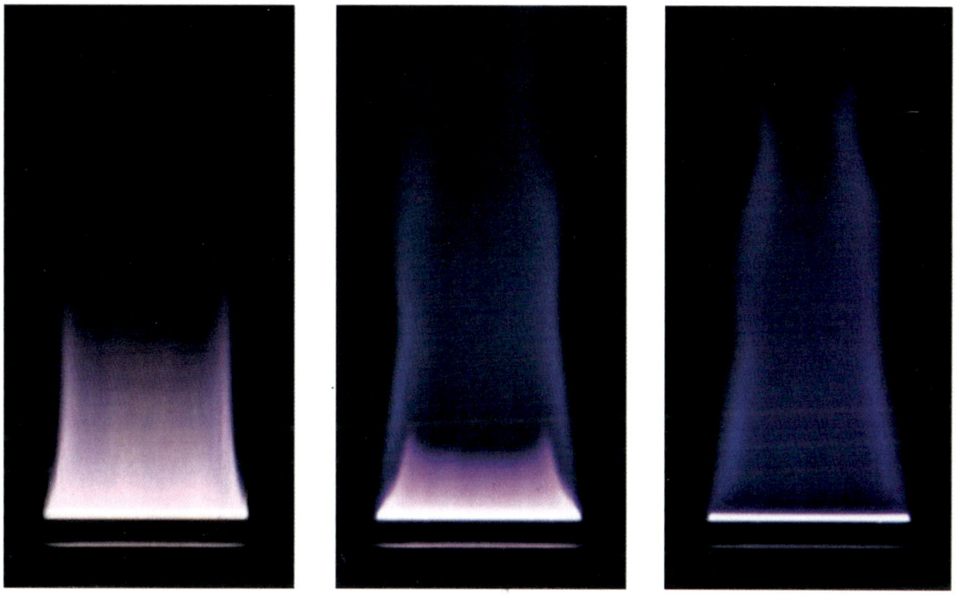

(*a*) Chama rica (*b*) Chama estequiométrica (*c*) Chama pobre

PRANCHA EM CORES 25 Espectroscopia de Absorção Atômica Usando Mistura de Acetileno com Óxido Nitroso e Estequiometria de Chama (Seção 21.2) Uma chama "rica" tem excesso de acetileno para reduzir a formação de óxido metálico e hidróxido. A chama "pobre" mais quente tem excesso de oxidante (óxido nitroso). Diferentes elementos requerem chamas ricas ou pobres para melhor análise. [© Agilent Technologies, Inc. 2006, Reproduzida sob permissão, Cortesia de Agilent Technologies, Inc.]

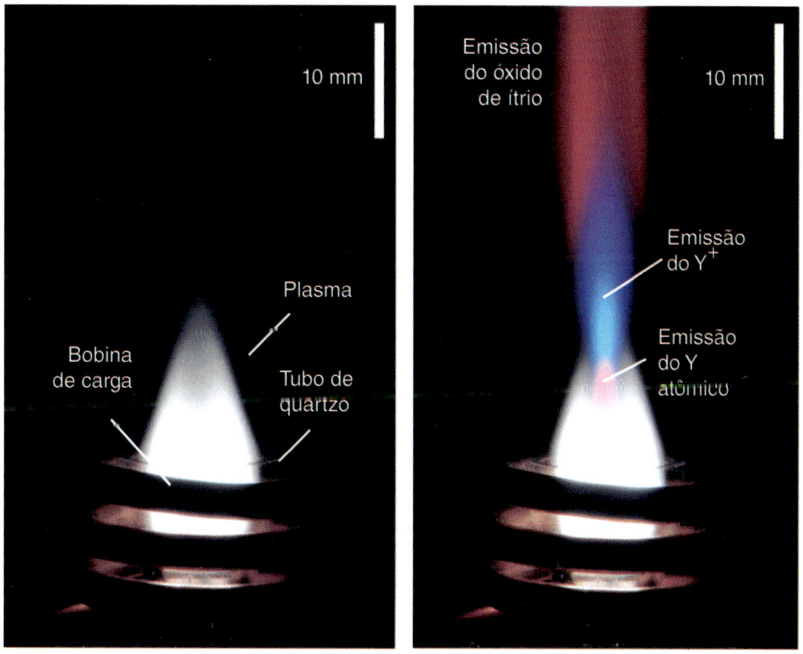

(*a*) (*b*)

PRANCHA EM CORES 26 Tocha de Plasma Indutivamente Acoplado (Seção 21.2)
(*a*) Plasma indutivamente acoplado tem uma temperatura na faixa de 6 000 a 10 000 K.
(*b*) A introdução de um aerossol contendo ítrio resulta na emissão rosa do ítrio atômico, emissão azul do Y^+ ionizado e emissão vermelha do YO. A medição radial da emissão seria na altura da emissão do Y^+. [S. Alavi, T. Khayamian e J. Mostaghimi, "Inductively Coupled Plasma Source for Spectrochemical Analysis", *Anal. Chem.* **2018**, *90*, 3036. Reimpressa sob permissão © 2018, American Chemical Society.]

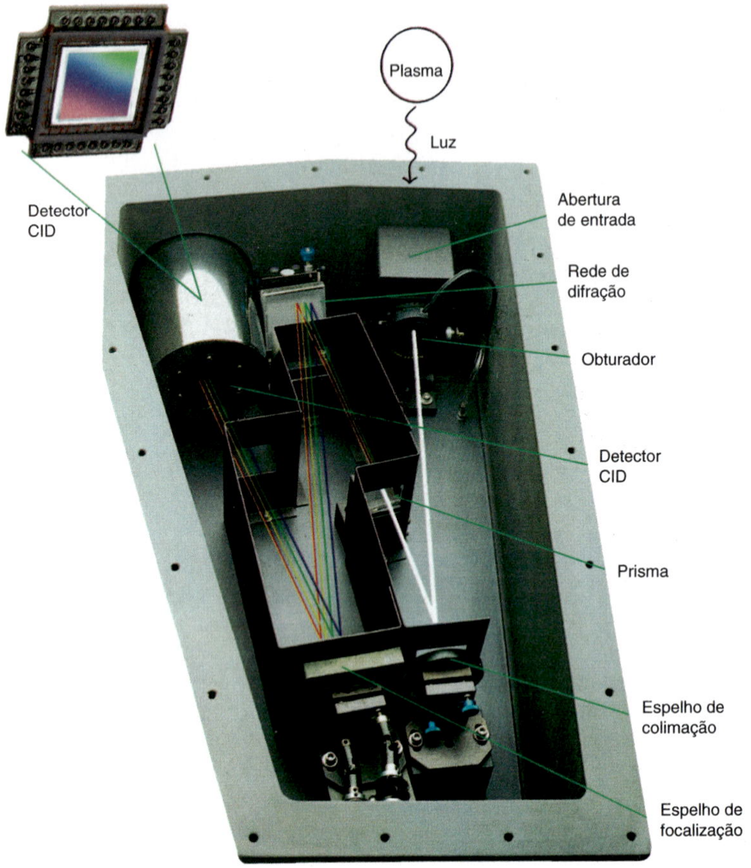

PRANCHA EM CORES 27 Policromador para Espectrômetro de Emissão Atômica de Plasma (Seção 21.4) A luz emitida por uma amostra no plasma entra no policromador no canto superior direito e é dispersa verticalmente por um prisma e depois horizontalmente por uma rede. O padrão bidimensional resultante de comprimentos de onda de 165 a 1 000 nm é detectado por um detector de dispositivo de injeção de carga com 262 000 pixels. Todos os elementos são detectados simultaneamente. [Cortesia de Thermo Fisher Scientific, Inc.]

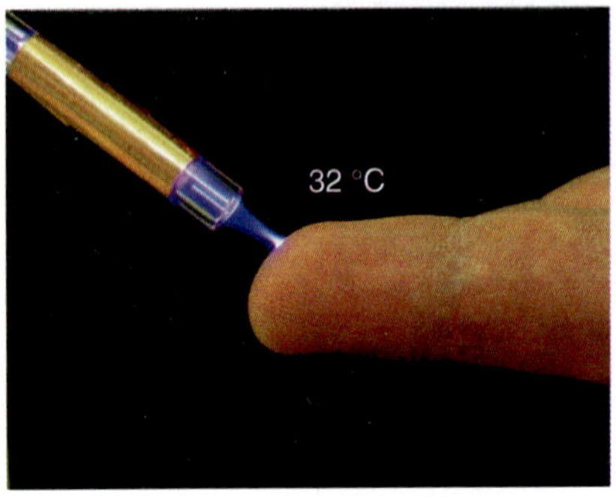

PRANCHA EM CORES 28 Plasma de Baixa Temperatura Ioniza Substâncias de Superfícies para Análise Espectral de Massa (Seção 22.7) Plasma na temperatura ambiente é obtido passando-se He, Ar, N_2 ou ar ambiente por um tubo de vidro com um fio coaxial aterrado. O tubo é envolvido na sua face externa por um revestimento de cobre ao qual se aplica uma corrente alternada com potencial de 3 kV em uma frequência de 2,5 kHz e potência de 1 W. As espécies excitadas no plasma se ionizam e arrancam moléculas de uma superfície como a pele humana. A superfície deve estar em posição adjacente à entrada de um espectrômetro de massa para se obter um espectro dos íons. Não existe choque elétrico na pele. [Cortesia de R. G. Cooks, Purdue University. Dados de J. D. Harper, N. A. Charipar, C. C. Mulligan, X. Zhang, R. G. Cooks e Z. Ouyang, "Low-Temperature Plasma Probe for Ambient Desorption Ionization", *Anal. Chem. 2008*, **80**, *9097*. Reproduzida sob permissão © 2008, American Chemical Society.]

PRANCHA EM CORES 29 Extração de Ditizona (Demonstração 23.1) Os frascos A a D têm uma fase inferior aquosa e uma fase superior de heptano em que a ditizona está presente. A ditizona em heptano (A) extrai Zn^{2+} para a fase de heptano (B). O menor volume de heptano no frasco C concentra a ditizona extraída na forma do complexo de ditizona com o zinco no frasco D. A adição de algumas gotas de HCl ao frasco B retira o Zn^{2+} de volta para a fase aquosa inferior, deixando a ditizona livre de metal de cor verde na camada superior de heptano no frasco E. O frasco F contém 1 mL de estoque de ditizona 1 mg/mL em 90:10 v/v de acetonitrila:água com 1 mL de $Zn(NO_3)_2$ 20 mM. No frasco G, 300 μL de hexafluorofosfato de 1-butil-3-metilimidazólio forma uma camada inferior que extrai o complexo de ditizona de zinco de cor vermelha. [Cortesia de Robin J. Abel, University of Alberta.]

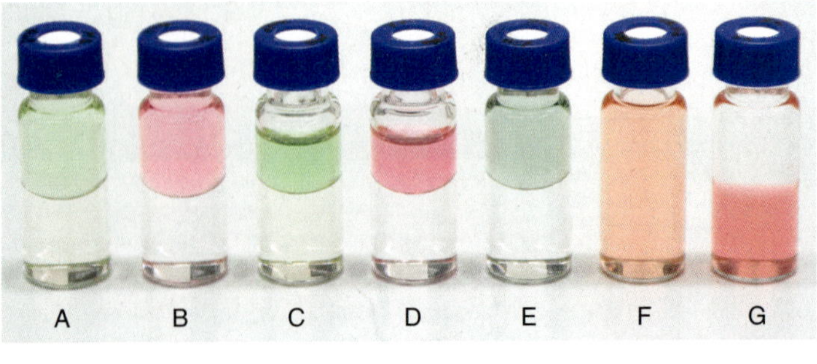

Depois da adição do agente de transferência de fase

Antes da adição do agente de transferência de fase

PRANCHA EM CORES 30 **Adição de Agente de Transferência de Fase Extrai Ânions Coloridos da Água para o Éter (Seção 23.1)** *Figura inferior*: frascos com a fase aquosa embaixo e o éter dietílico na fase de cima. Ânions coloridos estão presentes na fase aquosa. *Figura superior*: depois da adição a cada frasco de cloreto de trioctilmetilamônio e de uma boa agitação, o cátion trioctilmetilamônio extrai o ânion colorido para a fase do éter. [Dados de A. J. Pezhathinal, K. Rocke, L. Susanto, D. Handke, R. Chan-Yu-King e P. Gordon, "Colorful Chemical Demonstrations on the Extraction of Anionic Species from Water into Ether Mediated by Tricaprylmethylammonium Chloride (Aliquat 336)", *J. Chem. Ed.* **2006,** *83*, 1161. Reproduzida sob permissão © 2006, American Chemical Society. Os quatro primeiros autores eram estudantes de graduação que participaram do trabalho.]

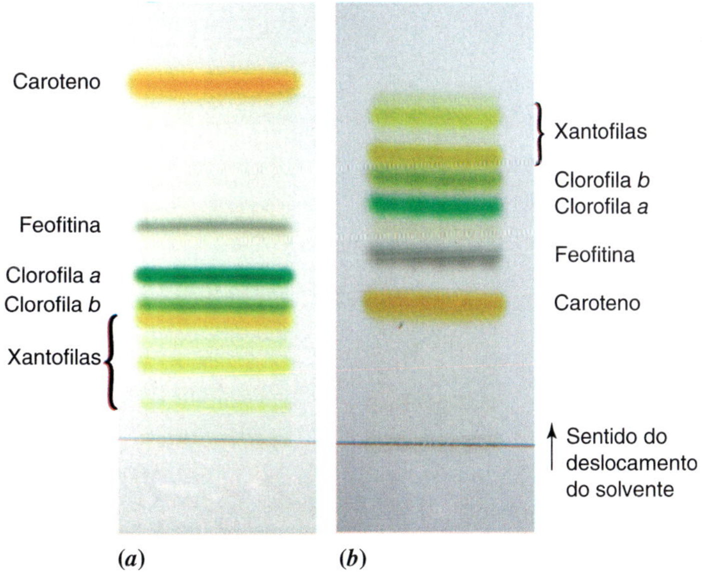

PRANCHA EM CORES 31 **Cromatografia em Camada Delgada de Fase Normal e Fase Reversa (Demonstração 25.1)** Separação de extratos de espinafre e rúcula por (*a*) cromatografia de fase normal usando uma placa de cromatografia de camada delgada de sílica gel desenvolvida com 70:30 (v/v) de *n*-hexano:acetona, e (*b*) cromatografia de fase reversa usando uma placa de sílica-C_{18} desenvolvida com 15:35:50 de *n*-hexano: acetonitrila:etanol. [Cortesia de L. Kvittingen, University of Science and Technology. Dados de B. J. Sjursnes, L. Kvittingen e R. Schmid, "Normal and Reversed Phase Thin Layer Chromatography of Green Leaf Extracts", *J. Chem. Ed.* **2015**, *92*, 193. Reimpressa sob permissão © 2015, American Chemical Society.]

(*a*) (*b*) (*c*)

PRANCHA EM CORES 32 **Dióxido de Carbono Supercrítico (Boxe 25.2)** (*a*) Dióxido de carbono líquido em uma câmara de aço de 60 mL a 30 °C e 6,9 MPa. A cor vermelha é oriunda de uma pequena quantidade de I_2 adicionada ao líquido para torná-lo visível. (*b*) Início da transição de fase supercrítica quando a temperatura aumenta. (*c*) Dióxido de carbono supercrítico monofásico. [Dados de H. Black, "Supercritical Carbon Dioxide: The 'Greener' Solvent", *Environ. Sci. Technol.* **1996**, *30*, 124A. As fotos são cortesia de D. Pesiri e W. Tumas, Los Alamos National Laboratory. Reproduzida sob permissão © 1996, American Chemical Society.]

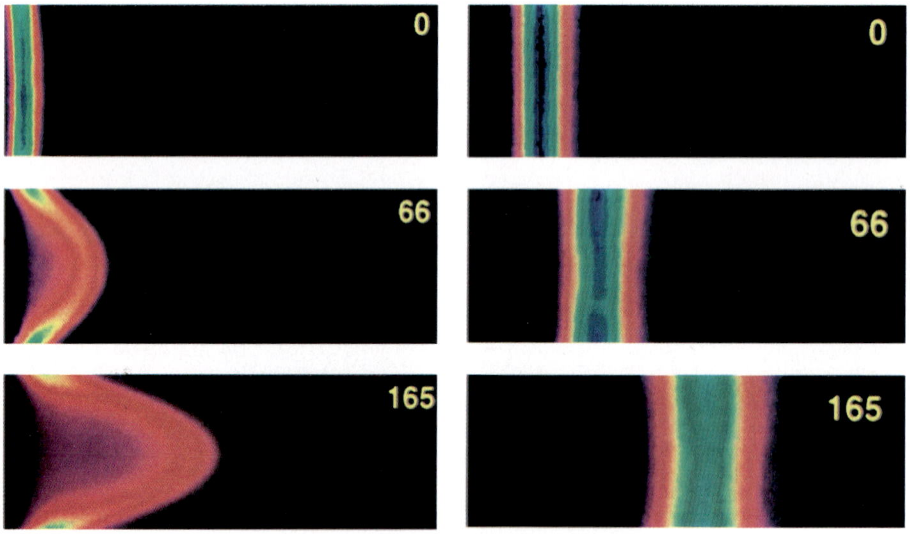

Fluxo hidrodinâmico →
capilar de 100 μm de diâmetro

Fluxo eletrosmótico →
capilar de 75 μm de diâmetro

PRANCHA EM CORES 33 **Perfis de Velocidade para Fluxos Hidrodinâmico e Eletrosmótico (Seção 26.6)** As imagens de um corante fluorescente dentro de um tubo capilar foram obtidas decorridos 0, 66 e 165 ms após o fluxo ter iniciado. A maior concentração do corante nessas imagens é representada pelo azul e a menor concentração é vermelha. As diferentes cores indicam as intensidades diferentes de fluorescência. [Dados de P. H. Paul, M. G. Garguilo e D. J. Rakestraw, "Imaging of Pressure and Electrokinetically Driven Flows Through Open Capillaries", *Anal. Chem.* **1998**, *70*, 2459. Reproduzida sob permissão © 1998, American Chemical Society. Ver também D. Ross, T. J. Johnson e L. E. Locascio, "Imaging of Electroosmotic Flow in Plastic Microchannels", *Anal Chem.* **2001**, *73*, 2509.]

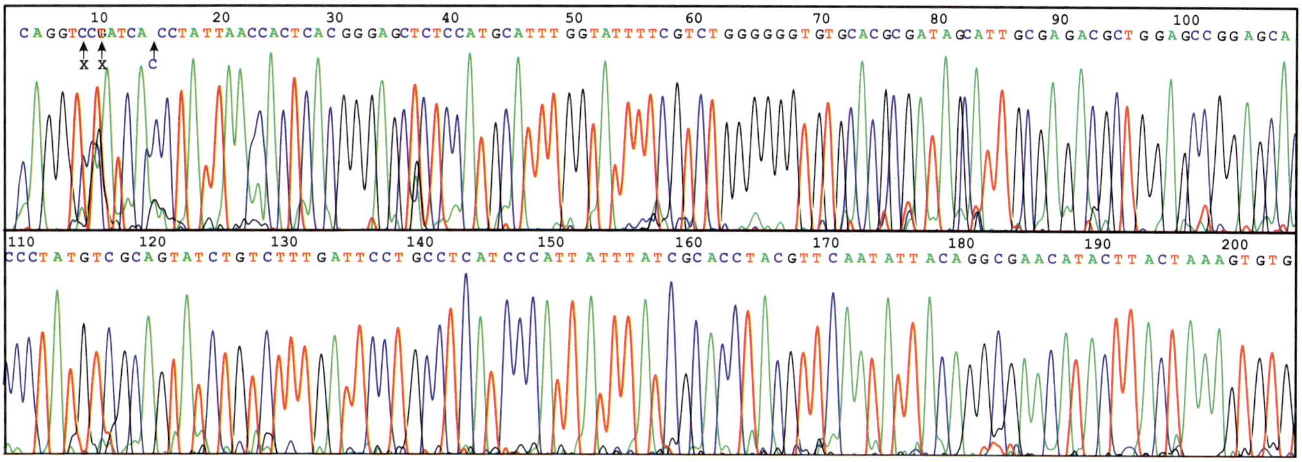

PRANCHA EM CORES 34 **Sequenciamento de DNA por Eletroforese Capilar em Gel com Detecção de Fluorescência (Seção 26.7)** Parte da sequência de bases de DNA obtida com um dispositivo microfluídico ("laboratório em um chip") capaz de ler um comprimento de 365 bases com 99% de exatidão. Os picos sucessivos correspondem aos comprimentos de DNA com mais uma base. Cada fita de DNA, que termina em uma das quatro bases A, T, C ou G, foi marcada com um marcador fluorescente diferente, que identifica a base terminal quando ela passa por um detector de fluorescência. Comprimentos diferentes de DNA são separados por peneiramento por meio de um canal de eletroforese de 18 cm de comprimento contendo gel de poliacrilamida com ureia 6 M para estabilizar fitas isoladas. O volume da amostra injetada é de 30 nL contendo 100 amol (60 milhões de moléculas) de DNA. [Dados de R. G. Blazej, P. Kumaresan, S. A. Cronier e R. A. Mathies, "Inline Injection Microdevice for Attomole-Scale Sanger DNA Sequencing", *Anal. Chem.* **2007**, *79*, 4499. Reproduzida sob permissão © 2007, American Chemical Society.]

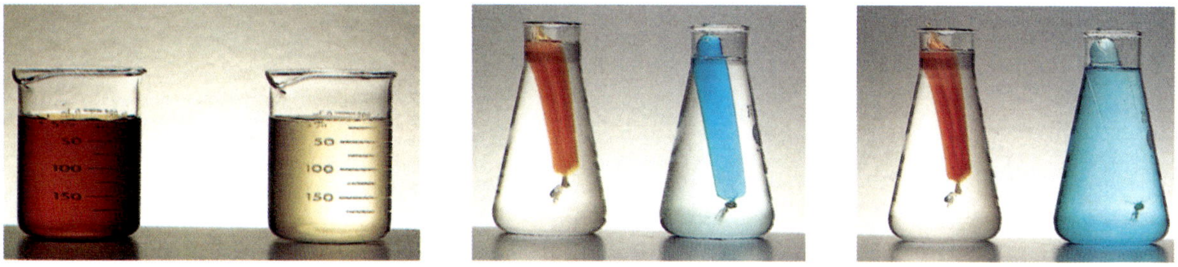

(*a*) (*b*) (*c*)

PRANCHA EM CORES 35 **Coloides e Diálise (Demonstração 27.1)** (*a*) Fe(III) coloidal (esquerda) e Fe(III) aquoso normal (direita). (*b*) Bolsas de diálise contendo Fe(III) coloidal (esquerda) e uma solução de Cu(II) (direita) imediatamente após a colocação em erlenmeyers com água. (*c*) Após 24 horas de diálise, o Cu(II) se difundiu para fora e está disperso uniformemente entre a bolsa e o erlenmeyer, mas o Fe(III) coloidal permaneceu dentro da bolsa. [Daniel C. Harris.]

10 mL límpida | 10 mL turva | ~0,2 mL fase micelar | 2 mL límpida

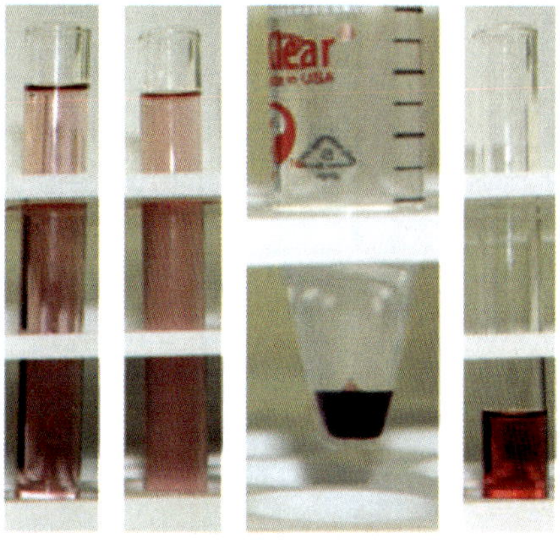

(*a*) (*b*) (*c*) (*d*)

PRANCHA EM CORES 36 **Extração em Ponto Nuvem (Seção 28.3)** Extração em ponto nuvem para medição de ferro com um reagente colorimétrico amarelo-alaranjado que forma um complexo roxo com Fe(II). (*a*) Complexo roxo em 10 mL de solução aquosa homogênea com surfactante. (*b*) Solução turva após aquecimento para separar as micelas em uma fase separada. (*c*) A fase micelar ocupa ~ 0,2 mL após a centrifugação. (*d*) Solução homogênea após remoção da fase aquosa e diluição da fase micelar para 2,00 mL com etanol. As "barras" brancas horizontais grossas são vistas laterais do suporte de tubos de ensaio. [Fotografias obtidas pelos alunos de graduação Ashlyn Erpenbach, Sang Wook Lee, Elizabeth Liu e Cameron Zalewski são cortesia de P. Doolittle e Ashlyn Erpenbach, University of Wisconsin-Madison. Ver L. Khalafi, P. Doolittle e J. Wright, "Speciation and Determination of Low Concentration of Iron in Beer Samples by Cloud Point Extraction", *J. Chem. Ed.* **2018**, *95*, 463.]

0 Processo Analítico

MERCÚRIO NO PERGELISSOLO (PERMAFROST)

Perfuração do pergelissolo, também chamado de permafrost, no Alasca, para medição de Hg. Geoquímicos medem quantidades de 10^{-11} a 10^{-6} g de mercúrio aquecendo amostras de solo na presença de O_2 para queimar o solo e, em seguida, aprisionam o Hg gasoso liberado em ouro. O ouro é então aquecido para vaporizar o Hg, cuja concentração na fase gasosa é medida pela absorção de radiação ultravioleta. O texto nesta abertura de capítulo vem do seguinte artigo: P. F. Schuster et al., "Permafrost Stores a Globally Significant Amount of Mercury", *Geophys. Res. Lett.* **2018**, *45*, 1.463. A citação se refere à revista *Geophysical Research Letters*, volume 45, p. 1.463, no ano de 2018. [Cortesia de Paul Schuster, USGS.]

O pergelissolo, isto é, o solo que permanece congelado por pelo menos dois anos consecutivos, ocorre em um quarto do solo no hemisfério norte, principalmente perto do Círculo Polar Ártico. A "camada ativa" do solo (~0,3 a 1 m de espessura) acima do pergelissolo derrete no verão. O mercúrio atmosférico liga-se à matéria orgânica na camada ativa. No verão, microrganismos consomem matéria orgânica e liberam mercúrio para o meio ambiente. A forma mais perigosa de mercúrio não é o Hg elementar, mas formas solúveis como o CH_3Hg^+. À medida que a sedimentação aumenta a profundidade do solo, as camadas inferiores tornam-se pergelissolo em que a decomposição microbiana cessa. O mercúrio é, assim, "aprisionado" no pergelissolo.

O aquecimento global a partir do CO_2, produzido quando queimamos combustíveis fósseis, aumentou a temperatura média da Terra em 0,7 °C nos últimos 40 anos (Figura 10.1). O Ártico está aquecendo ainda mais rápido, com temperaturas médias de inverno em 2016 e 2017 de 4 a 5 °C acima da média em 1979 a 2010. O volume de gelo no inverno flutuando no Oceano Ártico caiu 42% de 1979 a 2017.[1]

O solo ártico e o pergelissolo contêm uma média de ~40×10^{-9} g de Hg/g de solo. As regiões do pergelissolo no hemisfério norte contêm ~2×10^{12} g de Hg, metade dos quais está congelado no pergelissolo. O solo do pergelissolo armazena quase o dobro de Hg do que todos os outros solos, oceanos e atmosfera combinados. Espera-se que o aquecimento global reduza a área do pergelissolo em 30 a 99% até o ano 2100. Uma vez descongelado, o Hg no pergelissolo será liberado pela atividade microbiana em cerca de um século, com efeitos ambientais desconhecidos. A análise química quantitativa nos permite medir as mudanças que ocorrem em nosso planeta. Somos sábios o suficiente para usar essas informações para um bom propósito?

Os termos em **negrito** devem ser olhados com atenção. As palavras em *itálico* são menos importantes. Um glossário de termos é encontrado no Ambiente de aprendizagem do GEN

A **análise química quantitativa** é a medição de *quanto* de uma substância química está presente. A finalidade da análise quantitativa é frequentemente responder a uma pergunta como: "este mineral contém cobre em quantidade suficiente para ser uma fonte economicamente viável de cobre?"

Análise quantitativa: quanto está presente?
Análise qualitativa: o que está presente?

A **análise química qualitativa** procura identificar um ou mais constituintes de uma substância. Por exemplo, um teste de gravidez caseiro usa uma tira de teste para examinar a urina buscando a presença de um hormônio produzido durante a gravidez. Esse teste responde a uma questão ainda mais importante: "estou grávida?". A análise qualitativa nos diz *o que* está presente, e a análise quantitativa nos informa *quanto* está presente. Na análise quantitativa, a medição química é apenas uma parte de um processo que inclui a formulação de uma pergunta pertinente, a coleta de uma amostra representativa, o tratamento dessa amostra de modo que a substância química de interesse possa ser medida, a realização da medição, a interpretação dos resultados e a elaboração de um relatório.

Notas e referências aparecem no Ambiente de aprendizagem do GEN.

0.1 Trabalho dos Químicos Analíticos

Meu chocolate em barra preferido,[2] feito com 33% de gordura e 47% de açúcar, me impele para o topo das montanhas de Sierra Nevada na Califórnia, EUA. Além de seu alto conteúdo energético, o chocolate contém uma energia extra a partir do efeito estimulante da cafeína e do seu precursor bioquímico, a teobromina.

Chocolate é ótimo para se comer, mas é difícil de ser analisado. [Dima Sobko/Shutterstock.]

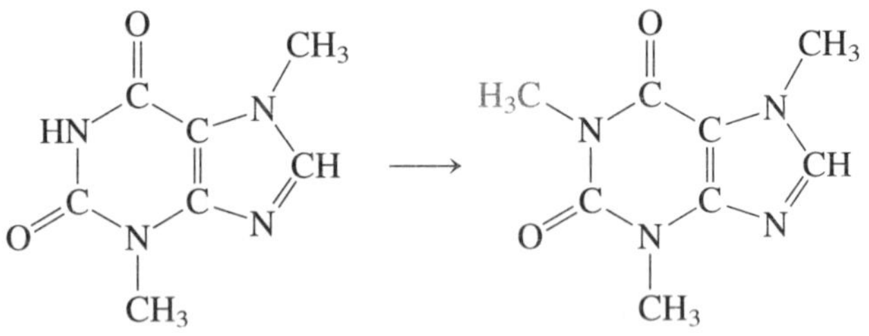

Teobromina (do grego "alimento dos deuses")
Um diurético, relaxante da musculatura lisa, estimulante cardíaco e vasodilatador

Cafeína
Estimulante do sistema nervoso central

Um **diurético** estimula o urinar.
Um **vasodilatador** alarga os vasos sanguíneos.

O excesso de cafeína é prejudicial para muitas pessoas, e mesmo pequenas quantidades não são bem toleradas por alguns indivíduos. Quanta cafeína possui uma barra de chocolate? Como esse valor se compara com a quantidade presente no café e nos refrigerantes? Na Faculdade de Bates, no Maine, EUA, o Professor Tom Wenzel ensina seus alunos a resolver problemas de química por meio de questões como essas.[3]

O *Chemical Abstracts* é a fonte mais completa para a localização de artigos publicados em jornais de química. O *SciFinder* é um programa que acessa o *Chemical Abstracts*.

Porém, como *podemos* medir a quantidade de cafeína presente em uma barra de chocolate? Dois estudantes, Denby e Scott, começaram pesquisando no *Chemical Abstracts* por métodos analíticos. Procurando por meio das palavras-chave "cafeína" e "chocolate", eles descobriram inúmeros artigos em jornais de química. Dois trabalhos, intitulados "Determinação de Teobromina e de Cafeína em Derivados de Cacau e Chocolate por Cromatografia Líquida de Alta Pressão",[4] descreviam um procedimento analítico adequado ao equipamento disponível no seu laboratório.[5]

Amostragem

A primeira etapa em uma análise química é procurar uma amostra representativa para que se façam as medições – este processo é chamado **amostragem**. Todos os chocolates são iguais? É claro que não. Denby e Scott compraram uma barra de chocolate em uma loja das vizinhanças e analisaram alguns pedaços dele. Se desejarmos enunciar alguma afirmação genérica do tipo "cafeína no chocolate", é necessário analisar chocolates provenientes de diferentes fabricantes. Também será preciso empregar várias amostras de cada produto para determinar o intervalo de concentração de cafeína em cada uma das amostras de chocolate.

Homogêneo: é o mesmo em todo lugar.
Heterogêneo: é diferente de região para região.

Uma barra de chocolate puro é razoavelmente **homogênea**, o que significa que a sua composição é a mesma em toda a barra, ou seja, podemos considerar que o teor de cafeína em uma ponta da barra é o mesmo que na outra ponta. O chocolate com nozes é um típico exemplo de um material **heterogêneo**. Neste caso, a composição do material varia de ponto para ponto porque as nozes são diferentes do chocolate. Para fazer a amostragem de um material heterogêneo, utilizamos uma estratégia diferente daquela usada para um material homogêneo. Agora, é necessário que se conheçam os valores médios da massa de chocolate e da massa de nozes presentes em várias barras. Necessitamos conhecer o conteúdo médio de cafeína no chocolate e nas nozes (se é que existe alguma cafeína nesta última). Só então poderemos fazer uma afirmativa sobre o conteúdo médio de cafeína presente no chocolate com nozes.

Preparo da Amostra

A primeira etapa do procedimento envolve a pesagem de certa quantidade de chocolate e a remoção da gordura presente nele por meio de dissolução em um solvente (um hidrocarboneto). A gordura necessita ser removida porque ela vai interferir mais tarde na etapa cromatográfica da análise. Infelizmente, se apenas agitarmos um pedaço de chocolate com o solvente, a extração não será muito eficaz, pois o solvente não tem acesso ao interior do chocolate. Então, nossos habilidosos estudantes cortaram o chocolate em pedaços pequenos e os colocaram em um gral (Figura 0.1), acreditando que seriam capazes de triturar o sólido em pequenas partículas.

Imagine-se tentando moer chocolate! O sólido é muito macio para ser moído. Então, Denby e Scott congelaram o gral e o pistilo, juntamente com os pedaços de chocolate. Ao resfriar, o chocolate se torna suficientemente quebradiço para ser moído. Após a moagem, alguns pequenos pedaços de chocolate foram então introduzidos em um tubo de centrífuga de 15 mililitros (mL), previamente pesado, e a sua massa foi registrada.

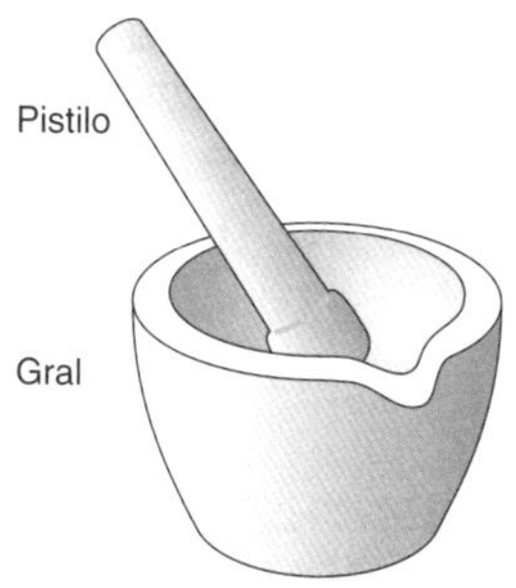

FIGURA 0.1 Gral de cerâmica com pistilo, usado para triturar sólidos, convertendo-os em um pó fino.

A Figura 0.2 ilustra a próxima etapa do procedimento, a remoção da gordura que interferiria na cromatografia subsequente. Uma porção de 10 mL de solvente, éter de petróleo, foi adicionada ao tubo, o qual foi fechado com uma rolha. O tubo foi agitado vigorosamente para dissolver a gordura do chocolate no solvente. A cafeína e a teobromina são insolúveis nesse solvente. A mistura de líquido e de pequenas partículas foi então centrifugada, de modo a compactar o chocolate no fundo do tubo. O líquido claro contendo a gordura dissolvida pôde então ser **decantado** (vertido) e descartado. A extração foi repetida mais duas vezes com novas porções de solvente a fim de assegurar a remoção completa da gordura do chocolate. O solvente residual no chocolate foi finalmente removido aquecendo-se o tubo de centrífuga em um béquer com água fervente. A massa de resíduo de chocolate foi calculada pesando-se o tubo que continha o chocolate desengordurado e subtraindo-se a massa conhecida do tubo vazio.

As substâncias a serem determinadas – cafeína e teobromina, nesse caso – são denominadas **analitos**. A etapa seguinte no procedimento do preparo da amostra foi realizar uma **transferência quantitativa** (uma transferência completa) do resíduo de chocolate livre da gordura para um frasco erlenmeyer e dissolver os analitos em água para a análise química. Se qualquer porção do resíduo não fosse transferida do tubo da centrífuga para o erlenmeyer, a análise final conteria erro, pois nem todo o analito estaria presente. Para fazer a transferência quantitativa, Denby e Scott adicionaram alguns mililitros de água pura ao tubo de centrífuga e usaram agitação e aquecimento para dissolver ou provocar a suspensão da maior quantidade possível de chocolate. Eles transferiram então a **pasta** (uma suspensão de um sólido em um líquido) para um erlenmeyer de 50 mL. Eles repetiram o procedimento várias vezes com novas porções de água para garantir que todo o chocolate fosse transferido do tubo de centrífuga para o frasco.

Uma solução de qualquer coisa em água é chamada solução **aquosa**.

Para completar a dissolução dos analitos, Denby e Scott adicionaram água pura para levar o volume até cerca de 30 mL. Eles aqueceram o erlenmeyer (e o seu conteúdo) em água fervente (banho-maria) para extrair toda a cafeína e a teobromina do chocolate para a água. Para calcular mais tarde a quantidade de analito, a massa total do solvente (água) deve ser exatamente conhecida. Denby e Scott conheciam a massa do resíduo de chocolate no tubo de centrífuga e conheciam a massa do erlenmeyer vazio. Então, eles colocaram o erlenmeyer em uma balança e adicionaram água pura, gota a gota, até que a massa de água chegasse a 33,3 g no frasco. Mais tarde, eles comparariam soluções conhecidas dos analitos puros em água com a solução desconhecida contendo 33,3 g de água.

Antes de Denby e Scott injetarem a solução desconhecida em um cromatógrafo para a análise química, eles tiveram que fazer uma limpeza final da amostra (Figura 0.3). O resíduo de chocolate na água contém minúsculas partículas sólidas que certamente iriam entupir as colunas cromatográficas, que custam caro, danificando-as. Assim, eles transferiram uma porção da pasta para um tubo de centrífuga e centrifugaram a mistura para compactar o máximo de sólido possível no fundo do tubo. O **líquido sobrenadante** (o líquido acima do sólido compactado), turvo e escuro, foi então filtrado em uma tentativa adicional para remover as minúsculas partículas de sólido do líquido.

É imperioso evitar injetar sólidos dentro da coluna cromatográfica, mas o líquido escuro ainda tinha aspecto turvo. Então, Denby e Scott aproveitaram os intervalos entre suas aulas para repetir, por cinco vezes, as etapas de centrifugação e filtração. Após cada ciclo, o líquido

As amostras que se encontram na vida real raramente facilitam a sua vida!

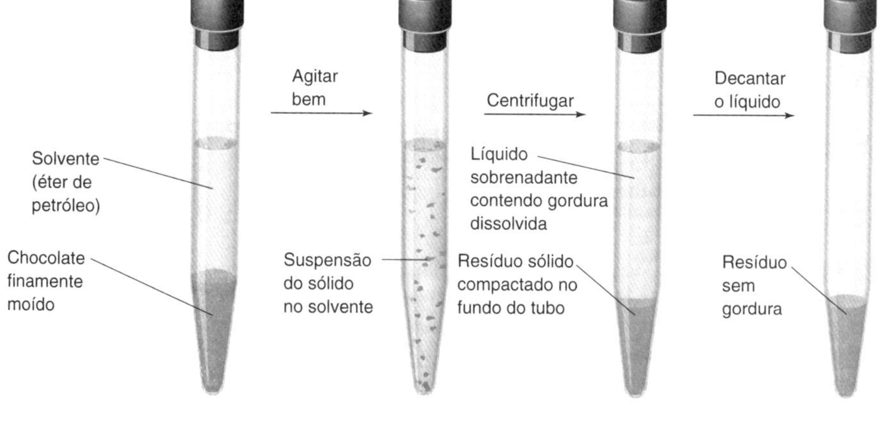

FIGURA 0.2 Extração da gordura do chocolate, obtendo-se um resíduo sólido livre de gordura para análise.

FIGURA 0.3 Centrifugação e filtração são usadas para separar resíduos sólidos indesejáveis da solução aquosa dos analitos.

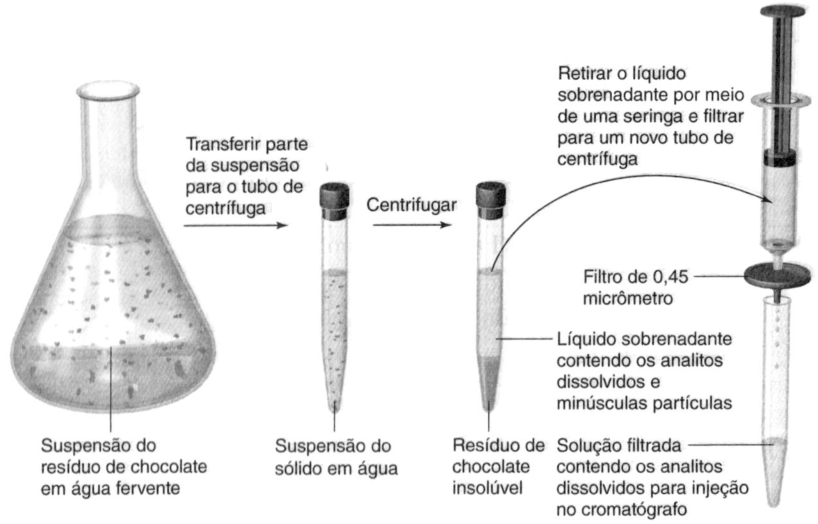

sobrenadante, que era filtrado e centrifugado, ficava um pouco mais claro. Mas o líquido nunca ficava completamente límpido. Depois de decorrido um tempo suficiente, sempre havia a precipitação de mais sólido a partir da solução filtrada.

O tedioso procedimento descrito até agora é denominado **preparo da amostra** – a transformação da amostra em uma forma que seja apropriada para análise. Nesse caso, a gordura foi removida do chocolate, os analitos foram extraídos em água e o sólido residual foi separado da água.

Análise Química (Finalmente!)

O solvente usado em determinada análise cromatográfica é selecionado por um processo sistemático de tentativa e erro descrito no Capítulo 25. O ácido acético reage com os átomos de oxigênio que existem na superfície da sílica. Esses átomos de oxigênio ligam-se firmemente a uma pequena fração de cafeína e teobromina.

$$\underset{\text{Liga-se firmemente aos analitos}}{\text{sílica-O}^-} \xrightarrow{\text{Ácido acético}} \underset{\text{Não se liga firmemente aos analitos}}{\text{sílica-OH}}$$

Denby e Scott finalmente decidiram que a solução aquosa que continha os analitos estava tão límpida quanto eles podiam obter, considerando-se o tempo disponível. A etapa seguinte foi injetar a solução em uma coluna *cromatográfica*, que iria separar os analitos da mistura e determinar a quantidade de cada um deles. A coluna na Figura 0.4*a* está empacotada com minúsculas partículas de sílica (SiO_2), cujas superfícies estão recobertas com moléculas de hidrocarbonetos de cadeia longa. Vinte microlitros ($20{,}0 \times 10^{-6}$ litros) de extrato de chocolate foram injetados na coluna e lavados (eluídos) com um solvente constituído por uma mistura de 79 mL de água pura, 20 mL de metanol e 1 mL de ácido acético. A cafeína tem maior

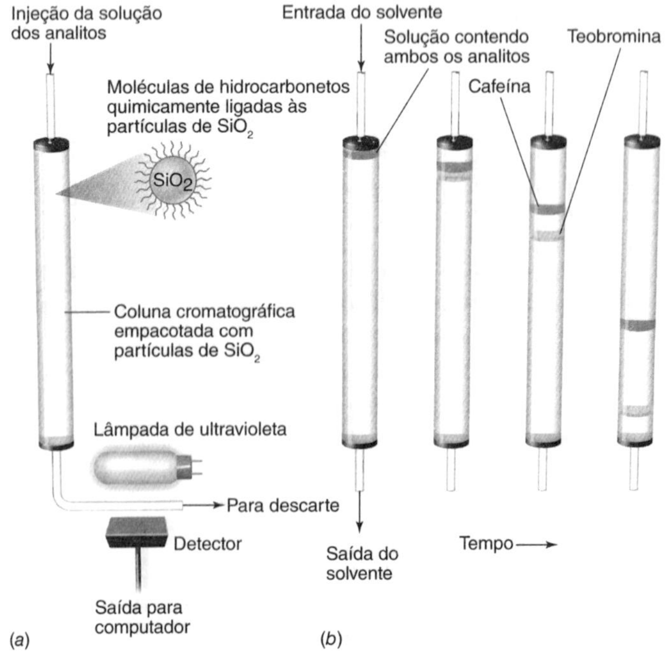

FIGURA 0.4 Princípio da cromatografia líquida. (*a*) Dispositivo cromatográfico contendo um detector por absorção de ultravioleta para detectar os analitos na saída da coluna. (*b*) Separação entre a cafeína e a teobromina por cromatografia. A cafeína apresenta maior afinidade pela camada de hidrocarboneto sobre as partículas na coluna do que a teobromina. Portanto, a cafeína é retida mais fortemente e move-se pela coluna mais lentamente do que a teobromina.

afinidade pelo hidrocarboneto que se encontra presente na superfície da sílica do que a teobromina. Portanto, a cafeína "fixa-se" mais fortemente do que a teobromina nas partículas de sílica da coluna. À medida que os analitos percolam a coluna em função do fluxo do solvente, a teobromina alcança a saída da coluna antes da cafeína (Figura 0.4*b*).

Os analitos são detectados na saída da coluna por sua capacidade em absorver a radiação proveniente da lâmpada na Figura 0.4*a*. O gráfico da resposta do detector contra o tempo na Figura 0.5 é chamado *cromatograma*. A teobromina e a cafeína são os picos maiores no cromatograma. Os picos menores são decorrentes de outras substâncias extraídas do chocolate.

Apenas as substâncias que absorvem a radiação ultravioleta em um comprimento de onda de 254 nanômetros são observadas na Figura 0.5. Os componentes principais no extrato aquoso são açúcares, mas eles não são detectados nesse experimento.

O cromatograma sozinho não nos diz que componentes estão presentes na amostra desconhecida. Uma maneira de identificar os picos individualmente é determinar as características espectrais de cada um dos componentes assim que emergem da coluna. Outra maneira é adicionar uma amostra-padrão de cafeína ou teobromina à amostra desconhecida e ver se um dos picos aumenta de tamanho.

Na Figura 0.5, a *área* de cada pico é proporcional à quantidade de cada componente que passa pelo detector. A melhor maneira de medir a área é com um computador que recebe os dados do detector do cromatógrafo durante o experimento. Denby e Scott não possuíam um computador conectado ao seu cromatógrafo, assim eles tiveram que medir a *altura* de cada pico.

Curvas de Calibração

Em geral, analitos diferentes em concentrações iguais fornecem diferentes respostas no detector de um cromatógrafo. Portanto, a resposta do detector deve ser medida para concentrações conhecidas de cada analito. O gráfico que mostra a resposta do detector como uma função da concentração do analito é chamado **curva de calibração** ou *curva-padrão*. Para a construção dessa curva de calibração, **soluções-padrão**, contendo concentrações conhecidas de teobromina ou de cafeína, foram preparadas e injetadas na coluna, e as alturas dos picos resultantes foram medidas. A Figura 0.6 é um cromatograma de uma das soluções-padrão, e a Figura 0.7 mostra as curvas de calibração obtidas injetando-se soluções que contêm 10,0, 25,0, 50,0 ou 100,0 microgramas de cada analito por grama de solução.

As linhas retas que passam pelos pontos de calibração podem então ser usadas para determinar as concentrações de teobromina e cafeína em uma amostra desconhecida. A partir da

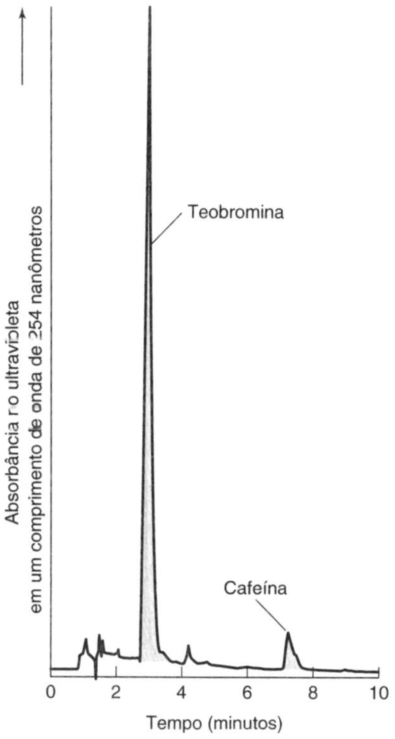

FIGURA 0.5 Cromatograma de 20,0 microlitros de extrato de chocolate preto. A coluna com 4,6 mm de diâmetro e 150 mm de comprimento, empacotada com partículas de Hypersil ODS de 5 micrômetros, foi eluída (lavada) com uma mistura de água, metanol e ácido acético (79:20:1 em volume) com um fluxo de 1,0 mL por minuto.

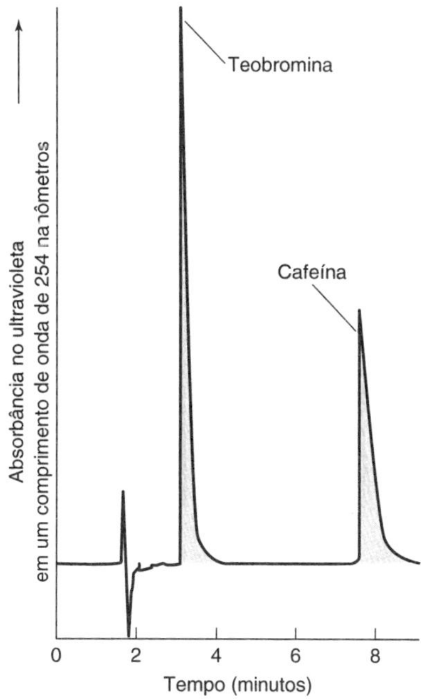

FIGURA 0.6 Cromatograma de 20,0 microlitros de uma solução-padrão contendo 50,0 microgramas de teobromina e 50,0 microgramas de cafeína por grama de solução.

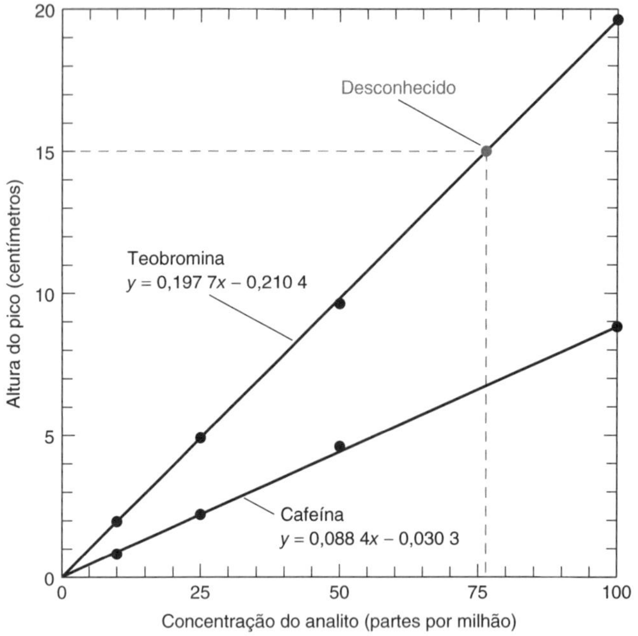

FIGURA 0.7 Curvas de calibração mostrando as alturas dos picos observados para concentrações conhecidas dos compostos puros. Uma *parte por milhão* representa um micrograma de analito por grama de solução. As equações das retas traçadas ao longo dos pontos experimentais foram determinadas pelo *método dos mínimos quadrados* descrito no Capítulo 4.

equação da curva de calibração da teobromina na Figura 0.7, podemos dizer que, se a altura do pico de teobromina observado em uma solução desconhecida é de 15,0 cm, então a concentração dessa substância é de 76,9 microgramas por grama de solução.

Interpretação dos Resultados

Sabendo as quantidades de analitos presentes no extrato aquoso do chocolate, Denby e Scott foram capazes de calcular as quantidades de teobromina e de cafeína existentes no chocolate original. Os resultados obtidos para os chocolates preto e branco são mostrados na Tabela 0.1. As quantidades encontradas no chocolate branco são somente cerca de 2% das quantidades presentes no chocolate preto.

A tabela também informa o *desvio-padrão* de três medidas repetidas de cada amostra. O desvio-padrão, discutido no Capítulo 4, é uma medida da reprodutibilidade dos resultados. Caso as três amostras apresentassem resultados idênticos, o desvio-padrão seria nulo. Se os resultados não são muito reprodutíveis, então o desvio-padrão será muito grande. Para a teobromina no chocolate preto, o desvio-padrão (0,002) é menor que 1% da média (0,392), o que indica que as medidas são reprodutíveis. Para a teobromina no chocolate branco, o desvio-padrão (0,007) é quase tão grande quanto a média (0,010), portanto, as medidas são pouco reprodutíveis.

TABELA 0.1 Análise dos chocolates preto e branco

	Gramas de analito por 100 gramas de chocolate	
Analito	**Chocolate preto**	**Chocolate branco**
Teobromina	0,392 ± 0,002	0,010 ± 0,007
Cafeína	0,050 ± 0,003	0,000 9 ± 0,001 4

Média ± desvio-padrão de três injeções de cada extrato.

O objetivo de uma análise é chegar à alguma conclusão. As questões apresentadas no início desta seção foram: "Quanta cafeína existe em uma barra de chocolate?" e "Qual é a sua comparação com a quantidade existente no café e em refrigerantes?" Após todo esse trabalho, Denby e Scott descobriram quanta cafeína existia em *uma* determinada barra de chocolate que eles analisaram. Seria muito mais trabalhoso se eles tivessem analisado mais barras de chocolate do mesmo tipo e de muitos tipos diferentes de chocolate para obter uma visão mais abrangente do conteúdo de cafeína no chocolate em geral. A Tabela 0.2 compara os resultados de várias análises de diferentes fontes de cafeína. Uma lata de refrigerante ou uma xícara de chá contém menos da metade da quantidade de cafeína presente em uma xícara pequena de café. O chocolate contém ainda menos cafeína, mas uma pessoa faminta, ao comer muito chocolate, pode ter uma bela surpresa!

TABELA 0.2 **Quantidade de cafeína presente em bebidas e alimentos**

Fonte	Cafeína (miligramas por porção)	Tamanho da porção[a] (onças)
Café comum	106–164	5
Café descafeinado	2–5	5
Chá	21–50	5
Bebida à base de cacau	2–8	6
Chocolate industrial	35	1
Chocolate	20	1
Chocolate ao leite	6	1
Refrigerantes cafeinados	36–57	12
Red Bull	80	8,2

a. 1 onça = 28,35 gramas.

FONTES: http://www.holymtn.com/tea/caffeine_content.htm. Red Bull em http://wilstar.com/caffeine.htm.

Simplificação do Preparo da Amostra por Meio de Extração em Fase Sólida

O procedimento seguido por Denby e Scott em meados da década de 1990 foi desenvolvido antes que a *extração em fase sólida* (Seção 28.3) entrasse em uso. Hoje, a extração em fase sólida simplifica o preparo da amostra por meio da separação de alguns componentes interferentes principais da mistura dos analitos desejados.[6] O procedimento mostrado na Figura 0.8 descreve uma pequena coluna descartável contendo uma fase sólida cromatográfica que pode limpar a amostra o bastante antes da realização da cromatografia em uma coluna analítica dispendiosa.

Denby e Scott extraíram a gordura com solvente orgânico. Depois, extraíram a cafeína e a teobromina com água quente e removeram em um trabalho exaustivo as partículas finas por centrifugação e filtração repetidas. A extração em fase sólida mostrada na Figura 0.8 remove açúcares, gorduras e partículas finas da amostra aquosa, substituindo, com isso, a extração com solvente orgânico, a centrifugação e a filtração. A amostra inteira de chocolate moído (0,5 g) é suspensa em 20 mL de água a 80 °C durante 15 minutos pata extrair a cafeína, a teobromina e outros componentes solúveis em água. Uma coluna de extração em fase sólida contendo 0,5 g de partículas de sílica com hidrocarbonetos covalentemente ligados (como as partículas na coluna na Figura 0.4) é limpa com 1 mL de metanol seguido de 1 mL de água. Quando 0,5 mL de extrato aquoso é depositado na coluna, a teobromina e a cafeína aderem-se ao hidrocarboneto sobre a partícula de sílica na coluna. Muitos componentes solúveis em água, como os açúcares, são removidos com 1 mL de água. A cafeína e a teobromina são, então, removidas da coluna com 2,5 mL de metanol. As gorduras permanecem na coluna. Após evaporar o extrato em metanol à secura, o resíduo é dissolvido em 1 mL de água, estando pronto para a cromatografia. A Prancha em Cores 1, no início deste livro, mostra um exemplo de extração em fase sólida para a separação de dois corantes.

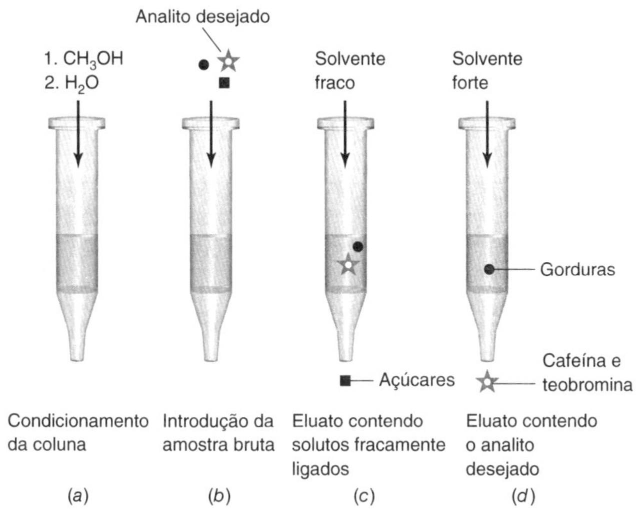

FIGURA 0.8 Extração em fase sólida separa a cafeína e a teobromina dos açúcares e das gorduras encontradas no chocolate. Os açúcares são prontamente removidos da coluna, porque eles não se acham ligados ao hidrocarboneto que está ligado covalentemente às partículas na coluna. As gorduras são tão solúveis no hidrocarboneto que elas não são removidas da coluna pelo metanol. A cafeína e a teobromina são solúveis no hidrocarboneto, mas são removidas da coluna com metanol.

0.2 Etapas Gerais em uma Análise Química

O processo analítico frequentemente começa com uma pergunta, que não envolve aspectos relativos à análise química. Por exemplo, "Esta água é própria para o consumo?" ou "O teste de emissões em automóveis diminui a poluição do ar?" Um cientista traduz essas questões em termos de determinadas medições. Um químico analítico deve então escolher, ou mesmo desenvolver, um procedimento capaz de realizar tais medições.

Quando a análise está completa, o químico analítico deve traduzir os resultados em termos que possam ser compreendidos por outras pessoas – preferencialmente o público em geral. O aspecto mais importante de qualquer resultado está em suas limitações. Qual é a incerteza estatística dos resultados apresentados? Se as amostragens forem feitas de maneiras diferentes, os resultados serão os mesmos? Uma pequena quantidade (um *traço*) de um analito está realmente presente na amostra ou é apenas uma contaminação decorrente do procedimento analítico? Somente após entendermos os resultados e suas limitações é que podemos tirar conclusões.

É possível agora resumir as etapas gerais de um processo analítico:

Formulando a questão	Traduzir questões gerais em questões específicas para serem respondidas por meio de medidas químicas.
Selecionando os procedimentos analíticos	Encontrar na literatura química procedimentos apropriados ou, se necessário, desenvolver novos procedimentos, para fazer as medições necessárias.
Amostragem	*Amostragem* é o processo de seleção do material representativo para ser analisado. O Boxe 0.1 apresenta algumas ideias de como isso pode ser feito. Se começamos com uma amostra mal constituída, ou se ocorrem modificações na amostra durante o intervalo de tempo entre a coleta e a análise, os resultados não têm significado algum. "Porcaria gera porcaria!"
Preparo da amostra	O *preparo da amostra* é o processo em que uma amostra representativa é convertida em uma forma apropriada para análise química. Em geral, isso significa dissolver a amostra. Para uma amostra com baixa concentração de analito pode ser necessário concentrá-la antes de ser analisada. Talvez seja necessária a remoção ou o *mascaramento* das espécies que interferem na análise química. No caso de uma barra de chocolate, o preparo da amostra consistiu na remoção de gordura e na dissolução dos analitos desejados. A remoção da gordura foi necessária porque ela interfere na análise cromatográfica.
Análise	Medir a concentração do analito em várias **alíquotas** (porções) idênticas. O objetivo das *medidas repetidas* é avaliar a variabilidade (incerteza) na análise e se precaver contra algum erro grosseiro na análise de uma única alíquota. *A incerteza de uma medida é tão importante quanto à medida em si*, pois ela nos diz o quanto a medida é confiável. Se necessário, usam-se diferentes métodos analíticos, em amostras semelhantes, para ter certeza de que todos os métodos conduzem ao mesmo resultado, e que a escolha de determinado método não influencia o resultado. Pode-se também ter interesse em preparar e analisar várias amostras brutas diferentes para verificar que variações surgem no procedimento de amostragem.
Relatório e interpretação	Produzir um relatório completo e claramente escrito dos resultados, realçando quaisquer limitações associadas a eles. O relatório poderá ser elaborado para ser lido apenas por um especialista (como o professor), ou pelo público em geral (como um legislador ou repórter de jornal). É necessário ter certeza de que o relatório é apropriado para o público a que se destina.
Tirando conclusões	Uma vez escrito o relatório, o analista poderá ou não se envolver no que é feito com a informação, como modificar o fornecimento de matéria-prima para uma fábrica ou elaborar leis para regular os aditivos de alimentos. Quanto mais clara for a redação de um relatório, menor a probabilidade de que ele venha a ser mal interpretado por aqueles que o usam.

Em química, o termo **espécie** indica qualquer substância de interesse.

Interferência ocorre quando uma espécie diferente do analito aumenta ou diminui a resposta do método analítico, fazendo parecer que existe mais ou menos analito do que aquele realmente presente.

Mascaramento é a transformação de uma espécie interferente em uma forma que não seja detectada. Por exemplo, o Ca^{2+} na água de um lago pode ser determinado com um reagente chamado EDTA. O Al^{3+} interfere nessa análise, porque ele também reage com o EDTA. Portanto, o Al^{3+} deve ser mascarado tratando-se a amostra com excesso de F^- para formar AlF_6^{3-}, que não reage com o EDTA.

A maior parte deste livro trata da determinação das concentrações de espécies químicas presentes em alíquotas homogêneas de uma amostra desconhecida. A análise não terá valor algum se a amostra não for coletada adequadamente, se medidas não forem tomadas para assegurar a confiabilidade do método analítico e se os resultados não forem apresentados de forma clara e completa. A análise química é apenas a parte central de um processo que se inicia com uma pergunta e termina com uma conclusão.

BOXE 0.1 Construindo uma Amostra Representativa

Em um **material aleatoriamente heterogêneo**, as diferenças de composição ocorrem aleatoriamente e em uma escala estreita. Quando coletamos uma porção de material para análise, devemos ter certeza de que a amostra contém as diversas composições. Para construir uma amostra representativa a partir de um material heterogêneo devemos, inicialmente, dividir visualmente o material em frações. Uma **amostra aleatória** é coletada tirando-se porções de um número desejado de frações escolhidas ao acaso. Por exemplo, se você deseja medir o conteúdo de magnésio no gramado do campo de 10 × 20 metros na figura *a*, você pode dividir o campo em 20 000 pedaços pequenos com 10 cm de lado. Após numerar cada pedaço, devemos usar um programa de computador para escolher aleatoriamente 100 números, entre 1 e 20 000. Depois, colhemos e combinamos a grama de cada um dos 100 pedaços para construir uma amostra bruta representativa para análise.

Em um **material heterogêneo segregado** (no qual grandes regiões obviamente possuem composições diferentes), devemos constituir uma **amostra complexa** (compósito). Por exemplo, o campo na figura *b* possui três tipos diferentes de grama segregadas nas regiões A, B e C. Podemos desenhar um mapa do campo em um papel milimetrado e medir a área de cada região. Nesse caso, 66% da área ficarão na região A, 14% ficarão na região B e 20% ficarão na região C. Para construir uma amostra bruta representativa desse material segregado, pegamos 66 pedaços pequenos da região A, 14 da região B e 20 da região C. Podemos fazer isso retirando números aleatórios entre 1 e 20 000 para selecionar os pedaços, até que tenhamos o número desejado para cada região.

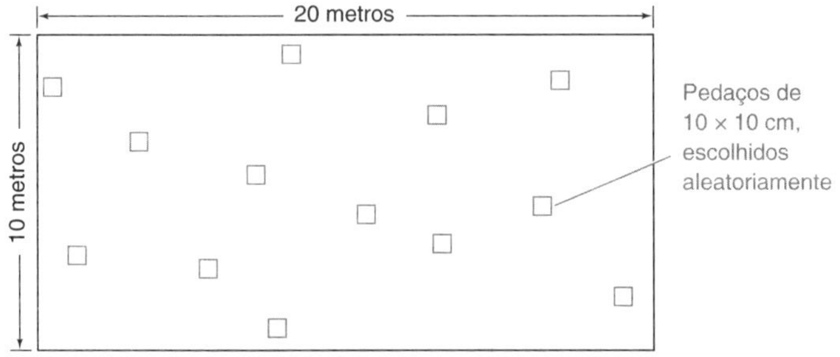

Material aleatoriamente heterogêneo

(*a*)

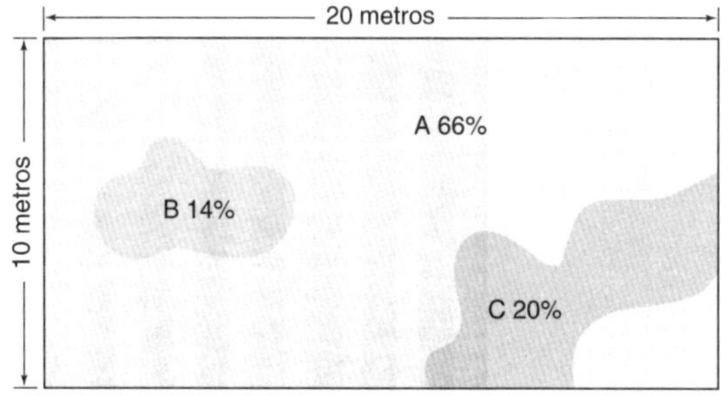

Material heterogêneo segregado

(*b*)

Termos Importantes

Termos que são apresentados em **negrito** no capítulo e que são definidos também no Glossário.

alíquota
amostra aleatória
amostra complexa (compósito)
amostragem
análise química qualitativa
análise química quantitativa
analito
aquosa
curva de calibração
decantar
espécie
heterogêneo
homogêneo
interferência
líquido sobrenadante
mascaramento
material aleatoriamente heterogêneo
material heterogêneo segregado
pasta
preparo da amostra
solução-padrão
transferência quantitativa

Problemas

Respostas curtas dos problemas numéricos estão no fim do livro.

0.1. Qual a diferença entre análise *qualitativa* e *quantitativa*?

0.2. Apresente as etapas de uma análise química.

0.3. O que significa *mascarar* uma espécie interferente?

0.4. Qual a finalidade de uma curva de calibração?

0.5. **(a)** Qual a diferença entre um material homogêneo e um material heterogêneo?

(b) Após ler o Boxe 0.1, estabeleça a diferença entre um material heterogêneo segregado e um material aleatoriamente heterogêneo.

(c) Como se pode construir uma amostra representativa de cada um desses materiais?

0.6. O conteúdo de iodeto (I^-) em uma água mineral comercial foi medido por dois métodos que forneceram resultados completamente diferentes.[7] De acordo com o método A, existem 0,23 miligrama de I^- por litro (mg/L), e segundo o método B, 0,009 mg/L. Quando íons Mn^{2+} foram adicionados à água, o conteúdo de I^-, determinado pelo método A, aumentou a cada adição de Mn^{2+}, enquanto os resultados obtidos pelo método B não se modificaram. Qual entre os *Termos Importantes* descreve o que está ocorrendo nestas medidas? Explique sua resposta. Qual dos resultados é o mais confiável?

1 Medidas Químicas

MEDIDAS BIOQUÍMICAS COM UM NANOELETRODO

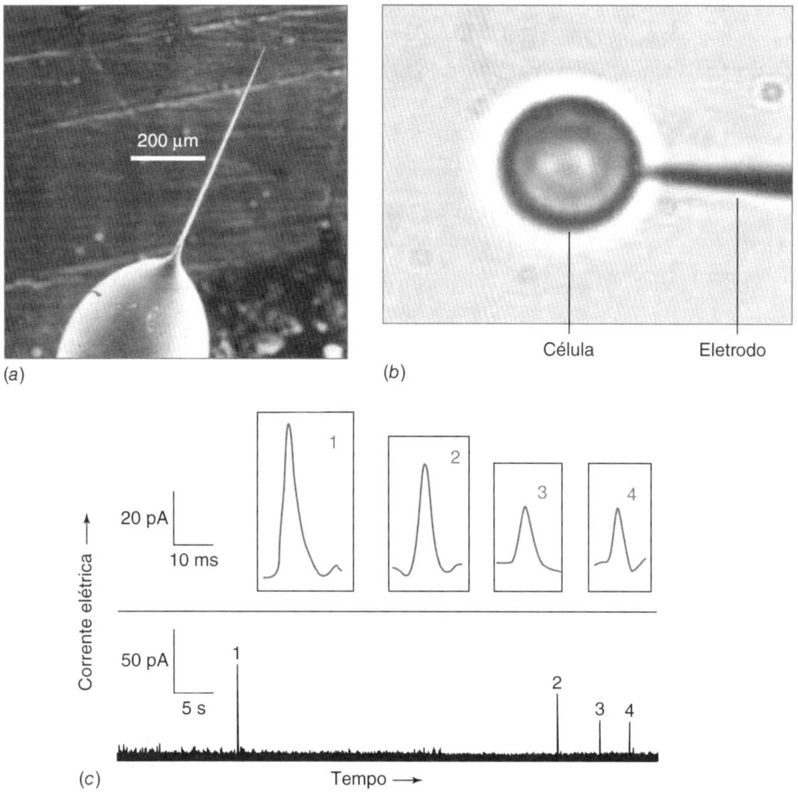

(*a*) Eletrodo de fibra de carbono com ponta de 100 nanômetros de diâmetro (100 × 10^{-9} metros) estendida a partir de um capilar de vidro. A barra de marcação possui 200 micrômetros (200 × 10^{-6} metros). [De W.-H. Huang, D.-W. Pang, H. Tong, Z.-L. Wang e J.-K. Cheng, "A Method for the Fabrication of Low-Noise Carbon Fiber Nanoelectrodes". *Anal. Chem.* **2001**, *73*, 1.048. A referência é a revista *Analytical Chemistry* no ano de **2001**, volume *73*, página 1.048. Reproduzido sob permissão © 2001 American Chemical Society.] **(*b*) O eletrodo em posição adjacente a uma célula detecta o neurotransmissor dopamina liberado pela célula. Um contraeletrodo (ou eletrodo auxiliar) de maior dimensão posicionado próximo à célula não é mostrado na figura.** [De W.-Z. Wu, W.-H. Huang, W. Wang, Z.-L. Wang, J.-K. Cheng, T. Xu, R.-Y. Zhang, Y. Chen e J. Liu, "Monitoring Dopamine Release from Single Living Vesicles with Nanoelectrodes", *J. Am. Chem. Soc.* **2005**, *127*, 8.914. Reproduzido sob permissão © 2005 American Chemical Society.] **(*c*) Pequenos pulsos de corrente elétrica detectados a cada vez que a dopamina é liberada. Ampliações dos pulsos de corrente elétrica detectados são mostradas separadamente.** [Dados de W.-Z. Wu, ibid.]

Um eletrodo cuja ponta é menor que uma única célula nos permite medir moléculas neurotransmissoras liberadas por uma célula nervosa em resposta a um estímulo químico. Chamamos o eletrodo de *nanoeletrodo* em virtude de sua região ativa ter dimensões da ordem de nanômetros (10^{-9} metros). Moléculas neurotransmissoras liberadas de uma *vesícula* (um pequeno compartimento) de uma célula nervosa difundem-se para o eletrodo, onde elas doam ou recebem elétrons, gerando uma corrente elétrica medida em picoampères (10^{-12} ampères) por um período de milissegundos (10^{-3} segundos). Este capítulo discute as unidades que descrevem as medidas químicas e físicas de objetos cujas dimensões variam desde as de átomos até as de galáxias.

Medidas com neurotransmissores ilustram a necessidade de unidades de medida que cubram várias *ordens de grandeza* (potências de 10) em escala. Este capítulo introduz tais unidades e fornece uma revisão sobre concentrações químicas, preparo de soluções e estequiometria de reações químicas.

Por razões de leitura, inserimos um espaço a cada conjunto de três dígitos em ambos os lados da vírgula decimal. Pontos não são empregados porque em várias partes do mundo o ponto tem o mesmo significado da vírgula decimal. Exemplos:

Velocidade da luz: 299 792 458 m/s

Número de Avogadro: 6,022 140 76 × 10^{23} mol^{-1}

1.1 Unidades do SI

As unidades do SI (Sistema Internacional de Unidades), usadas pelos cientistas em todo o mundo, têm seus nomes oriundos do *Système International d'Unités francês*. As *unidades fundamentais* (unidades-base), a partir das quais todas as outras podem ser obtidas, são definidas na Tabela 1.1. Os padrões de comprimento, massa e tempo são o *metro* (m), o *quilograma* (kg) e o *segundo* (s), respectivamente. A temperatura é medida em *kelvins* (K), a quantidade de substância em *mols* (mol) e a corrente elétrica em *ampères* (A).

TABELA 1.1 Unidades fundamentais do SI redefinidas em 2019

As unidades do SI são baseadas nas seis constantes físicas listadas a seguir. Os valores assinalados para essas constantes são baseados nas melhores medidas disponíveis em 2017. Por convenção, esses valores são exatos e não vão mudar no futuro.

Grandeza	Símbolo	Valor
Carga elétrica elementar	e	$1{,}602\ 176\ 634 \times 10^{-19}$ C
Velocidade da luz no vácuo	c	$2{,}997\ 924\ 58 \times 10^{8}$ m/s
Constante de Planck	h	$6{,}626\ 070\ 15 \times 10^{-34}$ J · s
Número de Avogadro	N_A	$6{,}022\ 140\ 76 \times 10^{23}$ mol^{-1}
Constante de Boltzmann	k	$1{,}380\ 649 \times 10^{-23}$ J/K
Frequência da transição hiperfina do estado fundamental do átomo de ^{133}Cs não perturbado	$^{\circ}\nu_{Cs}$	$9{,}192\ 631\ 770 \times 10^{9}$ s^{-1}

Grandeza	Unidade (símbolo)	Definição
Tempo	segundo (s)	Um segundo é a duração de 9 192 631 770 períodos da radiação da transição atômica hiperfina do estado fundamental do átomo de ^{133}Cs não perturbado.
Comprimento	metro (m)	Um metro é a distância percorrida pela luz no vácuo durante $\frac{1}{299\ 792\ 458}$ do segundo, sendo o valor do segundo já definido. Um metro pode ser medido pela contagem dos comprimentos de onda da luz vermelha a partir de um *laser* de hélio-neônio estabilizado.
Massa	quilograma (kg)	De 1889 até 2019 o quilograma foi a massa de um cilindro constituído da liga platina-irídio, cuidadosamente protegido, conservado na França. Padrões secundários são mantidos em institutos nacionais de medida em diversos países, e suas massas foram comparadas na França em 1889, 1948 e 1989. As massas desses padrões divergiam de ~50 microgramas ao longo de um século, talvez em virtude da reação com a atmosfera ou de seu uso. Para tornar o quilograma independente de um objeto físico, o quilograma é, hoje, a massa necessária para tornar o valor da constante de Planck igual a $6{,}626\ 070\ 15 \times 10^{-34}$ J · s = $6{,}626\ 070\ 15 \times 10^{-34}$ kg · m^2/s, sendo os valores para metro e segundo já definidos. A constante de Planck (h) é mais conhecida como o fator que relaciona a energia (E) de um fóton com a sua frequência (ν): $E = h\nu$. Um quilograma pode ser medido dentro de uma incerteza-padrão de ~50 microgramas em poucos institutos nacionais de metrologia com uma balança de Kibble,[a] que mede a força eletromagnética necessária para equilibrar o peso de uma massa de teste na gravidade da Terra. Medidas extremamente precisas de tensão, resistência elétrica e aceleração local da gravidade são necessárias. A constante de Planck integra as medidas de tensão com um padrão de tensão de junção quântica de Josephson e nas medidas de resistência com um padrão de resistência de efeito Hall quântico. Cópias de um quilograma medidas com uma balança de Kibble podem ser usadas para calibrar balanças convencionais.
Corrente elétrica	ampère (A)	Um ampère é uma corrente de um coulomb por segundo, sendo o valor da carga elementar fixado em $1{,}602\ 176\ 634 \times 10^{-19}$ C e o valor do segundo já definido.
Temperatura	kelvin (K)	O kelvin é a unidade termodinâmica de temperatura definida a partir do valor numérico fixo da constante de Boltzmann igual a $1{,}380\ 649 \times 10^{-23}$ J · K^{-1} = $1{,}380\ 649 \times 10^{-23}$ kg · m^2 · s^{-2} · K^{-1}, sendo os valores de quilograma, metro e segundo já definidos. A constante de Boltzmann aparece em equações como a distribuição de Boltzmann de populações de níveis de energia molecular, e na equação de Stokes-Einstein para os coeficientes de difusão de moléculas.
Quantidade de substância	mol (mol)	Um mol é o número de Avogadro de partículas, como átomos ou moléculas.[b] O número de Avogadro foi medido a partir do número de átomos presentes em esferas de silício de massa 1 kg, medida com precisão, enriquecidas em 99,998% de átomos de ^{28}Si. A massa específica das esferas foi medida com precisão por meio de cristalografia de raios X, e o diâmetro foi medido com precisão por interferometria *laser*. As impurezas foram medidas para determinar a sua contribuição para a massa.
Intensidade luminosa	candela (cd)	Candela é a unidade de intensidade luminosa em uma dada direção. Ela é definida a partir do valor numérico da eficácia luminosa de radiação monocromática de frequência 540×10^{12} Hz como 683 lumens/watt = 683 cd · sr · W^{-1} = 683 cd · sr · kg^{-1} · m^{-2} · s^3, em que quilograma, metro e segundo já definidos.
Ângulo plano	radiano (rad)	Um círculo possui 2π radianos.
Ângulo sólido	estereorradiano (sr)	Uma esfera possui 4π estereorradianos.

a. *Balança de Kibble*: B. M. Wood, C. A. Sanchez, R. G. Green e J. O. Liard, "A Summary of the Planck Constant Determinations Using the NRC Kibble Balance", *Metrologia* **2017**, *54*, 399; D. Haddad, F. Seifert, L. S. Chao, A. Possolo, D. B. Newell, J. R. Pratt, C. J. Williams e S. Schlamminger, "Measurement of the Planck Constant at the National Institute of Standards and Technology from 2015 to 2017", *Metrologia* **2017**, *54*, 633; M. Thomas, D. Ziane, P. Pinot, R. Karcher, A. Imanaliev, F. Pereira dos Santos, S. Merlet, F. Piquemal e P. Espel, "A Determination of the Planck Constant Using the LNE Kibble Balance in Air", *Metrologia* **2017**, *54*, 468; Z. Li, Z. Zhang, Y. Lu, P. Hu, Y. Liu, J. Xu, Y. Bai, T. Zeng, G. Wang, Q. You, D. Wang, S. Li, Q. He e J. Tan, "The First Determination of the Planck Constant with the Joule Balance NIM-2", *Metrologia* **2017**, *54*, 763; R. S. Davis, "What Is a Kilogram in the Revised International System of Units (SI)?" *J. Chem. Ed.* **2015**, *92*, 1604.

b. *Número de Avogadro*: R. Marquardt, J. Meija, Z. Mester, M. Towns, R. Weir, R. Davis e J. Stohner, "A Critical Review of the Proposed Definitions of Fundamental Chemical Quantities and Their Impact on Chemical Communities (IUPAC Technical Report)", *Pure Appl. Chem.* **2017**, *89*, 951; R. Marquardt, J. Meija, Z. Mester, M. Towns, R. Weir, R. Davis e J. Stohner, "Definition of the Mole (IUPAC Recommendation 2017)", *Pure Appl. Chem.* **2018**, *90*, 175; G. Bartl et al., "A New ^{28}Si Single Crystal: Counting the Atoms for the New Kilogram Definition", *Metrologia* **2017**, *54*, 693; N. Kuramoto, S. Mizushima, L. Zhang, K. Fujita, Y. Azuma, A. Kurokawa, S. Okubo, H. Inaba e K. Fujii, "Determination of the Avogadro Constant by the XRCD Method Using a ^{28}Si-Enriched Sphere", *Metrologia* **2017**, *54*, 716.

TABELA 1.2 **Unidades derivadas do sistema SI com nomes especiais**

Grandeza	Unidade	Símbolo	Expressão em termos de outras unidades	Expressão em termos das unidades fundamentais do SI
Frequência	hertz	Hz		1/s
Força	newton	N		$m \cdot kg/s^2$
Pressão	pascal	Pa	N/m^2	$kg/(m \cdot s^2)$
Energia, trabalho, quantidade de calor	joule	J	$N \cdot m$	$m^2 \cdot kg/s^2$
Potência, fluxo radiante	watt	W	J/s	$m^2 \cdot kg/s^3$
Quantidade de eletricidade, carga elétrica	coulomb	C		$s \cdot A$
Potencial elétrico, diferença de potencial, força eletromotriz	volt	V	W/A	$m^2 \cdot kg/(s^3 \cdot A)$
Resistência elétrica	ohm	Ω	V/A	$m^2 \cdot kg/(s^3 \cdot A^2)$
Capacitância elétrica	farad	F	C/V	$s^4 \cdot A^2/(m^2 \cdot kg)$

Frequência *é o número de ciclos por unidade de tempo para um evento repetitivo.* Força *é o produto massa × aceleração.* Pressão *é força por unidade de área.* Energia *ou* trabalho *é força × distância = massa × aceleração × distância.* Potência *é energia por unidade de tempo.* A diferença de potencial elétrico *entre dois pontos é o trabalho necessário para mover uma unidade de carga positiva entre os dois pontos.* Resistência elétrica *é a diferença de potencial necessária para mover uma unidade de carga por unidade de tempo entre dois pontos.* A capacitância elétrica *de duas superfícies paralelas é a quantidade de carga elétrica em cada superfície quando existe uma unidade de diferença de potencial elétrico entre as duas superfícies.*

A Tabela 1.2 apresenta outras grandezas que são definidas a partir das grandezas fundamentais. Por exemplo, a força é medida em *newtons* (N), a pressão em *pascais* (Pa) e a energia em *joules* (J); cada uma delas pode ser expressa em termos de comprimento, tempo e massa.

Pressão é força por unidade de área: 1 pascal (Pa) = 1 N/m^2. A pressão exercida pela atmosfera é de aproximadamente 100 000 Pa.

Usando Prefixos como Multiplicadores

Usamos os prefixos da Tabela 1.3 para expressar grandes ou pequenas quantidades. Como um exemplo, considere a pressão do ozônio (O_3) na estratosfera (Figura 1.1). O ozônio nas camadas superiores da atmosfera é importante, porque ele absorve a radiação ultravioleta do Sol que prejudica vários organismos e causa câncer de pele. A cada primavera, uma grande quantidade de ozônio desaparece da estratosfera antártica, formando, desse modo, o que é chamado "buraco" na camada de ozônio, discutido na abertura do Capítulo 18. Por outro lado, o ozônio nas camadas baixas da atmosfera (a troposfera, onde vivemos) é nocivo a animais e plantas, porque oxida células sensíveis.

Em uma altitude de $1{,}7 \times 10^4$ metros acima da superfície da Terra, a pressão de ozônio sobre a Antártica atinge um máximo de 0,019 Pa. Vamos expressar esses dois números com os prefixos da Tabela 1.3. Usamos habitualmente os prefixos para toda terceira potência de dez (10^{-9}, 10^{-6}, 10^{-3}, 10^3, 10^6, 10^9 e assim por diante). O número $1{,}7 \times 10^4$ m é maior que 10^3 m e menor que 10^6 m, então usamos um múltiplo de 10^3 m (= quilômetros, km):

Naturalmente você se lembra que $10^0 = 1$.

$$1{,}7 \times 10^4 \cancel{m} \times \frac{1 \text{ km}}{10^3 \cancel{m}} = 17 \text{ km}$$

O número 0,019 Pa é maior que 10^{-3} Pa e menor que 10^0 Pa, então usamos um múltiplo de 10^{-3} Pa (= milipascal, mPa):

$$0{,}019 \cancel{Pa} \times \frac{1 \text{ mPa}}{10^{-3} \cancel{Pa}} = 19 \text{ mPa}$$

TABELA 1.3 **Prefixos**

Prefixo	Símbolo	Fator	Prefixo	Símbolo	Fator
yotta (iota)	Y	10^{24}	deci	d	10^{-1}
zetta (zeta)	Z	10^{21}	centi	c	10^{-2}
exa	E	10^{18}	mili	m	10^{-3}
peta	P	10^{15}	micro	μ	10^{-6}
tera	T	10^{12}	nano	n	10^{-9}
giga	G	10^{9}	pico	p	10^{-12}
mega	M	10^{6}	femto	f	10^{-15}
quilo	k	10^{3}	atto (ato)	a	10^{-18}
hecto	h	10^{2}	zepto	z	10^{-21}
deca	da	10^{1}	yocto (iocto)	y	10^{-24}

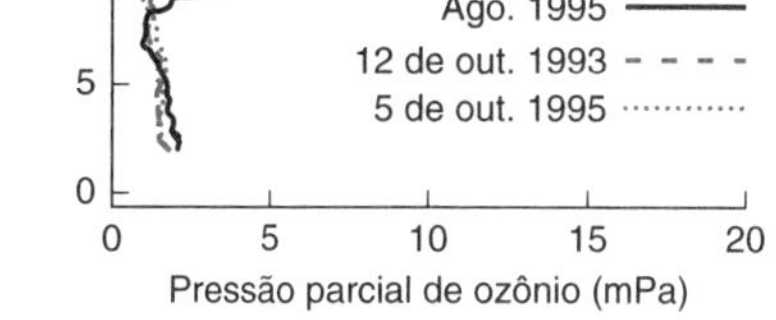

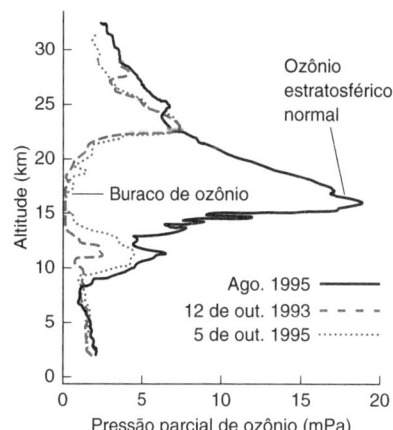

FIGURA 1.1 A cada ano forma-se um "buraco" na camada de ozônio na estratosfera sobre o Polo Sul no início da primavera em outubro. O gráfico compara a pressão do ozônio em agosto, quando não há buraco, com a pressão em outubro, quando o buraco se torna mais profundo. Uma perda menos severa de ozônio é observada no Polo Norte. [Dados da National Oceanic and Atmospheric Administration.]

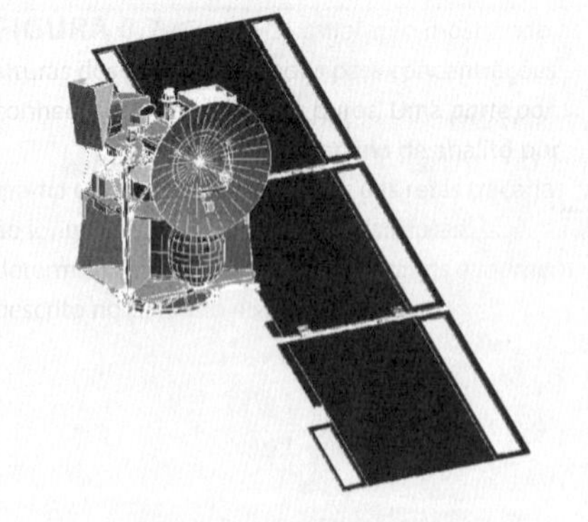

Opa! Em 1999, a espaçonave Mars Climate Orbiter, orçada em 125 milhões de dólares, foi perdida quando entrou na atmosfera marciana, 100 km mais baixo do que o planejado. *Este erro de navegação poderia ter sido evitado se as unidades de medida tivessem sido corretamente identificadas.* Os engenheiros que construíram a espaçonave calcularam o impulso em unidades inglesas, libra-força. Os engenheiros do Jet Propulsion Laboratory acreditaram que estavam recebendo esta informação em unidades métricas, newtons. Ninguém percebeu o erro. [JPL/NASA.]

TABELA 1.4 — Fatores de conversão

Grandeza	Unidade	Símbolo	Equivalente no SI[a]
Volume	litro	L	*10^{-3} m^3
	mililitro	mL	*10^{-6} m^3
Comprimento	angstrom	Å	*10^{-10} m
	polegada	in.	*0,025 4 m
Massa	libra	lb	*0,453 592 37 kg
	tonelada métrica (ou tonelada)		*1 000 kg
Força	dina	dyn	*10^{-5} N
Pressão	bar	bar	*10^{5} Pa
	atmosfera	atm	*101 325 Pa
	atmosfera	atm	*1,013 25 bar
	atmosfera	atm	760 mmHg = 760 torr
	torr (= 1 mmHg)	Torr	133,322 Pa
	libra/in.^{2}	psi	6 894,76 Pa
Energia	erg	erg	*10^{-7} J
	elétron-volt	eV	1,602 176 634 × 10^{-19} J
	caloria, termoquímica	cal	*4,184 J
	Caloria (com C maiúsculo)	Cal	*1 000 cal = 4,184 kJ
	unidade térmica britânica	Btu	1 055,06 J
Potência	cavalo-vapor		745,700 W
Temperatura	grau centígrado (= Celsius)	°C	*K − 273,15
	grau Fahrenheit	°F	*1,8 (K − 273,15) + 32

a. Um asterisco (*) indica que a conversão é exata (por definição).

A legenda da Figura 1.1 está em km no eixo dos y e mPa no eixo dos x. O eixo dos y, seja qual for o gráfico, é chamado **ordenada**, e o eixo dos x é chamado **abscissa**.

É uma boa ideia escrever as unidades ao lado de cada número no decorrer de um cálculo, de modo a cancelar as unidades que se repetem no numerador e no denominador. Essa prática garante que as unidades da resposta sejam conhecidas. Se pretendermos calcular a pressão e a resposta aparece com outra unidade diferente de pascal (N/m^2 ou kg/[m · s^2] ou de alguma outra unidade de força/área), então sabemos que foi cometido um erro.

Conversão entre Unidades

Embora o SI seja o sistema de medida internacionalmente aceito em ciência, outras unidades são encontradas. A Tabela 1.4 apresenta alguns fatores de conversão úteis. Por exemplo, a *caloria* (cal) e a *Caloria* (com C maiúsculo, significando 1 000 calorias ou 1 kcal) são unidades de energia normalmente utilizadas e não pertencem ao SI. De acordo com a Tabela 1.4, 1 cal é exatamente igual a 4,184 J (joules).

Nosso *metabolismo basal* requer aproximadamente 46 Calorias por hora (h) por 100 libras (lb) de massa corpórea para manter as funções básicas necessárias para a vida, independentemente da realização de qualquer tipo de exercício. Uma pessoa que caminha com uma velocidade de 2 milhas por hora, em um trajeto regular, requer aproximadamente 45 Calorias por hora por 100 libras de massa corpórea, além do metabolismo basal. A mesma pessoa nadando a 2 milhas por hora consome 360 Calorias por hora por 100 libras, além do metabolismo basal.

Uma **caloria** é a energia necessária para aquecer um grama de água de 14,5 até 15,5 °C.

Um **joule** é a energia dispendida quando uma força de 1 newton atua sobre uma distância de 1 metro. Esta grande quantidade de energia pode elevar uma massa de 102 g (a massa de um hambúrguer) até a altura de 1 metro.

1 cal = 4,184 J

1 **libra** (massa) ≈ 0,453 6 kg
1 **milha** ≈ 1,609 km
O símbolo ≈ deve ser lido como "**é aproximadamente igual a**".

EXEMPLO Conversões de Unidade

Expresse a taxa de energia usada por uma pessoa caminhando a 2 milhas por hora (46 + 45 = 91 Calorias por hora por 100 libras de massa corpórea) em quilojoules por hora por quilograma de massa corpórea.

Solução Vamos converter cada unidade não pertencente ao SI separadamente. Primeiro, observamos que 91 Calorias equivalem a 91 kcal. A Tabela 1.4 estabelece que 1 cal = 4,184 J, ou seja, 1 kcal = 4,184 kJ. Desse modo

$$91 \text{ kcal} \times 4,184 \frac{\text{kJ}}{\text{kcal}} = 3,8 \times 10^2 \text{ kJ}$$

A Tabela 1.4 também mostra que 1 lb corresponde a 0,453 6 kg; assim, 100 lb = 45,36 kg. Consequentemente, a taxa de consumo de energia é

O uso de algarismos significativos é descrito no Capítulo 3. Para multiplicação e divisão, o número com menos algarismos determina quantos algarismos devem ser usados na resposta. O número 91 kcal, no início deste exemplo, limita a resposta a dois algarismos.

$$\frac{91\ \text{kcal/h}}{100\ \text{lb}} = \frac{3{,}8 \times 10^2\ \text{kJ/h}}{45{,}36\ \text{kg}} = 8{,}4\frac{\text{kJ/h}}{\text{kg}}$$

Poderíamos obter este mesmo resultado fazendo um único cálculo:

$$\text{Taxa} = \frac{91\ \cancel{\text{kcal}}\ /\text{h}}{100\ \cancel{\text{lb}}} \times 4{,}184\frac{\text{kJ}}{\cancel{\text{kcal}}} \times \frac{1\ \cancel{\text{lb}}}{0{,}453\ 6\ \text{kg}} = 8{,}4\frac{\text{kJ/h}}{\text{kg}}$$

TESTE-SE Uma pessoa nadando a 2 milhas por hora consome 360 + 46 Calorias por hora por 100 libras de massa corpórea. Expresse a energia consumida em kJ/h por kg de massa corpórea. (***Resposta:*** 37 kJ/h por kg.)

1.2 Unidades de Concentração

Uma *solução* é uma mistura *homogênea* de duas ou mais substâncias. A espécie em menor quantidade em uma solução é chamada **soluto**, e a espécie em maior quantidade é chamada **solvente**. Neste livro, a maioria das discussões refere-se a *soluções aquosas*, em que o solvente é a água. A **concentração** informa a quantidade de soluto contida em determinado volume, ou em determinada massa, de solução ou de solvente.

Uma substância **homogênea** apresenta a mesma composição em qualquer região. Quando o açúcar é dissolvido em água, a mistura é homogênea. Quando uma mistura apresenta diferenças de região para região (tal como o suco de laranja, onde existem sólidos em suspensão), a mistura é dita **heterogênea**.

Molaridade e Molalidade

Um **mol** (mol) é a quantidade que contém o *número de Avogadro* de partículas (átomos, moléculas, íons, ou qualquer outra coisa). **Molaridade** (M) é o número de mols de uma substância por litro de solução. Um **litro** (L) é o volume de um cubo com 10 cm de aresta. Como 10 cm = 0,1 m, 1 L = $(0{,}1\ \text{m})^3 = 10^{-3}\ \text{m}^3$. As concentrações das substâncias químicas, indicadas entre colchetes, são geralmente expressas em mols por litro (M). Assim "$[H^+]$" significa "a concentração de H^+".

Número de Avogadro = número de átomos em 12 g de ^{12}C

$$\textbf{Molaridade (M)} = \frac{\text{número de mols de soluto}}{\text{litro de solução}}$$

A **massa atômica** de um elemento é a massa, em gramas, contida em um número de Avogadro de átomos. A **massa molecular** de um composto é a soma das massas atômicas dos átomos da molécula. É a massa, em gramas, que contém o número de Avogadro de moléculas.

As massas atômicas são apresentadas na tabela periódica no início deste livro (ver Boxe 3.3 para saber mais sobre massas atômicas). Os valores de algumas constantes físicas, como o número de Avogadro, também são apresentados no fim do livro.

Um **eletrólito** é uma substância que se dissocia em íons quando em solução. Em geral, os eletrólitos estão mais dissociados quando estão em água do que em outros solventes. Um composto que está quase que totalmente dissociado em íons é chamado *eletrólito forte*. Um composto que está parcialmente dissociado é chamado *eletrólito fraco*.

Eletrólito forte: quase que totalmente dissociado em íons em solução.

Eletrólito fraco: parcialmente dissociado em íons em solução.

O cloreto de magnésio é um exemplo de um eletrólito forte. Em uma solução de $MgCl_2$ 0,44 M, 70% do magnésio está na forma de Mg^{2+} livre e 30% está na forma de $MgCl^+$. A concentração de moléculas de $MgCl_2$ é próxima de 0. Por vezes, a molaridade de um eletrólito forte é chamada **concentração formal** (F), que é uma descrição de como a solução foi preparada pela dissolução de F mols por litro, mesmo se a substância é convertida em outras espécies em solução. Quando dizemos que a "concentração" de $MgCl_2$ é 0,054 M na água do mar, estamos nos referindo, na verdade, à sua concentração formal (0,054 F). A "massa molecular" de um eletrólito forte é chamada **massa fórmula** (MF), porque ela é a soma das massas atômicas dos átomos em uma fórmula, mesmo que haja pouquíssimas moléculas com essa fórmula. *Neste livro, usa-se a abreviatura MF para representar tanto a massa fórmula como a massa molecular.*

$MgCl^+$ é chamado **par iônico** (ver Boxe 8.1).

EXEMPLO Molaridade de Sais na Água do Mar

(a) A água do mar contém, normalmente, 2,7 g de sal (cloreto de sódio, NaCl) por 100 mL (= 100×10^{-3} L). Qual a molaridade do NaCl no oceano? **(b)** O oceano possui uma concentração de $MgCl_2$ igual a 0,054 M. Quantos gramas de $MgCl_2$ estão presentes em 25 mL de água do mar?

Solução **(a)** A massa fórmula do NaCl é [22,99 g/mol (Na) + 35,45 g/mol (Cl)] = 58,44 g/mol. O número de mols de sal em 2,7 g é (2,7 $\cancel{g}$)/(58,44 $\cancel{g}$/mol) = 0,046 mol, assim a molaridade é

$$\text{Molaridade do NaCl} = \frac{\text{mol de NaCl}}{\text{L de água do mar}} = \frac{0{,}046\ \text{mol}}{100 \times 10^{-3}\ \text{L}} = 0{,}46\ \text{M}$$

(b) A massa fórmula do $MgCl_2$ é [24,30 g/mol (Mg) + 2 × 35,45 g/mol (Cl)] = 95,20 g/mol. A massa em 25 mL é

$$\text{Gramas de } MgCl_2 = \left(0{,}054\frac{\cancel{\text{mol}}}{\cancel{\text{L}}}\right)\left(95{,}20\frac{\text{g}}{\cancel{\text{mol}}}\right)\left(25 \times 10^{-3}\ \cancel{\text{L}}\right) = 0{,}13\ \text{g}$$

TESTE-SE Calcule a massa fórmula do $CaSO_4$. Qual é a molaridade do $CaSO_4$ em uma solução contendo 1,2 g de $CaSO_4$ em um volume de 50 mL? Quantos gramas de $CaSO_4$ estão presentes em 50 mL de uma solução 0,086 M $CaSO_4$? (*Resposta:* 136,13 g/mol, 0,18 M, 0,59 g.)

Para um *eletrólito fraco*, como o ácido acético, CH_3CO_2H, parte de suas moléculas se dissociam em íons em solução:

$$CH_3-C(=O)-OH \rightleftharpoons CH_3-C(=O)-O^- + H^+$$

Ácido acético ⇌ Íon acetato

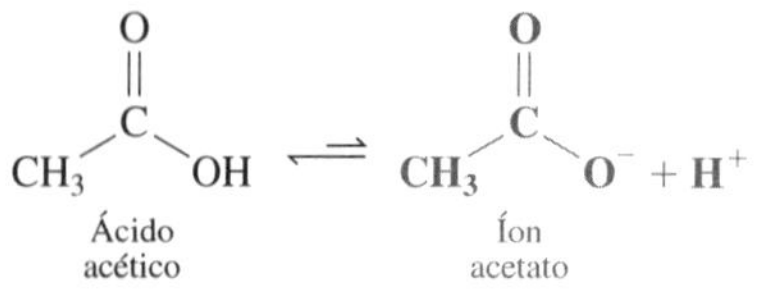

Concentração formal	Porcentagem dissociada
0,10 F	1,3%
0,010 F	4,1%
0,001 0 F	12%

Abreviaturas que causam confusão:

mol = mols

M = molaridade = $\dfrac{\text{número de mols do soluto}}{\text{L de solução}}$

m = molalidade = $\dfrac{\text{número de mols do soluto}}{\text{kg do solvente}}$

Molalidade (*m*) é a concentração expressa em número de mols de um soluto por quilograma de solvente (não é da solução total). A molalidade não muda quando ocorre variação da temperatura. Já a molaridade varia com a temperatura, porque o volume de uma solução normalmente aumenta quando ela é aquecida.

Composição Percentual

A porcentagem de um componente em uma mistura ou em uma solução é usualmente expressa como uma **porcentagem ponderal** (porcentagem em massa, % m/m)

$$\text{Porcentagem ponderal} = \frac{\text{massa do soluto}}{\text{massa total da solução ou da mistura}} \times 100 \quad (1.1)$$

O etanol (CH_3CH_2OH) é normalmente comercializado na forma de uma solução 95% m/m; essa expressão significa que a solução tem 95 g de etanol por 100 g de solução total. O restante é a água. A **porcentagem em volume** (% v/v) é definida como:

$$\text{Porcentagem em volume} = \frac{\text{volume de soluto}}{\text{volume total da solução}} \times 100 \quad (1.2)$$

Embora as unidades de massa ou volume devam sempre ser escritas para evitar ambiguidade, a massa está geralmente implícita quando encontramos apenas o símbolo "%" sem unidades.

Massa específica = $\dfrac{\text{massa}}{\text{volume}} = \dfrac{g}{mL}$

Uma grandeza adimensional intimamente relacionada é

Densidade = $\dfrac{\text{massa específica de uma substância}}{\text{Massa específica da água a 4 °C}}$

A massa específica da água a 4 °C é próxima de 1 g/mL, de modo que a densidade é aproximadamente igual à massa específica.

EXEMPLO Convertendo Porcentagem Ponderal em Molaridade e Molalidade

Determine a molaridade e a molalidade do HCl 37,0% m/m. A **massa específica** de uma substância é a massa por unidade de volume. A tabela no fim deste livro nos informa que a massa específica deste reagente é 1,19 g/mL.

Solução Para encontrarmos a *molaridade*, precisamos determinar o número de mols de HCl por litro de solução. A massa de um litro de solução é (1,19 g/mL)(1 000 mL) = $1{,}19 \times 10^3$ g. A massa de HCl em 1 L é

$$\text{Massa de HCl por litro} = \left(1{,}19 \times 10^3 \frac{\text{g de solução}}{\text{L}}\right)\left(\underbrace{0{,}370 \frac{\text{g de HCl}}{\text{g de solução}}}_{\text{Isto é o que 37,0% m/m significa}}\right) = 4{,}40 \times 10^2 \frac{\text{g de HCl}}{\text{L}}$$

A massa fórmula do HCl é 36,46 g/mol, de modo que a molaridade é

$$\text{Molaridade} = \frac{\text{número de mols de HCl}}{\text{L de solução}} = \frac{4{,}40 \times 10^2 \text{ g de HCl/L}}{36{,}46 \text{ g de HCl/mol}} = 12{,}1 \frac{\text{mol}}{\text{L}} = 12{,}1 \text{ M}$$

No caso da *molalidade*, precisamos encontrar o número de mols de HCl por quilograma de solvente (que é a água). A solução é 37,0% m/m de HCl, assim sabemos que 100,0 g de solução contêm 37,0 g de HCl e 100,0 – 37,0 = 63,0 g de H_2O (= 0,063 0 kg). Contudo, 37,0 g de HCl contêm 37,0 g/(36,46 g/mol) = 1,01 mol. Portanto, a molalidade é

$$\text{Molalidade} = \frac{\text{número de mols de HCl}}{\text{kg de solvente}} = \frac{1{,}01 \text{ mol de HCl}}{0{,}063\ 0 \text{ kg } H_2O} = 16{,}1\ m$$

TESTE-SE Calcule a molaridade e a molalidade de uma solução de HF a 49,0% m/m, usando a massa específica fornecida no fim deste livro. (***Resposta:*** 28,4 M, 48,0 *m*.)

Quando 1,01 é dividido por 0,063 0, obtém-se 16,0. Entretanto, quando todos os cálculos são feitos com uma calculadora, obtém-se ao fim 16,1, pois ao longo de todas as etapas do cálculo todos os algarismos são mantidos na calculadora, e somente no fim são arredondados. O número 1,01 era, na realidade, 1,014 8 e (1,014 8)/(0,063 0) = 16,1.

A Figura 1.2 ilustra uma medida em porcentagem ponderal na aplicação da química analítica em arqueologia.[1] O ouro e a prata são encontrados juntos na natureza. Os pontos na Figura 1.2 mostram a porcentagem ponderal de ouro em mais de 1 300 moedas de prata, cunhadas durante um período de 500 anos. Antes do ano 500 d.C., era raro que o teor de ouro fosse menor que 0,3% m/m. Por volta do ano 600 d.C. foram desenvolvidas técnicas para remover mais ouro da prata e, assim, algumas moedas passaram a ter menos que 0,02% m/m de ouro. Os quadrados vazados na Figura 1.2 mostram as porcentagens para modernas falsificações conhecidas de peças fabricadas a partir da prata cujo teor de ouro é sempre menor do que aquele obtido nos anos 200 a 500 d.C. A análise química facilita a detectação dessas falsificações.

Partes por Milhão e Partes por Bilhão

Por vezes, a composição pode ser expressa em **partes por milhão (ppm)** ou **partes por bilhão (ppb)**, termos que significam gramas de substância por milhão ou bilhão de gramas de solução total ou de mistura total, respectivamente.

$$\text{ppm} = \frac{\text{massa de substância}}{\text{massa de amostra}} \times 10^6 \quad (1.3)$$

$$\text{ppb} = \frac{\text{massa de substância}}{\text{massa de amostra}} \times 10^9 \quad (1.4)$$

ppm = $\frac{\text{massa de substância}}{\text{massa de amostra}} \times 10^6$

ppb = $\frac{\text{massa de substância}}{\text{massa de amostra}} \times 10^9$

Pergunta: O que significa uma parte por trilhão?

Uma solução de concentração 1 ppm corresponde a 1 μg de soluto por g de solução. Como a massa específica de uma solução aquosa diluída é próxima de 1,00 g/mL, *frequentemente fazemos a equivalência 1 g de água com 1 mL de água*. Portanto, 1 ppm em uma solução aquosa diluída corresponde *aproximadamente* a 1 μg/mL (= 1 mg/L), e 1 ppb = 1 ng/mL (= 1 μg/L).

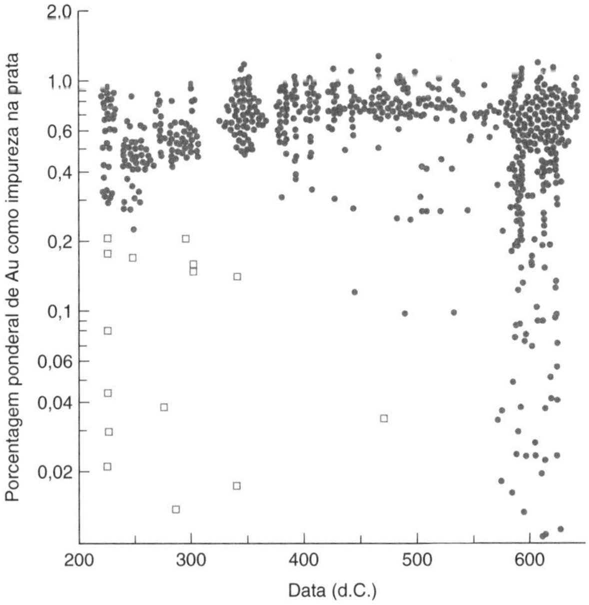

FIGURA 1.2 Porcentagem ponderal do ouro como impureza em moedas de prata da Pérsia. Os quadrados vazados representam falsificações modernas identificadas. Observe que a escala na ordenada é logarítmica. [Dados de A. A. Gordus e J. P. Gordus, *Archaeological Chemistry, Adv. Chem.* n. 138, American Chemical Society, Washington, DC, 1974, p. 124-147.]

EXEMPLO Conversão de Partes por Bilhão em Molaridade

Os alcanos normais são hidrocarbonetos com a fórmula C_nH_{2n+2}. Os vegetais sintetizam seletivamente alcanos com número ímpar de átomos de carbono. A concentração de $C_{29}H_{60}$ na água da chuva no verão coletada em Hannover, Alemanha, é de 34 ppb. Encontre a molaridade do $C_{29}H_{60}$ e expresse a resposta com um prefixo da Tabela 1.3.

Solução Uma concentração de 34 ppb significa que existem 34 ng de $C_{29}H_{60}$ por grama de água da chuva, o que é praticamente o mesmo que 34 ng/mL porque a massa específica da água da chuva é praticamente 1,00 g/mL. Para encontrar a molaridade, precisamos saber quantos gramas de $C_{29}H_{60}$ estão contidos em um litro. Multiplicando nanogramas e mililitros por 1 000, obtemos 34 μg de $C_{29}H_{60}$ por litro de água de chuva:

$$\frac{34\ \cancel{\text{ng}}\ C_{29}H_{60}}{\cancel{\text{mL}}}\left(\frac{1\,000\ \cancel{\text{mL}}/\text{L}}{1\,000\ \cancel{\text{ng}}/\mu\text{g}}\right) = \frac{34\ \mu\text{g}\ C_{29}H_{60}}{\text{L}}$$

A massa molecular do $C_{29}H_{60}$ é 29 × 12,011 + 60 × 1,008 = 408,8 g/mol. Assim, a molaridade é

$$\text{Molaridade do } C_{29}H_{60} \text{ na água da chuva} = \frac{34\times 10^{-6}\ \cancel{\text{g}}/\text{L}}{408,8\ \cancel{\text{g}}/\text{mol}} = 8,3\times 10^{-8}\ \text{M}$$

Um prefixo apropriado na Tabela 1.3 é o nano (n), que é um múltiplo de 10^{-9}:

$$8,3\times 10^{-8}\ \cancel{\text{M}}\left(\frac{1\ \text{nM}}{10^{-9}\ \cancel{\text{M}}}\right) = 83\ \text{nM}$$

nM = nanomols por litro

TESTE-SE Quantas ppm de $C_{29}H_{60}$ estão presentes em uma solução 23 μM? (***Resposta:*** 9,4 ppm.)

Para gases, ppm está mais comumente relacionada com o volume do que com a massa. A concentração de ozônio atmosférico (O_3) na superfície da Terra medida na Espanha é mostrada na Figura 1.3. O valor do pico em 39 ppb significa 39 nL de O_3 por litro de ar. É melhor indicar as unidades como "nL de O_3/L" para evitar confusão. Uma concentração de 39 nL de O_3 por litro de ar equivale ao mesmo que dizer que a pressão parcial do O_3 é 39 nPa para cada Pa de pressão de ar. Se a concentração de O_3 é 39 ppm e a pressão da atmosfera for 1,3 × 10^4 Pa em uma dada altitude, então a pressão parcial de O_3 é (39 nPa de O_3/ $\cancel{\text{Pa de ar}}$)(1,3 × 10^4 $\cancel{\text{Pa de ar}}$) = (39 × 10^{-9} Pa de O_3/ $\cancel{\text{Pa de ar}}$) × (1,3 × 10^4 $\cancel{\text{Pa de ar}}$ = 5,1 × 10^{-4} Pa de O_3).

1.3 Preparo de Soluções

Para preparar uma solução com uma molaridade desejada a partir de um sólido ou líquido puro, pesamos a massa correta do reagente puro, dissolvemos essa massa no solvente em um *balão volumétrico* (Figura 1.4) com água *destilada* ou *deionizada*. Em uma destilação, a água é fervida para separá-la das impurezas menos voláteis, e o vapor é condensado em líquido, o

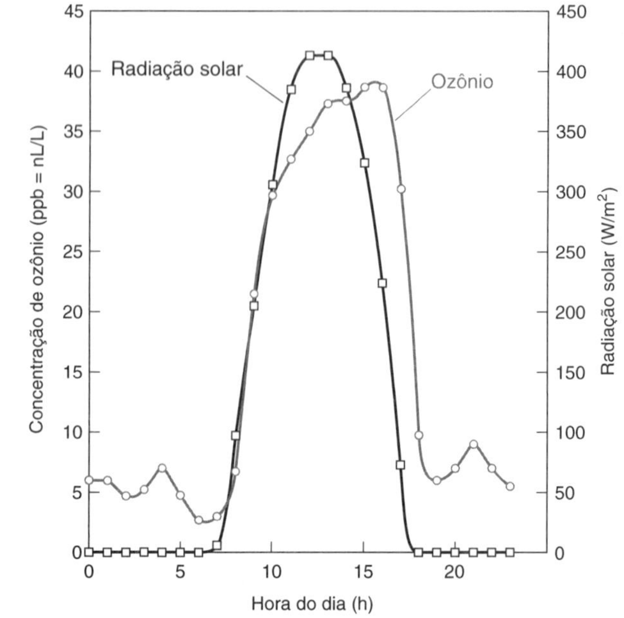

FIGURA 1.3 Concentração de ozônio (ppb em volume, nL/L) e radiação solar (W/m^2) medidas por estudantes em Argamasilla de Calatrava, Espanha, em 6 de fevereiro de 2008. O ozônio na superfície da Terra provém largamente da reação NO_2 + luz solar → NO + O, seguido de O + O_2 → O_3. Os dados mostram que a concentração de O_3 atinge o máximo após o pico máximo da radiação solar. [Dados de Y. T. Díaz-de-Mera, A. Notario, A. Aranda, J. A. Adame, A. Parra, E. Romero, J. Parra e F. Muñoz, "Research Study of Tropospheric Ozone and Meteorological Parameters to Introduce High School Students to Scientific Procedures", *J. Chem. Ed.* **2011**, *88*, 392.]

qual é coletado em um recipiente limpo. Na deionização (Seção 26.1), a água é passada por uma coluna que remove impurezas iônicas. As impurezas não iônicas permanecem na água. Os termos água destilada e água deionizada são usados praticamente como sinônimos.

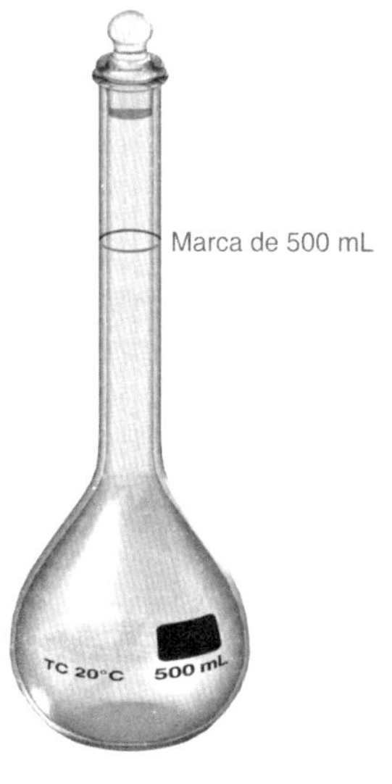

FIGURA 1.4 Um *balão volumétrico* contém um volume exato quando o nível do líquido é ajustado até o meio da marca existente no colo fino do balão. O uso deste balão está descrito na Seção 2.5.

EXEMPLO Preparo de uma Solução com uma Molaridade Desejada

O sulfato de cobre(II) pentaidratado, $CuSO_4 \cdot 5H_2O$, tem 5 mols de H_2O para cada mol de $CuSO_4$ no sólido cristalino. A massa fórmula do $CuSO_4 \cdot 5H_2O$ (= $CuSO_9H_{10}$) é 249,68 g/mol. (O sulfato de cobre(II) cristalino sem água de hidratação tem fórmula $CuSO_4$ e é chamado **sal anidro**.) Quantos gramas de $CuSO_4 \cdot 5H_2O$ devem ser dissolvidos em um balão volumétrico de 500 mL para preparar uma solução 8,00 mM de Cu^{2+}?

Solução Uma solução 8,00 mM contém $8{,}00 \times 10^{-3}$ mol/L. Precisamos de

$$8{,}00 \times 10^{-3} \frac{\text{mol}}{\cancel{\text{L}}} \times 0{,}500\ 0\ \cancel{\text{L}} = 4{,}00 \times 10^{-3} \text{ mol de } CuSO_4 \cdot 5H_2O$$

$$\text{A massa necessária de reagente é } (4{,}00 \times 10^{-3}\ \cancel{\text{mol}}) \times \left(249{,}68 \frac{\text{g}}{\cancel{\text{mol}}}\right) = 0{,}999 \text{ g}$$

Usando um balão volumétrico: o procedimento consiste em transferir 0,999 g de $CuSO_4 \cdot 5H_2O$ sólido para um balão volumétrico de 500 mL, adicionar cerca de 400 mL de água destilada e agitar até a total dissolução do sólido. Diluir então com água destilada até atingir a marca de 500 mL e inverter o balão várias vezes para garantir a homogeneização completa.

TESTE-SE Calcule a massa fórmula do $CuSO_4$ anidro. Quantos gramas devem ser dissolvidos em 250,0 mL para preparar uma solução 16,0 mM? (***Resposta:*** 159,60 g/mol, 0,638 g.)

Diluição

Você pode preparar uma solução diluída a partir de uma solução mais concentrada. Transfira um volume calculado da solução concentrada para um balão volumétrico e dilua até o volume final. O número de mols de reagente em *V* litros contendo *M* mols por litro de reagente é o produto $M \cdot V = \text{mol}/\cancel{\text{L}} \cdot \cancel{\text{L}}$. Igualando o número de mols existentes na solução concentrada (conc) com o número de mols presentes na solução diluída (dil), obtemos a *fórmula de diluição*:

Fórmula de diluição:

$$\underbrace{M_{conc} \cdot V_{conc}}_{\substack{\text{Número de mols}\\\text{existentes na}\\\text{solução concentrada}}} = \underbrace{M_{dil} \cdot V_{dil}}_{\substack{\text{Número de mols}\\\text{presentes na}\\\text{solução diluída}}} \qquad (1.5)$$

Você pode usar quaisquer unidades de concentração por volume (como mmol/L ou g/mL) e quaisquer unidades de volume (como mL ou μL), desde que empregue as mesmas unidades em ambos os lados da equação. Normalmente emprega-se mL para volume.

EXEMPLO Preparo de uma Solução de HCl 0,100 M

A molaridade do HCl "concentrado" que é vendido para uso em laboratório é aproximadamente 12,1 M. Quantos mililitros deste reagente devem ser diluídos para se preparar 1,000 L de HCl 0,100 M?

Solução A fórmula de diluição nos indica quantos mL devem ser retirados da solução concentrada para obter HCl 0,100 M:

$$M_{conc} \cdot V_{conc} = M_{dil} \cdot V_{dil}$$

$$(12{,}1\text{ M})(x\text{ mL}) = (0{,}100\text{ M})(1\ 000\text{ mL}) \Rightarrow x = 8{,}26\text{ mL}$$

O símbolo $\Rightarrow$ deve ser lido como **"implica que"**.

Para preparar a solução de HCl 0,100 M, colocamos cerca de 900 mL de água em um balão volumétrico de 1 L, adicionamos 8,26 mL de HCl concentrado e agitamos para misturar bem. Então, diluímos até 1,000 L com água e invertemos o balão várias vezes para homogeneizar bem. A concentração não será exatamente 0,100 M porque o reagente não é exatamente 12,1 M. A tabela na contracapa deste livro fornece volumes de reagentes comuns necessários para preparar soluções de concentração 1,0 M.

Adicione o reagente à água e não a água ao reagente no caso em que ocorre muita liberação de calor quando a água e o reagente se misturam. O ácido sulfúrico concentrado é o reagente mais comum que pode causar respingos e levar a água à ebulição caso a água seja adicionada ao ácido. Nunca adicione água ao H_2SO_4 concentrado; sempre adicione H_2SO_4 concentrado *à* água.

TESTE-SE Quantos mL de ácido nítrico 15,8 M devem ser diluídos a 0,250 L para preparar uma solução de HNO_3 3,00 M? (***Resposta:*** 47,5 mL.)

Em uma reação química, as espécies que aparecem no lado esquerdo da equação são chamadas **reagentes** e as espécies que aparecem no lado direito são chamadas **produtos**. Na Reação 1.6, o NH_3 é um reagente e o NH_4^+ é um produto.

EXEMPLO Um Cálculo Mais Complicado de Diluição

Uma solução de amônia em água é chamada "hidróxido de amônio" em razão do equilíbrio

$$\underset{\text{Amônia}}{NH_3} + H_2O \rightleftharpoons \underset{\text{Amônio}}{NH_4^+} + \underset{\text{Hidróxido}}{OH^-} \qquad (1.6)$$

A massa específica do hidróxido de amônio concentrado, que contém 28,0% m/m de NH_3, é 0,899 g/mL. Que volume deste reagente deve ser diluído para preparar 500,0 mL de uma solução de NH_3 0,250 M?

Solução Para usar a Equação 1.5, precisamos saber a molaridade do reagente concentrado. A solução contém 0,899 g por mililitro, e possui 0,280 g de NH_3 por grama de solução (28,0% m/m), de modo que podemos escrever

$$\text{Molaridade do } NH_3 = \frac{899\,\frac{\cancel{\text{g de solução}}}{\text{L}} \times 0{,}280\,\frac{\cancel{\text{g de } NH_3}}{\cancel{\text{g de solução}}}}{17{,}03\,\frac{\cancel{\text{g de } NH_3}}{\text{mol de } NH_3}} = 14{,}8\text{ M}$$

Agora, podemos determinar o volume necessário da solução de NH_3 14,8 M para preparar 500 mL de NH_3 0,250 M:

$$M_{conc} \cdot V_{conc} = M_{dil} \cdot V_{dil}$$

$$14{,}8\ \cancel{M} \times V_{conc} = 0{,}250\ \cancel{M} \times 500{,}0\text{ mL} \Rightarrow V_{conc} = 8{,}46\text{ mL}$$

O procedimento correto é adicionar cerca de 400 mL de água em um balão volumétrico de 500 mL, depois colocar 8,46 mL do reagente concentrado e agitar para misturar. Em seguida, diluir com água exatamente até a marca de 500 mL e inverter o balão fechado várias vezes para homogeneizar bem.

TESTE-SE A partir da massa específica do HNO_3 70,4% m/m, encontrada na contracapa deste livro, calcule a molaridade do HNO_3. (***Resposta:*** 15,8 M.)

1.4 Cálculos Estequiométricos para Análise Gravimétrica

Estequiometria é o cálculo das quantidades de substâncias que participam de uma reação química. É uma palavra oriunda dos vocábulos gregos *stoicheion* (componentes mais simples) e *metiri* (medir).

O Capítulo 27 é dedicado à análise gravimétrica, e o Capítulo 7 introduz as titulações. Ambos os capítulos podem ser abordados em qualquer momento desejado de seu curso.

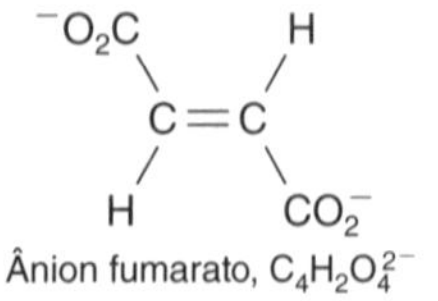

Ânion fumarato, $C_4H_2O_4^{2-}$

A análise química baseada na pesagem de um produto final é denominada **análise gravimétrica**. A análise gravimétrica e as titulações (*análise volumétrica*) são praticadas desde muito antes do surgimento dos instrumentos eletrônicos que efetuam medições químicas. Chamamos as análises gravimétrica e volumétrica de métodos "clássicos" ou "via úmida" para distingui-las dos métodos instrumentais de análise que foram adicionados ao arsenal da química analítica no último século. Os métodos clássicos ainda têm espaço na química analítica moderna. Eles podem ser mais exatos que os métodos instrumentais e ser usados para preparar padrões para os métodos instrumentais de análise.

O ferro existente em um comprimido de suplemento alimentar pode ser medido gravimetricamente mediante a dissolução deste último e a conversão do ferro em Fe_2O_3 sólido. A partir da massa do Fe_2O_3, podemos calcular a massa de ferro no comprimido original.

Apresentamos a seguir as etapas deste procedimento:

Etapa 1 Comprimidos contendo fumarato de ferro(II) ($Fe^{2+}\ C_4H_2O_4^{2-}$) e um aglutinante inerte são misturados com 150 mL de HCl 0,100 M para dissolver o Fe^{2+}. A solução é filtrada para remover o aglutinante insolúvel.

Etapa 2 O ferro(II), presente no líquido límpido, é oxidado a ferro(III) com excesso de peróxido de hidrogênio:

$$\underset{\substack{\text{Ferro (II)}\\\text{(íon ferroso)}}}{2Fe^{2+}} + \underset{\substack{\text{Peróxido de}\\\text{hidrogênio}\\\text{MF 34,01}}}{H_2O_2} + 2H^+ \rightarrow \underset{\substack{\text{Ferro (III)}\\\text{(íon férrico)}}}{2Fe^{3+}} + 2H_2O \qquad (1.7)$$

A unidade de massa fórmula (MF) é g/mol.

Etapa 3 Adiciona-se hidróxido de amônio para precipitar o óxido de ferro(III) hidratado, que é um gel. O gel é filtrado e aquecido em um forno para convertê-lo no sólido puro Fe_2O_3.

$$2Fe^{3+} + \underset{\text{Hidróxido}}{3OH^-} + (x-1)H_2O \longrightarrow \underset{\text{Óxido de ferro (III) hidratado}}{FeOOH \cdot xH_2O(s)} \xrightarrow{900\ °C} \underset{\substack{\text{Óxido de ferro (III)}\\\text{MF 159,69}}}{Fe_2O_3(s)} \qquad (1.8)$$

$Fe_2O_3(s)$ significa que o Fe_2O_3 é um *sólido*. Outras abreviações para fases são (l) para *líquido*, (g) para *gás* e (aq) para *aquoso* (significando "dissolvido em água").

Faremos agora alguns cálculos práticos de laboratório para esta análise.

EXEMPLO Quantos Comprimidos Devemos Analisar?

Em uma análise gravimétrica, precisamos obter produto suficiente para realizar com exatidão uma pesagem. Cada comprimido de um suplemento alimentar contém ~15 mg de ferro. Quantos comprimidos devem ser analisados para fornecer 0,25 g do produto Fe_2O_3?

O símbolo ~ deve ser lido como **"aproximadamente"**.

Solução Podemos responder a essa pergunta se conhecermos quantos gramas de ferro estão contidos em 0,25 g de Fe_2O_3. A massa fórmula do Fe_2O_3 é 159,69 g/mol, então 0,25 g é igual a

$$\text{Número de mols} = \frac{\text{gramas}}{\text{gramas por mol}} = \frac{\text{gramas}}{\text{massa fórmula}}$$

$$\text{mol de } Fe_2O_3 = \frac{0{,}25\ \cancel{g}}{159{,}69\ \cancel{g}/\text{mol}} = 1{,}6 \times 10^{-3}\ \text{mol}$$

Cada mol de Fe_2O_3 possui 2 mols de Fe, logo 0,25 g de Fe_2O_3 contém

$$1{,}6 \times 10^{-3}\ \cancel{\text{mol de } Fe_2O_3} \times \frac{2\ \text{mols de Fe}}{1\ \cancel{\text{mol de } Fe_2O_3}} = 3{,}2 \times 10^{-3}\ \text{mol de Fe}$$

A massa de Fe é

$$3{,}2 \times 10^{-3}\ \cancel{\text{mol de Fe}} \times \frac{55{,}845\ \text{g de Fe}}{1\ \cancel{\text{mol de Fe}}} = 0{,}18\ \text{g de Fe}$$

Na tabela periódica no início deste livro, encontra-se que a massa atômica do Fe é 55,845 g/mol.

Se cada comprimido contém 15 mg de Fe, o número de comprimidos necessário é

$$\text{Número de comprimidos} = \frac{0{,}18\ \cancel{\text{g de Fe}}}{0{,}015\ \cancel{\text{g de Fe}}/\text{comprimidos}} = 12\ \text{comprimidos}$$

TESTE-SE Se cada comprimido fornece ~20 mg de ferro, quantos comprimidos devem ser analisados para se obter ~0,50 g de Fe_2O_3? (***Resposta:*** 18.)

EXEMPLO Quanto de H_2O_2 é Necessário?

Qual é a massa necessária de uma solução de H_2O_2 a 3,0% m/m para fornecer um excesso de reagente de 50% para a Reação 1.7 com 12 comprimidos de um suplemento alimentar contendo ferro?

3,0% m/m significa 3,0 g de H_2O_2 por 100 g de solução ou 0,030 g de H_2O_2 por g de solução.

Solução Doze comprimidos fornecem 12 $\cancel{\text{comprimidos}}$ × (0,015 g Fe^{2+}/$\cancel{\text{comprimido}}$) = 0,18 g de Fe^{2+}, ou (0,18 $\cancel{\text{g de } Fe^{2+}}$)/(55,845 $\cancel{\text{g de } Fe^{2+}}$/mol de Fe^{2+}) = 3,2 × 10^{-3} mol de Fe^{2+}. A Reação 1.7 requer 1 mol de H_2O_2 para cada 2 mols de Fe^{2+}. Portanto, 3,2 × 10^{-3} mol de Fe^{2+} necessitam de (3,2 × 10^{-3} $\cancel{\text{mol de } Fe^{2+}}$)(1 mol de H_2O_2/2 $\cancel{\text{mols de } Fe^{2+}}$) = 1,6 × 10^{-3} mol de H_2O_2. Um excesso de 50% significa que queremos usar 1,50 vez a quantidade estequiométrica: (1,50)(1,6 × 10^{-3} mol de H_2O_2) = 2,4 × 10^{-3} mol de H_2O_2. A massa fórmula do H_2O_2 é 34,01 g/mol, então a massa necessária de H_2O_2 puro é (2,4 × 10^{-3} $\cancel{\text{mol}}$) (34,01 g/$\cancel{\text{mol}}$) = 0,082 g. Mas o peróxido de hidrogênio está disponível como uma solução a 3,0% m/m, de modo que a massa necessária da solução é

$$\text{Número de mols} = \frac{\text{gramas}}{\text{massa fórmula}} = \frac{\cancel{g}}{\cancel{g}/\text{mol}}$$

Essa relação nunca deve ser esquecida.

$$\text{Massa de solução } H_2O_2 = \frac{0{,}082\ \cancel{\text{g de } H_2O_2}}{0{,}030\ \cancel{\text{g de } H_2O_2}/\text{g de solução}} = 2{,}7\ \text{g de solução}$$

TESTE-SE Qual é a massa de solução necessária de H_2O_2 a 3,0% m/m para fornecer um excesso de reagente de 25% para a Reação 1.7 com 12 comprimidos de suplemento alimentar contendo ferro? (***Resposta:*** 2,3 g.)

EXEMPLO Cálculo Gravimétrico

A massa final de Fe_2O_3 isolado no fim do experimento, descrito no exemplo anterior, foi de 0,277 g. Qual é a massa média de ferro por comprimido de suplemento alimentar?

Solução O número de mols de Fe_2O_3 é (0,277 $\cancel{g}$)/(159,69 $\cancel{g}$/mol) = 1,73 × 10^{-3} mol. Existem 2 mols de Fe por fórmula unitária, assim o número de mols de Fe no produto é

$$(1{,}73 \times 10^{-3}\ \cancel{\text{mol de } Fe_2O_3})\left(\frac{2\ \text{mols de Fe}}{1\ \cancel{\text{mol de } Fe_2O_3}}\right) = 3{,}47 \times 10^{-3}\ \text{mol de Fe}$$

Guarde todos os algarismos disponíveis em sua calculadora durante os cálculos intermediários. O resultado do produto 1,73 × 2 não é 3,47. Entretanto, com os algarismos extras existentes na calculadora, a resposta é 3,47.

A massa de Fe é (3,47 × 10^{-3} $\cancel{\text{mol de Fe}}$)(55,845 g de Fe/$\cancel{\text{mol de Fe}}$) = 0,194 g de Fe. Então, cada um dos 12 comprimidos contém uma massa média de (0,194 g de Fe)/12 = 0,016 1 g = 16,1 mg.

TESTE-SE Se a massa isolada de Fe_2O_3 fosse 0,300 g, qual seria a massa média de ferro por comprimido? (***Resposta:*** 17,5 mg.)

Reagente Limitante

O **reagente limitante** em uma reação química é aquele que é consumido primeiro. Uma vez esgotado o reagente limitante, a reação cessa. Para determinar qual reagente é o limitante, encontre o número de mols de cada reagente disponível. Compare o número de mols encontrado com o número de mols necessário para a reação completa.

EXEMPLO Reagente Limitante

A Reação 1.9 exige um mol de oxalato para cada mol de cálcio.

$$\underset{}{Ca^{2+}} + \underset{\text{Oxalato}}{C_2O_4^{2-}} + H_2O \rightarrow \underset{\text{Oxalato de cálcio}}{Ca(C_2O_4)\cdot H_2O(s)} \qquad (1.9)$$

Se você mistura 1,00 g de $CaCl_2$ (MF 110,98) com 1,15 g de $Na_2C_2O_4$ (MF 134,00) em água, quem é o reagente limitante? Qual é a fração do reagente não limitante que resta?

Solução O número de mols disponível de cada reagente é

$$\frac{1{,}00 \text{ g de } CaCl_2}{110{,}98 \text{ g/mol}} = 9{,}01 \text{ mmol de } Ca^{2+} \qquad \frac{1{,}15 \text{ g de } Na_2C_2O_4}{134{,}00 \text{ g/mol}} = 8{,}58 \text{ mmols de } C_2O_4^{2-}$$

A reação exige 1 mol de Ca^{2+} para cada 1 mol de $C_2O_4^{2-}$. Assim, o oxalato acabará primeiro. O Ca^{2+} remanescente é 9,01 – 8,58 = 0,43 mmol. A fração de Ca^{2+} não reagido é (0,43 mmol/9,01 mmols) = 4,8%.

TESTE-SE A reação $5H_2C_2O_4 + 2MnO_4^- + 6\,H^+ \rightarrow 10CO_2 + 2Mn^{2+} + 8H_2O$ exige 5 mols de $H_2C_2O_4$ para 2 mols de MnO_4^-. Se você mistura 1,15 g de $Na_2C_2O_4$ (MF 134,00) com 0,60 g de $KMnO_4$ (MF 158,03) e um excesso de solução aquosa ácida, qual dos reagentes é limitante? Quanto de CO_2 é produzido?

(***Resposta:*** 8,58 mmols de $C_2O_4^{2-}$ exigem $\left(\frac{2 \text{ mols de } MnO_4^-}{5 \text{ mols de } C_2O_4^{2-}}\right)$(8,58 mmols de $C_2O_4^{2-}$) = 3,43 mmols de MnO_4^-. A quantidade disponível de $KMnO_4$ é 0,60 g/(158,03 g/mol) = 3,80 mmols, mais do que o necessário. Portanto, $Na_2C_2O_4$ é o reagente limitante. A reação de 8,58 mmols de $C_2O_4^{2-}$ produz (10 mols de CO_2/5 mols de $C_2O_4^{2-}$) (8,58 mmols de $C_2O_4^{2-}$) = 17,16 mmols de CO_2.)

Termos Importantes

Termos que são apresentados em **negrito** no capítulo e que são definidos também no Glossário.

abscissa	litro	molaridade	reagente
análise gravimétrica	massa atômica	ordenada	reagente limitante
anidro	massa específica	porcentagem em volume	soluto
concentração	massa fórmula	porcentagem ponderal	solvente
concentração formal	massa molecular	ppb (partes por bilhão)	unidades do SI
eletrólito	mol	ppm (partes por milhão)	
estequiometria	molalidade	produto	

Resumo

As unidades básicas do sistema SI incluem: metro (m), quilograma (kg), segundo (s), ampère (A), kelvin (K) e mol (mol). As grandezas derivadas, como a força (newton, N), a pressão (pascal, Pa) e a energia (joule, J), podem ser expressas em termos das unidades básicas. Nos cálculos, as unidades devem ser manipuladas juntamente com os números. Prefixos, como quilo- e mili-, são usados para designar múltiplos de unidades. Normalmente, a concentração é expressa como molaridade (número de mols de soluto por litro de solução), molalidade (número de mols de soluto por quilograma de solvente), concentração formal (unidades de fórmula por litro), composição percentual e partes por milhão. Para calcular as quantidades de reagentes necessárias para preparar soluções, a relação $M_{conc} \cdot V_{conc} = M_{dil} \cdot V_{dil}$ é útil, pois ela iguala o número de mols do reagente, retirado de uma solução estoque, ao número de mols transferidos para uma nova solução. Devemos ser capazes de usar as relações estequiométricas para calcular as massas ou volumes necessários de reagentes para as reações químicas. A partir da massa do produto de uma reação, devemos ser capazes de calcular quanto de reagente foi consumido. O reagente limitante em uma reação química é aquele que é consumido primeiro. Uma vez esgotado o reagente limitante, a reação cessa.

Exercícios

As soluções completas dos *Exercícios* são fornecidas ao fim do livro, enquanto para os *Problemas* somente são dadas as respostas numéricas. Os *Exercícios* cobrem muitas das principais ideias de cada capítulo.

1.A. Uma solução com um volume final de 500,0 mL foi preparada pela dissolução de 25,00 mL de metanol (CH_3OH, massa específica = 0,791 4 g/mL) em clorofórmio.

(a) Calcule a *molaridade* do metanol na solução.

(b) Se a massa específica da solução é 1,454 g/mL, calcule a *molalidade* do metanol.

1.B. Uma solução de 48,0% m/m de HBr em água possui massa específica de 1,50 g/mL.

(a) Calcule a concentração formal de HBr.

(b) Que massa de solução contém 36,0 g de HBr?

(c) Que volume de solução contém 233 mmols de HBr?

(d) Qual o volume necessário dessa solução para preparar 0,250 L de HBr 0,160 M?

1.C. **(a)** Uma solução contém 12,6 ppm de $Ca(NO_3)_2$ dissolvido (que se dissocia em $Ca^{2+} + 2NO_3^-$). Calcule a concentração de NO_3^- em partes por milhão.

(b) Quantos ppm de $Ca(NO_3)_2$ existem em uma solução de $Ca(NO_3)_2$ 0,144 mM?

(c) Quantos ppm de nitrato, NO_3^-, estão presentes em uma solução de $Ca(NO_3)_2$ 0,144 mM?

1.D. A amônia reage com o íon hipobromito, OBr^-, de acordo com a reação $2NH_3 + 3\,OBr^- \rightarrow N_2 + 3Br^- + 3H_2O$. Qual é o reagente limitante se 5,00 mL de solução de NaOBr 0,623 M são adicionados a 183 μL de NH_3 28% m/m (NH_3 14,8 M, no fim deste livro)? Quanto sobra do reagente em excesso?

Problemas

Unidades do SI

1.1. **(a)** Escreva as unidades do SI de comprimento, massa, tempo, corrente elétrica, temperatura e quantidade de substância; escreva as abreviaturas para cada uma delas.

(b) Escreva as unidades e símbolos para frequência, força, pressão, energia e potência.

1.2. Escreva os nomes e as abreviaturas para cada prefixo de 10^{-24} até 10^{24}. Que abreviaturas são escritas com letras maiúsculas?

1.3. Escreva o nome e o número representado por cada símbolo visto a seguir. Por exemplo, para kW você deverá escrever kW = quilowatt = 10^3 watts.

(a) mW	**(c)** kΩ	**(e)** TJ	**(g)** fg
(b) pm	**(d)** μF	**(f)** ns	**(h)** dPa

1.4. Expresse as quantidades a seguir com as abreviaturas para as unidades e prefixos das Tabelas 1.1 até 1.3.

(a) 10^{-13} joules	**(d)** 10^{-10} metros
(b) $4{,}317\,28 \times 10^{-8}$ farads	**(e)** $2{,}1 \times 10^{13}$ watts
(c) $2{,}997\,9 \times 10^{14}$ hertz	**(f)** $48{,}3 \times 10^{-20}$ mols

1.5. A queima de combustíveis fósseis pela humanidade em 2012 introduziu aproximadamente 8 petagramas (Pg) de carbono por ano na atmosfera na forma de CO_2.

(a) Quantos kg de C foram lançados na atmosfera a cada ano?

(b) Quantos kg de CO_2 foram lançados na atmosfera a cada ano?

(c) Uma tonelada métrica é igual a 1 000 kg. Quantas toneladas métricas de CO_2 foram lançadas na atmosfera por ano? Existem 7 bilhões de habitantes na Terra. Encontre a produção per capita de CO_2 (toneladas de CO_2 por pessoa por ano).

1.6. Sempre gostei de comer atum. Infelizmente, um estudo do teor de mercúrio em atum enlatado realizado em 2010 encontrou que pedaços de atum *branco* continham 0,6 ppm de Hg e pedaços de atum *light* continham 0,14 ppm.[2] A Agência Norte-Americana de Proteção ao Meio Ambiente recomenda não mais do que 0,1 μg Hg/kg de peso corporal por dia. Eu peso 68 kg. Com que frequência posso consumir uma lata contendo 6 onças (1 lb = 16 oz) de pedaços de atum *branco* a fim de que, na média, não tenha mais do que 0,1 μg Hg/kg de peso corporal por dia? Caso eu mude para pedaços de atum *light*, com que frequência posso ingerir o conteúdo de uma lata?

1.7. Quantos joules por segundo e quantas calorias por hora são produzidos por uma máquina de 100,0 cavalos-vapor?

1.8. Uma mulher com 120 libras que trabalha em um escritório consome cerca de $2{,}2 \times 10^3$ kcal/dia, enquanto a mesma mulher escalando uma montanha necessita de $3{,}4 \times 10^3$ kcal/dia.

(a) Expresse esses números em termos de joules por segundo por quilograma de massa corpórea (= watts por quilograma).

(b) Quem consome mais potência (watts), a funcionária que trabalha no escritório ou uma lâmpada de 100 W?

1.9. O gráfico mostra as emissões médias de CO_2 para veículos movidos a combustíveis fósseis (gasolina, diesel e híbrido gás-elétrico), bem como veículos elétricos. A abscissa é mg de CO_2 por milha percorrida por libra-massa do veículo (chamada de tara). Para veículos elétricos, a emissão de CO_2 varia nos estados dos EUA em função da mistura de combustíveis usados para gerar eletricidade. Se a eletricidade viesse inteiramente da energia solar, haveria pouco CO_2 associado à sua produção. A Califórnia tem a menor emissão de CO_2 para a produção de eletricidade e Ohio a mais alta porque depende muito de usinas a carvão.

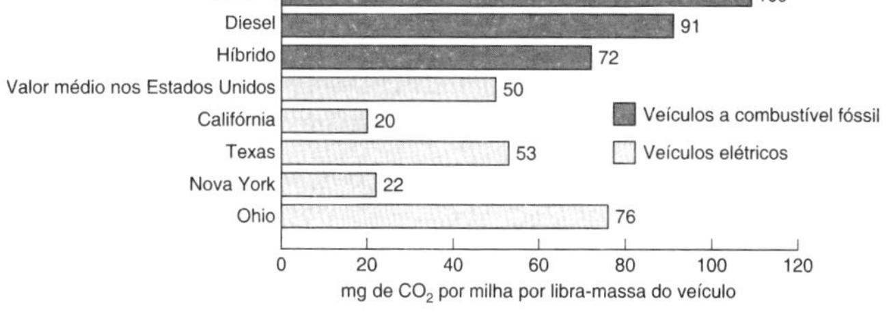

Emissões médias de CO_2 para diferentes tipos de veículos. [Dados de D. J. Berger e A. D. Jorgensen, "A Comparison of Carbon Dioxide Emissions from Electric Vehicles to Emissions from Internal Combustion Vehicles", *J. Chem. Ed.* **2015**, *92*, 1.204.]

O gráfico não inclui a emissão de CO_2 dos veículos em fabricação. Quando normalizada para a distância percorrida por cada tipo de veículo antes de ser descartado, a emissão de CO_2 associada à fabricação de veículos elétricos é estimada em 25 a 75% maior do que a emissão de CO_2 associada à fabricação de veículos a gasolina e diesel. Se a fabricação fosse incluída, a emissão de CO_2 associada aos veículos elétricos existentes em Ohio seria aproximadamente igual à dos veículos a gasolina.

(a) Verdadeiro ou falso? Durante sua vida útil e incluindo os custos de fabricação, os veículos elétricos existentes em Ohio emitem aproximadamente a mesma quantidade de CO_2 por quilômetro rodado que os veículos a gasolina com o mesmo peso.

(b) Uma milha é 5 280 pés e um pé é 12 polegadas. Use a Tabela 1.4 para descobrir quantas milhas existem em 1 km.

(c) Converta 1 mg de CO_2 por milha por libra-massa de veículo para mg de CO_2 por km percorrido por kg de massa de veículo. Use a Tabela 1.4 para converter libras em kg.

(d) Considere um veículo com uma massa de 1,5 tonelada métrica tendo percorrido 150 000 km. (Uma tonelada métrica equivale a 1 000 kg.) Calcule a emissão total de CO_2 (em toneladas métricas) ao dirigir este carro se ele usar gasolina ou se for um carro elétrico dirigido na Califórnia. Esta comparação não inclui o CO_2 emitido na fabricação do carro.

1.10. Um adulto de 70 kg pode morrer em consequência da aplicação de uma injeção de ~100 ng de neurotoxina botulínica ou da inalação de ~1 μg da toxina. Um ensaio sensível para a neurotoxina pode detectar ~200 pg/mL em 60 μL de leite ou suco.[3]

(a) Quantos mols de neurotoxina (massa molecular 150 000 g/mol) existem em 60 μL contendo 200 pg/mL? Expresse sua resposta com um prefixo da Tabela 1.3.

(b) Quantas moléculas existem em 100 ng de neurotoxina?

1.11. A precipitação de poeira em Chicago ocorre a uma taxa de 65 mg m^{-2} dia^{-1}. Os principais elementos metálicos presentes nessa poeira são Al, Mg, Cu, Zn, Mn e Pb.[4] O Pb se acumula em uma taxa de 0,03 mg m^{-2} dia^{-1}. Quantas toneladas métricas (1 tonelada métrica = 1 000 kg) de Pb se depositam em uma região de Chicago com 535 quilômetros quadrados durante um ano?

Unidades de Concentração

1.12. Defina os termos seguintes:

(a) molaridade
(b) molalidade
(c) massa específica
(d) porcentagem ponderal
(e) porcentagem volumétrica
(f) partes por milhão
(g) partes por bilhão
(h) concentração formal

1.13. Por que é mais exato dizer que a concentração de uma solução de ácido acético é 0,01 F em vez de 0,01 M? (Apesar dessa distinção, usualmente escrevemos 0,01 M.)

1.14. Qual a concentração formal (expressa em mol/L = M) de NaCl quando dissolvemos 32,0 g do sal em água e diluímos a 0,500 L?

1.15. Quantos gramas de metanol (CH_3OH, MF 32,04) estão contidos em 0,100 L de uma solução aquosa a 1,71 M de metanol (isto é, 1,71 mol de CH_3OH/L de solução)?

1.16. (a) A Figura 1.1 mostra um pico de concentração de O_3 de 19 mPa na estratosfera. A Figura 1.3 exibe um pico de concentração de O_3 de 39 ppb no nível do solo em uma dada localidade. Para comparar essas concentrações, converta 39 ppb para pressão em mPa. Qual das concentrações é a maior? Para converter ppb em mPa, admita que a pressão atmosférica na superfície da Terra é 1 bar = 10^5 Pa. Se a pressão atmosférica é 1 bar, então a concentração de 1 ppb é 10^{-9} bar.

(b) A pressão da atmosfera a 16 km de altitude na estratosfera é 9,6 kPa. O pico de pressão de O_3 nessa altitude na estratosfera na Figura 1.1 é 19 mPa. Converta a pressão de 19 mPa em ppb quando a pressão atmosférica é 9,6 kPa.

1.17. A concentração de um gás está relacionada com sua pressão pela *lei do gás ideal*:

$$\text{Concentração}\left(\frac{\text{mol}}{\text{L}}\right) = \frac{n}{V} = \frac{P}{RT},\ R = \text{constante dos gases} = 0{,}083\ 14\frac{\text{L}\cdot\text{bar}}{\text{mol}\cdot\text{K}}$$

em que n é o número de mols, V é o volume (L), P é a pressão (bar) e T é a temperatura (K).

(a) A pressão máxima de ozônio na atmosfera da Antártida na Figura 1.1 é 19 mPa. Converta essa pressão para bar.

(b) Encontre a concentração molar do ozônio no item **(a)**, se a temperatura é –70 °C.

1.18. Os gases nobres (Grupo 18 na tabela periódica) têm as seguintes concentrações em volume no ar seco: He, 5,24 ppm; Ne, 18,2 ppm; Ar, 0,934%; Kr, 1,14 ppm; Xe, 87 ppb.

(a) A concentração de 5,24 ppm de He significa 5,24 μL de He por litro de ar. Usando a lei do gás ideal, dada no Problema 1.16, calcule quantos mols de He estão contidos em 5,24 μL de He, a 25,00 °C (298,15 K) e 1,000 bar. Esse número é a molaridade do He no ar.

(b) Determine as concentrações molares de Ar, Kr e Xe no ar, a 25 °C e 1 bar.

1.19. Qualquer solução aquosa diluída tem massa específica próxima a 1,00 g/mL. Suponha que a solução contém 1 ppm de soluto. Expresse a concentração do soluto em g/L, μg/L, μg/mL e mg/L.

1.20. A concentração do alcano $C_{20}H_{42}$ (MF 282,56) em uma dada amostra de água da chuva é 0,2 ppb. Assumindo-se que a massa específica da água da chuva é próxima de 1,00 g/mL, encontre a concentração molar de $C_{20}H_{42}$.

1.21. Quantos gramas de ácido perclórico, $HClO_4$, estão contidos em 37,6 g de uma solução aquosa de $HClO_4$ a 70,5% m/m? Quantos gramas de água estão presentes nessa mesma solução?

1.22. A massa específica de uma solução aquosa de ácido perclórico a 70,5% m/m é 1,67 g/mL. Lembre-se de que a massa refere-se à massa de solução (= g de $HClO_4$ + g de H_2O).

(a) Quantos gramas de solução existem em 1,000 L de solução?

(b) Quantos gramas de $HClO_4$ existem em 1,000 L de solução?

(c) Quantos mols de $HClO_4$ existem em 1,000 L de solução?

1.23. Uma solução aquosa contendo 20,0% m/m de KI tem uma massa específica de 1,168 g/mL. Calcule a molalidade (m, não M) da solução de KI.

1.24. Uma célula da glândula adrenal possui cerca de $2{,}5 \times 10^4$ minúsculos compartimentos chamados *vesículas* que contêm o hormônio epinefrina (também chamado adrenalina).

(a) Uma célula inteira possui em torno de 150 fmol de epinefrina. Quantos attomols (amol) de adrenalina possui cada vesícula?

(b) Quantas moléculas de epinefrina existem em cada vesícula?

(c) O volume de uma esfera de raio r é $4/3\ \pi r^3$. Determine o volume de uma vesícula esférica com 200 nm de raio. Expresse sua resposta em metros cúbicos (m^3) e litros, lembrando que 1 L = 10^{-3} m^3.

(d) Calcule a concentração molar de epinefrina na vesícula considerando que ela contenha 10 amol desse hormônio.

1.25. A concentração de açúcar (glicose, $C_6H_{12}O_6$) no sangue humano varia de 80 mg/dL, antes das refeições, até 120 mg/dL, após as refeições. A abreviatura dL corresponde a decilitro = 0,1 L. Calcule a molaridade da glicose no sangue antes e após as refeições.

1.26. Uma solução aquosa de um anticongelante contém etilenoglicol ($HOCH_2CH_2OH$, MF 62,07) em uma concentração de 6,067 M e possui massa específica de 1,046 g/mL.

(a) Determine a massa de 1,000 L dessa solução e a massa em gramas de etilenoglicol por litro.

(b) Calcule a molalidade do etilenoglicol nessa solução.

1.27. Proteínas e carboidratos fornecem 4,0 Cal/g, enquanto as gorduras fornecem 9,0 Cal/g. (Lembre-se de que 1 Cal, com C maiúsculo, na realidade é 1 kcal.) As porcentagens ponderais desses componentes em alguns alimentos são as seguintes:

Alimento	% m/m de proteína	% m/m de carboidrato	% m/m de gordura
Farelo de trigo	9,9	79,9	—
Rosquinha	4,6	51,4	18,6
Hambúrguer (cozido)	24,2	—	20,3
Maçã	—	12,0	—

Calcule o número de calorias por grama e calorias por onça em cada um desses alimentos. (Use a Tabela 1.4 para converter gramas em onças e lembre-se de que existem 16 onças em 1 libra.)

Preparo de Soluções

1.28. Quantos gramas de ácido bórico $B(OH)_3$ (MF 61,83) devem ser usados para preparar 2,00 L de uma solução 0,0500 M? Que tipo de frasco é apropriado para o preparo dessa solução?

1.29. Descreva como se deve preparar aproximadamente 2 L de uma solução de ácido bórico 0,0500 *m*, $B(OH)_3$.

1.30. Qual o volume máximo de uma solução 0,25 M de hipoclorito de sódio (NaOCl, água sanitária) que se pode preparar pela diluição de 1,00 L de uma solução de NaOCl 0,80 M?

1.31. Quantos gramas de uma solução 50% m/m de NaOH (MF 40,00) devem ser diluídos para preparar 1,00 L de uma solução de NaOH 0,10 M? (Resposta com 2 algarismos significativos.)

1.32. Um frasco de ácido sulfúrico concentrado, rotulado como 98,0% m/m em H_2SO_4, possui a concentração de 18,0 M.

(a) Quantos mililitros de reagente devem ser diluídos para preparar 1,000 L de uma solução de H_2SO_4 1,00 M?

(b) Calcule a massa específica do ácido sulfúrico a 98,0% m/m.

1.33. Qual a massa específica de uma solução aquosa a 53,4% m/m de NaOH (MF 40,00), se 16,7 mL dessa solução diluída a 2,00 L resultam em uma solução de NaOH 0,169 M?

Cálculos Estequiométricos para Análise Gravimétrica

1.34. Quantos mililitros de uma solução de H_2SO_4 3,00 M são necessários para reagir com 4,35 g de um sólido contendo 23,2% m/m de $Ba(NO_3)_2$, se a reação é $Ba^{2+} + SO_4^{2-} \rightarrow BaSO_4(s)$?

1.35. Quantos gramas de uma solução aquosa de HF 0,491% m/m são necessários para prover um excesso de 50% para reagir com 25,0 mL de uma solução de La^{3+} 0,023 6 M pela reação $La^{3+} + 3F^- \rightarrow LaF_3(s)$?

1.36. *Um estouro de rolhas.* Para entreter crianças de 2 a 90 anos, gosto de estourar rolhas de garrafas contendo vinagre e bicarbonato de sódio. Coloco cerca de 50 mL de vinagre em um frasco plástico de 500 mL. Então, envolvo cerca de 5 g de bicarbonato de sódio ($NaHCO_3$) em um pedaço de pano e introduzo o pano dentro da garrafa. Coloco uma rolha que se ajusta firmemente na boca da garrafa e me afasto para trás. A reação química produz $CO_2(g)$ que pressuriza a garrafa até que, ao fim, a rolha explode ao ar. Todos sorriem.

$$\underset{\text{Ácido acético no vinagre}}{CH_3CO_2H} + \underset{\text{Bicarbonato de sódio}}{NaHCO_3} \rightarrow CH_3CO_2^- + Na^+ + CO_2(g) + H_2O$$

(a) Determine a massa fórmula do ácido acético e do bicarbonato de sódio.

(b) Quantos gramas de ácido acético são necessários para reagir com 5 g de $NaHCO_3$?

(c) O vinagre contém ~5% m/m de ácido acético. Quantos gramas de vinagre são necessários para reagir com 5 g de $NaHCO_3$? A massa específica do vinagre é próxima a 1,0 g/mL. Quantos mL de vinagre são necessários para reagir com 5 g de $NaHCO_3$?

(d) Qual é o reagente limitante quando você mistura 50 mL de vinagre com 5 g de $NaHCO_3$?

(e) Use a lei dos gases ideais (Problema 1.17) para calcular quantos L de $CO_2(g)$ são produzidos se P = 1 bar e T = 300 K. Se existe 0,5 L de ar interno na garrafa, que pressão pode ser gerada para estourar a rolha?

2 Ferramentas do Ofício

MICROBALANÇA DE CRISTAL DE QUARTZO MEDE UMA BASE ADICIONADA AO DNA

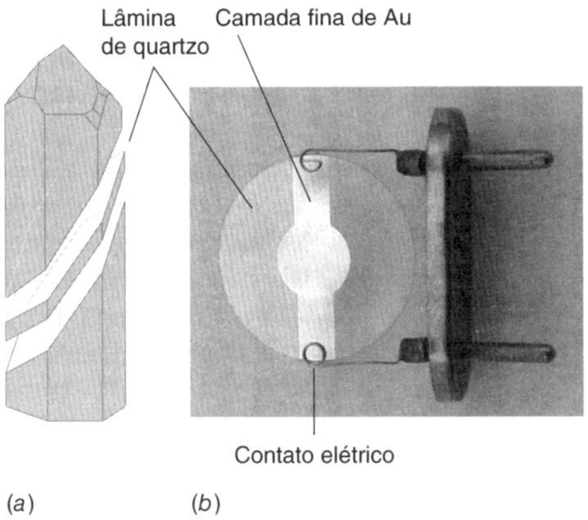

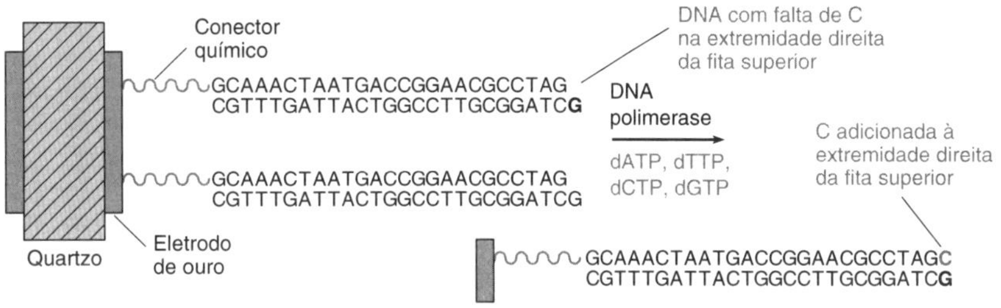

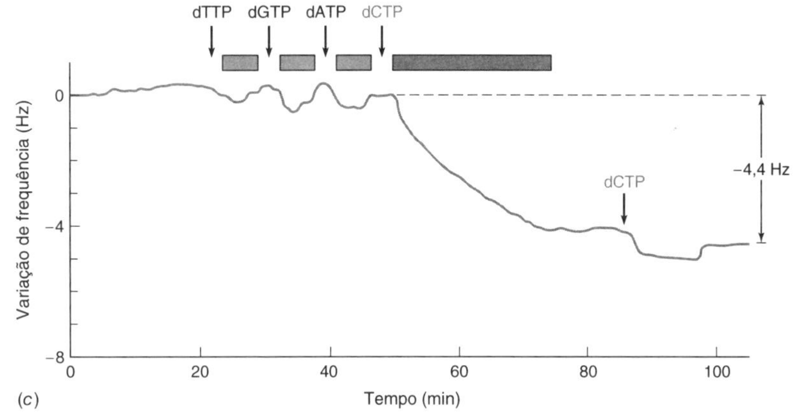

(*a*) Lâmina de quartzo utilizada para construir uma (*b*) microbalança com filmes de ouro nas faces opostas da lâmina. Tensão oscilante aplicada entre os filmes de ouro induz oscilação do cristal paralela às faces. [Cortesia da foto de LapTech Precision Inc.] **(*c*) Resposta do cristal de quartzo piezoelétrico à adição de nucleotídeos a um padrão de DNA que pode acomodar apenas uma citosina (C) no final de uma fita em crescimento. A cobertura do DNA sobre o ouro é de 20 ng/cm^2 = 1,2 pmol/cm^2. A estabilização da temperatura a ±0,001 °C limita o ruído a ±0,05 Hz.** [Dados de H. Yoshimine, T. Kojima, H. Furusawa e Y. Okahata, "Small Mass-Change Detectable Quartz Crystal Microbalance and Its Application to Enzymatic One-Base Elongation on DNA," *Anal. Chem.* **2011**, *83*, 8.741.]

Uma substância, como o quartzo, cujas dimensões mudam quando um campo elétrico é aplicado é denominada **piezoelétrica**.

Um cristal de quartzo, que vibra em sua frequência de ressonância por meio de um campo elétrico oscilante, mantém a exatidão do tempo em seu relógio de pulso. Uma microbalança de cristal de quartzo, capaz de pesar nanogramas, consiste em uma lâmina de quartzo inserida entre dois eletrodos finos de Au.[1,2] Quando uma massa adicional se liga à superfície dos eletrodos de ouro, a frequência de oscilação diminui proporcionalmente à massa que se ligou.[3] A ligação de 0,62 ng (1 nanograma = 10^{-9} g) em uma área de 1 cm^2 de um eletrodo de ouro reduz a frequência de ressonância de 27 MHz do cristal para uma frequência observável de 1 Hz.

O *ácido desoxirribonucleico* (DNA) carrega informação genética codificada em uma sequência de quatro bases nucleotídicas denominadas A, T, C e G. Na estrutura em hélice dupla do DNA, A e T estão sempre ligadas uma à outra por ligações de hidrogênio, e C e G estão sempre ligadas entre si por meio de ligações de hidrogênio. Para replicar o DNA, a enzima *DNA polimerase* utiliza uma única fita padrão de DNA e os blocos de construção dATP, dTTP, dCTP e dGTP para produzir uma nova fita complementar de DNA. T no padrão especifica que A será usada na posição correspondente da nova fita. De modo análogo, A especifica T, C especifica G e G especifica C.

Com uma microbalança de cristal de quartzo, é possível medir a adição de um nucleotídeo à cadeia de DNA em crescimento. O DNA está quimicamente ancorado a um eletrodo de ouro do cristal piezoelétrico. Quando o nucleotídeo correto é adicionado, a massa de DNA aumenta e a frequência de oscilação do cristal de quartzo diminui. Na figura *c*, a fita dupla de DNA está com falta de uma C na extremidade direita da cadeia superior. O gráfico mostra as variações na frequência de oscilação do cristal quando os blocos de construção dos nucleotídeos são adicionados na presença da DNA polimerase. Observam-se apenas pequenas alterações quando da adição de dTTP, dGTP e dATP. Essas alterações são eliminadas quando os reagentes são removidos. Entretanto, a adição de dCTP após quase 50 minutos levou a uma grande e irreversível alteração quando C se liga covalentemente à posição terminal. A adição de mais dCTP em torno de 85 minutos não teve efeito adicional. A alteração de frequência observada de –4,4 Hz é consistente com a massa adicional de um único nucleotídeo ao DNA.

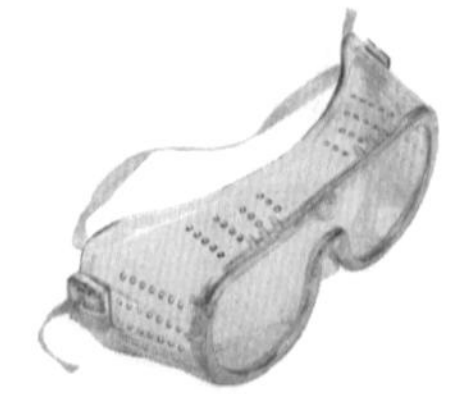

FIGURA 2.1 Óculos de proteção ou óculos de segurança com proteções laterais são necessários durante toda a permanência em um laboratório. [Stockbyte/Getty Images.]

Por que usamos guarda-pós. Em 2008, a assistente de pesquisa Sheharbano Sangji, 23 anos, da Universidade da Califórnia, estava retirando *t*-butil-lítio de um frasco com uma seringa. Ela não estava usando um guarda-pó. O êmbolo projetou-se para fora da seringa e o líquido pirofórico entrou em combustão; as chamas queimaram seu casaco e suas luvas. As queimaduras em 40% de seu corpo levaram-na à morte. Um guarda-pó resistente a chamas a teria protegido. Em 2014, uma delação premiada foi obtida no processo criminal instaurado contra o professor, em cujo laboratório o acidente ocorreu, por "voluntariamente violar normas de saúde e de segurança".

Limitações das luvas. Em 1997, a professora de química Karen Wetterhahn, 48 anos, da faculdade de Dartmouth, morreu quando absorveu uma gota de dimetilmercúrio que atravessou as luvas de borracha que estava utilizando. Muitos compostos orgânicos permeiam facilmente a borracha. A professora Wetterhahn era especialista em bioquímica dos metais e foi a primeira mulher professora de química em Dartmouth. Ela era mãe de dois filhos e desempenhava um importante papel em trazer mais mulheres para a Ciência e Engenharia.

Produtos eletroeletrônicos devem ser destinados a um centro de coleta para reciclagem, e não despojados em aterros sanitários. *Os bulbos de lâmpadas fluorescentes não devem ser descartados no lixo comum porque elas contêm mercúrio.* Diodos emissores de luz (LEDs, do inglês *light-emitting diodes*) são ainda mais eficientes do que as lâmpadas fluorescentes, não contêm mercúrio, e logo substituirão as luzes fluorescentes.

Neste capítulo, descrevem-se alguns dos equipamentos básicos de laboratório e as manipulações associadas às medidas químicas gravimétricas e volumétricas ("via úmida").[4] Introduz-se, também, a utilização de planilhas, que se tornaram essenciais para qualquer um que manipule dados quantitativos.

2.1 Segurança, Ética no Manuseio de Produtos Químicos e de Resíduos

Os experimentos químicos, do mesmo modo que dirigir um carro ou utilizar um aparelho doméstico, envolvem riscos. *A regra básica de segurança é familiarizar-se com os perigos e, então, não fazer algo que você (ou seu professor) considere perigoso.* Se você acredita que uma operação é perigosa, discuta-a primeiro e não a execute até estar seguro de quais são os procedimentos corretos e as precauções necessárias.

Antes de começar a trabalhar em determinado laboratório, é importante que você se familiarize com suas normas de segurança.[5] Devemos usar óculos de proteção ou óculos de segurança, com proteções laterais (Figura 2.1), todo o tempo que estivermos em um laboratório, visando proteger os olhos de projeções de líquidos e fragmentos de vidro. Essas projeções ocorrem quando menos se espera. Lentes de contato não são recomendadas no laboratório porque vapores podem ficar retidos entre as lentes e os olhos. Podemos proteger a pele de respingos e do fogo, usando um guarda-pó (jaleco) resistente a chamas, calças compridas e sapatos que cubram todo o pé (não se usam sandálias). Luvas de borracha devem ser usadas quando se manipulam ácidos concentrados. Nunca se deve comer ou beber no interior de um laboratório.

Os solventes orgânicos, os ácidos concentrados e a amônia concentrada devem ser manipulados em capela. O fluxo de ar que percorre a capela mantém os vapores fora do laboratório e os dilui antes de serem expelidos pela chaminé localizada na parte externa do prédio. Nunca se deve gerar uma grande quantidade de vapores tóxicos que possam escapar pela capela. É aconselhável o uso de uma máscara respiratória quando se manipula pós muito finos, em virtude do risco de se produzir uma nuvem de poeira que pode ser inalada.

Os derramamentos devem ser limpos imediatamente para prevenir o contato acidental de qualquer pessoa que venha a usar o laboratório. O contato de produtos químicos com a pele deve ser tratado, inicialmente, lavando-se a área afetada com água abundante. Antes de ocorrer uma situação de emergência envolvendo projeções de produtos químicos no corpo ou nos olhos, deve-se conhecer a localização do chuveiro de emergência e do lavador de olhos no laboratório, e também saber como usá-los. Se a pia estiver mais próxima do que o lavador de olhos, ela deve ser utilizada primeiro. É importante também que se saiba como operar o extintor de incêndio do laboratório e como usar o cobertor de emergência para extinguir o fogo de roupas em chamas. Um *kit* de primeiros socorros deve estar disponível e devemos saber como e onde procurar assistência médica de emergência.

Todos os frascos devem estar rotulados indicando o que eles contêm. Um frasco sem rótulo esquecido em um refrigerador ou em um armário representa um grande desperdício de tempo e dinheiro, pois o seu conteúdo terá que ser analisado antes que ele possa ser corretamente descartado. Uma Ficha de Dados de Segurança de Materiais acompanha cada produto químico vendido nos Estados Unidos, e identifica os perigos e as precauções de segurança para aquele produto químico. Ela fornece os procedimentos de primeiros socorros e instruções para o manuseio em caso de vazamento.

Se quisermos que nossos netos herdem um planeta habitável, precisamos minimizar a geração de resíduos e descartar os resíduos químicos de maneira responsável. Quando for economicamente viável, a reciclagem de produtos químicos é preferível à eliminação de resíduos.[6] O resíduo de dicromato ($Cr_2O_7^{2-}$), uma substância cancerígena, fornece um exemplo de uma estratégia aceitável de eliminação de um resíduo. O Cr(VI) proveniente do dicromato deve ser reduzido a Cr(III), menos tóxico, com hidrogenossulfito de sódio ($NaHSO_3$) e precipitado como $Cr(OH)_3$, uma substância insolúvel, mediante adição de NaOH. A solução é então evaporada à secura e o sólido é descartado em um aterro licenciado contendo uma manta de proteção para impedir o escape dos produtos químicos. Resíduos contendo prata ou ouro, que podem ser economicamente reciclados, devem ser tratados quimicamente para recuperar o metal.[7]

Química verde é um conjunto de princípios destinados a mudar nosso comportamento de forma a contribuir para manter a Terra como um planeta habitável.[8] Exemplos de comportamentos insustentáveis são o consumo de um recurso limitado e o descarte sem cuidado de resíduos. A química verde visa à concepção de produtos e processos químicos que reduzam a utilização de recursos e energia, e a geração de resíduos perigosos. É melhor conceber um processo para evitar a geração de resíduos do que ter que descartá-los. Por exemplo, NH_3 pode ser medido com um eletrodo íon-seletivo no lugar do emprego da determinação espectrofotométrica de Nessler, que gera um resíduo de HgI_2. Experimentos de aulas de laboratório em "microescala" são incentivados para reduzir os custos dos reagentes e a geração de resíduos.

2.2 Caderno de Laboratório

As funções críticas do caderno de laboratório são os registros *do que se fez* e *do que se observou*, e esses registros deverão ser *compreensíveis a qualquer pessoa*. O principal erro, cometido até por cientistas experientes, é escrever cadernos incompletos ou ininteligíveis. Usar *sentenças completas* é uma excelente maneira de evitar descrições incompletas. O caderno é um registro legal do seu trabalho, então cada página deve ser datada.

O **caderno de laboratório** tem de
1. Descrever o que foi feito
2. Descrever o que foi observado
3. Ser compreensível a qualquer outra pessoa

Estudantes iniciantes frequentemente descobrem o quanto é proveitoso registrar as descrições completas de um experimento, com seções descrevendo propósitos, métodos, resultados e conclusões. Organizar o caderno de laboratório para receber os dados numéricos antes de ir para o laboratório é uma excelente maneira de se preparar para um experimento. É uma boa prática escrever uma equação química balanceada para cada reação usada. Este procedimento, além de ajudar a entender o que está sendo feito, também pode indicar o que não foi devidamente compreendido acerca do que está sendo feito.

A medição de uma "verdade" científica é a capacidade de que diferentes pessoas possam reproduzir um experimento. Um bom caderno de laboratório deverá conter tudo o que foi feito e o que foi observado, e permitirá que você ou qualquer outra pessoa possa repetir o experimento.

Os nomes dos arquivos de programas e de dados armazenados em um computador devem ser registrados no caderno de laboratório. Cópias impressas de dados importantes devem ser anexadas ao caderno de laboratório. O tempo de vida de uma página impressa é 10 a 100 vezes maior do que o tempo de vida de um arquivo de computador.

2.3 Balança Analítica

Uma *balança eletrônica* emprega uma força de compensação eletromagnética para contrabalançar uma carga presente no prato da balança. A Figura 2.2 mostra uma balança analítica típica com capacidade entre 100 e 200 g e sensibilidade entre 0,01 e 0,1 mg. A *sensibilidade* indica o menor incremento de massa que pode ser medido. Uma *microbalança* pode pesar quantidades da ordem do miligrama com uma sensibilidade de 1 μg.

FIGURA 2.2 Balanças analíticas eletrônicas medem massas abaixo de 0,1 mg. [Cortesia de Thermo Fisher Scientific Inc.]

Para pesarmos um produto químico, devemos inicialmente colocar um recipiente limpo no prato da balança. A massa do recipiente vazio é chamada **tara**. Na maioria das balanças, existe um botão que desconta a tara, zerando a balança. Após este procedimento, adicionamos ao recipiente a substância a ser pesada e lemos a nova massa. Se a balança não puder descontar automaticamente a tara, anotamos a massa do recipiente vazio e subtraímos esse valor da massa do recipiente cheio. Para proteger a balança da corrosão, *substâncias químicas nunca devem ser colocadas diretamente sobre o prato da balança*. Além disso, deve-se tomar cuidado para não permitir que produtos químicos contaminem o mecanismo abaixo do prato da balança. Qualquer derramamento deve ser limpo imediatamente.

Um procedimento alternativo, denominado *pesagem por diferença*, é necessário para a pesagem de reagentes **higroscópicos**, que absorvem rapidamente umidade do ar. Inicialmente, pesa-se um frasco fechado contendo o reagente seco. Então, rapidamente retira-se certa quantidade de reagente desse frasco, transferindo-o para um outro recipiente. Fecha-se o frasco e pesa-se novamente. A diferença será igual à massa do reagente retirado desse frasco. Se utilizarmos uma balança eletrônica, podemos descontar a massa inicial do frasco de pesagem por meio do acionamento do botão de tara, zerando-se, assim, a leitura no visor da balança. Então, transfere-se o reagente do frasco para outro recipiente e pesa-se novamente o frasco. O valor negativo lido no visor da balança é a massa de reagente retirado do frasco.[9]

Como Funciona uma Balança Eletrônica

Um objeto colocado sobre o prato da balança na Figura 2.2 empurra o prato da balança para baixo com uma força igual a $m \times g$, em que m é a massa do objeto e g é a aceleração da gravidade. A balança gera uma corrente elétrica para compensar exatamente o movimento do prato. A intensidade da corrente nos diz a quantidade de massa colocada sobre o prato.

A Figura 2.3 mostra como a balança funciona. O prato está localizado sobre o lado curto de uma alavanca. O peso da amostra empurra o lado esquerdo da alavanca de transmissão de força para baixo enquanto move o lado direito dessa alavanca para cima. O detector de posição nula à direita da alavanca detecta o menor movimento do braço da alavanca fora de sua posição de equilíbrio (posição nula). Quando o sensor de posição nula detecta um deslocamento do braço da alavanca, o servo amplificador envia uma corrente elétrica por meio do fio da bobina de compensação de força inserida no campo de um magneto permanente. A ampliação na parte inferior esquerda da figura mostra parte da bobina e do magneto. A corrente elétrica na bobina interage com o campo magnético produzindo uma força descendente. O servo amplificador fornece uma corrente que compensa exatamente a força ascendente no braço da alavanca para a manutenção da posição nula. A corrente que flui pela bobina causa uma diferença de potencial no resistor de precisão, a qual é convertida em um sinal digital e, finalmente, em uma leitura em gramas. A conversão entre a corrente e a massa é realizada medindo-se a corrente necessária para equilibrar uma massa interna de calibração. A Figura 2.4 mostra a disposição dos componentes no interior de uma balança.

Solução de problemas da balança

Leitura errática: porta da balança aberta, objeto quente ou frio, carga estática no objeto

Carga estática: pode ser dissipada passando-se na balança e no objeto uma **escova antiestática**

O valor da leitura diminui: líquido evaporando

O valor da leitura aumenta: material higroscópico absorvendo a umidade do ar

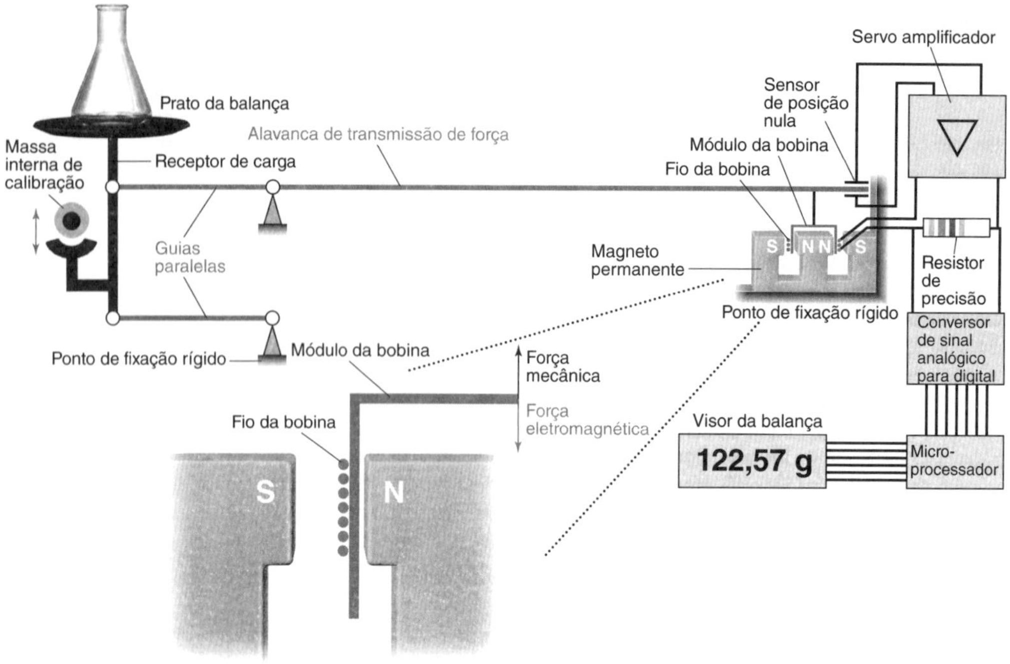

FIGURA 2.3 Diagrama esquemático de uma balança eletrônica. [Adaptada de C. Berg, *The Fundamentals of Weighing Technology* (Göttingen: Sartorius AG, 1996).]

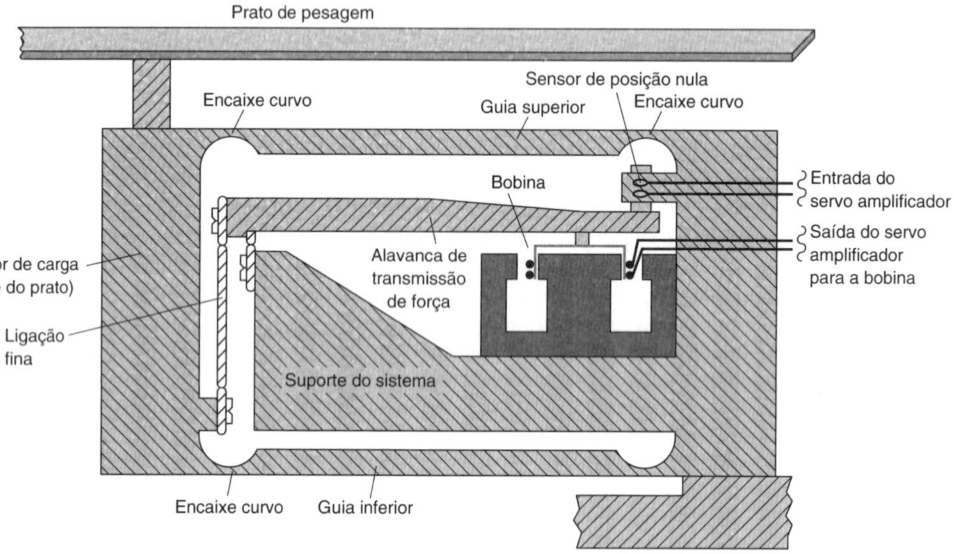

(*a*)

(*b*)

FIGURA 2.4 **(*a*) Arranjo mecânico de uma balança eletrônica. A dimensão da alavanca é tal que a força eletromagnética seja apenas cerca de 10% da carga sobre o prato.** [Adaptada de C. Berd, *The Fundamentals of Weighing Technology* (Göttingen, Alemanha: Sartorius AG, 1996).] **(*b*) Componentes internos de uma balança analítica Sartorius com capacidade de 300 g e sensibilidade de 0,1 mg. O sistema de pesagem de metal monolítico (peça única), que tem pesos de calibração não magnéticos, é suavemente montado sobre o receptor de carga por meio de um motor ativado por um microprocessador. A calibração é automaticamente ativada por mudanças de temperatura.** [Cortesia de J. Barankewitz, Sartorius AG, Göttingen, Alemanha.]

Erros de Pesagem

As balanças analíticas devem ser posicionadas em uma mesa que seja suficientemente pesada, como um tampo de mármore, para minimizar os efeitos de vibração. A balança possui pés ajustáveis e um indicador de nível de bolha, o que permite que seu nível seja mantido. Caso a balança não esteja nivelada, a força não é diretamente transmitida para o receptor de carga na Figura 2.4, resultando em erro. Pressiona-se o botão de calibração para recalibrar a balança após o ajuste de nível. Deve-se manter o objeto a ser pesado o mais perto possível do centro do prato. As amostras devem estar na *temperatura ambiente* (temperatura das vizinhanças) de modo a evitar erros causados pela convecção do ar. Uma amostra que tenha sido seca em uma estufa leva, normalmente, cerca de 30 minutos para esfriar até a temperatura ambiente. Durante esse processo de resfriamento, a amostra deverá ficar em um dessecador para evitar o acúmulo de umidade. As portas de vidro da balança na Figura 2.2 devem estar fechadas durante a pesagem para prevenir que as correntes de ar afetem a leitura. Em balanças de prato externo, sem portas de vidro, normalmente, utiliza-se uma cúpula de plástico para cobrir o prato da balança e protegê-la das correntes de ar. Suas impressões digitais afetam a massa aparente de um objeto a ser pesado; por isso, recomenda-se o emprego de toalhas de papel ou de um pano ao se colocar um objeto na balança.

Os erros na pesagem de objetos magnéticos se tornam evidentes a partir da variação da massa indicada quando o objeto é movido pelo prato de pesagem.[10] É melhor pesar objetos magnéticos dentro de um recipiente isolante como um béquer de cabeça para baixo para minimizar a atração para as partes em aço inoxidável da balança.

As balanças analíticas dispõem de um sistema de calibração interno. Um motor coloca suavemente uma massa no receptor de carga abaixo do prato da balança (ver Figura 2.4b). A corrente elétrica necessária para equilibrar essa massa é medida. Para uma calibração externa deve-se pesar periodicamente massas-padrão e verificar se a leitura se situa dentro dos limites permitidos. As *tolerâncias* (desvios permitidos) para as massas-padrão estão listadas na Tabela 2.1. Outro teste de uma balança é pesar uma massa-padrão seis vezes e calcular o desvio-padrão (Seção 4.1). As variações são em parte resultantes da balança, mas também refletem fatores como correntes de ar e vibrações.

O *erro de linearidade* (ou a *linearidade*) de uma balança é o erro máximo que pode ocorrer como resultado de uma resposta não linear do sistema à massa adicionada após a calibração da balança (Figura 2.5). Uma balança com capacidade de 220 g e sensibilidade de 0,1 mg pode ter uma linearidade de ±0,2 mg. Embora a escala possa ser lida a 0,1 mg, o erro na massa pode ser tão grande como ±0,2 mg em alguns segmentos da faixa permitida.

Após a calibração da balança, a leitura deve variar caso a temperatura ambiente se modifique. Se uma balança apresenta um coeficiente de sensibilidade à temperatura de 2 ppm/°C e a temperatura muda de 4 °C, a massa aparente mudará de (4 °C)(2 ppm/°C) = 8 ppm. Para uma massa de 100 g, 8 ppm corresponde a $(100\ g)(8 \times 10^{-6}) = 0{,}8$ mg. Pode-se recalibrar a balança na sua temperatura atual apertando o botão de calibração. Para manter a estabilidade da temperatura, o melhor procedimento é deixar a balança no modo de espera quando não estiver em uso.

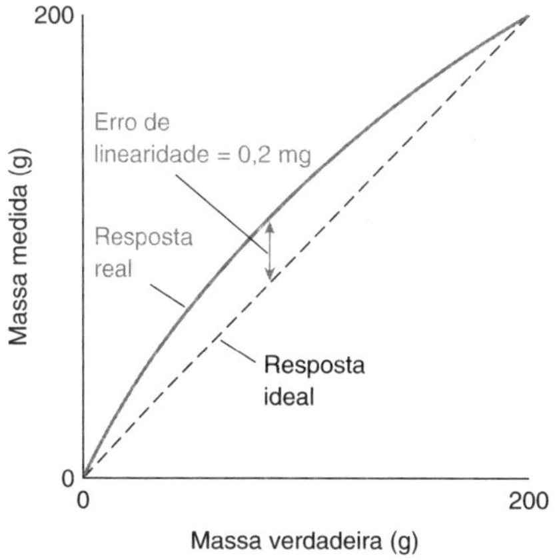

FIGURA 2.5 *Erro de linearidade.* A linha tracejada é a resposta ideal proporcional à massa na balança, a qual foi calibrada em 0 e 200 g. As respostas reais desviam-se da linha reta. O erro de linearidade é o desvio máximo, que é mostrado de forma exagerada nesta figura.

Empuxo

Você pode flutuar na água porque seu peso quando você nada é próximo de zero. O **empuxo** é a força para cima exercida sobre um objeto imerso em um fluido líquido ou gasoso.[11] Um objeto pesado no ar parece mais leve do que a sua massa real de uma quantidade igual à massa de ar que ele desloca. A massa real é a massa medida no vácuo. A massa-padrão em uma balança também é afetada pelo empuxo, de modo que ela pesa menos no ar do que no vácuo. O erro decorrente do empuxo ocorre sempre que a massa específica do objeto a ser pesado não é igual à massa específica da massa-padrão.

TABELA 2.1 Tolerâncias para pesos de balanças de laboratório[a]

Denominação	Tolerância (mg)		Denominação	Tolerância (mg)	
Gramas	Classe 1	Classe 2	Miligramas	Classe 1	Classe 2
500	1,2	2,5	500	0,010	0,025
200	0,50	1,0	200	0,010	0,025
100	0,25	0,50	100	0,010	0,025
50	0,12	0,25	50	0,010	0,014
20	0,074	0,10	20	0,010	0,014
10	0,050	0,074	10	0,010	0,014
5	0,034	0,054	5	0,010	0,014
2	0,034	0,054	2	0,010	0,014
1	0,034	0,054	1	0,010	0,014

a. As tolerâncias estão definidas na Norma E 617 da ASTM (American Society for Testing and Materials). As Classes 1 e 2 são as mais exatas. Existem tolerâncias maiores para as Classes 3 a 6, que não são apresentadas nesta tabela.

A Equação 2.1 se aplica a balanças mecânicas e eletrônicas.

Se a massa m' é lida em uma balança, a massa verdadeira m do objeto pesado no vácuo é dada por[12]

Equação do empuxo:
$$m = \frac{m'\left(1 - \frac{d_a}{d_w}\right)}{\left(1 - \frac{d_a}{d}\right)} \qquad (2.1)$$

em que d_a é a massa específica do ar (0,001 2 g/mL próximo a 1 bar e 25 °C),[13] d_w é a massa específica dos pesos de calibração (8,0 g/mL) e d é a massa específica do objeto a ser pesado.

EXEMPLO Correção do Empuxo

Um composto puro, chamado "tris", é usado no laboratório como um *padrão primário* para medir a concentração de ácidos. O volume de ácido necessário para reagir com uma massa conhecida de tris permite calcular a concentração do ácido. Determine a massa real de tris (massa específica = 1,33 g/mL) se a massa aparente pesada no ar é 100,00 g.

Solução Determina-se a massa verdadeira por meio da Equação 2.1:

$$m = \frac{100{,}00\ \text{g}\left(1 - \frac{0{,}001\ 2\ \text{g/mL}}{8{,}0\ \text{g/mL}}\right)}{1 - \frac{0{,}001\ 2\ \text{g/mL}}{1{,}33\ \text{g/mL}}} = 100{,}08\ \text{g}$$

A menos que o empuxo seja corrigido, a massa de tris será 0,08% menor que a sua massa verdadeira e a molaridade do ácido que reage com o tris será 0,08% menor que a molaridade real.

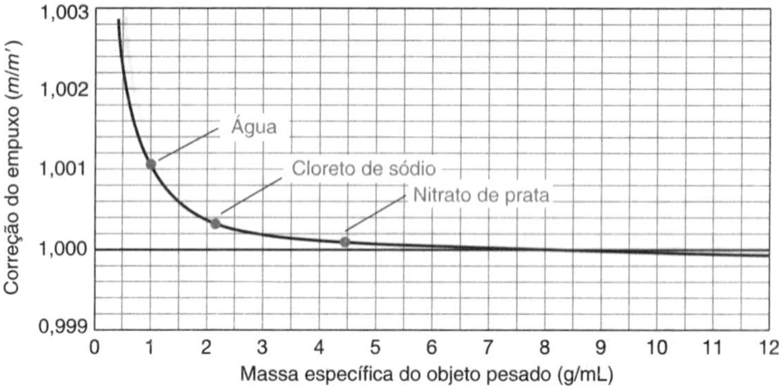

FIGURA 2.6 Correção do empuxo, admitindo d_a = 0,001 2 g/mL e d_w = 8,0 g/mL. A massa aparente medida no ar (1,000 0 g) é multiplicada pela correção do empuxo para se determinar a massa real.

A Figura 2.6 mostra que quando se pesa água com uma massa específica de 1,00 g/mL, a massa real é 1,001 1 g, quando a balança lê 1,000 0 g. O erro é de 0,11%. Para o NaCl com uma massa específica de 2,16 g/mL, o erro é de 0,04%. Para o $AgNO_3$ com uma massa específica de 4,45 g/mL, o erro é de apenas 0,01%.

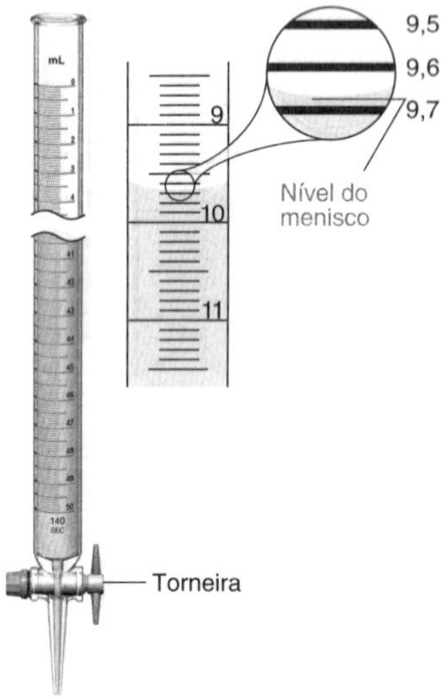

FIGURA 2.7 Bureta de vidro com torneira de teflon. A ampliação da figura mostra o menisco em 9,68 mL. Deve-se sempre estimar a leitura de qualquer escala para a décima parte da menor divisão. Nesta bureta a menor divisão é de 0,1 mL, então, estima-se a leitura para 0,01 mL.

2.4 Buretas

A **bureta** da Figura 2.7 é um tubo de vidro fabricado de forma precisa, onde existe uma escala gravada no vidro, que possibilita a medida do volume de líquido que escoa por uma torneira (a válvula) situada na parte inferior. Na parte de cima da bureta existe uma marca que indica 0 mL. Se o nível inicial do líquido é 0,83 mL e o nível final 27,16 mL, então o volume de líquido que escoou da bureta foi de 27,16 – 0,83 = 26,33 mL. As buretas de Classe A (a classe mais exata) são certificadas de modo a satisfazer as tolerâncias encontradas na Tabela 2.2. Desse modo, se a leitura de uma bureta de 50 mL é 27,16 mL, o volume real pode ter um valor qualquer situado no intervalo entre 27,21 e 27,11 mL, e ele ainda estará dentro da tolerância de ±0,05 mL. Um procedimento para medir o volume que realmente escoou em determinada bureta em diferentes volumes em sua escala é dado ao fim deste capítulo.

Ainda que a tolerância da bureta possa ser de ±0,05 mL, deve-se interpolar leituras para 0,01 mL. Nunca despreze a precisão na leitura de um instrumento.

A **incerteza relativa** é a incerteza em uma grandeza dividida pelo valor da grandeza. Normalmente a incerteza relativa é expressa na forma de uma porcentagem:

Incerteza relativa:
$$\text{Incerteza relativa (\%)} = \frac{\text{incerteza na grandeza}}{\text{valor da grandeza}} \times 100 \qquad (2.2)$$

Se o volume que escoa por uma bureta de 50 mL é de 20 mL, a incerteza relativa é (0,05 mL/20 mL) × 100 = 0,25%. Caso o volume liberado na mesma bureta seja de 40 mL, a incerteza relativa é (0,05 mL/40 mL) × 100 = 0,12%. A incerteza relativa diminui quando um volume maior é liberado pela bureta. Você pode reduzir a incerteza relativa de uma dada bureta calibrando-a como descrito ao fim deste capítulo.

Quando se lê o nível de um líquido na bureta, é importante que os olhos estejam na mesma altura do topo do líquido. Se os olhos estiverem acima desse nível, o líquido parecerá estar mais alto do que de fato está. Se os olhos estiverem abaixo, o líquido aparentará menos quantidade do que realmente existe na bureta. O erro que ocorre quando os olhos não estão na mesma altura que o líquido é denominado erro de **paralaxe**. A cabeça deve ser movimentada para cima ou para baixo com relação ao menisco. Quando o anel na marca do mililitro mais próximo do menisco aparece como uma linha, o olho está no nível correto.

A superfície da maioria dos líquidos forma um **menisco** côncavo, como mostrado no lado direito da Figura 2.7.[14] É útil empregar um pedaço de fita preta presa em um cartão branco como fundo para localizar a posição precisa do menisco. A fita preta é deslocada da parte de cima da bureta até próximo ao menisco. A parte inferior do menisco torna-se escura quando a faixa preta se aproxima, tornando, assim, o menisco mais facilmente legível. Soluções fortemente coloridas podem aparentar ter dois meniscos; qualquer um deles pode ser usado. Como os volumes são determinados pela subtração de uma leitura de outra, o ponto importante é ler a posição do menisco de forma reprodutível. A leitura deve ser sempre estimada próxima a um décimo de uma divisão (como 0,01 mL) entre as marcas.

A espessura das marcações de uma bureta de 50 mL corresponde a aproximadamente 0,02 mL. Para uma melhor exatidão, deve-se escolher determinada posição na marcação existente na bureta para ser considerada como o zero. Por exemplo, pode-se admitir que o nível do líquido está *na* marca quando a base do menisco toca exatamente o *topo* da marca existente no vidro. Quando a base do menisco está na *parte de baixo* desta marca, a leitura é 0,02 mL maior.

A solução na bureta é chamada **titulante**. Próximo ao ponto final de uma *titulação*, de modo a ter uma leitura precisa, é desejável que se faça escoar da bureta menos de uma gota de cada vez. (O volume de uma gota é de cerca de 0,05 mL para uma bureta de 50 mL.) Para fazer escoar uma fração de uma gota, abre-se a torneira cuidadosamente até que parte da gota fique pendurada na ponta da bureta. (Algumas pessoas preferem que uma fração exata de gota caia da bureta mediante um rápido giro da torneira por meio da posição de abertura.) Encosta-se então a ponta da bureta na parede interna do frasco receptor de modo a transferir o líquido liberado pela bureta para a parede do frasco. Cuidadosamente, lava-se a parede do frasco e mistura-se o conteúdo. Próximo ao fim da titulação, o frasco é inclinado e girado com frequência para garantir que as gotículas nas paredes, contendo o analito que não reagiu, entrem em contato com o restante da solução.

O líquido deverá escorrer livremente pelas paredes da bureta. A tendência do líquido em aderir ao vidro é reduzida drenando-se a bureta lentamente (< 20 mL/min). Se muitas gotículas aderirem à parede, a bureta deverá ser limpa com detergente e uma escova apropriada. Se essa limpeza for insuficiente, a bureta deverá ser deixada de molho em uma solução de limpeza de peroxidissulfato-ácido sulfúrico.[15] Deve-se tomar cuidado com as soluções de limpeza, pois da mesma forma que elas dissolvem a gordura existente na bureta elas atacam as roupas e a pele das pessoas. A vidraria de uso volumétrico nunca deve ficar de molho em soluções de limpeza alcalinas, pois o vidro é lentamente atacado pela base. Uma solução de NaOH a 5% m/m, a 95 °C, dissolve o vidro Pyrex a uma taxa de 9 μm/h.

Durante uma titulação, o topo da bureta deve ser coberto com uma tampa frouxamente ajustada para retardar a evaporação, pois isto levaria a um erro de volume. Outro erro pode ser provocado pela não eliminação da bolha de ar frequentemente formada logo abaixo da torneira (Figura 2.8). Se a bolha de ar é preenchida com líquido durante a titulação, então parte do volume transferido para fora da parte graduada da bureta não alcançará o frasco de titulação. A bolha pode ser eliminada pela drenagem da bureta, por um ou dois segundos, com a torneira totalmente aberta. Algumas vezes, as bolhas persistentes podem ser expelidas por agitação cuidadosa da bureta enquanto se drena o líquido em uma pia. Se o líquido for introduzido na bureta por meio de um funil, remova o funil e deixe o líquido escorrer pela parede antes de iniciar a titulação.

Antes de encher uma bureta com uma nova solução, é uma ideia maravilhosa lavar a bureta várias vezes com pequenas quantidades desta nova solução, descartando cada lavagem. Adiciona-se um pequeno volume de solução à bureta e inclina-se a bureta para permitir que toda a sua superfície interna entre em contato com o líquido de lavagem. Deixa-se escorrer um pouco da solução de lavagem pela ponta da bureta para que ela também seja lavada. Essa mesma técnica de lavagem deve ser aplicada a qualquer recipiente (como a cubeta de um espectrofotômetro ou uma pipeta), que é reutilizado sem que esteja seco.

TABELA 2.2 Tolerâncias de buretas da Classe A

Volume da bureta (mL)	Menor graduação (mL)	Tolerância (mL)
5	0,01	±0,01
10	0,05 *ou* 0,02	±0,02
25	0,1	±0,03
50	0,1	±0,05
100	0,2	±0,10

Em uma **titulação**, porções do reagente na bureta são adicionadas ao analito até que a reação esteja completa. A partir do volume adicionado, pode-se calcular a quantidade do analito.

Operação de uma bureta:

- Lave a bureta com a nova solução
- Elimine bolhas de ar antes do uso
- Drene o líquido lentamente
- Transfira uma fração de uma gota nas proximidades do ponto final
- Faça a leitura a partir da parte de baixo do menisco côncavo
- Estime a leitura a 1/10 de uma divisão
- Evite a paralaxe
- Leve em consideração a espessura da graduação nas leituras

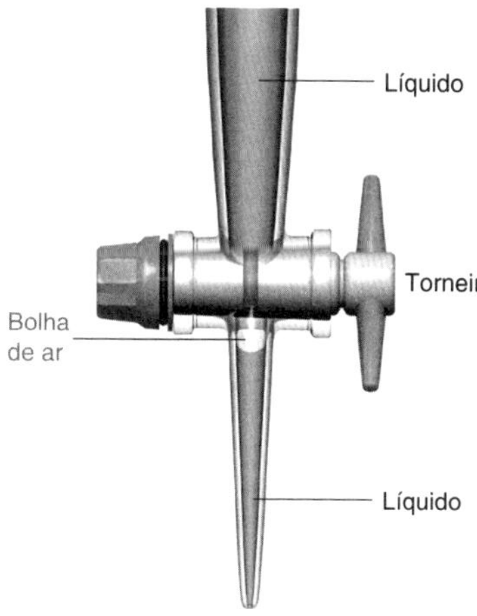

FIGURA 2.8 Uma bolha de ar presa abaixo da torneira deve ser expelida antes de se usar a bureta.

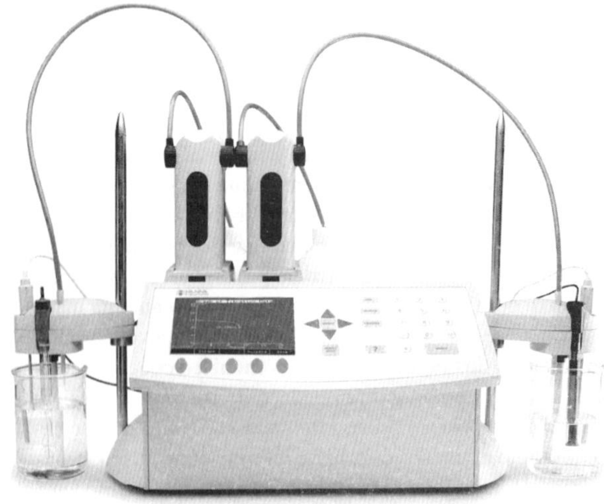

FIGURA 2.9 O autotitulador libera reagente de um frasco à esquerda para o béquer contendo o analito. O eletrodo imerso no béquer monitora o pH ou a concentração de íons específicos. As leituras de volume e de pH podem ser diretamente inseridas em uma planilha. [Cortesia de Hanna Instruments.]

O trabalho de realizar uma titulação é grandemente reduzido pelo emprego de um autotitulador (Figura 2.9) no lugar de uma bureta. Este equipamento transfere o reagente de um reservatório e registra o volume de reagente e a resposta de um eletrodo imerso na solução que está sendo titulada. A saída pode ser diretamente enviada para um computador para manipulação em uma planilha.

Titulações Gravimétricas e Titulações em Microescala

Precisão se refere à reprodutibilidade.

A massa pode ser medida com mais precisão do que o volume. Para melhorar a precisão em uma titulação, mede-se a *massa* da solução que escoa por uma bureta, ou uma seringa, ou uma pipeta, em vez do volume.[16] Um exemplo deste tipo de procedimento pode ser visto no Exercício 7.B.

Balanças eletrônicas compactas estão agora disponíveis por um décimo do custo de uma bureta Classe A. A qualidade de leitura dessas balanças baratas é de 0,01 g. Atualmente, é prático e econômico que uma turma inteira use titulações gravimétricas em vez de titulações volumétricas.[17] Duas precauções necessárias para as titulações gravimétricas são minimizar a evaporação da solução que está sendo pesada e escoar de forma controlada uma fração de gota de cada vez perto do ponto final.

Em procedimentos que podem tolerar uma precisão menor, a adoção da "microescala" em experimentos de graduação reduz o consumo de reagentes e a geração de resíduos. Uma bureta de baixo custo para estudantes pode ser construída a partir de uma pipeta de 2 mL graduada em intervalos de 0,01 mL.[18] O volume pode ser lido até 0,001 mL e as titulações podem ser realizadas com uma precisão de 1%.

2.5 Balões Volumétricos

Um balão volumétrico feito de Pyrex, Kimax, ou outro vidro de baixo coeficiente de expansão térmica pode ser seco com segurança em uma estufa até pelo menos 320 °C sem causar dano,[19] embora raramente haja razões para secar um vidro acima de 150 °C.

Um **balão volumétrico** é calibrado de modo a conter determinado volume de solução a 20 °C, quando a parte inferior do menisco é ajustada no centro do traço de aferição existente no colo do balão (Figura 2.10, Tabela 2.3). A maioria dos balões volumétricos traz gravado, no próprio balão, a identificação "TC 20 °C". Isto significa que o balão foi calibrado para *conter* (*to contain*) o volume indicado, quando a temperatura é de 20 °C. [Pipetas e buretas podem ser calibradas para *transferir* (*to deliver*), "TD", os volumes que estão indicados.] A temperatura do recipiente é importante, porque o líquido e o vidro se expandem quando aquecidos.

Para usar um balão volumétrico, primeiro dissolvemos por agitação a massa desejada de reagente com uma quantidade de líquido tal que o volume da solução obtida seja *menor* do que o volume do balão volumétrico. Então, adicionamos mais líquido e agitamos a solução novamente. O volume final deve ser ajustado com o maior volume possível de líquido homogeneizado dentro do balão. (Quando dois líquidos diferentes são misturados, há geralmente uma pequena variação de volume. O volume total *não* é a soma dos dois volumes que foram misturados. Agitando a solução no balão quase cheio, antes de atingir o seu colo, minimizamos a variação de volume quando o ajuste final for feito a partir da adição de líquido.) Para um melhor controle, adicionamos as gotas finais de líquido com uma *pipeta Pasteur* (um conta-gotas feito com uma ponta estreita), e *não com um frasco lavador*. Após ajustar o líquido para o volume correto, colocamos a tampa com firmeza no lugar e invertemos o balão cerca de 10 vezes para garantir a completa homogeneização. Deixamos as bolhas de ar atingirem o topo do balão a cada inversão. Antes de o líquido se tornar homogêneo, podemos

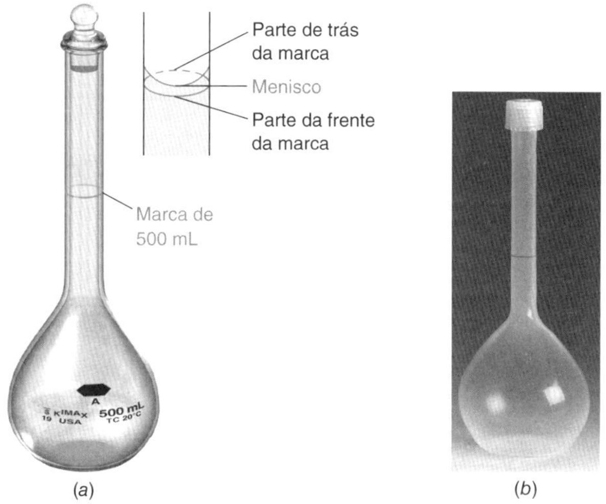

FIGURA 2.10 (*a*) Balão volumétrico de vidro Classe A mostrando a posição correta do menisco – no centro da elipse formada pelas partes frontal e posterior da marca de aferição quando observado acima ou abaixo dessa marca. Os balões volumétricos e as pipetas aferidas são calibradas para essa posição. (*b*) Balão volumétrico plástico Classe A de copolímero perfluoroalcóxi (PFA) VITLAB® para análise de traços. O PFA é estável de –200 a +260 °C, resiste aos ácidos comuns e apresenta baixos níveis de metais lixiviáveis. [Cortesia de BrandTech® Scientific, Essex, CT.]

TABELA 2.3 Tolerâncias de balões volumétricos da Classe A[a]

Capacidade do balão (mL)	Tolerância (mL)
1	±0,02
2	±0,02
5	±0,02
10	±0,02
25	±0,03
50	±0,05
100	±0,08
200	±0,10
250	±0,12
500	±0,20
1 000	±0,30
2 000	±0,50

a. As tolerâncias para as vidrarias da Classe B são duas vezes maiores do que para a Classe A. Tolerâncias de acordo com a norma ASTM E-288-10.

observar estrias (ou *schlieren*), que são pequenas inomogeneidades no índice de refração (surgem a partir de regiões que refratam a luz diferentemente). Depois que as estrias desaparecerem, inverta o balão mais algumas vezes para assegurar a completa homogeneização.

A Figura 2.10 mostra como o líquido aparece no *centro* da marca de um balão volumétrico ou de uma pipeta. O nível do líquido deve ser ajustado observando-se o frasco de cima ou debaixo da marca de aferição. A parte da frente e a parte de trás da marca de aferição descrevem uma elipse com o menisco no centro.

As tolerâncias do fabricante na Tabela 2.3 são a incerteza admitida no volume contido quando o menisco está no centro da marca. Para um balão volumétrico de 100 mL, o volume é 100 ± 0,08 mL. A incerteza relativa no volume é (0,08/100) × 100 = 0,08%. Quanto maior for o balão, menor será a incerteza relativa. Um balão de 10 mL tem uma incerteza relativa de 0,2%, mas um balão de 1 000 mL tem uma incerteza relativa de 0,03%. Você pode reduzir a incerteza relativa por meio de calibração, como descrito na Seção 2.9, para medir o que está efetivamente contido em determinado balão.

O vidro é notório por *adsorver* traços de substâncias químicas – especialmente cátions. A **adsorção** é o processo em que uma substância adere à superfície. (Ao contrário, a **absorção** é o processo em que uma substância é retida dentro de outra, como a água é retida por uma esponja.) Para trabalhos criteriosos, devemos fazer uma **lavagem ácida** da vidraria para substituir as pequenas concentrações de cátions na superfície por H^+. Para fazer isso, deixamos a vidraria, previamente limpa, de molho em uma solução de HCl ou de HNO_3 3 a 6 M (em uma capela) por mais de 1 hora. Então, lavamos bem com água destilada ou deionizada e, finalmente, deixamos de molho em água destilada ou deionizada. O ácido pode ser reutilizado várias vezes, desde que ele só seja usado para a limpeza de vidraria. A lavagem ácida é *especialmente* apropriada para vidraria nova, que sempre devemos considerar como não estando limpa. O balão volumétrico plástico de polietileno de alta densidade, polipropileno ou perfluoroalcóxi (Figura 2.10b) é o preferido para a análise de traços (concentrações de partes por bilhão), na qual cátions podem ser perdidos por adsorção nas paredes de um balão de vidro.

Exemplo de lavagem ácida: HNO_3 de alta pureza transferido de uma pipeta de vidro lavada com ácido não apresentava quantidades detectáveis de Ti, Cr, Mn, Fe, Co, Ni, Cu e Zn (< 0,01 ppb). O mesmo ácido transferido por meio de uma pipeta limpa, mas não lavada com ácido, continha cada um dos metais supracitados em uma faixa de concentração de 0,5 a 9 ppb.[20]

Ao coletar e armazenar amostras como águas naturais para análise de traços, são recomendados recipientes feitos de plástico, como polietileno de alta densidade, para analitos iônicos, de modo que traços do analito não sejam perdidos por adsorção nas superfícies de vidro ou contaminados por metais lixiviados das superfícies de vidro. Por outro lado, amostras aquosas que serão analisadas para traços de matéria orgânica em partes por trilhão (pg/g), como medicamentos, produtos de higiene pessoal e esteroides, são mais bem coletadas e armazenadas em recipientes de vidro âmbar (escuros), e não em recipientes plásticos.[21]

2.6 Pipetas e Seringas

Pipetas são usadas para transferir volumes conhecidos de líquidos. A *pipeta aferida* na Figura 2.11a, é calibrada para transferir um volume fixo. A última gota de líquido não é drenada da pipeta e *não deve ser soprada*. A *pipeta graduada*, na Figura 2.11b, é calibrada como uma

Não sopre para fora a última gota de uma pipeta aferida (pipeta volumétrica).

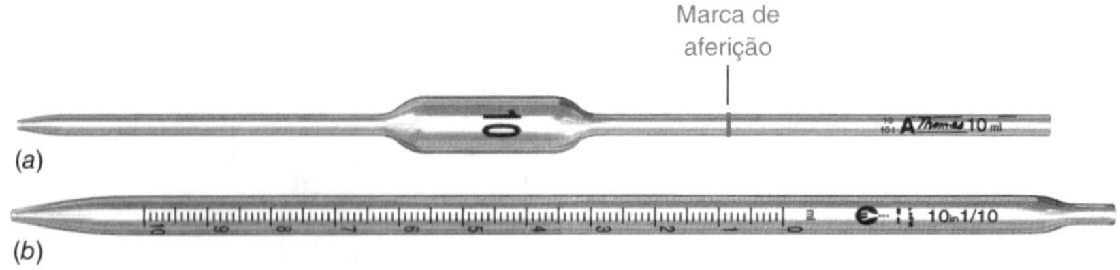

FIGURA 2.11 (*a*) Pipeta aferida (pipeta volumétrica) e (*b*) pipeta graduada (Mohr). [Cortesia de A. H. Thomas Co., Thomas Scientific, Swedesboro, Philadelphia, PA.]

TABELA 2.4 Tolerâncias das pipetas aferidas (volumétricas) Classe A[a]

Volume (mL)	Tolerância (mL)
0,5	±0,006
1	±0,006
2	±0,006
3	±0,01
4	±0,01
5	±0,01
10	±0,02
15	±0,03
20	±0,03
25	±0,03
50	±0,05
100	±0,08

a. Tolerâncias de acordo com a norma ASTM E-969-02.

bureta. Ela é usada para transferir um volume variável, por exemplo, 5,6 mL. Nesse caso, pode-se iniciar a transferência na marca de 1,0 mL e terminar na marca de 6,6 mL. A pipeta aferida é mais exata, com tolerâncias que podem ser vistas na Tabela 2.4. Quanto maior for a pipeta aferida, menor é a sua incerteza relativa. A incerteza relativa de uma pipeta de 1 mL é (0,006/1) × 100 = 0,6%. A incerteza relativa de uma pipeta de 25 mL é (0,03/25) × 100 = 0,15%. A incerteza para determinada pipeta pode ser reduzida por meio da calibração descrita na Seção 2.9.

Utilização de uma Pipeta Aferida (Volumétrica)

Com uma pera (um bulbo) de borracha ou outro dispositivo de sucção para pipetas, *e não a boca*, sugamos o líquido até um pouco acima da marca de calibração. (Mas não para dentro do bulbo de borracha! Se o líquido entrar dentro do bulbo, comece tudo de novo com uma nova solução e um novo bulbo.) Descartamos então o líquido existente dentro da pipeta e repetimos esta operação uma ou duas vezes para remover traços de reagentes que foram usados anteriormente na pipeta. Após enchermos a pipeta pela terceira vez, ultrapassando a marca de calibração, rapidamente retiramos o bulbo e colocamos o dedo indicador sobre a ponta da pipeta. Pressionamos cuidadosamente a pipeta contra o fundo do recipiente, ao remover a pera de borracha, o que ajuda a evitar que o líquido escorra para baixo da marca enquanto colocamos o dedo no lugar da pera de borracha. Limpamos o excesso de líquido na parte externa da pipeta com um pano limpo.

Transferimos então a pipeta para o recipiente desejado e, *com a ponta da pipeta mantida encostada na parede do recipiente*, deixamos o líquido escoar por gravidade. A pipeta deverá encostar na parede do recipiente durante o escoamento do líquido, evitando-se que fique alguma gota de líquido suspensa na ponta da pipeta quando o menisco atingir a marca de aferição, como na Figura 2.10a. Depois que o líquido terminar de escoar, mantemos a pipeta encostada na parede do recipiente por alguns segundos para garantir que todo o líquido escoou. *Não se deve soprar a última gota.* A pipeta deve ser mantida aproximadamente na vertical no fim da transferência. Quando terminarmos de usar a pipeta, ela deverá ser lavada com água destilada ou colocada de molho até que ela seja lavada. As soluções não devem secar dentro da pipeta, pois a remoção de resíduos internos é muito difícil.

Como uma alternativa a um simples bulbo de borracha, o pipetador de borracha (ou pera de três vias) na Figura 2.12 tem três válvulas para expelir o ar para cima do bulbo, puxar o líquido para dentro da pipeta e drenar o líquido da pipeta. É necessária prática para controlar a sucção e a drenagem de líquido de uma pipeta com qualquer tipo de bulbo.

FIGURA 2.12 Pera de borracha com três válvulas para controlar o enchimento e a drenagem do líquido pela pipeta. Apertamos a válvula A e, então, expelimos o ar para fora do bulbo. Em seguida, apertamos a válvula S para aspirar o líquido para dentro da pipeta presa ao bulbo. Finalmente, apertamos a válvula E para drenar o líquido da pipeta. [MARTYN F. CHILLMAID/SCIENCE PHOTO LIBRARY/Science Source.]

Diluições em Série

Diluição em série é o processo de realizar diluições sucessivas para obter uma concentração desejada de um reagente. A finalidade é transferir com exatidão pequenas quantidades de material que são demasiado pequenas para serem pesadas com exatidão. Eis um exemplo de um processo que você pode empregar para preparar padrões para análise instrumental.

EXEMPLO Diluições em Série

Você deseja preparar uma solução contendo 2,00 μg de Cs/mL (na verdade, Cs^+) como padrão para emissão atômica (1 μg = 1 micrograma = 10^{-6} g). Você dispõe de balões volumétricos de 250, 500 e 1 000 mL, e pipetas aferidas de 5, 10 e 25 mL. Para obter uma precisão na pesagem com quatro casas decimais, você deseja pesar ao menos 1 g de CsCl puro por meio de uma balança cuja precisão é ao décimo de miligrama. Desenvolva um procedimento para usar CsCl puro para preparar uma solução-estoque concentrada a partir da qual você pode fazer uma série de diluições para obter 2,00 μg de Cs/mL.

Solução Uma estratégia possível na Figura 2.13 é pesar uma quantidade suficiente de CsCl que contenha um múltiplo conveniente de 2,00 μg de Cs e dissolvê-la em um balão volumétrico. A partir daí se realiza uma série de diluições para reduzir a concentração até 2,00 μg de Cs/mL. Por exemplo, você pode preparar uma solução-estoque contendo 1 000 μg de Cs/mL. Essa solução é 500 vezes mais concentrada do que a que queremos. Se você fizer duas diluições sucessivas por fatores de 50 e 10, você obterá a diluição desejada de 500 vezes.

Para preparar um litro de solução-estoque, você precisa de (1 000 μg de Cs/mL) (1 000 mL) = 1,000 g de Cs. A massa atômica do Cs é 132,91, e a massa fórmula do CsCl é 168,36. Portanto, a massa de CsCl que contém 1,000 g de Cs é

$$(1{,}000 \text{ g de Cs})\left(\frac{168{,}36 \text{ g de CsCl/mol}}{132{,}91 \text{ g de CsCl/mol}}\right) = 1{,}267 \text{ g de CsCl}$$

Para preparar a solução-estoque contendo 1 000 μg de Cs/mL, pese 1,267 g de CsCl (corrigido quando ao empuxo) e dissolva em um balão volumétrico de 1,000 L. Em geral, é mais fácil chegar próximo à massa desejada e medir a massa real (como 1,284 g) em vez de exatamente 1,267 g. Com 1,284 g, a concentração será 1 014 μg de Cs/mL em vez de 1 000 μg de Cs/mL.

Para uma diluição de 50 vezes, você pode transferir, com uma pipeta aferida de 10 mL, 10,00 mL da solução-estoque para um balão volumétrico de 500 mL e diluir até o volume. Chame essa solução de B. Sua concentração é (1 000 μg de Cs/mL)/50 = 20,0 μg de Cs/mL. Para uma diluição da solução B em dez vezes, você pode transferir 25,00 mL, com uma pipeta aferida de 25 mL para um balão volumétrico de 250 mL, diluindo até o volume. Essa solução final contém a concentração desejada de 2,00 μg de Cs/mL. No Capítulo 3, veremos como usar incertezas em cada medida para encontrar o número de algarismos significativos na concentração final.

Você pode chegar à mesma diluição de várias outras formas. Por exemplo, você pode fazer uma diluição de 50 vezes transferindo 5,00 mL de solução para um balão volumétrico de 250 mL.

TESTE-SE Como você pode diluir a solução B contendo 20 μg de Cs/mL para obter três novas soluções com 4, 3 e 1 μg de Cs/mL?

(***Resposta:*** para 1 μg/mL, você pode diluir 25 mL da solução B até 500 mL. Para 3 μg/mL, dilua (25 + 25 + 25) mL da solução B até 500 mL. Para 4 μg/mL, dilua (25 + 25) mL da solução B até 250 mL.)

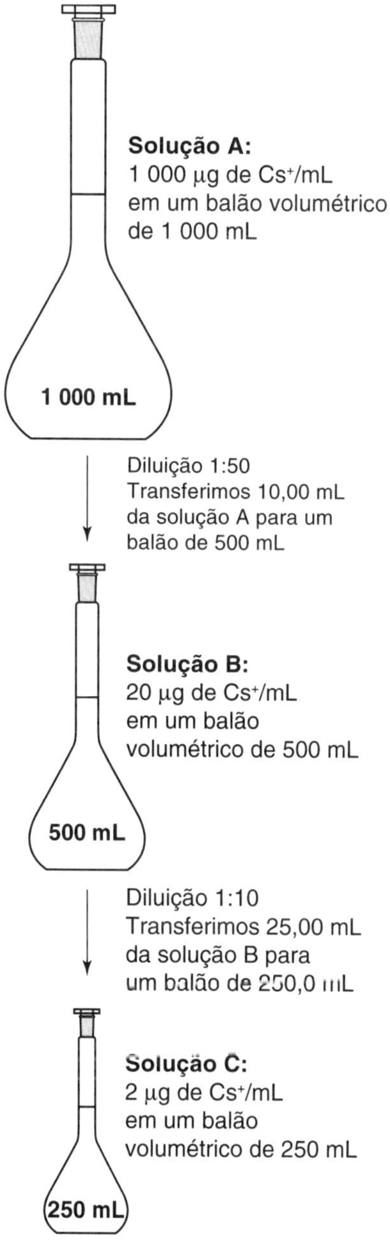

FIGURA 2.13 Exemplo de diluição em série.

A incerteza relativa em uma diluição em série é melhorada usando pipetas maiores e balões volumétricos maiores. Se você tem a opção de transferir 1 mL para um balão volumétrico de 100 mL ou 10 mL para um balão volumétrico de 1 L, o resultado será mais exato se você utilizar a vidraria maior. A exatidão é melhorada se cada item da vidraria tiver sido calibrado individualmente. Vidrarias maiores produzem mais resíduos que podem ser mais perigosos ou caros para serem descartados. Você deve escolher entre o quanto de exatidão você precisa e o quanto de resíduo gerará.

Um **aerossol** é uma suspensão de gotículas de um líquido ou partículas de um sólido na fase gasosa.

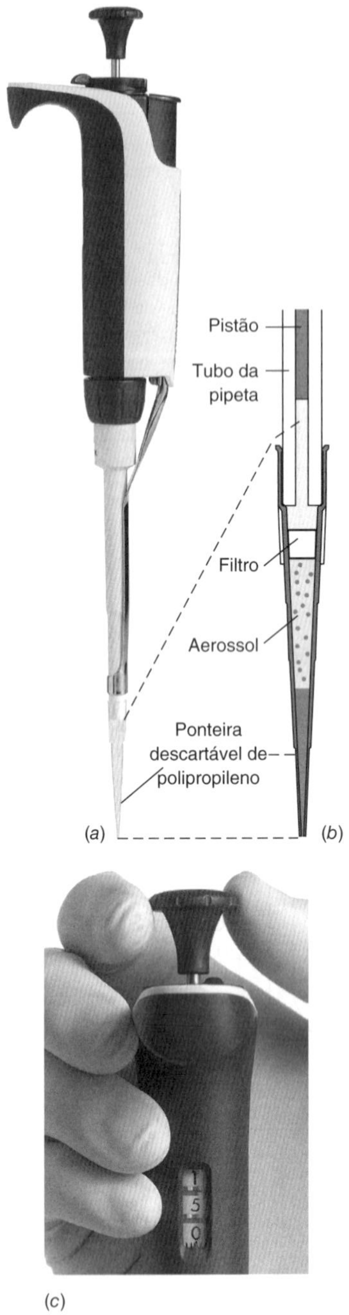

FIGURA 2.14 (*a*) Micropipeta com ponteira descartável de plástico. (*b*) Vista em detalhe da ponteira descartável dotada de filtro de polietileno. Este filtro visa prevenir a contaminação do tubo da pipeta por aerossóis. (*c*) Seletor de volume de uma micropipeta indicando uma seleção de 150 μL. [©Cortesia de Rainin Instrument, LLC, Oakland, CA.]

Micropipetas

As micropipetas (Figura 2.14) transferem volumes entre 1 e 1 000 μL (1 μL = 10^{-6} L). O líquido fica contido em uma ponteira descartável de polipropileno, que é inerte para a maioria das soluções aquosas e para muitos solventes orgânicos, exceto o clorofórmio ($CHCl_3$). A ponteira também não é resistente aos ácidos nítrico e sulfúrico concentrados. Para evitar que *aerossóis* entrem no tubo da pipeta, as ponteiras podem ser dotadas de filtros de polietileno. Os aerossóis podem corroer as partes mecânicas da pipeta ou contaminar experimentos biológicos. Para melhor exatidão e precisão, use a ponteira recomendada pelo fabricante da pipeta.

Para usar uma micropipeta, colocamos uma ponteira nova ajustando-a firmemente contra o tubo da pipeta.[22] As ponteiras devem ser mantidas em suas embalagens originais, de tal forma que elas não sejam contaminadas pelos dedos. Ajustamos o volume desejado por meio do seletor no topo da pipeta. Apertamos o êmbolo até a primeira trava, que corresponde ao volume selecionado. Mantemos a pipeta na *vertical*, mergulhamos a pipeta na solução do reagente, em uma profundidade de 3 a 5 mm, e, *lentamente* soltamos o êmbolo para aspirar o líquido. Deixamos a ponteira no líquido por alguns segundos para permitir a aspiração completa do líquido para o interior da ponteira. Retiramos a ponteira do líquido verticalmente sem que ela encoste na parede do frasco. O volume de líquido aspirado para dentro da ponteira depende do ângulo e da profundidade, com relação à superfície da solução, em que se mantém a ponteira durante seu enchimento. Para transferir o líquido existente dentro da micropipeta, encostamos a ponteira na parede do frasco receptor e suavemente apertamos o êmbolo até a primeira trava. Após esperar alguns segundos para permitir que o líquido escorra das paredes internas da ponteira, apertamos o êmbolo para além da trava, de modo a transferir o líquido residual da ponteira. Antes de transferir o líquido, umedeça previamente uma ponteira nova, retirando e descartando a solução três vezes para aumentar a umidade na ponteira e no eixo da pipeta. Sem pré-umedecimento, a pipeta transfere ~1,3% menos do que o volume indicado.[23] A ponteira usada deve ser descartada, ou, caso venha a ser reutilizada, ela deve ser cuidadosamente lavada com água destilada, em um frasco lavador. A ponteira dotada de filtro (Figura 2.14b) não pode ser lavada para ser usada novamente.

O procedimento que acabamos de descrever para a *aspiração* e a transferência de líquidos é denominado "modo direto". O êmbolo é apertado até a primeira trava e o líquido é então aspirado. Para expelir o líquido, o embolo é apertado além da primeira trava. No "modo reverso", o êmbolo é apertado para além da primeira trava, de modo que um *excesso* de líquido também é introduzido. Para transferir o volume correto, aperta-se o êmbolo até a primeira trava, e não *além dela*. O modo reverso com operação lenta do êmbolo melhora a precisão para líquidos espumosos (soluções de proteínas ou de surfatantes) e viscosos (xaroposos).[24] A pipetagem reversa é também boa para líquidos voláteis, como metanol e *n*-hexano. No caso de líquidos voláteis, pipete rapidamente para minimizar evaporações. O modo reverso não deve ser usado com soluções aquosas que não sejam espumosas nem viscosas porque o modo reverso fornece aproximadamente 2% a mais do que o volume desejado.

A Tabela 2.5 lista as tolerâncias para as micropipetas de determinado fabricante. Com o desgaste das partes internas, a precisão e a exatidão de uma micropipeta podem diminuir de uma ordem de grandeza. Em um estudo[25] feito com 54 micropipetas, usadas em um laboratório biomédico, chegou-se à conclusão de que 12 delas tinham uma precisão e exatidão ≤ 1%. Cinco das 54 micropipetas tinham erros ≥10%. Quando 54 técnicos de controle de qualidade, em quatro companhias farmacêuticas, usaram cada um deles uma micropipeta que funcionava adequadamente, dez técnicos tiveram uma exatidão e uma precisão ≤ 1%. A inexatidão de seis técnicos foi ≥ 10%. As micropipetas precisam sofrer calibração e manutenção periódicas (limpeza, troca de selo e lubrificação) e os operadores (pessoas) necessitam de certificação. Se o tempo médio até que as micropipetas fiquem fora da faixa de tolerância é de 2 anos, faz-se necessária uma calibração a cada 2 *meses* para que se certificar que 95% das micropipetas em um laboratório trabalhem dentro das especificações.[26] Você pode calibrar uma micropipeta medindo a massa de água que ela transfere, conforme descrito na Seção 2.9, ou por meio de um *kit* colorimétrico comercial.[27]

A **exatidão** se refere à proximidade do valor verdadeiro.
A **precisão** se refere à reprodutibilidade.

Seringas

Seringas de microlitro, como a da Figura 2.15, apresentam volumes de 1 a 500 μL e possuem exatidão e precisão próximas de 1%. Antes de usar uma seringa, deve-se encher e descartar seu volume várias vezes com o líquido que será utilizado. Esta operação é feita de modo a lavar as paredes do vidro e remover as bolhas de ar. A agulha de aço é atacada por ácidos fortes e, por isso, poderá contaminar de forma acentuada soluções fortemente ácidas com ferro. Uma seringa é mais confiável do que uma micropipeta, mas requer maiores cuidados quanto ao manuseio e à limpeza. A Figura 2.16 é um exemplo de um diluidor programável contendo duas seringas que transfere automaticamente volumes em microlitros e pode produzir misturas reprodutíveis de duas soluções a partir das duas seringas.

TABELA 2.5 Tolerâncias de micropipetas segundo o fabricante

Volume da pipeta (μL)	A 10% do volume da pipeta		A 100% do volume da pipeta	
	Exatidão (%)	Precisão (%)	Exatidão (%)	Precisão (%)
Volume Variável				
0,2–2	±8	±4	±1,2	±0,6
1–10	±2,5		±0,8	±0,4
2,5–25	±4,5	±1,5	±0,8	±0,2
10–100	±1,8	±0,7	±0,6	±0,15
30–300	±1,2	±0,4	±0,4	±0,15
100–1 000	±1,6	±0,5	±0,3	±0,12
Volume Fixo				
10			±0,8	±0,4
25			±0,8	±0,3
100			±0,5	±0,2
500			±0,4	±0,18
1 000			±0,3	±0,12

FONTE: Dados de Hamilton Company, Remo, NV.

Fontes de erro para as micropipetas:[22]

- Use a ponteira recomendada pelo fabricante. Outras ponteiras podem levar a uma vedação inadequada.
- Faça a sucção e o descarte do líquido três vezes antes da transferência do volume de amostra para molhar a pipeta e equilibrar seu interior com o vapor.
- A secagem desnecessária da ponteira pode levar à perda de amostra.
- O líquido e a ponteira devem estar à mesma temperatura. O volume de líquido frio transferido é menor do que o indicado, enquanto o volume de líquido quente é maior. Os erros são maiores para menores volumes.
- As micropipetas são calibradas à pressão no nível do mar. Elas não estão calibradas para altitudes elevadas. Erros são maiores para volumes menores. Calibre sua pipeta pesando a água que ela transfere.

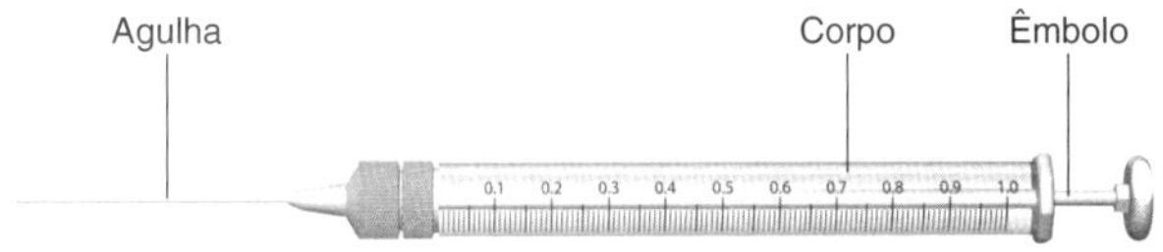

FIGURA 2.15 Seringa Hamilton com um volume de 1 μL e divisões de 0,01 μL no corpo de vidro. [Cortesia de Hamilton Company, Reno, NV.]

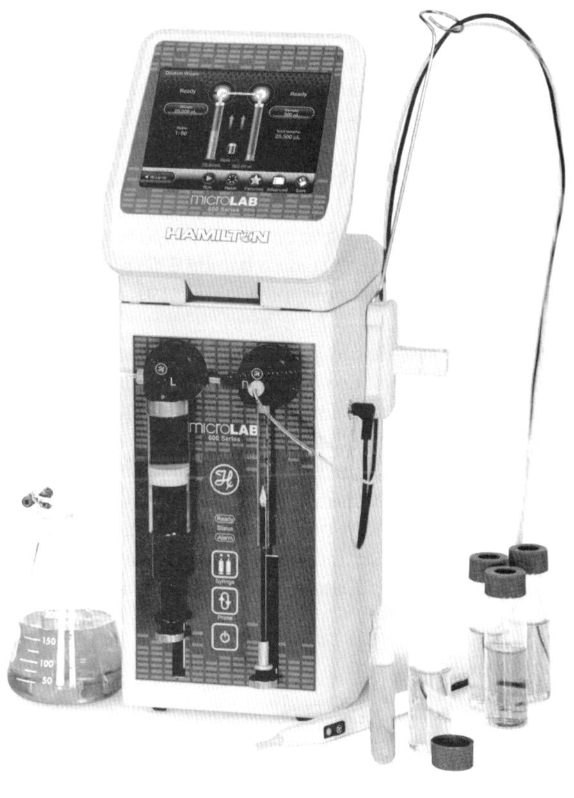

FIGURA 2.16 Microlab 600 Dual Syringe Diluter é um distribuidor programável de quantidades em microlitros a partir de duas seringas mostradas na parte frontal do equipamento. Ele transfere com reprodutibilidade um líquido único ou misturas de dois líquidos. [Cortesia de Hamilton Company, Reno, NV.]

2.7 Filtração

Na *análise gravimétrica*, a massa do produto de uma reação é medida para determinar quanto de um constituinte está presente. Os precipitados provenientes de análises gravimétricas são coletados por filtração, lavados e, por último, secados. A maioria dos precipitados é coletada em um *funil de vidro sinterizado* (também chamado cadinho filtrante de Gooch) com sucção

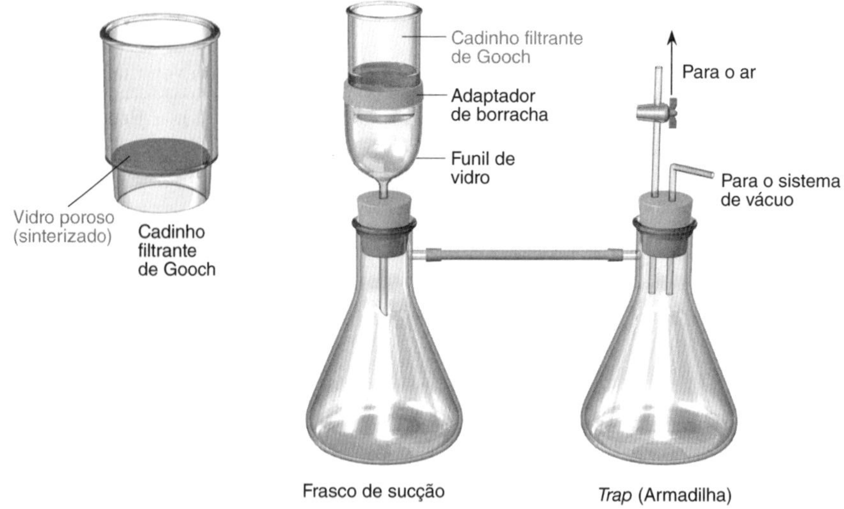

FIGURA 2.17 Filtração com um cadinho de Gooch que possui um disco de vidro poroso (*sinterizado*) pelo qual o líquido pode passar. A armadilha (em inglês, *trap*) evita que o líquido seja acidentalmente aspirado para dentro do sistema de vácuo.

para acelerar a filtração (Figura 2.17). A placa porosa de vidro no funil permite que o líquido passe, mas retém os sólidos. O funil vazio é primeiramente seco a 110 °C em uma estufa, ou seco em um forno de micro-ondas, e pesado. Após coletar o sólido e ser seco novamente, o funil e seu conteúdo são pesados uma segunda vez para determinar a massa de sólido coletada. O líquido no qual a substância precipita ou cristaliza é chamado **água-mãe**. O líquido que passa pelo filtro é chamado **filtrado**.

Em alguns procedimentos gravimétricos, a **calcinação** (aquecimento à alta temperatura por meio de um bico de Bunsen ou de um forno) é usada para converter um precipitado em um composto de composição constante conhecida. Por exemplo, o Fe^{3+} precipita como óxido de ferro hidratado, $FeOOH \cdot xH_2O$, com composição variável. A calcinação converte-o em Fe_2O_3 puro antes de ser pesado. Quando um precipitado vai ser calcinado, ele é coletado em um **papel de filtro sem cinzas**, que deixa uma pequena quantidade de resíduo quando queimado.

Para usar o papel de filtro em um funil cônico de vidro, dobramos o papel em quartos, isolamos um dos cantos (para permitir uma firme adaptação ao funil), e colocamos o papel no funil (Figura 2.18). O papel de filtro deve ajustar-se perfeitamente e ser molhado com uma pequena quantidade de água destilada. Quando o líquido é despejado no funil, uma coluna de líquido contínua deverá encher a haste do funil (Figura 2.19). O peso do líquido na haste do funil ajuda a acelerar a filtração.

Para filtrar, vertemos a lama de um precipitado com o auxílio de um bastão de vidro para dentro do funil, evitando, assim, que a lama escorra pelo lado de fora do béquer (Figura 2.19). (Uma **lama** é uma suspensão de um sólido em um líquido.) As partículas aderidas ao béquer ou ao bastão podem ser desprendidas com um *policial*, que é um bastão de vidro com um pedaço de borracha chato preso a uma de suas extremidades. Usamos um jato do líquido apropriado de lavagem, contido em um frasco lavador, para transferir as partículas que estão na borracha e no vidro para o filtro. Caso o precipitado venha a ser calcinado, as partículas que permanecem no béquer podem ser retiradas esfregando-se um pequeno pedaço de papel de filtro umedecido sobre elas e colocando-o dentro do funil, para ser calcinado junto com o restante do precipitado.

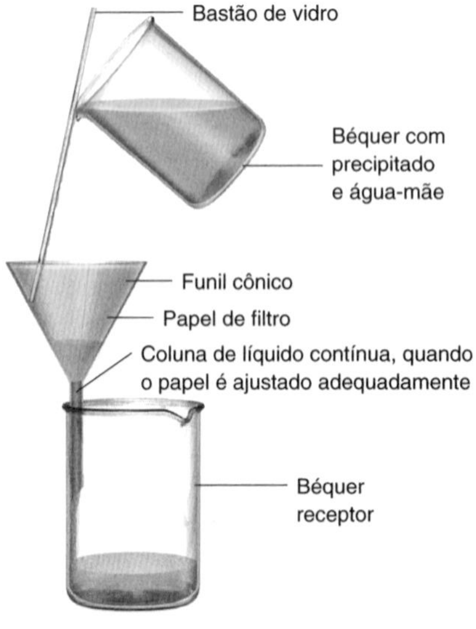

FIGURA 2.19 Filtração de um precipitado. O funil cônico está apoiado em um aro de metal, que está preso a um suporte. Estes detalhes não estão mostrados na figura.

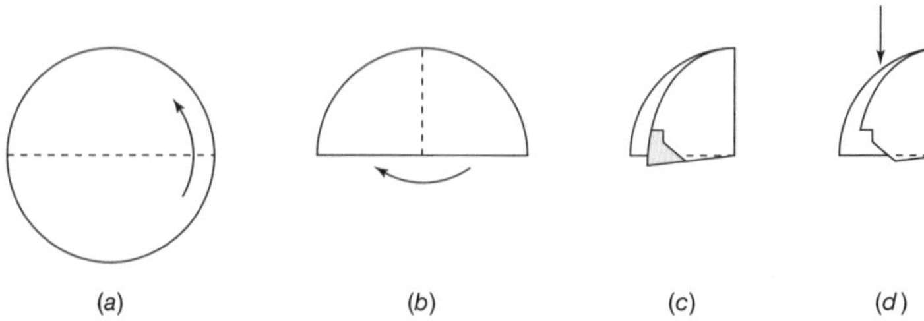

FIGURA 2.18 Dobra de papel de filtro para um funil cônico. (*a*) Dobre o papel ao meio. (*b*) Então, dobre-o ao meio novamente. (*c*) Separe um canto, para acomodar melhor o papel no funil. (*d*) Abra o lado que não foi separado quando for ajustar o papel ao funil.

2.8 Secagem

Reagentes, precipitados e vidraria são convenientemente secos em uma estufa a 110 °C. (Alguns produtos químicos necessitam de outras temperaturas.) *Qualquer coisa que se coloque na estufa deve ser rotulada.* Usamos um béquer coberto com um vidro de relógio (Figura 2.20) para diminuir a contaminação por poeira durante a secagem. É uma boa prática cobrir todos os recipientes que estão sobre a bancada para prevenir contaminação por poeira.

A massa de um precipitado gravimétrico é medida pela pesagem de um cadinho filtrante vazio e seco, antes do procedimento analítico, e pela pesagem do mesmo cadinho com o produto seco, após o procedimento analítico. Para pesar o cadinho vazio, ele deve ser levado a uma "massa constante". Inicialmente, ele é seco em uma estufa por 1 hora ou mais e, na sequência, resfriado por 30 minutos em um dessecador. O cadinho é, então, pesado e aquecido novamente por 30 minutos Mais uma vez, ele é resfriado e pesado. Quando as pesagens sucessivas variarem de ±0,3 mg, o cadinho atingiu a "massa constante". Se o cadinho está quente enquanto ele é pesado, ele cria correntes convectivas que fornecem um peso falso. Não toque o cadinho com seus dedos porque as impressões digitais podem alterar a massa. Um forno de micro-ondas pode ser usado no lugar de uma estufa elétrica para secar reagentes e cadinhos. Como sugestão, o aquecimento inicial pode ser feito por um período de 4 minutos, com aquecimentos subsequentes de 2 minutos O tempo de resfriamento, antes de ele ser pesado, pode ser de 15 minutos.

Um **dessecador** (Figura 2.21) é um recipiente fechado que contém um agente de secagem chamado **dessecante** (Tabela 2.6). A tampa é engraxada para que feche de forma hermética. O dessecante é colocado abaixo do disco perfurado na parte de baixo do dessecador. Um dessecante, que não está na tabela, mas também usado, é o ácido sulfúrico a 98% m/m. Após colocar um objeto quente no dessecador, deixamos a tampa entreaberta por alguns minutos até que o objeto tenha resfriado um pouco. Essa prática evita que a tampa salte quando o ar interno se aquece. Para abrir um dessecador, deslizamos a tampa lateralmente antes de tentar puxá-la para cima.

A poeira é uma fonte de contaminação em todos os experimentos, por isso...

Cubra todos os recipientes sempre que for possível.

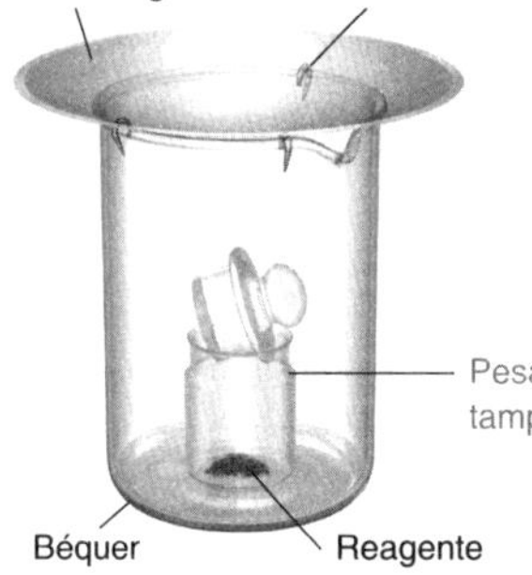

FIGURA 2.20 Uso do vidro de relógio como cobertura, para proteger da poeira, enquanto o reagente ou cadinho seca na estufa.

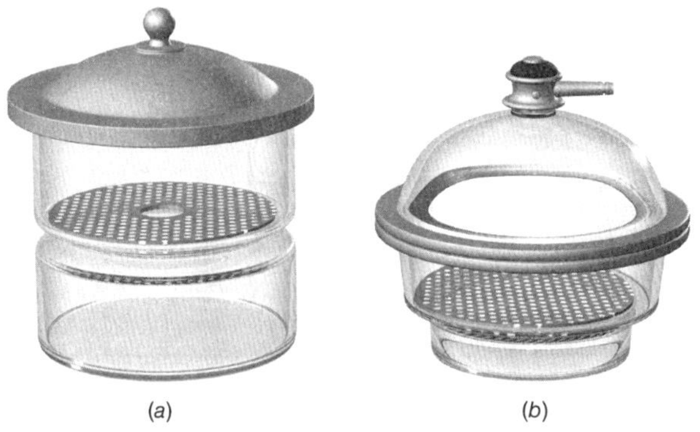

FIGURA 2.21 (*a*) Dessecador comum. (*b*) Dessecador a vácuo, que pode ser evacuado pela saída lateral na tampa e, então, selado pela rotação da junta que contém a saída. A secagem é mais eficiente à baixa pressão.

TABELA 2.6 Eficiência de agentes dessecantes

Agente	Fórmula	Água residual na atmosfera (μg de H_2O/L)[a]
Perclorato de magnésio anidro	$Mg(ClO_4)_2$	0,2
"Anidrona"	$Mg(ClO_4)_2 \cdot 1 - 1{,}5H_2O$	1,5
Óxido de bário	BaO	2,8
Alumina	Al_2O_3	2,9
Pentóxido de fósforo	P_4O_{10}	3,6
Sulfato de cálcio (Drierita)[b]	$CaSO_4$	67
Sílica gel	SiO_2	70

a. Uma corrente de nitrogênio úmido passou sobre cada um dos dessecantes, e a água remanescente no gás foi condensada e pesada. [A. I. Vogel, A Textbook of Quantitative Inorganic Analysis. *3. ed. (Nova York: Wiley, 1961), p. 178.] Para a secagem de gases, o gás deve passar por um tubo de Nafion com 60 cm de comprimento. A 25 °C, a umidade residual é de 10 µg/L. Se o sistema de secagem é mantido a 0 °C, a umidade residual é de 0,8 µg/L. [K. J. Leckrone e J. M. Hayes, "Efficiency and Temperature Dependence of Water Removal by Membrane Dryes",* Anal. Chem. ***1997****, 69, 911.]*

b. A drierita usada pode ser recuperada irradiando-se porções de 1,5 kg em um cristalizador Pirex de 100 × 190 mm em um forno de micro-ondas por 15 minutos. Misture o sólido, aqueça-o por 15 minutos novamente e ponha o material seco e quente de volta ao seu recipiente original. Use espaçadores de vidro pequenos entre o cristalizador e o prato de vidro do forno de micro-ondas, para proteger o prato do calor. [J. A. Green e R. W. Goetz, "Recycling Drierite", J. Chem. Ed. ***1991****, 68, 429.]*

2.9 Calibração de Vidraria Volumétrica

Todos os instrumentos que usamos têm algum tipo de escala para medir quantidades como massa, volume, força ou corrente elétrica. Os fabricantes, normalmente, certificam que a quantidade medida se encontra dentro de certa *tolerância* com relação à quantidade real. Por exemplo, uma pipeta aferida (volumétrica) Classe A, de 10 mL, tem um certificado atestando que, quando ela é usada de forma adequada, o volume que ela transfere é de 10,00 ± 0,02 mL. Entretanto, quando se usa a pipeta várias vezes, pode-se transferir 10,016 mL ± 0,004 mL. Isto é, quando se usa diversas vezes, a pipeta transfere, em média, 0,016 mL a mais do que o volume indicado. A **calibração** é o processo para medir a quantidade real que corresponde à quantidade indicada na escala de um instrumento.

Um procedimento detalhado para calibração de uma bureta é dado ao fim deste capítulo.

Para maior exatidão, calibramos a vidraria volumétrica de modo a medir o volume real que está contido ou que é transferido por determinado instrumento. Isso é feito medindo-se a massa de água transferida ou contida no instrumento e usando a massa específica da água para converter massa em volume.

Em trabalhos mais cuidadosos, é necessário levar em conta a expansão térmica das soluções e da vidraria em função da variação de temperatura. Para esse propósito, devemos conhecer a temperatura do laboratório no instante em que as soluções são preparadas, assim como no momento em que elas são usadas. A Tabela 2.7 mostra que a água pura, nas vizinhanças de 20 °C, se expande em torno de 0,02% por grau. Como a concentração de uma solução é proporcional a sua massa específica, podemos escrever

A concentração de uma solução diminui quando a temperatura aumenta.

Correção para a expansão térmica:

$$\frac{c'}{d'} = \frac{c}{d} \qquad (2.3)$$

em que c' e d' são a concentração e a massa específica na temperatura T', e c e d na temperatura T.

TABELA 2.7 Massa específica da água na pressão de 1 bar*

		Volume de 1 g de água (mL) incluindo o empuxo				Volume de 1 g de água (mL) incluindo o empuxo	
T(°C)	Massa específica (g/mL)[a]	Na temperatura observada[b]	Corrigida para 20 °C[c]	T(°C)	Massa específica (g/mL)[a]	Na temperatura observada[b]	Corrigida para 20 °C[c]
0	0,999 842	1,001 2	1,001 4				
1	0,999 901	1,001 2	1,001 3	16	0,998 945	1,002 1	1,002 1
2	0,999 942	1,001 1	1,001 3	17	0,998 777	1,002 3	1,002 3
3	0,999 966	1,001 1	1,001 3	18	0,998 598	1,002 5	1,002 5
4	0,999 974	1,001 1	1,001 2	19	0,998 408	1,002 6	1,002 7
5	0,999 966	1,001 1	1,001 2	20	0,998 207	1,002 9	1,002 9
6	0,999 942	1,001 1	1,001 2	21	0,997 995	1,003 1	1,003 1
7	0,999 904	1,001 1	1,001 3	22	0,997 773	1,003 3	1,003 3
8	0,999 850	1,001 2	1,001 3	23	0,997 541	1,003 5	1,003 5
9	0,999 783	1,001 3	1,001 4	24	0,997 299	1,003 8	1,003 7
10	0,999 702	1,001 4	1.001 5	25	0,997 047	1,004 0	1,004 0
11	0,999 607	1,001 4	1,001 5	26	0,996 786	1,004 3	1,004 2
12	0,999 500	1,001 6	1,001 6	27	0,996 515	1,004 6	1,004 5
13	0,999 379	1,001 7	1,001 7	28	0,996 235	1,004 8	1,004 8
14	0,999 247	1,001 8	1,001 9	29	0,995 947	1,005 1	1,005 0
15	0,999 102	1,002 0	1,002 0	30	0,995 649	1,005 4	1,005 3
				37	0,993 329	1,007 8	1,007 6

J. Pátek, J. Hrubý, J. Klomfar, M. Součková, and A. H. Harvey, "Reference Correlations for Thermophysical Properties of Liquid Water at 0.1 MPa",* J. Phys. Chem. Ref. Data ***2009**, 38, 21.*

a. Medida no vácuo.

b. Corrigida para o empuxo no ar por meio da Equação 2.1.

c. Corrigida para o empuxo e expansão do vidro borossilicato (0,001 0% K^{-1}).

EXEMPLO Efeito da Temperatura na Concentração de uma Solução

Uma solução aquosa com uma concentração de 0,031 46 M foi preparada no inverno, quando a temperatura do laboratório era de 17 °C. Qual será a molaridade dessa solução em um dia quente em que a temperatura é de 25 °C?

Solução Admita que a expansão térmica da solução diluída é igual à expansão térmica da água pura. Então, usando a Equação 2.3 e as massas específicas da Tabela 2.7, podemos escrever

$$\frac{c' \text{ a } 25\ ^\circ\text{C}}{0{,}997\,047\ \text{g/mL}} = \frac{0{,}031\,46\ \text{M}}{0{,}998\,777\ \text{g/mL}} \Rightarrow c' = 0{,}031\,41\ \text{M}$$

A concentração diminuiu de 0,16% no dia quente.

TESTE-SE Uma solução com uma concentração de 1,000 0 mM feita a 22 °C é resfriada em um refrigerador. Qual é a molaridade a 4 °C? (***Resposta:*** 1,002 2 mM.)

O Pirex e outros vidros borossilicatos expandem-se cerca de 0,001 0% por grau nas vizinhanças da temperatura ambiente. Portanto, se a temperatura de um recipiente aumenta de 10 °C, o seu volume aumentará em torno de (10 °C)(0,001 0%/°C) = 0,010%. Para a maioria dos trabalhos essa expansão é insignificante.

Para calibrar uma pipeta volumétrica de 25 mL, deve-se inicialmente pesar um pesa-filtro vazio, como mostrado na Figura 2.20. Então, enchemos a pipeta com água destilada até a marca, transferimos a água para o pesa-filtro, que é fechado com a tampa para evitar a evaporação. Pesamos o pesa-filtro novamente para determinar a massa de água transferida pela pipeta. Finalmente, convertemos a massa em volume.

$$\text{Volume real} = (\text{gramas de água}) \times (\text{volume de 1 g de } H_2O \text{ na Tabela 2.7}) \qquad \textbf{(2.4)}$$

EXEMPLO Calibração de uma Pipeta

Um pesa-filtro vazio tem uma massa de 10,313 g. Após adicionar a água proveniente de uma pipeta de 25 mL, a massa passou a ser 35,225 g. Se a temperatura do laboratório é de 27 °C, determine o volume de água transferido pela pipeta.

Solução A massa de água é 35,225 – 10,313 = 24,912 g. Utilizando a Equação 2.4 e a penúltima coluna da Tabela 2.7, o volume de água é (24,912 g)(1,004 6 mL/g) = 25,027 mL a 27 °C. A última coluna na Tabela 2.7 informa qual seria o volume se a pipeta estivesse a 20 °C. Essa pipeta transferiria (24,912 g)(1,004 5 mL/g) = 25,024 mL a 20 °C.

A pipeta transfere menos volume a 20 °C do que a 27 °C, porque o vidro se contrai ligeiramente quando a temperatura diminui. A vidraria volumétrica é normalmente calibrada a 20 °C.

TESTE-SE Um balão volumétrico de 10 mL vazio pesa 14,622 g. Quando ele está cheio com água até a marca de aferição, a 18 °C, a sua massa é de 24,581 g. Determine o volume do balão volumétrico a 18 e a 20 °C. (***Resposta:*** 9,984 mL a 18 e a 20 °C)

A importância da calibração é ilustrada pelo manual de um fabricante de seringas de vidro de microlitos digitalmente controladas, operadas eletronicamente. A tolerância do fabricante para a exatidão de uma seringa não calibrada que pode liberar volumes variáveis de 2 a 50 μL é ±1,0 % (±0,5 μL) quando transfere 50 μL. Quando a seringa é calibrada pesando a água que ela transfere, a exatidão chega a ±0,2% (±0,1 μL).

2.10 Introdução ao Microsoft Excel®

Caso você já saiba usar uma planilha eletrônica, pode pular esta seção. Uma planilha eletrônica é uma ferramenta essencial para manipulação de dados quantitativos. Na química analítica, as planilhas eletrônicas podem nos ajudar com as curvas de calibração, com as análises estatísticas, com as curvas de titulação e com os problemas de equilíbrio. As planilhas eletrônicas nos permitem realizar, com rapidez, experimentos de simulação nos quais investigamos os efeitos de um ácido mais forte, ou de uma força iônica diferente, sobre uma curva de titulação. Neste livro, usamos o Microsoft Excel como uma ferramenta para a resolução de problemas em química analítica.[28]

Começando: Correção do Empuxo

Vamos preparar uma planilha eletrônica para calcular a correção do empuxo a partir da Equação 2.1. Informaremos para a planilha a massa de uma substância no ar e a planilha nos retornará o valor da massa verdadeira dessa substância no vácuo. A planilha em branco na Figura 2.22a possui *colunas* assinaladas por A, B, C... e *linhas* numeradas como 1, 2, 3, 4, 5. A posição que corresponde à coluna B e à linha 4 é chamada *célula* B4.

Começamos a planilha com um título. Na Figura 2.22b, clique na célula A1 e escreva "Correção do Empuxo a partir da Equação 2.1". Na célula A2 adicionamos "(do prazeroso livro de Dan e Chuck)".

Continuando na Figura 2.22b, escreva "Constantes:" na célula A3. Para constantes informamos a massa específica do ar na linha 4 e a massa específica dos pesos da balança na linha 5. Na célula A4, digite "da =". Huuum, o "a" não está subscrito. Selecione o "a" com o mouse, vá em Página Inicial, clique na seta para baixo no submenu Fonte e escolha Subscrito. Clique em OK e agora na célula A4 estará escrito "d_a =" com o "a" subscrito. Utilizaremos com muita frequência as opções de subscrito e sobrescrito. Na célula A5, escreva "d_w =" com o "w" subscrito.

Agora insira 0,0012 na célula B4 para a massa específica do ar. Insira 8,0 na célula B5 para massa específica dos pesos da balança. Huuum, escrevi "8,0", mas a planilha mostra "8" – outro problema de formatação. Clique na célula B5, em Página Inicial vá no submenu Número, clique na seta para baixo e em Categoria escolha Número. Para Casas decimais selecione 1. Clique em OK e "8,0" aparecerá na célula B5. Frequentemente, você selecionará o formato Número ou Científico e, em seguida, o número de casas decimais a serem mostradas. Digite "g/mL" como unidades de massa específica na célula C4. Você pode escrever novamente "g/mL" na célula C5, mas esse é o momento de aprender a copiar informação de uma célula para outra. Clique na célula C4 e você verá uma borda ao redor da célula com um pequeno quadrado no canto inferior direito. Clique e mantenha pressionado esse quadrado, e o arraste para a célula C5. Dessa maneira, você pode copiar células para cima, para baixo ou para os lados. Digite os conteúdos nas células A6, A7, A8 e A9. Para substância pesada, escreva "tris" na célula D6. Entre com sua massa específica, 1,33 g/mL, na célula D7, e com sua massa observada (m′ = 100,00 g) no ar na célula D8. Use Formatar Número para mostrar duas casas decimais na célula D8. Sua planilha se assemelhará à Figura 2.22b. O propósito dessa planilha é descobrir a massa real (m) na célula D9. Na Figura 2.22c, entre com "$AgNO_3$" na célula E6, 4,45 g/mL na célula E7 e 100,00 g na célula E8.

Você está pronto para algumas fórmulas? Na célula A11, escreva o texto "numerador = (1 – d_a/d_w) =". Agora, digite a *fórmula* "=1-$B$4/$B$5" na célula D11. Uma fórmula sempre começa com um sinal de igual. Esta fórmula informa ao Excel para calcular 1 – d_a/d_w com os valores de d_a na célula B4 e de d_w na célula B5. Explicaremos a utilização do cifrão depois. Quando você apertar Enter, a célula D11 retornará o valor 0,99985. Digite

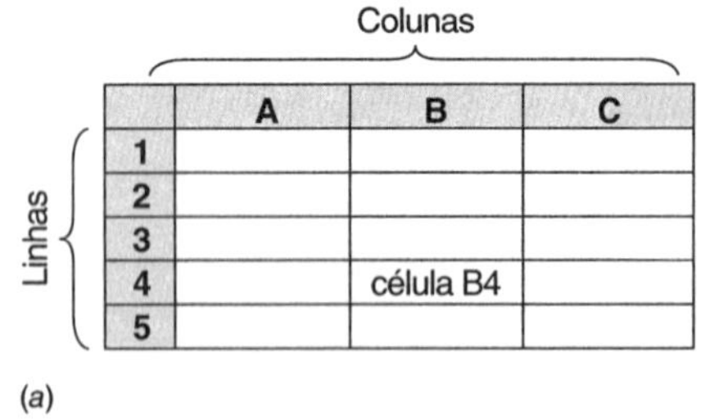

(*a*)

	A	B	C	D
1	Correção do Empuxo a partir da Equação 2.1			
2	(do prazeroso livro de Dan e Chuck)			
3	Constantes:			
4	d_a =	0,0012	g/mL	
5	d_w =	8,0	g/mL	
6	Substância pesada:			tris
7	Massa específica (g/mL) da substância:			1,33
8	Massa observada (m′, g) no ar:			100,00
9	Massa real (m, g) no vácuo:			

(*b*)

	A	B	C	D	E
1	Correção do Empuxo na Pesagem a partir da Equação 2.1				
2	(do prazeroso livro de Dan e Chuck)				
3	Constantes:				
4	d_a =	0,0012	g/mL		
5	d_w =	8,0	g/mL		
6	Substância pesada:			tris	$AgNO_3$
7	Massa específica (g/mL) da substância:			1,33	4,45
8	Massa observada (m′, g) no ar:			100,00	100,00
9	Massa real (m, g) no vácuo:			100,08	100,01
10	m = m′* (numerador/denominador)				
11	numerador = (1-d_a/d_w) =			0,99985	0,99985
12	denominador = (1-d_a/d) =			0,999098	0,99973
13	Fórmulas:	D11 = 1-$B$4/$B$5			
14		D12 = 1-$B$4/D7			
15		D9 = D8*D11/D12			

(*c*)

FIGURA 2.22 Planilha para calcular a correção do empuxo através da Equação 2.1.

a fórmula "=1 – $B$4/D7" na célula D12. Aperte Enter e o valor calculado será 0,999098. A Equação 2.1 para empuxo possui a forma

$$\underset{\text{em D8}}{\text{Massa real (m)}} = \text{massa no ar (m}')\text{*}\underset{\text{em D11}}{\text{numerador}}/\underset{\text{em D12}}{\text{denominador}} \qquad (2.5)$$

Acabamos de encontrar os valores do numerador e do denominador nas células D11 e D12. Nosso último trabalho é digitar a equação "=D8*D11/D12" na célula D9 para achar a massa real de 100,08 g de tris no vácuo quando é observada a massa de 100,00 g no ar.

A planilha permite que repliquemos o cálculo referente à substância tris, feito na coluna D, para $AgNO_3$, na coluna E. Selecione as células D11 e D12. Segure o pequeno quadrado que aparecerá no canto inferior de D12 e arraste para as células E11 e E12. Solte o botão do mouse e as fórmulas das células D11 e D12 serão copiadas nas células E11 e E12, obtendo 0,99985 na célula E11 e 0,99973 na célula E12. Selecione a célula D9 e copie seu conteúdo para a célula E9, para obter 100,01 g de massa real de $AgNO_3$. A massa real de $AgNO_3$ é praticamente igual à massa observada no ar em razão de sua massa específica (4,45 g/mL) ser próxima da massa específica dos pesos da balança (8,0 g/mL).

A planilha na Figura 2.22 possui três tipos de entradas. Um *rótulo*, como "d_a =", digitado como texto. Uma entrada que não começa com um número ou um sinal de igual é tratada como um texto. A planilha trata um *número*, como 0,0012, diferentemente de um texto. Na célula D11, entramos com a *fórmula* "=1-$B$4/$B$5". Isso informa ao computador para levar em consideração alguma aritmética.

Três tipos de entradas:
rótulo d_a =
número 0,0012
fórmula = 1 – $B$4/$B$5

Operações Aritméticas e Funções

Adição, subtração, multiplicação, divisão e exponenciação têm os símbolos +, –, *, / e ^. *Funções*, como Exp(·), podem ser digitadas ou selecionadas a partir da guia Fórmula. A função Exp(·) eleva o número "e" à potência contida entre parênteses. Outras funções, como Ln(·), Log(·), Sen(·) e Cos(·), também estão disponíveis.

A ordem das operações aritméticas em uma fórmula é o sinal de negativo primeiro, seguido por ^, seguido por * ou / (calculadas na ordem do seu aparecimento, da esquerda para a direita), seguidas finalmente por + ou – (também calculadas da esquerda para a direita). Utilizamos parênteses para garantir a ordem correta nas operações aritméticas. O conteúdo dos parênteses é calculado primeiro, antes de serem realizadas as operações fora dos parênteses. Eis alguns exemplos:

Fórmulas começam com um sinal de igual. As operações aritméticas na planilha são
+ adição
- subtração
* multiplicação
/ divisão
^ exponenciação

9/5*100+32 = (9/5)*100+32 = (1,8)*100+32 = (1,8*100)+32 = (180)+32 = 212

9/5*(100+32) = 9/5*(132) = (1,8)*(132) = 237,6

9 + 5*100/32 = 9+(5*100)/32 = 9+(500)/32 = 9+(15,625) = 24,625

9/5^2+32 = 9/(5^2)+32 = (9/25)+32 = (0,36)+32 = 32,36

–2^2 = 4 mas –(2^2) = –4

Ordem de operações:
1. Sinal de negativo (sinal de menos antes de um termo)
2. Exponenciação
3. Multiplicação ou divisão (calculada da esquerda para a direita)
4. Adição ou subtração (calculada da esquerda para a direita)

As operações entre parênteses são feitas a partir do mais interno.

Quando estamos em dúvida sobre como uma expressão será calculada, utilizamos parênteses para forçar com que o cálculo seja feito na ordem desejada.

Documentação e Facilidade de Leitura

A *documentação* mostra o que a planilha está fazendo, começando com o nome do arquivo com o qual você salvou a planilha em seu computador. Um nome como "Exp 10 Gráfico Gran" é muito mais expressivo do que "Laboratório Químico". Outro aspecto da documentação é um título na célula A1. Para lembrar quais as fórmulas que são usadas na planilha eletrônica, adicionam-se espaços de texto (rótulos). Na célula A10, escrevemos "m = m′* (numerador/denominador)", para mostrar como calcular m. Na célula B13 escrevemos "D11 = 1-$B$4/$B$5" para mostrar a fórmula do Excel usada em D11. A maneira mais certa de documentar uma fórmula é copiar "= 1-$B$4/$B$5" da Barra de fórmulas no topo da planilha quando a célula D11 é selecionada. Vá para a célula B13, digite "D11', e então cole o texto "= 1-$B$4/$B$5", que você copiou da Barra de fórmulas, na célula. Documente livremente suas planilhas.

Documentação significa disponibilizar a informação. Se determinada planilha eletrônica só pode ser lida pela pessoa que a fez, isto indica que a sua documentação não é boa e necessita ser melhorada. (O mesmo acontece com os cadernos de laboratório!)

Melhora-se a *facilidade de leitura* dos dados em uma planilha selecionando-se o formato numérico (decimal) ou científico e especificando quantas casas decimais serão exibidas. A planilha retém mais dígitos em sua memória, embora menos dígitos possam ser exibidos.

Você pode facilitar a leitura dos seus dados na Figura 2.22c adicionando bordas ao redor do bloco de células de 2 colunas × 4 linhas, indo de D6 a E9, para enfatizar que esses dados de interesse estão entre D6:E9. Selecione esse bloco de células com o mouse. Vá em Bordas no submenu Fontes. Clique na seta para baixo e selecione ⊞ dentre as bordas possíveis.

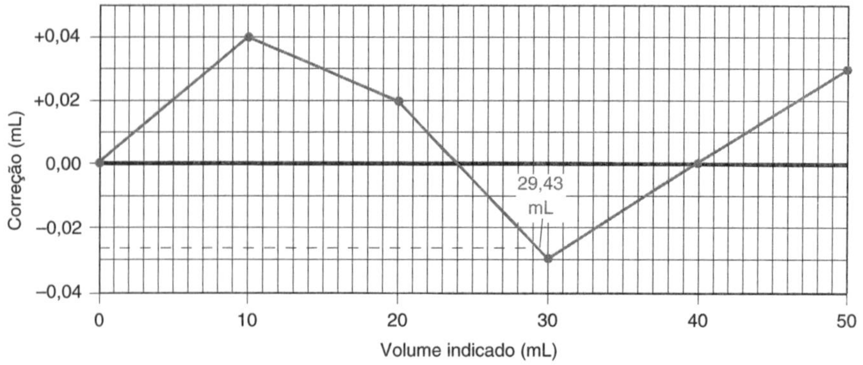

FIGURA 2.23 Curva de correção para uma bureta de 50 mL. Se a leitura da bureta for 29,43 mL, podemos encontrar o fator de correção com precisão suficiente localizando 29,4 mL na abscissa (eixo *x*). O fator de correção na ordenada (eixo *y*) é –0,03 mL (o mais próximo de 0,01 mL).

Referência absoluta: $B$4
Referência relativa: D7

Referências Absolutas e Relativas

Por que usamos o símbolo de cifrão para nos referirmos a algumas células e a outras não? A fórmula "=1-$B$4/D7", na célula D12 na Figura 2.22, faz referência às células B4 e D7 de maneira diferente. $B$4 é uma *referência absoluta* para o conteúdo da célula B4. Não importa onde a célula $B$4 é chamada na planilha, o computador vai até a célula B4 para procurar um número. "D7" é uma *referência relativa*. Quando chamado a partir da célula D12, o computador vai na célula D7 para procurar um número. Quando a mesma fórmula é copiada para a célula E12 (imediatamente abaixo), o computador troca a célula D7 por E7 (que também está imediatamente abaixo), e procura um número em E7. Por isso, a célula escrita sem o sinal de cifrão é chamada referência relativa. Se quisermos que o computador só olhe na célula D7, então devemos escrever "$D$7".

Salve seus arquivos frequentemente durante uma sessão de trabalho e faça uma cópia de segurança de tudo que você não quer perder.

2.11 Fazendo Gráficos com o Microsoft Excel

Agora, usaremos o Excel para traçar o gráfico de correções da bureta na Figura 2.23 a partir dos dados da Figura 2.24. Esses dados foram obtidos pesando-se a água transferida por uma bureta em intervalos de medição de aproximadamente 10 mL, utilizando o procedimento que pode ser observado ao fim deste capítulo. O gráfico consegue mostrar, por exemplo, que quando o volume indicado na bureta é 29,43 mL, o volume real é 29,43 – 0,03 = 29,40 mL.

	A	B
1	Curva de Correção da Bureta	
2	Volume Indicado	Correção
3	(mL)	(mL)
4	0,03	0,00
5	10,04	0,04
6	20,03	0,02
7	29,98	–0,03
8	40,00	0,00
9	49,97	0,03

FIGURA 2.24 Fatores de correção da bureta plotados na Figura 2.23.

Monte a tabela da Figura 2.24 com os dados ocupando as células A4:B9. Para fazer o gráfico no Excel 2016 vá na guia Inserir e selecione o ícone de Gráfico de Dispersão com Linhas Retas e Marcadores. Clique e segure o gráfico em branco arrastando-o para o lado de sua tabela de dados. Na guia Design do Gráfico, clique em Selecionar Dados. Na janela que abrirá, clique em Adicionar. Para Nome da Série, escreva "Correção da bureta". Para Valores de X, selecione as células A4:A9 (clicando em A4 e arrastando o mouse). Para Valores de Y, apague o valor autopreenchido e selecione as células B4:B9. Clique em OK duas vezes. Clique com o botão direito no interior do gráfico e selecione Formatar Área de Plotagem. Em Preenchimento, selecione Preenchimento sólido e a Cor Branco. Em Borda, selecione Linha sólida, Cor Preto e Largura 1,25 pt. Com isso, agora você deve ter um gráfico com fundo branco delimitado por uma borda preta.

Para adicionar um título ao eixo *x*, selecione Design do Gráfico e, em seguida, Adicionar Elemento de Gráfico. Clique em Títulos dos Eixos e Horizontal Principal. Um título genérico para o eixo aparecerá no gráfico. Selecione-o e escreva por cima "Volume Indicado (mL)". Para colocar um título no eixo *y*, selecione Design do Gráfico e, em seguida, Adicionar Elemento de Gráfico. Clique em Títulos dos Eixos e Vertical Principal. Selecione o título genérico e escreva por cima "Correção (mL)". Selecione o título que aparece sobre o gráfico e remova-o com a tecla delete. Seu gráfico provavelmente estará semelhante ao da Figura 2.25.

Vamos modificar o gráfico para que fique mais parecido com o da Figura 2.23. Dê um clique com o botão direito do mouse em um dos pontos do gráfico para marcar todos os pontos. Selecione Formatar Séries de Dados. A janela que abre permite que você formate os pontos do gráfico. Clique no ícone de Linha de Preenchimento para abrir uma série de opções. Na parte superior você pode selecionar Linha ou Marcador. Clique em Marcador e em Opções de Marcador, selecione Interno e em Tipo escolha o ícone em que aparece um círculo. Abra o menu de Preenchimento e selecione Preenchimento Sólido, escolha a cor de sua preferência

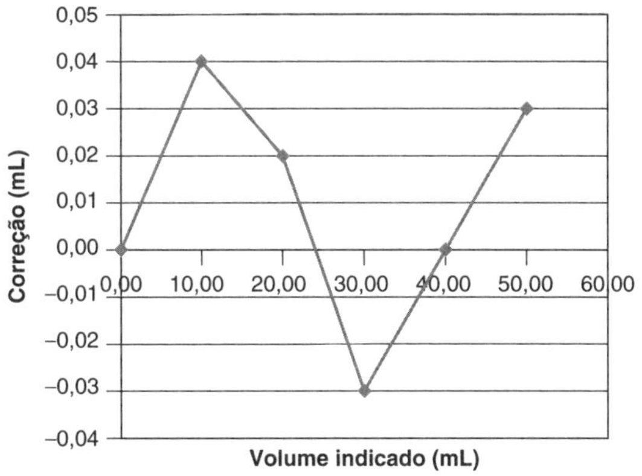

FIGURA 2.25 Aparência inicial do gráfico antes das formatações.

para o interior do marcador. Em Borda, selecione Linha Sólida e a cor de contorno do marcador. Retorne à parte superior da janela e vá em Linha. Selecione Linha Sólida e escolha Cor, Largura e Tipo de Traço para criar uma linha de largura igual a 2,25 pontos (pt).

Para formatar a abscissa (eixo x), clique com o botão direito em um dos números do eixo para selecionar todo o eixo, selecione Formatar Eixo e em Mínimo e Máximo escreva, respectivamente, 0 e 50. Para unidade Principal e Secundária, escreva 5 e 1, respectivamente. Clique em Número, em Categoria selecione Número, em Casas decimais opte por 0 e, então, feche essa janela. Para adicionar linhas de grade, vá em Design do Gráfico, selecione Adicionar Elemento de Gráfico, escolha Linhas de Grade e selecione Vertical Principal. Dê um clique com o botão direito do mouse na linha de grade no gráfico e selecione Formatar Linhas de Grade. Para Linha, escolha Sólida, Cor Preto e Largura 0,75 pt. Vá novamente em Adicionar Elemento de Gráfico, em seguida Linhas de Grade, e selecione Vertical Secundária. Clique nela com o botão direito do mouse e formate da mesma maneira que a linha de grade principal.

Para mover a escala da abscissa do meio do gráfico para a parte inferior, clique com o botão direito do mouse em um número qualquer do eixo da ordenada (eixo y) e selecione Formatar Eixo. Na janela de formatação, em Opções de Eixo, vá em "Eixo horizontal cruza em", selecione Valor do eixo e escreva "–0,04". Clique no gráfico e os rótulos da abscissa se moverão do interior do gráfico para a parte inferior. Para adicionar as linhas de grade horizontais, clique com o botão direito do mouse em um número do eixo y e selecione Formatar Linhas de Grade Principais. Na janela de formatação, para linha selecione Sólida, Cor Preto e Largura 0,75 pt. Você também pode desenhar uma linha horizontal em $y = 0$ usando Inserir, Ilustrações, Formas e Linha. Desenhe a linha com o mouse, clique nela com o botão direito do mouse e vá em Formatar Forma. Para Linha escolha Sólida, Cor Preto e Largura 1,5 pt. Agora o seu gráfico está parecido com o da Figura 2.23, sem a linha tracejada em 29,43 mL. Em Inserir Formas, você pode desenhar uma linha ou inserir uma caixa de texto, mover para um local desejado no gráfico e formatar.

Termos Importantes

Termos que são apresentados em **negrito** no capítulo e que são definidos também no Glossário.

absorção	calibração	higroscópico	paralaxe
adsorção	dessecador	incerteza relativa	pipeta
água-mãe	dessecante	lama	química verde
balão volumétrico	diluição em série	lavagem ácida	tara
bureta	empuxo	menisco	titulante
calcinação	filtrado	papel de filtro sem cinzas	

Resumo

Segurança exige que se pense antes no que se vai fazer e que se leve em consideração os perigos de cada operação antes de executá-la. Não conduza um procedimento até que medidas de segurança adequadas sejam tomadas. Saiba como utilizar os equipamentos de segurança, como óculos de proteção, capela, guarda-pó, luvas, chuveiro de emergência, lavador de olhos e extintores de incêndio. Os produtos químicos devem ser estocados e usados de maneira a minimizar o contato com as pessoas. Procedimentos de descarte que sejam ambientalmente aceitáveis deverão ser estabelecidos antes de se utilizar qualquer produto químico. Seu caderno de laboratório registra o que você fez e o que observou; ele deve ser compreensível para outras pessoas. Ele também deve permitir que você repita, no futuro, um experimento da mesma maneira.

Você deverá entender os princípios de operação de uma balança eletrônica e tratá-la como um equipamento sensível. A correção do empuxo é necessária para trabalhos exatos. As buretas deverão ser lidas de forma reprodutível e esvaziadas lentamente para melhores resultados. Sempre interpole entre as marcas de leitura para ter a exatidão de mais uma casa decimal além das graduações. Balões volumétricos são usados para preparar soluções com volume conhecido. Pipetas aferidas (volumétricas) transferem volumes fixos. As pipetas graduadas, menos exatas, transferem volumes variáveis. Quanto maior a vidraria volumétrica, menor é a sua incerteza relativa. Você deve compreender como projetar uma série de diluições para preparar uma solução menos concentrada a partir de uma mais concentrada por meio de pipetas aferidas e balões volumétricos. Não se deixe iludir com os resultados de um lindo visor digital em uma micropipeta. A não ser que a sua micropipeta tenha sido calibrada recentemente, e que a sua técnica de manipulação seja confiável, as micropipetas podem apresentar erros grosseiros. Filtração e coleta de precipitados necessitam de uma técnica cuidadosa, bem como a secagem de reagentes, precipitados e vidrarias em estufas e dessecadores. A vidraria volumétrica deve ser calibrada pesando-se a água contida ou transferida pelo instrumento. Em trabalhos mais cuidadosos, a concentração das soluções e os volumes dos recipientes deverão ser corrigidos para variações de temperatura.

Se você planeja usar planilhas eletrônicas ao longo deste livro, deverá saber como entrar com as fórmulas e documentar uma planilha, assim como desenhar um gráfico com os dados da planilha.

Exercícios

2.A. Qual é a massa real da água, se a massa medida na atmosfera é 5,397 4 g? Quando você procurar a massa específica da água, admita que a temperatura é (**a**) 15 °C e (**b**) 25 °C. Considere a massa específica do ar como 0,001 2 g/mL e a massa específica dos pesos da balança como 8,0 g/mL.

2.B. Uma amostra de óxido férrico (Fe_2O_3, massa específica = 5,24 g/mL), obtida da calcinação de um precipitado gravimétrico, pesou 0,296 1 g na atmosfera. Qual a sua massa real no vácuo?

2.C. Uma solução de permanganato de potássio ($KMnO_4$) foi determinada por titulação como igual a 0,051 38 M, a 24 °C. Qual a molaridade da solução quando a temperatura do laboratório cair para 16 °C?

2.D. Uma solução-estoque contém 51,38 mmol de $KMnO_4$/L. Como você pode usar as pipetas na Tabela 2.4 e balões volumétricos de 100 ou 250 mL para obter, aproximadamente, 1, 2, 3 e 4 mmol de $KMnO_4$/L? Quais serão as concentrações exatas dessas soluções?

2.E. Água foi transferida de uma bureta entre as marcas de 0,12 e 15,78 mL. O volume aparente transferido foi 15,78 − 0,12 = 15,66 mL. Medindo-se no ar, à temperatura de 22 °C, a massa da água transferida foi de 15,569 g. Qual o verdadeiro volume da água transferida?

2.F. Reproduza a planilha na Figura 2.24 e o gráfico da Figura 2.23. Se esta é a sua primeira experiência em traçar gráficos usando o Excel, este exercício não será feito rapidamente.

Problemas

Segurança e Caderno de Laboratório

2.1. (**a**) Qual é a regra básica de segurança e qual é a sua responsabilidade em aplicá-la no seu trabalho?
(**b**) Após ter sido instruído acerca das regras e dos procedimentos de segurança em seu laboratório, faça uma listagem de todos eles.

2.2. Que classe de líquidos pode penetrar facilmente por meio de luvas de borracha e entrar em contato com sua pele? Por que luvas de borracha protegem você do ácido clorídrico concentrado?

2.3. Para o procedimento de descarte de substâncias químicas, por que o dicromato é convertido em $Cr(OH)_3(s)$?

2.4. O que significa o termo "química verde"?

2.5. Dê três atributos essenciais de um caderno de laboratório.

Balança Analítica

2.6. Explique os princípios de operação de uma balança eletrônica.

2.7. Explique por que a correção do empuxo é igual a 1 na Figura 2.6 quando a massa específica do objeto pesado é 8,0 g/mL.

2.8. O pentano (C_5H_{12}) é um líquido com massa específica igual a 0,626 g/mL, nas vizinhanças de 25 °C. Determine a massa real do pentano quando a massa pesada ao ar é 14,82 g. Admita que a massa específica do ar é 0,001 2 g/mL.

2.9. Apresentam-se a seguir as massas específicas (em g/mL) de várias substâncias: ácido acético, 1,05; CCl_4, 1,59; enxofre, 2,07; lítio, 0,53; mercúrio, 13,5; PbO_2, 9,4; chumbo, 11,4; irídio, 22,5. Utilizando a Figura 2.6, faça a previsão de qual substância terá a menor porcentagem de correção de empuxo e qual terá a maior.

2.10. O hidrogenoftalato de potássio é um padrão primário usado para medir a concentração de soluções de NaOH. Determine a massa real de hidrogenoftalato de potássio (massa específica = 1,636 g/mL) se a massa aparente pesada no ar for 4,236 6 g. Se você não corrigir a massa para o empuxo, a molaridade calculada para o NaOH será maior ou menor? De que porcentagem?

2.11. Levando em consideração o empuxo, que massa aparente de CsCl (massa específica = 3,988 g/mL) no ar deve ser pesada para obter uma massa real de 1,267 g?

2.12. (**a**) Use a lei do gás ideal (Problema 1.17) para calcular a massa específica (g/mL) do hélio, a 20 °C e 1,00 bar.

(**b**) Determine a massa real de sódio metálico (massa específica = 0,97 g/mL) pesado em uma câmara seca com atmosfera de hélio, se a massa aparente foi de 0,823 g.

(**c**) A partir da Figura 2.6, estime a correção do empuxo se você tivesse pesado o sódio no ar, e encontre sua massa aparente no ar.

2.13. (**a**) A pressão de vapor da água a 20 °C em equilíbrio é 2 330 Pa. Qual é a pressão de vapor da água no ar, a 20 °C, se a umidade relativa é de 42%? (*Umidade relativa* é a porcentagem da pressão de vapor da água, em equilíbrio, presente no ar.)

(**b**) Use a nota 13 do Capítulo 2, existente no Ambiente de aprendizagem do GEN, para determinar a massa específica do ar (g/mL, não g/L) sob as mesmas condições descritas no item (**a**) quando a pressão barométrica for 94,0 kPa.

(**c**) Qual é a massa real de água no item (**b**) se a massa no ar for 1,000 0 g?

2.14. (**a**) *Efeito da altitude na balança eletrônica.* Se um objeto pesa m_a gramas a uma distância r_a do centro da Terra, ele pesará

$m_b = m_a(r_a^2/r_b^2)$ quando atingir a distância r_b. Um objeto pesa 100,000 0 g no primeiro andar de um edifício com r_a = 6 370 km. Quanto pesará no décimo andar, que é 30 metros mais alto?

(**b**) Se você apertar o botão "calibrar" da balança eletrônica no 10º andar antes de pesar o objeto, a massa observada será 100,000 0 g. Por quê?

2.15. *Microbalança de cristal de quartzo.* A área dos eletrodos de ouro na microbalança de cristal de quartzo apresentada na abertura do Capítulo 2 é de 3,3 mm^2. Um eletrodo de ouro é recoberto com DNA com uma densidade superficial de 1,2 $pmol/cm^2$.

(**a**) Que massa do nucleotídeo citosina (C) se liga à superfície do eletrodo quando cada DNA ligado é alongado de uma unidade de C? A massa fórmula do nucleotídeo ligado é citosina + desoxirribose + fosfato = $C_9H_{10}N_3O_6P$ = 287,2 g/mol.

(**b**) O deslocamento medido da frequência de oscilação no cristal de quartzo para a ligação do DNA ao eletrodo de ouro foi de –10 Hz para cada ng/cm^2 ligado ao eletrodo. Calcule quantos ng de citosina por centímetro quadrado de área do eletrodo são ligados quando a variação de frequência observada for de –4,4 Hz. Essa variação de frequência é consistente com o prolongamento do DNA de uma unidade de C?

2.16. *Flutuabilidade e capacidade de carga de um barco.* Meu neto Arthur e eu viajamos para a Antártida em um navio de cruzeiro. Houve um concurso em que os passageiros deveriam construir um barco com materiais encontrados no navio. O barco seria julgado por sua aparência e sua capacidade de carga na água. Sem recursos artísticos, decidimos fazer um barco que fosse capaz de suportar uma grande carga. Arthur colecionou garrafas de cerveja de alumínio vazias por duas semanas. Selamos as aberturas das garrafas com fita adesiva e amarramos as garrafas com fita adesiva para fazer uma balsa.

Nosso barco foi feito de ~250 garrafas de alumínio com massa estimada de 5 kg e volume estimado dentro das garrafas de 85 L. Um barco flutuará até que sua massa específica atinja a da água, 1 kg/L. Calcule a massa que poderia ter sido colocada no barco (a carga útil) antes que ele afundasse. Eu peso ~70 kg. O barco teria me carregado? No evento, um barco artístico foi considerado o vencedor.

Vidraria e Expansão Térmica

2.17. O que os símbolos "TD" e "TC" significam em vidraria volumétrica?

2.18. Descreva o procedimento para preparar 250,0 mL de K_2SO_4 0,150 0 M com um balão volumétrico.

2.19. Quando é preferível usar um balão volumétrico de plástico em vez de um balão volumétrico de vidro?

2.20. (**a**) Descreva o procedimento para transferir 5,00 mL de um líquido usando uma pipeta aferida.

(**b**) Qual é mais exata, uma pipeta aferida ou uma pipeta graduada?

2.21. (**a**) Descreva o procedimento para transferir 50,0 μL de um líquido por meio de uma micropipeta ajustável de 100 μL.

(**b**) O que você faria de diferente com relação ao item (**a**) caso aparecesse espuma no líquido?

2.22. Qual é o propósito da armadilha na Figura 2.17? E do vidro de relógio na Figura 2.20?

2.23. Qual é o agente dessecante mais eficiente, drierita ou pentóxido de fósforo?

2.24. (**a**) Qual é a massa do padrão primário ácido benzoico (MF 122,12, massa específica = 1,27 g/mL) que deve ser pesada para obter uma solução aquosa 100,0 mM em um volume de 250 mL?

(**b**) Qual é a massa aparente no ar que fornecerá a massa verdadeira em (**a**)?

(**c**) *Diluições em série.* Você dispõe de pipetas aferidas de 5 e 10 mL e balões volumétricos de 100, 250, 500 e 1 000 mL. Proponha uma série de diluições que produzirá uma solução de ácido benzoico 50,0 μM.

2.25. Um balão volumétrico de 10 mL vazio pesou 10,263 4 g. Quando está cheio com água destilada, até a marca de aferição, e é pesado novamente no ar a 20 °C, a massa é 20,214 4 g. Qual é o volume real do balão a 20 °C?

2.26. Qual a porcentagem da expansão de uma solução aquosa diluída quando aquecida de 15 até 25 °C? Se uma solução 0,500 0 M é preparada a 15 °C, qual será a sua molaridade a 25 °C?

2.27. O volume real de um balão volumétrico de 50 mL é 50,037 mL, a 20 °C. Que massa de água poderá estar contida no balão, a 20 °C, medida (**a**) no vácuo e (**b**) no ar?

2.28. Você precisa preparar 500,0 mL de KNO_3 1,000 M, a 20 °C. Porém, a temperatura do laboratório (e da água) é de 24 °C no momento do preparo da solução. Quantos gramas do KNO_3 sólido (massa específica = 2,109 g/mL) devem ser dissolvidos no volume de 500,0 mL, a 24 °C, para que a concentração seja de 1,000 M, a 20 °C? Que massa aparente de KNO_3 pesada no ar é necessária?

2.29. *Precisão de uma série de diluições.* Para realizar uma diluição 1/100 de uma solução, qual dos procedimentos a seguir fornece a maior precisão: (i) transferir 1 mL com uma pipeta para balão volumétrico de 100 mL ou (ii) transferir 10 mL com uma pipeta para balão volumétrico de 1 L? Como você pode melhorar a exatidão de cada um desses procedimentos?

2.30. Um modelo simples para a fração de micropipetas que funcionam dentro das especificações após o tempo t é

$$\text{Fração dentro das especificações} = e^{-t(\ln 2)/t_m}$$

em que t_m é o tempo médio entre as falhas (o tempo em que a fração das pipetas que está dentro das especificações é reduzida a 50%). Suponha que t_m = 2,00 anos.

(**a**) Mostre que a equação prevê que o tempo em que 50% das micropipetas ainda permanecem dentro das especificações é de 2 anos se t_m = 2,00 anos.

(**b**) Encontre o tempo t em que as pipetas devem ser recalibradas (e reparadas, se necessário) de modo que 95% das pipetas operem dentro das especificações.

2.31. O vidro é uma notória fonte de contaminação de metais. Três recipientes de vidro foram triturados e peneirados até o tamanho de grão de 1 mm.[29] Para descobrir quanto Al^{3+} poderia ser extraído, agitou-se 200 mL de uma solução 0,05 M do agente complexante de metais EDTA com 0,50 g de partículas de vidro de ~1 mm em um frasco de polietileno. Após 2 meses, o teor de Al na solução era de 5,2 μM. O teor total de Al do vidro foi medido mediante a dissolução completa de uma amostra do vidro em HF 48% m/m e aquecimento em forno de micro-ondas. O teor medido foi de 0,80% m/m. Que fração de Al foi extraída do vidro pelo EDTA?

2.32. (**a**) Prepare uma planilha semelhante à da Figura 2.22 para determinar a massa real no vácuo de 100,00 g dos seguintes materiais medidos no ar (material, massa específica [g/mL]): (lítio, 0,53 g/mL), (ácido acético, 1,05), ("tris", 1,33), (CCl_4, 1,59), (S, 2,07), ($AgNO_3$, 4,45), (PbO_2, 9,4), (Hg, 13,5), (Pb, 11,4), (Ir, 22,5).

(b) Use sua planilha para fazer um gráfico do fator de correção (massa no vácuo/massa no ar) em função da massa específica. O tipo de gráfico que você quer é um Gráfico de Dispersão com Linhas Retas e Marcadores. O ícone mostra pontos e linhas suaves. Rotule os dois eixos "Fator de correção" e "Massa específica (g/mL)". Insira rótulos de texto para Li, PbO_2 e Hg no gráfico.

Procedimento-padrão: Calibração de uma Bureta de 50 mL

Este procedimento explica como se pode construir um gráfico, como o da Figura 2.23, para converter o volume medido transferido por uma bureta para o volume real transferido, a 20 °C.

0. Determine a temperatura no laboratório. A água destilada para este experimento deve estar à temperatura do laboratório.

1. Encha a bureta com água destilada e retire todas as bolhas de ar. Verifique se a água escoa pela bureta sem deixar gotas aderidas sobre as paredes. Caso isso não ocorra, limpe a bureta com água e detergente ou deixe-a mergulhada em uma solução de limpeza.[15] Ajuste o menisco para que ele esteja no intervalo entre 0 e 0,3 mL. Encoste a ponta da bureta na lateral de um béquer para remover a gota de água que fica suspensa na ponta da bureta. Deixe a bureta descansar por 5 minutos, enquanto se pesa um frasco de 125 mL, que tenha uma rolha de borracha. (Deve-se segurar este frasco com papel e não com as mãos para evitar variações de massa em razão de resíduos que ficam no vidro a partir de impressões digitais.) Se o nível do líquido na bureta variou, aperte a torneira e repita o procedimento anterior. Anote o nível do líquido.

2. Transfira, aproximadamente, 10 mL de água, com uma velocidade < 20 mL/min para o frasco de 125 mL que foi previamente pesado, e feche-o bem para evitar evaporação. Depois de transferir a água, espere cerca de 30 segundos para fazer a leitura da bureta, de modo a permitir que o filme de líquido nas paredes escoe. Estime todas as leituras o mais próximo possível de 0,01 mL. Pese o frasco novamente para determinar a massa de água transferida pela bureta.

3. Agora, transfira o volume de água entre as marcas de 10 a 20 mL e meça a massa de água transferida. Repita este procedimento para os níveis de 30, 40 e 50 mL. Repita então, novamente, todo o procedimento (10, 20, 30, 40 e 50 mL).

4. Use a Tabela 2.7 para converter a massa de água em volume transferido. Compare os dois conjuntos de medida. Quando a diferença for maior do que 0,04 mL, é necessário que se repita todo o procedimento. Prepare uma curva de calibração como a da Figura 2.23, mostrando o fator de correção a cada intervalo de 10 mL.

Qual o significado desta correção? Admita que os resultados da Figura 2.23 se aplicam à sua bureta. Se a titulação começa em 0,04 mL e termina em 29,00 mL, foram transferidos 28,96 mL se a bureta estiver perfeita. A Figura 2.23 indica que a bureta transfere 0,03 mL a menos do que é indicado; logo, somente 28,93 mL foram realmente transferidos. Para utilizar a curva de calibração, todas as titulações devem começar o mais próximo possível de 0,00 mL ou as leituras, inicial e final, devem ser corrigidas. Sempre que essa bureta for utilizada, as leituras devem ser corrigidas pela curva de calibração da bureta.

EXEMPLO Calibração de Bureta

Quando se transfere líquido de uma bureta, a 24 °C, observam-se os seguintes valores:

Leitura final	10,01	10,08 mL
Leitura inicial	0,03	0,04
Diferença	9,98	10,04 mL
Massa	9,984	10,056 g
Volume real transferido	10,02	10,09 mL
Correção	+0,04	+0,05 mL
Concentração média	+0,045 mL	

Para calcular o volume real transferido quando 9,984 g de água são transferidos, a 24 °C, observe a coluna da Tabela 2.7 intitulada "Corrigida para 20 °C". Na linha para 24 °C, você encontrará que 1,000 0 g de água ocupa 1,003 7 mL. Portanto, 9,984 g ocupam (9,984 g) × (1,003 7 mL/g) = 10,02 mL. A correção média para os dois conjuntos de dados é de +0,045 mL.

Para obter fatores de correção para volumes maiores do que 10 mL, adicione as massas sucessivas de água que são coletadas no frasco. Admita que as seguintes massas foram medidas:

Intervalo de volume (mL)	Massa transferida (g)
0,03 – 10,01	9,984
10,01 – 19,90	9,835
19,90 – 30,06	10,071
Soma 30,03 mL	29,890 g

O volume total de água transferida é (29,890 g)(1,003 7 mL/g) = 30,00 mL. Como o volume indicado pela bureta é de 30,03 mL, a correção da bureta em 30 mL é –0,03 mL.

3 Erro Experimental

ERROS IMPORTAM

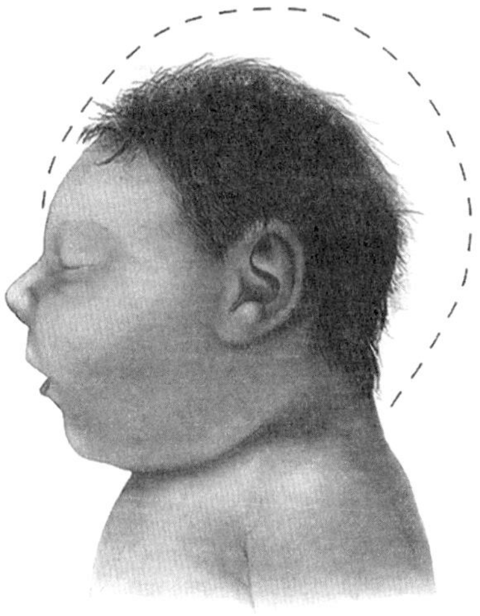

(a) Microcefalia. [Centros de Controle e Prevenção de Doenças. https://picryl.com/media/microcephaly-comparison-500px-b5c7c1]

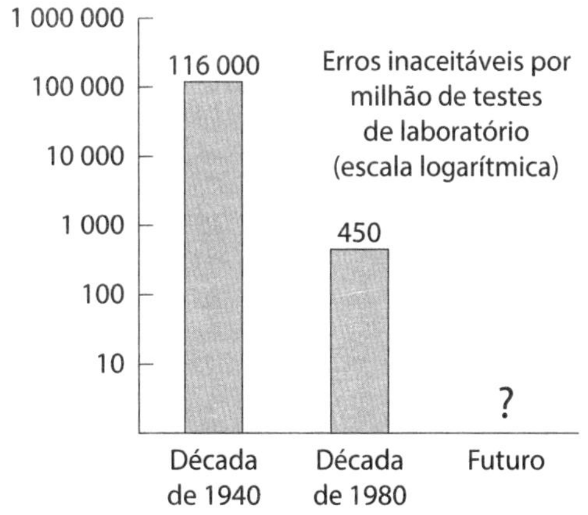

(b) Diminuição do erro analítico ao longo do tempo. [Dados de M. Plebani, "Quality in Medicine: 50 Years On," *Clin. Biochem.* **2017**, *50*, 101.]

A epidemia de Zika explodiu em todo o mundo em meados da década de 2010. Os sintomas desse vírus transmitido por mosquito são geralmente leves, mas a infecção durante a gravidez pode causar microcefalia – uma cabeça anormalmente pequena associada ao desenvolvimento incompleto do cérebro – em alguns bebês. Os Centros de Controle e Prevenção de Doenças (nos Estados Unidos) recomendam que as mulheres grávidas que viajaram ou viveram em uma área com Zika sejam testadas para verificar a presença do vírus.

No laboratório em Washington DC, testando amostras de sangue para Zika, o recente diretor do laboratório, Dr. Anthony Tran, estava revisando os exames laboratoriais dos últimos seis meses quando descobriu que "algo estava tremendamente errado".[1] Todos os 409 testes de Zika foram negativos, o que não era esperado para tantos indivíduos em risco. Dr. Tran investigou e descobriu que os técnicos achavam que estavam trabalhando com um reagente concentrado que precisava ser diluído. Na verdade, o reagente já estava diluído e eles estavam diluindo ainda mais; tanto que ele não respondia ao Zika. Infelizmente, o novo teste identificou mulheres grávidas que tinham o vírus Zika.

Mais de 13 bilhões de testes clínicos são realizados a cada ano nos Estados Unidos. Alguns dos resultados estarão errados. Analistas atentos e observadores como o Dr. Tran estão ficando cada vez melhores em identificar e corrigir erros. A frequência de análises inaceitáveis no futuro depende da nossa capacidade em reconhecer e prevenir erros e de tomar decisões inteligentes apesar da incerteza. O erro experimental é o tópico dos próximos três capítulos, que ajudarão a desenvolver a inestimável *mentalidade analítica* apresentada pelo Dr. Tran.

Sempre existe algum erro associado a todas as medidas experimentais. Não é possível medir-se o valor "real" do que quer que seja. O melhor que se pode fazer em uma análise química é aplicar cuidadosamente a técnica que a experiência nos indica como a mais confiável. A repetição de um método de medida várias vezes nos indica a reprodutibilidade (*precisão*) da medição. Quando uma mesma grandeza é medida por métodos diferentes e os resultados obtidos concordam entre si, temos confiança de que esses resultados são *exatos*, o que significa que estamos próximos do valor "real".

Adequação ao propósito: uma medição analítica pode responder à questão colocada?

Será que nosso resultado analítico pode nos dizer se alguém está doente ou está bem de saúde, ou se uma pílula contém a quantidade de um medicamento declarada na bula? A **adequação ao propósito** de uma análise é o grau com que os dados produzidos pela medição nos permitem tirar conclusões corretas. Se uma análise vai poder responder às nossas perguntas depende tanto da veracidade da análise quanto de sua reprodutibilidade. Este capítulo apresenta como expressamos incerteza, tipos de incerteza e propagação de incerteza; e começa a discussão sobre como minimizar as incertezas em seus resultados analíticos.

3.1 Algarismos Significativos

Algarismos significativos: número mínimo de algarismos necessários para expressar um valor em notação científica sem perda de precisão.

O número de **algarismos significativos** é o número mínimo de algarismos necessários para escrever determinado valor em notação científica sem a perda de precisão. O número 142,7 tem quatro algarismos significativos, pois pode ser escrito como $1{,}427 \times 10^2$. Se escrevermos $1{,}427\,0 \times 10^2$, subentende-se que é conhecido o valor do dígito após o 7, o que não é o caso para o número 142,7. O número $1{,}427\,0 \times 10^2$ tem, portanto, cinco algarismos significativos.

O número $6{,}302 \times 10^{-6}$ possui quatro algarismos significativos, pois todos eles são necessários. Podemos escrever o mesmo número como 0,000 006 302, que também possui *quatro* algarismos significativos. Os zeros à esquerda do algarismo 6 são utilizados somente para mostrar o número correto de casas decimais. O número 92 500 é ambíguo com relação ao número de algarismos significativos. Ele pode ser representado por uma das seguintes formas:

$\mathbf{9{,}25} \times 10^4$	**3** algarismos significativos
$\mathbf{9{,}250} \times 10^4$	**4** algarismos significativos
$\mathbf{9{,}250\ 0} \times 10^4$	**5** algarismos significativos

É preferível escrever qualquer um dos três números anteriores, em vez de 92 500, para indicar quantos algarismos são realmente conhecidos.

Os zeros significativos estão representados em **negrito**, com a incerteza mínima abaixo de cada número:

1**0**6	0,01**0** 6	0,1**0**6	0,1**0**6 **0**
±1	±0,000 1	±0,001	±0,000 1

O algarismo zero é significativo quando se encontra (1) no meio de um número ou (2) no fim de um número, do lado direito da vírgula decimal. O último algarismo significativo (aquele mais à direita) em uma quantidade medida experimentalmente sempre possui alguma incerteza associada. A incerteza mínima é ±1 no último algarismo.

Ao ler a escala de qualquer instrumento, tente estimar o décimo mais próximo da distância entre as duas marcas. Assim, na bureta de 50 mL na Figura 2.7, que está graduada a cada 0,1 mL, lemos a posição do nível do líquido o mais próximo possível de 0,01 mL. Ao utilizar uma régua graduada em milímetros, estime a distância o mais próximo possível de 0,1 mm.

Interpolação: estime todas as leituras o mais próximo possível do décimo da distância entre as divisões da escala.

Em qualquer quantidade *medida* existe uma incerteza, mesmo que o instrumento de medida tenha um mostrador digital que não flutua. Quando um medidor de pH digital indica um pH de 3,51, há uma incerteza no algarismo 1 (e, possivelmente, também no algarismo 5). Entretanto, números inteiros são exatos. Para calcular a altura média de quatro pessoas, devemos dividir a soma das alturas (que é uma quantidade medida com alguma incerteza) pelo número inteiro 4. São exatamente 4 pessoas e não 4,000 ± 0,002 pessoas!

3.2 Algarismos Significativos na Aritmética

Vamos considerar agora quantos algarismos devem existir em uma resposta após serem executadas operações aritméticas com seus dados. O arredondamento deve ser feito somente na *resposta final* (não nos resultados parciais), a fim de se evitar a acumulação de erros de arredondamento. Os algarismos adicionais em subscrito durante os cálculos servem para lembrar que eles não são significativos. Mantenha todos os algarismos dos resultados parciais em sua calculadora ou planilha.

Adição e Subtração

Se os números a ser somados ou subtraídos tiverem o mesmo número de algarismos, a resposta deve ter o mesmo *número de casas decimais* que os números envolvidos na operação:

$$\begin{array}{r} 1{,}362 \times 10^{-4} \\ +\ 3{,}111 \times 10^{-4} \\ \hline 4{,}473 \times 10^{-4} \end{array}$$

O número de algarismos significativos na resposta pode ser maior ou menor do que o existente nos dados originais.

$$\begin{array}{r} 5{,}345 \\ +\ 6{,}728 \\ \hline 12{,}073 \end{array} \qquad \begin{array}{r} 7{,}26 \times 10^{14} \\ -\ 6{,}69 \times 10^{14} \\ \hline 0{,}57 \times 10^{14} \end{array}$$

Se os números a serem somados não possuírem o mesmo número de algarismos significativos, a resposta estará limitada pelo número que tem o menor número de algarismos significativos. Por exemplo, no cálculo da massa molecular do KrF_2, a resposta é conhecida somente até a terceira casa decimal, pois a massa atômica do Kr conhecida contém apenas três casas decimais:

A tabela periódica no início deste livro fornece a incerteza do último algarismo da massa atômica:

F: 18,998 403 16**3** ± 0,000 000 00**6**
Kr: 83,79**8** ±0,00**2**

$$\begin{array}{rl} 18{,}998\,403\,163 & \text{(F)} \\ +\,18{,}998\,403\,163 & \text{(F)} \\ +\,83{,}79\mathbf{8} & \text{(Kr)} \\ \hline 121{,}79\mathbf{4}\underbrace{{}_{806\,326}}_{\text{Não significativos}} & \end{array}$$

Os algarismos adicionais em subscrito ao longo dos cálculos servem para lembrar que eles não são significativos.

O número $121{,}79\mathbf{4}_{806\,326}$ deve ser arredondado para 121,79**5** na resposta final.

Quando se arredonda um número, deve-se observar *todos* os algarismos *além* da última casa decimal desejada. Na massa molecular do KrF_2, os algarismos 806 326 se situam além da última casa decimal significativa. Em razão de esse número ser maior do que a metade do intervalo até o último algarismo significativo, deve-se arredondar o algarismo 4 para 5 (isto é, arredondamos para cima e obtemos o número 121,795 em vez de arredondarmos para baixo e obtermos o número 121,794). Se os algarismos não significativos forem menores do que a metade do intervalo, devemos arredondar para baixo. Por exemplo, o número $121{,}794_3$ é arredondado para 121,794.

Regras para o arredondamento de números.

Existe uma situação especial, que é quando os algarismos não significativos são exatamente iguais à metade do intervalo. Neste caso, arredondamos para o algarismo par mais próximo. Assim, o número $43{,}5_5$ é arredondado para 43,6, se considerarmos apenas três algarismos significativos. Se mantivermos apenas três algarismos significativos no número $1{,}42_5 \times 10^{-9}$, ele fica $1{,}42 \times 10^{-9}$. O número $1{,}42_{501} \times 10^{-9}$ é arredondado para $1{,}43 \times 10^{-9}$, pois 501 é maior do que o intervalo para o próximo algarismo. A razão pela qual arredondamos para um algarismo par é evitar o aumento ou a diminuição sistemática dos resultados em função de erros sucessivos de arredondamento. A metade dos arredondamentos será para cima e a outra metade para baixo.

Em adições ou subtrações de números expressos em notação científica, todos os números devem primeiro ser convertidos ao mesmo expoente:

Adição e subtração: expresse todos os números com o mesmo expoente e alinhe todos os números com relação à vírgula decimal.
A resposta deve ser arredondada de acordo com o número que tenha o menor número de casas decimais.

$$\begin{array}{r} 1{,}632\times10^{5} \\ +\ 4{,}107\times10^{3} \\ +\ 0{,}984\times10^{6} \\ \hline \end{array} \quad \rightarrow \quad \begin{array}{rl} 1{,}632 & \times10^{5} \\ +\ 0{,}041\,07 & \times10^{5} \\ +\ 9{,}8\mathbf{4} & \times10^{5} \\ \hline 11{,}5\mathbf{1} & \times10^{5} \end{array}$$

A soma $11{,}5\mathbf{1}_{307} \times 10^5$ é arredondada para $11{,}5\mathbf{1} \times 10^5$ porque o número $9{,}8\mathbf{4} \times 10^5$ está limitado a duas casas decimais quando todos os números estão expressos em múltiplos de 10^5.

Multiplicação e Divisão

Na multiplicação e divisão, estamos limitados normalmente ao número de algarismos contidos no número com menos algarismos significativos.

Multiplicação e divisão: a resposta é limitada ao número de algarismos contidos no número com menos algarismos significativos.

$$\begin{array}{r} 3{,}26\times10^{-5} \\ \times\ 1{,}78 \phantom{\times10^{-5}} \\ \hline 5{,}80\times10^{-5} \end{array} \qquad \begin{array}{rl} 4{,}317\,9 & \times10^{12} \\ \times\ \mathbf{3{,}6} & \times10^{-19} \\ \hline \mathbf{1{,}6} & \times10^{-6} \end{array} \qquad \begin{array}{r} \mathbf{34{,}60} \\ \div\ 2{,}462\,87 \\ \hline \mathbf{14{,}05} \end{array}$$

A potência de 10 não influencia o número de algarismos significativos que devem ser mantidos. A seção que trata da regra real para algarismos significativos, mostrada adiante, explica por que é razoável manter um algarismo adicional quando o primeiro algarismo da resposta é 1. O produto da operação central vista anteriormente pode ser expresso como $1{,}55 \times 10^{-6}$ em vez de $1{,}6 \times 10^{-6}$ para evitar a perda de parte da precisão do fator 3,6 na multiplicação.

Logaritmos e Antilogaritmos

Se $n = 10^a$, então dizemos que a é o **logaritmo** na base 10 de n:

Logaritmo de n: $$n = 10^a \text{ significa que } \log n = a \qquad \textbf{(3.1)}$$

Por exemplo, 2 é o logaritmo de 100 porque $100 = 10^2$. O logaritmo de 0,001 é −3 porque $0{,}001 = 10^{-3}$. A maioria das calculadoras contém a tecla *log* para encontrar o logaritmo de um número.

$$10^{-3} = \frac{1}{10^3} = \frac{1}{1\,000} = 0{,}001$$

Na Equação 3.1, o número n é o **antilogaritmo** de a. Isto é, o antilogaritmo de 2 é 100 porque $10^2 = 100$, e o antilogaritmo de −3 é 0,001 porque $10^{-3} = 0{,}001$. Sua calculadora provavelmente possui uma tecla 10^x ou uma tecla *antilog* para determinar o antilogaritmo de um número.

O número de algarismos na **mantissa** de log x = número de algarismos significativos em x:

$$\log(\underbrace{5{,}403}_{\text{4 algarismos}} \times 10^{-8}) = -7{,}\underbrace{267\,4}_{\text{4 algarismos}}$$

Um logaritmo é composto de uma **característica** e uma **mantissa**. A característica é a parte inteira e a mantissa, a parte decimal:

$$\log 339 = \underbrace{2}_{\substack{\text{Característica} \\ =2}},\underbrace{530}_{\substack{\textbf{Mantissa} \\ =0,530}} \qquad \log 3{,}39\times10^{-5} = \underbrace{-4}_{\substack{\text{Característica} \\ =-4}},\underbrace{470}_{\substack{\textbf{Mantissa} \\ =0,470}}$$

O número 339 pode ser escrito como 3,39 × 10^2. *O número de algarismos na mantissa do log 339 deve ser igual ao número de algarismos significativos existentes em 339.* O logaritmo de 339 é corretamente expresso como 2,530. A *característica*, 2, corresponde ao expoente em 3,39 × 10^2.

Para verificar que a terceira casa decimal é a última casa significativa, considere os seguintes resultados:

$$10^{2,531} = 339,_6 = 34\mathbf{0}$$
$$10^{2,530} = 338,_8 = 33\mathbf{9}$$
$$10^{2,529} = 338,_1 = 33\mathbf{8}$$

O número de algarismos em antilog x (= 10^x) = número de algarismos significativos na **mantissa** de x:

$$10^{6,\underbrace{142}_{\text{3 algarismos}}} = \underbrace{1{,}39}_{\text{3 algarismos}} \times 10^6$$

A mudança do expoente na terceira casa decimal altera a resposta no último algarismo de 339.

Na conversão de um logaritmo em seu antilogaritmo, *o número de algarismos significativos no antilogaritmo deve ser igual ao número de algarismos existentes na mantissa.* Assim,

$$\text{antilog}(-3,\underbrace{42}_{\text{2 algarismos}}) = 10^{-3,\underbrace{42}_{\text{2 algarismos}}} = \underbrace{3{,}8}_{\text{2 algarismos}} \times 10^{-4}$$

Os exemplos seguintes mostram o uso apropriado de algarismos significativos:

$$\log 0{,}001\,\mathbf{237} = -2{,}\mathbf{907\,6} \qquad \text{antilog } 4{,}\mathbf{37} = \mathbf{2{,}3}\times10^4$$
$$\log \mathbf{1{,}237} = 3{,}\mathbf{092\,4} \qquad 10^{4,\mathbf{37}} = \mathbf{2{,}3}\times10^4$$
$$\log \mathbf{3{,}2} = 0{,}\mathbf{51} \qquad 10^{-2,\mathbf{600}} = \mathbf{2{,}51}\times10^{-3}$$

3.3 Tipos de Erro

Toda medida possui alguma incerteza. As conclusões podem ser expressas com um alto ou baixo grau de confiança, mas nunca com completa certeza. O *erro experimental* é a diferença entre o valor "verdadeiro" e o valor medido de uma quantidade. O erro experimental é classificado como *sistemático*, *aleatório* ou *grosseiro*.

O **erro sistemático** é um erro reprodutível que pode ser detectado e corrigido.

As maneiras para detectar um erro sistemático são:

1. Analise uma amostra conhecida (tal como um material padrão de referência Boxe 3.1) para ver se você obtém a resposta conhecida.
2. Utilize diferentes métodos analíticos para determinar a mesma quantidade. Se os resultados não concordarem dentro do erro aleatório estimado, existe um erro sistemático em um (ou mais) dos métodos.
3. Participe de **programas interlaboratoriais (*round robin*)** em que amostras idênticas são analisadas em diferentes laboratórios utilizando os mesmos ou diferentes métodos. Se os resultados não concordam dentro do erro aleatório esperado, existe um erro sistemático.
4. Análise uma amostra em "branco" que não contém o analito. Se você observar um resultado diferente de zero, o método responde a mais do que o pretendido por você.

Modos de corrigir erros sistemáticos:

1. Calibrar as vidrarias (Seção 2.9) e os instrumentos.
2. Usar adição padrão (Seção 5.3) ou padrão interno (Seção 5.4) para corrigir os efeitos de matriz.

Erro Sistemático

Um **erro sistemático**, também chamado **erro determinado**, advém de uma falha em um equipamento ou na concepção de um experimento. Se você realiza o mesmo experimento da mesma maneira todas as vezes, o erro é reprodutível. Em princípio, os erros sistemáticos podem ser descobertos e corrigidos, embora isso nem sempre seja fácil.

Por exemplo, um medidor de pH padronizado incorretamente produz um erro sistemático. Suponha que o pH do tampão utilizado para padronizar o medidor seja 7,00, mas que na realidade ele seja 7,08. Se o medidor está funcionando de maneira correta, todas as medidas de pH serão 0,08 unidade de pH menores. Quando se lê um pH de 5,60, o pH real da amostra é 5,68. Esse erro sistemático pode ser descoberto pelo uso de um segundo tampão de pH conhecido para testar o medidor.

Outro exemplo de erro sistemático envolve a utilização de uma bureta não calibrada. A tolerância do fabricante para uma bureta de 50 mL Classe A é de ±0,05 mL. Quando você pensa que o volume transferido é de 29,43 mL, o volume real pode ser qualquer valor entre 29,38 e 29,48 mL e ainda assim situar-se dentro do limite de tolerância. Uma maneira de corrigir um erro desse tipo é construir uma curva de calibração como a apresentada na Figura 2.23, por meio do procedimento mostrado ao fim do Capítulo 2 (*Procedimento-padrão: Calibração de uma Bureta de 50 mL*). Para fazer isso, transfira água destilada da bureta para um frasco e faça sua pesagem. Determina-se o volume da água a partir de sua massa por meio da Tabela 2.7. A Figura 2.23 nos indica a aplicação de um fator de correção de –0,03 mL para o valor medido de 29,43 mL. O volume real transferido é 29,43 – 0,03 = 29,40 mL.

Uma característica fundamental do erro sistemático é que ele é reprodutível. No caso da bureta que acabamos de discutir, quando a leitura da mesma é 29,43 mL, o erro é sempre –0,03 mL. O erro sistemático pode ser sempre positivo em algumas regiões e sempre negativo em outras. Com cuidado e habilidade, você pode detectá-lo e corrigi-lo.

Erro Aleatório

O **erro aleatório**, também chamado **erro indeterminado**, surge dos efeitos de variáveis que não estão controladas (e que talvez não possam ser controladas) nas medidas. A probabilidade

BOXE 3.1 Materiais de Referência Certificados

Medidas inexatas de um laboratório podem levar a erros médicos de diagnóstico e de tratamento, perda de tempo de produção, desperdício de energia e matérias-primas, produção fora das especificações em razão de produtos defeituosos. Laboratórios nacionais de padrões em todo o mundo distribuem **materiais de referência certificados** como metais, substâncias químicas, borrachas, plásticos, materiais de engenharia, substâncias radioativas e padrões ambientais e clínicos em matrizes comparáveis àquelas das amostras a serem analisadas. A finalidade de um material de referência certificado é testar a exatidão de procedimentos analíticos.[2] O Instituto Nacional de Padrões e Tecnologia dos Estados Unidos (NIST, do inglês National Institute of Standards and Technology) denomina seus materiais certificados como *Materiais Padrões de Referência*. A quantidade de analito em um material de referência é certificada – com um cuidado meticuloso – para se situar em determinada faixa.

Por exemplo, no tratamento de pacientes com epilepsia, os médicos dependem de testes de laboratório para medir concentrações de medicamentos anticonvulsivos no soro sanguíneo. Níveis muito baixos desses medicamentos levam a convulsões, enquanto níveis altos são tóxicos. Como testes de amostras idênticas de soro em diferentes laboratórios nos Estados Unidos estavam produzindo uma inaceitável larga faixa de resultados, o NIST desenvolveu um material de referência padrão contendo níveis conhecidos de medicamentos anticonvulsivos no soro. O material de referência permite agora que diferentes laboratórios detectem e corrijam erros em seus procedimentos de ensaio.

Antes da introdução desse material de referência, cinco laboratórios que analisaram amostras idênticas relataram uma série de resultados com erros relativos de 40 e 110% com relação ao valor esperado. Após a distribuição do material de referência, o erro foi reduzido a um valor entre 20 e 40%.

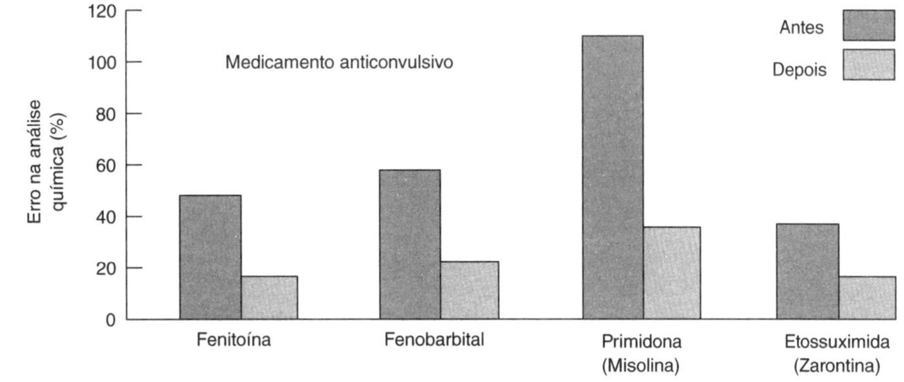

de o erro aleatório ser positivo ou negativo é a mesma. Ele está sempre presente e não pode ser corrigido. Existe um erro aleatório associado à leitura de uma escala. Pessoas diferentes lendo o volume em uma bureta registram um intervalo de valores que refletem as suas interpolações subjetivas entre as marcações da escala. Uma pessoa lendo a mesma bureta diversas vezes pode obter diversas leituras diferentes. Outro tipo de erro aleatório é àquele proveniente de ruído elétrico em um instrumento. Flutuações positivas e negativas ocorrem com frequências praticamente iguais e não podem ser completamente eliminadas. O aprimoramento da técnica pode reduzir erros aleatórios, mas erros aleatórios não podem ser completamente eliminados.

O **erro aleatório** não pode ser eliminado, mas pode ser diminuído em um experimento realizado de forma mais cuidadosa.

Erros aleatórios na leitura de uma bureta:

antes da instrução da classe:	±0,24 mL
depois da instrução da classe:	±0,05 mL
depois do domínio da técnica:	±0,01 mL

[Cortesia de E. Flaim, University of Alberta.]

Erros Grosseiros (*blunders*)

Os **erros grosseiros (*blunders*)** são casos extremos de erro aleatório ou sistemático, em virtude de desvios acidentais, mas significativos, do procedimento. Os erros podem incluir erros de cálculo; ultrapassar um ponto final de titulação; deixar cair, descartar ou contaminar uma amostra; ou falha do instrumento. Registre tais incidentes em seu caderno. Os erros podem ser tão sérios que você tem que rejeitar os dados ou refazer todo o experimento.

Erros grosseiros são erros irrecuperáveis em função de erros de procedimentos, instrumentais ou de documentação. O Boxe 3.2 fornece exemplos de um laboratório de química quantitativa.

Precisão e Exatidão

A **precisão** é uma medida da reprodutibilidade de um resultado. Se uma grandeza é medida várias vezes e os valores são muito próximos uns dos outros, a medida é precisa. Se os valores variaram muito, a medida não é precisa. A *incerteza* é a variabilidade dentro de um conjunto de medidas. A **exatidão** se refere a quão próximo um valor de uma medida está do valor "real". Caso se disponha de um padrão conhecido, a exatidão descreve o quão próximo determinado valor está do valor do padrão.

Precisão: reprodutibilidade
Exatidão: proximidade do "real"
Incerteza: variabilidade nas medidas
Erro: diferença entre o valor medido e o valor "real"

O resultado de um experimento pode ser reprodutível, porém errado. Por exemplo, se um erro for cometido na preparação de uma solução visando uma titulação, você pode fazer uma série de titulações reprodutíveis onde os resultados serão incorretos, pois a concentração da solução titulante não era o que se planejara. Neste caso, a precisão será boa, mas a exatidão será ruim. Ao contrário, é possível realizar uma série de medidas pouco reprodutíveis em torno

BOXE 3.2 Procedimentos após Falhas no Laboratório de Quantitativa

Os alunos de um curso de Química Quantitativa analisaram uma série de amostras desconhecidas usando titulações descritas em seu manual de laboratório. O que poderia dar errado? Muitas coisas.

Após uma análise fracassada – e uma respiração profunda – os alunos revisaram cuidadosamente seus cadernos e procedimentos de laboratório e discutiram suas descobertas com o professor. Na maioria dos casos, esses procedimentos após a análise errada revelaram a causa da falha.

Quinze por cento dos experimentos que falharam resultaram de *erros aleatórios* (baixa precisão) e 85% de *erros grosseiros*. Realizar um cálculo esquemático com dados da amostra teria evitado mais de um terço dos erros. Ler as instruções cuidadosamente e discutir detalhes pouco claros com o professor eliminaria a maioria dos erros grosseiros de procedimento. Outros erros grosseiros incluíam misturar amostras com padrões (não rotular os frascos), identificar erroneamente as amostras e erros tipográficos nos resultados obtidos. Cuidados devem ser tomados em todas as etapas de uma análise.

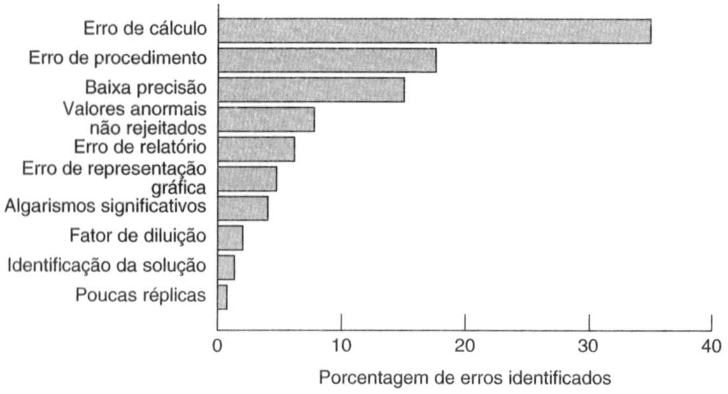

Causas de erro nas piores 150 análises de titulação durante um período. [Dados do *Manual de Laboratório de Análise Química Quantitativa*, University of Alberta.]

de um valor correto. Nesse caso, a precisão é ruim, mas a exatidão é boa. Um procedimento ideal é ao mesmo tempo preciso e exato.

A exatidão é definida como a proximidade ao valor "real". A palavra *real* está entre aspas porque alguém tem que *medir* o valor "real" e existe um erro associado a *qualquer* medida. O valor "real" é melhor obtido por um operador experiente utilizando um procedimento muito bem testado. É aconselhável testar o resultado utilizando procedimentos diferentes, pois, mesmo que cada método seja preciso, erros sistemáticos podem levar a uma má concordância entre os métodos. Uma boa concordância entre os vários métodos nos proporciona alguma confiança, porém nunca uma comprovação de que os resultados são exatos.

Incertezas Absoluta e Relativa

Uma incerteza de ±0,02 mL significa que, quando a leitura é 13,33 mL, o valor real pode estar em um valor qualquer de 13,31 a 13,35 mL.

A **incerteza absoluta** expressa a margem de incerteza associada a uma medida. Se a incerteza estimada na leitura de uma bureta calibrada for ±0,02 mL, chamamos a grandeza ±0,02 mL de incerteza absoluta associada à leitura.

A **incerteza relativa** é uma expressão que compara o tamanho da incerteza absoluta com o tamanho de suas medidas associadas. A incerteza relativa da leitura 12,35 ± 0,02 mL de uma bureta é um quociente adimensional:

Incerteza relativa:

$$\text{Incerteza relativa} = \frac{\text{incerteza absoluta}}{\text{magnitude da medida}} \qquad (3.2)$$

$$= \frac{0{,}02 \text{ mL}}{12{,}35 \text{ mL}} = 0{,}002$$

Se uma bureta de 50 mL é usada, a titulação deve ser projetada de modo a ser usado um volume de titulante entre 20 e 40 mL. Com esse procedimento, obtém-se uma pequena incerteza relativa no intervalo entre 0,1 e 0,05%.

Em uma análise gravimétrica, o precipitado a ser obtido deve ser suficientemente grande para que a incerteza relativa seja pequena. Se a precisão na pesagem é ±0,3 mg, um precipitado de 100 mg tem um erro relativo na pesagem de 0,3%, e um precipitado de 300 mg tem uma incerteza de 0,1%.

A incerteza relativa percentual é simplesmente

Incerteza relativa percentual:

$$\text{Incerteza relativa percentual} = 100 \times \text{incerteza relativa} \qquad (3.3)$$

$$= 100 \times 0{,}002 = 0{,}2\%$$

Se a incerteza absoluta na leitura de uma bureta é constante em ±0,02 mL, a incerteza relativa percentual é 0,2% para um volume de 10 mL e 0,1% para um volume de 20 mL.

3.4 Propagação da Incerteza a Partir do Erro Aleatório[3]

Geralmente é possível estimar ou medir o erro aleatório associado a uma medida, como o comprimento de um objeto ou a temperatura de uma solução. A incerteza pode estar baseada na estimativa de quão bem um instrumento pode ser lido ou na experiência pessoal do operador com determinado método. Quando é possível, a incerteza deve ser expressa como o *desvio-padrão*, *desvio-padrão da média*, ou como um *intervalo de confiança*, que é discutido no Capítulo 4. A discussão que se segue aplica-se apenas ao erro aleatório. Admitimos que os erros sistemáticos foram detectados e corrigidos.

Na maioria dos experimentos é necessário realizar operações aritméticas envolvendo diversos números, cada um deles associado a um erro aleatório. A incerteza mais provável no resultado não é simplesmente a soma dos erros individuais, pois muitos dos erros são provavelmente positivos e outros, negativos. É possível que alguns erros se cancelem entre si.

A maior parte dos cálculos de propagação de incerteza que encontramos se relaciona com o erro aleatório, e não com o erro sistemático. Nosso objetivo é sempre eliminar o erro sistemático.

Adição e Subtração

Admita que se deseje realizar a seguinte operação aritmética, na qual as incertezas experimentais, simbolizadas por e_1, e_2 e e_3, estão entre parênteses:

$$\begin{array}{rl} 1{,}76 \text{ m } (\pm 0{,}03 \text{ m}) & \leftarrow e_1 \\ + \; 1{,}89 \text{ m } (\pm 0{,}02 \text{ m}) & \leftarrow e_2 \\ - \; 0{,}59 \text{ m } (\pm 0{,}02 \text{ m}) & \leftarrow e_3 \\ \hline 3{,}06 \text{ m } (\pm e_4) & \end{array} \tag{3.4}$$

A resposta aritmética é 3,06 m. Mas qual é a incerteza associada a esse resultado?

Para adição e subtração, a incerteza na resposta é obtida a partir das *incertezas absolutas* das parcelas individuais, como é visto a seguir:

Incerteza na adição e na subtração:

$$e_4 = \sqrt{e_1^2 + e_2^2 + e_3^2} \tag{3.5}$$

Para **adição** e **subtração** usamos a **incerteza absoluta**, que tem unidades.

Para a soma na Equação 3.4, podemos escrever

$$e_4 = \sqrt{(0{,}03 \text{ m})^2 + (0{,}02 \text{ m})^2 + (0{,}02 \text{ m})^2} = 0{,}04_1 \text{ m}$$

A incerteza absoluta e_4 é ±0,04 m, e podemos escrever a resposta como 3,06 ± 0,04 m. Embora exista apenas um algarismo significativo na incerteza, podemos escrevê-la inicialmente como $0{,}04_1$ m, com o primeiro algarismo não significativo sendo o subscrito. A razão para manter um ou mais algarismos não significativos é evitar a introdução de erros de arredondamento nos cálculos intermediários subsequentes que utilizem o número $0{,}04_1$ m.

Para encontrar a incerteza relativa percentual na soma da Equação 3.4, escrevemos

$$\text{Incerteza relativa percentual} = \frac{0{,}04_1 \text{ m}}{3{,}06 \text{ m}} \times 100 = 1{,}_3\%$$

A incerteza, $0{,}04_1$ m, é $1{,}_3$% do resultado, 3,06 m. Quando o primeiro algarismo da incerteza é 1, é razoável manter um algarismo adicional para evitar que se perca informação. Expressamos o resultado final como

3,06 m (±0,04 m)	(incerteza absoluta)
3,06 m (±1,3%)	(incerteza relativa)

Quando o primeiro algarismo da incerteza é 1, mantenha um algarismo a mais para evitar perda de informação.

Para a adição e a subtração, use a incerteza absoluta. A incerteza relativa pode ser determinada ao fim do cálculo.

EXEMPLO Incerteza no Volume Transferido por uma Bureta

O volume transferido por uma bureta é a diferença entre a leitura final e a leitura inicial. Se a incerteza em cada leitura é ±0,02 mL, qual é a incerteza no volume transferido?

Solução Admita que a leitura inicial seja 0,05 (±0,02) mL e que a leitura final seja 17,88 (±0,02) mL. O volume transferido é a diferença:

$$\begin{array}{r} 17{,}88 \; (\pm 0{,}02) \text{ mL} \\ - \; 0{,}05 \; (\pm 0{,}02) \text{ mL} \\ \hline 17{,}83 \; (\pm e) \text{ mL} \end{array} \qquad e = \sqrt{(0{,}02 \text{ mL})^2 + (0{,}02 \text{ mL})^2} = 0{,}02_8 \text{ mL} \approx 0{,}03 \text{ mL}$$

Independentemente das leituras inicial e final, se a incerteza em cada uma delas é ±0,02 mL, a incerteza no volume transferido é ±0,03 mL.

TESTE-SE Qual seria a incerteza no volume transferido se a incerteza em cada leitura fosse ±0,03 mL? (***Resposta:*** $\pm 0{,}04_2$ mL ≈ ±0,04 mL.)

Multiplicação e Divisão

Para a multiplicação e divisão, convertemos inicialmente todas as incertezas em incertezas relativas percentuais. Então, calculamos o erro no produto ou no quociente, da seguinte maneira:

Incerteza na multiplicação e na divisão:

$$\%e_4 = \sqrt{(\%e_1)^2 + (\%e_2)^2 + (\%e_3)^2} \tag{3.6}$$

Para a **multiplicação** e **divisão**, utilizamos a **incerteza relativa percentual**.

Por exemplo, consideremos as seguintes operações no preparo de uma solução diluída:

$$\frac{0{,}494\ \text{M}\ (\pm 0{,}004\ \text{M}) \times 5{,}00\ \text{mL}\ (\pm 0{,}01\ \text{mL})}{100{,}00\ \text{mL}\ (\pm 0{,}08\ \text{mL})} = 0{,}024\ 7\ \text{M} \pm e_4$$

Recomendação: mantenha um ou mais algarismos significativos adicionais (em subscrito) até terminar todo o cálculo. Somente no final é que o arredondamento deve ser feito para o número correto de algarismos. Quando o cálculo estiver sendo feito em uma calculadora, em que os resultados intermediários são armazenados, todos os algarismos devem ser mantidos sem arredondamento.

Inicialmente, convertemos todas as incertezas absolutas em incertezas relativas percentuais.

$$\frac{0{,}494\ \text{M}\ (\pm 0{,}8_1\%) \times 5{,}00\ \text{mL}\ (\pm 0{,}2_0\%)}{100{,}00\ \text{mL}\ (\pm 0{,}08_0\%)} = 0{,}024\ 7_0\ \text{M} \pm e_4$$

Em seguida, calculamos a incerteza relativa percentual da resposta utilizando a Equação 3.6.

$$\%e_4 = \sqrt{(0{,}8_1)^2 + (0{,}2_0)^2 + (0{,}08_0)^2} = 0{,}8_4\%$$

A resposta é $0{,}024\ 7_0$ M ($\pm 0{,}8_4\%$).

Para converter a incerteza relativa em incerteza absoluta, calculamos $0{,}8_4\%$ da resposta.

$$0{,}8_4\% \times 0{,}024\ 7_0\ \text{M} = 0{,}008_4 \times 0{,}024\ 7\ \text{M} = 0{,}000\ 2_1\ \text{M}$$

Para a multiplicação e a divisão, utilize a incerteza relativa percentual. A incerteza absoluta pode ser determinada ao final do cálculo.

A resposta é $0{,}024\ 7_0$ M ($\pm 0{,}000\ 2_1$ M). Finalmente, eliminamos os algarismos não significativos.

0,024 7 M (± 0,000 2 M)	(incerteza absoluta)
0,024 7 M (± 0,8%)	(incerteza relativa)

Não se preocupe com as pequenas coisas: qualquer etapa que gere menos de 1/4 da incerteza da operação menos precisa não contribuirá significativamente para a incerteza global.

A incerteza da concentração da solução original, 0,494 M (± 0,004 M), domina a incerteza na resposta final. Qualquer fonte de incerteza inferior a um quarto da maior incerteza proporciona uma pequena contribuição para a incerteza global.

Cálculos Contendo mais de um Tipo de Operação Aritmética

Vamos considerar agora um cálculo envolvendo subtração e divisão como a determinação da molaridade de um titulante com base no volume necessário para titular um padrão:

$$\frac{13{,}47\ (\pm 0{,}04)\ \text{mmol}}{[24{,}36\ (\pm 0{,}02)\ \text{mL} - 0{,}14\ (\pm 0{,}02)\ \text{mL}]} = 0{,}556_2\ \text{M} \pm ?$$

Inicialmente, calculamos a subtração existente no denominador, utilizando incertezas absolutas. Assim,

$$24{,}36\ (\pm 0{,}02)\ \text{mL} - 0{,}14\ (\pm 0{,}02)\ \text{mL} = 24{,}22\ (\pm 0{,}02_8)\ \text{mL}$$

pois $\sqrt{(0{,}02\ \text{mL})^2 + (0{,}02\ \text{mL})^2} = 0{,}02_8\ \text{mL}$.

Então, fazemos a conversão para incertezas relativas percentuais. Assim,

$$\frac{13{,}47\ \text{mmol}\ (\pm 0{,}04\ \text{mmol})}{24{,}22\ \text{mL}\ (\pm 0{,}02_8\ \text{mL})} = \frac{13{,}47\ \text{mmol}\ (\pm 0{,}3_0\%)}{24{,}22\ \text{mL}\ (\pm 0{,}1_2\%)} = 0{,}556_2\ \text{M}\ (\pm 0{,}3_2\%)$$

pois $\sqrt{(0{,}3_0\%)^2 + (0{,}1_2\%)^2} = 0{,}3_2\%$.

A incerteza relativa percentual é $0{,}3_2\%$, portanto, a incerteza absoluta é $0{,}003_2 \times 0{,}556_2$ M = $0{,}001_8$ M. A resposta final pode ser escrita como

$0{,}556_2$ M ($\pm 0{,}001_8$ M)	(incerteza absoluta)
$0{,}556_2$ M ($\pm 0{,}3_2\%$)	(incerteza relativa)

O resultado de um cálculo deve ser escrito de maneira consistente com a sua incerteza.

Como a incerteza inicia na casa decimal de 0,001, é razoável arredondar o resultado para a casa decimal de 0,001:

0,556 M (±0,002 M)	(incerteza absoluta)
0,556 M (±0,3%)	(incerteza relativa)

Regra *Real* para Algarismos Significativos

Regra real: o primeiro algarismo incerto é o último algarismo significativo.

O primeiro algarismo da incerteza absoluta é o último algarismo significativo na resposta. Por exemplo, no quociente

$$\frac{0{,}002\ 364\ (\pm 0{,}000\ 003)}{0{,}025\ 00\ (\pm 0{,}000\ 05)} = 0{,}094\ 6\ (\pm 0{,}000\ 2)$$

a incerteza (±0,000 2) ocorre na quarta casa decimal. Então, a resposta 0,094 6 é mais bem representada com *três* algarismos significativos, embora os dados originais tenham quatro algarismos. O primeiro algarismo incerto da resposta é o último algarismo significativo. O quociente

$$\frac{0{,}002\ 664\ (\pm 0{,}000\ 003)}{0{,}025\ 00\ (\pm 0{,}000\ 05)} = 0{,}106\ 6\ (\pm 0{,}000\ 2)$$

é expresso com *quatro* algarismos significativos, pois a incerteza ocorre na quarta casa. O quociente

$$\frac{0{,}821\ (\pm 0.002)}{0{,}803\ (\pm 0{,}002)} = 1{,}022\ (\pm 0{,}004)$$

é expresso com *quatro* algarismos, embora o dividendo e o divisor tenham, cada um deles, *três* algarismos.

Agora, podemos avaliar por que *é correto manter um algarismo a mais quando a resposta está entre 1 e 2*. O quociente 82/80 é mais bem representado como 1,02 do que por 1,0. Se as incertezas nos valores 82 e 80 estão na casa das unidades, a incerteza é da ordem de 1%, a qual se encontra na segunda casa decimal de 1,02. Se utilizarmos o valor 1,0, podemos supor que a incerteza é de, pelo menos, 1,0 ± 0,1 = ±10%, que é muito maior do que a incerteza verdadeira.

Na multiplicação e na divisão, mantenha um algarismo a mais quando a resposta se encontra entre 1 e 2.

EXEMPLO Algarismos Significativos no Trabalho de Laboratório

Você preparou uma solução de NH_3 0,250 M diluindo 8,46 (±0,04) mL de uma solução de NH_3 28,0 (±0,5) % m/m [massa específica = 0,899 (±0,003) g/mL] até 500,0 (±0,2) mL. Encontre a incerteza da concentração 0,250 M. Considere que a massa molecular do NH_3, 17,031 g/mol, tem uma incerteza relativa desprezível perante as demais incertezas deste problema.

Solução Para encontrar a incerteza na molaridade, você precisa calcular a incerteza na quantidade de mols transferida para o balão de 500 mL. O reagente concentrado contém 0,899 (±0,003) g de solução por mililitro. A massa percentual indica que o reagente contém 0,280 (±0,005) g de NH_3 por grama de solução. Nos cálculos seguintes, você deve manter algarismos não significativos adicionais e arredondar somente no fim.

Para a multiplicação, converta a incerteza absoluta em incerteza relativa percentual.

$$\begin{aligned}\text{Gramas de NH}_3 \text{ por mL no reagente concentrado} &= 0{,}899\ (\pm 0{,}003)\frac{\text{g de solução}}{\text{mL}} \times 0{,}280\ (\pm 0{,}005)\frac{\text{g de NH}_3}{\text{g de solução}} \\ &= 0{,}899\ (\pm 0{,}3_{34}\%)\frac{\text{g de solução}}{\text{mL}} \times 0{,}280\ (\pm 1{,}_{79}\%)\frac{\text{g de NH}_3}{\text{g de solução}} \\ &= 0{,}251_7\ (\pm 1{,}_{82}\%)\frac{\text{g de NH}_3}{\text{mL}}\end{aligned}$$

pois $\sqrt{(0{,}3_{34}\%)^2 + (1{,}_{79}\%)^2} = 1{,}_{82}\%$

Em seguida, encontre a quantidade de mols de amônia em 8,46 (±0,04) mL do reagente concentrado. A incerteza relativa no volume é ±0,04/8,46 = ±0,4$_{73}$%.

$$\text{número de mols de NH}_3 = \frac{0{,}251_7\ (\pm 1{,}_{82}\%)\ \frac{\text{g de NH}_3}{\text{mL}} \times 8{,}46\ (\pm 0{,}4_{73}\%)\ \text{mL}}{17{,}031\ (\pm 0\%)\ \frac{\text{g de NH}_3}{\text{mol}}}$$

$$= 0{,}125_{04}\ (\pm 1{,}_{88}\%)\ \text{mol}$$

pois $\sqrt{(1{,}_{82}\%)^2 + (0{,}4_{73}\%)^2 + (0\%)^2} = 1{,}_{88}\%$

Essa quantidade de amônia foi diluída a 0,500 0 (±0,000 2) L. A incerteza relativa no volume final é 0,000 2/0,500 0 = 0,04%. A molaridade é

$$\frac{\text{número de mols de NH}_3}{\text{L}} = \frac{0{,}125_{04}\ (\pm 1{,}_{88}\%)\ \text{mol}}{0{,}500\ 0\ (\pm 0{,}04\%)\ \text{L}}$$

$$= 0{,}250_{08}\ (\pm 1{,}_{88}\%)\ \text{M}$$

pois $\sqrt{(1{,}88\%)^2 + (0{,}04\%)^2} = 1{,}_{88}\%$. A incerteza absoluta é $1{,}_{88}\%$ de $0{,}250_{08}$ M = $0{,}004_7$ M. A incerteza na molaridade está na terceira casa decimal, de forma que a resposta final arredondada é

$$[\text{NH}_3] = 0{,}250\ (\pm 0{,}005)\ \text{M}$$

Verificação do Cálculo A incerteza em 28,0% em massa de NH_3 é $\pm 1,_{79}\%$, que é quatro vezes a próxima maior incerteza relativa. A suposição de que $\pm 1,_{79}\%$ domina a incerteza global resulta em 0,250 M ($\pm 1,_{79}\%$) = 0,250 ($\pm 0,004_5$) M, o que está de acordo com nossa resposta.

TESTE-SE Suponha que você utilizou vidrarias volumétricas menores para preparar a solução de NH_3 0,250 M diluindo 84,6 (±0,8) μL da solução que contém 28,0% (±0,5%) m/m de NH_3 para 5,00 (±0,02) mL. Encontre a incerteza na solução 0,250 M. (***Resposta:*** 0,250 (±0,005) M. A incerteza na massa específica do NH_3 concentrado prevalece sobre todas as demais pequenas incertezas nesse procedimento.)

mol de reagente/kg de solução é uma unidade conveniente que não é molalidade. Molalidade é mol de reagente/kg de solvente.

O fator V_{dil}/V_{conc} vem da Equação 1.5:

$$M_{conc} \cdot V_{conc} = M_{dil} \cdot V_{dil}$$

$$M_{conc} \cdot \frac{V_{conc}}{V_{dil}} = M_{dil}$$

$$\frac{M_{conc}}{V_{dil}/V_{conc}} = M_{dil}$$

em que M é a concentração, V é o volume, "dil" significa diluído e "conc" indica concentrado.

EXEMPLO Diluição Volumétrica *versus* Diluição Gravimétrica

Vamos comparar a incerteza resultante de uma diluição volumétrica de 10 vezes com uma diluição gravimétrica de 10 vezes. **(a)** Para a diluição volumétrica, suponha que você dispõe de um reagente padrão com uma concentração de 0,046 80 M com incerteza desprezível. Para diluir por um fator de 10, você usa uma micropipeta para transferir 1 000 μL (= 1,000 mL) para um balão volumétrico de 10 mL, diluindo até a marca. **(b)** Para a diluição gravimétrica, suponha que você dispõe de um reagente padrão cuja concentração é 0,046 80 mol de reagente/kg de solução. Para diluí-lo por um fator próximo de 10, você pesa 983,2 mg (= 0,983 2 g) de solução (≈ 1 mL) e adiciona 9,026 6 g de água (≈ 9 mL). Para cada procedimento, encontre a concentração final e sua incerteza relativa.

Solução **(a)** Usaremos a tolerância para o balão volumétrico com base na Tabela 2.3: 10,00 ± 0,02 mL = 10,0 mL ± 0,2%, e para a micropipeta, por meio da Tabela 2.5, 1 000 μL ± 0,3%. O *fator de diluição* é

$$\text{Fator de diluição} = \frac{V_{\text{final}}}{V_{\text{inicial}}} = \frac{10,00\ (\pm 0,2\%)\ \text{mL}}{1,000\ (\pm 0,3\%)\ \text{mL}} = 10,00 \pm 0,3_6\%$$

porque $\sqrt{(0,2\%)^2 + (0,3\%)^2} = 0,3_6\%$. A concentração da solução diluída é

$$\frac{0,046\ 80\ \text{M}}{10,00 \pm 0,3_6\%} = 0,004\ 680\ \text{M} \pm 0,3_6\% = 0,004\ 680 \pm 0,000\ 017\ \text{M}$$

(b) No procedimento gravimétrico, diluímos 0,983 2 g da solução concentrada até (0,983 2 g + 9,026 6 g) = 10,009 8 g. O fator de diluição é (10,009 8 g/0,983 2 g) = 10,180 8. Suponha que a incerteza em cada massa seja ±0,3 mg. A incerteza na massa da solução concentrada é 0,983 2 g ± 0,000 3 g = 0,983 2 ($\pm 0,03_{05}\%$) g. A incerteza absoluta na soma (0,983 2 g + 9,026 6 g) é $\sqrt{(0,000\ 3\ \text{g})^2 + (0,000\ 3\ \text{g})^2} = 0,000\ 4_2\ \text{g}$, que é $0,004_2\%$. A incerteza no fator de diluição é

$$\text{Fator de diluição} = \frac{10,009\ 8\ (\pm 0,004_2\%)\ \text{g}}{0,983\ 2\ (\pm 0,03_{05}\%)\ \text{g}} = 10,180\ 8 \pm 0,03_{08}\%$$

pois $\sqrt{(0,004_2\%)^2 + (0,03_{05}\%)^2} = 0,03_{08}\%$. A concentração na solução diluída é

$$\frac{0,046\ 80\ \text{mol de reagente/kg de solução}}{10,180\ 8 \pm 0,03_{08}\%} = 0,004\ 596_9 \pm 0,03_{08}\%\ \text{mol de reagente/kg de solução}$$

$$= 0,004\ 596_9 \pm 0,000\ 001_4\ \text{mol de reagente/kg de solução}$$

Neste exemplo, a diluição gravimétrica é 10 vezes mais precisa do que a diluição volumétrica (0,03% *versus* 0,4%). Sua maior precisão é a razão pela qual as titulações gravimétricas são recomendadas em vez das titulações volumétricas, embora estas últimas sejam menos tediosas.

TESTE-SE Descreva um procedimento de diluição volumétrica que seja mais preciso do que empregando uma micropipeta de 1 000 μL e um balão volumétrico de 10 mL. Qual será a incerteza relativa na diluição?

(***Resposta:*** O emprego de uma pipeta volumétrica de 10 mL e um balão volumétrico de 100 mL produz uma incerteza de $\sqrt{(0,2\%)^2 + (0,08\%)^2} = 0,2\%$. Uma pipeta volumétrica de 100 mL e um balão volumétrico de 1 mL levam a uma incerteza de $\sqrt{(0,08\%)^2 + (0,03\%)^2} = 0,09\%$.)

Expoentes e Logaritmos

Para a função $y = x^a$, a incerteza relativa percentual em y ($\%e_y$) é igual a a vezes a incerteza relativa percentual em x ($\%e_x$):

Incerteza para potências e raízes:

$$y = x^{\boldsymbol{a}} \quad \Rightarrow \quad \%e_y = \boldsymbol{a}(\%e_x) \qquad \textbf{(3.7)}$$

Por exemplo, se $y = \sqrt{x} = x^{\mathbf{1/2}}$, uma incerteza de 2% em x produzirá $\left(\frac{\mathbf{1}}{\mathbf{2}}\right)(2\%) = 1\%$ de incerteza em y. Se $y = x^{\mathbf{2}}$, uma incerteza de 3% em x conduz a $(\mathbf{2})(3\%) = 6\%$ de incerteza em y.

Para elevar um número a determinada potência, ou obter a raiz de um número com uma calculadora, usamos a função y^x. Por exemplo, para determinar uma raiz cúbica ($y^{1/3}$), eleva-se y à potência 0,333 333 333. . . por meio da função y^x. No Excel, y^x é y^x. A raiz cúbica é y^(1/3).

EXEMPLO Propagação da Incerteza no Produto $x \cdot x$

Se um objeto cai durante t segundos, a distância que ele percorre é $\frac{1}{2}gt^2$, com g sendo a aceleração da gravidade (9,81 m/s^2) na superfície da Terra. (Essa equação ignora o efeito da resistência do ar, que retarda a queda do objeto.) Se o objeto cai por 2,34 s, a distância percorrida é $\frac{1}{2}(9{,}81\ \text{m/s}^2)(2{,}34\ \text{s})^2 = 26{,}8_6$ m. Se a incerteza relativa do tempo é ±1,0%, qual é a incerteza relativa na distância?

Solução A Equação 3.7 nos informa que para $y = x^a$ a incerteza relativa em y é a vezes a incerteza relativa em x:

$$y = x^a \quad \Rightarrow \quad \%e_y = a(\%e_x)$$

$$\text{Distância} = \tfrac{1}{2}gt^2 \quad \Rightarrow \quad \%e_{\text{distância}} = 2(\%e_t) = 2(1{,}0\%) = 2{,}0\%$$

Se você escreve a distância como distância $= \frac{1}{2}g \cdot t \cdot t$, você pode ser tentado a dizer que a incerteza relativa na distância será $\sqrt{1{,}0^2 + 1{,}0^2} = 1{,}4\%$. Essa resposta está errada porque o erro em uma única medida de t é sempre positivo ou sempre negativo. Se t é 1,0% maior, então t^2 é 2% maior porque estamos multiplicando um valor maior por um valor maior: $(1{,}01)^2 = 1{,}02$.

A Equação 3.6 presume que a incerteza em cada fator do produto $x \cdot z$ é aleatória e independente uma da outra. No produto $x \cdot z$, o valor medido de x pode ser por vezes maior e o valor medido de z pode ser menor de vez em quando. Na maioria dos casos, a incerteza no produto $x \cdot z$ não é tão grande como a incerteza em x^2.

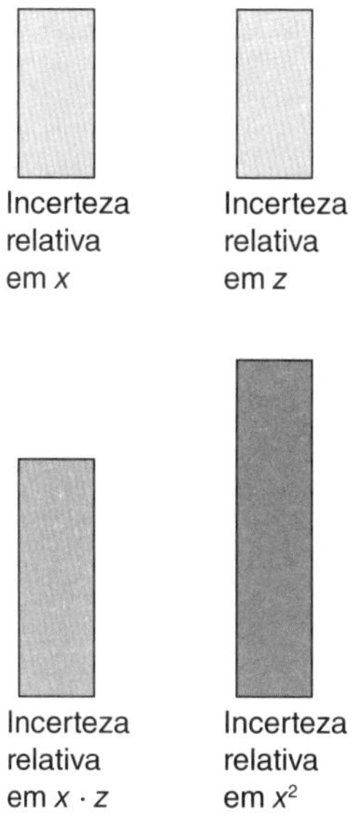

TESTE-SE Você pode calcular o tempo para que um objeto caia do topo de um edifício até o solo caso saiba a altura do prédio. Se essa altura tem uma incerteza de 1,0%, qual é a incerteza no tempo? (***Resposta:*** 0,5%.)

Se y é o logaritmo na base 10 de x, então a incerteza absoluta em y (e_y) é proporcional à incerteza relativa em x, que é e_x/x:

Incerteza para logaritmos:

$$y = \log x \quad \Rightarrow \quad e_y = \frac{1}{\ln 10}\frac{e_x}{x} \approx 0{,}434\ 29\frac{e_x}{x} \qquad \textbf{(3.8)}$$

Não se deve trabalhar com a incerteza relativa percentual $[100 \times (e_x/x)]$ em cálculos com logs e antilogs, pois um lado da Equação 3.8 tem uma incerteza relativa e o outro tem uma incerteza absoluta.

O **logaritmo natural** (ln) de x é o número y, cujo valor é tal que $x = e^y$, em que e (= 2,718 28. . .) é denominado a base do logaritmo natural. A incerteza absoluta em y é igual à incerteza relativa em x.

No Excel, o logaritmo na base 10 é LOG(x). O logaritmo natural é LN(x). A expressão 10^x é 10^x, e a expressão e^x é EXP(x).

Incerteza para logaritmos naturais:

$$y = \ln x \quad \Rightarrow \quad e_y = \frac{e_x}{x} \qquad \textbf{(3.9)}$$

Consideremos agora $y = \text{antilog}\ x$, o que equivale a dizer que $y = 10^x$. Nesse caso, a incerteza relativa em y é proporcional à incerteza absoluta em x.

Incerteza para 10^x:

$$y = 10^x \quad \Rightarrow \quad \frac{e_y}{y} = (\ln 10)\, e_x \approx 2{,}302\ 6\, e_x \qquad \textbf{(3.10)}$$

Se $y = e^x$, a incerteza relativa em y se iguala à incerteza absoluta em x.

Incerteza para e^x:

$$y = e^x \Rightarrow \frac{e_y}{y} = e_x \qquad \textbf{(3.11)}$$

O Apêndice B fornece uma regra geral para a propagação da incerteza do erro aleatório para qualquer função.

A Tabela 3.1 resume as regras para a propagação da incerteza. Não é necessário memorizar as regras para expoentes, logs e antilogs, porém, deve-se saber como utilizá-las.

TABELA 3.1 Resumo das regras para propagação da incerteza

Função	Incerteza	Função[a]	Incerteza[b]
$y = x_1 + x_2$	$e_y = \sqrt{e_{x_1}^2 + e_{x_2}^2}$	$y = x^a$	$\%e_y = a(\%e_x)$
$y = x_1 - x_2$	$e_y = \sqrt{e_{x_1}^2 + e_{x_2}^2}$	$y = \log x$	$e_y = \frac{1}{\ln 10}\frac{e_x}{x} \approx 0{,}434\,29\frac{e_x}{x}$
$y = x_1 \cdot x_2$	$\%e_y = \sqrt{\%e_{x_1}^2 + \%e_{x_2}^2}$	$y = \ln x$	$e_y = \frac{e_x}{x}$
$y = \frac{x_1}{x_2}$	$\%e_y = \sqrt{\%e_{x_1}^2 + \%e_{x_2}^2}$	$y = 10^x$	$\frac{e_y}{y} = (\ln 10)\, e_x \approx 2{,}302\,6\, e_x$
		$y = e^x$	$\frac{e_y}{y} = e_x$

a. x representa uma variável e a representa uma constante que não apresenta incerteza.
b. e_x/x é o erro relativo em x e $\%e_x$ é $100 \times e_x/x$.

EXEMPLO Incerteza na Concentração de H^+

Considere a função pH = –log $[H^+]$, em que $[H^+]$ é a molaridade de H^+. Para pH = 5,21 ± 0,03, calcule $[H^+]$ e sua incerteza.

Solução Deve-se, inicialmente, resolver a equação pH = –log $[H^+]$ para $[H^+]$. Se $a = b$, então $10^a = 10^b$. Logo, se pH = –log $[H^+]$, então log $[H^+]$ = –pH e $10^{\log[H^+]} = 10^{-pH}$. Entretanto, $10^{\log[H^+]} = [H^+]$. Precisamos encontrar, portanto, a incerteza na equação

$$[H^+] = 10^{-pH} = 10^{-(5{,}21 \pm 0{,}03)}$$

Na Tabela 3.1, a função correspondente é $y = 10^x$, com $y = [H^+]$ e $x = -(5{,}21 \pm 0{,}03)$. Para $y = 10^x$, a tabela mostra que

$$\frac{e_y}{y} = 2{,}302\,6\, e_x$$

$$\frac{e_{[H^+]}}{[H^+]} = 2{,}302\,6\, e_{pH} = (2{,}302\,6)(0{,}03) = 0{,}069\,1 \quad (3.12)$$

A incerteza relativa em $[H^+]$ é 0,069 1. Para $[H^+] = 10^{-pH} = 10^{-5{,}21} = 6{,}17 \times 10^{-6}$ M, encontramos

Usamos a incerteza relativa (e_x/x), não a incerteza relativa percentual [$100 \times (e_x/x)$], nos cálculos envolvendo log x, ln x, 10^x e e^x.

$$\frac{e_{[H^+]}}{[H^+]} = \frac{e_{[H^+]}}{6{,}1_7 \times 10^{-6}\,\text{M}} = 0{,}069\,1 \Rightarrow e_{[H^+]} = 4{,}_3 \times 10^{-7}\,\text{M}$$

A concentração de H^+ é $6{,}1_7\ (\pm\ 0{,}4_3) \times 10^{-6}$ M = 6,2 (±0,4) × 10^{-6} M. Uma incerteza de 0,03 no pH resulta em uma incerteza de 7% no $[H^+]$. Certifique-se de que algarismos adicionais sejam mantidos nos resultados intermediários e de que não haja arredondamento até a resposta final.

TESTE-SE Se a incerteza no pH é duplicada para ±0,06, qual é a incerteza relativa na $[H^+]$? (***Resposta:*** 14%.)

3.5 Propagação da Incerteza a Partir do Erro Sistemático

Nosso objetivo é sempre eliminar o erro sistemático.

O erro sistemático ocorre em algumas situações comuns e é tratado de forma diferente do erro aleatório em operações aritméticas. Vejamos alguns exemplos.

Transferências Múltiplas a Partir de uma Pipeta: Virtude da Calibração

Uma pipeta volumétrica Classe A de 25 mL é certificada pelo fabricante para transferir 25,00 ± 0,03 mL. O volume transferido por uma dada pipeta é reprodutível, mas pode estar no intervalo entre 24,97 e 25,03 mL. Se utilizarmos uma pipeta volumétrica Classe A de

25,00 mL, não calibrada, quatro vezes para transferir um volume total de 100 mL, qual será a incerteza nesse volume de 100 mL? A incerteza é um erro sistemático, portanto a incerteza nos quatro volumes transferidos pela pipeta é ±4 × 0,03 mL = ±0,12 mL, não $\pm\sqrt{(0{,}03\text{ mL})^2 + (0{,}03\text{ mL})^2 + (0{,}03\text{ mL})^2 + (0{,}03\text{ mL})^2} = \pm 0{,}06$ mL.

A diferença entre 25,00 mL e o volume real transferido por uma dada pipeta é um erro *sistemático*. Este erro é sempre o mesmo e está embutido em um pequeno erro aleatório. Podemos calibrar uma pipeta pela pesagem da água transferida, como descrito na Seção 2.9. A calibração elimina o erro sistemático porque poderíamos saber que esta pipeta sempre transfere, por exemplo, 24,991 ± 0,006 mL. A incerteza remanescente (±0,006 mL) é um erro *aleatório*.

0,006 mL é o desvio-padrão (definido no Capítulo 4) medido para transferências múltiplas de água.

A calibração melhora a exatidão em face da eliminação do erro sistemático. Vamos supor que uma pipeta calibrada transfere um volume médio de 24,991 mL com uma incerteza de ±0,006 mL. Se esta pipeta for usada para transferir quatro alíquotas, o volume transferido é 4 × 24,991 = 99,964 mL e a incerteza é $\pm\sqrt{(0{,}006\text{ mL})^2 + (0{,}006\text{ mL})^2 + (0{,}006\text{ mL})^2 + (0{,}006\text{ mL})^2} = \pm 0{,}012$ mL Esta incerteza é muito menor que ±4 × 0,03 = ±0,12 mL, a incerteza para uma pipeta não calibrada.

A calibração elimina o erro sistemático.

Volume da pipeta calibrada = 99,964 ± 0,012 mL
Volume da pipeta não calibrada = 100,00 ± 0,12 mL

Efeitos da Matriz: O que Está na Amostra?

O que está na amostra? é a primeira pergunta que um químico analítico faz quando recebe uma amostra. O analista não está tentando trapacear aprendendo a resposta antes de fazer o teste. O que ele quer saber é *o que mais*, além do analito, está na amostra? Por vezes, a resposta analítica é sistematicamente diminuída ou aumentada por outros componentes da amostra. **Matriz** é tudo o que há na amostra além do analito. Conhecer a composição de uma amostra permite tomar precauções para eliminar o erro sistemático causado pela matriz.

Matriz é tudo na amostra afora o analito.

Por exemplo, baixos níveis de chumbo no sangue podem afetar a capacidade de aprendizagem de uma criança. Mas o sangue é uma matriz complexa. Um laboratório usando um sofisticado (e caro) plasma acoplado indutivamente-espectrômetro de massa (Seção 21.6) encontrou níveis de Pb consistentemente 7% abaixo do valor *real*.[4] Os padrões de calibração poderiam ter sido feitos em sangue, mas eca!, para não mencionar os riscos potenciais à saúde. Conhecendo a composição do sangue e entendendo como o instrumento funciona, os analistas eliminaram o erro sistemático ao fazer padrões contendo a mesma quantidade dos principais sais (7,5 g/L de NaCl e 0,5 g/L de $CaCl_2$) que o sangue. Medir partes por bilhão de Pb requer que o NaCl e o $CaCl_2$ estejam extremamente puros ou então eles podem introduzir Pb não intencional.

O conhecimento da composição de uma amostra permite tomar medidas para eliminar erros sistemáticos causados pela matriz.

Incerteza na Massa Atômica

Na tabela periódica, no início deste livro, observamos que a massa atômica do oxigênio é 15,999 g/mol. Nessa tabela informa-se que, se nenhuma incerteza é especificada, a incerteza é ±1 na última casa decimal. Para a maioria dos elementos, que têm mais de um isótopo, a incerteza *não* é principalmente derivada do erro aleatório na medida da massa atômica.[6] A incerteza é predominantemente derivada da variação isotópica em diferentes materiais (Boxe 3.3).[5] Por exemplo, o oxigênio no ar tem uma massa atômica de 15,999 404 2 ± 0,000 001 2 g/mol, onde a incerteza é um erro aleatório da medida experimental. Usar o valor 15,999 g/mol da tabela periódica para oxigênio no ar produz um pequeno erro sistemático. Felizmente, o erro sistemático na massa molecular (Apêndice B) é tipicamente muito menor do que as outras fontes de incerteza e, portanto, normalmente pode ser considerado insignificante.

Termos Importantes

Termos que são apresentados em **negrito** no capítulo e que são definidos também no Glossário.

adequação ao propósito	erro aleatório	exatidão	mantissa
algarismo significativo	erro determinado	incerteza absoluta	massa atômica
antilogaritmo	erro grosseiro (*blunder*)	incerteza relativa	material de referência certificado
blunder (erro grosseiro)	erro indeterminado	logaritmo	matriz
característica	erro sistemático	logaritmo natural	precisão

BOXE 3.3 Massas Atômicas dos Elementos

A cada dois anos uma comissão da União Internacional de Química Pura e Aplicada emprega as melhores medidas disponíveis para reavaliar as massas atômicas. (A comissão as denomina pesos atômicos). A **massa atômica** de um elemento é uma média em massa das massas de seus isótopos encontradas em fontes terrestres. A massa é medida com relação à do ^{12}C, cuja massa é definida como 12 *unidades de massa atômica unificada* (u). Caso um elemento possua apenas um isótopo estável, sua massa pode ser medida com precisão por meio da espectrometria de massa. A massa atômica do sódio, que possui apenas um isótopo estável, é 22,989 769 28 ± 0,000 000 02. Para mais de 80% dos elementos que possuem vários isótopos, a massa atômica média depende da fração molar de cada isótopo no material. Materiais diferentes apresentam frações isotópicas distintas, de modo que a massa atômica média de um elemento varia de uma amostra para outra. A massa atômica do chumbo, que apresenta proporções variadas de seus isótopos, é listada como 207,2 ± 0,1 em função dessa variação.

Para H, Li, B, C, N, O, Mg. Si, S, Cl, Br e Tl – elementos com múltiplos isótopos estáveis – a massa atômica no topo da tabela periódica apresentada na capa deste livro é mostrada como um *intervalo*, por exemplo, [15,999 03; 15,999 77] para o oxigênio. Como você pode ver na figura a seguir, este intervalo para o oxigênio cobre a faixa de massas atômicas encontradas em diversas fontes. Para os cálculos diários, usamos a massa atômica de 15,999 ± 0,001 listada na tabela periódica.

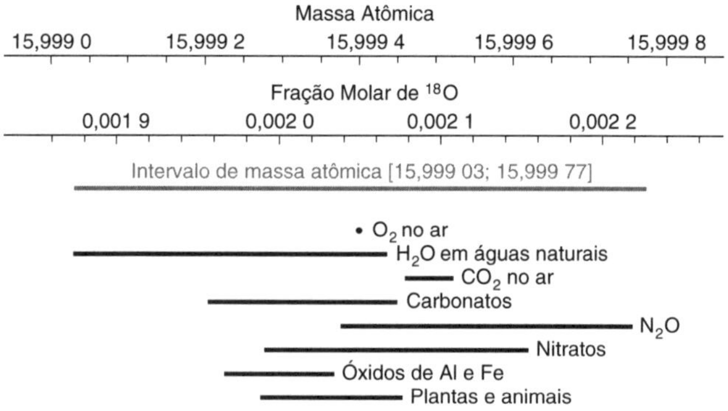

Massa atômica do oxigênio de múltiplas fontes. [Dados de J. Meija, T. B. Coplen, M. Berglund, W. A. Brand, P. De Bièvre, M. Gröning, N. E. Holden, J. Irrgeher, R. D. Loss, T. Walczyk e T. Prohaska, "Atomic Weights of the Elements 2013," *Pure. Appl. Chem.* **2016**, *88*, 265.]

Pequenas variações na massa atômica fornecem informações sobre os processos ambientais. A variação de temperatura do oceano ao largo da costa da Califórnia ao longo de 500 000 anos foi deduzida medindo-se a variação na sexta casa decimal da massa atômica de oxigênio ao longo de um testemunho de $CaCO_3$ obtido por perfuração em Devils Hole, Nevada.[5]

Resumo

O número de algarismos significativos em um número representa o mínimo de algarismos necessários para escrever esse número em notação científica. O primeiro algarismo incerto é o último algarismo significativo. Na adição e na subtração, o último algarismo significativo é determinado pelo número com a menor quantidade de casas decimais (quando todos os expoentes são iguais). Na multiplicação e na divisão, o número de algarismos geralmente é limitado pela parcela com o menor número de algarismos. O número de algarismos existentes na mantissa do logaritmo de uma grandeza deve ser igual ao número de algarismos significativos dessa grandeza. O erro aleatório (indeterminado) afeta a precisão (reprodutibilidade) de um resultado, enquanto o erro sistemático (determinado) afeta a exatidão (proximidade do valor "real"). Com cuidado, o erro sistemático pode ser descoberto e eliminado por uma pessoa perspicaz, porém alguns erros aleatórios estarão sempre presentes. Esforçamo-nos para eliminar erros sistemáticos em todas as medições por meio de procedimentos, tal como a calibração. Erros grosseiros (*blunders*) são resultantes de desvios acidentais, mas importantes, no procedimento e podem não deixar outra opção a não ser abandonar os dados e repetir o experimento. Com relação aos erros aleatórios, a propagação da incerteza na adição e na subtração requer incertezas absolutas ($e_3 = \sqrt{e_1^2 + e_2^2}$), enquanto a multiplicação e a divisão utilizam incertezas relativas ($\%e_3 = \sqrt{\%e_1^2 + \%e_2^2}$). Outras regras para a propagação de erros são encontradas na Tabela 3.1. Um exemplo de aplicação é no cálculo da concentração do íon hidrogênio a partir do pH. Como $[H^+] = 10^{-pH}$, a incerteza na $[H^+]$ é $e_{[H^+]}/[H^+] = 2{,}302\ 6\ e_{pH}$. Sempre mantenha mais algarismos do que o necessário durante um cálculo e só arredonde para o número apropriado de algarismos no fim.

Exercícios

3.A. Um cadinho vazio pesa 12,437 2 g, e o mesmo cadinho contendo um precipitado obtido a partir de uma análise gravimétrica pesa 12,529 6 g.

(**a**) Cada massa apresenta seis algarismos significativos. Qual é a massa do precipitado contido no cadinho, e quantos algarismos significativos existem nesse valor de massa?

(**b**) O fabricante afirma que a balança tem uma incerteza de ± 0,3 mg. Encontre as incertezas absoluta e relativa da massa do precipitado e escreva essa massa com um número razoável de algarismos.

3.B. Escreva cada resposta com um número razoável de algarismos. Encontre a incerteza absoluta e a incerteza relativa percentual de cada resposta.

(**a**) $[6{,}28\ (\pm 0{,}01)\ M \times 9{,}954(\pm 0{,}003)\ mL] \div 500{,}0\ (\pm 0{,}2)\ mL = ?$

(**b**) $[3{,}26\ (\pm 0{,}10)\ M \times 8{,}47\ \ (\pm 0{,}05)\ L] - 0{,}18\ (\pm 0{,}06)\ mol = ?$

(**c**) $6{,}843\ (\pm 0{,}008) \times 10^4\ \div [2{,}09(\pm 0{,}04) - 1{,}63\ (\pm 0{,}01)] = ?$

(**d**) $\sqrt{3{,}24 \pm 0{,}08} = ?$

(**e**) $(3{,}24 \pm 0{,}08)^4 = ?$

(**f**) $\log(3{,}24 \pm 0{,}08) = ?$

(**g**) $10^{3{,}24\ \pm\ 0{,}08} = ?$

3.C. (**a**) Quantos mililitros de uma solução aquosa de NaOH 53,4 (±0,4)% m/m, com massa específica = 1,52 (±0,01) g/mL são necessários para o preparo de 2,000 L de NaOH 0,169 M?

(b) Se a incerteza na transferência do NaOH for ± 0,01 mL, calcule a incerteza absoluta da concentração molar (0,169 M). Considere desprezíveis as incertezas na massa fórmula do NaOH e no volume final (2,000 L).

3.D. O pH de uma solução é 4,44 ± 0,04. Encontre $[H^+]$ e sua incerteza absoluta.

3.E. Considere uma solução aquosa com 37,0 (±0,5)% m/m de HCl e com uma massa específica de 1,18 (±0,01) g/mL. Para se transferir 0,050 0 mol de HCl necessitam-se de 4,18 mL de solução. Se a incerteza que pode ser tolerada em 0,050 0 mol é ±2%, de quanto pode ser a incerteza absoluta em 4,18 mL? (*Cuidado:* neste exercício você tem de trabalhar ao contrário. Você deverá calcular normalmente a incerteza em um mol de HCl a partir da incerteza no volume:

$$\text{mol de HCl} = \frac{\text{mL de solução} \times \dfrac{\text{g de solução}}{\text{mL de solução}} \times \dfrac{\text{g de HCl}}{\text{g de solução}}}{\dfrac{\text{g de HCl}}{\text{mol de HCl}}}$$

Mas, nesse caso, conhecemos a incerteza no número de mols do HCl (2%), e precisamos encontrar qual a incerteza no volume da solução que conduz à incerteza de 2%. O cálculo aritmético tem a forma $a = b \times c \times d$, para a qual $\%e_a^2 = \%e_b^2 + \%e_c^2 + \%e_d^2$. Se conhecemos $\%e_a$, $\%e_c$ e $\%e_d$, podemos encontrar $\%e_b$ pela subtração: $\%e_b^2 = \%e_a^2 - \%e_c^2 - \%e_d^2$.)

Problemas

Algarismos Significativos

3.1. Quantos algarismos significativos existem em cada um dos seguintes números?

(a) 1,903 0 (b) 0,039 10 (c) $1,40 \times 10^4$

3.2. Arredonde cada número como se indica:

(a) 1,236 7 para quatro algarismos significativos

(b) 1,238 4 para quatro algarismos significativos

(c) 0,135 2 para três algarismos significativos

(d) 2,051 para dois algarismos significativos

(e) 2,005 0 para três algarismos significativos

3.3. Arredonde cada número para três algarismos significativos:

(a) 0,216 74 (b) 0,216 5 (c) 0,216 500 3

3.4. Escreva cada uma das respostas a seguir com o número correto de algarismos.

(a) 1,021 + 2,69 = 3,711

(b) 12,3 – 1,63 = 10,67

(c) 4,34 × 9,2 = 39,928

(d) $0{,}060\,2 \div (2{,}113\times10^4) = 2{,}849\,03\times10^{-6}$

(e) $\log(4{,}218\times10^{12}) = ?$

(f) antilog (–3,22) = ?

(g) $10^{2{,}384} = ?$

3.5. Escreva a massa de (a) SrF_2 e (b) Na_2CO_3 com um número razoável de algarismos. Use a tabela periódica no início deste livro para encontrar as massas atômicas.

3.6. Escreva cada uma das respostas a seguir com o número correto de algarismos significativos.

(a) 1,0 + 2,1 + 3,4 + 5,8 = 12,300 0

(b) 106,9 – 31,4 = 75,500 0

(c) $107{,}868 - (2{,}113\times10^2) + (5{,}623 \times 10^3) = 5\,519{,}568$

(d) (26,14/37,62) × 4,38 = 3,043 413

(e) $[26{,}14/(37{,}62 \times 10^8)] \times (4{,}38 \times 10^{-2}) = 3{,}043\,413 \times 10^{-10}$

(f) (26,14/3,38) + 4,2 = 11,933 7

(g) $\log(3{,}98 \times 10^4) = 4{,}599\,9$

(h) $10^{-6{,}31} = 4{,}897\,79 \times 10^{-7}$

Tipos de Erro

3.7. Por que utilizamos aspas na palavra *real* na sentença de que a exatidão se refere a quão próximo um valor medido está do valor "real"?

3.8. Explique a diferença entre erro sistemático, erro aleatório e erro grosseiro (*blunder*).

3.9. Suponha que, em uma análise gravimétrica, você tenha esquecido de secar o cadinho filtrante antes de coletar o precipitado. Após filtrar, você secou o produto e o cadinho juntos antes de pesá-los.

(a) A massa aparente do produto é sempre mais alta ou sempre mais baixa?

(b) O erro na massa é um erro sistemático, aleatório ou grosseiro?

(c) Como este erro pode ser eliminado?

3.10. Diga se os erros em (a) a (f) são aleatórios, sistemáticos ou grosseiros:

(a) Uma pipeta volumétrica de 25 mL libera consistentemente um pouco mais de 25 mL.

(b) Uma pipeta calibrada transfere 25,031 ± 0,009 mL.

(c) Uma bureta de 10 mL transfere 1,98 ± 0,01 mL quando foi usada para transferir um volume exatamente da marca 0 até 2 mL. Quando se usa esta mesma bureta ela transfere habitualmente 2,03 ± 0,02 mL quando usada para transferir um volume exatamente da marca 2 até 4 mL.

(d) Quando se transferiu um volume de água de exatamente 0,00 até 2,00 mL, por meio de uma bureta de 10 mL, e a massa transferida foi de 1,983 9 g. Ao se repetir esta mesma operação da marca 0,00 até 2,00 mL, a massa transferida foi de 1,990 0 g.

(e) No ponto final de uma titulação usando uma bureta de 50 mL o menisco está ~1,2 cm abaixo da marca de 50,00 mL.

(f) Um volume de 20,0 μL, de determinada solução, foi injetado quatro vezes consecutivas em um cromatógrafo. A área do pico correspondente à solução, em unidades arbitrárias, foi: 4 383, 4 410, 4 401 e 4 390.

3.11. Proponha um método para remover o erro sistemático de cada um dos seguintes casos.

(a) Pentano (massa específica = 0,626 g/mL) é pesado em uma balança analítica.

(b) Uma pipeta que fornece um volume nominal de 2,000 ± 0,006 mL deve ser usada para uma análise que exige uma exatidão de 0,2%.

(c) Uma micropipeta de 100 μL libera consistentemente 0,25% menos do que seu valor nominal na cidade de Denver, a 1 milha (1609 m) de altitude.

(d) As toxinas paralisantes em mariscos produzidas por proliferação de algas são neurotoxinas potentes. Ao desenvolver um material de referência em mariscos para essas toxinas,[7] observou-se que a matriz do marisco suprime o sinal espectrométrico de massa em 0 a 50% com relação aos padrões preparados em água.

3.12. Haymitch, Gale, Katniss e Peeta praticaram tiro ao alvo em uma competição de arco e flecha. A figura seguinte mostra os alvos com os respectivos resultados que elas obtiveram. Relacione cada alvo com a descrição apropriada.

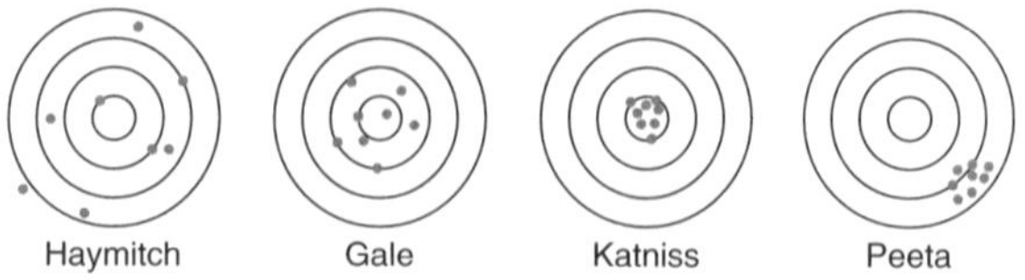

(**a**) exato e preciso

(**b**) exato, porém não preciso

(**c**) preciso, porém não exato

(**d**) nem preciso nem exato

3.13. Para o Problema 3.12:

(**a**) Caracterize cada arqueiro em termos de erro aleatório e erro sistemático.

(**b**) Use o alvo da Katniss para ilustrar um erro grosseiro.

3.14. Reescreva o número 3,123 56 (±0,167 89%), com o número apropriado de algarismos, nas formas de (**a**) número (± incerteza absoluta) e (**b**) número (± incerteza relativa percentual).

Propagação da Incerteza

3.15. Calcule as incertezas absoluta e relativa percentual e escreva cada resposta com um número apropriado de algarismos significativos.

(**a**) 6,2 (±0,2) M – 4,1 (±0,1) M = ?

(**b**) 9,43 (±0,05) M – 0,016 (±0,001) L = ?

(**c**) [6,2 (±0,2) mmol – 4,1 (±0,1) mmol] ÷ 9,43(±0,05) mL = ?

(**d**) 9,43 (±0,05) M × {[6,2 (±0,2) × 10^{-3} L] + [4,1 (±0,1) × 10^{-3} L]} = ?

3.16. Calcule as incertezas absoluta e relativa percentual e escreva cada resposta com um número apropriado de algarismos significativos.

(**a**) 9,23 (±0,03) mL + 4,21 (±0,02) mL – 3,26 (±0,06) mL = ?

(**b**) 91,3 (±1,0) mM × [40,3 (±0,2) mL] ÷ [21,1 (±0,2) mL] = ?

(**c**) [4,97 (±0,05) mmol – 1,86 (±0,01) mmol] ÷ [21,1 (±0,2) mL] = ?

(**d**) 2,016 4 (±0,000 8) g + 1,233 (±0,002) g + 4,61 (±0,01) g = ?

(**e**) 2,016 4 (±0,000 8) ×10^3 g + 1,233 (±0,002) × 10^2 g + 4,61 (±0,01) × 10^1 g = ?

(**f**) $[3{,}14\ (\pm 0{,}05)]^{1/3}$ = ?

(**g**) log[3,14 (±0,05)] = ?

3.17. Verifique os seguintes cálculos:

(**a**) $\sqrt{3{,}141\,5\ (\pm 0{,}001\,1)} = 1{,}772\,4\ (\pm 0{,}000\,3)$

(**b**) log[3,1415 (±0,001 1)] = $0{,}4971_4$ (±0,000 1_5)

(**c**) antilog[3,1415 (±0,001 1)] = 1,385 (±0,004) × 10^3

(**d**) ln[3,1415 (±0,001 1)] = 1,144 7 (±0,000 4)

(**e**) $\log\left(\dfrac{\sqrt{0{,}104\ (\pm 0{,}006)}}{0{,}0511\ (\pm 0{,}000\,9)}\right) = 0{,}80_0\ (\pm 0{,}01_5)$

3.18. Para preparar uma solução de NaCl, precisamos pesar 2,634 (±0,002) g e dissolver a massa em um balão volumétrico cujo volume é 100,00 (± 0,08) mL. A massa fórmula do NaCl é 58,44 g/mol. A incerteza na massa fórmula é desprezível em comparação com outras incertezas. Calcule a molaridade da solução resultante, juntamente com a sua incerteza, com o número apropriado de algarismos.

3.19. Qual a massa real de água no vácuo se a massa aparente pesada ao ar, a 24 °C, é 1,034 6 ± 0,000 2 g? A massa específica do ar é 0,001 2 ± 0,000 1 g/mL e a massa específica dos pesos da balança é 8,0 ± 0,5 g/mL. A incerteza da massa específica da água, de acordo com a Tabela 2.7, é desprezível em comparação com a incerteza da massa específica do ar.

3.20. Podemos medir a concentração de uma solução de HCl pela reação com carbonato de sódio puro: $2H^+ + Na_2CO_3 \rightarrow 2Na^+ + H_2O + CO_2$. Um volume de 27,35 ± 0,04 mL da solução de HCl foi necessário para reagir completamente com 0,967 4 ± 0,000 9 g de Na_2CO_3 (MF 105,988). A incerteza na massa fórmula é desprezível em comparação com outas incertezas.

(**a**) Determine a molaridade da solução do HCl e sua incerteza absoluta.

(**b**) A pureza estabelecida para o padrão primário Na_2CO_3 é 99,95 a 100,05% m/m, o que significa que ele pode reagir com (100,00 ± 0,05)% da quantidade teórica de H^+. Recalcule sua resposta para o item (**a**) com essa incerteza adicional.

(**c**) Que fator na análise seria mais importante para torná-la mais precisa reduzindo a incerteza global?

3.21. Você dispõe de uma solução-estoque certificada por um fabricante como contendo 150,0 ± 0,3 μg de SO_4^{2-}/mL. Você deseja diluí-la por um fator de 100 a fim de obter uma solução contendo 1,500 μg/mL. Existem dois métodos possíveis de diluição apresentados a seguir. Para cada método, calcule a incerteza resultante na concentração. Use as tolerâncias do fabricante nas Tabelas 2.3 e 2.4 para as incertezas. Explique por que um método é mais preciso que o outro.

(**a**) Diluir 10,00 mL até 100 mL com uma pipeta volumétrica e um balão volumétrico. Então, tomar 10,00 mL da solução diluída, diluindo-a novamente a 100 mL.

(**b**) Diluir 1,000 mL a 100 mL com uma pipeta volumétrica e um balão volumétrico.

3.22. O *quilograma* foi redefinido com base na constante de Planck (h) e em uma esfera de silício cristalino puro:[8]

$$m_{\text{esfera}} = 2h\left(\frac{R_\infty}{cm_e\alpha^2}\right)\frac{8A_{\text{Si}}V_{\text{esfera}}}{l^3}$$

Os termos (com suas incertezas relativas) são: (1) a constante de Planck h (incerteza zero, pois ela é definida exatamente); (2) o termo entre colchetes incluindo a constante de Rydberg (R_∞), conhecida com exatidão, a velocidade da luz (c), a massa do elétron (m_e) e a constante de estrutura fina (α), com uma incerteza combinada de ±4,7 × 10^{-8}%; (3) a massa atômica A_{Si} do silício enriquecido com ^{28}Si (±5,4 × 10^{-7}%); (4) o volume da esfera de Si (±2,0 × 10^{-6}%); e (5) o parâmetro de rede cristalina l (±$1{,}8_4$ × 10^{-7}%). Existem exatamente oito átomos por célula unitária.

(**a**) Calcule a incerteza relativa da m_{esfera}. Para encontrar a incerteza de l^3, use a função $y = x^a$ na Tabela 3.1.

(**b**) A massa da esfera de silício puro (999,698 336 5 g) também deve ser corrigida para defeitos na rede cristalina (m_{defeitos} = 3,8 (±3,8) μg) e um óxido superficial ($m_{\text{óxido}}$ = 120,6 (±8,9) μg).

$$m'_{\text{esfera}} = m_{\text{esfera}} - m_{\text{defeitos}} + m_{\text{óxido}}$$

Qual é a massa corrigida (m'_{esfera}) e a incerteza absoluta e relativa associada?

(**c**) Se o objetivo era definir 1 kg com uma incerteza relativa menor que 2 × 10^{-5}%, o método é *adequado ao propósito*?

4 Estatística

MINHA LEITURA DE GLICOSE NO SANGUE ESTÁ CORRETA?

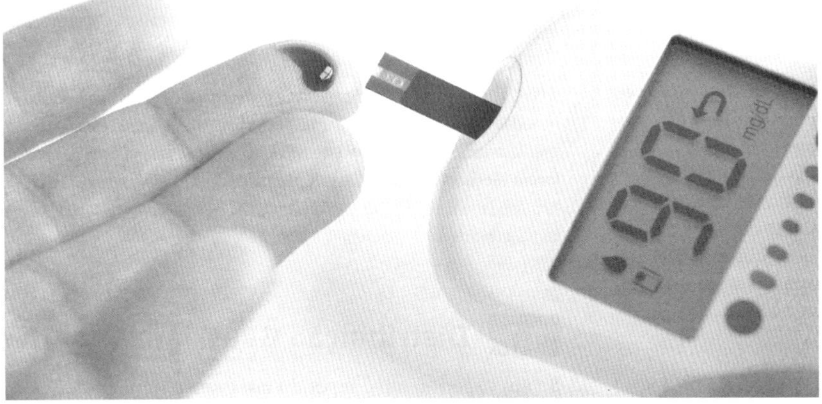

Autoteste dos níveis de glicose no sangue. [Seasontime/Shutterstock]

A Seção 17.4 explica como funciona o medidor de glicose no sangue.

Todas as medições têm incerteza experimental, portanto, nunca é possível ter certeza absoluta de um resultado. Milhões de pessoas com diabetes dependem de medidores de glicose no sangue para determinar se o nível de glicose no sangue está muito alto, muito baixo ou apenas normal. A variação das leituras pode indicar sérios problemas de saúde, ou podem ser em razão de uma má técnica ou de um medidor com defeito. Os fabricantes de medidores de glicose no sangue recomendam a execução de uma *amostra de controle* – uma solução de concentração de glicose conhecida – para testar a técnica e o medidor de glicose. Digamos que um membro da família fez esse teste com os seguintes resultados:

Medidas da amostra de controle	**Concentração da amostra de controle**
90 mg/dL	
94 mg/dL	
85 mg/dL	99 mg/dL
95 mg/dL	
93 mg/dL	
Média = 91,4 mg/dL	

Como você está fazendo a disciplina de Análise Quantitativa, eles lhe perguntam: “Minha leitura de glicose no sangue está correta?” O “valor verdadeiro” de 99 mg/dL é maior do que as cinco leituras, mas a variação aleatória nas leituras pode nos levar a esperar que elas não sejam tão diferentes do valor verdadeiro.

Aprenderemos no fim da Seção 4.4 que há apenas 1,3% de chance de observar o valor médio obtido tão distante do valor verdadeiro. Entretanto, ainda cabe a você decidir o que aconselhar a seu familiar com base nesta informação.

Medidas experimentais sempre trazem consigo alguma variação, de modo que nenhuma conclusão pode ser tirada com certeza absoluta. A estatística fornece ferramentas que possibilitam chegar a conclusões com grande probabilidade de estarem corretas, assim como de rejeitar conclusões improváveis.[1] Neste capítulo, usaremos ferramentas estatísticas com a finalidade de acatar ou de rejeitar conclusões baseadas na probabilidade de que estejam corretas. Aprenderemos o método dos mínimos quadrados para ajustar os dados experimentais a uma linha reta e estimar as incertezas associadas a essa reta.

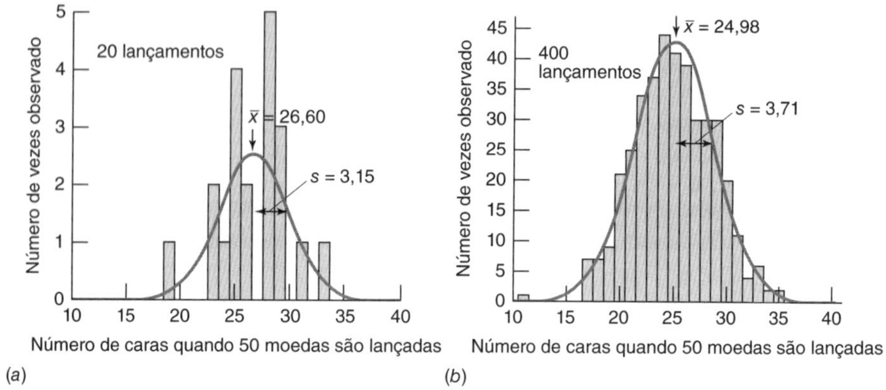

FIGURA 4.1 Gráfico de barras e curva gaussiana descrevendo o número de caras observado quando 50 moedas são lançadas sobre uma superfície (*a*) 20 vezes e (*b*) 400 vezes. A curva suave possui a mesma média aritmética, o mesmo desvio-padrão e a mesma área que o gráfico de barras. Quanto mais medidas forem efetuadas, mais os resultados estarão próximos da curva suave. [Dados de D. J. George and N. I. Hammer, "Studying the Binomial Distribution Using LabVIEW," *J. Chem. Ed.* **2015**, *92*, 389. D. George participou desse experimento como aluno de iniciação científica.]

Dizemos que a variação dos dados experimentais está **distribuída normalmente** quando a repetição das medidas exibe uma distribuição em forma de sino, mostrada na Figura 4.1. Nesse caso, a probabilidade de que o valor de uma medida esteja acima ou abaixo da média é a mesma. A probabilidade de se observar qualquer valor diminui quando a distância desse valor aumenta com relação à média.

4.1 Distribuição Gaussiana

Se um experimento é repetido um grande número de vezes, e se os erros são puramente aleatórios, então os resultados tendem a se agrupar simetricamente em torno de um valor médio (Figura 4.1). Quanto mais vezes o experimento for repetido, mais os resultados se aproximam de uma curva idealmente suave ideal, chamada **distribuição gaussiana**. Em geral, não podemos fazer muitas medidas em um experimento de laboratório. O mais provável é que um experimento seja repetido de três a cinco vezes, em vez de 400 vezes. A partir de um pequeno conjunto de resultados, podemos estimar as propriedades de um conjunto hipotético maior.

A média se localiza no centro da distribuição. O desvio-padrão indica a largura da distribuição.

Valor Médio e Desvio-padrão

Para ilustrar uma distribuição aleatória, cada aluno jogou um conjunto de 50 moedas e registrou o número de caras observadas. Os alunos juntaram os dados para criar tamanhos de amostra maiores na Figura 4.1. Os gráficos de barras mostram o número de vezes que um número específico de caras foi observado em 20 e 400 lançamentos de 50 moedas. O histograma irregular é típico de dados em química analítica quando apenas um pequeno número de medições é feito. O histograma correspondente a 400 lançamentos parece uma distribuição gaussiana. A curva suave é a distribuição gaussiana que melhor se ajusta aos dados. Qualquer conjunto finito de dados será ligeiramente diferente da curva gaussiana.

O número de caras e a curva gaussiana correspondente são caracterizados por dois parâmetros. A **média** aritmética, $\bar{x}$ – também chamada simplesmente de **média** – é a soma dos valores medidos dividida por n, o número de medidas:

Média:
$$\bar{x} = \frac{\sum_i x_i}{n} \tag{4.1}$$

em que x_i é o número de caras observado em um dado lançamento de 50 moedas. A letra grega maiúscula sigma, Σ, significa o somatório: $\Sigma_i x_i = x_1 + x_2 + x_3 + \cdots + x_n$. Na Figura 4.1b, o valor médio é de 24,98 caras.

O **desvio-padrão,** s, mede como os dados estão agrupados em torno da média. Na Figura 4.1b, $s = 3{,}71$.

Desvio-padrão:
$$s = \sqrt{\frac{\sum_i (x_i - \bar{x})^2}{n-1}} \tag{4.2}$$

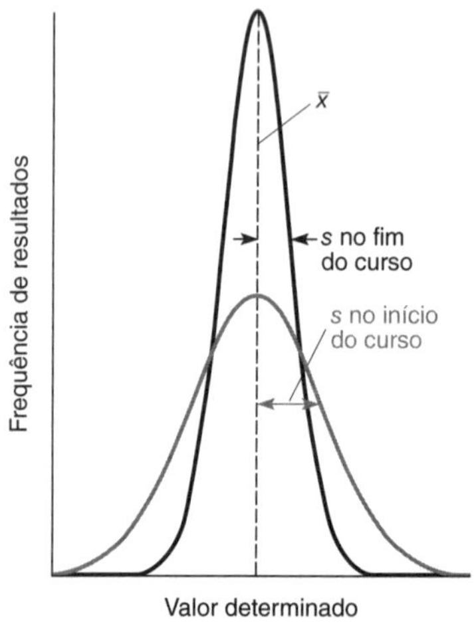

FIGURA 4.2 Curvas gaussianas hipotéticas para dois conjuntos de análises feitas por um aluno no laboratório, uma com um desvio-padrão metade da outra. O número de medidas descritas por cada curva, que é a área sob cada curva, é o mesmo. A proficiência do aluno melhorou com a prática, de modo que o desvio-padrão no fim do curso é metade do que era no início do curso.

Quanto menor for o desvio-padrão, mais próximo os dados estão agrupados em torno da média (Figura 4.2). Um experimento que produz um pequeno desvio-padrão é mais **preciso** do que um que produz um grande desvio-padrão. Maior precisão não implica necessariamente maior **exatidão**, que indica a proximidade com relação ao valor "real".

Precisão: reprodutibilidade
Exatidão: proximidade com a "verdade"

Para um conjunto *infinito* de dados, a média é indicada pela letra grega minúscula mi, μ (a média de população), e o desvio-padrão é escrito com a letra grega minúscula sigma, σ (o desvio-padrão da população). Para lançamentos de moedas, a teoria da probabilidade diz que a média da população é de 25 caras para um lançamento de 50 moedas e o desvio-padrão populacional é de 3,54.* Na análise química nunca podemos medir μ e σ, porém os valores de $\bar{x}$ e s aproximam-se de μ e σ com o aumento do número de medidas.

Quando o número de medidas aumenta sob condições constantes, $\bar{x}$ aproxima-se de μ, *se não houver erro sistemático.*

Os **graus de liberdade** do sistema são dados por $n - 1$ na Equação 4.2. O quadrado do desvio-padrão é chamado **variância**. O desvio-padrão expresso como uma porcentagem do valor médio ($= 100 \times s/\bar{x}$) é chamado **desvio-padrão relativo** ou *coeficiente de variação.*

Desvio-padrão relativo $= 100 \times \frac{s}{\bar{x}}$

EXEMPLO Média e Desvio-padrão

Suponha que são efetuadas quatro medidas: 821, 783, 834 e 855. Calcule a média aritmética, o desvio-padrão e o desvio-padrão relativo.

Solução A média aritmética é

$$\bar{x} = \frac{821 + 783 + 834 + 855}{4} = 823{,}_2$$

Para evitar a acumulação de erros de arredondamento, conserve mais um algarismo do que os que estavam presentes nos dados originais. O desvio-padrão é

$$s = \sqrt{\frac{(821 - 823{,}_2)^2 + (783 - 823{,}_2)^2 + (834 - 823{,}_2)^2 + (855 - 823{,}_2)^2}{(4 - 1)}} = 30{,}_3$$

Aprenda a usar a função desvio-padrão na sua calculadora e observe que o resultado neste caso é s = 30,269 6 . . . Para obter instruções, pesquise "desvio-padrão na sua calculadora [sua marca e modelo]".

A média e o desvio-padrão devem terminar, ambos, na *mesma casa decimal.* Para $\bar{x} = 823{,}_2$ escrevemos $s = 30{,}_3$. O desvio-padrão relativo é a incerteza percentual relativa:

$$\text{Desvio-padrão relativo} = 100 \times \frac{s}{\bar{x}} = 100 \times \frac{30{,}_3}{823{,}_2} = 3{,}7\%$$

TESTE-SE Se cada um dos quatro números, 821, 783, 834 e 855, no exemplo fosse dividido por 2, como a média, o desvio-padrão e o desvio-padrão relativo seriam afetados? (***Resposta:*** $\bar{x}$ e s serão divididos por 2, mas o desvio-padrão relativo permanecerá o mesmo.)

As planilhas têm funções pré-programadas para o cálculo da média e do desvio-padrão. Na planilha ao lado, os dados experimentais são introduzidos nas células B1 até B4. A média aritmética na célula B5 é calculada com a declaração "= MÉDIA(B1:B4)". B1:B4 se refere às células B1, B2, B3 e B4. O desvio-padrão na célula B6 é calculado por meio de "= DESVPAD.S(B1:B4)", que usa a Equação 4.2.

Para facilitar a leitura, as células B5 e B6 foram programadas para mostrar duas casas decimais. Uma linha em negrito foi colocada abaixo da célula B4 no Excel marcando a célula, depois indo para Início, Fonte, ícone Borda e selecionando Fonte, Borda e selecionando o ícone Borda Inferior Espessa.

	A	B
1		821
2		783
3		834
4		855
5	Média =	823,25
6	Desv pad =	30,27
7	B5 = MÉDIA(B1:B4)	
8	B6 = DESVPAD.S(B1:B4)	

Algarismos Significativos na Média e no Desvio-padrão

Normalmente expressamos resultados experimentais na forma $\bar{x} \pm s$ (n = _), em que n é o número de dados experimentais. É razoável escrever os resultados do exemplo anterior como 823 ± 30 (n = 4), ou ainda 8,2 (±0,3) × 10^2 (n = 4) para indicar que a média tem apenas dois algarismos significativos. As expressões 823 ± 30 e 8,2 (±0,3) × 10^2 não são adequadas para cálculos que continuam prosseguindo, em que $\bar{x}$ e s são resultados intermediários. Nos cálculos seguintes, retemos um ou mais algarismos não significativos para evitar erros de arredondamento em trabalhos posteriores. Não se assuste quando encontrar respostas do tipo $823{,}_2 \pm 30{,}_3$ nos problemas existentes neste livro.

Expresse a média e o desvio-padrão na forma

$\bar{x} \pm s$ (n = _)

Não faça arredondamentos durante um cálculo. Mantenha todos os algarismos extras em sua calculadora.

*Em um processo binomial, se a probabilidade de observar o resultado A é p_A e a probabilidade de observar o resultado B é p_B, então o desvio-padrão teórico para um grande número de experimentos é $\sigma = \sqrt{np_A p_B}$, com n sendo o número de tentativas em cada experimento. Para n = 50 moedas e $p_A = \frac{1}{2}$ para cara e $p_B = \frac{1}{2}$ para coroa, o desvio-padrão para um número muito grande de experimentos deve se aproximar de $\sigma = \sqrt{(50)(0{,}5)(0{,}5)} \approx 3{,}54$.

TABELA 4.1 **Ordenada e área para a curva normal de erro (gaussiana),** $y = \frac{1}{\sqrt{2\pi}} e^{-z^2/2}$

$\|z\|$[a]	y	Área[b]	$\|z\|$	y	Área	$\|z\|$	y	Área
0,0	0,398 9	0,000 0	1,4	0,149 7	0,419 2	2,8	0,007 9	0,497 4
0,1	0,397 0	0,039 8	1,5	0,129 5	0,433 2	2,9	0,006 0	0,498 1
0,2	0,391 0	0,079 3	1,6	0,110 9	0,445 2	**3,0**	**0,004 4**	**0,498 650**
0,3	0,381 4	0,117 9	1,7	0,094 1	0,455 4	3,1	0,003 3	0,499 032
0,4	0,368 3	0,155 4	1,8	0,079 0	0,464 1	3,2	0,002 4	0,499 313
0,5	0,352 1	0,191 5	1,9	0,065 6	0,471 3	3,3	0,001 7	0,499 517
0,6	0,333 2	0,225 8	**2,0**	**0,054 0**	**0,477 3**	3,4	0,001 2	0,499 663
0,7	0,312 3	0,258 0	2,1	0,044 0	0,482 1	3,5	0,000 9	0,499 767
0.8	0,289 7	0,288 1	2,2	0,035 5	0,486 1	3,6	0,000 6	0,499 841
0,9	0,266 1	0,315 9	2,3	0,028 3	0,489 3	3,7	0,000 4	0,499 904
1,0	**0,242 0**	**0,341 3**	2,4	0,022 4	0,491 8	3,8	0,000 3	0,499 928
1,1	0,217 9	0,364 3	2,5	0,017 5	0,493 8	3,9	0,000 2	0,499 952
1,2	0,194 2	0,384 9	2,6	0,013 6	0,495 3	**4,0**	**0,000 1**	**0,499 968**
1,3	0,171 4	0,403 2	2,7	0,010 4	0,496 5	∞	0	0,5

a. $z = (x - \mu)/\sigma$

b. A área se refere à região entre $z = 0$ *e* $z =$ *o valor na tabela. Assim, a área de* $z = 0$ *até* $z = 1,4$ *é 0,419 2. A área de* $z = -0,7$ *até* $z = 0$ *é a mesma que de* $z = 0$ *até* $z = 0,7$. *A área de* $z = -0,5$ *até* $z = +0,3$ *é (0,191 5 + 0,117 9) = 0,309 4. A área total entre* $z = -\infty$ *e* $z = +\infty$ *é unitária.*

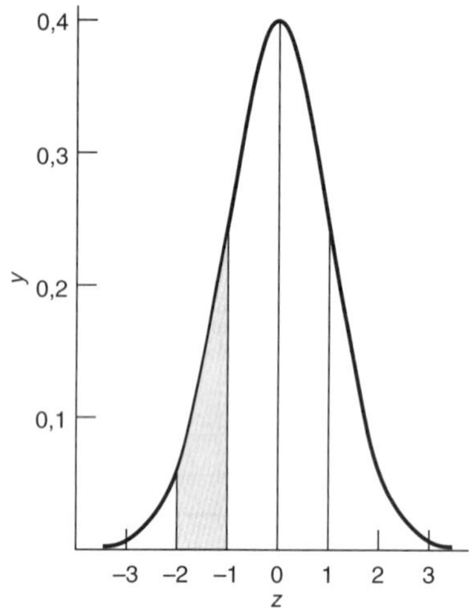

FIGURA 4.3 Uma curva gaussiana na qual $\mu = 0$ e $\sigma = 1$. Uma curva gaussiana cuja área é unitária é denominada curva normal de erro. Nesse caso, a abcissa $z = (x - \mu)/\sigma$ é a distância com relação à média, medida em unidades de desvio-padrão. Quando $z = 2$, estamos dois desvios-padrão afastados da média.

Desvio-padrão e Probabilidade

A fórmula para uma curva gaussiana é

Curva gaussiana:
$$y = \frac{1}{\sigma\sqrt{2\pi}} e^{-(x-\mu)^2/2\sigma^2} \quad (4.3)$$

em que e (= 2,718 28 ...) é a base do logaritmo natural. Para um número finito de dados, aproximamos μ por $\bar{x}$ e σ por s. Um gráfico da Equação 4.3 pode ser visto na Figura 4.3, na qual os valores $\sigma = 1$ e $\mu = 0$ são usados para simplificar. O valor máximo de y é em $x = \mu$ e a curva é simétrica em torno de $x = \mu$.

É vantajoso expressar os desvios do valor médio em múltiplos, z, do desvio-padrão. Ou seja, transformamos x em z, de acordo com

$$z = \frac{x - \mu}{\sigma} \approx \frac{x - \bar{x}}{s} \quad (4.4)$$

A probabilidade de se medir z em certo *intervalo* é igual à *área* deste intervalo. Por exemplo, a probabilidade de se observar z entre −2 e −1 é 0,477 3 − 0,341 3 = 0,136 0. Esta probabilidade corresponde à área sombreada na Figura 4.3. A área sob cada parte da curva gaussiana é dada na Tabela 4.1. Como a soma das probabilidades de todas as medidas de que ser igual a um, a área sob toda a curva de $z = -\infty$ até $z = +\infty$ tem de ser unitária. O número $1/(\sigma\sqrt{2\pi})$ na Equação 4.3 é denominado *fator de normalização*. Ele garante que a área sob a curva inteira seja unitária. Uma curva gaussiana com área unitária é denominada *curva normal de erro*.

Quando $z = +1$, x está um desvio-padrão acima da média. Quando $z = -2$, x está dois desvios-padrão abaixo da média.

EXEMPLO Área Sob uma Curva Gaussiana

Para muitos lançamentos de um conjunto de 50 moedas na Figura 4.1, a teoria da probabilidade prevê uma média de 25,00 caras e um desvio-padrão de 3,54. Quantos lançamentos devem ter menos de 15 caras se as 50 moedas forem lançadas 400 vezes?

Solução Precisamos expressar o intervalo desejado em múltiplos do desvio-padrão e então encontrar a área do intervalo na Tabela 4.1. Como $\mu = 25,00$ e $\sigma = 3,54$, $z = (15 - 25,00)/3,54 = -2,82 \approx -2,8$. A área sob a curva entre o valor médio e $z = -2,8$ é 0,497 4, de acordo com a Tabela 4.1. A área total de $-\infty$ até o valor médio é 0,500 0, de modo que a área de $-\infty$ a −2,8 é 0,500 0 − 0,497 4 = 0,002 6. A área à esquerda de 15 caras na Figura 4.1b corresponde somente a 0,26% da área total sob a curva. Se a turma lançar as 50 moedas 400 vezes, eles esperariam ver 15 ou menos caras apenas uma vez (0,26% de 400 = 1,04).

TESTE-SE Se 50 moedas são lançadas 400 vezes, quantas vezes 32 ou mais caras seriam esperadas? Quantas vezes são observadas na Figura 4.1b? (***Resposta:*** $z = 1{,}98 \approx +2{,}0$, área de $z = -\infty$ até $z = 2{,}0 = 0{,}500\ 0 - 0{,}477\ 3 = 0{,}022\ 7$. Esperadas $(0{,}022\ 7)(400) \approx 9$ vezes; observadas: 14 vezes.)

EXEMPLO Usando uma Planilha Eletrônica para Determinar a Área Sob uma Curva Gaussiana

Para 400 lançamentos de 50 moedas, quantos lançamentos são esperados ter entre 20 e 27 caras?

Solução *Devemos encontrar a fração da área da curva gaussiana compreendida entre $x = 20$ e $x = 27$ caras e multiplicar esta fração por 400 lançamentos.* A função DIST.NORM no Excel dá a área de uma curva de $-\infty$ até determinado ponto x. Descrevemos a seguir a estratégia a ser usada: encontramos a área de $-\infty$ até 27 caras, que é a área sombreada à esquerda de 27 caras na Figura 4.4. Então, determinamos a área de $-\infty$ até 20 caras, que é a área sombreada à esquerda de 20 caras na Figura 4.4. A diferença entre as duas áreas é a área de 20 até 27 caras:

$$\text{Área de 20 a 27} = (\text{área de } -\infty \text{ até } 27) - (\text{área de } -\infty \text{ até } 20)$$

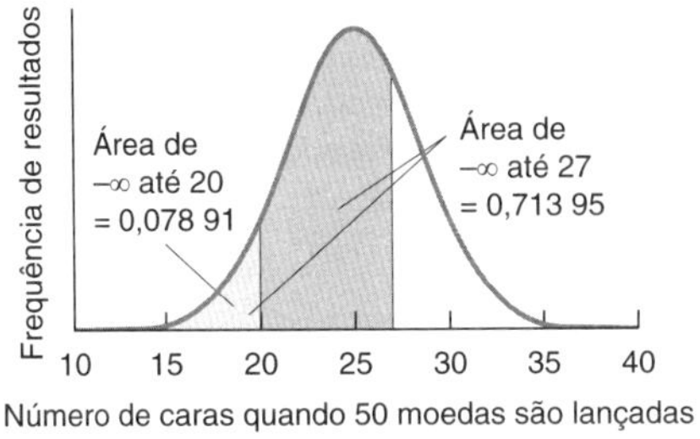

FIGURA 4.4 Utilização da curva gaussiana para determinar a fração de experimentos em que observaremos entre 20 e 27 caras quando 50 moedas são lançadas. Determinamos a área entre $-\infty$ e 27 caras e subtraímos da área entre $-\infty$ e 20 caras.

Em uma planilha eletrônica, entre com a média $\mu = 25{,}00$ na célula A2 e com o desvio-padrão $\sigma = 3{,}54$ na célula B2. Para determinar a área sob uma curva gaussiana de $-\infty$ até 27 caras na célula C4, marque a célula C4 e vá para Fórmulas e Inserir Função. Na janela que aparece, selecione funções estatísticas e dê um clique duplo em DIST.NORM. Vai aparecer uma janela perguntando pelos quatro valores que serão usados por DIST.NORM.

	A	B	C
1	Média =	Desv pad =	
2	25,00	3,54	
3			
4	Área de −∞ até 27		0,7140
5	Área de −∞ até 20		0,0789
6	Área de 20 até 27 =		0,6350
7			
8	C4 = DIST.NORM(27,$A$2,$B$2,VERDADEIRO)		
9	C5 = DIST.NORM(27,$A$2,$B$2,VERDADEIRO)		
10	C6 = C4-C5		

Os valores dados para a função DIST.NORM (x, média, desvio-padrão, cumulativo) são denominados *argumentos* da função. O primeiro argumento é x, que é 27. O segundo argumento é a média. Você pode entrar com 25 para a média ou entrar $A$2, que é a célula que contém o valor 25. Usamos o sinal de dólar em $A$2 de modo que possamos mover a fórmula para outras células mantendo ainda a referência para a célula A2. O terceiro argumento é o desvio-padrão, para o qual digitamos $B$2. O último argumento é chamado "cumulativo". Quando o seu valor é VERDADEIRO, DIST.NORM fornece a área sob a curva gaussiana. Quando cumulativo é FALSO, DIST.NORM fornece a ordenada (o valor de y) da curva gaussiana. Como desejamos a área, entramos com VERDADEIRO. A fórmula "= DIST.NORM(27,$A$2,$B$2,VERDADEIRO)" na célula C4, retorna 0,714 0. Esta é a área sob a curva gaussiana de $-\infty$ até 27. Para obter a área de $-\infty$ até 20, escrevemos "= DIST.NORM(20,$A$2,$B$2,VERDADEIRO)" na célula C5. O valor fornecido pelo computador é 0,078 9. Então, subtraímos as áreas (C6 = C4 – C5) obtendo 0,635 0, que é a área de 20 até 27 caras. Esperamos que 63,50% dos 400 lançamentos (= 254 lançamentos) tenham entre 20 e 27 caras.

TESTE-SE Quantos dos 400 lançamentos de 50 moedas devem ter de 23 a 28 caras? (***Resposta:*** 51,56% de 400 lançamentos = 206 lançamentos.)

O desvio-padrão mede a largura da curva gaussiana. Quanto maior for o valor de σ, mais larga será a curva. Em qualquer curva gaussiana, 68,3% da área está no intervalo de $\mu - 1\sigma$ a $\mu + 1\sigma$, ou seja, prevê-se que mais de dois terços das medidas estejam situadas dentro de um desvio-padrão da média. Também, 95,5% da área situa-se entre $\mu \pm 2\sigma$, e 99,7% da área estão dentro de $\mu \pm 3\sigma$.

Intervalo	Porcentagem de medidas
$\mu \pm 1\sigma$	68,3
$\mu \pm 2\sigma$	95,5
$\mu \pm 3\sigma$	99,7

Considere seu desempenho no laboratório hipotético representado na Figura 4.2. No início do período, seu desvio-padrão nas análises pode ser de 1,0%. Aproximadamente dois terços dessas medições iniciais estão dentro de ±1,0% da média. Ao fim do período, após a prática e refinamento da sua técnica, seu desvio-padrão pode ser de 0,5%. Nesse momento, dois terços de suas medições estão dentro de ±0,5% da média.

Desvio-padrão da Média

- s_x mede a incerteza em x. s_x tende para um valor constante quando n tende para ∞.
- u_x mede a incerteza na média, $\bar{x}$. u_x tende para 0 quando n tende para ∞.

Os instrumentos com aquisição rápida de dados permitem fazer, em média, mais experimentos em um curto intervalo de tempo para melhorar a confiança na média.

Cada medição individual que fazemos inclui a incerteza aleatória descrita pelo desvio-padrão s_x. Quanto mais vezes medimos uma quantidade, mais confiante podemos estar de que a média está próxima da média da população. A relação é expressa pelo **desvio-padrão da média**, u_x:

Desvio-padrão da média de conjuntos de n valores:

$$u_x = \frac{s_x}{\sqrt{n}} \tag{4.5}$$

A incerteza decresce na proporção de $1/\sqrt{n}$, em que n é o número de medidas. Podemos diminuir a incerteza da média por um fator de $2 (= \sqrt{4})$ fazendo quatro vezes mais medidas e por um fator de $10 (= \sqrt{100})$ fazendo 100 vezes mais medidas.

4.2 Comparação dos Desvios-padrão com o Teste *F*

Uma pergunta importante em estatística é "os valores médios de dois conjuntos de experimentos são 'estatisticamente diferentes' um do outro quando se leva em conta a incerteza experimental?" Para que se possa comparar valores médios na próxima seção, devemos primeiramente decidir se os desvios-padrão dos dois conjuntos são "estatisticamente diferentes".

Considere as determinações de bicarbonato (HCO_3^-) no sangue de cavalos de corrida. Alguns treinadores injetam $NaHCO_3$ em um cavalo antes de uma corrida a fim de neutralizar o ácido lático que se acumula durante uma atividade extenuante. Para coibir o uso dessa prática, determina-se o HCO_3^- presente no sangue do cavalo após uma corrida. Quando o fabricante de um instrumento certificado para tais determinações deixa de produzi-lo, as autoridades precisam certificar um novo instrumento.

A Tabela 4.2 mostra os resultados obtidos com dois instrumentos. As médias 36,14 e 36,20 mM são comparáveis, mas o desvio-padrão (s) do instrumento substituto é quase o dobro do instrumento original (0,47 contra 0,28 mM). O valor de s = 0,47 mM para o instrumento substituto é "significativamente" diferente de s = 0,28 mM?

TABELA 4.2 Determinações de HCO_3^- em sangue de cavalos

	Instrumento original	Instrumento substituto
Média ($\bar{x}$, mM)	36,14	36,20
Desvio-padrão (s, mM)	0,28	0,47
Número de medidas (n)	10	4

Dados de M. Jarret, D. B. Hibbert, R. Osborne e E. B. Young, "Alternative Instrumentation for the Analysis of Total Carbon Dioxide (TCO_2) in Equine Plasma", Anal. Bioanal. Chem. *2010*, 397, *717.*

Hipótese nula: a afirmação de que dois conjuntos de dados são obtidos a partir de populações com as mesmas propriedades, tais como o desvio-padrão σ (teste *F*) ou a média μ (teste *t* na Seção 4.4).

A **hipótese nula** que testaremos diz que dois conjuntos de medidas são obtidos a partir de populações com o mesmo desvio-padrão populacional (σ); as diferenças observadas se devem apenas à variação aleatória nas medidas. Aceitamos a hipótese nula, a menos que haja fortes evidências de que ela é falsa. Rejeitamos a hipótese nula se houver < 5% de probabilidade de observar os resultados experimentais de duas populações com o mesmo desvio-padrão populacional.

Para decidir se s_1 = 0,47 mM e s_2 = 0,28 mM são provavelmente provenientes de duas populações com o mesmo desvio-padrão populacional, usamos o **teste *F***, com o quociente *F* definido como

O quadrado do desvio-padrão é denominado **variância**.

$$F_{\text{calculado}} = \frac{s_1^2}{s_2^2}, \; s_1 \geq s_2 \tag{4.6}$$

Graus de liberdade para o desvio-padrão: $n - 1$

Colocamos o desvio-padrão maior no numerador, de modo que $F \geq 1$. A seguir, comparamos $F_{\text{calculado}}$ com F_{tabelado} na Tabela 4.3. Nesta tabela, os *graus de liberdade* para n medidas são expressos como $n - 1$. Caso existam cinco medidas em um conjunto de dados, então existem quatro graus de liberdade. Se $F_{\text{calculado}} > F_{\text{tabelado}}$, então há < 5% de chance que os dois conjuntos de dados venham de populações com o mesmo desvio-padrão populacional e a diferença é considerada significativa.

TABELA 4.3 **Valores críticos de $F = s_1^2/s_2^2$ com um nível de confiança de 95% para um teste *F* bicaudal**

Graus de liberdade para s_2	Graus de liberdade para s_1													
	2	3	4	5	6	7	8	9	10	12	15	20	30	∞
2	39,00	39,17	39,25	39,30	39,33	39,36	39,37	39,39	39,40	39,41	39,43	39,45	39,46	39,50
3	16,04	15,44	15,10	14,88	14,73	14,62	14,54	14,47	14,42	14,34	14,25	14,17	14,08	13,90
4	10,65	9,98	9,60	9,36	9,20	9,07	8,98	8,90	8,84	8,75	8,66	8,56	8,46	8,26
5	8,43	7,76	7,39	7,15	6,98	6,85	6,76	6,68	6,62	6,52	6,43	6,33	6,23	6,02
6	7,26	6,60	6,23	5,99	5,82	5,70	5,60	5,52	5,46	5,37	5,27	5,17	5,07	4,85
7	6,54	5,89	5,52	5,29	5,12	4,99	4,90	4,82	4,76	4,67	4,57	4,47	4,36	4,14
8	6,06	5,42	5,05	4,82	4,65	4,53	4,43	4,36	4,30	4,20	4,10	4,00	3,89	3,67
9	5,71	5,08	4,72	4,48	4,32	4,20	4,10	4,03	3,96	3,87	3,77	3,67	3,56	3,33
10	5,46	4,83	4,47	4,24	4,07	3,95	3,85	3,78	3,72	3,62	3,52	3,42	3,31	3,08
11	5,26	4,63	4,28	4,04	3,88	3,76	3,66	3,59	3,53	3,43	3,33	3,23	3,12	2,88
12	5,10	4,47	4,12	3,89	3,73	3,61	3,51	3,44	3,37	3,28	3,18	3,07	2,96	2,72
13	4,97	4,35	4,00	3,77	3,60	3,48	3,39	3,31	3,25	3,15	3,05	2,95	2,84	2,60
14	4,86	4,24	3,89	3,66	3,50	3,38	3,29	3,21	3,15	3,05	2,95	2,84	2,73	2,49
15	4,77	4,15	3,80	3,58	3,41	3,29	3,20	3,12	3,06	2,96	2,86	2,76	2,64	2,40
16	4,69	4,08	3,73	3,50	3,34	3,22	3,12	3,05	2,99	2,89	2,79	2,68	2,57	2,32
17	4,62	4,01	3,66	3,44	3,28	3,16	3,06	2,98	2,92	2,82	2,72	2,62	2,50	2,25
18	4,56	3,95	3,61	3,38	3,22	3,10	3,01	2,93	2,87	2,77	2,67	2,56	2,44	2,19
19	4,51	3,90	3,56	3,33	3,17	3,05	2,96	2,88	2,82	2,72	2,62	2,51	2,39	2,13
20	4,46	3,86	3,51	3,29	3,13	3,01	2,91	2,84	2,77	2,68	2,57	2,46	2,35	2,09
30	4,18	3,59	3,25	3,03	2,87	2,75	2,65	2,57	2,51	2,41	2,31	2,20	2,07	1,79
∞	3,69	3,12	2,79	2,57	2,41	2,29	2,19	2,11	2,05	1,94	1,83	1,71	1,57	1,00

Valores críticos de F para um teste bicaudal da hipótese nula em que $\sigma_1 = \sigma_2$. Caudas são explicadas na Figura 4.9. Existe uma probabilidade de 5% de se observar F acima do valor tabulado se os dois conjuntos de dados vêm de populações com o mesmo desvio-padrão populacional.

Você pode calcular F para determinado nível de confiança por meio da função do Excel INV.F.CD(probabilidade;graus_liberdade1;grau_liberdade2). A declaração "= INV.F.CD(0,025,7,6)" reproduz o valor F = 5,70 nesta tabela. A declaração "= INV.F.CD(0,05,7,6)" dá F = 4,21 para 90% de confiança para um teste bicaudal, que é também o valor de F para um teste unicaudal para 95% de confiança.

EXEMPLO **O Desvio-padrão do Instrumento Substituto é "Significativamente" Diferente Daquele do Instrumento Original?**

Na Tabela 4.2, o desvio-padrão para o instrumento substituto é $s_1 = 0{,}47$ ($n_1 = 4$ medidas), e o desvio-padrão para o equipamento original é $s_2 = 0{,}28$ ($n_2 = 10$).

Solução Para responder à pergunta, calculamos F por meio da Equação 4.6:

$$F_{\text{calculado}} = \frac{s_1^2}{s_2^2} = \frac{(0{,}47)^2}{(0{,}28)^2} = 2{,}8_2$$

Na Tabela 4.3, encontramos $F_{\text{tabelado}} = 5{,}08$ na coluna com três graus de liberdade para s_1 (graus de liberdade = $n - 1$) e na coluna com nove graus de liberdade para s_2. *Como* $F_{\text{calculado}}$ (= $2{,}8_2$) < F_{tabelado} (= 5,08), *aceitamos a hipótese nula e concluímos que* s_1 *e* s_2 *não são significativamente diferentes.*

TESTE-SE Se houvesse $n = 21$ medidas nos dois conjuntos de dados, a diferença nos desvios-padrão seria significativa? (***Resposta:*** Sim. $F_{\text{calculado}} = 2{,}8_2 > F_{\text{tabelado}} = 2{,}46$.)

Os valores de F na Tabela 4.3 são escolhidos de forma que existe uma probabilidade (p) de 5% de observar o quociente s_1^2/s_2^2 se todas as medidas provêm de populações com o mesmo desvio-padrão populacional. Quando $F_{\text{calculado}} > F_{\text{tabelado}}$, existe *menos* de $p = 5\%$ de probabilidade de que os dois conjuntos de medidas provenham de populações com o mesmo desvio-padrão populacional. *Escolhemos rejeitar a hipótese nula se existir menos de 5% de chance de que ela seja verdadeira.* A seleção de um nível de confiança de 5% é uma convenção. Você pode selecionar níveis maiores ou menores para atender às suas necessidades. Agora, leia o Boxe 4.1 para realmente perceber o que queremos dizer com hipótese nula.

BOXE 4.1 Escolha da Hipótese Nula em Epidemiologia

Em uma bela manhã eu estava sentado em um voo transnacional próximo a Malcolm Pike, um epidemiologista da University of Southern California. Os epidemiologistas empregam métodos estatísticos que norteiam as práticas médicas. Pike estava estudando a relação entre a terapia da menopausa com o hormônio estrogênio-progesterona e o câncer de mama nas mulheres. Seu estudo concluiu que havia um aumento do risco de câncer de mama de 7,6% a cada ano de terapia com estrogênio-progesterona.[2]

Como uma terapia dessas foi aprovada? Pike explicou que os testes exigidos pela Administração Norte-Americana de Alimentos e Medicamentos (U.S. Food and Drug Administration) são concebidos para testar a hipótese nula de que "o tratamento não faz mal". Em vez disso, ele disse que a hipótese nula deveria ser "o tratamento aumenta a probabilidade de causar câncer da mama".

O que ele queria dizer com isso? No campo da estatística, admite-se que a hipótese nula é verdadeira. A menos que você encontre uma forte evidência de que ela não é verdadeira, você continuará a acreditar que ela é verdadeira. No sistema legal dos Estados Unidos, a hipótese nula corresponde à premissa de que a pessoa acusada é inocente. É tarefa da promotoria encontrar evidência incontestável de que o réu não é inocente; caso isso não ocorra, o júri deve absolver o acusado. Para a aprovação de um medicamento, a hipótese nula é de que o tratamento não causa câncer. A prova de fogo do teste é obter evidência incontestável de que o tratamento causa câncer. Pike afirma que se há evidência que um tratamento causa câncer, a hipótese nula deve ser que tal tratamento *causa* câncer. Cabe ao proponente do tratamento demonstrar de forma incontestável que ele *não* leva ao câncer. Nas palavras de Pike, devemos testar a hipótese de que "o óbvio provavelmente é verdade!"

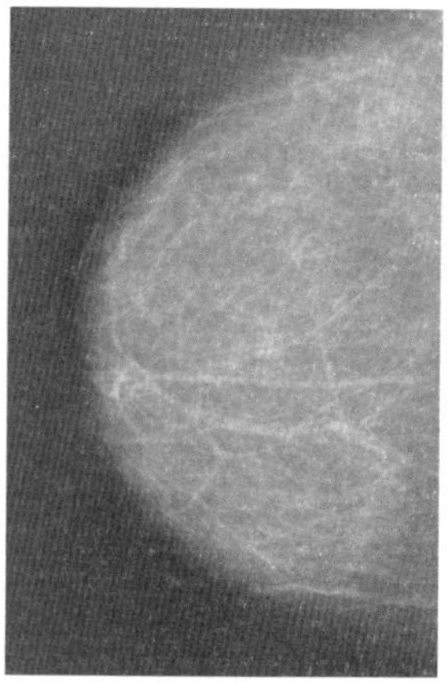

Os tecidos das regiões brancas da mamografia são mais densos do que os das regiões escuras. [allOver - Collection 164/allOver images/Alamy]

4.3 Intervalos de Confiança

"Student" foi o pseudônimo de W. S. Gosset, cujo empregador, a Cervejaria Guinness da Irlanda, restringiu as publicações por razões de direito de propriedade intelectual. Em face da importância do trabalho de Gosset, ele teve permissão para publicá-lo (*Biometrika* **1908**, *6*, 1), mas sob um nome fictício.

O **teste *t* de Student** é uma ferramenta estatística utilizada frequentemente para expressar intervalos de confiança e para comparar os resultados de experimentos diferentes. É uma ferramenta que pode ser empregada para calcular a probabilidade de que a leitura da glicose do seu familiar concorda com o valor "conhecido".

Cálculo de Intervalos de Confiança

A partir de um número limitado de medidas (n), não podemos encontrar a média real de uma população, μ, ou o desvio-padrão verdadeiro, σ. O que podemos determinar são $\bar{x}$ e s, a média e o desvio-padrão das amostras. O **intervalo de confiança** é calculado pela equação

Incerteza-padrão = desvio-padrão da média

$$u_x = s/\sqrt{n}$$

$$\text{Intervalo de confiança} = \bar{x} \pm \frac{ts}{\sqrt{n}} = \bar{x} \pm tu_x \quad (4.7)$$

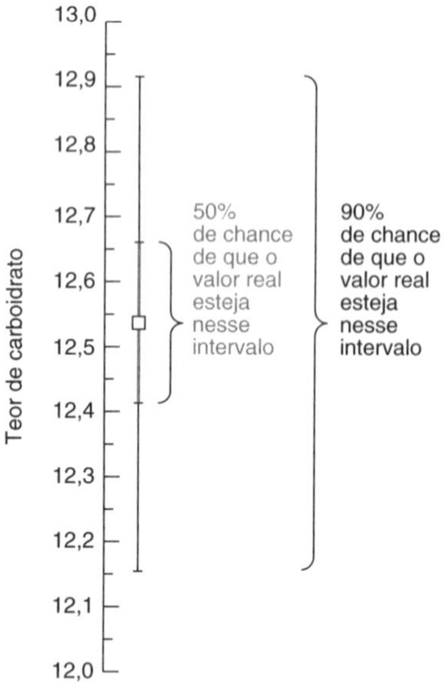

em que t é o valor do teste t de Student, obtido da Tabela 4.4 para um nível de confiança desejado, por exemplo de 95%. A expressão na direita substitui o desvio-padrão da média $s/\sqrt{n}$ com a grandeza equivalente u_x, chamada **incerteza-padrão** ($u_x = s/\sqrt{n}$), também chamada *erro-padrão da média* ou *erro-padrão.*†

O significado do intervalo de confiança é o seguinte: se repetirmos as n medidas muitas vezes para calcular a média e o desvio-padrão, o intervalo de confiança de 95% incluirá a média real da população (cujo valor desconhecemos) em 95% dos conjuntos de n medidas. Dizemos (de forma algo imprecisa) que "temos 95% de confiança de que o valor real está dentro do intervalo de confiança".

EXEMPLO Cálculo de Intervalos de Confiança

O teor de carboidratos de uma glicoproteína (uma proteína com açúcares fixados a ela) foi determinado como igual a 12,6; 11,9; 13,0; 12,7 e 12,5% m/m (g de carboidratos por 100 g de proteína). Calcule os intervalos de confiança de 50 e 90% para o teor de carboidrato.

Solução Primeiro calculamos $\bar{x}$ (= $12{,}5_4$) e s (= $0{,}4_0$) para as cinco medidas. Para encontrarmos o intervalo de confiança de 50%, obtemos o valor de t na Tabela 4.4 na coluna encabeçada por 50 e na linha correspondente a *quatro* graus de liberdade (graus de liberdade = n – 1). O valor de t é 0,741, logo, o intervalo de confiança de 50% é

†O uso de *erro-padrão* é desencorajado, pois a palavra *erro* é formalmente a diferença entre o valor verdadeiro e o valor medido, enquanto a *incerteza* é a variabilidade dentro de um conjunto de medidas.

$$\text{Intervalo de confiança de 50\%} = \bar{x} + \frac{ts}{\sqrt{n}} = 12{,}5_4 \pm \frac{(0{,}741)(0{,}4_0)}{\sqrt{5}} = 12{,}5_4 \pm 0{,}1_3 \text{ \% m/m}$$

O intervalo de confiança de 90% é

$$\text{Intervalo de confiança de 90\%} = \bar{x} \pm \frac{ts}{\sqrt{n}} = 12{,}5_4 \pm \frac{(2{,}132)(0{,}4_0)}{\sqrt{5}} = 12{,}5_4 \pm 0{,}3_8 \text{ \% m/m}$$

Se repetirmos o conjunto de cinco experimentos várias vezes, espera-se que metade dos intervalos de confiança de 50% inclua a média verdadeira, μ. Espera-se que nove décimos dos intervalos de confiança de 90% incluam a média verdadeira, μ.

TESTE-SE O teor de carboidrato determinado em mais uma amostra foi 12,3% m/m. Usando os seis resultados, encontre o intervalo de confiança de 90%. (***Resposta:*** $12{,}5_0 \pm (2{,}015)(0{,}3_7)/\sqrt{6} = 12{,}5_0 \pm 0{,}3_1$ % m/m.)

TABELA 4.4 **Valores do teste *t* de Student**

Graus de liberdade	Nível de confiança (%) 50	90	95	98	99	99,5	99,9
1	1,000	6,314	**12,706**	31,821	63,656	127,321	636,578
2	0,816	2,920	**4,303**	6,965	9,925	14,089	31,598
3	0,765	2,353	**3,182**	4,541	5,841	7,453	12,924
4	0,741	2,132	**2,776**	3,747	4,604	5,598	8,610
5	0,727	2,015	**2,571**	3,365	4,032	4,773	6,869
6	0,718	1,943	**2,447**	3,143	3,707	4,317	5,959
7	0,711	1,895	**2,365**	2,998	3,500	4,029	5,408
8	0,706	1,860	**2,306**	2,896	3,355	3,832	5,041
9	0,703	1,833	**2,262**	2,821	3,250	3,690	4,781
10	0,700	1,812	**2,228**	2,764	3,169	3,581	4,587
15	0,691	1,753	**2,131**	2,602	2,947	3,252	4,073
20	0,687	1,725	**2,086**	2,528	2,845	3,153	3,850
25	0,684	1,708	**2,060**	2,485	2,787	3,078	3,725
30	0,683	1,697	**2,042**	2,457	2,750	3,030	3,646
40	0,681	1,684	**2,021**	2,423	2,704	2,971	3,551
60	0,679	1,671	**2,000**	2,390	2,660	2,915	3,460
120	0,677	1,658	**1,980**	2,358	2,617	2,860	3,373
∞	0,674	1,645	**1,960**	2,326	2,576	2,807	3,291

Nos cálculos dos intervalos de confiança, σ pode ser substituído por s na Equação 4.7 se tivermos bastante experiência com um método em particular, ou seja, se já tivermos determinado seu desvio-padrão populacional "real". Se σ for usado em vez de s, o valor de t a ser utilizado na Equação 4.7 é o da linha de baixo desta tabela.

Os valores de t nesta tabela se aplicam aos testes bicaudais apresentados na Figura 4.9a. O intervalo de confiança de 95% especifica as regiões contendo 2,5% da área em cada lado da curva. No caso de um teste unicaudal, usamos os valores de t listados para 90% de confiança. Cada região fora do valor de t para 90% de confiança contém 5% da área da curva.

Encontre t com a função do Excel INV.T.BC. Para 12 graus de liberdade e 95% de confiança, a função INV.T.BC(0,05,12) dá t = 2,179. Muitas máquinas de calcular programáveis podem dar o valor de t. Procure "t crítico [no seu modelo de calculadora]". Verifique que as instruções permitem obter t = 2,179 para 12 graus de liberdade e 95% de confiança.

Significado de um Intervalo de Confiança

A Figura 4.5 ilustra o significado dos intervalos de confiança. Um computador escolhe aleatoriamente números de uma população gaussiana com uma média populacional (μ) de 10 000 e um desvio-padrão populacional (σ) de 1 000 na Equação 4.3. No experimento 1, quatro números foram escolhidos e sua média e desvio-padrão foram calculados por meio das Equações 4.1 e 4.2. O intervalo de confiança de 50% foi então calculado com a Equação 4.7, utilizando-se $t = 0{,}765$ a partir da Tabela 4.4 (confiança de 50%, 3 graus de liberdade). Esse experimento está representado graficamente como o primeiro ponto à esquerda na Figura 4.5a; o quadrado está centrado no valor médio de 9 526, e a barra de erro se prolonga do limite inferior até o limite superior do intervalo de confiança de 50% (±290). O experimento foi repetido 100 vezes para produzir todos os pontos na Figura 4.5a.

O intervalo de confiança de 50% é definido de tal forma que, se repetirmos esse experimento um número infinito de vezes, 50% das barras de erro na Figura 4.5a incluirão a média populacional real de 10 000. Na verdade, eu mesmo fiz o experimento 100 vezes, e 45 das barras de erro na Figura 4.5a passaram pela linha horizontal em 10 000.

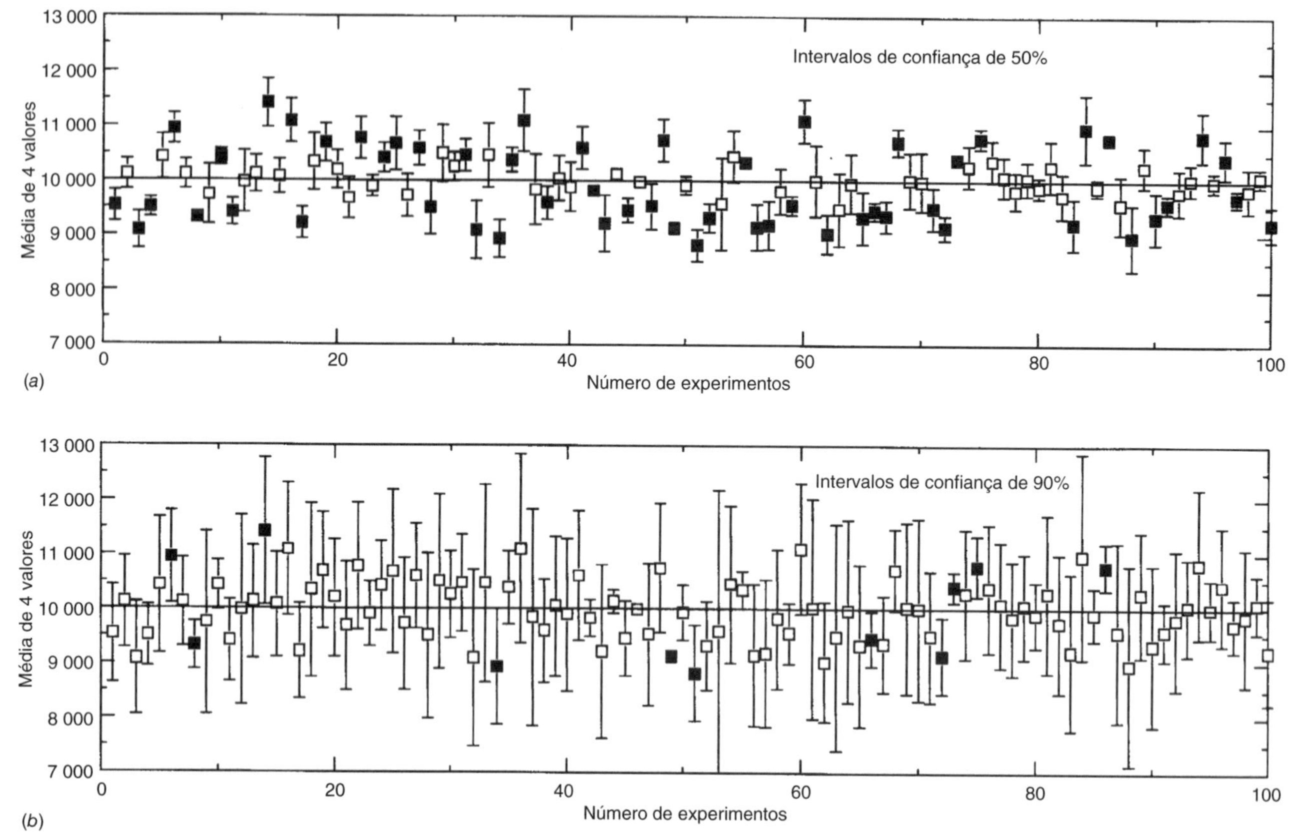

FIGURA 4.5 Intervalos de confiança de 50 e 90% para o mesmo conjunto de dados aleatórios. Os quadrados cheios (escuros) são os pontos de dados cujo intervalo de confiança não inclui a média populacional real de 10 000.

A Figura 4.5b mostra o mesmo experimento com o mesmo grupo de números aleatórios; dessa vez, porém, calculou-se o intervalo de confiança de 90%. Para um número infinito de experimentos, podemos esperar que 90% dos intervalos de confiança incluam a média populacional de 10 000. Na verdade, 89 das 100 barras de erro na Figura 4.5b cruzam a linha horizontal em 10 000.

Intervalo de Confiança como Estimativa da Incerteza Experimental

"Químicos analíticos têm sempre de enfatizar para o público que *a característica crucial mais importante de qualquer resultado obtido a partir de uma ou mais medidas analíticas é o estabelecimento adequado de seu intervalo de incerteza*."[3]

Sempre especifique que tipo de incerteza você está informando.

Suponha que você mediu o volume de um recipiente cinco vezes, tendo observado os seguintes valores: 6,375, 6,372, 6,374, 6,377 e 6,375 mL. A média é $\bar{x} = 6{,}374_6$ mL, e o desvio-padrão é $s = 0{,}001_8$ mL. Podemos registrar um volume de $\bar{x} \pm s = 6{,}374_6 \pm 0{,}001_8$ mL ($n = 5$), em que n é o número de medidas. Alternativamente, você pode registrar o desvio-padrão da média na forma de uma incerteza: $\bar{x} \pm s/\sqrt{n} = 6{,}374\,6 \pm 0{,}000\,8$ mL ($n = 5$). Lembre-se de que o desvio-padrão da média é também conhecido como a *incerteza-padrão*, u_x.

De outra maneira, você pode escolher um intervalo de confiança (por exemplo, 95%) para a estimativa da incerteza. Utilizando a Equação 4.7 com quatro graus de liberdade, observa-se que o intervalo de confiança de 95% corresponde a $\pm ts/\sqrt{n} = \pm(2{,}776)(0{,}001_8)/\sqrt{5} = \pm 0{,}002_3$. Por este critério, a incerteza no volume é $\pm 0{,}002_3$ mL. *É essencial especificar que tipo de incerteza você está informando*, como o desvio-padrão para n medidas, o desvio-padrão da média para n medidas ou o intervalo de confiança de 95% para n medidas.

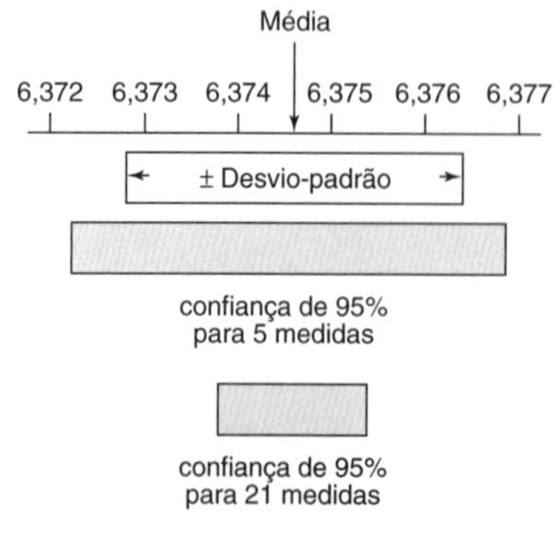

Podemos reduzir a incerteza fazendo mais medições. Se fizermos 21 medidas e tivermos o mesmo desvio-padrão, o intervalo de confiança de 95% é reduzido de $\pm 0{,}002_3$ mL para $\pm(2{,}086)(0{,}001_8 \text{ mL})/\sqrt{21} = \pm 0{,}000\,8$ mL.

Determinação de Intervalos de Confiança por Meio do Excel

O Excel tem uma função interna que calcula o valor de t do teste de Student. Na Figura 4.6, entramos com os dados no grupo de células A4:A10. Reservamos sete células para dados, mas podemos modificar a planilha para incluir mais dados. Para os cinco pontos experimentais inseridos na Figura 4.6, a média é calculada na célula C3 com a declaração "=MÉDIA(A4:A10)", mesmo que algumas das células no intervalo A4:A10 estejam vazias. O Excel ignora as células vazias e não as considera como 0, o que levaria ao cálculo de uma média incorreta. O desvio-padrão é calculado na célula C4. Encontramos o número de dados

	A	B	C	D	E	F
1	Intervalo de confiança					
2						
3	Dados	média =	6,3746		=MÉDIA(A4:A10)	
4	6,375	desv pad =	0,0018		=DESVPAD.S(A4:A10)	
5	6,372	n =	5		=CONT.NÚM(A4:A10)	
6	6,374	graus de liberdade =	4		=C5-1	
7	6,377	nível de confiança =	0,95		°Enter	
8	6,375	valor de *t* de Student =	2,776		=INV.T.BC(1-C7,C6)	
9		intervalo de confiança =	0,0023		=C8*C4/RAIZ(C5)	
10						

FIGURA 4.6 Planilha para cálculo do intervalo de confiança.

experimentais, *n*, com a declaração na célula C5 "=CONT.NÚM(A4:A10)". Os graus de liberdade são calculados como $n - 1$ na célula C6. A célula C7 mostra o intervalo de confiança (0,95) desejado, que é a única entrada além dos dados experimentais.

A função para encontrar o valor de *t* de Student na célula C8 é "=INV.T.BC (probabilidade, graus_liberdade)." A probabilidade nesta função é 1 – intervalo de confiança = 1 – 0,95 = 0,05. Portanto, a declaração na célula C8 é "INV.T.BC(1-C7,C6)", a qual retorna o valor *t* de Student para 95% de confiança e quatro graus de liberdade. A célula C9 fornece o intervalo de confiança calculado com a Equação 4.7.

Verifique que o valor *t* de Student na célula C8 é o mesmo valor que aparece na Tabela 4.4.

4.4 Comparação entre Médias Utilizando o Teste *t* de Student

Se você fizer dois conjuntos de medidas da mesma grandeza, o valor da média de um conjunto normalmente será diferente do valor da média do outro conjunto em razão de pequenas variações aleatórias nas medidas. Usamos o **teste *t*** de Student para decidir se existe uma diferença com significado estatístico entre os dois valores médios. A *hipótese nula* para o teste *t* estabelece que dois conjuntos de medidas provêm de populações com a mesma média populacional. Rejeitamos a hipótese nula se existe uma chance menor do que $p = 5\%$ de que os dois conjuntos de medidas provenham de populações com a mesma média populacional. A estatística nos fornece uma probabilidade de que a diferença observada entre duas médias provenha da incerteza aleatória das medidas.

Os limites de confiança e o teste *t* (e mais tarde, neste capítulo, o teste de Grubbs) admitem que os dados seguem uma distribuição gaussiana.

Hipótese nula para o teste *t*: os dados são provenientes de conjuntos com a mesma média populacional. Rejeitamos a hipótese nula se há menos de 5% de probabilidade de que ela seja verdadeira.

Apresentamos, a seguir, três casos em que trabalhamos de maneiras ligeiramente diferentes:

Caso 1 Medimos uma grandeza várias vezes, obtendo um valor médio e um desvio-padrão. Precisamos agora comparar o nosso resultado com determinado valor que é conhecido e aceito. A média que obtivemos não concorda exatamente com o valor aceito. Será que a nossa resposta é aceitável "dentro da incerteza experimental"?

Caso 2 Medimos uma grandeza diversas vezes utilizando dois métodos distintos, que fornecem duas respostas diferentes, cada uma com seu desvio-padrão. Os dois resultados concordam entre si "dentro da incerteza experimental"?

Caso 3 A amostra A é medida uma vez pelo método 1 e uma vez pelo método 2, que não fornecem exatamente o mesmo resultado. A seguir, uma amostra diferente, denominada B, é também medida uma vez pelo método 1 e uma vez pelo método 2. Novamente, os resultados não são exatamente iguais entre si. O procedimento é repetido para *n* amostras diferentes. Os dois métodos concordam entre si "dentro da incerteza experimental"?

Caso 1. Comparação de um Resultado Medido com um Valor "Conhecido"

Uma amostra de carvão foi adquirida como um Material de Referência Padrão, certificado pelo Instituto Nacional de Padrões e Tecnologia (NIST) dos Estados Unidos, contendo 3,19% m/m de enxofre. Você está testando um novo método analítico para verificar se o valor conhecido pode ser reproduzido. Os valores medidos são 3,29, 3,22, 3,30 e 3,23% m/m de enxofre, dando uma média de $\bar{x} = 3{,}26_0$ e um desvio-padrão de $s = 0{,}04_1$. Sua resposta concorda com o valor conhecido? Para verificar isso, *calcule o intervalo de confiança de 95% para a sua resposta e veja se esta faixa inclui a resposta conhecida.* Se a resposta conhecida não está dentro do seu intervalo de confiança de 95%, então os dois resultados são considerados diferentes.

Se a resposta "conhecida" não está dentro do intervalo de confiança de 95%, então os dois métodos fornecem resultados "diferentes".

Então, vamos lá. Para quatro medidas existem 3 graus de liberdade e $t_{95\%} = 3{,}182$ na Tabela 4.4. O intervalo de confiança de 95% é

$$\text{Intervalo de confiança de 95\%} = \bar{x} \pm \frac{ts}{\sqrt{n}} = 3{,}26_0 \pm \frac{(3{,}182)(0{,}04_1)}{\sqrt{4}} = 3{,}26_0 \pm 0{,}06_5 \quad \textbf{(4.8)}$$

$$\text{Intervalo de confiança de 95\%} = 3{,}19_5 \text{ até } 3{,}32_5\% \text{ m/m}$$

Todos os algarismos devem ser mantidos no decorrer deste cálculo.

O valor conhecido (3,19% m/m) está um pouco fora do intervalo de confiança de 95%. Portanto, concluímos que existe uma chance inferior a 5% que o nosso método concorde com o valor conhecido.

Concluímos que o nosso método fornece um resultado "diferente" do valor conhecido. Entretanto, nesse caso, o intervalo de confiança de 95% está tão próximo de incluir o valor conhecido que seria prudente fazer mais medidas antes de concluir que o novo método não é exato.

Caso 2. Comparação entre Medidas Repetidas

Os resultados de dois diferentes conjuntos de medidas concordam "dentro do erro experimental"?[4] Para responder a essa pergunta, primeiramente comparamos os desvios-padrão por meio do teste *F* (Equação 4.6). Se os desvios-padrão não são significativamente diferentes, realizamos um teste *t* utilizando as Equações 4.9a e 4.10a para verificar se os dois valores médios são significativamente diferentes. Caso os desvios-padrão sejam significativamente diferentes, usamos as Equações 4.9b e 4.10b para inferir se as médias diferem significativamente.

Caso 2a: Os Desvios-padrão Não São Significativamente Diferentes

Vejamos novamente a Tabela 4.2 e perguntamos se os dois valores médios de 36,14 e 36,20 mM são significativamente diferentes um do outro. Respondemos a essa questão por meio do teste *t*. Se o teste *F* nos informa que os dois desvios-padrão não são significativamente diferentes, então para dois conjuntos de dados consistindo em n_1 e n_2 medidas (com médias de $\bar{x}_1$ e $\bar{x}_2$), calculamos *t* utilizando a fórmula

teste *t* quando os desvios-padrão não são significativamente diferentes.

test t para comparação de médias:

$$t = \frac{|\bar{x}_1 - \bar{x}_2|}{s_{\text{agrupado}}}\sqrt{\frac{n_1 n_2}{n_1 + n_2}} \qquad \textbf{(4.9a)}$$

em que

$$s_{\text{agrupado}} = \sqrt{\frac{\sum_{\text{conjunto 1}} (x_i - \bar{x}_1)^2 + \sum_{\text{conjunto 2}} (x_j - \bar{x}_2)^2}{n_1 + n_2 - 2}} = \sqrt{\frac{s_1^2(n_1 - 1) + s_2^2(n_2 - 1)}{n_1 + n_2 - 2}} \qquad \textbf{(4.10a)}$$

Aqui, s_{agrupado} é um desvio-padrão *agrupado* que faz uso de ambos os conjuntos de dados. O valor absoluto de $\bar{x}_1 - \bar{x}_2$ é usado na Equação 4.9a de modo que *t* é sempre positivo. O valor de *t* calculado a partir da Equação 4.9a é comparado com o valor de *t* obtido da Tabela 4.4, para $n_1 + n_2 - 2$ graus de liberdade. *Se t calculado for maior do que o t tabelado no nível de confiança de 95%, os dois resultados são considerados significativamente diferentes.*

Se $t_{\text{calculado}} > t_{\text{tabelado}}$ (95%), a diferença é significativa.

Na Tabela 4.2, as médias são $\bar{x}_1 = 36{,}14$ e $\bar{x}_2 = 36{,}20$ mM, em que $n_1 = 10$ e $n_2 = 4$ medidas. Os desvios-padrão são $s_1 = 0{,}28$ e $s_2 = 0{,}47$ mM, encontrados por meio do teste *F* na Equação 4.6, não diferem significativamente um do outro. Desse modo, usamos as Equações 4.9a e 4.10a para comparar as médias. O desvio-padrão agrupado é

$$s_{\text{agrupado}} = \sqrt{\frac{s_1^2(n_1 - 1) + s_2^2(n_2 - 1)}{n_1 + n_2 - 2}} = \sqrt{\frac{0{,}28^2(10-1) + 0{,}47^2(4-1)}{10+4-2}} = 0{,}33_8$$

Mantenha ao menos um algarismo extra nesse ponto a fim de evitar a introdução de erros de arredondamento nos cálculos subsequentes.

Para comparar as médias, calculamos o valor de *t* com o auxílio da Equação 4.9a:

$$t_{\text{calculado}} = \frac{|\bar{x}_1 - \bar{x}_2|}{s_{\text{agrupado}}}\sqrt{\frac{n_1 n_2}{n_1 + n_2}} = \frac{|36{,}14 - 36{,}20|}{0{,}33_8}\sqrt{\frac{10 \times 4}{10 + 4}} = 0{,}30_0$$

O valor calculado de *t* é $0{,}30_0$. O valor crítico de *t* na Tabela 4.4 para $(n_1 + n_2 - 2) = 12$ graus de liberdade se situa entre 2,228 e 2,231, listados para 10 e 15 graus de liberdade na coluna para 95% de confiança. *Como $t_{calculado} < t_{tabelado}$, a diferença nos valores das médias não é significativa.* Você poderia esperar essa conclusão porque a diferença é menor que o desvio-padrão de qualquer medida.

$t_{\text{calculado}} < t_{\text{tabelado}}$ (95%), portanto, a diferença *não* é significativa.

Caso 2b: Os Desvios-padrão São Significativamente Diferentes

Um exemplo é dado pelo trabalho de Lorde Rayleigh (John W. Strutt), que atualmente é lembrado por seus estudos sobre o espalhamento de luz, sobre a radiação do corpo negro e sobre as ondas elásticas em sólidos. Ele ganhou o Prêmio Nobel, em 1904, pela descoberta do gás inerte argônio. Essa descoberta ocorreu quando ele observou uma pequena discrepância entre dois conjuntos de medidas da massa específica do gás nitrogênio.

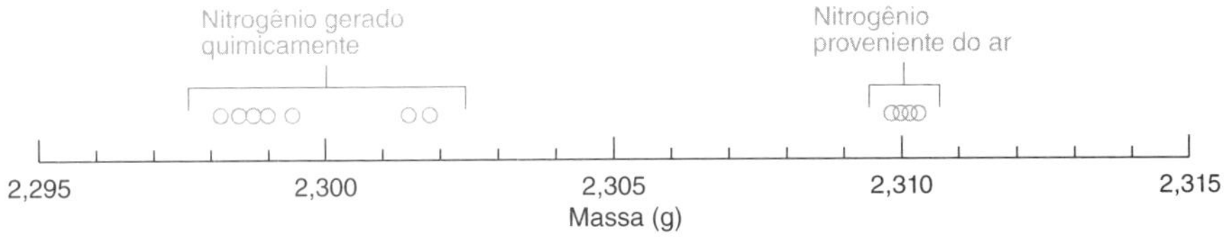

FIGURA 4.7 Medidas de Lorde Rayleigh da massa de volumes constantes do gás (a temperatura e pressão constantes) isolado pela remoção do oxigênio do ar ou gerado pela decomposição de compostos de nitrogênio. Rayleigh reconheceu que a diferença entre os dois grupos de resultados estava fora de seu erro experimental e deduziu que um componente mais pesado, que veio a ser o argônio, estava presente no gás isolado do ar.

TABELA 4.5 Massas do gás isolado por Lorde Rayleigh

Do ar (g)	Da decomposição química (g)
2,310 17	2,301 43
2,309 86	2,298 90
2,310 10	2,298 16
2,310 01	2,301 82
2,310 24	2,298 69
2,310 10	2,299 40
2,310 28	2,298 49
—	2,298 89
Média	
2,310 10_9	2,299 47_2
Desvio-padrão	
0,000 14_3	0,001 37_9

FONTE: *Dados de R. D. Larsen, Lessons Learned from Lord Rayleigh on the Importance of Data Analysis,* J. Chem. Ed. ***1990****, 67, 925; ver também C. J. Giunta, Using History to Teach Scientific Method: The Case of Argon,* J. Chem. Ed. ***1998****, 75, 1322.*

Na época de Rayleigh, sabia-se que o ar seco era constituído de aproximadamente um quinto de oxigênio e quatro quintos de nitrogênio. Rayleigh removeu todo o oxigênio do ar misturando a amostra de ar com cobre aquecido ao rubro (obtendo CuO sólido). Ele então mediu a massa específica do gás remanescente coletando determinado volume fixo do gás, a temperatura e pressão constantes. Ele preparou também o mesmo volume de nitrogênio puro, mediante a decomposição química do óxido nitroso (N_2O), do óxido nítrico (NO) ou do nitrito de amônio ($NH_4^+NO_2^-$). A Tabela 4.5 e a Figura 4.7 mostram a massa do gás coletado em cada experiência. A massa média do gás coletado do ar (2,310 10_9 g) é 0,46% maior do que a massa média do mesmo volume de gás obtido de fontes químicas (2,299 47_2 g).

Se as medidas de Rayleigh não tivessem sido efetuadas com cuidado, essa diferença poderia ter sido atribuída ao erro experimental. No entanto, Rayleigh compreendeu que a discrepância ultrapassava sua margem de erro e postulou que o gás coletado do ar era uma mistura de nitrogênio com uma pequena quantidade de um gás mais pesado, que veio a ser o argônio.

Na Figura 4.7, os dois conjuntos de dados estão agrupados em regiões distintas. A faixa de resultados para o nitrogênio gerado quimicamente é maior do que a faixa para o nitrogênio proveniente do ar. Os dois desvios-padrão na Tabela 4.5 são estatisticamente diferentes um do outro? Responderemos a essa questão por meio do teste *F* (Equação 4.6):

Remoção de O_2 do ar: $Cu(s) + \frac{1}{2}O_2(g) \rightarrow CuO(s)$

$$F_{\text{calculado}} = \frac{s_1^2}{s_2^2} = \frac{(0{,}001\,37_9)^2}{(0{,}000\,14_3)^2} = 93_{,1}$$

O valor crítico de *F* na Tabela 4.3 para $n - 1 = 7$ graus de liberdade para o numerador (s_1) e 6 graus de liberdade para o denominador (s_2) é 5,70. Como $F_{\text{calculado}} > F_{\text{tabelado}}$, a diferença entre os desvios-padrão é significativa.

Se as duas variâncias fossem $s_1^2 = (0{,}002\ 00)^2$ (7 graus de liberdade) e $s_2^2 = (0{,}001\ 00)^2$ (6 graus de liberdade), a diferença é significativa? (***Resposta:*** Não. $F_{\text{calculado}} = 4{,}00 < F_{\text{tabelado}} = 5{,}70$.)

Quando os desvios-padrão dos dois conjuntos de medidas são significativamente diferentes, as equações para o teste *t* são:

$$t_{\text{calculado}} = \frac{|\bar{x}_1 - \bar{x}_2|}{\sqrt{(s_1^2/n_1) + (s_2^2/n_2)}} = \frac{|\bar{x}_1 - \bar{x}_2|}{\sqrt{(u_1^2) + (u_2^2)}} \quad \textbf{(4.9b)}$$

$$\text{Graus de liberdade} = \frac{(s_1^2/n_1 + s_2^2/n_2)^2}{\dfrac{(s_1^2/n_1)^2}{n_1 - 1} + \dfrac{(s_2^2/n_2)^2}{n_2 - 1}} = \frac{(u_1^2 + u_2^2)^2}{\dfrac{u_1^4}{n_1 - 1} + \dfrac{u_2^4}{n_2 - 1}} \quad \textbf{(4.10b)}$$

em que a incerteza-padrão (u_i) de cada variável é o desvio padrão da média ($u_i = s_i/\sqrt{n_i}$). Arredonde o número de graus de liberdade da Equação 4.10b para o inteiro mais próximo.

Se $F_{\text{calculado}} < F_{\text{tabelado}}$, os desvios-padrão não diferem significativamente entre si, e usamos a Equações 4.9a e 4.10a para comparar as médias por meio do teste *t*.
Se $F_{\text{calculado}} > F_{\text{tabelado}}$, os desvios-padrão diferem significativamente entre si, e usamos a Equações 4.9b e 4.10b para comparar as médias por meio do teste *t*.

EXEMPLO O N_2 Obtido do Ar por Lorde Rayleigh é Mais Denso do que o N_2 Obtido Quimicamente?

A massa média do nitrogênio obtido do ar na Tabela 4.5 é $\bar{x}_1 = 2{,}310\ 10_9$ g, com um desvio-padrão de $s_1 = 0{,}000\ 14_3$ (para $n_1 = 7$ medidas). A massa de gás obtido de fontes químicas é $\bar{x}_2 = 2{,}299\ 47_2$ g, com um desvio-padrão de $s_2 = 0{,}001\ 37_9$ (para $n_2 = 8$ medidas). Essas duas massas são significativamente diferentes?

Solução O teste *F* nos disse que os desvios-padrão são significativamente diferentes, por isso empregamos as Equações 4.9b e 4.10b:

$$t_{\text{calculado}} = \frac{|\bar{x}_1 - \bar{x}_2|}{\sqrt{(s_1^2/n_1) + (s_2^2/n_2)}} = \frac{|2{,}310\,10_9 - 2{,}299\,47_2|}{\sqrt{0{,}000\,14_3{}^2/7 + 0{,}001\,37_9{}^2/8}} = 21{,}7$$

$$\text{Graus de liberdade} = \frac{(s_1^2/n_1 + s_2^2/n_2)^2}{\dfrac{(s_1^2/n_1)^2}{n_1 - 1} + \dfrac{(s_2^2/n_2)^2}{n_2 - 1}} = \frac{(0{,}000\,14_3{}^2/7 + 0{,}001\,37_9{}^2/8)^2}{\dfrac{(0{,}000\,14_3{}^2/7)^2}{7-1} + \dfrac{(0{,}001\,37_9{}^2/8)^2}{8-1}} = 7{,}17$$

A Equação 4.10b nos fornece 7,17 graus de liberdade, que arredondamos para 7. Para 7 graus de liberdade, o valor crítico de t na Tabela 4.4 para 95% de confiança é 2,365. O valor observado, $t_{calculado} = 21,7$, excede em muito o $t_{tabelado}$. A diferença óbvia entre os dois conjuntos de dados na Figura 4.7 é altamente significativa.

TESTE-SE Se a diferença entre os dois valores médios fosse a metade do valor encontrado por Rayleigh, mas os desvios-padrão permanecessem inalterados, a diferença ainda seria significativa? (***Resposta:*** $t_{calculado} = 10,8 > t_{tabelado} = 2,365$ – a diferença ainda é altamente significativa.)

Caso 3. Teste *t* Emparelhado para Comparação de Diferenças Individuais

Neste caso, usamos dois métodos diferentes para fazer medidas individuais em várias amostras diferentes. Nenhuma medida foi duplicada. Os dois métodos fornecem a mesma resposta "dentro da incerteza experimental"? A Figura 4.8 mostra medidas de nitrato em oito extratos de plantas diferentes. Os resultados obtidos a partir de um método espectrofotométrico estão na coluna B e os resultados usando um *biossensor* eletroquímico na coluna C são similares, porém não são idênticos.

Biossensor: um dispositivo que utiliza componentes biológicos como enzimas, anticorpos ou DNA, em combinação com sinais elétricos, óticos ou outros, para obter uma resposta seletiva para um analito.

Para verificar se existe uma diferença significativa entre os dois métodos usamos o teste *t* emparelhado. Primeiro, a coluna D calcula a diferença (d_i) entre os dois resultados para cada amostra. A média das oito diferenças ($\bar{d} = 0,11_4$) é calculada na célula D14 e o desvio-padrão das oito diferenças (s_d) é calculado na célula D15.

$$s_d = \sqrt{\frac{\Sigma(d_i - \bar{d})^2}{n-1}} \qquad (4.11)$$

$$s_d = \sqrt{\frac{(0,01-\bar{d})^2 + (0,37-\bar{d})^2 + (-0,14-\bar{d})^2 + \cdots + (0,09-\bar{d})^2}{8-1}} = 0,40_1$$

Encontramos o número de amostras, *n*, na célula D16 usando "=CONT.NÚM(D6:D13)". Uma vez que você tenha a média, o desvio-padrão e o número de amostras, calcule o valor de $t_{calculado}$ na célula D17:

$$t_{calculado} = \frac{|\bar{d}|}{s_d}\sqrt{n} \qquad (4.12)$$

em que $|\bar{d}|$ é o valor absoluto da diferença média, de modo que $t_{calculado}$ é sempre positivo. Inserindo os valores da média e do desvio-padrão na Equação 4.12, temos

$$t_{calculado} = \frac{0,11_4}{0,40_1}\sqrt{8} = 0,80_3$$

A Figura 4.8 usa a fórmula do Excel = INV.T.BC(0,05,D16-1) para calcular $t_{tabelado} = 2,365$ na célula D18 para (1 – 0,05) = 95% de confiança e 8 – 1 = 7 graus de liberdade.

	A	B	C	D
1	Comparação de dois métodos para a medida de nitrato			
2				
3		Nitrato (ppm) em extrato de plantas		
4		Espectrofotometria	Biossensor	
5	Número da amostra	com redução por Cd	experimental	Diferença (d_i)
6	1	1,22	1,23	0,01
7	2	1,21	1,58	0,37
8	3	4,18	4,04	−0,14
9	4	3,96	4,92	0,96
10	5	1,18	0,96	−0,22
11	6	3,65	3,37	−0,28
12	7	4,36	4,48	0,12
13	8	1,61	1,70	0,09
14			Diferença média =	0,114
15			Desvio-padrão das diferenças =	0,401
16			Número de amostras =	8
17	D6 = C6-B6		$t_{calculado}$ =	0,803
18	D14 = MÉDIA(D6:D13)		$t_{tabelado}$ =	2,365
19	D15 = DESVPAD.S(D6:D13)			
20	D16 = CONT.NÚM(D6:D13)			
21	D17 = ABS(D14)*RAIZ(A13)/D15 (ABS = valor absoluto)			
22	D18 = INV.T.BC(0,05,D16-1)			

FIGURA 4.8 Medidas de amostras de nitrato em plantas utilizando dois métodos. [Dados de N. Plumeré, J. Henig, and W. H. Campbell, "Enzyme-Catalyzed O_2 Removal System for Electrochemical Analysis Under Ambient Air: Application in an Amperometric Nitrate Biosensor," *Anal. Chem.* **2012**, *84*, 2141.]

Encontramos que $t_{calculado}$ (0,80$_3$) é menor que $t_{tabelado}$ (2,365) listado na Tabela 4.4 para uma confiança de 95% e 7 graus de liberdade. *Há mais do que 5% de chance de que os dois conjuntos de resultados provenham de populações com a mesma média, de modo que concluímos que os resultados não são significativamente diferentes.* (O teste *t* emparelhado presume que os dois conjuntos de medidas têm desvios-padrão similares. Não temos como testar essa suposição sem resultados repetidos de cada um dos métodos.)

Testes de Significância Uni e Bicaudal

Na Equação 4.8, desejamos comparar a média de quatro medidas repetidas com um valor certificado. A curva na Figura 4.9a é a distribuição *t* para 3 graus de liberdade. Se o valor certificado estiver na região correspondente aos 5% da parte externa da área sob a curva, a hipótese nula deve ser rejeitada e concluímos com 95% de confiança que a média das medidas não é equivalente ao valor certificado. O valor crítico de *t* para rejeição da hipótese nula é 3,182 para três graus de liberdade na Tabela 4.4. Na Figura 4.9a, 2,5% *da área* abaixo da curva está acima do valor $t = 3{,}182$, e 2,5% *da área* está abaixo do valor $t = -3{,}182$. Este teste é denominado *teste bicaudal* porque nós rejeitamos a hipótese nula caso o valor certificado se encontre na região de baixa probabilidade em ambos os lados da média.

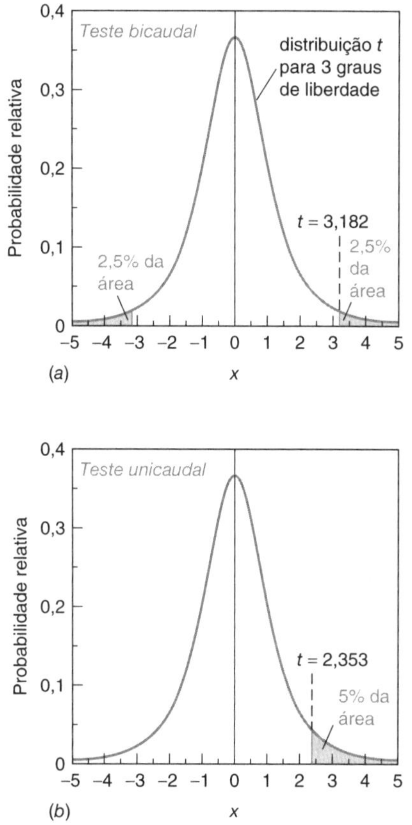

FIGURA 4.9 Distribuição *t* de Student para 3 graus de liberdade. Na figura *a*, cada cauda sombreada contém 2,5% da área sob a curva. Na figura *b*, a única cauda sombreada contém 5% da área. Quanto menor o número de graus de liberdade, mais extensa é a distribuição. À medida que o número de graus de liberdade aumenta, a forma da curva se aproxima de uma curva gaussiana.

Alternativamente, devemos usar o *teste t unicaudal* na Figura 4.9b se estivermos comparando um valor médio com um limite regulatório. Você observa 10,06, 10,12, 10,19 e 10,04 μg de arsênio/L em amostras de água potável, dando uma média de $\bar{x} = 10{,}10_{25}$ μg/L e um desvio-padrão de $s = 0{,}06_{75}$ μg/L . Você tem certeza de que a água é segura para beber se o nível máximo permitido for 10 μg de As/L? *Para descobrir, calcule a estatística t:*

$$t_{calculado} = \frac{|\bar{x} - \text{limite regulatório}|}{s}\sqrt{n} = \frac{|10{,}10_{25} - 10|}{0{,}06_{75}}\sqrt{4} = 3{,}0_4$$

Estamos interessados apenas na probabilidade de o arsênico *exceder* o limite. A Figura 4.9b mostra que *5% da área* abaixo da curva se situa acima de $t = 2{,}353$. Não consideramos a área do lado esquerdo da curva porque ficamos muito felizes se nossa água potável estiver bem abaixo do limite de água potável. O *t* calculado é maior que 2,353, e assim, a hipótese nula é rejeitada, e a hipótese alternativa de que a amostra contém mais do que o nível permitido de arsênico é aceita. A água não é segura para beber.

Como você pode encontrar o valor de *t* que ultrapassa os 5% finais da área da curva? Uma vez que a distribuição *t* é simétrica (pois 5% da área está acima de $t = 2{,}353$ e 5% da área se situa abaixo de $t = -2{,}353$), o valor das duas caudas $t = 2{,}353$ para confiança de 90% na Tabela 4.4 tem de ser o valor que procuramos.

A finalidade desta discussão é mostrar a você a distinção entre os testes uni e bicaudal. Todos os testes *t* neste livro serão bicaudais.

Minha Leitura de Glicose no Sangue Está Correta?

Na abertura deste capítulo, as cinco leituras para um padrão de glicose foram 90, 94, 85, 95 e 93 mg/dL. A questão era se as leituras do seu familiar são "significativamente" diferentes do valor certificado pelo fabricante de 99 mg/dL? A média das leituras é $\bar{x} = 91{,}4$ e o desvio-padrão é $s = 4{,}0$. Comparando a média com o valor conhecido, encontramos

$$t_{calculado} = \frac{|\bar{x} - \text{valor conhecido}|}{s}\sqrt{n} = \frac{|91{,}4 - 99|}{4{,}0}\sqrt{5} = 4{,}25$$

Qual é a probabilidade de encontrar $t = 4{,}25$ para 4 graus de liberdade?

Na Tabela 4.4, olhando ao longo da coluna de 4 graus de liberdade, observamos que 4,25 se situa entre os níveis de confiança de 98% ($t = 3{,}747$) e 99% ($t = 4{,}604$). A partir das cinco medições feitas, concluímos que há menos de 2% de probabilidade de que as medições do seu familiar estejam de acordo com o valor do fabricante de 99 mg/dL. É razoável concluir que há uma falha no medidor ou na técnica do seu familiar.

A Tabela 4.4 mostra a probabilidade de a observação de 99 mg/dL situar-se entre 1 e 2%. O Excel fornece a probabilidade por meio da função DIST.T.BC(*x*,graus_liberdade) para o *t* de Student bicaudal, em que *x* é $t_{calculado}$, e graus_liberdade = 4. A função DIST.T.BC(4,25,4) fornece o valor 0,013. O valor do fabricante se situa na região 1,3% superior da área da distribuição *t*.

Para encontrar a probabilidade por meio do Excel: DIST.T.BC(x,graus_liberdade)

4.5 Testes *t* com uma Planilha Eletrônica

Para comparar os dois conjuntos de dados obtidos por Rayleigh, na Tabela 4.5, entramos com os dados dele nas colunas B e C de uma planilha eletrônica (Figura 4.10). Nas linhas 13 e 14 calculamos as médias e os desvios-padrão, mas não precisamos fazer isso.

	A	B	C	D	E	F	G
1	Análise dos Dados de Rayleigh				Teste *t*: Duas Amostras Admitindo-se Variâncias Iguais		
2						*Variável 1*	*Variável 2*
3		Massa de gás (g) coletada a partir do			Média	2,310109	2,299473
4		ar	fontes químicas		Variância	2,03E-08	1,9E-06
5		2,31017	2,30143		Número de Medidas	7	8
6		2,30986	2,29890		Variância Agrupada	1,03E-06	
7		2,31010	2,29816		Hipótese da diferença de média	0	
8		2,31001	2,30182		gl	13	
9		2,31024	2,29869		Est t	20,21372	
10		2,31010	2,29940		P(T <= t) unicaudal	1,66E-11	
11		2,31028	2,29849		*t* Crítico unicaudal	1,770932	
12			2,29889		P(T <= t) bicaudal	3,32E-11	
13	Média	2,31011	2,29947		t Crítico bicaudal	2,160368	
14	Desv Pad	0,00014	0,00138				
15					Teste *t*: Duas Amostras Admitindo-se Variâncias Diferentes		
16	B13 = MÉDIA(B5:B12)					*Variável 1*	*Variável 2*
17	B14 = DESVPAD.S(B5:B12)				Média	2,310109	2,299473
18					Variância	2,03E-08	1,9E-06
19					Número de Medidas	7	8
20					Hipótese da diferença de média	0	
21					gl	7	
22					Est t	21,68022	
23					P(T <= t) unicaudal	5,6E-08	
24					*t* Crítico unicaudal	1,894578	
25					P(T <= t) bicaudal	1,12E-07	
26					*t* Crítico bicaudal	2,364623	

FIGURA 4.10 Planilha para comparar os valores médios das medidas de Rayleigh na Tabela 4.5.

Uma planilha do Excel para a Figura 4.10 e diversas outras planilhas constam no Ambiente de aprendizagem do GEN.

No Excel, na guia Dados, você deve encontrar Análise de Dados como uma das opções. Caso contrário, você deve clicar na aba menu no Excel. Selecione Opções do Excel e Suplementos. Selecione Ferramentas de Análise, clique VÁ, e então OK para carregar Ferramentas de Análise. Em um uso futuro, siga as mesmas etapas para carregar o Suplemento Solver.

Retornando à Figura 4.10, desejamos testar a hipótese nula de que os dois conjuntos de dados são obtidos a partir de populações com o mesmo desvio-padrão populacional, σ. O Excel nos fornece a escolha de comparar as médias por meio das Equações 4.9a e 4.10a quando os desvios-padrão não são significativamente diferentes, ou com as Equações 4.9b e 4.10b caso os desvios-padrão sejam significativamente diferentes. Ilustramos ambos os casos na Figura 4.10. Na guia Dados, selecione Análise de Dados. Na janela que aparece, selecione *Teste-t: Duas Amostras Admitindo-se Variâncias Equivalentes*. Clique OK. A próxima janela pede que você indique as células onde estão localizados os dois conjuntos de dados. Escreva B5:B12 para a Variável 1 e C5:C12 para a Variável 2. A rotina ignora o fato de a célula B12 estar vazia. Para a Hipótese Diferença de Média entre com o valor 0 e para Alfa entre com o valor 0,05. Alfa é o nível de probabilidade no qual estamos testando a diferença entre as médias. Com Alfa = 0,05, estamos no nível de confiança de 95%. Para o Intervalo de Saída, selecione a célula E1 e clique OK.

Variância = s^2

O Excel faz então o cálculo e imprime os resultados nas células E1 até G13 da Figura 4.10. Os valores médios estão nas células F3 e G3. A *variância* aparece nas células F4 e G4, lembrando que a variância é o quadrado do desvio-padrão. Na célula F6 encontramos a *variância agrupada*, que é o quadrado de s_{agrupada} calculada pela Equação 4.10a. É difícil trabalhar com esta equação sem o auxílio de um computador. Os graus de liberdade (gl = 13) aparecem na célula F8, e $t_{\text{calculado}}$ (Est t) = 20,2, obtido a partir da Equação 4.9a, aparece na célula F9.

Neste ponto na Seção 4.4, consultamos a Tabela 4.4 para encontrar que t_{tabelado} está localizado entre 2,228 e 2,131 para um intervalo de confiança de 95% e 13 graus de liberdade. O Excel fornece o valor crítico de t = 2,160 na célula F13 da Figura 4.10. Como $t_{\text{calculado}}$ (= 20,2) > t_{tabelado} (= 2,160), concluímos que as duas médias são significativamente diferentes. A célula F12 mostra que a probabilidade de se observar aleatoriamente estes dois valores médios se os dados provêm de conjuntos com a mesma média populacional (μ) é $p = 3 \times 10^{-11}$. A diferença é *altamente* significativa. Para qualquer valor de $p < 0{,}05$ na célula F12, devemos rejeitar a *hipótese nula* e concluir que as médias *são diferentes*.

O teste F nos mostrou que os desvios-padrão dos dois experimentos de Rayleigh são diferentes. Portanto, podemos selecionar o outro teste t encontrado no menu Ferramentas na opção Análise de Dados. Selecione *Teste-t: Duas Amostras Admitindo-se Variâncias Diferentes*, e repetimos o procedimento anterior. Os resultados, baseados nas Equações 4.9b e 4.10b, são dados nas células E15 até G26 da Figura 4.10. Da mesma forma que na Seção 4.4, os graus de liberdade são 7 (célula F21) e $t_{calculado} = 21{,}7$ (célula F22). Como $t_{calculado}$ é maior do que o valor crítico de t (2,36 na célula F26), rejeitamos a hipótese nula e concluímos que as duas médias *são* significativamente diferentes. A célula F25 indica que a probabilidade de observar aleatoriamente estes dois valores médios se os dados provêm de conjuntos com a mesma média populacional (μ) é $p = 1 \times 10^{-7}$. Os biólogos frequentemente enunciam conclusões em termos de valores de p. *Quanto menor o valor de p, com mais confiança podemos rejeitar a hipótese nula de que os dois conjuntos de dados vêm de populações com a mesma média populacional.*

4.6 Teste de Grubbs para um Ponto Fora da Curva

Os alunos realizaram titulações repetidas de alíquotas do padrão KCl usando um titulante de $AgNO_3$. Os volumes de titulação de um aluno são:

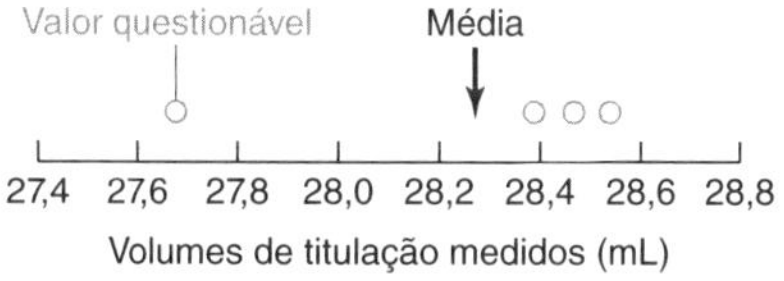

Volumes para titulações repetidas (mL): 28,54; 28,39; 28,47; 27,68

A média ($\bar{x}$) é 28,27 mL e o desvio-padrão (s) é 0,40 mL para as quatro titulações repetidas. Humm, o desvio-padrão relativo ($s/\bar{x} = 1{,}4\%$) parece maior do que a precisão do exemplo no manual do laboratório. A representação gráfica na margem ajuda a visualizar os dados. O valor de 27,68 mL parece ser anormalmente baixo. Um dado que se apresenta afastado dos demais valores obtidos é chamado valor disperso (um valor discrepante) ou um **ponto fora da curva**. O valor de 27,68 mL deve ser rejeitado antes de se calcular a média dos demais dados ou deve ser mantido?

Primeiro verifique o seu caderno de laboratório. Há alguma observação sobre essa titulação? Se houver algum registro de que parte dessa solução foi perdida durante a transferência, a probabilidade de o resultado estar errado é de 100% e o dado deve ser descartado. Tais desvios grosseiros do procedimento devem ser registrados imediatamente em seu caderno. Qualquer dado baseado em um procedimento que não foi bem executado deve ser descartado, não importa quão bem ele se ajuste ao restante dos dados.

As estatísticas são um substituto ruim para uma boa rotina de registros.

Na ausência de um erro grosseiro registrado no caderno, determinamos se 27,68 mL devem ser retidos ou descartados com o **teste de Grubbs**. A estatística de Grubbs (G) é definida como

O teste de Grubbs é recomendado pela *International Organization for Standardization* (ISO) e pela *American Society for Testing and Materials* (ASTM). O Apêndice C descreve o teste Q, um teste matematicamente mais simples, mas mais limitado para testar valores discrepantes.

Teste de Grubbs:
$$G_{calculado} = \frac{|\text{valor questionável} - \bar{x}|}{s} \qquad \textbf{(4.13)}$$

em que o numerador é o valor absoluto da diferença entre o valor disperso suspeito e o valor médio. *Se $G_{calculado}$ for maior do que G obtido da Tabela 4.6, o dado questionável deve ser descartado.* Um valor discrepante pode ser rejeitado somente usando-se o teste de Grubbs.

No nosso exemplo, o valor questionável é 27,68 mL, a média $\bar{x} = 28{,}27$ mL e o desvio-padrão $s = 0{,}40$ mL para quatro pontos. Inserindo estes valores na Equação 4.13, obtém-se que $G_{calculado} = |27{,}68 \text{ mL} - 28{,}27 \text{ mL}|/0{,}40 \text{ mL} = 1{,}482$. Na Tabela 4.6, $G_{tabelado} = 1{,}463$ para quatro observações. *Como $G_{calculado} > G_{tabelado}$, o ponto questionável deve ser descartado.* Existe menos do que 5% de chance de que o valor 27,68 mL seja um membro da mesma população a que pertencem as outras medições. Desenhe uma única linha através do ponto discrepante em seu caderno, observando que ele foi rejeitado usando o teste Grubbs.

Volumes de titulação para o padrão de KCl (mL): 28,52; 28,39; 28,47; ~~27,68~~ Grubbs
$\bar{x} = 28{,}467$ mL e $s = 0{,}075$ mL recalculados para os 3 pontos restantes.

TABELA 4.6 Valores críticos de G para rejeição de valores dispersos

Número de observações	G (95% de confiança)
3	1,153
4	1,463
5	1,672
6	1,822
7	1,938
8	2,032
9	2,110
10	2,176
11	2,234
12	2,285
15	2,409
20	2,557
30	2,745
50	2,956

$G_{calculado}$ = |valor questionável – média|/s. Se $G_{calculado} > G_{tabelado}$, o valor em questão pode ser rejeitado com uma confiança de 95%. Os valores nesta tabela referem-se a um teste unicaudal, como recomendado pela ASTM.

FONTE: Dados da ASTM E 178-16a Standard Practice for Dealing with Outlying Observations (https://www.astm.org/Standards/E178.htm); F. E. Grubbs and G. Beck, Technometrics ***1972****, 14, 847.*

4.7 Método dos Mínimos Quadrados

Na maioria das análises químicas, o resultado de um procedimento tem de ser avaliado a partir de quantidades conhecidas do analito (chamadas *padrões*), de modo que o resultado com uma quantidade desconhecida possa ser interpretado. Para essa finalidade, normalmente preparamos uma **curva de calibração** como a da cafeína na Figura 0.7. Na maioria das vezes, trabalhamos em uma região onde a curva de calibração é uma linha reta.

Usamos o **método dos mínimos quadrados** para encontrar a "melhor" reta que passa através de um conjunto de pontos de dados experimentais que apresentam uma certa dispersão e não se enquadram perfeitamente sobre uma linha reta. A melhor reta é aquela em que alguns

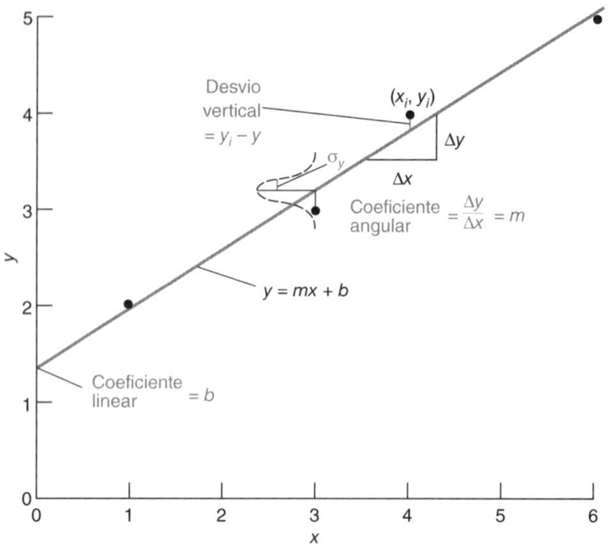

FIGURA 4.11 Ajuste da curva usando mínimos quadrados. A curva gaussiana traçada sobre o ponto (3,3) é uma indicação esquemática da distribuição dos valores de y_i medidos em torno da linha reta. Isto é, o valor mais provável de y se localiza sobre a reta, porém existe uma probabilidade finita de se medir y a uma certa distância da reta.

Se as incertezas em x e y são comparáveis, é apropriado minimizar uma combinação dos desvios vertical e horizontal dos pontos com relação à reta, em vez da distância vertical mostrada na Figura 4.11. As referências 6 e 7 fornecem equações para manipular incertezas em x e em y.

pontos se situam acima dela enquanto outros localizam-se abaixo dela. Aprenderemos a estimar a incerteza de uma análise química com base nas incertezas da curva de calibração e na resposta da medida repetida de amostras desconhecidas.

Encontrando a Equação da Reta

O procedimento que usaremos pressupõe que as incertezas nos valores de y são substancialmente maiores do que as incertezas nos valores de x.[5] Esta condição é frequentemente verdadeira em uma curva de calibração na qual a resposta experimental (valores de y) é menos certa do que a quantidade de analito (valores de x). Uma segunda suposição é de que as incertezas (desvios-padrão) em todos os valores de y são semelhantes.

Desejamos traçar a melhor reta que passa pelos pontos da Figura 4.11 minimizando os desvios verticais entre os pontos e a reta. Minimizamos apenas os desvios verticais porque admitimos que as incertezas nos valores de y são muito maiores do que as incertezas nos valores de x.

A equação de uma reta pode ser escrita como

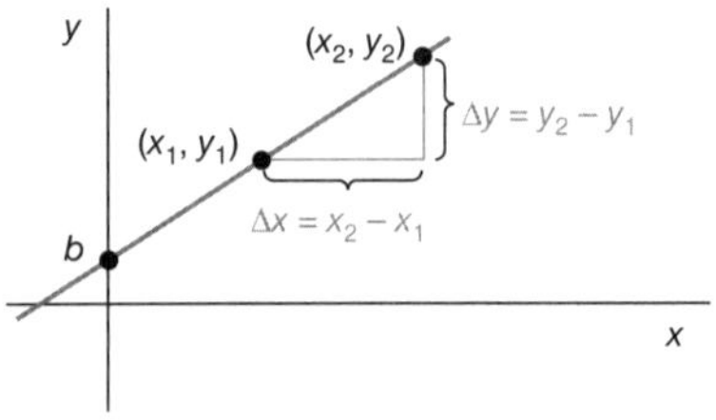

Equação de uma reta: $y = mx + b$

Coeficiente angular (m) $= \frac{\Delta y}{\Delta x} = \frac{y_2 - y_1}{x_2 - x_1}$

Coeficiente linear (b) = ponto no eixo y interceptado pela reta.

Equação da reta: $$y = mx + b \tag{4.14}$$

em que m é o **coeficiente angular** (a inclinação) e b é o **coeficiente linear** (a interseção). O desvio vertical para o ponto (x_i, y_i) na Figura 4.11 é $y_i - y$, com y sendo a ordenada da reta quando $x = x_i$.

$$\text{Desvio vertical} = d_i = y_i - y = y_i - (mx_i + b) \tag{4.15}$$

Alguns dos desvios são positivos enquanto outros são negativos. Como desejamos minimizar a magnitude dos desvios independentemente de seus sinais, elevamos ao quadrado todos os desvios para obtermos, desse modo, somente números positivos:

$$d_i^2 = (y_i - y)^2 = (y_i - mx_i - b)^2$$

Como minimizamos o quadrado dos desvios, este procedimento é chamado *método dos mínimos quadrados*.

Para calcular o determinante, multiplicamos os elementos da diagonal $e \times h$ e então subtraímos do resultado o produto dos elementos da outra diagonal, $f \times g$.

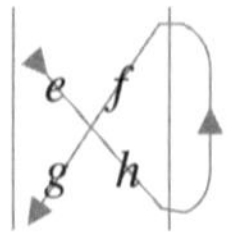

Encontrar os valores de m e b que minimizam a soma dos quadrados dos desvios verticais exige alguns cálculos, os quais serão omitidos. Expressamos a solução final para os coeficientes angular e linear por meio de *determinantes*, os quais resumem certas operações aritméticas.

O **determinante** $\begin{vmatrix} e & f \\ g & h \end{vmatrix}$ representa o valor $eh - fg$. Assim, por exemplo,

$$\begin{vmatrix} 6 & 5 \\ 4 & 3 \end{vmatrix} = (6 \times 3) - (5 \times 4) = -2$$

O coeficiente angular e o coeficiente linear da "melhor" reta são dados por

"Melhor" reta pelos mínimos quadrados

$$\textit{Coeficiente angular:} \quad m = \begin{vmatrix} \Sigma(x_i y_i) & \Sigma x_i \\ \Sigma y_i & n \end{vmatrix} \div D \tag{4.16}$$

$$\textit{Coeficiente linear:} \quad b = \begin{vmatrix} \Sigma(x_i^2) & \Sigma(x_i y_i) \\ \Sigma x_i & \Sigma y_i \end{vmatrix} \div D \tag{4.17}$$

As equações finais do método dos mínimos quadrados são:

$$m = \frac{n\Sigma(x_i y_i) - \Sigma x_i \Sigma y_i}{n\Sigma(x_i^2) - (\Sigma x_i)^2}$$

$$b = \frac{\Sigma(x_i^2)\Sigma y_i - \Sigma(x_i y_i)\Sigma x_i}{n\Sigma(x_i^2) - (\Sigma x_i)^2}$$

TABELA 4.7 **Cálculos para análise de mínimos quadrados**

x_i	y_i	x_iy_i	x_i^2	$d_i(= y_i - mx_i - b)$	d_i^2
1	2	2	1	0,038 46	0,001 479 3
3	3	9	9	−0,192 31	0,036 982
4	4	16	16	0,192 31	0,036 982
6	5	30	36	−0,038 46	0,001 479 3
$\Sigma(x_i) = 14$	$\Sigma(y_i) = 14$	$\Sigma(x_iy_i) = 57$	$\Sigma(x_i^2) = 62$		$\Sigma(d_i^2) = 0,076\ 923$

em que o denominador, D, é dado por:

$$D = \begin{vmatrix} \Sigma(x_i^2) & \Sigma x_i \\ \Sigma x_i & n \end{vmatrix} \tag{4.18}$$

e n é o número de pontos.

Vamos usar essas equações para encontrar o coeficiente angular e o coeficiente linear da melhor reta que passa pelos quatro pontos na Figura 4.11. O detalhamento do cálculo é visto na Tabela 4.7. Observa-se que, para $n = 4$, e colocando as várias somas dentro dos determinantes nas Equações 4.16, 4.17 e 4.18, temos

$$m = \begin{vmatrix} 57 & 14 \\ 14 & 4 \end{vmatrix} \div \begin{vmatrix} 62 & 14 \\ 14 & 4 \end{vmatrix} = \frac{(57\times 4)-(14\times 14)}{(62\times 4)-(14\times 14)} = \frac{32}{52} = 0{,}615\ 38$$

$$b = \begin{vmatrix} 62 & 57 \\ 14 & 14 \end{vmatrix} \div \begin{vmatrix} 62 & 14 \\ 14 & 4 \end{vmatrix} = \frac{(62\times 14)-(57\times 14)}{(62\times 4)-(14\times 14)} = \frac{70}{52} = 1{,}346\ 15$$

A equação da melhor reta que passa pelos pontos da Figura 4.11 é, portanto,

$$y = 0{,}615\ 38x + 1{,}346\ 15$$

Discutiremos a questão dos algarismos significativos para m e b na próxima seção.

EXEMPLO **Determinação do Coeficiente Angular e do Coeficiente Linear por Meio de uma Planilha Eletrônica**

O Excel dispõe das funções chamadas INCLINAÇÃO e INTERSEÇÃO, cujo uso é ilustrado a seguir:

	A	B	C	D	E	F
1	x	y			Fórmulas:	
2	1	2		coeficiente angular		
3	3	3		0,61538	D3 = INCLINAÇÃO(B2:B5,A2:A5)	
4	4	4		coeficiente linear =		
5	6	5		1,34615	D5 = INTERSEÇÃO(B2:B5,A2:A5)	

O coeficiente angular na célula D3 é calculado com a fórmula "=INCLINAÇÃO (B2:B5,A2:A5)", em que B2:B5 é o intervalo contendo os valores de y e A2:A5 é o intervalo contendo os valores de x.

TESTE-SE Mude a célula A3 de 3 para 3,5, e encontre os novos coeficientes angular e linear. (***Resposta:*** 0,610 84; 1,285 71.)

Qual o Grau de Confiabilidade dos Parâmetros do Método dos Mínimos Quadrados?[8]

Para estimar as incertezas no coeficiente angular e no coeficiente linear, devemos fazer uma análise da incerteza nas Equações 4.16 e 4.17. As incertezas em m e b estão relacionadas com as incertezas nas medidas de cada valor de y. Portanto, primeiro estimamos o desvio-padrão que descreve a população dos valores de y. Este desvio-padrão, σ_y, caracteriza a pequena curva gaussiana registrada na Figura 4.11.

Estimamos σ_y, o desvio-padrão populacional de todos os valores de y, calculando s_y, o desvio-padrão para os quatro valores medidos de y. O desvio de cada valor de y_i a partir do centro de sua curva gaussiana é $d_i = y_i - y = y_i - (mx_i + b)$. O desvio-padrão desses desvios verticais é

A Equação 4.19 é análoga à Equação 4.2.

$$\sigma_y \approx s_y = \sqrt{\frac{\Sigma(d_i - \bar{d})^2}{\text{(graus de liberdade)}}} \tag{4.19}$$

Entretanto, o desvio médio, $\bar{d}$, é 0 para a melhor reta, e assim, o numerador da Equação 4.19 se reduz a $\Sigma(d_i^2)$.

Os *graus de liberdade* são o número de partes independentes da informação disponível. Para n pontos, existem n graus de liberdade. Se estivermos calculando o desvio-padrão de n pontos, devemos primeiro encontrar a média para usar na Equação 4.2. Isso permite $n - 1$ graus de liberdade na Equação 4.2, pois, além da média, apenas $n - 1$ partes da informação estão disponíveis. Se conhecermos $n - 1$ valores e também conhecermos sua média, então o n-ésimo valor é fixo e podemos calculá-lo.

Graus de liberdade para mínimos quadrados: $n - 2$

Começamos com n pontos na Equação 4.19. Dois graus de liberdade foram perdidos na determinação do coeficiente angular e do coeficiente linear da melhor reta. Deste modo, restam $n - 2$ graus de liberdade. A Equação 4.19 torna-se

Desvio-padrão de y:
$$s_y = \sqrt{\frac{\Sigma(d_i^2)}{n-2}} \tag{4.20}$$

em que d_i é dado pela Equação 4.15.

A análise da incerteza para as Equações 4.16 e 4.17 conduz aos seguintes resultados:

Desvio-padrão do coeficiente angular e do coeficiente linear
$$u_m^2 = \frac{s_y^2 n}{D} \tag{4.21}$$
$$u_b^2 = \frac{s_y^2 \Sigma(x_i^2)}{D} \tag{4.22}$$

Incerteza-padrão (u) = desvio-padrão da média
- u diminui quando você mede mais pontos.
- O desvio-padrão (s) é aproximadamente constante quando você mede mais pontos.

sendo u_m a *incerteza-padrão* do coeficiente angular, u_b a *incerteza-padrão* do coeficiente linear, s_y a *incerteza-padrão* de y dada pela Equação 4.20 e D é dado pela Equação 4.18. A *incerteza-padrão* (u_m e u_b) é o desvio-padrão da média. Se você dobra o número de pontos de calibração, u_m e u_b diminuem de $\sim 1/\sqrt{2}$. O desvio-padrão s_y é uma característica da população de medidas, independentemente do número de pontos de calibração. Se você dobrar o número de pontos, s_y é praticamente constante.

Por fim, podemos determinar os algarismos significativos para o coeficiente angular e para o coeficiente linear na Figura 4.11. Na Tabela 4.7, vemos que $\Sigma(d_i^2) = 0{,}076\,923$. Substituindo esse número na Equação 4.20, temos

$$s_y^2 = \frac{0{,}076\,923}{4-2} = 0{,}038\,462$$

Agora, podemos inserir valores numéricos nas Equações 4.21 e 4.22, encontrando

$$u_m^2 = \frac{s_y^2 n}{D} = \frac{(0{,}038\,462)(4)}{52} = 0{,}002\,958\,6 \Rightarrow u_m = 0{,}054\,39$$

$$u_b^2 = \frac{s_y^2 \Sigma(x_i^2)}{D} = \frac{(0{,}038\,462)(62)}{52} = 0{,}045\,859 \Rightarrow u_b = 0{,}214\,15$$

Combinando os resultados para m, u_m, b e u_b, escrevemos

O primeiro algarismo da incerteza é o último algarismo significativo. Normalmente, retemos algarismos não significativos adicionais para evitar erros de arredondamento em cálculos posteriores.

Coeficiente angular:
$$\begin{matrix} 0{,}615\,38 \\ \pm 0{,}054\,39 \end{matrix} = 0{,}62 \pm 0{,}05 \text{ ou } 0{,}61_5 \pm 0{,}05_4 \tag{4.23}$$

Coeficiente linear:
$$\begin{matrix} 1{,}346\,15 \\ \pm 0{,}214\,15 \end{matrix} = 1{,}3 \pm 0{,}2 \text{ ou } 1{,}3_5 \pm 0{,}2_1 \tag{4.24}$$

em que as incertezas são u_m e u_b. *A primeira casa decimal do desvio-padrão é o último algarismo significativo do coeficiente angular e do coeficiente linear.* Muitos cientistas escrevem resultados como 1,35 ± 0,21, de modo a evitar erros de arredondamento excessivos.

O intervalo de confiança de 95% para o coeficiente angular é

$$\pm t u_m = \pm(4{,}303)(0{,}054) = \pm 0{,}23$$

com base em $n - 2 = 2$ graus de liberdade.

Para expressar a incerteza como um intervalo de confiança, a Equação 4.7 nos diz para multiplicar as incertezas nas Equações 4.23 e 4.24 pelo valor apropriado do teste t de Student, obtido a partir da Tabela 4.4 para $n - 2$ graus de liberdade.

EXEMPLO Determinação de s_y, u_m e u_b por Meio de uma Planilha Eletrônica

A função do Excel PROJ.LIN escreve o coeficiente angular, o coeficiente linear e as respectivas incertezas em uma tabela (uma *matriz*). Como um exemplo, entramos com os valores x e y da Tabela 4.7 nas colunas A e B, de acordo com a planilha vista a seguir. Então marcamos, com o auxílio do mouse, a região E3:F5, formada por 3 linhas × 2 colunas. Esta região é selecionada para conter a saída da função PROJ.LIN. Na guia Fórmulas, escolhemos Inserir Função. Na janela que aparece, vamos para Estatística e damos um clique duplo em PROJ.LIN. Na guia Fórmulas, vamos para Inserir Função. Na janela que aparece, em "Ou selecione uma categoria", selecionamos Estatística e damos um clique duplo em PROJ.LIN. A nova janela pergunta sobre as quatro entradas da função. Para os valores de y, entramos com B2:B5. Depois entramos com A2:A5 para os valores de x. As duas próximas entradas são ambas "VERDADEIRO". O primeiro VERDADEIRO diz para o Excel que queremos calcular o coeficiente linear da reta, obtido pelo método dos mínimos quadrados, e não forçar que a interseção (o coeficiente linear) seja 0. O segundo VERDADEIRO diz para o Excel escrever as incertezas, bem como o coeficiente angular e o coeficiente linear. A fórmula que deve ser dada para o Excel é "=PROJ.LIN(B2:B5,A2:A5,VERDADEIRO,VERDADEIRO)". Agora, pressionamos CONTROL+SHIFT+ENTER em um PC ou CONTROL+SHIFT+RETURN em um Mac. O Excel escreve a matriz nas células E3:F5. Escrevemos os títulos em torno da região de saída para indicar o que existe em cada célula. O coeficiente angular e o coeficiente linear estão na linha de cima. A segunda linha contém u_m e u_b. A célula F5 contém s_y e a célula E5 contém uma grandeza denominada R^2, definida na Equação 5.3, que é uma medida da qualidade do ajuste dos dados pela reta. Quanto mais próximo R^2 estiver de 1, melhor é o ajuste.

Se aparecer apenas 0,615 38 na célula E3, você esqueceu de destacar as células E3:F5 ou de usar CONTROL+SHIFT+ENTER (PC) ou CONTROL+SHIFT+RETURN (Mac). Tente novamente.

	A	B	C	D	E	F	G
1	x	y			Saída da PROJ.LIN		
2	1	2			Coeficiente angular	Coeficiente linear	
3	3	3		Parâmetro	0,61538	1,34615	
4	4	4		u_m	0,05439	0,21414	u_b
5	6	5		R^2	0,98462	0,19612	s_y
6	Células marcadas E3:F5						
7	Digite "=PROJ.LIN(B2:B5,A2:A5,VERDADEIRO,VERDADEIRO)"						
8	Pressione CRTL+SHIFT+ENTER (no PC)						
9	Pressione CRTL+SHIFT+RETURN (no Mac)						

TESTE-SE Mude a célula A3 de 3 para 3,5, e utilize a função PROJ.LIN. Qual é o valor de s_y por meio da função PROJ.LIN? (***Resposta:*** 0,364 70.)

As Seções 18.1 e 18.2 discutem a absorção da luz e definem o termo *absorbância*, conceitos que serão utilizados no decorrer deste livro. É interessante que você leia agora estas seções de modo a ter uma boa fundamentação.

4.8 Curvas de Calibração

Uma *curva de calibração* mostra a resposta de um método analítico para quantidades conhecidas de analito.[9] Na Tabela 4.8 constam os dados reais da análise de uma proteína que produz um produto colorido. Um instrumento chamado *espectrofotômetro* mede a absorbância da luz, que é proporcional à quantidade de proteína que está sendo analisada. Soluções contendo concentrações conhecidas de analito são chamadas **soluções-padrão**. Soluções contendo todos os reagentes e solventes usados na análise, mas nenhum analito, são chamadas **soluções em branco**. O branco mede a resposta do método analítico para impurezas ou espécies interferentes nos reagentes.

Observando os três valores de absorbância em cada linha da Tabela 4.8, vemos que o número 0,392 parece estranho: ele é inconsistente com os outros valores para 15,0 μg, e o intervalo dos valores para as amostras de 15,0 μg é muito maior do que o intervalo para as outras amostras. A relação linear entre os valores médios de absorbância acima da amostra de 20,0 μg também indica que o valor 0,392 está errado (Figura 4.12). Escolhemos, portanto, omitir o valor 0,392 de todos os cálculos subsequentes.

É razoável perguntar se todas as três absorbâncias para as amostras de 25,0 μg são baixas por alguma razão desconhecida, pois esse ponto cai abaixo da reta na Figura 4.12. Várias repetições dessa análise mostram que o ponto correspondente a 25,0 μg está consistentemente abaixo da reta e não há nada "errado" com os dados na Tabela 4.8.

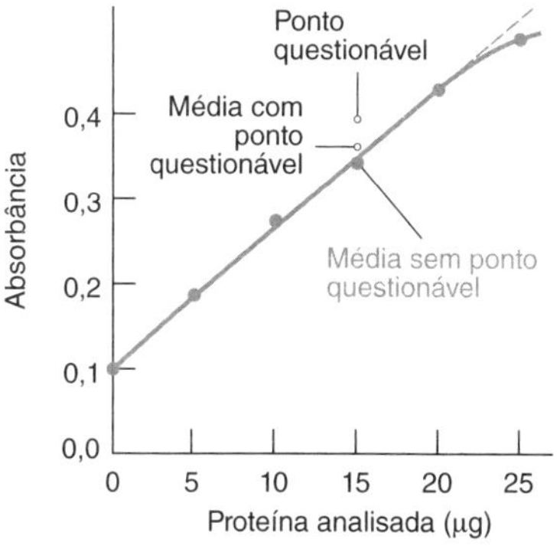

FIGURA 4.12 Valores médios de absorbância da Tabela 4.8 *versus* microgramas de proteína analisada. As médias de 0 até 20 μg de proteína se localizam sobre uma reta caso o dado questionável 0,392 em 15 μg seja omitido.

TABELA 4.8 Dados espectrofotométricos utilizados para a construção da curva de calibração

Quantidade de proteína (μg)	Absorbância de padrões independentes			Intervalo	Absorbância corrigida		
0	0,099	0,099	0,100	0,001	$-0{,}000_3$	$-0{,}000_3$	$0{,}000_7$
5,0	0,185	0,187	0,188	0,003	$0{,}085_7$	$0{,}087_7$	$0{,}088_7$
10,0	0,282	0,272	0,272	0,010	$0{,}182_7$	$0{,}172_7$	$0{,}172_7$
15,0	0,345	0,347	(0,392)	0,047	$0{,}245_7$	$0{,}247_7$	—
20,0	0,425	0,425	0,430	0,005	$0{,}325_7$	$0{,}325_7$	$0{,}330_7$
25,0	0,483	0,488	0,496	0,013	$0{,}383_7$	$0{,}388_7$	$0{,}396_7$

Construção de uma Curva de Calibração

Adotamos o procedimento descrito a seguir para construir uma curva de calibração:

Etapa 1 Preparamos amostras conhecidas do analito, cobrindo o intervalo de concentrações (0 a 150%) esperadas para as amostras desconhecidas. Medimos a resposta do método analítico para esses padrões. Este procedimento gera os dados na metade esquerda da Tabela 4.8.

A absorbância do branco pode ser resultante da cor dos reagentes iniciais, das reações de impurezas e das reações de espécies interferentes. Os valores do branco podem variar de um conjunto de reagentes para outro, mas os valores da absorbância corrigida não devem variar.

Etapa 2 Subtraímos a média das absorbâncias das amostras *em branco* ($0{,}099_3$) de cada absorbância medida, de modo a obter a *absorbância corrigida*. O branco mede a resposta do método analítico, quando não há proteína presente.

Etapa 3 Construímos um gráfico da absorbância corrigida *versus* a quantidade de proteína analisada (Figura 4.13). Inspecione o gráfico para determinar em que intervalo os dados são lineares, se há discrepâncias e se a incerteza em y é aproximadamente a mesma em todo intervalo.

Se a incerteza em y aumenta à medida que x aumenta, pode ser necessário o uso de mínimos quadrados ponderados.[10]

Etapa 4 Usamos o método dos mínimos quadrados para encontrar a melhor reta que passa pela região linear dos dados até 20,0 μg de proteína, incluindo este valor. (São 14 pontos, incluindo os 3 brancos corrigidos. Estes pontos estão na região sombreada da Tabela 4.8.) Determinamos o coeficiente angular, o coeficiente linear e as incertezas com as Equações 4.16, 4.17, 4.20, 4.21 e 4.22 ou, melhor, usando a função do Excel PROJ.LIN conforme descrito no exemplo anterior:

$$m = 0{,}016\,3_0 \qquad u_m = 0{,}000\,2_2 \qquad s_y = 0{,}005_9$$
$$b = 0{,}004_7 \qquad u_b = 0{,}002_6$$

A equação da reta de calibração é

A equação da reta de calibração é
$$y(\pm s_y) = [m(\pm u_m)]x + [b(\pm u_b)]$$

$$\underbrace{\text{Absorbância corrigida}}_{y} = m \times \underbrace{(\mu\text{g de proteína})}_{x} + b$$

$$= (0{,}016\,3_0)(\mu\text{g de proteína}) + 0{,}004_7 \qquad \textbf{(4.25)}$$

em que y é a absorbância corrigida (= absorbância observada – absorbância do branco).

Etapa 5 Se, no futuro, você analisar uma amostra desconhecida, aplique o método analítico para um branco ao mesmo tempo em que aplica o método para a amostra. Subtraia a absorbância do novo branco da absorbância da amostra desconhecida para obter a absorbância corrigida.

EXEMPLO Uso de uma Curva de Calibração Linear

Uma amostra desconhecida de uma proteína fornece uma absorbância de 0,406, e um branco possui uma absorbância de 0,104. Quantos microgramas de proteína estão presentes na amostra desconhecida?

Solução A absorbância corrigida é 0,406 – 0,104 = 0,302, que se localiza na região linear da curva de calibração da Figura 4.13. Rearranjando-se a Equação 4.25, obtém-se

$$\mu\text{g de proteína} = \frac{\text{absorbância corrigida} - 0{,}004_7}{0{,}016\,3_0} = \frac{0{,}302 - 0{,}004_7}{0{,}016\,3_0} = 18{,}2_4\ \mu\text{g} \qquad \textbf{(4.26)}$$

TESTE-SE Que massa de proteína produz uma absorbância corrigida de 0,250? (***Resposta:*** $15{,}0_5$ μg.)

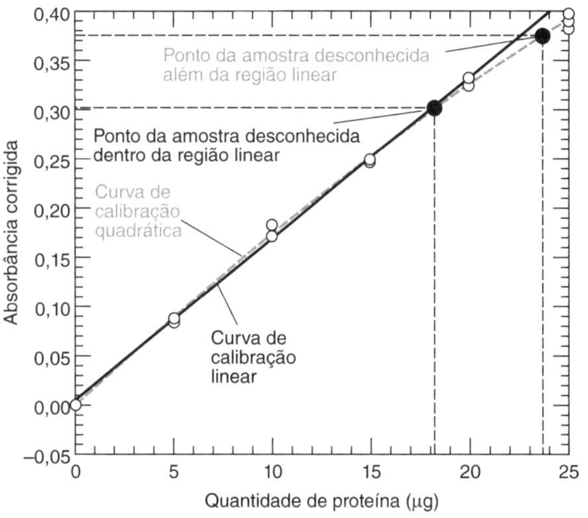

FIGURA 4.13 Curva de calibração para análise da proteína da Tabela 4.8. A equação da reta que ajusta os 14 pontos (círculos abertos) de 0 até 20 μg, calculada pelo método dos mínimos quadrados, é $y = 0{,}016\ 3_0(\pm 0{,}000\ 2_2)x + 0{,}004_7(\pm 0{,}002_6)$. O desvio-padrão de y é $s_y = 0{,}005_9$. A equação da curva tracejada, uma equação quadrática, que ajusta todos os 17 pontos de 0 até 25 μg, obtida por um método de mínimos quadrados não linear (Apêndice C), é $y = -1{,}1_7(\pm 0{,}1_8) \times 10^{-4}\,x^2 + 0{,}018\ 5_8$ $(\pm 0{,}000\ 4_7)\,x - 0{,}000\ 7(\pm 0{,}002\ 4)$, com $s_y = 0{,}004_6$.

BOXE 4.2 Uso de uma Curva de Calibração Não Linear

Considere uma amostra desconhecida cuja absorbância corrigida de 0,375 está além da região linear na Figura 4.13. Podemos ajustar todos os pontos com a equação quadrática (Apêndice C)

$$y = -1{,}1_7 \times 10^{-4}\,x^2 + 0{,}018\ 5_8\,x - 0{,}000\ 7 \qquad \text{(A)}$$

Para encontrar a quantidade de proteína, substitua a absorbância corrigida na Equação A:

$$0{,}375 = -1{,}1_7 \times 10^{-4}\,x^2 + 0{,}18\ 5_8\,x - 0{,}000\ 7$$

Esta equação pode ser rearranjada para

$$1{,}1_7 \times 10^{-4}\,x^2 - 0{,}018\ 5_8\,x + 0{,}375\ 7 = 0$$

que é uma equação quadrática da forma

$$ax^2 + bx + c = 0$$

cujas duas possibilidades de solução são

$$x = \frac{-b + \sqrt{b^2 - 4ac}}{2a} \qquad x = \frac{-b - \sqrt{b^2 - 4ac}}{2a}$$

Substituindo $a = 1{,}1_7 \times 10^{-4}$, $b = -0{,}018\ 5_8$ e $c = 0{,}375\ 7$ nestas equações, temos

$$x = 135\mu\text{g} \qquad x = 23{,}_8\ \mu\text{g}$$

A Figura 4.13 nos diz que a escolha correta é $x = 23{,}_8$ μg, e não $x = 135$ μg.

Preferimos procedimentos de calibração com uma **resposta linear**, em que o sinal analítico corrigido (= sinal da amostra – sinal do branco) é proporcional à quantidade de analito. Embora tentemos trabalhar na faixa linear, podemos obter resultados válidos além da região linear (> 20 μg) na Figura 4.13. A curva tracejada que passa por 25 μg de proteína vem de um ajuste por mínimos quadrados da equação $y = ax^2 + bx + c$ aos dados experimentais (Boxe 4.2).

O **intervalo linear** de um método analítico é o intervalo de concentração do analito em que a resposta é proporcional à concentração. Uma grandeza relacionada, definida na Figura 4.14, é o **intervalo dinâmico** – o intervalo de concentração em que existe uma resposta mensurável do analito, mesmo se esta resposta não é linear.

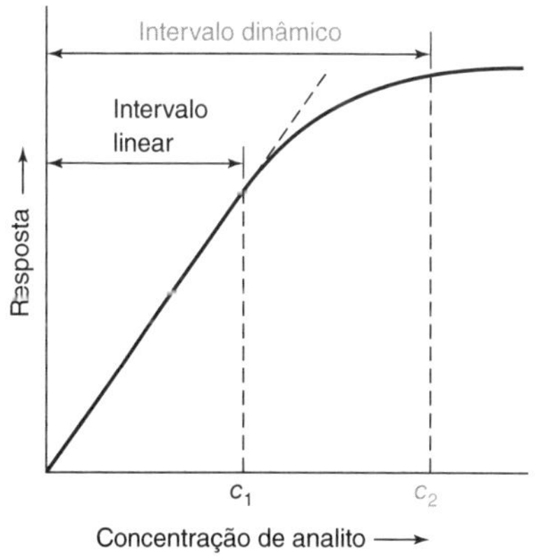

FIGURA 4.14 Curva de calibração ilustrando os intervalos linear e dinâmico.

Dicas para uma Boa Experiência

Sempre faca um gráfico dos seus dados. O gráfico dá a oportunidade de se rejeitarem os dados ruins, de repetir uma medida ou de decidir que uma reta não é a função apropriada. Se você utilizar o método dos mínimos quadrados sem pensar, sem representar graficamente os dados, você não vai conseguir ver a verdadeira natureza dos dados. Todos os três conjuntos de dados na Figura 4.15 são ajustados pela reta $y = 0{,}5x + 3$. Na Figura 4.15*a*, os dados dispersos se localizam sobre uma reta com alta incerteza na inclinação e na intercessão. Os dados na Figura 4.15*b* não estão em conformidade com uma reta, mas podem ser ajustados por uma equação quadrática. A Figura 4.15*c* contém um ponto fora da curva óbvio que deve ser omitido antes de ajustar os dados restantes em uma reta. O Boxe 4.3 tem exemplos adicionais do que você pode discernir examinando um gráfico de seus dados.

Examine seus dados quanto à sensibilidade.

Não é confiável extrapolar qualquer curva de calibração, linear ou não linear, além do intervalo de medidas dos padrões. Consequentemente, devemos medir padrões em todo o intervalo de concentração de interesse.

Recomendam-se *pelo menos* medidas de seis concentrações de calibração e duas medidas repetidas da amostra desconhecida. O procedimento mais rigoroso é fazer cada solução de calibração independente a partir de um material certificado. Evite diluições em série a partir

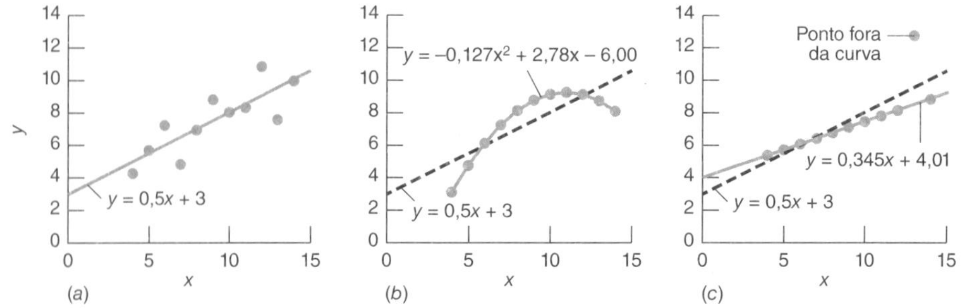

FIGURA 4.15 Padrões de dados diferentes dando a mesma reta por meio dos mínimos quadrados: $y = 0{,}5x + 3$. [Dados de F. J. Anscombe, "Graphs in Statistical Analysis," *Am. Statistician* **1973**, *27*, 17.]

BOXE 4.3 Importância dos Gráficos para Visualizar Dados

Um bom gráfico revela características relevantes dos dados e auxilia na análise estatística.[11] As alturas no *gráfico de barras* na figura *a* fornecem os valores médios de dois conjuntos de dados. As barras de erro correspondem à ±incerteza-padrão (±desvio-padrão da média). Os conjuntos de dados 1 e 2 nas figuras *b–e* têm médias e incertezas-padrão semelhantes aos conjuntos 1 e 2 na figura *a*. No entanto, os *gráficos de pontos* mostram características diferentes dos dados que não são evidentes no gráfico de barras.

Na figura *b*, os dois conjuntos de dados parecem normalmente distribuídos, o que é uma suposição subjacente aos testes estatísticos deste capítulo. Um teste *t* assumindo que os desvios-padrão não são estatisticamente diferentes indica que a pequena diferença em suas médias é significativa no nível de confiança de 95%.

Na figura *c*, o conjunto de dados 2 tem um ponto muito alto com relação aos demais. O teste de Grubbs mostra este ponto como um ponto fora da curva. Na figura *d*, observamos que cada conjunto de dados consiste em dois subconjuntos. Dizemos que cada conjunto de dados é *bimodal*, com um agrupamento de valores altos e um agrupamento de valores baixos. Na figura *e*, o conjunto de dados 2 possui apenas quatro observações.

Dados adicionais podem ser necessários para determinar se os grupos são realmente diferentes. Os gráficos de pontos distinguem distribuições de dados e valores discrepantes e podem sugerir conclusões diferentes daquelas derivadas apenas da média e da incerteza-padrão.

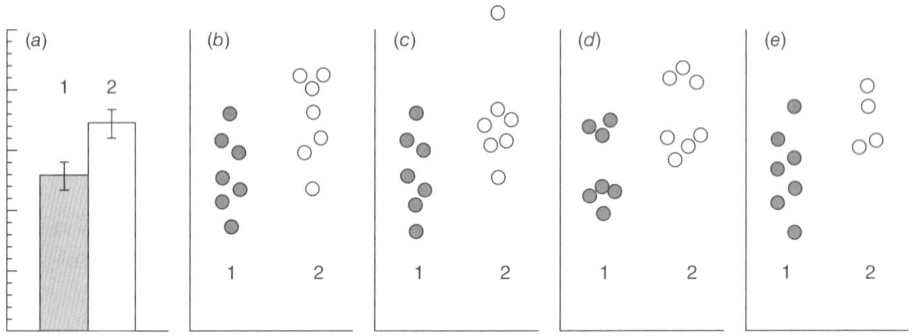

Diferentes conjuntos de dados podem levar ao mesmo gráfico de barras. Os gráficos *a–e* têm média e desvio-padrão da média (incerteza-padrão) comparáveis, mas podem levar a conclusões diferentes sobre se o grupo 1 e o grupo 2 são estatisticamente diferentes. [Dados de T. L. Weissgerber, N. M. Milic, S. J. Winham e V. D. Garovic, "Beyond Bar and Line Graphs," *PLOS Biology* **2015**, *13*(4), e100218. Acesso livre. Ver também T. L. Weissgerber et al., "Data Visualization, Bar Naked," *J. Biol. Chem.* **2017**, *292*, 20592. Acesso livre.]

u_x = incerteza-padrão para x

y = absorbância corrigida da amostra desconhecida = 0,302

x_i = μg de proteína nos padrões da Tabela 4.8 = (0, 0, 0, 5,0, 5,0, 5,0, 10,0, 10,0, 10,0, 15,0, 15,0, 20,0, 20,0, 20,0)

$\bar{y}$ = média de 14 valores de $y = 0{,}161_8$ μg

$\bar{x}$ = média de 14 valores de $x = 9{,}64_3$ μg

u_x (incerteza-padrão para x) diminui quando:

- é menor o desvio-padrão nas medições (s_y)
- é maior o coeficiente angular (a inclinação) da curva de calibração (m)
- é maior o número de vezes que a amostra desconhecida é medida (k)
- existem mais pontos de dados de calibração (n)
- a medida da amostra (y) está mais próxima do centro da faixa de calibração ($\bar{y}$)
- a faixa de calibração é mais ampla (maior $\Sigma(x_i - \bar{x})^2$)

Graus de liberdade para o método dos mínimos quadrados: $n - 2$

Para encontrar os valores de t que não estão na Tabela 4.4 use a função INV.T.BC do Excel. Para 12 graus de liberdade e 95% de confiança, a função INV.T.BC (0,05,12) retorna $t = 2{,}179$.

de uma única solução de estoque. A diluição em série propaga qualquer erro sistemático presente na solução estoque. Meça experimentalmente as concentrações em ordem aleatória e não de forma consecutiva por aumento da concentração.

Propagação da Incerteza com uma Curva de Calibração

No exemplo anterior, uma amostra desconhecida com uma absorbância corrigida de $y = 0{,}302$ possui um teor de proteína de $x = 18{,}2_4$ μg. Qual é a incerteza no número $18{,}2_4$? A propagação da incerteza para ajustar a equação $y = mx + b$ (mas não $y = mx$) fornece o seguinte resultado:[1,12]

Incerteza-padrão em x = desvio-padrão da média =

$$u_x = \frac{s_y}{|m|}\sqrt{\frac{1}{k} + \frac{1}{n} + \frac{(y-\bar{y})^2}{m^2\,\Sigma(x_i - \bar{x})^2}} \tag{4.27}$$

em que s_y é o desvio-padrão de y (Equação 4.20), $|m|$ é o valor absoluto do coeficiente angular (= ABS(m) no Excel), k é o número de vezes que a amostra desconhecida é medida, n é o número de pontos para a reta de calibração (14 na Tabela 4.8), $\bar{y}$ é valor médio de y para os pontos na reta de calibração, x_i são os valores individuais de x para os pontos na reta de calibração e $\bar{x}$ é o valor médio de x para os pontos na reta de calibração. Para uma única medida da amostra desconhecida ($k = 1$), a Equação 4.27 dá $u_x = \pm 0{,}3_9$ μg. Para quatro medidas da amostra desconhecida ($k = 4$) com uma absorbância média corrigida de 0,302, a incerteza é reduzida para $u_x = \pm 0{,}2_3$ μg.

O intervalo de confiança para x é $\pm tu_x$, em que t é o teste de Student (Tabela 4.4) para $n - 2$ graus de liberdade. Se $u_x = 0{,}2_3$ μg e $n = 14$ pontos (12 graus de liberdade), o intervalo de confiança de 95% para x é $\pm tu_x = \pm(2{,}179)(0{,}2_3) = \pm 0{,}5_0$ μg. O termo $1/\sqrt{n}$ não aparece na expressão para o intervalo de confiança porque u_x é o desvio-padrão da média.

Propagação da Incerteza

Você agora dispõe de todas as ferramentas necessárias para uma discussão mais rigorosa da propagação da incerteza com relação ao que vimos no Capítulo 3. Se você estiver muito interessado, você encontrará tal discussão no Apêndice B.

4.9 Uma Planilha para o Método dos Mínimos Quadrados

A Figura 4.16 implementa a análise com o método dos mínimos quadrados incluindo a propagação do erro com a Equação 4.27. Entre com os valores de x e y nas colunas B e C. Selecione as células B10:C12. Entre com a fórmula "=PROJ.LIN(C4:C7,B4:B7,VERDADEIRO,VERDADEIRO)" e pressione CTRL+SHIFT+ENTER em um PC ou CTRL+SHIFT+RETURN em um Mac. PROJ.LIN retorna com os valores de m, b, u_m, u_b, R^2 e s_y nas células B10:C12. Escreva as identificações das grandezas nas células A10:A12 e D10:D12, de modo que se saiba o que significam os números nas células B10:C12.

A célula B14 fornece o número de pontos com a fórmula "= CONT.NÚM(B4:B7)". A célula B15 calcula o valor médio de y. A célula B16 calcula a soma $\Sigma(x_i - \bar{x})^2$ que necessitamos para a Equação 4.27. Esta soma é tão comum que ela já existe no Excel na função chamada DESVQ, que pode ser encontrada no menu de Estatística da janela Inserir Função.

Intervalo de confiança de 95% para x na Figura 4.16:
$x \pm tu_x = 2{,}232\,5 \pm (4{,}303)(0{,}373\,5)$
$= 2{,}2 \pm 1{,}6$
(graus de liberdade = $n - 2 = 2$)

Entre com o valor médio medido de y para medidas repetidas da amostra desconhecida na célula B18. Na célula B19, entre com o número de medidas repetidas da amostra. A célula B20 calcula o valor de x correspondente ao valor médio medido de y. A célula B21 usa a Equação 4.27 para encontrar a incerteza-padrão u_x (desvio-padrão da média) no valor de x para a amostra desconhecida. Se você quiser saber qual o intervalo de confiança para x, multiplique u_x vezes o valor da distribuição t de Student da Tabela 4.4 para $n - 2$ graus de liberdade e o nível de confiança desejado.

Sempre desejamos um gráfico para ver se os pontos da curva de calibração estão sobre uma reta. Siga as instruções da Seção 2.11 para representar graficamente os dados de calibração como um gráfico de dispersão com somente os pontos marcados (ainda não existe a reta). Para adicionar uma linha de tendência linear no Excel 2016, dê um clique duplo no gráfico para obter a aba Design do Gráfico no menu superior do Excel. Selecione Adicionar Elemento de Gráfico, em seguida Linha de Tendência, e escolha Mais Opções de Linha de Tendência. Na janela de Formatar Linha de Tendência que irá abrir, clique no ícone representado por um gráfico de barras (Opções de Linha de Tendência). Selecione Linear e Exibir Equação no gráfico. Talvez seja necessário rolar a janela de Formatar Linha de Tendência para baixo para encontrar a caixa de seleção de Exibir Equação no gráfico. A reta obtida pelo método dos mínimos quadrados e a sua equação aparecem no gráfico. Use a seção Previsão na janela Formatar Linha de Tendência para estender a reta para cima ou para baixo além do intervalo dos dados. A janela Formatar Linha de Tendência também permite que você selecione a cor e o estilo da reta.

	A	B	C	D
1	Planilha de Mínimos Quadrados			
2				
3	Células Marcadas B10:C12	x	y	
4	Digite "=PROJ.LIN(C4:C7,	1	2	
5	B4:B7, VERDADEIRO,VERDADEIRO)	3	3	
6	Para PC, pressione	4	4	
7	CTRL+SHIFT+ENTER	6	5	
8	Para Mac, pressione			
9	CTRL+SHIFT+RETURN	saída de PROJ.LIN:		
10	m	0,6154	1,3462	b
11	u_m	0,0544	0,2141	u_b
12	R^2	0,9846	0,1961	s_y
13				
14	n =	4	B14 = CONT.NÚM(B4:B7)	
15	y médio =	3,5	B15 = MÉDIA(C4:C7)	
16	$\Sigma(x_i -$ médio x$)^2$ =	13	B16 = DESVQ(B4:B7)	
17				
18	y medido =	2,72	Entrada	
19	k = Número de medidas repetidas de y =	1	Entrada	
20	x obtido =	2,2325	B20 = (B18-C10)/B10	
21	u_x =	0,3735	B21 = (C12/ABS(B10))RAIZ((1/B19)+(1/B14)+((B18-B15)^2)/(B10^2*B16))	

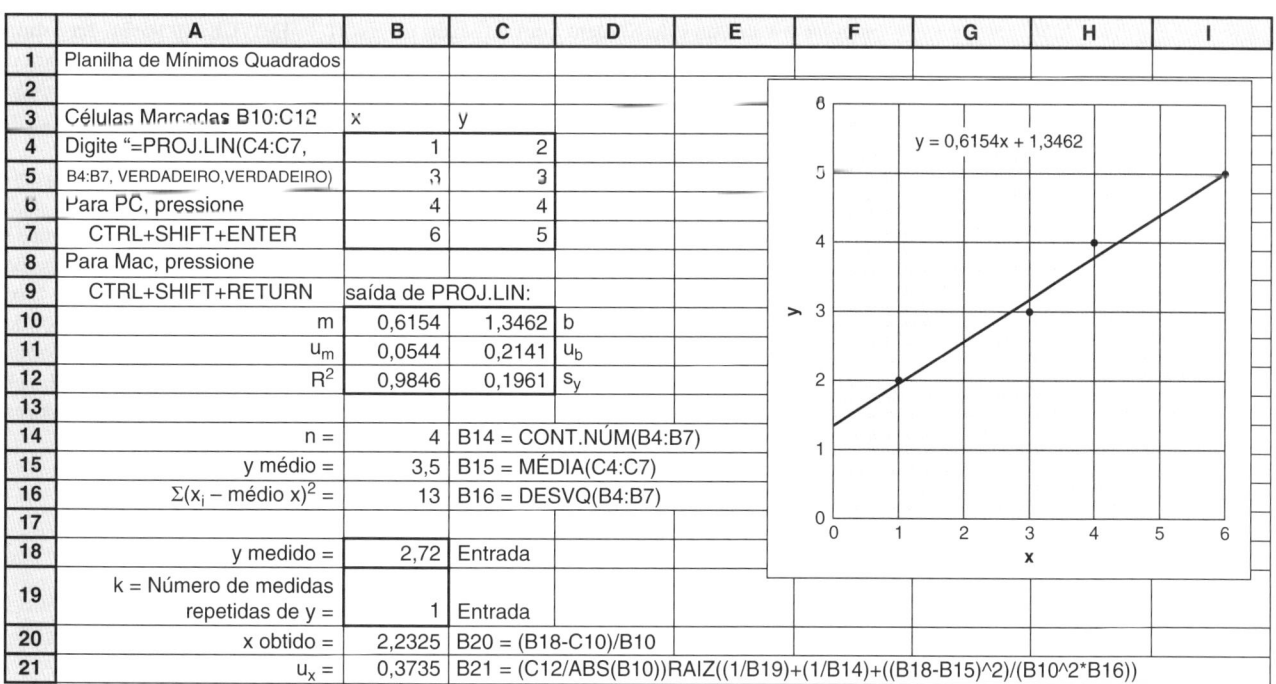

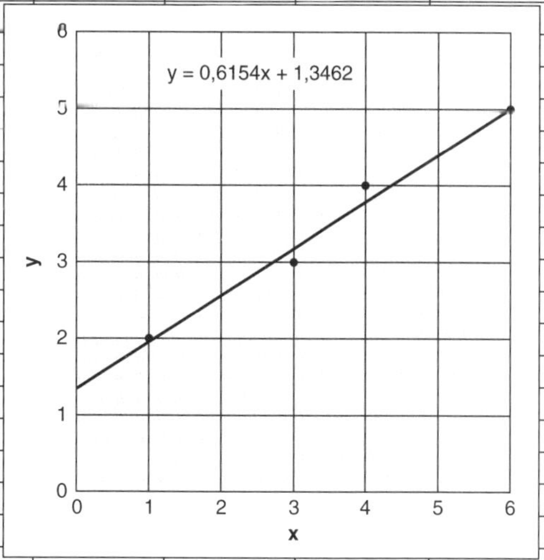

FIGURA 4.16 Planilha eletrônica para uma interpolação linear usando o método dos mínimos quadrados.

	A	B	C	D
1	Adicionando Barra de Erro a um Gráfico			
2	Proteína	Absorbância	Desv pad da	95%
3	(μg)	média	absorbância	de confiança
4	0	0,0993	0,00058	0,0014
5	5	0,1867	0,00153	0,0038
6	10	0,2753	0,00577	0,0143
7	15	0,3613	0,02658	0,0660
8	20	0,4267	0,00289	0,0072
9	25	0,4890	0,00656	0,0163
10				
11	95% de confiança: D4 = INV.T.BC(0,05,2)*C4/RAIZ(3)			
12				
13	Instruções para o Excel 2016:			
14	Para inserir barras de erro para incertezas na coluna D:			
15	Duplo clique no gráfico para obter Design do Gráfico/Formatar			
16	Clique Adicionar Elemento de gráfico, selecione Barra de Erros			
17	Escolha Mais Opções de Barras de Erro			
18	Em Opções de Barra de Erros, clique no ícone representado por um gráfico de barras			
19	Clique Personalizar e clique em Especificar Valor			
20	Para Valor de Erro Positivo, marque D4:D9			
21	Para Valor de Erro Negativo, marque D4:D9			
22	Clique OK e as barras de erro aparecerão no gráfico			
23	Clique em uma barra de erro do eixo *x* e pressione Delete para remover todas as barras de erro do eixo *x*			

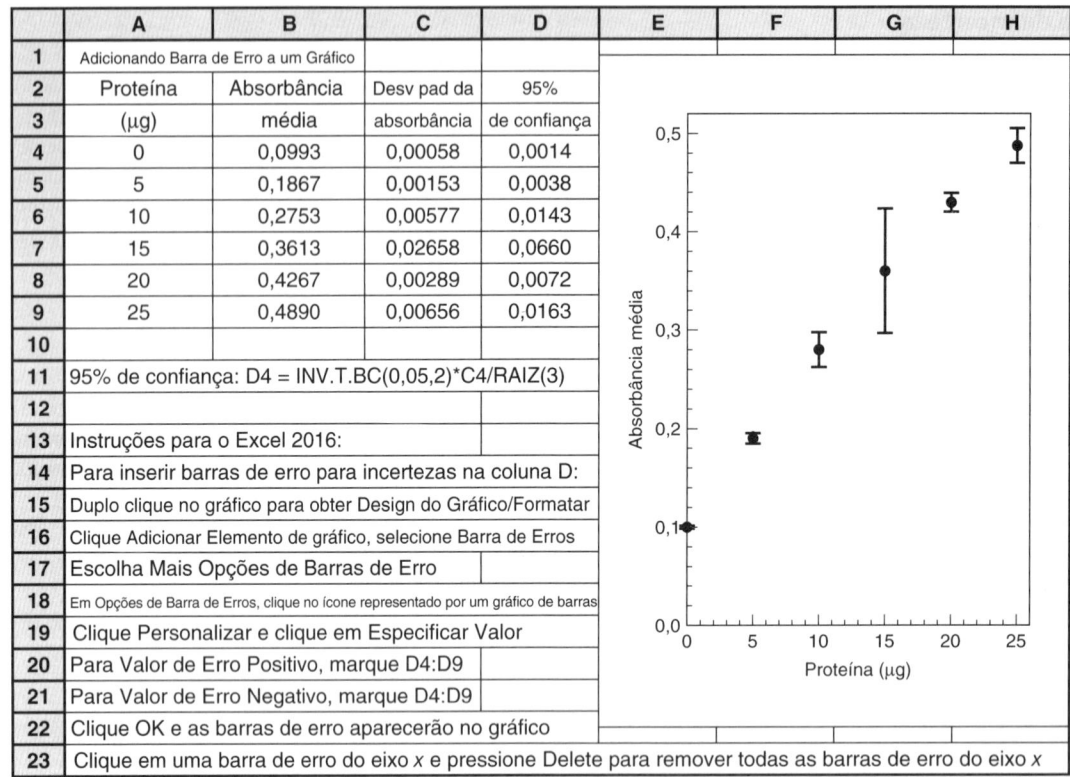

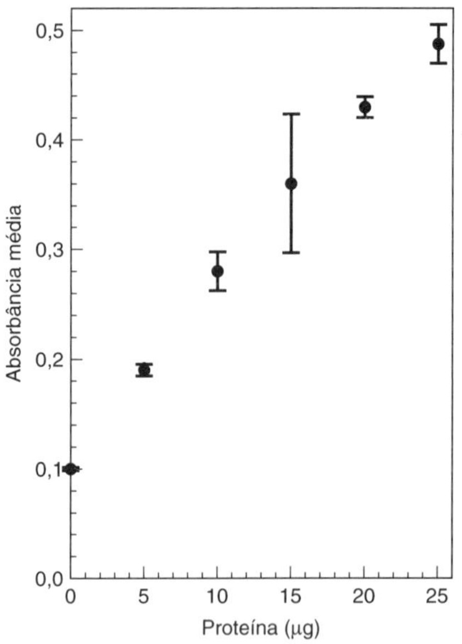

FIGURA 4.17 Adicionando barra de erro a um gráfico para um nível de confiança de 95%.

Intervalo de confiança $= \pm ts/\sqrt{n}$

t = t de Student para 95% confiança e $n - 1 = 2$ graus de liberdade

s = desvio-padrão

n = número de valores no cálculo da média = 3

Adicionando Barras de Erro a um Gráfico

As barras de erro em um gráfico nos auxiliam no julgamento da qualidade dos dados e do ajuste da curva aos dados. Considere os dados da Tabela 4.8. Vamos fazer o gráfico da absorbância média corrigida das colunas 2 a 4 contra a massa da amostra na coluna 1, incluindo a absorbância do ponto discrepante. Vamos, então, adicionar barras de erro correspondentes ao intervalo de confiança de 95% para cada ponto. A Figura 4.17 lista as massas na coluna A e a absorbância média na coluna B. O desvio-padrão da absorbância é dado na coluna C. O intervalo de confiança de 95% para a absorbância é calculado na coluna D com a fórmula dada na margem. O valor do t de Student = 4,303 pode ser encontrado para 95 % de confiança e 3 – 1 = 2 graus de liberdade na Tabela 4.4. Alternativamente, podemos calcular o valor do t de Student com a função do Excel "= INV.T.BC(0,05,2)" na célula B11. Os parâmetros para a função INV.T.BC são 0,05 para 95% de confiança e 2 para o número de graus de liberdade. O intervalo de confiança de 95% na célula D4 é calculado com a fórmula "=INV.T.BC(0,05,2)*C4/RAIZ(3)". Você deve ser capaz de fazer o gráfico da absorbância média (y) na coluna B contra a massa de proteína (x) na coluna A.

Para adicionar barras de erro no Excel 2016, dê um duplo clique em qualquer lugar do gráfico. Em Design do Gráfico/Formatar dê um clique em Adicionar Elemento do Gráfico, selecione Barras de Erro e escolha Mais Opções de Barras de Erro. No menu Opções de Barra de Erro, clique no ícone representado por um gráfico de barras. Para Erro Acumulado, selecione Personalizado e clique em Especificar Valor. Para ambos, Valor de Erro Positivo e Valor de Erro Negativo, entre com as células D4:D9. Você apenas disse à planilha para usar os intervalos de confiança de 95% para as barras de erro. Quando você clica em OK, o gráfico apresenta barras de erro para x e y. Clique em qualquer barra de erro x e pressione Delete para remover todas as barras de erro x. Clique no ícone representando Linha de Preenchimento e Efeitos para opções de ajuste da aparência da barra de erros, como tornar as linhas mais grossas.

Termos Importantes

branco	determinante	intervalo dinâmico	solução-padrão
coeficiente angular	distribuição gaussiana	intervalo linear	teste de Grubbs
coeficiente linear	exatidão	média	teste *F*
curva de calibração	graus de liberdade	método dos mínimos quadrados	teste *t*
desvio-padrão	hipótese nula	ponto fora da curva	teste *t* de Student
desvio-padrão da média	incerteza-padrão	precisão	variância
desvio-padrão relativo	intervalo de confiança	resposta linear	

Resumo

Os resultados de várias medidas de uma grandeza experimental seguem uma distribuição gaussiana. A média das medidas, $\bar{x}$, aproxima-se da média real, μ, à medida que o número de medidas se torna muito grande. Quanto mais ampla for a distribuição, maior será o desvio-padrão, σ. Para um número limitado, n, de medidas, uma estimativa do desvio-padrão é dada por $s = \sqrt{[\Sigma(x_i - \bar{x})^2]/(n-1)}$. Cerca de dois terços de todas as medidas se situam entre $\pm 1\sigma$, e 95% se situam entre $\pm 2\sigma$. A probabilidade de se observar um valor dentro de certo intervalo é proporcional à área desse intervalo. O desvio-padrão, s, é uma medida da incerteza de medidas individuais. O desvio-padrão da média, $s/\sqrt{n}$ (também chamada incerteza-padrão, u), é uma medida da incerteza da média de n medidas.

O teste F é usado para decidir se dois desvios-padrão são significativamente diferentes um do outro. Se $F (= s_1^2/s_2^2)$ é maior do que o valor tabelado, então os dois conjuntos de dados têm menos de 5% de chance de terem vindo de distribuições com o mesmo desvio-padrão populacional.

O teste t de Student é utilizado para encontrar os intervalos de confiança ($\mu = \bar{x} + ts/\sqrt{n}$) e comparar os valores médios obtidos por métodos diferentes. Caso os desvios-padrão não sejam significativamente diferentes (conforme determinado pelo teste F), encontramos o desvio-padrão agrupado por meio da Equação 4.10a, e calculamos t com a Equação 4.9a. Se t for maior do que o valor tabelado para $n_1 + n_2 - 2$ graus de liberdade, então os dois conjuntos de dados têm menos de 5% de chance de terem vindo de distribuições com a mesma média populacional. Se os desvios-padrão forem significativamente diferentes, calculamos os graus de liberdade por meio da Equação 4.10b e calculamos t usando a Equação 4.9b. Outras aplicações do teste t são: (1) comparar valores medidos com um valor "conhecido" e (2) comparar resultados de dois métodos analíticos aplicados a amostras idênticas sem repetições (teste t emparelhado).

O teste de Grubbs ajuda a decidir se um dado questionável deve ser ou não descartado. É melhor repetir uma medida diversas vezes para aumentar a probabilidade de que a decisão em aceitar ou rejeitar um dado está correta.

Uma curva de calibração mostra a resposta de uma análise química para quantidades conhecidas (soluções-padrão) do analito. Sempre faça um gráfico dos dados de calibração. Inspecione se há discrepâncias e se um ajuste linear é apropriado. Quando existe uma resposta linear, o sinal analítico corrigido (= sinal da amostra – sinal do branco) é proporcional à quantidade do analito. Soluções do branco são preparadas a partir dos mesmos reagentes e solventes usados para preparar os padrões e as amostras desconhecidas, mas o branco não possui uma adição deliberada de analito. O branco nos diz a resposta do método para impurezas ou espécies interferentes nos reagentes. O valor do branco é subtraído dos valores medidos para os padrões e para as amostras desconhecidas antes da análise dos dados.

O método dos mínimos quadrados é usado para determinar a equação da "melhor" reta que passa pelos pontos experimentais. As Equações 4.16 a 4.18 e 4.20 a 4.22 permitem, a partir do método dos mínimos quadrados, a obtenção do coeficiente angular, do coeficiente linear e das respectivas incertezas padrão. A Equação 4.27 estima a incerteza-padrão em x a partir de um valor medido de y com uma curva de calibração. Uma planilha eletrônica simplifica os cálculos utilizados no método dos mínimos quadrados e exibe a representação gráfica dos resultados.

Exercícios

4.A. Para os números 116,0; 97,9; 114,2; 106,8 e 108,3, calcule a média aritmética, o desvio-padrão, a incerteza-padrão (= desvio-padrão da média), a variação e o intervalo de confiança de 90% para a média. Utilizando o teste de Grubbs, decida se o número 97,9 deve ser descartado.

4.B. *Planilha eletrônica para obtenção do desvio-padrão.* Vamos elaborar uma planilha eletrônica para calcular a média e o desvio-padrão de uma coluna de números de duas maneiras diferentes. A planilha eletrônica a seguir é um modelo para esse problema.

(a) Reproduza o modelo na sua planilha eletrônica. As células B4 a B8 contêm os dados (valores de x) cuja média e desvio-padrão vamos calcular.

(b) Escreva uma fórmula na célula B9 para calcular a soma dos números de B4 a B8.

(c) Escreva uma fórmula na célula B10 para calcular o valor médio.

(d) Escreva uma fórmula na célula C4 para calcular (x – média), em que x está na célula B4 e a média está na célula B10. Destaque a célula C4. Pegue o pequeno quadrado escuro no canto inferior direito da célula C4 (chamado alça de preenchimento) e arraste-o para baixo, para dentro das células C5 a C8 para calcular (preencher) valores nas células C5 a C8.

(e) Escreva uma fórmula na célula D4 para calcular o quadrado do valor da célula C4. Destaque D4, pegue o pequeno quadrado escuro e arraste para baixo até a célula D8 para calcular os valores nas células D5 a D8.

(f) Escreva uma fórmula na célula D9 para calcular a soma dos números nas células D4 a D8.

(g) Escreva uma fórmula na célula B11 para calcular o desvio-padrão.

(h) Use as células B13 a B18 para documentar as suas fórmulas.

	A	B	C	D
1	Cálculo do desvio-padrão			
2				
3		Dados = x	x-médio	(x-médio)^2
4		17,4		
5		18,1		
6		18,2		
7		17,9		
8		17,6		
9	soma =			
10	média =			
11	desv pad =			
12				
13	Fórmulas:	B9 =		
14		B10 =		
15		B11 =		
16		C4 =		
17		D4 =		
18		D9 =		
19				
20	Cálculos usando funções internas:			
21	soma =			
22	média =			
23	desv pad =			

(**i**) Agora vamos simplificar a nossa vida usando as fórmulas existentes dentro da planilha eletrônica. Na célula B21, escreva "=SOMA(B4:B8)", que significa encontre a soma dos números nas células B4 a B8. A célula B21 deverá mostrar o mesmo número que a célula B9. Em geral, não sabemos que funções estão disponíveis nem como escrevê-las. No Excel 2016, use a guia Fórmulas e Inserir Função para encontrar SOMA.

(**j**) Selecione a célula B22. Vá para o menu Inserir, selecione Função e encontre a função Média. Quando você escreve "=MÉDIA(B4:B8)" na célula B22, este valor deverá ser o mesmo que em B10.

(**k**) Para a célula B23, encontre a função desvio-padrão ("=DESVPAD.S (B4:B8)") e veja se o valor concorda com o da célula B11.

4.C. Use a Tabela 4.1 para este exercício. Suponha que 10 000 conjuntos de freios de automóveis tenham tido 80% de sua milhagem utilizados. A média foi de 62 700 e o desvio-padrão de 10 400 milhas.

(**a**) Qual a fração de freios prevista como tendo sido 80% utilizada em menos de 40 860 milhas?

(**b**) Qual a fração de freios prevista como tendo sido 80% utilizada em uma milhagem entre 57 500 e 71 020 milhas?

4.D. O bicarbonato em amostras repetidas de sangue de cavalo foi medido quatro vezes por cada um de dois métodos, fornecendo os seguintes resultados:

Método A: 31,40; 31,24; 31,18; 31,43 mM
Método B: 30,70; 29,49; 30,01; 30,15 mM

(**a**) Encontre a média, desvio-padrão e a incerteza-padrão (= desvio-padrão da média) para cada análise.

(**b**) Os desvios-padrão são significativamente diferentes no intervalo de confiança de 95%?

4.E. Um ensaio confiável mostra que o conteúdo de ATP (trifosfato de adenosina) em certo tipo de célula é de 111 μmol/100 mL. Admita que um novo ensaio foi desenvolvido, e que forneceu os seguintes valores para análises repetidas: 117, 119, 111, 115 e 120 μmol/100 mL (média = $116,_4$). Pode-se ter uma confiança de 95% de que o resultado com o novo ensaio é diferente do valor "conhecido"?

4.F. Traços de hexacloro-hexanos tóxicos artificiais foram extraídos de sedimentos do Mar do Norte por um procedimento conhecido e por dois procedimentos novos, e medidos por cromatografia.

Método	Concentração encontrada (pg/g)	Desvio-padrão (pg/g)	Número de repetições
Convencional	34,4	3,6	6
Procedimento A	42,9	1,2	6
Procedimento B	51,1	4,6	6

FONTE: *Dados de D. Sterzenbach, B. W. Wenclawiak e V. Weigelt, "Determination of Chlorinated Hydrocarbons in Marine Sediments at the Part-Per-Trillion Level with Supercritical Fluid Extraction,"* Anal. Chem. ***1997**, 69, 831.*

(**a**) As concentrações (pg/g) estão expressas em partes por milhão, em partes por bilhão ou em outra unidade?

(**b**) O desvio-padrão no procedimento B é significativamente diferente do que é obtido na metodologia convencional?

(**c**) A concentração média determinada pelo procedimento B é significativamente diferente daquela definida pela metodologia convencional?

(**d**) Responda às questões (**b**) e (**c**) fazendo a comparação do procedimento A com a metodologia convencional.

4.G. *Curva de calibração* (Você pode fazer este exercício com sua calculadora, porém é mais fácil utilizar a planilha eletrônica na Figura 4.16.) No método de determinação de proteínas de Bradford, a cor de um corante varia de marrom para azul quando ele se liga à proteína. A absorbância da luz é medida.

Proteína (μg):	0,00	9,36	18,72	28,08	37,44
Absorbância em 595 nm:	0,466	0,676	0,883	1,086	1,280

(**a**) Determine a equação da melhor reta ajustada pelo método dos mínimos quadrados nestes pontos na forma $y = [m(\pm u_m)]x + [b(\pm u_b)]$ com um número razoável de algarismos significativos.

(**b**) Construa um gráfico mostrando os dados experimentais e a reta calculada.

(**c**) Uma amostra de proteína desconhecida tem uma absorbância de 0,973. Calcule a quantidade de proteína na amostra em microgramas e estime a sua incerteza.

Problemas

Distribuição Gaussiana

4.1. Qual é a relação entre o desvio-padrão e a precisão de um procedimento? Qual é a relação entre desvio-padrão e exatidão?

4.2. Utilize a Tabela 4.1 para determinar que fração da população gaussiana está dentro dos seguintes intervalos:

(**a**) $\mu \pm 1\sigma$

(**b**) $\mu \pm 2\sigma$

(**c**) μ a $+1\sigma$

(**d**) μ a $+0{,}5\sigma$

(**e**) $-\sigma$ a $-0{,}5\sigma$

4.3. A razão entre o número de átomos dos isótopos ^{69}Ga e ^{71}Ga em oito amostras de fontes diferentes foi medida no sentido de se entenderem as diferenças nos valores determinados da massa atômica do gálio:

Amostra	$^{69}Ga/^{71}Ga$	Amostra	$^{69}Ga/^{71}Ga$
1	1,526 60	5	1,528 94
2	1,529 74	6	1,528 04
3	1,525 92	7	1,526 85
4	1,527 31	8	1,527 93

FONTE: *J. W. Gramlich e L. A. Machlan, "Isotopic Variations in Commercial High-Purity Gallium",* Anal. Chem. ***1985**, 57, 1788.*

Determine: (**a**) a média, (**b**) o desvio-padrão, (**c**) a variância e (**d**) o desvio-padrão da média. (**e**) Escreva a média aritmética e o desvio-padrão com um número apropriado de algarismos significativos.

4.4. *Uma parábola química*. Uma tartaruga e uma lebre decidiram fazer uma análise quantitativa. (Também não sei por quê.) Na primeira hora a lebre fez 10 titulações com um desvio-padrão s de 1,5%. A tartaruga completou apenas 2 titulações, mas seu desvio-padrão foi de 0,5%.

(**a**) Quais são os desvios-padrão da média para a lebre e a tartaruga após 1 hora? (**b**) Após 2 horas (total de 20 titulações para lebre e 4 para tartaruga)? (**c**) Qual é a moral da história?

4.5. Estudantes da Francis Marion University mediram a massa de cada doce de M&M® em 16 conjuntos de 4 doces e em 16 conjuntos de 16 doces.

Massa média (g) de cada doce em conjuntos de 4 doces		Massa média (g) de cada doce em conjuntos de 16 doces	
0,879 9	0,866 7	0,900 4	0,892 5
0,935 6	0,890 2	0,915 2	0,895 8
0,887 6	0,919 5	0,905 6	0,899 6
0,855 3	0,946 9	0,886 7	0,870 7
0,912 2	0,865 0	0,892 6	0,910 5
0,857 5	0,875 5	0,909 7	0,901 9
0,892 8	0,870 1	0,885 5	0,880 3
0,874 6	0,913 8	0,891 3	0,905 5
Média =			
Desvio-padrão =			

FONTE: *Dados de K. Varazo, Francis Marion University.*

(**a**) Encontre a média dos 16 valores no lado esquerdo da tabela e a média dos 16 valores no lado direito da tabela.

(**b**) Encontre o desvio-padrão dos 16 valores no lado esquerdo da tabela e o desvio-padrão dos 16 valores no lado direito da tabela.

(**c**) Com base no desvio-padrão dos valores médios para os conjuntos com quatro doces, preveja qual será o desvio-padrão esperado para os conjuntos de 16 doces. Compare a sua previsão com o desvio-padrão medido em (**b**).

4.6. A teoria da probabilidade afirma que, para os lançamentos de conjuntos de 50 moedas na Figura 4.1, a média populacional é μ = 25,00 e o desvio-padrão populacional = 3,54.

(**a**) Use a função do Excel DIST.NORM para calcular a fração de lançamentos na Figura 4.1 esperados ter mais do que 31 caras.

(**b**) Que fração de lançamentos de moedas deve ter entre 18 e 22 caras?

4.7. A equação para a curva gaussiana na Figura 4.1 é

$$y = \frac{\text{(número total de lançamentos)}}{s\sqrt{2\pi}} \; e^{-(x-\bar{x})^2/2s^2}$$

Para os 400 lançamentos de 50 moedas de cada vez, o valor médio $\bar{x}$ foi de 24,98 caras e o desvio-padrão foi de 3,71 na Figura 4.1b. Construa uma planilha eletrônica, igual à que vem a seguir, para calcular as coordenadas da curva gaussiana da Figura 4.1b de 10 até 40 caras. Observe o uso constante de parênteses na fórmula ao fim da planilha eletrônica. Isto é feito para forçar o computador a efetuar as operações aritméticas na ordem desejada. Use o Excel para fazer o gráfico de seus resultados.

	A	B	C
1	Curva gaussiana para lançamentos de moedas (Figura 4.1b)		
2			
3	média =	x (caras)	y (freq. de resultado)
4	24,98	10	0,01
5	desv pad =	11	0,04
6	3,71	12	0,09
7	total de lançamentos =	15	1,15
8	400	20	17,47
9	raiz quadrada(2 pi()) =	30	17,22
10	2,50662827	40	0,01
11			
12	Fórmula para a célula C4 = ($A$8/($A$6*$A$10))		
13	*EXP(-((B4-$A$4)^2/(2*$A$6^2)))		

4.8. Repita o problema anterior, mas utilize os valores de 3, 6 e 9 para o desvio-padrão. Superponha as três curvas em apenas um gráfico.

Teste *F*, Intervalos de Confiança, Teste *t* e Teste de Grubbs

4.9. Qual o significado de um intervalo de confiança?

4.10. Que fração de barras verticais na Figura 4.5a está prevista para incluir a população média (10 000) se vários experimentos forem realizados? Por que as barras do intervalo de confiança de 90% são mais compridas que as barras de 50% na Figura 4.5?

4.11. Liste os três diferentes casos que estudamos para a comparação das médias e escreva as equações utilizadas em cada caso.

4.12. A porcentagem de um aditivo na gasolina foi medida seis vezes com os seguintes resultados: 0,13; 0,12; 0,16; 0,17; 0,20 e 0,11%. Determine os intervalos de confiança de 90% e de 99% para a porcentagem do aditivo.

4.13. A amostra 8 do Problema 4.3 foi analisada sete vezes, com $\bar{x}$ = 1,527 93 e s = 0,000 07. Encontre o intervalo de confiança de 99% para a amostra 8.

4.14. Um estagiário de um laboratório médico será considerado apto a trabalhar sozinho quando seus resultados concordarem com os de um analista experiente, com um nível de confiança de 95%. Os resultados para uma análise de nitrogênio na ureia do sangue são mostrados a seguir.

Estagiário: $\bar{x} = 14{,}5_7$ mg/dL $\quad s = 0{,}5_3$ mg/dL $\quad n = 6$ amostras
Técnico experiente: $\bar{x} = 13{,}9_5$ mg/dL $\quad s = 0{,}4_2$ mg/dL $\quad n = 5$ amostras

(**a**) O que significa a abreviatura dL?

(**b**) O estagiário está apto para trabalhar sozinho?

4.15. A *Food and Drug Administration* dos Estados Unidos exige que o teor de cálcio dos alimentos seja divulgado. O teor médio (mg/g) e o desvio-padrão ($\pm s$) para determinações em triplicata (n = 3) com um método novo e o método convencional foram:

	Concentração encontrada de Ca (mg/g)	
Método	**Novo método**	**Método convencional**
Queijo	4,70 ± 0,32	4,84 ± 0,13
Alimento infantil	3,81 ± 0,17	3,82 ± 0,06

FONTE: *Dados de C. B. Williams, T. G. Wittmann, T. McSweeney, P. Elliott, B. T. Jones e G. L. Donati, "Fast and Cost-Effective Strategy for Trace Element Analysis", Microchem. J.* **2017**, *132, 15. T. G. Wittmann era aluno de iniciação científica.*

(**a**) Para o queijo, o desvio-padrão para o novo método é significativamente diferente do método convencional?

(**b**) As concentrações médias de Ca para o queijo são significativamente diferentes uma da outra?

(**c**) Usando o novo método, a concentração média no alimento infantil é significativamente diferente da do queijo?

4.16. O zinco é um micronutriente essencial em alimentos para animais domésticos, mas é tóxico se presente em excesso. As concentrações de Zn (mg/g) para cinco alimentos para gatos e dois alimentos para cães (vistas na tabela a seguir) determinadas por dois métodos diferem significativamente no nível de confiança de 95%?

	Gato 1	Gato 2	Gato 3	Gato 4	Gato 5	Cachorro 1	Cachorro 2
Método antigo:	84,9	73,5	173,0	62,7	154,0	80,1	185,0
Método novo mais rápido	86,2	81,8	186,0	73,4	138,0	72,5	203,0

FONTE: *Dados de D. V. L. Ávila, S. O. Souza, S. S. L. Costa, R. G. O. Araujo, C. A. B. Garcia, J. D. P. H. Alves e E. A. Passos, "Zn in Dry Feeds for Cats and Dogs by Energy-Dispersive X-Ray Fluorescence Spectrometry", J. AOAC Int.* ***2016****, 99, 1572.*

4.17. Este problema usa uma rotina construída no Excel usando o teste *t* emparelhado para ver se os dois métodos utilizados no Problema 4.16 produzem resultados significativamente diferentes. Entre com os dados dos métodos 1 e 2 em duas colunas da planilha. No Excel 2016, encontre Análise de Dados na guia Dados. Se a opção Análise de Dados não aparecer, siga as instruções dadas no início da Seção 4.5 para carregar este programa. Na opção Análise de Dados selecione *Teste-t: Duas Amostras em Par para Médias*. Siga as instruções da Seção 4.5 e a rotina vai imprimir várias informações, incluindo $t_{calculado}$, simbolizado por "Est t", e $t_{tabelado}$, simbolizado por "t crítico bicaudal". Você deve reproduzir os resultados do Problema 4.16.

4.18. Dois métodos foram empregados para medir o tempo de vida de fluorescência de um corante. Os desvios-padrão são significativamente diferentes? As médias são significativamente diferentes?

Quantidade	Método A	Método B
Tempo de vida médio (ns)	1,382	1,346
Desvio-padrão (ns)	0,025	0,039
Número de medidas	4	4

FONTE: *Dados de N. Boens et al., "Fluorescence Lifetime Standards for Time and Frequency Domain Fluorescence Spectroscopy",* Anal. Chem. ***2007****, 79, 2137.*

4.19. Os dois conjuntos de medidas do quociente $^6Li/^7Li$ em um material de Referência Padrão, apresentados a seguir, são estatisticamente equivalentes?

Método A	Método B
0,082 601	0,081 83
0,082 621	0,081 86
0,082 589	0,082 05
0,082 617	0,082 06
0,082 598	0,082 15
	0,082 08

FONTE: Dados de S. Ahmed, N. Jabeen e E. ur Rehman, "Lithium Isotopic Composition by Thermal Ionization Mass Spectrometry", Anal. Chem. ***2002****, 74, 4133; L. W. Green, J. J. Leppinen e N. L. Elliot, "Isotopic Analysis of Lithium as Thermal Dilithium Fluoride Ions",* Anal. Chem. ***1988****, 60, 34.*

4.20. Se certa quantidade foi medida quatro vezes e o desvio-padrão é de 1,0% da média, o valor real está dentro de 1,2% da média medida em um nível de confiança de 90%?

4.21. Estudantes mediram a concentração de HCl em uma solução por meio de diversas titulações utilizando indicadores diferentes para encontrar o ponto final da titulação.

Indicador	Concentração média de HCl (M) (± desvio-padrão)	Número de medidas
A. Azul de bromotimol	0,095 65±0,002 25	28
B. Vermelho de metila	0,086 86±0,000 98	18
C. Verde de bromocresol	0,086 41±0,001 13	29

FONTE: *Dados de D. T. Harvey, "Statistical Evaluation of Acid-Base Indicators",* J. Chem. Ed. ***1991****, 68, 329.*

A diferença entre os indicadores A e B é significativa no nível de confiança de 95%? Responda a mesma questão para os indicadores B e C.

4.22. Os hidrocarbonetos no interior de um automóvel foram medidos durante viagens no sistema de rodovias de Nova Jersey e viagens pelo túnel Lincoln, que liga Nova York a Nova Jersey.[13] As concentrações totais (± desvios-padrão) de *m*-xileno e *p*-xileno foram

Sistema de rodovias:	31,4±30,0 μg/m^3	(32 medidas)
Túnel:	52,9±29,8 μg/m^3	(32 medidas)

Esses resultados diferem no nível de confiança de 95%? E no nível de confiança de 99%?

4.23. Um Material de Referência Padrão é certificado como contendo 94,6 ppm de um contaminante orgânico do solo. Suas análises deram valores de 98,6; 98,4; 97,2; 94,6 e 96,2 ppm. Estes resultados diferem do valor esperado no nível de confiança de 95%? Se for feita mais uma medida cujo resultado é 94,5, sua conclusão irá mudar?

4.24. O valor 216 deve ser rejeitado do grupo de resultados 192, 216, 202, 195 e 204?

4.25. Calcule a média e os desvios-padrão para as seguintes leituras repetidas de uma bureta (mL): 32,56; 32,53; 32,54; 32,77 e 32,54. Considere o que deve ser feito com qualquer valor discrepante.

4.26. Qual das afirmações a respeito do teste *F* é verdadeira? Explique sua resposta.

1. Se $F_{calculado} < F_{tabelado}$, existe mais de 5% de chance de que os dois conjuntos de dados provêm de populações com o mesmo desvio-padrão populacional.

2. Se $F_{calculado} < F_{tabelado}$, existe ao menos 95% de chance de que os dois conjuntos de dados provêm de populações com o mesmo desvio-padrão populacional.

Mínimos Quadrados Linear

4.27. Uma reta é traçada pelos pontos (3,0, $-3{,}87 \times 10^4$), (10,0, $-12{,}99 \times 10^4$), (20,0, $-25{,}93 \times 10^4$), (30,0, $-38{,}89 \times 10^4$) e (40,0, $-51{,}96 \times 10^4$), usando o método dos mínimos quadrados. Os resultados são $m = -1{,}298\ 72 \times 10^4$, $b = 256{,}695$, $u_m = 13{,}190$, $u_b = 323{,}57$ e $s_y = 392{,}9$. Expresse o coeficiente angular, o coeficiente linear e as suas incertezas com um número razoável de algarismos significativos.

4.28. Este é um problema de mínimos quadrados que pode ser feito à mão com o auxílio de uma calculadora. Encontre o coeficiente angular e o coeficiente linear e seus desvios-padrão para uma reta que passa pelos pontos $(x, y) = (0, 1)$, $(2, 2)$ e $(3, 3)$. Faça um gráfico mostrando os três pontos e a reta. Coloque barras de erros ($\pm s_y$) nos pontos.

4.29. Monte uma planilha eletrônica para reproduzir os resultados da Figura 4.16. *Adicione barras de erro*: siga o procedimento descrito na Seção 4.9. Use s_y para o erro + e também para o erro −.

4.30. *Função PROJ.LIN do Excel.* Construa uma planilha eletrônica com os dados fornecidos a seguir, e use a função PROJ.LIN para determinar o coeficiente angular, o coeficiente linear e seus respectivos desvios-padrão. Use o Excel para construir um gráfico mostrando os pontos e adicione uma linha de tendência. Desenhe barras de erro para $\pm s_y$ nos pontos.

x:	3,0	10,0	20,0	30,0	40,0
y:	−0,074	−1,411	−2,584	−3,750	−5,407

Curvas de Calibração

4.31. Explique a afirmação: "A validade de uma análise química depende fundamentalmente da medida da resposta do método analítico para padrões conhecidos".

4.32. Suponha que um método analítico foi feito gerando uma curva de calibração linear como a mostrada na Figura 4.13. Considere, ainda, que a análise de uma amostra desconhecida forneceu uma absorbância que indicava uma concentração negativa para o analito. Qual o significado deste resultado?

4.33. Uma curva de calibração baseada em $n = 10$ pontos conhecidos foi usada para medir a concentração de proteína em uma amostra. Os resultados obtidos foram proteína = $15{,}2_2$ ($\pm 0{,}4_6$) μg, em que a incerteza-padrão é $u_x = 0{,}4_6$ μg. Determine os intervalos de confiança de 90% e de 99% para esta concentração de proteína na amostra.

4.34. Considere o problema de mínimos quadrados ilustrado na Figura 4.11.

(**a**) Suponha que uma única nova medida produza um valor de y igual a 2,58. Determine o valor correspondente de x e a sua incerteza-padrão, u_x.

(**b**) Suponha que y foi medido quatro vezes e o valor médio é 2,58. Calcule u_x baseado em quatro medidas e não apenas em uma.

(**c**) Encontre o intervalo de confiança de 95% para (**a**) e (**b**).

4.35. (**a**) A curva de calibração linear na Figura 4.13 é $y = 0{,}0016\ 3_0\ (\pm 0{,}000\ 2_2)\ x + 0{,}004_7\ (\pm 0{,}002_6)$ com $s_y = 0{,}005_9$. Encontre a quantidade desconhecida de proteína que forneça uma absorbância medida de 0,264, enquanto um branco produz uma absorbância de 0,095.

(**b**) A Figura 4.13 apresenta $n = 14$ pontos de calibração na região linear. Você mede $k = 4$ amostras repetidas de uma amostra desconhecida, encontrando uma absorbância média corrigida de 0,169. Encontre a incerteza-padrão e o intervalo de confiança de 95% para a proteína na amostra desconhecida.

4.36. Os sinais de espectrometria de massa para o metano em H_2 são dados a seguir:

CH_4 (% em vol):	0	0,062	0,122	0,245	0,486	0,971	1,921
Sinal (mV):	9,1	47,5	95,6	193,8	387,5	812,5	1 671,9

(**a**) Subtraia o valor do branco (9,1) dos outros valores. Então, use o método dos mínimos quadrados para determinar o coeficiente angular e o coeficiente linear e suas incertezas. Construa a curva de calibração.

(**b**) Medidas repetidas de uma amostra desconhecida forneceram os seguintes sinais: 152,1; 154,9; 153,9 e 155,1 mV, e as medidas de um branco forneceram: 8,2; 9,4; 10,6 e 7,8 mV. Subtraia o valor médio das medidas do branco do valor médio da amostra desconhecida, de modo a determinar o sinal médio corrigido para a amostra desconhecida.

(**c**) Determine a concentração da amostra desconhecida, sua incerteza-padrão (u_x) e o intervalo de confiança de 95%.

4.37. *Curva de calibração não linear.* Seguindo o procedimento do Boxe 4.2, determine quantos microgramas (μg) de proteína estão contidos em uma amostra com uma absorbância corrigida de 0,350 na Figura 4.13.

4.38. *Curva de calibração logarítmica.* Os dados de calibração, que giram em torno de cinco ordens de grandeza para uma determinação eletroquímica do *p*-nitrofenol, são dados na tabela a seguir. (O branco já foi subtraído da corrente medida.) Se tentarmos representar graficamente esses dados em um gráfico linear estendendo-se de 0 até 310 μg/mL e de 0 até 5 260 nA, a maioria dos pontos estará agrupada próximo à origem. Para manipular dados que se distribuem em um intervalo muito grande, usa-se um gráfico logarítmico.

p-Nitrofenol (μg/mL)	Corrente (nA)	*p*-Nitrofenol (μg/mL)	Corrente (nA)
0,010 0	0,215	3,00	66,7
0,029 9	0,846	10,4	224
0,117	2,65	31,2	621
0,311	7,41	107	2 020
1,02	20,8	310	5 260

FONTE: *Dados da Figura 4 de R. Taylor, "Automated Deoxygenation and Sample-Handling for Polarography and Voltammetry",* Am. Lab., *February 1993, p. 44.*

(**a**) Faça um gráfico do log (corrente) contra log (concentração). Qual a faixa em que este gráfico de calibração (log-log) é linear?

(**b**) Determine a equação da reta na forma log (corrente) = $m \times$ log (concentração) + b.

(**c**) Determine a concentração de *p*-nitrofenol que corresponde ao sinal de 99,9 nA.

(**d**) *Propagação da incerteza com logaritmo.* Para um sinal de 99,9 nA, o log (concentração) e sua incerteza-padrão passam a valer 0,681 6 ± 0,044 0. Com base nas regras para propagação de incerteza vistas no Capítulo 3, encontre a incerteza na concentração.

4.39. *Grande volume de dados (Big Data).* Análises modernas podem gerar milhares de dados. Este problema apresenta técnicas para lidar conjuntos de dados maiores. Uma planilha com os dados pode ser encontrada no Ambiente de aprendizagem do GEN. Os estudantes da Universidade de Sydney determinaram a massa molecular de um dos três ácidos dipróticos desconhecidos, pesando uma massa precisa do ácido desconhecido e titulando-o com NaOH 0,1 M. Eles então reuniram seus dados. A validação e a visualização de dados são etapas críticas para lidar com conjuntos de dados tão grandes.

127,9	149,4	134,0	150,3	134,7	102,8	151,5	133,8	104,3
148,8	135,4	105,1	146,7	140,7	103,9	149,1	106,6	149,3
133,0	60,4	104,3	134,4	102,8	149,6	135,9	106,0	145,1
138,0	100,0	153,4	136,0	105,1	148,6	136,7	104,1	149,7
123,2	1232	103,2	150,9	133,8	108,3	149,8	137,4	109,0
134,2	108,6	150,6	142,0	113,5	135,1	104,6	149,2	133,7
105,0	146,6	150,3	134,1	105,4	156,1	134,9	119,1	139,9
134,9	104,6	150,8	136,9	105,0	151,1	137,4	105,7	150,3
136,2	104,4	154,7	129,9	105,0	150,1	135,5	104,1	151,0
134,2	104,9	142,1	131,7	160,7	150,9	134,5	104,4	151,1
135,3	107,7	153,5	132,0	103,5	151,7	134,6	104,9	

FONTE: *Dados do arquivo suplementar ed1011458_si_002.xls de C. D. Ling e A. J. Bridgeman, "Training Students to Analyze Individual Results in the Context of Collective Data,"* J. Chem. Ed. ***2011****, 88, 979.*

(**a**) *Validação.* Confirme se você o conjunto de dados completo e correto no Excel comparando a média, o desvio-padrão e o número de dados com os do conjunto de dados originais (média = 140,859 2, s = 113,112 7, $n = 98$).

(**b**) *Visualização e classificação* são as próximas etapas para lidar com grandes conjuntos de dados. Tendências e agrupamentos são mais aparentes nos dados ordenados. Destaque os dados no Excel. Na guia Dados, selecione Ordenar. Selecione Continue com a seleção atual do menor para o maior nas janelas que aparecem. Confirme se a média, o desvio-padrão e o número de dados permanecem inalterados. Gráficos ajudam a visualizar agrupamentos. Destaque os dados no Excel. Na guia Inserir, selecione Gráfico de dispersão. Quais são os dois pontos mais suspeitos dentro dos dados? Inspecione visualmente os dados para determinar a massa molecular aproximada dos três ácidos dipróticos. Há aproximadamente o mesmo número de análises para cada ácido.

(**c**) *Análise estatística*. Selecione os dados para a menor massa molecular do ácido diprótico. Use o teste de Grubbs para determinar se algum dado deve ser rejeitado. Determine a média, o desvio-padrão e o intervalo de confiança de 95% para a massa molecular desse ácido diprótico.

(**d**) *Interpretação*. A massa molecular experimental concorda com o valor esperado de 104,061 g/mol para o ácido malônico?

5 Certificação de Qualidade e Métodos de Calibração

ESTUDO DE CASO: MÁ CONDUTA NO LABORATÓRIO FORENSE DE GOTHAN?[1]

Gothan New

Friday, January 23

Fraud at Crime Lab?

Over the past five years, Gothan County's crime lab analyzed evidence in 5,000 separate criminal cases, over 3,500 of which resulted in a conviction or guilty plea. These cases may need to be re-evaluated in light of the dark cloud that now hangs over its work. Yesterday, local attorney Logan Bendix alleged that the lab has been systematically over-reporting the amount of methamphetamines seized in drug cases. "The lab is inflating the amount of drugs seized so that the district attorney can file more serious charges against defendants in drug cases." Bendix's allegations are based on the report of an anonymous whistleblower.

Problemas no Laboratório Forense de Gothan. [S. M. Contakes, "Misconduct at the Lab?" *J. Chem. Ed.* **2016**, *93*, 314 (supplementary material file 1), https://www.fodey.com/generators/newspaper/snippet. asp. Reimpresso sob permissão © 2016 da American Chemical Society.]

Estudo de caso: materiais disponíveis na referência 1.

***E-mail* de 12 de janeiro de Blaine para o Promotor Público:** Sou grato pelo período de estágio no Laboratório Forense de Gothan. Eu gosto de poder ajudar na guerra contra as drogas. Lamento, no entanto, informar que o técnico sênior Taylor está falsificando testes de metanfetamina. Durante meu treinamento, avaliei 20 amostras analisadas por Taylor. Em todos os casos, encontrei de 45 a 60% *menos* metanfetamina do que Taylor relatou. Em alguns casos, as análises relatadas de Taylor levaram você a registrar a acusação de um crime de *posse com intenção de distribuição de droga* em vez de uma simples contravenção decorrente de *posse* de droga.

***E-mail* de 22 de janeiro de um Investigador Particular para o Promotor Público:** Conforme sua solicitação, investigamos os técnicos em questão. Blaine é uma boa aluna, mas uma pessoa solitária com um histórico de tirar conclusões precipitadas. Recentemente, ela pagou várias contas pendentes. Não conseguimos determinar como Blaine obteve o dinheiro, mas não encontramos nenhuma conexão com nenhum dos réus atuais ou seus advogados. Os registros financeiros de Taylor não revelaram nada suspeito. A sobrinha de Taylor é uma policial que foi recentemente ferida durante a prisão de um traficante de drogas.

***E-mail* de 22 de janeiro do Promotor Público para o Supervisor do Laboratório Criminal [Você]:** Eu sei que você é novo no trabalho, mas preciso da sua ajuda! Houve acusações de falsificação de dados em seu laboratório. Se essas alegações forem comprovadas, isso poderá forçar o reexame de mais de 3 000 casos de drogas. Uma repórter do *Gothan News* já me pediu para comentar sobre o recurso de um advogado de defesa da condenação de seu cliente, alegando que foi baseado em evidências falsificadas.

Você deve descobrir: Taylor está falsificando análises de drogas por um falso senso de justiça? Blaine está trabalhando para alguma quadrilha para desacreditar as análises de drogas? Ou será que Taylor ou Blaine (ou ambos) estão apenas cometendo erros em suas análises?

Fique atento a este capítulo para obter pistas sobre esse mistério. (Não pule para o Problema 5.29 para aprender a solução para o caso.)

Padrões de qualidade de dados:

- Obtenha os dados corretos.
- Utilize os dados corretos.
- Conserve os dados corretos.

[Nancy W. Wentworth, U.S. Environmental Protection Agency.[2]]

A **certificação de qualidade** indica o que fazemos para obter a resposta certa para os nossos objetivos. A resposta deve ter precisão e exatidão suficientes para subsidiar decisões futuras. É inútil gastar mais dinheiro para se obter uma resposta mais exata ou mais precisa se isso não é necessário. Este capítulo descreve informações e procedimentos básicos na certificação de qualidade[3] e introduz mais dois métodos de calibração. No Capítulo 4, discutimos *curva de calibração*, como a da Figura 4.13, feita a partir do preparo de uma série de soluções conhecidas do analito e construindo um gráfico da resposta do instrumento contra a concentração do analito. As soluções conhecidas do analito que não envolvem a solução desconhecida são chamadas **padrões externos**. No Capítulo 5, descrevemos os métodos da *adição-padrão* e dos *padrões internos*, ambos feitos a partir da solução desconhecida.

5.1 Fundamentos da Certificação da Qualidade

História do molho de espaguete escrita por Ed Urbansky.

Suponhamos que você esteja cozinhando para alguns amigos. Enquanto prepara o molho de espaguete, você o experimenta, tempera-o e prova-o mais uma vez. Cada prova é um evento de amostragem por meio de um teste de controle de qualidade. Você pode provar todo o molho porque há apenas uma única porção de molho. Agora, suponha que você opera uma unidade industrial de molho de espaguete que faz mais de 1 000 potes por dia. Você não pode testar cada um deles, de modo que você decide provar três deles por dia, às 11, 14 e 17 horas. Se os três potes passarem pelo teste, você concluirá que todos os 1 000 potes estão próprios para o consumo. Infelizmente, isso pode não ser verdadeiro, mas o risco relativo – de que um pote tenha tempero demais ou de menos – não é muito importante, porque você concorda em devolver o dinheiro de qualquer consumidor que não esteja satisfeito. Se o número de reembolsos for pequeno, digamos, 100 por ano, não há aparentemente vantagem em provar 4 potes por dia. Haveria mais 365 testes adicionais por ano para evitar reembolsos sobre 100 potes, dando uma perda líquida de 265 potes comercializáveis.

Dados brutos: medidas individuais.
Dados tratados: concentrações obtidas a partir dos dados brutos pelo uso de métodos de calibração.
Resultados: valores registrados após análise estatística dos dados tratados.

Na química analítica, o produto não é molho de espaguete, mas sim dados brutos, dados tratados e resultados. *Dados brutos* são os valores individuais de uma quantidade medida, como as áreas dos picos de um cromatograma ou os volumes de uma bureta. *Dados tratados* são concentrações ou quantidades encontradas a partir da utilização de um procedimento de calibração para os dados brutos. *Resultados* são o que efetivamente são divulgados, como a média, o desvio-padrão e o intervalo de confiança, após a aplicação de métodos estatísticos aos dados tratados. A Tabela 5.1 destaca as principais etapas do processo de certificação de qualidade.

Metas

Meta: estabelece um propósito para o qual serão usados os resultados.

Profissões: Pesquise "ACS College to Careers" e "quality assurance" para obter informações sobre oportunidades, deveres, educação exigida e salários típicos.

Um importante objetivo da certificação da qualidade é assegurar que os resultados satisfaçam às necessidades do consumidor. Se você fabrica um fármaco cuja dose terapêutica é apenas levemente inferior à dose letal, você seria muito mais cuidadoso do que se fizesse molho de espaguete. Os tipos de dados que você coleta e a forma como eles são coletados dependem de como você planeja usar tais dados. Uma balança de banheiro não precisa ter uma escala para medir massas até a faixa de miligramas, mas um comprimido de um medicamento que deve conter 2 mg do princípio ativo provavelmente não poderá conter 2 ± 1 mg. Em termos claros, o estabelecimento de **metas** concisas para os dados e para os resultados é uma etapa crucial na certificação de qualidade e ajuda a evitar o uso incorreto desses dados e resultados.

TABELA 5.1 Processo de certificação de qualidade

Questão	Ações
Meta Por que você deseja os dados e os resultados e como usará os resultados?	• Escreva as metas
Especificações Quão bons os números têm de ser?	• Escreva as especificações • Selecione métodos para satisfazer às especificações • Considere a amostragem, precisão, exatidão, seletividade, sensibilidade, limite de detecção, robustez, taxa de falsos resultados • Utilize brancos, contaminação intencional, verificações de calibração, amostras de controle de qualidade e gráficos de controle para monitorar o desempenho • Escreva e siga os procedimentos operacionais padrões
Avaliação As especificações foram atingidas? O método é adequado ao propósito?	• Compare os dados e os resultados com as especificações • Registre os procedimentos e mantenha os registros adequados para satisfazer às metas • Verifique se as metas foram atingidas

Aqui está um exemplo de uma meta. Água potável é normalmente desinfetada por cloro, que mata microrganismos. Infelizmente, o cloro também reage com matéria orgânica presente na água para produzir "subprodutos da desinfecção" – compostos que podem causar danos aos seres humanos. Uma instalação para desinfecção planeja introduzir um novo processo de cloração e escreveu a seguinte meta analítica:

> Os dados analíticos e os resultados devem ser usados para determinar se o processo modificado de cloração reduz em pelo menos 10% a formação de subprodutos de desinfecção selecionados.

Era esperado que esse novo processo reduzisse os subprodutos de desinfecção. A meta diz que a incerteza na análise tem que ser pequena o bastante para que um decréscimo de 10% nos subprodutos de desinfecção selecionados seja claramente distinguível do erro experimental. Em outras palavras, uma redução observada de 10% é real?

Especificações

Uma vez estabelecidas as metas você está apto a escrever as **especificações**, indicando quão bons devem ser os números e que precauções são necessárias no procedimento analítico. Como as amostras devem ser obtidas e quantas serão necessárias? São indispensáveis precauções especiais para proteger as amostras e assegurar-se de que elas não se degradem? Dentre as restrições práticas, como custo, tempo e quantidades limitadas de material disponível para análise, que níveis de exatidão e precisão satisfazem às metas? Que fração de falso-positivos ou falso-negativos é aceitável? Estas questões precisam ser respondidas por meio de especificações detalhadas.

As **especificações** podem incluir:
- requisitos de amostragem
- exatidão e precisão
- taxa de falsos resultados aceitável
- seletividade
- sensibilidade
- valores do branco aceitáveis
- recuperação do contaminante intencional (fortificação)
- verificação de calibração
- amostras de controle de qualidade

A certificação de qualidade começa com a amostragem. Precisamos coletar amostras representativas, e o analito tem que ser preservado após a coleta da amostra. Se a nossa amostra não for representativa ou o analito for perdido após a coleta, então mesmo a análise mais exata não terá qualquer sentido. As amostras para análise de metais-traço são normalmente coletadas em recipientes de plástico ou de teflon – e não de vidro – porque os íons metálicos encontrados nas superfícies do vidro passam para a amostra ao longo do tempo. As amostras para análise de matéria orgânica são coletadas em recipientes de vidro – e não de plástico – porque os plastificantes orgânicos lixiviados dos recipientes plásticos podem contaminar a amostra. As amostras são frequentemente conservadas no escuro e sob refrigeração a fim de minimizar a degradação da matéria orgânica.

O que queremos dizer com *falso-positivos* e *falso-negativos*? Suponhamos que você tenha de certificar que um contaminante na água potável está abaixo de um limite legal. Um **falso-positivo** indica que a concentração excede o limite legal quando, na verdade, ela se situa abaixo do limite. Um **falso-negativo** diz que a concentração está abaixo do limite quando, na realidade, ela se encontra acima do limite. Mesmo procedimentos bem executados podem produzir algumas conclusões falsas em virtude da incerteza estatística da amostragem e da medida. Para a água potável, é mais importante ter uma menor taxa de falso-negativos do que de falso-positivos. Seria pior certificar que a água contaminada é segura do que certificar que a água pura está contaminada. O teste de drogas ilícitas em atletas é feito de modo a minimizar

O Boxe 5.1 discute as implicações dos testes falso-positivos na Medicina.

BOXE 5.1 Implicações Médicas de Resultados Falso-Positivos[4]

Uma taxa aparentemente baixa de resultados falso-positivos pode ter consequências surpreendentes na Medicina. Suponha que 0,2% das pessoas tenha um tipo particular de câncer e que um teste para detecção desse tipo de câncer tenha uma probabilidade de 99% de detectá-lo quando está presente. Considere agora que o mesmo teste apresente uma taxa de falso-positivos de 1%. Ou seja, esse teste indica que 1% das pessoas saudáveis tem aquele tipo de câncer.

Em uma população de um milhão de pessoas, 0,2% ou 2 000 pessoas provavelmente terão aquele tipo de câncer. Se um milhão de pessoas são rastreadas para esse câncer, o teste indicará que 99% dessas 2 000 pessoas (1 980) terão câncer, e 1% (20 pessoas) está livre da doença, apesar de não estar. Das 998 000 pessoas restantes, que estão livres do câncer, 1% de falso-positivos identifica câncer em 9 980 desses indivíduos saudáveis. Dentre os 1 980 + 9 980 = 11 960 testes positivos, apenas 1 980/11 960 = 17% são positivos verdadeiros. Os 83% restantes de testes positivos indicam falsamente câncer em pessoas saudáveis. Se 9 980 pessoas saudáveis fossem submetidas a tratamentos perigosos, como

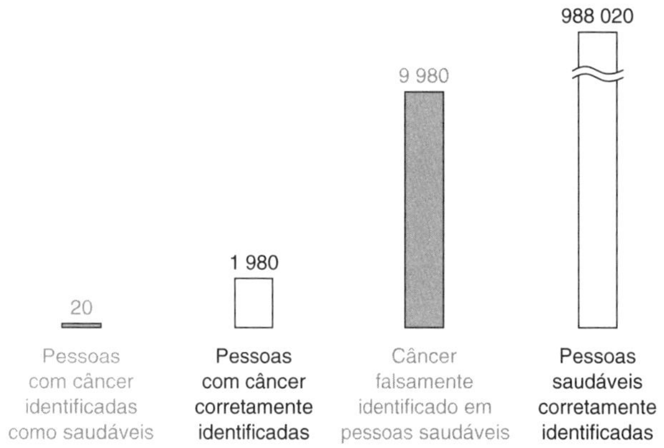

radiação, quimioterapia ou cirurgia, o teste para câncer poderia fazer mais mal do que bem a elas. Esta aritmética explica por que um resultado positivo de um teste tem de ser confirmado por meio de uma biópsia antes de iniciar um tratamento.

os falso-positivos para que um atleta inocente não seja injustamente acusado de *doping*. Na Seção 5.2, veremos que existe um compromisso entre falso-positivos e falso-negativos e o *limite de detecção* de um método analítico.

Sensibilidade

$$= \text{coeficiente angular da curva de calibração}$$

$$= \frac{\text{variação no sinal}}{\text{variação na concentração do analito}}$$

Na escolha de um método, também consideramos a seletividade e a sensibilidade. **Seletividade** (também chamada *especificidade*) significa a capacidade de distinguir o analito de outras espécies na amostra (evitando interferência). **Sensibilidade** é a capacidade de responder de forma confiável e mensurável às variações de concentração do analito. O *limite de detecção* de um método analítico tem que ser menor do que as concentrações a serem medidas.

As especificações podem incluir a exatidão e a precisão requeridas, a pureza dos reagentes, as tolerâncias para a aparelhagem, o uso de materiais-padrão de referência e valores aceitáveis para os brancos. Os *materiais-padrão de referência* (*materiais de referência certificados*) contêm quantidades certificadas do analito em materiais que podemos vir a analisar, como sangue, carvão ou ligas metálicas. O método analítico deve produzir uma resposta aceitável próxima do nível certificado, ou algo está errado com a exatidão do método.

Os brancos indicam a interferência de outras espécies na amostra e os analitos-traço encontrados nos reagentes usados na preservação, preparação e análise. Medidas frequentes de brancos também permitem detectar se analitos provenientes de amostras previamente analisadas estão contaminando as novas análises, por estarem aderidos aos recipientes ou aos instrumentos.

Um **branco de método** é uma amostra contendo todos os constituintes exceto o analito, e ele deve ser usado durante todas as etapas do procedimento analítico. Subtraímos a resposta do branco de método da resposta de uma amostra real antes de calcularmos a quantidade de analito na amostra. Um **branco para reagente** é semelhante a um branco de método, mas ele não foi submetido a todos os procedimentos de preparo da amostra. O branco de método é a estimativa mais completa da contribuição do branco para a resposta analítica.

Um **branco de campo** é semelhante a um branco de método, mas ele foi exposto ao local de amostragem. Por exemplo, para analisar partículas presentes no ar, certo volume de ar pode ser aspirado por um filtro, que é então digerido e analisado. Um branco de campo seria um filtro transportado para o local de coleta, na mesma embalagem do filtro utilizado na análise. O filtro a ser utilizado como branco seria retirado da embalagem no campo e colocado no mesmo tipo de recipiente selado usado para o filtro de coleta. A diferença entre os filtros é que o ar não seria aspirado pelo filtro correspondente ao branco. Compostos orgânicos voláteis encontrados durante o transporte ou no campo são possíveis contaminantes para um branco de campo.

Matriz é tudo na amostra desconhecida, exceto o analito. A matriz pode *diminuir* ou *aumentar* a resposta ao analito (Figura 5.5).

Outro requisito de desempenho frequentemente especificado é a *recuperação do contaminante*. Por vezes, a resposta do analito pode ser aumentada ou reduzida por algo presente na amostra. Empregamos o termo **matriz** para nos referirmos à qualquer componente da amostra, exceto o analito. Uma **contaminação intencional**, também chamada *fortificação*, consiste na adição de uma quantidade conhecida de analito à amostra para testar se a resposta da amostra corresponde ao esperado a partir da curva de calibração. As amostras fortificadas são analisadas da mesma forma que as desconhecidas. Por exemplo, se na água potável estiver presente nitrato na concentração de 10,0 μg/L, uma contaminação intencional de 5,0 μg/L pode ser feita. Idealmente, a concentração na amostra fortificada é de 15,0 μg/L. Caso um valor diferente de 15,0 μg/L seja encontrado, a matriz pode estar interferindo na análise.

Adicione um pequeno volume de um padrão concentrado para evitar mudança significativa no volume da amostra. Por exemplo, ao adicionar 50,5 μL de um padrão em uma concentração de 500 μg/L a 5,00 mL (= 5 000 μL) da amostra, a concentração do analito aumentará de 5,00 μg/L.

Concentração final

$$= \text{concentração inicial} \times \text{fator de diluição}$$

$$= \left(500\,\frac{\mu g}{L}\right)\left(\frac{50{,}5\,\mu L}{5\,050{,}5\,\mu L}\right) = 5{,}00\,\frac{\mu g}{L}$$

EXEMPLO Recuperação de um Contaminante Intencional

Na equação seguinte, C representa a concentração. Uma definição para a recuperação da substância intencionalmente adicionada é:

$$\%\text{ de recuperação} = \frac{C_{\text{amostra contaminada intencionalmente}} - C_{\text{amostra não contaminada intencionalmente}}}{C_{\text{adicionada}}} \times 100 \qquad \textbf{(5.1)}$$

Sabe-se que em uma amostra desconhecida existem 10,0 μg de um analito por litro. Uma contaminação intencional de 5,0 μg/L foi feita em uma porção idêntica da amostra desconhecida. A análise da amostra modificada forneceu uma concentração de 14,6 μg/L. Determine o percentual de recuperação da substância intencionalmente adicionada.

Solução O percentual da substância adicionada encontrada na análise é

$$\%\text{ de recuperação} = \frac{14{,}6\ \mu g/L - 10{,}0\ \mu g/L}{5{,}0\ \mu g/L} \times 100 = 92\%$$

Se a recuperação aceitável for especificada na faixa de 96 a 104%, então o valor de 92% é inaceitável. Algo em seu método ou nas técnicas precisa ser melhorado.

TESTE-SE Determine o percentual de recuperação se a amostra fortificada apresentou uma concentração de 15,3 μg/L. (***Resposta:*** 106%.)

A recuperação do contaminante intencional pode revelar problemas como contaminação ou perda. A *contaminação* é o analito adicionado inadvertidamente a amostras ou padrões de uma solução anterior, vidraria suja, impurezas em reagentes ou no ambiente de laboratório ou de campo. A *perda* é o analito removido da amostra ou dos padrões por transferência incompleta, decomposição durante o armazenamento, evaporação, precipitação ou adsorção na vidraria. A contaminação e a perda são de natureza aleatória, e mais significativas quando se trata de analitos em baixa concentração ou que são comuns ao ambiente de laboratório. Por exemplo, a queratina das células da nossa pele é um contaminante comum em estudos que procuram determinar presença de proteínas em nível de traço que são testemunhos para os diagnósticos de câncer.

A *contaminação* é uma fonte de vestígios em perícia forense. O *princípio da troca de Locard* diz que o perpetrador de um crime trará algo para a cena do crime (contaminação) e sairá com algo da cena (ser contaminado pela cena do crime).

Ao lidar com um grande número de amostras e repetições, devemos realizar verificações periódicas de calibração a fim de certificar se nossos instrumentos estão funcionando corretamente e se a curva de calibração permanece válida. Os métodos podem sofrer uma variação lenta na resposta chamada **deriva** (***drift***) em face de causas como variação da temperatura ambiente ou deterioração de reagentes ou padrões. Em uma **verificação de calibração**, analisamos soluções formuladas para conter concentrações conhecidas de analito. A especificação pode ser, por exemplo, realizar uma verificação de calibração a cada 10 amostras. As soluções para as verificações de calibração devem ser diferentes daquelas usadas para preparar a curva de calibração original. Esta prática ajuda a verificar se os padrões para a calibração inicial foram preparados corretamente.

As **amostras para testes de desempenho** (também denominadas *amostras para controle de qualidade* ou *amostras cegas*) são uma medida do controle de qualidade que ajuda a eliminar vícios introduzidos pelo analista, que conhece a concentração das amostras de verificação de calibração. Essas amostras de composição conhecida são fornecidas ao analista como se fossem desconhecidas. Os resultados então são comparados aos valores conhecidos, geralmente por meio de um gerente de certificação de qualidade. Por exemplo, o Departamento de Agricultura dos Estados Unidos mantém um banco de amostras de alimentos homogeneizados para controle de qualidade, distribuindo-as como amostras desconhecidas aos laboratórios que determinam nutrientes em alimentos.[5]

***E-mail* do Supervisor do Laboratório de Gothan:** Adicionei amostras de controle de metanfetamina aos sacos de provas que Taylor analisou hoje. Os resultados foram suspeitos em 49% ou mais. Continuo investigando.

Em conjunto, os dados brutos e os resultados dos testes de calibração, recuperação de substâncias intencionalmente adicionadas, controle de qualidade das amostras e brancos são empregados para estabelecer um padrão de exatidão. O desempenho analítico em amostras repetidas e porções repetidas de uma mesma amostra medem a precisão. A contaminação intencional (fortificação) também permite assegurar que a identificação qualitativa do analito está correta. Se você contamina intencionalmente a amostra desconhecida na Figura 0.5 com cafeína adicional e a área do pico cromatográfico não atribuído à cafeína aumentar, então você se equivocou na identificação do pico da cafeína.

Para padronizar a exatidão:
- testes de calibração
- recuperação da substância intencionalmente adicionada (fortificante)
- amostras de controle de qualidade
- brancos

Para padronizar a precisão:
- amostras repetidas
- porções repetidas da mesma amostra

Os **procedimentos-padrão de operação**, que indicam quais as etapas a serem seguidas e como elas serão efetuadas, constituem o alicerce da avaliação da qualidade. Por exemplo, se um reagente se tornou "imprestável" por algum motivo, os experimentos de controle executados em sua rotina normal de procedimento devem detectar que algo está errado e seus resultados não devem ser divulgados. Está implícito que todos sigam os procedimentos-padrão de operação. A adesão a esses procedimentos previne a tendência natural das pessoas a seguirem por atalhos baseados em suposições que nem sempre são verdadeiras.

Uma análise significativa exige uma amostra significativa que é representativa do material a ser analisado. A amostra tem de ser guardada em recipientes e em condições que não mudem as suas características químicas relevantes. Pode ser necessária uma proteção para evitar oxidação, fotodecomposição ou crescimento de organismos. A *cadeia de custódia* é o caminho seguido por uma amostra a partir do momento em que ela é coletada até a hora de sua análise e, possivelmente, arquivamento. Documentos são assinados toda vez que o material muda de mãos para indicar quem é responsável pela amostra. Cada pessoa na cadeia de custódia segue um procedimento-padrão de operação que está escrito, dizendo como a amostra deve ser manipulada e armazenada. Ao receber a amostra, cada novo responsável deve inspecioná-la, verificando se ela se encontra dentro das condições esperadas em um recipiente adequado. Se a amostra original era um líquido homogêneo, mas ela contém um precipitado quando é recebida, o procedimento-padrão pode indicar que você deve rejeitar a amostra.

Na análise forense, a cadeia de custódia implica necessariamente que a pessoa que coleta a amostra não é a mesma que a analisa. A pessoa que coleta a amostra sabe a identidade do suspeito, mas o analista, não. Isso visa impedir que este último adultere deliberadamente um resultado para favorecer ou incriminar uma pessoa em particular.

Os procedimentos-padrão de operação especificam como os instrumentos devem ser mantidos e calibrados a fim de assegurar a confiabilidade dos mesmos. Muitos laboratórios possuem suas próprias práticas-padrão, como o registro das temperaturas de refrigeradores, calibração de balanças, rotina de manutenção de instrumentos ou substituição de reagentes. Essas práticas são parte integrante do plano geral de gestão de qualidade. A razão por trás das práticas-padrão é que um dado equipamento é utilizado por muitas pessoas para diferentes análises. Economizamos dinheiro ao ter um programa que assegure que as necessidades mais rigorosas são atendidas.

BOXE 5.2 Gráficos de Controle

Um **gráfico de controle** é uma representação visual dos intervalos de confiança para uma distribuição gaussiana. Um gráfico de controle rapidamente nos adverte quando uma propriedade que está sendo monitorada se afasta perigosamente para longe de um *valor-alvo* desejado.

Considere um laboratório medindo lantânio (La) presente em urânio como parte do monitoramento internacional da não proliferação nuclear. Para garantia de qualidade, é analisada diariamente uma amostra de controle de qualidade preparada a partir de um minério de urânio, U_3O_8, com concentrações certificadas para 69 impurezas. O gráfico de controle mostra o valor médio das amostras de controle de qualidade observadas diariamente durante 39 dias. O material de referência contém $\mu = 0{,}248$ g de La/g de U e o desvio-padrão da população de muitas análises ao longo de um longo tempo é $\sigma = 0{,}13$ µg de La/g de U.

Para uma distribuição gaussiana, 95,5% de todas as observações estão contidas dentro de $\pm 2\sigma$, e 99,7% estão compreendidas dentro de $\pm 3\sigma$. Os limites $\pm 2\sigma$ são as linhas de advertência, e os limites $\pm 3\sigma$ correspondem às *linhas de ação*. Esperamos que ~4,5% das medidas estejam fora das linhas de advertência, e que somente ~0,3% se encontre fora das *linhas de ação*. É muito pouco provável que observemos duas medidas consecutivas na linha de advertência (probabilidade = 0,045 × 0,045 = 0,002 0).

O método E2587 da ASTM considera que as condições descritas a seguir são tão improváveis que, se por acaso ocorrerem, devemos interromper o processo e submetê-lo à condição de rejeição:[6]

- uma única observação fora das linhas de ação;
- duas entre três medidas consecutivas se localizam entre a linha de advertência e a linha de ação;
- oito medidas consecutivas encontram-se todas acima ou abaixo da linha central;

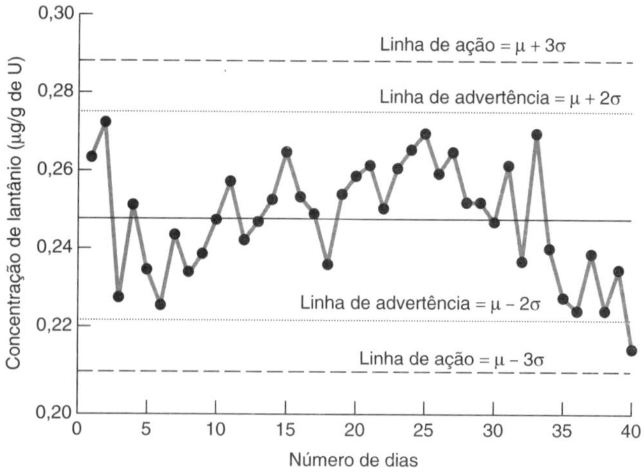

Gráfico de controle para lantânio em urânio [Dados de S. F. Boulyga, J. A. Cunningham, Z. Macsik, J. Hiess, M. V. Peńkin, and S. J. Walsh, "Development, Validation and Verification of an Inductively Coupled Plasma-Mass Spectrometry Procedure for a Multi-Element Analysis of Uranium Ore Concentrates," *J. Anal. Atom. Spectrom.* **2017**, *32*, 2226.]

- seis medidas consecutivas apresentam uma tendência crescente ou uma tendência decrescente, onde quer que estejam localizadas;
- 14 pontos consecutivos alternam-se em posições localizadas acima e abaixo, independentemente de sua localização;
- uma sequência de pontos que obviamente não é aleatória.

Para a avaliação da qualidade de um processo analítico, um gráfico de controle pode mostrar os valores médios das amostras de controle de qualidade ou a precisão de análises repetidas de amostras desconhecidas ou de padrões em função do tempo.

Avaliação

A **avaliação** é o processo de (1) coletar dados para mostrar que os procedimentos analíticos estão funcionando dentro de limites especificados e (2) verificar que os resultados obtidos satisfazem às metas.

Documentação é crucial para a avaliação. Os *protocolos-padrão* fornecem instruções sobre o que tem que ser documentado e como isso deve ser feito, incluindo como gravar as informações em computadores portáteis. Para os laboratórios que dependem de manuais de práticas-padrão, é imperioso que as tarefas realizadas para cumprir os manuais sejam monitoradas e registradas. Os *gráficos de controle* (Boxe 5.2) podem ser usados para monitorar o desempenho de brancos, verificações de calibração e amostras fortificadas de modo a inferir se os resultados se mantêm estáveis ao longo do tempo ou para comparar o trabalho de diferentes empregados. Os gráficos de controle podem também monitorar a sensibilidade ou a seletividade, especialmente se um laboratório lida com uma grande variedade de matrizes. Se os resultados finais atendem às metas, diz-se que o método é **adequado ao propósito**.

Agências governamentais, como a Agência de Proteção Ambiental dos Estados Unidos, estabelecem requisitos para a certificação da qualidade de seus próprios laboratórios e para a certificação de laboratórios externos. Os **métodos-padrão** publicados fornecem procedimentos analíticos detalhados e especificam precisão, exatidão, número de brancos, repetição de análises e testes de calibração que têm de ser usados ao realizar uma análise certificada. Para monitorar a água potável, as portarias indicam qual a frequência e quantas amostras devem ser obtidas. É necessário registro documentado para demonstrar que todos os requisitos foram atendidos. A Tabela 5.2 lista as agências norte-americanas que desenvolvem métodos-padrão e suas áreas de aplicação. Os métodos-padrão são frequentemente referidos pela sigla da agência/número do método/ano/título, como no Método EPA 326.0-2002 Determinação de Subprodutos de Desinfecção por Oxialeto Inorgânico em Água Potável, ou simplesmente 326.0.

TABELA 5.2 Agências que desenvolvem métodos-padrão[7]

American Public Health Association (APHA)
- 400 métodos para análise de água, abastecimento de água e águas residuais

AOAC International (anteriormente *Association of Official Analytical Chemists*)
- 3 000 métodos químicos e microbiológicos padronizados para garantir a segurança de alimentos, bebidas, suplementos alimentares e produtos similares, e a pureza de seus ingredientes

ASTM International (anteriormente *American Society for Testing and Methodology*)
- 5 400 métodos de teste para 90 setores industriais, incluindo petróleo e gás, mineração, papel e celulose, produtos químicos industriais, agricultura e energia

National Institute for Occupational Safety and Health (NIOSH)
- Métodos para monitoramento de higiene industrial

Occupational Safety and Health Administration (OSHA)
- Métodos para amostragem e análise de contaminantes no ar do local de trabalho, nas superfícies do local de trabalho e no sangue e urina de trabalhadores expostos ocupacionalmente

U.S. Environmental Protection Agency (EPA)
- 1 600 métodos para água potável, poluição do ar, poluição da água, resíduos perigosos, pesticidas e radioquímica

U.S. Food and Drug Administration (FDA)
- Métodos para alérgenos, aditivos, suplementos, pesticidas/herbicidas, resíduos de medicamentos, elementos tóxicos, bactérias e microrganismos em alimentos e cosméticos
- Regulamentos e diretrizes para validação de métodos e procedimentos analíticos para medicamentos e agentes biológicos

U.S. Pharmacopeia (USP)
- Padrões para medicamentos, ingredientes alimentares, produtos e ingredientes de suplementos alimentares
- Outras agências semelhantes são a British Pharmacopeia e European Pharmacopeia

Profissões: para obter informações sobre profissões em saúde pública, higiene industrial e proteção ambiental, pesquise "ACS College to Careers" mais "public health", "health and safety" ou "environmental protection".

5.2 Validação de Método

A **validação de método** é o processo que demonstra que um método analítico é aceitável para a finalidade a que se destina.[8] Na química farmacêutica, os requisitos para a validação de método incluem estudos da *especificidade do método, linearidade, exatidão, precisão, faixa, limite de detecção, limite de quantificação* e *robustez*.

Seletividade (ou Especificidade)

Seletividade (ou *especificidade*) é a capacidade de um método analítico em distinguir o analito de todo o resto que possa estar presente na amostra. Um método é *específico* se a seletividade for absoluta, tal que não há interferências. Poucos métodos atingem esse ideal. A *cromatografia* é um método analítico no qual substâncias são separadas entre si pelas suas diferentes interações com uma coluna. Um *cromatograma* é o registro gráfico da resposta do detector em função do tempo em uma separação cromatográfica. A Figura 5.1 mostra um cromatograma do fármaco imidacloprido (ou imidaclopride, em inglês *imidacloprid*) (pico 7), com impurezas

A **seletividade** (ou **especificidade**) indica quanto que um método pode distinguir o analito de tudo o mais na amostra.

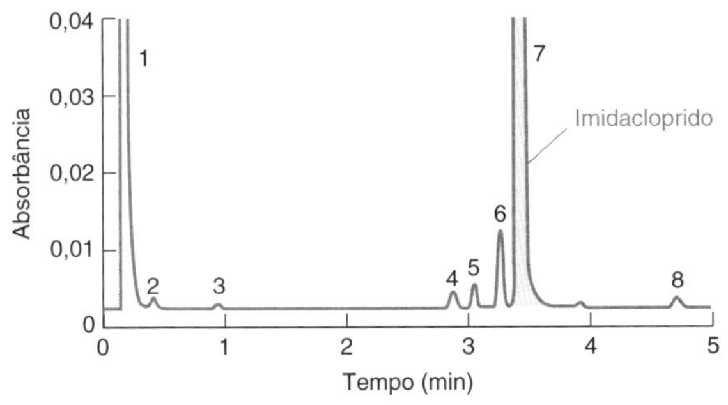

FIGURA 5.1 Cromatograma da separação do fármaco imidacloprido (pico 7) de potenciais impurezas da síntese (picos 2 e 8) e produtos de degradação (picos 3 a 6) formados quando o fármaco foi tratado com H_2O_2 a 3% por 24 horas. O pico 1 é o H_2O_2 que não reagiu. A separação foi realizada por cromatografia líquida de fase reversa (Seção 25.1). [Dados de J. Z. Tian and A. Rustum, "Development and Validation of a Stability-Indicating Reversed-Phase UPLC-UV Method for the Assay of Imidacloprid," *J. Chromatogr. Sci.* **2018**, *56*, 131.]

potencialmente presentes a partir da síntese (picos 2 e 8) e possíveis produtos de degradação (picos 3 a 6). Uma exigência razoável para a seletividade pode ser de que há separação da linha de base do analito (o imidacloprido) de todas as impurezas e produtos de degradação que possam estar presentes. A *separação da linha de base* significa que o sinal do detector retorna à linha de base antes do próximo composto alcançar o detector. Na Figura 5.1, os picos de todas as impurezas e produtos de degradação estão completamente resolvidos a partir do imidacloprido.

Se o pico de uma impureza não se encontra completamente separado do pico do imidacloprido, outro critério razoável para a seletividade podia ser que as impurezas não resolvidas em suas concentrações máximas esperadas não afetam em mais de 0,5% a determinação do imidacloprido. Se estivéssemos tentando determinar as impurezas, em oposição à determinação do imidacloprido, um critério razoável para a seletividade é que todos os picos correspondentes às impurezas que tenham > 0,1% da área no cromatograma estão separados da linha de base do imidacloprido. A Figura 5.1 satisfaz esse critério.

Quando desenvolvemos um método analítico, temos de decidir que impurezas devem ser deliberadamente adicionadas para testar a especificidade. Na análise da formulação de um medicamento, desejamos comparar o fármaco puro com outra amostra contendo adições de todos os possíveis subprodutos de síntese, intermediários, produtos de degradação e *excipientes* (substâncias adicionadas de modo que o produto tenha a consistência ou a forma desejada). Os produtos de degradação podem ser introduzidos por meio da submissão do material puro ao calor, luz, umidade, ácidos, bases e oxidantes, a fim de decompor cerca de ~5 a 10% do material original. Os produtos de degradação (picos 3 a 6) na Figura 5.1 resultaram do tratamento do imidacloprido com H_2O_2 a 3% por 24 horas.

Linearidade

A **linearidade** mede o quanto uma curva de calibração segue uma linha reta, mostrando que a resposta é proporcional à quantidade de analito. Se conhecermos o valor da concentração desejada do analito na preparação de um medicamento, podemos, por exemplo, verificar a linearidade da curva de calibração com cinco soluções-padrão, varrendo a faixa de 0,5 a 1,5 vez a concentração esperada do analito. Cada padrão deve ser preparado e analisado três vezes para esse objetivo. (Este procedimento exige 3 × 5 = 15 amostras mais três brancos.) Para a preparação de uma curva de calibração para uma impureza, que pode estar presente, digamos, entre 0,1 e 1% em massa, temos de preparar uma curva de calibração com cinco padrões abrangendo a faixa de 0,05 a 2% em massa.

Um **gráfico de resíduos** mostra os desvios entre os valores medidos e aqueles obtidos a partir da reta ou da curva dos mínimos quadrados. O gráfico é útil para detectar pontos discrepantes ou uma curvatura nos dados de calibração.

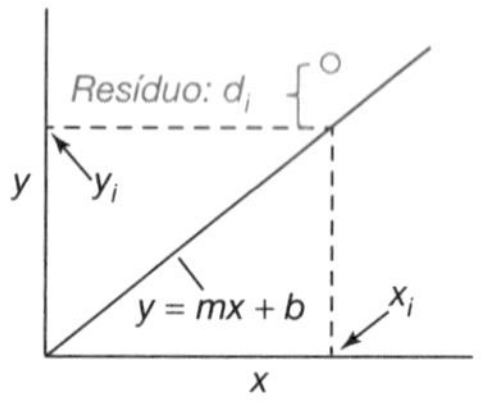

A primeira etapa para avaliar a linearidade é representar graficamente a curva de calibração com a reta dos mínimos quadrados (Seção 4.7). Inspecionamos visualmente a dispersão de dados em torno da reta. Todos os padrões devem estar próximos à reta com uma dispersão aleatória acima e abaixo dela. Dados mostrando desvios sistemáticos da reta sugerem não linearidade. Os **gráficos de resíduos** enfatizam as diferenças entre os dados de calibração e a reta dos mínimos quadrados. Um *resíduo* é o desvio vertical (d_i) entre os valores medidos (y_i) e os valores de y previstos pela equação dos mínimos quadrados ($mx_i + b$).

Resíduo: $$d_i = y_i - y = y_i - (mx_i + b) \qquad (5.2)$$

Em um gráfico de resíduos, os resíduos (d_i) são representados graficamente com relação à concentração dos padrões.

A Figura 5.2a mostra um gráfico da fluorescência de soluções-padrão do fármaco quinina para malária. Os dados quase se ajustam a uma linha reta, mas os pontos no meio estão acima da reta e os pontos nas duas extremidades estão abaixo da reta. Para um comportamento linear, os desvios devem estar espalhados aleatoriamente em torno de um desvio médio igual a 0. O *gráfico de resíduos* na Figura 5.2b mostra que os resíduos (d_i) calculados com a Equação 5.2 se desviam sistematicamente da linha reta, o que implica que uma equação de calibração não linear é mais apropriada.[9]

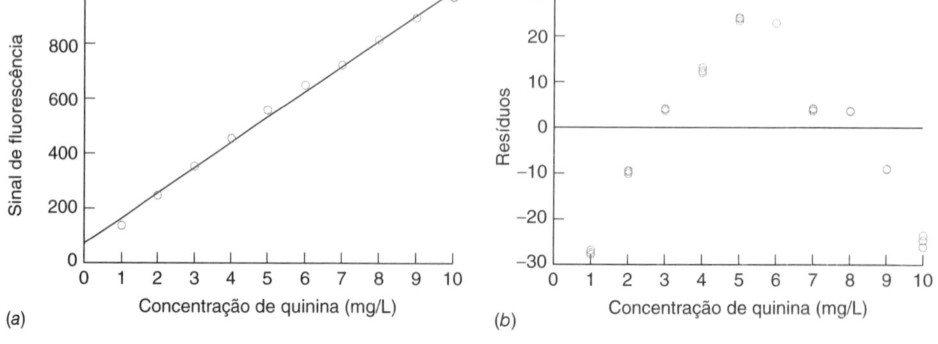

FIGURA 5.2 (*a*) Dados de calibração para 1 a 10 mg/L de quinina por espectrometria de fluorescência. (*b*) *Gráfico de resíduos* mostrando o desvio dos dados de calibração com relação à linha reta dos mínimos quadrados. [Dados de J. M. Jurado, A. Alcázar, R. Muñiz-Valencia, S. G. Ceballos-Magaña, and F. Raposo, "Some Practical Considerations for Linearity Assessment of Calibration Curves," *Talanta* **2018**, *172*, 221.]

Uma medida superficial da linearidade, mas de uso muito comum, é o *quadrado do coeficiente de correlação*, R^2:

Quadrado do coeficiente de correlação: $$R^2 = \frac{[\Sigma(x_i - \bar{x})(y_i - \bar{y})]^2}{\Sigma(x_i - \bar{x})^2 \Sigma(y_i - \bar{y})^2} \quad (5.3)$$

em que $\bar{x}$ é a média de todos os valores de x e $\bar{y}$ é a média de todos os valores de y. Uma maneira simples para determinar o valor de R^2 é por meio da função PROJ.LIN do Excel. No exemplo descrito na Seção 4.7, os valores de x e y encontram-se nas colunas A e B. A função PROJ.LIN produz uma tabela nas células E3:F5, que contém o valor de R^2 na célula E5.

R^2 é a fração da variância observada que pode ser atribuída ao modelo matemático escolhido (por exemplo, uma linha reta). Se R^2 não está muito próximo de 1, o modelo matemático não leva em conta todas as fontes de variância. Para o principal constituinte presente em uma amostra desconhecida, um valor de R^2 acima de 0,995, ou talvez, 0,999, corresponde a um bom ajuste para a maioria dos propósitos.[10] Para os dados da Figura 4.11, que não se enquadram muito bem em uma reta, $R^2 = 0{,}985$. R^2 nada diz sobre o padrão dos dados em torno da linha reta. Todos os gráficos na Figura 4.15 têm R^2 de 0,67. Traçar um gráfico mostra a verdadeira natureza da calibração.

Outro critério para testar a linearidade é que a interseção com o eixo y da curva de calibração (após subtrair a resposta do branco para cada padrão) deve estar próxima de 0. Um grau aceitável da "proximidade do 0" pode ser ≤ 2% do valor do sinal esperado para o analito.

R^2 pode ser usado como um teste de diagnóstico. Se o seu valor diminuir após um método ter sido estabelecido, existe algo de errado com o procedimento.

***E-mail* do Supervisor do Laboratório de Gothan:** R^2 foi 0,999 7 na calibração de Blaine para uma amostra de controle, mas apenas 0,984 para a de Taylor. Eu preciso ver o gráfico de calibração de Taylor para determinar se o baixo valor de R^2 é resultante de um grande erro aleatório ou da presença de uma curvatura.

EXEMPLO Linearidade

Amostras de 2 a 3 mg/L de quinina serão analisadas usando espectroscopia de fluorescência. Padrões de 1 a 10 mg/L foram medidos em triplicata para produzir a curva de calibração na Figura 5.2a. A análise de mínimos quadrados teve como resultado $y = 92{,}4x + 72{,}9$ com $R^2 = 0{,}996$. A calibração é linear?

Solução R^2 é maior que 0,995, mas R^2 sozinho não deve ser usado para julgar a linearidade. A interseção é 21% do padrão de 3 mg/L, que é maior que o critério ≤ 2%. A inspeção do gráfico de calibração na Figura 5.2a revela que os padrões baixos estão abaixo da reta, os padrões médios estão acima da reta e os padrões altos estão abaixo da reta. O gráfico de resíduos na Figura 5.2b indica claramente uma curvatura.

O ajuste dos dados de calibração a uma função quadrática tem como resultado $y = -2{,}25x^2 + 117{,}1x + 23{,}4$ com $R^2 = 0{,}999\,8$. Os resíduos para o ajuste quadrático estão espalhados aleatoriamente em torno de 0 e reduzidos a um terço daqueles na Figura 5.2b. A interseção ainda é > 2% do padrão de 3 mg/L. A revisão do procedimento revelou que a fluorescência foi zerada com água destilada em vez do ácido sulfúrico 0,05 M usado para preparar os padrões. O ácido sulfúrico pode ter dado a fluorescência responsável pela interseção positiva. Nesse caso, o desvio da interseção de 0 não pode ser considerado para avaliar o ajuste. Com base nessas considerações, o ajuste quadrático é adequado.

O ajuste de dados de calibração a uma equação quadrática é discutido no Apêndice C.

Exatidão

A *exatidão* define a "proximidade do valor verdadeiro". As maneiras para verificar a exatidão incluem:

1. Analisar um *material de referência certificado* em uma matriz similar àquela da amostra desconhecida. O método usado na análise deve fornecer o valor certificado do analito no material de referência, dentro da precisão do método usado.
2. Comparar resultados provenientes de dois ou mais métodos analíticos diferentes. Eles devem concordar dentro da precisão esperada para cada método.
3. Analisar um branco que foi propositadamente contaminado por uma quantidade conhecida de analito. A matriz tem de ser a mesma da amostra desconhecida. Nas determinações do constituinte principal da amostra, normalmente se empregam três amostras repetidas, cujos três níveis de concentração varrem a faixa de 0,5 a 1,5 vez o valor esperado da concentração da amostra. Nas determinações de impurezas, as adições propositais devem cobrir três níveis varrendo uma faixa de concentrações esperada de, por exemplo, 0,1 a 2% em massa.
4. Se não for possível preparar um branco com a mesma matriz da amostra desconhecida, então é apropriado que sejam feitas *adições-padrão* de analito (Seção 5.3) à amostra desconhecida. Uma análise exata determinará o valor conhecido do analito que foi adicionado.

***E-mail* do Supervisor do Laboratório de Gothan:** a estudante estagiária Blaine validou seu procedimento usando materiais de referência certificados antes de escrever ao promotor público. O caderno de laboratório de Taylor não tem registro de qualquer validação.

A contaminação proposital é o método mais comum na avaliação da exatidão, pois nem sempre materiais de referência encontram-se disponíveis e um segundo método analítico pode não estar prontamente acessível. A contaminação proposital assegura que a matriz permaneça essencialmente a mesma.

Um exemplo de uma especificação para a exatidão é que a análise identificará 100 ± 2% do valor da contaminação proposital do constituinte principal. Para uma impureza, a especificação pode ser que a identificação se situe dentro de ±0,1% em massa do valor absoluto ou ±10% do valor relativo.

Especificações são declarações escritas que descrevem quão bons resultados analíticos precisam ser e que precauções são necessárias em um método analítico.

EXEMPLO Testando a Exatidão

Uma especificação para determinar ~3 mg/L de quinina por fluorescência no exemplo anterior é uma recuperação de contaminação proposital de 100 ± 2%. Usando o ajuste quadrático para a calibração de 1 a 10 mg/L, podemos estimar que soluções em branco adicionadas a 1,50 e 4,50 mg/L de quinina produziriam sinais de 194,0 e 504,8, respectivamente. O método é adequado ao propósito se for usada a calibração linear na Figura 5.2a?

Solução Para ser adequado ao propósito, a porcentagem de recuperação para brancos contaminados intencionalmente deve estar dentro de 98 a 102% da concentração adicionada. Para 1 a 10 mg/L de quinina, a equação linear dos mínimos quadrados é $y = 92{,}4x + 72{,}9$. A concentração de quinina correspondente a um sinal de 194,0 é

$$x = \frac{y - 72{,}9}{92{,}4} = \frac{194{,}0 - 72{,}9}{92{,}4} = 1{,}31 \text{ mg/L}$$

A recuperação da contaminação intencional para a contaminação de 1,50 mg/L é

$$\% \text{ recuperação} = \frac{C_{\text{amostra contaminada}} - C_{\text{branco não contaminado}}}{C_{\text{adicionada}}} \times 100 = \frac{1{,}31 - 0}{1{,}50} \times 100 = 87{,}3\%$$

Mesmo uma ligeira curvatura nos dados de calibração causa um grande erro relativo na região de baixa concentração se uma equação linear for usada.

Para a contaminação intencional de 4,50 mg/L, a concentração calculada é de 4,67 mg/L e sua recuperação é de 103,8%. A recuperação da contaminação intencional difere de 100% de mais do que ±2%. O método não tem a precisão necessária para ser adequado ao propósito.

TESTE-SE Se um branco contaminado intencionalmente para 3,00 mg/L de quinina der um sinal de 354,4, qual é a concentração de quinina prevista e a porcentagem de recuperação? (***Resposta:*** 3,05 mg/L e 101,7%.)

Precisão

A *precisão* é a reprodutibilidade de um resultado, normalmente expressa por meio de um desvio-padrão ou incerteza-padrão (desvio-padrão da média), ou intervalo de confiança. Quando um analista experiente repete suas medidas por meio do mesmo procedimento usando o mesmo instrumento, os resultados podem ser altamente repetíveis. O intervalo de confiança a 95% pode ser estreito. Quando pessoas diferentes em laboratórios diferentes com instrumentos diferentes realizam a análise, cada intervalo de confiança pessoal pode ser estreito, mas ele pode não se sobrepor aos intervalos de confiança das demais pessoas que realizaram a mesma análise. Quais são as fontes de erro? Pode haver diferenças nas amostras, diferenças no preparo das amostras, diferenças nas técnicas entre os analistas, mudanças não controladas que ocorrem em cada laboratório de um dia para outro, diferenças não controladas entre os laboratórios e diferenças entre os instrumentos.

Repetibilidade: descreve quão bem uma pessoa pode obter os mesmos resultados quando analisa a mesma amostra por meio do mesmo procedimento com o mesmo equipamento no mesmo laboratório.

Reprodutibilidade: descreve como pessoas diferentes em laboratórios distintos usando equipamentos diferentes podem obter os mesmos resultados quando analisam amostras semelhantes pelo mesmo procedimento.

Os amostradores automáticos usados na cromatografia e na espectroscopia atômica de forno de grafite têm, por exemplo, uma precisão de injeção 3 a 10 vezes melhor quando comparados com a que é alcançada pelos seres humanos.

Duas grandes categorias de precisão são a *repetibilidade* e a *reprodutibilidade*. A **repetibilidade** descreve a dispersão dos resultados quando uma pessoa utiliza um procedimento para analisar a mesma amostra pelo mesmo método muitas vezes. A **reprodutibilidade** descreve a dispersão dos resultados quando pessoas diferentes em laboratórios distintos usando instrumentos diferentes tentam seguir o mesmo procedimento.

Alguns tipos de precisão são definidos a seguir:

A *precisão do instrumento* é a reprodutibilidade observada quando a mesma quantidade de uma mesma amostra é repetidamente introduzida em um instrumento (≥ 10 vezes). Variabilidade pode surgir a partir das variações na quantidade injetada e na variação na resposta do instrumento.

A *precisão intrínseca* do ensaio é avaliada fazendo-se com que uma mesma pessoa, em determinado dia de trabalho, analise várias vezes alíquotas de um material homogêneo com um mesmo equipamento. Cada análise é independente, de modo que a precisão intrínseca do ensaio nos diz o quão reprodutível o método analítico pode ser. A variação dentro do próprio ensaio é maior do que a variabilidade do instrumento, pois existem mais etapas envolvidas. Exemplos de especificações que podem ser feitas é que a precisão do instrumento seja ≤ 1% e que a precisão intrínseca do ensaio seja ≤ 2%.

A *precisão intermediária*, antes denominada *robustez*, é a variação observada quando um ensaio é realizado por pessoas diferentes, em instrumentos diferentes, em dias diferentes, mas em um mesmo laboratório. Cada análise pode incorporar reagentes recentemente preparados e diferentes colunas cromatográficas.

A *precisão interlaboratorial*, também chamada *reprodutibilidade*, é a medida mais geral da reprodutibilidade quando alíquotas da mesma amostra são analisadas por pessoas diferentes, em laboratórios diferentes. A precisão interlaboratorial pode ser significativamente pior do que a precisão intermediária. Por exemplo, um estudo com 13 laboratórios foi conduzido para validar um novo método para determinação de bisfenol A e compostos fenólicos relacionados na água. A precisão intermediária (em cada laboratório) foi de 1,9 a 5,5% para vários compostos. A precisão interlaboratorial em que todos os laboratórios seguiram as mesmas instruções foi de 10,8 a 22,5%.[12] A precisão interlaboratorial torna-se pior quando o teor de analito na amostra diminui (Boxe 5.3).

Faixa

Faixa é o intervalo de concentrações no qual a linearidade, a exatidão e a precisão são aceitáveis. Um exemplo para uma especificação é o intervalo de concentração no qual o coeficiente de correlação é $R^2 \geq 0{,}995$ (uma medida de linearidade), a identificação da contaminação proposital é 100 ± 2% (uma medida da exatidão) e a precisão interlaboratorial é de ±3%. Uma parte da faixa dinâmica, geralmente a região de concentração mais baixa, pode ser suficientemente reta para ser considerada linear. Amostras concentradas podem precisar ser diluídas para ficarem na faixa linear quando analisadas.

Termos que geram confusão:

Faixa linear: faixa de concentração na qual a curva de calibração é linear (Figura 4.14)

Faixa dinâmica: faixa de concentração na qual existe uma resposta mensurável

Faixa: intervalo de concentração em que a linearidade, a exatidão e a precisão atendem às especificações para o método analítico

BOXE 5.3 Trombeta de Horwitz: Variação na Precisão Interlaboratorial

Testes interlaboratoriais são rotineiramente empregados na validação de novos procedimentos analíticos – especialmente aqueles desenvolvidos para aplicação de normas e leis. No mínimo, oito laboratórios recebem amostras idênticas e o mesmo procedimento impresso. Se todos os resultados forem "semelhantes" e não existirem erros sistemáticos sérios, então o método é considerado "confiável".

O **desvio-padrão relativo**, também chamado **coeficiente de variação**, é o desvio-padrão dividido pela média, normalmente expresso como uma porcentagem: DPR(%) = $100 \times s/\bar{x}$, em que s é o desvio-padrão e $\bar{x}$, a média. Quanto menor for o desvio-padrão relativo, mais preciso será o conjunto de medidas.

Na revisão de centenas de estudos interlaboratoriais (cada um custando, no mínimo, 100 000 dólares) com analitos diferentes medidos com diferentes técnicas, foi observado que o desvio-padrão relativo dos valores médios relatados pelos diferentes laboratórios aumentava quando a concentração do analito diminuía abaixo de 100 ppb. Melhor, o desvio-padrão relativo nunca parecia ser melhor do que[11]

Curva de Horwitz: $\text{DPR}(\%) \approx 2^{(1-0{,}5\log C)}$ (para $\geq 10^{-7}$ g/g)

em que C é (g de analito)/(g de amostra). O desvio-padrão relativo em um laboratório corresponde à cerca de metade a dois terços das variações entre os laboratórios.

Para estudos de proficiência com concentrações de analito < 100 ppb (< 10^{-7} g/g), o desvio-padrão relativo foi constante em cerca de 22%.

Patamar de Thompson: DPR(%) ≈ 22% (para 10^{-7} a 10^{-11} g/g)

A determinação de analitos em nível de traço pode ser realizada somente se existir um método com limite de quantificação adequado. O limite de quantificação é a concentração equivalente a 10s. O desvio-padrão relativo no limite inferior de quantificação é $s/c_{\text{limite de quantificação}} = s/10s = 10\%$. A precisão interlaboratorial é cerca de duas vezes maior que a precisão intermediária (em um laboratório), dando origem ao patamar de reprodutibilidade de 22% para amostras de baixa concentração.

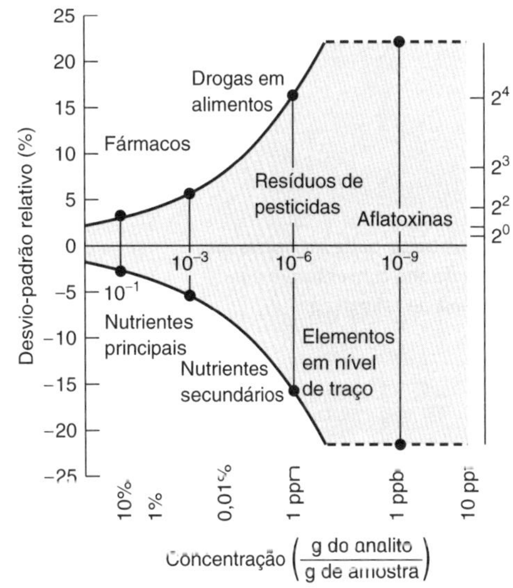

Desvio-padrão relativo de resultados interlaboratoriais em função da concentração da amostra (expressa em g de analito/g de amostra). A região sombreada é chamada "trombeta de Horwitz" em razão da forma de sua abertura. [Dados de W. Horwitz, "Evaluation of Analytical Methods Used for Regulation in Foods and Drugs", *Anal. Chem.* **1982**, *54*, 67A, com patamar tracejado abaixo de 10^{-7} g de analito/g de amostra de M. Thompson, "An Emergent Optimum Precision in Chemical Measurement at Low Concentrations", *Anal. Methods* **2013**, *5*, 4518.]

Como podemos decidir se um novo método analítico padrão proposto é "confiável"? A curva de Horwitz modificada ajuda a avaliar a adequação ao propósito. Se a reprodutibilidade do teste colaborativo de um método proposto for mais de 1,5 a 2 vezes a prevista pela curva de Horwitz, o método é considerado falho e deve ser aprimorado antes de ser adotado.

EXEMPLO Adequação ao Propósito da Calibração Linear

Um gráfico dos padrões de quinina de 1 a 5 mg/L, medidos usando espectroscopia de fluorescência na Figura 5.2, resulta na equação linear $y = 104{,}8x + 36{,}2$ com $R^2 = 0{,}999\ 7$. Esta calibração linear é adequada para o propósito da determinação de amostras contendo cerca de 3 mg/L de quinina se a contaminação intencional de uma solução em branco com 1,50 e 4,50 mg/L de quinina produzir sinais de 194,0 e 504,8?

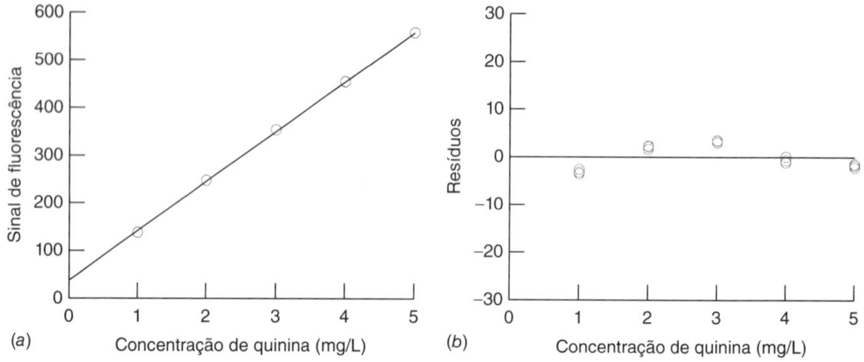

Gráfico de calibração (*a*) e gráfico de resíduos (*b*) para 1 a 5 mg/L de quinina por espectrometria de fluorescência. [Dados de J. M. Jurado, A. Alcázar, R. Muñiz-Valencia, S. G. Ceballos-Magaña e F. Raposo, "Some Practical Considerations for Linearity Assessment of Calibration Curves", *Talanta* **2018**, 172, 221.]

Solução R^2 é maior do que o critério 0,999. O gráfico de resíduos mostra resíduos muito pequenos em comparação com o de calibração, de 1 a 10 mg/L na Figura 5.2.

O fator mais importante da adequação ao propósito é a exatidão, conforme determinado pela recuperação da contaminação intencional. A concentração de quinina correspondente a uma leitura de 194,0 é

$$x = \frac{y - 36{,}2}{104{,}8} = \frac{194{,}0 - 36{,}2}{104{,}8} = 1{,}506 \text{ mg/L}$$

para uma recuperação de contaminação adicional de 100,4%. Para a contaminação intencional de 4,50 mg/L, a concentração é de 4,47 mg/L e a recuperação de 99,3%. Ambas as recuperações estão dentro de 100 ± 2%. Os padrões de 1 a 5 mg/L incluem menos de 0,5 vez e mais de 1,5 vez a concentração esperada. A calibração linear de 1 a 5 mg/L é adequada para o propósito.

Se a faixa linear é estreita, pode ser necessário diluir as amostras de alta concentração para trazê-las para a faixa de calibração.

TESTE-SE Se um branco contaminado intencionalmente para 3,00 mg/L de quinina deu um sinal de 354,4, qual é a concentração de quinina prevista e sua recuperação? (***Resposta:*** 3,04 mg/L e 101,3%.)

Limites de Detecção e de Quantificação

Profissões: pesquise no YouTube por "NACBR" e "quality control associate" para um pequeno vídeo sobre essa carreira na indústria biomédica.

O **limite de detecção** (também chamado de *limite inferior de detecção*) é a menor quantidade de analito "significativamente diferente" de um branco.[13] Descreve-se a seguir um procedimento que produz aproximadamente ~99% de confiança que um sinal acima do limite de detecção surge de uma amostra que realmente contém o analito. Isto é, apenas ~1% das amostras desprovidas do analito fornecerão um sinal maior que o limite de detecção (Figura 5.3). Dizemos que existe uma taxa de ~1% de *falso-positivos* na Figura 5.3. Essa mesma definição de limite de detecção fornece apenas 50% de confiança que podemos identificar uma amostra que efetivamente contenha o analito, caso a sua concentração esteja no limite de detecção. Ou seja, metade das amostras cuja concentração do analito se situa no limite de detecção produz resultados *falso-negativos* abaixo do limite de detecção na Figura 5.3. No procedimento a seguir, supomos que o desvio-padrão do sinal proveniente das amostras com concentrações próximas ao limite de detecção seja comparável ao desvio-padrão proveniente dos brancos.

1. Após estimarmos o limite de detecção a partir da experiência prévia com o método, preparamos uma amostra cuja concentração seja ~1 a 5 vezes maior que o limite de detecção.
2. Medimos o sinal de n amostras repetidas ($n \geq 7$).
3. Calculamos o desvio-padrão (s) das n medidas.
4. Medimos o sinal de n amostras em branco (sem analito) e determinamos o valor médio, que chamaremos de y_{branco}.

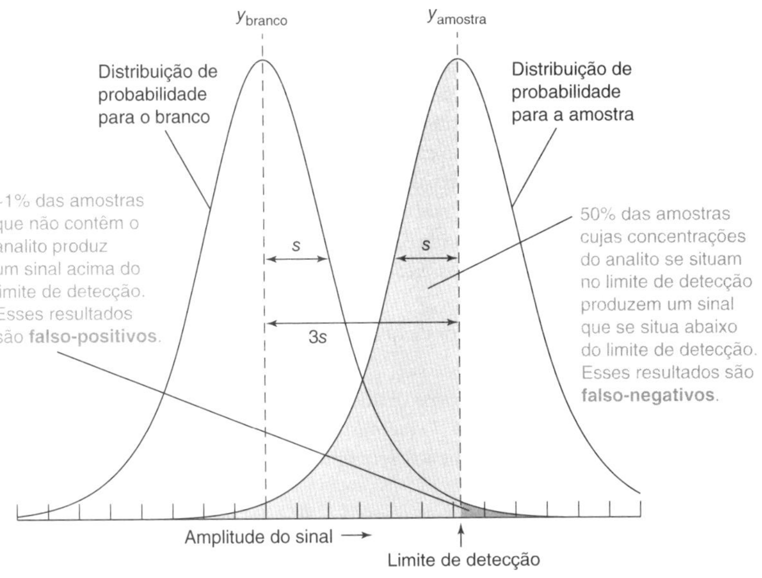

FIGURA 5.3 Limite de detecção. As curvas mostram a distribuição de medidas esperadas para um branco e uma amostra cuja concentração se situa no limite de detecção. A área de uma região qualquer é proporcional ao número de medidas naquela região. Espera-se que apenas ~1% das medidas para um branco exceda o limite de detecção. Entretanto, 50% das medidas para uma amostra contendo um analito em seu limite de detecção estarão abaixo desse limite. Existe uma probabilidade de 1% de concluir que um branco tem analito acima do limite de detecção (*falso-positivo*). Caso uma amostra contenha o analito em seu limite de detecção, existe uma probabilidade de 50% de concluir que o analito está *ausente* porque seu sinal está abaixo do limite de detecção (*falso-negativo*). As curvas nesta figura correspondem à distribuição *t* de Student para 6 graus de liberdade, que é mais larga do que a distribuição gaussiana correspondente.

5. O sinal mínimo detectável, que chamaremos de limite de detecção, y_{ld}, é definido como:

Limite de detecção do sinal: $$y_{ld} = y_{branco} + 3s \qquad (5.4)$$

6. O sinal corrigido, $y_{amostra} - y_{branco}$, é proporcional à concentração da amostra:

Linha de calibração: $$y_{amostra} - y_{branco} = m \times \text{concentração da amostra} \qquad (5.5)$$

em que $y_{amostra}$ é o sinal observado para a amostra e m é o coeficiente angular da curva de calibração. A *concentração mínima detectável*, também chamada limite de detecção, é obtida substituindo-se y_{ld} da Equação 5.4 por $y_{amostra}$ na Equação 5.5:

Limite de detecção: $$\text{Concentração mínima detectável} \equiv \frac{3s}{m} \qquad (5.6)$$

Uma boa definição para você: o **limite de detecção** na Equação 5.6 é a concentração do analito que fornece um sinal igual a três vezes o desvio-padrão do sinal de um branco.

EXEMPLO Limite de Detecção

A partir de medições prévias de baixas concentrações de analito, estimou-se que o limite de detecção do sinal está na faixa de nanoampères. Os sinais, provenientes de sete amostras repetidas com uma concentração cerca de três vezes a do limite de detecção, foram: 5,0; 5,0; 5,2; 4,2; 4,6; 6,0 e 4,9 nA. Os brancos produziram valores de 1,4; 2,2; 1,7; 0,9; 0,4; 1,5 e 0,7 nA. O coeficiente angular da curva de calibração, para as concentrações mais altas, é m = 0,229 nA/μM. (**a**) Determine os limites de detecção do sinal e a concentração mínima detectável. (**b**) Qual é a concentração do analito em uma amostra que deu um sinal de 7,0 nA?

Solução (**a**) Primeiramente, calculamos o valor médio para os brancos e o desvio-padrão das amostras. Os algarismos que não são significativos devem ser retidos de modo a reduzir erros de arredondamento.

Branco: Média = y_{branco} = $1{,}2_6$ nA
Amostra: Desvio-padrão = s = $0{,}5_6$ nA

O limite de detecção do sinal é obtido da Equação 5.4:

$$y_{ld} = y_{branco} + 3s = 1{,}2_6\ \text{nA} + 3(0{,}5_6\ \text{nA}) = 2{,}9_4\ \text{nA}$$

A concentração mínima detectável é obtida da Equação 5.6:

$$\text{Limite de detecção} = \frac{3s}{m} = \frac{3(0{,}5_6\ \text{nA})}{0{,}229\ \text{nA}/\mu\text{M}} = 7{,}_3\ \mu\text{M} = 7\ \mu\text{M}$$

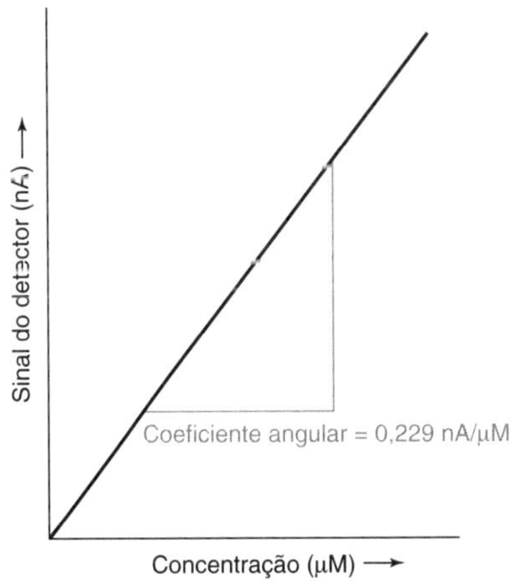

Limites de detecção devem ter um algarismo significativo; dois se o primeiro dígito for 1.

(**b**) Para determinar a concentração de uma amostra cujo sinal é 7,0 nA, utiliza-se a Equação 5.5:

$$y_{amostra} - y_{branco} = m \times \text{concentração}$$

$$\Rightarrow \text{Concentração} = \frac{y_{amostra} - y_{branco}}{m} = \frac{7{,}0\ \text{nA} - 1{,}2_6\ \text{nA}}{0{,}229\ \text{nA}/\mu\text{M}} = 25{,}_1\ \mu\text{M}$$

TESTE-SE Determine a concentração mínima detectável se o valor médio dos brancos é $1{,}0_5$ nA e $s = 0{,}6_3$ nA. (***Resposta***: $8{,}_3$ μM = 8 μM.)

Outra maneira comum de definir limite de detecção se baseia na equação obtida pelo método dos mínimos quadrados para a curva de calibração: limite de detecção do sinal = $b + 3s_y$, em que b é o coeficiente linear e s_y é calculado por meio da Equação 4.20. Descreve-se um procedimento mais rigoroso nas notas deste capítulo.[14]

O menor limite de detecção dado na Equação 5.6 é $3s/m$, em que s é o desvio-padrão de uma amostra com baixa concentração e m, o coeficiente angular da curva de calibração. O desvio-padrão é uma medida do *ruído* (variação aleatória) em um branco ou sinal pequeno. Quando o sinal é 3 vezes maior que o ruído ele é detectável, mas ainda é pequeno demais para uma medida exata. Um sinal 10 vezes maior que o ruído é definido como o **limite inferior de quantificação**, ou a menor quantidade que pode ser medida com exatidão razoável.

Limite de detecção $\equiv \frac{3s}{m}$

Limite de quantificação $\equiv \frac{10s}{m}$

O símbolo ≡ significa **"é definido como"**.

$$\text{Limite inferior de quantificação} \equiv \frac{10s}{m} \tag{5.7}$$

O *limite de detecção do instrumento* é obtido com medidas repetidas ($n \geq 7$) de alíquotas de uma amostra. O *limite de detecção do método*, maior que o limite de detecção do instrumento, é obtido preparando-se pelo menos sete amostras individuais, seguido de análise de cada uma delas.

O **limite de registro** é a concentração abaixo da qual as legislações consideram que determinado analito seja relatado como "não detectado". "Não detectado" *não significa* que o analito não foi observado, mas sim que ele se encontra abaixo de um nível previamente estabelecido. Os limites de registro são, pelo menos, 5 a 10 vezes maiores que os limites de detecção, de modo que a detecção do analito no limite de registro não gera ambiguidade.

Pergunta: um lanche contém 2,5% em massa de gordura *trans*. Qual é a maior quantidade por porção que pode ser estabelecida para que o fabricante possa listar o conteúdo de gordura *trans* no rótulo como 0? (***Resposta:*** 20 g por porção.)

Profissões: pesquise no YouTube por "Royal Society of Chemistry" e "quality assurance chemist" para um vídeo sobre esta carreira na fabricação de alimentos.

Os rótulos dos alimentos embalados nos Estados Unidos devem indicar quanto de gordura *trans* está presente. Este tipo de gordura provém principalmente da hidrogenação parcial de óleo vegetal, sendo o principal componente da margarina e da gordura vegetal hidrogenada. O consumo de gordura *trans* aumenta o risco de doenças do coração, ataques cardíacos e alguns tipos de câncer. O *limite de registro* para a gordura *trans* é 0,5 g por porção. Contudo, se a concentração for < 0,5 g/porção, ela aparece como 0, como na Figura 5.4. Ao reduzir o tamanho da porção, um fabricante pode afirmar que o conteúdo de gordura *trans* é 0. Se seu lanche favorito é feito com gordura parcialmente hidrogenada, ele contém gordura *trans* mesmo que o rótulo diga outra coisa.

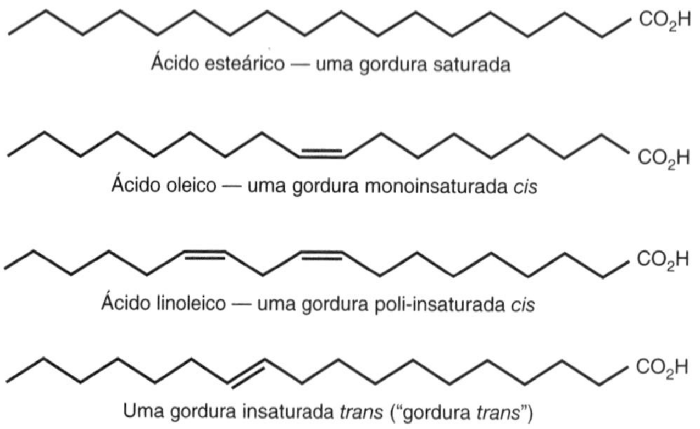

Informação Nutricional

64 porções por embalagem

Tamanho da porção 1 colher de sopa (14 g)

Quantidade por Porção	
Calorias	**130**
	Valor Diário (%)
Gordura total 14 g	**18%**
Gordura Saturada 2 g	**10%**
Gordura *Trans* 0 g	
Gordura poli-insaturada 4 g	
Gordura monoinsaturada 6 g	
Sódio 0 mg	**0%**
Carboidratos totais 0 g	**0%**
Proteínas 0 g	

FIGURA 5.4 Rótulo nutricional de um pacote de biscoitos de água e sal. O *limite de registro* para a gordura *trans* é 0,5 g/porção. Qualquer quantidade inferior a essa é registrada como 0. O fim do Capítulo 6 explica a simbologia utilizada para desenhar esses compostos com 18 átomos de carbono.

Robustez

Robustez é a capacidade de um método analítico não ser afetado por pequenas variações, deliberadamente feitas, nos parâmetros de operação. Por exemplo, um método cromatográfico é robusto, se ele continua fornecendo resultados aceitáveis quando realizadas pequenas variações na composição do solvente, no pH, na concentração do tampão, na temperatura, no volume de injeção e no comprimento de onda de detecção. Nos testes para robustez, a composição do solvente orgânico na fase móvel pode ser variada em, digamos, ±2%, o pH do eluente pode ser variado em ±0,1 unidade e a temperatura da coluna em ±5 °C. A estabilidade da solução (vida útil) também deve ser avaliada para a robustez. Se resultados aceitáveis são obtidos, o procedimento escrito deve estabelecer que essas variações são toleráveis.

5.3 Adição-padrão[15,16]

No método da **adição-padrão**, quantidades conhecidas de analito são adicionadas à amostra desconhecida. A partir do aumento do sinal, deduzimos quanto de analito estava presente na amostra desconhecida. Este método requer que a resposta seja linear à concentração do analito. Assim como nas titulações, precisões maiores podem ser obtidas quando os padrões são adicionados por massa e não por volume.[17]

A adição-padrão é especialmente apropriada quando a composição da amostra é desconhecida ou complexa e afeta o sinal analítico. Em tal circunstância é impossível ou difícil criar padrões e brancos cujas composições coincidam com a da amostra. Se os padrões e os brancos não coincidem com a composição da amostra desconhecida, a curva de calibração não será confiável. A *matriz* é tudo que existe na amostra desconhecida, além do analito. Define-se **efeito de matriz** uma mudança na sensibilidade analítica (coeficiente angular da curva de calibração) causada por qualquer coisa na amostra diferente do analito.

A Figura 5.5 mostra forte efeito de matriz na análise do esteroide cortisona no plasma sanguíneo por cromatografia líquida com detecção por espectrometria de massa. As respostas da espectrometria de massa são afetadas pela matriz. Para simplificar a matriz de plasma sanguíneo, as proteínas foram removidas por precipitação e os componentes restantes da amostra foram separados por cromatografia líquida antes de introduzi-los no espectrômetro de massa. Duas fontes de ionização diferentes foram usadas para transferir analitos do cromatógrafo líquido para o espectrômetro de massa. A linha tracejada na Figura 5.5 mostra a resposta esperada se não houvesse efeito de matriz. O sinal de cortisona foi suprimido cinco vezes quando a ionização por electrospray foi usada, e aumentada em 41% com a ionização química à pressão atmosférica. A mudança no sinal da cortisona é um *efeito de matriz* em virtude das moléculas desconhecidas na amostra de plasma.

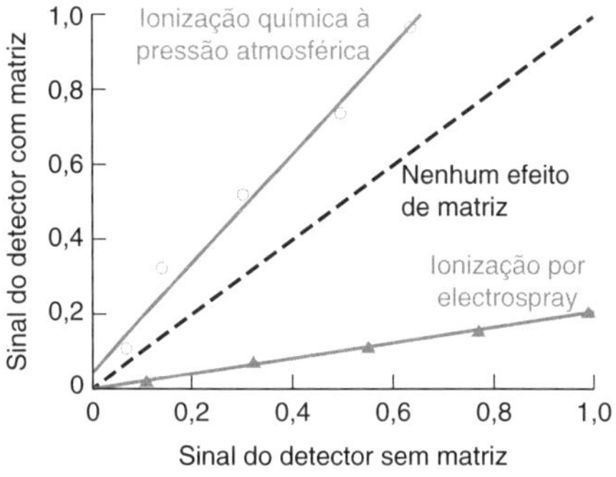

FIGURA 5.5 Curvas da resposta da análise por cromatografia líquida–espectrometria de massa da cortisona no plasma sanguíneo. [Dados de R. D. McCulloch e D. B. Robb, "Field-Free Atmospheric Pressure Photoionization–Liquid Chromatography–Mass Spectrometry for the Analysis of Steroids within Complex Biological Matrices," *Anal. Chem.* **2017**, *89*, 4169.]

Esteroides diferentes presentes na mesma amostra apresentam efeitos de matriz distintos. Na mesma análise, o androsteroide foi suprimido em apenas 19% usando ionização por electrospray e aumentado em apenas 9% com ionização química à pressão atmosférica. Diferentes amostras de plasma têm diferentes concentrações de muitos compostos, de modo que não há como construir uma curva de calibração para esta análise que se aplique a mais de uma amostra de plasma específica. Logo, o método de adição-padrão é necessário. Quando adicionamos um pequeno volume de padrão concentrado a uma amostra desconhecida, a concentração da matriz não muda muito.

Gothan News: cromatografia líquida com detecção por espectrometria de massa foi usada para análise de metanfetamina em Laboratórios de Gothan.

A matriz afeta a sensibilidade (coeficiente angular da curva de calibração). Na adição-padrão, todas as amostras estão na mesma matriz.

Consideramos a adição-padrão em que uma amostra com concentração inicial desconhecida de analito $[X]_i$ tem uma intensidade de sinal corrigida I_X. Então, um pequeno volume de concentração conhecida de padrão, S, é adicionada a uma alíquota da amostra e um sinal I_{S+X} é observado para esta segunda solução. A adição do padrão à amostra desconhecida muda ligeiramente a concentração original do analito em face da diluição causada pelo volume do padrão adicionado. Vamos representar a concentração diluída do analito de $[X]_f$, em que f significa "final". Representamos a concentração do padrão na solução final como $[S]_f$. (Devemos ter em mente que as espécies químicas X e S são as mesmas.)

O sinal é diretamente proporcional à concentração do analito, assim

$$\frac{\text{Concentração do analito na solução inicial}}{\text{Concentração do analito mais o padrão na solução final}} = \frac{\text{sinal da solução inicial}}{\text{sinal da solução final}}$$

Equação da adição-padrão:

$$\frac{[X]_i}{[X]_f + [S]_f} = \frac{I_X}{I_{X+S}} \quad (5.8)$$

Dedução da Equação 5.8:

$I_X = k[X]_i$, em que k é uma constante de proporcionalidade, cujo valor é desconhecido em função dos efeitos da matriz

$I_{X+S} = k([X]_f + [S]_f)$, em que k é a mesma constante desconhecida

A divisão de uma equação pela outra cancela k, obtendo-se

$$\frac{I_X}{I_{X+S}} = \frac{k[X]_i}{k([X]_f + [S]_f)} = \frac{[X]_i}{[X]_f + [S]_f}$$

Para um volume inicial V_i da amostra desconhecida e para o volume adicionado V_S de padrão com concentração $[S]_i$, o volume total é $V_i + V_S$ e as concentrações na Equação 5.8 são

$$[X]_f = [X]_i \left(\frac{V_i}{V_i + V_S}\right) \qquad [S]_f = [S]_i \left(\frac{V_S}{V_i + V_S}\right) \quad (5.9)$$

O quociente (volume inicial/volume final), que relaciona a concentração final com a concentração inicial, é chamado **fator de diluição**. Ele vem diretamente da Equação 1.5.

Expressando a concentração diluída do analito, $[X]_f$, em termos da concentração inicial do analito, $[X]_i$, podemos resolver para $[X]_i$, pois todo o resto da Equação 5.8 é conhecido.

EXEMPLO Adição-padrão

Um soro contendo Na^+ fornece um sinal de 4,41 mV em uma análise de emissão atômica. Então 5,00 mL de uma solução de NaCl 2,08 M foram adicionados a 95,0 mL de soro. Esse soro contaminado fornece um sinal de 7,82 mV. Encontre a concentração original de Na^+ no soro.

Solução Da Equação 5.9, a concentração final de Na^+ depois da diluição com o padrão é $[X]_f = [X]_i (V_i/(V_i + V_S)) = [X]_i(95{,}0 \text{ mL}/100{,}0 \text{ mL})$. A concentração final do padrão adicionado é $[S]_f = [S]_i(V_S/(V_i + V_S)) = (2{,}08 \text{ M})(5{,}00 \text{ mL}/100{,}0 \text{ mL}) = 0{,}104$ M. A Equação 5.8 fica

$$\frac{[Na^+]_i}{0{,}950[Na^+]_i + 0{,}104 \text{ M}} = \frac{4{,}41 \text{ mV}}{7{,}82 \text{ mV}} \Rightarrow [Na^+]_i = 0{,}126 \text{ M}$$

TESTE-SE Se o soro contaminado fornecesse um sinal de 7,09 mV, qual seria a concentração original de Na^+? (***Resposta:*** 0,158 M.)

Procedimento Gráfico para a Adição-padrão a uma Solução

Existem dois métodos usuais para realizar a adição-padrão. Se a análise não consome solução, começamos com uma solução desconhecida e medimos seu sinal analítico. Então, adicionamos um pequeno volume de uma solução-padrão concentrada e medimos o sinal novamente. Adicionamos várias vezes pequenos volumes de padrão e medimos o sinal após cada adição. O padrão deve estar concentrado de modo que apenas pequenos volumes sejam adicionados à amostra e a matriz da amostra não seja apreciavelmente modificada. A adição-padrão deve aumentar o sinal analítico por um fator de 2 a 5 e tem que permanecer na faixa linear.[18] Outro método usual será descrito na próxima seção.

Um erro comum na adição-padrão é aumentar o sinal original por um fator superior a 5, o que reduz a exatidão do resultado.

A Figura 5.6 mostra os dados de um experimento no qual arsênio-traço foi medido em água potável por meio de um método eletroquímico. A corrente é proporcional à concentração de arsênio. Quatro adições-padrão aumentaram a corrente de 2,02 até 10,78 μA (coluna C). Cada solução foi medida em triplicata. A resposta teórica às adições é obtida substituindo-se as expressões para $[X]_f$ e $[S]_f$ da Equação 5.9 na Equação 5.8. Após uma pequena manipulação algébrica, encontramos:

Para adições-padrão sucessivas a uma solução:

$$\underbrace{I_{X+S}\left(\frac{V_i + V_S}{V_i}\right)}_{\text{Função a ser lançada no eixo } y} = I_X + \frac{I_X}{[X]_i}\underbrace{[S]_i\left(\frac{V_S}{V_i}\right)}_{\text{Função a ser lançada no eixo } x} \qquad \textbf{(5.10)}$$

Sucessivas adições-padrão a uma solução:

Representação gráfica de $I_{X+S}\left(\frac{V_i+V_S}{V_i}\right)$ *contra* $[S]_i\left(\frac{V_S}{V_i}\right)$

a interseção com o eixo x é $-[X]_i$

A equação de uma reta é $y = mx + b$. A interseção com o eixo x é obtida ao se fazer $y = 0$:

$$0 = mx + b$$
$$x = -b/m$$

Um gráfico de $I_{X+S}(V_i/(V_i + V_S))$ (a *resposta corrigida para diluição*) no eixo y contra $[S]_i(V_S/V_i)$ no eixo x deve ser uma linha reta. Estes termos são calculados nas colunas E e D da Figura 5.6 e representados graficamente na Figura 5.7.

	A	B	C	D	E
1	Experimento de adição-padrão de arsênio: Adição de 1000 ppb de arsênio a 10 mL de água				
2					
3	V_i (mL) =	V_S = mL de	I_{X+S} =	função do eixo x	função do eixo y
4	10,0	arsênio adicionado	sinal (μA)	S_i*V_S/V_i	I_{X+S}*(V_i+V_S)/V_i
5	[S]ᵢ (ppb) =	0,000	1,89	0,000	1,890
6	1000	0,000	1,87	0,000	1,870
7		0,000	1,83	0,000	1,830
8		0,010	3,90	1,000	3,904
9		0,010	3,72	1,000	3,724
10		0,010	3,80	1,000	3,804
11		0,020	5,75	2,000	5,762
12		0,020	5,80	2,000	5,812
13		0,020	5,73	2,000	5,741
14		0,030	7,40	3,000	7,422
15		0,030	7,50	3,000	7,523
16		0,030	7,32	3,000	7,342
17		0,050	10,70	5,000	10,754
18		0,050	10,60	5,000	10,653
19		0,050	10,70	5,000	10,754
20		D5 = $A$6*B5/$A$4		E5 = C5*($A$4+B5)/$A$4	

FIGURA 5.6 Dados para um experimento de adição-padrão com *volume total variável*. [Dados de A. Cheng, R. Tyne, Y. T. Kwok, L. Rees, L. Craig, C. Lapinee, M. D'Arcy, D. J. Weiss, and P. Salaün, "Investigating Arsenic Contents in Surface and Drinking Water by Voltammetry and the Method of Standard Additions," *J. Chem. Ed.* **2016**, *93*, 1945. Os quatro primeiros autores eram alunos de iniciação científica.]

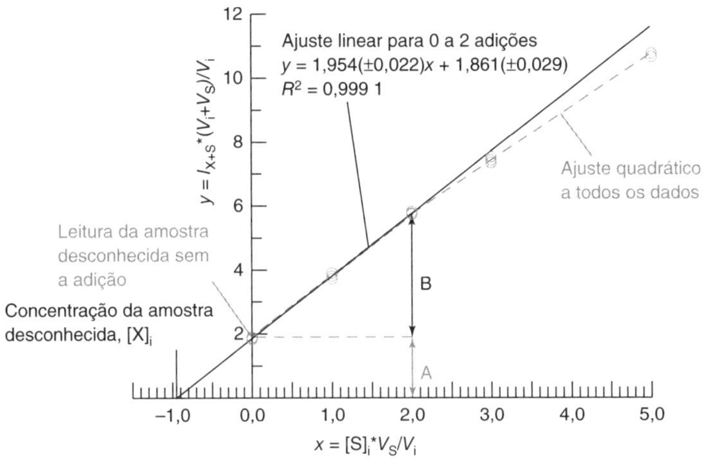

FIGURA 5.7 Tratamento gráfico do experimento de adição-padrão a uma única solução com *volume total variável*. Os dados provêm da Figura 5.6. As adições-padrão devem aumentar o sinal analítico entre 2 e 5 vezes o seu valor inicial (isto é, B = de 1A a 4A). A reta dos mínimos quadrados é baseada nos dados sombreados na Figura 5.6.

A inspeção dos dados na Figura 5.7 revela a curvatura. Os gráficos de adição-padrão devem ser lineares. Restringir os mínimos quadrados às adições de 0, 1 e 2 ppb (partes por bilhão) resulta em uma reta com R^2 de 0,999 1. A linha reta na Figura 5.7 nos permite encontrar a concentração original da amostra desconhecida. O lado direito da Equação 5.10 é 0 quando $[S]_i(V_S/V_i) = -[X]_i$. A magnitude da interseção com o eixo x é a concentração *original* da amostra desconhecida, $[X]_i = 0{,}952$ ppb.

A *incerteza-padrão* na interseção com o eixo x é[19]

Incerteza-padrão na interseção com o eixo dos x:

$$u_x = \frac{s_y}{|m|}\sqrt{\frac{1}{n} + \frac{\overline{y}^2}{m^2\,\Sigma(x_i - \overline{x})^2}} \qquad (5.11)$$

Incerteza-padrão = desvio-padrão da média, conforme a Equação 4.27.

em que s_y é o desvio-padrão de y (= 0,055 usando a Equação 4.20), $|m|$ é o valor absoluto do coeficiente angular da reta obtida pelo método dos mínimos quadrados (Equação 4.16), n é o número de dados (nove, na parte linear da Figura 5.7), $\overline{y}$ é o valor médio de y para os nove pontos, x_i são os valores individuais de x para os nove pontos e $\overline{x}$ é o valor médio de x para os nove pontos. A incerteza-padrão na interseção com o eixo x é $u_x = 0{,}024$ ppb.

O intervalo de confiança é $\pm tu_x$, com t sendo o teste t de Student (Tabela 4.4) para $n - 2$ graus de liberdade. O intervalo de confiança a 95% para a interseção na Figura 5.7 é $\pm(2{,}365)\times(0{,}024 \text{ ppb}) = \pm\, 0{,}057$ ppb. O valor $t = 2{,}365$ foi obtido da Tabela 4.4 para $9 - 2 = 7$ graus de liberdade.

Procedimento Gráfico para Soluções Múltiplas com Volume Constante

O segundo método usual de se fazer a adição-padrão é mostrado na Figura 5.8. Volumes iguais da solução desconhecida são pipetados para vários balões volumétricos. Volumes crescentes de padrão são adicionados a cada balão. Após adição de um mesmo volume de reagentes para a análise química, cada amostra é diluída ao *mesmo volume final*. Cada balão contém a mesma concentração da amostra desconhecida e diferentes concentrações do padrão. Para cada balão, realiza-se uma medida do sinal analítico, I_{X+S}. O método na Figura 5.8 é necessário quando a análise consome parte da solução.

A adição-padrão com várias soluções de volume constante é usada quando a análise consome parte da solução.

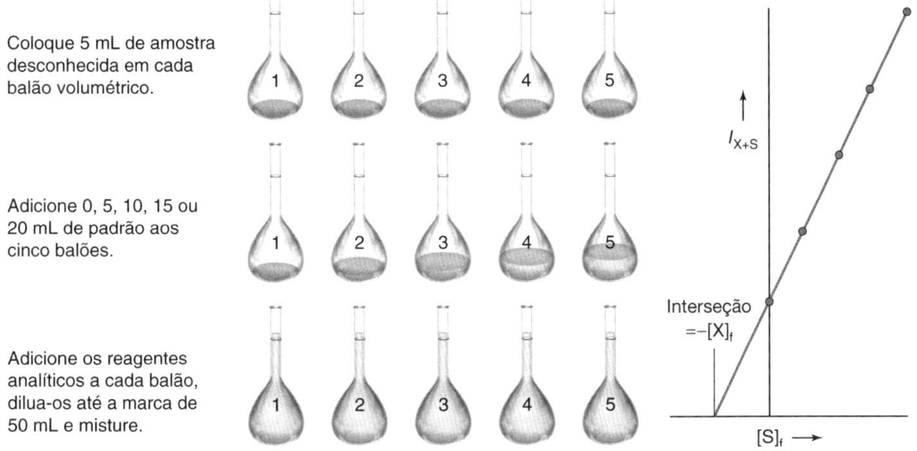

FIGURA 5.8 Experimento de adição-padrão com volume total constante. Construa um gráfico de I_{X+S} contra $[S]_f$, e a interseção com o eixo x é $-[X]_f$. As retas nas Figuras 5.7 e 5.8 são ambas obtidas a partir da Equação 5.10.

EXEMPLO Adição-padrão com Volume Total Constante

Na Figura 5.8, 5,00 mL de amostra desconhecida em cada balão são diluídos até 50,00 mL. Se a interseção com o eixo dos x é em −0,235 mM, qual é a concentração original do analito na amostra desconhecida?

Solução O analito foi diluído por um fator de 5,00 mL/50,00 mL = 0,100 em cada balão. O módulo da interseção com o eixo dos x é a concentração final do analito diluído, $[X]_f$. A concentração original era 1/0,100 = 10,00 vezes maior = 2,35 mM.

TESTE-SE 1,00 mL de soro sanguíneo foi diluído até 25 mL em cada balão de um experimento de adição-padrão como na Figura 5.8 para medir um hormônio com uma massa molar de 373 g/mol. A interseção com o eixo dos x do gráfico foi em −4,2 ppb (partes por bilhão). Determine a concentração do hormônio no soro e expresse sua resposta em ppb e molaridade. Admita que a massa específica do soro e de todas as soluções é próxima de 1,00 g/mL. (***Resposta:*** 105 ppb, 0,28 μM.)

O fator de diluição V_{conc}/V_{dil} vem da Equação 1.5:

$$M_{conc} \cdot V_{conc} = M_{dil} \cdot V_{dil}$$

$$M_{conc} \cdot \frac{V_{conc}}{V_{dil}} = M_{dil}$$

em que M é a concentração, V é o volume, "conc" é concentrado e "dil" é diluído.

Se todas as adições-padrão forem levadas a um mesmo volume final, podemos lançar em um gráfico o sinal I_{X+S} contra a concentração do padrão diluído, $[S]_f$ (Figura 5.8). Nesse caso, a magnitude da interseção com o eixo x fornece a concentração *final* da amostra desconhecida, $[X]_f$, após diluição ao volume final de amostra. A Equação 5.11 ainda se aplica à incerteza. A concentração inicial da amostra desconhecida, $[X]_i$, é a concentração final da amostra desconhecida, $[X]_f$, dividida pelo fator de diluição.

5.4 Padrões Internos

Adição-padrão: o padrão adicionado é *a mesma* substância que o analito.
Padrão interno: o padrão adicionado é uma substância *diferente* do analito.
Padrão externo: soluções com concentrações conhecidas de analito são usadas para preparar uma curva de calibração.

Um **padrão interno** é uma quantidade conhecida de um composto – *diferente do analito* – adicionado à amostra desconhecida. O sinal do analito é comparado com o sinal do padrão interno para a determinação da quantidade do analito presente. Uma escolha cuidadosa do padrão interno produzirá um sinal analítico (como um pico cromatográfico ou uma absorção espectrofotométrica) que está bem separado daqueles do analito e de outras espécies na amostra desconhecida. O padrão interno deve ser quimicamente estável e não reagir com os componentes da amostra desconhecida.

Os padrões internos são especialmente úteis para as análises em que a quantidade da amostra analisada, ou a resposta do instrumento, varia ligeiramente a cada análise. Por exemplo, na cromatografia gasosa, a pequena quantidade de amostra injetada no cromatógrafo não é reprodutível se não for feita corretamente. Uma curva de calibração com padrões externos é exata somente para o conjunto de condições em que ela foi obtida. Entretanto, a resposta *relativa* do detector ao analito e ao padrão interno é geralmente constante para um largo intervalo de condições. Se o sinal do padrão aumenta de 8,4%, em função do aumento no volume de injeção, o sinal do analito geralmente também aumenta de 8,4%. Desde que a concentração do padrão seja conhecida, a concentração correta do analito pode ser determinada.

A premissa de que a resposta relativa de um instrumento para o analito e para o padrão permanece constante em uma faixa de concentrações tem de ser verificada.

O uso de padrões internos é desejável quando pode ocorrer perda de amostra durante as etapas de preparação da amostra que antecedem à análise. Se uma quantidade conhecida de padrão é adicionada à amostra desconhecida antes de qualquer manipulação, a razão entre o padrão e o analito permanece constante, pois a mesma fração de cada um deles é perdida em qualquer operação.

Adição-padrão: corrige *erros sistemáticos* de sensibilidade (inclinação da calibração) causados pela matriz.
Padrão interno: corrige *erros aleatórios* causados pela variação de execução para execução.
Um padrão interno quimicamente semelhante também corrige *erros sistemáticos* de sensibilidade causados pela matriz.

É útil que o padrão interno seja quimicamente semelhante ao analito para que os efeitos sistemáticos da matriz que aumentam ou diminuem o sinal do analito tenham um efeito semelhante no sinal do padrão interno. O método-padrão 9111 do Instituto Nacional de Saúde e Segurança Ocupacional dos Estados Unidos para metanfetamina ($C_6H_5CH_2CH(CH_3)NHCH_3$) por cromatografia líquida–espectrometria de massa usa metanfetamina com seus hidrogênios substituídos por deutério ($C_6D_5CD_2CD(CD_3)NHCD_3$) como padrão interno. O composto deuterado é quimicamente semelhante à metanfetamina e, portanto, está sujeito às mesmas perdas e aos mesmos efeitos de matriz que a metanfetamina, mas pode ser distinguido desta última pelo espectrômetro de massa.

D significa deutério, que é o isótopo ^{2}H.

Para usar um padrão interno, preparamos uma mistura conhecida de padrão e analito de modo a medir a resposta relativa do detector para as duas espécies. No cromatograma da Figura 5.9, a área A sob cada pico é proporcional à concentração de cada uma das espécies injetadas em uma coluna de cromatografia. Entretanto, o detector geralmente possui uma resposta diferente para cada componente. Por exemplo, se o analito (X) e o padrão interno (S) possuem concentrações de 10,0 mM, a área sob o pico que corresponde ao analito pode ser 2,30 vezes maior que a área sob o pico correspondente ao padrão. Dizemos que o **fator de resposta**, F, é 2,30 vezes maior para X do que para S.

Fator de resposta:

$$\frac{\text{Sinal do analito}}{\text{Concentração do analito}} = F\left(\frac{\text{Sinal do padrão}}{\text{Concentração do padrão}}\right) \quad (5.12)$$

$$\frac{A_X}{[X]_f} = F\left(\frac{A_S}{[S]_f}\right)$$

Se o detector responde da mesma forma para o analito e para o padrão, $F = 1$. Se o detector responde duas vezes mais para o analito do que para o padrão, $F = 2$. Se o detector responde duas vezes mais para o padrão do que para o analito, $F = 0{,}5$.

Por vezes, o sinal é uma área (como em um cromatograma), e em outros casos o sinal pode ser uma altura em vez de uma área. $[X]_f$ e $[S]_f$ são as concentrações de analito e de padrão *depois que eles foram misturados um com o outro*. A Equação 5.12 prevê uma resposta linear para o analito e para o padrão.

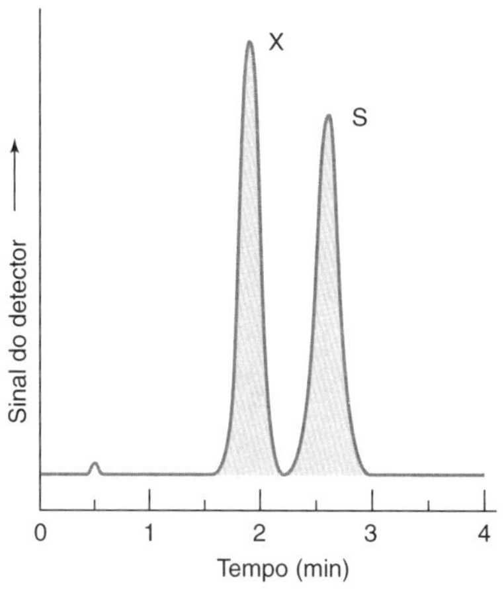

FIGURA 5.9 Separação cromatográfica de um composto desconhecido (X) do padrão interno (S). Uma quantidade conhecida de S foi adicionada à amostra desconhecida. As áreas relativas dos sinais de X e S permitem determinar a quantidade de X presente na mistura. É necessário, inicialmente, medir a resposta relativa do detector para cada composto.

EXEMPLO Uso de um Padrão Interno

Em um experimento preliminar, uma solução contendo 0,083 7 M de X e 0,066 6 M de S fornece picos com áreas $A_X = 423$ e $A_S = 347$. (As áreas são medidas em unidades arbitrárias pelo instrumento.) Para analisar a amostra desconhecida, 10,0 mL de uma solução 0,146 M de S foram adicionados a 10,0 mL da amostra desconhecida, e a mistura foi diluída a 25,0 mL em um balão volumétrico. Essa mistura forneceu o cromatograma visto na Figura 5.9, onde os picos apresentam áreas $A_X = 553$ e $A_S = 582$. Determine a concentração de X na amostra desconhecida.

Solução Usamos, inicialmente, a mistura-padrão para encontrar o fator de resposta na Equação 5.12:

Mistura-padrão:
$$\frac{A_X}{[X]_f} = F\left(\frac{A_S}{[S]_f}\right)$$

$$\frac{423}{0{,}083\ 7\ \text{M}} = F\left(\frac{347}{0{,}066\ 6\ \text{M}}\right) \Rightarrow F = 0{,}970_0$$

Na mistura desconhecida da amostra mais o padrão, a concentração de S é

$$[S]_f = \underbrace{(0{,}146\ \text{M})}_{\text{Concentração inicial}}\underbrace{\left(\frac{10{,}0\ \text{mL}}{25{,}0\ \text{mL}}\right)}_{\text{Fator de diluição}} = 0{,}058\ 4\ \text{M}$$

O **fator de diluição** $\frac{\text{volume inicial}}{\text{volume final}}$ converte a concentração inicial na concentração final.

Substituímos na Equação 5.12 o fator de resposta conhecido de modo a encontrar a concentração do analito na mistura:

Concentração inicial:
$$\frac{A_X}{[X]_f} = F\left(\frac{A_S}{[S]_f}\right)$$

$$\frac{553}{[X]_f} = 0{,}970_0\left(\frac{582}{0{,}058\ 4\ \text{M}}\right) \Rightarrow [X]_f = 0{,}057\ 2_1\ \text{M}$$

Como X foi diluído de 10,0 para 25,0 mL, quando a mistura com S foi preparada, a concentração original de X na amostra desconhecida é (25,0 mL/10,0 mL)(0,057 2_1 M) = 0,143 M.

TESTE-SE Suponha que as áreas dos picos da mistura conhecida foram $A_X = 423$ e $A_S = 447$. Determine a concentração de [X] na amostra desconhecida. (***Resposta***: $F = 0{,}753_0$, [X] = 0,184 M.)

Curva de Calibração Multiponto para um Padrão Interno

O exemplo anterior emprega uma única mistura para encontrar o fator de resposta. Se não houvesse erro experimental, essa "curva de calibração de um ponto" seria suficiente para se obter um fator de resposta exato. Porém, sempre existe um erro experimental, de modo que é preferível uma curva de calibração multiponto para promediar alguma variabilidade experimental e verificar a linearidade da resposta. Para esse propósito, fazemos um rearranjo na Equação 5.12, de modo que os sinais estejam em um lado da equação e as concentrações, do outro:

$$\frac{\text{Sinal do analito}}{\text{Sinal do padrão}} = F\left(\frac{\text{Concentração do analito}}{\text{Concentração do padrão}}\right) \quad (5.13)$$

$$\frac{A_X}{A_S} = F\left(\frac{[X]_f}{[S]_f}\right)$$

Equação para a curva de calibração de padrão interno.

A seguir, construímos um gráfico no qual a razão entre os sinais no lado esquerdo da Equação 5.13 seja lançada como uma função da razão das concentrações no lado direito. O gráfico deve ser linear com a interseção na origem. O coeficiente angular dessa reta é o fator de resposta. Vejamos um exemplo.

A Figura 5.10 mostra o espectro de infravermelho de um polímero produzido a partir de etileno e acetato de vinila na Reação 5.14.

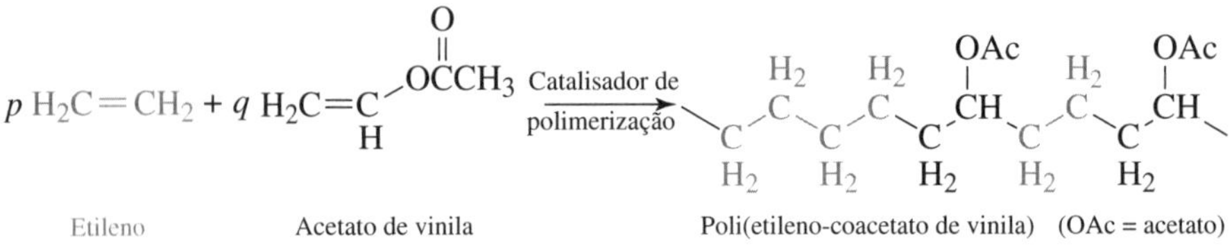

(5.14)

O polímero contém uma razão molar p:q de unidades etileno e acetato de vinila ligadas de uma forma aleatória. Na Figura 5.10, a razão molar p:q é igual a 82,18. O pico de absorção no comprimento de onda 1 020 cm^{-1} provém de unidades acetato de vinila, e o pico em 720 cm^{-1} é proveniente das unidades etileno. Nosso objetivo é medir o quociente p/q a partir das absorbâncias relativas dos dois picos em um polímero de composição desconhecida.

A Figura 5.11 é uma curva de calibração de padrão interno obtida a partir da absorbância no infravermelho de polímeros contendo seis razões molares p:q diferentes conhecidas. Escolhemos arbitrariamente o etileno como o padrão interno (S) e o acetato de vinila como o desconhecido (X). A ordenada (eixo y) é o quociente A_X/A_S = (absorbância de unidades acetato de vinila em 1 020 cm^{-1})/(absorbância de unidades etileno em 720 cm^{-1}). A abscissa (eixo x) é o quociente das concentrações $[X]_f/[S]_f$. Em um quociente, podemos usar qualquer unidade de concentração que desejarmos, desde que seja a mesma para o numerador e o denominador. É sensato, neste exemplo, usarmos (% molar de acetato de vinila)/(% molar de etileno) = q/p como o quociente [X]/[S] porque o polímero é produzido a partir da mistura dos dois componentes em proporções molares conhecidas.

Os pontos na Figura 5.11 situam-se em uma linha reta cujo coeficiente linear é o fator de resposta, F. O coeficiente linear teórico na Equação 5.13 é 0. O Problema 5.35 demonstra que a interseção observada se situa dentro da incerteza estatística de 0. Se um polímero de composição desconhecida exibe um quociente A_X/A_S = 1,98, podemos usar a equação da reta

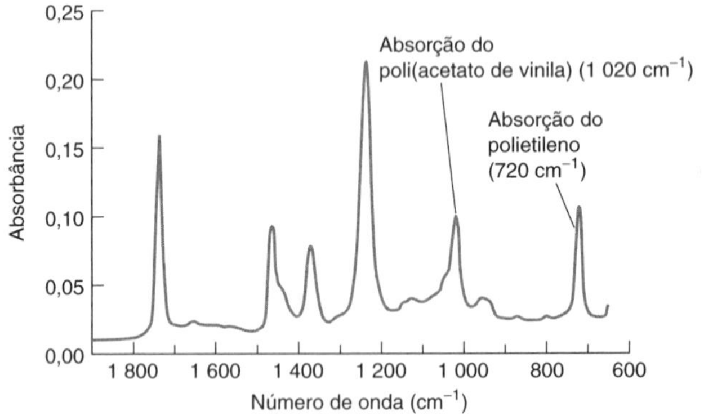

FIGURA 5.10 Espectro de infravermelho do poli(etileno-coacetato de vinila) contendo 18% em mol de acetato de vinila. O espectro mostra a absorção de radiação infravermelha como uma função do número de onda (= 1/comprimento de onda). Definimos absorbância, comprimento de onda e número de onda no Capítulo 18. [Dados de M. K. Bellamy, "Using FTIR-ATR Spectroscopy to Teach the Internal Standard Method," *J. Chem. Ed.* **2010**, *87*, 1399.]

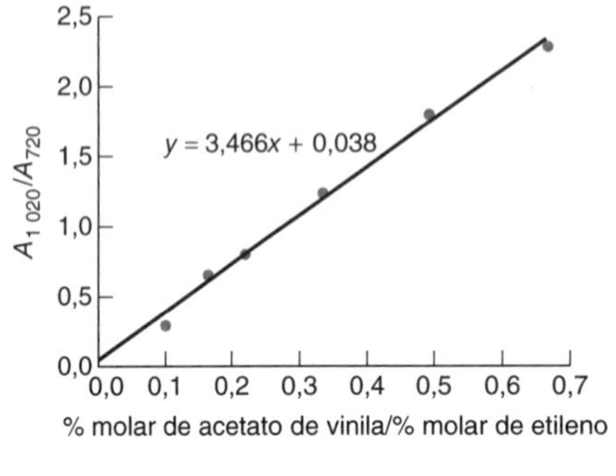

FIGURA 5.11 Curva de calibração de absorbância no infravermelho para um polímero no qual o etileno é tratado como o padrão interno e o acetato de vinila é tratado como a amostra desconhecida. [Dados de M. K. Bellamy, "Using FTIR-ATR Spectroscopy to Teach the Internal Standard Method," *J. Chem. Ed.* **2010**, *87*, 1399.]

na Figura 5.11 para encontrar que a composição é $[X]_f/[S]_f = q/p = 0{,}56$. O gráfico aumenta a exatidão do método do padrão interno em virtude do emprego de múltiplos pontos em vez de um único ponto para se chegar ao fator de resposta. O gráfico também verifica que a Equação 5.13 é obedecida ao longo de toda a faixa de composição requerida.

Termos Importantes

adequação ao propósito
adição-padrão
amostra para teste de desempenho
avaliação
branco de campo
branco de método
branco para reagente
certificação de qualidade
contaminação intencional
deriva (*drift*)
desvio-padrão relativo
efeito de matriz
especificações
especificidade
faixa
falso-negativo
falso-positivo
fator de diluição
fator de resposta
gráfico de controle
gráfico de resíduos
limite de detecção
limite de registro
limite inferior de quantificação
linearidade
matriz
metas
método-padrão
padrão externo
padrão interno
procedimento-padrão de operação
repetibilidade
reprodutibilidade
robustez
seletividade
sensibilidade
validação de método
verificação de calibração

Resumo

A certificação de qualidade consiste no que fazemos para obter a resposta certa para nosso objetivo. Começamos por estabelecer metas, a partir das quais as especificações para a qualidade dos dados podem ser obtidas. As especificações podem incluir requisitos para amostragem, exatidão, precisão, seletividade, limite de detecção, padrões e valores de branco. Para qualquer análise significativa, devemos primeiramente obter uma amostra representativa. Um branco de método contém todos os componentes exceto o analito, e esse procedimento é realizado em todas as fases do procedimento analítico. Subtraímos a resposta do branco de método da resposta da amostra real antes de calcular a quantidade de analito na amostra. Um branco de campo nos informa se o analito foi inadvertidamente obtido por exposição às condições de campo. A exatidão pode ser certificada pela análise de padrões certificados, por verificações de calibração feitas pelo analista com contaminações intencionais feitas pelo analista e pelo emprego de amostras de controle de qualidade cegas. Os procedimentos-padrão de operação escritos devem ser rigorosamente seguidos a fim de evitar modificações involuntárias no procedimento que poderiam afetar o resultado. Métodos-padrão têm de ser usados para análises certificadas. A avaliação é o processo de (1) coletar dados para mostrar que os procedimentos analíticos estão funcionando dentro de limites especificados e (2) verificar que os resultados finais atendem às metas e são adequados ao propósito. Os gráficos de controle podem ser usados para monitorar a exatidão, a precisão ou o desempenho do instrumento como função do tempo.

A validação do método é o processo que demonstra que um método analítico é aceitável para o fim a que se destina. Na validação de um método, demonstramos normalmente que os requisitos são atingidos para a seletividade, linearidade, exatidão, precisão, faixa, limite de detecção, limite de quantificação e robustez. A seletividade é a capacidade de distinguir o analito de qualquer outro componente da amostra. A linearidade é verificada por inspeção visual dos desvios dos dados com relação à linha reta dos mínimos quadrados ou construindo um gráfico de resíduos. Os tipos de precisão incluem a precisão do instrumento, a precisão intraensaio, a precisão intermediária e, mais geralmente, a precisão interlaboratorial. A "trombeta de Horwitz" é uma relação empírica mostrando que, quanto menor for a concentração de um analito, pior será a precisão (até um limite de concentração inferior no qual a precisão se estabiliza). A faixa é o intervalo de concentração no qual a linearidade, exatidão e precisão são aceitáveis. O limite de detecção é normalmente definido como 3 vezes o desvio-padrão do branco. O limite inferior de quantificação corresponde a 10 vezes o desvio-padrão do branco. O limite de registro é a concentração abaixo da qual as legislações consideram que determinado analito seja relatado como "não detectado", mesmo quando ele é observado. A robustez é a capacidade de um método analítico de não ser afetado por pequenas mudanças nos parâmetros de operação.

Na adição-padrão, adiciona-se uma quantidade conhecida de analito a uma amostra desconhecida para aumentar a concentração do analito. As adições-padrão são especialmente úteis quando os efeitos de matriz são importantes. Um efeito de matriz é a variação no coeficiente angular da curva de calibração causada por qualquer outra coisa na amostra que não seja o analito. Devemos usar a Equação 5.8 para calcular a quantidade de analito em um experimento de adição-padrão. Para adições-padrão múltiplas a uma única solução, usamos a Equação 5.10 para fazer o gráfico da Figura 5.7, na qual a interseção com o eixo x fornece a concentração do analito. Para soluções múltiplas preparadas até o mesmo volume final, emprega-se o gráfico ligeiramente diferente na Figura 5.8. A Equação 5.11 fornece a incerteza na interseção com o eixo x em ambos os gráficos.

Um padrão interno é uma quantidade conhecida de um composto, diferente do analito, que é adicionado à amostra desconhecida. O sinal do analito é comparado com o sinal do padrão interno de modo a determinar-se a quantidade de analito presente. Padrões internos são especialmente úteis quando a quantidade de amostra analisada não é reprodutível, quando a resposta do instrumento varia de análise para análise ou quando perdas de amostra ocorrem durante o seu preparo. Um derivativo isotopicamente substituído do analito, usado como padrão interno, também corrigirá os efeitos de matriz. O fator de resposta é a resposta relativa do detector ao analito e ao padrão. Por razões de exatidão, é melhor preparar uma série de misturas-padrão do analito mais o padrão interno e depois construir um gráfico como o da Figura 5.11. O fator de resposta é o coeficiente angular do gráfico e o coeficiente linear deve situar-se dentro do limite estatístico de zero. O gráfico deve corroborar uma resposta linear ao longo da faixa analítica desejada.

Finalmente, como espero que você tenha adivinhado, o Laboratório Forense de Gothan é fictício. Os laboratórios forenses reais têm procedimentos rigorosos de garantia de qualidade e controle de qualidade para evitar erros de procedimento.[20]

Exercícios

5.A. *Limites de detecção.* Na espectrofotometria, medimos a concentração do analito por meio de sua absorbância da luz. Preparou-se uma amostra com baixa concentração do analito e nove alíquotas da amostra produziram as absorbâncias de 0,004 7, 0,005 4, 0,006 2, 0,006 0, 0,004 6, 0,005 6, 0,005 2, 0,004 4 e 0,005 8. Nove brancos do reagente produziram os resultados 0,000 6, 0,001 2, 0,002 2, 0,000 5, 0,001 6, 0,000 8, 0,001 7, 0,001 0 e 0,001 1.

(**a**) Determine o limite de detecção da absorbância por meio da Equação 5.4.

(**b**) A curva de calibração é um gráfico de absorbância contra concentração. A absorbância é uma grandeza adimensional. O coeficiente angular da curva de calibração é $m = 2{,}24 \times 10^4\ M^{-1}$. Determine o limite de detecção da concentração por meio da Equação 5.6.

(**c**) Determine o limite inferior de quantificação a partir da Equação 5.7.

5.B. *Adição-padrão.* Uma amostra desconhecida de Ni^{2+} forneceu uma corrente de 2,36 μA em uma análise eletroquímica. Quando 0,500 mL de uma solução contendo 0,028 7 mol/L de Ni^{2+} foram adicionados a 25,0 mL da amostra desconhecida, a corrente subiu para 3,79 μA.

(**a**) Definindo a concentração inicial na amostra desconhecida como $[Ni^{2+}]_i$, escreva uma expressão para a concentração final, $[Ni^{2+}]_f$, após a mistura de 25,0 mL da amostra desconhecida com 0,500 mL do padrão. Use o fator de diluição para esse cálculo.

(**b**) De maneira semelhante, escreva a concentração final do padrão de Ni^{2+} adicionado, representada como $[S]_f$.

(**c**) Determine $[Ni^{2+}]_i$ na amostra desconhecida.

5.C. *Linearidade.* Na Figura 5.7, o arsênio é analisado a partir de uma série de adições-padrão a uma única solução. A concentração de As na amostra foi determinada usando apenas adições de 0 a 2 ppb de As para evitar a introdução da curvatura que é evidente em adições mais altas de As.

(**a**) Use o Excel para traçar um gráfico semelhante ao da Figura 5.7 para todos os dados de calibração presentes nas colunas D e E na Figura 5.6.

(**b**) Insira uma linha de tendência linear seguindo as instruções da Seção 4.9. Na janela Opções usada para selecionar a linha de tendência, selecione Exibir Equação e Exibir R-Quadrado. Compare o valor de R^2 com o da Figura 5.7.

(**c**) Inspecione o gráfico em (**b**) quanto à curvatura. Procure um padrão nos resíduos, que são as diferenças verticais entre a reta e os dados. Que observação indica que há curvatura?

(**d**) Faça um gráfico de resíduos como o da Figura 5.2b. Na coluna F da Figura 5.6, calcule os resíduos com a Equação 5.2. Faça a representação gráfica dos resíduos na coluna F contra x na coluna D.

5.D. *Adição-padrão com gráfico de volume constante e linearidade.* Em um experimento para determinar arsênio (um analito popular!) em suco de maçã,[21] estudantes transferiram 2,50 mL de suco em cada um dos cinco balões de 5,0 mL. Os padrões foram adicionados aos balões de modo que o As adicionado fosse 0, 0,50, 1,00, 1,50 e 2,00 μg/L. Os balões foram preenchidos até a marca e misturados. A espectrometria de massa com plasma indutivamente acoplado produziu as seguintes leituras (I_{X+S}): 0,629, 0,978, 1,162, 1,441 e 1,774.

(**a**) Representando a concentração inicial desconhecida como $[As]_i$, escreva uma expressão para a concentração final, $[As]_f$, após cada alíquota de 2,5 mL da amostra desconhecida ser misturada com o padrão e diluída para 5,0 mL.

(**b**) Escreva uma expressão para a concentração final do padrão adicionado $[S]_f$. Que volume de padrão de 200 μg/L foi adicionado a cada um dos cinco balões de 5,0 mL para obter $[S]_f$ = 0, 0,5, 1,0, 1,5 e 2,0 μg de As adicionado/L?

(**c**) Use uma planilha como a da Figura 4.16 para preparar um gráfico como na Figura 5.8 mostrando I_{X+S} em função da concentração final de arsênio adicionado $[S]_f$. Encontre o coeficiente angular e a interseção e suas incertezas-padrão. Inspecione a dispersão dos dados sobre a reta para determinar se a calibração é linear.

(**d**) Usando o coeficiente angular e o coeficiente linear, determine $[As]_f$ na interseção com o eixo x. Encontre a concentração inicial de arsênio no suco de maçã.

(**e**) Determine a incerteza-padrão da interseção com o eixo x (u_x) e da concentração inicial desconhecida de arsênio no suco de maçã.

(**f**) Determine o intervalo de confiança de 95% para a concentração inicial desconhecida de arsênio no suco de maçã.

5.E. *Padrão interno.* Uma solução foi preparada pela mistura de 5,00 mL de uma amostra desconhecida (elemento X) com 2,00 mL de uma solução contendo 4,13 μg de padrão (elemento S) por mililitro e diluída a 10,0 mL. A razão entre os sinais medidos em um experimento de absorção atômica foi (sinal devido a X)/(sinal devido a S) = 0,808. Em um experimento separado, foi determinado que (sinal devido a X)/(sinal devido a S) = 1,31. Admitindo uma resposta linear para X e para S, determine a concentração de X na amostra desconhecida.

5.F. *Gráfico do padrão interno.* Os dados mostrados a seguir se referem à análise cromatográfica de naftaleno ($C_{10}H_8$) usando naftaleno deuterado ($C_{10}D_8$, em que D é o isótopo ^2H) como padrão interno. Os dois compostos saem da coluna em tempos praticamente iguais e são medidos por um espectrômetro de massa.

Amostra	$C_{10}H_8$ (ppm)	$C_{10}D_8$ (ppm)	$C_{10}H_8$ Área do pico	$C_{10}D_8$ Área do pico
1	1,0	10,0	303	2 992
2	5,0	10,0	3 519	6 141
3	10,0	10,0	3 023	2 819

O volume de solução injetada na coluna foi diferente em todos os três experimentos.

(**a**) Usando uma planilha como a da Figura 4.16, construa um gráfico da Equação 5.13 mostrando as razões entre as áreas dos picos ($C_{10}H_8/C_{10}D_8$) contra a razão entre as concentrações ($[C_{10}H_8]/[C_{10}D_8]$). Encontre os coeficientes angular e linear pelo método dos mínimos quadrados e suas incertezas-padrão. Qual é o valor teórico do coeficiente linear? O valor observado desse coeficiente se situa dentro da incerteza experimental do valor teórico?

(**b**) Encontre o quociente $[C_{10}H_8]/[C_{10}D_8]$ para uma amostra desconhecida cuja razão entre as áreas dos picos ($C_{10}H_8/C_{10}D_8$) é 0,652. Encontre a incerteza-padrão, u_x, para a razão entre as áreas dos picos.

(**c**) Eis aqui por que tentamos não utilizar curvas de calibração de três pontos. Para $n = 3$ dados experimentais, existe $n - 2 = 1$ grau de liberdade porque dois graus de liberdade são perdidos ao se calcular os coeficientes angular e linear. Encontre o valor de t de Student para 95% de confiança e um grau de liberdade. A partir da incerteza-padrão em (**b**), calcule o intervalo de confiança de 95% para o quociente $[C_{10}H_8]/[C_{10}D_8]$. Qual é a incerteza relativa percentual no quociente $[C_{10}H_8]/[C_{10}D_8]$? Por que evitamos curvas de calibração com três pontos?

5.G. *Gráfico de controle.* Quando uma arma de fogo é disparada, resíduos de fumaça são depositados nas mãos, braços, peito e rosto da pessoa que dispara a arma. A análise forense tradicional é focada em resíduos inorgânicos de armas de fogo. A espectrometria de mobilidade iônica detecta resíduos orgânicos. Um padrão de controle de qualidade de 5,0 ng de 2,6-di-*t*-butilpiridina depositado em um cotonete (*swab*) e seco foi analisado 18 vezes para estabelecer a média e o desvio-padrão do método. Determine a média e o desvio-padrão para os primeiros 18 padrões de controle de qualidade e prepare um gráfico de controle para as 40 observações completas. Indique se as observações (Obs.) atendem ou não a cada critério de estabilidade em um gráfico de controle.

Dia	Obs. (mV)	Dia	Obs. (ppb)	Dia	Obs. (ppb)	Dia	Obs. (ppb)	Dia	Obs. (ppb)
1	960	9	993	17	1 204	25	1 237	33	943
2	800	10	1 237	18	1 155	26	1 252	34	1 187
3	970	11	1 265	19	1 043	27	1 347	35	1 242
4	1 307	12	1 330	20	812	28	1 110	36	1 166
5	1 325	13	1 336	21	684	29	1 115	37	1 330
6	1 252	14	933	22	501	30	1 336	38	1 176
7	1 230	15	1 185	23	1 127	31	802	39	1 310
8	751	16	1 215	24	1 232	32	915	40	1 280

FONTE: Dados de B. Yeager, K. Bustin, J. Stewart, R. Dross e S. Bell, "Evaluation and Validation of Ion Mobility Spectrometry for Presumptive Testing Targeting the Organic Constituents of Firearms Discharge Residue", Anal. Meth. ***2015****, 7, 9683. Os graduandos K. Bustin, J. Stewart e R. Dross foram no verão alunos de iniciação científica no projeto.*

Problemas

Certificação de Qualidade e Validação de Método

5.1. Explique o significado das expressões apresentadas no início deste capítulo: "Utilize os dados corretos. Obtenha os dados corretos. Conserve os dados corretos".

5.2. Quais são as três etapas da certificação de qualidade? Que questões são respondidas e quais ações são tomadas em cada uma delas?

5.3. Como você pode validar a precisão e a exatidão?

5.4. Faça a distinção entre *dados brutos*, *dados tratados* e *resultados*.

5.5. Indique cinco métodos para determinar se os dados de calibração são lineares ou não lineares. Classifique os métodos de acordo com sua capacidade de determinar se uma calibração linear é adequada para o propósito.

5.6. Qual a diferença entre uma *verificação de calibração* e uma *amostra para teste de desempenho*?

5.7. O que é um *branco* e qual a sua finalidade? Faça a distinção entre *branco de método*, *branco de reagente* e *branco de campo*.

5.8. Faça a distinção entre *faixa linear*, *faixa dinâmica* e *faixa*.

5.9. Qual a diferença entre um *falso-positivo* e um *falso-negativo*?

5.10. Considere uma amostra que contém um analito no limite de detecção definido na Figura 5.3. Explique as seguintes afirmações: existe uma probabilidade em torno de aproximadamente 1% de se concluir erroneamente que uma amostra que não contém analito será considerada como contendo analito acima do limite de detecção. Existe uma probabilidade de 50% de se concluir que uma amostra que efetivamente apresenta analito no limite de detecção será considerada como não contendo analito acima do limite de detecção.

5.11. Como é utilizado um gráfico de controle? Mencione seis indicativos de que um dado processo está fora de controle.

5.12. Eis uma meta para uma análise química a ser realizada em uma unidade de purificação de água potável: "Os dados e resultados coletados a cada 15 dias devem ser usados para determinar se as concentrações de haloacetatos na água tratada estão em conformidade com os níveis preconizados pelo 1º Estágio da Regra de Subprodutos de Desinfecção usando o Método 552.2" (uma especificação que estabelece precisão, exatidão e outros requisitos). Qual das seguintes questões resume melhor o significado desta meta?

(i) As concentrações de haloacetatos são conhecidas dentro da precisão e exatidão especificadas?

(ii) Existem haloacetatos detectáveis na água?

(iii) As concentrações dos haloacetatos superam os limites permitidos pela legislação?

5.13. *Métodos-padrão.* Pesquise na Internet as informações solicitadas sobre os seguintes métodos-padrão.

(a) Que analito e em que matriz o método 200.7 da Agência de Proteção Ambiental dos Estados Unidos (*U.S. Environmental Protection Agency*) foi desenvolvido para analisar?

(b) Que método da ASTM é indicado para análise de agentes de guerra química, como ácido isopropilmetilfosfônico (gás sarin), no solo?

(c) Que método AOAC é usado para determinar a gordura total, saturada e insaturada em alimentos para rótulos nutricionais como o da Figura 5.4?

(d) O método 921 da Farmacopeia dos Estados Unidos (U.S. Pharmacopeia) é para qual analito e para que técnica?

5.14. Qual é a diferença entre o *limite de detecção de um instrumento* e o *limite de detecção de um método*? Qual é a diferença entre *robustez* e *precisão intermediária*?

5.15. Qual é a diferença entre *repetibilidade* e *reprodutibilidade*? Defina os seguintes termos: *precisão do instrumento*, *precisão intraensaio*, *precisão intermediária* e *precisão interlaboratorial*.

5.16. *Gráfico de controle.* Um laboratório de monitoramento de lantânio (La) em minério de urânio mediu amostras de controle de qualidade feitas a partir de um material de referência de U_3O_8.O gráfico no Boxe 5.2 mostra medidas consecutivas das amostras do controle de qualidade. Existe alguma condição de rejeição do Boxe 5.2 observada nesses dados?

5.17. *Linearidade e gráfico em Excel.* Fitoplânctones são organismos fotossintéticos unicelulares vitais para a vida marinha e desempenham um papel importante na regulação do dióxido de carbono na atmosfera. O fitoplâncton pode ser quantificado indiretamente pela medição da fluorescência da clorofila *a* (Chl *a*).

Chl *a* (pg/μL)	Sinal	Chl *a* (pg/μL)	Sinal
4	540	90	11 111
10	1 352	120	14 502
20	2 481	160	18 674
40	5 063	200	22 196
60	7 470	240	26 196

FONTE: Dados de M. Mandalakis, A. Stravinskaitė, A. Lagaria, S. Psarra, and P. Polymenakou, "Analysis of Chlorophyll a *in Marine Phytoplankton Extracts Using a Fluorescence Microplate Reader,"* Anal. Bioanal. Chem. ***2017****, 409, 4539, Supplementary Materials. A. Stravinskaitė era aluno de iniciação científica.*

(a) A concentração (pg/μL) está expressa em partes por milhão, partes por bilhão ou outra coisa?

(b) Use o Excel para traçar um gráfico dos dados e adicionar uma linha de tendência. Qual é a equação da reta? Qual é o valor de R^2?

(c) Inspecione visualmente a dispersão dos dados em torno da reta dos mínimos quadrados. Qual é a magnitude da interseção em y? A reta se ajusta bem aos dados de calibração?

(d) Use a equação linear para estimar a concentração de clorofila *a* que produziria um sinal de 540. Como a concentração prevista se compara com os dados de calibração?

(e) Calcule os resíduos ($y_i - (mx_i + b)$). Trace o gráfico dos resíduos contra a concentração de clorofila *a*. Existe um padrão para os resíduos? A reta dos mínimos quadrados se ajusta bem aos dados de calibração?

(f) Repita **(b)**–**(e)** para os dados de calibração até 60 pg/μL. A reta dos mínimos quadrados se ajusta bem ao menor intervalo de dados de calibração?

(g) *Ajuste não linear.* O ajuste de uma equação quadrática (Apêndice C) aos dados de 4 a 240 pg/μL produz a equação de calibração $y = -0{,}095x^2 + 131{,}5x - 14{,}3$ com $R^2 = 0{,}999\ 8$ e pequenos resíduos aleatórios. Qual é a concentração prevista para um sinal de 540?

5.18. *Coeficiente de correlação e representação gráfica no Excel.* Resultados numéricos são apresentados a seguir para uma curva de calibração onde um ruído gaussiano aleatório com magnitude de 80 foi superposto aos valores de y que seguem a equação $y = 26{,}4x + 1{,}37$. Este exercício mostra que um valor elevado de R^2 não assegura que a qualidade dos dados é excelente.

Concentração (x)	Sinal (y)	Concentração (x)	Sinal (y)
0	14	60	1 573
10	350	70	1 732
20	566	80	2 180
30	957	90	2 330
40	1 067	100	2 508
50	1 354		

(a) Entre com a concentração na coluna A e o sinal na coluna B de uma planilha eletrônica. Prepare um gráfico de dispersão (XY) do sinal contra concentração sem os pontos estarem unidos como descrito na Seção 2.11. Use a função PROJ.LIN (Seção 4.7) para encontrar os parâmetros do método dos mínimos quadrados, incluindo R^2.

(b) Agora insira a linha de tendência seguindo as instruções da Seção 4.9. Na janela usada para selecionar a linha de tendência vá para Opções, selecione Exibir Equação no gráfico e Exibir Valor de R-Quadrado no gráfico. Verifique que a linha de tendência e a função PROJ.LIN dão resultados idênticos.

(c) Adicione barras de erro y no intervalo de confiança de 95% seguindo as instruções ao final da Seção 4.9. O intervalo de confiança de 95% é $\pm ts_y$, em que s_y vem da função PROJ.LIN e o valor t de Student provém da Tabela 4.4 para 95% de confiança e $11 - 2 = 9$ graus de liberdade. Além disso, calcule t com o comando "=INV.T.BC(0,05,9)".

(d) A equação $y = 26{,}4x + 1{,}37$ prevê uma resposta de 529 para um branco ao qual foram adicionadas 20 unidades de x. Use o intervalo de confiança de 95% ($\pm ts_y$) determinado em **(c)** para prever a faixa de recuperação percentual que seria observada ao adicionar a um branco 20 unidades de x. O método seria adequado se a meta fosse uma recuperação de contaminação intencional de 100 ± 10%?

5.19. Em uma tentativa de assassinato, ocorrida nos anos 1990, foram encontrados vestígios de sangue do réu no local do crime. A acusação afirmou que os vestígios encontrados haviam sido deixados pelo réu. A defesa respondeu dizendo que os vestígios de sangue encontrados haviam sido "plantados" pela polícia, a partir de uma amostra de sangue posteriormente coletada do réu. O sangue para análises clínicas é normalmente coletado em um vial contendo EDTA como anticoagulante (composto que se liga ao metal) em uma concentração ~4,5 mM depois que o frasco é preenchido com sangue. Na época em que a tentativa de assassinato ocorreu, os procedimentos para a determinação de EDTA ainda não eram confiáveis. Embora o teor de EDTA, encontrado no sangue proveniente do local do crime, estivesse várias ordens de magnitude abaixo de 4,5 mM, o júri absolveu o réu. Motivado pela sentença, desenvolveu-se um novo método para a determinação de EDTA em amostras de sangue.

(a) *Precisão e exatidão.* Para medir a exatidão e a precisão do método, o sangue foi fortificado com EDTA para níveis conhecidos.

$$\text{Precisão} = 100 \times \frac{\text{desvio-padrão}}{\text{média}} \equiv \textit{desvio-padrão relativo}$$

$$\text{Erro} = 100 \times \frac{\text{valor médio determinado} - \text{valor conhecido}}{\text{valor conhecido}}$$

Para cada um dos três níveis de fortificação vistos na tabela a seguir, determine a precisão e a exatidão das amostras do controle de qualidade.

Determinação de EDTA (ng/mL) em três níveis diferentes de contaminação intencional

Contaminação intencional	22,2 ng/mL	88,2 ng/mL	314 ng/mL
Encontrado	33,3	83,6	322
	19,5	69,0	305
	23,9	83,4	282
	20,8	100,0	329
	20,8	76,4	276

FONTE: *Dados de R. L. Sheppard e J. Henion, "EDTA in Human Plasma e Urine,"* Anal. Chem. ***1997****, 69, 477A e 2901.*

(b) *Limites de detecção e quantificação.* Baixas concentrações de EDTA próximas ao limite de detecção produziram as seguintes medidas adimensionais em um instrumento; 175, 104, 164, 193, 131, 189, 155, 133, 151 e 176. Dez medidas de um branco apresentaram um valor médio de $45_{,0}$. O coeficiente angular da curva de calibração é $1{,}75 \times 10^9\ M^{-1}$. Estime o sinal e os limites de detecção da concentração e o limite inferior de quantificação para o EDTA.

5.20. (a) A partir do Boxe 5.3, estime o valor mínimo esperado do desvio-padrão relativo, DPR(%), para resultados interlaboratoriais quando a concentração de analito é (i) 1% em massa, (ii) 1 parte por milhão, ou (iii) 10 partes por trilhão.

(b) O desvio-padrão relativo, para um único laboratório, tem um valor típico de ~0,5–0,7 do valor interlaboratorial. Se a sua turma analisou uma amostra desconhecida, contendo 10% de NH_3, qual o menor valor esperado para o desvio-padrão relativo para a turma?

5.21. *Recuperação de um contaminante adicionado intencionalmente e limite de detecção.* As espécies de arsênio encontradas na água potável incluem AsO_3^{3-} (arsenito), AsO_4^{3-} (arseniato), $(CH_3)_2AsO_2^-$ (dimetilarsinato) e $(CH_3)AsO_3^{2-}$ (metilarsinato). Água pura isenta de arsênio foi contaminada intencionalmente com 0,40 μg de arseniato por litro. Determinações em sete amostras idênticas deram como resultados 0,39, 0,40, 0,38, 0,41, 0,36, 0,35 e 0,39 μg/L.[22] Determine a média percentual de recuperação do contaminante adicionado intencionalmente e a concentração no limite de detecção (μg/L).

5.22. *Limite de detecção.* Um método cromatográfico sensível foi desenvolvido para determinações de níveis inferiores a partes por bilhão dos subprodutos de desinfecção iodato (IO_3^-), clorito (ClO_2^-) e bromato (BrO_3^-) em água potável. Ao eluirmos esses oxi-halogenetos, eles reagem com Br^- produzindo Br_3^-, que é determinado por sua forte absorção em 267 nm. Por exemplo, cada mol de bromato produz 3 mol de Br_3^- por meio da reação

$$BrO_3^- + 8Br^- + 6H^+ \rightarrow 3Br_3^- + 3H_2O$$

O bromato, próximo ao seu limite de detecção, produziu as alturas de pico cromatográfico e desvios-padrão (s) vistas a seguir. Para cada concentração, determine o limite de detecção. Determine o limite de detecção médio. O branco é igual a 0, porque a altura de um pico cromatográfico é medida a partir da linha-base adjacente ao pico. Como o branco é zero, o desvio-padrão relativo se aplica tanto para a altura de pico como para a concentração, que são proporcionais entre si. O limite de detecção é $3s$ para a altura de pico ou a concentração.

Concentração de bromato (μg/L)	Altura do pico (unidades arbitrárias)	Desvio-padrão relativo (%)	Número de determinações
0,2	17	14,4	8
0,5	31	6,8	7
1,0	56	3,2	7
2,0	111	1,9	7

FONTE: *Dados de H. S. Weinberg and H. Yamada, "Post-Ion-Chromatography Derivatization for the Determination of Oxyhalides at Sub-PPB Levels in Drinking Water,"* Anal. Chem. ***1998****, 70, 1.*

5.23. Atletas olímpicos são submetidos a exames para verificar se eles estão usando ilegalmente medicamentos que melhoram o desempenho. Suponha que as amostras de urina são tomadas e analisadas e a taxa de resultados falso-positivos seja de 1%. Considere também que é demasiadamente dispendioso refinar o método para reduzir a taxa de resultados falso-positivos. Certamente não desejamos acusar pessoas inocentes de estarem usando drogas proibidas. O que pode ser feito para reduzir a taxa de falsas acusações mesmo no caso em que o teste sempre apresenta 1% de falso-positivos?

5.24. *Amostras cegas: interpretação de dados estatísticos.* O Departamento de Agricultura dos Estados Unidos forneceu amostras de um alimento para bebês homogeneizado para três laboratórios para análise.[5] Os resultados desses três laboratórios são concordantes quanto aos teores de proteínas, gorduras, zinco, riboflavina e ácido palmítico. Os resultados para ferro foram discrepantes: Laboratório A: 1,59 ± 0,14 mg/100 g (13); Laboratório B: 1,65 ± 0,56 mg/100 g (8); Laboratório C: 2,68 ± 0,78 mg/100 g (3). A incerteza é o desvio-padrão, e o número de análises em amostras idênticas é mostrado entre parênteses. Use dois testes t separados para comparar os resultados do Laboratório C com os dos Laboratórios A e B no intervalo de confiança de 95%. Comente sobre a sensibilidade dos resultados do teste t. Tire suas próprias conclusões.

Adição-padrão

5.25. Por que é desejável no método da adição-padrão adicionar um pequeno volume de padrão concentrado em vez de um grande volume de padrão diluído?

5.26. Uma amostra desconhecida de Cu^{2+} apresentou uma absorbância de 0,262 em uma análise de absorção atômica. Então, 1,00 mL de uma solução contendo 100,0 ppm (= μg/mL) de Cu^{2+} foi misturada com 95,0 mL da amostra desconhecida, e a mistura foi diluída a 100,0 mL em um balão volumétrico. A absorbância da nova solução foi de 0,500.

(**a**) Representando a concentração inicial de Cu^{2+} na amostra desconhecida como $[Cu^{2+}]_i$, escreva uma expressão para a concentração final, $[Cu^{2+}]_f$, após a diluição. A unidade de concentração é ppm.

(**b**) De maneira semelhante, escreva a concentração final do padrão de Cu^{2+} adicionado, representado como $[S]_f$.

(**c**) Determine $[Cu^{2+}]_i$ na amostra desconhecida.

5.27. *Gráfico de adição-padrão.* O esmalte dos dentes consiste basicamente no mineral hidroxiapatita de cálcio, $Ca_{10}(PO_4)_6(OH)_2$. Os elementos em quantidades-traço em dentes de espécies arqueológicas fornecem aos antropólogos informações sobre a dieta e as doenças de pessoas que viveram no passado. Estudantes da Universidade de Hamline mediram o estrôncio no esmalte de dentes de siso por espectroscopia de absorção atômica. Foram preparadas soluções, como na Figura 5.8, com um volume constante de 10,0 mL contendo 0,750 mg de esmalte de dente dissolvido mais concentrações variáveis de Sr adicionado.

Sr adicionado (ng/L = ppb)	Sinal (unidades arbitrárias)
0	28,0
2,50	34,3
5,00	42,8
7,50	51,5
10,00	58,6

FONTE: *Dados de V. J. Porter, P. M. Sanft, J. C. Dempich, D. D. Dettmer, A. E. Erickson, N. A. Dubauskie, S. T. Myster, E. H. Matts, and E. T. Smith, "Elemental Analysis of Wisdom Teeth by Atomic Spectroscopy Using Standard Addition,"* J. Chem. Ed. ***2002****, 79, 1114. Sete dos autores eram alunos de iniciação científica.*

(**a**) Prepare um gráfico de adição-padrão apropriado para este experimento de adição-padrão. Os dados são lineares?

(**b**) Determine a concentração de Sr e sua incerteza na solução da amostra de 10 mL em partes por bilhão = ng/mL.

(**c**) Determine a concentração de Sr no esmalte do dente em partes por milhão = μg/g.

(**d**) Se a adição-padrão é a maior fonte de incerteza, encontre a incerteza na concentração de Sr no esmalte do dente em partes por milhão.

(**e**) Determine o intervalo de confiança de 95% para o Sr no esmalte do dente.

5.28. O európio é um lantanídeo encontrado em águas naturais em concentrações de partes por bilhão. Ele pode ser determinado a partir da intensidade da luz laranja emitida quando uma solução em que ele está presente é irradiada com radiação ultravioleta. Certos compostos orgânicos que se ligam ao Eu(III) são necessários para reforçar a emissão. A figura vista a seguir mostra experimentos de adição-padrão, onde 10,00 mL de amostra e 20,00 mL contendo um grande excesso de aditivo orgânico foram adicionados a balões volumétricos de 50 mL. Padrões de Eu(III) (0; 5,00; 10,00 e 15,00 mL) foram adicionados e os balões foram completados com água pura até 50 mL. Padrões adicionados à água da torneira continham 0,152 ng/mL (ppb) de Eu(III), mas os que foram adicionados à água proveniente de uma lagoa eram 100 vezes mais concentrados (15,2 ng/mL).

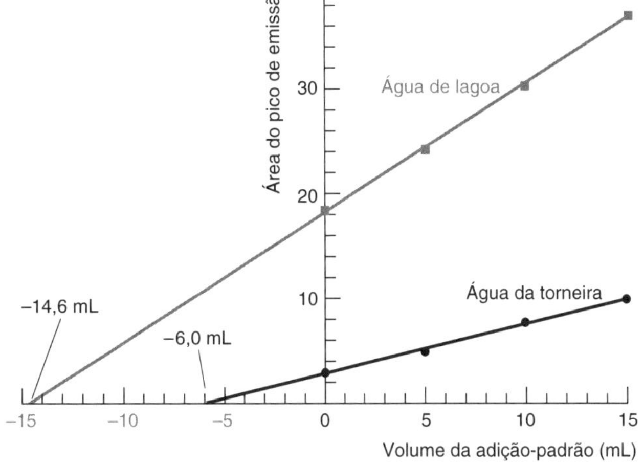

Adição-padrão de Eu(III) à água de uma lagoa e à água de torneira. [Dados de A. L. Jenkins and G. M. Murray, "Enhanced Luminescence of Lanthanides," *J. Chem. Ed.* **1998**, *75*, 227.]

(a) A resposta de adição-padrão é linear para o európio na água do lago e na água da torneira?

(b) Calcule a concentração de Eu(III) (ng/mL) na água da lagoa e na água da torneira.

(c) No caso da água da torneira, a área do pico de emissão aumenta de 4,61 unidades quando 10,00 mL do padrão na concentração de 0,152 ng/mL são adicionados. Esta resposta é de 4,61 unidades/1,52 ng = 3,03 unidades por ng de Eu(III). Para a água da lagoa, a resposta é de 12,5 unidades quando 10,00 mL do padrão, contendo 15,2 ng/mL, são adicionados, ou 0,082 2 unidade por ng de Eu(III). Como você explicaria essas observações? Por que a adição-padrão foi necessária para esta análise?

5.29. *Laboratório Forense de Gothan.* Na abertura deste capítulo, que você deve revisar, a metanfetamina foi quantificada usando cromatografia líquida–espectrometria de massa. A adição-padrão foi usada para corrigir os potenciais efeitos de matriz. Revise as pistas para o caso nas margens das Seções 5.1 e 5.2. A tabela a seguir mostra os dados de Taylor para o saco de provas GCS-47B-PT130106-1. Soluções foram preparadas como na Figura 5.8 com um volume total constante de 100,0 mL, cada uma contendo 1/100 do material no saco de provas mais mg crescente de metanfetamina adicionada. O sinal é a área do pico cromatográfico da metanfetamina.

mg adicionada	Área do pico (y)	mg adicionada	Área do pico (y)
0	138,29	100	425,06
20	203,59	120	467,89
40	264,88	140	510,05
60	320,59	160	539,66
80	373,68		

FONTE: *Dados de S. M. Contakes, "Misconduct at the Lab? A Performance Task Case Study for Teaching Data Analysis and Critical Thinking,"* J. Chem. Ed. ***2016****, 93, 314.*

(a) Construa um gráfico semelhante ao da Figura 5.8 para esses dados.

(b) Use uma planilha de mínimos quadrados como a da Figura 4.16 para encontrar o coeficiente angular, a interseção e as incertezas s_y, u_m e u_b da reta de calibração em (a).

(c) Calcule a massa de metanfetamina no saco de provas e sua incerteza-padrão.

(d) Para o mesmo saco de provas, Blaine usou adições-padrão de 0 a 60 mg de metanfetamina em sua análise. Usando as adições de 0 a 60 mg, determine a massa de metanfetamina no saco de provas e sua incerteza-padrão.

(e) Por que Blaine usou adições-padrão apenas até 60 mg? De quem são os resultados adequados? A análise da outra pessoa foi fraudulenta ou apenas falha?

(f) Que mudanças devem ser feitas no procedimento operacional padrão do Laboratório de Gothan Lab para analisar metanfetamina?

5.30. *Adição-padrão.* O chumbo presente em sedimento seco de um rio foi extraído com HNO_3 (25% em massa) a 35 °C por 1 hora. Então, 1,00 mL do extrato filtrado foi misturado a outros reagentes levando o volume total a V_i = 4,60 mL. O Pb(II) foi medido eletroquimicamente com o auxílio de uma série de adições-padrão de 2,50 ppm de Pb(II).

Pb(II) adicionado (mL)	Sinal (unidades arbitrárias)
0	1,10
0,025	1,66
0,050	2,20
0,075	2,81

FONTE: *Dados de M. J. Goldcamp, M. N. Underwood, J. L. Cloud, S. Harshman, and K. Ashley, "An Environmentally Friendly, Cost-Effective Determination of Lead in Environmental Samples Using Anodic Stripping Voltammetry,"* J. Chem. Ed. ***2008****, 85, 976. N. Underwood, J. L. Cloud e S. Harshman eram alunos de iniciação científica.*

(a) O volume não é constante, portanto, siga o procedimento das Figuras 5.6 e 5.7 para preparar o gráfico de adição-padrão. Os dados de calibração são lineares?

(b) Determine a concentração de Pb(II), em ppm, no extrato de 1,00 mL.

(c) Encontre a incerteza-padrão e o intervalo de confiança a 95% para a interseção com o eixo x do gráfico. Admita que a incerteza no coeficiente linear é maior do que as demais incertezas, estime a incerteza para o Pb(II), em ppm, no extrato de 1,00 mL.

5.31. *Adição-padrão.* A Agência de Proteção Ambiental dos Estados Unidos (*U.S. Environmental Protection Agency*) estabelece diretrizes para o nível de contaminantes na água potável abaixo do qual nenhum efeito adverso à saúde é provável de ocorrer. O limite para o tálio é 0,5 μg/L. O tálio (Tl^+) foi medido usando voltametria de redissolução anódica, um método eletroquímico muito sensível. A corrente corrigida com o branco em −0,68 V é proporcional à concentração de tálio. Adições repetidas de 5,0 μL de um padrão de 100 μg/L de Tl^+ foram feitas a 5,00 mL de uma solução da amostra.

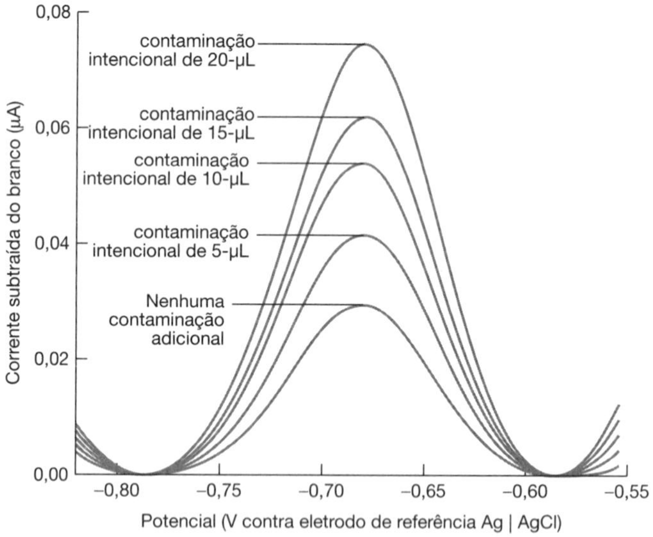

Adições-padrão de Tl^+ a uma solução desconhecida. [Dados de F. Ciepiela and K. Węgiel, "Novel Method for Standard Addition Signal Analysis in Voltammetry," *Analyst* **2017**, *142*, 1729.]

(a) Meça as respostas na figura e prepare um gráfico para descobrir quanto Tl^+ havia na amostra não contaminada. A calibração é linear?

(b) Determine a quantidade de Tl^+ (μg/L) na amostra não contaminada.

(c) Determine o intervalo de confiança de 95% para o Tl^+ na amostra.

Padrões Internos

5.32. Estabeleça quando é desejável adições-padrão ou calibração de padrão interno, em vez de curvas de calibração, e por quê.

5.33. Uma solução contendo X (analito) na concentração de 3,47 mM e S (padrão) na concentração de 1,72 mM apresentou em uma análise cromatográfica picos de área igual a 3 473 e 10 222, respectivamente. Então, 1,00 mL de uma solução de S 8,47 mM foi adicionado a 5,00 mL da amostra desconhecida de X, e a mistura foi diluída a 10,0 mL. Essa solução apresentou picos de área igual a 5 428 e 4 431 para X e S, respectivamente. Todos os sinais estão dentro da faixa linear para X e S com base na calibração anterior.

(a) Calcule o fator de resposta para o analito.

(b) Determine a concentração de S (mM) em 10,0 mL de solução misturada.

(c) Determine a concentração de X (mM) em 10,0 mL de solução misturada.

(d) Determine a concentração de X na amostra original desconhecida.

5.34. O clorofórmio é um padrão interno na determinação do pesticida DDT em uma análise polarográfica na qual cada composto é reduzido na superfície de um eletrodo. Uma mistura contendo clorofórmio 0,500 mM e DDT 0,800 mM forneceu sinais de 15,3 μA para o clorofórmio e 10,1 μA para o DDT. Uma solução desconhecida (10,0 mL) contendo DDT foi colocada em um balão volumétrico de 100 mL e então adicionados 10,2 μL de clorofórmio (MF 119,39, massa específica = 1,484 g/mL). Após diluição com solvente, até a marca de aferição do balão volumétrico, foram observados os sinais polarográficos de 29,4 e 8,7 μA para o clorofórmio e o DDT, respectivamente. Determine a concentração de DDT na amostra desconhecida.

5.35. *Curva de calibração do padrão interno.* A Figura 5.11 é um gráfico de A_X/A_S contra $[X]_f/[S]_f$ = (% molar de acetato de vinila)/(% molar de etileno) = q/p na Reação 5.14.

(**a**) Construa o gráfico na Figura 5.11 a partir dos dados vistos a seguir:

$[X]_f/[S]_f$	A_X/A_S	$[X]_f/[S]_f$	A_X/A_S
0,099	0,291	0,333	1,235
0,163	0,656	0,493	1,808
0,220	0,800	0,667	2,284

(**b**) Use uma planilha de mínimos quadrados como a da Figura 4.15 para encontrar os coeficientes angular e linear e as incertezas s_y, u_m e u_b da reta de calibração em (**a**).

(**c**) Inspecione visualmente a dispersão dos dados em torno da reta dos mínimos quadrados. A calibração é linear?

(**d**) A partir da equação da reta, encontre $[X]_f/[S]_f$ para uma amostra de controle cujo valor medido A_X/A_S = 1,98. Use a Equação 4.27 em sua planilha para encontrar a incerteza-padrão, u_x, no coeficiente $[X]_f/[S]_f$. O gráfico contém seis pontos com quatro graus de liberdade. Determine o intervalo de confiança a 95% (= $\pm tu_x$) para $[X]_f/[S]_f$.

(**e**) A partir da incerteza u_b do coeficiente linear, determine o seu intervalo de confiança a 95% para a interseção. Esse intervalo inclui o valor teórico de zero?

(**f**) O método é adequado ao propósito se o valor verdadeiro para a amostra de controle em (**d**) for 0,582 e as metas exigirem um erro menor que 5% e uma precisão baseada em u_x menor que 6%?

5.36. *Correção do efeito de matriz por meio de um padrão interno.* O surgimento de fármacos em esgoto municipal é um problema crescente que provavelmente levará a efeitos adversos em nosso suprimento de água potável. O esgoto é uma matriz complexa. A droga carbamazepina pode ser medida em baixos níveis no esgoto por cromatografia líquida com detecção por espectrometria de massa. Quando essa droga foi intencionalmente adicionada no esgoto em uma concentração de 5 ppb, a análise cromatográfica forneceu uma recuperação aparente do contaminante intencional de 154%.[23] O deutério (D) é o isótopo de hidrogênio ^{2}H. A carbamazepina deuterada pode ser usada como um padrão interno para a carbamazepina. O composto deuterado tem o mesmo tempo de retenção do material não deuterado na cromatografia, mas pode ser distinguido pela sua maior massa no espectro de massa. Quando a carbamazepina deuterada foi usada como padrão interno para a análise, a recuperação aparente foi de 98%. Explique como o padrão interno é utilizado nessa análise e dê uma razão pela qual ele funciona tão bem para corrigir os efeitos de matriz.

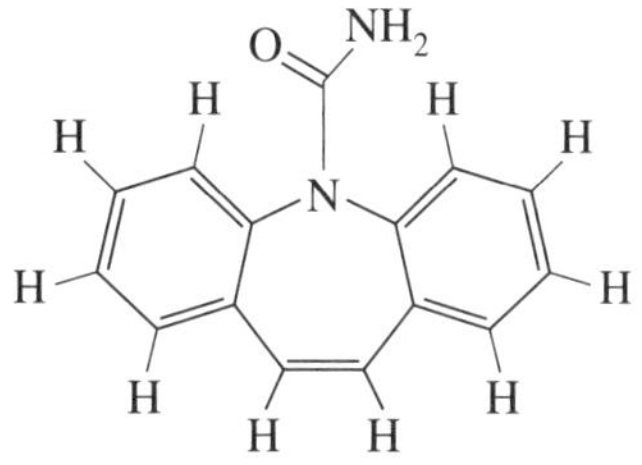
Carbamazepina

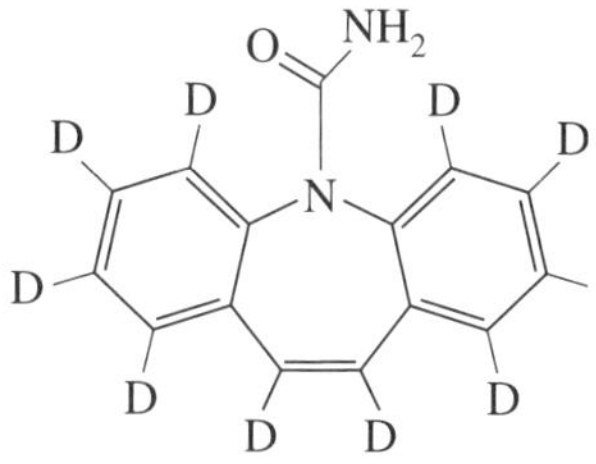
Carbamazepina-d_{10}

6 Equilíbrio Químico

EQUILÍBRIO QUÍMICO NO MEIO AMBIENTE

(*a*) Uma fábrica de papel no rio Potomac, próximo a Luke, Maryland, Estados Unidos, neutraliza a água do rio contaminada por efluentes ácidos de minas. [Jerry Jackson/Baltimore Sun/TNS/Tribune Content Agency LLC/Alamy Live News.]

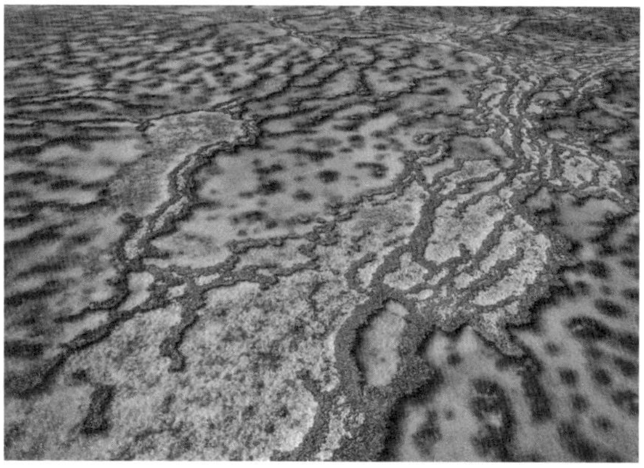

(*b*) A Grande Barreira de Recifes e outros recifes de corais estão ameaçados de extinção pelo aumento da concentração de CO_2 na atmosfera. [wataru aoki | iStockPhoto]

Uma parte do braço norte do rio Potomac corre com águas claras e cristalinas ao longo das pitorescas montanhas na região dos Apalaches. Entretanto, não existe vida nessa água – ela é vítima de despejos ácidos provenientes de minas de carvão abandonadas. Depois que o rio passa por uma fábrica de papel e por uma estação de tratamento de esgoto e despejos industriais, perto de Luke, Maryland, Estados Unidos, o pH da água eleva-se de um valor ácido de 4,5, que é letal para a vida, para um valor neutro de 7,2. Essa neutralização ocorre porque o carbonato de cálcio em suspensão aquosa que sai da fábrica de papel entra em equilíbrio com o dióxido de carbono proveniente da respiração bacteriana na estação de tratamento de esgoto. O bicarbonato solúvel, resultante desse equilíbrio, neutraliza a acidez da água do rio e restaura a vida aquática a jusante da estação de tratamento.[1] Na ausência de CO_2, o $CaCO_3$ sólido seria retido na estação de tratamento e nunca entraria no rio.

$$\underset{\text{Carbonato de cálcio retido na estação de tratamento}}{CaCO_3(s)} + CO_2(aq) + H_2O(l) \rightleftharpoons \underset{\text{Bicarbonato de cálcio dissolvido entra no rio e neutraliza a acidez}}{Ca^{2+}(aq) + 2HCO_3^-(aq)}$$

$$\underset{\text{Bicarbonato}}{HCO_3^-(aq)} + \underset{\text{Ácido presente no rio}}{H^+(aq)} \xrightarrow{\text{Neutralização}} CO_2(g) + H_2O(l)$$

A química que ajuda o rio Potomac ameaça os recifes de corais, essencialmente formados por $CaCO_3$. A queima de combustíveis fósseis aumentou a concentração de CO_2 na atmosfera do valor de 280 ppm, quando o Capitão Cook avistou pela primeira vez a Grande Barreira de Recifes em 1770, para o valor atual de 400 ppm. O aumento de CO_2 na atmosfera causa o aumento da concentração desse gás nos oceanos, o que promove a dissolução de $CaCO_3$ dos corais. Este aumento de concentração do CO_2 e a elevação da temperatura da atmosfera causada pelo efeito estufa ameaçam os corais de extinção.[2] O CO_2 tem diminuído o pH médio dos oceanos do valor de 8,16, no período pré-industrial, para o valor de 8,04 nos dias de hoje.[3] Sem uma mudança nas atividades humanas, o pH pode chegar ao valor de 7,7 até o ano de 2100.

A atividade de produção de papel sofreu mudanças a partir da época do estudo de neutralização ácida do rio Potomac,[1] em 1982. A fábrica mudou de proprietário duas vezes, declarou falência duas vezes e vem provocando despejos significativos de efluentes químicos no rio Potomac.[4]

O equilíbrio químico fornece fundamentos não só para a análise química, mas também para outras áreas, como a bioquímica, a geologia e a oceanografia. Este capítulo introduz os equilíbrios associados à solubilidade de compostos iônicos, à formação de complexos e às reações ácido-base.

6.1 Constante de Equilíbrio

Para a reação

$$aA + bB \rightleftharpoons cC + dD \qquad (6.1)$$

A Equação 6.2, também conhecida como **lei da ação das massas**, foi proposta pelos cientistas noruegueses C. M. Guldenberg e P. Waage em 1864. Esta equação foi deduzida considerando-se que, em uma reação em equilíbrio, as velocidades da reação no sentido direto e no sentido inverso são iguais.[5]

escrevemos a **constante de equilíbrio, *K***, na forma

Constante de equilíbrio:

$$K = \frac{[C]^c[D]^d}{[A]^a[B]^b} \qquad (6.2)$$

na qual as letras minúsculas sobrescritas são os coeficientes estequiométricos e cada letra maiúscula representa uma espécie química. O símbolo [A] representa a concentração da espécie A relativa ao seu estado-padrão (definido adiante). Por definição, *uma reação é favorecida quando $K > 1$.*

A constante de equilíbrio é expressa de maneira mais correta como a razão entre *atividades* e não entre concentrações. O conceito de atividade é apresentado no Capítulo 8.

Na dedução termodinâmica da constante de equilíbrio, cada grandeza na Equação 6.2 é expressa como a *razão* entre a concentração de uma espécie e a sua concentração no **estado-padrão**. Para solutos, o estado-padrão é 1 M. Para gases, o estado-padrão é 1 bar (≡ 10^5 Pa; 1 atm ≡ 1,013 25 bar) e para sólidos e líquidos, os estados-padrão são o sólido ou o líquido puro. Subentende-se que o termo [A] na Equação 6.2 realmente significa [A]/(1 M), se A for um soluto. Se D for um gás, [D] realmente significa (pressão de D em bar)/(1 bar). Para enfatizar que [D] significa a pressão de D, usualmente escrevemos P_D no lugar de [D]. Os termos da Equação 6.2 são razões adimensionais. Portanto, todas as constantes de equilíbrio são adimensionais.

Constantes de equilíbrio são grandezas adimensionais.

Para que as razões [A]/(1 M) e [D]/(1 bar) sejam adimensionais, [A] *tem de* ser expressa em número de mols por litro (M), e [D] *tem de* ser expressa em bar. Se C fosse um líquido ou sólido puro, a razão [C]/(concentração de C no seu estado-padrão) seria igual a unidade (1), pois o estado-padrão é o sólido ou o líquido puro. Se C é um solvente, a concentração é tão próxima à do líquido C puro, que o valor de [C] é essencialmente 1.

Uma lição a ser aprendida é: quando você calcular uma constante de equilíbrio:

1. As concentrações dos solutos devem ser expressas em número de mols por litro.
2. As concentrações dos gases devem ser expressas em bar.
3. As concentrações dos sólidos puros, dos líquidos puros e dos solventes são omitidas porque elas são iguais a um.

As constantes de equilíbrio são adimensionais. Entretanto, quando especificamos concentrações, devemos expressá-las em molaridade (M) para os solutos e em bar para gases.

Essas convenções são arbitrárias, mas devem ser respeitadas caso se usem, em cálculos, valores tabelados de constantes de equilíbrio, potenciais-padrão de redução e energias livres.

Cálculo de Constantes de Equilíbrio

Neste livro, a menos que exista uma especificação contrária, consideramos que todas as espécies presentes em equações químicas estão em solução aquosa.

Considere a reação

$$HA \rightleftharpoons H^+ + A^- \qquad K_1 = \frac{[H^+][A^-]}{[HA]}$$

Se o sentido da reação for invertido, o novo valor de K é simplesmente o inverso do valor original de K.

Constante de equilíbrio para a reação inversa:

$$H^+ + A^- \rightleftharpoons HA \qquad K_1' = \frac{[HA]}{[H^+][A^-]} = 1/K_1$$

Se duas reações são adicionadas, o novo valor de K é igual ao produto dos dois valores individuais:

$$\begin{array}{lcll} HA & \rightleftharpoons & \cancel{H^+} + A^- & K_1 \\ \cancel{H^+} + C & \rightleftharpoons & CH^+ & K_2 \\ \hline HA + C & \rightleftharpoons & A^- + CH^+ & K_3 \end{array}$$

Constante de equilíbrio para a soma de reações:

$$K_3 = K_1K_2 = \frac{\cancel{[H^+]}[A^-]}{[HA]} \cdot \frac{[CH^+]}{\cancel{[H^+]}[C]} = \frac{[A^-][CH^+]}{[HA][C]}$$

Se a reação ocorrer no sentido inverso, $K' = 1/K$.
Se duas reações são adicionadas, então $K_3 = K_1K_2$.

Se *n* reações são adicionadas, a constante de equilíbrio global é o produto das *n* constantes de equilíbrio individuais.

EXEMPLO Combinando Constantes de Equilíbrio

A constante de equilíbrio para a reação $H_2O \rightleftharpoons H^+ + OH^-$ é denominada K_w (= $[H^+][OH^-]$) e possui o valor de $1{,}0 \times 10^{-14}$, a 25 °C. Dado que $K_{NH_3} = 1{,}8 \times 10^{-5}$ para a reação $NH_3(aq) + H_2O \rightleftharpoons NH_4^+ + OH^-$, determine a constante de equilíbrio, K, para a $NH_4^+ NH_3(aq) + H^+$.

Solução A terceira reação pode ser obtida invertendo-se o sentido da segunda reação e adicionando-se esta reação invertida à primeira reação:

$$\begin{array}{rcll} \cancel{H_2O} & \rightleftharpoons & H^+ + \cancel{OH^-} & K = K_w \\ NH_4^+ + \cancel{OH^-} & \rightleftharpoons & NH_3(aq) + \cancel{H_2O} & K = 1/K_{NH_3} \\ \hline NH_4^+ & \rightleftharpoons & H^+ + NH_3(aq) & K = K_w \cdot \dfrac{1}{K_{NH_3}} = 5{,}6 \times 10^{-10} \end{array}$$

TESTE-SE Para a reação $Li^+ + H_2O \rightleftharpoons Li(OH)(aq) + H^+$, $K_{Li} = 2{,}3 \times 10^{-14}$. Combine esta equação com a reação de K_w para determinar a constante de equilíbrio para a reação $Li^+ \rightleftharpoons + OH^- \rightleftharpoons Li(OH)(aq)$. (***Resposta:*** 2,3.)

6.2 Equilíbrio e Termodinâmica

O equilíbrio é controlado pela termodinâmica de uma reação química. O calor absorvido ou desprendido pela reação (*entalpia*) e dispersão de energia dos movimentos moleculares (*entropia*) contribuem independentemente para o grau de favorecimento ou desfavorecimento da reação.

Entalpia

A **variação de entalpia**, ΔH, para uma reação é o calor absorvido ou desprendido quando a reação ocorre a uma pressão constante.[6] A *variação de entalpia-padrão*, $\Delta H°$, refere-se ao calor absorvido ou desprendido quando todos os reagentes e produtos estão em seus estados-padrão:*

$$HCl(g) \rightleftharpoons H^+(aq) + Cl^-(aq) \qquad \Delta H° = -74{,}85 \text{ kJ/mol a } 25\ °C \qquad (6.3)$$

$\Delta H = (+)$
Absorção de calor
Processo endotérmico
$\Delta H = (-)$
Desprendimento de calor
Processo exotérmico

O sinal negativo de $\Delta H°$ indica que calor é desprendido pela Reação 6.3 – a solução torna-se mais quente. Em algumas reações, o valor de ΔH é positivo, indicando que o calor é absorvido pela reação. Consequentemente, a solução se torna mais fria durante a reação. Uma reação em que o valor de ΔH é positivo é denominada **endotérmica**. Quando o valor de ΔH é negativo, a reação é denominada **exotérmica**.

Entropia

Quando uma transformação química ou física ocorre de forma reversível† a uma temperatura constante, a **variação de entropia**, ΔS, é igual ao calor absorvido (q_{rev}) dividido pela temperatura (T):

$$\Delta S = \frac{q_{rev}}{T} \qquad (6.4)$$

Um valor de q positivo indica que calor é absorvido pelo sistema.
Um valor de q negativo indica que calor é removido do sistema.

Considere um recipiente fechado em equilíbrio, contendo água líquida, gelo e vapor d'água a 237,16 K. Se um pouco de calor entra no recipiente a partir do fluido mais quente que circunda o recipiente, um pouco de gelo funde e a temperatura permanece em 273,16 K. O calor absorvido quebra algumas ligações de hidrogênio entre moléculas adjacentes de água no cristal e aumenta a translação, a rotação e a energia cinética vibracional das moléculas que passam de sólido para o líquido. ("Translação" significa o movimento da molécula inteira no espaço.) A variação de entropia dos componentes do recipiente, dada pela Equação 6.4, é igual ao calor absorvido dividido pela temperatura. Se o calor absorvido é 0,10 J, a variação

*A definição precisa de estado-padrão contém detalhes que estão além dos propósitos deste livro. Para a Reação 6.3, o estado-padrão do H^+ ou do Cl^- é um estado hipotético, onde cada íon está presente na concentração 1 M, mas se comporta como se estivesse presente em uma solução infinitamente diluída. Isto é, a concentração-padrão é 1 M, mas o comportamento do estado-padrão é o que seria observado em uma solução muito diluída, onde cada íon não é influenciado pelos íons vizinhos.

†"Reversível" significa que uma pequena transformação física ou química pode ser invertida por uma pequena ação externa. Por exemplo, uma pequena adição de calor provoca a fusão de uma pequena quantidade. Uma remoção igualmente pequena de calor solidifica a mesma pequena quantidade de líquido. Um exemplo de uma transformação irreversível é a explosão, iniciada por uma centelha, de uma mistura de $H_2(g) + O_2(g)$ produzindo $H_2O(l)$ em um vaso fechado. Nenhuma pequena ação externa pode ser feita para dissociar a água de volta para $H_2(g) + O_2(g)$.

de entropia é $\Delta S = q_{rev}/T$ = (0,10 J)/(273,16 K) = 0,000 37 J/K. A variação de entropia é a quantidade de energia, a uma dada temperatura, dispersa nos movimentos das moléculas no sistema.* Para uma transformação irreversível, ΔS pode ser encontrada a partir de um caminho reversível entre os mesmos estados inicial e final. As entropias inicial e final dependem do estado do sistema, e não como ele passa de um estado para o outro.

Em princípio, a *entropia-padrão*, $S°$, de um mol de uma substância pode ser determinada aquecendo-a suavemente a partir do zero absoluto (onde não há entropia). Para cada pequena adição de calor, q_{rev}, à temperatura T, ocorre uma pequena variação de temperatura, ΔT. Para cada pequena etapa no processo, a variação de entropia q_{rev}/T é calculada. A soma dessas pequenas variações de entropia necessárias para aquecer a substância de 0 a 298,15 K a uma pressão de 1 bar é chamada entropia-padrão, $S°$, da substância.

Observe que 298,15 K = 25,00 °C.

Um líquido possui uma entropia maior do que o mesmo material no estado sólido porque é necessário calor para separar as moléculas que são atraídas entre si no sólido e para aumentar a energia cinética de translação, rotação e vibração das moléculas no líquido. Um gás possui uma entropia maior do que um líquido porque é necessário calor para separar as moléculas que são atraídas entre si no líquido e para elevar a energia cinética de translação, rotação e vibração das moléculas no gás.

Os íons em solução aquosa normalmente apresentam uma entropia maior do que no seu sal sólido:

$$KCl(s) \rightleftharpoons K^+(aq) + Cl^-(aq) \qquad \Delta S° = +76{,}4\ \text{J/(K} \cdot \text{mol) a } 25°\text{C} \tag{6.5}$$

$\Delta S°$ é a variação de entropia (entropia dos produtos menos a entropia dos reagentes) quando todas as espécies estão em seus respectivos estados-padrão. O valor positivo de $\Delta S°$ indica que um mol de $K^+(aq)$ mais um mol de $Cl^-(aq)$ tem mais dispersão de energia na translação, rotação e vibração das espécies em solução do que na translação, rotação e vibração dos íons em um cristal de KCl(s). Para a Reação 6.3, $HCl(g) \rightleftharpoons H^+(aq) + Cl^-(aq)$, $\Delta S°$ é *negativo* [−130,4 J/K · mol], a 25 °C. Os íons em solução aquosa têm *menos* dispersão de energia nas translações, rotações e vibrações do que o HCl gasoso.

ΔS = (+)

Os produtos têm maior entropia que os reagentes

ΔS = (−)

Os produtos têm menor entropia que os reagentes

Energia Livre

Sistemas a temperatura e pressão constantes, condições comuns em laboratório, tendem a um estado com menor entalpia e maior entropia. Uma reação química é favorecida no sentido da formação dos produtos por um valor *negativo* de ΔH (desprendimento de calor), ou por um valor *positivo* de ΔS ou por ambos. Quando ΔH é negativa e ΔS é positiva, a reação é claramente favorecida. Quando ΔH é positiva e ΔS é negativa, a reação é claramente desfavorecida.

Quando ΔH e ΔS são ambas positivas, ou ambas negativas, o que decide se a reação será favorecida? A variação de **energia livre de Gibbs**, ΔG, é o árbitro entre as tendências opostas de ΔH e ΔS. A uma temperatura constante, T,

Energia livre:

$$\Delta G = \Delta H - T\Delta S \tag{6.6}$$

Uma reação é favorecida se ΔG é negativa.

Para a dissolução do HCl(g) e a dissociação em seus íons (Reação 6.3), quando todas as espécies estão em seus estados-padrão, $\Delta H°$ favorece a reação e $\Delta S°$ a desfavorece. Para determinarmos o resultado efetivo, temos de calcular o valor de $\Delta G°$:

$$\begin{aligned}\Delta G° &= \Delta H° - T\Delta S° \\ &= (-74{,}85 \times 10^3\ \text{J/mol}) - (298{,}15\ \text{K})(-130{,}4\ \text{J/K} \cdot \text{mol}) \\ &= -35{,}97\ \text{kJ/mol}\end{aligned}$$

O valor de $\Delta G°$ é negativo, de modo que a reação é favorecida quando todas as espécies estão em seus respectivos estados-padrão. Nesse caso, a influência favorável de $\Delta H°$ é maior do que a influência desfavorável de $\Delta S°$. Para atingir o equilíbrio, a reação começa se movendo a partir de sua condição inicial na direção de ΔG negativo até que ela atinge a energia livre mínima do sistema, quando então a posição de equilíbrio foi alcançada.[7]

*Outra definição de variação de entropia, que é equivalente à Equação 6.4 (porém, não tão óbvia), é a variação da quantidade de informação necessária para especificar a distribuição das posições, velocidades, rotações e vibrações de um conjunto de moléculas sob condições especificadas. Quanto maior a quantidade de informação necessária, maior a entropia. Vários livros de fácil e agradável leitura explicam a relação entre informação e entropia: A. Ben-Naim, *Entropy and the Second Law: Interpretation and Misss-Interpretationsss* (Singapura: World Scientific, 2010), A. Ben-Naim, *Discover Entropy and the Second Law of Thermodynamics* (Singapura: World Scientific, 2010); A. Ben-Naim, *Entropy Desmistified: The Second Law Reduced to Plain Common Sense* (Singapura: World Scientific, 2008).

O conceito de energia livre permite relacionar a constante de equilíbrio com o balanço energético ($\Delta H°$ e $\Delta S°$) de uma reação:

Energia livre e equilíbrio:

$$K = e^{-\Delta G°/RT} \tag{6.7}$$

Desafio: procure se convencer que $K > 1$ se $\Delta G°$ é negativa.

em que R é a constante dos gases [= 8,314 5 J/(K · mol)] e T é a temperatura (em kelvin). Quanto mais negativo for o valor de $\Delta G°$, maior será o valor da constante de equilíbrio. Para a Reação 6.3,

$$K = e^{-(-35{,}97\times 10^3\ \mathrm{J/mol})/[8{,}3145\ \mathrm{J/(K\cdot mol)}](298{,}15\ \mathrm{K})} = 2{,}00\times 10^6$$

Como a constante de equilíbrio é grande, o HCl(g) é muito solúvel em água e se ioniza quase que completamente em H^+ e Cl^- quando se dissolve.

Resumindo, uma reação química é favorecida pelo desprendimento de calor (ΔH negativa) e pelo aumento da entropia (ΔS positiva). O valor de ΔG leva em conta esses dois efeitos para determinar se uma reação é ou não favorecida. Dizemos que uma reação é *espontânea*, em condições-padrão, se $\Delta G°$ é negativa, ou, de forma equivalente, se $K > 1$. A reação não é espontânea se $\Delta G°$ é positiva ($K < 1$). Devemos ser capazes de calcular K a partir de $\Delta G°$ e vice-versa.

$\Delta\mathbf{G} = (+)\ K < 1$

A reação é desfavorecida

$\Delta\mathbf{G} = (-)\ K > 1$

A reação é favorecida

Princípio de Le Châtelier

Suponha que um sistema em equilíbrio seja submetido a um processo que o perturba. O **princípio de Le Châtelier** estabelece que o sentido que o sistema avança de volta para o equilíbrio é aquele que permite que a perturbação seja parcialmente compensada.

Para compreendermos melhor o significado desta afirmação, vejamos o que acontece quando variamos a concentração de uma das espécies presentes na seguinte reação:

$$\underset{\text{Bromato}}{BrO_3^-} + \underset{\text{Cromo(III)}}{2Cr^{3+}} + 4H_2O \rightleftharpoons Br^- + \underset{\text{Dicromato}}{Cr_2O_7^{2-}} + 8H^+ \tag{6.8}$$

$$K = \frac{[Br^-][Cr_2O_7^{2-}][H^+]^8}{[BrO_3^-][Cr^{3+}]^2} = 1\times 10^{11} \text{ a } 25\ °C$$

Observe que a presença de H_2O foi omitida nas expressões de K, pois ela é o solvente.

Em um estado particular de equilíbrio desse sistema, os constituintes estão presentes nas seguintes concentrações: $[H^+] = 5{,}0$ M, $[Cr_2O_7^{2-}] = 0{,}10$ M, $[Cr^{3+}] = 0{,}003\ 0$ M, $[Br^-] = 1{,}0$ M e $[BrO_3^-] = 0{,}043$ M. Suponha que o equilíbrio seja perturbado pela adição de dicromato à solução para aumentar $[Cr_2O_7^{2-}]$ de 0,10 para 0,20 M. Em que sentido a reação avançará para restabelecer o equilíbrio?

De acordo com o princípio de Le Châtelier, a reação deverá se deslocar para a esquerda a fim de compensar o aumento da concentração de dicromato, que aparece no lado direito da Reação 6.8. Podemos verificar esse comportamento algebricamente estabelecendo o **quociente de reação**, Q, que tem a mesma forma da constante de equilíbrio. A única diferença é que Q é calculado para qualquer concentração presente, mesmo que a solução não esteja em equilíbrio. Quando o sistema atingir o equilíbrio, $Q = K$. Para a Reação 6.8, podemos escrever:

O quociente de reação é expresso da mesma maneira que a constante de equilíbrio, mas as concentrações presentes não são normalmente iguais às concentrações de equilíbrio.

$$Q = \frac{(1{,}0)(0{,}20)(5{,}0)^8}{(0{,}043)(0{,}003\ 0)^2} = 2\times 10^{11} > K$$

Como $Q > K$, a reação deve se deslocar para a esquerda, para diminuir o numerador e aumentar o denominador, até que $Q = K$.

Se $Q < K$, a reação se desloca para a direita para atingir o equilíbrio. Se $Q > K$, a reação se desloca para a esquerda para atingir o equilíbrio.

1. Se a reação está em equilíbrio e são adicionados produtos (ou removidos reagentes), a reação se desloca para a esquerda.
2. Se a reação está em equilíbrio e são adicionados reagentes (ou removidos produtos) a reação se desloca para a direita.

Quando se varia a temperatura de um sistema, muda também o valor da constante de equilíbrio. As Equações 6.6 e 6.7 podem ser combinadas de modo a prever o efeito da temperatura em K:

$$K = e^{-\Delta G°/RT} = e^{-(\Delta H° - T\Delta S°)/RT} = e^{(-\Delta H°/RT + \Delta S°/R)}$$
$$= e^{-\Delta H°/RT}\cdot e^{\Delta S°/R} \tag{6.9}$$

$e^{(a+b)} = e^a \cdot e^b$

O termo $e^{\Delta S°/R}$ é independente de T (pelo menos no intervalo limitado de temperatura no qual $\Delta S°$ é constante). O termo $e^{-\Delta H°/RT}$ aumenta com o aumento da temperatura se $\Delta H°$ for positiva e diminui se $\Delta H°$ for negativa. Portanto,

1. A constante de equilíbrio de uma reação endotérmica ($\Delta H^\circ = +$) aumenta se a temperatura se eleva.
2. A constante de equilíbrio de uma reação exotérmica ($\Delta H^\circ = -$) diminui se a temperatura se eleva.

Essas afirmações podem ser compreendidas em termos do princípio de Le Châtelier, conforme vemos a seguir. Consideremos a seguinte reação endotérmica:

Em uma reação endotérmica, o calor pode ser tratado como um reagente e no caso de uma reação exotérmica, como um produto.

$$\text{Calor} + \text{reagentes} \rightleftharpoons \text{produtos}$$

Se a temperatura é aumentada, significa que calor está sendo adicionado ao sistema. Consequentemente, a reação se desloca para a direita de modo a compensar parcialmente a variação de temperatura.[8]

Ao considerarmos problemas de equilíbrio, estamos fazendo previsões *termodinâmicas* e não *cinéticas*. Ou seja, calculamos o que tem que acontecer para um sistema alcançar o equilíbrio, mas não quanto tempo ele levará para isso. Algumas reações podem ser consideradas instantâneas, enquanto outras não atingem o equilíbrio em milhões de anos. Por exemplo, a dinamite permanece inalterada indefinidamente até que uma faísca desencadeie a sua decomposição, espontânea e explosiva. O valor de uma constante de equilíbrio nada diz a respeito da velocidade (da cinética) da reação. Uma constante de equilíbrio grande não significa que a reação correspondente seja rápida.

6.3 Produto de Solubilidade

Na análise química, a questão da solubilidade é encontrada em titulações por precipitação, células eletroquímicas de referência e análise gravimétrica. O efeito de ácidos na solubilidade de minerais e o efeito do CO_2 atmosférico na solubilidade (e morte) de recifes de corais e no plâncton são importantes para as ciências ambientais.

O **produto de solubilidade** é a constante de equilíbrio para a reação na qual um sal sólido se dissolve, liberando os seus íons constituintes em solução. Nesta constante de equilíbrio, a concentração do sólido é omitida, pois este está em seu estado-padrão. O Apêndice F deste livro apresenta o valor de alguns produtos de solubilidade.

Como exemplo, consideremos a dissolução do cloreto de mercúrio(I) (Hg_2Cl_2, também chamado cloreto mercuroso) em água. A reação é:

O *íon mercuroso*, Hg_2^{2+}, é um *dímero*, o que significa que ele é formado por duas unidades idênticas ligadas entre si:

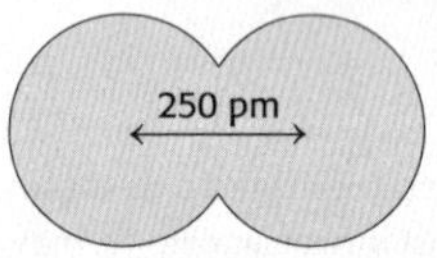

$[Hg{-}Hg]^{2+}$

+1, número de oxidação do mercúrio

Ânions como OH^-, S^{2-} e CN^- estabilizam o íon Hg(II), convertendo o Hg(I) em Hg(0) e Hg(II):

$$\underset{\text{Hg(I)}}{Hg_2^{2+}} + 2CN^- \rightarrow \underset{\text{Hg(II)}}{Hg(CN)_2(aq)} + \underset{\text{Hg(0)}}{Hg(l)}$$

Desproporcionamento é o processo em que um elemento em um número de oxidação intermediário dá origem a produtos que têm um número de oxidação maior e um número de oxidação menor.

$$Hg_2Cl_2(s) \rightleftharpoons Hg_2^{2+} + 2Cl^- \qquad \textbf{(6.10)}$$

para qual o produto de solubilidade, K_{ps}, é

$$K_{ps} = [Hg_2^{2+}][Cl^-]^2 = 1{,}2 \times 10^{-18} \qquad \textbf{(6.11)}$$

Quando uma solução contém um excesso de sólido não dissolvido, dizemos que esta solução está **saturada** por esse sólido. A solução contém todo o sólido que consegue se dissolver nas condições presentes.

O significado físico do produto de solubilidade é o seguinte: se uma solução aquosa é deixada em contato com um excesso de Hg_2Cl_2 sólido, o sólido irá se dissolver até que a condição $[Hg_2^{2+}][Cl^-]^2 = K_{ps}$ seja satisfeita. A partir desse momento, a quantidade de sólido não dissolvido permanece constante. A menos que excesso de sólido permaneça em contato com a solução, não há nenhuma garantia que $[Hg_2^{2+}][Cl^-]^2 = K_{ps}$. Se Hg_2^{2+} e Cl^- são misturados (com contraíons apropriados), de modo que o produto $[Hg_2^{2+}][Cl^-]^2$ exceda o valor de K_{ps}, teremos então a precipitação de Hg_2Cl_2.

Normalmente, usamos o produto de solubilidade para determinar a concentração de um íon quando a concentração do outro é conhecida ou fixada de alguma maneira. Por exemplo, qual é a concentração de Hg_2^{2+} em equilíbrio com Cl^- 0,10 M em uma solução de KCl contendo excesso de $Hg_2Cl_2(s)$ não dissolvido? Para responder a esta questão, rearranjamos a Equação 6.11 para encontrar:

$$[Hg_2^{2+}] = \frac{K_{ps}}{[Cl^-]^2} = \frac{1{,}2 \times 10^{-18}}{0{,}10^2} = 1{,}2 \times 10^{-16}\ \text{M}$$

Como o Hg_2Cl_2 é muito pouco solúvel, a quantidade adicional de Cl^- obtida do Hg_2Cl_2 é desprezível comparada com a concentração de 0,10 M de Cl^-.

O Boxe 6.1 adverte que o produto de solubilidade não nos dá informações completas sobre a solubilidade dos sais. Por exemplo, sais cujos íons têm carga (em módulo) maior que 1 formam *pares iônicos* solúveis em quantidades consideráveis. Ou seja, o sal $MX(s)$, pode produzir $M^+(aq)$, $X^-(aq)$ e $MX(aq)$, em que M é um cátion e X é um ânion. Em uma solução

Um **sal** é qualquer sólido iônico, como o Hg_2Cl_2 ou o $CaSO_4$.

BOXE 6.1 A Solubilidade Não Depende Só do Produto de Solubilidade

Se queremos saber quanto Hg_2^{2+} é dissolvido em uma solução saturada de Hg_2Cl_2, somos levados a olhar a Reação 6.10 e observar que dois íons Cl^- são produzidos para cada íon Hg_2^{2+}. Se a concentração de Hg_2^{2+} dissolvido for x, a concentração de Cl^- dissolvido deverá ser $2x$. Substituindo esses valores na expressão do produto de solubilidade, Equação 6.11, poderíamos escrever $K_{ps} = [Hg_2^{2+}][Cl^-]^2 = (x)(2x)^2$ e encontraríamos $[Hg_2^{2+}] = x = 6{,}7 \times 10^{-7}$ M.

Entretanto, esta resposta é incorreta porque não consideramos outras reações relevantes, como

Hidrólise: $Hg_2^{2+} + H_2O \rightleftharpoons Hg_2OH^+ + H^+ \qquad K = 10^{-5,3}$

Desproporcionamento: $Hg_2^{2+} \rightleftharpoons Hg^{2+} + Hg(l) \qquad K = 10^{-2,1}$

Emparelhamento de íons: $Hg^{2+} + Cl^- \rightleftharpoons HgCl^+ \qquad K = 10^{7,3}$

Emparelhamento de íons: $Hg^{2+} + 2Cl^- \rightleftharpoons HgCl_2(aq) \qquad K = 10^{14,00}$

Essas reações levam à dissolução de mais Hg_2Cl_2 do que o previsto apenas com base no K_{ps}. Necessitamos, portanto, conhecer todas as reações químicas relevantes para calcular a solubilidade de um composto químico.

saturada de $CaSO_4$, por exemplo, dois terços do cálcio dissolvido são formados por Ca^{2+} e um terço é $CaSO_4(aq)$.[9] O **par iônico** $CaSO_4(aq)$ é um par de íons com associação considerável, que se comporta como uma espécie única em solução. O Apêndice J e o Boxe 8.1 apresentam informações sobre os pares iônicos.[10]

Efeito do Íon Comum

Para a reação de solubilização iônica:

$$CaSO_4(s) \rightleftharpoons Ca^{2+} + SO_4^{2-} \qquad K_{ps} = 2{,}4 \times 10^{-5}$$

o produto $[Ca^{2+}][SO_4^{2-}]$ é constante no equilíbrio na presença de excesso de $CaSO_4$ sólido. Se a concentração de Ca^{2+} for aumentada pela adição de outra fonte de Ca^{2+}, como $CaCl_2$, a concentração de SO_4^{2-} tem que diminuir para que o produto $[Ca^{2+}][SO_4^{2-}]$ permaneça constante. Em outras palavras, uma quantidade menor de $CaSO_4(s)$ se dissolverá, caso Ca^{2+} ou SO_4^{2-} já estejam presentes na solução, oriundos de alguma outra fonte. A Figura 6.1 mostra como a solubilidade de $CaSO_4$ diminui na presença de $CaCl_2$ dissolvido.

Essa aplicação do princípio de Le Châtelier é conhecida como **efeito do íon comum**. *A solubilidade de um sal diminui se um de seus íons constituintes já estiver presente na solução.*

Efeito do íon comum: um sal se torna menos solúvel em um meio se um dos íons provenientes de sua dissociação já estiver presente em solução. A Demonstração 6.1 ilustra o efeito de íon comum.

Separação por Precipitação

Algumas vezes podemos separar determinado íon de outros a partir de reações de precipitação.[11] Por exemplo, considere uma solução contendo íons chumbo(II) (Pb^{2+}) e íons mercúrio(I) (Hg_2^{2+}), cada um deles na concentração de 0,010 M. Esses íons formam iodetos insolúveis (Figura 6.2), mas o iodeto de mercúrio(I) é consideravelmente menos solúvel, como é indicado pelo seu menor valor de K_{ps}:

DEMONSTRAÇÃO 6.1 Efeito do Íon Comum[12,13]

Inicialmente, enchemos dois tubos de ensaio grandes, até um terço de sua capacidade, com uma solução saturada de KCl, tendo o cuidado de que não exista sólido em excesso presente dentro dos tubos. A solubilidade do KCl, à temperatura ambiente, é de aproximadamente 3,7 M. Portanto, o produto de solubilidade (ignorando-se os efeitos da atividade, que serão apresentados mais tarde) é

$$K_{ps} \approx [K^+][Cl^-] = (3{,}7)(3{,}7) = 13{,}7$$

A seguir, adicionamos um terço de um tubo de ensaio de HCl 6 M a um dos tubos e o mesmo volume de HCl 12 M ao outro. Embora o mesmo íon comum, Cl^-, tenha sido adicionado em ambos os casos, o KCl precipitará em apenas um dos tubos.

Para compreender essa observação, calcule as concentrações de K^+ e Cl^- em cada tubo, após a adição de HCl. A seguir, determine o quociente de reação, $Q = [K^+][Cl^-]$, para cada tubo. Explique suas observações.

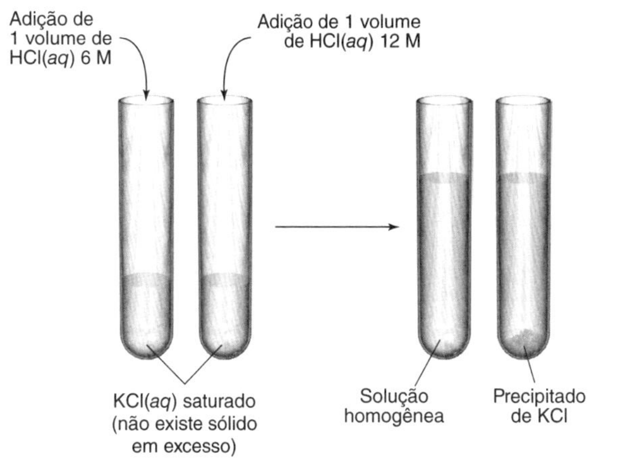

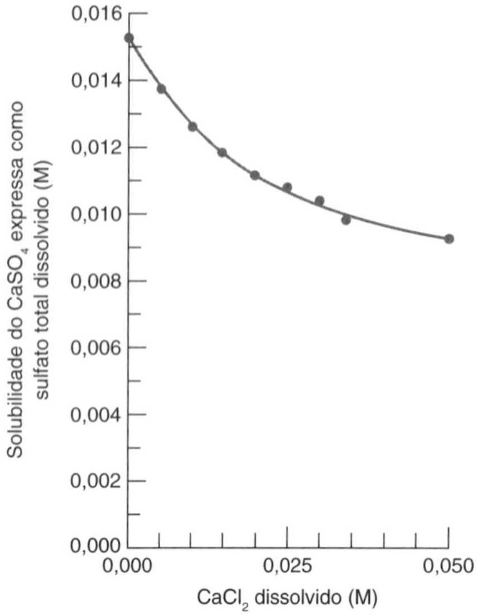

FIGURA 6.1 Solubilidade do $CaSO_4$ em soluções contendo $CaCl_2$ dissolvido. A solubilidade é expressa como sulfato total dissolvido, o que significa os íons SO_4^{2-} livres e o par iônico $CaSO_4(aq)$. [Dados obtidos de W. B. Guenther, *Unified Equilibrium Calculations* (New York: Wiley, 1991).]

FIGURA 6.2 O sólido amarelo, iodeto de chumbo(II) (PbI_2), precipita quando uma solução incolor de nitrato de chumbo ($Pb(NO_3)_2$) é adicionada a uma solução incolor de iodeto de potássio (KI). [PRHaney. https://commons.wikimedia.org/wiki/File:Lead_(II)_iodide_precipitating_out_of_solution.JPG]

O menor valor de K_{ps} implica uma menor solubilidade do Hg_2I_2 porque as estequiometrias das duas reações são as mesmas. Se as estequiometrias fossem diferentes, não poderíamos dizer que um K_{ps} menor implicaria uma solubilidade menor.

$$PbI_2(s) \rightleftharpoons Pb^{2+} + 2I^- \qquad K_{ps} = \times\, 7{,}9 \times 10^{-9}$$
$$Hg_2I_2(s) \rightleftharpoons Hg_2^{2+} + 2I^- \qquad K_{ps} = \times\, 4{,}6 \times 10^{-29}$$

É possível diminuir a concentração de Hg_2^{2+} de 99,990% por precipitação seletiva com I^-, sem precipitar Pb^{2+}?

Estamos perguntando se é possível diminuir a concentração do Hg_2^{2+} para 0,010% de 0,010 M = $1{,}0 \times 10^{-6}$ M sem precipitar Pb^{2+}. Fazemos o seguinte experimento: adicionamos I^- em quantidade suficiente para precipitar 99,990% do Hg_2^{2+}. A mistura resultante contém $Hg_2I_2(s)$, $1{,}0 \times 10^{-6}$ M de Hg_2^{2+}, e algum I^- que permanece em solução. A seguir, calculamos se o I^- aquoso precipitaria o Pb^{2+} 0,010 M.

$$Hg_2I_2(s) \xrightleftharpoons{K_{ps}} Hg_2^{2+} + 2I^-$$
$$[Hg_2^{2+}][I^-]^2 = K_{ps}$$
$$(1{,}0\times10^{-6})[I^-]^2 = 4{,}6\times10^{-29}$$
$$[I^-] = \sqrt{\frac{4{,}6\times10^{-29}}{1{,}0\times10^{-6}}} = 6{,}8\times10^{-12}\text{ M}$$

$6{,}8 \times 10^{-12}$ M de I^- provocará a precipitação do Pb^{2+} 0,010 M? Isto é, o produto de solubilidade do PbI_2 é excedido?

$$Q = [Pb^{2+}][I^-]^2 = (0{,}010)(6{,}8\times10^{-12})^2$$
$$= 4{,}6\times10^{-25} < K_{ps} \text{ para } PbI_2$$

O quociente de reação, $Q = 4{,}6 \times 10^{-25}$ é menor do que o K_{ps} para o $PbI_2 = 7{,}9 \times 10^{-9}$. Portanto, o Pb^{2+} não precipitará e a separação entre o Pb^{2+} e o Hg_2^{2+}é factível. Dessa forma, é previsto que a adição de I^- à solução de Pb^{2+} e Hg_2^{2+} irá precipitar praticamente todo o Hg_2^{2+} antes que algum Pb^{2+} precipite.

Infelizmente, nem tudo é tão simples assim! Fizemos apenas uma previsão de natureza termodinâmica. Se o sistema atinge o equilíbrio, podemos conseguir a separação desejada. Entretanto, ocasionalmente, pode ocorrer a *coprecipitação* de uma substância com a outra. Na **coprecipitação**, uma substância cuja solubilidade ainda não ultrapassou a sua solubilidade precipita conjuntamente com outra, que, por sua vez, ultrapassou a sua solubilidade. Por exemplo, algum Pb^{2+} poderá adsorver-se na superfície do cristal de Hg_2I_2, ou poderá ocupar espaços dentro do cristal. Nosso cálculo diz que vale a pena tentarmos a separação. Entretanto, *somente um experimento pode mostrar se a separação irá realmente ocorrer*.

Izaak M. Kolthoff (1894-1993) foi um proeminente químico analítico, professor e autor, que ajudou a converter a química analítica de uma prática empírica a uma disciplina de base científica. Ele popularizou uma frase de seu orientador de doutorado, N. Schoorl:

"A teoria orienta, o experimento decide."

[Cortesia da University of Minnesota Archives, University of Minnesota - Twin Cities.]

6.4 Formação de Complexos

Se o ânion X^- precipita o metal M^+, observa-se muitas vezes que altas concentrações de X^- fazem com que o sólido MX volte a se dissolver. O aumento da solubilidade advém da formação de **íons complexos**, como MX_2^-, que consiste na ligação de dois ou mais íons simples entre si.

Ácidos e Bases de Lewis

Em íons complexos, como PbI^+, PbI_3^- e PbI_4^{2-}, o íon iodeto, I^-, é denominado um *ligante* do íon Pb^{2+}. Um **ligante** é um átomo, ou um grupo de átomos, ligado à espécie de interesse. Dizemos que o Pb^{2+} age como um *ácido de Lewis* e o I^- age como uma *base de Lewis* nesses complexos. Um **ácido de Lewis** aceita um par de elétrons proveniente de uma **base de Lewis**, quando os dois formam uma ligação:

$$^{++}Pb\ \square + \cdot\cdot\ddot{I}\!:^- \rightarrow [Pb-\ddot{I}\!:]^+$$

Lugar que pode aceitar elétrons   Par de elétrons a ser doado

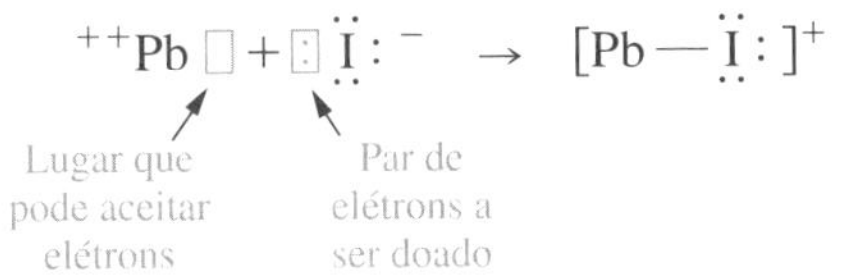

Ácido de Lewis + **Base de Lewis** ⇌ **Aduto**
Receptor de par de elétrons   Doador de par de elétrons

O produto da reação entre um ácido de Lewis e uma base de Lewis chama-se um *aduto*. A ligação formada entre um ácido de Lewis e uma base de Lewis é uma ligação *dativa* ou uma ligação *covalente coordenada*.

Efeito da Formação de Íons Complexos na Solubilidade[14]

Se os íons Pb^{2+} e I^- somente reagissem entre si apenas para formar PbI_2 sólido, então a solubilidade do Pb^{2+} seria sempre muito baixa na presença de excesso de I^-:

$$PbI_2(s) \xrightleftharpoons{K_{ps}} Pb^{2+} + 2I^- \qquad K_{ps} = [Pb^{2+}][I^-]^2 = 7{,}9 \times 10^{-9} \qquad (6.12)$$

No entanto, observa-se que altas concentrações de I^- causam a dissolução do PbI_2 sólido. Podemos explicar este fato pela formação de uma série de íons complexos:

$$Pb^{2+} + I^- \xrightleftharpoons{K_1} PbI^+ \qquad K_1 = [PbI^+]/[Pb^{2+}][I^-] = 1{,}0 \times 10^2 \qquad (6.13)$$

$$Pb^{2+} + 2I^- \xrightleftharpoons{\beta_2} PbI_2(aq) \qquad \beta_2 = [PbI_2(aq)]/[Pb^{2+}][I^-]^2 = 1{,}4 \times 10^3 \qquad (6.14)$$

$$Pb^{2+} + 3I^- \xrightleftharpoons{\beta_3} PbI_3^- \qquad \beta_3 = [PbI_3^-]/[Pb^{2+}][I^-]^3 = 8{,}3 \times 10^3 \qquad (6.15)$$

$$Pb^{2+} + 4I^- \xrightleftharpoons{\beta_4} PbI_4^{2-} \qquad \beta_4 = [PbI_4^{2-}]/[Pb^{2+}][I^-]^4 = 3{,}0 \times 10^4 \qquad (6.16)$$

A espécie $PbI_2(aq)$ na Reação 6.14 é o PbI_2 *dissolvido*, com dois átomos de iodo ligados a um átomo de chumbo. A Reação 6.14 *não* é o inverso da Reação 6.12, que se refere ao $PbI_2(s)$ sólido.

Em baixas concentrações de I^-, a solubilidade do chumbo é governada pela precipitação do $PbI_2(s)$. No entanto, em altas concentrações de I^-, as Reações 6.13 a 6.16 se deslocam para a direita (princípio de Le Châtelier), e a concentração total do chumbo dissolvido é consideravelmente maior do que a concentração de Pb^{2+} livre (Figura 6.3).

> A notação para estas constantes de equilíbrio é discutida no Boxe 6.2.

BOXE 6.2 Notação para Constantes de Formação

Constantes de formação são constantes de equilíbrio para a formação de íons complexos. As **constantes de formação das etapas**, representadas por K_i, são definidas como se segue:

$$M + X \xrightleftharpoons{K_1} MX \qquad K_1 = [MX]/[M][X]$$

$$MX + X \xrightleftharpoons{K_2} MX_2 \qquad K_2 = [MX_2]/[MX][X]$$

$$MX_{n-1} + X \xrightleftharpoons{K_n} MX_n \qquad K_n = [MX_n]/[MX_{n-1}][X]$$

As **constantes de formação** globais, ou **cumulativas** são representadas por β_i:

$$M + 2X \xrightleftharpoons{\beta_2} MX_2 \qquad \beta_2 = [MX_2]/[M][X]^2$$

$$M + nX \xrightleftharpoons{\beta_n} MX_n \qquad \beta_n = [MX_n]/[M][X]^n$$

Uma relação útil entre essas constantes é que $\beta_n = K_1 K_2 \ldots K_n$. Algumas constantes de formação podem ser encontradas no Apêndice I.

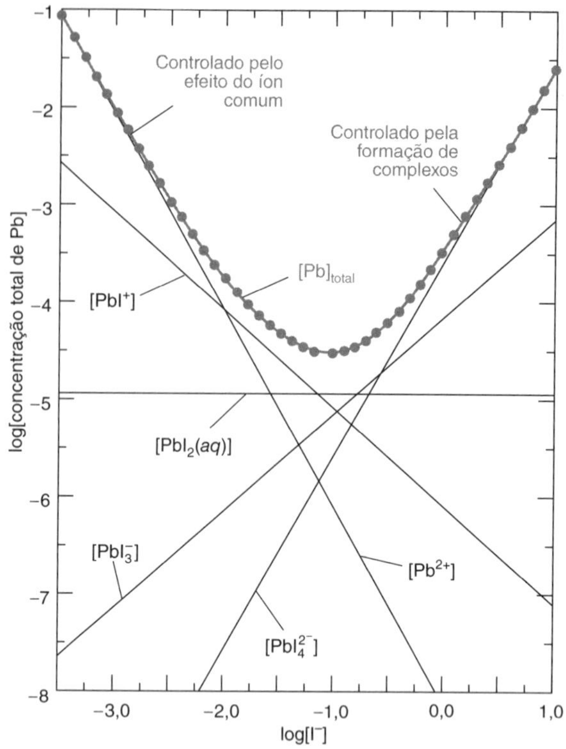

FIGURA 6.3 A solubilidade total do chumbo (II) (curva onde os pontos estão representados por círculos) e a solubilidade de cada espécie individualmente (linhas retas) em função da concentração de iodeto livre. À esquerda do mínimo, $[Pb]_{total}$ é controlada pelo produto de solubilidade do $PbI_2(s)$. Quando $[I^-]$ aumenta, a $[Pb]_{total}$ diminui em razão do efeito do íon comum. Em valores altos de $[I^-]$, o $PbI_2(s)$se redissolve em face de sua reação com I^-, formando íons complexos solúveis, como PbI_4^{2-}. Observe as escalas logarítmicas. A solução é levemente acidulada de forma que $[PbOH^+]$ é desprezível.

EXEMPLO Efeito do Iodeto na Solubilidade do Pb^{2+}

Determine as concentrações das espécies PbI^+, $PbI_2(aq)$, PbI_3^- e PbI_4^2 em uma solução saturada com $PbI_2(s)$, contendo I^- na concentração de (**a**) 0,001 0 M e (**b**) 1,0 M.

Solução (**a**) A partir da expressão de K_{ps} para a Reação 6.12, calculamos

$$[Pb^{2+}] = K_{ps}/[I^-]^2 = (7,9 \times 10^{-9})/(0,001\,0)^2 = 7,9 \times 10^{-3}\ M$$

Das Reações 6.13 a 6.16, podemos calcular as concentrações das outras espécies que contêm chumbo:

$$[PbI^+] = K_1[Pb^{2+}][I^-] = (1,0 \times 10^2)(7,9 \times 10^{-3})(1,0 \times 10^{-3})$$
$$= 7,9 \times 10^{-4}\ M$$
$$[PbI_2(aq)] = \beta_2[Pb^{2+}][I^-]^2 = 1,1 \times 10^{-5}\ M$$
$$[PbI_3^-] = \beta_3[Pb^{2+}][I^-]^3 = 6,6 \times 10^{-8}\ M$$
$$[PbI_4^{2-}] = \beta_4[Pb^{2+}][I^-]^4 = 2,4 \times 10^{-10}\ M$$

(**b**) Se usarmos $[I^-]$ = 1,0 M, então cálculos análogos mostram que

$$[Pb^{2+}] = 7,9 \times 10^{-9}\ M \quad [PbI_3^-] = 6,6 \times 10^{-5}\ M$$
$$[PbI^+] = 7,9 \times 10^{-7}\ M \quad [PbI_4^{2-}] = 2,4 \times 10^{-4}\ M$$
$$[PbI_2(aq)] = 1,1 \times 10^{-5}\ M$$

Pb^{2+} é a espécie dominante quando $[I^-]$ = 0,001 0 M.
PbI_4^{2-} é a espécie dominante quando $[I^-]$ = 1,0 M.

TESTE-SE Determine $[Pb^{2+}]$, $[PbI_2(aq)]$ e $[PbI_3^-]$ em uma solução saturada de $PbI_2(s)$ com $[I^-]$ = 0,10 M. (***Resposta:*** $7,9 \times 10^{-7}$, $1,1 \times 10^{-5}$, $6,6 \times 10^{-6}$ M.)

A característica mais útil do equilíbrio químico é que *todos os equilíbrios são satisfeitos simultaneamente*. Se conhecermos a concentração de I^-, podemos calcular a concentração de Pb^{2+} substituindo o valor de $[I^-]$ na expressão da constante de equilíbrio para a Reação 6.12, independentemente se há ou não outras reações envolvendo o íon Pb^{2+}. *A concentração de Pb^{2+} que satisfaz qualquer um dos equilíbrios tem de satisfazer todos os equilíbrios do sistema. Só pode existir uma única concentração de Pb^{2+} na solução.*

A concentração total de chumbo dissolvido no exemplo anterior é

$$[Pb]_{total} = [Pb^{2+}] + [PbI^+] + [PbI_2(aq)] + [PbI_3^-] + [PbI_4^{2-}]$$

Quando $[I^-] = 10^{-3}$ M, $[Pb]_{total} = 8{,}7 \times 10^{-3}$ M, dos quais 91% é Pb^{2+}. Quando $[I^-]$ aumenta, $[Pb]_{total}$ diminui por efeito do íon comum na Reação 6.12. Porém, uma concentração de I^- suficientemente alta faz com que se inicie a formação de complexos e o $[Pb]_{total}$ aumenta na Figura 6.3. Quando $[I^-] = 1{,}0$ M, $[Pb]_{total} = 3{,}2 \times 10^{-4}$ M, dos quais 76% são PbI_4^{2-}.

As Constantes de Equilíbrio Tabeladas Não São Geralmente "Constantes"

Se procurarmos em dois livros diferentes o valor da constante de equilíbrio de uma reação química, há uma grande chance de os valores encontrados serem diferentes (algumas vezes por um fator de 10 ou mais).[15] Essa discrepância acontece porque o valor da constante pode ter sido determinado em condições diferentes e, talvez, usando técnicas diferentes.

Uma fonte comum de variação nos valores publicados de K é a composição iônica da solução. Observe se o valor de K é publicado para determinada composição iônica (por exemplo, $NaClO_4$ 1 M) ou se o valor de K foi obtido pela extrapolação para uma concentração iônica zero. Se precisarmos usar uma constante de equilíbrio em determinado trabalho, escolhemos um valor de K que tenha sido medido nas condições mais próximas daquelas que usaremos.

O efeito de íons presentes em solução nos equilíbrios químicos é o assunto do Capítulo 8.

6.5 Ácidos e Bases Próticos

A compreensão do comportamento dos ácidos e das bases é essencial para todas as áreas da ciência que tenham algo a ver com a química. Em química analítica, devemos quase sempre levar em conta o efeito do pH em reações analíticas envolvendo formação de complexos ou reações de oxirredução. O pH pode afetar a conformação e as cargas das moléculas – fatores que ajudam na determinação de quais moléculas podem ser separadas de outras em cromatografia e eletroforese, e quais moléculas serão detectadas em alguns tipos de espectrometria de massa.

Na química em meio aquoso um **ácido** é definido como uma substância que, quando adicionada à água, aumenta a concentração de H_3O^+ (**íon hidrônio**). Ao contrário, uma **base** diminui a concentração de H_3O^+. Veremos que uma diminuição da concentração de H_3O^+ requer, necessariamente, um aumento na concentração de OH^-. Consequentemente, a presença de uma base aumenta a concentração de OH^- em solução aquosa.

A palavra *prótico* refere-se à transferência química de H^+ de uma molécula para outra. A espécie H^+ é também chamada *próton*, pois é a espécie que resulta quando um átomo de hidrogênio perde seu elétron. O íon hidrônio, H_3O^+, é a combinação do H^+ com H_2O. Embora H_3O^+ seja uma representação mais precisa do que H^+ para o íon hidrogênio em solução aquosa, usaremos neste livro, sem distinção, as representações H_3O^+ e H^+.

Vamos escrever H^+ quando, na realidade, queremos expressar H_3O^+.

Ácidos e Bases de Brønsted-Lowry

Brønsted e Lowry classificaram os *ácidos como doadores de prótons e as bases como receptores de prótons*. O HCl é um ácido (doador de próton) e, por isso, aumenta a concentração de H_3O^+ na água:

$$HCl + H_2O \rightleftharpoons H_3O^+ + Cl^-$$

Ácido de Brønsted e Lowry: doador de prótons
Base de Brønsted e Lowry: receptor de prótons
J. N. Brønsted (1879-1947), da Universidade de Copenhague, e T. M. Lowry (1874-1936), da Universidade de Cambridge, publicaram de forma independente, em 1923, as suas definições de ácidos e bases.

A definição de Brønsted e Lowry não requer que o H_3O^+ seja formado. Essa definição pode, portanto, ser estendida a solventes não aquosos e igualmente para a fase gasosa:

$$\underset{\substack{\text{Ácido clorídrico} \\ \text{(ácido)}}}{HCl(g)} + \underset{\substack{\text{Amônia} \\ \text{(base)}}}{NH_3(g)} \rightleftharpoons \underset{\substack{\text{Cloreto de amônio} \\ \text{(sal)}}}{NH_4^+Cl^-(s)}$$

No restante deste livro, quando falarmos em ácidos e bases estaremos falando de ácidos e bases de Brønsted-Lowry.

Sais

Qualquer sólido iônico, por exemplo, o cloreto de amônio, é chamado **sal**. Em um sentido formal, um sal pode ser pensado como o produto de uma reação ácido-base. Quando um ácido e uma base reagem, dizemos que eles se **neutralizam**. A maioria dos sais, que contêm cátions e ânions, que têm a carga positiva +1 e a carga negativa −1, são *eletrólitos fortes*, ou seja, em soluções aquosas diluídas eles se dissociam em íons de forma praticamente completa. Desse modo, o cloreto de amônio em solução aquosa produz NH_4^+ e Cl^-:

$$NH_4^+Cl^-(s) \rightarrow NH_4^+(aq) + Cl^-(aq)$$

Ácidos e Bases Conjugados

Os produtos de uma reação entre um ácido e uma base também são classificados como ácidos e bases:

Ácidos e bases conjugados estão relacionados pelo ganho ou pela perda de um próton. Nessas estruturas, a cunha sólida representa uma ligação vinda de cima do plano do papel e a cunha pontilhada uma ligação vinda de baixo do plano do papel.

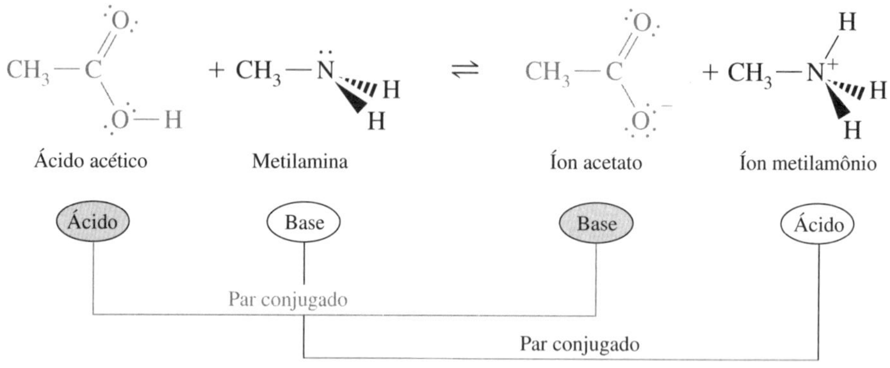

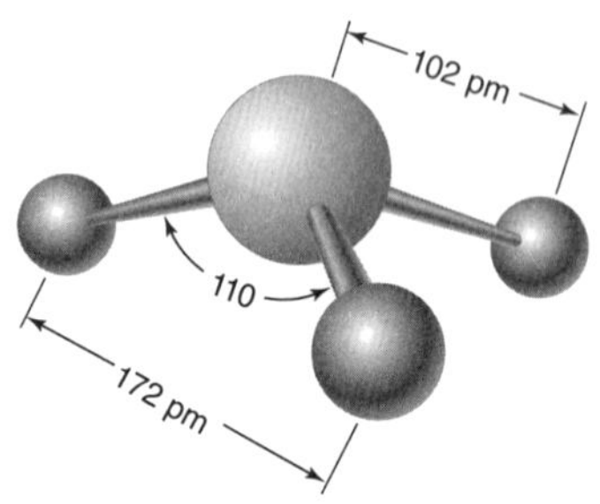

Estrutura de Eigen do H_3O^+

FIGURA 6.4 Estrutura do íon hidrônio, H_3O^+, proposta por M. Eigen, e encontrada em vários cristais.[16] A entalpia de ligação (calor necessário para romper a ligação O—H) do H_3O^+ é 544 kJ/mol, cerca de 84 kJ/mol maior que a entalpia da ligação O—H na H_2O.

O íon acetato é uma base, pois pode aceitar um próton formando o ácido acético. O íon metilamônio é um ácido, pois pode doar um próton formando a metilamina, que é uma base. Dizemos que o ácido acético e o íon acetato são um **par ácido-base conjugado**. A metilamina e o íon metilamônio são também um par conjugado. *Ácidos e bases conjugados estão relacionados entre si pelo ganho ou pela perda de um* H^+.

A Natureza do H^+ e do OH^-

É certo que o próton não existe sozinho em água. A fórmula mais simples encontrada em alguns sais cristalinos é H_3O^+. Por exemplo, cristais de ácido perclórico monoidratados contêm íons hidrônio piramidais (também chamados *íons hidroxônio*):

$HClO_4 \cdot H_2O$ é realmente

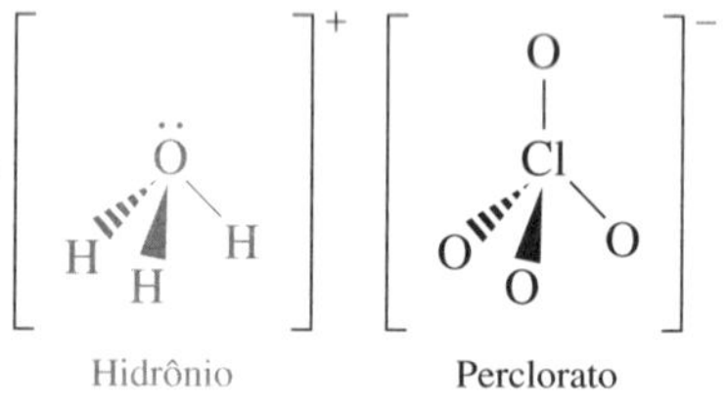

A fórmula $HClO_4 \cdot H_2O$ é uma maneira de especificar a composição de uma substância, quando não conhecemos a sua estrutura. Uma fórmula mais exata seria $H_3O^+ClO_4^-$.

As dimensões médias do cátion H_3O^+ em vários cristais são mostradas na Figura 6.4. Em solução aquosa, o H_3O^+ está firmemente associado a três moléculas de água por ligações de hidrogênio excepcionalmente fortes (Figura 6.5). O cátion $H_5O_2^+$ é outra espécie simples na qual o íon hidrogênio é compartilhado por duas moléculas de água.[18,19]

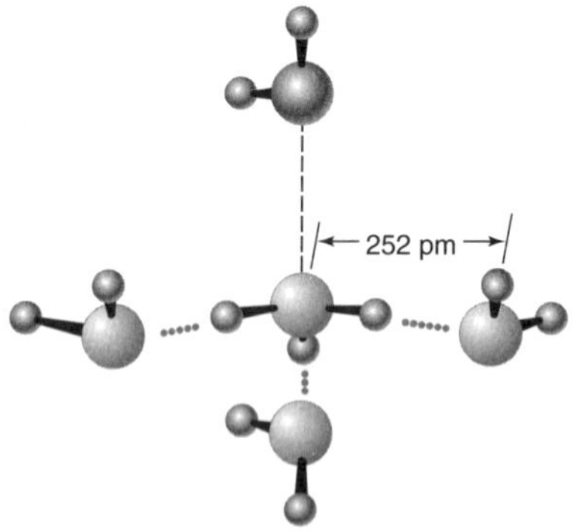

FIGURA 6.5 Ambiente do H_3O^+ aquoso.[16] Três moléculas de água estão ligadas ao H_3O^+ por fortes ligações de hidrogênio (linhas pontilhadas), e uma H_2O (no alto) é mantida por atrações íon-dipolo fracas (linha tracejada). A distância da ligação de hidrogênio O—H•••O é 252 pm (picômetros, 10^{-12} m), comparável à distância O—H•••O, 283 pm, entre as ligações de hidrogênio em moléculas de água. O cátion discreto $(H_2O)_3H_3O^+$, encontrado em alguns cristais, tem uma estrutura semelhante àquela do $(H_2O)_4H_3O^+$, com a remoção da H_2O fracamente ligada no topo.[17]

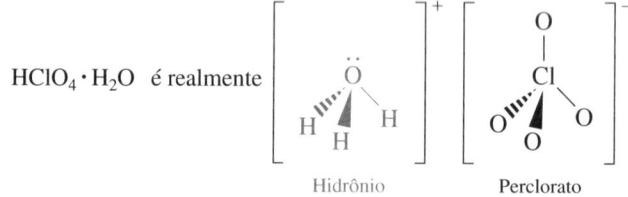

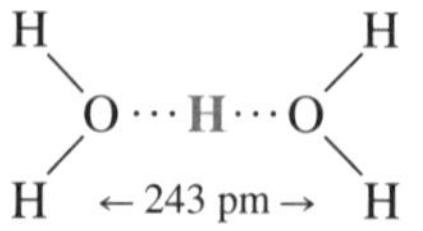

Estrutura de Zundel do ($H_3O^+ \cdot H_2O$)

Em fase gasosa, o íon H_3O^+ pode estar envolvido por 20 moléculas de H_2O juntas por 30 ligações de hidrogênio formando um dodecaedro regular.[20] Em um sal contendo o cátion discreto $(C_6H_6)_3H_3O^+$, e em solução de benzeno, cada um dos átomos de hidrogênio do íon H_3O^+ piramidal é atraído na direção do centro da nuvem de elétrons pi de um anel benzênico (Figura 6.6).

No íon $H_3O_2^-$ ($OH^- \cdot H_2O$), a ligação central O···H···O contém a menor ligação de hidrogênio envolvendo H_2O que já foi observada.[21]

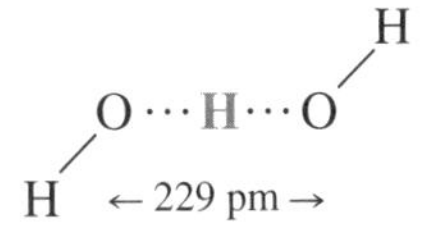

Em solução aquosa de HCl, o emparelhamento iônico entre H_3O^+ e Cl^- é detectável em uma concentração de ~6 *m* (molal). Em HCl 16,1 *m*, todos os íons H_3O^+ estão emparelhados com íons Cl^- (Figura 6.7). Existe uma combinação de ~6 estruturas de Eigen (H_3O^+) e de Zundel ($H_5O_2^+$) mais um H_2O em torno de cada íon Cl^-. O comprimento da ligação de hidrogênio entre $Cl^-\cdots H^+$ é reduzido de 223 pm no $Cl^-\cdots H_2O$ para 160 pm no $Cl^-\cdots H_3O^+$.

Uma solução de HCl 16,1 *m* contém 16,1 mols de HCl por kg de H_2O. Qual é a razão molar entre HCl e H_2O? (***Resposta:*** 16,1:55,5 = 1:3,45.)

Em geral, vamos escrever H^+ na maioria das equações químicas, embora, na verdade, queiramos representar o H_3O^+. Para enfatizar a química da água, iremos escrever H_3O^+. Por exemplo, a água pode ser tanto um ácido quanto uma base. A água é um ácido com relação ao íon metóxido:

$$\underset{\text{Água}}{H-\ddot{\underset{..}{O}}-H} + \underset{\text{Metóxido}}{CH_3-\ddot{\underset{..}{O}}^-} \rightleftharpoons \underset{\text{Hidróxido}}{H-\ddot{\underset{..}{O}}^-} + \underset{\text{Metanol}}{CH_3-\ddot{\underset{..}{O}}-H}$$

Porém, com relação ao brometo de hidrogênio, a água é uma base:

$$\underset{\text{Água}}{H_2O} + \underset{\substack{\text{Brometo de}\\\text{hidrogênio}}}{HBr} \rightleftharpoons \underset{\text{Íon hidrônio}}{H_3O^+} + \underset{\text{Brometo}}{Br^-}$$

Autoprotólise

A água sofre autoionização, conhecida como **autoprotólise**, na qual ela age tanto como um ácido quanto como uma base:

$$H_2O + H_2O \rightleftharpoons H_3O^+ + OH^- \quad \textbf{(6.17a)}$$

ou

$$H_2O \rightleftharpoons H^+ + OH^- \quad \textbf{(6.17b)}$$

As Reações 6.17a e 6.17b têm o mesmo significado.

Os **solventes próticos** possuem um íon H^+ reativo, e todo solvente prótico sofre autoprotólise. Um exemplo é o ácido acético:

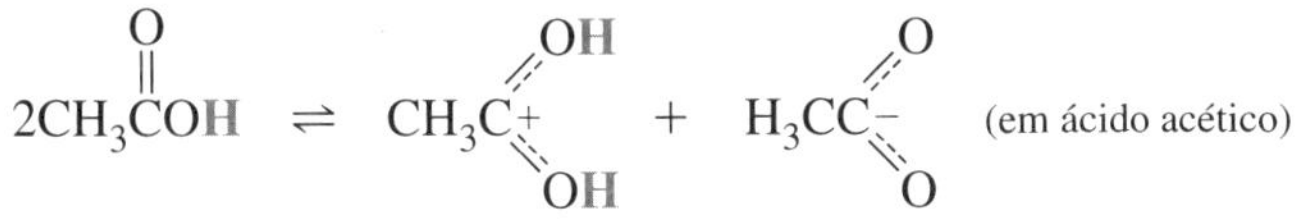

(6.18)

Exemplos de **solventes próticos** (o próton ácido está em **negrito**):

$\mathbf{H}_2O$	$CH_3CH_2O\mathbf{H}$
Água	Etanol

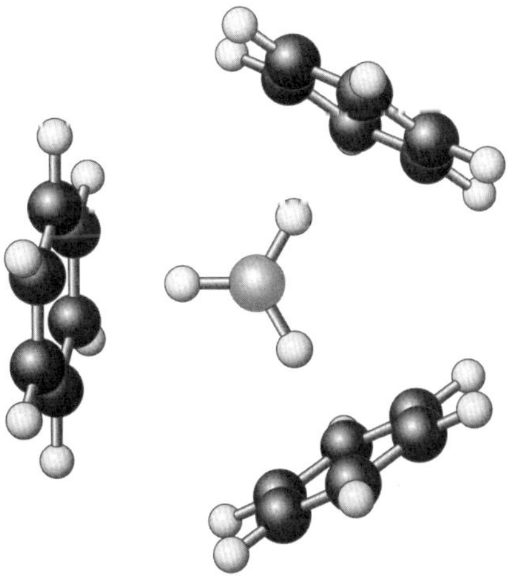

FIGURA 6.6 O cátion $H_3O^+ \times 3C_6H_6$ encontrado na estrutura cristalina do $[(C_6H_6)_3H_3O^+][CHB_{11}Cl_{11}^-]$. [Dados de E. S. Stoyanov, K.-C. Kim, and C. A. Reed, "The Nature of the H_3O^+ Hydronium Ion in Benzene and Chlorinated Hydrocarbon Solvents," *J. Am. Chem. Soc.* **2006**, *128*, 1948. Reprinted with permission ©2006, American Chemical Society.]

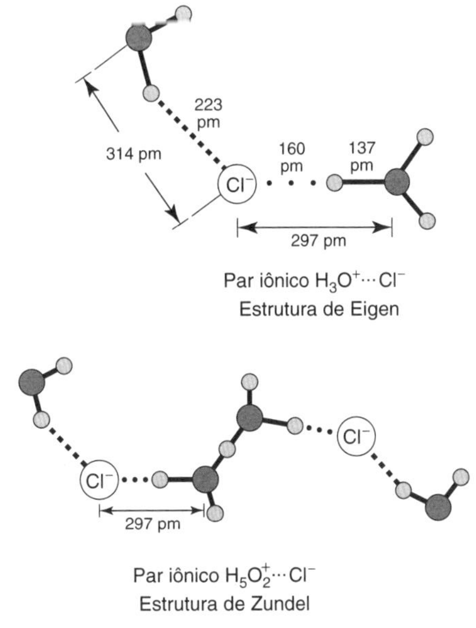

FIGURA 6.7 Estruturas dos pares iônicos $Cl^-\cdots H_3O^+$ e $Cl^- \cdots H_5O_2^+$ em solução aquosa concentrada de HCl. Cada íon Cl^- é circundado por ~6 moléculas (H_2O + H_3O^+ $H_5O_2^+$), sendo apenas algumas delas mostradas na figura. [Dados de J. L. Fulton and M. Balasubramanian, "Structure of Hydronium (H_3O^+)/Chloride (Cl^-) Contact Ion Pairs in Aqueous Hydrochloric Acid Solution," *J. Am. Chem. Soc.* **2010**, *132*, 12597.]

TABELA 6.1 **Variação de K_w com a temperatura**[a]

Temperatura (°C)	K_w	$pK_w = -\log K_w$	Temperatura (°C)	K_w	$pK_w = -\log K_w$
0	$1{,}15 \times 10^{-15}$	14,938	40	$2{,}88 \times 10^{-14}$	13,541
5	$1{,}88 \times 10^{-15}$	14,726	45	$3{,}94 \times 10^{-14}$	13,405
10	$2{,}97 \times 10^{-15}$	14,527	50	$5{,}31 \times 10^{-14}$	13,275
15	$4{,}57 \times 10^{-15}$	14,340	100	$5{,}43 \times 10^{-13}$	12,265
20	$6{,}88 \times 10^{-15}$	14,163	150	$2{,}30 \times 10^{-12}$	11,638
25	$1{,}01 \times 10^{-14}$	13,995	200	$5{,}44 \times 10^{-12}$	11,289
30	$1{,}46 \times 10^{-14}$	13,836	250	$6{,}44 \times 10^{-12}$	11,191
35	$2{,}07 \times 10^{-14}$	13,685	300	$3{,}93 \times 10^{-12}$	11,406

a. As concentrações no produto $[H^+][OH^-]$ nesta tabela são expressas em molalidade em vez de em molaridade. A exatidão do log K_w é ±0,01. Para converter molalidade (mol/kg) em molaridade (mol/L), multiplica-se pela massa específica da água em cada temperatura. A 25 °C, $K_w = 10^{-13{,}995}$ (mol/kg)^2(0,997 05 kg/L)^2 = $10^{-13{,}998}$ (mol/L)^2.

FONTE: *Dados de W. L. Marshall e E. U. Franck, "Ion Product of Water Substance, 0-1 000°C, 1-10.000 Bars", J. Phys. Chem. Ref. Data **1981**, 10, 295. Para valores de K_w além da faixa de temperatura de 0 a 800 °C e um intervalo de massa específica de 0-1,2 g/cm³, veja A. V. Bandura e S. N. Lvov, "The Ionization Constant of Water over Wide Ranges of Temperature and Pressure",* J. Phys. Chem. Ref. *Data **2006**, 35, 15.*

Exemplos de solventes apróticos (sem prótons ácidos):

$CH_3CH_2OCH_2CH_3$	CH_3CN
Éter dietílico	Acetonitrila

Lembre-se de que o H_2O (o solvente) é omitido da constante de equilíbrio. O valor de $K_w = 1{,}0 \times 10^{-14}$ a 25 °C é suficientemente exato para os objetivos deste livro.

A extensão dessas reações é muito pequena. As *constantes de autoprotólise* (constante de equilíbrio) para as Reações 6.17 e 6.18 são, respectivamente, $1{,}0 \times 10^{-14}$ e $3{,}5 \times 10^{-15}$, a 25 °C.

6.6 pH

A constante de autoprotólise para a água tem o símbolo especial K_w, em que o subscrito "w" significa água (do inglês, *water*).

Autoprotólise da água: $$H_2O \underset{}{\overset{K_w}{\rightleftharpoons}} H^+ + OH^- \qquad K_w = [H^+][OH^-] \qquad \textbf{(6.19)}$$

A Tabela 6.1 mostra como K_w varia com a temperatura. Seu valor a 25,0 °C é $1{,}01 \times 10^{-14}$.

EXEMPLO Concentração de H^+ e OH^- em Água Pura, a 25 °C

Calcule a concentração de H^+ e OH^- em água pura, a 25 °C.

Solução A estequiometria da Reação 6.19 nos diz que H^+ e OH^- são produzidos na razão molar de 1:1. Suas concentrações têm de ser iguais. Representando cada uma das concentrações por x, podemos escrever

$$K_w = 1{,}0 \times 10^{-14} = [H^+][OH^-] = [x][x] \Rightarrow x = 1{,}0 \times 10^{-7}\ \text{M}$$

As concentrações de H^+ e OH^- são iguais a $1{,}0 \times 10^{-7}$ M em água pura.

TESTE-SE Use a Tabela 6.1 para determinar a $[H^+]$ em água a 100 °C e a 0 °C. (***Resposta:*** $7{,}4 \times 10^{-7}$ e $3{,}4 \times 10^{-8}$ M.)

EXEMPLO Concentração de OH^- Quando a $[H^+]$ é Conhecida

Qual é a concentração de OH^- se $[H^+] = 1{,}0 \times 10^{-3}$ M? (A partir deste momento, a menos que seja dito outra coisa, admitimos o valor da temperatura como 25 °C.)

Solução Substituindo $[H^+] = 1{,}0 \times 10^{-3}$ M na expressão de K_w, temos

$$K_w = 1{,}0 \times 10^{-14} = (1{,}0 \times 10^{-3})[OH^-] \Rightarrow [OH^-] = 1{,}0 \times 10^{-11}\ \text{M}$$

A concentração de $[H^+] = 1{,}0 \times 10^{-3}$ M resulta em $[OH^-] = 1{,}0 \times 10^{-11}$ M. *Quando a concentração de* H^+ *aumenta, a concentração de* OH^- *necessariamente diminui e vice-versa.* Uma concentração de $[OH^-] = 1{,}0 \times 10^{-3}$ M resulta em $[H^+] = 1{,}0 \times 10^{-11}$ M.

TESTE-SE Determine $[OH^-]$ se $[H^+] = 1{,}0 \times 10^{-4}$ M. (***Resposta:*** $1{,}0 \times 10^{-10}$ M.)

$pH \approx -\log[H^+]$. O termo "pH" foi introduzido em 1909 pelo bioquímico dinamarquês S. P. L. Sørensen, que o chamou de "expoente do íon hidrogênio".[22]

Tome o log de ambos os lados da expressão de K_w para deduzir a Equação 6.21:

$$K_w = [H^+][OH^-]$$
$$\log K_w = \log[H^+] + \log[OH^-]$$
$$-\log K_w = -\log[H^+] - \log[OH^-]$$
$$14{,}00 = pH + pOH \quad (\text{a } 25\ °C)$$

Uma definição aproximada de **pH** é o logaritmo negativo da concentração de H^+.

Definição aproximada de pH: $$pH \approx -\log[H^+] \qquad \textbf{(6.20)}$$

O Capítulo 8 define o pH de forma mais exata em termos de *atividades*, mas, para muitas aplicações, a Equação 6.20 é uma boa definição. As medidas de pH com eletrodos de vidro e tampões usadas pelo Instituto Nacional de Padrões e Tecnologia dos Estados Unidos para definir a escala de pH são descritas no Capítulo 15.

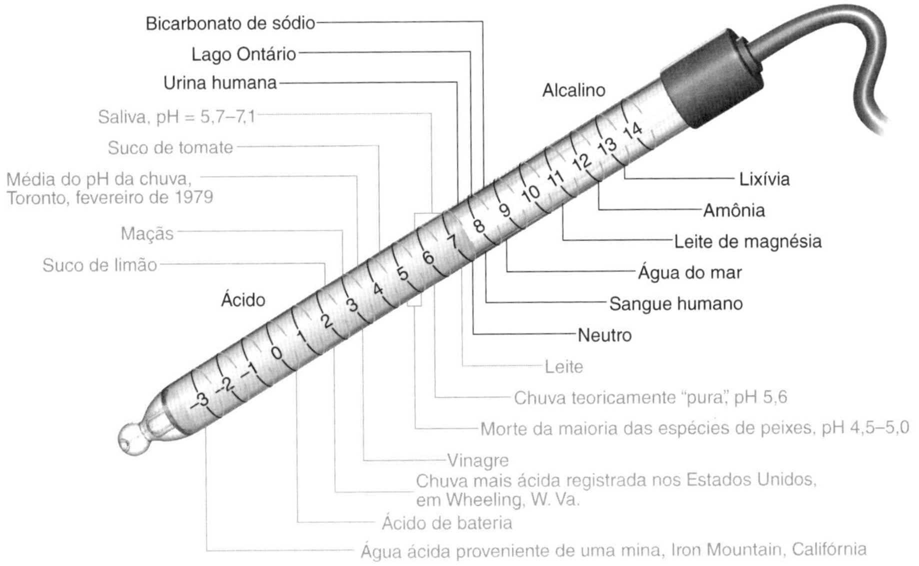

FIGURA 6.8 O pH de várias substâncias. [Dados de *Chem. Eng. News*, 14 September 1981.] A chuva mais ácida já registrada nos Estados Unidos (Boxe 15.1) é mais ácida do que o suco de limão. As águas naturais mais ácidas conhecidas são aquelas provenientes de minas, com concentrações totais de metais dissolvidos de 200 g/L e de sulfato de 760 g/L.[23] O pH dessas águas, −3,6, não significa que $[H^+] = 10^{3,6}$ M = 4 000 M! Ele significa que a *atividade* do H^+ (discutida no Capítulo 8) é $10^{3,6}$.

Em água pura, a 25 °C, com $[H^+] = 1,0 \times 10^{-7}$ M, o pH é $-\log(1,0 \times 10^{-7}) = 7,00$. Se a concentração de OH^- é $1,0 \times 10^{-3}$ M, então $[H^+] = 1,0 \times 10^{-11}$ M e o pH é 11,00. Uma relação muito útil entre as concentrações de H^+ e OH^- é

$$\text{pH} + \text{pOH} = -\log(K_w) = 14,00 \text{ a } 25\ °\text{C} \qquad \textbf{(6.21)}$$

em que $\text{pOH} = -\log[OH^-]$, da mesma forma que $\text{pH} = -\log[H^+]$. A Equação 6.21 é uma maneira prática de expressar que, se o pH = 3,58, então pOH = 14,00 − 3,58 = 10,42, ou seja, $[OH^-] = 10^{-10,42} = 3,8 \times 10^{-11}$ M.

Uma solução é **ácida** se $[H^+] > [OH^-]$. Uma solução é **básica** se $[H^+] < [OH^-]$. A 25 °C, uma solução ácida possui um pH abaixo de 7 e uma solução básica possui pH acima de 7.

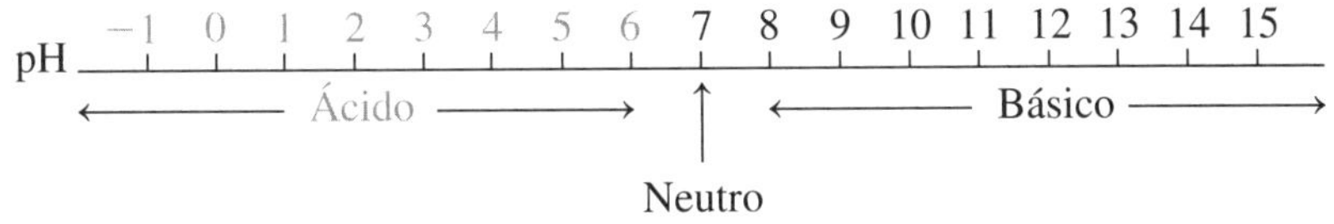

A superfície da água ou do gelo tem um pH ~2 unidades mais ácido do que o pH do seio porque o H_3O^+ é mais estável na superfície. A acidez da superfície pode ser importante para o estudo da química das nuvens atmosféricas.[24]

A Figura 6.8 mostra os valores de pH de diversas substâncias comuns.

Embora o pH geralmente se situe no intervalo entre 0 e 14, esses não são os limites de pH. Um pH de −1, por exemplo, significa $-\log[H^+] = -1$; ou $[H^+] = 10$ M. Esta concentração é atingida em uma solução concentrada de um ácido forte, por exemplo, o HCl.

Água Pura Existe?

Na maioria dos laboratórios, a resposta é "Não". A água pura, a 25 °C, deve ter um pH de 7,00. A água destilada, armazenada na maioria dos laboratórios, é ácida porque contém CO_2 dissolvido, proveniente da atmosfera. O CO_2, em meio aquoso, é um ácido resultante da reação

$$CO_2 + H_2O \rightleftharpoons \underset{\text{Bicarbonato}}{HCO_3^-} + H^+ \qquad \textbf{(6.22)}$$

O CO_2 pode ser quase que totalmente eliminado, fervendo-se a água e depois a protegendo do contato com a atmosfera.

Há mais de um século, medidas cuidadosas da condutividade da água foram feitas por F. Kohlrausch e seus alunos. Para eliminar as impurezas, eles verificaram que era necessário destilar a água *42 vezes consecutivas* sob vácuo, de modo a reduzir o valor da condutividade até um valor limite.

6.7 Força dos Ácidos e Bases

Ácidos e bases são normalmente classificados como fortes ou fracos, dependendo se eles reagem quase "completamente" ou apenas "parcialmente" para produzir H^+ ou OH^-. Embora não exista uma distinção nítida entre fraco e forte, alguns ácidos ou bases reagem tão completamente que eles são facilmente classificados como ácidos ou bases fortes e, por convenção, todos os outros compostos são chamados de fracos.

TABELA 6.2 Ácidos e bases fortes comuns

Fórmula	Nome
Ácidos	
HCl	Ácido clorídrico (cloreto de hidrogênio)
HBr	Ácido bromídrico (brometo de hidrogênio)
HI	Ácido iodídrico (iodeto de hidrogênio)
H_2SO_4[a]	Ácido sulfúrico
HNO_3	Ácido nítrico
$HClO_4$	Ácido perclórico
Bases	
LiOH	Hidróxido de lítio
NaOH	Hidróxido de sódio
KOH	Hidróxido de potássio
RbOH	Hidróxido de rubídio
CsOH	Hidróxido de césio
R_4NOH[b]	Hidróxido quaternário de amônio

a. Para o H_2SO_4, apenas a ionização do primeiro próton é completa. A dissociação do segundo próton possui uma constante de equilíbrio de $1,0 \times 10^{-2}$.

b. Essa é a fórmula geral para qualquer hidróxido de sais do cátion amônio contendo quatro grupamentos orgânicos. Um exemplo é o hidróxido de tetrabutilamônio: $(CH_3CH_2CH_2CH_2)_4N^+OH^-$.

DEMONSTRAÇÃO 6.2 Chafariz de HCl

A dissociação completa do HCl em H^+ e Cl^- torna o HCl(g) extremamente solúvel em água.

$$HCl(g) \rightleftharpoons HCl(aq) \quad (A)$$

$$HCl(aq) \rightleftharpoons H^+(aq) + Cl^-(aq) \quad (B)$$

$$\text{Reação líquida:} \quad HCl(g) \rightleftharpoons H^+(aq) + Cl^-(aq) \quad (C)$$

Como o equilíbrio na Reação B está muito deslocado para a direita, a Reação A também está deslocada para a direita.

Desafio A variação da energia livre padrão (ΔG^o) para a Reação C é –36,0 kJ/mol. Mostre que a constante de equilíbrio é $2,0 \times 10^6$.

A enorme solubilidade do HCl(*g*) em água é a base do chafariz de HCl,[25] cuja montagem é vista a seguir. Na figura *a*, um balão de fundo redondo de 250 mL, contendo ar, está presente na montagem de forma invertida. O tubo de entrada desse balão está conectado a um reservatório de HCl(*g*) e o seu tubo de saída conectado a um frasco invertido contendo água. À medida que o HCl entra no balão, o ar é deslocado do seu interior para o frasco. Quando o frasco estiver cheio de ar, o balão estará praticamente cheio com HCl(*g*).

Na figura *b*, as mangueiras são desconectadas e substituídas por um béquer, contendo uma solução de indicador e um bulbo de borracha. Como indicador, usamos a púrpura de metila levemente alcalina, que é verde acima de pH 5,4 e púrpura abaixo de pH 4,8. Quando ~1 mL de água é esguichada do bulbo de borracha para dentro do balão, cria-se um vácuo e a solução de indicador é sugada para dentro do balão, produzindo um fascinante chafariz (ver Prancha em Cores 2).

Pergunta Por que se cria um vácuo quando a água é esguichada para dentro do balão, e por que o indicador muda de cor ao entrar no balão?

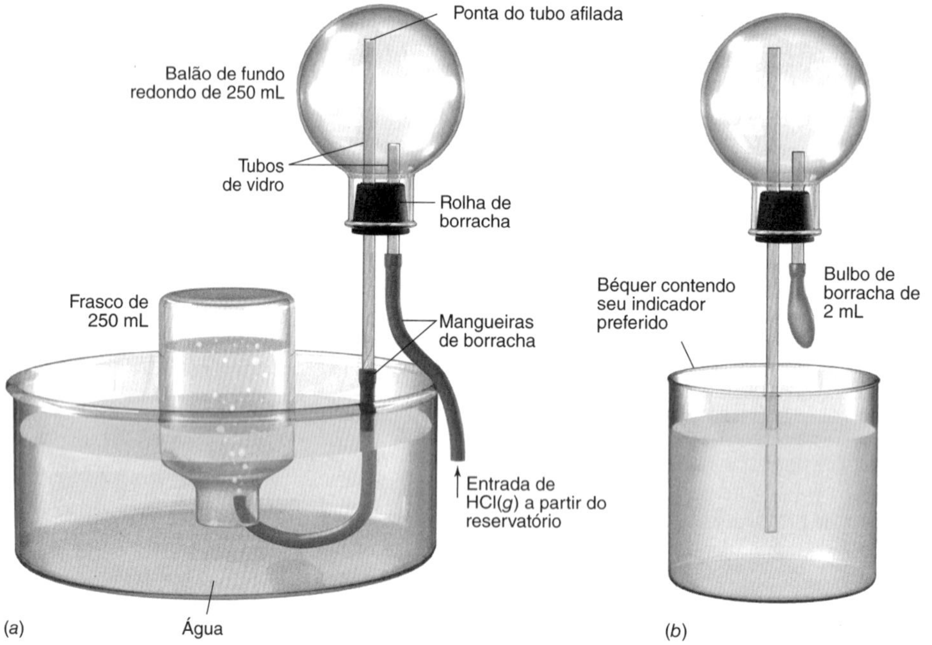

TABELA 6.3 Equilíbrios de hidróxidos de metais alcalinos terrosos

$$M(OH)_2(s) \rightleftharpoons M^{2+} + 2OH^-$$
$$K_{ps} = [M^{2+}][OH^-]^2$$
$$M^{2+} + OH^- \rightleftharpoons MOH^+$$
$$K_1 = [MOH^+]/[M^{2+}][OH^-]$$

Metal	log K_{ps}	log K_1
Mg^{2+}	–11,15	2,58
Ca^{2+}	–5,19	1,30
Sr^{2+}	—	0,82
Ba^{2+}	—	0,64

NOTA: 25 °C e força iônica = 0.

Ácidos e Bases Fortes

A Tabela 6.2, que deve ser memorizada, apresenta alguns ácidos e bases fortes comuns. Por definição, um ácido ou base forte está completamente dissociado em solução aquosa. Isto é, as constantes de equilíbrio para as reações vistas a seguir são grandes.

$$HCl(aq) \rightleftharpoons H^+ + Cl^-$$
$$KOH(aq) \rightleftharpoons K^+ + OH^-$$

O HCl ou o KOH não dissociados praticamente não existem em solução aquosa. A Demonstração 6.2 mostra uma consequência do comportamento do HCl como ácido forte.

Embora os haletos de hidrogênio HCl, HBr e HI sejam ácidos fortes, o HF *não é* um ácido forte, como explicado no Boxe 6.3. Para a maioria das finalidades, os hidróxidos de metais alcalinos terrosos (Mg^{2+}, Ca^{2+}, Sr^{2+} e Ba^{2+}) podem ser considerados bases fortes, embora sejam bem menos solúveis que os hidróxidos de metais alcalinos e possuam certa tendência para a formação de complexos do tipo MOH^+ (Tabela 6.3). A base mais forte conhecida era a molécula LiO^- em fase gasosa,[26] mas uma base orgânica em fase gasosa ainda mais forte (*orto*-C_6H_4(—C≡C:$^-$)$_2$ foi descoberta.[27]

BOXE 6.3 Comportamento Estranho do Ácido Fluorídrico[16]

Os haletos de hidrogênio HCl, HBr e HI são todos ácidos fortes, o que significa que as reações

$$HX(aq) + H_2O \rightarrow H_3O^+ + X^-$$

(X = Cl, Br, I) são todas completas. Por que então o HF se comporta como um ácido fraco?

A resposta é curiosa. Inicialmente, o HF doa completamente seu próton para a H_2O:

$$HF(aq) \rightarrow \underset{\text{Íon hidrônio}}{H_3O^+} + \underset{\text{Íon fluoreto}}{F^-}$$

No entanto, o fluoreto forma uma ligação de hidrogênio mais forte do que qualquer outro íon. O íon hidrônio permanece firmemente associado ao F^- por meio de uma ligação de hidrogênio. Chamamos as associações desse tipo de **par iônico**.

$$H_3O^+ + F^- \rightleftharpoons \underset{\text{Um par iônico}}{F^- \cdots H_3O^+}$$

Assim, o HF não se comporta como um ácido forte porque os íons F^- e H_3O^+ permanecem associados entre si. Por outro lado, o par iônico $(H_3O^+)(Cl^-)$ formado pelo HCl (Figura 6.7) é apenas significativo em soluções concentradas, como 6 *m*. Os pares iônicos são comuns em soluções aquosas de qualquer íon com carga maior que 1.

Os pares iônicos são a regra para solventes não aquosos, que não podem promover a dissociação dos íons tão bem como a água.

O HF não é o único com a tendência de formar pares iônicos. Suspeita-se de que vários ácidos moderadamente fortes, como os mostrados a seguir, existem predominantemente como pares iônicos em solução aquosa ($HA + H_2O \rightleftharpoons A^- \cdots H_3O^+$).[28]

CF_3CO_2H

Ácido trifluoracético

$K_a = 0{,}31$

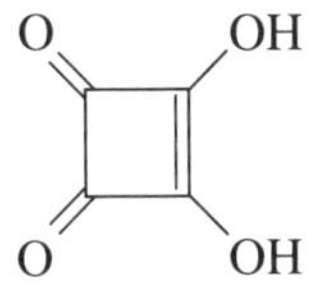

Ácido esquárico

$K_a = 0{,}29$

Muitos ácidos fortes ou fracos monopróticos formam sais com ligações de hidrogênio na proporção 1:1 no estado sólido. Dois exemplos são mostrados a seguir:[29]

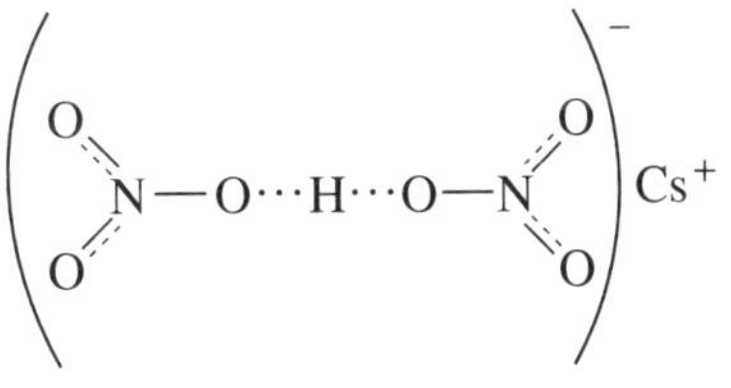

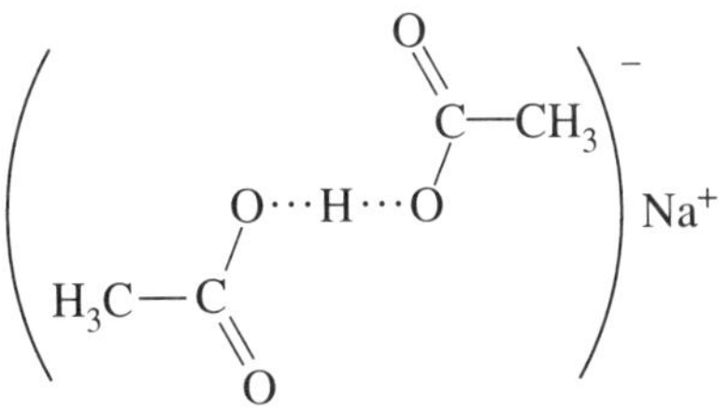

Ácidos e Bases Fracos

Todos os ácidos fracos, representados por HA, reagem com a água doando um próton para a H_2O:

Dissociação de ácido fraco: $$HA + H_2O \xrightleftharpoons{K_a} H_3O^+ + A^- \qquad (6.23)$$

o que significa exatamente o mesmo que

Dissociação de ácido fraco: $$HA \xrightleftharpoons{K_a} H^+ + A^- \qquad K_a = \frac{[H^+][A^-]}{[HA]} \qquad (6.24)$$

A constante de equilíbrio, representada por K_a, é denominada **constante de dissociação do ácido**, ou ainda *constante de acidez*. Por definição, um ácido fraco é aquele que se dissocia apenas parcialmente em água, de modo que K_a é "pequeno."

Bases fracas, B, reagem com água, retirando um próton da H_2O:

Hidrólise de uma base: $$B + H_2O \xrightleftharpoons{K_b} BH^+ + OH^- \qquad K_b = \frac{[BH^+][OH^-]}{[B]} \qquad (6.25)$$

A constante de equilíbrio K_b, chamada **constante de dissociação da base**, ou constante de hidrólise da base ou, ainda, *constante de basicidade*, é "pequena" para uma base fraca.

Constante de dissociação do ácido: $K_a = \frac{[H^+][A^-]}{[HA]}$

Constante de dissociação ou de hidrólise da base: $K_b = \frac{[BH^+][OH^-]}{[B]}$

Hidrólise se refere a qualquer reação com água.

Classes Comuns de Ácidos e Bases Fracos

O ácido acético é um ácido fraco típico.

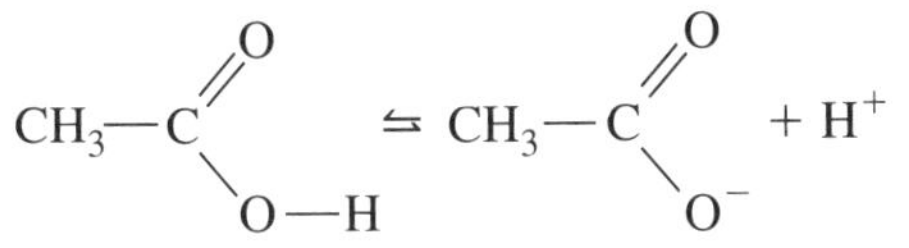

$K_a = 1{,}75 \times 10^{-5}$ (6.26)

Ácido acético (HA) — Acetato (A^-)

O ácido acético é um representante dos ácidos carboxílicos, que têm a fórmula geral RCO_2H, em que R é um grupamento orgânico. *Os* **ácidos carboxílicos** *em sua maioria são ácidos fracos, e a maioria dos* **ânions carboxilatos** *são bases fracas.*

Um ácido carboxílico (ácido fraco, HA) Um ânion carboxilato (base fraca, A⁻)

A metilamina é uma base fraca típica.

Os ácidos carboxílicos (RCO₂H) e os íons amônio (R_3NH^+) são ácidos fracos.
Os ânions carboxilato (RCO_2^-) e as aminas (R_3N) são bases fracas.

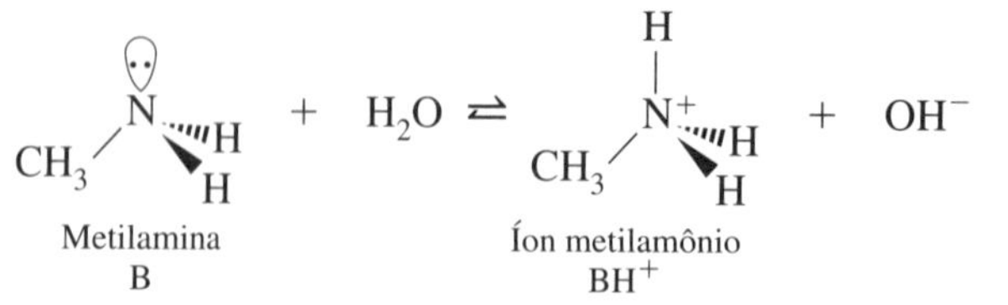

$$CH_3NH_2 \text{ (Metilamina, B)} + H_2O \rightleftharpoons CH_3NH_3^+ \text{ (Íon metilamônio, } BH^+) + OH^- \quad K_b = 4{,}47 \times 10^{-4} \quad (6.27)$$

As aminas são compostos contendo nitrogênio:

$R\ddot{N}H_2$ uma amina primária RNH_3^+
$R_2\ddot{N}H$ uma amina secundária $R_2NH_2^+$ } íons amônio
$R_3\ddot{N}$ uma amina terciária R_3NH^+

*As **aminas** são bases fracas e os **íons amônio** são ácidos fracos*. A "mãe" de todas as aminas é a amônia, NH_3. Quando uma base como a metilamina reage com água, o produto é um ácido conjugado. Ou seja, o íon metilamônio, produzido na Reação 6.27, é um ácido fraco:

Embora normalmente representemos uma **base** como **B** e um **ácido** como **HA**, é importante ter em mente que **BH⁺** também é um **ácido** e **A⁻** também é uma **base**.

$$CH_3\overset{+}{N}H_3 \text{ (}BH^+\text{)} \xrightleftharpoons{K_a} CH_3\ddot{N}H_2 \text{ (B)} + H^+ \quad K_a = 2{,}33 \times 10^{-11} \quad (6.28)$$

O íon metilamônio é o ácido conjugado da metilamina.

Devemos aprender a reconhecer se um composto tem propriedades ácidas ou básicas. O sal cloreto de metilamônio, por exemplo, dissocia-se completamente em solução aquosa formando o cátion metilamônio e o ânion cloreto:

O cloreto de metilamônio é um ácido fraco porque
1. Ele se dissocia em $CH_3NH_3^+$ e Cl^-.
2. O $CH_3NH_3^+$ é um ácido fraco, sendo conjugado do CH_3NH_2, uma base fraca.
3. O Cl^- não tem propriedades básicas. Ele é conjugado do HCl, um ácido forte. Isto é, o HCl se dissocia completamente.

$$CH_3\overset{+}{N}H_3Cl^-(s) \text{ (Cloreto de metilamônio)} \rightarrow CH_3\overset{+}{N}H_3(aq) \text{ (Íon metilamônio)} + Cl^-(aq) \quad (6.29)$$

O íon metilamônio, sendo o ácido conjugado da metilamina, é um ácido fraco (Reação 6.28). O íon cloreto é a base conjugada do HCl, um ácido forte. Em outras palavras, o Cl^- *não possui uma tendência real de se associar com* H^+, pois, caso contrário, o HCl não seria um ácido forte. A solução de cloreto de metilamônio será ácida, porque o íon metilamônio é um ácido e o Cl^- não é uma base.

Li⁺ 13,64	Be											
Na⁺ 13,9	Mg²⁺ 11,4	Força crescente do ácido →									Al³⁺ 5,00	
K	Ca²⁺ 12,70	Sc³⁺ 4,3	Ti³⁺ 1,3	VO²⁺ 5,7	Cr²⁺ 5,5ᵃ / Cr³⁺ 3,66	Mn²⁺ 10,6	Fe²⁺ 9,4 / Fe³⁺ 2,19	Co²⁺ 9,7 / Co³⁺ 0,5ᵇ	Ni²⁺ 9,9	Cu²⁺ 7,5	Zn²⁺ 9,0	Ga³⁺ 2,6	Ge
Rb	Sr 13,18	Y³⁺ 7,7	Zr⁴⁺ −0,3	Nb	Mo	Tc	Ru	Rh³⁺ 3,33ᶜ	Pd²⁺ 1,0	Ag⁺ 12,0	Cd²⁺ 10,1	In³⁺ 3,9	Sn²⁺ 3,4	Sb
Cs	Ba²⁺ 13,36	La³⁺ 8,5	Hf	Ta	W	Re	Os	Ir	Pt	Au	Hg₂²⁺ 5,3ᵈ / Hg²⁺ 3,40	Tl⁺ 13,21	Pb²⁺ 7,6	Bi³⁺ 1,1

Ce³⁺ 9,1ᵇ	Pr³⁺ 9,4ᵇ	Nd³⁺ 8,7ᵇ	Pm	Sm³⁺ 8,6ᵇ	Eu³⁺ 8,6ᵈ	Gd³⁺ 9,1ᵇ	Tb³⁺ 8,4ᵇ	Dy³⁺ 8,4ᵈ	Ho³⁺ 8,3	Er³⁺ 9,1ᵇ	Tm³⁺ 8,2ᵈ	Yb³⁺ 8,4ᵇ	Lu³⁺ 8,2ᵈ

Força iônica = 0, a não ser que indicada em sobrescrito.
a. força iônica = 1 M; *b*. força iônica = 3 M; *c*. força iônica = 2,5 M; *d*. força iônica = 0,5 M.

FIGURA 6.9 Constantes de dissociação ácidas ($-\log K_a$) para íons metálicos em meio aquoso: $M^{n+} + H_2O \xrightleftharpoons{K_a} MOH^{(n-1)+} + H^+$. Por exemplo, para o Li⁺, $K_a = 10^{-13{,}64}$. No Capítulo 9, aprenderemos que os números desta tabela são chamados de pK_a. Os metais sombreados mais escuros são os ácidos mais fortes. [Dados de R. M. Smith, A. E. Martell e R. J. Motekaitis, *NIST Critical Stability Constants of Metal Complexes Database 46* (Gaithersburg, MD: National Institute of Standards and Technology, 2001).]

Cátions metálicos M^{n+} agem como ácidos fracos por meio da *hidrólise ácida* para formar $M(OH)^{(n-1)+}$.[30] A Figura 6.9 apresenta as constantes de dissociação dos ácidos para a reação

$$M^{n+} + H_2O \xrightleftharpoons{K_a} MOH^{(n-1)+} + H^+$$

Íons metálicos monovalentes são ácidos muitos fracos (Na^+, $K_a = 10^{-13,9}$). Íons bivalentes tendem a ser mais fortes (Fe^{2+}, $K_a = 10^{-9,4}$) e os íons trivalentes são ácidos ainda mais fortes (Fe^{3+}, $K_a = 10^{-2,19}$).

Ácidos e Bases Polipróticos

Ácidos e bases polipróticos são compostos que podem doar ou receber mais de um próton. O ácido oxálico, por exemplo, é diprótico, e o íon fosfato é tribásico:

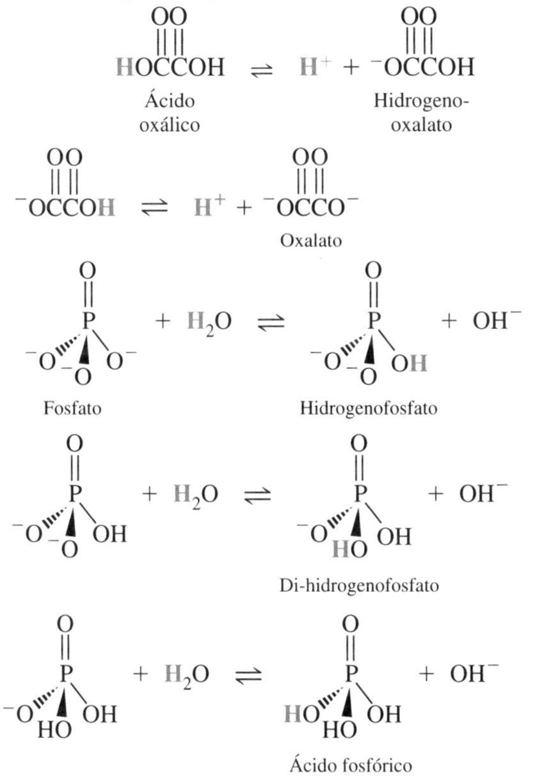

$$\text{HOCCOH} \rightleftharpoons H^+ + {}^-\text{OCCOH} \qquad K_{a1} = 5{,}62 \times 10^{-2} \quad (6.30)$$

Ácido oxálico — Hidrogeno-oxalato

$${}^-\text{OCCOH} \rightleftharpoons H^+ + {}^-\text{OCCO}^- \qquad K_{a2} = 5{,}42 \times 10^{-5} \quad (6.31)$$

Oxalato

$$\text{PO}_4^{3-} + H_2O \rightleftharpoons \text{HPO}_4^{2-} + OH^- \qquad K_{b1} = 2{,}3 \times 10^{-2} \quad (6.32)$$

Fosfato — Hidrogenofosfato

$$\text{HPO}_4^{2-} + H_2O \rightleftharpoons \text{H}_2\text{PO}_4^- + OH^- \qquad K_{b2} = 1{,}60 \times 10^{-7} \quad (6.33)$$

Di-hidrogenofosfato

$$\text{H}_2\text{PO}_4^- + H_2O \rightleftharpoons \text{H}_3\text{PO}_4 + OH^- \qquad K_{b3} = 1{,}42 \times 10^{-12} \quad (6.34)$$

Ácido fosfórico

A notação-padrão para constantes de dissociação sucessivas de um ácido poliprótico é K_1, K_2, K_3 e assim por diante, com o subscrito "a" normalmente omitido. Conservamos ou omitimos o subscrito conforme seja necessário para o entendimento. Para sucessivas constantes de hidrólise básica, conservamos o subscrito "b". Os exemplos aqui registrados ilustram que K_{a1} (ou K_1) *refere-se às espécies ácidas com a maioria dos prótons e K_{b1} refere-se às espécies básicas com o menor número de prótons.* O ácido carbônico, um ácido carboxílico diprótico muito importante, derivado do CO_2, está descrito no Boxe 6.4.

Relação entre K_a e K_b

Existe uma relação muito importante entre K_a e K_b para um par ácido-base conjugado em solução aquosa. Podemos obter esse resultado com o ácido HA e sua base conjugada A^-.

$$HA \rightleftharpoons H^+ + A^- \qquad K_a = \frac{[H^+][A^-]}{[HA]}$$

$$A^- + H_2O \rightleftharpoons HA + OH^- \qquad K_b = \frac{[HA][OH^-]}{[A^-]}$$

$$\overline{H_2O \rightleftharpoons H^+ + OH^-} \qquad K_w = K_a \cdot K_b$$

$$= \frac{[H^+][A^-]}{[HA]} \cdot \frac{[HA][OH^-]}{[A^-]}$$

Quando essas reações são somadas, as suas constantes de equilíbrio se multiplicam, de forma que,

Relação entre K_a e K_b para o par conjugado: $\qquad K_a \cdot K_b = K_w \qquad (6.35)$

A Equação 6.35 aplica-se a qualquer ácido e sua base conjugada em solução aquosa.

Desafio: o fenol (C_6H_5OH) é um ácido fraco. Explique por que uma solução de fenolato de potássio ($C_6H_5O^-K^+$), um composto iônico, é alcalina.

Íons de metais em meio aquoso estão associados a (*hidratados* por) muitas moléculas de H_2O, de modo que a reação de dissociação do ácido é escrita mais corretamente como

$$M(H_2O)_x^{n+} \rightleftharpoons M(H_2O)_{x-1}(OH)^{(n-1)+} + H^+$$

Notação para constantes de dissociação ácidas e básicas: K_{a1} refere-se às espécies ácidas com a maioria dos prótons, e K_{b1} refere-se às espécies básicas com o menor número de prótons. O subscrito "a", relativo às constantes de dissociação ácidas, é normalmente omitido.

Para um par ácido-base conjugado, em solução aquosa, temos $K_a \cdot K_b = K_w$.

BOXE 6.4 Ácido Carbônico[31]

O ácido carbônico (H_2CO_3) é formado pela reação do dióxido de carbono com água:

$$CO_2(g) \rightleftharpoons CO_2(aq) \qquad K = \frac{[CO_2(aq)]}{P_{CO_2}} = 0{,}034\,4$$

$$CO_2(aq) + H_2O \rightleftharpoons$$

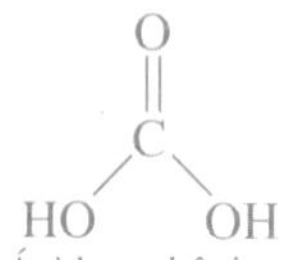

Ácido carbônico

$$K = \frac{[H_2CO_3]}{[CO_2(aq)]} \approx 0{,}002$$

$$\underset{\text{Bicarbonato}}{H_2CO_3 \rightleftharpoons HCO_3^- + H^+} \qquad K_{a1} = 4{,}46 \times 10^{-7}$$

$$\underset{\text{Carbonato}}{HCO_3^- \rightleftharpoons CO_3^{2-} + H^+} \qquad K_{a2} = 4{,}69 \times 10^{-11}$$

Seu comportamento como um ácido diprótico a princípio parece anômala, porque o valor de K_{a1} é cerca de 10^2 a 10^4 vezes menor do que o K_a para outros ácidos carboxílicos.

CH_3CO_2H Ácido acético $K_a = 1{,}75 \times 10^{-5}$	HCO_2H Ácido fórmico $K_a = 1{,}80 \times 10^{-4}$
$N \equiv CCH_2CO_2H$ Ácido cianoacético $K_a = 3{,}37 \times 10^{-3}$	$HOCH_2CO_2H$ Ácido glicólico $K_a = 1{,}48 \times 10^{-4}$

A razão para essa anomalia não é que o H_2CO_3 se comporte de maneira não usual, mas sim porque o valor normalmente dado para K_{a1} aplica-se à equação

$$\underset{(= CO_2(aq) + H_2CO_3)}{\text{Todo o } CO_2 \text{ dissolvido}} \rightleftharpoons HCO_3^- + H^+$$

$$K_{a1} = \frac{[HCO_3^-][H^+]}{[CO_2(aq) + H_2CO_3]} = 4{,}46 \times 10^{-7}$$

Apenas cerca de 0,2% do CO_2 dissolvido está na forma H_2CO_3. Quando o valor verdadeiro de $[H_2CO_3]$ é usado no lugar do valor $[H_2CO_3 + CO_2(aq)]$, o valor da constante de equilíbrio torna-se

$$K_{a1} = \frac{[HCO_3^-][H^+]}{[H_3CO_3]} = 2 \times 10^{-4}$$

A hidratação do CO_2 (reação do CO_2 com H_2O) e a desidratação do H_2CO_3 são reações lentas, que podem ser demonstradas com facilidade em sala de aula.[31] Células vivas utilizam a enzima anidrase carbônica para acelerar a velocidade com que o H_2CO_3 e o CO_2 atingem o equilíbrio, de modo a processar esse metabólito importante. A enzima produz um ambiente propício para a reação do CO_2 com OH^-, abaixando a energia de ativação (a barreira de energia para a reação) de 50 para 26 kJ/mol e aumentando a velocidade da reação por um fator maior do que 10^6. Uma molécula de anidrase carbônica pode catalisar a conversão de 600 mil moléculas de CO_2 a cada segundo.

Estima-se que o ácido carbônico tenha uma meia-vida de 200 mil anos em fase gasosa a 300 K na ausência de água.[32] Calcula-se que a presença de apenas duas moléculas de água por H_2CO_3 reduz a meia-vida para 2 minutos. O dímero $(H_2CO_3)_2$ ou oligômeros $(H_2CO_3)_n$[33] são conhecidos, e o monômero foi preparado e estudado em fase gasosa e em uma matriz de argônio a 8 K.[34]

EXEMPLO Determinação do K_b para a Base Conjugada

Sabendo que o K_a para o ácido acético é $1{,}75 \times 10^{-5}$ (Reação 6.26), determine o K_b para o íon acetato.

Solução Isso é algo trivial:†

$$K_b = \frac{K_w}{K_a} = \frac{1{,}0 \times 10^{-14}}{1{,}75 \times 10^{-5}} = 5{,}7 \times 10^{-10}$$

TESTE-SE K_a para o ácido cloroacético é $1{,}36 \times 10^{-3}$. Determine o K_b para o íon cloroacetato. (***Resposta:*** $7{,}4 \times 10^{-12}$.)

EXEMPLO Determinação do K_a para o Ácido Conjugado

Sabendo que o K_b para a metilamina é $4{,}47 \times 10^{-4}$ (Reação 6.27), determine o K_a para o íon metilamônio.

Solução Do mesmo modo que no exemplo anterior, escrevemos:

$$K_a = \frac{K_w}{K_b} = 2{,}2 \times 10^{-11}$$

TESTE-SE O K_b para a dimetilamina é $5{,}9 \times 10^{-4}$. Determine o K_a para o íon dimetilamônio. (***Resposta:*** $1{,}7 \times 10^{-11}$.)

† Neste livro, usamos $K_w = 10^{-14,00} = 1{,}0 \times 10^{-14}$ a 25 ºC. O valor mais exato dado pela Tabela 6.1 é $K_w = 10^{-13,995}$. Para o ácido acético com $K_a = 10^{-4,756}$, o valor exato de K_b é $10^{-(13,995 \times 4,756)} = 10^{-9,239} = 5{,}77 \times 10^{-10}$.

Para um ácido diprótico, podemos obter relações entre cada um dos dois ácidos e suas bases conjugadas:

$$\begin{array}{lll} \cancel{H_2A} \rightleftharpoons H^+ + \cancel{HA^-} & K_{a1} \\ \cancel{HA^-} + H_2O \rightleftharpoons \cancel{H_2A} + OH^- & K_{b2} \\ \hline H_2O \rightleftharpoons H^+ + OH^- & K_w \end{array} \qquad \begin{array}{lll} \cancel{HA^-} \rightleftharpoons H^+ + \cancel{A^{2-}} & K_{a2} \\ \cancel{A^{2-}} + H_2O \rightleftharpoons \cancel{HA^-} + OH^- & K_{b1} \\ \hline H_2O \rightleftharpoons H^+ + OH^- & K_w \end{array}$$

Os resultados finais são

Relação geral entre K_a e K_b:

$$K_{a1} \cdot K_{b2} = K_w \quad (6.36)$$

$$K_{a2} \cdot K_{b1} = K_w \quad (6.37)$$

Desafio: deduza os resultados que se seguem para um ácido triprótico:

$$K_{a1} \cdot K_{b3} = K_w \quad (6.38)$$

$$K_{a2} \cdot K_{b2} = K_w \quad (6.39)$$

$$K_{a3} \cdot K_{b1} = K_w \quad (6.40)$$

Maneiras Simplificadas de Representar Estruturas Orgânicas

Começamos a encontrar neste livro muitos compostos orgânicos (compostos que contêm carbono). Químicos e bioquímicos usam convenções simples para representar moléculas, sem ter que escrever todos os átomos. Cada vértice de uma estrutura deve ser visto como um átomo de carbono, a menos que seja explicitado de outra forma. Nas fórmulas simplificadas, normalmente omitimos as ligações entre o carbono e o hidrogênio. O carbono forma quatro ligações químicas. Se observarmos a representação de um átomo de carbono onde existem menos de quatro ligações, devemos considerar as ligações que não estão representadas como ligações do átomo de carbono com átomos de hidrogênio, que não estão representados. A seguir temos um exemplo:

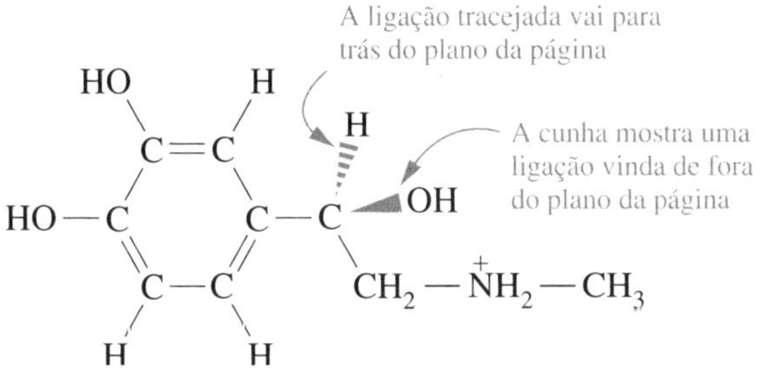

Epinefrina (também chamada adrenalina)

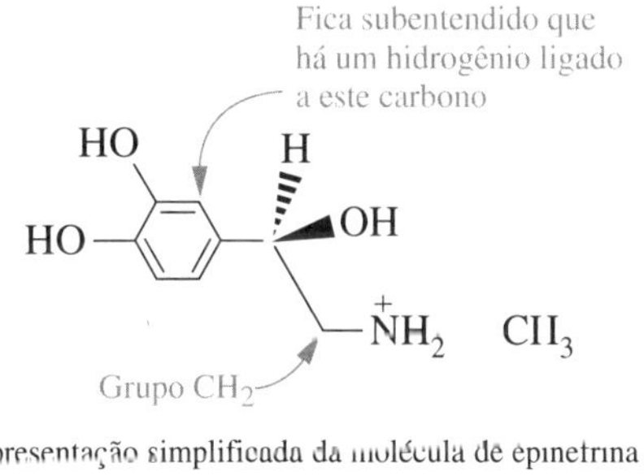

Representação simplificada da molécula de epinefrina

O benzeno, C_6H_6, possui duas estruturas ressonantes equivalentes e, por isso, todas as ligações C—C são equivalentes. Frequentemente desenhamos anéis benzênicos com um círculo em lugar de três ligações duplas.

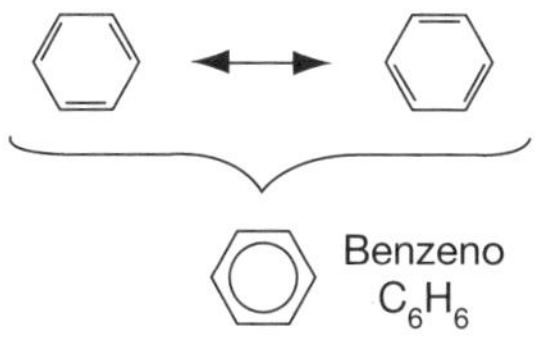

A representação simplificada da molécula de epinefrina mostra que o átomo de carbono, na parte superior direita do anel benzênico de seis membros, forma três ligações com outros átomos de carbono (uma ligação simples e uma ligação dupla), consequentemente, deverá existir um átomo de hidrogênio ligado a este átomo de carbono. O átomo de carbono do lado esquerdo do anel benzênico forma três ligações com outros átomos de carbono e uma ligação com um átomo de oxigênio. Como já existem quatro ligações, não há átomo de hidrogênio oculto ligado a este carbono. No grupo CH_2, adjacente ao nitrogênio, ambos os átomos de hidrogênio são omitidos na estrutura simplificada.

Termos Importantes

ácido	autoprotólise	constante de equilíbrio	desproporcionamento
ácido carboxílico	base	constante de formação cumulativa	efeito do íon comum
ácido de Brønsted-Lowry	base de Brønsted-Lowry	constante de formação em etapas	endotérmico
ácido de Lewis	base de Lewis	constante de formação global	energia livre de Gibbs
ácido poliprótico	base poliprótica	constante de hidrólise da base (K_b)	estado-padrão
amina	constante de dissociação do ácido (K_a)	coprecipitação	exotérmico
ânion carboxilato			íon amônio

íon complexo	par iônico	sal	solvente prótico
íon hidrônio	pH	solução ácida	variação de entalpia
ligante	princípio de Le Châtelier	solução básica (alcalina)	variação de entropia
neutralização	produto de solubilidade	solução saturada	
par ácido-base conjugado	quociente de reação	solvente aprótico	

Resumo

Para a reação aA + bB $\rightleftharpoons$ cC + dD, a constante de equilíbrio é $K = [C]^c[D]^d/[A]^a[B]^b$. As concentrações dos solutos devem ser expressas em mols por litro, as concentrações dos gases devem ser expressas em bar, e as concentrações de sólidos e líquidos puros e dos solventes são omitidas. Se o sentido da reação é invertido, $K' = 1/K$. Se duas reações são adicionadas, $K_3 = K_1K_2$. O valor da constante de equilíbrio pode ser calculado a partir da variação da energia livre para uma reação química: $K = e^{-\Delta G°/RT}$. A equação $\Delta G = \Delta H - T\Delta S$ resume as seguintes observações: uma reação é favorecida se ela libera calor (exotérmica, ΔH negativo) ou se aumenta a entropia (ΔS positivo). A variação de entropia é a quantidade de energia, a uma dada temperatura, dispersa em movimentos de moléculas no sistema. O princípio de Le Châtelier prevê o efeito em uma reação química quando reagentes ou produtos são adicionados, ou quando a temperatura é alterada. O quociente de reação, Q, expressa como o sistema deve mudar para atingir o equilíbrio.

O produto de solubilidade é a constante de equilíbrio para a dissolução de um sal sólido em seus íons constituintes em soluções aquosas. O efeito do íon comum é a observação de que, se um dos íons de um sal já está presente na solução, a solubilidade desse sal diminui. Algumas vezes, é possível precipitar seletivamente um íon presente em uma solução que contenha outros íons mediante a adição de um contraíon adequado. Em altas concentrações de ligantes, o íon metálico precipitado pode voltar a se dissolver devido à formação de íons complexos solúveis. Em um complexo de íon metálico, o metal é um ácido de Lewis (receptor de um par de elétrons) e o ligante é uma base de Lewis (doador de um par de elétrons).

Ácidos de Brønsted-Lowry são doadores de prótons, e bases de Brønsted-Lowry são receptores de prótons. Um ácido aumenta a concentração de H_3O^+, em solução aquosa, e a base aumenta a concentração de OH^-. Um par ácido-base, que se relaciona por meio do ganho ou perda de um único próton, é descrito como um par conjugado. Quando um próton é transferido de uma molécula para outra molécula de um solvente prótico, a reação é denominada autoprotólise.

A definição pH = $-\log[H^+]$ será modificada posteriormente com base no conceito de atividade. K_a é a constante de equilíbrio para a dissociação de um ácido: HA + $H_2O \rightleftharpoons H_3O^+ + A^-$. K_b é a constante de dissociação da base para a reação B + $H_2O \rightleftharpoons BH^+ + OH^-$. Quando K_a ou K_b são grandes, diz-se que o ácido ou a base é forte, caso contrário, o ácido ou a base é fraca. Os ácidos e bases fortes mais comuns estão listados na Tabela 6.2, que deve ser memorizada. Os ácidos fracos mais comuns são os ácidos carboxílicos (RCO_2H), e as bases fracas mais comuns são as aminas (R_3N:). Os ânions carboxilato (RCO_2^-) são bases fracas, e os íons amônio (R_3NH^+) são ácidos fracos. Cátions metálicos são também ácidos fracos. Para um par ácido-base conjugado em água, $K_a \cdot K_b = K_w$. Para os ácidos polipróticos, representamos as constantes de dissociação ácidas sucessivas como K_{a1}, K_{a2}, K_{a3}, ..., ou apenas K_1, K_2, K_3, ... Para espécies polibásicas, representamos as constantes de hidrólise sucessivas como K_{b1}, K_{b2}, K_{b3}, ... Para um sistema diprótico, as relações entre as constantes de dissociação ácidas e básicas sucessivas são $K_{a1} \cdot K_{b2} = K_w$ e $K_{a2} \cdot K_{b1} = K_w$. Para um sistema triprótico, as relações são $K_{a1} \cdot K_{b3} = K_w$, $K_{a2} \cdot K_{b2} = K_w$ e $K_{a3} \cdot K_{b1} = K_w$.

Na representação simplificada de estruturas orgânicas, cada vértice é um átomo de carbono. Se forem mostradas menos de quatro ligações para o carbono, fica subentendido que átomos de H estão ligados ao carbono, formando efetivamente quatro ligações.

Exercícios

6.A. Considere os equilíbrios a seguir, nos quais todos os íons são aquosos:

(1) $Ag^+ + Cl^- \rightleftharpoons AgCl(aq)$ $\quad K = 2,0 \times 10^3$

(2) $AgCl(aq) + Cl^- \rightleftharpoons AgCl_2^-$ $\quad K = 9,3 \times 10^1$

(3) $AgCl(s) \rightleftharpoons Ag^+ + Cl^-$ $\quad K = 1,8 \times 10^{10}$

(a) Calcule o valor numérico da constante de equilíbrio para a reação $AgCl(s) \rightleftharpoons AgCl(aq)$.

(b) Calcule a concentração de AgCl(aq) em equilíbrio com AgCl sólido em excesso (não dissolvido).

(c) Encontre o valor numérico de K para a reação $AgCl_2^- \rightleftharpoons AgCl(s) + Cl^-$.

6.B. A Reação 6.8 atinge o equilíbrio em uma solução contendo inicialmente BrO_3^- 0,010 0 M, Cr^{3+} 0,010 0 M e H^+ 1,00 M. Para determinar as concentrações no equilíbrio podemos construir uma tabela mostrando as concentrações iniciais e finais. Utilizando os coeficientes estequiométricos da reação, dizemos que, se x mol de Br^- são formados, então x mol de $Cr_2O_7^{2-}$ e $8x$ mol de H^+ também são formados. Para a formação de x mol de Br^- terão que ser consumidos x mol de BrO_3^- e $2x$ mol de Cr^{3+}.

(a) Escreva a expressão da constante de equilíbrio, que deverá ser resolvida em função do valor de x, para o cálculo das concentrações finais das espécies em equilíbrio. Não tente resolver a equação.

	BrO_3^-	+	$2Cr^{3+}$	+	$4H_2O \rightleftharpoons Br^-$	+	$Cr_2O_7^{2-}$	+	$8H^+$
Concentração inicial	0,010 0		0,010 0						1,00
Concentração final	0,010 0 − x		0,010 0 − $2x$		x		x		1,00 + $8x$

(b) Sendo $K = 1 \times 10^{11}$, é razoável supor que a reação será aproximadamente "completa". Isto é, esperamos que tanto a concentração de Br^- quanto a de $Cr_2O_7^{2-}$ estejam próximas de 0,005 00 M no equilíbrio. (Por quê?) Isto significa que $x \approx 0{,}005\,00$ M. Para este valor de x, $[H^+] = 1{,}00 + 8x = 1{,}04$ M e $[BrO_3^-] = 0{,}010\,0 - x = 0{,}005\,0$ M. Entretanto, não podemos dizer que $[Cr^{3+}] = 0{,}010\,0 - 2x = 0$, porque tem que haver uma pequena concentração de Cr^{3+} no equilíbrio. Resolva a equação para $[Cr^{3+}]$, a concentração de Cr^{3+}. O Cr^{3+} é o *reagente limitante* neste problema. A reação utiliza completamente o Cr^{3+} antes de consumir o BrO_3^-.

6.C. Determine a $[La^{3+}]$ em uma solução quando excesso de iodato de lantânio sólido, $La(IO_3)_3$, é agitado com solução de $LiIO_3$ 0,050 M, até que o sistema entre em equilíbrio. Admita que o IO_3^- proveniente do $La(IO_3)_3$ é desprezível comparado com aquele oriundo do $LiIO_3$.

6.D. O que será mais solúvel (em número de mols de metal dissolvido por litro de solução), $Ba(IO_3)_2$ ($K_{ps} = 1{,}5 \times 10^{-9}$) ou $Ca(IO_3)_2$ ($K_{ps} = 7{,}1 \times 10^{-7}$)? Dê um exemplo de uma reação química que poderia ocorrer e que inverteria as solubilidades previstas.

6.E. (a) O Fe(III) precipita a partir de uma solução ácida pela adição de OH^- para formar $Fe(OH)_3(s)$. Em que concentração de OH^- a concentração de Fe(III) será reduzida a $1{,}0 \times 10^{-10}$ M?

(b) Se o Fe(II) for usado no lugar do Fe(III), que concentração de OH^- será necessária para reduzir a concentração de Fe(II) a $1{,}0 \times 10^{-10}$ M?

6.F. É possível precipitar 99,0% de Ce^{3+} 0,010 M por adição de oxalato ($C_2O_4^{2-}$) sem precipitar Ca^{2+} 0,010 M?

$$CaC_2O_4 \qquad K_{ps} = 1{,}3 \times 10^{-8}$$
$$Ce_2(C_2O_4)_3 \qquad K_{ps} = 5{,}9 \times 10^{-30}$$

6.G. Para uma solução de Ni^{2+} e etilenodiamina, aplicam-se as seguintes constantes de equilíbrio, a 20 °C:

$$Ni^{2+} + H_2NCH_2CH_2NH_2 \rightleftharpoons Ni(en)^{2+} \quad \log K_1 = 7{,}52$$
Etilenodiamina (abreviada como en)

$$Ni(en)^{2+} + en \rightleftharpoons Ni(en)_2^{2+} \qquad \log K_2 = 6{,}32$$
$$Ni(en)_2^{2+} + en \rightleftharpoons Ni(en)_3^{2+} \qquad \log K_3 = 4{,}499$$

Calcule a concentração de Ni^{2+} livre em uma solução preparada pela mistura de 0,100 mol de en e 1,00 mL de solução de Ni^{2+} 0,010 0 M e diluída a 1,00 L com solução de base diluída (a qual mantém toda a en na sua forma não protonada). Suponha que aproximadamente todo o Ni está na forma $Ni(en)_3^{2+}$, de modo que $[Ni(en)_3^{2+}] = 1{,}00 \times 10^{-5}$ M. Calcule as concentrações do $Ni(en)^{2+}$ e $Ni(en)_2^{2+}$ e verifique que elas são desprezíveis em comparação com a $[Ni(en)_3^{2+}]$.

6.H. Se cada uma das substâncias seguintes for dissolvida em água, a solução obtida será ácida, básica ou neutra?

(a) Na^+Br^-
(b) $Na^+CH_3CO_2^-$
(c) $NH_4^+Cl^-$
(d) K_3PO_4
(e) $(CH_3)_4N^+Cl^-$
(f) $(CH_3)_4N^+$⟨⟩$-CO_2^-$
(g) $Fe(NO_3)_3$

6.I. O ácido succínico se dissocia em duas etapas:

$$HOCCH_2CH_2COH \stackrel{K_1}{\rightleftharpoons} HOCCH_2CH_2CO^- + H^+$$
$$K_1 = 6{,}2 \times 10^{-5}$$

$$HOCCH_2CH_2CO^- \stackrel{K_2}{\rightleftharpoons} {}^-OCCH_2CH_2CO^- + H^+$$
$$K_2 = 2{,}3 \times 10^{-6}$$

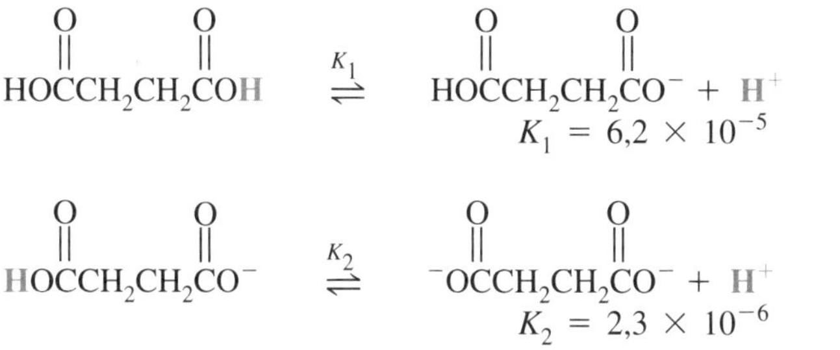

Calcule K_{b1} e K_{b2} para as seguintes reações:

$${}^-OCCH_2CH_2CO^- + H_2O \stackrel{K_{b1}}{\rightleftharpoons} HOCCH_2CH_2CO^- + OH^-$$

$$HOCCH_2CH_2CO^- + H_2O \stackrel{K_{b2}}{\rightleftharpoons} HOCCH_2CH_2COH + OH^-$$

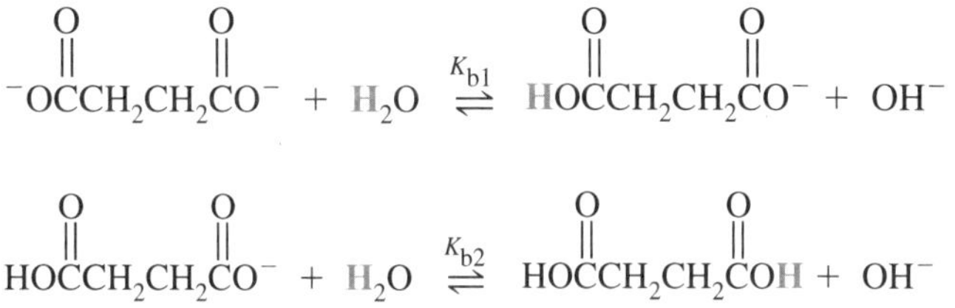

6.J. A histidina é um aminoácido triprótico:

(estrutura com $K_1 = 3 \times 10^{-2}$)

$K_2 = 8{,}5 \times 10^{-7}$

$K_3 = 4{,}6 \times 10^{-10}$

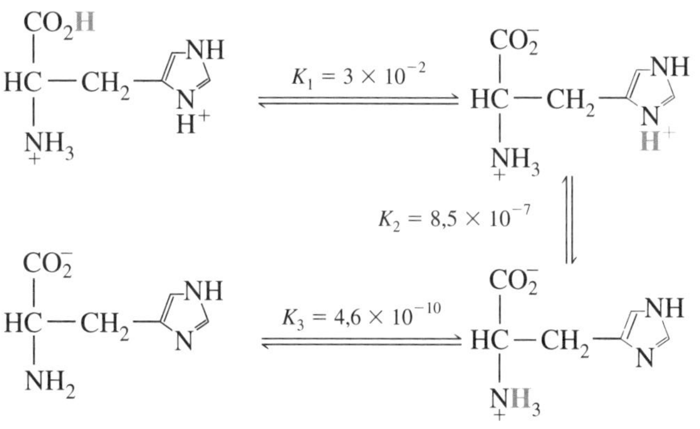

Qual é o valor da constante de equilíbrio para a reação a seguir?

(reação do tautômero com $H_2O \rightleftharpoons$ produto + OH^-)

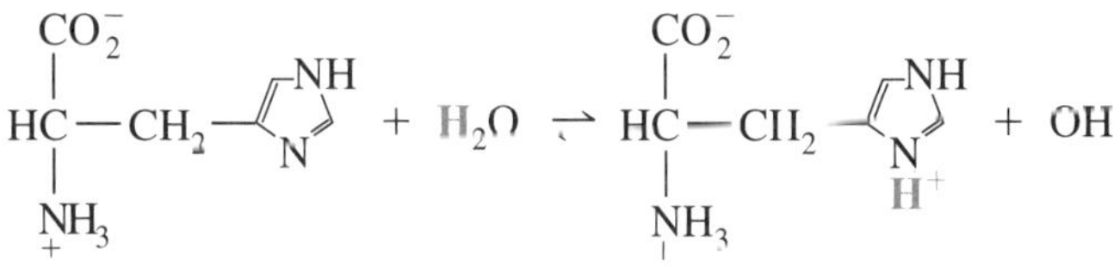

6.K. (a) Usando os valores de K_w, da Tabela 6.1, calcule o pH da água pura a 0 °C, 20 °C e 40 °C.

(b) Para a reação $D_2O \rightleftharpoons D^+ + OD^-$, $K = [D^+][OD^-] = 1{,}35 \times 10^{-15}$, a 25 °C. Nesta equação, D significa deutério, que é o isótopo ^2H. Qual o valor de pD ($= -\log[D^+]$) para D_2O neutra?

Problemas

Equilíbrio e Termodinâmica

6.1. Para calcular a constante de equilíbrio na Equação 6.2, precisamos expressar as concentrações dos solutos em mol/L, a pressão de gases em bar e omitir sólidos, líquidos e solventes. Explique por quê.

6.2. Por que dizemos que a constante de equilíbrio para a reação $H_2O \rightleftharpoons H^+ + OH^-$ (ou qualquer outra reação) é adimensional?

6.3. Predições sobre a direção de uma reação baseadas na energia livre de Gibbs, ou no princípio de Le Châtelier, são consideradas *termodinâmicas* e não *cinéticas*. Explique o que isso significa.

6.4. Escreva a expressão da constante de equilíbrio para cada uma das reações que se seguem. Escreva a pressão de uma molécula, X, no estado gasoso, como P_X.

(**a**) $3Ag^+(aq) + PO_4^{3-}(aq) \rightleftharpoons Ag_3PO_4(s)$

(**b**) $C_6H_6(l) + \frac{15}{2}O_2(g) \rightleftharpoons 3H_2O(l) + 6CO_2(g)$

6.5. Para a reação $2A(g) + B(aq) + 3C(l) \rightleftharpoons D(s) + 3E(g)$, as concentrações em equilíbrio são

A: $2{,}8\times10^3$ Pa	C: 12,8 M	E: $3{,}6\times10^4$ Torr
B: $1{,}2\times10^{-2}$ M	D: 16,5 M	

Determine o valor numérico da constante de equilíbrio que deve constar em uma tabela convencional de constantes de equilíbrio.

6.6. A partir das equações

$$HOCl \rightleftharpoons H^+ + OCl^- \qquad K = 3{,}0 \times 10^{-8}$$

$$HOCl + OBr^- \rightleftharpoons HOBr + OCl^- \qquad K = 15$$

determine o valor de K para a reação $HOBr \rightleftharpoons H^+ + OBr^-$.

6.7. (**a**) Uma variação favorável de entropia ocorre quando ΔS é positivo. A ordem do sistema aumenta ou diminui quando ΔS é positivo?

(**b**) Uma variação favorável de entalpia ocorre quando ΔH é negativo. O sistema absorve ou libera calor quando ΔH é negativo?

(**c**) Escreva a relação entre ΔG, ΔH e ΔS. Use os resultados de (**a**) e (**b**) para dizer se ΔG será positivo ou negativo para transformações espontâneas.

6.8. Para a reação $HCO_3^- \rightleftharpoons H^+ + CO_3^{2-}$, $\Delta G° = +59{,}0$ kJ/mol, a 298,15 K. Determine o valor de K para essa reação.

6.9. A formação do tetrafluoretileno a partir de seus elementos é altamente exotérmica:

$$\underset{\text{Flúor}}{2F_2(g)} + \underset{\text{Grafita}}{2C(s)} \rightleftharpoons \underset{\text{Tetrafluoretileno}}{F_2C{=}CF_2(g)}$$

(**a**) Se uma mistura de F_2, grafita e C_2F_4 está em equilíbrio em um recipiente fechado, a reação se deslocará para a direita ou para a esquerda quando F_2 é adicionado?

(**b**) Uma rara bactéria do planeta Teflon se alimenta de C_2F_4 e produz Teflon para as suas paredes celulares. A reação de deslocará para a direita ou para a esquerda quando essas bactérias forem adicionadas?

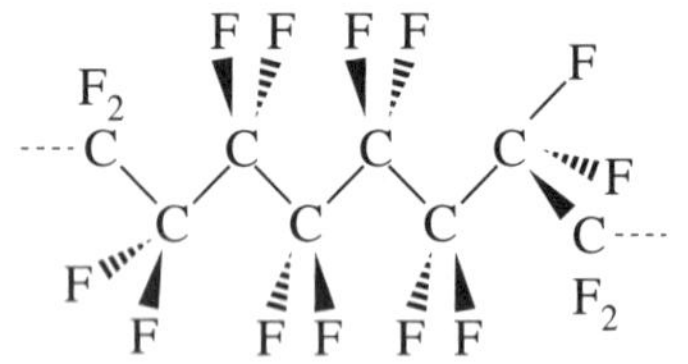

Teflon

(**c**) A reação se deslocará para a direita ou para a esquerda se adicionamos grafita sólida? (Despreze qualquer efeito de aumento de pressão produzido pelo decréscimo de volume no recipiente quando é adicionado o sólido.)

(**d**) A reação se deslocará para a direita ou para a esquerda, se o recipiente for comprimido a um oitavo do seu volume original?

(**e**) A constante de equilíbrio se tornará maior ou menor se o recipiente for aquecido?

6.10. $BaCl_2 \cdot H_2O(s)$ perde água quando ele é aquecido em um forno:

$$BaCl_2 \cdot H_2O(s) \rightleftharpoons BaCl_2(s) + H_2O(g)$$

$$\Delta H° = 63{,}11 \text{ kJ/mol a } 25\ °C$$

$$\Delta S° = +148 \text{ J/(K·mol) a } 25\ °C$$

(**a**) Escreva a constante de equilíbrio para essa reação. Calcule a pressão de vapor da H_2O gasosa (P_{H_2O}) sobre o $BaCl_2 \cdot H_2O$ a 298 K.

(**b**) Supondo que $\Delta H°$ e $\Delta S°$ não dependem da temperatura (uma suposição aproximada), estime a temperatura em que a pressão de vapor da P_{H_2O} sobre o $BaCl_2 \cdot H_2O(s)$ será de 1 bar.

6.11. A constante de equilíbrio para a reação $NH_3(aq) + H_2O \rightleftharpoons NH_4^+ + OH^-$ é $K_b = 1{,}479 \times 10^{-5}$ a 5 °C e $1{,}570 \times 10^{-5}$ a 10 °C.

(**a**) Supondo que $\Delta H°$ e $\Delta S°$ são constantes no intervalo de 5–10 °C (provavelmente uma boa suposição para um ΔT pequeno), use a Equação 6.9 para determinar o valor de $\Delta H°$ para a reação nessa faixa de temperatura.

(**b**) Admita que a constante de equilíbrio de uma reação foi medida em diversas temperaturas em um intervalo de temperatura pequeno. Descreva como a Equação 6.9 pode ser usada para elaborar um gráfico linear para determinar $\Delta H°$, se $\Delta H°$ e $\Delta S°$ são constantes nessa faixa de temperatura.

6.12. Para a reação $H_2(g) + Br_2(g) \rightleftharpoons 2HBr(g)$, $K = 7{,}2 \times 10^{-4}$, a 1 362 K, e $\Delta H°$ é positivo. Um recipiente é carregado com 48,0 Pa de HBr, 1 370 Pa de H_2 e 3 310 Pa de Br_2 a 1 362 K.

(**a**) A reação avançará para a direita ou para a esquerda para atingir o equilíbrio?

(**b**) Calcule a pressão (em pascals) de cada espécie no recipiente no equilíbrio.

(**c**) Se a mistura no equilíbrio é comprimida à metade de seu volume original, a reação irá para a direita ou para a esquerda para restabelecer o equilíbrio?

(**d**) Se a mistura no equilíbrio é aquecida de 1 362 até 1 407 K, o HBr será formado ou consumido de forma a restabelecer o equilíbrio?

6.13. A *Lei de Henry* estabelece que a concentração de um gás dissolvido em um líquido é proporcional à pressão do gás. Esta lei é uma consequência do equilíbrio

$$X(g) \xrightleftharpoons{K_h} X(aq) \qquad K_h = \frac{[X]}{P_X}$$

em que K_h é a constante da lei de Henry. (K_h tem diferentes valores para o mesmo gás em diferentes líquidos.) Para o aditivo de gasolina MTBE, $K_h = 1{,}71$ M/bar. Suponha que tenhamos um recipiente fechado, contendo uma solução aquosa e ar em equilíbrio. Se a concentração de MTBE no líquido é determinada como $1{,}00 \times 10^2$ ppm (= 100 μg MTBE/g de solução ≈ 100 μg/mL), qual a pressão de MTBE no ar?

$CH_3{-}O{-}C(CH_3)_3$ Metil-*t*-butil éter (MTBE, MF 88,15)

Produto de Solubilidade

6.14. Determine a concentração de Cu^+ em equilíbrio com $CuBr(s)$ e Br^- 0,10 M.

6.15. Qual a concentração de $Fe(CN)_6^{4-}$ (ferrocianeto) em equilíbrio com Ag^+ 1,0 μM e $Ag_4Fe(CN)_6(s)$. Expresse sua resposta com um prefixo da Tabela 1.3.

6.16. Determine a concentração de Cu^{2+} em uma solução saturada com $Cu_4(OH)_6(SO_4)$, se a $[OH^-]$ é *fixada* em $1{,}0 \times 10^{-6}$ M. Observe que cada mol de $Cu_4(OH)_6(SO_4)$ fornece 1 mol de SO_4^{2-} e 4 mols de Cu^{2+}.

$$Cu_4(OH)_6(SO_4)(s) \rightleftharpoons 4Cu^{2+} + 6OH^- + SO_4^{2-} \qquad K_{ps} = 2{,}3 \times 10^{-69}$$

6.17. (**a**) A partir do produto de solubilidade do ferrocianeto de zinco $Zn_2Fe(CN)_6$, calcule a concentração de $Fe(CN)_6^{4-}$ em uma solução de $ZnSO_4$ 0,10 mM saturada com $Zn_2Fe(CN)_6$. Suponha que o $Zn_2Fe(CN)_6$ praticamente não produza Zn^{2+}.

(**b**) Que concentração de $K_4Fe(CN)_6$ deve estar em uma suspensão de $Zn_2Fe(CN)_6$ sólido em água para que a $[Zn^{2+}] = 5{,}0 \times 10^{-7}$ M?

6.18. O produto de solubilidade prediz que o cátion A^{3+} pode ser 99,999% separado do cátion B^{2+} por precipitação com o ânion X^-. Quando a separação é executada, encontra-se 0,2% de contaminação de $AX_3(s)$ com o cátion B^{2+}. Explique o que pode ter acontecido.

6.19. Uma solução contém 0,050 0 M de Ca^{2+} e 0,030 0 M de Ag^+. É possível precipitar 99% do Ca^{2+} com sulfato sem que haja precipitação de Ag^+? Qual será a concentração de Ca^{2+} quando o Ag_2SO_4 começar a precipitar?

6.20. Uma solução contém 0,010 M de Ba^{2+} e 0,010 M de Ag^+. Pode ocorrer precipitação de 99,90% de um dos íons com cromato (CrO_4^{2-}), sem que haja precipitação do outro íon metálico?

6.21. Se uma solução 0,10 M de Cl^-, Br^-, I^- e CrO_4^{2-} é tratada com Ag^+, em que ordem precipitarão os ânions?

6.22. Suponha que você precipite Hg_2^{2+} a partir de uma solução contendo 0,01 M de $Hg_2(NO_3)_2$ e 0,01 M de $Pb(NO_3)_2$ mediante adição de íons I^-. Caso deseje saber se uma pequena quantidade de Pb^{2+} coprecipita com Hg_2I_2, você deve determinar Pb na água-mãe (a solução) ou no precipitado? Qual das determinações é a mais sensível? "Sensível", significa capaz de detectar uma pequena quantidade de coprecipitação.

Formação de Complexos

6.23. Explique por que a solubilidade total das espécies de chumbo na Figura 6.3 inicialmente diminui e então cresce com o aumento da concentração de I^-. Dê um exemplo da química que ocorre em cada um dos dois domínios.

6.24. Identifique os ácidos de Lewis nas reações seguintes:

(a) $BF_3 + NH_3 \rightleftharpoons F_3\overset{-}{B}-\overset{+}{N}H_3$

(b) $F^- + AsF_5 \rightleftharpoons AsF_6^-$

6.25. A constante de formação cumulativa para o $SnCl_2(aq)$ em solução de $NaNO_3$ 1,0 M é $\beta_2 = 12$. Determine a concentração de $SnCl_2(aq)$ para uma solução em que as concentrações de Sn^{2+} e Cl^- são ambas de algum modo fixadas em 0,20 M.

6.26. Dados os equilíbrios a seguir, calcule as concentrações de cada uma das espécies contendo zinco, em uma solução saturada com $Zn(OH)_2(s)$ contendo uma $[OH^-]$ constante de $3{,}2 \times 10^{-7}$ M.

$Zn(OH)_2(s)$	$K_{ps} = 3 \times 10^{-16}$
$Zn(OH)^+$	$\beta_1 = 1 \times 10^4$
$Zn(OH)_2(aq)$	$\beta_2 = 2 \times 10^{10}$
$Zn(OH)_3^-$	$\beta_3 = 8 \times 10^{13}$
$Zn(OH)_4^{2-}$	$\beta_4 = 3 \times 10^{15}$

6.27. Apesar de KOH, RbOH e CsOH apresentarem baixa associação entre o metal e o hidróxido, em solução aquosa, o Li^+ e o Na^+ formam complexos com OH^-:

$$Li^+ + OH^- \rightleftharpoons LiOH(aq) \qquad K_1 = \frac{[LiOH(aq)]}{[Li^+][OH^-]} = 0{,}83$$

$$Na^+ + OH^- \rightleftharpoons NaOH(aq) \qquad K_1 = 0{,}20$$

Prepare uma tabela como a do Exercício 6.B mostrando as concentrações iniciais e finais de Na^+, OH^- e $NaOH(aq)$ em uma solução de NaOH 1 F. Calcule a fração de sódio na forma $NaOH(aq)$ no equilíbrio.

6.28. Na Figura 6.3 a concentração de $PbI_2(aq)$ é independente da concentração de I^-. Use alguma das constantes de equilíbrio das Reações 6.12 a 6.16 e encontre a constante de equilíbrio para a reação $PbI_2(s) \rightleftharpoons PbI_2(aq)$, que é igual para a concentração de $PbI_2(aq)$.

Ácidos e Bases

6.29. Faça a distinção entre ácidos e bases de Lewis e ácidos e bases de Brønsted-Lowry. Dê um exemplo de cada um.

6.30. Complete as lacunas:

(a) O produto de reação entre um ácido e uma base de Lewis é chamado _______________.

(b) A ligação entre um ácido e uma base de Lewis é chamada ____________ ou ______________.

(c) Ácidos e bases de Brønsted-Lowry relacionados pelo ganho ou perda de um próton são considerados __________________.

(d) Uma solução é *ácida* se ________________. Uma solução é *básica* se __________________.

6.31. Por que o pH da água destilada é geralmente < 7? Como você pode evitar que isso ocorra?

6.32. Use estruturas eletrônicas de Lewis para indicar por que o hidróxido de tetrametilamônio, $(CH_3)_4N^+OH^-$, é um composto iônico, isto é, mostre por que o hidróxido não está covalentemente ligado ao resto da molécula.

6.33. Identifique os ácidos de Brønsted-Lowry entre os reagentes nas seguintes reações:

(a) $KCN + HI \rightleftharpoons HCN + KI$

(b) $PO_4^{3-} + H_2O \rightleftharpoons HPO_4^{2-} + OH^-$

6.34. Escreva a reação de autoprotólise do H_2SO_4.

6.35. Identifique os pares ácido-base conjugados nas seguintes reações:

(a) $H_3\overset{+}{N}CH_2CH_2\overset{+}{N}H_3 + H_2O \rightleftharpoons H_3\overset{+}{N}CH_2CH_2NH_2 + H_3O^+$

(b)

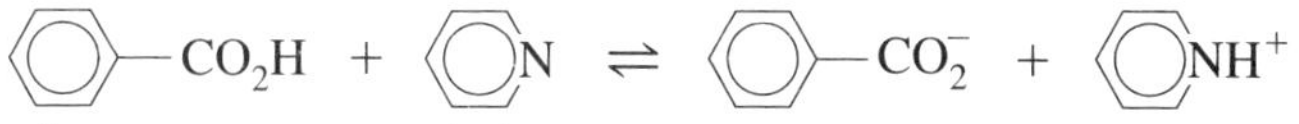

Ácido benzoico Piridina Benzoato Piridínio

pH

6.36. Calcule a concentração de H^+ e o pH das seguintes soluções:

(a) 0,010 M de HNO_3

(b) 0,035 M de KOH

(c) 0,030 M de HCl

(d) 3,0 M de HCl

(e) 0,010 M de $[(CH_3)_4N^+]OH^-$ Hidróxido de tetrametilamônio

6.37. Use a Tabela 6.1 para calcular o pH da água pura a (a) 25 °C e (b) 100 °C.

6.38. A constante de equilíbrio para a reação $H_2O \rightleftharpoons H^+ + OH^-$ é $1{,}0 \times 10^{-14}$ a 25 °C. Qual o valor de K para a reação $4H_2O \rightleftharpoons 4H^+ + 4OH^-$?

6.39. Uma solução ácida contendo La^{3+} 0,010 M é tratada com NaOH até que o $La(OH)_3$ precipite. Em que pH isso ocorre?

6.40. Considere os valores de K_w na Tabela 6.1. Use o princípio de Le Châtelier para decidir se a autoprotólise da água é endotérmica ou exotérmica a (a) 25 °C, (b) 100 °C e (c) 300 °C.

Força dos Ácidos e Bases

6.41. Faça uma lista dos ácidos e bases fortes mais comuns. Memorize essa lista.

6.42. Escreva as fórmulas e os nomes de duas classes de ácidos fracos e duas classes de bases fracas.

6.43. Explique por que íons metálicos hidratados como $(H_2O)_6Fe^{3+}$ sofrem hidrólise produzindo H^+, enquanto ânions hidratados, como o $(H_2O)_6Cl^-$, não sofrem hidrólise com produção de H^+?

6.44. Escreva a reação de dissociação ácida (K_a) para o ácido tricloroacético, Cl_3CCO_2H, para o íon anilônio, 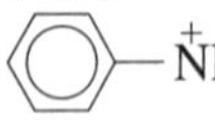 $\overset{+}{N}H_3$, e para o íon lantânio, La^{3+}.

6.45. Escreva as reações de hidrólise da base (K_b) para a piridina e para o sódio 2-mercaptoetanol.

Piridina

$HOCH_2CH_2\ddot{S}{:}^-Na^+$

Sódio 2-mercaptoetanol

6.46. Escreva a reação de dissociação ácida (K_a) e a reação de hidrólise da base (K_b) para o $NaHCO_3$.

6.47. Escreva as etapas das reações ácido-base para os seguintes íons em água. Escreva o símbolo correto (por exemplo, K_{b1}) para a constante de equilíbrio de cada reação.

(**a**) $H_3\overset{+}{N}CH_2CH_2\overset{+}{N}H_3$
Íon etilenodiamônio

(**b**) $^-O\overset{O}{\overset{\|}{C}}CH_2\overset{O}{\overset{\|}{C}}O^-$
Íon malonato

6.48. Qual é o ácido mais forte, (**a**) ou (**b**)?

(**a**) $Cl_2HC\overset{O}{\overset{\|}{C}}OH$
Ácido dicloroacético
$K_a = 8\times10^{-2}$

(**b**) $ClH_2C\overset{O}{\overset{\|}{C}}OH$
Ácido cloroacético
$K_a = 1{,}36\times10^{-3}$

Qual é a base mais forte, (**c**) ou (**d**)?

(**c**) H_2NNH_2
Hidrazina
$K_b = 1{,}1\times10^{-6}$ M

(**d**) $H_2N\overset{O}{\overset{\|}{C}}NH_2$
Ureia
$K_b = 1{,}5\times10^{-14}$

6.49. Escreva a constante de hidrólise da base do CN^-. Dado que o valor de K_a para o HCN é $6{,}2\times10^{-10}$, calcule o K_b para o CN^-.

6.50. Escreva a reação do K_{a2} do ácido fosfórico (H_3PO_4) e a reação do K_{b2} do oxalato de sódio ($Na_2C_2O_4$).

6.51. Dos valores de K_b para o fosfato nas Equações 6.32 a 6.34, calcule os três valores de K_a do ácido fosfórico.

6.52. A partir das constantes de equilíbrio vistas a seguir, calcule a constante de equilíbrio para a reação $HO_2CCO_2H \rightleftharpoons 2H^+ + C_2O_4^{2-}$.

$$HO\overset{O}{\overset{\|}{C}}\overset{O}{\overset{\|}{C}}OH \rightleftharpoons H^+ + {}^-O\overset{O}{\overset{\|}{C}}\overset{O}{\overset{\|}{C}}OH \qquad K_1 = 5{,}6\times10^{-2}$$

Ácido oxálico — mono-hidrogeno-oxalato

$$^-O\overset{O}{\overset{\|}{C}}\overset{O}{\overset{\|}{C}}OH \rightleftharpoons H^+ + {}^-O\overset{O}{\overset{\|}{C}}\overset{O}{\overset{\|}{C}}O^- \qquad K_2 = 5{,}4\times10^{-5}$$

Oxalato

6.53. (**a**) Usando apenas o K_{ps} da Tabela 6.3, calcule quantos mols de $Ca(OH)_2$ serão dissolvidos em 1,00 L de água.

(**b**) Como a solubilidade calculada em (**a**) será afetada pela reação de K_1 na Tabela 6.3?

6.54. O planeta Aragonose (constituído principalmente do mineral aragonita, cuja composição é $CaCO_3$) tem uma atmosfera que contém metano e dióxido de carbono, cada um a uma pressão de 0,10 bar. Os oceanos estão saturados com aragonita e têm uma concentração de H^+ igual a 1,8 $\times$ 10^{-7} M. Dados os equilíbrios que se seguem, calcule quantos gramas de cálcio estão contidos em 2,00 L de água do mar de Aragonose.

$$CaCO_3(s, \text{aragonita}) \rightleftharpoons Ca^{2+}(aq) + CO_3^{2-}(aq) \qquad K_{ps} = 6{,}0\times10^{-9}$$
$$CO_2(g) \rightleftharpoons CO_2(aq) \qquad K_{CO_2} = 3{,}4\times10^{-2}$$
$$CO_2(aq) + H_2O(l) \rightleftharpoons HCO_3^-(aq) + H^+(aq) \qquad K_1 = 4{,}5\times10^{-7}$$
$$HCO_3^-(aq) \rightleftharpoons H^+(aq) + CO_3^{2-}(aq) \qquad K_2 = 4{,}7\times10^{-11}$$

Não se apavore! Inverta a primeira reação, some todas as reações e veja o que se cancela.

7 Vamos Começar as Titulações

TITULAÇÃO EM MARTE

O braço robótico da sonda espacial *Phoenix Mars Lander* escava o solo em Marte para uma análise química. [NASA/JPL-Caltech/University of Arizona/Texas A&M University.]

Em 2008, o Professor Sam Kounaves e seus alunos da Universidade de Tufts (Estados Unidos) ficaram emocionados quando seu Laboratório de Química Úmida a bordo da sonda espacial *Phoenix Mars Lander* começou a enviar de volta dados sobre a composição iônica de amostras de solo marciano recolhidas por um braço robótico. O braço colocava ~1 g de solo por meio de uma peneira em um "béquer" equipado com um conjunto de sensores eletroquímicos descritos no Capítulo 15. A solução aquosa adicionada ao béquer, descrita no Boxe 15.3, lixiviava sais solúveis do solo, enquanto os sensores mediam os íons que apareciam no líquido. Ao contrário de outros íons, o sulfato era medido por meio de uma *titulação de precipitação* com íons Ba^{2+}:

$$BaCl_2(s) \rightarrow Ba^{2+} + 2Cl^-$$
$$SO_4^{2-} + Ba^{2+} \rightarrow BaSO_4(s)$$

À medida que $BaCl_2$ sólido proveniente de um recipiente se dissolvia lentamente no líquido aquoso, $BaSO_4$ precipitava. No Problema 7.21, observaremos que um sensor mostrava um nível muito baixo de Ba^{2+} até que fosse adicionada uma quantidade suficiente de reagente para reagir com todo o íon SO_4^{2-}. Outro sensor indicava um incremento crescente na concentração de íons Cl^- à medida que $BaCl_2$ se dissolvia. O ponto final da titulação era marcado por um aumento súbito da concentração de íons Ba^{2+} após a precipitação final do SO_4^{2-}, enquanto $BaCl_2$ continuava a se dissolver. A elevação da concentração de Cl^- do início da titulação até o ponto final nos indica o quanto de $BaCl_2$ era necessário para consumir SO_4^{2-}. As titulações de duas amostras de sólidos em duas células deram como resultado ~1,3 (±0,5)% m/m de sulfato no solo.[1] Outras evidências sugerem que o sulfato provém principalmente do $MgSO_4$.

Procedimentos em que medimos o volume de reagente necessário para reagir com o analito são chamados **análise volumétrica**. Neste capítulo, discutimos os princípios que se aplicam a todos os procedimentos volumétricos e, então, centralizamos a nossa atenção nas titulações de precipitação. Titulações ácido-base, oxidação-redução, formação de complexo e espectrofotométrica são discutidas posteriormente neste livro em seus respectivos capítulos.

7.1 Titulações

Em uma **titulação**, pequenos volumes de solução de um reagente – o **titulante** – são adicionados ao analito até que a reação termine. A partir da quantidade de titulante consumida, calculamos a quantidade de analito que deve estar presente. O titulante normalmente é transferido a partir de uma bureta (Figura 7.1).

Os requisitos principais para uma reação de titulação são que ela tenha uma grande constante de equilíbrio e que se desenvolva rapidamente. Em outras palavras, cada adição de titulante deve ser completa e rapidamente consumida pelo analito até que este se esgote. As titulações mais comuns são baseadas em reações ácido-base, oxidação-redução, formação de complexo e precipitação.

O **ponto de equivalência** é alcançado quando a quantidade de titulante adicionado é a quantidade exata necessária para uma reação estequiométrica com o analito (o titulado). Por exemplo, 5 mols de ácido oxálico reagem com 2 mols de permanganato em solução ácida quente:

A Reação 7.1 é uma reação de oxidação-redução. Estude o Apêndice D caso necessite recordar como balancear a Reação 7.1.

$$5HO-\overset{\overset{O}{\|}}{C}-\overset{\overset{O}{\|}}{C}-OH + 2MnO_4^- + 6H^+ \rightarrow 10CO_2 + 2Mn^{2+} + 8H_2O \quad (7.1)$$

Analito	Titulante		
Ácido oxálico	Permanganato púrpura	incolor	incolor

Se a solução desconhecida contém 5,000 mmols de ácido oxálico, o ponto de equivalência é alcançado quando 2,000 mmols de MnO_4^- tiverem sido adicionados.

O ponto de equivalência é o resultado ideal (teórico) que procuramos em uma titulação. O que realmente medimos é o **ponto final**, indicado pela mudança súbita em uma propriedade física da solução. Na Reação 7.1, um ponto final conveniente é o aparecimento repentino da cor púrpura do permanganato no erlenmeyer. Antes do ponto de equivalência, todo o permanganato adicionado é consumido pelo ácido oxálico, e a solução titulada permanece incolor. Após o ponto de equivalência, o MnO_4^- adicionado não reage e, portanto, vai se acumulando até atingir uma quantidade suficiente para que seja observado. O *primeiro vestígio* de cor púrpura indica o ponto final. Quanto melhor forem os olhos do operador, mais o ponto final se aproximará do ponto de equivalência real. O ponto final não pode ser exatamente igual ao ponto de equivalência, pois é necessário mais MnO_4^- para surgir a cor púrpura do que o necessário para reagir com o ácido oxálico.

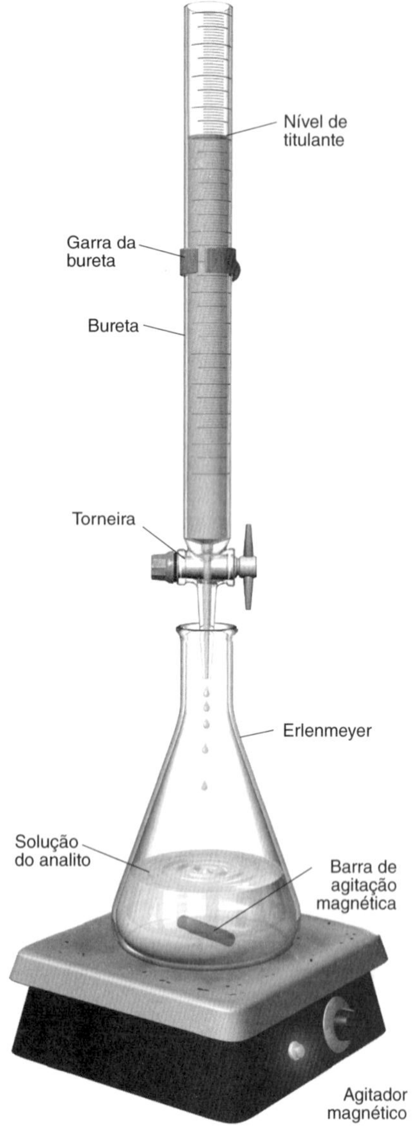

FIGURA 7.1 Montagem típica para uma titulação. O analito está contido no erlenmeyer e o titulante na bureta. A barra de agitação é um ímã recoberto com Teflon, que é inerte para quase todas as soluções. A barra gira em função de um ímã rotatório existente dentro do agitador magnético.

Os métodos para determinar quando o analito foi consumido incluem: (1) a detecção de uma súbita mudança na diferença de potencial ou na corrente elétrica, entre um par de eletrodos (Figura 7.5), (2) a observação da mudança de cor de um indicador (ver Prancha em Cores 3) e (3) o monitoramento da absorbância da luz (Figuras 18.10 e 18.11). Um **indicador** é um composto com uma propriedade física (normalmente a cor) que muda abruptamente próximo do ponto de equivalência. A mudança é causada pelo desaparecimento do analito ou pelo aparecimento de um excesso de titulante.

A diferença entre o ponto final e o ponto de equivalência é o inevitável **erro de titulação**. Pela escolha de uma propriedade física apropriada, cuja mudança é facilmente observada (tal como o pH ou a cor de um indicador), teremos o ponto final muito próximo ao ponto de equivalência. Podemos estimar o erro de titulação com uma **titulação do branco**, na qual o mesmo procedimento é executado *sem a presença* do analito. Por exemplo, podemos titular uma solução que não contém ácido oxálico para ver quanto MnO_4^- é necessário para se observar a cor púrpura. Esse volume de MnO_4^- é então subtraído do volume usado na titulação analítica.

A validade de um resultado analítico depende do conhecimento da quantidade de um dos reagentes usados. Se um titulante é preparado dissolvendo uma quantidade previamente pesada do reagente puro em um volume conhecido de solução, sua concentração pode ser diretamente calculada. Tal reagente é denominado **padrão primário**, porque ele é suficientemente puro para ser pesado e utilizado diretamente. Um padrão primário deve ser 99,9% puro ou mais. Não deve se decompor em condições normais de armazenamento, e deve ser estável quando seco sob aquecimento ou por vácuo, pois a secagem é necessária para remover traços de água adsorvida da atmosfera. Os padrões primários puros de mais alta qualidade vendidos comercialmente, como $CaCO_3$, $AgNO_3$ e Ni metálico, têm certificações de pureza na faixa 100±0,05%. Os padrões primários para muitos elementos estão descritos no Apêndice K. O Boxe 7.1 discute a pureza dos reagentes. O Boxe 3.1 descreve os materiais de referência certificados, os quais permitem aos diferentes laboratórios testar a exatidão de seus procedimentos.

BOXE 7.1 Reagentes Químicos e Padrões Primários

Reagentes químicos são vendidos com vários graus de pureza. Na química analítica, usam-se normalmente nos Estados Unidos substâncias químicas de **grau analítico**, que satisfazem às exigências de pureza fixadas pelo Comitê de Reagentes Analíticos da Sociedade Americana de Química (em inglês, ACS).[2] Uma análise do lote para as impurezas especificadas deve constar no frasco do reagente. Por exemplo, apresenta-se a seguir a análise de um lote de sulfato de zinco:

$ZnSO_4$	Reagente ACS	Análise do lote:
Ensaio: 100,6%	Fe: 0,000 5%	Ca: 0,001%
Matéria insolúvel: 0,002%	Pb: 0,002 8%	Mg: 0,000 3%
pH de uma solução a 25 °C: 5,6	Mn: 0,6 ppm	K: 0,002%
Amônio: 0,000 8%	Nitrato: 0,000 4%	Na: 0,003%
Cloreto: 1,5 ppm		

O valor de ensaio de 100,6% significa que uma análise específica para um dos componentes principais produziu 100,6% do valor teórico. Por exemplo, se o $ZnSO_4$ está contaminado com $Zn(OH)_2$, que tem uma massa molecular menor, o ensaio para o Zn^{2+} fornecerá um valor maior do que o valor para o $ZnSO_4$ puro. Reagentes químicos menos puros são geralmente inadequados para o uso em química analítica, sendo usualmente conhecidos como "quimicamente puro", "prático", "purificado" ou "técnico".

Alguns poucos reagentes químicos são vendidos com uma pureza suficientemente alta para serem usados como *padrão primário*. Enquanto o dicromato de potássio, para uso normal em laboratório, tem uma pureza de ≥ 99,0%, o $K_2Cr_2O_7$, padrão primário, deve estar no intervalo de 99,95–100,05%. Além da elevada pureza, uma qualidade primordial dos padrões primários é ser indefinidamente estável.

Para **análise de traços** (análise de espécies em nível de ppm ou menor), as impurezas nos reagentes químicos devem ser extremamente baixas. Para este propósito, dissolvemos as amostras usando ácidos de pureza muito alta e de custo elevado, como o HNO_3 ou o HCl, com a especificação "para análise de traços". Temos que prestar muita atenção nos reagentes e nos recipientes cujos níveis de impureza possam ser maiores que a quantidade de analito que queremos determinar.

Para garantir a pureza dos reagentes químicos, devemos adotar os seguintes procedimentos:

- Evitamos colocar a espátula dentro do frasco do reagente. Em vez disso, despejamos a substância química em um recipiente limpo (ou sobre um papel adequado para ser pesado) e manipulamos o reagente químico a partir do recipiente limpo.
- Nunca colocamos o reagente químico que sobrou de volta ao seu frasco.
- Fechamos o frasco tão logo tenhamos terminado de manipular o reagente. Com isso evitamos que ele se contamine com poeira.
- Nunca colocamos a tampa de vidro do frasco de um reagente líquido na bancada do laboratório. Seguramos a tampa ou a colocamos em um lugar limpo (como um béquer limpo) enquanto manipulamos o reagente.
- Armazenamos os reagentes químicos em um lugar fresco e escuro, ao abrigo da luz solar.

Muitos reagentes usados como titulantes, como o HCl, não estão disponíveis como padrões primários. Nestas circunstâncias, utiliza-se uma solução contendo aproximadamente a concentração desejada para titular um padrão primário. A partir desse procedimento, denominado **padronização**, calculamos a concentração do titulante. Dizemos então que a solução de concentração conhecida de titulante é uma **solução-padrão**. Em todos os casos, a validade do resultado analítico depende, em última análise, do conhecimento da composição de algum padrão primário. O oxalato de sódio ($Na_2C_2O_4$) é um padrão primário comercialmente disponível para produzir ácido oxálico com vistas a padronizar a solução de permanganato na Reação 7.1.

Em uma **titulação direta**, o titulante é adicionado ao analito até que o ponto final seja observado. Por vezes, realizamos uma **titulação de retorno**, na qual adicionamos um *excesso* conhecido de um reagente-padrão ao analito. Então, um segundo reagente-padrão é usado para titular o excesso do primeiro reagente. As titulações de retorno são úteis quando o ponto final da titulação de retorno é mais claro do que o ponto final da titulação direta, ou quando um excesso do primeiro reagente é necessário para a reação completa com o analito. Para avaliar a diferença entre as titulações direta e de retorno, consideremos inicialmente a adição do titulante permanganato à solução do analito ácido oxálico na Reação 7.1; essa reação é uma titulação direta. Alternativamente, para realizar uma titulação de retorno, podemos adicionar um *excesso* conhecido de permanganato a fim de consumir o ácido oxálico. Em seguida, podemos titular o excesso de permanganato com Fe^{2+} padrão, medindo quanto de permanganato sobrou após a reação com o ácido oxálico.

Faça a primeira titulação rapidamente para estimar o ponto final.

Uma dica prática: quando você titula uma nova solução e não sabe onde se situa o ponto final, execute inicialmente uma titulação exploratória, que não será usada nos cálculos subsequentes. Por exemplo, se você imagina que o ponto final está em aproximadamente 20 mL, você pode adicionar duas alíquotas de 5 mL do titulante para em seguida fazer adições de 1 mL até ultrapassar o ponto final. A titulação exploratória permite familiarizar-se com a mudança de cor no ponto final e fornece uma estimativa do volume do ponto final. Nas titulações posteriores – após ler cuidadosamente o volume inicial da bureta – adiciona-se rapidamente o titulante até 1 a 2 mL antes do ponto final. A partir daí, a adição se faz gota a gota até o ponto final. Periodicamente, durante a adição das gotas, deve-se inclinar e girar suavemente o erlenmeyer a fim de incorporar o líquido aderido nas paredes internas à solução. A titulação exploratória economiza tempo e permite a localização do ponto final com grande exatidão nas titulações cuidadosas.

Uma alternativa a medir o titulante pelo volume é a determinação da *massa* da solução do titulante liberada em cada adição. Esse procedimento é chamado **titulação gravimétrica**. O titulante pode ser transferido a partir de uma pipeta. A concentração do titulante é expressa em mols de reagente por kg de solução. A precisão é aumentada de 0,3%, atingível por meio de uma bureta, para 0,1% com uma balança (ver o exemplo de diluição na Seção 3.4). Os experimentos de Guenther e de Butler e Swift são exemplos.[3] "As titulações gravimétricas devem tornar-se o padrão-ouro, enquanto as vidrarias volumétricas deverão ser vistas apenas em museus."[4]

7.2 Cálculos em Titulações

Apresentamos a seguir alguns exemplos que ilustram os cálculos estequiométricos na análise volumétrica. A principal etapa é relacionar o *número de mols de titulante com o número de mols do analito.*

EXEMPLO Padronização do Titulante Seguido pela Análise da Amostra Desconhecida

O conteúdo de cálcio na urina pode ser determinado por meio do seguinte procedimento:

Etapa 1 Precipitação do Ca^{2+} com íons oxalato em meio básico:

$$\underset{}{Ca^{2+}} + \underset{\text{Oxalato}}{C_2O_4^{2-}} \rightarrow \underset{\text{Oxalato de cálcio}}{Ca(C_2O_4)\cdot H_2O(s)}$$

Etapa 2 Lavar o precipitado com água gelada para remoção de oxalato livre, e dissolver o sólido em meio ácido para obter Ca^{2+} e $H_2C_2O_4$ em solução.

Etapa 3 Aquecer a solução a 60 °C e titular o oxalato com permanganato de potássio padronizado até que seja observada a cor púrpura do ponto final da Reação 7.1.

Padronização Admita que 0,356 2 g de $Na_2C_2O_4$ sejam dissolvidos em um balão volumétrico de 250,0 mL. Se 10,00 mL dessa solução consomem 48,36 mL de solução de $KMnO_4$ na titulação, qual é a molaridade da solução de permanganato?

Mostramos um algarismo a mais, em subscrito, para os cálculos. Em geral, mantenha todos os algarismos extras em seus cálculos. Não arredonde até o final do problema.

Solução A concentração da solução de oxalato é

$$\frac{0{,}356\,2\text{ g Na}_2\text{C}_2\text{O}_4/(134{,}00\text{ g Na}_2\text{C}_2\text{O}_4/\text{mol})}{0{,}250\,0\text{ L}} = 0{,}010\,63_3\text{ M}$$

O número de mols de $C_2O_4^{2-}$ em 10,00 mL é (0,010 63_3 mol/L)(0,010 00 L) = $1{,}063_3 \times 10^{-4}$ mol = $0{,}1063_3$ mmol. A Reação 7.1 requer 2 mols de permanganato para 5 mols de oxalato; assim, a quantidade de MnO_4^- que foi transferida tem que ser

A Reação 7.1 exige 2 mols de MnO_4^- para 5 mols de $C_2O_4^{2-}$.

$$\text{Número de mols de MnO}_4^- = \left(\frac{2\text{ mols de MnO}_4^-}{5\text{ mols de C}_2\text{O}_4^{2-}}\right)(1{,}063_3\times10^{-4}\text{ mol de C}_2\text{O}_4^{2-}) = 0{,}042\,53_1\text{ mmol}$$

A concentração de MnO_4^- no titulante é, portanto,

Observe que $\frac{\text{mmol}}{\text{mL}}$ é o mesmo que $\frac{\text{mol}}{\text{L}}$.

$$\text{Molaridade do MnO}_4^- = \frac{0{,}042\,53_1\text{ mmol}}{48{,}36\text{ mL}} = 8{,}794_7\times10^{-4}\text{ M}$$

Análise da Amostra Desconhecida O cálcio presente em uma amostra de 5,00 mL de urina foi precipitado com $C_2O_4^{2-}$, sendo em seguida dissolvido; a amostra consumiu 16,17 mL de solução padronizada de MnO_4^-. Determine a concentração de Ca^{2+} na urina.

Solução Em 16,17 mL de solução de MnO_4^- existem (0,016 17 L)($8{,}794_7 \times 10^{-4}$ mol/L) = $1{,}422_1 \times 10^{-4}$ mol de MnO_4^-. Esta quantidade reagirá com

A Reação 7.1 exige 5 mols de $C_2O_4^{2-}$ para 2 mols de MnO_4^-.

$$\text{Número de mols de C}_2\text{O}_4^{2-} = \left(\frac{5\text{ mols de C}_2\text{O}_4^{2-}}{2\text{ mols de MnO}_4^-}\right)(\text{mol de MnO}_4^-) = 0{,}035\,55_3\text{ mmol}$$

Como para cada íon oxalato corresponde um íon cálcio no $Ca(C_2O_4)\cdot H_2O$, tem de haver 0,035 55_3 mmol de Ca^{2+} em 5,00 mL de urina:

$$[\text{Ca}^{2+}] = \frac{0{,}035\,55_3\text{ mmol}}{5{,}00\text{ mL}} = 0{,}007\,11_1\text{ M}$$

TESTE-SE: Em uma padronização, 10,00 mL de solução de $Na_2C_2O_4$ consumiram 39,17 mL de $KMnO_4$. Determine a molaridade do $KMnO_4$. A amostra desconhecida consumiu 14,44 mL de MnO_4^-. Calcule a $[Ca^{2+}]$ na urina. (***Resposta:*** $1{,}086 \times 10^{-3}$ M; $7{,}840 \times 10^{-3}$ M.)

EXEMPLO Titulação de uma Mistura

Uma amostra sólida de massa 1,372 g contendo carbonato de sódio e bicarbonato de sódio consumiu 29,11 mL de solução de HCl 0,734 4 M para a titulação completa:

$$\underset{\text{MF } 105,99}{Na_2CO_3} + 2HCl \rightarrow 2NaCl(aq) + H_2O + CO_2$$

$$\underset{\text{MF } 84,01}{NaHCO_3} + HCl \rightarrow NaCl(aq) + H_2O + CO_2$$

Determine a massa de cada componente da mistura.

Solução Vamos representar por x o número de gramas de Na_2CO_3, e 1,372 – x o número de gramas de $NaHCO_3$. O número de mols de cada componente tem que ser

$$\text{Número de mols de } Na_2CO_3 = \frac{x \text{ g}}{105,99 \text{ g/mol}} \qquad \text{Número de mols de } NaHCO_3 = \frac{(1,372 - x)\text{ g}}{84,01 \text{ g/mol}}$$

Sabemos que o número total de mols de HCl usados foi (0,029 11 L)(0,0734 4 M) = 0,021 38 mol. Com base na estequiometria das duas reações, podemos afirmar que

$$2(\text{mol } Na_2CO_3) + \text{mol } NaHCO_3 = 0,021\,38$$

$$2\left(\frac{x \text{ g}}{105,99 \text{ g/mol}}\right) + \frac{(1,372 - x)\text{ g}}{84,01 \text{ g/mol}} = 0,021\,38 \Rightarrow x = 0,724 \text{ g}$$

A mistura contém 0,724 g de Na_2CO_3 e (1,372 – 0,724) = 0,648 g de $NaHCO_3$.

TESTE-SE Uma mistura contendo unicamente 2,000 g de K_2CO_3 (MF 138,20) e $KHCO_3$ (MF 100,11) consumiu 28,10 mL de solução de HCl 1,000 M para a titulação completa. Determine a massa de cada componente na mistura. (***Resposta:*** K_2CO_3 = 1,812 g e $KHCO_3$ = 0,188 g.)

A resolução para duas incógnitas exige duas fontes independentes de informação. Aqui temos a massa da mistura e o volume de titulante.

7.3 Curvas de Titulação por Precipitação

Na análise gravimétrica, podemos determinar a concentração desconhecida de I^- adicionando um excesso de Ag^+ e pesando o precipitado de AgI [$I^- + Ag^+ \rightarrow AgI(s)$]. Em uma *titulação por precipitação,* monitoramos o curso de uma reação entre o analito (I^-) e o titulante (Ag^+), a fim de localizar o *ponto de equivalência* no qual existe a quantidade exata de titulante para a reação estequiométrica com o analito. O conhecimento da quantidade de titulante adicionada nos permite saber quanto de analito estava presente. Desejamos atingir o ponto de equivalência em uma titulação, mas nós observamos o *ponto final* no qual existe uma mudança brusca em uma propriedade física (por exemplo, o potencial de um eletrodo) que está sendo medida. A propriedade física é escolhida de modo que o ponto final seja o mais próximo possível do ponto de equivalência.

Revise a Seção 6.3 a respeito do produto de solubilidade antes do estudo das curvas de titulação por precipitação.

Ponto de equivalência: ponto no qual as quantidades estequiométricas de reagentes foram misturadas.
Ponto final: ponto próximo ao ponto de equivalência no qual se observa uma mudança súbita em uma propriedade física.

A **curva de titulação** é um gráfico que mostra como a concentração de um dos reagentes varia quando o titulante é adicionado. Iremos deduzir equações que podem ser usadas para prever as curvas de titulação por precipitação. Uma razão para calcular as curvas de titulação é compreender a química que ocorre durante as titulações. Um segundo motivo é entender quanto de controle experimental pode ser exercido para influir na qualidade de uma titulação analítica. As concentrações do analito e do titulante e o valor do *produto de solubilidade* (K_{ps}) influenciam a nitidez do ponto final.

Como a concentração varia de muitas ordens de grandeza, é mais útil fazer o gráfico da função p:

função p: $$pX = -\log_{10}[X] \qquad (7.2)$$

No Capítulo 8, escreveremos a função p mais corretamente em termos de atividade em vez de concentração. Por ora, usamos pX = –log[X].

em que [X] é a concentração de X.

Considere a titulação de 25,00 mL de uma solução de I^- 0,100 0 M com uma solução de Ag^+ 0,050 00 M,

Reação de titulação: $$I^- + Ag^+ \rightarrow AgI(s) \qquad (7.3)$$

e admita que estamos monitorando [Ag^+] com um eletrodo. A Reação 7.3 é o inverso da dissolução do AgI(s), cujo produto de solubilidade é muito pequeno:

$$AgI(s) \rightleftharpoons Ag^+ + I^- \qquad K_{ps} = [Ag^+][I^-] = 8,3 \times 10^{-17} \qquad (7.4)$$

Como a constante de equilíbrio para a *reação de titulação* 7.3 é grande ($K = 1/K_{ps} = 1{,}2 \times 10^{16}$), o equilíbrio está muito deslocado para a direita. É razoável dizer que cada alíquota de Ag^+ reage quase completamente com o I^-, restando apenas uma pequeníssima quantidade de Ag^+ em solução. No ponto de equivalência, haverá um súbito aumento na concentração de Ag^+, pois não há nenhum I^- para consumir o Ag^+ adicionado.

Que volume de solução titulante de Ag^+ é necessário para alcançar o ponto de equivalência? Para calcular esse volume, que simbolizamos por V_e, observamos primeiro que 1 mol de Ag^+ reage com 1 mol de I^-.

V_e = volume de titulante no ponto de equivalência

$$\underbrace{(0{,}025\,00\text{ L})(0{,}100\,0\text{ mol de I}^-/\text{L})}_{\text{mol de I}^-} = \underbrace{(V_e)(0{,}050\,00\text{ mol de Ag}^+/\text{L})}_{\text{mol de Ag}^+}$$

$$\Rightarrow V_e = 0{,}050\,00\text{ L} = 50{,}00\text{ mL}$$

Ao final, deduziremos uma única equação unificada para uma planilha eletrônica que trata todas as regiões da curva de titulação. Para entender a química envolvida, dividimos a curva em três regiões descritas por equações aproximadas que são fáceis de serem usadas.

A curva de titulação tem três regiões distintas, dependendo se a posição é antes, no, ou depois do ponto de equivalência. Vamos considerar cada região separadamente.

Antes do Ponto de Equivalência

Admita que 10,00 mL de Ag^+ tenham sido adicionados. Como o número de mols de I^- é maior do que o de Ag^+ nesse ponto, praticamente todo o Ag^+ é "usado" para produzir AgI(*s*). Queremos determinar a pequena concentração do Ag^+ remanescente em solução após a reação com o I^-. Uma maneira de fazê-lo é imaginar que a Reação 7.3 ocorreu completamente e que algum AgI se redissolve (Reação 7.4). A solubilidade do Ag^+ é determinada pela concentração de I^- livre, que permanece em solução:

Quando $V < V_e$, a concentração de I^- que não reagiu controla a solubilidade do AgI.

$$[Ag^+] = \frac{K_{ps}}{[I^-]} \tag{7.5}$$

O I^- livre deve-se em grande parte ao I^- que não foi precipitado por 10,00 mL de Ag^+. Em comparação, o I^- resultante da dissolução do AgI(*s*) é desprezível.

Vamos determinar, portanto, a concentração de I^- que não precipitou:

$$\begin{aligned}\text{Número de mols de I}^- &= \text{número inicial de mols de I}^- - \text{número de mols de Ag}^+ \text{ adicionados}\\ &= (0{,}025\,00\text{ L})(0{,}100\text{ mol/L}) - (0{,}010\,00\text{ L})(0{,}050\,00\text{ mol/L})\\ &= 0{,}002\,000\text{ mol I}^-\end{aligned}$$

Como o volume é 0,035 00 L (25,00 mL + 10,00 mL), a concentração é

$$[I^-] = \frac{0{,}002\,000\text{ mol de I}^-}{0{,}035\,00\text{ L}} = 0{,}057\,14\text{ M} \tag{7.6}$$

A concentração de Ag^+ em equilíbrio com este excesso de I^- é

$$\left[Ag^+\right] = \frac{K_{ps}}{I^-} = \frac{8{,}3\times10^{-17}}{0{,}057\,14} = 1{,}4_5\times10^{-15}\text{ M} \tag{7.7}$$

Finalmente, a função p que procuramos é

$$pAg^+ = -\log[Ag^+] = -\log(1{,}4_5\times10^{-15}) = 14{,}84 \tag{7.8}$$

$$\log(\underbrace{1{,}4_5}_{\text{Dois algarismos significativos}}\times10^{-15}) = 14{,}\underbrace{84}_{\text{Dois dígitos na mantissa}}$$

Os algarismos significativos em logaritmos foram discutidos na Seção 3.2.

Existem dois algarismos significativos na concentração de $[Ag^+]$ porque há dois algarismos significativos no K_{ps}. Os dois algarismos significativos na $[Ag^+]$ traduzem-se em dois algarismos na *mantissa* da função p, que é corretamente escrita como 14,84.

O cálculo passo a passo, mostrado anteriormente, é uma maneira tediosa para se encontrar a concentração de I^-. Apresentamos agora um procedimento mais rápido que vale a pena ser aprendido. Devemos ter em mente que V_e = 50,00 mL. Quando 10,00 mL de Ag^+ foram adicionados, ocorreu um quinto da reação completa, pois 10,00 mL dos 50,00 mL de Ag^+ necessários para a reação completa foram adicionados. Então, sobram quatro quintos de I^- sem reagir. Se não houvesse nenhuma diluição, a $[I^-]$ seria quatro quintos do seu valor original. Entretanto, o volume inicial de 25,00 mL aumentou para 35,00 mL. Se nenhum I^- tivesse sido consumido, a concentração seria o valor original da $[I^-]$ vezes (25,00/35,00). Levando em conta tanto a reação quanto a diluição, podemos escrever

Cálculos rápidos *valem a pena*.

$$[I^-] = \underbrace{\left(\frac{4{,}000}{5{,}000}\right)}_{\text{Fração remanescente}} \underbrace{(0{,}100\,0\text{ M})}_{\text{Concentração original}} \underbrace{\left(\frac{25{,}00\text{ mL}}{35{,}00\text{ mL}}\right)}_{\text{Fator de diluição}} = 0{,}057\,14\text{ M}$$

(25,00 mL: Volume original da solução de I^-; 35,00 mL: Volume total da solução)

Este é o mesmo resultado encontrado na Equação 7.6.

EXEMPLO Uso de Cálculos Mais Rápidos

Vamos calcular pAg^+ quando V_{Ag^+} (o volume adicionado a partir da bureta) é de 49,00 mL.

Solução Como V_e = 50,00 mL, a fração de I^- que reagiu é 49,00/50,00, e a fração remanescente é 1,00/50,00. O volume total é 25,00 + 49,00 = 74,00 mL.

$$[I^-] = \underbrace{\left(\frac{1,00}{50,00}\right)}_{\text{Fração remanescente}} \underbrace{(0,100\,0\ M)}_{\text{Concentração original}} \underbrace{\left(\frac{25,00\ mL}{74,00\ mL}\right)}_{\text{Fator de diluição}} = 6,76 \times 10^{-4}\ M$$

$$[Ag^+] = K_{ps}/[I^-] = (8,3 \times 10^{-17})/(6,76 \times 10^{-4}) = 1,2_3 \times 10^{-13}\ M$$

$$pAg^+ = -\log[Ag^+] = 12,91$$

A concentração de Ag^+ é desprezível em comparação com a concentração de I^- que não reagiu, mesmo que a reação esteja 98% completa.

TESTE-SE Determine pAg^+ em 49,10 mL. (***Resposta:*** 12,86.)

No Ponto de Equivalência

Agora a quantidade de Ag^+ adicionada é exatamente a necessária para reagir com todo o I^-. Podemos imaginar que todo o AgI precipita e um pouco redissolve, fornecendo concentrações iguais de Ag^+ e I^-. O valor de pAg^+ é encontrado fazendo-se $[Ag^+] = [I^-] = x$ no produto de solubilidade:

$$[Ag^+][I^-] = K_{ps}$$

$$(x)(x) = 8,3 \times 10^{-17} \Rightarrow x = 9,1 \times 10^{-9} \Rightarrow pAg^+ = -\log x = 8,04$$

Este valor de pAg^+ é independente das concentrações ou volumes originais.

Quando $V = V_e$, a $[Ag^+]$ é determinada pela solubilidade do AgI puro. *Este problema é o mesmo que teríamos se tivéssemos adicionado apenas AgI(s) à água.*

Depois do Ponto de Equivalência

Praticamente todo o Ag^+ adicionado *antes* do ponto de equivalência precipitou. A solução contém todo o Ag^+ adicionado *depois* do ponto de equivalência. Admita que V_{Ag^+} = 52,00 mL. O volume que passa do ponto de equivalência é 2,00 mL. O cálculo se processa da seguinte maneira:

$$\text{Número de mols de } Ag^+ \text{ em excesso} = (0,002\,00\ L)(0,050\,00\ \text{mol de } Ag^+/L) = 0,000\,100\ \text{mol}$$

$$[Ag^+] = (0,000\,100\ \text{mol})/\underbrace{(0,077\,00\ L)}_{\text{Volume total} = 77,00\ mL} = 1,30 \times 10^{-3}\ M \Rightarrow pAg^+ = 2,89$$

Quando $V > V_e$, a concentração de $[Ag^+]$ é determinada pelo excesso de Ag^+ adicionado após o ponto de equivalência.

Podemos justificar três algarismos significativos para a mantissa do pAg^+, porque há agora três algarismos significativos no valor da concentração de $[Ag^+]$. Porém, para ser coerente com nossos resultados anteriores, conservaremos apenas dois algarismos.

Para um cálculo rápido, levamos em conta que a concentração de Ag^+ na bureta é 0,050 00 M e que 2,00 mL dessa solução foram diluídos a (25,00 + 52,00) = 77,00 mL. Consequentemente, a $[Ag^+]$ é

$$[Ag^+] = \underbrace{(0,050\,00\ M)}_{\text{Concentração original}} \underbrace{\left(\frac{2,00\ mL \leftarrow \text{Volume do } Ag^+ \text{ em excesso}}{77,00\ mL \leftarrow \text{Volume total da solução}}\right)}_{\text{Fator de diluição}} = 1,30 \times 10^{-3}\ M$$

Forma da Curva de Titulação

As curvas de titulação na Figura 7.2 ilustram o efeito das concentrações dos reagentes. O ponto de equivalência é o ponto da mudança abrupta da inclinação da curva. É o ponto onde o coeficiente angular (a inclinação) é máximo (neste caso, o coeficiente angular é negativo) e é, portanto, o ponto de inflexão (no qual a derivada segunda é zero):

Inclinação (coeficiente angular) mais pronunciada: $\frac{dy}{dx}$ atinge seu maior valor

Ponto de inflexão: $\frac{d^2y}{dx^2} = 0$

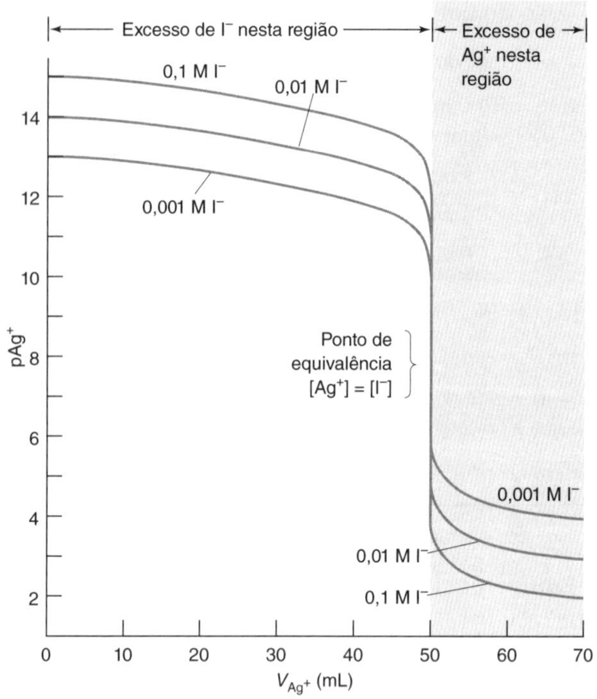

FIGURA 7.2 Curvas de titulação mostrando o efeito da diluição dos reagentes.

Curva externa: 25,00 mL da solução de I^- 0,100 0 M titulada com solução 0,050 00 M de Ag^+.

Curva do meio: 25,00 mL da solução de I^- 0,010 00 M titulada com solução 0,005 000 M de Ag^+.

Curva interna: 25,00 mL da solução de I^- 0,001 000 M titulada com solução 0,000 500 0 M de Ag^+.

Em titulações que envolvem estequiometria 1:1 nos reagentes, o ponto de equivalência é o ponto da mudança abrupta da curva de titulação. Para outras estequiometrias diferentes de 1:1, como $2Ag^+ + CrO_4^{2-} \rightarrow Ag_2CrO_4(s)$, a curva não é simétrica. O ponto de equivalência não está no centro da região de mudança abrupta da curva, e ele não é um ponto de inflexão. Na prática, as condições são escolhidas de modo que as curvas de titulação sejam abruptas o suficiente para que o ponto de mudança abrupta seja uma boa estimativa do ponto de equivalência, independentemente da estequiometria.

No ponto de equivalência, a mudança na curva de titulação é mais abrupta para o precipitado menos solúvel.

A Figura 7.3 ilustra como o K_{ps} afeta a titulação dos íons halogenetos. O menor produto solubilidade, AgI, fornece a mudança mais abrupta no ponto de equivalência. Porém, mesmo para o AgCl, a mudança da curva é abrupta o suficiente para se localizar o ponto de equivalência com pequena incerteza. Quanto maior for a constante de equilíbrio para uma reação de titulação, mais pronunciada será a mudança na concentração próximo ao ponto de equivalência.

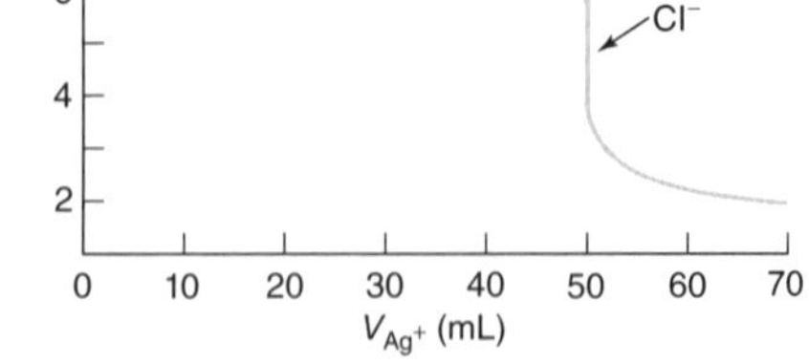

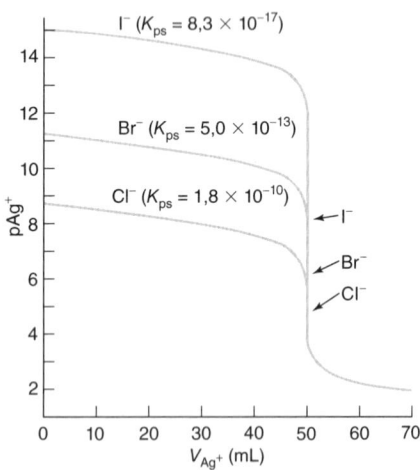

FIGURA 7.3 Curvas de titulação mostrando o efeito do K_{ps}. Cada curva é calculada para 25,00 mL de uma solução de halogeneto 0,100 0 M titulado com solução 0,050 00 M de Ag^+. Os pontos de equivalência estão marcados por setas.

EXEMPLO Cálculo das Concentrações Durante uma Titulação por Precipitação

Um volume de 25,00 mL de uma solução de $Hg_2(NO_3)_2$ 0,041 32 M foi titulado com uma solução de KIO_3 0,057 89 M.

$$Hg_2^{2+} + \underset{\text{Iodato}}{2IO_3^-} \rightarrow Hg_2(IO_3)_2(s)$$

Para o $Hg_2(IO_3)_2$, $K_{ps} = 1,3 \times 10^{-18}$. Calcule a $[Hg_2^{2+}]$ na solução após a adição de (**a**) 34,00 mL de KIO_3; (**b**) 36,00 mL de KIO_3; e (**c**) no ponto de equivalência.

Solução O volume de iodato necessário para atingir o ponto de equivalência é determinado da seguinte maneira:

$$\text{Número de mols de } IO_3^- = \left(\frac{2 \text{ mols de } IO_3^-}{1 \text{ mol de } Hg_2^{2+}}\right)(\text{mols de } Hg_2^{2+})$$

$$\underbrace{(V_e)(0,057\,89 \text{ M})}_{\text{Número de mols de } IO_3^-} = 2\underbrace{(25,00 \text{ mL})(0,041\,32 \text{ M})}_{\text{Número de mols de } Hg_2^{2+}} \Rightarrow V_e = 35,69 \text{ mL}$$

(**a**) Quando $V = 34,00$ mL, a precipitação de Hg_2^{2+} ainda não está completa.

$$[Hg_2^{2+}] = \underbrace{\left(\frac{35,69 - 34,00}{35,69}\right)}_{\text{Fração remanescente}} \underbrace{(0,041\,32 \text{ M})}_{\text{Concentração original de } Hg_2^{2+}} \underbrace{\left(\frac{25,00 \text{ mL}}{(25,00 + 34,00) \text{ mL}}\right)}_{\text{Fator de diluição}} = 8,29 \times 10^{-4} \text{ M}$$

Volume original de Hg_2^{2+} (25,00 mL); Volume total da solução ((25,00 + 34,00) mL)

(b) Quando $V = 36{,}00$ mL, a precipitação está completa. Passamos $(36{,}00 - 35{,}69) = 0{,}31$ mL *além* do ponto de equivalência. A concentração do excesso de IO_3^- é

$$[IO_3^-] = \underbrace{(0{,}057\,89\ \text{M})}_{\substack{\text{Concentração}\\ \text{original}\\ \text{de } IO_3^-}}\underbrace{\left(\frac{0{,}31\ \text{mL}}{(25{,}00 + 36{,}00)\ \text{mL}}\right)}_{\substack{\text{Fator de}\\ \text{diluição}}} = 2{,}9_4 \times 10^{-4}\ \text{M}$$

(0,31 mL: Volume do excesso de IO_3^-; (25,00 + 36,00) mL: Volume total da solução)

A concentração de Hg_2^{2+} no equilíbrio com o $Hg_2(IO_3)_2$ sólido mais este excesso de IO_3^- é

$$[Hg_2^{2+}] = \frac{K_{ps}}{[IO_3^-]^2} = \frac{1{,}3 \times 10^{-18}}{(2{,}9_4 \times 10^{-4})^2} = 1{,}5 \times 10^{-11}\ \text{M}$$

(c) No ponto de equivalência temos IO_3^- suficiente para reagir com todo o Hg_2^{2+}. Podemos imaginar que todos os íons precipitam e, então, uma pequena parte do $Hg_2(IO_3)_2(s)$ torna a se dissolver, dando dois mols de iodato para cada mol de íon mercuroso:

$$Hg_2(IO_3)_2(s) \rightleftharpoons \underset{x}{Hg_2^{2+}} + \underset{2x}{2IO_3^-}$$

$$(x)(2x)^2 = K_{ps} \Rightarrow x = [Hg_2^{2+}] = 6{,}9 \times 10^{-7}\ \text{M}$$

TESTE-SE Determine $[Hg_2^{2+}]$ em 34,50 e 36,5 mL. (***Resposta:*** $5{,}79 \times 10^{-4}$ M, $2{,}2 \times 10^{-12}$ M.)

Para a realização dos cálculos precedentes foi admitido que o único processo químico que ocorre é a reação do ânion com o cátion para precipitar o sal sólido. Se outras reações ocorrerem, como a formação de complexos ou a formação de par iônico, temos de modificar os cálculos.

7.4 Titulação de uma Mistura

Se uma mistura de dois íons é titulada, o precipitado menos solúvel é formado primeiro. Se os dois produtos de solubilidade são suficientemente diferentes, a primeira precipitação estará quase completa antes de a segunda precipitação começar.

Considere a titulação com $AgNO_3$ de uma solução contendo KI e KCl. Como $K_{ps}(AgI) << K_{ps}(AgCl)$, o AgI precipita primeiro. Quando a precipitação de I^- está quase completa, a concentração de Ag^+ aumenta abruptamente e o AgCl começa a precipitar. Quando o Cl^- é consumido, ocorre nova mudança abrupta na $[Ag^+]$. Esperamos ver duas inflexões na curva de titulação. A primeira no V_e para o AgI e a seguir no V_e para o AgCl.

A Figura 7.4 mostra uma curva experimental para essa titulação. A aparelhagem usada para adquirir os dados da curva é mostrada na Figura 7.5 e a teoria de como esse sistema mede a concentração de Ag^+ é discutida na Seção 15.2.

O ponto final do I^- é dado pela interseção da curva muito inclinada com a curva aproximadamente horizontal em 23,85 mL, mostrada no destaque da Figura 7.4. A precipitação do I^- não está de todo completa quando o Cl^- começa a precipitar. (Sabemos que a precipitação do I^- não está completa por meio de cálculos. É para isso que esses cálculos desagradáveis servem!) Consequentemente, o final da parte muito inclinada (a interseção) é uma aproximação melhor para o ponto de equivalência do que o ponto médio da seção muito inclinada. O ponto final do Cl^- é considerado o ponto médio da segunda região muito inclinada, em 47,41 mL. O número de mols de Cl^- na amostra corresponde ao número de mols de Ag^+ adicionados entre o primeiro e o segundo ponto final. Isto é, ele requer 23,85 mL de Ag^+ para precipitar o I^-, e $(47{,}41 - 23{,}85) = 23{,}56$ mL de Ag^+ para precipitar o Cl^-.

Comparando-se as curvas de titulação da mistura I^-/Cl^- e do I^- puro na Figura 7.4, observa-se que o ponto final do I^- é 0,38% maior do que na titulação da mistura I^-/Cl^-. Esperamos o primeiro ponto final em 23,76 mL, mas ele é observado em 23,85 mL. Dois fatores contribuem para esse valor alto. Um é o erro experimental aleatório, que está sempre presente e tem a mesma probabilidade de ser positivo ou negativo. No entanto, o ponto final de algumas titulações, especialmente da titulação da mistura de Br^-/Cl^-, é conhecido como estando, sistematicamente, entre 0 e 3% maior, dependendo das condições. Esse erro é atribuído à *coprecipitação* de AgCl com AgBr. Embora não exceda o produto de solubilidade do AgCl, uma pequena quantidade de Cl^- liga-se ao AgBr como parte do precipitado e leva consigo a quantidade correspondente de Ag^+. Uma elevada concentração de ânion nitrato reduz a extensão da coprecipitação, talvez porque o NO_3^- compete com o Cl^- por sítios de ligação no $AgBr(s)$.

Um líquido contendo partículas suspensas é dito **turvo** por causa do espalhamento da luz pelas partículas.

Quando uma mistura é titulada, o produto com o menor K_{ps} precipita primeiro se a estequiometria dos diferentes possíveis precipitados é a mesma. A precipitação de I^- e Cl^- com Ag^+ produz duas inflexões diferentes na curva de titulação. A primeira corresponde à reação do I^- e a segunda, à reação do Cl^-.

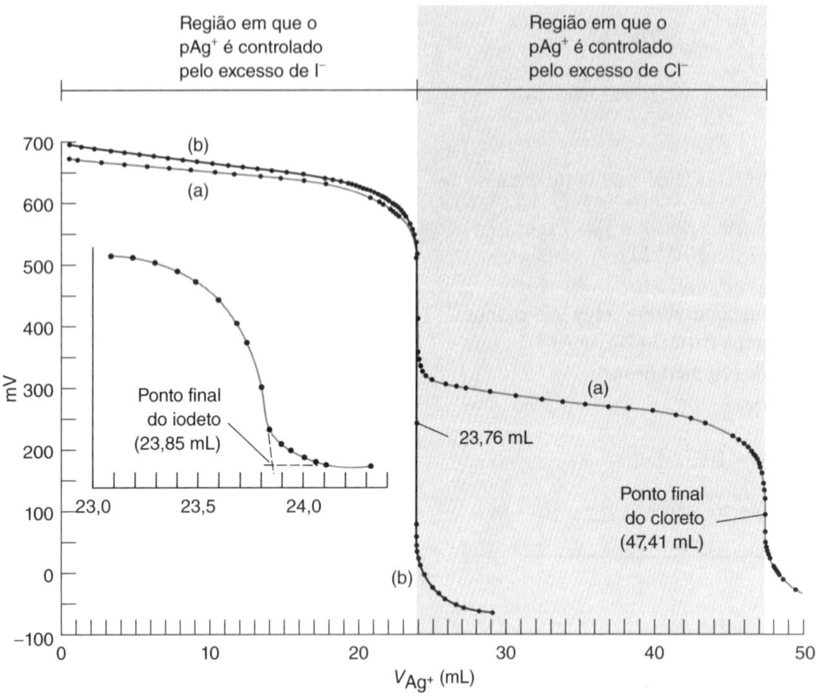

FIGURA 7.4 Curvas de titulação experimental. (*a*) Curva de titulação para 40,00 mL de uma solução de KI 0,050 2 M mais KCl 0,050 0 M titulada com solução de $AgNO_3$ 0,084 5 M. Observa-se na figura uma vista expandida da região próxima ao primeiro ponto de equivalência. (*b*) Curva de titulação para 20,00 mL de uma solução de I^- 0,100 4 M titulada com uma solução de Ag^+ 0,084 5 M.

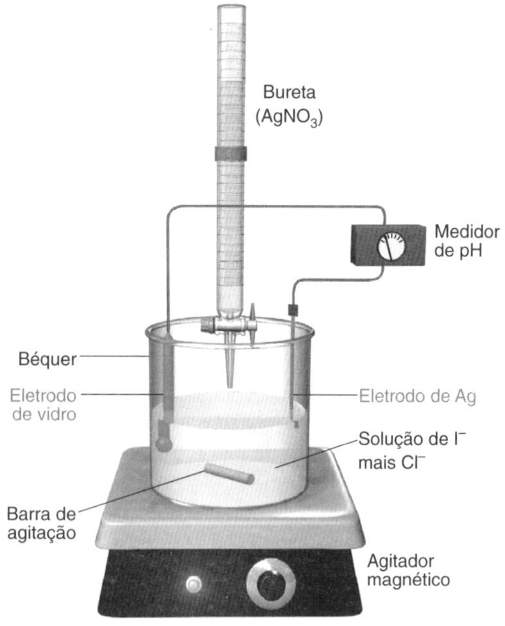

FIGURA 7.5 Aparelhagem para medir as curvas de titulação da Figura 7.4. O eletrodo de prata responde a mudanças na concentração de Ag^+, e o eletrodo de vidro fornece um potencial de referência constante neste experimento. A diferença de potencial medida varia em aproximadamente 59 mV para cada fator de 10 de variação na [Ag^+]. Todas as soluções, incluindo o $AgNO_3$, são mantidas em pH 2,0 pelo uso de um tampão de sulfato 0,010 M, preparado a partir de H_2SO_4 e KOH.

O segundo ponto final na Figura 7.4 corresponde à precipitação total de ambos os halogenetos. Ele é observado no valor esperado de V_{Ag^+}. A concentração de Cl^-, encontrada a partir da *diferença* entre os dois pontos finais, será ligeiramente baixa na Figura 7.4, porque o primeiro ponto final está ligeiramente alto.

7.5 Cálculo das Curvas de Titulação Usando uma Planilha Eletrônica

Até o momento estudamos a química que ocorre nos diferentes estágios de uma titulação por precipitação e vimos como calcular à mão a forma da curva de titulação. Agora, introduzimos cálculos efetuados em planilhas eletrônicas que são mais poderosos do que os cálculos manuais, e menos propensos a erros. Se você não está interessado em planilhas eletrônicas neste momento, você pode pular esta seção.

Considere a adição de V_M litros do cátion M^+ (cuja concentração inicial é C_M^0) a V_X^0 litros de uma solução contendo o ânion X^- com a concentração C_X^0.

$$\underset{\substack{\text{Titulante} \\ C_M^0,\, V_M}}{M^+} + \underset{\substack{\text{Analito} \\ C_X^0,\, V_X^0}}{X^-} \xrightleftharpoons{K_{ps}} MX(s) \tag{7.9}$$

O número total de mols adicionados de M (= $C_M^0 \cdot V_M$) tem que ser igual ao número de mols de M^+ em solução (= $[M^+](V_M + V_X^0)$) mais o número de mols do precipitado $MX(s)$. (Essa igualdade é chamada *balanço de massa*, ainda que na verdade seja um *balanço de mols*.) De uma maneira similar, podemos escrever o balanço de massa para X.

O **balanço de massa** estabelece que o número de mols de um elemento em todas as espécies presentes em uma mistura é igual ao número total de mols daquele elemento transferidos para a solução.

Balanço de massa para M:

$$\underbrace{C_M^0 \cdot V_M}_{\substack{\text{Número total de mols} \\ \text{adicionados de M}}} = \underbrace{[M^+](V_M + V_X^0)}_{\substack{\text{Número de mols} \\ \text{de M em solução}}} + \underbrace{\text{mol } MX(s)}_{\substack{\text{Número de mols de} \\ \text{M no precipitado}}} \tag{7.10}$$

Balanço de massa para X:

$$\underbrace{C_X^0 \cdot V_X^0}_{\substack{\text{Número total de mols} \\ \text{adicionados de X}}} = \underbrace{[X^-](V_M + V_X^0)}_{\substack{\text{Número de mols} \\ \text{de X em solução}}} + \underbrace{\text{mol } MX(s)}_{\substack{\text{Número de mols de X} \\ \text{no precipitado}}} \tag{7.11}$$

Igualamos agora o número de mols de $MX(s)$ da Equação 7.10 com o número de mols de $MX(s)$ da Equação 7.11:

$$C_M^0 \cdot V_M - [M^+](V_M + V_X^0) = C_X^0 \cdot V_X^0 - [X^-](V_M + V_X^0)$$

que pode ser rearrumada em

Precipitação de X^- com M^+:

$$V_M = V_X^0 \left(\frac{C_X^0 + [M^+] - [X^-]}{C_M^0 - [M^+] + [X^-]} \right) \qquad (7.12)$$

A Equação 7.12 relaciona o volume adicionado de M^+ com as concentrações $[M^+]$ e $[X^-]$, e as constantes V_X^0, C_X^0 e C_M^0. Usamos a Equação 7.12 na planilha eletrônica da Figura 7.6. *Entramos com os valores de pM na coluna B e calculamos os valores correspondentes de V_M na coluna E* para a titulação do iodeto da Figura 7.3. Essa é a maneira inversa daquela que normalmente se usa para calcular uma curva de titulação na qual V_M é a entrada e pM é a saída. A coluna C da Figura 7.6 é calculada com a fórmula $[M^+] = 10^{-pM}$, e a coluna D é dada por $[X^-] = K_{ps}/[M^+]$. A coluna E é calculada a partir da Equação 7.12. O primeiro valor usado de pM (15,08) foi selecionado, por tentativa e erro, para produzir um pequeno V_M. Podemos começar de onde quisermos. Se o valor inicial de pM é anterior ao ponto inicial real, então o valor de V_M na coluna E será negativo. Na prática, se quisermos fazer um gráfico exato da curva de titulação, precisamos de mais pontos do que os que foram mostrados.

No material Tópicos suplementares, disponível no Ambiente de aprendizagem do GEN, deriva uma planilha para a titulação de uma mistura, como aquela na Figura 7.4.

7.6 Detecção do Ponto Final

A detecção do ponto final para titulações de precipitação normalmente é feita com eletrodos (Figura 7.5) ou indicadores. Descrevemos agora dois métodos com indicadores aplicados à titulação de Cl^- com Ag^+:

As titulações que utilizam Ag^+ como titulante são chamadas **titulações argentométricas**.

Titulação de Volhard: formação de um complexo solúvel colorido no ponto final.
Titulação de Fajans: adsorção de um indicador colorido ao precipitado no ponto final.

Titulação de Volhard

O método de Volhard é uma titulação de Ag^+ em ~0,5 M de HNO_3 com KSCN (tiocianato de potássio) padrão. Para a determinação de Cl^- é necessária uma titulação de retorno. Primeiro, o Cl^- em ~0,5 M de HNO_3 é precipitado por um pequeno excesso conhecido de uma solução-padrão de $AgNO_3$ sob vigorosa agitação.

Como o método de Volhard é uma titulação de Ag^+, ele pode ser adaptado para a determinação de muitos ânions que formam sais de prata insolúveis.

$$Ag^+ + Cl^- \rightarrow AgCl(s)$$

A agitação vigorosa minimiza o aprisionamento de excesso de Ag^+ no precipitado. O $AgCl(s)$ é filtrado e lavado com HNO_3 diluído (~0,16 M) para remoção do excesso de Ag^+ do precipitado. Em seguida, adiciona-se solução de $Fe(NO_3)_3$ (nitrato férrico) ou de $Fe(NH_4)(SO_4)_2 \cdot 12H_2O$ (sulfato férrico amoniacal, também chamado alúmen férrico) ao filtrado combinado, produzindo uma solução de Fe^{3+} ~0,02 M. O Ag^+ no filtrado é então titulado com uma solução-padrão de KSCN:

$$Ag^+ + SCN^- \rightarrow AgSCN(s)$$

	A	B	C	D	E
1	Titulação de I- com Ag+				
2					
3	Kps(AgI) =	pAg	[Ag+]	[I-]	Vm
4	8,30E-17	15,08	8,32E-16	9,98E-02	0,035
5	Vo =	15	1,00E-15	8,30E-02	3,195
6	25	14	1,00E-14	8,30E-03	39,322
7	Co(I) =	12	1,00E-12	8,30E-05	49,876
8	0,1	10	1,00E-10	8,30E-07	49,999
9	Co(Ag) =	8	1,00E-08	8,30E-09	50,000
10	0,05	6	1,00E-06	8,30E-11	50,001
11		4	1,00E-04	8,30E-13	50,150
12		3	1,00E-03	8,30E-14	51,531
13		2	1,00E-02	8,30E-15	68,750
14	C4 = 10^-B4				
15	D4 = $A$4/C4				
16	E4 = $A$6*($A$8+C4-D4)/($A$10-C4+D4)				

FIGURA 7.6 Planilha eletrônica para a titulação de 25 mL de uma solução de I^- 0,1 M com solução de Ag^+ 0,05 M.

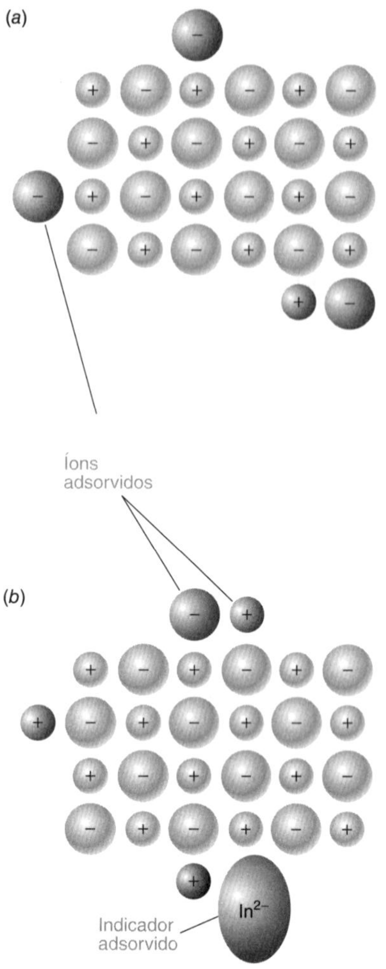

FIGURA 7.7 Os íons da solução são adsorvidos na superfície dos cristalitos em crescimento. (*a*) O crescimento do cristal na presença de excesso de ânions no retículo (ânions que pertencem ao cristal) terá uma ligeira carga negativa porque os ânions são predominantemente adsorvidos. (*b*) O crescimento do cristal na presença de excesso de cátions no retículo terá uma ligeira carga positiva e poderá, portanto, adsorver o íon negativo do indicador. Ânions e cátions em solução, que não pertencem ao retículo do cristal, têm menos probabilidade de adsorção do que os íons pertencentes ao retículo. Os diagramas na figura omitem outros íons em solução. De uma maneira geral, cada solução mais seus cristalitos em crescimento possui carga total zero.

Quando todo o Ag^+ tiver sido consumido, a próxima gota de SCN^- reage com o Fe^{3+} para formar um complexo de cor vermelha.

$$Fe^{3+} + SCN^- \rightarrow \underset{\text{Vermelho}}{FeSCN^{2+}}$$

O aparecimento da cor vermelha indica o ponto final. Sabendo quanto de SCN^- foi necessário para a titulação de retorno, saberemos quanto de Ag^+ sobrou da reação com o Cl^-. Como a quantidade total de Ag^+ é conhecida, a quantidade consumida pelo Cl^- pode ser calculada.

A finalidade do HNO_3 na solução de titulação é evitar a hidrólise do íon Fe^{3+}, produzindo $Fe(OH)^{2+}$. O ácido nítrico concentrado (~70% em massa) é preparado para uso misturando-o com um mesmo volume de água, seguido de aquecimento à fervura por alguns minutos (em uma capela!) para remoção de NO_2, que possui cor vermelha o que tornaria a mudança de cor no ponto final difícil de ser visualizada. A análise pelo método de Volhard não deve ser conduzida acima da temperatura ambiente a fim de evitar a oxidação do SCN^- pelo HNO_3 a quente. As soluções de nitrato férrico ou de alúmen férrico usadas como indicadores podem ser estabilizadas pela adição de algumas gotas de HNO_3 concentrado para evitar a precipitação do hidróxido férrico.

Na análise de Cl^- pelo método de Volhard, o ponto final irá desvanecer lentamente se o AgCl não for retirado do meio, pois o AgCl é mais solúvel que o AgSCN. O AgCl se dissolve lentamente e é substituído pelo AgSCN. Para eliminar essa reação secundária, devemos filtrar o AgCl e titular o Ag^+ apenas no filtrado. Uma alternativa à filtração é adicionar alguns poucos mL de nitrobenzemo e agitar vigorosamente para recobrir o AgCl com nitrobenzeno, o que retarda o acesso do SCN^-. Na análise do Br^- e do I^-, cujos sais de prata são *menos* solúveis que o AgSCN, não é necessário o isolamento do precipitado de halogeneto de prata.

Titulação de Fajans

A titulação de Fajans utiliza um **indicador de adsorção**. Para vermos como esse processo ocorre, devemos considerar a carga elétrica na superfície do precipitado. Quando Ag^+ é adicionado ao Cl^-, haverá um excesso de íons Cl^- em solução antes do ponto de equivalência. Alguns Cl^- são adsorvidos na superfície do AgCl conferindo uma carga negativa à superfície do cristal (Figura 7.7a). Após o ponto de equivalência, há um excesso de Ag^+ na solução. A adsorção de cátions Ag^+ na superfície do AgCl produz cargas positivas sobre o precipitado (Figura 7.7b). A mudança abrupta da carga negativa para a carga positiva ocorre no ponto de equivalência.

Os indicadores de adsorção são normalmente corantes aniônicos, que são atraídos para as partículas carregadas positivamente, produzidas imediatamente após o ponto de equivalência. A adsorção do corante carregado negativamente, na superfície do precipitado carregada positivamente, muda a cor do corante. A mudança de cor indica o ponto final da titulação. Como o indicador reage com a superfície do precipitado, desejamos então a maior área superficial possível. Para conseguir a área superficial máxima, usamos condições que mantenham as partículas tão pequenas quanto possível, pois partículas pequenas possuem área superficial maior do que igual volume de partículas grandes. Uma baixa concentração de eletrólitos ajuda a prevenir a coagulação do precipitado e manter o tamanho das partículas pequeno.

O indicador mais comumente usado para o AgCl é a diclorofluoresceína. Este corante possui uma cor amarelo-esverdeada em solução, mas torna-se rosa quando adsorvido sobre o AgCl (Demonstração 7.1 e Prancha em Cores 3). Como o indicador é um ácido fraco e tem que estar presente em sua forma aniônica, o pH da reação tem que ser controlado. O corante eosina é útil na titulação de Br^-, I^- e SCN^-. Ele fornece uma visualização do ponto final mais acentuada do que a diclorofluoresceína, além de ser mais sensível (isto é, menos halogeneto pode ser titulado). Ele não pode ser usado para o AgCl porque a eosina se liga mais fortemente ao AgCl do que o íon Cl^-. Ou seja, a eosina liga-se aos cristalitos de AgCl antes que as partículas se tornem positivamente carregadas.

Em todas as titulações argentométricas, em especial com indicadores de adsorção, deve-se evitar luz forte (como a luz do dia que entra pela janela). A luz causa a decomposição dos sais de prata e os indicadores de adsorção são especialmente sensíveis à luz. Em uma titulação de

DEMONSTRAÇÃO 7.1 **Titulação de Fajans**

A titulação de Fajans do Cl^- com Ag^+ demonstra a utilidade do indicador de ponto final em titulações por precipitação. Dissolvemos 0,5 g de NaCl mais 0,15 g de dextrina em 400 mL de água. A função da dextrina é retardar a coagulação do precipitado de AgCl. Adicionamos 1 mL da solução do indicador diclorofluoresceína contendo 1 mg/mL de diclorofluoresceína em etanol aquoso a 95% ou 1 mg/mL do sal de sódio em água. Titulamos a solução de NaCl com uma solução contendo 2 g de $AgNO_3$ em 30 mL de água. São necessários cerca de 20 mL para atingir o ponto final.

A Prancha em Cores 3a mostra a cor amarela do indicador na solução de NaCl antes da titulação. A Prancha em Cores 3b mostra a aparência branco-leitosa da suspensão de AgCl durante a titulação, antes que o ponto final seja alcançado. A suspensão rosa na Prancha em Cores 3c aparece no ponto final, quando o indicador aniônico se adsorve sobre as partículas catiônicas do precipitado.

Fajans, o indicador não deve ser adicionado até ~1 mL antes do ponto final para minimizar a fotorredução do halogeneto de prata.[5]

As aplicações das titulações por precipitação estão listadas na Tabela 7.1. Enquanto o método de Volhard é uma titulação argentométrica, o método de Fajans possui uma aplicação mais ampla. Como a titulação de Volhard é realizada em solução ácida (normalmente HNO_3 0,2 M), ela evita certas interferências que afetam outras titulações. Sais de prata de CO_3^{2-}, $C_2O_4^{2-}$ e AsO_4^{3-} são solúveis em soluções ácidas, portanto, esses ânions não interferem na análise.

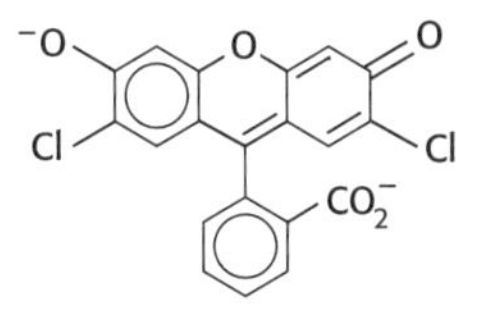

Diclorofluoresceína

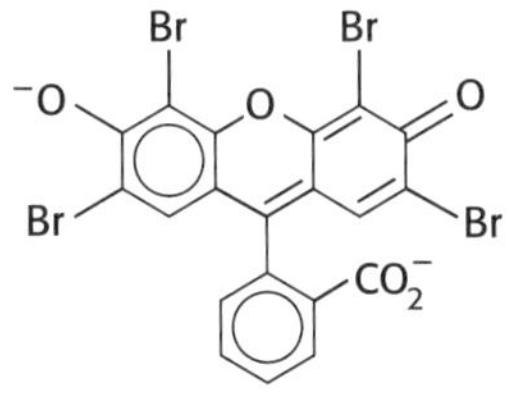

Tetrabromofluoresceína (eosina)

TABELA 7.1 Aplicações das titulações por precipitação

Espécies analisadas	Observações
	Método de Volhard
Br^-, I^-, SCN^-, CNO^-, AsO_4^{3-}	Não é necessária a remoção do precipitado
Cl^-, PO_4^{3-}, CN^-, $C_2O_4^{2-}$, CO_3^{2-}, S^{2-}, CrO_4^{2-}	É necessária a remoção do precipitado
BH_4^-	Titulação de retorno do Ag^+ restante após a reação com o BH_4^-: $BH_4^- + 8Ag^+ + 8OH^- \rightarrow 8Ag(s) + H_2BO_3^- + 5H_2O$
	Método de Fajans
Cl^-, Br^-, I^-, SCN^-,$Fe(CN)_6^{4-}$	Titulação com Ag^+. Detecção com corantes, como fluoresceína, diclorofluoresceína, eosina, azul de bromofenol
Zn^{2+}	Titulação com $K_4Fe(CN)_6$ para produzir $K_2Zn_3[Fe(CN)_6]_2$. Detecção do ponto final com difenilamina
SO_4^{2-}	Titulação com $Ba(OH)_2$ em metanol aquoso a 50% usando vermelho de alizarina S como indicador
Hg_2^{2+}	Titulação com NaCl para produzir Hg_2Cl_2. O ponto final é detectado com azul de bromofenol
PO_4^{3-}, $C_2O_4^{2-}$	Titulação com $Pb(CH_3CO_2)_2$ para dar $Pb_3(PO_4)_2$ ou PbC_2O_4. O ponto final é detectado com dibromofluoresceína (PO_4^{3-}) ou fluoresceína ($C_2O_4^{2-}$)

Termos Importantes

análise de traços
análise volumétrica
curva de titulação
erro de titulação
indicador
indicador de adsorção
padrão primário
padronização
ponto de equivalência
ponto final
reagente químico de grau analítico
solução-padrão
titulação
titulação argentométrica
titulação de Fajans
titulação de retorno
titulação de Volhard
titulação direta
titulação do branco
titulação gravimétrica
titulante

Resumo

O volume de reagente (titulante) necessário para a reação estequiométrica do analito é medido na análise volumétrica. O ponto estequiométrico da reação é denominado ponto de equivalência. O que medimos a partir de uma mudança abrupta em uma propriedade física (como a cor de um indicador ou o potencial de um eletrodo) é o ponto final. A diferença entre o ponto final e o ponto de equivalência é o erro de titulação. Esse erro pode ser reduzido subtraindo os resultados de uma titulação do branco, na qual o mesmo procedimento é realizado na ausência do analito, ou mediante padronização do titulante, usando a mesma reação e um volume semelhante àquele empregado para o analito.

A validade de um resultado analítico depende do conhecimento da quantidade de um padrão primário. Uma solução contendo uma concentração próxima daquela desejada pode ser padronizada por titulação contra um padrão primário. Em uma titulação direta, o titulante é adicionado ao analito até que a reação se complete. Em uma titulação de retorno, adiciona-se um excesso conhecido de reagente ao analito, e o excesso é titulado com um segundo reagente-padrão. Os cálculos na análise volumétrica relacionam o número de mols conhecidos do titulante com o número de mols desconhecido do analito.

As concentrações dos reagentes e dos produtos, durante uma titulação de precipitação, são calculadas em três regiões. Antes do ponto de equivalência, há um excesso de analito, cuja concentração é o produto (fração remanescente) × (concentração inicial) × (fator de diluição). A concentração do titulante pode ser determinada a partir do produto de solubilidade do precipitado e da concentração conhecida do excesso de analito. No ponto de equivalência, as concentrações de ambos os reagentes são controladas pelo produto de solubilidade. Depois do ponto de equivalência, a concentração do analito pode ser determinada a partir do produto de solubilidade do precipitado e da concentração conhecida do excesso de titulante.

Os pontos finais de duas titulações argentométricas comuns de ânions que precipitam com Ag^+ são marcados por mudanças de cor. Na titulação de Volhard adiciona-se excesso de solução-padrão de $AgNO_3$ à solução do ânion e o precipitado resultante é filtrado. O excesso de Ag^+ no filtrado é determinado por titulação de retorno com solução-padrão de KSCN na presença de Fe^{3+}. Após o consumo dos íons Ag^+, o SCN^- reage com Fe^{3+} formando um complexo vermelho. A titulação de Fajans emprega um indicador de adsorção para encontrar o ponto final de uma titulação direta de um ânion com solução-padrão de $AgNO_3$. A mudança de cor do indicador ocorre logo após o ponto de equivalência, quando o indicador carregado é adsorvido sobre a superfície com carga oposta do precipitado.

Exercícios

7.A. O ácido ascórbico (vitamina C) reage com I_3^- de acordo com a reação vista a seguir:

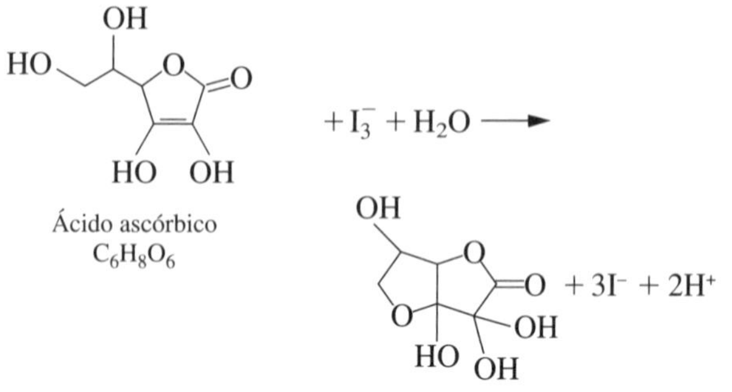

Ácido ascórbico $C_6H_8O_6$ $+ I_3^- + H_2O \longrightarrow$ Ácido deidroascórbico $C_6H_8O_7$ $+ 3I^- + 2H^+$

O amido é utilizado como indicador na reação. O ponto final é marcado pelo aparecimento da coloração azul-escura do complexo amido-iodo, quando o I_3^- que não reagiu se encontra presente na solução.

(a) Verifique se as estruturas vistas anteriormente neste exercício têm as fórmulas químicas escritas abaixo delas. Você tem de ser capaz de localizar todos os átomos na fórmula. Use massas atômicas obtidas da tabela periódica presente na contracapa deste livro para determinar a massa fórmula do ácido ascórbico.

(b) Se 29,41 mL de solução de I_3^- são necessários para reagir com 0,197 0 g de ácido ascórbico puro, qual é a molaridade da solução de I_3^-?

(c) Uma pastilha de vitamina C contendo ácido ascórbico mais aglutinante inerte foi moída até virar pó e 0,424 2 g foram titulados por 31,63 mL de I_3^-. Determine a porcentagem ponderal de ácido ascórbico na pastilha.

7.B. Uma solução de NaOH foi padronizada pela titulação gravimétrica de uma quantidade conhecida de padrão primário, hidrogenoftalato de potássio:

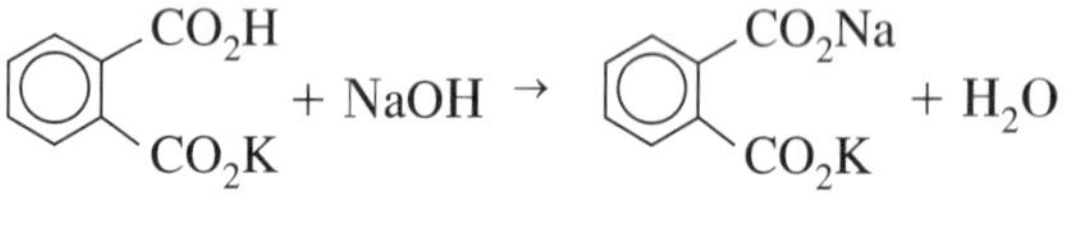

Hidrogenoftalato de potássio $C_8H_5O_4K$ MF 204,22

O NaOH foi então utilizado para determinar a concentração desconhecida de uma solução de H_2SO_4:

$$H_2SO_4 + 2NaOH \rightarrow Na_2SO_4 + 2H_2O$$

(a) Verifique a partir da estrutura do hidrogenoftalato de potássio que sua fórmula é $C_8H_5O_4K$.

(b) A titulação de 0,824 g de hidrogenoftalato de potássio requereu 38,314 g de solução de NaOH para alcançar o ponto final, detectado pelo indicador fenolftaleína. Determine a concentração de NaOH (mol de NaOH/kg de solução).

(c) Uma alíquota de 10,00 mL de solução de H_2SO_4 necessitou 57,911 g de solução de NaOH para atingir o ponto final indicado pela fenolftaleína. Determine a molaridade da solução de H_2SO_4.

7.C. Uma amostra sólida pesando 0,237 6 g contém apenas ácido malônico e cloridrato de anilina. Ela consumiu 34,02 mL de solução de NaOH 0,087 71 M para sua neutralização. Determine as porcentagens em massa de cada componente na mistura sólida. As reações são

$$CH_2(CO_2H)_2 + 2OH^- \rightarrow CH_2(CO_2^-)_2 + 2H_2O$$
Ácido malônico MF 104,06 — Malonato

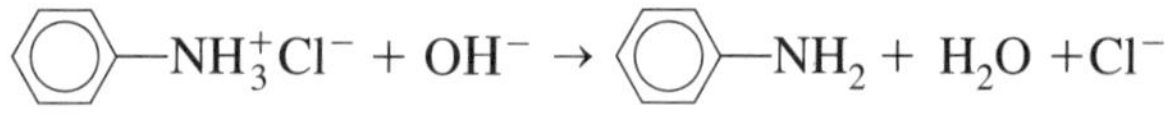

Cloridrato de anilina MF 129,59 $-NH_3^+Cl^- + OH^- \rightarrow$ Anilina $-NH_2 + H_2O + Cl^-$

7.D. 50,0 mL de uma solução de KSCN 0,080 0 M são titulados com uma solução de Cu^+ 0,040 0 M. O produto de solubilidade do CuSCN é $4,8 \times 10^{-15}$. Para cada um dos seguintes volumes de titulante, calcule o pCu^+ e faça um gráfico de pCu^+ em função de mililitros de Cu^+ adicionados: 0,10, 10,0, 25,0, 50,0, 75,0, 95,0, 99,0, 100,0, 100,1, 101,0, 110,0 mL.

7.E. Construa um gráfico de pAg^+ *versus* mililitros de Ag^+ para a titulação de 40,00 mL de solução 0,050 00 M de Br^- e 0,050 00 M de Cl^-. O titulante consiste em solução de $AgNO_3$ 0,084 54 M. Calcule pAg^+ nos seguintes volumes: 2,00, 10,00, 22,00, 23,00, 24,00, 30,00, 40,00 mL, segundo ponto de equivalência, 50,00 mL.

7.F. Considere a titulação de 50,00 (±0,05) mL de uma mistura de I^- e SCN^- com uma solução de Ag^+ 0,068 3 (±0,000 1) M. O primeiro ponto de equivalência é observado em 12,6 (±0,4) mL, e o segundo ocorre em 27,7 (±0,3) mL.

(a) Determine a molaridade e a incerteza na molaridade do tiocianato na mistura original.

(b) Suponha que as incertezas sejam as mesmas, exceto a incerteza do primeiro ponto de equivalência, (12,6 ± ? mL), que é variável. Qual é a incerteza máxima (mililitros) do primeiro ponto de equivalência se a incerteza na molaridade do SCN^- é ≤ 4,0%?

Problemas

Procedimentos Volumétricos e Cálculos

7.1. Explique a seguinte afirmação: "A validade de um resultado analítico depende em última análise do conhecimento da composição de algum padrão primário".

7.2. Explique a diferença entre os termos "ponto final" e "ponto de equivalência".

7.3. Como uma titulação do branco reduz o erro de titulação?

7.4. Qual é a diferença entre uma titulação direta e uma titulação de retorno?

7.5. Qual é a diferença entre um reagente de grau analítico e um padrão primário?

7.6. Por que ácidos ultrapuros são necessários para dissolver amostras para análise de traços?

7.7. Quantos mililitros de uma solução de KI 0,100 M são necessários para reagir com 40,0 mL de uma solução de $Hg_2(NO_3)_2$ 0,040 0 M, se a reação é $Hg_2^{2+} + 2I^- \rightarrow Hg_2I_2(s)$?

7.8. Para a Reação 7.1, quantos mililitros de uma solução de $KMnO_4$ 0,165 0 M são necessários para reagir com 108,0 mL de uma solução de ácido oxálico 0,165 0 M? Quantos mililitros da solução de ácido oxálico 0,165 0 M são necessários para reagir com 108,0 mL da solução de $KMnO_4$ 0,165 0 M?

7.9. A amônia reage com o íon hipobromito, OBr^- de acordo com a reação $2NH_3 + 3OBr^- \rightarrow N_2 + 3Br^- + 3H_2O$. Qual é a concentração molar de OBr^-, se 1,00 mL da solução de OBr^- reage com 1,69 mg de NH_3?

7.10. Ácido sulfâmico é um padrão primário que pode ser usado para padronizar NaOH.

$$^+H_3NSO_3^- + OH^- \rightarrow H_2NSO_3^- + H_2O$$

Ácido sulfâmico
MF 97,088

Qual é a molaridade de uma solução de hidróxido de sódio se 34,26 mL reagiram com 0,333 7 g de ácido sulfâmico?

7.11. Calcário é uma rocha que consiste principalmente no mineral calcita, $CaCO_3$. O teor de carbonato em 0,541 3 g de calcário pulverizado foi medido pela suspensão do pó em água, seguido de adição de 10,00 mL de HCl 1,396 M e aquecimento para dissolver o sólido e expulsar o CO_2:

$$CaCO_3(s) + 2H^+ \rightarrow Ca^{2+} + CO_2\uparrow + H_2O$$

Carbonato de cálcio
MF 100,086

O excesso de ácido demandou 39,96 mL de solução de NaOH 0,100 4 M para atingir o ponto final indicado por fenolftaleína. Determine a porcentagem ponderal de calcita no calcário.

7.12. O óxido de arsênio(III) (As_2O_3) disponível na forma pura é um padrão primário útil (mas cancerígeno) para vários agentes oxidantes, como o MnO_4^-. O As_2O_3 é dissolvido em uma base e então titulado com MnO_4^- em solução ácida. Uma pequena quantidade de iodeto (I^-) ou iodato (IO_3^-) é usada para catalisar a reação entre o H_3AsO_3 e o MnO_4^-:

$$As_2O_3 + 4OH^- \rightleftharpoons 2HAsO_3^{2-} + H_2O$$
$$HAsO_3^{2-} + 2H^+ \rightleftharpoons H_3AsO_3$$
$$5H_3AsO_3 + 2MnO_4^- + 6H^+ \rightarrow 5H_3AsO_4 + 2Mn^{2+} + 3H_2O$$

(a) Uma alíquota de 3,214 g de $KMnO_4$ (MF 158,034) foi dissolvida em 1,000 L de água, aquecida para promover quaisquer reações com as impurezas, resfriada e filtrada. Qual é a concentração molar teórica dessa solução se nenhum MnO_4^- foi consumido pelas impurezas?

(b) Que massa de As_2O_3 (MF 197,840) será necessária para reagir com 25,00 mL da solução de $KMnO_4$ do item **(a)**?

(c) Constatou-se que 0,146 8 g de As_2O_3 necessitam de 29,98 mL da solução de $KMnO_4$ para aparecer a pálida coloração do MnO_4^- que não reagiu. Em uma titulação do branco, foi necessário 0,03 mL de MnO_4^- para produzir coloração suficiente para ser vista. Calcule a concentração molar da solução de permanganato.

7.13. Uma amostra de massa 0,238 6 g contém apenas NaCl e KaBr. Ela foi dissolvida em água e necessitou de 48,40 mL de uma solução de $AgNO_3$ 0,048 37 M para a titulação completa de ambos os halogenetos [produzindo AgCl(*s*) e AgBr(*s*)]. Determine a porcentagem em massa de Br na amostra sólida original.

7.14. Uma mistura sólida pesando 0,054 85 g continha apenas sulfato ferroso amoniacal e cloreto ferroso. A amostra foi dissolvida em H_2SO_4 1 M, e o Fe^{2+} necessitou de 13,39 mL de uma solução de Ce^{4+} 0,012 34 M para a sua completa oxidação a Fe^{3+} (Ce^{4+} + $Fe^{2+} \rightarrow Ce^{3+}$ + Fe^{3+}). Calcule a porcentagem ponderal de Cl na amostra original.

$$FeSO_4 \cdot (NH_4)_2SO_4 \cdot 6H_2O \qquad FeCl_2 \cdot 6H_2O$$

Sulfato ferroso amoniacal — MF 392,12; Cloreto ferroso — MF 234,84

7.15. 12,73 mL de uma solução de cianeto foram tratados com 25,00 mL de solução de Ni^{2+} (contendo excesso de Ni^{2+}) para converter o cianeto a tetracianoniquelato(II):

$$4CN^- + Ni^{2+} \rightarrow Ni(CN)_4^{2-}$$

O excesso de Ni^{2+} foi então titulado com 10,15 mL de solução de ácido etilenodiaminotetracético (EDTA) na concentração de 0,013 07 M:

$$Ni^{2+} + EDTA^{4-} \rightarrow Ni(EDTA)^{2-}$$

$Ni(CN)_4^{2-}$ não reage com EDTA. Se 39,35 mL de solução de EDTA foram necessários para reagir com 30,10 mL da solução original de Ni^{2+}, calcule a molaridade do CN^- na amostra de cianeto (12,73 mL).

7.16. *Manutenção de um aquário de água salgada.* Um tanque do Aquário Estadual de Nova Jersey tem um volume de 2,9 milhões de litros.[6] São usadas bactérias para remover o nitrato que, se não fosse retirado, aumentaria de concentração até níveis tóxicos. A água do aquário é, primeiramente, bombeada para um tanque de desaeração de 2 700 L, que contém as bactérias que consumem O_2 na presença de metanol adicionado:

$$\underset{\text{Metanol}}{2CH_3OH} + 3O_2 \xrightarrow{\text{Bactérias}} 2CO_2 + 4H_2O \qquad (1)$$

A água anóxica (desoxigenada) é transferida do tanque de desaeração para um reator de desnitrificação de 1 500 L, que contém colônias da bactéria *Pseudomonas* em um meio poroso. O metanol é injetado continuamente e o nitrato é convertido em nitrito e, então, em nitrogênio:

$$\underset{\text{Nitrato}}{3NO_3^-} + CH_3OH \xrightarrow{\text{Bactérias}} \underset{\text{Nitrato}}{3NO_2^-} + CO_2 + 2H_2O \qquad (2)$$

$$2NO_2^- + CH_3OH \xrightarrow{\text{Bactérias}} N_2 + CO_2 + H_2O + 2OH^- \qquad (3)$$

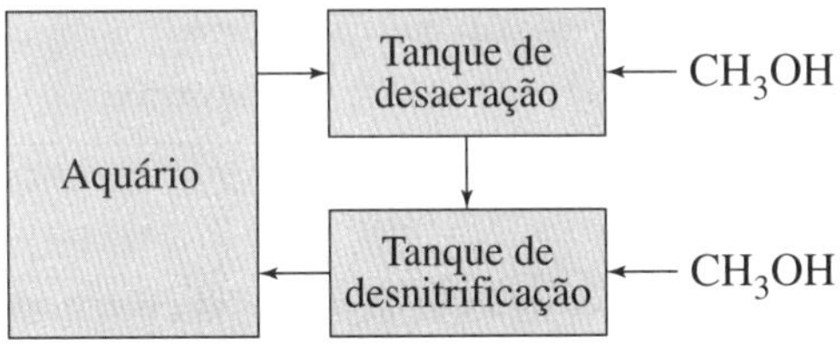

(a) A desaeração pode ser imaginada como uma lenta titulação de O_2 por CH_3OH, intermediada por bactérias. A concentração de O_2 na água do mar, a 24 °C, é 220 μM. Quantos litros de CH_3OH (MF 32,04, massa específica = 0,791 g/mL) são requeridos na Reação 1 para 2,9 milhões de litros de água do aquário?

(b) Escreva a reação global mostrando nitrato mais metanol dando nitrogênio. Quantos litros de CH_3OH são necessários na reação global para 2,9 milhões de litros de água do aquário contendo uma concentração de nitrato igual a 8 100 μM?

(c) Além do consumo de metanol para as Reações de 1 até 3, a bactéria requer um excesso 30% de metanol para seu próprio crescimento. Qual é o volume total de metanol necessário para a desnitrificação de 2,9 milhões de litros de água do aquário?

Forma de uma Curva de Precipitação

7.17. Descreva a química que ocorre em cada uma das seguintes regiões na Figura 7.2: (i) antes do ponto de equivalência; (ii) no ponto de equivalência; e (iii) após o ponto de equivalência. Para cada região, escreva a equação para calcular a $[Ag^+]$.

7.18. Considere a titulação de 25,00 mL de uma solução de KI 0,082 30 M com uma solução de $AgNO_3$ 0,051 10 M. Calcule o pAg^+ nos seguintes volumes de $AgNO_3$ adicionados: **(a)** 39,00 mL; **(b)** V_e; **(c)** 44,30 mL.

7.19. Um volume de 25,00 mL de uma solução de $Na_2C_2O_4$ 0,031 10 M foi titulada com uma solução de $Ca(NO_3)_2$ 0,025 70 M para precipitação do oxalato de cálcio: Ca^{2+} + $C_2O_4^{2-} \rightarrow CaC_2O_4(s)$. Calcule o pCa^{2+} para os seguintes volumes de $Ca(NO_3)_2$: **(a)** 10,00 mL; **(b)** V_e; **(c)** 35,00 mL.

7.20. Nas titulações por precipitação de halogenetos por Ag^+, o par iônico $AgX(aq)$ (X = Cl, Br, I) está em equilíbrio com o precipitado. Use o Apêndice J para calcular as concentrações de $AgCl(aq)$, $AgBr(aq)$ e $AgI(aq)$ durante as precipitações.

7.21. *Sulfato no solo marciano.* Uma titulação de precipitação do sulfato de bário, descrita na abertura deste capítulo, é apresentada na figura vista a seguir. A concentração inicial de Cl^- antes da adição de $BaCl_2$ era 0,000 19 M em 25 mL de extrato aquoso de solo marciano. No ponto final, quando ocorre uma elevação súbita da concentração de Ba^{2+}, $[Cl^-]$ = 0,009 6 M.

(**a**) Escreva a reação de titulação.

(**b**) Quantos mmols de $BaCl_2$ foram necessários para atingir o ponto final?

(**c**) Quantos mmols de SO_4^{2-} estavam contidos nos 25 mL?

(**d**) Se o SO_4^{2-} provém de 1,0 g de solo, qual é a porcentagem em massa de SO_4^{2-} neste solo?

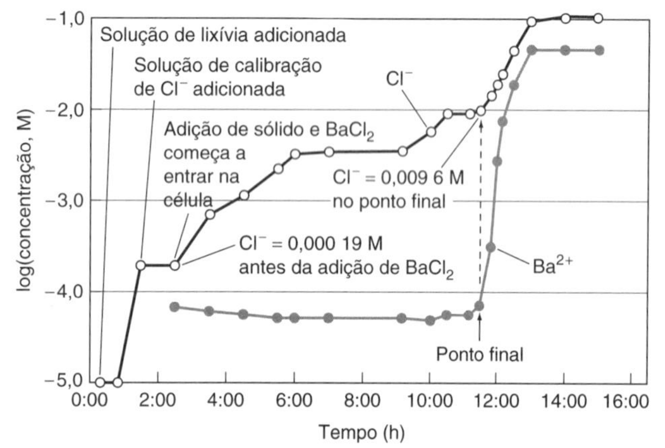

Titulação de precipitação de sulfato de bário na *Phoenix Mars Lander*. [Dados da Referência 1. Cortesia de S. Kounaves, Tufts University.]

Titulação de uma Mistura

7.22. Descreva a química que ocorre em cada uma das seguintes regiões da curva (a) na Figura 7.4: (i) antes do primeiro ponto de equivalência; (ii) no primeiro ponto de equivalência; (iii) entre o primeiro e o segundo ponto de equivalência; (iv) no segundo ponto de equivalência; e (v) após o segundo ponto de equivalência. Para cada região, exceto a (ii), escreva a equação que se pode usar para calcular a $[Ag^+]$.

7.23. O texto diz que a precipitação de I^- não é completa antes do início da precipitação do Cl^- na titulação da Figura 7.4. Calcule a concentração de Ag^+ no ponto de equivalência na titulação somente de I^-. Mostre que essa concentração de Ag^+ irá precipitar o Cl^-.

7.24. Um procedimento[7] para determinar o teor de halogênio em compostos orgânicos faz uso da titulação argentométrica. Adiciona-se cuidadosamente a 50 mL de éter anidro uma amostra desconhecida, que foi pesada cuidadosamente (10 a 100 mg), mais 2 mL de uma dispersão de sódio e 1 mL de metanol. (A dispersão de sódio é uma suspensão de sódio metálico finamente dividido em óleo. Com metanol, a dispersão produz metóxido de sódio, $CH_3O^-Na^+$, que ataca o composto orgânico, liberando halogenetos.) O excesso de sódio é destruído pela adição lenta de 2-propanol, após o que são adicionados 100 mL de água. (O sódio não deve ser tratado diretamente com água, pois o H_2 produzido pode explodir na presença de O_2: $2Na + 2H_2O \rightarrow 2NaOH + H_2$.) Esse procedimento gera uma mistura de duas fases, com a camada etérea acima da camada aquosa, que contém os sais de halogeneto. A camada aquosa tem seu pH ajustado para 4 e é titulada com Ag^+, usando os eletrodos mostrados na Figura 7.5. Qual o volume necessário de uma solução de $AgNO_3$ 0,025 70 M para se atingir cada ponto de equivalência, quando são analisados 82,67 mg de 1-bromo-4-clorobutano ($BrCH_2CH_2CH_2CH_2Cl$; MF 171,46)?

7.25. Calcule o pAg^+ nos seguintes pontos na titulação em (a) na Figura 7.4: (**a**) 10,00 mL; (**b**) 20,00 ml; (**c**) 30,00 mL; (**d**) segundo ponto de equivalência; (**e**) 50,00 mL.

7.26. Uma mistura com volume de 10,00 mL, contendo Ag^+ 0,100 0 M e Hg_2^{2+} 0,100 0 M, foi titulada com KCN 0,100 0 M para precipitar $Hg_2(CN)_2$ e AgCN.

(**a**) Calcule o pCN^- após a adição dos seguintes volumes de solução de KCN: 5,00, 10,00, 15,00, 19,90, 20,10, 25,00, 30,00, 35,00 mL.

(**b**) Haverá algum precipitado de AgCN em 19,90 mL?

Usando Planilhas Eletrônicas

7.27. Obtenha uma expressão análoga à Equação 7.12 para a titulação de M^+ (concentração = C_M^0, volume = V_M^0) com X^- (concentração do titulante = V_X^0). Sua equação deverá permitir que você calcule o volume de titulante (V_X) como função da $[X^-]$.

7.28. Use a Equação 7.12 para reproduzir as curvas na Figura 7.3. Faça a representação gráfica dos seus resultados em um único gráfico.

7.29. Considere a precipitação de X^{x-} com M^{m+}:

$$xM^{m+} + mX^{x-} \rightleftharpoons M_xX_m(s) \qquad K_{ps} = [M^{m+}]^x[X^{x-}]^m$$

Escreva as equações do balanço de massa para M e X e obtenha a equação

$$V_M = V_X^0\left(\frac{xC_X^0 + m[M^{m+}] - x[X^{x-}]}{mC_M^0 - m[M^{m+}] + x[X^{x-}]}\right)$$

em que $[X^{x-}] = (K_{ps}/[M^{m+}]^x)^{1/m}$.

7.30. Use a equação do Problema 7.29 para calcular a curva de titulação para 10,0 mL de uma solução de CrO_4^{2-} 0,100 M titulada com uma solução de Ag^+ 0,100 M para produzir $Ag_2CrO_4(s)$.

Detecção do Ponto Final

7.31. Por que a carga na superfície do precipitado muda de sinal no ponto de equivalência?

7.32. Examine o procedimento na Tabela 7.1 para a titulação de Fajans do Zn^{2+}. Você espera que a carga no precipitado seja positiva ou negativa após o ponto de equivalência?

7.33. Descreva como se analisa uma solução de NaI usando a titulação de Volhard.

7.34. 30,00 mL de uma solução contendo HBr foram tratados com 5 mL de HNO_3 8 M, recentemente fervido e resfriado, e, a seguir, com 50,00 mL de uma solução de $AgNO_3$ 0,365 0 M sob agitação vigorosa. Adicionou-se, então, 1 mL de solução saturada de alúmen férrico e a solução foi titulada com uma solução de KSCN 0,287 0 M. Quando 3,60 mL foram adicionados, a solução tornou-se vermelha. Qual era a concentração de HBr na solução original? Quantos miligramas de Br^- estavam na solução original?

7.35. *O que há de errado com esse procedimento?* Segundo a Tabela 7.1, carbonato pode ser determinado por uma titulação de Volhard. A remoção do precipitado é necessária. Para análise de uma solução desconhecida de Na_2CO_3, acidificou-se a solução com HNO_3 recentemente fervido e resfriado para dar HNO_3 ~0,5 M. A seguir, adicionou-se excesso de solução-padrão de $AgNO_3$, mas não se formou nenhum precipitado de Ag_2CO_3. O que aconteceu?

8 Atividade e o Tratamento Sistemático do Equilíbrio

ÍONS HIDRATADOS

Número Estimado de Moléculas de Água de Hidratação

Molécula	Número de moléculas de H_2O firmemente ligadas
$CH_3CH_2CH_3$	0
C_6H_6	0
CH_3CH_2Cl	0
CH_3CH_2SH	0
$CH_3—O—CH_3$	1
CH_3CH_2OH	1
$(CH_3)_2C=O$	1,5
$CH_3CH=O$	1,5
CH_3CO_2H	2
$CH_3C\equiv N$	3
$CH_3C(=O)NHCH_3$	4
CH_3NO_2	5
$CH_3CO_2^-$	5
CH_3NH_2	6
CH_3SO_3H	7
NH_3	9
$CH_3SO_3^-$	10
NH_4^+	12

Informação de S. Fu e C. A. Lucy, "Prediction of Electrophoretic Mobilities", Anal. Chem. ***1998**, 70, 173.*

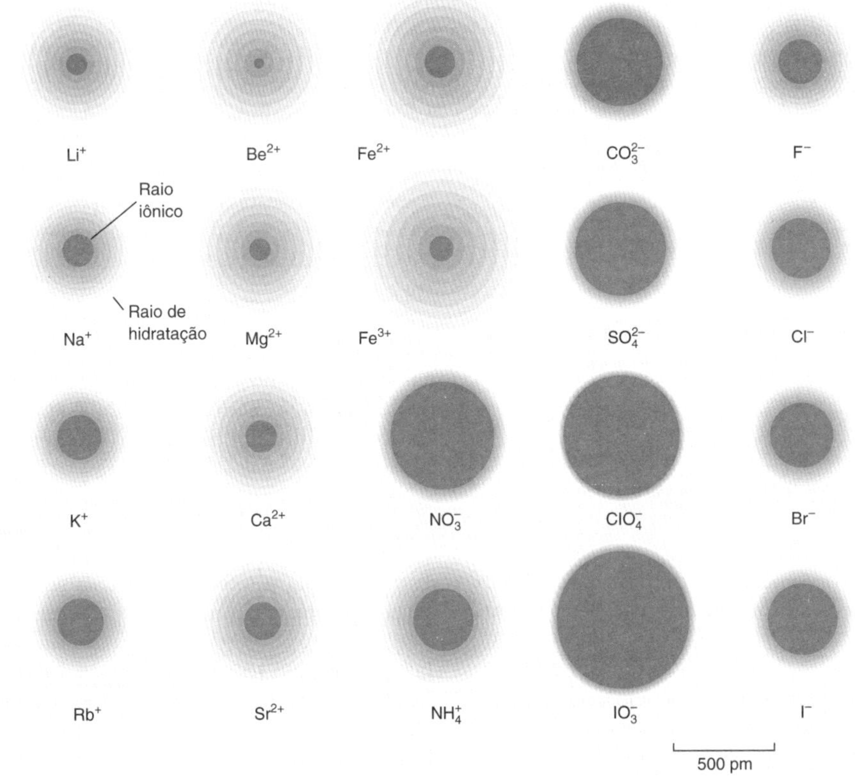

Raios iônicos e de hidratação de vários íons. Quanto menor o íon e quanto maior a sua carga, mais fortemente ele se liga a moléculas de água e se comporta como uma espécie hidratada maior.

Íons e moléculas em solução estão envolvidos por uma camada organizada de moléculas de solvente. Na água, o átomo de oxigênio possui uma carga parcial negativa e cada átomo de hidrogênio possui uma carga parcial positiva, cujo valor é igual à metade do valor correspondente à carga negativa do átomo de oxigênio.

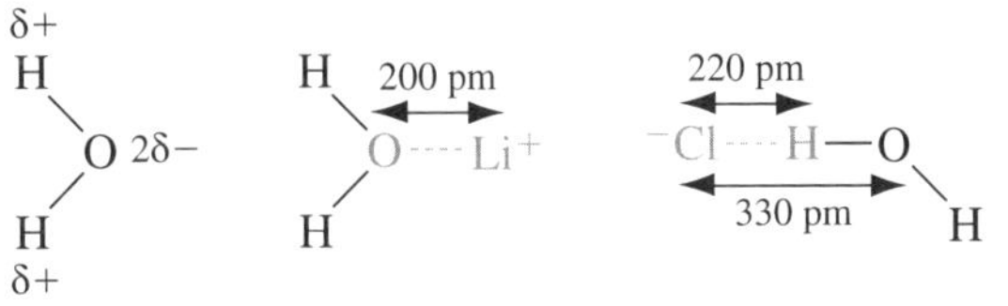

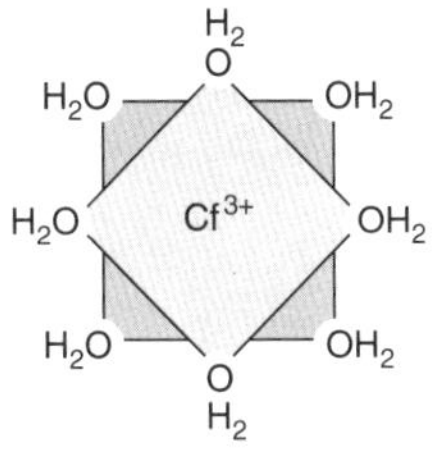

Cf^{3+} se situa no centro entre planos de 4 H_2O em uma geometria antiprisma quadrada.

A água se liga aos cátions por meio do átomo de oxigênio. A primeira esfera de coordenação do pequeno cátion Li^+, por exemplo, é constituída de ~4 moléculas de H_2O nos vértices de um tetraedro.[1] A primeira esfera de coordenação do íon maior Cf^{3+} (elemento 98, califórnio) parece corresponder a um antiprisma quadrado com ~8 moléculas de H_2O.[2] O íon Cl^- se liga a ~6 moléculas de H_2O por meio dos átomos de hidrogênio.[1,3] A água troca rapidamente de posição entre o seio do solvente e os sítios de coordenação nos íons.

Os raios iônicos na figura são medidos por difração de raios X em cristais. Os raios de hidratação são estimados a partir dos coeficientes de difusão dos íons em solução e da mobilidade dos íons aquosos em um campo elétrico.[4,5] Quanto menor o íon e quanto maior a sua carga, maior o número de moléculas de água que se ligam a ele. Nestas condições o íon se comporta como uma espécie de maior volume em solução. A *atividade* dos íons em solução aquosa, que estudamos neste capítulo, está relacionada com o tamanho das espécies hidratadas.

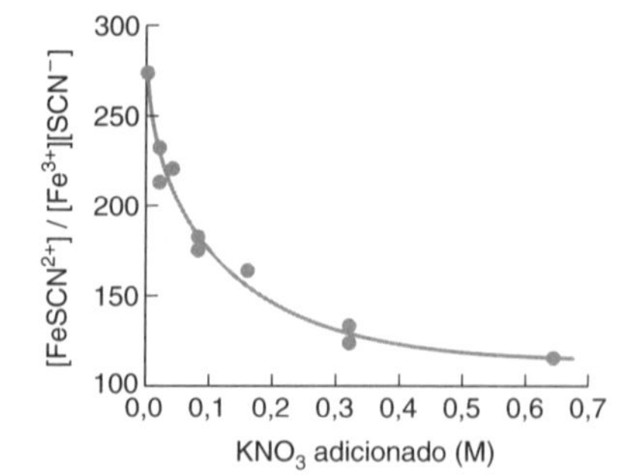

FIGURA 8.1 Dados obtidos por estudantes mostram que o quociente de equilíbrio de concentrações, para a reação $Fe^{3+} + SCN^- \rightleftharpoons Fe(SCN)^{2+}$, diminui quando nitrato de potássio é adicionado à solução. A Prancha em Cores 4 mostra a descoloração da cor vermelha do $Fe(SCN)^{2+}$ após a adição de KNO_3. O Problema 13.11 dá mais informações sobre este sistema químico. [Dados de R. J. Stolzberg, "Discovering a Change in Equilibrium Constant with Change in Ionic Strength," *J. Chem. Ed.* **1999**, *76*, 640.]

A adição de um sal "inerte" aumenta a solubilidade de um composto iônico.

Um cátion está cercado por um excesso de ânions.

Um ânion está cercado por um excesso de cátions.

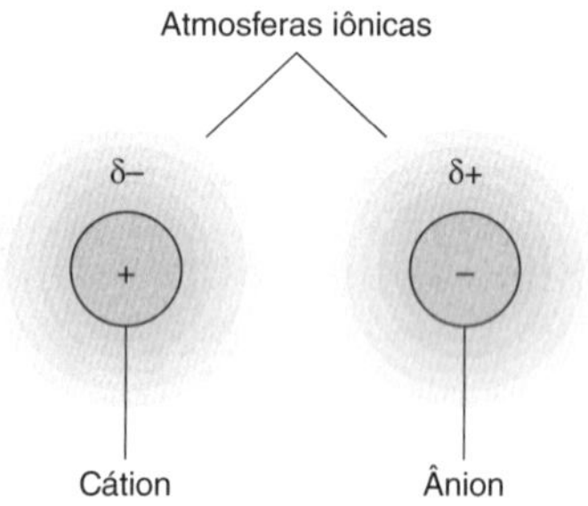

FIGURA 8.2 Uma atmosfera iônica, vista como uma nuvem esférica de carga δ+ ou δ−, envolve os íons em solução. A carga da atmosfera é menor que a carga do íon central. Quanto maior a força iônica da solução, maior será a carga em cada atmosfera iônica.

No Capítulo 6, escrevemos a constante de equilíbrio para uma reação, na forma

$$\underset{\text{Amarelo-pálido}}{Fe^{3+}} + \underset{\text{Incolor}}{SCN^-} \rightleftharpoons \underset{\text{Vermelho}}{Fe(SCN)^{2+}} \qquad K = \frac{[Fe(SCN)^{2+}]}{[Fe^{3+}][SCN^-]} \tag{8.1}$$

A Figura 8.1, a Demonstração 8.1 e a Prancha em Cores 4 mostram que o quociente entre concentrações, na Equação 8.1, diminui se adicionamos o sal "inerte", KNO_3, à solução. Ou seja, a "constante" de equilíbrio não é realmente constante. Neste capítulo explicaremos por que, na expressão da constante de equilíbrio, as concentrações são substituídas por *atividades* e como as atividades são utilizadas.

8.1 Efeito da Força Iônica na Solubilidade dos Sais

Considere uma solução saturada de $CaSO_4$ em água destilada.

$$CaSO_4(s) \rightleftharpoons Ca^{2+} + SO_4^{2-} \qquad K_{ps} = 2{,}4 \times 10^{-5} \tag{8.2}$$

A Figura 6.1 mostrou que a solubilidade é 0,015 M. As espécies dissolvidas são, principalmente, Ca^{2+} 0,010 M, SO_4^{2-} 0,010 M e $CaSO_4(aq)$ 0,005 M (um par iônico).

Entretanto, um efeito interessante é observado agora quando um sal, como o KNO_3, é adicionado à solução. Nem o K^+ nem o NO_3^- reagem com o Ca^{2+} ou com SO_4^{2-}. Porém, quando uma solução de KNO_3 0,050 M é adicionada a uma solução saturada de $CaSO_4$, observa-se o aumento da dissolução do sólido existente até as concentrações de Ca^{2+} e de SO_4^{2-} aumentarem cerca de 30%.

Em geral, a adição de um sal "inerte" (como o KNO_3) a um sal pouco solúvel (como o $CaSO_4$) aumenta a solubilidade do sal pouco solúvel. "Inerte" significa que o KNO_3 não reage quimicamente com o $CaSO_4$. Quando adicionamos sal a uma solução, dizemos que a *força iônica* da solução aumenta. A definição de força iônica será dada logo a seguir.

Explicação

Por que a solubilidade aumenta quando sais inertes são adicionados à solução? Vamos fixar nossa atenção em determinado íon Ca^{2+} e determinado íon SO_4^{2-} em solução. O íon SO_4^{2-} está cercado pela H_2O, pelos cátions (K^+, Ca^{2+}) e pelos ânions (NO_3^-, SO_4^{2-}) presentes na solução. Contudo, para o ânion, existirão em média mais cátions do que ânions perto dele, pois os cátions são atraídos pelos ânions enquanto os ânions se repelem entre si. Essas interações produzem uma região de carga líquida positiva em torno de determinado ânion qualquer. Esta região é denominada **atmosfera iônica** (Figura 8.2). Os íons se difundem continuamente para dentro e para fora da atmosfera iônica. A carga líquida nesta atmosfera, promediada ao longo do tempo, é menor que a carga do ânion que se localiza no centro da atmosfera. Do mesmo modo, uma atmosfera de carga negativa envolve qualquer cátion em solução.

A atmosfera iônica atenua (diminui) a atração entre os íons em solução. O cátion mais sua atmosfera negativa possui uma carga positiva menor que o cátion sozinho. O ânion mais sua atmosfera iônica possui uma carga negativa menor que o ânion sozinho. A atração líquida entre o cátion, com sua atmosfera iônica, e o ânion, com sua atmosfera iônica, é menor do que a que existe entre o cátion e o ânion na ausência das atmosferas iônicas. *Quanto maior a força iônica de uma solução, maior será a carga na atmosfera iônica. Logo, cada um dos íons mais sua atmosfera contém uma carga líquida menor e existe uma atração menor entre determinado ânion e determinado cátion.*

DEMONSTRAÇÃO 8.1 Efeito da Força Iônica na Dissociação Iônica[6]

Este experimento demonstra o efeito da força iônica na dissociação do complexo vermelho de tiocianato de ferro(III):

$$\underset{\text{Vermelho}}{Fe(SCN)^{2+}} \rightleftharpoons \underset{\text{Amarelo-pálido}}{Fe^{3+}} + \underset{\text{Incolor}}{SCN^-}$$

Preparamos uma solução de $FeCl_3$ 1 mM, dissolvendo 0,27 g de $FeCl_3 \cdot 6H_2O$ em 1 L de água contendo 3 gotas de HNO_3 15 M (concentrado). O objetivo do ácido é diminuir a velocidade de precipitação do $Fe(OH)_3$, que ocorre em poucos dias e requer a preparação de uma solução nova para essa demonstração.

Para demonstrar o efeito da força iônica na reação de dissociação, misturamos 300 mL de $FeCl_3$ 1 mM com 300 mL de NH_4SCN, ou KSCN, 1,5 mM. Dividimos a solução vermelho-pálida em duas porções iguais e adicionamos 12 g de KNO_3 a uma delas para aumentar a força iônica para 0,4 M. Como a dissolução do KNO_3, o complexo vermelho de $Fe(SCN)^{2+}$ se dissocia e a cor deixa de ser visível (ver Prancha em Cores 4).

A adição de uns poucos cristais de NH_4SCN, ou de KSCN, a qualquer solução direciona a reação para a formação de $Fe(SCN)^{2+}$, intensificando, assim, a cor vermelha. Essa reação demonstra o princípio de Le Châtelier – a adição de um produto produz mais reagente.

O aumento da força iônica de uma solução reduz, portanto, a atração entre os íons Ca^{2+} e SO_4^{2-} comparada com a atração que existe entre eles em água destilada. O efeito é diminuir sua tendência de se aproximarem, *aumentando*, desse modo, a solubilidade do $CaSO_4$.

O aumento da força iônica promove a dissociação iônica. Assim, cada uma das reações vistas a seguir desloca-se para a direita se a força iônica aumenta de, por exemplo, 0,01 para 0,1 M:

$$Fe(SCN)^{2+} \rightleftharpoons Fe^{3+} + SCN^-$$
Tiocianato

C₆H₅—OH ⇌ C₆H₅—O⁻⁻ + H⁺
Fenol   Fenolato

$$\underset{\text{Hidrogenotartarato de potássio}}{HO_2CCH(OH)CH(OH)CO_2K(s)} \rightleftharpoons HO_2CCH(OH)CH(OH)CO_2^- + K^+$$

A Figura 8.3 mostra o efeito da adição de sais sobre a solubilidade do hidrogenotartarato de potássio.

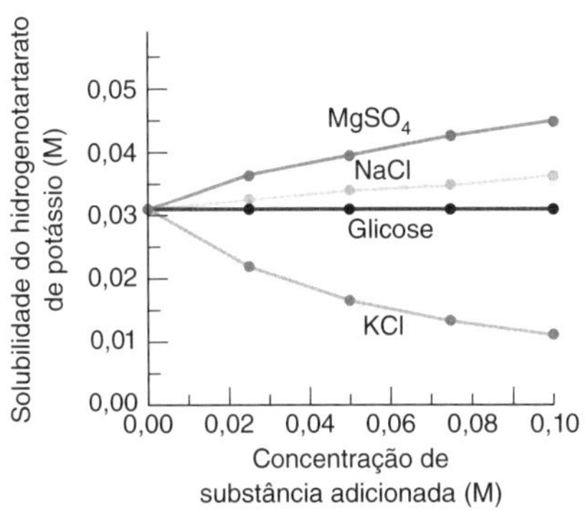

FIGURA 8.3 A solubilidade do hidrogenotartarato de potássio aumenta quando os sais $MgSO_4$ ou NaCl são adicionados. Não há efeito quando um composto neutro, por exemplo, a glicose, é adicionado. A adição de KCl diminui a solubilidade (*Por quê?*) [De C. J. Marzzacco, "Effect of Salts and Nonelectrolytes on the Solubility of Potassium Bitartrate," *J. Chem. Ed.* **1998**, *75*, 1628. Reproduzido sob permissão © 1998 American Chemical Society.]

O que Entendemos por "Força Iônica"?

A **força iônica**, μ, é uma medida da concentração total de íons em solução. Quanto mais carregado for um íon, maior será a sua participação no cálculo da força iônica.

Força iônica: $$\mu = \frac{1}{2}(c_1 z_1^2 + c_2 z_2^2 + \cdots) = \frac{1}{2}\sum c_i z_i^2 \qquad (8.3)$$

em que c_i é a concentração da *i*-ésima espécie e z_i é sua carga. A soma se aplica a *todos* os íons em solução.

EXEMPLO   **Cálculo da Força Iônica**

Calcule a força iônica de **(a)** $NaNO_3$ 0,10 M; **(b)** Na_2SO_4 0,010 M; e **(c)** KBr 0,020 M mais Na_2SO_4 0,010 M.

Solução

(a) $\mu = \frac{1}{2}\{[Na^+]\cdot(+1)^2 + [NO_3^-]\cdot(-1)^2\}$
$= \frac{1}{2}\{0,10\cdot 1 + 0,10\cdot 1\} = 0,10$ M

(b) $\mu = \frac{1}{2}\{[Na^+]\cdot(+1)^2 + [SO_4^{2-}]\cdot(-2)^2\}$
$= \frac{1}{2}\{(0,020\cdot 1) + (0,010\cdot 4)\} = 0,030$ M

Observe que $[Na^+] = 0,020$ M, porque existem dois mols de Na^+ por mol de Na_2SO_4.

(c) $\mu = \frac{1}{2}\{[K^+]\cdot(+1)^2 + [Br^-]\cdot(-1)^2 + [Na^+]\cdot(+1)^2 + [SO_4^{2-}]\cdot(-2)^2\}$
$= \frac{1}{2}\{(0,020\cdot 1) + (0,020\cdot 1) + (0,020\cdot 1) + (0,010\cdot 4)\} = 0,050$ M

TESTE-SE Qual é a força iônica de uma solução de $CaCl_2$ 1 mM? (***Resposta:*** 3 mM.)

O $NaNO_3$ é conhecido como um eletrólito 1:1 porque o cátion e o ânion possuem carga igual a 1. Para os eletrólitos 1:1, a força iônica é igual à molaridade (concentração molar). Para qualquer outra estequiometria (como o eletrólito 2:1, Na_2SO_4), a força iônica é maior do que a molaridade.

O cálculo da força iônica para soluções que não estejam muito diluídas é bastante complicado porque sais com íons de carga ≥ 2 não estão totalmente dissociados. No Boxe 8.1 verificamos que para o $MgSO_4$, em uma concentração formal de 0,025 M, 35% do Mg^{2+} estão ligados no par iônico solúvel, $MgSO_4(aq)$. Quanto maior a concentração e quanto maior a carga iônica, maior será a fração de par iônico. O Boxe 8.2 mostra como o par iônico pode ser utilizado para extrair e identificar metabólicos iônicos de células vivas isoladas.

Eletrólito	Molaridade	Força Iônica
1:1	M	M
2:1	M	3M
3:1	M	6M
2:2	M	4M

BOXE 8.1 Sais com Íons de Carga ≥ |2| Não se Dissociam Totalmente[7]

Sais constituídos por cátions e ânions com cargas ±1 dissociam-se quase completamente em água quando estão em baixas concentrações (< 0,1 M). Sais contendo cátions e ânions com uma carga ≥ 2 estão menos dissociados, mesmo em soluções diluídas. No Apêndice J encontramos constantes de formação para *pares iônicos*:

Constante de formação do par iônico: $M^{n+}(aq) + L^{m-}(aq) \rightleftharpoons \underset{\text{Par iônico}}{M^{n+}L^{m-}(aq)}$

$$K = \frac{[ML]\gamma_{ML}}{[M]\gamma_M[L]\gamma_L}$$

em que γ_i são os coeficientes de atividade. Usando as constantes do Apêndice J, os coeficientes de atividade da Equação 8.6 e a planilha mostrada na Seção 8.5, calculamos as seguintes porcentagens de pares iônicos em soluções 0,025 F:

Porcentagem do íon metálico ligado como par iônico em solução de M_xL_y 0,025 F[a]

M \ L	Cl^-	SO_4^{2-}
Na^+	0,6%	9%
Mg^{2+}	8%	35%

a. O tamanho de ML foi considerado como 500 pm para calcular seu coeficiente de atividade.

A tabela nos diz que o NaCl 0,025 F está apenas 0,6% associado como $Na^+Cl^-(aq)$ e que o Na_2SO_4 está 9% associado como $Na_2SO_4^-(aq)$. Para o $MgSO_4$, 35% estão presentes como um par iônico. Uma solução de $MgSO_4$ 0,025 F contém Mg^{2+} 0,016 M, SO_4^{2-} 0,016 M e $MgSO_4(aq)$ 0,009 M. A força iônica do $MgSO_4$ 0,025 F não é 0,10 M, mas sim 0,065 M. O Problema 8.30 ensina a você como calcular a fração de pares iônicos.

O emparelhamento iônico (ou a formação de pares iônicos) não é um fenômeno definido precisamente. Uma definição é que dois íons estão emparelhados (ou formando um par iônico) se eles permanecem dentro de uma dada distância por um tempo mais longo do que aquele que eles necessitam para se difundir sobre aquela mesma distância.

BOXE 8.2 Par Iônico para Análise de uma Célula Isolada

Um cátion com dois sítios positivos (um dicátion) pode ser injetado mediante uma agulha fina sob um microscópio em uma célula viva isolada para formar pares iônicos com os componentes aniônicos da célula, e assim, extraí-los para identificação por espectrometria de massa. O dicátion na figura extraiu 70 metabólitos identificáveis, incluindo o ácido fólico (vitamina B_9), de uma célula isolada. Diferentes dicátions podem ser seletivos para diferentes classes de ânions. A química das células isoladas é uma nova fronteira da ciência biológica.

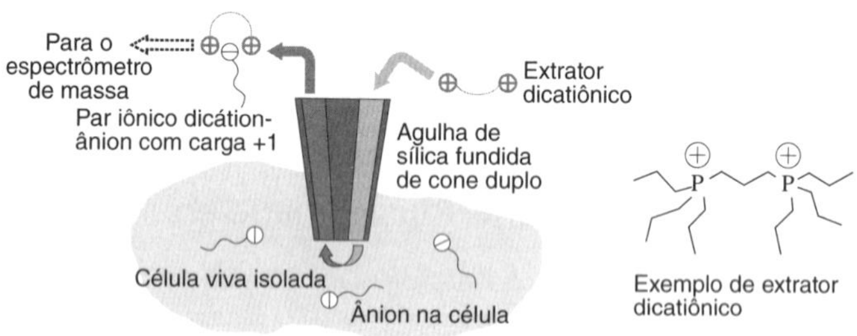

A molécula dicatiônica extrai ânions de uma célula viva produzindo um par iônico de carga líquida +1, cuja massa exata é determinada por meio de um espectrômetro de massa. [Informação de N. Pan, W. Rao, S. J. Standke e Z. Yang, "Using Dicationic Ion-Paring Compounds to Enhance the Single Cell Mass Spectrometry Analysis Using the Simple-Probe: A Microscale Sampling and Ionization Device," *Anal. Chem.* **2016**, *88*, 6812.]

8.2 Coeficientes de Atividade

A Equação 8.1 não prevê qualquer efeito da força iônica sobre uma reação química. Para se considerar o efeito da força iônica, as concentrações são substituídas pelas **atividades**:

Atividade de C:

$$\mathcal{A}_C = [C]\gamma_C \qquad (8.4)$$

(Atividade de C; Concentração de C; Coeficiente de atividade de C)

Não confunda os termos **atividade** e **coeficiente de atividade**.

A atividade da espécie C é a sua concentração multiplicada pelo seu **coeficiente de atividade**. O coeficiente de atividade mede o desvio do comportamento ideal. Se o coeficiente de atividade for 1, então o comportamento será ideal e a constante de equilíbrio na Equação 8.1 estará correta.

A atividade é uma grandeza adimensional. Lembre-se da Seção 6.1 que [C] é realmente a razão adimensional entre a concentração dividida pela concentração do estado-padrão.

[C] na Equação 8.4 realmente significa [C]/(1 M) caso C seja um soluto ou (pressão de C em bar)/(1 bar) caso C seja um gás. A atividade do sólido ou líquido puro é, por definição, igual à unidade.

A forma correta da constante de equilíbrio é

A Equação 8.5 é a constante de equilíbrio "real". A Equação 6.2 fornece o quociente de concentração, K_c, o qual não inclui os coeficientes de atividade:

$$K_c = \frac{[C]^c[D]^d}{[A]^a[B]^b} \quad (6.2)$$

Forma geral da constante de equilíbrio:

$$K = \frac{\mathcal{A}_C^c \mathcal{A}_D^d}{\mathcal{A}_A^a \mathcal{A}_B^b} = \frac{[C]^c \gamma_C^c [D]^d \gamma_D^d}{[A]^a \gamma_A^a [B]^b \gamma_B^b} \quad (8.5)$$

A Equação 8.5 leva em conta o efeito da força iônica sobre um equilíbrio químico porque os coeficientes de atividade dependem da força iônica.

Para a Reação 8.2, a constante de equilíbrio é

$$K_{ps} = \mathcal{A}_{Ca^{2+}} \mathcal{A}_{SO_4^{2-}} = [Ca^{2+}]\gamma_{Ca^{2+}}[SO_4^{2-}]\gamma_{SO_4^{2-}}$$

Se as concentrações do Ca^{2+} e SO_4^{2-} *aumentarem* quando se adicionar um segundo sal, aumentando a força iônica, os coeficientes de atividade *diminuem* com o aumento da força iônica.

Para valores pequenos de força iônica, os coeficientes de atividade se aproximam da unidade, e a constante de equilíbrio termodinâmica (Equação 8.5) se aproxima da constante de equilíbrio de "concentração" (Equação 6.2). Uma forma de medir uma constante de equilíbrio termodinâmica é medir o quociente de concentrações (Equação 6.2) em forças iônicas sucessivamente menores e depois extrapolar o valor para a força iônica zero. Quase sempre, as constantes de equilíbrio tabeladas não são as constantes termodinâmicas verdadeiras, mas quocientes de concentrações (Equação 6.2), medidos em determinado conjunto de condições.

EXEMPLO Expoentes dos Coeficientes de Atividade

Escreva a expressão do produto de solubilidade para $La_2(SO_4)_3(s) \rightleftharpoons 2La^{3+} + 3SO_4^{2-}$ usando coeficientes de atividade.

Solução Os expoentes dos coeficientes de atividade são iguais aos expoentes das concentrações:

$$K_{ps} = \mathcal{A}_{La^{3+}}^2 \mathcal{A}_{SO_4^{2-}}^3 = [La^{3+}]^2\gamma_{La^{3+}}^2[SO_4^{2-}]^3\gamma_{SO_4^{2-}}^3$$

TESTE-SE Escreva uma expressão de equilíbrio para $Ca^{2+} + 2Cl^- \rightleftharpoons CaCl_2(aq)$ utilizando coeficientes de atividade. $\left(\textit{Resposta: } K = \frac{\mathcal{A}_{CaCl_2}}{\mathcal{A}_{Ca^{2+}}\mathcal{A}_{Cl^-}^2} = \frac{[CaCl_2]\gamma_{CaCl_2}}{[Ca^{2+}]\gamma_{Ca^{2+}}[Cl^-]^2\gamma_{Cl^-}^2}\right)$

Coeficientes de Atividade dos Íons

O modelo da atmosfera iônica leva à **equação de Debye-Hückel estendida**, que relaciona os coeficientes de atividade com a força iônica:

Equação de Debye-Hückel estendida:

$$\log \gamma = \frac{-0{,}51z^2\sqrt{\mu}}{1 + (\alpha\sqrt{\mu}/305)} \quad \text{(a 25 °C)} \quad (8.6)$$

Na Equação 8.6, γ é o coeficiente de atividade de um íon de carga $\pm z$ e tamanho α (em picômetros, pm) em uma solução aquosa de força iônica μ. A equação fornece resultados razoáveis para $\mu \leq 0{,}1$ M. Para determinarmos os coeficientes de atividade em forças iônicas acima de 0,1 M (até molalidades de 2 a 6 mol/kg, para muitos sais), usamos equações mais complicadas; geralmente as *equações de Pitzer* são utilizadas.[8]

1 pm (picômetro) = 10^{-12} m.

A Tabela 8.1 apresenta os tamanhos (α) e os coeficientes de atividade de vários íons. Todos os íons de mesmo tamanho e de mesma carga aparecem no mesmo grupo e têm os mesmos coeficientes de atividade. Por exemplo, os íons Ba^{2+} e succinato [$^-O_2CCH_2CH_2CO_2^-$, que aparece na tabela como $(CH_2CO_2^-)_2$] têm, cada um deles, um tamanho de 500 pm e estão listados entre os íons de carga ±2. Em uma solução com uma força iônica de 0,001 M, ambos os íons possuem um coeficiente de atividade de 0,868.

Raios iônicos e raios de íons hidratados são mostrados na abertura deste capítulo.

O tamanho do íon α na Equação 8.6 é um parâmetro empírico que mostra a concordância entre os coeficientes de atividade medidos e a força iônica até $\mu = 0{,}1$ M. Teoricamente, α é o diâmetro do íon hidratado.[9] Contudo, os tamanhos na Tabela 8.1 não podem ser considerados

TABELA 8.1 **Coeficientes de atividade para soluções aquosas a 25 °C**

Íon	Tamanho do íon (α, pm)	Força iônica (μ, M)				
		0,001	0,005	0,01	0,05	0,1
Carga = ±1						
H^+	900	0,967	0,933	0,914	0,86	0,83
$(C_6H_5)_2CHCO_2^-$, $(C_3H_7)_4N^+$	800	0,966	0,931	0,912	0,85	0,82
$(O_2N)_3C_6H_2O^-$, $(C_3H_7)_3NH^+$, $CH_3OC_6H_4CO_2^-$	700	0,965	0,930	0,909	0,845	0,81
Li^+, $C_6H_5CO_2^-$, $HOC_6H_4CO_2^-$, $ClC_6H_4CO_2^-$, $C_6H_5CH_2CO_2^-$, $CH_2{=}CHCH_2CO_2^-$, $(CH_3)_2CHCH_2CO_2^-$, $(CH_3CH_2)_4N^+$, $(C_3H_7)_2NH_2^+$	600	0,965	0,929	0,907	0,835	0,80
$Cl_2CHCO_2^-$, $Cl_3CCO_2^-$, $(CH_3CH_2)_3NH^+$, $(C_3H_7)NH_3^+$	500	0,964	0,928	0,904	0,83	0,79
Na^+, $CdCl^+$, ClO_2^-, IO_3^-, HCO_3^-, $H_2PO_4^-$, HSO_3^-, $H_2AsO_4^-$, $Co(NH_3)_4(NO_2)_2^+$, $CH_3CO_2^-$, $ClCH_2CO_2^-$, $(CH_3)_4N^+$, $(CH_3CH_2)_2NH_2^+$, $H_2NCH_2CO_2^-$	450	0,964	0,928	0,902	0,82	0,775
$^+H_3NCH_2CO_2H$, $(CH_3)_3NH^+$, $CH_3CH_2NH_3^+$	400	0,964	0,927	0,901	0,815	0,77
OH^-, F^-, SCN^-, OCN^-, HS^-, ClO_3^-, ClO_4^-, BrO_3^-, IO_4^-, MnO_4^-, HCO_2^-, H$_2$citrato$^-$, $CH_3NH_3^+$, $(CH_3)_2NH_2^+$	350	0,964	0,926	0,900	0,81	0,76
K^+, Cl^-, Br^-, I^-, CN^-, NO_2^-, NO_3^-	300	0,964	0,925	0,899	0,805	0,755
Rb^+, Cs^+, NH_4^+, Tl^+, Ag^+	250	0,964	0,924	0,898	0,80	0,75
Carga = ±2						
Mg^{2+}, Be^{2+}	800	0,872	0,755	0,69	0,52	0,45
$CH_2(CH_2CH_2CO_2^-)_2$, $(CH_2CH_2CH_2CO_2^-)_2$	700	0,872	0,755	0,685	0,50	0,425
Ca^{2+}, Cu^{2+}, Zn^{2+}, Sn^{2+}, Mn^{2+}, Fe^{2+}, Ni^{2+}, Co^{2+}, $C_6H_4(CO_2^-)_2$, $H_2C(CH_2CO_2^-)_2$, $(CH_2CH_2CO_2^-)_2$	600	0,870	0,749	0,675	0,485	0,405
Sr^{2+}, Ba^{2+}, Cd^{2+}, Hg^{2+}, S^{2-}, $S_2O_4^{2-}$, WO_4^{2-}, $H_2C(CO_2^-)_2$, $(CH_2CO_2^-)_2$, $(CHOHCO_2^-)_2$	500	0,868	0,744	0,67	0,465	0,38
Pb^{2+}, CO_3^{2-}, SO_3^{2-}, MoO_4^{2-}, $Co(NH_3)_5Cl^{2+}$, $Fe(CN)_5NO^{2-}$, $C_2O_4^{2-}$, Hcitrato^{2-}	450	0,867	0,742	0,665	0,455	0,37
Hg_2^{2+}, SO_4^{2-}, $S_2O_3^{2-}$, $S_2O_6^{2-}$, $S_2O_8^{2-}$, SeO_4^{2-}, CrO_4^{2-}, HPO_4^{2-}	400	0,867	0,740	0,660	0,445	0,355
Carga = ±3						
Al^{3+}, Fe^{3+}, Cr^{3+}, Sc^{3+}, Y^{3+}, In^{3+}, lantanídeos[a]	900	0,738	0,54	0,445	0,245	0,18
citrato^{3-}	500	0,728	0,51	0,405	0,18	0,115
PO_4^{3-}, $Fe(CN)_6^{3-}$, $Cr(NH_3)_6^{3+}$, $Co(NH_3)_6^{3+}$, $Co(NH_3)_5H_2O^{3+}$	400	0,725	0,505	0,395	0,16	0,095
Carga = ±4						
Th^{4+}, Zr^{4+}, Ce^{4+}, Sn^{4+}	1 100	0,588	0,35	0,255	0,10	0,065
$Fe(CN)_6^{4-}$	500	0,57	0,31	0,20	0,048	0,021

a. Lantanídeos são os elementos 57 a 71 na tabela periódica.

FONTE: *Dados de J. Kielland,* J. Am. Chem. Soc. ***1937,*** *59, 1675.*

literalmente. Por exemplo, o diâmetro do íon Cs^+ em cristais é de 340 pm. Por sua vez, o íon Cs^+ hidratado tem de ser maior que o íon no cristal, mas o tamanho do Cs^+ na Tabela 8.1 é de somente 250 pm.

Embora os tamanhos dos íons apresentados na Tabela 8.1 sejam parâmetros empíricos, sua influência no resultado final deve ser considerada. Íons pequenos e com carga elevada ligam-se ao solvente mais firmemente e apresentam tamanhos efetivos maiores que íons grandes e de menor carga. Por exemplo, a ordem dos tamanhos na Tabela 8.1 é $Li^+ > Na^+ > K^+ > Rb^+$, mesmo considerando que os raios cristalográficos são $Li^+ < Na^+ < K^+ < Rb^+$.

Efeito da Força Iônica, da Carga e do Tamanho do Íon sobre o Coeficiente de Atividade

Ao longo da faixa de forças iônicas de 0 a 0,1 M, o efeito de cada variável nos coeficientes de atividade é dado a seguir:

1. Com o aumento da força iônica, o coeficiente de atividade diminui (Figura 8.4). O coeficiente de atividade (γ) tende a um quando a força iônica (μ) se aproxima de 0.
2. Quando o módulo da carga do íon aumenta, o seu coeficiente de atividade se afasta de 1. As correções na atividade são mais importantes para um íon com carga ±3 do que para um íon com carga ±1 (Figura 8.4).
3. Quanto menor o tamanho do íon (α), mais importantes se tornam os efeitos da atividade.

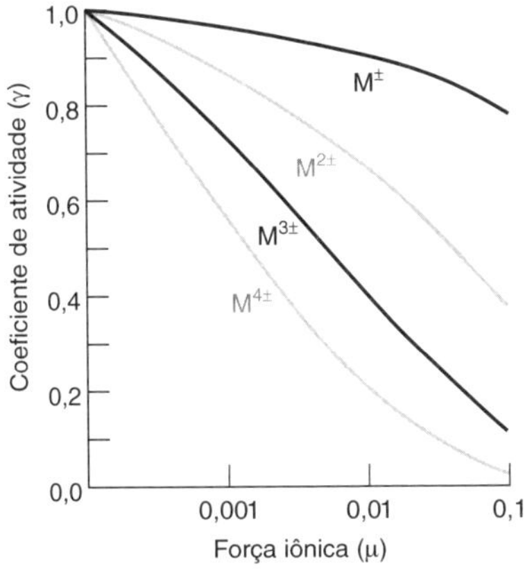

FIGURA 8.4 Coeficientes de atividade para íons com cargas diferentes e com um tamanho iônico (α) constante de 500 pm. Em força iônica igual a 0, $\gamma = 1$. Quanto maior a carga do íon, mais rapidamente γ diminui com o aumento da força iônica. Observe que a abscissa é logarítmica.

EXEMPLO Utilização da Tabela 8.1

Calcule o coeficiente de atividade do Ca^{2+} em uma solução de $CaCl_2$ 3,3 mM.

Solução A força iônica é

$$\mu = \frac{1}{2}\{[Ca^{2+}]\cdot 2^2 + [Cl^-]\cdot(-1)^2\}$$
$$= \frac{1}{2}\{(0{,}003\,3)\cdot 4 + (0{,}006\,6)\cdot 1\} = 0{,}010 \text{ M}$$

Na Tabela 8.1, o Ca^{2+} está listado no grupo dos íons que têm carga ±2 e possui um tamanho de 600 pm. Assim, $\gamma = 0{,}675$ quando $\mu = 0{,}010$ M.

TESTE-SE Encontre γ para o íon Cl^- em uma solução de $CaCl_2$ 0,33 mM. (***Resposta:*** 0,964.)

Como Interpolar

Quando precisamos determinar um coeficiente de atividade para uma força iônica que está entre os valores da Tabela 8.1, podemos usar a Equação 8.6. Entretanto, na ausência de uma planilha eletrônica, é normalmente mais fácil fazer-se uma interpolação com os dados da Tabela 8.1. Em uma *interpolação linear*, supomos que os valores entre dois dados da tabela se localizam sobre uma reta. Por exemplo, vamos considerar uma tabela na qual $y = 0{,}67$ quando $x = 10$ e $y = 0{,}83$ quando $x = 20$. Qual será o valor de y quando $x = 16$?

A **interpolação** é a estimativa de um número que fica *entre* dois valores presentes em uma tabela. Chama-se **extrapolação** a estimativa de um número que fica *além* dos limites de valores apresentados em uma tabela.

Valor de x	Valor de y
10	0,67
16	?
20	0,83

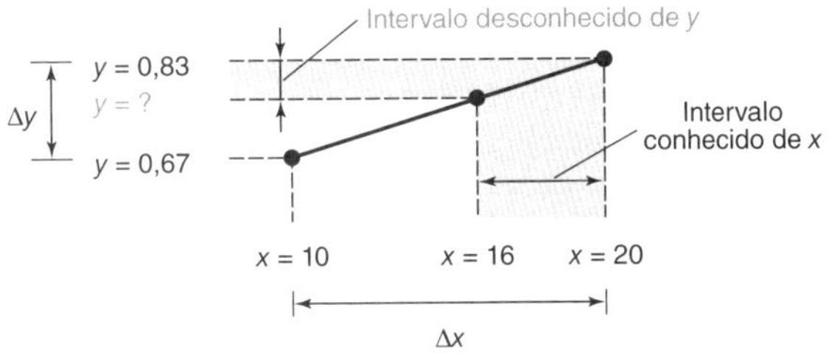

Para interpolarmos um valor de y, podemos estabelecer uma proporção:

Interpolação: $$\frac{\text{Intervalo desconhecido de } y}{\Delta y} = \frac{\text{Intervalo conhecido de } x}{\Delta x} \qquad (8.7)$$

$$\frac{0{,}83 - y}{0{,}83 - 0{,}67} = \frac{20 - 16}{20 - 10} \Rightarrow y = 0{,}76_6$$

Este cálculo equivale a dizer:

"16 é 60% da distância de 10 a 20. Portanto, o valor de y será 60% da distância entre 0,67 e 0,83."

Para $x = 16$, nossa estimativa de y é $0{,}76_6$.

EXEMPLO Interpolação de Coeficientes de Atividade

Calcule o coeficiente de atividade do H^+ quando $\mu = 0{,}025$ M.

Solução O H^+ está na primeira linha da Tabela 8.1.

μ	γ para H^+
0,01	0,914
0,025	?
0,05	0,86

A interpolação linear é construída da seguinte forma:

$$\frac{\text{Intervalo desconhecido de } \gamma}{\Delta\gamma} = \frac{\text{Intervalo conhecido de } \mu}{\Delta\mu}$$

$$\frac{0{,}86-\gamma}{0{,}86-0{,}914} = \frac{0{,}05-0{,}025}{0{,}05-0{,}01}$$

$$\gamma = 0{,}89_4$$

Outra Solução Um cálculo mais correto e um pouco mais tedioso utiliza a Equação 8.6, com o tamanho de íon $\alpha = 900$ pm listado para o H^+ na Tabela 8.1:

$$\log \gamma_{H^+} = \frac{(-0{,}51)(1^2)\sqrt{0{,}025}}{1+(900\sqrt{0{,}025}/305)} = -0{,}054_{98}$$

$$\gamma_{H^+} = 10^{-0{,}05498} = 0{,}88_1$$

TESTE-SE Encontre por interpolação o γ para o H^+ quando $\mu = 0{,}06$ M. (***Resposta:*** $0{,}85_4$)

Coeficientes de Atividade de Compostos Não Iônicos

Para espécies neutras, $\mathcal{A}_C \approx [C]$. Uma relação mais exata é $\log \gamma = k\mu$, em que $k \approx 0$ para pares iônicos, $k \approx 0{,}11$ para o NH_3 e para o CO_2, e $k \approx 0{,}2$ para moléculas orgânicas. Para uma força iônica $\mu = 0{,}1$ M, $\gamma \approx 1{,}00$ para pares iônicos, $\gamma \approx 1{,}03$ para o NH_3, e $\gamma \approx 1{,}05$ para moléculas orgânicas.

Moléculas neutras, como o benzeno e o ácido acético, não possuem atmosfera iônica, pois não possuem carga. Como uma boa aproximação, os seus coeficientes de atividade são considerados unitários para uma força iônica menor do que 0,1 M. Neste livro, admitimos $\gamma = 1$ para todas as moléculas neutras. Ou seja, *a atividade de uma molécula neutra será considerada igual à sua concentração.*

Para gases, como o H_2, a atividade é dada por

$$\mathcal{A}_{H_2} = P_{H_2}\gamma_{H_2}$$

Em que P_{H_2} é a pressão em bar. A atividade de um gás é chamada *fugacidade* e o coeficiente de atividade denominado *coeficiente de fugacidade*. O desvio do comportamento de um gás com relação à lei dos gases ideais resulta no afastamento do coeficiente de fugacidade de 1. Para a maioria dos gases em 1 bar, ou abaixo desta pressão, $\gamma \approx 1$. Portanto, para todos os gases *consideramos* $\mathcal{A} = P(bar)$.

Para os gases, $\mathcal{A} \approx P$(bar).

Forças Iônicas Elevadas

Para valores elevados de força iônica, γ aumenta para valores crescentes de μ.

Acima de uma força iônica de aproximadamente 1 M, a maioria dos coeficientes de atividade aumenta, como pode ser visto para o H^+ em soluções de $NaClO_4$ na Figura 8.5. Olhando essa figura, não devemos nos surpreender pelo fato de os coeficientes de atividade em soluções concentradas não serem os mesmos que os de uma solução diluída. O "solvente" não é mais apenas H_2O, mas sim uma mistura de H_2O e $NaClO_4$. Daqui em diante, limitaremos nossa atenção a soluções aquosas diluídas.

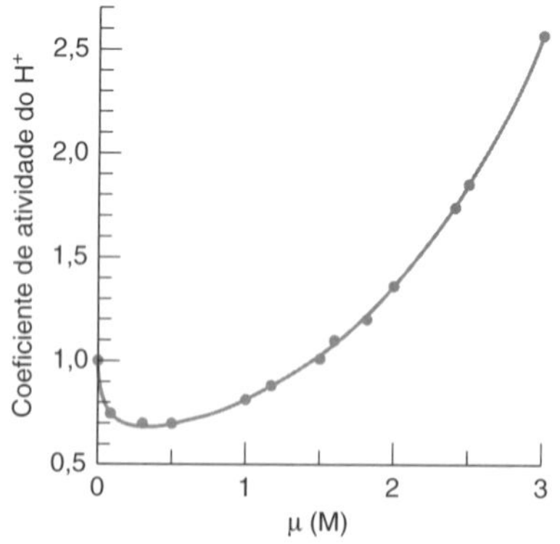

FIGURA 8.5 Coeficiente de atividade do H^+ em soluções contendo $HClO_4$ 0,010 0 M e quantidades variáveis de $NaClO_4$. [Dados de L. Pezza, M. Molina, M. de Moraes, C. B. Melios, and J. O. Tognolli, "Ionic Medium Effects on Equilibrium Constants: Part I. Proton, Copper(II), Cadmium(II), Lead(II) and Acetate Activity Coefficients in Aqueous, Solution," *Talanta* **1996**, *43*, 1689.] Para uma referência mais completa para soluções eletrolíticas, ver H. S. Harned and B. B. Owen, *The Physical Chemistry of Electrolyte Solutions* (New York: Reinhold, 1958 ed.).

EXEMPLO Uso dos Coeficientes de Atividade

Determine a concentração de Ca^{2+} em equilíbrio com uma solução de NaF 0,050 M saturada com CaF_2. A solubilidade do CaF_2 é pequena, de modo que a concentração do íon F^- é 0,050 M, originária do NaF.

Solução Encontramos $[Ca^{2+}]$ a partir da expressão do produto de solubilidade, incluindo os coeficientes de atividade. A força iônica do NaF 0,050 M é 0,050 M. Quando $\mu = 0{,}050\ 0$ M na Tabela 8.1, encontramos $\gamma_{Ca^{2+}} = 0{,}485$ e $\gamma_{F^-} = 0{,}81$.

$$K_{ps} = [Ca^{2+}]\gamma_{Ca^{2+}}[F^-]^2\gamma_{F^-}^2$$

$$3{,}2\times10^{-11} = [Ca^{2+}](0{,}485)(0{,}050)^2(0{,}81)^2$$

$$[Ca^{2+}] = 4{,}0\times10^{-8}\text{ M}$$

O valor de K_{ps} provém do Apêndice F. Observe que o γ_{F^-} está elevado ao quadrado.

TESTE-SE Determine $[Hg_2^{2+}]$ em equilíbrio com KCl 0,010 M saturado com Hg_2Cl_2. (***Resposta:*** $2{,}2 \times 10^{-14}$ M.)

8.3 pH em Termos da Atividade

A definição de pH dada no Capítulo 6, pH ≈ $-\log[H^+]$, não é exata. A definição correta é

$$\mathbf{pH} = -\log \mathcal{A}_{H^+} = -\log[H^+]\gamma_{H^+} \quad \mathbf{(8.8)}$$

Para uma discussão mais aprofundada sobre o que o pH realmente significa, e como o pH de soluções de padrões primários é medido, ver B. Lunelli e F. Scagnolari, "pH Basics", *J. Chem. Ed.* **2009**, *86*, 246.

Quando medimos o pH com um medidor de pH, estamos medindo o logaritmo negativo da *atividade* do íon hidrogênio, e não sua concentração.

EXEMPLO pH da Água Pura a 25 °C

Vamos calcular o pH da água pura, usando coeficientes de atividade.

Solução O equilíbrio pertinente é

$$H_2O \underset{}{\overset{K_w}{\rightleftharpoons}} H^+ + OH^- \quad \mathbf{(8.9)}$$

$$K_w = \mathcal{A}_{H^+}\mathcal{A}_{OH^-} = [H^+]\gamma_{H^+}[OH^-]\gamma_{OH^-} \quad \mathbf{(8.10)}$$

H^+ e OH^- são produzidos em uma razão molar 1:1, de modo que suas concentrações têm de ser iguais. Representando cada uma das concentrações por x, podemos escrever

$$K_w = 1{,}0 \times 10^{-14} = (x)\gamma_{H^+}(x)\gamma_{OH^-}$$

A força iônica da água pura, porém, é tão pequena que é razoável supor que $\gamma_{H^+} = \gamma_{OH^-} = 1$. Substituindo esses valores nas equações anteriores, temos

$$1{,}0 \times 10^{-14} = (x)(1)(x)(1) = x^2 \Rightarrow x = 1{,}0 \times 10^{-7}\ M$$

As concentrações do H^+ e OH^- são ambas iguais a $1{,}0 \times 10^{-7}$ M. A força iônica é $1{,}0 \times 10^{-7}$ M, de modo que os coeficientes de atividade são muito próximos de 1,00. O pH é

$$pH = -\log[H^+]\gamma_{H^+} = -\log(1{,}0 \times 10^{-7})(1{,}00) = 7{,}00$$

EXEMPLO pH da Água Contendo um Sal Dissolvido

Vamos agora calcular o pH da água contendo KCl 0,10 M, a 25 °C.

Solução A Reação 8.9 mostra que $[H^+] = [OH^-]$. A força iônica de uma solução de KCl 0,10 M é 0,10 M. Os coeficientes de atividade do H^+ e do OH^- na Tabela 8.1 são, respectivamente, 0,83 e 0,76 quando $\mu = 0{,}10$ M. Substituindo esses valores na Equação 8.10, temos

$$K_w = [H^+]\gamma_{H^+}[OH^-]\gamma_{OH^-}$$

$$1{,}0 \times 10^{-14} = (x)(0{,}83)(x)(0{,}76)$$

$$x = 1{,}26 \times 10^{-7}\ M$$

As concentrações do H^+ e OH^- são iguais e ambas são maiores que $1{,}0 \times 10^{-7}$ M. As atividades do H^+ e do OH^- não são iguais nessa solução:

$$\mathcal{A}_{H^+} = [H^+]\gamma_{H^+} = (1{,}26 \times 10^{-7})(0{,}83) = 1{,}05 \times 10^{-7}$$

$$\mathcal{A}_{OH^-} = [OH^-]\gamma_{OH^-} = (1{,}26 \times 10^{-7})(0{,}76) = 0{,}96 \times 10^{-7}$$

Finalmente, calculamos pH = $-\log \mathcal{A}_{H^+} = -\log(1{,}05 \times 10^{-7}) = 6{,}98$.

TESTE-SE Encontre $[H^+]$ e o pH de uma solução de $LiNO_3$ 0,05 M. (***Resposta:*** $1{,}2_0 \times 10^{-7}$ M, 6,99.)

O pH da água muda de 7,00 para 6,98 quando adicionamos KCl 0,10 M. O KCl não é um ácido nem uma base. A pequena mudança no pH ocorre porque a presença de KCl afeta as atividades do H^+ e do OH^-. O pH varia de 0,02 unidade, dentro do limite de exatidão das medidas de pH, e raramente é importante. Entretanto, a *concentração* de H^+ na solução de KCl 0,10 M ($1{,}26 \times 10^{-7}$ M) é 26% maior do que a concentração de H^+ na água pura ($1{,}00 \times 10^{-7}$ M).

8.4 Tratamento Sistemático do Equilíbrio

O *tratamento sistemático do equilíbrio* é um método que pode ser aplicado a todos os tipos de equilíbrio químico, independentemente de sua complexidade. Ao escrevermos equações químicas frequentemente introduzimos condições específicas ou aproximações apropriadas, que nos permitem simplificar muito os cálculos. Mesmo cálculos simplificados são geralmente muito tediosos, de modo que fazemos uso frequente de planilhas eletrônicas para obter soluções numéricas.

O procedimento sistemático para resolver o problema é escrever tantas equações algébricas independentes quantas incógnitas (as espécies) existirem no problema. As equações são escritas tendo em vista todos os possíveis equilíbrios químicos, que vimos anteriormente, mais duas equações obtidas pelos balanços de carga e de massa. Em um dado sistema existe apenas um único balanço de carga, mas podem existir vários balanços de massa.

Balanço de Carga

As soluções têm sempre carga total zero.

O **balanço de carga** é uma formulação algébrica da eletroneutralidade: *na solução, a soma das cargas positivas é igual à soma das cargas negativas.*

Vamos admitir que determinada solução contenha as seguintes espécies iônicas: H^+, OH^-, K^+, $H_2PO_4^-$, HPO_4^{2-} e PO_4^{3-}. O balanço de carga é:

$$[H^+]+[K^+]=[OH^-]+[H_2PO_4^-]+2[HPO_4^{2-}]+3[PO_4^{3-}] \quad (8.11)$$

Em um balanço de carga, o coeficiente de cada termo é igual ao módulo da carga do respectivo íon.

Este balanço expressa que a carga total contribuída por H^+ e por K^+ é igual, em módulo, à carga de todos os ânions presentes no lado direito da equação. *O coeficiente na frente de cada uma das espécies sempre é igual ao módulo da carga do íon.* Este enunciado é verdadeiro porque um mol de, por exemplo, PO_4^{3-}, contribui com três mols de carga negativa. Se $[PO_4^{3-}]$ = 0,01 M, então a carga negativa correspondente é $3[PO_4^{3-}]$ = 3(0,01) = 0,03 M.

A princípio, podemos pensar que a Equação 8.11 não está balanceada corretamente, achando que "o lado direito da equação tem muito mais carga que o lado esquerdo". Entretanto, conforme veremos, ela está absolutamente correta.

Por exemplo, considere uma solução que foi preparada pesando-se 0,025 0 mol de KH_2PO_4 mais 0,030 0 mol de KOH e diluindo-se a 1,00 L. As concentrações das espécies no equilíbrio são

$$[H^+]=3{,}9\times10^{-12}\text{ M} \qquad [H_2PO_4^-]=1{,}4\times10^{-6}\text{ M}$$
$$[K^+]=0{,}055\,0\text{ M} \qquad [HPO_4^{2-}]=0{,}022\,56\text{ M}$$
$$[OH^-]=0{,}002\,56\text{ M} \qquad [PO_4^{3-}]=0{,}002\,44\text{ M}$$

Este cálculo, que você deve ser capaz de fazer quando tiver terminado o estudo dos ácidos e bases, leva em conta a reação do OH^- com o $H_2PO_4^-$ para produzir HPO_4^- e PO_4^{3-}.

As cargas estão balanceadas? Sim, realmente. Substituindo os valores na Equação 8.11, encontramos

$$[H^+]+[K^+]=[OH^-]+[H_2PO_4^-]+2[HPO_4^{2-}]+3[PO_4^{3-}]$$
$$3{,}9\times10^{-12}+0{,}055\,0=0{,}002\,56+1{,}4\times10^{-6}+2(0{,}022\,56)+3(0{,}002\,44)$$
$$0{,}055\,0\text{ M}=0{,}055\,0\text{ M}$$

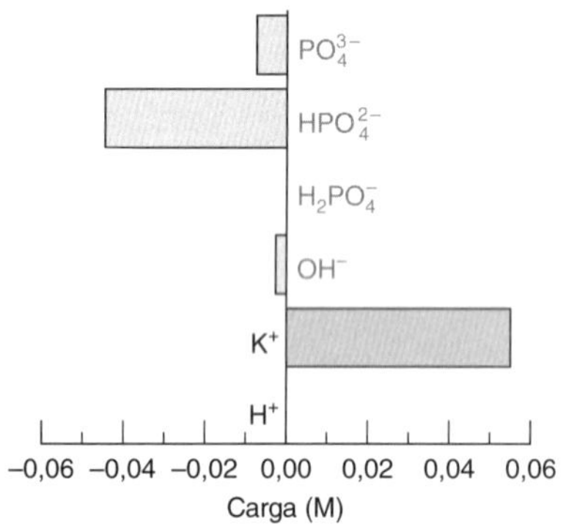

FIGURA 8.6 Contribuição de carga por cada íon em 1,00 L de solução contendo 0,025 0 mol de KH_2PO_4 mais 0,030 0 mol de KOH. A carga positiva total é igual à carga negativa total.

A carga total positiva é 0,055 0 M e a carga total negativa também é 0,055 0 M (Figura 8.6). As cargas devem estar balanceadas em qualquer solução. Caso contrário, um béquer com excesso de carga positiva deslizaria, cruzando a bancada do laboratório, até se chocar com outro béquer que tivesse excesso de carga negativa.

A forma geral do balanço de carga para qualquer solução é

Σ[cargas positivas] = Σ[cargas negativas]

Os coeficientes de atividade não aparecem no balanço de carga. A contribuição de carga do H^+ 0,1 M é exatamente 0,1 M. Pense sobre isso.

Balanço de carga:
$$n_1[C_1]+n_2[C_2]+\cdots=m_1[A_1]+m_2[A_2]+\cdots \quad (8.12)$$

em que [C] é a concentração de um cátion, *n* é a carga do cátion, [A] é a concentração de um ânion e *m* é o módulo da carga do ânion.

EXEMPLO Escrevendo um Balanço de Carga

Escreva o balanço de carga para uma solução contendo H_2O, H^+, OH^-, ClO_4^-, $Fe(CN)_6^{3-}$, CN^-, Fe^{3+}, Mg^{2+}, CH_3OH, HCN, NH_3 e NH_4^+.

Solução As espécies neutras (H_2O, CH_3OH, HCN e NH_3) não contribuem com carga, assim o balanço de carga é

$$[H^+]+3[Fe^{3+}]+2[Mg^{2+}]+[NH_4^+]=[OH^-]+[ClO_4^-]+3[Fe(CN)_6^{3-}]+[CN^-]$$

TESTE-SE Qual será o balanço de massa se você adicionar $MgCl_2$ à solução que se dissocia em $Mg^{2+} + 2Cl^-$? (***Resposta:*** $[H^+] + 3[Fe^{3+}] + 2[Mg^{2+}] + [NH_4^+] = [OH^-] + [ClO_4^-] + 3[Fe(CN_6^{3-}] + [CN^-] + [Cl^-]$.)

Balanço de Massa

O **balanço de massa**, também chamado *balanço material*, é uma consequência da lei da conservação da matéria. O balanço de massa estabelece que a *quantidade de todas as espécies em uma solução contendo determinado átomo (ou grupo de átomos) tem que ser igual à quantidade desse átomo (ou grupo de átomos) introduzida na solução.* É mais prático ver essa relação por meio de exemplos do que por uma expressão geral.

O balanço de massa é uma formulação da conservação da matéria. Ele realmente se refere à conservação dos átomos, não da massa destes.

Suponha que foi preparada uma solução dissolvendo 0,050 mol de ácido acético em água, diluindo-se posteriormente até que o volume total fosse de 1,00 L. O ácido acético se dissocia parcialmente em acetato:

$$\underset{\text{Ácido acético}}{CH_3CO_2H} \rightleftharpoons \underset{\text{Acetato}}{CH_3CO_2^-} + H^+$$

O balanço de massa indica que a quantidade de ácido acético dissociado e não dissociado na solução tem que ser igual à quantidade de ácido acético introduzida na solução.

Em um balanço de massa não aparecem coeficientes de atividade. A concentração de cada espécie presente leva em conta exatamente o número de átomos correspondentes a cada espécie.

Balanço de massa para o ácido acético em água:
$$\underset{\substack{\text{Quantidade}\\ \text{transferida}\\ \text{para a solução}}}{0{,}050\ M} = \underset{\substack{\text{Produto não}\\ \text{dissociado}}}{[CH_3CO_2H]} + \underset{\substack{\text{Produto}\\ \text{dissociado}}}{[CH_3CO_2^-]}$$

Quando um composto se dissocia em vários estágios, o balanço de massa deve incluir todos os produtos formados. Por exemplo, o ácido fosfórico (H_3PO_4) se dissocia em $H_2PO_4^-$, HPO_4^{2-} e PO_4^{3-}. O balanço de massa para uma solução preparada dissolvendo 0,025 0 mol de H_3PO_4 em 1,00 L é

$$0{,}025\,0\ M = [H_3PO_4] + [H_2PO_4^-] + [HPO_4^{2-}] + [PO_4^{3-}]$$

EXEMPLO Balanço de Massa Quando a Concentração Total é Conhecida

Escreva o balanço de massa para o K^+ e o fosfato em uma solução preparada pela mistura de 0,025 0 mol de KH_2PO_4 com 0,030 0 mol de KOH e diluída a 1,00 L.

Solução A concentração total de K^+ é 0,025 0 M + 0,030 0 M, logo o balanço de massa é

$$[K^+] = 0{,}055\,0\ M$$

A concentração total de *todas as espécies* de fosfato é 0,025 0 M, assim, o balanço de massa para o fosfato é

$$[H_3PO_4] + [H_2PO_4^-] + [HPO_4^{2-}] + [PO_4^{3-}] = 0{,}025\,0\ M$$

TESTE-SE Escreva dois balanços de massa para uma solução de volume 1,00 L contendo 0,100 mol de acetato de sódio. (***Resposta:*** $[Na^+] = 0{,}100$ M; $[CH_3CO_2H] + [CH_3CO_2^-] = 0{,}100$ M.)

Vamos considerar uma solução preparada pela dissolução de $La(IO_3)_3$ em água.

$$La(IO_3)_3(s) \xrightleftharpoons{K_{ps}} La^{3+} + \underset{\text{Iodato}}{3IO_3^-}$$

Não sabemos quanto La^{3+} ou IO_3^- está dissolvido, mas sabemos que devem existir três íons iodato para cada íon lantânio dissolvido. Isto é, a concentração de iodato deve ser três vezes a concentração do lantânio. Se La^{3+} e IO_3^- são as únicas espécies derivadas do $La(IO_3)_3$ o balanço de massa, nesse caso, é

$$[IO_3^-] = 3[La^{3+}]$$

Se a solução também contém o par iônico $LaIO_3^{2+}$ e o produto da hidrólise $LaOH^{2+}$, o balanço de massa passa a ser

$$[\text{Iodato total}] = 3[\text{Lantânio total}]$$
$$[IO_3^-] + [LaIO_3^{2+}] = 3\{[La^{3+}] + [LaIO_3^{2+}] + [LaOH^{2+}]\}$$

EXEMPLO Balanço de Massa Quando a Concentração Total é Desconhecida

Escreva o balanço de massa para uma solução saturada do sal pouco solúvel Ag_3PO_4, que produz PO_4^{3-} e $3Ag^+$ quando se dissolve.

Solução Se o fosfato em solução permanecer como PO_4^{3-}, podemos escrever

$$[Ag^+] = 3[PO_4^{3-}]$$

pois são produzidos três íons prata para cada íon fosfato. No entanto, o fosfato reage com a água formando HPO_4^{2-}, $H_2PO_4^-$ e H_3PO_4, assim o balanço de massa é

$$[Ag^+] = 3\{[PO_4^{3-}] + [HPO_4^{2-}] + [H_2PO_4^-] + [H_3PO_4]\}$$

Átomos de Ag = 3(átomos de P).

Isto é, o número de átomos de Ag^+ tem de ser igual a três vezes o número total de átomos de fósforo, independentemente de quantas espécies contêm fósforo.

O Boxe 8.3 ilustra como se faz um balanço de massa em águas naturais.

TESTE-SE Escreva o balanço de massa para uma solução saturada de $Ba(HSO_4)_2$ se as espécies presentes em solução são Ba^{2+}, $BaSO_4(aq)$, HSO_4^-, SO_4^{2-} e $BaOH^+$. (***Resposta:*** 2 × bário total = sulfato total, ou $2\{[Ba^{2+}] + [BaSO_4(aq)] + [BaOH^+]\} = [HSO_4^-] + [SO_4^{2-}] + [BaSO_4(aq)]$.)

BOXE 8.3 Balanço de Massa para o Carbonato de Cálcio em Rios

O Ca^{2+} é o cátion mais comum em rios e lagos. Ele vem da dissolução do mineral calcita pela ação do CO_2 formando-se 2 mols de HCO_3^- para cada mol de Ca^{2+}:

$$\underset{\text{Calcita}}{CaCO_3(s)} + CO_2(aq) + H_2O \rightleftharpoons Ca^{2+} + \underset{\text{Bicarbonato}}{2HCO_3^-} \qquad (A)$$

Próximo ao pH neutro, a maior parte do produto formado é bicarbonato, não CO_3^{2-} ou H_2CO_3. O balanço de massa para a dissolução da calcita é, portanto, $[HCO_3^-] \approx 2[Ca^{2+}]$. Realmente, as determinações de Ca^{2+} e HCO_3^- em vários rios obedecem a esse balanço de massa, pois os valores correspondentes se aproximam da reta que se observa no gráfico da figura presente neste boxe. Os rios, como o Danúbio, o Mississippi e o Congo, que se localizam praticamente sobre a reta $[HCO_3^-] = 2[Ca^{2+}]$, parecem estar saturados com carbonato de cálcio. Se a água do rio estivesse em equilíbrio com o CO_2 atmosférico ($P_{CO_2} = 10^{-3,4}$ bar), a concentração do Ca^{2+} deveria ser 21 mg/L (ver Problema 8.34). Rios com mais de 21 mg de Ca^{2+} por litro possuem uma maior concentração de CO_2 dissolvido, produzido pela atividade biológica ou pelo influxo de lençóis de água com um alto teor de CO_2. Rios como o Nilo, o Níger e o Amazonas, para os quais $2[Ca^{2+}] < [HCO_3^-]$, não estão saturados com $CaCO_3$.

No período de 1960-2016, o CO_2 atmosférico aumentou em 28%, principalmente em razão da queima de combustíveis fósseis. Este aumento desloca a reação A para a direita, prejudicando a existência de recifes de coral,[10] estruturas vivas formadas principalmente por $CaCO_3$. Os recifes de coral constituem o habitat de diversas espécies aquáticas. O aumento contínuo do CO_2 atmosférico ameaça o plâncton contendo paredes de $CaCO_3$,[11] perda que, por sua vez, ameaça membros superiores da cadeia alimentar.

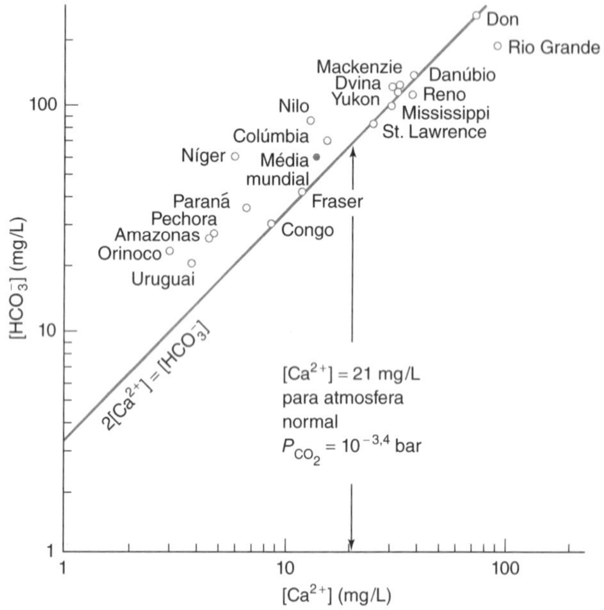

As concentrações de bicarbonato e de cálcio em muitos rios são próximas às do balanço de massa $[HCO_3^-] \approx 2[Ca^{2+}]$. [Dados de W. Stumm e J. J. Morgan, *Aquatic Chemistry*, 3rd ed. (New York: Wiley-Interscience, 1996), p. 189; and H. D. Holland, *The Chemistry of the Atmosphere and Oceans* (New York: Wiley-Interscience, 1978).]

Tratamento Sistemático do Equilíbrio

A partir do que vimos sobre os balanços de carga e de massa, estamos prontos para estudar o tratamento sistemático do equilíbrio.[12] O procedimento geral é mostrado a seguir:

Etapa 1 Escrevemos todas as *reações apropriadas*.
Etapa 2 Escrevemos a equação de *balanço de carga*.
Etapa 3 Escrevemos as equações de *balanço de massa*. Pode haver mais de uma.

Etapa 4 Escrevemos a *expressão da constante de equilíbrio* para cada reação química. Essa etapa é a única em que entram os coeficientes de atividade.

Etapa 5 *Contamos as equações e as incógnitas.* Devem existir tantas equações quantas forem as incógnitas (espécies químicas). Caso isso não ocorra, devemos procurar mais reações ou fixar algumas concentrações em valores conhecidos.

Etapa 6 *Resolvemos* o conjunto de equações para todas as incógnitas.

As Etapas 1 e 6 constituem os pontos cruciais do problema. Supor quais equilíbrios químicos existem, em uma dada solução, requer um alto grau de intuição química. Neste texto, geralmente, você terá ajuda na Etapa 1. A menos que se saibam todos os equilíbrios relevantes, não é possível calcular corretamente a composição da solução. Como não conhecemos todas as reações químicas, intuitivamente simplificamos muitos problemas de equilíbrio. A Etapa 6 (resolução das equações) é provavelmente o maior desafio. Como existem n equações envolvendo n incógnitas, o problema sempre é possível de ser resolvido, pelo menos em princípio. Nos casos mais simples, a resolução pode ser feita manualmente de modo direto, mas para a maioria dos problemas fazem-se aproximações ou utiliza-se uma planilha eletrônica.

8.5 Aplicação do Tratamento Sistemático do Equilíbrio

Vamos examinar agora alguns problemas para aprendermos a utilizar o tratamento sistemático do equilíbrio, e para ilustrar o que podemos fazer à mão e quando uma planilha é efetivamente útil.

Uma Solução de Amônia

Vamos determinar as concentrações das espécies presentes em uma solução aquosa contendo 0,010 0 mol de NH_3 em 1,000 L. O equilíbrio primário é

$$NH_3 + H_2O \underset{}{\overset{K_b}{\rightleftharpoons}} NH_4^+ + OH^- \qquad K_b = 1{,}76 \times 10^{-5} \text{ a } 25\ °C \qquad (8.13)$$

Um segundo equilíbrio presente em qualquer solução aquosa é

$$H_2O \overset{K_w}{\rightleftharpoons} H^+ + OH^- \qquad K_w = 1{,}0 \times 10^{-14} \text{ a } 25\ °C \qquad (8.14)$$

Nosso objetivo é determinar $[NH_3]$, $[NH_4^+]$, $[H^+]$ e $[OH^-]$.

Etapa 1 Reações apropriadas. Elas são as Reações 8.13 e 8.14.

Etapa 2 Balanço de carga. A soma das cargas positivas tem que ser igual à soma das cargas negativas.

$$[NH_4^+] + [H^+] = [OH^-] \qquad (8.15)$$

Etapa 3 Balanço de massa. Toda a amônia introduzida na solução está na forma de NH_3 ou de NH_4^+. A soma dessas duas concentrações tem que ser igual a 0,010 0 M.

$$[NH_3] + [NH_4^+] = 0{,}010\ 0 \text{ M} \equiv \text{F} \qquad (8.16)$$

O símbolo ≡ significa **"é definido como"**.

em que F significa concentração formal.

Etapa 4 Expressões das constantes de equilíbrio.

$$K_b = \frac{[NH_4^+]\gamma_{NH_4^+}[OH^-]\gamma_{OH^-}}{[NH_3]\gamma_{NH_3}} = 10^{-4,755} \qquad (8.17)$$

$$K_w = [H^+]\gamma_{H^+}[OH^-]\gamma_{OH^-} = 10^{-14,00} \qquad (8.18)$$

Usamos pK na planilha 8.7. pK é o negativo do logaritmo de uma constante de equilíbrio. Para $K_b = 10^{-4,755}$, pK_b = 4,755.

Esta é a única etapa em que os coeficientes de atividade são usados no problema.

Etapa 5 Contamos as equações e as incógnitas. Temos quatro equações, 8.15 a 8.18, e quatro incógnitas ($[NH_3]$, $[NH_4^+]$, $[H^+]$ e $[OH^-]$). Dispomos de informações suficientes para resolver o problema.

São necessárias n equações para resolvermos um sistema que tenha n incógnitas.

Etapa 6 Resolução.

Este "simples" problema é complicado. Vamos começar ignorando os coeficientes de atividade; retornaremos a eles mais tarde no exemplo do $Mg(OH)_2$. *Nossa abordagem é eliminar uma variável por vez até que reste apenas uma incógnita.* Para um problema do tipo ácido-base, a escolha é expressar cada concentração como função de $[H^+]$. Uma substituição que sempre podemos fazer é $[OH^-] = K_w/[H^+]$. Colocando essa expressão no lugar de $[OH^-]$ no balanço de carga da Equação 8.15, obtém-se

$$[NH_4^+] + [H^+] = \frac{K_w}{[H^+]}$$

que pode ser resolvida para $[NH_4^+]$:

$$[NH_4^+] = \frac{K_w}{[H^+]} - [H^+] \qquad (8.19)$$

O balanço de massa informa que $[NH_3] = F - [NH_4^+]$. Podemos substituir a expressão para $[NH_4^+]$, obtida a partir da Equação 8.19, no balanço de massa para expressar $[NH_3]$ em termos de $[H^+]$.

$$[NH_3] = F - [NH_4^+] = F - \left(\frac{K_w}{[H^+]} - [H^+]\right) \qquad (8.20)$$

A Equação 8.19 fornece $[NH_4^+]$ em termos de $[H^+]$. A Equação 8.20 fornece $[NH_3]$ em termos de $[H^+]$.

Podemos gerar uma equação na qual a única incógnita é $[H^+]$, substituindo nossas expressões para $[NH_4^+]$, $[NH_3]$ e $[OH^-]$ na expressão da constante de equilíbrio K_b (sempre ignorando os coeficientes de atividade):

$$K_b = \frac{[NH_4^+][OH^-]}{[NH_3]} = \frac{\left(\frac{K_w}{[H^+]} - [H^+]\right)\left(\frac{K_w}{[H^+]}\right)}{\left(F - \frac{K_w}{[H^+]} + [H^+]\right)} \qquad (8.21)$$

A Equação 8.21 é horrível, mas a única incógnita é $[H^+]$. O Excel dispõe de um procedimento denominado Atingir Meta, que resolve equações contendo apenas uma incógnita. Vamos montar a planilha na Figura 8.7, que utiliza as Equações 8.19 e 8.20 para $[NH_4^+]$ e $[NH_3]$, e ainda, $[OH^-] = K_w/[H^+]$ nas células B9, B11 e B10. A célula B5 contém a concentração formal de amônia, F = 0,01 M. A célula B7 contém uma estimativa (um "chute" neste caso) para o pH, a partir do qual a $[H^+]$ é calculada na célula B8. A amônia é uma base, por isso "chutamos" um pH básico = 9. A célula B12 avalia o quociente de reação, $Q = [NH_4^+][OH^-]/[NH_3]$, com as concentrações que foram "chutadas" (incorretas) e que estão nas células B9:B11. A célula B13 mostra a diferença $K_b - [NH_4^+][OH^-]/[NH_3]$. Se as concentrações nas células B9:B11 estiverem corretas, então $K_b - [NH_4^+][OH^-]/[NH_3]$ será zero.

Usaremos o procedimento Atingir Meta para ajustar o pH na célula B7 até que a diferença $K_b - [NH_4^+][OH^-]/[NH_3]$ na célula B13 seja a mais próxima de zero que o Excel possa chegar. Antes de acessar o recurso Atingir Meta no Excel 2016, vá em Arquivo, clique em Opções, e selecione a opção Fórmulas. Em Fórmulas, vá no subitem Opções de Cálculo e

	A	B	C	D	E
1	Usando Atingir Meta para o Equilíbrio da Amônia				
2					
3	pK_b =	4,755	K_b =	1,76E-05	= 10^-B3
4	pK_w =	14,00	K_w =	1,00E-14	= 10^-B4
5	F =	0,01			
6					
7	pH =	9	O valor inicial é uma estimativa		
8	$[H^+]$ =	1,00E-09	= 10^-B7		
9	$[NH_4^+] = K_w/[H^+] - [H^+]$ =	1,00E-05	= D4/B8-B8		
10	$[OH^-] = K_w/[H^+]$ =	1,00E-05	= D4/B8		
11	$[NH_3] = F - K_w/[H^+] + [H^+]$ =	9,99E-03	= B5-D4/B8+B8		
12	$Q = [NH_4^+][OH^-]/[NH_3]$ =	1,00E-08	= B9*B10/B11		
13	$K_b - [NH_4^+][OH^-]/[NH_3]$ =	1,76E-05	= D3-B12		

FIGURA 8.7 Planilha para encontrar as concentrações das espécies em NH_3 aquoso usando o recurso Atingir Meta do Excel. A célula B3 contém $pK_b = -\log K_b$. Se $pK_b = 4{,}755$, $K_b = 10^{-4{,}755}$.

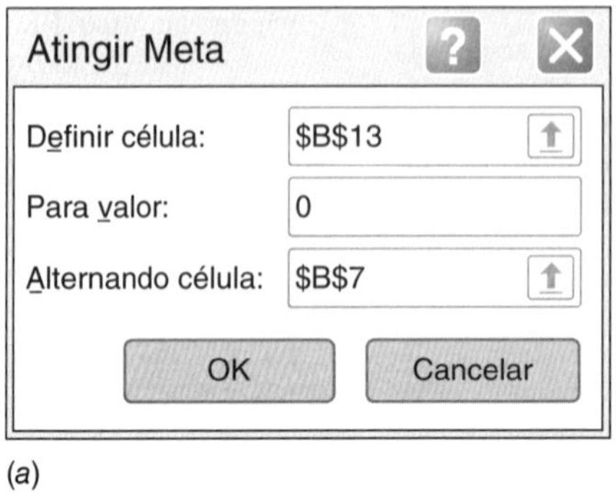

(a)

	A	B
7	pH =	10,61339622
8	$[H^+]$ =	2,44E-11
9	$[NH_4^+] = K_w/[H^+] - [H^+]$ =	4,11E-04
10	$[OH^-] = K_w/[H^+]$ =	4,11E-04
11	$[NH_3] = F - K_w/[H^+] + [H^+]$ =	9,59E-03
12	$Q = [NH_4^+][OH^-]/[NH_3]$ =	1,76E-05
13	$K_b - [NH_4^+][OH^-]/[NH_3]$ =	5,14E-18

(b)

FIGURA 8.8 (*a*) Janela Atingir Meta e (*b*) concentrações após executar Atingir Meta.

em Número Máximo de Alterações mude para 1E-14. Por fim, clique em OK na parte inferior da janela. Quando a diferença na célula B13 for inferior a 1E-14, o Excel irá considerar a diferença igual a "zero".

De volta à planilha, selecione a guia Dados e clique em Teste de Hipóteses no menu Previsão. Selecione Atingir Meta. Na janela Atingir Meta, mostrada na Figura 8.8a, insira Definir célula B13 Para valor 0 Alternando célula B7. Clique em OK e o Excel varia o valor em B7 até que o valor em B13 seja próximo de zero. O pH final aparece na célula B7 na Figura 8.8b. As concentrações de todas as espécies aparecem nas células B8:B11. Isso foi muito fácil uma vez que montamos a planilha!

As concentrações $[NH_4^+]$ e $[NH_3]$ nas células B9 e B11, após a execução de Atingir Meta, na Figura 8.8b, confirmam que a amônia é uma base fraca. A fração que reagiu com a água é apenas 4,1%:

$$\text{Fração que reagiu} = \frac{[NH_4^+]}{[NH_3]+[NH_4^+]} = \frac{[4{,}11\times10^{-4}\,M]}{[9{,}59\times10^{-3}\,M]+[4{,}11\times10^{-4}\,M]} = 4{,}1\%$$

Você deve perceber agora que a aplicação do tratamento sistemático do equilíbrio ao mais simples dos problemas não é trivial. Na maioria dos problemas de equilíbrio, faremos aproximações simplificadoras para obter uma resposta razoável sem um grande esforço. Após resolver um problema, devemos sempre verificar que nossas aproximações sejam válidas.

Eis uma aproximação para simplificar o problema da amônia. A amônia é uma base, de modo que esperamos que $[OH^-] >> [H^+]$. Por exemplo, suponha que o pH atinja 9. Então, $[H^+] = 10^{-9}$ M, e $[OH^-]$ $(K_w/[H^+]) = 10^{-14}/10^{-9} = 10^{-5}$ M. Ou seja, $[OH^-] >> [H^+]$. No primeiro termo do numerador da Equação 8.21, podemos desprezar $[H^+]$ quando comparado com $K_w/[H^+]$. No denominador, podemos igualmente desprezar $[H^+]$ perante $K_w/[H^+]$. Com essas aproximações, a Equação 8.21 se torna

$$K_b = \frac{\left(\frac{K_w}{[H^+]} - \cancel{[H^+]}\right)\left(\frac{K_w}{[H^+]}\right)}{\left(F - \frac{K_w}{[H^+]} + \cancel{[H^+]}\right)} = \frac{\left(\frac{K_w}{[H^+]}\right)\left(\frac{K_w}{[H^+]}\right)}{\left(F - \frac{K_w}{[H^+]}\right)} = \frac{[OH^-]^2}{F-[OH^-]} \qquad \textbf{(8.22)}$$

A solução para a equação quadrática 8.22 é $[OH^-] = 4{,}11 \times 10^{-4}$, o que dá $[H^+] = K_w/[OH^-] = 2{,}44 \times 10^{-11}$ M, confirmando a aproximação que $[OH^-] >> [H^+]$.

A Equação 8.22 é quadrática com uma variável ($[OH^-]$). Podemos resolvê-la para $[OH^-]$ por métodos algébricos. Trabalharemos extensivamente com equações desse tipo no próximo capítulo sobre ácidos e bases.

Vamos agora introduzir uma abordagem mais geral envolvendo planilhas, o que não exige a redução do problema do equilíbrio a uma equação e uma incógnita.

Solubilidade e Hidrólise da Azida de Tálio

A azida é um íon linear com duas ligações N=N equivalentes:

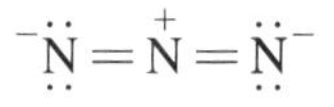

Azida

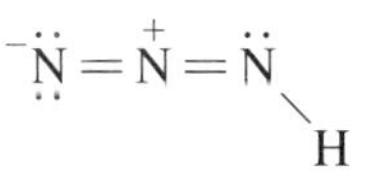

Ácido hidrazoico

Considere a dissociação da azida de tálio(I), seguida pela hidrólise da azida:

$$\underset{\text{Azida de tálio(I)}}{TlN_3(s)} \overset{K_{ps}}{\rightleftharpoons} Tl^+ + \underset{\text{Azida}}{N_3^-} \qquad K_{ps} = 10^{-3,66} \qquad \textbf{(8.23)}$$

$$N_3^- + H_2O \overset{K_b}{\rightleftharpoons} \underset{\text{Ácido hidrazoico}}{HN_3} + OH^- \qquad K_b = 10^{-9,35} \qquad \textbf{(8.24)}$$

$$H_2O \overset{K_w}{\rightleftharpoons} H^+ + OH^- \qquad K_w = 10^{-14,00} \qquad \textbf{(8.25)}$$

Nosso objetivo é determinar $[Tl^+]$, $[N_3^-]$, $[HN_3]$, $[H^+]$ e $[OH^-]$.

Etapa 1 Reações apropriadas. As três reações são 8.23 a 8.25.

Etapa 2 Balanço de carga. A soma das cargas positivas tem de ser igual à soma das cargas negativas.

$$[Tl^+]+[H^+]=[N_3^-]+[OH^-] \qquad \textbf{(8.26)}$$

Etapa 3 Balanço de massa. A dissolução de TlN_3 fornece uma quantidade igual de íons Tl^+ e N_3^-. Parte da azida se torna ácido hidrazoico. A concentração de Tl^+ é igual à soma das concentrações de N_3^- e de HN_3.

$$[Tl^+]=[N_3^-]+[HN_3] \qquad \textbf{(8.27)}$$

Etapa 4 Expressões das constantes de equilíbrio.

$$K_{ps} = [Tl^+]\gamma_{Tl^+}[N_3^-]\gamma_{N_3^-} = 10^{\;3,66} \qquad \textbf{(8.28)}$$

$$K_b = \frac{[HN_3]\gamma_{HN_3}[OH^-]\gamma_{OH^-}}{[N_3^-]\gamma_{N_3^-}} = 10^{-9,35} \qquad \textbf{(8.29)}$$

$$K_w = [H^+]\gamma_{H^+}[OH^-]\gamma_{OH^-} = 10^{-14,00} \qquad \textbf{(8.30)}$$

Etapa 5 Contamos as equações e as incógnitas. Temos cinco equações, de 8.26 a 8.30, e cinco incógnitas ($[Tl^+]$, $[N_3^-]$, $[HN_3]$, $[H^+]$ e $[OH^-]$). Dispomos de informações suficientes para resolver o problema.

Etapa 6 Resolução. Introduzimos agora um método usando planilhas com amplas aplicações em equilíbrios químicos.[13] Por ora, ignoraremos os coeficientes de atividade, mas mais adiante lidaremos com eles.

Com cinco incógnitas e três equações de equilíbrio, 8.28 a 8.30, o método da planilha começa com uma *estimativa* para duas das cinco concentrações desconhecidas.

Número de concentrações a serem estimadas =

$$\text{(número de incógnitas)} - \text{(número de equilíbrios)} = 5 - 3 = 2 \quad \textbf{(8.31)}$$

Agora escrevemos expressões para as três concentrações restantes em função das duas concentrações estimadas. É útil estimar concentrações de espécies que aparecem em dois ou mais equilíbrios. Nas Equações 8.28 a 8.30 cada uma das espécies N_3^- e OH^- aparece duas vezes, de modo que estimaremos suas concentrações. A partir dessas estimativas, determinamos as concentrações restantes a partir das expressões de equilíbrio:

Continuamos a ignorar os coeficientes de atividade até o próximo exemplo.

$$[Tl^+][N_3^-] = K_{ps} \Rightarrow [Tl^+] = K_{ps}/[N_3^-] \quad \textbf{(8.32)}$$

$$\frac{[HN_3][OH^-]}{[N_3^-]} = K_b \Rightarrow [HN_3] = \frac{K_b[N_3^-]}{[OH^-]} \quad \textbf{(8.33)}$$

$$[H^+][OH^-] = K_w \Rightarrow [H^+] = K_b/[OH^-] \quad \textbf{(8.34)}$$

A Figura 8.9 mostra o trabalho de determinar cinco concentrações desconhecidas nas células C6:C10. Digite esta planilha, insira as constantes necessárias nas células B12:B14 e as fórmulas nas células C6:C10, F6:F8 e D12:D14.

Agora precisamos *estimar* as concentrações para N_3^- e OH^-. As concentrações de diferentes espécies em equilíbrio podem variar de várias ordens de grandeza, o que acarreta dificuldades no cálculo aritmético. Portanto, exprimimos as concentrações de N_3^- e OH^- por meio do negativo dos seus logaritmos nas células B6 e B7. Para estimar $[N_3^-] = 10^{-2}$ M, entre 2 na célula B6.

Tal como pH = $-\log[H^+]$, definimos p*C* como o negativo do logaritmo da concentração:

$$pC \equiv -\log C \quad \textbf{(8.35)}$$

A função p é o negativo do logaritmo de uma grandeza:

$$pC \equiv -\log C \qquad pK = -\log K$$

Se $K = 10^{-3,66}$, pK = 3,66.

em que *C* é uma concentração. De maneira análoga, **p*K*** é o negativo do logaritmo de uma constante de equilíbrio. Por exemplo, $pK_w = -\log K_w$. Se $K_w = 1{,}00 \times 10^{-14}$, $pK_w = 14{,}00$.

Como estimar $[N_3^-]$ e $[OH^-]$? O valor de K_{ps} para TlN_3 é $10^{-3,66}$. Se não houvesse reação do N_3^- com a água, as concentrações seriam $[Tl^+] = [N_3^-] = \sqrt{K_{ps}} = 10^{-3,66/2} = 10^{-1,83}$ M. Precisamos apenas de uma estimativa para $[N_3^-]$, por isso, $pN_3^- \approx 2$ é bom o bastante para ser inserido na célula B6, dando $[N_3^-] = 10^{-2}$ M na célula C6. Contudo, o N_3^- reage com H_2O produzindo $[OH^-]$ por meio da Reação 8.24. Sem nenhum cálculo, podemos estimar que $[OH^-]$ seria ~ 10^{-4} M em uma solução fracamente básica. Portanto, entre com $pOH^- = 4$ na célula B7. A partir de $[N_3^-]$ e $[OH^-]$ nas células C6 e C7 a planilha calcula $[Tl^+]$, $[HN_3]$ e $[H^+]$ nas células C8:C10 a partir das Equações 8.32 a 8.34. Nenhum desses valores está correto. Eles são apenas estimativas iniciais a partir das quais o Excel pode calcular valores melhores.

Uma verificação importante: Em uma célula vazia na Figura 8.11, calcule o quociente $K_b = [HN_3][OH^-]/[N_3^-]$ = C9*C7/C6. Não importam os valores nas células C9, C7 e C6, o quociente tem de ser K_b = 4,467E−10. Se ele não for, verifique as fórmulas para cada concentração.

	A	B	C	D	E	F
1	Equilíbrios na azida de tálio					
2	1. Valores *estimados* de pC = –log[C] para N_3^- e OH^- nas células B6 e B7					
3	2. Uso do Solver para ajustar os valores de pC nas células B6 e B7 para minimizar a soma na célula F8					
4						
5	Espécies	pC	C (= 10^-pC)		Balanços de massa e carga	10^6*b_i
6	N_3^-	2	1,00000E-02	C6 = 10^-B6	$b_1 = [Tl^+] - [N_3^-] - [HN_3]$	1,19E+06
7	OH^-	4	1,00000E-04	C7 = 10^-B7	$b_2 = [Tl^+] + [H^+] - [N_3^-] - [OH^-]$	1,18E+06
8	Tl^+		2,18776E-02	C8 = D12/C6	$\Sigma(10^6 {*} b_i)^2 =$	2,80E+12
9	HN_3		4,46684E-08	C9 = D13*C6/C7	F6 = 1e6*(C8-C6-C9)	
10	H^+		1,00000E-10	C10 = D14/C7	F7 = 1e6*(C8+C10-C6-C7)	
11					F8 = F6^2+F7^2	
12	pK_{ps} =	3,66	K_{ps} =	2,1878E-04	= 10^-B12	
13	pK_b =	9,35	K_b =	4,4668E-10	= 10^-B13	
14	pK_w =	14,00	K_w =	1,0000E-14	= 10^-B14	

FIGURA 8.9 Planilha para a solubilidade da azida de tálio sem o uso de coeficientes de atividade. As estimativas iniciais, $pN_3^- = 2$ e $pOH^- = 4$, aparecem nas células B6 e B7. A partir desses dois números, a planilha calcula as concentrações nas células C6:C10. A ferramenta Solver então varia pN_3^- e pOH^- nas células B6 e B7 até que os balanços de carga e massa na célula F8 sejam satisfeitos.

O balanço de carga (8.26) pode ser reescrito na forma

$$b_1 \equiv [Tl^+] + [H^+] - [N_3^-] - [OH^-] = 0 \qquad \textbf{(8.26a)}$$

e o balanço de massa (8.27) pode ser reescrito na forma

$$b_2 \equiv [Tl^+] - [N_3^-] - [HN_3] = 0 \qquad \textbf{(8.27a)}$$

As somas representadas como b_1 e b_2 nas Equações 8.26a e 8.27a serão ambas iguais a zero quando as concentrações estiverem corretas. Essas somas na nossa planilha inicial não são iguais a zero porque as concentrações $[N_3^-]$ e $[OH^-]$ não estão corretas.

Para encontrar as concentrações corretas, *escolhemos minimizar a soma* $\Sigma b_i^2 = b_1^2 + b_2^2$, que é sempre positiva. Nosso critério para atingir as concentrações corretas é que elas satisfaçam aos balanços de massa e carga (bem como às expressões de equilíbrio).

Minimizamos a soma dos quadrados dos balanços de massa e carga usando a ferramenta Solver do Excel. Ao se chegar às concentrações corretas, a soma será um número pequeno, como 10^{-15}. Por vezes, o Solver não funciona bem quando a soma é demasiado pequena, então, preventivamente, multiplicamos os balanços de carga e massa por 10^6 na Figura 8.9 antes de empregar o Solver. A célula F6 contém $10^6 * b_1$ e a célula F7 contém $10^6 * b_2$. A célula F8 apresenta a soma $(10^6 * b_1)^2 + (10^6 * b_2)^2$.

No Excel 2016, na guia Dados em um PC, você deve encontrar Solver na seção Análise. Se isso não acontecer, carregue o Solver por meio do seguinte procedimento: clique na guia Arquivo; clique em Opções do Excel e, em seguida, clique na categoria Suplementos do Excel; na caixa de diálogo Suplementos, selecione Solver, clique em Ir e, em seguida, em OK. No Excel 2016 para Mac, Solver está localizado no menu Ferramentas. Clique em Ferramentas e, em seguida, clique na caixa de diálogo Suplementos. Selecione Solver e clique em OK para carregá-lo. O Solver é executado a partir da guia Dados.

Clique em Solver. Na janela Parâmetros do Solver (Figura 8.10a), clique em Opções. Na janela Opções (Figura 8.10b), selecione a aba Todos os Métodos. Fixe Precisão de Restrição = 1e-15 e Tempo Max. (Segundos) = 100 s. Ainda na janela de Opções do Solver, vá para a aba GRG Não Linear. Em Derivativos, selecione Central. Os demais parâmetros podem ser mantidos em seus valores-padrão adotados pelo Excel. Clique em OK.

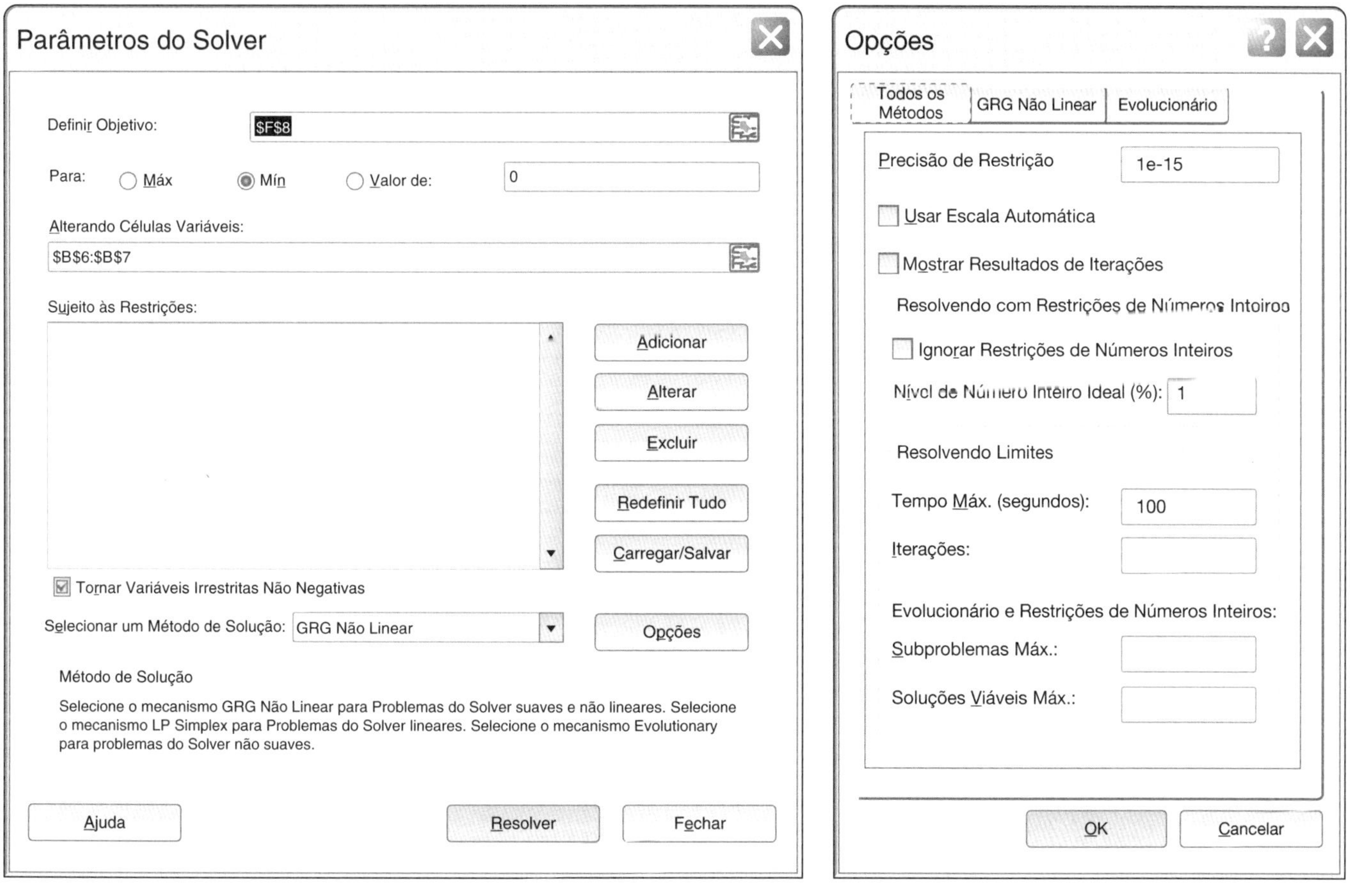

(*a*) (*b*)

FIGURA 8.10 Janelas Parâmetros e Opções do Solver.

Clique em Solver. Na janela Parâmetros do Solver na Figura 8.10a, digite F8 em Definir Objetivo, selecione Mín e digite B6:B7 em Alterando Células Variáveis (Figura 8.10a). Selecionar um Método de Solução, que deve ser GRG Não Linear. Você apenas instruiu a ferramenta Solver a variar pN_3^- e pOH^- nas células B6:B7 até que o balanço combinado de carga e massa na célula F8 seja o mais próximo possível de zero. Clique em Resolver, e o Solver fornece novos valores para pN_3^- e pOH^- nas células B6:B7. Observe o valor da soma na célula F8. Execute Solver novamente para ver se o valor na célula F8 diminui. Continue a executar o Solver até que o valor na célula F8 permaneça constante. Se F8 for muito pequeno (como 1e–10), você provavelmente tem uma boa solução. Utilize diversos valores iniciais nas células B6 e B7 para mostrar que o Solver atinge a mesma solução. Em alguns problemas, após a otimização de ambas as variáveis, tente otimizar uma variável de cada vez (B6 ou B7) para verificar se a solução melhora, fornecendo um valor ainda menor na célula F8.

Meu resultado final é mostrado na Figura 8.11. Seus números provavelmente serão diferentes. Se as suas concentrações nas células C6:C10 concordam com a Figura 8.11 levando em conta três casas decimais, seus resultados são bastante bons.

Tínhamos estimado que $[N_3^-] = 10^{-2}$ M e $[OH^-] = 10^{-4}$ M. A ferramenta Solver nos mostra que $[N_3^-] = 0{,}0014\,8$ M e $[OH^-] = 2{,}57 \times 10^{-6}$ M. A Figura 8.11 nos diz também que $[HN_3] = 2{,}57 \times 10^{-6}$ M, que é aproximadamente igual à $[OH^-]$. A reação de hidrólise 8.24 produz um HN_3 para cada OH^-. A fração da azida que sofre hidrólise é $[HN_3]/([N_3^-] + [HN_3]) = 0{,}017\%$. Essa fração é razoável porque o N_3^- é uma base fraca cujo $K_b = 10^{-9{,}35}$.

Vamos revisar o processo complexo que acabamos de executar:

1. Listamos três reações químicas que imaginamos que ocorrem quando $TlN_3(s)$ se dissolve em água e escrevemos as suas expressões de constante de equilíbrio.
2. Escrevemos os balanços de carga e de massa.
3. Certificamo-nos de que dispomos de tantas equações quantas são as incógnitas.
4. Estimamos duas [(número de incógnitas) – (número de equilíbrios) = 5 – 3 = 2] das concentrações. Escolhemos $[N_3^-]$ e $[OH^-]$ porque essas espécies aparecem em mais de um equilíbrio. Expressamos as concentrações estimadas como $pC = -\log C$ para auxiliar os cálculos aritméticos.
5. A partir de $[N_3^-]$ e $[OH^-]$ e das expressões dos equilíbrios, calculamos $[Tl^+]$, $[HN_3]$ e $[H^+]$.
6. Escrevemos então o balanço de massa na forma $b_1 \equiv [Tl^+] - [N_3^-] - [HN_3] = 0$ e o balanço de carga na forma $b_2 \equiv [Tl^+] + [H^+] - [N_3^-] - [OH^-] = 0$.
7. Multiplicamos previamente b_1 e b_2 por 10^6 para que a ferramenta Solver trabalhe melhor, evitando que b_1 e b_2 sejam pequenos demais para um cálculo aritmético exato.
8. Finalmente, pedimos para a ferramenta Solver variar pN_3^- e pOH^- de modo a minimizar a soma $(10^6 * b_1)^2 + (10^6 * b_2)^2$ para satisfazer aos balanços de carga e massa.
9. Como verificação, é uma boa ideia variar os valores iniciais de pN_3^- e pOH^- para ver se a ferramenta Solver chega na mesma resposta.

Solubilidade do Hidróxido de Magnésio e Coeficientes de Atividade

Vamos determinar as concentrações das espécies em uma solução saturada de $Mg(OH)_2$, a partir do conhecimento da química envolvida. Desta vez, incluiremos os coeficientes de atividade.[14]

FIGURA 8.11 Planilha para a solubilidade da azida de tálio após a ferramenta Solver ter chegado ao fim de seus cálculos.

	A	B	C	D	E	F
1	Equilíbrios na azida de tálio					
2	1. Valores *estimados* de pC = –log[C] para N_3^- e OH^- nas células B6 e B7					
3	2. Uso de Solver para ajustar os valores de pC nas células B6 e B7 para minimizar a soma na célula F8					
4						
5	Espécies	pC	C (= 10^-pC)		Balanços de carga e massa	10^6*b_i
6	N_3^-	1,83003771	1,47898E-02	C6 = 10^-B6	$b_1 = [Tl^+] - [N_3^-] - [HN_3]$	–1,03E-09
7	OH^-	5,58969041	2,57223E-06	C7 = 10^-B7	$b_2 = [Tl^+] + [H^+] - [N_3^-] - [OH^-]$	–1,01E-09
8	Tl^+		1,47924E-02	C8 = D12/C6	$\Sigma(10^6 * b_i)^2 =$	2,09E-18
9	HN_3		2,56834E-06	C9 = D13*C6/C7	F6 = 1e6* (C8–C6–C9)	
10	H^+		3,88768E-09	C10 = D14/C7	F7 = 1e6* (C8+C10-C6-C7)	
11					F8 = F6^2+F7^2	
12	pK_{ps} =	3,66	K_{ps} =	2,1878E-04	= 10^-B12	
13	pK_b =	9,35	K_b =	4,4668E-10	= 10^-B13	
14	pK_w =	14,00	K_w =	1,0000E-14	= 10^-B14	

$$\mathrm{Mg(OH)_2}(s) \underset{}{\overset{K_{ps}}{\rightleftharpoons}} \mathrm{Mg^{2+}} + 2\mathrm{OH^-} \qquad K_{ps} = [\mathrm{Mg^{2+}}]\gamma_{\mathrm{Mg^{2+}}}[\mathrm{OH^-}]^2\gamma^2_{\mathrm{OH^-}} = 10^{-11,15} \tag{8.36}$$

$$\mathrm{Mg^{2+}} + \mathrm{OH^-} \overset{K_1}{\rightleftharpoons} \mathrm{MgOH^+} \qquad K_1 = \frac{[\mathrm{MgOH^+}]\gamma_{\mathrm{MgOH^+}}}{[\mathrm{Mg^{2+}}]\gamma_{\mathrm{Mg^{2+}}}[\mathrm{OH^-}]\gamma_{\mathrm{OH^-}}} = 10^{2,6} \tag{8.37}$$

Observe que K1 é a mesma constante de equilíbrio indicada como β1 no Boxe 6.2 e no Apêndice I.

$$\mathrm{H_2O} \overset{K_w}{\rightleftharpoons} \mathrm{H^+} + \mathrm{OH^-} \qquad K_w = [\mathrm{H^+}]\gamma_{\mathrm{H^+}}\,[\mathrm{OH^-}]\gamma_{\mathrm{OH^-}} = 10^{-14,00} \tag{8.38}$$

Etapa 1 As reações pertinentes foram apresentadas anteriormente.

Etapa 2 Balanço de carga:

$$2[\mathrm{Mg^{2+}}] + [\mathrm{MgOH^+}] + [\mathrm{H^+}] = [\mathrm{OH^-}] \tag{8.39}$$

Etapa 3 Balanço de massa. Há um pequeno truque. A partir da Reação 8.36 podemos dizer que a concentração de todas as espécies contendo OH^- é igual a duas vezes a concentração de todas as espécies envolvendo o magnésio. Contudo, a Reação 8.38 também gera 1 OH^- para cada H^+. O balanço de massa permite avaliar ambas as fontes de OH^-:

$$\underbrace{[\mathrm{OH^-}] + [\mathrm{MgOH^+}]}_{\text{Espécies contendo OH}^-} = 2\{\underbrace{[\mathrm{Mg^{2+}}] + [\mathrm{MgOH^+}]}_{\text{Espécies contendo Mg}^{2+}}\} + [\mathrm{H^+}] \tag{8.40}$$

Depois de todo este trabalho, vemos que a Equação 8.40 é equivalente à Equação 8.39.

Etapa 4 As expressões das constantes de equilíbrio estão nas Equações 8.36 a 8.38.

Etapa 5 Contagem do número de equações e de incógnitas. Existem quatro equações (de 8.36 a 8.39) e quatro incógnitas: $[Mg^{2+}]$, $[MgOH^+]$, $[H^+]$ e $[OH^-]$.

Etapa 6 Resolução. Usaremos a planilha introduzida no problema envolvendo o TlN_3, mas agora incluindo os coeficientes de atividade. Tendo quatro incógnitas e três equilíbrios, estimaremos uma concentração:

Número de concentrações a serem estimadas =
(número de incógnitas) – (número e equilíbrios) = 4 – 3 = 1

A estratégia é estimar uma concentração e então deixar que a ferramenta Solver otimize essa concentração. A força iônica correta é um resultado secundário da otimização.

O Mg^{2+} aparece em dois equilíbrios e o OH^- aparece nos três. Seria adequado estimar qualquer uma dessas concentrações. A escolha recaiu sobre o Mg^{2+}. Com a finalidade de *estimar* $[Mg^{2+}]$, consideramos o equilíbrio de solubilidade 8.36 e desprezamos os coeficientes de atividade. A Reação 8.36 produz 2 OH^- para cada Mg^{2+}. Se $x = [Mg^{2+}]$, então $[OH^-] = 2x$. A expressão de K_{ps} fornece

$$K_{ps} \approx \underset{x}{[\mathrm{Mg^{2+}}]}\underset{2x}{[\mathrm{OH^-}]}^2 = 7{,}1\times10^{-12}$$

$$(x)(2x)^2 = 4x^3 = 7{,}1\times10^{-12} \Rightarrow x = \left(\frac{7{,}1\times10^{-12}}{4}\right)^{1/3} = 1{,}2\times10^{-4}\ \mathrm{M}$$

A solução é $x = [Mg^{2+}] = 1{,}2 \times 10^{-4}$ M ou $pMg^{2+} = -\log(1{,}2 \times 10^{-4}) = 3{,}9$. Consideramos $pMg^{2+} = 4$ como *estimativa* para o valor inicial.

Digite a planilha da Figura 8.12 com o valor 0 na célula B5 e $pMg^{2+} = 4$ na célula B8. A célula C8 contém $[Mg^{2+}]$, calculada a partir de $[Mg^{2+}]$ = 10^-B8. As fórmulas estão listadas na parte inferior direita da planilha. As células C9:C11 têm os valores calculados de $[OH^-]$, $[MgOH^+]$ e $[H^+]$ a partir das expressões de equilíbrio 8.36 a 8.38, incluindo os coeficientes de atividade.

Agora desejamos calcular a força iônica na célula B5 a partir das concentrações nas células C8:C11. Entretanto, as concentrações dependem da força iônica. Dizemos que ocorre uma *referência circular* porque as concentrações dependem da força iônica e a força iônica depende das concentrações. Você tem que habilitar o Excel a lidar com a referência circular. No Excel 2016 selecione a guia Arquivo e então Opções. Na janela Opções, selecione Fórmulas. Em Opções de cálculo ative a caixa de seleção "Habilitar cálculo iterativo" e fixe Alteração Máxima em 1e-15. Clique OK e sua planilha estará pronta para manipular referências circulares. Agora, mude o valor 0 na célula B5 para a fórmula "=0,5*(E8^2*C8+E9^2*C9+E10^2*C10+E11^2*C11)" mostrada no final da planilha.

Os tamanhos dos íons Mg^{2+}, $[OH^-]$ e $[H^+]$ estão na Tabela 8.1. Não conhecemos o tamanho do íon $MgOH^+$. Provavelmente, o Mg^{2+} é melhor representado como $Mg(OH_2)_6^{2+}$ e

FIGURA 8.12 Planilha para a solubilidade do hidróxido de magnésio, com coeficientes de atividade, após executar a ferramenta Solver.

	A	B	C	D	E	F	G	H
1	Equilíbrios do hidróxido de magnésio							
2	1. O pMg é *estimado* na célula B8							
3	2. Uso do Solver para ajustar B8 de modo a minimizar a soma na célula H15							
4	Força iônica							
5	μ	3,793E-04				Debye-Hückel	Coeficientes	
6				Tamanho		Estendida	de Atividade	
7	Espécies	pC	C (M)	α (pm)	Carga	log γ	γ	
8	Mg^{2+}	3,9115263	1,226E-04	800	2	−3,780E-02	9,166E-01	G8 = 10^F8
9	OH^-		2,567E-04	350	−1	−9,715E-03	9,779E-01	
10	$MgOH^+$		1,148E-05	500	1	−9,625E-03	9,781E-01	
11	H^+		4,071E-11	900	1	−9,392E-03	9,786E-01	
12								
13	pK_{ps} =	11,15	K_{ps} =	7,08E-12		Balanços de carga e massa:		10^6*b_i
14	pK_1 =	−2,60	K_1 =	3,98E+02	$b_1 = 2[Mg^{2+}] + [MgOH^+] + [H^+] - [OH^-]$			0,00E+00
15	pK_w =	14,00	K_w =	1,00E-14			$(10^6*b_i)^2$ =	0,00E+00
16						H14 = 1e6*(2*C8+C10+C11-C9)		
17	Estimativa do tamanho do íon:						H15 = H14^2	
18	Tamanho do $MgOH^+$ ≈ 500 pm						C8 = 10^-B8	
19							C9 = SQRT(D13/(C8*G8))/G9	
20	Valor inicial:						C10 = D14*C8*G8*C9*G9/G10	
21	pMg =	4					C11 = D15/(C9*G9*G11)	
22					F8 = −0,51*E8^2*SQRT($B$5)/(1+D8*SQRT($B$5)/305)			
23					B5 = 0,5*(E8^2*C8+E9^2*C9+E10^2*C10+E11^2*C11)			

o $MgOH^+$ seria $Mg(OH_2)_5(OH)^+$. O $Mg(OH_2)_5(OH)^+$ deve ser semelhante em tamanho ao $Mg(OH_2)_6^{2+}$, exceto que o $Mg(OH_2)_5(OH)^+$ possui carga +1 enquanto o $Mg(OH_2)_6^{2+}$ tem carga +2. Lembre-se de que quanto maior a carga de um íon, mais fortemente ele atrai moléculas do solvente, e maior o raio de seu íon hidratado. O tamanho do íon $Mg^{2+} = Mg(OH_2)_6^{2+}$ na Tabela 8.1 é 800 pm. *Imagina-se* que o tamanho do íon $Mg(OH_2)_5(OH)^+$ seja 500 pm. Ao fim do problema de equilíbrio, você pode mudar o tamanho do íon $Mg(OH_2)_5(OH)^+$ a fim de verificar se ele interfere muito na resposta (não há efeito).

A Coluna F na Figura 8.12 calcula log γ a partir da equação de Debye-Hückel estendida 8.6, cuja fórmula está na célula H22. A Coluna G calcula os coeficientes de atividade γ = 10^(log γ). Esses coeficientes de atividade aparecem nas expressões de equilíbrio usadas para encontrar as concentrações nas células C9:C11 com as fórmulas nas células H19:H21.

O balanço de carga na célula H14 é $b_1 = 2[Mg^{2+}] + [MgOH^+] + [H^+] - [OH^-]$. Nesse problema em particular, o balanço de massa é idêntico ao balanço de carga, por isso não usaremos o balanço de massa. Como na Figura 8.9, para os equilíbrios do TlN_3, multiplicamos a soma das cargas na célula H14 por 10^6 a fim de evitar quaisquer erros aritméticos com números muito pequenos no Excel. A função que minimizamos na célula H15 é

Função para minimizar: $$\sum(10^6 * b_i)^2 = (10^6 * b_1)^2$$

Enfim, lá vamos nós. Construímos a planilha apresentada na Figura 8.12. Usamos como estimativa inicial $pMg^{2+} = 4$ na célula B8. Na guia Dados, selecione Solver e então Opções. Na guia Todos os Métodos, fixe Precisão de Restrição = <u>1e-15</u>. Na aba GRG Não Linear, em Derivadas, selecione <u>Central</u>. Clique OK. Na janela Parâmetros do Solver, fixe <u>H15</u> em Definir Objetivo, selecione <u>Min</u>., e fixe <u>B8</u> em Alterando Células Variáveis. Clique em Solver. O Solver varia pMg^{2+}em B8 até que $\Sigma(10^6 * b_i)^2$ na célula H15 seja um mínimo.

Os resultados finais mostrados na Figura 8.12 são

$$[Mg^{2+}] = 1{,}23 \times 10^{-4}\ M \qquad [OH^-] = 2{,}57 \times 10^{-4}\ M$$
$$[MgOH^+] = 1{,}15 \times 10^{-5}\ M \qquad [H^+] = 4{,}07 \times 10^{-11}\ M$$
$$\mu = 3{,}79 \times 10^{-4}\ M$$

Aproximadamente 10% do Mg^{2+} sofre hidrólise a $MgOH^+$. O pH da solução é

$$pH = -\log[H^+]\gamma_{H^+} = -\log(4{,}07 \times 10^{-11})(0{,}979) = 10{,}40$$

A planilha na Figura 8.12 fornece uma ferramenta que permite a você lidar com uma variedade de problemas de equilíbrio "modestos" incluindo coeficientes de atividade.

A ferramenta Solver trabalha melhor quando suas estimativas iniciais estão próximas dos valores reais, e quando você não pede para encontrar muitas variáveis de uma vez. Sempre tente algumas estimativas iniciais distintas para ver se o Solver chega à mesma resposta. Tente executar a ferramenta Solver sucessivamente com os valores obtidos após um cálculo como entrada para um próximo cálculo para ver se a solução melhora com base na redução no valor de Σb_i^2. Se o Solver não for capaz de determinar duas ou mais variáveis em um problema complexo, resolva para uma ou duas variáveis de cada vez, mantendo as outras constantes.

Coeficientes de Atividade São Geralmente Omitidos

Embora seja adequado escrever todas as constantes de equilíbrio em termos de atividades, a complexidade em manipular os coeficientes de atividade é uma amolação. Na maioria das vezes, ao longo deste livro, omitiremos os coeficientes de atividade a menos que haja necessidade de utilizá-los.

Termos Importantes

atividade	coeficiente de atividade	pH
atmosfera iônica	equação de Debye-Hückel estendida	p*K*
balanço de carga	força iônica	
balanço de massa		

Resumo

A constante de equilíbrio termodinâmica para a reação aA + bB $\rightleftharpoons$ cC + dD é $K = \mathcal{A}_C^c \mathcal{A}_D^d / (\mathcal{A}_A^a \mathcal{A}_B^b)$, em que $\mathcal{A}_i$ é a atividade da i-ésima espécie. A atividade é o produto da concentração (c) pelo coeficiente de atividade (γ): $\mathcal{A}_i = c_i\gamma_i$. Para compostos não iônicos e gases, $\gamma_i \approx 1$. Para espécies iônicas, o coeficiente de atividade depende da força iônica, definida como $\mu = \frac{1}{2}\sum c_i z_i^2$, em que z_i é a carga de um íon. O coeficiente de atividade diminui com o aumento da força iônica, pelo menos para forças iônicas pequenas (≤ 0,1 M). O grau de dissociação de compostos iônicos aumenta com a força iônica, pois a atmosfera iônica de cada íon diminui a atração entre os íons. Você deve ser capaz de calcular coeficientes de atividade por interpolação na Tabela 8.1. O pH é definido em termos da atividade do $\text{pH} = -\log \mathcal{A}_{H^+} = -\log[H^+]\gamma_{H^+}$. Analogamente, p$K$ é o negativo do logaritmo de uma constante de equilíbrio.

No tratamento sistemático do equilíbrio, escrevemos todas as expressões de equilíbrio apropriadas, assim como os balanços de carga e de massa. O balanço de carga estabelece que a soma de todas as cargas positivas em solução é igual à soma de todas as cargas negativas. O balanço de massa estabelece que o número de mols de todas as formas de um elemento em solução tem que ser igual ao número de mols daquele elemento adicionado à solução. É necessário que o número de equações seja igual ao número de incógnitas (variáveis). Estando certos disso, tentamos então determinar a concentração de cada espécie por meio de uma resolução algébrica usando aproximações, ou então planilhas eletrônicas com a ferramenta Solver. Para usar o Solver, *estimamos* (número de incógnitas) – (número de equações de equilíbrio) valores iniciais de pC e então deixamos o Solver encontrar os valores de pC (e a força iônica) que minimizam a soma dos quadrados dos balanços de carga e massa. O valor da força iônica é um resultado secundário da otimização.

Exercícios

8.A. Admitindo a dissociação completa dos sais, calcule a força iônica de (**a**) KNO_3 0,2 mM; (**b**) Cs_2CrO_4 0,2 mM; (**c**) $MgCl_2$ 0,2 mM mais $AlCl_3$ 0,3 mM.

8.B. Determine a atividade (não o coeficiente de atividade) do íon $(C_3H_7)_4N^+$ (tetrapropilamônio) em uma solução contendo $(C_3H_7)_4N^+Br^-$ 0,005 0 M mais $(CH_3)_4N^-Cl^+$ 0,005 0 M.

8.C. Usando atividades, determine a $[Ag^+]$ em uma solução de KSCN 0,060 M saturada com AgSCN(s).

8.D. Usando atividades, calcule o pH e a concentração de H^+ em uma solução de LiBr 0,050 M, a 25 °C.

8.E. 40,0 mL de uma solução de $Hg_2(NO_3)_2$ 0,040 0 M foram titulados com 60,0 mL de KI 0,100 M, precipitando Hg_2I_2 (K_{ps} = 4,6 × 10^{-29}).

(**a**) Mostre que são necessários 32,0 mL de solução de KI para alcançar o ponto de equivalência.

(**b**) Quando 60,0 mL de KI foram adicionados, virtualmente todo o íon Hg_2^{2+} precipitou, juntamente com 3,20 mmol de I^-. Levando-se em conta todos os íons remanescentes em solução, calcule a força iônica da solução quando 60,0 mL de KI foram adicionados.

(**c**) Usando atividades, calcule pHg_2^{2+} ($= -\log \mathcal{A}_{Hg_2^{2+}}$) para o item (**b**).

8.F. (**a**) Escreva o balanço de massa para a solução de $CaCl_2$ em água, se as espécies são Ca^{2+} e Cl^-.

(**b**) Escreva o balanço de massa se as espécies são Ca^{2+}, Cl^-, $CaCl^+$ e $CaOH^+$.

(**c**) Escreva o balanço de carga para o item (**b**).

8.G. Escreva o balanço de carga e o balanço de massa para a solução de CaF_2 em água, se as reações são

$$CaF_2(s) \rightleftharpoons Ca^{2+} + 2F^-$$
$$Ca^{2+} + H_2O \rightleftharpoons CaOH^+ + H^+$$
$$Ca^{2+} + F^- \rightleftharpoons CaF^+$$
$$CaF_2(s) \rightleftharpoons CaF_2(aq)$$
$$F^- + H^+ \rightleftharpoons HF(aq)$$
$$HF(aq) + F^- \rightleftharpoons HF_2^-$$

8.H. Escreva o balanço de carga e o balanço de massa para uma solução aquosa de $Ca_3(PO_4)_2$ se as espécies aquosas são Ca^{2+}, $CaOH^+$, $CaPO_4^-$, PO_4^{3-} HPO_4^{2-}, $H_2PO_4^-$ e H_3PO_4.

8.I. (a) *Usando atividades*, determine as concentrações das principais espécies em uma solução de $NaClO_4$ 0,10 M saturada com $Mn(OH)_2$. Modifique a planilha na Figura 8.12, fixando μ = 0,1 na célula B5 e mudando as constantes de equilíbrio e os tamanhos dos íons. Suponha que o tamanho do íon $MnOH^+$ é 400 pm, e a química envolvida é

$$Mn(OH)_2(s) \underset{}{\overset{K_{ps}}{\rightleftharpoons}} Mn^{2+} + 2OH^- \qquad K_{ps} = 10^{-12,8}$$

$$Mn^{2+} + OH^- \underset{}{\overset{K_1}{\rightleftharpoons}} MnOH^+ \qquad K_1 = 10^{3,4}$$

$$H_2O \underset{}{\overset{K_w}{\rightleftharpoons}} H^+ + OH^- \qquad K_w = 10^{-14,00}$$

(b) Resolva o mesmo problema quando não há $NaClO_4$ em solução.

(c) Por que a solubilidade do $Mn(OH)_2$ é maior quando o $NaClO_4$ está presente? Determine o quociente (Mn total dissolvido em $NaClO_4$ 0,1 M)/(Mn total dissolvido na ausência de $NaClO_4$).

Problemas

Coeficientes de Atividade

8.1. Explique por que a solubilidade de um composto iônico aumenta com o aumento da força iônica da solução (pelo menos até aproximadamente 0,5 M).

8.2. Que afirmações são verdadeiras? Na faixa de força iônica de 0 a 0,1 M, os coeficientes de atividade diminuem com (a) o aumento da força iônica; (b) o aumento da carga iônica; (c) a diminuição do raio de hidratação.

8.3 A Prancha em Cores 5 mostra como a cor do indicador ácido-base verde de bromocresol (H_2BG) muda quando se adiciona NaCl a uma solução aquosa de $(H^+)(HBG^-)$. Explique por que a cor muda de verde-claro para azul-claro à medida que se adiciona NaCl.

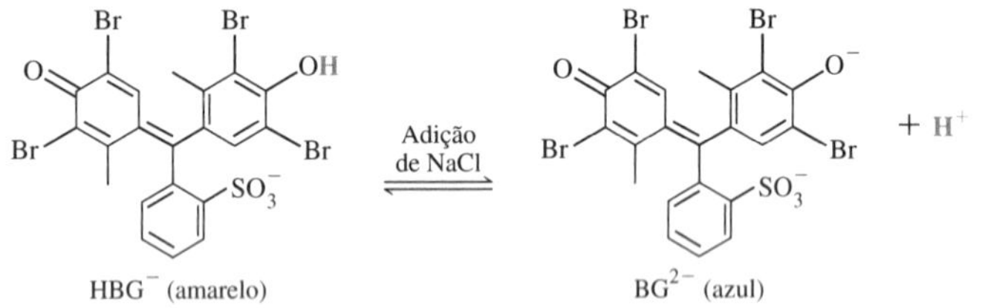

HBG^- (amarelo) BG^{2-} (azul)

O *contraíon* H^+ não é mostrado.
Um *contraíon* é o outro íon presente em uma solução necessário para a neutralidade da carga.

8.4. Calcule a força iônica das soluções de (a) KOH 0,008 7 M e (b) $La(IO_3)_3$ 0,000 2 M (considerando uma dissociação completa nessas baixas concentrações e que não há a formação de $LaOH^{2+}$ por hidrólise).

8.5. Determine o coeficiente de atividade de cada íon na força iônica indicada:

(a) SO_4^{2-} (μ = 0,01 M)
(b) Sc^{3+} (μ = 0,005 M)
(c) Eu^{3+} (μ = 0,1 M)
(d) $(CH_3CH_2)_3NH^+$ (μ = 0,05 M)

8.6. Faça a interpolação adequada na Tabela 8.1 para encontrar o coeficiente de atividade do H^+ quando μ = 0,030 M.

8.7. Calcule o coeficiente de atividade do Zn^{2+} quando μ = 0,083 M usando (a) a Equação 8.6; (b) a interpolação linear na Tabela 8.1.

8.8. Calcule o coeficiente de atividade do Al^{3+} quando μ = 0,083 M por interpolação linear na Tabela 8.1.

8.9. A constante de equilíbrio para a dissolução em água de um composto não iônico, como o éter dietílico ($CH_3CH_2OCH_2CH_3$), pode ser escrita

$$\text{éter}(l) \rightleftharpoons \text{éter}(aq) \qquad K = [\text{éter}(aq)]\gamma_{éter}$$

Em baixa força iônica, γ ≈ 1 para todos os compostos não iônicos. Em força iônica elevada, o éter e a maioria das outras moléculas neutras podem ser *retirados* da solução aquosa. Ou seja, quando uma concentração alta (geralmente > 1 M) de um sal, como o NaCl, é adicionada a uma solução aquosa, as moléculas neutras geralmente tornam-se *menos* solúveis. O coeficiente de atividade, $\gamma_{éter}$, aumenta ou diminui em força iônica elevada?

8.10. Usando coeficientes de atividade, determine $[Hg_2^{2+}]$ em uma solução de KBr 0,001 00 M saturada com Hg_2Br_2.

8.11. Usando coeficientes de atividade, determine a concentração de Ba^{2+} em uma solução de $(CH_3)_4NIO_3$ 0,100 M saturada com $Ba(IO_3)_2$.

8.12. Determine o coeficiente de atividade do H^+ em uma solução contendo HCl 0,010 M mais $KClO_4$ 0,040 M. Qual é o pH da solução?

8.13. Usando atividades, calcule o pH de uma solução contendo NaOH 0,010 M mais $LiNO_3$ 0,012 0 M. Qual será o pH se desprezarmos as atividades?

8.14. A equação de Debye-Hückel estendida, Equação 8.6, em função da temperatura é:

$$\log \gamma = \frac{(-1{,}825 \times 10^6)(\varepsilon T)^{-3/2} z^2 \sqrt{\mu}}{1 + \alpha\sqrt{\mu}/(2{,}00\sqrt{\varepsilon T})}$$

onde ε é a constante dielétrica* (adimensional) da água, *T* é a temperatura (K), *z* é a carga do íon de interesse, μ é a força iônica da solução (número de moles/L) e α é o tamanho do íon em picômetros. A dependência de ε com relação à temperatura é dada por

$$\varepsilon = 79{,}755e^{(-4{,}6 \times 10^{-3})(T-293{,}15)}$$

Calcule o coeficiente de atividade do SO_4^{2-} a 50,00 °C, quando μ = 0,100 M. Compare o valor calculado com o da Tabela 8.1.

8.15. *Coeficiente de atividade de uma molécula neutra.* Empregamos a aproximação de que o coeficiente de atividade (γ) de moléculas neutras é 1,00. Uma relação mais exata é representada pela expressão log γ = *k*μ, em que μ é a força iônica e *k* ≈ 0,11 para NH_3 e CO_2, e *k* ≈ 0,2 para moléculas orgânicas. Considerando os coeficientes de atividade para HA, A^- e H^+, preveja o valor do quociente

*A *constante dielétrica* adimensional, ε, mede a facilidade com que um solvente pode separar íons de cargas opostas. A força de atração (newtons) entre íons de carga q_1 e q_2 (coulombs) separadas pela distância *r* (metros) é

$$\text{Força} = -(8{,}988 \times 10^9)\frac{q_1 q_2}{\varepsilon r^2}$$

Quanto maior o valor de ε, menor a atração entre os íons. A água, cujo ε = 80, separa os íons muito bem. Apresentamos a seguir alguns valores de ε: metanol, 33; etanol, 24; benzeno, 2; vácuo e ar, 1. Compostos iônicos dissolvidos em solventes menos polares do que a água podem existir predominantemente como pares iônicos e não como íons separados.

visto a seguir para o ácido benzoico ($HA \equiv C_6H_5CO_2H$). O quociente observado é 0,63 ± 0,03.[15]

$$\text{Quociente de concentração} = \frac{\dfrac{[H^+][A^-]}{[HA]}\ (\text{em } \mu = 0)}{\dfrac{[H^+][A^-]}{[HA]}\ (\text{em } \mu = 0{,}1 \text{ M})}$$

Tratamento Sistemático do Equilíbrio

8.16. Estabeleça o significado das equações de balanço de carga e de balanço de massa.

8.17. Por que os coeficientes de atividade não aparecem nos balanços de massa e de carga?

8.18. Escreva o balanço de carga para uma solução contendo H^+, OH^-, Ca^{2+}, HCO_3^-, CO_3^{2-}, $Ca(HCO_3)^+$, $Ca(OH)^+$, K^+ e ClO_4^-.

8.19. Escreva o balanço de carga para uma solução de H_2SO_4 em água, se o H_2SO_4 se ioniza em HSO_4^- e SO_4^{2-}.

8.20. Escreva o balanço de carga para uma solução aquosa de ácido arsênico, H_3AsO_4, na qual o ácido pode se dissociar em $H_2AsO_4^-$ e AsO_4^{3-}. Ver estrutura do ácido arsênico no Apêndice G e escreva a estrutura do íon $HAsO_4^{2-}$.

8.21. (**a**) Escreva o balanço de carga e o balanço de massa para uma solução obtida dissolvendo-se $MgBr_2$ para dar Mg^{2+}, Br^-, $MgBr^+$ e $MgOH^+$.

(**b**) Modifique o balanço de massa considerando que a solução foi feita por dissolução de 0,2 mol de $MgBr_2$ em 1 L.

8.22. O que poderia ocorrer se o balanço de carga não existisse em solução. A força entre duas cargas foi dada na nota de rodapé do Problema 8.14. Qual é a força entre dois béqueres separados por 1,5 m, se um béquer contém 250 mL de uma solução com $1{,}0 \times 10^{-6}$ M de carga negativa em excesso e o outro possui 250 mL de uma solução com $1{,}0 \times 10^{-6}$ M de carga positiva em excesso? Existem $9{,}648 \times 10^4$ coulombs por mol de carga. Converta a força de N para libra com o fator 0,224 8 libra/N. Será que dois elefantes conseguem manter os béqueres separados?

8.23. Para uma solução aquosa de acetato de sódio $Na^+ CH_3CO_2^-$ 0,1 M, um balanço de massa é simplesmente $[Na^+] = 0{,}1$ M. Escreva o balanço de massa envolvendo o íon acetato.

8.24. Considere a dissolução do composto X_2Y_3, que produz $X^2Y_2^{2+}$, X_2Y^{4+}, $X_2Y_3(aq)$ e Y^{2-}. Use o balanço de massa para determinar a expressão para $[Y^{2-}]$ em termos das outras concentrações. Simplifique a sua resposta o máximo possível.

8.25. Escreva o balanço de massa para uma solução de $Fe_2(SO_4)_3$ se as espécies presentes são Fe^{3+}, $Fe(OH)_2^+$, $Fe_2(OH)_2^+$, $Fe_2(OH)_2^{4+}$ $FeSO_4^+$, SO_4^{2-} e HSO_4^-.

8.26. *Problema do equilíbrio da amônia resolvido com Atingir Meta.* Modifique a Figura 8.7 para determinar as concentrações presentes em uma solução de NH_3 0,05 M. A única mudança necessária é o valor de F. Como o pH e a fração da amônia que sofre hidrólise ($= [NH_4^+]/([NH_4^+] + [NH_3])$) variam quando a concentração formal de NH_3 aumenta de 0,01 para 0,05 M?

8.27. *Problema do equilíbrio da amônia tratado pelo Solver.* Agora usamos a planilha do Solver, introduzida na Figura 8.9 no problema da solubilidade do TlN_3, para determinar as concentrações das espécies presentes na solução de amônia 0,01 M, desprezando os coeficientes de atividade. No tratamento sistemático do equilíbrio para a hidrólise do NH_3, existem quatro incógnitas ($[NH_3]$, $[NH_4^+]$, $[H^+]$ e $[OH^-]$) e dois equilíbrios (8.13 e 8.14). Portanto, estimaremos as concentrações de (4 incógnitas) – (2 equilíbrios) = 2 espécies, sendo as escolhidas NH_4^+ e OH^-. Construa a planilha mostrada a seguir, em que as estimativas $pNH_4^+ = 3$ e $pOH^- = 3$ aparecem nas células B6 e B7. (As estimativas provêm do equilíbrio K_b 8.17 com $[NH_4^+] = [OH^-] = \sqrt{K_b[NH_3]} \approx \sqrt{10^{-4,755}[0{,}01]} \Rightarrow pNH_4^+ = pOH^- \approx 3$. As estimativas não precisam ser muito boas para que o Solver funcione.) A fórmula na célula C8 é $[NH_3] = [NH_4^+][OH^-]/K_b$ e a fórmula na célula C9 é $[H^+] = K_w/[OH^-]$. O balanço de massa b_1 aparece na célula F6 e o balanço de carga b_2 aparece na célula F7. A célula F8 contém a soma $b_1^2 + b_2^2$. Como descrito para o TlN_3 na Seção 8.5, abra a janela do Solver e fixe a célula-alvo F8 em Definir Objetivo, selecione Min e digite B6:B7 em Alterando Células Variáveis. Quais são as concentrações das espécies? Que fração da amônia ($= [NH_4^+]/([NH_4^+] + [NH_3])$) é hidrolisada? Suas respostas devem concordar com aquelas obtidas por meio do Atingir Meta na Figura 8.8.

8.28. *Hidrólise do acetato de sódio tratada pelo Solver incluindo coeficientes de atividade*

(**a**) Seguindo o exemplo da amônia na Seção 8.5, escreva as equações necessárias para encontrar a solubilidade do acetato de sódio (Na^+A^-) 0,01 M. *Inclua os coeficientes de atividade* quando for apropriado. As duas reações são a hidrólise ($pK_b = 9{,}244$) e a ionização da H_2O.

(**b**) *Incluindo os coeficientes de atividade*, construa uma planilha semelhante à da Figura 8.12 para determinar as concentrações de todas as espécies. Atribua um valor inicial de força iônica = 0,01 M. Após fixar o restante da planilha, mude a força iônica do valor numérico 0,01 para a fórmula correta da força iônica. Este processo em duas etapas de começar com um valor numérico para depois substituí-lo pela fórmula é necessário em virtude das referências circulares entre a força iônica e as concentrações que dependem da

	A	B	C	D	E	F
1	Equilíbrio da amônia					F =
2	1. Valores *estimados* de pC = –log[C] para NH_4^+ e OH^- nas células B6 e B7					0,01
3	2. Uso do Solver para ajustar os valores de pC para minimizar a soma na célula F8					
4						
5	Espécies	pC			Balanços de massa e carga	$10^6 * b_i$
6	NH_4^+	3,00000000	1,0000E-03	C6 = 10^-B6	$b_1 = F - [NH_4^+] - [NH_3]$	–4,79E+04
7	OH^-	3,00000000	1,0000E-03	C7 = 10^-B7	$b_2 = [NH_4^+] + [H^+] - [OH^-]$	1,00E-05
8	NH_3		5,6885E-02	C8 = C6*C7/D12	$\Sigma(10^6 * b_i)^2 =$	2,29E+09
9	H^+		1,0000E-11	C9 = D13/C7		F6 = 1e6*(F2-C6-C8)
10						F7 = 1e6*(C6+C9-C7)
11						F8 = F6^2+F7^2
12	$pK_b =$	4,755	$K_b =$	1,76E-05	= 10^-B12	
13	$pK_w =$	14,00	$K_w =$	1,00E-14	= 10^-B13	

Planilha para o Problema 8.27.

força iônica. Existem quatro incógnitas e dois equilíbrios, de modo que usamos o Solver para determinar 4 – 2 = 2 concentrações. Encontre pA^- e pOH^- para minimizar os balanços de carga e de massa. Determine $[A^-]$, $[OH^-]$, [HA] e $[H^+]$. Encontre também a força iônica, $pH = -\log([H^+]\gamma_{H^+})$ e a fração de hidrólise = [HA]/F.

8.29. (**a**) Seguindo o exemplo do $Mg(OH)_2$ na Seção 8.5, escreva as equações, *incluindo os coeficientes de atividade*, para determinar a solubilidade do $Ca(OH)_2$.[16] Constantes de equilíbrio são encontradas nos Apêndices F e I.

(**b**) Suponha que o tamanho da espécie $CaOH^+$ seja 500 pm. Incluindo os coeficientes de atividade, calcule as concentrações de todas as espécies, a fração de hidrólise (= $[CaOH^+]/\{[Ca^{2+}] + [CaOH^+]\}$), e o cálcio total dissolvido (= $[Ca^{2+}] + [CaOH^+]$). Compare sua resposta com a solubilidade do $Ca(OH)_2 \approx 0{,}0198$ M a 25 °C.[17]

8.30. *Tratamento sistemático do equilíbrio para emparelhamento de íons.* Vamos obter a fração de emparelhamento de íons para os seguintes sais no Boxe 8.1, NaCl, Na_2SO_4, $MgCl_2$ e $MgSO_4$, todos na concentração de 0,025 F. Cada caso é algo diferente dos demais. Todas as soluções terão pH aproximadamente neutro porque as reações de hidrólise do Mg^{2+}, SO_4^{2-}, Na^+ e Cl^- têm pequenas constantes de equilíbrio. Portanto, admitiremos que $[H^+] = [OH^-]$ e vamos omitir estas espécies nos cálculos. Consideramos o $MgCl_2$ como um exemplo, para depois pedir que você considere os outros sais. A constante de equilíbrio do par iônico, $K_{\text{par iônico}}$, provém do Apêndice J.

Reações pertinentes:

$$Mg^{2+} + Cl^- \rightleftharpoons MgCl^+(aq)$$

$$K_{\text{par iônico}} = \frac{[MgCl^+(aq)]\gamma_{MgCl^+}}{[Mg^{2+}]\gamma_{Mg^{2+}}[Cl^-]\gamma_{Cl^-}} \qquad \log K_{\text{par iônico}} = 0{,}6 \quad pK_{\text{par iônico}} = -0{,}6 \qquad \textbf{(A)}$$

Balanço de cargas (omitindo $[H^+]$ e $[OH^-]$, cujas concentrações são ambas pequenas em comparação com $[Mg^{2+}]$, $[MgCl^+]$ e $[Cl^-]$):

$$2[Mg^{2+}] + [MgCl^+] = [Cl^-] \qquad \textbf{(B)}$$

Balanços de massa:

$$[Mg^{2+}] + [MgCl^+] = F = 0{,}025 \text{ M} \qquad \textbf{(C)}$$

$$[Cl^-] + [MgCl^+] = 2F = 0{,}050 \text{ M} \qquad \textbf{(D)}$$

Apenas duas das três equações, (B), (C) e (D), são independentes. Se você dobrar (C) e subtrair de (D), você obterá (B). Escolhemos (C) e (D) como equações independentes.

Expressão da constante de equilíbrio: Equação (A)

Contagem: 3 equações (A, C e D) e três incógnitas ($[Mg^{2+}]$, $[MgCl^+]$ e $[Cl^-]$)

Resolução: usaremos a ferramenta Solver para determinar (número de incógnitas) – (número de equilíbrios) = 3 – 1 = 2 concentrações desconhecidas.

A planilha vista a seguir mostra o trabalho que será feito. A concentração formal, F = 0,025 F, aparece na célula G2. Estimamos pMg^{2+} e pCl^- nas células B8 e B9. A força iônica na célula B5 é dada pela fórmula na célula H22. O Excel deve estar configurado para permitir definições circulares como descrito na Seção 8.5. Os tamanhos dos íons Mg^{2+} e Cl^- provêm da Tabela 8.1 e o tamanho do íon $MgCl^+$ é um "chute". Os coeficientes de atividade são calculados nas colunas F e G. Os balanços de massa $b_1 = F - [Mg^{2+}] - [MgCl^+]$ e $b_2 = 2F - [Cl^-] - [MgCl^+]$ aparecem nas células H13 e H14, e a soma dos seus quadrados aparece na célula H15. O balanço de carga não é usado porque não é independente dos dois balanços de massa. A ferramenta Solver é executada para minimizar a célula H15 variando pMg^{2+} e pCl^- nas células B8 e B9. A partir das concentrações otimizadas, a fração de pares iônicos = $[MgCl^+]/F = 0{,}0815$ é calculada na célula D13. Essa fração é mostrada na tabela do Boxe 8.1. Como uma verificação, Mg e Cl totais e $K_{\text{par iônico}}$ estão corretamente calculados nas células B21:B23.

O Problema: construa uma planilha como a do $MgCl_2$ para determinar as concentrações, força iônica e a fração de pares iônicos em NaCl 0,025 F. A constante de formação do par iônico no Apêndice J é $\log K_{\text{par iônico}} = 10^{-0{,}5}$ para a reação $Na^+ + Cl^- \rightleftharpoons NaCl(aq)$. Os

	A	B	C	D	E	F	G	H
1	Par iônico no cloreto de magnésio com atividades							
2	1. Valores estimados de pMg^{2+} e pCl^- nas células B8 e B9					Conc. formal = F =	0,025	M
3	2. Uso do Solver para ajustar B8 e B9 para minimizar a soma na célula H16					$[Mg^{2+}]$ + $[MgCl^-(aq)]$ = F		
4	Força iônica					$[Cl^-]$ + $[MgCl^+(aq)]$ = 2F		
5	μ	7,093E-02				Debye-Hückel	Coeficientes	
6				Tamanho		estendida	de atividade	
7	Espécies	pC	C (M)	α (pm)	Carga	log γ	γ	
8	Mg^{2+}	1,638971597	2,296E-02	800	2	–3,199E-01	0,479	G8 = 10^F8
9	Cl^-	1,319093767	4,796E-02	300	–1	–1,076E-01	0,780	
10	$MgCl^+(aq)$		2,037E-03	500	1	–9,455E-02	0,804	
11								
12	$pK_{\text{par iônico}}$	= –0,60	$K_{\text{par iônico}}$ =	3,98E+00		Balanços de massa:		10^6*b_i
13	Fração de pares iônicos = $[MgCl^+(aq)]$/F =			0,0815		b_1 = F – $[Mg^{2+}]$ – $[MgCl^+(aq)]$		5,55E-07
14			D13 = C10/G2			b_2 = 2F – $[Cl^-]$ – $[MgCl^+(aq)]$		3,26E-07
15	Tamanho estimado do íon						$\Sigma(10^6$*$b_i)^2$ =	4,14E-13
16	$MgCl^+(aq)$ =	500					H13 = 1e6* (G2-C8-C10)	
17	Valor inicial:					H14 = 1e6*(2*G2-C9-C10)		
18	pMg^{2+} =	1,7					H15 = H13^2 + H14^2	
19	pCl^- =	1,4				C8 =10^-B8		C9 =10^-B9
20	Verificação:					C10 = D12*C8*G8*C9*G9/G10		
21	Mg total =	0,02500	= C8+C10		F8 = –0,51*E8^2*SQRT($B$5)/(1+D8*SQRT($B$5)/305)			
22	Cl total =	0,05000	= C9+C10		B5 = 0,5*(E8^2*C8+E9^2*C9+E10^2*C10)			
23	$K_{\text{par iônico}}$ =	3,981E+00	= C10*G10/(C8*G8*C9*G9)					

Planilha para o Problema 8.30. Disponível também no Ambiente de aprendizagem do GEN.

dois balanços de massa são $[Na^+] + [NaCl(aq)] = F$ e $[Na^+] = [Cl^-]$ (que é também o balanço de carga). Estime pNa^+ e pCl^- para inserção na planilha e então varie pNa^+ e pCl^- para minimizar a soma dos quadrados dos dois balanços de massa.

8.31. *Emparelhamento de íons.* Como no Problema 8.30, determine as concentrações, força iônica e a fração de pares iônicos em uma solução de Na_2SO_4 0,025 F. Admita que o tamanho do $NaSO_4^-$ é 500 pm.

8.32. (a) *Emparelhamento de íons.* Como no Problema 8.30, determine as concentrações, força iônica e a fração de pares iônicos em uma solução de $MgSO_4$ 0,025 F.

(b) Duas reações importantes que não foram consideradas são a hidrólise ácida $Mg^{2+} + H_2O \rightleftharpoons MgOH^+ + H^+$ e a hidrólise básica do SO_4^{2-}. Escreva essas duas reações e encontre suas constantes de equilíbrio nos Apêndices I e G. Admitindo-se que o pH é próximo de 7,0 e desprezando os coeficientes de atividade, mostre que ambas as reações são desprezíveis.

8.33. *Solubilidade e atividade.* Determine as concentrações das principais espécies em uma solução aquosa saturada de LiF. Considere as seguintes reações:

$$\begin{aligned}
&LiF(s) \rightleftharpoons Li^+ + F^- && K_{ps} = [Li^+]\gamma_{Li^+}[F^-]\gamma_{F^-}\\
&LiF(s) \rightleftharpoons LiF(aq) && K_{\text{par iônico}} = [LiF(aq)]\gamma_{LiF(aq)}\\
&F^- + H_2O \rightleftharpoons HF + OH^- && K_b = K_w/K_a(\text{para HF})\\
&H_2O \overset{K_w}{\rightleftharpoons} H^+ + OH^- && K_w = [H^+]\gamma_{H^+}[OH^-]\gamma_{OH^-}
\end{aligned}$$

(a) Encontre as constantes de equilíbrio nos apêndices e escreva seus valores de p*K*. A reação de par iônico é a soma de $LiF(s) \rightleftharpoons Li^+ + F^-$ do Apêndice F e $Li^+ + F^- \rightleftharpoons LiF(aq)$ do Apêndice J. Escreva as expressões da constante de equilíbrio e os balanços de carga e massa.

(b) Crie uma planilha que utiliza essas atividades para determinar as concentrações de todas as espécies e a força iônica. Use pF^- e pOH^- como variáveis independentes para fins de estimativa. Não funciona escolher pF^- e pLi^- porque uma dessas concentrações fixa a outra por meio da relação $K_{ps} = [Li^+]\gamma_{Li^+}[F^-]\gamma_{F^-}$.

8.34. *Equilíbrio heterogêneo e solubilidade da calcita.* Se a água de rio no Boxe 8.3 está saturada com calcita ($CaCO_3$), a $[Ca^{2+}]$ é governada pelo seguinte equilíbrio:

$$\begin{aligned}
&CaCO_3(s) \rightleftharpoons Ca^{2+} + CO_3^{2-} && K_{ps} = 4{,}5\times10^{-9}\\
&CO_2(g) \rightleftharpoons CO_2(aq) && K_{CO_2} = 0{,}032\\
&CO_2(aq) + H_2O \rightleftharpoons HCO_3^- + H^+ && K_1 = 4{,}46\times10^{-7}\\
&HCO_3^- \rightleftharpoons CO_3^{2-} + H^+ && K_2 = 4{,}69\times10^{-11}
\end{aligned}$$

(a) A partir destas reações, encontre a constante de equilíbrio para a reação

$$CaCO_3(s) + CO_2(aq) + H_2O \rightleftharpoons Ca^{2+} + 2HCO_3^- \quad K = ? \quad (A)$$

(b) O balanço de massa para a reação A é $[HCO_3^-] = 2[Ca^{2+}]$. Determine $[Ca^{2+}]$ (em mol/L e em mg/L) em equilíbrio com o CO_2 atmosférico se $P_{CO_2} = 4{,}0 \times 10^{-4}$ bar $= 10^{-3{,}4}$ bar. Localize este ponto na reta do Boxe 8.3.

(c) A concentração de Ca^{2+} no rio Don é de 80 mg/L. Qual o valor efetivo de P_{CO_2} que se encontra em equilíbrio com esta concentração do íon Ca^{2+}? Como pode este rio ter tanto CO_2?

9 Equilíbrios Ácido-Base Monopróticos

MEDIÇÃO DO pH DENTRO DE COMPARTIMENTOS CELULARES

(*a*) Um macrófago ingere uma célula cancerígena redonda no momento do início da fagocitose. [Marcin Klapczynski | iStockPhoto] (*b*) Macrófagos contendo membranas fluorescentes de 1,6 μm de diâmetro. (*c*) Imagem da fluorescência da figura. [© K. P. McNamara, T. Nguyen, G. Dumitrascu, J. Ji, N. Rosenzweig, and Z. Rosenzweig, "Synthesis, Characterization, and Application of Fluorescence Sensing Lipobeads for Intracellular pH Measurements," *Anal. Chem.* **2001**, *73*, 3240. Reproduzida sob permissão ©2001 American Chemical Society.]

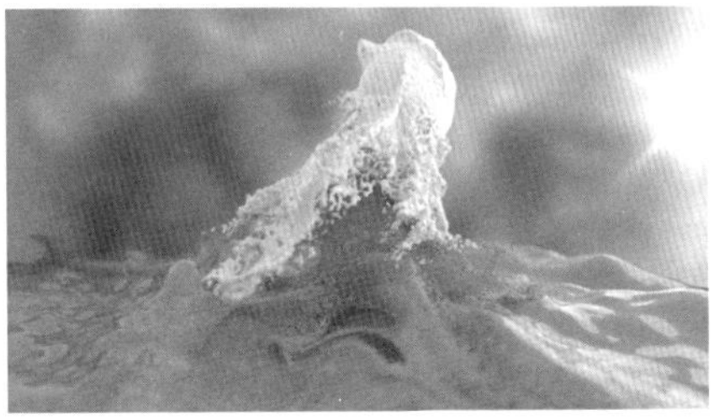

(*a*)

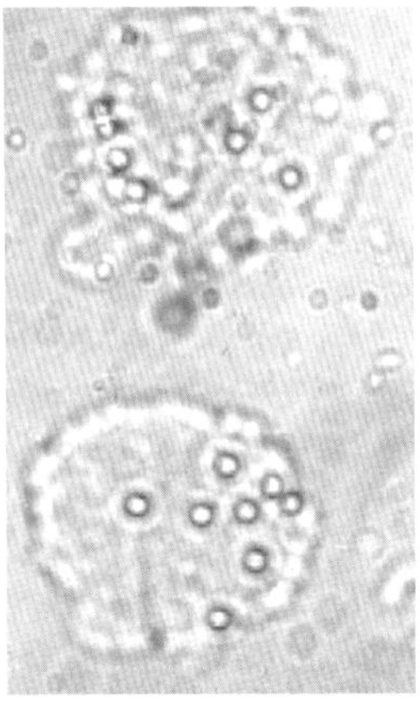

(*b*)

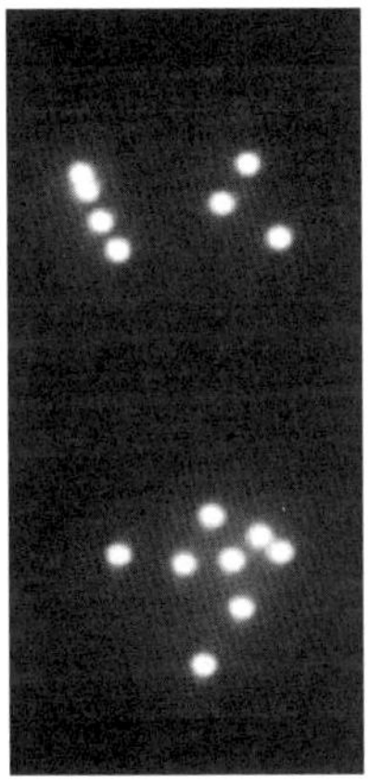

(*c*)

Macrófagos (figura *a*) são células sanguíneas brancas que combatem infecções pela ingestão e digestão de células estranhas – um processo denominado *fagocitose*. O compartimento contendo a célula estranha ingerida se une a organelas chamadas *lisossomas*, que contêm enzimas digestivas que são mais ativas em meio ácido. A baixa atividade enzimática em pH acima de 7 protege a célula das enzimas que escapam para o meio intracelular.

Uma maneira de medir o pH no interior do compartimento contendo a partícula ingerida e as enzimas digestivas é a associação de macrófagos com pequenas esferas de poliestireno (figuras *b* e *c*) recobertas com uma membrana lipídica na qual corantes fluorescentes (emissores de luz) estão covalentemente ligados. A figura *d* mostra que a intensidade de fluorescência do corante fluoresceína depende do pH, mas a fluorescência da tetrametilrodamina, não. A razão de emissão dos corantes é uma medida de pH. A figura *e* mostra que a razão da intensidade de fluorescência muda em 3 s, a partir do momento da ingestão da esfera, e o pH no entorno da esfera cai de 7,3 para 5,7, permitindo o início da digestão.

(*d*) Espectros de fluorescência de membranas lipídicas em soluções com pH entre 5 e 8. (*e*) O pH muda durante a fagocitose de um único suporte por um macrófago. [Dados de McNamara *et al., ibid.*]

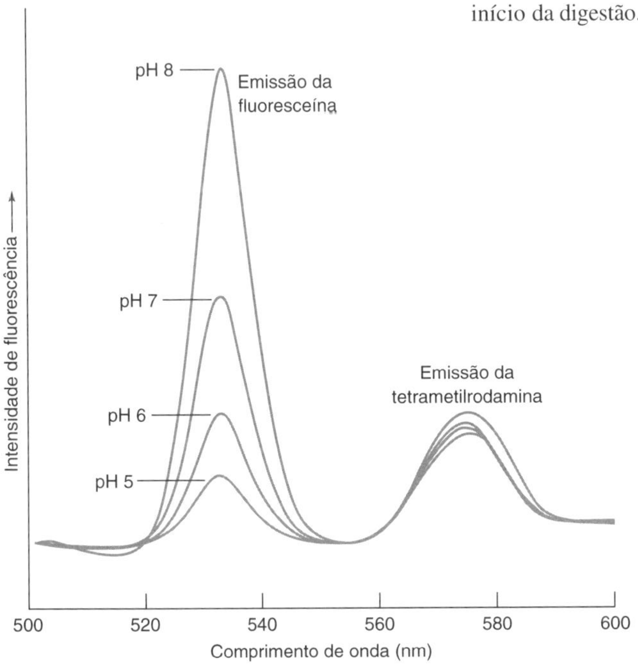

(*d*)

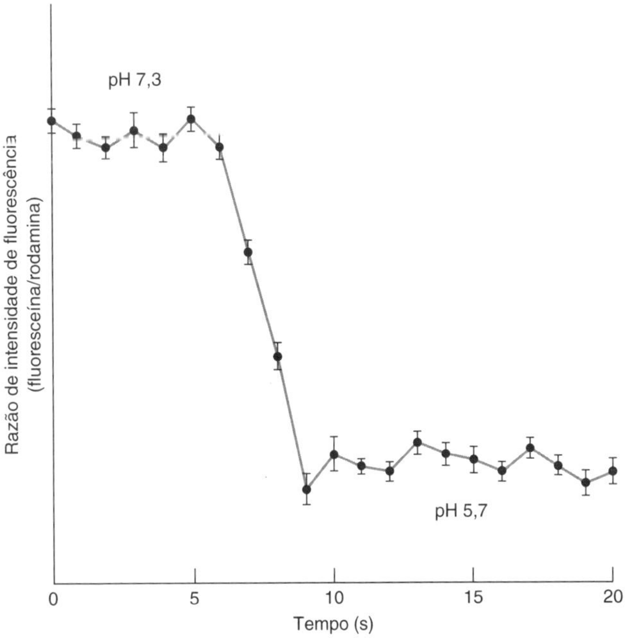

(*e*)

Ácidos e bases são substâncias essenciais em praticamente todas as aplicações da química, inclusive para o uso adequado dos métodos analíticos, como a cromatografia e a eletroforese. Sem uma compreensão detalhada do comportamento dos ácidos e das bases, seria difícil caracterizar, por exemplo, a purificação de proteínas ou a erosão das rochas. Neste capítulo, abordaremos os equilíbrios ácido-base e os sistemas tampão. O Capítulo 10 trata de sistemas polipróticos envolvendo dois ou mais prótons ácidos. Praticamente todas as macromoléculas de interesse biológico são polipróticas. O Capítulo 11 descreve as titulações ácido-base. Agora é o momento para rever os conceitos fundamentais sobre ácidos e bases, que foram discutidos nas Seções 6.5 a 6.7.

9.1 Ácidos e Bases Fortes

A Tabela 6.2 apresenta uma lista de ácidos e bases fortes, que devem ser memorizados.

Constantes de equilíbrio para a reação[1]

$HX(aq) + H_2O \rightleftharpoons H_3O^+ + X^-$

HCl	$K_a = 10^{3,9}$
HBr	$K_a = 10^{5,8}$
HI	$K_a = 10^{10,4}$
HNO_3	$K_a = 10^{1,4}$

A dissociação do HNO_3 é discutida no Boxe 9.1.

O que pode ser mais simples do que calcular o pH de uma solução de HBr 0,10 M? O HBr é um **ácido forte**, de modo que a reação

$$HBr + H_2O \rightarrow H_3O^+ + Br^-$$

ocorre de forma completa, e a concentração de H_3O^+ é 0,10 M. Normalmente, vamos escrever H^+ em vez de H_3O^+. Dessa maneira,

$$pH = -\log[H^+] = -\log(0,10) = 1,00$$

EXEMPLO Coeficiente de Atividade em um Cálculo de Ácido Forte

Calcule o pH de uma solução de HBr 0,10 M, utilizando os coeficientes de atividade.

Solução A força iônica do HBr 0,10 M é $\mu = 0,10$ M, sendo o coeficiente de atividade do H^+ igual a 0,83 (Tabela 8.1). Lembre-se de que o pH é $-\log \mathcal{A}_{H^+}$, e não $-\log[H^+]$:

$$pH = -\log[H^+]\gamma_{H^+} = -\log(0,10)(0,83) = 1,08$$

TESTE-SE Calcule o pH de uma solução de HBr 0,010 M em KBr 0,090 M. (***Resposta:*** 2,08.)

BOXE 9.1 O HNO_3 Concentrado Está Apenas Ligeiramente Dissociado[2]

Os ácidos fortes em soluções diluídas estão quase que totalmente dissociados. Com o aumento da concentração do ácido, diminui o grau de dissociação. A figura a seguir mostra um *espectro Raman* de soluções de ácido nítrico em ordem crescente de concentração. O espectro mede o espalhamento da luz cuja energia corresponde às energias vibracionais das moléculas. O sinal em 1 049 cm^{-1} no espectro da solução de $NaNO_3$ 5,1 M surge do estiramento simétrico da ligação N-O no ânion NO_3^- livre.

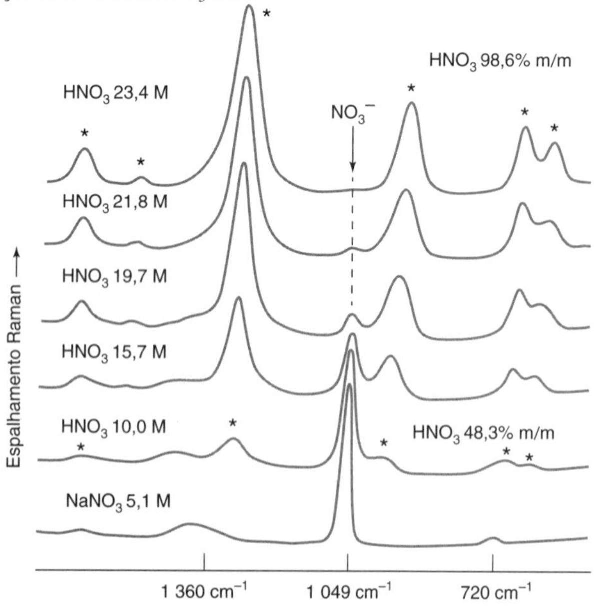

Espectro Raman de soluções aquosas de HNO_3, a 25 °C. Os sinais em 1 360, 1 049 e 720 cm^{-1} devem-se ao ânion NO_3^-. Os sinais assinalados com asteriscos correspondem ao HNO_3 não dissociado. A unidade do número de onda, cm^{-1}, equivale a 1/comprimento de onda.

Uma solução de HNO_3 10,0 M apresenta um forte sinal em 1 049 cm^{-1} em razão do ânion livre NO_3^- proveniente do ácido dissociado. As bandas assinaladas com asterisco correspondem ao HNO_3 *não dissociado*. Com o aumento da concentração, o sinal em 1 049 cm^{-1} tende a desaparecer e os sinais atribuídos ao HNO_3 não dissociado aumentam de intensidade. O gráfico visto a seguir mostra o grau de dissociação do HNO_3 obtido a partir de medidas espectroscópicas. É importante ter em mente que na solução de HNO_3 20 M existem bem menos moléculas de H_2O que moléculas de HNO_3. A dissociação diminui porque não há moléculas de solvente suficientes para estabilizar os íons livres.

Estudos teóricos indicam que o HNO_3 diluído em uma *interface* água-ar também é um ácido fraco porque não existem moléculas de H_2O suficientes para solvatar os íons livres.[3] Esta descoberta tem implicações para a química atmosférica na superfície das gotículas microscópicas nas nuvens.

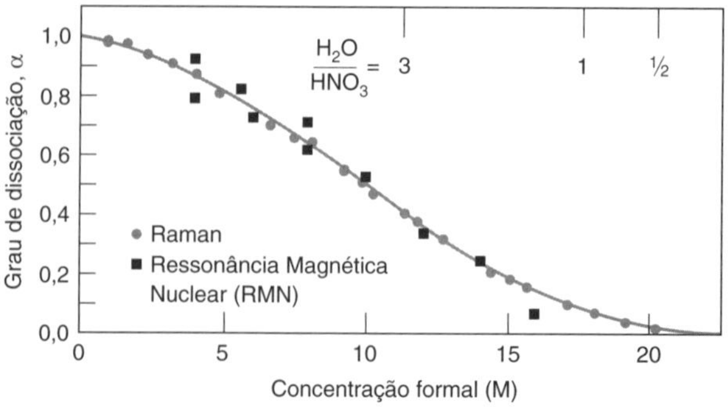

Temperatura (°C)	Constante de dissociação do ácido (K_a)
0	46,8
25	26,8
50	14,9

Agora, que foi lembrado dos coeficientes de atividade, você pode respirar aliviado porque iremos desprezar os coeficientes de atividade a não ser que haja algo específico a ser feito com eles.

Como calcular o pH de uma solução de KOH 0,10 M? O KOH é uma **base forte** (ele está completamente dissociado), logo $[OH^-] = 0,10$ M. Utilizando $K_w = [H^+][OH^-]$, escrevemos

$$[H^+] = \frac{K_w}{[OH^-]} = \frac{1,0\times10^{-14}}{0,10} = 1,0\times10^{-13}\text{ M}$$

$$\text{pH} = -\log[H^+] = 13,00$$

A partir da $[OH^-]$, você sempre pode determinar $[H^+]$:

$$[H^+] = \frac{K_w}{[OH^-]}$$

Determinar o pH em outras concentrações de KOH é também um problema bastante simples:

$[OH^-]$(M)	$[H^+]$(M)	pH
$10^{-3,00}$	$10^{-11,00}$	11,00
$10^{-4,00}$	$10^{-10,00}$	10,00
$10^{-5,00}$	$10^{-9,00}$	9,00

Uma relação muito útil é

Relação entre pH e pOH:

$$\text{pH} + \text{pOH} = -\log K_w = 14,00 \text{ a } 25\ °\text{C} \quad (9.1)$$

A Tabela 6.1 apresenta os valores de K_w em diferentes temperaturas.

Dilema

Até agora, tudo parece bem simples. Entretanto, podemos perguntar: "qual é o pH de uma solução de KOH $1,0 \times 10^{-8}$ M?" Aplicando o nosso raciocínio usual, calculamos

$$[H^+] = K_w/(1,0\times10^{-8}) = 1,0\times10^{-6}\text{ M} \Rightarrow \text{pH} = 6,00$$

Como a base KOH pode produzir uma solução ácida (pH < 7)? Isso é impossível.

Quando adicionamos uma base à água, não podemos *diminuir* o pH. (Valores menores de pH são mais *ácidos*.) Alguma coisa tem de estar errada.

Solução do Problema

Obviamente, existe alguma coisa errada com o nosso cálculo. Na realidade, não consideramos a contribuição dos íons OH^- provenientes da dissociação da água. Na água pura, $[OH^-] = 1,0 \times 10^{-7}$ M, que é maior do que a quantidade de KOH adicionada à solução. Para resolver esse problema, recorremos ao tratamento sistemático do equilíbrio.

Etapa 1 *Reações pertinentes.* A única existente é $H_2O \overset{K_w}{\rightleftharpoons} H^+ + OH^-$.

Etapa 2 *Balanço de carga.* As espécies presentes em solução são K^+, OH^- e H^+, de modo que

$$[K^+] + [H^+] = [OH^-] \quad (9.2)$$

Etapa 3 *Balanço de massa.* Todo o íon K^+ provém do KOH, de modo que $[K^+] = 1,0 \times 10^{-8}$ M.

Etapa 4 *Expressão da constante de equilíbrio.* $K_w = [H^+][OH^-] = 1,0 \times 10^{-14}$.

Etapa 5 *Contagem.* Existem três equações e três incógnitas ($[H^+]$, $[OH^-]$, $[K^+]$); assim, temos informação suficiente para resolver o problema.

Etapa 6 *Solução.* Como desejamos saber o pH, consideramos $[H^+] = x$. Substituindo $[K^+] = 1,0 \times 10^{-8}$ M na Equação 9.2, obtemos

$$[OH^-] = [K^+] + [H^+] = 1,0\times10^{-8} + x$$

Se estivéssemos utilizando atividades, a etapa 4 seria o único ponto em que os coeficientes de atividade apareceriam.

A substituição de $[OH^-] = 1,0 \times 10^{-8} + x$ na expressão da constante de equilíbrio K_w possibilita a resolução do problema:

$$[H^+][OH^-] = K_w$$

$$(x)(1,0\times10^{-8} + x) = 1,0\times10^{-14}$$

$$x^2 + (1,0\times10^{-8})x - (1,0\times10^{-14}) = 0$$

$$x = \frac{-1,0\times10^{-8} \pm \sqrt{(1,0\times10^{-8})^2 - 4(1)(-1,0\times10^{-14})}}{2(1)}$$

$$= 9,5\times10^{-8}\text{ M} \quad \text{ou} \quad -1,1\times10^{-7}\text{ M}$$

Desprezando-se a concentração negativa, concluímos que

$$[H^+] = 9,5\times10^{-8}\text{ M} \Rightarrow \text{pH} = -\log[H^+] = 7,02$$

Este valor de pH é bastante razoável, pois uma solução de KOH 10^{-8} M deve ser ligeiramente básica.

Solução de uma equação do segundo grau:

$$ax^2 + bx + c = 0$$

$$x = \frac{-b \pm \sqrt{b^2 - 4ac}}{2a}$$

Conserve todos os algarismos na calculadora, porque, por vezes, o valor de b^2 é praticamente igual ao de $4ac$. Se você arredondar antes de calcular $b^2 - 4ac$, a sua resposta pode estar completamente errada.

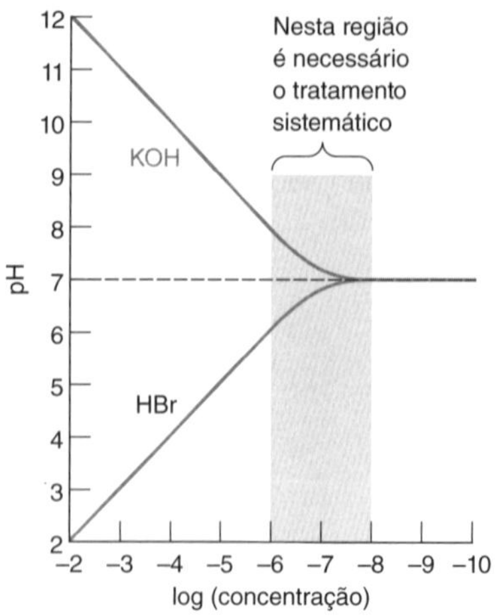

FIGURA 9.1 pH calculado como função da concentração de um ácido forte ou de uma base forte dissolvido em água.

Qualquer ácido ou base dificulta a ionização da água conforme previsto pelo princípio de Le Châtelier.

Questão Quais são as concentrações de H^+ e de OH^- produzidas pela dissociação da água em uma solução de NaOH 0,01 M?

Naturalmente, você sabe que o valor de K_a deve ser expresso realmente em termos de atividades e não de concentrações:

$$K_a = \mathcal{A}_{H^+} \mathcal{A}_{A^-} / \mathcal{A}_{HA}$$

Hidrólise refere-se a uma reação com a água.

Quando o K_a aumenta, o pK_a diminui. Quanto menor for o pK_a, mais forte será o ácido.

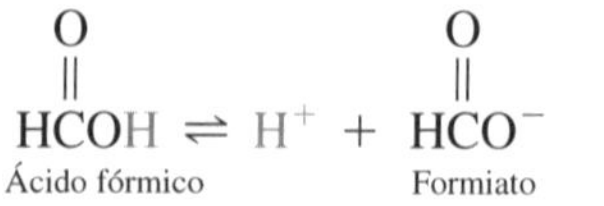

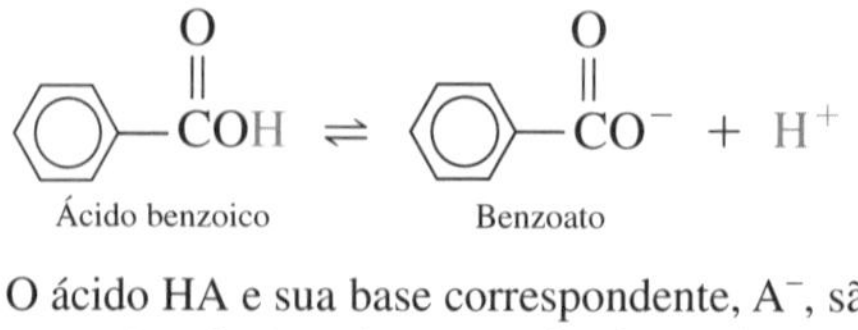

Se HA e A^- formam um *par conjugado ácido-base*, B e BH^+ também serão conjugados.

A Figura 9.1 mostra os valores de pH, calculados para concentrações diferentes de uma base forte ou de um ácido forte, dissolvidos em água. Existem três regiões distintas:

1. Quando a concentração é "alta" ($\geq 10^{-6}$ M), o pH é calculado considerando-se apenas o H^+ ou OH^- adicionado. Isto é, o pH de uma solução de KOH $10^{-5,00}$ M *é* 9,00.
2. Quando a concentração é "baixa" ($\leq 10^{-8}$ M), o pH é 7,00. Não adicionamos ácido ou base suficiente para afetar significativamente o pH da própria água.
3. Em concentrações intermediárias de 10^{-6} a 10^{-8} M, os efeitos da dissociação da água, e do ácido ou da base adicionados, são equivalentes. Somente nesta região é necessário fazer um cálculo de equilíbrio sistemático.

A região 1 é o único caso prático. A menos que você consiga proteger uma solução de KOH 10^{-7} M do contato com o ar, o pH da solução será controlado pelo CO_2 dissolvido, e não pelo KOH.

Água Quase Nunca Produz H^+ 10^{-7} M e OH^- 10^{-7} M

Um erro comum é considerar que a dissociação da água sempre produz concentrações de H^+ 10^{-7} M e de OH^- 10^{-7} M. Este critério é verdadeiro *apenas* para a água pura, sem a adição de ácido ou base. Em uma solução de HBr 10^{-4} M, por exemplo, o pH é 4. A concentração de OH^- é $[OH^-] = K_w/[H^+] = 10^{-10}$ M. Mas a única fonte de $[OH^-]$ é a dissociação da água. Se a água produz somente OH^- 10^{-10} M, ela também tem que produzir apenas H^+ 10^{-10} M, pois existe uma relação de um H^+ para cada OH^- produzido. Em uma solução de HBr 10^{-4} M, a dissociação da água produz somente OH^- 10^{-10} M e H^+ 10^{-10} M.

9.2 Ácidos e Bases Fracos

Inicialmente, vamos rever o conceito de **constante de dissociação do ácido**, K_a, para o ácido HA:

Equilíbrio de ácido fraco:
$$HA \underset{}{\overset{K_a}{\rightleftharpoons}} H^+ + A^- \qquad K_a = \frac{[H^+][A^-]}{[HA]} \tag{9.3}$$

Um **ácido fraco** é aquele que não se encontra completamente dissociado, ou seja, a Reação 9.3 não se completa. Para uma base, B, a **constante de hidrólise da base**, K_b, é definida pela reação

Equilíbrio de base fraca:
$$B + H_2O \underset{}{\overset{K_b}{\rightleftharpoons}} BH^+ + OH^- \qquad K_b = \frac{[BH^+][OH^-]}{[B]} \tag{9.4}$$

Uma **base fraca** é aquela para a qual a Reação 9.4 não se completa.

O **pK** é o negativo do logaritmo de uma constante de equilíbrio:

$$pK_w = -\log K_w$$
$$pK_a = -\log K_a$$
$$pK_b = -\log K_b$$

Quando o valor de K aumenta, o pK decresce, e vice-versa. Comparando os ácidos fórmico e benzoico, vemos que o ácido fórmico é mais forte, com uma K_a maior e um pK_a menor do que o ácido benzoico.

$$\underset{\text{Ácido fórmico}}{HCOH} \rightleftharpoons H^+ + \underset{\text{Formiato}}{HCO^-} \qquad \begin{aligned} K_a &= 1{,}80 \times 10^{-4} \\ \mathbf{pK_a} &= \mathbf{3{,}744} \end{aligned}$$

$$\underset{\text{Ácido benzoico}}{C_6H_5COH} \rightleftharpoons \underset{\text{Benzoato}}{C_6H_5CO^-} + H^+ \qquad \begin{aligned} K_a &= 6{,}28 \times 10^{-5} \\ \mathbf{pK_a} &= \mathbf{4{,}202} \end{aligned}$$

O ácido HA e sua base correspondente, A^-, são denominados **par conjugado ácido-base** porque estão relacionados entre si pelo ganho ou pela perda de um próton. De maneira semelhante, B e BH^+ são um par conjugado. Uma relação importante entre K_a e K_b para um par conjugado ácido-base é

Relação entre K_a e K_b para um par conjugado:
$$K_a \cdot K_b = K_w \tag{9.5}$$

O Fraco É Conjugado com um Fraco

A base conjugada de um ácido fraco é uma base fraca. O ácido conjugado de uma base fraca é um ácido fraco. Considere um ácido fraco, HA, com $K_a = 10^{-4}$. A base conjugada, A^-, possui $K_b = K_w/K_a = 10^{-10}$, ou seja, se HA é um ácido fraco, A^- é uma base fraca. Se o valor de K_a for 10^{-5}, o valor de K_b deve ser 10^{-9}. Quando HA se torna um ácido mais fraco, A^- torna-se uma base mais forte (mas nunca uma base forte). Inversamente, quanto maior for a força ácida de HA, menor será a força básica de A^-. Entretanto, se A^- ou HA é fraco, então o seu conjugado também será. Se o ácido HA é forte (como o HCl), sua base conjugada (Cl^-) é *tão* fraca que não consegue manifestar nenhum comportamento básico em água.

A base conjugada de um ácido fraco é uma base fraca. O ácido conjugado de uma base fraca é um ácido fraco. *Fraco é conjugado com um fraco.*

Usando o Apêndice G

O Apêndice G apresenta várias constantes de dissociação de ácidos. Cada composto é apresentado em sua forma *totalmente protonada*. Por exemplo, a dietilamina é apresentada como $(CH_3CH_2)_2NH_2^+$, que é, na realidade, o íon dietilamônio. O valor de K_a ($1{,}0 \times 10^{-11}$), dado para a dietilamina, é, na verdade, o K_a para o íon dietilamônio. Para determinarmos o valor de K_b para a dietilamina, escrevemos $K_b = K_w/K_a = 1{,}0 \times 10^{-14}/1{,}0 \times 10^{-11} = 1{,}0 \times 10^{-3}$.

Para bases e ácidos polipróticos existem vários valores de K_a tabelados. O fosfato de piridoxila é tabelado em sua forma totalmente protonada, como vemos a seguir:[4]

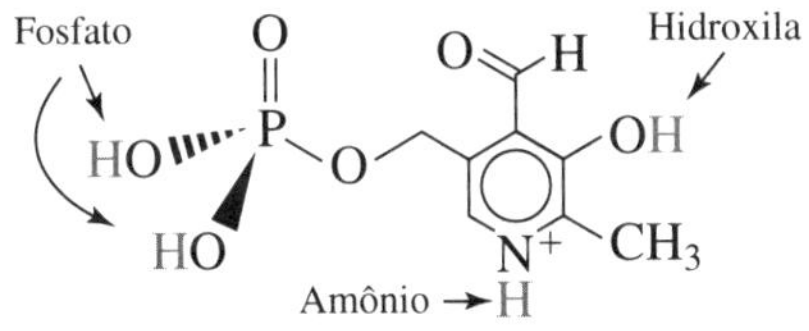

Fosfato de piridoxila
(um derivado da vitamina B_6)

pK_a	K_a
1,4 (POH)	0,04
3,51 (OH)	$3{,}1 \times 10^{-4}$
6,04 (POH)	$9{,}1 \times 10^{-7}$
8,25 (NH)	$5{,}6 \times 10^{-9}$

O valor de pK_1 (1,4) é para a dissociação de um dos prótons do fosfato e o pK_2 (3,51) é para o próton da hidroxila. O terceiro próton mais ácido é o outro próton do fosfato, para o qual pK_3 = 6,04, e o grupo NH^+ é o menos ácido de todos (pK_4 = 8,25).

As espécies apresentadas no Apêndice G estão totalmente protonadas. Se a estrutura de um composto do Apêndice G tiver carga diferente de 0, esta estrutura não corresponde ao nome citado no apêndice. *Todos os nomes citados referem-se a moléculas neutras.* A molécula neutra, fosfato de piridoxila, não é a espécie representada anteriormente, que possui uma carga +1. A molécula neutra do fosfato de piridoxila é

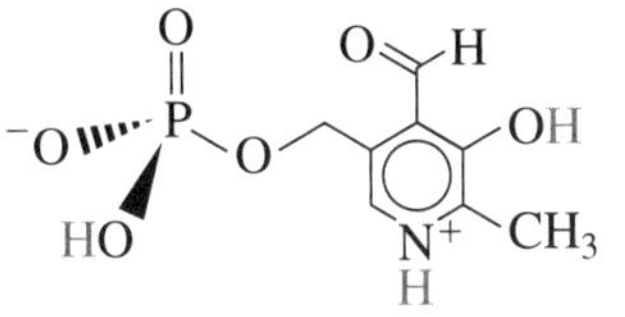

Retiramos o próton do POH e não o próton do NH^+, porque o POH é o grupo mais ácido da molécula (pK_a = 1,4).

Como outro exemplo, consideremos a molécula piperazina.

Estrutura mostrada para a piperazina no Apêndice G

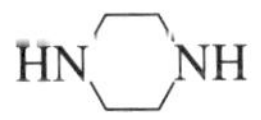

Estrutura real da piperazina, *que tem de ser neutra*

K_a em $\mu = 0$ é a constante de dissociação termodinâmica do ácido. Esta constante é válida para qualquer força iônica desde que sejam utilizados os coeficientes de atividade correspondentes à força iônica em questão:

$$K_a = \frac{\mathcal{A}_{H^+}\mathcal{A}_{A^-}}{\mathcal{A}_{HA}} = \frac{[H^+]\gamma_{H^+}[A^-]\gamma_{A^-}}{[HA]\gamma_{HA}}$$

K_a em $\mu = 0{,}1$ M é o quociente das concentrações quando a força iônica é 0,1 M:

$$K_a(\mu = 0{,}1\text{ M}) = \frac{[H^+][A^-]}{[HA]}$$

O Apêndice G fornece o pK_a para forças iônicas iguais a 0 e 0,1 M, quando for possível. Usaremos o pK_a para $\mu = 0$ a menos que não exista o valor listado ou quando necessitamos $\mu = 0{,}1$ M para um propósito específico. Para o fosfato de piridoxila, utilizamos valores para $\mu = 0{,}1$ M porque não havia valores para $\mu = 0$.

9.3 Equilíbrios em Ácidos Fracos

Comparemos a ionização dos ácidos *orto-* e *para*-hidroxibenzoicos:

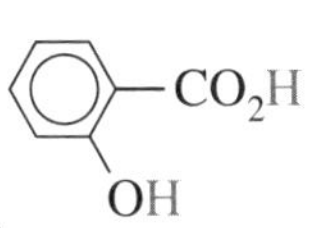

Ácido *o*-hidroxibenzoico
(ácido salicílico)
pK_a = 2,97

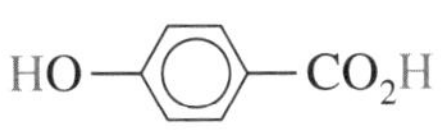

Ácido *p*-hidroxibenzoico
pK_a = 4,54

Por que o isômero *orto* é 30 vezes mais ácido que o isômero *para*? Qualquer efeito que aumente a estabilidade do produto de uma reação faz com que esta avance. No isômero *orto*, o produto da reação de dissociação ácida pode formar uma forte ligação de hidrogênio intramolecular.

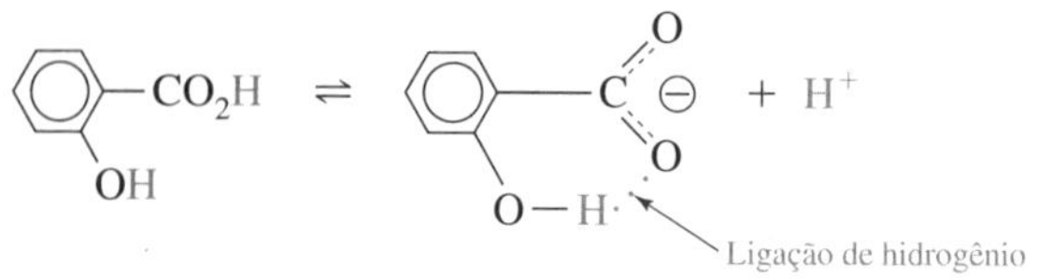

O isômero *para* não pode formar tal ligação, pois os grupos —OH e —CO_2^- estão muito afastados. Espera-se, pela estabilidade do produto, que a ligação de hidrogênio intramolecular torne o ácido *o*-hidroxibenzoico mais ácido que o ácido *p*-hidroxibenzoico.

Um Problema Típico de Ácido Fraco

A ***concentração formal*** é o número total de mols de um composto dissolvido em um litro. A concentração formal de um ácido fraco refere-se à quantidade total de HA colocada em solução, independentemente do fato de algumas moléculas terem sido transformadas em A^-.

O problema é encontrar o pH de uma solução do ácido fraco HA, dados a concentração formal de HA e o valor de K_a.[5] Vamos chamar a concentração formal de F e então utilizar o tratamento sistemático do equilíbrio:

Reações: $HA \overset{K_a}{\rightleftharpoons} H^+ + A^- \qquad H_2O \overset{K_w}{\rightleftharpoons} H^+ + OH^-$

Balanço de carga: $$[H^+] = [A^-] + [OH^-] \tag{9.6}$$

Balanço de massa: $$F = [A^-] + [HA] \tag{9.7}$$

Expressões de equilíbrio: $$K_a = \frac{[H^+][A^-]}{[HA]} \tag{9.8}$$

$$K_w = [H^+][OH^-]$$

Existem quatro equações e quatro incógnitas ($[A^-]$, [HA], $[H^+]$, $[OH^-]$), de modo que o problema pode ser solucionado fazendo-se o tratamento algébrico necessário.

No entanto, não é muito fácil resolver essas equações simultâneas. Se elas forem combinadas, obtemos uma equação cúbica. Neste momento, um químico entra e grita: "Espere! Não há razão para se resolver uma equação cúbica. Podemos fazer uma excelente aproximação que simplifica muito o problema. (Geralmente, as pessoas têm dificuldades em resolver equações cúbicas.)"

Para que se verifique o comportamento peculiar de um ácido fraco, a concentração de H^+ resultante da dissociação do ácido tem que ser muito maior do que a concentração de H^+ resultante da dissociação da água. Quando HA se dissocia, ocorre a produção de A^-. Quando H_2O se dissocia, ocorre a produção de OH^-. Se a dissociação do ácido HA é muito maior do que a dissociação de H_2O, podemos dizer que $[A^-] >> [OH^-]$, e a Equação 9.6 se reduz a

$$[H^+] \approx [A^-] \tag{9.9}$$

$x = [H^+]$ em problemas envolvendo ácidos fracos.

Para resolver o problema, primeiro consideramos que $[H^+] = x$. De acordo com a Equação 9.9, $[A^-]$ também é igual a x. A Equação 9.7 mostra que $[HA] = F - [A^-] = F - x$. Substituindo essas expressões na Equação 9.8, temos

$$K_a = \frac{[H^+][A^-]}{[HA]} = \frac{(x)(x)}{F - x}$$

Considerando F = 0,050 0 M e $K_a = 1{,}0_7 \times 10^{-3}$ para o ácido *o*-hidroxibenzoico, a equação é resolvida facilmente, pois é apenas uma equação do segundo grau.

$$\frac{x^2}{0{,}050\,0 - x} = 1{,}0_7 \times 10^{-3}$$

$$x^2 = (1{,}0_7 \times 10^{-3})(0{,}0500 - x)$$

$$x^2 + (1{,}07 \times 10^{-3})x - 5{,}35 \times 10^{-5} = 0$$

$$x = 6{,}8_0 \times 10^{-3}\ \text{M} \quad \text{(raiz negativa rejeitada)}$$

$$[H^+] = [A^-] = x = 6{,}8_0 \times 10^{-3}\ \text{M}$$

$$[HA] = F - x = 0{,}043_2\ \text{M}$$

$$\text{pH} = -\log x = 2{,}17$$

Por uma questão de coerência, expressaremos os valores de pH com duas casas decimais depois da vírgula, independentemente do número de casas decimais fixadas pelos algarismos significativos. As medidas rotineiras de pH não têm exatidão maior que ±0,02 unidade de pH.

A aproximação $[H^+] \approx [A^-]$ é justificável? O pH calculado é 2,17, o que significa que $[OH^-] = K_w/[H^+] = 1{,}5 \times 10^{-12}$ M.

$[A^-]$ (a partir da dissociação do HA) $= 6,8 \times 10^{-3}$ M

$\Rightarrow [H^+]$ a partir da dissociação do HA $= 6,8 \times 10^{-3}$ M

$[OH^-]$ (a partir da dissociação da H_2O) $= 1,5 \times 10^{-12}$ M

$\Rightarrow [H^+]$ a partir da dissociação da $H_2O = 1,5 \times 10^{-12}$ M

Em uma solução de um ácido fraco, o H^+ presente é quase que totalmente proveniente da dissociação do ácido fraco, e não da dissociação da água.

A suposição de que o valor da concentração de H^+ resulta principalmente do HA presente está correta.

Grau de Dissociação

O **grau de dissociação, α**, é definido como a fração do ácido que se encontra na forma A^-:

Grau de dissociação de um ácido:

$$\alpha = \frac{[A^-]}{[A^-]+[HA]} = \frac{x}{x+(F-x)} = \frac{x}{F} \qquad (9.10)$$

α é a fração de HA que dissociou:

$$\alpha = \frac{[A^-]}{[A^-]+[HA]}$$

Os coeficientes de atividade não aparecem nesta expressão. α é uma fração da concentração.

Para o ácido *o*-hidroxibenzoico 0,050 0 M, determinamos

$$\alpha = \frac{6,8 \times 10^{-3}\,M}{0,050\,0\,M} = 0,14$$

Isto é, o ácido está 14% dissociado em uma concentração formal de 0,050 0 M.

A variação de α com a concentração formal é vista na Figura 9.2. **Eletrólitos fracos** (compostos que estão apenas parcialmente dissociados) se dissociam cada vez mais quanto mais forem diluídos. O ácido *o*-hidroxibenzoico é mais dissociado do que o ácido *p*-hidroxibenzoico na mesma concentração formal porque o isômero *orto* é um ácido mais forte que o isômero *para*. O Boxe 9.2 ilustra uma aplicação corriqueira do grau de dissociação de um ácido fraco.

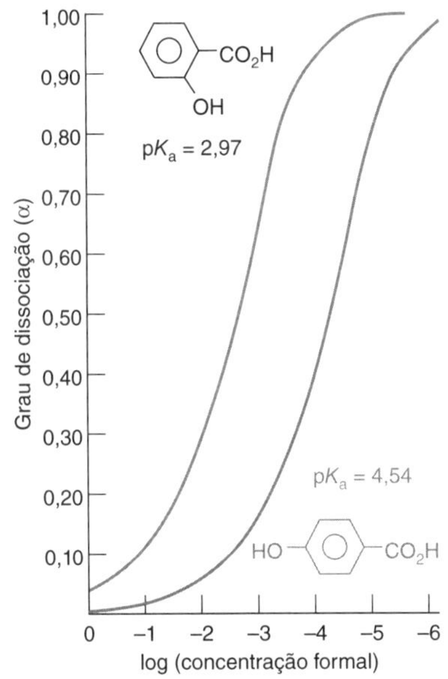

FIGURA 9.2 O grau de dissociação de um eletrólito fraco aumenta com a diluição do eletrólito. O ácido mais forte está mais dissociado do que o ácido mais fraco em todas as concentrações.

Essência de um Problema de Ácido Fraco

Diante de um problema do cálculo de pH de um ácido fraco, você deve imediatamente considerar que $[H^+] = [A^-] = x$ para depois resolver a equação

Equação para ácidos fracos:

$$\frac{[H^+][A^-]}{[HA]} = \frac{x^2}{F-x} = K_a \qquad (9.11)$$

em que F é a concentração formal de HA. A aproximação $[H^+] = [A^-]$ pode não ser válida se o ácido estiver muito diluído ou for muito fraco, o que, na realidade, não constitui um problema prático.

EXEMPLO Um Problema de Ácido Fraco

Determine o pH de uma solução de cloreto de trimetilamônio 0,050 M.

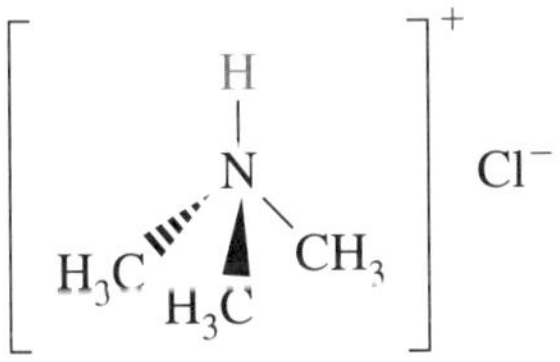

Cloreto de trimetilamônio

Solução Inicialmente, admitimos que sais de haletos de amônio estão completamente dissociados produzindo os íons $(CH_3)_3NH^+$ e Cl^-.† A seguir, verificamos que o íon trimetilamônio é um ácido fraco, sendo o ácido conjugado da trimetilamina, $(CH_3)_3N$, uma base

O íon Cl^- não apresenta propriedades ácidas nem básicas. Ele é a base conjugada do HCl, um ácido forte. Se o íon Cl^- apresentasse uma basicidade apreciável, o HCl não estaria completamente dissociado em solução.

†Os sais $R_4N^+X^-$ não estão completamente dissociados, porque existem alguns *pares iônicos* $R_4N^+X^-(aq)$ (Boxe 8.1). As constantes de equilíbrio para $R_4N^+ + X^- \rightleftharpoons R_4N^+X^-(aq)$ são dadas a seguir. Para soluções 0,050 F, a fração de pares iônicos é 4% para $(CH_3)_4N^+Br^-$, 7% para $(CH_3CH_2)_4N^+Br^-$ e 9% para $(CH_3CH_2CH_2)_4N^+Br^-$.

R_4N^+	X^-	$K_{par\ iônico}$ ($\mu = 0$)	R_4N^+	X^-	$K_{par\ iônico}$ ($\mu = 0$)
Me_4N^+	Cl^-	1,1	Me_4N^+	I^-	2,0
Bu_4N^+	Cl^-	2,5	Et_4N^+	I^-	2,9
Me_4N^+	Br^-	1,4	Pr_4N^+	I^-	4,6
Et_4N^+	Br^-	2,4	Bu_4N^+	I^-	6,0
Pr_4N^+	Br^-	3,1			

Me = CH_3—, Et = CH_3CH_2—, Pr = $CH_3CH_2CH_2$—, Bu = $CH_3CH_2CH_2CH_2$—

fraca. O Cl^- não possui propriedades básicas nem ácidas e deve ser ignorado. No Apêndice G, encontramos o íon trimetilamônio listado com o nome trimetilamina, mas representado como o íon trimetilamônio. O valor de pK_a é 9,799 para uma força iônica μ = 0. Assim,

$$K_a = 10^{-pK_a} = 10^{-9,799} = 1,59 \times 10^{-10}$$

A partir de agora, o problema pode ser resolvido por meio de cálculos simples.

$$\underset{F-x}{(CH_3)_3NH^+} \overset{K_a}{\rightleftharpoons} \underset{x}{(CH_3)_3N} + \underset{x}{H^+}$$

$$\frac{x^2}{0,050 - x} = 1,59 \times 10^{-10} \qquad \textbf{(9.12)}$$

$$x = 2,8 \times 10^{-6}\ \text{M} \Rightarrow \text{pH} = 5,55$$

TESTE-SE Determine o pH de uma solução de brometo de trietilamônio 0,050 M. (***Resposta:*** 6,01.)

BOXE 9.2 Tingimento de Tecidos e o Grau de Dissociação[6]

Tecidos de algodão são constituídos principalmente de celulose, um polímero formado a partir de unidades repetidas do açúcar glicose:

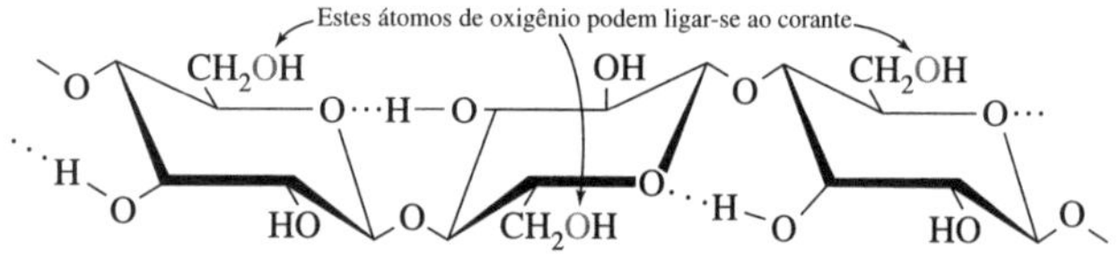
Estes átomos de oxigênio podem ligar-se ao corante

Estrutura da celulose. As ligações de hidrogênio entre as unidades de glicose ajudam a tornar a estrutura rígida.

Corantes são moléculas coloridas que podem formar ligações covalentes com tecidos. Por exemplo, o azul-brilhante Procion M-R é um corante com um *cromóforo* (a parte colorida) azul, ligado a um anel de diclorotriazina reativo:

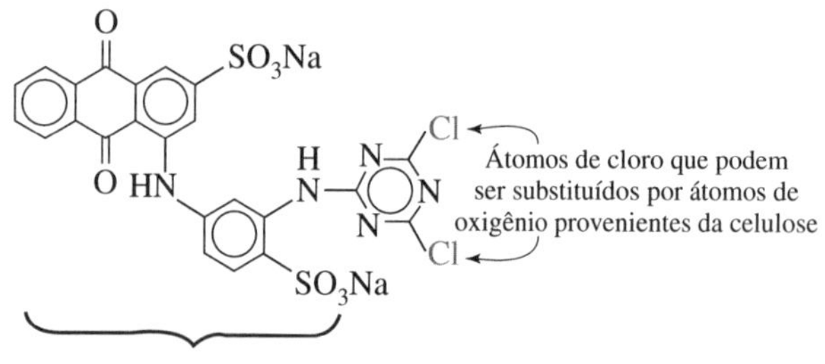
Átomos de cloro que podem ser substituídos por átomos de oxigênio provenientes da celulose

Cromóforo azul

Corante para tecidos, azul-brilhante Procion M-R

Os átomos de oxigênio dos grupos —CH_2OH na celulose podem substituir os átomos de Cl do corante para formar ligações covalentes que fixam permanentemente o corante ao tecido:

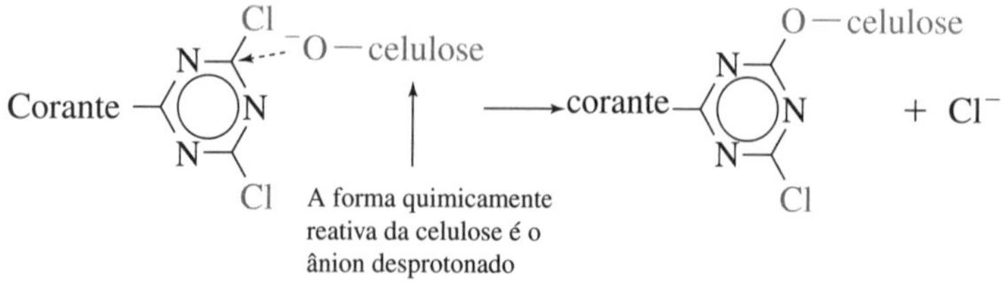
Corante
O—celulose
corante
+ Cl⁻
A forma quimicamente reativa da celulose é o ânion desprotonado

Após o tingimento a frio, o excesso de corante é removido por lavagem com água quente. Durante a lavagem a quente, o segundo grupo Cl do corante é substituído por uma segunda molécula de celulose ou por uma molécula de água (formando a espécie corante —OH).

A forma quimicamente reativa da celulose é a sua base conjugada:

$$\underset{ROH}{\text{celulose—}CH_2OH} \xrightleftharpoons{K_a \approx 10^{-15}} \underset{\underset{\text{(base conjugada)}}{RO^-}}{\text{celulose—}CH_2O^-} + H^+$$

Para promover a dissociação do próton da celulose —CH_2OH, o tingimento é feito em solução de carbonato de sódio com um pH em torno de 10,6. A fração de espécies de celulose reativas é dada pelo grau de dissociação do ácido fraco em pH 10,6:

$$\text{Grau de dissociação} = \frac{[RO^-]}{[ROH]+[RO^-]} \approx \frac{[RO^-]}{[ROH]}$$

Como o grau de dissociação de um ácido muito fraco é muito pequeno, [ROH] >> [RO⁻] no denominador da equação, de modo que o denominador é aproximadamente igual a [ROH]. O quociente [RO⁻]/[ROH] pode ser calculado a partir do K_a e do pH:

$$K_a = \frac{[RO^-][H^+]}{[ROH]} \Rightarrow \frac{[RO^-]}{[ROH]} = \frac{K_a}{[H^+]} \approx \frac{10^{-15}}{10^{-10,6}}$$

$$10^{-4,4} \approx \text{grau de dissociação}$$

Apenas, aproximadamente, um grupo celulose —CH_2OH em 10^4 está na forma reativa em pH 10,6.

Uma sugestão útil: a Equação 9.1, ($x^2/[F - x] = K_a$), pode sempre ser resolvida utilizando-se a solução geral de uma equação do segundo grau. Entretanto, um método mais simples, que vale a pena ser tentado *primeiro*, é o de desprezar x no denominador. Se o valor calculado de x for $\leq 1\%$ de F, então esta aproximação será razoável e você não precisa resolver uma equação do segundo grau. Para a Equação 9.12 a forma aproximada de cálculo é:

$$\frac{x^2}{0{,}050 - x} \approx \frac{x^2}{0{,}050} = 1{,}59 \times 10^{-10} \Rightarrow x = \sqrt{(0{,}050)(1{,}59 \times 10^{-10})} = 2{,}8 \times 10^{-6}\ \text{M}$$

A solução aproximada ($x \approx 2{,}8 \times 10^{-6}$) é $\leq 1\%$ de 0,050 no denominador da Equação 9.12. Portanto, a solução aproximada é válida.

Aproximação Despreze x no denominador. Se x vem a ser menor que 1% do valor de F, a solução aproximada é válida.

9.4 Equilíbrios em Bases Fracas

O tratamento dado às bases fracas é praticamente o mesmo dado aos ácidos fracos.

$$B + H_2O \overset{K_b}{\rightleftharpoons} BH^+ + OH^- \qquad K_b = \frac{[BH^+][OH^-]}{[B]}$$

Quando K_b aumenta, pK_b diminui e a base se torna mais forte.

Admitimos que quase todo o OH^- é proveniente da reação $B + H_2O$, e poucos íons OH^- são resultantes da dissociação da H_2O. Considerando $[OH^-] = x$, podemos também fazer $[BH^+] = x$, pois um BH^+ é produzido para cada OH^-. Chamando de F a concentração formal da base ($= [B] + [BH^+]$), escrevemos

$$[B] = F - [BH^+] = F - x$$

Substituindo esses valores na expressão de equilíbrio K_b, temos

Equação para base fraca:

$$\frac{[BH^+][OH^-]}{[B]} = \frac{x^2}{F - x} = K_b \qquad \textbf{(9.13)}$$

Um problema envolvendo uma base fraca possui o mesmo cálculo algébrico que um problema de um ácido fraco, exceto que $K = K_b$ e $x = [OH^-]$.

que se assemelha bastante a um problema de ácido fraco, com a exceção de que agora $x = [OH^-]$.

Um Problema Típico de Base Fraca

Vamos considerar a cocaína como exemplo para o estudo do problema envolvendo uma base fraca.

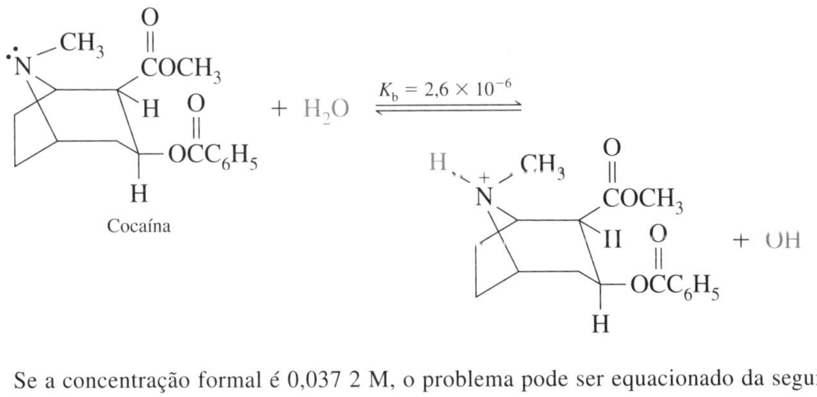

Se a concentração formal é 0,037 2 M, o problema pode ser equacionado da seguinte maneira:

$$\underset{0{,}037\,2 - x}{B} + H_2O \rightleftharpoons \underset{x}{BH^+} + \underset{x}{OH^-}$$

$$\frac{x^2}{0{,}037\,2 - x} = 2{,}6 \times 10^{-6} \Rightarrow x = 3{,}1 \times 10^{-4}\ \text{M}$$

Questão Qual é a concentração de OH^- produzida pela dissociação de H_2O nesta solução? É justificável desprezarmos a dissociação da água como uma fonte de OH^-?

Como $x = [OH^-]$, podemos escrever

$$[H^+] = K_w/[OH^-] = 1{,}0 \times 10^{-14}/3{,}1 \times 10^{-4} = 3{,}2 \times 10^{-11}\ \text{M}$$

$$\text{pH} = -\log[H^+] = 10{,}49$$

Este é um pH aceitável para uma base fraca.

Qual a fração de cocaína que reagiu com a água? Podemos escrever α para uma base, chamada **grau de associação**:

Para uma base, o valor de α corresponde à fração de base que reagiu com a água.

Grau de associação de uma base:

$$\alpha = \frac{[BH^+]}{[BH^+]+[B]} = \frac{x}{F} = 0{,}0083 \quad \textbf{(9.14)}$$

Somente 0,83% da base reagiu.

Ácidos e Bases Conjugados – Revisão

Se HA e A^- são um par conjugado ácido-base, então BH^+ e B também o são.

Observamos, anteriormente, que **a base conjugada de um ácido fraco é uma base fraca**, e **o ácido conjugado de uma base fraca é um ácido fraco**. Também deduzimos uma relação extremamente importante entre as constantes de equilíbrio para um par conjugado ácido-base: $K_a \cdot K_b = K_w$.

Em solução aquosa,

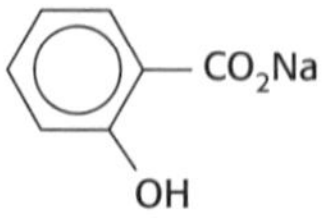

produz

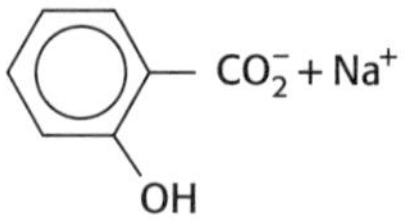

o–hidroxibenzoato

Na Seção 9.3, consideramos os ácidos *o* e *p*-hidroxibenzoicos, simbolizados por HA. Consideraremos agora as suas bases conjugadas. O sal *o*-hidroxibenzoato de sódio, por exemplo, se dissolve em água para dar Na^+ (que não possui química ácido-base) e *o*-hidroxibenzoato, que é uma base fraca.

A química ácido-base é a reação do íon *o*-hidroxibenzoato com a água:

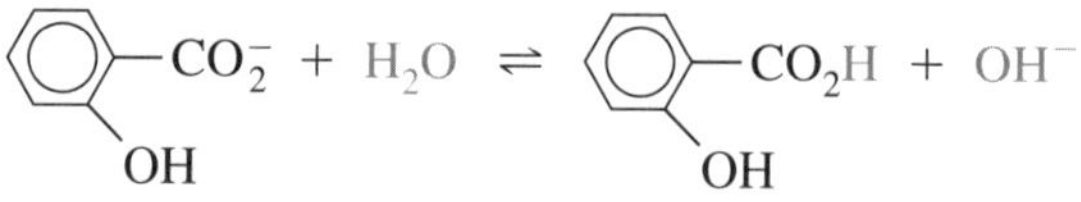

(9.15)

A^- (*o*-hidroxibenzoato)   HA

$F - x$ x x

$$\frac{x^2}{F-x} = K_b$$

A partir do valor de K_a, de cada isômero, podemos calcular K_b para a base conjugada.

Isômeros do ácido hidroxibenzoico	K_a	$K_b = K_w/K_a$
ortho	$1{,}0_7 \times 10^{-3}$	$9{,}3 \times 10^{-12}$
para	$2{,}9 \times 10^{-5}$	$3{,}5 \times 10^{-10}$

Utilizando cada valor de K_b, e substituindo F = 0,050 0 M, encontramos

pH do 0,050 0 M *o*-hidroxibenzoato = 7,83

pH do 0,050 0 M *p*-hidroxibenzoato = 8,62

Estes são valores de pH aceitáveis para as soluções de bases fracas. Além disso, como se esperava, a base conjugada do ácido mais forte é a base mais fraca.

EXEMPLO Um Problema de Base Fraca

Determine o pH de uma solução de amônia 0,10 M.

Solução Quando a amônia é dissolvida em água, sua reação é

$$\underset{\substack{\text{Amônia}\\F-x}}{NH_3} + H_2O \overset{K_b}{\rightleftharpoons} \underset{\substack{\text{Íon amônio}\\x}}{NH_4^+} + \underset{x}{OH^-}$$

No Apêndice G, encontramos o íon amônio, NH_4^+, listado após a amônia. O pK_a para o íon amônio é 9,245. Portanto, o K_b para a NH_3 é

$$K_b = \frac{K_w}{K_a} = \frac{10^{-14{,}00}}{10^{-9{,}245}} = 1{,}76 \times 10^{-5}$$

Para determinar o pH da NH_3 0,10 M, escrevemos e resolvemos a equação

$$\frac{[NH_4^+][OH^-]}{[NH_3]} = \frac{x^2}{0{,}10-x} = K_b = 1{,}76 \times 10^{-5}$$

$$x = [OH^-] = 1{,}3_2 \times 10^{-3}\ M$$

$$[H^+] = \frac{K_w}{[OH^-]} = 7{,}6 \times 10^{-12}\ M \Rightarrow pH = -\log[H^+] = 11{,}12$$

TESTE-SE Determine o pH de uma solução de metilamina 0,10 M. (***Resposta:*** 11,80.)

9.5 Tampões

Uma solução tamponada resiste a uma mudança de pH quando ácidos ou bases são adicionados ou quando ocorre uma diluição. Um **tampão** é uma mistura de um ácido e sua base conjugada. É necessário que existam quantidades comparáveis de ácido e base conjugados (dentro de um fator de ~10) para que haja uma ação de tamponamento significativa.

A importância dos tampões em todas as áreas da ciência é imensa. No início deste capítulo, mostramos que as enzimas digestivas nos lisossomas funcionam melhor em meio ácido, o que permite à célula se proteger de suas próprias enzimas. Se as enzimas passarem para o citoplasma, tamponado, elas terão menor reatividade e causarão menos danos à célula do que se estivessem em seu pH ótimo. A Figura 9.3 mostra a dependência com o pH de determinada reação, catalisada por uma enzima, cuja velocidade é máxima em um pH próximo a 8,0 e que seria lenta se a enzima estivesse em um lisossoma ácido. Para que um organismo sobreviva, ele deve controlar o pH de cada compartimento subcelular, de tal forma que cada uma de suas reações catalisadas por enzimas ocorra a uma velocidade apropriada.

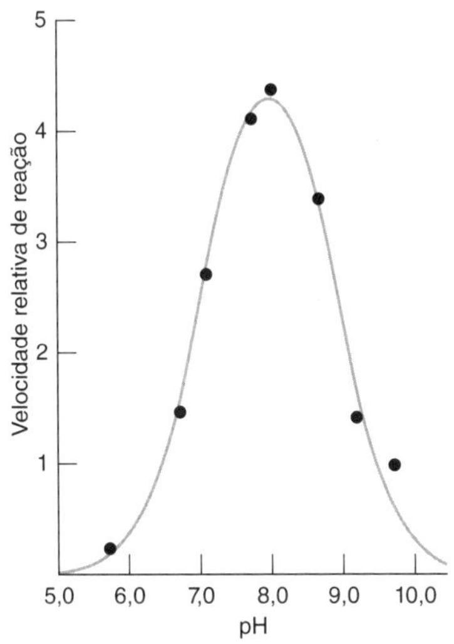

FIGURA 9.3 Dependência com relação ao pH da velocidade de clivagem da ligação amida por meio da enzima quimotripisina. A quimotripisina ajuda a digestão de proteínas no intestino. [Dados de M. L. Bender, G. E. Clement, F. J. Kézdy, and H. A. Heck, "The Correlation of the pH (pD) Dependence and the Stepwise Mechanism of α-Chymotrypsin-Catalyzed Reactions," *J. Am. Chem. Soc.* **1964,** *86*, 3680.]

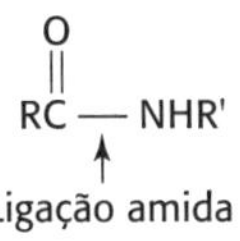

Mistura de um Ácido Fraco com sua Base Conjugada

Se misturarmos A mols de um ácido fraco com B mols de sua base conjugada, o número de mols de ácido fica próximo a A e o número de mols da base permanece próximo a B. Muito pouca reação ocorre para mudar uma ou outra concentração.

Para compreender a razão disso, veja as reações de K_a e de K_b em termos do princípio de Le Châtelier. Considere um ácido com pK_a = 4,00 e sua base conjugada com pK_b = 10,00. Vamos calcular a fração do ácido que se dissocia numa solução de HA 0,10 M.

$$\underset{0,10-x}{HA} \rightleftharpoons \underset{x}{H^+} + \underset{x}{A^-} \qquad pK_a = 4,00$$

$$\frac{x^2}{F-x} = K_a \Rightarrow x = 3,1 \times 10^{-3}\ M$$

$$\text{Grau de dissociação} = \alpha = \frac{x}{F} = 0,031$$

O ácido está somente 3,1% dissociado nessas condições.

Em uma solução contendo 0,10 mol de A^- dissolvidos em 1,00 L, a extensão da reação de A^- com a água é ainda menor:

$$\underset{0,10-x}{A^-} + H_2O \rightleftharpoons \underset{x}{HA} + \underset{x}{OH^-} \qquad pK_b = 10,00$$

$$\frac{x^2}{F-x} = K_b \Rightarrow x = 3,2 \times 10^{-6}$$

$$\text{Grau de associação} = \alpha = \frac{x}{F} = 3,2 \times 10^{-5}$$

HA se dissocia muito pouco, e a adição de A^- extra à solução torna a dissociação de HA ainda menor. De forma semelhante, A^- não reage muito com a água, e a adição de HA extra torna A^- ainda menos reativo. Se 0,050 mol de A^- mais 0,036 mol de HA são adicionados à água, teremos perto de 0,050 mol de A^- e perto de 0,036 mol de HA na solução no equilíbrio.

Quando misturamos um ácido fraco com sua base conjugada, obtém-se aquilo que você misturou!

A aproximação de que as concentrações de HA e A^- permanecem constantes não é válida para soluções diluídas ou em valores extremos de pH. Vamos testar a validade da aproximação no final deste capítulo.

Equação de Henderson-Hasselbalch

A equação fundamental para os tampões é a **equação de Henderson-Hasselbalch**, que nada mais é do que outra forma da expressão de equilíbrio de K_a.

$$K_a = \frac{[H^+][A^-]}{[HA]}$$

$$\log K_a = \log\frac{[H^+][A^-]}{[HA]} = \log[H^+] + \log\frac{[A^-]}{[HA]}$$

$$\underbrace{-\log[H^+]}_{pH} = \underbrace{-\log K_a}_{pK_a} + \log\frac{[A^-]}{[HA]}$$

log xy = log x + log y

Equação de Henderson-Hasselbalch para um ácido:

$$HA \overset{K_a}{\rightleftharpoons} H^+ + A^-$$

$$pH = pK_a + \log\frac{[A^-]}{[HA]} \qquad (9.16)$$

A equação de Henderson-Hasselbalch permite a determinação do pH de uma solução desde que saibamos a razão entre as concentrações do ácido e da base conjugados, bem como

L. J. Henderson foi um médico que, em 1908, escreveu a fórmula $[H^+] = K_a$[ácido]/[sal] em um artigo sobre fisiologia, um ano antes que a palavra "tampão" e o conceito de pH fossem propostos pelo bioquímico S. P. L. Sørensen. A contribuição de Henderson foi aproximar a concentração do ácido como igual à concentração de HA presente na solução, e a concentração do sal igual à de A^- dissolvida na solução. Em 1916, K. A. Hasselbalch escreveu em um jornal de bioquímica a equação que conhecemos como equação de Henderson-Hasselbalch.[7]

o pK_a do ácido. Se uma solução é preparada a partir da base fraca B e de seu ácido conjugado, a equação análoga é

Equação de Henderson-Hasselbalch para uma base:

$$BH^+ \xrightleftharpoons{K_a = K_w/K_b} B + H^+ \qquad pH = pK_a + \log\frac{[B]}{[BH^+]} \qquad (9.17)$$

pK_a se aplica a *este* ácido

As Equações 9.16 e 9.17 são válidas apenas quando a base (A^- ou B) aparece no *numerador*. Quando a concentração da base aumenta, o termo logarítmico aumenta e o pH aumenta.

em que pK_a é a constante de dissociação ácida do ácido fraco BH^+. As características importantes das Equações 9.16 e 9.17 são que a base (A^- ou B) aparece no numerador de ambas as equações e que a constante de equilíbrio é o K_a do ácido que aparece no denominador.

Desafio Mostre que, quando as atividades são levadas em conta, a equação de Henderson Hasselbalch é

$$pH = pK_a + \log\frac{[A^-]\gamma_{A^-}}{[HA]\gamma_{HA}} \qquad (9.18)$$

A equação de Henderson-Hasselbalch não é uma aproximação. Ela é apenas uma forma rearranjada de se escrever a expressão de equilíbrio. As aproximações que fazemos são os valores de $[A^-]$ e de [HA]. Na maioria dos casos, é válido admitir que aquilo que misturamos é o que obtemos na solução. No fim deste capítulo, veremos o caso em que aquilo que misturamos não é o que obtemos, porque a solução é muito diluída ou o ácido é muito forte.

Propriedades da Equação de Henderson-Hasselbalch

Quando $[A^-] = [HA]$, $pH = pK_a$.

Naturalmente, você se lembra que log 1 = 0.

Na Equação 9.16, podemos ver que se $[A^-] = [HA]$, então $pH = pK_a$:

$$pH = pK_a + \log\frac{[A^-]}{[HA]} = pK_a + \log 1 = pK_a$$

Independentemente da complexidade que uma solução possa ter, sempre que $pH = pK_a$ para determinado ácido, $[A^-]$ tem que ser igual a [HA] para aquele ácido.

Todos os equilíbrios têm de ser satisfeitos simultaneamente em qualquer solução em equilíbrio. Se existem 10 ácidos e bases diferentes em uma solução, as 10 formas da Equação 9.16 terão 10 quocientes $[A^-]/[HA]$ diferentes, mas todas as 10 equações têm que dar o mesmo pH, pois **só pode existir uma única concentração de H^+ em uma solução**.

Outro aspecto da equação de Henderson-Hasselbalch é que, para cada mudança de potência de 10 na razão $[A^-]/[HA]$, o pH muda em uma unidade (Tabela 9.1). Quando a base (A^-) aumenta, o pH aumenta. Com o aumento do ácido (HA), o pH diminui. Para qualquer par conjugado ácido-base, pode-se dizer, por exemplo, que se $pH = pK_a - 1$, tem que haver 10 vezes mais HA do que A^-. Portanto, dez onze avos estão na forma de HA e um onze avos estão na forma de A^-.

TABELA 9.1 Efeito de $[A^-]/[HA]$ no pH

$[A^-]/[HA]$	pH
100:1	$pK_a + 2$
10:1	$pK_a + 1$
1:1	pK_a
1:10	$pK_a - 1$
1:100	$pK_a - 2$

EXEMPLO Usando a Equação de Henderson-Hasselbalch

Hipoclorito de sódio (NaOCl, o ingrediente ativo de quase todos os alvejantes) foi dissolvido em uma solução tamponada em pH 6,20. Determine a razão $[OCl^-]/[HOCl]$ nesta solução.

Solução No Apêndice G, encontramos que $pK_a = 7{,}53$ para o ácido hipocloroso, HOCl. Como o pH é conhecido, a razão $[OCl^-]/[HOCl]$ pode ser calculada a partir da equação de Henderson-Hasselbalch.

$$HOCl \rightleftharpoons H^+ + OCl^-$$

$$pH = pK_a + \log\frac{[OCl^-]}{[HOCl]}$$

$$6{,}20 = 7{,}53 + \log\frac{[OCl^-]}{[HOCl]}$$

$$-1{,}33 = \log\frac{[OCl^-]}{[HOCl]}$$

$10^{\log z} = z$

$$10^{-1{,}33} = 10^{\log([OCl^-]/[HOCl])} = \frac{[OCl^-]}{[HOCl]}$$

$$0{,}047 = \frac{[OCl^-]}{[HOCl]}$$

A razão $[OCl^-]/[HOCl]$ é fixada apenas pelo pH e pK_a. Não precisamos saber quanto NaOCl foi adicionado nem o volume.

TESTE-SE Determine $[OCl^-]/[HOCl]$ em pH 7,20, que foi atingido após o pH do exemplo ser aumentado de uma unidade. (***Resposta:*** 0,47.)

Um Tampão em Ação

Para fins de ilustração, escolhemos um tampão bastante utilizado chamado "tris", abreviação de tris(hidroximetil)aminometano.

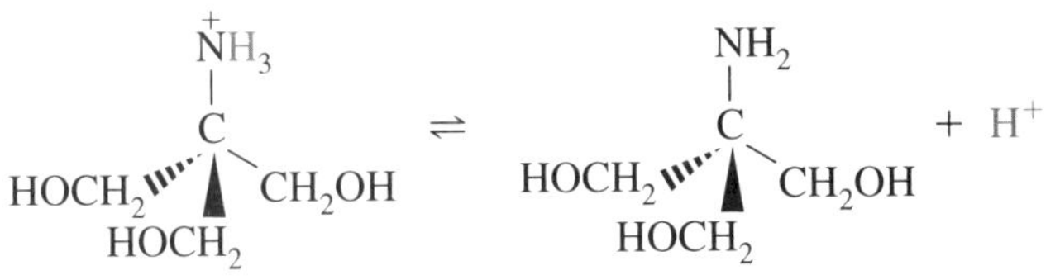

$$\underset{\substack{BH^+\\ pK_a = 8{,}072}}{\underset{HOCH_2}{HOCH_2\cdots}\overset{\overset{+}{N}H_3}{\underset{|}{C}}CH_2OH} \rightleftharpoons \underset{\substack{B\\ \text{Esta é a forma "tris"}}}{\underset{HOCH_2}{HOCH_2\cdots}\overset{NH_2}{\underset{|}{C}}CH_2OH} + H^+$$

No Apêndice G, encontramos o pK_a de 8,072 para o ácido conjugado do tris. Um exemplo de um sal que contém o cátion BH^+ é o tris cloridrato, que é BH^+Cl^-. Quando BH^+Cl^- é dissolvido em água, ele se dissocia em BH^+ e Cl^-.

EXEMPLO Uma Solução-Tampão

Determine o pH de uma solução preparada pela dissolução de 12,43 g de tris (MF 121,14) mais 4,67 g de tris cloridrato (MF 157,59) em 1,00 L de água.

Solução As concentrações de B e BH^+ adicionadas à solução são

$$[B] = \frac{12{,}43 \text{ g/L}}{121{,}14 \text{ g/mol}} = 0{,}1026 \text{ M} \qquad [BH^+] = \frac{4{,}67 \text{ g/L}}{157{,}59 \text{ g/mol}} = 0{,}0296 \text{ M}$$

Admitindo que o que adicionamos permanece na mesma forma, podemos simplesmente substituir essas concentrações na equação de Henderson-Hasselbalch para determinar o pH:

$$pH = pK_a + \log\frac{[B]}{[BH^+]} = 8{,}072 + \log\frac{0{,}1026}{0{,}0296} = 8{,}61$$

TESTE-SE Determine o pH se adicionarmos mais 1,00 g de tris cloridrato. (*Resposta:* 8,53.)

Observe que *o volume da solução é irrelevante*, pois o volume é cancelado no numerador e no denominador do termo logarítmico:

$$pH = pK_a + \log\frac{\text{número de mols de B/ L de solução}}{\text{número de mols de }BH^+\text{/ L de solução}}$$

$$= pK_a + \log\frac{\text{número de mols de B}}{\text{número de mols de }BH^+}$$

O pH de um tampão é aproximadamente independente do volume.

BOXE 9.3 Forte Mais Fraco Reagem Completamente

Um ácido forte reage com uma base fraca essencialmente "por completo", pois a constante de equilíbrio é grande.

$$\underset{\substack{\text{Base}\\ \text{fraca}}}{B} + \underset{\substack{\text{Ácido}\\ \text{forte}}}{H^+} \rightleftharpoons BH^+ \qquad K = \frac{1}{K_a(\text{para o }BH^+)}$$

Se B é o tris(hidroximetil)aminometano, então a constante de equilíbrio para a reação com o HCl é

$$K = \frac{1}{K_a} = \frac{1}{10^{-8{,}072}} = 1{,}2 \times 10^8$$

Uma base forte reage "completamente" com um ácido fraco, pois, novamente, a constante de equilíbrio é muito grande.

$$\underset{\substack{\text{Base}\\ \text{forte}}}{OH^-} + \underset{\substack{\text{Ácido}\\ \text{fraco}}}{HA} \rightleftharpoons A^- + H_2O \qquad K = \frac{1}{K_b(\text{para o }A^-)}$$

Se HA é o ácido acético, então a constante de equilíbrio para a reação com o NaOH é

$$K = \frac{1}{K_b} = \frac{K_a(\text{para HA})}{K_w} = 1{,}7 \times 10^9$$

A reação de um ácido forte com uma base forte é ainda mais completa do que uma reação de forte com fraco:

$$\underset{\substack{\text{Ácido}\\ \text{forte}}}{H^+} + \underset{\substack{\text{Base}\\ \text{forte}}}{OH^-} \rightleftharpoons H_2O \qquad K = \frac{1}{K_w} = 10^{14}$$

Se misturarmos um ácido forte, uma base forte, um ácido fraco e uma base fraca, o ácido e a base forte se neutralizarão entre si até que um deles seja consumido. O ácido ou a base forte restante reagirá então com a base ou com o ácido fraco.

EXEMPLO Efeito da Adição de um Ácido a uma Solução Tamponada

Se adicionarmos 12,0 mL de HCl 1,00 M à solução utilizada no exemplo anterior, qual será o novo pH?

Solução A chave para a resolução deste problema é perceber que, *quando um ácido forte é adicionado a uma base fraca, eles reagem completamente para produzir* BH^+ (ver Boxe 9.3). Estamos adicionando 12,0 mL de HCl 1,00 M, que contém (0,012 0 L)(1,00 mol/L) = 0,012 0 mol de H^+. Essa grande quantidade de H^+ consumirá 0,012 0 mol de B para formar 0,012 0 mol de BH^+:

	B Tris	+	H^+ do HCl	→	BH^+
Número de mols inicial	0,102 6		0,012 0		0,029 6
Número de mols final	0,090 6 (0,102 6 − 0,012 0)		—		0,041 6 (0,029 6 + 0,012 0)

A informação na tabela nos permite calcular o pH:

$$\text{pH} = \text{p}K_a + \log\frac{\text{número de mols de B}}{\text{número de mols de BH}^+}$$

$$= 8{,}072 + \log\frac{0{,}090\,6}{0{,}041\,6} = 8{,}41$$

O volume da solução é irrelevante.

TESTE-SE Determine o pH se somente 6,0 em vez de 12,0 mL de HCl foram adicionados. (***Resposta:*** 8,51.)

Questão O valor do pH muda na direção certa quando o HCl é adicionado?

Um tampão resiste às mudanças no pH...

... porque o tampão consome o ácido ou a base que tenha sido adicionado.

O exemplo anterior mostra que *o pH de um tampão não se modifica muito quando é adicionada uma quantidade limitada de um ácido ou de uma base forte.* A adição de 12,0 mL de HCl 1,00 M modificou o pH de 8,61 para 8,41. A adição de 12,0 mL de HCl 1,00 M a 1,00 L de solução não tamponada diminuiria o pH para 1,93.

Mas *por que* um tampão resiste a mudanças de pH? Isso ocorre porque o ácido ou a base forte é consumido por B ou BH^+. Se adicionamos HCl ao tris, B é convertido em BH^+. Se adicionamos NaOH, BH^+ é convertido em B. Enquanto B, ou BH^+, não for consumido pela adição de HCl, ou NaOH, suficiente, o termo logarítmico da equação de Henderson-Hasselbalch não mudará muito e o pH também não sofrerá uma mudança significativa. A Demonstração 9.1 ilustra o que acontece quando o tampão é consumido. O tampão possui o seu máximo de capacidade para resistir a mudanças no pH quando pH = pK_a. Retornaremos a este ponto mais adiante.

Questão Por que adicionamos uma base (NaOH) ao tris cloridrato para preparar um tampão?

Resposta: o tris cloridrato é um ácido fraco, BH^+. Precisamos converter parte do BH^+ em B para preparar um tampão, que é uma mistura de BH^+ e B.

Questão HEPES é um tampão comum em bioquímica, cujo pK_a mostrado na Tabela 9.2 é 7,56. HEPES é um *composto neutro*. Desenhe sua estrutura. Quem você adicionaria ao HEPES, NaOH ou HCl, para preparar um tampão?

Resposta: a forma desenhada na Tabela 9.2 é o ácido neutro HA. Precisamos adicionar NaOH para remover H^+, produzindo, assim, uma mistura de HA e A^-.

EXEMPLO Cálculo para o Preparo de uma Solução-tampão

Quantos mililitros de NaOH 0,500 M devem ser adicionados a 10,0 g de tris cloridrato para se alcançar um pH de 7,60 em um volume final de 250 mL?

Solução O número de mols de tris cloridrato em 10,0 g é (10,0 g)/(157,59 g/mol) = 0,063 5. Podemos fazer uma tabela para ajudar na resolução do problema:

Reação com OH^-:	BH^+	+	OH^-	→	B
Número de mols inicial	0,063 5		x		—
Número de mols final	0,063 5 − x		—		x

A equação de Henderson-Hasselbalch nos permite encontrar x, pois sabemos o pH e o pK_a:

$$\text{pH} = \text{p}K_a + \log\frac{\text{mol de B}}{\text{mol de BH}^+}$$

$$7{,}60 = 8{,}072 + \log\frac{x}{0{,}063\,5 - x}$$

$$-0{,}472 = \log\frac{x}{0{,}063\,5 - x}$$

$$10^{-0{,}472} = \frac{x}{0{,}063\,5 - x} \Rightarrow x = 0{,}016\,0 \text{ mol}$$

Esse número de mols de NaOH está contido em

$$\frac{0,016\ 0\ \text{mol}}{0,500\ \text{mol/L}} = 0,032\ 0\ \text{L} = 32,0\ \text{mL}$$

TESTE-SE Quantos mL de NaOH 0,500 M devem ser adicionados a 10,0 g de tris cloridrato para dar um pH de 7,40 em um volume final de 500 mL? (***Resposta:*** 22,3 mL.)

DEMONSTRAÇÃO 9.1   Como Funciona um Tampão

Um tampão resiste a mudanças de pH porque o ácido ou a base adicionados são consumidos pelo tampão. À medida que o tampão é consumido, ele se torna menos resistente a mudanças no pH.

Nesta demonstração,[8] prepara-se uma mistura contendo aproximadamente uma razão molar 10:1 de HSO_3^-: SO_3^{2-}. Como pK_a para o HSO_3^- é 7,2, o pH deve ser aproximadamente

$$\text{pH} = pK_a + \log\frac{[SO_3^{2-}]}{[HSO_3^-]} = 7,2 + \log\frac{1}{10} = 6,2$$

Quando formaldeído é adicionado, a reação líquida é o consumo de HSO_3^-, e não o de SO_3^{2-}.

$$H_2C=O + HSO_3^- \rightarrow H_2C\begin{smallmatrix}O^-\\SO_3H\end{smallmatrix} \rightarrow H_2C\begin{smallmatrix}OH\\SO_3^-\end{smallmatrix} \quad \text{(A)}$$
Formaldeído   Bissulfito

$$H_2C=O + SO_3^{2-} \rightarrow H_2C\begin{smallmatrix}O^-\\SO_3^-\end{smallmatrix} \quad \text{(B)}$$
Sulfito

$$H_2C\begin{smallmatrix}O^-\\SO_3^-\end{smallmatrix} + HSO_3^- \rightarrow H_2C\begin{smallmatrix}OH\\SO_3^-\end{smallmatrix} + SO_3^{2-}$$

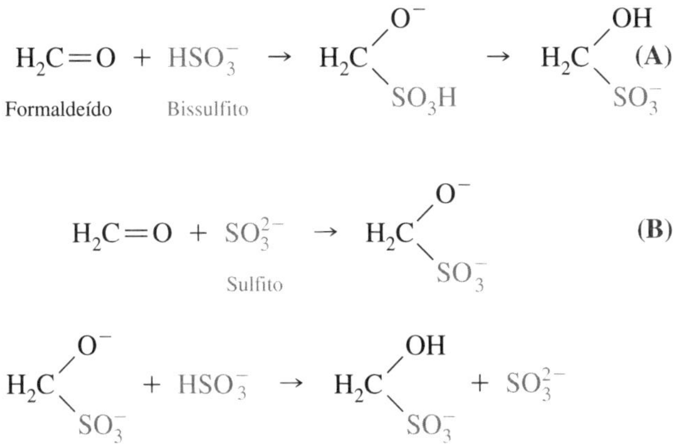

Na etapa A, o bissulfito é consumido diretamente. Na etapa B, a reação líquida é o consumo de HSO_3^-, sem nenhuma mudança na concentração de SO_3^{2-}.

Podemos preparar uma tabela mostrando como o pH deve mudar à medida que o HSO_3^- reage.

Porcentagem da reação completada	$[SO_3^{2-}]$:$[HSO_3^-]$	pH calculado
0	1:10	6,2
90	1:1	7,2
99	1:0,1	8,2
99,9	1:0,01	9,2
99,99	1:0,001	10,2

Podemos ver que, completados 90%, o pH aumenta apenas de 1 unidade. Nos próximos 9% de reação, o pH subirá mais uma unidade. Ao final da reação, a mudança no pH deve ser muito abrupta.

Na *reação-relógio* do formaldeído,[9] formaldeído é adicionado a uma solução contendo HSO_3^-, SO_3^{2-} e fenolftaleína como indicador. A fenolftaleína é incolor em pH abaixo de 8 e vermelha acima deste pH. A solução permanece incolor por mais de um minuto. De repente, o pH sobe e o líquido se torna rosa. O acompanhamento do pH com um eletrodo de vidro apresenta os resultados mostrados no gráfico visto a seguir.

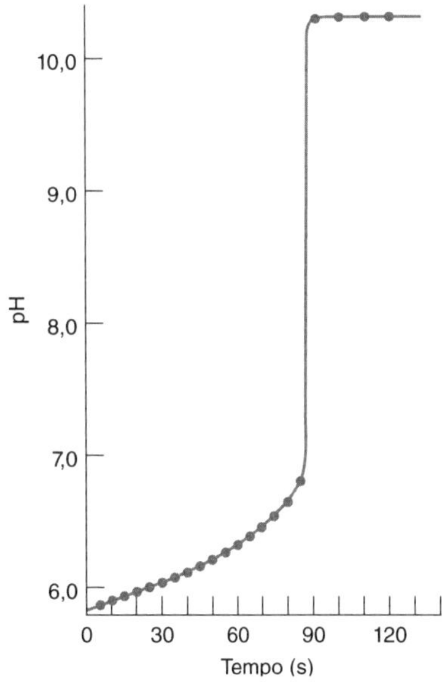

Gráfico de pH contra tempo na reação-relógio do formaldeído.

Procedimento: todas as soluções têm de ser recém-preparadas. Prepare uma solução de formaldeído diluindo 9 mL de formaldeído 37% em massa (massa específica = 1,08 g/mL) a 100 mL com água (para dar CH_2O 1,20 M). Dissolva 1,4 g de $Na_2S_2O_5$ (metabissulfito de sódio, 7,4 mmol)[10] e 0,18 g de Na_2SO_3 (1,4 mmol) em 400 mL de água, e adicione ~1 mL de solução de fenolftaleína à solução (Tabela 11.3). Adicione 23 mL (28 mmol) da solução de formaldeído 1,20 M à solução-tampão bem agitada para iniciar a reação. O tempo de reação pode ser ajustado pela mudança da temperatura, das concentrações ou do volume.

Uma variante menos tóxica desta demonstração utiliza glioxal (HC—CH com dois O duplos) em lugar do formaldeído.[11] Um dia antes da demonstração, dilua 2,9 g de glioxal 40% em massa (20,0 mmol) até 25 mL. Dissolva 0,90 g de $Na_2S_2O_5$ (4,7 mmol), 0,15 g de Na_2SO_3 (1,2 mmol) e 0,18 g de $Na_2EDTA \times 2H_2O$ (0,48 mmol, para proteger o sulfito da oxidação pelo ar catalisada por metal) em 50 mL de H_2O. Um mol de $Na_2S_2O_5$ produz 2 mols de HSO_3^- pela reação com H_2O. Para a demonstração, adicione 0,5 mL de indicador vermelho de fenol (Tabela 11.3) a 400 mL de H_2O mais 5,0 mL de solução de sulfito. Adicione 2,5 mL de solução de glioxal (2,0 mmol) à solução de sulfito bem agitada para iniciar a reação-relógio.

Razões por que um cálculo estaria errado:
1. Os coeficientes de atividade não foram considerados.
2. A temperatura em que o pK_a está tabelado poderia não ser 25 °C.
3. As aproximações de que [HA] = F_{HA} e [A$^-$] = F_{A^-} podem estar erradas.
4. O valor de pK_a para o tris presente na tabela consultada regularmente provavelmente não corresponde exatamente ao que se mede no laboratório.

Preparando um Tampão na Prática!

Na prática, um tampão tris de pH 7,60 *não* é preparado fazendo-se o cálculo de quanto se deve misturar. Vamos supor que desejamos preparar 1,00 L de tampão contendo tris 0,100 M em um pH de 7,60. Admite-se que o tris cloridrato sólido está disponível, assim como uma solução de NaOH, aproximadamente, 1 M. O tampão é preparado do seguinte modo:

1. Pesamos 0,100 mol de tris cloridrato e dissolvemos em um béquer contendo cerca de 800 mL de água.
2. Colocamos um eletrodo de pH, previamente calibrado, na solução e monitoramos o pH.
3. Adicionamos a solução de NaOH até que o pH seja exatamente 7,60.
4. Transferimos a solução para um balão volumétrico e lavamos o béquer várias vezes. Adicionamos as águas de lavagem ao balão volumétrico.
5. Diluímos até a marca e homogeneizamos.

Não se deve adicionar diretamente a quantidade calculada de NaOH quando se prepara a solução-tampão. Este procedimento não permite ajustar exatamente o pH desejado. A razão para o uso de 800 mL de água na primeira etapa é que o volume estará razoavelmente próximo do volume final durante o ajuste do pH. Caso contrário, o pH mudará ligeiramente quando a amostra for diluída ao seu volume final e a força iônica do meio mudar.

Capacidade de Tamponamento[12]

A **capacidade de tamponamento** (**capacidade tampão**), β, é uma medida de quanto uma solução resiste a mudanças no pH quando um ácido ou uma base forte é adicionado. A capacidade de tamponamento é definida como

Capacidade de tamponamento:
$$\beta = \frac{dC_b}{d\text{pH}} = -\frac{dC_a}{d\text{pH}} \qquad (9.19)$$

em que C_a e C_b são os números de mols de ácido forte e de base forte por litro necessários para produzir uma mudança de uma unidade no pH. Quanto maior for o valor de β, mais resistente à variação de pH será a solução.

Escolha um tampão com pK_a o mais próximo possível do pH desejado.

A Figura 9.4a mostra o gráfico de C_b contra pH para uma solução contendo HA 0,100 F com pK_a = 5,00. A ordenada (C_b) é a concentração formal de base forte necessária para ser misturada com HA 0,100 F de modo a fornecer o pH indicado. Por exemplo, uma solução contendo OH^- 0,050 F mais HA 0,100 F deve ter um pH de 5,00 (desprezando-se as atividades).

A curva na Figura 9.4b, que é a derivada da curva superior, mostra a capacidade de tamponamento para o mesmo sistema. A característica mais notável da capacidade é que ela alcança um máximo quando pH = pK_a, ou seja, *um tampão é mais eficaz em resistir à mudança de pH quando pH = pK_a* (isto é, quando [HA] = [A$^-$]).

Na escolha de um tampão, *deve-se escolher um cujo pK_a seja o mais próximo possível do pH desejado. A faixa útil de pH de um tampão geralmente é considerada como pK_a ± 1 unidade de pH.* Fora desse intervalo, não existe quantidade suficiente, nem de ácido fraco nem de base fraca, para reagir com a base ou com o ácido que foi adicionado. A capacidade de tamponamento pode ser aumentada pelo aumento da concentração do tampão.

A curva da capacidade de tamponamento na Figura 9.4b continua ascendente em valores altos de pH (e em pH baixo, que não é mostrado) simplesmente porque existe uma alta concentração de OH^- em pH alto (ou alto H^+ em pH baixo). A adição de uma pequena quantidade de ácido ou de base a uma grande quantidade de OH^- (ou H^+) não tem um efeito muito grande no valor do pH. Uma solução de pH alto é tamponada pelo par ácido conjugado-base conjugada H_2O/OH^-. Uma solução com pH baixo é tamponada pelo par ácido conjugado-base conjugada H_3O^+/H_2O.

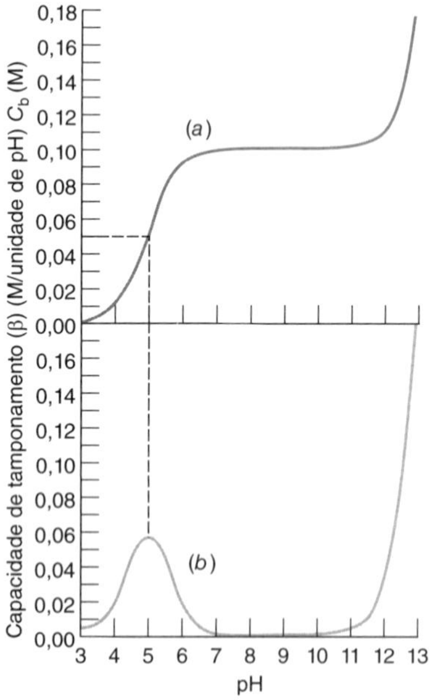

FIGURA 9.4 (*a*) C_b contra pH para uma solução contendo HA 0,100 F com pK_a = 5,00. (*b*) A capacidade de tamponamento contra pH, para o mesmo sistema, alcança um máximo quando pH = pK_a. A curva de baixo é a derivada da curva de cima.

Quanto de Tampão Deve Ser Usado?

Você não precisa fazer um cálculo complexo para decidir quanto de tampão deve ser usado. Se o número de mols de tampão for maior do que o número de mols de ácido ou de base que venham a ser introduzidos na solução em uma reação química ou adição de outros reagentes, o pH não mudará muito.

EXEMPLO De Quanto o pH Variará?

Suponha que uma solução tamponada contenha 50 mmol do componente HA e 50 mmol do componente A$^-$. O pH será igual ao pK_a para o tampão. Qual será a variação do pH se 20 mmol de outro ácido são produzidos por uma reação química?

Solução No pior caso, o ácido produzido pela reação é forte o bastante para converter uma quantidade equivalente de A^- em HA. O número de mols de HA passaria a ser 50 + 20 = 70 mmol. O número de mols de A^- seria 50 – 20 = 30 mmol. O pH passaria a ser

$$\mathrm{pH} = \mathrm{p}K_\mathrm{a} + \log\frac{\text{número de mols de A}^-}{\text{número de mols de HA}} = \mathrm{p}K_\mathrm{a} + \log\frac{30\ \text{mmol}}{70\ \text{mmol}} = \mathrm{p}K_\mathrm{a} - 0{,}37$$

O pH diminuiria de 0,37 unidade. Se esta variação for aceitável, você dispõe de tampão o suficiente.

TESTE-SE Se, por outro lado, fossem produzidos 15 mmol de base forte, de quanto o pH do tampão original aumentaria? (***Resposta:*** 0,27 unidade de pH.)

O pH do Tampão Depende da Força Iônica e da Temperatura

A equação de Henderson-Hasselbalch escrita corretamente (Equação 9.18) inclui os coeficientes de atividade. O principal motivo por que o pH de um tampão não é igual ao pH observado é pelo fato de a força iônica (μ) não ser nula (0), de modo que os coeficientes de atividade não são iguais a 1. A Tabela 9.2 lista os valores de $\mathrm{p}K_\mathrm{a}$ para tampões comuns, amplamente utilizados em bioquímica. Os valores são listados para forças iônicas 0 e 0,1 M. Se uma solução-tampão tem uma força iônica mais próxima de 0,1 M do que de 0, o cálculo mais exato do pH tem que ser realizado utilizando-se um valor de $\mathrm{p}K_\mathrm{a}$ correspondente a $\mu = 0{,}1$.

O ácido bórico é um ácido fraco que se comporta como os íons metálicos na Seção 6.7. Sua acidez provém da hidrólise ácida mostrada na Reação 9.20:[13]

$$\underset{\text{Ácido bórico ("HA")}}{B(OH)_3} + H_2O \rightleftharpoons \underset{\text{Borato ("A}^-\text{")}}{B(OH)_4^-} + H^+ \qquad K_\mathrm{a} \approx 10^{-9} \qquad \textbf{(9.20)}$$

$$H^+ + OH^- \rightleftharpoons H_2O \qquad 1/K_\mathrm{w} \approx 10^{14}$$

$$B(OH)_3 + OH^- \rightleftharpoons B(OH)_4^- \qquad K = K_\mathrm{a}/K_\mathrm{w} \approx 10^5$$

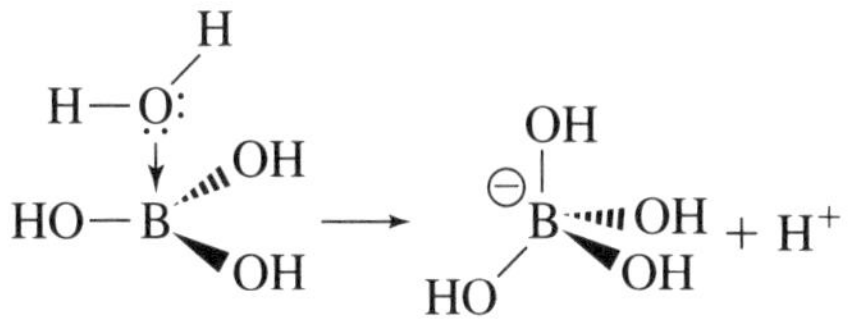

A combinação de um valor pequeno de K_a com o inverso de K_w produz uma reação líquida de $B(OH)_3$ com OH^- cuja constante de equilíbrio é ~10^5.

Se misturarmos 0,200 mol de $B(OH)_3$ com 0,100 mol de NaOH em 1,00 L, obtemos uma mistura 1:1 de ácido bórico e sua base conjugada com uma força iônica de 0,10 M. Encontramos para o ácido bórico na Tabela 9.2 que $\mathrm{p}K_\mathrm{a} = 9{,}24$ em $\mu = 0$ e $\mathrm{p}K_\mathrm{a} = 8{,}98$ em $\mu = 0{,}1$ M. Prevemos que o pH de uma mistura 1:1 de ácido bórico e borato terá pH próximo de $\mathrm{p}K_\mathrm{a} = 9{,}24$ em força iônica baixa e próximo de $\mathrm{p}K_\mathrm{a} = 8{,}98$ em $\mu = 0{,}1$ M. Como outro exemplo do efeito da força iônica consideramos uma solução estoque 0,5 M de tampão fosfato. Esta solução tem um pH = 6,6 e quando é diluída para 0,05 M o pH aumenta para 6,9 – um efeito bem significativo.

A mudança da força iônica altera o valor do pH.

Para quase todos os problemas neste livro usamos os valores de $\mathrm{p}K_\mathrm{a}$ em $\mu = 0$. Somente quando não há nenhum valor de $\mathrm{p}K_\mathrm{a}$ listado em $\mu = 0$, usamos o $\mathrm{p}K_\mathrm{a}$ para $\mu = 0{,}1$ M.

O $\mathrm{p}K_\mathrm{a}$ dos tampões varia com a temperatura, conforme indicado na última coluna da Tabela 9.2. O tris possui uma dependência excepcionalmente grande, cerca de –0,028 unidade de $\mathrm{p}K_\mathrm{a}$ por grau, próximo da temperatura ambiente. Uma solução de tris feita para um pH 8,07 a 25 °C terá um pH ≈ 8,7 a 4 °C e um pH ≈ 7,7 a 37 °C.

A mudança da temperatura provoca uma mudança no valor do pH.

Quando o que Misturamos Não é o que Obtemos

O que misturamos não é o que obtemos em uma solução diluída, ou em valores extremos de pH.

Em uma solução diluída, ou em valores extremos de pH, as concentrações de HA e de A^- em solução não são iguais às suas concentrações formais. Suponha que misturemos F_{HA} mols de HA e F_{A^-} mols do sal Na^+A^-. Os balanços de carga e de massa são

Balanço de massa: $\quad F_{HA} + F_{A^-} = [HA] + [A^-]$

Balanço de carga: $\quad [Na^+] + [H^+] = [OH^-] + [A^-]$

Substituindo $[Na^+] = F_{A^-}$ e resolvendo algebricamente, temos as equações

$$[HA] = F_{HA} - [H^+] + [OH^-] \qquad \textbf{(9.21)}$$

$$[A^-] = F_{A^-} + [H^+] - [OH^-] \qquad \textbf{(9.22)}$$

Até agora, admitimos que $[HA] \approx F_{HA}$ e $[A^-] \approx F_{A^-}$, e utilizamos esses valores na equação de Henderson-Hasselbalch. Um procedimento mais rigoroso é utilizar as Equações 9.21 e 9.22. Veremos que, se F_{HA} ou F_{A^-} for pequeno, ou se $[H^+]$ ou $[OH^-]$ for grande, as aproximações $[HA] \approx F_{HA}$ e $[A^-] \approx F_{A^-}$ não são boas. Em soluções ácidas, $[H^+] >> [OH^-]$, logo $[OH^-]$ pode ser ignorada nas Equações 9.21 e 9.22. Em soluções básicas, $[H^+]$ pode ser desprezada.

TABELA 9.2 **Estruturas e valores de pK_a para tampões comuns**[a,b,c,d]

Nome	Estrutura	pK_a^e $\mu = 0$	pK_a^e $\mu = 0,1$ M	Massa fórmula	$\Delta(pK_A)/\Delta T$ (K^{-1})
Ácido *N*-2-acetamidoiminodiacético (ADA)	$H_2NC(=O)CH_2\overset{+}{N}H(CH_2CO_2\mathbf{H})_2$	—(CO_2H)	1,59	190,15	—
N-tris(hidroximetil)metilglicina (TRICINA)	$(HOCH_2)_3C\overset{+}{N}H_2CH_2CO_2\mathbf{H}$	2,02 (CO_2H)	—	179,17	–0,003
Ácido fosfórico	H_3PO_4	2,15 (pK_1)	1,92	98,00	0,005
N, *N*-Bis(2-hidroxietil)glicina (BICINA)	$(HOCH_2CH_2)_2\overset{+}{N}HCH_2CO_2\mathbf{H}$	2,23(CO_2H)	—	163,17	—
ADA	(ver acima)	2,48 (CO_2H)	2,31	190,15	—
Ácido piperazino-*N,N'*-bis (2-etanossulfônico) (PIPES)	$^-O_3SCH_2CH_2\overset{+}{N}\mathbf{H}$ (anel piperazina) $\mathbf{H}\overset{+}{N}CH_2CH_2SO_3^-$	—(pK_1)	2,67	302,37	—
Ácido cítrico	$HO_2CCH_2C(OH)(CO_2\mathbf{H})CH_2CO_2\mathbf{H}$	3,13(pK_1)	2,90	192,12	–0,002
Glicilglicina	$H_3\overset{+}{N}CH_2C(=O)NHCH_2CO_2\mathbf{H}$	3,14(CO_2H)	3,11	132,12	0,000
Ácido piperazino-*N,N'*-bis (3-propanossulfônico) (PIPPS)	$^-O_3S(CH_2)_3\overset{+}{N}\mathbf{H}$ (anel piperazina) $\mathbf{H}\overset{+}{N}(CH_2)_3SO_3^-$	— (pK_1)	3,79	330,42	—
Ácido piperazino-*N,N'*-bis (4-butanossulfônico) (PIPBS)	$^-O_3S(CH_2)_4\overset{+}{N}\mathbf{H}$ (anel piperazina) $\mathbf{H}\overset{+}{N}(CH_2)_4SO_3^-$	— (pK_1)	4,29	358,47	—
Dicloridrato de *N,N'*-dietilpiperazina (DEPP-2HCl)	$CH_3CH_2\overset{+}{N}\mathbf{H}$ (anel piperazina) $\mathbf{H}\overset{+}{N}CH_2CH_3\cdot 2Cl^-$	— (pK_1)	4,48	215,16	—
Ácido cítrico	(ver acima)	4,76(pK_2)	4,35	192,12	–0,001
Ácido acético	$CH_3CO_2\mathbf{H}$	4,76	4,62	60,05	0,000
Ácido *N,N'*-dietiletilenodiamino-*N,N'*-bis(3-propanossulfônico) (DESPEN)	$^-O_3S(CH_2)_3\overset{+}{N}H(CH_2CH_3)CH_2CH_2\mathbf{H}\overset{+}{N}(CH_2CH_3)(CH_2)_3SO_3^-$	— (pK_1)	5,62	360,49	—
Ácido 2-(*N*-morfolino)etanossulfônico (MES)	O (anel morfolina) $\mathbf{N}HCH_2CH_2SO_3^-$	6,27	6,06	195,24	–0,009
Ácido cítrico	(ver acima)	6,40(pK_3)	5,70	192,12	0,002
Dicloridrato de *N,N,N',N'*-tetraetiletilenodiamina (TEEN · 2HCl)	$Et_2\overset{+}{N}\mathbf{H}CH_2CH_2\mathbf{H}\overset{+}{N}Et_2\cdot 2Cl^-$	— (pK_1)	6,58	245,23	—
Cloridrato de 1,3-bis[tris(hidroximetil) metilamino] propano (BIS-TRIS propano-2HCl)	$(HOCH_2)_3C\overset{+}{N}\mathbf{H}_2(CH_2)_3\overset{+}{N}H_2C(CH_2OH)_3\cdot 2Cl^-$	6,65(pK_1)	—	355,26	—
ADA	(ver acima)	6,84 (NH)	6,67	190,15	–0,007

a. A forma de cada molécula vista nesta tabela é a forma protonada. Os átomos de hidrogênio ácidos são mostrados em **negrito**. *Os valores de pK_a referem-se à temperatura de 25 °C.*

b. Diversos tampões nesta tabela são amplamente utilizados em pesquisas biomédicas em face de suas ligações relativamente fracas com íons metálicos e de sua inércia fisiológica (C. L. Bering, J. Chem. Ed. ***1987****, 64, 803). Em um estudo, onde os tampões MES e MOPS não têm afinidade detectável pelo íon Cu^{2+}, uma impureza presente em quantidades mínimas nos tampões HEPES e HEPPS apresentou forte afinidade por esse íon, e o tampão MOPSO ligou-se estequiometricamente ao Cu^{2+} (H. E. Marsh, Y. P. Chin, L. Sigg, R. Hari e H. Xu, Anal. Chem.* ***2003****, 75, 671). Os tampões ADA, BICINA, ACES e TES têm certa capacidade de ligação com metais (R. Nakon e C. R. Krishnamoorthy, Science* ***1983****, 221, 749). Tampões de lutidina para a faixa de pH entre 3 e 8, com possibilidade de ligação limitada com o metal, foram descritos por U. Bips, H. Elias, M. Hauröder, G. Kleinhans, S. Pfeifer e K. J. Wannowius, Inorg. Chem.* ***1983****, 22, 3862.*

c. Alguns dados foram obtidos de R. N. Goldberg, N. Kishore e R. M. Lennen, J. Phys. Chem. Ref. Data ***2002****, 31, 231. Este artigo fornece a dependência do pK_a com a temperatura.*

d. A dependência dos valores de pK_a com relação à temperatura e à força iônica do meio pode ser encontrada para os seguintes tampões nas seguintes referências: HEPES – D. Feng, W. F. Koch e Y. C. Wu, Anal. Chem. ***1989****, 61, 1400; MOPSO – Y. C. Wu, P. A. Berezansky, D. Feng e W. F. Koch, Anal. Chem.* ***1993****, 65, 1084; ACES e CHES – R. N. Roy, J. Bice, J. Greer, J. A. Carlsten, J. Smithson, W. S. Good, C. P. Moore, L. N. Roy e K. M. Kuhler, J. Chem. Eng. Data* ***1997****, 42, 41; TEMN, TEEN, DEPP, DESPEN, PIPES, PIPPS, PIPBS, MES, MOPS e MOBS – A. Kandegedara e D. B. Rorabacher, Anal Chem.* ***1999****, 71, 3140. Este último conjunto de tampões foi especificamente desenvolvido para apresentar uma pequena capacidade de combinação com metais (Q. Yu, A. Kandegedara, Y. Xu e D. B. Rorabacher, Anal Biochem.* ***1997****, 253, 50).*

e. A nota na margem no final da Seção 9.2 se refere à distinção entre valores de pK_a em $\mu = 0$ e $\mu = 0,1$ M.

(*continua*)

TABELA 9.2 (continuação) **Estruturas e valores de pK_a para tampões comuns**[a,b,c,d]

Nome	Estrutura	pK_a^e $\mu = 0$	pK_a^e $\mu = 0{,}1$ M	Massa fórmula	$\Delta(pK_A)/\Delta T$ (K^{-1})
Ácido *N*-2-acetamido-2-aminoetanossulfônico (ACES)	$H_2NC(=O)CH_2\overset{+}{N}H_2CH_2CH_2SO_3^-$	6,85	6,75	182,20	−0,018
Ácido 3-(*N*-morfolino)-2-hidroxipropanossulfônico (MOPSO)	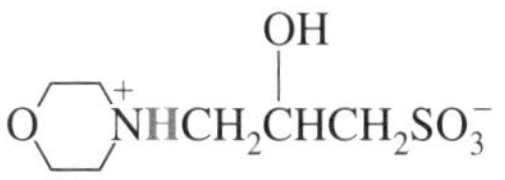	6,90	—	225,26	−0,015
Cloridrato de imidazol	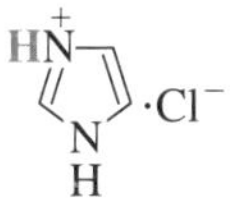	6,99	7,00	104,54	−0,022
PIPES	(ver acima)	7,14(pK_2)	6,93	302,37	−0,007
Ácido 3-(*N*-morfolino)propanossulfônico (MOPS)		7,18	7,08	209,26	−0,012
Ácido fosfórico	H_3PO_4	7,20(pK_2)	6,71	98,00	−0,002
Ácido 4-(*N*-morfolino)butanossulfônico (MOBS)	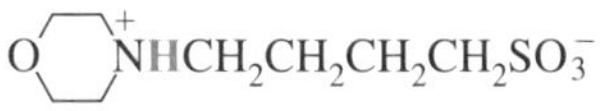	—	7,48	223,29	—
Ácido *N*-tris(hidroximetil)metil-2-amino-etanossulfônico (TES)	$(HOCH_2)_3C\overset{+}{N}H_2CH_2CH_2SO_3^-$	7,55	7,60	229,25	−0,019
Ácido *N*-2-hidroxietilpiperazino-*N*′-2-etanossulfônico (HEPES)		7,56	7,49	238,30	−0,012
PIPPS	(ver acima)	—(pK_2)	7,97	330,42	—
Ácido *N*-2-hidroxietilpiperazino-*N*′-3-propanossulfônico (HEPPS)		7,96	7,87	252,33	−0,013
Cloridrato de glicilamida	$H_3\overset{+}{N}CH_2C(=O)NH_2 \cdot Cl^-$	—	8,04	110,54	—
Cloridrato de tris(hidroximetil)aminometano (TRIS · HCl)	$(HOCH_2)_3C\overset{+}{N}H_3 \cdot Cl^-$	8,07	8,10	157,60	−0,028
TRICINA	(ver acima)	8,14 (NH)	—	179,17	−0,018
Glicilglicina	(ver acima)	8,26 (NH)	8,09	132,12	−0,026
BICINA	(ver acima)	8,33 (NH)	8,22	163,17	−0,015
PIPBS	(ver acima)	—(pK_2)	8,55	358,47	—
DEPP · 2HCl	(ver acima)	—(pK_2)	8,58	207,10	—
DESPEN	(ver acima)	—(pK_2)	9,06	360,49	—
BIS-TRIS propano · 2HCl	(ver acima)	9,10(pK_2)	—	355,26	—
Amônia	NH_4^+	9,24	—	17,03	−0,031
Ácido bórico	$B(OH)_3$	9,24(pK_1)	8,98	61,83	−0,008
Ácido cicloexilaminoetanossulfônico (CHES)		9,39	—	207,29	−0,023
TEEN · 2HCl	(ver acima)	—(pK_2)	9,88	245,23	—
Ácido 3-(cicloexilamino)propanossulfônico (CAPS)		10,50	10,39	221,32	−0,028
Dicloridrato de *N,N,N′,N′*-tetraetilmetilenodiamina (TEMN · 2HCl)	$Et_2\overset{+}{N}HCH_2H\overset{+}{N}Et_2 \cdot 2Cl^-$	—(pK_2)	11,01	231,21	—
Ácido fosfórico	H_3PO_4	12,38(pK_3)	11,52	98,00	−0,009
Ácido bórico	$B(OH)_3$	12,74(pK_2)	—	61,83	—

O HA nessa solução está mais que 40% dissociado. O ácido é muito forte para que a aproximação [HA] ≈ F_{HA} seja válida.

EXEMPLO Um Tampão Diluído Preparado a Partir de um Ácido Moderadamente Forte

Qual será o pH, se 0,010 0 mol de HA (com $pK_a = 2{,}00$) e 0,010 0 mol de A^- são dissolvidos em água, completando-se o volume até 1,00 L de solução?

Solução Como a solução será ácida (pH ≈ $pK_a = 2{,}00$), podemos desprezar $[OH^-]$ nas Equações 9.21 e 9.22. Substituindo-se $[H^+] = x$, usamos a equação de K_a para determinarmos $[H^+]$:

$$\underset{0{,}010\,0-x}{HA} \rightleftharpoons \underset{x}{H^+} + \underset{0{,}010\,0+x}{A^-}$$

$$K_a = \frac{[H^+][A^-]}{[HA]} = \frac{(x)(0{,}010\,0+x)}{(0{,}010\,0-x)} = 10^{-2{,}00} \qquad \textbf{(9.23)}$$

$$\Rightarrow x = 0{,}004\,14\text{ M} \Rightarrow \text{pH} = -\log[H^+] = 2{,}38$$

O pH é 2,38 em vez de 2,00. As concentrações de HA e A^- não são as que misturamos:

$$[HA] = F_{HA} - [H^+] = 0{,}005\,86\text{ M}$$

$$[A^-] = F_{A^-} + [H^+] = 0{,}014\,1\text{ M}$$

Neste exemplo, HA é muito forte e as concentrações de HA e A^- são muito baixas para que sejam iguais às suas concentrações formais.

TESTE-SE Determine o pH se $pK_a = 3{,}00$ em vez de 2,00. A resposta faz sentido? (***Resposta:*** 3,07.)

A equação de Henderson-Hasselbalch (com os coeficientes de atividade) *sempre* é válida, porque é apenas outra forma de se escrever a expressão de equilíbrio de K_a. As aproximações [HA] ≈ F_{HA} e $[A^-] \approx F_{A^-}$ é que nem sempre são válidas.

Em resumo, um tampão consiste em uma mistura de um ácido fraco e sua base conjugada. O tampão é mais útil quando pH ≈ pK_a. Em uma faixa razoável de concentração, o pH de um tampão é praticamente independente da concentração. Um tampão resiste a mudanças no pH porque reage com os ácidos ou bases adicionados. Se for adicionado muito ácido ou base, o tampão será totalmente consumido e não resistirá mais às mudanças de pH.

EXEMPLO Usando a Ferramenta Atingir Meta do Excel e Como Dar Nome às Células

A ferramenta Atingir Meta permite a obtenção de soluções numéricas para equações de quase qualquer complexidade. Ao resolvermos a Equação 9.23, fizemos a conveniente aproximação de que $[H^+] >> [OH^-]$ e desprezamos $[OH^-]$. Com a ferramenta Atingir Meta é fácil usar as Equações 9.21 e 9.22, sem recorrer a aproximações.

$$K_a = \frac{[H^+][A^-]}{[HA]} = \frac{[H^+](F_{A^-} + [H^+] - [OH^-])}{F_{HA} - [H^+] + [OH^-]} \qquad \textbf{(9.24)}$$

A planilha eletrônica vista a seguir ilustra o uso da ferramenta Atingir Meta e mostra como é possível nomear-se as células, o que facilita a identificação das fórmulas usadas. Na coluna A entramos com os dísticos que identificam K_a, K_w, F_{HA}, F_A (= F_{A^-}), H (=$[H^+]$) e OH (=$[OH^-]$). Escreva os valores numéricos de K_a, K_w, F_{HA} e F_{A^-} nas células B1:B4. Na célula B5, entraremos com um *valor estimado* para $[H^+]$.

	A	B	C	D	E
1	Ka =	0,01		Quociente reacional	
2	Kw =	1,00E-1,4		para Ka =	
3	FHA =	0,01		[H+][A–]/[HA] =	
4	FA =	0,01		0,001222222	
5	H =	1,000E-03	<–H varia com Atingir Meta até que D4 = Ka		
6	OH = Kw/H =	1E-11		D4 = H*(FA + H – OH)/(FHA – H + OH)	
7	pH = –log(H) =	3,00			

Agora, precisamos nomear as células B1:B6. No Excel 2016, selecionamos a célula B1, vamos na aba Fórmulas e clicamos em Definir Nome. Digitamos "Ka" em Nome. Com isso, quando você selecionar a célula B1, a Caixa de Nome no canto superior esquerdo da planilha exibirá Ka em vez de B1. Com esse procedimento, nomeamos as outras células na coluna B: "Kw", "FHA", "FA", "H" e "OH". Agora, quando você escrever uma fórmula se referindo à célula B2, você poderá escrever Kw no lugar de B2. Kw é uma *referência absoluta* para a célula $B$2.

Na célula B6, entre com a fórmula "=Kw/H" e o Excel retorna o valor 1E–11 para $[OH^-]$. A utilidade em nomear as células é que é bem mais fácil entender "=Kw/H" do que "=$B$2/$B$5". Na célula B7, entre com a fórmula "= –log(H)" para o valor do pH.

Na célula D4, escreva "=H*(FA + H – OH)/(FHA – H + OH)", que é o quociente na Equação 9.24. O Excel retorna o valor 0,001 222, baseado na suposição inicial $[H^+] = 0{,}001$ que foi escrita na célula B5.

Agora usamos a ferramenta Atingir Meta para variar o valor de $[H^+]$ na célula B5, até que o quociente reacional na célula D4 seja igual a 0,01, que é o valor de K_a. Antes de usar a ferramenta Atingir Meta no Excel 2016, clique na aba Arquivo e selecione Opções. Na janela Opções, selecione Fórmulas. Na coluna da direita selecione Habilitar Cálculo Iterativo e em Número Máximo de Alterações escreva 1e-15 para encontrar uma resposta com elevada precisão. Para executar o Atingir Meta, vá na aba Dados, clique em Teste de Hipóteses e em Atingir Meta. Na caixa de diálogo, estabeleça D4 em Definir célula, digite 0,01 em Para valor e B5 em Alternando célula. Clique OK e o Excel variará a célula B5 até que o valor de $[H^+] = 4{,}142 \times 10^{-3}$ dá um quociente de reação de 0,01 na célula D4. Diferentes suposições iniciais para H podem gerar soluções negativas ou não encontrar solução. Existe apenas um único valor positivo de H que satisfaz à Equação 9.24.

TESTE-SE Encontre H se $K_a = 0{,}001$. (***Resposta:*** $H = 8{,}44 \times 10^{-4}$, pH = 3,07.)

Termos Importantes

ácido forte
ácido fraco
base forte
base fraca
capacidade de tamponamento
constante de dissociação do ácido, K_a
constante de hidrólise da base, K_b
eletrólito fraco
equação de Henderson-Hasselbalch
grau de associação, α (de uma base)
grau de dissociação, α (de um ácido)
par conjugado ácido-base
p*K*
tampão

Resumo

Ácidos ou bases fortes. Para concentrações razoáveis ($\gtrsim 10^{-6}$ M), os valores de pH ou pOH podem ser obtidos diretamente da concentração formal do ácido ou da base. Quando a concentração está próxima de 10^{-7} M, usamos o tratamento sistemático do equilíbrio para calcular o pH. Em concentrações ainda mais baixas, o pH é 7,00, valor controlado pela autoprotólise do solvente.

Ácidos fracos. Para a reação $HA \rightleftharpoons H^+ + A^-$, escrevemos e resolvemos a equação $K_a = x^2/(F - x)$, em que $[H^+] = [A^-] = x$ e $[HA] = F - x$. O grau de dissociação é dado por $\alpha = [A^-]/([HA] + [A^-]) = x/F$. O termo p$K_a$ é definido como pK_a = –log K_a.

Bases fracas. Para a reação $B + H_2O \rightleftharpoons BH^+ + OH^-$, escrevemos e resolvemos a equação $K_b = x^2/(F - x)$, em que $[OH^-] = [BH^+] = x$ e $[B] = F - x$. O ácido conjugado da base fraca é um ácido fraco, e a base conjugada de um ácido fraco é uma base fraca. Para um par conjugado ácido-base, $K_a \cdot K_b = K_w$.

Tampões. Um tampão é uma mistura de um ácido fraco e sua base conjugada. Ele é capaz de resistir a mudanças no pH, pois reage com o ácido, ou a base, adicionado. O pH é dado pela equação de Henderson-Hasselbalch.

$$pH = pK_a + \log \frac{[A^-]}{[HA]}$$

em que pK_a se aplica às espécies no denominador. As concentrações de HA e A^- são praticamente as mesmas usadas para preparar a solução. O pH de um tampão tende a ser independente da diluição, mas a capacidade de tamponamento aumenta com o aumento da concentração do tampão. A capacidade máxima de um tampão é em pH = pK_a, e a faixa útil é pH = pK_a ± 1.

A base conjugada de um ácido fraco é uma base fraca. Quanto mais fraco for o ácido, mais forte será a base. No entanto, se um membro de um par conjugado for fraco, o seu conjugado também o será. A relação entre K_a de um ácido e K_b de sua base conjugada em solução aquosa é $K_a \cdot K_b = K_w$. Quando um ácido (ou base) forte é adicionado a uma base (ou ácido) fraca, eles tendem a reagir entre si completamente.

Exercícios

9.A. Utilizando os coeficientes de atividade de maneira correta, determine o pH de uma solução de NaOH $1{,}0 \times 10^{-2}$ M.

9.B. Sem usar atividades, calcule o pH de

(a) HBr $1{,}0 \times 10^{-8}$ M

(b) H_2SO_4 $1{,}0 \times 10^{-8}$ M (H_2SO_4 se dissocia completamente em $2H^+$ mais SO_4^{2-} nesta concentração baixa).

9.C. Qual é o pH de uma solução preparada pela dissolução de 1,23 g de 2-nitrofenol (MF 139,11) em 0,250 L?

9.D. O pH de uma solução de *o*-cresol 0,010 M é 6,16. Determine o pK_a para este ácido fraco.

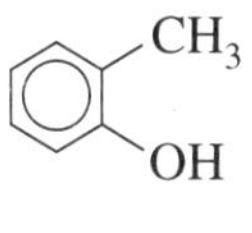

o-Cresol

9.E. Calcule o valor limite do grau de dissociação (α) de um ácido fraco ($pK_a = 5{,}00$), quando a concentração de HA se aproxima de zero. Repita o mesmo cálculo para $pK_a = 9{,}00$.

9.F. Encontre o pH de uma solução de butanoato de sódio 0,050 M (o sal de sódio do ácido butanoico, também chamado ácido butírico).

9.G. O pH de uma solução de etilamina 0,10 M é 11,82.

(**a**) Sem consultar o Apêndice G, determine K_b para a etilamina.

(**b**) Utilizando os resultados de (**a**), calcule o pH de uma solução de cloreto de etilamônio 0,10 M.

9.H. Qual das seguintes bases é mais adequada para se preparar um tampão de pH 9,00? (i) NH_3 (amônia, $K_b = 1{,}76 \times 10^{-5}$); (ii) $C_6H_5NH_2$ (anilina, $K_b = 3{,}99 \times 10^{-10}$); (iii) H_2NNH_2 (hidrazina, $K_b = 1{,}05 \times 10^{-6}$); (iv) C_5H_5N (piridina, $K_b = 1{,}58 \times 10^{-9}$).

9.I. Uma solução contém 63 pares conjugados ácido-base diferentes. Dentre eles, estão o ácido acrílico e o íon acrilato, com a razão em equilíbrio [acrilato]/[ácido acrílico] = 0,75. Qual é o pH da solução? Por que não é necessário saber os valores de qualquer um dos outros pares de ácido-base para encontrar o pH?

$$H_2C{=}CHCO_2H \qquad pK_a = 4{,}25$$

Ácido acrílico

9.J. (**a**) Determine o pH de uma solução preparada pela dissolução de 1,00 g de cloridrato de glicinamida (Tabela 9.2) mais 1,00 g de glicinamida em 0,100 L.

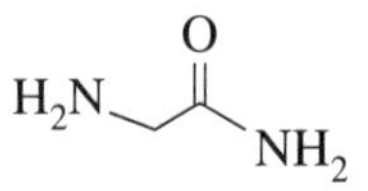

Glicinamida
$C_2H_6N_2O$
MF = 74,08

(**b**) Quantos gramas de glicinamida devem ser adicionados a 1,00 g de cloridrato de glicinamida para se obter 100 mL de solução com pH 8,00?

(**c**) Qual deve ser o pH se à solução em (**a**) forem misturados 5,00 mL de HCl 0,100 M?

(**d**) Qual deve ser o pH se à solução em (**c**) forem misturados 10,00 mL de NaOH 0,100 M?

(**e**) Qual deve ser o pH se à solução em (**a**) forem misturados 90,46 mL de NaOH 0,100 M? (Esta é a quantidade exata de NaOH necessária para neutralizar o cloridrato de glicinamida.)

9.K. Selecione um composto da Tabela 9.2 que você possa usar para preparar 250 mL de um tampão 0,2 M cujo pH é 6,0. Explique como você prepararia esse tampão.

9.L. Uma solução com uma força iônica de 0,10 M, contendo fenilidrazina 0,010 0 M, tem um pH de 8,13. Utilizando os coeficientes de atividade corretamente, determine o pK_a para o íon fenilidrazínio encontrado no cloridrato de fenilidrazina. Suponha que $\gamma_{BH^+} = 0{,}80$.

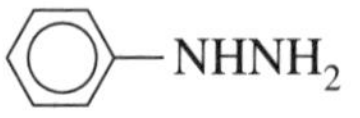

Fenilidrazina
B

Cloridrato de fenilidrazina
BH^+Cl^-

9.M. Prepare uma planilha eletrônica, semelhante àquela mostrada no final deste capítulo, usando a função Atingir Meta, para determinar o pH de 1,00 L de uma solução contendo 0,030 mol de HA ($pK_a = 2{,}50$) e 0,015 mol de NaA. Qual seria o valor do pH calculado se fizermos as aproximações [HA] = 0,030 e $[A^-] = 0{,}015$?

Problemas

Ácidos e Bases Fortes

9.1. Por que a água não se dissocia para produzir H^+ 10^{-7} M e OH^- 10^{-7} M, quando se adiciona HBr?

9.2. Calcule o pH de (**a**) uma solução de HBr $1{,}0 \times 10^{-3}$ M; (**b**) uma solução de KOH $1{,}0 \times 10^{-2}$ M. Despreze os coeficientes de atividade.

9.3. Calcule o pH de uma solução de $HClO_4$ $5{,}0 \times 10^{-8}$ M. Que fração do total de H^+ nesta solução é proveniente da dissociação da água? Despreze os coeficientes de atividade.

9.4. (**a**) O pH medido para uma solução de HCl 0,100 M, a 25 °C, é 1,092. A partir desta informação, calcule o coeficiente de atividade do H^+ e compare sua resposta com a que aparece na Tabela 8.1.

(**b**) O pH medido de uma solução de HCl 0,010 0 M + KCl 0,090 0 M, a 25 °C, é 2,102. A partir dessa informação, calcule o coeficiente de atividade do H^+ nesta solução.

(**c**) As forças iônicas das soluções em (**a**) e (**b**) são as mesmas. O que você pode concluir sobre a dependência dos coeficientes de atividade com relação aos íons em uma solução?

Equilíbrios em Ácidos Fracos

9.5. Escreva a reação química cuja constante de equilíbrio é

(**a**) K_a para o ácido benzoico, $C_6H_5CO_2H$.

(**b**) K_b para o íon benzoato, $C_6H_5CO_2^-$.

(**c**) K_b para a anilina, $C_6H_5NH_2$.

(**d**) K_a para o íon anilínio, $C_6H_5NH_3^+$.

9.6. Determine o pH e o grau de dissociação (α) de uma solução 0,100 M do ácido fraco HA com $K_a = 1{,}00 \times 10^{-5}$.

9.7. $BH^+ClO_4^-$ é um sal formado a partir da base B ($K_b = 1{,}00 \times 10^{-4}$) e do ácido perclórico. Ele se dissocia em BH^+, um ácido fraco, e em ClO_4^-, que não é um ácido nem uma base. Determine o pH de uma solução de $BH^+ClO_4^-$ 0,100 M.

9.8. *Atingir Meta do Excel.* Resolva a equação $x^2/(F - x) = K$ por meio da ferramenta Atingir Meta. Fixe um valor de x na célula A4 e calcule $x^2/(F - x)$ na célula B4. Use a ferramenta Atingir Meta para variar o valor de x até que $x^2/(F - x)$ seja igual a K. Use sua planilha para verificar sua resposta para o Problema 9.6.

	A	B
1	Utilizando ATINGIR META	
2	do Excel	
3	x =	x²/(F-x) =
4	0,01	1,1111E-03
5	F =	
6	0,1	

9.9. Determine o pH e as concentrações de $(CH_3)_3N$ e $(CH_3)_3NH^+$, em uma solução de cloreto de trimetilamônio 0,060 M.

9.10. Uma solução de ácido benzoico 0,045 0 M tem um pH de 2,78. Calcule o pK_a para este ácido.

9.11. Uma solução de HA 0,045 0 M está 0,60% dissociada. Calcule o pK_a para este ácido.

9.12. O ácido barbitúrico se dissocia da seguinte maneira:

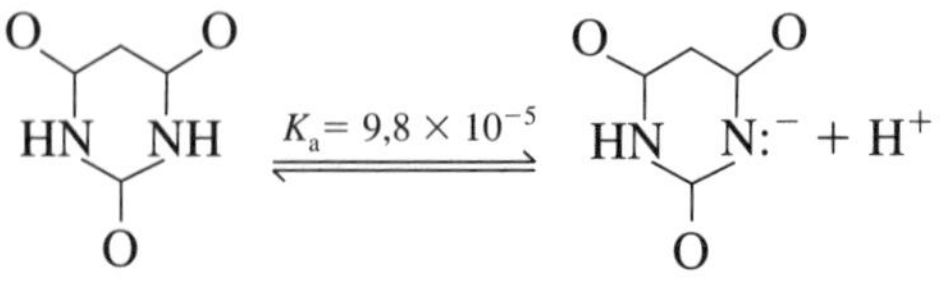

Ácido barbitúrico
HA

A^-

(a) Calcule o pH e o grau de dissociação de uma solução de ácido barbitúrico $10^{-2,00}$ M.

(b) Calcule o pH e o grau de dissociação de uma solução de ácido barbitúrico $10^{-10,00}$ M.

9.13. Utilizando os coeficientes de atividade, calcule o pH e o grau de dissociação de uma solução de hidroxibe nzeno (fenol) 50,0 mM em LiBr 0,050 M. Considere que o tamanho do $C_6H_5O^-$ é de 600 pm.

9.14. O íon Cr^{3+} é ácido em virtude da reação de hidrólise

$$Cr^{3+} + H_2O \underset{}{\overset{K_{a1}}{\rightleftharpoons}} Cr(OH)^{2+} + H^+$$

[Outras reações, que se passam nesse sistema, produzem $Cr(OH)_2^+$, $Cr(OH)_3$ e $Cr(OH)_4^-$.] Determine o valor de K_{a1} na Figura 6.9. Considerando somente a reação de K_{a1}, calcule o pH do $Cr(ClO_4)_3$ 0,010 M. Que fração de cromo está presente na forma de $Cr(OH)^{2+}$?

9.15. A partir da constante de dissociação do HNO_3, a 25 °C, no Boxe 9.1, determine as porcentagens de dissociação nas soluções de HNO_3 0,100 M e 1,00 M.

Equilíbrios em Bases Fracas

9.16. Compostos covalentes geralmente possuem pressão de vapor maior que os compostos iônicos. O odor "desagradável" de peixe resulta das aminas presentes no animal. Explique por que espremer limão (que é ácido) sobre o peixe reduz o odor desagradável (e o gosto).

9.17. Determine o pH e o grau de associação (α) de uma solução 0,100 M de uma base fraca B com $K_b = 1,00 \times 10^{-5}$.

9.18. Determine o pH e as concentrações de $(CH_3)_3N$ e $(CH_3)_3NH^+$ em uma solução de trimetilamina 0,060 M.

9.19. Calcule o pH de uma solução de NaCN 0,050 M. (*Dica*: procure por cianeto de hidrogênio no Apêndice G.)

9.20. Calcule o grau de associação (α) para as soluções de acetato de sódio $1,00 \times 10^{-1}$, $1,00 \times 10^{-2}$ e $1,00 \times 10^{-12}$ M. O valor de α aumenta ou diminui com a diluição?

9.21. Uma solução 0,10 M de uma base apresenta pH = 9,28. Determine o K_b para essa base.

9.22. Uma solução de uma base 0,10 M está 2,0% hidrolisada (α = 0,020). Calcule o valor de K_b.

Tampões

9.23. Descreva como preparar 100 mL de um tampão acetato 0,200 M, de pH 5,00, a partir do ácido acético puro e de soluções contendo HCl ~3 M e NaOH ~3 M.

9.24. Descreva como preparar 250 mL de um tampão de amônia 1,00 M, pH 9,00, a partir de NH_3 28% em massa ("hidróxido de amônio concentrado", apresentado na página depois da tabela periódica) e HCl "concentrado" (37,2% m/m) ou NaOH "concentrado" (50,5% m/m).

9.25. Considere uma mistura reacional contendo 100,0 mL de um tampão borato 0,100 M em pH = pK_a = 9,24. Quando pH = pK_a, sabemos que $[B(OH)_3] = [B(OH)_4^-]$ = 0,050 0 M na Reação 9.20. Suponha que uma reação química cujo pH desejamos controlar produzirá um ácido. Para evitar que o pH varie muito não desejamos produzir mais ácido do que a quantidade que consumirá metade do $B(OH)_4^-$. Quantos mols de ácido podem ser produzidos sem que se consuma mais da metade do $B(OH)_4^-$? Qual será o pH?

9.26. Por que o pH de um tampão é praticamente independente da concentração?

9.27. Por que a capacidade de tamponamento aumenta com o aumento da concentração do tampão?

9.28. Por que a capacidade de tamponamento aumenta quando uma solução se torna muito ácida (pH ≈ 1) ou muito básica (pH ≈ 13)?

9.29. Por que a capacidade de tamponamento é máxima quando pH = pK_a?

9.30. Explique o seguinte enunciado: a equação de Henderson-Hasselbalch (com os coeficientes de atividade) é *sempre* verdadeira; o que pode não estar correto são os valores de $[A^-]$ e [HA] que usamos na equação.

9.31. Qual dos seguintes ácidos é mais adequado para preparar um tampão de pH 3,10? (i) peróxido de hidrogênio; (ii) ácido propanoico; (iii) ácido cianoacético; (iv) ácido 4-aminobenzenossulfônico.

9.32. Um tampão foi preparado pela dissolução de 0,100 mol do ácido fraco HA ($K_a = 1,00 \times 10^{-5}$) mais 0,050 mol de sua base conjugada Na^+A^- em 1,00 L. Determine o pH.

9.33. Escreva a equação de Henderson-Hasselbalch para uma solução de ácido fórmico. Calcule o quociente $[HCO_2^-]/[HCO_2H]$ em (a) pH = 3,000; (b) pH = 3,744; (c) pH = 4,000.

9.34. Calcule o quociente $[HCO_2^-]/[HCO_2H]$ em pH = 3,744 se a força iônica é 0,1 M utilizando a constante de equilíbrio efetiva listada para μ = 0,1 no Apêndice G.

9.35. Sabendo que o pK_b para o íon nitrito (NO_2^-) é 10,85, calcule o quociente $[HNO_2]/[NO_2^-]$ em uma solução de nitrito de sódio em (a) pH 2,00; (b) pH 10,00.

9.36. (a) Você precisaria de NaOH ou de HCl para trazer o pH de uma solução de HEPES 0,050 0 M (Tabela 9.2) para 7,45?

(b) Descreva o procedimento para a preparação de 0,250 L de uma solução de HEPES 0,050 0 M, pH 7,45.

9.37. Quantos mililitros de HNO_3 0,246 M devem ser adicionados a 213 mL de uma solução de 2,2′-bipiridina 0,006 66 M para se alcançar um pH de 4,19?

9.38. (a) Escreva as reações químicas cujas constantes de equilíbrio são K_b e K_a para o imidazol e o cloridrato de imidazol, respectivamente.

(b) Calcule o pH de uma solução preparada pela mistura de 1,00 g de imidazol com 1,00 g de cloridrato de imidazol e diluindo a 100,0 mL.

(c) Calcule o pH da solução se 2,30 mL de uma solução de $HClO_4$ 1,07 M são adicionados.

(d) Quantos mililitros de uma solução de $HClO_4$ 1,07 M devem ser adicionados a 1,00 g de imidazol para se obter um pH de 6,993?

9.39. Calcule o pH de uma solução preparada pela mistura de 0,080 0 mol de ácido cloroacético mais 0,040 0 mol de cloroacetato de sódio em 1,00 L de água.

(a) Inicialmente, faça os cálculos admitindo que as concentrações de HA e de A^- são iguais às suas concentrações formais.

(b) A seguir, faça o cálculo utilizando os valores reais de [HA] e de $[A^-]$ das Equações 9.21 e 9.22.

(c) Utilizando primeiro o seu raciocínio e depois a equação de Henderson-Hasselbalch, determine o pH de uma solução preparada pela dissolução de todas as espécies seguintes em um béquer contendo um volume total de 1,00 L: 0,180 mol de $ClCH_2CO_2H$, 0,020 mol de $ClCH_2CO_2Na$, 0,080 mol de HNO_3 e 0,080 mol de $Ca(OH)_2$. $Ca(OH)_2$ fornece 2 OH^-.

9.40. Calcule quantos mililitros de uma solução de KOH 0,626 M devem ser adicionados a 5,00 g de MOBS (Tabela 9.2) para se ter uma solução com pH 7,40.

9.41. (a) Use as Equações 9.21 e 9.22 para encontrar as concentrações de HA e de A^- em uma solução preparada com a mistura de 0,002 00 mol de ácido acético mais 0,004 00 mol de acetato de sódio em 1,00 L de água.

(b) Após os cálculos, que foram feitos à mão no item (a), utilize a ferramenta Atingir Meta para determinar as mesmas respostas.

9.42. (a) Calcule o pH de uma solução preparada com a mistura de 0,010 0 mol da base B ($K_b = 10^{-2,00}$) com 0,020 0 mol de BH^+Br^- e diluindo a 1,00 L. Primeiro, calcule o pH admitindo que [B] = 0,010 0 M e $[BH^+]$ = 0,020 0 M. Compare esta resposta com o pH calculado sem essa suposição.

(b) Após os cálculos no item (a), que foram feitos à mão, utilize a função Atingir Meta, a fim de determinar as mesmas respostas.

9.43. *Efeito da força iônica sobre o pK_a.* O K_a para o tampão $H_2PO_4^-$/HPO_4^{2-} e

$$K_a = \frac{[HPO_4^{2-}][H^+]\gamma_{HPO_4^{2-}}\gamma_{H^+}}{[H_2PO_4^-]\gamma_{H_2PO_4^-}} = 10^{-7,20}$$

Se você misturar $H_2PO_4^-$ e HPO_4^{2-} em uma razão molar 1:1 e força iônica 0, o pH é 7,20. Usando os coeficientes de atividade da Tabela 8.1, determine o pH da mistura 1:1 de $H_2PO_4^-$ e HPO_4^{2-} em uma força iônica 0,10. Lembre-se de que $pH = -\log \mathcal{A}_{H^+} = -\log[H^+]\gamma_{H^+}$.

9.44. *Interpretação de dados espectrais.* O gráfico visto a seguir mostra os deslocamentos químicos da ressonância magnética nuclear de ^1H do próton H_4 da piridina como uma função do pH. O deslocamento químico está relacionado com o ambiente de um próton em uma molécula. Se o meio se altera, o deslocamento químico muda. Sugira uma explicação para por que o deslocamento químico varia entre pH baixo e pH elevado. Estime o valor de pK_a para o íon piridínio ($C_5H_5NH^+$).

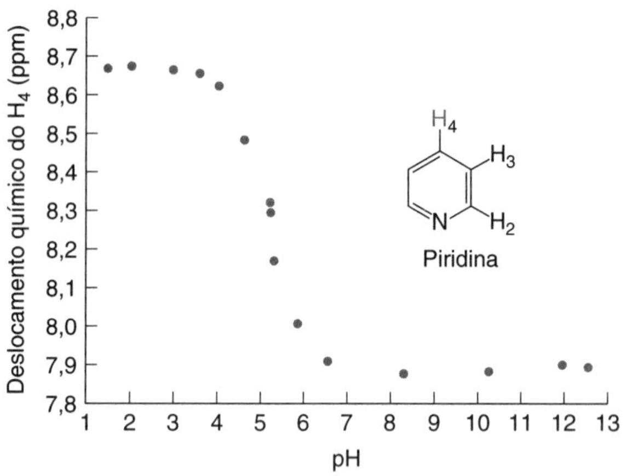

Deslocamento químico de RMN do H_4 da piridina como função do pH. [Dados de A. D. Gift, S. M. Stewart, and P. K. Bokashanga, "Experimental Determination of pK_a Values by Use of NMR Chemical Shifts," *J. Chem. Ed.* **2012**, *89*, 1458.]

10 Equilíbrio Ácido-Base Poliprótico

DIÓXIDO DE CARBONO NO AR

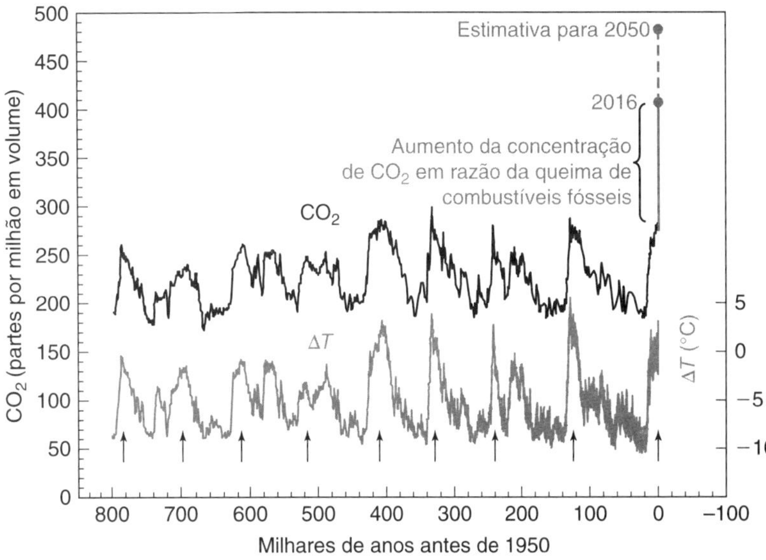

Curva superior: CO_2 atmosférico inferido a partir de ar aprisionado no gelo da Antártida e de medidas diretas na atmosfera. *Curva inferior*: temperatura atmosférica no nível onde a chuva se forma, deduzida a partir da composição isotópica do gelo. [Dados do gelo obtidos de J. M. Barnola, D. Raynaud, C. Lorius, and N. I. Barkov, http://cdiac.esd.ornl.gov/ftp/trends/co2/vostok.icecore.co2. Dados do ar obtidos de ftp://ftp.cmdl.noaa.gov/ccg/co2/trends/co2_mm_mlo.txt.]

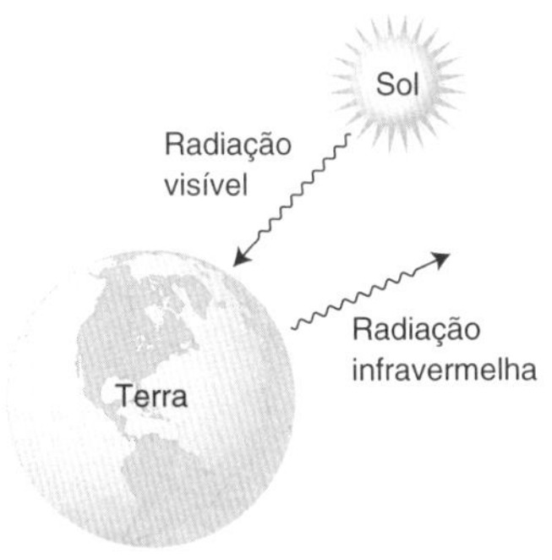

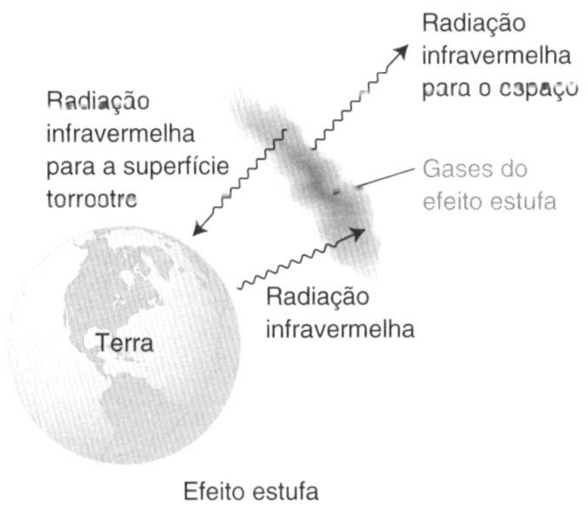

Efeito estufa

Talvez o maior experimento químico e físico já realizado é a nossa injeção de dióxido de carbono na atmosfera em quantidade suficiente para alterar o ciclo da concentração de CO_2 que persistiu por, pelo menos, 800 000 anos. O CO_2 é produzido pela queima de combustíveis fósseis (carvão, óleo, madeira, gás natural), que constituem a nossa fonte predominante de energia. Em 2015, a humanidade liberou $3{,}3 \times 10^{13}$ kg de CO_2 proveniente de combustíveis fósseis.[1] A concentração média de CO_2 na atmosfera aumentou 2,9 ppm (μL/L), de 399,7 ppm em 2014 para 402,6 ppm em 2015. Se todo o CO_2 produzido permanecesse na atmosfera, a concentração de CO_2 teria aumentado de 4,2 ppm.[2] Em vez disso, cerca da metade do CO_2 se dissolveu nos oceanos ou foi incorporada às plantas.

CO_2 atua como um *gás do efeito estufa*, afetando a temperatura da superfície da Terra. A Terra absorve a luz solar e emite radiação infravermelha. O balanço entre a radiação solar absorvida e a radiação mandada de volta ao espaço determina a temperatura da superfície. Um **gás de efeito estufa** absorve radiação infravermelha e emite parte dessa radiação de volta à Terra. Ao interceptar parte da radiação emitida pela Terra, o CO_2 mantém nosso planeta mais quente do que ele seria na realidade.

O gráfico da figura na abertura deste boxe mostra picos na temperatura atmosférica e de CO_2, indicados por setas, em intervalos de aproximadamente 100 000 anos. A variação da temperatura é atribuída principalmente a mudanças cíclicas na órbita e à inclinação da Terra. Pequenos aumentos da temperatura deslocam o CO_2 do oceano para a atmosfera. Posteriormente, o aumento do CO_2 atmosférico aumenta o aquecimento em função do efeito estufa. O resfriamento decorrente das mudanças orbitais redissolve o CO_2 no oceano, levando a um resfriamento posterior. A temperatura e o CO_2 se relacionaram entre si até 200 anos atrás. Estamos agora começando a experimentar os efeitos da adição de CO_2 à atmosfera, cujo aumento de temperatura é mostrado na Figura 10.1.[3] Os efeitos climáticos incluem elevação do nível do mar, períodos de crescimento das plantas mais longos, extremos climáticos, derretimento precoce da neve e períodos maiores sem gelo no Oceano Ártico.

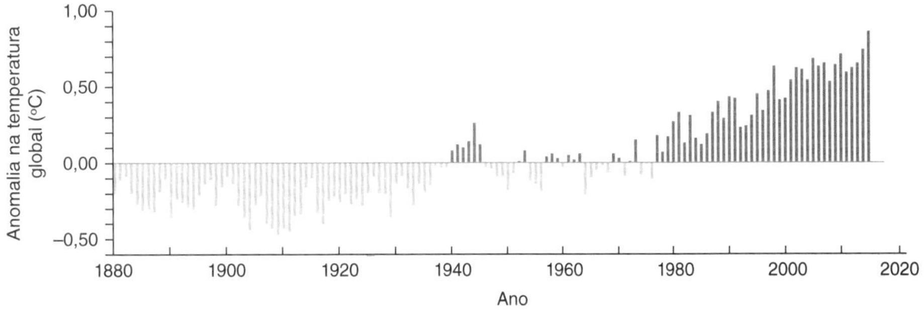

FIGURA 10.1 Elevação da temperatura da Terra. A anomalia na temperatura global é a média anual combinada da temperatura da Terra e do oceano menos a temperatura média do período de 1951-1980. [Dados de G. Schmidt, R. Ruedy, A. Persin, M. Sato, and K. Lo, http://cdiac.ess-dive.lbl.gov/ftp/trends/temp/hansen/gl_land_ocean.txt.]

Ácidos e bases polipróticos são aqueles que podem doar ou receber mais de um próton. Após o estudo de sistemas dipróticos (com dois grupos ácidos ou básicos), a extensão para três ou mais sítios ácidos é simples de entender. Para isto, fazemos uma análise qualitativa do sistema como um todo e refletimos sobre quais espécies serão dominantes em determinado valor de pH.

10.1 Ácidos e Bases Dipróticos

Os **aminoácidos** são os constituintes estruturais das proteínas. Eles apresentam um grupo ácido carboxílico, um grupo amino básico e um grupo substituinte variável, denominado R. O grupo carboxila é um ácido mais forte que o grupo amônio. Portanto, a forma não ionizada sofre um rearranjo espontâneo para formar o **zwitterion**, o qual apresenta tanto sítios positivos quanto negativos:

> Um **zwitterion** é uma molécula com cargas positivas e negativas.

Grupo amino → H_2N — CH—R → $H_3\overset{+}{N}$ ← Grupo amônio — CH—R
Ácido carboxílico → HO—C(=O) ^-O—C(=O) ← Grupo carboxila
Zwitterion

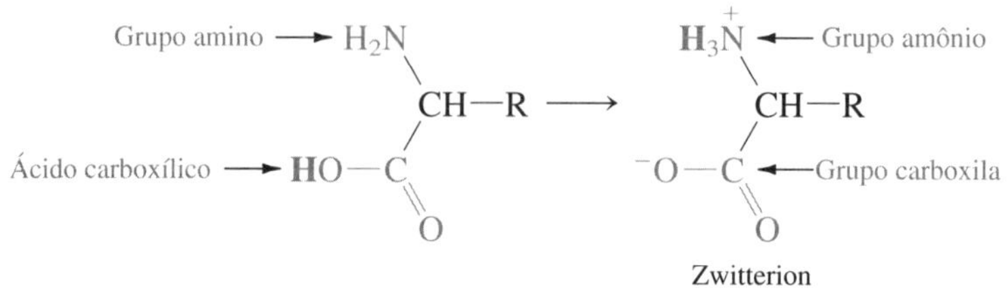

> Os valores de pK_a dos aminoácidos em células vivas podem ser um pouco diferentes dos que estão na Tabela 10.1, pois a temperatura fisiológica não é 25 °C e a força iônica não é 0.

Em pH baixo, tanto o grupo amônio como o grupo carboxila estão protonados. Em pH elevado, nenhum dos dois está protonado. Os valores das constantes de dissociação ácida dos aminoácidos podem ser vistos na Tabela 10.1, onde cada composto está apresentado em sua forma totalmente protonada.

Zwitterions são estabilizados em solução aquosa pela interação do —NH_3^+ e do —CO_2^- com a água. O zwitterion é também a forma estável do aminoácido no estado sólido, onde ligações de hidrogênio ocorrem entre —NH_3^+ e —CO_2^- de moléculas vizinhas. Em fase gasosa, não há moléculas nas vizinhanças para estabilizar as cargas, predominando, então, a estrutura não ionizada da Figura 10.2, com ligações de hidrogênio intramoleculares entre o —NH_2 e o oxigênio da carboxila.

Vamos focar nossa discussão no aminoácido leucina, simbolizado por HL.

> O grupo R no aminoácido leucina é o grupo isobutila: $(CH_3)_2CHCH_2$—

$H_3\overset{+}{N}CHCO_2H$ $\underset{}{\overset{pK_{a1}=2{,}328}{\rightleftharpoons}}$ $H_3\overset{+}{N}CHCO_2^-$ $\underset{}{\overset{pK_{a2}=9{,}744}{\rightleftharpoons}}$ $H_2NCHCO_2^-$

H_2L^+ ; Leucina HL ; L^-

As constantes de equilíbrio referem-se às seguintes reações:

Ácido diprótico:

$H_2L^+ \rightleftharpoons HL + H^+$ $K_{a1} \equiv K_1$ (10.1)

$HL \rightleftharpoons L^- + H^+$ $K_{a2} \equiv K_2$ (10.2)

Base diprótica:

$L^- + H_2O \rightleftharpoons HL + OH^-$ K_{b1} (10.3)

$HL + H_2O \rightleftharpoons H_2L^+ + OH^-$ K_{b2} (10.4)

> Normalmente omitimos o subscrito "a" em K_{a1} e K_{a2}. Entretanto, sempre escrevemos o subscrito "b" em K_{b1} e K_{b2}.

É importante lembrar que as relações entre as constantes de equilíbrio ácida e básica são

Relações entre K_a e K_b:

$$K_{a1} \cdot K_{b2} = K_w \quad (10.5)$$

$$K_{a2} \cdot K_{b1} = K_w \quad (10.6)$$

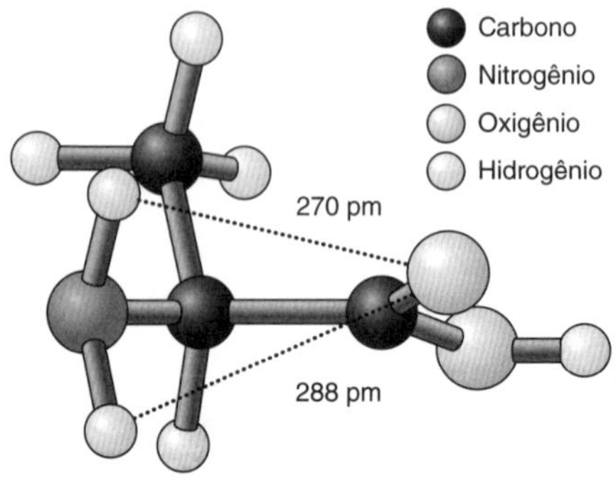

FIGURA 10.2 Estrutura em fase gasosa da alanina determinada por espectroscopia de micro-ondas. [De S. Blanco, A. Lesarri, J. C. López, and J. L. Alonso, "The Gas-Phase Structure of Alanine," *J. Am. Chem. Soc.* **2004**, *126*, 11675.]

TABELA 10.1 **Constantes de dissociação ácida de aminoácidos a partir do Apêndice G**

Aminoácido[a]	Substituinte[a]	Ácido carboxílico[b] pK_a	Amônio[b] pK_a	Substituinte[b] pK_a	Massa fórmula
Alanina (A)	$—CH_3$	2,344	9,868		89,09
Arginina (R)	$—CH_2CH_2CH_2NHC(=\overset{+}{N}H_2)NH_2$	1,823	8,991	(12,1[c])	174,20
Aspargina (N)	$—CH_2C(=O)NH_2$	2,16[c]	8,73[c]		132,12
Ácido aspártico (D)	$—CH_2CO_2H$	1,990	10,002	3,900	133,10
Cisteína (C)	$—CH_2SH$	(1,7)	10,74	8,36	121,15
Ácido glutâmico (E)	$—CH_2CH_2CO_2H$	2,16	9,96	4,30	147,13
Glutamina (Q)	$—CH_2CH_2C(=O)NH_2$	2,19[c]	9,00[c]		146,15
Glicina (G)	—H	2,350	9,778		75,07
Histidina (H)	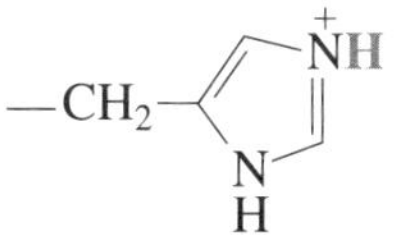	(1,6)	9,28	5,97	155,16
Isoleucina (I)	$—CH(CH_3)(CH_2CH_3)$	2,318	9,758		131,18
Leucina (L)	$—CH_2CH(CH_3)_2$	2,328	9,744		131,18
Lisina (K)	$—CH_2CH_2CH_2CH_2NH_3^+$	(1,77)	9,07	10,82	146,19
Metionina (M)	$—CH_2CH_2SCH_3$	2,18[c]	9,08[c]		149,21
Fenilalanina (F)	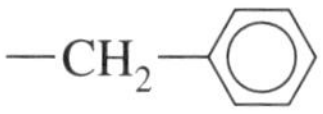	2,20	9,31		165,19
Prolina (P)	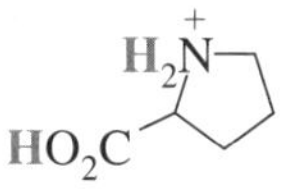 ← Estrutura completa do aminoácido	1,952	10,640		115,13
Serina (S)	$—CH_2OH$	2,187	9,209		105,09
Treonina (T)	$—CH(CH_3)(OH)$	2,088	9,100		119,12
Triptofano (W)	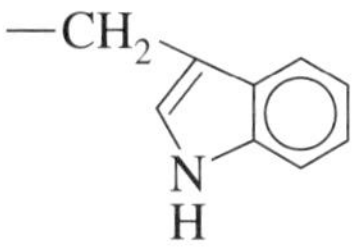	2,37[c]	9,33[c]		204,23
Tirosina (Y)	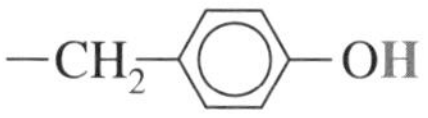	2,41[c]	8,67[c]	11,01[c]	181,19
Valina (V)	$—CH(CH_3)_2$	2,286	9,719		117,15

a. Os prótons ácidos são mostrados em **cinza claro** *nas moléculas. Cada aminoácido é escrito em sua forma totalmente protonada. Abreviações-padrão são mostradas entre parênteses.*
b. Os valores de pK_a referem-se à temperatura de 25 °C e à força iônica zero, a menos que estejam assinalados pelo índice c. Valores considerados incertos estão entre parênteses. O Apêndice C fornece valores de pK_a para μ = 0,1 M.
c. A presença do índice c indica uma força iônica de 0,1 M e, nesse caso, a constante refere-se a um produto de concentrações em vez de atividades.
FONTE: *Dados de A. E. Martell e R. J. Motekaitis,* NIST Database 46 *(Gaithersburg, MD: National Institute of Standards and Technology, 2001).*

EXEMPLO Interpretação da Estrutura de Aminoácidos no Apêndice G

As estruturas químicas no Apêndice G são desenhadas *como totalmente protonadas. O nome de cada composto se refere à molécula neutra*, que não possui carga líquida. A leucina é desenhada como

NH_3^+
|
$CHCH_2CH(CH_3)_2$
|
CO_2H

- Esta não é a leucina neutra. Esta estrutura tem uma carga +1.
- Esta estrutura pode ser abreviada como H_2L^+, em que L é a leucina.
- A química do H_2L^+ é a mesma para qualquer ácido diprótico H_2A.

que *não* é o composto neutro. Dois prótons ácidos estão indicados em **cinza-claro** na figura. Os valores de K_a listados no Apêndice G são 2,328 (CO_2H) e 9,744 (NH_3). O maior valor de K_a, $10^{-2,328}$, se refere ao próton carboxílico, de modo que a estrutura quando um próton é perdido é

$$\begin{array}{c}
NH_3^+ \\
| \\
CHCH_2CH(CH_3)_2 \\
| \\
CO_2^-
\end{array}$$

- *Esta é a leucina neutra*, com uma carga líquida 0.
- Esta estrutura pode ser abreviada como HL, em que L é a leucina.
- A química do HL é a mesma para a *forma intermediária* de qualquer ácido diprótico HA^-.

O valor menor de K_a, $10^{-9,744}$, se refere ao próton amônio, de modo que a estrutura quando o segundo próton é perdido é

$$\begin{array}{c}
NH_2 \\
| \\
CHCH_2CH(CH_3)_2 \\
| \\
CO_2^-
\end{array}$$

- Esta estrutura pode ser abreviada como L^-, em que L é a leucina.
- A química do L^- é a mesma para a *forma totalmente básica* A^{2-} de qualquer ácido diprótico.

TESTE-SE A treonina é um aminoácido diprótico no Apêndice G. Desenhe as três formas da treonina. Marque-as como H_2T^+, HT e T^-. Em seguida, dê as simbologias equivalentes H_2A, HA^- e A^{2-}, aplicáveis a qualquer ácido diprótico. Qual dessas estruturas corresponde à treonina?

(*Resposta:*

$$\begin{array}{ccc}
NH_3^+ & NH_3^+ & NH_2 \\
| & | & | \\
CHCHOHCH_3 & CHCHOHCH_3 & CHCHOHCH_3 \\
| & | & | \\
CO_2H & CO_2^- & CO_2^- \\
H_2T^+ = H_2A & HT^- = HA^- & T^- = A^{2-} \\
& \text{Treonina} &
\end{array}$$
)

Vamos agora calcular o pH e a composição das soluções individuais de H_2L^+ 0,050 0 M, de HL 0,050 0 M e de L^- 0,050 0 M. Os métodos são gerais, eles não dependem do tipo de carga dos ácidos e das bases. Isto é, *podemos utilizar o mesmo procedimento para encontrar o pH do ácido diprótico* H_2A, em que A pode ser uma espécie química qualquer, ou então do H_2L^+, em que HL é a leucina.

Forma Ácida, H_2L^+

O cloridrato de leucina contém a espécie protonada, H_2L^+, que pode se dissociar duas vezes (Reações 10.1 e 10.2). Como $K_1 = 4{,}70 \times 10^{-3}$, H_2L^+ é um ácido fraco. HL é um ácido ainda mais fraco, pois $K_2 = 1{,}80 \times 10^{-10}$. Parece que a espécie H_2L^+ se dissocia parcialmente, e o HL resultante dificilmente se dissociará. Por este motivo, admitimos que uma solução de H_2L^+ comporta-se como um ácido monoprótico, com $K_a = K_1$ (uma aproximação altamente conveniente).

Com essa aproximação, o cálculo do pH de uma solução de H_2L^+ 0,050 0 M é fácil.

O H_2L^+ pode ser considerado um ácido monoprótico, com $K_a = K_{a1}$.

$$\underset{\underset{0,0500-x}{H_2L^+}}{H_3\overset{+}{N}CHCO_2H} \underset{K_a = K_{a1} = K_1}{\rightleftharpoons} \underset{\underset{x}{HL}}{H_3\overset{+}{N}CHCO_2^-} + \underset{x}{H^+}$$

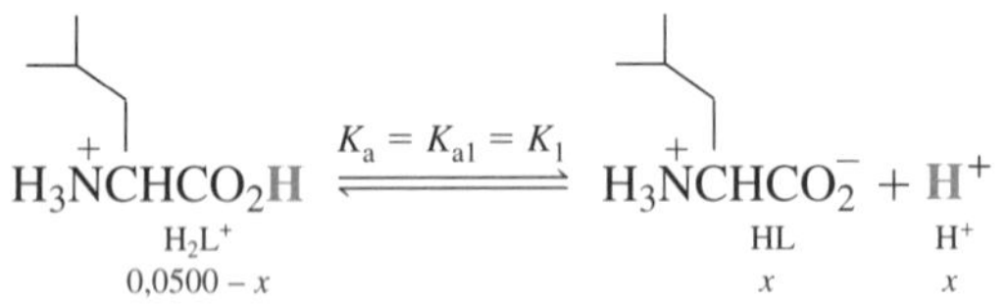

$$K_a = K_1 = 4{,}70 \times 10^{-3}$$

Resolva para x por meio da equação quadrática.

$$\frac{x^2}{F-x} = K_a \Rightarrow x = 1{,}32 \times 10^{-2} \text{ M} \quad (\text{em que F = 0,050 0 M})$$

$$[HL] = x = 1{,}32 \times 10^{-2} \text{ M}$$

$$[H^+] = x = 1{,}32 \times 10^{-2} \text{ M} \Rightarrow pH = -\log[H^+] = 1{,}88$$

$$[H_2L^+] = F - x = 3{,}68 \times 10^{-2} \text{ M}$$

Qual é a concentração de L^- na solução? Já assumimos que ela é muito pequena, porém não pode ser 0. Podemos calcular $[L^-]$ a partir da equação de K_2, com as concentrações de HL e H^+ que acabamos de determinar.

$$K_2 = \frac{[H^+][L^-]}{[HL]} \Rightarrow [L^-] = \frac{K_2[HL]}{[H^+]} \quad (10.7)$$

$$[L^-] = \frac{(1{,}80 \times 10^{-10})(1{,}32 \times 10^{-2})}{(1{,}32 \times 10^{-2})} = 1{,}80 \times 10^{-10} \text{ M } (= K_2)$$

A aproximação $[H^+] \approx [HL]$ simplifica a Equação 10.7 a $[L^-] = K_2$.

A aproximação que fizemos é confirmada por este último resultado. A concentração de L⁻ é cerca de oito ordens de grandeza menor do que a de HL. A dissociação do HL é realmente desprezível com relação à dissociação do H$_2$L$^+$. Para a maioria dos ácidos dipróticos, K_1 é suficientemente maior do que K_2 para que essa aproximação seja válida. Mesmo que K_2 fosse somente 10 vezes menor do que K_1, a [H$^+$] calculada, ignorando-se a segunda ionização, acarretaria um erro de somente 4%. O erro no pH seria de somente 0,01 unidade de pH. Em resumo, *uma solução de um ácido diprótico comporta-se como uma solução de um ácido monoprótico, com $K_a = K_1$*.

O dióxido de carbono dissolvido é um dos mais importantes ácidos dipróticos no ecossistema da Terra. O Boxe 10.1 descreve o perigo iminente para toda a cadeia alimentar do oceano em consequência da elevação do CO$_2$ atmosférico dissolvido nos oceanos. A Reação A no Boxe 10.1 reduz a concentração do CO$_3^{2-}$ nos oceanos. Como consequência, as conchas de CaCO$_3$ e os esqueletos de criaturas dos elos iniciais da cadeia alimentar se dissolverão por meio da Reação B do Boxe 10.1.

Forma Básica, L⁻

A espécie L⁻, encontrada em sais, como o leucinato de sódio, pode ser preparada tratando-se a leucina (HL) com uma quantidade equimolar de NaOH. A dissolução do leucinato de sódio em água forma a solução de L⁻, a espécie totalmente básica. Os valores de K_b para este ânion dibásico são

$$L^- + H_2O \rightleftharpoons HL + OH^- \qquad K_{b1} = K_w/K_{a2} = 5{,}55 \times 10^{-5}$$

$$HL + H_2O \rightleftharpoons H_2L^+ + OH^- \qquad K_{b2} = K_w/K_{a1} = 2{,}13 \times 10^{-12}$$

K_{b1} mostra que L⁻ não sofre muita *hidrólise* para formar HL. Além disso, K_{b2} mostra que o HL resultante é uma base tão fraca, que dificilmente uma reação posterior para formar H$_2$L$^+$ irá ocorrer.

Hidrólise é a reação de qualquer espécie com a água. Especificamente, a reação L⁻ + H$_2$O ⇌ HL + OH⁻ é chamada hidrólise.

Vamos considerar, portanto, L⁻ como uma espécie monobásica, com $K_b = K_{b1}$. Os resultados desta aproximação (muito prática) são desenvolvidos a seguir:

$$\underset{\underset{0{,}0500-x}{H^+}}{H_2NCHCO_2^-} + H_2O \xrightleftharpoons{K_b = K_{b1}} \underset{\underset{x}{HL}}{H_3\overset{+}{N}CHCO_2^-} + \underset{x}{OH^-}$$

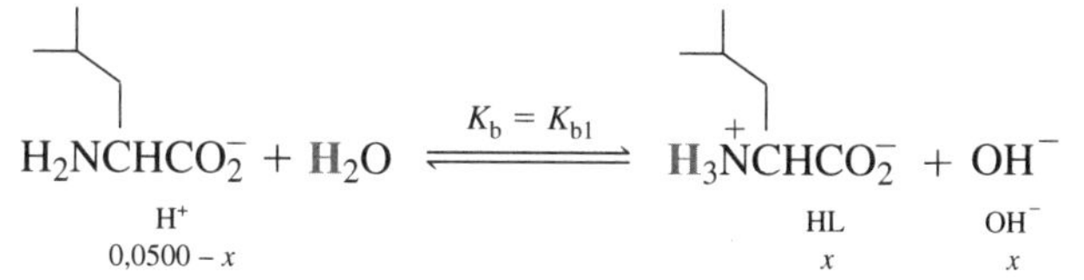

A espécie L⁻ pode ser considerada monobásica, com $K_b = K_{b1}$.

$$K_b = K_{b1} = \frac{K_w}{K_{a2}} = 5{,}55 \times 10^{-5}$$

$$\frac{x^2}{F-x} = 5{,}55 \times 10^{-5} \Rightarrow x = 1{,}64 \times 10^{-3} \text{ M} \quad \text{(em que F = 0,050 0 M)}$$

$$[HL] = x = 1{,}64 \times 10^{-3} \text{ M}$$

$$[H^+] = K_w/[OH^-] = K_w/x = 6{,}11 \times 10^{-12} \text{ M} \Rightarrow pH = -\log[H^+] = 11{,}21$$

$$[L^-] = F - x = 4{,}84 \times 10^{-2} \text{ M}$$

A concentração de H$_2$L$^+$ pode ser encontrada a partir da expressão de equilíbrio para K_{b2} (ou K_{a1}).

$$K_{b2} = \frac{[H_2L^+][OH^-]}{[HL]} = \frac{[H_2L^+]x}{x} = [H_2L^+]$$

Encontramos que [H$_2$L$^+$] = K_{b2} = 2,13 × 10^{-12} M, e a aproximação de que [H$_2$L$^+$] é desprezível com relação a [HL] se justifica. Em resumo, se existir uma diferença razoável entre K_{a1} e K_{a2} (e, portanto, entre K_{b1} e K_{b2}), *a forma totalmente básica de um ácido diprótico pode ser considerada como uma forma monobásica, com $K_b = K_{b1}$*.

Forma Intermediária, HL

Uma solução preparada a partir da leucina, HL, é mais complicada do que uma preparada a partir de H$_2$L$^+$ ou de L⁻, porque o HL tanto é um ácido como uma base.

Um problema difícil.

$$HL \rightleftharpoons H^+ + L^- \qquad K_a = K_{a2} = 1{,}80 \times 10^{-10} \qquad (10.8)$$

$$HL + H_2O \rightleftharpoons H_2L^+ + OH^- \qquad K_b = K_{b2} = 2{,}13 \times 10^{-12} \qquad (10.9)$$

HL se comporta tanto como um ácido quanto como uma base.

Uma molécula que pode doar e receber um próton é chamada **anfiprótica**. A reação de dissociação do ácido (10.8) possui uma constante de equilíbrio maior do que a reação de hidrólise da base (10.9); esperamos, então, que uma solução de leucina seja ácida.

BOXE 10.1 Dióxido de Carbono no Oceano

A abertura deste capítulo mostra que a concentração do CO_2 atmosférico oscilou entre 180 e 280 ppm em volume (μL/L) por 800 000 anos. A queima de combustíveis fósseis e a destruição das florestas da Terra desde 1800 levaram a um aumento exponencial na concentração de CO_2, que está alterando o clima de nosso planeta.

O aumento do CO_2 atmosférico eleva a concentração do CO_2 dissolvido nos oceanos, o que consome carbonato e abaixa o pH:[4]

$$\underset{}{CO_2(aq)} + H_2O + \underset{\text{Carbonato}}{CO_3^{2-}} \rightleftharpoons \underset{\text{Bicarbonato}}{2HCO_3^-} \qquad \text{(A)}$$

O pH do oceano já diminuiu, conforme mostra a figura *a* a seguir, de seu valor de 8,16 da época pré-industrial para 8,04 de hoje.[5] Se não houver mudanças em nossas atividades, o pH poderá ser 7,8 por volta de 2100.[6]

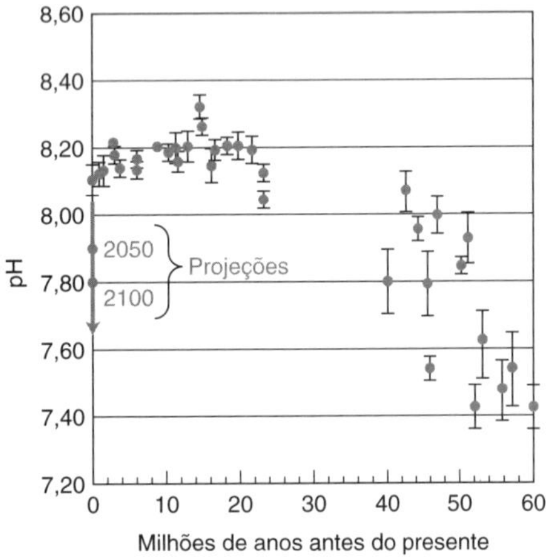

(*a*)

pH da superfície do Oceano Pacífico Equatorial deduzido a partir da razão $^{11}B/^{10}B$ em fósseis de conchas. [Dados de P. N. Pearson e M. R. Palmer, "Atmospheric Carbon Dioxide Concentrations Over the Past 60 Million Years", Nature 2000, 406, 695.]

A baixa concentração de carbonato promove a dissolução do carbonato de cálcio sólido:

$$\underset{\text{Carbonato de cálcio}}{CaCO_3(s)} \rightleftharpoons Ca^{2+} + CO_3^{2-} \qquad \text{(B)}$$

O princípio de Le Châtelier nos indica que o decréscimo da $[CO_3^{2-}]$ desloca a reação para a direita.

Se $[CO_3^{2-}]$ diminuir o suficiente, organismos como plânctons e corais com conchas ou esqueletos de $CaCO_3$ não sobreviverão.[7] O carbonato de cálcio possui duas formas cristalinas chamadas calcita e aragonita. A aragonita é mais solúvel do que a calcita. Os organismos aquáticos possuem tanto calcita como aragonita em suas conchas ou esqueletos.

Os pterópodes são um tipo de plâncton também conhecido como caracóis alados (figura *b*). Quando pterópodes coletados no Oceano Pacífico subártico são mantidos em água não saturada com aragonita, suas conchas começam a se dissolver nas primeiras 48 horas. Animais como os pterópodes se encontram na base na cadeia alimentar. Sua destruição se refletiria por todo o ecossistema oceânico.

Hoje, a água superficial dos oceanos contém CO_3^{2-} mais do que suficiente para sustentar a aragonita e a calcita. Como o CO_2 atmosférico aumentará inexoravelmente ao longo do século XXI, as águas superficiais dos oceanos se tornarão subsaturadas com relação à aragonita – matando os organismos que dependem desse mineral para as suas estruturas. As regiões polares sofrerão este destino primeiro porque o CO_2 é mais solúvel em água fria do que em água quente, e também porque as constantes de dissociação ácida K_{a1} e K_{a2} a baixas temperaturas favorecem as espécies HCO_3^- e $CO_2(aq)$ perante o CO_3^{2-} (Problema 10.11).

A figura *c* mostra a concentração prevista de CO_3^{2-} na água superficial do oceano polar em função do CO_2 atmosférico. A linha horizontal superior é a concentração de CO_3^{2-} abaixo da qual a aragonita se dissolve. O CO_2 atmosférico está atualmente próximo de 400 ppm, e a $[CO_3^{2-}]$ está próxima de 85 μmol/kg de água do mar – mais do que o suficiente para precipitar a aragonita ou a calcita.

Contudo, não podemos simplesmente ignorar a Reação 10.9, mesmo se K_a e K_b diferirem de muitas ordens de grandeza. Ambas as reações progridem quase na mesma extensão, pois o H^+ produzido na Reação 10.8 reage com o OH^- da Reação 10.9, deslocando, desse modo, a Reação 10.9 para a direita.

Para trabalhar nesse caso corretamente, recorremos ao tratamento sistemático do equilíbrio. O procedimento é aplicado para a leucina, cuja forma intermediária (HL) não possui carga líquida. Entretanto, os resultados se aplicam à forma intermediária de *qualquer* ácido diprótico, independentemente de sua carga.

Para as Reações 10.8 e 10.9, o balanço de carga é

$$[H^+] + [H_2L^+] = [L^-] + [OH^-] \quad \text{ou} \quad [H_2L^+] - [L^-] + [H^+] - [OH^-] = 0$$

Usando os equilíbrios de dissociação do ácido, substituímos $[H_2L^+]$ por $[HL][H^+]/K_1$ e $[L^-]$ por $[HL]K_2/[H^+]$. Além disso, podemos sempre escrever $[OH^-] = K_w/[H^+]$. Substituindo essas expressões no balanço de carga, temos

$$\frac{[HL][H^+]}{K_1} - \frac{[HL]K_2}{[H^+]} + [H^+] - \frac{K_w}{[H^+]} = 0$$

que pode ser resolvida para $[H^+]$. Inicialmente, vamos multiplicar todos os termos por $[H^+]$:

$$\frac{[HL][H^+]^2}{K_1} - [HL]K_2 + [H^+]^2 - K_w = 0$$

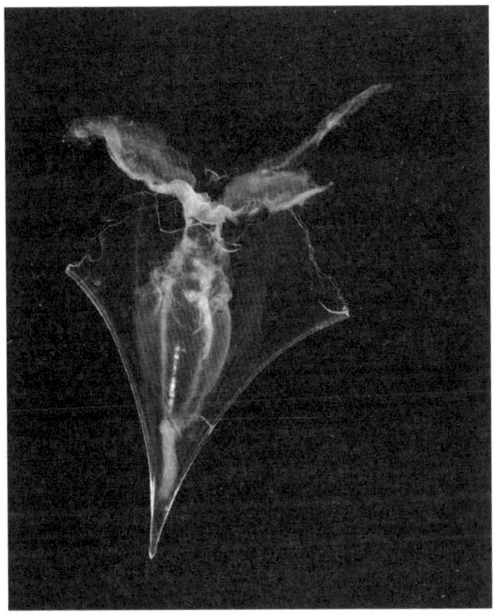

(*b*)

Pterópodes. A concha de um pterópode vivo começa a se dissolver após 48 horas em água subsaturada em aragonita. [DANTE FENOLIO/Science Source.]

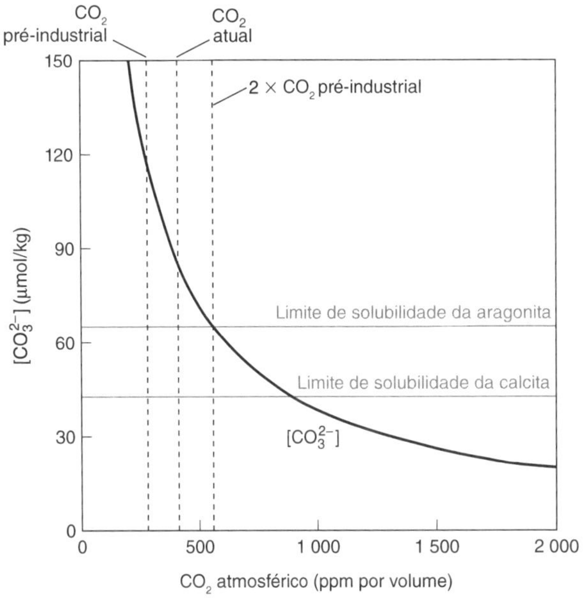

(*c*)

$[CO_3^{2-}]$ calculada nas águas superficiais do oceano polar em função do CO_2 atmosférico. Quando a $[CO_3^{2-}]$ ficar abaixo da linha horizontal, a aragonita se dissolverá. [Dados de J. C. Orr et al., "Anthropogenic Ocean Acidification Over the Twenty-first Century and Its Impact on Calcifying Organisms," *Nature* **2005**, *437*, 681.] A Referência 4 fornece equações que permitem calcular a curva nesta figura.

Quando o CO_2 atmosférico alcançar 600 ppm por volta da metade do presente século, a $[CO_3^{2-}]$ diminuirá para 60 μmol/kg e as criaturas com estruturas de aragonita começarão a desaparecer das águas polares. Se essas altas concentrações de CO_2 atmosférico permanecerem, as extinções se moverão para latitudes mais baixas, e atingirão organismos com estruturas de calcita, assim como de aragonita.

A natureza neutraliza algumas mudanças para mitigar seus efeitos. Por exemplo, os fitoplânctons denominados cocofitoforos são organismos marinhos com um esqueleto de $CaCO_3$ de vários micrômetros de diâmetro. Esses organismos produzem cerca de um terço de todo o $CaCO_3$ do oceano. Nos últimos 220 anos, em face da elevação da concentração de CO_2 atmosférico, a massa média das espécies de cocofitoforos *Emiliania huxleyi* aumentou em 40%, removendo com isso parte do CO_2 do oceano.[8] Os cocofitoforos podem mitigar o aumento do CO_2 até certo ponto. Não é provável que algum organismo marinho *calcificante* (produtor de $CaCO_3$) possa sobreviver se o CO_2 aumentar até um nível em que o $CaCO_3$ não seja mais termodinamicamente estável.

A seguir, rearranjamos a equação e explicitamos $[H^+]^2$:

$$[H^+]^2\left(\frac{[HL]}{K_1}+1\right) = K_2[HL] + K_w$$

$$[H^+]^2 = \frac{K_2[HL]+K_w}{\left(\frac{[HL]}{K_1}+1\right)}$$

Agora, multiplicando o numerador e o denominador por K_1 e extraindo a raiz quadrada em ambos os lados, temos

$$[H^+] = \sqrt{\frac{K_1K_2[HL]+K_1K_w}{K_1+[HL]}} \qquad \textbf{(10.10)}$$

Até este momento, não fizemos nenhuma aproximação, exceto desprezar os coeficientes de atividade. Obtivemos $[H^+]$ em termos de constantes conhecidas e da única concentração desconhecida, [HL]. O que faremos agora?

A resposta a esta questão é dada pela química: "a espécie principal será a HL, pois ela é constituída por um ácido fraco e uma base fraca. Nem a Reação 10.8 nem a Reação 10.9 são inteiramente válidas nesse caso. Para a concentração de HL na Equação 10.10, podemos simplesmente substituir o valor da concentração formal, 0,050 0 M".

Esta era a informação que faltava!

A partir dessa informação, escrevemos a Equação 10.10 em uma forma mais prática.

Forma intermediária do ácido diprótico:
$$[H^+] \approx \sqrt{\frac{K_1K_2F+K_1K_w}{K_1+F}} \qquad \textbf{(10.11)}$$

K_1 e K_2, nesta equação, são ambas constantes de dissociação *ácidas* (K_{a1} e K_{a2}).

em que F é a concentração formal de HL (= 0,050 0 M, neste caso). A Equação 10.11 se aplica à forma intermediária de qualquer ácido diprótico. Se o ácido diprótico fosse H_2A em vez de H_2L^+, a Equação 10.11 ainda poderia ser utilizada.

Finalmente, podemos calcular o pH da solução de leucina 0,050 0 M a partir da Equação 10.11:

$$[H^+] = \sqrt{\frac{(4{,}70\times10^{-3})(1{,}80\times10^{-10})(0{,}050\ 0) + (4{,}70\times10^{-3})(1{,}0\times10^{-14})}{4{,}70\times10^{-3} + 0{,}050\ 0}}$$

$$= 8{,}80\times10^{-7}\ \text{M} \Rightarrow \text{pH} = -\log[H^+] = 6{,}06$$

As concentrações de H_2L^+ e de L^- podem ser determinadas a partir das equações de equilíbrio para K_1 e K_2, utilizando $[H^+] = 8{,}80 \times 10^{-7}$ M e [HL] = 0,050 0 M.

$$[H_2L^+] = \frac{[H^+][HL]}{K_1} = \frac{(8{,}80\times10^{-7})(0{,}050\,0)}{4{,}70\times10^{-3}} = 9{,}36\times10^{-6}\ \text{M}$$

$$[L^-] = \frac{K_2[HL]}{[H^+]} = \frac{(1{,}80\times10^{-10})(0{,}050\ 0)}{8{,}80\times10^{-7}} = 1{,}02\times10^{-5}\ \text{M}$$

Se $[H_2L^+] + [L^-]$ não for muito menor do que [HL], e se desejamos melhorar os valores de $[H_2L^+]$ e $[L^-]$, podemos utilizar o método apresentado no Boxe 10.2.

A aproximação [HL] ≈ 0,050 0 M foi boa? Certamente que sim, pois $[H_2L^+]$ (= $9{,}36 \times 10^{-6}$ M) e $[L^-]$ (= $1{,}02 \times 10^{-5}$ M) são pequenas em comparação com [HL] (≈ 0,050 0 M). Quase toda a leucina permanece na forma HL. Observe também que $[H_2L^+]$ é quase igual a $[L^-]$. Esse resultado confirma que as Reações 10.8 e 10.9 avançam da mesma extensão, embora K_a seja 84 vezes maior do que K_b para a leucina.

BOXE 10.2 Aproximações Sucessivas

O método de *aproximações sucessivas* é uma maneira eficaz para se lidar com equações difíceis que não têm soluções simples. Por exemplo, a Equação 10.11 não é uma boa aproximação quando a concentração da espécie intermediária de um ácido diprótico não é próxima de F, a concentração formal. Essa situação aparece quando K_1 e K_2 são quase iguais e F é pequeno. Vamos considerar uma solução $1{,}00 \times 10^{-3}$ M de HM^-, a forma intermediária do ácido málico.

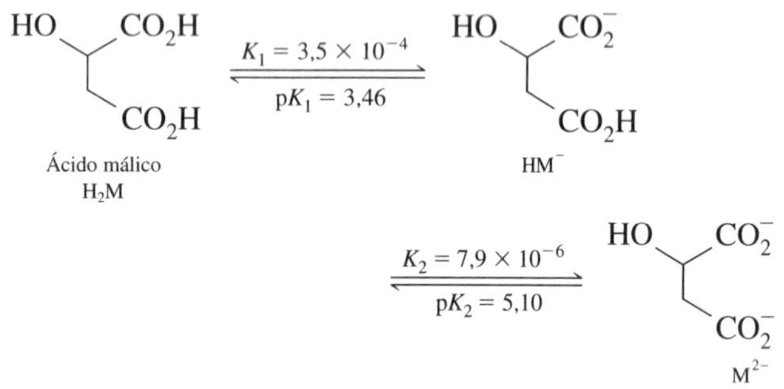

$K_1 = 3{,}5 \times 10^{-4}$
$pK_1 = 3{,}46$
Ácido málico
H_2M
HM^-
$K_2 = 7{,}9 \times 10^{-6}$
$pK_2 = 5{,}10$
M^{2-}

Em uma primeira aproximação, vamos supor que $[HM^-] \approx 1{,}00 \times 10^{-3}$ M. Substituindo esse valor na Equação 10.10, calculamos as primeiras aproximações para $[H^+]$, $[H_2M]$ e $[M^{2-}]$.

$$[H^+]_1 = \sqrt{\frac{K_1K_2(0{,}001\ 00) + K_1K_W}{K_1 + (0{,}001\ 00)}} = 4{,}53\times10^{-5}\ \text{M}$$

$$\Rightarrow [H_2M]_1 = \frac{[H^+][HM^-]}{K_1} = \frac{(4{,}53\times10^{-5})(1{,}00\times10^{-3})}{3{,}5\times10^{-4}}$$

$$= 1{,}29\times10^{-4}\ \text{M}$$

$$[M^{2-}]_1 = \frac{K_2[HM^-]}{[H^+]} = \frac{(7{,}9\times10^{-6})(1{,}00\times10^{-3})}{4{,}53\times10^{-5}} = 1{,}75\times10^{-4}\ \text{M}$$

Claramente, $[H_2M]$ e $[M^{2-}]$ não são desprezíveis com relação a F = $1{,}00 \times 10^{-3}$ M, logo precisamos rever nossa estimativa da $[HM^-]$. O balanço de massa nos dá uma segunda aproximação.

$$[HM^-]_2 = F - [H_2M]_1 - [M^{2-}]_1$$

$$= 0{,}00\,1\,00 - 0{,}000\,129 - 0{,}000\,175 = 0{,}000\,696\ \text{M}$$

Inserindo o valor $[HM^-]_2$ = 0,000 696 na Equação 10.10, temos

$$[H^+]_2 = \sqrt{\frac{K_1K_2(0{,}000\ 696) + K_1K_W}{K_1 + (0{,}000\ 696)}} = 4{,}29\times10^{-5}\ \text{M}$$

$$\Rightarrow [H_2M]_2 = 8{,}53\times10^{-5}\ \text{M}$$

$$[M^{2-}]_2 = 1{,}28\times10^{-4}\ \text{M}$$

Os valores de $[H_2M]_2$ e $[M^{2-}]_2$ podem ser utilizados para calcular uma terceira aproximação para $[HM^-]$:

$$[HM^-]_3 = F - [H_2M]_2 - [M^{2-}]_2 = 0{,}000\ 786\ \text{M}$$

Substituindo $[HM^-]_3$ na Equação 10.10, temos

$$[H^+]_3 = 4{,}37\times10^{-5}\ \text{M}$$

e o procedimento pode ser repetido para obtermos

$$[H^+]_4 = 4{,}35\times10^{-5}\ \text{M}$$

Estamos voltando ao ponto de partida em nossa estimativa da $[H^+]$, na qual a incerteza já é menor do que 1%. A quarta aproximação resulta em pH = 4,36, que é comparável com o pH de 4,34 da primeira aproximação e com o pH = 4,28 da fórmula pH ≈ $\frac{1}{2}(pK_1 + pK_2)$. Considerando a incerteza nas medidas de pH, todos esses cálculos não compensam o esforço que foi feito. No entanto, a concentração de $[HM^-]_5$ é 0,000 768 M, 23% menor do que a estimativa original de 0,001 00 M. Aproximações sucessivas podem ser feitas manualmente, mas é mais fácil e seguro utilizar uma planilha eletrônica. O Problema 10.9 mostra como executar todas as interações automaticamente em uma etapa usando o Excel.

Um resumo dos resultados para a leucina é dado a seguir. Observe as concentrações relativas de H_2L^+, HL e L^- e o valor do pH em cada solução.

Solução	pH	$[H_2L^+]$ (M)	[HL] (M)	$[L^-]$ (M)
H_2L^+ (H_2A diprótico) 0,050 0 M	1,88	$3{,}68 \times 10^{-2}$	$1{,}32 \times 10^{-2}$	$1{,}80 \times 10^{-10}$
HL (HA^- intermediário) 0,050 0 M	6,06	$9{,}36 \times 10^{-6}$	$5{,}00 \times 10^{-2}$	$1{,}02 \times 10^{-5}$
L^- (A^{2-} dibásico) 0,050 0 M	11,21	$2{,}13 \times 10^{-12}$	$1{,}64 \times 10^{-3}$	$4{,}84 \times 10^{-2}$

Cálculo Simplificado para a Forma Intermediária

Geralmente a Equação 10.11 é uma aproximação muito boa. Uma forma ainda mais simples resulta de duas condições que normalmente existem. Primeiramente, se $K_2F >> K_w$, o segundo termo no numerador da Equação 10.11 pode ser descartado.

$$[H^+] \approx \sqrt{\frac{K_1K_2F + \cancel{K_1K_w}}{K_1 + F}}$$

A segunda condição é que se $K_1 << F$, o primeiro termo no denominador da Equação 10.11 também pode ser desprezado.

$$[H^+] \approx \sqrt{\frac{K_1K_2F}{\cancel{K_1} + F}}$$

Cancelando F no numerador e no denominador, temos

$$[H^+] \approx \sqrt{K_1K_2}$$

ou

$$\log[H^+] \approx \frac{1}{2}(\log K_1 + \log K_2)$$

$$-\log[H^+] \approx -\frac{1}{2}(\log K_1 + \log K_2)$$

Forma intermediária do ácido diprótico:

$$pH \approx \frac{1}{2}(pK_1 + pK_2) \qquad \textbf{(10.12)}$$

Lembre-se de que
$\log(x^{1/2}) = \frac{1}{2}\log x$
$\log(xy) = \log x + \log y$
$\log(x/y) = \log x - \log y$

O pH da forma intermediária de um ácido diprótico é próximo da metade da soma dos dois valores de pK_a, e seu valor é praticamente independente da concentração.

É importante memorizar a Equação 10.12. Ela fornece um valor de pH de 6,04 para a leucina, comparado com o valor de pH de 6,06 encontrado pela Equação 10.11. A Equação 10.12 diz que *o pH da forma intermediária de um ácido diprótico está perto da metade entre o pK_1 e o pK_2, independentemente da concentração formal.*

EXEMPLO pH da Forma Intermediária de um Ácido Diprótico

O hidrogenoftalato de potássio, KHP, é um sal formado pela neutralização parcial do ácido ftálico. Calcule o pH das soluções 0,10 M e 0,010 M de KHP.

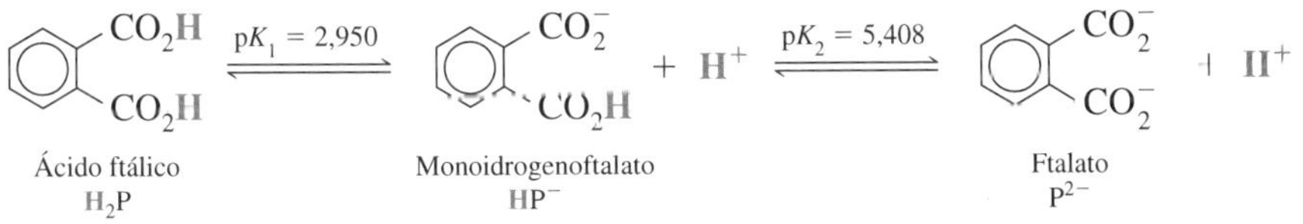

(Hidrogenoftalato de potássio = K^+HP^-)

Solução Usando a Equação 10.12, estima-se o pH do hidrogenoftalato de potássio em $\frac{1}{2}(pK_1 + pK_2) = 4{,}18$, independentemente da concentração. Com a Equação 10.11, calculamos pH = 4,18 para a solução de K^+HP^- 0,10 M e pH = 4,20 para a solução de K^+HP^- 0,010 M.

TESTE-SE Encontre o pH de uma solução de K^+HP^- 0,002 M por meio da Equação 10.11. (***Resposta:*** 4,28.)

Dica Quando você se deparar com a forma parcialmente neutralizada de um ácido diprótico, utilize a Equação 10.11 para calcular o pH. A resposta deve estar próxima a $\frac{1}{2}(pK_1 + pK_2)$.

Resumo dos Cálculos com Ácidos Dipróticos

A forma de se calcular o pH e a composição das soluções preparadas a partir de formas diferentes de um ácido diprótico (H_2A, HA^- ou A^{2-}) é descrita a seguir.

Solução de H_2A

1. Considere H_2A como um ácido monoprótico, com $K_a = K_1$, para calcular $[H^+]$, $[HA^-]$ e $[H_2A]$.

$$\underset{F-x}{H_2A} \overset{K_1}{\rightleftharpoons} \underset{x}{H^+} + \underset{x}{HA^-} \qquad \frac{x^2}{F-x} = K_1$$

2. Utilize a constante de equilíbrio K_2 para resolver o problema com relação a $[A^{2-}]$.

$$[A^{2-}] = \frac{K_2\,\cancel{[HA^-]}}{\cancel{[H^+]}} = K_2$$

Solução de HA^-

1. Utilize a aproximação $[HA^-] \approx F$ e determine o pH por meio da Equação 10.11.

$$[H^+] = \sqrt{\frac{K_1K_2F + K_1K_w}{K_1 + F}}$$

O pH deve estar próximo de $\frac{1}{2}(pK_1 + pK_2)$.

2. Utilizando $[H^+]$ da Etapa 1 e $[HA^-] \approx F$, resolva para $[H_2A]$ e $[A^{2-}]$, utilizando as constantes de equilíbrio K_1 e K_2.

$$[H_2A] = \frac{[HA^-][H^+]}{K_1} \qquad [A^{2-}] = \frac{K_2[HA^-]}{[H^+]}$$

Os cálculos que fizemos até agora são muito úteis e devem ser bem compreendidos. No entanto, é preciso considerar as suas limitações, pois desprezamos vários equilíbrios que podem ser importantes. Por exemplo, os íons Na^+ e K^+ em soluções de HA^- e A^{2-} formam pares iônicos fracos, que foram desprezados:[9]

$$K^+ + A^{2-} \rightleftharpoons \{K^+A^{2-}\}$$
$$K^+ + HA^- \rightleftharpoons \{K^+HA^-\}$$

Solução de A^{2-}

1. Considere A^{2-} como uma monobase, com $K_b = K_{b1} = K_w/K_{a2}$, para determinar $[A^{2-}]$, $[HA^-]$ e $[H^+]$.

$$\underset{F-x}{A^{2-}} + H_2O \overset{K_{b1}}{\rightleftharpoons} \underset{x}{HA^-} + \underset{x}{OH^-} \qquad \frac{x^2}{F-x} = K_{b1} = \frac{K_w}{K_{a2}}$$

$$[H^+] = \frac{K_w}{[OH^-]} = \frac{K_w}{x}$$

2. Utilize a constante de equilíbrio K_1 para resolver o problema para $[H_2A]$.

$$[H_2A] = \frac{[HA^-][H^+]}{K_{a1}} = \frac{\cancel{[HA^-]}(K_w/\cancel{[OH^-]})}{K_{a1}} = K_{b2}$$

10.2 Tampões Dipróticos

Um tampão feito a partir de um ácido diprótico (ou poliprótico) é tratado da mesma forma que um tampão preparado a partir de um ácido monoprótico. Para o ácido H_2A podemos escrever *duas* equações de Henderson-Hasselbalch, ambas *sempre* verdadeiras. Se $[H_2A]$ e $[HA^-]$ já são conhecidas, devemos utilizar a equação de pK_1. Se conhecermos $[HA^-]$ e $[A^{2-}]$, devemos utilizar a equação de pK_2.

Todas as equações de Henderson-Hasselbalch (com os coeficientes de atividade) são sempre verdadeiras para uma solução em equilíbrio.

$$pH = pK_1 + \log\frac{[HA^-]}{[H_2A]} \qquad pH = pK_2 + \log\frac{[A^{2-}]}{[HA^-]}$$

EXEMPLO Um Tampão Diprótico

Calcule o pH de uma solução preparada pela dissolução de 1,00 g de hidrogenoftalato de potássio e 1,20 g de ftalato dissódico em 50,0 mL de água.

Solução O hidrogenoftalato e o ftalato foram mostrados no exemplo anterior. As massas formais são KHP = $C_8H_5O_4K$ = 204,22 e Na_2P = $C_8H_4O_4Na_2$ = 210,10. Conhecemos $[HP^-]$ e $[P^{2-}]$, então usamos a equação de Henderson-Hasselbalch para o pK_2 de modo a determinarmos o pH:

$$pH = pK_2 + \log\frac{[P^{2-}]}{[HP^-]} = 5{,}408 + \log\frac{(1{,}20\text{ g})/(210{,}10\text{ g/mol})}{(1{,}00\text{ g})/(204{,}22\text{ g/mol})} = 5{,}47$$

K_2 é a constante de dissociação ácida de HP^-, que aparece no denominador do termo logarítmico. Observe que o volume da solução não foi necessário para calcular a resposta do problema.

TESTE-SE Encontre o pH caso se empregue 1,50 g de Na_2P no lugar de 1,20 g. (***Resposta:*** 5,57.)

EXEMPLO Preparação de um Tampão Diprótico

Quantos mililitros de uma solução de KOH 0,800 M devem ser adicionados a 3,38 g de ácido oxálico para se obter um pH de 4,40 quando a solução é diluída a 500 mL?

$$\begin{array}{c} \text{O}\ \ \text{O} \\ \|\ \ \| \\ \text{HOCCOH} \end{array} \qquad \begin{array}{l} pK_1 = 1,250 \\ pK_2 = 4,266 \end{array}$$

Ácido oxálico
(H_2Ox)
Massa fórmula = 90,03

Solução O pH desejado é maior do que pK_2. Sabemos que uma razão molar 1:1 de $HOx^-:Ox^{2-}$ deve ter pH = pK_2 = 4,266. Se o pH é 4,40, deve estar presente mais Ox^{2-} do que HOx^-. Devemos adicionar base suficiente para converter todo o H_2Ox em HOx^-, e então adicionamos base suficiente para converter a quantidade certa de HOx^- em Ox^{2-}.

$$H_2Ox + OH^- \rightarrow HOx^- + H_2O$$

$$\uparrow$$

$$pH \approx \frac{1}{2}(pK_1 + pK_2) = 2,76$$

$$HOx^- + OH^- \rightarrow Ox^{2-} + H_2O$$

Uma mistura 1:1 teria
$pH = pK_2 = 4,266$

Em 3,38 g de H_2Ox, existem 0,037 5_4 mol. O volume da solução de KOH 0,800 M necessário para reagir com essa quantidade de H_2Ox formando HOx^- é (0,037 5_4 mol)/(0,800 M) = 46,9_3 mL.

Para obter um pH de 4,40 é necessário adicionar mais OH^-:

	HOx^-	+ OH^-	→ Ox^{2-}
Número de mols inicial	0,037 5_4	x	—
Número de mols final	0,037 $5_4 - x$	—	x

$$pH = pK_2 + \log\frac{[Ox^{2-}]}{[HOx^-]}$$

$$4,40 = 4,266 + \log\frac{x}{0,037\ 5_4 - x} \Rightarrow x = 0,021\ 6_6 \text{ mol}$$

O volume de KOH necessário para transferir 0,021 6_6 mol é (0,021 6_4 mol)/(0,800 M) = 27,0_5 mL. O volume total de KOH necessário para levar o pH até 4,40 é 46,9_3 + 27,0_5 = 73,9_8 mL.

TESTE-SE Qual é o volume de solução de KOH necessário para se obter um pH de 4,50? (***Resposta:*** 76,5_6 mL.)

10.3 Ácidos e Bases Polipróticos

O procedimento usado para os ácidos e bases dipróticos pode ser estendido aos sistemas polipróticos. Fazendo uma revisão conceitual, escrevemos o equilíbrio pertinente a um sistema triprótico.

$$H_3A \rightleftharpoons H_2A^- + H^+ \qquad K_{a1} = K_1$$
$$H_2A^- \rightleftharpoons HA^{2-} + H^+ \qquad K_{a2} = K_2$$
$$HA^{2-} \rightleftharpoons A^{3-} + H^+ \qquad K_{a3} = K_3$$
$$A^{3-} + H_2O \rightleftharpoons HA^{2-} + OH^- \qquad K_{b1} = K_w/K_{a3}$$
$$HA^{2-} + H_2O \rightleftharpoons H_2A^- + OH^- \qquad K_{b2} = K_w/K_{a2}$$
$$H_2A^- + H_2O \rightleftharpoons H_3A + OH^- \qquad K_{b3} = K_w/K_{a1}$$

Tratamos os sistemas tripróticos da seguinte maneira:

1. H_3A é considerado um ácido monoprótico fraco, com $K_a = K_1$.
2. H_2A^- é considerado a forma intermediária de um ácido diprótico.

$$[H^+] \approx \sqrt{\frac{K_1K_2F + K_1K_w}{K_1 + F}} \qquad (10.13)$$

Os valores de K, nas Equações 10.13 e 10.14, são os valores de K_a para o ácido triprótico.

3. HA^{2-} também é considerado a forma intermediária de um ácido diprótico. Entretanto, HA^{2-} está "envolvido" por H_2A^- e A^{3-}. Logo, as constantes de equilíbrio a serem utilizadas são K_2 e K_3 em vez de K_1 e K_2.

$$[H^+] \approx \sqrt{\frac{K_2K_3F + K_2K_w}{K_2 + F}} \qquad (10.14)$$

4. A^{3-} é considerado uma espécie monobásica, com $K_b = K_{b1} = K_w/K_{a3}$.

EXEMPLO Um Sistema Triprótico

Calcule o pH de uma solução de H_3His^{2+} 0,10 M, H_2His^+ 0,10 M, HHis 0,10 M e His^- 0,10 M, em que His simboliza o aminoácido histidina.

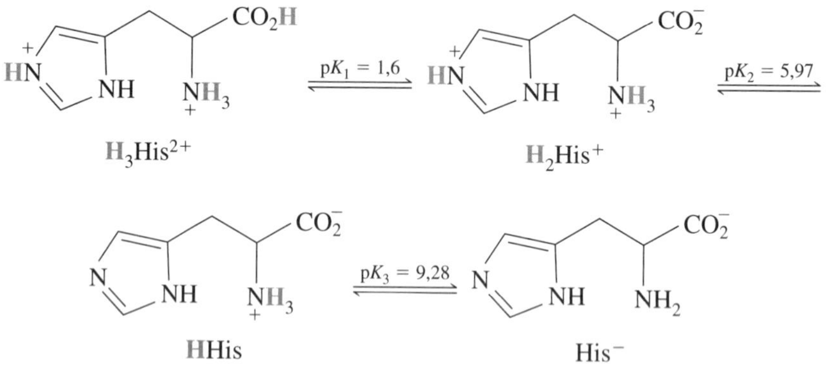

Solução *Solução de H_3His^{2+} 0,10 M.* Considerando H_3His^{2+} como um ácido monoprótico, temos

$$\underset{F-x}{H_3His^{2+}} \rightleftharpoons \underset{x}{H_2His^+} + \underset{x}{H^+}$$

$$\frac{x^2}{F-x} = K_1 = 10^{-1,6} \Rightarrow x = 3{,}_9 \times 10^{-2}\ M \Rightarrow pH = 1{,}41$$

Solução de H_2His^+ 0,10 M. Usando a Equação 10.13, encontramos

$$[H^+] = \sqrt{\frac{(10^{-1,6})(10^{-5,97})(0{,}10) + (10^{-1,6})(1{,}0 \times 10^{-14})}{10^{-1,6} + 0{,}10}}$$
$$= 1{,}4_7 \times 10^{-4}\ M \Rightarrow pH = 3{,}83$$

que é próximo de $\frac{1}{2}(pK_1 + pK_2) = 3{,}78$.

Solução de HHis 0,10 M. A partir da Equação 10.14, temos

$$[H^+] = \sqrt{\frac{(10^{-5,97})(10^{-9,28})(0{,}10) + (10^{-5,97})(1{,}0 \times 10^{-14})}{10^{-5,97} + 0{,}10}}$$
$$= 2{,}3_7 \times 10^{-8}\ M \Rightarrow pH = 7{,}62$$

o mesmo valor que $\frac{1}{2}(pK_2 + pK_3) = 7{,}62$.

Solução de His^- 0,10 M. Considerando His^- uma monobase, temos

$$\underset{F-x}{His^-} + H_2O \rightleftharpoons \underset{x}{HHis} + \underset{x}{OH^-}$$

$$\frac{x^2}{F-x} = K_{b1} = \frac{K_w}{K_{a3}} = 1{,}9 \times 10^{-5} \Rightarrow x = 1{,}3_7 \times 10^{-3}\ M$$

$$pH = -\log\left(\frac{K_w}{x}\right) = 11{,}14$$

TESTE-SE Calcule o pH de uma solução de HHis 0,010 M. (***Resposta:*** 7,62.)

As três formas de ácidos e bases:
- ácida
- básica
- intermediária (anfiprótica).

Restringimos os problemas ácido-base a apenas três tipos. Quando encontramos um ácido ou uma base, devemos decidir se estamos tratando com uma forma *ácida*, *básica* ou *intermediária*. A seguir, fazemos os cálculos aritméticos apropriados para resolver o problema.

10.4 Qual É a Espécie Principal?

Frequentemente, deparamo-nos com o problema de identificar qual espécie, ácido, base ou intermediário, predomina em determinadas condições. Um exemplo simples é "Qual é a forma principal do ácido benzoico em pH 8?"

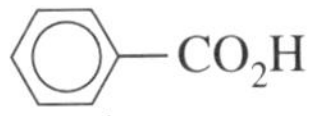

$pK_a = 4,20$

Ácido benzoico

pK_a para o ácido benzoico é 4,20. Isso significa que, em pH 4,20, existe uma mistura 1:1 de ácido benzoico (HA) e íon benzoato (A^-). Em pH = pK_a + 1 (= 5,20), a razão $[A^-]/[HA]$ é de 10:1. Em pH = pK_a + 2 (= 6,20), a razão $[A^-]/[HA]$ é 100:1. Com o aumento do pH, a razão $[A^-]/[HA]$ aumenta ainda mais.

Para um sistema monoprótico, a espécie básica, A^-, é a forma predominante quando pH > pK_a. A espécie ácida, HA, é a forma predominante quando pH < pK_a. A forma predominante do ácido benzoico em pH 8 é o ânion benzoato, $C_6H_5CO_2^-$.

Um exemplo onde precisamos conhecer quais espécies principais estão presentes é quando propomos uma separação cromatográfica ou eletroforética. Devemos usar estratégias diferentes para separarmos cátions, ânions e compostos neutros.

$$pH = pK_a + \log\frac{[A^-]}{[HA]}$$

pH	Espécie principal
$< pK_a$	HA
$> pK_a$	A^-

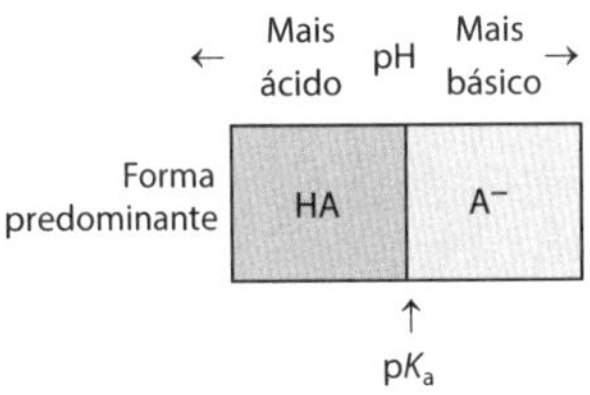

EXEMPLO Espécies Principais – Quais e Quantas São?

Qual é a forma predominante da amônia em uma solução de pH 7,0? Qual a fração de amônia que, aproximadamente, está nessa forma?

Solução No Apêndice G, encontramos que pK_a = 9,24 para o íon amônio (NH_4^+, o ácido conjugado da amônia, NH_3). No pH = 9,24, $[NH_4^+] = [NH_3]$. Abaixo de pH 9,24, NH_4^+ será a forma predominante. Como o pH = 7,0 é cerca de 2 unidades de pH abaixo do pK_a, a razão $[NH_4^+]/[NH_3]$ será cerca de 100:1. Mais de 99% da amônia estão presentes sob a forma de NH_4^+.

TESTE-SE Qual é a fração aproximada de amônia que se encontra na forma de NH_3 em pH = 11? (***Resposta:*** algo menos que 99%, porque o pH está quase 2 unidades acima de pK_a.)

pH	Espécie principal
pH < pK_1	H_2A
pK_1 < pH < pK_2	HA^-
pH > pK_2	A^{2-}

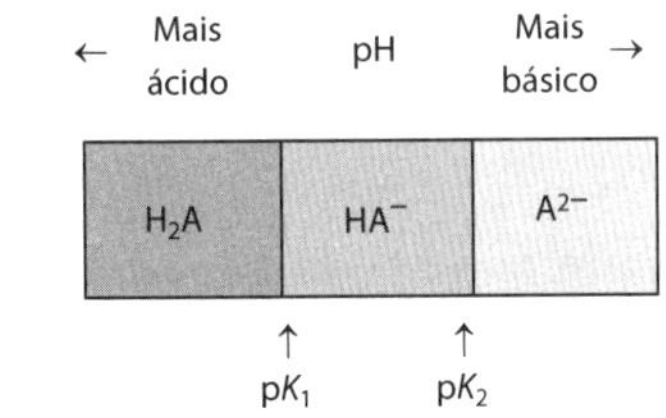

Para sistemas polipróticos, o raciocínio é o mesmo, mas existem vários valores de pK_a. Considere o ácido oxálico, H_2Ox, com pK_1 = 1,25 e pK_2 = 4,27. Em pH = pK_1, $[H_2Ox] = [HOx^-]$. Em pH = pK_2, $[HOx^-] = [Ox^{2-}]$. O gráfico na margem mostra as espécies principais em cada região de pH.

EXEMPLO Espécies Principais em um Sistema Poliprótico

O aminoácido arginina tem as seguintes formas:

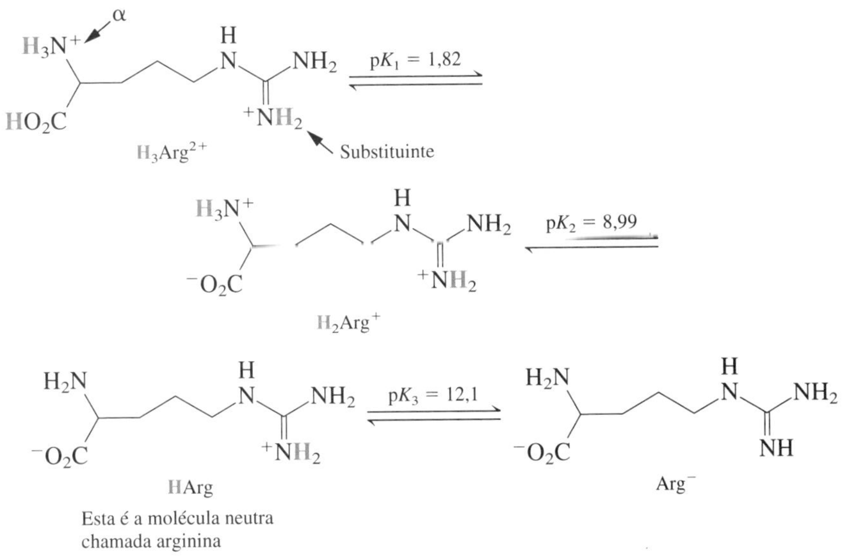

O Apêndice G mostra que o grupo α-amônio (à esquerda) é mais ácido que o substituinte (à direita). Qual é a forma principal da arginina em pH 10,0? Qual a fração presente, aproximadamente, nessa forma? Qual a segunda forma mais abundante nesse pH?

Solução Sabemos que, em pH = pK_2 = 8,99, $[H_2Arg^+]$ = [HArg]. Em pH = pK_3 = 12,1, [HArg] = $[Arg^-]$. Em pH = 10,0, a espécie principal é HArg. Como o pH 10,0 é cerca de uma unidade de pH maior do que pK_2, podemos concluir que $[HArg]/[H_2Arg^+] \approx 10:1$.

Cerca de 90% de arginina estão na forma de HArg. A segunda espécie mais abundante é H_2Arg^+, que constitui cerca de 10% da arginina.

TESTE-SE Qual é a forma predominante da arginina em pH 11? Qual é a segunda forma mais abundante? (***Resposta:*** HArg, Arg^-.)

EXEMPLO Ainda sobre Sistemas Polipróticos

Na faixa de pH de 1,82 a 8,99, H_2Arg^+ é a forma principal da arginina. Qual é a segunda espécie mais abundante em pH 6,0? E em pH 5,0?

Solução Sabemos que o pH de uma espécie intermediária pura (anfiprótica), H_2Arg^+, é

$$\text{pH do } H_2Arg^+ \approx \frac{1}{2}(pK_1 + pK_2) = 5{,}40$$

Acima de pH 5,40 (e abaixo de pH = pK_2), esperamos que HArg, a base conjugada de H_2Arg^+, seja a segunda espécie mais importante. Abaixo de pH 5,40 (e acima de pH = pK_1), H_3Arg^{2+} será a segunda espécie mais importante.

TESTE-SE Qual é o pH em que $[H_2Arg^+] = [Arg^-]$? (***Resposta:*** 10,54.)

Faça uma revisão, na Seção 10.2, do exemplo relativo à preparação de um tampão diprótico. Veja como agora tudo faz mais sentido.

A Figura 10.3 resume como interpretar um sistema triprótico. Determinamos as espécies principais comparando o pH da solução com os valores de pK_a.

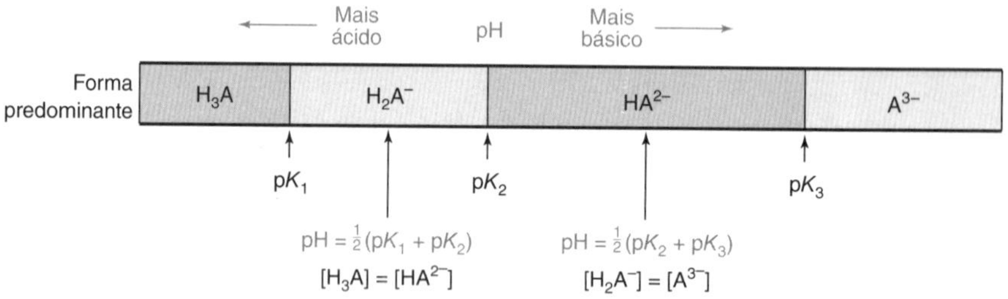

FIGURA 10.3 Forma molecular predominante de um sistema triprótico (H_3A) em diversos intervalos de pH.

Especiação é a descrição da distribuição das possíveis formas que uma espécie química pode assumir. Para o caso de um ácido ou uma base, a especiação descreve quanto de cada forma protonada está presente. O Boxe 10.3 assinala que os ácidos e bases polipróticos parcialmente protonados têm múltiplas espécies possíveis contendo H^+ localizadas em diferentes sítios. Quando água contaminada com arsênio inorgânico ($AsO(OH)_3$ e $As(OH)_3$) é ingerida, ocorre a formação de espécies, como $(CH_3)AsO(OH)_2$, $(CH_3)As(OH)_2$, $(CH_3)_2AsO(OH)$, $(CH_3)_2As(OH)$, $(CH_3)_3AsO$ e $(CH_3)_3As$, por meio de reações de metilação. A especiação descreve quais são as formas e respectivas quantidades presentes.[10]

10.5 Equações de Composição Fracionária

Iremos agora deduzir as equações que permitem obter a fração de cada espécie de um ácido, ou de uma base, em determinado pH. Essas equações são úteis para uma melhor compreensão das titulações ácido-base, das titulações com EDTA e dos equilíbrios eletroquímicos. Elas serão de grande importância no Capítulo 13.

Sistemas Monopróticos

Nosso objetivo é obter uma expressão para a fração de um ácido em cada forma (HA e A^-), em função do pH. Para isso, combinamos a constante de equilíbrio com o balanço de massa. Consideremos um ácido com concentração formal F:

$$HA \overset{K_a}{\rightleftharpoons} H^+ + A^- \qquad K_a = \frac{[H^+][A^-]}{[HA]}$$

$$\text{Balanço de massa: } F = [HA] + [A^-]$$

Manipulando a expressão do balanço de massa, temos $[A^-] = F - [HA]$, que pode ser substituída na expressão do equilíbrio K_a, dando

$$K_a = \frac{[H^+](F - [HA])}{[HA]}$$

BOXE 10.3 Constantes de Microequilíbrio

Qualquer ácido poliprótico que tenha sítios ácidos distinguíveis apresenta uma constante de equilíbrio para a dissociação ácida *em cada sítio*. Considere a 9-metiladenina apresentada no gráfico mostrado a seguir. A adenina é um dos blocos de construção do DNA e do RNA. A adenina se liga à estrutura do DNA ou do RNA por meio do nitrogênio de N9 (estrutura apresentada no Apêndice L), o qual está ligado a um grupo metila neste exemplo.

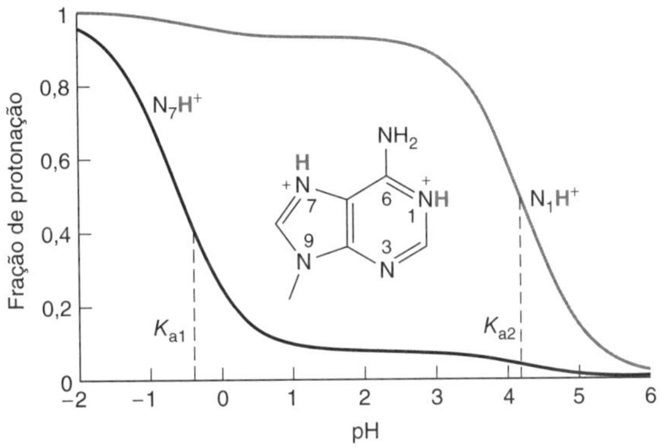

Fração de protonação em N7 e em N1 na 9-metiladenina baseada em constantes de microequilíbrio. [De H. Sigel, "Acid-Base Properties of Purine Residues and the Effect of Metal Ions: Quantification of Rare Nucleobase Tautomers," *Pure Appl. Chem.* **2004**, *76*, 1869.]

Simbolizando a adenina por A, a espécie mostrada na figura é H_2A^{2+}. Como para qualquer ácido diprótico, a 9-metiladenina apresenta duas constantes de dissociação ácida sequenciais:

$$H_2A^{2+} \underset{}{\overset{K_{a1} = 10^{0,4}}{\rightleftharpoons}} HA^+ \overset{K_{a2} = 10^{-4,20}}{\rightleftharpoons} A$$

N7 é mais ácido (menos básico) que N1; assim, como de costume, associamos K_{a1} à dissociação do H^+ do N7 e K_{a2} à dissociação do H^+ do N1. De fato, existe uma *constante de microequilíbrio*, k, para a perda de H^+ de cada posição (N7 e N1). "HA^+" é uma mistura de duas formas com o H^+ em N7 ou em N1:

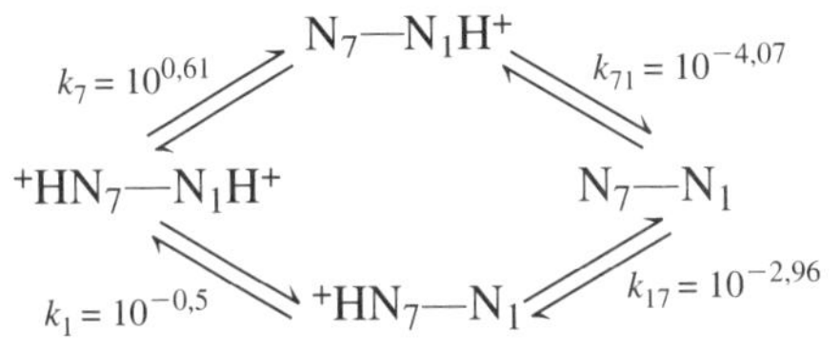
$N_7—N_1H^+$
$k_7 = 10^{0,61}$
$k_{71} = 10^{-4,07}$
$^+HN_7—N_1H^+$
$N_7—N_1$
$k_1 = 10^{-0,5}$
$^+HN_7—N_1$
$k_{17} = 10^{-2,96}$

A constante de microequilíbrio para a perda de H^+ de N7 é k_7; k_1 é a constante de microequilíbrio para a perda de H^+ de N1. A constante de microequilíbrio k_{71} é a constante de dissociação ácida para a perda de H^+ de N1 após a perda de H^+ de N7.

N7 é o sítio mais ácido ($k_7 > k_1$), mas existe um equilíbrio com algum H^+ em cada sítio no HA^+. Em pH 1,9, que está a meio caminho entre pK_{a1} e pK_{a2}, a figura vista neste boxe mostra que N7 está 92% desprotonado e N1 está 8% desprotonado. O Boxe 11.2 discute o significado de valores de pH negativo que aparecem na figura.

---

ou, após um pouco de manipulação algébrica,

$$[HA] = \frac{[H^+]F}{[H^+] + K_a} \tag{10.15}$$

A *fração* de moléculas na forma HA é chamada α_{HA}.

$$\alpha_{HA} = \frac{[HA]}{[HA] + [A^-]} = \frac{[HA]}{F} \tag{10.16}$$

Dividindo a Equação 10.15 por F, temos

Fração na forma HA:
$$\alpha_{HA} = \frac{[HA]}{F} = \frac{[H^+]}{[H^+] + K_a} \tag{10.17}$$

De modo semelhante, a fração na forma A^-, simbolizada por α_{A^-}, pode ser obtida:

Fração na forma A^-:
$$\alpha_{A^-} = \frac{[A^-]}{F} = \frac{K_a}{[H^+] + K_a} \tag{10.18}$$

A Figura 10.4 mostra α_{HA} e α_{A^-} para um sistema com pK_a = 5,00. Em pH baixo, quase todo o ácido está na forma HA. Em um valor elevado de pH, a forma A^- é a predominante.

α_{HA} = fração das espécies na forma HA
α_{A^-} = fração das espécies na forma A^-

$$\alpha_{HA} + \alpha_{A^-} = 1$$

A fração simbolizada por α_{A^-} significa o mesmo que o *grau de dissociação* (α), que foi definido anteriormente.

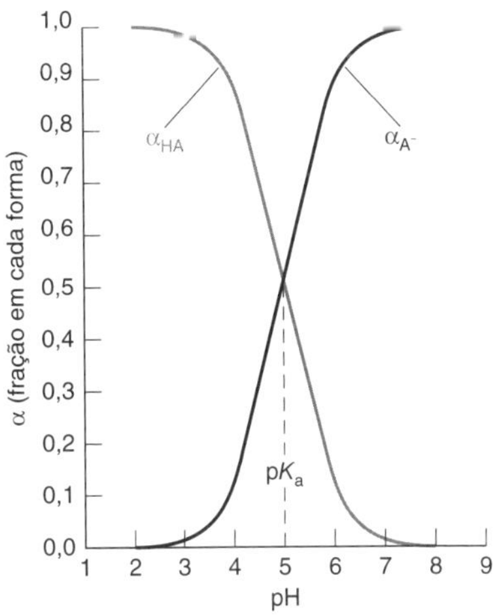

FIGURA 10.4 Diagrama da composição fracionária de um sistema monoprótico com pK_a = 5,00. Abaixo de pH 5, HA é a forma dominante, enquanto acima de pH 5, A^- é a dominante.

Sistemas Dipróticos

A dedução das equações de composição fracionária para um sistema diprótico segue o mesmo raciocínio utilizado para o sistema monoprótico.

$$H_2A \overset{K_1}{\rightleftharpoons} H^+ + HA^-$$
$$HA^- \overset{K_2}{\rightleftharpoons} H^+ + A^{2-}$$

$$K_1 = \frac{[H^+][HA^-]}{[H_2A]} \Rightarrow [HA^-] = [H_2A]\frac{K_1}{[H^+]}$$

$$K_2 = \frac{[H^+][A^{2-}]}{[HA^-]} \Rightarrow [A^{2-}] = [HA^-]\frac{K_2}{[H^+]} = [H_2A]\frac{K_1K_2}{[H^+]^2}$$

α_{H_2A} = fração de espécies na forma H_2A
α_{HA^-} = fração de espécies na forma HA^-
$\alpha_{A^{2-}}$ = fração de espécies na forma A^{2-}
$$\alpha_{H_2A} + \alpha_{HA^-} + \alpha_{A^{2-}} = 1$$

A forma geral de α para um ácido poliprótico H_nA é

$$\alpha_{H_nA} = \frac{[H^+]^n}{D}$$

$$\alpha_{H_{n-1}A} = \frac{K_1[H^+]^{n-1}}{D}$$

$$\alpha_{H_{n-j}A} = \frac{K_1K_2 \cdots K_j[H^+]^{n-j}}{D}$$

em que $D = [H^+]^n + K_1[H^+]^{n-1} + K_1K_2[H^+]^{n-2} + \ldots + K_1K_2K_3 \ldots K_n$.

Balanço de massa: $F = [H_2A] + [HA^-] + [A^{2-}]$

$$F = [H_2A] + \frac{K_1}{[H^+]}[H_2A] + \frac{K_1K_2}{[H^+]^2}[H_2A]$$

$$F = [H_2A]\left(1 + \frac{K_1}{[H^+]} + \frac{K_1K_2}{[H^+]^2}\right) = [H_2A]\left(\frac{[H^+]^2 + [H^+]K_1 + K_1K_2}{[H^+]^2}\right)$$

Para um sistema diprótico, simbolizamos a fração na forma H_2A como α_{H_2A}, a fração na forma HA^- como α_{HA^-} e a fração na forma A^{2-} como $\alpha_{A^{2-}}$. A partir da definição de α_{H_2A}, podemos escrever

Fração na forma H_2A:
$$\alpha_{H_2A} = \frac{[H_2A]}{F} = \frac{[H^+]^2}{[H^+]^2 + [H^+]K_1 + K_1K_2} \qquad (10.19)$$

Da mesma forma, podemos deduzir as seguintes equações:

Fração na forma HA^-:
$$\alpha_{HA^-} = \frac{[HA^-]}{F} = \frac{K_1[H^+]}{[H^+]^2 + [H^+]K_1 + K_1K_2} \qquad (10.20)$$

Fração na forma A^{2-}:
$$\alpha_{A^{2-}} = \frac{[A^{2-}]}{F} = \frac{K_1K_2}{[H^+]^2 + [H^+]K_1 + K_1K_2} \qquad (10.21)$$

A Figura 10.5 mostra as frações para o ácido fumárico, cujos dois valores de pK_a estão afastados por apenas 1,46 unidade. O valor de α_{HA^-} cresce somente até 0,73, pois os dois valores de pK estão muito próximos. Existe uma quantidade significativa tanto de H_2A quanto de A^{2-} na região de $pK_1 < pH < pK_2$.

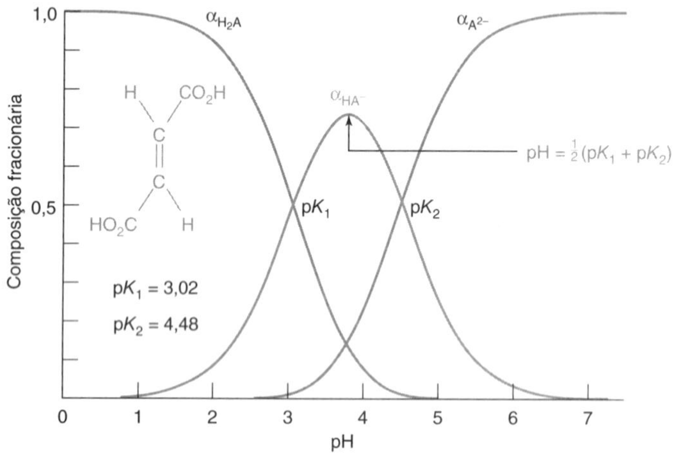

FIGURA 10.5 Diagrama da composição fracionária para o ácido fumárico (ácido *trans*-butenodioico). Em pH baixo, H_2A é a forma dominante. Em pH intermediário, HA^- é a dominante e em valor de pH elevado, A^{2-} domina. Como pK_1 e pK_2 não diferem muito entre si, a fração de HA^- nunca chega muito perto da unidade.

Como se usam as equações de composição fracionária em bases

As Equações 10.19 a 10.21 se aplicam igualmente bem para B, BH^+ e BH_2^{2+} obtidas pela dissolução da base B em água. A fração α_{H_2A} se aplica à forma ácida BH_2^{2+}. Semelhantemente, α_{HA^-} se aplica a BH^+, e $\alpha_{A^{2-}}$ se aplica a B. As constantes K_1 e K_2 são as constantes de dissociação *ácida* de BH_2^{2+} ($K_1 = K_w/K_{b2}$ e $K_2 = K_w/K_{b1}$).

10.6 pH Isoelétrico e Isoiônico

Os bioquímicos frequentemente se referem ao pH isoelétrico ou isoiônico de moléculas polipróticas, como as proteínas. Esses termos podem ser entendidos em função de um sistema diprótico, por exemplo, o aminoácido alanina.

$$\underset{\substack{\text{Cátion alanina} \\ H_2A^+}}{H_3\overset{+}{N}CHCO_2H} \rightleftharpoons \underset{\substack{\text{Zwitterion neutro} \\ HA}}{H_3\overset{+}{N}CHCO_2^-} + H^+ \qquad pK_1 = 2,34$$

(com CH_3 ligado ao C central)

$$H_3\overset{+}{N}CHCO_2^- \rightleftharpoons \underset{\substack{\text{Ânion alanina} \\ A^-}}{H_2NCHCO_2^-} + H^+ \qquad pK_2 = 9,87$$

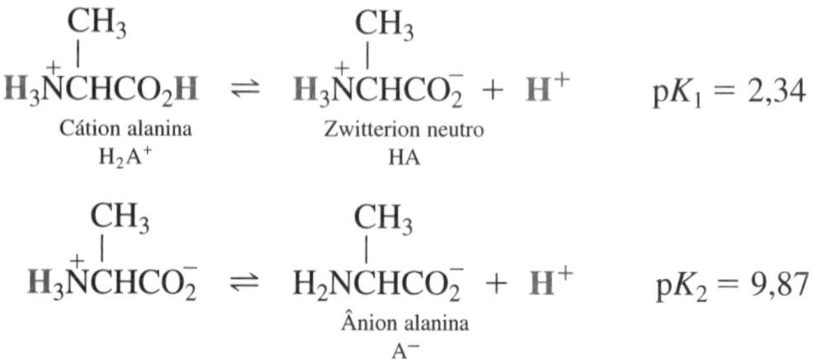

O **ponto isoiônico** (ou pH isoiônico) é o pH obtido quando o ácido poliprótico neutro puro HA (o zwitterion neutro) é dissolvido em água. Os únicos íons são H_2A^+, A^-, H^+ e OH^-. A maior parte da alanina está sob a forma HA e as concentrações de H_2A^+ e de A^- *não* são iguais entre si.

O *pH isoiônico* é o pH do ácido poliprótico neutro e puro.

O **ponto isoelétrico** (ou pH isoelétrico) é o pH no qual a carga *média* do ácido poliprótico é zero. A maioria das moléculas está na forma não carregada HA, e as concentrações de H_2A^+ e de A^- *são* iguais entre si. Existe sempre algum H_2A^+ e algum A^- em equilíbrio com HA.

O *pH isoelétrico* é o pH no qual a carga média do ácido poliprótico é 0.

Quando a alanina é dissolvida em água, o pH da solução, por definição, é o pH *isoiônico*. Como a alanina (HA) é a forma intermediária de um ácido diprótico (H_2A^+), $[H^+]$ é dada por

A alanina é a forma intermediária de um ácido diprótico, por isso devemos utilizar a Equação 10.11 (equivalente à Equação 10.22) para determinar o pH.

Ponto isoiônico:
$$[H^+] = \sqrt{\frac{K_1K_2F + K_1K_w}{K_1 + F}} \qquad \textbf{(10.22)}$$

em que F é a concentração formal de alanina. Para uma solução 0,10 M de alanina, o pH isoiônico é calculado a partir de

$$[H^+] = \sqrt{\frac{K_1K_2(0{,}10) + K_1K_w}{K_1 + (0{,}10)}} = 7{,}7 \times 10^{-7}\ \text{M} \Rightarrow \text{pH} = 6{,}11$$

A partir da $[H^+]$ de K_1 e de K_2, podemos calcular, para a alanina pura em água (a solução *isoiônica*), $[H_2A^+] = 1{,}68 \times 10^{-5}$ M e $[A^-] = 1{,}76 \times 10^{-5}$ M. Existe um ligeiro excesso de A^-, pois o HA tem caráter ligeiramente mais ácido do que básico. Ele se dissocia para formar A^- um pouco mais do que ele reage com a água para formar H_2A^+.

O ponto *isoelétrico* é o pH em que as concentrações de H_2A^+ e de A^- são iguais, e, portanto, a carga média de alanina é zero. Para passarmos de uma solução *isoiônica* (HA puro em água) para uma solução isoelétrica, teríamos apenas que adicionar ácido forte, suficiente para reduzir a concentração $[A^-]$ e aumentar a concentração $[H_2A^+]$ até que elas sejam iguais. A adição de um ácido necessariamente diminui o pH. Para a alanina, o pH isoelétrico deve ser menor que o pH isoiônico.

Calculamos o pH isoelétrico escrevendo primeiro as expressões para as concentrações $[H_2A^+]$ e $[A^-]$:

$$[H_2A^+] = \frac{[HA][H^+]}{K_1} \qquad [A^-] = \frac{K_2[HA]}{[H^+]}$$

Admitindo que $[H_2A^+] = [A^-]$, encontramos:

$$\frac{[HA][H^+]}{K_1} = \frac{K_2[HA]}{[H^+]} \Rightarrow [H^+] = \sqrt{K_1K_2}$$

que resulta em

O ponto isoelétrico é equidistante entre os dois valores de pK_a, com um valor "próximo" das espécies intermediárias neutras.

Ponto isoelétrico:
$$\text{pH} = \frac{1}{2}(pK_1 + pK_2) \qquad \textbf{(10.23)}$$

Para um aminoácido diprótico, o pH isoelétrico é equidistante entre os dois valores de pK_a. O ponto isoelétrico da alanina é $\frac{1}{2}(2{,}34 + 9{,}87) = 6{,}10$.

Os pontos isoelétricos e isoiônicos para um ácido poliprótico possuem valores semelhantes. No pH isoelétrico, a carga média da molécula é zero; assim $[H_2A^+] = [A^-]$ e $\text{pH} = \frac{1}{2}(pK_1 + pK_2)$. No ponto isoiônico, o pH é dado pela Equação 10.22, e $[H_2A^+]$ não é exatamente igual a $[A^-]$.

Proteínas São Ácidos e Bases Polipróticos

As *proteínas* desempenham diferentes funções biológicas, por exemplo, suporte estrutural, catálise de reações químicas, resposta imunológica a substâncias estranhas, transporte de moléculas por meio de membranas e controle da expressão genética. A estrutura tridimensional e a função de uma proteína são determinadas pela sequência dos *aminoácidos* a partir dos quais a proteína é formada. O diagrama visto a seguir mostra como os aminoácidos estão ligados entre si para formarem um *polipeptídeo*.

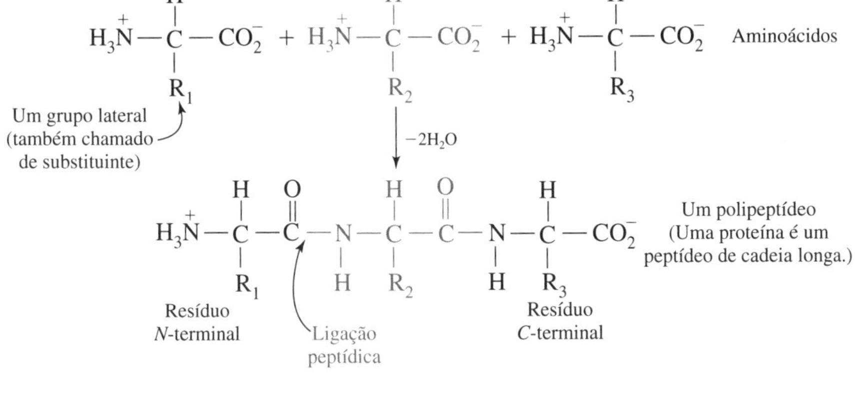

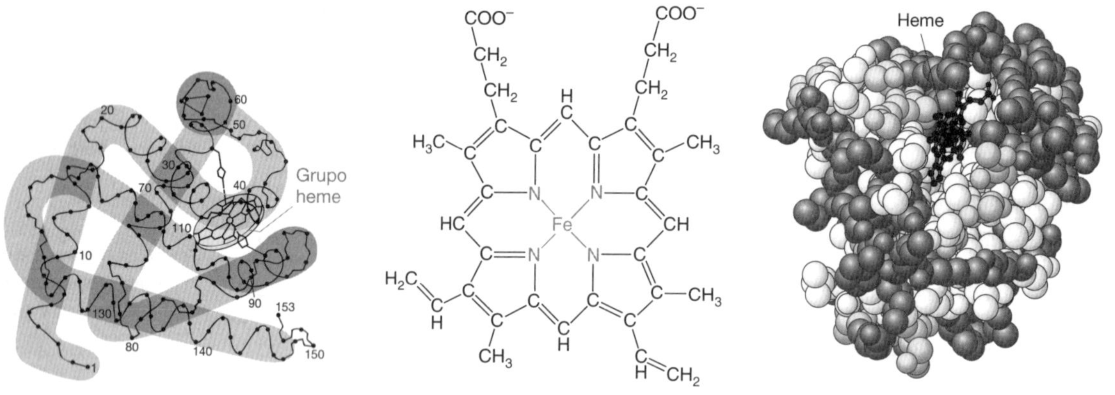

(*a*) Esqueleto da mioglobina (*b*) Estrutura da heme (*c*) Modelo espaço preenchido da mioglobina

FIGURA 10.6 (*a*) Esqueleto polipeptídico da proteína mioglobina, que armazena oxigênio no tecido muscular. Para maior clareza, os grupos substituintes (grupos R da Tabela 10.1) não estão apresentados na figura. O grupo *heme*, plano, localizado no lado direito da proteína, contém um átomo de ferro, que pode se ligar ao O_2, ao CO e a outras moléculas pequenas. [De M. F. Perutz, "The Hemoglobin Molecule." Copyright © 1964 by Scientific American, Inc.] (*b*) Estrutura da *heme*. (*c*) Modelo espaço preenchido da mioglobina, onde os aminoácidos *carregados* contendo substituintes ácidos ou básicos estão assinalados em cor escura. Os aminoácidos em cor clara são *hidrofílicos* (polares, têm afinidade pela água), mas não estão carregados. Os aminoácidos hidrofóbicos (não polares, têm aversão à água) estão marcados em branco. A superfície desta proteína solúvel em água é dominada por grupos carregados e hidrofílicos. [De J. M. Berg, J. L. Tymoczko, and L. Stryer, *Biochemistry*, 5th ed. (New York: Freeman, 2002).]

Dos 20 aminoácidos comuns na Tabela 10.1, três possuem substituintes básicos e quatro apresentam substituintes ácidos.

A proteína mioglobina, apresentada na Figura 10.6, se enovela em diversas regiões helicoidais (espirais) que controlam o acesso de oxigênio e outras moléculas pequenas ao grupo heme, cuja função é armazenar O_2 nas células musculares. Dentre os 153 aminoácidos da mioglobina da baleia cachalote, 35 possuem substituintes de caráter básico e 23 de caráter ácido.

Para uma proteína, o pH *isoiônico* é o pH de uma solução contendo a proteína pura sem nenhum outro íon, exceto H^+ e OH^-. As proteínas geralmente são isoladas em uma forma carregada junto com contraíons, como Na^+, NH_4^+ ou Cl^-. Quando a proteína é submetida a uma *diálise* intensiva (Demonstração 27.1) contra água pura, o pH do compartimento da proteína se aproxima do ponto isoiônico, se os contraíons estiverem livres para passar pela membrana de diálise semipermeável, que retém a proteína. O ponto *isoelétrico* é o pH no qual a proteína não apresenta nenhuma carga líquida. O Boxe 10.4 descreve como as proteínas podem ser isoladas em função dos seus diferentes pontos isoelétricos.

Propriedades relacionadas – de interesse para a geologia, ciência ambiental e cerâmica – são a acidez superficial de um sólido[11] e o pH do ponto de carga zero.[12] A superfície de alguns minerais, argilas ou mesmo de substâncias orgânicas se comportam como ácidos e bases. A superfície da sílica (SiO_2) da areia ou do vidro pode ser representada, de maneira simplificada, como um ácido diprótico:

$$\equiv\text{Si}-\text{OH}_2^+ \xrightleftharpoons{K_{a1}} \equiv\text{Si}-\text{OH} + \text{H}^+ \qquad K_{a1} = \frac{\{\text{SiOH}\}[\text{H}^+]}{\{\text{SiOH}^{2+}\}} \tag{10.24}$$

$$\equiv\text{Si}-\text{OH} \xrightleftharpoons{K_{a2}} \equiv\text{Si}-\text{O}^- + \text{H}^+ \qquad K_{a2} = \frac{\{\text{SiO}^-\}[\text{H}^+]}{\{\text{SiOH}\}} \tag{10.25}$$

A notação ≡Si representa um átomo de silício da superfície ligado a três outros átomos abaixo da superfície. Os grupos silanóis (≡Si—OH) podem doar ou aceitar prótons e, com isso, conferir carga negativa ou positiva à superfície do sólido. No cálculo das constantes de equilíbrio, as concentrações das espécies da superfície $\{SiOH_2^+\}$, $\{SiOH\}$ e $\{SiO^-\}$ são medidas em número de mols por grama do sólido.

O *pH do ponto de carga zero* é o valor do pH no qual $\{SiOH_2^+\} = \{SiO^-\}$, o que significa que a superfície não possui carga. Como no caso do ponto isoelétrico de um ácido diprótico, o pH do ponto de carga zero é igual a $\frac{1}{2}(pK_1 + pK_2)$. As *partículas coloidais* (cujos diâmetros situam-se na faixa de 1 a 100 nm) tendem a permanecer dispersas quando possuem carga. Entretanto, elas tendem a *flocular* (se agregam e precipitam) próximas ao pH do ponto de carga zero. Em eletroforese capilar (Capítulo 26), a carga da superfície do capilar de sílica é que determina a taxa com que o solvente se move pelo capilar.

BOXE 10.4 Focalização Isoelétrica

No *ponto isoelétrico*, a carga média de todas as formas de uma proteína é igual a zero. Portanto, ela não migra em um campo elétrico quando está em seu pH isoelétrico. Esse efeito é o fundamento de uma técnica de separação de proteínas, denominada **focalização isoelétrica**. Uma mistura de proteínas é submetida a um campo elétrico em um meio especificamente desenvolvido para produzir um gradiente de pH. As moléculas carregadas positivamente movem-se em direção ao polo negativo, e as moléculas carregadas negativamente movem-se em direção ao polo positivo. Cada proteína migra até alcançar o ponto no qual o pH é igual ao seu pH isoelétrico. Nesse ponto, a proteína não possui carga líquida e não se move mais. Assim, cada proteína presente na mistura é focalizada em uma pequena região que corresponde ao seu pH isoelétrico.[13]

A focalização isoelétrica em um capilar de 6 mm de comprimento × 100 μm de largura × 25 μm de profundidade gravada em um vidro de sílica é mostrada na figura inferior esquerda deste boxe. A imagem (i) mostra os marcadores fluorescentes com pontos isoelétricos (chamados pI) conhecidos em uma corrida como padrões. As imagens (ii) e (iii) mostram as separações de proteínas contendo marcadores fluorescentes. As proteínas migram até que atinjam seus pH isoelétricos e, então, param de se mover. Se uma molécula se desloca para fora de sua região isoelétrica ela torna-se carregada e migra de volta à sua zona isoelétrica. O gráfico mostra o pH medido contra a distância percorrida no capilar. As separações ou reações conduzidas em capilares em *chips* de vidro ou de polímero são exemplos de práticas de *laboratório em um chip* (Seção 26.8).

A figura da direita mostra a separação de um conjunto de células de levedura, em três estágios diferentes de crescimento (início da fase exponencial, meio da fase exponencial e fase estacionária) por focalização isoelétrica dentro de um tubo capilar de sílica. A superfície das células sofre modificações de suas propriedades ácido-base (e, consequentemente, muda o valor de pI) durante o crescimento da colônia.

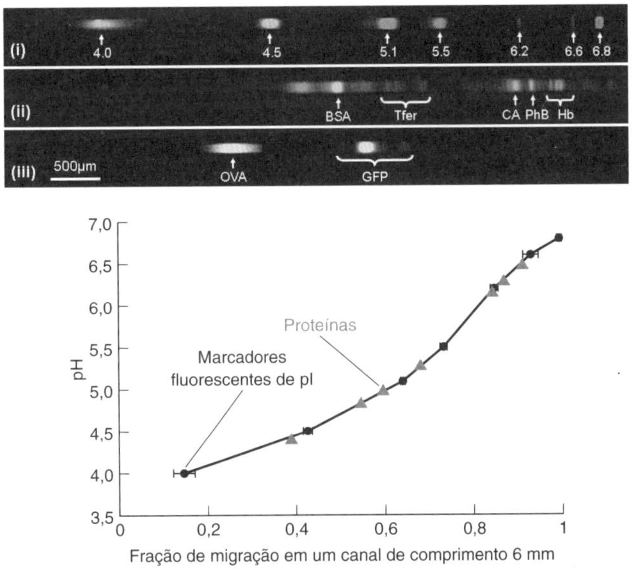

Focalização isolétrica em um "laboratório em um chip" (lab-on-a-chip). (i) Marcadores fluorescentes de pI. (ii) e (iii) Separação de proteínas contendo marcadores fluorescentes: (OVA) albumina de ovo; (GFP) proteína verde fluorescente; (BSA) albumina de sangue bovino; (Tfer) transferrina; (CA) anidrase carbônica; (PhB) fosforilase B; e (Hb) hemoglobina. [© G. J. Sommer, A. K. Singh, and A. V. Hatch, "On-Chip Isoelectric Focusing Using Photopolymerized Immobilized pH Gradients," *Anal. Chem.* **2008**, *80*, 3327. Reproduzido sob permissão © 2008, American Chemical Society.]

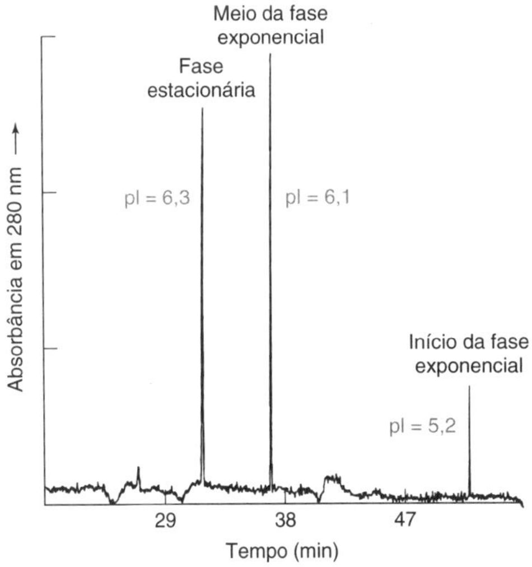

Focalização isoelétrica capilar de células de levedura retiradas de três estágios de crescimento. Após focalizarem-se as células em seus pH isoelétricos, a entrada de líquido no capilar foi conectada em uma altura mais elevada e o conteúdo do capilar foi drenado para um detector de ultravioleta, dando origem aos três picos observados na figura. A abscissa do gráfico é o tempo necessário para as três bandas atingirem o detector. [De R. Shen, S. J. Berger, and R. D. Smith, "Capillary Isoelectric Focusing of Yeast Cells," *Anal. Chem.* **2000**, *72*, 4603.]

Termos Importantes

ácidos e bases dipróticas
ácidos e bases polipróticas
aminoácido
anfiprótico
especiação
focalização isoelétrica
gás de efeito estufa
hidrólise
ponto isoelétrico
ponto isoiônico
zwitterion (íon duplo)

Resumo

Os ácidos e bases dipróticos se dividem em três categorias:

1. A forma completamente ácida, H_2A, comporta-se como um ácido monoprótico, $H_2A \rightleftharpoons H^+ + HA^-$, para o qual resolvemos a equação $K_{a1} = x^2/(F - x)$, em que $[H^+] = [HA^-] = x$ e $[H_2A] = F - x$. De $[HA^-]$ e $[H^+]$, $[A^{2-}]$ pode ser calculada a partir da constante de equilíbrio K_{a2}.
2. A forma completamente básica, A^{2-}, comporta-se como uma base, $A^{2-} + H_2O \rightleftharpoons HA^- + OH^-$, para a qual resolvemos a equação $K_{b1} = x^2/(F - x)$, com $[OH^-] = [HA^-] = x$ e $[A^{2-}] = F - x$. Dessas concentrações, $[H_2A]$ pode ser calculada a partir das constantes de equilíbrio K_{a1} ou K_{b2}.

3. A forma intermediária (anfiprótica), HA^-, é simultaneamente um ácido e uma base. Seu pH é dado por

$$[H^+] = \sqrt{\frac{K_1K_2F + K_1K_w}{K_1 + F}}$$

em que K_1 e K_2 são as constantes de dissociação ácida para H_2A e F é a concentração formal do intermediário. Na maioria dos casos, essa equação se reduz à forma $pH \approx \frac{1}{2}(pK_1 + pK_2)$, com pH sendo independente da concentração.

Em sistemas tripróticos, existem duas formas intermediárias. O pH de cada uma é determinado com uma equação análoga à da forma intermediária de um sistema diprótico. Os sistemas tripróticos também possuem uma forma totalmente ácida e uma forma totalmente básica; estas podem ser tratadas como monopróticas para o cálculo do pH. Para tampões polipróticos, escrevemos a equação apropriada de Henderson-Hasselbalch juntando as duas espécies principais do sistema. O pK_a nessa equação é o que se aplica ao ácido no denominador do termo logarítmico. Se os sítios ácidos de uma molécula são quimicamente distintos, existe uma constante de microequilíbrio para a dissociação do H^+ a partir de cada sítio. As espécies intermediárias são efetivamente uma mistura de espécies com H^+ em equilíbrio entre os sítios ácidos.

A espécie principal de um sistema monoprótico ou poliprótico é encontrada pela comparação do pH com os diversos valores de pK_a. Para $pH < pK_1$, a espécie completamente protonada, H_nA, é a forma predominante. Para $pK_1 < pH < pK_2$, a forma $H_{n-1}A^-$ é favorecida, e em cada valor de pK sucessivo, a próxima espécie desprotonada torna-se a espécie principal. Finalmente, em valores de pH maiores do que o maior pK, a forma completamente básica (A^{n-}) é a dominante. A composição fracionária de uma solução é expressa por α, que é calculada pelas Equações 10.17 e 10.18 para um sistema monoprótico e pelas Equações 10.19 a 10.21 para um sistema diprótico.

O pH isoelétrico de um composto poliprótico é o pH em que a carga média de todas as espécies é zero. Para um aminoácido diprótico cuja forma anfiprótica é neutra, o pH isoelétrico é dado por $pH = \frac{1}{2}(pK_1 + pK_2)$. O pH isoiônico de uma espécie poliprótica é o pH que deve existir em uma solução contendo somente os íons derivados da espécie poliprótica neutra e da H_2O. Para um aminoácido diprótico cuja forma anfiprótica é neutra, o pH isoiônico é determinado a partir de $[H^+] = \sqrt{(K_1K_2F + K_1K_w)/(K_1 + F)}$, em que F é a concentração formal do aminoácido.

Exercícios

10.A. Determine o pH e as concentrações de H_2SO_3, HSO_3^- e SO_3^{2-} em cada uma das seguintes soluções: (**a**) 0,050 M de H_2SO_3; (**b**) 0,050 M de $NaHSO_3$; (**c**) 0,050 M de Na_2SO_3.

10.B. (**a**) Quantos gramas de $NaHCO_3$ (MF 84,01) devem ser adicionados a 4,00 g de K_2CO_3 (MF 138,20) em 500 mL de água, para termos um pH igual a 10,80?

(**b**) Qual é o pH, se 100 mL de solução de HCl 0,100 M forem adicionados à solução em (**a**)?

(**c**) Quantos mililitros de HNO_3 0,320 M devem ser adicionados a 4,00 g de K_2CO_3 para se ter um pH igual a 10,00 em 250 mL de solução?

10.C. Quantos mililitros de KOH 0,800 M devem ser adicionados a 5,02 g de ácido 1,5-pentanodioico ($C_5H_8O_4$, MF 132,12) para se ter uma solução com pH igual a 4,40, quando diluída a 250 mL?

10.D. Calcule o pH de uma solução 0,010 M de cada aminoácido na forma apresentada a seguir. Normalmente, selecionamos valores de pK_a para força iônica $\mu = 0$ no Apêndice G. O único valor de pK_3 para arginina no apêndice é $\mu = 0$, de modo que é o valor a ser usado.

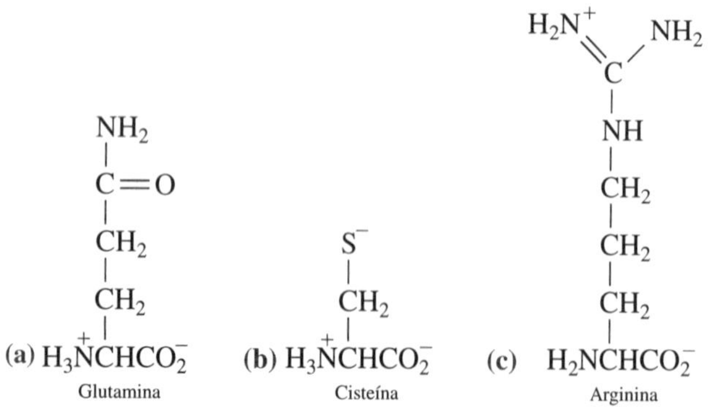

Glutamina Cisteína Arginina

10.E. (**a**) Represente a estrutura da forma predominante (espécie principal) do 1,3-di-hidroxibenzeno, em pH 9,00 e em pH 11,00.

(**b**) Qual é a segunda espécie mais abundante em cada pH?

(**c**) Calcule a porcentagem na forma principal em cada pH.

10.F. Represente as estruturas das formas predominantes do ácido glutâmico e da tirosina em pH 9,0 e em pH 10,0. Qual é a segunda espécie mais abundante em cada pH?

10.G. Calcule o pH isoiônico de uma solução de lisina 0,010 M.

10.H. A lisina neutra pode ser escrita como HL. As outras formas da lisina são H_3L^{2+}, H_2L^+ e L^-. O ponto isoelétrico é o pH no qual a carga *média* da lisina é zero. Portanto, no ponto isoelétrico, $2[H_3L^{2+}] + [H_2L^+] = [L^-]$. ($[H_3L^{2+}]$ é multiplicado por 2 porque possui carga dupla.) Use essa condição para calcular o pH isoelétrico da lisina. (*Dica:* este exercício requer que você raciocine, não que fique fazendo contas.)

Problemas

Ácidos e Bases Dipróticos

10.1. Considere HA^- a forma intermediária de um ácido diprótico. O K_a para esta espécie é 10^{-4} e o K_b é 10^{-8}. Todavia, as reações de K_a e de K_b ocorrem quase na mesma extensão quando NaHA é dissolvido em água. Explique.

10.2. Represente a estrutura geral de um aminoácido. Por que alguns aminoácidos na Tabela 10.1 possuem dois valores de pK e outros possuem três?

10.3. Escreva as reações químicas para o aminoácido prolina, cujas constantes de equilíbrio são K_{b1} e K_{b2}. Determine os valores de K_{b1} e de K_{b2}.

10.4. Considere o ácido diprótico H_2A com $K_1 = 1{,}00 \times 10^{-4}$ e $K_2 = 1{,}00 \times 10^{-8}$. Determine o pH e as concentrações de H_2A, HA^- e A^{2-} em cada uma das soluções seguintes: (**a**) H_2A 0,100 M; (**b**) NaHA 0,100 M; (**c**) Na_2A 0,100 M.

10.5. Simbolizamos o ácido malônico, $CH_2(CO_2H)_2$, por H_2M. Determine o pH e as concentrações de H_2M, HM^- e M^{2-} em cada uma das seguintes soluções: (**a**) H_2M 0,100 M; (**b**) NaHM 0,100 M; (**c**) Na_2M 0,100 M.

10.6. Calcule o pH de uma solução de piperazina 0,300 M. Calcule a concentração de cada forma de piperazina nesta solução.

10.7. Utilize três ciclos de aproximação segundo o método do Boxe 10.2 para calcular as concentrações de $[H^+]$, $[H_2A]$, $[HA^-]$ e $[A^{2-}]$ em uma solução de oxalato monossódico, NaHA, 0,001 00 M.

10.8. *Atividade*. Neste problema, levando em consideração as atividades, calculamos o pH da forma intermediária de um ácido diprótico.

(**a**) Deduza a Equação 10.11 para uma solução de hidrogenoftalato de potássio (K^+HP^- no exemplo após a Equação 10.12). Não despreze os coeficientes de atividades nessa dedução.

(**b**) Calcule o pH de uma solução de KHP 0,050 M, utilizando os resultados obtidos em (**a**). Considere que os tamanhos de HP^- e de P^{2-} são iguais a 600 pm. Para fins de comparação, a Equação 10.11 fornece pH = 4,18.

10.9. *Forma intermediária de um ácido diprótico por iteração usando o Excel.* Habilite referências circulares em uma nova planilha. No Excel 2016, selecione a aba Arquivo e clique em Opções. Na janela de Opções, selecione Fórmulas. Em Opções de cálculo, selecione "Habilitar cálculo iterativo" e estabeleça o Número Máximo de Alterações como 1e-12. Clique em OK. Crie a planilha apresentada a seguir com todas as fórmulas mostradas, com exceção da célula B11, onde começaremos com "=B8", $[HA^-]$ = F. Nesse ponto, os valores para todas as concentrações devem ser os mesmos obtidos na primeira aproximação para o ácido málico no Boxe 10.2. Tenha a certeza de que elas são as mesmas.

Agora, mude a fórmula para $[HA^-]$ na célula B11 para "=B8 – B10 – B12". O Excel realiza iterações até que as variáveis definidas circularmente estejam dentro do número máximo de alterações estipulado. As respostas serão mostradas como na planilha a seguir. Verifique se estão iguais.

(**a**) Copie a coluna B da sua planilha e cole-a na coluna G. Mude K_1 para 10^{-4} na célula G5 e mude K_2 para 10^{-8} na célula G6. Mude F para 0,01 na célula G8. A coluna G contém agora as concentrações para o sal anfiprótico Na^+HA^-, com $K_1 = 10^{-4}$, $K_2 = 10^{-8}$ e F = 0,01 M. Verifique as respostas manualmente começando por pH $\approx \frac{1}{2}(pK_1 + pK_2)$. Fazendo $[HA^-] \approx$ F, calcule $[H_2A]$ e $[A^{2-}]$. Por fim, encontre $[HA^-] \approx F - [H_2A] - [A^{2-}]$.

(**b**) Copie a coluna G de sua planilha e cole-a na coluna H. Mude K_2 para 10^{-5} na célula H6. A coluna H contém agora as concentrações para a forma intermediária de um ácido diprótico, com $K_1 = 10^{-4}$, $K_2 = 10^{-5}$ e F = 0,01 M. Você deve obter $[HA^-] = 6{,}13 \times 10^{-3}$ M e pH = 4,50.

	A	B	C	D	E
1	Aproximações sucessivas por referência circular				
2	para a forma intermediária de um ácido diprótico				
3					
4	H_2A ácido málico				
5	K_1 =	3,50E-04			
6	K_2 =	7,90E-06			
7	K_w =	1,00E-14			
8	F =	1,000E-03			
9	$[H^+]$ =	4,356E-05	= RAIZ((K_1*K2*[HA$^-$]+K_1*Kw)/(K_1+[HA$^-$]))		
10	$[H_2A]$ =	9,532E-05	= $[H^+][HA^-]/K_1$		
11	$[HA^-]$ =	7,658E-04	= F-$[H_2A]$-$[A^{2-}]$		
12	$[A^{2-}]$ =	1,389E-04	= $K_2[HA^-]/[H^+]$		
13	pH =	4,360887	= –log$[H^+]$		
14					
15	1. Marque Permitir Cálculo Iterativo na aba Fórmulas em Opções do Excel				
16	com Número Máximo de Alterações = 1E-12				
17	2. Comece fixando $[HA^-]$ = F				
18	3. Escreva as fórmulas corretas para as demais concentrações				
19	4. Então mude $[HA^-]$ para = F-[H2A]-$[A^{2-}]$				
20	5. As respostas corretas agora aparecem em todas as células				

Planilha para o Problema 10.9

10.10. *Equilíbrio heterogêneo.* O CO_2 se dissolve em água para dar "ácido carbônico" (que é principalmente CO_2 dissolvido como descrito no Boxe 6.4).

$$CO_2(g) \rightleftharpoons CO_2(aq) \qquad K_H = [CO_2(aq)]/P_{CO_2} = 10^{-1{,}5}$$

(A constante de equilíbrio é chamada *constante da lei de Henry* para o dióxido de carbono, pois a lei de Henry estabelece que a solubilidade de um gás em um líquido é proporcional à pressão do gás.) As constantes de dissociação ácida, tabeladas para o "ácido carbônico", no Apêndice G, se aplicam para o $CO_2(aq)$. Dado que P_{CO_2} na atmosfera é $10^{-3{,}4}$ atm, determine o pH da água em equilíbrio com a atmosfera.

10.11. *Efeito da temperatura na acidez do ácido carbônico e na solubilidade do $CaCO_3$.*[14] O Boxe 10.1 estabelece que a vida marinha com conchas e esqueletos de $CaCO_3$ está ameaçada de extinção nas águas frias polares antes que aconteça o aquecimento das águas tropicais. As seguintes constantes de equilíbrio se aplicam à água do mar a 0 e 30 °C, onde as concentrações são medidas em número de mols por kg de água do mar e a pressão em bar:

$$CO_2(g) \rightleftharpoons CO_2(aq) \qquad \text{(A)}$$

$$K_H = \frac{[CO_2(aq)]}{P_{CO_2}} = 10^{-1,2073} \text{ mol kg}^{-1} \text{ bar}^{-1} \text{ a } 0\ °C$$

$$= 10^{-1,6048} \text{ mol kg}^{-1} \text{ bar}^{-1} \text{ a } 30\ °C$$

$$CO_2(aq) + H_2O \rightleftharpoons HCO_3^- + H^+ \qquad \text{(B)}$$

$$K_{a1} = \frac{[HCO_3^-][H^+]}{[CO_2(aq)]} = 10^{-6,1004} \text{ mol kg}^{-1} \text{ a } 0\ °C$$

$$= 10^{-5,8008} \text{ mol kg}^{-1} \text{ a } 30\ °C$$

$$HCO_3^- \rightleftharpoons CO_3^{2-} + H^+ \qquad \text{(C)}$$

$$K_{a2} = \frac{[CO_3^{2-}][H^+]}{[HCO_3^-]} = 10^{-9,3762} \text{ mol kg}^{-1} \text{ a } 0\ °C$$

$$= 10^{-8,8324} \text{ mol kg}^{-1} \text{ a } 30\ °C$$

$$CaCO_3(s, \textit{aragonita}) \rightleftharpoons Ca^{2+} + CO_3^{2-} \qquad \text{(D)}$$

$$K_{ps}^{arg} = [Ca^{2+}][CO_3^{2-}] = 10^{-6,1113} \text{ mol}^2 \text{ kg}^{-2} \text{ a } 0\ °C$$

$$= 10^{-6,1391} \text{ mol}^2 \text{ kg}^{-2} \text{ a } 30\ °C$$

$$CaCO_3(s, \textit{calcita}) \rightleftharpoons Ca^{2+} + CO_3^{2-} \qquad \text{(E)}$$

$$K_{ps}^{cal} = [Ca^{2+}][CO_3^{2-}] = 10^{-6,3652} \text{ mol}^2 \text{ kg}^{-2} \text{ a } 0\ °C$$

$$= 10^{-6,3713} \text{ mol}^2 \text{ kg}^{-2} \text{ a } 30\ °C$$

A primeira constante de equilíbrio é chamada de K_H para a Lei de Henry (Problema 10.10). As unidades são dadas para lembrá-lo das unidades que você precisa utilizar.

(**a**) Combine as expressões para K_H, K_{a1} e K_{a2} para encontrar uma expressão para $[CO_3^{2-}]$ em termos de P_{CO_2} e $[H^+]$.

(**b**) A partir do resultado em (**a**), calcule $[CO_3^{2-}]$ (mol kg^{-1}) em P_{CO_2} = 800 μbar e pH = 7,8 na temperatura de 0 °C (oceano polar) e 30 °C (oceano tropical). Essas são as condições que podem ser atingidas em torno do ano 2100.

(**c**) A concentração de Ca^{2+} no oceano é 0,010 M. Faça uma previsão se a aragonita e a calcita se dissolverão nas condições de (**b**).

Tampões Dipróticos

10.12. Quantos gramas de Na_2CO_3 (MF 105,99) devem ser misturados com 5,00 g de $NaHCO_3$ (MF 84,01) para produzir 100 mL de tampão com pH 10,00?

10.13. Quantos mililitros de NaOH 0,202 M devem ser adicionados a 25,0 mL de ácido salicílico (ácido 2-hidroxibenzoico) 0,023 3 M para ajustar o pH em 3,50?

10.14. Descreva como você pode preparar exatamente 100 mL do tampão picolinato 0,100 M, pH 5,50. Os possíveis materiais de partida são o ácido picolínico puro (ácido piridino-2-carboxílico, MF 123,10), solução de HCl 1,0 M e solução de NaOH 1,0 M. Aproximadamente quantos mililitros de HCl ou de NaOH serão necessários?

10.15. Quantos gramas de Na_2SO_4 (MF 142,04) devem ser adicionados a quantos gramas de ácido sulfúrico (MF 98,07) para se ter 1,00 L de tampão com pH 2,80 e uma concentração total de enxofre (= SO_4^{2-} + HSO_4^- + H_2SO_4) de 0,200 M?

Ácidos e Bases Polipróticos

10.16. O fosfato, presente em uma concentração de 0,01 M, é um dos principais tampões presentes no plasma sanguíneo, cujo pH é 7,45. O fosfato seria útil se o pH do plasma fosse 8,5?

10.17. Começando com as espécies totalmente protonadas, escreva cada etapa das reações de dissociação ácida dos aminoácidos ácidos glutâmico e tirosina. Certifique-se de retirar os prótons na ordem correta. Que espécies são as moléculas neutras, a que chamamos ácido glutâmico e tirosina?

10.18. (**a**) Calcule a razão $[H_3PO_4]/[H_2PO_4^-]$ em uma solução 0,050 0 M de KH_2PO_4.

(**b**) Determine a mesma razão para uma solução de K_2HPO_4 0,050 0 M.

10.19. (**a**) Qual dos dois compostos seguintes você misturaria para fazer um tampão com pH 7,45: H_3PO_4 (MF 97,99), NaH_2PO_4 (MF 119,98), Na_2HPO_4 (MF 141,96) e Na_3PO_4 (MF 163,94)?

(**b**) Se você necessita preparar 1,00 L do tampão com uma concentração total de fosfato de 0,050 0 M, quantos gramas de cada um dos dois compostos selecionados você misturaria?

(**c**) Se você fizer o que calculou em (**b**), você não terá um pH de exatamente 7,45. Explique como você realmente prepararia esse tampão no laboratório.

10.20. Determine o pH e a concentração de cada espécie de lisina em uma solução de lisina · HCl, monocloridrato de lisina, 0,010 0 M. A representação "lisina · HCl" se refere à uma molécula neutra de lisina que incorporou um próton adicional por meio da adição de um mol de HCl. Uma representação mais adequada explicita o sal, (lisinaH^+)(Cl^-), formado na reação.

10.21. Quantos mililitros de uma solução de KOH 1,00 M devem ser adicionados a 100 mL de uma solução contendo 10,0 g de cloridrato de histidina [His · HCl, = (HisH^+)(Cl^-), MF 191,62] para obter um pH de 9,30?

10.22. (**a**) Usando os coeficientes de atividade, calcule o pH de uma solução contendo uma razão molar 2,00:1,00 de HC^{2-}:C^{3-}, em que H_3C é o ácido cítrico. Admita que a força iônica seja de 0,010 M.

(**b**) Qual será o pH se a força iônica se elevar a 0,10 M e a razão molar HC^{2-}:C^{3-} for mantida constante?

Qual é a Espécie Principal?

10.23. O ácido HA possui pK_a = 7,00.

(**a**) Qual é a espécie principal, HA ou A^-, em pH 6,00?

(**b**) Qual é a espécie principal em pH 8,00?

(**c**) Qual é a razão $[A^-]/[HA]$ em pH 7,00? E em pH 6,00?

10.24. O ácido diprótico H_2A possui pK_1 = 4,00 e pK_2 = 8,00.

(**a**) Em que pH $[H_2A] = [HA^-]$?

(**b**) Em que pH $[HA^-] = [A^{2-}]$?

(**c**) Qual é a principal espécie em pH 2,00: H_2A, HA^- ou A^{2-}?

(**d**) Qual é a espécie principal em pH 6,00?

(**e**) Qual é a espécie principal em pH 10,00?

10.25. A base B possui pK_b = 5,00.

(**a**) Qual é o valor de pK_a para o ácido BH^+?

(**b**) Em que pH $[BH^+] = [B]$?

(**c**) Qual é a espécie principal em pH 7,00: B ou BH^+?

(**d**) Qual é a razão $[B]/[BH^+]$ em pH 12,00?

10.26. Represente a estrutura da forma predominante do piridoxal-5-fosfato em pH 7,00.

Equações de Composição Fracionária

10.27. O ácido HA possui pK_a = 4,00. Use as Equações 10.17 e 10.18 para determinar a fração na forma de HA e a fração na forma de A^- em pH = 5,00. Sua resposta está de acordo com o que você espera para a razão $[A^-]/[HA]$ em pH 5,00?

10.28. Um composto dibásico, B, possui pK_{b1} = 4,00 e pK_{b2} = 6,00. Determine a fração na forma de BH_2^{2+} em pH 7,00 usando a Equação 10.19. Observe que K_1 e K_2 na Equação 10.19 são as constantes de dissociação ácida para o BH_2^{2+} ($K_1 = K_w/K_{b2}$ e $K_2 = K_w/K_{b1}$).

10.29. Que fração de etano-1,2-ditiol está em cada uma das formas (H_2A, HA^-, A^{2-}) em pH 8,00? E em pH 10,00?

10.30. Calcule α_{H_2A}, α_{HA^-} e $\alpha_{A^{2-}}$ para o ácido *cis*-butenodioico em pH 1,00; 1,92; 6,00; 6,27 e 10,00.

10.31. (a) Deduza as equações para α_{H_3A}, $\alpha_{H_2A^-}$, $\alpha_{HA^{2-}}$ e $\alpha_{A^{3-}}$ para um sistema triprótico.
(b) Calcule os valores dessas frações para o ácido fosfórico em pH 7,00.

10.32. Uma solução contendo ácido acético, ácido oxálico, amônia e piridina possui um pH de 9,00. Qual a fração de amônia não protonada?

10.33. Uma solução foi preparada a partir de 10,0 mL de uma solução de ácido cacodílico 0,100 M e 10,0 mL de uma solução de NaOH 0,080 0 M. A essa mistura foi adicionado 1,00 mL de solução de morfina $1{,}27 \times 10^{-6}$ M. Chamando a morfina de B, calcule a fração de morfina presente na forma BH^+.

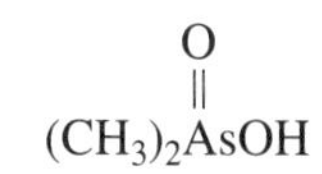

Ácido cacodílico
$K_a = 6{,}4 \times 10^{-7}$

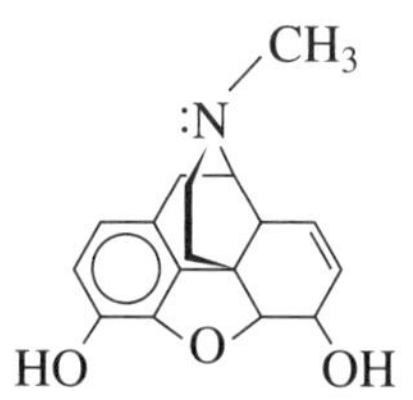

Morfina
$K_b = 1{,}6 \times 10^{-6}$

10.34. *Composição fracionária em um sistema diprótico.* Construa uma planilha eletrônica que utilize as Equações 10.19 a 10.21 para calcular as três curvas na Figura 10.5. Faça a representação gráfica dessas três curvas em uma figura bem documentada.

10.35. *Composição fracionária em um sistema triprótico.* Para um sistema triprótico, as equações de composição fracionária são

$$\alpha_{H_3A} = \frac{[H_3A]}{F} = \frac{[H^+]^3}{D} \qquad \alpha_{HA^{2-}} = \frac{[HA^{2-}]}{F} = \frac{K_1K_2[H^+]}{D}$$

$$\alpha_{H_2A^-} = \frac{[H_2A^-]}{F} = \frac{K_1[H^+]^2}{D} \qquad \alpha_{A^{3-}} = \frac{[A^{3-}]}{F} = \frac{K_1K_2K_3}{D}$$

com $D = [H^+]^3 + K_1[H^+]^2 + K_1K_2[H^+] + K_1K_2K_3$. Use essas equações para fazer um diagrama de composição fracionária para o aminoácido tirosina, análogo ao da Figura 10.5. Qual é a fração de cada espécie em pH 10,00?

10.36. *Composição fracionária de um sistema tetraprótico.* Prepare um diagrama de composição fracionária análogo ao da Figura 10.5, para o sistema tetraprótico deduzido a partir da hidrólise do Cr^{3+}:

$$Cr^{3+} + H_2O \rightleftharpoons Cr(OH)^{2+} + H^+ \qquad K_{a1} = 10^{-3,80}$$
$$Cr(OH)^{2+} + H_2O \rightleftharpoons Cr(OH)_2^+ + H^+ \qquad K_{a2} = 10^{-6,40}$$
$$Cr(OH)_2^+ + H_2O \rightleftharpoons Cr(OH)_3(aq) + H^+ \qquad K_{a3} = 10^{-6,40}$$
$$Cr(OH)_3(aq) + H_2O \rightleftharpoons Cr(OH)_4^- + H^+ \qquad K_{a4} = 10^{-11,40}$$

(Sim, os valores de K_{a2} e de K_{a3} são iguais.)

(a) Use estas constantes de equilíbrio para fazer o diagrama da composição fracionária para esse sistema tetraprótico.

(b) Você deve fazer a próxima etapa usando o raciocínio e a calculadora, e não a planilha eletrônica. A solubilidade do $Cr(OH)_3$ é dada por

$$Cr(OH)_3(s) \rightleftharpoons Cr(OH)_3(aq) \qquad K = 10^{-6,84}$$

Que concentração de $Cr(OH)_3(aq)$ está em equilíbrio com o sólido $Cr(OH)_3(s)$?

(c) Qual a concentração de $Cr(OH)^{2+}$ em equilíbrio com $Cr(OH)_3(s)$, se o pH da solução está ajustado para 4,00?

pH Isoelétrico e Isoiônico

10.37. Quais são os quatro aminoácidos na Tabela 10.1 que possuem substituintes ácidos (que doam um próton), e quais são os três aminoácidos que apresentam substituintes básicos (que aceitam um próton)?

10.38. Qual é a diferença entre o pH isoelétrico e o pH isoiônico de uma proteína com vários substituintes ácidos e básicos diferentes?

10.39. Explique o que está errado com o seguinte enunciado: em seu ponto isoelétrico, a carga em todas as moléculas de determinada proteína é zero.

10.40. Calcule o pH isoelétrico e o pH isoiônico de uma solução de treonina 0,010 M.

10.41. Explique como funciona a focalização isoelétrica.

11 Titulações Ácido-Base

TITULAÇÃO ÁCIDO-BASE DO RNA

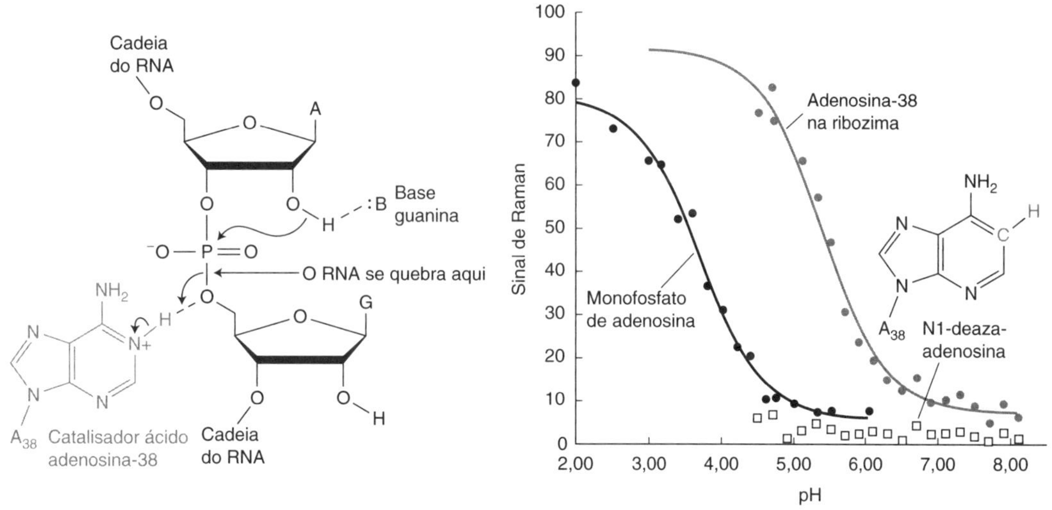

Esquerda: mecanismo proposto de clivagem da cadeia do RNA com a adenosina-38 atuando como um catalisador ácido para protonar um oxigênio de grupo fosfato. *Direita*: as titulações de adenosina-38 ou N1-deaza-adenosina-38 no RNA, e a titulação do monofosfato de adenosina livre em solução. [Dados de M. Guo, R. C. Spitale, R. Volpini, J. Krucinska, G. Cristalli, P. R. Carey, and J. E. Wedekind, "Direct Raman Measurement of an Elevated Base p*Ka* in the Active Site of a Small Ribozyme in a Precatalytic Conformation," *J. Am. Chem. Soc.* **2009**, *131*, 12908.]

Além do seu papel de transcrever a informação genética do DNA em estruturas de proteínas, o ácido ribonucleico (RNA) atua como um catalisador para reações químicas. O RNA que desempenha o papel de catalisador é denominado *ribozima*, por analogia com a palavra *enzima*, que é uma proteína catalítica.

A estrutura química apresentada na figura neste boxe mostra o mecanismo proposto no qual uma "ribozima grampo de cabelo" quebra filamentos concatenados de RNA em segmentos funcionais menores.[1] Uma etapa-chave envolve a transferência de um próton da adenosina-38 da ribozima para um grupo fosfato de modo a auxiliar a quebra da ligação fosfato-ribose (um açúcar). Ao mesmo tempo, uma base guanina (B) recebe um próton da ribose adjacente, permitindo que o oxigênio da ribose ataque o grupo fosfato. A ribozima atua em pH próximo da neutralidade em uma célula. Porém, o pK_a para o H^+ da adenosina livre em solução é próximo de 4,0. Em pH próximo de 7, haverá muito pouca adenosina protonada para que a ribozima funcione. O ambiente local em enzimas e ribozimas pode alterar as propriedades ácido-base de aminoácidos e nucleotídeos. Foi proposto que o pK_a da adenosina-38 é elevado para que seu grupo NH^+ esteja disponível para catálise em pH próximo da neutralidade.

O gráfico mostra as titulações de monofosfato de adenosina em solução (círculos pretos), adenosina-38 da ribozima (círculos cinzas) e de um nucleosídeo sintético no qual o grupo NH^+ é substituído por uma ligação C—H inerte na posição 38 da adenosina. Em cada caso, o espectro vibracional Raman foi medido em diferentes valores de pH por meio de tampões. Quando a adenosina se torna protonada, algumas frequências moleculares de vibração mudam. O gráfico mostra a intensidade do espectro da forma protonada em função do pH. Em pH baixo, a adenosina em solução ou no RNA está totalmente protonada. Quando pH = pK_a, a adenosina está 50% protonada. Em pH elevado, a adenosina não está protonada. Com base na forma da curva de titulação, deduzimos que pK_a = 3,68 para o monofosfato de adenosina livre, e pK_a = 5,46 para a adenosina-38 na ribozima. Como esse pK_a é quase duas unidades maior, existe NH^+ em quantidade suficiente em pH próximo à neutralidade para que a ribozima funcione. Para confirmar que a adenosina-38 está sendo observada na titulação, RNA sintético, no qual o grupo NH^+ foi substituído por uma ligação C—H na adenosina-38, também foi titulado. Como indicado pelos quadrados mostrados no gráfico, a ligação C—H, inerte, não responde à variação de pH. Esse experimento confirma que o sinal no gráfico advém da A-38 e não de outras unidades adenosina na ribozima. As titulações ácido-base têm inúmeras aplicações em pesquisa científica.

Lipofilicidade é um parâmetro que caracteriza a solubilidade de certas substâncias com atividade biológica em solventes apolares. É determinada a partir da medida da distribuição em equilíbrio de um fármaco entre a água e o octanol.

$$\text{Fármaco}(aq) \rightleftharpoons \text{fármaco}(em\ octanol)$$

$$\text{Lipofilicidade} \equiv \log\left(\frac{[\text{fármaco}(em\ octanol)]}{[\text{fármaco}(aq)]}\right)$$

Pela análise de uma curva de titulação, podemos determinar as quantidades dos componentes ácidos-básicos em uma mistura e os seus valores de pK_a. A partir do pH e do pK_a podemos calcular a carga de uma molécula poliprótica. Na química medicinal, um fármaco pode precisar atravessar uma membrana celular para ser eficaz. Para prever se uma molécula candidata a fármaco pode atravessar uma membrana, procuramos medir a sua *lipofilicidade*. Quanto mais *lipofílica* e menos carregada a molécula, maior a probabilidade de ela conseguir entrar na célula. Neste capítulo, vamos aprender como prever as formas das curvas de titulação e como o ponto final pode ser determinado com o uso de eletrodos e indicadores.

11.1 Titulação de uma Base Forte com um Ácido Forte

Para cada tipo de titulação estudada neste capítulo, *nosso objetivo é construir um gráfico que mostre como o pH varia com a adição do titulante.* Se isto for possível, podemos entender o que está ocorrendo durante a titulação e seremos capazes de interpretar uma curva de titulação experimental. O pH é normalmente determinado com um eletrodo de vidro, cuja operação é descrita na Seção 15.5.

Inicialmente, escrevemos a reação entre o *titulante* e o *analito*.

A primeira etapa, em cada caso, consiste em escrever a reação química entre o titulante e o analito. A partir desta reação, podemos calcular a composição e o pH do meio após cada adição de titulante. Vamos observar a titulação de 50,00 mL de uma solução de KOH 0,020 00 M com uma solução de HBr 0,100 0 M. A reação química entre o titulante e o analito é simplesmente

A reação de titulação

$$H^+ + OH^- \rightarrow H_2O \qquad K = 1/K_w = 10^{14}$$

Como a constante de equilíbrio para essa reação é 10^{14}, é prudente dizermos que ela "ocorre completamente". *Qualquer quantidade de H^+ adicionada irá consumir uma quantidade estequiométrica de OH^-.*

É útil conhecer o volume de HBr (V_e) necessário para atingir o ponto de equivalência, que determinamos igualando o número de mols de KOH que estão sendo titulados ao número de mols de HBr que foram adicionados:

$$\underbrace{(V_e(\cancel{L}))\left(0{,}100\,0\frac{\text{mol}}{\cancel{L}}\right)}_{\text{número de mols de HBr no ponto de equivalência}} = \underbrace{(0{,}050\,00\,\cancel{L})\left(0{,}020\,00\frac{\text{mol}}{\cancel{L}}\right)}_{\text{número de mols de OH}^- \text{ sendo titulado}} \Rightarrow V_e = 0{,}010\,00\text{ L}$$

Em vez de multiplicarmos $\cancel{L} \times (\text{mol}/\cancel{L})$ para obtermos mol, frequentemente multiplicamos $\text{mL} \times (\text{mol/L})$, que equivale a fazer $\cancel{\text{mL}} \times (\text{mmol}/\cancel{\text{mL}}) = \text{mmol}$:

$$\text{mL} \times \frac{\text{mol}}{\text{L}} = \cancel{\text{mL}} \times \frac{\text{mmol}}{\cancel{\text{mL}}} = \text{mmol}$$

$$\underbrace{(V_e(\text{mL}))(0{,}100\,0\text{ M})}_{\text{número de mmols de HBr no ponto de equivalência}} = \underbrace{(50{,}00\text{ mL})(0{,}020\,00\text{ M})}_{\text{número de mmols de OH}^- \text{ sendo titulado}} \Rightarrow V_e = 10{,}00\text{ mL}$$

Quando 10,00 mL de HBr forem adicionados, a titulação estará completa. Antes desse ponto, haverá OH^- presente em excesso, sem reagir. Após V_e, haverá um excesso de H^+ na solução.

Na titulação de qualquer base forte com qualquer ácido forte, teremos três regiões na curva de titulação. Cada uma dessas regiões requer um tipo de cálculo diferente:

1. Antes de se atingir o ponto de equivalência, o pH é definido pelo excesso de OH^- na solução.
2. No ponto de equivalência, a quantidade de H^+ é suficiente para reagir com todo o OH^-, formando H_2O. O pH é definido pela dissociação da água.
3. Após o ponto de equivalência, o pH é definido pelo excesso de H^+ na solução.

Mostramos a seguir o cálculo que deve ser feito para cada uma das regiões. Os resultados completos podem ser vistos na Tabela 11.1 e na Figura 11.1. Vale lembrar que o *ponto de equivalência* ocorre quando a quantidade de titulante adicionado é exatamente aquela suficiente para a reação estequiométrica com o analito. O ponto de equivalência é o resultado ideal que buscamos em uma titulação. O que realmente medimos é o *ponto final*, o qual é marcado por uma variação física brusca, tal como a variação da cor do indicador ou do potencial de um eletrodo.

Região 1: Antes do Ponto de Equivalência

Antes do ponto de equivalência, existe um excesso de OH^-.

Memorize,

$$\frac{\text{mmol}}{\text{mL}} = \frac{\text{mol}}{\text{L}} = \text{M}$$

Inicialmente, o cálculo será feito com o método que você deve ter aprendido em Química Geral; em seguida, será feita uma sistematização a partir desse método. Quando 3,00 mL de HBr forem adicionados, o volume total será de 53,00 mL. O HBr é consumido pelo NaOH, deixando um excesso de NaOH. O número de mols de HBr adicionado é (0,100 0 M)(0,003 00 L) = $0{,}300 \times 10^{-3}$ mol de HBr = 0,300 mmol de HBr. O número inicial de mols de NaOH é (0,020 00 M) (0,050 00 L) = $1{,}000 \times 10^{-3}$ mol de NaOH = 1,000 mmol de NaOH. O OH^- que não reagiu é

TABELA 11.1 Cálculo da curva de titulação para 50,00 mL de uma solução de KOH 0,020 00 M titulados com uma solução de HBr 0,100 0 M

	mL de HBr adicionados (V_a)	Concentração de OH^- que não reagiu (M)	Concentração do excesso de H^+ (M)	pH
Região 1 (excesso de OH^-)	0,00	0,020 0		12,30
	1,00	0,017 6		12,24
	2,00	0,015 4		12,18
	3,00	0,013 2		12,12
	4,00	0,011 1		12,04
	5,00	0,009 09		11,95
	6,00	0,007 14		11,85
	7,00	0,005 26		11,72
	8,00	0,003 45		11,53
	9,00	0,001 69		11,22
	9,50	0,000 840		10,92
	9,90	0,000 167		10,22
	9,99	0,000 016 6		9,22
Região 2	10,00	—	—	7,00
Região 3 (excesso de H^+)	10,01		0,000 016 7	4,78
	10,10		0,000 166	3,78
	10,50		0,000 826	3,08
	11,00		0,001 64	2,79
	12,00		0,003 23	2,49
	13,00		0,004 76	2,32
	14,00		0,006 25	2,20
	15,00		0,007 69	2,11
	16,00		0,009 09	2,04

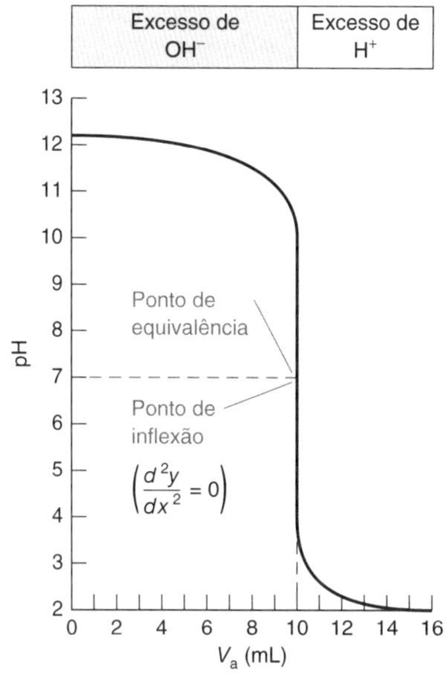

FIGURA 11.1 Curva de titulação calculada mostrando como o pH varia quando uma solução de HBr 0,100 0 M é adicionada a 50,00 mL de uma solução de KOH 0,020 00 M. O ponto de equivalência é um ponto de inflexão no qual o coeficiente angular é o mais inclinado e a segunda derivada é igual a zero.

calculado pela diferença 1,000 mmol – 0,300 mmol = 0,700 mmol. A concentração de OH^- que não reagiu é (0,700 mmol)(53,00 mL) = 0,013 2 M. Portanto, $[H^+] = K_w/[OH^-] = 7{,}57 \times 10^{-13}$ M, e $pH = -\log[H^+] = 12{,}12$.

Agora, eis o cálculo sistemático: quando são adicionados 3,00 mL da solução de HBr, a reação está três décimos completa porque $V_e = 10{,}00$ mL. A fração de OH^- que fica sem reagir é de sete décimos. A concentração de OH^- restante é o produto da fração remanescente pela concentração inicial e por um fator de diluição:

$$[OH^-] = \underbrace{\left(\frac{10{,}00\text{ mL} - 3{,}00\text{ mL}}{10{,}00\text{ mL}}\right)}_{\text{Fração de OH}^-\text{ restante}} \underbrace{(0{,}20\,00\text{ M})}_{\text{Concentração inicial de OH}^-} \underbrace{\left(\frac{\overset{\text{Volume inicial de OH}^-}{50{,}00\text{ mL}}}{\underset{\text{Volume total da solução}}{50{,}00\text{ mL} + 3{,}00\text{ mL}}}\right)}_{\text{Fator de diluição}} = 0{,}013\,2\text{ M} \quad \textbf{(11.1)}$$

$$[H^+] = \frac{K_w}{[OH^-]} = \frac{1{,}0 \times 10^{-14}}{0{,}013\,2} = 7{,}5_7 \times 10^{-13}\text{ M} \Rightarrow pH = 12{,}12$$

De acordo com a Equação 11.1, a concentração de OH^- é igual à certa fração da concentração inicial, com uma correção para a diluição. O fator de diluição é igual ao volume inicial do analito dividido pelo volume total da solução.

Na Tabela 11.1, o volume de ácido adicionado é simbolizado por V_a. O pH é expresso com duas casas decimais, independentemente da quantidade de algarismos significativos envolvidos. Fazemos isso por razões de coerência e também porque 0,01 é um valor próximo do limite de exatidão em medidas de pH.

Desafio Usando um procedimento semelhante à Equação 11.1, calcule a $[OH^-]$ quando tiverem sido adicionados 6,00 mL de HBr. Compare o pH obtido com o valor da Tabela 11.1.

Região 2: No Ponto de Equivalência

A Região 2 é o ponto de equivalência, no qual foi adicionada uma quantidade de H^+ suficiente para reagir com todo o OH^-. Podemos preparar a mesma solução dissolvendo KBr em água. O pH é estabelecido pela dissociação da água:

$$H_2O \rightleftharpoons \underset{x}{H^+} + \underset{x}{OH^-}$$

$$K_w = x^2 \Rightarrow x = 1{,}00 \times 10^{-7}\text{ M} \Rightarrow pH = 7{,}00$$

No ponto de equivalência, o pH é igual a 7,00 *somente* para uma reação ácido forte-base forte.

O pH no ponto de equivalência, na titulação de qualquer base (ou ácido) forte com ácido (ou base) forte, é 7,00 a 25 °C.

Como veremos, ainda neste capítulo, *o pH **não** é 7,00 no ponto de equivalência na titulação de ácidos ou bases fracos*. O pH é 7,00 apenas se tanto o titulante quanto o analito forem fortes.

Região 3: Após o Ponto de Equivalência

Além do ponto de equivalência, o HBr adicionado à solução fica em excesso. Em $V_a = 10,50$ mL, há um excesso de exatamente $V_a - V_e = 10,50 - 10,00 = 0,50$ mL de HBr. A concentração do excesso de H^+ é dada por

Após o ponto de equivalência, existe um excesso de H^+.

$$[H^+] = \underbrace{(0,100\ 0\ M)}_{\substack{\text{Concentração} \\ \text{inicial} \\ \text{de } H^+}} \underbrace{\left(\frac{0,50\ \text{mL}}{50,00\ \text{mL} + 10,50\ \text{mL}}\right)}_{\substack{\text{Fator de} \\ \text{diluição}}} = 8,26 \times 10^{-4}\ M$$

(Volume do excesso de H^+; Volume total da solução)

$$\text{pH} = -\log[H^+] = 3,08$$

Curva de Titulação

A curva de titulação completa na Figura 11.1, próximo ao ponto de equivalência, mostra uma acentuada variação de pH. O ponto de equivalência é onde o coeficiente angular ($d\text{pH}/dV_a$) atinge o valor máximo (é também onde a segunda derivada é zero, o que faz com que esse ponto seja um *ponto de inflexão*). Relembrando uma afirmação importante: o pH no ponto de equivalência é 7,00 *apenas* em titulações ácido forte-base forte. Se um ou ambos os reagentes são fracos, o pH do ponto de equivalência *não* é 7,00.

11.2 Titulação de Ácido Fraco com Base Forte

A titulação de um ácido fraco com uma base forte nos permite utilizar todo o conhecimento que temos sobre a química ácido-base. O exemplo que vamos considerar é a titulação de 50,00 mL de uma solução de MES 0,020 00 M com solução de NaOH 0,100 0 M. MES é a abreviatura para o ácido 2-(*N*-morfolino)etanossulfônico, que é um ácido fraco, tendo pK_a = 6,27.

A *reação de titulação* é

Iniciamos sempre escrevendo a reação de titulação.

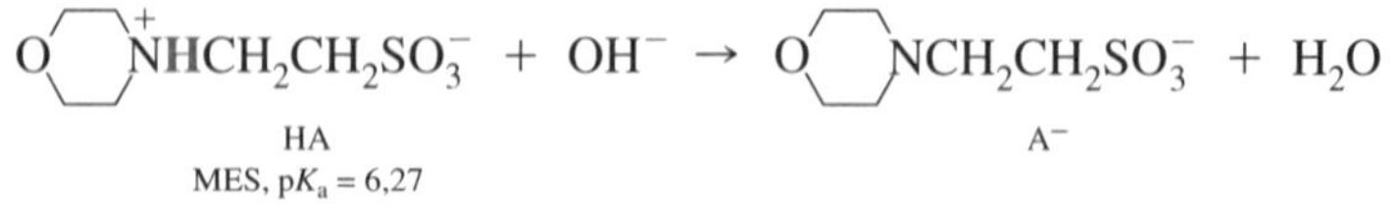

$$\underset{\substack{\text{HA} \\ \text{MES, p}K_a = 6,27}}{O\overset{+}{\diagdown}NHCH_2CH_2SO_3^-} + OH^- \rightarrow \underset{A^-}{O\diagdown NCH_2CH_2SO_3^-} + H_2O \quad (11.2)$$

A Reação 11.2 é o inverso da reação de K_b para a base A^-. Portanto, a constante de equilíbrio para a Reação 11.2 é $K = 1/K_b = 1/(K_w/K_a(\text{para HA})) = 5,4 \times 10^7$. A constante de equilíbrio é tão grande que podemos dizer que a reação é "completa" após cada adição de OH^-. Como vimos no Boxe 9.3, *forte mais fraco reagem completamente*.

Vamos calcular inicialmente o volume de base, V_b, necessário para atingir o ponto de equivalência:

Forte + fraco → reação completa

$$\underbrace{(V_b(\text{mL}))(0,100\ 0\ M)}_{\text{mmol de base}} = \underbrace{(50,00\ \text{mL})(0,020\ 00\ M)}_{\text{mmol de HA}} \Rightarrow V_b = 10,00\ \text{mL}$$

Os cálculos envolvidos na titulação para esse problema envolvem quatro procedimentos algébricos diferentes:

1. Antes da adição de qualquer quantidade de base, a solução contém apenas HA em água. Este é um ácido fraco cujo pH é estabelecido pelo equilíbrio

$$HA \xrightleftharpoons{K_a} H^+ + A^-$$

2. A partir da primeira adição de NaOH, até imediatamente antes do ponto de equivalência, há uma mistura de HA, que não reagiu, mais o A^- produzido pela Reação 11.2. *Aha! Um sistema tampão!* Podemos usar a equação de Henderson-Hasselbalch para determinarmos o pH.

3. No ponto de equivalência, "todo" o HA foi convertido em A^-. A mesma solução pode ser feita simplesmente dissolvendo-se A^- em água. Temos uma base fraca cujo pH é estabelecido pela reação

$$A^- + H_2O \xrightleftharpoons{K_b} HA + OH^-$$

4. Além do ponto de equivalência, o NaOH adicionado à solução de A^- encontra-se em excesso. Uma boa aproximação é determinar o pH considerando-se apenas a base forte. Calculamos o pH como se tivéssemos simplesmente adicionado um excesso de NaOH à água. Estamos desprezando o pequeno efeito da presença de A^-.

Região 1: Antes da Adição da Base

Antes de adicionar qualquer base, temos uma solução de HA 0,020 00 M com um $pK_a = 6,27$. Isso é simplesmente um problema de ácido fraco.

A solução inicial contém apenas o *ácido fraco* HA.

$$\underset{F-x}{HA} \rightleftharpoons \underset{x}{H^+} + \underset{x}{A^-} \qquad K_a = 10^{-6,27}$$

$$\frac{x^2}{0,020\,00 - x} = K_a \Rightarrow x = 1,03 \times 10^{-4} \Rightarrow pH = 3,99$$

Região 2: Antes do Ponto de Equivalência

Após ter começado a adição de OH^-, uma mistura de HA mais A^- é formada. Essa mistura é um tampão cujo pH pode ser calculado por meio da equação de Henderson-Hasselbalch (9.16) a partir do quociente $[A^-]/[HA]$.

Antes do ponto de equivalência, existe uma mistura de HA mais A^-, que forma um *sistema tampão*.

Vamos admitir que desejamos calcular o quociente $[A^-]/[HA]$ após a adição de 3,00 mL de OH^-. Como $V_e = 10,00$ mL, a base adicionada foi suficiente para reagir apenas com três décimos de HA. Podemos montar uma tabela mostrando as concentrações relativas antes e depois da reação:

Precisamos apenas das concentrações *relativas*, pois o pH de um tampão depende somente do quociente $[A^-]/[HA]$.

Reação de titulação:	HA	+ OH^-	→ A^-	+ H_2O
Quantidades iniciais relativas (HA ≡ 1)	1	$\frac{3}{10}$	—	—
Quantidades finais relativas	$\frac{7}{10}$	—	$\frac{3}{10}$	—

Uma vez que o *quociente* $[A^-]/[HA]$ seja conhecido para determinada solução, sabemos como calcular o pH dessa solução:

$$pH = pK_a + \log\left(\frac{[A^-]}{[HA]}\right) = 6,27 + \log\left(\frac{3/10}{7/10}\right) = 5,90$$

O ponto em que o volume de titulante é $\frac{1}{2}V_e$ é um ponto especial em qualquer titulação.

Reação de titulação:	HA	+ OH^-	→ A^-	+ H_2O
Quantidades iniciais relativas	1	$\frac{1}{2}$	—	—
Quantidades finais relativas	$\frac{1}{2}$	—	$\frac{1}{2}$	—

$$pH = pK_a + \log\left(\frac{[A^-]}{[HA]}\right) = pK_a + \log\left(\frac{1/2}{1/2}\right) = pK_a$$

Quando $V_b = \frac{1}{2}V_e$, $pH = pK_a$. Esta é uma relação fundamental para qualquer tipo de titulação.

Quando o volume de titulante é $\frac{1}{2}V_e$, o pH = pK_a do ácido HA (desprezando os coeficientes de atividade). Se temos uma curva de titulação experimental, o valor aproximado de pK_a pode ser obtido pela leitura do pH, quando $V_b = \frac{1}{2}V_e$, em que V_b é o volume de base adicionada. (Para calcular o valor verdadeiro de pK_a são necessários os coeficientes de atividade.)

Recomendação Assim que se verifica a existência de uma mistura de HA mais A^-, em uma solução qualquer, consideramos *a presença de um sistema tampão*. Logo, podemos calcular o pH a partir do valor do quociente $[A^-]/[HA]$.

$$pH = pK_a + \log\left(\frac{[A^-]}{[HA]}\right)$$

É importante que se saiba reconhecer os sistemas-tampão! Eles estão presentes em todos os aspectos da química ácido-base.

Região 3: No Ponto de Equivalência

No ponto de equivalência, a quantidade de NaOH é exatamente a suficiente para consumir todo o HA.

No ponto de equivalência, o HA foi convertido totalmente em A^-, uma *base fraca*.

Reação de titulação:	HA	+ OH^-	→ A^-	+ H_2O
Quantidades iniciais relativas	1	1	—	—
Quantidades finais relativas	—	—	1	—

A solução resultante contém "apenas" A^-. Podemos preparar esta mesma solução dissolvendo o sal Na^+A^- em água destilada. *Uma solução de* Na^+A^- *é meramente uma solução de uma base fraca.*

Para calcular o pH de uma base fraca, escrevemos a reação desta base fraca com a água:

$$\underset{F-x}{A^-} + H_2O \rightleftharpoons \underset{x}{HA} + \underset{x}{OH^-} \qquad K_b = \frac{K_w}{K_a}$$

O único ponto mais complicado é que a concentração formal de A^- deixou de ser 0,020 00 M, que era a concentração inicial de HA. O A^- foi diluído pelo NaOH proveniente da bureta:

$$F' = \underbrace{(0{,}020\ 00\ M)}_{\text{Concentração inicial de HA}} \underbrace{\left(\frac{50{,}00\ mL}{50{,}00\ mL + 10{,}00\ mL}\right)}_{\text{Fator de diluicão}} = 0{,}016\ 7\ M$$

(50,00 mL: Volume inicial de HA; 50,00 mL + 10,00 mL: Volume total da solução)

Com esse valor de F′, podemos resolver o problema:

$$\frac{x^2}{F' - x} = \frac{x^2}{0{,}016\ 7 - x} = K_b = \frac{K_w}{K_a} = 1{,}86 \times 10^{-8} \Rightarrow x = 1{,}76 \times 10^{-5}\ M$$

$$pH = -\log[H^+] = -\log \frac{K_w}{x} = 9{,}25$$

O pH será sempre maior que 7 no ponto de equivalência para uma titulação de um ácido fraco por uma base forte.

O pH no ponto de equivalência nessa titulação é 9,25. **Ele não é 7,00.** O pH do ponto de equivalência será *sempre* maior que 7 para uma titulação de um ácido fraco, pois o ácido é convertido em sua base conjugada no ponto de equivalência.

Região 4: Após o Ponto de Equivalência

Agora vamos admitir que o valor do pH é estabelecido pelo excesso de OH^-.

Agora estamos adicionando NaOH à solução de A^-. A base NaOH é muito mais forte que a base A^-, de modo que é uma aproximação razoável dizer que o pH é estabelecido pelo excesso de OH^-.

Vamos calcular o pH quando V_b = 10,10 mL. Isso corresponde apenas a 0,10 mL além de V_e. A concentração do excesso de OH^- é

$$[OH^-] = \underbrace{(0{,}100\ 0\ M)}_{\text{Concentração inicial de OH}^-} \underbrace{\left(\frac{0{,}10\ mL}{50{,}00\ mL + 10{,}10\ mL}\right)}_{\text{Fator de diluição}} = 1{,}66 \times 10^{-4}\ M$$

(0,10 mL: Volume do excesso de OH^-; 50,00 mL + 10,10 mL: Volume total da solução)

$$pH = -\log\left(\frac{K_w}{[OH^-]}\right) = 10{,}22$$

Desafio Compare a concentração de OH^-, a partir do excesso de titulante em V_b = 10,10 mL com a concentração de OH^- resultante da hidrólise de A^-. Verifique que a aproximação de desprezarmos a contribuição de A^- para o pH, após o ponto de equivalência, está correta.

Curva de Titulação

Pontos importantes em uma titulação:

Na região $V_b = V_e$, a curva apresenta a maior inclinação.

Na região $V_b = \frac{1}{2}V_e$, pH = pK_a e a curva apresenta uma inclinação mínima.

A **capacidade de tamponamento** mede a capacidade que uma solução apresenta em resistir a variações de pH.

Cálculos para a titulação de MES com NaOH é mostrado na Tabela 11.2. A curva de titulação calculada na Figura 11.2 tem dois pontos facilmente identificáveis. Um é o ponto de equivalência, que corresponde à parte mais inclinada da curva. Outro ponto importante é onde $V_b = \frac{1}{2}V_e$ e pH = pK_a. Este último ponto é também chamado ponto de inflexão, tendo um coeficiente angular mínimo.

Se olharmos novamente a Figura 9.4b, notamos que a *capacidade de tamponamento* máxima ocorre quando o pH = pK_a. Isto é, a solução resiste mais a variações do pH quando pH = pK_a (e $V_b = \frac{1}{2}V_e$). Portanto, o coeficiente angular (dpH/dV_b) é mínimo.

A Figura 11.3 mostra como a curva de titulação depende da constante de dissociação ácida do HA e das concentrações dos reagentes. Quando HA se torna um ácido mais fraco (com maior valor de pK_a), ou quando as concentrações do analito e do titulante diminuem, a inflexão próxima ao ponto de equivalência diminui, até que o ponto de equivalência fique muito tênue para ser detectado. *Não é fácil titular um ácido, ou uma base, quando sua força é muito fraca ou sua concentração é muito pequena.*

11.3 Titulação de Base Fraca com Ácido Forte

A titulação de uma base fraca com um ácido forte é exatamente o inverso da titulação de um ácido fraco com uma base forte. A *reação da titulação é*

$$B + H^+ \rightarrow BH^+$$

TABELA 11.2 Cálculo da curva de titulação para 50,00 mL de uma solução de MES 0,020 00 M titulada com uma solução de NaOH 0,100 0 M

	mL de base adicionada (V_b)	pH
Região 1 (ácido fraco)	0,00	3,99
Região 2 (tampão)	0,50	4,99
	1,00	5,32
	2,00	5,67
	3,00	5,90
	4,00	6,09
	5,00	6,27
	6,00	6,45
	7,00	6,64
	8,00	6,87
	9,00	7,22
	9,50	7,55
	9,90	8,27
Região 3 (base fraca)	10,00	9,25
Região 4 (excesso de OH^-)	10,10	10,22
	10,50	10,91
	11,00	11,21
	12,00	11,50
	13,00	11,67
	14.00	11,79
	15,00	11,88
	16,00	11,95

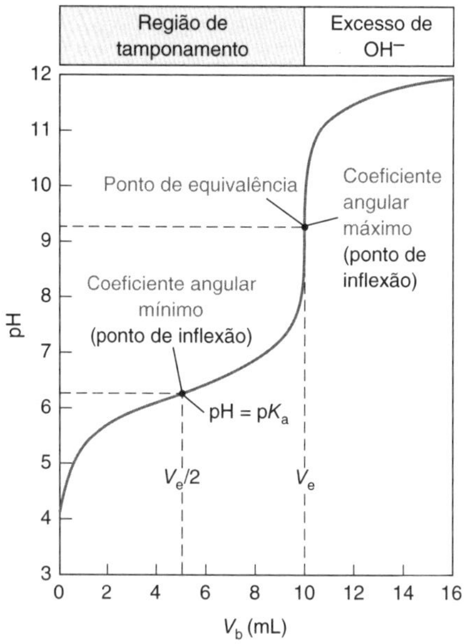

FIGURA 11.2 Curva de titulação calculada para a reação de 50,00 mL de uma solução de MES 0,020 00 M com uma solução de NaOH 0,100 0 M. Os pontos de destaque ocorrem na metade do volume de equivalência (pH = pK_a) e no ponto de equivalência, que é a parte mais inclinada da curva.

Como os reagentes são uma base fraca e um ácido forte, a reação está essencialmente completa após cada adição de ácido. Existem quatro regiões distintas na curva de titulação:

1. Antes de se adicionar o ácido, a solução contém apenas a base fraca, B, em água. O pH fica estabelecido pela reação associada a K_b:

$$\underset{F-x}{B} + H_2O \underset{}{\overset{K_b}{\rightleftharpoons}} \underset{x}{BH^+} + \underset{x}{OH^-}$$

Quando V_a (= volume do ácido adicionado) = 0, temos um problema de *base fraca*.

2. Entre o ponto inicial e o ponto de equivalência, há uma mistura de B e BH^+ – *Aha! Um tampão*! O pH é calculado usando-se a equação

$$pH = pK_a(\text{para } BH^+) + \log\left(\frac{[B]}{[BH^+]}\right)$$

Quando $0 < V_a < V_e$, temos um *tampão*.

Adicionando ácido (aumentando V_a), atingimos um ponto especial da titulação, no qual $V_a = \frac{1}{2}V_e$ e o pH = pK_a (para BH^+). Como antes, o pK_a pode ser determinado facilmente a partir da curva de titulação.

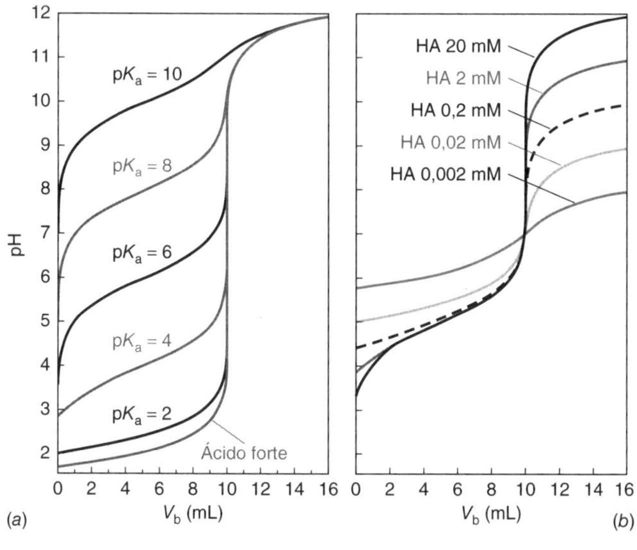

FIGURA 11.3 (*a*) Curvas calculadas mostrando a titulação de 50,0 mL de uma solução de HA 0,020 0 M com uma solução de NaOH 0,100 M. (*b*) Curvas calculadas mostrando a titulação de 50,0 mL de HA (pK_a = 5) com NaOH, cuja concentração é cinco vezes maior que a do HA. À medida que o ácido se torna mais fraco, ou mais diluído, o ponto final se torna menos distinto.

Quando $V_a = V_e$, a solução contém o *ácido fraco* BH^+.

Quando $V_a > V_e$ existe um excesso de *ácido forte*.

3. No ponto de equivalência, B foi convertido em BH^+, um ácido fraco. O pH é calculado considerando-se a reação de dissociação ácida do BH^+.

$$\underset{F'-x}{BH^+} \rightleftharpoons \underset{x}{B} + \underset{x}{H^+} \qquad K_a = \frac{K_w}{K_b}$$

A concentração formal de BH^+, F', não é a concentração formal de B, pois ocorreu alguma diluição. Como a solução contém BH^+ no ponto de equivalência, ela é ácida. *O pH no ponto de equivalência estará abaixo de 7.*

4. Após o ponto de equivalência, o ácido forte em excesso é responsável pelo valor do pH. Desprezamos a contribuição do ácido fraco, BH^+.

EXEMPLO Titulação de Piridina com HCl

Considere a titulação de 25,00 mL de uma solução de piridina 0,083 64 M com uma solução de HCl 0,106 7 M.

$$\underset{\text{Piridina}}{\bigcirc N:} \qquad K_b = 1{,}59 \times 10^{-9} \Rightarrow K_a = \frac{K_w}{K_b} = 6{,}31 \times 10^{-6} \qquad pK_a = 5{,}20$$

A reação da titulação é

$$\bigcirc N: + H^+ \rightarrow \bigcirc NH^+$$

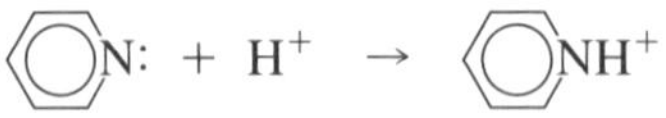

e o ponto de equivalência ocorre em 19,60 mL:

$$\underbrace{(V_e\,(\text{mL}))(0{,}106\,7\,\text{M})}_{\text{número de mmols de HCl}} = \underbrace{(25{,}00\,\text{mL})(0{,}083\,64\,\text{M})}_{\text{número de mmols de piridina}} \Rightarrow V_e = 19{,}60\,\text{mL}$$

Determine o pH quando $V_a = 4{,}63$ mL.

Solução Parte da piridina foi neutralizada, há, portanto, uma mistura de piridina e de íon piridínio – *Aha! Um tampão!* A fração de piridina que foi titulada é igual a $4{,}63/19{,}60 = 0{,}236$, pois são necessários 19,60 mL de ácido para titular a amostra toda. A fração de piridina que resta é $1 - 0{,}236 = 0{,}764$. O pH é

$$pH = pK_a + \log\left(\frac{[B]}{[BH^+]}\right)$$

$$= 5{,}20 + \log\frac{0{,}764}{0{,}236} = 5{,}71$$

TESTE-SE Determine o pH quando $V_a = 14{,}63$ mL. (***Resposta:*** 4,73.)

11.4 Titulações em Sistemas Dipróticos

Os princípios desenvolvidos para as titulações de ácidos e bases monopróticas são imediatamente estendidos para titulações de ácidos e bases polipróticas. Vamos ver dois casos.

Um Caso Típico

A curva superior na Figura 11.4 é calculada para a titulação de 10,0 mL e uma solução 0,100 M de uma base (B) com uma solução de HCl 0,100 M. A base é dibásica, com $pK_{b1} = 4{,}00$ e $pK_{b2} = 9{,}00$. A curva de titulação possui inflexões razoavelmente acentuadas em ambos os pontos de equivalência, correspondendo às reações

$$B + H^+ \rightarrow BH^+$$
$$BH^+ + H^+ \rightarrow BH_2^{2+}$$

O volume de ácido no primeiro ponto de equivalência é 10,00 mL porque

$$\underbrace{(V_e(\text{mL}))(0{,}100\,\text{M})}_{\text{número de mmols de HCl}} = \underbrace{(10{,}00\,\text{mL})(0{,}100\,0\,\text{M})}_{\text{número de mmols de B}} \Rightarrow V_e = 10{,}00\,\text{mL}$$

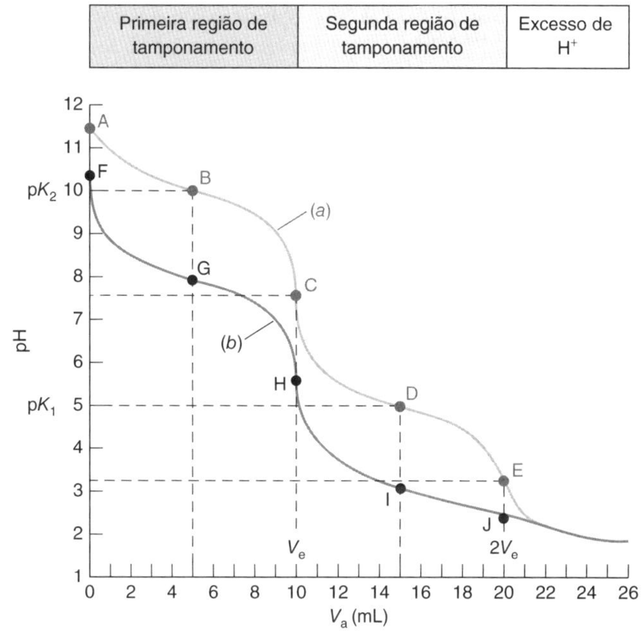

FIGURA 11.4 (*a*) Titulação de 10,0 mL de uma solução 0,100 M de uma base (pK_{b1} = 4,00, pK_{b2} = 9,00) com uma solução de HCl 0,100 M. Os dois pontos de equivalência são C e E. Os pontos B e D são os pontos de meia neutralização, cujos valores de pH são iguais a pK_{a2} e pK_{a1}, respectivamente. (*b*) Titulação de 10,0 mL de uma solução de nicotina 0,100 M (pK_{b1} = 6,15, pK_{b2} = 10,85) com uma solução de HCl 0,100 M. Não há inflexão no segundo ponto de equivalência, J, porque o pH é muito baixo.

O volume no segundo ponto de equivalência é $2V_e$, pois a segunda reação requer exatamente o mesmo número de mols de HCl que a primeira reação.

$V_{e2} = 2V_{e1}$, sempre.

Os cálculos de pH, nesse caso, são semelhantes aos que foram feitos para os pontos correspondentes, na titulação de um composto monobásico. Vamos considerar do ponto A ao ponto E na Figura 11.4.

Ponto A

Antes de qualquer ácido ser adicionado, a solução contém apenas B, uma base fraca, cujo pH é estabelecido pela reação

A forma totalmente básica de um composto dibásico pode ser considerada como se fosse um composto monobásico. (A reação correspondente a K_{b2} pode ser desprezada.)

$$\underset{0,100-x}{B} + H_2O \overset{K_{b1}}{\rightleftharpoons} \underset{x}{BH^+} + \underset{x}{OH^-}$$

$$\frac{x^2}{0,100-x} = 1,00\times10^{-4} \Rightarrow x = 3,11\times10^{-3}$$

$$[H^+] = \frac{K_w}{x} \Rightarrow pH = 11,49$$

Ponto B

Em qualquer ponto entre A (o ponto inicial) e C (o primeiro ponto de equivalência), existe um tampão contendo B e BH^+. O ponto B se localiza na metade do caminho para o ponto de equivalência, logo [B] = [BH^+]. O pH é calculado a partir da equação de Henderson-Hasselbalch *para o ácido fraco* BH^+, cuja constante de dissociação ácida é K_{a2} (para BH_2^{2+}). O valor de K_{a2} é $K_w/K_{b1} = 10^{-10,00}$.

Obviamente, você lembra que

$$K_{a2} = \frac{K_w}{K_{b1}} \qquad K_{a1} = \frac{K_w}{K_{b2}}$$

$$pH = pK_{a2} + \log\frac{[B]}{[BH^+]} = 10,00 + \log\ 1 = 10,00$$

Assim, o pH no ponto B é exatamente igual a pK_{a2}.

Para calcularmos o quociente [B]/[BH^+], em qualquer ponto na região de tamponamento, basta determinar que fração do caminho do ponto A até o ponto C a titulação avançou. Por exemplo, se V_a = 1,5 mL, então

$$\frac{[B]}{[BH^+]} = \frac{8,5\ mL}{1,5\ mL}$$

pois são necessários 10,0 mL para atingir o ponto de equivalência e adicionamos apenas 1,5 mL. O pH em V_a = 1,5 mL é dado por

$$pH = 10,00 + \log\frac{8,5}{1,5} = 10,75$$

Ponto C

No primeiro ponto de equivalência, *B foi convertido em* BH^+, *a forma intermediária do ácido diprótico,* BH_2^{2+}. BH^+ *é ao mesmo tempo um ácido e uma base*. De acordo com a Equação 10.11, sabemos que

A *forma intermediária* de um ácido diprótico é BH^+.

$pH \approx \frac{1}{2}(pK_1 + pK_2)$

$$[H^+] \approx \sqrt{\frac{K_1K_2F + K_1K_w}{K_1 + F}} \qquad (11.3)$$

em que K_1 e K_2 são as constantes de dissociação ácida de BH_2^{2+}.

A concentração formal de BH^+ é calculada considerando-se a diluição da solução original de B.

$$F = \underbrace{(0{,}100\ M)}_{\text{Concentração inicial de B}} \underbrace{\left(\frac{10{,}00\ mL}{20{,}00\ mL}\right)}_{\text{Fator de diluição}} = 0{,}050\,0\ M$$

(Volume inicial de B: 10,00 mL; Volume total da solução: 20,00 mL)

Substituindo-se todos os valores na Equação 11.3, temos

$$[H^+] = \sqrt{\frac{(10^{-5})(10^{-10})(0{,}050\,0) + (10^{-5})(10^{-14})}{10^{-5} + 0{,}050\,0}} = 3{,}16 \times 10^{-8}$$

$$pH = 7{,}50$$

Observe que, nesse exemplo, $pH = \frac{1}{2}(pK_{a1} + pK_{a2})$.

A forma intermediária de um ácido poliprótico é a pior escolha possível para um tampão.

O ponto C na Figura 11.4 mostra onde a forma intermediária do ácido diprótico se situa na curva de titulação. Este é o ponto *menos tamponado* na curva toda, pois o pH varia muito rapidamente quando pequenas quantidades de ácido ou base são adicionadas. Existe um conceito errado de que a forma intermediária do ácido diprótico se comporta como um tampão, quando, na verdade, ela é a *pior escolha* para um tampão.

Ponto D

Em qualquer ponto entre C e E, existe um tampão contendo BH^+ (a base) e BH_2^{2+} (o ácido). Quando $V_a = 15{,}0$ mL, $[BH^+] = [BH_2^{2+}]$ e

$$pH = pK_{a1} + \log\frac{[BH^+]}{[BH_2^{2+}]} = 5{,}00 + \log\ 1 = 5{,}00$$

Desafio Mostre que se V_a for 17,2 mL, a razão no termo logarítmico será

$$\frac{[BH^+]}{[BH_2^{2+}]} = \frac{20{,}0\ mL - 17{,}2\ mL}{17{,}2\ mL - 10{,}0\ mL} = \frac{2{,}8}{7{,}2}$$

Ponto E

O ponto E é o segundo ponto de equivalência, no qual a solução é exatamente a mesma que uma preparada dissolvendo-se BH_2Cl_2 em água. A concentração formal de BH_2^{2+} é

$$F = (0{,}100\ M)\left(\frac{10{,}0\ mL}{30{,}0\ mL}\right) = 0{,}033\ 3\ M$$

(Volume original de B: 10,0 mL; Volume total da solução: 30,0 mL)

O pH é determinado a partir da reação de dissociação ácida do BH_2^{2+}.

No segundo ponto de equivalência temos BH_2^{2+}, que pode ser tratado como um ácido monoprótico fraco.

$$\underset{F-x}{BH_2^{2+}} \rightleftharpoons \underset{x}{BH^+} + \underset{x}{H^+} \qquad K_{a1} = \frac{K_w}{K_{b2}}$$

$$\frac{x^2}{0{,}033\ 3 - x} = 1{,}0 \times 10^{-5} \Rightarrow x = 5{,}72 \times 10^{-4} \Rightarrow pH = 3{,}24$$

Além do segundo ponto de equivalência ($V_a > 20{,}0$ mL), o pH da solução pode ser calculado a partir do volume de ácido forte adicionado à solução. Por exemplo, em $V_a = 25{,}00$ mL, há um excesso de 5,00 mL de solução de HCl 0,100 M em um volume total de 10,00 + 25,00 = 35,00 mL. O pH é determinado da seguinte maneira:

$$[H^+] = (0{,}100\ M)\left(\frac{5{,}00\ mL}{35{,}00\ mL}\right) = 1{,}43 \times 10^{-2}\ M \Rightarrow pH = 1{,}85$$

Pontos Finais Mal Definidos

Quando o pH do ponto de equivalência é muito baixo ou muito alto, ou quando os valores de pK_a são muito próximos, os pontos finais não ficam muito bem definidos.

As titulações de vários ácidos ou bases dipróticas mostram dois pontos finais distintos, como os que se observam na curva *a* da Figura 11.4. Algumas titulações, no entanto, não apresentam os dois pontos finais. Como exemplo vemos a curva *b* da Figura 11.4, que é calculada para a titulação de 10,0 mL de uma solução de nicotina 0,100 M (pK_{b1} = 6,15, pK_{b2} = 10,85) com solução de HCl 0,100 M. As duas reações são

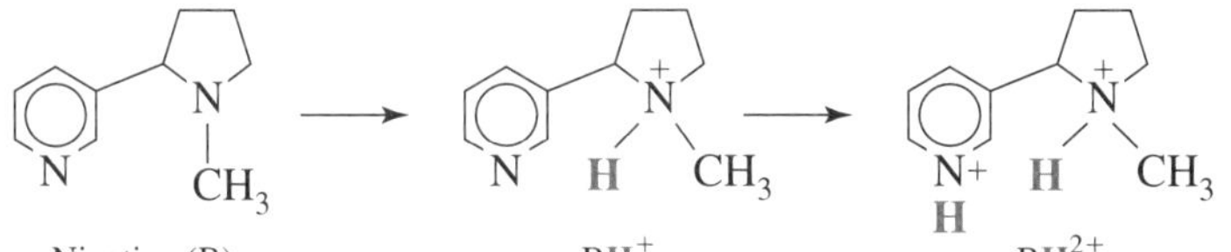

Nicotina (B) BH^+ BH_2^{2+}

O segundo ponto de equivalência (J) não é virtualmente perceptível, pois o BH_2^{2+} também é um ácido muito forte (ou, equivalentemente, BH^+ é uma base muito fraca). Quando a acidez final da titulação se aproxima de um valor pequeno de pH ($\lesssim$ 3), a aproximação de que todo HCl tenha reagido completamente com BH^+ para dar BH_2^{2+} não é verdadeira. O cálculo do pH entre os pontos I e J requer o tratamento sistemático de equilíbrio. O cálculo da curva completa com o uso de uma planilha eletrônica será feito ainda neste capítulo.

11.5 Determinação do Ponto Final com um Eletrodo de pH

Normalmente, fazemos uma titulação para determinar a quantidade de analito presente ou para medir as constantes de equilíbrio presentes no sistema. Podemos obter a informação necessária, em ambos os casos, acompanhando o valor do pH da solução, enquanto a titulação está sendo feita. A Figura 2.9 mostrou um *titulador automático*, que realiza toda a operação automaticamente.[2] O instrumento aguarda a estabilização do pH após cada adição de titulante, antes da adição da próxima alíquota. O ponto final é calculado automaticamente por meio da determinação do coeficiente angular máximo na curva de titulação.

O Boxe 11.1 ilustra uma importante aplicação de titulações ácido-base em análises ambientais.

A Figura 11.5a mostra os resultados experimentais para uma titulação manual do ácido fraco hexaprótico, H_6A, com NaOH. Como este ácido é difícil de ser purificado, somente uma pequena quantidade estava disponível para titulação. Apenas 1,430 mg foram dissolvidos em 1,000 mL de solução aquosa e titulados a partir da adição de microlitros, por meio de uma seringa Hamilton, de uma solução de NaOH 0,065 92 M.

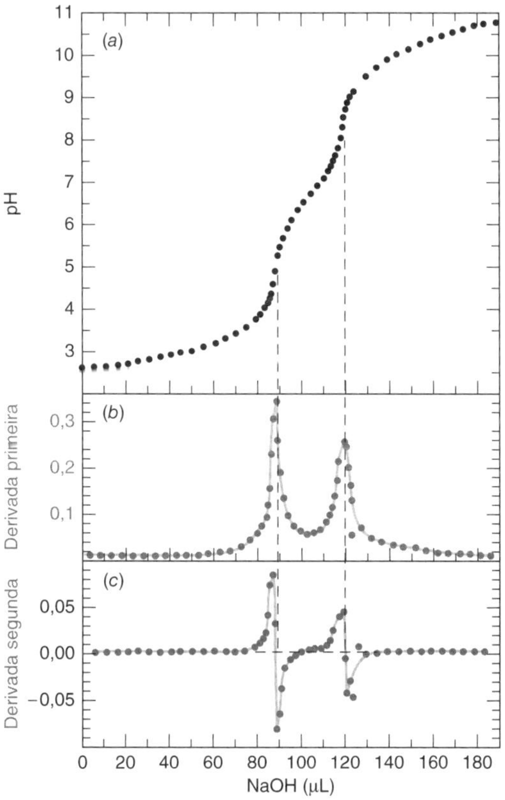

FIGURA 11.5 (*a*) Pontos experimentais na titulação de 1,430 mg de alaranjado de xilenol, um ácido hexaprótico, dissolvido em 1,000 mL de solução aquosa de $NaNO_3$ 0,10 M. O titulante foi uma solução de NaOH 0,065 92 M. (*b*) A derivada primeira, $\Delta pH/\Delta V$, da curva de titulação. (c) A derivada segunda, $\Delta(pH/\Delta V)/\Delta V$, que é a derivada da curva em (*b*). Os valores das derivadas para o primeiro ponto final podem ser vistos na Figura 11.6. Os pontos finais são considerados como os pontos de máximo na curva da primeira derivada, e aqueles que correspondem à passagem pelo zero na curva da derivada segunda.

BOXE 11.1 Alcalinidade e Acidez

A *alcalinidade* de uma amostra de água natural é definida como o número de mols de HCl equivalentes ao excesso do número de mols de espécies básicas oriundas de ácidos fracos com $pK_a > 4,5$, a 25 °C, e força iônica zero.[3] A alcalinidade é aproximadamente igual ao número de mols de HCl necessários para levar 1 kg de água até o pH 4,5, que é o segundo ponto de equivalência na titulação do CO_3^{2-}. Em uma boa aproximação,

$$\text{Alcalinidade} \approx [OH^-] + 2[CO_3^{2-}] + [HCO_3^-]$$

Quando determinada água é titulada com HCl até atingir o valor de pH 4,5, todos os íons OH^-, CO_3^{2-} e HCO_3^- terão reagido. Outras espécies presentes em pequenas concentrações que podem contribuir para a alcalinidade em águas naturais compreendem fosfato, borato, silicato, fluoreto, amônia, sulfeto e compostos orgânicos. Em oceanografia, a alcalinidade é empregada para estimar a penetração do CO_2 de origem antropogênica (de origem humana) no oceano, e na determinação do balanço do $CaCO_3$ marinho (fontes e sorvedouros de $CaCO_3$).[4] Os oceanógrafos devem levar em conta a salinidade (força iônica) e a temperatura nas determinações da alcalinidade.[3]

Alcalinidade e *dureza* (teor de Ca^{2+} e Mg^{2+} dissolvidos, Boxe 12.2) são características importantes da água de irrigação. A alcalinidade contendo $Ca^{2+} + Mg^{2+}$ em excesso é chamada de "carbonato de sódio residual". Água contendo carbonato de sódio residual, equivalente a $\geq 2,5$ mmol de H^+/kg, não é apropriada para irrigação. Carbonato de sódio residual entre 1,25 e 2,5 mmol de H^+/kg é considerado marginal, enquanto um contendo $\leq 1,25$ mmol de H^+/kg é apropriado para irrigação.

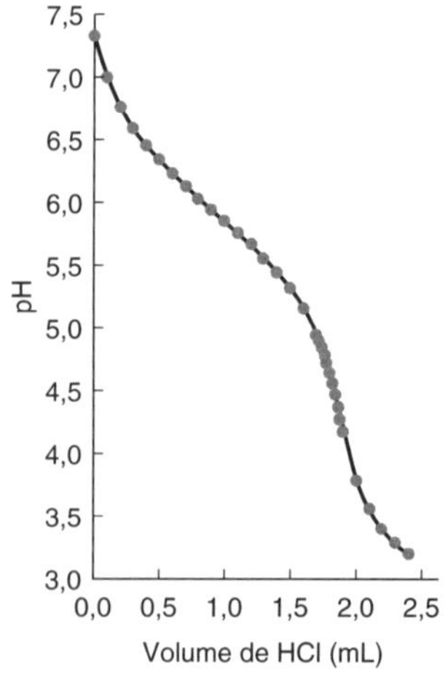

Titulação da alcalinidade de uma amostra de 165,4 mL de água salgada a 20,05 °C por titulação com solução de HCl 0,209 5 M em uma célula fechada para evitar o escape de CO_2. O HCl contém NaCl, de modo que a força iônica se mantém constante. [Dados de A. G. Dickson, Oak Ridge National Laboratory.]

A *acidez* de águas naturais refere-se ao conteúdo total de ácido que pode ser titulado até pH 8,3 com NaOH. Esse pH é o do segundo ponto de equivalência para a titulação do ácido carbônico (H_2CO_3) com OH^-. Quase todo ácido fraco que possa estar presente na água também será titulado nesse procedimento. A acidez é expressa como número de mmols de OH^- necessários para fazer com que 1 kg de água atinja o pH 8,3.

A curva na Figura 11.5a mostra duas descontinuidades nítidas, próximas a 90 e 120 μL, que correspondem à titulação do *terceiro* e *quarto* prótons do H_6A.

$$H_4A^{2-} + OH^- \rightarrow H_3A^{3-} + H_2O \quad (\sim 90\ \mu L \text{ no ponto de equivalência})$$
$$H_3A^{3-} + OH^- \rightarrow H_2A^{4-} + H_2O \quad (\sim 120\ \mu L \text{ no ponto de equivalência})$$

Ponto final:

- Coeficiente angular máximo
- Derivada segunda = 0

Os dois primeiros e os dois últimos pontos de equivalência apresentam pontos finais irreconhecíveis, pois ocorrem em valores de pH que são ou muito baixos ou muito altos.

	A	B	C	D	E	F
1	Derivadas de uma curva de titulação					
2	Dados		Derivada primeira		Derivada segunda	
3	μL NaOH	pH	μL	ΔpH/ΔμL		Δ(ΔpH/ΔμL)
4	85,0	4,245			μL	ΔμL
5			85,5	0,155		
6	86,0	4,400			86,0	0,0710
7			86,5	0,226		
8	87,0	4,626			87,0	0,0810
9			87,5	0,307		
10	88,0	4,933			88,0	0,0330
11			88,5	0,340		
12	89,0	5,273			89,0	−0,0830
13			89,0	0,257		
14	90,0	5,530			90,0	−0,0680
15			90,5	0,189		
16	91,0	5,719			91,25	−0,0390
17			92,0	0,131		
18	93,0	5,980				
19	Fórmulas representativas:					
20	C5 = (A6+A4)/2			E6 = (C7+C5)/2		
21	D5 = (B6−B4)/(A6−A4)			F6 = (D7−D5)/(C7−C5)		

FIGURA 11.6 Planilha para a determinação das derivadas primeira e segunda nas proximidades do volume adicionado de 90 μL na Figura 11.5.

Usando Derivadas para Encontrar o Ponto Final

O ponto final é considerado o ponto em que o coeficiente angular (dpH/dV) da curva de titulação é máximo. A inclinação (a derivada primeira), vista na Figura 11.5b, foi calculada por meio da planilha apresentada na Figura 11.6. As duas primeiras colunas contêm os volumes experimentais e as medidas de pH. (O medidor de pH é preciso até a terceira casa decimal, embora a exatidão termine na segunda casa decimal.) Para calcular a derivada primeira, encontra-se a média para cada par de volumes e o valor $\Delta pH/\Delta V$ é calculado. Neste caso, ΔpH é a variação de pH entre leituras consecutivas e ΔV é a variação de volume entre adições consecutivas. A Figura 11.5c e as duas últimas colunas da planilha fornecem a derivada segunda, calculada de maneira análoga. O ponto final corresponde ao volume em que a derivada segunda é 0. A Figura 11.7 permite-nos fazer uma boa estimativa dos volumes dos pontos finais.

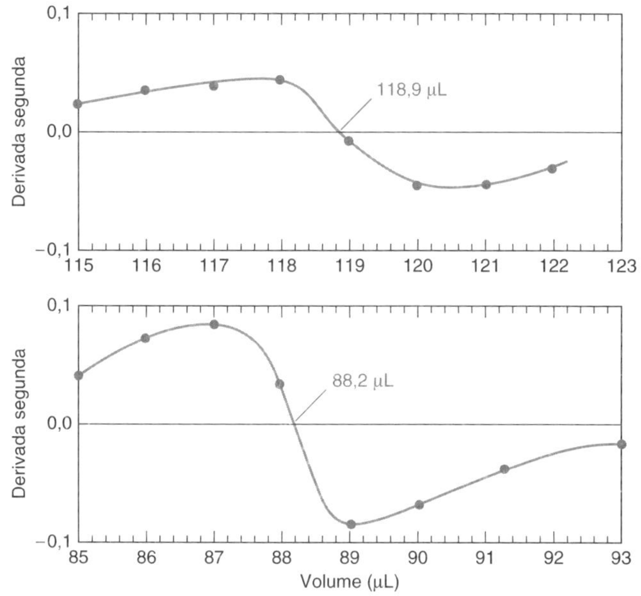

FIGURA 11.7 Visão ampliada das regiões de ponto final na curva da derivada segunda, vista na Figura 11.5c.

EXEMPLO Cálculo das Derivadas em uma Curva de Titulação

Vamos ver como a derivada primeira e a derivada segunda, na Figura 11.6, são calculadas.

Solução O primeiro número na terceira coluna, 85,5, é a média dos dois primeiros volumes (85,0 e 86,0) na primeira coluna. A derivada $\Delta pH/\Delta V$ é calculada a partir dos dois primeiros valores de pH e dos dois primeiros volumes:

$$\frac{\Delta pH}{\Delta V} = \frac{4,400 - 4,245}{86,0 - 85,0} = 0,155$$

As coordenadas (x = 85,5; y = 0,155) são um ponto no gráfico da derivada primeira na Figura 11.5b.

A derivada segunda é calculada a partir da derivada primeira. A primeira entrada na quinta coluna da Figura 11.6 é 86,0, que é a média entre 85,5 e 86,5. A derivada segunda é

$$\frac{\Delta(\Delta pH/\Delta V)}{\Delta V} = \frac{0,226 - 0,155}{86,5 - 85,5} = 0,071$$

As coordenadas (x = 86,0; y = 0,071) são assinaladas no gráfico da derivada segunda na Figura 11.5c.

TESTE-SE Verifique a derivada na célula D7 da Figura 11.6.

Uso de um Gráfico de Gran para Encontrar o Ponto Final[5,6]

Um problema com o uso de derivadas para encontrar o ponto final é que os dados da titulação são menos exatos perto do ponto final, pois o tamponamento é mínimo e a resposta do eletrodo é lenta. O **gráfico de Gran** é um método que nos permite usar dados anteriores ao ponto final (geralmente de 0,8 V_e ou 0,9 V_e até V_e) para localizar o ponto final.

Um método semelhante utiliza os dados do meio da curva de titulação (distantes do ponto de equivalência) para obter V_e e K_a.[7]

Considere a titulação de um ácido fraco, HA:

$$HA \rightleftharpoons H^+ + A^- \qquad K_a = \frac{[H^+]\gamma_{H^+}[A^-]\gamma_{A^-}}{[HA]\gamma_{HA}}$$

É necessário incluir os coeficientes de atividade nessa discussão, pois um eletrodo de pH responde à *atividade* do íon hidrogênio e não à sua concentração.

As espécies fortes reagem completamente com as espécies fracas.

Antes do ponto de equivalência, é uma boa aproximação considerar que cada mol de NaOH converte 1 mol de HA em 1 mol de A^-. Se titularmos V_a mL de HA (cuja concentração formal é F_a) com V_b mL de NaOH (cuja concentração formal é F_b), podemos escrever

$$[A^-] = \frac{\text{número de mols de OH}^- \text{ liberados}}{\text{volume total}} = \frac{V_b F_b}{V_b + V_a}$$

$$[HA] = \frac{\text{número de mols de HA} - \text{número de mols de OH}^-}{\text{volume total}} = \frac{V_a F_a - V_b F_b}{V_a + V_b}$$

Substituindo esses valores de $[A^-]$ e [HA] na constante de equilíbrio, temos

$$K_a = \frac{[H^+]\gamma_{H^+} V_b F_b \gamma_{A^-}}{(V_a F_a - V_b F_b)\gamma_{HA}}$$

que pode ser reescrita na forma

$\mathcal{A}_{H^+} = [H^+]\gamma_{H^+} = 10^{-pH}$

$$V_b \underbrace{[H^+]\gamma_{H^+}}_{10^{-pH}} = \frac{\gamma_{HA}}{\gamma_{A^-}} K_a \left(\frac{V_a F_a - V_b F_b}{F_b} \right) \qquad (11.4)$$

O termo na esquerda é $V_b \cdot 10^{-pH}$, pois $[H^+]\gamma_{H^+} = 10^{-pH}$. O termo entre parênteses na direita é

$V_a F_a = V_e F_b \Rightarrow V_e = \frac{V_a F_a}{F_b}$

$$\left(\frac{V_a F_a - V_b F_b}{F_b} \right) = \frac{V_a F_a}{F_b} - V_b = V_e - V_b$$

A Equação 11.4 pode, portanto, ser escrita na forma

Equação do gráfico de Gran: $$V_b \cdot 10^{-pH} = \frac{\gamma_{HA}}{\gamma_{A^-}} K_a (V_e - V_b) \qquad (11.5)$$

Gráfico de Gran:

- Faça o gráfico de $V_b \cdot 10^{-pH}$ contra V_b
- A interseção com o eixo $x = V_e$
- Coeficiente angular = $-K_a\gamma_{HA}/\gamma_{A^-}$

Um gráfico de $V_b \cdot 10^{-pH}$ *contra* V_b é chamado *gráfico de Gran*. Se γ_{HA}/γ_{A^-} é constante, o gráfico mostra uma reta com um coeficiente angular igual a $-K_a\gamma_{HA}/\gamma_{A^-}$ e uma interseção com o eixo das abscissas (o eixo x) igual a V_e. Na Figura 11.8 vemos o gráfico de Gran para a titulação da Figura 11.5. Pode-se usar qualquer unidade para V_b, mas as mesmas unidades devem ser usadas em ambos os eixos. Na Figura 11.8, V_b foi expresso em microlitros em ambos os eixos.

A vantagem de um gráfico de Gran reside na possibilidade de usarmos, para localizarmos o ponto final, dados obtidos *antes* do ponto final. O coeficiente angular no gráfico de Gran permite determinar o valor de K_a. Embora tenhamos deduzido a função de Gran para um ácido monoprótico, o mesmo gráfico ($V_b \cdot 10^{-pH}$ *contra* V_b) pode ser usado para ácidos polipróticos (por exemplo, o H_6A na Figura 11.5).

A função de Gran, $V_b \cdot 10^{-pH}$, na verdade, não atinge o valor 0, pois 10^{-pH} nunca é 0. A curva deve ser extrapolada para encontrar V_e. O motivo pelo qual o valor da função não atinge 0 se deve a termos usado a aproximação de que todo mol de OH^- produz 1 mol de A^-, o que não é verdadeiro quando V_b se aproxima de V_e. Apenas a região linear do gráfico de Gran é usada.

Outra fonte de não linearidade (curvatura), no gráfico de Gran, é a mudança da força iônica do meio, o que provoca variações na razão γ_{HA}/γ_{A^-}. Na Figura 11.8, essa variação foi evitada mantendo-se a força iônica praticamente constante a partir da adição de $NaNO_3$. Mesmo sem a adição de sal, os últimos 10 a 20% dos dados antes de V_e têm um comportamento razoavelmente linear, pois o valor de γ_{HA}/γ_{A^-} não varia muito nessa região.

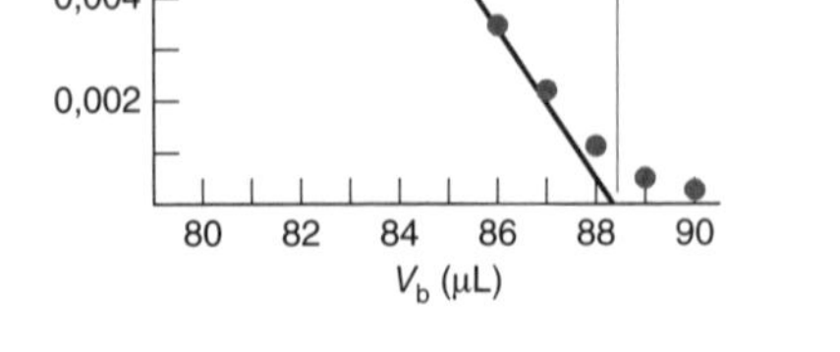

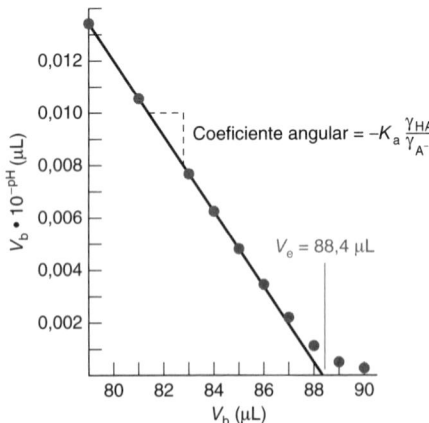

FIGURA 11.8 Gráfico de Gran para o primeiro ponto de equivalência da Figura 11.5. Esse gráfico fornece um valor de V_e que difere daquele da Figura 11.7 por 0,2 μL (88,4 contra 88,2 μL). Os últimos 10 a 20% do volume anterior a V_e são usados normalmente para o gráfico de Gran.

Desafio Mostre que, quando uma base fraca, B, é titulada com um ácido forte, a função de Gran apropriada é

$$V_a \cdot 10^{+pH} = \left(\frac{1}{K_a} \cdot \frac{\gamma_B}{\gamma_{BH^+}} \right)(V_e - V_a) \qquad (11.6)$$

em que V_a é o volume do ácido forte adicionado e K_a é a constante de dissociação ácida do BH^+. Um gráfico de $V_a \cdot 10^{+pH}$ contra V_a deve ser uma reta com um coeficiente angular igual a $-\gamma_B/(K_a \cdot \gamma_{BH^+})$ e uma interseção com o eixo dos x em V_e.

11.6 Determinação do Ponto Final por Meio de Indicadores

Um **indicador** ácido-base é por si só um ácido ou uma base cujas diferentes espécies protonadas têm cores diferentes. Um exemplo é o azul de timol.

Um **indicador** é um ácido ou uma base cujas diferentes formas protonadas apresentam cores diferentes.

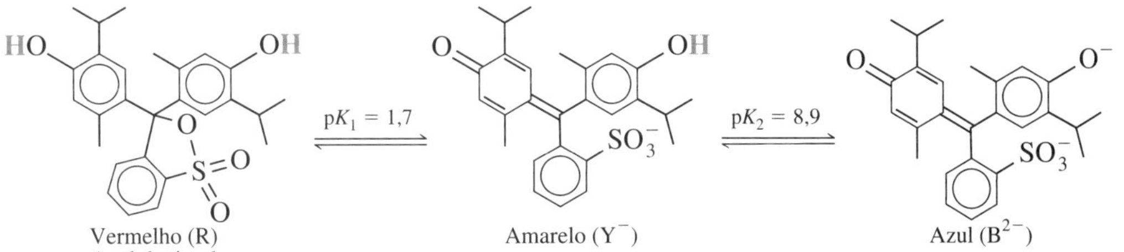

Vermelho (R)
Azul de timol

Amarelo (Y^-)

Azul (B^{2-})

Abaixo de pH 1,7, a espécie predominante é vermelha; entre pH 1,7 e pH 8,9 a espécie predominante é amarela; e acima de pH 8,9, a espécie predominante é azul (ver Prancha em Cores 6). Para simplificar, simbolizamos as três espécies por R, Y^- e B^{2-}.

O equilíbrio entre R e Y^- pode ser escrito como

$$R \overset{K_1}{\rightleftharpoons} Y^- + H^+ \qquad pH = pK_1 + \log\frac{[Y^-]}{[R]} \tag{11.7}$$

pH	$[Y^-]:[R]$	Cor
0,7	1:10	vermelho
1,7	1:1	laranja
2,7	10:1	amarelo

Em pH 1,7 (= pK_1), temos uma mistura 1:1 entre espécies vermelha e amarela, que parece ser laranja. Como uma regra bastante simples, podemos dizer que a solução fica vermelha quando $[Y^-]/[R] \lesssim 1/10$ e amarela quando $[Y^-]/[R] \gtrsim 10/1$. Da Equação 11.7, podemos ver que a solução será vermelha quando pH ≈ pK_1 – 1 e amarela quando pH ≈ pK_1 + 1. Nas tabelas de cores de indicadores, o azul de timol é apresentado como vermelho abaixo de pH 1,2 e amarelo acima de pH 2,8. Por comparação, os valores de pH previstos pela nossa regra são 0,7 e 2,7. Entre pH 1,2 e pH 2,8, o indicador exibe várias tonalidades de laranja. A faixa de pH (1,2 a 2,8) na qual a cor muda é chamada **faixa de transição**. Enquanto a maioria dos indicadores tem uma única mudança de cor, o azul de timol sofre outra transição, entre o pH 8,0 e o pH 9,6, do amarelo para o azul. Nessa faixa, várias tonalidades de verde são observadas.

As mudanças de cor de indicadores ácido-base são apresentadas na Demonstração 11.1. O Boxe 11.2 mostra como valores de pH podem ser determinados pela absorção óptica de indicadores.

Um dos indicadores mais comuns é a fenolftaleína, normalmente usada na sua transição incolor-rosa em pH 8,0 a 9,6.

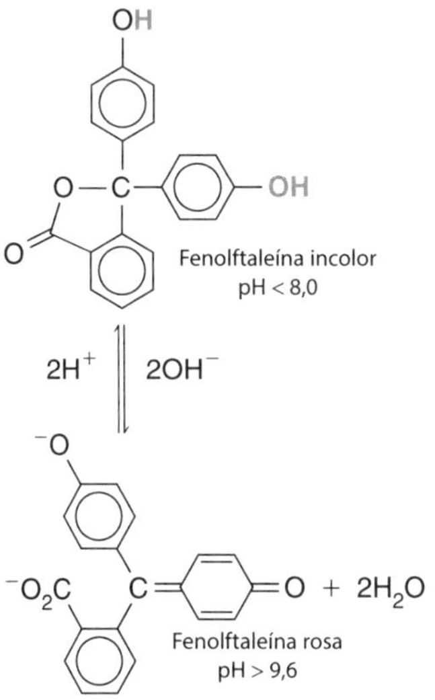

Em um ácido forte, a forma incolor da fenolftaleína torna-se vermelho-alaranjada. Em uma base forte, a espécie rosa perde a sua cor.[8]

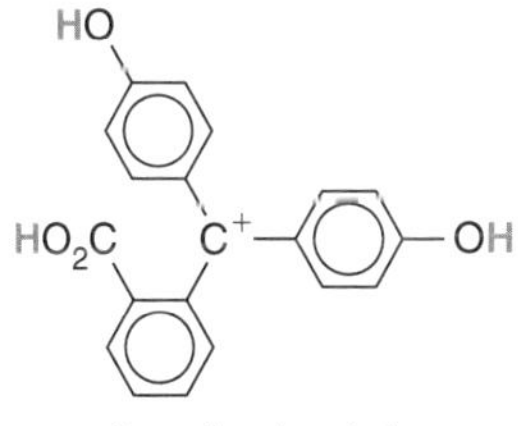

Escolha de um Indicador

Uma curva de titulação, para a qual o ponto de equivalência tem pH = 5,54, é mostrada na Figura 11.9. Um indicador com uma mudança de cor próximo a esse valor de pH pode ser usado na determinação do ponto final da titulação. Podemos ver na Figura 11.9 que o pH cai acentuadamente (de 7 para 4) para um pequeno intervalo de volume. Portanto, qualquer indicador com uma mudança de cor nesse intervalo de pH possibilita uma determinação razoavelmente boa do

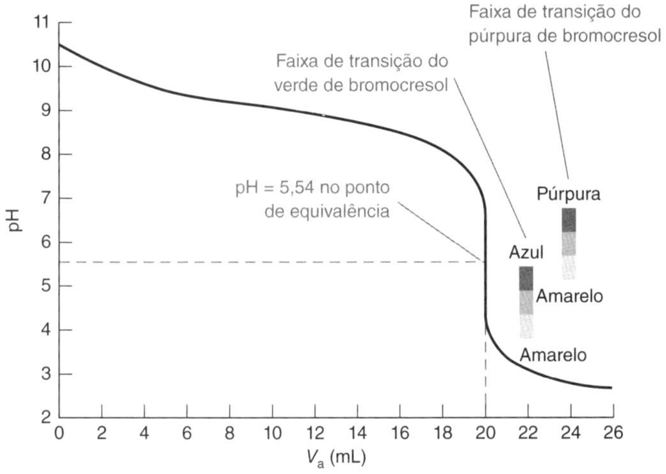

FIGURA 11.9 Curva de titulação calculada para a reação de 100 mL de uma solução 0,010 0 M de uma base (pK_b = 5,00) com uma solução de HCl 0,050 0 M.

BOXE 11.2 Qual É o Significado de um pH Negativo?

Na década de 1930, Louis Hammett e seus alunos mediram as forças de muitos ácidos e bases fracos, utilizando uma base fraca como referência (B), por exemplo, a *p*-nitroanilina ($pK_a = 0{,}99$), cuja força básica pode ser medida em solução aquosa.

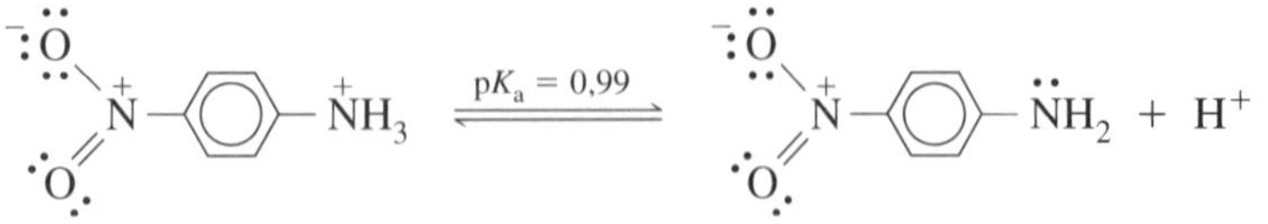

Íon *p*-Nitroanilônio BH^+ | *p*-Nitroanilina B

Admita que alguma *p*-nitroanilina e uma segunda base, C, são dissolvidas em um ácido forte, por exemplo, uma solução de HCl 2 M. O pK_a do CH^+ pode ser medido com relação ao BH^+ escrevendo-se, inicialmente, uma equação de Henderson-Hasselbalch para cada ácido:

$$pH = pK_a \text{ (para } BH^+) + \log \frac{[B]\gamma_B}{[BH^+]\gamma_{BH^+}}$$

$$pH = pK_a \text{ (para } CH^+) + \log \frac{[C]\gamma_C}{[CH^+]\gamma_{CH^+}}$$

Igualando as duas equações (pois há apenas um pH), temos

$$\underbrace{pK_a \text{ (para } CH^+) - pK_a \text{(para } BH^+)}_{\Delta pK_a} = \log \frac{[B][CH^+]}{[C][BH^+]} + \log \frac{\gamma_B \gamma_{CH^+}}{\gamma_C \gamma_{BH^+}}$$

A razão entre os coeficientes de atividade é próxima da unidade, de modo que o segundo termo na direita é próximo de 0. Desprezando este último termo, temos um resultado operacionalmente útil:

$$\Delta pK_a \approx \log \frac{[B][CH^+]}{[C][BH^+]}$$

Isto é, se temos uma maneira para determinar as concentrações de B, BH^+, C e CH^+ e se conhecemos o pK_a para o BH^+, podemos determinar o pK_a para o CH^+.

As concentrações podem ser medidas espectrofotometricamente[9] ou por ressonância magnética nuclear,[10] e assim, o pK_a para o CH^+ pode ser determinado. Então, utilizando o CH^+ como referência, o pK_a para outro composto, DH^+, pode ser medido. Esse procedimento pode ser estendido para medir sucessivamente as forças de bases cada vez mais fracas (por exemplo, o nitrobenzeno, $pK_a = -11{,}38$), fracas demais para que possam ser protonadas em água.

A acidez de um solvente fortemente ácido que protona uma base fraca, B, é chamada **função de acidez de Hammett**:

Função de acidez de Hammett: $$H_0 = pK_a \text{ (para } BH^+) + \log \frac{[B]}{[BH^+]}$$

Para soluções aquosas diluídas, H_0 aproxima-se do pH. Para ácidos concentrados, H_0 é uma medida da força do ácido. Quanto mais fraca for a base B, mais forte deve ser a acidez do solvente para poder protonar a base. A acidez de solventes fortemente ácidos[11] é, hoje em dia, mais convenientemente medida por métodos eletroquímicos.[12]

Quando nos referimos a valores *negativos* de pH, usualmente nos referimos a valores de H_0. Por exemplo, quando se fazem medidas da capacidade de uma solução de $HClO_4$ 8 M em protonar bases muito fracas, ela tem "pH" próximo de −4. O gráfico

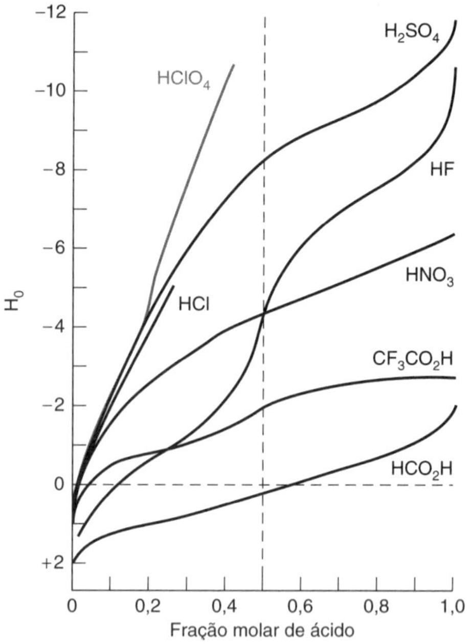

Função de acidez de Hammett, H_0, para soluções aquosas de ácido. [Dados de R. A. Cox and K. Yates, "Acidity Functions," *Can. J. Chem.* **1983**, *61*, 2225.]

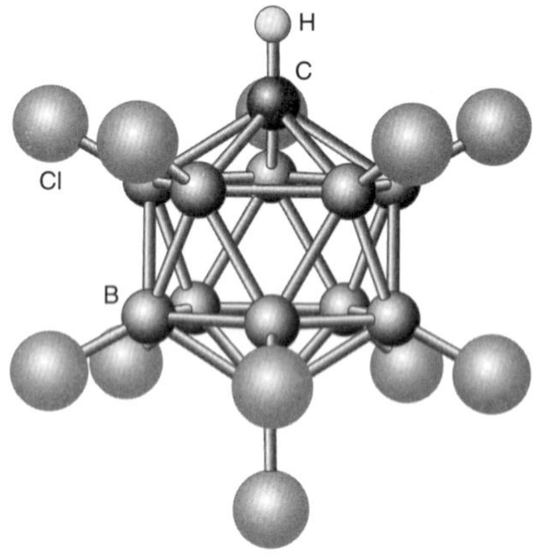

Estrutura do ânion carborano icosaédrico do $[CHB_{11}Cl_{11}]^-H^+$, o ácido mais forte conhecido.[13] O ácido icosaédrico $H_2[B_{12}Cl_{12}]$ é o ácido diprótico mais forte conhecido.

mostrado anteriormente indica que o $HClO_4$ é um ácido mais forte que outros ácidos minerais. Valores de H_0 para vários solventes fortemente ácidos são vistos na tabela a seguir. O ácido mais forte conhecido é o $[CHB_{11}Cl_{11}]^-H^+$, o qual contém uma gaiola icosaédrica de carborano. Um átomo de H está ligado ao átomo de C da gaiola. Um H^+ (não mostrado) muito fracamente ligado está associado com um átomo de Cl da gaiola nas fases sólida e gasosa.[13]

Ácido	Nome	H_0
H_2SO_4 (100%)	ácido sulfúrico	−11,93
$H_2SO_4 \cdot SO_3$	ácido sulfúrico fumegante (oleum)	−14,14
HSO_3F	ácido fluorossulfúrico	−15,07
HSO_3F + 10% SbF_5	"superácido"	−18,94
HSO_3F + 7%$SbF_5 \cdot 3SO_3$	—	−19,35

DEMONSTRAÇÃO 11.1 Indicadores e Acidez do CO_2

Esta demonstração é apenas pura diversão.[14] Adicione 900 mL de água a duas provetas graduadas de 1 L, providas, cada uma delas, de uma barra magnética de agitação. A seguir, adicione, a cada uma das provetas, 10 mL de uma solução de NH_3 1 M. Adicione, então, 2 mL de solução do indicador fenolftaleína a uma das provetas e 2 mL do indicador azul de bromotimol à outra. Ambos os indicadores irão adquirir a cor correspondente às suas espécies básicas.

Adicione, agora, alguns pedaços de gelo seco (CO_2 sólido) a cada proveta. Conforme o CO_2 vai borbulhando em cada proveta, o líquido vai se tornando mais ácido. Inicialmente, desaparece a cor rosa da fenolftaleína. Pouco tempo depois, o pH diminui o suficiente para que a cor azul de bromotimol mude para verde, mas não o suficiente para mudar a cor para amarelo.

Adicione, agora, alguns pedaços de gelo seco (CO_2 sólido) a cada proveta. Conforme o CO_2 vai borbulhando em cada proveta, o líquido vai se tornando mais ácido. Inicialmente, desaparece a cor rosa da fenolftaleína. Pouco tempo depois, o pH diminui o suficiente para que a cor azul de bromotimol mude para verde, mas não o suficiente para mudar a cor para amarelo.

Usando um tubo de Tygon, adicione, ao *fundo* de cada proveta, 20 mL de HCl 6 M. Agita-se então cada solução por alguns segundos por meio do agitador magnético. Explique o que se observa. A sequência de eventos pode ser vista na Prancha em Cores 7.

ponto de equivalência. Quanto mais perto do pH 5,54 a mudança de cor ocorrer, mais exata será a determinação do ponto final. A diferença entre o ponto final observado (pela mudança de cor) e o ponto de equivalência verdadeiro é chamada **erro do indicador**.

Ao esvaziarmos metade de um frasco de indicador em uma reação introduzimos outro tipo de erro relativo ao indicador. Como os indicadores são ácidos ou bases, eles reagem tanto com o analito quanto com o titulante. O número de mols adicionado do indicador deve ser desprezível com relação ao número de mols do analito. Nunca, em uma titulação, usamos mais do que algumas gotas de solução diluída de indicador.

Muitos dos indicadores apresentados na Tabela 11.3 podem ser úteis para a titulação da Figura 11.9. Por exemplo, se for usado o púrpura de bromocresol, usaremos a mudança de cor de púrpura para amarelo como ponto final. O último traço de cor púrpura desaparecerá próximo ao pH 5,2, que é muito próximo do ponto de equivalência real na Figura 11.9. Se o verde de bromocresol for escolhido como indicador, uma mudança de cor do azul para o verde (= amarelo + azul) indicará o ponto final.

TABELA 11.3 Indicadores mais comuns

Indicador	Faixa de transição (pH)	Cor em meio ácido	Cor em meio básico	Preparação
Violeta de metila	0,0–1,6	Amarelo	Violeta	0,05% m/m em H_2O
Vermelho de cresol	0,2–1,8	Vermelho	Amarelo	0,1 g em 26,2 mL de NaOH 0,01 M. Então, adicione ~225 mL de H_2O
Azul de timol	1,2–2,8	Vermelho	Amarelo	0,1 g em 21,5 mL de NaOH 0,01 M. Então, adicione ~225 mL de H_2O
Púrpura de cresol	1,2–2,8	Vermelho	Amarelo	0,1 g em 26,2 mL de NaOH 0,01 M. Então, adicione ~225 mL de H_2O
Eritrosina, sal dissódico	2,2–3,6	Laranja	Vermelho	0,1% m/m em H_2O
Alaranjado de metila	3,1–4,4	Vermelho	Amarelo	0,01% m/m em H_2O
Vermelho do Congo	3,0–5,0	Violeta	Vermelho	0,1% m/m em H_2O
Azul de bromofenol	3,0–4,6	Amarelo	Azul	0,1 g em 14,9 mL de NaOH 0,01 M. Então, adicione ~225 mL de H_2O
Alaranjado de etila	3,4–4,8	Vermelho	Amarelo	0,1% m/m em H_2O
Verde de bromocresol	3,8–5,4	Amarelo	Azul	0,1 g em 14,3 mL de NaOH 0,01 M. Então, adicione ~225 mL de H_2O
Vermelho de metila	4,8–6,0	Vermelho	Amarelo	0,02 g em 60 mL de etanol. Então, adicione 40 mL de H_2O
Vermelho de clorofenol	4,8–6,4	Amarelo	Vermelho	0,1 g em 23,6 mL de NaOH 0,01 M. Então, adicione ~225 mL de H_2O
Púrpura de bromocresol	5,2–6,8	Amarelo	Púrpura	0,1 g em 18,5 mL de NaOH 0,01 M. Então, adicione ~225 mL de H_2O
p-Nitrofenol	5,6–7,6	Incolor	Amarelo	0,1% m/m em H_2O
Tornassol (Litmus)	5,0–8,0	Vermelho	Azul	0,1% m/m em H_2O
Azul de bromotimol	6,0–7,6	Amarelo	Azul	0,1 g em 16,0 mL de NaOH 0,01 M. Então, adicione ~225 mL de H_2O
Vermelho de fenol	6,4–8,0	Amarelo	Vermelho	0,1 g em 28,2 mL de NaOH 0,01 M. Então, adicione ~225 mL de H_2O
Vermelho neutro	6,8–8,0	Vermelho	Amarelo	0,01 g em 50 mL de etanol. Então, adicione 50 mL de H_2O
Vermelho de cresol	7,2–8,8	Amarelo	Vermelho	0,1 g em 26,2 mL de NaOH 0,01 M. Então, adicione ~225 mL de H_2O
α-Naftolftaleína	7,3–8,7	Rosa	Verde	0,1 g em 50 mL de etanol. Então, adicione 50 mL de H_2O
Púrpura de cresol	7,6–9,2	Amarelo	Púrpura	0,1 g em 26,2 mL de NaOH 0,01 M. Então, adicione ~225 mL de H_2O
Azul de timol	8,0–9,6	Amarelo	Azul	0,1 g em 21,5 mL de NaOH 0,01 M. Então, adicione ~225 mL de H_2O
Fenolftaleína	8,0–9,6	Incolor	Rosa	0,05 g em 50 mL de etanol. Então, adicione 50 mL de H_2O
Timolftaleína	8,3–10,5	Incolor	Azul	0,04 g em 50 mL de etanol. Então, adicione 50 mL de H_2O
Amarelo de alizarina	10,1–12,0	Amarelo	Vermelho-alaranjado	0,01% m/m em H_2O
Nitramina	10,8–13,0	Incolor	Marrom-alaranjado	0,1 g em 70 mL de etanol. Então, adicione 30 mL de H_2O
Tropaeolina O	11,1–12,7	Amarelo	Laranja	0,1% m/m em H_2O

Para uma determinada titulação, devemos escolher um indicador, cuja faixa de transição se sobreponha ao intervalo onde se verifica a região de maior inflexão em uma curva de titulação.

Em geral, *escolhemos um indicador cuja faixa de transição se sobreponha, o mais próximo possível, ao intervalo onde se verifica a região de maior inflexão da curva de titulação.* A inflexão da curva de titulação, próximo ao ponto de equivalência na Figura 11.9, assegura que o erro do indicador, causado pela não coincidência do ponto final com o ponto de equivalência, seja pequeno. Por exemplo, se o ponto final do indicador for em pH 6,4 (em vez de 5,54), o erro em V_e será apenas de 0,25%, nesse caso. Podemos estimar o erro do indicador calculando o volume de titulante necessário para atingir o pH 6,4 em vez do pH 5,54.

11.7 Observações Práticas

Os ácidos e bases, listados na Tabela 11.4, podem ser obtidos suficientemente puros para serem usados como *padrões primários.*[17] Observe que o NaOH e o KOH não são padrões primários, porque mesmo os de melhor qualidade contêm carbonato (da reação com o CO_2 atmosférico) e água adsorvida. Soluções de NaOH e KOH devem ser padronizadas com relação a um padrão primário, por exemplo, o hidrogenoftalato de potássio. Soluções de NaOH, usadas em titulações, são preparadas pela diluição de uma solução estoque de NaOH 50% m/m em água. O carbonato de sódio é insolúvel nessa solução estoque e precipita no fundo do frasco.

Soluções alcalinas (por exemplo, solução de NaOH 0,1 M) devem ser protegidas da atmosfera para minimizar a absorção de CO_2:

$$OH^- + CO_2 \rightarrow HCO_3^-$$

O CO_2, agindo por certo tempo, muda a concentração de uma base forte e diminui o avanço da reação próximo ao ponto final, durante a titulação de ácidos fracos. Se as soluções são mantidas em frascos de polietileno bem fechados, elas podem ser usadas por cerca de uma semana sofrendo apenas pequenas variações.

Soluções-padrão são normalmente armazenadas em frascos de polietileno de alta densidade contendo tampas rosqueadas. A evaporação do frasco muda lentamente a concentração do reagente. O fabricante de produtos químicos Sigma-Aldrich registra que uma solução aquosa estocada em um frasco bem tampado tem sua concentração elevada em 0,2% após 2 anos a 23 °C, e em 0,5% após 2 anos a 30 °C. A inserção do frasco em um recipiente selado aluminizado reduziu a evaporação por um fator de 10. A lição a se tirar de tudo isso é que uma solução-padrão na bancada possui um tempo de vida finito.

Soluções fortemente básicas atacam o vidro, e são mais bem conservadas em frascos plásticos. Tais soluções não devem ficar em uma bureta mais do que o tempo necessário. Ao fervermos uma solução de NaOH 0,01 M em um erlenmeyer durante 1 hora, diminuímos a sua molaridade em 10% em face da reação do OH^- com o vidro.[18]

11.8 Análise de Nitrogênio pelo Método de Kjeldahl

Desenvolvida em 1883, a **análise de nitrogênio de Kjeldahl** é um dos métodos mais amplamente utilizados para a determinação de nitrogênio em substâncias orgânicas.[19] As proteínas são os principais constituintes contendo nitrogênio na alimentação. A maioria das proteínas contém em torno de 16% m/m de nitrogênio, de modo que a determinação de nitrogênio é um método substitutivo para a determinação de proteínas (Boxe 11.3). O outro método comum para determinar nitrogênio em alimentos é a análise por combustão (Seção 27.4).

No método de Kjeldahl, a amostra é inicialmente *digerida* (decomposta e dissolvida) em ácido sulfúrico em ebulição, para converter o nitrogênio amínico e amídico em íon amônio, NH_4^+, e oxidar outros elementos presentes:[20]

Cada átomo de nitrogênio no material desconhecido é convertido em um íon NH_4^+.

Digestão Kjeldahl: $$\text{C, H, N orgânicos} \xrightarrow[H_2SO_4]{\text{Ebulição}} NH_4^+ + CO_2 + H_2O \qquad \textbf{(11.8)}$$

Os compostos de cobre e selênio catalisam o processo de digestão. Para acelerar a reação, eleva-se o ponto de ebulição do ácido sulfúrico (338 °C) concentrado (98% m/m) pela adição de K_2SO_4. A digestão é feita em um balão de colo longo, o *balão de Kjeldahl* (Figura 11.10), que evita a perda de amostra em virtude de projeções durante a ebulição. Um procedimento de digestão alternativo emprega H_2SO_4 mais H_2O_2 ou $K_2S_2O_8$ mais NaOH[21] em uma bomba de digestão de micro-ondas (recipiente pressurizado, mostrado na Figura 28.7).

Depois que a digestão é completa, alcaliniza-se a solução contendo NH_4^+ e o NH_3 liberado é destilado (com um grande excesso de vapor) para um recipiente coletor contendo uma quantidade conhecida de HCl (Figura 11.11) (ou $B(OH)_3$ em um procedimento diferente, mostrado no Problema 11.58).[22] O excesso de HCl que não reagiu é titulado com NaOH padronizado para determinar o quanto de HCl foi consumido pelo NH_3.

Neutralização do NH_4^+: $$NH_4^+ + OH^- \rightarrow NH_3(g) + H_2O \qquad \textbf{(11.9)}$$

TABELA 11.4 **Padrões primários**

Ao fim deste capítulo, encontram-se os procedimentos para a preparação de soluções-padrão de ácidos e de bases.

Composto	Massa específica (g/mL) para correções de empuxo	Observações
Ácidos 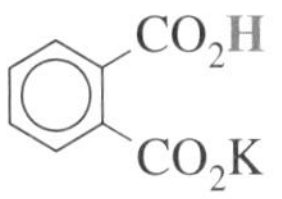 Hidrogenoftalato de potássio MF 204,222	1,64	O material comercial puro é seco a 105 °C e usado para padronizar bases. A observação do ponto final, utilizando-se fenolftaleína como indicador, é satisfatória. 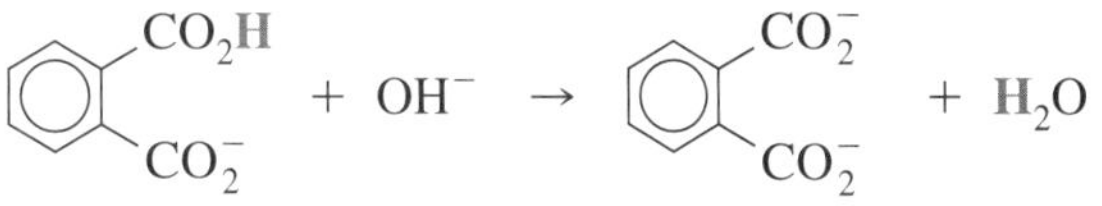
HCl Ácido clorídrico MF 36,458	—	O HCl e a água destilam como um *azeótropo* (uma mistura) cuja composição (~6 M) depende da pressão. A composição é tabelada como uma função da pressão durante a destilação (ver Problema 11.55 para mais detalhes).
$KH(IO_3)_2$ Hidrogenoiodato de potássio MF 389,909	—	Esse é um ácido forte, então qualquer indicador com um ponto final entre ~5 e ~9 é adequado.
 Ácido benzoico MF 122,115	1,27	Padrão primário para titulações em meios não aquosos em solventes como o etanol. Emprega-se um eletrodo de vidro para determinar o ponto final.
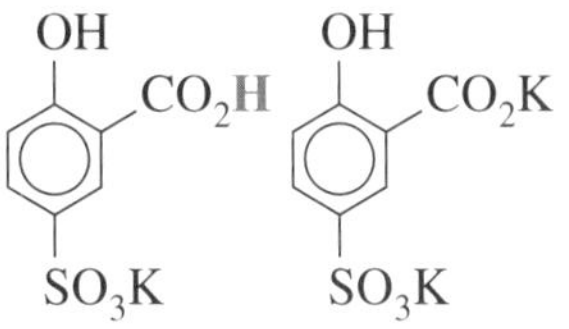 Ácido sulfossalicílico, sal duplo MF 550,629	—	1 mol do ácido sulfossalicílico, comercial, é misturado com 0,75 mol de $KHCO_3$ grau analítico, recristalizado várias vezes em água e seco a 110 °C para produzir o sal duplo com três íons K^+ e um H^+ titulável.[15] A fenolftaleína é usada como indicador para a titulação com NaOH.
$H_3\overset{+}{N}SO_3^-$ Ácido sulfâmico MF 97,088	2,15	O ácido sulfâmico é um ácido forte com um próton ácido, portanto, qualquer indicador com um ponto final entre ~5 e ~9 é satisfatório.
Bases $H_2NC(CH_2OH)_3$ Tris(hidroximetil)aminometano (também chamado de tris ou tham) MF 121,136	1,33	O material comercial puro é seco a 100–103 °C e titulado com um ácido forte. O ponto final se situa na faixa de pH 4,5–5. $$H_2NC(CH_2OH)_3 + H^+ \rightarrow H_3\overset{+}{N}C(CH_2OH)_3$$
Na_2CO_3 Carbonato de sódio MF 105,988	2,53	O Na_2CO_3, com pureza suficiente para ser considerado um padrão primário, é encontrado comercialmente. Outra possibilidade para se produzir Na_2CO_3 puro é por meio do aquecimento, por 1 h a 260–270 °C, do $NaHCO_3$ recristalizado. O carbonato de sódio é titulado com ácido até um ponto final em pH 4–5. Bem próximo ao ponto final, a solução é aquecida à ebulição para expelir o CO_2.
$Na_2B_4O_7 \cdot 10H_2O$ Bórax MF 381,363	1,73	O material recristalizado é seco em um dessecador contendo uma solução aquosa saturada com NaCl e sacarose. Esse procedimento permite obter a forma decaidratada pura.[16] O padrão é titulado com um ácido, utilizando-se vermelho de metila como indicador. $$\text{“}B_4O_7 \cdot 10H_2O^{2-}\text{”} + 2H^+ \rightarrow 4B(OH)_3 + 5H_2O$$

Destilação do NH_3 para uma solução padronizada de HCl: $$NH_3 + H^+ \rightarrow NH_4^+ \quad \textbf{(11.10)}$$

Titulação do HCl que não reagiu com NaOH: $$H^+ + OH^- \rightarrow H_2O \quad \textbf{(11.11)}$$

Uma alternativa para a titulação ácido-base é neutralizar o ácido e aumentar o pH com um tampão, seguido por adição de reagentes que formem um produto colorido com o NH_3.[28] A absorbância do produto colorido fornece a concentração do NH_3 formado na digestão.

BOXE 11.3 Análise de Nitrogênio pelo Método de Kjeldahl: A Química Por Trás da Manchete

Em 2007, cães e gatos de estimação na América do Norte começaram subitamente a morrer, aparentemente de insuficiência renal. Em poucas semanas a misteriosa doença foi rastreada levando aos alimentos para animais contendo ingredientes importados da China. Foi constatado que melamina, utilizada na fabricação de plásticos, foi deliberadamente adicionada aos ingredientes dos alimentos, "em uma tentativa de cumprir exigências contratuais sobre o teor de proteína nos produtos".[23] Ácido cianúrico, usado para desinfecção de piscinas, também foi encontrado nos alimentos. A melamina sozinha não causa insuficiência renal, mas a combinação de melamina e ácido cianúrico promove a formação de um produto que leva à falência renal. Microrganismos presentes no intestino podem transformar a melamina em ácido cianúrico.[24]

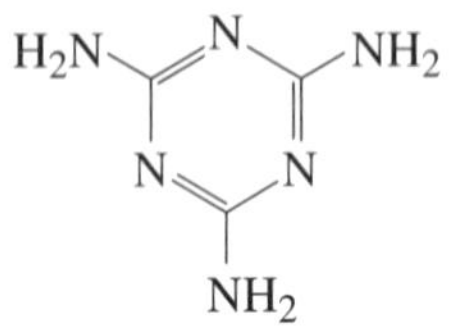

Melamina
(66,6% m/m de nitrogênio)

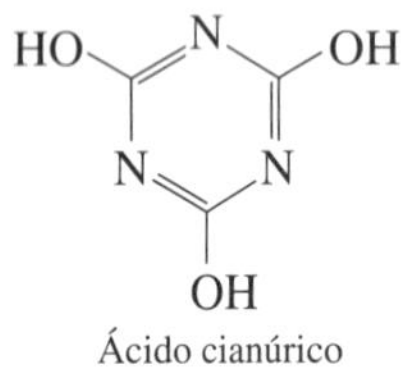

Ácido cianúrico
(32,6% m/m de nitrogênio)

O que estes compostos têm a ver com proteínas? Nada – exceto que eles são ricos em nitrogênio. As proteínas, que contém ~16% m/m de nitrogênio, são a principal fonte de nitrogênio nos alimentos. A análise de nitrogênio pelo método de Kjeldahl é utilizada como uma medição substitutiva de proteínas em alimentos. Por exemplo, se o alimento contém 10% m/m de proteína, ele conterá ~16% de 10% = 1,6% m/m de nitrogênio. Se você mede 1,6% m/m de nitrogênio no alimento, você poderia concluir que o alimento contém ~10 % m/m de proteína. A melamina contém 66,6% m/m de nitrogênio, que é quatro vezes mais do que em proteína. Adicionar 1% m/m de melamina ao alimento faz parecer que ele contém um adicional de 4% m/m de proteína.

Fonte de proteína	% em massa de nitrogênio
Carne	16,0
Plasma sanguíneo	15,3
Leite	15,6
Farinha	17,5
Ovo	14,9

Dados de D. J. Holme e H. Peck, *Analytical Biochemistry*, 3rd ed. (New York: Addison Wesley Longman, 1998), p. 388.

Inacreditavelmente, no verão de 2008, cerca de 300 000 bebês chineses adoeceram e no mínimo seis morreram de falência renal.[25] Muitas empresas chinesas haviam diluído o leite com água e adicionado melamina para que o conteúdo de proteína parecesse normal. Os produtos fabricados com o leite envenenado foram vendidos tanto no mercado interno quanto exportados. Em 2009, duas pessoas foram executadas em função de sua participação na produção do leite adulterado. Em 2010, autoridades chinesas encontraram 40 t de leite em pó contendo melamina. Como resposta ao aparecimento da melamina em alimentos, métodos foram desenvolvidos para distinguir nitrogênio proteico de nitrogênio não proteico,[26] e para a determinação de melamina em alimentos[27] (Boxe 17.3).

Outro meio para determinação de nitrogênio em alimentos é o *método de Dumas*. Matéria orgânica misturada com CuO é aquecida sob CO_2 a 650 a 700 °C, produzindo CO_2, H_2O, N_2 e óxidos de nitrogênio. Os produtos são carreados sob fluxo de CO_2 por meio de Cu aquecido para converter os óxidos de nitrogênio em N_2. Os gases são borbulhados em uma solução aquosa de KOH(*aq*) concentrado para capturar o CO_2. O volume de N_2 é determinado em uma bureta de gás. Este método não distingue proteína de melamina.

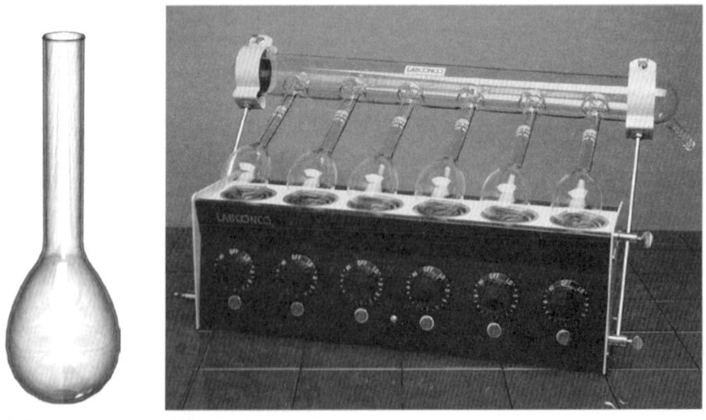

(*a*) (*b*)

FIGURA 11.10 (*a*) Balão de digestão de Kjeldahl com colo longo para minimizar as perdas em virtude de projeções durante a ebulição. (*b*) Digestor de seis lugares para múltiplas amostras provido de exaustão para vapores. [© Cortesia da Labconco Corporation.]

EXEMPLO Análise de Kjeldahl

Uma proteína típica contém 16,2% m/m de nitrogênio. Uma alíquota de 0,500 mL de uma solução de proteína foi digerida e o NH_3 liberado foi destilado para um frasco contendo 10,00 mL de uma solução de HCl 0,021 40 M. O HCl que não reagiu consumiu 3,26 mL de uma solução de NaOH 0,019 8 M para a sua titulação completa. Determine a concentração de proteína (mg de proteína/mL) na amostra original.

Solução A quantidade inicial de HCl no frasco coletor era de (10,00 mL) (0,021 40 mmol/mL) = 0,214 0 mmol. O NaOH necessário para a titulação do HCl que não reagiu na Reação 11.11 foi de (3,26 mL)(0,019 8 mmol/mL) = 0,064 5 mmol. A diferença, 0,214 0 – 0,064 5 = 0,149 5 mmol, será igual à quantidade de NH_3 produzida na Reação 11.9 e destilada para o HCl.

Como 1 mol de nitrogênio na proteína forma 1 mol de NH_3, deve haver 0,149 5 mmol de N na proteína, correspondendo a

$$(0{,}149\ 5\ \text{mmol})\left(14{,}007\,\frac{\text{mg de N}}{\text{mmol}}\right) = 2{,}094\ \text{mg de N}$$

Se a proteína contém 16,2% m/m de N, tem de existir

$$\frac{2{,}094\ \text{mg de N}}{0{,}162\ \text{mg de N/mg de proteína}} = 12{,}9\ \text{mg de proteína} \Rightarrow \frac{12{,}9\ \text{mg de proteína}}{0{,}500\ \text{mL}} = 25{,}8\,\frac{\text{mg de proteína}}{\text{mL}}$$

TESTE-SE Determine a concentração de proteína, em mg/mL, se fossem consumidos 3,00 mL da solução de NaOH. (***Resposta:*** 26,7 mg/mL.)

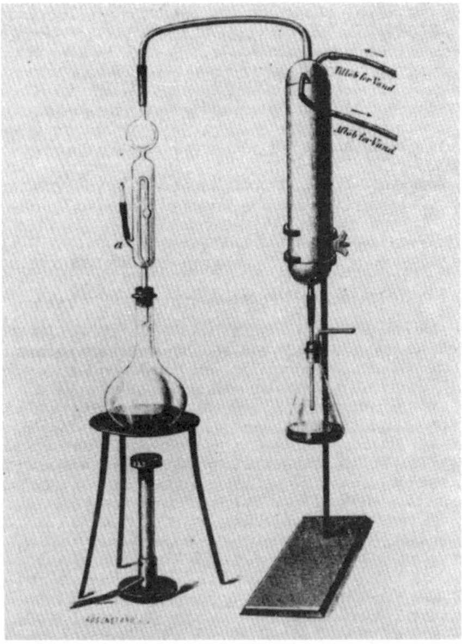

FIGURA 11.11 Aparelhagem original usada pelo químico alemão J. Kjeldahl (1849-1900). [J.F. Rosenstand. https://commons.wikimedia.org/wiki/File:Original_Kjeldahl-Apparatus_1883_Woodcut_by_Rosenstand_(1838-1915).jpg]

11.9 Efeito Nivelador

O ácido mais forte que pode existir em água é o H_3O^+, e a base mais forte é OH^-. Se um ácido mais forte que H_3O^+ é dissolvido em água, ele protona a H_2O para produzir H_3O^+. Se uma base mais forte que o OH^- é dissolvida em água, ela desprotona a H_2O para produzir OH^-. Com esse **efeito nivelador**, o $HClO_4$ e o HCl comportam-se como se tivessem a mesma força ácida; ambos são *nivelados* ao H_3O^+:

$$HClO_4 + H_2O \rightarrow H_3O^+ + ClO_4^-$$
$$HCl + H_2O \rightarrow H_3O^+ + Cl^-$$

Utilizando ácido acético como solvente, que é menos básico que a H_2O, o $HClO_4$ e o HCl não são nivelados à mesma força:

Em solução de ácido acético, o $HClO_4$ se comporta como um ácido mais forte que o HCl; mas, em solução aquosa, esses dois ácidos têm a sua acidez nivelada à força do H_3O^+.

$$HClO_4 + \underset{\text{Ácido acético como solvente}}{CH_3CO_2H} \rightleftharpoons CH_3CO_2H_2^+ + ClO_4^- \qquad K = 1{,}3 \times 10^{-5}$$
$$HCl + CH_3CO_2H \rightleftharpoons CH_3CO_2H_2^+ + Cl^- \qquad K = 2{,}8 \times 10^{-9}$$

As constantes de equilíbrio para as duas reações com o CH_3CO_2H são pequenas. Entretanto, a constante de equilíbrio para a reação do $HClO_4$ é 10^4 vezes maior do que a constante de equilíbrio para a reação do HCl, fazendo o $HClO_4$ um ácido mais forte que o HCl em ácido acético como solvente.

A Figura 11.12 mostra uma curva de titulação para uma mistura de cinco ácidos titulados com solução de hidróxido de tetrabutilamônio 0,2 M, usando-se metilisobutilcetona como solvente. Este solvente não é protonado em grande extensão por nenhum dos ácidos. Vemos que o ácido perclórico é um ácido mais forte que o HCl nesse solvente.

Considere agora uma base, como a ureia, $(H_2N)_2C{=}O$ ($K_b = 1{,}3 \times 10^{-14}$), que seja muito fraca para apresentar um ponto final de titulação bem definido, quando titulada com um ácido forte em água.

Titulação com $HClO_4$ em H_2O: $\quad B + H_3O^+ \rightleftharpoons BH^+ + H_2O$

A razão pela qual o ponto final não pode ser reconhecido é que a constante de equilíbrio para a reação de titulação não é suficientemente grande. Se for utilizado um ácido mais forte que H_3O^+, a reação de titulação pode ter uma constante de equilíbrio suficientemente grande, de modo a obter-se um ponto final bem definido. Se a mesma base for dissolvida em ácido acético e titulada com solução de $HClO_4$ em ácido acético, pode ser observado um ponto final bastante nítido. A reação

Uma base muito fraca para ser titulada por H_3O^+ pode ser titulada por $HClO_4$, utilizando-se o ácido acético como solvente.

Titulação com $HClO_4$ em CH_3CO_2H: $\quad B + HClO_4 \rightleftharpoons \underbrace{BH^+ClO_4^-}_{\text{Um par iônico}}$

A constante dielétrica é discutida no Problema 8.14.

poderá ter uma constante de equilíbrio grande, porque o $HClO_4$ é um ácido muito mais forte que o H_3O^+. (O produto nessa reação é descrito como um par iônico, pois, como a *constante dielétrica* do ácido acético é muito pequena, a separação entre os íons não é suficientemente grande para que eles possam ser considerados íons livres.) Muitas titulações que não podem ser feitas em água são perfeitamente factíveis em outros solventes.[29]

> **Questão** Onde é que você acha que aparecerá na Figura 11.12 o ponto final para o ácido H_3O^+ ClO_4^-?

Resposta: Ele provavelmente se situará entre o HCl e o ácido 2-hidroxibenzoico porque o ácido é o H_3O^+, que deve ser mais fraco que o HCl e mais forte que um ácido fraco.

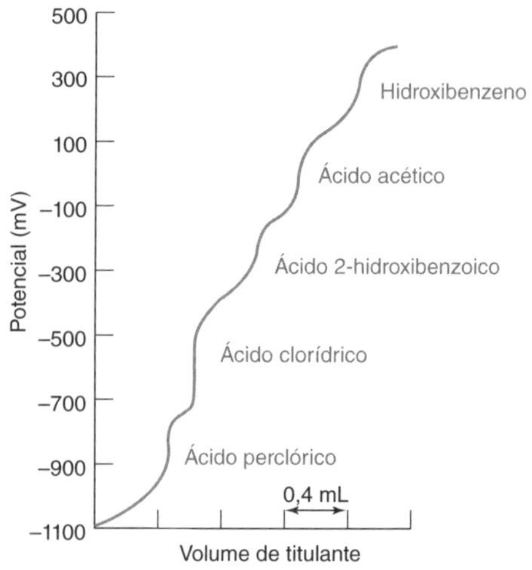

FIGURA 11.12 Titulação de uma mistura de ácidos com hidróxido de tetrabutilamônio, usando-se metilisobutilcetona como solvente. Conforme se vê, a ordem da força ácida é $HClO_4$ > HCl > ácido 2-hidroxibenzoico > ácido acético > hidroxibenzeno. As medidas foram feitas com um eletrodo de vidro e um eletrodo de platina como referência. Os valores na ordenada são proporcionais ao pH, em que o potencial se torna mais positivo à medida que o pH aumenta. [Dados de D. B. Bruss and G. E. A. Wyld, "Methyl Isobutyl Ketone as a Wide-Range Solvent for Titration of Acid Mixtures and Nitrogen Bases," *Anal. Chem.* **1957**, *29*, 232.]

Compostos que podem ser protonados em acetonitrila pelo ácido perclórico mais ácido acético, $CH_3C(OH)_2^+\ ClO_4^-$:

Tioacetamida 4-Nitrobenzamida

Na *eletroforese* (Capítulo 26), os íons são separados por suas diferentes mobilidades em um campo elétrico. Os compostos mostrados na margem ao lado são bases tão fracas que não podem ser protonadas em solução aquosa e, portanto, não podem ser convertidas em espécies carregadas para eletroforese em meio aquoso. Entretanto, em acetonitrila anidra como solvente, elas são protonadas pelo $HClO_4$, em ácido acético anidro, e podem ser separadas na forma de cátions.[30]

11.10 Cálculo de Curvas de Titulação por Meio de Planilhas Eletrônicas

O experimento 9, "Ajuste de uma Curva de Titulação com o SOLVER® do Excel", no Ambiente de aprendizagem do GEN, utiliza equações desenvolvidas nesta seção.

O estudo deste capítulo é essencial para compreendermos os fenômenos químicos presentes nas titulações. Entretanto, as aproximações que usamos até agora têm valor limitado quando as concentrações são muito diluídas, ou as constantes de equilíbrio não são muito grandes, ou os valores de K_a são muito próximos entre si. Nesta seção desenvolvemos equações para lidar com titulações de uma maneira geral, mediante o uso de planilhas eletrônicas.[31]

Titulação de um Ácido Fraco com uma Base Forte

Considere a titulação de um volume V_a do ácido HA (concentração inicial C_a) com um volume V_b de NaOH de concentração C_b. O balanço de carga para essa solução é

Balanço de carga: $$[H^+]+[Na^+]=[A^-]+[OH^-]$$

e a concentração de Na^+ é exatamente

$$[Na^+]=\frac{C_bV_b}{V_a+V_b}$$

porque diluímos C_bV_b mols de NaOH a um volume total de $V_a + V_b$. De maneira análoga, a concentração formal do ácido fraco é

$$F_{HA}=[HA]+[A^-]=\frac{C_aV_a}{V_a+V_b}$$

porque diluímos C_aV_a mols de HA para um volume total de $V_a + V_b$.

Agora vamos usar as equações de composição fracionária da Seção 10.5. A concentração de A^- pode ser escrita em termos de α_{A^-}, definida na Equação 10.18:

α_{A^-} = fração do ácido na forma A^-:

$$\alpha_{A^-}=\frac{[A^-]}{F_{HA}}$$

$$[A^-]=\alpha_{A^-}\cdot F_{HA}=\frac{\alpha_{A^-}\cdot C_aV_a}{V_a+V_b} \quad \textbf{(11.12)}$$

em que $\alpha_{A^-} = K_a/([H^+] + K_a)$, sendo K_a a constante de dissociação ácida do HA. Substituindo $[Na^+]$ e $[A^-]$ no balanço de carga, temos

$$[H^+]+\frac{C_bV_b}{V_a+V_b}=\frac{\alpha_{A^-}\cdot C_aV_a}{V_a+V_b}+[OH^-]$$

que pode ser reescrita na forma

Fração de titulação para um ácido fraco por uma base forte:

$$\phi \equiv \frac{C_bV_b}{C_aV_a} = \frac{\alpha_{A^-} - \dfrac{[H^+]-[OH^-]}{C_a}}{1 + \dfrac{[H^+]-[OH^-]}{C_b}} \qquad \textbf{(11.13)}$$

$\phi = C_bV_b/C_aV_a$ é a fração da titulação com relação ao ponto de equivalência:

ϕ	Volume de base
0,5	$V_b = \frac{1}{2}V_e$
1	$V_b = V_e$
2	$V_b = 2V_e$

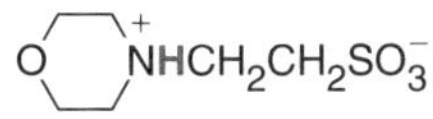

Ácido 2-(N-morfolino)etanossulfônico
$pK_a = 6{,}27$

Finalmente, obtemos a Equação 11.13. Esta equação é muito útil, pois ela relaciona o volume de titulante (V_b) com o pH e com um grupo de constantes. A grandeza ϕ, que é o quociente C_bV_b/C_aV_a, é a fração da titulação com relação ao ponto de equivalência, V_e. Quando $\phi = 1$, o volume da base adicionado, V_b, é igual a V_e. A Equação 11.13 funciona de maneira inversa ao procedimento que estamos acostumados a adotar, pois é necessário substituir o valor do pH na equação (à direita) para obter o volume (à esquerda). *Repetindo: substituímos um valor de concentração de H^+ e obtemos o volume de titulante que produz essa concentração.*

Vamos montar uma planilha eletrônica para usar a Equação 11.13 e calcular a curva de titulação de 50,00 mL de uma solução do ácido fraco MES 0,020 00 M com uma solução de NaOH 0,100 0 M, mostrada na Figura 11.2 e na Tabela 11.2. O volume de equivalência é V_e = 10,00 mL. As grandezas na Equação 11.13 são:

$$C_b = 0{,}1\ \text{M} \qquad [H^+] = 10^{-pH}$$

$$C_a = 0{,}02\ \text{M} \qquad [OH^-] = K_w/[H^+]$$

$$V_a = 50\ \text{mL}$$

$$K_a = 5{,}3_7 \times 10^{-7} \qquad \alpha_{A^-} = \frac{K_a}{[H^+]+K_a}$$

$$K_w = 10^{-14}$$

o pH é a entrada $\qquad V_b = \dfrac{\phi C_aV_a}{C_b}$ é a saída

A entrada para a planilha eletrônica na Figura 11.13 é o pH na coluna B e o resultado é V_b na coluna G. A partir do pH, os valores de $[H^+]$, $[OH^-]$ e α_{A^-} são calculados nas colunas C, D e E. A Equação 11.13 é usada na coluna F para determinar a fração da titulação, ϕ. A partir desse valor, calculamos o volume de titulante, V_b, na coluna G.

	A	B	C	D	E	F	G
1	Titulação de ácido fraco com base forte						
2							
3	C_b =	pH	[H⁺]	[OH⁻]	α(A⁻)	φ	V_b (mL)
4	0,1	3,90	1,26E-04	7,94E-11	0,004	–0,002	–0,020
5	C_a =	3,99	1,02E-04	9,77E-11	0,005	0,000	0,001
6	0,02	5,00	1,00E-05	1,00E-09	0,051	0,050	0,505
7	V_a =	6,00	1,00E-06	1,00E-08	0,349	0,349	3,493
8	50	6,27	5,37E-07	1,86E-08	0,500	0,500	5,000
9	K_a =	7,00	1,00E-07	1,00E-07	0,843	0,843	8,430
10	5,37E-07	8,00	1,00E-08	1,00E-06	0,982	0,982	9,818
11	K_w =	9,00	1,00E-09	1,00E-05	0,998	0,999	9,987
12	1,E-14	9,25	5,62E-10	1,78E-05	0,999	1,000	10,000
13		10,00	1,00E-10	1,00E-04	1,000	1,006	10,058
14		11,00	1,00E-11	1,00E-03	1,000	1,061	10,606
15		12,00	1,00E-12	1,00E-02	1,000	1,667	16,667
16							
17	C4 = 10^-B4			F4 = (E4-(C4-D4)/$A$6)/(1+(C4-D4)/$A$4)			
18	D4 = $A$12/C4			G4 = F4*$A$6*$A$8/$A$4			
19	E4 = $A$10/(C4+$A$10)						

FIGURA 11.13 Planilha eletrônica utilizando a Equação 11.13 para calcular a curva de titulação de 50 mL do ácido fraco MES 0,02 M (pK_a = 6,27), titulado com NaOH 0,1 M. Fornecemos um valor de pH como entrada na coluna B, e a planilha nos diz qual o volume de base necessário para produzir este valor de pH.

TABELA 11.5 Equações de titulação para planilhas eletrônicas

CÁLCULO DE ϕ

Titulação de um ácido forte com uma base forte

$$\phi = \frac{C_b V_b}{C_a V_a} = \frac{1 - \frac{[H^+]-[OH^-]}{C_a}}{1 + \frac{[H^+]-[OH^-]}{C_b}}$$

Titulação de uma base forte com um ácido forte

$$\phi = \frac{C_a V_a}{C_b V_b} = \frac{1 + \frac{[H^+]-[OH^-]}{C_b}}{1 - \frac{[H^+]-[OH^-]}{C_a}}$$

Titulação de um ácido fraco (HA) com uma base fraca (B)

$$\phi = \frac{C_b V_b}{C_a V_a} = \frac{\alpha_{A^-} - \frac{[H^+]-[OH^-]}{C_a}}{\alpha_{BH^+} + \frac{[H^+]-[OH^-]}{C_b}}$$

Titulação de H_2A com uma base forte ($\to \to A^{2-}$)

$$\phi = \frac{C_b V_b}{C_a V_a} = \frac{\alpha_{HA^-} + 2\alpha_{A^{2-}} - \frac{[H^+]-[OH^-]}{C_a}}{1 + \frac{[H^+]-[OH^-]}{C_b}}$$

Titulação de uma dibase B com um ácido forte ($\to \to BH_2^{2+}$)

$$\phi = \frac{C_a V_a}{C_b V_b} = \frac{\alpha_{BH^+} + 2\alpha_{BH_2^{2+}} + \frac{[H^+]-[OH^-]}{C_b}}{1 - \frac{[H^+]-[OH^-]}{C_a}}$$

Titulação de ácido fraco (HA) com uma base forte

$$\phi = \frac{C_b V_b}{C_a V_a} = \frac{\alpha_{A^-} - \frac{[H^+]-[OH^-]}{C_a}}{1 + \frac{[H^+]-[OH^-]}{C_b}}$$

Titulação de uma base fraca (B) com um ácido forte

$$\phi = \frac{C_a V_a}{C_b V_b} = \frac{\alpha_{BH^+} + \frac{[H^+]-[OH^-]}{C_b}}{1 - \frac{[H^+]-[OH^-]}{C_a}}$$

Titulação de uma base fraca (B) com um ácido fraco (HA)

$$\phi = \frac{C_a V_a}{C_b V_b} = \frac{\alpha_{BH^+} + \frac{[H^+]-[OH^-]}{C_b}}{\alpha_{A^-} - \frac{[H^+]-[OH^-]}{C_a}}$$

Titulação de H_3A com uma base forte ($\to \to \to A^{3-}$)

$$\phi = \frac{C_b V_b}{C_a V_a} = \frac{\alpha_{H_2A^-} + 2\alpha_{HA^{2-}} + 3\alpha_{A^{3-}} - \frac{[H^+]-[OH^-]}{C_a}}{1 + \frac{[H^+]-[OH^-]}{C_b}}$$

Titulação de uma tribase B com um ácido forte ($\to \to \to BH_3^{3+}$)

$$\phi = \frac{C_a V_a}{C_b V_b} = \frac{\alpha_{BH^+} + 2\alpha_{BH_2^{2+}} + 3\alpha_{BH_3^{3+}} + \frac{[H^+]-[OH^-]}{C_b}}{1 - \frac{[H^+]-[OH^-]}{C_a}}$$

SÍMBOLOS

ϕ = fração da titulação com relação ao primeiro ponto de equivalência

C_a = concentração inicial de ácido

C_b = concentração inicial de base

α = grau de dissociação do ácido ou grau de associação da base

V_a = volume de ácido

V_b = volume de base

CÁLCULO DE α

Sistemas monopróticos

$$\alpha_{HA} = \frac{[H^+]}{[H^+]+K_a} \qquad \alpha_{A^-} = \frac{K_a}{[H^+]+K_a}$$

$$\alpha_{BH^+} = \frac{[H^+]}{[H^+]+K_{BH^+}} \qquad \alpha_B = \frac{K_{BH^+}}{[H^+]+K_{BH^+}}$$

SÍMBOLOS

K_a = constante de dissociação ácida de HA

K_{BH^+} = constante de dissociação ácida de BH^+ (= K_w/K_b)

Sistemas dipróticos

$$\alpha_{H_2A} = \alpha_{BH_2^{2+}} = \frac{[H^+]^2}{[H^+]^2+[H^+]K_1+K_1K_2} \qquad \alpha_{HA^-} = \alpha_{BH^+} = \frac{[H^+]K_1}{[H^+]^2+[H^+]K_1+K_1K_2} \qquad \alpha_{A^{2-}} = \alpha_B = \frac{K_1K_2}{[H^+]^2+[H^+]K_1+K_1K_2}$$

SÍMBOLOS

K_1 e K_2 para o ácido são as constantes de dissociação ácida do H_2A e do HA^-, respectivamente.

K_1 e K_2 para a base referem-se às constantes de dissociação ácida do BH_2^{2+} e do BH^+, respectivamente: $K_1 = K_w/K_{b2}$; $K_2 = K_w/K_{b1}$.

Sistemas tripróticos

$$\alpha_{H_3A} = \frac{[H^+]^3}{[H^+]^3+[H^+]^2K_1+[H^+]K_1K_2+K_1K_2K_3} \qquad \alpha_{H_2A^-} = \frac{[H^+]^2K_1}{[H^+]^3+[H^+]^2K_1+[H^+]K_1K_2+K_1K_2K_3}$$

$$\alpha_{HA^{2-}} = \frac{[H^+]K_1K_2}{[H^+]^3+[H^+]^2K_1+[H^+]K_1K_2+K_1K_2K_3} \qquad \alpha_{A^{3-}} = \frac{K_1K_2K_3}{[H^+]^3+[H^+]^2K_1+[H^+]K_1K_2+K_1K_2K_3}$$

Como sabemos qual o valor de pH que devemos entrar? O método da tentativa e erro nos permite encontrar o pH inicial. Entramos com um valor de pH e observamos se V_b é positivo ou negativo. Após algumas tentativas, chegamos facilmente ao pH em que $V_b = 0$. Na Figura 11.13, vemos que um pH igual a 3,90 é muito baixo, pois ϕ e V são negativos. Procuramos trabalhar com valores de pH de entrada tão próximos quanto forem necessários para termos uma curva de titulação suave. Em razão das limitações de espaço, mostramos apenas alguns pontos na Figura 11.13, incluindo o ponto médio (pH 6,27 $\Rightarrow V_b = 5{,}00$ mL) e o ponto final (pH 9,25 $\Rightarrow V_b = 10{,}00$ mL). Essa planilha eletrônica reproduz a Tabela 11.2 sem aproximações, a não ser a de desprezar os coeficientes de atividade. Ela fornece resultados corretos mesmo quando as aproximações usadas na Tabela 11.2 não são satisfatórias.

Na Figura 11.13, podemos usar a função Atingir Meta do Excel, descrita na Seção 8.5, para variar o valor do pH na célula B5 até que o valor de V_b, na célula G5, seja zero.

Titulação de um Ácido Fraco com uma Base Fraca

Consideremos agora a titulação de V_a mL do ácido HA (concentração inicial C_a) com V_b mL de uma base B cuja concentração é C_b. Admita que a constante de dissociação ácida de HA seja K_a e a constante de dissociação ácida do BH^+ seja K_{BH^+}. O balanço de carga é

Balanço de carga: $$[H^+] + [BH^+] = [A^-] + [OH^-]$$

Como antes, podemos dizer que $[A^-] = \alpha_{A^-} \cdot F_{HA}$, em que $\alpha_{A^-} = K_a/([H^+] + K_a)$ e $F_{HA} = C_aV_a/(V_a + V_b)$.

Podemos escrever uma expressão análoga para $[BH^+]$, que é um ácido fraco monoprótico. Se o ácido for HA, usaremos a Equação 10.17 para obter

$$[HA] = \alpha_{HA} \cdot F_{HA} \qquad \alpha_{HA} = \frac{[H^+]}{[H^+] + K_a}$$

α_{HA} = fração do ácido na forma HA:

$$\alpha_{HA} = \frac{[HA]}{F_{HA}}$$

em que K_a se aplica ao ácido HA. Para o ácido fraco BH^+, escrevemos

$$[BH^+] = \alpha_{BH^+} \cdot F_B \qquad \alpha_{BH^+} = \frac{[H^+]}{[H^+] + K_{BH^+}}$$

α_{BH^+} = fração da base na forma BH^+:

$$\alpha_{BH^+} = \frac{[BH^+]}{F_B}$$

em que a concentração formal da base é $F_B = C_bV_b(V_a + V_b)$.

Substituindo $[BH^+]$ e $[A^-]$ no balanço de carga, temos

$$[H^+] + \frac{\alpha_{BH^+} \cdot C_bV_b}{V_a + V_b} = \frac{\alpha_{A^-} \cdot C_aV_a}{V_a + V_b} + [OH^-]$$

que pode ser reescrita para obtermos o seguinte resultado útil

Fração de titulação para um ácido fraco por uma base fraca:
$$\phi = \frac{C_bV_b}{C_aV_a} = \frac{\alpha_{A^-} - \dfrac{[H^+] - [OH^-]}{C_a}}{\alpha_{BH^+} + \dfrac{[H^+] - [OH^-]}{C_b}} \qquad \textbf{(11.14)}$$

A Equação 11.14 para uma base fraca se assemelha à Equação 11.13 para uma base forte, com a exceção de que α_{BH^+} substitui o valor 1 do denominador.

A Tabela 11.5 apresenta uma série de equações, deduzidas escrevendo-se um balanço de carga para a reação da titulação e substituindo-se as composições fracionárias para várias concentrações. Para a titulação do ácido diprótico, H_2A, ϕ é a fração da titulação com relação ao primeiro ponto de equivalência. Quando $\phi = 2$, estamos no segundo ponto de equivalência. Não devemos nos surpreender quando $\phi = 0{,}5$, pH $\approx$ pK_1, e quando $\phi = 1{,}5$, pH $\approx$ pK_2. Quando $\phi = 1$, temos a forma intermediária HA^- e pH $\approx \frac{1}{2}$(pK_1 + pK_2).

Termos Importantes

análise de nitrogênio de Kjeldahl	erro do indicador	função de acidez de Hammett	indicador
efeito nivelador	faixa de transição	gráfico de Gran	

Resumo

Equações fundamentais usadas para calcular curvas de titulação:

Titulação de ácido forte-base forte

$H^+ + OH^- \rightarrow H_2O$

O pH é determinado pela concentração do excesso de H^+ ou OH^- que não reagiu

Ácido fraco titulado com OH^-

$HA + OH^- \rightarrow A^- + H_2O$ (V_e = volume de equivalência)
(V_b = volume de base adicionado)

$V_b = 0$: pH é determinado por K_a ($HA \overset{K_a}{\rightleftharpoons} H^+ + A^-$)

$0 < V_b < V_e$: $pH = pK_a + \log([A^-]/[HA])$

$pH = pK_a$ quando $V_b = \frac{1}{2}V_e$ (desprezando-se as atividades)

Em V_e: pH é controlado por K_b

Após V_e: o pH é determinado pelo excesso de OH^-

Base fraca titulada com H^+

$B + H^+ \rightarrow BH^+$ (V_e = volume de equivalência)
(V_a = volume de ácido adicionado)

$V_a = 0$: pH é determinado por K_b ($B + H_2O \overset{K_b}{\rightleftharpoons} BH^+ + OH^-$)

$0 < V_a < V_e$: $pH = pK_{BH^+} + \log([B]/[BH^+])$

$pH = pK_{BH^+}$ quando $V_a = \frac{1}{2}V_e$

Em V_e: pH é controlado por K_{BH^+} ($BH^+ \overset{K_{BH^+}}{\rightleftharpoons} B + H^+$)

Após V_e: o pH é determinado pelo excesso de H^+

H_2A titulado com OH^-

$H_2A \xrightarrow{OH^-} HA^- \xrightarrow{OH^-} A^{2-}$

Volumes equivalentes: $V_{e2} = 2V_{e1}$

$V_b = 0$: pH é determinado por K_1 ($H_2A \overset{K_1}{\rightleftharpoons} H^+ + HA^-$)

$0 < V_b < V_{e1}$: $pH = pK_1 + \log([HA^-]/[H_2A])$

$pH = pK_1$ quando $V_b = \frac{1}{2}V_{e1}$

Em V_{e1}: $[H^+] = \sqrt{\dfrac{K_1K_2F' + K_1K_w}{K_1 + F'}}$

$\Rightarrow pH \approx \frac{1}{2}(pK_1 + pK_2)$

F′ = concentração formal de HA^-

$V_{e1} < V_b < V_{e2}$: $pH = pK_2 + \log([A^{2-}]/[HA^-])$

$pH = pK_2$ quando $V_b = \frac{3}{2}V_{e1}$

Em V_{e2}: pH é controlado por K_{b1}

($A^{2-} + H_2O \overset{K_{b1}}{\rightleftharpoons} HA^- + OH^-$)

Após V_{e2}: pH é determinado pelo excesso de OH^-

Comportamento das derivadas nos pontos de equivalência

Primeira derivada: $\Delta pH/\Delta V$ tem a maior magnitude

Segunda derivada: $\Delta(\Delta pH/\Delta V)/\Delta V = 0$

Gráfico de Gran

Representa-se graficamente $V_b \cdot 10^{-pH}$ contra V_b

Interseção com o eixo x em $x = V_e$; coeficiente angular $= -K_a\gamma_{HA}/\gamma_{A^-}$

K_a = constante de dissociação do ácido

γ = coeficiente de atividade

Escolhendo um indicador: a faixa de transição de cor deverá ter o pH compatível com V_e. Preferencialmente, a mudança de cor deverá ocorrer inteiramente dentro da região onde se observa a inflexão da curva de titulação.

Análise de nitrogênio de Kjeldahl: um composto orgânico contendo nitrogênio é digerido em H_2SO_4 fervente na presença de um catalisador. O nitrogênio é convertido em NH_4^+, que, por sua vez, é convertido em NH_3 na presença de uma base, e é destilado para uma solução de HCl padronizada. O excesso de HCl que não reagiu nos informa quanto de nitrogênio estava presente no analito original.

Exercícios

11.A. Calcule o pH, em cada um dos pontos indicados a seguir, na titulação de 50,00 mL de uma solução de NaOH 0,010 0 M com uma solução de HCl 0,100 M. Volumes de ácido adicionados: 0,00; 1,00; 2,00; 3,00; 4,00; 4,50; 4,90; 4,99; 5,00; 5,01; 5,10; 5,50; 6,00; 8,00 e 10,00 mL. Faça um gráfico do pH contra o volume de HCl adicionado.

11.B. Calcule o pH, em cada um dos pontos indicados a seguir, para a titulação de 50,0 mL de uma solução de ácido fórmico 0,050 0 M com uma solução de KOH 0,050 0 M. Os pontos para o cálculo são V_b = 0,0; 10,0; 20,0; 25,0; 30,0; 40,0; 45,0; 48,0; 49,0; 49,5; 50,0; 50,5; 51,0; 52,0; 55,0 e 60,0 mL. Faça um gráfico do pH contra V_b.

11.C. Calcule o pH, em cada um dos pontos indicados a seguir, para a titulação de 100,0 mL de uma solução de cocaína 0,100 M (Seção 9.4, $K_b = 2{,}6 \times 10^{-6}$) com uma solução de HNO_3 0,200 M. Os pontos para o cálculo são V_a = 0,0; 10,0; 20,0; 25,0; 30,0; 40,0; 49,0; 49,9; 50,0; 50,1; 51,0 e 60,0 mL. Faça um gráfico do pH contra V_a.

11.D. Considere a titulação de 50,0 mL de uma solução de ácido malônico 0,050 0 M com uma solução de NaOH 0,100 M. Calcule o pH em cada ponto dado a seguir e esboce a curva de titulação: V_b = 0,0; 8,0; 12,5; 19,3; 25,0; 37,5; 50,0 e 56,3 mL.

11.E. Escreva as reações químicas (incluindo as estruturas dos reagentes e produtos) que ocorrem quando o aminoácido histidina é titulado com ácido perclórico. (A histidina é uma molécula sem carga líquida.) Uma solução contendo 25,0 mL de histidina 0,050 0 M foi titulada com uma solução de $HClO_4$ 0,050 0 M. Calcule o pH nos seguintes valores de V_a: 0; 4,0; 12,5; 25,0; 26,0 e 50,0 mL.

11.F. Selecione, a partir da Tabela 11.3, alguns indicadores, que poderão ser utilizados para as titulações nas Figuras 11.1 e 11.2 e para a curva na Figura 11.3 com pK_a = 8. Selecione um indicador diferente para cada titulação e estabeleça que mudança de cor você usará como ponto final.

11.G. Quando 100,0 mL de uma solução de um ácido fraco foram titulados com uma solução de NaOH 0,093 81 M, foram necessários 27,63 mL dessa solução para atingir o ponto de equivalência. O pH no ponto de equivalência foi de 10,99. Qual era o pH quando tinham sido adicionados apenas 19,47 mL da solução de NaOH?

11.H. Uma solução 0,100 M de um ácido fraco HA foi titulada com uma solução de NaOH 0,100 M. O pH medido quando $V_b = \frac{1}{2}V_e$ foi de 4,62. Usando coeficientes de atividade, calcule o pK_a. O tamanho do ânion A^- é de 450 pm.

11.I. *Determinação do ponto final a partir de medidas de pH.* Os pontos nas vizinhanças do segundo ponto final aparente na Figura 11.5 estão listados na tabela a seguir.

V_b(μL)	pH	V_b(μL)	pH
107,0	6,921	117,0	7,878
110,0	7,117	118,0	8,090
113,0	7,359	119,0	8,343
114,0	7,457	120,0	8,591
115,0	7,569	121,0	8,794
116,0	7,705	122,0	8,952

(**a**) Construa uma planilha ou uma tabela análoga à Figura 11.6, mostrando as derivadas primeira e segunda. Represente graficamente ambas as derivadas com relação a V_b e localize o ponto final em cada gráfico.

(**b**) Prepare um gráfico de Gran análogo ao da Figura 11.8. Utilize o método de mínimos quadrados para encontrar a melhor reta e determine o ponto final. Você terá que utilizar seu senso crítico para escolher quais os pontos que pertencem à "reta".

11.J. *Erro do indicador.* Considere a titulação na Figura 11.2, na qual o pH no ponto de equivalência na Tabela 11.2 é 9,25 em um volume de 10,00 mL.

(**a**) Suponha que você utilize a transição de amarelo para azul do indicador azul de timol para encontrar o ponto final. De acordo com a Tabela 11.3, o último vestígio de verde desaparece próximo ao pH 9,6. Que volume de base é necessário para atingir o pH 9,6? A diferença entre esse volume e 10 mL é o erro do indicador.

(**b**) Se você utilizar o vermelho de cresol, com uma mudança de cor em pH 8,8, qual será o erro do indicador?

11.K. *Espectrofotometria com indicadores.** Indicadores ácido-base são por si só ácidos ou bases. Considere um indicador, HIn, que se dissocia de acordo com a equação

$$\text{HIn} \overset{K_a}{\rightleftharpoons} \text{H}^+ + \text{In}^-$$

A absortividade molar, ε, é 2 080 M^{-1} cm^{-1} para HIn e 14 200 M^{-1} cm^{-1} para In^-, no comprimento de onda de 440 nm.

(**a**) Escreva uma expressão para a absorbância de uma solução contendo HIn na concentração de [HIn] e In^- na concentração de [In^-]. Admita que o comprimento da célula (o caminho óptico) é de 1,00 cm. A absorbância total é a soma das absorbâncias de todos os componentes.

(**b**) Uma solução contendo o indicador na concentração formal de $1{,}84 \times 10^{-4}$ M teve o seu pH ajustado em 6,23, e exibe uma absorbância de 0,868 a 440 nm. Calcule o pK_a para esse indicador.

*Este exercício é baseado na lei de Beer, Seção 18.2.

Problemas

Titulação de Ácido Forte com Base Forte

11.1. Estabeleça a distinção entre os termos *ponto final* e *ponto de equivalência*.

11.2. Considere a titulação de 100,0 mL de uma solução de NaOH 0,100 M com uma solução de HBr 1,00 M. Determine o volume de equivalência. Determine o pH nos volumes de ácido adicionados que são dados a seguir, e faça um gráfico do pH contra V_a: V_a = 0; 1; 5; 9; 9,9; 10; 10,1 e 12 mL.

11.3. Por que uma curva de titulação ácido-base (pH contra volume de titulante) possui uma mudança abrupta no ponto de equivalência?

Titulação de Ácido Fraco com Base Forte

11.4. Esboce a aparência geral da curva da titulação de um ácido fraco com uma base forte. Qual o mecanismo químico que controla a variação de pH em cada uma das quatro regiões distintas da curva?

11.5. Por que não é prático titular um ácido, ou uma base, que seja muito fraco ou muito diluído?

11.6. Um ácido fraco HA (pK_a = 5,00) foi titulado com uma solução de KOH 1,00 M. A solução do ácido tinha um volume de 100,0 mL e uma molaridade de 0,100 M. Determine o pH para os volumes adicionados de base que são dados a seguir, e faça um gráfico de pH contra V_b: V_b = 0; 1; 5; 9; 9,9; 10; 10,1 e 12 mL.

11.7. Considere a titulação do ácido fraco HA com NaOH. Em que fração do V_e teremos pH = pK_a – 1? Em que fração do V_e teremos pH = pK_a + 1? Utilize esses dois pontos, mais V_b = 0, $\frac{1}{2}V_e$, V_e e $1{,}2V_e$, para esboçar a curva de titulação para a reação de 100 mL de uma solução de brometo de anilínio ("aminobenzeno · HBr") 0,100 M com uma solução de NaOH 0,100 M.

11.8. Qual é o pH no ponto de equivalência quando uma solução de ácido hidroxiacético 0,100 M é titulada com uma solução de KOH 0,050 0 M?

11.9. Encontre a constante de equilíbrio para a reação do MES (Tabela 9.2) com NaOH.

11.10. Quando 22,63 mL de uma solução aquosa de NaOH são adicionados a 41,37 mL de água contendo 1,214 g de ácido ciclo-hexilaminoetanossulfônico (MF 207,29, estrutura na Tabela 9.2), o pH resultante é de 9,24. Calcule a molaridade da solução de NaOH.

11.11. *Use coeficientes de atividade* para calcular o pH após a titulação de 10,0 mL de uma solução de brometo de trimetilamônio 0,100 M com 4,0 mL de uma solução de NaOH 0,100 M.

Titulação de Base Fraca com Ácido Forte

11.12. Esboce o aspecto geral da curva para a titulação de uma base fraca com um ácido forte. Quais os aspectos químicos que controlam a variação de pH, em cada uma das quatro regiões distintas da curva?

11.13. Por que o pH do ponto de equivalência é necessariamente abaixo de 7, quando uma base fraca é titulada com um ácido forte?

11.14. Uma alíquota de 100,0 mL de uma solução 0,100 M de uma base fraca B (pK_b = 5,00) foi titulada com uma solução de $HClO_4$ 1,00 M. Determine o pH nos volumes de ácido adicionados que são vistos a seguir, e faça um gráfico do pH contra V_a: V_a = 0; 1; 5; 9; 9,9; 10; 10,1 e 12 mL.

11.15. Em que ponto na titulação de uma base fraca com um ácido forte a capacidade máxima de tamponamento é atingida? Este é o ponto em que uma dada pequena adição de ácido causa uma variação mínima no pH.

11.16. Qual é a constante de equilíbrio para a reação entre benzilamina e HCl?

11.17. Uma solução contendo 50,0 mL de benzilamina 0,031 9 M foi titulada com uma solução de HCl 0,050 0 M. Calcule o pH nos seguintes volumes de ácido adicionado: V_a = 0; 12,0; $\frac{1}{2}V_e$; 30,0; V_e e 35,0 mL.

11.18. Calcule o pH de uma solução preparada pela mistura de 50,00 mL de uma solução de NaCN 0,100 M com:

(a) 4,20 mL de uma solução de $HClO_4$ 0,438 M

(b) 11,82 mL de uma solução de $HClO_4$ 0,438 M

(c) Qual é o pH no ponto de equivalência com uma solução de $HClO_4$ 0,438 M?

Titulações em Sistemas Dipróticos

11.19. Esboce o aspecto geral da curva para a titulação de um ácido diprótico fraco com NaOH. Quais os aspectos químicos que controlam a variação do pH em cada região distinta da curva?

11.20. O gráfico visto a seguir mostra a curva de titulação para uma proteína contendo 124 aminoácidos com 16 substituintes básicos e 20 substituintes ácidos. A curva é suave sem mudanças abruptas perceptíveis porque 29 grupos são titulados no intervalo de pH indicado no gráfico. Os 29 pontos finais estão tão próximos uns dos outros que praticamente o que se vê é uma subida uniforme. O ponto isoiônico é o pH da proteína pura desprovida de íons, exceto H^+ e OH^-. O ponto isoelétrico é o pH no qual a carga média da proteína é zero. A molécula da proteína está carregada positivamente, negativamente, ou está neutra em seu ponto isoiônico? Explique como se pode obter essa informação.

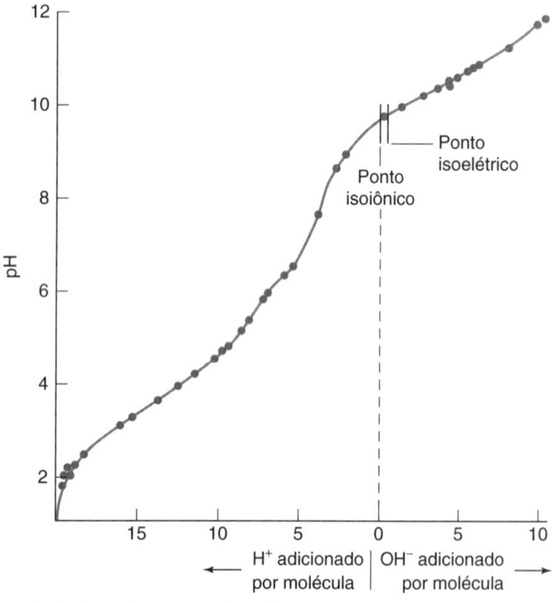

Titulação ácido-base da proteína ribonuclease. [Dados de C. T. Tanford e J. D. Hauenstein, "Hydrogen Ion Equilibria of Ribonuclease," *J. Am. Chem. Soc.* **1956**, *78*, 5287.]

11.21. A base Na^+A^-, cujo ânion é dibásico ($A^- \rightarrow HA \rightarrow H_2A^+$), foi titulada com HCl, obtendo-se a curva *b* na Figura 11.4. O ponto H, o primeiro ponto de equivalência, é o ponto isoelétrico ou o ponto isoiônico?

11.22. A figura a seguir faz uma comparação entre a titulação de um ácido fraco monoprótico com uma base fraca monoprótica e a titulação de um ácido diprótico com uma base forte.

(a) Escreva a reação entre o ácido fraco e a base fraca e mostre que a constante de equilíbrio é $10^{7,78}$. Esse valor grande significa que a reação está "completa" após cada adição de reagente.

(b) Por que o pK_2 intercepta a curva superior em $\frac{3}{2}V_e$ e a curva inferior em $2V_e$? Na curva inferior, "pK_2" é pK_a para o ácido BH^+.

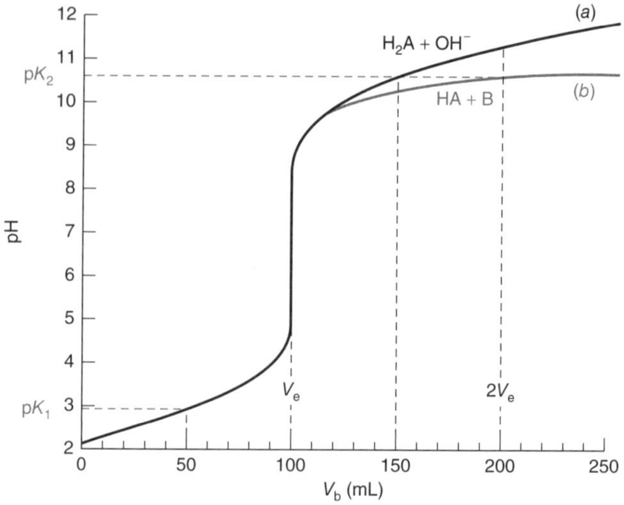

(*a*) Titulação de 100 mL de uma solução de H_2A 0,050 M (pK_1 = 2,86, pK_2 = 10,64) com uma solução de NaOH 0,050 M. (*b*) Titulação de 100 mL de uma solução do ácido fraco HA (0,050 M, pK_a = 2,86) com uma solução da base fraca B (0,050 M, pK_b = 3,36).

11.23. O composto dibásico B (pK_{b1} = 4,00, pK_{b2} = 8,00) foi titulado com uma solução de HCl 1,00 M. A solução inicial de B tinha a concentração igual a 0,100 M e um volume de 100,0 mL. Determine o pH nos volumes de ácido adicionado que são dados a seguir, e faça um gráfico do pH contra V_a: V_a = 0; 1; 5; 9; 10; 11; 15; 19; 20 e 22 mL.

11.24. Uma alíquota de 100,0 mL de uma solução do ácido diprótico H_2A 0,100 M (pK_1 = 4,00, pK_2 = 8,00) foi titulada com uma solução de NaOH 1,00 M. Determine o pH nos volumes de base adicionados que são indicados a seguir, e faça um gráfico do pH contra V_b: V_b = 0; 1; 5; 9; 10; 11; 15; 19; 20 e 22 mL.

11.25. Calcule o pH em intervalos de 10,0 mL (de 0 a 100 mL) na titulação de 40,0 mL de uma solução de piperazina 0,100 M com uma solução de HCl 0,100 M. Faça um gráfico do pH contra V_a.

11.26. Calcule o pH quando 25,0 mL de uma solução de 2-aminofenol 0,020 0 M são titulados com 10,9 mL de uma solução de $HClO_4$ 0,015 0 M.

11.27. Considere a titulação de 50,0 mL de uma solução de glicinato de sódio ($H_2NCH_2CO_2Na$) 0,100 M com uma solução de HCl 0,100 M.

(a) Escreva as duas reações de titulação e calcule o pH no segundo ponto de equivalência.

(b) Mostre que nosso método aproximado de cálculo fornece valores incorretos (fisicamente não razoáveis) de pH em V_a = 90,0 e V_a = 101,0 mL.

11.28. Uma solução contendo ácido glutâmico 0,100 M (uma molécula sem carga líquida) foi titulada com uma solução de RbOH 0,025 0 M.

(a) Trace as estruturas dos reagentes e dos produtos.

(b) Calcule o pH no primeiro ponto de equivalência.

11.29. Determine o pH da solução quando uma solução de tirosina 0,010 0 M é titulada até o ponto de equivalência com uma solução de $HClO_4$ 0,004 00 M.

11.30. Este problema envolve o aminoácido cisteína, que abreviaremos como H_2C.

(a) Uma solução 0,030 0 M foi preparada pela dissolução de cisteína dipotássica, K_2C, em água. Então, 40,0 mL dessa solução foram titulados com uma solução de $HClO_4$ 0,060 0 M. Calcule o pH no primeiro ponto de equivalência.

(b) Calcule o quociente $[C^{2-}]/[HC^-]$ em uma solução de brometo de cisteínio (o sal é $H_3C^+Br^-$) 0,050 0 M.

11.31. Quantos gramas de oxalato dipotássico (MF 166,21) devem ser adicionados a 20,0 mL de uma solução de $HClO_4$ 0,800 M para dar um pH de 4,40, quando a solução é diluída a 500 mL?

11.32. Quando 5,00 mL de uma solução de NaOH 0,103 2 M são adicionados a 0,112 3 g de alanina (MF 89,09), em 100,0 mL de uma solução de KNO_3 0,10 M, o pH medido foi de 9,57. *Usando coeficientes de atividade*, calcule o pK_2 para a alanina. Considere a força iônica da solução como 0,10 M e cada forma iônica da alanina com um coeficiente de atividade de 0,77.

Determinação do Ponto Final com um Eletrodo de pH

11.33. Para que se usa um gráfico de Gran e por que ele é útil?

11.34. Os dados da titulação de 100,00 mL de uma solução de um ácido fraco por uma solução de NaOH são dados a seguir. Determine o ponto final preparando um gráfico de Gran, usando os últimos 10% do volume anterior ao V_e.

mL de NaOH	pH	mL de NaOH	pH	mL de NaOH	pH
0,00	4,14	20,75	6,09	22,70	6,70
1,31	4,30	21,01	6,14	22,76	6,74
2,34	4,44	21,10	6,15	22,80	6,78
3,91	4,61	21,13	6,16	22,85	6,82
5,93	4,79	21,20	6,17	22,91	6,86
7,90	4,95	21,30	6,19	22,97	6,92
11,35	5,19	21,41	6,22	23,01	6,98
13,46	5,35	21,51	6,25	23,11	7,11
15,50	5,50	21,61	6,27	23,17	7,20
16,92	5,63	21,77	6,32	23,21	7,30
18,00	5,71	21,93	6,37	23,30	7,49
18,35	5,77	22,10	6,42	23,32	7,74
18,95	5,82	22,27	6,48	23,40	8,30
19,43	5,89	22,37	6,53	23,46	9,21
19,93	5,95	22,48	6,58	23,55	9,86
20,48	6,04	22,57	6,63		

11.35. Prepare um gráfico de derivada segunda para determinar o ponto final a partir dos dados de titulação que são vistos a seguir.

mL de NaOH	pH	mL de NaOH	pH	mL de NaOH	pH
10,679	7,643	10,725	6,222	10,750	4,444
10,696	7,447	10,729	5,402	10,765	4,227
10,713	7,091	10,733	4,993		
10,721	6,700	10,738	4,761		

Determinação do Ponto Final por Meio de Indicadores

11.36. Explique a origem da regra prática que diz que a mudança de cor de um indicador ocorre em pK_{HIn} ± 1.

11.37. Por que em uma titulação considera-se que a escolha correta de um indicador é feita quando ele muda de cor próximo ao ponto de equivalência?

11.38. O pH de vesículas microscópicas, compartimentos existentes dentro de células vivas, pode ser estimado pela infusão de um indicador (HIn) dentro dos compartimentos e pela medida espectrofotométrica do quociente $[In^-]/[HIn]$ correspondente. Explique como esse procedimento permite determinar o pH.

11.39. Escreva a fórmula de um composto com um pK_a negativo.

11.40. Considere a titulação na Figura 11.2, para a qual o pH no ponto de equivalência é calculado como 9,25. Se o azul de timol é usado como indicador, que cor será observada durante a maior parte da titulação antes do ponto de equivalência? E no ponto de equivalência? E após o ponto de equivalência?

11.41. Que cor você espera observar para o indicador púrpura de cresol (Tabela 11.3) nos seguintes valores de pH? **(a)** 1,0; **(b)** 2,0; **(c)** 3,0.

11.42. O vermelho de cresol possui *duas* faixas de transição, que podem ser vistas na Tabela 11.3. Que cor você espera que ele tenha nos seguintes valores de pH? **(a)** 0; **(b)** 1; **(c)** 6; **(d)** 9.

11.43. O indicador verde de bromocresol, com uma faixa de transição entre pH 3,8 e 5,4, sempre pode ser usado na titulação de um ácido fraco com uma base forte?

11.44. **(a)** Qual é o pH no ponto de equivalência quando uma solução de NaF 0,030 0 M é titulada com uma solução de $HClO_4$ 0,060 0 M?

(b) Por que provavelmente não será útil usar um indicador para indicar o ponto final dessa titulação?

11.45. Uma curva de titulação para uma solução de Na_2CO_3 titulado com uma solução de HCl é mostrada a seguir. Suponha que *tanto* a fenolftaleína *quanto* o verde de bromocresol estejam presentes na solução da titulação. Estabeleça que cores você espera observar após os seguintes volumes adicionados de HCl: **(a)** 2 mL; **(b)** 10 mL; **(c)** 19 mL.

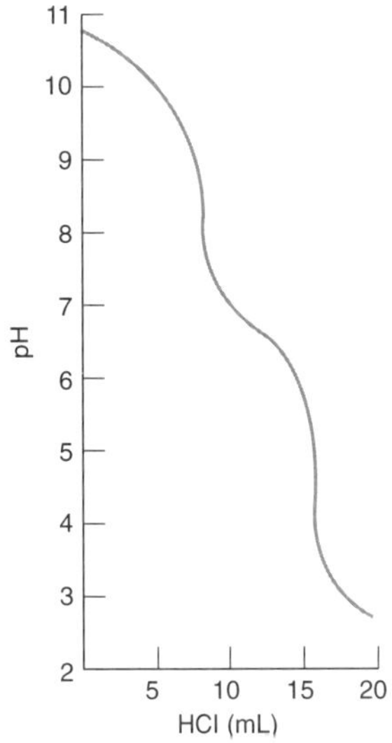

11.46. Na determinação de nitrogênio pelo método de Kjeldahl, o produto final é uma solução do íon NH_4^+ em HCl. É necessário titular o HCl sem titular o íon NH_4^+.

(a) Calcule o pH de uma solução de NH_4Cl 0,010 M.

(b) Selecione um indicador que permita titular o HCl, sem titular o NH_4^+.

11.47. Uma amostra de 10,231 g de um produto de limpeza para vidros contendo amônia foi diluída com 39,466 g de água. Então, 4,373 g desta solução foram titulados com 14,22 mL de uma solução de HCl 0,106 3 M para atingir o ponto final, usando-se o verde de bromocresol como indicador. Determine a porcentagem em massa de NH_3 (MF 17,031) no produto de limpeza.

11.48. Um procedimento para determinar a alcalinidade (Boxe 11.1) da água de piscina consiste em titular certo volume dessa água com certo número de gotas de solução-padrão de H_2SO_4 para atingir o ponto final utilizando verde de bromocresol como indicador.[32] Explique o que é determinado nessa titulação e por que o verde de bromocresol foi o indicador escolhido.

Observações Práticas, Análise de Kjeldahl e o Efeito Nivelador

11.49. Dê a fórmula e o nome de um padrão primário usado para padronizar (**a**) HCl e (**b**) NaOH.

11.50. Por que é mais exato usar um padrão primário com uma massa equivalente alta (a massa necessária para fornecer ou consumir 1 mol de H^+) do que um com uma massa equivalente baixa?

11.51. Explique por que se usa o hidrogenoftalato de potássio para padronizar uma solução de NaOH.

11.52. Uma solução foi preparada a partir de 1,023 g do padrão primário tris (Tabela 11.4) mais 99,367 g de água. Então, 4,963 g dessa solução foram titulados com 5,262 g de uma solução aquosa de HNO_3 para atingir o ponto final, utilizando-se o vermelho de metila como indicador. Calcule a concentração da solução de HNO_3 (expressa em mol de HNO_3/kg de solução).

11.53. A balança diz que você pesou 1,023 g de tris para padronizar uma solução de HCl. Usando a correção de empuxo da Seção 2.3 e a massa específica da Tabela 11.4, quantos gramas foram realmente pesados? O volume de HCl necessário para reagir com o tris foi 28,37 mL. A correção de empuxo introduz um erro aleatório ou sistemático na molaridade calculada do HCl? Qual é a magnitude do erro expresso em porcentagem? A molaridade calculada do HCl é maior ou menor que a molaridade real?

11.54. Quantos gramas de hidrogenoftalato de potássio devem ser pesados em um frasco para padronizar uma solução de NaOH ~0,05 M se você quer usar ~30 mL da base para a titulação?

11.55. Uma solução aquosa de HCl de ponto de ebulição constante pode ser usada como um padrão primário para titulações ácido-base. Quando uma solução de HCl ~20% m/m (MF 36,458) é destilada, a composição do destilado varia de uma maneira regular com a pressão barométrica, conforme a tabela a seguir:

P (Torr)	HCl[a] (g/100 g de solução)
770	20,195
760	20,219
750	20,243
740	20,267
730	20,291

a. A composição do destilado é de C. W. Foulk e M. Hollingsworth, J. Am. Chem. Soc. ***1923****, 45, 1220, com números corrigidos para os valores de 2016 de massas atômicas.*

(**a**) Faça um gráfico dos dados da tabela para determinar a porcentagem em massa do HCl coletado a 746 torr.

(**b**) Que massa de destilado (pesado ao ar, usando-se pesos cuja massa específica é igual a 8,0 g/mL) deve ser dissolvida em 1,000 0 L para obter uma solução de HCl 0,100 00 M? A massa específica do destilado em toda a faixa da tabela é próxima a 1,096 g/mL. Você precisa dessa massa específica para transformar a massa medida no vácuo na massa medida ao ar (ver Seção 2.3 para as correções de empuxo).

11.56. (**a**) *Incerteza na massa formal.* Em uma titulação gravimétrica de extrema precisão, a incerteza na massa formal do padrão primário pode contribuir para a incerteza do resultado. Leia sobre a incerteza na massa molar no Apêndice B. Expresse a massa fórmula do hidrogenoftalato de potássio, $C_8H_5O_4K$, com seu intervalo de confiança a 95%, baseado em uma distribuição retangular de incertezas das massas atômicas com um fator de cobertura $k = 2$.

(**b**) *Incerteza sistemática na pureza de um reagente.* O fabricante de hidrogenoftalato de potássio diz que a pureza é 1,000 00 ± 0,000 05. Na ausência de mais informações, admitimos que a distribuição da incerteza é retangular. Que incerteza-padrão você utilizaria para a pureza desse reagente?

11.57. O procedimento de Kjeldahl foi utilizado para analisar 256 μL de uma solução contendo 37,9 mg proteína/mL. O NH_3 liberado foi coletado em 5,00 mL de uma solução 0,033 6 M de HCl, e o ácido remanescente consumiu 6,34 mL de solução 0,010 M de NaOH para titulação completa. Qual a porcentagem em massa de nitrogênio na proteína?

11.58. No método de Kjeldahl, uma alternativa para o aprisionamento do NH_3 em HCl é recolhê-lo em solução aquosa de ácido bórico, $B(OH)_3$, a ~4% em massa. Isso permite obter uma mistura em equilíbrio de NH_4^{4+}, NH_3, $B(OH)_3$, $B(OH)_4^-$ (borato) e poliboratos, incluindo triborato ($B_3O_3(OH)_4^-$), tetraborato $B_4O_5(OH)_2^-$) e pentaborato ($B_5O_6(OH)_4^-$.[22] Essa mistura é então tratada com HCl padrão até um ponto final em pH ~3,8, medido com um eletrodo de pH. Uma vantagem do uso de ácido bórico é que apenas um reagente-padrão (HCl) é necessário em lugar de dois (HCl e NaOH). O procedimento com ácido bórico consome menos tempo e é menos dispendioso do que o método descrito no texto.

Destilação do NH_3 em $B(OH)_3$:

$$NH_3 + B(OH)_3 + H_2O \rightleftharpoons NH_4^+ + B(OH)_4^- \qquad \textbf{(A)}$$

$$NH_3 + B(OH)_3 + H_2O \rightleftharpoons NH_4^+ + \text{poliboratos} \qquad \textbf{(B)}$$

Titulação com HCl padrão:

$$H^+ + B(OH)_4^- + \text{poliboratos} \rightarrow B(OH)_3 + H_2O \qquad \textbf{(C)}$$

(**a**) O procedimento de Kjeldahl foi utilizado para analisar 1,00 mL de uma solução contendo 37,9 mg de proteína/mL. O NH_3 liberado foi coletado em ~5 mL de $B(OH)_3$ a ~4% em massa, e a solução resultante consumiu 8,28 mL de HCl 0,050 M para titulação. A reação C consumiu 1 H^+ para cada NH_3 nas reações A e B. Qual é a porcentagem em massa de nitrogênio na proteína?

(**b**) Admita que 5,00 mL de $B(OH)_3$ a 4% em massa (massa específica 1,00 g/mL, MF 61,83) foram tratados com 0,414 mmol de NH_3 sem variação no volume. Se a reação A ao completar produz 0,414 mmol de $B(OH)_4^-$ mais o $B(OH)_3$ restante que não reagiu, qual será o pH? Não leve em consideração a reação B para essa questão.

(**c**) No pH do item (**b**), que fração da amônia não é protonada? O NH_3 pode evaporar a partir da solução de aprisionamento porque parte dele não se encontra protonado.

(**d**) Determine a constante de equilíbrio para a reação A.

11.59. O que se quer dizer com efeito nivelador?

11.60. A base B é muito fraca para ser titulada em solução aquosa.

(**a**) Que solvente, piridina ou ácido acético, deve ser mais apropriado para a titulação de B com $HClO_4$? Por quê?

(**b**) Que solvente deve ser mais apropriado para a titulação de um ácido muito fraco com hidróxido de tetrabutilamônio? Por quê?

11.61. Explique por que o amideto de sódio ($NaNH_2$) e o fenil lítio (C_6H_5Li) são nivelados à mesma força básica em solução aquosa. Escreva as reações químicas que ocorrem quando eles são adicionados à água.

11.62. A piridina se protona, apenas pela metade, em solução aquosa com um tampão fosfato de pH 5,2. Se misturamos 45 mL de tampão fosfato com 55 mL de metanol, o tampão deve ter um pH igual a 3,2 para protonar pela metade a piridina. Explique por quê.

Cálculo de Curvas de Titulação por Meio de Planilhas Eletrônicas

11.63. Deduza a equação seguinte para a titulação de uma solução de hidrogenoftalato de potássio (K^+HP^-) com uma solução de NaOH:

$$\phi = \frac{C_b V_b}{C_a V_a} = \frac{\alpha_{HP^-} + 2\alpha_{P^{2-}} - 1 - \dfrac{[H^+]-[OH^-]}{C_a}}{1 + \dfrac{[H^+]-[OH^-]}{C_b}}$$

11.64. *Efeito do pK_a na titulação de um ácido fraco com uma base forte.* Utilize a Equação 11.13 para calcular e representar graficamente a família de curvas do lado esquerdo da Figura 11.3. Para um ácido forte, escolha um K_a grande, por exemplo, $K_a = 10^2$ ou $pK_a = -2$.

11.65. *Efeito da concentração na titulação de um ácido fraco com uma base forte.* Use a planilha eletrônica do Problema 11.64 para obter uma família de curvas de titulação para $pK_a = 6$, com as seguintes combinações de concentrações: (**a**) $C_a = 20$ mM, $C_b = 100$ mM; (**b**) $C_a = 2$ mM, $C_b = 10$ mM; (**c**) $C_a = 0{,}2$ mM, $C_b = 1$ mM.

11.66. *Efeito do pK_b na titulação de uma base fraca com um ácido forte.* Utilizando a equação apropriada na Tabela 11.5, prepare uma planilha eletrônica para calcular e plotar uma família de curvas, análogas à da parte esquerda da Figura 11.3, para a titulação de 50,0 mL de uma solução de B 0,020 0 M ($pK_b = -2{,}00$; 2,00; 4,00, 6,00, 8,00 e 10,00) com uma solução de HCl 0,100 M. (O valor de $pK_b = -2{,}00$ representa uma base forte.) Na expressão para α_{BH^+}, $K_{BH^+} = K_w/K_b$.

11.67. *Titulação de um ácido fraco com uma base fraca.*

(**a**) Utilize uma planilha eletrônica para preparar uma família de gráficos para a titulação de 50,0 mL de uma solução de HA 0,020 0 M ($pK_a = 4{,}00$) com uma solução de B 0,100 M ($pK_b = 3{,}00$; 6,00 e 9,00).

(**b**) Escreva as reações ácido-base que ocorrem quando ácido acético e benzoato de sódio (o sal do ácido benzoico) são misturados, e determine a constante de equilíbrio para a reação. Determine o pH de uma solução preparada pela mistura de 212 mL de uma solução de ácido acético 0,200 M com 325 mL de uma solução de benzoato de sódio 0,050 0 M.

11.68. *Titulação de um ácido diprótico com uma base forte.* Use uma planilha eletrônica para preparar uma família de gráficos para a titulação de 50,0 mL de uma solução de H_2A 0,020 0 M com uma solução de NaOH 0,100 M. Considere os seguintes casos: (**a**) $pK_1 = 4{,}00$, $pK_2 = 8{,}00$; (**b**) $pK_1 = 4{,}00$, $pK_2 = 6{,}00$; (**c**) $pK_1 = 4{,}00$, $pK_2 = 5{,}00$.

11.69. *Titulação da nicotina com um ácido forte.* Prepare uma planilha eletrônica para reproduzir a curva inferior na Figura 11.4.

11.70. *Titulação de um ácido triprótico com uma base forte.* Prepare uma planilha eletrônica para fazer um gráfico da titulação de 50,0 mL de uma solução de histidina · 2HCl 0,020 0 M com uma solução de NaOH 0,100 M. Trate a histidina · 2HCl com a equação de ácido triprótico na Tabela 11.5.

11.71. *Um sistema tetraprótico.* Escreva uma equação para a titulação de uma base tetrabásica com um ácido forte ($B + H^+ \rightarrow \rightarrow \rightarrow \rightarrow BH_4^{4+}$). Você pode fazer isso examinando a Tabela 11.5 ou pode deduzi-la a partir do balanço de carga para a reação da titulação. Utilize uma planilha eletrônica para fazer um gráfico da titulação de 50,0 mL de uma solução de pirofosfato de sódio 0,020 0 M ($Na_4P_2O_7$) com uma solução de $HClO_4$ 0,100 M. O pirofosfato é o ânion do ácido pirofosfórico.

Usando a Lei de Beer com Indicadores*

11.72. As propriedades espectrofotométricas de determinado indicador são dadas a seguir:

$$HIn \underset{}{\overset{pK_a = 7{,}10}{\rightleftharpoons}} In^- + H^+$$

HIn	In^-
$\lambda_{máx} = 395$ nm	$\lambda_{máx} = 604$ nm
$\varepsilon_{395} = 1{,}80 \times 10^4\ M^{-1}\,cm^{-1}$	$\varepsilon_{604} = 4{,}97 \times 10^4\ M^{-1}\,cm^{-1}$
$\varepsilon_{604} = 0$	

Uma solução com um volume de 20,0 mL contendo o indicador em uma concentração $1{,}40 \times 10^{-5}$ M mais o ácido benzeno-1,2,3-tricarboxílico 0,050 0 M ($pK_1 = 2{,}86$, $pK_2 = 4{,}30$, $pK_3 = 6{,}28$), foi tratada com 20,0 mL de uma solução aquosa de KOH. A solução resultante tem uma absorbância, a 604 nm, de 0,118 em uma célula com 1,00 cm de caminho óptico. Calcule a molaridade da solução de KOH.

11.73. Um certo indicador ácido-base existe em três formas coloridas:

$$H_2In \overset{pK_1 = 1{,}00}{\rightleftharpoons} HIn^- \overset{pK_2 = 7{,}95}{\rightleftharpoons} In^{2-}$$

H_2In	HIn^-	In^{2-}
$\lambda_{máx} = 520$ nm	$\lambda_{máx} = 435$ nm	$\lambda_{máx} = 572$ nm
$\varepsilon_{520} = 5{,}00 \times 10^4$	$\varepsilon_{435} = 1{,}80 \times 10^4$	$\varepsilon_{572} = 4{,}97 \times 10^4$
Vermelho	Amarelo	Vermelho
$\varepsilon_{435} = 1{,}67 \times 10^4$	$\varepsilon_{520} = 2{,}13 \times 10^3$	$\varepsilon_{520} = 2{,}50 \times 10^4$
$\varepsilon_{572} = 2{,}03 \times 10^4$	$\varepsilon_{572} = 2{,}00 \times 10^2$	z$\varepsilon_{435} = 1{,}15 \times 10^4$

As absorbâncias molares, ε, estão expressas em $M^{-1}\,cm^{-1}$. Uma solução contendo 10,0 mL do indicador em uma concentração $5{,}00 \times 10^{-4}$ M foi misturada com 90,0 mL de uma solução-tampão de fosfato 0,1 M (pH 7,50). Calcule a absorbância dessa solução a 435 nm em uma célula com 1,00 cm de caminho óptico. Observe que a absorbância em 435 nm é a soma das absorbâncias das três espécies nesse comprimento de onda.

*Estes problemas são baseados na lei de Beer, Seção 18.2.

Procedimento de Referência: Preparação de Padrões de Ácido e de Base

Solução-padrão de NaOH 0,1 M

1. Com a antecedência de 1 dia, prepare uma solução aquosa de NaOH 50% m/m, de modo a permitir que o Na_2CO_3 possa precipitar durante a noite. (Na_2CO_3, é insolúvel nesta solução.) A solução deve ser armazenada em um frasco de polietileno bem fechado e retirada com o cuidado para não perturbar o material precipitado. A massa específica da solução é próxima de 1,50 g/mL.

2. Seque o hidrogenoftalato de potássio (padrão primário) em estufa a 110 °C por 1 hora e armazene em um dessecador.

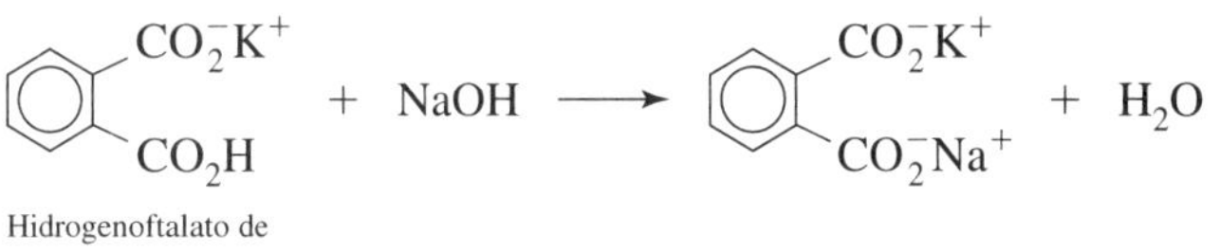

Hidrogenoftalato de potássio (MF 204,222)

3. Ferva 1 L de água por 5 min para expelir o CO_2. A água deve ser vertida em um frasco de polietileno, que deve ser mantido bem fechado sempre que possível. Calcule o volume de NaOH 50% m/m necessário (~5,3 mL) para produzir 1 L de NaOH ~0,1 M. Faça a transferência da solução de NaOH para o frasco de polietileno por meio de uma proveta graduada. Misture bem a solução e espere que esta alcance a temperatura ambiente (de preferência durante a noite).

4. Pese quatro porções de ~0,51 g de hidrogenoftalato de potássio e dissolva cada uma delas em ~25 mL de água destilada, em um erlenmeyer (ou béquer) de 125 mL. Cada amostra vai consumir ~25 mL de NaOH 0,1 M. Adicione 3 gotas de solução do indicador fenolftaleína (Tabela 11.3) e titule uma das soluções rapidamente para encontrar o ponto final aproximado. A entrada de ar da bureta deve ser fechada com uma tampa ajustada suavemente de modo a minimizar a absorção de CO_2.

5. Calcule o volume de NaOH necessário para titular cada uma das outras três amostras e titule-as cuidadosamente. Durante cada titulação, incline e gire periodicamente o erlenmeyer, de modo a transferir o líquido nas paredes para a solução. Próximo ao ponto final, libere menos de 1 gota de titulante de cada vez. Para isso, mantenha suspensa, na ponta da bureta, parte de uma gota e encoste a gota na parede do frasco. O líquido adicionado deve ser transferido para o seio da solução inclinando e girando o erlenmeyer. O ponto final corresponde ao primeiro aparecimento de uma coloração rosa, que permanece por 15 s. A cor acaba evanescendo em face do CO_2 proveniente do ar, que entra na solução.

6. Calcule o valor da molaridade média ($\bar{x}$), seu respectivo desvio-padrão (s) e o desvio-padrão relativo ($s/\bar{x}$). Se todo o procedimento foi feito com os devidos cuidados, o desvio-padrão relativo deve ser < 0,2%.

Solução-padrão de HCl 0,1 M

1. A tabela, no início deste livro, nos informa que 8,2 mL de HCl ~37% m/m devem ser adicionados a 1 L de água para produzir uma solução de HCl ~0,1 M. Prepare esta solução em um frasco de polietileno que possa ser bem fechado, adicionando o HCl concentrado por meio de uma proveta graduada.

2. Seque, por 1 hora em estufa a 110 °C, Na_2CO_3 com grau de padrão primário; após o aquecimento, o material deve ser esfriado em um dessecador.

3. Pese quatro amostras contendo Na_2CO_3 suficiente para reagir com ~25 mL de HCl 0,1 M, que são transferidos a partir de uma bureta, colocando as amostras em erlenmeyers (ou béqueres) de 125 mL. Antes de titular cada amostra, dissolva-a em ~25 mL de água destilada.

$$2HCl + \underset{\text{MF 105,988}}{Na_2CO_3} \rightarrow CO_2 + 2NaCl + H_2O$$

Adicione 3 gotas de solução do indicador verde de bromocresol (Tabela 11.3) e titule uma das amostras rapidamente até a cor verde, determinando-se, assim, aproximadamente, o ponto final da titulação.

4. Titule, cuidadosamente, cada uma das outras três amostras, até o ponto em que ocorre a transição de azul para verde. Ferva a solução de modo a expelir o CO_2. A solução deve tornar-se novamente azul. Adicione, cuidadosamente, HCl a partir da bureta, de modo a restabelecer a cor verde na solução.

5. Titule um branco, preparado a partir de 3 gotas do indicador e 50 mL de NaCl 0,05 M. Subtraia o valor do volume obtido para o branco dos valores usados para titular o Na_2CO_3.

6. Calcule para o ácido HCl o valor de sua molaridade, o desvio-padrão e o desvio-padrão relativo.

12 Titulações com EDTA

TERAPIA DE QUELAÇÃO E TALASSEMIA

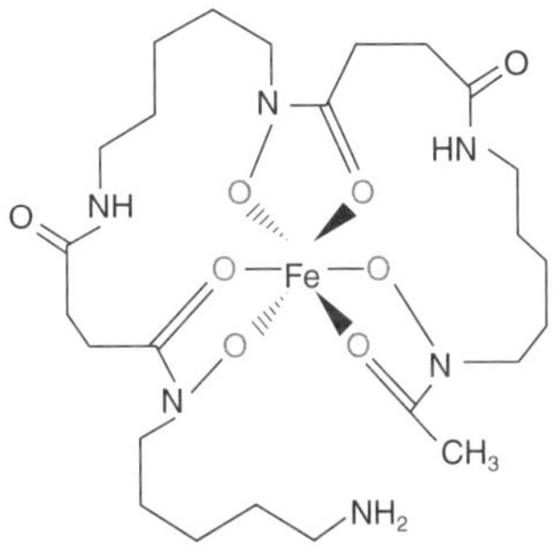

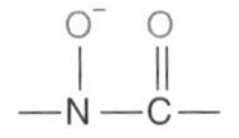

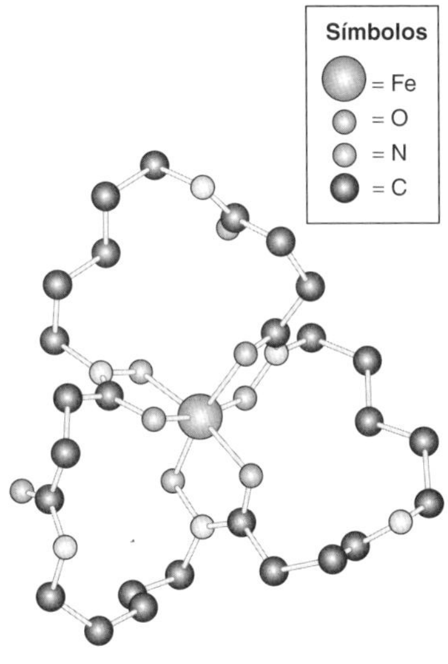

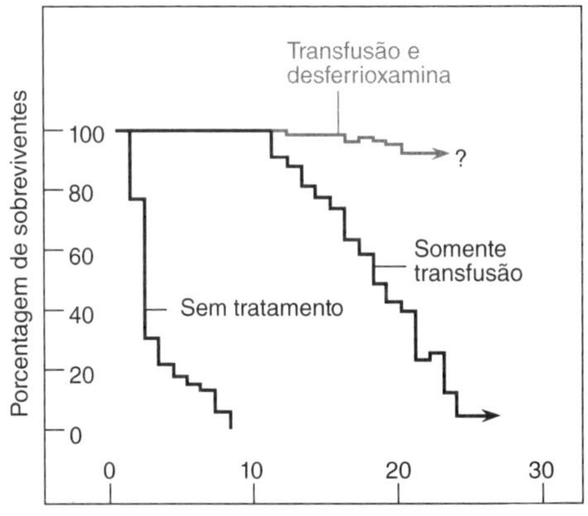

As estruturas mostram o complexo de ferro-ferrioxamina B e a estrutura cristalina do composto relacionado, a ferrioxamina E, no qual o quelato apresenta uma estrutura cíclica. O gráfico mostra o sucesso de transfusões e transfusões mais terapia de quelação. [Estruturas cristalinas gentilmente cedidas por M. Neu, Los Alamos National Laboratory, baseadas em informações de D. Van der Helm e M. Poling, *J. Am. Chem. Soc.* **1976,** *98,* 82. Gráfico de P. S. Dobbin e R. C. Hider, "Iron Chelation Therapy," *Chem. Br.* **1990,** *26,* 565.]

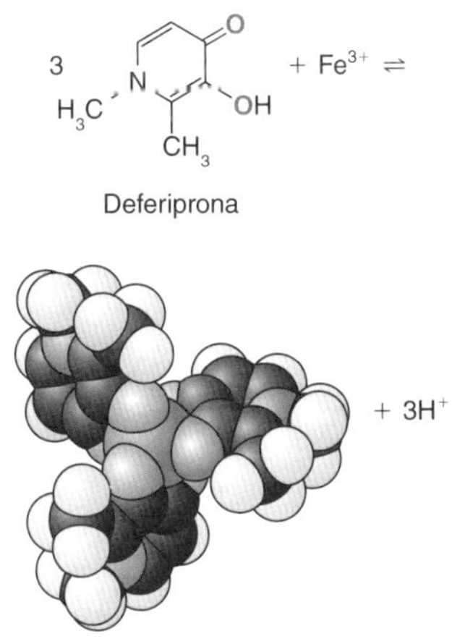

O oxigênio (O_2) no sistema circulatório humano está ligado ao ferro na proteína hemoglobina, que consiste em dois pares de subunidades, designadas α e β. A β-talassemia aguda é uma doença genética na qual as subunidades β não são sintetizadas em quantidades adequadas. Crianças acometidas por esta doença conseguem sobreviver somente por meio de frequentes transfusões de células sanguíneas vermelhas normais. Entretanto, as crianças acumulam de 4 a 8 g de ferro por ano, provenientes da hemoglobina nas células das transfusões. O organismo humano não dispõe de um mecanismo para eliminar estas grandes quantidades de ferro e a maioria dos pacientes morre por volta dos 20 anos como consequência dos efeitos tóxicos dessa sobrecarga de ferro.

Um ligante que se liga a um íon metálico por meio de múltiplos átomos ligantes é denominado *quelato*. A terapia de quelação aumenta a eliminação do ferro de pacientes com talassemia. O medicamento com maior sucesso é a *desferrioxamina B*, produzido pelo microrganismo *Streptomyces pilosus*.[1] Seu complexo com o Fe^{3+}, chamado ferrioxamina B, tem uma constante de formação de $10^{30,6}$. Usada conjuntamente com o ácido ascórbico (vitamina C), que reduz o Fe^{3+} à forma mais solúvel Fe^{2+}, a desferrioxamina consegue retirar vários gramas de ferro por ano de um paciente em estado de sobrecarga. O complexo de Fe^{3+} é eliminado na urina. Nos pacientes para os quais a desferrioxamina é efetiva, há uma proporção de 91% de pacientes que conseguem sobreviver sem complicações cardíacas após 15 anos de terapia.[2] Altas doses desse medicamento caro podem causar distúrbios no crescimento de crianças.

A desferrioxamina não é absorvida pelo intestino. Ela é um medicamento caro e deve ser administrado continuamente mediante infusão subcutânea de cinco a sete noites por semana. O agente quelante deferiprona, administrado por via oral, é efetivo na remoção do ferro.[3] O uso combinado da desferrioxamina e da deferiprona aumenta a sobrevida e reduz a incidência de doenças cardíacas em comparação com o tratamento apenas com a desferrioxamina. A taxa de mortalidade mundial de todas as formas de talassemia foi reduzida de 0,7 morte por 100 000 pessoas em 1990 para 0,3 morte por 100 000 pessoas em 2013.[4] Durante o tempo de vida deste livro – após 40 anos de antecipação – ensaios clínicos em seres humanos usando terapia genética estão em andamento para fornecer um tratamento para a β-talassemia sem a necessidade de transfusão de sangue.[5]

FIGURA 12.1 O EDTA forma complexos fortes, na proporção de 1:1, com a maioria dos íons metálicos. A complexação se faz por meio dos quatro átomos de oxigênio e dos dois átomos de nitrogênio. A geometria hexacoordenada do Mn^{3+}-EDTA, encontrada no composto $KMnEDTA \cdot 2H_2O$, foi determinada por cristalografia de raios X. [Dados de J. Stein, J. P. Fackler, Jr., G. J. McClune, J. A. Fee e L. T. Chan, "Reactions of Mn-EDTA and MnCyDTA Complexes with O_2^-: X-Ray Structure of $KMnEDTA \cdot 2H_2O$", *Inorg. Chem.* **1979**, *18*, 3511.]

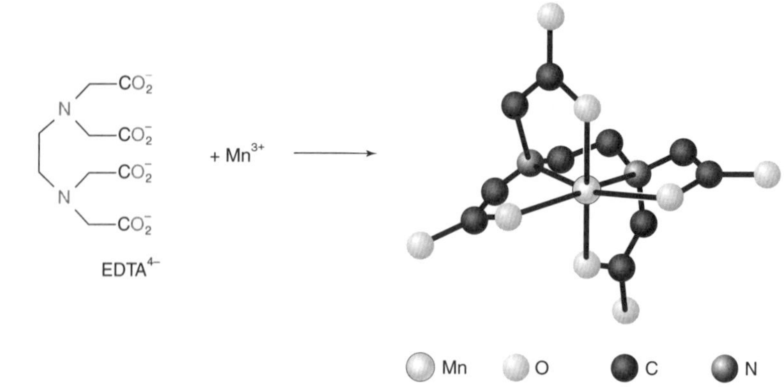

A denominação EDTA é uma abreviatura prática para o *ácido etilenodiaminotetra-acético*, um composto muito usado em análise quantitativa, que forma complexos estáveis com a maioria dos íons metálicos na proporção de 1:1 (metal:EDTA) (Figura 12.1). A principal aplicação prática do EDTA é como agente complexante, capaz de se ligar fortemente a íons metálicos, sendo usado em diferentes processos industriais e em vários produtos de uso diário, como detergentes, produtos de limpeza e aditivos que impedem a oxidação de alimentos catalisada por íons metálicos. Os complexos metal-EDTA também estão se tornando importantes para o ambiente. Por exemplo, a maior parte do níquel descartado na Baía de São Francisco, Estados Unidos, e uma fração significativa do ferro, do chumbo, do cobre e do zinco, são complexos com EDTA que passam livremente pelas estações de tratamento de águas residuárias.

12.1 Complexos Metal-Quelato

Os íons metálicos são **ácidos de Lewis**, ou seja, substâncias capazes de receberem pares de elétrons provenientes das **bases de Lewis**, que são ligantes doadores de elétrons. O íon cianeto (CN^-) é denominado ligante **monodentado**, pois se liga a um íon metálico por meio de apenas um átomo (o átomo de carbono). A maioria dos íons de metais de transição se liga a seis átomos ligantes. Um **ligante multidentado** ("com muitos dentes"), ou **ligante quelante**,[6] é aquele que se liga a um íon metálico por meio de mais de um átomo ligante.

Ag^+ + 2 :C̄≡N: ⇌ (:N≡C—Ag—C≡N:)⁻
Ácido de Lewis (receptor de par de elétrons) | Base de Lewis (doador de par de elétrons) | Íon complexo

Um ligante quelante simples é o 1,2-diaminoetano, $H_2\ddot{N}CH_2CH_2\ddot{N}H_2$ (também chamado etilenodiamina). Na margem ao lado, vemos como este ligante se liga com um íon metálico. Dizemos que a etilenodiamina é um ligante *bidentado*, pois ela se liga ao metal por meio de dois átomos ligantes.

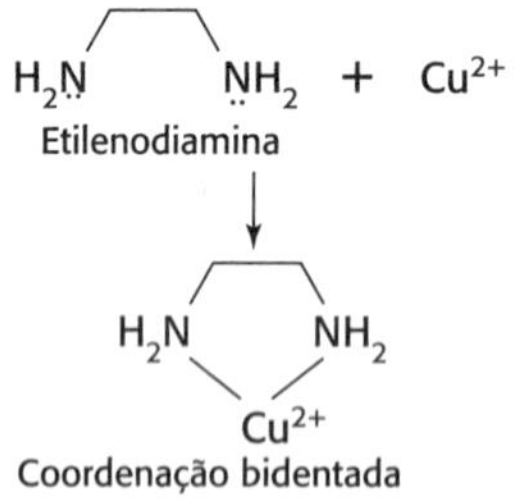

O **efeito quelato** é a capacidade de ligantes multidentados formarem complexos metálicos mais estáveis que os formados por ligantes monodentados,[7,8] que tenham estrutura semelhante. Por exemplo, a reação do $Cd(H_2O)_6^{2+}$ com duas moléculas de etilenodiamina é mais favorecida que a sua reação com quatro moléculas de metilamina:

A nomenclatura referente às constantes de formação (K e β) foi discutida no Boxe 6.2.

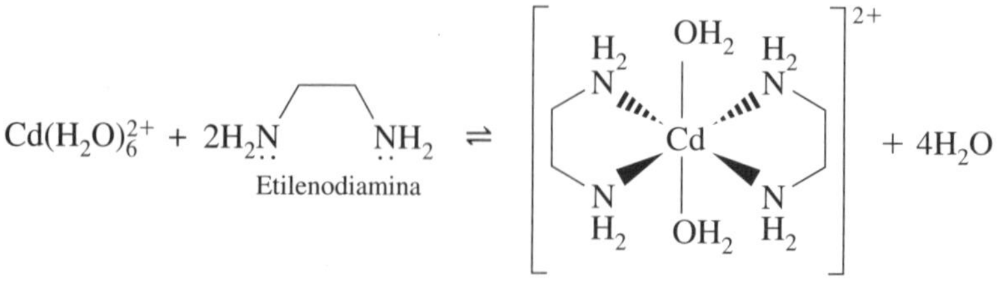

$$K \equiv \beta_2 = 8 \times 10^9 \qquad (12.1)$$

Embora tenhamos representado isômeros *trans* dos complexos octaédricos (com ligantes H_2O em oposição), podemos ter também a formação de isômeros *cis* (com ligantes H_2O adjacentes entre si).

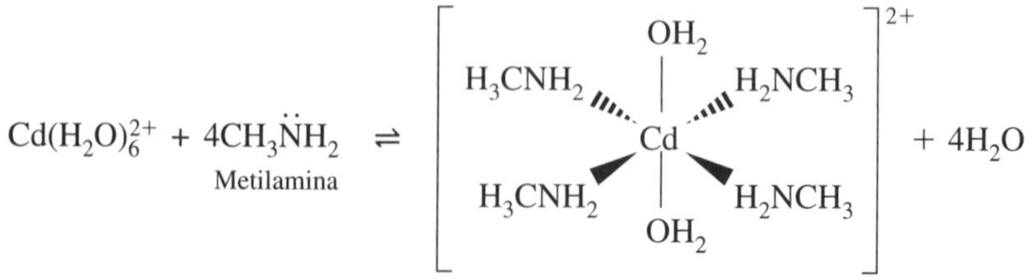

$$K \equiv \beta_4 = 4 \times 10^6 \qquad (12.2)$$

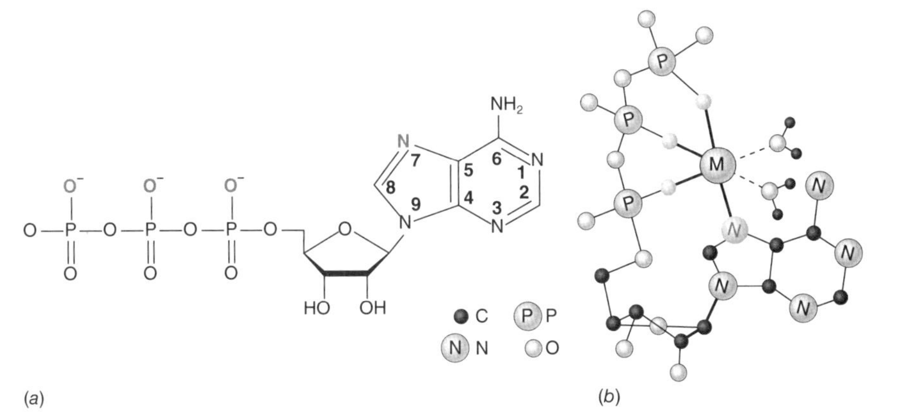

FIGURA 12.2 (*a*) Estrutura do trifosfato de adenosina (ATP), com os átomos ligantes coloridos. (*b*) Possível estrutura de um complexo metal-ATP; o metal M possui quatro ligações com o ATP e duas ligações com ligantes H_2O.

Em um litro de solução em pH 12, contendo 0,01 mol de Cd(II), 0,2 mol de etilenodiamina e 0,4 mol de metilamina, 99,97% do ligante ligado ao Cd(II) correspondem à etilenodiamina.

Um importante ligante *tetradentado* é o trifosfato de adenosina (em inglês, ATP), que se liga a íons metálicos divalentes (como o Mg^{2+}, Mn^{2+}, Co^{2+} e Ni^{2+}) a partir de quatro das suas seis posições de coordenação (Figura 12.2). A quinta e sexta posições são ocupadas por moléculas de água. A forma biologicamente ativa do ATP é, normalmente, o complexo de Mg^{2+}.

Os complexos metal-quelante são ubíquos em biologia. Bactérias, presentes em seu intestino, excretam um poderoso quelante de ferro chamado enterobactina (Figura 12.3a) para capturar o ferro que é essencial para o crescimento bacteriano. Os quelatos excretados pelas bactérias para capturar o ferro são chamados *sideróforos*. O complexo ferro-enterobactina é capturado pelos receptores na superfície celular da bactéria e transportado para seu interior. O ferro é então liberado dentro da bactéria pela decomposição enzimática do quelato. Para combater a infecção bacteriana, seu sistema imunológico produz uma proteína, chamada siderocalina, para capturar e desativar a enterobactina.[9] A pesquisa de vacinas para prevenir infecções do trato urinário está adotando uma abordagem semelhante, desenvolvendo anticorpos para outros quelantes de ferro produzidos por bactérias no trato urinário.[10]

As bactérias estão evoluindo rapidamente na resistência ao tratamento pelo nosso atual arsenal de antibióticos. Infecções simples e pequenas feridas facilmente tratadas com antibióticos, hoje, podem ser fatais em um futuro próximo. O complexo "cavalo de Troia" sideróforo-antibiótico na Figura 12.3b foi arquitetado para atacar bactérias resistentes a antibióticos, incluindo *Acinetobacter*, *Pseudomonas* e *Enterobacteria*.[11] O cavalo de Troia possui um sideróforo de ferro que é ativamente levado para dentro de uma bactéria por receptores na membrana celular externa. Uma vez dentro da célula, uma ligação hidrolisável é cortada por uma enzima celular para liberar o antibiótico, componente do cavalo de Troia, que então mata a bactéria.

Os ácidos aminocarboxílicos da Figura 12.4 são agentes quelantes sintéticos. Os átomos de nitrogênio (N) da amina e os átomos de oxigênio (O) da carboxila são os átomos ligantes

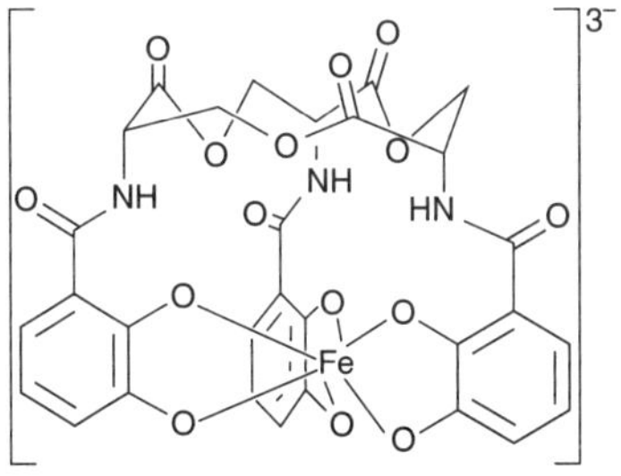

(*a*) Complexo Fe(III)-enterobactina

(*b*) "Cavalo de Troia" contendo antibiótico

FIGURA 12.3 (*a*) Certas bactérias secretam enterobactina para capturar o ferro e trazê-lo para o interior da célula. [Dados de R. J. Abergel, J. A. Warner, D. K. Shuh e K. N. Raymond, "Enterobactin Protonation and Iron Release," *J. Am. Chem. Soc.* **2006,** *128,* 8920.] (*b*) Uma molécula "cavalo de Troia" tem um ferro-sideróforo ligado a um antibiótico.[11] Bactérias selecionadas transportam ativamente o sideróforo para dentro da célula, e nesse meio cortam a ligação para liberar o antibiótico.

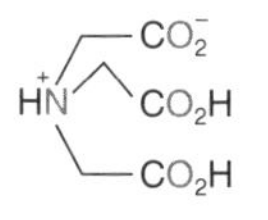

Ácido nitrilotriacético

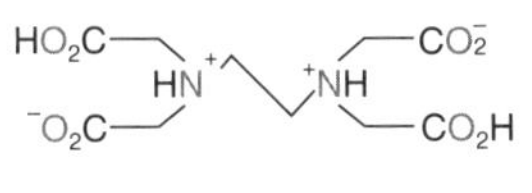

EDTA
Ácido etilenodiaminotetra-acético
(também chamado ácido etilenodinitrilotetra-acético)

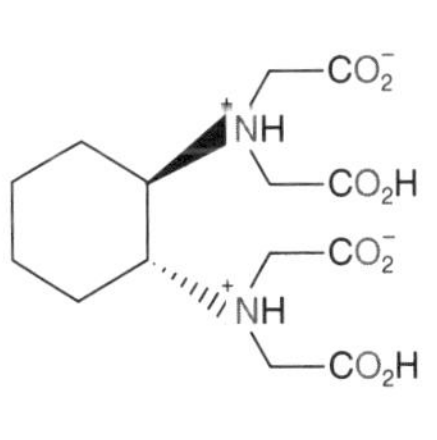

Ácido *trans*-1,2-diaminociclo-hexanotetra-acético

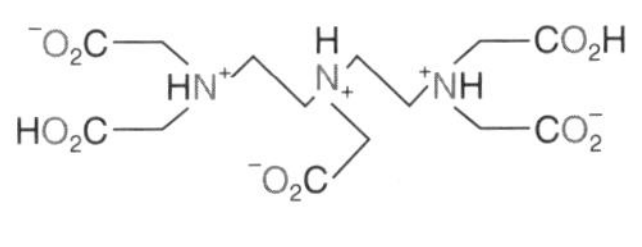

DTPA
Ácido dietilenotriaminopenta-acético

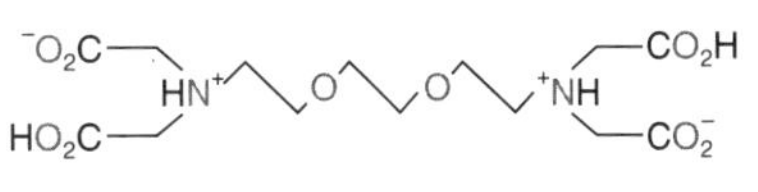

EGTA
Ácido *bis*-(aminoetil)glicoléter-*N*,*N*,*N*′,*N*′-tetra-acético

FIGURA 12.4 Estruturas de vários agentes quelantes usados em química analítica. O ácido nitrilotriacético (em inglês, NTA) tende a formar complexos 2:1 com íons metálicos (ligante:metal), enquanto os outros quelantes formam complexos 1:1.

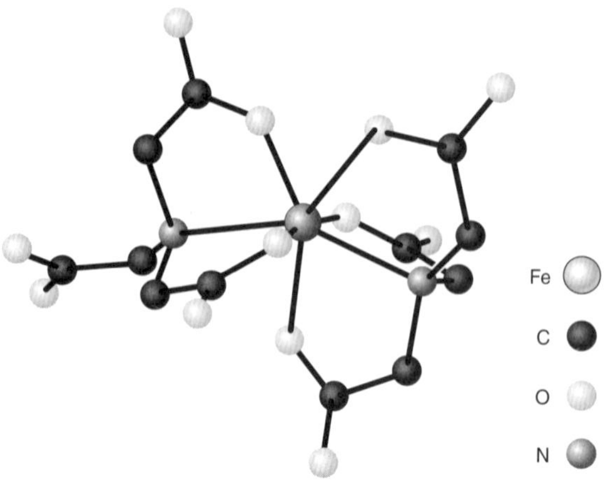

FIGURA 12.5 Estrutura do íon Fe(NTA)$_2^{3-}$ no sal Na$_3$[Fe(NTA)$_2$] · 5H$_2$O. O ligante da direita liga-se ao Fe por meio de três átomos de O e um átomo de N. O outro ligante se liga por dois átomos de O e um átomo de N. O terceiro grupo carboxila presente não se encontra coordenado. O átomo de Fe é heptacoordenado. [Dados de W. Clegg, A. K. Powell e M. J. Ware, "Structure of Na$_3$[Fe(NTA)$_2$].5H$_2$O", *Acta Crystallogr.* **1984**, *C40*, 1822.]

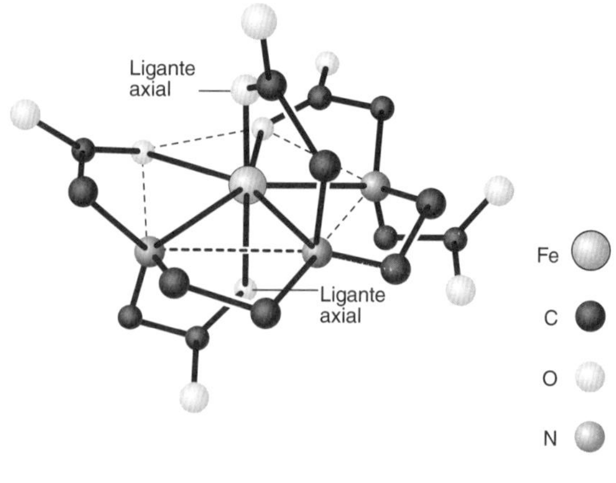

FIGURA 12.6 Estrutura do Fe(DTPA)$^{2-}$, encontrado no sal Na$_2$[Fe(DTPA)] · 2H$_2$O. A geometria de coordenação bipirâmide pentagonal heptacoordenada do átomo de ferro envolve três átomos de N e dois átomos de O ligantes no plano equatorial (linhas tracejadas), e dois átomos de O ligantes axiais. Os comprimentos da ligação axial Fe—O são de 11 a 19 pm menores que os comprimentos das ligações equatoriais Fe—O, localizadas dentro de um ambiente de coordenação mais agregado. Um dos grupos carboxílicos do DTPA não se encontra coordenado. [Dados de D. C. Finnen, A. A. Pinkerton, W. R. Dunham, R. H. Sands e M. O. Funk, Jr., "Structures and Spectroscopic Characterization of Fe(III)-DTPA Complexes," *Inorg. Chem.* **1991**, *30*, 3960.]

em potencial nessas moléculas (Figuras 12.5 e 12.6). Quando essas moléculas se ligam a um íon metálico, os átomos ligantes perdem seus prótons. Uma aplicação médica do ligante DPTA na Figura 12.4 é ilustrada pelo complexo com ligações fortes Gd^{3+}-DPTA, que é injetado no corpo humano em uma concentração de ~0,5 mM para produzir um contraste nas imagens de ressonância magnética.[12] Agentes de contraste contendo gadolínio são usados em diagnósticos médicos em quantidades suficientemente elevadas para os complexos de gadolínio serem observados intactos em rios e na flora a jusante de estações de tratamento de esgoto.[13]

12.2 EDTA

Um mol de EDTA reage com um mol de íon metálico.

Uma **titulação complexométrica** é uma titulação que se fundamenta na formação de complexos. Além do NTA, os outros ligantes na Figura 12.4 formam complexos 1:1 estáveis com praticamente todos os íons metálicos, exceto com íons monovalentes, como o Li$^+$, o Na$^+$ e o K$^+$. *A estequiometria é 1:1 independentemente da carga no íon.* O EDTA é, sem sombra de dúvida, o agente de complexação mais usado em química analítica. Praticamente todos os elementos da tabela periódica podem ser determinados quantitativamente pelo EDTA pela titulação direta ou por uma sequência de reações indiretas.

Propriedades Ácido-base

O EDTA é um sistema hexaprótico, simbolizado por H$_6$Y^{2+}. Na figura a seguir, os átomos de hidrogênio em destaque são ácidos, e são removidos para a formação de complexos metálicos.

$$\text{HO}_2\text{CCH}_2\diagdown\hspace{1em}\diagup\text{CH}_2\text{CO}_2\text{H}$$
$$\overset{+}{\text{H}}\text{NCH}_2\text{CH}_2\overset{+}{\text{N}}\text{H}$$
$$\text{HO}_2\text{CCH}_2\diagup\hspace{1em}\diagdown\text{CH}_2\text{CO}_2\text{H}$$
$$\text{H}_6\text{Y}^{2+}$$

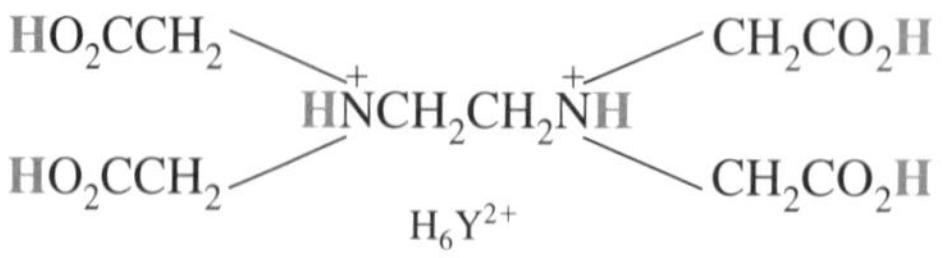

pK_1 = 0,0 (CO$_2$H)   pK_4 = 2,69 (CO$_2$H)
pK_2 = 1,5 (CO$_2$H)   pK_5 = 6,13 (NH$^+$)
pK_3 = 2,00 (CO$_2$H) pK_6 = 10,37 (NH$^+$)

pK válido a 25 °C e μ = 0,1 M, exceto pK_1, válido em μ = 1 M

Os primeiros quatro valores de pK correspondem aos prótons da carboxila e os dois últimos aos prótons dos grupos amônio. O ácido neutro é tetraprótico, com a fórmula H$_4$Y.

H$_4$Y pode ser seco a 140 °C por 2 horas e usado como um padrão primário. Ele pode ser dissolvido adicionando-se solução de NaOH proveniente de um recipiente plástico. Não se deve empregar solução de NaOH oriunda de um frasco de vidro porque ela contém metais alcalino-terrosos lixiviados do vidro. Na$_2$H$_2$Y · 2H$_2$O grau reagente contém cerca de 0,3% de excesso de água. Ele pode ser usado nessa forma com uma correção apropriada para a massa de excesso de água ou então seco até a composição Na$_2$H$_2$Y· 2H$_2$O a 80 °C.[14] O material de referência certificado CaCO$_3$ pode ser usado para padronizar o EDTA ou então verificar a composição do EDTA padronizado.

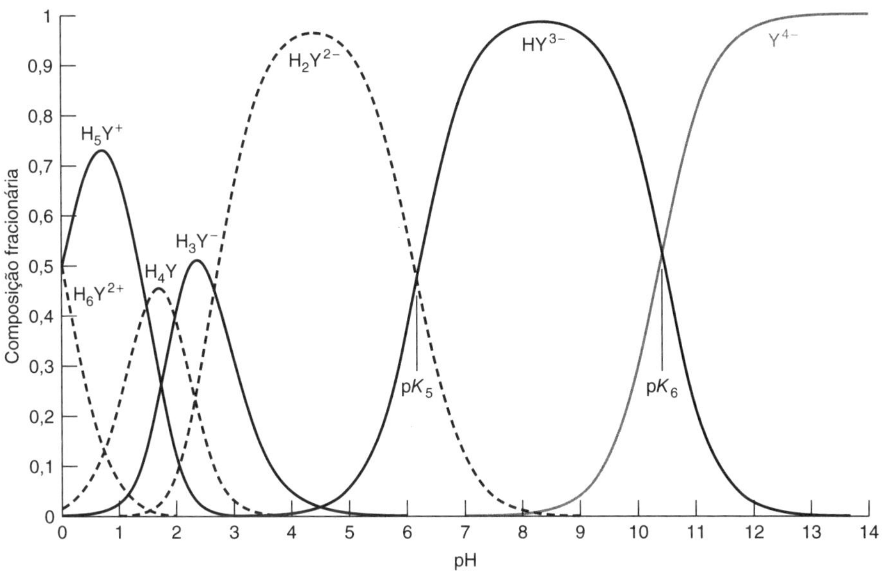

FIGURA 12.7 Diagrama de composição fracionária para o EDTA.

A Figura 12.7 apresenta a fração de EDTA presente em cada uma de suas formas protonadas. Da mesma maneira que na Seção 10.5, podemos definir um valor de α para cada espécie como a fração de EDTA que se encontra na forma correspondente. Por exemplo, $\alpha_{Y^{4-}}$ é definido como

Fração de EDTA na forma Y^{4-}:

$$\alpha_{Y^{4-}} = \frac{[Y^{4-}]}{[H_6Y^{2+}]+[H_5Y^+]+[H_4Y]+[H_3Y^-]+[H_2Y^{2-}]+[HY^{3-}]+[Y^{4-}]}$$

$$\alpha_{Y^{4-}} = \frac{[Y^{4-}]}{[EDTA]} \quad (12.3)$$

em que [EDTA] é a concentração total de todas as espécies de EDTA *livres* em solução. Como "livre" nos referimos ao EDTA que não se encontra complexado por íons metálicos. Seguindo, a mesma metodologia da Seção 10.5, podemos deduzir que $\alpha_{Y^{4-}}$ é dado por

$$\alpha_{Y^{4-}} = \frac{K_1K_2K_3K_4K_5K_6}{D} \quad (12.4)$$

em que $D = [H^+]^6 + [H^+]^5K_1 + [H^+]^4K_1K_2 + [H^+]^3K_1K_2K_3 + [H^+]^2K_1K_2K_3K_4 + [H^+]K_1K_2K_3K_4K_5 + K_1K_2K_3K_4K_5K_6$. A Tabela 12.1 apresenta os valores de $\alpha_{Y^{4-}}$ como função do pH.

TABELA 12.1 Valores de $\alpha_{Y^{4-}}$ para o EDTA, a 25 °C e μ = 0,10 M

pH	$\alpha_{Y^{4-}}$
0	$1,3 \times 10^{-23}$
1	$1,4 \times 10^{-18}$
2	$2,6 \times 10^{-14}$
3	$2,1 \times 10^{-11}$
4	$3,0 \times 10^{-9}$
5	$2,9 \times 10^{-7}$
6	$1,8 \times 10^{-5}$
7	$3,8 \times 10^{-4}$
8	$4,2 \times 10^{-3}$
9	0,041
10	0,30
11	0,81
12	0,98
13	1,00
14	1,00

EXEMPLO Qual o Significado de $\alpha_{Y^{4-}}$?

A fração de todo EDTA livre na forma Y^{4-} é denominada $\alpha_{Y^{4-}}$. Em pH 6,00, em uma concentração formal de 0,10 M, a composição de uma solução de EDTA é

$[H_6Y^{2+}] = 8,9\times10^{-20}$ M $\quad [H_5Y^+] = 8,9\times10^{-14}$ M $\quad [H_4Y] = 2,8\times10^{-7}$ M

$[H_3Y^-] = 2,8\times10^{-5}$ M $\quad [H_2Y^{2-}] = 0,057$ M $\quad [HY^{3-}] = 0,043$ M

$[Y^{4-}] = 1,8\times10^{-6}$ M

Determine o valor de $\alpha_{Y^{4-}}$.

Solução $\alpha_{Y^{4-}}$ é a fração na forma Y^{4-}:

$$\alpha_{Y^{4-}} = \frac{[Y^{4-}]}{[H_6Y^{2+}]+[H_5Y^+]+[H_4Y]+[H_3Y^-]+[H_2Y^{2-}]+[HY^{3-}]+[Y^{4-}]}$$

$$= \frac{1,8\times10^{-6}}{(8,9\times10^{-20})+(8,9\times10^{-14})+(2,8\times10^{-7})+(2,8\times10^{-5})+(0,057)+(0,043)+(1,8\times10^{-6})}$$

$$= 1,8\times10^{-5}$$

TESTE-SE Em que pH $\alpha_{Y^{4-}}$ é 0,50? (***Resposta:*** pH = pK_6 = 10,37.)

Questão A partir da Figura 12.7, qual espécie apresenta a maior concentração em pH 6? E em pH 7? E em pH 11?

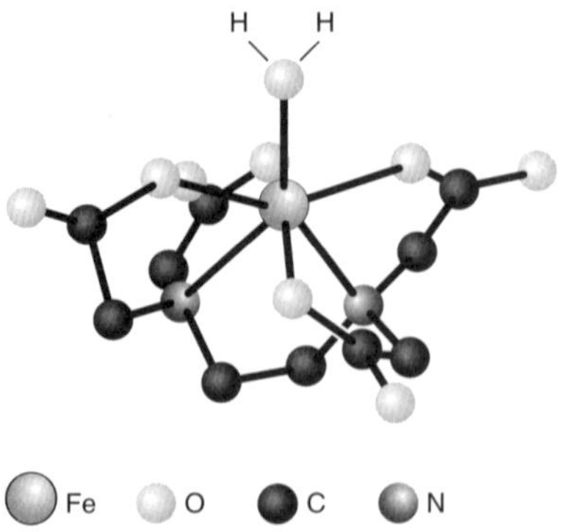

FIGURA 12.8 Geometria do $Fe(EDTA)(H_2O)^-$ heptacoordenado. Dentre outros íons metálicos que formam complexos heptacoordenados com EDTA, incluem-se os íons Fe^{2+}, Mg^{2+}, Cd^{2+}, Co^{2+}, Mn^{2+}, Ru^{3+}, Cr^{3+}, Co^{3+}, V^{3+}, Ti^{3+}, In^{3+}, Sn^{4+}, Os^{4+} e Ti^{4+}. Alguns desses mesmos íons também formam complexos hexacoordenados com o EDTA. Complexos octacoordenados são formados pelos íons Ca^{2+}, Er^{3+}, Yb^{3+} e Zr^{4+}. [Dados de T. Mizuta, J. Wang e K. Miyoshi, "A 7-Coordinate Structure of Fe(III)-EDTA," *Bull. Chem. Soc. Japan* **1993,** *66,* 2547.]

TABELA 12.2 Constantes de formação de complexos metal-EDTA

Íon	log K_f	Íon	log K_f	Íon	log K_f
Li^+	2,95	V^{3+}	25,9[a]	Tl^{3+}	35,3
Na^+	1,86	Cr^{3+}	23,4[a]	Bi^{3+}	27,8[a]
K^+	0,8	Mn^{3+}	25,2	Ce^{3+}	15,93
Be^{2+}	9,7	Fe^{3+}	25,1	Pr^{3+}	16,30
Mg^{2+}	8,79	Co^{3+}	41,4	Nd^{3+}	16,51
Ca^{2+}	10,65	Zr^{4+}	29,3	Pm^{3+}	16,9
Sr^{2+}	8,72	Hf^{4+}	29,5	Sm^{3+}	17,06
Ba^{2+}	7,88	VO^{2+}	18,7	Eu^{3+}	17,25
Ra^{2+}	7,4	VO_2^+	15,5	Gd^{3+}	17,35
Sc^{3+}	23,1[a]	Ag^+	7,20	Tb^{3+}	17,87
Y^{3+}	18,08	Tl^+	6,41	Dy^{3+}	18,30
La^{3+}	15,36	Pd^{2+}	25,6[a]	Ho^{3+}	18,56
V^{2+}	12,7[a]	Zn^{2+}	16,5	Er^{3+}	18,89
Cr^{2+}	13,6[a]	Cd^{2+}	16,5	Tm^{3+}	19,32
Mn^{2+}	13,89	Hg^{2+}	21,5	Yb^{3+}	19,49
Fe^{2+}	14,30	Sn^{2+}	18,3[b]	Lu^{3+}	19,74
Co^{2+}	16,45	Pb^{2+}	18,0	Th^{4+}	23,2
Ni^{2+}	18,4	Al^{3+}	16,4	U^{4+}	25,7
Cu^{2+}	18,78	Ga^{3+}	21,7		
Ti^{3+}	21,3	In3+	24,9		

NOTA: a constante de estabilidade é a constante de equilíbrio para a reação $M^{n+} + Y^{4-} \rightleftharpoons MY^{n-4}$*. Os valores na tabela são válidos a 25 °C e para uma força iônica de 0,1 M, a menos que algo seja dito em contrário.*

a. 20 °C, força iônica = 0,1 M. *b. 20 °C, força iônica = 1 M.*

FONTE: A. E. Martell, R. M. Smith e R. J. Motekaitis, NIST Critically Selected Stability Constants of Metal Complexes, NIST Standard Reference Database 46, Gaithersburg, MD, 2001.

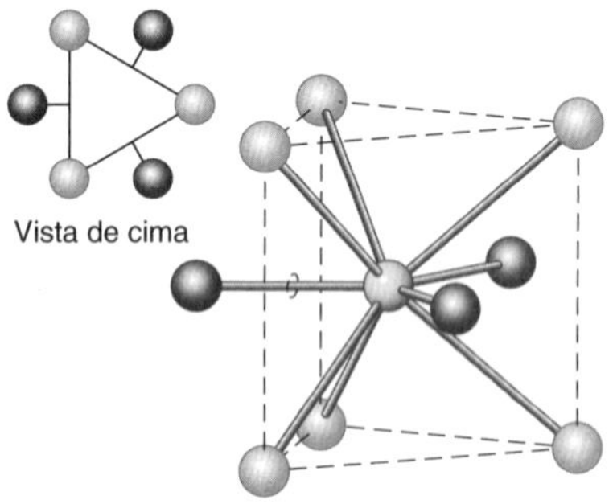

FIGURA 12.9 Estrutura prismática trigonal triencapuzada de muitos complexos de Ln(III) e An(III), em que Ln é um elemento lantanídeo e An, um elemento actinídeo. No $M(H_2O)_9^{3+}$, as ligações do metal com os seis átomos de oxigênio nos vértices do prisma são mais curtas do que as ligações do metal com os três átomos de oxigênio que se projetam para além das faces retangulares.

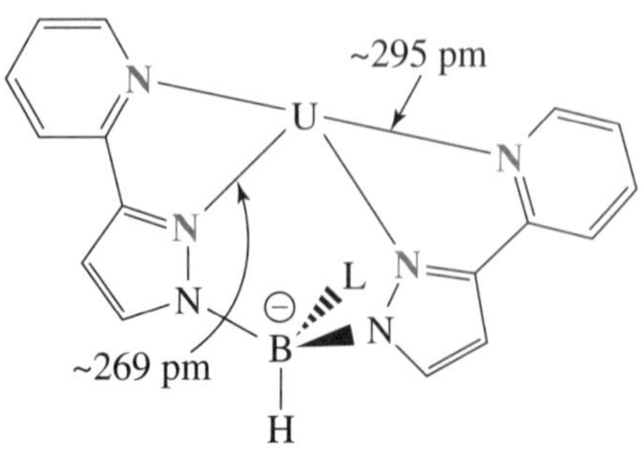

FIGURA 12.10 Quelato de borato, tridentado, com dois átomos ligantes de N em cada um dos seus ramos. A terceira ligação idêntica é mostrada como L para evitar confusão. Dois boratos ligam um U(III) por meio de 12 átomos de N.[18]

Complexos com EDTA

A constante de equilíbrio para a reação de um metal com um ligante é chamada de **constante de formação**, K_f, ou **constante de estabilidade**:

$$\textit{Constante de formação:} \qquad M^{n+} + Y^{4-} \rightleftharpoons MY^{n-4} \qquad K_f = \frac{[MY^{n-4}]}{[M^{n+}][Y^{4-}]} \qquad (12.5)$$

Observe que o valor de K_f, para um complexo com EDTA, é definido em termos da espécie Y^{4-} reagindo com o íon metálico. A constante de equilíbrio poderia ser definida em termos de qualquer das outras seis formas de EDTA, presentes em solução. A Equação 12.5 não pode ser interpretada considerando-se que apenas a espécie Y^{4-} reage com os íons metálicos. A Tabela 12.2 mostra que os valores das constantes de formação para a maioria dos complexos de EDTA são muito grandes e tendem a ser ainda maiores quanto maiores forem as cargas positivas dos cátions.

Em muitos complexos de metais de transição, o EDTA envolve completamente o íon metálico formando uma espécie hexacoordenada, conforme se vê na Figura 12.1. Ao tentarmos construir um modelo de preenchimento de espaço de um complexo metal-EDTA hexacoordenado, observamos que existe uma tensão considerável sobre os anéis do quelato. Esta tensão é aliviada quando os oxigênios ligantes são orientados para trás, em direção aos átomos de nitrogênio. Esta distorção torna acessível uma sétima posição de coordenação, que pode ser ocupada por uma molécula de água, conforme mostra a Figura 12.8. Em alguns complexos, tais como $Ca(EDTA)(H_2O)_2^{2-}$, o íon metálico é tão grande que acomoda oito átomos ligantes.[15] Íons metálicos maiores requerem mais átomos ligantes. Mesmo se o H_2O está ligado ao íon metálico, a constante de formação ainda pode ser expressa pela Equação 12.5, pois o solvente (H_2O) é omitido do quociente reacional.

Os elementos lantanídeos e actinídeos apresentam normalmente um número de coordenação 9, com a forma de um prisma trigonal triencapuzado (Figura 12.9).[16] O Eu(III) forma complexos mistos do tipo Eu(EDTA)(NTA), no qual o EDTA provê seis átomos ligantes e o NTA fornece três átomos ligantes (Figura 12.4).[17] Grandes íons metálicos, com ligantes adequados, são capazes de números de coordenação ainda maiores, por exemplo, o U(III) ligado a 12 átomos ligantes de nitrogênio (Figura 12.10).[18]

Constante de Formação Condicional

A constante de formação $K_f = [MY^{n-4}]/[M^{n+}][Y^{4-}]$ descreve a reação entre o Y^{4-} e um íon metálico. Como se pode ver na Figura 12.7, a maior parte do EDTA em pH menor que 10,37 não está na forma Y^{4-}. As espécies HY^{3-}, H_2Y^{2-} e assim sucessivamente predominam em valores de pH mais baixos. A partir da definição $\alpha_{Y^{4-}} = [Y^{4-}]/[EDTA]$, podemos expressar a concentração de Y^{4-} como

$$[Y^{4-}] = \alpha_{Y^{4-}}[EDTA]$$

em que [EDTA] refere-se à concentração total de todas as espécies de EDTA não ligadas a um íon metálico.

A constante de formação pode ser agora reescrita como

$$K_f = \frac{[MY^{n-4}]}{[M^{n+}][Y^{4-}]} = \frac{[MY^{n-4}]}{[M^{n+}]\alpha_{Y^{4-}}[EDTA]}$$

Se o pH for fixado em determinado valor por meio de um tampão, então $\alpha_{Y^{4-}}$ é uma constante que pode ser combinada com K_f:

Constante de formação condicional:

$$K_f' = \alpha_{Y^{4-}}K_f = \frac{[MY^{n-4}]}{[M^{n+}][EDTA]} \quad (12.6)$$

A expressão $K_f' = \alpha_{Y^{4-}}K_f$ é chamada **constante de formação condicional**, ou *constante de formação efetiva*. Seu valor expressa a formação de espécies do tipo MY^{n-4}, em qualquer valor de pH.

A constante de formação condicional permite verificarmos a formação de complexos de EDTA, como se todo o EDTA não complexado estivesse apenas em uma única forma:

$$M^{n+} + EDTA \rightleftharpoons MY^{n-4} \qquad K_f' = \alpha_{Y^{4-}}K_f$$

Podemos então determinar o valor de $\alpha_{Y^{4-}}$ e calcular K_f' em qualquer valor de pH desejado.

Por meio da constante de formação condicional, podemos estudar a formação de complexos de EDTA como se todo o EDTA livre estivesse em uma única forma.

EXEMPLO Usando a Constante de Formação Condicional

A constante de formação para o CaY^{2-}, na Tabela 12.2, é $10^{10,65}$. Calcule a concentração de Ca^{2+} livre em uma solução de CaY^{2-} 0,10 M em pH 10,00 e em pH 6,00.

Solução As reações de formação do complexo são

$$Ca^{2+} + EDTA \rightleftharpoons CaY^{2-} \qquad K_f' = \alpha_{Y^{4-}}K_f$$

em que EDTA, no lado esquerdo da equação, se refere a todas as formas de EDTA não ligadas (Y^{4-}, HY^{3-}, H_2Y^{2-}, H_3Y^- etc.). Usando $\alpha_{Y^{4-}}$ da Tabela 12.1, encontramos

$$\text{Em pH 10,00:} \quad K_f' = (0,30)(10^{10,65}) = 1,3_4 \times 10^{10}$$
$$\text{Em pH 6,00:} \quad K_f' = (1,8 \times 10^{-5})(10^{10,65}) = 8,0 \times 10^{5}$$

Como a dissociação do CaY^{2-} produz quantidades iguais de Ca^{2+} e de EDTA, podemos escrever:

	Ca^{2+}	+ EDTA	$\rightleftharpoons$	CaY^{2-}
Concentração inicial (M)	0	0		0,10
Concentração final (M)	x	x		$0,10 - x$

$$\frac{[CaY^{2-}]}{[Ca^{2+}][EDTA]} = \frac{0,10 - x}{x^2} = K_f' = 1,34 \times 10^{10} \quad \text{em pH 10,00}$$
$$= 8,0 \times 10^5 \quad \text{em pH 6,00}$$

Resolvendo para x (= $[Ca^{2+}]$ = [EDTA]), encontramos $[Ca^{2+}] = 2,7 \times 10^{-6}$ M em pH 10,00 e $3,5 \times 10^{-4}$ M em pH 6,00. *Usando a constante de formação condicional, em determinado valor constante de pH, tratamos o EDTA dissociado como se fosse uma única espécie.*

TESTE-SE Determine $[Ca^{2+}]$ em uma solução de CaY^{2-} 0,10 M em pH 8,00. (***Resposta:*** $2,3 \times 10^{-5}$ M.)

Podemos observar, a partir do exemplo anterior, que um complexo metal-EDTA se torna menos estável quanto menor for o pH. Para que uma reação de titulação seja eficiente, ela deve praticamente se "completar" (digamos, 99,9%), o que significa que a constante de equilíbrio é grande – o analito e o titulante têm que reagir de maneira praticamente completa no ponto de equivalência. A Figura 12.11 mostra como o pH afeta a titulação do Ca^{2+} com EDTA. Abaixo de pH ≈ 8, a inflexão no ponto final não é acentuada o suficiente para permitir uma determinação exata. A constante de formação condicional para CaY^{2-} é muito pequena para a reação "completa" em baixos valores de pH.

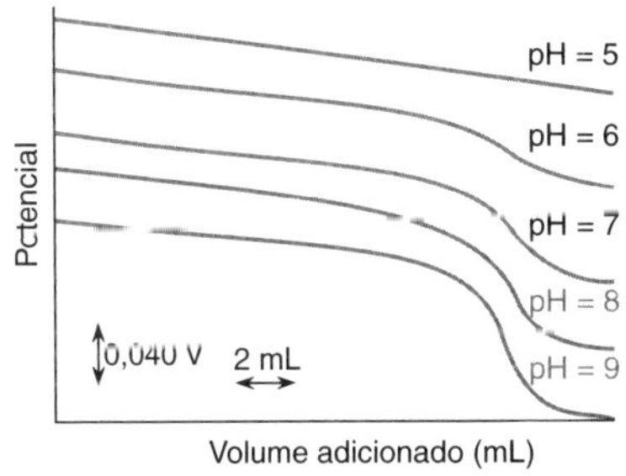

FIGURA 12.11 Titulação do Ca^{2+} com EDTA em função do pH. Quando o pH diminui, o ponto final se torna menos visível. O potencial foi medido com eletrodos de mercúrio e calomelano, como descrito no Exercício 15.B. [Dados de C. N. Reilley e R. W. Schmid, "Chelometric Titration with Potentiometric End Point Detection. Mercury as a pM Indicator Electrode," *Anal. Chem.* **1958,** *30,* 947.]

O valor do pH do meio pode ser usado para selecionar que metais serão titulados e que metais não serão titulados pelo EDTA. Os metais com constantes de formação mais elevadas podem ser titulados em valores de pH mais baixos. Se uma solução contendo Fe^{3+} e Ca^{2+} é titulada em pH 4, o Fe^{3+} é titulado sem a interferência do Ca^{2+}.

12.3 Curvas de Titulação com EDTA

K_f' é a constante de formação efetiva no pH estabelecido da solução.

Nesta seção, vamos calcular a concentração do M^{n+} livre durante a sua titulação com EDTA.[19] A reação de titulação é

$$M^{n+} + \text{EDTA} \rightleftharpoons MY^{n-4} \qquad K_f' = \alpha_{Y^{4-}} K_f \tag{12.7}$$

Se K_f' é grande, podemos considerar a reação como completa em cada ponto na titulação.

A curva de titulação, em nosso caso, é um gráfico de pM (= $-\log[M^{n+}]$) contra o volume de EDTA adicionado. A curva é semelhante àquela do valor de pH contra o volume de titulante em uma titulação ácido-base. Existem três regiões distintas na curva de titulação da Figura 12.12.

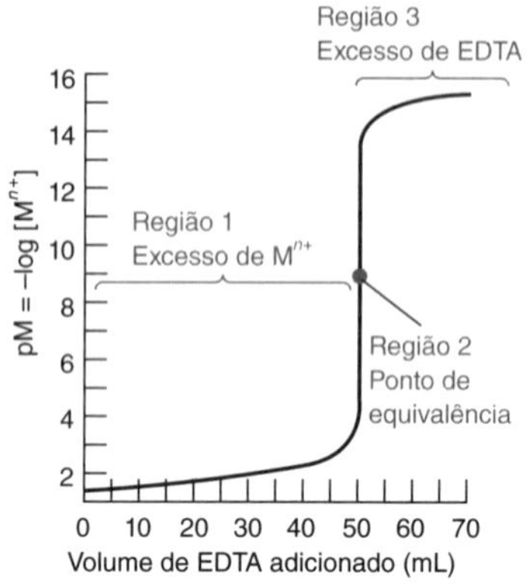

FIGURA 12.12 As três regiões em uma curva de titulação com EDTA. A figura exemplifica a reação de 50,0 mL de uma solução de M^{n+} 0,050 0 M com uma solução de EDTA 0,050 0 M, admitindo que $K_f' = 1{,}15 \times 10^{16}$. A concentração de M^{n+} livre decresce à medida que a titulação avança.

Região 1: Antes do Ponto de Equivalência

Nessa região, há um excesso de M^{n+} em solução após o EDTA ter sido consumido. A concentração do íon metálico livre é igual à concentração do M^{n+} em excesso, que não reagiu. A dissociação do MY^{n-4}, neste caso, é desprezível.

Região 2: No Ponto de Equivalência

Temos exatamente a mesma quantidade de EDTA e de metal em solução. Podemos tratar a solução como se tivesse sido preparada pela dissolução de MY^{n-4} puro. Algum M^{n+} livre é produzido pela fraca dissociação do MY^{n-4}:

$$MY^{n-4} \rightleftharpoons M^{n+} + \text{EDTA}$$

Nesta reação, EDTA refere-se à concentração total do EDTA livre em todas as suas formas. No ponto de equivalência, $[M^{n+}] = [\text{EDTA}]$.

Região 3: Após o Ponto de Equivalência

Agora, há um excesso de EDTA e praticamente todo o íon metálico está na forma MY^{n-4}. A concentração de EDTA livre pode ser igualada à concentração do excesso de EDTA adicionado após o ponto de equivalência.

Cálculos Envolvidos na Titulação

Vamos calcular a forma da curva de titulação para a reação de 50,0 mL de uma solução de Ca^{2+} 0,040 0 M (tamponada em pH 10,00) com uma solução de EDTA 0,080 0 M:

Os valores de $\alpha_{Y^{4-}}$ provêm da Tabela 12.1.

$$Ca^{2+} + \text{EDTA} \rightarrow CaY^{2-}$$

$$K_f' = \alpha_{Y^{4-}} K_f = (0{,}30)(10^{10{,}65}) = 1{,}3_4 \times 10^{10}$$

Como K_f' é grande, é razoável dizer que a reação será completa após cada adição de titulante. Fazemos um gráfico no qual pCa^{2+} (= $-\log[Ca^{2+}]$) é representado graficamente contra o volume em mililitros de EDTA adicionado. O volume de equivalência é de 25,0 mL.

Região 1: Antes do Ponto de Equivalência

Antes do ponto de equivalência, existe um excesso de Ca^{2+} que não reagiu.

Consideremos a adição de 5,0 mL da solução de EDTA. Como o ponto de equivalência requer 25,0 mL de EDTA, um quinto do Ca^{2+} será consumido e sobrarão quatro quintos.

$$[Ca^{2+}] = \underbrace{\left(\frac{25{,}0\text{ mL} - 5{,}0\text{ mL}}{25{,}0\text{ mL}}\right)}_{\substack{\text{Fração de } Ca^{2+} \\ \text{restante} \\ = 4/5}} \underbrace{(0{,}040\,0\text{M})}_{\substack{\text{Concentração} \\ \text{original} \\ \text{de } Ca^{2+}}} \underbrace{\left(\frac{50{,}0\text{ mL}}{55{,}0\text{ mL}}\right)}_{\substack{\text{Fator de} \\ \text{diluição}}}$$

(50,0 mL: Volume inicial de Ca^{2+}; 55,0 mL: Volume total da solução)

$$= 0{,}029\,1\text{ M} \Rightarrow pCa^{2+} = -\log[Ca^{2+}] = 1{,}54$$

De maneira semelhante, podemos calcular pCa^{2+} para qualquer volume de EDTA menor que 25,0 mL.

Região 2: No Ponto de Equivalência

No ponto de equivalência, a espécie principal é CaY^{2-} em equilíbrio com quantidades iguais e pequenas de Ca^{2+} livre e de EDTA.

Praticamente todo o metal está na forma CaY^{2-}. Admitindo que a dissociação é desprezível, a concentração de CaY^{2-} é igual à concentração original do Ca^{2+}, com uma correção para a diluição.

$$[CaY^{2-}] = \underbrace{(0{,}040\,0\text{ M})}_{\substack{\text{Concentração} \\ \text{original} \\ \text{de } Ca^{2+}}} \underbrace{\left(\frac{50{,}0\text{ mL}}{75{,}0\text{ mL}}\right)}_{\substack{\text{Fator de} \\ \text{diluição}}} = 0{,}026\,7\text{ M}$$

(50,0 mL: Volume inicial de Ca^{2+}; 75,0 mL: Volume total da solução)

A concentração de Ca^{2+} livre é pequena e desconhecida. Podemos escrever

	Ca^{2+}	+ EDTA	$\rightleftharpoons$ CaY^{2-}
Concentração inicial (M)	—	—	0,026 7
Concentração final (M)	x	x	$0{,}026\ 7 - x$

[EDTA] se refere à concentração total de todas as formas de EDTA não ligadas ao metal.

$$\frac{[CaY^{2-}]}{[Ca^{2+}][EDTA]} = K_f' = 1{,}3_4 \times 10^{10}$$

$$\frac{0{,}026\ 7 - x}{x^2} = 1{,}3_4 \times 10^{10} \Rightarrow x = 1{,}4 \times 10^{-6}\ M$$

$$pCa^{2+} = -\log[Ca^{2+}] = -\log x = 5{,}85$$

Região 3: Após o Ponto de Equivalência

Nesta região, praticamente todo o metal está na forma do íon CaY^{2-} e há um excesso de EDTA que não reagiu. As concentrações de CaY^{2-} e o excesso de EDTA são conhecidas. Por exemplo, após a adição de 26,0 mL, há 1,0 mL de EDTA em excesso.

Após o ponto de equivalência, praticamente todo o metal está presente na forma CaY^{2-}. Temos também um excesso conhecido de EDTA. Uma pequena quantidade de Ca^{2+} existe em equilíbrio com o CaY^{2-} e o EDTA.

$$[EDTA] = \underbrace{(0{,}080\ 0\ M)}_{\text{Concentração original do EDTA}} \underbrace{\left(\frac{1{,}0\ mL}{76{,}0\ mL}\right)}_{\text{Fator de diluição}} = 1{,}05 \times 10^{-3}\ M$$

(1,0 mL: Volume do excesso de EDTA; 76,0 mL: Volume total da solução)

$$[CaY^{2-}] = \underbrace{(0{,}040\ 0\ M)}_{\text{Concentração original de } Ca^{2+}} \underbrace{\left(\frac{50{,}0\ mL}{76{,}0\ mL}\right)}_{\text{Fator de diluição}} = 2{,}63 \times 10^{-2}\ M$$

(50,0 mL: Volume inicial de Ca^{2+}; 76,0 mL: Volume total da solução)

A concentração de Ca^{2+} é dada por

$$\frac{[CaY^{2-}]}{[Ca^{2+}][EDTA]} = K_f' = 1{,}3_4 \times 10^{10}$$

$$\frac{[2{,}63 \times 10^{-2}]}{[Ca^{2+}][1{,}05 \times 10^{-3}]} = 1{,}3_4 \times 10^{10}$$

$$[Ca^{2+}] = 1{,}9 \times 10^{-9}\ M \Rightarrow pCa^{2+} = 8{,}73$$

Este mesmo tipo de cálculo pode ser usado para qualquer volume após o ponto de equivalência.

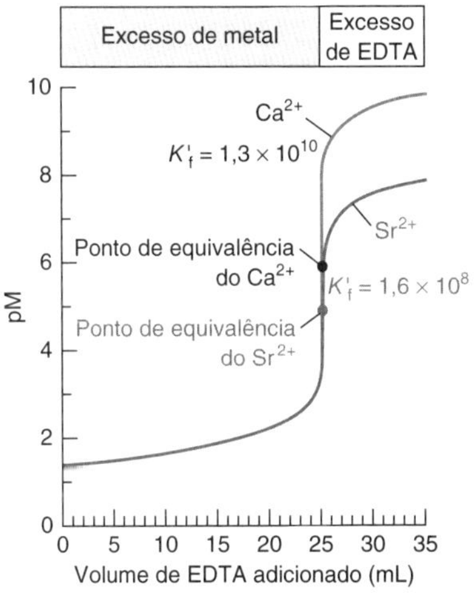

FIGURA 12.13 Curvas de titulação teóricas para a reação de 50,0 mL de uma solução 0,040 0 M do íon metálico com uma solução de EDTA 0,080 0 M em pH 10,00.

Curva de Titulação

As curvas de titulação calculadas na Figura 12.13 para Ca^{2+} e Sr^{2+} mostra um ponto de inflexão visível no ponto de equivalência, onde a inclinação da curva é máxima. O ponto final para o íon Ca^{2+} é mais nítido que para o Sr^{2+}, pois o valor da constante de formação condicional, $\alpha_{Y^{4-}} K_f$, é maior para o CaY^{2-} do que para o SrY^{2-}. Se o pH diminui, a constante de formação condicional também diminui (pois $\alpha_{Y^{4-}}$ diminui), e o ponto de final se torna menos definido, como observamos na Figura 12.11. O valor do pH não pode ser arbitrariamente aumentado, pois podemos ter a precipitação de hidróxidos metálicos.

12.4 Fazendo os Cálculos com uma Planilha Eletrônica

Vamos ver como é possível reproduzir as curvas de titulação com EDTA, vistas na Figura 12.13, usando uma única equação que se aplica a toda titulação. Como todas as reações ocorrem em valores de pH previamente fixados, os equilíbrios e os balanços de massa correspondentes permitem calcular todas as incógnitas.

Consideremos a titulação do íon metálico M (concentração inicial = C_M, volume = V_M) com uma solução do ligante L (concentração = C_L, volume adicionado = V_L) para formar um complexo 1:1:

$$M + L \rightleftharpoons ML \qquad K_f = \frac{[ML]}{[M][L]} \Rightarrow [ML] = K_f[M][L] \qquad \textbf{(12.8)}$$

Concentração total do metal

$$= \frac{\text{número de mols iniciais do metal}}{\text{volume total}}$$

$$= \frac{C_M V_M}{V_M + V_L}$$

Concentração total do ligante

$$= \frac{\text{número de mols adicionados do ligante}}{\text{volume total}}$$

$$= \frac{C_L V_L}{V_M + V_L}$$

Os balanços de massa para o metal e o ligante são

Balanço de massa para M: $$[M] + [ML] = \frac{C_M V_M}{V_M + V_L}$$

Balanço de massa para L: $$[L] + [ML] = \frac{C_L V_L}{V_M + V_L}$$

Substituindo $K_f[M][L]$ (da Equação 12.8) por [ML] nos balanços de massa, temos

$$[M](1 + K_f[L]) = \frac{C_M V_M}{V_M + V_L} \qquad (12.9)$$

$$[L](1 + K_f[M]) = \frac{C_L V_L}{V_M + V_L} \Rightarrow [L] = \frac{\dfrac{C_L V_L}{V_M + V_L}}{1 + K_f[M]} \qquad (12.10)$$

Substituímos agora a expressão para [L], da Equação 12.10, de volta na Equação 12.9

$$[M]\left(1 + K_f \frac{\dfrac{C_L V_L}{V_M + V_L}}{1 + K_f[M]}\right) = \frac{C_M V_M}{V_M + V_L}$$

e com mais algumas transformações algébricas, podemos calcular a fração de titulação, ϕ:

Devemos substituir K_f por K_f' se L = EDTA.

Equação usada na planilha eletrônica para a titulação de M com L:

$$\phi = \frac{C_L V_L}{C_M V_M} = \frac{1 + K_f[M] - \dfrac{[M] + K_f[M]^2}{C_M}}{K_f[M] + \dfrac{[M] + K_f[M]^2}{C_L}} \qquad (12.11)$$

Assim como nas titulações ácido-base na Tabela 11.5, ϕ é definido como a fração do caminho necessário para atingir o ponto de equivalência. Quando $\phi = 1$, $V_L = V_e$; quando $\phi = \frac{1}{2}$, $V_L = \frac{1}{2}V_e$ e assim por diante.

Para uma titulação com EDTA, podemos fazer os cálculos até o final, descobrindo que a constante de formação, K_f, deve ser substituída na Equação 12.11 pela constante de formação condicional, K_f', correspondente ao valor de pH que foi fixado durante a titulação. A Figura 12.14 mostra uma planilha eletrônica em que a Equação 12.11 é usada para calcular a curva de titulação de Ca^{2+} vista na Figura 12.13. Assim como nas titulações ácido-base, os valores de entrada da coluna B são os valores de pM = –log[Ca^{2+}] e a saída, na coluna E, são os volumes de titulante. Para determinarmos o ponto inicial da titulação, variamos o valor de pM até que o valor de V_L fique o mais próximo possível de 0.

	A	B	C	D	E
1	Titulação de 50 mL de uma solução de Ca^{2+} 0,04 M				
2	com solução de EDTA 0,08 M				
3	C_M =	pM	M	Phi	V(ligante)
4	0,04	1,398	4,00E-02	0,000	0,002
5	V_M =	1,537	2,90E-02	0,201	5,026
6	50	2,00	1,00E-02	0,667	16,667
7	C(ligante) =	3,00	1,00E-03	0,963	24,074
8	0,08	4,00	1,00E-04	0,996	24,906
9	K_f' =	5,85	1,41E-06	1,000	25,0000
10	1,34E+10	7,00	1,00E-07	1,001	25,019
11		8,00	1,00E-08	1,007	25,187
12		8,73	1,86E-09	1,040	26,002
13	C4 = 10^-B4				
14	Equação 12.11:				
15	D4 = (1+$A$10*C4-(C4+C4*C4*$A$10)/$A$4)/				
16		(C4*$A$10+(C4+C4*C4*$A$10)/$A$8)			
17	E4 = D4*$A$4*$A$6/$A$8				

FIGURA 12.14 Planilha eletrônica para a titulação de 50,0 mL de uma solução de Ca^{2+} 0,040 0 M com EDTA 0,080 0 M em pH 10,00. Essa planilha reproduz os cálculos da Seção 12.3. A variação do valor de pM foi feita pelo método de tentativa e erro para determinar os volumes de 5,00, 25,00 e 26,00 mL, usados na seção anterior. Uma metodologia mais adequada para este problema faz uso da função Atingir Meta (descrita na Seção 8.5), para variar o valor de pM na célula B9 até que o volume na célula E9 seja igual a 25,000 mL.

Se invertermos o processo e titularmos o ligante com o íon metálico, o valor da fração do caminho para atingir o ponto de equivalência será o inverso da fração na Equação 12.11:

Equação usada na planilha eletrônica para a titulação de L com M:

$$\phi = \frac{C_M V_M}{C_L V_L} = \frac{K_f[M] + \dfrac{[M] + K_f[M]^2}{C_L}}{1 + K_f[M] - \dfrac{[M] + K_f[M]^2}{C_M}} \qquad (12.12)$$

Devemos substituir K_f por K'_f se L = EDTA.

12.5 Agentes de Complexação Auxiliares

As condições de titulação com EDTA vistas neste capítulo foram selecionadas de modo a evitar a precipitação de hidróxidos metálicos no pH escolhido. Para permitir que muitos metais sejam titulados com EDTA em soluções alcalinas, devemos usar um **agente de complexação auxiliar**. Este reagente vem a ser um ligante, tal como a amônia, o tartarato, o citrato ou a trietanolamina, que se liga ao metal de maneira suficientemente forte para evitar a precipitação do hidróxido correspondente, mas suficientemente fraca de modo a liberar o metal quando a solução titulante de EDTA é adicionada ao meio. Por exemplo, o íon Zn^{2+} é normalmente titulado em presença de um tampão amoniacal, que não apenas fixa o pH do meio, mas serve também para complexar o íon metálico e mantê-lo em solução durante toda a titulação. Veremos agora como isso acontece.

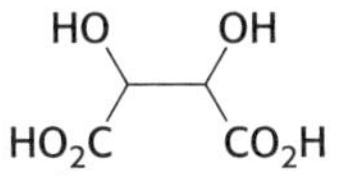

Ácido tartárico

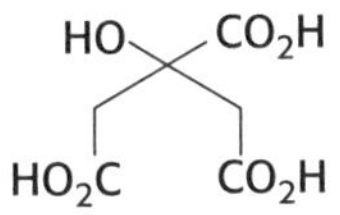

Ácido cítrico

$N(CH_2CH_2OH)_3$
Trietanolamina

Equilíbrios Metal-ligante[20]

Consideremos um íon metálico que forme dois complexos com o ligante auxiliar de complexação L:

$$M + L \rightleftharpoons ML \qquad \beta_1 = \frac{[ML]}{[M][L]} \qquad (12.13)$$

$$M + 2L \rightleftharpoons ML_2 \qquad \beta_2 = \frac{[ML_2]}{[M][L]^2} \qquad (12.14)$$

As constantes de equilíbrio, β_i, são conhecidas como *constantes globais* ou **constantes de formação cumulativas**. A fração do íon metálico no estado não complexado, M, pode ser expressa como

$$\alpha_M = \frac{[M]}{M_{tot}} \qquad (12.15)$$

em que M_{tot} refere-se à concentração total de todas as formas de M (= M, ML e ML_2, neste caso).

Vamos agora obter uma expressão conveniente para o cálculo de α_M. O balanço de massa para o metal é

$$M_{tot} = [M] + [ML] + [ML_2]$$

As Equações 12.13 e 12.14 nos permitem concluir que $[ML] = \beta_1[M][L]$ e $[ML_2] = \beta_2[M][L]^2$. Portanto,

$$M_{tot} = [M] + \beta_1[M][L] + \beta_2[M][L]^2$$
$$= [M]\{1 + \beta_1[L] + \beta_2[L]^2\}$$

Substituindo este último resultado na Equação 12.15, temos o resultado desejado:

Fração do íon metálico livre:

$$\alpha_M = \frac{[M]}{[M]\{1 + \beta_1[L] + \beta_2[L]^2\}} = \frac{1}{1 + \beta_1[L] + \beta_2[L]^2} \qquad (12.16)$$

Se o metal produz mais de dois complexos, a Equação 12.16 adquire a forma

$$\alpha_M = \frac{1}{1 + \beta_1[L] + \beta_2[L]^2 + \cdots + \beta_n[L]^n}$$

EXEMPLO Complexos de Zinco com Amônia

Zn^{2+} e NH_3 formam os complexos $Zn(NH_3)^{2+}$, $Zn(NH_3)_2^{2+}$, $Zn(NH_3)_3^{2+}$ e $Zn(NH_3)_4^{2+}$. Se a concentração de NH_3 livre, *não protonado*, é 0,10 M, determine a fração de zinco que se encontra sob a forma de Zn^{2+}. (Em qualquer valor de pH sempre existirá também algum em equilíbrio com o NH_3.)

Solução O Apêndice I fornece os valores de constantes de formação para os complexos, $Zn(NH_3)^{2+}$ ($\beta_1 = 10^{2,18}$), $Zn(NH_3)_2^{2+}$($\beta_2 = 10^{4,43}$), $Zn(NH_3)_3^{2+}$($\beta_3 = 10^{6,74}$) e $Zn(NH_3)_4^{2+}$ ($\beta_4 = 10^{8,70}$). A forma apropriada da Equação 12.16 para este caso é dada por

$$\alpha_{Zn^{2+}} = \frac{1}{1 + \beta_1[L] + \beta_2[L]^2 + \beta_3[L]^3 + \beta_4[L]^4} \qquad (12.17)$$

A Equação 12.17 permite calcular qual a fração de zinco que se encontra sob a forma de Zn^{2+}. Substituindo-se nesta equação o valor da concentração [L] = 0,10 M e os quatro valores de β_i, podemos calcular que $\alpha_{Zn^{2+}} = 1{,}8 \times 10^{-5}$. Este resultado significa que na presença de uma solução de NH_3 0,10 M existe muito pouco Zn^{2+} livre.

TESTE-SE Determine $\alpha_{Zn^{2+}}$ se a concentração de [NH_3] livre, não protonado, é 0,02 M. (***Resposta:*** 0,007 2.)

Titulações de EDTA com um Agente Complexante Auxiliar

Consideremos agora uma titulação de Zn^{2+} por EDTA na presença de NH_3. Nesse caso, a extensão da Equação 12.6 requer uma nova constante de formação condicional para levar em conta o fato de que somente parte do EDTA está na forma de Y^{4-} e somente parte do zinco, não ligado ao EDTA, está na forma do íon Zn^{2+}:

$$K''_f = \alpha_{Zn^{2+}}\alpha_{Y^{4-}}K_f \qquad \textbf{(12.18)}$$

K''_f é a constante de formação efetiva para determinado valor de pH e para determinada concentração do agente de complexação auxiliar. O Boxe 12.1 descreve a influência da hidrólise do íon metálico no valor da constante de formação efetiva.

Nessa expressão, o valor de $\alpha_{Zn^{2+}}$ é dado pela Equação 12.17 e o valor de $\alpha_{Y^{4-}}$ pela Equação 12.4. Para valores definidos de pH e de [NH_3], podemos calcular K''_f e continuar com os cálculos de titulação como foi feito na Seção 12.3, substituindo-se K''_f por K'_f. Uma hipótese a ser considerada para esse procedimento é que o EDTA é um agente complexante muito mais forte que a amônia. Dessa maneira, todo o EDTA adicionado liga-se ao íon Zn^{2+}, até que todo este íon metálico seja consumido.

BOXE 12.1 A Hidrólise de Íons Metálicos Diminui o Valor da Constante de Formação Efetiva de Complexos com EDTA

A Equação 12.18 define o valor da constante de formação efetiva (condicional) de um complexo com EDTA como o produto da constante de formação, K_f, vezes o valor da fração do metal que se encontra na forma M^{m+}, vezes o valor da fração do EDTA que se encontra na forma Y^{4-}: $K''_f = \alpha_{M^{m+}}\alpha_{Y^{4-}}K_f$. A Tabela 12.1 nos mostra como o valor de $\alpha_{Y^{4-}}$ aumenta com a elevação do pH, atingindo um valor praticamente igual a 1 em torno de pH 11.

Na Seção 12.3, não usamos um agente de complexação auxiliar e, por isso, assumimos que $\alpha_{M^{m+}} = 1$. Na realidade, os íons metálicos reagem com a água formando espécies $M(OH)_n$. Combinações de pH e íon metálico foram selecionadas, na Seção 12.3, de maneira que a hidrólise a $M(OH)_n$ fosse desprezível. Essas condições podem ser encontrar para a maioria dos íons M^{2+}, mas não para íons M^{3+} ou íons M^{4+}. Mesmo em soluções ácidas, o íon Fe^{3+} sofre hidrólise, produzindo as espécies $Fe(OH)^{2+}$ e $Fe(OH)_2^+$.[21] (No Apêndice I encontramos os valores das constantes de formação para complexos com a espécie hidróxido.) O gráfico a seguir mostra que $\alpha_{Fe^{3+}}$ se aproxima de 1 na faixa de pH entre 1 e 2 ($\log \alpha_{Fe^{3+}} \approx 0$), mas diminui quando ocorre a hidrólise. Em pH 5, a fração de Fe(III) na forma do íon Fe^{3+} é de ~10^{-5}.

O valor da constante de formação efetiva do FeY^-, no gráfico, tem três contribuições:

$$K'''_f = \frac{\alpha_{Fe^{3+}}\alpha_{Y^{4-}}}{\alpha_{FeY^-}}K_f$$

Com o aumento do pH, o valor de $\alpha_{Y^{4-}}$ aumenta, o que causa o aumento de K'''_f. Quando o pH aumenta, ocorre a hidrólise do íon metálico, de modo que $\alpha_{Fe^{3+}}$ diminui. O aumento de $\alpha_{Y^{4-}}$, por sua vez, é cancelado pela diminuição do $\alpha_{Fe^{3+}}$ e, por isso, o valor de K'''_f é praticamente constante em valores de pH acima de 3. A terceira contribuição para o valor de K'''_f é α_{FeY^-}, que é a fração do complexo de EDTA na forma FeY^-. Em pH baixo, parte do complexo recebe um próton, formando FeHY, o que diminui o valor de α_{FeY^-} em valores de pH próximos a 1. Na faixa de pH entre 2 e 5, α_{FeY^-} é praticamente constante com um valor igual a 1. Em soluções neutras e básicas, se formam espécies complexas como $Fe(OH)Y^{2-}$ e $[Fe(OH)Y]_2^{4-}$, e o valor de α_{FeY^-} diminui.

Informação importante a ser lembrada: neste livro, vamos nos restringir às situações em que não há hidrólise e o valor de $\alpha_{M^{m+}}$ é deliberadamente controlado pela adição de um ligante auxiliar. Na realidade, a hidrólise das espécies M^{m+} e MY influencia a maioria das titulações com EDTA e torna a análise teórica do problema mais difícil que os propósitos deste capítulo.

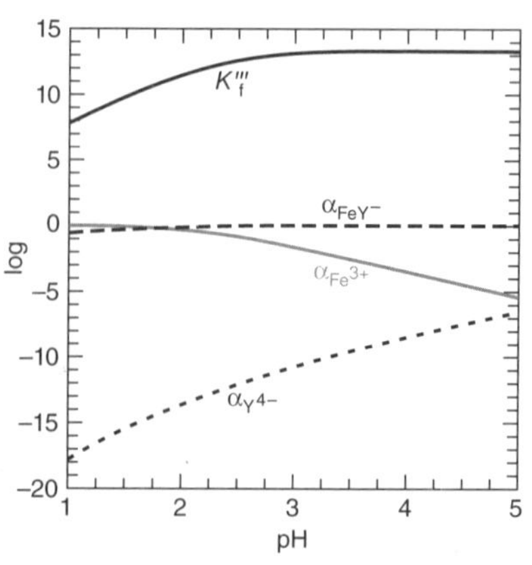

Contribuições dos valores de $\alpha_{Y^{4-}}$, $\alpha_{Fe^{3+}}$ e α_{FeY^-} para o valor da constante de formação efetiva, K'''_f da espécie FeY^-. As curvas foram calculadas, considerando-se as espécies H_6Y^{2+}, H_5Y^+, H_4Y, H_3Y^-, H_2Y^{2-}, HY^{3-}, Y^{4-}, Fe^{3+}, $Fe(OH)^{2+}$, $Fe(OH)_2^+$, FeY^- e FeHY.

EXEMPLO Titulação com EDTA na Presença de Amônia

Consideremos a titulação de 50,0 mL de uma solução de Zn^{2+} 1,00 × 10^{-3} M com uma solução de EDTA 1,00 × 10^{-3} M, em pH 10,00, na presença de NH_3 0,10 M. (Esta é a concentração de NH_3. A espécie NH_4^+ também está presente em solução.) O ponto de equivalência é em 50,0 mL. Calcule o valor de pZn^{2+} após a adição de 20,0; 50,0 e 60,0 mL de EDTA.

Solução Na Equação 12.17, constatamos que $\alpha_{Zn^{2+}} = 1{,}8 \times 10^{-5}$. A Tabela 12.1 nos diz que $\alpha_{Y^{4-}} = 0{,}30$. Utilizando o valor de K_f dado pela Tabela 12.2, temos que a constante de formação condicional é

$$K_f'' = \alpha_{Zn^{2+}}\alpha_{Y^{4-}}K_f = (1{,}8\times10^{-5})\ (0{,}30)(10^{16{,}5}) = 1{,}7\times10^{11}$$

(a) *Antes do ponto de equivalência – 20,0 mL*: como o ponto de equivalência é 50,0 mL, a fração de Zn^{2+} restante é 30,0 mL/50,0 mL. O fator de diluição é 50,0 mL/70,0 mL. Assim, a concentração de zinco não ligada ao EDTA é

$$C_{Zn^{2+}} = \underbrace{\left(\frac{30{,}0\text{ mL}}{50{,}0\text{ mL}}\right)}_{\substack{\text{Fração de}\\ Zn^{2+}\text{remanescente}}}\underbrace{(1{,}00\times10^{-3}\text{M})}_{\substack{\text{Concentração}\\ \text{original de } Zn^{2+}}}\underbrace{\left(\frac{50{,}0\text{ mL}}{70{,}0\text{ mL}}\right)}_{\substack{\text{Fator de}\\ \text{diluição}}} = 4{,}3\times10^{-4}\text{ M}$$

Entretanto, quase todo o zinco não ligado ao EDTA está ligado ao NH_3. A concentração de Zn^{2+} livre é

$$[Zn^{2+}] = \alpha_{Zn^{2+}}C_{Zn^{2+}} = (1{,}8\times10^{-5})(4{,}3\times10^{-4}\text{ M}) = 7{,}7\times10^{-9}\text{ M}$$
$$\Rightarrow pZn^{2+} = -\log[Zn^{2+}] = 8{,}11$$

A partir da Equação 12.15 temos a relação $[Zn^{2+}] = \alpha_{Zn^{2+}}C_{Zn^{2+}}$.

É importante, após este cálculo, fazermos uma verificação. O produto $[Zn^{2+}][OH^-]^2$ é $[10^{-8{,}11}]\ [10^{-4{,}00}]^2 = 10^{-16{,}11}$, que não excede o valor do produto de solubilidade do $Zn(OH)_2$ ($K_{ps} = 10^{-15{,}52}$ no Apêndice F).

(b) *No ponto de equivalência* – 50,0 mL: no ponto de equivalência, o fator de diluição é 50,0 mL/100,0 mL, então $[ZnY^{2-}]$ = (50,0 mL/100,0 mL)(1,00 × 10^{-3} M) = 5,00 × 10^{-4} M. Podemos então construir uma tabela de concentrações:

	$C_{Zn^{2+}}$	+	EDTA	⇌	ZnY^{2-}
Concentração inicial (M)	0		0		5,00 × 10^{-4}
Concentração final (M)	x		x		5,00 × $10^{-4} - x$

$$K_f'' = 1{,}7\times10^{11} = \frac{[ZnY^{2-}]}{[C_{Zn^{2+}}][EDTA]} = \frac{5{,}00\times10^{-4}-x}{x^2}$$
$$\Rightarrow x = C_{Zn^{2+}} = 5{,}4\times10^{-8}\text{ M}$$
$$[Zn^{2+}] = \alpha_{Zn^{2+}}C_{Zn^{2+}} = (1{,}8\times10^{-5})(5{,}4\times10^{-8}\text{ M}) = 9{,}7\times10^{-13}\text{ M}$$
$$\Rightarrow pZn^{2+} = -\log[Zn^{2+}] = 12{,}01$$

(c) *Após o ponto de equivalência – 60,0 mL*: praticamente todo o zinco presente encontra-se na forma de ZnY^{2-}. Com um fator de diluição de 50,0 mL/110,0 mL para o zinco, temos

$$[ZnY^{2-}] = \left(\frac{50{,}0\text{ mL}}{110{,}0\text{ mL}}\right)(1{,}00\times10^{-3}\text{M}) = 4{,}5\times10^{-4}\text{ M}$$

Conhecemos também a concentração do excesso de EDTA, cujo fator de diluição é 10,0 mL/110,0 mL:

$$[EDTA] = \left(\frac{10{,}0\text{ mL}}{110{,}0\text{ mL}}\right)(1{,}00\times10^{-3}\text{M}) = 9{,}1\times10^{-5}\text{ M}$$

Uma vez que conhecemos os valores de $[ZnY^{2-}]$ e de [EDTA], podemos usar a expressão da constante de equilíbrio para calcularmos o valor de $[Zn^{2+}]$:

$$\frac{[ZnY^{2-}]}{[Zn^{2+}][EDTA]} = \alpha_{Y^{4-}}K_f = K_f' = (0{,}30)(10^{16{,}5}) = 9{,}5\times10^{15}$$
$$\frac{[4{,}5\times10^{-4}]}{[Zn^{2+}][9{,}1\times10^{-5}]} = 9{,}5\times10^{15} \Rightarrow [Zn^{2+}] = 5{,}3\times10^{-16}\text{ M}$$
$$\Rightarrow pZn^{2+} = 15{,}28$$

Observe que, após o ponto de equivalência, o problema deixa de depender da presença de NH_3, pois conhecemos as concentrações do ZnY^{2-} e do EDTA.

TESTE-SE Determine pZn^{2+} após adicionar 30,0 e 51,0 mL de EDTA. (***Resposta:*** 8,35, 14,28.)

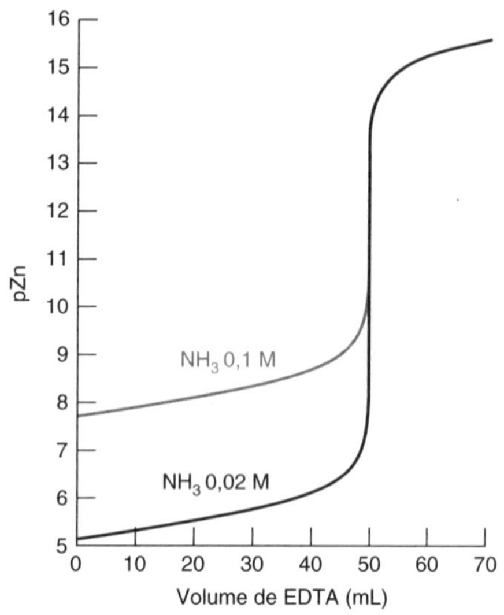

FIGURA 12.15 Curvas de titulação para a reação de 50,0 mL de uma solução de Zn^{2+} 1,00 × 10^{-3} M com uma solução de EDTA 1,00 × 10^{-3} M em pH 10,00 na presença de duas concentrações diferentes de NH_3.

A Figura 12.15 compara as curvas de titulação calculadas para o Zn^{2+} na presença de diferentes concentrações do agente de complexação auxiliar, NH_3. Quanto maior a concentração de NH_3, menor a variação do valor de pZn^{2+} próximo ao ponto de equivalência. A quantidade de ligante auxiliar tem que ser mantida abaixo do nível que prejudica a visualização do ponto final da titulação. A Prancha em Cores 8 mostra o aspecto de uma solução de Cu^{2+}-amônia, durante uma titulação com EDTA.

12.6 Indicadores para Íons Metálicos

Métodos para a determinação do ponto final:

1. Por meio de indicadores de íons metálicos
2. Com um eletrodo íon-seletivo
3. Mediante um eletrodo de mercúrio
4. Com um eletrodo de vidro (pH)

A técnica mais comum para detectar o ponto final em titulações com EDTA é usar um indicador de íons metálicos. Outras possibilidades incluem um eletrodo íon-seletivo (Seção 15.6) e um eletrodo de mercúrio (Figura 12.11 e Exercício 15.B). Um eletrodo de pH também pode ser utilizado para acompanhar o andamento de uma titulação feita em solução não tamponada, pois a espécie H_2Y^{2-} libera 2 íons H^+ quando forma um complexo metálico.

Os **indicadores de íons metálicos** (Tabela 12.3) são compostos cuja cor varia quando se ligam a um íon metálico. *Para que um indicador funcione de maneira eficaz, ele deve se ligar ao metal mais fracamente que o EDTA.*

Um indicador deve liberar seu íon metálico para o EDTA.

Uma titulação típica é exemplificada pela reação de Mg^{2+} com EDTA, em pH 10, usando-se como indicador a calmagita.

$$\underset{\text{Vermelho}}{\text{MgIn}} + \underset{\text{Incolor}}{\text{EDTA}} \rightarrow \underset{\text{Incolor}}{\text{MgEDTA}} + \underset{\text{Azul}}{\text{In}} \qquad \textbf{(12.19)}$$

No início do experimento, uma pequena quantidade de indicador (In) é adicionada à solução incolor de Mg^{2+} para formar um complexo vermelho. Quando o EDTA é adicionado, ele reage primeiro com o Mg^{2+} livre, incolor. Quando todo o Mg^{2+} livre for consumido, o último EDTA adicionado antes do ponto de equivalência desloca o indicador do complexo vermelho, MgIn. A mudança do vermelho do MgIn para o azul do In não ligado sinaliza o ponto final da titulação (Demonstração 12.1 e Prancha em Cores 9).

Indicadores de íons metálicos são também indicadores ácido-base, com os seus valores de pK_a listados na Tabela 12.3. Como a cor do indicador livre é dependente do pH, a maioria dos indicadores pode ser usada apenas em certas faixas definidas de pH. Por exemplo, o alaranjado de xilenol muda do amarelo para o vermelho quando se liga a um íon metálico em pH 5,5. Esta é uma mudança de cor fácil de se observar. Em pH 7,5, a mudança de cor é do violeta para o vermelho, mais difícil de ser visualizada a olho nu. Um espectrofotômetro pode ser utilizado para medir a mudança de cor. Entretanto, é mais conveniente que essa mudança possa ser acompanhada visualmente. A Figura 12.16 mostra as faixas de pH em que diferentes íons metálicos podem ser titulados e quais os indicadores adequados para cada caso.

Questão Qual será a mudança de cor quando a titulação de retorno é feita em pH 10? (*Resposta:* azul → vermelho vinho.)

Para que um indicador possa ser usado em uma titulação de um metal com EDTA, ele deverá ser capaz de liberar o seu íon metálico para ser complexado pelo EDTA. Se um metal não se dissocia livremente de um indicador, dizemos que o metal **bloqueia** o indicador. O negro de eriocromo T é bloqueado pelos íons Cu^{2+}, Ni^{2+}, Co^{2+}, Cr^{3+}, Fe^{3+} e Al^{3+} e, por isso, não pode ser usado para a *titulação direta* desses metais. Entretanto, ele pode ser utilizado para uma *titulação de retorno*. Por exemplo, um excesso de EDTA padrão é adicionado a uma amostra contendo Cu^{2+}. Adiciona-se então o indicador e o excesso de EDTA é titulado por retorno com uma solução de Mg^{2+}.

DEMONSTRAÇÃO 12.1 Mudanças de Cor em Indicadores para Íons Metálicos

Esta demonstração exemplifica a mudança de cor associada à Reação 12.19.

Tampão (pH 10,0): adicione 142 mL de uma solução aquosa concentrada de NH_3 (14,5 M) a 17,5 g de NH_4Cl e dilua com água a 250 mL.
$MgCl_2$: 0,05 M
EDTA: $Na_2H_2EDTA \cdot 2H_2O$ 0,05 M

Misture 25 mL da solução de $MgCl_2$, 5 mL de tampão e 300 mL de água. Adicione seis gotas do indicador negro de eriocromo T ou calmagita (Tabela 12.3) e titule com a solução de EDTA. Observe a mudança de cor da solução de vermelho-vinho para um azul-pálido no ponto final da titulação (Prancha em Cores 9). A variação espectroscópica acompanhando a mudança de cor quando o indicador é a calmagita é mostrada na figura a seguir.

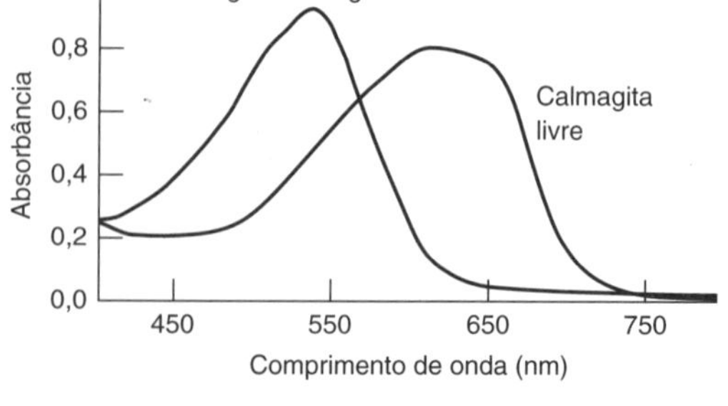

Espectro visível de Mg^{2+}- calmagita e calmagita livre em tampão amoniacal, em pH 10. [Dados de C. E. Dahm, J. W. Hall, and B. E. Mattioni, "A Laser Pointer-Based Spectrometer for Endpoint Detection of EDTA Titrations," *J. Chem. Ed.* **2004,** *81*, 1787.]

TABELA 12.3 **Indicadores mais comuns de íons metálicos**

Nome	Estrutura	pK_a	Cor do indicador livre	Cor do complexo com o íon metálico
Calmagita	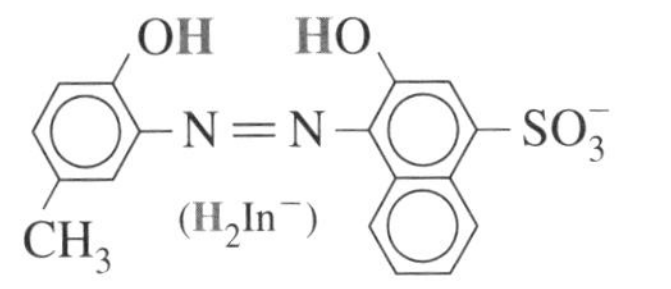	pK_2 = 8,1 pK_3 = 12,4	H_2In^- vermelho HIn^{2-} azul In^{3-} laranja	Vermelho vinho
Negro de eriocromo T	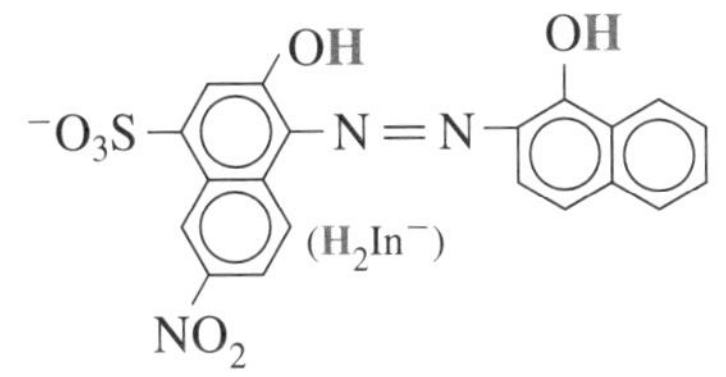	pK_2 = 6,3 pK_3 = 11,6	H_2In^- vermelho HIn^{2-} azul In^{3-} laranja	Vermelho vinho
Murexida	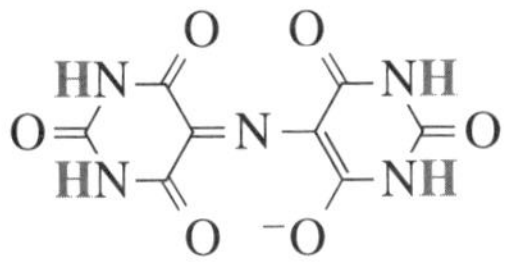 (H_4In^-)	pK_2 = 9,2 pK_3 = 10,9	H_4In^- vermelho-violeta H_3In^{2-} violeta H_2In^{3-} azul	Amarelo (com Co^{2+}, Ni^{2+}, Cu^{2+}); vermelho com Ca^{2+}
Alaranjado de xilenol	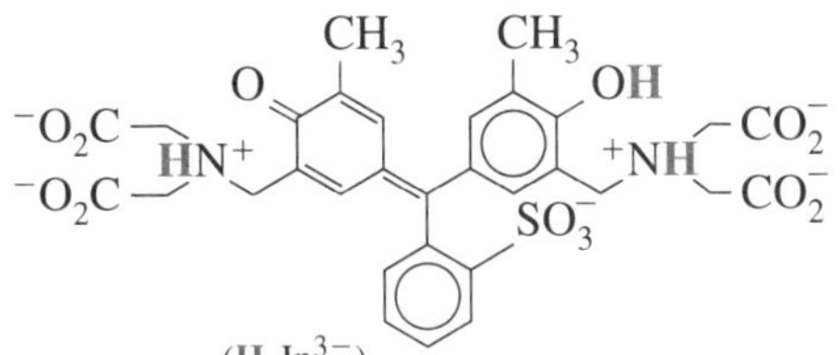 (H_3In^{3-})	pK_2 = 2,32 pK_3 = 2,85 pK_4 = 6,70 pK_5 = 10,47 pK_6 = 12,23	H_5In^- amarelo H_4In^{2-} amarelo H_3In^{3-} amarelo H_2In^{4-} violeta HIn^{5-} violeta In^{6-} violeta	Vermelho
Violeta de pirocatecol	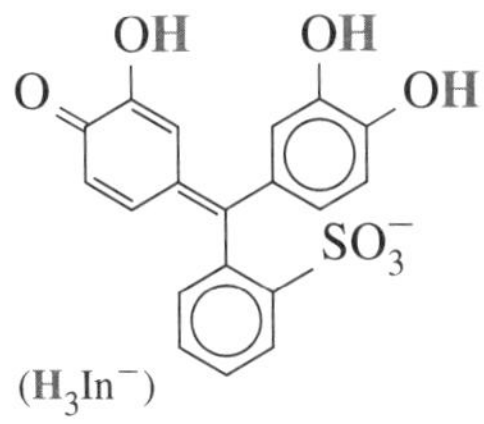 (H_3In^-)	pK_1 = 0,2 pK_2 = 7,8 pK_3 = 9,8 pK_4 = 11,7	H_4In vermelho H_3In^- amarelo H_2In^{2-} violeta HIn^{3-} vermelho-violeta	Azul

PREPARAÇÃO E ESTABILIDADE:

Calmagita: 0,05 g/100 mL de H_2O. A solução é estável, no escuro, por um ano.

Negro de eriocromo T: dissolva 0,1 g do sólido em 7,5 mL de trietanolamina mais 2,5 mL de etanol absoluto. A solução é estável por meses e é melhor ser utilizada em titulações com pH acima de 6,5.

Murexida: pulverize 10 mg de murexida com 5 g de NaCl em um gral limpo. Use 0,2 a 0,4 g da mistura para cada titulação.

Alaranjado de xilenol: 0,5 g/100 mL de H_2O. A solução é estável indefinidamente.

Violeta de pirocatecol: 0,1 g/100 mL. A solução é estável por várias semanas.

12.7 Técnicas de Titulação com EDTA

Como muitos elementos podem ser analisados pela titulação com EDTA, há uma extensa literatura com procedimentos que apresentam muitas variações com relação ao procedimento básico.[19,22]

Titulação Direta

Em uma **titulação direta**, o analito é titulado com uma solução-padrão de EDTA. O analito é tamponado em um pH apropriado, no qual a constante de formação condicional para o complexo metal-EDTA é grande e a cor do indicador livre é bem diferente da cor do complexo metal-indicador.

Agentes de complexação auxiliar, tais como NH_3, tartarato, citrato ou trietanolamina, podem ser empregados para evitar que o íon metálico precipite na ausência de EDTA. Por exemplo, a titulação do Pb^{2+} é feita em tampão amoniacal, em pH 10, na presença de tartarato, que complexa o íon metálico e não permite que ele precipite como $Pb(OH)_2$. O complexo chumbo-tartarato tem que ser menos estável que o complexo chumbo-EDTA ou a titulação não seria possível.

FIGURA 12.16 Um guia para a titulação de íons metálicos comuns com EDTA. No gráfico, as regiões claras mostram em que faixa de pH a reação com EDTA é quantitativa. As regiões escuras indicam a faixa de pH onde é necessário adicionar-se um agente de complexação auxiliar para evitar que o íon metálico precipite. A calmagita é mais estável do que o negro de eriocromo T (EB) e pode ser substituída pelo EB. [Dados de K. Ueno, "Guide for Selecting Conditions of EDTA Titrations," *J. Chem. Ed.* **1965,** *42*, 432.]

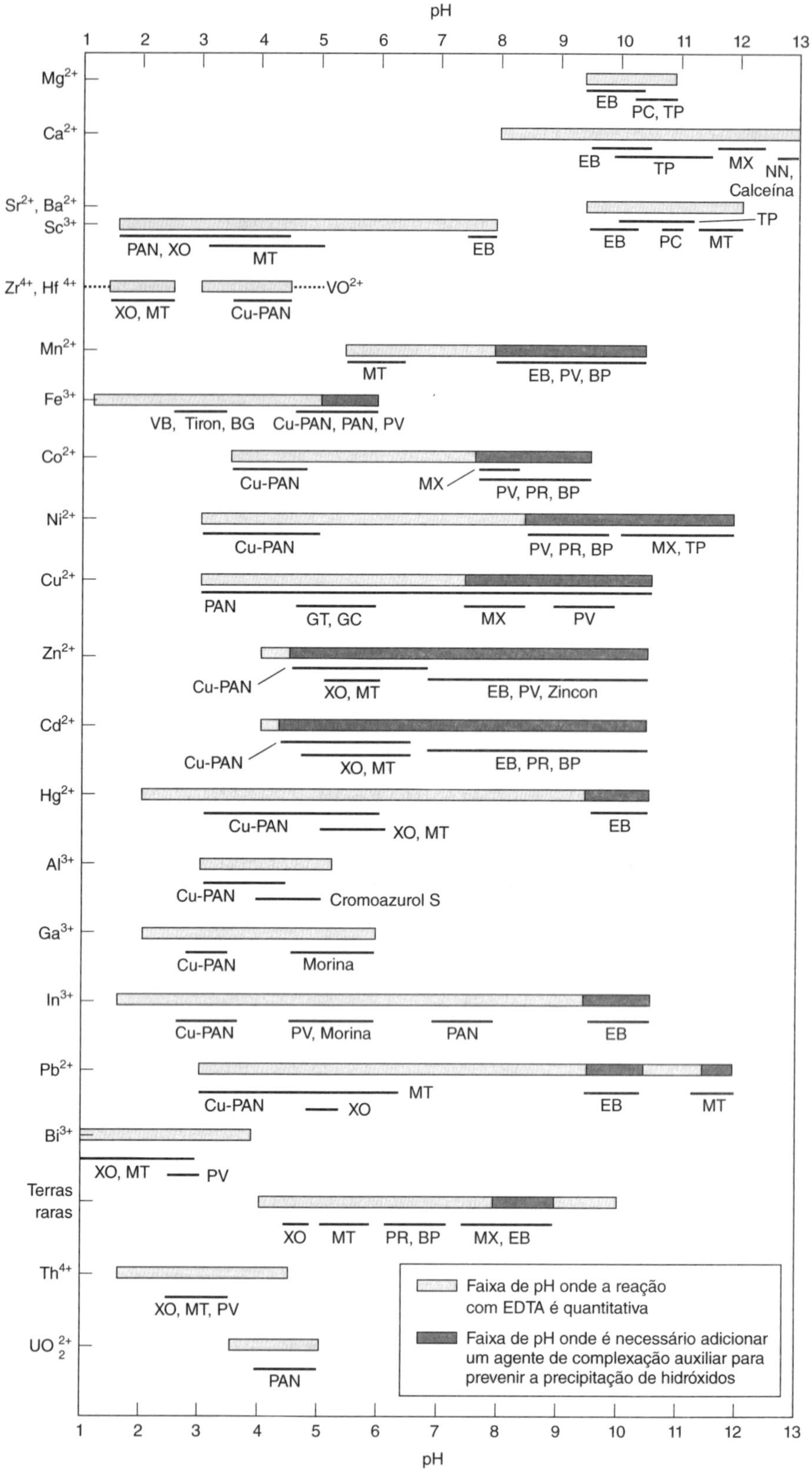

Abreviaturas para os indicadores:

BG, Leucobase verde de Bindschedler
BP, Vermelho de bromopirogalol
EB, Negro de eriocromo T
GC, Vermelho de glicinocresol
GT, Azul de glicinotimol
MT, Azul de metiltimol
MX, Murexida
NN, Corante de Patton & Reeder
PAN, Piridilazonaftol
Cu-PAN, PAN mais Cu-EDTA
PC, Complexona da o-Cresolftaleína
PR, Vermelho de pirogalol
PV, Violeta de pirocatecol
TP, Complexona da timolftaleína
VB, Base da variamina azul B
XO, Alaranjado de xilenol

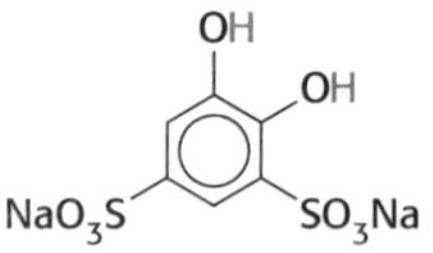

$pK_4(OH) = 12{,}5$
$pK_3(OH) = 7{,}6$

Ácido 1,2-di-hidroxibenzeno-3,5-dissulfônico, sal dissódico

O Tiron é um indicador para a titulação de Fe(III) com EDTA em pH 2–3 a 40 °C. A cor muda do azul para o amarelo-pálido.

Titulação de Retorno

Em uma **titulação de retorno**, um excesso conhecido de uma solução de EDTA é adicionado ao analito. O excesso de EDTA é então titulado com uma solução-padrão de um segundo íon metálico. Uma titulação de retorno é necessária caso o analito precipite na ausência do EDTA, se ele reage muito lentamente com o EDTA ou se ele bloqueia o indicador. O íon metálico usado na titulação de retorno não deve deslocar o analito do EDTA.

EXEMPLO Uma Titulação de Retorno

O Ni^{2+} pode ser analisado por uma titulação de retorno, usando-se uma solução-padrão de Zn^{2+}, em pH 5,5, com o indicador alaranjado de xilenol. Uma solução contendo 25,00 mL de uma solução de Ni^{2+} em HCl diluído é tratada com 25,00 mL de uma solução de Na_2EDTA 0,052 83 M. A solução é neutralizada com NaOH, e o pH é ajustado para 5,5 com o tampão de acetato. A solução torna-se amarela quando algumas gotas do indicador são adicionadas. A titulação com uma solução de Zn^{2+} 0,022 99 M consumiu 17,61 mL da solução de EDTA para atingir a cor vermelha no ponto final. Qual é a molaridade do Ni^{2+} na solução desconhecida?

Solução A solução desconhecida foi tratada com 25,00 mL de uma solução de EDTA 0,052 83 M, que contém (25,00 mL)(0,052 83 M) = 1,320 8 mmol de EDTA. A titulação de retorno consumiu (17,61 mL)(0,022 99 M) = 0,404 9 mmol de Zn^{2+}. O número de mols de Zn^{2+} mais o número de mols de Ni^{2+} tem de ser igual ao número total de mols do EDTA padrão adicionados na solução:

$$0{,}404\ 9 \text{ mmol de } Zn^{2+} + x \text{ mmol de } Ni^{2+} = 1{,}320\ 8 \text{ mmol de EDTA}$$

$$x = 0{,}915\ 9 \text{ mmol de } Ni^{2+}$$

A concentração de Ni^{2+} é 0,915 9 mmol/25,00 mL = 0,036 64 M.

TESTE-SE Se a titulação de retorno consumiu 13,00 mL de Zn^{2+}, qual era a concentração original de Ni^{2+}? (***Resposta:*** 0,040 88 M.)

Fitorremediação.[23,24,25] Um enfoque para remover metais tóxicos de solos contaminados é cultivar plantas que acumulam de 1 a 15 g de metal/kg de massa seca de planta. A planta é colhida para remover metais como Pb, Cd e Ni. A fitorremediação é fortemente favorecida pela adição de EDTA, que solubiliza metais normalmente insolúveis. Infelizmente, a chuva espalha os complexos solúveis de metal-EDTA pelo solo, de modo que a fitorremediação é limitada aos locais onde o contato com os lençóis freáticos é bloqueado ou onde a lixiviação não é importante. O quelato natural EDDS dissolve os metais e é biodegradado antes de ser espalhado para muito longe.

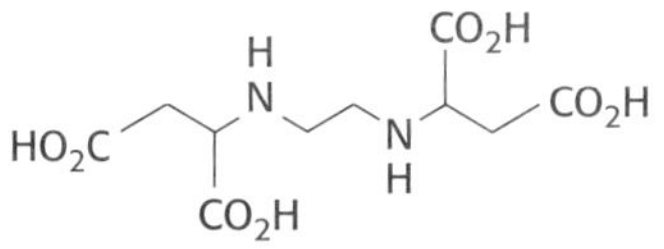

Ácido *S,S*-etilenodiaminossuccínico (EDDS)

A titulação de retorno com EDTA evita a precipitação do analito. Por exemplo, o Al^{3+} precipita como $Al(OH)_3$, em pH 7, na ausência de EDTA. Uma solução ácida de Al^{3+} pode ser tratada com um excesso de EDTA, ajustado o pH para 7–8 com acetato de sódio, e aquecida à ebulição para garantir a complexação total do íon, na forma estável e solúvel $Al(EDTA)^-$. A solução é então esfriada, adiciona-se o indicador calmagita e se faz a titulação de retorno com uma solução-padrão de Zn^{2+}.

Titulação por Deslocamento

Íons metálicos, como o Hg^{2+}, não têm um indicador satisfatório, mas uma **titulação por deslocamento** pode ser exequível. Nesse caso, o Hg^{2+} é tratado com um excesso de $Mg(EDTA)^{2-}$ para deslocar o Mg^{2+}, que é posteriormente titulado com uma solução-padrão de EDTA.

$$Hg^{2+} + MgY^{2-} \rightarrow HgY^{2-} + Mg^{2+} \qquad (12.20)$$

Neste caso, para que o deslocamento de Mg^{2+} a partir do $Mg(EDTA)^{2-}$ seja possível, a constante de formação condicional do $Hg(EDTA)^{2-}$ tem de ser maior do que do K_f' para o $Mg(EDTA)^{2-}$, do contrário o Mg^{2+} não será deslocado do $Mg(EDTA)^{2-}$.

Não existe um indicador apropriado para o íon Ag^+. Entretanto, o Ag^+ desloca o Ni^{2+} do íon complexo tetracianoniquelato(II):

$$2Ag^+ + Ni(CN)_4^{2-} \rightarrow 2Ag(CN)_2^- + Ni^{2+}$$

O Ni^{2+} liberado pode ser então titulado com EDTA para determinar a concentração do íon Ag^+ adicionado à amostra.

Titulação Indireta

Ânions que precipitam com certos íons metálicos podem ser analisados com EDTA através de **titulação indireta**. Por exemplo, o sulfato pode ser analisado pela precipitação com excesso de Ba^{2+} em pH 1. O $BaSO_4(s)$ é lavado e então fervido com um excesso de EDTA padrão em pH 10 para solubilizar o Ba^{2+} como $Ba(EDTA)^{2-}$. O excesso de EDTA é titulado por retorno com Mg^{2+}.

Outra possibilidade é a de precipitarmos um ânion com um excesso de íon metálico padrão. O precipitado formado é filtrado e lavado, e o excesso de íon metálico presente no filtrado é titulado com EDTA. Ânions como CO_3^{2-}, CrO_4^{2-}, S^{2-} e SO_4^{2-} podem ser determinados desse modo, por titulação indireta, com EDTA.[26]

Mascaramento

Um **agente de mascaramento** é um reagente que evita que algum componente do analito reaja com o EDTA. Por exemplo, o Al^{3+}, em uma mistura de Mg^{2+} e Al^{3+}, pode ser titulado mascarando-se primeiramente o Al^{3+} com F^-, restando então apenas o íon Mg^{2+} para reagir com o EDTA. A soma de Mg^{2+} e Al^{3+} é medida em uma segunda titulação sem agente de mascaramento. O teor de Al^{3+} é obtido pela diferença entre as duas titulações.

O mascaramento é usado para evitar que a presença de uma espécie interfira na análise de uma outra espécie. O mascaramento não é restrito apenas às titulações com EDTA. O Boxe 12.2 descreve uma importante aplicação de uma reação de mascaramento.

BOXE 12.2 Dureza da Água

A *dureza* é a concentração total de íons alcalino-terrosos (Grupo 2) na água, principalmente Ca^{2+} e Mg^{2+} presentes na água. A dureza é normalmente expressa como o número de miligramas de $CaCO_3$ por litro. Assim, se $[Ca^{2+}] + [Mg^{2+}] = 1$ mM, queremos dizer que a dureza é 100 mg de $CaCO_3$ por litro porque 100 mg de $CaCO_3$ = 1 mmol de $CaCO_3$. Uma água cuja dureza é menor que 60 mg de $CaCO_3$ por litro é considerada "mole". Se a dureza estiver acima de 270 mg/L, a água é considerada "dura".

A água dura reage com o sabão para formar coágulos insolúveis:

$$\underset{\text{Sabão}}{Ca^{2+} + 2RCO_2^-} \rightarrow \underset{\text{Precipitado}}{Ca(RCO_2)_2(s)} \qquad \text{(A)}$$

R é uma cadeia hidrocarbônica longa como $C_{17}H_{35}$—

Excesso de sabão para consumir Ca^{2+} e Mg^{2+} tem que ser usado antes que o sabão esteja disponível para limpeza. A água dura, quando evapora, deixa depósitos sólidos em tubulações conhecidos como *crostas*. Entretanto, não se acredita que a água dura seja insalubre. A dureza é benéfica na água para irrigação, pois os íons alcalino-terrosos tendem a *flocular* (causar a agregação) partículas coloidais no solo, provocando, assim, um aumento da permeabilidade do solo à água. A água mole é adequada para prepararmos materiais como o concreto, o gesso e o cimento.

Para medir a dureza, a água é tratada com ácido ascórbico (ou hidroxilamina) para reduzir o Fe^{3+} presente a Fe^{2+} e o íon Cu^{2+} a Cu^+, e então, com cianeto para mascarar Fe^{2+}, Cu^+ e vários outros íons metálicos presentes em pequenas quantidades. A titulação com EDTA em pH 10, utilizando-se tampão de NH_3, permite determinar a concentração total de Ca^{2+} e Mg^{2+} presentes na água. A concentração de Ca^{2+} pode ser determinada separadamente se a titulação for feita em pH 13, sem a presença de amônia. Neste pH, o $Mg(OH)_2$ precipita e se torna inacessível ao EDTA. As interferências causadas por muitos íons metálicos podem ser reduzidas pela escolha correta dos indicadores.[27]

Os carbonatos insolúveis são convertidos em bicarbonatos solúveis, pelo excesso de dióxido de carbono:

$$CaCO_3(s) + CO_2 + H_2O \rightarrow Ca(HCO_3)_2(aq) \qquad \text{(B)}$$

O aquecimento converte bicarbonato em carbonato (pela eliminação de CO_2) e leva à precipitação de uma crosta sólida de $CaCO_3$ que bloqueia tubulações de caldeiras. A fração de dureza causada pelo $Ca(HCO_3)_2(aq)$ é chamada *dureza temporária*, pois essa presença de cálcio é eliminada por aquecimento (precipitando na forma de $CaCO_3$). A dureza resultante de outros sais (principalmente $CaSO_4$ dissolvido) é chamada *dureza permanente*, pois não é removida por aquecimento.

O cianeto mascara os íons Cd^{2+}, Zn^{2+}, Hg^{2+}, Co^{2+}, Cu^+, Ag^+, Ni^{2+}, Pd^{2+}, Pt^{2+}, Fe^{2+} e Fe^{3+}, mas não os íons Mg^{2+}, Ca^{2+}, Mn^{2+} ou Pb^{2+}. Quando se adiciona cianeto a uma solução contendo Cd^{2+} e Pb^{2+}, apenas o Pb^{2+} reage com o EDTA. (**CUIDADO:** o cianeto forma o gás tóxico HCN quando se encontra em valores de pH inferiores a 11. Por isso, as soluções de cianeto devem ser sempre fortemente básicas e nunca devem ser manipuladas fora de uma capela.) O fluoreto mascara Al^{3+}, Fe^{3+}, Ti^{4+} e Be^{2+}. (**CUIDADO:** o HF, formado pelo íon F^- em soluções ácidas, é extremamente perigoso e nunca deve entrar em contato com a pele ou com os olhos. O HF pode não provocar dores imediatas, mas as áreas contaminadas devem ser imediatamente lavadas com água corrente em abundância e tratadas com um gel de gluconato de cálcio, que deve estar disponível no laboratório *antes* de qualquer emergência deste tipo. No caso de acidentes com HF, as pessoas que forem prestar ajuda devem usar luvas de borracha para a sua proteção individual.) A trietanolamina mascara Al^{3+}, Fe^{3+} e Mn^{2+}; e o 2,3-dimercapto-1-propanol mascara Bi^{3+}, Cd^{2+}, Cu^{2+}, Hg^{2+} e Pb^{2+}.

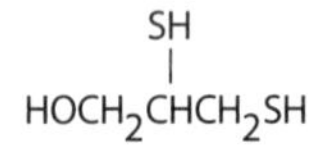
2,3-Dimercapto-1-propanol

Uma reação de **desmascaramento** libera o íon metálico que se encontra complexado pela ação de um agente de mascaramento. Os complexos de cianeto podem ser desmascarados com formaldeído:

$$M(CN)_m^{n-m} + \underset{\text{Formaldeído}}{mH_2CO} + mH^+ \rightarrow mH_2C(OH)(CN) + M^{n+}$$

A tioureia mascara o Cu^{2+}, reduzindo-o a Cu^+ e complexando o Cu^+ formado. O cobre pode ser liberado do complexo com a tioureia por oxidação com H_2O_2. A seletividade produzida pelo mascaramento, pelo desmascaramento e pelo controle de pH permite que os componentes individuais de misturas complexas de íons metálicos possam ser analisados, separadamente, por titulação com EDTA.

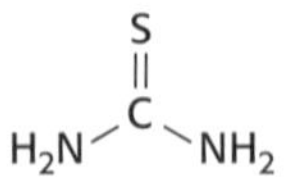
Tioureia

Termos Importantes

ácido de Lewis
agente de complexação auxiliar
agente de mascaramento
base de Lewis
bloqueio
constante de estabilidade
constante de formação
constante de formação condicional
constante de formação cumulativa
desmascaramento
efeito quelato
indicador para íons metálicos
ligante quelante
monodentado
multidentado
titulação complexométrica
titulação de retorno
titulação direta
titulação indireta
titulação por deslocamento

Resumo

Em uma titulação complexométrica, o analito e o titulante reagem entre si formando um íon complexo. A constante de equilíbrio, para esta reação, é chamada de constante de formação, K_f. Os ligantes quelantes (multidentados) formam complexos mais estáveis que os ligantes monodentados. Ácidos aminocarboxílicos sintéticos, como o EDTA, possuem um valor elevado para as constantes de ligação e formam complexos 1:1 com a maioria dos metais cuja carga é ≥ 2.

As constantes de formação para o EDTA são expressas em termos de $[Y^{4-}]$, embora existam seis formas protonadas de EDTA. Como a fração ($\alpha_{Y^{4-}}$) de EDTA livre na forma Y^{4-} depende do pH, definimos uma constante de formação condicional (ou efetiva) como $K_f' = \alpha_{Y^{4-}} - K_f = [MY^{n-4}]/[M^{n+}][EDTA]$. Esta constante descreve a reação hipotética $M^{n+} + EDTA \rightleftharpoons MY^{n-4}$, em que EDTA se refere a todas as formas do EDTA não ligadas a um íon metálico. Os cálculos de titulação complexométrica se dividem em três categorias. Quando um excesso de M^{n+}, sem reagir, está presente, o valor de pM é diretamente calculado pela equação $pM = -\log[M^{n+}]$. Quando um excesso de EDTA está presente, sabemos tanto o valor de $[MY^{n-4}]$ como de [EDTA], de modo que $[M^{n+}]$ pode ser calculada a partir da constante de formação condicional. No ponto de equivalência, a condição $[M^{n+}] = [EDTA]$ nos permite calcular o valor da $[M^{n+}]$. Uma simples equação, desenvolvida para planilhas eletrônicas, pode ser aplicada a todas as três regiões da curva de titulação.

Quanto maior a constante de formação efetiva, mais acentuada é a curva de titulação com EDTA. A adição de agentes de complexação auxiliares, que competem com o EDTA pelo analito (íon metálico) e que, portanto, diminuem a acentuação da curva de titulação, é frequentemente necessária para manter o íon analito em solução. Os cálculos para uma solução contendo EDTA e para um agente de complexação auxiliar utilizam a constante de formação condicional $K_f'' = \alpha_M \alpha_{Y^{4-}} K_f'$, em que α_M é a fração de íon metálico livre não complexado pelo ligante auxiliar.

Para a determinação do ponto final, usamos normalmente indicadores de íons metálicos ou um eletrodo íon-seletivo. Em alguns casos, uma titulação direta pode não ser conveniente, pois o analito é instável, ou reage lentamente com o EDTA, ou não possui nenhum indicador que seja apropriado. Neste caso, uma titulação de retorno, com um excesso de EDTA, ou uma titulação de deslocamento do $Mg(EDTA)^{2-}$, pode resolver o problema. Reações de mascaramento evitam interferências de espécies indesejáveis. Os procedimentos de titulação indireta com EDTA também são muito úteis para a determinação de vários ânions ou de outras espécies químicas que não reajam diretamente com o EDTA.

Exercícios

12.A. O íon potássio, em uma amostra de 250,0 (±0,1) mL de água, foi precipitado com tetrafenilborato de sódio:

$$K^+ + (C_6H_5)_4B^- \rightarrow KB(C_6H_5)_4(s)$$

O precipitado foi filtrado, lavado, dissolvido em um solvente orgânico e tratado com excesso de $Hg(EDTA)^{2-}$:

$$4HgY^{2-} + (C_6H_5)_4B^- + 4H_2O \rightarrow H_3BO_3 + 4C_6H_5Hg^+ + 4HY^{3-} + OH^-$$

O EDTA liberado foi titulado com 28,73 (±0,03) mL de uma solução 0,043 7 (±0,000 1) M de Zn^{2+}. Determine $[K^+]$ (e a sua incerteza) na amostra original.

12.B. Uma amostra desconhecida, com 25,00 mL, contendo os íons Fe^{3+} e Cu^{2+}, necessitou de 16,06 mL de uma solução de EDTA 0,050 83 M para uma titulação completa. Uma alíquota de 50,00 mL, dessa mesma amostra, foi tratada com NH_4F para complexar o Fe^{3+}. O Cu^{2+} presente foi então reduzido e mascarado pela adição de tioureia. Após a adição de 25,00 mL de solução de EDTA 0,050 83 M, o Fe^{3+} foi liberado de seu complexo com o fluoreto e formou um complexo com o EDTA. O excesso de EDTA necessitou de 19,77 mL de uma solução de Pb^{2+} 0,018 83 M para atingir o ponto final, usando-se alaranjado de xilenol como indicador. Determine a concentração $[Cu^{2+}]$ na amostra desconhecida.

12.C. Calcule o pCu^{2+} (até a segunda casa decimal) em cada um dos seguintes pontos de uma titulação de 50,0 mL de solução de EDTA 0,040 0 M com uma solução de $Cu(NO_3)_2$ 0,080 0 M, em pH 5,00: 0,1; 5,0; 10,0; 15,0; 20,0; 24,0; 25,0; 26,0 e 30,0 mL. Construa, a partir desses dados, um gráfico de pCu^{2+} contra o volume de titulante.

12.D. Calcule a concentração de H_2Y^{2-} no ponto de equivalência no Exercício 12.C.

12.E. Suponha que uma solução de Mn^{2+} 0,010 0 M é titulada com uma solução de EDTA 0,005 00 M em pH 7,00.

(a) Qual é a concentração de Mn^{2+} livre no ponto de equivalência?

(b) Qual é o valor do quociente $[H_3Y^-]/[H_2Y^{2-}]$ na solução quando a titulação se encontra, exatamente, a 63,7% do caminho até o ponto de equivalência?

12.F. Uma amostra contendo 20,0 mL de uma solução de Co^{2+} 1,00 × 10^{-3} M, na presença de $C_2O_4^{2-}$ 0,10 M, em pH 9,00, foi titulada com uma solução de EDTA 1,00 × 10^{-2} M. Usando as constantes de formação do Apêndice I para $Co(C_2O_4)$ e $Co(C_2O_4)_2^{2-}$ calcule o valor de pCo^{2+} para os seguintes volumes adicionados de EDTA: 0; 1,00; 2,00 e 3,00 mL. Considere a concentração de $C_2O_4^{2-}$ como constante em 0,10 M. Esboce um gráfico de pCo^{2+} contra o volume, em mililitros, de EDTA adicionado.

12.G. O ácido iminodiacético forma complexos 2:1 com vários íons metálicos:

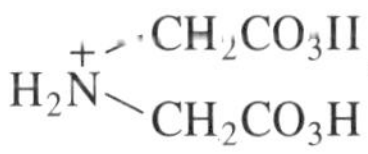
$\equiv H_3X^+$

$$\alpha_{X^{2-}} = \frac{[X^{2-}]}{[H_3X^+] + [H_2X] + [HX^-] + [X^{2-}]}$$

$$Cu^{2+} + 2X^{2-} \rightleftharpoons CuX_2^{2-} \qquad K = \beta_2 = 3{,}5 \times 10^{16}$$

Uma solução, com o volume de 25,0 mL, contendo ácido iminodiacético 0,120 M, tamponado em pH 7,00, foi titulada com 25,0 mL de uma solução de Cu^{2+} 0,050 0 M. Sabendo-se que $\alpha_{X^{2-}}$ = 4,6 × 10^{-3}, em pH 7,00, calcule a concentração de Cu^{2+} na solução resultante.

Problemas

EDTA

12.1. O que é o efeito quelato?

12.2. Explique (em palavras) o que significa $\alpha_{Y^{4-}}$. Calcule $\alpha_{Y^{4-}}$ para o EDTA em (**a**) pH 3,50 e (**b**) pH 10,50.

12.3. (**a**) Calcule o valor da constante de formação condicional para o $Mg(EDTA)^{2-}$, em pH 9,00.

(**b**) Determine a concentração de Mg^{2+} livre, em uma solução de $Na_2[Mg(EDTA)]$ 0,050 M, em pH 9,00.

12.4. *Tampões para íons metálicos.* Por analogia com um tampão de íon hidrogênio, um tampão de íon metálico tende a manter constante o valor da concentração de determinado íon metálico em solução. Uma mistura do ácido HA e sua base conjugada A^- mantém um valor da $[H^+]$ em solução definida pela equação $K_a = [A^-][H^+]/[HA]$. Uma mistura de CaY^{2-} e Y^{4-} funciona como um tampão de Ca^{2+}, tendo um comportamento definido pela equação $1/K_f' = [EDTA][Ca^{2+}]/[CaY^{2-}]$. Quantos gramas de $Na_2EDTA \cdot 2H_2O$ (MF 372,24) devem ser misturados a 1,95 g de $Ca(NO_3)_2 \cdot 2H_2O$ (MF 200,12), em um balão volumétrico de 500 mL, para obtermos um tampão com valor de $pCa^{2+} = 9,00$, em pH 9,00?

12.5. *Interpretação química da purificação por reprecipitação.* Para uma análise isotópica de oxigênio em SO_4^{2-} para estudos geológicos, o SO_4^{2-} foi precipitado com excesso de Ba^{2+}.[28] Na presença de HNO_3, o precipitado de $BaSO_4$ é contaminado por NO_3^-. O sólido pode ser purificado por lavagem, redissolução na ausência de HNO_3 e reprecipitação. Para purificação, 30 mg de cristais de $BaSO_4$ foram dissolvidos em 15 mL de DTPA 0,05 M (Figura 12.4) em NaOH 1 M, sob vigorosa agitação a 70 °C. $BaSO_4$ foi reprecipitado pela adição de HCl 10 M gota a gota até obter pH 3–4 e a mistura foi deixada em repouso por 1 h. O sólido foi isolado por centrifugação, remoção da sua água-mãe, e ressuspenso em água deionizada. A razão molar NO_3^-/SO_4^{2-} foi reduzida de 0,25 no precipitado original para 0,001 no material purificado após dois ciclos de dissolução e reprecipitação. Qual são as espécies predominantes de sulfato e DTPA em pH 14 e pH 3? Explique por que $BaSO_4$ se dissolve em DTPA em NaOH 1 M e então reprecipita quando o pH é abaixado para 3–4.

Curvas de Titulação com EDTA

12.6. 100,0 mL de uma solução de M^{n+} 0,050 0 M tamponada em pH 9,00 foi titulada com uma solução de EDTA 0,050 0 M.

(**a**) Qual é o volume equivalente, V_e, em mililitros?

(**b**) Calcule a concentração de M^{n+} quando $V = \frac{1}{2}V_e$.

(**c**) Que fração ($\alpha_{Y^{4-}}$) de EDTA livre está na forma Y^{4-}, em pH 9,00?

(**d**) A constante de formação (K_f) é $10^{12,00}$. Calcule o valor da constante de formação condicional $K_f'(= \alpha_{Y^{4-}}K_f)$.

(**e**) Calcule a concentração de M^{n+}, quando $V = V_e$.

(**f**) Qual a concentração de M^{n+}, quando $V = 1,100\ V_e$?

12.7. Calcule o valor de pCo^{2+} para cada um dos seguintes pontos da titulação de 25,00 mL de uma solução de Co^{2+} 0,020 26 M por uma solução de EDTA 0,038 55 M, em pH 6,00:

(**a**) 12,00 mL; (**b**) V_e; (**c**) 14,00 mL.

12.8. Considere a titulação de 25,0 mL de uma solução de $MnSO_4$ 0,020 0 M, com uma solução de EDTA 0,010 0 M, tamponada em pH 8,00. Calcule o valor de pMn^{2+}, nos volumes de EDTA adicionados vistos a seguir, e represente a curva de titulação:

(**a**) 0 mL (**d**) 49,0 mL (**g**) 50,1 mL
(**b**) 20,0 mL (**e**) 49,9 mL (**h**) 55,0 mL
(**c**) 40,0 mL (**f**) 50,0 mL (**i**) 60,0 mL

12.9. Usando os mesmos volumes do Problema 12.8, calcule o valor de pCa^{2+} para a titulação, em pH 10,00, de 25,00 mL de uma solução de EDTA 0,020 00 M por uma solução de $CaSO_4$ 0,010 00 M. Esboce a curva de titulação.

12.10. Calcule a $[HY^{3-}]$ em uma solução preparada pela mistura de 10,00 mL de $VOSO_4$ 0,010 0 M, 9,90 mL de EDTA 0,010 0 M, e 10,0 mL de tampão com um pH de 4,00.

12.11. *Titulação de um íon metálico com EDTA.* Use a Equação 12.11 para calcular as curvas (pM contra o volume, em mL, de EDTA adicionado) para a titulação de 10,00 mL de uma solução de M^{2+} (= Cd^{2+} ou Cu^{2+}) 1,00 mM com uma solução 10,0 mM de EDTA, em pH 5,00. Represente ambas as curvas em um único gráfico.

12.12. *Efeito do pH na titulação por EDTA.* Use a Equação 12.11 para calcular as curvas (pCa^{2+} contra o volume, em mL, de EDTA adicionado), para a titulação de 10,00 mL de uma solução de Ca^{2+} 1,00 mM por uma solução de EDTA 1,00 mM, em pH 5,00; 6,00; 7,00; 8,00 e 9,00. Represente todas as curvas em um único gráfico e compare seus resultados com os da Figura 12.11.

12.13. *Titulação de EDTA com um íon metálico.* Use a Equação 12.12 para reproduzir os resultados do Exercício 12.C.

Agentes de Complexação Auxiliares

12.14. Explique a finalidade de se usar um agente de complexação auxiliar e dê um exemplo do seu uso.

12.15. De acordo com o Apêndice I, o íon Cu^{2+} forma dois complexos com o íon acetato:

$$Cu^{2+} + CH_3CO_2^- \rightleftharpoons Cu(CH_3CO_2)^+ \qquad \beta_1 \quad (= K_1)$$

$$Cu^{2+} + 2CH_3CO_2^- \rightleftharpoons Cu(CH_3CO_2)_2(aq) \qquad \beta_2$$

(**a**) Encontre o valor de K_2 para a reação a seguir, a partir dos dados do Boxe 6.2.

$$Cu(CH_3CO_2)^+ + CH_3CO_2^- \rightleftharpoons Cu(CH_3CO_2)_2(aq) \qquad K_2$$

(**b**) Considere 1,00 L de uma solução preparada pela mistura de $1,00 \times 10^{-4}$ mol de $Cu(ClO_4)_2$ e 0,100 mol de CH_3CO_2Na. Use a Equação 12.16 para determinar qual a fração do cobre que se encontra na forma de Cu^{2+}.

12.16. Calcule o valor de pCu^{2+} para cada um dos seguintes pontos da titulação de 50,00 mL de uma solução de Cu^{2+} 0,001 00 M com uma solução de EDTA 0,001 00 M, em pH 11,00, em uma solução cuja concentração de NH_3 é *fixada* em 1,00 M:

(**a**) 0 mL (**c**) 45,00 mL (**e**) 55,00 mL
(**b**) 1,00 mL (**d**) 50,00 mL

12.17. Levando em consideração a dedução matemática do valor da fração α_M na Equação 12.16:

(**a**) Deduza as seguintes expressões para as frações α_{ML} e α_{ML_2}:

$$\alpha_{ML} = \frac{\beta_1[L]}{1+\beta_1[L]+\beta_2[L]^2} \qquad \alpha_{ML_2} = \frac{\beta_2[L]^2}{1+\beta_1[L]+\beta_2[L]^2}$$

(**b**) Calcule os valores de α_{ML} e α_{ML_2} para as condições do Problema 12.15.

12.18. *Equação usada em planilhas eletrônicas para um agente de complexação auxiliar.* Consideremos a titulação de uma solução do metal M (concentração = C_M, volume inicial = V_M) com uma solução de EDTA (concentração = C_{EDTA}, volume adicionado = V_{EDTA}) na presença de um ligante de complexação auxiliar (por exemplo, a amônia). Siga a dedução na Seção 12.4 para mostrar que a equação geral para todas as regiões da titulação é

$$\phi = \frac{C_{EDTA}V_{EDTA}}{C_M V_M} = \frac{1 + K_f''[M]_{livre} - \dfrac{[M]_{livre} + K_f''[M]_{livre}^2}{C_M}}{K_f''[M]_{livre} + \dfrac{[M]_{livre} + K_f''[M]_{livre}^2}{C_{EDTA}}}$$

em que K_f'' é a constante de formação condicional na presença do agente de complexação auxiliar, no pH constante da titulação (Equação 12.18) e $[M]_{livre}$ é a concentração total do metal não ligado ao EDTA. $[M]_{livre}$ é o mesmo que [M] na Equação 12.15. O resultado é equivalente à Equação 12.11, sendo que [M] foi substituído por $[M]_{livre}$ e K_f substituído por K_f''.

12.19. *Agente de complexação auxiliar.* Para fazermos este exercício devemos usar a equação que foi deduzida no Problema 12.18.

(**a**) Prepare uma planilha eletrônica para reproduzir os pontos 20, 50 e 60 mL na titulação de Zn^{2+} com EDTA em presença de amônia no exemplo da Seção 12.5.

(**b**) Use sua planilha eletrônica para construir a curva de titulação de 50,00 mL de uma solução de Ni^{2+} 5,00 mM por uma solução de EDTA 10,0 mM, em pH 11,00, na presença de oxalato 0,100 M.

12.20. *Uma planilha eletrônica para a formação dos complexos ML e ML_2.* Considere a titulação de uma solução do metal M (concentração = C_M, volume inicial = V_M) com uma solução do ligante L (concentração = C_L volume adicionado = V_L), capaz de formar complexos do tipo 1:1 e 2:1:

$$M + L \rightleftharpoons ML \qquad \beta_1 = \frac{[ML]}{[M][L]}$$

$$M + 2L \rightleftharpoons ML_2 \qquad \beta_2 = \frac{[ML_2]}{[M][L]^2}$$

Sejam α_M a fração do metal na forma M, α_{ML} a fração na forma ML e α_{ML_2} a fração na forma ML_2. Seguindo a dedução da Seção 12.5, podemos demonstrar que as equações para essas frações são dadas por:

$$\alpha_M = \frac{1}{1 + \beta_1[L] + \beta_2[L]^2} \qquad \alpha_{ML} = \frac{\beta_1[L]}{1 + \beta_1[L] + \beta_2[L]^2}$$

$$\alpha_{ML_2} = \frac{\beta_2[L]^2}{1 + \beta_1[L] + \beta_2[L]^2}$$

As concentrações de ML e ML_2 são

$$[ML] = \alpha_{ML}\frac{C_M V_M}{V_M + V_L} \qquad [ML_2] = \alpha_{ML_2}\frac{C_M V_M}{V_M + V_L}$$

pois $C_M V_M/(V_M + V_L)$ é a concentração total de todo o metal em solução. O balanço de massa para o ligante é

$$[L] + [ML] + 2[ML_2] = \frac{C_L V_L}{V_M + V_L}$$

Substituindo as expressões para [ML] e $[ML_2]$ no balanço de massa, mostre que a equação principal para a titulação do metal pelo ligante é

$$\phi = \frac{C_L V_L}{C_M + V_M} = \frac{\alpha_{ML} + 2\alpha_{ML_2} + ([L]/C_M)}{1 - ([L]/C_L)}$$

12.21. *Titulação de M com L para formar ML e ML_2.* Use a equação que foi deduzida no Problema 12.20, em que M é o íon Cu^{2+} e L é o íon acetato. Considere a adição de uma solução de acetato 0,500 M a 10,00 mL de uma solução de Cu^{2+} 0,050 0 M, em pH 7,00 (de modo que todo o ligante está presente como $CH_3CO_2^-$ e não como CH_3CO_2H). As constantes de formação para o $Cu(CH_3CO_2)^+$ e o $Cu(CH_3CO_2)_2$ são dadas no Apêndice I. Construa uma planilha eletrônica, na qual a entrada de dados é pL e a saída é [L], V_L, [M], [ML] e $[ML_2]$. Construa um gráfico mostrando como as concentrações de L, M, ML e ML_2 variam com o valor de V_L, na faixa de 0 a 3 mL.

Indicadores para Íons Metálicos

12.22. Explique por que a mudança do vermelho para o azul da Reação 12.19 ocorre subitamente no ponto de equivalência em vez de acontecer gradualmente, durante toda a titulação.

12.23. O íon cálcio foi titulado com EDTA em pH 11, usando calmagita como indicador (Tabela 12.3). Qual é a principal espécie da calmagita presente em pH 11? Que cor foi observada antes do ponto de equivalência? E após o ponto de equivalência?

12.24. O violeta de pirocatecol (Tabela 12.3) pode ser usado em uma titulação com EDTA como um indicador de íons metálicos. O procedimento é o seguinte:

1. Adicione um excesso conhecido de solução de EDTA à amostra desconhecida do íon metálico.
2. Ajuste o pH com um tampão apropriado.
3. Faça a titulação de retorno do excesso de quelato com uma solução-padrão de Al^{3+}.

Entre os tampões disponíveis a seguir, selecione o melhor e estabeleça que mudança de cor deverá ser observada no ponto final. Justifique sua resposta.

(i) pH 6–7 (ii) pH 7–8 (iii) pH 8–9 (iv) pH 9–10

Técnicas de Titulação com EDTA

12.25. Cite três circunstâncias onde uma titulação de retorno com EDTA pode se tornar necessária.

12.26. Descreva como é feita uma titulação por deslocamento e dê um exemplo.

12.27. Dê um exemplo do uso de um agente de mascaramento.

12.28. O que vem a ser dureza da água? Explique a diferença entre dureza temporária e dureza permanente.

12.29. Quantos mililitros de uma solução de EDTA 0,050 0 M são necessários para reagir com 50,0 mL de uma solução de Ca^{2+} 0,010 0 M? E com 50,0 mL de uma solução de Al^{3+} 0,010 0 M?

12.30. Uma amostra de 50,0 mL contendo Ni^{2+} foi tratada com 25,0 mL de uma solução de EDTA 0,050 0 M para complexar todo o Ni^{2+} e manter um excesso de EDTA em solução. Esse excesso de EDTA foi então titulado (titulação de retorno) e consumiu 5,00 mL de uma solução de Zn^{2+} 0,050 0 M. Qual é a concentração de Ni^{2+} na amostra original?

12.31. Uma alíquota de 50,0 mL de uma solução, contendo 0,450 g de $MgSO_4$ (MF 120,36) em 0,500 L, consumiu, para uma titulação completa, 37,6 mL de uma solução de EDTA. Quantos miligramas de $CaCO_3$ (MF 100,09) irão reagir com 1,00 mL desta solução de EDTA?

12.32. 12,73 mL de uma solução de cianeto foram tratados com 25,00 mL de solução-padrão contendo excesso de Ni^{2+} para converter o cianeto no íon complexo tetracianoniquelato(II):

$$4CN^- + Ni^{2+} \rightarrow Ni(CN)_4^{2-}$$

O excesso de Ni^{2+} foi então titulado com 10,15 mL de EDTA 0,013 07 M. O $Ni(CN)_4^{2-}$ não reage com o EDTA. Se 39,35 mL da solução de EDTA foram necessários para reagir com 30,10 mL da solução original de Ni^{2+}, calcule a molaridade do CN^- nos 12,73 mL da amostra desconhecida.

12.33. Uma amostra desconhecida de volume 1,000 mL, contendo os íons Co^{2+} e Ni^{2+}, foi tratada com 25,00 mL de uma solução de EDTA 0,038 72 M. Uma titulação de retorno, com uma solução de Zn^{2+} 0,021 27 M, em pH 5, consumiu 23,54 mL para atingir o ponto final, utilizando-se alaranjado de xilenol como indicador. Um volume de 2,000 mL desta amostra desconhecida passou por meio de uma coluna de troca iônica, que retém o íon Co^{2+} mais do que o íon Ni^{2+}. O Ni^{2+}, que passou pela coluna de troca iônica, foi tratado com 25,00 mL de uma solução de EDTA 0,038 72 M e consumiu 25,63 mL de uma solução de Zn^{2+} 0,021 27 M, em uma titulação de retorno. O Co^{2+} que saiu da coluna após o Ni^{2+} também foi tratado com 25,00 mL de uma solução de EDTA 0,038 72 M. Quantos mililitros da solução de Zn^{2+} 0,021 27 M serão necessários para a titulação de retorno do íon Co^{2+}?

12.34. Um volume de solução de 50,0 mL, contendo os íons Ni^{2+} e Zn^{2+}, foi tratado com 25,0 mL de uma solução de EDTA 0,045 2 M, para complexar todo o metal presente. O excesso de EDTA, que não reagiu, consumiu 12,4 mL de uma solução de Mg^{2+} 0,012 3 M, para a reação completa. Um excesso do reagente 2,3-dimercapto-1-propanol foi então adicionado para deslocar o EDTA do zinco. Outros 29,2 mL da solução de Mg^{2+} foram necessários para reagir com o EDTA liberado. Calcule a molaridade do Ni^{2+} e do Zn^{2+} presentes na solução original.

12.35. O íon sulfeto foi determinado por titulação indireta com EDTA. Em uma solução, contendo uma mistura de 25,00 mL de uma solução de $Cu(ClO_4)_2$ 0,043 32 M e 15 mL de um tampão acetato 1 M (pH 4,5), foram adicionados 25,00 mL de uma amostra desconhecida de sulfeto, agitando-se a mistura vigorosamente. O precipitado de CuS foi filtrado e lavado com água quente. Adicionou-se então uma solução de amônia ao filtrado (que continha excesso de Cu^{2+}) até que se observasse a cor azul do íon complexo $Cu(NH_3)_4^{2+}$. A titulação do filtrado, com uma solução de EDTA 0,039 27 M, consumiu 12,11 mL para atingir o ponto final, utilizando-se murexida como indicador. Calcule a concentração molar do sulfeto na amostra desconhecida.

12.36. *Determinação indireta de césio com EDTA.* O íon césio não forma um complexo estável com EDTA, mas pode ser titulado pela adição de um excesso conhecido de $NaBiI_4$, em ácido acético concentrado frio, contendo também um excesso de NaI. O sólido, $Cs_3Bi_2I_9$, precipita e é removido por filtração. O excesso de BiI_4^-, de cor amarela, é então titulado com solução de EDTA. O ponto final é detectado quando a cor amarela desaparece. (Tiossulfato de sódio é adicionado à reação para evitar que o I^- liberado seja oxidado pelo O_2 do ar produzindo uma solução aquosa amarela de I_2.) A precipitação é bastante seletiva para o íon Cs^+. Os íons Li^+, Na^+, K^+ e baixas concentrações de Rb^+ não interferem no processo, embora a presença do íon Tl^+ cause interferência. Suponha que 25,00 mL de uma amostra desconhecida contendo Cs^+ foram tratados com 25,00 mL de uma solução de $NaBiI_4$ 0,086 40 M, e o BiI_4^- que não reagiu consumiu, para uma titulação completa, 14,24 mL de uma solução de EDTA 0,043 7 M. Determine a concentração de Cs^+ na amostra original de concentração desconhecida.

12.37. O teor de enxofre em sulfetos insolúveis, que não se dissolvem facilmente em ácidos, pode ser determinado pela oxidação do sulfeto com Br_2 a SO_4^{2-}.[29] Os íons metálicos liberados no processo são substituídos por H^+ por meio de uma coluna de troca iônica e o sulfato é precipitado como $BaSO_4$ a partir de um excesso conhecido de $BaCl_2$. O excesso de Ba^{2+} é finalmente titulado com EDTA para determinar quanto Ba^{2+} estava presente. (Para facilitar a visualização do ponto final da titulação, uma pequena quantidade conhecida de Zn^{2+} é adicionada. O EDTA titula os dois íons, Ba^{2+} e Zn^{2+}.) Conhecendo-se o valor do excesso de Ba^{2+}, pode-se calcular o teor de enxofre presente na amostra original. Em uma análise de uma amostra do mineral esfarelita (ZnS, MF 97,44), 5,89 mg do mineral pulverizado foram suspensos em uma mistura de CCl_4 e H_2O contendo 1,5 mmol de Br_2. Após o tratamento por 1 hora a 20 °C e por 2 horas a 50 °C, o sólido dissolveu-se completamente e, então, o solvente e o excesso de Br_2 foram removidos por aquecimento. O resíduo foi dissolvido em 3 mL de água e a solução passou por uma coluna de troca iônica, onde o íon Zn^{2+} foi substituído pelo íon H^+. A seguir, adicionou-se à solução 5,000 mL de uma solução de $BaCl_2$ 0,014 63 M para precipitar todo o sulfato como $BaSO_4$. Depois da adição de 1,000 mL de solução de $ZnCl_2$ 0,010 00 M, seguida da adição de 3 mL de tampão de amônia, pH 10, foram necessários 2,39 mL de solução de EDTA 0,009 63 M para titular o excesso dos íons Ba^{2+} e Zn^{2+}, usando-se o indicador calmagita para a visualização do ponto final. Calcule a porcentagem em massa de enxofre na amostra de esfarelita. Qual seria o valor teórico?

13 Tópicos Avançados em Equilíbrio

CHUVA ÁCIDA

Catedral de São Paulo, Londres. [Kamira/Shutterstock.]

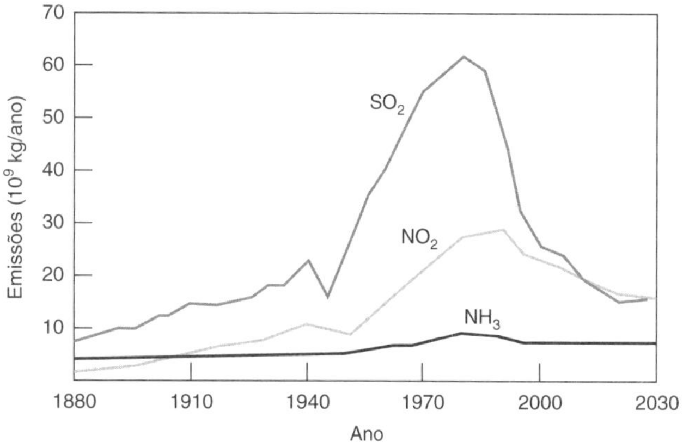

Emissões estimadas sobre a Europa. [Dados de R. F. Wright, T. Larssen, L. Camarero, B. J. Crosby, R. C. Ferrier, R. Helliwell, M. Forsius, A. Jenkins, J. Kopáček, V. Majer, F. Moldan, M. Posch, M. Rogora e W. Schöpp, "Recovery of Acidified European Surface Waters," *Environ. Sci. Technol.* **2005,** *39,* 64A.]

O calcário e o mármore são materiais de construção cujo principal constituinte é a calcita, uma forma cristalina comum de carbonato de cálcio. Esse mineral não é muito solúvel em soluções neutras ou básicas ($K_{ps} = 4{,}5 \times 10^{-9}$), mas se dissolve em soluções ácidas em função de dois **equilíbrios associados**, nos quais as reações têm uma espécie em comum — o carbonato nesse caso:

$$\underset{\text{Calcita}}{CaCO_3(s)} \rightleftharpoons Ca^{2+} + \underset{\text{Carbonato}}{CO_3^{2-}}$$

$$CO_3^{2-} + H^+ \rightleftharpoons \underset{\text{Bicarbonato}}{HCO_3^-}$$

O carbonato produzido na primeira reação é protonado para formar bicarbonato na segunda reação. O princípio de Le Châtelier nos diz que, se removermos o produto da primeira reação, deslocaremos a reação para a direita, tornando a calcita mais solúvel. Este capítulo aborda equilíbrios associados em sistemas químicos.

Entre 1980 e 1990, meio milímetro da espessura das paredes externas feitas em pedra da Catedral de São Paulo, em Londres, estavam se dissolvendo em decorrência da chuva ácida. A dissolução em uma das esquinas do prédio em frente a uma central elétrica foi 10 vezes mais rápida do que no resto do prédio até que a central foi fechada. A central elétrica e outras indústrias que queimam carvão emitem SO_2, que é a maior fonte de chuva ácida (descrita no Boxe 15.1). O fechamento da indústria pesada e as leis limitando as emissões diminuíram o SO_2 atmosférico de 100 ppb, na década de 1970, para 10 ppb, em 2000. As pedras, na parte externa da catedral de São Paulo, sofreram uma diminuição de espessura de somente 1/4 mm entre 1990 e 2000.[1]

Este capítulo opcional apresenta ferramentas para o cálculo de concentrações de espécies em sistemas com muitos equilíbrios simultâneos.[2] A ferramenta mais importante é o tratamento sistemático de equilíbrio apresentado no Capítulo 8, com soluções numéricas utilizando o Excel. Os capítulos posteriores deste livro não dependem do presente capítulo.

13.1 Abordagem Geral para Sistemas Ácido-base

Parte da abordagem para os problemas de equilíbrio neste capítulo é adaptada de Julian Roberts, University of Redlands.

Em primeiro lugar, apresentaremos uma visão geral de como calcular as concentrações de espécies em misturas de ácidos e bases. Consideramos uma solução feita pela dissolução de 20,0 mmol de hidrogenotartarato de sódio (Na^+HT^-), 15,0 mmol de cloreto de piridínio (PyH^+Cl^-) e 10,0 mmol de KOH em um volume de 1,00 L. O problema é calcular o pH e as concentrações de todas as espécies em solução.

Neste exemplo, representamos as duas constantes de dissociação ácida do H_2T como K_1 e K_2. Indicamos a constante de dissociação ácida do PyH^+ como K_a.

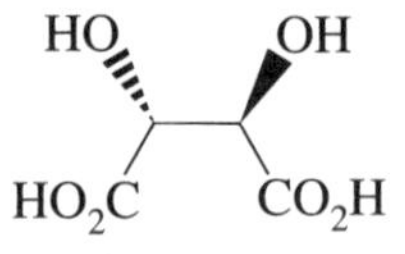

Ácido D-tartárico
H_2T
$pK_1 = 3{,}036$, $pK_2 = 4{,}366$

Cloreto de piridínio
PyH^+Cl^-
$pK_a = 5{,}20$

As reações químicas e as constantes de equilíbrio em força iônica 0 são

$$H_2T \rightleftharpoons HT^- + H^+ \qquad K_1 = 10^{-3{,}036} \tag{13.1}$$

$$HT^- \rightleftharpoons T^{2-} + H^+ \qquad K_2 = 10^{-4{,}366} \tag{13.2}$$

$$PyH^+ \rightleftharpoons Py + H^+ \qquad K_a = 10^{-5{,}20} \tag{13.3}$$

$$H_2O \rightleftharpoons H^+ + OH^- \qquad K_w = 10^{-14{,}00} \tag{13.4}$$

Existe um fator 2 na frente de $[T^{2-}]$ porque o íon tem uma carga −2. O íon T^{2-} 1 M contribui com uma carga de 2 M.

O balanço de carga é

$$[H^+] + [PyH^+] + [Na^+] + [K^+] = [OH^-] + [HT^-] + 2[T^{2-}] + [Cl^-] \tag{13.5}$$

e existem vários balanços de massa:

$$[Na^+] = 0{,}020\,0\text{ M} \qquad [K^+] = 0{,}010\,0\text{ M} \qquad [Cl^-] = 0{,}015\,0\text{ M}$$

$$[H_2T] + [HT^-] + [T^{2-}] = 0{,}020\,0\text{ M} \qquad [PyH^+] + [Py] = 0{,}015\,0\text{ M}$$

Equações "independentes" não podem ser obtidas uma da outra. Como um exemplo trivial, as equações $a = b + c$ e $2a = 2b + 2c$ não são independentes. As três expressões para as constantes de equilíbrio, K_a, K_b e K_w, para um ácido fraco e suas bases conjugadas fornecem somente duas equações independentes, pois podemos obter K_b a partir de K_a e K_w: $K_b = K_w/K_a$.

Há 10 equações independentes e 10 espécies. Então, teremos informação suficiente para resolver o sistema para todas as concentrações.

Há uma forma sistemática de lidar com esse problema sem malabarismos algébricos.

Etapa 1 Escreva uma *equação de composição fracionária*, como na Seção 10.5, para cada ácido ou base que apareça no balanço de carga.

Etapa 2 Substitua as expressões de composição fracionária dentro do balanço de carga e entre com os valores conhecidos de $[Na^+]$, $[K^+]$ e $[Cl^-]$. Escreva também $[OH^-] = K_w/[H^+]$. Nesse ponto, teremos uma equação complicada na qual a única incógnita é $[H^+]$.

Etapa 3 Utilize sua planilha eletrônica "de sempre" para resolver o sistema obtendo o valor de $[H^+]$.

Iremos agora recapitular as equações de composição fracionária, vistas na Seção 10.5, para *qualquer* ácido monoprótico HA e para *qualquer* ácido diprótico H_2A.

$F_{HA} = [HA] + [A^-]$

Sistema monoprótico:

$$[HA] = \alpha_{HA}\,F_{HA} = \frac{[H^+]F_{HA}}{[H^+] + K_a} \tag{13.6a}$$

$$[A^-] = \alpha_{A^-}F_{HA} = \frac{K_aF_{HA}}{[H^+] + K_a} \tag{13.6b}$$

$F_{H_2A} = [H_2A] + [HA^-] + [A^{2-}]$

Sistema diprótico:

$$[H_2A] = \alpha_{H_2A}F_{H_2A} = \frac{[H^+]^2F_{H_2A}}{[H^+]^2 + [H^+]K_1 + K_1K_2} \tag{13.7a}$$

$$[HA^-] = \alpha_{HA^-}F_{H_2A} = \frac{K_1[H^+]F_{H_2A}}{[H^+]^2 + [H^+]K_1 + K_1K_2} \tag{13.7b}$$

$$[A^{2-}] = \alpha_{A^{2-}}F_{H_2A} = \frac{K_1K_2F_{H_2A}}{[H^+]^2 + [H^+]K_1 + K_1K_2} \tag{13.7c}$$

A Tabela 11.5 fornece as equações de composição fracionária para o H_3A.

Em cada equação, α_i é a fração de cada forma. Por exemplo, $\alpha_{A^{2-}}$ é a fração do ácido diprótico na forma A^{2-}. Quando multiplicamos $\alpha_{A^{2-}}$ vezes F_{H_2A} (a concentração total ou formal de H_2A), o produto é a concentração da espécie A^{2-}.

Aplicação do Procedimento Geral

Agora, aplicaremos o procedimento geral para a mistura contendo hidrogenotartarato de sódio (Na^+HT^-) 0,020 0 M, cloreto de piridínio (PyH^+Cl^-) 0,015 0 M e KOH 0,010 0 M. Definiremos as concentrações formais como F_{H_2T} = 0,020 0 M e F_{PyH^+} = 0,015 0 M.

Etapa 1 Escrevemos uma *equação de composição fracionária* para cada ácido ou base que aparece no balanço de carga.

$$[PyH^+] = \alpha_{PyH^+}\ F_{PyH^+} = \frac{[H^+]F_{PyH^+}}{[H^+] + K_a} \quad (13.8)$$

$$[HT^-] = \alpha_{HT^-} F_{H_2T} = \frac{K_1[H^+]F_{H_2T}}{[H^+]^2 + [H^+]K_1 + K_1K_2} \quad (13.9)$$

$$[T^{2-}] = \alpha_{T^{2-}}\ F_{H_2T} = \frac{K_1K_2F_{H_2T}}{[H^+]^2 + [H^+]K_1 + K_1K_2} \quad (13.10)$$

Todas as grandezas do lado direito destas expressões são conhecidas, com exceção de $[H^+]$.

Etapa 2 Substituímos as expressões de composição fracionária dentro do balanço de carga 13.5. Entramos com os valores de $[Na^+]$, $[K^+]$ e $[Cl^-]$, e escrevemos $[OH^-] = K_w/[H^+]$.

$$[H^+] + [PyH^+] + [Na^+] + [K^+] = [OH^-] + [HT^-] + 2[T^{2-}] + [Cl^-] \quad (13.5)$$

$$[H^+] + \alpha_{PyH^+}\ F_{PyH^+} + [0{,}020\ 0] + [0{,}010\ 0] = \frac{K_w}{[H^+]} + \alpha_{HT^-}\ F_{H_2T} + 2\alpha_{T^{2-}}\ F_{H_2T} + [0{,}015\ 0] \quad (13.11)$$

K_a, K_1, K_2 e $[H^+]$ estão contidas dentro das expressões de α. A única variável na Equação 13.11 é $[H^+]$.

Etapa 3 A planilha eletrônica da Figura 13.1 resolve a Equação 13.11 para $[H^+]$.

Na Figura 13.1, as células em destaque contêm os dados de entrada. Todo o resto é calculado pela planilha eletrônica. Os valores para F_{H_2T}, pK_1, pK_2, F_{PyH^+}, pK_a e $[K^+]$ são dados do problema. O valor inicial do pH na célula H13 é uma *estimativa*. Usaremos a ferramenta Solver do Excel para variar o valor do pH até que a soma das cargas na célula E15 seja 0. As espécies no balanço de carga estão nas células B10:E13. O valor da $[H^+]$ na célula B10 é calculado a partir do pH que foi estimado na célula H13. O valor da $[PyH^+]$ na célula B11

Etapa importante: *estime* um valor para $[H^+]$ e utilize a ferramenta Solver do Excel para variar $[H^+]$ até que seja satisfeito o balanço de carga.

	A	B	C	D	E	F	G	H	I
1	Mistura de Na^+HT^- 0,020 M, PyH^+Cl^- 0,015 M e KOH 0,010 M								
2									
3	F_{H2T} =	0,020		F_{PyH+} =	0,015		$[K^+]$ =	0,010	
4	pK_1 =	3,036		pK_a =	5,20		K_w =	1,00E-14	
5	pK_2 =	4,366		K_a =	6,31E-06				
6	K_1 =	0,20E-04							
7	K_2 =	4,31E-05							
8									
9	Espécies no balanço de carga:						Outras concentrações:		
10	$[H^+]$ =	1,00E-06		$[OH^-]$ =	1,00E-08		$[H_2T]$ =	4,93E-07	
11	$[PyH^+]$ =	2,05E-03		$[HT^-]$ =	4,54E-04		[Py] =	1,29E-02	
12	$[Na^+]$ =	0,020		$[T^{2-}]$ =	1,95E-02				
13	$[K^+]$ =	0,010		$[Cl^-]$ =	0,015		pH =	6,000	←o valor inicial
14									é uma estimativa
15	Carga positiva menos carga negativa =				−2,25E-02	←o Solver varia o valor de pH em H13 para			
						fazer este valor igual a 0			
16					E15 = B10+B11+B12+B13-E10-E11-2*E12-E13				
17	Verificação: $[PyH^+]$ + [Py] =			0,01500	(= B11+H11)				
18	Verificação: $[H_2T]$ + $[HT^-]$ + $[T^{2-}]$ =			0,02000	(= H10+E11+E12)				
19									
20	Fórmulas:								
21	B6 = 10^-B4		B7 = 10^-B5		E5 = 10^-E4		E10 = H4/B10		
22	B10 = 10^-H13		B12 = B3		B13 = H3		E13 = E3		
23	E11 = B6*B10*B3/(B10^2+B10*B6+B6*B7)						B11 = B10*E3/(B10+E5)		
24	E12 = B6*B7*B3/(B10^2+B10*B6+B6*B7)						H11 = E5*E3/(B10+E5)		
25	H10 = B10^2*B3/(B10^2+B10*B6+B6*B7)								

FIGURA 13.1 A planilha eletrônica para a mistura de ácidos e bases utiliza a ferramenta Solver para encontrar o valor do pH, na célula H13, que satisfaz ao balanço de carga na célula E15. As somas $[PyH^+]$ + [Py], na célula D17, e $[H_2T]$ + $[HT^-]$ + $[T^{2-}]$, na célula D18, são calculadas para verificar se as fórmulas para cada espécie não têm erros. Estas somas são independentes do pH.

Nos problemas de equilíbrio na Seção 8.5, minimizamos tanto o balanço de carga como o balanço de massa. Na Seção 13.1, já usamos o balanço de massa para obter as equações de composição fracionária 13.8 a 13.10. Portanto, só minimizamos o banco de carga com a planilha eletrônica.

é calculado pela Equação 13.8. Valores conhecidos são inseridos para $[Na^+]$, $[K^+]$ e $[Cl^-]$. O valor de $[OH^-]$ é calculado a partir de $K_w/[H^+]$. Os valores de $[HT^-]$ e $[T^{2-}]$ nas células E11 e E12 são calculados pelas Equações 13.9 e 13.10.

A soma de cargas, $[H^+] + [PyH^+] + [Na^+] + [K^+] - [OH^-] - [HT^-] - 2[T^{2-}] - [Cl^-]$, é calculada na célula E15. Se tivéssemos estimado o valor correto de pH na célula H13, a soma das cargas seria 0. Em vez disto, a soma é $-2{,}25 \times 10^{-2}$ M. Usaremos a ferramenta Solver do Excel para variar o valor do pH na célula H13 até que a soma das cargas na célula E15 seja 0.

Usando a Ferramenta Solver do Excel

Para o Excel 2016 em um PC, na aba Dados de sua planilha, clique em Solver no grupo de opções Análise. (O Excel é encontrado no menu Ferramentas em um Mac.) Na janela Parâmetros do Solver (Figura 8.10a) clique em Opções. Em Opções (do Solver), Figura 8.10b, selecione a aba Todos os Métodos. Fixe Precisão da Restrição = 1e-15 e Tempo máx. (segundos) = 100. Ainda em Opções, selecione a aba GRG Não Linear. Em Derivativos, selecione Central. Outros parâmetros podem ser deixados com os valores-padrão dados pelo Excel. Clique em OK.

Na janela Parâmetros do Solver (Figura 8.10a), digite E15 em Definir Objetivo, Para: Valor de: 0, e Alterando Células Variáveis H13. A seguir, clique em Solver. O Solver irá variar o valor do pH na célula H13 de maneira a fazer com que a carga líquida na célula E15 seja igual a 0.

	A	B	C	D	E	F	G	H
9	Espécies no balanço de carga:						Outras concentrações:	
10	$[H^+]$ =	5,04E-05		$[OH^-]$ =	1,99E-10		$[H_2T]$ =	5,73E-04
11	$[PyH^+]$ =	1,33E-02		$[HT^-]$ =	1,05E-02		[Py] =	1,67E-03
12	$[Na^+]$ =	0,020		$[T^{2-}]$ =	8,95E-03			
13	$[K^+]$ =	0,010		$[Cl^-]$ =	0,015		pH =	4,298
14								
15	Carga positiva menos carga negativa				1,08E-16			

Ignorância É uma Bênção: uma Complicação Decorrente da Formação de Pares Iônicos

Não devemos ficar presunçosos com o recém-descoberto poder de manipular problemas complexos, pois simplificamos a situação real. Para citar uma das simplificações, não incluímos os coeficientes de atividade, que normalmente afetam o valor da resposta em alguns décimos de unidade de pH. Na Seção 13.2, mostraremos como incorporar os coeficientes de atividade.

Mesmo com os coeficientes de atividade, estaremos sempre limitados pelo comportamento químico que não conhecemos. Na mistura de hidrogenotartarato de sódio (Na^+HT^-), cloreto de piridínio (PyH^+Cl^-) e KOH, os vários equilíbrios possíveis de pares iônicos são

Constantes de equilíbrio provenientes de A. E. Martell, R. M. Smith e R. L. Motekaitis, *NIST Standard Reference Database 46*, Version 6.0, 2001.

$$Na^+ + T^{2-} \rightleftharpoons NaT^- \qquad K_{NaT^-} = \frac{[NaT^-]}{[Na^+][T^{2-}]} = 8 \tag{13.12}$$

$$Na^+ + HT^- \rightleftharpoons NaHT \qquad K_{NaHT} = \frac{[NaHT]}{[Na^+][HT^-]} = 1{,}6 \tag{13.13}$$

$$Na^+ + Py \rightleftharpoons PyNa^+ \qquad K_{PyNa^+} = 1{,}0 \tag{13.14}$$

$$K^+ + T^{2-} \rightleftharpoons KT^- \qquad K_{KT^-} = 3$$

$$K^+ + HT^- \rightleftharpoons KHT \qquad K_{KHT} = ?$$

$$PyH^+ + Cl^- \rightleftharpoons PyH^+Cl^- \qquad K_{PyH^+Cl^-} = ?$$

$$PyH^+ + T^{2-} \rightleftharpoons PyHT^- \qquad K_{PyHT^-} = ?$$

Alguns valores de constantes de equilíbrio, em força iônica 0, foram listados anteriormente. Os valores para as outras reações não estão disponíveis, mas não existe razão para acreditar que estas reações não ocorram.

Como podemos adicionar a formação de pares iônicos em nossa planilha eletrônica? Por uma questão de simplicidade, mostraremos apenas como adicionar as Reações 13.12 e 13.13. Com estas reações, o balanço de massa para o sódio é

$$[Na^+] + [NaT^-] + [NaHT] = F_{Na} = F_{H_2T} = 0{,}020\ 0\ M \tag{13.15}$$

A partir dos equilíbrios dos pares iônicos, podemos escrever $[NaT^-] = K_{NaT^-}[Na^+][T^{2-}]$ e $[NaHT] = K_{NaHT}[Na^+][HT^-]$. Com estas substituições de $[NaT^-]$ e $[NaHT]$ no balanço de massa para o sódio, podemos encontrar uma expressão para $[Na^+]$:

$$[Na^+] = \frac{F_{H_2T}}{1 + K_{NaT^-}[T^{2-}] + K_{NaHT}[HT^-]} \quad \textbf{(13.16)}$$

Um incômodo maior, quando consideramos os pares iônicos, é que as equações de composição fracionária para $[H_2T]$, $[HT^-]$ e $[T^{2-}]$ também são alteradas, pois o balanço de massa para o H_2T possui agora cinco espécies em vez de três:

$$F_{H_2T} = [H_2T] + [HT^-] + [T^{2-}] + [NaT^-] + [NaHT] \quad \textbf{(13.17)}$$

Precisamos encontrar novas equações análogas às Equações 13.9 e 13.10 a partir do balanço de massa 13.17.

O resultado final da inclusão dos equilíbrios de pares iônicos das Equações 13.12 e 13.13 é a alteração do valor calculado do pH de 4,30 para 4,26. Encontramos que 7% do sódio está envolvido em pares iônicos. Desprezar os pares iônicos que têm pequenos valores de constantes de equilíbrio não acarreta grandes erros. *Nossa capacidade de calcular a distribuição de espécies em uma solução é limitada pelo nosso conhecimento dos equilíbrios relevantes.*

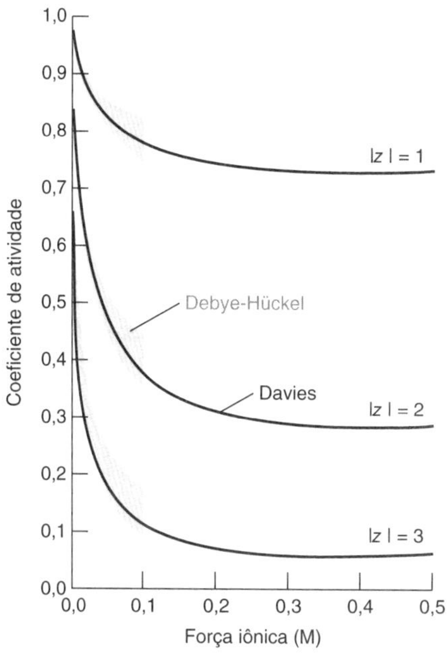

FIGURA 13.2 Coeficientes de atividade a partir das equações de Debye-Hückel estendida e de Davies. As áreas sombreadas indicam os coeficientes de atividade de Debye-Hückel para o intervalo de tamanho de íons da Tabela 8.1.

13.2 Coeficientes de Atividade

Mesmo quando conhecemos todas as reações e as respectivas constantes de equilíbrio para um dado sistema, não podemos calcular as concentrações de forma exata sem os coeficientes de atividade. O Capítulo 8 fornece a equação de Debye-Hückel estendida para os coeficientes de atividade (Equação 8.6) utilizando parâmetros associados ao tamanho dos íons. Esses parâmetros foram apresentados na Tabela 8.1. Entretanto, muitos íons de interesse não estão listados na Tabela 8.1 e não conhecemos os parâmetros associados aos seus tamanhos. Na Seção 8.5 estimamos os tamanhos dos íons que não estavam na tabela. Agora, introduzimos neste capítulo a *equação de Davies*, que não necessita de parâmetros associados ao tamanho dos íons (e é mais exata do que a estimativa de tamanhos):

Equação de Davies:
$$\log \gamma = -0{,}51 z^2 \left(\frac{\sqrt{\mu}}{1 + \sqrt{\mu}} - 0{,}3\mu \right) \quad \text{(a 25 °C)} \quad \textbf{(13.18)}$$

em que γ é o coeficiente de atividade para o íon de carga z na força iônica μ. A Equação 13.18 pode ser usada para valores até $\mu \approx 0{,}5$ M (Figura 13.2).

Consideramos, agora, o tampão-padrão primário de KH_2PO_4 0,025 0 m e Na_2HPO_4 0,025 0 m. O valor do pH deste tampão, a 25 °C, é 6,865 ± 0,006.[3] A unidade de concentração, m, é a *molalidade*, que significa número de mols de soluto por quilograma de solvente. Para medidas químicas precisas, geralmente as concentrações são expressas em molalidade em vez de molaridade, pois a molalidade é independente da temperatura. As incertezas nos valores das constantes de equilíbrio são, em geral, suficientemente grandes para que a diferença de ~0,3% entre a molalidade e a molaridade de soluções diluídas não seja importante.

Uma solução de K_2HPO_4 0,5% em massa tem uma *molaridade* igual a 0,028 13 mol/L e uma *molalidade* igual a 0,028 20 mol/kg. A diferença é de 0,25%.

As constantes de equilíbrio ácido-base para o H_3PO_4, em $\mu = 0$ e a 25 °C, são

$$H_3PO_4 \rightleftharpoons H_2PO_4^- + H^+ \qquad K_1 = \frac{[H_2PO_4^-]\gamma_{H_2PO_4^-}[H^+]\gamma_{H^+}}{[H_3PO_4]\gamma_{H_3PO_4}} = 10^{-2{,}148} \quad \textbf{(13.19)}$$

$$H_2PO_4^- \rightleftharpoons HPO_4^{2-} + H^+ \qquad K_2 = \frac{[HPO_4^{2-}]\gamma_{HPO_4^{2-}}[H^+]\gamma_{H^+}}{[H_2PO_4^-]\gamma_{H_2PO_4^-}} = 10^{-7{,}198} \quad \textbf{(13.20)}$$

$$HPO_4^{2-} \rightleftharpoons PO_4^{3-} + H^+ \qquad K_3 = \frac{[PO_4^{3-}]\gamma_{PO_4^{3-}}[H^+]\gamma_{H^+}}{[HPO_4^{2-}]\gamma_{HPO_4^{2-}}} = 10^{-12{,}375} \quad \textbf{(13.21)}$$

As constantes de equilíbrio podem ser determinadas a partir da medição dos quocientes de concentrações em diversos valores pequenos de força iônica e, então, extrapolados para força iônica 0.

Para $\mu \neq 0$, podemos rearranjar as constantes de equilíbrio de forma a incorporar os coeficientes de atividade dentro de uma constante de equilíbrio efetiva, K', para uma dada força iônica.

$$K_1' = K_1 \left(\frac{\gamma_{H_3PO_4}}{\gamma_{H_2PO_4^-}\gamma_{H^+}} \right) = \frac{[H_2PO_4^-][H^+]}{[H_3PO_4]} \quad \textbf{(13.22)}$$

K_2' fornece o *quociente de concentração*

$$\frac{[HPO_4^{2-}][H^+]}{[H_2PO_4^-]}$$

em uma força iônica específica.

$$K_2' = K_2\left(\frac{\gamma_{H_2PO_4^-}}{\gamma_{HPO_4^{2-}}\gamma_{H^+}}\right) = \frac{[HPO_4^{2-}][H^+]}{[H_2PO_4^-]} \qquad (13.23)$$

$$K_3' = K_3\left(\frac{\gamma_{HPO_4^{2-}}}{\gamma_{PO_4^{3-}}\gamma_{H^+}}\right) = \frac{[PO_4^{3-}][H^+]}{[HPO_4^{2-}]} \qquad (13.24)$$

Para espécies iônicas, podemos calcular os coeficientes de atividade pela equação de Davies, Equação 13.18. Para espécies neutras, como o H_3PO_4, assumimos que $\gamma \approx 1{,}00$.

Vamos agora relembrar as equações de ionização da água:

Valores de K_w são encontrados na Tabela 6.1.

$$H_2O \rightleftharpoons H^+ + OH^- \qquad K_w = [H^+]\gamma_{H^+}[OH^-]\gamma_{OH^-} = 10^{-13{,}995}$$

$$K_w' = \frac{K_w}{\gamma_{H^+}\gamma_{OH^-}} = [H^+][OH^-] \Rightarrow [OH^-] = K_w'/[H^+] \qquad (13.25)$$

$$pH = -\log([H^+]\gamma_{H^+}) \qquad (13.26)$$

Vamos agora calcular o valor do pH da solução de KH_2PO_4 0,025 0 *m* mais Na_2HPO_4 0,025 0 *m*, incluindo os coeficientes de atividade. As reações químicas são as reações de 13.19 até 13.21, mais a da ionização da água. Os balanços de massa são $[K^+]$ = 0,025 0 *m*, $[Na^+]$ = 0,050 0 *m* e fosfato total ≡ F_{H_3P} = 0,050 0 *m*. O balanço de carga é

$$[Na^+]+[K^+]+[H^+] = [H_2PO_4^-]+2[HPO_4^{2-}]+3[PO_4^{3-}]+[OH^-] \qquad (13.27)$$

Nossa estratégia é substituir as expressões no balanço de carga para obter uma equação na qual a única incógnita seja $[H^+]$. Para este propósito, usaremos as equações de composição fracionária para o ácido triprótico, H_3PO_4, que abreviaremos como H_3P:

$$[P^{3-}] = \alpha_{P^{3-}}F_{H_3P} = \frac{K_1'K_2'K_3'F_{H_3P}}{[H^+]^3+[H^+]^2K_1'+[H^+]K_1'K_2'+K_1'K_2'K_3'} \qquad (13.28)$$

$$[HP^{2-}] = \alpha_{HP^{2-}}F_{H_3P} = \frac{[H^+]K_1'K_2'F_{H_3P}}{[H^+]^3+[H^+]^2K_1'+[H^+]K_1'K_2'+K_1'K_2'K_3'} \qquad (13.29)$$

$$[H_2P^-] = \alpha_{H_2P^-}F_{H_3P} = \frac{[H^+]^2K_1'F_{H_3P}}{[H^+]^3+[H^+]^2K_1'+[H^+]K_1'K_2'+K_1'K_2'K_3'} \qquad (13.30)$$

$$[H_3P] = \alpha_{H_3P}F_{H_3P} = \frac{[H^+]^3F_{H_3P}}{[H^+]^3+[H^+]^2K_1'+[H^+]K_1'K_2'+K_1'K_2'K_3'} \qquad (13.31)$$

Truques necessários para lidar com a força iônica e os coeficientes de atividade no Excel

A Figura 13.3 reúne todos os cálculos em uma planilha eletrônica. Precisamos da força iônica para calcular as concentrações e precisamos das concentrações para calcular a força iônica. Dizemos que há uma *referência circular* porque a concentração depende da força iônica e a força iônica depende da concentração. Para lidar com a referência circular no Excel 2016, selecione a aba Arquivo e, em seguida, Opções. Na janela Opções do Excel, selecione Fórmulas. Em Opções de Cálculo, marque "Habilitar cálculo iterativo" e fixe o Número Máximo de Alterações em 1e-15. Clique OK e sua planilha estará pronta para lidar com referências circulares.

Em planilhas com coeficientes de atividade, você pode observar a mensagem de erro #NUM! em vários locais quando você configura a planilha pela primeira vez. Se isso ocorrer, insira um *número* (por exemplo, 0) em vez de uma *fórmula* para a força iônica. Após inserir todas as fórmulas, volte para a força iônica e substitua o número 0 pela fórmula para a força iônica.

Os dados de entrada para $F_{KH_2PO_4}$, $F_{Na_2HPO_4}$, pK_1, pK_2, pK_3 e pK_w estão nas células sombreadas na Figura 13.3. Na célula H15 *estimamos* um valor de pH. A força iônica é calculada na célula E19. O pH inicial é apenas uma estimativa, de modo que as concentrações e a força iônica ainda não estão corretas. Nas células A9:H10 são calculadas as atividades pela equação de Davies. Nas células A13:H16 são calculadas as concentrações. O valor de $[H^+]$ da célula B13 é $(10^{-pH})/\gamma_{H^+}$ = (10^-H15)/B9. Na célula E18 é calculada a soma das cargas.

Uma estimativa inicial do pH = 7 na célula H15 fornece na célula E18 uma carga líquida de – 0,003 7 *m* e uma força iônica de 0,105 5 *m* na célula E19. Estes valores não estão mostrados na Figura 13.3. A ferramenta Solver do Excel foi então utilizada para variar o valor do pH na

	A	B	C	D	E	F	G	H
1	Mistura de KH_2PO_4 e Na_2HPO_4 incluindo os coeficientes de atividade de acordo com a							
2	equação de Davies							
3	$F_{KH_2PO_4}$ =	0,0250		pK_1 =	2,148		K_1'=	1,17E-02
4	$F_{Na_2PO_4}$ =	0,0250		pK_2 =	7,198		K_2'=	1,70E-07
5	F_{H_3P} =	0,0500	(=B3+B4)	pK_3 =	12,375		K_3'=	1,86E-12
6				pK_w =	13,995		K_w'=	1,66E-14
7								
8	Coeficientes de atividade:							
9	H^+ =	0,78		H_3P =	1,00	(fixado em 1)	HP^{2-} =	0,37
10	OH^- =	0,78		H_2P^- =	0,78		P^{3-} =	0,11
11								
12	Espécies no balanço de carga:						Outras concentrações:	
13	$[H^+]$ =	1,70E-07		$[OH^-]$ =	9,74E-08		$[H_3P]$ =	3,65E-07
14	$[Na^+]$ =	0,050000		$[H_2P^-]$ =	2,50E-02			
15	$[K^+]$ =	0,025000		$[HP^{2-}]$ =	2,50E-02		pH =	6,876
16				$[P^{3-}]$ =	2,73E-07		↑ o valor inicial é uma	
17							estimativa	
18		Carga positiva menos carga negativa =			−1,15E-17			
19				Força iônica =	0,1000	=0,5*(B13+B14+B15+E13+E14		
20							+4*E15+9*E16)	
21	Fórmulas:							
22	H3 = 10^-E3*E9/(E10*B9)				H4 = 10^-E4*E10/(H9*B9)			
23	H5 = 10^-E5*H9/(H10*B9)				H6 = 10^-E6/(B9*B10)			
24	B9 = B10 = E10 = 10^(-0,51*1^2*(SQRT($E$19)/(1+SQRT($E$19))-0,3*$E$19))							
25	H9 = 10^(-0,51*2^2*(SQRT($E$19)/(1+SQRT($E$19))-0,3*$E$19))							
26	H10 = 10^(-0,51*3^2*(SQRT($E$19)/(1+SQRT($E$19))-0,3*$E$19))							
27	B13 = (10^-H15)/B9		B14 = 2*B4		B15 = B3		E13 = H6/(B13)	
28	E14 = B13^2*H3*B5/(B13^3+B13^2*H3+B13*H3*H4+H3*H4*H5)							
29	E15 = B13*H3*H4*B5/(B13^3+B13^2*H3+B13*H3*H4+H3*H4*H5)							
30	E16 = H3*H4*H5*B5/(B13^3+B13^2*H3+B13*H3*H4+H3*H4*H5)							
31	H13 = B13^3*B5/(B13^3+B13^2*H3+B13*H3*H4+H3*H4*H5)							
32	E18 = B13+B14+B15-E13-E14-2*E15-3*E16							

FIGURA 13.3 Planilha eletrônica resolvida para o sistema KH_2PO_4 0,025 0 *m* e Na_2HPO_4 0,025 0 *m*. A planilha foi configurada para lidar com referências circulares entre coeficientes de atividade e força iônica. Solver foi utilizado para variar o pH na célula H15 até que o balanço de carga na célula E18 fosse satisfeito.

célula H15 de modo a produzir uma carga líquida próxima de zero na célula E18. As Opções do Solver devem ser fixadas como descrito em "Usando a Ferramenta Solver do Excel" na Seção 13.1. A Figura 13.3 mostra que a execução do Solver fornece pH = 6,876 na célula H15 e uma carga líquida de -1×10^{-17} *m* na célula E18. A força iônica calculada na célula E19 é 0,100 *m*. O trabalho está concluído!

O valor calculado de 6,876 para o pH difere do valor certificado 6,865 de 0,011 unidade. Esta diferença é pequena o suficiente para atestar uma concordância entre o valor medido do pH e o valor calculado encontrado. Se tivéssemos empregado os coeficientes de atividade de Debye-Hückel estendido para μ = 0,1 *m* da Tabela 8.1, o valor calculado de pH seria 6,859, o que difere do valor correto do pH de apenas 0,006 unidade.

Algumas vezes a ferramenta Solver não consegue encontrar uma solução, se a Precisão fixada na janela Opções for um valor muito pequeno. Devemos, então, aumentar o valor da Precisão (por exemplo, 1E-10) e observar se o Solver encontra uma solução. Podemos, também, tentar uma estimativa inicial diferente para o pH.

De Volta ao Básico

Uma planilha eletrônica, operando sobre o balanço de carga para reduzir a carga líquida a zero, é um excelente método geral para solucionar problemas envolvendo equilíbrios complexos. Entretanto, aprendemos como achar o pH de uma mistura de KH_2PO_4 e Na_2HPO_4 no Capítulo 9 por meio de um método simples e menos rigoroso. Lembremos que, quando misturamos um ácido fraco ($H_2PO_4^-$) e sua base conjugada (HPO_4^{2-}), *o que misturamos é o que temos*. O pH pode ser estimado a partir da equação de Henderson-Hasselbalch, Equação 9.18, com coeficientes de atividade:

$$\text{pH} = pK_a + \log\frac{[A^-]\gamma_{A^-}}{[HA]\gamma_{HA}} = pK_2 + \log\frac{[HPO_4^{2-}]\gamma_{HPO_4^{2-}}}{[H_2PO_4^-]\gamma_{H_2PO_4^-}} \qquad (9.18)$$

Para a solução KH_2PO_4 0,025 m mais Na_2HPO_4 0,025 m, a força iônica é

$$\mu = \frac{1}{2}\sum_i c_i z_i^2 = \frac{1}{2}([K^+]\cdot(+1)^2 + [H_2PO_4^-]\cdot(-1)^2 + [Na^+]\cdot(+1)^2 + [HPO_4^{2-}]\cdot(-2)^2)$$

$$= \frac{1}{2}([0{,}025]\cdot 1 + [0{,}025]\cdot 1 + [0{,}050]\cdot 1 + [0{,}025]\cdot 4) = 0{,}100\ m$$

Na Tabela 8.1, os coeficientes de atividade em $\mu = 0{,}1\ m$ são 0,775 para $H_2PO_4^{2-}$ e 0,355 para HPO_4^{2-}. Substituindo estes valores na Equação 9.18 temos

$pK_a = pK_2 = 7{,}198$ na Equação 9.18 é válido em $\mu = 0$.

$$pH = 7{,}198 + \log\frac{[0{,}025]0{,}355}{[0{,}025]0{,}775} = 6{,}859$$

A resposta é a mesma que obtivemos com a planilha eletrônica porque a aproximação que diz que o que misturamos é o que temos é excelente neste caso.

Então, já sabíamos como calcular o pH deste tampão por meio de um cálculo simples. A importância do método geral com o balanço de carga na planilha eletrônica se deve ao fato de ser aplicável em situações mais complexas, onde o que misturamos não é o que temos, ou quando os valores das concentrações são muito baixos, ou quando o valor de K_2 não é muito pequeno, ou quando existem equilíbrios adicionais.

A Ignorância Continua Sendo uma Bênção

Mesmo em uma solução simples como KH_2PO_4 mais Na_2HPO_4, para a qual estamos orgulhosos do cálculo exato do pH, ignoramos inúmeros equilíbrios de pares iônicos:

Existe um conjunto análogo de reações para o K^+, cujas constantes de equilíbrio são similares àquelas para o Na^+.

$$PO_4^{3-} + Na^+ \rightleftharpoons NaPO_4^{2-} \quad K = 27 \qquad HPO_4^{2-} + Na^+ \rightleftharpoons NaHPO_4^- \quad K = 12$$

$$H_2PO_4^- + Na^+ \rightleftharpoons NaH_2PO_4 \quad K = 2 \qquad NaPO_4^{2-} + Na^+ \rightleftharpoons Na_2PO_4^- \quad K = 14$$

$$Na_2PO_4^- + H^+ \rightleftharpoons Na_2HPO_4 \quad K = 5{,}4\times 10^{10}$$

A confiança nos valores calculados para as concentrações depende do conhecimento de todos os equilíbrios relevantes e de termos a coragem de incluí-los nos cálculos, o que não é trivial.

O pK_2 efetivo para o H_3PO_4 listado na referência *NIST Critically Selected Stability Constants Database 46* (2001) para uma força iônica de 0,1 M tem os seguintes valores: 6,71 para o contraíon Na^+, 6,75 para o contraíon K^+ e 6,92 para contraíons tetra-alquilamônio não especificados. A dependência do pK efetivo com relação à natureza do contraíon sugere fortemente que as reações de pares iônicos têm um papel real na química de soluções.

13.3 Dependência da Solubilidade com Relação ao pH

Um exemplo importante do efeito do pH sobre a solubilidade é a degradação dos dentes. O esmalte dentário contém o mineral hidroxiapatita, que é insolúvel em valores de pH próximos da neutralidade, mas que se dissolve em ácido porque o fosfato e o hidróxido na hidroxiapatita reagem com o H^+:

$$\underset{\text{Hidroxiapatita de cálcio}}{Ca_{10}(PO_4)_6(OH)_2(s)} + 14H^+ \rightleftharpoons 10Ca^{2+} + 6H_2PO_4^- + 2H_2O$$

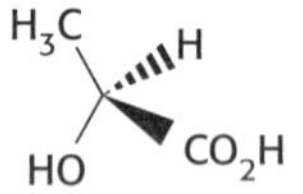
Ácido L-lático

As bactérias na superfície dos dentes metabolizam açúcares e produzem ácido lático, que diminui suficientemente o pH para dissolver lentamente o esmalte dos dentes. O flúor inibe a degradação dos dentes porque ele forma fluorapatita, $Ca_{10}(PO_4)_6F_2$, que é mais resistente a ácidos do que a hidroxiapatita.

Solubilidade do CaF_2

O mineral *fluorita* (CaF_2), também chamado *espatoflúor*, tem uma estrutura cristalina cúbica mostrada na Figura 13.4, e sua clivagem forma frequentemente octaedros (sólido regular com oito lados, sendo cada face constituída de um triângulo equilátero) quase perfeitos. Dependendo das impurezas presentes, esse mineral assume variadas cores e pode fluorescer quando irradiado por uma lâmpada ultravioleta. O espatoflúor é convertido em ácido fluorídrico (HF) para a síntese de fluidos de refrigeração e de fluoropolímeros. Uma grande fração do suprimento mundial de espatoflúor provém da China.

A solubilidade do CaF_2 é governada pelo K_{ps} do sal, pelas hidrólises do F^- e do Ca^{2+} e pela formação de pares iônicos entre Ca^{2+} e F^-:

$$CaF_2(s) \rightleftharpoons Ca^{2+} + 2F^- \qquad K_{ps} = [Ca^{2+}]\gamma_{Ca^{2+}}[F^-]^2\gamma_{F^-}^2 = 10^{-10{,}50} \qquad \textbf{(13.32)}$$

$$HF \rightleftharpoons H^+ + F^- \qquad K_{HF} = \frac{[H^+]\gamma_{H^+}[F^-]\gamma_{F^-}}{[HF]\gamma_{HF}} = 10^{-3{,}17} \qquad \textbf{(13.33)}$$

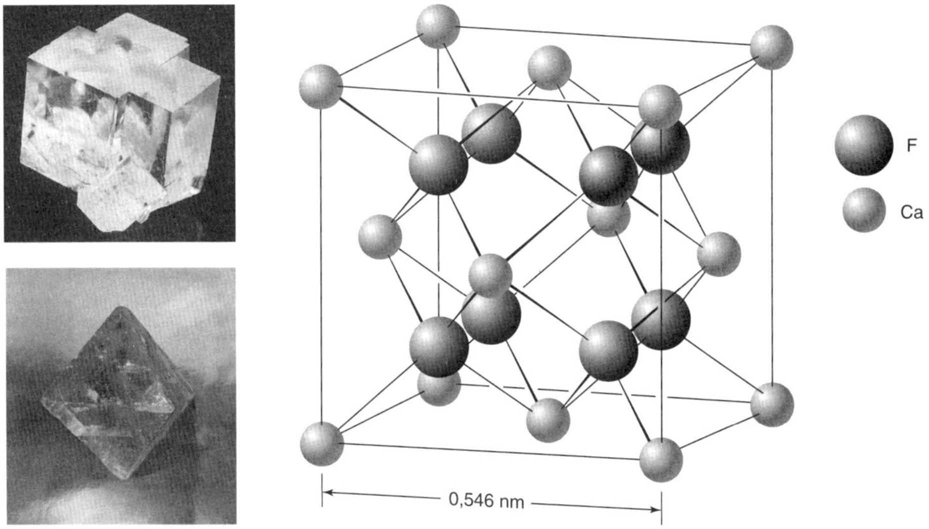

(*a*) (*b*)

FIGURA 13.4 (*a*) Cristais do mineral fluorita, CaF_2. (*b*) No cristal, cada íon Ca^{2+} está envolvido por oito íons F^-, localizados no vértice de um cubo. Cada íon F^- está envolvido por quatro íons Ca^{2+}, situados no vértice de um tetraedro. Levando-se em conta a célula unitária vizinha superior a esta, pode-se observar que o íon Ca^{2+} situado no centro da face da célula unitária representada nesta figura possui quatro íons F^- adjacentes nessa célula e mais quatro íons F^- adjacentes na célula superior. [Mark A. Schneider/Science Source; harmonicform | iStockPhoto.]

$$Ca^{2+} + H_2O \rightleftharpoons CaOH^+ + H^+ \qquad K_a = \frac{[CaOH^+]\gamma_{CaOH^+}[H^+]\gamma_{H^+}}{[Ca^{2+}]\gamma_{Ca^{2+}}} = 10^{-12,70} \quad (13.34)$$

$$Ca^{2+} + F^- \rightleftharpoons CaF^+ \qquad K_{pi} = \frac{[CaF^+]\gamma_{CaF^+}}{[Ca^{2+}]\gamma_{Ca^{2+}}[F^-]\gamma_{F^-}} = 10^{0,63} \quad (13.35)$$

$$H_2O \rightleftharpoons H^+ + OH^- \qquad K_w = [H^+]\gamma_{H^+}[OH^-]\gamma_{OH^-} = 10^{-14,00} \quad (13.36)$$

Os produtos de solubilidade estão no Apêndice F. A constante de dissociação ácida do HF é obtida no Apêndice G. A constante de hidrólise para o Ca^{2+} é o inverso da constante de formação do $CaOH^+$ no Apêndice I mais a equação de K_w. A constante de formação do par iônico para o CaF^+ está listada no Apêndice J.

O balanço de carga é

Balanço de carga:
$$[H^+] + 2[Ca^{2+}] + [CaOH^+] + [CaF^+] = [OH^-] + [F^-] \quad (13.37)$$

Para calcular o balanço de massa, devemos levar em consideração que todas as espécies de cálcio e flúor são provenientes do CaF_2. Consequentemente, o flúor total é igual a duas vezes o cálcio total:

$$2[\text{cálcio total}] = [\text{fluoreto total}]$$

$$2\{[Ca^{2+}] + [CaOH^+] + [CaF^+]\} = [F^-] + [HF] + [CaF^+]$$

Balanço de massa:
$$2[Ca^{2+}] + 2[CaOH^+] + [CaF^+] = [F^-] + [HF] \quad (13.38)$$

Existem sete equações independentes e sete incógnitas. Então, temos informação suficiente. E... você já sabe como resolver esse problema porque você estudou bem o Capítulo 8!

Existem sete incógnitas e cinco equilíbrios, de modo que deixaremos o Solver encontrar (número de incógnitas – número de equilíbrios) = duas concentrações na Figura 13.5. A planilha para o CaF_2 está mostrada na Figura 13.5. Começamos com as estimativas $pCa^{2+} = 4$ e pH = 7 nas células B8 e B9, respectivamente. As células D17:D21 calculam as *constantes de equilíbrio efetivas*, *K*′, que incorporam os coeficientes de atividade nas Equações 13.39 até 13.43. As células C10:C14 calculam as concentrações a partir das seguintes expressões das constantes de equilíbrio:

$$[F^-] = \sqrt{\frac{K'_{ps}}{[Ca^{2+}]}} \qquad K'_{ps} = \frac{K_{ps}}{\gamma_{Ca^{2+}}\gamma_{F^-}^2} \quad (13.39)$$

$$[CaF^+] = K'_{pi}[Ca^{2+}][F^-] \qquad K'_{pi} = \frac{K_{pi}\gamma_{Ca^{2+}}\gamma_{F^-}}{\gamma_{CaF^+}} \quad (13.40)$$

$$[CaOH^+] = \frac{K'_a[Ca^{2+}]}{[H^+]} \qquad K'_a = \frac{K_a\gamma_{Ca^{2+}}}{\gamma_{H^+}\gamma_{CaOH^+}} \quad (13.41)$$

$$[HF] = \frac{[H^+][F^-]}{K'_{HF}} \qquad K'_{HF} = \frac{K_{HF}\gamma_{HF}}{\gamma_{H^+}\gamma_{F^-}} \quad (13.42)$$

$$[OH^-] = \frac{K'_w}{[H^+]} \qquad K'_w = \frac{K_w}{\gamma_{H^+}\gamma_{OH^-}} \quad (13.43)$$

	A	B	C	D	E	F	G	H	I	J
1	Equilíbrios do fluoreto de cálcio com equação de Davies para coeficientes de atividade									
2	1. Valores *estimados* nas células B8 e B9									
3	2. Uso do Solver para ajustar B8 e B9 para minimizar a soma na célula J19									
4	Força iônica									
5	μ =	0,000633	= 0,5*(D8^2*C8+D9^2*C9+D10^2*C10+D11^2*C11+D12^2*C12+D13^2*C13+D14^2*C14)							
6					Davies	Coeficiente de				
7	Espécies	pC	C(M)	Carga	log γ	atividade, γ				
8	Ca^{2+}	3,6760486	2,1084E-04	2	−4,968E-02	8,919E-01		C8 = 10^-B8		F8 = 10^E8
9	H^+	7,0873905	8,1773E-08	1	−1,242E-02	9,718E-01		C9 = 10^-B9		
10	F^-		4,2197E-04	−1	−1,242E-02	9,718E-01		C10 = SQRT(D17/C8)		
11	CaF^+		3,38498E-07	1	−1,242E-02	9,718E-01		C11 = D20*C8*C10		
12	$CaOH^+$		4,85852E-10	1	−1,242E-02	9,718E-01		C12 = D19*C8/C9		
13	HF		4,82006E-08	0	0,000E+00	1,000E+00		C13 = C9*C10/D18		
14	OH^-		1,29488E-07	−1	−1,242E-02	9,718E-01		C14 = D21/C9		
15										
16			K' (com coeficientes de atividade)				Balanços de carga e massa:			10^6*b_i
17	pK_{ps} =	10,50	K_{ps}' =	3,75E-11	$b_1 = 2[Ca^{2+}] + 2[CaOH^+] + [CaF^+] - [F^-] - [HF]$ =					9,34E-09
18	pK_{HF} =	3,17	K_{HF}' =	7,16E-04	$b_2 = [H^+] + 2[Ca^{2+}] + [CaOH^+] + [CaF^+] - [OH^-] - [F^-]$ =					2,20E-09
19	pK_a =	12,70	K_a' =	1,88E-13				$\Sigma(10^6*b_i)^2$ =		9,21E-17
20	pK_{pi} =	−0,63	K_{pi}' =	3,80E+00			J17 = 1e6*(2*C8+2*C12+C11-C10-C13			
21	pK_w =	14,00	K_w' =	1,06E-14			J18 = 1e6*(C9+2*C8+C12+C11-C14-C10)			
22								J19 = J17^2 + J18^2		
23	Valores iniciais:							D17 = (10^-B17)/(F8*F10^2)		
24	pCa = 4	pH = 7						D18 = (10^-B18)*F13/(F9*F10)		
25								D19 = (10^-B19)*F8/(F9*F12)		
26	Otimização de pCa e pH simultaneamente por alguns ciclos							D20 = (10^-B20)*F8*F10/F11		
27	A seguir, otimização apenas de pCa mantendo pH constante e vice-versa							D21 = (10^-B21)/(F9*F14)		
28	A otimização continua enquanto Σb_i^2 for diminuindo					E8 = -0,51*D8^2*(SQRT($B$5)/(1+SQRT($B$5)) - 0,3*$B$5)				

FIGURA 13.5 Planilha eletrônica utilizando o Solver e atividades para solução saturada de CaF_2 em água.

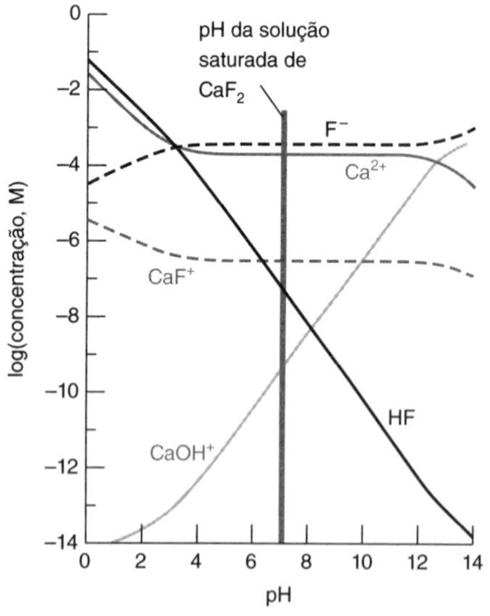

FIGURA 13.6 Dependência com relação ao pH das espécies em uma solução saturada de CaF_2. À medida que o valor do pH diminui, o H^+ reage com F^- produzindo HF, e a $[Ca^{2+}]$ aumenta. Observe que o eixo das ordenadas está em escala logarítmica.

As Equações 13.39 a 13.43 são rearranjos das expressões das constantes de equilíbrio 13.32 até 13.36. As formas rearranjadas incorporam os coeficientes de atividade na constante de equilíbrio efetiva K'. As expressões para as concentrações, como $[HF] = [H^+][F^-]/K_{HF}'$ estão assim livres dos coeficientes de atividade, que estão implícitos em K'.

Os coeficientes de atividade são calculados nas células E8:F14 a partir da equação de Davies, Equação 13.18, usando a força iônica calculada na célula B5 a partir das concentrações. A planilha é configurada para lidar com definições circulares (seguindo as instruções da Seção 13.2) porque a força iônica depende das concentrações e as concentrações dependem da força iônica.

O balanço de massa b_1 aparece na célula J17, e o balanço de carga b_2 está na célula J18. Como nas Figuras 8.9, 8.11 e 8.12, multiplicamos os balanços de massa e de carga por 10^6 nas células J17 e J18 para melhorar a exatidão aritmética. Agora, usamos o Solver para variar pCa^{2+} e o pH nas células B8 e B9 para minimizar $10^6*b_1^2 + 10^6*b_2^2$ na célula J19. Os resultados mostrados na Figura 13.5 são $pCa^{2+} = 3{,}676$ e pH = 7,087 nas células B8 e B9. Depois de resolver primeiro para as duas incógnitas simultaneamente, manteve-se pCa^{2+} constante enquanto se resolvia para o pH e então fixou-se o pH enquanto se encontrava a solução para pCa^{2+}. Este ciclo foi repetido várias vezes para ver se a resolução melhorava. Também tentamos diferentes valores iniciais para o pCa^{2+} e pH para ver se o Solver chegava na mesma solução.

A Figura 13.6 mostra a variação das concentrações em função do pH. Em valores baixos de pH, H^+ reage com F^- para produzir HF e aumenta a solubilidade do CaF_2. As espécies CaF^+ e $CaOH^+$ são minoritárias na maioria dos valores de pH, porém o $CaOH^+$ se torna a espécie majoritária de cálcio em valores de pH acima de 12,7, que é o pK_a para a Reação 13.34. Uma reação que não consideramos foi a precipitação de $Ca(OH)_2(s)$. A comparação do produto $[Ca^{2+}][OH^-]^2$ com o K_{ps} para o $Ca(OH)_2$ indica que o $Ca(OH)_2$ deve precipitar em valores de pH entre 13 e 14.

Você poderia fazer a Figura 13.6 a partir da planilha na Figura 13.5 fixando $\mu = 0$ na célula B5 e fixando o pH em valores sucessivos de 0 até 14 na célula B9. Para cada valor de pH fixado, execute o Solver para encontrar o valor de pCa^{2+} na célula B8 que reduza o balanço de massa na célula J17 a quase zero. A planilha fornece então as concentrações de todas as espécies em determinado pH. O procedimento deve ser repetido para cada valor de pH a fim de obter os dados na Figura 13.6. Observe que, quando fixamos o pH, adicionamos novas espécies, como um tampão, que alteram o balanço de carga e a força iônica, mas não o balanço de massa relacionando cálcio com fluoreto. Desse modo, utilizamos o balanço de massa, mas não o balanço de carga, para cada valor de pH fixado. Também desprezamos os coeficientes de atividade ao produzir a Figura 13.6 porque a força iônica depende de reagentes não especificados que foram adicionados para se obter cada pH.

Quando o tampão é adicionado, o balanço de massa ainda se aplica, mas o balanço de carga não é mais correto.

Chuva Ácida Dissolve Minerais e Causa Riscos Ambientais

Em geral, sais de íons básicos, como F^-, OH^-, S^{2-}, CO_3^{2-}, $C_2O_4^{2-}$ e PO_4^{3-} têm a solubilidade aumentada em valores baixos de pH, pois estes ânions reagem com o H^+. A Figura 13.7 mostra que o mármore, que é predominantemente $CaCO_3$, se dissolve mais facilmente quando a acidez da chuva aumenta. Muitos dos ácidos presentes na chuva vêm das emissões de SO_2 provenientes da combustão de combustíveis contendo enxofre e dos óxidos de nitrogênio produzidos por todos os tipos de combustão. O SO_2, por exemplo, reage no ar para produzir o ácido sulfúrico ($SO_2 + H_2O \rightarrow H_2SO_3 \xrightarrow{\text{Oxidação}} H_2SO_4$), que retorna para o solo na chuva ácida.

O alumínio é o terceiro elemento mais abundante na Terra (depois do oxigênio e do silício), mas está firmemente preso em minerais insolúveis, como a caulinita ($Al_2(OH)_4Si_2O_5$) e a bauxita (AlOOH). A chuva ácida provocada pelas atividades humanas é uma mudança recente para o nosso planeta, que está introduzindo formas solúveis de alumínio (e de chumbo e de mercúrio) no meio ambiente.[4] A Figura 13.8 mostra que, abaixo de pH 5, o alumínio é solubilizado a partir dos seus minerais e que a sua concentração nas águas dos lagos aumenta rapidamente. Em uma concentração de 130 μg/L, o alumínio mata os peixes. No ser humano, altas concentrações de alumínio causam demência, amolecimento de ossos e anemia. Embora os elementos metálicos dos minerais sejam liberados pelo ácido, a concentração e a disponibilidade dos íons metálicos no meio ambiente tendem a ser reguladas pela matéria orgânica que se liga aos íons metálicos.

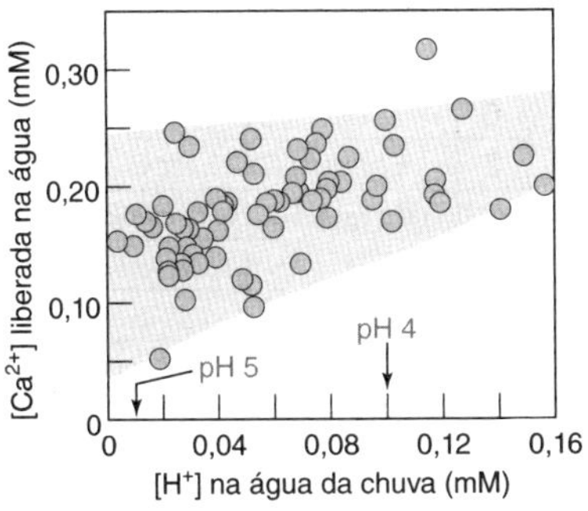

FIGURA 13.7 O cálcio medido na chuva ácida liberado a partir do mármore (que é principalmente $CaCO_3$) aumenta bruscamente quando $[H^+]$ na água da chuva aumenta. [Dados de P. A. Baedecker e M. M. Reddy, "The Erosion of Carbonate Stone by Acid Rain," *J. Chem. Ed.* **1993,** *70,* 104.]

Solubilidade do Oxalato de Bário

Consideramos agora a dissolução de $Ba(C_2O_4)$, cujo ânion é *dibásico* e cujo cátion é um ácido fraco.[5] Desprezamos os coeficientes de atividade neste exemplo. A química neste sistema é

$$Ba(C_2O_4)(s) \rightleftharpoons Ba^{2+} + \underset{\text{Oxalato}}{C_2O_4^{2-}} \qquad K_{ps} = [Ba^{2+}][C_2O_4^{2-}] = 10^{-6,85} \tag{13.44}$$

$$H_2C_2O_4 \rightleftharpoons HC_2O_4^- + H^+ \qquad K_1 = \frac{[H^+][HC_2O_4^-]}{[H_2C_2O_4]} = 10^{-1,25} \tag{13.45}$$

$$HC_2O_4^- \rightleftharpoons C_2O_4^{2-} + H^+ \qquad K_2 = \frac{[H^+][C_2O_4^{2-}]}{[HC_2O_4^-]} = 10^{-4,27} \tag{13.46}$$

$$Ba^{2+} + H_2O \rightleftharpoons BaOH^+ + H^+ \qquad K_a = \frac{[H^+][BaOH^+]}{[Ba^{2+}]} = 10^{-13,36} \tag{13.47}$$

$$Ba^{2+} + C_2O_4^{2-} \rightleftharpoons Ba(C_2O_4)(aq) \qquad K_{pi} = \frac{[Ba(C_2O_4)(aq)]}{[Ba^{2+}][C_2O_4^{2-}]} = 10^{2,31} \tag{13.48}$$

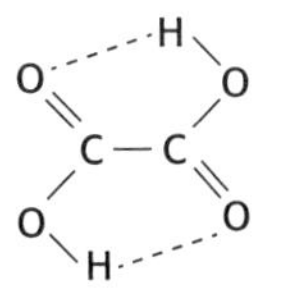

Ácido oxálico
$H_2C_2O_4$ é plano em fase gasosa[6]

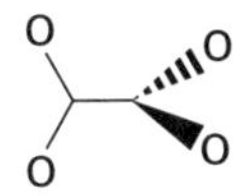

Oxalato
$C_2O_4^{2-}$ é torcido de 90° em solução aquosa[7]

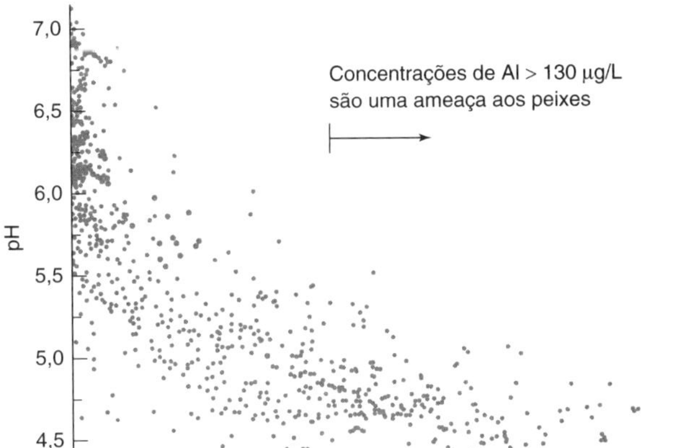

FIGURA 13.8 Relação entre o alumínio total (incluindo espécies dissolvidas e espécies em suspensão) em 1 000 lagos noruegueses em função do pH da água do lago. Quanto mais ácida a água, maior é a concentração de alumínio. [Dados de G. Howells, *Acid Rain and Acid Waters*, 2nd ed. (Hertfordshire: Ellis Horwood, 1995).]

O valor do K_{ps} é estimado em $\mu = 0$ e 20 °C. O K_{pi} é para $\mu = 0$ e 18 °C. K_1, K_2 e K_a são usadas em $\mu = 0$ e 25 °C.

O balanço de carga é

$$\textit{Balanço de carga:}\ [H^+] + 2[Ba^{2+}] + [BaOH^+] = [OH^-] + [HC_2O_4^-] + 2[C_2O_4^{2-}] \quad (13.49)$$

O balanço de massa estabelece que o número total de mols de bário é igual ao número total de mols de oxalato:

Estamos definindo F_{Ba} e F_{H_2O} para *eliminar* o par iônico $Ba(C_2O_4)(aq)$.

$$[\text{Bário total}] = [\text{oxalato total}]$$

$$[Ba^{2+}] + [BaOH^+] + \cancel{[Ba(C_2O_4)(aq)]} = [H_2C_2O_4] + [HC_2O_4^-] + [C_2O_4^{2-}] + \cancel{[Ba(C_2O_4)(aq)]}$$

$$\textit{Balanço de massa:}\ \underbrace{[Ba^{2+}] + [BaOH^+]}_{F_{Ba}} = \underbrace{[H_2C_2O_4] + [HC_2O_4^-] + [C_2O_4^{2-}]}_{F_{H_2Ox}} \quad (13.50)$$

Existem oito incógnitas e oito equações independentes (incluindo $[OH^-] = K_w/[H^+]$), o que significa que temos informação suficiente para calcular a concentração de todas as espécies.

Vamos considerar a formação de pares iônicos adicionando as Reações 13.44 e 13.48 para calcular

$$Ba(C_2O_4)(s) \rightleftharpoons Ba(C_2O_4)(aq) \qquad K = [Ba(C_2O_4)(aq)] = K_{ps}K_{pi} = 10^{-4,54} \quad (13.51)$$

O par iônico $Ba(C_2O_4)(aq)$ tem uma concentração constante neste sistema.

Portanto, $[BaC_2O_4(aq)] = 10^{-4,54}$ M, desde que o $BaC_2O_4(s)$ não dissolvido esteja presente.

Agora, nossas velhas conhecidas, as equações de composição fracionária. Abreviando o ácido oxálico como H_2Ox, podemos escrever

$F_{H_2Ox} = [H_2C_2O_4] + [HC_2O_4^-] + [C_2O_4^{2-}]$

$$[H_2Ox] = \alpha_{H_2Ox}F_{H_2Ox} = \frac{[H^+]^2F_{H_2Ox}}{[H^+]^2 + [H^+]K_1 + K_1K_2} \quad (13.52)$$

$$[HOx^-] = \alpha_{HOx^-}F_{H_2Ox} = \frac{K_1[H^+]F_{H_2Ox}}{[H^+]^2 + [H^+]K_1 + K_1K_2} \quad (13.53)$$

$$[Ox^{2-}] = \alpha_{Ox^{2-}}F_{H_2Ox} = \frac{K_1K_2F_{H_2Ox}}{[H^+]^2 + [H^+]K_1 + K_1K_2} \quad (13.54)$$

Os íons Ba^{2+} e $BaOH^+$ também são um par conjugado ácido-base. O Ba^{2+} comporta-se como um ácido monoprótico, HA, e o $BaOH^+$ é a sua base conjugada, A^-.

$F_{Ba} = [Ba^{2+}] + [BaOH^+]$

$$[Ba^{2+}] = \alpha_{Ba^{2+}}F_{Ba} = \frac{[H^+]F_{Ba}}{[H^+] + K_a} \quad (13.55)$$

$$[BaOH^+] = \alpha_{BaOH^+}F_{Ba} = \frac{K_aF_{Ba}}{[H^+] + K_a} \quad (13.56)$$

Vamos supor que o pH é fixado pela adição de um tampão (e que, portanto, o balanço de carga 13.49 não é mais válido). A partir do K_{ps}, podemos escrever

$$K_{ps} = [Ba^{2+}][C_2O_4^{2-}] = \alpha_{Ba^{2+}}F_{Ba}\alpha_{Ox^{2-}}F_{H_2Ox}$$

Mas o balanço de massa 13.50 nos indica que $F_{Ba} = F_{H_2Ox}$. Portanto,

$$K_{ps} = \alpha_{Ba^{2+}}F_{Ba}\alpha_{Ox^{2-}}F_{H_2Ox} = \alpha_{Ba^{2+}}F_{Ba}\alpha_{Ox^{2-}}F_{Ba}$$

$$\Rightarrow F_{Ba} = \sqrt{\frac{K_{ps}}{\alpha_{Ba^{2+}}\alpha_{Ox^{2-}}}} \quad (13.57)$$

Na planilha eletrônica da Figura 13.9, o pH é especificado na coluna A. A partir desse pH, mais K_1 e K_2, as frações α_{H_2Ox}, α_{HOx^-} e $\alpha_{Ox^{2-}}$ são calculadas com as Equações 13.52 até 13.54 nas colunas C, D e E. A partir do pH e do K_a, as frações $\alpha_{Ba^{2+}}$ e α_{BaOH^+} são calculadas usando-se as Equações 13.55 e 13.56, nas colunas F e G. As concentrações totais de bário e oxalato, F_{Ba} e F_{H_2Ox}, são iguais e calculadas por meio da Equação 13.57 na coluna H. Em uma planilha eletrônica real, poderíamos continuar a inclusão de colunas para a direita com a coluna I. Para ajustar nesta página, a planilha eletrônica foi continuada na linha 18. Nesta seção mais adiante, as concentrações de $[Ba^{2+}]$ e $[BaOH^+]$ são calculadas a partir das Equações 13.55 e 13.56. $[H_2C_2O_4]$, $[HC_2O_4^-]$ e $[C_2O_4^{2-}]$ são determinadas a partir das Equações 13.52 até 13.54.

A carga líquida (= $[H^+] + 2[Ba^{2+}] + [BaOH^+] - [OH^-] - [HC_2O_4^-] - 2[C_2O_4^{2-}]$) é calculada inicialmente na célula H19. Se não adicionarmos um tampão para fixar o pH, a carga líquida será 0. A carga líquida varia de um valor positivo até um valor negativo para os valores de pH entre 6 e 8. Utilizando o Solver, podemos encontrar o valor do pH na célula A11 que torna o valor da carga líquida igual a 0 na célula H23 (com a Precisão de Restrição = 1e-15 nas Opções do Solver). Este valor de pH, 7,45, é o valor do pH da solução não tamponada.

	A	B	C	D	E	F	G	H
1	Calculando as concentrações de espécies na solução saturada de oxalato de bário							
2								
3	K_{ps} =	1,41E-07		K_1 =	5,62E-02		K_{pi} =	2,04E+02
4	K_a =	4,37E-14		K_2 =	5,37E-05		K_w =	1,00E-14
5								F_{Ba}
6	pH	$[H^+]$	$\alpha(H_2Ox)$	$\alpha(HOx^-)$	$\alpha(Ox^{2-})$	$\alpha(Ba^{2+})$	$\alpha(BaOH^+)$	$= F_{H2Ox}$
7	0	1,E+00	9,5E-01	5,3E-02	2,9E-06	1,0E+00	4,4E-14	2,2E-01
8	2	1,E-02	1,5E-01	8,5E-01	4,5E-03	1,0E+00	4,4E-12	5,6E-03
9	4	1,E-04	1,2E-03	6,5E-01	3,5E-01	1,0E+00	4,4E-10	6,4E-04
10	6	1,E-06	3,3E-07	1,8E-02	9,8E-01	1,0E+00	4,4E-08	3,8E-04
11	7,451	4,E-08	4,1E-10	6,6E-04	1,0E+00	1,0E+00	1,2E-06	3,8E-04
12	8	1,E-08	3,3E-11	1,9E-04	1,0E+00	1,0E+00	4,4E-06	3,8E-04
13	10	1,E-10	3,3E-15	1,9E-06	1,0E+00	1,0E+00	4,4E-04	3,8E-04
14	12	1,E-12	3,3E-19	1,9E-08	1,0E+00	9,6E-01	4,2E-02	3,8E-04
15	14	1,E-14	3,3E-23	1,9E-10	1,0E+00	1,9E-01	8,1E-01	8,7E-04
16								
17								Carga
18	pH	$[Ba^{2+}]$	$[BaOH^+]$	$[H_2Ox]$	$[HOx^-]$	$[Ox^{2-}]$	$[OH^-]$	líquida
19	0	2,2E-01	9,7E-15	2,1E-01	1,2E-02	6,4E-07	1,0E-14	1,4E+00
20	2	5,6E-03	2,4E-14	8,4E-04	4,7E-03	2,5E-05	1,0E-12	1,6E-02
21	4	6,4E-04	2,8E-13	7,4E-07	4,1E-04	2,2E-04	1,0E-10	5,1E-04
22	6	3,8E-04	1,7E-11	1,2E-10	6,9E-06	3,7E-04	1,0E-08	7,9E-06
23	7,451	3,8E-04	4,6E-10	1,6E-13	2,5E-07	3,8E-04	2,8E-07	0,0E+00
24	8	3,8E-04	1,6E-09	1,2E-14	7,0E-08	3,8E-04	1,0E-06	-9,2E-07
25	10	3,8E-04	1,6E-07	1,2E-18	7,0E-10	3,8E-04	1,0E-04	−1,0E-04
26	12	3,7E-04	1,6E-05	1,3E-22	7,1E-12	3,8E-04	1,0E-02	−1,0E-02
27	14	1,6E-04	7,1E-04	2,9E-26	1,6E-13	8,7E-04	1,0E+00	−1,0E+00
28								
29	B7 = 10^-A7						B19 = F7*H7	
30	C7 = B7^2/(B7^2+B7*$E$3+$E$3*$E$4)						C19 = G7*H7	
31	D7 = B7*$E$3/(B7^2+B7*$E$3+$E$3*$E$4)						D19 = C7*H7	
32	E7 = $E$3*$E$4/(B7^2+B7*$E$3+$E$3*$E$4)						E19 = D7*H7	
33	F7 = B7/(B7+$B$4)						F19 = E7*H7	
34	G7 = $B$4/(B7+$B$4)						G19 = $H$4/B7	
35	H7 = SQRT($B$3/(E7*F7))				H19 = B7+2*B19+C19-G19-E19-2*F19			

FIGURA 13.9 Planilha eletrônica para a solução saturada de BaC_2O_4. O Solver foi utilizado para encontrar o valor do pH, na célula A11, necessário para fazer a carga líquida igual a 0, na célula H23.

A Figura 13.10 mostra que a solubilidade do oxalato de bário é constante e próxima a $10^{-3,4}$ M no meio do intervalo de variação do pH. A solubilidade aumenta para valores de pH abaixo de 5 porque o $C_2O_4^{2-}$ reage com o H^+ para formar $HC_2O_4^-$.

Como observação final vemos se a solubilidade do $Ba(OH)_2(s)$ é ultrapassada. O cálculo do produto $[Ba^{2+}][OH^-]^2$ mostra que o valor de $K_{ps} = 10^{-6,85}$ é ultrapassado em pH acima de 12,3. Podemos predizer que o $Ba(OH)_2(s)$ começará a precipitar no valor de pH 12,3. Essa precipitação não foi incluída em nossos cálculos ou no gráfico.

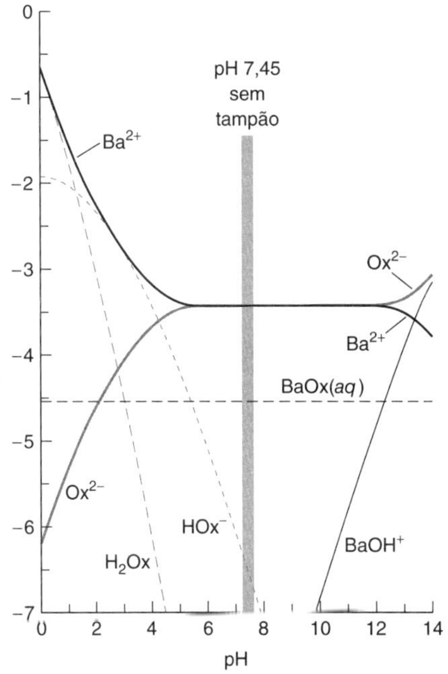

FIGURA 13.10 Dependência com relação ao pH das concentrações das espécies na solução saturada de BaC_2O_4. Quando o valor do pH diminui, o H^+ reage com $C_2O_4^{2-}$ para produzir $HC_2O_4^-$ e $H_2C_2O_4$, e a concentração de Ba^{2+} aumenta.

13.4 Analisando as Titulações Ácido-base com Gráficos de Diferença[8]

Um *gráfico de diferença*, também chamado *gráfico de Bjerrum*, é um excelente meio de extrair constantes de formação metal-ligante ou constantes de dissociação ácida a partir de dados de titulações obtidos com o uso de eletrodos. Iremos aplicar o gráfico de diferença em uma curva de titulação ácido-base.

Niels Bjerrum (1879-1958) foi um físico-químico dinamarquês que fez contribuições fundamentais para a química inorgânica de coordenação e é responsável por muito do nosso conhecimento sobre ácidos, bases e curvas de titulação.[9]

Deduziremos a equação fundamental para um ácido diprótico, H_2A, e estenderemos sua utilização para um ácido genérico, H_nA. A fração média de prótons ligada a H_2A varia de 0 a 2 e é definida como

$$\bar{n}_H = \frac{\text{número de mols de } H^+ \text{ ligados}}{\text{número total de mols do ácido fraco}} = \frac{2[H_2A]+[HA^-]}{[H_2A]+[HA^-]+[A^{2-}]} \qquad (13.58)$$

Podemos medir $\bar{n}_H$ a partir de uma titulação iniciada com uma mistura de A mmol de H_2A e C mmol de HCl em V_0 mL. Adicionamos HCl de modo a aumentar o grau de protonação de H_2A, que está parcialmente dissociado na ausência de HCl. Titulamos a solução com NaOH padrão cuja concentração é C_b mol/L. Após a adição de v mL de NaOH, o número de mmol de Na^+ em solução é $C_b v$.

Para manter a força iônica aproximadamente constante, a solução de H_2A e HCl contém KCl 0,10 M, sendo as concentrações de H_2A e HCl muito menores do que 0,10 M. A solução de NaOH é suficientemente concentrada, de maneira que o volume adicionado é pequeno comparado a V_0.

O balanço de carga para a solução titulante é

$$[H^+]+[Na^+]+[K^+]=[OH^-]+[Cl^-]_{HCl}+[Cl^-]_{KCl}+[HA^-]+2[A^{2-}]$$

em que $[Cl^-]_{HCl}$ é proveniente do HCl e $[Cl^-]_{KCl}$ é proveniente do KCl. Mas $[K^+] = [Cl^-]_{KCl}$, logo podemos cancelar estes termos. O balanço de carga líquida é

$$[H^+]+[Na^+]=[OH^-]+[Cl^-]_{HCl}+[HA^-]+2[A^{2-}] \quad (13.59)$$

O denominador da Equação 13.58 é $F_{H_2A} = [H_2A] + [HA^-] + [A^{2-}]$. O numerador pode ser escrito como $2\,F_{H_2A} - [HA^-] - 2[A^{2-}]$. Desse modo

$$\bar{n}_H = \frac{2F_{H_2A}-[HA^-]-2[A^{2-}]}{F_{H_2A}} \quad (13.60)$$

A partir da Equação 13.59, podemos escrever: $-[HA^-] - 2[A^{2-}] = [OH^-] + [Cl^-]_{HCl} - [H^+] - [Na^+]$. Substituindo esta expressão no numerador da Equação 13.60, obtemos

$$\bar{n}_H = \frac{2F_{H_2A}+[OH^-]+[Cl^-]_{HCl}-[H^+]-[Na^+]}{F_{H_2A}} = 2+\frac{[OH^-]+[Cl^-]_{HCl}-[H^+]-[Na^+]}{F_{H_2A}}$$

Para o ácido poliprótico genérico H_nA, a fração média de prótons ligados se torna

$$\bar{n}_H = n+\frac{[OH^-]+[Cl^-]_{HCl}-[H^+]-[Na^+]}{F_{H_nA}} \quad (13.61)$$

Cada termo do lado direito da Equação 13.61 é conhecido durante a titulação. Para os reagentes misturados, podemos dizer

$$F_{H_2A} = \frac{\text{mmol de } H_2A}{\text{volume total}} = \frac{A}{V_0+v} \qquad [Cl^-]_{HCl} = \frac{\text{mmol de HCl}}{\text{volume total}} = \frac{C}{V_0+v}$$

$$[Na^+] = \frac{\text{mmol de NaOH}}{\text{volume total}} = \frac{C_b v}{V_0+v}$$

Os valores de $[H^+]$ e $[OH^-]$ são medidos por meio de um eletrodo de pH e calculados como visto a seguir: consideramos que o valor efetivo de K_w aplicado para $\mu = 0{,}10$ M seja $K_w' = K_w/(\gamma_{H^+}\gamma_{OH^-}) = [H^+][OH^-]$ (Equação 13.25). Lembrando que $pH = -\log([H^+]\gamma_{H^+})$, podemos escrever

$$[H^+] = \frac{10^{-pH}}{\gamma_{H^+}} \qquad [OH^-] = \frac{K_w'}{[H^+]} = 10^{(pH-pK_w')}\cdot\gamma_{H^+}$$

A substituição deste resultado na Equação 13.61 fornece a fração medida de prótons ligados:

Fração experimental de prótons ligados a um ácido poliprótico.

$$\bar{n}_H(\text{experimental}) = n+\frac{10^{(pH-pK_w')}\cdot\gamma_{H^+}+C/(V_0+v)-(10^{-pH})/\gamma_{H^+}-C_b v/(V_0+v)}{A/(V_0+v)} \quad (13.62)$$

Nas titulações ácido-base, um **gráfico de diferença**, ou *gráfico de Bjerrum*, é o gráfico da fração média de prótons ligados de um ácido contra o valor do pH. A fração média é o valor de $\bar{n}_H$ calculado pela Equação 13.62. Para a formação de complexos, o gráfico de diferença fornece o número médio de ligantes ligados em um metal contra pL (= –log[ligante]).

A Equação 13.62 fornece o valor medido de $\bar{n}_H$. Qual é o valor teórico? Para um ácido diprótico, a fração média teórica de prótons ligados é

A Equação 13.63 provém da Equação 13.58:

$$\bar{n}_H = \frac{2[H_2A]+[HA^-]}{[H_2A]+[HA^-]+[A^{2-}]} = \frac{2[H_2A]+[HA^-]}{F_{H_2A}} = \frac{2[H_2A]}{F_{H_2A}}+\frac{[HA^-]}{F_{H_2A}} = 2\alpha_{H_2A}+\alpha_{HA^-}$$

$$\bar{n}_H(\text{teórico}) = 2\alpha_{H_2A}+\alpha_{HA^-} \quad (13.63)$$

em que α_{H_2A} é a fração do ácido na forma H_2A e α_{HA^-} é a fração na forma HA^-. Nesse momento, estamos aptos a escrever as expressões para α_{H_2A} e α_{HA^-} mesmo dormindo.

$$\alpha_{H_2A} = \frac{[H^+]^2}{[H^+]^2+[H^+]K_1+K_1K_2} \qquad \alpha_{HA^-} = \frac{[H^+]K_1}{[H^+]^2+[H^+]K_1+K_1K_2} \quad (13.64)$$

Podemos extrair os valores de K_1 e K_2, a partir do gráfico de uma titulação experimental, construindo um gráfico de diferença com a Equação 13.62. Este gráfico é o valor de $\bar{n}_H$ (medido) contra o valor do pH. Ajustamos, então, a curva teórica (Equação 13.63) à curva experimental pelo método dos mínimos quadrados para encontrar os valores de K_1 e K_2 que minimizam a soma dos quadrados dos resíduos:

$$\Sigma(\text{resíduos})^2 = \Sigma[\bar{n}_H(\text{medido}) - \bar{n}_H(\text{teórico}])]^2 \qquad \textbf{(13.65)}$$

Os melhores valores de K_1 e K_2 minimizam a soma dos quadrados dos resíduos.

Os dados experimentais para uma titulação do aminoácido glicina são mostrados na Figura 13.11. O volume inicial de 40,0 mL de solução contém 0,190 mmol de glicina e 0,232 mmol de HCl para aumentar a fração da espécie $^+H_3NCH_2CO_2H$, completamente protonada. Foram adicionadas alíquotas de NaOH 0,490 5 M e medidos os valores de pH após cada adição. Os volumes e os valores de pH estão listados nas colunas A e B a partir da linha 16. A precisão do valor do pH foi até a terceira casa decimal (0,001), mas a exatidão da medida do pH, na melhor das hipóteses, é de ±0,02.

$H_3NCH_2CO_2H$
Glicina
$pK_1 = 2{,}35$ em $\mu = 0$
$pK_2 = 9{,}78$ em $\mu = 0$

Os valores de entrada para a concentração, o volume e o número de mols estão nas células B3:B6 da Figura 13.11. A célula B7 tem o valor 2 para indicar que a glicina é um ácido diprótico. A célula B8 tem o coeficiente de atividade do H^+ calculado pela equação de Davies, Equação 13.18. A célula B9 começa com o valor efetivo de $pK'_w = 13{,}797$ em KCl 0,1 M.[10] Deixamos que pK'_w varie de modo a obtermos o melhor ajuste dos dados experimentais. Temos então o valor de 13,807 na célula B9. As células B10 e B11 começaram com valores estimados para pK_1 e pK_2 da glicina. Utilizamos os valores 2,35 e 9,78, para $\mu = 0$, da Tabela 10.1. Como é explicado na próxima seção, usaremos o Solver para variar os valores de pK_1, pK_2 e pK'_w de modo a obtermos o melhor ajuste dos dados experimentais, fornecendo os valores 2,312 e 9,625 nas células B10 e B11.

A planilha eletrônica da Figura 13.11 calcula $[H^+]$ e $[OH^-]$ nas colunas C e D a partir da linha 16. A fração média de protonação, $\bar{n}_H$ (medido), obtida da Equação 13.62, está na coluna E. O gráfico de diferença de Bjerrum na Figura 13.12 mostra $\bar{n}_H$ (medido) contra o valor do pH. Os valores de α_{H_2A} e α_{HA^-} são calculados nas colunas F e G a partir da Equação 13.64, e $\bar{n}_H$ (teórico) é calculado a partir da Equação 13.63 na coluna H. A coluna I contém os quadrados dos resíduos, $[\bar{n}_H$ (medido) − $\bar{n}_H$ (teórico)$]^2$. A soma dos quadrados dos resíduos está na célula B12.

	A	B	C	D	E	F	G	H	I
1	Gráfico de diferença para a glicina								
2				C16 = 10^-B16/$B$8					
3	Titulante NaOH =	0,4905	C_b (M)	D16 = 10^-$B$9/C16					
4	Volume inicial =	40	V_0 (mL)	E16 = $B$7+($B$6-$B$3*A16-(C16-D16)*($B$4+A16))/$B$5					
5	Glicina =	0,190	L (mmol)	F16 = $C16^2/($C16^2+$C16*$E$10+$E$10*$E$11)					
6	HCl adicionado =	0,232	A (mmol)	G16 = $C16*$E$10/($C16^2+$C16*$E$10+$E$10*$E$11)					
7	Número de H^+ =	2	n	H16 = 2*F16+G16					
8	Coef. de Atividade =	0,78	γ_H	I16 = (E16-H16)^2					
9	pK_w' =	13,807							
10	pK_1 =	2,312		K_1 =	0,0048713	= 10^-B10			
11	pK_2 =	9,625		K_2 =	2,371E-10	= 10^-B11			
12	$\Sigma(\text{resid})^2$ =	0,0048	= soma da coluna I						
13									
14	v	pH	$[H^+]$ =	$[OH^-]$ =	Medido			Teórico	$(\text{resíduos})^2$ =
15	mL de NaOH		$(10^{-pH})/\gamma_H$	$(10^{-pKw})/[H^+]$	n_H	α_{H2A}	α_{HA^-}	n_H	$(n_{exp} - n_{teo})^2$
16	0,00	2,234	7,48E-03	2,08E-12	1,646	0,606	0,394	1,606	0,001656
17	0,02	2,244	7,31E-03	2,13E-12	1,630	0,600	0,400	1,600	0,000879
18	0,04	2,254	7,14E-03	2,18E-12	1,612	0,595	0,405	1,595	0,000319
19	0,06	2,266	6,95E-03	2,24E-12	1,601	0,588	0,412	1,588	0,000174
20	0,08	2,278	6,76E-03	2,30E-12	1,589	0,581	0,419	1,581	0,000056
21	0,10	2,291	6,56E-03	2,38E-12	1,578	0,574	0,426	1,574	0,000020
22	:								
23	0,50	2,675	2,71E-03	5,75E-12	1,353	0,357	0,643	1,357	0,000022
24	:								
25	1,56	11,492	4,13E-12	3,77E-03	0,016	0,000	0,017	0,017	0,000000
26	1,58	11,519	3,88E-12	4,01E-03	0,018	0,000	0,016	0,016	0,000004
27	1,60	11,541	3,69E-12	4,22E-03	0,015	0,000	0,015	0,015	0,000000

FIGURA 13.11 Planilha eletrônica para o gráfico de diferença da titulação de 0,190 mmol de glicina mais 0,232 mmol de HCl em 40,0 mL com uma solução de NaOH 0,490 5 M. As células A16:B27 fornecem somente uma fração dos dados experimentais. Os dados completos estão listados no Problema 13.13 e foram cedidos por A. Kraft, da Heriot-Watt University.

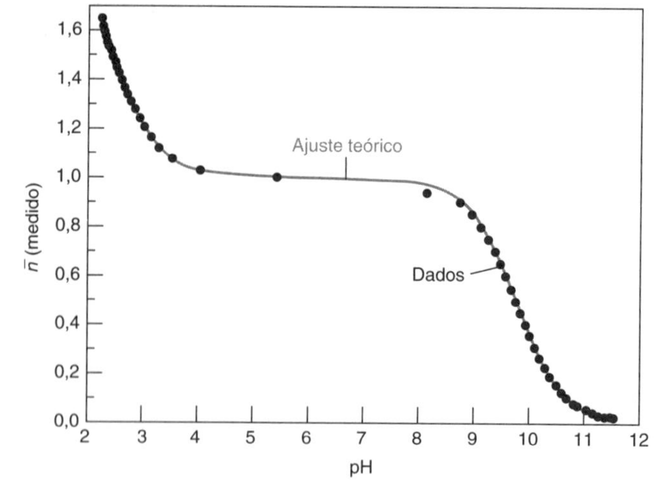

FIGURA 13.12 Gráfico de diferença de Bjerrum para a titulação da glicina. Muitos pontos experimentais foram omitidos da figura por uma questão de clareza.

Utilizando o Solver do Excel para Otimizar Mais de um Parâmetro

Queremos os valores de pK'_w, pK_1 e pK_2 que minimizam a soma dos quadrados dos resíduos na célula B12 na Figura 13.11. Selecione o Solver, clique em Opções, defina as opções conforme descrito na Seção 13.1 (Usando a Ferramenta Solver do Excel) e clique em OK. Na janela Parâmetros do Solver, fixe Definir Objetivo como B12, selecione Para: Mín., e digite B9:B11 em Alterando Células Variáveis. Clique em Resolver para encontrar os melhores valores nas células B9, B10 e B11 para minimizar a soma dos quadrados dos resíduos na célula B12. Começando com os valores 13,797; 2,35; e 9,78 nas células B9, B10 e B11, respectivamente, resultará em uma soma dos quadrados dos resíduos igual a 0,110 na célula B12. Após a execução do Solver, os valores das células B9, B10 e B11 mudam, respectivamente, para 13,807; 2,312; e 9,625. A soma na célula B12 é então reduzida para 0,004 8. Quando utilizamos o Solver para otimizar vários parâmetros simultaneamente, é uma boa ideia tentar valores iniciais diferentes, para verificar se a mesma solução é alcançada. Por vezes, pode ser alcançado um mínimo local que não seja o menor valor atingível quanto outro que pode ser alcançado em outro local a partir de outros pontos no espaço dos parâmetros.

A curva teórica $\bar{n}_H = 2\alpha_{H_2A} + \alpha_{HA^-}$ é representada graficamente a partir dos valores na coluna H na Figura 13.11 e mostrada pela curva sólida na Figura 13.12. A curva se ajusta muito bem aos dados experimentais, sugerindo que obtivemos valores confiáveis para pK_1 e pK_2.

Estritamente falando, pK_1 e pK_2 deveriam ser escritas com ′ para indicar que seus valores são aplicáveis em KCl 0,10 M. Retiramos ′ para evitar complicações nos símbolos. Porém, distinguimos K_w, que é aplicável em $\mu = 0$, de K'_w, que é aplicável em $\mu = 0,10$ M.

Pode parecer inapropriado permitir a variação de pK'_w, pois pensamos conhecer o valor de pK'_w desde o início. O valor de $pK'_w = 13,797$ fornece valores de $\bar{n}_H$ (medido) que se aproximam de 0,04 em pH ~11,5. Este comportamento é qualitativamente incorreto, pois $\bar{n}_H$ (medido) precisa se aproximar de 0 em valores altos de pH. Com $pK'_w = 13,807$, $\bar{n}_H$ se aproxima de 0 em altos valores de pH na Figura 13.12.

Termos Importantes

equilíbrios associados

gráfico de diferença

Resumo

Equilíbrios associados são reações reversíveis que apresentam uma espécie em comum. Em função disso, cada reação tem influência sobre a outra.

O tratamento geral para sistemas ácido-base começa com os balanços de carga e de massa e as expressões de equilíbrio. Devemos ter tantas equações independentes quanto o número de espécies químicas. Substituímos uma equação de composição fracionária de cada ácido ou base dentro do balanço de carga. Depois de entrarmos com as concentrações conhecidas das espécies, como Na^+ e Cl^-, e substituirmos $[OH^-]$ por K_w/H^+, a única incógnita restante deve ser $[H^+]$. Utilizamos a ferramenta Solver do Excel para calcular $[H^+]$ e então resolvemos todas as outras concentrações a partir da $[H^+]$. Se existirem equilíbrios adicionais às reações ácido-base, como a formação de pares iônicos, então precisaremos do tratamento sistemático completo de equilíbrio. Fazemos o maior uso possível de equações de composição fracionária para simplificar o problema.

Para fazer uso dos coeficientes de atividade, calculamos a constante de equilíbrio efetiva K' para cada reação química com atividades obtidas a partir da equação de Davies. K' é o quociente das concentrações de equilíbrio em determinada força iônica. As planilhas nas Figuras 13.3 e 13.5 determinam as concentrações que minimizam o balanço de carga ou os balanços de carga e massa, e encontram a força iônica de uma forma automática e interativa com definições circulares.

Consideramos problemas de solubilidade nos quais os cátions e os ânions podem participar de uma ou mais reações ácido-base, e onde pode ocorrer a formação de pares iônicos. Substituímos as expressões de composição fracionária de todas as espécies ácido-base dentro do balanço de massa. Em alguns sistemas, como o do oxalato de bário, as equações resultantes contêm as concentrações formais do ânion, do cátion e $[H^+]$. O produto de solubilidade fornece uma relação entre as concentrações formais do ânion e do cátion, possibilitando então eliminar uma destas concentrações do balanço de massa. Admitindo um valor para $[H^+]$, podemos obter a concentração formal restante e, por conseguinte, todas as concentrações. Dessa forma, determinamos a composição em função do pH. O valor do pH da solução não tamponada é o pH no qual o balanço de carga é satisfeito.

Para obter constantes de dissociação ácida a partir de uma curva de titulação, podemos construir um gráfico de diferença, ou gráfico de Bjerrum, que é o gráfico da fração média de prótons ligados, $\bar{n}_H$, contra o pH. Esta fração média pode ser medida por meio das quantidades de reagentes que foram misturados e do pH medido. A forma teórica do gráfico de diferença é expressa em função das composições fracionárias. Utilizamos o Solver do Excel para variar os valores das constantes de equilíbrio de modo a obter o melhor ajuste entre a curva teórica e os pontos medidos. Este processo minimiza a soma dos quadrados $\Sigma[\bar{n}_H\,(\text{medido}) - \bar{n}_H\,(\text{teórico})]^2$.

Exercícios

Professores: muitos destes exercícios são longos. Por favor, seja criterioso ao passá-los aos seus alunos.

13.A. Desprezando os coeficientes de atividade e a formação de pares iônicos, calcule o pH e as concentrações das espécies em 1,00 L de solução contendo 0,010 mol de hidroxibenzeno (HA), 0,030 mol de dimetilamina (B) e 0,015 mol de HCl.

13.B. Repita o Exercício 13.A levando em consideração os coeficientes de atividade calculados a partir da equação de Davies.

13.C. (a) Desprezando os coeficientes de atividade e a formação de pares iônicos, calcule o pH e as concentrações das espécies em 1,00 L de solução contendo 0,040 mol de ácido 2-aminobenzoico (uma molécula neutra, HA), 0,020 mol de dimetilamina (B) e 0,015 mol de HCl.

(b) Qual é a fração de HA em cada uma de suas três formas? Qual é a fração de B em cada uma de suas duas formas? Compare suas respostas com as que você encontraria se o HCl reagisse com B e então o excesso de B reagisse com HA. Qual o pH previsto a partir dessa simples estimativa?

13.D. Inclua os coeficientes de atividade, calculados a partir da equação de Davies, para determinar o pH e as concentrações das espécies na mistura de hidrogenotartarato de sódio, cloreto de piridínio e KOH da Seção 13.1. Considere somente as Reações 13.1 até 13.4.

13.E. Considere uma solução saturada de AgCN, que apresenta a química mostrada a seguir sem considerar os coeficientes de atividade:

$$AgCN(s) \rightleftharpoons Ag^+ + CN^- \qquad pK_{ps} = 15{,}66$$

$$HCN(aq) \rightleftharpoons CN^- + H^+ \qquad pK_{HCN} = 9{,}21$$

$$Ag^+ + H_2O \rightleftharpoons AgOH(aq) + H^+ \qquad pK_{Ag} = 12{,}0$$

$$H_2O \rightleftharpoons H^+ + OH^- \qquad pK_w = 14{,}00$$

Se o pH for fixado por meio de adição de um reagente não especificado (como um tampão), não podemos escrever um balanço de carga para a solução. O balanço de massa é

número de mols de prata dissolvidos = número de mols de cianeto dissolvidos

Expresse a concentração de cada espécie em termos de $[Ag^+]$ e $[H^+]$. Coloque a expressão para cada espécie no balanço de massa, o qual agora contém $[Ag^+]$ e $[H^+]$ como as únicas concentrações. Resolva a equação para $[Ag^+]$. Prepare uma planilha com as seguintes colunas, e calcule todas as concentrações:

pH	$[H^+]$	$[Ag^+]$	$[CN^-]$	[HCN]	[AgOH]	$[OH^-]$	Carga líquida
0	1						
1	0,1						
.							
.							
.							
14	10^{-4}						
Sem tampão	?						

Para a solução não tamponada, o pH é o valor que fornece carga líquida zero. Use a ferramenta Solver para encontrar o pH em que a carga líquida é 0. Prepare um gráfico como o da Figura 13.6 mostrando log[concentração] contra pH para cada espécie. Considerando o equilíbrio $Ag_2O(s) + H_2O \rightleftharpoons 2Ag^+ + 2OH^-$, com $pK_{Ag_2O} = 15{,}42$, o $Ag_2O(s)$ precipitará a partir da solução não tamponada?

13.F. *Gráfico de diferença.* Uma solução contendo 3,96 mmol de ácido acético mais 0,484 mmol de HCl em 200 mL de KCl 0,10 M foi titulada com NaOH 0,490 5 M para determinar o K_a do ácido acético.

(a) Escreva as expressões para a fração média medida de protonação, $\bar{n}_H$ (medido) e para a fração média teórica de protonação, $\bar{n}_H$ (teórico).

(b) A partir dos dados vistos a seguir, prepare um gráfico de $\bar{n}_H$ (medido) contra o pH. Determine os melhores valores para pK_a e pK_w' por meio da minimização da soma dos quadrados dos resíduos, $\Sigma[\bar{n}_H\,(\text{medido}) - \bar{n}_H\,(\text{teórico})]^2$.

v (mL)	pH	*v* (mL)	pH	*v* (mL)	pH	*v* (mL)	pH
0,00	2,79	2,70	4,25	5,40	4,92	8,10	5,76
0,30	2,89	3,00	4,35	5,70	4,98	8,40	5,97
0,60	3,06	3,30	4,42	6,00	5,05	8,70	6,28
0,90	3,26	3,60	4,50	6,30	5,12	9,00	7,23
1,20	3,48	3,90	4,58	6,60	5,21	9,30	10,14
1,50	3,72	4,20	4,67	6,90	5,29	9,60	10,85
1,80	3,87	4,50	4,72	7,20	5,38	9,90	11,20
2,10	4,01	4,80	4,78	7,50	5,49	10,20	11,39
2,40	4,15	5,10	4,85	7,80	5,61	10,50	11,54

FONTE: Dados de A. Kraft, *J. Chem. Ed.* **2003**, *80*, 554.

Problemas

Professores: muitos destes problemas são longos. Por favor, seja criterioso ao passá-los aos seus alunos.

13.1. Por que a solubilidade de um sal de ânion básico aumenta com a diminuição do pH? Escreva as reações químicas envolvendo os minerais galena (PbS) e cerusita ($PbCO_3$) para explicar como a chuva ácida insere traços de metal dessas formas relativamente inertes no meio ambiente, onde o metal pode ser absorvido por plantas e animais.

13.2. (**a**) Considerando apenas a química ácido-base, e desprezando a formação de pares iônicos e os coeficientes de atividade, utilize o tratamento sistemático do equilíbrio para encontrar o valor do pH em 1,00 L de solução contendo 0,010 0 mol de hidroxibenzeno (HA) e 0,005 0 mol de KOH.

(**b**) Que valor de pH seria previsto a partir do conhecimento adquirido no Capítulo 11?

(**c**) Determine o valor do pH se HA e KOH forem ambos diluídos por um fator de 100.

13.3. Repita a parte (**a**) do Problema 13.2 usando os coeficientes de atividade de Davies. Lembre-se de que pH = $-\log([H^+]\gamma_{H^+})$.

13.4. A partir dos valores de pK_1 e pK_2 da glicina em $\mu = 0$, provenientes da Tabela 10.1, calcule pK_1' e pK_2' em $\mu = 0,1$ M. Utilize a equação de Davies para determinar os coeficientes de atividade. Compare a resposta com os valores experimentais das células B10 e B11 da Figura 13.11.

13.5. Considerando apenas a química ácido-base, e desprezando a formação de pares iônicos e os coeficientes de atividade, utilize o tratamento sistemático do equilíbrio para encontrar os valores de pH e das concentrações das espécies em 1,00 L de solução contendo 0,100 mol de etilenodiamina e 0,035 mol de HBr. Compare o valor do pH com o encontrado pelos métodos do Capítulo 11.

13.6. Considerando apenas a química ácido-base, e desprezando a formação de pares iônicos e os coeficientes de atividade, encontre os valores de pH e das concentrações das espécies em 1,00 L de solução contendo 0,040 mol de ácido benzeno-1,2,3-tricarboxílico (H_3A), 0,030 mol de imidazol (uma molécula neutra, HB) e 0,035 mol de NaOH.

13.7. Considerando apenas a química ácido-base, e desprezando a formação de pares iônicos e os coeficientes de atividade, determine os valores de pH e as concentrações das espécies em 1,00 L de solução contendo 0,020 mol de arginina, 0,030 mol de ácido glutâmico e 0,005 mol de KOH.

13.8. Resolva o Problema 13.7 utilizando os coeficientes de atividade de Davies.

13.9. Uma solução contendo KH_2PO_4 0,008 695 *m* e Na_2HPO_4 0,030 43 *m* é um tampão-padrão primário com um valor nominal de pH de 7,413 a 25 °C. Calcule o valor do pH desta solução como na Figura 13.3 utilizando o tratamento sistemático de equilíbrio com os coeficientes de atividade calculados a partir da (**a**) equação de Davies e (**b**) equação estendida de Debye-Hückel.

13.10. Considerando apenas a química ácido-base, e desprezando a formação de pares iônicos e os coeficientes de atividade, determine os valores de pH e as concentrações das espécies em 1,00 L de solução contendo 0,040 mol de H_4EDTA (EDTA = ácido etilenodinitrilotetra-acético ≡ H_4A), 0,030 mol de lisina (molécula neutra ≡ HL) e 0,050 mol de NaOH.

13.11. A solução, sem a adição de KNO_3, da Figura 8.1, contém $Fe(NO_3)_3$ 5,0 mM, NaSCN 5,0 μM e HNO_3 15 mM. Vamos usar os coeficientes de atividade de Davies para determinar os valores das concentrações de todas as espécies, utilizando as seguintes reações:

$$Fe^{3+} + SCN^- \rightleftharpoons Fe(SCN)^{2+} \qquad \log \beta_1 = 3{,}03\ (\mu = 0)$$

$$Fe^{3+} + 2SCN^- \rightleftharpoons Fe(SCN)_2^+ \qquad \log \beta_2 = 4{,}6\ (\mu = 0)$$

$$Fe^{3+} + H_2O \rightleftharpoons FeOH^{2+} + H^+ \qquad pK_a = 2{,}195\ (\mu = 0)$$

(**a**) Escreva as quatro expressões de equilíbrio (incluindo K_w). Expresse as constantes de equilíbrio efetivas em termos das constantes de equilíbrio e dos coeficientes de atividade. Por exemplo, $K_w' = K_w/\gamma_{H^+}\gamma_{OH^-}$. Escreva as expressões para $[Fe(SCN)^{2+}]$, $[Fe(SCN)_2^+]$, $[FeOH^{2+}]$ e $[OH^-]$ em termos de $[Fe^{3+}]$, $[SCN^-]$ e $[H^+]$.

(**b**) Escreva o balanço de carga.

(**c**) Escreva o balanço de massa para o ferro, tiocianato, Na^+ e NO_3^-.

(**d**) Com 7 incógnitas ($[Fe^{3+}]$, $[SCN^-]$, $[H^+]$, $[Fe(SCN)^{2+}]$, $[Fe(SCN)_2^+]$, $[FeOH^{2+}]$ e $[OH^-]$) e 4 expressões de equilíbrio, gostaríamos de usar o Solver do Excel para encontrar 7 – 4 = 3 incógnitas. Selecione pFe, pSCN e pH como as incógnitas porque $[Fe^{3+}]$, $[SCN^-]$ e $[H^+]$ aparecem em vários equilíbrios. Construa uma planilha eletrônica como a da Figura 13.5 para encontrar todas as concentrações na solução constituída por $Fe(NO_3)_3$ 5,0 mM, NaSCN 5,0 μM e HNO_3 15 mM. Para estimativa inicial use as concentrações dos sais: pFe = $-\log(5\times10^{-3}) = 2{,}3$; pSCN = $-\log(5\times10^{-6}) = 5{,}3$; e pH = $-\log(15\times10^{-3}) = 1{,}8$. Use os coeficientes de atividade de Davies. Como uma verificação, mostre que a soma das espécies contendo Fe é 5,000 mM, e que a soma das espécies contendo tiocianato (SCN^-) é igual a 5,000 μM.

(**e**) A solução contém H^+ 0,015 8 M. O ácido nítrico fornece H^+ 0,0015 0 M. De onde vêm os restantes H^+ 0,000 8 M?

(**f**) Determine o quociente $[Fe(SCN)^{2+}]/(\{[Fe^{3+}] + [FeOH^{2+}]\}[SCN^-])$. Este é o ponto em que $[KNO_3] = 0$ na Figura 8.1. Compare sua resposta com a Figura 8.1. A ordenada da Figura 8.1 é simbolizada por $[Fe(SCN)^{2+}]/([Fe^{3+}][SCN^-])$, mas $[Fe^{3+}]$ se refere realmente à concentração total de ferro não ligado ao tiocianato.

(**g**) Ache o quociente da etapa (**f**) para quando a solução também contiver KNO_3 0,20 M. Compare sua resposta com a Figura 8.1.

13.12. Considere as reações do Fe^{2+} com o aminoácido glicina:

$$Fe^{2+} + G^- \rightleftharpoons FeG^+ \qquad p\beta_1 = -4{,}31$$

$$Fe^{2+} + 2G^- \rightleftharpoons FeG_2(aq) \qquad p\beta_2 = -7{,}65$$

$$Fe^{2+} + 3G^- \rightleftharpoons FeG_3^- \qquad p\beta_3 = -8{,}87$$

$$Fe^{2+} + H_2O \rightleftharpoons FeOH^+ + H^+ \qquad pK_a = 9{,}4$$

$$^+H_3NCH_2CO_2H \text{ glicina, } H_2G^+ \qquad pK_1 = 2{,}350,\ pK_2 = 9{,}778$$

Suponha que 0,050 mol de FeG_2 é dissolvido em 1,00 L e que adiciona-se HCl suficiente para ajustar o valor do pH em 8,50. Utilize os coeficientes de atividade de Davies para encontrar a composição da solução. Que fração do ferro está em cada uma de suas formas e que fração da glicina está em cada uma de suas formas? A partir da distribuição das espécies, explique a principal razão química para adicionarmos HCl para obter um pH igual a 8,50.

Procedimento sugerido: existem seis constantes de equilíbrio listadas anteriormente, mais o equilíbrio para K_w, dando um total de sete equilíbrios. Existem 11 concentrações desconhecidas, incluindo $[Cl^-]$ do HCl adicionado para fixar o pH. Você pode escrever balanços de massa para o ferro e a glicina, e pode escrever um balanço de carga. Com 11 incógnitas e 7 equilíbrios, você precisa resolver para 4 incógnitas. Entretanto, $[H^+]$ é conhecido a partir da fixação do pH. Assim, você precisará resolver para 3 concentrações desconhecidas com a ajuda do Solver. Utilize as expressões de equilíbrio para escrever todas as concentrações em termos de $[Fe^{2+}]$, $[G^-]$ e $[H^+]$, dos quais $[H^+]$ é conhecida. Deixamos $[Fe^{2+}]$, $[G^-]$ e $[Cl^-]$ serem as variáveis independentes. Use o Solver para encontrar os valores de pFe, pG e pCl de forma a satisfazerem os balanços combinados de carga e de massa.

13.13. Os dados para o gráfico de diferença da glicina da Figura 13.12 são dados na tabela a seguir.

V (mL)	pH	V (mL)	pH	V (mL)	pH	V (mL)	pH
0,00	2,234	0,40	2,550	0,80	3,528	1,20	10,383
0,02	2,244	0,42	2,572	0,82	3,713	1,22	10,488
0,04	2,254	0,44	2,596	0,84	4,026	1,24	10,595
0,06	2,266	0,46	2,620	0,86	5,408	1,26	10,697
0,08	2,278	0,48	2,646	0,88	8,149	1,28	10,795
0,10	2,291	0,50	2,675	0,90	8,727	1,30	10,884
0,12	2,304	0,52	2,702	0,92	8,955	1,32	10,966
0,14	2,318	0,54	2,736	0,94	9,117	1,34	11,037
0,16	2,333	0,56	2,768	0,96	9,250	1,36	11,101
0,18	2,348	0,58	2,802	0,98	9,365	1,38	11,158
0,20	2,363	0,60	2,838	1,00	9,467	1,40	11,209
0,22	2,380	0,62	2,877	1,02	9,565	1,42	11,255
0,24	2,397	0,64	2,920	1,04	9,660	1,44	11,296
0,26	2,413	0,66	2,966	1,06	9,745	1,46	11,335
0,28	2,429	0,68	3,017	1,08	9,830	1,48	11,371
0,30	2,448	0,70	3,073	1,10	9,913	1,50	11,405
0.32	2,467	0,72	3,136	1,12	10,000	1,52	11,436
0,34	2,487	0,74	3,207	1,14	10,090	1,54	11,466
0,36	2,506	0,76	3,291	1,16	10,183	1,56	11,492
0,38	2,528	0,78	3,396	1,18	10,280	1,58	11,519
						1,60	11,541

FONTE: Dados de A. Kraft, "The Determination of the pKa of Multiprotic, Weak Acids by Analyzing Potentiometric Acid-Base Titration Data with Difference Plots", J. Chem. Ed. ***2003****, 80, 554.*

(**a**) Reproduza a planilha eletrônica da Figura 13.11 com os valores iniciais: $pK_w = 14$, $pK_1 = 2$ e $pK_2 = 10$. Mostre que o Solver encontra os mesmos valores de pK_w, pK_1 e pK_2 que na Figura 13.11. Comece com diferentes valores de pK_1 e pK_2 e veja se o Solver encontra as mesmas soluções.

(**b**) Utilize o Solver para encontrar os melhores valores para pK_1 e pK_2, enquanto pK'_w é fixado em seu valor esperado de 13,797. Faça um gráfico para mostrar como $\bar{n}_H$ (medido) se comporta próximo ao lado direito da Figura 13.12, quando pK'_w é fixo.

14 Fundamentos de Eletroquímica

PILHAS QUE SALTAM

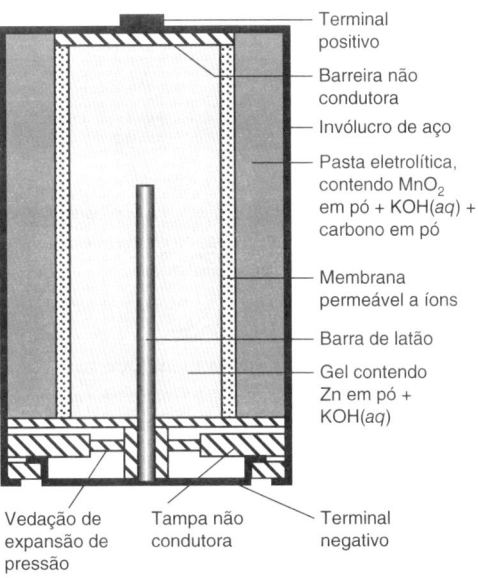

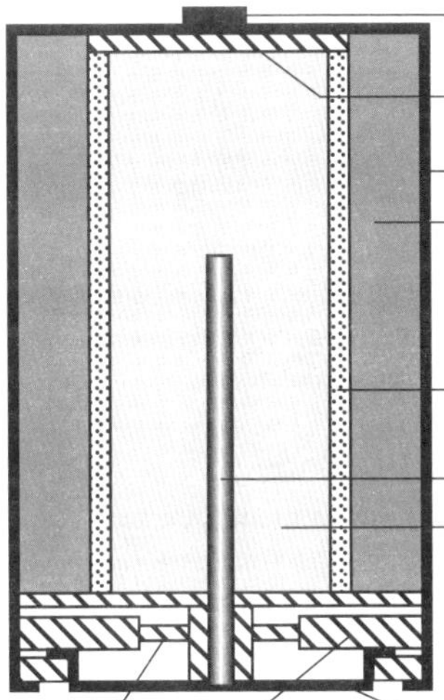

Estrutura de uma pilha alcalina.

Você pode distinguir pilhas alcalinas novas e usadas posicionando-as na vertical, com o terminal negativo voltado para baixo, sobre uma superfície dura e plana, e comparando a altura do salto (a distância até onde ela subiu) com relação à altura da queda (a distância de onde ela caiu). O coeficiente de restituição é definido como $\sqrt{\text{altura do salto/altura da queda}}$. Uma pilha com mais de 50% de sua carga utilizada salta repetidamente ~10 vezes mais do que uma nova.

A química na pilha é[1]

Terminal positivo:	$2MnO_2(s) + H_2O(l) + 2e^- \rightleftharpoons 2Mn_2O_3(s) + 2OH^-$
Terminal negativo:	$Zn(s) + 2OH^- \rightleftharpoons ZnO(s) + H_2O(l) + 2e^-$
Reação líquida:	$Zn(s) + 2MnO_2(s) \rightarrow ZnO(s) + 2Mn_2O_3(s)$

O compartimento interno contém uma suspensão de zinco metálico esponjoso em um gel contendo KOH aquoso. O compartimento externo tem uma pasta feita de MnO_2 sólido e carbono em pó em meio de KOH aquoso. À medida que a pilha descarrega, o zinco esponjoso no compartimento interno se torna recoberto com ZnO sólido, que é mais rígido que o zinco e ocupa um volume maior. Com o aumento da fração em volume do sólido mais rígido, a pilha salta mais alto quando é deixada cair.

Quando uma pilha alcalina se esgota, sua química muda, podendo ser produzido $H_2(g)$, levando à ruptura da vedação de pressão na sua base. KOH(*aq*) pode vazar e reagir com o CO_2 atmosférico, produzindo uma crosta branca de $K_2CO_3(s)$ no lado de fora da pilha.

A **eletroquímica** é a principal área da química analítica que utiliza medidas elétricas de sistemas químicos com objetivos analíticos.[2] Por exemplo, na abertura do Capítulo 1 mostramos um eletrodo sendo usado para detectar moléculas de um neurotransmissor liberadas por uma célula nervosa. A eletroquímica também se refere à utilização da eletricidade para realizar uma reação química ou à utilização de uma reação química para produzir eletricidade. Alguns atributos desejáveis que a

Oxidação: perda de elétrons
Redução: ganho de elétrons

Agente oxidante: recebe elétrons
Agente redutor: cede elétrons

$Fe^{3+} + e^- \rightarrow Fe^{2+}$
$V^{2+} \rightarrow V^{3+} + e^-$

Michael Faraday (1791-1867) foi um "filósofo naturalista" (a antiga denominação para "cientista") autodidata inglês que descobriu que a extensão de uma reação eletroquímica é proporcional à carga elétrica que passa por uma célula eletroquímica. Faraday descobriu muitas leis fundamentais do eletromagnetismo. Ele nos propiciou o motor elétrico, o gerador elétrico e o transformador elétrico, bem como os termos *íon, cátion, ânion, eletrodo, catodo, anodo* e *eletrólito*. Seu dom para palestras é lembrado principalmente por suas demonstrações para crianças na época do Natal na Royal Institution, em Londres. Faraday "tinha um grande prazer em falar às crianças, e ganhava facilmente a confiança delas... Elas se sentiam como se ele pertencesse a elas; na verdade, ele, às vezes, em seu entusiasmo alegre, parecia uma criança inspirada".[3] [GeorgiosArt/iStockPhoto.]

eletroquímica tem para fins analíticos incluem equipamentos relativamente baratos para muitas aplicações, possibilidade de miniaturização e capacidade de medir amostras complexas com pouco nível de preparação.

14.1 Conceitos Básicos

Uma **reação redox** envolve a transferência de elétrons de uma espécie para outra. Considera-se que uma espécie é **oxidada** quando ela *perde elétrons*. Quando *ganha elétrons*, ela é **reduzida**. Um **agente oxidante**, também chamado simplesmente de **oxidante**, recebe elétrons de outra substância e torna-se reduzido. Um **agente redutor**, ou simplesmente **redutor**, cede elétrons para outra substância e é oxidado no processo. Na reação

$$\underset{\text{Agente oxidante}}{Fe^{3+}} + \underset{\text{Agente redutor}}{V^{2+}} \xrightarrow{e^-} Fe^{2+} + V^{3+} \quad (14.1)$$

o Fe^{3+} é o agente oxidante porque recebe um elétron do V^{2+}, que é o agente redutor porque ele cede um elétron para o Fe^{3+}. O Fe^{3+} é reduzido, e o V^{2+} é oxidado enquanto a reação avança da esquerda para a direita. No Apêndice D, temos uma revisão sobre números de oxidação e o balanceamento de equações redox.

Química e Eletricidade

Quando os elétrons provenientes de uma reação redox fluem por um circuito elétrico, podemos entender alguns aspectos dessa reação fazendo medidas de corrente elétrica e de diferença de potencial elétrico. A corrente elétrica é proporcional à velocidade da reação, e a diferença de potencial elétrico é proporcional à variação de energia livre da reação eletroquímica.

Carga Elétrica

A carga elétrica (q) é medida em **coulombs** (C). O valor em módulo da carga elétrica de um único elétron ou próton é $1{,}602 \times 10^{-19}$ C, de modo que 1 mol de elétrons ou prótons possui uma carga de $(1{,}602 \times 10^{-19} \text{ C}) \times (6{,}022 \times 10^{23} \text{ mol}^{-1}) = 9{,}649 \times 10^4$ C/mol, chamada **constante de Faraday**, F. Um mol do íon Fe^{3+}, com $n = 3$ unidades de carga por molécula, tem uma carga total de

Relação entre carga e número de mols:

$$\underset{\text{Coulombs}}{q} = \underset{\substack{\text{Unidades de carga}\\\text{por molécula}\\\text{(adimensional)}}}{n} \cdot \underset{\text{mol}}{(\text{mol})} \cdot \underset{\frac{\text{Coulombs}}{\text{mol}}}{F} \quad (14.2)$$

$$q = (3)(1 \text{ mol})(9{,}649 \times 10^4 \text{ C/mol}) = 2{,}89 \times 10^5 \text{ C}$$

As unidades são consistentes porque o número de unidades de carga por molécula, n, é adimensional.

> **EXEMPLO** Relação do Número de Coulombs com a Quantidade das Espécies Produzidas ou Consumidas em uma Reação
>
> Se 5,585 g de Fe^{3+} forem reduzidos conforme a Reação 14.1, quantos coulombs de carga devem ter sido transferidos do V^{2+} para o Fe^{3+}?
>
> **Solução** O número de mols de ferro reduzido é igual a $(5{,}585 \text{ g})/(55{,}845 \text{ g/mol}) = 0{,}100\ 0$ mol de Fe^{3+}. Cada íon Fe^{3+} requer $n = 1$ elétron na Reação 14.1. Utilizando a constante de Faraday, determinamos que 0,100 0 mol de elétrons corresponde a
>
> $$q = n(\text{mol})\, F = (1)(0{,}100\ 0 \text{ mol})\left(9{,}649 \times 10^4\, \frac{\text{C}}{\text{mol}}\right) = 9{,}649 \times 10^3 \text{ C}$$
>
> **TESTE-SE** Quantos mols de Sn^{4+} são reduzidos a Sn^{2+} por 1,00 C de carga elétrica? (***Resposta:*** 5,18 µmol.)

Corrente Elétrica

A quantidade de carga fluindo a cada segundo por um circuito é chamada **corrente** elétrica. A unidade de corrente elétrica é o **ampère**, abreviado como A. Uma corrente de um ampère representa uma carga de 1 coulomb por segundo passando por determinado ponto de um circuito elétrico.

1 A = 1 C/s

EXEMPLO Relacionando Corrente Elétrica com Velocidade de Reação

Suponha que elétrons são forçados para dentro de um fio de platina imerso em uma solução contendo Sn^{4+} (Figura 14.1), que é reduzido a Sn^{2+} com uma velocidade de reação constante de 4,24 mmol/h. Qual a quantidade de corrente elétrica que passa pela solução?

Solução São necessários *dois* elétrons para reduzir *um* íon Sn^{4+}:

$$Sn^{4+} + 2e^- \rightarrow Sn^{2+}$$

Os elétrons circulam com uma velocidade de (2 mmol de e^-/mmol de Sn^{4+})(4,24 mmol de Sn^{4+}/h) = 8,48 mmol de e^-/h, o que corresponde a

$$\frac{8{,}48 \text{ mmol de e}^-\text{/h}}{3\,600 \text{ s/h}} = 2{,}356 \times 10^{-3} \frac{\text{mmol de e}^-}{\text{s}} = 2{,}356 \times 10^{-6} \frac{\text{mol de e}^-}{\text{s}}$$

Para determinarmos o valor da corrente elétrica, convertemos o número de mols de elétrons por segundo em coulombs por segundo:

$$\text{Corrente} = \frac{\text{carga}}{\text{tempo}} = \frac{\text{coulombs}}{\text{segundo}} = \frac{\text{número de mols de e}^-}{\text{segundo}} \cdot \frac{\text{coulombs}}{\text{mol}}$$

$$= \left(2{,}356 \times 10^{-6} \frac{\text{mol}}{\text{s}}\right)\left(9{,}649 \times 10^{4} \frac{\text{C}}{\text{mol}}\right)$$

$$= 0{,}227 \text{ C/s} = 0{,}227 \text{ A} = 227 \text{ mA}$$

TESTE-SE Qual o valor da corrente que reduz o Sn^{4+} com uma velocidade de 1,00 mmol/h? (***Resposta:*** 53,6 mA.)

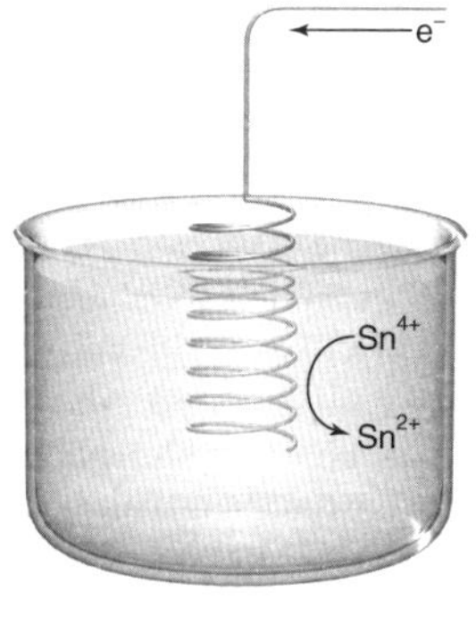

e⁻
Sn⁴⁺
Sn²⁺

FIGURA 14.1 Elétrons circulando por um fio de Pt, na forma de espiral, imerso em uma solução em que íons Sn^{4+} são reduzidos a íons Sn^{2+}. Esse processo não pode ocorrer espontaneamente, pois não existe um circuito elétrico completo. Se o Sn^{4+} for reduzido na superfície desse eletrodo de Pt, alguma outra espécie deve ser oxidada em algum outro lugar.

Na Figura 14.1, vemos um **eletrodo de Pt**, que transfere ou retira elétrons de uma espécie química envolvida na reação redox. A platina é muito utilizada como um eletrodo *inerte*, porque ela não participa da reação redox, funcionando apenas como condutora de elétrons.

É necessário fazer trabalho para aproximar cargas elétricas de mesmo sinal. Por outro lado, trabalho pode ser feito quando cargas elétricas de sinais opostos se aproximam uma da outra.

Potencial Elétrico, Trabalho e Energia Livre

Cargas positivas e negativas se atraem. Cargas positivas repelem outras cargas positivas; cargas negativas repelem outras cargas negativas. A presença de cargas elétricas gera um **potencial elétrico** que atrai ou repele partículas carregadas. A *diferença de potencial* elétrico, E, entre dois pontos é o trabalho por unidade de carga necessário (ou que pode ser realizado) para que uma carga elétrica se mova de um ponto ao outro. A *diferença de potencial* é medida em **volts** (V). Quanto maior a diferença de potencial elétrico entre dois pontos, maior será o trabalho necessário ou que pode ser realizado quando uma partícula carregada se desloca entre esses pontos.

Uma boa analogia para entender os conceitos de corrente e potencial elétrico é imaginar a água fluindo por uma mangueira de jardim (Figura 14.2). Corrente é a carga elétrica que atravessa um ponto em um fio a cada segundo. A corrente elétrica é análoga ao volume de água que sai de uma mangueira a cada segundo. A diferença de potencial é análoga à pressão da água na mangueira. Quanto maior a pressão, mais rapidamente fluirá a água.

Quando uma carga, q, se move por uma diferença de potencial, E, o trabalho realizado é

Relação entre trabalho e potencial elétrico:

$$\underset{\text{Joules}}{|\text{Trabalho}|} = \underset{\text{Volts}}{E} \cdot \underset{\text{Coulombs}}{q} \qquad \textbf{(14.3)}$$

O trabalho tem dimensões de energia, e a sua unidade é o **joule** (**J**). Um *joule* de energia é liberado ou absorvido quando 1 *coulomb* de carga se move entre pontos cujos potenciais elétricos diferem entre si de 1 *volt*. A Equação 14.3 nos mostra que as dimensões de volt são joule por coulomb.

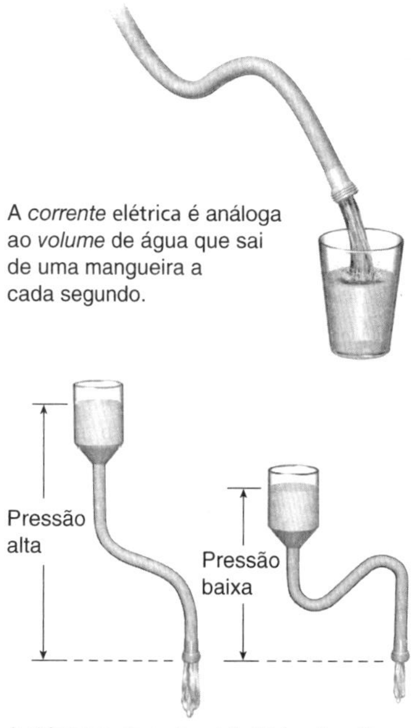

A *corrente* elétrica é análoga ao *volume* de água que sai de uma mangueira a cada segundo.
Pressão alta
Pressão baixa

A *diferença de potencial* elétrico é análoga à *pressão* hidrostática que força a passagem de água em uma mangueira. Uma pressão elevada provoca um fluxo elevado.

FIGURA 14.2 Analogia entre o escoamento de água em uma mangueira e a circulação de eletricidade em um fio.

EXEMPLO Trabalho Elétrico

Qual o trabalho que pode ser realizado se 2,4 mmols de elétrons fluem por uma diferença de potencial de 0,27 V (ou entre quaisquer dois pontos cuja diferença de potencial seja +0,27 V)? Os elétrons são atraídos na direção do potencial mais positivo, de modo que podem produzir trabalho à medida que se movem.

Solução Para usarmos a Equação 14.3, devemos converter o número de mols de elétrons em carga elétrica expressa em coulombs. Cada elétron tem uma unidade de carga (n = 1), de modo que

$$q = n \cdot (\text{mol}) \cdot F = (1)(2{,}4 \times 10^{-3} \text{ mol})(9{,}649 \times 10^{4} \text{ C/mol}) = 2{,}3 \times 10^{2} \text{ C}$$

1 V = 1 J/C

O trabalho que pode ser realizado é

$$|\text{Trabalho}| = E \cdot q = (0{,}27\ \text{V})\ (2{,}3 \times 10^2\ \text{C}) = 62\ \text{J}$$

Se, em vez disso, movermos 2,4 mmols de cátions Na^+ de um potencial de 0 V para um potencial de +0,27 V, teríamos de fazer 62 J de trabalho, porque os cátions sofrem repulsão do potencial mais positivo.

TESTE-SE Qual deve ser a queda de potencial (em V) para que 1,00 μmol de e^- faça 1,00 J de trabalho? (***Resposta:*** 10,4 V.)

Na analogia com a mangueira de jardim, suponha que uma das extremidades da mangueira seja elevada 1 m acima da outra extremidade e que 1 L de água passe pela mangueira. Imagine que a água flui em um dispositivo mecânico que realiza certa quantidade de trabalho. Se a extremidade da mangueira for elevada 2 m acima da outra extremidade, a quantidade de trabalho que pode ser realizada pela queda da água será duas vezes maior do que no caso anterior. A diferença de elevação entre as extremidades da mangueira nos dois casos é equivalente à diferença de potencial elétrico e o volume de água é análogo à carga elétrica. Quanto maior for a diferença de potencial elétrico entre dois pontos de um circuito, maior é o trabalho que pode ser realizado pela carga passando entre esses dois pontos.

q = (+): calor é introduzido no sistema
w = (+): trabalho é feito sobre o sistema

Antes de prosseguirmos, precisamos estabelecer uma convenção de sinais usada em química para calor (q) e trabalho (w). Considere uma pilha (que é uma célula eletroquímica) como um sistema que pode realizar trabalho sobre suas vizinhanças, como girar um ventilador. Por convenção, *o calor introduzido em um sistema é positivo*, e *o trabalho realizado sobre um sistema é positivo*. Um valor de q negativo significa que o calor flui do sistema para as vizinhanças. Um valor de w negativo indica que o sistema realiza trabalho sobre suas vizinhanças. Uma pilha que fica quente e introduz calor sobre suas vizinhanças apresenta um valor de q negativo. Uma pilha (o sistema) que realiza trabalho sobre as suas vizinhanças possui um valor negativo para w.

A Seção 6.2 introduziu a variação de energia livre, ΔG.

A variação de energia livre, ΔG, para uma célula eletroquímica é expressa em joules por mol de um dado reagente (J/mol).* Caso ΔG para uma pilha seja negativo, a sua energia livre diminui e ela pode produzir trabalho sobre as suas vizinhanças; portanto, w é negativo. Considere uma pilha que opera *reversivelmente*, o que significa que a reação transcorre lenta o bastante para manter uma condição de quase equilíbrio o tempo todo. O trabalho máximo que pode ser realizado à temperatura e pressão constantes por essa pilha sobre as suas vizinhanças é igual à variação de energia livre para a reação da célula:

$$\text{Trabalho máximo por mol de determinado reagente} = \Delta G \qquad \textbf{(14.4)}$$

O trabalho tem o mesmo sinal algébrico de ΔG.

Combinamos então as Equações 14.2, 14.3 e 14.4 para obter uma relação entre a diferença de energia livre, ΔG, para uma reação eletroquímica e a diferença de potencial elétrico, E, produzida por uma célula eletroquímica. Removemos a indicação de valor absoluto da Equação 14.3 e escrevemos a equação como trabalho = $-E \cdot q$ porque uma reação que realiza trabalho sobre suas vizinhanças tem que ser espontânea, de modo que ΔG tem de ser negativo:

$$\Delta G = \frac{\text{trabalho}}{\text{mol}} = \frac{-E \cdot q}{\text{mol}} = \frac{-E \cdot [n \cdot (\cancel{\text{mol}}) \cdot F]}{\cancel{\text{mol}}} = -n \cdot F \cdot E$$

Relação entre diferença de energia livre e diferença de potencial elétrico:

$$\underset{\text{Joules por mol}}{\Delta G} = -\underset{\text{Unidades de carga por molécula}}{n} \cdot \underset{\text{C/mol}}{F} \cdot \underset{\text{Volts (V)}}{E} \qquad \textbf{(14.5)}$$

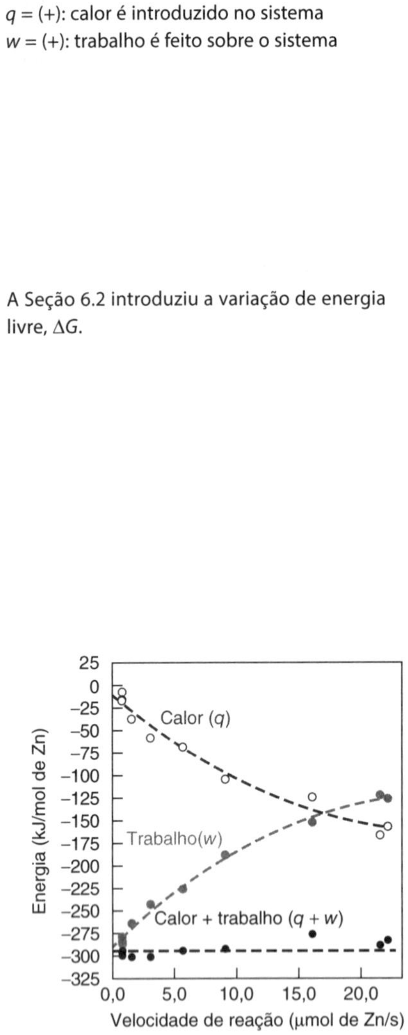

FIGURA 14.3 Trabalho observado, w, realizado por uma pilha alcalina AA, e o calor, q, perdido como função de sua velocidade de reação. Quanto mais negativo for q, mais calor desperdiçado é produzido. Quando menos negativo for w, menos trabalho a pilha realiza sobre suas vizinhanças. A reação líquida da pilha é mostrada na abertura deste capítulo. [Dados de R. J. Noll e J. M. Hughes, "Heat Evolution and Electrical Work of Batteries as a Function of Discharge Rate: Spontaneous and Reversible Processes and Maximum Work," *J. Chem. Ed.* **2018**, *95*, 852. J. M. Hughes era um aluno de iniciação científica.]

Na Equação 14.5, E é a diferença de potencial elétrico (isto é, a voltagem) máxima que pode ser produzida pela reação quando esta é conduzida reversivelmente (lentamente) a uma temperatura e pressão constantes. Quando uma pilha descarrega muito lentamente ("reversivelmente"), o trabalho máximo por mol de determinado reagente se aproxima de ΔG (Equação 14.4) e a voltagem máxima se aproxima de $-\Delta G/nF$ (Equação 14.5).

A Figura 14.3 mostra o trabalho que é medido realizado por mol de reação da pilha alcalina AA como função da velocidade da reação em seu interior. Quanto mais rápido ela descarregar (maior a velocidade de reação), menos trabalho pode ser realizado sobre suas vizinhanças (valor de w menos negativo) e mais calor é dissipado para as vizinhanças (q mais negativo). À medida que a velocidade de reação se aproxima de zero, o trabalho realizado

* A unidade de energia livre (ΔG) é J/mol. Podemos demonstrar essa afirmação a partir da Equação 6.7 relacionando a constante de equilíbrio, K, com $\Delta G°$ para uma transformação química: $K = e^{-\Delta G°/RT}$. Em qualquer equação, o expoente tem de ser adimensional, por isso $\Delta G°$ tem de ter as mesmas unidades de RT, que são [J/(mol · K)](K) = J/mol.

sobre as vizinhanças se aproxima de ΔG (Equação 14.4), e o calor perdido pela pilha para as vizinhanças se aproxima de seu valor teórico, que é +1,9 kJ/mol.† A conservação de energia assinala que a soma do calor e do trabalho deve ser constante. A Figura 14.3 mostra que a soma $q + w$ observada é quase constante.

Uma pilha descarregada rapidamente não pode realizar tanto trabalho útil como aquela que descarrega lentamente. Caso você provoque um curto-circuito em uma pilha conectando os terminais positivo e negativo com um arame, a velocidade de reação é elevada e o invólucro da pilha fica quente.

Lei de Ohm

A **lei de Ohm** estabelece que a corrente, I, que passa por um circuito elétrico é diretamente proporcional à diferença de potencial (voltagem) no circuito e inversamente proporcional à **resistência**, ***R***, do circuito.

Lei de Ohm:
$$I = \frac{E}{R} \qquad (14.6)$$

Quanto maior for a diferença de potencial, mais corrente circulará. Quanto maior for a resistência, menos corrente circulará.

A unidade de resistência elétrica é o **ohm**, simbolizado pela letra grega Ω (ômega). Uma corrente de 1 ampère circulará por um circuito onde existe uma diferença de potencial de 1 volt, se a resistência nesse circuito for de 1 ohm. Pela Equação 14.6, a unidade ampère (A) é equivalente a V/Ω.

O Boxe 14.1 mostra medidas da resistência de uma única molécula a partir de medições de corrente elétrica e diferença de potencial e da aplicação da lei de Ohm.

Potência

A **potência**, ***P***, é o trabalho realizado por unidade de tempo. A unidade do SI para potência é J/s, mais conhecida como **watt** (**W**).

$$P = \frac{\text{trabalho}}{\text{s}} = \frac{E \cdot q}{\text{s}} = E \cdot \frac{q}{\text{s}} \qquad (14.7)$$

Como q/s é a corrente, I, podemos escrever

$$P = E \cdot I \qquad (14.8)$$

Potência (watts) = trabalho por segundo
$P = E \cdot I = (IR) \cdot I = I^2 R$

Uma célula eletroquímica capaz de gerar uma corrente de 1 ampère com uma diferença de potencial de 1 volt, tem uma potência de 1 watt.

EXEMPLO Utilizando a Lei de Ohm

No circuito da Figura 14.4, a pilha (ou a bateria) produz uma diferença de potencial de 3,0 V e o resistor tem uma resistência de 100 Ω. Admitimos que a resistência do fio que conecta a pilha e o resistor é desprezível. Qual a corrente e a potência que a pilha libera por meio desse circuito?

Solução A corrente que circula no circuito é

$$I = \frac{E}{R} = \frac{3{,}0\ V}{100\ \Omega} = 0{,}030\ \text{A} = 30\ \text{mA}$$

A potência produzida pela pilha é

$$P = E \cdot I = (3{,}0\ \text{V})(0{,}030\ \text{A}) = 90\ \text{mW}$$

TESTE-SE Qual a diferença de potencial necessária para produzir 180 mW de potência? (***Resposta:*** 4,24 V.)

O que acontece com a potência gerada pelo circuito? *A energia aparece como calor no resistor*. A potência (90 mW) é igual à velocidade com que o calor é produzido no resistor. Se o resistor na Figura 14.4 fosse substituído por um motor elétrico, a pilha poderia realizar trabalho útil. A Figura 14.3 mostra o trabalho que pode ser realizado pela pilha. O calor desperdiçado na Figura 14.3 foi produzido *dentro* da pilha, e não no circuito externo.

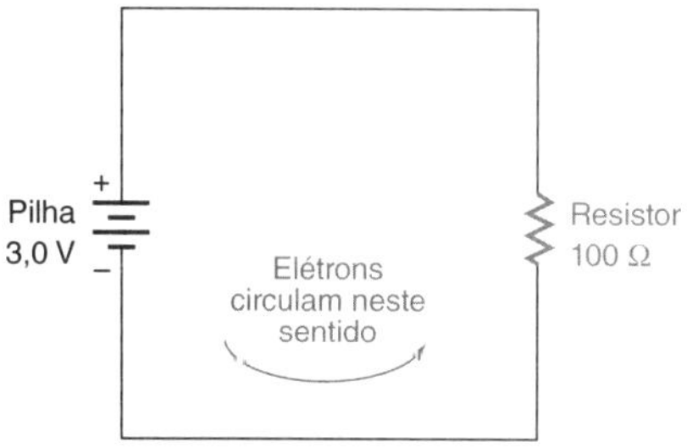

FIGURA 14.4 Um circuito elétrico constituído por uma pilha (ou uma bateria) e um resistor. Benjamin Franklin pesquisou a eletricidade estática na década de 1740.[4] Ele pensava que a eletricidade fosse um fluido que escoasse de um tecido de seda para um bastão de vidro quando o bastão era esfregado com o tecido. Hoje, sabemos que os elétrons passam do vidro para a seda. Entretanto, a convenção de Franklin para o sentido da corrente elétrica foi mantida e, por isso, dizemos que a corrente se desloca do potencial positivo para o negativo – ao contrário do sentido do fluxo de elétrons.

†O valor teórico de q para a reação reversível na Figura 14.3 é igual a $T\Delta S$ (= +1,9 kJ/mol), em que T é a temperatura e ΔS, a variação de entropia da reação. A linha de tendência para q na Figura 14.3 parece terminar no patamar de velocidade de reação zero em uma energia negativa, e não uma pequena energia positiva. Se atribuirmos um peso maior aos pontos na velocidade de reação mais baixa, a linha de tendência pode extrapolar para uma pequena energia positiva. A partir dos dados medidos, não temos certeza de como a linha de tendência deve ser extrapolada. Bem-vindo ao mundo real em que todas as medições têm erro experimental, e o próprio valor de $T\Delta S$ possui uma incerteza.

BOXE 14.1 Lei de Ohm, Condutância e Fio Condutor Molecular[5]

A condutância elétrica de uma única molécula suspensa entre dois eletrodos de ouro é conhecida por meio da medida da diferença de potencial e da corrente elétrica aplicando-se a lei de Ohm. A condutância é 1/resistência, de modo que ela possui a unidade 1/ohm ≡ siemens (S).

Para fazer as junções moleculares, a ponta de ouro de um microscópio de varredura por tunelamento foi deslocada de modo a fazer e desfazer o contato com um substrato de ouro na presença de uma solução contendo uma molécula teste terminada por grupos tiol (—SH). Tióis ligam-se espontaneamente ao ouro, formando pontes, como as mostradas a seguir. Correntes de nanoampères foram observadas com uma diferença de potencial de 0,1 V aplicada entre as superfícies de ouro.

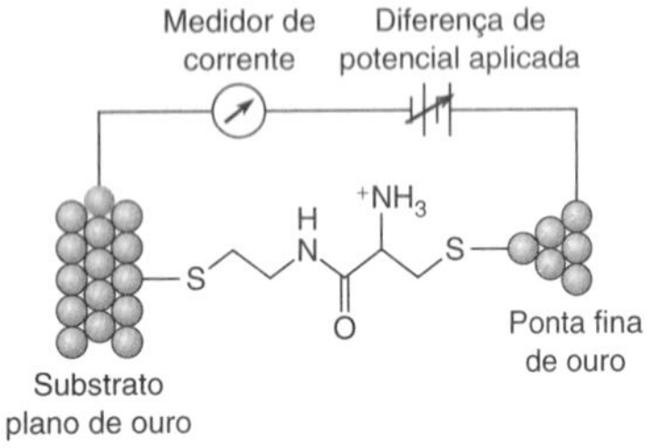

O gráfico visto a seguir apresenta quatro medidas de condutância quando a ponta do microscópio de varredura por tunelamento era afastada do substrato de Au. Regiões de condutância constante foram observadas nos múltiplos de 19 nS. Uma interpretação para o fato é que uma única molécula conectando as duas superfícies de Au tem condutância de 19 nS (ou uma resistência de 50 MΩ). Se duas moléculas formam pontes paralelas, a condutância aumenta para 38 nS. Três moléculas fornecem uma condutância de 57 nS. Se existem três pontes e os eletrodos são afastados, uma das pontes é quebrada e a condutância cai para 38 nS. Quando a segunda ponte é desfeita, a condutância cai para 19 nS. A variação em torno do valor exato esperado para a condutância deve-se ao fato de os ambientes de cada molécula na superfície do ouro não serem idênticos. Um histograma com mais de 500 observações do experimento apresenta picos em 19, 38 e 57 nS.

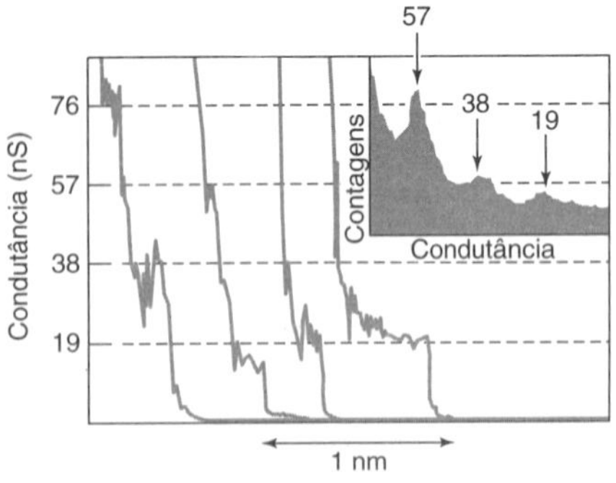

Variação da condutância quando a ponta de Au de um microscópio de varredura por tunelamento imersa em uma solução de ditiol é afastada de um substrato de Au. [Dados de X. Xiao, B. Xu e N. Tao, "Conductance Titration of Single-Peptide Molecules," *J. Am. Chem. Soc.* **2004**, *126*, 5370.]

Hidrocarbonetos (alcanos) podem ser considerados protótipos de isolantes elétricos. A condutância de alcanos ditióis diminui exponencialmente quando o comprimento da cadeia aumenta:[6]

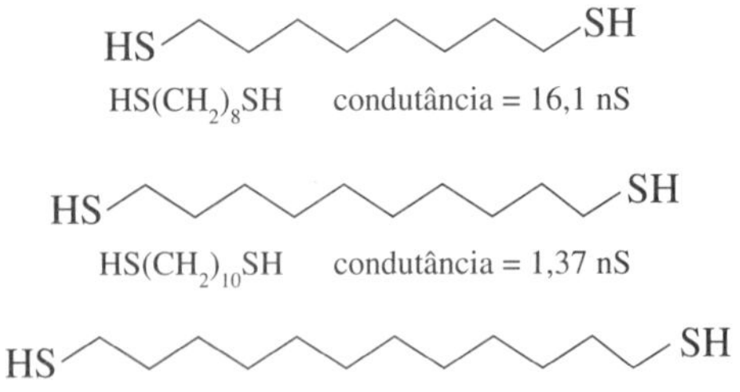

$HS(CH_2)_8SH$ condutância = 16,1 nS

$HS(CH_2)_{10}SH$ condutância = 1,37 nS

$HS(CH_2)_{12}SH$ condutância = 0,35 nS

A condutância de bipiridinas aromáticas conjugadas mostrada a seguir é várias ordens de magnitude maior do que a de hidrocarbonetos saturados de comprimento semelhante. De fato, a condutância de 2,9 nS para o composto com seis unidades repetidas e comprimento de 11 nm é quase três ordens de magnitude maior do que a registrada para fios moleculares aromáticos de comprimento comparável contendo apenas átomos de carbono.

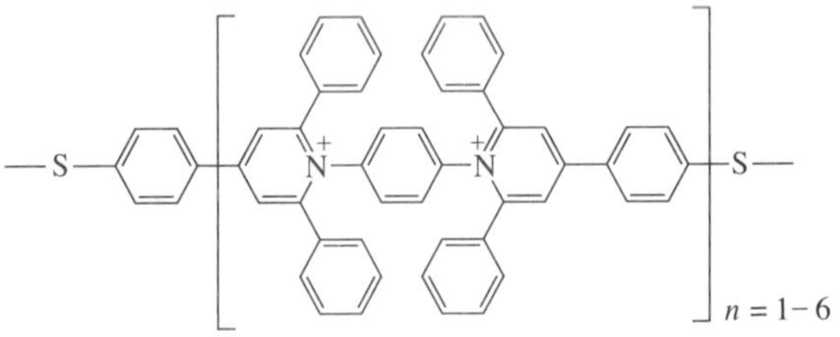

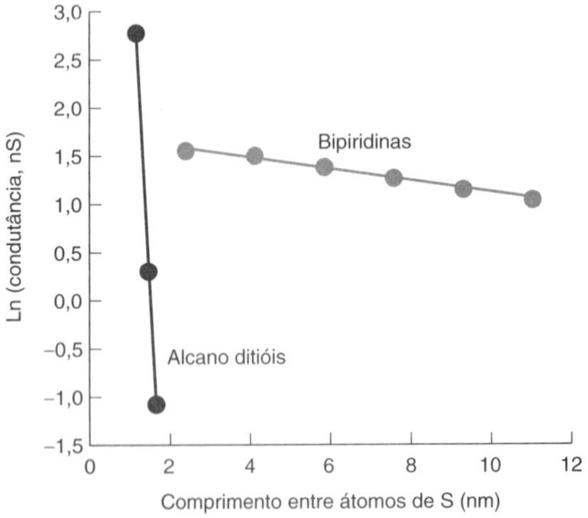

Dependência da condutividade com o comprimento da cadeia entre átomos de enxofre. [Dados de V. Kolivoška *et al.*, "Single-Molecule Conductance in a Series of Extended Viologen Molecules," *J. Phys. Chem. Lett.* **2013**, *4*, 589.]

Apresentamos a seguir um resumo dos símbolos, unidades e equações que foram vistos nas últimas páginas:

Relação entre carga elétrica e número de mols:

$$q = n \cdot (\text{mol}) \cdot F$$

q	n	(mol)	F
Carga (coulombs, C)	Unidades de carga por molécula	Número de mols	C/mol (constante de Faraday)

Relação entre trabalho e potencial elétrico:

$$|\text{Trabalho}| = E \cdot q \quad \textbf{(Unidades: J/C = 1 V)}$$

Joules (J) — Volts (V) — Coulombs (C)

Relação entre diferença de energia livre e diferença de potencial elétrico:

$$\Delta G = -n \cdot F \cdot E$$

Joules por mol — Unidades de carga por molécula — C/mol — Volts (V)

Lei de Ohm:

$$I = E / R$$

Corrente (A) — Volts (V) — Resistência (ohms, Ω)

Potência elétrica:

$$P = \frac{\text{trabalho}}{\text{s}} = E \cdot I$$

Potência (watts, W) — J/s — Volts — Ampères

Uma célula galvânica emprega uma reação química espontânea para produzir eletricidade. Bateria e pilhas são células galvânicas.

14.2 Células Galvânicas

Uma **célula galvânica** (também chamada *célula voltaica*) usa uma reação química *espontânea* para gerar eletricidade. Para isso, um dos reagentes deve ser oxidado enquanto o outro tem que ser reduzido. Os dois reagentes não podem estar em contato entre si, senão os elétrons iriam se transferir diretamente do agente redutor para o agente oxidante. Os agentes oxidante e redutor são fisicamente separados, e os elétrons são forçados a fluir por um circuito externo para passarem de um reagente para o outro.

Uma Célula Galvânica em Ação

A Figura 14.5 mostra uma célula galvânica contendo dois eletrodos parcialmente imersos em uma solução de $CdCl_2$. Um dos eletrodos é uma lâmina de cádmio metálico e o outro uma lâmina de prata metálica revestida com AgCl sólido. As reações ocorrendo nessa célula são

$$\begin{array}{ll} \text{Redução:} & 2\text{AgCl}(s) + \cancel{2e^-} \rightleftharpoons 2\text{Ag}(s) + 2\text{Cl}^-(aq) \\ \text{Oxidação:} & \text{Cd}(s) \rightleftharpoons \text{Cd}^{2+}(aq) + \cancel{2e^-} \\ \hline \text{Reação líquida:} & \text{Cd}(s) + 2\text{AgCl}(s) \rightleftharpoons \text{Cd}^{2+}(aq) + 2\text{Ag}(s) + 2\text{Cl}^-(aq) \end{array} \quad \textbf{(14.9)}$$

A reação líquida da célula é constituída de uma reação de redução e de uma reação de oxidação, cada uma delas chamada de **meia-reação**. As duas meias-reações são escritas com o mesmo número de elétrons, de modo que a sua soma, a reação líquida da célula, não tem elétrons livres.

O **potenciômetro** no circuito mede a diferença de potencial elétrico (a voltagem) entre os dois eletrodos metálicos. A diferença de potencial medida é a diferença $E_{\text{medida}} = E_+ - E_-$, em que E_+ é o potencial do eletrodo ligado ao terminal positivo do potenciômetro, e E_- é o potencial do eletrodo conectado ao terminal negativo. Se os elétrons fluem na direção do terminal negativo, como é visto na figura, a voltagem é positiva. O potenciômetro tem uma elevada resistência elétrica de modo que apenas uma pequena corrente passa pelo instrumento. Idealmente, nenhuma corrente deveria fluir pelo medidor e nós diríamos que a diferença de potencial medida é o *potencial de circuito aberto*, que é a diferença de potencial hipotética que seria observada se os eletrodos não estivessem conectados entre si.

A oxidação do Cd metálico produzindo $Cd^{2+}(aq)$ fornece elétrons que circulam pelo circuito para o eletrodo de Ag na Figura 14.5. Na superfície do eletrodo de Ag, o íon Ag^+ (proveniente do AgCl) é reduzido a Ag(*s*). O íon cloreto, proveniente do AgCl, passa para a solução. A variação de energia livre para a reação líquida, −150 kJ por mol de Cd, fornece a força motriz responsável pelo movimento dos elétrons no circuito.

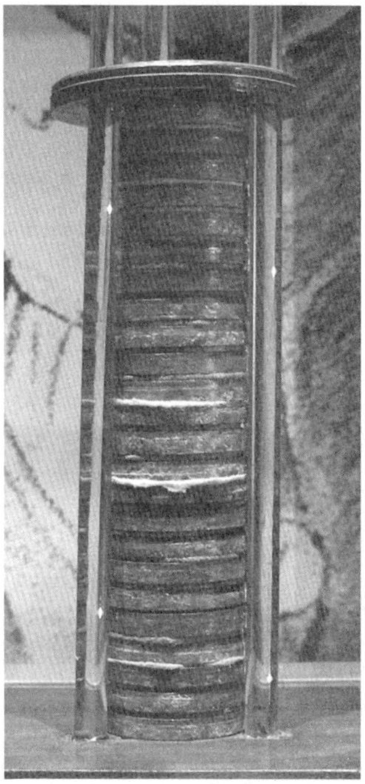

A pilha inventada por Alessandro Volta (1745-1827) em 1799 consistia em camadas de Zn e Ag separadas por papelão embebido em salmoura. A "pilha voltaica" em exibição na Royal Institution, em Londres, foi dada por Volta a Humphry Davy e Michael Faraday quando eles visitaram a Itália em 1814. Por meio de eletrólise, Davy foi o primeiro a isolar Na, K, Mg, Ca, Sr e Ba. Faraday usou pilhas para descobrir leis da eletricidade e do magnetismo. A química das pilhas é discutida na Seção 14.4.
[Cortesia de Daniel Harris.]

Lembre-se de que o valor de ΔG é *negativo* para uma reação espontânea.

EXEMPLO Diferença de Potencial Elétrico Produzido por uma Reação Química

Calcule a diferença de potencial elétrico que seria medida pelo potenciômetro da Figura 14.5.

Solução Como $\Delta G = -150$ kJ/mol de Cd, podemos utilizar a Equação 14.5 (em que *n* é o número de mols de elétrons transferidos na reação líquida balanceada) para escrevermos

$$E = -\frac{\Delta G}{nF} = -\frac{-150 \times 10^3\ \text{J/mol}}{\left(2\,\dfrac{\text{elétrons}}{\text{átomo}}\right)\left(9{,}649 \times 10^4\,\dfrac{\text{C}}{\text{mol}}\right)}$$

$$= +0{,}777\ \text{J/C} = +0{,}777\ \text{V}$$

Lembre-se: 1 J/C = 1 volt
$n = e^-$/átomo é adimensional

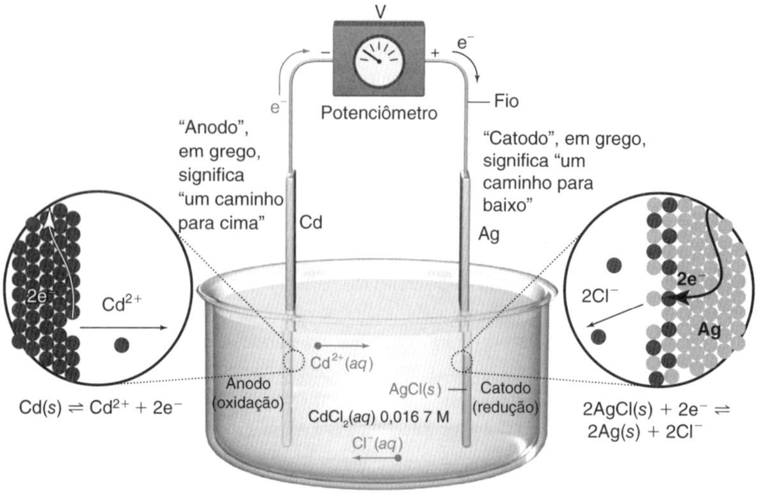

FIGURA 14.5 Uma célula galvânica simples.

Uma reação química espontânea (ΔG negativo) produz *uma diferença de potencial elétrico positiva.*

TESTE-SE Determine E se $\Delta G = +150$ kJ/mol e $n = 1$ e^-/átomo. (***Resposta:*** –1,55 V.)

Catodo: onde ocorre a redução
Anodo: onde ocorre a oxidação

Michael Faraday desejava descrever suas descobertas por meio de termos que "avançariam na causa geral da ciência" e não "retardariam seu progresso". Ele procurou a ajuda de William Whewell, em Cambridge, que cunhou termos como "anodo" e "catodo", significando, respectivamente, "um caminho para cima" e "um caminho para baixo" (Figura 14.5).

Os químicos definem o **catodo** como o eletrodo onde ocorre a *redução* e o **anodo** como o eletrodo onde ocorre a *oxidação*. Na Figura 14.5, a Ag é o catodo, pois a redução ocorre na sua superfície ($2AgCl + 2e^- \rightarrow 2Ag + 2Cl^-$), e o Cd é o anodo, pois ele é oxidado ($Cd \rightarrow Cd^{2+} + 2e^-$).

Os Elétrons se Movem na Direção do Potencial Elétrico Mais Positivo

Sendo negativamente carregados, os *elétrons se movem na direção do potencial elétrico mais positivo.* Na Figura 14.5, o eletrodo de Ag é positivo com relação ao eletrodo de Cd. Portanto, os elétrons se moverão do Cd para a Ag no circuito. Quando estudarmos a equação de Nernst, você aprenderá como determinar os potenciais de eletrodo e, portanto, prever a direção do fluxo de elétrons.

Os elétrons não são facilmente transportados em uma solução. Eles precisam se mover por um fio. Os íons não são transportados por um fio. Eles têm que se mover em uma solução. A eletroneutralidade é mantida mediante um balanço entre o fluxo de elétrons e o fluxo de íons de modo que não haja nenhum acúmulo significativo de carga em qualquer região.

Ponte Salina

Considere a célula eletroquímica na Figura 14.6, onde as reações esperadas são

$$\begin{array}{ll} \text{Catodo:} & 2Ag^+(aq) + \cancel{2e^-} \rightleftharpoons 2Ag(s) \\ \text{Anodo:} & Cd(s) \rightleftharpoons Cd^{2+}(aq) + \cancel{2e^-} \\ \hline \text{Reação líquida:} & Cd(s) + 2Ag^+(aq) \rightleftharpoons Cd^{2+}(aq) + 2Ag(s) \end{array} \quad (14.10)$$

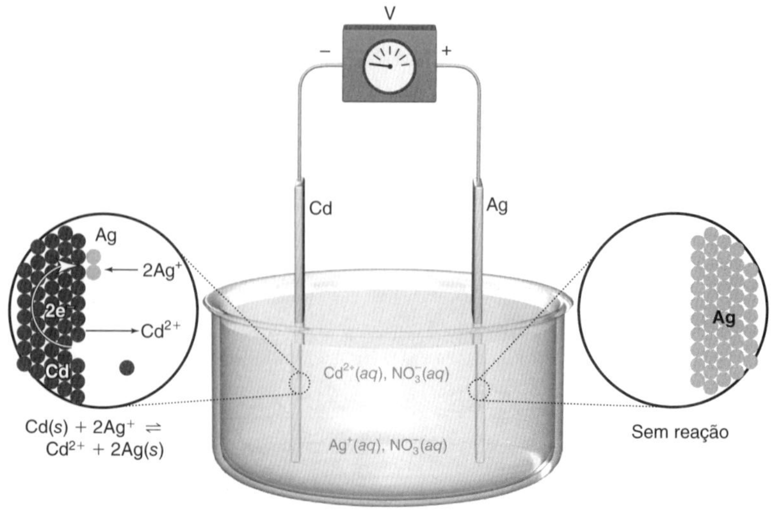

FIGURA 14.6 A célula eletroquímica vista nesta figura não irá funcionar, porque o Ag^+ *(aq)* pode reagir diretamente na superfície do eletrodo de Cd. Os elétrons não precisam fluir pelo fio para que a reação aconteça.

A reação líquida é espontânea. Porém, somente uma corrente muito pequena passa pelo circuito, pois os íons Ag^+ não são forçados a se reduzirem no eletrodo de Ag. Os íons Ag^+, presentes em solução, podem reagir diretamente na superfície do Cd(*s*), produzindo a mesma reação líquida sem que um fluxo de elétrons passe pelo circuito externo.

A célula eletroquímica na Figura 14.6 encontra-se em *curto-circuito*.

Podemos separar os reagentes formando duas *meias-células*[7] se conectarmos as duas partes por meio de uma **ponte salina**, como mostra a Figura 14.7. A ponte salina consiste em um tubo em formato de U preenchido com um gel contendo uma alta concentração de KNO_3 (ou outro eletrólito que não afete a reação da célula eletroquímica). As extremidades da ponte são cobertas com placas de vidro poroso, que permitem a difusão dos íons, mas que minimizam a mistura da solução de dentro com a solução de fora da ponte. Quando a célula galvânica está operando, o K^+ da ponte migra para dentro do compartimento do catodo e uma pequena quantidade de NO_3^- migra do catodo para o interior da ponte. A migração dos íons compensa a formação de excesso de cargas elétricas que, de outra maneira, ocorreria quando os elétrons fluíssem para o eletrodo de prata. Na ausência de uma ponte salina, nenhuma reação perceptível ocorreria em consequência do acúmulo de carga. A migração de íons para fora da ponte é maior que a migração de íons para dentro, porque a concentração de sal na ponte é muito maior que a concentração nas meias-células. No lado esquerdo da ponte salina, o NO_3^- migra para o compartimento do anodo e uma pequena quantidade de Cd^{2+} migra para dentro da ponte, de modo a evitar a ocorrência de excesso de carga positiva.

O objetivo de uma ponte salina é manter a eletroneutralidade (fazer com que não exista nenhum excesso de carga elétrica de determinado sinal) em qualquer região da célula eletroquímica (ver Demonstração 14.1).

Para reações que não envolvem o Ag^+ ou outras espécies que reajam com o íon Cl^-, a ponte salina, geralmente, contém KCl como eletrólito. Uma ponte salina, típica para uso genérico em laboratório, é preparada aquecendo-se 3 g de ágar com 30 g de KCl em 100 mL de água até que se obtenha uma solução límpida. A solução é vertida em um tubo em U esperando-se o tempo necessário para que se forme um gel homogêneo. A ponte, quando fora de uso, deve ser armazenada com as suas extremidades mergulhadas em uma solução aquosa saturada de KCl.

Notação de Barras

As células eletroquímicas são descritas por uma notação que emprega apenas dois símbolos:

| fronteira entre fases diferentes || ponte salina

O símbolo para ponte salina, ||, representa duas fronteiras entre fases, uma de cada lado da ponte.

A célula eletroquímica na Figura 14.5 é representada pelo seguinte *diagrama de barras*:

$$\mathrm{Cd}(s) \mid \mathrm{CdCl_2}(aq) \mid \mathrm{AgCl}(s) \mid \mathrm{Ag}(s)$$

Cada fronteira entre duas fases é indicada por meio de uma barra vertical. Os eletrodos estão presentes nas extremidades esquerda e direita do diagrama. A célula eletroquímica na Figura 14.7 é

$$\mathrm{Cd}(s) \mid \mathrm{Cd(NO_3)_2}(aq) \parallel \mathrm{AgNO_3}(aq) \mid \mathrm{Ag}(s)$$

Ocorre uma variação no potencial elétrico nas fronteiras entre fases em uma célula eletroquímica. O aumento do potencial do Cd para a Ag ocorre principalmente nas fronteiras entre as fases Cd(*s*) | $Cd(NO_3)_2$(*aq*) e $AgNO_3$(*aq*) | Ag(*s*). Existe também uma pequena variação no potencial, chamado *potencial de junção líquida*, em cada extremidade da ponte salina. Soluções saturadas de KCl ou de KNO_3 são frequentemente usadas em uma ponte salina para reduzir o potencial de junção líquida a alguns poucos milivolts ou menos, conforme discutido na Seção 15.3.

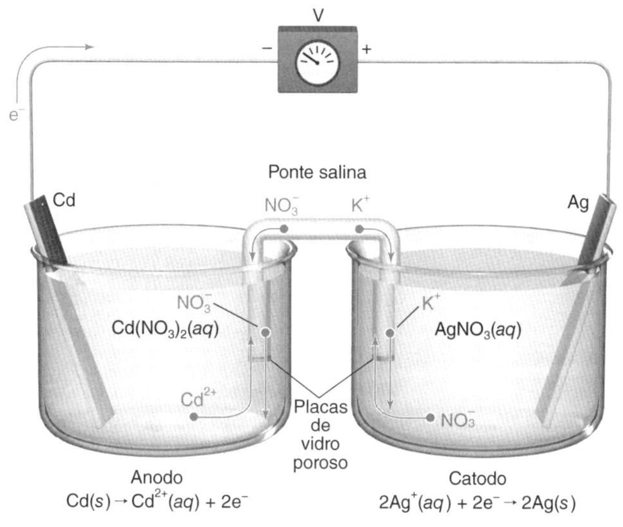

FIGURA 14.7 Uma célula eletroquímica que funciona – graças à ponte salina!

DEMONSTRAÇÃO 14.1 Ponte Salina Humana

Uma ponte salina é um meio iônico com uma barreira *semipermeável* em cada uma de suas extremidades. Pequenas moléculas e íons conseguem atravessar esta barreira semipermeável, mas moléculas grandes não. Podemos preparar nossa "própria" ponte salina preenchendo um tubo em U com ágar e KCl, como descrito no texto anterior, e construindo a célula eletroquímica mostrada a seguir. O medidor de pH é um potenciômetro cujo terminal negativo é a conexão para o eletrodo de referência.

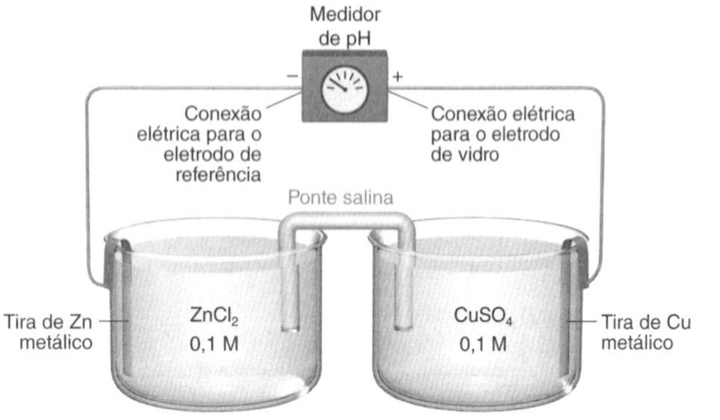

Escrevemos as duas meias-reações para essa célula eletroquímica e usamos a equação de Nernst para calcular a diferença de potencial elétrico teórica. Inicialmente, medimos a diferença de potencial com uma ponte salina convencional. Então, substituímos a ponte salina por uma feita de papel de filtro, recentemente embebido em solução de NaCl, e voltamos a medir a diferença de potencial. Finalmente, trocamos a ponte salina de papel de filtro pelos dois dedos de uma mesma mão e repetimos a medida. O corpo humano funciona como um depósito de sal contido dentro de uma membrana semipermeável. As pequenas diferenças de voltagem, observadas quando a ponte salina é substituída, podem ser atribuídas ao potencial de junção, discutido na Seção 15.3. Para provarmos que é difícil distinguir a diferença entre um professor de química e uma salsicha de cachorro-quente, podemos usar uma salsicha como ponte salina[8] e novamente medir a diferença de potencial elétrico.

Desafio Cento e oitenta estudantes do Virginia Polytechnic Institute, nos Estados Unidos, formaram uma ponte salina ficando de mãos dadas.[9] Com as mãos molhadas, a resistência elétrica por estudante diminuiu de $10^6\ \Omega$ para $10^4\ \Omega$. Será que a sua turma consegue bater esse recorde?

Pilhas,[11,12] células de combustível[13-15] e células de fluxo[16-18] são células galvânicas que consomem seus reagentes para produzir eletricidade. Uma *pilha* apresenta compartimentos estáticos preenchidos com reagentes. Em uma *célula de combustível*, os reagentes fluem passando pelos eletrodos, e os produtos são continuamente removidos da célula. Uma *célula de fluxo* é uma pilha (ou uma bateria) na qual os reagentes são armazenados em tanques externos e são continuamente bombeados através da pilha. Uma célula de fluxo pode armazenar muito mais energia do que uma pilha. Ao contrário da célula de combustível, os produtos são remetidos de volta aos tanques, onde são convertidos novamente nos reagentes quando a célula de fluxo é recarregada reversivelmente. Os Boxes 14.2 e 14.3 descrevem importantes células de combustível e pilhas.

14.3 Potenciais-Padrão

O terminal positivo é o fio no centro da parte interna do conector

Conector BNC

O potencial elétrico, medido na experiência da Figura 14.7, é a diferença de potencial elétrico entre o eletrodo de Ag, à direita, e o eletrodo de Cd, à esquerda. A diferença de potencial medida indica quanto trabalho pode ser feito pelos elétrons ao se deslocarem de um lado para o outro (Equação 14.3). O potenciômetro (voltímetro) indica uma diferença de potencial positiva quando os elétrons fluem para o terminal negativo, como mostra a Figura 14.7. Se os elétrons fluem para o outro terminal, a diferença de potencial é negativa.

Algumas vezes o terminal negativo de um voltímetro é chamado de "terra". Ele costuma ser de cor preta e o terminal positivo de cor vermelha. Quando um medidor de pH com uma conexão do tipo BNC é usado como potenciômetro, o fio no centro da parte interna do conector é o terminal (polo) positivo e a conexão externa (a blindagem) é o terminal (polo) negativo.

Em Geral, Escreveremos Todas as Meias-Reações como Reduções

De agora em diante, *geralmente vamos escrever todas as meias-reações como reduções*. A equação de Nernst, que será apresentada na próxima seção, nos permite encontrar os potenciais de eletrodo para cada meia-reação e, portanto, prever a direção do fluxo de elétrons. Os elétrons fluem por meio do circuito a partir do eletrodo mais negativo para o eletrodo mais positivo.

Medindo o Potencial-Padrão de Redução

Para cada meia-reação é atribuído um **potencial-padrão de redução, $E°$**, medido por meio de um experimento como o que é mostrado de forma idealizada na Figura 14.8. A meia-reação de interesse nesse experimento é

$$Ag^+ + e^- \rightleftharpoons Ag(s) \qquad \textbf{(14.11)}$$

BOXE 14.2 Célula de Combustível Hidrogênio-Oxigênio

Célula de combustível de 1,5 kW da *Missão Apolo*. A *Apolo* utilizou três dessas unidades. [James Humphreys – SalopianJames. https://commons.wikimedia.org/wiki/File:Apollo_SM_fuel_cell.jpg.]

O módulo de serviço da *Apolo 13* danificado observado pela tripulação após separar-se do módulo de comando antes da reentrada na atmosfera terrestre. [NASA]

"Houston, nós temos um problema". Com essas palavras, o Comandante Jim Lovell informava ao Controle da Missão que a *Apolo 13* estava em apuros no segundo dia de sua viagem à Lua, em 1970.[10] Um tanque mantendo oxigênio líquido para as células de combustível da espaçonave tinha explodido. Essas células de combustível foram desenvolvidas nos anos 1960 como o meio mais eficiente de fornecer energia no espaço. Como resultado da explosão, os três astronautas foram obrigados a usarem seu módulo lunar como um "bote salva-vidas", quase sem energia ou água, por quase quatro dias, visto que eles voaram até a Lua e voltaram até aterrissar no Oceano Pacífico. Um dos muitos destaques técnicos da jornada foi a adaptação de um recipiente metálico de LiOH do módulo de comando para remover o CO_2 da atmosfera do módulo lunar de modo que os astronautas pudessem sobreviver ($2LiOH(s) + CO_2(g) \rightarrow Li_2CO_3(s) + H_2O(g)$). Um bilhão de pessoas na Terra, paralisadas pelo destino daquelas três pessoas, explodiram em aplausos quando a tripulação foi resgatada em segurança.

Uma moderna célula de combustível de eletrólito polimérico H_2–O_2 obtém sua energia a partir da combinação líquida do H_2 com o O_2 para produzir H_2O. O *combustível*, $H_2(g)$, flui para a célula na esquerda por meio de uma folha de carbono porosa, eletricamente condutora, de espessura de 10 μm para o anodo, que contém partículas catalíticas de 2 nm de Pt (< 0,5 mg/cm^2, revestidas sobre carbono). O H_2 se dissocia produzindo átomos de H ligados a Pt, os quais produzem H^+ e elétrons. Estes últimos são conduzidos por meio do carbono poroso para um circuito no qual podem realizar trabalho útil. O H^+ é conduzido por uma membrana eletrolítica polimérica de Nafion®. Os grupos ácido sulfônicos hidratados do polímero transportam H^+ de um grupo ácido sulfônico para o outro.

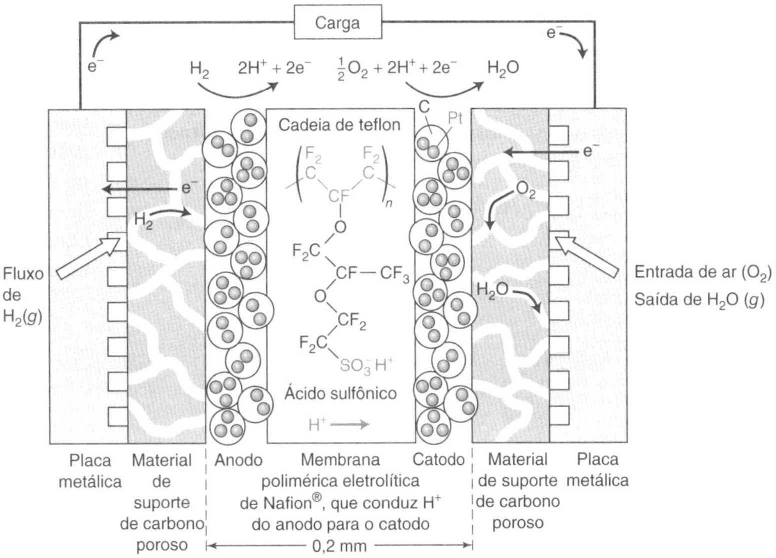

Corte transversal esquemático de uma célula de combustível hidrogênio-oxigênio contendo uma membrana polimérica eletrolítica. [Dados de S. Thomas e M. Zalbowitz, *Fuel Cells: Green Power* (Los Alamos National Laboratory, New Mexico, 1999).]

Quando o H^+ chega ao catodo, ele se combina sobre as partículas do catalisador de Pt com o O_2 e elétrons produzindo H_2O. O O_2 é fornecido pelo ar bombeado à direita. A $H_2O(g)$ produzida deixa a célula de combustível na corrente de ar. A característica principal que permite que a célula de combustível produza eletricidade é que a membrana eletrolítica polimérica conduz H^+, mas não elétrons.

Uma célula ideal produziria 1,16 V a 80 °C se não houvesse corrente fluindo. A voltagem operacional é normalmente ~0,7 V quando a corrente flui e a célula faz trabalho útil. A célula tem uma eficiência de 60% (= 0,7 V/1,16 V) na conversão de energia química em energia elétrica. Os outros 40% de energia são convertidos em calor, que é removido pelo ar fluindo pelo catodo para manter a temperatura em 80 °C. A célula produz uma impressionante corrente de ~0,5 A por centímetro quadrado de área. Voltagens maiores podem ser produzidas empilhando células em série.

Outras células de combustível H_2–O_2 com diferentes eletrólitos operam em temperaturas mais elevadas. Algumas células são capazes de gerar megawatts de energia com uma eficiência de 85%. A título de comparação, os automóveis com motores de combustão interna convertem ~20% da energia contida na gasolina em movimento do veículo. Algumas células de combustível extraem hidrogênio do gás natural (metano) e usam óxidos cerâmicos catalíticos no lugar dos dispendiosos metais nobres.

BOXE 14.3 Bateria (ou Pilha) de Íon Lítio

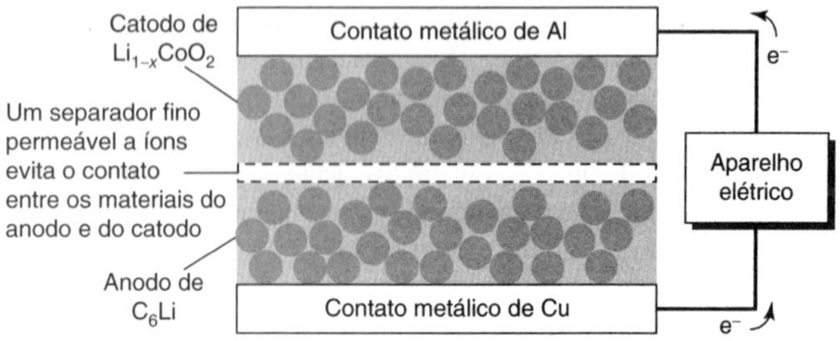

Estrutura esquemática de uma bateria de íon lítio.

Baterias de íon lítio recarregáveis, de alta capacidade, usadas em telefones celulares e microcomputadores e automóveis elétricos, são brilhantes exemplos dos resultados da pesquisa em química de materiais. A bateria no diagrama, visto anteriormente neste boxe, tem partículas do material do catodo $Li_{1-x}CoO_2$ ($x < 0{,}5$)[19] e do material do anodo C_6Li, ambos imersos em um eletrólito líquido por meio do qual os íons podem passar. Quando a célula fornece energia (descarga), a reação química aproximada é

$$\underset{x\,<\,0{,}5}{C_6Li + 2Li_{1-x}CoO_2} \underset{\text{Carga}}{\overset{\text{Descarga}}{\rightleftharpoons}} C_6 + 2LiCoO_2$$

No C_6Li, os átomos de lítio se situam entre camadas de carbono na forma de grafita. Átomos ou moléculas localizados entre camadas de uma estrutura são chamados de *intercalados*. Durante o funcionamento da bateria, os íons lítio migram da grafita para o óxido de cobalto por meio de um eletrólito, que consiste em um sal de lítio dissolvido em um solvente orgânico de alto ponto de ebulição. Os íons Li^+ ficam intercalados entre camadas de CoO_2. Os elétrons deixados para trás pelos átomos de Li fluem da grafita para o cobalto por meio de um fio para fazer funcionar um aparelho como um telefone celular. Durante a recarga, os íons Li^+ fluem do $LiCoO_2$ para a grafita sob a influência de um campo elétrico aplicado externamente. Uma bateria de íon lítio com uma única célula produz ~3,7 volts, e armazena duas vezes mais energia por unidade de massa do que as baterias de níquel-hidreto metálico que elas substituíram.

A investigação que está sendo feita atualmente procura materiais melhores que proporcionem maior densidade de energia, maior tempo de vida (duração), menor custo e funcionamento mais seguro. A necessidade de um funcionamento mais seguro é destacada pela permanência de toda a frota de aviões Boeing 787 no chão por quatro meses em 2013 em razão de dois princípios de incêndio em baterias de lítio a bordo daquele tipo de aeronave. Outra área de pesquisa busca substituir o lítio pelo sódio, que é mais abundante e mais barato que o lítio.

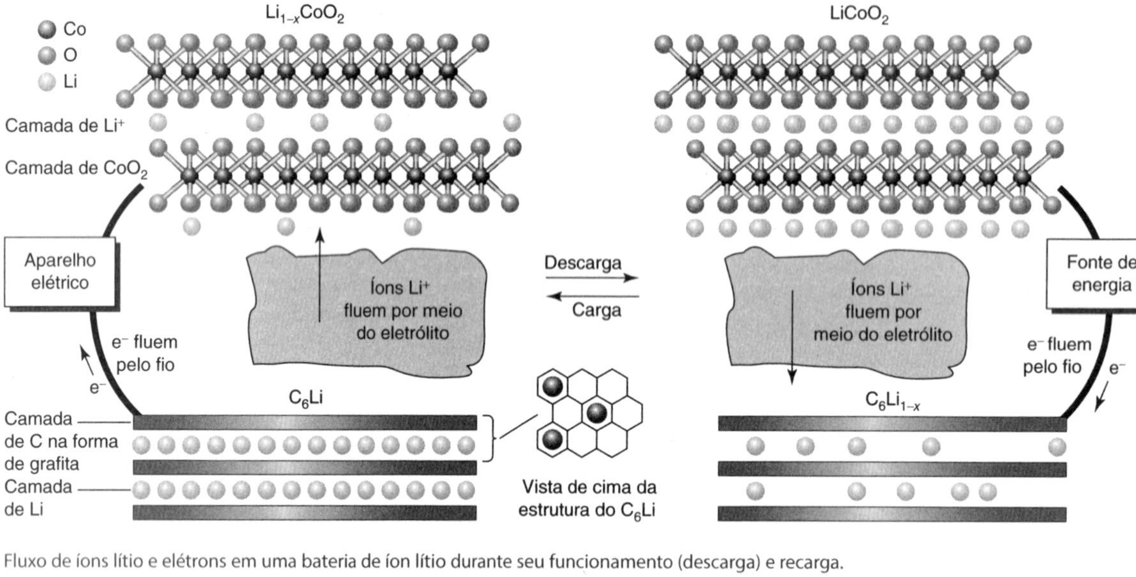

Fluxo de íons lítio e elétrons em uma bateria de íon lítio durante seu funcionamento (descarga) e recarga.

que ocorre na meia-célula da direita, conectada ao terminal *positivo* do potenciômetro. O termo *padrão* significa que as atividades, de todas as espécies presentes, são unitárias. Para a Reação 14.11, sob condições-padrão, $\mathcal{A}_{Ag^+} = 1$ e, por definição, a atividade da Ag(*s*) também é unitária.

A meia-célula da esquerda, conectada ao terminal *negativo* do potenciômetro, é chamada **eletrodo-padrão de hidrogênio** (E.P.H.). Este eletrodo consiste em uma superfície de Pt, com atividade catalítica,[20] imersa em uma solução ácida, em que $\mathcal{A}_{Ag^+} = 1$. Uma corrente de $H_2(g)$, borbulhada diretamente na superfície do eletrodo, satura a solução com $H_2(aq)$. A atividade do $H_2(g)$ é unitária se a pressão do $H_2(g)$ for mantida com o valor de 1 bar. A reação que atinge o equilíbrio na superfície do eletrodo de platina é

Questão Qual é o pH de eletrodo-padrão de hidrogênio?

Meia-reação do E.P.H.: $$H^+(aq, \mathcal{A} = 1) + e^- \rightleftharpoons \frac{1}{2}H_2(g, \mathcal{A} = 1) \qquad \textbf{(14.12)}$$

O $H_2(g)$ se dissolve, produzindo $H_2(aq)$, que está em equilíbrio com $H^+(aq)$ na superfície da Pt.

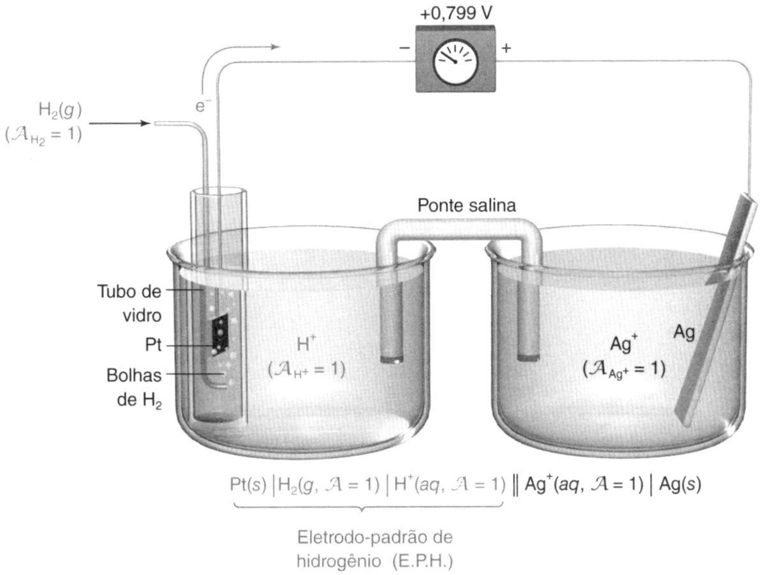

FIGURA 14.8 Célula eletroquímica utilizada para medir o potencial-padrão da reação $Ag^+ + e^- \rightleftharpoons Ag(s)$. Essa célula é, na realidade, uma construção hipotética, pois normalmente não é possível ajustar-se a atividade de determinada espécie ao valor 1.

O potenciômetro mede a diferença de potencial do eletrodo ligado ao terminal positivo do medidor menos o potencial do eletrodo ligado ao terminal negativo do medidor:

$$E = E_+ - E_-$$

Arbitrariamente, consideramos que o potencial do eletrodo-padrão de hidrogênio, a 25 °C, é igual a zero. A diferença de potencial, medida pelo instrumento na Figura 14.8, pode ser então *atribuída* à Reação 14.11, que ocorre na meia-célula da direita. O valor medido de $E° =$ +0,799 V é o potencial-padrão de redução para a Reação 14.11. O sinal positivo nos informa que os elétrons fluem, no instrumento de medida, da platina para a prata.

Podemos arbitrariamente *atribuir* um potencial para a Reação 14.12, pois ela serve como ponto de referência a partir do qual outros potenciais de meia-célula podem ser medidos. Esse procedimento é análogo à atribuição arbitrária de 0 °C para o ponto de fusão da água e 100 ºC para o ponto de ebulição da água à pressão de 1 atmosfera. Nessa escala, o hexano entra em ebulição a 69 °C e o benzeno a 80 °C. A diferença entre os pontos de ebulição é igual a 80 – 69 = 11 °C. Se tivéssemos atribuído o valor de 200 °C para o ponto de fusão da água e 300 ºC para o seu ponto de ebulição, o hexano entraria em ebulição a 269 °C e o benzeno a 280 °C. A diferença entre os pontos de ebulição, entretanto, continuaria sendo igual a 11 °C. Independentemente do ponto ao qual é atribuído o valor do zero, a diferença entre dois pontos na escala permanece inalterada.

Por convenção, $E° = 0$ para o E.P.H. Walther Nernst parece ter sido o primeiro a atribuir o valor 0 ao potencial do eletrodo de hidrogênio em 1897.[21]

A notação de barras para a célula eletroquímica na Figura 14.8 é

$$\underbrace{\mathrm{Pt}(s) \mid \mathrm{H_2}(g, \mathcal{A}=1) \mid \mathrm{H^+}(aq, \mathcal{A}=1)}_{\text{E.P.H.}} \parallel \mathrm{Ag^+}(aq, \mathcal{A}=1) \mid \mathrm{Ag}(s)$$

O potencial-padrão de redução é a *diferença* de potencial entre o potencial-padrão da reação de interesse à direita e o potencial do E.P.H. à esquerda, que consideramos, arbitrariamente, como igual a 0.

Para medir o potencial-padrão da meia-reação

$$\mathrm{Cd^{2+}} + 2\mathrm{e^-} \rightleftharpoons \mathrm{Cd}(s) \qquad \textbf{(14.13)}$$

construímos a célula eletroquímica

$$\text{E.P.H.} \parallel \mathrm{Cd^{2+}}(aq, \mathcal{A}=1) \mid \mathrm{Cd}(s)$$

com a meia-célula de cádmio conectada ao terminal positivo do potenciômetro. Nesse caso, observamos, para a célula eletroquímica, uma diferença de potencial *negativa* de –0,402 V. O sinal negativo significa que os elétrons se transferem do Cd para a Pt, uma direção oposta à da célula eletroquímica na Figura 14.8.

O Apêndice H lista os potenciais-padrão de redução para diversas meias-reações, em ordem alfabética por elemento. Se as meias-reações fossem ordenadas de acordo com o valor decrescente de $E°$ (como na Tabela 14.1), encontraríamos os agentes oxidantes mais fortes na parte superior à esquerda e os agentes redutores mais fortes na parte inferior à direita. Se conectássemos as duas meias-células representadas pelas Reações 14.11 e 14.13, o Ag^+ deveria ser reduzido a Ag(*s*) e o Cd(*s*) oxidado a Cd^{2+}.

14.4 Equação de Nernst

O princípio de Le Châtelier indica que, aumentando as concentrações dos reagentes, deslocamos a reação para a direita e, aumentando as concentrações dos produtos, deslocamos a reação para a esquerda. A força motriz resultante para uma reação é expressa pela **equação de Nernst**, cujos

Questão O potencial para a reação $K^+ + e^- \rightleftharpoons K(s)$ é – 2,936 V. Isso significa que o K^+ é um agente oxidante muito fraco. (Ele não recebe facilmente elétrons.) Isso implica que o íon K^+ é, portanto, um bom agente redutor?

Resposta: Não! Para ser um bom agente redutor, o K^+ deveria ceder elétrons com facilidade (formando K^{2+}), coisa que ele não pode fazer. O enorme valor negativo do potencial de redução implica com certeza que $K(s)$ é um forte agente redutor.

TABELA 14.1 Potenciais redox em ordem decrescente de $E°$

Agente oxidante		Agente redutor	$E°$(V)
$F_2(g) + 2e^-$	$\rightleftharpoons$	$2F^-$	2,890
$O_3(g) + 2H^+ + 2e^-$	$\rightleftharpoons$	$O_2(g) + H_2O$	2,075
⋮			
$MnO_4^- + 8H^+ + 5e^-$	$\rightleftharpoons$	$Mn^{2+} + 4H_2O$	1,507
⋮			
$Ag^+ + e^-$	$\rightleftharpoons$	$Ag(s)$	0,799
⋮			
$Cu^{2+} + 2e^-$	$\rightleftharpoons$	$Cu(s)$	0,339
⋮			
$2H^+ + 2e^-$	$\rightleftharpoons$	$H_2(g)$	0,000
⋮			
$Cd^{2+} + 2e^-$	$\rightleftharpoons$	$Cd(s)$	–0,402
⋮			
$K^+ + e^-$	$\rightleftharpoons$	$K(s)$	–2,936
$Li^+ + e^-$	$\rightleftharpoons$	$Li(s)$	–3,040

Aumento do caráter oxidante ↑ (agente oxidante, de baixo para cima)
Aumento do caráter redutor ↓ (agente redutor, de cima para baixo)

Uma reação é espontânea se ΔG é negativa e E é positivo. $\Delta G°$ e $E°$ referem-se à variação de energia livre e à diferença de potencial quando as atividades dos reagentes e produtos são unitárias.

$\Delta G° = -nFE°$ (a partir da Equação 14.5)

dois termos incluem a força motriz sob as condições-padrão ($E°$, que se aplica quando todas as atividades são unitárias) e um termo mostrando a dependência com relação às concentrações dos reagentes.

Equação de Nernst para uma Meia-Reação

Para a meia-reação

$$aA + ne^- \rightleftharpoons bB$$

o potencial da meia-célula, E, dado pela equação de Nernst, é

Desafio Mostre que o princípio de Le Châtelier requer, na equação de Nernst, um sinal negativo antes do termo correspondente ao quociente reacional. *Sugestão*: quanto mais favorável for uma reação, mais positivo será o valor de E.

Equação de Nernst:
$$E = E° - \frac{RT}{nF}\ln\frac{\mathcal{A}_B^b}{\mathcal{A}_A^a} \quad (14.14)$$

em que:

$E°$ = potencial-padrão de redução ($\mathcal{A}_A = \mathcal{A}_B = 1$);
R = constante dos gases (8,314 J/(K · mol) = 8,314 (V · C)/(K · mol));
T = temperatura (K);
n = número de elétrons na meia-reação;
F = constante de Faraday ($9{,}649 \times 10^4$ C/mol);
$\mathcal{A}_i$ = atividade da espécie i.

O termo logarítmico na equação de Nernst é o **quociente reacional**, Q.

$$Q = \mathcal{A}_B^b / \mathcal{A}_A^a \quad (14.15)$$

Q possui a mesma forma de uma constante de equilíbrio, mas as atividades não precisam corresponder aos valores de equilíbrio. Sólidos puros, líquidos puros e solventes são omitidos em Q, pois suas atividades são unitárias (ou próximas da unidade). As concentrações dos solutos são expressas em número de mols por litro e as concentrações dos gases são expressas como pressões em bar. Quando todas as atividades são unitárias, $Q = 1$ e $\ln Q = 0$, resultando, assim, em $E = E°$.

O Apêndice A mostra que $\log x = (\ln x)/(\ln 10) = (\ln x)/2{,}303$.

Convertendo o logaritmo natural na Equação 14.14 em logaritmo na base 10 e inserindo T = 298,15 K (25,00 °C), temos uma forma da equação de Nernst mais utilizada na prática:

O número 0,059 16 na equação de Nernst é $(RT \ln 10)/F$, que varia com a temperatura.

Equação de Nernst a 25 °C:
$$E = E° - \frac{0{,}059\ 16\ \text{V}}{n}\log\frac{\mathcal{A}_B^b}{\mathcal{A}_A^a} \quad (14.16)$$

O potencial varia de 59,16/n mV para cada variação de 10 vezes em Q a 25 °C.

EXEMPLO Escrevendo a Equação de Nernst para uma Meia-Reação

A química na pilha voltaica mostrada no início da Seção 14.2 ocorre nas interfaces metal | salmoura:

Anodo de Zn: $Zn^{2+} + 2e^- \rightleftharpoons Zn(s) + H_2O$ $\quad E° = -0{,}762$ V

Catodo de Ag: $H_2O + e^- \rightleftharpoons \frac{1}{2}H_2(g) + OH^-$ $\quad E° = -0{,}828$ V

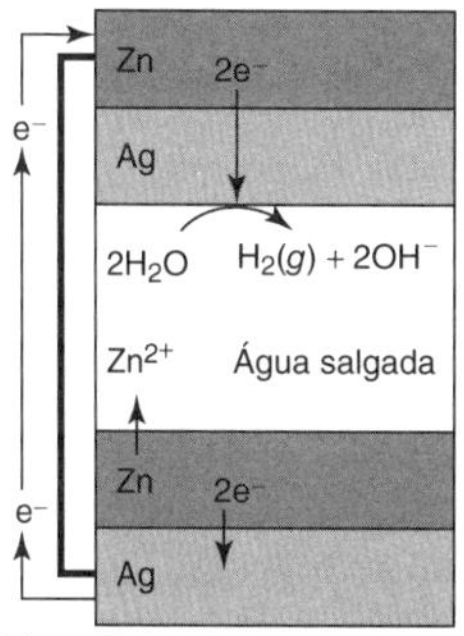

Uma célula de uma pilha voltaica

Solução Omitimos os sólidos, os líquidos e o solvente do quociente reacional e exprimimos as concentrações dos gases pelas suas respectivas pressões em bar. Portanto, as equações de Nernst são

Anodo de Zn: $$E = -0{,}762 - \frac{0{,}059\,16}{2}\log\frac{1}{[Zn^{2+}]}$$

Catodo de Ag: $$E = -0{,}828 - \frac{0{,}059\,16}{1}\log P_{H_2}^{1/2}[OH^-]$$

TESTE-SE Suponha que a reação catódica tenha sido multiplicada por 2 e escrita como $2H_2O + 2e^- \rightleftharpoons H_2(g) + 2OH^-$ com $E° = -0{,}828$ V. Escreva a equação de Nernst para o catodo. (***Resposta:***

$$E = -0{,}828 - \frac{0{,}059\,16}{2}\log P_{H_2}[OH^-]^2.)$$

EXEMPLO Multiplicação de uma Meia-Reação Não Muda o Valor do Potencial da Meia-Célula *E*

No exemplo anterior, escrevemos a reação para o catodo de duas maneiras diferentes:

Catodo de Ag: $H_2O + e^- \rightleftharpoons \frac{1}{2}H_2(g) + OH^-$ $\quad E° = -0{,}828$ V

$$E = -0{,}828 - \frac{0{,}059\,16}{1}\log P_{H_2}^{1/2}[OH^-] \qquad \text{(A)}$$

Catodo de Ag × 2: $2H_2O + 2e^- \rightleftharpoons H_2(g) + 2OH^-$ $\quad E° = -0{,}828$ V

$$E = -0{,}828 - \frac{0{,}059\,16}{2}\log P_{H_2}[OH^-]^2 \qquad \text{(B)}$$

Mostre que o potencial do catodo, *E*, não se modifica quando a reação é multiplicada por 2.

Solução O argumento do logaritmo na Equação B é o quadrado do argumento na Equação A. A Equação B pode ser reescrita da seguinte maneira:

$$E = \underbrace{-0{,}828 - \frac{0{,}059\,16}{2}\log P_{H_2}[OH^-]^2}_{\text{Equação de Nernst B}} = -0{,}828 - \frac{0{,}059\,16}{2}\log\underbrace{\left(P_{H_2}^{1/2}[OH^-]\right)^2}_{a^2}$$

Uma propriedade matemática dos logaritmos é $\log a^b = b \log a$. Reescrevendo o termo do lado direito como $\log a^2 = 2 \log a$, podemos remover o expoente quadrado do logaritmo:

$$E = -0{,}828 - \frac{\cancel{2} \times 0{,}059\,16}{\cancel{2}}\log\left(P_{H_2}^{1/2}[OH^-]\right) = \underbrace{-0{,}828 - \frac{0{,}059\,16}{1}\log P_{H_2}^{1/2}[OH^-]}_{\text{Equação de Nernst A}}$$

Acabamos de mostrar que a Equação de Nernst B é igual à Equação de Nernst A. A multiplicação de uma meia-reação por qualquer fator não altera o potencial, *E*.

TESTE-SE Insira $P_{H_2} = 0{,}5$ bar e $[OH^-] = 10^{-4}$ M para demonstrar que as Equações A e B dão o mesmo valor de *E*. (***Resposta:*** ambas as equações dão $E = -0{,}582$ V.)

A diferença de potencial entre dois pontos é o trabalho realizado *por coulomb de carga elétrica* por meio desta diferença de potencial (E = trabalho/q). O trabalho por coulomb é o mesmo se 0,1, 2,3 ou 10^4 coulombs tiverem sido transferidos. O trabalho total é diferente em cada caso, mas o trabalho por coulomb é constante. Logo, não multiplicamos $E°$ ou E se multiplicamos uma meia-reação.

Equação de Nernst para uma Reação Completa

Na Figura 14.7, a diferença de potencial elétrico é a diferença entre os potenciais dos dois eletrodos:

Equação de Nernst para uma célula eletroquímica completa:

$$E = E_+ - E_- \tag{14.17}$$

em que E_+ é o potencial do eletrodo que está ligado ao terminal positivo do potenciômetro e E_- é o potencial do eletrodo ligado ao terminal negativo. O potencial de cada meia-reação (*escritas como uma redução*) é definido por uma equação de Nernst, e a diferença de potencial elétrico para a reação completa é a diferença entre os potenciais das duas meias-células.

Apresentamos a seguir um procedimento para escrever uma reação líquida da célula eletroquímica e determinar a sua diferença de potencial elétrico:

Etapa 1 Escrevemos as meias-reações de *redução* para as duas meias-células e determinamos, a partir do Apêndice H, o valor de $E°$ para cada uma delas. Multiplicamos as meias-reações, quando necessário, de forma que ambas tenham o mesmo número de elétrons. Ao multiplicarmos uma reação, *não* multiplicamos o valor do $E°$ correspondente. Escrevemos um mesmo número de elétrons em cada reação de modo que possamos escrever uma reação química líquida balanceada que não inclua elétrons.

Etapa 2 Escrevemos a equação de Nernst para a meia-célula da direita, que está conectada ao terminal positivo do potenciômetro. O potencial é E_+. O símbolo E_+ não nos informa se o eletrodo é o catodo ou o anodo. E_+ significa apenas que o eletrodo está ligado ao terminal positivo do potenciômetro.

Etapa 3 Escrevemos a equação de Nernst para a meia-célula da esquerda, que está conectada ao terminal negativo do potenciômetro. O potencial é E_-.

Etapa 4 Determinamos a diferença de potencial elétrico da célula eletroquímica pela subtração: $E = E_+ - E_-$.

Etapa 5 Para escrever a reação líquida da célula eletroquímica, subtraímos a meia-reação da esquerda da meia-reação da direita. (Isso é equivalente a inverter o sentido da meia-reação da esquerda e somar com a da direita.)

Os elétrons fluem pelo circuito do eletrodo mais negativo para o eletrodo mais positivo.

Os elétrons fluem espontaneamente pelo circuito a partir do eletrodo mais negativo para o eletrodo mais positivo. Se a diferença de potencial da célula eletroquímica, E (= $E_+ - E_-$), é positiva, então os elétrons fluem pelo circuito do eletrodo da esquerda para o eletrodo da direita. Se a diferença de potencial da célula eletroquímica for negativa, então o fluxo de elétrons será no sentido inverso.

EXEMPLO Equação de Nernst para uma Reação Completa

Determine a diferença de potencial elétrico da célula eletroquímica na Figura 14.7, se a meia-célula da direita contém uma solução de $AgNO_3(aq)$ 0,50 M e a meia-célula da esquerda contém uma solução de $Cd(NO_3)_2(aq)$ 0,010 M. Escreva a reação líquida da célula eletroquímica e estabeleça em qual direção se dá o fluxo de elétrons.

Solução

Etapa 1 Eletrodo da direita: $2Ag^+ + 2e^- \rightleftharpoons 2Ag(s)$ $\quad E_+^\circ = 0{,}799$ V

Eletrodo da esquerda: $Cd^{2+} + 2e^- \rightleftharpoons Cd(s)$ $\quad E_-^\circ = -0{,}402$ V

Sólidos puros, líquidos puros e solventes são omitidos de Q.

Etapa 2 Equação de Nernst para o eletrodo da direita:

$$E_+ = E_+^\circ - \frac{0{,}059\ 16}{2}\log\frac{1}{[Ag^+]^2} = 0{,}799 - \frac{0{,}059\ 16}{2}\log\frac{1}{[0{,}50]^2} = 0{,}781\text{ V}$$

Etapa 3 Equação de Nernst para o eletrodo da esquerda:

$$E_- = E_-^\circ - \frac{0{,}059\ 16}{2}\log\frac{1}{[Cd^{2+}]} = -0{,}402 - \frac{0{,}059\ 16}{2}\log\frac{1}{[0{,}010]} = -0{,}461\text{ V}$$

O potencial do eletrodo de prata é mais positivo, portanto, *os elétrons fluem do Cd para a Ag pelo circuito* (Figura 14.9).

Etapa 4 Diferença de potencial da célula eletroquímica: $E = E_+ - E_- = 0{,}781 - (-0{,}461) = +1{,}242$ V

Etapa 5 Reação líquida da célula eletroquímica:

$$
\begin{array}{r}
2Ag^+ + 2e^- \rightleftharpoons 2Ag(s) \\
- \quad Cd^{2+} + 2e^- \rightleftharpoons Cd(s) \\
\hline
Cd(s) + 2Ag^+ \rightleftharpoons Cd^{2+} + 2Ag(s)
\end{array}
$$

Subtrair uma reação equivale a inverter a reação e então somá-la.

Se você tivesse escrito a meia-reação da direita com apenas um elétron em vez de dois ($Ag^+ + e^- \rightleftharpoons Ag(s)$), você obteria os mesmos valores de E_+, E_- e E.

TESTE-SE A reação é espontânea se as células contêm $AgNO_3$ 5,0 μM e $Cd(NO_3)_2$ 1,0 M? (***Resposta:*** Sim: $E_+ = 0{,}485$ V, $E_- = -0{,}402$ V, $E = +0{,}887$ V.)

De vez em quando, você necessitará dos valores do potencial-padrão de redução de uma meia-reação que é a soma de outras meias-reações no Apêndice H. O Boxe 14.4 mostra como fazer isso.

Descrições Diferentes para uma Mesma Reação

Na Figura 14.5, a meia-reação da direita pode ser escrita como

$$AgCl(s) + e^- \rightleftharpoons Ag(s) + Cl^- \qquad E_+^\circ = 0{,}222\text{ V} \tag{14.18}$$

$$E_+ = E_+^\circ - 0{,}059\ 16 \log[Cl^-] = 0{,}222 - 0{,}059\ 16 \log\ (0{,}033\ 4) = 0{,}309_3\text{ V} \tag{14.19}$$

A concentração de Cl^-, na meia-reação da prata, foi obtida a partir de uma solução de $CdCl_2(aq)$ 0,016 7 M.

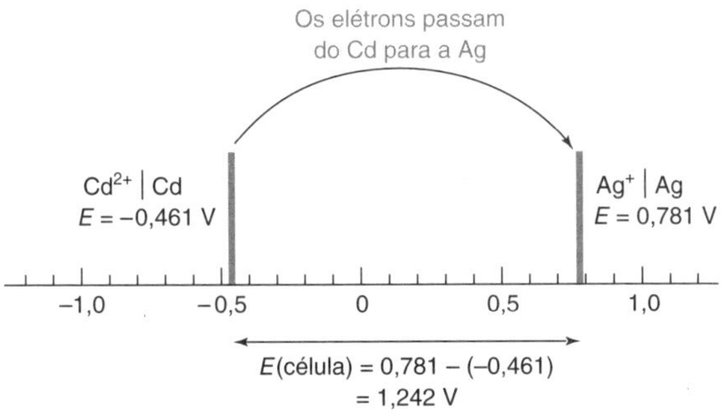

FIGURA 14.9 Elétrons sempre circulam do eletrodo mais negativo para o eletrodo mais positivo. Isto é, eles sempre se deslocam para a direita neste diagrama.[22]

BOXE 14.4 Diagramas de Latimer: Como Determinar o Valor de E° para uma Nova Meia-Reação

Um **diagrama de Latimer** exibe os potenciais-padrão de redução (E°) ligando diferentes estados de oxidação de determinado elemento.[23] Por exemplo, em uma solução ácida, são observados os seguintes potenciais-padrão de redução:

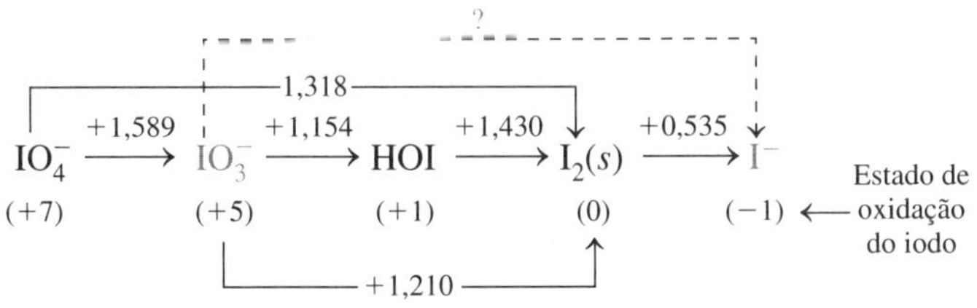

A notação $IO_3^- \xrightarrow{+1{,}154} HOI$ indica a equação balanceada

$$IO_3^- + 5H^+ + 4e^- \rightleftharpoons HOI + 2H_2O \qquad E^\circ = +1{,}154\text{ V}$$

Podemos obter os potenciais de redução para os sentidos de reação que ainda não estejam assinalados pelas setas no diagrama utilizando ΔG°. Por exemplo, a reação representada pela linha tracejada no diagrama de Latimer é

$$IO_3^- + 6H^+ + 6e^- \rightleftharpoons I^- + 3H_2O$$

Podemos determinar E° para essa reação expressando-a como a soma de reações cujos potenciais são conhecidos.

A variação da energia livre padrão, ΔG°, para uma reação, é dada pela Equação 14.5:

$$\Delta G^\circ = -nFE^\circ$$

em que n é o número de elétrons na meia-reação.

Quando duas reações são somadas, ΔG° é a soma dos valores de ΔG° para cada uma das reações. Para aplicarmos o conceito de energia livre neste problema, escrevemos duas reações cuja soma vem a ser a reação desejada:

$$IO_3^- + 6H^+ + 5e^- \xrightarrow{E_1^\circ = 1{,}210} \tfrac{1}{2}\cancel{I_2(s)} + 3H_2O \qquad \Delta G_1^\circ = -5F\ (1{,}210)$$

$$\tfrac{1}{2}\cancel{I_2(s)} + e^- \xrightarrow{E_2^\circ = 0{,}535} I^- \qquad \Delta G_2^\circ = -1F\ (0{,}535)$$

$$\overline{IO_3^- + 6H^+ + 6e^- \xrightarrow{E_3^\circ = ?} I^- + 3H_2O \qquad \Delta G_3^\circ = -6FE_3^\circ}$$

Mas, como $\Delta G_1^\circ + \Delta G_2^\circ = \Delta G_3^\circ$, podemos calcular E_3°:

$$\Delta G_3^\circ = \Delta G_1^\circ + \Delta G_2^\circ$$

$$-6FE_3^\circ = -5F(1{,}210) - 1F(0{,}535)$$

$$E_3^\circ = \frac{5(1{,}210) + 1(0{,}535)}{6} = 1{,}098\text{ V}$$

Suponha que outro autor, menos elegante, tenha escrito este livro e optado por outra descrição da meia-reação:

$$Ag^+ + e^- \rightleftharpoons Ag(s) \qquad E_+^\circ = 0{,}799 \text{ V} \qquad \textbf{(14.20)}$$

Esta descrição é tão válida quanto a anterior. Em ambos os casos, o Ag(I) é reduzido a Ag(0).

Se as duas descrições são igualmente válidas, então devem fornecer o mesmo valor do potencial elétrico. A equação de Nernst para a Reação 14.20 é

$$E_+ = 0{,}799 - 0{,}059\,16 \log \frac{1}{[Ag^+]}$$

Para encontrarmos a concentração de Ag^+, consideramos o produto de solubilidade do AgCl. Como a célula eletroquímica contém 0,033 4 M de Cl^- e AgCl sólido, podemos dizer que

$K_{ps} = [Ag^+][Cl^-]$

$$[Ag^+] = \frac{K_{ps}\ (\text{para o AgCl})}{[Cl^-]} = \frac{1{,}8 \times 10^{-10}}{0{,}033\,4} = 5{,}4 \times 10^{-9}\ \text{M}$$

Substituindo esse valor de $[Ag^+]$ na equação de Nernst, temos

$$E_+ = 0{,}799 - 0{,}059\,16 \log \frac{1}{5{,}4 \times 10^{-9}} = 0{,}309_9 \text{ V}$$

A diferença de potencial de uma célula eletroquímica não pode depender da maneira como escrevemos a reação!

que difere ligeiramente do valor calculado na Equação 14.19 em face da exatidão do valor de K_{ps} e da omissão dos coeficientes de atividade. As Equações 14.18 e 14.20 fornecem o mesmo valor de potencial elétrico, pois descrevem a mesma meia-célula.

Sugestões para a Determinação de Meias-Reações Relevantes

Como descrever as meias-reações.

Quando observamos o desenho esquemático de uma célula eletroquímica ou o seu diagrama de barras, devemos inicialmente escrever as reações de redução para cada uma das meias-células. Para fazer isso, *devemos observar o elemento em estudo, na célula eletroquímica, em dois estados diferentes de oxidação*. Para a célula eletroquímica

$$Pb(s) \mid PbF_2(s) \mid F^-(aq) \parallel Cu^{2+}(aq) \mid Cu(s)$$

vemos o Pb em dois estados de oxidação, como Pb(*s*) e $PbF_2(s)$, e o Cu em dois estados de oxidação, como Cu^{2+} e Cu(*s*). Assim, as meias-reações são

Meia-célula da direita: $Cu^{2+} + 2e^- \rightleftharpoons Cu(s)$
Meia-célula da esquerda: $PbF_2(s) + 2e^- \rightleftharpoons Pb(s) + 2F^-$ **(14.21)**

Poderíamos ter optado por escrever a meia-reação do Pb como

Meia-célula da esquerda: $Pb^{2+} + 2e^- \rightleftharpoons Pb(s)$ **(14.22)**

pois sabemos que, se o $PbF_2(s)$ está presente, deve haver algum Pb^{2+} livre em solução. As reações 14.21 e 14.22 são descrições igualmente válidas da célula eletroquímica e devem permitir fazer a previsão de um mesmo valor da diferença de potencial elétrico para a célula eletroquímica. A escolha das reações depende de qual concentração podemos determinar mais facilmente, se a concentração do F^- ou a de Pb^{2+}.

Nunca devemos inventar espécies que não estejam presentes em uma célula eletroquímica. Devemos utilizar as informações contidas no diagrama de barras para definir as meias-reações.

Fizemos a descrição da meia-célula da esquerda em termos de uma reação redox envolvendo o Pb, porque o Pb é o elemento que aparece em dois estados de oxidação. Não escreveríamos uma reação como $F_2(g) + 2e^- \rightleftharpoons 2F^-$, porque o $F_2(g)$ não está presente no diagrama de barras da célula eletroquímica.

Uso da Equação de Nernst para Medir os Potenciais-Padrão de Redução

O potencial-padrão de redução seria observado se a meia-célula de interesse (com atividades unitárias) fosse conectada a um eletrodo-padrão de hidrogênio, como vemos na Figura 14.8. É praticamente impossível construirmos uma célula eletroquímica como essa, pois não temos uma maneira de ajustarmos as concentrações e a força iônica do meio que permita atingir valores unitários de atividade. Na realidade, usamos, em cada meia-célula, valores de atividade menores que a unidade, e a equação de Nernst é utilizada para obter o valor de E° a partir da diferença de potencial da célula eletroquímica.[24] No eletrodo de hidrogênio, tampões-padrão com valores de pH conhecidos (Tabela 15.3) são usados para se obter valores conhecidos das atividades do íon H^+.

O Problema 14.22 mostra um exemplo do uso da equação de Nernst para calcular o valor de E°.

14.5 Constante de Equilíbrio e Valor de $E°$

Uma célula galvânica produz eletricidade porque a reação da célula não está em equilíbrio. Um potenciômetro permite que passe por ele apenas uma corrente desprezível (Boxe 14.5), assim, as concentrações em cada uma das meias-células, permanecem inalteradas. Se substituíssemos o potenciômetro por um fio, muito mais corrente circularia e as concentrações se modificariam até que a célula atingisse o equilíbrio. Neste ponto, a reação da célula atingiria o seu término, e o valor de E seria igual a 0. Quando a diferença de potencial elétrico (a voltagem) de uma pilha (uma célula galvânica) cai para 0 V, as substâncias químicas dentro dela atingiram o estado de equilíbrio e é comum dizermos que a pilha está "morta".

No equilíbrio, o valor de E (e não o de $E°$!) = 0.

Vamos agora relacionar o valor de E para uma célula eletroquímica completa com o quociente reacional, Q, para a reação líquida da célula. Para as duas meias-reações

Eletrodo da direita:	$a\mathrm{A} + ne^- \rightleftharpoons c\mathrm{C}$	E_+°
Eletrodo da esquerda:	$d\mathrm{D} + ne^- \rightleftharpoons b\mathrm{B}$	E_-°
Reação líquida:	$a\mathrm{A} + b\mathrm{B} \rightleftharpoons c\mathrm{C} + d\mathrm{D}$	$E°$

a equação de Nernst tem a seguinte forma:

$$E = E_+ - E_- = E_+^\circ - \frac{0{,}059\ 16}{n}\log\frac{\mathcal{A}_\mathrm{C}^c}{\mathcal{A}_\mathrm{A}^a} - \left(E_-^\circ - \frac{0{,}059\ 16}{n}\log\frac{\mathcal{A}_\mathrm{B}^b}{\mathcal{A}_\mathrm{D}^d}\right)$$

$$E = \underbrace{(E_+^\circ - E_-^\circ)}_{E°} - \frac{0{,}059\ 16}{n}\log\underbrace{\frac{\mathcal{A}_\mathrm{C}^c\mathcal{A}_\mathrm{D}^d}{\mathcal{A}_\mathrm{A}^a\mathcal{A}_\mathrm{B}^b}}_{Q} = E° - \frac{0{,}059\ 16}{n}\log Q \qquad \textbf{(14.23)}$$

O cálculo algébrico emprega a identidade $\log a + \log b = \log ab$.

A Equação 14.23 é verdadeira em quaisquer circunstâncias. No caso especial em que a célula eletroquímica está em equilíbrio, $E = 0$ e $Q = K$, a constante de equilíbrio. Consequentemente, a Equação 14.23 é reescrita em suas formas mais importantes, válidas para o equilíbrio:

Determinação de $E°$ a partir de K:
$$E° = \frac{0{,}059\ 16}{n}\log K \qquad \text{(a 25 °C)} \qquad \textbf{(14.24)}$$

Determinação de K a partir de $E°$:
$$K = 10^{nE°/0{,}059\ 16} \qquad \text{(a 25 °C)} \qquad \textbf{(14.25)}$$

Para transformarmos a Equação 14.24 na Equação 14.25, devemos considerar as seguintes relações:

$$\frac{0{,}059\ 16}{n}\log K = E°$$
$$\log K = \frac{nE°}{0{,}059\ 16}$$
$$10^{\log K} = 10^{nE°/0{,}059\ 16}$$
$$K = 10^{nE°/0{,}059\ 16}$$

Com a Equação 14.25, podemos calcular o valor da constante de equilíbrio a partir de $E°$. Alternativamente, com a Equação 14.24, podemos calcular o valor de $E°$ a partir de K.

BOXE 14.5 Concentrações na Célula Eletroquímica em Operação

Por que a medida da diferença de potencial elétrico de uma célula eletroquímica não modifica as concentrações na célula? A diferença de potencial elétrico da célula eletroquímica é medida em condições de *fluxo de corrente desprezível*. A resistência interna de um medidor de pH de alta qualidade é $10^{13}\ \Omega$. Se utilizamos esse instrumento para medir uma diferença de potencial de 1 V, a corrente que circula no circuito é

$$I = \frac{E}{R} = \frac{1\ \mathrm{V}}{10^{13}\ \Omega} = 10^{-13}\ \mathrm{A}$$

O fluxo de elétrons é

$$\frac{10^{-13}\ \mathrm{C/s}}{9{,}649\times10^{4}\ \mathrm{C/mol}} = 10^{-18}\ \text{mol de e}^-/\mathrm{s}$$

o que produz oxidação e redução desprezíveis dos reagentes na célula eletroquímica. *O medidor mede a diferença de potencial elétrico de uma célula eletroquímica sem afetar as concentrações das espécies que estão presentes dentro dela.*

Se uma ponte salina fosse mantida por muito tempo em uma célula eletroquímica, as concentrações e a força iônica do meio mudariam em virtude da difusão entre cada um dos compartimentos e a ponte salina. As células eletroquímicas devem ser montadas por um tempo suficientemente curto para que estas variações não ocorram.

EXEMPLO **Utilizando o Valor de $E°$ para Determinar a Constante de Equilíbrio**

Determine a constante de equilíbrio para a reação

$$Cu(s) + 2Fe^{3+} \rightleftharpoons 2Fe^{2+} + Cu^{2+}$$

Solução A reação é dividida em duas meias-reações, que se encontram no Apêndice H:

Associamos o valor de E°_- com a meia-reação que deve ser *invertida* para obtermos a reação líquida desejada.

$$\begin{array}{lll} & 2Fe^{3+} + 2e^- \rightleftharpoons 2Fe^{2+} & E^\circ_+ = 0{,}771\ V \\ - & Cu^{2+} + 2e^- \rightleftharpoons Cu(s) & E^\circ_- = 0{,}339\ V \\ \hline & Cu(s) + 2Fe^{3+} \rightleftharpoons 2Fe^{2+} + Cu^{2+} & \end{array}$$

Determinamos então o valor $E°$ para a reação líquida

$$E^\circ = E^\circ_+ - E^\circ_- = 0{,}771 - 0{,}339 = 0{,}432\ V$$

e calculamos a constante de equilíbrio utilizando a Equação 14.25:

$$K = 10^{(2)(0{,}432)/(0{,}059\,16)} = 4 \times 10^{14}$$

A Seção 3.2 descreve o uso de algarismos significativos em expoentes e logaritmos.

Um valor pequeno de $E°$ leva a uma constante de equilíbrio muito grande. O valor de K está expresso corretamente com apenas um algarismo significativo, pois $E°$ tem três algarismos depois da vírgula. Dois são usados para o expoente (14), restando apenas um algarismo para o multiplicador (4).

TESTE-SE Determine a constante de equilíbrio K para a reação $Cu(s) + 2Ag^+ \rightleftharpoons 2Ag(s) + Cu^{2+}$. (***Resposta:*** $E° = 0{,}460$ V, $K = 4 \times 10^{15}$.)

Determinação do Valor de K para Reações Líquidas que Não São Reações Redox

Considere as seguintes meias-reações cuja subtração entre elas é a reação que descreve a solubilidade do carbonato de ferro(II) (que não é uma reação redox):

O valor de $E°$ para a dissolução do carbonato de ferro(II) é negativo, o que significa que a reação "não é espontânea". "Não espontânea" significa simplesmente que $K < 1$.

$$\begin{array}{lll} & FeCO_3(s) + 2e^- \rightleftharpoons Fe(s) + CO_3^{2-} & E^\circ_+ = -0{,}756\ V \\ - & Fe^{2+} + 2e^- \rightleftharpoons Fe(s) & E^\circ_- = -0{,}44\ V \\ \hline & \underset{\text{Carbonato de ferro(II)}}{FeCO_3(s)} \rightleftharpoons Fe^{2+} + CO_3^{2-} & E^\circ = -0{,}756 - (-0{,}44) = -0{,}31_6\ V \end{array}$$

$$K = K_{ps} = 10^{(2)(-0{,}316)/(0{,}059\,16)} = 10^{-11}$$

A partir do valor de $E°$ para a reação líquida, podemos calcular o K_{ps} para o carbonato de ferro(II). Medidas potenciométricas permitem encontrar constantes de equilíbrio muito pequenas, ou muito grandes, para que a determinação seja feita pela medida direta das concentrações dos reagentes e produtos.

Surge então uma dúvida! "Como é possível existir um potencial redox para uma reação que não é redox?" O Boxe 14.4 mostra que um potencial redox é apenas outra maneira de expressar o valor da energia livre de uma reação. Quanto mais favorável, em termos de energia, for uma reação (quanto mais negativo for $\Delta G°$), mais positivo será o valor de $E°$.

A forma geral de um problema envolvendo a relação entre os valores de $E°$ para as meias-reações e o valor de K para uma reação líquida é

$$\begin{array}{llll} & \text{Meia-reação:} & E^\circ_+ & \\ - & \text{Meia-reação:} & E^\circ_- & \\ \hline & \text{Reação líquida:} & E^\circ = E^\circ_+ - E^\circ_- & K = 10^{nE^\circ/0{,}059\,16} \end{array}$$

Se conhecermos os valores de E°_- e E°_+, poderemos determinar $E°$ e K para a reação líquida da célula eletroquímica. Por sua vez, se conhecermos $E°$ e, também, E°_- ou E°_+ poderemos calcular o valor do potencial-padrão desconhecido. Conhecendo-se K, podemos calcular $E°$, e a partir de $E°$, determinamos E°_- ou E°_+, desde que conheçamos um deles.

EXEMPLO **Relacionando $E°$ e K**

A partir da constante de formação da Ni(glicina)$_2$ e do valor de $E°$ para o par $Ni^{2+} | Ni(s)$,

$$Ni^{2+} + 2\ glicina^- \rightleftharpoons Ni(glicina)_2 \qquad K \equiv \beta_2 = 1{,}2 \times 10^{11}$$

$$Ni^{2+} + 2e^- \rightleftharpoons Ni(s) \qquad E^\circ = -0{,}236\ V$$

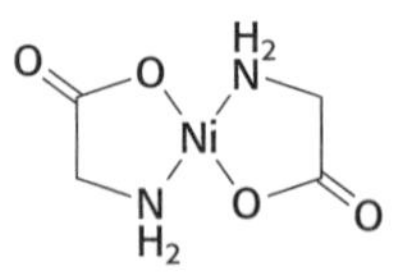
Possível estrutura da Ni(glicina)$_2$

calcule o valor de $E°$ para a reação

$$\text{Ni(glicina)}_2 + 2e^- \rightleftharpoons \text{Ni}(s) + 2\ \text{glicina}^- \qquad \textbf{(14.26)}$$

Solução Precisamos verificar qual a relação entre as três reações:

$$\begin{array}{lll} & \text{Ni}^{2+} + 2e^- \rightleftharpoons \text{Ni}(s) & E_+^\circ = -0{,}236\ \text{V} \\ - & \text{Ni(glicina)}_2 + 2e^- \rightleftharpoons \text{Ni}(s) + 2\ \text{glicina}^- & E_-^\circ = ? \\ \hline & \text{Ni}^{2+} + 2\ \text{glicina}^- \rightleftharpoons \text{Ni(glicina)}_2 & E^\circ = ?\ \ K = 1{,}2 \times 10^{11} \end{array}$$

Sabemos que o valor de $E_+^\circ - E_-^\circ$ deve ser igual a $E°$, de modo que podemos calcular o valor de E_-° se soubermos $E°$. Mas $E°$ pode ser determinado a partir da constante de equilíbrio da reação líquida:

$$E^\circ = \frac{0{,}059\ 16}{n}\log K = \frac{0{,}059\ 16}{2}\log(1{,}2 \times 10^{11}) = 0{,}328\ \text{V}$$

Logo, o potencial-padrão de redução para a meia-reação 14.26 é

$$E_-^\circ = E_+^\circ - E^\circ \ = -0{,}236 - 0{,}328 = -0{,}564\ \text{V}$$

TESTE-SE Selecione meias-reações no Apêndice H para determinar a constante de formação β_2 para Cu^+ + 2 etilenodiamina $\rightleftharpoons$ Cu(etilenodiamina)$_2^+$. (***Resposta:*** $E° = 0{,}637$ V, $\beta_2 = 6 \times 10^{10}$.)

O potencial mais negativo para a redução da Ni(glicina)$_2$ (−0,564 V) do que para a redução do Ni^{2+} (−0,236 V) nos diz que é mais difícil reduzir Ni(glicina)$_2$ do que reduzir Ni^{2+}. A complexação com a glicina estabiliza o íon Ni^{2+}.

14.6 Bioquímicos Utilizam $E°'$

Na respiração, as moléculas dos alimentos são oxidadas pelo O_2 para gerarem energia ou produzirem metabólitos, que funcionam como intermediários químicos. Os potenciais-padrão de redução que temos utilizado até agora se aplicam a sistemas onde todas as atividades dos reagentes e produtos são unitárias. Se o H^+ está presente em uma reação, o valor de $E°$ é valido quando pH = 0 ($\mathcal{A}_{H^+} = 1$). *Sempre que a espécie* H^+ *aparece em uma reação redox, ou sempre que os reagentes ou produtos são ácidos ou bases, os potenciais de redução dependem do valor do pH.*

Como o pH dentro de uma célula de origem vegetal ou animal está próximo de 7, os potenciais de redução válidos em pH 0 não são apropriados. Por exemplo, em pH 0, o ácido ascórbico (vitamina C) é um agente redutor mais poderoso que o ácido succínico. Entretanto, em pH 7, temos o contrário. O caráter redutor, que é importante para uma célula viva, é em pH 7, e não em pH 0.

O *potencial-padrão* para uma reação redox é definido para uma célula galvânica onde todas as atividades são unitárias. O **potencial formal** é o potencial de redução que se aplica para determinado conjunto *específico* de condições (incluindo pH, força iônica e concentração dos agentes complexantes). Os bioquímicos chamam o potencial formal, em pH 7, de $E°'$ (leia-se "*E* zero linha"). A Tabela 14.2 apresenta os valores de $E°'$ para diversos pares redox de interesse biológico.

O potencial formal em pH = 7 é representado por $E°'$.

Relação entre $E°$ e $E°'$

Considere a meia-reação

$$aA + ne^- \rightleftharpoons bB + mH^+ \qquad E^\circ$$

na qual A é uma espécie oxidada e B, uma espécie reduzida. Tanto A como B podem ser ácidos ou bases. A equação de Nernst para essa meia-reação é

$$E = E^\circ - \frac{0{,}059\ 16}{n}\log\frac{[B]^b[H^+]^m}{[A]^a}$$

Para determinarmos $E°'$, devemos reescrever a equação de Nernst de forma que o termo logarítmico contenha somente as *concentrações formais* de A e de B elevadas às potências *a* e *b*, respectivamente.

Fórmula para $E°'$:

$$E = \underbrace{E^\circ + \text{outros termos}}_{\text{Toda esta parte é chamada } E^{\circ\prime}\text{, quando pH = 7}} - \frac{0{,}059\ 16}{n}\log\frac{F_B^b}{F_A^a} \qquad \textbf{(14.27)}$$

Se tivéssemos incluído os coeficientes de atividade eles também apareceriam na expressão de $E°'$.

Todos os termos contidos dentro da chave correspondem a $E°'$ e são determinados em pH = 7.

Para convertermos [A] ou [B] em F_A ou F_B, utilizamos as equações de composição fracionária (Seção 10.5) que relacionam a concentração formal (ou seja, total) de *todas* as formas de um ácido, ou de uma base, com a sua concentração em *determinada* forma:

TABELA 14.2 Potenciais de redução de interesse biológico

Reação	$E°$(V)	$E°'$(V)
$O_2 + 4H + 4e^- \rightleftharpoons 2H_2O$	+1,229	+0,815
$Fe^{3+} + e^- \rightleftharpoons Fe^{2+}$	+0,771	+0,771
$I_2 + 2e^- \rightleftharpoons 2I^-$	+0,535	+0,535
Citocromo *a* (Fe^{3+}) + e^- $\rightleftharpoons$ citocromo *a* (Fe^{2+})	+0,290	+0,290
$O_2 + 2H^+ + 2e^- \rightleftharpoons H_2O_2$	+0,695	+0,281
Citocromo *c* (Fe^{3+}) + e^- $\rightleftharpoons$ citocromo *c* (Fe^{2+})	—	+0,254
2,6-Diclorofenolindofenol + $2H^+ + 2e^-$ $\rightleftharpoons$ 2,6-diclorofenolindofenol reduzido	—	+0,22
Deidroascorbato + $2H^+ + 2e^-$ $\rightleftharpoons$ ascorbato + H_2O	+0,390	+0,058
Fumarato + $2H^+ + 2e^-$ $\rightleftharpoons$ succinato	+0,433	+0,031
Azul de metileno + $2H^+ + 2e^-$ $\rightleftharpoons$ produto de redução	+0,532	+0,011
Glioxilato + $2H^+ + 2e^-$ $\rightleftharpoons$ glicolato	—	−0,090
Oxaloacetato + $2H^+ + 2e^-$ $\rightleftharpoons$ malato	+0,330	−0,102
Piruvato + $2H^+ + 2e^-$ $\rightleftharpoons$ lactato	+0,224	−0,190
Riboflavina + $2H^+ + 2e^-$ $\rightleftharpoons$ riboflavina reduzida	—	−0,208
FAD + $2H^+ + 2e^-$ $\rightleftharpoons$ $FADH_2$	—	−0,219
(Glutationa-S)$_2$ + $2H^+ + 2e^-$ $\rightleftharpoons$ 2 glutationa-SH	—	−0,23
Safranina T + $2H^+ + 2e^-$ $\rightleftharpoons$ leucosafranina T	−0,235	−0,289
$(C_6H_5S)_2 + 2H^+ + 2e^- \rightleftharpoons 2C_6H_5SH$	—	−0,30
$NAD^+ + H^+ + 2e^-$ $\rightleftharpoons$ NADH	−0,105	−0,320
$NADP^+ + H^+ + 2e^-$ $\rightleftharpoons$ NADPH	—	−0,324
Cistina + $2H^+ + 2e^-$ $\rightleftharpoons$ 2 cisteína	—	−0,340
Acetoacetato + $2H^+ + 2e^-$ $\rightleftharpoons$ L-β-hidroxibutirato	—	−0,346
Xantina + $2H^+ + 2e^-$ $\rightleftharpoons$ hipoxantina + H_2O	—	−0,371
$2H^+ + 2e^- \rightleftharpoons H_2$	0,000	−0,414
Gliconato + $2H^+ + 2e^-$ $\rightleftharpoons$ glicose + H_2O	—	−0,44
$SO_4^{2-} + 2e^- + 2H^+ \rightleftharpoons SO_3^{2-} + H_2O$	—	−0,454
$2SO_3^{2-} + 2e^- + 4H^+ \rightleftharpoons S_2O_4^{2-} + 2H_2O$	—	−0,527

Para um ácido monoprótico:

$F = [HA] + [A^-]$

Para um ácido diprótico:

$F = [H_2A] + [HA^-] + [A^{2-}]$

Sistema monoprótico:

$$[HA] = \alpha_{HA}F = \frac{[H^+]F}{[H^+] + K_a} \quad (14.28)$$

$$[A^-] = \alpha_{A^-}F = \frac{K_aF}{[H^+] + K_a} \quad (14.29)$$

Sistema diprótico:

$$[H_2A] = \alpha_{H_2A}F = \frac{[H^+]^2F}{[H^+]^2 + [H^+]K_1 + K_1K_2} \quad (14.30)$$

$$[HA^-] = \alpha_{HA^-}F = \frac{K_1[H^+]F}{[H^+]^2 + [H^+]K_1 + K_1K_2} \quad (14.31)$$

$$[A^{2-}] = \alpha_{A^{2-}}F = \frac{K_1K_2F}{[H^+]^2 + [H^+]K_1 + K_1K_2} \quad (14.32)$$

em que F é a concentração formal de HA ou de H_2A, K_a é a constante de dissociação do ácido HA, e K_1 e K_2 são as constantes de dissociação para o ácido H_2A.

Uma maneira de *medir* $E°'$ é fazer uma meia-célula em que as concentrações formais das espécies oxidada e reduzida sejam iguais e o pH ajustado para 7. Assim, o termo logarítmico na Equação 14.27 é zero e o potencial medido (contra o E.P.H.) é $E°'$.

A curva *a* na Figura 14.10 mostra como o potencial formal, calculado para a Reação 14.33, depende do pH. O potencial diminui com o aumento do pH, até pH $\approx$ pK_2 = 11,79. Acima de pK_2, A^{-2} é a forma predominante do ácido ascórbico, e não há prótons envolvidos na reação redox líquida. Portanto, o potencial torna-se independente do valor de pH.

Um exemplo biológico de $E°'$ é a redução do Fe(III) na proteína transferrina. Esta proteína possui dois sítios de ligação para Fe(III), um em cada metade da molécula representadas por C e N, em referência aos grupos terminais carboxil e amino da cadeia peptídica. A transferrina transporta Fe(III) por meio do sangue para as células que necessitam de ferro. As

EXEMPLO Cálculo do Potencial Formal

Determine $E^{\circ\prime}$ para a reação

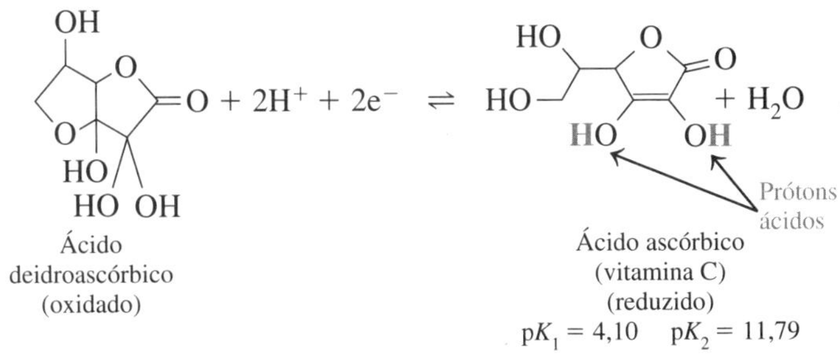

$E^\circ = 0{,}390$ V **(14.33)**

Solução Representando o ácido deidroascórbico[25] como D e o ácido ascórbico como H_2A, podemos reescrever a redução como

$$D + 2H^+ + 2e^- \rightleftharpoons H_2A + H_2O$$

para a qual a equação de Nernst é

$$E = E^\circ - \frac{0{,}059\ 16}{2}\log\frac{[H_2A]}{[D][H^+]^2} \qquad \textbf{(14.34)}$$

D não é um ácido ou uma base, logo a sua concentração formal é igual à sua concentração molar: $F_D = [D]$. Para o ácido diprótico H_2A, usamos a Equação 14.30 para expressar $[H_2A]$ em termos de F_{H_2A}:

$$[H_2A] = \frac{[H^+]^2 F_{H_2A}}{[H^+]^2 + [H^+]K_1 + K_1K_2}$$

Substituindo esses valores na Equação 14.34, temos

$$E = E^\circ - \frac{0{,}059\ 16}{2}\log\left(\frac{\dfrac{[H^+]^2 F_{H_2A}}{[H^+]^2 + [H^+]K_1 + K_1K_2}}{F_D[H^+]^2}\right)$$

que pode ser reescrita como

$$E = \underbrace{E^\circ - \frac{0{,}059\ 16}{2}\log\left(\frac{1}{[H^+]^2 + [H^+]K_1 + K_1K_2}\right)}_{\substack{\text{Potencial formal } (=E^{\circ\prime} \text{ se pH } = 7) \\ = +0{,}062 \text{ V}}} - \frac{0{,}059\ 16}{2}\log\frac{F_{H_2A}}{F_D} \qquad \textbf{(14.35)}$$

Substituindo os valores de E°, K_1 e K_2 na Equação 14.35 e considerando $[H^+] = 10^{-7{,}00}$, encontramos $E^{\circ\prime} = +0{,}062$ V.

TESTE-SE Calcule $E^{\circ\prime}$ para a reação $O_2 + 4H^+ + 4e^- \rightleftharpoons 2H_2O$. (***Resposta:*** 0,815 V.)

membranas dessas células possuem um receptor que se liga ao complexo Fe(III)-transferrina e o leva a um compartimento chamado endossoma, no qual ocorre bombeamento de H^+ para reduzir o pH até aproximadamente 5,8. O ferro é liberado da transferrina no endossoma e continua no interior da célula como Fe(II) preso a uma proteína intracelular transportadora de metais. O ciclo completo de absorção do complexo ferro-transferrina, liberação do metal e transferência de volta da transferrina para a corrente sanguínea dura de 1 a 2 minutos. O tempo necessário para a dissociação do Fe(III) da transferrina em pH 5,8 é de aproximadamente 6 minutos, que é excessivamente longo, comparado com a liberação que ocorre no endossoma. O potencial de redução do complexo Fe(III)-transferrina em pH 5,8 é $E^{\circ\prime} = -0{,}52$ V, muito baixo para ser alcançado por redutores fisiológicos.

O mistério de como o Fe(III) é liberado da transferrina no endossoma foi solucionado pela medição do $E^{\circ\prime}$ do complexo receptor-Fe(III)-transferrina em pH 5,8. Para simplificar a química envolvida, a transferrina foi clivada e somente a metade C-terminal da proteína (designada Trf_C) foi utilizada. A Figura 14.11 mostra as medidas de $\log\{[Fe(III)Trf_C]/[Fe(II)Trf_C]\}$ para a proteína livre e para o complexo receptor-proteína. Na Equação 14.27, $E = E^{\circ\prime}$ quando

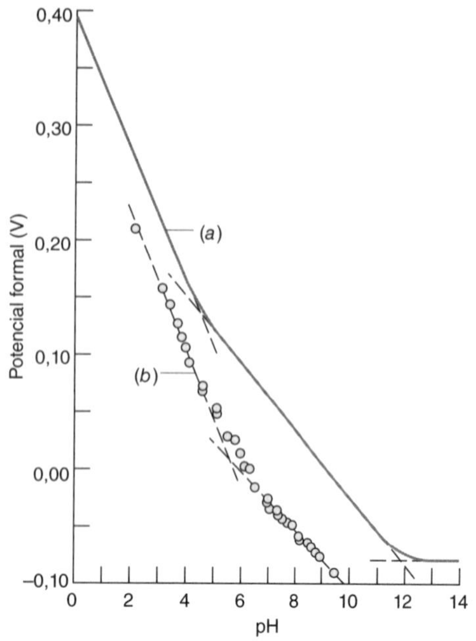

FIGURA 14.10 Potencial formal de redução do ácido ascórbico, mostrando sua dependência com relação ao valor do pH. (*a*) Gráfico da função que representa o potencial formal, de acordo com a Equação 14.35. (*b*) Potencial de redução experimental da meia-onda polarográfica do ácido ascórbico em um meio com força iônica = 0,2 M. O potencial de meia-onda (Capítulo 17) é quase o mesmo que o potencial formal. Em pH alto (> 12), o potencial de meia-onda não tende para um coeficiente angular 0, como prevê a Equação 14.35. Nessas condições ocorre uma reação de hidrólise do ácido ascórbico e o comportamento químico é mais complexo que o da Reação 14.33. [Dados de J. J. Ruiz, A. Aldaz e M. Dominguez, *Can. J. Chem.* **1977**, *55*, 2799; *ibid.* **1978**, *56*, 1533.]

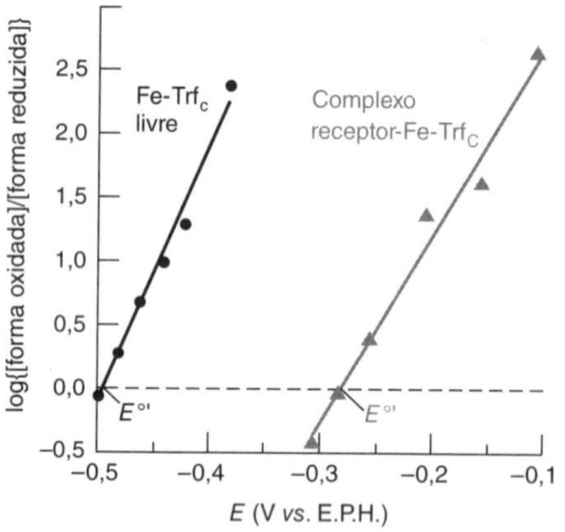

FIGURA 14.11 Medida espectroscópica do log{[Fe(III)Trf$_C$]/[Fe(II)Trf$_C$]} contra potencial elétrico em pH 5,8. [Dados de S. Dhungana, C. H. Taboy, O. Zak, M. Larvie, A. L. Crumbliss e P. Aisen, "Redox Properties of Human Transferrin Bound to Its Receptor," *Biochemistry* **2004**, *43*, 205.]

o termo logarítmico é zero (isto é, quando [Fe(III)Trf$_C$] = [Fe(II)Trf$_C$]). A Figura 14.11 mostra que $E°'$ para o Fe(III)Trf$_C$ é cerca de −0,50 V, mas para o complexo receptor-Fe(III)Trf$_C$ é igual a −0,29 V. Os agentes redutores NADH e NADPH na Tabela 14.2 são fortes o suficiente para reduzir o Fe(III)Trf$_C$ ligado ao seu receptor em pH 5,8, mas não são fortes o suficiente para reduzir o complexo Fe(III)-transferrina livre.

Termos Importantes

agente oxidante	diagrama de Latimer	ohm	quociente reacional
agente redutor	$E°'$	oxidação	reação redox
ampère	eletrodo	oxidante	redução
anodo	eletrodo-padrão de hidrogênio	ponte salina	redutor
catodo	eletroquímica	potência	resistência
célula galvânica	equação de Nernst	potencial elétrico	volt
constante de Faraday	joule	potencial formal	watt
corrente	lei de Ohm	potencial-padrão de redução	
coulomb	meia-reação	potenciômetro	

Resumo

A corrente elétrica é o número de coulombs de carga por segundo que passa por um ponto. A diferença de potencial elétrico, E (volts), entre dois pontos é o trabalho (joules) por unidade de carga necessário ou que pode ser realizado quando a carga se desloca de um ponto para outro. Para um número de mols de uma espécie com n cargas por molécula, a carga elétrica em coulombs é $q = n \cdot (\text{mol}) \cdot F$, em que F é a constante de Faraday (C/mol). O trabalho realizado, em joules, quando uma carga de q coulombs se desloca por meio de uma diferença de potencial de E volts é dado por trabalho = $E \cdot q$. O trabalho máximo que pode ser realizado sobre as vizinhanças por uma reação química espontânea está relacionado com a variação de energia livre da reação: trabalho/mol = $-\Delta G$. Se a reação química produz uma diferença de potencial elétrico E, a relação entre a energia livre e a diferença de potencial é $\Delta G = -nFE$, em que n é o número de unidades de carga por molécula movidas por meio da diferença de potencial. A lei de Ohm ($I = E/R$) descreve, em um circuito elétrico, a relação entre corrente, potencial elétrico e resistência. Ela pode ser combinada com as definições de trabalho e potência (P = trabalho/segundo), resultando em $P = E \cdot I = I^2R$.

Uma célula galvânica utiliza uma reação redox espontânea para gerar eletricidade. O eletrodo onde ocorre oxidação é o anodo, e o eletrodo onde ocorre redução é o catodo. As duas meias-células são geralmente separadas por uma ponte salina, que permite a migração dos íons de um lado para o outro, mantendo a neutralidade de cargas e evitando, também, a mistura dos reagentes de cada uma das meias-células. O potencial-padrão de redução de uma meia-reação é medido com relação à meia-reação do eletrodo-padrão de hidrogênio. O termo "padrão" significa que as atividades dos reagentes e produtos são unitárias. Se diversas meias-reações são adicionadas, resultando em outra meia-reação, o potencial-padrão da meia-reação resultante pode ser determinado escrevendo-se a energia livre da meia-reação resultante como a soma das energias livres das meias-reações que foram adicionadas.

Em uma célula galvânica, os elétrons se movem por um circuito a partir do eletrodo com o potencial menos positivo para o eletrodo com o potencial mais positivo. O potencial elétrico de uma célula é a diferença entre os potenciais das duas meias-reações: $E = E_+ - E_-$, em que E_+ é o potencial da meia-célula conectada ao terminal positivo do potenciômetro e E_- é o potencial da meia-célula conectada ao terminal negativo. O potencial de cada meia-reação é dado pela equação de Nernst: $E = E° - (0{,}059\ 16/n)\log Q$ (a 25 °C), na qual cada meia-reação é escrita como uma redução e Q é o quociente reacional. O quociente reacional possui a mesma forma de uma constante de equilíbrio, mas é calculado com as concentrações existentes no momento de interesse.

Os bioquímicos utilizam o potencial formal de uma meia-reação em pH 7 ($E°'$), em lugar do potencial-padrão ($E°$) válido apenas em pH 0. $E°'$ é determinado escrevendo-se a equação de Nernst para a meia-reação desejada agrupando-se todos os termos, exceto o logaritmo que contém as concentrações formais dos reagentes e produtos. O cálculo dos valores dos termos agrupados, em pH 7, corresponde ao valor de $E°'$.

Exercícios

14.A. No passado, baterias de mercúrio com a reação vista a seguir foram utilizadas como fonte de energia em marca-passos cardíacos:

$$\text{Zn}(s) + \text{HgO}(s) \rightarrow \text{ZnO}(s) + \text{Hg}(l) \qquad E° = 1{,}35 \text{ V}$$

(As células de mercúrio foram descontinuadas porque elas representam um perigo ambiental quando descartadas.) Qual a diferença de potencial da célula? Se a potência necessária para operar o marca-passo é de 0,010 0 W, quantos quilogramas de HgO (MF 216,59) serão consumidos em 365 dias? Quantas libras de HgO isso representa? (1 libra = 453,6 g)

14.B. Calcule $E°$ e K para cada uma das seguintes reações:

(a) $I_2(s) + 5Br_2(aq) + 6H_2O \rightleftharpoons 2IO_3^- + 10Br^- + 12H^+$

(b) $Cr^{2+} + Fe(s) \rightleftharpoons Fe^{2+} + Cr(s)$

(c) $Mg(s) + Cl_2(g) \rightleftharpoons Mg^{2+} + 2Cl^-$

(d) $5MnO_2(s) + 4H^+ \rightleftharpoons 3Mn^{2+} + 2MnO_4^- + 2H_2O$

(e) $Ag^+ + 2S_2O_3^{2-} \rightleftharpoons Ag(S_2O_3)_2^{3-}$

(f) $CuI(s) \rightleftharpoons Cu^+ + I^-$

14.C. Calcule a diferença de potencial elétrico de cada uma das células eletroquímicas vistas a seguir. Indique o sentido do fluxo dos elétrons. (A diferença de potencial que você calculará é denominada *potencial de circuito aberto* porque é o que seria medido se não houvesse corrente elétrica fluindo na célula. Quando a corrente flui, a célula desperdiça um pouco de energia na forma de calor e a diferença de potencial é inferior àquela do circuito aberto.)

(a) $Fe(s) \mid FeBr_2(0{,}010\ M) \parallel NaBr(0{,}050\ M) \mid Br_2(l) \mid Pt(s)$

(b) $Cu(s) \mid Cu(NO_3)_2(0{,}020\ M) \parallel Fe(NO_3)_2(0{,}050\ M) \mid Fe(s)$

(c) $Hg(l) \mid Hg_2Cl_2(s) \mid KCl(0{,}060\ M) \parallel KCl(0{,}040\ M) \mid Cl_2(g,\ 0{,}50\ \text{bar}) \mid Pt(s)$

14.D. A meia-reação da esquerda na célula eletroquímica mostrada a seguir pode ser escrita de *duas* maneiras diferentes:

$$AgI(s) + e^- \rightleftharpoons Ag(s) + I^- \qquad (1)$$

$$Ag^+ + e^- \rightleftharpoons Ag(s) \qquad (2)$$

A reação da meia-célula à direita é

$$H^+ + e^- \rightleftharpoons \frac{1}{2}H_2(g) \qquad (3)$$

(a) Utilizando as Reações 2 e 3, calcule $E°$ e escreva a equação de Nernst para a célula.

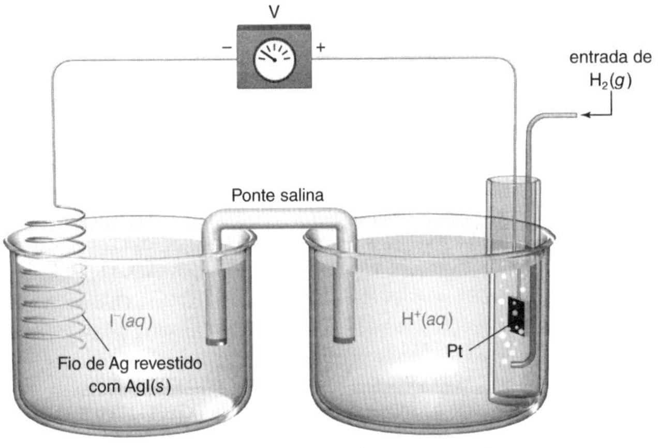

$Ag(s) \mid AgI(s) \mid NaI\ (0{,}10\ M) \parallel HCl\ (0{,}10\ M) \mid H_2(g,\ 0{,}20\ \text{bar}) \mid Pt(s)$

(b) Utilize o valor de K_{ps} do AgI para calcular $[Ag^+]$ e determine a diferença de potencial elétrico da célula. Qual será o sentido do fluxo dos elétrons?

(c) Suponha agora que você queira descrever a célula com as Reações 1 e 3. Sabemos que a diferença de potencial elétrico da célula (E, e não $E°$) tem que ser a mesma, independentemente da descrição que utilizamos. Escreva a equação de Nernst para as Reações 1 e 3 e utilize-a para encontrar $E°$ na Reação 1. Compare sua resposta com o valor dado no Apêndice H.

14.E. Calcule a diferença de potencial da célula eletroquímica

$$Cu(s) \mid Cu^{2+}(0{,}030\ M) \parallel K^+Ag(CN)_2^-(0{,}010\ M),$$
$$HCN(0{,}10\ F),\ \text{tampão para pH } 8{,}21 \mid Ag(s)$$

considerando as seguintes reações:

$$Ag(CN)_2^- + e^- \rightleftharpoons Ag(s) + 2CN^- \qquad E° = -0{,}310\ V$$
$$HCN \rightleftharpoons H^+ + CN^- \qquad pK_a = 9{,}21$$

Qual é o sentido do fluxo dos elétrons?

14.F. (a) Escreva a equação balanceada para a reação $PuO_2^+ \rightarrow Pu^{4+}$ e calcule $E°$ para a reação.

$$PuO_2^{2+} \xrightarrow{+0{,}966} PuO_2^+ \xrightarrow{?} Pu^{4+} \xrightarrow{+1{,}006} Pu^{3+}$$
$$\text{(de } PuO_2^+ \text{ a } Pu^{3+}\text{: } 1{,}021)$$

(b) Faça a previsão se uma mistura equimolar de PuO_2^{2+} e PuO_2^+ é capaz de oxidar H_2O a O_2, em pH = 2,00 e P_{O_2} = 0,20 bar. O O_2 será liberado em pH 7,00?.

14.G. Escreva as meias-reações e calcule a diferença de potencial da célula eletroquímica vista a seguir, onde KHP é o hidrogenoftalato de potássio, o sal monopotássico do ácido ftálico. Qual é o sentido do fluxo dos elétrons?

$$Hg(l)\,|\,Hg_2Cl_2(s)\,|\,KCl(0,10\,M)\,||\,KHP(0,050\,M)\,|$$
$$H_2(g, 1,00\,bar)\,|\,Pt(s)$$

14.H. A constante de formação do $Cu(EDTA)^{2-}$ é $6,3 \times 10^{18}$, e o valor de $E°$ é +0,339 V para a reação $Cu^{2+} + 2e^- \rightleftharpoons Cu(s)$. A partir dessa informação, calcule $E°$ para a reação

$$CuY^{2-} + 2e^- \rightleftharpoons Cu(s) + Y^{4-}$$

14.I. Escreva as meias-reações e com base na reação vista seguir, estabeleça que composto, $H_2(g)$ ou glicose, é o agente redutor mais forte em pH = 0,00. (*Dica*: a partir do valor de $E°'$ para o ácido glicônico, encontre $E°$, que se aplica em pH = 0.)

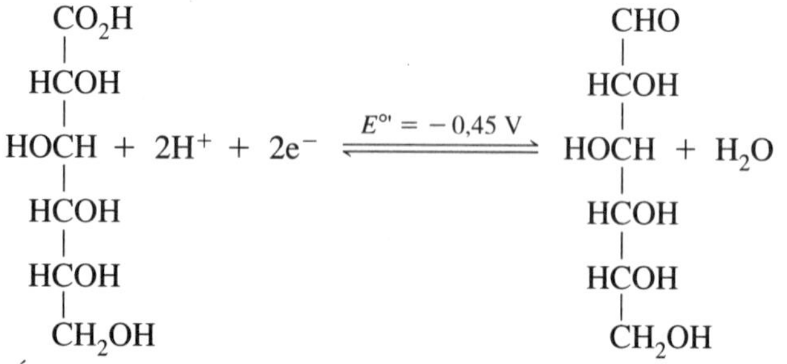

```
 CO2H                         CHO
  |                            |
 HCOH                         HCOH
  |                            |
 HOCH  + 2H+ + 2e-  ⇌  HOCH + H2O
  |        E°' = −0,45 V       |
 HCOH                         HCOH
  |                            |
 HCOH                         HCOH
  |                            |
 CH2OH                        CH2OH
Ácido glicônico              Glicose
pKa = 3,56                (sem prótons ácidos)
```

14.J. As células vivas convertem a energia proveniente da luz solar, ou da combustão de alimentos, em moléculas de ATP (trifosfato de adenosina), ricas em energia. Para a síntese de ATP, ΔG = +34,5 kJ/mol. Essa energia está disponível para a célula quando o ATP é hidrolisado a ADP (difosfato de adenosina). Nos animais, o ATP é sintetizado quando prótons passam por meio de uma enzima complexa presente na membrana mitocondrial. Dois fatores são importantes para o movimento dos prótons, por meio dessa enzima, para dentro da mitocôndria (ver figura a seguir). (1) A concentração de H^+ é maior fora da mitocôndria que dentro dela, pois os prótons são *bombeados* para fora da mitocôndria pelas enzimas envolvidas na oxidação das moléculas de alimentos. (2) O interior da mitocôndria é carregado negativamente com relação ao exterior.

(a) A síntese de uma molécula de ATP requer que dois prótons passem por meio da enzima de fosforilação. A variação de energia livre quando uma molécula passa de uma região de alta atividade para uma região de baixa atividade é dada por

$$\Delta G = -RT\ln\frac{\mathcal{A}_{alta}}{\mathcal{A}_{baixa}}$$

De quanto deve ser a diferença de pH (a 298 K), se a passagem dos dois prótons pela membrana fornece energia suficiente para sintetizar uma molécula de ATP?

(b) Diferenças de pH dessa ordem não foram observadas em mitocôndrias. Qual a diferença de potencial elétrico, entre o interior e o exterior, necessária para o movimento de dois prótons, de modo a fornecer energia para a síntese do ATP? Ao responder a esta pergunta, despreze qualquer contribuição da diferença de pH.

(c) Supõe-se que a energia para a síntese do ATP é fornecida *tanto* pela diferença de pH *quanto* pelo potencial elétrico. Se a diferença de pH é de 1,00 unidade, qual é o valor da diferença de potencial elétrico?

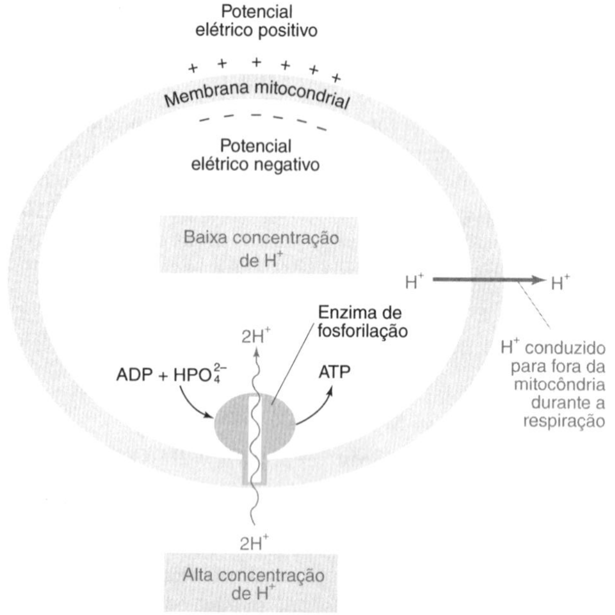

Problemas

Conceitos Básicos

14.1. Explique a diferença entre carga elétrica (q, coulombs), corrente elétrica (I, ampères) e potencial elétrico (E, Volts).

14.2. (a) Quantos elétrons existem em um coulomb?

(b) Quantos coulombs existem em um mol de carga?

14.3. Uma bateria de 6,00 V é conectada a um resistor de 2,00 kΩ.

(a) Qual é a corrente (A) e quantos elétrons por segundo circulam pelo circuito?

(b) Quantos joules de calor são produzidos por cada elétron?

(c) Se o circuito opera por 30,0 minutos, qual o número de mols de elétrons que terá circulado pelo resistor?

(d) Que potencial elétrico a bateria precisaria ter para a potência produzida ser de $1,00 \times 10^2$ W?

14.4. A taxa basal de consumo de O_2, para uma pessoa de 70 kg, é de cerca de 16 mols de O_2 por dia. Esse O_2 oxida o alimento e é reduzido a H_2O, fornecendo energia para o organismo:

$$O_2 + 4H^+ + 4e^- \rightleftharpoons 2H_2O$$

(a) Essa velocidade de respiração corresponde a que corrente (em ampères = C/s)? (A corrente elétrica, nesse caso, é definida pelo fluxo de elétrons do alimento para o O_2.)

(b) Compare sua resposta na parte **(a)** com a corrente consumida por um refrigerador, utilizando $5,00 \times 10^2$ W a 115 V. Lembre-se de que potência (em watts) = trabalho/s = $E \cdot I$.

(c) Se os elétrons ao migrarem da nicotinamida adenina dinucleotídeo (NADH) para o O_2 experimentam uma queda de potencial de 1,1 V, qual é a potência de saída (em watts) produzida pelo ser humano?

14.5. Para a seguinte reação redox

$$\underset{\text{Tiossulfato}}{I_2 + 2S_2O_3^{2-}} \rightleftharpoons \underset{\text{Tetrationato}}{2I^- + S_4O_6^{2-}}$$

(**a**) Identifique o agente oxidante no lado esquerdo da reação e escreva a meia-reação de oxidação balanceada.

(**b**) Identifique o agente redutor do lado esquerdo da reação e escreva a meia-reação de redução balanceada.

(**c**) Quantos coulombs de carga passam do agente redutor para o oxidante, quando 1,00 g de tiossulfato reage?

(**d**) Se a velocidade da reação é de 1,00 g de tiossulfato consumido por minuto, que corrente (em ampères) flui do agente redutor para o oxidante?

14.6. Os motores de propulsão dos ônibus espaciais obtêm sua potência a partir de reagentes sólidos:

$$\underset{\text{MF = 117,48}}{6NH_4^+ClO_4^-(s)} + 10Al(s) \rightarrow 3N_2(g) + 9H_2O(g) + 5Al_2O_3(s) + 6HCl(g)$$

(**a**) Determine os números de oxidação dos elementos N, Cl e Al nos reagentes e nos produtos. Que reagentes se comportam como agentes redutores e quais atuam como oxidantes?

(**b**) O calor de reação é – 9 334 kJ para cada 10 mol de Al consumido. Represente esse valor como o calor liberado por grama do total de reagentes.

Células Galvânicas

14.7. Explique como uma célula galvânica utiliza uma reação química espontânea para gerar eletricidade.

14.8. Descreva cada célula eletroquímica na figura a seguir, usando a notação de barras, e escreva duas meias-reações de redução para cada célula da figura.

14.9. Faça um esquema da célula eletroquímica vista a seguir e escreva as meias-reações de redução para cada eletrodo.

$$Pt(s)\,|\,Fe^{3+}(aq),\, Fe^{2+}(aq)\,||\,Cr_2O_7^{2-}(aq),\, Cr^{3+}(aq),\, HA(aq)\,|\,Pt(s)$$

14.10. Considere a seguinte pilha recarregável:

$$Zn(s)\,|\,ZnCl_2(aq)\,||\,Cl^-(aq)\,|\,Cl_2(l)\,|\,C(s)$$

(**a**) Escreva as meias-reações de redução para cada eletrodo. A partir de qual eletrodo os elétrons circularão para o circuito se os potenciais dos eletrodos não forem muito diferentes dos seus respectivos valores de $E°$?

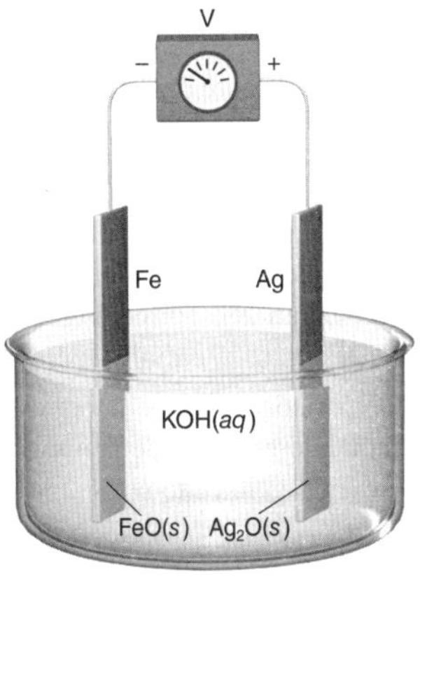

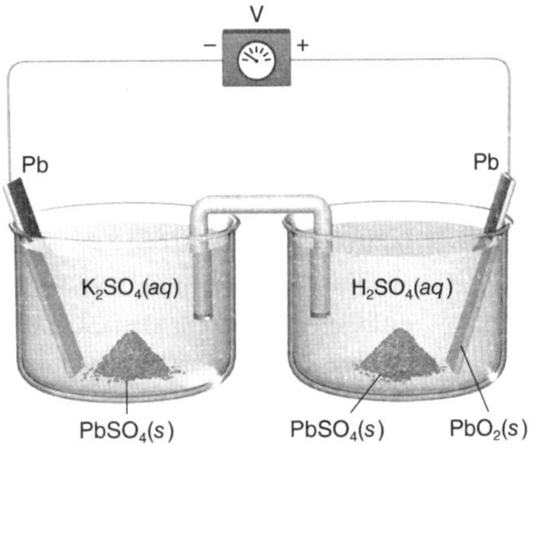

(**b**) Se a pilha fornece uma corrente constante de $1{,}00 \times 10^3$ A por 1,00 h, quantos quilogramas de Cl_2 serão consumidos?

14.11. *Pilha ou bateria de íon lítio.*

(**a**) Escreva uma meia-reação para cada eletrodo da bateria de íon lítio mostrada no Boxe 14.3, se o material do catodo consiste em $Li_{0,5}CoO_2$. Qual é a massa fórmula total dos reagentes ($2Li_{0,5}CoO_2 + LiC_6$).

(**b**) A capacidade de carga de uma bateria pode ser expressa em A · h/g, que é o número de ampères liberados por 1 g de material por 1 hora. Quantos coulombs correspondem a 1 A · h?

(**c**) Mostre que a capacidade teórica da bateria é de 100 A · h/kg de reagentes.

(**d**) A energia específica armazenada por uma bateria por unidade de massa dos reagentes pode ser expressa em W · h/kg. Teoricamente, uma bateria de íon Li^+ libera 100 A · h/kg de reagentes em 3,7 V. Expresse a energia específica teórica em W · h/kg de reagentes.

14.12. *Célula (ou bateria) de fluxo.* Se pudéssemos estocar energia proveniente de células solares e turbinas eólicas em baterias, poderíamos usar essa energia quando o Sol não está brilhando ou quando não há vento. Uma maneira possível de estocar grandes quantidades de energia faz uso de uma célula de fluxo, na qual os reagentes e os produtos são estocados em tanques e bombeados sobre os eletrodos. Na ilustração mostrada a seguir, o tanque à esquerda contém as formas oxidada e reduzida da 2,6-di-hidroxiantraquinona (Q^{2-} e Q^{4-}) em KOH 1 M. O tanque à direita contém íons ferricianeto ($Fe(CN)_6^{3-}$) e ferrocianeto ($Fe(CN)_6^{4-}$) em KOH 1 M. Ambas as soluções são bombeadas por eletrodos porosos de carbono separados por uma membrana permeável a cátions. A corrente elétrica produzida por uma turbina eólica ou uma célula solar carrega a célula de fluxo mediante a redução de Q^{2-} a Q^{4-} no eletrodo da esquerda, e a oxidação do ($Fe(CN)_6^{4-}$) a ($Fe(CN)_6^{3-}$) no eletrodo da direita. Íons K^+ migram por meio da membrana permeável a cátions para manter o balanço de carga. Para liberar a energia, descarregamos a célula de fluxo como uma célula galvânica, a qual produz 1,0 V quando Q^{4-} é oxidado a Q^{2-} no eletrodo da esquerda, e ($Fe(CN)_6^{3-}$) *é reduzido* a ($Fe(CN)_6^{4-}$) no eletrodo da direita.

Carregamento da célula de fluxo: $Q^{2-} + 2e^- \rightarrow Q^{4-}$

$$2Fe(CN)_6^{4-} \rightarrow 2Fe(CN)_6^{3-} + 2e^-$$

Descarga da célula de fluxo: $Q^{4-} \rightarrow Q^{2-} + 2e^-$

$$2Fe(CN)_6^{3-} + 2e^- \rightarrow 2Fe(CN)_6^{4-}$$

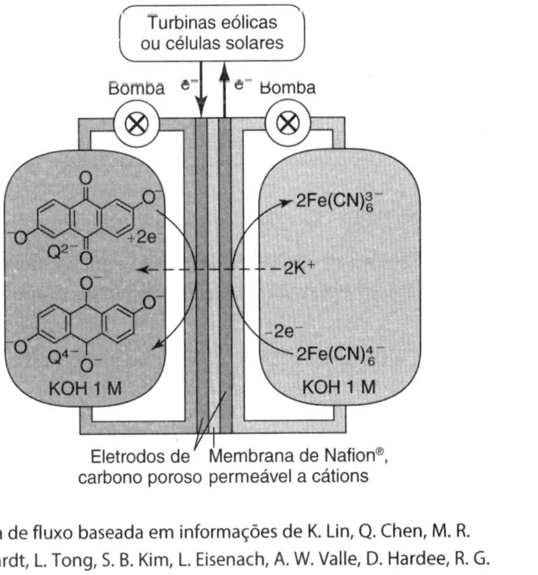

Célula de fluxo baseada em informações de K. Lin, Q. Chen, M. R. Gerhardt, L. Tong, S. B. Kim, L. Eisenach, A. W. Valle, D. Hardee, R. G. Gordon, M. J. Aziz e M. P. Marshak, "Alkaline Quinone Flow Battery", *Science* **2015**, *349*, 1529.

(a) Uma grande turbina eólica pode produzir 1 MW (= 10^6 J/s) de energia quando o vento é adequado. Uma célula capaz de armazenar a energia produzida pela turbina em 1 h precisa ter uma capacidade de 1 MW · h = (10^6 J/s)(3 600 s) = 3,6 × 10^9 J. Se a célula produz 1,0 V, quantos coulombs ela deve armazenar?

(b) A concentração da 2,6-di-hidroxiantraquinona no tanque do lado esquerdo da célula de fluxo é 0,5 M. Quantos litros podem armazenar a carga calculada em (a)?

(c) Um "tambor de 55 galões" nos Estados Unidos contém 200 L de líquido. Quantos tambores de 55 galões são necessários para conter 2,6-di-hidroxiantraquinona 0,5 M em quantidade suficiente para armazenar 1,0 MW · h de energia?

(d) O tanque do lado direito da célula de fluxo contém $K_4Fe(CN)_6$ 0,4 M, capaz de fornecer 0,4 mol de e^-/L na reação $Fe(CN)_6^{4-} \rightarrow Fe(CN)_6^{3-} + e^-$. Que volume de $K_4Fe(CN)_6$ 0,4 M é necessário para armazenar 1,0 MW · h de energia?

(e) Quantos tambores de 55 galões são necessários para ambos os tanques a fim de armazenar 1,0 MW · h de energia? Esta é apenas bastante energia para substituir uma hora da eletricidade de uma turbina eólica quando não há vento. Não incluímos a energia necessária para bombear o líquido pelos eletrodos no carregamento e na descarga da célula de fluxo.

Potenciais-Padrão

14.13. Qual será o agente oxidante mais forte nas condições-padrão (isto é, todas as atividades = 1): HNO_2, Se, UO_2^{2+}, Cl_2, H_2SO_3 ou MnO_2?

14.14. (a) Em presença do íon cianeto, o $E°$ do Fe(III) diminui:

$$\underset{\text{Férrico}}{Fe^{3+}} + e^- \rightleftharpoons \underset{\text{Ferroso}}{Fe^{2+}} \qquad E° = 0{,}771 \text{ V}$$

$$\underset{\text{Ferricianeto}}{Fe(CN)_6^{3-}} + e^- \rightleftharpoons \underset{\text{Ferrocianeto}}{Fe(CN)_6^{4-}} \qquad E° = 0{,}356 \text{ V}$$

Qual íon, Fe(III) ou Fe(II), é mais estabilizado pela complexação com CN^-?

(b) Utilizando dados do Apêndice H, responda a mesma pergunta anterior se o ligante for a fenantrolina, em vez de cianeto.

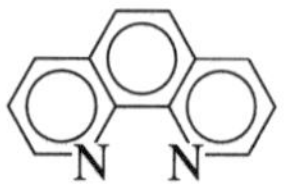

Fenantrolina

Equação de Nernst

14.15. Qual é a diferença entre E e $E°$ para uma reação redox? Qual deles se torna 0 quando a célula eletroquímica atinge o equilíbrio?

14.16. (a) Escreva as equações de Nernst para as meias-reações da Demonstração 14.1. Em que direção os elétrons se movem pelo circuito?

(b) Se você utilizar seus dedos como uma ponte salina na Demonstração 14.1, seu corpo absorverá Cu^{2+} ou Zn^{2+}?

14.17. Escreva a equação de Nernst para a meia-reação vista a seguir e determine E quando o pH é igual a 3,00 e P_{AsH_3} = 1,0 mbar.

$$As(s) + 3H^+ + 3e^- \rightleftharpoons \underset{\text{Arsina}}{AsH_3(g)} \qquad E° = -0{,}238 \text{ V}$$

14.18. (a) Escreva a seguinte célula eletroquímica usando a notação de barras:

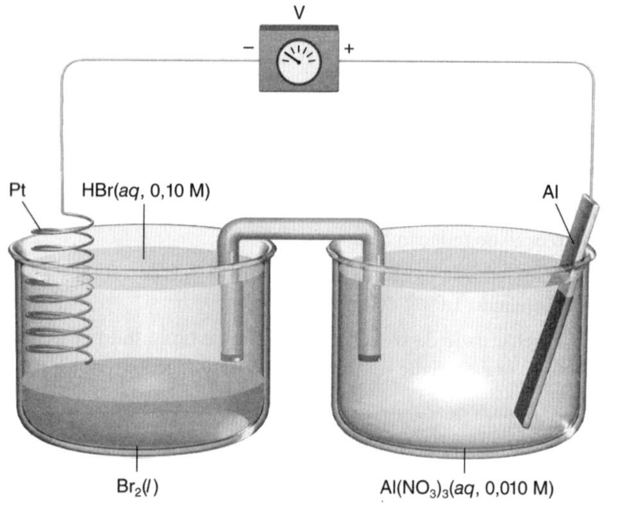

(b) Calcule o potencial de cada meia-célula e a diferença de potencial da célula eletroquímica, E. Em qual sentido os elétrons circularão pelo circuito? Escreva a reação espontânea líquida da célula eletroquímica.

(c) A meia-célula da esquerda foi carregada com 14,3 mL de $Br_2(l)$ (massa específica = 3,12 g/mL). O eletrodo de alumínio contém 12,0 g de Al. Qual elemento, Br_2 ou Al, é o reagente limitante? (Ou seja, qual reagente será totalmente consumido primeiro?)

(d) Se a célula eletroquímica de algum modo opera em condições sob as quais produz uma diferença de potencial elétrico constante de 1,50 V, quanto trabalho elétrico terá sido realizado quando 0,231 mL de $Br_2(l)$ forem consumidos?

(e) Se o potenciômetro é trocado por um resistor de 1,20 kΩ, e se o calor dissipado pelo resistor é 1,00 × 10^{-4} J/s, com que velocidade (gramas por segundo) o Al(s) se dissolve? (Nesta questão a diferença de potencial elétrico da célula eletroquímica não é 1,50 V.)

14.19. Uma bateria recarregável de níquel-hidreto metálico usada em computadores pessoais portáteis tem seu funcionamento baseado nas seguintes reações:

Catodo:

$$NiOOH(s) + H_2O + e^- \underset{\text{Carga}}{\overset{\text{Descarga}}{\rightleftharpoons}} Ni(OH)_2(s) + OH^-$$

Anodo:

$$MH(s) + OH^- \underset{\text{Carga}}{\overset{\text{Descarga}}{\rightleftharpoons}} M(s) + H_2O + e^-$$

O material usado no anodo, MH, é um hidreto metálico cujo metal pode ser um elemento de transição ou uma liga metálica contendo terras raras. Explique por que a diferença de potencial elétrico nessa célula eletroquímica permanece praticamente constante durante todo o seu ciclo de descarga.

14.20. (a) Escreva as meias-reações para uma célula de combustível H_2–O_2. Determine a diferença de potencial elétrico teórica a 25 °C se P_{H_2} = 1,0 bar, P_{O_2} = 0,2 bar e [H^+] = 0,5 M em ambos os eletrodos. (As células de combustível reais trabalham em temperaturas entre 60 °C e 1 000 °C e produzem ~0,7 V.)

(b) Se a célula tem uma eficiência de 70% na conversão de energia química em energia elétrica, e um empilhamento em série de células produz 20 kW a 220 V, quantos gramas de hidrogênio são consumidos em uma hora?

(c) Os motores norte-americanos são frequentemente classificados por "cavalos-vapor". Use a Tabela 1.4 para converter 20 kW em cavalos-vapor.

14.21. Suponha que as concentrações de NaF e de KCl sejam cada uma de 0,10 M na célula eletroquímica

$$\text{Pb}(s)\,|\,\text{PbF}_2(s)\,|\,\text{F}^-(aq)\,||\,\text{Cl}^-(aq)\,|\,\text{AgCl}(s)\,|\,\text{Ag}(s)$$

(a) Utilizando as meias-reações $2\text{AgCl}(s) + 2e^- \rightleftharpoons 2\text{Ag}(s) + 2\text{Cl}^-$ e $\text{PbF}_2(s) + 2e^- \rightleftharpoons \text{Pb}(s) + 2\text{F}^-$, calcule a diferença de potencial elétrico da célula eletroquímica.

(b) Qual é a direção do fluxo de elétrons?

(c) Calcule novamente a diferença de potencial elétrico da célula eletroquímica utilizando as reações $2\text{Ag}^+ + 2e^- \rightleftharpoons 2\text{Ag}(s)$ e $\text{Pb}^{2+} + 2e^- \rightleftharpoons \text{Pb}(s)$. Para essa parte do problema você necessitará conhecer os produtos de solubilidade do PbF_2 e do AgCl.

14.22. A seguinte célula eletroquímica foi construída para medir o potencial-padrão de redução do par $\text{Ag}^+\,|\,\text{Ag}$.

$$\text{Pt}(s)\,|\,\text{HCl}(0{,}010\ 00\ \text{M}),\ \text{H}_2(g)\,||\,\text{AgNO}_3(0{,}010\ 00\ \text{M})\,|\,\text{Ag}(s)$$

A temperatura era de 25 °C (a condição-padrão) e a pressão atmosférica de 751,0 Torr. Como a pressão de vapor da água é de 23,8 Torr a 25 °C, P_{H_2} na célula eletroquímica era de 751,0 – 23,8 = 727,2 Torr. A equação de Nernst para a célula eletroquímica, incluindo os coeficientes de atividade, é obtida da seguinte maneira:

Eletrodo da direita: $\quad \text{Ag}^+ + e^- \rightleftharpoons \text{Ag}(s) \quad E^\circ_+ = E^\circ_{\text{Ag}^+|\text{Ag}}$

Eletrodo da esquerda: $\quad \text{H}^+ + e^- \rightleftharpoons \frac{1}{2}\text{H}_2(g) \quad E^\circ_- = 0\ \text{V}$

$$E_+ = E^\circ_{\text{Ag}^+|\text{Ag}} - 0{,}059\ 16\ \log\left(\frac{1}{[\text{Ag}^+]\gamma_{\text{Ag}^+}}\right)$$

$$E_- = 0 - 0{,}059\,16\ \log\left(\frac{P_{\text{H}_2}^{1/2}}{[\text{H}^+]\gamma_{\text{H}^+}}\right)$$

$$E = E_+ - E_- = E^\circ_{\text{Ag}^+|\text{Ag}} - 0{,}059\ 16\ \log\left(\frac{[\text{H}^+]\gamma_{\text{H}^+}}{P_{\text{H}_2}^{1/2}[\text{Ag}^+]\gamma_{\text{Ag}^+}}\right)$$

Sabendo-se que a diferença de potencial elétrico medida na célula eletroquímica foi de +0,798 3 V, e utilizando os coeficientes de atividades da Tabela 8.1, calcule $E^\circ_{\text{Ag}^+|\text{Ag}}$. Certifique-se de que o valor de P_{H_2} está expresso, no quociente reacional, em bar.

14.23. Escreva uma equação química balanceada (em solução ácida) para a reação representada pelo ponto de interrogação na seta inferior do diagrama que é visto a seguir.[26] Como no Boxe 14.4, calcule $E°$ para a reação.

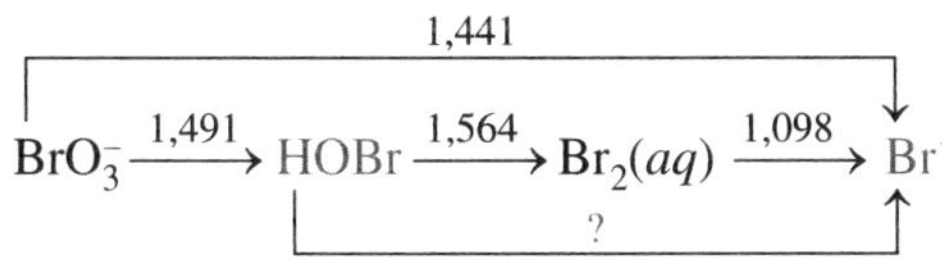
1,441
BrO3−
1,491
HOBr
1,564
Br2(aq)
1,098
Br−
?

14.24. Qual deve ser a relação entre E°_1 e E°_2 se a espécie X^+ se desproporciona espontaneamente, nas condições-padrão, em X^{3+} e $X(s)$? Escreva uma equação balanceada para o desproporcionamento.

$$\text{X}^{3+} \xrightarrow{E^\circ_1} \text{X}^+ \xrightarrow{E^\circ_2} \text{X}(s)$$

14.25. *Incluindo as atividades*, calcule a diferença de potencial elétrico da célula eletroquímica $\text{Ni}(s)\,|\,\text{NiSO}_4(0{,}002\ 0\ \text{M})\,||\,\text{CuCl}_2(0{,}003\ 0\ \text{M})\,|\,\text{u}(s)$. Admita que os sais estejam completamente dissociados (ou seja, a formação de pares iônicos pode ser desprezada). Baseado no conceito do diagrama da Figura 14.9, indique o sentido do fluxo dos elétrons.

14.26. *Bateria de chumbo ácida utilizando-se atividades.*[12] Uma bateria de chumbo ácida de 12 V consiste em seis células, com cada uma fornecendo 2 V. Inventada em 1859 pelo físico francês Gaston Planté aos 25 anos, ela foi a primeira bateria recarregável. Seus eletrodos são grades de chumbo metálico com uma grande área superficial. PbO_2 sólido é prensado no catodo. A célula é preenchida com H_2SO_4 aquoso, que é uma solução ~35% m/m de H_2SO_4 ≈ 5,5 *m* (molal) ou ~4,4 M quando a célula está totalmente carregada. Durante a descarga (quando a bateria produz eletricidade), o Pb é oxidado a $PbSO_4(s)$ no anodo. No catodo, PbO_2 é reduzido a $PbSO_4(s)$. À medida que a célula sofre descarga, ambos os eletrodos ficam recobertos por $PbSO_4(s)$. Ambas as reações consomem H_2SO_4, cuja concentração diminui para ~22% m/m ≈ 2,9 *m* durante a descarga.

$$\text{Catodo: PbO}_2(s) + \text{SO}_4^{2-} + 4\text{H}^+ + 2e^- \rightleftharpoons \text{PbSO}_4(s) + 2\text{H}_2\text{O}$$

$$\text{Anodo: Pb}(s) + \text{SO}_4^{2-} \rightleftharpoons \text{PbSO}_4(s) + 2e^-$$

(a) Faça um diagrama de barras para a bateria, incluindo o $PbSO_4$ em cada eletrodo.

(b) Escreva as meias-reações de *redução* com base no Apêndice H para o anodo e o catodo durante a descarga da bateria. Escreva a reação líquida e determine o valor de $E°$ para essa reação.

(c) Escreva a equação de Nernst para cada meia-reação para uma bateria de chumbo ácida totalmente carregada, *incluindo os coeficientes de atividade*. Expresse as concentrações dos solutos na equação de Nernst em molalidade, *m*. Em uma bateria totalmente carregada, a concentração do eletrólito H_2SO_4 é 5,5 *m* (molal) (35% em massa de H_2SO_4). As atividades dos sólidos são unitárias. Porém, a atividade da H_2O em H_2SO_4 a 35% m/m não é unitária porque o ácido está muito concentrado. Escreva $\mathcal{A}_{H_2O} = m_{H_2O}\gamma_{H_2O}$ para a água, $\mathcal{A}_{SO_4^{2-}} = m_{SO_4^{2-}}\gamma_{SO_4^{2-}}$ para o sulfato, e $\mathcal{A}_{H^+} = m_{H^+}\gamma_{H^+}$ para o H^+.

(d) Combine as equações do catodo e do anodo em uma única equação de Nernst contendo um único termo logarítmico.

(e) A atividade da H_2O em H_2SO_4 a 35% m/m, medida por meio do abaixamento da pressão de vapor da H_2O, é $\mathcal{A}_{H_2O} = m_{H_2O}\gamma_{H_2O} = 0{,}66$ a 25 °C.[27] As atividades dos íons SO_4^{2-} e H^+ não podem ser medidas separadamente, mas a *atividade média* pode ser determinada. Para um sal C_mA_n, constituído de um cátion C^{n+} e de um ânion A^{m-}, o *coeficiente de atividade médio* é definido como $\gamma_\pm = (\gamma_+^m\gamma_-^n)^{1/(m+n)}$, em que γ_+ e γ_- são os coeficientes de atividade individuais. O coeficiente de atividade médio é uma grandeza termodinamicamente definida e mensurável. Para H_2SO_4 5,5 *m*, $\gamma_\pm = (\gamma_{H^+}^2\gamma_{SO_4^{2-}})$ a 25 °C[27] (conforme medidas a partir de células galvânicas contendo H_2SO_4). Use $\mathcal{A}_{H_2O} = 0{,}66$ e $\gamma_\pm = 0{,}22$ na equação de Nernst, juntamente com $m_{H^+} = 11{,}0$ mol/kg e $m_{SO_4^{2-}} = 5{,}5$ mol/kg, para calcular a diferença de potencial elétrico da bateria de chumbo ácida.

Relação entre $E°$ e a Constante de Equilíbrio

14.27. A variação de energia livre para a reação $\text{CO} + \frac{1}{2}\text{O}_2 \rightleftharpoons \text{CO}_2$, é $\Delta G° = -257$ kJ por mol de CO, a 298 K. A relação entre $\Delta G°$ e $E°$ é $\Delta G° = -nFE°$, em que *n* é o número de elétrons nas meias-reações balanceadas. Quando o CO é oxidado a CO_2, dois elétrons são perdidos, levando o carbono do estado de oxidação +2 para +4.

(a) Determine $E°$ para a reação.

(b) Encontre a constante de equilíbrio para a reação.

14.28. Usando as meias-reações do Apêndice H, calcule $E°$, $\Delta G°$ e *K* para cada uma das seguintes reações.

(a) $4\text{Co}^{3+} + 2\text{H}_2\text{O} \rightleftharpoons 4\text{Co}^{2+} + \text{O}_2(g) + 4\text{H}^+$

(b) $\text{Ag(S}_2\text{O}_3)_2^{3-} + \text{Fe(CN)}_6^{4-} \rightleftharpoons \text{Ag}(s) + 2\text{S}_2\text{O}_3^{2-} + \text{Fe(CN)}_6^{3-}$

14.29. Uma solução contém 0,100 M de Ce^{3+}; $1{,}00 \times 10^{-4}$ M de Ce^{4+}; $1{,}00 \times 10^{-4}$ M de Mn^{2+}; 0,100 M de MnO_4^- e 1,00 M de $HClO_4$.

(a) Escreva uma reação líquida balanceada que pode ocorrer entre as espécies nessa solução.

(b) Calcule $\Delta G°$ e *K* para essa reação.

(c) Calcule *E* para as condições descritas.

(d) Calcule ΔG para as condições descritas.

(e) Em que valor de pH as concentrações de Ce^{4+}, Ce^{3+}, Mn^{2+} e MnO_4^- estarão em equilíbrio, a 298 K?

14.30. Para a célula eletroquímica $Pt(s) | VO^{2+}(0,116\ M)$, $V^{3+}(0,116\ M)$, $H^+(1,57\ M) \| Sn^{2+}(0,031\ 8M)$, $Sn^{4+}(0,031\ 8\ M) | Pt(s)$, E (não $E°$) = $-0,289$ V. Escreva a reação líquida da célula eletroquímica e calcule a sua constante de equilíbrio. Não use os valores de $E°$ do Apêndice H para responder a esta questão.

14.31. Calcule o potencial-padrão para a meia-reação $Pd(OH)_2(s) + 2e^- \rightleftharpoons Pd(s) + 2OH^-$ sabendo que o valor de K_{ps} para o $Pd(OH)_2$ é 3×10^{-28} e que $E° = 0,915$ V para a reação $Pd^{2+} + 2e^- \rightleftharpoons Pd(s)$.

14.32. A partir dos potenciais-padrão de redução do $Br_2(aq)$ e $Br_2(l)$ no Apêndice H, calcule a solubilidade do Br_2 em água a 25 °C. Expresse a sua resposta em g/L.

14.33. (a) A lei de Henry diz que a concentração de um gás dissolvido é proporcional à pressão parcial desse gás acima da solução. Para a dissolução do Cl_2, a lei de Henry é escrita como $[Cl_2(aq)] = K_h P_{Cl_2}$. Usando as meias-reações do Apêndice H, encontre a concentração de $Cl_2(aq)$ em equilíbrio com $Cl_2(g, 1\ bar)$ a 298,15 K.

(b) Para variações moderadas de temperatura em torno de 298,15 K (25 °C), o potencial-padrão de redução para uma meia-reação pode ser escrito como

$$E°(T) = E° + \left(\frac{dE°}{dT}\right)\Delta T$$

em que $E°$ é o potencial-padrão de redução a 298,15 K. $E°(T)$ é o potencial-padrão de redução na temperatura $T(K)$ e ΔT é $(T - 298,15)$. Usando $dE°/dT$ no Apêndice H, determine K_h para o Cl_2 a 323,15 K. A solubilidade do Cl_2 aumenta ou diminui quando a temperatura sobe a partir de 298,15 K?

14.34. Dadas as informações vistas a seguir, calcule o potencial-padrão para a reação $FeY^- + e^- \rightleftharpoons FeY^{2-}$, em que Y é EDTA.

$FeY^- + e^- \rightleftharpoons Fe^{2+} + Y^{4-}$ $\quad E° = -0,730$ V

FeY^{2-}: $\quad K_f = 2,1 \times 10^{14}$

FeY^-: $\quad K_f = 1,3 \times 10^{25}$

14.35. Determine $E°$ para a meia-reação $Al^{3+} + 3e^- \rightleftharpoons Al(s)$ a 50 °C. Ver Problema 14.33(b) para o uso de $dE°/dT$.

14.36. Este problema é ligeiramente mais complicado. Calcule $E°$, $\Delta G°$ e K para a reação

$2Cu^{2+} + 2I^- + HO\text{—}\langle\rangle\text{—}OH \rightleftharpoons$
Hidroquinona

$2CuI(s) + O\text{=}\langle\rangle\text{=}O + 2H^+$
Quinona

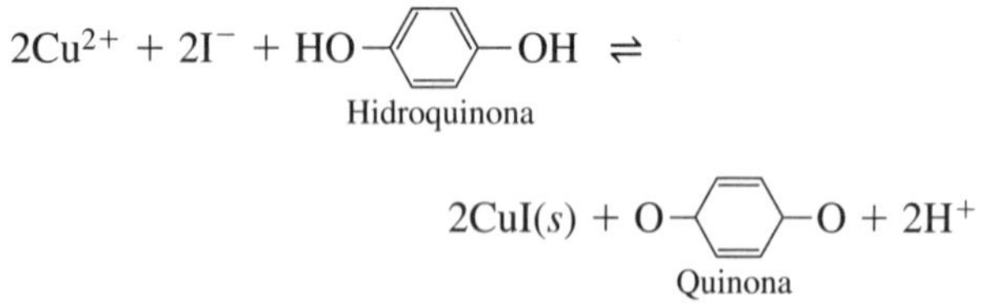

que é a soma de *três* meias-reações apresentadas no Apêndice H. Utilize $\Delta G° = -nFE°$ para cada uma das meias-reações de modo a determinar o $\Delta G°$ para a reação líquida. Lembre-se de que se você inverter o sentido de uma reação, inverterá o sinal de $\Delta G°$.

Bioquímicos Usam $E°'$

14.37. Explique o que é $E°'$ e por que ele é preferido em bioquímica, em vez de $E°$.

14.38. Neste problema iremos determinar o valor de $E°'$ para a reação $C_2H_2(g) + 2H^+ + 2e^- \rightleftharpoons C_2H_4(g)$.

(a) Escreva a equação de Nernst para a meia-reação, utilizando valores de $E°$ do Apêndice H.

(b) Reescreva a equação de Nernst na forma

$$E = E° + \text{outros termos} - \frac{0,059\ 16}{2}\log\left(\frac{P_{C_2H_4}}{P_{C_2H_2}}\right)$$

(c) Se a grandeza ($E°$ + outros termos) é $E°'$, determine o valor de $E°'$ para pH = 7,00.

14.39. Determine $E°'$ para a meia-reação

$(CN)_2(g) + 2H^+ + 2e^- \rightleftharpoons 2HCN(aq)$
Cianogênio $\qquad\qquad$ Cianeto de hidrogênio

14.40. Calcule $E°'$ para a reação

$H_2C_2O_4 + 2H^+ + 2e^- \rightleftharpoons 2HCO_2H$ $\quad E° = 0,204$ V
Ácido oxálico $\qquad\qquad$ Ácido fórmico

14.41. Considere que HOx é um ácido monoprótico com $K_a = 1,4 \times 10^{-5}$ e H_2Red^- é um ácido diprótico com $K_1 = 3,6 \times 10^{-4}$ e $K_2 = 8,1 \times 10^{-8}$. Determine $E°$ para a reação

$HOx + e^- \rightleftharpoons H_2Red^-$ $\quad E°' = 0,062$ V

14.42. A partir da informação dada a seguir, calcule o valor de K_a para o ácido nitroso, HNO_2.

$NO_3^- + 3H^+ + 2e^- \rightleftharpoons HNO_2 + H_2O$ $\quad E° = 0,940$ V
$\qquad\qquad\qquad\qquad\qquad\qquad\qquad E°' = 0,433$ V

14.43. Usando a reação

$HPO_4^{2-} + 2H^+ + 2e^- \rightleftharpoons HPO_3^{2-} + H_2O$ $\quad E° = -0,234$ V

e as constantes de dissociação ácida do Apêndice G, calcule $E°$ para a reação

$H_2PO_4^- + H^+ + 2e^- \rightleftharpoons HPO_3^{2-} + H_2O$

14.44. Este problema requer conhecimentos sobre a lei de Beer, descrita no Capítulo 18. A forma oxidada (Ox) de uma flavoproteína que funciona como um agente redutor unieletrônico apresenta uma absortividade molar (ε) de $1,12 \times 10^4\ M^{-1}\ cm^{-1}$ a 457 nm em pH = 7,00. Para a forma reduzida (Red), $\varepsilon = 3,82 \times 10^3\ M^{-1}\ cm^{-1}$ a 457 nm em pH 7,00.

$Ox + e^- \rightleftharpoons Red$ $\quad E°' = -0,128$ V

O substrato (S) é a molécula que foi reduzida pela proteína.

$Red + S \rightleftharpoons Ox + S^-$

Tanto S quanto S^- são incolores. Uma solução, em pH 7,00, foi preparada misturando-se uma quantidade suficiente de proteína e substrato (Red + S), de forma que as concentrações iniciais de Red e de S sejam ambas iguais a $5,70 \times 10^{-5}$ M. A absorbância, a 457 nm, foi de 0,500 em uma célula de caminho óptico de 1,00 cm.

(a) Calcule as concentrações de Ox e de Red, a partir dos dados de absorbância.

(b) Calcule as concentrações de S e de S^-.

(c) Calcule o valor de $E°'$ para a reação $S + e^- \rightleftharpoons S^-$.

15 Eletrodos e Potenciometria

SEQUENCIAMENTO DO DNA POR CONTAGEM DE PRÓTONS

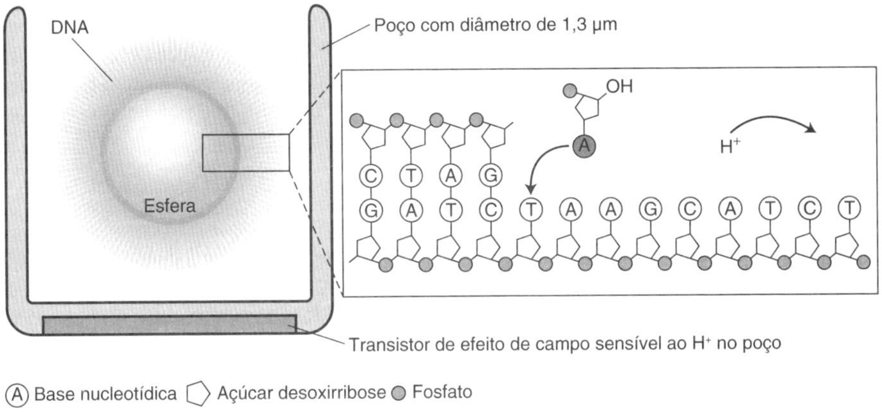

O sequenciador Ion Torrent© mede o íon H^+ liberado a cada vez que uma base (A, T, C ou G) se liga a uma cadeia de DNA em crescimento, que está fixada a uma microesfera contida em um micropoço. [Dados de J. M. Rothberg *et al.*, "An Integrated Semiconductor Device Enabling Non-Optical Genome Sequencing," *Nature* **2011**, *475*, 348.]

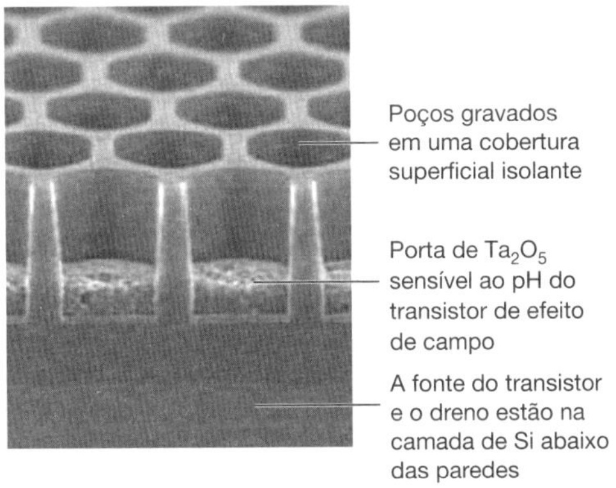

Cada poço hexagonal de 1,3 μm de diâmetro neste *chip* possui no fundo uma camada de óxido de tântalo sensível ao pH. [Reproduzida sob permissão de Macmillan Publishers Ltd: De J. M. Rothberg *et al.*, "An Integrated Semiconductor Device Enabling Non-Optical Genome Sequencing," *Nature* **2011**, *475*, p. 348, Figura S7. Permissão concedida por Copyright Clearance Center, Inc.]

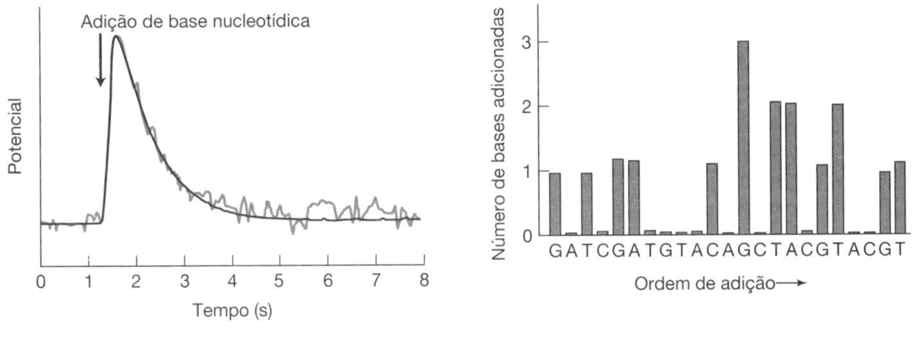

Esquerda: sinal observado de um poço quando uma base nucleotídica é adicionada ao DNA. A linha suave é o modelo físico que se ajusta aos dados. *Direita*: sinal integrado a partir de adições sucessivas de bases a um poço. A sequência de bases lida no registrador é GTGACGGGTTAAGTTGT. [Dados de J. M. Rothberg *et al.*, "An Integrated Semiconductor Device Enabling Non-Optical Genome Sequencing," *Nature* **2011**, *475*, 348.]

Nos anos 1990, o Projeto Genoma Humano investiu US$ 3 bilhões ao longo de uma década para decifrar, pela primeira vez, a sequência de bases nucleotídicas (A, T, C e G; ver Apêndice L) no DNA humano. Os instrumentos comerciais têm um papel decisivo no sequenciamento do DNA de uma pessoa em um dia a um custo de US$ 1 000. Um desses instrumentos emprega o transistor de efeito de campo descrito na Seção 15.8 para medir H^+ liberado quando cada base é adicionada a um filamento de DNA.

O coração do instrumento é um *chip* com dimensões de 2 × 2 cm contendo ~10^9 poços gravados na superfície. O DNA a ser sequenciado é quebrado aleatoriamente em fragmentos com um comprimento de ~150 pares de bases. Microesferas de poliacrilamida são recobertas com 10^5–10^6 cópias de uma fita de um fragmento. Esferas diferentes são recobertas com fragmentos diferentes. A enzima DNA polimerase e os iniciadores de DNA necessários à replicação do DNA são adicionados aos fragmentos nas esferas. Cada esfera é posicionada em cada um dos poços. Poços diferentes contêm fragmentos de DNA diferentes.

Para o sequenciamento, uma solução contendo uma base é passada sobre o *chip*, e a base se difunde em cada poço. Se a base é aquela necessária para a posição seguinte do DNA naquele poço, a base é adicionada ao DNA, H^+ é liberado e o pH naquele poço sofre redução de ~0,02 unidade. Se a base não era a seguinte na sequência, nenhuma reação acontece naquele poço. O transistor de efeito de campo registra uma variação de potencial por poucos segundos antes de o H^+ se difundir para fora do poço. A seguir, os reagentes são removidos e uma nova solução contendo uma base diferente é adicionada. O sequenciador registra a resposta de cada poço a cada adição de base nucleotídica para determinar a sequência do DNA naquele poço. Um computador produz um mapa de ~3 × 10^9 bases no DNA humano a partir das sequências de fragmentos curtos sobrepostos.

Os químicos desenvolveram eletrodos que respondem seletivamente a analitos específicos, presentes em solução ou em fase gasosa. Os eletrodos íon-seletivos, de uso comum em laboratório, são praticamente do tamanho de sua caneta. Os transistores de efeito de campo sensíveis a íons, com suas dimensões de apenas 1 μm e que são usados no sequenciamento do DNA, são mostrados na abertura deste capítulo. O uso de eletrodos para medir potenciais elétricos que fornecem informações químicas é chamado **potenciometria**.

Eletrodo indicador (de trabalho): responde à atividade do analito

Eletrodo de referência: mantém um potencial fixo (a referência)

No caso mais simples, o analito é uma **espécie eletroativa**, que pode doar ou receber elétrons em um eletrodo condutor, por exemplo, um fio de Pt. O eletrodo que responde ao analito é chamado **eletrodo indicador** ou **eletrodo de trabalho**. Podemos, então, conectar esta meia-célula contendo o analito à outra meia-célula por meio de uma ponte salina. A segunda meia-célula tem uma composição fixa, de modo que o seu potencial é constante. Em razão desse potencial constante, a segunda meia-célula é denominada **eletrodo de referência**. A diferença de potencial elétrico da célula eletroquímica em questão é a diferença entre o potencial variável da meia-célula que contém o analito e o potencial constante do eletrodo de referência.

15.1 Eletrodos de Referência[1]

Suponha que você deseja saber as quantidades relativas de Fe^{2+} e Fe^{3+} presentes em determinada solução. Você pode fazer com que esta solução faça parte de uma célula eletroquímica, inserindo, na solução, um fio de Pt e ligando, por meio de uma ponte salina, esta meia-célula à outra meia-célula de potencial constante, como pode ser visto na Figura 15.1. O potencial da meia-célula conectada ao terminal positivo do potenciômetro será escrito como E_+ na Figura 15.1. O potencial da meia-célula conectada ao terminal negativo do potenciômetro será escrito como E_-. Essa simbologia não nos informa se o potencial da meia-célula é positivo ou negativo. Ela simplesmente indica como as células estão conectadas ao potenciômetro.

As duas meias-reações (representadas como reações de *redução*) são vistas a seguir:

Eletrodo da direita:	$Fe^{3+} + e^- \rightleftharpoons Fe^{2+}$	$E_+^\circ = 0{,}771$ V
Eletrodo da esquerda:	$AgCl(s) + e^- \rightleftharpoons Ag(s) + Cl^-$	$E_-^\circ = 0{,}222$ V

em que E° para cada meia-célula é o *potencial-padrão* quando as atividades dos reagentes e produtos são unitárias.

E_+ é o potencial do eletrodo ligado à entrada positiva do potenciômetro. E_- é o potencial do eletrodo ligado à entrada negativa do potenciômetro.

$$E_+ = 0{,}771 - 0{,}059\,16 \log\left(\frac{[Fe^{2+}]}{[Fe^{3+}]}\right)$$

$$E_- = 0{,}222 - 0{,}059\,16 \log[Cl^-]$$

e a diferença de potencial elétrico da célula eletroquímica é a diferença $E_+ - E_-$:

$$E = \left\{0{,}771 - 0{,}059\,16 \log\left(\frac{[Fe^{2+}]}{[Fe^{3+}]}\right)\right\} - \left\{0{,}222 - 0{,}059\,16 \log[Cl^-]\right\}$$

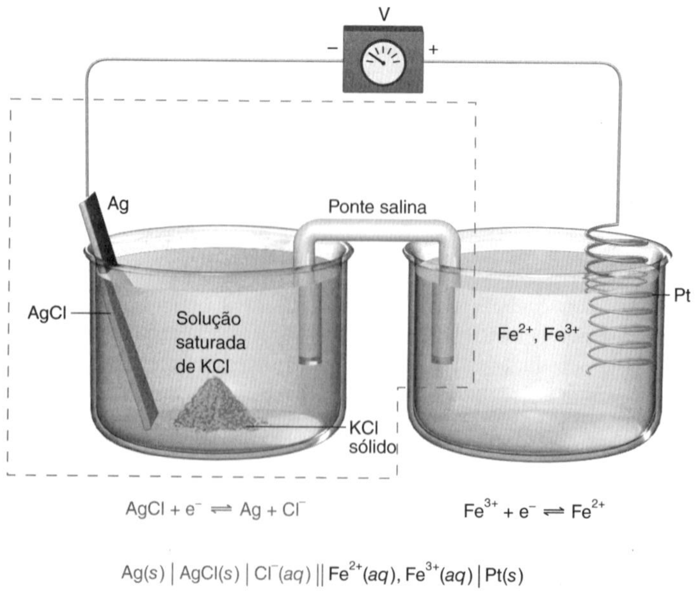

FIGURA 15.1 Uma célula galvânica que pode ser usada para medir a razão $[Fe^{2+}]/[Fe^{3+}]$ presente na meia-célula da direita. O fio de platina é o *eletrodo indicador*, e a meia-célula da esquerda mais a ponte salina (envolvidas pela linha tracejada) podem ser consideradas um *eletrodo de referência*.

Mas a concentração de Cl^-, $[Cl^-]$, na meia-célula à esquerda é constante, fixada pela solubilidade do KCl, com o qual a solução está saturada. Portanto, o valor da diferença de potencial elétrico da célula eletroquímica muda somente quando a razão $[Fe^{2+}]/[Fe^{3+}]$ se altera.

Na realidade, a diferença de potencial corresponde a razão entre as *atividades*, $\mathcal{A}_{Fe^{2+}}/\mathcal{A}_{Fe^{3+}}$. Entretanto, vamos desprezar os coeficientes de atividade e escrever a equação de Nernst com as concentrações em vez das atividades.

A meia-célula à esquerda na Figura 15.1 pode ser considerada um *eletrodo de referência*. Podemos desenhar a meia-célula e a ponte salina, envolvidas na Figura 15.1 por uma linha tracejada, como uma única unidade parcialmente imersa na solução do analito, como vemos na Figura 15.2. O fio de Pt é o eletrodo indicador, cujo potencial responde à razão $[Fe^{2+}]/[Fe^{3+}]$. O eletrodo de referência completa a reação redox e estabelece um *potencial constante* no lado esquerdo do potenciômetro. As variações na diferença de potencial da célula eletroquímica resultam de alterações na razão $[Fe^{2+}]/[Fe^{3+}]$.

Eletrodo de Referência de Prata-Cloreto de Prata[2]

O eletrodo de referência envolvido pela linha tracejada na Figura 15.1 é chamado **eletrodo de prata-cloreto de prata**. A Figura 15.3 mostra como o eletrodo é reconstruído sob a forma de um tubo fino, que pode ser imerso na solução de analito. A Figura 15.4 mostra um *eletrodo de junção dupla* que minimiza o contato entre a solução do analito e a solução de KCl do eletrodo de referência. Os eletrodos de referência de prata-cloreto de prata e de calomelano (descrito a seguir) são os mais usados por suas vantagens. Um eletrodo-padrão de hidrogênio (E.P.H.) é difícil de ser utilizado, pois requer H_2 gasoso e uma superfície catalítica de Pt recentemente preparada, que é facilmente envenenada em muitas soluções.

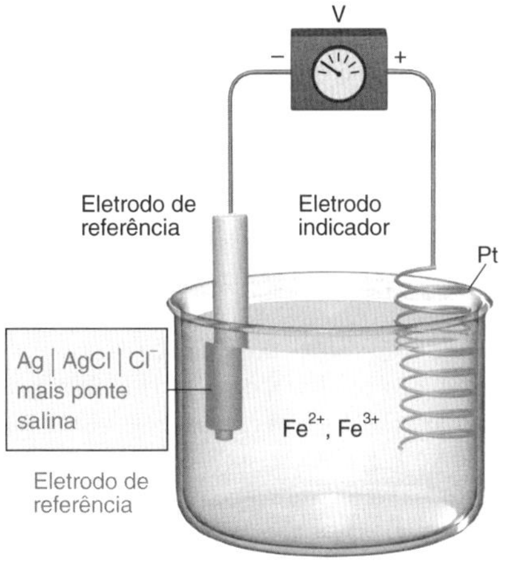

FIGURA 15.2 Outra visão da Figura 15.1. O conteúdo envolvido pela linha tracejada na Figura 15.1 é considerado agora um eletrodo de referência, imerso na solução que contém o analito.

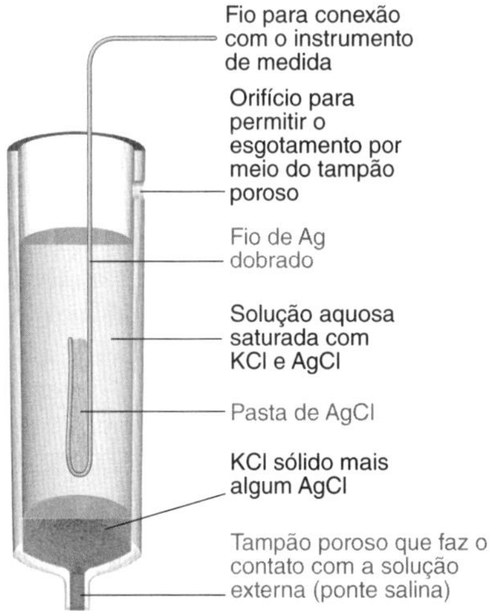

FIGURA 15.3 Eletrodo de referência de prata-cloreto de prata.

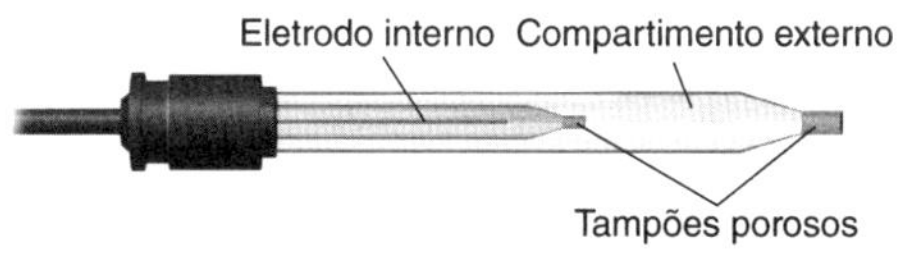

FIGURA 15.4 Eletrodo de referência de prata-cloreto de prata com junção dupla. O eletrodo interno é o mesmo que o da Figura 15.3. A solução no compartimento externo é compatível com a solução do analito. Por exemplo, se você não quer que íons Cl^- entrem em contato com o analito, uma possibilidade é preencher o compartimento externo com uma solução de KNO_3. Como as soluções eletrolíticas interna e externa se misturam lentamente, é necessário trocar periodicamente a solução de KNO_3.

O potencial-padrão de redução para o par AgCl | Ag é +0,222 V, a 25 °C. Este seria o potencial de um eletrodo de prata-cloreto de prata se a $\mathcal{A}_{Cl^-}$ fosse unitária. Entretanto, a atividade do íon Cl^- em uma solução saturada de KCl, a 25 °C, não é unitária, e o potencial de eletrodo na Figura 15.3 é +0,197 V com relação ao eletrodo-padrão de hidrogênio, a 25 °C.

Eletrodo de AgCl | Ag: $\quad AgCl(s) + e^- \rightleftharpoons Ag(s) + Cl^- \qquad E° = +0{,}222$ V

$$E(\text{KCl saturado}^*) = +0{,}197 \text{ V}$$

Um problema comum com os eletrodos de referência é que os poros da ponta porosa podem entupir, tornando a resposta elétrica do eletrodo lenta e instável. Uma das maneiras para contornar esse problema é a substituição da ponta porosa por um capilar que não apresente restrições à vazão de líquido. Outra possibilidade é forçar um fluxo de solução, sempre renovada, proveniente do eletrodo, por meio da junção eletrodo-analito, antes de realizarmos uma medida.

Eletrodo de Calomelano

O **eletrodo de calomelano**, descrito na Figura 15.5, é baseado na reação

Eletrodo de calomelano: $\quad \frac{1}{2}Hg_2Cl_2(s) + e^- \rightleftharpoons Hg(l) + Cl^- \qquad E° = +0{,}268$ V

Cloreto de mercúrio(I) (Calomelano)

$$E(\text{KCl saturado*}) = 0{,}241\text{V}$$

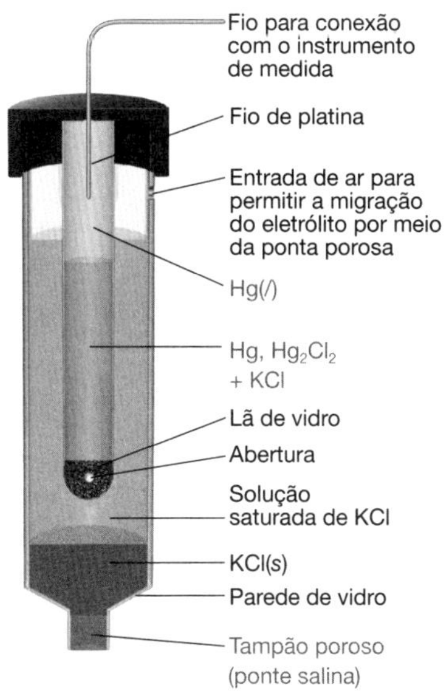

FIGURA 15.5 Um eletrodo de calomelano saturado (E.C.S.).

*Molaridade da solução saturada de KCl a 25 °C ≈ 4,2 M (~26,5% m/m).

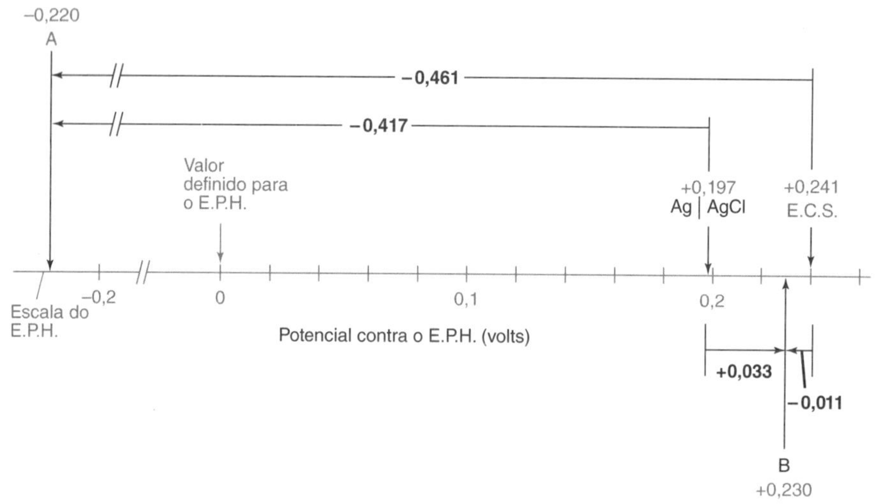

FIGURA 15.6 Um diagrama que ajuda a converter um potencial de eletrodo entre várias escalas de referência.

O potencial-padrão para esta reação é +0,268 V. Se a célula eletroquímica está saturada com KCl, a 25 °C, o potencial é +0,241 V. Um eletrodo de calomelano saturado com KCl é conhecido como **eletrodo de calomelano saturado**, abreviado como **E.C.S.** A vantagem do uso de uma solução saturada de KCl é que a concentração de cloreto não muda se parte do líquido evapora.

Conversões de Potencial entre Diferentes Escalas de Referência

Se um eletrodo tem um potencial de –0,461 V com relação a um eletrodo de calomelano, qual é o seu potencial com relação a um eletrodo de prata-cloreto de prata? Qual seria o potencial com relação a um eletrodo-padrão de hidrogênio?

Para responder a essas questões, a Figura 15.6 mostra as posições dos potenciais dos eletrodos de calomelano e de prata-cloreto de prata com relação ao eletrodo-padrão de hidrogênio: podemos observar que o ponto A, distante –0,461 V do E.C.S., está afastado –0,417 V do eletrodo prata-cloreto de prata e –0,220 V com relação ao E.P.H. O ponto B, cujo potencial é de +0,033 V com relação ao eletrodo de prata-cloreto de prata, está distante –0,011 V com relação ao potencial do E.C.S. e de +0,230 V do E.P.H. Com esse diagrama em mente, podemos converter potenciais de uma escala para outra.

15.2 Eletrodos Indicadores

Neste capítulo, estudaremos duas grandes classes de eletrodos indicadores. Os *eletrodos metálicos* descritos nesta seção desenvolvem um potencial elétrico em resposta a uma reação redox que se passa na superfície do metal. Os *eletrodos íon-seletivos,* que descreveremos adiante, não se fundamentam em reações redox. Em vez disso, o potencial elétrico é gerado em razão da ligação seletiva de determinado íon com uma membrana.

O eletrodo indicador metálico mais comum é o de platina, um metal relativamente *inerte*, que não participa da maioria das reações químicas. Sua função é simplesmente permitir a passagem de elétrons para uma espécie em solução ou, então, a passagem de elétrons provenientes da espécie em solução. Os eletrodos de ouro são ainda mais inertes que os de platina. Vários tipos de carbono são usados como eletrodos indicadores, pois muitas reações redox são mais rápidas na superfície do carbono. Um eletrodo metálico funciona melhor quando a sua superfície é grande e está bem limpa. Para limparmos a superfície desses eletrodos, basta um mergulho rápido em uma solução quente de HNO_3 8 M em uma capela, seguido por uma lavagem intensa com água destilada.

A Figura 15.7 mostra como um eletrodo de prata pode ser usado em conjunto com um eletrodo de referência para medirmos a concentração de Ag^+.[3] A reação no eletrodo indicador de prata é

$$Ag^+ + e^- \rightleftharpoons Ag(s) \qquad E^\circ_+ = 0{,}799\ V$$

A reação no eletrodo de referência de calomelano é

$$Hg_2Cl_2(s) + 2e^- \rightleftharpoons 2Hg(l) + 2Cl^- \qquad E_- = 0{,}241\ V$$

O potencial de referência da meia-célula (E_-, não E°_-) é fixado em 0,241 V, pois a célula de referência está saturada com KCl. A equação de Nernst para a célula eletroquímica inteira é então

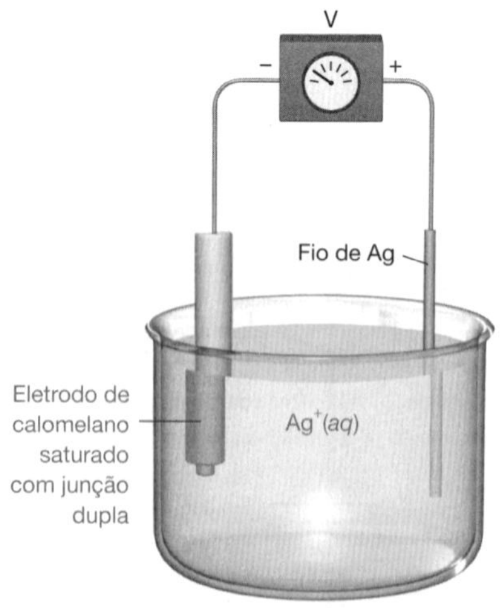

FIGURA 15.7 Uso de eletrodos de prata e de calomelano para medir a concentração de [Ag^+] em solução. O eletrodo de calomelano possui uma junção dupla, semelhante à da Figura 15.4. O compartimento externo do eletrodo é preenchido com solução de KNO_3, de modo que não há contato direto entre a solução de KCl do compartimento interno e a solução de Ag^+ no béquer.

$$E = E_+ - E_- = \underbrace{\left\{0{,}799 - 0{,}059\,16 \log\left(\frac{1}{[Ag^+]}\right)\right\}}_{\text{Potencial do eletrodo indicador de Ag | Ag}^+} - \underbrace{\{0{,}241\}}_{\substack{\uparrow \\ \text{Potencial do eletrodo} \\ \text{de referência, E.C.S}}}$$

$$E = 0{,}558 + 0{,}059\,16 \log[Ag^+] \tag{15.1}$$

Isto é, a diferença de potencial da célula eletroquímica na Figura 15.7 fornece uma medida direta da [Ag$^+$]. Em termos teóricos, o potencial varia de 59,16 mV (a 25 °C) para cada variação de 10 vezes na [Ag$^+$].

EXEMPLO Titulação Potenciométrica por Precipitação

100,0 mL de uma solução de NaCl 0,100 0 M foram titulados com uma solução de AgNO$_3$ 0,100 0 M, e a diferença de potencial elétrico da célula eletroquímica, mostrada na Figura 15.7, foi medida durante a titulação. O volume de equivalência é V_e = 100,0 mL. Calcule a diferença de potencial elétrico após a adição de (**a**) 65,0 mL e (**b**) 135,0 mL de solução de AgNO$_3$.

Solução A reação da titulação é

$$Ag^+ + Cl^- \rightarrow AgCl(s)$$

(**a**) Com a adição de 65,0 mL de AgNO$_3$, 65,0% do cloreto foram precipitados e 35,0% permaneceram em solução:

$$[Cl^-] = \underbrace{(0{,}350)}_{\substack{\text{Fração} \\ \text{restante}}} \underbrace{(0{,}100\,0\,M)}_{\substack{\text{Concentração} \\ \text{inicial} \\ \text{de Cl}^-}} \underbrace{\left(\frac{100{,}0\,mL}{165{,}0\,mL}\right)}_{\substack{\text{Fator de} \\ \text{diluição}}} = 0{,}021\,2\,M$$

(Volume inicial de Cl$^-$ / Volume total de solução)

Para determinarmos a diferença de potencial elétrico da célula eletroquímica, a partir da Equação 15.1, precisamos conhecer [Ag$^+$]:

$$[Ag^+][Cl^-] = K_{ps} \Rightarrow [Ag^+] = \frac{K_{ps}}{[Cl^-]} = \frac{1{,}8 \times 10^{-10}}{0{,}021\,2\,M} = 8{,}5 \times 10^{-9}\,M$$

A diferença de potencial elétrico da célula eletroquímica é, então,

$$E = 0{,}558 + 0{,}059\,16 \log(8{,}5 \times 10^{-9}) = 0{,}081\,V$$

(**b**) Em 135,0 mL, existe um excesso de 35,0 mL de AgNO$_3$ = 3,50 mmol de Ag$^+$ em um volume total de 235,0 mL. Portanto, [Ag$^+$] = (3,50 mmol)/(235,0 mL) = 0,014 9 M. A diferença de potencial elétrico da célula é

$$E = 0{,}558 + 0{,}059\,16 \log(0{,}014\,9) = 0{,}450\,V$$

TESTE-SE Determine a diferença de potencial elétrico depois da adição de 99,0 mL de AgNO$_3$. (**Resposta:** 0,177 V.)

A Figura 15.8 mostra a curva de titulação para o exemplo anterior. Há uma analogia grande com relação às titulações ácido-base, com o Ag$^+$ substituindo o H$^+$ e o Cl$^-$ agindo como uma base que está sendo titulada. À medida que a titulação ácido-base avança, a concentração de H$^+$ aumenta e o pH diminui. Do mesmo modo, quando a concentração de [Ag$^+$] aumenta, o pAg ($\equiv -\log[Ag^+]$) diminui. O eletrodo de prata mede o pAg, que você pode ver substituindo pAg = $-\log[Ag^+]$ na Equação 15.1:

$$E = 0{,}558 - 0{,}059\,16\,pAg \tag{15.2}$$

Um eletrodo de prata também é um eletrodo de halogeneto, se halogeneto de prata sólido estiver presente.[4] Se a solução contém AgCl(s), substituímos [Ag$^+$] = K_{ps}/[Cl$^-$] na Equação 15.1 para encontrarmos uma expressão que relaciona a diferença de potencial da célula eletroquímica com [Cl$^-$]:

$$E = 0{,}558 + 0{,}059\,16 \log\left(\frac{K_{ps}}{[Cl^-]}\right) \tag{15.3}$$

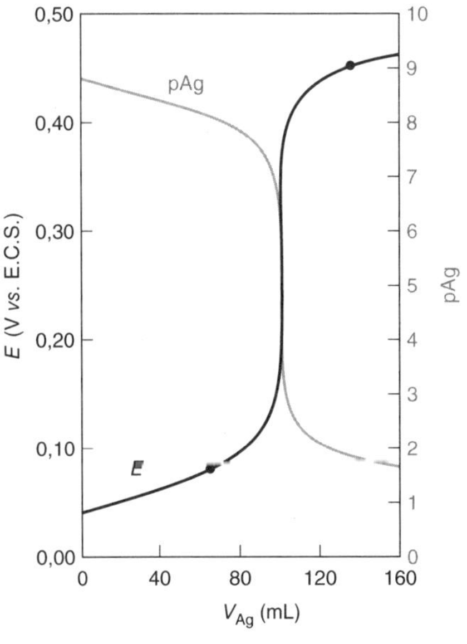

FIGURA 15.8 Curva de titulação calculada para a adição de solução de Ag$^+$ 0,100 0 M a 100,0 mL de solução de Cl$^-$ 0,100 0 M com os eletrodos mostrados na Figura 15.7. Os pontos calculados em 65,0 e 135,0 mL são mostrados na figura. A linha em tom mais claro corresponde a pAg = $-\log[Ag^+]$.

A célula responde a variações na concentração do íon [Cl$^-$], que modificam necessariamente a concentração de [Ag$^+$], uma vez que [Ag$^+$][Cl$^-$] = K_{ps}.

DEMONSTRAÇÃO 15.1 Potenciometria com uma Reação Oscilante[5]

A reação de Belousov-Zhabotinskii é uma oxidação do ácido malônico pelo bromato, catalisada pelo cério, na qual a razão $[Ce^{3+}]/[Ce^{4+}]$ oscila de 10 a 100 vezes.[6]

$$\underset{\text{Ácido malônico}}{3CH_2(CO_2H)_2} + \underset{\text{Bromato}}{2BrO_3^-} + 2H^+ \rightarrow \underset{\text{Ácido bromomalônico}}{2BrCH(CO_2H)_2} + 3CO_2 + 4H_2O$$

Quando a concentração do Ce^{4+} é alta, a solução é amarela. Quando o Ce^{3+} predomina, a solução é incolor. Com indicadores redox (Seção 16.2), essa reação oscila ao longo de uma sequência de cores.[7]

Uma oscilação entre amarelo e incolor é obtida em um béquer de 300 mL com as seguintes soluções:

160 mL de H_2SO_4 1,5 M
40 mL de ácido malônico 2 M
30 mL de $NaBrO_3$ 0,5 M (ou solução saturada de $KBrO_3$)
4 mL de solução saturada de sulfato cérico amoniacal, $Ce(SO_4)_2 \cdot 2(NH_4)_2SO_4 \cdot 2H_2O$

Após um período de indução de 5 a 10 minutos com agitação magnética, as oscilações podem ser iniciadas pela adição de 1 mL da solução de sulfato cérico amoniacal. A reação pode precisar de mais Ce^{4+} e mais um período de 5 minutos para dar início às oscilações.

Uma célula galvânica envolvendo o sistema reacional é montada como mostra a figura a seguir. O valor da razão $[Ce^{3+}]/[Ce^{4+}]$ é monitorado pelos eletrodos de platina e do calomelano. Você deve ser capaz de escrever as reações da célula e uma equação de Nernst para este experimento.

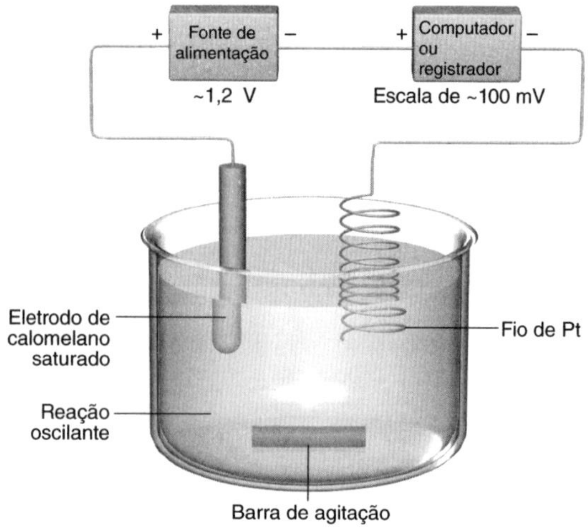

Dispositivo usado para monitorar a razão $[Ce^{3+}]/[Ce^{4+}]$ em uma reação oscilante. [A ideia para essa demonstração veio de George Rossman, California Institute of Technology.]

No lugar de um potenciômetro (um medidor de pH), usamos um registrador potenciométrico para visualizarmos as oscilações. Como o potencial oscila em uma faixa de ~100 mV, mas é centrado próximo a ~1,2 V, o potencial da célula deve ser compensado por uma fonte externa de ~1,2 V.[8] A curva *a* mostra o que é normalmente observado. O potencial varia rapidamente durante a mudança abrupta de incolor para amarelo, e gradualmente durante a mudança suave do amarelo para o incolor. A curva *b* mostra dois ciclos diferentes superpostos na mesma solução. Este evento raro ocorreu em uma reação que oscilou normalmente por cerca de 30 minutos.[9]

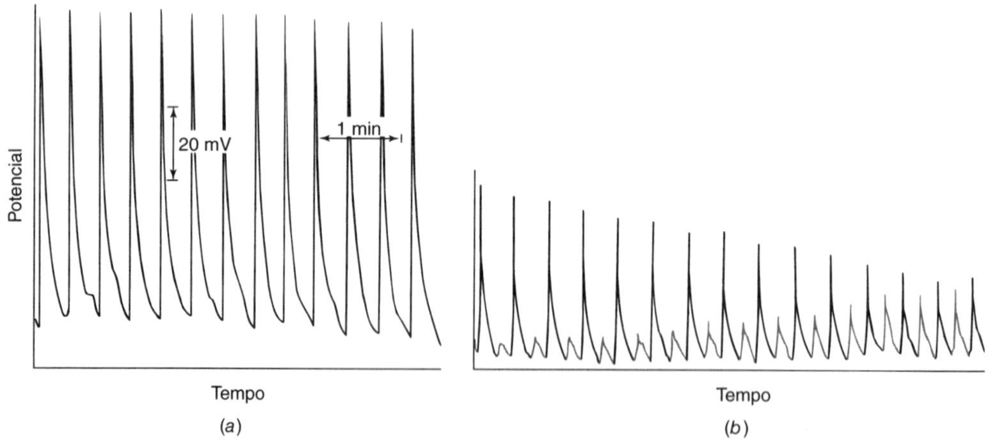

A Demonstração 15.1 é um bom exemplo do uso de eletrodos de referência e indicador.

Alguns metais, como Ag, Cu, Zn, Cd e Hg, podem ser usados como eletrodos indicadores para seus íons aquosos. Entretanto, a maioria dos metais é inadequada para essa finalidade, pois o equilíbrio $M^{n+} + ne^- \rightleftharpoons M$ não é prontamente estabelecido na superfície do metal.

15.3 O que É Potencial de Junção?

Sempre que duas soluções eletrolíticas diferentes estão em contato surge uma diferença de potencial elétrico (chamada **potencial de junção**) em suas interfaces. Essa pequena diferença de potencial elétrico (normalmente da ordem de poucos milivolts) se desenvolve em cada uma das pontas de uma ponte salina, que conecta duas meias-células. *O potencial de junção impõe uma limitação fundamental na exatidão das medidas potenciométricas que são feitas diretamente*, pois, em geral, não sabemos a contribuição do potencial de junção para a medida da diferença de potencial.

$E_{\text{observado}} = E_{\text{célula}} + E_{\text{junção}}$

Como o potencial de junção é normalmente desconhecido, $E_{\text{célula}}$ é incerto.

Para entendermos por que surge um potencial de junção, vamos considerar uma solução de NaCl em contato com água destilada (Figura 15.9). Os íons Na^+ e Cl^- começam a se difundir da solução de NaCl para a água. Entretanto, o íon Cl^- possui uma **mobilidade** maior do que a do Na^+. Isto é, o Cl^- se difunde mais rapidamente que o Na^+. Em consequência, se desenvolve na fronteira, entre a solução e a água, uma região rica em íons Cl^-, com excesso de carga negativa. Atrás dessa região, temos uma região carregada positivamente, empobrecida em íons Cl^-. O resultado desta distribuição é o aparecimento de uma diferença de potencial elétrico na junção entre as fases NaCl e H_2O. O potencial de junção se opõe ao movimento dos íons Cl^- e acelera o movimento dos íons Na^+. O potencial de junção no estado estacionário representa um balanceamento entre as mobilidades iônicas diferentes, que fazem com que as cargas não estejam balanceadas, e essas cargas não balanceadas tendem a retardar o movimento do Cl^-.

As mobilidades de vários íons são mostradas na Tabela 15.1, e alguns potenciais de junção líquida estão listados na Tabela 15.2. Usa-se uma solução saturada de KCl em uma ponte salina porque os íons K^+ e o Cl^- têm mobilidades muito parecidas. Os potenciais de junção, nas duas interfaces de uma ponte salina de KCl, são muito pequenos.

No entanto, o potencial da junção 0,1 M de HCl | 3,5 M de KCl é 3,1 mV. Um eletrodo de pH tem uma resposta de 59 mV por unidade de pH. Um eletrodo de pH mergulhado em uma solução de HCl 0,1 M, terá um potencial de junção de ~3 mV, o que corresponde a um erro de 0,05 unidade de pH (equivalente a um erro de 12% na concentração de H^+, como descrito no exemplo "Incerteza na Concentração de H^+", na Seção 3.4).

EXEMPLO Potencial de Junção

Uma solução de NaCl 0,1 M foi colocada em contato com uma solução de $NaNO_3$ 0,1 M. Que lado da junção será positivo?

Solução Como a $[Na^+]$ é igual em ambos os lados, não haverá difusão líquida de Na^+ através da junção. Entretanto, o Cl^- se difundirá na solução de $NaNO_3$, e o NO_3^- se difundirá na solução de NaCl. A mobilidade do Cl^- é maior do que a do NO_3^-, assim o Cl^- desaparecerá mais rapidamente da região do NaCl do que o NO_3^- desaparecerá da região de $NaNO_3$. Consequentemente, o lado do $NaNO_3$ se tornará negativo, e o lado do NaCl se tornará positivo.

TESTE-SE Que lado da junção NaCl 0,05 M | LiCl 0,05 M será positivo? (***Resposta:*** LiCl.)

O potencial de junção pode ser reduzido a ~0,1 mV por meio de uma escolha criteriosa de um líquido iônico no lugar do KCl aquoso na ponte salina.[10] Um *líquido iônico* contém um cátion e um ânion que não cristalizam de imediato. O líquido iônico funde abaixo da temperatura ambiente e possui uma ampla faixa líquida com baixa volatilidade. A Figura 15.1 mostra uma ponte salina clássica consistindo em um tubo em U invertido contendo KCl saturado. A Figura 15.10 mostra um tubo em U conectando duas células eletroquímicas a partir do *fundo*. O tubo em U contém apenas líquido iônico, cuja solubilidade em água é inferior a 1 mM. As mobilidades do cátion e do ânion concordam dentro da margem de 3% e são um terço maiores do que as dos íons K^+ e Cl^-.

Erros de ~10–100 mV podem ocorrer se um eletrodo de referência possui uma ponta de vidro *nanoporosa* em vez de uma ponta de vidro *microporosa* para separar a solução interna do eletrodo da solução da amostra.[11] Um exemplo de ponta de vidro é mostrado na parte inferior do eletrodo na Figura 15.3. Pontas nanoporosas possuem nomes comerciais como CoralPor©. Vidros microporosos têm aberturas da ordem de ~0,1–3 μm (~100–3000 nm) de diâmetro pelas quais o líquido flui lentamente e se difunde. Os canais nos vidros nanoporosos têm ~4–20 nm de diâmetro. Grupos silanol (Si—OH) no vidro são desprotonados em pH acima de 3 produzindo uma superfície negativamente carregada contendo grupos Si—O^-. Na proximidade de um nanoporo, os ânions não passam livremente pela superfície negativa, mas os cátions passam facilmente por ela (Figura 15.11). Essa blindagem eletrostática pode produzir potenciais de eletrodo dependentes da solução, os quais não são observados quando um eletrodo possui uma ponta microporosa.

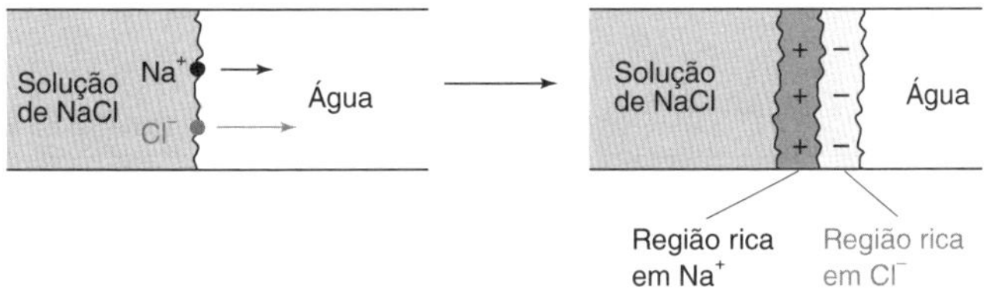

FIGURA 15.9 Aparecimento de um potencial de junção causado pela diferença entre as mobilidades dos íons Na^+ e Cl^-.

TABELA 15.1 Mobilidades de íons em água, a 25 °C

Íon	Mobilidade $[m^2/(s \cdot V)]^a$
H^+	$36,30 \times 10^{-8}$
Rb^+	$7,92 \times 10^{-8}$
K^+	$7,62 \times 10^{-8}$
NH_4^+	$7,61 \times 10^{-8}$
La^{3+}	$7,21 \times 10^{-8}$
Ba^{2+}	$6,59 \times 10^{-8}$
Ag^+	$6,42 \times 10^{-8}$
Ca^{2+}	$6,12 \times 10^{-8}$
Cu^{2+}	$5,56 \times 10^{-8}$
Na^+	$5,19 \times 10^{-8}$
Li^+	$4,01 \times 10^{-8}$
OH^-	$20,50 \times 10^{-8}$
$Fe(CN)_6^{4-}$	$11,45 \times 10^{-8}$
$Fe(CN)_6^{3-}$	$10,47 \times 10^{-8}$
SO_4^{2-}	$8,27 \times 10^{-8}$
Br^-	$8,13 \times 10^{-8}$
I^-	$7,96 \times 10^{-8}$
Cl^-	$7,91 \times 10^{-8}$
NO_3^-	$7,40 \times 10^{-8}$
ClO_4^-	$7,05 \times 10^{-8}$
F^-	$5,70 \times 10^{-8}$
HCO_3^-	$4,61 \times 10^{-8}$
$CH_3CO_2^-$	$4,24 \times 10^{-8}$

a. A mobilidade de um íon é a velocidade final que uma partícula alcança em um campo elétrico de 1 V/m. Mobilidade = velocidade/campo. As unidades de mobilidade são, portanto, (m/s)/(V/m) = $m^2/(s \cdot V)$.

TABELA 15.2 Potenciais de junção líquida, a 25 °C

Junção	Potencial (mV)
NaCl 0,1 M ǀ KCl 0,1 M	−6,4
NaCl 0,1 M ǀ KCl 3,5 M	−0,2
NaCl 1 M ǀ KCl 3,5 M	−1,9
HCl 0,1 M ǀ KCl 0,1 M	+27
HCl 0,1 M ǀ KCl 3,5 M	+3,1
NaOH 0,1 M ǀ KCl (saturado)	−0,4
NaOH 0,1 M ǀ KCl 0,1 M	−19

NOTA: Um sinal positivo significa que o lado direito da junção torna-se positivo com relação ao lado esquerdo.

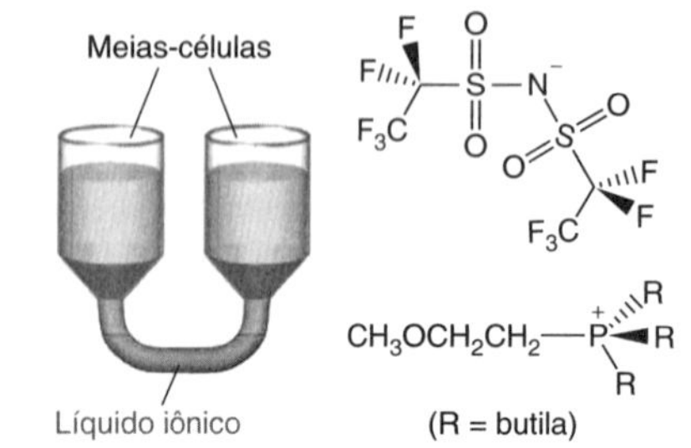

O líquido iônico é o bis(pentafluoroetanossulfonil) amidato de tributil(2-metoxietil)fosfônio

FIGURA 15.10 Uma ponte salina preenchida com um líquido iônico pode reduzir o potencial de junção a ~0,1 mV.

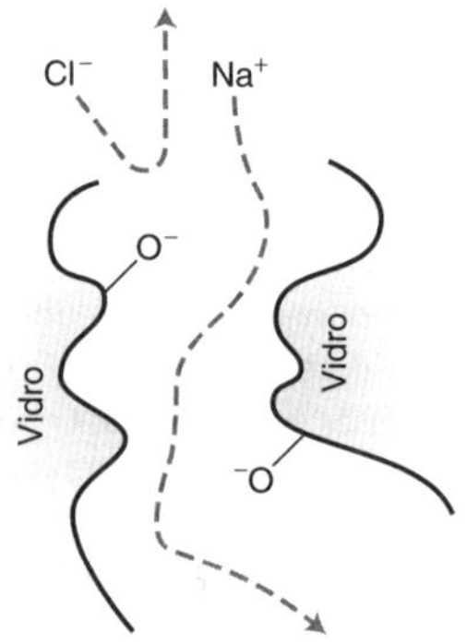

FIGURA 15.11 Carga negativa na parede de vidro de um canal estreito bloqueia a passagem de ânions, mas permite que os cátions passem. A separação de cargas causa diferenças de potencial ao longo de um tampão de vidro nanoporoso.

15.4 Como Funcionam os Eletrodos Íon-seletivos[12]

Os **eletrodos íon-seletivos**, que estudaremos no restante deste capítulo, respondem seletivamente a determinado tipo de íon. Esses eletrodos são fundamentalmente diferentes dos eletrodos metálicos, pois os eletrodos íon-seletivos não envolvem um processo redox. A principal característica de um eletrodo íon-seletivo ideal é a presença de uma fina membrana que se liga apenas ao íon de interesse.

Hidrofóbico: significa "que odeia a água" (que não se mistura com a água)

Considere o *eletrodo íon-seletivo de base líquida*, representado esquematicamente na Figura 15.12a. Este eletrodo é denominado "de base líquida", porque sua membrana íon-seletiva é uma membrana feita de um polímero orgânico *hidrofóbico* impregnado com uma

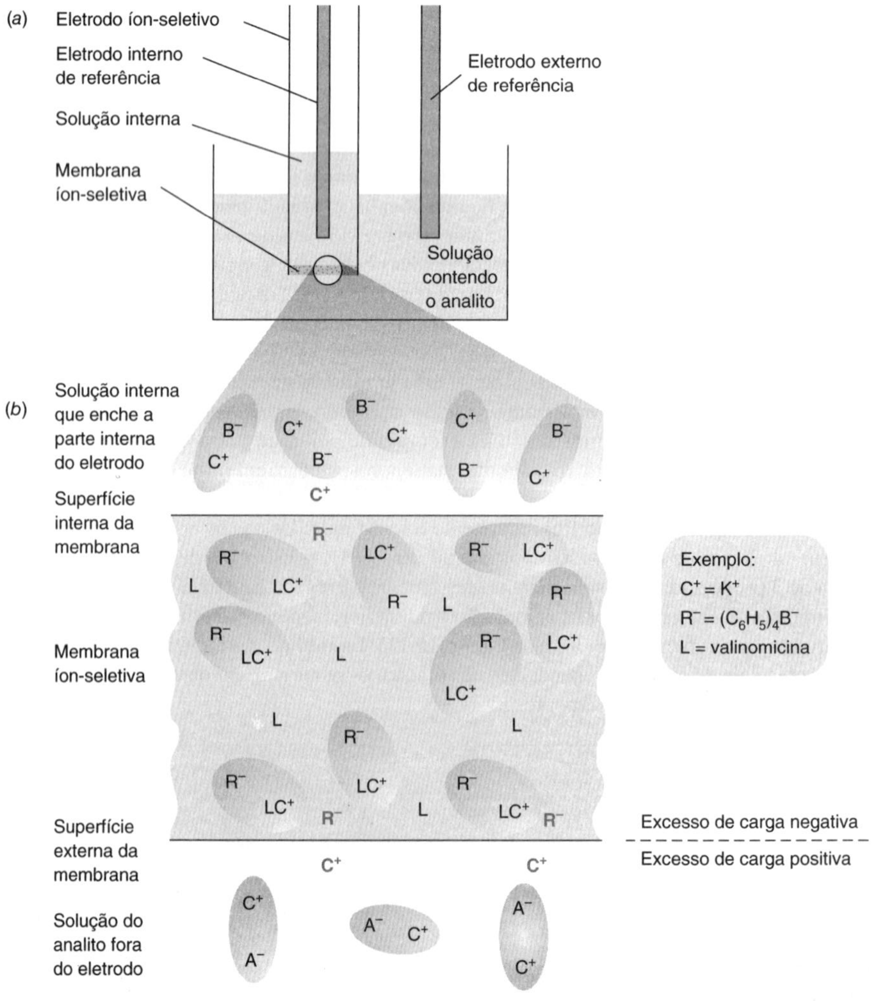

FIGURA 15.12 (*a*) Eletrodo íon-seletivo imerso em uma solução aquosa que contém o cátion analito C^+. Normalmente, a membrana é feita de poli(cloreto de vinila) (PVC), impregnada com o *plastificante* sebacato de dioctila, um líquido apolar que amolece a membrana e também é capaz de dissolver o ionóforo íon-seletivo (L), o complexo (LC^+) e o ânion hidrofóbico (R^-). (*b*) Vista expandida da membrana. As elipses que envolvem pares de íons facilitam o observador a contar a carga elétrica em cada fase. Os íons coloridos, ressaltados em cinza-claro, representam o excesso de carga em cada fase. A diferença de potencial elétrico entre cada um dos lados da membrana depende da atividade do íon analito na solução aquosa que entra em contato com a membrana.

solução orgânica viscosa, contendo um trocador de íons e, por vezes, um ligante capaz de se ligar seletivamente ao cátion C^+, que é o analito. A parte interna do eletrodo encontra-se cheia com uma solução contendo os íons $C^+(aq)$ e $B^-(aq)$. A parte externa do eletrodo é mergulhada na solução de analito, contendo $C^+(aq)$ e $A^-(aq)$ e, talvez, outros íons. Em termos ideais, não interessa saber se A^-, B^-, ou outros íons estão presentes. A diferença de potencial elétrico entre os dois lados da membrana seletiva é medida por meio de dois eletrodos de referência, que podem ser de Ag | AgCl. Se a concentração (na realidade, a atividade) de C^+ na solução de analito se altera, a diferença de potencial entre os dois eletrodos de referência também se modificará. Por meio de uma curva de calibração, a diferença de potencial pode ser convertida no valor da concentração de C^+ presente na solução de analito.

A Figura 15.12b mostra o funcionamento detalhado do eletrodo. A substância-chave, nesse exemplo, é um ligante L (denominado *ionóforo*), que é solúvel dentro da membrana e pode ligar-se, seletivamente, ao íon que constitui o analito. Em um eletrodo íon-seletivo para potássio, L pode ser a valinomicina, um antibiótico natural excretado por certos microrganismos com a finalidade de transportar o íon K^+ pelas membranas celulares (Figura 15.13). *O critério usado na escolha do ligante, L, é que essa substância tenha uma alta afinidade pelo analito C^+ e uma baixa afinidade pelos outros íons.* Em um eletrodo ideal, L se liga somente com C^+. Nos eletrodos reais, L sempre tem alguma afinidade por outros cátions, por isso esses cátions interferem em certo grau nas medidas de C^+. Para garantir a eletroneutralidade da carga, a membrana também contém o ânion hidrofóbico R^-, por exemplo, o íon tetrafenilborato $(C_6H_5)_4B^-$, que é solúvel na membrana, mas, praticamente, insolúvel em água.

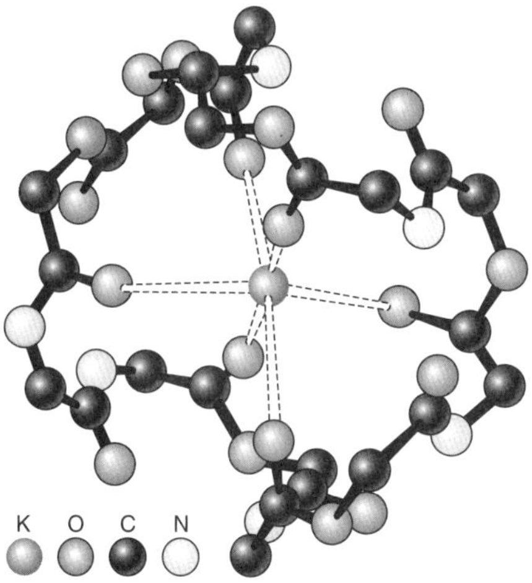

FIGURA 15.13 O complexo valinomicina-K^+ tem seis átomos de oxigênio (de grupos carbonila) fazendo a coordenação octaédrica em torno do K^+. [Dados de L. Stryer, *Biochemistry*, 4. ed. (New York: W. H. Freeman and Company, 1995), p. 273.]

Praticamente todo o íon analito dentro da membrana, na Figura15.12b, está ligado no complexo LC^+, que está em equilíbrio com uma pequena quantidade de C^+ livre na membrana. A membrana também contém um excesso de L livre. C^+ pode se difundir por meio da interface. Em um eletrodo ideal, R^- não pode sair da membrana porque é insolúvel em água, e o ânion A^-, presente na solução aquosa, não consegue penetrar na membrana, pois não é solúvel na fase orgânica. Tão logo uma pequena quantidade de íons C^+ se difunda da membrana para dentro da fase aquosa, surge um excesso de cargas positivas na fase aquosa. Esse desbalanceamento entre as cargas positivas e as cargas negativas ocasiona uma diferença de potencial elétrico que se opõe a uma maior difusão de C^+ para dentro da fase aquosa. A região de desbalanceamento de carga se estende apenas de alguns nanômetros para dentro da membrana e para dentro da solução adjacente.

O ligante L sempre apresenta alguma capacidade de se ligar a outros íons além de C^+, de modo que a presença desses outros íons interfere de alguma forma na determinação de C^+. Um eletrodo íon-seletivo usa um ligante com uma forte preferência (seletividade) de se ligar ao íon desejado.

Quando C^+ se difunde de uma região da membrana com atividade $\mathcal{A}_m$ para uma região com a atividade $\mathcal{A}_o$ na solução externa, a variação de energia livre é dada por

$$\Delta G = \underbrace{\Delta G_{\text{solvatação}}}_{\substack{\Delta G \text{ resultante} \\ \text{da variação} \\ \text{no solvente}}} - \underbrace{RT\ln\left(\frac{\mathcal{A}_m}{\mathcal{A}_o}\right)}_{\substack{\Delta G \text{ resultante da} \\ \text{variação na atividade} \\ \text{(concentração)}}}$$

em que R é a constante dos gases e T a temperatura (K). $\Delta G_{\text{solvatação}}$ é a variação na energia de solvatação quando o ambiente em torno de C^+ muda do líquido orgânico, na membrana, para a solução aquosa, fora da membrana. O termo $-RT\ln(\mathcal{A}_m/\mathcal{A}_o)$ dá a variação de energia livre quando uma espécie se difunde entre regiões com atividades (concentrações) diferentes. Na ausência de uma fronteira de fase, ΔG será sempre negativa quando uma espécie se difunde de uma região de alta atividade para uma região com atividade menor.

A solvatação favorável do íon C^+ pela água é responsável pela força motriz que provoca a difusão de C^+ da membrana para a solução aquosa. Quando C^+ se difunde da membrana para a água, temos o acúmulo de carga positiva na água imediatamente adjacente à membrana. A separação entre cargas causa uma diferença de potencial elétrico (E_{externo}) pela membrana. A diferença de energia livre para o íon C^+ nas duas fases é $\Delta G = -nFE_{\text{externo}}$, em que F é a constante de Faraday e n a carga do íon. No equilíbrio, a variação líquida de energia livre para a difusão de C^+ por meio da fronteira da membrana tem de ser nula:

$$\underbrace{\Delta G_{\text{solvatação}} - RT\ln\left(\frac{\mathcal{A}_m}{\mathcal{A}_o}\right)}_{\substack{\Delta G \text{ resultante da transferência entre} \\ \text{as fases e da diferença de atividades}}} + \underbrace{(-nFE_{\text{externo}})}_{\substack{\Delta G \text{ resultante do} \\ \text{desbalanceamento} \\ \text{das cargas}}} = 0$$

Explicitando-se E_{externo}, obtemos que a diferença de potencial elétrico por meio da fronteira, entre a membrana e a solução aquosa externa, na Figura 15.12b, é dada por

Diferença de potencial elétrico por meio da fronteira de fase entre a membrana e o analito:

$$E_{\text{externo}} - \frac{\Delta G_{\text{solvatação}}}{nF} - \left(\frac{RT}{nF}\right)\ln\left(\frac{\mathcal{A}_m}{\mathcal{A}_o}\right) \qquad \textbf{(15.4)}$$

Na fronteira entre a solução interna do eletrodo e a membrana, há também uma diferença de potencial, E_{interno}, definida de maneira semelhante àquela da Equação 15.4.

Exemplo de um ânion hidrofóbico, R^-:

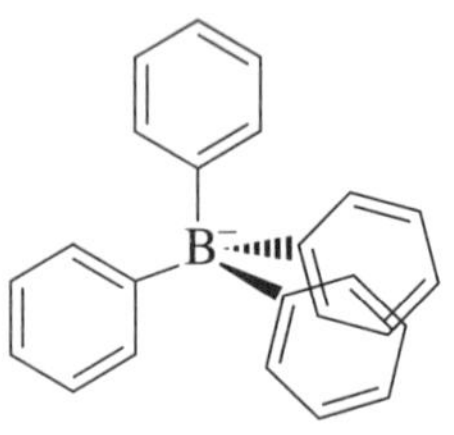

Tetrafenilborato, $(C_6H_5)_4B^-$

A diferença de potencial entre a solução contendo o analito, externa ao eletrodo, e a solução interna do eletrodo é a diferença $E = E_{\text{externo}} - E_{\text{interno}}$. Na Equação 15.4, E_{externo} depende das atividades de C^+ na solução contendo o analito e na região da membrana próxima à sua superfície externa. O valor de E_{interno} é constante, pois a atividade de C^+, na solução interna do eletrodo, é constante.

Mas a atividade de C^+ na membrana ($\mathcal{A}_m$) é praticamente constante pela seguinte razão: a elevada concentração de LC^+ na membrana está em equilíbrio com L livre e uma pequena quantidade de C^+ na membrana. O íon hidrofóbico R^- é muito pouco solúvel em água e, por isso, não consegue sair da membrana. *Muito pouco* C^+ consegue se difundir para fora da membrana, pois cada íon C^+ que entra na fase aquosa deixa um íon R^- na membrana. (Essa separação de cargas é a responsável pelo aparecimento da diferença de potencial na fronteira entre as fases.) Tão logo uma pequena fração de C^+ se difunda da membrana para a solução, ocorre o bloqueio de qualquer difusão adicional de C^+ em função do excesso de carga positiva na solução próxima à membrana.

Assim, a diferença de potencial entre as soluções externa e interna é

$$E = E_{\text{externo}} - E_{\text{interno}} = \frac{\Delta G_{\text{solvatação}}}{nF} - \left(\frac{RT}{nF}\right)\ln\left(\frac{\mathcal{A}_m}{\mathcal{A}_o}\right) - E_{\text{interno}}$$

$\ln\frac{x}{y} = \ln x - \ln y$

$$E = \underbrace{\frac{\Delta G_{\text{solvatação}}}{nF}}_{\text{Constante}} + \left(\frac{RT}{nF}\right)\ln \mathcal{A}_o - \underbrace{\left(\frac{RT}{nF}\right)\ln \mathcal{A}_m}_{\text{Constante}} - \underbrace{E_{\text{interno}}}_{\text{Constante}}$$

Combinando-se os termos que são constantes, vemos que a diferença de potencial, por meio da membrana, depende apenas da atividade do analito na solução externa:

$$E = \text{constante} + \left(\frac{RT}{nF}\right)\ln \mathcal{A}_o$$

Do Apêndice A, $\ln x = (\ln 10)(\log x) = 2{,}303 \log x$

Convertendo ln em log e substituindo os valores numéricos de *R*, *T* e *F*, obtemos uma expressão bastante útil para a diferença de potencial por meio da membrana:

O número 0,059 16 V é o resultado de $\frac{RT \ln 10}{F}$ a 25 °C.

Diferença de potencial elétrico para o eletrodo íon-seletivo:

$$E = \text{constante} + \frac{0{,}059\ 16}{n}\log \mathcal{A}_o \text{ (volts a 25 °C)} \qquad \textbf{(15.5)}$$

em que *n* é a carga do íon, que é o analito, e $\mathcal{A}_o$ é a sua atividade na solução externa (cujo valor não é conhecido). A Equação 15.5 é aplicada a qualquer eletrodo íon-seletivo, incluindo o eletrodo de vidro para medida de pH. Se o analito for um ânion, o sinal de *n* deve ser negativo. Mais tarde, modificaremos a Equação 15.5 para levar em conta a presença de íons interferentes.

Em um eletrodo de vidro para medida de pH, uma diferença de 59,16 mV (a 25 °C) corresponde a uma variação de 10 vezes na atividade do H^+ na solução contendo o analito. Como uma diferença de 10 vezes na atividade do H^+ corresponde a uma unidade de pH, uma diferença de 4,00 unidades de pH corresponde a uma diferença de potencial de 4,00 × 59,16 = 237 mV. A carga de um íon cálcio é *n* = 2, de modo que a diferença de potencial esperada é 59,16/2 = 29,58 mV, medida com um eletrodo seletivo ao íon cálcio, para cada variação de 10 vezes na atividade do íon Ca^{2+} no analito.

15.5 Medida do pH com um Eletrodo de Vidro

Em 1906, M. Cremer, do Instituto de Fisiologia de Munique, descobriu que uma diferença de potencial de 0,2 V se manifestava em uma membrana de vidro com ácido, de um lado, e uma solução salina neutra, do outro. Em 1908, o estudante Klemensiewicz, trabalhando com F. Haber em Karlsruhe, aperfeiçoou o eletrodo de vidro e fez a primeira titulação ácido-base utilizando esse tipo de eletrodo.[13]

O **eletrodo de vidro**, usado para medir pH, é o exemplo mais comum de um *eletrodo íon-seletivo*. Um típico **eletrodo combinado** de pH incorpora, em um mesmo corpo, os eletrodos de vidro e de referência, como vemos na Figura 15.14. O diagrama de barras para este eletrodo pode ser escrito da seguinte maneira:

Membrana de vidro que capta seletivamente os íons H^+

$$\underbrace{Ag(s)\ |\ AgCl(s)\ |\ Cl^-(aq)}_{\text{Eletrodo de referência externo}}\ ||\ \underbrace{H^+(aq,\ \text{externo})}_{\substack{H^+\text{ externo ao eletrodo de vidro}\\ \text{(solução do analito)}}} \vdots\ \underbrace{H^+(aq,\ \text{interno})}_{H^+\text{ interno ao eletrodo de vidro}},\ \underbrace{Cl^-(aq)\ |\ AgCl(s)\ |\ Ag(s)}_{\text{Eletrodo de referência interno}}$$

A parte do eletrodo sensível ao pH é um bulbo, ou um cone, de vidro de paredes finas, localizado na ponta dos eletrodos vistos nas Figuras 15.14 e 15.15. O eletrodo de referência, no lado esquerdo do diagrama de barras visto anteriormente, é o eletrodo de Ag | AgCl em forma espiral no eletrodo combinado da Figura 15.14. O eletrodo de referência, do lado direito desse

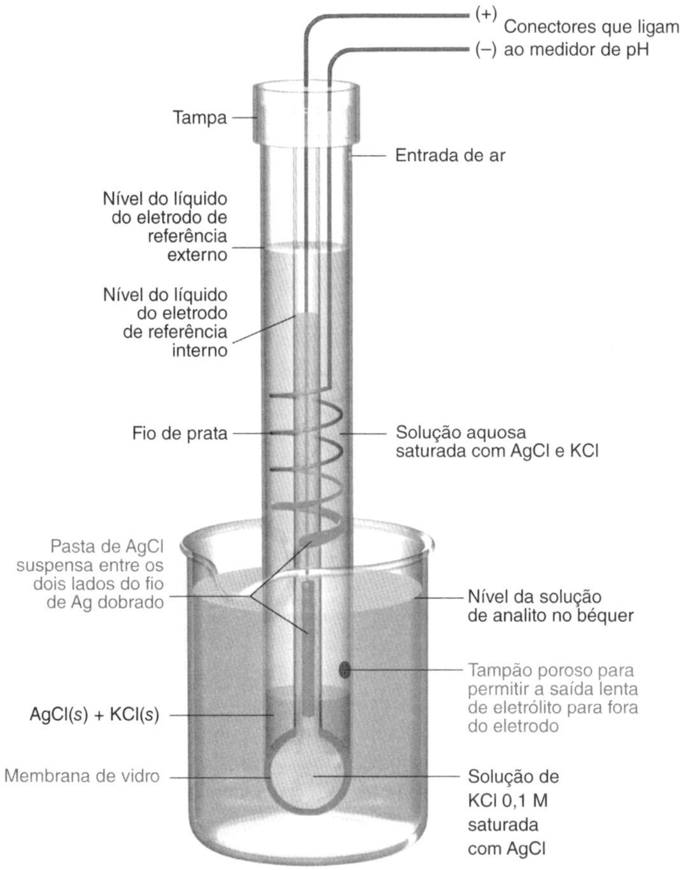

FIGURA 15.14 Diagrama de um eletrodo de vidro combinado tendo um eletrodo de referência de prata-cloreto de prata. O eletrodo de vidro é imerso em uma solução de pH desconhecido, em uma profundidade tal que o tampão poroso na parte inferior direita fique abaixo da superfície do líquido. Os dois eletrodos de Ag | AgCl medem a diferença de potencial na membrana de vidro. O bulbo de vidro na ponta do eletrodo contém normalmente uma solução aquosa tamponada de KCl saturada com AgCl. Se o pH do tampão interno é próximo de 7, o potencial observado será quase zero quando o eletrodo combinado é imerso em um tampão de calibração de pH 7.

mesmo diagrama, é um eletrodo reto de Ag | AgCl no centro do eletrodo na Figura 15.14. Os dois eletrodos de referência medem a diferença de potencial elétrico pela membrana de vidro. A ponte salina, representada por duas barras no diagrama, é o pequeno tampão poroso no lado inferior direito do eletrodo combinado da Figura 15.14.

A Figura 15.16a mostra a estrutura irregular do retículo de silicato no vidro que se acha presente no bulbo de um eletrodo de pH de vidro. Átomos de oxigênio no vidro, carregados

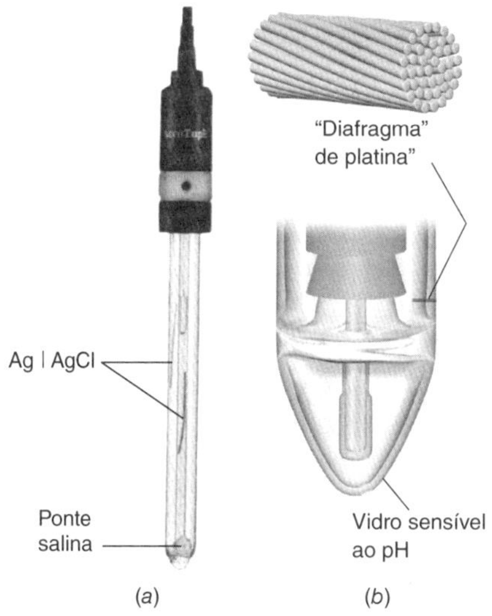

FIGURA 15.15 (*a*) Eletrodo de vidro combinado, onde o bulbo de vidro sensível ao pH se situa em sua parte inferior. Um tampão de cerâmica porosa (ponte salina) conecta a solução do analito com o eletrodo de referência. Dois fios de prata revestidos com AgCl são visíveis dentro do eletrodo. [Cortesia de Thermo Fisher Scientific, Pittsburgh PA.] (*b*) Um eletrodo de pH com um diafragma de platina (produzido a partir de uma fina tela de fios de Pt), considerado menos suscetível a entupimentos do que um tampão cerâmico. [Dados de W. Knappek, *Am. Lab. News Ed.*, July 2003, p. 14.]

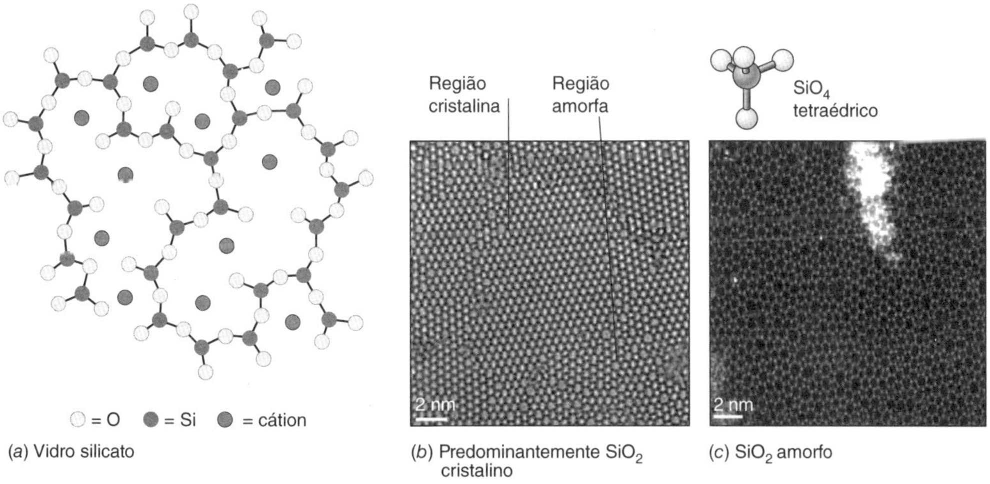

FIGURA 15.16 (*a*) Estrutura esquemática de vidro de silicato, que consiste em um retículo irregular de moléculas de SiO_4 tetraédricas ligadas por átomos de oxigênio. Cátions como Li^+, Na^+, K^+ e Ca^{2+} são coordenados aos átomos de oxigênio. O retículo de silicato não é plano. Este diagrama é uma projeção de cada um dos tetraedros no plano desta página. [Dados de G. A. Perley, "Glasses for Measurement of pH," *Anal. Chem.* **1949**, *21*, 394. Reproduzida sob permissão da © American Chemical Society.] (*b*) e (*c*) Imagens de microscopia eletrônica de transmissão de uma camada fina de SiO_2 depositada sobre grafeno. Cada vértice de cada polígono está voltado para o eixo de um tetraedro de SiO_4 conectado a tetraedros adjacentes de SiO_4 por meio de átomos de oxigênio. [P. Y. Huang *et al.*, "Direct Imaging of a Two-Dimensional Silica Glass on Graphene," *Nano Lett.* **2012**, *12*, 1081. Reproduzida sob permissão ©2012 American Chemical Society. Ver também P. Y. Huang *et al.*, "Imaging Atomic Rearrangements in Two-Dimensional Silica Glass: Watching Silica's Dance," *Science* **2013**, *342*, 224 e K. M. Burson, P. Schlexer, C. Büchner, L. Lichtenstein, M. Heyde e H.-J. Freund, "Characterizing Crystalline-Vitreous Structures: From Atomically Resolved Silica to Macroscopic Bubble Rafts," *J. Chem. Ed.* **2015**, *92*, 1896.]

Cristalino: estrutura repetitiva
Amorfo: estrutura irregular sem ordem de longo alcance

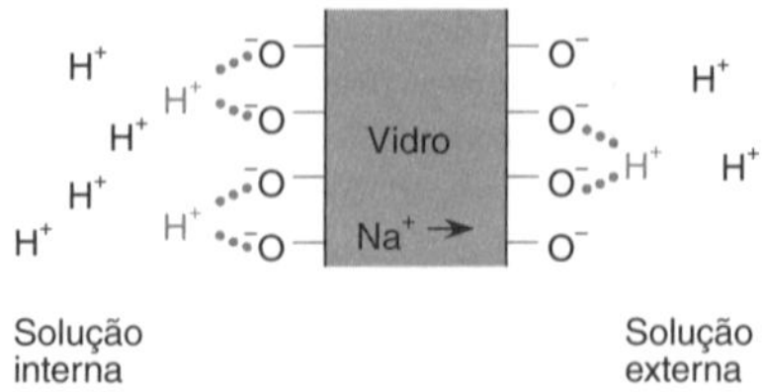

FIGURA 15.18 Equilíbrios de troca iônica nas superfícies, interna e externa, da membrana de vidro: o H^+ substitui os cátions metálicos ligados aos átomos de oxigênio, negativamente carregados. O pH da solução interna é constante. À medida que o pH da solução externa (a amostra) varia, a diferença de potencial elétrico pela membrana de vidro também se modifica.

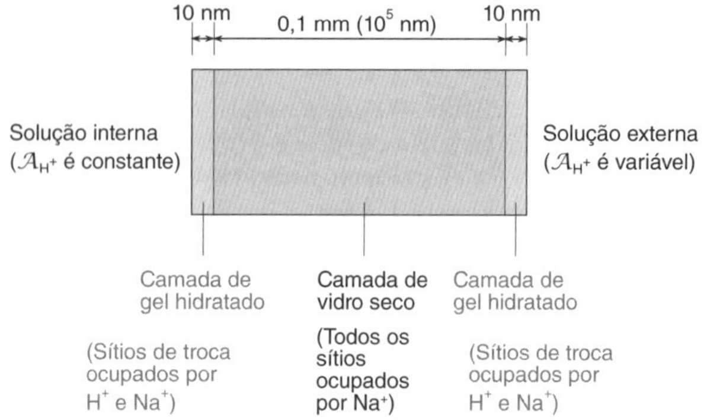

FIGURA 15.17 Diagrama esquemático mostrando uma seção transversal da membrana de vidro de um eletrodo de pH.

A corrente que passa por um eletrodo de vidro é tão pequena que ele não teve utilização prática quando foi descoberto em 1906. Uma das primeiras pessoas a utilizar amplificadores a válvula para medidas de pH com um eletrodo de vidro foi um estudante de graduação na Universidade de Illinois, em 1928. Este estudante, chamado W. H. Wright, tinha obtido seus conhecimentos de eletrônica a partir do radioamadorismo. Em 1935, Arnold Beckman, no Caltech, construiu o primeiro medidor de pH portátil a válvula, suficientemente resistente para o uso em campo. Este invento revolucionou todo o conceito de instrumentação química.[14]

Medidor de pH de Beckman. [Staff photographer. https://commons.wikimedia.org/wiki/File:Beckman_Model_M_pH_Meter_2006.072.002.tif.]

negativamente, podem se ligar a cátions que tenham um tamanho adequado. Cátions monovalentes, em especial o íon Na^+, podem se mover lentamente pelo retículo de silicato. A Figura 15.16b é uma microfotografia de resolução atômica que mostra regiões cristalinas e amorfas de vidro de sílica pura (SiO_2 puro). A Figura 15.16c é uma microfotografia de uma região amorfa do vidro de sílica. As regiões cristalinas apresentam um arranjo repetido de anéis contendo seis unidades SiO_4. As regiões amorfas contêm uma mistura de anéis de vários tamanhos de orientações irregulares. O vidro de sílica amorfo é uma aproximação da estrutura do vidro silicato.

Um esquema da seção transversal da membrana de vidro de um eletrodo de pH é mostrado na Figura 15.17. As duas superfícies externas se dilatam enquanto adsorvem água. Íons metálicos nessas regiões de *gel hidratado* na membrana se difundem para fora do vidro no sentido da solução. Concomitantemente, os íons H^+ da solução podem se difundir para dentro da membrana, substituindo os íons metálicos. A reação em que o H^+ substitui os cátions no vidro é um **equilíbrio de troca iônica** (Figura 15.18). O eletrodo de pH responde seletivamente aos íons H^+, porque o H^+ é o principal íon que se liga significativamente à camada de gel hidratado.

Para fazermos uma medida elétrica, pelo menos alguma corrente elétrica tem que circular por todo o circuito – inclusive por meio da membrana do eletrodo de vidro usado para medir pH. Estudos com trítio (o isótopo radioativo ^3H) mostram que o H^+ não atravessa a membrana de vidro. Entretanto, o Na^+ pode atravessá-la lentamente. Uma membrana sensível ao H^+ pode ser definida como tendo duas superfícies conectadas eletricamente por meio do transporte de íons Na^+. A resistência elétrica de uma membrana de vidro é geralmente da ordem de $10^8\ \Omega$, de modo que muito pouca corrente consegue realmente fluir por ela.

A diferença de potencial entre os eletrodos de prata-cloreto de prata, interno e externo, na Figura 15.14, depende da concentração do íon cloreto em cada compartimento do eletrodo e da diferença de potencial pela membrana de vidro. Como a $[Cl^-]$ é fixa em cada compartimento do eletrodo e como a concentração de H^+ é fixa no interior da membrana de vidro, a única variável é o pH da solução de analito situada do lado de fora da membrana de vidro. A Equação 15.5 estabelece que *o potencial de um eletrodo de pH ideal varia de 59,16 mV a cada variação da atividade do analito que corresponde, a 25 °C, a uma unidade de pH.*

A resposta de eletrodos de vidro reais pode ser descrita por uma equação semelhante à de Nernst

Resposta do eletrodo de vidro:

$$E = \text{constante} + \beta(0{,}059\,16)\log \mathcal{A}_{H^+}(\text{externa})$$
$$E = \text{constante} - \beta(0{,}059\,16)\,\text{pH(externa)} \quad (\text{a } 25\ °\text{C}) \qquad \textbf{(15.6)}$$

O valor de β, a *eficiência eletromotriz*, é próximo de 1,00 (geralmente > 0,98). Medimos os valores da constante e de β quando calibramos o eletrodo com *pelo menos duas soluções* de pH conhecido.

Calibração do Eletrodo de Vidro

Um eletrodo de pH deve ser calibrado com duas (ou mais) soluções-tampão-padrão, selecionadas de tal forma que o pH da amostra desconhecida fique dentro da faixa dos padrões. Os padrões descritos na Tabela 15.3 são exatos a ±0,01 unidade de pH.[15] O Problema 15.30 mostra como o pH de soluções-tampão-padrão é medido.

Quando calibramos um eletrodo com tampões-padrão, medimos a diferença de potencial elétrico para o eletrodo em cada um desses tampões (Figura 15.19). O pH do tampão S1 é pH_{S1} e a diferença de potencial medida neste eletrodo é E_{S1}. Para o tampão S2 o pH será pH_{S2} e a diferença de potencial medida E_{S2}. A equação da reta que passa pelos dois pontos obtidos com os padrões é

O eletrodo de pH mede a atividade do íon H^+, e não a concentração de H^+.

O número 0,059 16 V corresponde a $(RT/F)\ln 10$, em que R é a constante dos gases, T é a temperatura (K) e F é a constante de Faraday.

Um eletrodo de pH tem de ser calibrado na mesma temperatura da amostra antes de ser usado. Ele deve ser calibrado a cada, aproximadamente, 2 horas de uso contínuo.

$$\frac{E - E_{S1}}{pH - pH_{S1}} = \frac{E_{S2} - E_{S1}}{pH_{S2} - pH_{S1}} \quad (15.7)$$

O coeficiente angular da reta é $\Delta E/\Delta pH = (E_{S2} - E_{S1})/(pH_{S2} - pH_{S1})$ cujo valor é 59,16 mV por unidade de pH, a 25 °C, para um eletrodo ideal e β (59,16) mV/unidade de pH para um eletrodo real, em que β é o fator de correção na Equação 15.6.

Para medirmos o pH de uma amostra desconhecida, medimos a diferença de potencial para essa amostra com o eletrodo calibrado e encontramos o valor de pH por substituição na Equação 15.7.

$$\frac{E_{\text{desconhecido}} - E_{S1}}{pH_{\text{desconhecido}} - pH_{S1}} = \frac{E_{S2} - E_{S1}}{pH_{S2} - pH_{S1}} \quad (15.8)$$

Os medidores modernos de pH funcionam como "caixas-pretas" realizando esses cálculos automaticamente a partir da aplicação das Equações 15.7 e 15.8 e mostrando diretamente o pH. Ao medir o pH com um eletrodo de vidro, o potencial de junção na abertura da ponte salina na lateral do eletrodo (Figura 15.15) pode mudar em diferentes soluções. Tal mudança introduz um erro na medida de pH obtida.

A Equação 15.8 é uma definição "operacional" que prescreve como medir o pH. A definição $pH = -\log \mathcal{A}_{H^+}$ não é rigorosa porque a atividade de um íon isolado, como o H^+, não é termodinamicamente definida.[16] Apenas a *atividade média* de pares de íons (como H^+ e Cl^-) é definida termodinamicamente e pode ser medida. O procedimento por trás da Equação 15.8 usando soluções-tampão-padrão da Tabela 15.3 tem o objetivo de aproximar o máximo possível

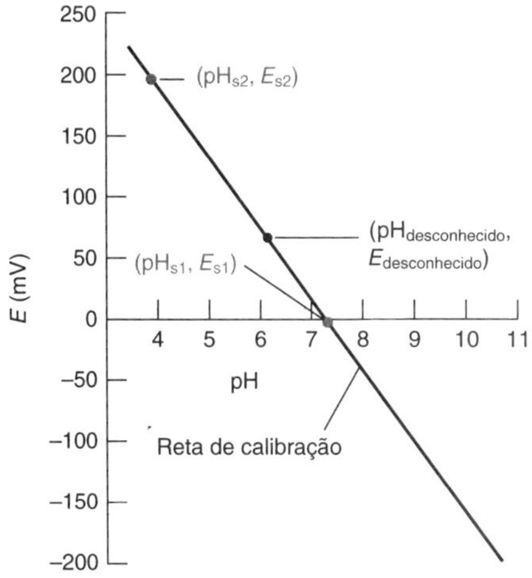

FIGURA 15.19 Calibração por meio de dois pontos de um eletrodo de pH.

TABELA 15.3 Valores de pH de tampões do Instituto Nacional de Padrões e Tecnologia dos Estados Unidos (NIST)

Temperatura (°C)	Tetraoxalato de potássio 0,05 *m* (1)	Hidrogenotartarato de potássio saturado (25 °C) (2)	Di-hidrogenocitrato de potássio 0,05 *m* (3)	Hidrogenoftalato de potássio 0,05 *m* (4)	MOPSO 0,08 *m* NaMOPSO 0,08 *m* NaCl 0,08 *m* (5)
0	1,667	—	3,863	4,003	7,268
5	1,666	—	3,840	3,999	7,182
10	1,665	—	3,820	3,998	7,098
15	1,669	—	3,802	3,999	7,018
20	1,672	—	3,788	4,002	6,940
25	1,677	3,557	3,776	4,008	6,865
30	1,681	3,552	3,766	4,015	6,792
35	1,688	3,549	3,759	4,024	6,722
37	—	3,548	3,756	4,028	6,695
40	1,694	3,547	3,753	4,035	6,654
45	1,699	3,547	3,750	4,047	6,588
50	1,706	3,549	3,749	4,060	6,524
55	1,713	3,554	—	4,075	—
60	1,722	3,560	—	4,091	—
70	—	3,580	—	4,126	—
80	—	3,609	—	4,164	—
90	—	3,650	—	4,205	—
95	—	3,674	—	4,227	—

(continua)

NOTA: m significa molalidade. As massas utilizadas nas preparações dos tampões descritas a seguir são massas aparentes, medidas ao ar.

No preparo de soluções tampões é essencial o uso de reagentes de alta pureza e de água recém-destilada, ou deionizada, com resistividade superior a 2 000 ohm · m. Soluções com pH 6, ou acima, devem ser armazenadas em frascos plásticos, preferencialmente aqueles com um tubo secador contendo NaOH para prevenir a entrada de dióxido de carbono atmosférico. Elas conservam a sua integridade por 2 a 3 semanas, ou um pouco mais, quando guardadas em um refrigerador. Os reagentes para preparação dos tampões nessa tabela estão disponíveis como Reagentes de Referência Padrão do Instituto Nacional de Padrões e Tecnologia dos Estados Unidos (NIST), disponível em http://ts.nist.gov/srm. *Padrões de pH para D_2O e soluções orgânicas aquosas podem ser encontrados em P. R. Mussini, T. Mussini e S. Rondinini, Pure Appl. Chem.* ***1997****, 69, 1007.*

1. Tetraoxalato de potássio ($KHC_2O_4 \cdot H_2C_2O_4$) 0,05 m. Dissolver 12,71 g de tetraoxalato de potássio desidratado (Material de Referência Padrão usado sem secagem) em 1 kg de água. Valores de pH em P. M. Juusola, J. J. Partanen, K. P. Vahteristo, P. O. Minkkinen e A. K. Covington, J. Chem. Eng. *Data* ***2007****, 52, 973.*

2. Hidrogenotartarato de potássio saturado (25 °C), $KHC_4H_4O_6$. Um excesso do sal é agitado com água e a solução pode ser armazenada sem outras manipulações. Antes do uso, a solução deve ser filtrada ou decantada a uma temperatura entre 22 °C e 28 °C.

3. Di-hidrogenocitrato de potássio 0,05 m, $KH_2C_6H_5O_7$. Dissolver 11,41 g do sal em 1 L de solução, a 25 °C.

4. Hidrogenoftalato de potássio 0,05 m. Embora normalmente não seja necessário, os cristais deste sal podem ser aquecidos a 100 °C por 1 h e, então, esfriados em um dessecador. A 25 °C, 10,12 g de $C_6H_4(CO_2H)(CO_2K)$ são dissolvidos em água, e a solução é diluída até 1 L.

5. MOPSO (ácido (3-N-morfolino)-2-hidroxipropanossulfônico, Tabela 9.2) 0,08 m, sal de sódio de MOPSO 0,08 m e NaCl 0,08 m. Tampões com valores 5 e 7 são recomendados para padronização de dois pontos de eletrodos de medidas de pH em fluidos fisiológicos. O MOPSO é recristalizado duas vezes em etanol a 70% em massa e seco a 50 °C, sob vácuo, por 24 h. O NaCl é aquecido a 110 °C por 4 h. O Na^+MOPSO^- pode ser preparado por neutralização do MOPSO com solução de NaOH padrão. O sal de sódio é também disponível como um Reagente de Referência Padrão. Dissolver 18,00 g de MOPSO, 19,76 g de Na^+MOPSO^- e 4,674 g de NaCl em 1,000 kg de H_2O.

6. Hidrogenofosfato dissódico 0,025 m e di-hidrogenofosfato de potássio 0,025 m. É melhor que os sais sejam usados quando estão anidros. Para isso, cada um dos sais deve ser aquecido por 2 h, a 120 °C, e esfriado em um dessecador, pois eles são ligeiramente higroscópicos. Deve-se evitar o uso de altas temperaturas no processo de secagem, de forma a prevenir a formação de polifosfatos. Dissolver 3,53 g de Na_2HPO_4 e 3,39 g de KH_2PO_4 em água para preparar 1 L de solução, a 25 °C.

TABELA 15.3 Valores de pH de tampões do Instituto Nacional de Padrões e Tecnologia dos Estados Unidos (NIST) (*continuação*)

Di-hidrogenofosfato de potássio 0,025 *m* Hidrogenofosfato de sódio 0,025 *m* (6)	HEPES 0,08 *m* NaHEPES 0,08 *m* NaCl 0,08 *m* (7)	Di-hidrogenofosfato de potássio 0,008 695 *m* Hidrogenofosfato dissódico 0,030 43 *m* (8)	Bórax 0,01 *m* (9)	Bicarbonato de sódio 0,025 *m* Carbonato de sódio 0,025 *m* (10)	$Ca(OH)_2$ saturado (a 25 °C) (11)
6,984	7,853	7,534	9,464	10,317	13,42
6,951	7,782	7,500	9,395	10,245	13,21
6,923	7,713	7,472	9,332	10,179	13,00
6,900	7,645	7,448	9,276	10,118	12,81
6,881	7,580	7,429	9,225	10,062	12,63
6,865	7,516	7,413	9,180	10,012	12,45
6,853	7,454	7,400	9,139	9,966	12,29
6,844	7,393	7,389	9,102	9,925	12,07
6,840	7,370	7,385	9,088	9,910	11,98
6,838	7,335	7,380	9,068	9,889	11,71
6,834	7,278	7,373	9,038	9,856	—
6,833	7,223	7,367	9,011	9,828	—
6,834	—	—	8,985	—	—
6,836	—	—	8,962	—	—
6,845	—	—	8,921	—	—
6,859	—	—	8,885	—	—
6,877	—	—	8,850	—	—
6,886	—	—	8,833	—	—

7. HEPES (ácido N-2-hidroxietilpiperazino-N'-2-etanossulfônico, Tabela 9.2) 0,08 m, sal de sódio do HEPES 0,08 m e NaCl 0,08 m. Tampões 5 e 7 são recomendados para padronização de dois pontos de eletrodos para a medida de pH de fluidos fisiológicos. O HEPES é recristalizado duas vezes em etanol 80% em massa e aquecido a 50 °C, sob vácuo, por 24 h. O NaCl é aquecido a 110 °C por 4 h. Na^+HEPES^- pode ser preparado pela neutralização do HEPES com NaOH padrão. O sal de sódio também está disponível como Reagente Padrão de Referência. Dissolver 19,04 g de HEPES, 20,80 g de Na^+HEPES^- e 4,674 g de NaCl em 1,000 kg de H_2O.

8. Di-hidrogenofosfato de potássio 0,008 695 m, hidrogenofosfato dissódico 0,030 43 m. Preparação semelhante ao Tampão 6; dissolver 1,179 g de KH_2PO_4 e 4,30 g de Na_2HPO_4 em água para obter 1 L de solução, a 25 °C.

9. Tetraborato de sódio deca-hidratado 0,01 m. Dissolver 3,80 g de $Na_2B_4O_7{\cdot}10H_2O$ em água para obter 1 L de solução. Essa solução de bórax é particularmente sensível a variações de pH em função da absorção de dióxido de carbono e, por isso, deve ser protegida, adequadamente, do contato com o ar.

10. Bicarbonato de sódio 0,025 m e carbonato de sódio 0,025 m. O Na_2CO_3, com grau padrão primário, é aquecido a 250 °C por 90 min e armazenado sobre $CaCl_2$ e Drierita. O $NaHCO_3$, grau padrão primário, é seco à temperatura ambiente por 2 dias sobre peneira molecular e Drierita. O $NaHCO_3$ não deve ser aquecido, pois se decompõe formando Na_2CO_3. Dissolver 2,092 g de $NaHCO_3$ e 2,640 g de Na_2CO_3 em 1 L de solução, a 25 °C.

*11. O $Ca(OH)_2$ é um padrão secundário cujo pH não é tão exato como o de padrões primários. Lave bem o $CaCO_3$ de baixo teor de metais alcalinos com água para removê-los. Aqueça o pó a 1000 °C em um cadinho de Pt por 45 min e resfrie em um dessecador. Adicione o CaO obtido lentamente à H_2O sob agitação. Ferva a suspensão, resfrie-a e filtre-a com um funil de vidro sinterizado de porosidade média. Seque o sólido a 110 °C e triture-o até obter um pó finamente dividido. Se a $[OH^-]$ da solução-padrão a 25 °C for superior a 0,020 6 M (medida por titulação com ácido forte), haverá provavelmente metais alcalinos solúveis no $CaCO_3$. De R. G. Bates, V. E. Bower e E. R. Smith, J. Res. Natl. Bureau Std. **1956**, 56, 305; disponível em: http://www.nist.gov/nvl/jrespastpapers.cfm.*

*FONTES: R. P. Buck, S. Rondinini, A. K. Covington, F. G. K. Baucke, C. M. A. Brett, M. F. Camoes, M. J. T. Milton, T. Mussini, R. Naumann, K. W. Pratt, P. Spitzer e G. S. Wilson, "Measurements of pH. Definitions, Standards and Procedures", Pure Appl. Chem. **2002**, 74, 2169. R. G. Bates, J. Res. Natl. Bureau Stds. **1962**, 66A, 179; B . R Staples e R. G. Bates, J. Res. Natl. Bureau Stds. **1969**, 73A, 37. Dados sobre HEPES e MOPSO de Y. C. Wu, P. A. Berezansky, D. Feng e W. F. Koch, Anal. Chem. **1993**, 65, 1084 e D. Feng, W. F. Koch, Y. C. Wu, Anal. Chem. **1989**, 61, 1400. Instruções para preparar algumas destas soluções são de G. Mattock em C. N. Reilley, ed., Advances in Analytical Chemistry and Instrumentation (New York: Wiley, 1963), Vol. 2, p. 45. Ver também R. G. Bates, Determination of pH: Theory and Practice, 2. ed. (New York: Wiley, 1973), Chap. 4.*

a medida da idealização pH = $-\log \mathcal{A}_{H^+}$. Os limites de validade da Equação 15.8 são aproximadamente $2 \leq pH \leq 12$ com força iônica $\leq$ 0,1 mol/kg. (Os físico-químicos normalmente expressam concentrações em molalidade, que é uma grandeza independente da temperatura. A molaridade varia com a temperatura porque as soluções normalmente se expandem quando aquecidas.)

Antes de usarmos um eletrodo de pH, devemos verificar se a entrada de ar próxima à parte superior do eletrodo, vista na Figura 15.14, não está fechada. (Esse orifício deve ser fechado quando o eletrodo é guardado para evitar a evaporação da solução interna do eletrodo de referência.) Lavamos o eletrodo com água destilada e depois *secamos*, cuidadosamente, com um lenço de papel que não solte fibras. Não se deve *esfregar* o eletrodo, pois isso pode fazer com que o vidro fique carregado eletrostaticamente.

Para calibrar o eletrodo, mergulhamos o eletrodo em uma solução-tampão-padrão, cujo pH é próximo de 7, e deixamos que o eletrodo entre equilíbrio, com agitação, por pelo menos um minuto. Seguindo as instruções do fabricante, devemos acionar uma tecla, normalmente assinalada como "calibração" ou "leitura" no caso de um instrumento controlado por microprocessador, ou ajustar a leitura de um medidor analógico, de modo que o instrumento indique o valor de pH do tampão-padrão que está sendo usado. O eletrodo deve ser então lavado com água, seco com papel adequado e mergulhado em um segundo padrão, cujo pH difere de, pelo menos, 7 unidades de pH do primeiro padrão. Entramos

O eletrodo de vidro não deve permanecer fora d'água (ou em um solvente não aquoso) além do tempo estritamente necessário.

com o valor do segundo tampão no medidor. Finalmente, mergulhamos o eletrodo na solução, cujo pH queremos determinar, agitamos o líquido, esperamos a estabilização da leitura, e lemos no instrumento o valor do pH.

Os eletrodos de vidro devem ser estocados em solução aquosa para evitar a desidratação da membrana de vidro. Idealmente, a solução deve ser semelhante àquela existente no compartimento de referência do eletrodo. Caso o eletrodo seque, ele pode ser recondicionado ficando de molho em solução ácida diluída por várias horas. Se o eletrodo vai ser usado em pH superior a 9, ele deve ser previamente "molhado" com um tampão de pH alto. (O eletrodo de pH com transistor de efeito de campo, descrito na Seção 15.8, deve ser estocado seco. Antes de ser usado, ele deve ser esfregado suavemente com uma escova de pelos macios e mergulhado em um tampão de pH 7 por 10 min.)

Se a resposta do eletrodo de vidro se tornar lenta ou se o eletrodo não puder ser calibrado adequadamente, tentamos recuperá-lo mergulhando-o em uma solução de HCl 6 M, seguido por uma lavagem com água. Como último recurso, mergulhamos o eletrodo, por 1 min, em uma solução aquosa de bifluoreto de amônio, NH_4HF_2, a 20% em massa, contida em um béquer de plástico. Essa solução dissolve o vidro e faz com que surja uma nova superfície. Lavamos o eletrodo com água e tentamos calibrá-lo novamente. *Evite o contato com o bifluoreto de amônio, pois este produz queimaduras tão dolorosas quanto o HF.* Os primeiros socorros para queimaduras de HF estão descritos na margem da Seção 28.2.

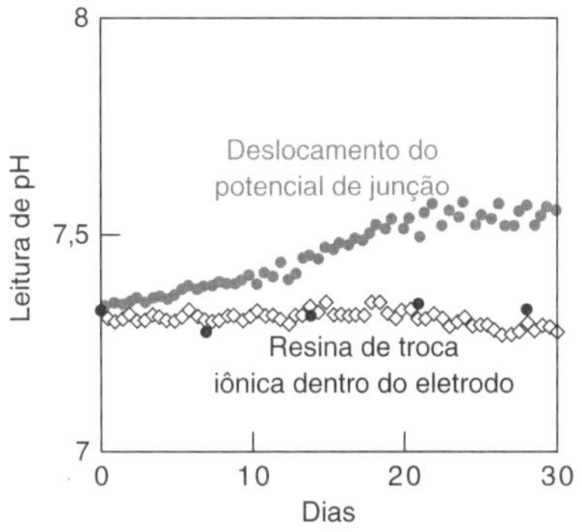

FIGURA 15.20 Os círculos cheios em tom de cinza mostram o deslocamento no pH aparente de um fornecimento de uma água industrial, de baixa condutividade elétrica, monitorada continuamente por meio de um único eletrodo. Medidas individuais feitas com um eletrodo recém-calibrado (círculos negros) demonstram que o pH não está se deslocando. O deslocamento é atribuído a uma pequena retenção nos poros da membrana do eletrodo com AgCl(*s*). Quando uma resina trocadora de cátions é colocada dentro do eletrodo de referência, próxima à membrana porosa, o Ag(I) era retido pela resina e não precipitava. Esse eletrodo fornecia a leitura livre de deslocamento, representada pelos losangos vazados. [Dados de S. Ito, H. Hachiya, K. Baba, Y. Asano e H. Wada, "Improvement of the Ag | AgCl Reference Electrode and Its Application to pH Measurement", *Talanta* **1995**, *42*, 1685.]

Erros na Medida do pH

1. *Padrões*. Uma medida de pH não pode ser mais exata que os padrões disponíveis, geralmente exatos dentro de ±0,01 unidade de pH.
2. *Potencial de junção*. Existe um *potencial de junção* na membrana, próxima à parte inferior do eletrodo na Figura 15.14. Se a composição iônica da solução contendo o analito é diferente da composição do tampão-padrão, o potencial de junção vai variar, *mesmo que o pH das duas soluções seja igual* (Boxe 15.1). Esse efeito produz uma incerteza de pelo menos ~0,01 unidade de pH.
3. *Deslocamento no potencial de junção*. A maioria dos eletrodos combinados tem um eletrodo de referência de Ag | AgCl contendo solução saturada de KCl. Mais de 350 mg de prata por litro se dissolvem na solução de KCl (principalmente como $AgCl_4^{3-}$ e $AgCl_3^{2-}$). Na membrana porosa que separa as soluções interna e externa, o KCl está diluído e o AgCl pode precipitar. Se a solução do analito contém um agente redutor, Ag(*s*) pode precipitar também na membrana. Esses dois efeitos modificam o potencial de junção provocando um deslocamento lento no valor de pH no visor do instrumento, durante um período grande de tempo (círculos cheios em tom de cinza na Figura 15.20). Este erro pode ser corrigido recalibrando-se o eletrodo a cada 2 h.
4. *Erro do sódio*. Quando a concentração de H^+ é muito baixa e a concentração de Na^+ é alta, o eletrodo responde ao Na^+ e o pH medido é menor que o pH verdadeiro. Esta fonte de erro é conhecida como *erro do sódio* ou *erro alcalino* (Figura 15.21).
5. *Erro ácido*. Em meio ácido forte, o pH medido é maior que o pH verdadeiro (Figura 15.21), talvez porque a superfície do vidro está saturada com H^+ e não pode ser protonada em mais nenhum sítio.
6. *Tempo para atingir o equilíbrio*. Decorre algum tempo para que um eletrodo entre em equilíbrio com uma solução. Uma solução bem tamponada, com agitação adequada, precisa de ~30 s para atingir o equilíbrio. Uma solução mal tamponada (por exemplo, próximo ao ponto de equivalência de uma titulação) requer muitos minutos.
7. *Hidratação do vidro*. Um eletrodo seco deve ser imerso por várias horas antes que ele responda corretamente ao H^+.
8. *Temperatura*. Um medidor de pH deve ser calibrado na mesma temperatura em que a medida será feita.
9. *Limpeza*. Se um eletrodo tiver sido exposto a um líquido de natureza hidrofóbica, tal como um óleo, deve ser lavado com um solvente que dissolva este líquido e depois bem acondicionado em solução aquosa. Uma leitura de um eletrodo inadequadamente lavado pode demorar horas até que o eletrodo se equilibre com a solução aquosa.

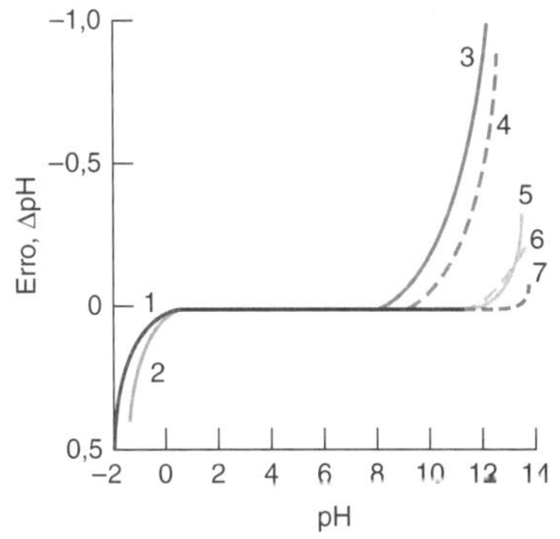

FIGURA 15.21 Erros ácido e alcalino de alguns eletrodos de vidro. 1: Corning 015, H_2SO_4. 2: Corning 015, HCl. 3: Corning 015, Na^+ 1 M. 4: Beckman-GP, Na^+ 1 M. 5: L&N Black Dot, Na^+ 1 M. 6: Beckman Tipo E, Na^+ 1 M. 7: eletrodo Ross.[17] [Dados de R. G. Bates, *Determination of pH: Theory and Practice*, 2. ed. (New York: Wiley, 1973). Os dados do eletrodo Ross são do manual de instruções da Orion *Ross pH Electrode Instruction Manual*.]

O pH aparente mudará se a composição iônica do analito mudar, mesmo quando o pH for constante.

Os erros 1 e 2 limitam a exatidão da medida do pH com o eletrodo de vidro para, no máximo, ±0,02 unidade de pH. As medidas de *diferenças* de valor de pH entre soluções podem ser exatas em torno de ±0,002 unidade de pH. Entretanto, o conhecimento do verdadeiro valor do pH continuará sendo, no mínimo, uma ordem de grandeza mais incerta. Uma incerteza de ±0,02 unidade de pH corresponde a uma incerteza de ±5% na $\mathcal{A}_{H^+}$.

BOXE 15.1 Erros Sistemáticos na Medida do pH da Água de Chuva: Efeito do Potencial de Junção

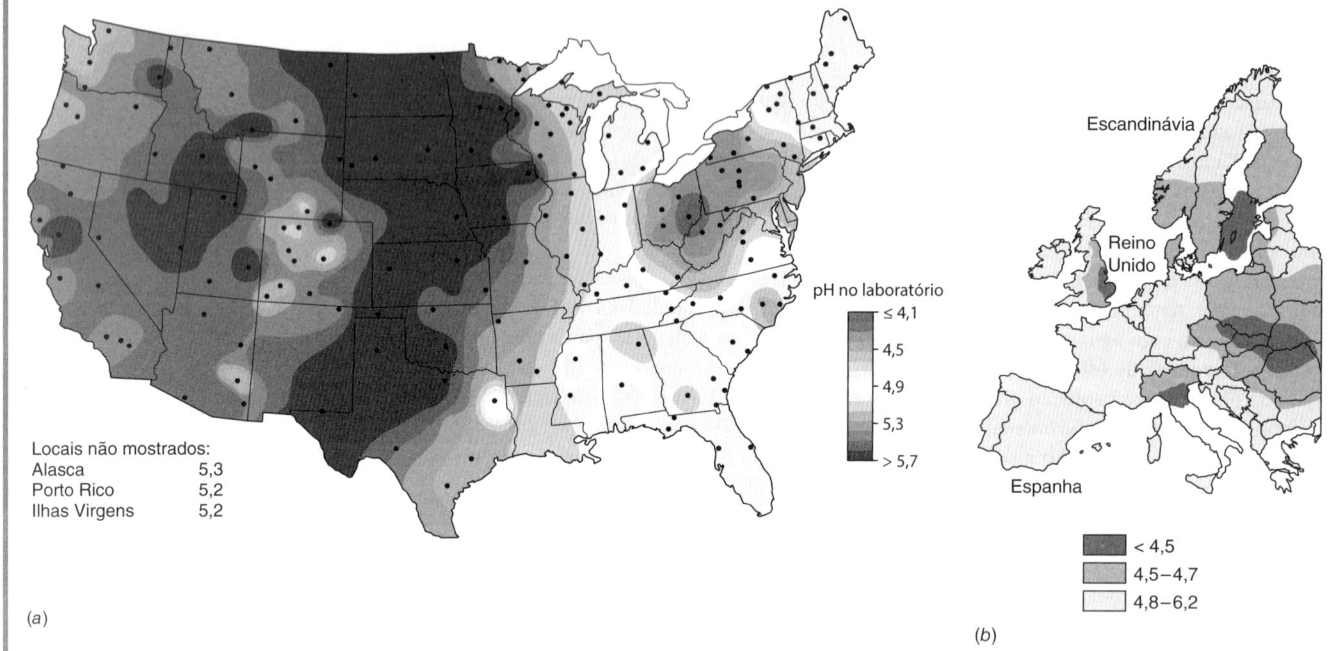

(*a*) pH da chuva nos Estados Unidos em 2011. Quanto menor o pH, mais ácida a água. [Dados de National Atmospheric Deposition Program (NRSP-3). (2007). NADP Program Office, Illinois State Water Survey, 2204 Griffith Dr., Champaign, IL 61820.]

(*b*) pH da chuva na Europa. Valores para Itália e Grécia não são relatados. [Dados de H. Rodhe, F. Dentener e M. Schulz, *Environ. Sci. Technol.* **2002**, *36*, 4382.]

Os produtos de combustão, liberados por automóveis e pelas indústrias, incluem óxidos de nitrogênio e dióxido de enxofre, que podem reagir com a água na atmosfera produzindo ácidos.[21]

$$\underset{}{SO_2} + H_2O \rightarrow \underset{\text{Ácido sulfuroso}}{H_2SO_3} \xrightarrow{\text{Oxidação}} \underset{\text{Ácido sulfúrico}}{H_2SO_4}$$

A *chuva ácida* na América do Norte é mais acentuada na região leste, onde sopram ventos provenientes de regiões com muitas usinas termoelétricas a carvão. No período de 3 anos, entre 1995 e 1997, depois que as emissões de SO_2 foram limitadas por uma nova legislação, houve uma redução de 10 a 25% no teor de SO_4^{2-} e H^+ nas precipitações no leste dos Estados Unidos.[22]

Em todo o mundo, a chuva ácida é uma ameaça a lagos e florestas. O monitoramento de pH na água da chuva é um dos componentes importantes nos programas para medida e redução da produção de chuva ácida.

Para identificar e corrigir os erros sistemáticos nas medidas de pH da água de chuva, foi realizado um estudo cuidadoso em 17 laboratórios.[23] Oito amostras foram distribuídas para cada um dos laboratórios, juntamente com instruções sobre a maneira de realizar as medições. Cada laboratório usou dois tampões para padronizar os medidores de pH. Dezesseis laboratórios mediram com sucesso o pH da Amostra A (dentro de ±0,02 unidade de pH) como igual a 4,008, a 25 °C. Em um dos laboratórios, em que o valor desta medida foi 0,04 unidade de pH mais baixa, constatou-se a existência de um tampão comercial para padronização fora de suas características normais.

A figura *c* mostra resultados típicos para o pH da água de chuva. A média das 17 medidas é dada pela linha horizontal em pH 4,14, e as letras s, t, u, v, w, x, y, z identificam os tipos de eletrodos de pH usados nas medidas. Os tipos s e w tiveram erros sistemáticos relativamente grandes. O eletrodo do tipo s era um eletrodo combinado (Figura 15.14), cujo eletrodo de referência tinha uma junção líquida com área excepcionalmente grande. O eletrodo tipo w tinha um eletrodo de referência preenchido com um gel.

Uma hipótese foi que as variações no potencial de junção líquida (Seção 15.3), causavam variações entre as medidas de pH. Os tampões-padrão possuem forças iônicas geralmente de 0,05 a 0,1 M, enquanto as amostras de água de chuva têm forças iônicas duas ou mais ordens de grandeza menores. Para testar a hipótese de que o potencial de junção causava erros sistemáticos, usou-se uma solução de HCl 2 × 10^{-4} M como um padrão de pH no lugar de tampões com força iônica alta. A figura *d*, vista a seguir, apresenta os bons resultados que foram obtidos em todos os laboratórios, com exceção do primeiro laboratório. O desvio-padrão das 17 medidas foi reduzido de 0,077 unidade de pH (com o tampão-padrão) para 0,029 unidade de pH (com o padrão de HCl). Concluiu-se que o potencial de junção causava a maioria das diferenças entre as medidas feitas em laboratórios diferentes, e que um padrão com força iônica baixa é apropriado para medidas de pH de água de chuva.[24,25]

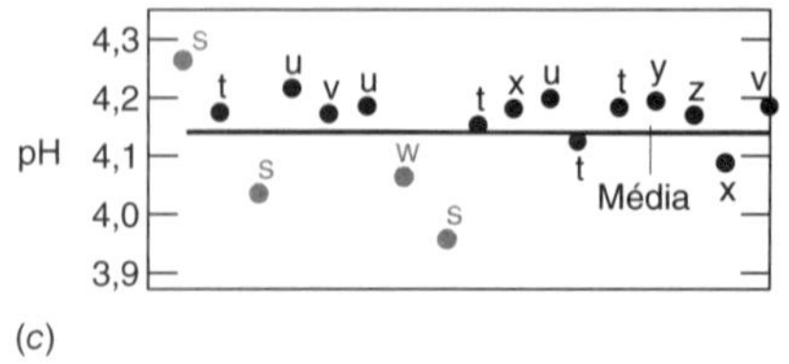

(*c*) pH da água de chuva de amostras idênticas medido em 17 laboratórios diferentes usando tampões-padrão para calibração. As letras representam os diferentes tipos de eletrodos de pH.

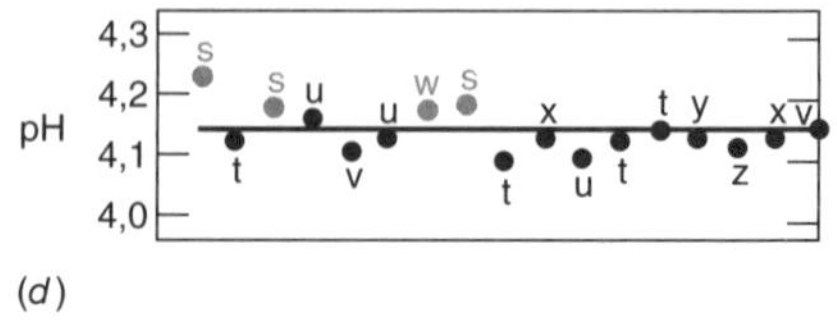

(*d*) pH da água de chuva medido usando-se uma solução de HCl com força iônica baixa para calibração.

Existem Outros Eletrodos de pH Além do Eletrodo de Vidro

Eletrodos de vidro são os mais comuns, mas não os únicos para medidas de pH. Eletrodos de pH de estado sólido baseados no transistor de efeito de campo são descritos ao fim deste capítulo. O sequenciador de DNA mostrado no início deste capítulo emprega um transistor de efeito de campo com uma camada de Ta_2O_5[18] para detecção de H^+ liberado quando uma base nucleotídica é incorporada ao DNA. Eletrodos íon-seletivos de base líquida para medidas de H^+ são descritos na Seção 15.6.

Uma camada de IrO_2 anidro, formada pela oxidação de um fio de irídio, responde ao pH por meio de uma meia-reação que pode ser descrita como[19]

$$IrO_2(s) + H^+ + e^- \rightleftharpoons IrOOH(s)$$

$$E = E^\circ - 0{,}059\,16 \log\left(\frac{1}{[H^+]}\right) = E^\circ - 0{,}059\,16 \text{ pH}$$

Um eletrodo análogo de ZrO_2 pode medir pH acima de 300 °C.[20]

A sonda espacial *Phoenix Mars Lander*, descrita mais adiante no Boxe 15.3, tinha dois eletrodos íon-seletivos de base líquida em cada Laboratório de Química Úmida para medida de pH do solo de Marte em suspensão aquosa. Não se tinha certeza se esses eletrodos iriam sobreviver às temperaturas e pressões encontradas durante a missão, de modo que um robusto eletrodo de pH de IrO_2 também estava presente. O eletrodo de IrO_2 permanece exato em pH > 9, uma condição em que eletrodos íon-seletivos não davam resposta.

Desafio Use a Equação 15.6 para mostrar que o potencial do eletrodo de vidro muda de 1,3 mV quando $\mathcal{A}_{H^+}$ muda de 5,0%. Mostre que 1,3 mV = 0,02 unidade de pH.

Moral: uma pequena incerteza na diferença de potencial (1,3 mV) ou no pH (0,02 unidade) corresponde a uma grande incerteza (5%) na concentração do analito. Incertezas semelhantes surgem em outras medidas potenciométricas.

15.6 Eletrodos Íon-seletivos[26,27]

Um paciente, em estado de saúde crítico, é transportado para o setor de emergência, e o médico responsável precisa rapidamente obter informações químicas sobre o sangue do paciente para chegar a um diagnóstico. Os analitos na Tabela 15.4 fazem parte do perfil químico do sangue de quem se encontra em estado de saúde crítico. Todos os analitos da tabela podem ser determinados por métodos eletroquímicos. Eletrodos íon-seletivos são os escolhidos para realizar as determinações de Na^+, K^+, Ca^{2+}, Cl^-, pH e P_{CO_2} (Figura 15.22). Outros eletrodos íon-seletivos podem determinar medicamentos no sangue, como o monitoramento da concentração do fármaco anticoagulante heparina, administrado durante cirurgias.[28]

A maioria dos eletrodos íon-seletivos se enquadra em uma das seguintes categorias:

1. *Membranas de vidro* para H^+ e certos cátions monovalentes.
2. *Eletrodos de estado sólido* baseados em cristais de sais inorgânicos ou em polímeros condutores.
3. *Eletrodos de base líquida* com uma membrana de polímero hidrofóbico saturada com um líquido de troca iônica hidrofóbico.
4. *Eletrodos compostos* com um eletrodo seletivo a determinada espécie recoberto por uma membrana capaz de separar essa espécie de outras, ou de produzir a espécie a partir de uma reação química.

TABELA 15.4 Informações para cuidados de pacientes em estado crítico

Função	Analito
Condução	K^+, Ca^{2+}
Contração	Ca^{2+}, Mg^{2+}
Nível de energia	Glicose, P_{O_2}, lactato, hematócrito
Ventilação	P_{O_2}, P_{CO_2}
Perfusão	Lactato, saturação de O_2, hematócrito
Ácido-base	pH, P_{CO_2}, HCO_3^-
Osmolalidade	Na^+, glicose
Balanço de eletrólitos	Na^+, K^+, Ca^{2+}, Mg^{2+}
Função renal	Nitrogênio da ureia do sangue, creatinina

FONTE: *Dados de C. C. Young, "Evolution of Blood Chemistry Analyzers Based on Ion Selective Electrodes,"* J. Chem. Ed. ***1997***, *74*, *177*.

Lembrete: Como Funcionam os Eletrodos Íon-seletivos

Na Figura 15.12, os íons correspondentes ao analito entram em equilíbrio com o ligante de troca iônica L em uma membrana íon-seletiva. A difusão dos íons correspondentes ao analito para fora da membrana causa um ligeiro desbalanceamento de carga (uma diferença de potencial elétrico) por meio da interface entre a membrana e a solução do analito. Variações na concentração do íon que corresponde ao analito na solução modificam a diferença de potencial elétrico na fronteira externa da membrana íon-seletiva. Por meio de uma curva de calibração, podemos relacionar a diferença de potencial medida com a concentração do analito em solução.

Um eletrodo íon-seletivo responde à atividade do *analito livre*, ou seja, aquele que não se encontra sob forma complexada. Por exemplo, quando a concentração de Pb^{2+} em água de torneira em pH 8 foi determinada com um eletrodo íon-seletivo suficientemente sensível, o resultado foi $[Pb^{2+}] = 2 \times 10^{-10}$ M.[29] Quando o teor de chumbo, na mesma água de torneira, foi determinado por espectrometria de massa acoplado indutivamente com plasma (Seção 21.6), o resultado foi mais do que 10 vezes maior: 3×10^{-9} M. A discrepância ocorreu porque o plasma indutivamente acoplado mede *todo* o chumbo presente, enquanto o eletrodo íon-seletivo mede apenas o *Pb^{2+} livre*. Em água de torneira com pH 8, a maior parte do chumbo está complexada com CO_3^{2-}, OH^- e outros ânions. Quando o pH da água foi ajustado para 4, o Pb^{2+} dissociou-se de seus complexos e a concentração indicada pelo eletrodo íon-seletivo foi de 3×10^{-9} M – o mesmo valor determinado por plasma indutivamente acoplado.

O eletrodo íon-seletivo responde ao Pb^{2+} com uma resposta menor às espécies $Pb(OH)^+$ ou $Pb(CO_3)(aq)$.

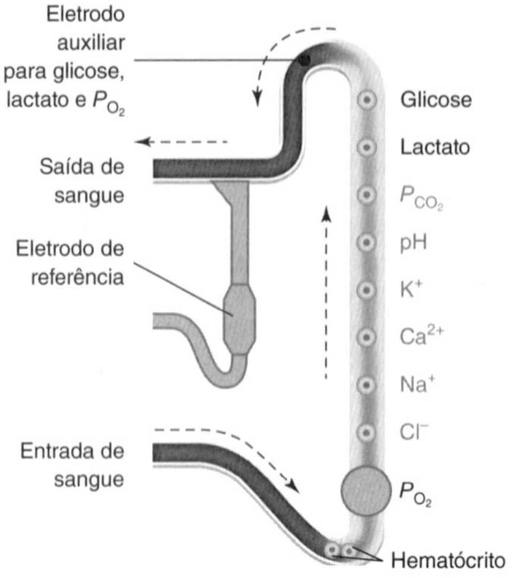

FIGURA 15.22 Diagrama de fluxo do analisador eletroquímico de cuidados críticos, que analisa O_2, CO_2, Cl^-, Na^+, K^+, Ca^{2+}, pH, lactato e glicose em uma fração de uma amostra de 1 mL de sangue em menos de um minuto. Os analitos mostrados nos círculos com pontos são determinados por eletrodos íon seletivos. Oxigênio, glicose e lactato são determinados por *amperometria*, descrita no Capítulo 17. Hematócrito, que é a fração em volume de sangue consistindo em células vermelhas sanguíneas, é determinado por condutividade elétrica. Alguns instrumentos incluem um espectrofotômetro, que determina bilirrubina e formas múltiplas de hemoglobina. [Dados de Instrumentation Laboratory, Bedford MA GEM Premier 5000 analyzer.]

Coeficiente de Seletividade

Nenhum eletrodo consegue responder exclusivamente a um único tipo de íon, mas o eletrodo de vidro para pH está entre os mais seletivos. O íon sódio é a principal espécie interferente, e seu efeito na leitura do pH é apenas significativo quando $[H^+] \leq 10^{-12}$ M e $[Na^+] \geq 10^{-2}$ M (Figura 15.21).

Um eletrodo usado para a medição de um íon A também pode responder para o íon X. O **coeficiente de seletividade** fornece a resposta relativa do eletrodo para diferentes espécies com a mesma carga:

Coeficiente de seletividade:
$$K_{A,X}^{Pot} = \frac{\text{resposta para X}}{\text{resposta para A}} \tag{15.9}$$

O sobrescrito "Pot" para "potenciométrica" é habitual na literatura química. Quanto menor o coeficiente de seletividade, menor a interferência da espécie X. Um eletrodo íon-seletivo para o K^+ que utiliza o quelante valinomicina (Figura 15.13) como um líquido trocador de íons possui coeficientes de seletividade $K_{K^+,Na^+}^{Pot} = 1 \times 10^{-5}$, $K_{K^+,Cs^+}^{Pot} = 0,44$ e $K_{K^+,Rb^+}^{Pot} = 2,8$. Esses coeficientes informam que o Na^+ quase não interfere na determinação de K^+, mas o Cs^+ e o Rb^+ são fortes interferentes. Na realidade, o eletrodo responde melhor para o Rb^+ que para o K^+.

Se a resposta para cada íon é nernstiana, então a resposta de um eletrodo íon-seletivo para seu íon primário (A) e para os íons interferentes de *mesma carga* (X) é[12,30]

Resposta do eletrodo íon-seletivo:
$$E = \text{constante} \pm \frac{0,059\,16}{z_A} \log[\mathcal{A}_A + \sum_X K_{A,X}^{Pot} \mathcal{A}_X] \tag{15.10}$$

em que z_A é a magnitude da carga de A, $\mathcal{A}_A$ e $\mathcal{A}_X$ são atividades e $K_{A,X}^{Pot}$ é o coeficiente de seletividade para cada íon interferente. Se o eletrodo íon-seletivo é conectado ao terminal positivo do potenciômetro, o sinal antes do termo logarítmico é positivo se A for um cátion e negativo se A for um ânion. O Boxe 15.2 descreve como os coeficientes de seletividade são medidos. O Problema 15.46 fornece uma fórmula para estimativa do erro na medida do íon primário A causada pela interferência do íon X, que não tem necessariamente a mesma carga do íon A.

EXEMPLO Usando o Coeficiente de Seletividade

Um eletrodo íon-seletivo para fluoreto possui um coeficiente de seletividade $K_{F^-,OH^-}^{Pot} = 0,1$. Qual será a variação no potencial do eletrodo, quando uma solução de F^- $1,0 \times 10^{-4}$ M, em pH 5,5, tem o valor de seu pH aumentado para 10,5?

Solução Usando a Equação 15.10, determinamos o potencial, desprezando-se o OH^-, em pH 5,5:

$$E = \text{constante} - 0,059\,16 \log[1,0 \times 10^{-4}] = \text{constante} + 236,6 \text{ mV}$$

Em pH 10,50, $[OH^-] = 3,2 \times 10^{-4}$ M, de modo que o potencial do eletrodo é

$$E = \text{constante} - 0,059\,16 \log[1,0 \times 10^{-4} + (0,1)(3,2 \times 10^{-4})]$$
$$= \text{constante} + 229,5 \text{ mV}$$

A diferença entre os potenciais é 229,5 – 236,6 = –7,1 mV, um valor bem significativo. Se não soubéssemos sobre a variação do pH, pensaríamos que a concentração de F^- teve um aumento de 32%.

TESTE-SE Determine a variação do potencial quando uma solução de F^- $1,0 \times 10^{-4}$ M, em pH 5,5, tem o valor de seu pH aumentado para 9,5. (***Resposta:*** –0,8 mV.)

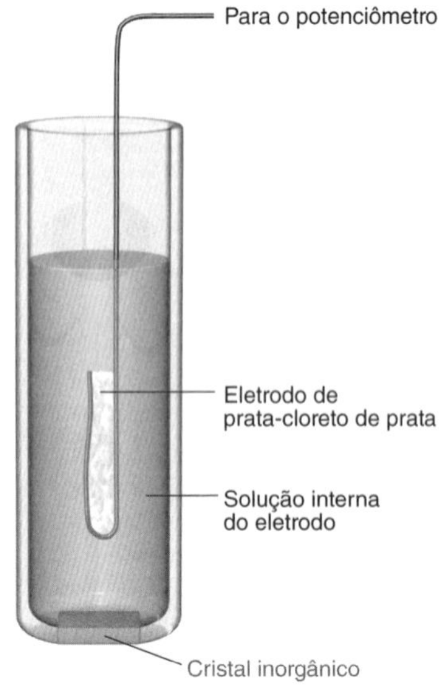

FIGURA 15.23 Diagrama esquemático de um eletrodo íon-seletivo usando um cristal de sal inorgânico como membrana íon-seletiva.

Eletrodos de Estado Sólido

A Figura 15.23 mostra um **eletrodo íon-seletivo de estado sólido**, cujo funcionamento é baseado em um cristal inorgânico. Um eletrodo desse tipo bastante conhecido é o eletrodo de fluoreto, que usa um cristal de LaF_3 dopado com Eu^{2+}. *Dopar* significa adicionar uma pequena quantidade de Eu^{2+} capaz de ocupar um lugar que poderia ser ocupado pelo La^{3+}. A solução interna do eletrodo contém NaF 0,1 M e NaCl 0,1 M. O eletrodo de fluoreto é usado para monitorar e controlar o processo de fluoretação da água fornecida para as cidades.

O íon F^- migra peço cristal de LaF_3 conduzindo uma pequena corrente elétrica, como vemos na Figura 15.24. Dopando-se o LaF_3 com EuF_2, são formadas lacunas aniônicas dentro do cristal. Um íon fluoreto adjacente pode saltar para dentro da lacuna, produzindo, assim, uma nova lacuna no lugar que ocupava antes do salto. Dessa maneira, o F^- se difunde de um lado para o outro.

BOXE 15.2 Medida do Coeficiente de Seletividade para um Eletrodo Íon-seletivo

Quando estiver medindo coeficientes de seletividade, você tem que *demonstrar* que a resposta do eletrodo a cada íon interferente segue a equação de Nernst.[30,31,32] Isso não é tão simples quanto parece. Uma membrana íon-seletiva que está em equilíbrio com seu íon primário pode tornar-se cineticamente insensível a íons interferentes fracamente ligados.

O gráfico visto a seguir mostra o *método das soluções separadas* para medida dos coeficientes de seletividade. Nesse método, uma curva de calibração é construída para cada um dos tipos de íons. Outros procedimentos comuns são o *método do interferente fixo* e o *método do potencial equivalente*.[31]

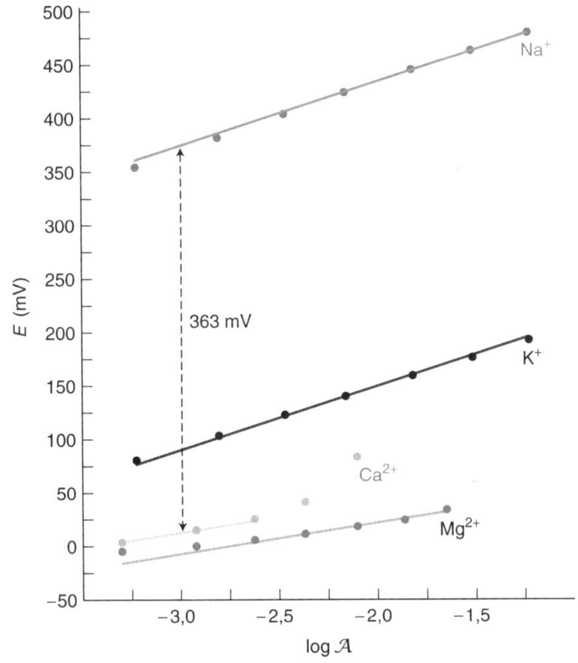

Medida dos coeficientes de seletividade do eletrodo íon-seletivo ao Na^+. As atividades na abscissa foram calculadas a partir de coeficientes de atividade e de concentrações. [Dados de E. Bakker, "Determination of Unbiased Selectivity Coefficients of Neutral Carrier-Based Cation-Selective Electrodes," *Anal. Chem.* **1997**, *69*, 1061.]

O gráfico mostra a resposta de um eletrodo íon-seletivo ao sódio para os íons interferentes K^+, Ca^{2+} e Mg^{2+}. Para obter uma resposta nernstiana aos íons interferentes, o eletrodo foi preparado na ausência de Na^+. O eletrodo foi preenchido com KCl 0,01 M e deixado em contato com uma solução de KCl 0,01 M durante a noite para condicionar a membrana íon-seletiva antes das medidas. Depois das medidas do K^+, Ca^{2+} e Mg^{2+}, o Na^+ foi determinado. Para uso subsequente para medir Na^+, a solução interna é substituída pela solução de NaCl 0,01 M.

Os dados demonstram uma resposta aproximadamente nernstiana para cada íon. Na temperatura do laboratório de 21,5 °C, a resposta nernstiana seria $(RT \ln 10)/zF = 58{,}5/z$ mV para uma variação de 10 vezes de atividade iônica, com z sendo a carga do íon. Os coeficientes angulares medidos são de 61,3 ± 1,5 mV para o Na^+, 56,3 ± 0,6 mV para o K^+, 26,0 ± 1,0 mV para o Mg^{2+} e 31,2 ± 0,7 mV para o Ca^{2+}. O desvio do Ca^{2+} com relação à linha reta acima da atividade de $10^{-2,5}$ é atribuído a impurezas de Na^+ no $CaCl_2$ de alta pureza. A resposta do eletrodo ao Na^+ é muito maior do que a do Ca^{2+}, de modo que uma pequena quantidade de Na^+ tem um grande efeito.

Para determinar o coeficiente de seletividade, medimos a diferença entre a reta de calibração do Na^+ e a reta para o íon interferente em uma atividade qualquer de interesse e usamos a equação

$$\log K_{A,X}^{Pot} = \frac{z_A F(E_X - E_A)}{RT \ln 10} + \log\left(\frac{\mathcal{A}_A}{(\mathcal{A}_X)^{z_A/z_X}}\right) \quad \textbf{(15.11)}$$

em que A = Na^+ com carga $z_A = 1$ e X é um íon interferente de carga z_X. Em uma atividade de 10^{-3}, a linha tracejada mostra uma diferença de $E_{Ca^{2+}} - E_{Na^+} = -363$ mV. O coeficiente de seletividade é

$$\log K_{Na^+,Ca^{2+}}^{Pot} = \frac{(+1)F(-0{,}363\ V)}{RT \ln 10} + \log\left(\frac{10^{-3}}{(10^{-3})^{1/2}}\right) = -7{,}7$$

Outras retas no gráfico indicam que $\log K_{Na^+,Mg^{2+}}^{Pot} = -8{,}0$ e $\log K_{Na^+,K^+}^{Pot} = -4{,}9$.

Por analogia com o eletrodo de pH, a resposta do eletrodo de F^- é

Resposta do eletrodo de F^-. $$E = \text{constante} - \beta(0{,}059\,16)\log \mathcal{A}_{F^-(\text{externa})} \quad \textbf{(15.12)}$$

em que β é próximo de 1,00. A Equação 15.12 tem um sinal negativo antes do termo logarítmico porque o fluoreto é um ânion. O eletrodo de F^- fornece uma resposta praticamente nernstiana em uma faixa de concentração de F^- de, aproximadamente, 10^{-6} M a 1 M (Figura 15.25). O eletrodo responde mais ao F^- do que a outros íons por mais de 1 000 vezes. A única espécie interferente é o íon OH^-, para a qual o coeficiente de seletividade é $K_{F^-,OH^-}^{Pot} = 0{,}1$. Em pH baixo, o íon F^- se converte em HF ($pK_a = 3{,}17$), para o qual o eletrodo não é sensível.

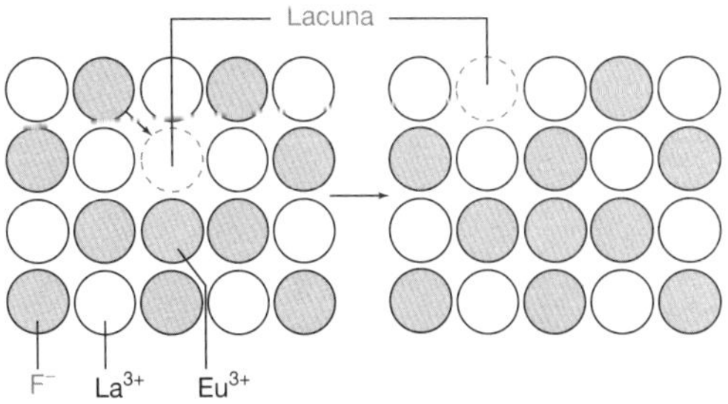

FIGURA 15.24 Migração de íons F^- por meio de LaF_3 dopado com EuF_2. Como o Eu^{2+} possui carga menor que o La^{3+}, existe uma lacuna aniônica para cada Eu^{2+}. Um íon F^- vizinho pode pular para dentro dessa lacuna fazendo, desse modo, com que a lacuna se mova para o lugar ocupado anteriormente pelo íon F^-. A repetição desse processo move o F^- ao longo do retículo cristalino.

Um procedimento rotineiro para medirmos F^- consiste em diluir a amostra desconhecida em um tampão com força iônica alta contendo ácido acético, citrato de sódio, NaCl e NaOH para ajustar o pH em 5,5. O tampão mantém todos os padrões e a amostra desconhecida em uma força iônica constante. Dessa maneira, o coeficiente de atividade do íon fluoreto, em todas as soluções, é constante (e pode, portanto, ser ignorado).

$$E = \text{constante} - \beta(0{,}059\,16)\log[F^-]\gamma_{F^-}$$
$$= \underbrace{\text{constante} - \beta(0{,}059\,16)\log\gamma_{F^-}}_{\text{Esta expressão é constante porque o } \gamma_{F^-} \text{ é constante em força iônica constante}} - \beta(0{,}059\,16)\log[F^-]$$

Em pH 5,5, não há interferência em virtude do íon OH^- e há uma pequena conversão de F^- em HF. O citrato serve para complexar os íons Fe^{3+} e Al^{3+}, que, caso contrário, poderiam se ligar ao F^-, interferindo na análise.

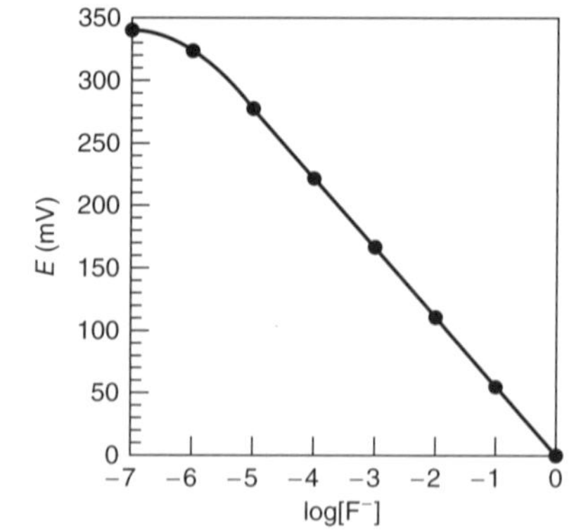

FIGURA 15.25 Curva de calibração para o eletrodo seletivo ao íon fluoreto. [Dados de M. S. Frant e J. W. Ross, Jr., "Electrode for Sensing Fluoride Ion Activity in Solution," *Science* **1966**, *154*, 1553.]

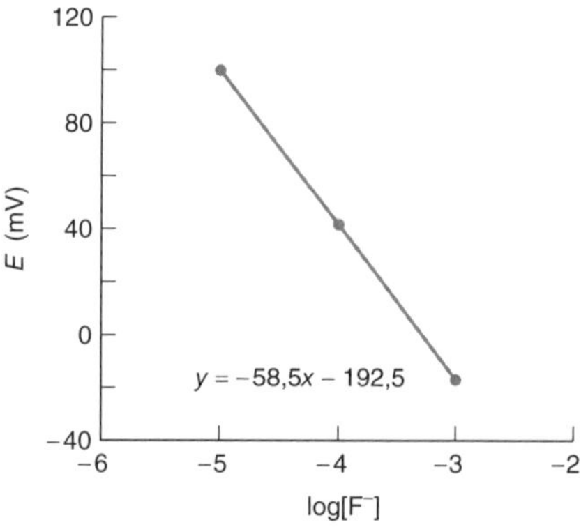

EXEMPLO Resposta de um Eletrodo Íon-seletivo

Quando um eletrodo de fluoreto é imerso em soluções-padrão (mantidas em uma força iônica constante de 0,1 M com $NaNO_3$), os seguintes potenciais (contra o E.C.S.) são observados:

$[F^-]$ (M)	E (mV)
$1{,}00 \times 10^{-5}$	100,0
$1{,}00 \times 10^{-4}$	41,5
$1{,}00 \times 10^{-3}$	−17,0

Como a força iônica é constante, a resposta do eletrodo deve depender do logaritmo da *concentração* de F^-. Determine a concentração de $[F^-]$ em uma amostra desconhecida que apresentou um potencial de 0,0 mV.

Solução Primeiramente, ajustamos os dados de calibração com a Equação 15.12:

$$\underbrace{E}_{y} = m \underbrace{\log[F^-]}_{x} + b$$

Fazendo um gráfico de E contra log $[F^-]$, obtém-se uma reta com um coeficiente angular m = −58,5 mV e uma interseção em y de b = −192,5 mV. Fazendo E = 0,0 mV, calculamos $[F^-]$:

$$0{,}0 \text{ mV} = (-58{,}5 \text{ mV})\log[F^-] - 192{,}5 \text{ mV} \Rightarrow [F^-] = 5{,}1 \times 10^{-4} \text{ M}$$

TESTE-SE Determine $[F^-]$ se E = 81,2 mV. A curva de calibração é válida para E = 110,7 mV? (***Resposta:*** $2{,}1 \times 10^{-5}$ M; não, porque os pontos de calibração não vão acima de 100 mV.)

Outro eletrodo comum usa um cristal inorgânico de Ag_2S como membrana. Esse eletrodo responde para Ag^+ e para S^{2-}. Dopando-se o cristal com CuS, CdS ou PbS, é possível preparar-se eletrodos sensíveis a Cu^{2+}, Cd^{2+} ou Pb^{2+}, respectivamente (Tabela 15.5).

A Figura 15.26 ilustra o mecanismo pelo qual um cristal de CdS responde seletivamente a certos íons. O cristal de CdS pode ser clivado, de modo a expor os planos correspondentes aos átomos de Cd ou aos átomos de S. O plano que contém os átomos de Cd, na Figura 15.26a, adsorve seletivamente íons HS^-, enquanto o plano de átomos de S não interage fortemente com o HS^-. A Figura 15.26b mostra uma resposta intensa da face exposta do Cd para o HS^-, mas apenas uma resposta fraca quando a face do S é exposta. O comportamento oposto é observado na resposta com relação aos íons Cd^{2+}. A resposta parcial da face contendo átomos de S para os íons HS^-, na curva superior na figura, é atribuída ao fato de que somente cerca de 10% dos átomos expostos são realmente de Cd em vez de S.

Eletrodos Íon-seletivos de Base Líquida[33]

Um **eletrodo íon-seletivo de base líquida** é semelhante ao eletrodo de estado sólido na Figura 15.23, com a exceção de que o cristal sólido é substituído por uma membrana impregnada com um trocador de íons hidrofóbico (chamado um *ionóforo*), que é seletivo para o íon do analito (Figura 15.27). A resposta de um eletrodo íon-seletivo ao Ca^{2+} é dada por

Resposta do eletrodo de Ca^{2+}: $$E = \text{constante} + \beta\left(\frac{0{,}059\,16}{2}\right)\log \mathcal{A}_{Ca^{2+}}(\text{externa}) \quad \textbf{(15.13)}$$

TABELA 15.5 Propriedades dos eletrodos íon-seletivos de estado sólido

Íon	Faixa de concentração (M)	Material da membrana	Faixa de pH	Espécies interferentes
F^-	$10^{-6} - 1$	LaF_3	5–8	OH^- (0,1 M)
Cl^-	$10^{-4} - 1$	AgCl	2–11	CN^-, S^{2-}, I^-, $S_2O_3^{2-}$, Br^-
Br^-	$10^{-5} - 1$	AgBr	2–12	S^{2-}, I^-, CN^-
I^-	$10^{-6} - 1$	AgI	3–12	S^{2-}
SCN^-	$10^{-5} - 1$	AgSCN	2–12	S^{2-}, I^-, CN^-, Br^-, $S_2O_3^{2-}$
CN^-	$10^{-6} - 10^{-2}$	AgI	11–13	S^{2-}, I^-
S^{2-}	$10^{-5} - 1$	Ag_2S	13–14	

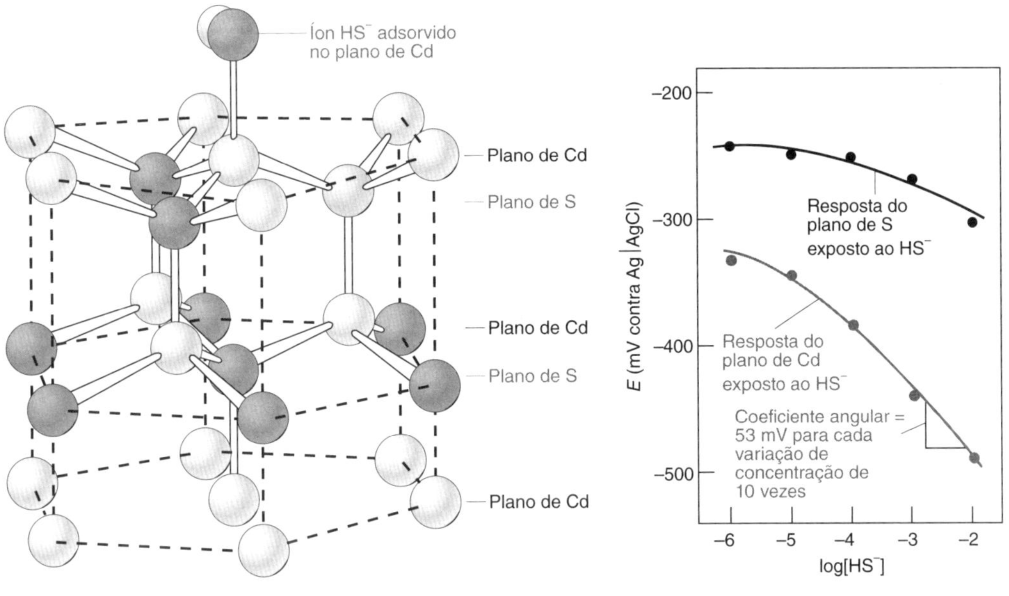

FIGURA 15.26 (*a*) Estrutura cristalina do CdS hexagonal, mostrando os planos alternados de Cd e de S ao longo do eixo vertical na figura (eixo *c* do cristal). O íon HS^- é mostrado adsorvido no plano superior de Cd. (*b*) Resposta potenciométrica das faces do cristal expostas ao HS^-. [Dados de K. Uosaki, Y. Shigematsu, H. Kita, Y. Umezawa e R. Souda, "Crystal-Face-Specific Response of a Single-Crystal Cadmium Sulfide Based Ion-Selective Electrode," *Anal. Chem.* **1989**, *61*, 1980.]

em que β é próximo de 1,00. As Equações 15.13 e 15.12 têm sinais diferentes antes do termo logarítmico, pois uma das equações envolve um ânion e a outra um cátion. Notamos, também, que a carga do íon Ca^{2+} requer um fator 2 no denominador, antes do logaritmo.

A membrana na base do eletrodo da Figura 15.27 é feita de poli(cloreto de vinila) impregnada com um trocador de íons. Determinado líquido iônico, com capacidade de troca iônica para Ca^{2+}, é formado por um ligante hidrofóbico neutro (L), chamado *ionóforo*, e um sal do ânion hidrofóbico (Na^+R^-) dissolvido em um líquido hidrofóbico (Figura 15.28) na membrana de poli(cloreto de vinila). As maiores interferências para este tipo de eletrodo de Ca^{2+} são provenientes do Sr^{2+}. O coeficiente de seletividade na Equação 15.9 é $K^{\text{Pot}}_{Ca^{2+},Sr^{2+}} = 0{,}13$, o que significa que a resposta ao Sr^{2+} é 13% maior que a resposta para a mesma concentração de Ca^{2+}. Para a maioria dos cátions, $K^{\text{Pot}}_{Ca^{2+},X} < 10^{-3}$.

A sonda espacial *Phoenix Mars Lander*, descrita na abertura do Capítulo 7, tinha eletrodos íon-seletivos para estudar a química do solo de Marte. Os eletrodos íon-seletivos de base líquida para H^+ usavam um ionóforo denominado ETH 2418 (Figura 15.29). Esse ionóforo responde na faixa de pH entre 1 e 9 e tem coeficientes de seletividade $K^{\text{Pot}}_{H^+,Na^+} = 10^{-8,6}$, $K^{\text{Pot}}_{H^+,K^+} = 10^{-9,7}$ e $K^{\text{Pot}}_{H^+,Ca^{2+}} = 10^{-7,8}$. O Boxe 15.3 mostra como a interferência de eletrodo levou à descoberta de perclorato em Marte.

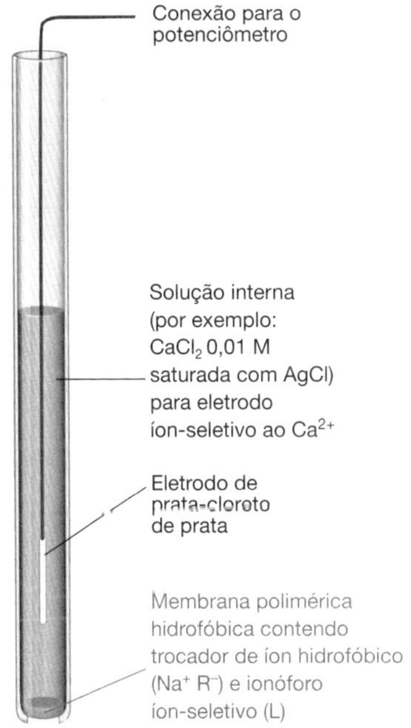

FIGURA 15.27 Eletrodo seletivo para o íon cálcio baseado em um trocador de íons líquido.

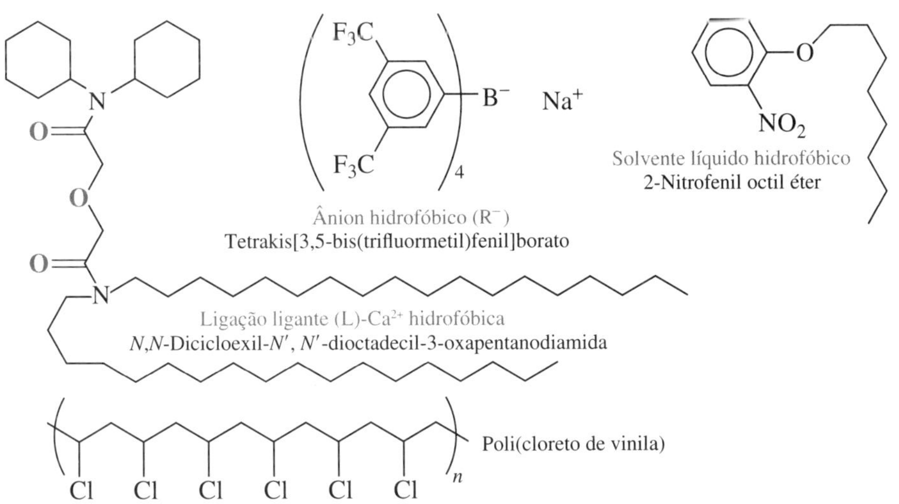

FIGURA 15.28 Componentes da membrana de um eletrodo íon-seletivo para o Ca^{2+}. O ligante L é um ionóforo que se liga seletivamente ao Ca^{2+}.

BOXE 15.3 Como o Perclorato Foi Descoberto em Marte?[34]

Ninguém esperava que o perclorato (ClO_4^-) fosse abundante em Marte, de modo que o Laboratório de Química Úmida da sonda espacial *Phoenix Mars Lander* não foi projetado para procurar ClO_4^-. Entretanto, o eletrodo íon-seletivo para nitrato mandado para Marte era 1 000 vezes *mais sensível* ao ClO_4^- do que ao NO_3^-. Isto é, $K^{Pot}_{NO_3^-,ClO_4^-} = 10^3$. O líquido usado para retirar íons do solo tinha uma quantidade residual de NO_3^- próxima de 1 mM. O nitrato somente seria detectado se estivesse presente em concentrações acima de 1 mM.

Imagine a surpresa nos olhos do Professor Sam Kounaves e de seus estudantes na Universidade de Tufts quando os eletrodos íon-seletivos que eles ajudaram a conceber e a construir apresentaram uma enorme e inesperada resposta. Quando os sais foram removidos de 1 g do solo de Marte por água no Laboratório de Química Úmida, o potencial do eletrodo de NO_3^- variou de 200 mV, correspondendo a uma concentração aparente de NO_3^- acima de 1 M. Entretanto, essa concentração correspondia a uma massa de NO_3^- maior do que a massa de solo que estava sendo analisada. Por sua vez, 4 a 6 mg de ClO_4^- em 1 g de solo produziriam a resposta observada. O perclorato ocorre em teores semelhantes em regiões áridas de nosso planeta, incluindo o deserto de Atacama e os vales secos da Antártida.[35] Na Terra, acredita-se que ClO_4^- surgiu a partir de reações fotoquímicas do ozônio (O_3) com o cloro na atmosfera. Em Marte, o íon ClO_4^- pode ser produzido via foto-oxidação por ultravioleta de cloretos sólidos na presença de catalisadores minerais.[36,37] Os resultados da *Curiosity Rover* obtidos em 2012 são consistentes com a presença de perclorato de cálcio hidratado em Marte.[37] Uma evidência independente para a presença de ClO_4^- provém da observação que o solo marciano libera um produto cuja massa molecular é 32 sob decomposição térmica a 450 °C. O perclorato libera O_2 (massa 32) nessa temperatura.

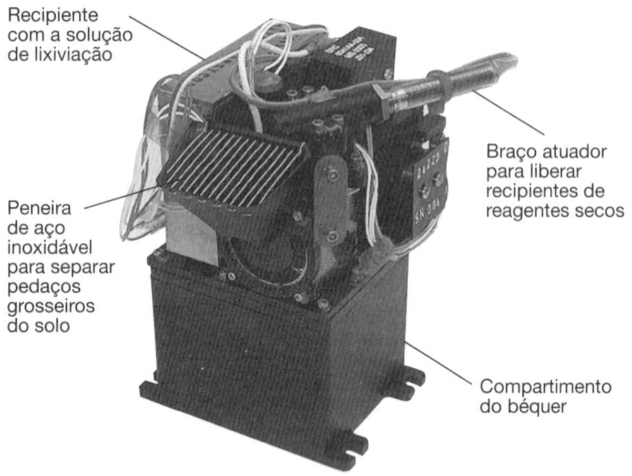

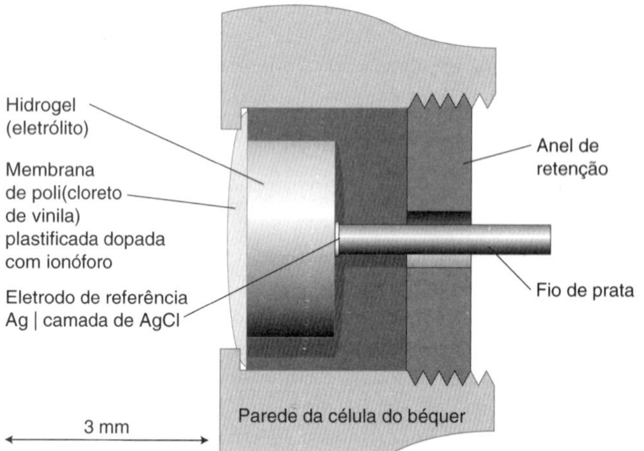

Esquerda: uma das quatro células do Laboratório de Química Úmida para análise do solo da sonda espacial *Phoenix Mars Lander*, em 2008, cujo braço robótico é mostrado na abertura do Capítulo 7. Os sensores estão fixados nas paredes de um "béquer" de plástico epóxi de 40 mL. Quinze eletrodos íon-seletivos mediram Ca^{2+}, Mg^{2+}, K^+, NO_3^-, NH_4^+, SO_4^{2-}, Cl^-, Br^-, I^- e H^+ lixiviados do solo para uma solução aquosa. Outros eletrodos mediram condutividade, potencial de redução, pares redox e metais redutores, incluindo Cu^{2+}, Cd^{2+}, Pb^{2+}, Fe^{2+}, Fe^{3+} e Hg^{2+}. [(Esquerda) NASA/JPL-Caltech/University of Arizona/Max Planck Institute. (Direita) Reproduzida sob permissão de Wiley, de S. P. Kounaves *et al.*, "The MECA Wet Chemistry Laboratory on the 2007 Phoenix Mars Scout Lander", *J. Geophys. Res.* **2009**, *114*, E00A19, Figura 11.]

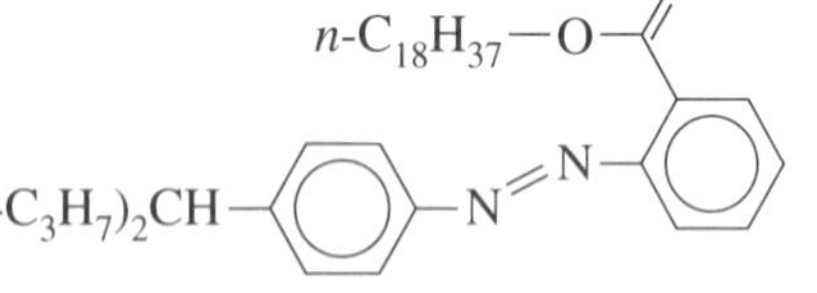

Ionóforo ETH 2418 para H^+

FIGURA 15.29 Ionóforo ETH 2418 para eletrodos íon-seletivos de H^+ de base líquida. ETH representa o Instituto Federal de Tecnologia da Suíça (Eidgenössische Technische Hochschule Zürich), onde muitos ionóforos foram sintetizados.

A Figura 15.30 mostra uma arquitetura possível para os eletrodos íon-seletivos circulares no analisador de sangue de cuidados críticos na Figura 15.22. A membrana íon-seletiva é preparada evaporando uma solução de tetraidrofurano contendo poli(cloreto de vinila), um plastificante, um sal fortemente hidrofóbico ($K^+(C_6F_5)_4B^-$) e o ionóforo tridodecilamina para H^+. Uma camada fina do polímero eletricamente condutor atua como um transdutor íon-elétron entre a membrana íon-seletiva e o eletrodo de ouro. O polímero condutor possui cadeias alquílicas longas para torná-lo hidrofóbico. O polímero se torna eletricamente condutor quando ele é parcialmente oxidado por um potencial positivo aplicado ao ouro.

O polímero condutor na Figura 15.30 foi concebido para ser muito hidrofóbico a fim de evitar a formação de uma camada aquosa microscopicamente fina entre o polímero e a membrana íon-seletiva. Forma-se uma camada aquosa na presença de polímeros condutores menos hidrofóbicos. A camada aquosa absorve CO_2 do sangue, produzindo um potencial que interfere na resposta do H^+.

Melhorando os Limites de Detecção de Eletrodos Íon-seletivos[29]

A Agência Norte-Americana de Proteção do Meio Ambiente exige que os fornecedores de água eliminem o chumbo se mais de 10% das amostras de água de torneira contêm mais de 15 ppb (7×10^{-8} M) de chumbo. A curva de cor escura na Figura 15.31 mostra que muitos eletrodos íon-seletivos de base líquida não conseguem medir chumbo em concentrações abaixo de 10^{-6} M. A solução no compartimento interno do eletrodo é constituída de $PbCl_2$ 0,5 mM.

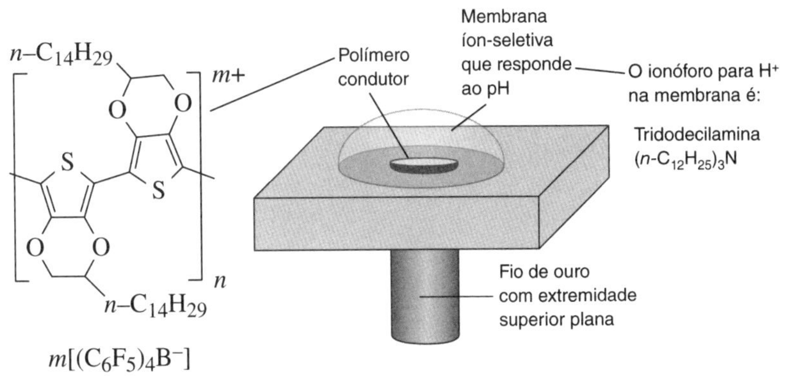

FIGURA 15.30 Estrutura do eletrodo íon-seletivo experimental para determinação do pH no analisador de sangue de cuidados críticos na Figura 15.22. [Dados de E. Lindner, University of Memphis. Ver M. Guzinski, J. M. Jarvis, P. D'Orazio, A. Izadyar, B. D., Pendley e E. Lindner, "Solid-Contact pH sensor Without CO2 Interference with a Superhydrophobic PEDOT-C_{14} as Solid Contact. The Ultimate 'Water Layer' Test", *Anal. Chem.* **2017**, *89*, 8468.]

A curva de cor clara na Figura 15.31 foi obtida com o mesmo eletrodo, mas sua solução interna foi substituída por um *tampão de íon metálico* (Seção 15.7) que fixa o valor de $[Pb^{2+}]$ em 10^{-12} M. Agora, o eletrodo responde a variações na concentração do analito para concentrações de $[Pb^{2+}]$ abaixo de ~10^{-11} M, podendo ser útil para a determinação de chumbo em água potável.

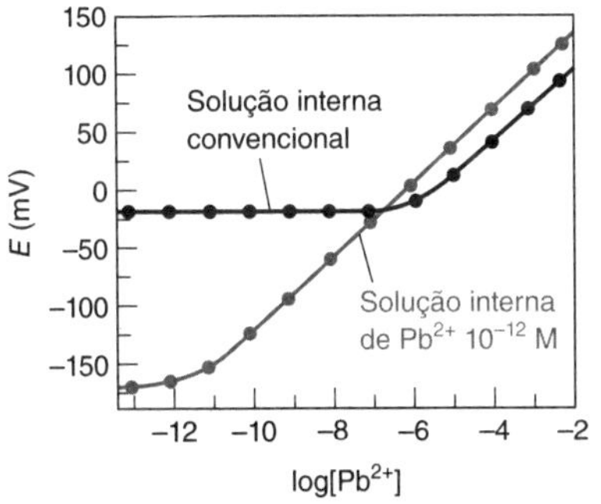

FIGURA 15.31 Resposta de um eletrodo íon-seletivo de base líquida para o íon Pb^{2+}, com uma solução interna do eletrodo constituída por Pb^{2+} 0,5 mM (*curva escura*), ou uma solução interna constituída por um tampão de íon metálico que fixa a $[Pb^{2+}]$ em 10^{-12} M (*curva de cor clara*). [Dados de T. Solalsky, A. Ceresa, T. Zwickl e E. Pretsch, "Large Improvement of the Lower Detection Limit of Ion-Selective Polymer Membrane Electrodes", *J. Am. Chem. Soc.* **1997**, *119*, 11347.]

Os limites de detecção dos eletrodos íon-seletivos de base líquida são limitados pela passagem gradual do íon primário (Pb^{2+}, nesse caso) da solução interna do eletrodo para a solução externa, por meio da membrana de troca iônica. Este deslocamento fornece uma concentração significativa do íon primário na superfície externa da membrana. Se a concentração do analito for inferior a 10^{-6} M, o deslocamento proveniente da parte interna do eletrodo mantém uma concentração efetiva próxima de 10^{-6} M na superfície externa do eletrodo. Com a diminuição da concentração do íon primário na parte interna do eletrodo, a concentração do íon que escapa pela membrana é reduzida em muitas ordens de grandeza e o limite de detecção do eletrodo torna-se menor.

A resposta do eletrodo com Pb^{2+} 10^{-12} M na solução interna é limitada pela interferência provocada pelo Na^+ na solução interna do eletrodo que contém Na_2EDTA 0,05 M, um dos reagentes que forma o tampão de íon metálico. Entretanto, não apenas o limite de detecção de Pb^{2+} melhora de um fator 10^5, mas a seletividade observada para o Pb^{2+} com relação a outros cátions melhora de várias ordens de grandeza. A Tabela 15.6 mostra os limites de detecção e os coeficientes de seletividade para eletrodos íon-seletivos em que precauções são tomadas para evitar a perda do íon primário.

Outra maneira de abaixar o limite de detecção de um eletrodo íon-seletivo é diminuir a mobilidade do íon primário por meio da membrana íon-seletiva, de modo que o íon primário não possa difundir-se prontamente da solução interna do eletrodo para a parte externa da membrana. A Figura 15.32a mostra uma membrana vinílica polimérica, contendo nanopartículas de polianilina eletricamente condutora, que se liga seletivamente ao Pb^{2+}. A membrana vinílica não contém plastificante, de modo que a difusão do Pb^{2+} pela membrana é 10^6 vezes mais lenta do que em membranas plastificadas comerciais. Um eletrodo como aquele mostrado na

TABELA 15.6 Limites de detecção e coeficientes de seletividade para eletrodos íon-seletivos de base líquida operando sem perda de íon primário

Íon primário (A)	Limite de detecção para A (μM)	Coeficiente de seletividade para alguns íons interferentes (X) $\log K^{Pot}_{A,X}$ (Equação 15.9)
Na^+	30	H^+, −4,8; K^+, −2,7; Ca^{2+}, −6,0
K^+	5	Na^+, −4,2; Mg^{2+}, −7,6; Ca^{2+}, −6,9
NH_3	20	
Cs^+	8	Na^+, −4,7; Mg^{2+}, −8,7; Ca^{2+}, −8,5
Ca^{2+}	0,1	H^+, −4,9; Na^+, −4,8; Mg^{2+}, −5,3
Ag^+	0,03	H^+, −10,2; Na^+, −10,3; Ca^{2+}, −11,3
Pb^{2+}	0,06	H^+, −5,6; Na^+, −5,6; Mg^{2+}, −13,8
Cd^{2+}	0,1	H^+, −6,7; Na^+, −8,4; Mg^{2+}, −13,4
Cu^{2+}	2	H^+, −0,7; Na^+, < −5,7; Mg^{2+}, < −6,9
ClO_4^-	20	OH^-, −5,0; Cl^-, −4,9; NO_3^-, −3,1
I−	2	OH^-, −1,7

FONTE: *Dados de E. Bakker e E. Pretsch, "Modern Potentiometry,"* Angew. Chem. Int. Ed. ***2007***, 46, *5660.*

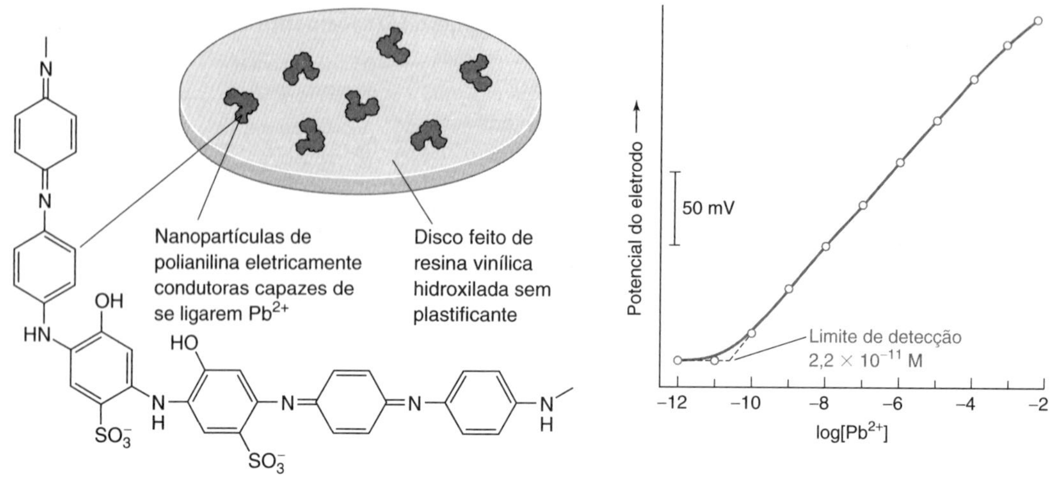

FIGURA 15.32 *Esquerda*: membrana polimérica vinílica contendo tetrafenilborato de sódio e nanopartículas de polianilina eletricamente condutora que se ligam seletivamente a íons Pb^{2+}. A estrutura do polímero é parcialmente apresentada. *Direita*: resposta do eletrodo íon-seletivo feito com a membrana polimérica vinílica. [Dados de X.-G. Li, H. Feng, M.-R. Huang, G.-L. Gu e M. G. Moloney, "Ultrasensitive Pb(II) Potentiometric Sensor Based on Copolyaniline Nanoparticles in a Plasticizer-Free Membrane with Long Lifetime", *Anal. Chem.* **2012**, *84*, 134.]

Figura 15.27 foi construído usando a membrana da Figura 15.32a. A Figura 15.32b mostra a resposta desse eletrodo ao íon Pb^{2+}. Mesmo quando a solução interna do eletrodo contém $Pb(NO_3)_2$ 10^{-5} M, a difusão do Pb^{2+} pela membrana é tão pequena que o limite de detecção do eletrodo íon-seletivo é 2×10^{-11} M. Uma vantagem adicional do formato desse eletrodo é que o eletrodo íon-seletivo trabalha por pelo menos 6 meses com mínima degradação. As membranas dos eletrodos cuja resposta é mostrada na Figura 15.31 tem uma duração média de ~1 semana.

Meios demonstrados para reduzir o limite de detecção de eletrodos íon-seletivos:

- reduzir a concentração do íon primário (analito) na solução interna do eletrodo por meio de um tampão de íon metálico
- reduzir a mobilidade do íon primário na membrana íon-seletiva de modo que o íon primário não possa sair da solução interna
- substituir a solução interna por um polímero eletricamente condutor.

Outro método para reduzir o fluxo do íon primário para fora de um eletrodo íon-seletivo é eliminar a solução interna. O Boxe 15.4 descreve um eletrodo íon-seletivo no qual um polímero eletricamente condutor substitui a solução interna. Os métodos empregados para abaixar o limite de detecção de eletrodos íon-seletivos de base líquida não funcionam em eletrodos de estado sólido, pois a concentração do analito adjacente ao eletrodo é controlada pela solubilidade do cristal do sal inorgânico na membrana sensível ao íon.

Eletrodos Compostos

Os **eletrodos compostos** contêm um eletrodo convencional envolvido por uma membrana que isola (ou produz) o analito ao qual o eletrodo responde. O eletrodo sensível a CO_2 gasoso (eletrodo de Severinghaus), mostrado na Figura 15.33, consiste em um eletrodo comum de

FIGURA 15.33 Eletrodo sensível a CO_2 gasoso (eletrodo de Severinghaus).[38] A membrana é estirada, e há uma fina camada de eletrólito entre a membrana e o bulbo de vidro.

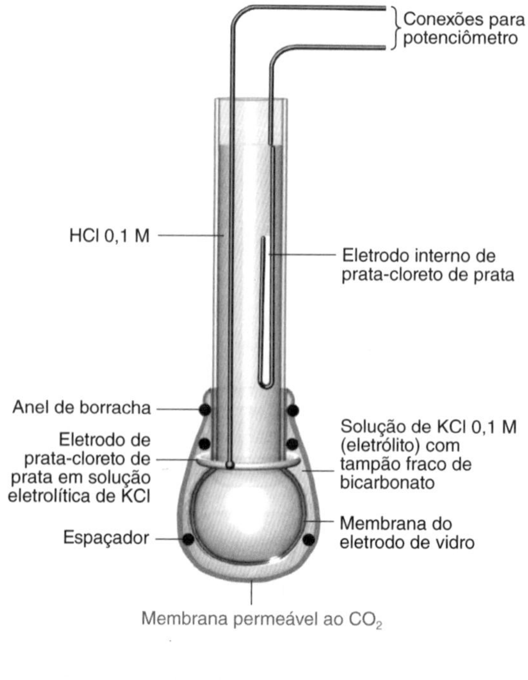

BOXE 15.4 Eletrodo Íon-seletivo Contendo Polímero Eletricamente Condutor para um Imunoensaio "Sanduíche"

É possível reduzir a interferência de íons presentes em uma solução interna de um eletrodo íon-seletivo de base líquida substituindo a solução interna na Figura 15.27 por um polímero eletricamente condutor. A solução interna ou o polímero condutor transmite a diferença de potencial na membrana de troca iônica para o eletrodo interno.

O eletrodo mostrado a seguir contém um fio de ouro recoberto com uma camada fina de poli(3-octiltiofeno) eletricamente condutor. Quando o polímero é oxidado, os elétrons podem se mover ao longo da estrutura conjugada da molécula. (*Conjugada* significa que a molécula contém ligações simples e duplas alternadas.) A condutividade da molécula oxidada pode chegar a ~0,1% daquela do cobre metálico. O fio recoberto está no interior de uma pipeta plástica de 10 μL cuja abertura é fechada por uma membrana de troca iônica contendo um ligante (L na Figura 15.12) que é seletivo ao Ag^+. Quando condicionado em solução de $AgNO_3$ 1 nM, esse eletrodo apresenta uma resposta linear até Ag^+ 10 nM, com um limite de detecção ~2 nM.

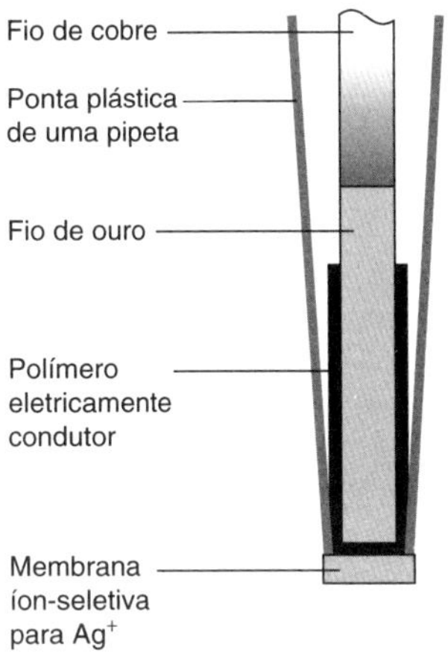

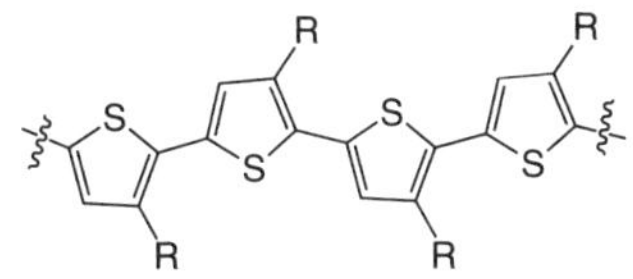
Polímero eletricamente condutor poli(3-octiltiofeno) (R = n-C_8H_{17})

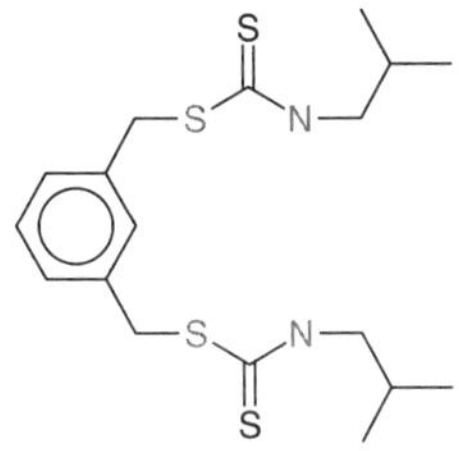
Ligante para Ag(I) na membrana polimérica íon-seletiva

A análise sensível à prata pode ser transformada em uma análise sensível para proteína por meio de um *imunoensaio "sanduíche"* empregando anticorpos. Um **anticorpo** é uma proteína produzida pelo sistema imunológico de um animal em resposta a uma molécula estranha, chamada **antígeno**. Um anticorpo reconhece e se liga especificamente ao antígeno que estimulou a sua síntese.

No imunoensaio "sanduíche" o antígeno é a proteína (analito). Um anticorpo para essa proteína é fixado a uma superfície de ouro. Quando o analito é introduzido, ele se liga ao anticorpo. Então, um segundo anticorpo que se liga a outro sítio no analito é introduzido. O segundo anticorpo contém partículas de ouro covalentemente ligadas, com um diâmetro de ~13 nm e contendo ~10^5 átomos de ouro. Após remoção do anticorpo não ligado, deposita-se cataliticamente uma camada de ~10^7 átomos de prata metálica na superfície das nanopartículas de ouro.

Para completar a análise, a prata metálica é oxidada a Ag^+ com peróxido de hidrogênio (H_2O_2), e os íons Ag^+ liberados são medidos pelo eletrodo íon-seletivo. Para cada molécula de proteína (o analito), são produzidos aproximadamente 10^7 íons Ag^+. Dizemos que o ensaio *amplifica* o sinal do analito por um fator 10^7. O ensaio detecta ~12 pmol (12×10^{-12} mol) de proteína em 50 μL de amostra. Um ensaio análogo de ácido ribonucleico (RNA) com o eletrodo íon-seletivo para Ag^+ detecta 0,2 amol ($0,2 \times 10^{-18}$ mol, 120 000 moléculas) em 4 μL de amostra.

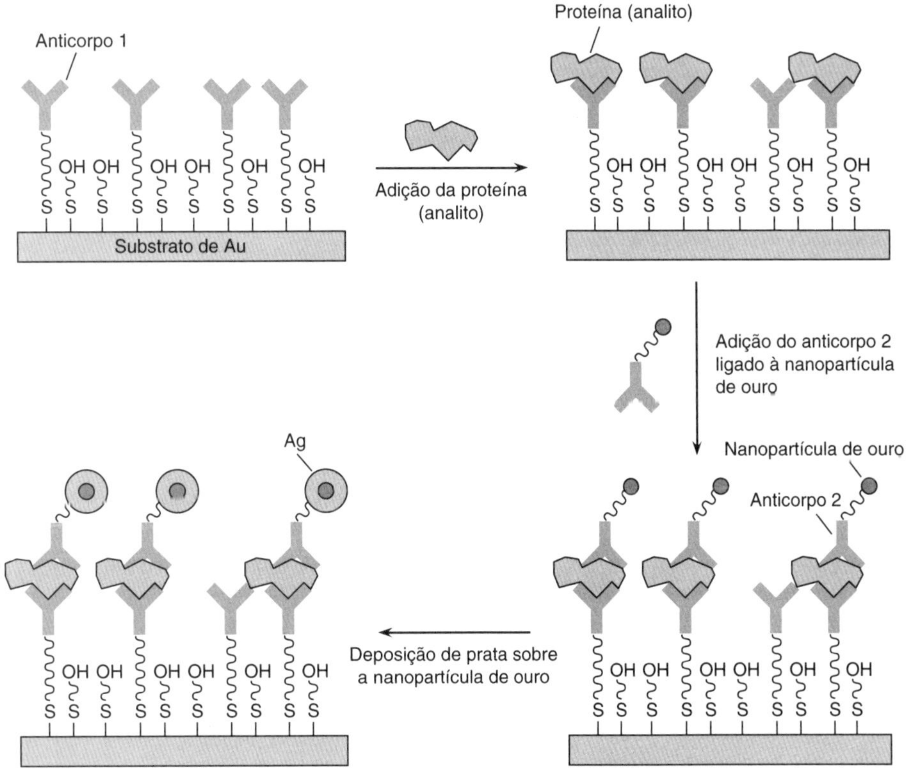

Imunoensaio "sanduíche" com deposição de prata metálica sobre nanopartículas de ouro. [Dados de K. Y. Chumbimuni-Torres, Z. Dai, N. Rubinova, Y. Xiang, E. Prëtsch, J. Wang e E. Bakker, "Potentiometric Biosensing of Proteins with Ultrasensitive Ion-Selective Microelectrodes and Nanoparticle Labels", *J. Am. Chem. Soc.* **2006**, *128*, 13676. Ver também *Anal. Chem.* **2006**, 78, 1318, e *Sensors and Actuators B* **2007**, *121*, 135.]

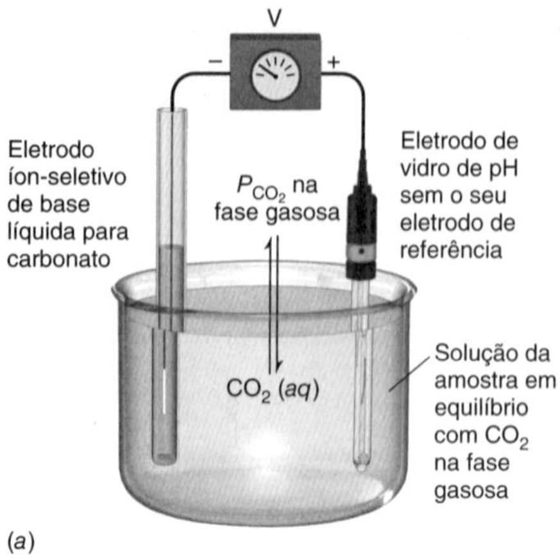

(a)

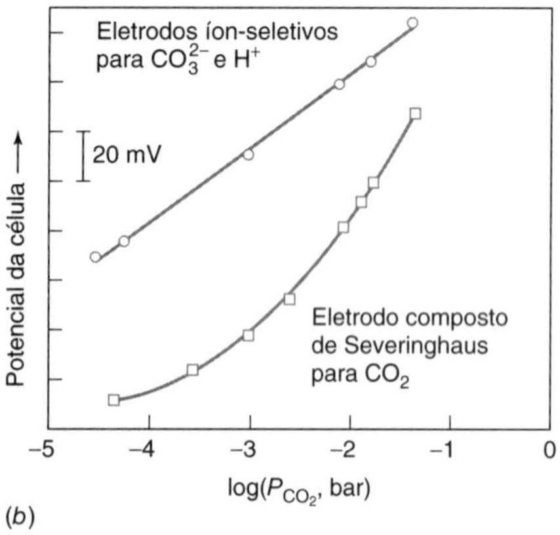

(b)

FIGURA 15.34 (*a*) Eletrodos íon-seletivos de CO_3^{2-} e H^+ usados em conjunto para medir CO_2. O eletrodo de H^+ pode ser um eletrodo de vidro empregado sem o seu eletrodo de referência. (*b*) Resposta do par de eletrodos íon-seletivos e de um eletrodo composto (Figura 15.33) ao CO_2. [Dados de X. Xie e E. Bakker, "Non-Severinghaus Potentiometric Dissolved CO_2 Sensor with Improved Characteristics", *Anal. Chem.* **2013**, *85*, 1322.]

Lei de Henry:

$$\mathcal{A}_{CO_2(aq)} = K_H P_{CO_2}$$

Vantagens dos eletrodos íon-seletivos:

- menos dispendiosos do que técnicas competitivas, como espectroscopia atômica e cromatografia iônica
- grande intervalo de resposta linear para o log $\mathcal{A}$
- não é destrutivo
- não causa contaminações
- tempo de resposta curto
- não é afetado pela cor ou pela turbidez.

Um erro de 1 mV no potencial corresponde a um erro de 4% na atividade de um íon monovalente. Um erro de 5 mV corresponde a um erro de 22%. O erro relativo *dobra* de valor para íons divalentes e *triplica* para íons trivalentes.

vidro para pH envolvido por uma camada fina de solução eletrolítica dentro de uma membrana semipermeável feita de borracha, Teflon ou polietileno.[38] Um eletrodo de referência circular de Ag | AgCl está imerso na solução eletrolítica. Quando o CO_2 se difunde pela membrana semipermeável, ele abaixa o pH no compartimento do eletrólito. A resposta do eletrodo de vidro à mudança do pH é uma medida da concentração de CO_2 do lado de fora do eletrodo. Outros gases ácidos ou básicos, incluindo NH_3, SO_2, H_2S, NO_x (óxidos de nitrogênio) e HN_3 (ácido hidrazoico), podem ser detectados da mesma maneira. Esses eletrodos podem ser usados para medir gases em solução ou na *fase gasosa*.

O eletrodo composto de Severinghaus para CO_2 mostrado na Figura 15.33 é extremamente útil no monitoramento médico de pacientes. Entretanto, sua resposta é lenta porque o CO_2 precisa se difundir pela membrana externa, e ele não é sensível a baixas concentrações de CO_2. Felizmente, sua sensibilidade é bem adaptada aos níveis fisiológicos de CO_2.

Outra Maneira de Medir CO_2 Dissolvido

Um eletrodo íon-seletivo para carbonato (CO_3^{2-})[39] mais um eletrodo de pH fornecem uma medida rápida do CO_2 dissolvido em uma ampla faixa de concentrações maior do que aquela que pode ser medida com um eletrodo de Severinghaus. O potencial medido por esse par de eletrodos na Figura 15.34a é

$$E_+ = c_1 + S\ \log \mathcal{A}_{H^+}$$

$$E_- = c_2 - \left(\frac{S}{2}\right)\log \mathcal{A}_{CO_3^{2-}}$$

$$E_{célula} = E_+ - E_- = c_1 - c_2 + S\ \log \mathcal{A}_{H^+} + \left(\frac{S}{2}\right)\log \mathcal{A}_{CO_3^{2-}}$$

$$E_{célula} = (c_1 - c_2) + \left(\frac{S}{2}\right)\log \mathcal{A}_{CO_3^{2-}} \mathcal{A}_{H^+}^2 \qquad (15.14)$$

em que S é o coeficiente angular, dependente da temperatura (idealmente, 0,059 16 V a 25 °C), e c_1 e c_2 são constantes.

O Problema 10.11 mostrou os equilíbrios para a sequência $CO_2(g) \overset{K_H}{\rightleftharpoons} CO_2(aq) \overset{K_{a1}}{\rightleftharpoons} HCO_3^- \overset{K_{a2}}{\rightleftharpoons} CO_3^{2-}$, em que K_H é a constante da lei de Henry para a solubilidade do $CO_2(g)$ em solução aquosa, e K_{a1} e K_{a2} são as constantes de dissociação ácida do "ácido carbônico" (principalmente, $CO_2(aq)$). Combinando as expressões de equilíbrio obtém-se

$$P_{CO_2} K_H = \mathcal{A}_{CO_2(aq)} = \left(\frac{\mathcal{A}_{CO_3^{2-}}\ \mathcal{A}_{H^+}^2}{K_{a1}K_{a2}}\right) \qquad (15.15)$$

em que P_{CO_2} é a pressão de $CO_2(g)$ em equilíbrio com $\mathcal{A}_{CO_2(aq)}$.

Os eletrodos na Figura 15.34 medem o produto $\mathcal{A}_{CO_3^{2-}}\ \mathcal{A}_{H^+}^2$ (Equação 15.14), a partir do qual P_{CO_2} e $\mathcal{A}_{CO_2(aq)}$ podem ser determinadas com o auxílio da Equação 15.15. Os eletrodos podem ser calibrados em soluções equilibradas com P_{CO_2} conhecidas, conforme mostrado na Figura 15.34b.

Vemos que o par de eletrodos íon-seletivos fornece uma resposta linear para P_{CO_2} acima de três ordens de grandeza, indo até ~$10^{-4,5}$ ou mesmo menos. Em contraste, o eletrodo composto da Figura 15.33 tem uma resposta linear apenas na faixa aproximada de 10^{-1} a 10^{-2} bar, e a sensibilidade diminui em níveis baixos de P_{CO_2}.

15.7 Usando Eletrodos Íon-seletivos

Os eletrodos íon-seletivos respondem linearmente ao logaritmo da atividade do analito em mais de quatro a seis ordens de grandeza. Os eletrodos não degradam as amostras desconhecidas e introduzem contaminações desprezíveis. O tempo de resposta pode variar entre segundos e minutos, de modo que são usados para monitorar fluxos em aplicações industriais. A cor e a turbidez do meio não prejudicam o funcionamento dos eletrodos. Microeletrodos podem ser usados no interior de células vivas.

A precisão obtida em medidas com eletrodos seletivos raramente é melhor do que 1%, e normalmente é pior que isso. Os eletrodos podem ser obstruídos por proteínas ou por outros solutos orgânicos, induzindo uma resposta lenta e flutuante. Certos íons interferem ou envenenam determinados eletrodos. Alguns eletrodos são frágeis e não podem ser guardados por muito tempo.

Os eletrodos respondem à *atividade* de íons do analito que *não* estejam *complexados*. Portanto, ligantes devem estar ausentes ou mascarados. Como normalmente desejamos conhecer concentrações, e não atividades, é comum o uso de um sal inerte para fazer com que todos os padrões e as amostras tenham uma força iônica alta e constante. Se os coeficientes de atividade permanecem constantes, o potencial do eletrodo fornece diretamente as concentrações.

Os eletrodos respondem à *atividade* de íons *não complexados*. Se a força iônica for constante, a concentração é proporcional à atividade e o eletrodo pode ser calibrado em termos de concentração.

Plasma de sangue humano contém oito espécies principais contendo cálcio que podem ser separadas por eletroforese capilar e medidas por espectrometria de emissão atômica de plasma acoplado indutivamente (Figura 15.35). Você estudará essas técnicas neste livro mais adiante. Das oito espécies, uma com a concentração de 1,05 mM foi identificada como Ca^{2+} livre. Nas outras sete espécies, com uma concentração total de 1,21 mM, o Ca^{2+} está ligado a proteínas ou outros ligantes. Quando o Ca^{2+} no sangue é medido com um eletrodo íon-seletivo, como no caso do analisador de cuidados críticos na Figura 15.22, somente Ca^{2+} livre é observado.[40] O cálcio ligado a ligantes é invisível a um eletrodo íon-seletivo.

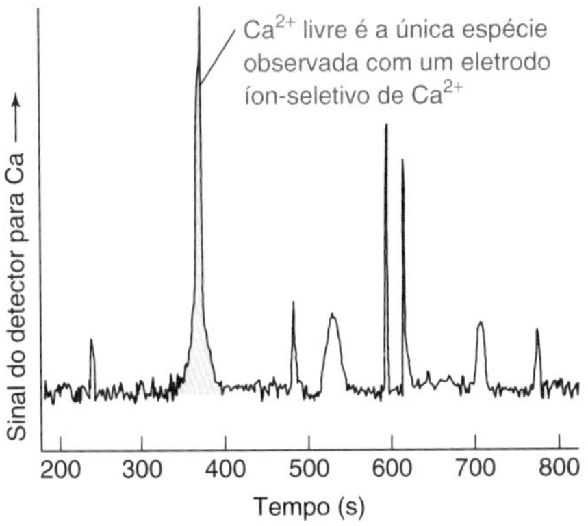

FIGURA 15.35 Separação de espécies contendo Ca^{2+} no plasma de sangue humano. O pico maior corresponde ao íon Ca^{2+} livre. Os outros picos se referem a proteínas ou moléculas pequenas ligadas ao Ca^{2+}. O detector responde a todas as formas de cálcio. [Dados de B. Deng, P. Zhu, Y. Wang, J. Feng, X. Li, X. Xu, H. Lu e Q. Xu, "Determination of Free Calcium and Calcium-Containing Species in Human Plasma by Capillary Electrophoresis-Inductively Coupled Plasma Optical Emission Spectrometry", *Anal. Chem.*, **2008**, *80*, 5721.]

Adição-padrão com Eletrodos Íon-Seletivos

Quando usamos eletrodos íon-seletivos, é importante que a composição da solução-padrão seja bem próxima da composição da amostra desconhecida. O meio em que o analito existe é denominado **matriz**. Nos casos em que a matriz é complexa ou desconhecida, podemos usar o método da **adição-padrão** (Seção 5.3). Nessa técnica, o eletrodo é imerso na amostra desconhecida e o potencial é registrado. Adiciona-se então um pequeno volume de solução-padrão, de maneira a não perturbar a força iônica da amostra desconhecida. A variação no potencial revela como o eletrodo responde ao analito e, portanto, qual a quantidade de analito presente na solução desconhecida. É melhor adicionarmos várias alíquotas sucessivas e usarmos um procedimento gráfico para fazer a extrapolação de modo a obter a concentração da amostra desconhecida.

O procedimento gráfico a ser utilizado se fundamenta na equação que fornece a resposta de um eletrodo íon-seletivo, que podemos escrever sob a forma

$$E = k + \beta\left(\frac{RT \ln 10}{nF}\right)\log[\mathrm{X}] \qquad \textbf{(15.16)}$$

R = constante dos gases
T = temperatura (K)
n = carga do íon a ser detectado
F = constante de Faraday

em que E é a leitura, em volts, e [X] é a concentração do analito. Esta leitura é a diferença entre o potencial do eletrodo íon-seletivo e o eletrodo de referência. As constantes k e β dependem especificamente do eletrodo íon-seletivo. O fator (RT/F) ln 10 tem o valor de 0,059 16 V, a 298,15 K. Se $\beta = 1$, então a resposta do eletrodo é nernstiana. Para facilitar, abreviaremos o termo $(\beta RT/nF)$ ln 10 como S para o coeficiente angular.

Suponhamos que o volume inicial da amostra desconhecida seja V_i e que a concentração inicial do analito seja c_X. O volume do padrão adicionado é V_S e a concentração do padrão é c_S. Então, a concentração total do analito, após a adição do padrão, é $(V_ic_X + V_Sc_S)/(V_i + V_S)$. Substituindo esta expressão para [X] na Equação 15.16 e fazendo algumas manipulações algébricas, temos

Gráfico de adição-padrão para o eletrodo íon-seletivo:

$$\underbrace{(V_i + V_S)10^{E/S}}_{y} = \underbrace{10^{k/S}V_ic_X}_{b} + \underbrace{10^{k/S}c_S}_{m}\underbrace{V_S}_{x} \qquad \textbf{(15.17)}$$

Um gráfico de $(V_i + V_s)10^{E/S}$, no eixo y, contra V_S, no eixo x, tem um coeficiente angular igual a $m = 10^{K/S}c_S$ e uma interseção com o eixo y igual a $10^{K/S}V_ic_X$ (Figura 15.36). A interseção com o eixo dos x pode ser obtida fazendo-se $y = 0$:

$$\text{Interseção com o eixo do } x = -\frac{b}{m} = -\frac{10^{k/S}V_ic_X}{10^{k/S}c_S} = -\frac{V_ic_X}{c_S} \qquad \textbf{(15.18)}$$

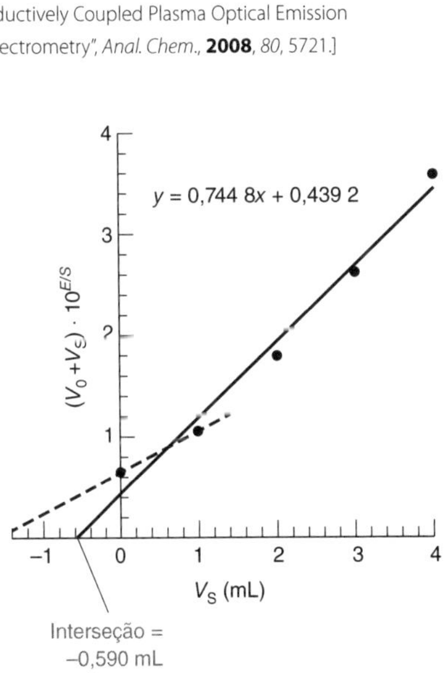

FIGURA 15.36 Gráfico de adição-padrão para um eletrodo íon-seletivo, de acordo com a Equação 15.17. Ver Exercício 15.F. [Dados de G. Li, B. J. Polk, L. A. Meazell e D. W. Hatchett, "ISE Analysis of Hydrogen Sulfide in Cigarette Smoke," *J. Chem. Ed.* **2000**, *77*, 1049.]

A Equação 15.18 permite obter a concentração da amostra desconhecida c_X a partir de V_i, c_S e da interseção com o eixo x.

Um dos pontos fracos do método de adição-padrão, com eletrodos íon-seletivos, é que não podemos determinar o valor de β com a Equação 15.16 aplicada à matriz desconhecida. Podemos determinar β em uma série de soluções-padrão (sem a amostra desconhecida) e usarmos este valor para calcular S na função $(V_i + V_S)10^{E/S}$ na Equação 15.17. Outro procedimento é adicionarmos uma matriz conhecida, concentrada, à amostra desconhecida e a todos os padrões, de tal forma que a matriz seja essencialmente a mesma em todas as soluções.

Os dados na Figura 15.36 parecem se situar em uma curva, onde os três pontos centrais estão abaixo da linha reta e os pontos das extremidades acima dessa linha. Nesse caso, é aconselhável repetir o experimento com diversas adições-padrão entre $V_S = 0$ e $V_S = 1$ mL, a fim de encontrar uma região linear e calcular uma nova interseção com o eixo dos x. Se os dados forem lineares até $V_S = 1$ mL, a linha tracejada sugere que a interseção com o eixo dos x está em torno de −1,4 mL, o que torna a concentração calculada na amostra desconhecida 2,4 vezes maior que aquela encontrada a partir da linha cheia no gráfico.

Tampões de Íons Metálicos

Recipientes de plástico são melhores do que os de vidro para soluções muito diluídas de sais de íons metálicos, pois os íons são adsorvidos na superfície do vidro.

Não há sentido em diluirmos $CaCl_2$ até 10^{-6} M para padronizarmos um eletrodo íon-seletivo. Nessa baixa concentração, o íon Ca^{2+} será perdido pela adsorção no vidro ou por reação com impurezas.

Um **tampão de íon metálico** feito de íon metálico mais um excesso de um ligante adequado (como, por exemplo, $CaCl_2$ mais EDTA em excesso) pode manter a concentração do íon metálico no nível desejado. Por exemplo, consideramos a reação do Ca^{2+} com EDTA, em pH 6,00, em que a fração de EDTA na forma Y^{4-} é $\alpha_{Y^{4-}} = 1{,}8 \times 10^{-5}$ (Tabela 12.1):

[EDTA] = concentração total de todas as formas de EDTA não ligadas ao íon metálico

$\alpha_{Y^{4-}}$ = fração de EDTA não ligado na forma Y^{4-}

$$Ca^{2+} + Y^{4-} \rightleftharpoons CaY^{2-}$$

$$K_f = 10^{10,65} = \frac{[CaY^{2-}]}{[Ca^{2+}]\alpha_{Y^{4-}}[EDTA]} \qquad (15.19)$$

Se concentrações iguais de CaY^{2-} e EDTA estão presentes em uma solução:

$$[Ca^{2+}] = \frac{[CaY^{2-}]}{K_f\alpha_{Y^{4-}}[EDTA]} = \frac{[\cancel{CaY^{2-}}]}{(10^{10,65})(1{,}8\times10^{-5})[\cancel{EDTA}]} = 1{,}2\times10^{-6}\text{ M}$$

Cálculos mais exatos usariam coeficientes de atividade.

EXEMPLO Preparo de um Tampão de Íon Metálico

Que concentração de EDTA deve ser adicionada a uma solução 0,010 M de CaY^{2-} em pH 6,00 para produzir $[Ca^{2+}] = 1{,}0 \times 10^{-6}$ M?

Solução Usando a Equação 15.19, escrevemos

$$[EDTA] = \frac{[CaY^{2-}]}{K_f\alpha_{Y^{4-}}[Ca^{2+}]} = \frac{0{,}010}{(10^{10,65})(1{,}8\times10^{-5})(1{,}00\times10^{-6})} = 0{,}012_4\text{ M}$$

Essas são as concentrações de CaY^{2-} e EDTA que podem ser usadas na prática.

TESTE-SE Que concentração de EDTA deve ser adicionada a uma solução 0,010 M de CaY^{2-} em pH 6,00 para produzir $[Ca^{2+}] = 1{,}0 \times 10^{-7}$ M? (***Resposta:*** $0{,}12_4$ M.)

Um tampão de íon metálico é a única maneira de obter $[Pb^{2+}] \approx 10^{-12}$ M em uma solução, usada na parte interna do eletrodo na Figura 15.31.

15.8 Sensores Químicos de Estado Sólido

Sensores químicos de estado sólido são fabricados com a mesma tecnologia usada em microeletrônica para produzir circuitos integrados. O transistor de efeito de campo (em inglês, FET) é o principal elemento dos sensores comercialmente disponíveis, por exemplo, o eletrodo de pH na Figura 15.37. A abertura deste capítulo descreve um *chip* contendo 10^9 transistores de efeito de campo sensíveis ao pH em uma área de 2 × 2 cm para o sequenciamento de DNA via medição do H^+ liberado a cada vez que uma base nucleotídica é adicionada ao DNA.

Semicondutores e Diodos

Semicondutores como o Si (Figura 15.38), o Ge e o GaAs são materiais cuja *resistividade* elétrica[41] tem um valor intermediário entre os materiais condutores e os isolantes. Os quatro

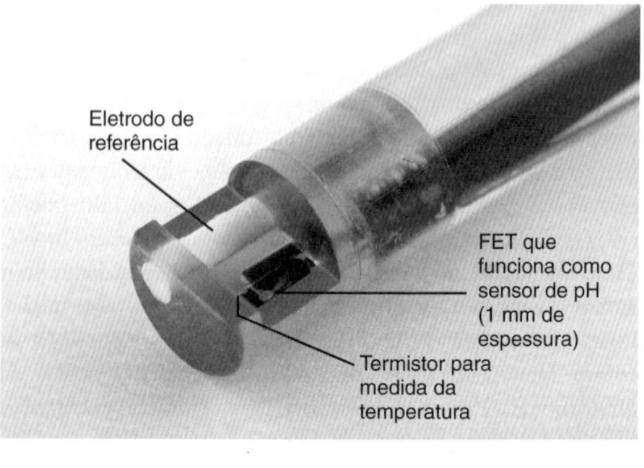

FIGURA 15.37 Eletrodo de pH combinado baseado no transistor de efeito de campo. O termistor é sensível às variações térmicas e usado para a compensação automática de temperatura. [Cortesia SENTRON, Europe BV.]

elétrons de valência presentes nestes materiais, quando puros, estão todos envolvidos em ligações entre os átomos (Figura 15.39a). Uma impureza de fósforo, com cinco elétrons de valência, produz um elétron de **condução eletrônica** adicional, que está livre para se mover pelo cristal (Figura 15.39b). Uma impureza de alumínio possui um elétron de valência a menos que o necessário, gerando um vazio na estrutura, denominado **lacuna**, que se comporta como um transportador de carga positiva. Quando um elétron vizinho preenche uma lacuna, temos o surgimento de uma nova lacuna em uma posição adjacente (Figura 15.39c). Um semicondutor com excesso de elétrons de condução é chamado *tipo n*. Um semicondutor com um excesso de lacunas é chamado *tipo p*.

Um **diodo** é uma junção *pn* (Figura 15.40a). Se o silício *n* se torna negativo com relação ao silício *p*, elétrons fluem de um circuito elétrico externo para o silício *n*. Em uma junção *pn*, os elétrons e lacunas se combinam. À medida que os elétrons se movem do silício *p* para o circuito, ocorre um novo suprimento de lacunas no silício *p*. O resultado líquido dessas transferências é que uma corrente elétrica flui quando o silício *n* é polarizado negativamente com relação ao silício *p*. Diz-se, neste caso, que o diodo está *polarizado no sentido direto*.

Se uma polarização inversa é aplicada (Figura 15.40b), os elétrons são retirados do silício *n* e as lacunas retiradas do silício *p*, deixando uma fina *região de depleção*, desprovida de transportadores de carga, próxima à junção *pn*. O diodo encontra-se *polarizado no sentido inverso* e não conduz corrente elétrica.

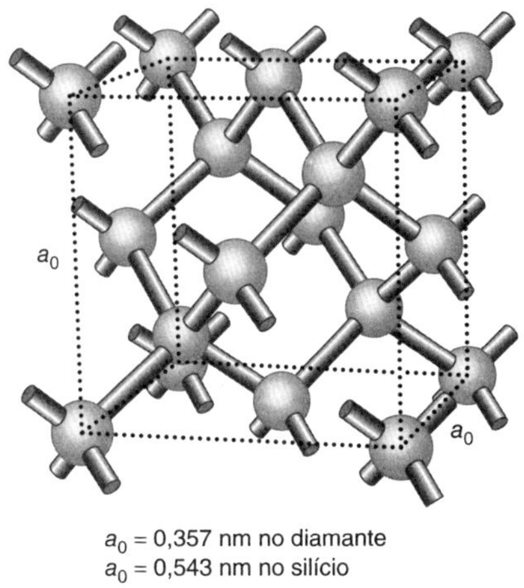

FIGURA 15.38 Estrutura cristalina cúbica de face centrada do diamante e do silício. Cada átomo encontra-se tetraedricamente ligado a outros quatro vizinhos. O comprimento da ligação C—C no diamante é igual a 154 pm, e o comprimento da ligação Si—Si é igual a 235 pm.

Transistores de Efeito de Campo Quimiossensíveis

O *substrato* do **transistor de efeito de campo**, na Figura 15.41, é constituído de silício *p* com duas regiões tipo *n*, conhecidas como *fonte* e *dreno*. Entre a fonte e o dreno deposita-se uma camada isolante de SiO_2, revestida por um metal condutor formando uma *porta*. A fonte e o substrato são mantidos em um mesmo potencial elétrico. Quando um potencial é aplicado entre a fonte e o dreno (Figura 15.41a), circula muito pouca corrente, porque a interface dreno-substrato é uma junção *pn* em polarização inversa.

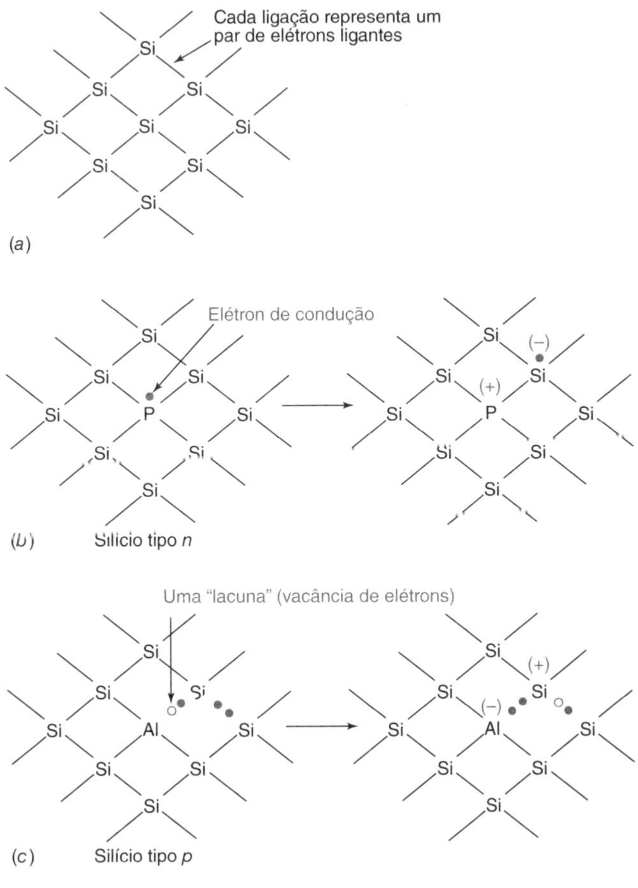

FIGURA 15.39 (*a*) Os elétrons de valência do silício puro formam uma estrutura, na qual todas as ligações são do tipo sigma. (*b*) Um átomo de impureza, neste caso, o fósforo, acrescenta mais um elétron extra (•), que é relativamente livre para mover-se dentro do cristal. (*c*) Um átomo de alumínio como impureza provoca a falta de um elétron necessário para formar uma ligação sigma na estrutura. A lacuna (o) introduzida pelo átomo de alumínio pode ser ocupada por um elétron de uma ligação vizinha, fazendo com que a lacuna efetivamente se mova para a ligação vizinha.

É necessária uma *energia de ativação* para que um transportador de carga seja capaz de se mover por meio de um diodo. Para o Si, é necessário ~0,6 V de polarização direta para termos passagem de corrente elétrica. No caso do Ge, é necessário ~0,2 V.

No caso de uma polarização inversa moderada, não existe passagem de corrente elétrica. Se a diferença de potencial elétrico aplicada na junção for suficientemente negativa, ocorre uma *ruptura* e temos um fluxo de corrente na direção inversa.

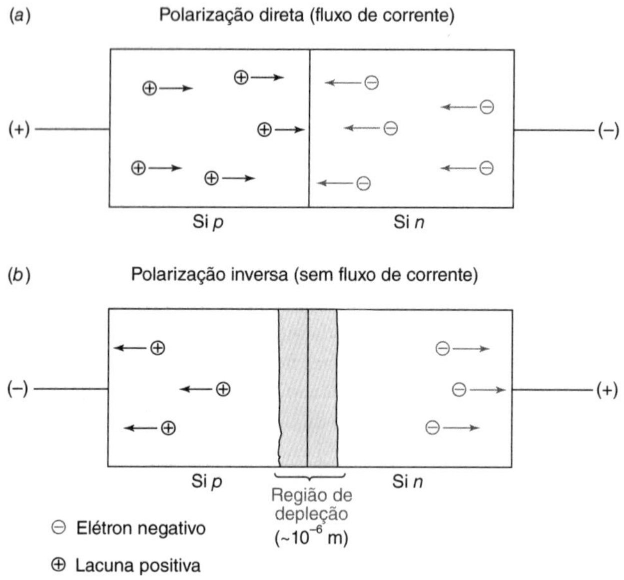

FIGURA 15.40 Comportamento de uma junção *pn*, mostrando que (*a*) a corrente pode fluir em condições de polarização direta, mas (*b*) é impedida de fluir, no caso de uma polarização inversa.

Quanto mais positiva a porta, mais corrente pode fluir entre a fonte e o dreno.

Se a porta do transistor se torna positiva com relação ao substrato, os elétrons do substrato são atraídos na direção da porta e formam um canal condutor entre a fonte e o dreno (Figura 15.41b). A corrente fonte-dreno aumenta, quando a porta se torna mais positiva. *O potencial na porta controla a passagem de corrente entre a fonte e o dreno.*

A principal característica do transistor de efeito de campo, na Figura 15.42, que funciona como um sensor de espécies químicas, é a existência de uma camada quimiossensível sobre a porta. Um exemplo é uma camada de AgBr. Quando exposto a uma solução de nitrato de prata, o íon Ag^+ se adsorve sobre o AgBr (Figura 27.3). Nesse processo de adsorção, a superfície adquire uma carga positiva, levando a um aumento na corrente entre a fonte e o dreno. *A diferença de potencial que deve ser aplicada por meio de um circuito externo para fazer com que a corrente fonte-dreno retorne ao seu valor inicial é a resposta do dispositivo para o Ag^+.* Na Figura 15.43 vemos que o Ag^+ torna a porta mais positiva, enquanto o Br^- faz a porta mais negativa. A resposta é próxima de 59 mV para cada variação de 10 vezes na concentração de analito. O transistor de efeito de campo é menor (Figura 15.37) e mais robusto do que os outros eletrodos íon-seletivos. A superfície quimiossensível tem, normalmente, uma área de apenas 1 mm^2.

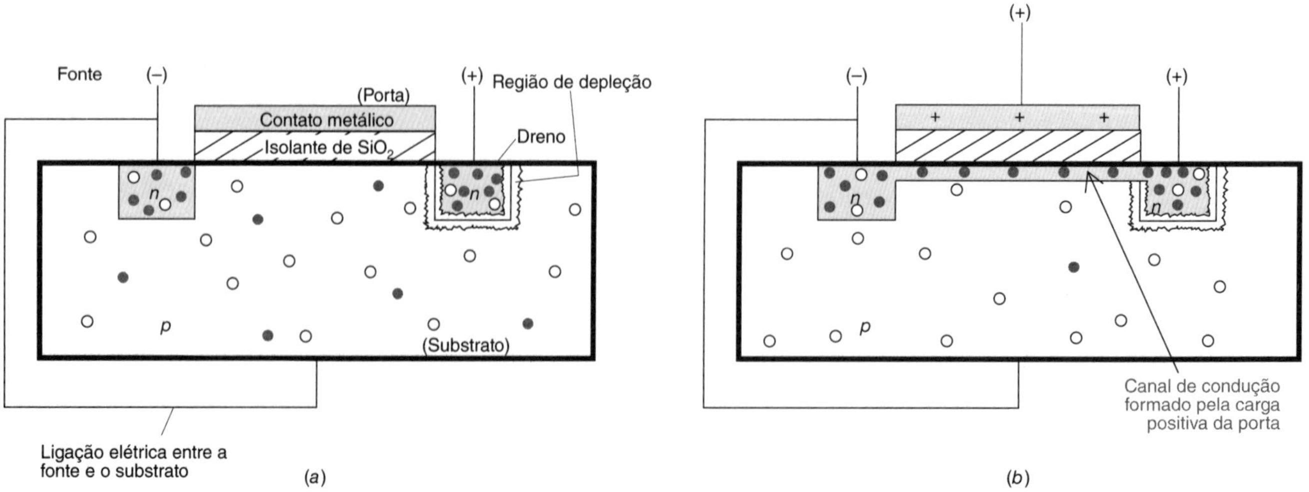

FIGURA 15.41 Operação de um transistor de efeito de campo. (*a*) Distribuição praticamente aleatória de lacunas e elétrons no substrato, na ausência de um potencial na porta. (*b*) Um potencial positivo na porta atrai elétrons, que então formam um canal condutor na região da porta. Corrente pode fluir por este canal entre a fonte e o dreno.

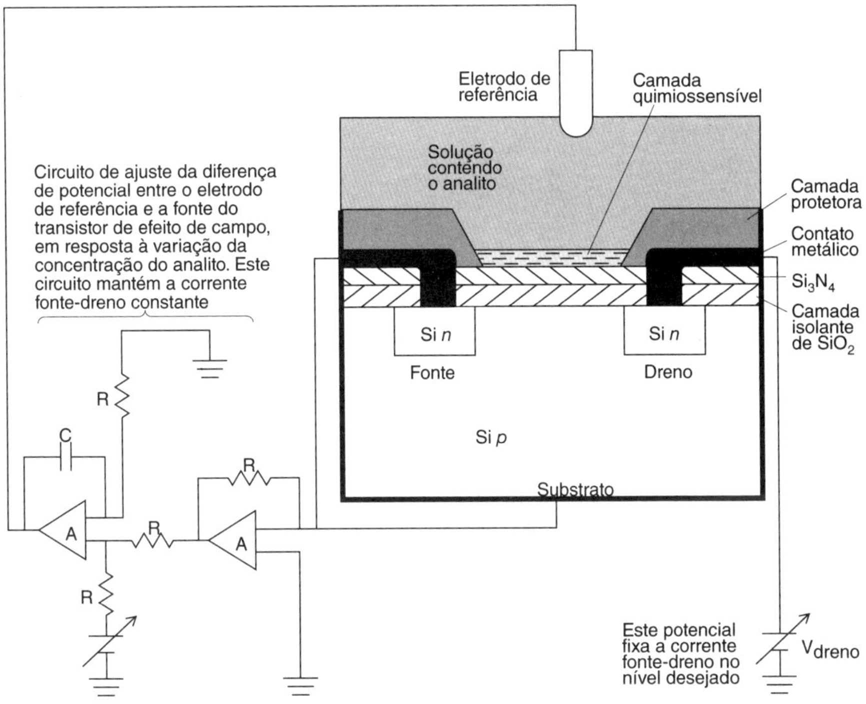

FIGURA 15.42 Funcionamento de um transistor de efeito de campo, quimiossensível. A região correspondente à porta do transistor é formada por uma camada isolante de SiO_2 e uma segunda camada de Si_3N_4 (nitreto de silício), impermeável a íons e com melhor estabilidade elétrica. O circuito externo, na parte inferior esquerda, ajusta a diferença de potencial entre o eletrodo de referência e a fonte do transistor em resposta às variações na solução que contém o analito, de tal forma que a corrente fonte-dreno é mantida constante.

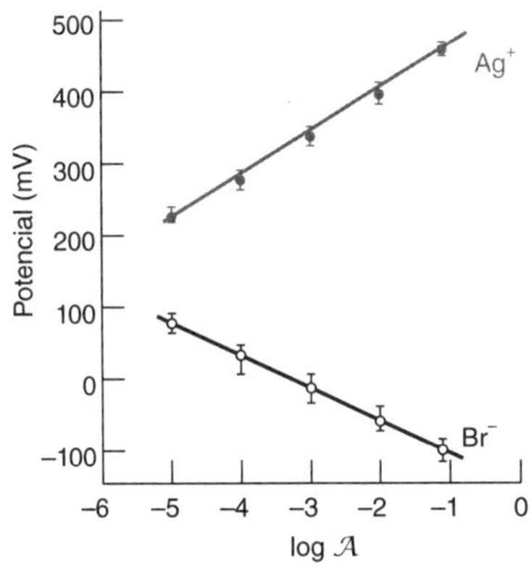

FIGURA 15.43 Resposta de um transistor de efeito de campo com a porta revestida de brometo de prata. Os intervalos de confiança, nas barras de erro da figura, são de 95% para dados obtidos em 195 sensores, montados a partir de pastilhas de circuito integrado (do inglês, *chip*) diferentes. [Dados de R. P. Buck e D. E. Hackleman, "Field Effect Potentiometric Sensors," *Anal. Chem.* **1977**, *49*, 2315.]

Um "Nariz Eletrônico"

O transistor de efeito de campo "nariz eletrônico", mostrado na Figura 15.44, contém uma proteína associada ao odor. Ela é capaz de responder a diversas fragrâncias naturais. O semicondutor no transistor é o óxido de grafeno reduzido. O grafeno é uma única camada monoatômica eletricamente condutora de átomos de carbono ligados com hibridização sp^2 provenientes da grafita. Não é fácil obter ou manipular o grafeno. Uma alternativa é oxidar a grafita a flocos de óxido de grafeno, que são dispersíveis em água e que podem ser convertidos em óxido de grafeno reduzido, um semicondutor (Figura 15.45).

O transistor de efeito de campo na Figura 15.44 é feito sobre uma pastilha de silício com uma camada de 300 nm de espessura de SiO_2 derivatizada com grupos aminopropil a fim de promover a adsorção do óxido de grafeno. Deposita-se uma fina camada de flocos de óxido de grafeno a partir do líquido sobre a superfície da SiO_2 derivatizada, sendo em seguida reduzido com hidrazina (N_2H_4 na Figura 15.45). Uma fonte e dreno de ouro foram depositados a partir da fase vapor sobre o óxido de grafeno reduzido.

A camada quimicamente sensível sobre o óxido de grafeno reduzido da Figura 15.44 contém uma proteína associada ao odor, presente em mel de abelhas. Essa proteína é obtida a partir de sua expressão gênica em bactérias seguida da purificação da proteína a partir da bactéria.

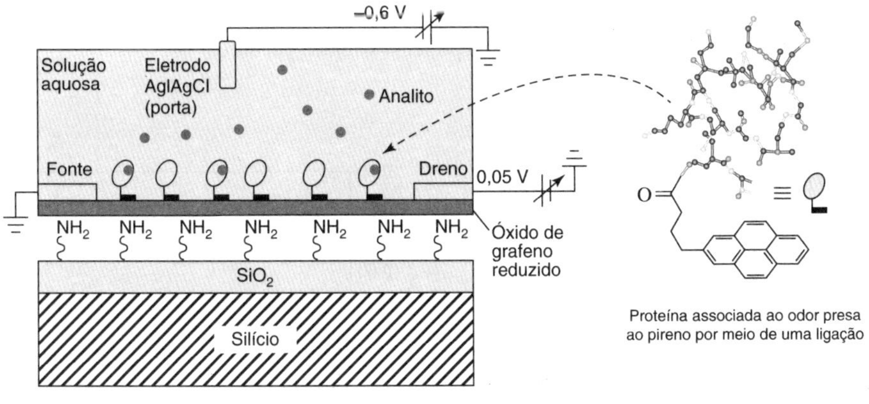

FIGURA 15.44 Transistor de efeito de campo de óxido de grafeno reduzido contendo uma proteína associada ao odor obtida a partir de mel de abelhas. [Dados de M. Larisika, C. Kotlowski, C. Steininger, R. Mastrogiacomo, P. Pelosi, S. Schütz, S. F. Peteu, C. Kleber, C. Reiner-Rozman, C. Nowak e W. Knoll, "Electronic Olfactory Sensor Based on *A. mellifera* Odorant-Binding Protein 14 on a Reduced Graphene Oxide Field-Effect Transistor", *Angew. Chem. Int. Ed.* **2015**, *54*, 13245 e suplemento.]

Receptor odorífero para a Figura 15.44:

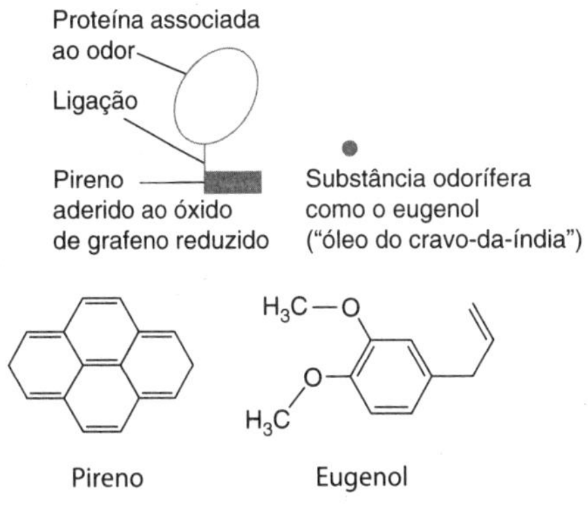

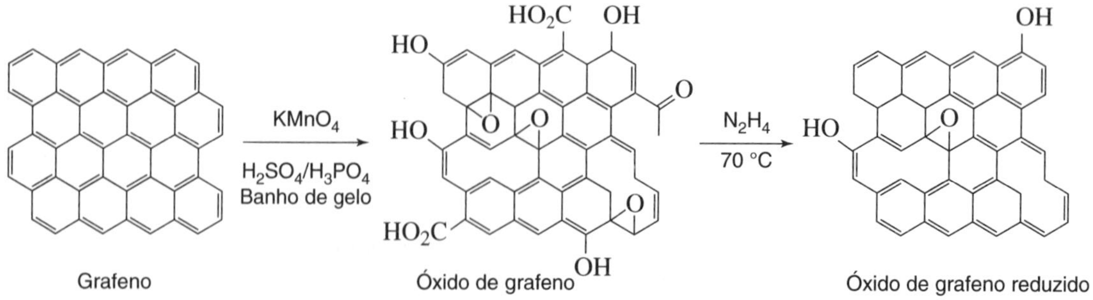

FIGURA 15.45 Grafeno e estruturas esquemáticas do óxido de grafeno e do óxido de grafeno reduzido. A grafita (grafeno em multicamadas) é convertida em óxido de grafeno por oxidação com $KMnO_4$. Flocos de óxido de grafeno tratados com hidrazina formam óxido de grafeno reduzido, que é um semicondutor. O Prêmio Nobel de Física de 2010 foi concedido a A. Geim e K. Novoselov pelo isolamento do grafeno. [Ver I. Kondratowicz, M. Nadolska e K. Zelechowska, "Reduced Graphene Oxide Joins Graphene Oxide to Teach Undergraduate Students Core Chemistry and Nanotechnology Concepts", *J. Chem. Ed.* **2018**, 95, 1012; *ibid*, **2017**, *94*, 764.]

O lado direito da Figura 15.44 mostra de forma esquemática a proteína ligada por meio de uma ligação amida a uma molécula de pireno, que contém quatro anéis benzênicos fundidos. O pireno adere à superfície do óxido de grafeno reduzido por meio de interações pi-pi de van der Waals.

A Figura 15.46a mostra o comportamento do transistor de efeito de campo na Figura 15.44 como função do potencial aplicado ao eletrodo de Ag | AgCl imerso no líquido. A curva tracejada em preto é observada na ausência do analito. Sob um potencial de porta de 0,4 V, a corrente fonte-dreno (I_{SD}) aumenta à medida que a porta se torna mais negativa, indicando que os principais transportadores de carga no óxido de grafeno reduzido são as lacunas.

As curvas em cinza na Figura 15.46a mostram que a adição da substância odorífera eugenol (óleo de "cravo-da-índia") ao líquido altera a corrente fonte-dreno. Essa variação, ΔI_{SD}, não muito grande, é o sinal analítico deste dispositivo. Assume-se que ΔI_{SD} é proporcional à quantidade da substância odorífera ligada à proteína. Se a proteína estivesse saturada com essa substância, a alteração máxima, $\Delta I_{SD,máx}$, seria observada. Os autores do trabalho sugerem que a ligação da substância odorífera à proteína muda a conformação da proteína, o que altera a distribuição de cargas próxima à superfície do óxido de grafeno reduzido e, assim, afeta a condutividade do semicondutor. Os autores escolheram realizar suas medidas em um potencial de porta (Ag | AgCl) fixado em –0,6 V, como mostrado pela linha vertical tracejada no gráfico.

Os pontos na Figura 15.46b mostram a variação relativa na corrente ($\Delta I_{SD}/\Delta I_{SD,máx}$) como função da concentração de eugenol no líquido. A curva tracejada se ajusta ao equilíbrio

$$\text{Proteína} + \text{eugenol} \underset{K_d}{\overset{K_a}{\rightleftharpoons}} \text{complexo proteína-eugenol}$$

em que K_a é a constante de associação para a reação direta e K_d (= 1/ K_a) é a constante de dissociação para a reação inversa. A curva tracejada na Figura 15.46b foi obtida por um ajuste de mínimos quadrados aos dados, fornecendo $K_a = 2{,}5 \times 10^4\ M^{-1}$ ou $K_d = 40\ \mu M$. Se a proteína estiver saturada em 50%, [proteína] = [complexo proteína-eugenol] e K_d (40 μM) é a concentração do eugenol livre em equilíbrio com a proteína saturada em 50%.

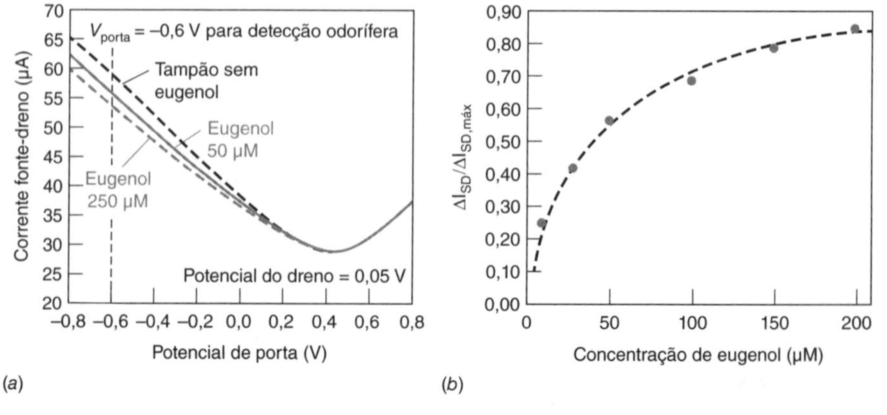

FIGURA 15.46 (*a*) Corrente fonte-dreno (I_{SD}) do transistor de efeito de campo contra o potencial na porta no líquido aplicado ao eletrodo de Ag | AgCl na Figura 15.44. (*b*) Mudança relativa na corrente fonte-dreno ($\Delta I_{SD}/\Delta I_{SD,máx}$) com a elevação da concentração do analito eugenol. [Dados de M. Larisika, C. Kotlowski, C. Steininger, R. Mastrogiacomo, P. Pelosi, S. Schütz, S. F. Peteu, C. Kleber, C. Reiner-Rozman, C. Nowak e W. Knoll, "Electronic Olfactory Sensor Based on *A. mellifera* Odorant-Binding Protein 14 on a Reduced Graphene Oxide Field-Effect Transistor", *Angew. Chem. Int. Ed.* **2015**, *54*, 13245 e suplemento.]

Termos Importantes

adição-padrão
anticorpo
antígeno
coeficiente de seletividade
condução eletrônica
diodo
eletrodo combinado
eletrodo composto
eletrodo de calomelano
eletrodo de calomelano saturado (E.C.S.)
eletrodo de prata-cloreto de prata
eletrodo de referência
eletrodo de trabalho
eletrodo de vidro
eletrodo indicador
eletrodo íon-seletivo
eletrodo íon-seletivo de base líquida
eletrodo íon-seletivo de estado sólido
equilíbrio de troca iônica
espécies eletroativas
lacuna
matriz
mobilidade
potencial de junção
potenciometria
semicondutor
tampão de íon metálico
transistor de efeito de campo

Resumo

Nas medidas potenciométricas, o eletrodo indicador responde às variações na atividade do analito, e o eletrodo de referência é uma meia-célula que produz um potencial de referência constante. Os eletrodos de referência mais comuns são os de calomelano e prata-cloreto de prata. Os eletrodos indicadores (ou de trabalho) mais usados incluem (1) o eletrodo inerte de Pt, (2) um eletrodo de prata, sensível ao íon Ag^+, halogenetos e outros íons que reagem com Ag^+ e (3) eletrodos íon-seletivos. Potenciais de junção desconhecidos em interfaces líquido-líquido limitam a exatidão da maioria das medidas potenciométricas.

Eletrodos íon-seletivos, incluindo o eletrodo de vidro para pH, respondem, preferencialmente, a um íon que está seletivamente ligado à membrana de troca iônica do eletrodo. A diferença de potencial (E) por meio da membrana depende da atividade, ($\mathcal{A}_o$), do íon ao qual ele é sensível, na solução externa do analito. A 25 °C, a equação ideal é E(V) = constante + (0,059 16/n) log $\mathcal{A}_o$, em que n é a carga do íon em estudo. Para íons interferentes (X) com a mesma carga que o íon primário (A), a resposta dos eletrodos íon-seletivos é E = constante $\pm$ (0,059 16/n) log $[\mathcal{A}_A + \sum K^{Pot}_{A,X}\mathcal{A}_X]$, em que $K^{Pot}_{A,X}$ é o coeficiente de seletividade para cada espécie. A maioria dos eletrodos íon-seletivos pode ser classificada como de estado sólido, de base líquida e composto. As determinações quantitativas com eletrodos íon-seletivos são feitas usando-se curvas de calibração ou pelo método da adição-padrão. Tampões de íons metálicos são apropriados quando precisamos estabelecer e manter baixas as concentrações de íons não complexados. Um transistor de efeito de campo quimiossensível é um dispositivo de estado sólido, com uma camada quimicamente sensível capaz de alterar as propriedades elétricas de um semicondutor em resposta a mudanças no ambiente químico.

Exercícios

15.A. O dispositivo na Figura 15.7 foi usado para monitorar a titulação de 50,0 mL de $AgNO_3$ 0,100 M com NaBr 0,200 M. Calcule a diferença de potencial da célula eletroquímica para cada um dos seguintes volumes adicionados de NaBr: 1,0; 12,5; 24,0; 24,9; 25,1; 26,0; e 35,0 mL.

15.B. O dispositivo mostrado na figura da próxima página pode ser usado para acompanhar o andamento de uma titulação com EDTA, que deu origem às curvas da Figura 12.11. O elemento principal da célula eletroquímica é um reservatório de Hg líquido em contato com a solução e com um fio de Pt. Uma pequena quantidade de HgY^{2-}, adicionada ao analito, entra em equilíbrio com quantidades muito pequenas de Hg^{2+}:

$$Hg^{2+} + Y^{4-} \rightleftharpoons HgY^{2-}$$

$$K_f = \frac{[HgY^{2-}]}{[Hg^{2+}][Y^{4-}]} = 10^{21,5} \qquad \textbf{(A)}$$

O equilíbrio redox $Hg^{2+} + 2e^- \rightleftharpoons Hg(l)$ é estabelecido rapidamente na superfície do eletrodo de Hg, de tal modo que a equação de Nernst para a célula eletroquímica pode ser escrita na forma

$$E = E_+ - E_- = \left(0,852 - \frac{0,059\,16}{2}\log\left(\frac{1}{[Hg^{2+}]}\right)\right) - E_- \qquad \textbf{(B)}$$

em que E_- é o potencial constante do eletrodo de referência. Da Equação A, podemos escrever $[Hg^{2+}] = [HgY^{2-}]/K_f[Y^{4-}]$, e esta expressão pode ser substituída na Equação B, obtendo-se

$$E = 0,852 - \frac{0,059\,16}{2}\log\left(\frac{[Y^{4-}]K_f}{[HgY^{2-}]}\right) - E_-$$

$$= 0,852 - E_- - \frac{0,059\,16}{2}\log\left(\frac{K_f}{[HgY^{2-}]}\right) - \frac{0,059\,16}{2}\log[Y^{4-}] \qquad \textbf{(C)}$$

com K_f sendo a constante de formação para HgY^{2-}. A concentração de HgY^{2-} permanece constante durante a titulação. Esse dispositivo responde, assim, à mudança de concentração do EDTA durante a titulação.

Suponha que 50,0 mL de uma solução de $MgSO_4$ 0,010 0 M são titulados com uma solução de EDTA 0,020 0 M, em pH 10,0, por meio do dispositivo mostrado na figura, tendo o E.C.S. como eletrodo de referência. Suponha que o analito contenha $Hg(EDTA)^{2-}$ $1,0 \times 10^{-4}$ M, adicionado no início da titulação. Calcule a diferença de potencial da célula eletroquímica, nos volumes adicionados de EDTA de 0; 10,0, 20,0; 24,9; 25,0 e 26,0 mL.

15.C. Um eletrodo íon-seletivo de estado sólido para fluoreto responde ao íon F^-, mas não ao HF. Este eletrodo também responde ao íon hidróxido em concentrações altas, quando $[OH^-] \approx [F^-]/10$. Suponha que esse eletrodo fornece um potencial de +100 mV (contra o E.C.S.) em uma solução de NaF 10^{-5} M e +41 mV em uma solução de NaF 10^{-4} M. Esboce, qualitativamente, como o potencial irá variar se o eletrodo for imerso em uma solução de NaF 10^{-5} M e o pH variar de 1 a 13.

15.D. Um eletrodo comercial de membrana de vidro seletivo para o íon sódio possui um coeficiente de seletividade $K^{Pot}_{Na^+,H^+} = 36$. Quando esse eletrodo foi imerso em uma solução de NaCl 1,00 mM, em pH 8,00, um potencial de −38 mV (contra o E.C.S.) foi registrado.

(a) Desprezando os coeficientes de atividade, calcule o potencial com a Equação 15.10 se o eletrodo for imerso em uma solução de NaCl 5,00 mM, em pH 8,00.

(b) Qual será o potencial para uma solução de NaCl 1,00 mM em pH 3,87? Podemos observar que o pH é uma variável crítica para o funcionamento do eletrodo de sódio.

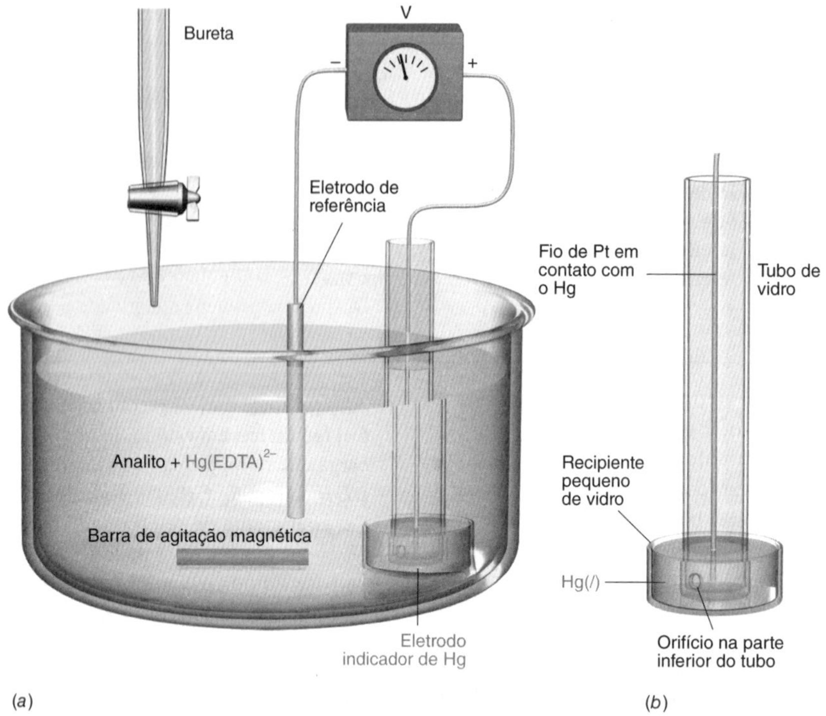

(*a*) Dispositivo para o Exercício 15.B. (*b*) Vista ampliada do eletrodo de mercúrio.

15.E. Um eletrodo sensível ao gás amônia forneceu os seguintes pontos de calibração, quando todas as soluções continham NaOH 1 M:

NH_3 (M)	E (V)	NH_3 (M)	E (V)
$1,00 \times 10^{-5}$	268,0	$5,00 \times 10^{-4}$	368,0
$5,00 \times 10^{-5}$	310,0	$1,00 \times 10^{-3}$	386,4
$1,00 \times 10^{-4}$	326,8	$5,00 \times 10^{-3}$	427,6

Uma amostra de alimento seco pesando 312,4 mg foi digerida pelo procedimento de Kjeldahl (Seção 11.8) para converter todo o nitrogênio em NH_4^+. A solução da digestão foi diluída a 1,00 L, e 20,0 mL foram transferidos para um balão volumétrico de 100 mL. Uma alíquota de 20,0 mL foi tratada com 10,0 mL de uma solução contendo NaOH 10,0 M e NaI suficiente para complexar todo o Hg, que funciona como catalisador na digestão, e diluída a 100,0 mL. Quando analisada com um eletrodo seletivo para amônia, essa solução forneceu um potencial de 339,3 mV. Calcule a porcentagem, em massa, de nitrogênio na amostra de alimento.

15.F. O H_2S proveniente da fumaça de cigarro foi coletado borbulhando-se fumaça em uma solução aquosa de NaOH e analisado com um eletrodo seletivo para o íon sulfeto. Adições-padrão com um volume V_S contendo Na_2S na concentração c_S = 1,78 mM foram feitas a V_i = 25,0 mL de amostra desconhecida e a resposta do eletrodo (E) foi medida.

V_S (mL)	E (V)	V_S (mL)	E (V)
0	0,046 5	3,00	0,030 0
1,00	0,040 7	4,00	0,026 5
2,00	0,034 4		

A partir de uma curva de calibração separada, determinou-se que β = 0,985 na Equação 15.16. Com T = 298,15 K e n = −2 (a carga do íon S^{2-}), construa um gráfico de adição-padrão, por meio da Equação 15.17, para determinar a concentração do íon sulfeto na amostra desconhecida.

Problemas

Eletrodos de Referência

15.1. (**a**) Escreva as meias-reações para os eletrodos de referência de prata-cloreto de prata e calomelano.

(**b**) Faça a previsão do potencial da seguinte célula eletroquímica:

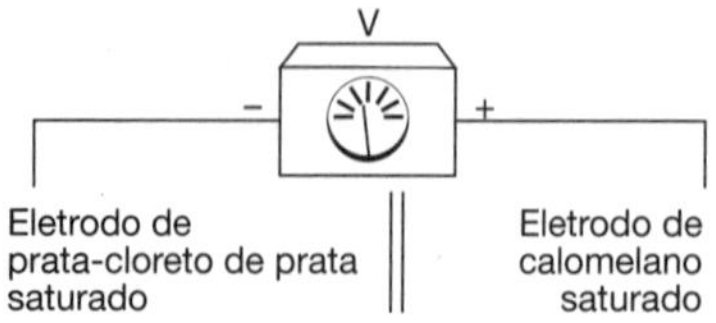

15.2. Desenhe um diagrama como mostrado na Figura 15.6 para converter os potenciais apresentados a seguir. Os eletrodos de referência de Ag | AgCl e calomelano estão saturados com KCl.

(**a**) 0,523 V contra E.P.H. = ? contra Ag | AgCl
(**b**) −0,111 V contra Ag | AgCl = ? contra E.P.H.
(**c**) −0,222 V contra E.C.S. = ? contra E.P.H.
(**d**) 0,023 V contra Ag | AgCl = ? contra E.C.S.
(**e**) −0,023 V contra E.C.S. = ? contra Ag | AgCl

15.3. Suponha que o eletrodo prata-cloreto de prata na Figura 15.2 é substituído por um eletrodo de calomelano saturado. Calcule o potencial da célula eletroquímica se $[Fe^{2+}]/[Fe^{3+}] = 2,5 \times 10^{-3}$.

15.4. A partir dos potenciais apresentados a seguir, calcule a *atividade* do Cl^- em KCl 1 M.

$$E°(\text{eletrodo de calomelano}) = 0,268 \text{ V}$$
$$E(\text{eletrodo de calomelano, KCl 1 M}) = 0,280 \text{ V}$$

15.5. Para um eletrodo de prata-cloreto de prata foram observados os seguintes potenciais:

$$E° = 0{,}222 \text{ V} \quad E(\text{KCl saturado}) = 0{,}197 \text{ V}$$

A partir desses potenciais calcule a atividade do Cl^- em KCl saturado. Calcule o valor de E para um eletrodo de calomelano saturado com KCl, dado que $E°$ para o eletrodo de calomelano é 0,268 V. (Sua resposta não será exatamente o valor de 0,241 V usado neste livro.)

Eletrodos Indicadores

15.6. Uma célula eletroquímica foi preparada pela imersão de um fio de cobre e de um eletrodo de calomelano saturado em uma solução de $CuSO_4$ 0,10 M. O fio de Cu foi ligado ao terminal positivo de um potenciômetro, e o eletrodo de calomelano foi ligado ao terminal negativo.

(**a**) Escreva a meia-reação para o eletrodo de Cu.

(**b**) Escreva a equação de Nernst para o eletrodo de Cu.

(**c**) Calcule a diferença de potencial da célula eletroquímica.

15.7. Explique por que um eletrodo de prata pode ser um eletrodo indicador para Ag^+ e para halogenetos.

15.8. 10,00 mL de uma solução de $AgNO_3$ 0,050 0 M foram titulados com uma solução de NaBr 0,025 0 M na seguinte célula eletroquímica:

E.C.S. || solução de titulação | Ag(*s*)

Determine o potencial da célula eletroquímica para os volumes adicionados de titulante de 0,1 e 30,0 mL.

15.9. Uma amostra contendo 50,0 mL de EDTA 0,100 M, tamponada em pH 10,00, foi titulada com 50,0 mL de uma solução de $Hg(ClO_4)_2$ 0,020 0 M, na célula eletroquímica mostrada no Exercício 15.B:

E.C.S. || solução de titulação | Hg(*l*)

A partir do potencial da célula eletroquímica $E = -0{,}027$ V, calcule a constante de formação do $Hg(EDTA)^{2-}$. *Procedimento*: a partir de E, encontre $[Hg^{2+}]$. A partir das quantidades de EDTA e $Hg(ClO_4)_2$, que foram misturados, encontre $[Hg(EDTA)^{2-}]$ e [EDTA] (= concentração total de todas as formas de EDTA não ligadas ao metal). Encontre $[Y^{4-}] = \alpha_{Y^{4-}}$ [EDTA]. Agora, você tem todas as concentrações para a determinação de K_f.

15.10. Considere a célula eletroquímica E.C.S. | | solução da célula | Pt(*s*), cujo potencial é –0,126 V. A solução da célula contém 2,00 mmol de $Fe(NH_4)_2(SO_4)_2$, 1,00 mmol de $FeCl_3$, 4,00 mmol de Na_2EDTA e grande quantidade de tampão, pH 6,78, em um volume de 1,00 L.

(**a**) Escreva a reação para a meia-célula da direita.

(**b**) Encontre o valor de $[Fe^{2+}]/[Fe^{3+}]$, na solução da célula. (Esse valor é a razão dos íons *não complexados*.)

(**c**) Com base nas quantidades de sais adicionados ao volume de 1,00 L, calcule $[FeEDTA^{2-}]$, $[FeEDTA^-]$ e [EDTA] total não ligado.

(**d**) Encontre a razão das constantes de formação, (K_f para $FeEDTA^-$)/(K_f para $FeEDTA^{2-}$).

15.11. *Um desafio envolvendo equilíbrio*: eis aqui uma célula eletroquímica que certamente vai lhe agradar:

Ag(*s*) | AgCl(*s*) | KCl(*aq*, saturado) || solução da célula eletroquímica | Cu(*s*)

A solução da célula foi feita misturando-se

25,0 mL de KCN 4,00 mM
25,0 mL de $KCu(CN)_2$ 4,00 mM
25,0 mL de ácido HA 0,400 M, com $pK_a = 9{,}50$
25,0 mL de solução de KOH

O potencial medido foi –0,440 V. *Calcule a molaridade da solução de* KOH. Suponha que praticamente todo o cobre(I) está na forma de $Cu(CN)_2^-$. Um pouco de HCN provém da reação de KCN com HA. Despreze a pequena quantidade de HA consumida pela reação com o HCN. Para a meia-célula da direita, a reação é $Cu(CN)_2^- + e^- \rightleftharpoons Cu(s) + 2CN^-$. *Procedimento sugerido:* a partir de E, determine $[CN^-]$. A partir de $[CN^-]$, determine o pH. A partir do pH, calcule quanto OH^- foi adicionado.

Potencial de Junção

15.12. O que causa o potencial de junção? O que faz com que a existência desse potencial limite a exatidão das análises potenciométricas? Identifique uma célula eletroquímica, nas ilustrações na Seção 14.2, que não possui potencial de junção.

15.13. Por que o potencial de junção da célula eletroquímica HCl 0,1 M | KCl 0,1 M, tem, na Tabela 15.2, sinal oposto e maior magnitude que o potencial do NaCl 0,1 M | KCl 0,1 M?

15.14. Que lado da junção líquida KNO_3 0,1 M | NaCl 0,1 M será negativo?

15.15. Por que os potenciais de junção líquida HCl 0,1M | KCl 0,1 M e NaOH 0,1 M | KCl 0,1 M têm sinais opostos na Tabela 15.2? Por que o potencial de junção para NaOH 0,1M | KCl 0,1 M é muito mais negativo do que para NaOH 0,1 M | KCl (saturado)?

15.16. No Problema 15.1, desprezamos a inclusão do potencial de junção em cada lado da ponte salina que conecta os eletrodos de Ag(*s*) | AgCl saturado e calomelano saturado. Qual seria a ponte salina mais sensível a ser usada na célula para que os potenciais de junção sejam desprezíveis? Por quê?

15.17. Veja a nota de rodapé da Tabela 15.1. Quantos segundos levarão para (**a**) o H^+ e (**b**) o NO_3^- migrarem uma distância de 12,0 cm em um campo de $7{,}80 \times 10^3$ V/m?

15.18. Suponha que uma célula eletroquímica ideal hipotética, como a da Figura 14.8, foi montada para medir $E°$ para a meia-reação $Ag^+ + e^- \rightleftharpoons Ag(s)$.

(**a**) Calcule a constante de equilíbrio para a reação líquida da célula eletroquímica.

(**b**) Se tivéssemos um potencial de junção de +2 mV (aumentando o valor de E de 0,799 para 0,801 V), qual seria a porcentagem de aumento do valor da constante de equilíbrio calculada?

(**c**) Responda aos itens (**a**) e (**b**) usando, para a reação da prata, o valor de $E°$ igual a 0,100 V, em vez de 0,799 V.

15.19. Explique como a célula eletroquímica Ag(*s*) | AgCl(*s*) | HCl 0,1M | KCl 0,1 M | AgCl(*s*) | Ag(*s*) pode ser usada para determinar o potencial de junção HCl 0,1M | KCl 0,1 M.

15.20. *Equação de Henderson.* O potencial de junção, E_j, entre as soluções α e β pode ser estimado por meio da equação de Henderson:

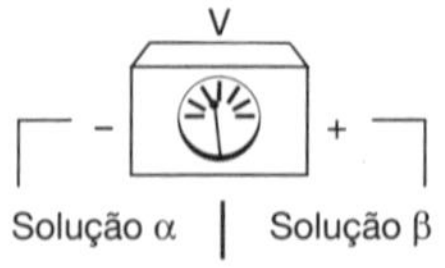

$$E_j \approx \frac{\sum_i \frac{|z_i| u_i}{z_i}\left[C_i(\beta) - C_i(\alpha)\right]}{\sum_i |z_i| u_i \left[C_i(\beta) - C_i(\alpha)\right]} \frac{RT}{F} \ln \frac{\sum_i |z_i| u_i C_i(\alpha)}{\sum_i |z_i| u_i C_i(\beta)}$$

em que z_i é a carga da espécie i, u_i é a *mobilidade* da espécie i (Tabela 15.1), $C_i(\alpha)$ é a concentração da espécie i na fase α e $C_i(\beta)$ é a concentração na fase β. (Em nosso caso, faremos uma aproximação ao omitirmos os coeficientes de atividade nessa equação.)

(**a**) Usando a sua calculadora, mostre que o potencial de junção de HCl 0,1 M | KCl 0,1 M é, a 25 °C, 26,9 mV. (Lembre-se de que $(RT/F)\ln x = 0{,}059\ 16 \log x$.)

(**b**) Prepare uma planilha eletrônica para reproduzir o resultado em (**a**). Com essa planilha eletrônica, calcule e construa um gráfico do potencial de junção para o sistema HCl 0,1 M | KCl x M, em que x varia de 1 mM a 4 M.

(**c**) Use a sua planilha eletrônica para verificar o comportamento do potencial de junção do sistema HCl y M | KCl x M, em que $y = 10^{-4}$, 10^{-3}, 10^{-2} e 10^{-1} M e x = 1 mM ou 4 M.

Medida do pH com um Eletrodo de Vidro

15.21. Descreva como é possível calibrarmos um eletrodo de pH e medirmos o pH do sangue (~7,5) *a 37 °C*. Use os tampões-padrão da Tabela 15.3.

15.22. Quais são as fontes de erro associadas às medidas de pH usando o eletrodo de vidro?

15.23. Se o eletrodo 3, na Figura 15.21, é colocado em uma solução de pH 11,0, qual será o pH lido?

15.24. Qual(ais) tampão(ões) do National Institute of Standards and Technology, pode(m) ser usado(s) para calibrar um eletrodo para medidas de pH na faixa de 3–4?

15.25. Por que os eletrodos de vidro tendem a indicar um valor de pH menor do que o pH real em soluções fortemente básicas?

15.26. Suponha que o eletrodo externo Ag | AgCl na Figura 15.14 contenha uma solução de NaCl 0,1 M em vez de uma solução saturada de KCl. Considere que o eletrodo é calibrado a 25 °C, em pH 6,54, com um tampão diluído contendo KCl 0,1 M. O eletrodo é então mergulhado em um segundo tampão, *com o mesmo valor de pH* e à mesma temperatura, mas com uma concentração de KCl 3,5 M. Use a Tabela 15.2 para estimar qual será a variação de pH quando substituímos os tampões.

15.27. (**a**) Quando a diferença de pH por meio da membrana de um eletrodo de vidro, a 25 °C, é 4,63 unidades, qual a diferença de potencial elétrico produzida por esse gradiente de pH?

(**b**) Qual será o valor deste potencial para a mesma diferença de pH, a 37 °C?

15.28. Na calibração de um eletrodo de vidro, um tampão de di-hidrogenofosfato de potássio 0,025 m / hidrogenofosfato de sódio 0,025 m (Tabela 15.3) forneceu uma leitura de –18,3 mV, a 20 °C, e um tampão de hidrogenoftalato de potássio 0,05 m deu a leitura de +146,3 mV. Qual é o pH de uma amostra que fornece uma leitura de +50,0 mV? Qual é o coeficiente angular da curva de calibração (mV/unidades de pH) e qual é o coeficiente angular teórico a 20 °C? Encontre o valor de β na Equação 15.6.

15.29. *Problema de atividade.* O tampão KH_2PO_4 0,025 0 m/ Na_2HPO_4 0,025 0 m, tampão (6) na Tabela 15.3, tem um pH de 6,865, a 25 °C.

(**a**) Mostre que a força iônica do tampão, μ, é 0,100 m.

(**b**) A partir dos valores de pH e K_2 para o ácido fosfórico, determine a razão entre os coeficientes de atividade, $\gamma_{HPO_4^{2-}}/\gamma_{H_2PO_4^-}$, quando μ = 0,100 m. Que razão você encontra na Tabela 8.1?

(**c**) Precisamos, urgentemente, preparar um tampão pH 7,000 para calibrarmos um instrumento.[42] Usando-se a razão entre os coeficientes de atividade definida no item (**b**), podemos preparar este tampão com um valor exato se a força iônica do meio for mantida em 0,100 m. *Que molalidades de KH_2PO_4 e Na_2HPO_4 devem estar presentes na solução do tampão para termos um pH 7,000 e μ = 0,100 m?*

15.30. *Como se mede o pH de padrões primários.*[15,43] Duas células eletroquímicas reprodutíveis desprovidas de junção líquida são usadas para as medidas. Nas equações apresentadas a seguir, m indica molalidade e γ, o coeficiente de atividade em uma escala molal. Em soluções diluídas, molalidade e molaridade são praticamente idênticos.

Célula 1:
$Pt(s) \mid H_2(g) \mid$ tampão-padrão primário(aq), $NaCl(aq) \mid AgCl(s) \mid Ag(s)$

$$\text{Eletrodo de Ag: } AgCl(s) + e^- \rightleftharpoons Ag(s) + Cl^-(aq)$$

$$E_{Ag} = E^\circ_{Ag|AgCl} - \frac{RT \ln 10}{F} \log m_{Cl}\gamma_{Cl}$$

$$\text{Eletrodo do Pt: } H^+(aq) + e^- \rightleftharpoons \tfrac{1}{2}H_2(g)$$

$$E_{Pt} = E^\circ_{H_2|H^+} - \frac{RT \ln 10}{F} \log \frac{P_{H_2}^{1/2}}{m_H\gamma_H}$$

$$E_{\text{célula 1}} = (E^\circ_{Ag|AgCl} - E^\circ_{H_2|H^+}) - \frac{RT \ln 10}{F} \log \frac{m_H\gamma_H m_{Cl}\gamma_{Cl}}{P_{H_2}^{1/2}}$$

Célula 2:

$$Pt(s) \mid H_2(g) \mid HCl(aq, 0{,}01\ m) \mid AgCl(s) \mid Ag(s)$$

$$E_{\text{célula 2}} = (E^\circ_{Ag|AgCl} - E^\circ_{H_2|H^+}) - \frac{RT \ln 10}{F} \log \frac{m_H\gamma_H m_{Cl}\gamma_{Cl}}{P_{H_2}^{1/2}}$$

$$E_{\text{célula 2}} = (E^\circ_{Ag|AgCl} - E^\circ_{H_2|H^+}) - \frac{RT \ln 10}{F} \log \frac{(0{,}01)^2\gamma_\pm^2}{P_{H_2}^{1/2}}$$

$$E_{\text{célula 1}} - E_{\text{célula 2}} = -\frac{RT \ln 10}{F}[\underbrace{\log m_H\gamma_H m_{Cl}\gamma_{Cl}}_{\text{Atividades na célula 1}} - \underbrace{\log(0{,}01)^2\gamma_\pm^2}_{\text{Atividades na célula 2}}] \quad \text{(A)}$$

Ambas as células dispõem de eletrodos $Pt \mid H_2 \mid H^+$ e $Ag \mid AgCl$, e ambas empregam a mesma pressão P_{H_2} na mesma temperatura T. A célula 1 contém o tampão cujo pH ($\equiv -\log \mathcal{A}_H = -\log m_H\gamma_H$) deve ser medido, e também contém NaCl com uma molalidade m_{Cl}. A célula 2 contém HCl 0,01 m no lugar do tampão. A diferença de potencial entre as células 1 e 2 na Equação A depende apenas das atividades dos íons H^+ e Cl^- nas duas células.

O coeficiente de atividade médio do HCl 0,01 m, $\gamma_\pm \equiv (\gamma_H\,\gamma_{Cl})^{1/2}$ = 0,905, é uma grandeza bem definida medida com uma célula galvânica.[44] A molalidade m_{Cl} é a concentração conhecida de NaCl na célula 1. Tudo na Equação A é conhecido, exceto o produto $m_{Cl}\gamma_H\gamma_{Cl} = \mathcal{A}_H\gamma_{Cl}$ na célula 1. A atividade $\mathcal{A}_H$ é o que estamos tentando medir. Rearranjamos a Equação A para isolar as incógnitas à esquerda:

$$\underset{\substack{H^+ \text{e } Cl^- \\ \text{na celúla 1}}}{-\log \mathcal{A}_H\gamma_{Cl}} = \frac{E_{\text{célula 1}} - E_{\text{célula 2}}}{(RT\ln 10)/F} - \log\,[\underset{\substack{\text{HCl 0,01 } m \\ \text{na célula 2}}}{(0{,}01)^2(0{,}905)^2}] + \underset{\substack{\text{NaCl} \\ \text{na célula 1}}}{\log m_{Cl}} \qquad \textbf{(B)}$$

O lado esquerdo pode também ser escrito como $-\log\mathcal{A}_H\gamma_{Cl} \equiv$ $p(\mathcal{A}_H\gamma_{Cl})$.

Considere o tampão 6 na Tabela 15.3 preparado com KH_2PO_4 0,025 m mais Na_2HPO_4 0,025 m, cuja força iônica é igual a 0,1 m. Nossa meta é medir seu pH (= $-\log\ \mathcal{A}_H$). Três soluções são preparadas por adição de NaCl 0,005, 0,01 e 0,02 m ao tampão. A quantidade $p(\mathcal{A}_H\gamma_{Cl}) = -\log\mathcal{A}_H\gamma_{Cl}$ medida a partir da Equação B é mostrada na figura vista a seguir, e foi extrapolada para $p(\mathcal{A}_H\gamma_{Cl}) = 6{,}972$ para 0 de NaCl adicionado. Quando não há adição de NaCl, γ_{Cl} é o coeficiente de atividade do íon Cl^- caso ele esteja presente no tampão.

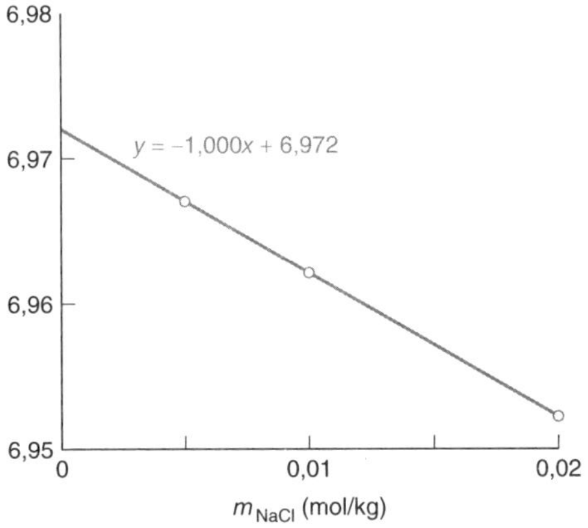

(**a**) Faça um desenho das células 1 e 2.

(**b**) Não existe uma maneira rigorosamente correta de encontrar o pH do tampão porque o coeficiente de atividade para um único íon (γ_{Cl}) não pode ser medido, visto que os íons somente existem em pares com seus contraíons. Entretanto, a equação estendida de Debye-Hückel, Equação 8.6, nos permite *estimar* os coeficientes de atividade de íons isolados.

$$\log \gamma_{Cl} = \frac{-Az^2\sqrt{\mu}}{1 + B\alpha\sqrt{\mu}} \qquad \textbf{(8.6)}$$

em que μ é a força iônica (~ 0,1 mol/kg) do tampão, A e B são constantes dependentes da temperatura da teoria de Debye-Hückel, z é a carga do íon (−1 para o Cl^-) e α é o parâmetro associado ao tamanho do íon na Tabela 8.1. O valor de A a 25 °C é 0,511. A *convenção de Bates-Guggenheim* escolhida para estimar γ_{Cl} para medir o pH de tampões-padrão é $B\alpha = 1{,}5\ (\text{mol/kg})^{-1/2}$. Este valor de $B\alpha$ é equivalente a escolher um tamanho de 458 pm para o íon Cl^-. (Na Tabela 8.1, o tamanho do íon Cl^- é listado como 300 pm.) Usando $B\alpha = 1{,}5\ (\text{mol/kg})^{-1/2}$, calcule o pH do tampão-padrão a 25 °C, e compare a sua resposta com o valor dado na Tabela 15.3.

Eletrodos Íon-seletivos

15.31. (**a**) Explique, com suas palavras, o princípio de funcionamento dos eletrodos íon-seletivos. (**b**) Qual a diferença entre um eletrodo composto e um eletrodo íon-seletivo simples?

15.32. Qual a informação do coeficiente de seletividade? É melhor termos um coeficiente de seletividade grande ou pequeno?

15.33. O que faz um eletrodo íon-seletivo de base líquida ser específico para determinado analito?

15.34. Por que é preferível usarmos um tampão de íon metálico para termos um valor de pM = 8, se é bem mais simples dissolvermos uma quantidade suficiente de mols de um sal deste íon para obtermos uma solução 10^{-8} M?

15.35. Por que usamos padrões com uma concentração constante e alta de um sal inerte para determinarmos com um eletrodo íon-seletivo a *concentração* de uma solução diluída contendo um determinado analito?

15.36. Um eletrodo seletivo para o íon cianeto obedece à equação

$$E = \text{constante} - 0{,}059\ 16\ \log[CN^-]$$

O potencial medido foi −0,230 V, quando o eletrodo foi imerso em uma solução de NaCN 1,00 mM.

(**a**) Com o potencial medido, calcule o valor da constante na equação anterior.

(**b**) Usando o resultado de (**a**), determine a concentração de $[CN^-]$ se $E = -0{,}300$ V.

(**c**) Sem usar a constante calculada em (**a**), determine a concentração de $[CN^-]$ se $E = -0{,}300$ V.

15.37. Qual será a variação (em volts) do potencial de um eletrodo íon-seletivo de Mg^{2+}, se o eletrodo é retirado de uma solução de $MgCl_2$ $1{,}00 \times 10^{-4}$ M e colocado em uma solução de $MgCl_2$ $1{,}00 \times 10^{-3}$ M, a 25 °C?

15.38. O potencial elétrico decorrente da presença do íon F^- na água não fluoretada em Foxboro, Massachusetts, Estados Unidos, foi 40,0 mV mais positivo que o potencial da água de torneira em Providence, Rhode Island, Estados Unidos, quando medido por um eletrodo seletivo para o íon F^-, com uma resposta nernstiana, a 25 °C. A cidade de Providence mantém sua água fluoretada no nível recomendado de 1,00 ± 0,05 mg de F^-/L. Qual é a concentração de F^- em mg/L na água da cidade de Foxboro? (Despreze, em seus cálculos, a incerteza.)

15.39. As seletividades para um eletrodo seletivo ao íon Li^+ são indicadas no diagrama visto a seguir. Qual o íon de metal alcalino (Grupo 1) que causa a maior interferência? Qual o íon de metal alcalino-terroso (Grupo 2) que causa a maior interferência? Quantas vezes a concentração de $[K^+]$ deve ser maior que a do $[Li^+]$ para que ambos os íons tenham a mesma resposta?

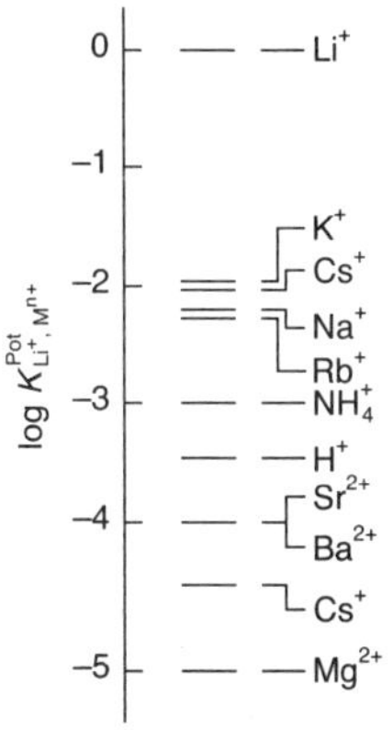

15.40. Um tampão de íon metálico foi preparado a partir de uma solução de ML 0,030 M e uma solução de ML 0,020 M, em que ML é um complexo metal-ligante e L é o ligante livre.

$$M + L \rightleftharpoons ML \qquad K_f = 4{,}0 \times 10^8$$

Calcule a concentração de íon metálico livre, M, nesse tampão.

15.41. *Curva de calibração e propagação de incerteza para expoentes.* Os dados a seguir foram obtidos quando um eletrodo seletivo para o íon Ca^{2+} foi imerso em uma série de soluções-padrão cuja força iônica foi mantida constante em 2,0 M.

Ca^{2+} (M)	E (mV)
$3{,}38 \times 10^{-5}$	−74,8
$3{,}38 \times 10^{-4}$	−46,4
$3{,}38 \times 10^{-3}$	−18,7
$3{,}38 \times 10^{-2}$	+10,0
$3{,}38 \times 10^{-1}$	+37,7

(**a**) Construa uma curva de calibração e calcule, pelo método dos mínimos quadrados, o coeficiente angular e a interseção com o eixo y e seus respectivos desvios-padrão.

(**b**) Calcule o valor de β na Equação 15.13.

(**c**) Para um potencial medido, a curva de calibração fornece o valor de $\log[Ca^{2+}]$. Podemos calcular $[Ca^{2+}] = 10^{\log[Ca^{2+}]}$. Utilizando as regras para propagação de incerteza da Tabela 3.1, calcule $[Ca^{2+}]$ (e sua incerteza associada) de uma amostra que teve uma leitura de −22,5 (±0,3) mV em quatro medidas repetidas.

15.42. O coeficiente de seletividade, $K^{Pot}_{Li^+,\,H^+}$, para um eletrodo seletivo ao íon Li^+ é 4×10^{-4}. Quando esse eletrodo é imerso em uma solução de Li^+ $3{,}44 \times 10^{-4}$ M, em pH 7,2, o potencial medido é −0,333 V contra o E.C.S. Qual será o potencial se o pH diminuir para 1,1 mantendo-se a força iônica constante?

15.43. *Adição-padrão.* Determinado eletrodo seletivo composto para CO_2, semelhante ao mostrado na Figura 15.33, tem seu funcionamento descrito pela equação E = constante − $[\beta RT(\ln 10)/2F]\log[CO_2]$, em que R é a constante dos gases, T a temperatura absoluta (303,15 K), F a constante de Faraday e β = 0,933 (medido a partir de uma curva de calibração à parte). $[CO_2]$ corresponde à concentração de todas as formas de dióxido de carbono dissolvido no valor de pH do experimento, que foi 5,0. Adições-padrão, cada uma com um volume V_S contendo uma concentração-padrão c_S = 0,020 0 M de $NaHCO_3$, foram feitas a uma amostra de concentração desconhecida, cujo volume inicial era V_i = 55,0 mL.

V_S (mL)	E (V)	V_S (mL)	E (V)
0	0,079 0	0,300	0,058 8
0,100	0,072 4	0,800	0,050 9
0,200	0,065 3		

Construa um gráfico com a Equação 15.17 e determine o valor da $[CO_2]$ na amostra desconhecida.

15.44. *Adição-padrão com intervalo de confiança.* Utilizando-se um eletrodo seletivo para amônia, mediu-se amônia em água do mar. Uma alíquota de 100 mL de água do mar foi tratada com 1,00 mL de NaOH 10 M para converter NH_4^+ em NH_3. Portanto, V_0 = 101,0 mL. Foi feita então uma leitura com o eletrodo. Segue uma série de alíquotas de 10,00 mL do padrão $NH_4^+Cl^-$ foram adicionadas e os resultados são:

V_S (mL)	E (V)	V_S (mL)	E (V)
0	−0,084 4	30,00	−0,039 4
10,00	−0,058 1	40,00	−0,034 7
20,00	−0,046 9		

FONTE: Dados de H. Van Ryswyk, E. W. Hall, S. J. Petesch e A. E. Wiedeman, "Extending the Marine Microcosm Laboratory", J. Chem. Ed. *2007*, 84, 306.

O padrão contém 100,0 ppm (mg/L) de nitrogênio na forma de NH_4^+ Cl^-. Um experimento separado determinou que o coeficiente angular do eletrodo βRT (ln 10)/F é 0,056 6 V.

(**a**) Prepare um gráfico de adição-padrão. Determine a concentração e o intervalo de confiança de 95% para o nitrogênio da amônia (ppm) nos 100 mL de água do mar.

(**b**) Adição-padrão funciona melhor se as adições aumentam a concentração inicial de analito de 2 a 5 vezes. Este experimento cai nesta faixa? Uma crítica a este experimento é que a adição demasiada de padrão obscurece a contribuição da amostra desconhecida na determinação da equação da reta.

15.45. Os dados vistos a seguir foram obtidos do gráfico no Boxe 15.2, no qual o método das soluções separadas foi usado para medir coeficientes de seletividade para um eletrodo íon-seletivo de sódio a 21,5 °C. Use a Equação 15.11 para calcular $\log K^{Pot}$ para cada reta vista a seguir.

$$(E_{Mg^{2+}} - E_{Na^+}) \text{ na } \mathcal{A} = 10^{-3} = -0{,}385 \text{ V} \Rightarrow \log K^{Pot}_{Na^+,\,Mg^{2+}} = ?$$
$$(E_{Mg^{2+}} - E_{Na^+}) \text{ na } \mathcal{A} = 10^{-2} = -0{,}418 \text{ V} \Rightarrow \log K^{Pot}_{Na^+,\,Mg^{2+}} = ?$$
$$(E_{K^+} - E_{Na^+}) \text{ na } \mathcal{A} = 10^{-3} = -0{,}285 \text{ V} \Rightarrow \log K^{Pot}_{Na^+,\,K^+} = ?$$
$$(E_{K^+} - E_{Na^+}) \text{ na } \mathcal{A} = 10^{-1{,}5} = -0{,}285 \text{ V} \Rightarrow \log K^{Pot}_{Na^+,\,K^+} = ?$$

15.46. O eletrodo íon-seletivo para H^+ na sonda espacial *Phoenix Mars Lander* tem coeficientes de seletividade $K^{Pot}_{H^+,\,Na^+} = 10^{-8{,}6}$ e $K^{Pot}_{H^+,\,Ca^{2+}} = 10^{-7{,}8}$. Seja A o íon primário a que o eletrodo é sensível e seja z_A a sua carga. Suponha que X seja um íon interferente com carga z_X. O erro relativo na atividade do íon primário em função do íon interferente é[45]

$$\text{Erro percentual em } \mathcal{A}_A = \frac{(K^{Pot}_{A,X})^{z_X/z_A}\,\mathcal{A}_X}{\mathcal{A}_A^{z_X/z_A}} \times 100$$

Esta expressão é usada para erros menores do que ~10%. Se o pH é 8,0 ($\mathcal{A}_{H^+} = 10^{-8{,}0}$) e $\mathcal{A}_{Na^+} = 10^{-2{,}0}$, qual é o erro relativo na medida da $\mathcal{A}_{H^+}$? Se o pH é 8,0 e $\mathcal{A}_{Ca^{2+}} = 10^{-2{,}0}$, qual é o erro relativo na medida da $\mathcal{A}_{H^+}$?

15.47. Um eletrodo seletivo ao íon Ca^{2+} foi calibrado em um tampão de íon metálico com força iônica fixada em 0,50 M. Usando as leituras do eletrodo apresentadas a seguir, escreva uma equação da resposta do eletrodo para os íons Ca^{2+} e Mg^{2+}.

$[Ca^{2+}]$ (M)	$[Mg^{2+}]$ (M)	mV
$1{,}00 \times 10^{-6}$	0	−52,6
$2{,}43 \times 10^{-4}$	0	+16,1
$1{,}00 \times 10^{-6}$	$3{,}68 \times 10^{-3}$	−38,0

15.48. Um tampão de íon Pb^{2+} usado na parte interna de um eletrodo, cuja resposta é vista na curva cinza da Figura 15.31, foi preparado pela mistura de 1 mL de $Pb(NO_3)_2$ 0,10 M com 100,0 mL de Na_2EDTA 0,050 M. No valor medido de pH 4,34, $\alpha_{Y^{4-}} = 1{,}46 \times 10^{-8}$ (Equação 12.4). Mostre que para este tampão $[Pb^{2+}] = 1{,}4 \times 10^{-12}$ M.

15.49. A figura mostrada a seguir mostra o efeito do pH na resposta de um eletrodo íon-seletivo para nitrito (NO_2^-) imerso em uma solução de $NaNO_2$ 1 μM + NaCl 1 mM. Os autores recomendam o uso da região plana próximo ao pH 5,5 para a determinação de nitrito. Como uma primeira aproximação, esperamos que o eletrodo responda à concentração de NO_2^- por meio da equação E = constante − (59 mV)log $[NO_2^-]$.

(**a**) Pesquise o valor de pK_a para o ácido nitroso e explique o comportamento da curva em pH < 4.

(**b**) Sugira uma explicação para o comportamento em pH > 6.

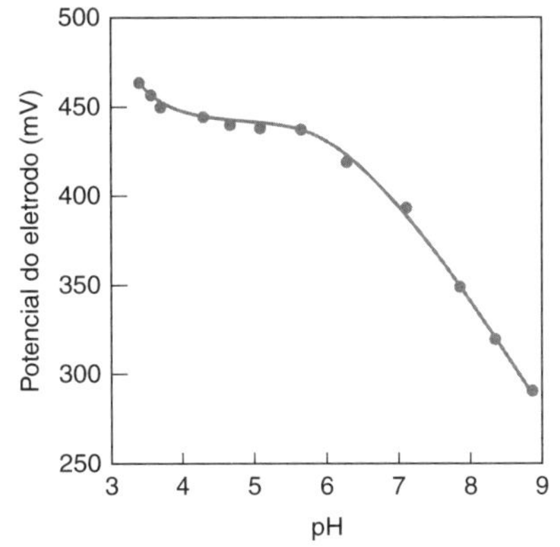

Efeito do pH na resposta de um eletrodo íon-seletivo de estado sólido a nitrito. [Dados de N. Pankratova, M. Cuartero, T. Cherubini, G. A. Crespo e E. Bakker, "In-Line Acidification for Potentiometric Sensing of Nitrite in Natural Waters", *Anal. Chem.* **2017**, *89*, 571.]

15.50. Soluções com um grande intervalo de concentrações de Hg^{2+} foram preparadas para calibrar um eletrodo seletivo ao Hg^{2+}. Para a faixa de concentrações $10^{-5} < [Hg^{2+}] < 10^{-1}$ M, foi usado diretamente $Hg(NO_3)_2$. A faixa $10^{-11} < [Hg^{2+}] < 10^{-6}$ M foi coberta por um sistema tampão $HgCl_2(s)$ + $KCl(aq)$ (controlado pelo pK_{ps} do $HgCl_2$ = 13,16) e a faixa $10^{-15} < [Hg^{2+}] < 10^{-11}$ M foi obtida com o sistema $HgBr_2(s)$ + $KBr(aq)$ (controlado pelo pK_{ps} do $HgBr_2$ = 17,43). A curva de calibração resultante é mostrada na figura vista a seguir. Os pontos de calibração para o tampão $HgCl_2$/KCl não se alinham com os outros dados. Sugira uma possível explicação.

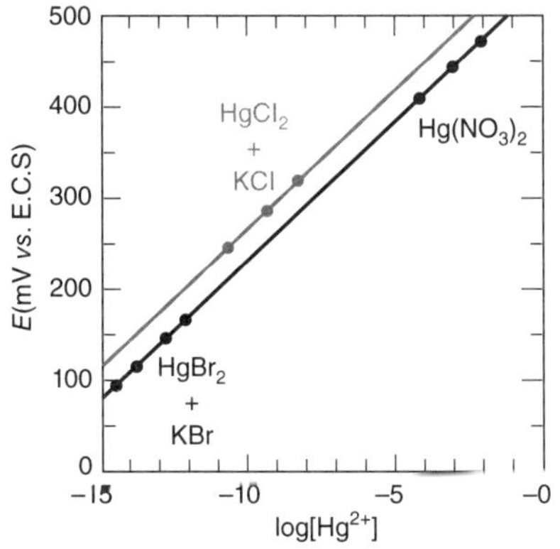

Curvas de calibração de um eletrodo íon-seletivo ao íon Hg^{2+}. Admite-se que todo os pontos estão na mesma força iônica [Dados de J. A. Shatkin, H. S. Brown e S. Licht, "Composite Graphite Ion Selective Electrode Array Potentiometry for the Detection of Mercury and Other Relevant Ions in Aquatic Systems," *Anal. Chem.* **1995**, *67*, 1147.]

15.51. *Problema de Atividade*. O ácido cítrico é um ácido triprótico (H_3A) cujo ânion (A^{3-}) forma complexos estáveis com vários íons metálicos.

$$Ca^{2+} + A^{3-} \overset{K_f}{\rightleftharpoons} CaA^-$$

Quando um eletrodo íon-seletivo para o Ca^{2+} com um coeficiente angular de 29,58 mV foi imerso em uma solução tendo $\mathcal{A}_{Ca^{2+}}$ = 1,00 × 10^{-3}, a leitura foi de +2,06 mV. Uma solução de citrato de cálcio foi preparada misturando-se volumes iguais das soluções 1 e 2 descritas a seguir:

Solução 1: $[Ca^{2+}] = 1{,}00 \times 10^{-3}$ M, pH = 8,00, μ = 0,10 M

Solução 2: $[\text{Citrato}]_{\text{total}} = 1{,}00 \times 10^{-3}$ M, pH = 8,00, μ = 0,10 M

Quando o eletrodo foi imerso em uma solução de citrato de cálcio, a leitura foi de −25,90 mV.

(**a**) Veja a discussão da Figura A.2 no Apêndice A. Calcule a atividade do Ca^{2+} na solução de citrato de cálcio.

(**b**) Calcule a constante de formação, K_f, para o CaA^-. Considere o tamanho do íon CaA^- como 500 pm. Em pH 8,00 e μ = 0,10 M, a fração de citrato livre na forma A^{3-} é 0,998.

Sensores Químicos de Estado Sólido

15.52. Como um analito interage com um transistor de efeito de campo quimiossensível para produzir um sinal elétrico correspondente à sua atividade em solução?

15.53. Explique como o dispositivo apresentado na abertura deste capítulo mede a sequência de bases nucleotídicas no DNA. Qual é a finalidade do transistor de efeito de campo quimiossensível nesse dispositivo?

16 Titulações Redox

ANÁLISE QUÍMICA DE SUPERCONDUTORES DE ALTA TEMPERATURA

Um ímã permanente levita em cima de um disco supercondutor resfriado em um recipiente de nitrogênio líquido. As titulações redox são cruciais para a determinação da composição química de um supercondutor. [Cortesia de D. Cornelius, governo norte-americano, com materiais de T. Vanderah.]

Supercondutores são materiais que perdem toda a sua resistência elétrica quando resfriados abaixo de uma temperatura crítica. Antes de 1987, todos os supercondutores conhecidos necessitavam que o resfriamento fosse feito em temperaturas próximas à do hélio líquido (4 K), um processo muito caro e impraticável para a maioria das aplicações. Em 1987, um passo gigantesco foi dado quando foram descobertos os supercondutores de "alta temperatura", materiais que conservam sua supercondutividade acima do ponto de ebulição do nitrogênio líquido (77 K).

A característica mais surpreendente de um supercondutor é a levitação magnética, mostrada na figura na abertura deste capítulo. Quando um campo magnético é aplicado a um material supercondutor, uma corrente elétrica flui na superfície externa do material, de tal forma que o campo magnético aplicado é cancelado exatamente pelo campo magnético induzido no supercondutor, e o campo líquido dentro do material é zero. A corrente que flui na superfície do supercondutor repele o ímã, fazendo com que ele flutue acima do supercondutor. A eliminação do campo magnético de um supercondutor é chamada *efeito Meissner*.

Um protótipo de supercondutor de alta temperatura é o óxido de ítrio-bário-cobre, $YBa_2Cu_3O_7$, no qual dois terços do cobre estão no estado de oxidação +2 e um terço se encontra no estado pouco usual +3. Outro exemplo é o $Bi_2Sr_2(Ca_{0,8}Y_{0,2})Cu_2O_{8,295}$, no qual o estado de oxidação médio do cobre é +2,105 e o estado de oxidação médio do bismuto é +3,090 (que corresponde formalmente a uma mistura de Bi^{3+} e de Bi^{5+}). O método mais seguro de determinarmos essas composições complexas é por meio das titulações de oxirredução, ou redox, por via úmida, que serão o assunto deste capítulo.

O ferro e seus compostos são agentes redox ambientalmente aceitáveis. Essas substâncias vêm tendo emprego cada vez maior na remediação de águas subterrâneas contaminadas por resíduos tóxicos:[1]

$$\underset{\text{Cromato dissolvido (cancerígeno)}}{CrO_4^{2-}} + \underset{\text{Partículas de ferro (redutor)}}{Fe(0)} + 4H_2O \rightarrow \underbrace{Cr(OH)_3(s) + Fe(OH)_3(s)}_{\text{Mistura de hidróxidos precipitados (relativamente seguros)}} + 2OH^-$$

$$\underset{\text{Poluente}}{3H_2S} + \underset{\text{Ferrato(VI) (oxidante)}}{8HFeO_4^-} + 6H_2O \rightarrow \underbrace{8Fe(OH)_3(s) + 3SO_4^{2-} + 2OH^-}_{\text{(produtos seguros)}}$$

Uma **titulação redox** se baseia em uma reação de oxirredução entre o analito e o titulante. Além de diversos analitos comuns em química, biologia, ciências do meio ambiente e de materiais, que podem ter as suas composições determinadas por meio de titulações redox, estados de oxidação pouco comuns de elementos em materiais especiais, como supercondutores e materiais para a construção de *lasers*, também são caracterizados por meio de titulações redox. Por exemplo, o cromo, que é adicionado a cristais de *laser* para aumentar sua eficiência, normalmente é encontrado nos estados de oxidação +3 e +6 e, também, com o número de oxidação menos comum, +4. Uma titulação redox é uma boa maneira de desvendar a natureza dessa mistura complexa de íons cromo.[2]

Este capítulo apresenta a teoria das titulações redox e discute alguns de seus reagentes mais comuns. Dos oxidantes e redutores vistos na Tabela 16.1, somente alguns poucos podem ser usados como titulantes.[3] A maioria dos agentes redutores empregados como titulantes reage com o oxigênio e, por isso, devem ser protegidos do contato com o ar.

TABELA 16.1 Agentes oxidantes e redutores

Oxidantes		Redutores	
BiO_3^-	Bismutato	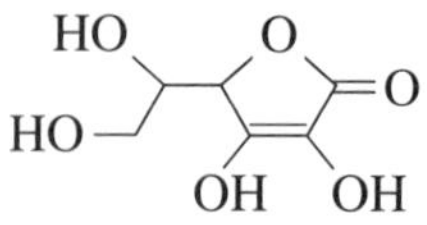	Ácido ascórbico (vitamina C)
BrO_3^-	Bromato	BH_4^-	Boroidreto
Br_2	Bromo	Cr^{2+}	Cromoso
Ce^{4+}	Cérico	H_2	Hidrogênio
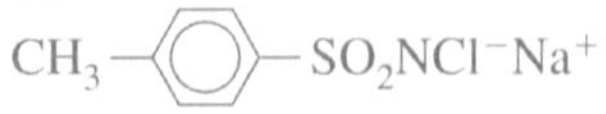	Cloramina T	H_2O_2	Peróxido de hidrogênio
Cl_2	Cloro	H_2S	Sulfeto de hidrogênio
ClO_2	Dióxido de cloro	$S_2O_4^{2-}$	Ditionito
$Cr_2O_7^{2-}$	Dicromato	Fe^{2+}	Ferroso
FeO_4^{2-}	Ferrato(VI)	N_2H_4	Hidrazina
H_2O_2	Peróxido de hidrogênio		Hidroquinona
$Fe^{2+} + H_2O_2$	Reagente de Fenton[4]	NH_2OH	Hidroxilamina
OCl^-	Hipoclorito	H_3PO_2	Ácido hipofosforoso
IO_3^-	Iodato	$C_2O_4^{2-}$	Oxalato
I_2	Iodo	Sn^{2+}	Estanoso
$Pb(acetato)_4$	Acetato de chumbo(IV)	SO_3^{2-}	Sulfito
HNO_3	Ácido nítrico	SO_2	Dióxido de enxofre
O	Oxigênio atômico	$S_2O_3^{2-}$	Tiossulfato
O_2	Dioxigênio (oxigênio)	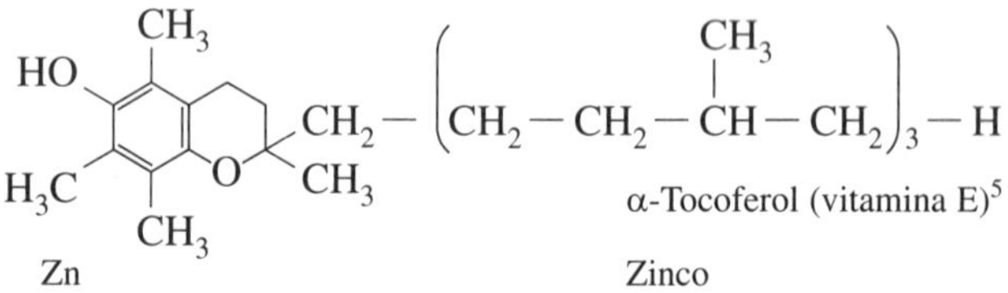	α-Tocoferol (vitamina E)[5]
O_3	Ozônio	Zn	Zinco
$HClO_4$	Ácido perclórico		
H_5IO_6	Ácido periódico[a]		
MnO_4^-	Permanganato		
$S_2O_8^{2-}$	Peroxidissulfato		

a. H_5IO_6 é o ácido ortoperiódico. O sal $Na_3H_2IO_6$, que precipita quando se adiciona NaOH à uma solução aquosa de H_5IO_6, é o ortoperiodato trissódico. As constantes de dissociação ácida do H_5IO_6 são $pK_1 = 1{,}0 \pm 0{,}2$, $pK_2 = 7{,}42 \pm 0{,}03$ e $pK_3 = 10{,}99 \pm 0{,}02$ em $NaNO_3$ 0,5 M a 25 °C. A espécie IO_4^- é chamada metaperiodato. O sal $NaIO_4$ é o metaperiodato de sódio. Na presença de água, $NaIO_4$ sofre hidrólise a H_5IO_6. A espécie principal em pH 7 é $H_4IO_6^-$. [L. Valkai, G. Peintler e A. Horváth, Inorg. Chem. ***2017****, 56, 11417.]*

O íon perbromato (BrO_4^-) é preparado em meio aquoso alcalino (pH 12,5 a 40 °C) mediante reação de hipobromito (BrO^-) com bromato (BrO_3^-). [A. N. Pisarenko, R. Young, O. Quiñones, B. J. Vanderford e D. B. Mawhinney, Inorg. Chem. ***2011****, 50, 8691.]*

16.1 Forma de uma Curva de Titulação Redox

A reação de titulação avança para o término após cada adição de titulante. A constante de equilíbrio é $K = 10^{nE°/0{,}05916}$, a 25 °C. Ácidos fortes evitam reações de hidrólise como $Fe^{3+} + H_2O \rightleftharpoons Fe(OH)^{2+} + H^+$.

Considere a titulação de ferro(II) com uma solução-padrão de cério(IV), que pode ser monitorada potenciometricamente, conforme mostrado na Figura 16.1. A reação da titulação é

Reação de titulação:
$$\underset{\text{Cérico titulante}}{Ce^{4+}} + \underset{\text{Ferroso analito}}{Fe^{2+}} \rightarrow \underset{\text{Ceroso}}{Ce^{3+}} + \underset{\text{Férrico}}{Fe^{3+}} \qquad (16.1)$$

para a qual $K \approx 10^{16}$ em $HClO_4$ 1 M. Cada mol de íon cérico oxida 1 mol de íon ferroso, de forma rápida e quantitativa. A reação da titulação forma uma mistura de Ce^{4+}, Ce^{3+}, Fe^{2+} e Fe^{3+} no béquer na Figura 16.1. O Boxe 16.1 descreve o mecanismo provável da Reação 16.1.

No eletrodo indicador de Pt, existem *duas* reações que avançam para o equilíbrio:

Os equilíbrios 16.2 e 16.3 são ambos estabelecidos no eletrodo de Pt.

Meia-reação do indicador:
$$Fe^{3+} + e^- \rightleftharpoons Fe^{2+} \qquad E° = 0{,}767\ V \qquad (16.2)$$

Meia-reação do indicador:
$$Ce^{4+} + e^- \rightleftharpoons Ce^{3+} \qquad E° = 1{,}70\ V \qquad (16.3)$$

Os potenciais citados aqui são potenciais formais válidos em $HClO_4$ 1 M. O eletrodo indicador de Pt responde às concentrações relativas (na verdade, atividades) dos íons Ce^{4+} e Ce^{3+} ou Fe^{3+} e Fe^{2+}.

Vamos calcular agora como o potencial (a diferença de potencial) da célula eletroquímica varia quando o Fe^{2+} é titulado com o Ce^{4+}. A curva de titulação tem três regiões distintas.

Podemos usar tanto a Reação 16.2 como a Reação 16.3 para descrever a diferença de potencial da célula eletroquímica a qualquer momento. Entretanto, como conhecemos as concentrações de Fe^{2+} e Fe^{3+}, é mais conveniente usarmos agora a Reação 16.2.

Região 1: Antes do Ponto de Equivalência

Assim que cada alíquota de Ce^{4+} é adicionada, a reação de titulação 16.1 consome o Ce^{4+} e produz um número igual de mols de Ce^{3+} e de Fe^{3+}. Antes do ponto de equivalência, o excesso de Fe^{2+} que não reagiu permanece em solução. Portanto, podemos determinar as

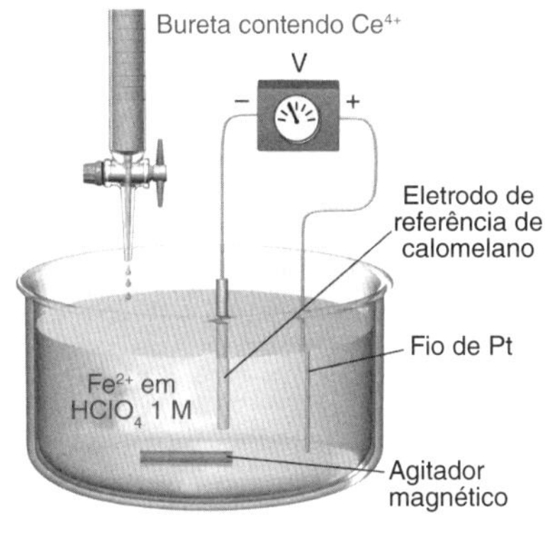

FIGURA 16.1 Montagem para a titulação potenciométrica de Fe^{2+} com Ce^{4+}.

concentrações de Fe^{2+} e de Fe^{3+} sem nenhuma dificuldade. Por outro lado, não podemos determinar a concentração de Ce^{4+} sem resolver um pequeno problema de equilíbrio. Como as quantidades de Fe^{2+} e de Fe^{3+} são conhecidas, é *conveniente* calcular a diferença de potencial da célula eletroquímica utilizando a Reação 16.2 em vez da Reação 16.3.

$$E = E_+ - E_- \qquad \textbf{(16.4)}$$

E_+ é o potencial do eletrodo de Pt conectado ao terminal positivo do potenciômetro na Figura 16.1. E_- refere-se ao potencial do eletrodo de calomelano conectado ao terminal negativo.

$$E = \left[0{,}767 - 0{,}059\ 16\ \log\left(\frac{[Fe^{2+}]}{[Fe^{3+}]}\right)\right] - 0{,}241 \qquad \textbf{(16.5)}$$

↑ Potencial formal para a redução do Fe^{3+} em solução de $HClO_4$ 1 M

↑ Potencial do eletrodo de calomelano saturado

$$E = 0{,}526 - 0{,}059\,16\ \log\left(\frac{[Fe^{2+}]}{[Fe^{3+}]}\right) \qquad \textbf{(16.6)}$$

Um ponto especial é alcançado antes do ponto de equivalência. Quando o volume de titulante é metade da quantidade necessária para se atingir o ponto de equivalência ($V = \frac{1}{2}V_e$), as concentrações de Fe^{3+} e de Fe^{2+} são iguais. Neste caso, o termo logarítmico é 0, e $E_+ = E°$ para o par $Fe^{3+} | Fe^{2+}$. *O ponto em que* $V = \frac{1}{2}V_e$ *é semelhante ao ponto em uma titulação ácido-base em que* $pH = pK_a$ *quando* $V = \frac{1}{2}V_e$.

Para a Reação 16.2, $E_+ = E°(Fe^{3+} | Fe^{2+})$ quando $V = \frac{1}{2}V_e$.

A diferença de potencial da célula eletroquímica não pode ser calculada quando nenhum titulante foi adicionado, pois não sabemos a quantidade de Fe^{3+} presente. Se $[Fe^{3+}] = 0$, a diferença de potencial calculada com a Equação 16.6 seria $-\infty$. Na realidade, sempre existe algum Fe^{3+} em qualquer reagente, ou como impureza ou como produto de oxidação do Fe^{2+} pelo oxigênio do ar. Em qualquer caso, a diferença de potencial nunca pode ser menor que a necessária para reduzir o solvente ($H_2O + e^- \rightarrow \frac{1}{2}H_2 + OH^-$).

Região 2: No Ponto de Equivalência

Neste ponto, a quantidade de Ce^{4+} adicionada foi exatamente suficiente para reagir com todo o Fe^{2+} presente. Praticamente todo o cério se encontra na forma de Ce^{3+} e praticamente

BOXE 16.1 Muitas Reações Redox São Reações de Transferência de Átomos

A Reação 16.1 mostra que um elétron se move do Fe^{2+} para Ce^{4+}, dando Fe^{3+} e Ce^{3+}. Na verdade, supõe-se que esta reação e muitas outras ocorrem mediante a transferência de átomos, e não de elétrons.[6] Neste caso, um átomo de hidrogênio (próton mais elétron) pode ser transferido dos íons Fe^{2+} aquosos para as espécies Ce^{4+} aquosas. Outras reações redox comuns entre espécies metálicas podem se processar pela transferência de átomos de oxigênio ou de halogênios.

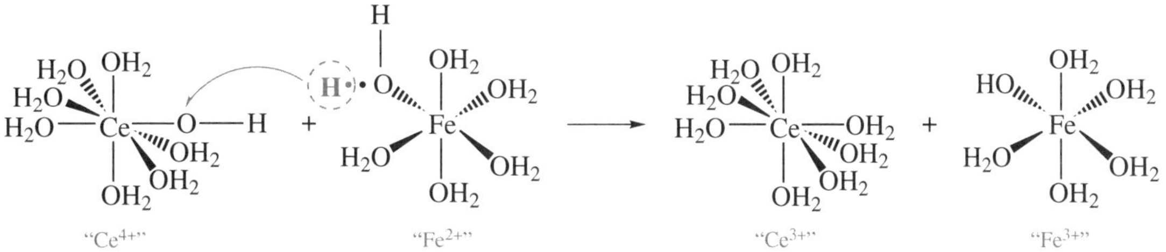

"Ce^{4+}" $Ce(H_2O)_7(OH)^{3+}$ + "Fe^{2+}" $Fe(H_2O)_6^{2+}$ → "Ce^{3+}" $Ce(H_2O)_8^{3+}$ + "Fe^{3+}" $Fe(H_2O)_5(OH)^{2+}$

todo o ferro se encontra na forma de Fe^{3+}. Quantidades mínimas de Ce^{4+} e de Fe^{2+} também estão presentes no equilíbrio. A partir da estequiometria da Reação 16.1, podemos dizer que

$$[Ce^{3+}] = [Fe^{3+}] \quad \textbf{(16.7)}$$

$$[Ce^{4+}] = [Fe^{2+}] \quad \textbf{(16.8)}$$

Para compreendermos por que as Equações 16.7 e 16.8 são verdadeiras, imaginemos que *todo* o cério e o ferro estão sob a forma de Ce^{3+} e Fe^{3+}. Como estamos no ponto de equivalência, $[Ce^{3+}] = [Fe^{3+}]$. Logo, a Reação 16.1 caminha para o equilíbrio:

$$Fe^{3+} + Ce^{3+} \rightleftharpoons Fe^{2+} + Ce^{4+} \quad \text{(inverso da Reação 16.1)}$$

Se uma pequena quantidade do Fe^{3+} volta para Fe^{2+}, um número de mols igual de Ce^{4+} deve ser também produzido. Então, $[Ce^{4+}] = [Fe^{2+}]$.

Em qualquer instante, as Reações 16.2 e 16.3 estão, *ambas*, em equilíbrio no eletrodo de Pt. No ponto de equivalência, é *conveniente* usarmos ambas as reações para descrever a diferença de potencial da célula eletroquímica. Para essas reações, a partir da equação de Nernst, obtemos

No ponto de equivalência, usamos ambas as reações, 16.2 e 16.3, para calcular a diferença de potencial da célula eletroquímica. Trata-se, em rigor, apenas de uma conveniência algébrica.

$$E_+ = 0,767 - 0,059\,16 \log\left(\frac{[Fe^{2+}]}{[Fe^{3+}]}\right) \quad \textbf{(16.9)}$$

$$E_+ = 1,70 - 0,059\,16 \log\left(\frac{[Ce^{3+}]}{[Ce^{4+}]}\right) \quad \textbf{(16.10)}$$

As Equações 16.9 e 16.10 que obtivemos constituem, cada uma delas, uma relação algébrica válida. Entretanto, nenhuma delas isoladamente nos permite encontrar E_+, pois não sabemos exatamente quais pequenas concentrações de Fe^{2+} e de Ce^{4+} estão presentes. É possível resolvermos as quatro equações (de 16.7 a 16.10) simultaneamente. Inicialmente, *somamos* as Equações 16.9 e 16.10:

$$2E_+ = 0,767 + 1,70 - 0,059\,16 \log\left(\frac{[Fe^{2+}]}{[Fe^{3+}]}\right) - 0,059\,16 \log\left(\frac{[Ce^{3+}]}{[Ce^{4+}]}\right)$$

log *a* + log *b* = log *ab*
–log *a* – log *b* = – log *ab*

$$2E_+ = 2,46_7 - 0,059\,16 \log\left(\frac{[Fe^{2+}][Ce^{3+}]}{[Fe^{3+}][Ce^{4+}]}\right)$$

Porém, como no ponto de equivalência $[Ce^{3+}] = [Fe^{3+}]$ e $[Ce^{4+}] = [Fe^{2+}]$, a razão entre as concentrações no termo logarítmico é unitária. Portanto, o logaritmo é 0 e

$$2E_+ = 2,46_7 \text{ V} \Rightarrow E_+ = 1,23 \text{ V}$$

A diferença de potencial da célula eletroquímica é

$$E = E_+ - E(\text{calomelano}) = 1,23 - 0,241 = 0,99 \text{ V} \quad \textbf{(16.11)}$$

Nessa titulação em particular, a diferença de potencial no ponto de equivalência é independente das concentrações e dos volumes dos reagentes.

Região 3: Após o Ponto de Equivalência

Após o ponto de equivalência, é conveniente usarmos a Reação 16.3, pois podemos facilmente calcular as concentrações de Ce^{3+} e Ce^{4+}. Não é conveniente usarmos a Reação 16.2, pois não conhecemos a concentração do Fe^{2+} que foi "consumido".

Agora praticamente todos os átomos de ferro estão na forma de Fe^{3+}. O número de mols de Ce^{3+} é igual ao número de mols de Fe^{3+}, e existe um excesso conhecido de Ce^{4+} que não reagiu. Como conhecemos $[Ce^{3+}]$ e também $[Ce^{4+}]$, é *conveniente* utilizar a Reação 16.3 para descrever a química no eletrodo de Pt:

$$E = E_+ - E(\text{calomelano}) = \left[1,70 - 0,059\,16 \log\left(\frac{[Ce^{3+}]}{[Ce^{4+}]}\right)\right] - 0,241 \quad \textbf{(16.12)}$$

No ponto especial em que $V = 2V_e$, $[Ce^{3+}] = [Ce^{4+}]$ e $E_+ = E°(Ce^{4+} \mid Ce^{3+}) = 1,70$ V.

Antes do ponto de equivalência, a diferença de potencial no eletrodo indicador se estabiliza próximo ao valor de $E°(Fe^{3+} \mid Fe^{2+}) = 0,77$ V.[7] O potencial da célula é constante perto de $E_+ - E$(calomelano) $= E_+ - 0,241$. Após o ponto de equivalência, os valores da diferença de potencial se tornam mais próximos de $E°(Ce^{4+} \mid Ce^{3+}) = 1,70$ V. No ponto de equivalência (V_e), há um rápido aumento na diferença de potencial.

Caso realmente seja necessário calcular curvas de titulação redox, o modo de fazer isso é por meio de planilhas eletrônicas com um conjunto mais geral de equações do que usamos nesta seção.[8]

Os Tópicos suplementares disponíveis no Ambiente de aprendizagem do GEN explicam como usar planilhas para calcular curvas de titulação redox.

EXEMPLO Titulação Redox Potenciométrica

Suponha que desejamos titular 100,0 mL de uma solução de Fe^{2+} 0,050 0 M com uma solução de Ce^{4+} 0,100 M, usando a célula eletroquímica da Figura 16.1. O ponto de equivalência é atingido quando $V_{Ce^{4+}} = 50,0$ mL. Calcule a diferença de potencial da célula eletroquímica quando 36,0, 50,0 e 63,0 mL foram adicionados.

Solução *Em 36,0 mL:* o valor de 36,0/50,0 corresponde à fração do caminho percorrido até o ponto de equivalência. Portanto, 36,0/50,0 do ferro estão na forma de Fe^{3+}, e

14,0/50,0 estão na forma de Fe^{2+}. Substituindo o valor $[Fe^{2+}]/[Fe^{3+}] = 14{,}0/36{,}0$ na Equação 16.6, temos $E = 0{,}550$ V.

Em 50,0 mL: a Equação 16.11 nos diz que a diferença de potencial da célula eletroquímica no ponto de equivalência é 0,99 V, independentemente das concentrações dos reagentes para esta titulação.

Em 63,0 mL: os primeiros 50,0 mL de cério foram transformados em Ce^{3+}. Como foram adicionados 13,0 mL de Ce^{4+} em excesso, teremos, na Equação 16.12, $[Ce^{3+}]/[Ce^{4+}] = 50{,}0/13{,}0$, o que corresponde a um valor de $E = 1{,}424$ V.

TESTE-SE Determine a diferença de potencial E quando $V_{Ce^{4+}} = 20{,}0$ mL e 51,0 mL. (***Resposta:*** 0,516 V; 1,358 V.)

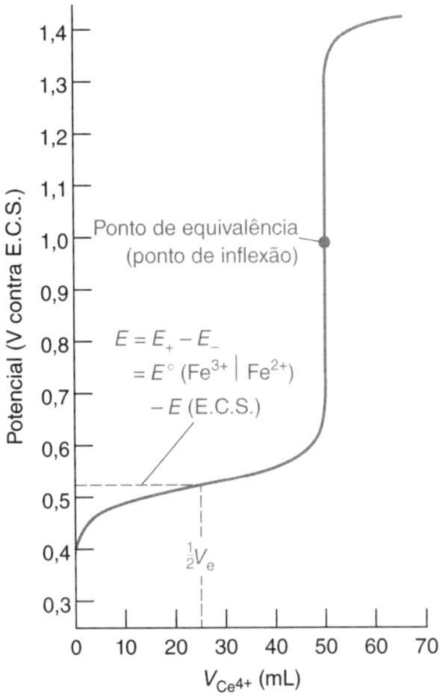

FIGURA 16.2 Curva teórica para a titulação de 100,0 mL de solução de Fe^{2+} 0,050 0 M com solução de Ce^{4+} 0,100 M em $HClO_4$ 1 M. Não podemos calcular o potencial para uma adição zero de titulante, mas podemos começar os cálculos com um pequeno volume, tal como $V_{Ce^{4+}} = 0{,}1$ mL.

Forma das Curvas de Titulação Redox

Os cálculos descritos anteriormente permitem a construção da curva de titulação na Figura 16.2, que mostra o potencial (a diferença de potencial) como uma função do volume de titulante adicionado. O ponto de equivalência é indicado por um crescimento acentuado do potencial. O valor calculado de E_+ em $\frac{1}{2}V_e$ é o potencial formal do par $Fe^{3+} | Fe^{2+}$, pois o quociente $[Fe^{2+}]/[Fe^{3+}]$ é unitário nesse ponto. O potencial calculado em qualquer ponto dessa titulação depende apenas da *razão* entre os reagentes; suas *concentrações* não aparecem em nenhum dos cálculos neste exemplo. Isso nos leva a esperar, portanto, que a curva na Figura 16.2 seja independente da diluição. Devemos observar a mesma curva se ambos os reagentes forem diluídos por um fator de 10.

A curva na Figura 16.2 é essencialmente independente das concentrações do analito e do titulante. A curva é simétrica próximo a V_e porque a relação estequiométrica é 1:1.

Para a Reação 16.1, a curva de titulação na Figura 16.2 é simétrica próximo ao ponto de equivalência, pois a estequiometria da reação é 1:1. A Figura 16.3 mostra a curva calculada para a titulação do Tl^+ pelo IO_3^- em HCl 1,00 M.

$$IO_3^- + 2Tl^+ + 2Cl^- + 6H^+ \rightarrow ICl_2^- + 2Tl^{3+} + 3H_2O \qquad \textbf{(16.13)}$$

A curva *não é simétrica em torno do ponto de equivalência*, pois a relação estequiométrica entre os reagentes é 2:1, e não 1:1. Além disso, a curva apresenta uma subida tão acentuada, na região próxima ao ponto de equivalência, que o erro é desprezível se o centro da região de subida acentuada for considerado o ponto final. A Demonstração 16.1 nos mostra um exemplo de uma curva de titulação assimétrica, cuja forma depende também do pH do meio reacional.

A variação de potencial próximo ao ponto de equivalência aumenta quando a diferença entre os $E°$ dos dois pares redox envolvidos na titulação também aumenta. Quanto maior for a diferença em $E°$, maior a constante de equilíbrio para a reação de titulação. Para a Figura 16.2, as meias-reações 16.2 e 16.3 diferem de 0,93 V, e existe uma grande inflexão no ponto de equivalência na curva de titulação. Na Figura 16.3, as meias-reações diferem de 0,47 V, de modo que há uma inflexão menor no ponto de equivalência.

Você não escolheria um ácido fraco para titular uma base fraca, pois a inflexão no V_e não seria muito nítida.

$$IO_3^- + 2Cl^- + 6H^+ + 4e^- \rightleftharpoons ICl_2^- + 3H_2O \qquad E° = 1{,}24 \text{ V}$$
$$Tl^{3+} + 2e^- \rightleftharpoons Tl^+ \qquad E° = 0{,}77 \text{ V}$$

Resultados mais nítidos são obtidos com agentes oxidantes e redutores mais fortes. A mesma regra se aplica a titulações ácido-base, onde titulações com ácidos fortes ou bases fortes têm inflexões mais acentuadas no ponto de equivalência.

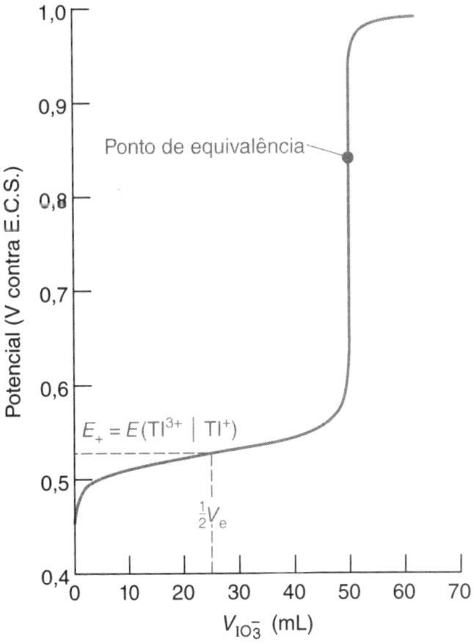

FIGURA 16.3 Curva teórica para a titulação de 100,0 mL de Tl^+ 0,010 0 M com IO_3^- 0,010 0 M em HCl 1,00 M. O ponto de equivalência em 0,842 V não se situa no centro da subida acentuada da curva. Quando a estequiometria da reação não é 1:1, a curva não é simétrica.

16.2 Determinação do Ponto Final

Da mesma maneira como nas titulações ácido-base, indicadores e eletrodos são normalmente usados para a determinação do ponto final de uma titulação redox.

Indicadores Redox

Um **indicador redox** é uma substância que muda de cor quando passa de seu estado oxidado para seu estado reduzido. Por exemplo, o indicador ferroína muda de um azul-pálido (quase incolor) para vermelho.

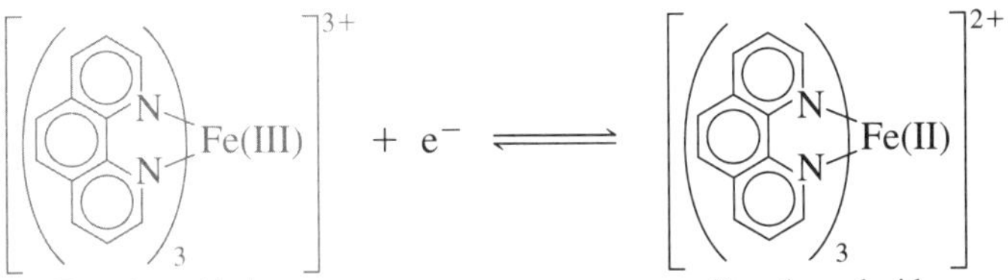

Ferroína oxidada (azul-pálido) In(oxidado) — Ferroína reduzida (vermelho) In(reduzido)

DEMONSTRAÇÃO 16.1 Titulação Potenciométrica do Fe^{2+} com MnO_4^-

Esta reação ilustra muitos dos princípios das titulações potenciométricas.

$$\underset{\text{Titulante}}{MnO_4^-} + \underset{\text{Analito}}{5Fe^{2+}} + 8H^+ \rightarrow Mn^{2+} + 5Fe^{3+} + 4H_2O \quad \text{(A)}$$

Dissolvemos 0,60 g de $Fe(NH_4)_2(SO_4)_2 \cdot 6H_2O$ (MF 392,12; 1,5 mmol) em 400 mL de solução de H_2SO_4 1 M. Titulamos a solução, bem agitada, com uma solução de $KMnO_4$ 0,02 M ($V_e \approx 15$ mL), utilizando eletrodos de platina e de calomelano, com um medidor de pH como potenciômetro. Antes de começar a titulação, calibramos o medidor ligando com um fio os dois terminais de entrada e ajustamos o zero da escala de milivolts do medidor de pH.

Calculamos alguns pontos da curva de titulação teórica antes de realizar o experimento. Podemos então comparar o resultado teórico com o experimental. É importante observar a coincidência dos pontos finais potenciométrico e visual.

Questão O permanganato de potássio é púrpura, e todas as outras espécies nessa titulação são incolores (ou muito pouco coloridas). Que mudança de cor é esperada no ponto de equivalência?

Para calcularmos os pontos na curva de titulação teórica, usamos as seguintes meias-reações:

$$Fe^{3+} + e^- \rightleftharpoons Fe^{2+} \qquad E° = 0,68 \text{ V em } H_2SO_4 \text{ 1 M} \quad \text{(B)}$$

$$MnO_4^- + 8H^+ + 5e^- \rightarrow Mn^{2+} + 4H_2O \qquad E° = 1,507 \text{ V} \quad \text{(C)}$$

Antes do ponto de equivalência, os cálculos são semelhantes aos da Seção 16.1 para a titulação do Fe^{2+} pelo Ce^{4+}, só que usando $E° = 0,68$ V. Após o ponto de equivalência, podemos encontrar o potencial usando a Reação C. Por exemplo, suponha que estamos titulando 0,400 L de uma solução de Fe^{2+} 3,75 mM com uma solução de $KMnO_4$ 0,020 0 M. Pela estequiometria da Reação A, o ponto de equivalência é $V_e = 15,0$ mL. Quando adicionamos 17,0 mL de $KMnO_4$, as concentrações das espécies na Reação C são $[Mn^{2+}] = 0,719$ mM, $[MnO_4^-] = 0,095\,9$ mM e $[H^+] = 0,959$ M (desprezando a pequena quantidade de H^+ consumida na titulação). O potencial da célula eletroquímica é

$$E = E_+ - E(\text{calomelano})$$

$$= \left[1,507 - \frac{0,059\,16}{5}\log\left(\frac{[Mn^{2+}]}{[MnO_4^-][H^+]^8}\right)\right] - 0,241$$

$$= \left[1,507 - \frac{0,059\,16}{5}\log\left(\frac{7,19\times10^{-4}}{(9,59\times10^{-5})(0,959)^8}\right)\right] - 0,241$$

$$= 1,254 \text{ V}$$

Para calcularmos o potencial no ponto de equivalência, somamos as equações de Nernst para as Reações B e C, como fizemos na Seção 16.1 para as reações do cério e do ferro. Entretanto, antes de fazermos isso, multiplicamos a equação do permanganato por 5, o que permite somarmos os termos logarítmicos:

$$E_+ = 0,68 - 0,059\,16\log\left(\frac{[Fe^{2+}]}{[Fe^{3+}]}\right)$$

$$5E_+ = 5\left[1,507 - \frac{0,059\,16}{5}\log\left(\frac{[Mn^{2+}]}{[MnO_4^-][H^+]^8}\right)\right]$$

Podemos agora somar as duas equações, obtendo

$$6E_+ = 8,215 - 0,059\,16\log\left(\frac{[Mn^{2+}][Fe^{2+}]}{[MnO_4^-][Fe^{3+}][H^+]^8}\right) \quad \text{(D)}$$

Entretanto, a estequiometria da reação de titulação A nos diz que, no ponto de equivalência, $[Fe^{3+}] = 5[Mn^{2+}]$ e $[Fe^{2+}] = 5[MnO_4^-]$. Substituindo esses valores na Equação D, temos

$$6E_+ = 8,215 - 0,059\,16\log\left(\frac{\cancel{[Mn^{2+}]}(\cancel{5}\,\cancel{[MnO_4^-]})}{\cancel{[MnO_4^-]}(\cancel{5}\,\cancel{[Mn^{2+}]})[H^+]^8}\right)$$

$$6E_+ = 8,215 - 0,059\,16\log\left(\frac{1}{[H^+]^8}\right) \quad \text{(E)}$$

Substituindo a concentração de $[H^+]$, que é (400 mL/415 mL) × (1,00 M) = 0,964 M, encontramos

$$6E_+ = 8,215 - 0,059\,16\log\left(\frac{1}{(0,964)^8}\right) \Rightarrow E_+ = 1,368 \text{ V}$$

O potencial previsto em V_e é $E = E_+ - E(\text{calomelano}) = 1,368 - 0,241 = 1,127$ V.

Para fazermos a previsão da faixa de potencial em que a cor do indicador mudará, escrevemos a equação de Nernst para o indicador.

$$\text{In(oxidado)} + ne^- \rightleftharpoons \text{In(reduzido)}$$

$$E = E° - \frac{0,059\,16}{n}\log\left(\frac{[\text{In(reduzido)}]}{[\text{In(oxidado)}]}\right) \quad \textbf{(16.14)}$$

Assim como em indicadores ácido-base, a cor do In(reduzido) será observada quando

$$\left(\frac{[\text{In(reduzido)}]}{[\text{In(oxidado)}]}\right) \gtrsim \frac{10}{1}$$

e a cor do In(oxidado) será observada quando

$$\left(\frac{[\text{In(reduzido)}]}{[\text{In(oxidado)}]}\right) \lesssim \frac{1}{10}$$

Substituindo essas razões na Equação 16.14, verificamos que a mudança de cor ocorrerá na faixa

$$E = \left(E° \pm \frac{0,059\,16}{n}\right) \text{volts}$$

Um indicador redox muda de cor em uma faixa de $\pm(59/n)$ mV, cujo centro se localiza no valor de $E°$ para o indicador. n é o número de elétrons na meia-reação do indicador.

Para a ferroína, com $E° = 1{,}147$ V (Tabela 16.2), esperamos que a mudança de cor ocorra na faixa aproximada de 1,088 a 1,206 V com relação ao eletrodo-padrão de hidrogênio. Se em vez desse eletrodo-padrão for usado como referência um eletrodo de calomelano saturado, a faixa de transição do indicador será

$$\begin{pmatrix}\text{Faixa de transição do}\\ \text{indicador contra um eletrodo de}\\ \text{calomelano (E.C.S.)}\end{pmatrix} = \begin{pmatrix}\text{Faixa de transição contra}\\ \text{um eletrodo-padrão de}\\ \text{hidrogênio (E.P.H.)}\end{pmatrix} - E(\text{calomelano}) \qquad \textbf{(16.15)}$$

$$= (1{,}088 \text{ a } 1{,}206) - (0{,}241)$$
$$= 0{,}847 \text{ a } 0{,}965 \text{ V (contra E.C.S.)}$$

A ferroína seria, portanto, um indicador útil para as titulações das Figuras 16.2 e 16.3.

Quanto maior for a diferença entre os valores do potencial-padrão do titulante e o potencial-padrão do analito, maior será a inflexão no ponto de equivalência de uma curva de titulação. Normalmente, é possível realizar uma titulação redox se a diferença entre o analito e o titulante for $\geq 0{,}2$ V. Entretanto, o ponto final das titulações redox não costuma ser muito acentuado, sendo bem mais facilmente detectado potenciometricamente. Se a diferença nos potenciais formais é $\geq 0{,}4$ V, então um indicador redox geralmente apresenta um ponto final satisfatório.

Veja a Figura 15.6 para uma melhor compreensão da Equação 16.15.

A faixa de viragem (de mudança de cor) de um indicador deve se sobrepor à região de subida acentuada da curva de titulação.

Gráfico de Gran

Com a montagem mostrada na Figura 16.1, podemos medir um potencial de eletrodo, E, contra o volume de titulante, V, durante uma titulação redox. O ponto final é o valor máximo da derivada primeira da curva de titulação, $\Delta E/\Delta V$, ou o cruzamento de zero da derivada segunda, $\Delta(\Delta E/\Delta V)/\Delta V$ (Figura 11.5).

Um método mais exato para se usar os dados potenciométricos é construir um gráfico de Gran[9,10] como fizemos para as titulações ácido-base na Seção 11.5. O gráfico de Gran permite localizar V_e a partir de dados obtidos bem antes do ponto de equivalência. Os dados potenciométricos obtidos próximos a V_e são menos exatos, pois os eletrodos demoram muito tempo para atingir o equilíbrio com as espécies em solução quando um dos reagentes redox foi praticamente consumido.

Para a oxidação do Fe^{2+} a Fe^{3+}, o potencial antes de V_e é dado por

$$E = \left[E^{\circ\prime} - 0{,}059\ 16 \log\left(\frac{[Fe^{2+}]}{[Fe^{3+}]}\right)\right] - E_{ref} \qquad \textbf{(16.16)}$$

em que $E^{\circ\prime}$ é o potencial formal para $Fe^{3+} | Fe^{2+}$ e E_{ref} é o potencial do eletrodo de referência (que chamamos de E_-). Se o volume do analito é V_0 e o do titulante é V, e se a reação a cada adição de titulante é "completa", temos que $[Fe^{2+}]/[Fe^{3+}] = (V_e - V)/V$. Substituindo essa expressão na Equação 16.16 e separando os coeficientes, chegamos à equação de uma reta na forma $y = mx + b$:

$$\underbrace{V \cdot 10^{-nE/0{,}059\ 16}}_{y} = \underbrace{V_e \cdot 10^{-n(E_{ref}-E^{\circ\prime})/0{,}059\ 16}}_{b} - \underset{x}{\underset{\uparrow}{V}} \cdot \underbrace{10^{-n(E_{ref}-E^{\circ\prime})/0{,}059\ 16}}_{m} \qquad \textbf{(16.17)}$$

em que n é o número de elétrons na meia-reação no eletrodo indicador.

O gráfico de $V \cdot 10^{-nE/0{,}059\ 16}$ contra V é uma reta onde a interseção com o eixo x ocorre no valor de V_e (Figura 16.4). Se a força iônica durante a reação é mantida constante, os coeficientes de atividade também são constantes, e a Equação 16.17 dá uma reta para uma faixa bem ampla de volume de titulante adicionado. Se a força iônica varia quando o titulante é adicionado, usamos somente os últimos 10 a 20% dos dados obtidos antes de V_e.

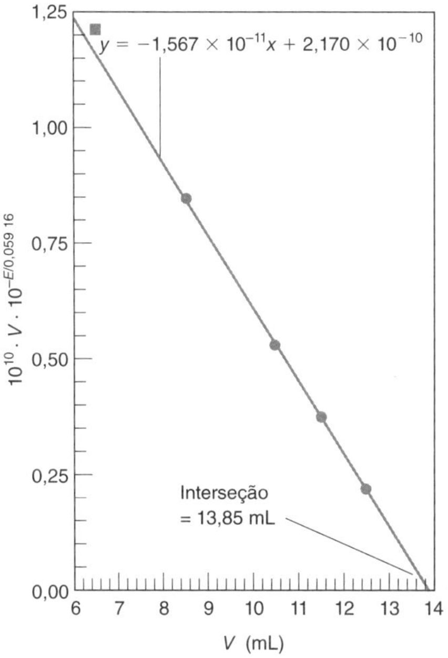

FIGURA 16.4 Gráfico de Gran para a titulação de Fe^{2+} por Ce^{4+} no Exercício 16.D.[9] A reta foi ajustada pelos quatro pontos marcados com círculos. Para a função correspondente à ordenada do gráfico, $n = 1$. Para facilitar a marcação, os valores das ordenadas foram multiplicados por 10^{10}. Essa multiplicação não altera a interseção com o eixo das abscissas (V).

A constante 0,059 16 V é $(RT\ln 10)/nF$, em que R é a constante dos gases, T é 298,15 K, F é a constante de Faraday e n é o número de elétrons na meia-reação $Fe^{3+}| Fe^{2+}$ ($n = 1$). O valor da constante 0,059 16 V mudará se a temperatura for diferente de 298,15 K ou $n \neq 1$.

TABELA 16.2 Indicadores redox

	Cor		
Indicador	**Forma oxidada**	**Forma reduzida**	$E°$
Fenossafranina	Vermelho	Incolor	0,28
Índigo tetrassulfonato	Azul	Incolor	0,36
Azul de metileno	Azul	Incolor	0,53
Difenilamina	Violeta	Incolor	0,75
4'-etóxi-2,4-diaminoazobenzeno	Amarelo	Vermelho	0,76
Ácido difenilaminosulfônico	Vermelho-violeta	Incolor	0,85
Ácido difenilbenzidinosulfônico	Violeta	Incolor	0,87
Tris(2,2'-bipiridina)ferro	Azul-pálido	Vermelho	1,120
Tris(1,10-fenantrolina)ferro (ferroína)	Azul-pálido	Vermelho	1,147
Tris(5-nitro-1,10-fenantrolina)ferro	Azul-pálido	Vermelho-violeta	1,25
Tris(2,2'-bipiridina)rutênio	Azul-pálido	Amarelo	1,29

Complexo Goma de Amido-iodo

Muitos procedimentos analíticos são baseados nas titulações redox envolvendo iodo. A goma de amido[11] é o melhor indicador que pode ser escolhido para essas titulações, pois forma um complexo de cor azul-intenso com o iodo. A goma de amido não é um indicador redox, pois responde especificamente à presença de I_2, e não a uma variação do potencial redox.

A porção ativa da goma de amido é a amilose, um polímero do açúcar α-D-glicose, cuja unidade monomérica é vista na Figura 16.5a. A estrutura do amido é um polímero helicoidal e pequenas moléculas (como as de iodo) podem se acomodar no seu centro. Na presença de goma de amido, forma-se uma cadeia de átomos de iodo dentro da hélice da amilose produzindo a cor azul-intenso. A interpretação teórica do espectro de absorção na região do visível sugere que o iodo na amilose existe na forma de unidades I_6 com um comprimento da ligação I–I de 0,30 nm.[12] As frequências vibracionais do iodo no espectro Raman são as mesmas de um cristal cuja estrutura é conhecida por conter cadeias indefinidamente longas, quase lineares, de átomos de iodo com comprimento da ligação I–I de aproximadamente 0,31 nm.[13] A estrutura do iodo na amilose permanece uma questão em aberto. A capacidade de ligação para o iodo no interior da hélice de amilose é 0,26 g de iodo/g de amilose. O iodo adicional está frouxamente ligado em outra parte à amilose.[14]

Preparação do indicador goma de amido: prepare uma pasta com 3 g de amido solúvel em água e despeje-a em 500 mL de água fervente. Adicione 10 g de KOH, misture bem e deixe a suspensão em repouso por 2 horas. Adicione 3 mL de ácido acético a ~99,5% m/m. Misture bem e então adicione, gota a gota, HCl a ~37% m/m para levar o pH a 4,0. A solução é quimicamente estável por um ano em um frasco com tampa de vidro.

16.3 Ajuste do Estado de Oxidação do Analito

Algumas vezes, antes de uma titulação, temos de fazer um ajuste do estado de oxidação de um analito. Por exemplo, o íon Mn^{2+} pode ser **previamente oxidado** a MnO_4^- e então titulado com um padrão de Fe^{2+}. Este ajuste prévio do estado de oxidação tem que ser quantitativo, e temos que eliminar o excesso do reagente usado neste ajuste prévio, de modo que ele não interfira na titulação subsequente.

Pré-oxidação

Vários oxidantes enérgicos podem ser facilmente removidos depois da pré-oxidação. O *peroxidissulfato* ($S_2O_8^{2-}$, também chamado *persulfato*) é um oxidante forte, que necessita da presença do íon Ag^+ como um catalisador.

$$S_2O_8^{2-} + Ag^+ \rightarrow 2SO_4^{2-} + \underset{\text{Oxidante poderoso}}{Ag^{3+}}$$

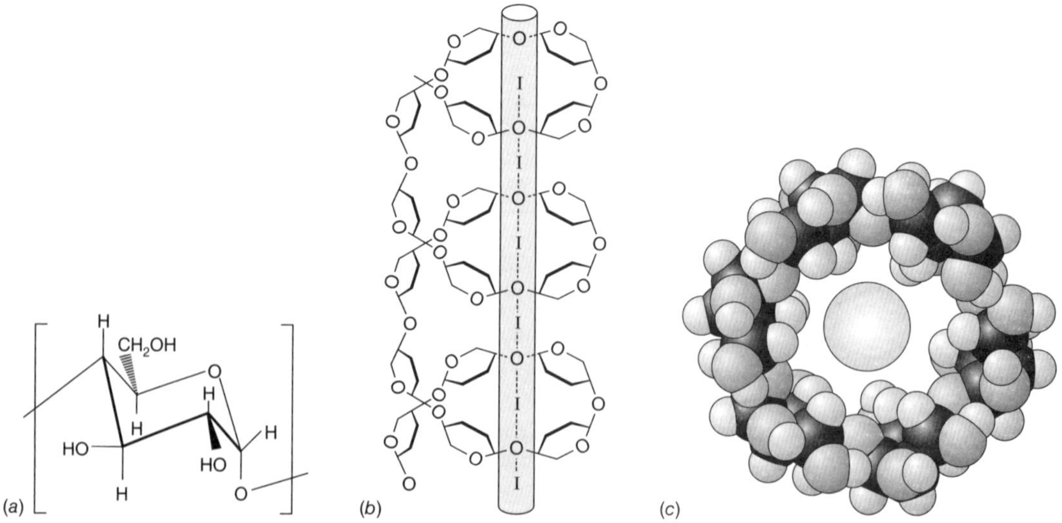

FIGURA 16.5 (*a*) Estrutura da unidade monomérica da amilose. (*b*) Estrutura esquemática do complexo goma de amido-iodo. A cadeia da amilose forma uma hélice em torno das unidades I_6. [Dados de A.T. Calabrese e A. Khan, "Amylose-Iodine Complex Formation with KI: Evidence for Absence of Iodide Ions Within the Complex", *J. Polymer Sci.*, **1999**, *A37*, 2711.] (*c*) Vista ao longo da hélice do amido, mostrando o iodo dentro da estrutura helicoidal.[11] [Dados de R. D. Hancock, Power Engineering, Salt Lake City.]

O excesso desse reagente é destruído pela ebulição da solução depois que a oxidação do analito está completa.

$$2S_2O_8^{2-} + 2H_2O \xrightarrow{\text{Ebulição}} 4SO_4^{2-} + O_2 + 4H^+$$

A mistura de $S_2O_8^{2-}$ e de Ag^+ é capaz de oxidar o Mn^{2+} a MnO_4^-, o Ce^{3+} a Ce^{4+}, o Cr^{3+} a $Cr_2O_7^{2-}$ e o VO^{2+} a VO_2^+.

O *óxido de prata(I,III)* ($Ag^IAg^{III}O_2$, normalmente escrito como AgO),[15] dissolvido em ácidos minerais concentrados, apresenta um poder oxidante similar à combinação de $S_2O_8^{2-}$ e Ag^+. O excesso de Ag^{3+} pode ser removido por ebulição:

$$Ag^{3+} + H_2O \xrightarrow{\text{Ebulição}} Ag^+ + \tfrac{1}{2}O_2 + 2H^+$$

O *bismutato de sódio* sólido ($NaBiO_3$) tem um poder oxidante comparável ao da combinação $Ag^+ + S_2O_8^{2-}$. O excesso desse oxidante sólido é removido por filtração.

O *peróxido de hidrogênio* é um bom oxidante em solução alcalina. Ele pode transformar o Co^{2+} em Co^{3+}, o Fe^{2+} em Fe^{3+} e o Mn^{2+} em MnO_2. Em solução ácida, ele pode *reduzir* o $Cr_2O_7^{2-}$ a Cr^{3+} e o MnO_4^- a Mn^{2+}. O excesso de H_2O_2 se **desproporciona** espontaneamente em água fervente.

$$2H_2O_2 \xrightarrow{\text{Ebulição}} O_2 + 2H_2O$$

A decomposição lenta do peróxido de hidrogênio à temperatura ambiente limita o prazo de validade do H_2O_2 usado como antisséptico para limpar ferimentos.

Em uma reação de **desproporcionamento**, um reagente é convertido em produtos em estados de oxidação mais alto e mais baixo. O composto (o reagente) se oxida e se reduz a *si mesmo*.

Desafio Escreva uma meia-reação na qual o H_2O_2 se comporta como oxidante e uma meia-reação na qual ele atua como um redutor.

Redução prévia

O *cloreto estanoso* ($SnCl_2$) reduz o Fe^{3+} a Fe^{2+} em HCl a quente. O excesso do redutor é destruído pela adição de um excesso de $HgCl_2$:

$$Sn^{2+} + 2HgCl_2 \rightarrow Sn^{4+} + Hg_2Cl_2 + 2Cl^-$$

O Fe^{2+} obtido é então titulado com um oxidante.

O *cloreto cromoso* é um poderoso redutor, algumas vezes utilizado para **pré-reduzir** um analito a um estado de oxidação mais baixo. O excesso de Cr^{2+} é oxidado pelo oxigênio atmosférico. O *dióxido de enxofre* e o *sulfeto de hidrogênio* são agentes redutores moderados, que podem ser removidos fervendo-se uma solução ácida após o término da redução.

Uma importante técnica de redução prévia utiliza uma coluna empacotada com um agente redutor sólido. A Figura 16.6 mostra o *redutor de Jones*, que contém zinco metálico recoberto com zinco *amalgamado*. Um **amálgama** é uma solução de qualquer coisa em mercúrio. O amálgama do redutor de Jones é preparado misturando-se, por 10 minutos, zinco granulado com uma solução aquosa de $HgCl_2$ 2% m/m, seguida de uma lavagem do produto com água. Podemos reduzir o Fe^{3+} a Fe^{2+} pela passagem por uma coluna do redutor de Jones, usando H_2SO_4 1 M como solvente. A coluna deve ser bem lavada com água e as águas de lavagem devem ser combinadas com a solução que contém a amostra. A mistura obtida é então titulada com uma solução-padrão de MnO_4^-, Ce^{4+} ou $Cr_2O_7^{2-}$. É necessário fazer uma determinação em branco com uma solução contendo apenas a matriz que passou pelo redutor da mesma maneira que a amostra desconhecida.

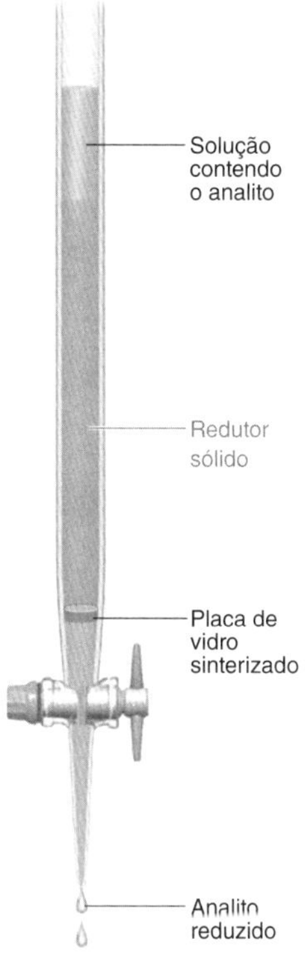

FIGURA 16.6 Uma coluna preenchida com um reagente sólido usado para a redução prévia de analitos é conhecida como *redutor*.

A maioria dos analitos que foram reduzidos é reoxidada pela ação do oxigênio do ar. Para evitarmos esta oxidação, o analito reduzido pode ser coletado em uma solução ácida de Fe^{3+}. O íon férrico é reduzido a Fe^{2+}, que é estável em meio ácido. O Fe^{2+} é titulado então com um oxidante. Dessa maneira, elementos como Cr, Ti, V e Mo podem ser analisados indiretamente.

O zinco é um agente redutor enérgico, com $E° = -0{,}80$ V para a reação $Zn^{2+} + 2e^- \rightleftharpoons Zn(Hg)$, de modo que o redutor de Jones não é muito seletivo. O *redutor de Walden*, um recheio contendo Ag sólida e HCl 1 M, é mais seletivo. O potencial de redução para a meia-célula Ag | AgCl (0,222 V) é suficientemente alto para evitar que espécies como os íons Cr^{3+} e TiO^{2+} não sejam reduzidas e, portanto, não causem interferência na análise de um íon como o Fe^{3+}.

O mercúrio presente no redutor de Jones ou em qualquer outro produz um resíduo tóxico e perigoso, de sorte que o seu emprego deve ser minimizado, ou então métodos alternativos devem ser utilizados. Os parágrafos seguintes mostram como um método alternativo à redução com cádmio, tóxico, foi desenvolvido.

As portarias ambientais nos Estados Unidos estabelecem um máximo de 10 ppm de NO_3^- na água potável. O Cd metálico foi o agente redutor mais frequentemente usado na determinação de NO_3^- em água. A passagem do nitrato por uma coluna empacotada com cádmio reduz o NO_3^- a NO_2^- e este pode ser convenientemente analisado por espectrofotometria. Entretanto, o Cd é tóxico e produz um resíduo perigoso ao meio ambiente.

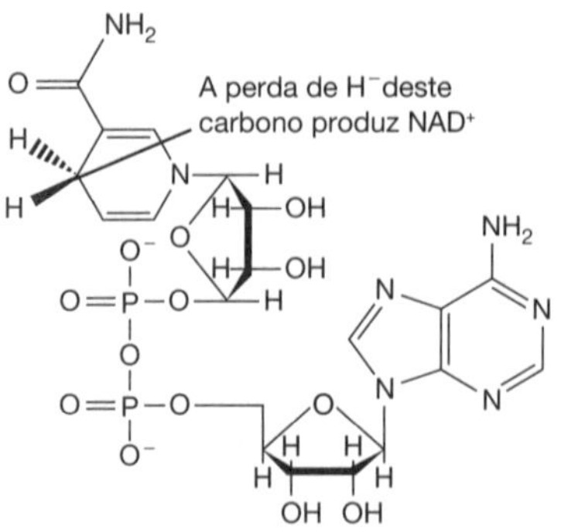
A perda de H⁻ deste carbono produz NAD⁺

NADH
β-Nicotinamida adenina dinucleotídeo

Portanto, um teste de campo comercial para NO_3^- foi desenvolvido com o agente redutor biológico β-nicotinamida adenina dinucleotídeo (NADH) no lugar do Cd. A enzima nitrato redutase contida em levedura geneticamente modificada catalisa a redução:

$$\underset{\text{Nitrato}}{NO_3^-} + NADH + H^+ \xrightarrow[\text{pH 7}]{\text{Nitrato redutase}} \underset{\text{Nitrito}}{NO_2^-} + NAD^+ + H_2O$$

O excesso de NADH é então oxidado a NAD^+ para eliminar a interferência com o desenvolvimento da cor quando o NO_2^- é determinado por uma reação química que forma um produto colorido. A intensidade da cor é medida no campo na faixa 0,05 a 10 ppm de nitrogênio como nitrato por meio de um espectrofotômetro movido a bateria. Uma adaptação para sala de aula do teste de campo determina o NO_3^- em um aquário.[16]

16.4 Oxidação com o Permanganato de Potássio

O permanganato de potássio ($KMnO_4$) é um oxidante forte de cor violeta-intensa. Em soluções fortemente ácidas (pH ≤ 1), ele é reduzido a Mn^{2+}, incolor.

$$\underset{\text{Permanganato}}{MnO_4^-} + 8H^+ + 5e^- \rightleftharpoons \underset{\text{Manganoso}}{Mn^{2+}} + 4H_2O \qquad E° = 1,507\ V$$

Em solução alcalina ou neutra, o produto de redução é um sólido marrom, o MnO_2.

$$MnO_4^- + 4H^+ + 3e^- \rightleftharpoons \underset{\text{Dióxido de manganês}}{MnO_2(s)} + 2H_2O \qquad E° = 1,692\ V$$

Em solução fortemente alcalina (NaOH 2 M), forma-se o íon manganato, de cor verde.

$$MnO_4^- + e^- \rightleftharpoons \underset{\text{Manganato}}{MnO_4^{2-}} \qquad E° = 0,56\ V$$

O $KMnO_4$ se comporta como seu próprio indicador em solução ácida.

Na Tabela 16.3, podemos ver algumas titulações importantes que usam permanganato como titulante. Para titulações em solução fortemente ácida, o $KMnO_4$ serve como seu próprio indicador, pois o produto, Mn^{2+}, é incolor (ver Prancha em Cores 10). O ponto final é considerado a primeira aparição persistente da cor rosa-pálida do MnO_4^-. Se o titulante estiver muito diluído, podemos utilizar um indicador como a ferroína.

Preparação e Padronização

O $KMnO_4$ não é um padrão primário.

O permanganato de potássio não é um padrão primário, pois traços de MnO_2 estão invariavelmente presentes. Além disso, a água destilada geralmente contém quantidades suficientes de impurezas orgânicas para reduzir algum MnO_4^-, recentemente dissolvido, a MnO_2. Para prepararmos uma solução estoque 0,02 M, dissolvemos o $KMnO_4$ em água destilada e aquecemos à ebulição por uma hora para acelerar a reação entre o MnO_4^- e as impurezas orgânicas. Filtra-se a mistura resultante, em um filtro de vidro sinterizado limpo, para remover o MnO_2 que precipitou. Não se deve utilizar papel filtro (matéria orgânica!) para a filtração. O reagente é guardado em um frasco de vidro escuro. O $KMnO_4$ aquoso é instável em virtude da reação

$$4MnO_4^- + 2H_2O \rightarrow 4MnO_2(s) + 3O_2 + 4OH^-$$

que é lenta na ausência de MnO_2, Mn^{2+}, calor, luz, ácidos e bases. Para trabalhos mais precisos, o permanganato deve ser padronizado frequentemente. Prepare e padronize soluções que tenham sido recentemente diluídas a partir da solução estoque 0,02 M, utilizando água destilada a partir de uma solução de $KMnO_4$ alcalina.

O permanganato de potássio pode ser padronizado pela titulação com oxalato de sódio ($Na_2C_2O_4$), conforme Reação 7.1, ou com um fio de ferro eletroliticamente puro. Dissolva oxalato de sódio seco (disponível em forma de pureza 99,9 a 99,95%) previamente seco (105 °C, 2 h) em solução de H_2SO_4 1 M e trate a solução, à temperatura ambiente, com 90 a 95% da solução de $KMnO_4$ necessária para atingir o ponto final da titulação. Aqueça então a solução a 55 a 60 °C e termine a titulação com uma adição lenta de $KMnO_4$. Um valor correspondente a uma titulação em branco é subtraído para calcular a quantidade de titulante (em geral, uma gota) necessária para dar à solução uma tonalidade rósea.

Se um fio de Fe puro for utilizado como um padrão, ele é dissolvido a quente, em atmosfera de nitrogênio, em uma solução de H_2SO_4 1,5 M. O produto formado é o Fe^{2+}, e a solução resfriada pode ser utilizada para padronizar o $KMnO_4$ (ou outros oxidantes) sem nenhum cuidado especial. A adição de 5 mL de ácido fosfórico 86% m/m por 100 mL de solução mascara a cor amarela do Fe^{3+} e torna o ponto final mais fácil de ser observado. O sulfato ferroso amoniacal, $Fe(NH_4)_2(SO_4)_2 \cdot 6H_2O$, e o sulfato etilenodiamino ferroso, $Fe(H_3NCH_2CH_2NH_3)(SO_4)_2 \cdot 2H_2O$, são suficientemente puros para serem utilizados como padrão na maioria dos casos.

TABELA 16.3 Aplicações analíticas das titulações com permanganato

Espécies analisadas	Reação de oxidação	Observações
Fe^{2+}	$Fe^{2+} \rightleftharpoons Fe^{3+} + e^-$	O Fe^{3+} é reduzido a Fe^{2+} com Sn^{2+} ou com um redutor de Jones. A titulação é feita em H_2SO_4 1 M ou em HCl 1 M, contendo Mn^{2+}, H_3PO_4 e H_2SO_4. O Mn^{2+} inibe a oxidação do Cl^- pelo MnO_4. O H_3PO_4 complexa o Fe^{3+} para evitar a formação dos complexos cloreto-Fe^{3+} amarelos.
$H_2C_2O_4$	$H_2C_2O_4 \rightleftharpoons 2CO_2 + 2H^+ + 2e^-$	Adicionamos 95% do titulante a 25 °C, e então terminamos a titulação a 55°–60 °C.
Br^-	$Br^- \rightleftharpoons \frac{1}{2}Br_2(g) + e^-$	Titulamos em H_2SO_4 2 M, fervente, para remover o $Br_2(g)$.
H_2O_2	$H_2O_2 \rightleftharpoons O_2(g) + 2H^+ + 2e^-$	Titulamos em H_2SO_4 1 M.
HNO_2	$HNO_2 + H_2O \rightleftharpoons NO_3^- + 3H^+ + 2e^-$	Adicionamos excesso de $KMnO_4$ padrão e, após 15 minutos, a 40 °C, titulamos por retorno com Fe^{2+}.
As^{3+}	$H_3AsO_3 + H_2O \rightleftharpoons H_3AsO_4 + 2H^+ + 2e^-$	Titulamos em HCl 1 M, com KI ou ICl como catalisador.
Sb^{3+}	$H_3SbO_3 + H_2O \rightleftharpoons H_3SbO_4 + 2H^+ + 2e^-$	Titulamos em HCl 2 M.
Mo^{3+}	$Mo^{3+} + 2H_2O \rightleftharpoons MoO_2^{2+} + 4H^+ + 3e^-$	Reduzimos o Mo(VI) com um redutor de Jones, e reagimos o Mo^{3+} formado com excesso de Fe^{3+} em H_2SO_4 1 M. Titulamos o Fe^{2+} produzido.
W^{3+}	$W^{3+} + 2H_2O \rightleftharpoons WO_2^{2+} + 4H^+ + 3e^-$	Reduzimos o W(VI) com Pb(Hg), a 50 °C, e titulamos com HCl 1 M.
U^{4+}	$U^{4+} + 2H_2O \rightleftharpoons UO_2^{2+} + 4H^+ + 2e^-$	Reduzimos o U(VI) a U^{3+} com um redutor de Jones. Expomos ao ar para formar o U^{4+}, que é então titulado em H_2SO_4 1 M.
Ti^{3+}	$Ti^{3+} + H_2O \rightleftharpoons TiO^{2+} + 2H^+ + e^-$	Reduzimos o Ti(IV) a Ti^{3+} com um redutor de Jones, e reagimos o Ti^{3+} obtido com excesso de Fe^{3+} em H_2SO_4 1 M. Titulamos o Fe^{2+} que se forma.
Mg^{2+}, Ca^{2+}, Sr^{2+}, Ba^{2+}, Zn^{2+}, Co^{2+}, La^{3+}, Th^{4+}, Pb^{2+},Ce^{3+}, BiO^+, Ag^+	$H_2C_2O_4 \rightleftharpoons 2CO_2 + 2H^+ + 2e^-$	Precipitamos o oxalato do metal. Ele é dissolvido em ácido e titulamos o $H_2C_2O_4$.
$S_2O_8^{2-}$	$S_2O_8^{2-} + 2Fe^{2+} + 2H^+ \rightleftharpoons 2Fe^{3+} + 2HSO_4^-$	O peroxidissulfato é adicionado a um excesso de Fe^{2+} padrão contendo H_3PO_4. O Fe^{2+} que não reagiu é titulado com MnO_4^-.
PO_4^{3-}	$Mo^{3+} + 2H_2O \rightleftharpoons MnO_2^{2+} + 4H^+ + 3e^-$	$(NH_4)_3PO_4 \cdot 12MoO_3$ é precipitado e dissolvido em H_2SO_4. O Mo(VI) é reduzido (como foi explicado antes) e titulado.

16.5 Oxidação com Ce^{4+}

A redução do Ce^{4+} a Ce^{3+} se passa de maneira completa em soluções ácidas. O íon aquoso, $Ce(H_2O)_n^{4+}$, provavelmente não existe em nenhuma dessas soluções, pois o íon cério(IV) se liga fortemente a ânions (ClO_4^-, SO_4^{2-}, NO_3^-, Cl^-). A variação do potencial formal do par $Ce^{4+} | Ce^{3+}$ com o meio é um indicativo dessas interações:

$$Ce^{4+} + e^- \rightleftharpoons Ce^{3+} \qquad \text{Potencial formal} \begin{cases} 1{,}70\ \text{V em } HClO_4\ 1\ F \\ 1{,}61\ \text{V em } HNO_3\ 1\ F \\ 1{,}47\ \text{V em HCl 1 F} \\ 1{,}44\ \text{V em } H_2SO_4\ 1\ F \end{cases}$$

A variação do potencial formal indica que existem diferentes espécies de cério presentes em cada uma das soluções.

O Ce^{4+} é amarelo e o Ce^{3+}, incolor. Porém, esta mudança de cor não é suficientemente visível para que o cério seja o seu próprio indicador. A ferroína e outros indicadores redox do tipo fenantrolinas substituídas (Tabela 16.2) são mais apropriados para as titulações com o Ce^{4+}.

O Ce^{4+} pode ser usado no lugar de $KMnO_4$ na maioria dos procedimentos. Na reação oscilante da Demonstração 15.1, o Ce^{4+} oxida o ácido malônico a CO_2 e ácido fórmico:

$$\underset{\text{Ácido malônico}}{CH_2(CO_2H)_2} + 2H_2O + 6Ce^{4+} \rightarrow 2CO_2 + \underset{\text{Ácido fórmico}}{HCO_2H} + 6Ce^{3+} + 6H^+$$

Esta reação pode ser usada para uma análise quantitativa do ácido malônico aquecendo-se uma amostra em $HClO_4$ 4 M com excesso de Ce^{4+} padrão, e titulando-se por retorno o Ce^{4+} que não reagiu com Fe^{2+}. Procedimentos semelhantes são encontrados na literatura para muitos álcoois, aldeídos, cetonas e ácidos carboxílicos.

Preparação e Padronização

O padrão primário hexanitratocerato(IV) de amônio, $(NH_4)_2Ce(NO_3)_6$, pode ser dissolvido em H_2SO_4 1 M e utilizado diretamente. Embora o poder oxidante do Ce^{4+} seja maior em $HClO_4$ ou em HNO_3, essas soluções sofrem uma decomposição fotoquímica lenta, ao mesmo tempo em que a água é oxidada. O Ce^{4+} em H_2SO_4 é indefinidamente estável, apesar do fato de o potencial de redução de 1,44 V ser suficientemente grande para oxidar H_2O a O_2. A reação com a água é muito lenta, ainda que seja termodinamicamente favorável. As soluções em HCl são instáveis porque o Cl^- é rapidamente oxidado a Cl_2 quando a solução está quente. As soluções de Ce^{4+} em ácido sulfúrico podem ser utilizadas para as titulações de amostras desconhecidas em HCl, pois a reação com o analito é rápida, enquanto a reação com o Cl^- é lenta. Sais, com custo menor, incluindo o $Ce(HSO_4)_4$, o $(NH_4)_4Ce(SO_4)_4 \cdot 2H_2O$ e o $CeO_2 \cdot xH_2O$ (também conhecido como $Ce(OH)_4$), são adequados para a preparação de titulantes padronizados com $Na_2C_2O_4$ ou Fe, conforme foi descrito para o MnO_4^-.

16.6 Oxidação com Dicromato de Potássio

Os rejeitos contendo Cr(VI) são cancerígenos e não devem ser descartados diretamente na pia (ver Seção 2.1 para o método de descarte). Evite o uso de dicromato caso um reagente alternativo esteja disponível.

O dicromato de potássio, $K_2Cr_2O_7$, é um padrão primário para titulações redox e suas soluções são estáveis. Em solução ácida, o íon dicromato, de cor laranja, é um oxidante forte que é reduzido ao íon Cr^{3+}:

$$\underset{\text{Dicromato}}{Cr_2O_7^{2-}} + 14H^+ + 6e^- \rightleftharpoons \underset{\text{Crômico}}{2Cr^{3+}} + 7H_2O \qquad E° = 1,36 \text{ V}$$

Em HCl 1 M, o potencial formal é 1,00 V e em H_2SO_4 2 M é 1,11 V. Portanto, o dicromato é um agente oxidante menos forte que o MnO_4^- ou o Ce^{4+}. Em solução básica, o $Cr_2O_7^{2-}$ é convertido ao íon cromato (CrO_4^{2-}), amarelo, que não apresenta poder oxidante:

$$CrO_4^{2-} + 4H_2O + 3e^- \rightleftharpoons Cr(OH)_3(s, \text{hidratado}) + 5OH^- \qquad E° = -0,12 \text{ V}$$

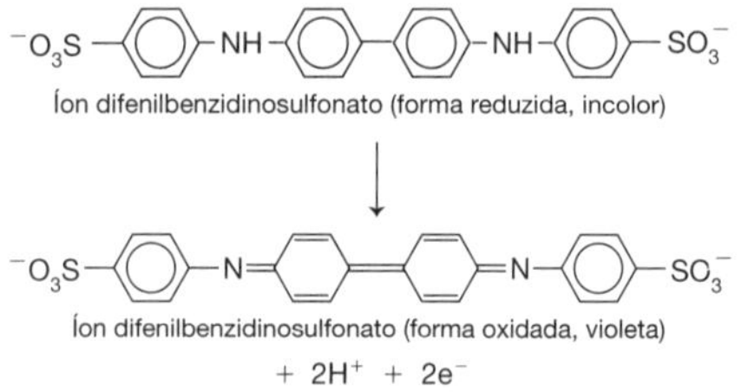

Íon difenilbenzidinosulfonato (forma reduzida, incolor)

Íon difenilbenzidinosulfonato (forma oxidada, violeta)

Como o $Cr_2O_7^{2-}$ é laranja e os complexos de Cr^{3+} se situam na faixa entre o verde e o violeta, temos de recorrer a indicadores com mudanças de cor bem marcantes, como o ácido difenilaminosulfônico ou o ácido difenilbenzidinosulfônico, para determinar o ponto final das titulações com dicromato. As reações também podem ser monitoradas por meio de eletrodos de Pt e de calomelano.

O $K_2Cr_2O_7$ é usado principalmente para a determinação de Fe^{2+} e, indiretamente, para determinar diferentes espécies capazes de oxidar o Fe^{2+} a Fe^{3+}. Em análises indiretas, o analito é tratado com um excesso conhecido de Fe^{2+}. A seguir, o Fe^{2+} que não reagiu é titulado com $K_2Cr_2O_7$. Por exemplo, ClO_3^-, NO_3^-, MnO_4^- e peróxidos orgânicos podem ser analisados dessa maneira. O Boxe 16.2 descreve o uso de dicromato em análises para verificar a poluição de águas.

16.7 Métodos Envolvendo Iodo

I**o**dimetria: titulação *com* o **i**odo
Iod**o**metria: titulação *do* iodo produzido por uma reação química.

Quando um analito com comportamento redutor é titulado diretamente com o iodo (para produzir I^-), o método é conhecido como *iodimetria*. Na *iodometria*, um analito oxidante é adicionado a um excesso de I^- para produzir iodo, que é então titulado com uma solução-padrão de tiossulfato.

O iodo elementar é pouco solúvel em água ($1,3 \times 10^{-3}$ M, a 20 °C), mas sua solubilidade aumenta pela complexação com o íon iodeto.

Uma solução aquosa preparada a partir de I_2 1,5 mM e KI 1,5 mM contém[17]

I_2 0,9 mM	I_5^- 5 μM
I^- 0,9 mM	I_6^{2-} 40 nM
I_3^- 0,6 mM	HOI 0,3 μM

$$\underset{\text{Iodo}}{I_2(aq)} + \underset{\text{Iodeto}}{I^-} \rightleftharpoons \underset{\text{Tri-iodeto}}{I_3^-} \qquad K = 7 \times 10^2$$

Uma solução de I_3^- 0,05 M típica para uso em titulações é preparada pela dissolução de 0,12 mol de KI e 0,05 mol de I_2 em 1 L de água. Quando nos referimos ao uso do iodo como titulante, queremos dizer, de uma maneira genérica, que estamos usando uma solução de I_2 mais um excesso de I^-.

Uso da Goma de Amido como Indicador

Como descrito na Seção 16.2 (Figura 16.5), a goma de amido é usada como indicador para o iodo. Em uma solução sem nenhuma outra espécie colorida, é possível identificar a cor do I_3^- em uma concentração de ~5 μM de I_3^-. Com a adição de goma de amido, o limite de detecção é ampliado de mais ou menos 10 vezes.

Em iodimetria (titulação *com* o I_3^-), podemos adicionar a goma de amido no início da titulação. A primeira gota de excesso de I_3^-, após o ponto de equivalência, faz a cor da solução mudar para azul-escuro.

Em iodometria (titulação *do* I_3^-), o I_3^- está presente em toda a reação até o ponto de equivalência. *A goma de amido não deve ser adicionada à reação até imediatamente antes do ponto de equivalência* (que se observa visualmente pelo desvanecimento gradual do I_3^- [Prancha em Cores 12]). Se não usarmos este procedimento, algum iodo sempre tende a ficar retido nas partículas de goma de amido após atingirmos o ponto de equivalência.

A complexação do iodo pelo amido é dependente da temperatura. A 50 °C, a cor é somente um décimo da intensidade a 25 °C. Se for necessária uma sensibilidade máxima, recomenda-se que o frasco de titulação seja resfriado em água gelada.[19] A presença de solventes orgânicos diminui a afinidade do iodo pela goma de amido, reduzindo significativamente a utilidade do indicador.

Uma alternativa ao uso da goma de amido é a adição ao frasco de titulação de uns poucos mililitros de *p*-xileno. Em seguida, agita-se a mistura vigorosamente. Após cada adição de titulante, próximo do ponto final, devemos interromper a agitação por um tempo suficiente para examinarmos a cor da fase orgânica. O I_2 é 400 vezes mais solúvel em *p*-xileno do que em água, e sua cor na fase orgânica é facilmente visualizada.[18]

Preparação e Padronização de Soluções de I_3^-

O tri-iodeto (I_3^-) é preparado dissolvendo-se o I_2 sólido em excesso de KI. O I_2 sublimado é suficientemente puro para ser usado como um padrão primário, mas é raramente usado para esta finalidade, pois evapora facilmente durante a pesagem. Em virtude disso, pesamos rapidamente uma quantidade aproximada de I_2, e a solução de I_3^- é padronizada com uma amostra pura do analito com concentração conhecida, ou com $Na_2S_2O_3$.

Soluções ácidas de I_3^- são instáveis, pois o excesso de I^- é lentamente oxidado pelo ar:

$$6I^- + O_2 + 4H^+ \rightarrow 2I_3^- + 2H_2O$$

Em soluções neutras, a oxidação é desprezível na ausência de calor, luz e íons metálicos. Em pH ≥ 11, o tri-iodeto desproporciona em ácido hipoiodoso, iodato e iodeto.

Há uma razoável pressão de vapor de I_2, que é tóxico, acima do I_2 sólido e do I_3^- aquoso. Todos os frascos contendo I_2 ou I_3^- devem ser bem fechados e mantidos dentro da capela. Soluções contendo rejeitos de I_3^- não devem ser descartadas na pia do laboratório.

HOI: ácido hipoiodoso
IO_3^-: iodato

BOXE 16.2 Análise de Carbono Presente no Meio Ambiente e da Demanda de Oxigênio

A água potável e os efluentes residuais industriais são, em parte, caracterizados e controlados por meio de seus teores de carbono e pela demanda de oxigênio.[20] O teor de *carbono inorgânico* (CI) é definido pela quantidade de $CO_2(g)$ liberado quando uma amostra de água é acidulada a pH < 2, com H_3PO_4, e purgada com Ar ou N_2. O CI corresponde à presença de CO_3^{2-} e HCO_3^- na amostra. Após a remoção do carbono inorgânico pelo ácido, o *carbono orgânico total* (COT) é igual ao CO_2 produzido pela oxidação total da matéria orgânica presente na água:

Análise de COT: Carbono orgânico $\xrightarrow[\text{Catalizador mecânico}]{O_2/\sim 700\,°C}$ CO_2

O *carbono total* (CT) é definido como a soma TC = COT + CI.

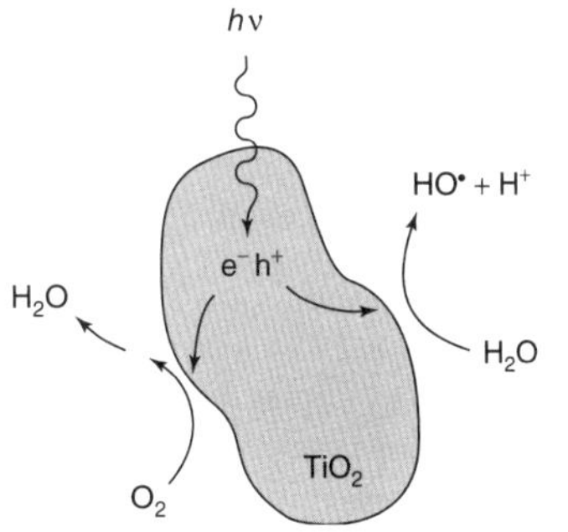

A radiação ultravioleta absorvida pelo TiO_2 cria um par elétron-lacuna. A lacuna promove a oxidação da H_2O formando o radical HO•, que é um oxidante enérgico. O elétron reduz o O_2 dissolvido a H_2O, por meio de uma sequência de reações. O TiO_2 é um catalisador e o O_2 é consumido na reação: C orgânico + $O_2 \rightarrow CO_2$.

Instrumentos usando técnicas de oxidação diferentes produzem valores diferentes de COT, pois nem toda a matéria orgânica é oxidada por cada uma das técnicas. O "estado da arte" é tal que o COT é realmente definido pelo resultado obtido por determinado tipo de instrumento.

Instrumentos comerciais que medem o COT por oxidação térmica têm limites de detecção na faixa de 4 a 50 ppb (4 a 50 μg de C/L). Uma amostra típica de 20 μL de água é analisada em 3 minutos, usando-se a absorção na região do infravermelho para determinar a quantidade de CO_2. Outros instrumentos oxidam a matéria orgânica irradiando com luz ultravioleta uma suspensão do catalisador sólido de TiO_2 (0,2 g/L) em água, em um pH 3,5. A luz cria no TiO_2 pares elétron-lacuna (Seção 15.8).[21] As lacunas oxidam H_2O a radical hidroxila (HO•), um oxidante enérgico que converte o carbono orgânico em CO_2, que é medido pela condutividade elétrica do ácido carbônico. (O TiO_2 puro praticamente não absorve radiação na região do visível, razão pela qual a luz solar não é eficiente. Ao dopar o TiO_2 com ~1% em massa de carbono, a eficiência da radiação na região do visível é notavelmente aumentada.[22]) A Prancha em Cores 11 mostra um instrumento no qual o $K_2S_2O_8$ (persulfato de potássio) em meio ácido é exposto à radiação ultravioleta para produzir o radical sulfato ($SO_4^{\bullet-}$, e não SO_4^{2-}), que oxida a matéria orgânica a CO_2. Outros instrumentos produzem radicais sulfato simplesmente aquecendo uma solução de $K_2S_2O_8$ a 100 °C.

O COT é largamente utilizado para determinar a obediência aos limites de expressos em legislações para efluentes. Águas residuais urbanas e industriais têm, tipicamente, um COT > 1 mg de C/mL. A água de abastecimento apresenta 50 a 500 ng de C/mL. A água de alta pureza para a indústria eletrônica tem um COT < 1 ng de C/mL.

A *demanda total de oxigênio* (DTO) nos indica qual a quantidade de O_2 necessária para a combustão completa dos poluentes presentes em um efluente residual.[23] Um volume de N_2 contendo uma quantidade conhecida de O_2 é misturado com a amostra e realizada a combustão completa por passagem em um catalisador a 900 °C. O O_2 que não reagiu é medido por um sensor eletrônico. Espécies diferentes presentes no efluente consomem quantidades diferentes de O_2. Por exemplo, a ureia consome cinco vezes mais O_2 que o ácido fórmico. Espécies como NH_3 e H_2S também contribuem para a DTO.

Os poluentes podem ser oxidados por refluxo com dicromato ($Cr_2O_7^{2-}$). A *demanda química de oxigênio* (DQO) é definida como o O_2 quimicamente equivalente ao $Cr_2O_7^{2-}$ consumido nesse processo. Cada $Cr_2O_7^{2-}$ recebe $6e^-$ (para formar $2Cr^{3+}$), e cada molécula de O_2 recebe $4e^-$ (para formar duas moléculas de H_2O). Portanto, para este cálculo, 1 mol de $Cr_2O_7^{2-}$ é quimicamente equivalente a 1,5 mol de O_2. A análise de DQO é feita por meio do refluxo da amostra de água poluída, por 2 h, com um excesso de solução-padrão de $Cr_2O_7^{2-}$ em solução de H_2SO_4, contendo Ag^+ como catalisador. O $Cr_2O_7^{2-}$ que não reagiu é determinado pela titulação com solução-padrão de Fe^{2+} ou por espectrofotometria. Diversas autorizações para o funcionamento de atividades industriais podem incluir limites de DQO em seus efluentes. As especificações europeias definem o parâmetro "capacidade de oxidação",

(*continua*)

BOXE 16.2 Análise de Carbono Presente no Meio Ambiente e da Demanda de Oxigênio (*Continuação*)

análogo à DQO. As medidas de capacidade de oxidação são feitas pelo refluxo da amostra, por 10 min, com permanganato em meio ácido, a 100 °C. Cada íon MnO_4^- recebe cinco elétrons e é quimicamente equivalente a 1,25 mol de O_2. Os métodos eletroquímicos baseados na foto-oxidação com TiO_2 (Problema 17.24) ou oxidação de carbono orgânico a CO_2 em um eletrodo de diamante dopado com boro em um potencial de 2,5 V (contra Ag | AgCl)[24] podem substituir o refluxo com $Cr_2O_7^{2-}$ ou MnO_4^-.

A *demanda bioquímica de oxigênio* (DBO) é definida como o O_2 necessário para a degradação bioquímica de matéria orgânica por meio de microrganismos aquáticos.[25,26] Uma água natural limpa pode ter uma DBO de 2 a 3 mg O_2/L. Uma água poluída pode apresentar 10 a 30 mg O_2/L e uma amostra de esgoto pode ter uma DBO acima de 1 000 mg O_2/L. O ensaio é feito incubando-se em um recipiente fechado, sem espaços ocupados pelo ar, certa quantidade da amostra de efluente por 5 dias, a 20 °C, no escuro, enquanto os microrganismos metabolizam os compostos orgânicos presentes no rejeito. O teor de O_2 dissolvido na solução é medido antes e depois da incubação por meio de um eletrodo de Clark (Boxe 17.2). A diferença é a DBO. A DBO também mede espécies como HS^- e Fe^{2+} que podem estar presentes na água. Inibidores são adicionados para prevenir a oxidação de espécies de nitrogênio como a NH_3. Existe um grande interesse em desenvolver uma análise rápida que forneça uma informação equivalente à DBO. Por exemplo, esse objetivo pode ser atingido substituindo o O_2 por ferricianeto ($Fe(CN)_6^{3-}$) como receptor de elétrons na degradação bacteriana de matéria orgânica. O íon ferricianeto requer apenas 3 h, e os resultados são comparáveis àqueles do procedimento-padrão de 5 dias.[27]

O *nitrogênio ligado* inclui todos os compostos nitrogenados, exceto N_2, dissolvidos em água. A análise de nitrogênio pelo método de Kjeldahl, descrito na Seção 11.8, é excelente para aminas e amidas, mas falha com muitas outras formas de nitrogênio. Um analisador por combustão automatizado converte quase todas as formas de nitrogênio em soluções aquosas em NO, que é determinado por quimiluminescência após reação com ozônio:

Análise do nitrogênio ligado:

$$\text{Compostos de nitrogênio} \xrightarrow[\text{Catalisador}]{O_2/\sim 1\,000\,°C} NO$$

$$\underset{\text{Óxido nitroso}}{NO} + \underset{\text{Ozônio}}{O_3} \rightarrow \underset{\substack{\text{Óxido nítrico}\\ \text{Estado eletrônico excitado}}}{NO_2^*}$$

$$NO_2^* \rightarrow NO_2 + \underset{\substack{\text{Emissão de radiação}\\ \text{característica}}}{h\nu}$$

Azida (N_3^-) e hidrazinas ($RNHNH_2$) não são quantitativamente convertidas em NO por combustão. As medidas de nitrogênio ligado são exigidas para verificação do cumprimento das legislações acerca da descarga de efluentes.

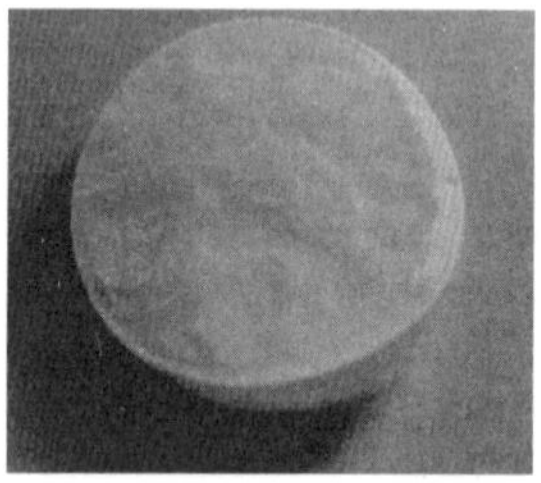

PVC misturado com TiO_2, antes da irradiação

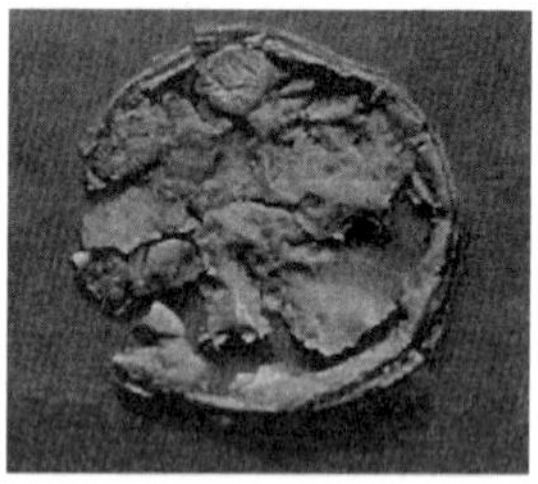

Após irradiação por 20 dias

Uma ideia "ecologicamente correta": durante a fabricação do plástico poli(cloreto de vinila) (PVC), podemos adicionar TiO_2 de modo que o plástico venha a ser passível de decomposição pela luz solar.[28] O PVC comum, ao ser descartado, demora muitos anos para se degradar em aterros sanitários. O PVC misturado com TiO_2 degrada-se bem mais rapidamente. [Cortesia de H. Hidaka e S. Horikoshi, University Meisei, Tóquio, Japão. S. Horikoshi, N. Serpone, Y. Hisamatsu e H. Hidaka, *Environ. Sci. Technol.* **1998**, *32*, 4010, Figuras 1b e 1c. Reproduzida sob permissão © 1998, American Chemical Society.]

Uma excelente maneira de prepararmos uma solução-padrão de I_3^- é adicionarmos uma quantidade previamente pesada de iodato de potássio a um pequeno excesso de KI.[29] A seguir, adicionamos um ácido forte em excesso (alcançando pH ≈ 1) para produzir I_3^- por meio de uma reação de desproporcionamento inversa quantitativa:

$$IO_3^- + 8I^- + 6H^+ \rightleftharpoons 3I_3^- + 3H_2O \qquad \textbf{(16.18)}$$

Uma solução recentemente acidificada de iodato mais iodeto pode ser utilizada para padronizar soluções de tiossulfato. O I_3^- deve ser usado imediatamente, ou será facilmente oxidado pelo ar. A desvantagem do KIO_3 é a sua baixa massa molecular com relação ao número de elétrons que ele aceita. Essa propriedade causa um erro relativo de pesagem maior que o desejável durante o preparo de soluções.

Utilização do Tiossulfato de Sódio

O tiossulfato de sódio é o titulante praticamente universal do tri-iodeto. Em solução ácida ou neutra, o tri-iodeto oxida o tiossulfato a tetrationato:

$$I_3^- + \underset{\text{Tiossulfato}}{2S_2O_3^{2-}} \rightleftharpoons 3I^- + \underset{\text{Tetrationato}}{O{=}\overset{\overset{\Large O}{\|}}{\underset{\underset{\Large O^-}{|}}{S}}{-}S{-}S{-}\overset{\overset{\Large O}{\|}}{\underset{\underset{\Large O^-}{|}}{S}}{=}O} \qquad \textbf{(16.19)}$$

Um mol de I_3^- na Reação 16.19 é equivalente a 1 mol de I_2. I_2 e I_3^- se relacionam por meio do equilíbrio $I_2 + I^- \rightleftharpoons I_3^-$. Em soluções básicas, o I_3^- se desproporciona em I^- e HOI, e este último pode oxidar o $S_2O_3^{2-}$ a SO_4^{2-}. A Reação 16.19 necessita ser realizada abaixo de pH 9. Soluções ácidas de I_3^- podem ser tituladas, mas devem ser protegidas da oxidação pelo oxigênio do ar por meio de purga com N_2. A forma mais comum de cristalização do tiossulfato, $Na_2S_2O_3 \cdot 5H_2O$, não é suficientemente pura para ser um padrão primário. Para superarmos este problema, padronizamos o tiossulfato pela reação com uma solução de I_3^-, recentemente preparada a partir de KIO_3 mais KI.

$Na_2S_2O_3$ anidro, que é um padrão primário, pode ser preparado a partir do $Na_2S_2O_3$ pentaidratado.[30]

Uma solução estável de $Na_2S_2O_3$ pode ser preparada dissolvendo-se o reagente em água destilada de alta pureza, que tenha sido recentemente fervida. O CO_2 dissolvido torna a solução ácida e promove o desproporcionamento do $S_2O_3^{2-}$:

$$\underset{}{S_2O_3^{2-}} + H^+ \rightleftharpoons \underset{\text{Bissulfito}}{HSO_3^-} + \underset{\text{Enxofre}}{S(s)} \qquad \textbf{(16.20)}$$

e os íons metálicos catalisam a oxidação atmosférica do tiossulfato:

$$2Cu^{2+} + 2S_2O_3^{2-} \rightarrow 2Cu^+ + S_4O_6^{2-}$$

$$2Cu^+ + \tfrac{1}{2}O_2 + 2H^+ \rightarrow 2Cu^{2+} + H_2O$$

As soluções de tiossulfato devem ser armazenadas no escuro. A adição de 0,1 g de carbonato de sódio por litro de solução mantém o pH em uma faixa ótima para garantir a estabilidade da solução. Três gotas de clorofórmio devem ser adicionadas a cada garrafa de solução de tiossulfato para evitar o crescimento bacteriano. Uma solução ácida de tiossulfato é instável, mas o reagente pode ser usado para titular o I_3^- em solução ácida, pois a reação com o tri-iodeto é mais rápida que a Reação 16.20.

Aplicações Analíticas do Iodo

Os agentes redutores podem ser titulados diretamente com solução-padrão de I_3^-, na presença de goma de amido, até alcançarem o ponto final caracterizado pela intensa coloração azul do complexo formado entre o iodo e o amido (Tabela 16.4). Um exemplo é a determinação iodimétrica da vitamina C:

Agente redutor + $I_3^- \rightarrow 3I^-$

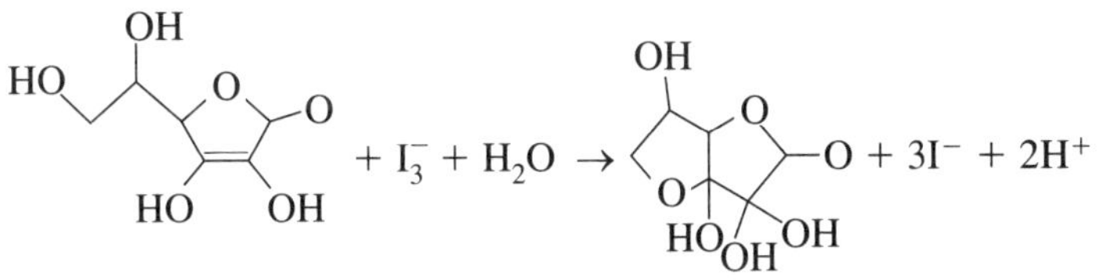

Ácido ascórbico (vitamina C)

Ácido deidroascórbico[31]

Os agentes oxidantes podem ser tratados com um excesso de I^- para produzir I_3^- (Tabela 16.5, Boxe 16.3). A análise iodométrica é completada titulando-se o I_3^- liberado com uma solução-padrão de tiossulfato. A goma de amido só deve ser adicionada um pouco antes de se atingir o ponto final da titulação.

Agente oxidante + $3I^- \rightarrow I_3^-$

TABELA 16.4 Titulações com tri-iodeto-padrão (titulações iodimétricas)

Espécies analisadas	Reação de oxidação	Observações
As^{3+}	$H_3AsO_3 + H_2O \rightleftharpoons H_3AsO_4 + 2H^+ + 2e^-$	Titular diretamente em solução de $NaHCO_3$ com I_3^-
Sn^{2+}	$SnCl_4^{2-} + 2Cl^- \rightleftharpoons SnCl_6^{2-} + 2e^-$	O Sn(IV) é reduzido a Sn(II) com Pb granulado ou Ni em HCl 1 M e titulado na ausência de oxigênio.
N_2H_4	$N_2H_4 \rightleftharpoons N_2 + 4H^+ + 4e^-$	Titular em solução de $NaHCO_3$.
SO_2	$SO_2 + H_2O \rightleftharpoons H_2SO_3$ $H_2SO_3 + H_2O \rightleftharpoons SO_4^{2-} + 4H^+ + 2e^-$	Adicionar SO_2 (ou H_2SO_3 ou HSO_3^- ou SO_3^{2-}) ao I_3^- padrão em excesso presente em ácido diluído e titular por retorno o I_3^- que não reagiu com uma solução-padrão de tiossulfato.
H_2S	$H_2S \rightleftharpoons S(s) + 2H^+ + 2e^-$	Adicionar H_2S a I_3^- em excesso, em HCl 1 M, e titular por retorno com tiossulfato.
Zn^{2+}, Cd^{2+}, Hg^{2+}, Pb^{2+}	$M^{2+} + H_2S \rightarrow MS(s) + 2H^+$ $MS(s) \rightleftharpoons M^{2+} + S + 2e^-$	Precipitar e lavar o sulfeto metálico. Dissolver em HCl 3 M com excesso de solução-padrão de I_3^- e titular por retorno com tiossulfato.
Cisteína, glutationa, ácido tioglicólico, mercaptoetanol	$2RSH \rightleftharpoons RSSR + 2H^+ + 2e^-$	Titular o composto sulfidrila em pH entre 4 e 5 com I_3^-.
HCN	$I_2 + HCN \rightleftharpoons ICN + I^- + H^+$	Titular em tampão carbonato-bicarbonato, utilizando *p*-xileno como um indicador de extração.
$H_2C = 0$	$H_2CO + 3OH^- \rightleftharpoons HCO_2^- + 2H_2O + 2e^-$	Adicionar à amostra desconhecida excesso de I_3^- mais NaOH. Após 5 minutos, adicionar HCl e titular por retorno com tiossulfato.
Glicose (e outros açúcares redutores)	$R\overset{O}{\overset{\Vert}{C}}H + 3OH^- \rightleftharpoons RCO_2^- + 2H_2O + 2e^-$	Adicionar à amostra desconhecida excesso de I_3^- mais NaOH. Após 5 minutos, adicionar HCl e titular por retorno com tiossulfato.
Ácido ascórbico (vitamina C)	Ascorbato + $H_2O \rightleftharpoons$ deidroascorbato + $2H^+$ + $2e^-$	Titular diretamente com I_3^-
H_3PO_3	$H_3PO_3 + H_2O \rightleftharpoons H_3PO_4 + 2H^+ + 2e^-$	Titular em solução de $NaHCO_3$.

TABELA 16.5 Titulação do I_3^- produzido pelo analito (titulações iodométricas)

Espécies analisadas	Reação	Observações
Cl_2	$Cl_2 + 3I^- \rightleftharpoons 2Cl^- + I_3^-$	Reação em ácido diluído.
$HOCl$	$HOCl + H^+ + 3I^- \rightleftharpoons Cl^- + I_3^- + H_2O$	Reação em H_2SO_4 0,5 M.
Br_2	$Br_2 + 3I^- \rightleftharpoons 2Br^- + I_3^-$	Reação em ácido diluído.
BrO_3^-	$BrO_3^- + 6H^+ + 9I^- \rightleftharpoons Br^- + 3I_3^- + 3H_2O$	Reação em H_2SO_4 0,5 M.
IO_3^-	$2IO_3^- + 16I^- + 12H^+ \rightleftharpoons 6I_3^- + 6H_2O$	Reação em HCl 0,5 M.
IO_4^-	$2IO_4^- + 22I^- + 16H^+ \rightleftharpoons 8I_3^- + 8H_2O$	Reação em HCl 0,5 M.
O_2	$O_2 + 4Mn(OH)_2 + 2H_2O \rightleftharpoons 4Mn(OH)_3$ $2Mn(OH)_3 + 6H^+ + 3I^- \rightleftharpoons 2Mn^{2+} + I_3^- + 6H_2O$	A amostra é tratada com Mn^{2+}, NaOH e KI. Após 1 minuto, ela é acidificada com H_2SO_4 e o I_3^- é então titulado.
H_2O_2	$H_2O_2 + 3I^- + 2H^+ \rightleftharpoons I_3^- + 2H_2O$	Reação em H_2SO_4 1 M.
O_3^a	$O_3 + 3I^- + 2H^+ \rightleftharpoons O_2 + I_3^- + H_2O$	Passar o O_3 por uma solução neutra de KI a 2% em massa. Adicionar H_2SO_4 e titular.
NO_2^-	$2HNO_2 + 2H^+ + 3I^- \rightleftharpoons 2NO + I_3^- + 2H_2O$	O óxido nítrico é removido (por borbulhamento de CO_2 gerado *in situ*) antes da titulação do I_3^-.
As^{5+}	$H_3AsO_4 + 2H^+ + 3I^- \rightleftharpoons H_3AsO_3 + I_3^- + H_2O$	Reação em HCl 5 M.
$S_2O_8^{2-}$	$S_2O_8^{2-} + 3I^- \rightleftharpoons 2SO_4^{2-} + I_3^-$	Reação em solução neutra. A seguir, acidificar e titular.
Cu^{2+}	$2Cu^{2+} + 5I^- \rightleftharpoons 2CuI(s) + I_3^-$	NH_4HF_2 é utilizado como tampão.
$Fe(CN)_6^{3-}$	$2Fe(CN)_6^{3-} + 3I^- \rightleftharpoons 2Fe(CN)_6^{4-} + I_3^-$	Reação em HCl 1 M.
MnO_4^-	$2MnO_4^- + 16H^+ + 15I^- \rightleftharpoons 2Mn^{2+} + 5I_3^- + 8H_2O$	Reação em HCl 0,1 M.
MnO_2	$MnO_2(s) + 4H^+ + 3I^- \rightleftharpoons Mn^{2+} + I_3^- + 2H_2O$	Reação em H_3PO_4 0,5 M ou HCl.
$Cr_2O_7^{2-}$	$Cr_2O_7^{2-} + 14H^+ + 9I^- \rightleftharpoons 2Cr^{3+} + 3I_3^- + 7H_2O$	A reação em HCl 0,4 M precisa de 5 minutos para se completar e é especialmente sensível à oxidação pelo ar.
Ce^{4+}	$2Ce^{4+} + 3I^- \rightleftharpoons 2Ce^{3+} + I_3^-$	Reação em H_2SO_4 1 M.

a. O pH deve ser ≥ 7 quando o O_3 é adicionado ao I^-. Em solução ácida, cada O_3 produz 1,25 I_3^- e não 1 I_3^-. [N. V. Klassen, D. Marchington e H. C. E. McGowan, Anal. Chem. **1994**, *66, 2921.]*

BOXE 16.3 Análise Iodométrica de Supercondutores de Alta Temperatura

Uma aplicação importante dos supercondutores são os poderosos eletroímãs, necessários para os equipamentos de ressonância magnética de imagem para uso médico. Os condutores comuns, quando utilizados nesses ímãs, necessitam de uma enorme quantidade de energia elétrica. Como a eletricidade circula em um supercondutor sem nenhuma resistência, o potencial de partida do eletroímã pode ser retirado da bobina eletromagnética tão logo a corrente normal de funcionamento seja estabelecida. A corrente continuará a fluir sem nenhum consumo de energia elétrica.

Um avanço na tecnologia de supercondutores foi a descoberta[32] de um óxido de ítrio-bário-cobre, $YBa_2Cu_3O_7$, cuja estrutura cristalina é mostrada a seguir. Quando aquecido, este material perde rapidamente átomos de oxigênio das cadeias Cu—O e, a partir desse ponto, qualquer composição entre $YBa_2Cu_3O_7$ e $YBa_2Cu_3O_6$ é possível de ser observada.

Quando os supercondutores de alta temperatura foram descobertos, o teor de oxigênio na fórmula $YBa_2Cu_3O_x$ era desconhecido. O $YBa_2Cu_3O_7$ representa um conjunto pouco comum de estados de oxidação, pois os estados comuns do ítrio e do bário são Y^{3+} e Ba^{2+}, e os estados comuns do cobre são Cu^{2+} e Cu^+. Se todo o cobre for Cu^{2+}, a fórmula do supercondutor seria $(Y^{3+})(Ba^{2+})_2(Cu^{2+})_3(O^{2-})_{6,5}$, com uma carga catiônica de +13 e uma carga aniônica de −13. A composição $YBa_2Cu_3O_7$ exige a presença de Cu^{3+}, um estado de oxidação bastante raro para o cobre.[33] Em termos de composição formal, a estrutura do $YBa_2Cu_3O_7$ pode ser descrita como $(Y^{3+})(Ba^{2+})_2(Cu^{2+})_2(Cu^{3+})(O^{2-})_7$, correspondente a uma carga catiônica de +14 e a uma carga aniônica de −14.

Titulações redox provaram ser o método mais confiável para a determinação do estado de oxidação do cobre e, assim, para o cálculo do teor de oxigênio no $YBa_2Cu_3O_x$.[34] Um método iodométrico envolve dois experimentos.

No *Experimento A*, $YBa_2Cu_3O_x$ é dissolvido em ácido diluído, onde o Cu^{3+} é convertido em Cu^{2+}. Por questão de simplicidade, escrevemos as equações com relação à fórmula $YBa_2Cu_3O_7$. Entretanto, pode-se facilmente balancear essas equações para valores de $x \neq 7$.[35]

$$YBa_2Cu_3O_7 + 13H^+ \rightarrow Y^{3+} + 2Ba^{2+} + 3Cu^{2+} + \tfrac{13}{2}H_2O + \tfrac{1}{4}O_2 \quad (1)$$

O teor total de cobre é determinado pelo tratamento com iodeto

$$Cu^{2+} + \tfrac{5}{2}I^- \rightarrow CuI(s) + \tfrac{1}{2}I_3^- \quad (2)$$

e a titulação do tri-iodeto formado é feita com solução-padrão de tiossulfato (Reação 16.19). No Experimento A, cada mol de Cu no $YBa_2Cu_3O_7$ é equivalente a 1 mol de $S_2O_3^{2-}$.

No *Experimento B*, o $YBa_2Cu_3O_x$ é dissolvido em ácido diluído contendo excesso de I^-. Cada mol de Cu^{2+} produz 0,5 mol de I_3^- por meio da Reação (2) e cada mol de Cu^{3+} produz 1 mol de I_3^-:

$$Cu^{3+} + 4I^- \rightarrow CuI(s) + I_3^- \quad (3)$$

(continua)

BOXE 16.3 Análise Iodométrica de Supercondutores de Alta Temperatura (*Continuação*)

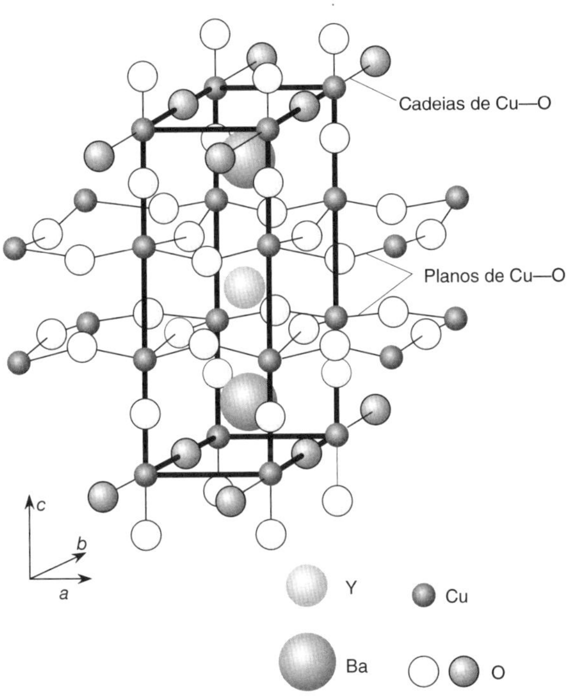

Estrutura do $YBa_2Cu_3O_7$. As cadeias unidimensionais Cu—O localizam-se na mesma direção do eixo cristalográfico *b*, e cadeias bidimensionais planas de Cu—O localizam-se no plano *a–b* do cristal. A perda dos átomos de oxigênio das cadeias, em altas temperaturas, dá origem ao composto $YBa_2Cu_3O_6$. [Dados de G. F. Holland e A. M. Stacy, "Physical Properties of the Quaternary Oxide Superconductor, $YBa_2Cu_3O_x$", *Acc. Chem. Res.* **1988**, *21*, 8.]

O número de mols de $S_2O_3^{2-}$ necessários no Experimento A é igual ao número total de mols de Cu no supercondutor. A diferença na quantidade necessária de $S_2O_3^{2-}$, para os Experimentos B e A, corresponde ao teor de Cu^{3+} presente. A partir dessa diferença, podemos calcular o valor de *x* na fórmula $YBa_2Cu_3O_x$.[36]

Embora possamos equilibrar as cargas de cátions e de ânions na fórmula $YBa_2Cu_3O_7$, incluindo-se o Cu^{3+} na fórmula, não existe nenhuma evidência que prove a existência dos íons Cu^{3+} no cristal. Também não há nenhuma evidência de que parte do oxigênio presente na estrutura cristalina esteja na forma de peróxido, O_2^{2-}, que também permite equilibrar as cargas de cátions e ânions. A melhor descrição para o estado de valência, no sólido cristalino, envolve os elétrons e as lacunas correspondentes, deslocalizados nos planos e cadeias Cu—O. Entretanto, a composição correspondente a Cu^{3+} e as Equações 1 a 3 descrevem precisamente os aspectos químicos redox do $YBa_2Cu_3O_7$. O Problema 16.37 contempla as titulações que determinam, separadamente, os números de oxidação do Cu e do Bi no supercondutor $Bi_2Sr_2(Ca_{0,8}Y_{0,2})Cu_2O_{8,295}$.

Termos Importantes

amálgama
desproporcionamento
indicador redox
previamente oxidado
redução prévia
titulação redox

Resumo

As titulações redox são fundamentadas em reações de oxirredução entre o analito e o titulante. Algumas vezes, uma oxidação prévia quantitativa por via química (com reagentes como $S_2O_8^{2-}$, $Ag^IAg^{III}O_2$, $NaBiO_3$ ou H_2O_2) ou uma redução prévia (com reagentes como $SnCl_2$, $CrCl_2$, SO_2, H_2S ou uma coluna metálica redutora) é necessária para ajustar o estado de oxidação do analito antes de efetuarmos uma titulação redox. O ponto final de uma titulação redox é normalmente detectado por potenciometria ou por meio de um indicador redox. O indicador adequado para determinada titulação deve possuir uma faixa de transição ($= E°$(indicador) $\pm$ 0,059 16/*n* V) capaz de se sobrepor à variação brusca de potencial na região de uma curva de titulação, onde se encontra o ponto final.

Quanto maior a diferença no potencial de redução entre o analito e o titulante, mais acentuada será a visualização do ponto final. Patamares antes e depois do ponto de equivalência estão centrados próximos do $E°$ do analito e do $E°$ do titulante. Antes do ponto de equivalência, utilizamos a meia-reação correspondente ao analito para calcularmos o valor do potencial, pois as concentrações das formas oxidada e reduzida do analito são conhecidas. Após o ponto de equivalência, utilizamos a meia-reação correspondente ao titulante. No ponto de equivalência, ambas as meias-reações devem ser utilizadas simultaneamente, para determinarmos o valor do potencial correspondente.

Os agentes oxidantes mais usados incluem o $KMnO_4$, o Ce^{4+} e o $K_2Cr_2O_7$. Muitos procedimentos analíticos se fundamentam na oxidação com o I_3^- ou na titulação do I_3^- liberado em uma reação química.

Exercícios

16.A. 20,0 mL de uma solução de Sn^{2+} 0,005 00 M, em HCl 1 M, foram titulados com solução de Ce^{4+} 0,020 0 M formando Sn^{4+} e Ce^{3+}. Calcule o potencial (contra o E.C.S.) para os seguintes volumes adicionados de Ce^{4+}: 0,100; 1,00; 5,00; 9,50; 10,00; 10,10; e 12,00 mL. Faça um esboço da curva de titulação correspondente.

16.B. O corante índigo de tetrassulfonato pode ser usado como indicador redox apropriado para a titulação do $Fe(CN)_6^{4-}$ com Tl^{3+} em HCl 1 M? (*Dica:* o potencial no ponto de equivalência deve estar entre os potenciais para cada um dos pares redox.)

16.C. Construa a curva de titulação para a Demonstração 16.1, na qual 400,0 mL de uma solução de Fe^{2+} 3,75 mM são titulados com solução de MnO_4^- 20,0 mM em H_2SO_4 1 M, com um *pH fixo* de 0,00. Calcule o potencial contra o E.C.S. para os seguintes volumes adicionados de titulante: 1,0; 7,5; 14,0; 15,0; 16,0; e 30,0 mL, e faça um esboço da curva de titulação correspondente.

16.D. A titulação com Ce^{4+} 0,100 M, a 25 °C, de 50,0 mL de uma amostra desconhecida contendo Fe^{2+} foi monitorada com eletrodos de Pt e calomelano. A tabela a seguir mostra os resultados obtidos:[9]

Volume de titulante, V (mL)	E (volts)
6,50	0,635
8,50	0,651
10,50	0,669
11,50	0,680
12,50	0,696

Construa um gráfico de Gran e decida quais pontos experimentais deverão ser escolhidos para se traçar uma reta. Determine a *interseção* desta reta com o eixo x. Esta interseção é o volume de equivalência. Calcule a concentração de Fe^{2+} presente na amostra.

16.E. Uma mistura sólida pesando 0,054 85 g continha somente sulfato ferroso amoniacal e cloreto ferroso. A amostra foi dissolvida em H_2SO_4 1 M, e o Fe^{2+} necessitou de 13,39 mL de Ce^{4+} 0,012 34 M para oxidação completa a Fe^{3+}. Calcule a porcentagem em massa de Cl na amostra original. Caso precise, acesse a Seção 7.2 para ver um exemplo de titulação de uma mistura.

$FeSO_4 \cdot (NH_4)_2SO_4 \cdot 6H_2O$	$FeCl_2 \cdot 6H_2O$
Sulfato ferroso amoniacal	Cloreto ferroso
MF 392,12	MF 234,84

Problemas

Forma de uma Curva de Titulação Redox

16.1. Considere a titulação na Figura 16.2.

(**a**) Escreva a reação balanceada da titulação.

(**b**) Escreva duas meias-reações diferentes para o eletrodo indicador.

(**c**) Escreva duas equações de Nernst diferentes para a reação global da célula eletroquímica.

(**d**) Calcule E para os seguintes volumes de Ce^{4+} adicionados: 10,0; 25,0; 49,0; 50,0; 51,0; 60,0; e 100,0 mL. Compare os seus resultados com os da Figura 16.2.

16.2. Considere a titulação de 100,0 mL de solução de Ce^{4+} 0,010 0 M em $HClO_4$ 1 M, por uma solução de Cu^+ 0,040 0 M, formando Ce^{3+} e Cu^{2+}. Foram usados eletrodos de Pt e de Ag | AgCl saturado para determinar o ponto final.

(**a**) Escreva a reação balanceada da titulação.

(**b**) Escreva duas meias-reações diferentes para o eletrodo indicador.

(**c**) Escreva duas equações de Nernst diferentes para a reação da célula eletroquímica.

(**d**) Calcule E para os seguintes volumes de Cu^+ adicionados: 1,00; 12,5; 24,5; 25,0; 25,5; 30,0; e 50,0 mL. Faça um esboço da curva de titulação correspondente.

16.3. Considere a titulação de 25,0 mL de uma solução de Sn^{2+} 0,010 0 M por uma solução de Tl^{3+} 0,050 0 M, em HCl 1 M, utilizando eletrodos de Pt e de calomelano saturado para determinar o ponto final.

(**a**) Escreva a reação balanceada da titulação.

(**b**) Escreva duas meias-reações diferentes para o eletrodo indicador.

(**c**) Escreva duas equações de Nernst diferentes para a reação da célula eletroquímica.

(**d**) Calcule E nos seguintes volumes de Tl^{3+} adicionados: 1,00; 2,50; 4,90; 5,00; 5,10; e 10,0 mL. Faça um esboço da curva de titulação correspondente.

16.4. Ácido ascórbico (0,010 0 M) foi adicionado a 10,0 mL de uma solução de Fe^{3+} 0,020 0 M, tamponada em pH 0,30, e o potencial foi monitorado com eletrodos de Pt e de Ag | AgCl saturado.

$$\text{Ácido deidroascórbico} + 2H^+ + 2e^- \rightleftharpoons \text{ácido ascórbico} + H_2O \qquad E^\circ = 0{,}390 \text{ V}$$

(**a**) Escreva a equação balanceada para a reação de titulação.

(**b**) Utilizando $E^\circ = 0{,}767$ V para o par $Fe^{3+} \mid Fe^{2+}$, calcule a diferença de potencial da célula eletroquímica quando são adicionados 5,0; 10,0 e 15,0 mL de ácido ascórbico. (*Dica:* veja os cálculos efetuados na Demonstração 16.1.)

16.5. Considere a titulação de 25,0 mL de uma solução de Sn^{2+} 0,050 0 M por uma solução de Fe^{3+} 0,100 M, em HCl 1 M, formando Fe^{2+} e Sn^{4+}, utilizando eletrodos de Pt e de calomelano saturado para determinar o ponto final.

(**a**) Escreva a reação balanceada da titulação.

(**b**) Escreva duas meias-reações diferentes para o eletrodo indicador.

(**c**) Escreva duas equações de Nernst diferentes para a reação da célula eletroquímica.

(**d**) Calcule E nos seguintes volumes de Fe^{3+} adicionados: 1,00; 12,5; 24,0; 25,0; 26,0; e 30,0 mL. Faça um esboço da curva de titulação correspondente.

Determinação do Ponto Final

16.6. Selecione, dentre os indicadores da Tabela 16.2, quais são adequados para determinar o ponto final na titulação da Figura 16.3. Que mudanças de cores deverão ser observadas?

16.7. O indicador, tris(2,2′-bipiridina)ferro pode ser utilizado na titulação do Sn^{2+} pelo $Mn(EDTA)^-$? (*Dica:* o potencial no ponto de equivalência deve estar entre os potenciais correspondentes a cada par redox.)

Ajuste do Estado de Oxidação do Analito

16.8. Explique os termos *oxidação prévia* e *redução prévia*. Por que é importante eliminarmos o excesso de reagente usado nesses processos?

16.9. Escreva as reações balanceadas para a eliminação de $S_2O_8^{2-}$, Ag^{3+} e H_2O_2 por ebulição.

16.10. O que é um redutor de Jones e para que ele é usado?

16.11. Por que Cr^{3+} e TiO^{2+} não interferem na análise do Fe^{3+} quando um redutor de Walden, em vez de um redutor de Jones, é utilizado na etapa de redução prévia?

Reações Redox do $KMnO_4$, Ce(IV) e $K_2Cr_2O_7$

16.12. A partir das informações da Tabela 16.3, explique como podemos usar o $KMnO_4$ para determinar a quantidade de $(NH_4)_2S_2O_8$ presente em uma mistura sólida com $(NH_4)_2SO_4$. Qual é a finalidade do ácido fosfórico neste procedimento?

16.13. Escreva as meias-reações balanceadas, nas quais o íon MnO_4^- atua como um oxidante em função dos valores de pH vistos a seguir.

(**a**) pH = 0

(**b**) pH = 10

(**c**) pH = 15

16.14. Depois que 25,00 mL de uma amostra desconhecida passaram por uma coluna com redutor de Jones, o íon molibdato (MoO_4^{2-}) foi convertido a Mo^{3+}. O filtrado necessitou de 16,43 mL de solução de $KMnO_4$ 0,010 33 M, para atingir um ponto final rosa-claro.

$$MnO_4^- + Mo^{3+} \rightarrow Mn^{2+} + MoO_2^{2+}$$

Uma amostra em branco consumiu 0,04 mL. Balanceie a equação e determine a concentração molar do íon molibdato na amostra desconhecida.

16.15. 25,00 mL de uma solução de peróxido de hidrogênio comercial foram diluídos a 250,0 mL em um balão volumétrico. Uma alíquota contendo 25,00 mL desta solução diluída foi misturada com 200 mL de água e 20 mL de uma solução de H_2SO_4 3 M e, então, titulada com uma solução de $KMnO_4$ 0,021 23 M. A primeira cor rosa-pálida persistente foi observada com a adição de 27,66 mL de titulante. Uma titulação em branco, preparada com água destilada no lugar de H_2O_2, necessitou de 0,04 mL para produzir uma cor rosa visível. Usando a reação da H_2O_2 na Tabela 16.3, determine a molaridade da H_2O_2 no produto comercial.

16.16. O íon MnO_4^- pode reagir com H_2O_2 por meio de dois esquemas reacionais diferentes para formar O_2 e Mn^{2+}:

Esquema 1: $MnO_4^- \rightarrow Mn^{2+}$
$H_2O_2 \rightarrow O_2$
Esquema 2: $MnO_4^- \rightarrow O_2 + Mn^{2+}$
$H_2O_2 \rightarrow H_2O$

(a) Complete as meias-reações para cada um dos esquemas reacionais, introduzindo e^-, H_2O e H^+. Escreva a equação global balanceada para cada esquema reacional.

(b) O perborato de sódio tetraidratado, $NaBO_3 \cdot 4H_2O$ (MF 153,86), produz H_2O_2 quando dissolvido em ácido: $BO_3^- + 2H_2O \rightarrow H_2O_2 + H_2BO_3^-$. Para decidir se a reação seguia o Esquema 1 ou o Esquema 2, estudantes da Academia Naval dos Estados Unidos[37] pesaram 1,023 g de $NaBO_3 \cdot 4H_2O$, que foram transferidos para um balão volumétrico de 100 mL, adicionaram 20 mL de H_2SO_4 1 M e completaram o volume do balão com H_2O. A seguir, eles titularam 10,00 mL desta solução com $KMnO_4$ 0,010 46 M até o aparecimento da primeira coloração rosa-pálida persistente. Qual o volume de $KMnO_4$ necessário no Esquema 1 e no Esquema 2? (A estequiometria do Esquema 1 foi observada.)

16.17. 50,00 mL de uma amostra contendo La^{3+} foram tratados com oxalato de sódio para precipitar o $La_2(C_2O_4)_3$, que foi lavado, dissolvido em ácido e titulado com 18,04 mL de $KMnO_4$ 0,006 363 M. Escreva a reação de titulação e calcule a molaridade do La^{3+} na amostra desconhecida.

16.18. Uma solução aquosa de glicerol, pesando 100,0 mg, foi tratada com 50,00 mL de uma solução de Ce^{4+} 0,083 7 M, por 15 minutos a 60 °C, em $HClO_4$ 4 M, para oxidar o glicerol a ácido fórmico:

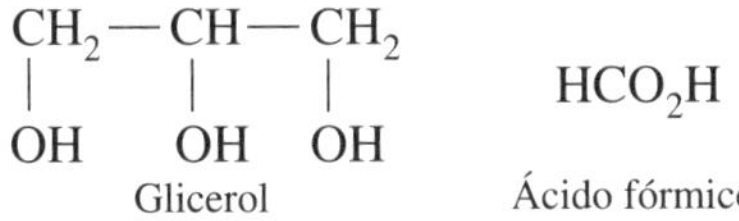

$$\underset{\substack{\text{Glicerol} \\ \text{MF 92,095}}}{\underset{\text{OH OH OH}}{CH_2-CH-CH_2}} \qquad \underset{\text{Ácido fórmico}}{HCO_2H}$$

O excesso de Ce^{4+} consumiu 12,11 mL de solução de Fe^{2+} 0,044 8 M para atingir o ponto final da titulação, usando-se ferroína como indicador. Qual é a porcentagem em massa de glicerol na amostra desconhecida?

16.19. O íon nitrito (NO_2^-) pode ser determinado pela oxidação com excesso de Ce^{4+}, seguida de uma titulação de retorno do Ce^{4+} que não reagiu. Uma amostra de 4,030 g de um sólido contendo somente $NaNO_2$ (MF 68,995) e $NaNO_3$ foi dissolvida em 500,0 mL de água. Uma alíquota de 25,00 mL desta solução foi tratada com 50,0 mL de solução de Ce^{4+} 0,118 6 M em ácido forte por 5 minutos, e o excesso de Ce^{4+} foi determinado por uma titulação de retorno com 31,13 mL de sulfato ferroso amoniacal 0,042 89 M.

$$2Ce^{4+} + NO_2^- + H_2O \rightarrow 2Ce^{3+} + NO_3^- + 2H^+$$
$$Ce^{4+} + Fe^{2+} \rightarrow Ce^{3+} + Fe^{3+}$$

Qual é a fórmula do sulfato ferroso amoniacal? Calcule a porcentagem em massa de $NaNO_2$ presente na amostra sólida original.

16.20. Um cristal de fluoroapatita de cálcio ($Ca_{10}(PO_4)_6F_2$, MF 1 008,6) foi dopado com íons cromo para melhorar sua eficiência como cristal para *laser*. Suspeita-se que o cromo possa estar presente na estrutura do cristal em seu estado de oxidação +4.[2]

1. Para determinarmos o poder oxidante total de cromo no material, um cristal foi dissolvido em $HClO_4$ 2,9 M, a 100 °C, e a solução foi resfriada a 20 °C e titulada com uma solução-padrão de Fe^{2+}, utilizando-se eletrodos de Pt e de Ag | AgCl para determinar o ponto final. O cromo, no estado de oxidação superior a +3, deve oxidar nesta etapa uma quantidade equivalente de Fe^{2+}. Isto é, cada íon Cr^{4+} consome um íon Fe^{2+}, e cada átomo de Cr^{6+} presente no $Cr_2O_7^{2-}$ consome três íons Fe^{2+}:

$$Cr^{4+} + Fe^{2+} \rightarrow Cr^{3+} + Fe^{3+}$$
$$\tfrac{1}{2}Cr_2O_7^{2-} + 3Fe^{2+} \rightarrow Cr^{3+} + 3Fe^{3+}$$

2. Em uma segunda etapa, o teor total de cromo foi determinado dissolvendo-se um cristal em $HClO_4$ 2,9 M, a 100 °C, e resfriando a solução obtida a 20 °C. Um excesso de $S_2O_8^{2-}$ e Ag^+ foi então adicionado para oxidar todo o cromo presente a $Cr_2O_7^{2-}$. O $S_2O_8^{2-}$ que não reagiu foi destruído fervendo-se a solução, e a solução resultante foi titulada com solução-padrão de Fe^{2+}. Nessa etapa, cada Cr presente na amostra desconhecida original reage com três íons Fe^{2+}.

$$Cr^{x+} \xrightarrow{S_2O_8^{2-}} Cr_2O_7^{2-}$$
$$\tfrac{1}{2}Cr_2O_7^{2-} + 3Fe^{2+} \rightarrow Cr^{3+} + 3Fe^{3+}$$

Na etapa 1, um cristal para *laser*, pesando 0,437 5 g, consumiu 0,498 mL de uma solução de Fe^{2+} 2,786 mM (preparada dissolvendo-se $Fe(NH_4)_2(SO_4)_2 \cdot 6H_2O$ em $HClO_4$ 2 M). Na etapa 2, outro cristal, pesando 0,156 6 g, consumiu 0,703 mL da mesma solução de Fe^{2+}. Determine qual o número de oxidação médio do Cr no cristal e o número total de microgramas de Cr por grama de cristal.

16.21. O óxido de arsênio(III) (As_4O_6), grau padrão primário, é, historicamente, um reagente útil para a padronização de oxidantes, incluindo o MnO_4^- e I_3^-. O óxido de arsênio(III) é cancerígeno e uma ameaça ambiental, razões pelas quais seu emprego, hoje, é desaconselhado. O oxalato dissódico, $Na_2C_2O_4$, grau padrão primário, é uma alternativa segura para a padronização do permanganato por meio da Reação 7.1.

Caso precise padronizar MnO_4^- com óxido de arsênio(III), dissolva o As_4O_6 em meio básico, e então faça a sua titulação com MnO_4^- em meio ácido. Uma pequena quantidade de iodeto (I^-) ou iodato (IO_3^-) catalisa a reação entre H_3AsO_3 e MnO_4^-.

$$As_4O_6 + 8OH^- \rightleftharpoons 4HAsO_3^{2-} + 2H_2O$$
$$HAsO_3^{2-} + 2H^+ \rightleftharpoons H_3AsO_3$$
$$5H_3AsO_3 + 2MnO_4^- + 6H^+ \rightarrow 5H_3AsO_4 + 2Mn^{2+} + 3H_2O$$

(a) Uma alíquota de 3,214 g de $KMnO_4$ (MF 158,034) foi dissolvida em 1,000 L de água, aquecida para provocar reações com impurezas presentes, resfriada e filtrada. Qual é a molaridade teórica desta solução se nenhum MnO_4^- foi consumido pelas impurezas?

(b) Que massa mínima de As_4O_6 (MF 395,68) seria suficiente para reagir com 25,00 mL da solução de $KMnO_4$ no item **(a)**?

(c) Encontrou-se que 0,146 8 g de As_4O_6 necessitou de 29,98 mL de solução de $KMnO_4$ para a cor suave do MnO_4^- (que não reagiu) aparecer. Na titulação do branco, foi necessário 0,03 mL de MnO_4^- para produzir uma cor suficientemente intensa para ser vista. Calcule a molaridade da solução de permanganato.

Métodos Envolvendo Iodo

16.22. Por que o iodo é quase sempre usado como uma solução que contém I^- em excesso?

16.23. Descreva duas formas diferentes para padronizar uma solução de tri-iodeto.

16.24. Em qual técnica, iodimetria ou iodometria, o indicador goma de amido só deve ser adicionado um pouco antes do ponto final? Por quê?

16.25. A bactéria patogênica *Salmonella enterica* utiliza o tetrationato encontrado no intestino humano como um oxidante – tal como empregamos O_2 para metabolizar nosso alimento.[38] Escreva a meia-reação na qual o tetrationato atua como agente oxidante. O tetrationato é um agente oxidante tão poderoso como o O_2?

16.26. **(a)** Uma solução de iodato de potássio foi preparada dissolvendo 1,022 g de KIO_3 (MF 214,00) em balão volumétrico de 500 mL. 50,00 mL desta solução foram pipetados para um frasco e tratados com excesso de KI (2 g) e de ácido (10 mL de H_2SO_4 0,5 M). Qual o número de mols de I_3^- gerados pela reação?

(b) O tri-iodeto produzido em **(a)** reagiu com 37,66 mL de solução de $Na_2S_2O_3$. Qual a concentração desta solução de $Na_2S_2O_3$?

(c) Uma amostra sólida contendo ácido ascórbico e ingredientes inertes pesando 1,223 g foi dissolvida em H_2SO_4 diluído e tratado com 2 g de KI e 50,00 mL de KIO_3 obtida no item **(a)**. O excesso de tri-iodeto consumiu 14,22 mL da solução de $Na_2S_2O_3$ empregada no item **(b)**. Encontrar a percentagem e a massa de ácido ascórbico (MF 176,12) na amostra desconhecida.

(d) Existe alguma diferença em se adicionar o indicador goma de amido no início ou próximo ao ponto final da titulação do item **(c)**?

16.27. Uma amostra de 3,026 g de um sal de cobre(II) foi dissolvida em um balão volumétrico de 250 mL. Uma alíquota de 50,0 mL foi analisada pela adição de 1 g de KI e titulação do iodo liberado com 23,33 mL de $Na_2S_2O_3$ 0,046 68 M. Determine a porcentagem em massa de Cu no sal. A goma de amido utilizada como indicador pode ser adicionada no início dessa titulação ou imediatamente antes do ponto final?

16.28. *Titulação de Winkler para o O_2 dissolvido.* O O_2 dissolvido é o principal indicador da capacidade de um corpo d'água natural de sustentar vida aquática. Se um excesso de nutrientes, a partir de fertilizantes ou de esgoto, se acha presente em um lago, ocorre uma explosão populacional de algas e fitoplânctons. Quando as algas morrem e vão para o fundo do lago, sua matéria orgânica é decomposta por bactérias que consomem O_2 da água. Ao fim, a água pode ficar desprovida de O_2 de modo que os peixes não conseguem viver. O processo pelo qual um corpo d'água se torna enriquecido em nutrientes apresenta uma explosão populacional de algumas formas de vida, e ao fim, fica empobrecida em O_2 é chamado *eutrofização*. Uma maneira de determinar o O_2 dissolvido é pelo método de Winkler, o qual envolve uma titulação iodométrica:[39]

1. Colete uma amostra de água em um frasco de ~300 mL provido de uma rolha de vidro esmerilhada que se ajusta exatamente ao frasco. O fabricante indica o volume do frasco (± 0,1 mL) com a rolha inserida nele. Submergir o frasco tampado na profundidade desejada na água a ser amostrada. Remova a rolha e encha o frasco com água. Expulse quaisquer bolhas de ar antes de inserir a rolha enquanto o frasco ainda está submerso.
2. Pipete, de imediato, 2,0 mL de $MnSO_4$ 2,15 M e 2,0 mL de uma solução alcalina contendo 500 g de NaOH/L, 135 g de NaI/L e 10 g de NaN_3/L (azida de sódio). A pipeta deve estar abaixo da superfície do líquido durante a adição para evitar a introdução de bolhas de ar. A solução densa vai para o fundo e desloca perto de 4,0 mL da água natural do frasco.
3. Tampe o frasco suavemente, remova o líquido deslocado da região em torno da rolha e misture por inversão. O_2 é consumido e $Mn(OH)_3$ precipita:

$$4Mn^{2+} + O_2 + 8OH^- + 2H_2O \rightarrow 4Mn(OH)_3(s)$$

A azida reage com qualquer nitrito (NO_2^-) presente na água, de modo que não interfere posteriormente na titulação iodométrica:

$$2NO_2^- + 6N_3^- + 4H_2O \rightarrow 10N_2 + 8OH^-$$

4. De volta ao laboratório, adicione lentamente 2,0 mL de H_2SO_4 18 M abaixo da superfície do líquido, tampe firmemente o frasco, remova o líquido deslocado da região em torno da rolha e misture por inversão. O ácido dissolve o $Mn(OH)_3$, que reage quantitativamente com o I^-:

$$2Mn(OH)_3(s) + 3H_2SO_4 + 3I^- \rightarrow 2Mn^{2+} + I_3^- + 3SO_4^{2-} + 6H_2O$$

5. Introduza 200,0 mL do líquido em um erlenmeyer e titule com tiossulfato-padrão. Adicione 3 mL de solução de amido pouco antes do ponto final e complete a titulação.

Um frasco contendo 297,6 mL de água coletada de uma enseada a 0 °C no inverno consumiu 14,05 mL de tiossulfato 10,22 mM.

(a) Que fração da amostra de 297,6 mL permanece após tratamento com $MnSO_4$ e a solução alcalina?

(b) Que fração permanece após tratamento com H_2SO_4? Admita que o H_2SO_4 vá para o fundo e desloque 2,0 mL de solução antes da mistura.

(c) Quantos mL da amostra original estão contidos em 200,0 mL titulados?

(d) Quantos mols de I_3^- são produzidos por cada mol de O_2 na água?

(e) Expresse a quantidade de O_2 dissolvido em mg O_2/L.

(f) A água pura saturada com O_2 contém 14,6 mg de O_2/L a 0 °C. Qual é a fração de saturação da água da enseada com O_2?

(g) Escreva a reação de NO_2^- com I^- que interferiria na titulação se o N_3^- não fosse introduzido (ver Tabela 16.5).

16.29. O teor de H_2S de uma solução foi determinado pela adição lenta de 25,00 mL dessa solução a 25,00 mL de uma solução-padrão acidificada de I_3^- 0,010 44 M para precipitar enxofre elementar. (Se a concentração de H_2S é > 0,01 M, o enxofre precipitado retém alguma solução de I_3^-, que não é posteriormente titulada.) O I_3^- remanescente foi titulado com 14,44 mL de uma solução de $Na_2S_2O_3$ 0,009 336 M. Determine a molaridade da solução de H_2S. A goma de amido utilizada como indicador pode ser adicionada no início dessa titulação ou imediatamente antes do ponto final?

16.30. A partir dos seguintes potenciais de redução

$$I_2(s) + 2e^- \rightleftharpoons 2I^- \qquad E° = 0{,}535\ V$$
$$I_2(aq) + 2e^- \rightleftharpoons 2I^- \qquad E° = 0{,}620\ V$$
$$I_3^- + 2e^- \rightleftharpoons 3I^- \qquad E° = 0{,}535\ V$$

(a) Calcule a constante de equilíbrio para a reação $I_2(aq) + I^- \rightleftharpoons I_3^-$.

(b) Calcule a constante de equilíbrio para a reação $I_2(s) + I^- \rightleftharpoons I_3^-$.

(c) Calcule a solubilidade (g/L) do $I_2(s)$ em água.

16.31. A análise de Kjeldahl na Seção 11.8 é utilizada para determinar o teor de nitrogênio de compostos orgânicos digeridos em ácido sulfúrico fervente, formando amônia, que, por sua vez, é destilada para um recipiente que contém um ácido-padrão. O ácido que não reagiu é então titulado com uma base. O próprio Kjeldahl, em 1880, teve dificuldade em distinguir com luz artificial o ponto final da titulação de retorno, usando o indicador vermelho de metila. Ele podia ter desistido do trabalho noturno, mas acabou optando por concluir a análise de uma maneira diferente. Após destilar a amônia em solução-padrão de ácido sulfúrico, ele adicionou uma mistura de KIO_3 e de KI ao ácido. O iodo liberado foi então titulado com solução de tiossulfato, usando goma de amido para facilitar a detecção do ponto final. Este procedimento funcionou perfeitamente, mesmo em luz artificial.[40] Explique como a titulação com tiossulfato permite determinar o teor de nitrogênio na amostra original. Obtenha uma relação entre o número de mols de NH_3 liberados na digestão e o número de mols de tiossulfato necessários para a titulação do iodo.

16.32. Algumas pessoas desenvolvem reações alérgicas ao íon sulfito (SO_3^{2-}), empregado como conservante alimentar. Ele pode ser determinado por métodos instrumentais[41] ou por uma titulação redox. Adicionou-se 5,00 mL de uma solução contendo (0,804 3 g de KIO_3 + 6,0 g de KI)/100 a 50,0 mL de vinho. A acidificação com 1,0 mL de H_2SO_4 6,0 M converteu quantitativamente IO_3^- a I_3^-. O I_3^- reagiu com SO_3^{2-}, formando SO_4^{2-}, permanecendo o excesso de I_3^- em solução. Esse excesso consumiu 12,86 mL de $Na_2S_2O_3$ 0,048 18 M para atingir o ponto final com goma de amido.

(a) Escreva a reação que ocorre quando o H_2SO_4 é adicionado à mistura KIO_3 + KI, e explique por que 6,0 g de KI foram adicionados à solução estoque. É necessário medir com muita exatidão essa massa de 6,0 g? É necessário medir com muita exatidão 1,0 mL de H_2SO_4?

(b) Escreva a reação balanceada entre I_3^- e sulfito.

(c) Encontre a concentração de sulfito no vinho. Expresse sua resposta em número de mols por litro e em mg SO_3^{2-} por litro.

(d) *Teste t.* Outra amostra de vinho contém 277,7 mg de SO_3^{2-} por litro com um desvio-padrão de ±2,2 mg/L para três determinações pelo método iodimétrico. Um método espectrofotométrico forneceu 273,2 ± 2,1 mg/L para três determinações. Esses resultados são significativamente diferentes dentro do intervalo de confiança de 95%?

16.33. O bromato de potássio, $KBrO_3$, é um padrão primário usado para a produção de Br_2 em meio ácido:

$$BrO_3^- + 5Br^- + 6H^+ \rightleftharpoons 3Br_2(aq) + 3H_2O$$

O Br_2 é muito utilizado para analisar vários compostos orgânicos insaturados. Uma amostra contendo Al^{3+} foi analisada da seguinte maneira: a amostra desconhecida foi tratada com 8-hidroxiquinolina (oxina), em pH 5, para precipitar oxinato de alumínio, $Al(C_9H_6ON)_3$. O precipitado foi lavado, dissolvido em HCl a quente, contendo excesso de KBr, e tratado com 25,00 mL de solução de $KBrO_3$ 0,020 00 M.

$$Al(C_9H_7ON)_3 \xrightarrow{H^+} Al^{3+} + 3$$ 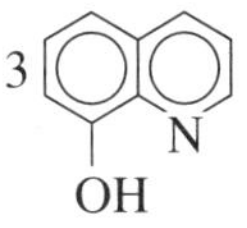

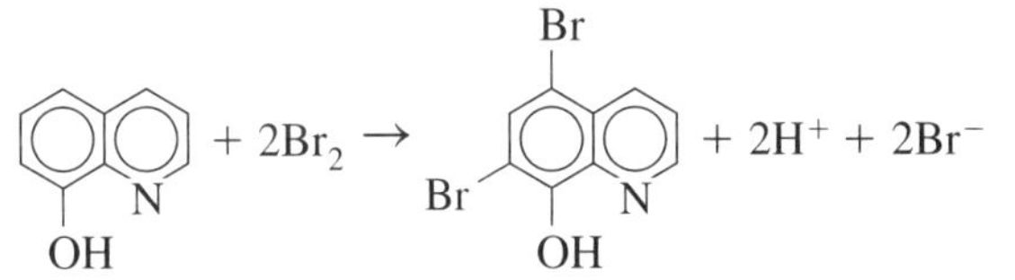

O excesso de Br_2 foi reduzido com KI, formando I_3^-. O I_3^- consumiu 8,83 mL de solução de $Na_2S_2O_3$ 0,051 13 M para atingir o ponto final, usando-se goma de amido como indicador. Quantos miligramas de Al existem na amostra desconhecida?

16.34. *Análise iodométrica de um supercondutor de alta temperatura.* O procedimento no Boxe 16.3 foi executado com a finalidade de se determinar o estado de oxidação efetivo do cobre, e, consequentemente, o número de átomos de oxigênio presentes na fórmula $YBa_2Cu_3O_{7-z}$, em que z se situa na faixa entre 0 e 0,5.

(a) No Experimento A do Boxe 16.3, 1,00 g de supercondutor consumiu 4,55 mmol de $S_2O_3^{2-}$. No Experimento B, 1,00 g de supercondutor consumiu 5,68 mmol de $S_2O_3^{2-}$. Calcule o valor de z na fórmula $YBa_2Cu_3O_{7-z}$ (MF 666,19 – 15,999 z).

(b) *Propagação da incerteza.* Em diversas repetições do Experimento A, o tiossulfato consumido foi de 4,55 (±0,10) mmol de $S_2O_3^{2-}$ por grama de $YBa_2Cu_3O_{7-z}$. No Experimento B, o tiossulfato consumido foi 5,68 (±0,05) mmol de $S_2O_3^{2-}$ por grama de supercondutor. Calcule a incerteza no valor de x na fórmula $YBa_2Cu_3O_x$.

16.35. Vamos descrever um procedimento analítico para caracterizar supercondutores que contenham Cu(I), Cu(II), Cu(III) e íons peróxido (O_2^{2-}):[42] "O possível cobre trivalente e/ou oxigênio na forma de peróxido são reduzidos por Cu(I) dissolvendo-se a amostra, aproximadamente 50 mg, em uma solução de HCl 1 M, previamente saturada com um gás inerte para eliminar o O_2. A solução de HCl contém um excesso conhecido de íons cobre monovalente (≈ 25 mg de CuCl). Por outro lado, se a amostra original também contém cobre monovalente, a quantidade de Cu(I) na solução aumenta após a dissolução da amostra. O excesso de Cu(I) foi então determinado por uma titulação coulométrica por retorno... em uma atmosfera de argônio". A *coulometria* é um método eletroquímico em que o número de elétrons liberados na reação $Cu^+ \rightarrow Cu^{2+} + e^-$ é determinado a partir da carga elétrica que circula em um eletrodo. Descreva com suas palavras e com equações como esta análise funciona.

16.36. O $Li_{1+y}CoO_2$ é usado como anodo de baterias de lítio. O cobalto se acha presente como uma mistura de Co(III) e Co(II). A maior parte das preparações também contém sais de lítio inertes e umidade. A fim de determinar a estequiometria do composto, o Co foi medido por absorção atômica e seu estado de oxidação médio por uma titulação potenciométrica.[43] Para a titulação, 25,00 mg do sólido foram dissolvidos sob N_2 em 5,000 mL de uma solução de H_2SO_4 6,0 M contendo 0,100 M de Fe^{2+} (sob N_2) e H_3PO_4 6 M, para obter uma solução rosa-clara:

$$Co^{3+} + Fe^{2+} \rightarrow Co^{2+} + Fe^{3+}$$

O Fe^{2+} não reagido consumiu 3,228 mL de $K_2Cr_2O_7$ 0,015 93 M para a titulação completa.

(a) Quantos mmol de Co^{3+} estão presentes em 25,00 mg do material?

(b) Os resultados de absorção atômica forneceram um teor de 56,4% em massa de Co no sólido. Qual é o estado de oxidação médio do Co?

(c) Encontre y na fórmula $Li_{1+y}CoO_2$.

(d) Qual é o quociente teórico (% em massa de Li)/(% em massa de Co) no sólido? O coeficiente observado, após lavagem para remoção dos sais de lítio inertes, é 0,138 8 ± 0,000 6. Este valor do coeficiente é consistente com o estado de oxidação médio do cobalto?

16.37. *Cuidado! Este problema é prejudicial à sua saúde.* Os números de oxidação do Cu e do Bi em supercondutores de alta temperatura do tipo $Bi_2Sr_2(Ca_{0,8}Y_{0,2})Cu_2O_x$ (que pode conter Cu^{2+}, Cu^{3+}, Bi^{3+} e Bi^{5+}) podem ser determinados pelos seguintes procedimentos.[44] No Experimento A, o supercondutor é dissolvido em HCl 1 M, contendo um excesso de solução de CuCl 2 mM. O Bi^{5+} (representado como BiO_3^-) e o Cu^{3+} consomem o Cu^+ formando Cu^{2+}:

$$BiO_3^- + 2Cu^+ + 4H^+ \rightarrow BiO^+ + 2Cu^{2+} + 2H_2O \quad (1)$$

$$Cu^{3+} + Cu^+ \rightarrow 2Cu^{2+} \quad (2)$$

O Cu^+, que está em excesso e não reagiu, é então titulado por um método denominado *coulometria*, descrito no Capítulo 17. No Experimento B, o supercondutor é dissolvido em HCl 1 M, contendo excesso de $FeCl_2 \cdot 4H_2O$ 1 mM. O Bi^{5+} reage com o Fe^{2+}, mas não com o Cu^{3+}.[45]

$$BiO_3^- + 2Fe^{2+} + 4H^+ \rightarrow BiO^+ + 2Fe^{3+} + 2H_2O \quad (3)$$

$$Cu^{3+} + \tfrac{1}{2}H_2O \rightarrow Cu^{2+} + \tfrac{1}{4}O_2 + H^+ \quad (4)$$

O Fe^{2+}, que está em excesso e não reagiu, é também titulado por coulometria. O número de oxidação total do Cu + Bi é determinado pelo Experimento A, e o número de oxidação do Bi é determinado pelo Experimento B. A diferença entre os valores obtidos nos dois experimentos fornece o número de oxidação do Cu.

No Experimento A, uma amostra de $Bi_2Sr_2CaCu_2O_x$ (MF 760,37 + 15,999 x, um material sem ítrio), pesando 102,3 mg, foi dissolvida em 100,0 mL de HCl 1 M, contendo CuCl 2,000 mM. Após a reação com o supercondutor, detectou-se por coulometria que 0,1085 mmol de Cu^+ na solução não tinha reagido. No Experimento B, 94,6 mg do supercondutor foram dissolvidos em 100,0 mL de HCl 1 M, contendo $FeCl_2 \cdot 4H_2O$ 1,000 mM. Após a reação com o supercondutor, detectou-se por coulometria que 0,057 7 mmol de Fe^{2+} não tinha reagido. Determine os números de oxidação médios do Bi e do Cu no supercondutor e o coeficiente estequiométrico do oxigênio, x.

17 Técnicas Eletroanalíticas

SEQUENCIAMENTO DE DNA COM NANOPOROS

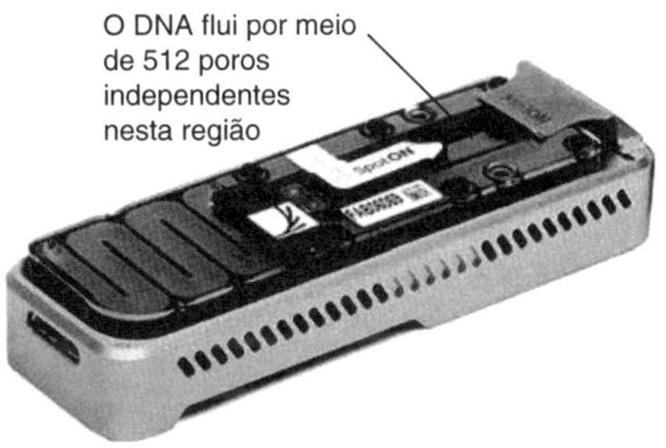

(*a*)

O sequenciador de DNA MinION pesa menos de 100 g e pode ser conectado a um computador. Ele pode utilizar até 500 canais de sequenciamento de nanoporos a qualquer momento; instrumentos maiores podem chegar a até 144 000 nanoporos. [Cortesia de Oxford Nanopore Technologies.]

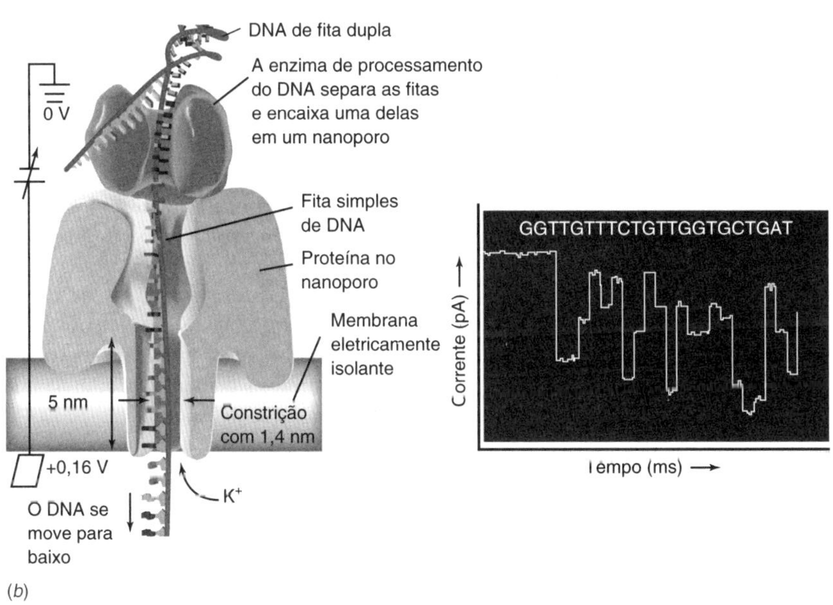

(*b*)

As diversas bases nucleotídicas do DNA bloqueiam o poro em diferentes extensões, fazendo com que a corrente de íons, como o K^+, que migram pelo poro flutue de alguns poucos por cento. [Cortesia de Oxford Nanopore Technologies.]

A abertura do Capítulo 15 mostrou um dispositivo que detecta alterações no pH para determinar a sequência de bases nucleotídicas no DNA (Apêndice L). O instrumento mais rápido mostrado na figura *a* ao lado encontra a sequência de bases do DNA medindo alterações da ordem de picoampères na corrente a partir do fluxo de íons por meio de um orifício em nanoescala (nanoporo), quando uma única fita de DNA ou RNA passa pelo poro. Em 2018, uma célula de fluxo consumível sequenciou 10 a 20 gigabases em 48 horas, com um comprimento de leitura de até 880 quilobases, a partir de um pedaço de DNA.[1] A exatidão do sequenciamento de um genoma de 3 megabases, após incorporação de sequências complementares de leitura curta, excedeu 99,8%. De acordo com o fabricante, em 2019, o comprimento de leitura ultrapassou 2,3 megabases com precisão consensual superior a 99,99%.

O princípio da medição é mostrado na figura *b*.[2] Cada poço em uma matriz de 512 poços sob a placa de vidro na figura *a* contém uma proteína molecular inserida em um poro em uma membrana eletricamente isolante. Uma diferença de potencial de ~0,16 V é mantida ao longo da membrana para que os cátions migrem para cima e que o DNA, que é um ânion, seja deslocado para baixo por meio do poro. O DNA a ser sequenciado passa por uma enzima alojada na entrada superior do poro. A enzima separa as duas fitas de DNA e introduz uma fita no poro com uma velocidade de uma base nucleotídica a cada 10 ms. À medida que o DNA passa pelo poro, uma corrente de ~30 pA resultante de íons pequenos, como K^+, que passam pelo poro flutua de $\lesssim$ 10% quando diferentes bases nucleotídicas passam por constrição. A proteína no poro é concebida para conter aminoácidos específicos na constrição estreita de modo a maximizar a diferença de corrente quando nucleotídeos diferentes passam por ela. O sequenciamento em nanoporos está em rápido desenvolvimento a fim de aumentar a velocidade, a exatidão e a durabilidade.

Na *potenciometria*, técnica que vimos em capítulos anteriores, realizamos uma medida de diferença de potencial elétrico na ausência de uma corrente elétrica significativa. Neste capítulo, vamos estudar os métodos eletroanalíticos, em que a corrente necessariamente tem de ser medida.[3] As técnicas descritas neste capítulo são exemplos de **eletrólise** – processo em que determinada reação química é forçada a ocorrer em um eletrodo, em virtude da imposição de uma diferença de potencial elétrico (Demonstração 17.1). O monitor portátil de glicose, descrito neste capítulo, com vendas superiores a US$ 12 bilhões em 2017, é, hoje, a principal aplicação de uma técnica eletroanalítica.

A produção eletrolítica de alumínio pelo processo Hall-Héroult consome ~3,5% de toda a energia elétrica gerada no mundo,[4] e a produção eletrolítica do Cl_2 consome outros 2%.[5] Al^{3+}, em uma solução fundida de Al_2O_3 e criolita (Na_3AlF_6), é reduzido a alumínio metálico no catodo de uma célula que normalmente trabalha com uma corrente de 250 kA. Este processo foi inventado por Charles Hall, em 1886, quando ele tinha 22 anos, logo após se formar no Oberlin College.[6]

Charles Martin Hall. [Unknown (Mondadori Publishers). https://commons.wikimedia.org/wiki/File:Charles_Martin_Hall_1880s.jpg]

Convenção: a *corrente catódica* é considerada *negativa*.

Um **ampère** é uma corrente elétrica de 1 coulomb por segundo.

Um **coulomb** corresponde a 6,241 5 × 10^{18} elétrons.

Constante de Faraday:

$$F = 9{,}648\ 5 \times 10^4 \text{ C/mol}$$

$$\text{Número de mols de elétrons} = \frac{I \cdot t}{F}$$

17.1 Fundamentos da Eletrólise

Suponhamos que eletrodos de Cu e de Pt sejam mergulhados em uma solução de Cu^{2+} e que a corrente elétrica que passa pelos eletrodos provoque a deposição de cobre metálico no catodo e desprendimento de O_2 no anodo.

Catodo: $$Cu^{2+} + 2e^- \rightleftharpoons Cu(s)$$

Anodo: $$H_2O \rightleftharpoons \frac{1}{2}O_2(g) + 2H^+ + 2e^-$$

Reação líquida: $$H_2O + Cu^{2+} \rightleftharpoons Cu(s) + \frac{1}{2}O_2(g) + 2H^+ \qquad (17.1)$$

A Figura 17.1 mostra como esse experimento pode ser feito. O potenciômetro (voltímetro) mede a diferença de potencial elétrico (a voltagem) aplicada pela fonte de alimentação entre os dois eletrodos. O amperímetro mede a corrente que passa no circuito.

O eletrodo onde se passa a reação de interesse é chamado **eletrodo de trabalho**. Na Figura 17.1, estamos interessados na redução do Cu^{2+}, de modo que o Cu é o eletrodo de trabalho. Outro eletrodo é chamado *contraeletrodo*. A convenção da União Internacional de Química Pura e Aplicada (IUPAC) assinala que *o valor da corrente é negativo para a redução e positivo para a oxidação.*

Medida da Velocidade de Reação por Meio da Corrente

Se uma corrente I flui por um tempo t, a carga q que passa em qualquer ponto no circuito é

Expressão da carga em função da corrente e do tempo:

$$\underset{\text{Coulombs}}{q} = \underset{\text{Ampères} \cdot \text{Segundos}}{I \cdot t} \qquad (17.2)$$

O número de mols de elétrons é

$$\text{Número de mols de e}^- = \frac{\text{coulombs}}{\text{coulombs/mol}} = \frac{I \cdot t}{F}$$

DEMONSTRAÇÃO 17.1 Escrita Eletroquímica[7]

A aparelhagem de eletrólise apresentada neste boxe consiste em uma folha de alumínio presa por uma fita adesiva, ou colada sobre uma superfície de madeira. A experiência irá funcionar satisfatoriamente qualquer que seja o tamanho da folha, mas, para uma demonstração em sala de aula, é conveniente que suas dimensões estejam em torno de 15 cm de lado. Na folha de alumínio prende-se com uma fita adesiva (em apenas uma das extremidades) um "sanduíche" formado por uma folha de papel-filtro, uma folha de papel de caderno e outra folha de papel-filtro. Uma "caneta" é construída com um fio de cobre (18 ou maior) passando por um tubo de vidro e dobrado na ponta com a forma de uma alça.

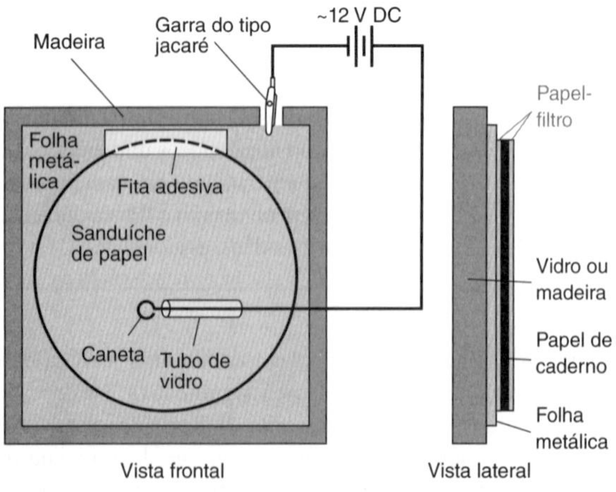

Preparamos uma solução de amido a 1% em massa a partir de uma pasta feita com 5 g de amido solúvel em 50 mL de H_2O. Vertemos a pasta em 500 mL de água fervente, mantendo a fervura até que a solução esteja clara. Adicionamos algumas gotas de clorofórmio, um conservante, à solução clara de amido após resfriamento. Outra possibilidade é usar uma solução recém-preparada, sem conservante. Prepara-se uma solução a partir de 1,6 g de KI, 20 mL de água, 5 mL de uma solução de amido e 5 mL de solução de fenolftaleína (indicador). (Se após alguns dias ela escurecer, podemos descorá-la adicionando algumas gotas de uma solução diluída de $Na_2S_2O_3$.) Para iniciarmos a demonstração, molhamos as três camadas de papel com a solução de fenolftaleína-amido-KI. Conectamos a caneta e a folha de alumínio a uma fonte de 12 V de corrente contínua e escrevemos no papel com a caneta.

Quando a caneta é o catodo, a água é reduzida a H_2 e OH^-, surgindo uma cor rosa em decorrência da reação do OH^- com a fenolftaleína.

Catodo: $$H_2O + e^- \rightarrow \frac{1}{2}H_2(g) + OH^-$$

Quando a polaridade é invertida (a caneta é o anodo), o íon I^- é oxidado a I_2 e aparece uma cor preta (um azul muito escuro) em virtude da reação do I_2 com o amido.

Anodo: $$I^- \rightarrow \frac{1}{2}I_2 + e^-$$

Levantando-se a folha de papel-filtro superior e a folha de papel de caderno, podemos ver que o texto aparece escrito na cor oposta na folha de papel-filtro inferior (ver Prancha em Cores 13).

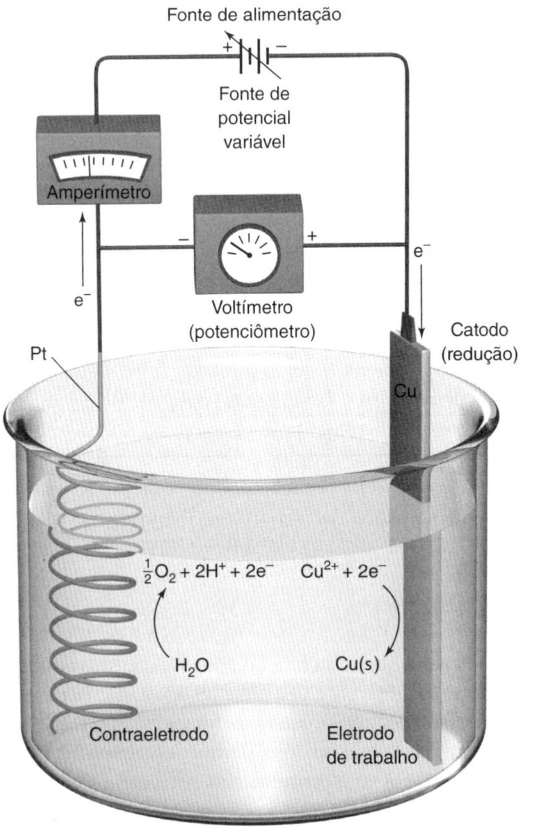

FIGURA 17.1 Experimento de eletrólise. O símbolo +−|‖|− representa uma fonte de alimentação, que fornece uma diferença de potencial elétrico variável. O potenciômetro (voltímetro) mede a diferença de potencial (voltagem) e o amperímetro mede a corrente.

Se uma reação necessita de *n* elétrons por molécula, a quantidade de substância que reage no tempo *t* é

Expressão do número de mols em função da corrente e do tempo:

$$\text{Número de mols que reagiram} = \frac{I \cdot t}{nF} \qquad (17.3)$$

EXEMPLO Relação entre Corrente, Tempo e Quantidade de Substância Formada

Se uma corrente de 0,17 A fluir por 16 min pela célula eletrolítica na Figura 17.1, quantos gramas de Cu(*s*) serão depositados?

Solução Inicialmente, calculamos o número de mols de e^- que fluem pela célula:

$$\text{Número de mols de } e^- = \frac{I \cdot t}{F} = \frac{\left(0{,}17\frac{\text{C}}{\text{s}}\right)(16\ \text{min})\left(60\frac{\text{s}}{\text{min}}\right)}{96\ 485\frac{\text{C}}{\text{mol}}} = 1{,}6_9 \times 10^{-3}\ \text{mol}$$

A meia-reação no catodo requer $2e^-$ para cada átomo de Cu depositado. Portanto,

$$\text{Número de mols de Cu}(s) = \frac{1}{2}(\text{número de mols de } e^-)\ 8{,}4_5 \times 10^{-4}\ \text{mol}$$

A massa de Cu(s) depositada é $(8{,}4_5 \times 10^{-4}$ mol)(63,546 g/mol) = 0,054 g.

TESTE-SE Uma *monocamada* (uma única camada de átomos) de Cu na face do cristal mostrada na figura ao lado apresenta $1{,}53 \times 10^{15}$ átomos/cm² = $2{,}54 \times 10^{-9}$ mols/cm². Que corrente pode depositar uma camada de átomos de Cu sobre 1 cm² em 1 s? (***Resposta:*** 0,490 mA.)

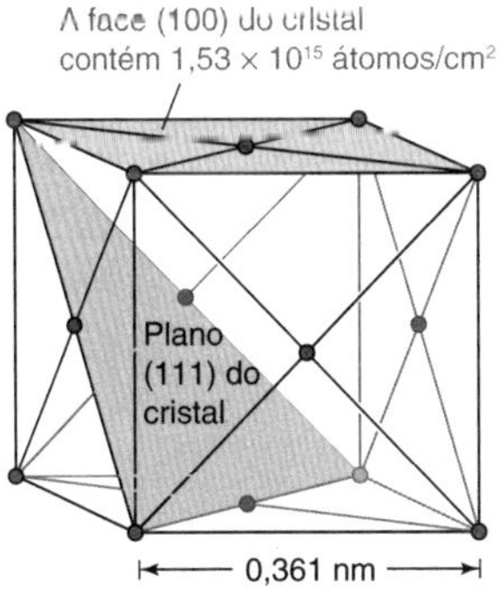

Cristal cúbico de face centrada

A Diferença de Potencial Elétrico Varia Quando a Corrente Flui

A Figura 17.1 foi feita com as mesmas convenções da Figura 14.5. O catodo – onde ocorre a reação de redução – está no lado direito da figura. O terminal positivo do potenciômetro (voltímetro) está no lado direito.

Para usarmos a expressão $E = E$(catodo) – E(anodo), devemos escrever ambas as reações como *reações de redução*. E(catodo) – E(anodo) é a diferença de potencial de *circuito aberto*. Ela é a diferença de potencial medida com uma corrente desprezível circulando entre o catodo e o anodo.

O *catodo* é o eletrodo conectado ao polo *negativo* da fonte de alimentação.

Se a corrente elétrica é desprezível, o potencial da célula é

$$E = E(\text{catodo}) - E(\text{anodo}) \qquad (17.4)$$

No Capítulo 14, escrevemos $E = E_+ - E_-$, em que E_+ é o potencial do eletrodo ligado ao terminal positivo do potenciômetro e E_- é o potencial do eletrodo ligado ao terminal negativo. A Equação 17.4 é equivalente a $E = E_+ - E_-$. Em uma eletrólise, os elétrons fluem do terminal negativo da fonte de alimentação para o catodo da célula de eletrólise. E(catodo) é o potencial do eletrodo ligado ao terminal negativo da fonte de alimentação, e E(anodo) é o potencial do eletrodo ligado ao terminal positivo.

Se a Reação 17.1 contém 0,20 M de Cu^{2+} e 1,0 M de H^+, e desprende O_2 em uma pressão de 1,0 bar, temos

Catodo: $Cu^{2+} + 2e^- \rightleftharpoons Cu(s)$
Anodo: $\frac{1}{2}O_2(g) + 2H^+ + 2e^- \rightleftharpoons H_2O$

$$E = \underbrace{\left\{0{,}339 - \frac{0{,}059\,16}{2}\log\left(\frac{1}{[Cu^{2+}]}\right)\right\}}_{E(\text{catodo})} - \underbrace{\left\{1{,}229 - \frac{0{,}059\,16}{2}\log\left(\frac{1}{P_{O_2}^{1/2}[H^+]^2}\right)\right\}}_{E(\text{anodo})}$$

$$= \left\{0{,}339 - \frac{0{,}059\,16}{2}\log\left(\frac{1}{[0{,}20]}\right)\right\} - \left\{1{,}229 - \frac{0{,}059\,16}{2}\log\left(\frac{1}{(1{,}0)^{1/2}[1{,}0]^2}\right)\right\}$$

$$= 0{,}318 - 1{,}229 = -0{,}911 \text{ V}$$

Variação da energia livre para a Reação 17.1:

ΔG	$=$	$-n$	$\cdot$	F	$\cdot$	E
Joules/mol (J/mol)		Unidades de carga por molécula		C/mol		Volts (V)

$$\Delta G = -(2)\left(96\,485\frac{\text{C}}{\text{mol}}\right)(-0{,}911\text{ V})$$
$$= +1{,}76 \times 10^5 \text{ C}\cdot\text{V/mol}$$
$$= +1{,}76 \times 10^5 \text{ J/mol} = 176\text{kJ/mol}$$

Observe que C × V = J

Esta é a diferença de potencial que seria lida no potenciômetro (voltímetro) na Figura 17.1 se a corrente fosse desprezível. A diferença de potencial é negativa porque o terminal positivo do potenciômetro está conectado ao polo negativo da fonte de alimentação. A variação da energia livre calculada na margem ao lado é positiva porque a reação não é espontânea. A fonte de alimentação é necessária para forçar a ocorrência da reação. Se a corrente não for desprezível, a diferença de potencial necessária para que a reação ocorra terá outro valor em face da *sobretensão*, do *potencial de queda ôhmica* e da *polarização de concentração*.

Sobretensão é a diferença de potencial necessária para superar a *energia de ativação* de uma reação em um eletrodo (Figura 17.2).[8] Quanto mais rápido desejamos que uma reação ocorra, maior será a sobretensão que deve ser aplicada. A corrente elétrica é uma medida da velocidade de transferência dos elétrons. Quanto mais elevada for a sobretensão aplicada, maior a *densidade de corrente* (corrente por unidade de área da superfície do eletrodo, A/m²). A Tabela 17.1 mostra que a sobretensão para o desprendimento de H_2 em uma superfície de Cu deve aumentar de 0,479 para 1,254 V de modo que a densidade de corrente aumente de 10 A/m² para 10 000 A/m². A energia de ativação depende da natureza da superfície. Em uma superfície de Pt, o desprendimento de H_2 ocorre com uma pequena sobretensão, enquanto em uma superfície de Hg é necessário ~1 V para que a reação ocorra.

Potencial de queda ôhmica (ou simplesmente **potencial ôhmico**) é a diferença de potencial elétrico necessária para superar a resistência elétrica, R, da solução na célula eletroquímica quando uma corrente elétrica, I, está fluindo:

Potencial de queda ôhmica: $$E_{\text{ôhmico}} = IR \qquad (17.5)$$

A resistência é medida em ohms, cujo símbolo é a letra maiúscula grega ômega, Ω.

Se a célula tem uma resistência de 2 ohms e uma corrente de 20 mA está fluindo, a diferença de potencial elétrico necessária para superar a resistência é $E = (2\ \Omega)(20\text{ mA}) = (2\ \Omega)(0{,}020\text{ A}) = 0{,}040$ V.

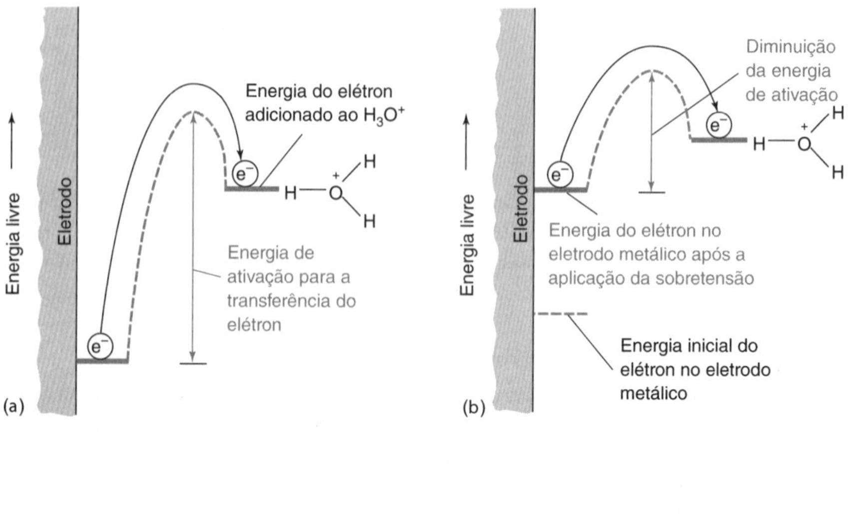

FIGURA 17.2 (*a*) Perfil esquemático de energia para a transferência de elétrons de um metal para o H_3O^+, fazendo com que ocorra o desprendimento de H_2. (*b*) A aplicação de um potencial ao metal aumenta a energia do elétron no metal e diminui a energia de ativação para a transferência do elétron.

TABELA 17.1 Sobretensão (V) para o desprendimento de gás em várias densidades de corrente (A/m²) a 25 °C

	10 A/m²		100 A/m²		1 000 A/m²		10 000 A/m²	
Eletrodo	H_2	O_2	H_2	O_2	H_2	O_2	H_2	O_2
Pt platinizada	0,015 4	0,398	0,030 0	0,521	0,040 5	0,638	0,048 3	0,766
Pt polida	0,024	0,721	0,068	0,85	0,288	1,28	0,676	1,49
Cu	0,479	0,422	0,584	0,580	0,801	0,660	1,254	0,793
Ag	0,475 1	0,580	0,761 8	0,729	0,874 9	0,984	1,089 0	1,131
Au	0,241	0,673	0,390	0,963	0,588	1,244	0,798	1,63
Grafita	0,599 5		0,778 8		0,977 4		1,220 0	
Pb	0,52		1,090		1,179		1,262	
Zn	0,716		0,746		1,064		1,229	
Hg	0,9		1,0		1,1		1,1	

FONTE: *Dados de International Critical Tables* **1929**, *6, 339. Esta referência também fornece as sobretensões para o* Cl_2, *o* Br_2 *e o* I_2.

A **polarização de concentração** ocorre quando as concentrações dos reagentes ou dos produtos na superfície do eletrodo são diferentes das respectivas concentrações no seio da solução. Para a Reação 17.1, a equação de Nernst deve ser escrita como

$$E(\text{catodo}) = 0{,}339 - \frac{0{,}059\,16}{2}\log\left(\frac{1}{[Cu^{2+}]_s}\right)$$

em que $[Cu^{2+}]_s$ é a concentração na solução adjacente à *superfície do eletrodo*. Se a redução do Cu^{2+} ocorrer rapidamente, a $[Cu^{2+}]_s$ pode se tornar muito pequena porque os íons Cu^{2+} não conseguem se difundir para o eletrodo tão rapidamente quanto eles são consumidos. Quando a $[Cu^{2+}]_s$ diminui, o E(catodo) torna-se mais negativo.

Os eletrodos respondem às concentrações (atividades) dos reagentes e dos produtos que se encontram nas suas vizinhanças, e não às concentrações no seio da solução.

Se a $[Cu^{2+}]_s$ fosse reduzida de 0,2 M para 2 μM, o E(catodo) variaria de 0,318 para 0,170 V.

A sobretensão, o potencial de queda ôhmica e a polarização de concentração dificultam o processo de eletrólise. Eles tornam a diferença de potencial na célula mais negativa, fazendo com que seja necessário que a fonte de alimentação da Figura 17.1 forneça uma diferença de potencial elétrico maior para que a reação prossiga.

$$E = \underbrace{E(\text{catodo}) - E(\text{anodo})}_{\text{Estes termos incluem os efeitos da polarização de concentração}} - IR - \text{sobretensões} \qquad \textbf{(17.6)}$$

A sobretensão e a polarização de concentração podem ocorrer, ao mesmo tempo, no catodo e no anodo.

EXEMPLO Efeitos do Potencial de Queda Ôhmica, da Sobretensão e da Polarização de Concentração

Suponhamos que desejamos eletrolisar I^- produzindo I_3^- em uma solução de KI 0,10 M contendo 3,0 × 10^{-5} M de I_3^- em pH 10,00, com P_{H_2} fixada em 1,00 bar.

$$3I^- + 2H_2O \rightarrow I_3^- + H_2(g) + 2OH^-$$

(**a**) Determine a diferença de potencial da célula quando nenhuma corrente está fluindo. (**b**) Suponha então que a eletrólise aumenta a $[I_3^-]_s$ para 3,0 × 10^{-4} M, mas que as outras concentrações permanecem inalteradas. Admita, ainda, que a resistência da célula é 2,0 Ω, a corrente é 63 mA, a sobretensão do catodo é 0,382 V e a sobretensão do anodo é 0,025 V. Qual a diferença de potencial necessária para que a reação ocorra?

Solução (**a**) O potencial do circuito aberto é E(catodo) – E(anodo):

Catodo: $2H_2O + 2e^- \rightarrow H_2(g) + 2OH^-$ $\quad E° = -0{,}828$ V

Anodo: $I_3^- + 2e^- \rightarrow 3I^-$ $\quad E° = 0{,}535$ V

$$E(\text{catodo}) = -0{,}828 - \frac{0{,}059\,16}{2}\log(P_{H_2}[OH^-]^2)$$

$$= -0{,}828 - \frac{0{,}059\,16}{2}\log[(1{,}00)(1{,}0 \times 10^{-4})^2] = -0{,}591 \text{ V}$$

$$E(\text{anodo}) = 0{,}535 - \frac{0{,}059\,16}{2}\log\left(\frac{[I^-]^3}{[I_3^-]}\right)$$

$$= 0{,}535 - \frac{0{,}059\,16}{2}\log\left(\frac{[0{,}10]^3}{[3{,}0\times10^{-5}]}\right) = 0{,}490\text{ V}$$

$$E = E\text{ (catodo)} - E(\text{anodo}) = -0{,}591 - 0{,}490 = -1{,}081\text{ V}$$

Teríamos de aplicar –1,081 V para forçar a ocorrência da reação.

(**b**) Agora, o *E*(catodo) é constante, mas *E*(anodo) varia pelo fato de a $[I_3^-]_s$ ser diferente da concentração de $[I_3^-]$ no seio da solução.

$$E(\text{anodo}) = 0{,}535 - \frac{0{,}059\,16}{2}\log\left(\frac{[0{,}10]^3}{[3{,}0\times10^{-4}]}\right) = 0{,}520\text{ V}$$

$$E = E(\text{catodo}) - E(\text{anodo}) - IR - \text{sobretensões}$$

$$= -0{,}591\text{ V} - 0{,}520\text{ V} - (2{,}0\ \Omega)(0{,}063\text{ A}) - 0{,}382\text{ V} - 0{,}025\text{ V}$$

$$= -1{,}644\text{ V}$$

Em vez de –1,081 V, teremos de aplicar –1,644 V para que a reação ocorra no sentido desejado. Observe que ambas as sobretensões contribuem de forma a aumentar a magnitude da diferença de potencial necessária.

TESTE-SE Determine a diferença de potencial na parte (**b**) se $[I^-]_s$ = 0,01 M. (***Resposta:*** –1,732 V.)

Eletrólise com Potencial Controlado Usando uma Célula de Três Eletrodos

Define-se uma **espécie eletroativa** como aquela que pode ser oxidada ou reduzida em um eletrodo. Podemos ajustar o potencial do eletrodo de trabalho para determinar qual espécie eletroativa vai reagir e qual não reagirá. Eletrodos metálicos são chamados **polarizáveis**, o que significa que os seus potenciais variam facilmente quando fluem correntes pequenas. Um eletrodo de referência, tal como o eletrodo de calomelano ou o eletrodo de Ag | AgCl, é considerado **não polarizável**, pois seu potencial quase não varia, a menos que uma corrente significativa esteja fluindo. O ideal é medirmos o potencial de um eletrodo de trabalho polarizável com relação a um eletrodo de referência não polarizável. Como isso é possível, se temos uma corrente significativa no eletrodo de trabalho e uma corrente desprezível no eletrodo de referência?

Eletrodo de trabalho: onde ocorre a reação de interesse analítico

Contraeletrodo (eletrodo auxiliar): outro eletrodo necessário para a corrente fluir

Eletrodo de referência: usado para medir o potencial do eletrodo de trabalho

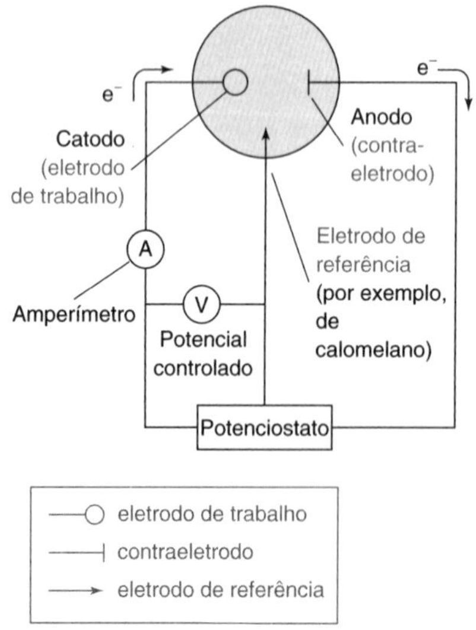

FIGURA 17.3 Circuito usado para uma eletrólise com potencial controlado com uma célula de três eletrodos.

A resposta a essa questão é a introdução de um terceiro eletrodo (Figura 17.3). O **eletrodo de trabalho** é aquele em que a reação de interesse ocorre. O eletrodo de calomelano, ou outro **eletrodo de referência**, é usado para medir o potencial do eletrodo de trabalho. O **contraeletrodo** (também chamado *eletrodo auxiliar*) é o parceiro do eletrodo de trabalho que sustenta a passagem de corrente. A corrente flui entre o eletrodo de trabalho e o contraeletrodo. A corrente que passa pelo eletrodo de trabalho é medida por um amperímetro (A) localizado próximo ao eletrodo de trabalho. A corrente que flui pelo eletrodo de referência é desprezível, de modo que o seu potencial não é afetado pelo potencial de queda ôhmica, pela polarização de concentração e pela sobretensão. Ele realmente mantém um potencial de referência constante. Em uma **eletrólise com potencial controlado**, a diferença de potencial entre os eletrodos de trabalho e de referência em uma célula de três eletrodos é medida pelo potenciômetro (V) e controlada por um instrumento eletrônico chamado **potenciostato**.

A Figura 17.4 ilustra a medida da sobretensão e do potencial ôhmico em um experimento para alunos. Uma diferença de potencial de 1,000 V foi imposta por um potenciostato conectado a dois eletrodos de cobre imersos em $CuSO_4(aq)$ 1,0 M. A reação no anodo é $Cu(s) \rightleftharpoons Cu^{2+} + 2e^-$ e a reação no catodo é $Cu^{2+} + 2e^- \rightleftharpoons Cu(s)$.

Um potenciômetro mede a diferença de potencial entre o eletrodo de Cu à esquerda na Figura 17.4 e um eletrodo de referência de Ag | AgCl imerso em solução de $CuSO_4$ 1,0 M e conectado ao seio da solução por meio de um *capilar de Luggin*. Existe uma corrente desprezível entre a extremidade do capilar e o eletrodo de referência porque há uma corrente desprezível no eletrodo de referência. Existe uma queda ôhmica ao longo da distância *d* entre o eletrodo de trabalho e a extremidade do capilar. Mesmo quando não há corrente no eletrodo de referência, existe certo potencial de junção, desconhecido, no tampão poroso na parte inferior do eletrodo de referência, local em que a solução interna do eletrodo (por exemplo, de KCl) entra em contato com a solução de $CuSO_4$ 1,0 M.

A *queda ôhmica* é a diferença de potencial entre dois pontos em uma solução em razão da resistência elétrica entre esses pontos. Se a resistência é *R* e a corrente é *I*, a queda ôhmica

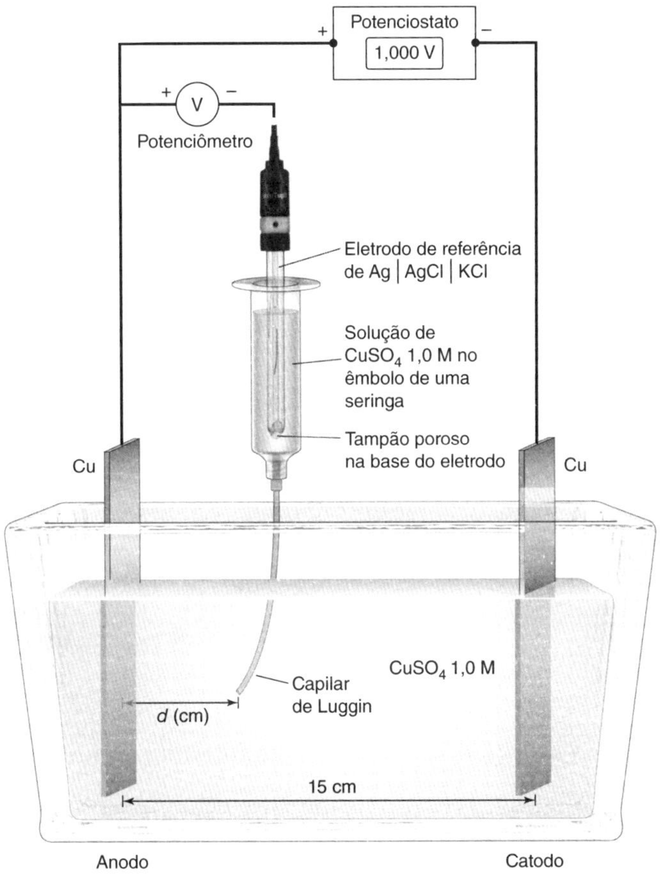

FIGURA 17.4 Medida do potencial de um eletrodo de cobre contra um eletrodo de referência de Ag | AgCl empregando um capilar de Luggin posicionado a uma distância *d* do eletrodo de cobre. O eletrodo de referência está inserido no êmbolo de uma seringa selada com Parafilm® a fim de evitar que o líquido saia da seringa. O Parafilm® não é mostrado no desenho. O tubo capilar de plástico é conectado à saída da seringa. [Dados de F. J. Vidal-Iglesias, J. Solla-Gullón, A. Rodes, E. Herrero e A. Aldaz, "Understanding the Nernst Equation and Other Electrochemical Concepts", *J. Chem. Ed.* **2012**, *89*, 936.]

é *IR*. A resistência é proporcional à distância entre os pontos. A diferença de potencial entre o anodo e a saída do capilar de Luggin na Figura 17.4 muda de 64,7 mV/cm na Figura 17.5. A variação entre o catodo e o eletrodo de referência é –65,0 mV/cm. A diferença entre a magnitude dos coeficientes angulares resulta de erros experimentais.

Quando não existe diferença de potencial aplicada entre os eletrodos de Cu, o potencial medido em cada eletrodo de Cu era +109 mV quando o capilar de Luggin estava posicionado

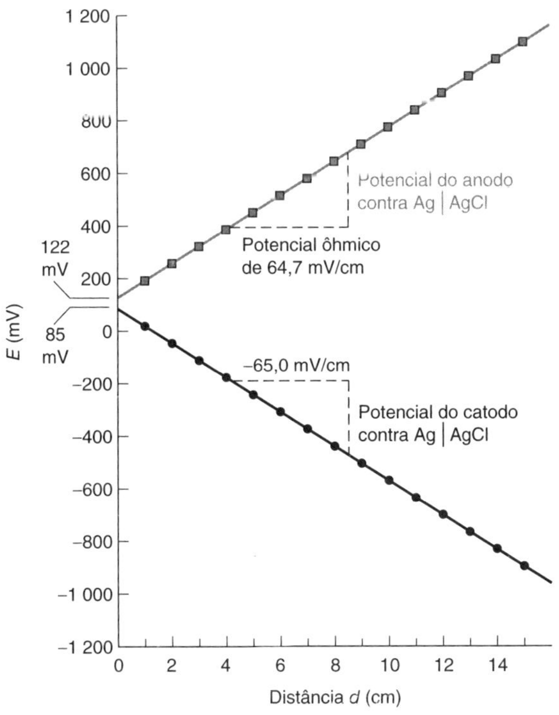

FIGURA 17.5 Dados obtidos por estudantes para o experimento descrito na Figura 17.4. As áreas catódica e anódica imersas em solução são iguais a 16,5 cm². [Dados de F. J. Vidal-Iglesias, J. Solla-Gullón, A. Rodes, E. Herrero e A. Aldaz, "Understanding the Nernst Equation and Other Electrochemical Concepts", *J. Chem. Ed.* **2012**, *89*, 936.]

BOXE 17.1 Reações de Metais em Degraus Atômicos

Um átomo na superfície de um cristal está ligado a outros átomos em torno dele na superfície e a átomos abaixo dele. O sítio mais reativo para a deposição ou dissolução de átomos de uma superfície metálica está frequentemente em um degrau atômico, onde cada átomo faz menos ligações químicas com seus vizinhos mais próximos. A microfotografia vista a seguir mostra diversos terraços sobre a superfície de um cristal de ouro. Cada terraço que intercepta a linha SS′ tem apenas um átomo de altura (0,25 nm). Uma superfície de um cristal com uma qualidade como essa é normalmente descrita como "atomicamente plana".

O diagrama mostra o mecanismo de dissolução anódica do ouro em um potencial de menos do que 0,1 V mais positivo do que o necessário para iniciar a dissolução em uma solução contendo $HClO_4$ 0,1 M + HCl 3 mM. O cloreto ataca os átomos de ouro nas bordas de um terraço, formando $AuCl_4^-$ (*aq*). Os terraços recuam com uma velocidade de 400 a 600 átomos/minuto sob as condições do experimento.

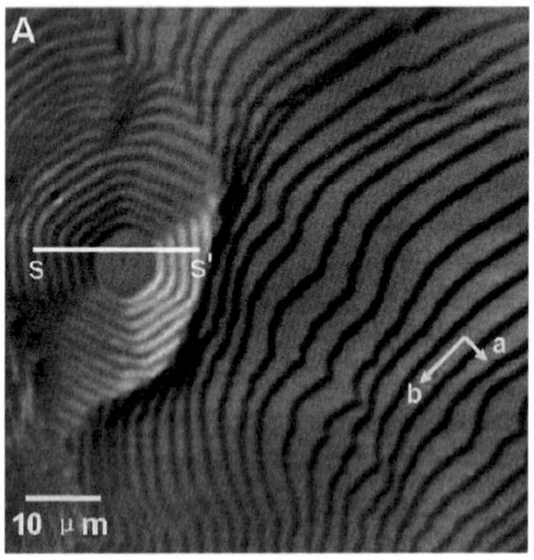

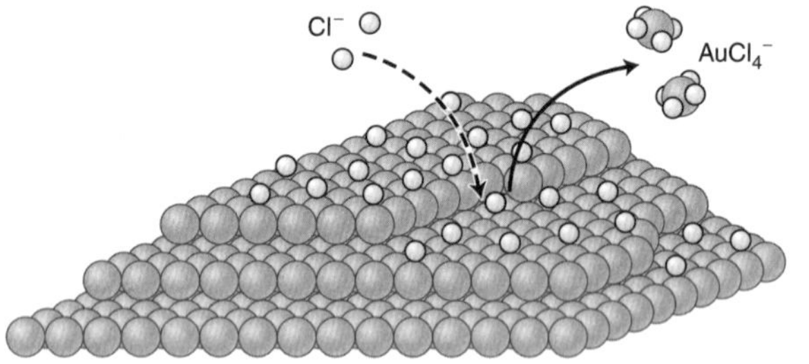

Terraços na superfície (111) de um cristal de ouro e mecanismo de dissolução anódica assistida por Cl^-. A localização do plano (111) do cristal é apresentada na Seção 17.1. [R. Wen, A. Lahiri, M. Azhagurajan, S. Kobayashi e K. Itaya, "A New in situ Optical Microscope with Single Atomic Layer Resolution for Observation of Electrochemical Dissolution of Au(111)", *J. Am. Chem. Soc.* **2010**, *132*, 13657, Figura 2. Reproduzida sob permissão © 2010 American Chemical Society.]

contra a superfície do Cu. Essa diferença de potencial é o potencial de equilíbrio (corrente nula) do Cu imerso em $CuSO_4$ 1,0 M medido contra Ag | AgCl | KCl 3 M. Quando uma diferença de potencial de 1,000 V é imposta entre o anodo de Cu e o catodo de Cu, uma corrente flui na solução. Graças a esse fluxo, o potencial no anodo na Figura 17.5 extrapola para +122 mV quando $d = 0$ cm, e o potencial do catodo extrapola para +85 mV em $d = 0$ cm. Caso a corrente seja pequena o bastante para que não haja polarização de concentração, a diferença 122 – 109 = +13 mV é a *sobretensão anódica*. A diferença 85 – 109 = –22 mV é a *sobretensão catódica*.

A dissolução ou deposição de átomos em uma superfície metálica, como a oxidação ou redução do cobre nos eletrodos da Figura 17.4, não é normalmente um processo aleatório em uma superfície plana. O Boxe 17.1 descreve a dissolução anódica de ouro a partir de bordas de degraus atômicos.

17.2 Análises Eletrogravimétricas

Testes para verificar se a eletrodeposição foi completa:

- desaparecimento de cor
- sem deposição em uma superfície do eletrodo recém-exposta ao analito
- teste qualitativo da presença do analito em solução

Em uma **análise eletrogravimétrica**, o analito é quantitativamente depositado sobre um eletrodo por meio de uma eletrólise. O eletrodo é pesado antes e depois do processo de deposição. O aumento na massa do eletrodo nos diz qual a quantidade de analito depositada. Podemos medir Cu^{2+} em uma solução reduzindo-o a Cu(*s*) em um catodo constituído por uma tela de platina, cuidadosamente limpa, com grande área superficial (Figura 17.6). No contraeletrodo ocorre o desprendimento de O_2.

Como podemos saber quando a eletrólise terminou? Uma maneira é observarmos o desaparecimento da cor em uma solução em que uma espécie colorida, como Cu^{2+} ou Co^{2+}, é removida do meio. Outra maneira é expormos a maior parte da superfície do catodo (mas não toda) à solução durante a eletrólise. Para testarmos se a reação terminou ou não, levantamos o béquer, ou adicionamos água, de modo que uma nova superfície do catodo entre em contato com a solução. Após um período adicional de eletrólise (por exemplo, 15 min), observamos se essa nova superfície exposta do eletrodo tem um depósito. Se isso ocorrer, repetimos o procedimento. Caso contrário, a eletrólise terminou. Um terceiro método é remover uma pequena amostra da solução para realizar um teste qualitativo para o analito.

Na seção anterior, calculamos que deveríamos aplicar um potencial de –0,911 V entre os eletrodos para depositarmos Cu(*s*) no catodo. O comportamento real da eletrólise na Figura 17.7

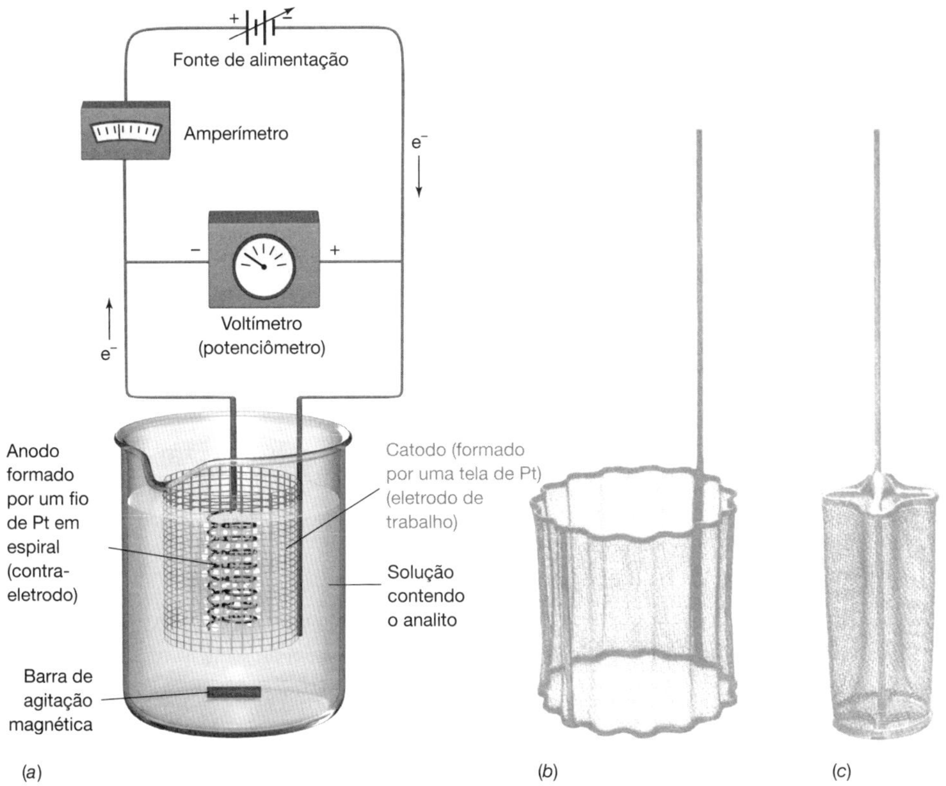

FIGURA 17.6 (*a*) Análise eletrogravimétrica. O analito é depositado em um eletrodo, que é uma tela de Pt grande. Se o analito tiver que ser oxidado em vez de ser reduzido, a polaridade da fonte de alimentação é invertida de modo que a deposição ainda ocorre no eletrodo grande. (*b*) Eletrodo externo formado por uma tela de Pt. (*c*) Eletrodo interno, opcional, também formado por uma tela de Pt, projetado para girar por meio de um motor, em substituição ao agitador magnético.

mostra que nada de especial acontece quando aplicamos esse potencial de –0,911 V. A reação começa realmente a ocorrer quando aplicamos um potencial em torno de –2 V. Em baixos valores de potencial, uma pequena *corrente residual* é observada a partir da redução no catodo, e uma mesma quantidade de oxidação no anodo. A redução pode envolver traços de O_2 dissolvido, impurezas, por exemplo, Fe^{3+}, ou óxidos na superfície do eletrodo.

A Tabela 17.1 mostra que é necessária uma sobretensão de ~1 V para formação de O_2 no anodo de Pt. A sobretensão é a principal responsável por não ocorrer nada em especial na Figura 17.7 antes que –2 V sejam aplicados. Além de –2 V, a velocidade da reação (a corrente) aumenta continuamente. Em torno de –4,6 V, a corrente aumenta mais rapidamente com o início da redução do H_3O^+ gerando H_2. A formação de bolhas de gás no eletrodo interfere na deposição metálica.

A diferença de potencial entre os dois eletrodos é

$$E = E(\text{catodo}) - E(\text{anodo}) - IR - \text{sobretensões} \qquad (17.6)$$

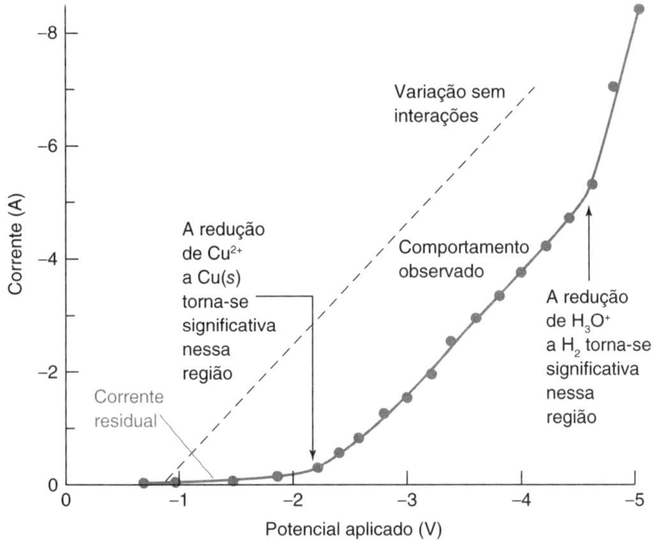

FIGURA 17.7 Relação observada entre a corrente e a diferença de potencial na eletrólise de uma solução de $CuSO_4$ 0,2 M em $HClO_4$ 1 M, sob N_2, por meio da aparelhagem mostrada na Figura 17.6. Por convenção, a corrente é negativa para a redução no eletrodo de trabalho.

Suponhamos que o potencial aplicado seja mantido constante em $E = -2{,}0$ V. Quando o Cu^{2+} em solução se esgotar, a corrente diminui e tanto a queda ôhmica como as sobretensões diminuem em magnitude. O E(anodo) é razoavelmente constante em função da elevada concentração do solvente que está sendo oxidado no anodo ($H_2O \rightarrow \frac{1}{2}O_2 + 2H^+ + 2e^-$). Se o E e o E(anodo) são constantes, e se IR e as sobretensões diminuem em magnitude, então o *E(catodo) torna-se mais negativo* para manter a igualdade algébrica na Equação 17.6. Na Figura 17.8, o E(catodo) cai para –0,4 V, quando então o H_3O^+ é reduzido a H_2. Quando o E(catodo) cai de +0,3 V para –0,4 V, outros íons, por exemplo, Co^{2+}, Sn^{2+} e Ni^{2+}, podem ser reduzidos. Em geral, *quando o potencial aplicado é constante, o potencial no catodo desloca-se para valores mais negativos e outros solutos podem ser reduzidos.*

Um **despolarizador catódico** é reduzido preferencialmente ao solvente. Para reações de *oxidação*, **despolarizadores anódicos** incluem N_2H_4 (hidrazina) e NH_2OH (hidroxilamina).

Para evitarmos que o potencial do catodo se torne tão negativo a ponto de íons indesejáveis serem reduzidos, podemos adicionar à solução um **despolarizador** catódico, por exemplo, o NO_3^-. Um despolarizador catódico é reduzido mais facilmente do que o H_3O^+:

$$NO_3^- + 10H^+ + 8e^- \rightarrow NH_4^+ + 3H_2O$$

Como outra opção, podemos usar uma célula de três eletrodos (Figura 17.3), com um potenciostato para controlar o potencial do catodo e prevenir reações secundárias indesejáveis.

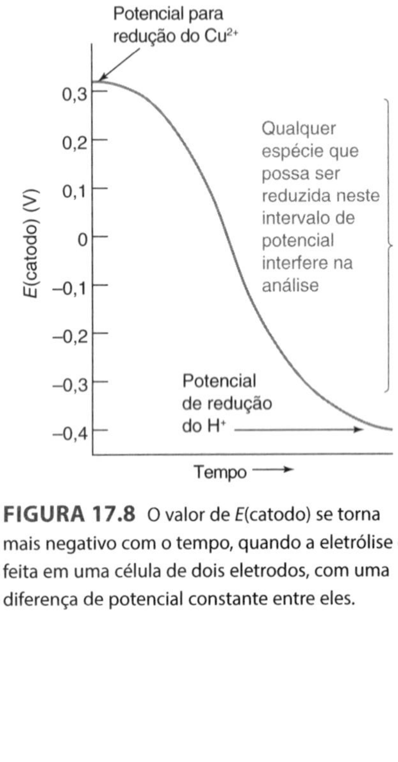

FIGURA 17.8 O valor de *E*(catodo) se torna mais negativo com o tempo, quando a eletrólise é feita em uma célula de dois eletrodos, com uma diferença de potencial constante entre eles.

EXEMPLO **Eletrólise com Potencial Controlado**

Qual o potencial do catodo necessário para reduzir 99,99% de Cu^{2+} 0,10 M para Cu(s)? É possível remover o Cu^{2+} sem reduzir o Sn^{2+} 0,10 M também presente na mesma solução?

$$Cu^{2+} + 2e^- \rightleftharpoons Cu(s) \qquad E° = 0{,}339 \text{ V} \tag{17.7}$$

$$Sn^{2+} + 2e^- \rightleftharpoons Sn(s) \qquad E° = -0{,}141 \text{ V} \tag{17.8}$$

Solução Se 99,99% de Cu^{2+} forem reduzidos, a concentração do Cu^{2+} restante será $1{,}0 \times 10^{-5}$ M, e o potencial do catodo necessário será

$$E(\text{catodo}) = 0{,}339 - \frac{0{,}059\,16}{2}\log\left(\frac{1}{\underbrace{1{,}0\times10^{-5}}_{[Cu^{2+}]}}\right) = 0{,}19 \text{ V}$$

O potencial do catodo necessário para reduzir o Sn^{2+} é

$$E(\text{catodo, para a redução do } Sn^{2+}) = -0{,}141 - \frac{0{,}059\,16}{2}\log\left(\frac{1}{\underbrace{0{,}10}_{[Sn^{2+}]}}\right) = -0{,}17 \text{ V}$$

Não esperamos que o Sn^{2+} seja reduzido em um potencial do catodo mais positivo que –0,17 V. Aparentemente, é possível a redução de 99,99% do Cu^{2+} sem que ocorra a redução do Sn^{2+}.

TESTE-SE Se E(catodo) = 0,19 V, é possível a redução de SbO^+ em uma solução 0,10 M em pH 2 por meio da reação $SbO^+ + 2H^+ + 3e^- \rightleftharpoons Sb(s)$, $E°$ = 0,208 V? (***Resposta:*** E(catodo) para SbO^+ = 0,11 V, de modo que a reação não deve ocorrer em 0,19 V.)

Deposição em Subpotencial

Quando Sn^{2+} em HCl 1 M é submetido à eletrólise em um eletrodo de trabalho de ouro, observa-se a redução em E(catodo) = –0,18 V a partir da técnica denominada voltametria cíclica, que veremos mais adiante neste capítulo. Com base em tudo o que vimos até agora, esperamos que potenciais mais positivos que –0,18 V não reduzam Sn^{2+}. Todavia, observa-se uma pequena corrente quando E(catodo) = +0,12V. O número de coulombs necessário em –0,18 V aumenta proporcionalmente com [Sn^{2+}]. O número de coulombs necessário em +0,12 V é o bastante para produzir $8{,}7 \times 10^{-10}$ mol de Sn(s) por centímetro quadrado da superfície do eletrodo de ouro.[9] Em seguida, não há mais nenhuma corrente fluindo em E(catodo) = +0,12V.

A redução em +0,12 V é denominada **deposição em subpotencial**. Ela ocorre em um potencial não previsto para a redução do Sn^{2+} a Sn(s). Ele é explicado pela reação

$$Sn^{2+} + 2e^- \rightleftharpoons Sn(\textit{monocamada sobre Au}) \tag{17.9}$$

na qual o produto é uma camada monoatômica de estanho sobre o ouro. Aparentemente, é mais fácil depositar uma camada de átomos de estanho sobre ouro do que formar um depósito de estanho sobre um suporte do próprio metal. Por isso, o potencial para a Reação 17.9 é mais positivo do que o potencial para a Reação 17.8.

17.3 Coulometria

A **coulometria** é uma técnica de análise química que se fundamenta na medida do número de elétrons que são transferidos em determinada reação. Por exemplo, o ciclo-hexeno pode ser titulado com Br_2 produzido pela oxidação eletrolítica do Br^-:

Métodos coulométricos se fundamentam na medida do número de elétrons que participam de uma reação química.

$$2Br^- \rightarrow Br_2 + 2e^- \qquad (17.10)$$

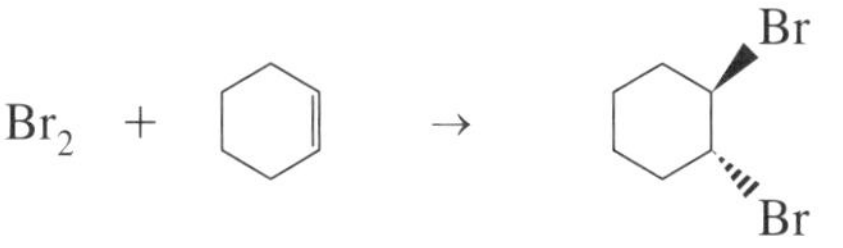

(17.11)

Ciclo-hexeno *trans*-1,2-Dibromociclo-hexano

A solução inicial contém uma quantidade desconhecida de ciclo-hexeno e um grande excesso de Br^-. Quando a Reação 17.10 houver produzido uma quantidade de Br_2 suficiente para reagir com todo o ciclo-hexeno, o número de mols de elétrons liberados na Reação 17.10 é igual ao dobro do número de mols de Br_2, e, consequentemente, o dobro do número de mols de ciclo-hexeno.

A reação é realizada *mantendo-se a corrente constante* com o arranjo experimental visto na Figura 17.9. O Br_2 produzido no anodo de Pt à esquerda reage com o ciclo-hexeno. Quando todo o ciclo-hexeno tiver sido consumido, a concentração de Br_2 na solução aumentará repentinamente, o que assinala o término da reação.

O aumento na concentração de Br_2 é detectado medindo-se a corrente entre os dois eletrodos, à direita da Figura 17.9, que funcionam como um detector. Um potencial de 0,25 V aplicado entre esses dois eletrodos não é suficiente para eletrolisar soluto algum, deste modo apenas uma pequena corrente < 1 μA flui pelo microamperímetro. No ponto de equivalência, o ciclo-hexeno é consumido, a $[Br_2]$ aumenta bruscamente e a corrente do detector flui em virtude das reações:

Tanto o Br_2 como o Br^- têm de estar presentes para que as duas meias-reações (nos dois eletrodos) no detector ocorram. Antes do ponto de equivalência existe Br^-, mas praticamente não há Br_2.

Anodo do detector: $2Br^- \rightarrow Br_2 + 2e^-$

Catodo do detector: $Br_2 + 2e^- \rightarrow 2Br^-$

Na prática, na ausência de ciclo-hexeno gera-se, inicialmente, Br_2 suficiente para fornecer uma corrente no detector de 20,0 μA é. Quando o ciclo-hexeno é adicionado, a corrente no detector diminui para um valor muito pequeno, pois o Br_2 é consumido. O Br_2 é produzido então pelo circuito coulométrico, e o ponto final é considerado quando o detector atinge novamente 20,0 μA. Como a reação é iniciada na presença de Br_2, impurezas que podem reagir com Br_2 antes da adição do analito são eliminadas.

A corrente de eletrólise (que não deve ser confundida com a corrente no detector) para os eletrodos geradores de Br_2 pode ser controlada por um interruptor operado manualmente. Quando a corrente no detector se aproxima de 20,0 μA, ligamos o interruptor por intervalos cada vez menores. Este procedimento é análogo a uma adição de titulante gota a gota, a partir de uma bureta, quando nos aproximamos do ponto final de uma titulação. O interruptor no circuito coulométrico funciona como uma "torneira" para adição de Br_2 à reação. Os instrumentos modernos automatizam inteiramente esse procedimento.

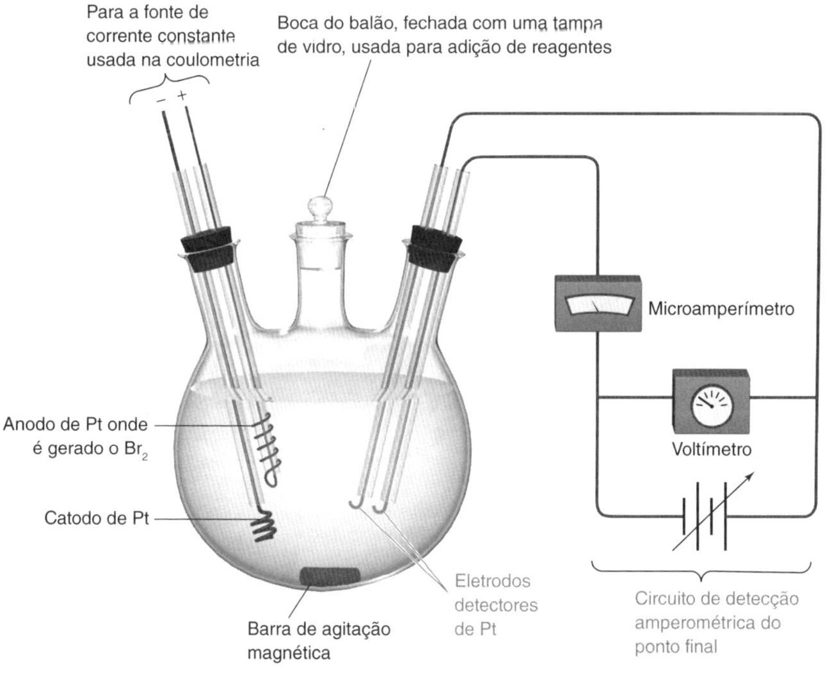

FIGURA 17.9 Montagem experimental para titulação coulométrica do ciclo-hexeno com Br_2. A solução contém ciclo-hexeno, solução de KBr 0,15 M e acetato mercúrico 3 mM em uma mistura de solventes contendo ácido acético, metanol e água. O acetato mercúrico catalisa a adição de Br_2 à olefina. Hoje, este experimento não é recomendado porque ele produz um resíduo contendo mercúrio. [Dados de D. H. Evans, "Coulometric Titration of Cyclohexene with Bromine," *J. Chem. Ed.* **1968**, *45*, 88.]

EXEMPLO Titulação Coulométrica

Um volume de 2,000 mL de uma solução contendo 0,611 3 mg de ciclo-hexeno/mL é titulado como na Figura 17.9. Com uma corrente constante de 4,825 mA, quanto tempo é necessário para completarmos a titulação?

Solução A quantidade de ciclo-hexeno é

$$\frac{(2{,}000\ \text{mL})(0{,}611\ 3\ \text{mg/mL})}{(82{,}146\ \text{mg/mmol})} = 0{,}014\ 88\ \text{mmol}$$

Nas Reações 17.10 e 17.11, uma molécula de ciclo-hexeno reage com uma molécula de Br_2, que, por sua vez, requer $n = 2$ elétrons. A Equação 17.3 estabelece uma relação entre o tempo de reação e o número de mols da reação:

$$\text{Número de mols de ciclo-hexeno} = \frac{I \cdot t}{nF} \Rightarrow t = \frac{(\text{mol do ciclo-hexeno})nF}{I}$$

$$t = \frac{(0{,}014\ 88 \times 10^{-3}\ \text{mol})(2)(96\ 485\ \text{C/mol})}{(4{,}825 \times 10^{-3}\ \text{C/s})} = 595{,}1\ \text{s}$$

$n = 2$ é o número (*adimensional*) de elétrons necessários por molécula de ciclo-hexeno.

Serão necessários praticamente 10 min para completar a reação.

TESTE-SE Qual o tempo necessário para titular 1,000 mg de ciclo-hexeno em 4,000 mA? (***Resposta:*** 587,3 s.)

Vantagens da coulometria:
- precisão
- sensibilidade
- geração de reagentes instáveis *in situ* (no próprio meio reacional em que serão consumidos)

A expressão latina *in situ* significa "no local". O reagente é imediatamente usado uma vez que foi gerado.

Coulômetros comerciais estabelecem um controle de fluxo de elétrons com uma exatidão de ~0,1%. Com extremo cuidado, o valor da constante de Faraday foi determinado por coulometria, com uma exatidão de algumas partes por milhão.[10] Coulômetros podem produzir espécies como H^+, OH^-, Ag^+, I_2 e Ce^{4+} para titular CO_2, sulfitos em alimentos, sulfetos em águas residuais e Fe^{2+} em suplementos dietéticos.[11] Reagentes instáveis, como Ag^{3+}, Cu^+, Mn^{3+} e Ti^{3+}, podem ser utilizados *in situ*, ou seja, no mesmo recipiente em que foram produzidos.

Na Figura 17.9, a espécie reativa (Br_2) é produzida no anodo. Os produtos do catodo (H_2 a partir do solvente e Hg a partir do catalisador) não interferem na reação entre o Br_2 e o ciclo-hexeno. Em alguns casos, no entanto, o H_2 ou o Hg pode reagir com o analito. Portanto, é aconselhável a separação entre o contraeletrodo e o analito usando-se a célula da Figura 17.10. O H_2 gasoso borbulha fora da câmara do catodo de forma inócua, sem se misturar com o seio da solução.

Tipos de Coulometria

Na coulometria, usa-se uma *corrente constante* ou um *potencial controlado*. Os métodos de corrente constante, como o do exemplo anterior do Br_2/ciclo-hexeno, são chamados **titulações coulométricas**. Se conhecemos a corrente e o tempo de reação, sabemos quantos coulombs passaram a partir da Equação 17.2: $q = I \cdot t$.

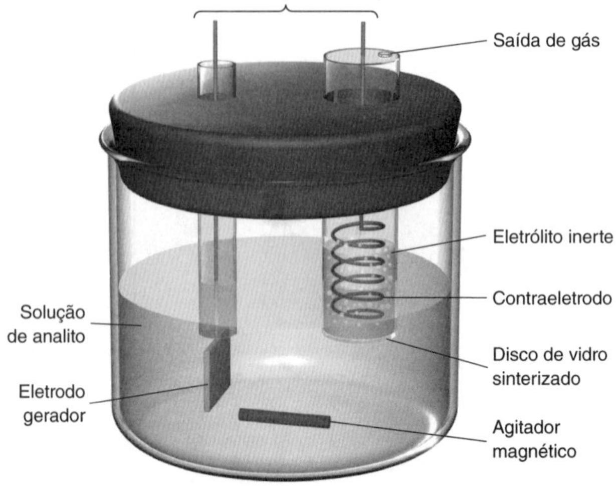

FIGURA 17.10 Célula onde o contraeletrodo está isolado do analito. Os íons fluem pelos poros do disco de vidro sinterizado. O nível do líquido no compartimento do contraeletrodo deve ser maior que o do líquido no restante da célula. Esta diferença de nível deve existir para que a solução do analito não flua para dentro do compartimento do contraeletrodo.

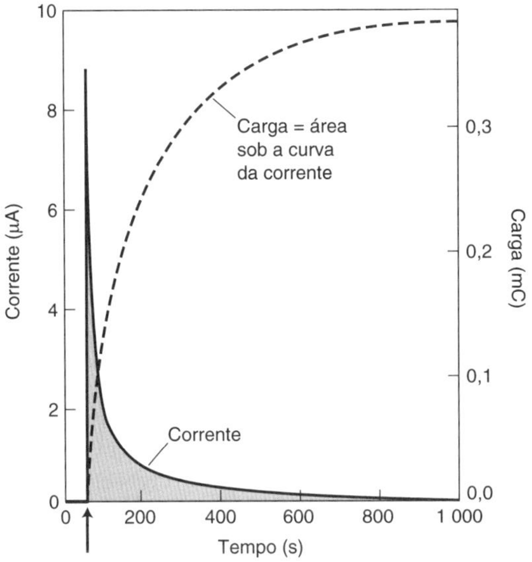

FIGURA 17.11 Oxidação por coulometria com potencial controlado do açúcar D-frutose em uma célula de três eletrodos pela enzima D-frutose desidrogenase adsorvida sobre partículas de carbono em um eletrodo de carbono a +500 mV contra Ag | AgCl. Não se observa corrente na ausência da enzima. Um contraeletrodo de Pt em outro compartimento, conectado por meio de uma ponte salina, completa o circuito e reduz o tamanho do compartimento da solução tampão. [Dados de S. Tsujimura, A. Nishina, Y. Kamitaka e K. Kano, "Coulometric D-Fructose Biosensor Based on Direct Electron Transfer Using D-Fructose Dehydrogenase", *Anal. Chem.* **2009**, *81*, 9383.]

A coulometria com potencial controlado em uma célula de três eletrodos é mais seletiva que a coulometria de corrente constante. Como o potencial do eletrodo de trabalho é constante, a corrente diminui exponencialmente à medida que a concentração do analito diminui. O valor da carga elétrica é medido pela integração da corrente durante o tempo de reação:

$$q = \int_0^t I \, dt \qquad \textbf{(17.12)}$$

Na Figura 17.11, o açúcar D-frutose é oxidado em um eletrodo por meio de coulometria com potencial controlado, catalisado pela enzima D-frutose desidrogenase adsorvida em um eletrodo de carbono poroso mantido a +500 mV contra Ag | AgCl. Os elétrons da D-frutose fluem por meio da enzima e do eletrodo. A adição de D-frutose no momento indicado pela seta produz um pulso de corrente seguido de um decaimento exponencial. A carga total transferida da D-frutose para o eletrodo é a área sob a curva da corrente contra o tempo, dada pela integral na Equação 17.12.

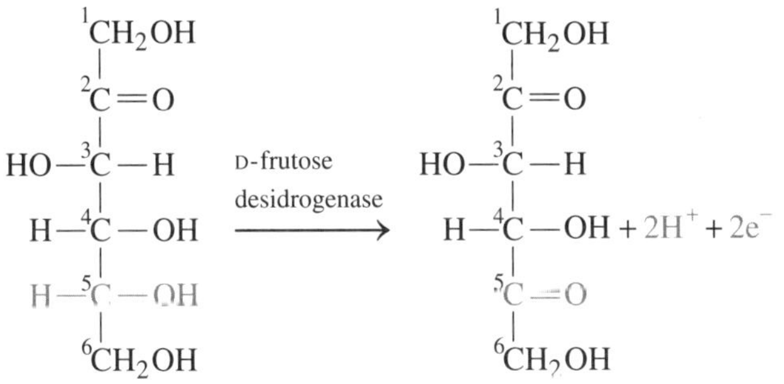

D-Frutose　　　　5-Ceto-D-frutose

Em razão da queda exponencial da corrente, é preciso decidir quando parar a integração da área sob a curva da corrente contra o tempo. Uma escolha é permitir que a corrente decaia a um valor preestabelecido. Por exemplo, a corrente (*acima* da corrente residual) será idealmente 0,1% de seu valor inicial quando 99,9% do analito tiver sido consumido. Alternativamente, a curva da corrente contra o tempo pode ser ajustada a uma curva matemática teórica que permite a integração.

17.4 Amperometria

Na **amperometria**, medimos a corrente elétrica entre um par de eletrodos que participam da reação de eletrólise. Um dos reagentes é o analito, e a corrente medida é proporcional à sua concentração. A medida de O_2 dissolvido com o **eletrodo de Clark**, no Boxe 17.2, se fundamenta na amperometria.

Os **biossensores**[12] empregam componentes biológicos, por exemplo *enzimas*, *anticorpos*, ou DNA, de modo a se obter respostas altamente seletivas a determinado analito. Os biossensores que geram sinais ópticos ou elétricos são os mais comuns. Exemplos de biossensores

Amperometria: a corrente elétrica é proporcional à concentração do analito.

Coulometria: o número total de elétrons usados em uma reação nos informa a quantidade de analito presente.

Enzima: uma proteína que catalisa uma reação bioquímica. A enzima aumenta a velocidade da reação em várias ordens de grandeza.

Anticorpo: uma proteína que se liga a uma molécula-alvo específica chamada **antígeno**. Os anticorpos se ligam a células estranhas a um organismo a fim de iniciar o processo de destruição delas, ou então identificam-nas para possibilitar o ataque de células do sistema imunológico.

BOXE 17.2 Eletrodo de Clark para o Oxigênio

O eletrodo de Clark para oxigênio[19] é amplamente utilizado em Medicina e Biologia para determinação do oxigênio dissolvido por amperometria. Leland Clark, que inventou o eletrodo de oxigênio, também desenvolveu o monitor de glicose e o coração-pulmão artificial.

Na figura a seguir, o corpo de vidro do microeletrodo termina em uma ponta fina com uma abertura de 5 μm na base. Na parte interna dessa abertura encontra-se um plugue de borracha de silicone, que é permeável ao O_2, de comprimento entre 10 e 40 μm. O oxigênio difunde-se no eletrodo por meio da borracha, e é reduzido na extremidade de um fio de Pt recoberto com Au, o qual é mantido em uma diferença de potencial de –0,75 V com relação ao eletrodo de referência Ag | AgCl:

$$\text{Pt} \mid \text{Catodo de Au:} \quad O_2 + 4H^+ + 4e^- \rightarrow 2H_2O$$

$$\text{Ag} \mid \text{Anodo de AgCl:} \quad 4Ag + 4Cl^- \rightarrow 4AgCl + 4e^-$$

O eletrodo de Clark é calibrado colocando-o em soluções com concentrações conhecidas de O_2. Constrói-se um gráfico de corrente contra $[O_2]$. O eletrodo também contém um *eletrodo de guarda* em prata, que se estende ao longo de quase todo o eletrodo até a parte fina. O eletrodo de guarda é mantido em um potencial negativo de modo que qualquer O_2 proveniente do topo do eletrodo é reduzido, não interferindo na determinação do O_2 que difunde pela membrana de silicone na ponta fina. Eletrodos similares foram desenvolvidos para a detecção de NO e CO,[20] e NO_2^-.[21]

A figura *b* mostra a mensuração de O_2 por um microeletrodo inserido no cérebro de um rato anestesiado. O eletrodo de trabalho na microfotografia é uma fibra de carbono de 10 μm de diâmetro com nanotubos de carbono que cresceram perpendicularmente à superfície da fibra e recobertos com nanocristais de platina depositados eletroliticamente. O gráfico visto a seguir mostra a corrente para a reação de redução envolvendo quatro elétrons, $O_2 \rightarrow 2H_2O$, na superfície dos nanocristais de Pt, com o eletrodo de trabalho mantido a –0,5 V contra Ag | AgCl. A corrente inicial de –14 nA corresponde a O_2 ~30 μM no fluido celular. Quando o fluxo de sangue para a região é interrompido (isquemia), a $[O_2]$ é reduzida em 93%. Assim que o fluxo de sangue é retomado (reperfusão), a $[O_2]$ retorna gradualmente ao normal. O eletrodo de trabalho deve ser pequeno e rígido o bastante para ser inserido em uma região específica do cérebro. Os nanocristais de Pt no eletrodo de trabalho possuem uma grande área (a fim de produzir uma corrente relativamente alta) e reduzem de forma limpa O_2 a H_2O sem a geração da espécie tóxica H_2O_2 a partir de uma reação de redução do O_2 por meio de dois elétrons.

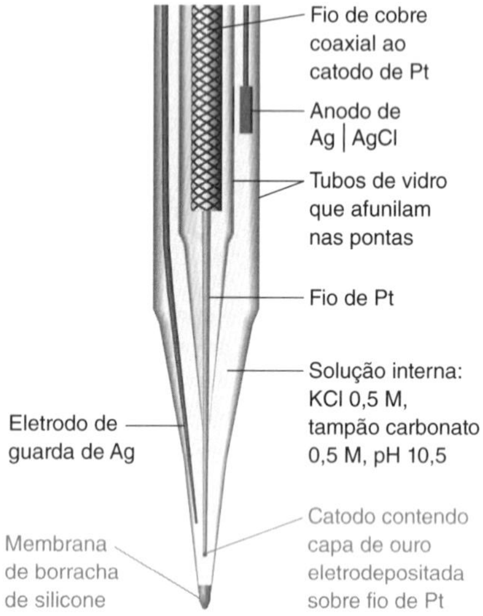

Figura *a*
(*a*) Microeletrodo de oxigênio de Clark usado para determinação de O_2 dissolvido em pequenos volumes. A ponta do catodo é recoberta com ouro, que é menos suscetível a recobrimento por adsorção de espécies da solução-teste do que a platina. [Dados de N. P. Revsbech, "An Oxygen Microsensor with a Guard Column", *Limnol. Oceanogr.* **1989**, *34*, 474.]

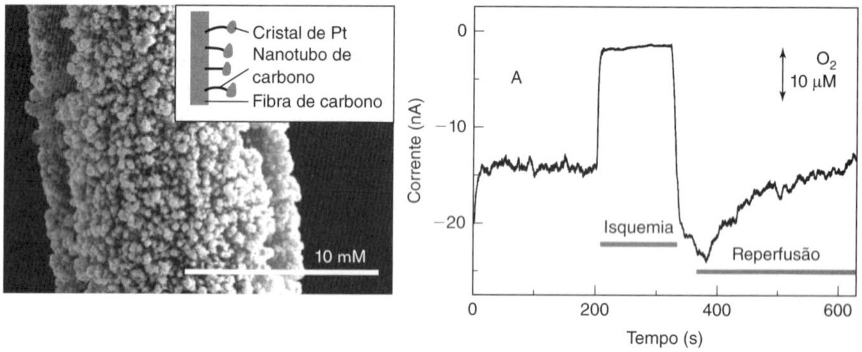

Figura *b*
(*b*) A microscopia eletrônica de varredura mostra a estrutura da superfície de um eletrodo de trabalho. Os nanotubos de carbono são grafeno (Figura 15.45) enrolado para formar os tubos. O gráfico mostra a corrente medida em resposta à concentração de oxigênio no cérebro de um rato. [Microfotografia e dados de L. Xiang, P. Yu, M. Zhang, J. Hao, Y. Wang, L. Zhu, L. Dat e L. Mao, "Platinized Aligned Carbon Nanotube-Sheathed Carbon Fiber Microelectrodes for in Vivo Amperometric Monitoring of Oxygen", *Anal. Chem.* **2014**, *86* (10), p. 5017, Figura 1c, Figura 6. Reproduzida sob permissão © 2014 American Chemical Society.]

amperométricos são aqueles que determinam lactato na transpiração ou em tecido lesionado,[13] H_2O_2 liberado de células hepáticas danificadas,[14] biomarcadores para câncer de mama,[15] e proteínas, ácidos nucleicos e pequenas moléculas específicas.[16,17] Descreveremos em seguida os monitores de glicose no sangue, que respondem por cerca de 85% dos biossensores comerciais.[18]

Monitor de Glicose no Sangue

Pessoas diabéticas precisam monitorar o nível de açúcar (glicose) no sangue várias vezes ao dia, de modo a controlar a doença com uma dieta apropriada ou por meio de injeções de insulina. A Figura 17.12 mostra um monitor portátil de glicose (glicosímetro), que utiliza uma fita de teste descartável e onde existem dois eletrodos de trabalho de carbono e um eletrodo de referência de Ag | AgCl. Uma pequena quantidade de sangue, cerca de 4 μL, colocada na abertura circular, vista à direita na Figura 17.12, umedece por difusão através de uma fina tela *hidrofílica* ("com afinidade pela água") a superfície de todos os três eletrodos. A medida é feita 20 s depois que líquido alcança o eletrodo de referência.

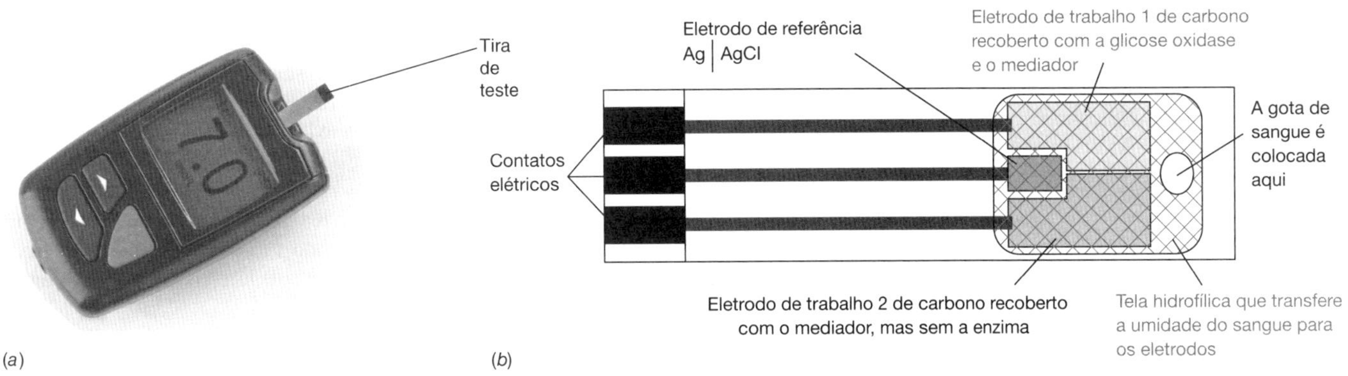

FIGURA 17.12 (a) Monitor pessoal de glicose, usado por pessoas diabéticas para determinar o nível de glicose no sangue. [Roger Ashford/Alamy.] (b) Detalhes da tira de teste descartável, na qual se coloca uma gota de sangue a analisar.

O eletrodo de trabalho 1 é recoberto com a enzima *glicose oxidase* e um *mediador*, que será descrito adiante. A enzima catalisa a reação da glicose com o O_2:

Reação que se passa no revestimento do eletrodo de trabalho 1:

Glicose + O_2 $\xrightarrow{\text{Glicose oxidase}}$ Lactona glicônica + H_2O_2 (17.13)

Na ausência da enzima, a oxidação da glicose é desprezível.

Os primeiros sensores de glicose mediam o H_2O_2 a partir da Reação 17.13 pela oxidação em um único eletrodo de trabalho, que era mantido em +0,6 V com relação ao eletrodo de Ag | AgCl:

Reação no eletrodo de trabalho 1:
$$H_2O_2 \rightarrow O_2 + 2H^+ + 2e^-$$ (17.14)

A corrente é proporcional à concentração de H_2O_2, que, por sua vez, é proporcional à concentração de glicose no sangue (Figura 17.13).

Um problema com os primeiros medidores de glicose era que suas respostas dependiam da concentração de O_2 na camada enzimática, pois o O_2 participa da Reação 17.13. Se a concentração de O_2 for baixa, o instrumento responde como se a concentração de glicose na amostra, independentemente de seu valor, fosse baixa.

Uma maneira adequada de reduzir a dependência com relação à concentração de O_2 consiste em incorporar na camada enzimática uma espécie que substitui o O_2 na Reação 17.13. A substância que transporta elétrons entre o analito (neste caso, glicose) e o eletrodo é conhecida como **mediador**.

Reação que se passa no revestimento do eletrodo de trabalho 1:

Glicose + 2 [Cátion 1,1'-dimetilferricínio] $\xrightarrow{\text{Glicose oxidase}}$ Lactona glicônica + 2 [1,1'-dimetilferroceno] + $2H^+$ (17.15)

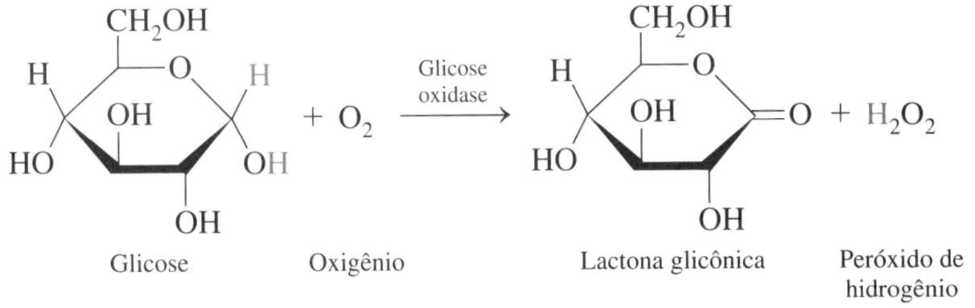

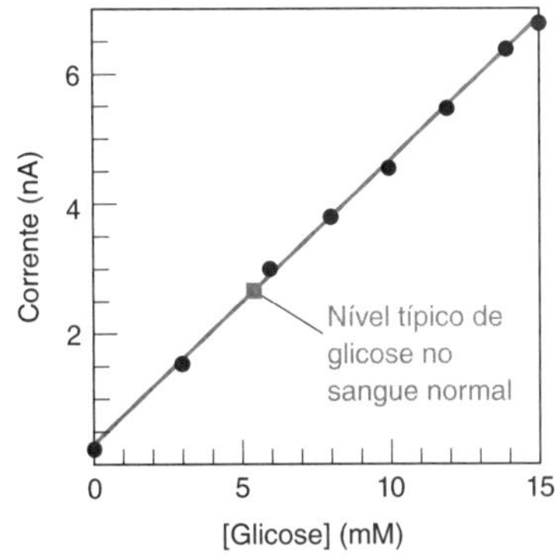

FIGURA 17.13 Resposta de um eletrodo amperométrico para glicose, com uma concentração de O_2 dissolvido correspondente a uma pressão de oxigênio de 0,027 bar, valor 20% menor que uma concentração típica de O_2 em um tecido subcutâneo. [Dados de S.-K. Jung e G. W. Wilson, "Polymeric Mercaptosilane-Modified Platinum Electrodes for Elimination of Interferants in Glucose Biosensors", *Anal. Chem.* **1996**, *68*, 591.]

Um **mediador** transporta elétrons entre o analito e o eletrodo de trabalho. O mediador não participa da reação global.

O ferroceno tem em sua estrutura dois anéis de cinco membros planos, semelhantes ao benzeno. Cada anel apresenta uma carga formal negativa; portanto, o Fe, localizado entre os dois anéis, encontra-se no estado de oxidação +2. O ferroceno é considerado um *complexo sanduíche*.

O mediador consumido na Reação 17.15 é então regenerado no eletrodo de trabalho:

Reação no eletrodo de trabalho 1:

[Fe(C5H4CH3)2] $\xrightarrow[-e^-]{\text{Eletrodo de trabalho}}$ [Fe(C5H4CH3)2]$^+$ (17.16)

O mediador diminui o valor do potencial necessário para o funcionamento do eletrodo de trabalho, com relação ao eletrodo de Ag | AgCl, de 0,6 para 0,2 V, melhorando, assim, a estabilidade do sensor e eliminando interferências de outras espécies presentes no sangue.

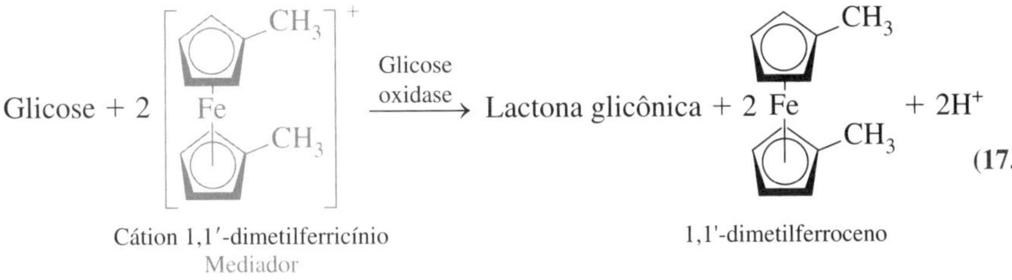

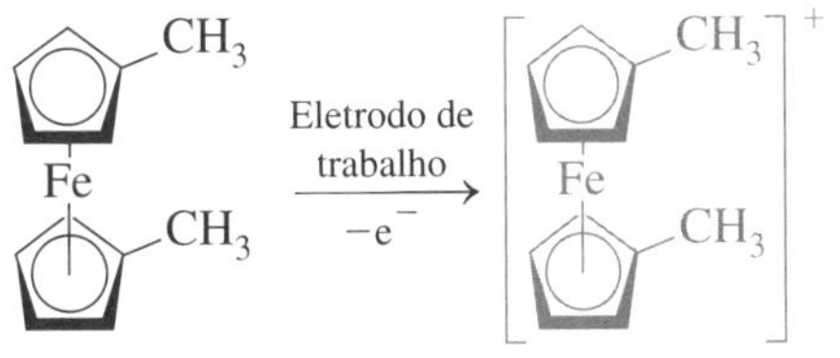

Um sensor modificado mede a glicose em uma concentração 2 fM em um volume de 30 μL, contendo apenas 36 000 moléculas de glicose.[24]

A corrente no eletrodo de trabalho é proporcional à concentração de ferroceno, que, por sua vez, é proporcional à concentração de glicose no sangue.

Um problema com os medidores de glicose é que outras substâncias presentes no sangue, como o ácido ascórbico (vitamina C), o ácido úrico e o medicamento acetaminofeno (Tylenol), podem ser oxidadas no mesmo potencial necessário para oxidar o mediador na Reação 17.16. Para eliminarmos esse tipo de interferência, a tira de teste da Figura 17.12 tem um segundo eletrodo indicador recoberto com o mediador, *mas não com a glicose oxidase*. As espécies interferentes que são reduzidas no eletrodo 1 também são reduzidas no eletrodo 2. A corrente que corresponde à presença de glicose é a corrente no eletrodo 1 *menos* a corrente no eletrodo 2 (ambas as correntes medidas com relação ao mesmo eletrodo de referência). Podemos agora entender por que a tira de teste tem dois eletrodos de trabalho.

Um desafio é a fabricação de sensores de glicose de tal maneira reprodutíveis que não necessitem de calibração. Nesse caso, o usuário colocaria uma gota de sangue na tira de teste e obteria de imediato um resultado sem primeiro construir uma curva de calibração a partir de concentrações conhecidas de glicose no sangue. Atualmente, cada lote de tiras de teste possui alta reprodutibilidade, e é calibrado na fábrica.

Os medidores de glicose são tão facilmente acessíveis que eles estão sendo adaptados para medir outros analitos por meio de esquemas reacionais que produzem glicose.[25] Uma adaptação que poderá um dia ser usada por médicos para detectar o vírus da gripe a partir de um cotonete nasal.[26] O Boxe 17.3 mostra um método engenhoso que emprega um monitor de glicose para medir o adulterante melamina em leite.

BOXE 17.3 Emprego de um Medidor de Glicose e um Aptâmero para Determinar Melamina em Leite

A melamina (Boxe 11.3) é um composto nitrogenado venenoso que foi deliberadamente adicionado a leite diluído para bebês na China em 2008 para que ele parecesse que não tinha sido diluído. Um medidor de glicose é utilizado em um dos métodos desenvolvidos a partir de 2008 para determinar melamina em leite.

Aptâmeros são moléculas de DNA (ácido desoxirribonucleico) ou RNA (ácido ribonucleico) de ~15 a 40 bases que podem se ligar *forte* e *seletivamente* a uma molécula específica[32] ou à superfície de um tipo específico de célula viva. Um aptâmero para determinada molécula-alvo é escolhido a partir de uma matriz que contenha ~10^{15} sequências aleatórias de DNA ou RNA, por meio de sucessivos ciclos de ligação com o alvo, remoção do material não ligado e, finalmente, replicação do ácido nucleico ligado. Uma vez conhecida a sequência de ácidos nucleicos em um aptâmero para um alvo específico, este aptâmero pode ser sintetizado em grandes quantidades. O aptâmero se comporta como um "anticorpo" sintético, feito sob medida para determinada finalidade. Aptâmeros podem se ligar a pequenas regiões de macromoléculas, como proteínas, ou mesmo envolver completamente uma molécula pequena. Ao contrário dos anticorpos, que são proteínas frágeis normalmente armazenadas sob refrigeração, os aptâmeros têm uma longa vida útil à temperatura ambiente e, portanto, têm um enorme potencial como sensores químicos altamente específicos.[23]

A figura vista neste boxe mostra o princípio de funcionamento de um sensor baseado em um aptâmero para melamina, que utiliza um medidor de glicose para leitura. Um aptâmero capaz de se ligar à melamina é a longa fita simples de DNA no topo da figura. Outras duas fitas simples de DNA são sintetizadas e ligadas a duas seções adjacentes do aptâmero. Uma das fitas simples é ligada a uma pérola magnética. A outra fita é ligada à enzima invertase, que quebra o açúcar de mesa (sacarose) para produzir o açúcar simples glicose. Inicialmente, ambas as fitas de DNA estão ligadas ao aptâmero.

Quando é adicionado ao leite contendo melamina, o aptâmero se liga fortemente a melanina e as outras duas fitas de DNA ficam livres na solução. O aptâmero em excesso permanece ligado às duas fitas simples de DNA. Um ímã é então colocado próximo ao tubo para reter qualquer DNA ligado à pérola magnética.

O líquido sobrenadante contém o DNA liberado ligado à melamina ou à enzima invertase. Uma alíquota do sobrenadante é retirada e inserida em uma solução de sacarose a fim de converter parte da sacarose em glicose. A seguir, a solução é aplicada sobre uma tira de teste de glicose e mensurada com um medidor doméstico de glicose. A quantidade observada de glicose aumenta com a quantidade de melamina no leite em uma faixa de concentração relevante, de 1 a 1 000 μM.

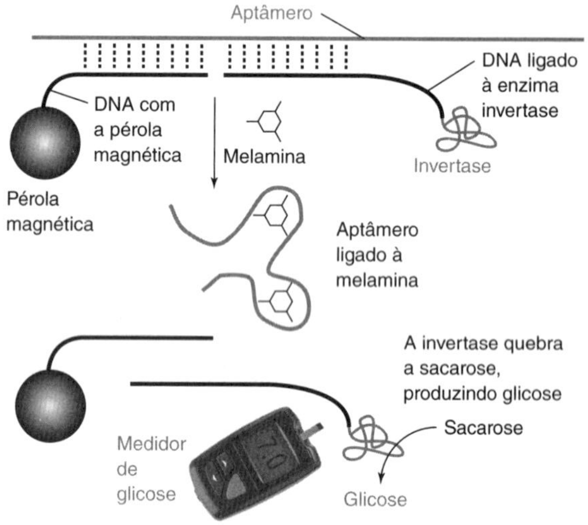

Quando a melamina presente em uma amostra de leite se liga ao aptâmero, dois fragmentos de DNA são liberados do aptâmero. Um dos fragmentos está ligado à enzima invertase, que pode converter sacarose em glicose, a qual é mensurada por meio de um medidor doméstico de glicose. A quantidade de glicose observada está relacionada com a quantidade de melamina no leite. [Dados de C. Gu, T. Lan, H. Shi e Y. Lu, "Portable Detection of melamine in Milk Using a Personal Glucose Meter Based on an In Vitro Selected Structure-Switching Aptamer", *Anal. Chem.* **2015**, *87*, 7676; foto do monitor de glicose: Roger Ashford/Alamy.]

"Instalação Elétrica" de Enzimas e Mediadores para o Monitor de Glicose no Sangue

A demanda por monitores de glicose fornece um estímulo econômico para a realização de pesquisas que permitam o aumento do desempenho dos monitores pessoais de glicose.[27] É notável que esses avanços incluem: (1) o monitoramento da reação por coulometria em vez de amperometria; (2) o emprego de diferentes enzimas para catalisar a oxidação da glicose; (3) uma "instalação elétrica" para aumentar a velocidade de reação e evitar que os reagentes se difundam para longe do eletrodo de trabalho.

Na *amperometria*, determina-se a corrente que flui durante a oxidação da glicose. Na *coulometria*, conta-se o número de elétrons necessários para oxidar a glicose em uma amostra de sangue. A amperometria mede a *velocidade de oxidação*, enquanto a coulometria determina o *número de moléculas que foram oxidadas*. A velocidade de reação e, consequentemente, a corrente, dependem da temperatura, mas a carga total transferida durante a oxidação independe da temperatura. Desse modo, a medida coulométrica independe da temperatura. A carga total transferida também não sofre influência da atividade da enzima (quão rapidamente ela trabalha) e da mobilidade do mediador, sendo que ambas afetam a corrente. A corrente também é afetada pela diminuição da glicose durante a determinação. Na coulometria, a meta é consumir toda a glicose.

A substituição da enzima glicose oxidase pela *glicose desidrogenase* elimina o O_2 como reagente. Um *cofator* denominado PQQ, o qual se liga à glicose desidrogenase, recebe $2H^+ + 2e^-$ durante a oxidação.

Um **cofator** é uma pequena molécula não proteica que se liga a uma enzima, sendo necessário para a atividade dessa enzima.

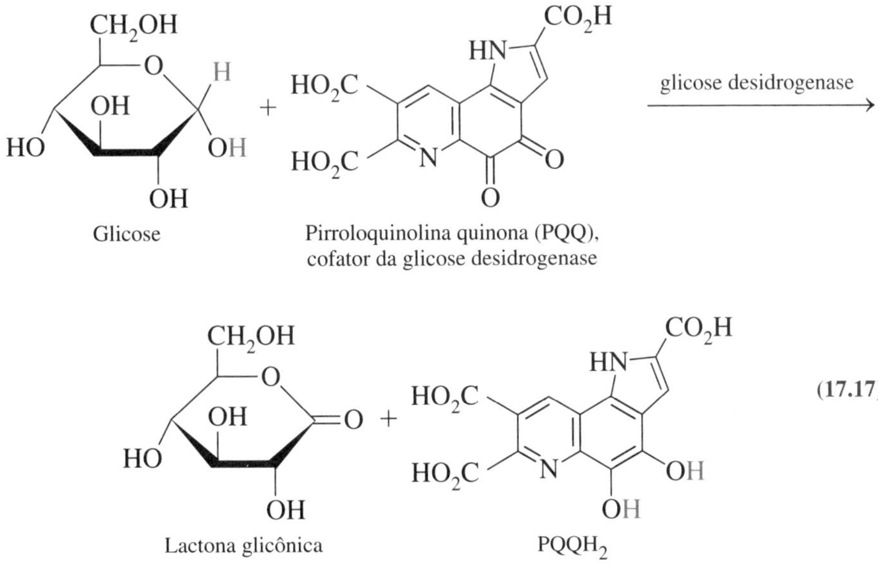

$$\text{Glicose} + \text{Pirroloquinolina quinona (PQQ),} \xrightarrow{\text{glicose desidrogenase}} \text{Lactona glicônica} + \text{PQQH}_2 \quad (17.17)$$

Ao contrário da Reação 17.13, o O_2 não participa da Reação 17.17. Assim, não existe dependência da resposta ao O_2 dissolvido.

Em uma "instalação elétrica" de um polímero em gel na superfície de um eletrodo de carbono (Figura 17.14), a enzima e um mediador de ósmio são ligados a um esqueleto polimérico.

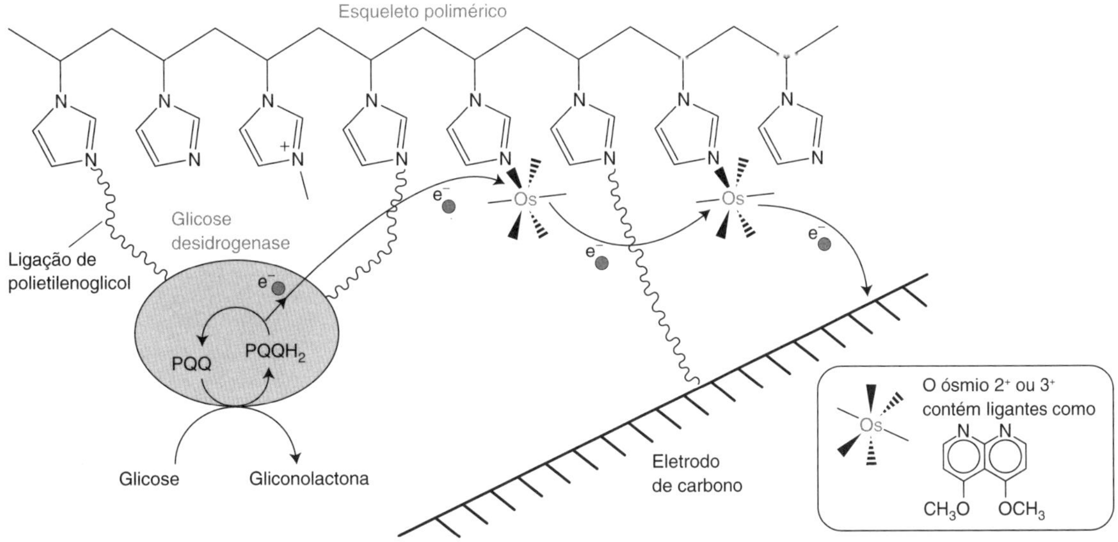

FIGURA 17.14 "Instalação elétrica" da glicose desidrogenase. A enzima catalisa a oxidação da glicose, reduzindo PQQ a PQQH$_2$. PQQH$_2$ é oxidado de volta a PQQ + 2H$^+$ pelo íon Os^{3+}. Os elétrons se movem pelos sucessivos átomos de ósmio até que cheguem ao anodo de carbono. Todos os membros da cadeia redox estão ligados a um esqueleto polimérico.

O produto $PQQH_2$ da Reação 17.17 é oxidado de volta a PQQ + $2H^+$ por um íon Os^{3+} próximo. O íon Os^{3+} é reduzido a Os^{2+} no processo. O íon Os^{2+} pode trocar um elétron com outro íon Os^{3+}. Os elétrons são rapidamente transportados do Os ao Os até que eles cheguem ao eletrodo de carbono. Nesse momento, os elétrons fluem pelo circuito para o contraeletrodo de Ag | AgCl, no qual o AgCl é reduzido a Ag + Cl^-.

A "instalação elétrica" da enzima e dos mediadores de ósmio aumenta a corrente por um fator de 10 a 100 em comparação com uma camada de enzima/mediador depositada sobre um eletrodo. A ligação covalente entre o ósmio e o polímero evita que o mediador se difunda na direção do contraeletrodo, onde poderia reagir e causar uma grande corrente de fundo (*background*). Os ligantes para o ósmio são escolhidos de modo se aplique a corrente mais suave possível (+0,1 V contra Ag | AgCl) ao eletrodo para oxidar a glicose. Nesse potencial, os interferentes oxidáveis usuais produzem pequenos erros aceitáveis na determinação da glicose.

As tiras de teste mais recentes de monitores de glicose necessitam apenas de 0,3 μL de sangue para uma determinação, o que reduz significativamente a dor que muitas pessoas sentem quando precisam determinar a glicose diversas vezes ao dia. A glicose contida no volume amostrado é oxidada em cerca de 1 minuto, e a corrente é medida em função do tempo. A integração da corrente contra o tempo (Equação 17.12) fornece a carga total necessária para oxidar a glicose.

17.5 Voltametria

Voltametria é um conjunto de técnicas onde, durante um processo eletroquímico, se observa uma relação entre o potencial e a corrente.[28] Consideraremos inicialmente a voltametria em um eletrodo de disco rotatório, para em seguida abordá-la em um eletrodo estacionário.

Eletrodo de Disco Rotatório

Três maneiras diferentes para que um analito alcance a superfície de um eletrodo:
- difusão
- convecção
- migração

Uma molécula pode atingir a superfície de um eletrodo de três maneiras diferentes: (1) *difusão* por meio de um gradiente de concentração; (2) *convecção*, que é o movimento no seio do líquido em função de um processo físico, como a agitação ou a ebulição; e (3) *migração*, que é a atração ou repulsão de um íon provocada por uma superfície eletricamente carregada.[29] Um eletrodo de trabalho muito usado em amperometria é o **eletrodo de disco rotatório**, onde a convecção e a difusão controlam o fluxo de analito em direção ao eletrodo.[30]

Quando o eletrodo, na Figura 17.15a, gira a ~1 000 rotações por minuto, forma-se um vórtice que traz muito rapidamente, por meio da convecção, o analito para perto da superfície do eletrodo. Se o potencial elétrico aplicado no eletrodo for suficientemente grande, o analito reagirá rapidamente, diminuindo o valor de sua concentração na superfície do eletrodo a praticamente zero. O gradiente de concentração do analito resultante é apresentado de maneira esquemática na Figura 17.15b. O analito deve atravessar uma distância final curta (~10 a 100 μm) somente por difusão.

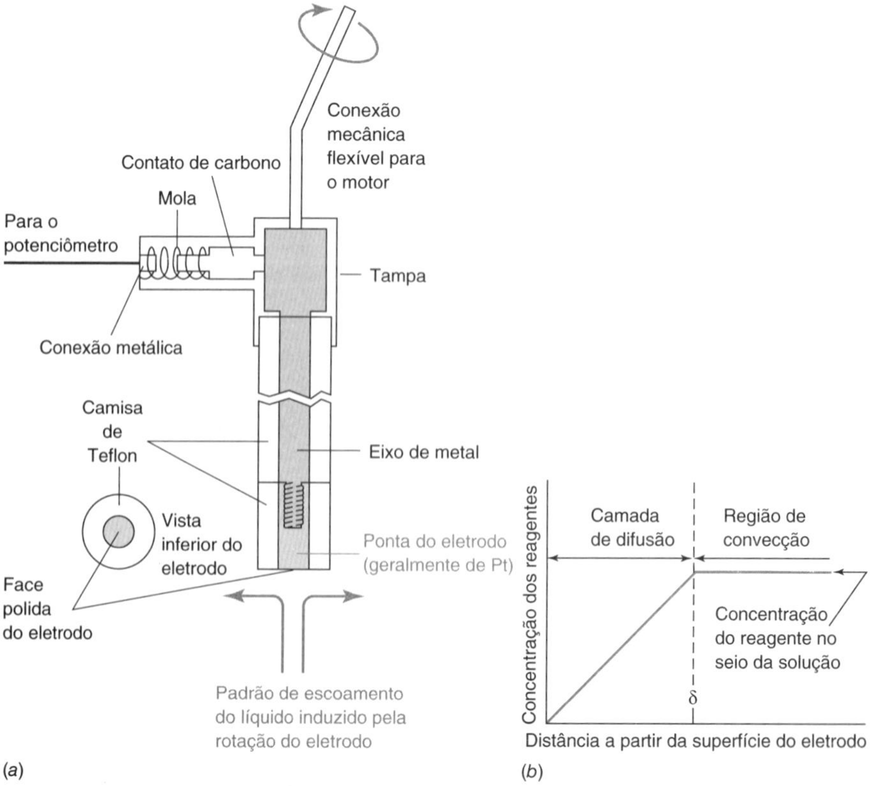

FIGURA 17.15 (*a*) Eletrodo de disco rotatório. Apenas a superfície polida inferior do eletrodo, com um diâmetro típico de 5 mm, entra em contato com a solução. (*b*) Diagrama esquemático do perfil de concentração do analito próximo à superfície de um eletrodo de disco rotatório, quando o potencial aplicado ao eletrodo é suficientemente grande de modo a reduzir a 0 o valor da concentração do analito na superfície do eletrodo.

A velocidade com que o analito se difunde do seio da solução em direção à superfície do eletrodo é proporcional à diferença de concentração entre as duas regiões:

$$\text{Corrente} \propto \text{velocidade de difusão} \propto C_0 - C_s \tag{17.18}$$

O símbolo ∝ significa "proporcional a".

em que C_0 é a concentração de analito no seio da solução, e C_s é a concentração na superfície do eletrodo. Em um potencial elétrico suficientemente grande, a velocidade de reação no eletrodo é tão grande que $C_s << C_0$ e a Equação 17.18 se reduz a

$$\text{Corrente limite} = \text{corrente de difusão} \rightarrow C_0 \tag{17.19}$$

A corrente limite também é chamada **corrente de difusão**, pois seu valor depende da velocidade com que o analito se difunde em direção ao eletrodo. A proporcionalidade entre a corrente de difusão e a concentração de analito, no seio da solução, fundamenta toda a análise quantitativa por amperometria e, também, por voltametria, técnica que será vista na próxima seção.

Quanto maior for a rotação de um eletrodo de disco rotatório, mais fina será a espessura da camada de difusão na Figura 17.15b, e maior será a corrente de difusão. Um eletrodo de Pt rodando rapidamente pode medir H_2O_2 em concentrações tão baixas quanto 20 nM na água da chuva.[31] O H_2O_2 é oxidado a O_2 na superfície da Pt, em um potencial de +0,4 V (contra o E.C.S.), e a corrente medida é proporcional a $[H_2O_2]$ presente na água da chuva.

O **voltamograma** na Figura 17.16a é um gráfico da corrente contra o potencial do eletrodo de trabalho para uma mistura dos íons ferricianeto e ferrocianeto, que estão sendo oxidados ou reduzidos em um eletrodo de disco rotatório. Por convenção, o valor da corrente é positivo quando o analito é reduzido no eletrodo de trabalho. A corrente limite (de difusão) para a oxidação do $Fe(CN)_6^{4-}$ é observada em potenciais superiores a +0,5 V (contra o E.C.S.).

$$\underset{\substack{\text{Ferrocianeto}\\ \text{Fe(II)}}}{Fe(CN)_6^{4-}} \rightarrow \underset{\substack{\text{Ferricianeto}\\ \text{Fe(III)}}}{Fe(CN)_6^{3-}} + e^-$$

A corrente limite depende da velocidade com que o íon $Fe(CN)_6^{4-}$ se difunde para o eletrodo. A Figura 17.16b mostra que esta corrente é proporcional à concentração de $Fe(CN)_6^{4-}$ no seio da solução. Abaixo de 0 V, existe outro patamar na curva correspondendo à corrente de difusão para a redução do $Fe(CN)_6^{3-}$, cuja concentração é 10 mM em todas as soluções. O potencial no qual a corrente está a meio caminho entre os patamares inferior e superior é denominado **potencial de meia-onda**, simbolizado por $E_{1/2}$ em +0,25 V na Figura 17.16. O potencial de meia-onda é o potencial formal, $E^{\circ\prime}$, em que $[Fe(CN)_6^{4-}] = [Fe(CN)_6^{3-}]$ no meio reacional.

Os eletrodos metálicos relativamente inertes, platina e ouro, são usados principalmente em oxidações. Suas faixas úteis de diferença de potencial são mostradas na Tabela 17.2. Em potenciais negativos, a água é reduzida a H_2 sobre Pt e Au, o que limita a utilidade desses eletrodos. Os eletrodos de *carbono vítreo* são adequados para oxidação e redução. O carbono vítreo é um material duro e frágil, com uma aparência de vidro. Ele é preparado por pirólise (aquecimento em atmosfera inerte) de polímeros fenólicos. O diamante dopado com boro

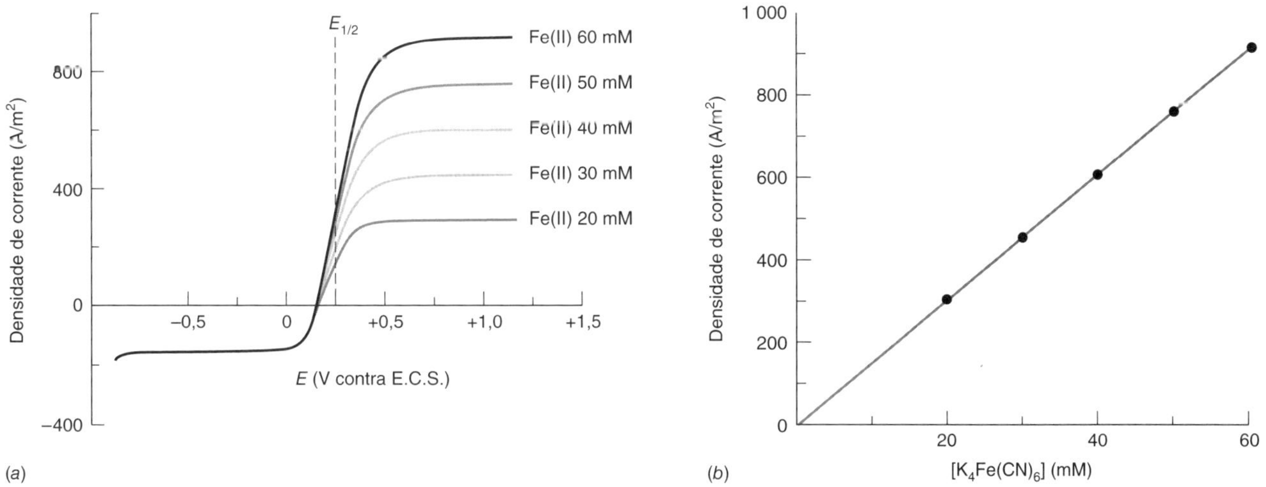

FIGURA 17.16 (*a*) Voltamogramas para uma mistura de $K_3Fe(CN)_6$ 10 mM e $K_4Fe(CN)_6$ 20 a 60 mM, em Na_2SO_4 0,1 M, em um eletrodo rotatório de carbono vítreo, de 2 mm de diâmetro, com um eletrodo de referência de calomelano saturado e um contraeletrodo de Pt. Velocidade de rotação = 2 000 rotações por minuto e velocidade de varredura do potencial elétrico = 5 mV/s. A solução foi purgada com N_2 para remover o O_2. (*b*) Dependência da corrente limite com relação à concentração de $K_4Fe(CN)_6$. [Dados de J. Nickolic, E. Expósito, J. Iniesta, J. González-Garcia e V. Montiel, "Theoretical Concepts and Applications of a Rotating Disk Electrode", *J. Chem. Ed.* **2000**, *77*, 1191.]

O diamante é um isolante elétrico. A substituição de um entre 500 átomos de C por B torna o diamante um semicondutor, cuja condutividade é 10^{-5} a 10^{-4} dos metais.

Questão O diamante dopado com boro é um semicondutor do tipo *p* ou do tipo *n*? Consulte a Figura 15.39.

Resposta: Semicondutor do tipo *p*.

TABELA 17.2 Faixas aproximadas de potencial para diversos eletrodos de trabalho em solução de H_2SO_4 1 M

Eletrodo	Faixa de potencial (V contra E.C.S)
Pt	–0,2 a + 0,9 V
Au	–0,3 a + 1,4 V
Hg	–1,3 a + 0,1 V
Carbono vítreo	–0,8 a + 1,1 V
Diamante dopado com boro[a]	–1,5 a + 1,7 V
Diamante dopado com boro fluorado[b]	–2,5 a + 2,5 V

a. A. E. Fischer, Y. Show e G. M. Swain, "Electrochemical Performance of Diamond Thin-Film Electrodes from Different Commercial Sources", Anal. Chem. ***2004****, 76, 2553; Y. Dai, G. M. Swain, M. D. Porter e J. Zak, "Optically Transparent Carbon Electrodes",* Anal. Chem. ***2008****, 80, 14; J. Stotter, Y. Show, S. Wang e G. Swain, "Comparison of Electrical, Optical, and Electrochemical Properties of Diamond and Indium Tin Oxide Thin-Film Electrodes",* Chem. Mater. ***2005****, 17, 4880.*

b. S. Ferro e A. de Battisti, "The 5-V Window of Polarizability of Fluorinated Diamond Electrodes in Aqueous Solution", Anal. Chem. ***2003****, 75, 7040.*

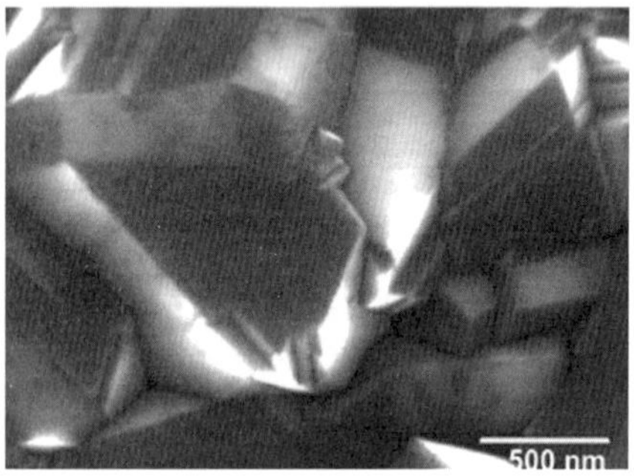

FIGURA 17.17 Microscopia eletrônica de varredura de uma superfície policristalina de um eletrodo de diamante dopado com boro. [Y. Song e G. M. Swain, "Development of a Method for Total Inorganic Arsenic Analysis Using Anodic Stripping Voltammetry and a Au-Coated Diamond Thin-Film Electrode", *Anal. Chem.* **2007**, *79*, 2412. Reproduzida sob permissão © 2007, American Chemical Society.]

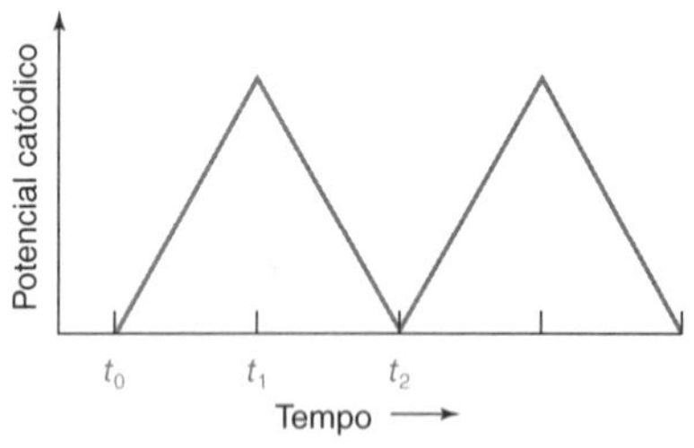

FIGURA 17.18 Forma de onda para a voltametria cíclica. Os tempos correspondentes estão indicados na Figura 17.19.

quimicamente depositado por vapor (Figura 17.17) é um eletrodo de carbono comercialmente disponível excepcionalmente inerte em uma grande faixa de potencial, apresenta baixa corrente de fundo,[32] resistência à oxidação superficial,[33] elevada sobretensão para produção de O_2,[33] e transparência no infravermelho e na região do visível. Camadas monoatômicas de grafita são denominadas *grafeno* (Figura 15.45). A oxidação eletroquímica (chamada "anodização") do grafeno a 2,0 V contra Ag | AgCl em tampão de fosfato produz um eletrodo com uma faixa de potencial eletroquímico comparável àquela do diamante dopado com boro.[34]

Voltametria Cíclica em um Eletrodo Plano Estacionário[35]

Na **voltametria cíclica**, o potencial elétrico aplicado no eletrodo de trabalho de uma *solução sem agitação*, na qual o O_2 foi purgado por borbulhamento de N_2 ou Ar, corresponde a uma *onda triangular* como a da Figura 17.18. Após a purga, a solução é mantida sob uma camada de gás inerte, sem borbulhamento de gás, para que não haja convecção na solução. O analito atinge o eletrodo por difusão e um pouco por migração. Na presença de um grande excesso de **eletrólito de suporte** (eletrólito inerte, Na_2SO_4 0,1 M na Figura 17.16), o transporte do analito para o eletrodo por migração (atração eletrostática) é reduzido. Após aplicarmos uma rampa de potencial linear entre os tempos t_0 e t_1 (normalmente por uns poucos segundos) na Figura 17.18, a rampa é então invertida para trazer o potencial, no tempo t_2, novamente ao seu valor inicial. O ciclo pode ser repetido diversas vezes.

A parte superior do voltamograma cíclico, na Figura 17.19a, começando em t_0 até o tempo t_1, exibe uma *onda catódica* para redução do analito. Em vez de estabilizar-se no topo da onda, a corrente diminui à medida que o potencial diminui porque o analito fica em menor quantidade nas proximidades da superfície de eletrodo. A difusão da solução original é muito lenta para repor o analito próximo do eletrodo. No instante do pico de potencial (t_1), a corrente catódica diminui para um valor abaixo do valor do pico. Após t_1, o potencial é invertido e, por fim, o produto de redução próximo do eletrodo é oxidado, dando origem a uma *onda anódica* entre os tempos t_1 e t_2. Assim que o produto da redução se esgota, a corrente anódica se aproxima do seu valor inicial em t_2.

A Figura 17.19a ilustra o comportamento de uma reação *reversível*, suficientemente rápida para manter as concentrações de equilíbrio dos reagentes e dos produtos *na superfície do eletrodo*. As correntes dos picos anódico e catódico possuem as mesmas magnitudes em um processo reversível, e são separadas por

$$E_{pa} - E_{pc} = \frac{2{,}22RT}{nF} = \frac{57{,}0}{n}(\text{mV}) \quad (\text{a } 25\ ^\circ\text{C}) \qquad \textbf{(17.20)}$$

em que E_{pa} e E_{pc} são os potenciais nos quais as correntes dos picos anódicos e catódicos são observadas, e n é o número de elétrons envolvidos na meia-reação. O potencial de meia-onda, $E_{1/2}$, situa-se no meio entre os dois picos de potencial. A Figura 17.19b representa um voltamograma cíclico de uma reação *irreversível*, lenta demais para que as concentrações de equilíbrio dos reagentes e produtos na superfície do eletrodo sejam mantidas. Os picos catódico e anódico são alongados e mais separados. Quando a oxidação é muito lenta, não se observa pico anódico.

Para uma reação reversível, a corrente do pico (I_{pc}, em ampères) para a varredura no sentido direto do primeiro ciclo é proporcional à concentração do analito e à raiz quadrada da velocidade de varredura:

$$I_{pc} = (2{,}69 \times 10^8) n^{3/2} A C D^{1/2} \nu^{1/2} \quad (\text{a } 25\ ^\circ\text{C}) \qquad \textbf{(17.21)}$$

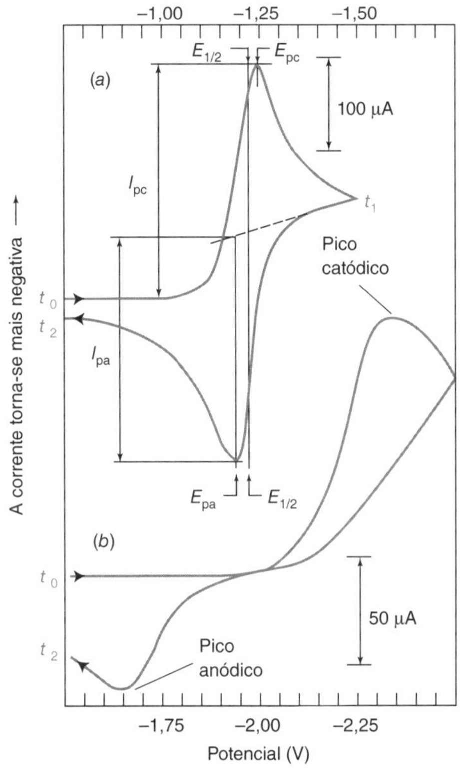

FIGURA 17.19 Voltamogramas cíclicos de (*a*) O_2 1 mM em acetonitrila, com o eletrólito $(C_2H_5)_4N^+ClO_4^-$ 0,10 M e (*b*) 2-nitropropano 0,060 mM em acetonitrila com o eletrólito $(nC_7H_{15})_4N^+ClO_4^-$ 0,10 M. A reação na curva *a* é

$$O_2 + e^- \rightleftharpoons \underset{\text{Superóxido}}{O_2^-}$$

Eletrodo de trabalho, Hg; eletrodo de referência, Ag | $AgNO_3(aq)$ 0,001 M $(C_2H_5)_4N^+ClO_4^-$ 0,10 M em acetonitrila; velocidade de varredura, 100 V/s. I_{pa} é a corrente do pico anódico e I_{pc}, a corrente do pico catódico. E_{pa} e E_{pc} são os potenciais nos quais essas correntes são observadas. As curvas *a* e *b* estão deslocadas verticalmente. A corrente é próxima de zero no tempo t_0 para cada curva. [Dados de D. H. Evans, K. M. O´Connell, R. A. Petersen e M. J. Kelly, "Cyclic Voltametry", *J. Chem. Ed.* **1983**, *60*, 290.]

em que *n* é o número de elétrons envolvidos na meia-reação, *A* é a área do eletrodo (m^2), *C* é a concentração no seio da solução (mol/L), *D* é o coeficiente de difusão das espécies eletroativas (m^2/s) e ν é a velocidade de varredura (V/s). Quanto maior for a velocidade de varredura, maior será o pico da corrente, desde que a reação seja suficientemente rápida para ser reversível. Se a espécie eletroativa estiver adsorvida no eletrodo, o pico de corrente é proporcional a ν, em vez de ser proporcional a $\sqrt{\nu}$.

A figura à esquerda na Figura 17.20 mostra um voltamograma cíclico simulado[36] para um eletrodo plano em uma solução de $Fe(CN)_6^{3-}$ com uma concentração inicial no seio da solução igual a C_0. As figuras ao centro e à direita mostram as concentrações calculadas de $Fe(CN)_6^{3-}$ e $Fe(CN)_6^{4-}$ próximas ao eletrodo em diversos momentos no experimento. Uma varredura no potencial de +0,75 V (ponto a) a −0,25 V (ponto d) contra o E.C.S. reduz o ferricianeto a ferrocianeto ($Fe(CN)_6^{3-} + e^- \rightarrow Fe(CN)_6^{4-}$). A varredura no sentido inverso, dos pontos d até g, oxida $Fe(CN)_6^{4-}$ de volta a $Fe(CN)_6^{3-}$.

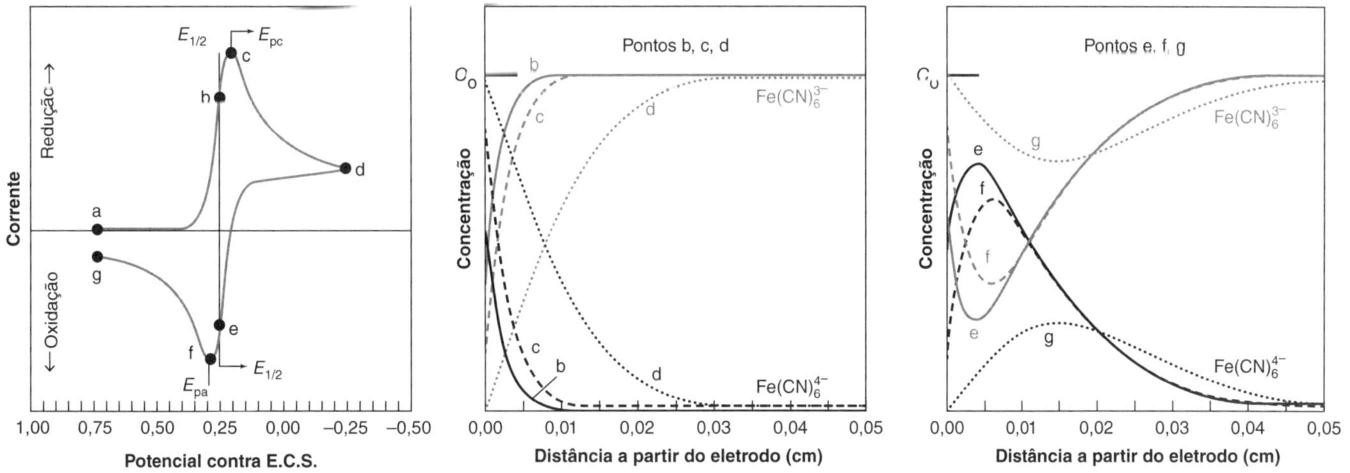

FIGURA 17.20 *Esquerda*: voltamograma cíclico reversível simulado do ferricianeto em um eletrodo plano. Os coeficientes de difusão dos íons $Fe(CN)_6^{3-}$ e $Fe(CN)_6^{4-}$ foram considerados iguais a $0,7 \times 10^{-9}$ m^2/s, e a velocidade de varredura foi 0,05 V/s. O experimento dos pontos a até g levou 40 s. *Centro e direita*: concentrações de $Fe(CN)_6^{3-}$ e $Fe(CN)_6^{4-}$ em função da distância à superfície do eletrodo. [Dados a partir de simulações com o programa Excel de J. H. Brown, "Development and Use of a Cyclic Voltammetry Simulator to Introduce Undergraduate Students to Electrochemical Simulations", *J. Chem. Ed.* **2015**, *92*, 1490.]

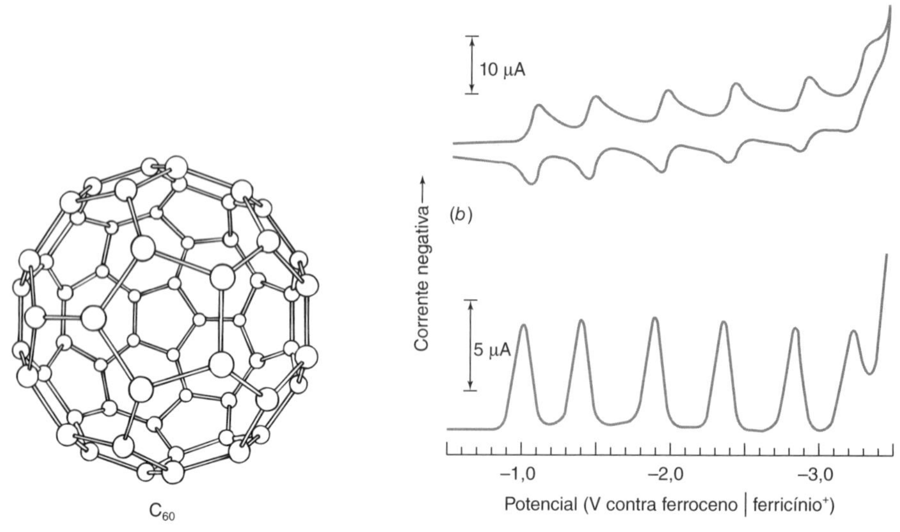

FIGURA 17.21 (*a*) Estrutura do C_{60} (fulereno ou buckminsterfulereno). (*b*) Voltametria cíclica e (*c*) polarograma de uma solução de C_{60} 0,8 mM mostrando as seis ondas para a redução a C_{60}^-, C_{60}^{2-}, ... , C_{60}^{6-}. A solução de acetonitrila/tolueno estava a −10 °C juntamente com o eletrólito suporte $(n\text{-}C_4H_9)_4N^+PF_6^-$. O eletrodo de referência contém o par redox ferroceno | ferricínio$^+$. O ferroceno é o $(C_5H_5)_2Fe$ e o cátion ferricínio é o $(C_5H_5)_2Fe^+$. A estrutura do ferroceno foi mostrada na Reação 17.15. [Dados de Q. Xie, E. Pérez-Cordero e L. Echegoyen, "Electrochemical Detection of C_{60}^{2-} AND C_{70}^{6-}", *J. Am. Chem. Soc.* **1992**, *114*, 3978, Figura 3a.]

No ponto b na Figura 17.20, $E = E_{1/2}$, e $[Fe(CN)_6^{3-}]_s = [Fe(CN)_6^{4-}]_s = \frac{1}{2} C_0$ na superfície do eletrodo. O subscrito "s" significa concentração na superfície do eletrodo. $E_{1/2}$ é o *potencial formal* (Seção 14.6), em quaisquer condições existentes na solução. Uma reação reversível é rápida o bastante para estar em equilíbrio, o que significa que obedece à equação de Nernst na superfície do eletrodo.

$$Fe(CN)_6^{3-} + e^- \rightleftharpoons Fe(CN)_6^{4-} \qquad E = E_{1/2} - \frac{RT}{F}\ln\frac{[Fe(CN)_6^{4-}]_s}{[Fe(CN)_6^{3-}]_s}$$

Os pontos c e d estão em um potencial mais negativo que $E_{1/2}$, de modo que $[Fe(CN)_6^{4-}]_2 > [Fe(CN)_6^{3-}]_s$ na superfície do eletrodo na figura central da Figura 17.20. No ponto d, $[Fe(CN)_6^{4-}]_s \approx C_0$ e $[Fe(CN)_6^{3-}]_s \approx 0$ no eletrodo. A corrente que flui no ponto d é menor do que no ponto c porque pouco $Fe(CN)_6^{3-}$ permanece nas vizinhanças do eletrodo no ponto d.

Além do ponto d, o potencial se torna mais positivo, de modo que a $[Fe(CN)_6^{4-}]_s$ começa a diminuir enquanto a $[Fe(CN)_6^{3-}]_s$ começa a aumentar. O ponto e corresponde novamente ao potencial de meia-onda, em que $[Fe(CN)_6^{3-}]_s = [Fe(CN)_6^{4-}]_s$ na superfície do eletrodo. A fonte de $Fe(CN)_6^{4-}$ a ser oxidado entre os pontos d e g é o $Fe(CN)_6^{4-}$ que ainda não teve tempo de se difundir para longe do eletrodo entre os pontos a e d no experimento. Ao final de um ciclo no ponto g, observa-se um pico de concentração de $Fe(CN)_6^{4-}$ e uma concentração mínima de $Fe(CN)_6^{3-}$ próximo a 0,015 cm = 150 μm a partir do eletrodo no gráfico à direita da Figura 17.20. As localizações do pico e do vale dependem de quão rápido as espécies se difundem e de quão rápida foi a velocidade de varredura do potencial.

A voltametria cíclica é utilizada para caracterizar o comportamento redox de compostos, como o C_{60} na Figura 17.21, e para elucidar a cinética de reações de eletrodo.[37]

Polarografia

A polarografia vem sendo largamente substituída pela voltametria com materiais de eletrodo que não apresentam a toxicidade do mercúrio. Para a limpeza de respingos de mercúrio, ver nota 38.

Quando a voltametria é realizada usando-se um **eletrodo de gotejante de mercúrio**, ela é chamada **polarografia**. O dosador na Figura 17.22 mantém suspensa uma gota de mercúrio na ponta de um capilar de vidro. Após uma medida da corrente e do potencial elétrico, a gota é removida mecanicamente de sua posição. Uma nova gota é então formada, e uma nova medida é feita. As gotas de mercúrio recentemente expostas à solução fornecem um comportamento potencial contra corrente reprodutível. A corrente em outros eletrodos, como o de Pt, depende muito das condições da superfície do eletrodo, e não são tão reprodutíveis como a gota de mercúrio recém-produzida.

A maioria das reações estudadas com o eletrodo de Hg é de redução. Na superfície da Pt, a redução do H^+ compete com a redução de muitos analitos:

$$2H^+ + 2e^- \rightarrow H_2(g) \qquad E^\circ = 0$$

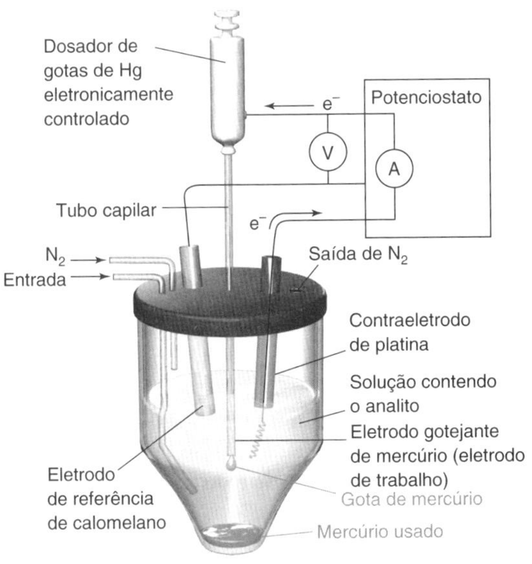

FIGURA 17.22 Célula polarográfica com um eletrodo gotejante de mercúrio como eletrodo de trabalho. A técnica de polarografia foi inventada em 1922 por J. Heyrovský, que recebeu o Prêmio Nobel por este invento em 1959.

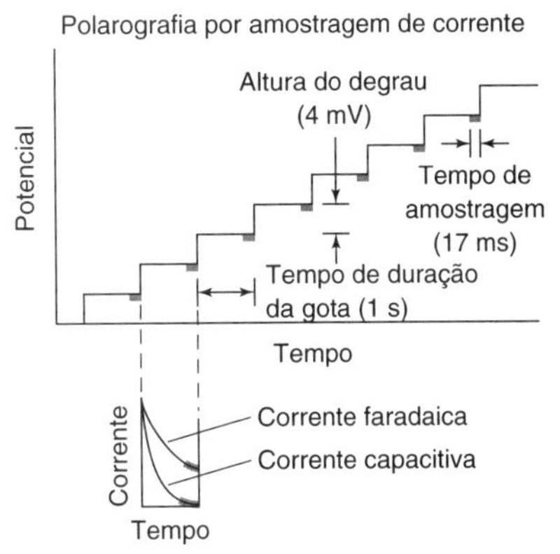

FIGURA 17.23 Perfil do potencial elétrico correspondente a uma *função rampa em degrau* usada em *polarografia por amostragem de corrente*. A corrente é medida somente nas regiões assinaladas por uma linha mais grossa. A varredura do potencial é feita na direção de valores mais negativos, enquanto o experimento prossegue. O gráfico na parte de baixo da figura mostra que, a cada degrau de potencial, a corrente capacitiva decai mais rapidamente que a corrente faradaica.

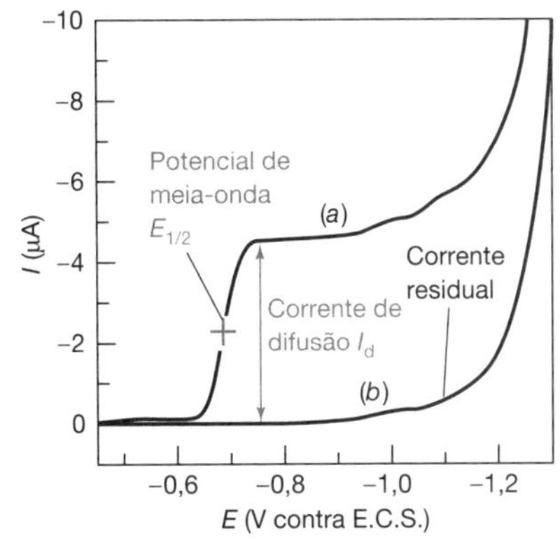

FIGURA 17.24 *Polarogramas por amostragem de corrente* de (*a*) Cd^{2+} 5mM em HCl 1 M e (*b*) somente HCl 1 M.

A Tabela 17.1 mostrou que existe uma *sobretensão* elevada para a redução do H^+ na superfície do Hg. Logo, reações termodinamicamente menos favorecidas do que a redução do H^+ podem ocorrer sem a redução competitiva do H^+. Em soluções neutras ou alcalinas, até mesmo os cátions dos metais alcalinos (Grupo 1) são mais facilmente reduzidos que o H^+ em razão da elevada energia de ativação para a reação do H^+. Além disso, a redução de um metal formando *amálgama* com o mercúrio é mais favorecida que a redução ao estado sólido:

Um **amálgama** é qualquer coisa dissolvida em Hg.

$$K^+ + e^- \rightarrow K(s) \qquad E^\circ = -2{,}936\ V$$
$$K^+ + e^- + Hg \rightarrow K(em\ Hg) \qquad E^\circ = -1{,}975\ V$$

O mercúrio não é muito útil para estudarmos reações de oxidação, pois ele é oxidado em um meio não complexante em um potencial próximo a +0,25 V (contra o E.C.S.). Se a concentração de Cl^- é 1 M, o Hg é oxidado próximo a 0 V, pois o Hg(II) é estabilizado pelo Cl^-:

$$Hg(l) + 4Cl^- \rightleftharpoons HgCl_4^{2-} + 2e^-$$

Uma maneira prática para fazer medidas em polarografia é por meio da **polarografia por amostragem de corrente**, onde se aplica um potencial elétrico definido por uma *função rampa em degrau*, como a da Figura 17.23. Após cada queda de uma gota de mercúrio, o potencial torna-se 4 mV mais negativo. Decorrido quase 1 s, a corrente é medida durante os últimos 17 ms do tempo de vida de cada gota de Hg. A **onda polarográfica** na Figura 17.24a resulta da redução do analito Cd^{2+} para formar um amálgama:

Os polarogramas na literatura antiga mostram oscilações de grande amplitude superpostas à onda polarográfica, como a da Figura 17.24a. Durante os primeiros 50 anos da polarografia, as medidas de corrente eram feitas continuamente, enquanto o Hg escoava por um tubo capilar. Cada gota crescia até cair e era substituída por uma nova gota. Em consequência, a corrente oscilava de um valor pequeno, quando a gota era pequena, até um valor alto, quando a gota era grande.

$$Cd^{2+} + 2e^- \rightarrow Cd(em\ Hg)$$

O perfil de tensão por amostragem de corrente na Figura 17.23 também pode ser usado em voltametria com outros eletrodos além do mercúrio.

O potencial em que se alcança a metade do valor da corrente máxima na Figura 17.24a, denominado **potencial de meia-onda** ($E_{1/2}$), é característico de um determinado analito em determinado meio. Por isso, o potencial de meia-onda pode ser usado na análise qualitativa do analito. Para reações de eletrodo, onde tanto os reagentes como os produtos estão presentes em solução, por exemplo, $Fe^{3+} + e^- \rightleftharpoons Fe^{2+}$, $E_{1/2}$ (expresso com relação ao E.C.S.) é o potencial formal, $E^{\circ'}$, para a meia-reação na solução experimental.

Na análise quantitativa, a *corrente de difusão* na região correspondente ao patamar da curva é proporcional à concentração do analito. O valor da corrente de difusão é determinado a partir da linha-base registrada sem a presença do analito na Figura 17.24b. A **corrente residual**, na ausência de analito, é resultante da redução de impurezas presentes em solução e na superfície dos eletrodos. Na Figura 17.24, próximo ao potencial de −1,2 V, o valor da corrente aumenta rapidamente quando começa a redução de H^+ a H_2.

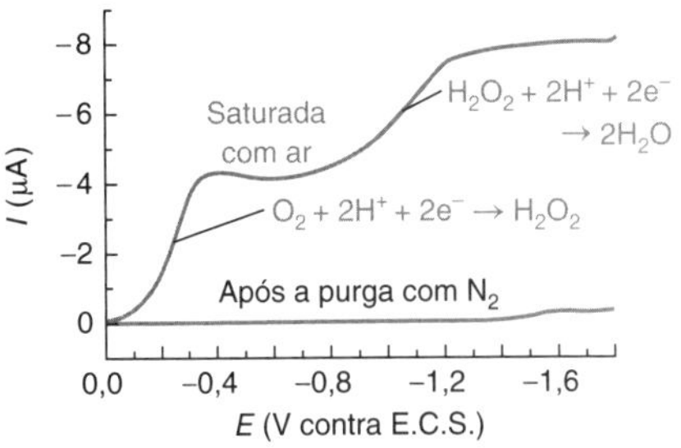

FIGURA 17.25 Polarograma por amostragem de corrente de uma solução de KCl 0,1 M saturada com ar e depois de um borbulhamento com N_2 para remover o O_2 dissolvido em solução.

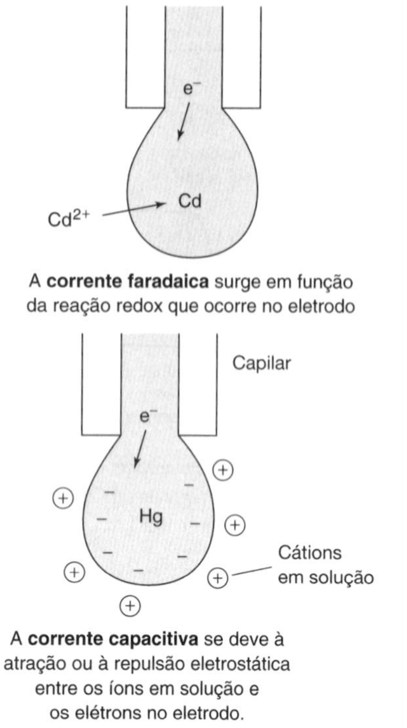
e⁻
Cd
Cd2+
A corrente faradaica surge em função da reação redox que ocorre no eletrodo
Capilar
e⁻
Hg
Cátions em solução
A corrente capacitiva se deve à atração ou à repulsão eletrostática entre os íons em solução e os elétrons no eletrodo.

FIGURA 17.26 A corrente faradaica é o sinal de interesse. A corrente capacitiva interfere no valor desse sinal e, por isso, procuramos minimizá-la.

Para análise quantitativa, a corrente limite deve ser controlada pela velocidade com que o analito se difunde para o eletrodo. Para isso, minimizamos a convecção usando uma solução sem agitação. A migração (atração eletrostática do analito) é minimizada usando-se uma concentração elevada de *eletrólito suporte*, como o HCl 1 M na Figura 17.24.

O oxigênio deve estar ausente, pois o O_2 produz duas ondas polarográficas quando é reduzido inicialmente a H_2O_2 e, finalmente, a H_2O (Figura 17.25). Em geral, para removermos o O_2, borbulhamos N_2 por 10 minutos na solução do analito antes de fazermos medições.[39] Após isso, um fluxo de N_2 é então mantido sobre a superfície do líquido para evitar a presença de O_2. O líquido não deve ser purgado com N_2 durante uma medida, de forma a minimizar a convecção do analito para o eletrodo.

Correntes Faradaicas e Capacitivas

A corrente de interesse analítico na voltametria é a **corrente faradaica**, que surge em virtude da oxidação ou da redução do analito no eletrodo de trabalho. Na Figura 17.24, a corrente faradaica se deve à redução do íon Cd^{2+} no eletrodo de Hg, que é ilustrada na Figura 17.26. Outra corrente na Figura 17.26, chamada **corrente capacitiva** (ou *corrente de carregamento*), interfere em cada medida realizada. Ao forçar a transferência de elétrons do potenciostato para o eletrodo de trabalho, fazemos com que o potencial deste eletrodo fique mais negativo (Figura 17.23). Em resposta, os cátions presentes na solução se deslocam na direção do eletrodo e os ânions se afastam do eletrodo (Boxe 17.4). Esse fluxo de íons e elétrons, chamado *corrente capacitiva*, não é proveniente de reações redox. Esta corrente deve ser minimizada, pois ela modifica o valor da leitura da corrente faradaica. A corrente capacitiva normalmente controla o limite de detecção na voltametria.

O gráfico menor, na parte inferior da Figura 17.23, mostra o comportamento das correntes faradaica e capacitiva após cada degrau de potencial. O valor da corrente faradaica diminui, pois o analito não consegue se difundir para o eletrodo de uma maneira suficientemente rápida para manter elevada a velocidade de reação. A corrente capacitiva diminui ainda mais

BOXE 17.4 Dupla Camada Elétrica

Quando uma fonte externa de energia elétrica faz com que elétrons entrem ou saiam de um eletrodo, a superfície carregada do eletrodo passa a atrair íons de cargas opostas. O eletrodo carregado e os íons com cargas opostas próximos a ele constituem a **dupla camada elétrica**.

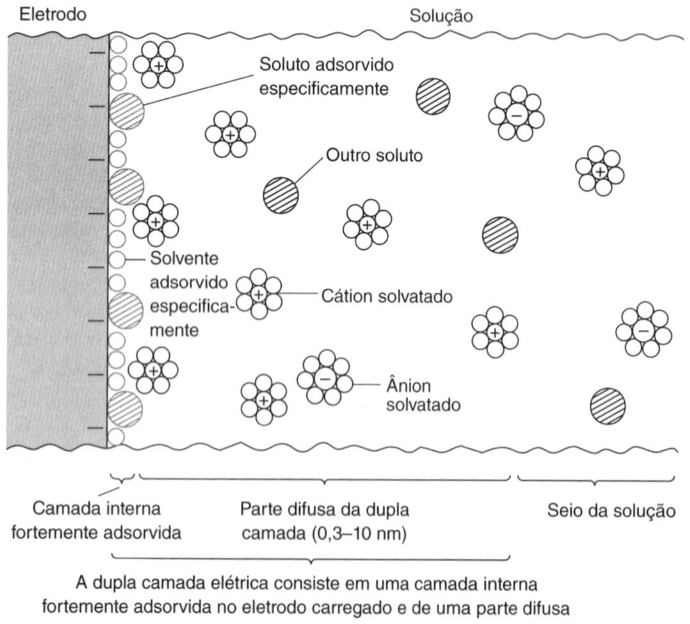
Eletrodo
Solução
Soluto adsorvido especificamente
Outro soluto
Solvente adsorvido especificamente
Cátion solvatado
Ânion solvatado
Camada interna fortemente adsorvida
Parte difusa da dupla camada (0,3–10 nm)
Seio da solução
A dupla camada elétrica consiste em uma camada interna fortemente adsorvida no eletrodo carregado e de uma parte difusa

Interface eletrodo-solução. A camada interna fortemente adsorvida (também chamada *camada compacta*, *camada de Helmholtz* ou *camada de Stern*) pode incluir moléculas do solvente e do soluto. Os cátions na camada interna não conseguem balancear completamente a carga do eletrodo. Por isso, são necessários cátions em excesso na *parte difusa da dupla camada* para que exista a eletroneutralidade.

Determinada solução tem um *potencial de carga zero* quando não existe excesso de carga no eletrodo. Esse potencial é –0,58 V (contra um eletrodo de calomelano contendo KCl 1 M) para um eletrodo de mercúrio imerso em solução de KBr 0,1 M. Este potencial se desloca para –0,72 V, quando o mesmo eletrodo está imerso em solução de KI 0,1 M.

A primeira camada de moléculas na superfície do eletrodo está *adsorvida especificamente* por forças de van der Waals e eletrostática. O soluto adsorvido pode ser moléculas neutras, ânions ou cátions. O iodeto é mais fortemente adsorvido que o brometo, então o potencial da carga zero para o KI é mais negativo que para o KBr. É necessário um potencial mais negativo para expulsar o iodeto adsorvido da superfície do eletrodo.

A camada seguinte, depois da camada adsorvida especificamente, é rica em cátions que são atraídos pelo eletrodo negativo. O excesso de cátions diminui com o aumento da distância com relação ao eletrodo. Essa região, cuja composição é diferente da composição do seio da solução, é chamada *parte difusa da dupla camada* e, normalmente, tem a espessura de 0,3 a 10 nm. Essa espessura resulta do balanço entre a atração na direção do eletrodo, a repulsão do excesso de cátions em solução e o movimento aleatório em razão da energia térmica.

Quando uma espécie é criada ou destruída por uma reação eletroquímica, sua concentração próxima ao eletrodo é diferente de sua concentração no seio da solução (Figura 17.20). A região contendo excesso de produto ou falta de reagente é chamada *camada de difusão* (camada que não deve ser confundida com a parte difusa da dupla camada).

rapidamente, pois os íons próximos ao eletrodo se redistribuem rapidamente. Após um tempo de espera de 1 segundo, depois de cada degrau de potencial, o valor da corrente faradaica continua representativo, mas a corrente capacitiva torna-se muito pequena.

Voltametria de Onda Quadrada

O perfil da variação de potencial com a forma de onda apresentada na Figura 17.27 corresponde à técnica de **voltametria de onda quadrada**, perfil este que apresenta a maior eficiência para as determinações analíticas feitas por voltametria. Este perfil consiste na superposição de uma onda quadrada a uma função rampa escalonada em degraus.[40] Durante a duração de cada pulso catódico, as espécies correspondentes ao analito são reduzidas na superfície do eletrodo. Durante o pulso anódico, o analito que acabara de ser reduzido volta a ser oxidado. O polarograma de onda quadrada da Figura 17.28 representa a *diferença* de corrente entre os intervalos 1 e 2 da Figura 17.27. No ponto 1, os elétrons fluem do eletrodo para o analito, e no ponto 2 na direção inversa. Como as duas correntes têm sinais opostos, sua diferença é maior que qualquer uma das correntes em separado. Considerando-se a diferença, a forma do polarograma de onda quadrada na Figura 17.28 é essencialmente a derivada do polarograma obtido pela amostragem de corrente.

Na voltametria de onda quadrada, obtemos um sinal mais intenso do que na voltametria por amostragem de corrente, e a onda tem a forma de um pico acentuado. A intensidade de sinal aumenta, pois cada espécie reduzida, obtida a partir de cada pulso catódico, se localiza exatamente na superfície do eletrodo esperando ser oxidada pelo pulso anódico seguinte. Cada pulso anódico fornece uma alta concentração de reagente na superfície do eletrodo para o pulso catódico seguinte. O limite de detecção diminui de ~10^{-5} M, na voltametria por amostragem

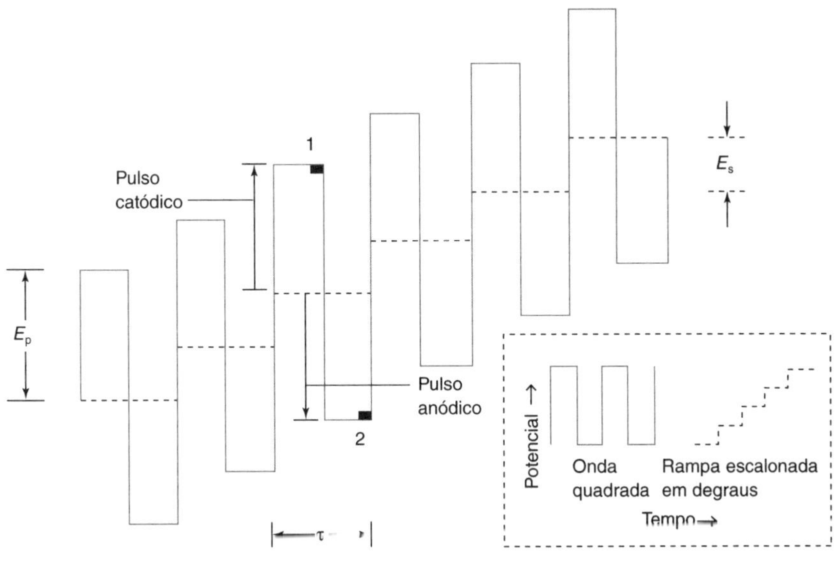

FIGURA 17.27 Forma de onda do potencial aplicado em voltametria de onda quadrada. Os parâmetros típicos são: altura do pulso (E_p) = 25 mV, altura do degrau (E_s) = 10 mV e período do pulso (τ) = 5 ms. A corrente é medida nas regiões 1 e 2. Os melhores valores são E_p = 50/*n* mV e E_s = 10/*n* mV, em que *n* é o número de elétrons transferidos na meia-reação.

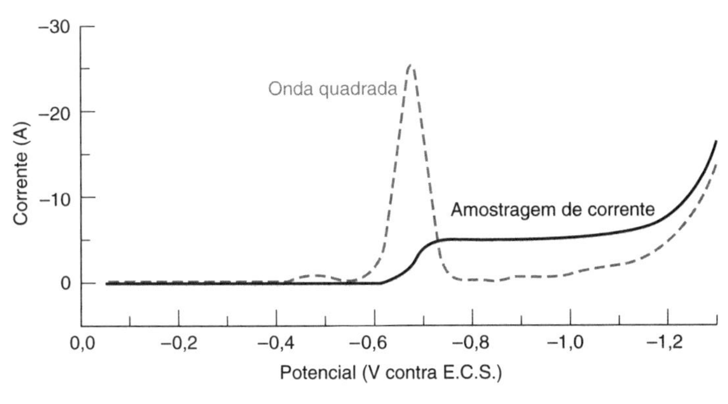

Vantagens da voltametria de onda quadrada:
- maior intensidade de sinal
- a forma da derivada (pico) permite uma melhor resolução de sinais vizinhos
- medidas mais rápidas.

FIGURA 17.28 Comparação entre os polarogramas de uma solução de Cd^{2+} 5 mM em HCl 1 M. As formas de onda são mostradas nas Figuras 17.23 e 17.27. Polarograma de corrente amostrada: duração da gota = 1 s, altura do degrau = 4 mV, tempo de amostragem de corrente = 17 ms. Polarograma de onda quadrada: duração da gota = 1 s, altura do degrau = 4 mV, duração do pulso = 67 ms, altura do pulso = 25 mV, tempo de amostragem de corrente = 17 ms.

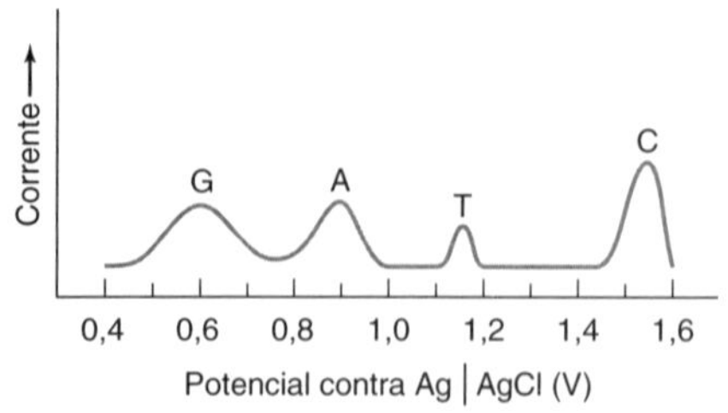

FIGURA 17.29 Voltametria de uma cadeia dupla de DNA (30 mg/L em solução de KCl 10 mM mais uma solução salina tamponada com fosfato 10 mM, pH 7) com um eletrodo de grafeno anodizado. Cada pico corresponde a uma das quatro bases nitrogenadas: guanina, adenina, timina ou citosina. Os quatro picos não podem ser observados com o grafeno que não tenha sido anodizado, nem com os eletrodos de diamante dopado com boro e de carbono vítre. [Dados de C. X. Lim, H. Y. Hoh, K. P. Ang e K. P. Loh, "Direct Voltammetric Detection of DNA and pH Sensing on Epitaxial Graphene", *Anal. Chem.* **2010**, *82*, 7387.]

de corrente, para ~10^{-7} M, na voltametria de onda quadrada. Como é mais fácil separarmos picos vizinhos do que ondas vizinhas, a voltametria de onda quadrada consegue separar espécies cujos potenciais de meia-onda diferem entre si de ~0,05 V, enquanto os potenciais devem diferir entre si de ~0,2 V para serem separados na voltametria por amostragem de corrente. A Figura 17.29 mostra a resolução completa das quatro bases nucleotídicas em um DNA de fita dupla por voltametria em um eletrodo de grafeno anodizado.

A voltametria de onda quadrada é muito mais rápida do que as demais técnicas voltamétricas. O polarograma de onda quadrada da Figura 17.28 foi registrado em um quinze avos do tempo necessário para registrar o polarograma por amostragem de corrente correspondente. Em princípio, quanto menor for o período do pulso, τ, na Figura 17.27, maior o valor da corrente que poderemos observar. Com τ = 5 ms (um limite mínimo prático) e E_s = 10 mV, podemos obter um polarograma de onda quadrada completo, equivalente a uma varredura de potencial de 1 V, em um tempo de 0,5 s. Tais velocidades rápidas de varredura permitem registrar voltamogramas de cada um dos componentes que saem de uma coluna cromatográfica. O Boxe 17.5 descreve uma análise clínica que emprega a voltametria de onda quadrada para a detecção.

Análise por Redissolução

Na **análise por redissolução** (em inglês, *stripping analysis*), o analito presente em uma solução diluída é concentrado dentro de um filme fino de Hg, ou de outro material que constitui o eletrodo, por meio de uma redução eletrolítica. A espécie eletroativa é então *removida* do eletrodo pela inversão na direção da varredura do potencial. O potencial se torna mais *positivo*, *oxidando* as espécies que voltam à solução. A corrente medida durante a oxidação é proporcional à quantidade de analito depositada. A Figura 17.30 mostra um voltamograma de redissolução anódica de Cd, Pb e Cu, presentes em uma amostra de mel.

A análise por redissolução é a técnica de voltametria mais sensível (Tabela 17.3), pois o analito é concentrado a partir de uma solução diluída. Quanto maior for o tempo de concentração, mais sensível será a análise. Apenas uma fração do analito a partir da solução é depositada, de modo que o processo de deposição pode ser feito em um tempo reprodutível (por exemplo, 5 min) com uma agitação feita também de maneira reprodutível.

O mercúrio está sendo substituído como eletrodo porque esse elemento é tóxico e seu descarte é oneroso. Filmes de bismuto[41,42] ou estanho[43] imitam em parte as propriedades desejáveis do mercúrio em produzir uma superfície razoavelmente reprodutível e atingir potenciais fortemente redutores antes da redução da H_2O a H_2. Exemplos de outros eletrodos com aplicações específicas em análise por redissolução incluem nanofibras de carbono sobre carbono vítreo,[44] filme fino de cobre,[45] fio fino de ouro,[46] paládio fino eletrodepositado[47] e óxidos de ferro em carbono vítreo.[48]

Análises por redissolução anódica:
1. Concentra-se inicialmente o analito sobre o eletrodo por redução
2. O analito é reoxidado aplicando-se um potencial elétrico mais positivo
3. O sinal polarográfico (pico) durante a oxidação é proporcional à concentração do analito.

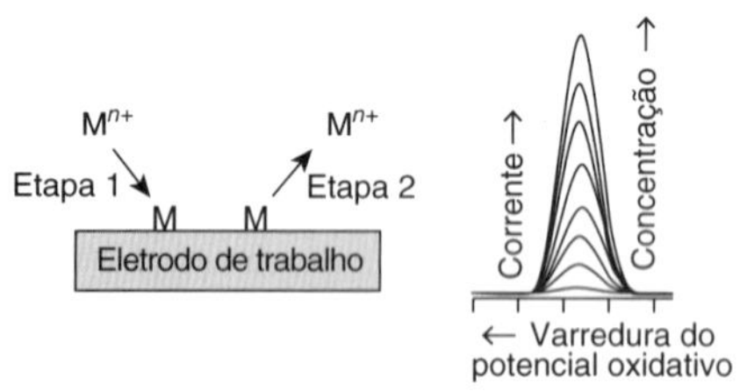

BOXE 17.5 Biossensor baseado em Aptâmero para Uso Clínico Utilizando Voltametria de Onda Quadrada

A figura mostra o princípio de funcionamento de um biossensor capaz de medir a concentração do agente quimioterápico para câncer doxorrubicina no sangue de modo contínuo em tempo real. Fármacos são metabolizados em diferentes velocidades em pacientes distintos. Um objetivo é medir fármacos no sangue de um paciente durante o tratamento para personalizar a dose para aquela pessoa. O coração do sensor é um aptâmero de DNA ligado a um eletrodo de ouro por meio de um átomo de enxofre em uma extremidade. Uma molécula ativa em reações redox de azul de metileno é ligada à outra extremidade. Na ausência da doxorrubicina, o aptâmetro se alonga e o azul de metileno está distante do eletrodo. Quando a doxorrubicina se liga ao aptâmetro, a conformação deste é modificada, trazendo o azul de metileno para mais perto do eletrodo. A velocidade de transferência de elétrons do eletrodo para o azul de metileno é monitorada por voltametria de onda quadrada. A corrente aumenta na presença da doxorrubicina na faixa de interesse terapêutico, 0,2 a 8 μM.

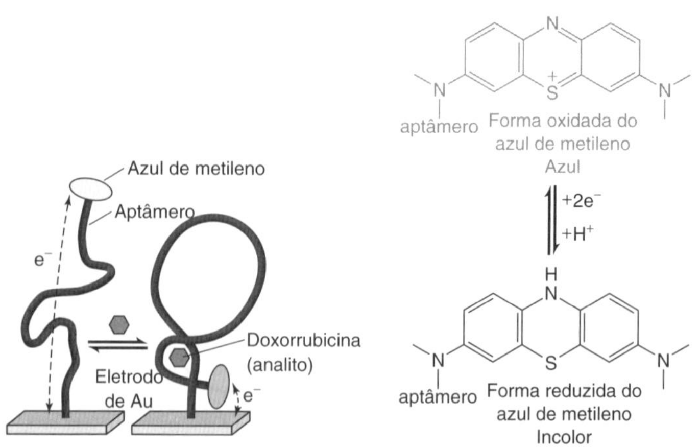

Princípio de funcionamento de um biossensor. Quando a doxorrubicina se liga ao aptâmero, o azul de metileno ativo em reações redox vem para mais perto do eletrodo e, com isso, a corrente aumenta. [Dados de B. S. Fergunson, D. A. Hoggarth, D. Malinak, K. Ploense, R. J. White, N. Woodward, K. Hsieh, A. J. Bonham, M. Eisenstein, T. E. Kippin, K. W. Plaxco e H. T. Soh, "Real-Time Aptamer-Based Tracking of Circulating Theraupetic Agents in Living Animals", *Sci. Transl. Med.* **2013**, *5*, 213ra165.]

TABELA 17.3	Limites de detecção para a análise por redissolução	
Analito	Modo de redissolução	Limite de detecção
Ag^+	Anódica	2×10^{-12} M[a]
Testosterona	Anódica	2×10^{-10} M[b]
As(III)	Anódica	3×10^{-11} M[c]
Ca^{2+}	Anódica	$< 10^{-10}$ M[d]
I^-	Catódica	1×10^{-10} M[e]
DNA ou RNA	Catódica	2–5 pg/mL[f]
Fe^{3+}	Catódica	5×10^{-12} M[g]

a. S. Dong e Y. Wang, *Anal. Chim. Acta* **1988**, *212, 341*.
b. J. Wang, P. A. M. Farias e J. S. Mahmoud, *Anal. Chim. Acta* **1985**, *171, 195*.
c. H.-H. Chen e J.-F. Huang, *Anal. Chem.* **2014**, *86, 12406*.
d. B. Kabagambe, M. B. Garada, R. Ishimatsu e S. Amemiya, *Anal. Chem.* **2014**, *86, 7939*.
e. G. W. Luther III, C. Branson Swartz e W. J. Ullman, *Anal. Chem.* **1988**, *60, 1721*. O I^- é depositado dentro da gota de mercúrio por oxidação anódica: $Hg(l) + I^- \rightleftharpoons \frac{1}{2} Hg_2I_2(adsorvido\ sobre\ Hg) + e^-$.
f. S. Reher, Y. Lepka e G. Schwedt, *Fresenius J. Anal. Chem.* **2000**, *368, 720*; J. Wang, *Anal. Chim. Acta* **2003**, *500, 247*.
g. L. M. Laglera, J. Santos-Echeandia, S. Caprara e D. Monticelli, *Anal. Chem.* **2013**, *85, 2486*.

O limite de detecção para Fe(III) em água do mar pode ser reduzido a 5×10^{-12} M por meio de um processo de *esgotamento catalítico*.[49] A água do mar é acidificada para pH 2,0 com HCl na presença de 2,3-di-hidroxinaftaleno (L) 30 μM, e o sistema é deixado entrar em equilíbrio por 24 horas. Uma amostra é então retirada e o pH ajustado para 8,7 na presença de bromato (BrO_3^-) 20 mM e purgada com N_2 para remover o O_2. O di-hidroxinaftaleno forma um complexo, $L_nFe(III)$, que se adsorve sobre uma gota do eletrodo de mercúrio cujo potencial é de 0 V contra Ag | AgCl, durante 60 segundos, sob agitação vigorosa. Após cessar a agitação e a solução estar em repouso, o potencial é deslocado de –0,1 para –1,15 V. Próximo a –0,6 V, o Fe(III) é reduzido a Fe(II), que começa a se difundir para longe do eletrodo. Antes que o Fe(II) se difunda muito, o BrO_3^- oxida o Fe(II) de volta a Fe(III), que volta a ser adsorvido, tornando-se disponível para uma nova redução. A corrente de redissolução catódica é ~300 vezes maior na presença de BrO_3^- 20 mM do que em sua ausência. O Fe(II) atua como catalisador para a reação global de redução do BrO_3^-.

$$L_nFe(III)_{adsorvido} + e^- \xrightarrow[\text{catódica}]{\text{Redissolução}} L_nFe(II)_{\text{na camada de difusão}}$$
$$L_nFe(II)_{\text{na camada de difusão}} \xrightarrow{BrO_3^-} L_nFe(III)_{\text{na camada de difusão}}$$

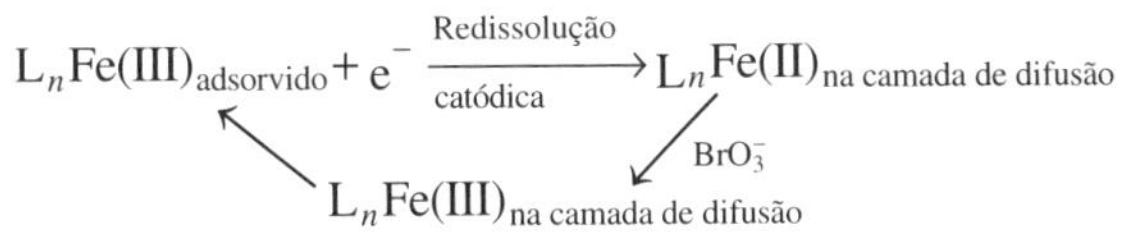

Devem ser tomadas precauções rigorosas para que o ferro seja removido de reagentes e de equipamentos quando se determinam concentrações desse elemento da ordem de nano a pico molar. Por exemplo, a solução de KCl 3 M, presente na ponte salina, deve ser purificada, e a própria ponte é feita de Teflon em lugar de vidro.

A análise por redissolução pode ser adaptada para a determinação de ácido desoxirribonucleico (DNA, estrutura no Apêndice L) com limite de detecção femtomolar (10^{-15} M). O objetivo na Figura 17.31 é medir a concentração de uma fita específica de DNA com 21 nucleotídeos (o "alvo" da análise) em uma mistura de DNA obtida a partir da reação em cadeia da polimerase. O DNA proveniente da reação em cadeia da polimerase foi marcado em uma extremidade com uma molécula de biotina, um cofator que ativa o CO_2 em reações biossintéticas. A biotina se liga fortemente à proteína bacteriana estreptavidina, com uma constante de formação de ~10^{15} M^{-1}. O complexo não covalente biotina-estreptavidina é amplamente empregado em biotecnologia porque é estável em detergentes, desnaturantes de proteínas e solventes orgânicos e, ainda, em valores extremos de pH e temperatura.

Na etapa (*a*) na Figura 17.31, uma fita única sintética de DNA de captura contendo uma sequência de nucleotídeos complementar ao DNA alvo é presa no fundo de uma câmara de reação de micropoço. A ilustração mostra apenas uma fita do DNA de captura, mas na verdade haverá muitas dessas fitas no micropoço. Na etapa (*b*), a solução contendo o DNA alvo (e outros) é adicionada ao micropoço e incubada para permitir que o alvo se ligue ao DNA de captura. DNA que não se ligou é então removido.

Na etapa (*c*) na Figura 17.31, a solução contendo a proteína estreptavidina é adicionada ao micropoço e incubada de modo que a estreptavidina se ligue à biotina presa no DNA alvo. A estreptavidina apresenta quatro subunidades proteicas idênticas com uma massa molecular combinada de 53 000. Cada subunidade se liga a uma molécula de biotina. Antes do uso, a estreptavidina foi ligada covalentemente a uma partícula de PbS com 3 nm de diâmetro contendo ~2 000 átomos de Pb. O excesso de estreptavidina-PbS que não está ligada ao DNA alvo contendo a biotina é então removido. Após a etapa (*c*), existe uma partícula de PbS associada a cada fita do DNA alvo, e nenhum PbS não ligado no micropoço.

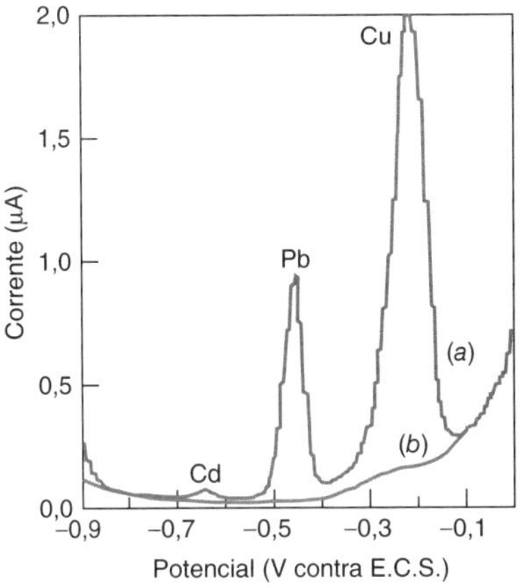

FIGURA 17.30 (*a*) Voltamograma de redissolução anódica do mel dissolvido em água e acidificado a pH 1,2 com HCl. Cd, Pb e Cu foram reduzidos a partir da solução em um filme fino de Hg por 5 min a –1,4 V (contra E.C.S.), antes de se registrar o voltamograma. (*b*) Voltamograma obtido sem a etapa de redução de 5 min. As concentrações de Cd e Pb no mel são 7 e 27 ng/g (ppb), respectivamente. A precisão da análise foi de 2 a 4%.
[Dados de Y. Li, F. Wahdat e R. Neeb, "Digestion-Free Determination of Heavy Metals in Honey", *Fresenius J. Anal. Chem.* **1995**, *351*, 678.]

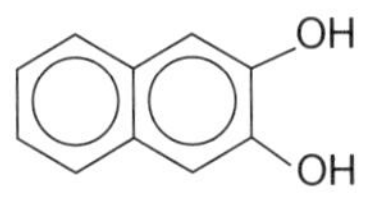

2,3-Di-hidroxinaftaleno

Presumivelmente, a nuvem de elétrons pi polarizável do naftaleno está ligada ao Hg, polarizável, por forças de van der Waals.

A reação em cadeia da polimerase, que foi responsável pelo Prêmio Nobel para Kary Mullis, que inventou o processo em 1984, faz muitas cópias de fitas de DNA selecionadas.

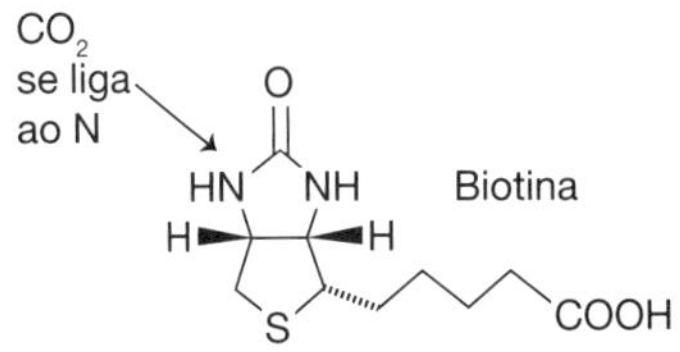

Biotina

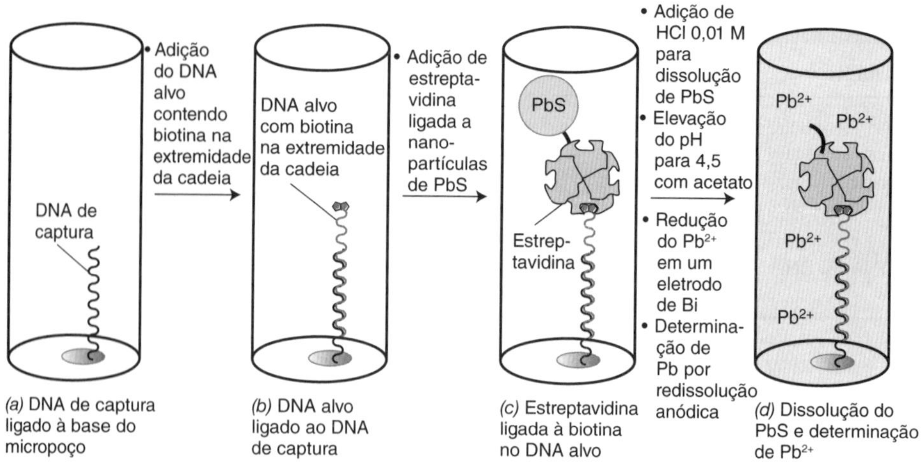

FIGURA 17.31 Etapas na análise quantitativa de uma sequência específica de DNA rotulada como "alvo". (*a*) DNA de captura sintético com uma sequência complementar com relação ao alvo é imobilizado em um micropoço. (*b*) O DNA alvo contendo biotina covalentemente ligada forma uma hélice dupla com o DNA de captura. Outros DNA que não são complementares ao alvo são removidos. (*c*) A proteína estreptavidina presa a uma nanopartícula de PbS se liga à biotina. O excesso de estreptavidina-PbS é removido. (*d*) PbS é dissolvido com HCl, liberando ~2 000 íons Pb^{2+} por molécula de DNA alvo. Pb^{2+} é determinado por voltametria de redissolução anódica em um eletrodo de bismuto. [Dados de C. Kokkinos, A. Economou, T. Speliotis, P. Petrou e S. Kakabakos, "Flexible Microfabricated Film Sensors for the In Situ Quantum Dot-Based Voltammetric Detection of DNA Hybridization in Microwells", *Anal. Chem.* **2015**, *87*, 853.]

Na etapa (*d*), HCl 0,01 M é adicionado ao poço para dissolver o PbS, liberando íons Pb^{2+} na solução. Então, um filme flexível de poli-imida com os eletrodos de trabalho, de referência e o contraeletrodo é inserido no poço para medir o Pb^{2+} por redissolução. O eletrodo de trabalho é uma camada densa de bismuto com 400 nm de espessura. O "pseudoeletrodo de referência" é uma camada fina de prata, e o contraeletrodo é uma camada fina de platina. Forma-se uma fina camada de óxido sobre a prata passando a existir um par redox que pode ser escrito como Ag | AgO. O potencial do pseudoeletrodo de referência de prata é aproximadamente constante para uma dada solução, mas ele depende da composição da solução. Para a análise, os íons Pb^{2+} liberados na etapa (*d*) são reduzidos a Pb(0) no eletrodo de Bi por 4 minutos em −1,2 V contra o pseudoeletrodo de referência. O chumbo é então determinado por voltametria de redissolução anódica por onda quadrada: $Pb(0) \rightarrow Pb^{2+} + 2e^-$. Cada molécula do DNA alvo fornece ~2 000 átomos de Pb provenientes das nanopartículas de PbS. A faixa linear de análise foi de, no mínimo, DNA 10^{-14} a 10^{-8} M (Pb^{2+} ~2×10^{-11} a 2×10^{-5} M), com um limite de detecção próximo a DNA 10^{-15} M.

Uma forma diferente de redissolução em que o analito de interesse nem é oxidado nem reduzido é exemplificada pela determinação de perclorato (ClO_4^-) na água potável. O limite máximo permitido para o perclorato em água potável na Califórnia foi fixado em 6 μg/L (6 ppb), em 2007, após ser determinado que o ClO_4^- interfere na absorção de I^- pela glândula tireoide, o que pode levar à redução da produção dos hormônios tireoidianos.

A Figura 17.32 mostra o eletrodo para determinação de concentrações de ClO_4^- em partes por bilhão por redissolução catódica. Um eletrodo de ouro é recoberto com um filme de poli(3-octiltiofeno). Quando esse polímero é oxidado, alguns átomos de enxofre tornam-se positivamente carregados e o polímero torna-se condutor. Esse polímero é recoberto com uma camada de espessura ~0,7 μm de poli(cloreto de vinila) (PVC), cuja estrutura é mostrada na parte inferior da Figura 15.28. O eletrodo recoberto é imerso em uma amostra de água potável contendo Li_2SO_4 1 mM como eletrólito de fundo e girado a 4 000 rpm para transportar o líquido por convecção na direção do eletrodo (Figura 17.15).

A determinação de ClO_4^- começa com a oxidação do poli(3-ocitiltiofeno) no eletrodo rotatório a 0,83 V contra Ag | AgCl por 10 minutos. Dentre os ânions inorgânicos comuns em água potável, apenas o ClO_4^- é solúvel na membrana hidrofóbica de PVC. Durante a etapa de oxidação, ClO_4^- migra para a membrana de PVC para neutralizar a carga positiva do poli (3-octiltiofeno) oxidado. O lado direito da Figura 17.32 apresenta o eletrodo após o ClO_4^- ter sido concentrado na membrana de PVC. Para determinar o ClO_4^- por redissolução catódica, o potencial do eletrodo é então variado de 0,83 até 0,3 V a 0,1 V/s para reduzir o poli(3-octiltiofeno) de volta à sua forma neutra, e assim, expulsar o ClO_4^- da membrana de PVC. O pico da corrente (acima de uma corrente de fundo substancial) observado durante a redissolução é uma função linear da concentração de ClO_4^- na água potável. O limite de detecção de 0,2 nM (0,2 ppb) é adequado para o monitoramento da qualidade da água.

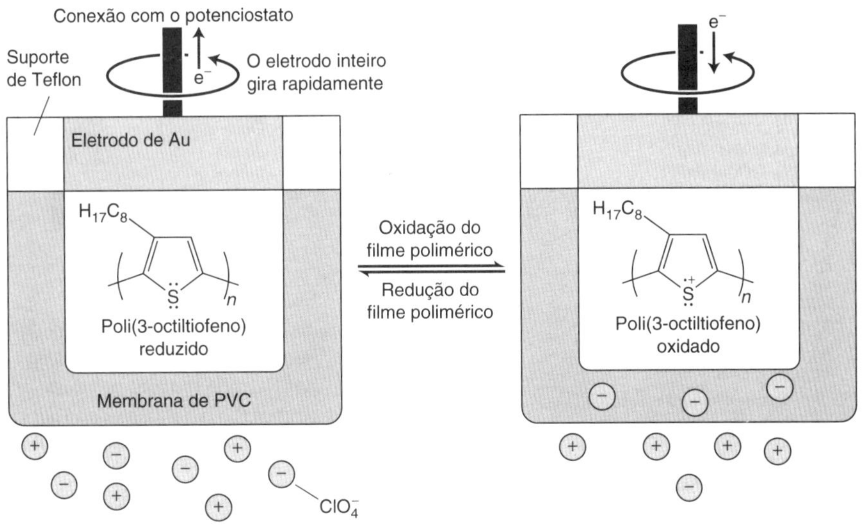

FIGURA 17.32 Princípio do redissolução catódica de perclorato em um eletrodo rotatório de ouro com camadas finas de poli(3-octiltiofeno) e poli(cloreto de vinila) (PVC). Quando o polímero no eletrodo é oxidado, ele se torna positivo. Os ânions perclorato são atraídos para dentro da membrana de PVC pelo polímero oxidado. [Dados de Y. Kim e S. Amemiya, "Stripping Analysis of Nanomilar Perchlorate in Drinking Water with a Voltammetric Ion-Selective Electrode Based on Thin-Layer Liquid Membranes", *Anal. Chem.* **2008**, *80*, 6056; A. Izadyar, U. Kim, M. M. Ward e S. Amemiya, "Double-Polymer Modified Pencil Lead for Stripping Voltammetry of Perchlorate in Drinking Water", *J. Chem. Ed.* **2012**, *89*, 1323.]

Microeletrodos

Os *microeletrodos* possuem dimensões que variam de alguns décimos de micrômetro a nanômetros (Figura 17.33).[50] A área superficial do eletrodo é pequena e a corrente é mínima. Com um pequeno valor de corrente, a queda ôhmica (= IR) em um meio altamente resistivo é pequena, permitindo a utilização de microeletrodos em soluções não aquosas pobremente condutoras (Figura 17.34). A capacitância elétrica da dupla camada (Boxe 17.4) de um microeletrodo também é muito pequena em função da pequena área superficial. Essa baixa capacitância produz um baixo valor de corrente capacitiva com relação à corrente faradaica de uma reação redox, diminuindo o limite de detecção em até três ordens de grandeza com relação aos eletrodos convencionais. Essa baixa capacitância também permite que o potencial do eletrodo varie com velocidades de até 10^6 V/s, permitindo, assim, que espécies com tempos de vida menores do que 1 μs possam ser estudadas. Eletrodos de tamanho suficientemente pequeno podem ser alojados no interior de uma célula viva.[52]

É comum na voltametria cíclica com microeletrodos o emprego de condições nas quais o pico na Figura 17.19a não seja observado. Em vez disso, observa-se a curva sigmoidal na Figura 17.35a, na qual a corrente atinge um patamar. A corrente na Figura 17.19a diminui após o pico porque a difusão do analito na direção do eletrodo não consegue competir com a velocidade de eletrólise. Em baixas velocidades de varredura, a corrente atinge um patamar porque a velocidade de eletrólise não excede a velocidade de difusão. Para microeletrodos, a difusão é alimentada a partir de um volume hemisférico cuja área superficial aumenta com o aumento da distância do eletrodo (Figura 17.35b). É frequente ver a forma da curva na Figura 17.35a com microeletrodos porque a velocidade de eletrólise não supera a velocidade de difusão para o eletrodo.

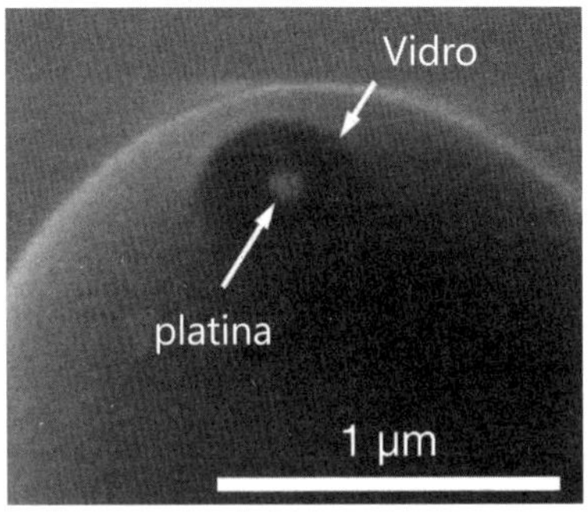

FIGURA 17.33 Eletrodo de platina com diâmetro de ~110 nm selado em um capilar de vidro. [N. Nioradze, R. Chen, J. Kim, M. Shen, P. Santhosh e S. Amemiya, "Origins of Nanoscale Damage to Glass-Sealed Platinum Electrodes with Submicrometer and Nanometer Size", *Anal. Chem.* **2013**, *85*, 6198, Figura 3a. Reproduzida sob permissão © 2013 American Chemical Society.]

Vantagens dos microeletrodos:
- cabem em lugares pequenos
- são úteis em meios resistivos, meios não aquosos (em razão das pequenas quedas ôhmicas)
- permitem velocidades rápidas de varredura do potencial (certamente em função da pequena capacitância da dupla camada), o que permite estudar espécies com curto período de vida
- sensibilidade ampliada em várias ordens de grandeza, em face da baixa corrente capacitiva.

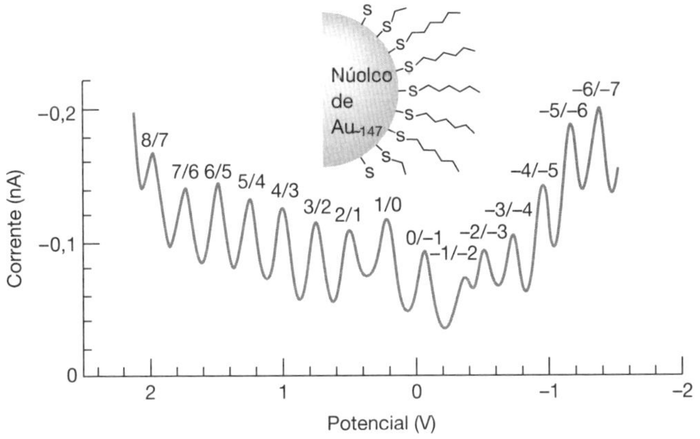

FIGURA 17.34 Voltamograma de nanopartículas de ouro[51] ($Au_{\sim147}$, cobertas com ~50 moléculas de hexanotiol) em solução de 1,2-dicloroetano, obtido com um eletrodo de trabalho de Pt com 25 μm de diâmetro. As nanopartículas apresentam estados de oxidação de −7 a +8 sobre a faixa de potencial dessa varredura. O eletrólito suporte é uma solução de $[(C_6H_5)_3P{=}N{=}P(C_6H_5)_3]^+[(C_6F_5)_4B]^-$ 10 mM. O potencial foi medido contra um eletrodo de "quase-referência" de fio de prata, cujo potencial é ~0,1 V contra Ag | AgCl. [Dados de B. M. Quinn, P. Liljeroth, V. Ruiz, T. Laaksonen e K. Kontturi, "Electrochemical Resolution of 15 Oxidation States for Monolayer Protected Gold Nanoparticles", *J. Am. Chem. Soc.* **2003**, *125*, 6644.]

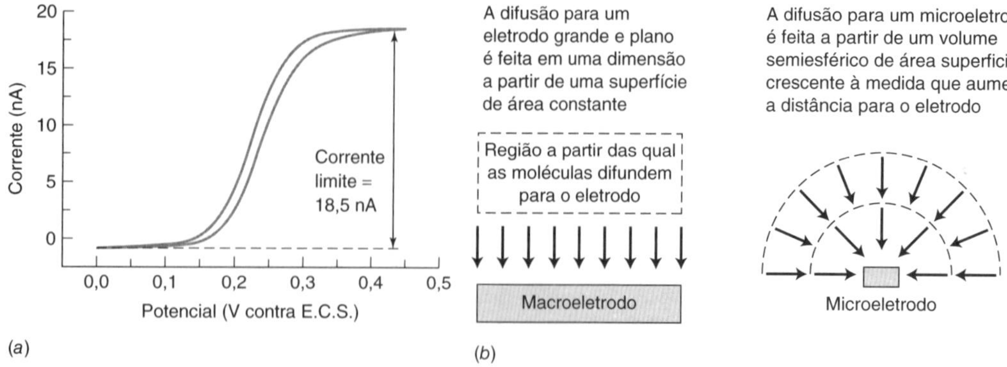

FIGURA 17.35 (*a*) Forma sigmoidal de um voltamograma cíclico, frequentemente observada com microeletrodos. Voltamograma de ferrocianeto 10 mM em solução aquosa de NaF 1 M com uma velocidade de varredura de 5 mV/s em um microeletrodo de disco circular de Pt. [Dados de U. K. Sur, A. Dhason e V. Lakshminarayanan, "A Simple and Low-Cost Ultramicroelectrode Fabrication and Characterization Method for Undergraduate Students", *J. Chem. Ed.* **2012**, *89*, 168.] (*b*) A difusão do analito para um eletrodo grande e plano é a partir de uma área plana e constante. A difusão do analito para um microeletrodo se dá a partir de uma região hemisférica de solução cuja área aumenta com o aumento da distância do eletrodo.

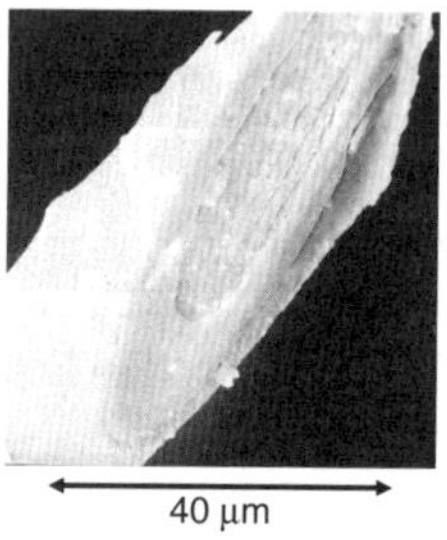

FIGURA 17.36 Imagem de microscopia eletrônica da ponta de um eletrodo de fibra de carbono recoberto com Nafion®. O carbono dentro do eletrodo tem um diâmetro de 10 μm. O Nafion® permite a passagem de cátions, mas impede a passagem de ânions. [De R. M. Wightman, L. J. May e A. C. Michael, "Detection of Dopamine Dynamics in Brain", *Anal. Chem.* **1988**, *60*, 769A. Reproduzida sob permissão © 1988 American Chemical Society.]

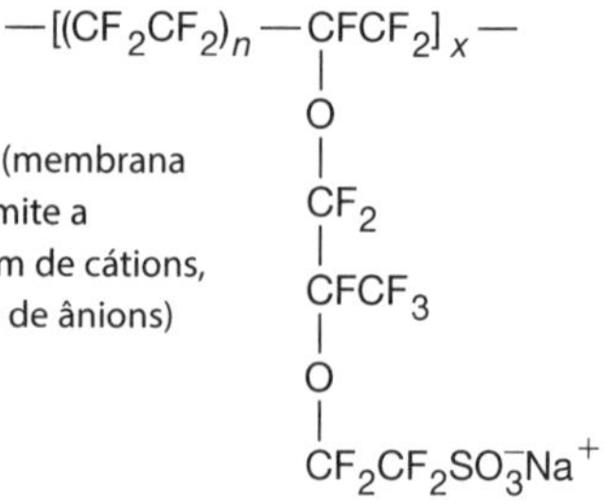

Nafion® (membrana que permite a passagem de cátions, mas não de ânions)

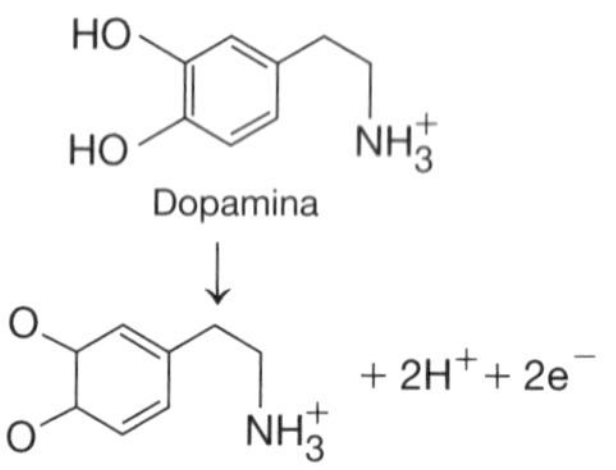

A Figura 17.36 mostra um microeletrodo de fibra de carbono revestido com uma membrana trocadora de cátions, chamada Nafion®. Esta membrana possui cargas negativas fixas. Os cátions difundem-se rapidamente pela membrana, porém os ânions são excluídos. Este eletrodo pode ser usado para medir a concentração do neurotransmissor catiônico dopamina em um cérebro de rato.[53] O íon ascorbato negativamente carregado, que normalmente interfere na análise da dopamina, é excluído pelo Nafion®. A resposta à dopamina é 1 000 vezes maior do que ao ascorbato na mesma concentração.

A Figura 17.37 mostra uma aplicação de um arranjo de microeletrodos em biologia. Células de uma cepa denominada feocromocitona PC 12, derivadas de um tumor da glândula adrenal, liberam dopamina quando estimuladas pelo cátion K^+. Existem neurotransmissores localizados em pequenos compartimentos intracelulares denominados *vesículas*. Para liberar seu conteúdo para fora da célula, as vesículas unem-se com a membrana celular e abrem-se. Esse processo é chamado *exocitose*. O arranjo de microeletrodos consiste em sete fibras paralelas de carbono de diâmetro 5 μm inseridos em um capilar de vidro próximos a uma ponta fina. Cada fibra de carbono na Figura 17.37a é um eletrodo de trabalho independente que pode amostrar uma região de diâmetro aproximado de 5 μm. A Figura 17.37b mostra o eletrodo pressionado contra uma célula isolada, distorcendo-a na forma de uma foice. No momento em que a partir da micropipeta à esquerda da Figura 17.37b uma solução de KCl 0,1 M é injetada no meio, a célula libera a dopamina em eventos exocitóticos discretos. A Figura 17.37c mostra os traços dos eletrodos A a G ao longo de 16 minutos durante o qual a solução de KCl foi injetada a cada 45 segundos. Todos os traços são diferentes, indicando que

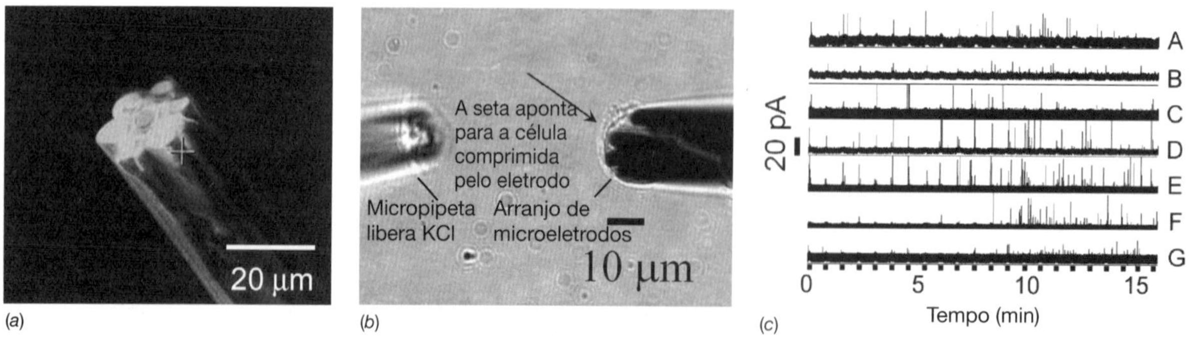

FIGURA 17.37 (*a*) Arranjo de microeletrodos de fibra de carbono com sete eletrodos. (*b*) Arranjo de microeletrodo (direita) pressionado contra uma célula PC 12, distorcendo-a na forma de uma foice. A micropipeta à esquerda é usada para liberar solução de KCl 0,1 M para estimular a liberação da dopamina pela célula. A figura não mostra a presença de um eletrodo de referência/auxiliar Ag | AgCl. (*c*) Traços amperométricos provenientes de todos os sete eletrodos durante a liberação exocitótica do neurotransmissor. [De B. Zhang, K. L. Adams, S. J. Luber, D. J. Eves, M. L. Heien e A. G. Ewing, "Spatially and Temporally Resolved Single-Cell Exocytosis Utilizing Individually Addressable Carbon Microelectrode Arrays", *Anal. Chem.* **2008**, *80*, 1394, Figure 2 (A), Figure 7 (A,B). Reproduzida sob permissão © 2008, American Chemical Society.]

diferentes partes da superfície celular respondem de forma diferente. Por exemplo, as áreas próximas aos eletrodos F e G são inativas nos primeiros 8 minutos. Algo muda após 8 minutos, e essas duas áreas se tornam ativas.

17.6 Titulação de H_2O pelo Método de Karl Fischer

A **titulação de Karl Fischer**,[54,55] que permite determinar o teor de água residual em óleos de transformadores, solventes puros, alimentos, polímeros e muitas outras substâncias, é um procedimento realizado cerca de 500 000 vezes ao dia.[56] A titulação é geralmente conduzida pela liberação do titulante a partir de uma bureta automática ou por geração coulométrica desse titulante. O procedimento por volumetria tende a ser mais apropriado para quantidades maiores de água (embora possa detectar valores tão baixos como ~1 mg de H_2O), e o procedimento coulométrico é adequado para baixos teores de água.

O procedimento coulométrico se acha ilustrado na Figura 17.38, onde o compartimento principal da célula de titulação contém uma solução anódica mais a amostra desconhecida. O compartilhamento menor à esquerda possui um eletrodo interno de Pt imerso em uma solução catódica e um eletrodo externo de Pt imerso na solução anódica do compartimento principal. Os dois compartimentos estão separados por uma membrana permeável a íons. Um par de eletrodos de Pt é utilizado para detecção do ponto final da titulação.

A solução do anodo contém um álcool, uma base, SO_2, I^- e, possivelmente, outros solventes orgânicos. O metanol e o dietilenoglicolmonometiléter ($CH_3OCH_2CH_2OCH_2CH_2OH$) são exemplos típicos de álcoois usados no passado. Bases comuns são o imidazol e a dietanolamina. A mistura de solventes orgânicos frequentemente podia conter clorofórmio, diclorometano, tetracloreto de carbono ou formamida. É desejável evitar o uso de solventes clorados, em virtude dos riscos ambientais. Em um solvente comercial, com menor impacto ambiental, o metanol foi substituído pelo etanol, que é menos tóxico, mas possui uma constante dielétrica mais baixa, o que acarreta uma menor condutividade elétrica e reações mais lentas. Aditivos apropriados aumentam a condutividade e as velocidades de reação. Os novos solventes eliminam a necessidade de solventes clorados em algumas aplicações. Formamida, clorofórmio ou xileno pode ser adicionado ao solvente comercial para aumentar a solubilidade de algumas amostras, ou a temperatura pode ser elevada a 50 °C para aumentar a solubilidade. Substâncias apolares, como óleo de transformador, exigem uma quantidade suficiente de solvente, por exemplo, clorofórmio, para tornar a reação homogênea. Se o meio não estiver homogêneo, a umidade retida em emulsões oleosas se torna inacessível. (Uma *emulsão* é uma fina suspensão das gotículas de uma fase líquida em outro líquido.)

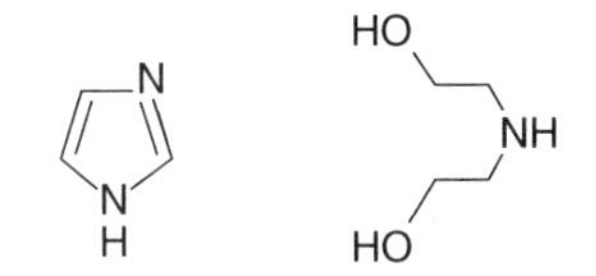

Imidazol Dietanolamina

O anodo na parte inferior à esquerda da Figura 17.38 gera I_2 pela oxidação de I^-. Na presença de H_2O ocorrem reações entre o álcool (ROH), a base (B), SO_2 e I_2.

$$ROH + SO_2 + B \rightarrow BH^+ + ROSO_2^- \quad (17.22)$$

$$H_2O + I_2 + ROSO_2^- + 2B \rightarrow ROSO_3^- + 2BH^+I^- \quad (17.23)$$

A reação global é a oxidação do SO_2 pelo I_2, com a formação de $ROSO_3^-$. Um mol de I_2 é consumido para cada mol de H_2O quando o solvente é o metanol. Em outros solventes, a estequiometria pode ser mais complexa.[56]

O pH é mantido na faixa de 4 a 7. Acima de pH 8 ocorrem reações paralelas não estequiométricas. Abaixo de pH 3 a reação se torna muito lenta.

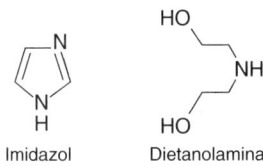

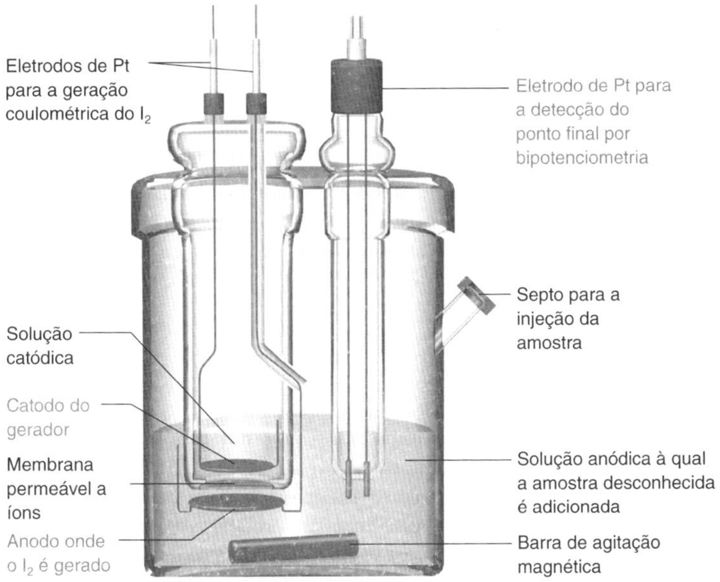

FIGURA 17.38 Aparelhagem para a titulação coulométrica de Karl Fischer.

Em um procedimento usual, o compartimento principal na Figura 17.38 é preenchido com a solução anódica e o gerador coulométrico é preenchido com a solução catódica, que pode conter os reagentes destinados a serem reduzidos no catodo. A corrente circula até que toda a umidade do compartimento principal seja consumida, como indicado pelo sistema de detecção do ponto final descrito adiante. Uma amostra desconhecida é injetada por meio do septo, e o coulômetro funciona de novo até que a umidade injetada tenha sido consumida. Dois mols de elétrons correspondem a 1 mol de H_2O caso a estequiometria entre I_2 e H_2O seja 1:1.

EXEMPLO Padronização e Correção do Branco na Titulação de Karl Fischer

É rotina padronizar os reagentes de Karl Fischer, ou mesmo um coulômetro, com um padrão como o cloridrato de lincomicina monoidratado, que contém 3,91% em massa de H_2O. O coulômetro funciona até que o ponto final seja atingido, indicando que o reagente de Karl Fischer está seco. Abre-se uma entrada pelo tempo necessário à adição de lincomicina sólida, que é então titulada até o mesmo ponto final. Então, uma amostra desconhecida é adicionada e titulada da mesma maneira. Encontre a porcentagem em massa de H_2O na amostra desconhecida.

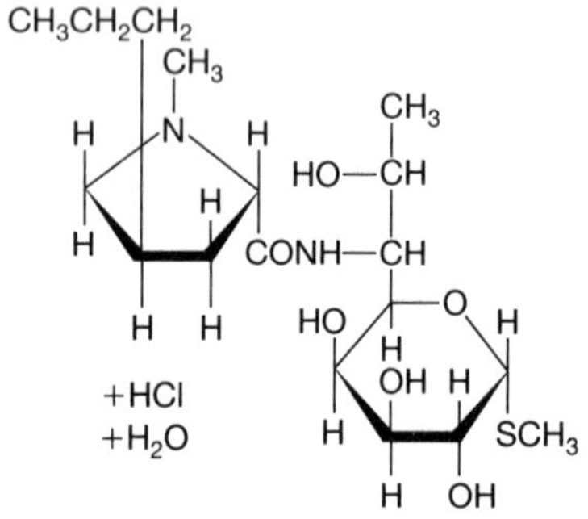

Cloridrato de lincomicina monoidratado
$C_{18}H_{37}N_2O_7SCl$, MF 461,01
3,91% m/m de H_2O

Miligramas de lincomicina	μg de H_2O observado	μg de H_2O teórico	Diferença (μg) = correção do branco
3,89	172,4	152,1	172,4 − 152,1 = 20,3
13,64	556,3	533,3	556,3 − 533,3 = 23,0
19,25	771,4	752,7	771,4 − 752,7 = 18,7
			Média corrigida = 20,7

Miligramas de amostra desconhecida	μg de H_2O observado	μg de H_2O corrigido (= observado − 20,7)	% m/m de H_2O na amostra desconhecida
24,17	540,8	520,1	520,1 μg/24,17 mg = 2,15%
17,08	387,6	366,9	366,9 μg/17,08 mg = 2,15%

FONTE: *Dados de W. C. Schinzer, Pfizer Co., Michigan Pharmaceutical Sciences, Portage, MI.*

Solução Para a lincomicina, observamos ~20,7 μg a mais de H_2O do que o esperado, *independentemente do tamanho da amostra.* O excesso de H_2O provém da atmosfera quando se abre o coulômetro para adicionar o sólido. Para determinar a umidade em amostras desconhecidas, subtrai-se este branco da umidade total titulada. Este procedimento pode gerar resultados bastante confiáveis.

TESTE-SE A quantidade observada de H_2O em 20,33 mg de uma amostra desconhecida foi de 888,8 μg. Faça a correção e determine a porcentagem e a massa de H_2O na amostra desconhecida. (***Resposta:*** 4,27%.)

Uma medida **bipotenciométrica** é a forma mais comum de detectarmos o ponto final de uma titulação de Karl Fischer. O circuito detector mantém uma *corrente constante* (geralmente de 5 ou 10 μA) entre os dois eletrodos de detecção à direita na Figura 17.38, enquanto mede o potencial necessário para sustentar a corrente. Antes do ponto de equivalência, a solução contém I^-, mas pouco I_2 (que é consumido na Reação 17.23 com a mesma rapidez com que é gerado pelo coulômetro). Para manter uma corrente de 10 μA, o potencial do catodo deve ser suficientemente negativo para reduzir algum componente presente no solvente. No ponto de equivalência, o excesso de I_2 aparece subitamente, e a corrente pode ser transportada em um potencial muito baixo pelas Reações 17.24 e 17.25. A queda abrupta de potencial determina o ponto final.

$$\text{Catodo:} \quad I_3^- + 2e^- \rightarrow 3I^- \qquad \textbf{(17.24)}$$

$$\text{Anodo:} \quad 3I^- \rightarrow I_3^- + 2e^- \qquad \textbf{(17.25)}$$

A tendência na instrumentação coulométrica para a titulação de Karl Fischer é a eliminação do compartimento isolado do catodo na Figura 17.38, a fim de reduzir o tempo de condicionamento necessário antes da análise das amostras e para eliminar entupimentos da membrana.[57] O desafio é minimizar a interferência por produtos da reação catódica.

Os pontos finais nas titulações de Karl Fischer tendem a se deslocar em razão das reações químicas lentas e da lenta admissão da água a partir do ar para dentro da célula. Alguns instrumentos medem a velocidade com a qual o I_2 deve ser gerado, de modo a manter o ponto final, e comparam essa velocidade com aquela que foi medida antes de a amostra ter sido adicionada. Outros instrumentos permitem que se estabeleça um tempo de "permanência do ponto final", normalmente, de 5 a 60 s, durante o qual o potencial do detector deve permanecer estável de modo a definir claramente o ponto final.

Um estudo de comparação interlaboratorial de exatidão e precisão do procedimento coulométrico identificou fontes de erro sistemático.[58] Em alguns laboratórios, tanto os instrumentos estavam inexatos como os analistas não mediram a quantidade de padrões com exatidão. Em outros casos, o solvente não era apropriado. Existem reagentes comerciais destinados à análise por Karl Fischer. Os reagentes recomendados pelo fabricante do instrumento devem ser utilizados para aquele instrumento.

Existem alternativas à titulação de Karl Fischer para a determinação de água. A cromatografia gasosa, usando um líquido iônico como fase estacionária e detetores como ionização de descarga de barreira ou absorção na região do ultravioleta de vácuo, não é afetada por muitas das interferências comuns e reações paralelas da titulação de Karl Fischer, e pode oferecer um limite de quantificação de 1 ppm de H_2O.[59] Entretanto, o instrumental cromatográfico é muito mais caro do que os tituladores de Karl Fischer. Uma análise eletroquímica alternativa para a água emprega voltametria de redissolução catódica do óxido de ouro formado sobre um eletrodo de ouro na presença de H_2O. Este método não exige nenhuma adição de reagentes para a determinação de H_2O em líquidos iônicos.[60]

Termos Importantes

amálgama	coulometria	eletrólise	potenciostato
ampère	deposição em subpotencial	eletrólise com potencial controlado	sobretensão
amperometria	despolarizador	espécie eletroativa	titulação bipotenciométrica
análise eletrogravimétrica	dupla camada elétrica	mediador	titulação coulométrica
análise por redissolução	eletrodo auxiliar	onda polarográfica	titulação de Karl Fischer
aptâmero	eletrodo de Clark	polarização de concentração	voltametria
biossensor	eletrodo de disco rotatório	polarografia	voltametria cíclica
corrente capacitiva	eletrodo de referência	polarografia por amostragem de corrente	voltametria de onda quadrada
corrente de difusão	eletrodo de trabalho	potencial de meia-onda	voltamograma
corrente faradaica	eletrodo gotejante de mercúrio	potencial de queda ôhmica	
corrente residual	eletrodo não polarizável		
coulomb	eletrodo polarizável		

Resumo

Na eletrólise, uma reação química é forçada a ocorrer por meio da passagem de uma corrente elétrica pela célula eletrolítica. O número de mols de elétrons que fluem pela célula é dado por It/nF, em que I é a corrente, t é o tempo, n é o número de elétrons por molécula e F, a constante de Faraday. O valor do potencial que deve ser aplicado a uma célula eletrolítica é $E = E(\text{catodo}) - E(\text{anodo}) - IR$ – sobretensões.

1. A sobretensão é o potencial necessário para vencer a energia de ativação de uma reação de eletrodo. Uma sobretensão mais elevada é necessária para que uma reação ocorra com uma velocidade maior.
2. O potencial de queda ôhmica ($= IR$) é o potencial necessário para vencer a resistência interna da célula eletrolítica. Um capilar de Luggin permite determinar um potencial de eletrodo com queda ôhmica mínima.
3. A polarização de concentração ocorre quando a concentração da espécie eletroativa próxima a um eletrodo não é a mesma que no seio da solução. A polarização de concentração está incluída nos termos E(catodo) e E(anodo).

Sobretensão, potencial de queda ôhmica e polarização de concentração sempre se opõem à reação desejada e fazem com que seja necessária a aplicação de um potencial maior para que a eletrólise ocorra.

Uma eletrólise com potencial controlado é feita em uma célula com três eletrodos, onde o potencial do eletrodo de trabalho é medido contra um eletrodo de referência, por onde flui uma corrente desprezível. A corrente flui entre o eletrodo de trabalho e o contraeletrodo (eletrodo auxiliar).

Em uma análise eletrogravimétrica, o analito é depositado sobre um eletrodo, cujo aumento de massa é então determinado. Com um potencial constante em uma célula com dois eletrodos, a eletrólise não é muito seletiva porque o potencial do eletrodo de trabalho varia durante o decorrer da reação.

Na coulometria, medimos o número de mols de elétrons necessários para que uma reação química ocorra. Nas titulações coulométricas (corrente constante), o tempo necessário para completar a reação é uma medida do número de elétrons consumidos. A coulometria com potencial controlado é mais seletiva do que a coulometria de corrente constante, porém é mais lenta. A determinação do número de elétrons consumidos na reação é feita pela integração da curva de corrente contra o tempo.

Na amperometria, a corrente elétrica no eletrodo de trabalho é proporcional à concentração do analito. O eletrodo de Clark determina o O_2 dissolvido por amperometria. Um biossensor para glicose produz H_2O_2 pela oxidação enzimática da glicose, e o H_2O_2 é então determinado pela oxidação amperométrica em um eletrodo. Um mediador pode ser usado para facilitar a transferência de elétrons entre o eletrodo e o analito. Um monitor coulométrico de glicose mede o número de elétrons liberados pela oxidação de toda a glicose contida em uma pequena amostra de sangue. A "instalação elétrica" de uma enzima e de um mediador em um monitor de glicose aumenta o sinal oriundo da reação desejada e reduz a corrente de fundo (*background*) decorrente da difusão do mediador para o contraeletrodo. Aptâmeros são pequenas moléculas de DNA ou RNA que se ligam forte e seletivamente a uma molécula-alvo, e podem ser usados para se produzir biossensores para tais moléculas.

Espécies eletroativas podem chegar à superfície de um eletrodo por difusão, convecção e migração (atração eletrostática). Um eletrodo de disco rotatório promove uma transferência convectiva das espécies na direção do eletrodo. As moléculas têm que atravessar os últimos décimos de mícron para o eletrodo por difusão. A corrente limite controlada pela velocidade de difusão é denominada corrente de difusão. A corrente faradaica decorre de reações de oxidação ou redução em um eletrodo. A corrente capacitiva é resultante do fluxo de íons que se aproximam ou se distanciam de um eletrodo, formando uma dupla camada elétrica com o eletrodo carregado.

A voltametria é um conjunto de métodos onde observamos a dependência da corrente com relação ao potencial aplicado no eletrodo de trabalho. Na voltametria cíclica, é aplicado um potencial com forma de onda triangular, e os processos catódicos e anódicos são observados em sequência. Em um eletrodo estacionário de trabalho com dimensões da ordem de milímetros ou maiores, as correntes de redução ou de oxidação passam por um pico e então diminuem porque a difusão é lenta demais para repor o analito na superfície do eletrodo. Uma reação reversível é rápida o suficiente para manter as concentrações de equilíbrio dos reagentes e dos produtos na superfície do eletrodo. O aumento da separação e o alargamento dos picos catódicos e anódicos ocorrem em reações irreversíveis que não são rápidas o bastante para manter as concentrações de equilíbrio no eletrodo.

A polarografia é um conjunto de técnicas de voltametria que utilizam o eletrodo gotejante de mercúrio. Este eletrodo produz resultados reprodutíveis porque a sua superfície exposta é sempre renovada. O eletrodo de Hg é especialmente útil para reduções, pois a elevada sobretensão para a redução do H^+ sobre o Hg impede a interferência proveniente da redução do H^+. Os processos de oxidação são normalmente estudados com outros tipos de eletrodo porque o Hg é muito facilmente oxidado. As oxidações podem ser conduzidas com eletrodos de Pt ou Au. Eletrodos de carbono (incluindo carbono vítreo, diamante e grafeno) são úteis para uma variedade de oxidações e reduções. Em análises quantitativas por voltametria, a corrente de difusão é proporcional à concentração do analito, caso exista uma concentração suficiente de um eletrólito suporte. O potencial de meia-onda é característico de determinado analito em determinado meio.

A voltametria por amostragem de corrente utiliza um potencial elétrico definido por uma função escalonada a fim de reduzir a contribuição da corrente capacitiva relativa à medida desejada da corrente faradaica. Esperando-se 1 s depois de cada incremento escalonado de potencial, a corrente capacitiva é praticamente nula, mas ainda temos uma substancial quantidade de corrente faradaica oriunda da reação redox.

A voltametria de onda quadrada apresenta maior sensibilidade em função do formato de seus picos, correspondentes a uma primeira derivada. Para tal, o potencial aplicado na célula vem a ser definido como uma onda quadrada superposta a uma rampa de potencial escalonada. A cada pulso catódico se intensifica a redução de analito na superfície do eletrodo. Durante o pulso anódico, o analito reduzido volta a ser oxidado. O voltamograma é a diferença entre as correntes catódicas e as correntes anódicas. A voltametria por onda quadrada permite a realização de medidas rápidas em tempo real, o que não é possível com outros métodos eletroquímicos.

Técnicas de redissolução constituem a forma mais sensível de voltametria. Na voltametria por redissolução anódica, o analito é concentrado dentro de uma única gota ou um fino filme de mercúrio ou outros eletrodos (como Bi, Sn, Cu, Au, Pd e superfícies modificadas de carbono) por redução em um potencial fixo, em um tempo fixo, sob agitação. O potencial é então deslocado para um valor mais positivo e a corrente é medida quando o analito é novamente oxidado. No eletrodo de ClO_4^- o analito é concentrado em uma membrana hidrofóbica para neutralizar a carga de um polímero condutor durante a oxidação. A redução do polímero libera íons ClO_4^- da membrana.

Os microeletrodos cabem em pequenos ambientes e suas pequenas correntes permitem que eles sejam utilizados em meios resistivos, não aquosos. Sua baixa capacitância aumenta a sensibilidade das medidas, diminuindo a corrente capacitiva, o que permite varreduras de potencial muito rápidas, compatíveis com o estudo de espécies com tempo de vida muito curto. Os voltamogramas de microeletrodos em velocidades de varredura de potencial modestas atingem uma corrente de difusão constante sem passar por um pico porque a difusão radial do analito a partir de um volume semiesférico se mantém com relação à velocidade de reação do eletrodo.

A titulação de água pelo método de Karl Fischer utiliza uma bureta para liberar o reagente ou a coulometria para produzi-lo. Na detecção do ponto final, por meio de bipotenciometria, medimos o potencial necessário para manter uma corrente constante entre dois eletrodos de Pt. No ponto de equivalência ocorre uma mudança abrupta de potencial, quando um dos constituintes de um par redox é formado ou destruído.

Exercícios

17.A. Uma solução diluída de Na_2SO_4 é eletrolisada com um par de eletrodos planos de Pt em uma densidade de corrente de 100 A/m^2 e a corrente de 0,100 A. Os produtos da eletrólise são $H_2(g)$ e $O_2(g)$ a 1,00 bar. Calcule o potencial necessário, se a resistência da célula é 2,00 Ω e não existe polarização de concentração. Qual seria o potencial necessário caso os eletrodos de Pt fossem substituídos por eletrodos de Au?

17.B. (a) Em que potencial do catodo se iniciará a deposição de Sb(*s*), em pH 0,00, a partir de uma solução de SbO^+ 0,010 M? Expresse o valor do potencial contra o E.P.H. e contra o eletrodo de Ag | AgCl. (Desconsidere a sobretensão sobre a qual você não tem nenhuma informação.)

$$SbO^+ + 2H^+ + 3e^- \rightleftharpoons Sb(s) + H_2O \qquad E° = 0{,}208\ V$$

(b) Qual a porcentagem de Cu^{2+} 0,10 M que pode ser reduzida eletroliticamente a Cu(*s*) antes que o Sb^+ 0,010 M, na mesma solução, comece a ser reduzido em pH 0,00?

17.C. Calcule o potencial do catodo (contra o E.C.S.) necessário para reduzir a concentração de cobalto(II) a 1,0 μM em cada uma das soluções a seguir. Em cada caso, o Co(*s*) é o produto da reação.

(a) $HClO_4$ 0,10 M

(b) $C_2O_4^{2-}$ 0,10 M (Nesta questão, desejamos saber em que potencial a concentração de $[Co(C_2O_4)_2^{2-}]$ será 1,0 μM.)

$$Co(C_2O_4)_2^{2-} + 2e^- \rightleftharpoons Co(s) + 2C_2O_4^{2-} \qquad E° = -0{,}474\ V$$

(c) EDTA 0,10 M em pH 7,00 (Nesta questão, desejamos saber em que potencial a concentração de $[Co(EDTA)^{2-}]$ será 1,0 μM.)

17.D. Íons capazes de reagir com o Ag^+ podem ser determinados eletrogravimetricamente pela deposição em um anodo de trabalho de prata:

$$Ag(s) + X^- \rightarrow AgX(s) + e^-$$

(**a**) Qual será a massa final de um anodo de prata usado para eletrolisar 75,00 mL de uma solução de KSCN 0,023 80 M, se a massa inicial do anodo é de 12,463 8 g?

(**b**) Qual o potencial de eletrólise (contra o E.C.S.) em que o AgBr(*s*) será depositado a partir de uma solução de Br^- 0,10 M? (Considere desprezível o fluxo de corrente, de modo que não existe potencial de queda ôhmica, polarização de concentração ou sobretensão.)

(**c**) É teoricamente possível separarmos, por eletrólise com potencial controlado, 99,99% de KI 0,10 M de KBr 0,10 M?

17.E. Há muitas décadas que o cloro tem sido usado na esterilização de água potável. Um efeito colateral desse tratamento é a reação do cloro com impurezas orgânicas formando compostos organoclorados, muitos dos quais são tóxicos. O monitoramento de halogeneto orgânico total (em inglês, TOX) tornou-se rotineiro para muitas empresas distribuidoras de água. Um procedimento-padrão para a determinação do TOX consiste em passar a água por um leito de carvão ativado, que retém os compostos orgânicos. O carvão é então queimado, havendo liberação de halogenetos de hidrogênio:

$$\text{Halogeneto orgânico (RX)} \xrightarrow{O_2/800°C} CO_2 + H_2O + HX$$

O HX é então absorvido em água e determinado por meio de uma titulação coulométrica automática com um anodo de prata:

$$X^-(aq) + Ag(s) \rightarrow AgX(s) + e^-$$

Quando 1,00 L de água potável foi analisado, foi necessário aplicar uma corrente de 4,23 mA durante 387 s. Um branco, preparado oxidando carvão, necessitou de uma corrente de 4,23 mA por 6 s. Expresse o TOX da água potável em número de μmol de halogênio/L. Se todo halogênio for o cloro, expresse o valor de TOX em μg de Cl/L.

17.F. O Cd^{2+} foi usado como padrão interno na análise de Pb^{2+} por polarografia de onda quadrada. O Cd^{2+} produz uma onda de redução em –0,60 V e o Pb^{2+} produz uma onda de redução em –0,40 V. Inicialmente, verificou-se que a razão entre as alturas dos picos é proporcional à razão entre as concentrações dos íons em toda faixa utilizada no experimento. A seguir podemos ver os resultados obtidos para misturas de composição conhecida e de composição desconhecida:

Analito	Concentração (M)	Corrente (μA)
Conhecida		
Cd^{2+}	$3{,}23\ (\pm 0{,}01) \times 10^{-5}$	1,64 (± 0,03)
Pb^{2+}	$4{,}18\ (\pm 0{,}01) \times 10^{-5}$	1,58 (± 0,03)
Desconhecida + Padrão Interno		
Cd^{2+}	?	2,00 (± 0,03)
Pb^{2+}	?	3,00 (± 0,03)

A mistura desconhecida foi preparada misturando-se 25,00 (±0,05) mL de solução desconhecida (contendo apenas Pb^{2+}) e 10,00 (±0,05) mL de uma solução de Cd^{2+} 3,23 (±0,01) × 10^{-4} M, diluindo-se a mistura a 50,00 (±0,05) mL.

(**a**) Determine a concentração de Pb^{2+} na mistura desconhecida não diluída, sem considerar as incertezas.

(**b**) Determine a incerteza absoluta para a resposta (**a**).

17.G. Considere o voltamograma cíclico do um composto de Co(III), $Co(B_9C_2H_{11})_2^-$, no qual cada ligante $B_9C_2H_{11}^-$ tem uma carga igual a –1. Sugira uma reação química que seja a responsável por cada onda que aparece na figura a seguir. As reações são reversíveis? Quantos elétrons estão envolvidos em cada etapa? Esboce os polarogramas por amostragem de corrente e de onda quadrada que são esperados para este composto.

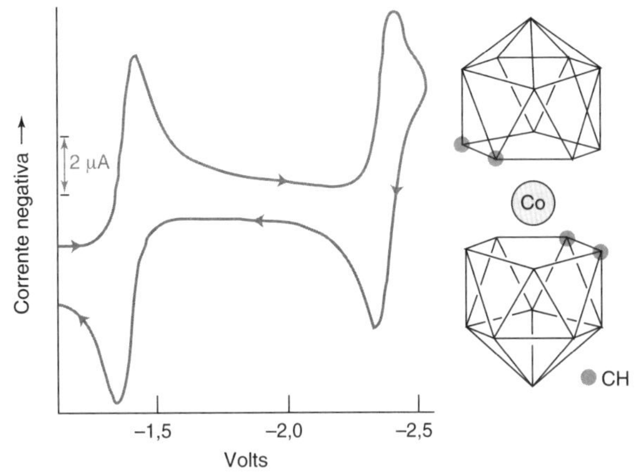

Voltamograma cíclico do $Co(B_9C_2H_{11})_2^-$. [Dados de W. E. Geiger, Jr., W. L. Bowden e N. El Murr, "An Electrochemical Study of the ProtonationSite of the Cobaltocene Anion and Cyclopentadienylcobalt(I) Dicarbolides", *Inorg. Chem.* **1979**, *18*, 2358.]

$E_{1/2}$ (V contra o E.C.S.)	I_{pa}/I_{pc}	$E_{pa} - E_{pc}$ (mV)
–1,38	1,01	60
–2,38	1,00	60

17.H. Em uma análise de teor de umidade, pelo método coulométrico de Karl Fischer, 25,00 mL de metanol puro "seco" necessitaram 4,23 C para gerar I_2 suficiente para reagir com a água residual existente no metanol. Uma suspensão de 0,847 6 g de um material polimérico finamente dividido em 25,00 mL do mesmo metanol "seco" necessitou 63,16 C. Determine a porcentagem em massa de H_2O no polímero.

Problemas

Fundamentos da Eletrólise

17.1. Quantas horas são necessárias para que 0,100 mol de elétrons passem por um circuito, se o valor da corrente é 1,00 A?

17.2. A energia livre padrão para a formação de $H_2(g) + \frac{1}{2}O_2(g)$ a partir de $H_2O(l)$ é $\Delta G° = +237{,}13$ kJ. As reações são:

$$\text{Catodo:}\quad 2H_2O + 2e^- \rightleftharpoons H_2(g) + 2OH^-$$

$$\text{Anodo:}\quad H_2O \rightleftharpoons \frac{1}{2}O_2(g) + 2H^+ + 2e^-$$

A Equação 14.5 nos informa que, se a reação é conduzida de forma reversível, o potencial $E°$ necessário para eletrolisar a $H_2O(l)$ em $H_2(g) + \frac{1}{2}O_2(g)$ está relacionado com a variação de energia livre dada por $\Delta G° = -nFE°$, em que $n = 2$ é o número de elétrons na meia-reação balanceada, e F é a constante de Faraday. *Padrão* significa que todas as espécies estão em suas condições padrões (1 bar para gases, líquido puro para a água, atividade unitária para H^+ e OH^-). Calcule o valor do potencial-padrão ($E°$) necessário para decompor a água em seus elementos por eletrólise.

17.3. Considere as seguintes reações de eletrólise.

$$\text{Catodo:}\quad H_2O(l)+e^- \rightleftharpoons \frac{1}{2}H_2(g,\,1{,}0\text{ bar})+OH^-(aq,\,0{,}10\text{ M})$$

$$\text{Anodo:}\quad Br^-(aq,\,0{,}10\text{ M}) \rightleftharpoons \frac{1}{2}Br_2(l)+e^-$$

(a) Encontre o valor de $E°$ para as meias-reações no Apêndice H e calcule o potencial que deve ser aplicado para que a reação global ocorra se a corrente é desprezível.

(b) Suponha que a célula tenha uma resistência de 2,0 Ω e que passe por ela uma corrente constante de 100 mA. Que potencial será necessário para superar a resistência da célula? Este é o potencial de queda ôhmica.

(c) Suponha que a reação anódica tenha uma sobretensão de 0,20 V e que a sobretensão do catodo seja de 0,40 V. As sobretensões sempre aumentam o valor do potencial que deve ser aplicado para que a reação ocorra. Qual o potencial necessário para superar esses efeitos conjuntamente com os potenciais previstos em (**a**) e (**b**)?

(d) Suponha que exista polarização de concentração. A concentração de $[OH^-]_s$ na superfície do catodo aumenta para 1,0 M, e a concentração de $[Br^-]_s$ na superfície do anodo diminui para 0,010 M. Qual o potencial necessário para superar esses efeitos conjuntamente com os potenciais previstos em (**b**) e (**c**)?

17.4. (**a**) Considere a eletrólise de decomposição da H_2O em H_2 e O_2 em solução de NaOH 1 M. Escreva a equação de Nernst para a meia-reação $2H^+ + 2e^- \rightleftharpoons H_2(g)$ e encontre o valor de E quando $P_{H_2} = 1$ bar e $[H^+] = 10^{-14}$ M em NaOH 1 M. Compare sua resposta com o valor de $E°$ para a meia-reação $H_2O + e^- \rightleftharpoons \frac{1}{2}H_2(g) + OH^-$ no Apêndice H. Explique a relação entre os resultados.

(b) A redução de H_2O a $H_2(g)$ foi conduzida usando como catodo uma liga de platina ou um catodo de titânio. A figura vista a seguir mostra a corrente observada como função do potencial do catodo. Em aproximadamente qual potencial a reação terá início em um eletrodo de Pt? Esse resultado é comparável à sua expectativa? Por que as curvas para os dois diferentes materiais de eletrodo não se sobrepõem?

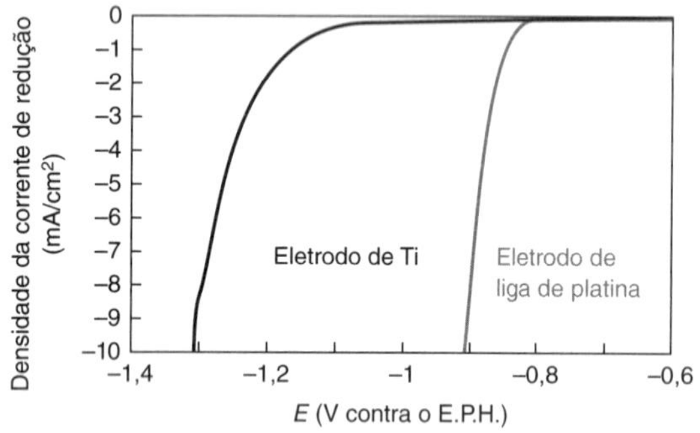

Gráfico de corrente contra potencial para um catodo de liga de Pt e um catodo de Ti para a redução da água em hidrogênio e oxigênio gasosos em solução de NaOH 1 M. [Dados de R. H. Gonçalves, "Reusing a Hard Drive Platter to Demonstrate Electrocatalysts for Hydrogen and Oxygen Evolution Reactions", *J. Chem. Ed.* **2018**, *95*, 290.]

17.5. (**a**) Qual o potencial, V_1 ou V_2, no esquema a seguir que é constante durante uma eletrólise com potencial controlado? Quais são os eletrodos de trabalho, contraeletrodo (eletrodo auxiliar) e de referência no esquema?

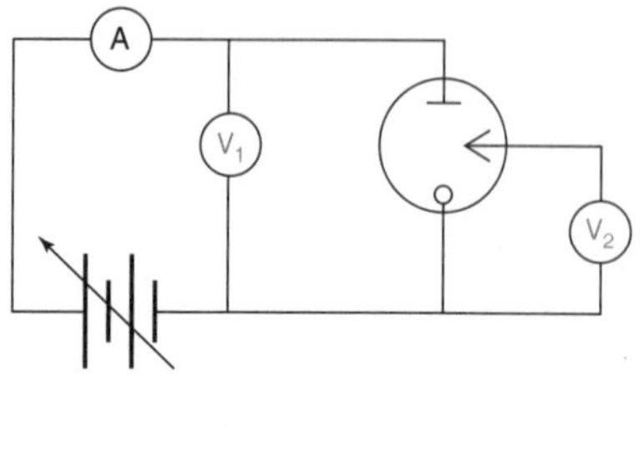

(b) Explique como o capilar de Luggin, na Figura 17.4, mede o potencial elétrico na abertura do capilar.

17.6. (**a**) A célula na Figura 17.4 é:

Cu(*s*) | 1,0 M $CuSO_4$(*aq*) | KCl (*aq*, 3 M) | AgCl(*s*) | Ag(*s*)

Escreva meia-reações para essa célula. Desprezando os coeficientes de atividade e o potencial de junção líquida entre $CuSO_4$(*aq*) e KCl(*aq*), preveja o potencial de equilíbrio (corrente nula) esperado quando o capilar de Luggin entra em contato com o eletrodo de Cu. Para esse propósito, suponha que o potencial do eletrodo de referência seja 0,197 V contra E.C.S. Por que se observa o potencial de equilíbrio em +109 mV, e não no valor que você calculou?

(b) De que forma as sobretensões variarão caso o potenciostato imponha uma diferença de potencial superior a 1,000 V?

17.7. A pilha de Weston mostrada a seguir é um padrão de potencial elétrico muito estável, usada anteriormente em potenciômetros. (O potenciômetro compara um valor de um potencial desconhecido com o do padrão. Ao contrário das condições deste problema, muito pouca corrente deve ser retirada da pilha caso ela venha a ser um padrão exato de potencial.)

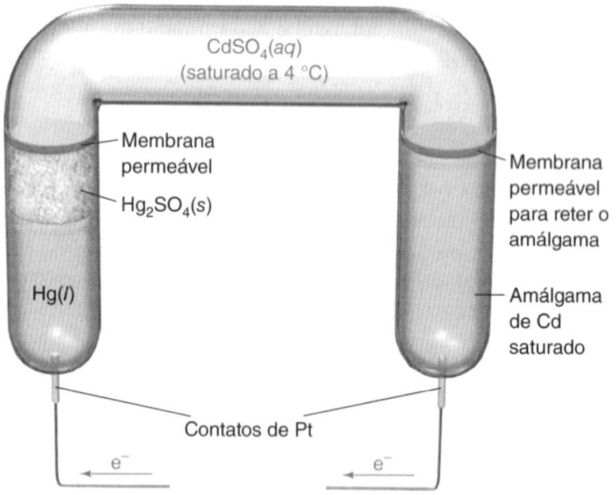

$$Hg_2SO_4 + Cd(\text{em } Hg) \rightleftharpoons 2Hg + CdSO_4$$

(a) Quanto trabalho (J) pode ser realizado pela pilha de Weston, quando o seu potencial é de 1,02 V e 1,00 mL de Hg (massa específica = 13,53 g/mL) é depositado?

(b) Se a pilha fornece corrente para um resistor de 100 Ω que dissipa o calor com uma velocidade de 0,209 J/min, quantos gramas de Cd serão oxidados a cada hora? (Esta parte do problema não precisa ser consistente com o item (**a**). Nesse caso, o potencial deixa de ser 1,02 V.)

17.8. O processo cloro-álcali,[61] onde a água do mar é eletrolisada para produzir Cl_2 e NaOH, vem a ser, depois da produção de alumínio, o segundo processo eletrolítico comercial mais importante.

$$\text{Anodo:}\quad Cl^- \rightarrow \frac{1}{2}Cl_2 + e^-$$

$$\text{Catodo de Hg:}\quad Na^+ + H_2O + e^- \rightarrow NaOH + \frac{1}{2}H_2$$

Uma membrana semipermeável de Nafion® (Seção 17.5) resistente ao ataque químico separa os compartimentos anódico e catódico da célula eletrolítica. O lado aniônico da membrana é permeável a íons Na^+, mas não a ânions. O compartimento catódico é inicialmente cheio com água pura e o compartimento anódico contém água do mar tratada para eliminar os íons Ca^{2+} e Mg^{2+}. Explique como a membrana permite obter NaOH isento de NaCl.

17.9. A bateria de chumbo ácida dos automóveis é composta por seis células em série, cada uma fornecendo um potencial próximo a 2,0 V e um total de 12 V quando a bateria está descarregando. A recarga da bateria necessita de ~2,4 V por célula, ou ~14 V para toda a bateria.[62] Explique essas observações com base na Equação 17.6.

Análises Eletrogravimétricas

17.10. Uma amostra desconhecida de 0,326 8 g, contendo Pb $(CH_3CHOHCO_2)_2$ (lactato de chumbo, MF 385,3) e material inerte, foi eletrolisada produzindo 0,111 1 g de PbO_2 (MF 239,2). O PbO_2 depositou-se no anodo ou no catodo? Determine a porcentagem em massa do lactato de chumbo presente na amostra.

17.11. Uma solução contendo Sn^{2+} foi eletrolisada de modo a reduzi-lo a Sn(*s*). Admitindo que não existe polarização de concentração, calcule o potencial do catodo (contra o E.C.S.) necessário para reduzir a concentração do Sn^{2+} a $1,0 \times 10^{-8}$ M. Qual seria o potencial se fizéssemos o cálculo contra o E.P.H. em vez do E.C.S.? Se existisse polarização de concentração, o potencial tornar-se-ia mais positivo ou mais negativo?

17.12. Admitindo fluxo de corrente desprezível, qual o potencial do catodo (contra o E.C.S.) necessário para reduzir 99,99% do Cd(II) presente em uma solução de Cd(II) 0,10 M em amônia 1,0 M? Considere as reações a seguir e suponha que praticamente todo o Cd(II) se encontra na forma de $Cd(NH_3)_4^{2+}$.

$$Cd^{2+} + 4NH_3 \rightleftharpoons Cd(NH_3)_4^{2+} \qquad \beta_4 = 3,6 \times 10^6$$

$$Cd^{2+} + 2e^- \rightleftharpoons Cd(s) \qquad E° = -0,402 \text{ V}$$

17.13. *Eficiência de* eletrodeposição.[63] Níquel foi depositado eletroliticamente sobre um eletrodo de carbono a partir de um banho contendo 290 g/L de $NiSO_4 \cdot 6H_2O$, 30 g/L de $B(OH)_3$ e 8 g/L de NaCl, sob um potencial de –1,2 V contra Ag | AgCl. A mais importante reação paralela é a redução do H^+ a H_2. Em um experimento, um eletrodo de carbono de massa 0,477 5 g antes da deposição passou a ter uma massa de 0,479 8 g após a passagem de 8,082 C no circuito. Qual a porcentagem da corrente destinada à reação $Ni^{2+} + 2e^- \rightarrow Ni(s)$?

Coulometria

17.14. Explique como funciona o detector amperométrico de ponto final da Figura 17.9.

17.15. Qual a função de um mediador?

17.16. A sensibilidade de um coulômetro depende de sua capacidade de fornecer o seu menor valor de corrente em um mínimo de tempo. Suponhamos que 5 mA podem ser fornecidos em 0,1 s.

(**a**) Quantos mols de elétrons são fornecidos por 5 mA durante 0,1 s?

(**b**) Quantos mililitros de uma solução 0,01 M de um agente redutor que transfere dois elétrons são necessários para suprir o mesmo número de elétrons?

17.17. No experimento da Figura 17.9 foram necessários 5,32 mA durante 964 s para a reação completa de uma alíquota de 5,00 mL de uma amostra desconhecida contendo ciclo-hexeno.

(**a**) Quantos mols de elétrons passaram pela célula?

(**b**) Quantos mols de ciclo-hexeno reagiram?

(**c**) Qual a molaridade do ciclo-hexeno na amostra desconhecida?

17.18. O $H_2S(aq)$ pode ser analisado pela titulação com I_2 produzido por coulometria.

$$H_2S + I_2 \rightarrow S(s) + 2H^+ + 2I^-$$

A 50,00 mL de uma amostra foram adicionados 4 g de KI. A eletrólise, com uma corrente de 52,6 mA, demorou 812 s para se completar. Calcule, em μg/mL, a concentração de H_2S na amostra.

17.19. Na Figura 17.11, foram introduzidos 2,00 nmols de frutose. Quantos elétrons são perdidos na oxidação de uma molécula de frutose? Compare o número teórico de coulombs com o número observado experimentalmente para a oxidação completa da amostra.

17.20. O diamante consiste em átomos de carbono em um cristal cúbico de face centrada (Figura 15.38). Grupos amino (—NH_2) foram adicionados sobre a superfície de um eletrodo de diamante dopado com boro a partir de um plasma produzido por uma descarga de radiofrequência em $NH_3(g)$. Grupos ferroceno foram então quimicamente acoplados aos átomos de nitrogênio. O ferroceno foi oxidado reversivelmente quando um potencial positivo foi aplicado ao eletrodo.[64]

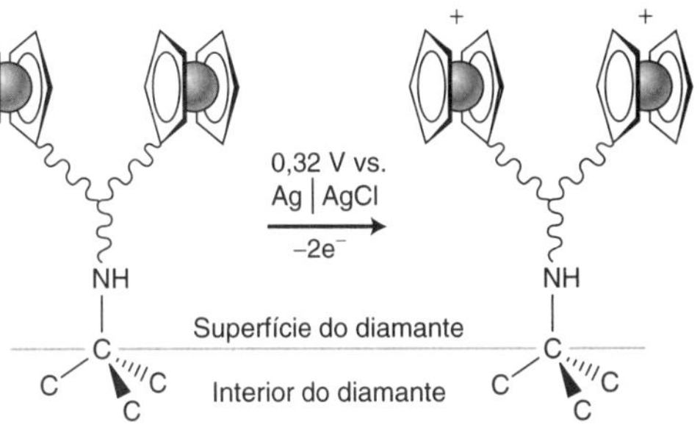

(**a**) Com base na Seção 15.8, descreva como a dopagem com boro transforma o diamante de um isolante para um semicondutor. Ele é do tipo *p* ou do tipo *n*? Explique sua resposta.

(**b**) A densidade superficial dos átomos de carbono no diamante é aproximadamente $1,7 \times 10^{15}$ átomos/cm². (Diferentes planos cristalográficos apresentam densidades um pouco diferentes. O eletrodo na Figura 17.17 apresenta uma variedade de planos cristalográficos expostos.) A oxidação dos grupos ferroceno ligados em 0,38 cm² de superfície de um eletrodo de diamante consumiu 23 μC de carga. Encontre a densidade superficial do ferroceno (moléculas/cm²) no diamante. Caso existam dois grupos ferroceno ligados a cada átomo de N, quantos átomos de N existem em cada centímetro quadrado? Que fração aproximada dos átomos de C na superfície foi substituída por átomos de N?

17.21. O íon Ti^{3+} é gerado em uma solução de $HClO_4$ 0,10 M para ser usado na redução coulométrica do azobenzeno.

$$TiO^{2+} + 2H^+ + e^- \rightleftharpoons Ti^{3+} + H_2O \qquad E° = 0,100 \text{ V}$$

$$4Ti^{3+} + \underset{\text{Azobenzeno}}{C_6H_5N{=}NC_6H_5} + 4H_2O \rightarrow \underset{\text{Anilina}}{2C_6H_5NH_2} + 4TiO^{2+} + 4H^+$$

No contraeletrodo, a água é oxidada e o O_2 é liberado em uma pressão de 0,20 bar. Os dois eletrodos da célula são de Pt polida e cada um deles possui uma área superficial total de 1,00 cm². A velocidade de redução do azobenzeno é de 25,9 nmols/s, e a resistência da solução entre os eletrodos geradores é de 52,4 Ω.

(**a**) Calcule a densidade da corrente (A/m²) na superfície do eletrodo. Use a Tabela 17.1 para estimar a sobretensão para a liberação de O_2.

(**b**) Calcule o potencial do catodo (contra o E.P.H.) admitindo que a $[TiO^{2+}]_{superfície} = [TiO^{2+}]_{solução} = 0,050$ M e que a $[Ti^{3+}]_{superfície} = 0,10$ M.

(**c**) Calcule o potencial do anodo (contra o E.P.H.).

(**d**) Que potencial total deve ser aplicado?

17.22. *Propagação de incerteza.* Em uma determinação muito precisa do valor da constante de Faraday, um anodo de prata pura foi oxidado a Ag^+ por meio de uma corrente constante de 0,203 639 0 (±0,000 000 4) A durante 18 000,075 (±0,0010) s, ocorrendo uma perda de massa de 4,097 900 (±0,000 003) g no anodo. Sabendo-se que o valor da massa atômica da Ag é 107,868 2 (±0,000 2), determine o valor da constante de Faraday e a sua incerteza.

17.23. *Titulação coulométrica de sulfito em vinho.*[65] O dióxido de enxofre é adicionado como conservante a muitos alimentos. Em solução aquosa, existem as seguintes espécies em equilíbrio:

$$SO_2 \rightleftharpoons H_2SO_3 \rightleftharpoons HSO_3^- \rightleftharpoons SO_3^{2-} \quad (A)$$

Dióxido de enxofre   Ácido sulfuroso   Bissulfito   Sulfito

O bissulfito reage com aldeídos nos alimentos em pH próximo à neutralidade:

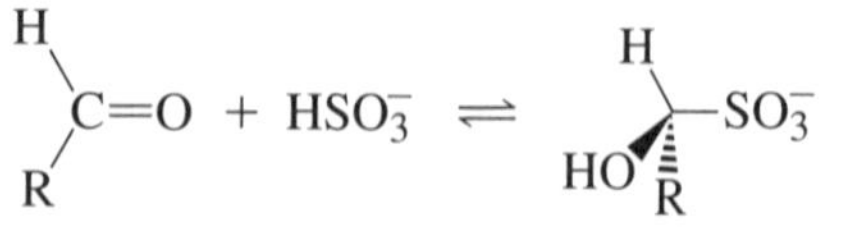

$$\underset{\text{Aldeído}}{\overset{H}{\underset{R}{C}}=O} + HSO_3^- \rightleftharpoons \underset{\text{Aduto}}{\overset{H}{\underset{HO\,R}{C}}-SO_3^-} \quad (B)$$

O sulfito é liberado do aduto em NaOH 2 M, e pode ser analisado por meio de sua reação com I_3^- produzindo I^- e sulfato. É necessário um excesso de I_3^- para que a reação seja quantitativa.

A seguir, descreve-se um procedimento coulométrico para análise de sulfito total em vinho branco. O sulfito total compreende todas as espécies na Reação A e o aduto na Reação B. O uso de vinho branco permite que vejamos a coloração do complexo goma de amido-iodo no ponto final.

1. Misture 9,00 mL de vinho e 0,8 g de NaOH, diluindo a 10,00 mL. O NaOH libera o sulfito de seus adutos orgânicos.
2. Gere I_3^- no eletrodo de trabalho (o anodo), passando uma corrente conhecida por um tempo determinado em uma célula na Figura 17.10. A célula contém 30 mL de tampão acetato 1 M (pH 3,7) e KI 0,1 M. A reação no compartimento catódico é a redução da H_2O a $H_2 + OH^-$. O vidro sinterizado retarda a difusão do OH^- para o compartimento principal, onde reagiria com o I_3^- produzindo IO^-.
3. Gere I_3^- no anodo com uma corrente de 10,0 mA por 4,00 min.
4. Injete 2,000 mL da solução contendo vinho/NaOH na célula. O sulfito reage com I_3^- deixando um excesso deste último.
5. Adicione 0,500 mL de solução de tiossulfato 0,050 7 M para consumir o I_3^- segundo a Reação 16.19, deixando um excesso de tiossulfato.
6. Adicione o indicador goma de amido na célula e gere nova quantidade de I_3^- com uma corrente constante de 10,0 mA. Foram necessários 131 s para o consumo do excesso de tiossulfato e para atingir o ponto final com o indicador.

(a) Qual a faixa de pH em que cada forma do ácido sulfuroso predomina?
(b) Escreva meia-reações balanceadas para o anodo e o catodo.
(c) Em pH 3,7 a forma predominante do ácido sulfuroso é a espécie HSO_3^-, e a forma dominante do ácido sulfúrico é a espécie HSO_4^-. Escreva reações balanceadas entre I_3^- e HSO_3^-, e entre I_3^- e tiossulfato.
(d) Determine a concentração de sulfito total no vinho não diluído.

17.24. *Demanda química de oxigênio por coulometria.* Um dispositivo eletroquímico, incluindo uma superfície de TiO_2 para foto-oxidação, pode substituir o refluxo com $Cr_2O_7^{2-}$ para medir a demanda química de oxigênio (Boxe 16.2). O diagrama mostra um eletrodo de trabalho recoberto com nanopartículas de TiO_2, mantido a +0,30 V contra um eletrodo de Ag | AgCl. Sob irradiação com ultravioleta, elétrons e lacunas são gerados no TiO_2. As lacunas oxidam a matéria orgânica na superfície. Os elétrons reduzem a H_2O no contraeletrodo em um compartimento conectado ao do eletrodo de trabalho por meio de uma ponte salina. A espessura do compartimento da amostra é de apenas 0,18 mm, com um volume de 13,5 μL. É necessário ~1 minuto para toda a matéria orgânica se difundir para a superfície do TiO_2 e ser completamente oxidada.

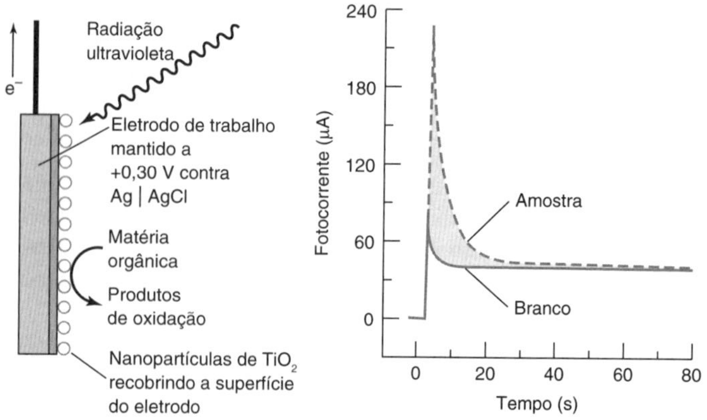

Esquerda: eletrodo de trabalho. *Direita*: resposta da fotocorrente para a amostra e o branco. Ambas as soluções contêm $NaNO_3$ 2 M. [Dados de H. Zhao, D. Jiang, S. Zhang, K. Catterall e R. John, "Development of a Direct Photoelectrochemical Method for Determination of Chemical Oxygen Demand", *Anal. Chem.* **2004**, *76*, 155.]

A curva do branco mostrada no gráfico assinala a resposta quando o compartimento da amostra contém apenas o eletrólito. Antes da irradiação, nenhuma corrente é observada. A radiação ultravioleta provoca um salto na corrente, seguido de um rápido decréscimo até um nível estacionário próximo a 40 μA. Esta corrente provém da oxidação da água na superfície do TiO_2 exposto à radiação ultravioleta. A curva superior mostra o mesmo experimento, mas com um efluente residual no compartimento da amostra. O aumento da corrente deve-se à oxidação da matéria orgânica. Quando esta é consumida, a corrente decresce até o patamar do ensaio em branco. A área entre as duas curvas nos informa quantos elétrons foram produzidos na oxidação da matéria orgânica presente na amostra.

(a) Vamos escrever a meia-reação de oxidação que ocorre nesta célula como:

$$C_cH_hO_oN_nX_x + AH_2O \rightarrow cCO_2 + xX^- + nNH_3 + DH^+ + Ee^-$$

em que X é um halogênio qualquer. Quantas moléculas de O_2 são necessárias para balancear a meia-reação de oxidação pela redução do oxigênio ($O_2 + 4H^+ + 4e^- \rightarrow 2H_2O$)?

(b) A área entre as duas curvas no gráfico é $\int_0^\infty (I_{amostra} - I_{branco})\,dt =$ 9,43 mC. Este é o número de elétrons liberados na oxidação completa da amostra. Quantos mols de O_2 seriam necessários para a mesma oxidação?

(c) A demanda química de oxigênio (DQO) é expressa em mg de O_2 necessários para oxidar 1 L de amostra. Encontre a DQO para esta amostra.

(d) Se a única substância oxidável na amostra fosse $C_9H_6NO_2ClBr_2$, a meia-reação de oxidação balanceada seria

$$C_9H_6NO_2ClBr_2 + 16H_2O \rightarrow 9CO_2 + 3X^- + NH_3 + 35H^+ + 32e^-$$

Com base no resultado 9,43 mC de elétrons encontrado em (b), calcule a concentração de $C_9H_6NO_2ClBr_2$ em mol/L.

Amperometria

17.25. Qual a finalidade de um eletrodo de Clark e como ele funciona?

17.26. (a) Como funciona o monitor amperométrico de glicose mostrado na Figura 17.12?

(b) Por que o uso de um mediador é vantajoso em um monitor de glicose?

(c) Como funciona o monitor coulométrico de glicose mostrado na Figura 17.14?

(d) Por que o sinal na medida amperométrica depende da temperatura da amostra de sangue, enquanto o sinal na coulometria é independente da temperatura? Você espera que o sinal aumente ou diminua com a elevação da temperatura na amperometria?

(e) A glicose ($C_6H_{12}O_6$, MF 180,16) está normalmente presente no sangue humano em uma concentração próxima de 1 g/L. Quantos microcoulombs são necessários para a oxidação completa da glicose em uma amostra de 0,300 μL de sangue em um monitor portátil de glicose, se a concentração é 1,00 g/L?

17.27. Explique por que cada voltamograma de um eletrodo de disco rotatório na Figura 17.16 atinge um patamar em valores baixos e elevados de potencial. Que química ocorre em cada patamar? Por que todas as curvas se sobrepõem em potencial baixo? Como a densidade de corrente em cada patamar mudaria se a velocidade de rotação fosse diminuída?

17.28. Para um eletrodo de disco rotatório, operando em um potencial suficientemente grande, a velocidade de uma reação redox depende da velocidade com que o analito consegue se difundir em direção ao eletrodo por meio da camada de difusão (Figura 17.15b). A espessura da camada de difusão é dada por:

$$\delta = 1{,}61D^{1/3}\nu^{1/6}\omega^{-1/2}$$

em que D é o coeficiente de difusão do reagente (m^2/s), ν é a viscosidade cinemática do líquido (= viscosidade/massa específica = m^2/s) e ω é a velocidade de rotação do eletrodo (radianos/s). Em um círculo existem 2π radianos. A densidade de corrente (A/m^2) é

$$\text{Densidade de corrente} = 0{,}62nFD^{2/3}\nu^{-1/6}\omega^{1/2}C_0$$

em que n é o nú∫mero de elétrons na meia-reação, F é a constante de Faraday e C_0 é a concentração da espécie eletroativa no seio da solução (mol/m^3, e não mol/L). Considere a oxidação do íon $Fe(CN)_6^{4-}$ em uma solução de $K_3Fe(CN)_6$ 10,0 mM + $K_4Fe(CN)_6$ 50,0 mM a +0,90 V (contra o E.C.S.), com uma rotação do eletrodo de $2{,}00 \times 10^3$ rotações por minuto.[30] O coeficiente de difusão do $Fe(CN)_6^{4-}$ é $2{,}5 \times 10^{-9}$ m^2/s e a viscosidade cinemática é $1{,}1 \times 10^{-6}$ m^2/s. Calcule a espessura da camada de difusão e o valor da densidade de corrente correspondente. O valor da densidade de corrente deve ser próximo ao da Figura 17.16b.

Voltametria

17.29. Em uma solução de NH_3 1 M / NH_4Cl 1 M o íon Cu^{2+} foi reduzido a Cu^+ em um potencial próximo a –0,3 V (contra o E.C.S.), e o Cu^+ foi reduzido a Cu(*em Hg*) próximo a –0,6 V.

(a) Trace, de forma qualitativa, um polarograma por amostragem de corrente para a solução de Cu^+.

(b) Trace o mesmo tipo de polarograma do item anterior para a solução de Cu^{2+}.

(c) Admita que a Pt, em vez do Hg, foi usada como eletrodo de trabalho. Que potenciais de redução devem mudar de valor em consequência desta substituição?

17.30. **(a)** Qual a diferença entre uma corrente capacitiva e uma corrente faradaica?

(b) Qual a finalidade de esperar 1 segundo após o pulso de potencial antes de medirmos o valor da corrente na voltametria por amostragem de corrente?

17.31. **(a)** Por que a voltametria de onda quadrada é mais sensível do que a voltametria por amostragem de corrente?

(b) Explique por que a forma do pico na voltametria de onda quadrada é a derivada da forma do pico na voltametria por amostragem de corrente na Figura 17.28.

17.32. Considere uma reação redox reversível na superfície de um eletrodo. "Reversível" significa que a reação é rápida o suficiente para que os reagentes e os produtos estejam em equilíbrio na superfície do eletrodo em conformidade com a equação de Nernst.

(a) Por que existem três picos (e não patamares) na voltametria cíclica no eletrodo plano macroscópico da Figura 17.19? O tamanho do eletrodo é da ordem de milímetros.

(b) Por que existem três patamares (e não picos) na voltametria cíclica no eletrodo microscópico da Figura 17.35? O tamanho do eletrodo é da ordem de micrômetros.

(c) Por que existem três patamares em lugar de picos na voltametria cíclica no eletrodo de disco rotatório macroscópico da Figura 17.16?

17.33. **(a)** Na Figura 17.20, o reagente que está nos pontos b, c, d é $Fe(CN)_6^{3-}$ ou $Fe(CN)_6^{4-}$? Escreva a ordem decrescente de concentração do reagente na superfície do eletrodo nos pontos b, c, d. Por exemplo, sua resposta pode ser escrita como c > b > d.

(b) Por que a corrente é máxima no ponto c apesar de a concentração do reagente no eletrodo não ser a mais alta nesse ponto? Por que a corrente diminui do ponto c para o ponto d apesar de o potencial ser mais negativo em d?

(c) O reagente que está nos pontos e, f, g é $Fe(CN)_6^{3-}$ ou $Fe(CN)_6^{4-}$? Escreva a ordem decrescente de concentração do reagente na superfície do eletrodo nos referidos pontos.

(d) Por que o valor da corrente é maior no ponto f do que no ponto e? Por que a corrente não é nula no ponto g?

(e) O tempo de experimento aumenta na ordem e < f < g ou g < f < e? Por que a concentração de $Fe(CN)_6^{4-}$ atinge um máximo com o aumento da distância ao eletrodo na ordem e < f < g?

17.34. Suponha que a corrente de difusão em um polarograma para a redução de Cd^{2+}, em um catodo de mercúrio, seja de 14 μA. Se a solução contém 25 mL de Cd^{2+} 0,50 mM, qual a porcentagem de Cd^{2+} que será reduzida durante os 3,4 minutos necessários para varrer o potencial de –0,6 a –1,2 V?

17.35. O medicamento Librium, em H_2SO_4 0,05 M, tem uma onda polarográfica com $E_{1/2}$ = –0,265 V (contra o E.C.S.). Uma amostra com 50 mL de volume contendo Librium deu uma onda com uma altura de 0,37 μA. Quando foram adicionados 2,00 mL de Librium 3,00 mM, em H_2SO_4 0,05 M, a altura da onda aumentou para 0,80 μA. Determine a concentração molar de Librium na amostra de concentração desconhecida.

17.36. Explique como funciona uma voltametria por redissolução anódica. Por que esta técnica é a mais sensível das técnicas polarográficas?

17.37. A figura a seguir mostra medidas de voltametria por redissolução anódica, em um eletrodo de irídio sólido, para uma série de adições-padrão de Cu^{2+} a uma água de torneira acidificada. A amostra desconhecida e todas as soluções obtidas pelas adições-padrão foram diluídas a um mesmo volume final.

(a) Qual é a reação química que ocorre durante o estágio de concentração da análise?

(b) Qual é a reação química que ocorre durante o estágio de redissolução da análise?

(c) Determine a corrente inicial e a corrente após cada adição-padrão. Encontre a concentração de Cu^{2+} na água da torneira.

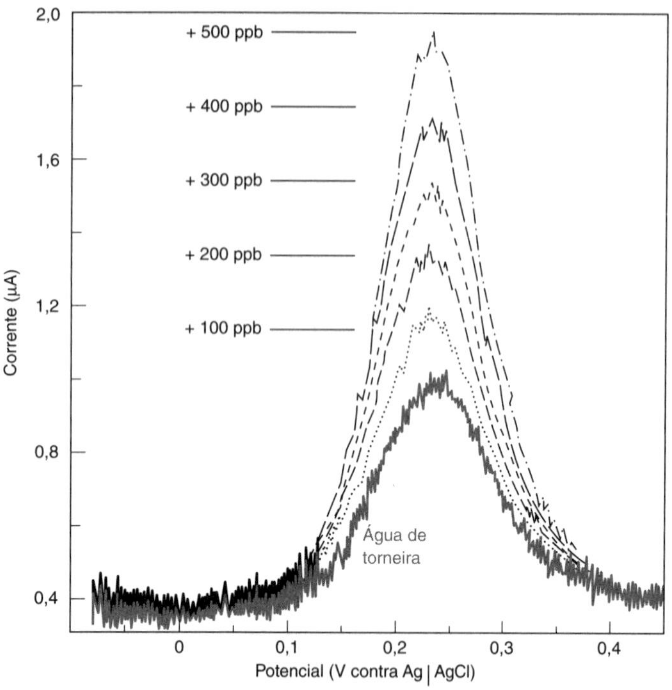

Voltamogramas de redissolução anódica de água de torneira e de cinco adições-padrão de 100 ppb de Cu^{2+}. [Dados de M. A. Nolan e S. P. Kounaves, "Microfabricated Array of Iridium Microdisks for Determination of Cu^{2+} or Hg^{2+} Using Square Wave Stripping Voltammetry", *Anal. Chem.* **1999**, *71*, 3567.]

17.38. A partir de duas adições-padrão de 50 pM de Fe(III) na figura mostrada a seguir, determine a concentração de Fe(III) na água do mar. Estime onde se deve situar a linha de base para cada sinal e meça a altura do pico a partir dessa linha de base. Considere que o volume é constante para todas as três soluções.

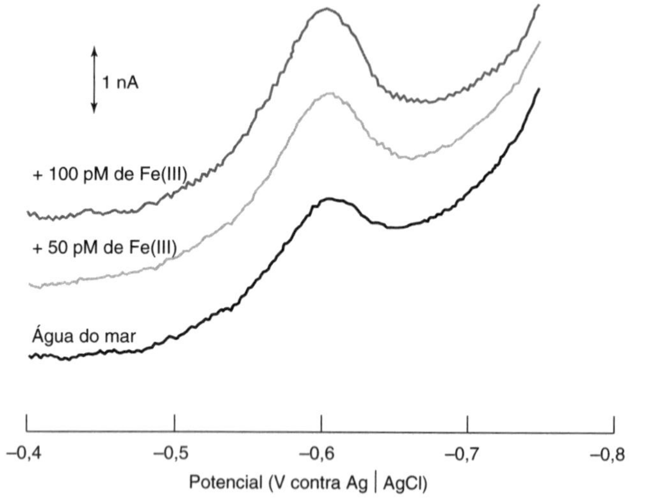

Voltamograma de redissolução por amostragem de corrente catódica de Fe(III) em água do mar mais duas adições-padrão de Fe(III) 50 pM. [Dados de H. Obata e C. M. G. van der Berg, "Determination of Picomolar Levels of Iron in Seawater Using Catalytic Cathodic Stripping Voltammetry", *Anal. Chem.* **2001**, *73*, 2522. Ver também C. M. G. van der Berg, "Chemical Speciation of Iron in Seawater by Cathodic Stripping Voltammetry with Dihydroxynaphtalene", *Anal. Chem.* **2006**, *78*, 156.]

17.39. A redissolução catódica do ClO_4^- na Figura 17.32 não envolve oxidação ou redução do ClO_4^-. Explique como essa medida é obtida.

17.40. O voltamograma cíclico do antibiótico cloranfenicol (abreviado como RNO_2) é visto a seguir. A varredura de potencial se iniciou em 0 V e prosseguiu em direção a −1,0 V. A primeira onda catódica, A, é proveniente da reação $RNO_2 + 4e^- + 4H^+ \rightarrow RNHOH + H_2O$. O pico B na varredura anódica reversa pode ser atribuído à equação $RNHOH \rightarrow RNO + 2H^+ + 2e^-$. Na segunda varredura catódica, de +0,9 V até −0,4 V, um novo pico C apareceu. Escreva uma reação para o pico C e explique por que o pico C não foi visto durante a varredura inicial.

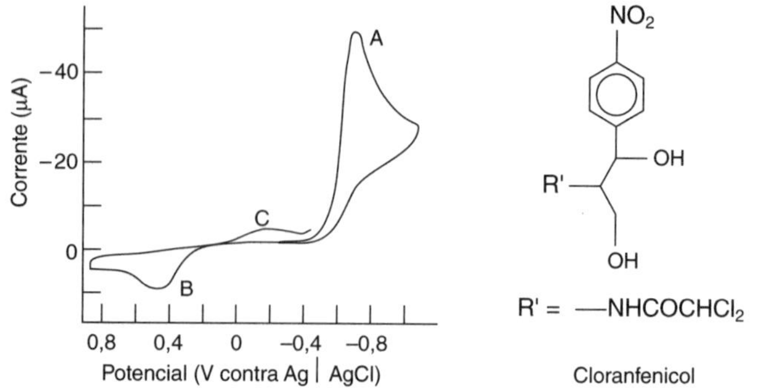

Voltamograma cíclico de uma solução de cloranfenicol $3{,}7 \times 10^{-4}$ M em tampão acetato 0,1 M, pH 4,62. O potencial do eletrodo de trabalho de pasta de carbono foi varrido com uma velocidade de 350 mV/s. [Dados de P. T. Kissinger e W. R. Heineman, "Cyclic Voltammetry", *J. Chem. Ed.* **1983**, *60*, 702.]

17.41. A tabela a seguir apresenta os valores de velocidade de varredura (v) e de corrente de pico (I_p) para a voltametria cíclica (Fe(II) → Fe(III)), em NaCl 0,1 M, de um derivado do ferroceno solúvel em água.[66]

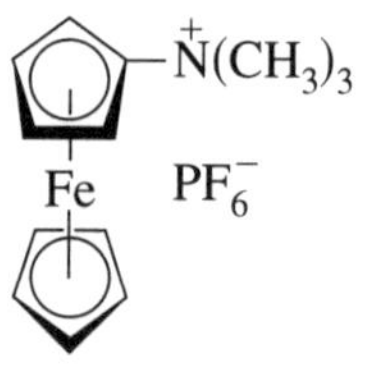

Velocidade de varredura (V/s)	Pico da corrente anódica (μA)
0,019 2	2,18
0,048 9	3,46
0,075 1	4,17
0,125	5,66
0,175	6,54
0,251	7,55

Se um gráfico de I_p contra $\sqrt{v}$ dá uma reta, então a reação tem seu mecanismo controlado por difusão. Construa um gráfico desse tipo e utilize-o para determinar o coeficiente de difusão do reagente por meio da Equação 17.21 nesta oxidação de um único elétron. A área do eletrodo de trabalho é de 0,020 1 cm^2, e a concentração do reagente é 1,00 mM.

17.42. Quais as vantagens da utilização de um microeletrodo para medidas voltamétricas?

17.43. Qual a finalidade da membrana de Nafion® na Figura 17.36?

17.44. *Determinação do tamanho de um microeletrodo por voltametria cíclica.*

(a) A química redox para o ferrocianeto na Figura 17.35 foi apresentada no início da Seção 17.5. Escreva a meia-reação do analito que ocorre no patamar superior próximo a 0,4 V, e no patamar inferior próximo a 0 V (contra E.C.S.).

(b) A corrente limite, I_{limite}, que é a diferença entre os patamares superior e inferior, está relacionada com o raio do eletrodo em forma de disco (r), o coeficiente de difusão (D) e a concentração do analito (C) no seio da solução:

$$I_{limite} = 4nFDCr$$

em que n é o número de elétrons na semirreação e F é a constante de Faraday. Nessa equação as unidades de concentração devem ser expressas em mol/m^3, para que seja consistente com as outras grandezas no Sistema SI. O coeficiente de difusão do ferrocianeto citado na referência para a Figura 17.35 é 9,2 × 10^{-10} m²/s em água a 25 °C. Calcule o raio do microeletrodo.

17.45. *Teste t emparelhado.* CdSe (g/L) presente em seis amostras diferentes de nanocristais foi determinado por dois métodos. Use o teste *t* emparelhado para decidir se os métodos são diferentes no intervalo de confiança de 95%.

Amostra	Método A Redissolução anódica	Método B Absorção atômica
A	0,88	0,83
B	1,15	1,04
C	1,22	1,39
D	0,93	0,91
E	1,17	1,08
F	1,51	1,31

FONTE: *Dados de E. Kuçur, F. M. Boldt, S. Cavaliere-Jaricont, J. Ziegler e T. Nann,* Anal. Chem. ***2007****, 79, 8987.*

17.46. *Teste t emparelhado no Excel.* Desta vez, usaremos uma rotina interna do Excel para resolver o Problema 17.45. Insira os dados dos Métodos A e B em duas colunas da planilha. No Excel 2016, vá em Análise de Dados no grupo Análise da aba Dados. Se o botão Análise de Dados não aparecer, siga as instruções do início da Seção 4.5 para habilitar essa função. Selecione Análise de Dados e, em seguida, selecione *Teste-T: duas amostras em par para médias.* Siga as instruções da Seção 4.5 e a rotina fornecerá um resultado que incluirá o teste *t* calculado (chamado no Excel de "Stat t") e o teste *t* tabelado (chamado no Excel de "t crítico bicaudal"). Você deverá reproduzir os resultados do Problema 17.45.

Titulação de Karl Fischer

17.47. Escreva as reações químicas que mostram que 1 mol de I_2 é necessário por 1 mol de H_2O em uma titulação de Karl Fischer.

17.48. Explique como o ponto final pode ser detectado na titulação de Karl Fischer da Figura 17.38.

18 Fundamentos de Espectrofotometria

BURACO NA CAMADA DE OZÔNIO[1]

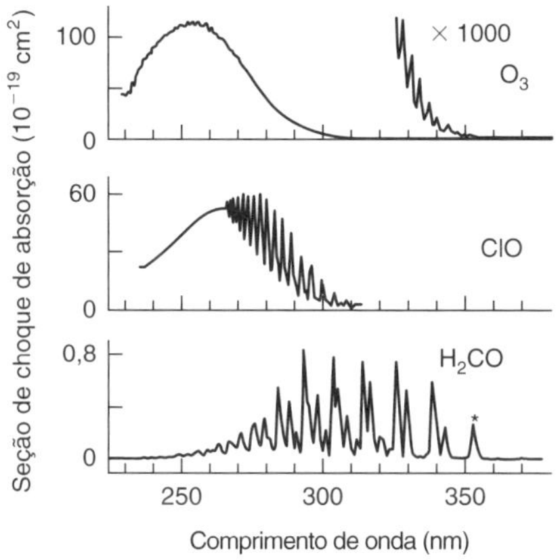

Espectros de gases na atmosfera em nível de traço. Na absorção máxima de ozônio, em um comprimento de onda próximo a 260 nm, uma camada de ozônio é mais opaca do que uma camada de ouro de mesma massa. [Dados de U. Platt e J. Stutz, *Differential Absorption Spectroscopy* (Berlin Heidelberg: Springer-Verlag, 2008).]

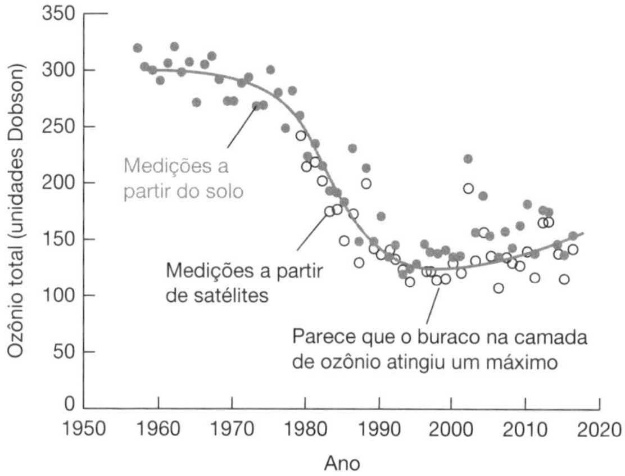

Concentração de O_3 atmosférico determinado espectroscopicamente em Halley, no Observatório Bay na Antártida, em outubro, medido a partir do solo e de satélites. As *unidades Dobson* são definidas no Problema 18.15. [Dados da NASA Ozone Watch, https://ozonewatch.gsfc.nasa.gov/facts/history.html.]

O ozônio, formado pela ação da radiação solar ultravioleta ($h\nu$) sobre o O_2 existente em altitudes entre 20 e 40 km, absorve a radiação ultravioleta responsável por queimaduras solares e câncer de pele.

$$O_2 \xrightarrow{h\nu} 2O \qquad O + O_2 \rightarrow \underset{\text{Ozônio}}{O_3}$$

Em 1985, um mapeamento realizado pela Missão Britânica na Antártida verificou que o ozônio total existente na estratosfera da Antártida tinha diminuído em 50% no início da primavera (outubro) com relação aos níveis dos 20 anos anteriores. Observações a partir da superfície, por meio de aviões e de satélites, mostraram que este "buraco de ozônio" aparece apenas durante o princípio da primavera (Figura 1.1) e que continuou se formando a cada ano. A espectroscopia permite conhecer detalhadamente a concentração e localização do ozônio e outros gases na atmosfera em nível de traço. Essas observações permitiram pesquisas que demonstraram que clorofluorocarbonos, outrora utilizados como fluido de refrigeração e propelente em latas de *spray*, catalisam a decomposição do ozônio. Para proteger os seres vivos da radiação ultravioleta, o Tratado de Montreal, firmado em 1987, eliminou o uso de clorofluorocarbonos. Substitutos mais seguros, como o difluorometano e o 1,2-difluoroetano, estão agora em uso, e os níveis de ozônio estão começando a se recuperar.

O satélite Aura, parte da constelação de cinco satélites conhecidos como "A-Train", orbita a 705 km da Terra e circula o planeta 14 vezes por dia.[2] Seu *espectrômetro de absorção óptica diferencial* compara a intensidade da radiação solar (P_0) de 270 a 500 nm com a radiação refletida pela Terra (P). Gases na atmosfera em nível de traço absorvem comprimentos de onda característicos da luz, permitindo a identificação e a quantificação de O_3, ClO, NO_2, SO_2, H_2CO (formaldeído), BrO e OClO. Um detector bidimensional do tipo dispositivo de carga acoplada (Seção 20.3), como a câmera do seu *smartphone*, coleta a "foto" da atmosfera a cada 2 segundos com uma resolução espectral de 0,5 nm, permitindo que ele monitore a absorbância característica de muitos gases em nível de traço.

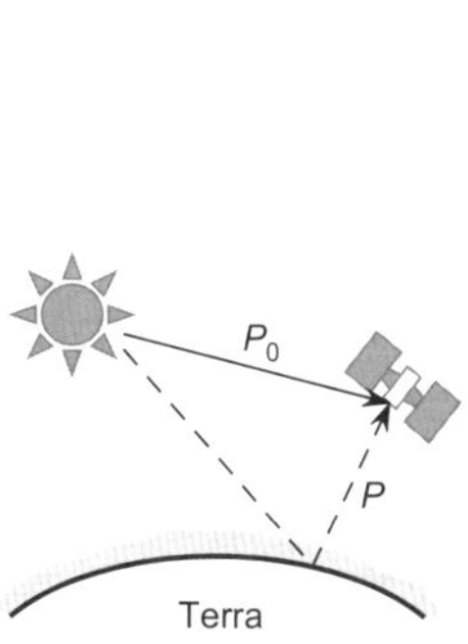

Espectrômetro de absorção óptica diferencial por satélite. [Dados de U. Platt e J. Stutz, *Differential Absorption Spectroscopy* (Berlin Heidelberg: Springer-Verlag, 2008).]

[C. Calvin/UCAR/NOAA]

Após a descoberta, em 1985, do "buraco" da camada de ozônio na Antártida, a especialista em química atmosférica, Susan Solomon, liderou a primeira expedição, em 1986, com a finalidade específica de obter dados químicos da atmosfera da Antártida por meio de balões e de equipamentos espectroscópicos situados na superfície. A expedição descobriu que a diminuição do ozônio ocorria após o nascer do Sol polar e que a concentração de cloro quimicamente ativo na estratosfera era ~100 vezes maior do que o valor que tinha sido previsto pela química em fase gasosa associada a esse elemento. O grupo de pesquisas de Solomon identificou o cloro como o responsável pela destruição do ozônio, e as nuvens polares estratosféricas como a superfície catalítica responsável pela liberação de tanto cloro.

Qualquer técnica que utilize luz para medir concentrações de espécies químicas é chamada **espectrofotometria**. Um procedimento baseado na absorção da luz visível é chamado *colorimetria*. O Capítulo 18 apresenta uma visão geral da espectrofotometria, adequada para fins de introdução. O Capítulo 19 descreve as aplicações e o Capítulo 20 discute a instrumentação pertinente.

18.1 Propriedades da Luz

A luz pode ser descrita convenientemente tanto em termos de partículas como de ondas. As ondas luminosas consistem em campos magnéticos e elétricos oscilantes, perpendicularmente orientados. Para simplificarmos, a Figura 18.1 mostra uma onda *plano-polarizada*. Nesta figura, o campo elétrico está no plano *xy* e o campo magnético, no plano *xz*. O **comprimento de onda**, λ, é a distância entre dois máximos vizinhos. A **frequência**, ν, é o número de oscilações completas que a onda faz a cada segundo. A unidade de frequência é 1/segundo ou s^{-1}. Uma oscilação por segundo também é chamada de um **hertz** (Hz). Portanto, uma frequência de $10^6\ s^{-1}$ corresponde a 10^6 Hz, ou 1 *megahertz* (MHz). Normalmente, a luz *não polarizada* tem componentes do campo elétrico em todos os planos paralelos à direção de deslocamento da luz.

A relação entre frequência e comprimento de onda é

Relação entre frequência e comprimento de onda:
$$\nu\lambda = c \qquad (18.1)$$

onde *c* é a velocidade da luz ($2{,}998 \times 10^8$ m/s no vácuo). Em um meio, que não seja o vácuo, a velocidade da luz é c/n, em que *n* é o **índice de refração** do meio. Em comprimentos de onda na região do visível, para a maioria das substâncias, $n > 1$. Portanto, a luz visível se propaga mais lentamente pela matéria do que pelo vácuo. Quando a luz se move entre meios com índices de refração diferentes, a frequência da radiação permanece constante, mas o comprimento de onda muda.

Com relação à energia, é mais conveniente pensarmos que a luz é constituída por partículas, denominadas **fótons**. Cada fóton transporta uma quantidade de energia *E*, que é dada por

Relação entre energia e frequência:
$$E = h\nu \qquad (18.2)$$

em que *h* é a *constante de Planck* ($= 6{,}626 \times 10^{-34}$ J · s).

A Equação 18.2 estabelece que a energia é proporcional à frequência. Combinando-se as Equações 18.1 e 18.2, podemos escrever

$E \equiv$ energia
$\nu \equiv$ frequência
$E \propto \nu$
$\lambda \equiv$ comprimento de onda
$E \propto 1/\lambda$

$$E = \frac{hc}{\lambda} = hc\tilde{\nu} \qquad (18.3)$$

em que $\tilde{\nu}(= 1/\lambda)$ é chamado **número de onda**. A energia é inversamente proporcional ao comprimento de onda e diretamente proporcional ao número de onda. A luz vermelha, com um comprimento de onda maior do que a luz azul, é menos energética do que a luz azul. A unidade mais comum para o número de onda, presente na literatura, é o cm^{-1}, lido como "centímetro a menos um" ou "número de onda".

Dualidade onda-partícula da luz: a luz se comporta como uma onda, com um comprimento de onda e uma frequência, mostrando os fenômenos ondulatórios de interferência, difração e reflexão. A luz também se comporta como uma partícula (um fóton) que transporta uma quantidade discreta de energia que pode ser absorvida ou emitida por uma molécula.

As regiões do **espectro eletromagnético** estão assinaladas na Figura 18.2. Os nomes das regiões possuem uma natureza histórica. Não existem mudanças abruptas nas características da radiação eletromagnética quando passamos de uma região para outra, por exemplo, do visível para o infravermelho. A luz visível – o tipo de radiação eletromagnética que podemos

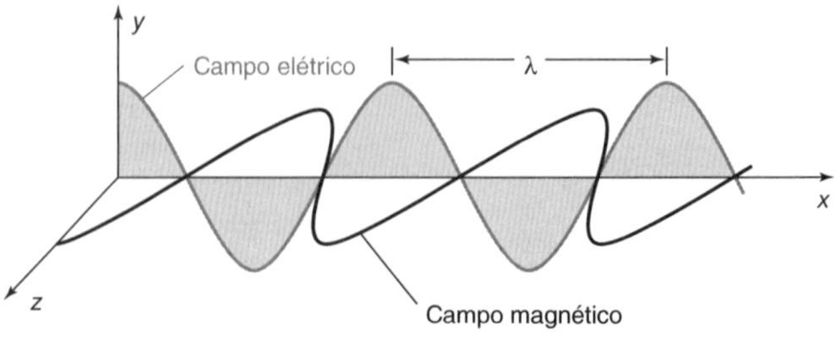

FIGURA 18.1 Radiação eletromagnética plano-polarizada de comprimento de onda λ, propagando-se ao longo do eixo *x*. O campo elétrico da luz plano-polarizada é confinado a um único plano.

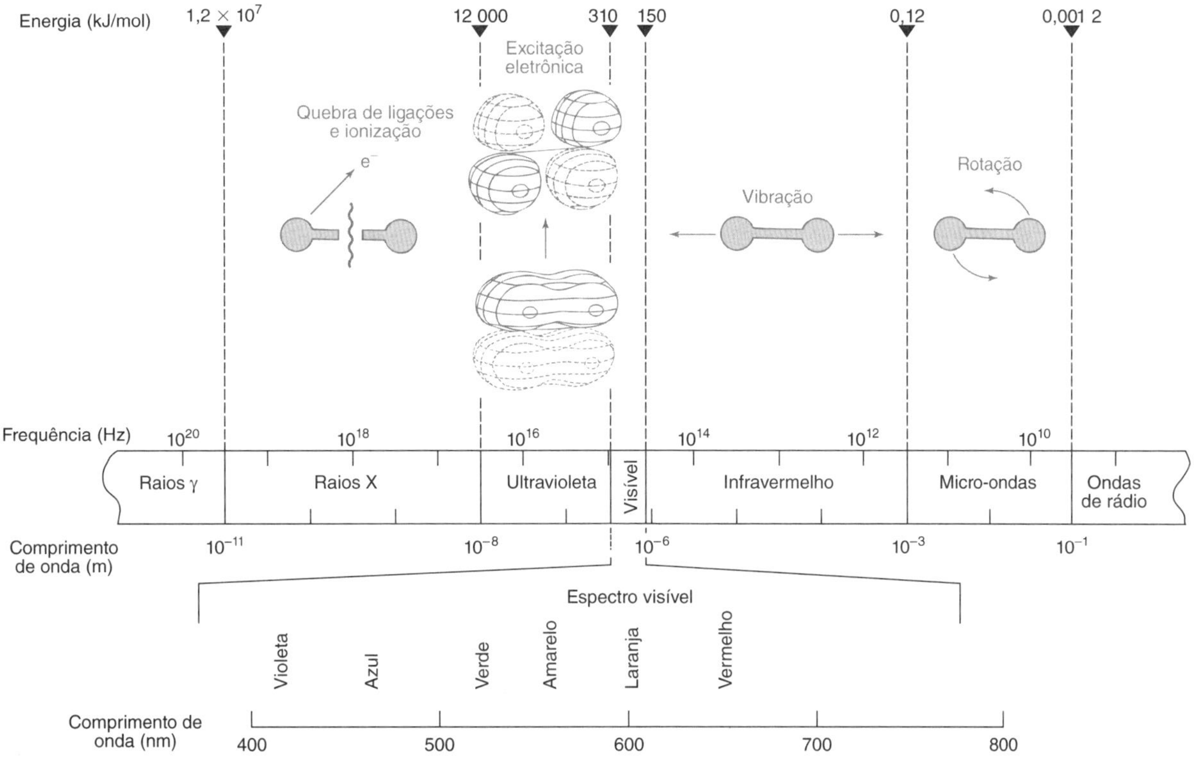

FIGURA 18.2 Espectro eletromagnético mostrando os processos moleculares representativos que ocorrem quando a luz é absorvida em cada região. O espectro visível ocupa a faixa de comprimentos de onda de 380 a 780 nanômetros (1 nm = 10^{-9} m).

enxergar – representa apenas uma parte muito pequena do espectro eletromagnético. Propriedades ondulatórias governam o comportamento da luz, por exemplo, interferência e difração. Por sua vez, a interação entre a luz e as substâncias químicas é descrita pela natureza corpuscular da luz – o fóton e sua energia.

18.2 Absorção de Luz

Quando uma molécula absorve um fóton, a energia da molécula aumenta. Dizemos que a molécula é promovida a um **estado excitado** (Figura 18.3). Se uma molécula emite um fóton, a energia da molécula diminui. O estado de menor energia de uma molécula é chamado **estado fundamental**. A Figura 18.2 indica que a radiação na região de micro-ondas estimula o movimento de rotação das moléculas quando é absorvida. A radiação infravermelha estimula as vibrações das moléculas. A luz visível e a radiação ultravioleta causam a transferência de elétrons para orbitais de maior energia. Os raios X e a radiação ultravioleta de comprimento de onda curto são prejudiciais porque provocam o rompimento de ligações químicas e ionizam as moléculas, razão pela qual você deve minimizar sua exposição direta a luz solar e aos raios X utilizados em Medicina.

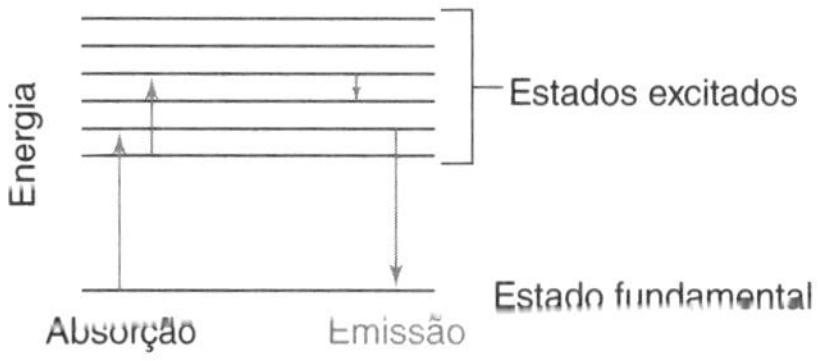

FIGURA 18.3 A absorção de luz aumenta a energia da molécula. A emissão de luz diminui sua energia.

EXEMPLO Energia dos Fótons

Qual o aumento da energia do O_2, em quilojoules por mol, quando ele absorve radiação ultravioleta com um comprimento de onda de 147 nm? Qual o aumento da energia do CO_2 quando ele absorve radiação infravermelha com um número de onda de 2 300 cm^{-1}?

Solução Para a radiação ultravioleta, o aumento de energia é

$$\Delta E = h\nu = h\frac{c}{\lambda}$$

$$= (6{,}626 \times 10^{-34}\ \text{J}\cdot\text{s})\left[\frac{(2{,}998 \times 10^{8}\ \text{m/s})}{(147\ \text{nm})(10^{-9}\ \text{m/nm})}\right] = 1{,}35 \times 10^{-18}\ \text{J/molécula}$$

$$(1{,}35 \times 10^{-18}\ \text{J/molécula})(6{,}022 \times 10^{23}\ \text{moléculas/mol}) = 814\ \text{kJ/mol}$$

Esta energia é suficiente para romper a ligação O═O no oxigênio. Para o CO_2, o aumento de energia é

$$\Delta E = h\nu = h\frac{c}{\lambda} = hc\tilde{\nu} \qquad \left(\text{lembre-se de que } \tilde{\nu} = \frac{1}{\lambda}\right)$$

$$= (6{,}626 \times 10^{-34}\ \text{J} \cdot \text{s})(2{,}998 \times 10^{8}\ \text{m/s})(2\,300\ \text{cm}^{-1})(100\ \text{cm/m})$$

$$= 4{,}6 \times 10^{-20}\ \text{J/molécula} = 28\ \text{kJ/mol}$$

A absorção da radiação infravermelha aumenta a amplitude de vibração das ligações do CO_2.

TESTE-SE Qual é o comprimento de onda, o número de onda e o nome da radiação que possui uma energia de 100 kJ/mol? (***Resposta:*** 1,20 μm, $8{,}36 \times 10^3$ cm^{-1}, infravermelho.)

A **energia radiante** é a quantidade de energia por unidade de tempo e por unidade de área do feixe de luz (watts por metro quadrado, W/m^2). Os termos "intensidade" e "potência radiante" se referem à mesma grandeza.

A **luz monocromática** consiste em "uma única cor" (um único comprimento de onda). Quanto melhor for a resolução do monocromador, mais estreita será a faixa de comprimentos de onda presentes no feixe emergente.

Quando a luz é absorvida por uma amostra, a *energia radiante* do feixe de luz diminui. A **energia radiante**, *P*, é a energia por segundo por unidade de área do feixe de luz. Uma experiência rudimentar de espectrofotometria é vista na Figura 18.4. A luz passa por um **monocromador** (um prisma, ou uma rede de difração, ou um filtro) para selecionar determinado comprimento de onda (ver Prancha em Cores 14). A luz com um único comprimento de onda é denominada **monocromática**, que significa "de uma só cor". A luz monocromática, com uma energia radiante P_0, atinge uma amostra de espessura *b*. A energia radiante do feixe que sai do outro lado da amostra é *P*. Parte da luz pode ser absorvida pela amostra, de modo que $P \leq P_0$.

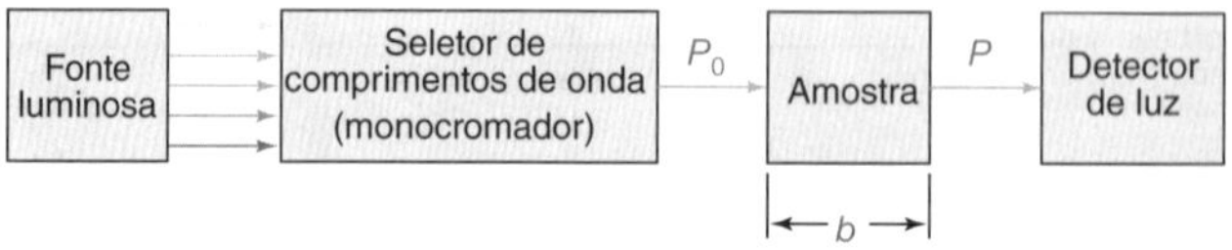

FIGURA 18.4 Diagrama esquemático de um experimento espectrofotométrico de feixe simples. P_0 é a energia radiante que atinge uma amostra com a espessura *b*. *P* é a energia radiante do feixe que sai do outro lado da amostra. A operação e o uso de um espectrofotômetro de feixe simples são demonstrados por vídeo em www.youtube.com/watch?v=xHQM4BbR040.

A **transmitância**, *T*, é definida como a fração da luz original que passa pela amostra.

Relação entre transmitância e absorbância:

P/P_0	% *T*	*A*
1	100	0
0,1	10	1
0,01	1	2

Transmitância:

$$T = \frac{P}{P_0} \tag{18.4}$$

Portanto, o valor de *T* está entre 0 e 1. A *transmitância percentual* (= 100*T*) está entre 0 e 100%. A **absorbância** é definida como

Absorbância:

$$A = \log\left(\frac{P_0}{P}\right) = -\log T \tag{18.5}$$

Quando nenhuma luz é absorvida, $P = P_0$ e $A = 0$. Se 90% da luz é absorvida, 10% é transmitida e $P = 0{,}10P_0$. Esta razão corresponde a $A = 1$. Se apenas 1% da luz é transmitida, $A = 2$. A absorbância é chamada algumas vezes de *densidade óptica*.

A absorbância é muito importante porque ela é diretamente proporcional à concentração, *c*, da espécie que absorve luz na amostra (ver Prancha em Cores 15).

Lei de Beer:

$$A = \varepsilon bc \tag{18.6}$$

O Boxe 18.1 explica por que a absorbância, e não a transmitância, é diretamente proporcional à concentração.

A Equação 18.6, que expressa a essência da espectrofotometria quando aplicada à química analítica, é denominada *lei de Beer-Lambert*,[3] ou simplesmente **lei de Beer**. A absorbância é uma grandeza adimensional, mas algumas pessoas escrevem "unidades de absorbância" depois do valor da absorbância. A concentração da amostra, *c*, é geralmente expressa em número de mols por litro (M). O caminho óptico, *b*, é geralmente expresso em centímetros. A grandeza ε (épsilon) é conhecida como **absortividade molar** (ou, na literatura mais antiga, *coeficiente de extinção*), sendo expressa nas unidades M^{-1} cm^{-1}, o que torna o produto εbc adimensional. A absortividade molar é característica de uma substância e indica qual a quantidade de luz é absorvida em determinado comprimento de onda por cm de caminho óptico por meio de uma solução 1 M de determinada substância.

EXEMPLO Absorbância, Transmitância e a Lei de Beer

Encontre a absorbância e a transmitância de uma solução 0,002 40 M de uma substância com coeficiente de absortividade molar de 313 M^{-1} cm^{-1} em uma célula com 2,00 cm de caminho óptico.

Solução A Equação 18.6 nos dá a absorbância.

$$A = \varepsilon bc = (313\ M^{-1}\ cm^{-1})(2{,}00\ cm)(0{,}002\ 40\ M) = 1{,}50$$

A transmitância é obtida elevando-se 10 à potência igual a cada lado da Equação 18.5:

$$\log T = -A$$

$$T = 10^{\log T} = 10^{-A} = 10^{-1{,}50} = 0{,}031_6$$

Se $x = y$, $10^x = 10^y$.

Apenas 3,2% da luz incidente emerge dessa solução.

TESTE-SE A transmitância de uma solução 0,010 M de uma substância em uma célula com 0,100 cm de caminho óptico é T = 8,23%. Determine a absorbância (A) e o coeficiente de absortividade molar (ε). (***Resposta:*** 1,08, 1,08 × 10^3 M^{-1} cm^{-1}.)

A Equação 18.6 pode ser escrita como

$$A_\lambda = \varepsilon_\lambda bc$$

porque A e ε dependem do comprimento de onda da luz. A grandeza ε é simplesmente um coeficiente de proporcionalidade entre a absorbância e o produto bc. Quanto maior a absortividade molar, maior a absorbância. Um **espectro de absorção** (Demonstração 18.1) é um gráfico mostrando como A (ou ε) varia com o comprimento de onda. Espectros de centenas de compostos estão disponíveis *on-line*.[4]

BOXE 18.1 Por que Existe uma Relação Logarítmica entre a Transmitância e a Concentração?[6]

A lei de Beer, Equação 18.6, estabelece que a *absorbância* é diretamente proporcional à concentração da espécie absorvente. A fração de luz que passa por uma amostra (a *transmitância*) está relacionada logaritmicamente, e não linearmente, com a concentração da amostra. Por que deve ser assim?

Imagine luz de energia radiante P passando por uma camada de *espessura infinitesimal* de uma solução cuja espessura é dx. Um modelo físico do processo de absorção considera que, dentro da camada infinitesimalmente fina, a diminuição na energia (dP) é proporcional à energia incidente (P), à concentração das espécies absorventes (c) e à espessura da seção (dx):

$$dP = -\beta Pc\ dx \qquad \textbf{(A)}$$

em que β é uma constante de proporcionalidade e o sinal negativo indica uma diminuição em P quando x aumenta. A razão para dizermos que a diminuição na energia é proporcional à energia incidente pode ser compreendida a partir de um exemplo numérico. Se 1 fóton de 1 000 fótons incidentes é absorvido em uma pequena camada da solução, espera-se que 2 de 2 000 fótons incidentes sejam absorvidos. A diminuição em fótons (energia) é proporcional ao fluxo incidente de fótons (energia).

A Equação A pode ser reescrita e integrada para se encontrar uma expressão para P:

$$-\frac{dP}{P} = \beta c\ dx \Rightarrow -\int_{P_0}^{P} \frac{dP}{P} = \beta c \int_0^b dx$$

Os limites de integração são $P = P_0$ em $x = 0$ e $P = P$ em $x = b$. A integral no lado esquerdo é $\int dP/P = \ln P$, portanto,

$$-\ln P - (-\ln P_0) = \beta cb \Rightarrow \ln\left(\frac{P_0}{P}\right) = \beta cb$$

Finalmente, convertendo ln em log, usando a relação $\ln z = (\ln 10)(\log z)$, tem-se a lei de Beer:

$$\underbrace{\log\left(\frac{P_0}{P}\right)}_{\text{Absorbância}} = \underbrace{\left(\frac{\beta}{\ln 10}\right)}_{\text{Constante} \equiv \varepsilon} cb \Rightarrow A = \varepsilon cb$$

A relação logarítmica de P_0/P com a concentração aparece porque, em cada porção infinitesimal do volume total, *a diminuição na energia é proporcional à energia incidente naquela seção.* Quando a luz passa pela amostra, a perda de energia em cada camada sucessiva diminui, pois a magnitude da energia incidente que alcança cada camada está diminuindo. A faixa da absortividade molar fica entre 0 (se a probabilidade para a absorção do fóton for 0) a aproximadamente 10^5 M^{-1} cm^{-1} (quando a probabilidade para a absorção do fóton se aproxima da unidade).

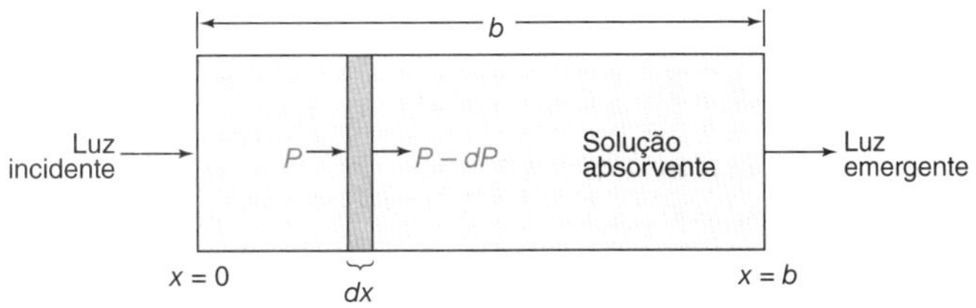

A parte de uma molécula responsável pela absorção de luz é chamada **cromóforo**. Qualquer substância que absorva luz visível parece colorida quando a luz branca é transmitida através dela ou é refletida a partir dela. A luz branca contém todas as cores presentes no espectro visível. A substância absorve determinados comprimentos de onda da luz branca, e nossos olhos detectam os comprimentos de onda que não são absorvidos. A Tabela 18.1 apresenta um guia simples para as cores.[5] A cor observada é conhecida como a cor *complementar* da cor absorvida. Por exemplo, o azul de bromofenol tem absorbância máxima em 591 nm (laranja) e sua cor observada é azul. As Pranchas em Cores 16 e 17 apresentam diversos espectros de absorção e as cores observadas.

A cor de uma solução é a **complementar** da cor da luz que ela absorve. A cor que percebemos visualmente depende não apenas do comprimento de onda da luz, mas também de sua intensidade.

DEMONSTRAÇÃO 18.1 Espectros de Absorção

Uma demonstração simples (e muito interessante) da relação entre a cor observada e a cor absorvida utiliza uma bala de gelatina, uma lanterna ou diodo emissor de luz branca (Boxe 18.2), um ponteiro *laser* vermelho e um verde.[7] Coloque uma bala de gelatina vermelha e uma verde sobre um papel branco. Em um ambiente escuro, incida a luz branca sobre cada bala. Observe a cor transmitida, que é complementar da cor absorvida (Tabela 18.1). Confirme apontando o ponteiro *laser* vermelho sobre ambas as balas e repita utilizando o ponteiro *laser* verde.

Para investigar o efeito do comprimento do caminho óptico na absorbância, incida o ponteiro *laser* vermelho através da bala verde. Observe como a intensidade diminui conforme a distância percorrida no interior da bala (caminho óptico) aumenta. Cores complementares podem ser demonstradas usando diodos emissores de luz coloridos.[8]

O espectro de luz no visível pode ser observado usando-se um *papercraft* ou um espectrômetro de *smartphone* impresso em 3D.[9] Ao visualizar a fonte de luz branca, todo o espectro visível é observado. Colocando um béquer com uma solução colorida entre a fenda de entrada do espectrômetro e a luz branca, você vê apenas as cores transmitidas. O espectro perde intensidade nos comprimentos de onda absorvidos pelas espécies coloridas.

A Prancha em Cores 16a, mostra o espectro da luz branca e os espectros de quatro soluções coloridas diferentes. Dicromato de potássio, que aparenta ser laranja ou amarelo, absorve comprimentos de onda correspondentes ao azul. O azul de bromofenol absorve comprimentos de onda que correspondem ao laranja e aparenta ser azul aos nossos olhos. A fenolftaleína e a rodamina 6G absorvem uma parte central do espectro visível. Para efeito de comparação, na Prancha em Cores 16b são mostrados os espectros dessas quatro soluções registrados por um espectrofotômetro. Essa mesma montagem pode ser usada para demonstrar a fluorescência da rodamina 6G usando um ponteiro *laser* verde como mostrado na Prancha em Cores 16c. Outros experimentos e demonstrações vêm sendo desenvolvidos para espectrômetros portáteis e a partir de *smartphones*.[10]

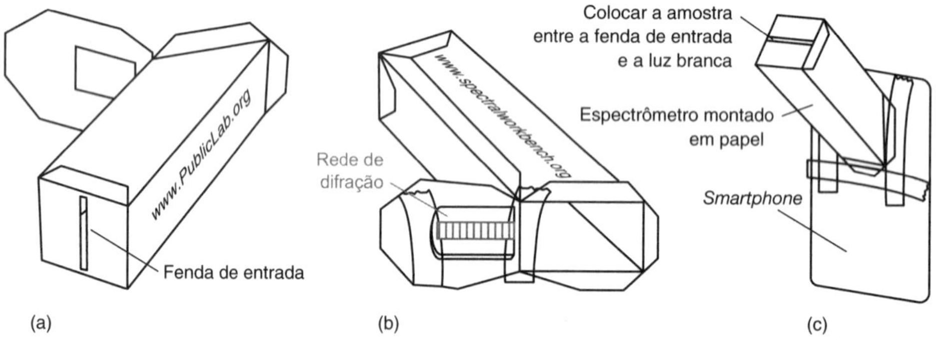

Espectrômetro em papel dobrável: (*a*) vista frontal, (*b*) vista posterior com a rede de difração feita a partir de um disco de DVD (*c*) acoplado a um *smartphone*. [Dados de www.PublicLab.org.]

TABELA 18.1 Cores da luz visível

Comprimento de onda da absorção máxima (nm)	Cor absorvida	Cor observada
380–420	Violeta	Verde-amarelo
420–440	Violeta-azul	Amarelo
440–470	Azul	Laranja
470–500	Azul-verde	Vermelho
500–520	Verde	Púrpura-vermelho
520–550	Amarelo-verde	Violeta
550–580	Amarelo	Violeta-azul
580–620	Laranja	Azul
620–680	Vermelho-laranja	Azul-verde
680–780	Vermelho	Verde

18.3 Medindo a Absorbância

Os requisitos essenciais para um espectrofotômetro (um instrumento para medir a absorbância da luz) foram apresentados na Figura 18.4. A luz, proveniente de uma fonte com emissão espectral contínua, passa por um monocromador, que seleciona uma estreita faixa de comprimentos de onda do feixe incidente. Essa luz "monocromática" passa pela amostra de caminho óptico *b*, e a energia radiante da luz emergente é então medida.

Para a espectroscopia na região do ultravioleta e do visível, uma amostra líquida é geralmente colocada em uma célula conhecida como **cubeta**, que possui faces planas paralelas de sílica (SiO_2) fundida (Figura 18.5). O vidro é adequado para a espectroscopia no visível, mas não para a região do ultravioleta porque ele absorve radiação nessa faixa. A cubeta apropriada para a região do ultravioleta é identificada por "*UV*" ou "*Q*" no topo da cubeta. As cubetas mais comuns possuem um caminho óptico de 1,000 cm e são vendidas em pares: um para o feixe luminoso que passa na amostra e o outro para o feixe luminoso de referência. Cubetas-padrão possuem de 2,5 a 4,5 mL. Microcubetas utilizam volumes inferiores a 70 μL. Poliestireno e metacrilato são adequados para espectroscopia na região do visível, mas não são compatíveis com solventes orgânicos. Copolímero de olefina cíclica pode ser usado em espectroscopia nas regiões do ultravioleta e do visível e tem maior compatibilidade com o solvente.

Faixas apropriadas de comprimento de onda e custo das cubetas:

Vidro	340–2 500 nm	$$
Quartzo	190–2 500 nm	$$$
Cubetas descartáveis:		
Poliestireno	340–900 nm	¢
Metacrilato	300–900 nm	¢
Copolímero de olefina cíclica	220–900 nm	¢¢

Para medidas na região do infravermelho, os materiais das células são selecionados baseados em sua transparência ao infravermelho e compatibilidade com o solvente. As células são normalmente construídas com janelas de NaCl ou KBr, mas estas são sensíveis à umidade. KRS-5(TlBr-TlI), ZnSe, e diamante são insolúveis em água. Para a região do infravermelho distante, entre 600 e 10 cm^{-1}, as janelas transparentes são de polietileno e diamante. As amostras líquidas são preparadas em solventes como dissulfeto de carbono, tetracloreto de carbono, e diclorometano, com fraca absorção no infravermelho. Água e álcoois absorvem fortemente na região do infravermelho e não são compatíveis com diversos materiais que fazem parte das células. Os caminhos ópticos são curtos (0,1 a 1 mm) para minimizar o sinal de fundo da absorbância referente ao solvente. Células ajustáveis usam espaçadores substituíveis entre as janelas da célula para ajustar o caminho óptico, enquanto células fixas possuem caminhos ópticos predeterminados (Figura 20.34). As amostras sólidas normalmente são moídas formando um pó fino, que pode ser adicionado ao óleo mineral (um hidrocarboneto viscoso também conhecido como Nujol), para formar uma dispersão, que é então prensada entre duas janelas finas de KBr.[11] Somente nas poucas regiões onde o óleo mineral absorve radiação infravermelha é que o espectro do analito não pode ser medido. Alternativamente, uma mistura a 1% em massa da amostra sólida com KBr cristalino pode ser finamente moída e prensada a uma pressão de ~60 MPa (600 bar), formando uma pastilha translúcida. Essas técnicas com sólidos são predominantemente usadas de forma qualitativa, uma vez que o caminho óptico e a concentração são difíceis de serem reproduzidas.

Intervalo usado para diferentes janelas na região do infravermelho:

NaCl	28 000–700 cm^{-1}
KBr	33 000–400 cm^{-1}
CsI	33 000–150 cm^{-1}
KRS-5	16 000–200 cm^{-1}
ZnSe	20 000–500 cm^{-1}
Diamante	45 000–10 cm^{-1}
Safira (Al_2O_3)	66 000–2 000 cm^{-1}
Polietileno	600–10 cm^{-1}

[Dados de Bruker Optics.]

As amostras gasosas são mais diluídas do que as líquidas, requerendo por isso células com caminhos ópticos mais longos, tipicamente de 10 cm até vários metros. Obtém-se um caminho óptico de vários metros refletindo a luz de modo que ela atravessa a amostra diversas vezes antes de alcançar o detector. Medições atmosféricas, com caminhos ópticos de quilômetros, requerem fontes de luz *colimada* (feixes de raios paralelos) como nos *lasers* (Seção 20.1).

Uma cubeta de vidro vazia reflete 13% da luz visível incidente. Você já deve ter visto essa refletância do vidro quando tentou tirar uma foto através de uma janela.

Papel, sólidos e pós podem ser examinados também por *refletância difusa*, em que se observa a radiação refletida em vez da radiação transmitida. Os comprimentos de onda absorvidos pela amostra também não são refletidos. Esta técnica é sensível apenas à superfície da amostra.

A Figura 18.4 descreve um instrumento de *feixe simples*, ou seja, aquele que possui apenas um feixe de luz. Não medimos diretamente a energia radiante incidente, P_0. A Figura 18.6 mostra como parte da energia radiante é perdida por reflexão e espalhamento. Sólidos suspensos e bolhas de ar na cubeta provocam espalhamento da luz, causando variações aleatórias na

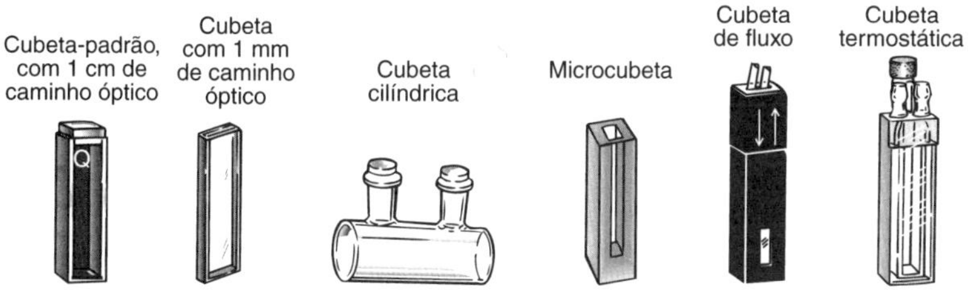

FIGURA 18.5 Cubetas comuns para a espectroscopia na região do visível e do ultravioleta. Microcubetas usam pequenos volumes de solução. As células de fluxo permitem um escoamento contínuo de solução pela célula. Nas células termostáticas, um líquido, proveniente de um banho de temperatura constante, circula pela camisa da célula a fim de mantê-la na temperatura desejada. [Dados de A. H. Thomas Co., Philadelphia, PA.]

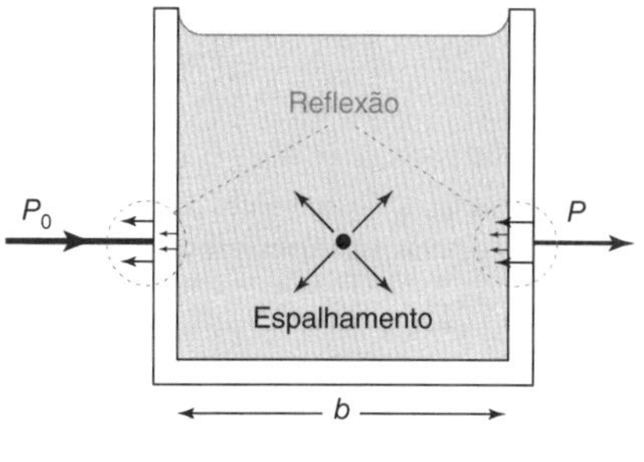

FIGURA 18.6 Reflexão e espalhamento, além da absorção, atenuam a luz que passa pela cubeta.

energia radiante. A reflexão depende do índice de refração da cubeta, da amostra e da posição da cubeta. Para corrigir isso, medimos a intensidade da energia de luz radiante que passa por uma cubeta de referência contendo o solvente puro ou um reagente em branco. Esta energia é então *definida* como P_0. A cubeta é então retirada do aparelho e substituída por outra cubeta idêntica, que contém a amostra. A energia radiante de luz que atinge o detector, após a passagem pela amostra, é a grandeza P. Sabendo-se os valores de P e P_0, podemos determinar os valores de T ou de A. A cubeta de referência compensa os efeitos resultantes da reflexão, dispersão e absorção, provenientes apenas da cubeta em si e do solvente. A cubeta de referência, contendo apenas o solvente puro, desempenha o papel de um branco na medida da transmitância. Em um instrumento de *feixe duplo*, o feixe de luz incidente é deslocado de tal forma que a luz passa alternadamente pelas cubetas da amostra e de referência, como é mostrado nas Figuras 20.1, 20.2 e 20.3.

Na obtenção de um espectro de absorbância, registramos inicialmente o *espectro da linha-base*, usando-se, em ambas as cubetas, uma mesma referência constituída pelo solvente puro ou por uma solução de um reagente em branco. As cubetas são vendidas em pares que são marcados para indicar as cubetas mais idênticas possíveis entre si. Se as cubetas e o instrumento fossem perfeitos, uma linha-base correspondente à absorbância 0 deveria ser obtida em toda a região espectral. No nosso mundo imperfeito, a linha-base normalmente exibe pequena absorbância positiva ou negativa. A absorbância da linha-base é subtraída da absorbância medida para a amostra, de modo a obter-se o valor verdadeiro da absorbância da amostra em cada comprimento de onda.

Para uma análise espectrofotométrica, normalmente escolhemos o comprimento de onda onde ocorre a absorbância máxima por dois motivos: (1) a sensibilidade da análise é maior na região correspondente à absorbância máxima (ou seja, conseguimos um máximo de resposta para uma dada concentração de analito); (2) a curva, na região correspondente ao máximo, tem uma forma relativamente achatada, o que leva a uma variação pequena na absorbância se o monocromador estiver ligeiramente deslocado ou se a largura da faixa de comprimento da onda transmitida sofrer uma ligeira alteração.

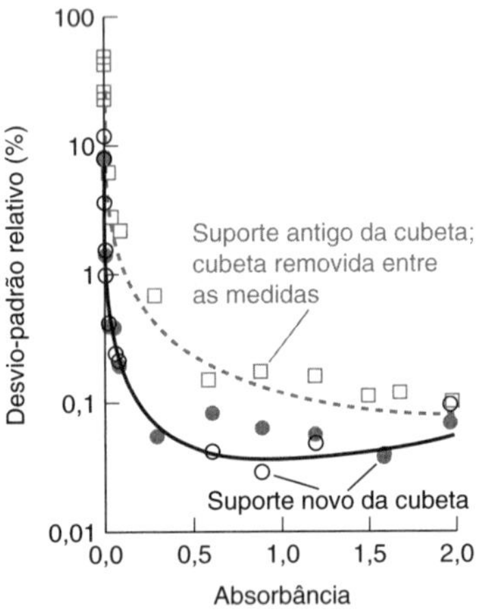

FIGURA 18.7 Precisão de medidas repetidas de absorbância de uma solução de dicromato em 350 nm com um espectrômetro contendo um arranjo de diodos. Os círculos cheios correspondem a medidas repetidas nas quais a amostra não foi removida do suporte da cubeta entre cada medida. Os círculos vazios se referem às medidas nas quais a amostra foi removida e, em seguida, recolocada no suporte da cubeta entre cada medida. A melhor reprodutibilidade foi obtida na faixa de absorbância intermediária ($A \approx 0,3$ a 2). Observe que a ordenada está em escala logarítmica. As curvas correspondem a ajustes dos dados às equações teóricas pelo método dos mínimos quadrados. [Dados de J. Galbán, S. de Marcos, I. Sanz, C. Ubide e J. Zuriarrain, "Uncertainty in Modern Spectrophotometers", *Anal. Chem.* **2007**, *79*, 4763.]

Normalmente, análises espectroscópicas simples possuem incerteza relativa entre 1 e 3 %, e quando se trata de procedimentos complexos ou se as espécies coloridas são instáveis, essa incerteza é consideravelmente maior. As fontes primárias de incerteza são a reprodutibilidade associada com a preparação da amostra, a reação espectrofotométrica e a presença de interferentes,[12] porém outros fatores podem contribuir para o erro.

Os espectrofotômetros atuais são na sua maioria mais exatos (reprodutíveis) nos níveis intermediários de absorbância ($A \approx 0,3$ a 2). Se muita pouca luz atravessa a amostra (alta absorbância), a intensidade é difícil de ser medida com exatidão. Se muita luz atravessa a amostra (baixa absorbância), é difícil distinguir a diferença entre as transmitâncias da amostra e da referência. Portanto, é desejável que a concentração da amostra seja ajustada de modo que sua absorbância se localize em uma faixa intermediária.

A Figura 18.7 apresenta o desvio-padrão relativo de medidas repetidas feitas a 350 nm com um espectrômetro contendo um arranjo de diodos. Os círculos cheios se referem a medidas repetidas nas quais a amostra não foi removida do suporte da cubeta entre as medidas. Os círculos vazios provêm das medidas nas quais a cubeta foi removida e depois recolocada no suporte entre cada medida. O desvio-padrão relativo situa-se abaixo de 0,1% em ambos os casos, na faixa de absorbância entre 0,3 e 2. Os dados experimentais na forma de quadrados vazios foram obtidos quando se empregou um suporte de cubeta com 10 anos de uso, e a amostra foi removida e recolocada no suporte entre cada medida. A variabilidade na posição da cubeta mais do que dobrou o desvio-padrão relativo. A conclusão a que se chega é que os espectrofotômetros modernos com os novos suportes de cubeta fornecem uma excelente reprodutibilidade. A precisão foi comprometida quando se utilizou um suporte antigo de cubeta e a amostra foi removida e recolocada entre as medidas.

Devemos manter sempre fechado o compartimento das cubetas para impedir a entrada de poeira. O pó causa dispersão de luz, que se manifesta no espectrofotômetro como um aumento nos valores medidos de absorbância. Em trabalhos mais críticos, pode ser necessário filtrar a solução contendo o analito em filtros de baixa porosidade (por exemplo, 0,5 μm). Soluções de matrizes concentradas, como soro sanguíneo, devem ser monitoradas para não haver formação de precipitados após a filtração. O manuseio das cubetas deve ser feito sempre pelo lado fosco e com um papel próprio para limpar lentes, de modo a evitar impressões digitais nas superfícies correspondentes ao caminho óptico. As cubetas devem ser sempre mantidas muito bem limpas.

Não toque as faces transparentes da cubeta – impressões digitais espalham e absorvem a luz.

Uma pequena diferença no ajuste entre a cubeta contendo a amostra e a cubeta de referência pode levar a erros sistemáticos nas medidas espectrofotométricas. Para leituras precisas, é importante que posicionemos as cubetas no espectrofotômetro da maneira mais reprodutível possível. Uma variação aleatória na absorbância surge em consequência de pequenas diferenças na posição da cubeta em seu suporte e, ainda, ao inverter em 180° a posição de uma cubeta plana ou ao girar uma cubeta circular.

18.4 Lei de Beer na Análise Química

Análises espectrofotométricas podem ser realizadas de quatro maneiras: (1) diretamente em um analito se ele absorve em um único comprimento de onda, (2) após converter o analito em um produto que absorve em um único comprimento de onda, (3) em uma mistura de analitos que possuam diferentes espectros de absorção, por meio de medições de absorbância em múltiplos comprimentos de onda (Seção 19.1), e (4) separando analitos de absorção em comprimentos de onda semelhantes a partir do uso de uma técnica como a cromatografia (Capítulo 23), de modo que a absorbância de cada analito possa ser medida individualmente.

Para uma solução com múltiplos componentes, a absorbância em qualquer comprimento de onda será a soma da absorbância de todos os componentes nesse mesmo comprimento de onda. Como a maioria dos compostos absorve radiação ultravioleta, as medidas nesta região do espectro tendem a ser não conclusivas, e as análises diretas geralmente ficam restritas à região do espectro visível. No entanto, se não existirem espécies interferentes, a absorbância no ultravioleta é satisfatória. DNA e RNA (Apêndice L) são analisados na região do ultravioleta em razão de nucleotídeos aromáticos que absorvem próximo a 260 nm (ver Problema 18.21).[13] As proteínas são analisadas normalmente na região do ultravioleta, em 280 nm, pois os aminoácidos aromáticos tirosina e triptofano (Tabela 10.1), presentes em praticamente todas as proteínas, apresentam absorbância máxima próxima a 280 nm (ver Problema 18.22).[14]

EXEMPLO Determinação da Quantidade de Benzeno Presente no Hexano

Este exemplo ilustra a medida de absortividade molar feita a partir de uma única solução. Para obtermos um valor mais confiável de absortividade molar, verificando-se, ao mesmo tempo, se a lei de Beer é obedecida, é melhor medir soluções com concentrações diferentes.

(**a**) O hexano puro possui uma absorbância no ultravioleta desprezível acima de um comprimento de onda de 200 nm. Uma solução preparada dissolvendo-se 25,8 mg de benzeno (C_6H_6, MF 78,11) em hexano e diluindo-se a 250,0 mL tem um pico de absorção em 256 nm e uma absorbância de 0,266 em uma célula de 1,000 cm de caminho óptico. Determine a absortividade molar do benzeno neste comprimento de onda.

Solução A concentração de benzeno é

$$[C_6H_6] = \frac{(0{,}025\ 8\ g)/(78{,}11\ g/mol)}{0{,}250\ 0\ L} = 1{,}32_1 \times 10^{-3}\ M$$

Podemos determinar, por meio da lei de Beer, a absortividade molar:

$$\text{Absortividade molar} = \varepsilon = \frac{A}{bc} = \frac{(0{,}266)}{(1{,}000\ cm)(1{,}32_1 \times 10^{-3} M)} = 201{,}_4\ M^{-1}\ cm^{-1}$$

(**b**) Uma amostra de hexano, contaminada com benzeno, tem uma absorbância de 0,070 em 256 nm em uma cubeta com 5,000 cm de caminho óptico. Determine a concentração de benzeno em mg/L.

Solução Usando a absortividade molar calculada na parte (**a**) na lei de Beer, encontramos:

$$[C_6H_6] = \frac{A}{\varepsilon b} = \frac{0{,}070}{(201{,}_4\ M^{-1}cm^{-1})(5{,}000\ cm)} = 6{,}9_5 \times 10^{-5}\ M$$

$$[C_6H_6] = \left(6{,}9_5 \times 10^{-5}\ \frac{mol}{L}\right)\left(78{,}11 \times 10^3\ \frac{mg}{mol}\right) = 5{,}4\ \frac{mg}{L}$$

TESTE-SE Uma solução de $KMnO_4$ 0,10 mM apresenta uma absorbância máxima de 0,26 próximo a 525 nm em uma célula com 1,000 cm de caminho óptico. Calcule o coeficiente de absortividade molar e a concentração de uma solução cuja absorbância é 0,52 a 525 nm na mesma célula. (***Resposta:*** 2 600 M^{-1} cm^{-1}, 0,20 mM.)

Formação de um Produto de Absorção: Determinação de Ferro no Soro Sanguíneo

Análises espectrofotométricas podem ser realizadas a partir da reação de um analito com reagentes, sob condições predeterminadas, para formação de um produto colorido. A reação deve ser completa; para tal, os reagentes são adicionados em concentrações dezenas ou centenas de vezes superiores às do analito a fim de forçar a reação. O produto deve ser estável. Deve-se esperar um tempo para que a reação se complete, porém esse tempo não pode ser demasiado longo para evitar possível decomposição do produto. Os reagentes ideais devem ter absorbância igual a zero no comprimento de onda monitorado e não devem formar produtos com outras espécies presentes na amostra. Reagentes adicionais (agentes de mascaramento ou supressores) podem ser necessários para impedir a reação de outras espécies. A determinação de ferro no soro sanguíneo ilustra essas etapas.

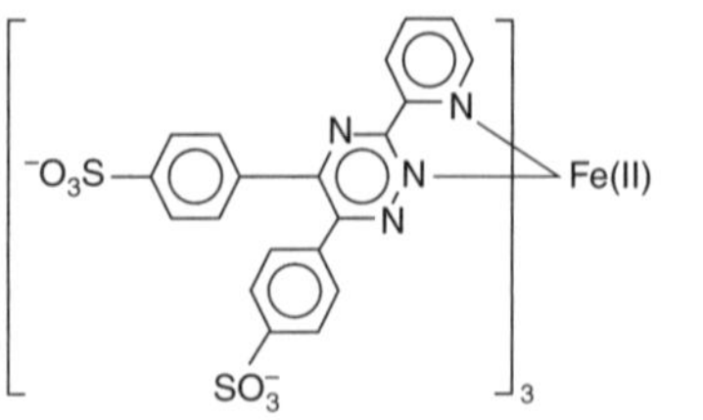

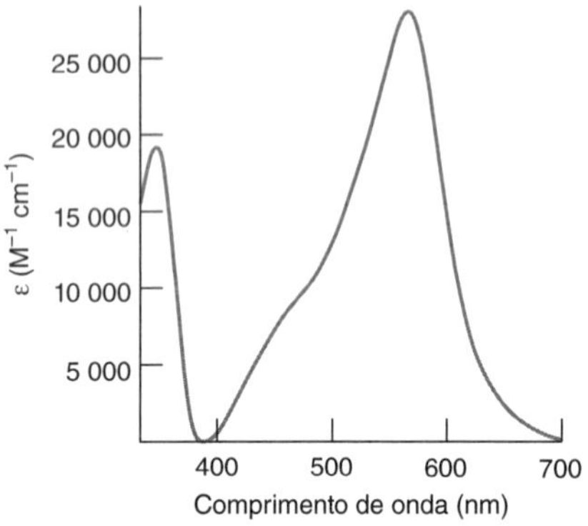

FIGURA 18.8 Espectro de absorção no visível do complexo $Fe(II)(ferrozina)_3^{4-}$ usado na análise colorimétrica do ferro em soro sanguíneo.

O ferro para biossíntese é transportado pela corrente sanguínea pela proteína *transferrina*. O procedimento a seguir permite medir o teor de Fe presente na transferrina do sangue.[15] Essa análise necessita apenas cerca de 1 μg de Fe para uma exatidão entre 2 a 5%. O sangue humano contém geralmente cerca de 45% em volume de células e 55% em volume de *plasma* sanguíneo (líquido). Se o sangue for retirado sem um anticoagulante, ele coagula e o líquido que permanece é chamado de *soro*. O soro contém normalmente cerca de 1 μg de Fe/mL ligado à transferrina.

A determinação do teor de ferro no soro tem três etapas:

Etapa 1 Reduzimos o Fe^{3+} presente na transferrina a Fe^{2+}, que é liberado pela proteína. Os agentes redutores normalmente usados são o ácido tioglicólico, o cloridrato de hidroxilamina ($NH_3OH^+Cl^-$), ou o ácido ascórbico.

$$2Fe^{3+} + \underset{\text{Ácido tioglicólico}}{2HSCH_2CO_2H} \rightarrow 2Fe^{2+} + HO_2CCH_2S—SCH_2CO_2H + 2H^+$$

Etapa 2 Adicionamos ácido tricloroacético (CCl_3CO_2H) para precipitar as proteínas, deixando o Fe^{2+} em solução. Centrifugamos a mistura para separar o precipitado. Se a proteína fosse mantida em solução, ela precipitaria parcialmente na solução final. A dispersão da luz pelas partículas do precipitado pode causar uma leitura errônea da absorbância.

$$\text{Proteína } (aq) \xrightarrow{CCl_3CO_2H} \text{proteína } (s)\downarrow$$

Etapa 3 Transferimos um volume conhecido do líquido sobrenadante da Etapa 2 para um novo frasco e adicionamos uma solução-tampão mais ferrozina em excesso, para formar um complexo púrpura. Medimos a absorbância no pico em 562 nm (Figura 18.8). O tampão fornece um valor de pH no qual a formação do complexo é completa.

$$Fe^{2+} + 3\,\text{ferrozina}^{2-} \rightarrow \underset{\substack{\text{Complexo púrpura} \\ \lambda_{\text{máx}} = 562 \text{ nm}}}{Fe(\text{ferrozina})_3^{4-}}$$

Na maioria das análises espectrofotométricas, é importante prepararmos um **reagente em branco**, que contém todos os reagentes que estão presentes durante as análises, exceto o analito a ser determinado, que é substituído por água destilada. Qualquer absorbância do branco é resultante da cor da ferrozina não complexada, mais a cor decorrente de impurezas de ferro presentes nos reagentes e na vidraria utilizada. A absorbância do branco deve ser baixa comparada àquela da amostra e dos padrões, do contrário, ela contribuirá para a incerteza total e para a diminuição do limite de detecção. *Antes de fazermos quaisquer cálculos devemos subtrair o valor da absorbância do branco do valor da absorbância medida para a amostra em questão.*

Sobrenadante é a camada de líquido que fica acima do sólido compactado no fundo de um tubo por centrifugação.

Usamos uma série de padrões com diferentes concentrações de ferro para obtermos uma *curva de calibração* (Figura 18.9) e verificarmos a validade da lei de Beer. Os padrões devem ser preparados da mesma maneira como foram preparadas as amostras desconhecidas. A absorbância da amostra desconhecida deve ter seu valor compreendido dentro da região coberta pelos padrões. Caso a absorbância da amostra desconhecida seja muito elevada, ela deve ser diluída para trazê-la para a região dos padrões. Um fio de ferro puro (com uma superfície brilhante, sem ferrugem), dissolvido em ácido, é usado para preparar os padrões de ferro (ver Apêndice K). O sulfato ferroso amoniacal ($Fe(NH_4)_2(SO_4)_2 \cdot 6H_2O$) e o sulfato de etilenodiamino ferroso ($Fe(H_3NCH_2CH_2NH_3)(SO_4)_2 \cdot 4H_2O$) são padrões adequados em trabalhos menos precisos.

Se as amostras desconhecidas e os padrões forem preparados da mesma maneira, e com volumes idênticos, então a quantidade de ferro na amostra desconhecida pode ser calculada a partir da equação de mínimos quadrados para a reta de calibração. Por exemplo, na Figura 18.9, se a amostra desconhecida tiver uma absorbância de 0,357 (após a subtração da absorbância do branco), esta amostra então conterá 3,59 μg de ferro.

Os ensaios de validação desse procedimento com um material de referência certificado para ferro em soro sanguíneo humano revelaram que os resultados estavam cerca de 10% maiores. Isso se deve ao cobre presente no soro, pois ele também forma um complexo colorido com a ferrozina. Esta interferência é eliminada se adicionarmos neocuproína ou tioureia durante a etapa de complexação. Esses reagentes **suprimem** (**mascaram**) o Cu^+, pois eles formam complexos fortes com ele, impedindo que o Cu^+ reaja com a ferrozina.

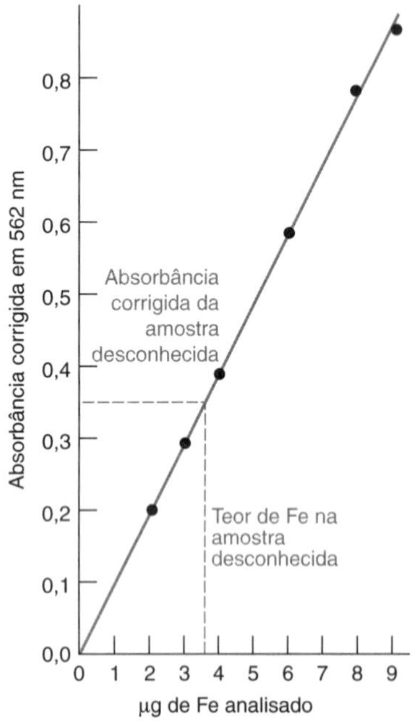

FIGURA 18.9 Curva de calibração, mostrando a validade da lei de Beer, para o complexo Fe(II)$(ferrozina)_3^{4-}$ usado na determinação de ferro no soro sanguíneo. Cada amostra foi diluída a um volume final de 5,00 mL. Desse modo, 1,00 μg de ferro é equivalente a uma concentração de $3,58 \times 10^{-6}$ M.

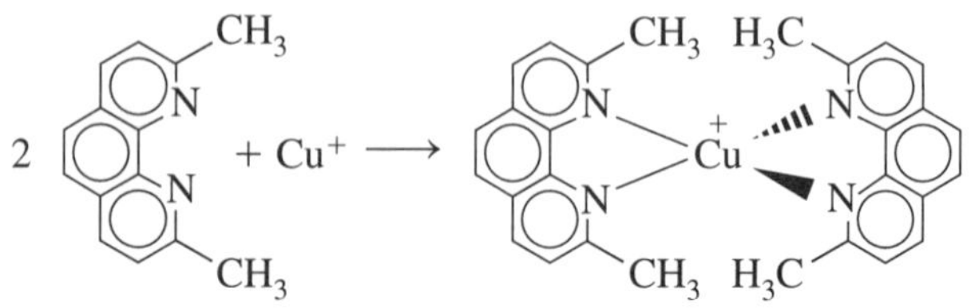

Neocuproína
Um **agente supressor** para o cobre

Complexo muito estável com pequena absorbância em 562 nm

EXEMPLO Análise de Ferro no Soro Sanguíneo

O ferro presente no soro e as soluções-padrão de ferro foram analisados da seguinte maneira:

Etapa 0 Ligamos o espectrofotômetro, permitindo que ele aqueça para estabilizar a fonte de luz.

Etapa 1 Para 1,00 mL de amostra são adicionados 2,00 mL de agente redutor e 2,00 mL de ácido para reduzir e liberar o Fe da transferrina.

Etapa 2 As proteínas do soro são precipitadas com 1,00 mL de ácido tricloroacético a 30% m/m. A mistura é então centrifugada para remover a proteína.

Etapa 3 Uma alíquota de 4,00 mL do sobrenadante é transferida para um tubo de ensaio limpo e tratada com 1,00 mL de solução contendo 2 μmol de ferrozina e neocuproína mais 3 mmol de acetato de sódio. O acetato reage com o ácido produzindo um tampão com pH ≈ 5. A absorbância dessa solução é medida após 10 minutos de espera.

Etapa 4 Para preparar o branco, usamos 1,00 mL de água deionizada no lugar do soro.

Etapa 5 Para construir a curva de calibração da Figura 18.9, emprega-se um volume de 1,00 mL de solução-padrão, contendo de 2 a 9 μg de Fe, no lugar do soro sanguíneo.

A absorbância do branco foi 0,038 em 562 nm em uma cubeta com 1,000 cm de caminho óptico. A absorbância medida na amostra de soro foi 0,129. Os pontos mostrados na Figura 18.9 foram obtidos subtraindo-se o valor do branco do valor de cada absorbância medida para as soluções-padrão. A equação da reta, ajustada a esses pontos pelo método dos mínimos quadrados, é

$$\text{Absorbância corrigida} = 0{,}067_0 \times (\mu\text{g de Fe na amostra inicial}) + 0{,}001_5$$

De acordo com a lei de Beer, o coeficiente linear deve ser 0 e não $0{,}001_5$. Entretanto, usaremos em nossa análise o valor $0{,}001_5$. A partir dos resultados obtidos, calculamos a concentração de Fe presente na amostra de soro.

Solução Reescrevendo-se a equação da reta obtida pelo método dos mínimos quadrados e inserindo-se o valor da absorbância corrigida da amostra desconhecida (absorbância observada – branco = 0,129 – 0,038 = 0,091) temos

Para encontrar a incerteza em μg de Fe, usamos a Equação 4.27.

$$\mu\text{g de Fe na amostra} = \frac{\text{absorbância} - 0{,}001_5}{0{,}067_0} = \frac{0{,}091 - 0{,}001_5}{0{,}067_0} = 1{,}33_6\ \mu\text{g}$$

A concentração de Fe no soro é

$$[\text{Fe}] = \text{número de mols de Fe/litro de soro}$$
$$= \left(\frac{1{,}33_6 \times 10^{-6}\,\text{g de Fe}}{55{,}845\ \text{g de Fe/mol de Fe}}\right) / (1{,}00 \times 10^{-3}\ \text{L}) = 2{,}39 \times 10^{-5}\ \text{M}$$

TESTE-SE Se a absorbância observada é 0,200 e a absorbância do branco é 0,049, qual é a concentração de Fe (μg/mL) no soro sanguíneo? (***Resposta:*** 2,23 μg/mL.)

EXEMPLO Preparação de Soluções-Padrão

Os pontos para a curva de calibração apresentada na Figura 18.9 foram obtidos usando 1,00 mL de padrão contendo ~2, 3, 4, 6, 8 e 9 μg de Fe no lugar do soro sanguíneo. Uma solução estoque foi preparada dissolvendo 1,086 g de um fio de ferro puro e limpo (Apêndice K) em 40 mL de HCl 12 M, seguido de diluição a 1,000 L com H_2O. Essa solução contém 1,086 g de Fe por litro em HCl 0,48 M. Como podemos preparar padrões de Fe em HCl ~0,1 M para a curva de calibração a partir dessa solução estoque? (O HCl evita a precipitação do $Fe(OH)_3$.)

Solução A solução estoque contém 1,086 g de Fe/L = 1,086 mg de Fe/mL = 1 086 μg de Fe/mL. Podemos preparar um padrão contendo ~2 μg de Fe/mL por meio de uma diluição 2:1 000, o que fornece $\frac{2\ \text{mL}}{1\ 000\ \text{mL}}(1086\ \mu\text{g de Fe/mL}) = 2{,}172\ \mu\text{g de Fe/mL}$. Transferem-se 2,00 mL da solução estoque por meio de uma pipeta Classe A para um balão volumétrico de 1 L e dilui-se até a marca com HCl 0,1 M. Em procedimentos similares, empregam-se pipetas volumétricas Classe A para diluir os volumes apresentados na tabela vista a seguir até 1 L com HCl 0,1 M:

$$\left(\frac{1{,}086 \not{g} \text{ de Fe}}{\not{L}}\right)\left(\frac{1\,000 \text{ mg}/\not{g}}{1\,000 \text{ mL}/\not{L}}\right) = \left(\frac{1{,}086 \text{ mg de Fe}}{\text{mL}}\right)$$

$$\left(\frac{1{,}086 \not{mg} \text{ de Fe}}{\text{mL}}\right)\left(\frac{1\,000\ \mu\text{g de Fe}}{\not{mg} \text{ de Fe}}\right) = \left(\frac{1{,}086\ \mu\text{g de Fe}}{\text{mL}}\right)$$

Volume da solução estoque (mL)	Pipeta volumétrica Classe A	Fe transferido (µg)
3,00	3 mL	$3 \times 1{,}086 = 3{,}25_8$
4,00	4 mL	$4{,}34_4$
6,00	2 × 3 mL	$6{,}51_6$
8,00	2 × 4 mL	$8{,}68_8$
9,00	(5 mL + 4 mL) ou (3 × 3 mL)	$9{,}77_4$

As vidrarias (incluindo as pipetas) usadas nesse procedimento devem ser lavadas com ácido (Seção 2.5) para remoção de traços de íons das superfícies de vidro.

TESTE-SE A diluição por massa é mais exata do que a diluição por volume. Uma solução estoque contém 1,044 g de Fe/kg de solução em HCl 0,48 M. Quantos µg de Fe/g de solução estão presentes em uma solução preparada pela mistura de 2,145 g da solução estoque com 243,27 g de HCl 0,1 M? (***Resposta:*** 9,125 µg de Fe/g.)

A **diluição seriada** é uma sequência de diluições sucessivas.

A *diluição seriada* – uma sequência de diluições sucessivas – é um meio importante para redução da geração de grandes volumes de resíduos químicos mediante o emprego de volumes menores para a diluição.

EXEMPLO Diluição Seriada com Pouca Vidraria Disponível

A partir de uma solução estoque contendo 1 000 µg de Fe/mL em HCl 0,5 M, como é possível preparar uma solução-padrão contendo 3 µg de Fe/mL em HCl 0,1 M? Você dispõe somente de balões volumétricos de 100 mL e pipetas volumétricas de 1, 5 e 10 mL.

Solução Uma maneira de resolver esse problema é seguir as duas etapas vistas a seguir:

1. Pipetar três alíquotas de 10,00 mL da solução estoque para um balão volumétrico de 100 mL, diluindo até a marca com HCl 0,1 M. $[\text{Fe}] = \left(\frac{30 \text{ mL}}{100 \text{ mL}}\right)(1\,000\ \mu\text{g de Fe/mL}) = 300\ \mu\text{g de Fe/mL}$.
2. Transferir 1,00 mL de solução da etapa 1 para outro balão volumétrico de 100 mL diluindo até a marca com HCl 0,1 M. $[\text{Fe}] = \left(\frac{1 \text{ mL}}{100 \text{ mL}}\right)(300\ \mu\text{g de Fe/mL}) = 3\ \mu\text{g de Fe/mL}$.

TESTE-SE Proponha um esquema diferente de diluições para se obter 3 µg de Fe/mL a partir de 1 000 µg de Fe/mL. (***Resposta:*** diluir 10 mL da solução estoque a 100 mL, obtendo-se [Fe] = 100 µg de Fe/mL. Diluir três alíquotas de 1,00 mL da nova solução a 100 mL, obtendo-se ao final 3 µg de Fe/mL.)

Diluição seriada propaga qualquer erro sistemático na solução estoque. Amostras de controle de qualidade com o analito em concentração conhecida podem detectar o erro sistemático.

Quando a Lei de Beer Falha

A lei de Beer é válida para radiação monocromática passando por uma solução diluída, onde a espécie absorvente não está participando de um equilíbrio que seja dependente da concentração.

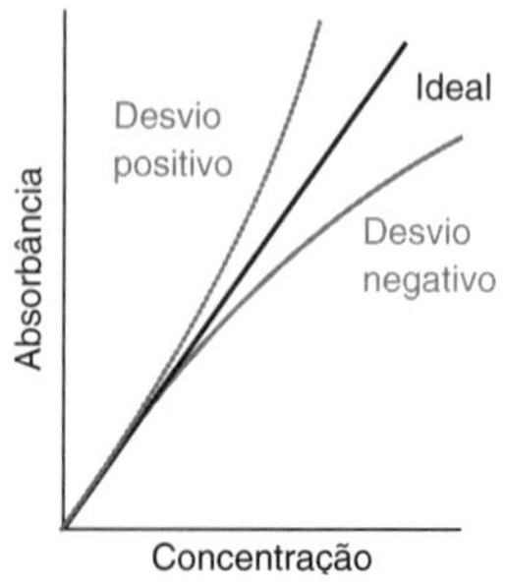

A lei de Beer estabelece que a absorbância é proporcional à concentração da espécie absorvente. Ela se aplica para a maioria das substâncias quando a radiação é *monocromática* e as soluções a serem estudadas estão suficientemente diluídas (≤ 0,01 M).

Em soluções concentradas, as moléculas do soluto influenciam umas às outras em função de sua proximidade. Em concentrações muito altas, o soluto *torna-se* o solvente. As propriedades de uma molécula não são exatamente as mesmas quando dissolvidas em solventes diferentes. Solutos não absorventes em uma solução também podem interagir com as espécies absorventes, alterando a absortividade.

Se a molécula absorvente participa de um equilíbrio químico dependente da concentração, a absortividade muda de acordo com a concentração. Por exemplo, um ácido fraco, HA, em uma solução concentrada, se encontra principalmente não dissociado. Quando a solução é diluída, a dissociação do ácido aumenta. Se a absortividade de A^- não for a mesma do ácido HA, a solução parece não obedecer à lei de Beer quando ela é diluída. Amostras tamponadas e padrões minimizam esse erro. Confirmamos que o perfil do espectro não sofre mudança com a concentração do analito. Não idealidades químicas podem causar desvios positivos ou negativos na lei de Beer.

A lei de Beer se aplica à luz monocromática, mas os espectrofotômetros fornecem uma faixa de comprimentos de onda ao redor do comprimento de onda selecionado. A lei de Beer é obedecida quando a absorbância é constante na banda selecionada, como se medíssemos Fe em 562±5 nm na Figura 18.8. Caso, em vez disso, nós medíssemos Fe em 600±5 nm, a absortividade molar mudaria significativamente ao longo da largura da banda. A absorbância aparente depende da transmitância integrada sobre a largura da banda. Comprimentos de onda dentro da largura de banda com absorbância menor transmitem desproporcionalmente mais luz, em virtude da relação logarítmica entre absorbância e transmitância. Isso resulta em uma absorbância aparente menor. Os desvios negativos da lei de Beer em função da luz policromática também são maiores em absorbâncias mais altas, onde pouca luz é transmitida, levando a uma curvatura no gráfico de calibração. Na prática, "monocromática" significa que a largura da banda da luz tem que ser substancialmente menor que a largura da banda de absorção do cromóforo.[16]

Causas dos desvios da lei de Beer:
Desvio positivo: efeitos químicos
Desvio negativo: efeitos químicos, luz policromática, luz difusa

Desvios instrumentais da lei de Beer são discutidos em detalhes na Seção 20.2.

A lei de Beer assume que toda luz que chega ao detector passou pela amostra. Caso luz difusa do ambiente ou do espectrofotômetro chegue ao detector, isso resultará em um desvio negativo da lei de Beer. Portanto, o compartimento da cubeta deve estar totalmente fechado durante as medições. As cubetas devem conter líquido suficiente para que nenhum feixe de luz passe *fora* da solução. Com microcélulas, um feixe de luz desalinhado poderia passar em ambos os lados da célula. Células escurecidas, como as células de fluxo da Figura 18.5, minimizam essa fonte de luz difusa. Fluorescência a partir das amostras também atua como luz difusa. O efeito da luz difusa é reduzido quando se trabalha em absorbâncias menores.

Você deve representar graficamente os dados de calibração e inspecionar os *resíduos* – o desvio vertical entre o valor medido e o valor previsto para *y* pelo método dos mínimos quadrados linear (Seção 5.2). Um resultado como a curvatura nos resíduos sugere que a lei de Beer está falhando, e o procedimento deve ser refinado. Desvios químicos podem ser reduzidos diluindo-se ou tamponando os padrões e as amostras. Desvios instrumentais são reduzidos quando se trabalha em absorbâncias mais baixas ou ajustando as configurações instrumentais (Seção 20.2). Caso a calibração continue exibindo curvatura, um intervalo de concentrações ainda mais baixas ou um ajuste pelo método dos mínimos quadrados quadrático pode ser mais apropriado (Apêndice C).

18.5 Titulações Espectrofotométricas

Em uma **titulação espectrofotométrica**, acompanhamos as mudanças de absorbância durante uma titulação para observarmos quando o ponto de equivalência foi atingido. Para determinar a dureza da água (Boxe 12.2) o cálcio e o magnésio presentes na água são titulados com ácido etilenodiaminotetra-acético (EDTA) em pH 10 com calmagita como indicador (Tabela 12.3). A reação do ponto final é:

$$\underset{\substack{\text{Vermelho}\\(\text{In = calmagita})}}{\text{MgIn}} + \underset{\text{Incolor}}{\text{EDTA}} \rightarrow \underset{\text{Incolor}}{\text{MgEDTA}} + \underset{\text{Azul}}{\text{In}}$$

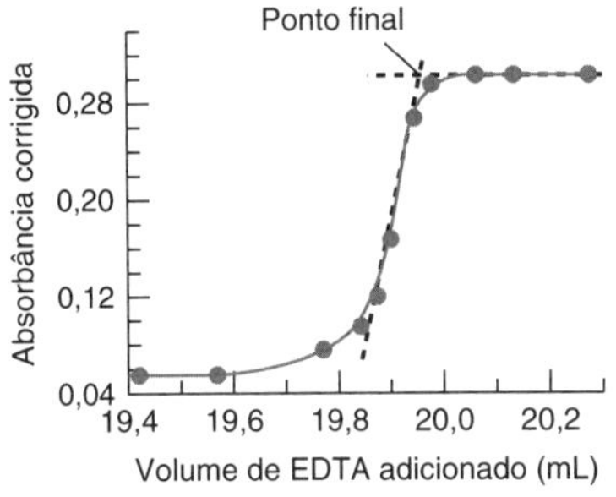

FIGURA 18.10 Titulação espectrofotométrica de cálcio e magnésio com EDTA em pH 10. A absorbância do indicador (In) calmagita livre é monitorada em 610 nm. A absorbância inicial da solução deve-se a uma ligeira absorbância do MgIn em 610 nm (ver os espectros na Demonstração 12.1). [Dados de G. Kiema, University of Alberta.]

Conforme a titulação se aproxima do ponto de equivalência, a cor muda do vermelho (referente ao complexo MgIn) para púrpura – uma mistura de vermelho e azul – e então para o azul do In livre (Prancha em Cores 9). O ponto de equivalência se dá quando a cor é totalmente azul, sem resquícios de púrpura. A detecção do ponto final é uma das maiores fontes de erro nessa titulação.

A Figura 18.10 mostra a titulação espectrofotométrica de 10,00 mL de uma amostra com EDTA 0,015 23 M, tamponada em pH 10. A absorbância é diretamente monitorada em um béquer por uma sonda óptica de imersão (Figura 18.11). Uma titulação inicial de pesquisa, usando detecção visual, determina o ponto final próximo a 20 mL. Para a titulação espectrofotométrica, o titulante é adicionado até próximo a 1 mL do ponto final. Próximo ao ponto final o EDTA remove o Mg^{2+} do MgIn. O In liberado promove o aumento da absorbância em 610 nm. Quando todo o metal é capturado pelo EDTA, todo o indicador está na forma livre e a curva de titulação atinge um patamar. A interseção obtida pela extrapolação das duas seções retas da curva de titulação, em $19{,}95_8$ mL, é o ponto final. O titulante deve ser adicionado gota a gota quando estiver próximo ao ponto final, e devem ser feitas algumas leituras após o ponto final, para permitir uma extrapolação mais exata. A quantidade de EDTA exigida para a reação completa é $(0{,}199\ 5_8\ \text{L}) \times (0{,}015\ 23\ \text{mol/L}) = 3{,}040$ mmol. A precisão dessa titulação espectrofotométrica é de 0,4 a 0,5%.

Precisão das análises espectrofotométricas:
Curva de calibração 1 a 3%
Titulação 0,3 a 1%

Para fazer o gráfico da Figura 18.10, deve-se considerar o efeito da diluição, pois o volume é diferente em cada ponto. Cada ponto marcado no gráfico representa a absorbância que deveria ser observada *se a solução não tivesse sido diluída a partir do seu volume original de 10,00 mL.*

$$\text{Absorbância corrigida} = \left(\frac{\text{volume total}}{\text{volume inicial}}\right)(\text{absorbância observada}) \qquad \textbf{(18.7)}$$

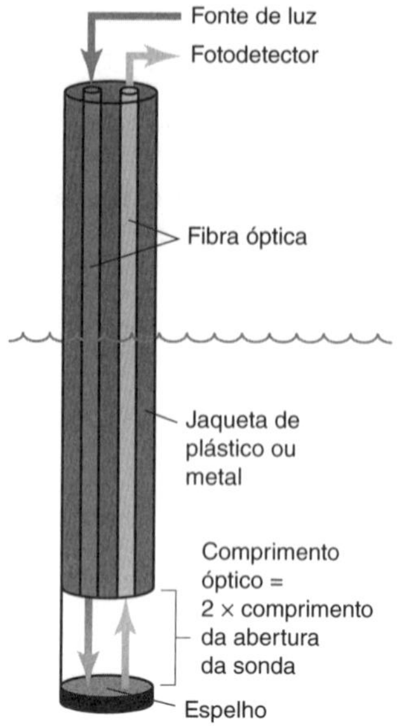

FIGURA 18.11 Sonda de fibra óptica, também chamada *optodo*, imersa na amostra. A luz do espectrofotômetro é guiada por uma fibra óptica (Seção 20.4) para passar pela amostra até um espelho e retornar. A luz transmitida é coletada por uma segunda fibra óptica e direcionada a um fotodetector.

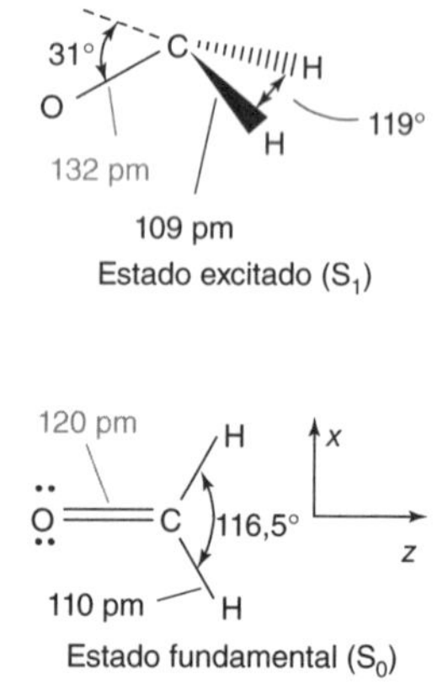

FIGURA 18.12 Geometria da molécula de formaldeído em seu estado fundamental, S_0, e no estado simpleto excitado de menor energia, S_1.

EXEMPLO Correção da Absorbância para o Efeito da Diluição

A absorbância medida após a adição de 19,90 mL de EDTA a 10,00 mL de água potável é 0,057. Calcule a absorbância correta que deverá ser marcada na Figura 18.10.

Solução O volume total foi de 10,00 + 19,90 = 29,90 mL. Se o volume tivesse permanecido em 10,00 mL, a absorbância seria maior do que 0,057 por um fator de 29,90/10,00.

$$\text{Absorbância corrigida} = \left(\frac{29{,}90\ \text{mL}}{10{,}00\ \text{mL}}\right)(0{,}057) = 0{,}170$$

A absorbância corrigida marcada em 19,90 na Figura 18.10 é 0,170.

TESTE-SE Em outra titulação, a absorbância após a adição de 8,94 mL de EDTA a 5,00 mL de água potável foi de 0,105. Calcule a absorbância corrigida. (***Resposta:*** 0,293.)

Pequenos volumes de amostra podem ser titulados diretamente em uma cubeta agitada dentro do espectrofotômetro. Adição do titulante com uma seringa de Hamilton (Figura 2.15) fornece 1 a 2% de precisão.

18.6 O que Acontece Quando uma Molécula Absorve Luz?

Quando uma molécula absorve um fóton, ela é promovida para um *estado excitado* mais energético (Figura 18.3). Ao contrário, quando uma molécula emite um fóton, sua energia diminui de uma quantidade igual à energia do fóton.

Para termos um exemplo concreto, vamos considerar o formaldeído na Figura 18.12. Em seu estado fundamental, a molécula é plana com uma ligação dupla entre os átomos de carbono e oxigênio. A partir da representação dos elétrons do formaldeído, esperamos que dois pares de elétrons não ligantes estejam localizados no átomo de oxigênio. A ligação dupla é formada por uma ligação sigma entre o carbono e o oxigênio e uma ligação pi proveniente dos orbitais atômicos $2p_y$ (fora do plano) do carbono e do oxigênio.

Estados Eletrônicos do Formaldeído

Os **orbitais moleculares** descrevem a distribuição de elétrons em uma molécula, assim como os *orbitais atômicos* descrevem a distribuição dos elétrons em um átomo. No diagrama de orbital molecular para a molécula do formaldeído, na Figura 18.13, um dos orbitais não ligantes do oxigênio está misturado com os três orbitais sigma ligantes. Esses quatro orbitais, representados de σ_1 a σ_4, são cada um deles ocupados por um par de elétrons com spins opostos (número quântico de spin = $+\frac{1}{2}$ e $-\frac{1}{2}$). Em um estado de maior energia está o orbital pi ligante (π) ocupado, proveniente dos orbitais atômicos p_y dos átomos de carbono e de oxigênio. O orbital ocupado de maior energia é o orbital não ligante (n), formado principalmente pelo orbital atômico $2p_x$ do oxigênio. O orbital não ocupado de menor energia é o orbital pi antiligante (π^*). Um elétron nesse orbital produz uma repulsão, em vez de uma atração, entre os átomos de carbono e oxigênio.

Em uma **transição eletrônica**, um elétron de um orbital molecular se move para outro orbital, causando um aumento ou uma diminuição simultânea na energia associada à molécula. A transição eletrônica de menor energia do formaldeído promove um elétron não ligante (n) para um orbital pi antiligante (π^*).[17] Existem de fato duas transições possíveis, dependendo dos números quânticos de spin no estado excitado (Figura 18.14). O estado onde os spins estão em posição oposta é chamado **estado simpleto**. Se os spins estiverem paralelos, tem-se o chamado **estado tripleto**.

Os estados simpleto e tripleto de menor energia são chamados S_1 e T_1, respectivamente. Em geral, T_1 possui energia menor que S_1. No formaldeído, a transição $n \rightarrow \pi^*(T_1)$ precisa absorver luz visível com um comprimento de onda de 397 nm. A transição $n \rightarrow \pi^*(S_1)$ ocorre quando radiação ultravioleta com um comprimento de onda de 355 nm é absorvida.

Com uma transição eletrônica próxima de 397 nm, esperaríamos com base na Tabela 18.1 que as soluções de formaldeído fossem verde-amareladas. Na realidade, o formaldeído é incolor, pois a probabilidade de ele sofrer qualquer transição entre os estados simpleto e tripleto, tal como $n(S_0) \rightarrow \pi^*(T_1)$, é extremamente pequena. A solução absorve tão pouca luz em 397 nm, que os nossos olhos não conseguem perceber nenhuma absorbância. As transições simpleto-simpleto, como $n(S_0) \rightarrow \pi^*(S_1)$, são muito mais prováveis e a absorção na região do ultravioleta é mais intensa.

Embora o formaldeído seja uma molécula plana em seu estado fundamental, ele apresenta uma estrutura piramidal tanto nos estados excitados S_1 (Figura 18.12) quanto T_1. A promoção de um elétron não ligante para o orbital antiligante C—O aumenta o tamanho da ligação C—O e modifica a geometria molecular.

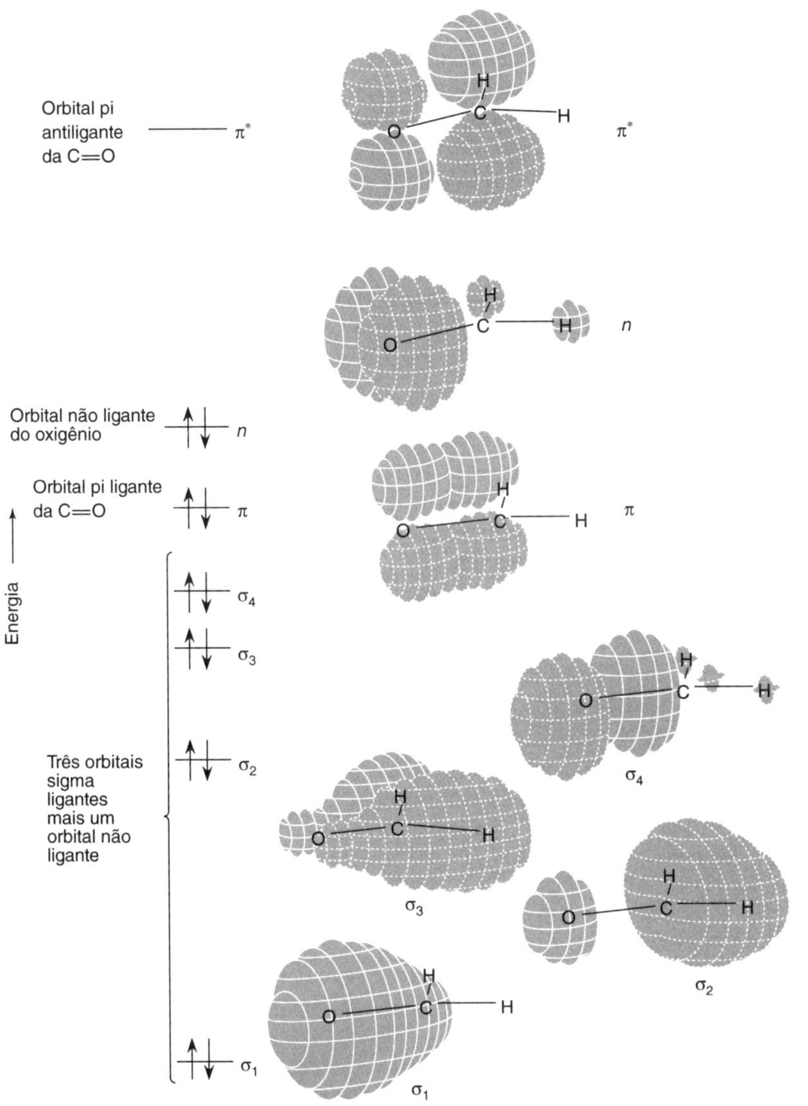

FIGURA 18.13 Diagrama de orbital molecular da molécula de formaldeído, mostrando os níveis de energia e as formas dos orbitais. O sistema de coordenadas da molécula foi definido na Figura 18.12. [Dados de W. L. Jorgensen e L. Salem, *The Organic Chemist's Book of Orbitals* (New York: Academic Press, 1973).]

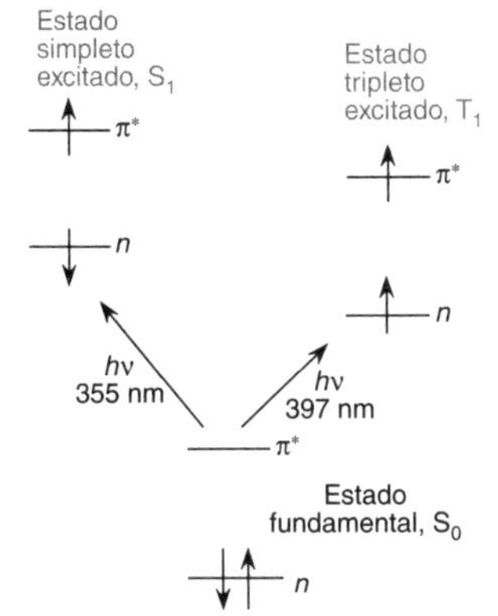

FIGURA 18.14 Diagrama mostrando os dois estados eletrônicos possíveis que surgem a partir de uma transição $n \rightarrow \pi^*$. Os termos "simpleto" e "tripleto" são usados porque um estado tripleto se divide em três níveis de energia ligeiramente diferentes em um campo magnético, enquanto um estado simpleto não se divide.

Estados Vibracional e Rotacional do Formaldeído

A absorção de radiação visível e ultravioleta promove os elétrons do formaldeído para orbitais de maior energia. As radiações infravermelha e de micro-ondas não são suficientemente energéticas para induzirem transições eletrônicas, mas elas podem modificar o movimento vibracional ou rotacional de uma molécula.

Cada um dos quatro átomos na molécula do formaldeído pode se mover no espaço ao longo dos três eixos, de forma que a molécula inteira pode se mover de 4 × 3 = 12 maneiras diferentes. Três desses movimentos correspondem à translação da molécula inteira nas direções *x*, *y* e *z*. Outros três movimentos correspondem à rotação sobre os eixos *x*, *y* e *z* com origem no centro de massa da molécula. Os seis movimentos restantes representam as vibrações da molécula mostradas na Figura 18.15.

Uma molécula não linear com *n* átomos possui 3*n* – 6 modos de vibração e três modos possíveis de rotação. Uma molécula linear pode rodar apenas em dois eixos, consequentemente, ela apresenta 3*n* – 5 modos de vibração e dois modos de rotação.

Quando o formaldeído absorve um fóton infravermelho com um número de onda de 1 251 cm^{-1} (= 14,97 kJ/mol), a vibração de deformação assimétrica na Figura 18.15 é estimulada: as oscilações dos átomos aumentam de amplitude, e a energia da molécula aumenta.

Os espaços (as diferenças) entre os níveis de energia rotacional de uma molécula são menores que os espaços entre os níveis de energia vibracional. Uma molécula no estado rotacional fundamental pode absorver fótons de micro-ondas com energias de 0,029 07 ou 0,087 16 kJ/mol (comprimentos de onda de 4,115 ou 1,372 mm) para ser promovida aos dois estados excitados de menor energia. A absorção de radiação de micro-ondas faz a molécula girar mais rápido do que ela normalmente giraria em seu estado fundamental.

Em um forno de micro-ondas os alimentos são aquecidos pela transferência de energia rotacional para as moléculas de água nos alimentos.

As transições vibracionais normalmente envolvem transições rotacionais simultâneas.

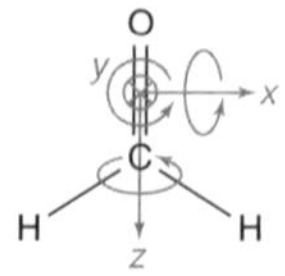

Rotação em torno dos eixos *x*, *y* e *z* por meio do centro de massa da molécula.

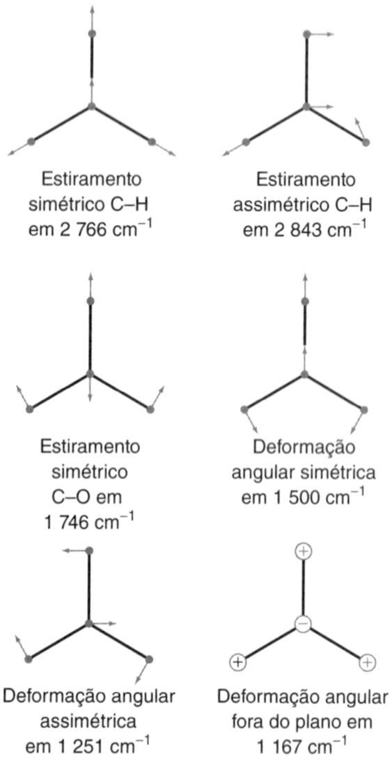

FIGURA 18.15 Seis modos de vibrações da molécula do formaldeído. O número de onda da radiação infravermelha necessário para estimular cada tipo de movimento é definido em unidades de centímetro recíproco, cm^{-1}. A molécula gira em torno dos eixos *x*, *y* e *z* localizados no centro de massa, próximo ao meio da ligação C═O.

Transições Eletrônicas, Vibracionais e Rotacionais Combinadas

Em geral, quando uma molécula absorve luz tendo energia suficiente para provocar uma transição eletrônica, ocorrem também as **transições rotacional** e **vibracional** – isto é, mudanças nos estados rotacional e vibracional. O formaldeído pode absorver um fóton com a energia certa para promover as seguintes mudanças simultâneas: (1) uma transição do estado eletrônico S_0 para o estado eletrônico S_1; (2) uma mudança na energia vibracional de um estado vibracional fundamental S_0 para um estado vibracional S_1; e (3) uma transição de um estado rotacional S_0 para um estado rotacional S_1 diferente. Essas mudanças de energia são evidentes no espectro do formaldeído em fase gasosa na abertura deste capítulo. A absorção em 355 nm (ressaltada com *) é a transição a partir de S_0 para o estado eletrônico S_1 com a menor mudança na energia vibracional. As bandas de absorção de maior energia (menor comprimento de onda) correspondem a transições S_0 para S_1 com mudanças simultâneas de energia vibracional. A largura de cada banda vibracional resulta de transições rotacionais não resolvidas acompanhando as transições eletrônicas S_0 para S_1 e transições vibracionais.

As bandas de absorção eletrônica, em solução, geralmente são muito largas (Figura 18.8). Interações com as moléculas do solvente perturbam os níveis de energia rotacional e vibracional das moléculas individuais do analito. Essas interações obscurecem as características rotacionais e até mesmo vibracionais do espectro, particularmente em solventes polares, como a água, resultando em bandas de absorção largas e não características. Uma molécula pode absorver fótons com uma grande faixa de energias e ainda ser promovida de um estado eletrônico fundamental para um determinado estado eletrônico excitado.

O que Acontece com a Energia Absorvida?

Suponha que a absorção de energia promova uma molécula de um estado eletrônico fundamental, S_0, para um nível excitado rotacional e vibracionalmente de um estado eletrônico excitado S_1 (Figura 18.16). Geralmente, o primeiro processo após a absorção é uma *relaxação vibracional* para o nível vibracional mais baixo de S_1. Nessa transição *não radiativa* (não é emitida luz), chamada de R_1 na Figura 18.16, a energia vibracional é transferida para outras moléculas (solvente, por exemplo) mediante colisões. O efeito global vem a ser a conversão de parte da energia do fóton absorvido em calor, que se distribui por todo o meio.

O que acontece em seguida depende da cinética de diversos processos, a velocidade relativa de cada um depende do composto e do meio. A molécula no nível S_1 pode entrar em um nível vibracional altamente excitado de S_0 tendo a mesma energia de S_1. Este fenômeno é conhecido como *conversão interna* (CI). Desse estado excitado, a molécula pode passar por um processo de relaxação, retornando ao estado vibracional fundamental, e então transferir sua energia para as moléculas vizinhas por meio de colisões. Esse processo não radiativo é chamado de R_2. Se uma molécula segue a sequência A–R_1–CI–R_2 na Figura 18.16, toda a energia do fóton será convertida em calor. Isso é o que ocorre com moléculas que absorvem energia, mas não apresentam luminescência.

Por outro lado, a molécula pode passar de S_1 para um nível vibracional excitado de T_1. Tal evento é conhecido como *cruzamento intersistemas* (CIS). Seguindo o processo de relaxação vibracional não radiativo R_3, a molécula se encontra no menor nível vibracional de energia

Conversão interna é uma transição não radiativa entre estados com os mesmos números quânticos de spin (por exemplo, $S_1 \rightarrow S_0$).

Cruzamento intersistemas é uma transição não radiativa entre estados com números quânticos de spin diferentes (por exemplo, $T_1 \rightarrow S_0$).

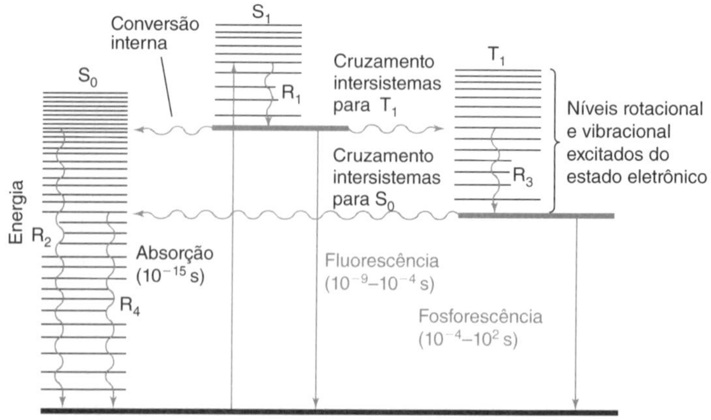

FIGURA 18.16 Diagrama de Jablonski mostrando os processos físicos que podem ocorrer após cada molécula absorver um fóton ultravioleta ou visível. S_0 é o estado eletrônico fundamental da molécula. S_1 e T_1 são os estados excitados simpleto e tripleto de mais baixa energia, respectivamente. As setas retas representam os processos envolvendo fótons, e as setas onduladas são as transições não radiativas. R representa relaxação vibracional. A absorção pode terminar em qualquer um dos níveis vibracionais de S_1, e não apenas no nível mostrado. A fluorescência e a fosforescência podem terminar em qualquer um dos níveis vibracionais de S_0.

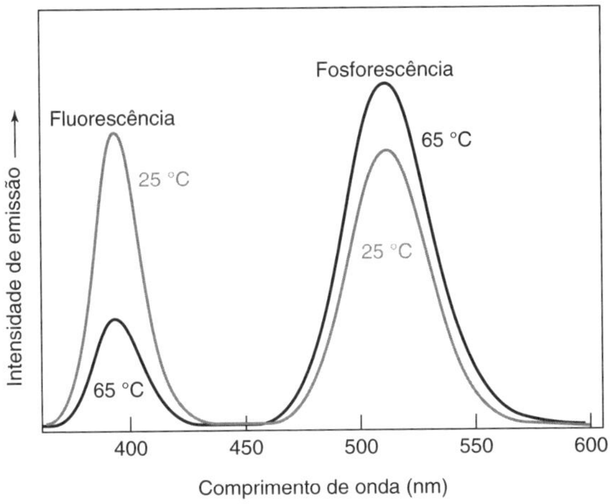

FIGURA 18.17 Espectros de emissão mostrando que a fosforescência ocorre em menor energia (comprimento de onda maior) que a fluorescência para uma mesma molécula. O cruzamento intersistemas de S_1 para T_1 é lento. Nesse caso, o aumento de temperatura resulta em um aumento da velocidade do cruzamento intersistemas e uma maior fosforescência. [Dados de A. C. Durrell, G. E. Keller, Y.-C. Lam, J. Sýkora, A. Vlcek, Jr. e H. B. Gray, "Structural Control of $^1A_{2u}$-to-$^3A_{2u}$ Intersystem Crossing in Diplatinum(II,II) Complexes", *J. Am. Chem. Soc.* **2012**, *134*, 14201.]

de T_1. A partir daqui, a molécula pode sofrer um segundo cruzamento intersistemas para S_0, seguido pela relaxação não radiativa R_4. Todos os processos que citamos até agora simplesmente convertem luz em calor.

Uma molécula pode também relaxar de S_1 ou T_1 para S_0 emitindo um fóton. A transição radiativa $S_1 \rightarrow S_0$ é conhecida como **fluorescência** (Boxe 18.2), e a transição $T_1 \rightarrow S_0$ é chamada **fosforescência**. A energia da fosforescência é menor do que a energia da fluorescência, de modo que a fosforescência ocorre em comprimentos de onda maiores do que a fluorescência (Figura 18.17). As velocidades relativas de conversão interna, cruzamento intersistemas, fluorescência e fosforescência dependem da molécula, do solvente e das condições, como a temperatura e a pressão. No complexo de diplatina na Figura 18.17 a velocidade do cruzamento intersistemas S_1 para T_1 é lenta. Um aumento de temperatura aumenta a velocidade do cruzamento intersistemas, resultando em maior fosforescência e menor fluorescência.

Fluorescência é a emissão de um fóton durante uma transição entre estados com o mesmo número quântico de spin (por exemplo, $S_1 \rightarrow S_0$).

Fosforescência é a emissão de um fóton durante uma transição entre estados com números quânticos de spin diferentes (por exemplo, $T_1 \rightarrow S_0$).

Compostos que possuem fluorescência ou fosforescência são relativamente raros. Moléculas mais flexíveis, com muitos modos rotacionais e vibracionais, geralmente decaem do estado excitado por meio de transições não radiativas. Em moléculas mais rígidas, caminhos não radiativos podem não estar disponíveis e a molécula excitada consegue relaxar apenas pela emissão espontânea de um fóton – no entanto, isso leva tempo. O *tempo de vida* da fluorescência é 10^{-9} a 10^{-4} s. O tempo de vida da fosforescência é mais longo (10^{-4} a 10^{2} s) porque a fosforescência envolve uma mudança nos números quânticos de spin (de dois elétrons não emparelhados para nenhum elétron não emparelhado), o que é um evento improvável. Poucos materiais, como o aluminato de estrôncio dopado com európio e disprósio ($SrAl_2O_4$:Eu:Dy), exibem fosforescência durante *horas* após exposição à luz.[18] Uma aplicação desse material é na iluminação das saídas de emergência quando a energia acaba.

O **tempo de vida** de um estado é o tempo necessário para que a população desse estado decaia a um valor igual a 1/*e* vezes o seu valor inicial, em que *e* é a base do logaritmo natural.

18.7 Luminescência

A fluorescência e a fosforescência são exemplos de **luminescência**, isto é, a emissão de luz a partir de qualquer estado excitado de uma molécula. As medidas de luminescência são inerentemente mais sensíveis do que as medidas de absorção. Imagine que você esteja em um estádio à noite; as luzes estão apagadas, mas cada um dos 50 000 torcedores está segurando um celular aceso. Se 500 pessoas apagarem suas telas, você dificilmente notará alguma diferença. Imagine agora que o estádio esteja completamente às escuras e, então, 500 pessoas ligam repentinamente seus aplicativos de lanterna. Nesse caso, o efeito visual será muito mais intenso. O primeiro exemplo é semelhante à mudança de transmitância de 100 para 99%, que equivale a uma absorbância de –log 0,99 = 0,004 4. É muito difícil medirmos esta absorbância tão pequena, pois a luz de fundo é muito brilhante. O segundo exemplo é análogo à observação da fluorescência de 1% das moléculas numa amostra. Contra um fundo escuro, a fluorescência é considerável.

O fenômeno da luminescência é suficientemente sensível para se observe uma *única molécula*.[21] Cada molécula fluorescente pode atuar como uma fonte de luz com cerca de 1 nm de tamanho. Essa atividade microscópica em dimensões abaixo do limite da difração óptica, uma conquista que foi reconhecida pela concessão do Prêmio Nobel em Química de 2014.[22] A difração causada pelas propriedades ondulatórias da luz significa que a microscopia óptica tradicional não é capaz de resolver imagens separadas por menos de metade do comprimento de onda da luz. A Figura 18.18 mostra uma imagem de microscopia limitada por difração e uma imagem de microscopia de fluorescência de super-resolução da proteína huntingtina com o marcador fluorescente Alexa Fluor 647. Mutações no gene huntingtina resultam em um

BOXE 18.2 Fluorescência ao Nosso Redor

A maioria dos tecidos brancos apresenta fluorescência. Apenas para diversão, ligue uma lâmpada ultravioleta em um quarto escuro, onde estejam várias pessoas (*mas não olhe diretamente para a lâmpada*). Você irá descobrir uma quantidade surpreendente de emissões pelos tecidos brancos (roupas, cadarços de sapatos e inúmeros outros objetos) contendo compostos fluorescentes para aumentar a brancura. Você também se surpreenderá de ver a fluorescência dos dentes e de áreas recém-contundidas da pele que não mostram a superfície machucada. Água tônica, açafrão e tinta marca-texto são alguns outros itens do cotidiano que fluorescem. Outras excelentes demonstrações de fluorescência e fosforescência foram descritas na literatura.[19]

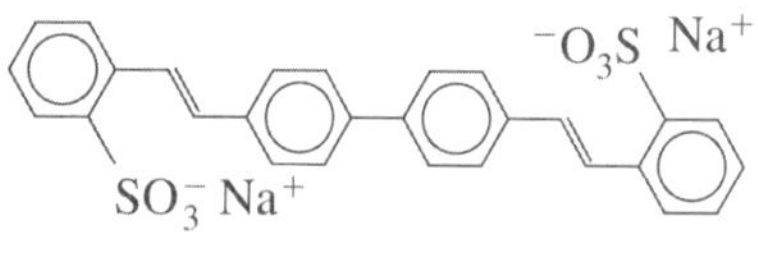

Exemplo de um branqueador fluorescente adicionado ao sabão de lavar roupas.

Mas fluorescência não é apenas sobre cores bonitas. Em 2000, cerca de 20% do consumo mundial de energia foi para iluminação. Depois de um século de desenvolvimento, lâmpadas incandescentes melhoraram sua eficiência em 10 vezes. Lâmpadas fluorescentes eram mais eficientes, mas continham Hg que é tóxico. Diodos emissores de luz (LED) trouxeram a promessa de aumento da eficiência e do tempo de vida, mas não eram disponíveis para todo o espectro do visível. A luz branca precisa de um balanço entre as luzes azul, verde e vermelho para parecer natural.

Após consideráveis pesquisas – levando ao Prêmio Nobel de Física de 2014 – diodos emissores de luz branca superaram a eficiência das luzes fluorescentes.[20] Diodos emissores de luz branca têm que balancear absorbância, transmitância e fosforescência. Luz azul é gerada por um diodo de emissão, como na figura *a* vista neste boxe, feito de semicondutores, por exemplo, nitreto de gálio e nitreto de gálio-índio. Parte da luz azul é absorvida pelo fósforo constituído da granada de ítrio-alumínio dopada com Ce^{3+} ($Y_3Al_5O_{12}:Ce^{3+}$) dentro do diodo na figura *b*. A fosforescência produz uma banda larga de emissão amarela que, combinada com a luz azul transmitida, gera uma luz quase branca, como mostrado na figura *c*. Porém, a ausência de uma emissão vermelha significa que os objetos iluminados não apresentam sua cor original. Uma maçã vermelha parecerá preta, o que não aparentará ser apetitoso. Luz verdadeiramente branca é obtida pela adição de traços de gadolínio para conferir ao fósforo um componente vermelho mais forte, enquanto a dopagem com gálio deixa a emissão mais verde. O aumento do uso de diodos emissores de luz branca pode cortar nosso consumo elétrico para iluminação pela metade – poupando a emissão de 200 milhões de toneladas de CO_2 por ano. O desenvolvimento de novas combinações de fósforos-diodos que produzam uma luz branca mais natural e com maior eficiência energética é uma área de pesquisa bastante ativa.

Lâmpada	Eficiência aproximada (lumens por watt)[a,b]
Bulbo incandescente de Edison com filamento de carbono	1–2
Bulbo incandescente com filamento de tungstênio	10–18
Lâmpada fluorescente compacta	50–70
Tubo fluorescente longo	65–95
Diodo emissor de luz branca (LED)[c]	> 200

a. J. Cho, J. H. Park, J. K. Kim e E. F. Schubert, "White Light-Emitting Diodes", Laser Photonics Rev. ***2017****, 1600147.*

b. Lúmen (lm) é uma medida de fluxo luminoso. 1 lm = energia radiante emitida em um ângulo sólido de um esferorradiano (sr) de uma fonte que irradia 1/683 W/sr uniformemente em todas as direções a uma frequência de 540 THz (próximo ao meio da região do espectro visível).

c. Vida útil de uma lâmpada de LED ≈ 10^5 h; vida útil de uma lâmpada fluorescente ≈ 10^4 h; vida útil de uma lâmpada incandescente ≈ 10^3 h.

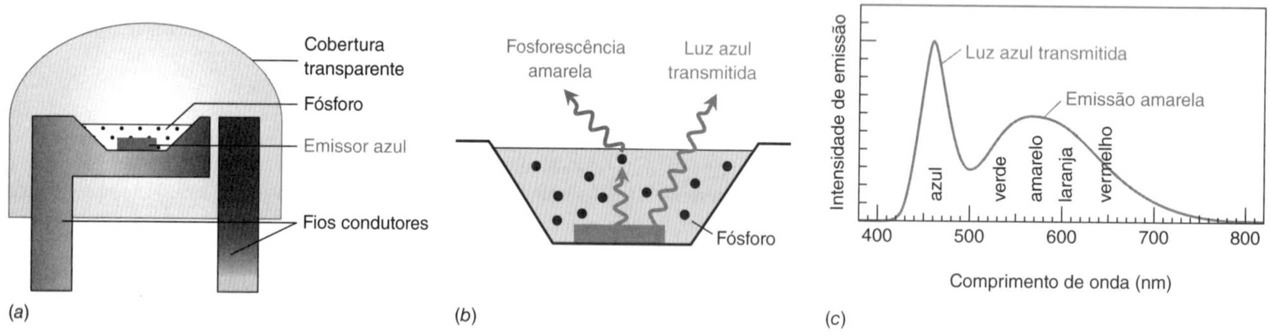

(*a*) Estrutura de um diodo emissor de luz branca. (*b*) A luz azul provém do diodo e a amarela da fosforescência quando a luz azul excita o fósforo. (*c*) Espectro de emissão do diodo emissor de luz próxima ao branco, mostrando azul em 460 nm gerado pelo diodo e uma banda larga de emissão fosforescente do verde ao vermelho vinda do fósforo. [Dados de J. Cho, J. H. Park, J. K. Kim e E. F. Schubert, "White Light-Emitting Diodes," *Laser Photonics Rev.* **2017**, 1600147.]

enovelamento errado da proteína, cuja agregação causa a doença de Huntington. Em virtude da sensibilidade da fluorescência é possível a detecção de uma única molécula, permitindo a caracterização dos caminhos de agregação desde uma única molécula da proteína até aglomerados fibrosos.

Relação entre Espectros de Absorção e de Emissão

A Figura 18.16 mostra que a fluorescência e a fosforescência têm uma energia menor do que a radiação absorvida (*a energia de excitação*), ou seja, as moléculas emitem radiação em maiores comprimentos de onda do que os comprimentos de onda da radiação que elas absorvem. Exemplos podem ser vistos na Figura 18.19 e nas Pranchas em Cores 16, 18 e 22.

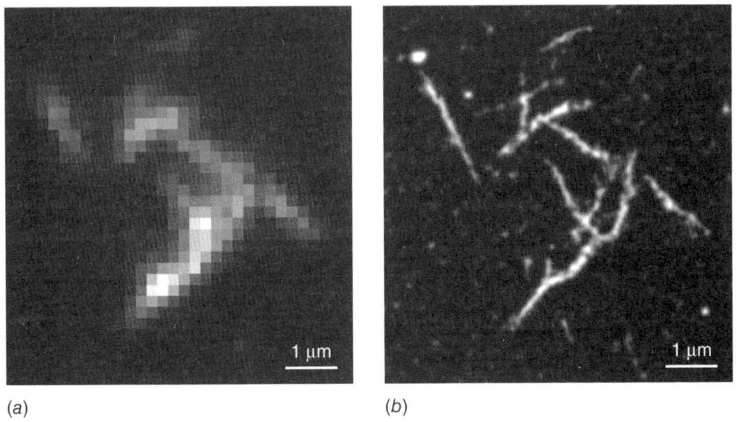

FIGURA 18.18 Agregados de huntingtina, uma proteína que causa a doença de Huntington, observados por (*a*) microscopia limitada por difração e (*b*) microscopia de fluorescência de super-resolução. A marcação da huntingtina com corante fluorescente Alexa Fluor 647 torna a microscopia possível. [Foto cortesia de Whitney C. Duim, University of California, Davis, dados de W. C. Duim, Y. Jiang, K. Shen, J. Frydman e W. E. Moerner, "Super-Resolution Fluorescence of Huntingtin Reveals Growth of Globular Species into Short Fibers and Coexistence of Distinct Aggregates", *ACS Chem. Biol.* **2014**, *9*, 2767-2778.]

A Figura 18.20 explica por que a emissão surge em um nível de energia mais baixo do que a absorção e também por que o espectro de emissão é, aproximadamente, a imagem especular do espectro de absorção. No espectro de absorção, o comprimento de onda λ_0 corresponde à transição do nível vibracional fundamental de S_0 para o nível vibracional mais baixo de S_1. A absorção máxima em maior energia (comprimento de onda mais curto) corresponde à transição S_0 para S_1 acompanhada pela absorção de um ou mais quanta de energia vibracional. Em solventes polares, a estrutura vibracional é frequentemente expandida além de um limite de identificação, e apenas uma forma alargada da região de absorção é observada. Em solventes menos polares ou apolares, como o diclorometano na Figura 18.19, a estrutura vibracional é observada.

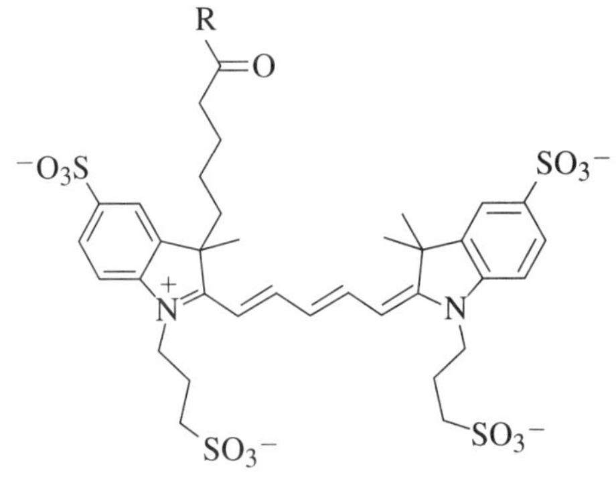

Alexa Fluor 647

Após a absorção, as moléculas S_1 excitadas vibracionalmente relaxam de volta para o nível vibracional mais baixo de S_1 antes de emitirem qualquer radiação. A emissão de S_1, na Figura 18.20, pode ir para qualquer nível vibracional de S_0. A transição de maior energia surge no comprimento de onda λ_0, com uma série de picos seguidos em uma região de maior comprimento de onda. Os espectros de absorção e emissão terão uma relação aproximada de uma imagem especular se os espaços entre os níveis vibracionais forem aproximadamente iguais e se as probabilidades de transição forem semelhantes.

Transições eletrônicas usualmente envolvem transições vibracionais e rotacionais simultâneas.

As transições λ_0 na Figura 18.19 (e depois na Figura 18.23) não se superpõem exatamente. No espectro de emissão, λ_0 vem em uma energia ligeiramente inferior do que no espectro de absorção. A razão está explicada na Figura 18.21. Uma molécula que absorve radiação está inicialmente no seu estado eletrônico fundamental S_0. Essa molécula possui certa geometria e solvatação. A transição eletrônica de S_0 para o estado excitado S_1 é mais rápida ($\leq 10^{-15}$ s) que as vibrações dos átomos e o movimento de translação das moléculas de solvente. Quando a radiação é absorvida inicialmente, a molécula excitada, no estado S_1, ainda possui sua solvatação e sua geometria correspondentes ao estado S_0. Um pouco após a excitação, a geometria e a solvatação mudam para valores mais compatíveis com o estado S_1. Esse rearranjo deve diminuir a energia da molécula excitada. Quando uma molécula S_1 fluoresce, ela retorna rapidamente ($\leq 10^{-15}$ s) ao seu estado S_0, mas permanece com a geometria e solvatação correspondentes a S_1. Essa configuração instável deve ter uma energia maior do que a da molécula S_0 com geometria e solvatação correspondentes ao estado S_0. O efeito líquido na Figura 18.21 é que a energia de emissão λ_0 é menor do que a energia de excitação λ_0.

As transições eletrônicas são tão rápidas que, com relação ao movimento dos núcleos atômicos, cada átomo mantém praticamente a mesma posição e possui a mesma quantidade de movimento após a transição. Este vem a ser o *princípio de Franck-Condon*.

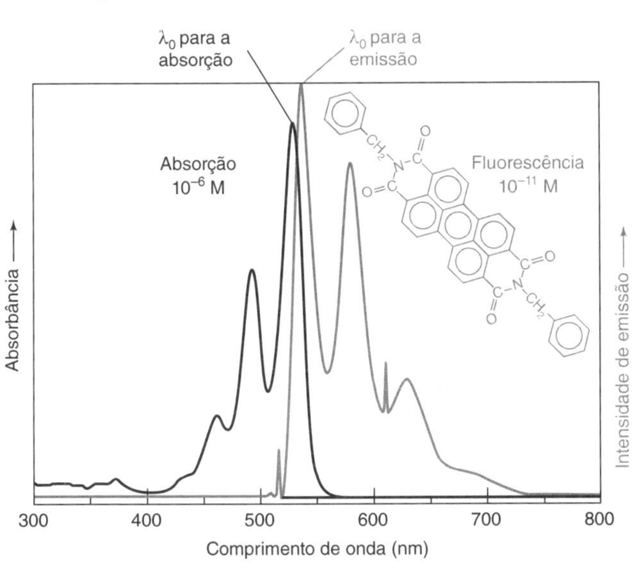

FIGURA 18.19 Espectros de absorção (linha escura) e emissão (linha cinza) de bis(benzilimido) perileno em solução de diclorometano, ilustrando a relação de imagens especulares entre os fenômenos de absorção e emissão. A solução 10^{-11} M, usada para as medidas de emissão, continha em média 10 moléculas de analito no volume atingido pelo feixe do *laser* de excitação em 514 nm. [Dados de P. J. G. Goulet, N. P. W. Pieczonka e R. F. Aroca, "Overtones and Combinations in Single-Molecule Surface-Enhanced Resonance Raman Scattering Spectra," *Anal. Chem.* **2003**, *75*, 1918. P. J. G. Goulet e N. P. W. Pieczonka eram alunos de iniciação científica.]

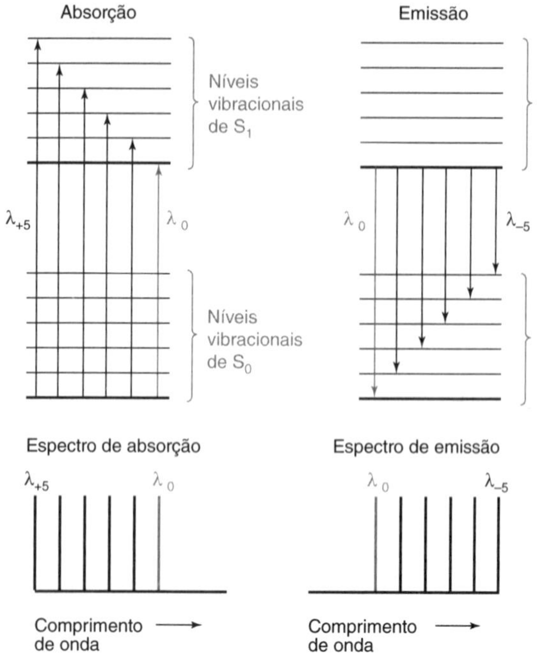

FIGURA 18.20 Diagrama de níveis de energia mostrando por que uma estrutura é vista nos espectros de absorção e de emissão, e por que os espectros são imagens especulares aproximadas de cada um. Na absorção, o comprimento de onda λ_0 corresponde à menor energia e λ_{+5} à maior energia. Na emissão, o comprimento de onda λ_0 corresponde à maior energia e λ_{-5} à menor energia.

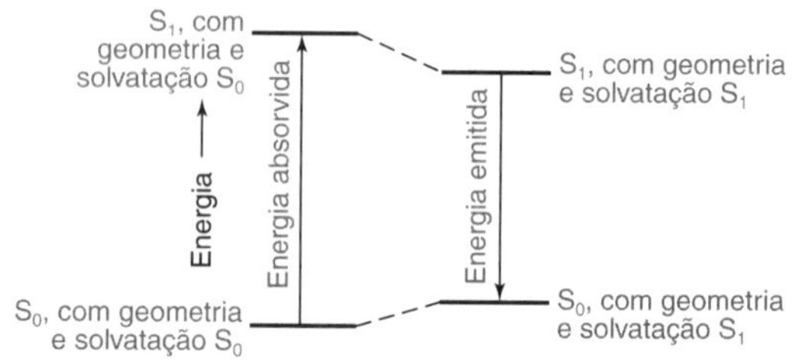

FIGURA 18.21 Diagrama mostrando por que as transições λ_0 não se superpõem exatamente nas Figuras 18.19 e 18.23.

Espectros de Excitação e de Emissão

Um experimento de emissão é visto na Figura 18.22. Um comprimento de onda de excitação (λ_{ex}) é selecionado por meio de um monocromador e direcionado à amostra. A emissão ocorre em todos os ângulos relativos ao feixe de excitação. A luminescência é analisada por um segundo monocromador, normalmente posicionado a 90° da luz incidente para minimizar a intensidade da luz espalhada que chega ao detector. Se mantivermos o comprimento de onda de excitação fixo e varrermos a região da radiação emitida, temos um **espectro de emissão**, tal como é mostrado no lado direito da Figura 18.23. Um espectro de emissão é um gráfico de intensidade de emissão por comprimento de onda em que ocorre a emissão. Uma base de dados com mais de 200 espectros de fluorescência está disponível *on-line*.[4]

Espectro de emissão: λ_{ex} constante e λ_{em} variável

Espectro de excitação: λ_{ex} variável e λ_{em} constante

Um **espectro de excitação** é medido variando-se o comprimento de onda de excitação e medindo-se a luz emitida em determinado comprimento de onda (λ_{em}). Um espectro de excitação é um gráfico da intensidade de emissão por comprimento de onda de excitação (Figura 18.23). *Um espectro de excitação se parece muito com um espectro de absorção*, pois quanto maior a absorbância no comprimento de onda de excitação, mais moléculas são promovidas para o estado excitado e mais emissão será observada.

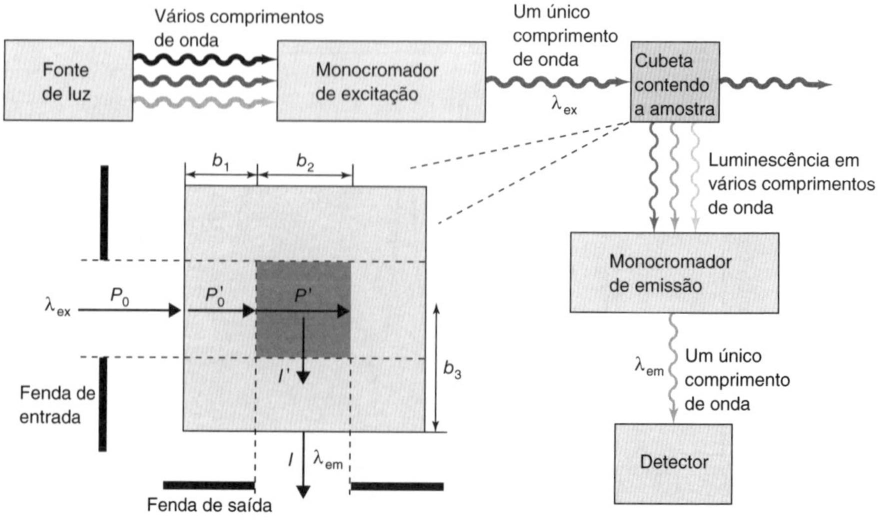

FIGURA 18.22 Fundamentos de um experimento de luminescência. A amostra é irradiada com determinado comprimento de onda e a emissão é observada em uma faixa de diferentes comprimentos de onda. O monocromador de excitação seleciona o comprimento de onda de excitação (λ_{ex}), e o monocromador de emissão seleciona um comprimento de onda (λ_{em}) que é observável por meio de uma varredura dependente do tempo.

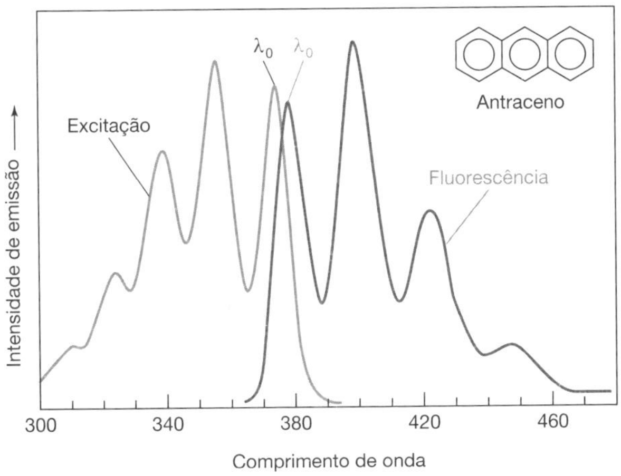

FIGURA 18.23 Espectros de excitação e de emissão do antraceno em ciclo-hexano têm o mesmo tipo de imagem especular que os espectros de emissão e de absorção da Figura 18.19. Um espectro de excitação é praticamente igual a um espectro de absorção. [Dados de C. M. Byron e T. C. Werner, "Experiments in Synchronous Fluorescence for the Undergraduate Instrumental Chemistry Course", *J. Chem. Ed.* **1991**, *68*, 433.]

Na espectroscopia de emissão, medimos a energia radiante de emissão, em vez de medirmos a fração de energia radiante que atinge o detector. Como a sensibilidade do detector e a eficiência do monocromador variam com o comprimento de onda, o espectro de emissão registrado não é um perfil verdadeiro da energia radiante de emissão contra o comprimento de onda. Em determinações quantitativas, utilizando um único comprimento de onda de emissão, esse efeito não tem maiores consequências. O Boxe 18.3 descreve formas comuns de espalhamento da luz que podem ser confundidos com emissão quando se interpreta um espectro obtido experimentalmente.

Intensidade de Luminescência

Uma visão simplificada dos processos que ocorrem durante a medida de luminescência é mostrada na célula, contendo a amostra, ampliada na parte inferior esquerda da Figura 18.22. Esperamos que a emissão seja proporcional à energia radiante absorvida pela amostra. Na Figura 18.22, a energia radiante (W/m^2) incidente na cubeta contendo a amostra é P_0. Como parte desta radiação incidente é absorvida durante o caminho óptico b_1, a energia radiante na parte central da cubeta é

$$\text{Energia radiante incidindo na região central} = P_0' = P_0 \cdot 10^{-\varepsilon_{ex} b_1 c} \tag{18.8}$$

em que ε_{ex} é a absorbância molar no comprimento de onda λ_{ex} e c é a concentração de analito presente. O valor da energia radiante do feixe quando ele percorreu o caminho adicional b_2 é

A Equação 18.8 vem das Equações 18.5 e 18.6. Se outras espécies que não o analito estão absorvendo no comprimento de onda de interesse, devemos incluir suas absorbâncias também.

$$P' = P_0' \, 10^{-\varepsilon_{ex} b_2 c} \tag{18.9}$$

O valor da intensidade da emissão I é proporcional ao valor da intensidade de energia radiante absorvida na região central da cubeta:

$$\text{Intensidade de emissão} = I' = k'\Phi(P_0' - P') \tag{18.10}$$

em que k' é uma constante de proporcionalidade e Φ é o **rendimento quântico**, isto é, a fração de fótons absorvidos que resulta em luminescência. O rendimento quântico varia de 0, em moléculas não fluorescentes, até um máximo igual a 1, e depende das condições da solução (Seção 19.6). Nem toda a radiação emitida a partir do centro da célula em direção à fenda de saída é observada. Parte da energia é absorvida durante o trajeto entre o centro e a extremidade da cubeta. A intensidade da emissão I, proveniente da cubeta, é dada pela lei de Beer:

Molécula	Rendimento Quântico[4]
Benzeno	0,05
Antraceno	0,36
Quinina	0,55
Rodamina 6G	0,95
Fluoresceína	0,97

$$I = I' \cdot 10^{-\varepsilon_{em} b_3 c} \tag{18.11}$$

em que ε_{em} é a absortividade molar no comprimento de onda da emissão e b_3 é a distância do centro à extremidade da cubeta.

Combinando as Equações 18.10 e 18.11, podemos expressar o valor da intensidade de emissão como:

$$I = k'\Phi(P_0' - P')10^{-\varepsilon_{em} b_3 c}$$

Substituindo-se as expressões para P_0' e P', a partir das Equações 18.8 e 18.9, obtemos uma relação entre o valor da energia radiante incidente e a intensidade de emissão:

$$I = k'\Phi(P_0 \cdot 10^{-\varepsilon_{ex} b_1 c} - P_0 \cdot 10^{-\varepsilon_{ex} b_1 c} \cdot 10^{-\varepsilon_{ex} b_2 c})10^{-\varepsilon_{em} b_3 c}$$

$$= k'\Phi P_0 \cdot \underbrace{10^{-\varepsilon_{ex} b_1 c}}_{\substack{\text{Perda de intensidade} \\ \text{na região 1}}} \; \underbrace{(1 - 10^{-\varepsilon_{ex} b_2 c})}_{\substack{\text{Absorção} \\ \text{na região 2}}} \; \underbrace{10^{-\varepsilon_{em} b_3 c}}_{\substack{\text{Perda de intensidade} \\ \text{na região 3}}} \tag{18.12}$$

A série 18.13 vem da relação $10^{-A} = (e^{\ln 10})^{-A} = e^{-A\ln 10}$ e da expansão de e^x:

$$e^x = 1 + \frac{x^1}{1!} + \frac{x^2}{2!} + \frac{x^3}{3!} + \ldots$$

Vamos considerar agora o limite de baixas concentrações de analito, o que significa que os valores dos expoentes $\varepsilon_{ex}b_1c$, $\varepsilon_{ex}b_2c$ e $\varepsilon_{ex}b_3c$ são todos muito pequenos. Todos os termos $10^{-\varepsilon_{ex}b_1c}$, $10^{-\varepsilon_{ex}b_2c}$ e $10^{-\varepsilon_{em}b_3c}$ têm, neste caso, valores muito próximos à unidade. Podemos então simplesmente substituir $10^{-\varepsilon_{ex}b_1c}$ e $10^{-\varepsilon_{em}b_3c}$ por 1, na Equação 18.12. Na prática, não podemos substituir $10^{-\varepsilon_{ex}b_2c}$ por 1, pois estamos subtraindo este valor de 1 e obteremos como resultado 0. Neste caso, podemos expandir o valor de $10^{-\varepsilon_{ex}b_2c}$ a partir de uma série de potências:

$$10^{-\varepsilon_{ex}b_2c} = 1 - \varepsilon_{ex}b_2c \ln 10 + \frac{(\varepsilon_{ex}b_2c \ln 10)^2}{2!} - \frac{(\varepsilon_{ex}b_2c \ln 10)^3}{3!} + \ldots \quad (18.13)$$

Cada termo da Equação 18.13 torna-se cada vez menor, por isso consideraremos apenas os dois primeiros termos da série. O termo central na Equação 18.12 torna-se $(1 - 10^{-\varepsilon_{ex}b_2c}) = (1 - [1 - \varepsilon_{ex}b_2c \ln 10]) = \varepsilon_{ex}b_2c \ln 10$, e toda a equação anterior pode ser reescrita como

Intensidade de emissão em concentração baixa:

$$k'\Phi P_0(\varepsilon_{ex}b_2c \ln 10) = \boxed{I = k\Phi P_0 c} \quad (18.14)$$

em que $k = k'\varepsilon_{ex}b_2 \ln 10$ é uma constante.

A Equação 18.14 nos diz que, *em baixas concentrações, a intensidade de emissão é proporcional à concentração do analito presente*. Os resultados para o antraceno, na Figura 18.24, apresentam um comportamento linear para valores abaixo de 10^{-6} M. Amostras do branco invariavelmente espalham luz e devem ser medidas durante toda a análise. A Equação 18.14 nos mostra que, quando se dobra o valor da intensidade da energia radiante incidente (P_0), dobra-se a intensidade de emissão (até certo ponto). Contrariamente, ao dobrarmos o valor de P_0, não causamos nenhum efeito no valor da absorbância, cujo valor é uma *razão* entre duas intensidades.

Para concentrações mais altas de analito, temos que considerar em nossos cálculos todos os termos da Equação 18.12, ou necessitamos de uma equação ainda mais exata ou técnicas de correção.[23] Aumentando-se progressivamente a concentração de analito, chegamos a um ponto onde a emissão é máxima. A partir deste ponto a emissão passa a diminuir, pois a absorção pela amostra aumenta mais rapidamente que o aumento da emissão. Dizemos então que a emissão é **extinta** (diminuída) em virtude da **autoabsorção**, que corresponde à absorção de energia de excitação ou emissão pelas moléculas de analito na solução. A extinção por autoabsorção é também denominada *efeito de filtro interno*. Em altas concentrações, até mesmo a *forma* do espectro de emissão pode variar, pois tanto o processo de emissão como o de absorção dependem do comprimento de onda. A absorbância nos comprimentos de onda de emissão e excitação deve ser menor que 0,1 para minimizar os efeitos de filtro interno. Fluorescência também pode ser extinta pelos componentes da matriz ou pelo oxigênio do ar. Pode ser necessário recorrer a padrões de ajuste de matriz ou calibração por adição-padrão.

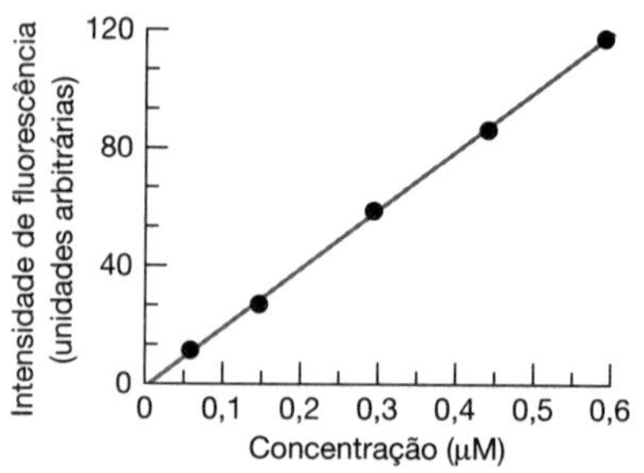

FIGURA 18.24 Curva de calibração linear da fluorescência do antraceno medida no comprimento de onda da fluorescência máxima da Figura 18.23. [Dados de C. M. Byron e T. C. Werner, "Experiments in Synchronous Fluorescence for the Undergraduate Instrumental Chemistry Course", *J. Chem. Ed.* **1991**, *68*, 433.]

Derivatização é a alteração química do analito de modo que possa ser facilmente detectado ou facilmente separado de outras espécies.

Exemplo: Determinação Fluorimétrica de Selênio em Castanhas-do-Pará

O selênio é um elemento-traço essencial à vida. Por exemplo, uma enzima contendo selênio, a peroxidase glutationa, catalisa a destruição de peróxidos (ROOH), que causam danos às células vivas. Por outro lado, em altas concentrações, o selênio pode ser tóxico.

Para determinarmos a concentração de selênio em castanhas-do-pará, digerimos 0,1 g de uma amostra de castanhas com 2,5 mL de HNO_3 70% em massa em um forno de micro-ondas, utilizando-se como recipiente uma *bomba* de Teflon (Figura 28.7). O selenato de hidrogênio (H_2SeO_4) presente na amostra é reduzido a selenito de hidrogênio (H_2SeO_3) com hidroxilamina (NH_2OH). O selenito é então **derivatizado** para se obter um produto fluorescente, que é extraído com ciclo-hexano.

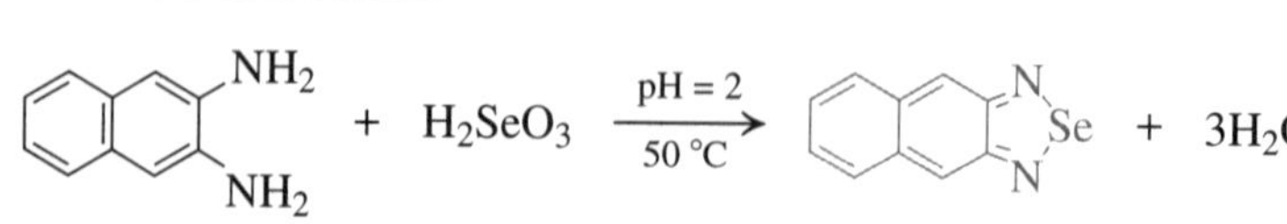

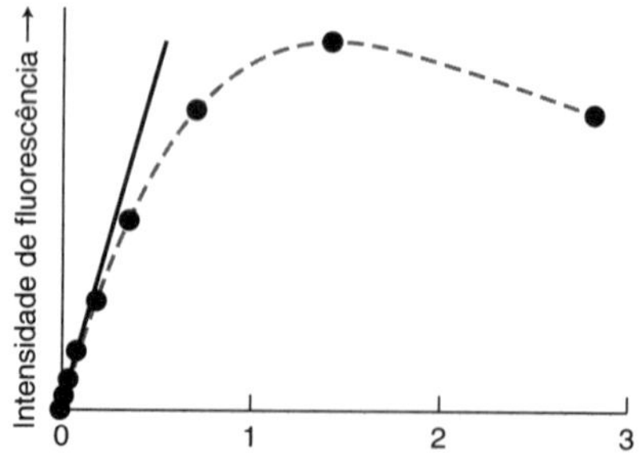

FIGURA 18.25 Curva de calibração da fluorescência do produto na Reação 18.15. A curva de calibração é linear apenas em concentrações abaixo de 0,1 μg de Se/mL. A curvatura e o máximo observados são consequência da autoabsorção. [Dados de M.-C. Sheffield e T. M. Nahir, "Analysis of Selenium in Brazil Nuts by Microwave Digestion and Fluorescence Detection", *J. Chem. Ed.* **2002**, *79*, 1345.]

2,3-Diaminonaftaleno + H_2SeO_3 $\xrightarrow[50\,°C]{pH = 2}$ Produto fluorescente + $3H_2O$ (18.15)

A resposta máxima do produto fluorescente foi observada em um comprimento de onda de excitação de 378 nm e um comprimento de onda de emissão de 518 nm. Como vemos na Figura 18.25, a emissão verificada é proporcional à concentração de analito até ~0,1 μg de Se/mL. Além desse valor de concentração, a resposta perde sua linearidade, alcança um máximo, e finalmente *decresce* com o aumento da concentração de analito, quando o mecanismo de autoabsorção pela amostra predomina. A Equação 18.12 prevê este tipo de comportamento.

BOXE 18.3 Espalhamentos Rayleigh e Raman

Os espectros de emissão podem exibir perfis confusos além da fluorescência e da fosforescência. A figura a seguir mostra um espectro de emissão de uma solução aquosa de diclorofluoresceína (linha cinza) e, como referência, o espectro de emissão da água pura (linha preta). O comprimento de onda de excitação é 400 nm. A única diferença entre as duas linhas é a fluorescência da diclorofluoresceína, com um pico em 522 nm.

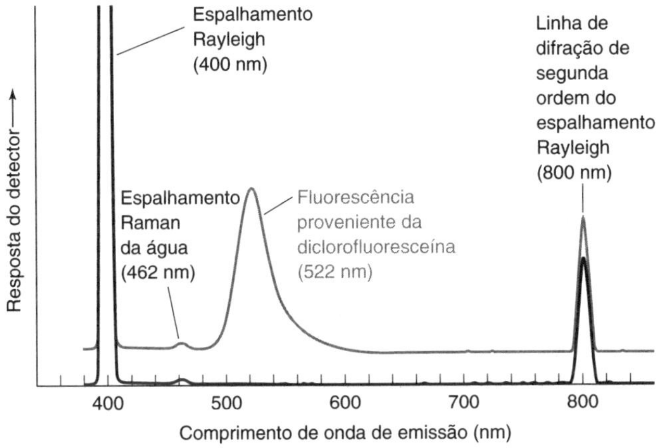

Espectro superior: espectro de emissão de uma solução aquosa de diclorofluoresceína. *Espectro inferior*: espectro observado para a água pura. [Dados de Kris Varazo, Francis Marion University. Veja R. J. Clark e A. Oprysa, "Fluorescence and Light Scattering", *J. Chem. Ed.* **2004**, *81*, 705.]

Quais são os outros picos? O pico mais forte, que está fora da escala, é observado no comprimento de onda de excitação de 400 nm. Ele é chamado de **espalhamento Rayleigh**, referente ao mesmo Lord Rayleigh (J. W. Strutt), que descobriu o argônio (Seção 4.4). O campo eletromagnético oscilante da fonte de luz de excitação faz com que elétrons nas moléculas de água oscilem na mesma frequência da radiação incidente. Os elétrons que oscilam emitem a mesma frequência de radiação em todas as direções. O tempo necessário para o espalhamento é essencialmente o período de uma oscilação da onda eletromagnética que chega a $\sim 10^{-15}$ s para a luz de 400 nm. Para fins de comparação, o tempo para a fluorescência vai de $\sim 10^{-9}$ a 10^{-4} s. O espalhamento Rayleigh está sempre presente e normalmente é expurgado, de modo que ele não aparece no espectro de emissão.

O segundo pico mais forte neste exemplo aparece em 800 nm, que é exatamente o dobro do comprimento de onda de excitação. Trata-se de um artefato do monocromador. Os monocromadores de grade concebidos para passar o comprimento de onda λ também deixam passar frações $\lambda/2$, $\lambda/3$ etc., com eficiência decrescente. Quando o monocromador de emissão na Figura 18.22 é ajustado para passar 800 nm, ele também deixa passar alguma luz em 400 nm. O espalhamento de Rayleigh em 400 nm passa através do monocromador ajustado em 800 nm. Isso é denominado *difração de segunda ordem* do monocromador. Se usássemos um filtro para bloquear a passagem de luz em 400 nm entre a cubeta de amostra e o monocromador de emissão na Figura 18.22, não haveria pico em 800 nm no espectro de emissão.

Um pico de fraca intensidade, mas reprodutível, é observado tanto na água como na solução de diclorofluoresceína em 462 nm. A diferença de energia entre a luz incidente em 400 nm e o pico em 462 nm corresponde à energia vibracional da água. O pico em 462 nm é chamado **espalhamento Raman**, em homenagem ao físico indiano C. V. Raman, que descobriu este fenômeno em 1928, e foi laureado com o Prêmio Nobel em 1930. Neste tipo de espalhamento, que ocorre também em uma escala de tempo de $\sim 10^{-15}$ s, uma pequena fração dos fótons incidentes cede um quantum de energia vibracional molecular à água. A radiação de espalhamento apresenta menor energia do que a energia de excitação. A energia vibracional é normalmente expressa como o número de onda (cm^{-1}) de um fóton com aquela energia. A água líquida apresenta uma larga faixa de energias vibracionais, centrada próximo a 3 404 cm^{-1}. O número de onda da radiação de excitação é 1/número de onda = 1/400 nm = 25 000 cm^{-1}. No espalhamento de Raman, um fóton incidente com energia de 25 000 cm^{-1} transfere 3 404 cm^{-1} e sai com (25 000 – 3 404) = 21 596 cm^{-1}. O comprimento de onda é 1/(21 596 cm^{-1}) ≈ 463 nm. O pico observado está em 462 nm.

Quais são as lições deste exemplo? Para começar, compare o espectro do solvente puro com o da amostra em exame de modo a descartar os picos associados ao solvente. Em seguida, a fluorescência ocorre em uma posição fixa, como em 522 nm no caso da diclorofluoresceína. O comprimento de onda da radiação de espalhamento varia conforme o comprimento de onda da radiação incidente. Se empregássemos um comprimento de onda de excitação de 410 nm em vez de 400 nm, a linha de grade de segunda ordem seria vista em 820 nm, e o pico de Raman em razão da água estaria em uma energia que é 3 404 cm^{-1} menor do que a luz de excitação, ou seja, 477 nm. A radiação de espalhamento desloca-se em conformidade com o comprimento de onda da radiação incidente, mas a fluorescência e a fosforescência não se deslocam.

Termos Importantes

absorbância	espalhamento Rayleigh	extinção	mascaramento
absortividade molar	espectro de absorção	fluorescência	monocromador
autoabsorção	espectro de emissão	fosforescência	número de onda
branco de reagente	espectro de excitação	fóton	orbital molecular
comprimento de onda	espectro eletromagnético	frequência	rendimento quântico
cromóforo	espectrofotometria	hertz	titulação espectrofotométrica
cubeta	estado excitado	índice de refração	transição eletrônica
derivatização	estado fundamental	lei de Beer	transição rotacional
energia radiante	estado simpleto	luminescência	transição vibracional
espalhamento Raman	estado tripleto	luz monocromática	transmitância

Resumo

A luz pode ser interpretada como ondas, em que o comprimento de onda (λ) e a frequência (ν) estão relacionados pela importante equação $\lambda\nu = c$, sendo c a velocidade da luz. Alternativamente, a luz pode ser considerada como constituída de fótons, cuja energia (E) é dada por $E = h\nu = hc/\lambda = hc\tilde{\nu}$, em que h é a constante de Planck e $\tilde{\nu}$ ($= 1/\lambda$) é o número de onda. A absorção de luz normalmente é medida pela absorbância (A) ou pela transmitância (T), definidas, respectivamente, como $A = \log (P_0/P)$ e $T = P/P_0$, em que P_0 é a energia radiante incidente e P é a energia radiante que sai da amostra. A espectroscopia de absorção é uma ferramenta útil nas análises quantitativas, pois a absorbância é proporcional à concentração das espécies absorventes em uma solução diluída (lei de Beer): $A = \varepsilon bc$. Nesta equação, b é o caminho óptico percorrido dentro da solução contendo a amostra, c é a concentração e ε é a absortividade molar (uma constante de proporcionalidade). Você deve ser capaz de preparar uma série de soluções-padrão para calibração por diluição em série de um padrão concentrado.

Os componentes básicos de um espectrofotômetro são uma fonte de radiação (luz), um monocromador, uma cubeta que contém a amostra e um detector. Para minimizar os erros nas medidas espectrofotométricas, padrões e amostras devem ser preparados usando técnicas reprodutíveis, as soluções devem estar livres de partículas sólidas, as cubetas devem estar limpas e sempre posicionadas no suporte de maneira reprodutível. As medidas devem ser feitas no comprimento de onda da absorbância máxima. Os erros instrumentais tendem a serem minimizados se a absorbância se situa na faixa de $A \approx 0{,}3–2$.

Em uma titulação espectrofotométrica, a absorbância é medida conforme o titulante é adicionado. Em muitas reações, há uma mudança abrupta no coeficiente angular da curva quando o ponto de equivalência é atingido.

Quando uma molécula absorve luz, ela é promovida a um estado excitado do qual pode retornar ao estado fundamental por processos não radiativos ou por fluorescência (simpleto $\rightarrow$ simpleto) ou por fosforescência (tripleto $\rightarrow$ simpleto). A intensidade de emissão é proporcional à concentração em baixas concentrações. Em concentrações suficientemente altas, a emissão diminui em face da autoabsorção pelo analito. Um espectro de excitação (um gráfico de intensidade de emissão contra comprimento de onda de excitação) é semelhante a um espectro de absorção (um gráfico de absorbância contra comprimento de onda). Um espectro de emissão (um gráfico de intensidade de emissão contra comprimento de onda de emissão) é observado em energia mais baixa do que o espectro de absorção e tende a ser a imagem especular do espectro de absorção.

Exercícios

18.A. (**a**) Qual o valor de absorbância que corresponde a 45,0% T?

(**b**) Se uma solução 0,010 0 M tem, em determinado comprimento de onda, 45,0% T, qual será a transmitância percentual para uma solução 0,020 0 M da mesma substância?

18.B. (**a**) Uma solução $3{,}96 \times 10^{-4}$ M de um composto A apresentou uma absorbância de 0,624 em 238 nm em uma cubeta com 1,000 cm de caminho óptico; um branco, contendo apenas o solvente, apresentou uma absorbância de 0,029 no mesmo comprimento de onda. Determine a absortividade molar do composto A.

(**b**) A absorbância de uma solução de concentração desconhecida do composto A, no mesmo solvente e usando a mesma cubeta, é de 0,375 em 238 nm. Determine a concentração de A na solução desconhecida.

(**c**) Uma solução concentrada do composto A, no mesmo solvente, foi diluída, a partir de um volume inicial de 2,00 mL, para um volume final de 25,00 mL, apresentando uma absorbância de 0,733. Qual é a concentração de A na solução concentrada?

18.C. Pelo método 350.1 da Agência de Proteção Ambiental dos Estados Unidos (US Environmental Protection Agengy – EPA), a amônia pode ser determinada espectrofotometricamente pela reação com fenol na presença de hipoclorito (OCl^-) e catalisada por nitroprussiato $[Fe(CN)_5(NO)]^{2-}$:

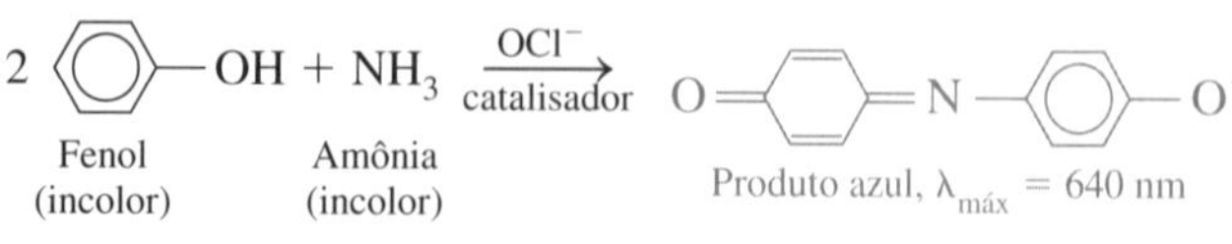

A uma amostra de 10,0 mL de água de superfície adiciona-se 1,00 mL de solução de fenol, 1,00 mL de solução de nitroprussiato e 2,5 mL de solução de hipoclorito, com agitação cuidadosa após cada adição. A amostra é diluída a 50,0 mL, cuidadosamente agitada, e deixada reagir por 1 hora. A absorbância a 640 nm é então medida em uma cubeta de vidro com 1,000 cm de caminho óptico. No método 350.1, a concentração de amônia é apresentada em massa de nitrogênio (N) por volume. Uma solução de estoque de 100,0 mg de N/L é preparada dissolvendo-se 0,381 9 g de NH_4Cl (MF 53,49) em 1,00 L de água. Padrões de trabalho de 0,100 a 1,00 mg de N/L são preparados a partir da diluição da solução de estoque. Então, 10,0 mL de cada padrão são diluídos a 50 mL em balão volumétrico e analisado do mesmo modo que a amostra. Um branco é preparado usando-se água destilada no lugar da amostra desconhecida.

Padrão (mg de N/L)	Absorbância em 640 nm
Branco	0,028
0,100	0,089
0,300	0,200
0,500	0,306
0,700	0,428
1,00	0,597

(**a**) Calcule a absortividade molar do produto azul utilizando o padrão 0,500 mg de N/L.

(**b**) Represente graficamente a curva de calibração de absorbância corrigida contra concentração de amônia. Visualmente, a curva de calibração é linear? *Dica:* os resíduos – a distância vertical entre os dados pontuais e a reta – devem estar distribuídos aleatoriamente ao longo da reta (Seção 5.2).

(**c**) Calcule a concentração de amônia, em mg de N/L, para uma amostra desconhecida com $A = 0{,}272$.

(**d**) Como você poderia fazer os padrões de calibração de amônia utilizando a solução estoque, concentração de 100,0 mg de N/L, pipetas aferidas (volumétricas) e balões volumétricos?

18.D. A catinona é um alcaloide psicoativo presente nas folhas de khat, uma planta nativa da Península Arábica. Alguns "sais de banho" são variantes sintéticas da catinona projetadas para contornar as leis, mas com propriedades desconhecidas e efeitos colaterais.

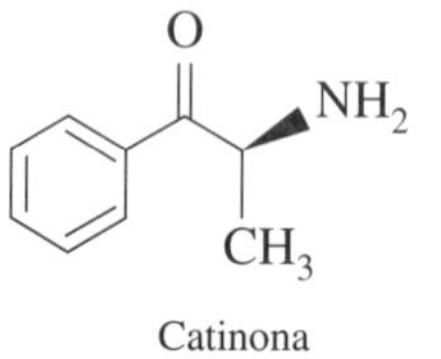

Catinona

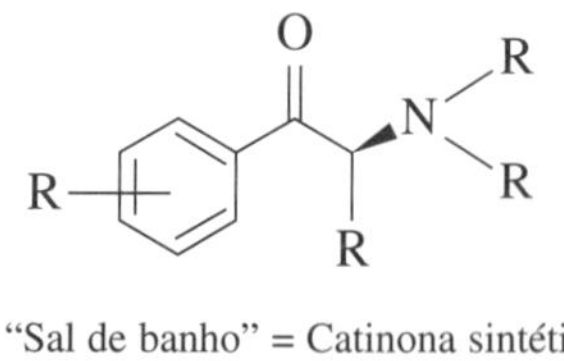

"Sal de banho" = Catinona sintética

Testes presuntivos são utilizados nas ciências forenses para estabelecer se uma amostra não contém ou potencialmente possa conter uma substância específica. Um teste presuntivo para catinonas sintéticas é baseado na redução do Cu^{2+} a Cu^{+} por uma catinona na presença de neocuproína.[24] Havendo a presença de catinonas, estando ausentes outros compostos redutores, ocorre a formação do complexo colorido Cu(neocuproína)$_2^+$ com absorção máxima em 454 nm. Um procedimento espectrofotométrico para análise de catinona em folhas de khat é:

1. *Solução de extrato de khat:* corte folhas secas de khat em pequenos pedaços e extraia com etanol. Filtre e transfira quantitativamente o extrato para um balão volumétrico de 500 mL. Complete o volume com água destilada e agite cuidadosamente.
2. Transfira 1,00 mL de solução do balão volumétrico de 500 mL para um de 25 mL e adicione a solução de Cu^{2+}. Então, adicione 1,00 mL de neocuproína, 10 mL de água destilada e ferva brevemente.
3. Após resfriamento, adicione 1,25 mL de tampão de acetato para levar ao pH adequado para a formação do complexo, e dilua a 25 mL com água destilada.
4. Meça a absorbância do Cu(neocuproína)$_2^+$ (amarelo) em 454 nm usando uma cubeta de vidro com 1,000 cm de caminho óptico.

(**a**) *Calibração externa*: padrões de catinona (1,00 mL contendo de 2,5 a 10,0 μg/mL) e 1,00 mL de extrato de khat, proveniente de 1,27 g de folhas secas, são analisados. Qual é a concentração de catinona no extrato? A partir dos dados de absorbância, vistos a seguir, qual é a concentração de catinona (μg/g) nas folhas secas de khat?

Catinona (μg/mL)	Absorbância
Branco	0,03
2,5	0,20
5,0	0,37
7,5	0,52
10,0	0,71
Extrato de folhas de khat	0,59

Fonte: Dados de A. M. Al-Obaid, S. A. Al-Tamrah, F. A. Aly e A. A. Alwarthan, "Determination of (S)(−)-Cathinone by Spectrophotometric Detection", J. Pharm. Biomed. Anal. ***1998**, 17, 321.*

(**b**) *Adição-padrão*: soluções contendo 1,0 mL do extrato proveniente de 1,12 g de folhas de khat secas e quantidades crescentes de catinona são preparadas. Qual é a concentração de catinona (μg/g) nas folhas secas de khat?

Catinona adicionada (μg)	Absorbância
Branco	0,029
0	sem dados
4,0	0,800
8,0	1,090
12,0	1,359
16,0	1,637

18.E. O alaranjado de semixilenol é um composto amarelo em pH = 5,9, mas torna-se vermelho quando reage com íons Pb^{2+}. Uma amostra de 2,025 mL de alaranjado de semixilenol em pH 5,9 foi titulado com solução de $Pb(NO_3)_2$ $7{,}515 \times 10^{-4}$ M, obtendo-se os seguintes resultados:

Volume total (em μL) adicionado de solução de Pb^{2+}	Absorbância em 490 nm	Volume total (em μL) adicionado de solução de Pb^{2+}	Absorbância em 490 nm
0,0	0,227	42,0	0,425
6,0	0,256	48,0	0,445
12,0	0,286	54,0	0,448
18,0	0,316	60,0	0,449
24,0	0,345	70,0	0,450
30,0	0,370	80,0	0,447
36,0	0,399		

Prepare um gráfico de absorbância pelo volume de solução de Pb^{2+} adicionado, em microlitros. Certifique-se de que corrigiu as absorbâncias resultantes das diluições. A absorbância corrigida é aquela que seria observada se o volume não mudasse de seu valor inicial de 2,025 mL. Admitindo que a estequiometria da reação do semixilenol com o Pb^{2+} seja 1:1, determine a molaridade do alaranjado de semixilenol na solução original.

Problemas

Propriedades da Luz

18.1. Preencha as lacunas.

(**a**) Se você duplicar a frequência da radiação eletromagnética, você __________ a energia.

(**b**) Se você dobrar o comprimento de onda, você __________ a energia.

(**c**) Se você dobrar o número de onda, você __________ a energia.

18.2. (**a**) Quanta energia (em quilojoules) é transportada por um mol de fótons de luz vermelha com λ = 650 nm?

(**b**) Quantos quilojoules de energia são transportados por um mol de fótons de luz violeta com λ = 400 nm?

18.3. (**a**) Calcule a frequência (Hz), o número de onda (cm^{-1}) e a energia (J/fóton e J/[mol de fótons]) da luz visível com um comprimento de onda de 562 nm.

(**b**) Calcule o comprimento de onda (μm), a frequência (Hz) e a energia (J/fóton e J/[mol de fótons]) da radiação infravermelha com um número de onda de 3 028 cm^{-1}.

18.4. Quais os processos moleculares que correspondem às energias dos fótons de micro-ondas, infravermelho, visível e ultravioleta?

18.5. A luz laranja característica, produzida pelo sódio em uma chama, decorre de uma emissão intensa chamada linha "D" do sódio. Esta "linha" é, na verdade, um dubleto, com comprimentos de onda (medidos no vácuo) de 589,158 e 589,756 nm. O índice de refração do ar (15 °C, 101,325 kPa, 450 ppm de CO_2) para um comprimento de onda próximo a 589 nm é 1,000 277. Calcule a frequência, o comprimento de onda e o número de onda de cada componente da linha "D", medida no ar.

Absorção de Luz e Medidas de Absorbância

18.6. Explique a diferença entre transmitância, absorbância e absortividade molar. Qual delas é proporcional à concentração?

18.7. O que é um espectro de absorção?

18.8. Por que um composto cuja absorção máxima no visível está em 480 nm (azul-verde) parece ser vermelho?

18.9. *Cor e espectro de absorção.* A Prancha em Cores 17 apresenta soluções coloridas e seus espectros. Com base na Tabela 18.1, preveja a cor de cada solução a partir do comprimento de onda de absorção máxima. As cores observadas concordam com as cores previstas?

18.10. Por que é mais exato medir as absorbâncias na faixa A = 0,3–2?

18.11. A absorbância de uma solução $2{,}31 \times 10^{-5}$ M de um composto é de 0,822 em um comprimento de onda de 266 nm e em uma célula com 1,000 cm de caminho óptico.

(a) Calcule a absortividade molar em 266 nm.

(b) De que material(ais) a(s) cubeta(s) deve(m) ser feita(s)?

18.12. Qual a cor que você esperaria observar para uma solução do íon $Fe(ferrozina)_3^{4-}$ que tem um máximo de absorbância no visível em 562 nm? De que material(ais) a(s) cubeta(s) deve(m) ser feita(s)?

18.13. Quando eu era garoto, meu tio Wilbur me mostrou como ele analisou o teor de ferro na água de seu rancho. Uma amostra com 25,0 mL de água foi acidificada com ácido nítrico e tratada com KSCN em excesso para formar um complexo vermelho. (O KSCN sozinho é incolor.) A solução foi então diluída para 100,0 mL e colocada em uma célula de comprimento óptico variável. Para efeito de comparação, 10,0 mL de uma amostra de referência de Fe^{3+} $6{,}80 \times 10^{-4}$ M foi tratada com HNO_3 e KSCN, e então diluída a 50,0 mL. A referência foi colocada em uma célula com caminho óptico de 1,00 cm. A amostra de água apresentou a mesma absorbância da referência quando o caminho óptico da sua célula foi de 2,48 cm. Qual era a concentração de ferro na água do rancho de meu tio Wilbur?

18.14. A pirazina sólida apresenta pressão de vapor de 30,3 μbar e uma transmitância de 24,4% em um comprimento de onda de 266 nm em uma célula de 3,00 cm a 298 K.

Pirazina

(a) Converta transmitância em absorbância.

(b) Converta a pressão em concentração (mol/L) por meio da lei do gás ideal (Problema 1.17).

(c) Encontre a absortividade molar da pirazina gasosa em 266 nm.

18.15. A *seção eficaz de absorção* na ordenada do espectro de absorção do ozônio, que aparece no início deste capítulo, é definida pela relação

$$\text{Transmitância } (T) = e^{-n\sigma b}$$

em que n é o número de moléculas absorventes por centímetro cúbico, σ é a seção eficaz de absorção (cm^2) e b é o caminho óptico (cm). O total de ozônio na atmosfera é aproximadamente 8×10^{18} moléculas acima de cada centímetro quadrado da superfície terrestre (da superfície até o topo da atmosfera). Se essa coluna fosse comprimida até uma camada de 1 cm de espessura, a concentração seria de 8×10^{18} moléculas/cm^3.

(a) Radiação ultravioleta na faixa de 200 a 280 nm é completamente bloqueada pelo ozônio na atmosfera, mas um pouco é absorvida na faixa de 315 a 400 nm. Usando o espectro do ozônio na abertura do Capítulo 18, estime a transmitância e a absorbância de 1 cm³ da amostra em 280 e 340 nm.

(b) As queimaduras solares são causadas pela radiação na região de 295 a 310 nm. No meio desta região, a transmitância do ozônio atmosférico é 0,14. Calcule a seção eficaz de absorção para T = 0,14, $n = 8 \times 10^{18}$ moléculas/cm^3 e b = 1 cm. Qual o aumento percentual da transmitância se a concentração de ozônio diminuir em 1% para $7{,}92 \times 10^{18}$ moléculas/cm^3?

(c) O ozônio atmosférico é medido em *unidades Dobson*, em que uma unidade equivale a $2{,}69 \times 10^{16}$ moléculas de O_3 acima de cada centímetro quadrado da superfície terrestre. (Uma unidade Dobson é definida como a espessura [em centésimos de milímetro] que a coluna de ozônio deveria ocupar se ela estivesse comprimida para 1 atm de pressão a 0 °C.) O gráfico a seguir mostra as variações na concentração de ozônio em função da latitude e da estação do ano. Usando uma seção eficaz de absorção de $2{,}5 \times 10^{-19}$ cm^2, calcule a transmitância no inverno e no verão a 30 a 50° N de latitude, na qual o ozônio varia entre 290 e 350 unidades Dobson. Em que porcentagem a transmitância ultravioleta é maior no inverno do que no verão?

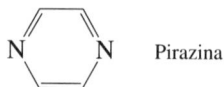

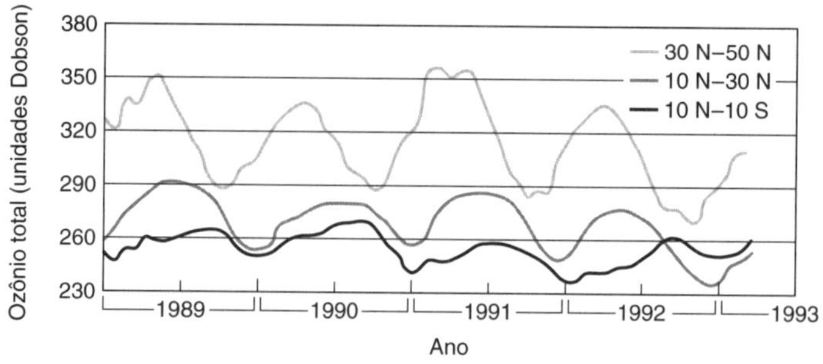

Variação do ozônio atmosférico em diferentes latitudes. [Dados de P. S. Zurer, *Chem. Eng. News*, 24 de maio de 1993, p. 8.]

Lei de Beer na Análise Química

18.16. Para análise de ferro no soro sanguíneo usando ferrozina na Seção 18.4:

(a) Qual seria o aspecto da curva de calibração se a absorbância de 0,038 do branco de reagente não fosse descontada da leitura de absorbância?

(b) Qual seria o aspecto da curva de calibração (com desconto do branco) se a absorbância fosse medida em 600 nm em vez de 562 nm? Por que não é uma prática recomendável medir a absorbância ao longo da parte íngreme de um pico de absorção no lugar de utilizar o comprimento de onda do pico?

(c) O que você deveria fazer se a absorbância corrigida da amostra desconhecida fosse 1,246? *Dica*: olhe a faixa na Figura 18.9.

18.17. *Garantia de Qualidade*. Para análise de ferro no soro sanguíneo usando ferrozina na Seção 18.4:

(a) Qual é o propósito de analisar um material de referência certificado após o método ter sido desenvolvido? O que é um material de referência certificado?

(b) O material de referência foi certificado como contendo 1,36 μg de Fe/mL. Cinco análises replicadas usando ferrozina sem neocuproína obtiveram a média de $1{,}49_3$ μg de Fe/mL com um desvio-padrão de $0{,}04_5$ μg de Fe/mL. A análise concorda com o valor verdadeiro dentro de um intervalo de confiança de 95%?

(c) Qual é o propósito de se utilizar a neocuproína na análise de ferro no soro sanguíneo?

(d) Quatro análises replicadas usando ferrozina com neocuproína obtiveram $1{,}38_7 \pm 0{,}04_3$ μg de Fe/mL. A adição de neocuproína promoveu uma diferença estatística significativa no resultado de **(b)**?

18.18. Um composto com a massa formal de 292,16 foi dissolvido em um balão volumétrico de 5 mL. Foi retirada uma alíquota de 1,00 mL, colocada em um balão volumétrico de 10,0 mL e diluída até a marca do balão. A absorbância em 340 nm foi de 0,427 em uma cubeta com 1,000 cm de caminho óptico. A absortividade molar para esse composto em 340 nm é $\varepsilon_{340} = 6\,130$ M^{-1} cm^{-1}.

(a) Calcule a concentração do composto na cubeta.

(b) Qual era a concentração do composto no balão de 5 mL?

(c) Quantos miligramas de composto foram usados para se fazer 5 mL de solução?

18.19. Se uma amostra para análise espectrofotométrica for colocada em uma célula com 10 cm de caminho óptico, a absorbância será 10 vezes maior do que a absorbância em uma célula de 1 cm. A absorbância da solução do reagente em branco também aumentará de um fator de 10?

18.20. Você foi enviado à Índia para investigar uma ocorrência de bócio, atribuída à deficiência de iodo. Como parte de sua investigação, você deve fazer medidas de campo de traços de iodeto (I^-) em lençóis freáticos. O procedimento é oxidar o I^- presente na água a I_2 e converter o I_2 em um complexo intensamente colorido com pigmento verde-brilhante no solvente orgânico tolueno.

(a) Uma solução $3{,}15 \times 10^{-6}$ M do complexo colorido apresentou uma absorbância de 0,267 em 635 nm em uma cubeta de 1,000 cm. Um branco, feito com água destilada no lugar da amostra de água do lençol freático, teve absorbância de 0,019. Calcule a absortividade molar do complexo colorido.

(b) A absorbância de uma solução desconhecida preparada a partir do lençol freático foi de 0,175. Determine a concentração da solução desconhecida.

18.21. *Concentração de DNA*. As bases nucleotídicas do DNA e RNA são aromáticas e absorvem luz ultravioleta (Apêndice L). A concentração de DNA ou RNA pode ser determinada pelo monitoramento da absorbância em 260 nm. Os dados da calibração para uma fita simples de DNA composta por 15 bases (4 568 g/mol) em uma cubeta de 1 cm são mostrados na tabela vista a seguir.

DNA (μg/mL)	Absorbância	DNA (μg/mL)	Absorbância
2,5	0,080	15,0	0,442
5,0	0,149	20,0	0,620
10,0	0,307	25,0	0,739

fonte: Dados de S.-H. Li, A. Jain, T. Tscharntke, T. Arnold e D. W. Trau, "Hand-Held Photometer for Instant On-Spot Quantification of Nucleic Acids, Proteins, and Cells", Anal. Chem. 2018, 90, 2564.

(a) Use o Excel para fazer um gráfico com os dados de calibração adicionando uma linha de tendência. Escreva a equação para a linha, incluindo as incertezas nos coeficientes angular e linear. Essa calibração é linear? *Dica*: resíduos – a distância vertical entre os pontos obtidos e a linha de tendência – devem estar distribuídos aleatoriamente ao longo da linha (Seção 5.2).

(b) Qual é a absortividade molar de uma fita simples de DNA em (**a**)?

(c) A absortividade do DNA e do RNA dependem dos nucleotídeos presentes e de suas sequências.[13] Uma popular enciclopédia *on-line* diz que a absortividade para *todas* as fitas simples de DNA é 0,027 (μg/mL)$^{-1}$cm^{-1}. Qual seria o erro se o valor descrito no *site* fosse utilizado para essa amostra de DNA?

(d) A análise de uma amostra de DNA em triplicata com um espectrofotômetro portátil obteve a concentração de 8,264 μg/mL e desvio-padrão de 0,017 μg/mL. Um espectrofotômetro comercial, para a mesma amostra, obteve 8,385±0,154 μg/mL (para $n = 3$). As precisões são estatisticamente equivalentes? As concentrações são estatisticamente equivalentes?

18.22. *Concentração de proteína*. A absortividade molar de uma proteína em água a 280 nm pode ser estimada dentro de ~5–10% a partir de seu conteúdo dos aminoácidos tirosina e triptofano (Tabela 10.1) e a partir do número de ligações dissulfeto (R–S–S–R) entre resíduos de cisteína.[14]

$$\varepsilon_{280\,nm}\,(M^{-1}\,cm^{-1}) \approx 5\,500\,n_{Trp} + 1\,490\,n_{Tyr} + 125\,n_{S-S}$$

em que n_{Trp} é o número de triptofanos, n_{Tyr} é o número de tirosinas e n_{S-S} é o número de dissulfetos. A proteína transferrina encontrada no soro sanguíneo humano possui 679 aminoácidos, incluindo 8 triptofanos, 26 tirosinas, 19 ligações dissulfeto e duas cadeias de carboidratos de comprimento variável.[25] A massa molar com os carboidratos dominantes é 79 550.

(a) Preveja a absortividade molar da transferrina.

(b) Preveja a absorbância de uma solução de transferrina a 1% em uma cubeta com caminho óptico de 1,000 cm. *Dica*: o valor tabelado por Pace et al.[14] é 11,10.

(c) A partir de sua resposta em (**a**), estime a porcentagem em massa e a concentração, em mg/mL, de uma solução de transferrina cuja absorbância é 1,50 em 280 nm.

18.23. O íon nitrito, NO_2^-, é usado como conservante em bacon e em outros alimentos, mas ele é um cancerígeno em potencial. Um método-padrão para determinação espectrofotométrica de NO_2^- em carnes curadas é baseado no teste de Griess, que usa as seguintes reações:

$$HO_3S-\!\!\bigcirc\!\!-NH_2 + NO_2^- + 2H^+ \rightarrow$$
Ácido sulfanílico
$$HO_3S-\!\!\bigcirc\!\!-\overset{+}{N}\!\equiv\!N + 2H_2O$$

$$HO_3S-\!\!\bigcirc\!\!-\overset{+}{N}\!\equiv\!N + \bigcirc\!\!-NH_2 \rightarrow$$
1-Aminonaftaleno

$$HO_3S-\!\!\bigcirc\!\!-N\!=\!N-\!\!\bigcirc\!\!-NH_2 + H^+$$
Produto colorido, $\lambda_{máx} = 520$ nm

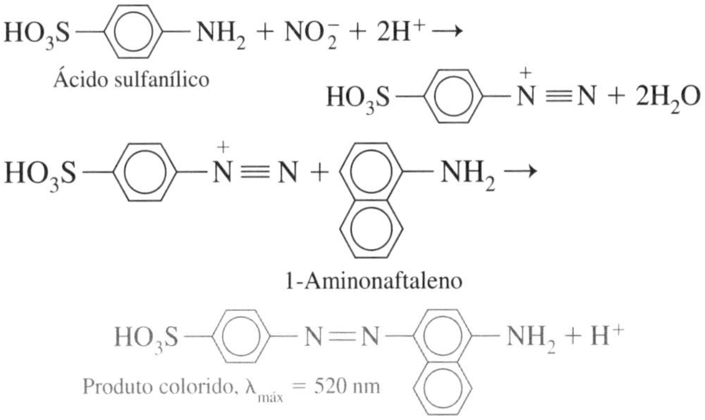

Descreveremos agora o procedimento simplificado para a análise:

1. Em 50,0 mL de solução desconhecida contendo nitrito é adicionado 1,00 mL de solução de ácido sulfanílico.
2. Após 10 minutos, são adicionados 2,00 mL de solução de 1-aminonaftaleno e 1,00 mL de solução-tampão.
3. Após 15 minutos, a absorbância é lida em 520 nm em uma célula com 5,00 cm de caminho óptico.

Foram analisadas as seguintes soluções:

A. 50,00 mL de um extrato alimentício, conhecido por não conter nitrito (ou seja, uma quantidade desprezível); absorbância final = 0,153.

B. 50,0 mL de um extrato alimentício, suspeito de conter nitrito; absorbância final = 0,622.

C. O mesmo que B, mas com a adição de 10,0 μL de $NaNO_2$ 7,50 × 10^{-3} M a 50,0 mL de amostra; absorbância final = 0,967.

(a) Calcule a absortividade molar, ε, do produto colorido. Lembre-se de que foi usada uma célula com 5,00 cm de caminho óptico.

(b) Quantos microgramas de NO_2^- estavam presentes em 50,0 mL de extrato alimentício?

(c) Partes por milhão de nitrito podem ser expressas com base na massa de NO_2^- ou na massa de nitrogênio no nitrito (nitrogênio do NO_2^-). Determine a concentração em mg de nitrito/L em 50,0 mL de extrato alimentício utilizando ambas as formas.

18.24. *Preparação de padrões para uma curva de calibração*.

(a) Qual é a quantidade de sulfato de etilenodiamônio ferroso ($Fe(H_3NCH_2CH_2NH_3)(SO_4)_2 \cdot 4H_2O$, MF 382,13) que deve ser dissolvida em um balão volumétrico de 500 mL com H_2SO_4 1 M para obter uma solução estoque contendo ~500 μg de Fe/mL?

(b) Ao preparar a solução estoque em (**a**), você pesou efetivamente 1,627 g do reagente. Qual é a concentração de Fe em μg/mL?

(c) Como você prepararia 500 mL de solução-padrão contendo ~1, 2, 3, 4 e 5 μg de Fe/mL em H_2SO_4 0,1 M a partir da solução estoque preparada em (**b**) usando quaisquer pipetas volumétricas de Classe A da Tabela 2.4 e apenas balões volumétricos de 500 mL?

(d) Para reduzir a geração de resíduos químicos, descreva como você pode preparar 50 mL de solução-padrão contendo ~1, 2, 3, 4 e 5 µg de Fe/mL em H_2SO_4 0,1 M a partir da solução estoque preparada em **(b)** por meio de diluição em série usando quaisquer pipetas volumétricas de Classe A da Tabela 2.4 e apenas balões volumétricos de 50 mL?

18.25. *Preparação de padrões para uma curva de calibração.*

(a) Qual é a quantidade de sulfato ferroso amoniacal ($Fe(NH_4)_2(SO_4)_2 \cdot 6H_2O$, MF 392,12) que deve ser dissolvida em um balão volumétrico de 500 mL com H_2SO_4 1 M para obter uma solução estoque contendo ~1 000 µg de Fe/mL?

(b) Ao preparar a solução estoque em **(a)**, você pesou efetivamente 3,627 g do reagente. Qual é a concentração de Fe em µg/mL?

(c) Como você pode preparar 250 mL de solução-padrão contendo ~1, 2, 3, 4, 5, 7, 8 e 10 (± 20%) µg de Fe/mL em H_2SO_4 0,1 M a partir da solução estoque preparada em **(b)** usando quaisquer pipetas volumétricas de 5 e 10 mL da Classe A, apenas balões volumétricos de 250 mL e apenas duas diluições consecutivas da solução estoque? Por exemplo, para preparar uma solução com ~4 µg de Fe/mL, você pode inicialmente diluir 15 mL (= 10 + 5 mL) da solução estoque a 250 mL, obtendo ~$\left(\frac{15}{250}\right)$(1 000 µg de Fe/mL) = ~60 µg de Fe/mL. A seguir, dilua 15 mL da nova solução a 250 mL mais uma vez para obter ~ $\left(\frac{15}{250}\right)$(60 µg de Fe/mL) = ~3,6 µg de Fe/mL.

18.26. *Incerteza na preparação de soluções-padrão.* Usando as incertezas dos balões volumétricos e das pipetas volumétricas de Classe A apresentadas nas Tabelas 2.3 e 2.4, estime as incertezas absoluta e relativa (%) na concentração de uma solução preparada por diluição de duas porções de 3 mL da solução estoque contendo 1,086 ± 0,002 g de Fe/mL em HCl 0,48 M a 1 L com HCl 0,1 M.

18.27. Um *fotômetro* é um espectrofotômetro simples dedicado a monitorar um ou alguns poucos comprimentos de ondas predefinidos. Alunos da University of British Columbia construíram um fotômetro usando um diodo emissor de luz colorida como fonte de luz.

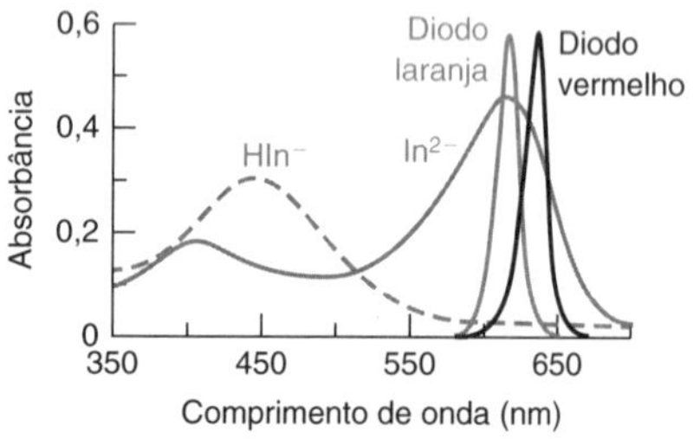

Espectros de absorção para as formas ácido conjugado (HIn^-) e base (In^{2-}) do verde de bromocresol, e perfis de emissão de dois diodos emissores de luz colorida. [Dados de J. J. Wang, J. R. Rodriguez Nuñes, E. J. Maxwell e W. R. Algar, "Build Your Own Photometer: A Guided-Inquiry Experiment to Introduce Analytical Instrumentation", *J. Chem. Ed.* **2016**, *93*, 166. J. J. Wang era aluno de iniciação científica.]

(a) Qual diodo emissor de luz possui maior sensibilidade (inclinação da curva de calibração) para a forma básica (In^{2-}) do verde de bromocresol?

(b) Qual diodo de emissor de luz possui a curva de calibração com maior linearidade? Por quê? Se o fotômetro de diodo emissor de luz falhar em obedecer à lei de Beer, qual seria a forma da curva de calibração?

(c) A tabela vista a seguir apresenta os dados de calibração para o verde de bromocresol usando o fotômetro de diodo emissor de luz feito pelos estudantes e um espectrofotômetro comercial, obtidos no mesmo comprimento de onda. A calibração do fotômetro é linear?

Dica: como os dados estão distribuídos ao longo da linha de tendência (Seção 5.2)?

Concentração (µM)	Absorbância no espectrofotômetro	Absorbância no fotômetro
3,3	0,060	0,135
10,0	0,181	0,302
16,7	0,302	0,567
23,3	0,420	0,754
29,9	0,537	0,986

(d) O espectrofotômetro comercial usa uma cubeta de 1,000 cm de caminho óptico. Qual é o tamanho do caminho óptico do fotômetro feito pelos estudantes?

Titulações Espectrofotométricas

18.28. Uma amostra de 100 mL de água dura contendo magnésio e cálcio foi titulada, como ilustrado na Figura 18.10, consumindo 14,59 mL de ácido etilenodiaminotetracético (EDTA) 10,83 mM para alcançar o ponto final da titulação.

(a) Por que a inclinação da curva de absorbância por volume muda abruptamente no ponto de equivalência?

(b) Quantos mols de EDTA são necessários para alcançar o ponto final da titulação?

(c) A dureza da água é a concentração total de íons alcalinos terrosos expressa em mg de $CaCO_3$ por litro, considerando todos os cátions titulados como $CaCO_3$. Qual é a dureza de 50 mL dessa amostra?

18.29. A partir dos espectros de absorção do Problema 18.27 responda às questões a seguir:

(a) Utilize o comprimento máximo de absorção para prever as cores das formas básica e ácida do verde de bromocresol.

(b) Faça um esboço aproximado da forma da curva de titulação espectrofotométrica de 30,0 mL de HCl 0,008 45 M titulados por NaOH 0,049 6 M com verde de bromocresol como indicador, monitorada em 610 nm. Indique como o volume do ponto final pode ser determinado no seu gráfico.

(c) Qual seria a forma das curvas de titulação espectrofotométrica do item **(b)** se a absorbância fosse monitorada em 445 nm? Que comprimento de onda fornece resultados mais precisos?

18.30. Nanopartículas de ouro (Figura 17.34) podem ser tituladas com o agente oxidante TCNQ na presença de um excesso de íons Br^-. O Au(0) é oxidado a $AuBr_2^-$ em tolueno desaerado. Os átomos de ouro no interior da partícula são Au(0). Os átomos de ouro ligados a ligantes $C_{12}H_{25}S-$ (dodecanotiol) na superfície da partícula são Au(I), e não são titulados.

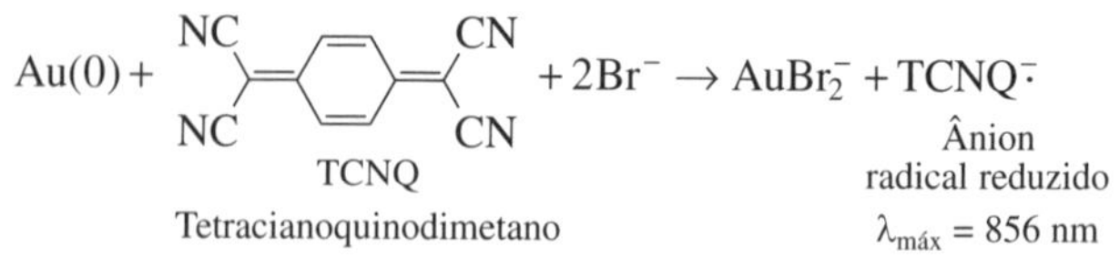

$$Au(0) + \underset{\text{Tetracianoquinodimetano}}{\underset{\text{TCNQ}}{\begin{array}{c}NC\\NC\end{array}}\diagup\hspace{-0.5em}=\hspace{-0.5em}\diagdown\begin{array}{c}CN\\CN\end{array}} + 2Br^- \rightarrow AuBr_2^- + \underset{\substack{\text{Ânion}\\\text{radical reduzido}\\\lambda_{máx} = 856 \text{ nm}}}{TCNQ^{\cdot-}}$$

O $TCNQ^{\cdot-}$ apresenta um pico de absorção eletrônica de baixa energia em 856 nm.

A tabela a seguir fornece a absorbância a 856 nm quando 0,700 mL de uma solução de TCNQ $1,00 \times 10^{-4}$ M + $(C_8H_{17})_4N^+Br^-$ 0,05 M em tolueno é titulado com nanopartículas de ouro (1,43 g/L em tolueno) a partir de uma microsseringa provida de uma agulha recoberta com Teflon. A absorbância vista na tabela a seguir já foi corrigida quanto à diluição.

Volume total de nanopartículas, μL	Absorbância em 856 nm	Volume total de nanopartículas, μL	Absorbância em 856 nm
4,9	0,208	19,1	0,706
8,0	0,301	22,0	0,770
11,0	0,405	25,0	0,784
13,7	0,502	30,0	0,785
16,2	0,610	35,9	0,784

Dados de G. Zotti, B. Vercelli e A. Berlin, "Reaction of Gold Nanoparticles with Tetracyanoquinoidal Molecules", Anal. Chem. ***2008***, *80*, *815*.

(**a**) Prepare um gráfico de absorbância contra o volume de titulante, e estime o ponto de equivalência. Calcule o número de mmol de Au(0) em 1,00 g de nanopartículas.

(**b**) Explique a forma da curva de titulação.

(**c**) A partir de análises de outras nanopartículas preparadas de maneira similar, estima-se que 25% da massa da partícula corresponde ao ligante dodecanotiol ($C_{12}H_{25}S$–, MF 201,39). Determine o número de mmol de $C_{12}H_{25}S$ em 1,00 g de nanopartículas.

(**d**) O teor de Au(I) em 1,00 g de nanopartículas deve ser 1,00 – massa de Au(0) – massa de $C_{12}H_{25}S$. Determine o número de mmol de Au(I) em 1,00 g de nanopartículas e a razão molar Au(I):$C_{12}H_{25}S$. Em princípio, essa razão deve ser 1:1. A diferença provavelmente se deve ao fato de o $C_{12}H_{25}S$ não ter sido determinado para esta preparação específica de nanopartículas.

Luminescência

18.31. No formaldeído, a transição $n \rightarrow \pi^*(T_1)$ ocorre em 397 nm, e a transição $n \rightarrow \pi^*(S_1)$ em 355 nm. Qual a diferença em energia (kJ/mol) entre os estados excitados S_1 e T_1? Essa diferença se deve aos spins eletrônicos diferentes nos dois estados.

18.32. Qual é a diferença entre fluorescência e fosforescência?

18.33. Explique o que acontece nos espalhamentos Rayleigh e Raman. De quantas vezes o espalhamento da luz visível é mais rápido do que a fluorescência?

18.34. Considere uma molécula que pode fluorescer a partir do estado S_1 e fosforescer a partir do estado T_1. Quem é emitida em um comprimento de onda maior, a fluorescência ou a fosforescência? Faça um esboço mostrando a absorção, a fluorescência e a fosforescência em um único espectro.

18.35. Qual é a diferença entre um espectro de excitação de fluorescência e um espectro de emissão de fluorescência? Qual deles se assemelha a um espectro de absorção?

18.36. Os espectros de fluorescência e de excitação do antraceno são mostrados na Figura 18.23. Os comprimentos de onda dos máximos de absorção e emissão são aproximadamente iguais a 357 e 402 mm. As absortividades molares nesses comprimentos de onda são $\varepsilon_{ex} = 9,0 \times 10^3\ M^{-1}\ cm^{-1}$ e $\varepsilon_{em} = 0,05 \times 10^3\ M^{-1}\ cm^{-1}$. Considere um experimento de fluorescência na Figura 18.22 com dimensões de célula de $b_1 = 0,30$ cm, $b_2 = 0,40$ cm e $b_3 = 0,50$ cm. Calcule a intensidade de fluorescência relativa com a Equação 18.12 como uma função da concentração em uma faixa de 10^{-8} a 10^{-3} M. Explique a forma da curva. Aproximadamente, até que valor de concentração a fluorescência é proporcional à concentração (dentro de 5%)? A região de calibração na Figura 18.24 é sensível?

18.37. *Adição-padrão.* O selênio presente em 0,108 g de castanhas-do-pará foi convertido em um produto fluorescente conforme a Reação 18.15. O produto foi extraído com 10,0 mL de ciclo-hexano. Desta solução, 2,00 mL foram transferidos para uma cubeta para medidas de fluorescência. As adições-padrão de um produto fluorescente contendo 1,40 μg de Se/mL são dadas na tabela vista a seguir. Construa um gráfico de adição-padrão, como da Figura 5.7, para determinar a concentração de Se em 2,00 mL da solução desconhecida. Encontre a porcentagem m/m de Se presente na amostra de castanhas e qual o valor de sua incerteza dentro de um intervalo de confiança de 95%.

Volume de padrão adicionado (μL)	Intensidade de fluorescência (unidades arbitrárias)
0	41,4
10,0	49,2
20,0	56,4
30,0	63,8
40,0	70,3

18.38. *Problema da literatura.* Ligas de vanádio contendo de 3 a 5% de cromo e titânio são materiais estruturais promissores para reatores de fusão. As propriedades físicas e mecânicas da liga dependem das concentrações dos elementos. L. F. Tian, D. S. Zou, Y. C. Dai, L. L. Wang e W. Gao, em *Anal. Methods.* **2017**, *9*, 4471-4475, propuseram a oxidação do cromo a cromato, seguida da medida espectrofotométrica do cromato para a determinação de cromo em ligas.

(**a**) O **Resumo** disponibiliza informação quantitativa sobre o desempenho do método. Qual é a faixa e a precisão do método?

(**b**) A **Introdução** explica a necessidade de um novo procedimento. Que método pode ser utilizado de forma alternativa para a quantificação de cromo em ligas à base vanádio?

(**c**) A seção **Experimental** descreve os dispositivos experimentais e os métodos. Como a liga sólida é convertida em uma forma compatível com a análise espectrofotométrica?

(**d**) A seção **Resultados e discussão** detalha a otimização das etapas do procedimento. Qual é o fundamento da adição de tartarato?

(**e**) Que comprimentos de onda poderiam ter sido usados? Qual foi usado? Por quê? *Dica*: figuras e tabelas contêm informação-chave.

(**f**) Como a exatidão do método é validada? *Dica*: reveja a Seção 5.2, sobre métodos de validação de exatidão.

18.39. *Problema da literatura.* O desenvolvimento de nanopartículas de ouro funcionalizadas por anticorpos como reagente para métodos espectrofotométricos é uma forte área de pesquisa. A sensibilidade desses métodos depende das quantidades de anticorpos nas nanopartículas. Em *Analyst* **2016**, *141*, 3851-3857, S. L. Filbrun e J. D. Driskell descrevem um método de fluorescência que quantifica diretamente a quantidade de anticorpos imobilizados nas nanopartículas de ouro.

(**a**) Quantos anticorpos são adsorvidos em cada 60 nm de nanopartícula de ouro? Quanto o método convencional superestimaria o recobrimento da superfície por anticorpos?

(**b**) Qual método alternativo pode ser utilizado para a quantificação do recobrimento da superfície por proteínas conjugadas a nanopartículas de ouro?

(**c**) Qual reagente fluorescente foi utilizado? Quais são seus comprimentos de onda de excitação e emissão?

(**d**) A curva de calibração fluorescente é linear? *Dica*: inspecione a dispersão de pontos ao longo da linha de tendência (Seção 5.2).

(**e**) Qual teste estatístico foi utilizado para comparar o método de fluorescência com o método alternativo? *Dica*: revise a Seção 4.4 para os tipos de testes que podem ser utilizados.

(**f**) Qual é a interseção com o eixo *y* da curva de calibração da absorbância (usando a faixa do visível)? *Dica*: informação adicional para curvas de calibração e espectros podem ser vistas no "Eletronic Supplementary Information" que acompanha o artigo no portal da revista.

19 Aplicações da Espectrofotometria

BIOSSENSORES DE TRANSFERÊNCIA DE ENERGIA DE RESSONÂNCIA DE FLUORESCÊNCIA (OU TRANSFERÊNCIA DE ENERGIA DE RESSONÂNCIA DE FÖRSTER) PARA CÉLULAS VIVAS

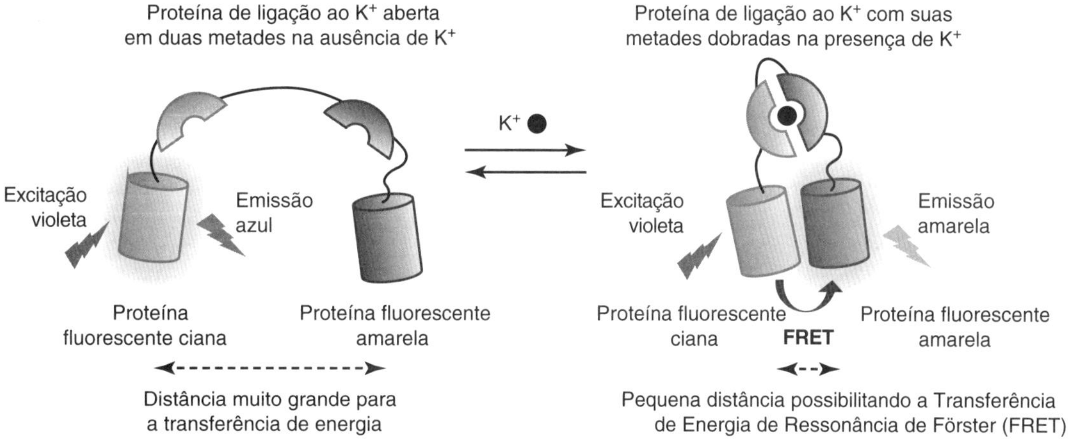

O biossensor mede a concentração de íons potássio a partir da ligação de uma proteína ao K^+ e de duas proteínas fluorescentes. [Dados de Y. Shen, S.-Y. Wu, V. Ranic, A. Aggarwal, S.-I. Miyashita, K. Ballanyi, R. E. Campbell e M. Dong, "Genetically Encoded Ratiometric Indicators for Potassium Ion", *Commun. Biol.* **2019**, *2*, 18, *open access*. A. Aggarwal era um estudante de iniciação científica. Reproduzida sob Creative Commons License 4.0, http://creativecommons.org/licences/by/4.0/.]

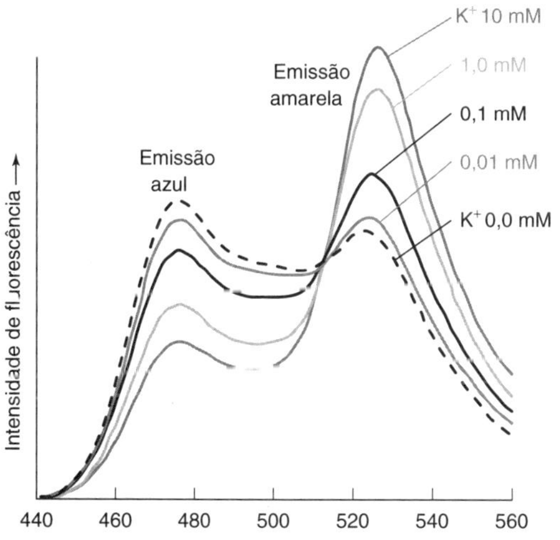

Variação do espectro do biossensor na presença de K^+. [Dados de H. Bischof *et al.*, "Novel Genetically Encoded Fluorescent Probes Enable Real-Time Detection of Potassium in Vitro and in Vivo", *Nature Commum.* **2017**, *8*, 1422, *open access*. Reproduzida sob Creative Commons License 4.0, http://creativecommons.org/licences/by/4.0/.]

Um *biossensor* é um dispositivo que emprega componentes biológicos como proteínas ou DNA em combinação com sinais elétricos, ópticos ou outros, para se obter uma resposta seletiva a um analito.[1] O biossensor para K^+ no diagrama possui três configurações. A configuração central, mostrada como dois semicírculos, é a proteína de ligação ao K^+. As duas metades dessa configuração dobram-se juntas na presença de K^+. Proteínas fluorescentes ligadas a cada extremidade da proteína de ligação ao K^+ brilham sob radiação na região do visível. Independentemente, a proteína fluorescente ciana absorve luz violeta e emite fluorescência verde-azul, enquanto a proteína fluorescente amarela absorve luz azul e emite na região do amarelo.

Na presença de K^+, a proteína de ligação se fecha, levando as proteínas fluorescentes a ficarem próximas. Agora, radiação em 430 nm é absorvida pela proteína ciana e transferida não radiativamente por meio do espaço por interações dipolo-dipolo para a proteína fluorescente amarela, que fluoresce um amarelo intenso. Essa *transferência de energia de ressonância de fluorescência* (ou *de Förster*) diminui proporcionalmente à sexta potência da distância entre doador e aceptor.[2,3] Na ausência de K^+, a proteína de ligação fica aberta, e as duas proteínas fluorescentes ficam distantes uma da outra. A radiação em 430 nm chegando na célula excita a proteína fluorescente ciana, resultando em uma fluorescência azul, mas não excita a proteína fluorescente amarela.

Quando a $[K^+]$ aumenta, a emissão em 475 nm diminui, enquanto a emissão em 525 nm aumenta. Uma calibração baseada na razão entre a emissão em 525 nm e a emissão em 475 nm inclui a faixa de concentração celular de K^+. Esse biossensor foi validado contra um eletrodo íon-seletivo para K^+ em amostras de urina, soro e sangue, e pode acompanhar alterações de K^+ em tecidos, bactérias e células cancerosas. A capacidade de monitorar diretamente K^+ em cérebros vivos abre uma nova janela sobre como nós pensamos.

Espectros do infravermelho ao ultravioleta são ricos em informação química. Maiores seletividade e sensibilidade podem ser obtidas a partir de reações químicas e bioquímicas, fazendo da espectrofotometria uma técnica poderosa e flexível para análises químicas, bioquímicas, de biologia celular, de ciências ambientais e de agricultura, entre outras.

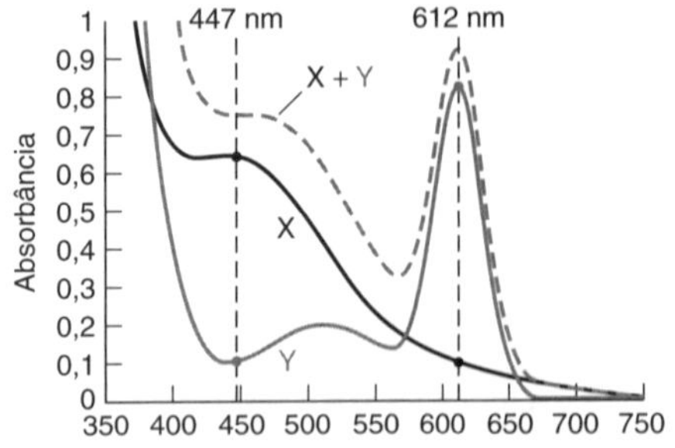

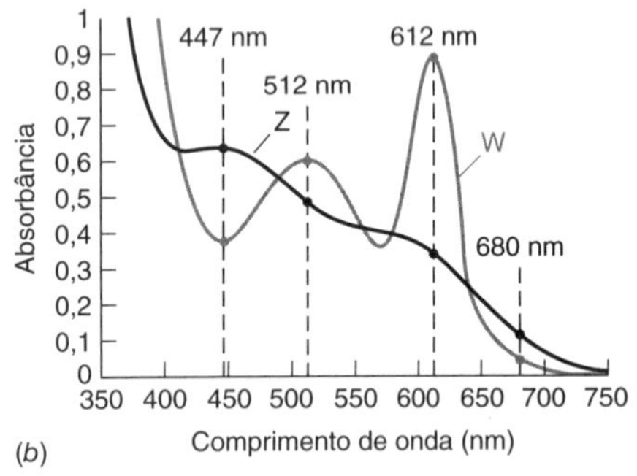

FIGURA 19.1 Espectro de uma mistura. (*a*) As linhas contínuas representam os espectros de dois compostos individuais, X e Y, e a linha tracejada é a soma de seus espectros. Nesse caso, a absorção de X é dominante em torno de 447 nm, e a absorção de Y é dominante em torno de 612 nm. (*b*) Caso em que os espectros de Z e W se sobrepõem significativamente em todos os comprimentos de onda.

19.1 Análise de uma Mistura

Considere duas espécies químicas, X e Y, cujos espectros de absorção na região do visível são mostrados na Figura 19.1a. A absorbância de uma solução contendo X e Y, em qualquer comprimento de onda, é a soma das absorbâncias de X e de Y naquele comprimento de onda, como mostrado na linha tracejada da Figura 19.1a. Para uma solução contendo um número qualquer de espécies, *a absorbância de uma solução, em qualquer comprimento de onda, é a soma das absorbâncias de todas as espécies presentes em solução.*

Absorbância de uma mistura: $$A_m = \varepsilon_X b[X] + \varepsilon_Y b[Y] + \varepsilon_Z b[Z] + \cdots \quad (19.1)$$

em que ε é a absortividade molar de cada uma das espécies no comprimento de onda em questão, e b é o caminho óptico dentro da célula ou cubeta (Figura 18.4). Se conhecemos os espectros dos componentes puros de determinada mistura, podemos decompor matematicamente o espectro da mistura nos espectros dos seus componentes.

Calibração multivariada refere-se aos modelos de calibração que usam mais de uma variável mensurada – nesse caso, a absorbância em vários comprimentos de onda – para fazer uma previsão quantitativa das concentrações de analitos ou propriedades da amostra. A calibração multivariada é uma classe de métodos dentro de *quimiometria*, que aplica estatística e álgebra linear para extrair informação química dos dados.[4]

Para uma mistura de compostos X e Y, temos duas condições possíveis para descrever o sistema. Na Figura 19.1a, as bandas de X e de Y apresentam uma sobreposição relativamente pequena em algumas regiões. Em um comprimento de onda de 447 nm, X é o principal responsável pela absorção. Em 612 nm, é Y que apresenta a maior absorção. Medidas de absorbância em dois comprimentos de onda é matematicamente suficiente para encontrar as concentrações de dois componentes. Na Figura 19.1b, as bandas de absorção dos compostos Z e W se sobrepõem significativamente em todos os comprimentos de onda. Os comprimentos de onda indicados mostram quatro medidas de absorbância para os dois componentes. Para determinar a composição dessa solução é melhor fazer uma planilha. O aumento da exatidão é resultado de possuir mais pontos de medida do que componentes na solução.

Em ambos os casos, primeiro medimos a absorbância de cada composto puro (chamado padrão) em diversos comprimentos de onda. Determinamos a absortividade molar de cada componente em cada comprimento de onda a partir da lei de Beer:

A Equação 19.2 assume que as curvas de calibração individuais de absorbância contra concentração são lineares com interseção em 0.

$$\varepsilon_X = \frac{A_{X_s}}{b[X]_s} \qquad \varepsilon_Y = \frac{A_{Y_s}}{b[Y]_s} \quad (19.2)$$

em que A_{X_s} é a absorbância do padrão e $[X]_s$, a concentração do padrão. A absorbância medida A_m para a amostra desconhecida, em cada comprimento de onda, é a soma das absorbâncias dos componentes:

A absorbância é aditiva.

$$A_m = \varepsilon_X b[X] + \varepsilon_Y b[Y] \quad (19.3)$$

Entretanto, não sabemos o valor das concentrações [X] e [Y] na mistura.

Os componentes devem ser separados matematicamente pela resolução simultânea de um sistema de equações lineares. A precisão dos resultados depende do quão diferente são as absorbâncias dos componentes puros nos comprimentos de onda selecionados e do número de comprimentos de onda escolhidos. Espectros que mostram uma grande diferença, como na Figura 19.1a, geralmente apresentarão melhores resultados que espectros mais semelhantes, como na Figura 19.1b. A escolha de comprimentos de onda adicionais, em que a diferença entre os espectros é maior, aumenta a exatidão. Diferentes abordagens matemáticas são discutidas nas subseções seguintes, mas o princípio permanece o mesmo.

Os requisitos para análises de misturas são:

- Os espectros dos componentes devem ser diferentes
- O número de comprimentos de onda deve ser no mínimo igual ao número de compostos que absorvem radiação. Quanto mais comprimentos de onda, melhor.

Solução para Dois Compostos Desconhecidos Usando Dois Comprimentos de Onda

Usando os comprimentos de onda λ′ = 447 nm e λ″ = 612 nm na Figura 19.1a, podemos resolver um sistema de duas equações simultâneas para determinar as concentrações desses componentes na mistura.

No comprimento de onda de λ′ = 447 nm: $$A' = \varepsilon'_X b[X] + \varepsilon'_Y b[Y] \quad (19.4)$$

No comprimento de onda de λ″ = 612 nm: $$A'' = \varepsilon''_X b[X] + \varepsilon''_Y b[Y]$$

Podemos resolver as Equações 19.4 para as duas concentrações desconhecidas, [X] e [Y]. O resultado é

Análise de uma mistura quando os espectros estão bem resolvidos:

$$[X] = \frac{\begin{vmatrix} A' & \varepsilon'_Y b \\ A'' & \varepsilon''_Y b \end{vmatrix}}{\begin{vmatrix} \varepsilon'_X b & \varepsilon'_Y b \\ \varepsilon''_X b & \varepsilon''_Y b \end{vmatrix}} \qquad [Y] = \frac{\begin{vmatrix} \varepsilon'_X b & A' \\ \varepsilon''_X b & A'' \end{vmatrix}}{\begin{vmatrix} \varepsilon'_X b & \varepsilon'_Y b \\ \varepsilon''_X b & \varepsilon''_Y b \end{vmatrix}} \qquad \textbf{(19.5)}$$

Nas Equações 19.5, cada símbolo $\begin{vmatrix} a & b \\ c & d \end{vmatrix}$ é um *determinante*. Trata-se de uma forma abreviada de escrevermos o produto ($a \times d$) menos o produto ($b \times c$). Assim, o determinante $\begin{vmatrix} 1 & 2 \\ 3 & 4 \end{vmatrix}$ significa $(1 \times 4) - (2 \times 3) = -2$.

$\begin{vmatrix} a & b \\ c & d \end{vmatrix} = (a \times d) - (b \times c)$

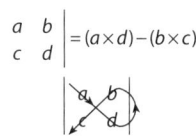

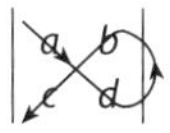

EXEMPLO Análise de uma Mistura Utilizando as Equações 19.5

As absortividades molares dos compostos X e Y (não são os mesmos da Figura 19.1a) foram medidas com amostras puras de cada um deles:

	ε (M^{-1} cm^{-1})	
λ (nm)	X	Y
272	16 400	3 870
327	3 990	6 420

Uma mistura dos compostos X e Y, em uma célula de 1,000 cm de caminho óptico, apresentou uma absorbância de 0,957 em 272 nm e de 0,559 em 327 nm. Determine as concentrações de X e de Y na mistura.

Solução Utilizando as Equações 19.5 e fazendo b = 1,000 cm, temos

$$[X] = \frac{\begin{vmatrix} 0{,}957 & 3\,870 \\ 0{,}559 & 6\,420 \end{vmatrix}}{\begin{vmatrix} 16\,400 & 3\,870 \\ 3\,990 & 6\,420 \end{vmatrix}} = \frac{(0{,}957)(6\,420) - (3\,870)(0{,}559)}{(16\,400)(6\,420) - (3\,870)(3\,990)} = 4{,}43 \times 10^{-5}\ \text{M}$$

$$[Y] = \frac{\begin{vmatrix} 16\,400 & 0{,}957 \\ 3\,990 & 0{,}559 \end{vmatrix}}{\begin{vmatrix} 16\,400 & 3\,870 \\ 3\,990 & 6\,420 \end{vmatrix}} = \frac{(16\,400)(0{,}559) - (0{,}957)(3\,990)}{(16\,400)(6\,420) - (3\,870)(3\,990)} = 5{,}95 \times 10^{-5}\ \text{M}$$

TESTE-SE Determine a concentração de [X] quando as absorbâncias são iguais a 0,700 em 272 nm e 0,550 em 327 nm. (***Resposta:*** $2{,}63 \times 10^{-5}$ M.)

Para analisarmos a mistura de dois compostos é necessário medirmos as absorbâncias em dois comprimentos de onda diferentes e conhecermos o valor de ε para cada um dos compostos em cada um dos comprimentos de onda. Da mesma maneira, uma mistura de n componentes pode ser analisada, fazendo-se n medidas de absorbância em n comprimentos de onda diferentes.

Resolvendo Sistemas de Equações Lineares Simultâneas com o Excel

O Excel resolve sistemas de equações lineares com um único comando. Não é necessário o conhecimento prévio de operações matemáticas com matrizes. Para resolver sistemas de equações simultâneas usando o Excel, o importante é reconhecer a organização dos dados na planilha da Figura 19.2. Essa planilha pode ser facilmente usada seguindo-se as instruções contidas no último parágrafo desta seção, mesmo que o detalhe das operações matemáticas envolvidas não seja familiar ao usuário.

O sistema de equações simultâneas correspondente ao exemplo anterior é

$$\begin{matrix} A' = \varepsilon'_X b[X] + \varepsilon'_Y b[Y] \\ A'' = \varepsilon''_X b[X] + \varepsilon''_Y b[Y] \end{matrix} \quad \Rightarrow \quad \begin{matrix} 0{,}957 = 16\,400[X] + 3\,870[Y] \\ 0{,}559 = 3\,990[X] + 6\,420[Y] \end{matrix}$$

FIGURA 19.2 Resolução de um sistema de equações lineares simultâneas com o Excel.

	A	B	C	D	E	F	G
1	Resolvendo Equações Lineares Simultâneas Utilizando Operações com Matrizes do Excel						
2							
3	Comprimento	Matriz dos coeficientes (εb)		Absorbância da amostra desconhecida		Concentrações	
4	de onda (nm)	($M^{-1}cm^{-1}$) (cm)				na mistura (M)	
5	272	16400	3870	0,957		4,430E-5	← [X]
6	327	3990	6420	0,559		5,954E-5	← [Y]
7		K		A		C	
8							
9	1. Entre com a matriz dos coeficientes εb nas células B5:C6						
10	2. Entre com os valores de absorbância da amostra desconhecida em cada comprimento de onda (células D5:D6)						
11	3. Selecione o bloco de células em branco requeridas para a solução (F5 e F6)						
12	4. Escreva a fórmula "=MATRIZ.MULT(MATRIZ.INVERSO(B5:C6);D5:D6)"						
13	5. Pressione simultaneamente CONTROL+SHIFT+ENTER em um PC ou CONTROL+SHIFT+RETURN em um Mac						
14	6. Preste atenção! A resposta do problema aparece nas células F5 e F6						

que pode ser escrito, utilizando-se a notação matricial na forma

$$\underbrace{\begin{bmatrix} 0{,}957 \\ 0{,}559 \end{bmatrix}}_{\mathbf{A}} = \underbrace{\begin{bmatrix} 16\,400 & 3\,870 \\ 3\,990 & 6\,420 \end{bmatrix}}_{\mathbf{K}} \underbrace{\begin{bmatrix} [X] \\ [Y] \end{bmatrix}}_{\mathbf{C}} \tag{19.6}$$

K é a *matriz* contendo as absortividades molares multiplicadas pelo valor do caminho óptico da cubeta, ε*b*. **A** é uma matriz que contém os valores de absorbância da amostra desconhecida. Uma matriz, como **A**, que possui apenas uma coluna é chamada de *vetor*. A matriz **C** é um vetor que contém as concentrações da amostra desconhecida.

A matriz $\mathbf{K}^{-1}$, chamada matriz *inversa* de **K**, é definida de tal forma que os produtos $\mathbf{KK}^{-1}$ ou $\mathbf{K}^{-1}\mathbf{K}$ são iguais à matriz unitária, uma matriz onde a diagonal principal contém números 1 e os demais elementos da matriz são 0.[5] Podemos determinar o vetor de concentrações, **C**, multiplicando ambos os lados da Equação 19.6 por $\mathbf{K}^{-1}$:

O produto $\mathbf{K}^{-1}\mathbf{KC}$ é igual a **C**:

$$\underbrace{\begin{bmatrix} 1 & 0 \\ 0 & 1 \end{bmatrix}}_{\mathbf{K}^{-1}\mathbf{K}} \underbrace{\begin{bmatrix} [X] \\ [Y] \end{bmatrix}}_{\mathbf{C}} = \underbrace{\begin{bmatrix} [X] \\ [Y] \end{bmatrix}}_{\mathbf{C}}$$

$$\mathbf{KC} = \mathbf{A}$$

$$\underbrace{\mathbf{K}^{-1}\mathbf{KC}}_{=\mathbf{C}} = \mathbf{K}^{-1}\mathbf{A}$$

Para resolver um sistema de equações simultâneas, determine a matriz inversa $\mathbf{K}^{-1}$ *e multiplique-a por* **A**. *O resultado deste produto é* **C**, *que contém as concentrações na amostra desconhecida.*

Na Figura 19.2, entramos com os valores dos comprimentos de onda na coluna A, apenas para termos um registro dessa informação. Esses valores não serão usados nos cálculos. Entramos com os valores dos produtos ε*b* para o componente X puro na coluna B e os valores dos produtos ε*b* para o componente Y puro na coluna C. A matriz **K** é formada pelas células B5:C6. A função do Excel MATRIZ.INVERSO(B5:C6) calcula a matriz inversa $\mathbf{K}^{-1}$. A função MATRIZ.MULT(matriz 1, matriz 2) calcula o produto de duas matrizes (ou de uma matriz por um vetor). O vetor das concentrações, **C**, é igual a $\mathbf{K}^{-1}\mathbf{A}$, que podemos definir com uma única linha de comando

$$= \text{MATRIZ.MULT}(\underbrace{\text{MATRIZ.INVERSO(B5:C6)}}_{\mathbf{K}^{-1}}, \underbrace{\text{D5:D6}}_{\mathbf{A}})$$

Procedimento para resolução de um sistema de equações lineares simultâneas com o Excel

Para usarmos a planilha da Figura 19.2, entramos inicialmente com os valores dos coeficientes ε*b*, correspondentes aos componentes puros da amostra, nas colunas B5:C6. Em seguida, entramos com as absorbâncias da amostra desconhecida nas colunas D5:D6. Selecionamos as células F5:F6 e escrevemos a fórmula "=MATRIZ.MULT(MATRIZ.INVERSO(B5:C6);D5:D6)". Pressionamos simultaneamente as teclas CONTROL+SHIFT+ENTER no PC ou CONTROL+SHIFT+RETURN em um Mac. As concentrações [X] e [Y] na mistura aparecerão nas células F5:F6. Caso mais componentes de concentração desconhecida estejam presentes, comprimentos de onda adicionais serão necessários para expandir o sistema de equações lineares.

Usando Mais Comprimentos de Onda que Componentes de Concentração Desconhecida (Recomendado)

O uso de mais comprimentos de onda que o número de componentes de concentração desconhecida aumenta a exatidão, principalmente quando os espectros estão bastante sobrepostos.

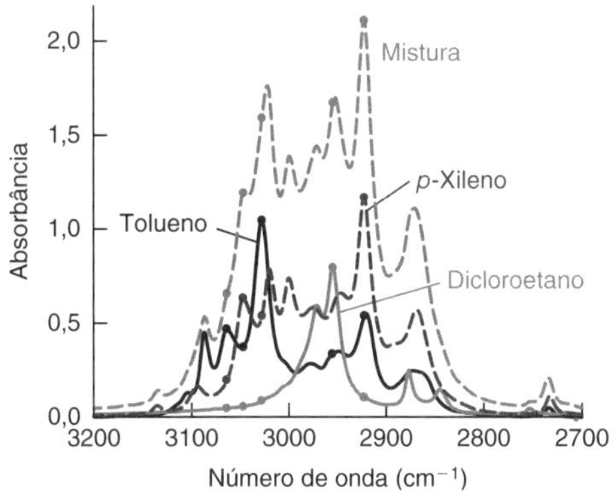

FIGURA 19.3 Espectros de absorção no infravermelho para *p*-xileno 1,69 M, 1,2-dicloroetano 5,24 M, tolueno 1,96 M e para uma mistura de concentrações desconhecidas contendo os três componentes dissolvidos em tetracloroetileno. A absorbância nos pontos marcados é listada na Figura 19.4. [Dados de M. K. Gilbert, R. D. Luttrell, D. Stout e F. Vogt, "*Introducing Chemometrics to the Analytical Curriculum*", *J. Chem. Ed.* **2008**, *85*, 135. D. Stout era um estudante de graduação.]

Uma aproximação matemática diferente deve ser utilizada desde que haja mais equações que componentes de concentração desconhecida. A Figura 19.3 mostra espectros individuais de absorção no infravermelho para *p*-xileno, 1,2-dicloroetano e tolueno. O solvente, tetracloroetileno, não absorve nessa faixa espectral. O espectro da mistura desconhecida com esses três componentes também é mostrado. Aplicaremos uma análise de *mínimos quadrados clássico*, também chamado *mínimos quadrados ordinário*, da Equação 19.1 com três componentes para determinar quanto de *p*-xileno, 1,2-dicloroetano e tolueno estão presentes.

Medida da absorbância em mais comprimentos de onda do que componentes na mistura. Mais comprimentos de onda aumenta a exatidão.

Inicialmente, medimos a absorbância para cada substância pura (padrão) em diversos número de onda, como mostrado pelos pontos na Figura 19.3. Os números de onda selecionados são geralmente os picos ou vales nos espectros dos componentes. Os resultados são listados nas colunas A até D da Figura 19.4. As concentrações dos padrões são inseridas nas células de B13 até B15, e o caminho óptico (0,100 cm) na célula B17. Denominando os três componentes X (= *p*-xileno), Y (= 1,2-dicloroetano) e Z (= tolueno), determinamos a absortividade molar para cada componente, em cada número de onda, pela lei de Beer utilizando a Equação 19.2. Esse cálculo é executado nas colunas F até H da Figura 19.4. A absorbância medida, A_m, de uma mistura desconhecida em cada número de onda é listada na coluna E. Em cada número de onda, a absorbância é a soma das absorbâncias dos componentes.

Para determinarmos os valores de [X], [Y] e [Z], iniciamos *propondo* valores para essas concentrações, valores esses que são inseridos nas células I15 até I17. Os valores propostos não precisam estar muito próximos dos valores corretos. Em nosso caso, propomos arbitrariamente os valores de 1 M para cada uma das três concentrações. A absorbância calculada para a mistura, cujo valor se encontra na coluna I, pode ser encontrada pela equação

$$A_{calc} = \varepsilon_X b[X]_{proposta} + \varepsilon_Y b[Y]_{proposta} + \varepsilon_Z b[Z]_{proposta} \quad (19.7)$$

Por exemplo, o valor de A_{calc} na célula I6

$$A_{calc} = (1{,}172\ M^{-1}\ cm^{-1})(0{,}100\ cm)[1\ M] + (0{,}088\ M^{-1}\ cm^{-1})(0{,}100\ cm)[1\ M] + (2{,}372\ M^{-1}\ cm^{-1})(0{,}100\ cm)[1\ M]$$

	A	B	C	D	E	F	G	H	I	J
1	Análise de uma Mistura Quando Você Tem Mais Pontos que Componentes									
2										
3					Absorbância	Absortividade molar			Absorbância	
4	Número de	Absorbância dos padrões			medida da		($M^{-1}cm^{-1}$)		calculada	
5	onda (cm^{-1})	xileno	$C_2H_4Cl_2$	tolueno	mistura	xileno	$C_2H_4Cl_2$	tolueno	A_{calc}	$[A_{calc}-A_m]^2$
6	3064,1	0,198	0,046	0,465	0,657	1,172	0,088	2,372	0,6548	4,68E-06
7	3047,4	0,634	0,056	0,374	1,194	3,751	0,107	1,908	1,2053	0,000127
8	3028,1	0,541	0,088	1,043	1,593	3,201	0,168	5,321	1,5928	2,39E-08
9	2955,4	0,589	0,795	0,336	1,674	3,485	1,517	1,714	1,6741	1,14E-08
10	2922,6	1,167	0,105	0,537	2,114	6,905	0,200	2,740	2,1083	3,28E-05
11									soma =	0,000164
12	Padrões:			F6 = B6/($B$17*$B$13)						
13	[xileno] =	1,69	M	G6 = C6/($B$17*$B$14)				Concentrações na mistura		
14	[$C_2H_4Cl_2$] =	5,24	M	H6 = D6/($B$17*$B$15)				(encontradas pelo Solver)		
15	[tolueno] =	1,96	M	I6 = ($B$17*F6*$I$15)+($B$17*G6*$I$16)				[xileno]	2,364	M
16	Caminho			+ ($B$17*H6*$I$17)				[$C_2H_4Cl_2$]	3,970	M
17	óptico =	0,100	cm	J6 = (I6-E6)^2				[tolueno]	1,446	M

FIGURA 19.4 Exemplo de planilha utilizando o Solver do Excel para analisar a mistura da Figura 19.3. Essa planilha está disponível no Ambiente de aprendizagem do GEN.

A coluna J fornece o valor do quadrado da diferença entre os valores calculados e os valores medidos de absorbância.

$$\text{A coluna J contém } (A_{\text{calc}} - A_{\text{m}})^2$$

O método dos mínimos quadrados atua no sentido de minimizar o valor da soma dos quadrados, $\Sigma(A_{\text{calc}} - A_{\text{m}})^2$, por meio da variação das concentrações $[X]_{\text{proposta}}$, $[Y]_{\text{proposta}}$ e $[Z]_{\text{proposta}}$. Os "melhores" valores de $[X]_{\text{proposta}}$, $[Y]_{\text{proposta}}$ e $[Z]_{\text{proposta}}$ nas células de I15 até I17 são aqueles que minimizam a soma dos quadrados na célula J11.

O Excel tem uma poderosa rotina denominada Solver, que realiza os cálculos de minimização que necessitamos. No Excel 2016, o Solver se localiza na guia Dados na seção Análise. Caso não veja a opção Solver, carregue o Solver a partir do seguinte procedimento: clique na guia Arquivo; selecione Opções e, em seguida, clique na categoria Suplementos; na caixa Gerenciar selecione Suplementos do Excel, clique em Ir, na caixa de diálogo selecione Solver, em seguida, clique em OK. Agora o Solver estará disponível na seção Análise da guia Dados. No Excel 2016 no Mac, o Solver é encontrado na guia Dados.

Em alguns momentos o Solver deverá rodar mais de uma vez antes de convergir para uma resposta final.

Marque a célula J11 na Figura 19.4 e selecione Solver. Aparece a janela na Figura 8.10a. Insira J11 em Definir Objetivo e então selecione a opção Mín. Em Alterando Células Variáveis insira I15:I17. Em Selecionar um Método de Solução opte por GRG Não Linear. Clique em Opções e estabeleça a Precisão da Restrição em um número muito pequeno, como 1E-12, para aumentar a precisão numérica da solução. Clique em OK para fechar a janela de Opções. Com isso, você solicitou ao Solver para minimizar o valor na célula J11 (a soma dos quadrados) a partir de modificações nas células de I15 a I17 (as concentrações). Clique em Resolver. Depois de um pequeno tempo rodando a rotina, o Solver encontrará $2{,}36_4$ M na célula I15 para o *p*-xileno, $3{,}97_0$ M em I16 para o dicloroetano e $1{,}44_6$ M em I17 para o tolueno. A soma dos quadrados na célula J11 será reduzida de 3,27 para 0,000 16. As concentrações reais na mistura são 2,43 M para o *p*-xileno, 3,80 M para o dicloroetano e 1,41 M para o tolueno. O erro experimental médio é ~3% neste exemplo.

Esse procedimento é facilmente estendido para misturas contendo mais componentes, desde que o número de comprimentos de onda seja ao menos igual ao número de componentes. Com mais pontos medidos, maior será a exatidão do resultado. Verifique essa afirmação, e suas limitações, no Problema 19.12.

Calibração Inversa Multivariada[6]

Univariada: uma variável
Lei de Beer: $A = \varepsilon b[X]$

Multivariada: mais de uma variável
$A_m = \varepsilon_X b[X] + \varepsilon_Y b[Y] + \ldots$

Inversa multivariada: mais de uma variável, com os espectros de ao menos um componente sendo desconhecidos.

Usando a planilha da Figura 19.4 com apenas as absortividades molares do dicloroetano e do tolueno – não sabendo que o xileno está presente – serão encontradas concentrações incorretas. Para amostras complexas, como gasolina ou alimentos, é improvável que todos os componentes sejam conhecidos. Os métodos de *calibração inversa multivariada* são utilizados quando os espectros de alguns componentes da mistura são desconhecidos. Os métodos inversos são análogos a uma forma rearranjada da lei de Beer para um componente

$$c = \frac{A}{\varepsilon b} = PA \qquad \textbf{(19.8)}$$

em que P é igual a $(\varepsilon b)^{-1}$. Para uma mistura de componentes, alguns dos quais podem ser desconhecidos, tentamos encontrar relações semelhantes na forma da matricial usando absorbâncias em múltiplos comprimentos de onda. Para um analito X, assumimos a expressão:

$$[X] = P_{X,\lambda_1} A_{\lambda_1} + P_{X,\lambda_2} A_{\lambda_2} + \ldots \qquad \textbf{(19.9)}$$

em que os valores de P são os coeficientes de regressão para X em cada comprimento de onda medido no espectro. A forma matricial da Equação 19.9 é

$$[X] = \begin{bmatrix} P_{\lambda_1} & P_{\lambda_2} & \cdots \end{bmatrix} \begin{bmatrix} A_{\lambda_1} \\ A_{\lambda_2} \\ \vdots \end{bmatrix}$$

$$\underset{\text{Concentração}}{\boldsymbol{c}} = \underset{\text{Vetor regressão}}{\mathbf{P}} \; \underset{\text{Vetor absorbância}}{\mathbf{A}} \qquad \textbf{(19.10a)}$$

A calibração inversa envolve uma estimativa do vetor regressão **P** a partir da medida dos espectros de absorção de várias *amostras de calibração* para as quais a concentração do analito, ou outra propriedade, foi determinada usando-se um método de referência. Para múltiplas amostras de calibração e espectros, a Equação 19.10a torna-se

$$\begin{bmatrix}[X]_1 & [X]_2 & \cdots\end{bmatrix} = \begin{bmatrix}P_{\lambda_1} & P_{\lambda_2} & \cdots\end{bmatrix} \begin{bmatrix} A_{\lambda_1,1} & A_{\lambda_1,2} & \cdots \\ A_{\lambda_2,1} & A_{\lambda_2,2} & \cdots \\ \vdots & \vdots & \end{bmatrix}$$

$$\underset{\text{Vetor concentração}}{\mathbf{C}_{\text{padrões}}} = \underset{\text{Vetor regressão}}{\mathbf{P}} \; \underset{\text{Matriz absorbância}}{\mathbf{A}_{\text{padrões}}} \tag{19.10b}$$

A resolução para **P** é similar à resolução da Equação 19.6 para **C**, exceto pelo fato de que, como **A** não tem necessariamente o mesmo número de linhas e colunas, devemos utilizar sua *pseudoinversa*, $\mathbf{A}^+$, no lugar de sua inversa $\mathbf{A}^{-1}$.

$$\mathbf{P} = \mathbf{C}\mathbf{A}^+ = \mathbf{C}\mathbf{A}^{\mathrm{T}}(\mathbf{A}\mathbf{A}^{\mathrm{T}})^{-1} \tag{19.11}$$

$\mathbf{A}^{\mathrm{T}}$ é a matriz *transposta* de **A**, obtida a partir da troca entre as linhas e colunas da matriz. No Boxe 19.1, um vetor calibração (**P**) para o teor de proteínas na aveia é construído utilizando espectros no infravermelho próximo (**A**) de amostras de aveia cujo teor de proteínas (**C**) foi previamente determinado por análise de nitrogênio por Kjeldahl (Seção 11.8). A calibração deve conter todas as faixas de concentração, abranger as composições previstas e ter número suficiente para prover uma validação estatística da calibração.[7] Um mínimo de 20 soluções de calibração é recomendado.

$\mathbf{A}^{\mathrm{T}}$ é a matriz *transposta* de **A**, na qual ocorre troca entre as linhas e colunas de **A**.

$$\mathbf{A} = \begin{bmatrix} a & b \\ c & d \\ e & f \end{bmatrix} \quad \mathbf{A}^{\mathrm{T}} = \begin{bmatrix} a & c & e \\ b & d & f \end{bmatrix}$$

Concentrações dos analitos ou propriedades de interesse são determinadas em amostras desconhecidas utilizando

$$\mathbf{C}_{\text{desconhecida}} = \mathbf{P}\mathbf{A}_{\text{desconhecida}} \tag{19.12}$$

A adequação ao seu propósito da calibração é demonstrada pela análise correta das *amostras de validação* de concentração conhecida de analitos, que abrangem o intervalo e a matriz esperados. A exatidão é verificada continuamente pela análise periódica de amostras de controle de qualidade e registro dos resultados em um gráfico de controle (Boxe 5.2).

A matriz de calibração **P** pode ser construída por vários métodos de *mínimos quadrados inversos*. Na *regressão linear múltipla*, comprimentos de onda são escolhidos manualmente, refletindo as bandas de absorção e os compostos de interesse. Deve haver, no mínimo, tantos padrões de calibração quantos forem os comprimentos de onda utilizados. Caso os padrões de calibração não sejam suficientemente diferentes, resultará em uma calibração não confiável. Métodos baseados em fatores mais robustos como a *regressão de componente principal* e *mínimos quadrados parcial* são criados substituindo-se as variáveis originais por um número pequeno de variáveis derivadas, por meio de álgebra linear, a partir das variáveis originais. As concentrações de tolueno e dicloroetano na Figura 19.3 podem ser previstas, dentro de uma faixa de 3% de erro, usando-se a regressão de componente principal sem conhecer que o *p*-xileno está presente na mistura. Os métodos baseados em fatores podem lidar com espectros muito semelhantes, reduzir o ruído e acomodar não linearidades leves na resposta instrumental. O Boxe 19.1 ilustra a capacidade da análise multivariada e da espectroscopia no infravermelho próximo em determinar rapidamente o teor de proteínas de grãos, uma matriz complexa.

19.2 Determinação do Valor de uma Constante de Equilíbrio

Com a espectrofotometria podemos medir as concentrações de espécies em misturas no equilíbrio químico, a partir das quais podemos calcular a constante de equilíbrio. Começamos com uma descrição de *pontos isosbésticos* e, em seguida, explicamos como calcular as constantes de equilíbrio a partir dos espectros.

Pontos Isosbésticos

Frequentemente, uma espécie absorvente, X, é convertida em outra espécie absorvente, Y, durante o curso de uma reação química. Essa transformação leva a um comportamento característico e muito óbvio, mostrado na Figura 19.5. Se os espectros de X puro e de Y puro cruzam um com o outro em algum comprimento de onda, então todos os espectros obtidos durante essa reação química cruzarão em um mesmo ponto, denominado **ponto isosbéstico**. *A observação de um ponto isosbéstico, durante uma reação química, é uma boa evidência de que apenas duas espécies principais, vinculadas entre si por equilíbrio ou reação, estão presentes.*[9]

BOXE 19.1 Calibração Multivariada em Fazendas[8]

A agricultura de precisão procura aumentar a qualidade e o rendimento das colheitas. A espectroscopia no infravermelho próximo com calibração multivariada é um componente-chave da agricultura moderna.

Espectros no infravermelho próximo para amostras de duas diferentes qualidades de trigo parecem ser idênticas na figura *a*, vista neste boxe. Cada característica espectral consiste na sobreposição de diversas bandas de absorção, como mostrado na imagem menor na figura *a*. Esse congestionamento de bandas faz dos espectros no infravermelho próximo (12 500 a 4 000 cm^{-1} ou 800 a 2 500 nm) menos úteis para a quantificação de moléculas do que os espectros no infravermelho médio (4 000 a 400 cm^{-1} ou 2 500 a 15 000 nm). Porém, esse congestionamento de bandas também significa que os espectros no infravermelho próximo são mais ricos em informações sobre os componentes principais, que podem ser acessadas utilizando a calibração multivariada.

Bandas de absorção no infravermelho médio correspondem a excitações do estado fundamental ao primeiro estado vibracional excitado. As absorbâncias características do trigo no infravermelho próximo, figura *a*, provém de vibrações harmônicas e combinações das vibrações de C—H, N—H e O—H. *Vibrações harmônicas* são excitações do estado fundamental para o segundo ou terceiro estado vibracional excitado. *Combinações* são excitações simultâneas de duas vibrações, como N—H e O—H ou uma vibração de estiramento e uma de deformação. A região de 1 440 a 1 470 nm está associada à umidade e inclui a primeira harmônica do estiramento do O—H. A região de 1 920 a 1 940 nm inclui a segunda harmônica da deformação do O—H. A região das proteínas, de 2 148 a 2 200 nm, inclui a segunda harmônica da deformação do N—H. A região de umidade de 1 920 a 1 940 nm inclui a combinação de estiramento do O—H e da deformação do O—H, enquanto a região das proteínas inclui as combinações do estiramento do C—H + o estiramento C═O, e do estiramento do C═O + a deformação no plano do N—H + o estiramento do C—N.

Para o desenvolvimento de uma calibração multivariada para proteínas em aveia, 168 amostras de aveia foram coletadas, incluindo uma dúzia de variedades crescidas ao longo de três verões em áreas com diferentes climas. Foi feito um espectro no infravermelho próximo para cada amostra. Os espectros foram corrigidos para o espalhamento causado pelas partículas de grãos e retraçados como a derivada para acentuar pequenas diferenças espectrais. O nitrogênio das proteínas foi determinado usando-se a análise de Kjeldahl (Seção 11.8) como método de referência. Os espectros derivados e os valores de nitrogênio de Kjeldahl para dois terços das amostras foram utilizados para construir a matriz **P** da calibração multivariada (Equação 19.11), usando regressão de mínimos quadrados parcial. O outro terço restante das amostras foi utilizado para validar a calibração. A concentração de proteína para as amostras de validação foi calculada utilizando a Equação 19.12 e comparada com a análise de Kjeldahl.

Uma vez que o modelo de calibração multivariada tenha sido construído e validado, uma amostra pode ser analisada assim que seu espectro for obtido. Um espectrômetro montado sobre o bico de uma colheitadeira analisa umidade, matéria seca, proteínas, amido e fibras 10 vezes por segundo. Essas informações permitem aos agricultores ajustes em tempo real para maximizar a qualidade dos grãos.

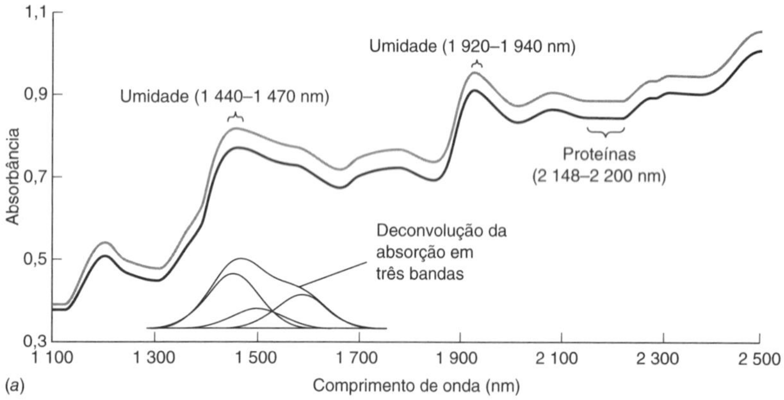

(*a*)

Espectros no infravermelho próximo de duas amostras de trigo de diferentes qualidades. [Dados de M. Manley, *"Near-infrared Spectroscopy and Hyperspectral Imaging: Non-Destructive Analysis of Biological Materials"*, *Chem. Soc. Rev.* **2014**, *43*, 8200, *open access*.]

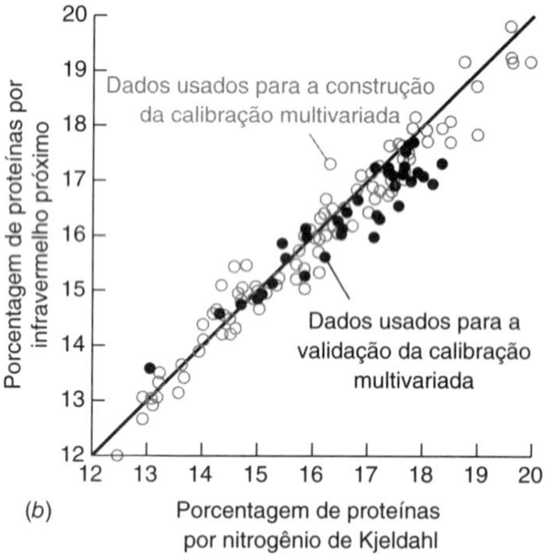

(*b*)

Comparação da concentração de proteínas determinadas a partir da utilização do infravermelho próximo com calibração multivariada e a partir do método de Kjeldahl. [Dados de S. Bellato, V. del Frate, R. Redaelli, D. Sgrulletta, R. Bucci, A. D. Magri e F. Marini, *"Use of Near Infrared Reflectance and Transmittance Coupled to Robust Calibration for the Evaluation of Nutritional Value in Naked Oats"*, *J. Agric. Food Chem.* **2011**, *59*, 4349. S. Bellato e V. del Frate eram alunos de iniciação científica.]

(*c*)

Espectrômetro de infravermelho próximo montado sobre o bico de uma colheitadeira de forragem. [De *"Real-time moisture measurement on a forage harvester using near-infrared reflectance spectroscopy"* por M. F. Digman e K. J. Shinners. (2008). *Transactions of the ASABE*, *51*(5), 1801-1810. Utilizada sob permissão.]

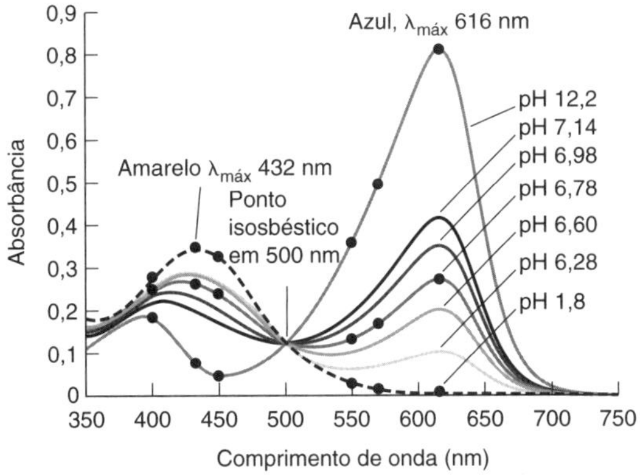

FIGURA 19.5 Espectro de absorção em função do pH de uma solução de azul de bromotimol 10 μM. As absorbâncias indicadas pelos pontos na figura são usadas no Problema 19.9. [Dados de E. Klotz, R. Doyle, E. Gross e B. Mattson, "The Equilibrium Constant for Bromothymol Blue", *J. Chem. Ed.* **2011**, *88*, 637. E. Klotz era um aluno de iniciação científica.] Desde a publicação desse artigo no *J. Chem. Ed*, os conhecimentos das espécies envolvidas na mudança de cor avançaram. Estruturas e cargas utilizadas neste capítulo são baseadas em T. Shimada e T. Hasegawa, "Determination of Equilibrium Structures of Bromothymol Blue Revealed by Using Quantum Chemistry with an Aid of Mutivariate Analysis of Electronic Absorption Spectra", *Spectrochim. Acta A* **2017**, *185*, 104.

Vamos considerar o azul de bromotimol, um indicador que muda de cor entre o amarelo (HIn^-) e o azul (In^{2-}) próximo ao pH 7,1:

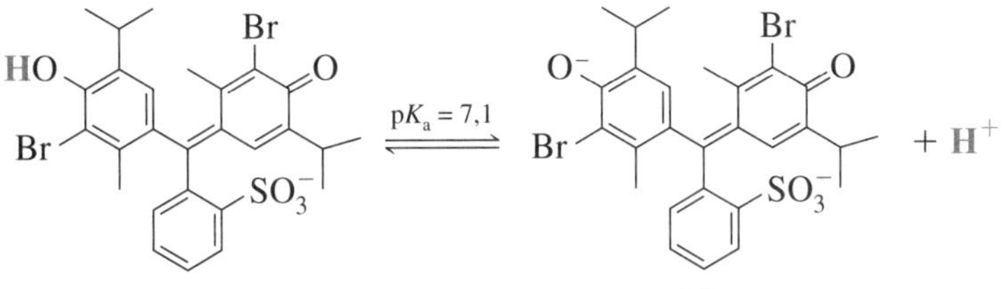

Como os espectros de HIn^- e de In^{2-} (na mesma concentração) se cruzam em 500 nm, todos os espectros na Figura 19.5 se cruzam nesse ponto. Se os espectros de HIn^- e de In^{2-} se cruzassem em diferentes pontos, haveria vários pontos isosbésticos.

Para compreendermos por que existe um ponto isosbéstico, escrevemos, inicialmente, uma equação para a absorbância da solução em 500 nm:

$$A^{500} = \varepsilon^{500}_{HIn^-} b[HIn^-] + \varepsilon^{500}_{In^{2-}} b[In^{2-}] \qquad (19.13)$$

Porém, como os espectros do HIn^- puro e do In^{2-} puro (na mesma concentração) se cruzam em 500 nm, $\varepsilon^{500}_{HIn^-}$ tem de ser igual a $\varepsilon^{500}_{In^{2-}}$. Definindo $\varepsilon^{500}_{HIn^-} = \varepsilon^{500}_{In^{2-}} = \varepsilon^{500}$. Podemos fatorar a Equação 19.13:

$$A^{500} = \varepsilon^{500} b([HIn^-] + [In^{2-}]) \qquad (19.14)$$

Um ponto isosbéstico aparece quando $\varepsilon_X = \varepsilon_Y$ e [X] + [Y] é constante.

Na Figura 19.5, todas as soluções contêm a mesma concentração total $[HIn^-] + [In^{2-}]$. Apenas o pH varia. Portanto, a soma das concentrações na Equação 19.14 é constante, e A^{500} é constante.

Como a absorbância é proporcional à *concentração* (e não à atividade), as concentrações devem ser convertidas em atividades para obtermos as constantes de equilíbrio verdadeiras.

Determinação do Valor de uma Constante de Equilíbrio

Suponhamos que a espécie P (por exemplo, uma proteína) e o ligante X reagem entre si para formar o produto PX.

$$P + X \rightleftharpoons PX \qquad (19.15)$$

Desprezando os coeficientes de atividade, podemos escrever

$$K = \frac{[PX]}{[P][X]} \qquad (19.16)$$

Para determinarmos o valor de uma constante de equilíbrio, *K*, fazemos pequenas adições da proteína (P) a uma quantidade fixa do ligante (X), e a absorbância é monitorada.

A Figura 19.6 mostra dados espectrofotométricos para um experimento. A *riboflavina*, também conhecida como vitamina B_2, é essencial para a produção de energia e biossíntese em muitos tipos de células. Acredita-se que uma proteína na clara do ovo que se liga à riboflavina forneça vitamina B_2 ao embrião e impeça o suprimento dessa vitamina a bactérias no ovo. O vermelho neutro é um corante com certa semelhança estrutural com a riboflavina. O vermelho neutro (X) e seu complexo (PX) absorvem radiação no visível, mas a proteína não. À medida que se adicionam incrementos de proteína (P) à uma quantidade fixa de ligante (X = vermelho neutro), a absorção de X em 450 nm diminui enquanto a absorção do produto (PX) em 545 nm aumenta. Ambas as absorções provêm do cromóforo livre do vermelho neutro em solução ou ligado à proteína. A proteína P sem X não apresenta absorção detectável no visível.

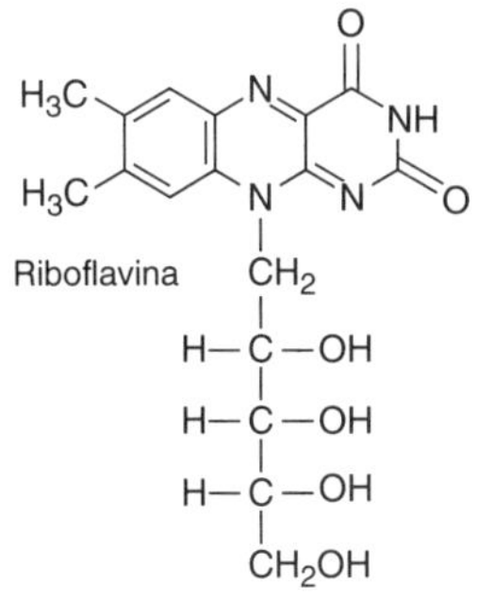

Riboflavina

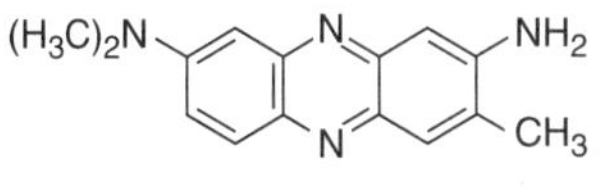

Vermelho neutro
(um análogo da riboflavina)

FIGURA 19.6 Variações espectrofotométricas observadas quando dez alíquotas sucessivas de 10 μL de solução 0,310 mM de proteína que se liga à riboflavina são adicionadas a 1,00 mL de uma solução de vermelho neutro 8,4 μM em tampão tris-HCl 0,05 M (Tabela 9.2) em pH 9,0. [Dados de P. Chenprakhon, J. Sucharitakul, B. Panijpan e P. Chaiyen, "Measuring Binding Affinity of Protein-Ligand Interactions Using Spectrophotometry", *J. Chem. Ed.* **2010**, *87*, 829.]

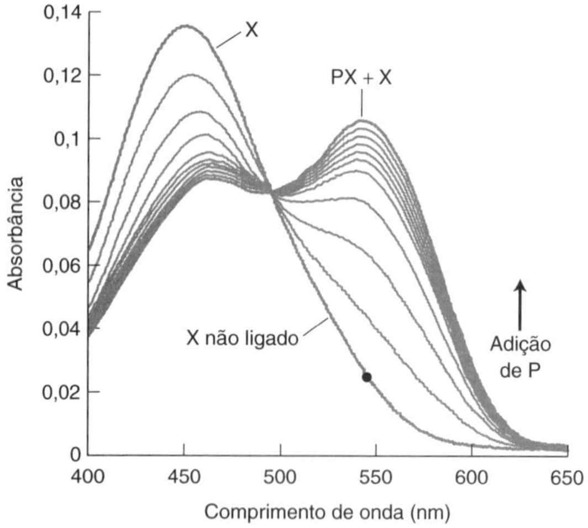

Utilizamos mudanças na absorbância em 545 nm para determinar a constante de equilíbrio K para a formação do complexo proteína-vermelho neutro. A absorbância em qualquer comprimento de onda é a soma das absorbâncias de X e de PX:

$$A = \varepsilon_X[X] + \varepsilon_{PX}[PX] \quad (19.17)$$

Contanto que ε_X e ε_{PX} sejam diferentes entre si, a absorbância mudará conforme a proteína (P) é adicionada a uma quantidade fixa do ligante (X).

Observando com cuidado, podemos perceber que a Equação 19.18 é, na realidade, um balanço de massas.

Chamando a concentração total de X (na forma X ou PX) de X_0, podemos então escrever

$$[X] = X_0 - [PX] \quad (19.18)$$

Substituindo essa igualdade na Equação 19.17

$$A = \varepsilon_X(X_0 - [PX]) + \varepsilon_{PX}[PX] \quad (19.19)$$

Balanço de massa para P + X ⇌ PX

$X_0 = [X] + [PX]$
$P_0 = [P] + [PX]$

Se P_0 é a concentração total de P (na forma P ou PX), podemos encontrar [P] a partir do balanço de massa

$$[P] = P_0 - [PX] \quad (19.20)$$

Substituímos essas identidades na expressão de equilíbrio para encontrar uma equação para [PX]:

$$K = \frac{[PX]}{[P][X]} = \frac{[PX]}{(P_0 - [PX])(X_0 - [PX])} \quad (19.21)$$

A Equação 19.21 pode ser reescrita como uma equação quadrática para [PX], cujas duas soluções serão dadas por

$$[PX] = \frac{[K(P_0 + X_0) + 1] \pm \sqrt{[K(P_0 + X_0) + 1]^2 - 4K^2X_0P_0}}{2K} \quad (19.22)$$

A solução com sinal negativo no numerador é a que queremos. A solução com sinal positivo resultará em $[PX] > P_0$, o que não é possível.

Usando as Equações 19.19 e 19.22, a absorbância para qualquer solução contendo P e X pode ser calculada. Os únicos valores desconhecidos são ε_X, ε_{PX} e K. Podemos calcular a absortividade molar (ε_x) para X em 545 nm a partir da absorbância de X puro mostrada pelo ponto preto na Figura 19.6. Com um caminho óptico b = 1,000 cm, $\varepsilon_x = A_{545}/bX_0$ = (0,0264)/(1,000 cm × 8,4 μM) = $3{,}143 \times 10^3$ M^{-1} cm^{-1}. Para os cálculos subsequentes, retemos algarismos não significativos adicionais. Não conhecemos a absortividade molar (ε_{PX}) do produto PX porque ele se encontra em uma mistura com X.

Nosso procedimento será *estimar* K e ε_{PX}, e calcular a absorbância resultante a partir da lei de Beer para uma mistura de PX e X:

$$A_{calc} = \varepsilon_X(X_0 - [PX]) + \varepsilon_{PX}[PX] \quad (19.23)$$

em que o caminho óptico b = 1,000 cm é omitido por uma questão de simplicidade. Usamos então a rotina Solver do Excel para ajustar os valores de K e ε_{PX} até que os cálculos de absorbância em 545 nm estejam o mais próximo possível da absorbância verificada para todas as dez adições de P a X na Figura 19.6.

	A	B	C	D	E	F	G	H	I	J
1	Determinação de K para a Ligação do Vermelho Neutro (X) à Proteína que se Liga à Riboflavina (P)									
2					Parâmetros para serem determinados					
3	Parâmetros iniciais:				por meio do Solver					
4	[X] inicial em 1000 μL =		8,40E-06	M	K =	1,99E+05		estimativa inicial =		4,3E+05
5		[P]adicionada =	3,10E-04	M	εPX =	1,62E+04		estimativa inicial =		1,5E+04
6		εX =	3143	M⁻¹cm⁻¹						
7	Proteína				[PX] (M)					[PX]/Xo
8	adicionada	Xo	Po	Aobs	Eq. 19.22 usando	[X] =	[P] =	Acalc		fração de X
9	(μL)	(M)	(M)	em 545 nm	sinal negativo	Xo – [PX]	Po – [PX]	Eq. 19.23	(Aobs-Acalc)²	que reagiu
10	0	8,400E-06	0,000E+00	0,0264	0,000E+00	8,400E-06	0,000E+00	0,02640	1,44E-12	0
11	10	8,317E-06	3,069E-06	0,0452	1,741E-06	6,576E-06	1,328E-06	0,04888	1,35E-05	0,209327
12	20	8,235E-06	6,078E-06	0,0645	3,080E-06	5,155E-06	2,998E-06	0,06611	2,60E-06	0,374034
13	30	8,155E-06	9,029E-06	0,0808	4,059E-06	4,097E-06	4,971E-06	0,07864	4,68E-06	0,49765
14	40	8,077E-06	1,192E-05	0,0897	4,752E-06	3,325E-06	7,171E-06	0,08745	5,07E-06	0,588342
15	50	8,000E-06	1,476E-05	0,0940	5,239E-06	2,761E-06	9,523E-06	0,09357	1,85E-07	0,654917
16	60	7,925E-06	1,755E-05	0,0970	5,583E-06	2,341E-06	1,196E-05	0,09782	6,76E-07	0,704531
17	70	7,850E-06	2,028E-05	0,0995	5,827E-06	2,023E-06	1,445E-05	0,10078	1,64E-06	0,7423
18	80	7,778E-06	2,296E-05	0,1018	6,002E-06	1,776E-06	1,696E-05	0,10283	1,07E-06	0,771705
19	90	7,706E-06	2,560E-05	0,1041	6,127E-06	1,579E-06	1,947E-05	0,10424	2,09E-08	0,79509
20	100	7,636E-06	2,818E-05	0,1066	6,216E-06	1,420E-06	2,197E-05	0,10519	2,00E-06	0,81408
21	B10 = $C$4*(1000/(1000+A10))							soma =	3,15E-05	
22	C10 = $C$5*(A10/(1000+A10))									
23	E10 = (($F$4*(C10+B10)+1)-RAIZ(($F$4*(C10+B10)+1)^2-4*$F$4^2*B10*C10))/(2*$F$4)								J10 = E10/B10	
24	F10 = B10-E10			H10 = $C$6*F10 + $F$5*E10					I21 = SOMA(I10:I20)	
25	G10 = C10-E10			I10 = (D10-H10)^2						

FIGURA 19.7 Planilha usando a rotina Solver para determinar a constante de equilíbrio na Equação 19.15 a partir dos dados espectrofotométricos da Figura 19.6.

A Figura 19.7 mostra uma planilha para esse cálculo. Dez alíquotas de 10 μL de proteína com concentração 310 μM foram adicionadas a 1 000 μL de corante na concentração de 8,4 μM. As células destacadas são os dados de entrada. O volume total de solução de proteína adicionado está em A10:A20. A concentração total de corante (X_0), corrigida pela diluição, está em B10:B20, e a concentração total de proteína (P_0) nas soluções tituladas está em C10:C20. Os valores em D10:D20 são as absorbâncias observadas em 545 nm a partir da Figura 19.6. [PX] é calculada nas células E10:E20 a partir de valores estimados de K e ε_{PX} nas células F4:F5.

Como podemos estimar K e ε_{PX} para iniciar os cálculos? Normalmente não precisamos de estimativas muito exatas para que o Solver refine os cálculos, mas em casos como este ele se torna mais confiável quando estimativas iniciais razoáveis são fornecidas. Basta *supor* que a solução final preparada com 100 μL de P contém 90% de X ligado a P. Na linha 20 da planilha, as concentrações formais conhecidas são X_0 = 7,64 μM e P_0 = 28,18 μM. Se 90% de X estiver na forma de PX, então [PX] = 6,89 μM e [X] = 0,75 μM, o que faz com que [P] = P_0 – [PX] = 21,29 μM. Nossa estimativa para K = [PX]/([P][X]) é [6,89 μM]/([21,29 μM][0,75 μM]) = $4,3 \times 10^5$. A partir das estimativas, [X] = 0,75 μM e [P] = 21,29 μM, podemos estimar ε_{PX} a partir da lei de Beer:

$$A_{obs} = \varepsilon_X b[X] + \varepsilon_{PX} b[PX]$$

$$0{,}1066 = (3{,}143 \times 10^3 \text{ M}^{-1}\text{ cm}^{-1})(1{,}000 \text{ cm})[0{,}75\ \mu\text{M}] + \varepsilon_{PX}(1{,}000 \text{ cm})[6{,}89\ \mu\text{M}]$$

$$\Rightarrow \varepsilon_{PX} = 1{,}5 \times 10^4 \text{ M}^{-1}\text{ cm}^{-1}$$

Na Figura 19.7, introduzimos os valores estimados $K = 4{,}3 \times 10^5$ e $\varepsilon_{PX} = 1{,}5 \times 10^4$ M^{-1} cm^{-1} nas células F4:F5. Com esses valores, a planilha calcula todas as quantidades nas células E10:J20 e a soma dos mínimos quadrados, $\sum(A_{obs} - A_{calc})^2$, na célula I21.

No Excel 2016, vá para a guia Dados, selecione Solver na seção Análise. Fixe em Definir Objetivo a célula I21, em Para Selecione Mín. e em Alterando Células Variáveis F4:F5. O Método de Solução é o padrão GRG Não Linear. Em Opções, fixe a Precisão de Restrição = 1E-14 e verifique Usar Escala Automática. Clique em OK e a seguir clique em Resolver. Em um instante, o Solver encontra os valores $K = 1{,}99 \times 10^5$ e $\varepsilon_{PX} = 1{,}62 \times 10^4$ M^{-1} cm^{-1} nas células F4:F5. A Figura 19.8 mostra que esses valores de K e de ε_{PX} fornecem um bom ajuste para as absorbâncias observadas em 545 nm. A célula J20 nos indica que a fração de X que reagiu com 100 μL de P foi 0,814. Havíamos proposto que essa fração era 0,9 para fazer as estimativas iniciais de K e ε_{PX}.

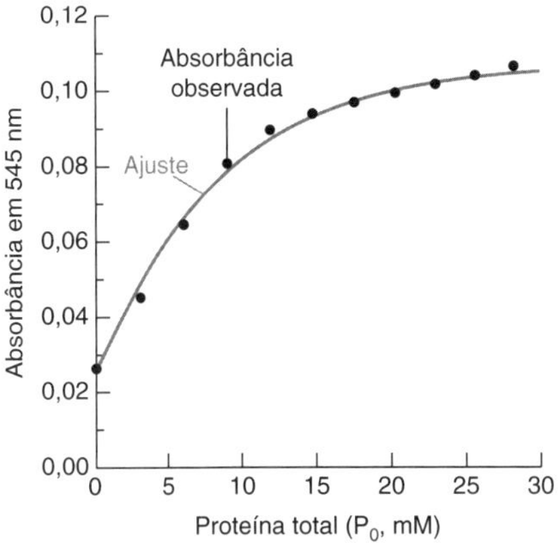

FIGURA 19.8 Variações observadas e calculadas na absorbância em 545 nm usando K e ε_{PX} determinados pela rotina Solver na Figura 19.7.

O Solver permitiu que encontrássemos a absortividade molar do produto PX e a constante de equilíbrio. O Solver oferece um método versátil para encontrar uma constante de equilíbrio a partir de dados experimentais. A coluna J da planilha nos informa que os dados experimentais se estendem ao longo da fração de reação entre 0,2 e 0,8, o que é altamente desejável. Um intervalo representando ~75% da saturação total de P por X deve ser medido antes de concluir que o equilíbrio 19.15 é obedecido. Pessoas cometem muitos erros por explorarem apenas uma fração muito pequena da reação.

19.3 Reações Espectrofotométricas

Análises espectrofotométricas podem ser executadas pelo tratamento de uma amostra com reagentes que convertem um analito específico em um produto colorido. Existem protocolos disponíveis para centenas de analitos,[10] muitos dos quais são métodos-padrão de análise (Tabela 19.1). Os produtos reacionais normalmente absorvem no espectro do visível onde existe uma série de interferentes naturais. O excesso de reagentes acelera a velocidade da reação e assegura a conversão quantitativa do analito. A adição de agentes de mascaramento e o controle de pH podem ser necessários para assegurar a seletividade. Algumas determinações são rápidas, de fácil execução, de fácil automação, e não requerem equipamentos caros. Diversas amostras podem ser analisadas simultaneamente, e diversos analitos podem ser determinados pelo tratamento de alíquotas da amostra com reagentes diferentes.

Kits Colorimétricos

Exatidão dos *kits* colorimétricos:
Correspondência de cor ±10%
Fotômetros portáteis ±2%

Kits comerciais estão disponíveis para execução de determinações espectrofotométricas em plantas industriais, em campo, ou mesmo em casa (por exemplo, análises da água de aquários ou piscinas). Um *kit* consiste em um recipiente volumétrico simples, frascos conta-gotas de reagentes ou sachês contendo os reagentes em pó previamente pesados, e uma forma de quantificar a intensidade da cor. Os métodos mais simples utilizam a **colorimetria**, como na Figura 19.9, nos quais o operador compara a cor da solução da amostra com padrões de cor. Colorímetros simples possuem exatidão de ±10%. Um fotômetro portátil que usa um diodo emissor de luz como fonte de radiação, como no Problema 18.27, tem exatidão de ±2%, mas sua aplicação é limitada a produtos colorimétricos que absorvam no comprimento de onda do diodo. Espectrômetros portáteis também possuem exatidão de ±2%, com a flexibilidade adicional de monitorar em qualquer comprimento de onda do visível. Espectrômetros baseados em *smartphones*, discutidos na Demonstração 18.1, são uma área ativa de pesquisa.

TABELA 19.1 Métodos espectrofotométricos para análises de água

Espécies analisadas[a]	Reações espectrofotométricas (comprimento de onda monitorado)	Método-padrão[b]
Amônia	NH_3 reage com fenol e com o oxidante HOCl em meio alcalino na presença do catalisador nitroprussiato de sódio para formar indofenol, de coloração azul intensa (660 nm).	EPA 350.1; SM 4500–NH_3 G
Cloreto	Cl^- desloca o SCN^- do $Hg(SCN)_2$ na presença de Fe^{3+} para formar o complexo vermelho $Fe(SCN)^{2+}$ (460 nm).	SM 4500-Cl E
Cromo(VI)	CrO_4^{2-} reage com difenilcarbazida para formar um complexo vermelho-violeta (540 nm).	EPA 7196a; SM 3500-Cr B
Nitrito	NO_2^- reage com sulfanilamida na presença de *N*-(1-naftil)-etilenodiamina para formar um azocorante púrpura-avermelhado (520 nm).	EPA 353.2; SM 4500-NO_2^- B
Nitrato	NO_3^- é reduzido a NO_2^- por sulfato de hidrazina alcalino na presença de Cu^{2+}, e o NO_2^- é analisado. $[NO_3^-]$ é o aumento na $[NO_2^-]$ com relação a $[NO_2^-]$ sem a etapa de redução.	EPA 352.3; SM 4500-NO_3^- F
Fosfato	PO_4^{3-} reage com molibdato, antimônio e ácido ascórbico (redutor) em meio ácido para formar o complexo azul de fosfomolibdato (660 nm).	EPA 365.1; SM 4500-P F
Sulfato	SO_4^{2-} reage com Ba^{2+} para formar o precipitado $BaSO_4$ (405 nm, turbidez).	ASTM D516; EPA 375.4

a. Concentrações de espécies como amônia, nitrito e nitrato são frequentemente quantificadas em termos de massa de nitrogênio, N, no analito. 1,00 mg N/L =1,22 mg de NH_3/L = 3,28 mg de NO_2^-/L = 4,43 mg de NO_3^-/L. Fosfato e cromato são quantificados em termos de mg P/L e mg Cr/L.

b. EPA é a Agência de Proteção Ambiental dos Estados Unidos; SM provém de E. W. Rice, R. B. Baird e A. D. Eaton (eds.). Standard Methods for the Examination of Water and Wastewater, *23. ed. (American Public Health Association, Washington, DC, 2017) ou em www.standardmethods.org; métodos ASTM* estão nos 80 volumes do Annual Book of ASTM Standards ou em www.astm.org.

FONTE: *Informação de SEAL Analytical, Discrete Analyzer USEPA Approved Methods; L.M. L. Nollet e L. S. P. de Gelder (eds.).* Handbook of Water Analysis, *3. ed. (Boca Raton, FL: CRC Press, 2014). Download* gratuito do livro de 950 páginas a partir de busca na internet para "handbook of water analysis nollet pdf".

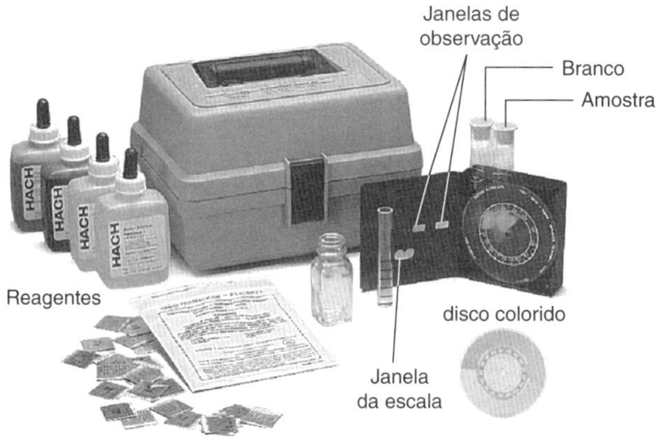

FIGURA 19.9 Colorímetro com disco colorido de calibração. A amostra é misturada com os reagentes de acordo com o protocolo do *kit*, e vertida para o tubo da direita. O branco é adicionado no tubo da esquerda. O colorímetro fechado é colocado contra a luz, e o disco colorido é girado até que as cores nas janelas de observação coincidam. O resultado é lido na janela de escala. [Cortesia de Hach Company.] Um vídeo demonstrando como usar um colorímetro está disponível em: www.youtube.com/watch?v=8KzbQ2kvi2c.

Analisadores Discretos

Analisadores discretos automatizam as etapas de via úmida em determinações espectrofotométricas para milhares de amostras analisadas diariamente em laboratórios clínicos, ambientais e de alimentos. No analisador discreto da Figura 19.10, frascos de amostras e reagentes são posicionados em círculos concêntricos em uma plataforma rotatória. A plataforma rotatória posiciona um frasco contendo a amostra sob um braço mecânico (braço de amostragem) que usa uma seringa de deslocamento para extrair a solução. Em seguida, a plataforma rotatória posiciona um poço de reação específica, no anel externo da plataforma, sob o braço de amostragem, e verte uma alíquota precisa. Esta etapa é repetida com cada reagente necessário para um analito específico, com mistura e tempo para reação após cada adição de reagente. Após a adição de todos os reagentes e a reação chegar ao fim, o produto é transferido por um segundo braço mecânico (braço de aspiração) para uma cubeta onde a absorbância é medida.

Diversos analitos podem ser analisados em única amostra a partir da utilização de várias alíquotas colocadas em poços de reação separados e com adição dos reagentes específicos para cada analito. O analisador discreto pode realizar até 14 testes em uma única amostra e pode suportar até 120 amostras. O número de determinações por hora depende do tempo de reação e do número de reagentes necessários. A sonda de amostragem e a cubeta são lavados entre cada determinação para evitar contaminação cruzada. Analisadores discretos utilizam 2 a 500 μL de amostra e reagentes, e geram menos efluentes que determinações espectrofotométricas manuais.

Analisadores discretos:
- análise automatizada
- muitas reações podem ser realizadas em uma única amostra
- a velocidade depende do tempo de reação e do número de reagentes necessários
- baixo consumo de reagentes.

Microplacas[11]

Microplacas, também chamadas *placas de multipoços*, são populares em biologia molecular para aplicações com centenas a milhares de amostras e onde o volume de amostra seja limitado ou os reagentes muito caros. As microplacas são suportes bidimensionais de poços de pequenos volumes. Cada poço serve como um tubo de ensaio individual. A Figura 19.11 mostra

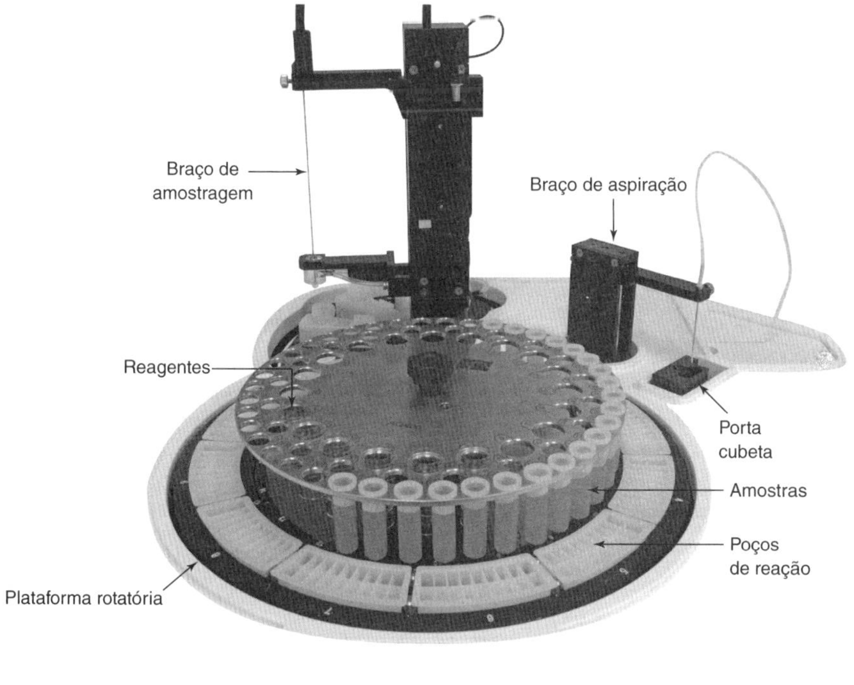

FIGURA 19.10 Analisador discreto é um analisador automatizado capaz de verter volumes da ordem de microlitros de amostra e reagentes em poços de reação separados proporcionando uma grande variedade de determinações espectrofotométricas. [Cortesia de SEAL Analytical Inc.]

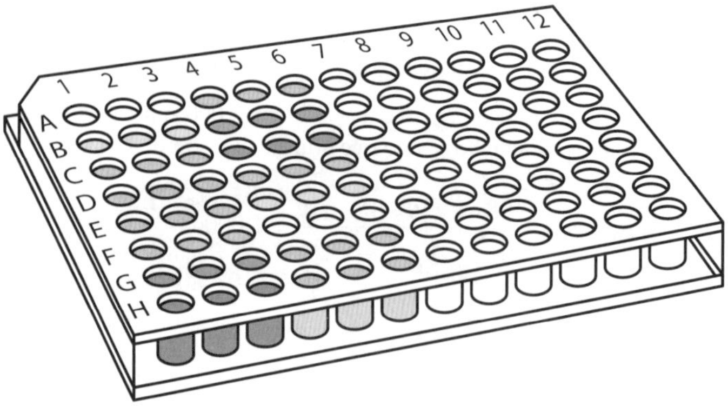

FIGURA 19.11 Microplaca de 96 poços contendo padrões de calibração e amostras em triplicata.

Evitando erros ao utilizar micropipetas (Seção 2.6):

- Use a ponteira recomendada pelo fabricante.
- Pipete e devolva o líquido três vezes antes de verter o volume desejado para molhar a ponteira e equilibrar seu interior com o vapor.
- A limpeza desnecessária da ponteira pode causar perda de amostra.
- Os líquidos devem estar à mesma temperatura da pipeta.
- Micropipetas são calibradas à pressão no nível do mar. Calibre sua pipeta pesando a água vertida por ela.

Caminho óptico (*b*) no micropoço:

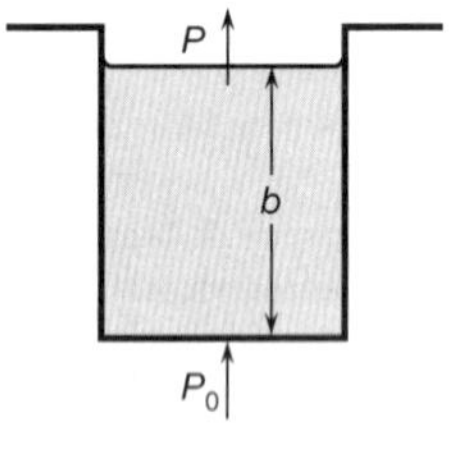

Antes de preencher uma microplaca, escreva uma tabela em seu caderno de laboratório com a posição de cada solução.

Leitores de microplacas podem reportar a absorbância como observada ou corrigida para o caminho óptico de 1,000 cm. Verifique como seu instrumento está programado.

uma placa com 96 poços, onde cada um tem capacidade de 250 a 300 μL. Microplacas com 24, 384 ou 1 536 poços também são comuns. Micropipetas são utilizadas para verter soluções nos 96 poços, enquanto equipamentos específicos são necessários para preencher as placas com 384 e 1 536 poços.

As microplacas para espectrofotometria possuem poços de fundo chato. O fundo é transparente, feito de poliestireno ou vidro para irradiância no visível, e quartzo ou copolímero de olefina cíclica, para o ultravioleta. As microplacas para luminescência e fluorescência possuem paredes laterais opacas, brancas ou pretas, para evitar que a luminescência de um poço incida em um poço adjacente.

Em uma cubeta, o caminho óptico (*b*) é a sua largura, como na Figura 18.6. Em microplacas, a energia radiante cruza verticalmente cada poço. O caminho óptico depende do volume ocupado no poço, o que torna extremamente importante que o volume vertido tenha elevada reprodutibilidade. Para aumentar a precisão, cada amostra ou padrão é analisada em triplicata. Na Figura 19.11, os poços A1-A3 estão com branco e B1-B3 com padrões de menor concentração. As concentrações de padrão aumentam de B1-B3 para H1-H3. Os poços de A4-A6 até H4-H6 são amostras e amostras de testes de desempenho preparadas em triplicata. Após a adição de reagentes, o conteúdo de um poço pode ser homogeneizado por retirada e injeção utilizando micropipeta. Alternativamente, após os reagentes serem adicionados em todos os poços, a microplaca pode ser recoberta com um filme adesivo e sutilmente agitada em um vórtex. O filme deve ser removido antes das leituras de absorbância.

Em alguns leitores de placa, o caminho óptico no interior de cada poço é determinado utilizando a absorbância característica da água. A água absorve a 977 nm no infravermelho próximo. A absorbância máxima é afetada pela temperatura. Usando o ponto isosbéstico próximo a 1 000 nm elimina-se a dependência da temperatura. A absorbância do branco é medida em um comprimento de onda distante da absorbância da água, geralmente 900 nm. O comprimento de onda para uma solução aquosa em um poço é determinado pela comparação entre a absorção corrigida do branco em 1 000 nm com o mesmo procedimento em uma cubeta de 1,000 cm.

$$b_{\text{poço}} = \left(\frac{(A_{1\,000} - A_{900})_{\text{poço}}}{(A_{1\,000} - A_{900})_{\text{cubeta, 1 cm}}} \right) \cdot 1{,}000 \text{ cm} \qquad \textbf{(19.24)}$$

A absorbância corrigida pelo branco para uma solução pode ser recalculada para uma cubeta de 1 cm.

$$A_{1\text{ cm}} = \left(\frac{A_{\text{poço}} - A_{\text{branco}}}{b_{\text{poço}}} \right) \cdot 1{,}000 \text{ cm} \qquad \textbf{(19.25)}$$

EXEMPLO Correção da Absorbância de Microplacas, Usando as Equações 19.24 e 19.25

O DNA (Apêndice L) pode ser quantificado pela medida de absorbância a 260 nm (Problema 18.21). A tabela a seguir apresenta as leituras para uma amostra de 230 μL de DNA em um micropoço (de uma microplaca com 96 poços), para um branco de 230 μL em outro poço, e para água pura em uma cubeta de quartzo de 1,000 cm:

	Absorbância		
Solução	260 nm	900 nm	1 000 nm
DNA (micropoço)	0,47	0,04	0,15
Branco (micropoço)	0,07		
Água (cubeta, 1 cm)		0,06	0,24

Determine o caminho óptico para a solução de DNA em 230 μL e determine a absorbância corrigida pelo branco para o DNA em uma cubeta de 1,000 cm. Qual a concentração de DNA em μg/mL se a sua absortividade é 0,028 4 $(\mu g/mL)^{-1}cm^{-1}$?

Solução As leituras de absorbância em 900 e em 1 000 nm são usadas com a Equação 19.24 para encontrar o caminho óptico que cruza a amostra de DNA no micropoço.

$$b_{\text{poço}} = \left(\frac{(A_{1\,000} - A_{900})_{\text{poço}}}{(A_{1\,000} - A_{900})_{\text{cubeta, 1 cm}}} \right) \cdot 1{,}000 \text{ cm}$$

$$b_{\text{poço}} = \left(\frac{0{,}15 - 0{,}04}{0{,}24 - 0{,}06} \right) \cdot 1{,}000 \text{ cm} = \frac{0{,}11}{0{,}18} \cdot 1{,}000 \text{ cm} = 0{,}61_1 \text{ cm}$$

A concentração de DNA é determinada pela lei de Beer usando a absorbância em 260 nm para o caminho óptico de $0{,}61_1$ cm.

$$c = \frac{A}{\varepsilon b} = \frac{0{,}47 - 0{,}07}{\left(0{,}0284 \frac{\text{mL}}{\mu\text{g}} \frac{1}{\text{cm}}\right) 0{,}61_1 \text{ cm}} = 23 \frac{\mu\text{g}}{\text{mL}}$$

TESTE-SE Para uma amostra diferente do mesmo DNA, encontre a concentração de DNA se a absorbância do micropoço é 0,42 e 0,07 em 260 nm, 0,06 em 900 nm e 0,20 em 1 000 nm. (***Resposta:*** 16 μg/mL.)

Soluções em analisadores discretos e microplacas são expostas ao ambiente laboratorial, possibilitando, assim, contaminações. Um laboratório dedicado à descoberta de novos fármacos realizando ensaios de fluorescência com microplacas de 384 poços observou um grande número de falsos positivos (Boxe 5.1). A causa da contaminação foram fiapos de algodão provenientes dos jalecos do laboratório que foram lavados com detergentes que continham alvejantes fluorescentes.[12] Recobrir as microplacas com placas ou selos adesivos reduz a contaminação.

Dispersão da Radiação por Partículas

Na Tabela 19.1, sulfato é determinado pela adição de Ba^{2+} para formar um precipitado fino de $BaSO_4$, que deixa a solução *turva*. *Turbidez* e *nefelometria* medem a quantidade de radiação que passa diretamente por uma amostra (*turbidimetria*) ou que é espalhada em determinado ângulo (*nefelometria*), normalmente 90°. Turbidimetria é adequada para amostras com altas concentrações de partículas em suspensão, enquanto nefelometria é melhor para concentrações extremamente baixas. As soluções devem ser incolores, e a medição deve ser feita em comprimento de onda em que não haja absorção molecular pela solução. A dispersão (ou espalhamento) da radiação é uma propriedade não específica usada unicamente quando métodos espectrofotométricos mais seletivos não estão disponíveis.

Em microbiologia, o crescimento microbiológico é monitorado utilizando a turbidez em 600 nm. A dispersão depende do microrganismo, do meio e do espectrofotômetro, e é necessário fazer calibração para a quantificação.[13] As calibrações podem não ser lineares para altas densidades celulares. A dispersão também é utilizada em ciências atmosféricas para monitorar o material particulado no ar. Monitores de material particulado não muito caros, apropriados para a "ciência cidadã", estão disponíveis.[14]

A intensidade da dispersão é registrada em *densidade óptica* (*OD*) para enfatizar que a turbidez – e não a absorbância – é monitorada.

$$OD = \frac{A \text{ (resultante da dispersão)}}{b/1{,}000 \text{ cm}} = \frac{\log(P_0/P)}{b/1{,}000 \text{ cm}}$$

19.4 Análise por Injeção em Fluxo e Injeção Sequencial

No método de **análise por injeção em fluxo**, uma amostra líquida é injetada dentro de um líquido carreador *em fluxo contínuo* no qual um reagente reage com a amostra.[15,16] Outros reagentes podem ser adicionados posteriormente ao fluxo. À medida que a amostra escoa do injetor para o detector, a zona contendo a amostra se alarga e ocorre a reação, formando um produto que é sensível ao detector. As vantagens da injeção em fluxo sobre os analisadores discretos, no qual amostras individuais são analisadas separadamente, incluem velocidade, automação da manipulação da amostra, isolamento da amostra e reagentes das condições ambientais do laboratório, e baixo custo. É comum na análise por injeção em fluxo ocorrer a análise de 100 amostras por hora. Os autoamostradores capazes de manipular centenas de amostras são essenciais na análise automatizada. A injeção em fluxo é uma ferramenta básica em muitas análises de solos e águas em laboratórios que manipulam um grande número de amostras.

Analisadores por injeção em fluxo:
- automatizados
- limitados a 1 a 2 analitos
- muitas amostras analisadas por hora
- alto consumo de reagentes
- menor risco de contaminações.

A Figura 19.12 mostra uma análise representativa para traços do herbicida acetocloro em alimentos.[17] A amostra é preparada homogeneizando determinado alimento, como cereais ou farinha, seguido de extração do herbicida com um solvente orgânico, e hidrólise do extrato.

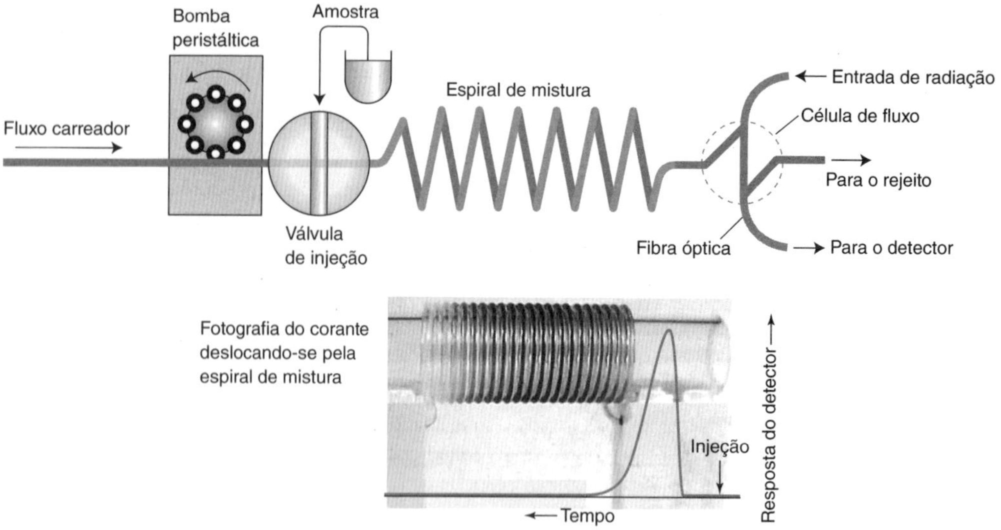

FIGURA 19.12 Diagrama esquemático da análise por injeção em fluxo no qual a amostra é injetada em um fluxo carreador contendo reagentes que formam um produto colorido com o analito. A bomba peristáltica empurra o líquido por meio de tubos flexíveis pela ação de oito rolamentos ao longo do sistema de tubos. A fotografia e o gráfico mostram a dispersão de um corante injetado no carreador. [Dados do tutorial de J. Ruzicka, *Flow Injection Analysis*, 4. ed., 2009, disponível em: www.flowinjection.com/freecd.aspx.]

O produto da hidrólise aquosa é então injetado no sistema carreador para a análise por injeção em fluxo na Figura 19.12.

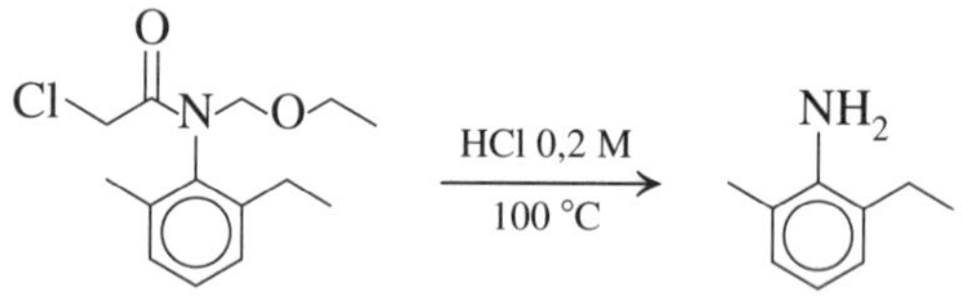

O fluxo carreador contém um sal de diazônio (o *reagente*) que reage com a amostra com formação de um produto colorido, que pode ser medido por sua absorbância no visível em 400 nm.

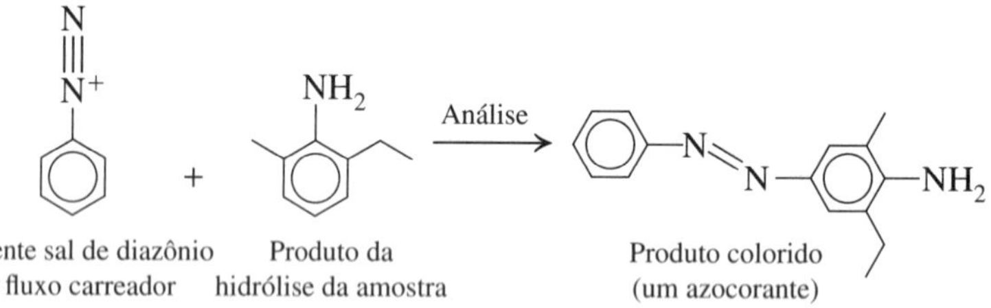

A Figura 19.13 mostra a dispersão e a reação da amostra após injeção no sistema carreador. Se não houvesse reagente, a amostra simplesmente começaria a se dispersar à medida que caminha pelo fluxo de carreador. Quando o líquido flui de maneira relativamente lenta em um tubo cilíndrico, o fluxo é *laminar*. O atrito com as paredes do tubo reduz a vazão a zero nas paredes. O fluxo no centro é o dobro da vazão média. Existe um perfil parabólico de velocidade entre o centro e as paredes do tubo. O esquema na parte superior da Figura 19.13 mostra a frente da curva e os efeitos de borda da zona contendo a amostra. O líquido próximo às paredes se mistura com o líquido no seio do fluxo por difusão radial. Quanto mais estreito for o tubo, mais rápida é a mistura radial. Considerando-se um diâmetro de tubo típico de 0,5 a 0,75 mm, a difusão para longe das paredes é significativa em poucos segundos. Na Figura 19.12, o seio da trajetória entre a injeção e a detecção é uma espiral onde se dá a mistura. A curvatura e a forma da curva na trajetória do fluxo causam turbulência, o que promove a mistura radial.

À medida que a amostra é transportada pela espiral onde se dá a mistura, a reação com o reagente no fluxo carreador ocorre a partir da frente da curva e das bordas junto às paredes da zona contendo a amostra. O fluxo radial é necessário para uma boa mistura do reagente com a amostra porque o comprimento da zona contendo a amostra é muito maior do que o diâmetro do tubo. A formação do produto depende da velocidade da reação química, bem como da

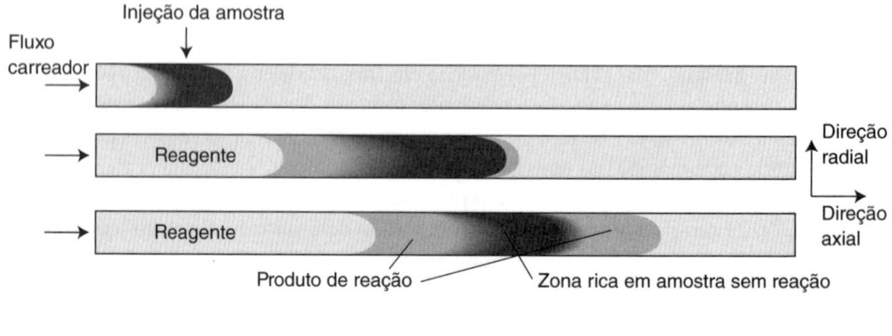

FIGURA 19.13 Dispersão e reação de uma amostra à medida que caminha após injeção no fluxo carreador. [Dados do tutorial de J. Ruzicka, *Flow Injection Analysis*, 2019, disponível em: www.flowinjectiontutorial.com.]

velocidade de mistura das zonas. Os intervalos de tempo típicos entre a injeção e a detecção são apenas da ordem de dezenas de segundos. Ao contrário da maioria dos métodos de análise química, a mistura do analito com os reagentes é incompleta; por isso, o equilíbrio químico em uma análise por injeção em fluxo não é atingido.

A injeção em fluxo é um método dinâmico no qual o equilíbrio não é atingido.
A reprodutibilidade é obtida repetindo-se as mesmas condições em cada análise.

A chave para a precisão analítica é a reprodutibilidade da injeção em fluxo. O perfil de concentração do produto que passa pelo detector depende de muitas variáveis, incluindo volume da amostra, vazão, velocidade de reação e temperatura. As condições reprodutíveis fornecem uma resposta reprodutível. Em injeções de amostras em replicata do herbicida acetocloro, o desvio-padrão foi de 1,6% para a determinação de 1 ppm do herbicida em alimentos.

A célula de fluxo do detector na Figura 19.12 tem a trajetória de líquido na forma de um Z. Radiação monocromática incide por meio de uma fibra óptica. A radiação que passou pela célula de fluxo chega ao detector por meio de outra fibra óptica. As células de fluxo comuns contêm um caminho de 10 mm e um volume de 60 μL. Os volumes típicos de amostras injetadas são de dezenas de microlitros. Como as condições de reação e mistura são altamente reprodutíveis, a altura do pico, e não a área, é normalmente considerada o sinal analítico da injeção em fluxo.

A Figura 19.14 mostra um esquema ligeiramente mais complicado de injeção em fluxo projetado para a análise contínua a bordo de uma embarcação, de concentrações nanomolares de Fe(II) e Fe(III) em água do mar. Para evitar contaminação pelo ferro da embarcação, a amostra de água do mar é coletada 1 m abaixo da superfície do oceano e distante do rastro do navio por meio de um amostrador *tow-fish*. Em uma sala apropriada na embarcação, uma bomba peristáltica adiciona HCl de alto grau de pureza à água do mar amostrada, para estabilizar os estados de oxidação do ferro. Em um fluxo inverso, 160 μL de reagente é injetado em um fluxo de amostra de 0,5 mL/min, proporção essa utilizada pois há, literalmente, um oceano de amostra enquanto a capacidade de armazenamento de reagente na embarcação é limitada. Fe(II) é determinado pela injeção de solução de ferrozina tamponada contendo neocuproína para mascarar Cu(I) (Seção 18.4). Após a injeção, uma corrente de 0,2 mL/min de água do mar se mescla com a corrente contendo o reagente para reforçar a mistura entre a água do mar e os reagentes. A mistura de ferrozina e água do mar entra na espiral de reação (0,75 mm de diâmetro × 5,5 m de comprimento), onde o complexo $Fe(ferrozina)_3^{4-}$ (púrpura) é formado (Figura 18.8). A absorbância a 562 nm é aumentada pela utilização de uma célula de fluxo de longo caminho e de baixo volume, e de tecnologia de fibra óptica (Seção 20.4). A concentração total de ferro é determinada usando injeções separadas de ferrozina com ácido ascórbico para reduzir Fe(III) a Fe(II). Fe(III) é a diferença de altura de pico entre a ferrozina injetada com e sem ácido ascórbico.

Os termos "espiral de mistura" e "espiral de reação" são usados alternadamente.

Especiação: distribuição de um analito entre suas formas químicas possíveis.

A Figura 19.15 mostra uma análise da especiação de Fe(II) e Fe(II+III) em tempo real quando concentração elevada de ferro foi encontrada durante uma navegação. O desvio-padrão relativo das injeções em replicata é ~3%, com limite de detecção de 0,3 nM para Fe(II) e 0,7 nM para Fe(II+III). Análises de campo exigem criatividade. Os primeiros limites de detecção encontrados na análise a bordo de embarcações eram ruins em razão das vibrações

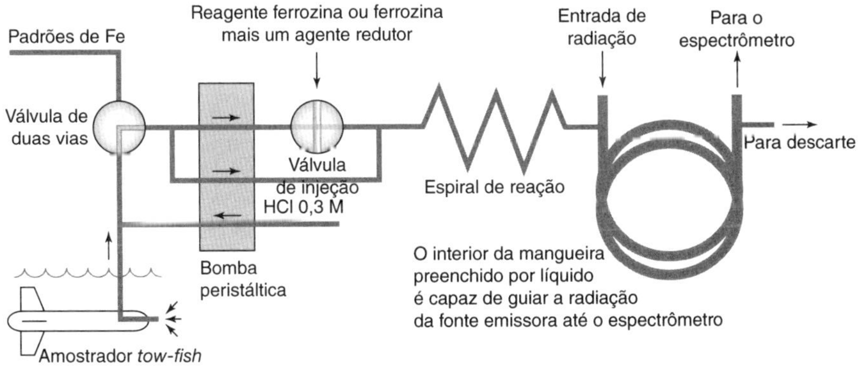

FIGURA 19.14 Análise por injeção em fluxo reverso com reagentes injetados em fluxo contínuo de amostra para análise de concentrações nanomolares de Fe(II) ou Fe(II+III) em água do mar. [Dados de Y. M. Huang, D. X. Yuan, Y. Zhu e S. C. Feng, "Real-Time Redox Speciation of Iron in Estuarine and Coastal Surface Waters", *Enviro. Sci. Techol.* **2015**, *49*, 3619. S. C. Feng era um estudante de graduação.]

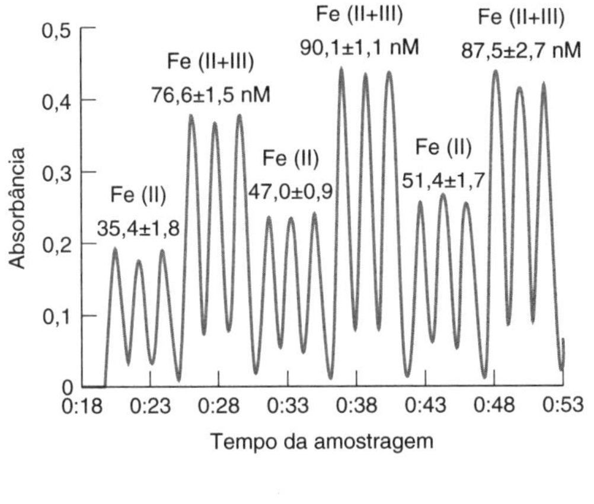

FIGURA 19.15 Resposta de injeções em triplicata de ferrozina e ferrozina mais ácido ascórbico para analisar Fe(II) e Fe(II+III) em água do mar. [Dados de Y. M. Huang, D. X. Yuan, Y. Zhu e S. C. Feng, "Real-Time Redox Speciation of Iron in Estuarine and Coastal Surface Waters", *Environ. Sci. Techol.* **2015**, *49*, 3619. S. C. Feng era um estudante de graduação.]

da embarcação. Essas vibrações foram eliminadas e os limites de detecção melhorados com a colocação de grandes esponjas sob o espectrômetro.

Uma válvula de duas vias na Figura 19.14 permite a calibração a partir da troca da corrente de água do mar pela corrente da solução de calibração. Uma calibração de 9 pontos para Fe(II) e Fe(III) foi feita para cada dia, com os padrões de controle de qualidade sendo analisados regularmente. A exatidão foi validada a cada 1 a 2 dias usando material de referência certificado para água do mar.

Injeção Sequencial[15,18]

A **injeção sequencial** se distingue da injeção em fluxo pela *programação de fluxo* e pela *inversão de fluxo*, comandados por um sistema computacional. O fluxo *não é contínuo*. Comparada à injeção em fluxo, a injeção sequencial consome menos reagentes e gera menos resíduos. A miniaturização e a descontinuidade do fluxo reduzem o consumo de reagentes caros, como enzimas e antibióticos nos ensaios bioquímicos. A injeção sequencial é empregada no monitoramento contínuo de processos ambientais e industriais, mesmo em localizações remotas. A análise de NH_4^+ na água de reúso da Estação Espacial Internacional por injeção sequencial gera apenas 490 μL de efluente por análise.[19] Anteriormente, as amostras de água precisavam retornar à Terra para serem analisadas.

A característica marcante do equipamento de injeção sequencial da Figura 19.16 é a válvula de seis vias. Neste exemplo, as portas 2, 3, 4 e 5 são empregadas. A figura mostra uma conexão entre a porta 5 e a porta central C. As amostras líquidas são levadas para a porta 5 por uma bomba peristáltica auxiliar. A rotação da válvula, por controle computacional, pode conectar quaisquer das outras portas a C. No lado esquerdo da Figura 19.16 encontra-se uma bomba injetora motorizada, que, sob controle de um computador, desloca volumes precisos de líquido para frente ou para trás. A válvula no topo da bomba injetora pode conectar a seringa a um reservatório de um tampão carreador ou à espiral de retenção.

A Figura 19.17 mostra como uma reação entre a amostra e um reagente pode ser conduzida. A amostra da porta 5 da Figura 19.16 é inicialmente introduzida na espiral de retenção.

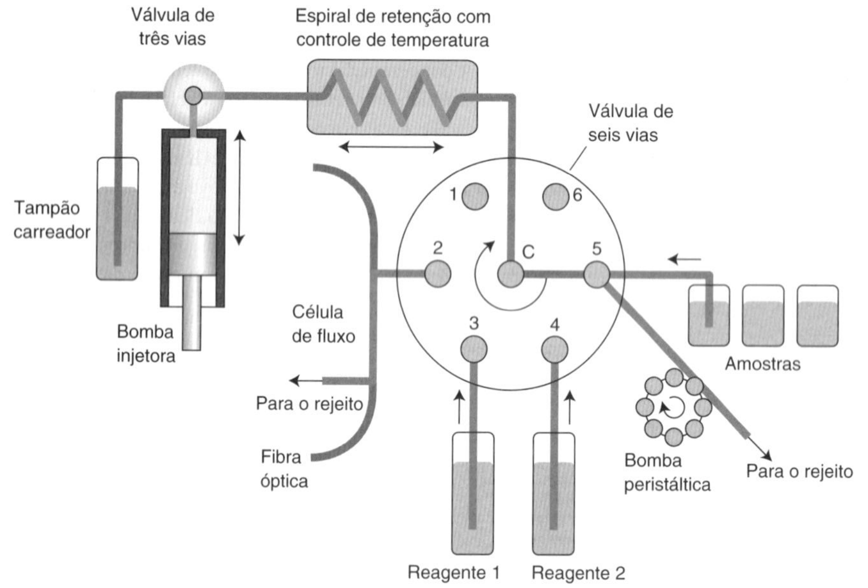

FIGURA 19.16 Diagrama esquemático de um equipamento de injeção sequencial. A rotação da válvula pode conectar a porta central C a qualquer uma das saídas de 1 até 6. [Dados do tutorial de J. Ruzicka, *Flow Injection Analysis*, 2019, www.flowinjectiontutorial.com.]

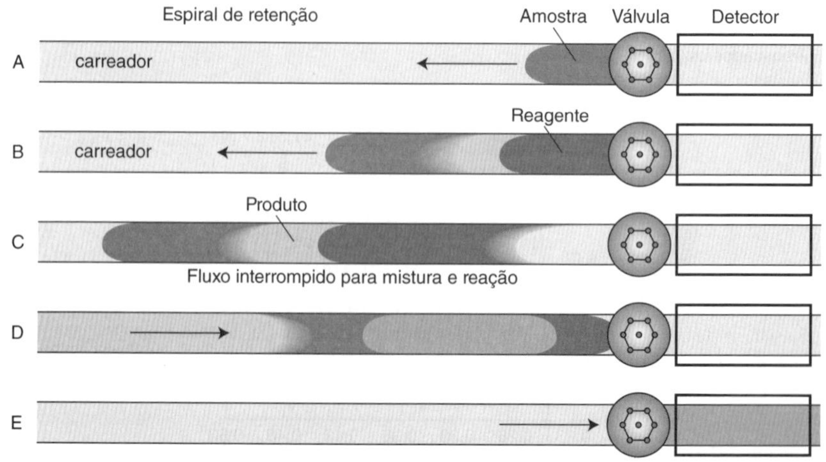

FIGURA 19.17 Mistura e reação de uma amostra com um reagente em uma espiral de retenção em uma injeção sequencial. Após introduzir a amostra (A) e o reagente (B), o fluxo é interrompido (C) para permitir a formação do produto. O fluxo é então invertido (D) para que o produto passe pelo detector (E). [Dados do tutorial de J. Ruzicka, *Flow Injection Analysis*, 2019, www.flowinjectiontutorial.com.]

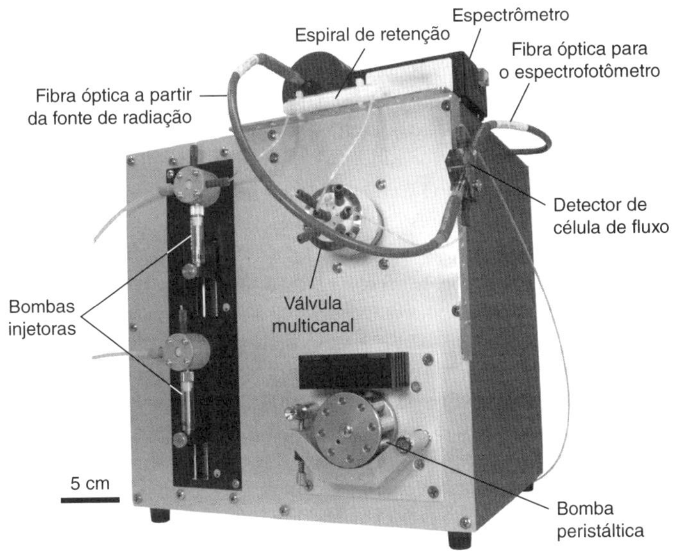

FIGURA 19.18 Equipamento de injeção sequencial com a espiral de retenção no topo da imagem e a fibra óptica carreando a radiação para célula de fluxo e a partir da célula de fluxo na lateral direita do instrumento. As mangueiras de conexão entre a bomba peristáltica e a válvula não são mostradas nessa fotografia. [Cortesia de FIAlab Instruments, Inc.]

A seguir, a válvula de seis vias é movida para introduzir o reagente 1 da porta 3 na espiral de retenção. O fluxo é então interrompido para permitir que a amostra e o reagente se misturem e reajam dentro da espiral de retenção. Após um tempo predeterminado, o fluxo é invertido e o líquido enviado pela porta 2 por meio da célula de fluxo, onde a absorbância é monitorada em um comprimento de onda selecionado. Os volumes de cada reagente e o tempo na espiral de mistura são controlados por computador. Na Figura 19.16, dois reagentes diferentes podem ser misturados à amostra. Uma variante desse procedimento é parar o fluxo quando a zona do produto atinge o detector, e medir a mudança de absorbância contra o tempo à medida que mais produto é formado no detector. A injeção sequencial foi tão miniaturizada a ponto de também ser conhecida como "laboratório em uma válvula". A Figura 19.18 mostra um exemplo de um equipamento de injeção sequencial. A válvula multicanal é a válvula de seis vias da Figura 19.16. O equipamento na Figura 19.18 possui uma segunda bomba injetora para introdução de reagentes adicionais.

19.5 Luminescência em Química Analítica[20]

Alguns analitos, como quinina, triptofano, riboflavina (vitamina B_2),[21] e compostos policíclicos aromáticos (uma importante classe de substâncias cancerígenas), são naturalmente fluorescentes e podem ser diretamente analisados. A quantificação do feoforbídeo *a*, um metabólito da clorofila, utilizando fluorescência é uma maneira simples e de baixo custo para identificar se o leite bovino é proveniente de vacas alimentadas por capim.[22]

Um *metabólito* é um intermediário ou produto resultante do metabolismo. Metabólitos são frequentemente mais fáceis de detectar ou duram mais tempo na amostra do que os compostos originais de interesse. O metabólito benzoilecgonina, em vez da droga original, é o indicador para uso de cocaína (abertura do Capítulo 28).

Derivatização Fluorescente

A maioria dos compostos não é luminescente. No entanto, podem ser acoplados a uma parte fluorescente, como a *fluoresceína*, para permitir uma análise. O íon Ca^{2+} pode ser medido pela fluorescência do complexo que ele forma com um derivado da fluoresceína chamado *calceína*. Moléculas e nanomateriais com luminescência seletiva em resposta a pequenas ou grandes moléculas em tubos de ensaio e em culturas celulares estão disponíveis.[23] O Boxe 19.2 descreve o pensamento que embasa o projeto de um sensor molecular fluorescente para CN^-.

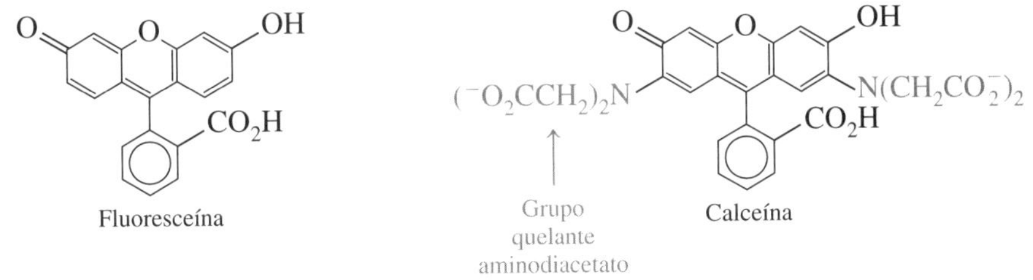

A **derivatização** é qualquer modificação em um grupo químico para originar uma molécula mais fácil de ser detectada ou para alterar uma propriedade de interesse como a volatilidade ou solubilidade. Aminas, carbonilas e tióis em biomoléculas podem ser derivatizados para formar produtos fluorescentes a partir de uma variedade de rotas sintéticas (Tabela 19.2).[26] Cloretos de sulfonila não fluorescentes, como o cloreto de dansila, reagem com aminas para formar sulfonamidas fluorescentes. Tais reações são *fluorogênicas*, pois a fluorescência é induzida ou

Derivatização é uma alteração química do analito para torná-lo mais facilmente detectável ou para separá-lo mais facilmente das demais espécies do meio.

BOXE 19.2 Projeto de uma Molécula para Detecção por Fluorescência

Moléculas para detecção por fluorescência são projetadas para terem uma mudança fluorescente como resposta a uma complexação/descomplexação, oxidação/redução, ou formação/quebra de uma ligação covalente.[24] Neste boxe apresentamos um exemplo de uma molécula projetada para ter uma fluorescência fraca, mas que se torna intensa quando reage com o cianeto, um analito não fluorescente.

Os sistemas aromáticos conjugados, como o antraceno na Figura 18.23, são estruturalmente rígidos e fortemente fluorescentes. O *trans*-estilbeno, mostrado a seguir, não é muito fluorescente, mas quando a estrutura é enrijecida pelo aproveitamento da ligação dupla central em um sistema de anéis fundidos, a molécula torna-se muito fluorescente.[25]

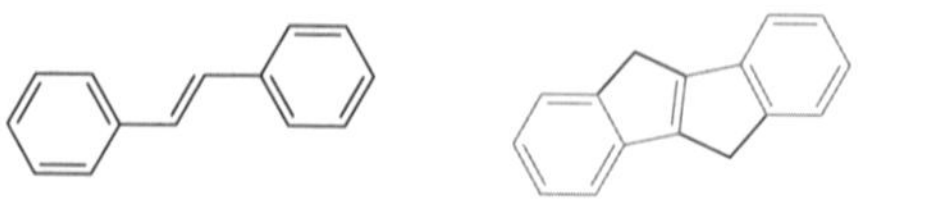

Trans-estilbeno
Fracamente fluorescente

Derivativo rígido do *trans*-estilbeno
Fortemente fluorescente

As Figuras 18.13 e 18.14 mostram que a energia de transição eletrônica mais baixa do formaldeído é $n \rightarrow \pi^*$ (não ligante → pi antiligante). Moléculas em que o estado excitado singleto de mais baixa energia é $n \rightarrow \pi^*$ são tipicamente não emissivas.[25] Se um grupo aldeído estiver localizado em posição adjacente a um conjunto de anéis aromáticos fundidos, normalmente haverá fluorescência, e se a transição energética $n \rightarrow \pi^*$ do aldeído ficar abaixo da transição $\pi \rightarrow \pi^*$ do sistema aromático, então ocorre transferência de $\pi \rightarrow \pi^*$ para $n \rightarrow \pi^*$ e perda por processos não radiativos. O aldeído *extingue* a fluorescência da molécula aromática.

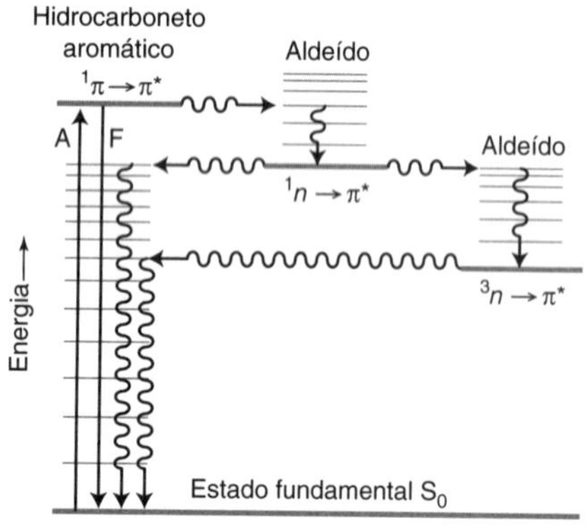

A fluorescência (F) de uma molécula aromática é reduzida pela transferência de excitação de energia para um grupo aldeído próximo, seguida por um processo não radiativo (mostrado por linhas curvas).

A molécula **I** foi deliberadamente projetada para ser um sensor para cianeto. A fluorescência de **I** aumenta sete vezes quando CN^- reage com o aldeído para formar uma cianidrina. A ligação dupla C═O é convertida em uma ligação simples, que não extingue a fluorescência. A parte aromática da molécula permanece rígida em face de uma ligação de hidrogênio tanto antes quanto após a reação do aldeído, para realçar a fluorescência do produto. Se a unidade difenilacetileno estiver livre para rotacionar em torno da ligação central C≡C, a fluorescência será mais fraca. A parte da molécula que fluoresce é chamada *fluoróforo*, assim como a parte da molécula que absorve radiação se chama *cromóforo*.

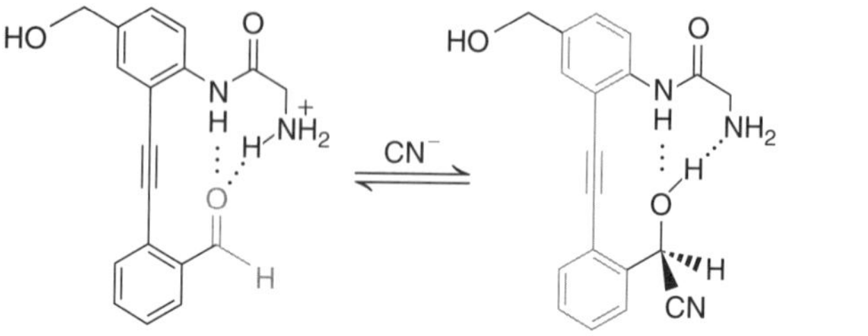

I Aldeído extingue a fluorescência

Difenilacetileno aumenta a fluorescência quando o cianeto é adicionado

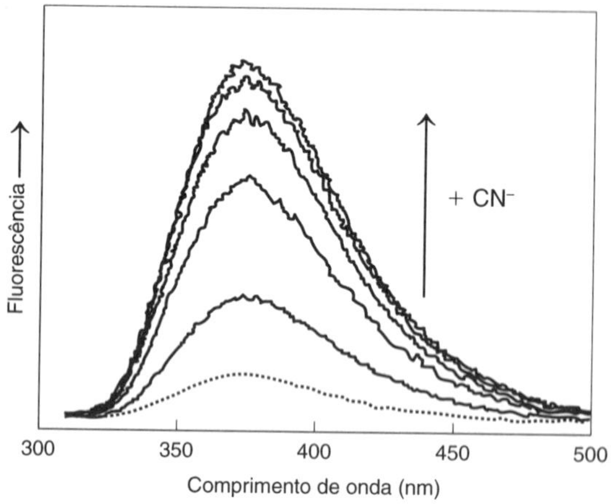

Aumento na fluorescência do composto I (5,0 μM em 10,0 mM de tampão aquoso HEPES, Tabela 9.2) em pH 7,0 com adição de 0; 0,2; 0,5; 0,7; 0,9; 1,2 e 1,5 mM de NaCN e λ_{ex} = 270 nm. A fluorescência de I não é afetada por 15 outros ânions na concentração de 1,5 mM. [Dados de J. Jo e D. Lee, "Turn-On Fluorescence Detection of Cyanide in Water: Activation of Latent Fluorophores Through Remote Hydrogen Bonds That Mimic Peptides β-Turn Motif", *J. Am. Chem. Soc.* **2009**, *131*, 16283.]

Biogênico: produzido por organismos vivos

aumentada pela reação de derivatização. O derivativo do cloreto de dansila com histamina no vinho fornece limite de detecção de 12 ppb usando fluorescência e 57 ppb usando absorbância no ultravioleta.[27] Outras aminas *biogênicas* também reagem com o cloreto de dansila, e, por conta disso, utiliza-se cromatografia líquida (Capítulo 25) para separar e quantificar cada amina.

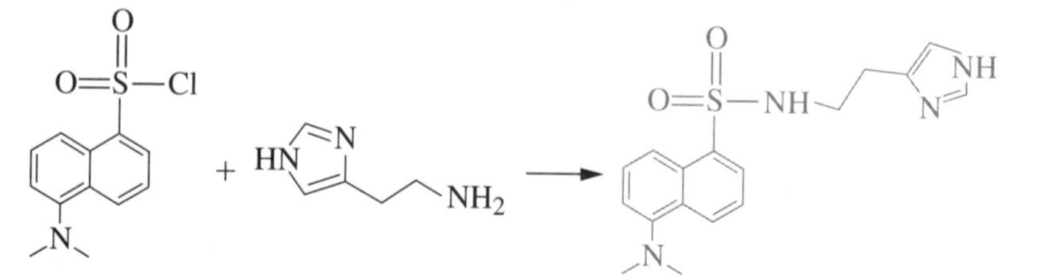

Cloreto de dansila (não fluorescente)

Histamina (não fluorescente)

Derivativo de dansila (fluorescente)

TABELA 19.2 Reações de derivatização para biomoléculas

Espécies analisadas	Reagente de derivatização[a]	Produto fluorescente
Aminas primárias e secundárias		
$R^1-N(R^2)H$	$\mathbf{D}-SO_2Cl$ Cloreto de sulfonila[b]	$R^1-N(R^2)-SO_2-D$ Sulfonamida
Amina primária		
R^1-NH_2	$D-N=C=S$ Isotiocianato	$R^1-NH-C(=S)-NH-D$ Tioureia
R^1-NH_2	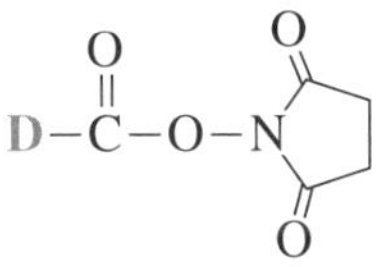 Éster succinimidil	$R^1-NH-C(=O)-D$ Carboxamida
R^1-NH_2	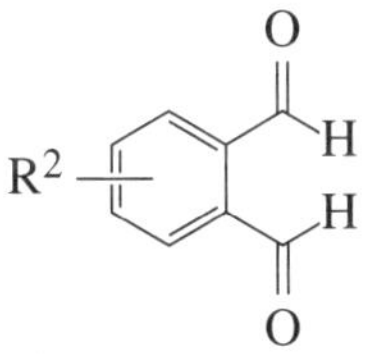 + Nu Dialdeído Nucleófilo	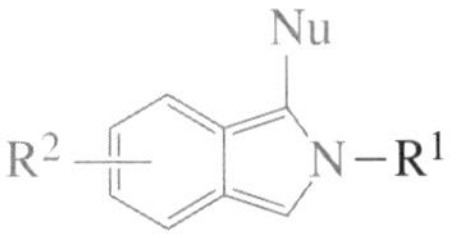 Alquilamina por uma via que tem uma base de Schiff como intermediário
Carbonila		
$R^1-C(=O)-R^2$	$D-NH-NH_2$ Hidrazina	$R^1-C(R^2)=N-NH-D$ Hidrazona
$R^1-C(=O)-R^2$	$D-NH_2 + Na^+(H_3BCN^-)$ Amina Cianoboroidreto	$R^1-CH(R^2)-NH-D$ Alquilamina
Tiol		
R_1-SH	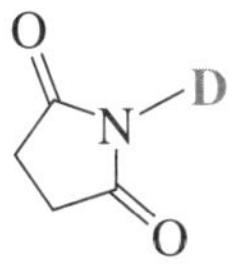 Maleimida	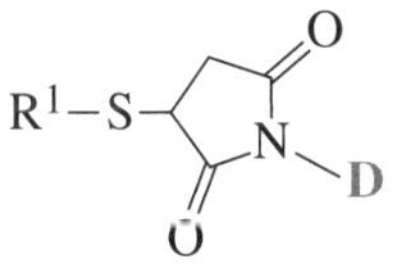 Tioéter
R_1-SH	$D-NH-C(=O)-CH_2I$ Iodoacetamida	$R^1-S-CH_2-C(=O)-NH-D$ Tioéter

a. D = corante fluorescente; ***D*** *= corante não fluorescente.*

b. O reagente pode ser instável no pH elevado necessário para a reação. Também reage com fenóis, álcoois alifáticos e tióis.

FONTE: Informação de M. E. Díaz-García e R. Badía-Laíño, "Fluorescent Labeling", em P. Worsfold, A. Townshend e C. F. Poole (eds.). Encyclopedia of Analytical Science, *2. ed. (Amsterdam: Elsevier, 2005);* Molecular Probes Handbook: A Guide to Fluorescent Probes and Labeling Technologies, *11. ed. (Thermo Fisher Scientific, 2010), versão* on-line *disponível em: www.termofisher.com/handbook.*

Cloretos de sulfonila e dialdeídos aromáticos são exemplos de reagentes de derivatização fluorogênica.

Ver Exercício 19.D e Seção 25.2 para exemplos de derivatização de dialdeídos.

Para soluções diluídas, a intensidade da emissão fluorescente é diretamente proporcional à energia radiante incidente. *Lasers* são uma fonte de radiação monocromática intensa. A *fluorescência induzida por laser* utiliza essa intensa energia radiante para atingir limites de detecção mais baixos, em nível de uma única molécula de analito (Seção 18.7). Corantes fluorescentes são escolhidos para possuírem uma excitação máxima ($\varepsilon_{\lambda máx}$) que combine com o comprimento de onda do *laser*.

Em baixas concentrações $I = k\Phi P_0 c$ (Equação 18.14)
I = intensidade da fluorescência
k = constante dependente da absortividade molar e fatores relativos ao instrumento
Φ = rendimento quântico
P_0 = energia radiante incidente
c = concentração do analito

Para espectros de excitação e emissão, ver Problema 19.26.

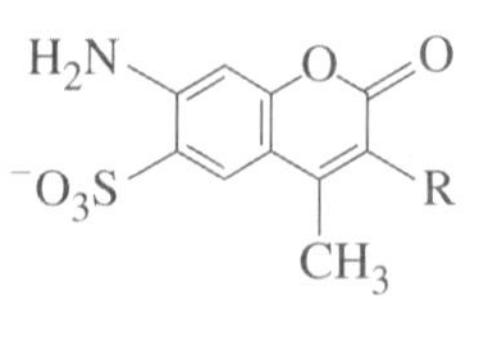

Alexa Fluor 350
$\varepsilon_{346} = 19\,000\ M^{-1}\ cm^{-1}$
Laser de íon de argônio 351 nm

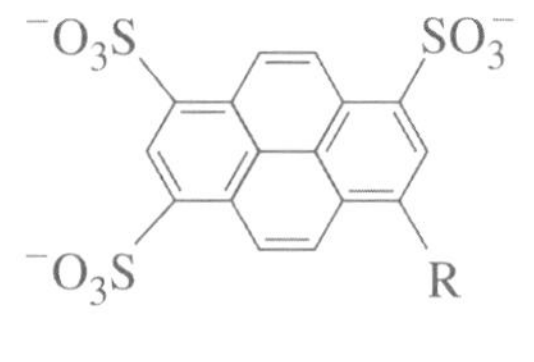

Alexa Fluor 405
$\varepsilon_{400} = 35\,000\ M^{-1}\ cm^{-1}$
Laser de diodo violeta 405 nm

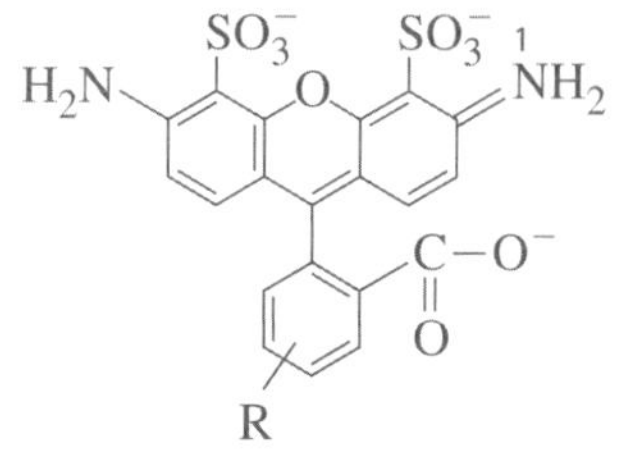

Alexa Fluor 488
$\varepsilon_{494} = 73\,000\ M^{-1}\ cm^{-1}$
Laser de íon de argônio 488 nm

A escolha de um reagente de derivatização fluorescente para uma aplicação específica se dá observando a função química a ser derivatizada (Tabela 19.2), a compatibilidade da amostra com as condições reacionais da derivatização, como pH, e o comprimento de onda do *laser*.

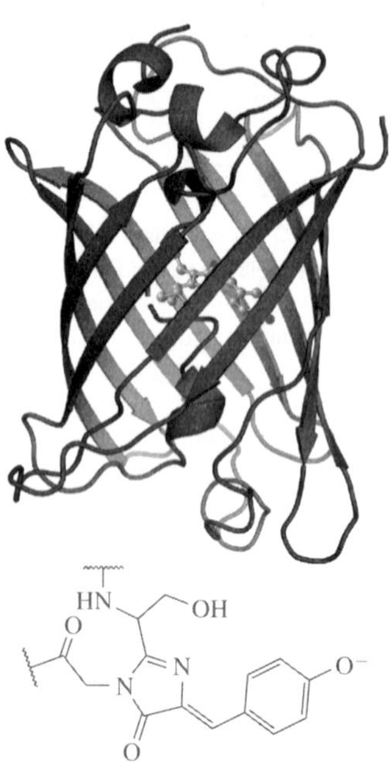

FIGURA 19.19 A proteína fluorescente verde possui a forma de uma lata de sopa. Seus 238 aminoácidos formam um barril representado por filamentos, um deles contendo um cromóforo, destacado pela estrutura no centro. O cromóforo mostrado abaixo da proteína é formado pelo tripeptídeo serina-tirosina-glicina.
[Cortesia de Robert E. Campbell, University of Alberta e University of Tokyo.]

Fluorescência em Biologia Molecular

Amostras biológicas possuem um ruído de fundo em fluorescência, conhecido como *autofluorescência*, em comprimentos de onda inferiores a 500 nm em virtude de biomoléculas naturalmente fluorescentes, como as flavinas e o NADH (Seção 16.3). Derivados excitados em comprimentos de onda superiores a 500 nm são menos suscetíveis a esta interferência óptica. Alexa Fluor 647 excitado em 638 nm foi utilizado para obter imagens com super-resolução da proteína huntingtina com enovelamento errado na Figura 18.18.

Proteínas fluorescentes fluorescem quando expostas à radiação na região do visível.[3,28] Osamu Shimomura, Martin Chalfie e Roger Y. Tsien receberam o Prêmio Nobel de Química em 2008 pela descoberta e desenvolvimento de proteínas de fluorescência verde (Figura 19.19) como uma poderosa ferramenta biomolecular.[29] Biólogos moleculares fundiram o gene que codifica a proteína fluorescente ao DNA (Apêndice L), codificando uma proteína de interesse. A célula modificada produz a proteína de interesse covalentemente ligada à proteína fluorescente, sem alteração do funcionamento da célula. Essa proteína modificada permite a visualização e rastreamento da proteína-alvo em células vivas. Proteínas fluorescentes com emissão abrangendo as regiões do visível e do infravermelho próximo têm sido desenvolvidas a partir da mutação de proteínas fluorescentes naturais isoladas de águas-vivas e corais. A disponibilidade de múltiplas cores de proteínas fluorescentes torna possível determinações analíticas dentro das células vivas, como descrito na abertura deste capítulo.

Microarranjos são arranjos bidimensionais de cerca de 10^2 a 10^4 moléculas diferentes para análise de volumes de amostras inferiores a microlitros.[30] A posição, chamada *endereço*, de cada ponto no arranjo identifica uma molécula. Arranjos podem ser preparados a partir de bibliotecas de DNA, proteínas, peptídeos, carboidratos ou moléculas orgânicas. Biólogos moleculares utilizam microarranjos de DNA ("*chips* genéticos") com milhares de sequências de DNA de filamento único para monitorar expressões gênicas e mutações, bem como detectar e identificar microrganismos patogênicos. O chip é incubado com DNA desconhecido de filamento único que foi etiquetado com marcadores fluorescentes. Após o DNA desconhecido se ligar aos seus filamentos complementares no *chip*, a quantidade vinculada a cada ponto do chip é determinada pela intensidade da fluorescência.

Verifique a incrível apresentação da oceanógrafa Edith Widder sobre bioluminescência nas profundezas dos oceanos.[32]

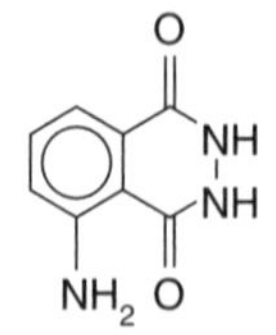

Luminol
(5-amino-2,3-di-hidro-1,4-ftalazinadiona)

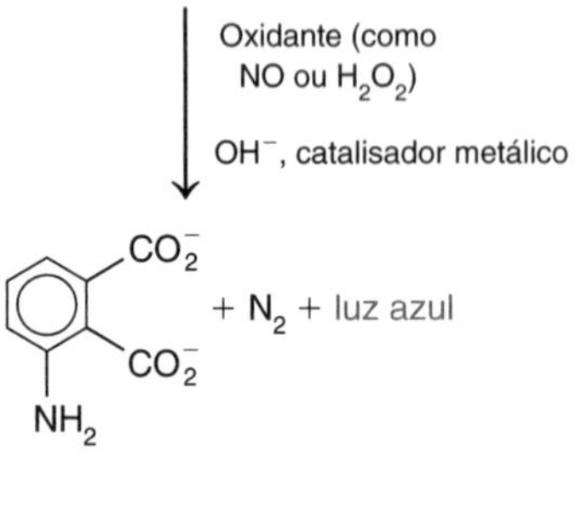

Bioluminescência e Quimiluminescência[31]

A luz de um vaga-lume é um exemplo de **bioluminescência** – emissão de luz a partir de um sistema vivo. A bactéria *Vibrio fischeri* emite uma bioluminescência constante como um subproduto metabólico. Misturar a bactéria bioluminescente com uma amostra de água e monitorar a emissão de luz é um meio simples e rápido de avaliar a toxicidade.[33] Uma menor bioluminescência significa uma maior toxicidade. O crescimento bacteriano é inibido por contaminantes, incluindo inseticidas, metais, substâncias químicas de origem industrial e herbicidas. Apenas amostras com inibição de bioluminescência são de interesse ambiental e necessitam de mais análises para determinar o tipo e a concentração do poluente.

Bastões de luz[34] são exemplos de **quimiluminescência** – emissão de radiação a partir de uma reação química. Em perícias forenses, o sangue, mesmo em superfícies que foram bem limpas posteriormente, é revelado ao se pulverizar uma solução alcalina de luminol e peróxido de hidrogênio sobre a superfície.[35] O ferro presente na hemoglobina catalisa a reação de quimiluminescência. Detectores de quimiluminescência para enxofre e nitrogênio em compostos orgânicos são utilizados em cromatografia gasosa (Seção 24.3). As *N*-nitrosaminas, potentes agentes mutagênicos e cancerígenos, que podem ser formados durante tratamentos oxidativos de água, podem ser determinados em concentrações submicromolares por fotólise com radiação ultravioleta para formar óxido nítrico (NO), que sofre uma reação quimiluminescente com o ozônio.[36] Compostos organossulfurados derivados de organismos vivos em águas naturais podem ser determinados no nível de partes por trilhão por quimiluminescência.[37] A radiação emitida por uma reação redox em um eletrodo é chamada *eletroquimiluminescência*.[38]

19.6 Sensores Baseados no Desaparecimento da Luminescência

Quando uma molécula absorve um fóton, ela é promovida a um estado excitado, a partir do qual ela pode perder a energia absorvida sob a forma de calor ou emitir um fóton de menor energia (Figura 18.16). Nesta seção, veremos como moléculas excitadas podem ser usadas como sensores químicos (Figura 19.20). Isso é possível em função do processo de **supressão**, no qual a emissão de um estado excitado de uma molécula é diminuída a partir da transferência de energia para outra molécula.

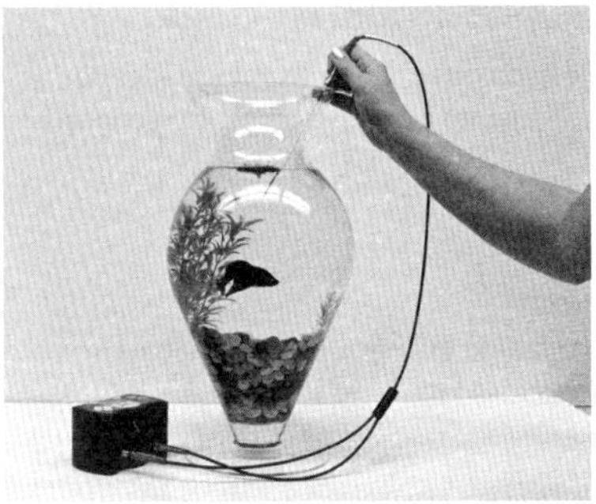

FIGURA 19.20 O sensor de fibra óptica mede a concentração de O_2 pela sua capacidade de supressão da luminescência do Ru(II) presente em uma das pontas da fibra. Um diodo emissor de luz, na região do azul, é o responsável pela energia de excitação. [© Cortesia de Ocean Optics, Dunedin, FL/ Ocean Optics, Inc.]

Supressão da Luminescência

A Figura 18.16 mostra um processo que envolve absorção e emissão de um fóton de uma molécula luminescente. A molécula M absorve radiação e é promovida para o estado excitado M*:

$$\text{Absorção:} \qquad M + h\nu \rightarrow M^* \quad \text{Velocidade} = \frac{d[M^*]}{dt} = k_a[M]$$

A velocidade com que M* é produzido, $d[M^*]/dt$, é proporcional à concentração de M. A constante de velocidade, k_a, depende da intensidade de iluminação e da absortividade de M. Quanto mais intensa a radiação e mais eficientemente ela for absorvida, mais rapidamente será produzida a espécie M*.

Após a absorção, M* pode emitir um fóton e retornar ao estado fundamental:

$$\text{Emissão:} \qquad M^* \rightarrow M + h\nu \qquad \text{Velocidade} = -\frac{d[M^*]}{dt} = k_e[M^*]$$

A velocidade com que M* desaparece é proporcional à concentração de M*. Por outro lado, a molécula excitada pode também perder energia sob a forma de calor:

$$\text{Desativação:} \qquad M^* \rightarrow M + \text{calor} \qquad \text{Velocidade} = -\frac{d[M^*]}{dt} = k_d[M^*]$$

O **rendimento quântico** de um processo fotoquímico é a fração de fótons absorvidos que produz um resultado desejado. Se o processo ocorre toda vez que um fóton é absorvido, então o rendimento quântico é igual a 1. O rendimento quântico é um número que varia entre 0 e 1.

Supressão é o processo pelo qual a emissão de uma molécula excitada é diminuída em função da transferência de energia para outra molécula (o supressor).

O rendimento quântico para a emissão de M* é a velocidade de emissão dividida pela velocidade de absorção. Definimos esse rendimento quântico, Φ_0, como:

$$\Phi_0 = \frac{\text{fótons emitidos por segundo}}{\text{fótons absorvidos por segundo}} = \frac{\text{velocidade de emissão}}{\text{velocidade de absorção}} = \frac{k_e[M^*]}{k_a[M]} \qquad (19.26)$$

Moléculas em solução ou em fase gasosa colidem continuamente umas com as outras. Durante as colisões, uma molécula excitada pode transferir energia para uma molécula diferente, chamada *supressor*, Q (do inglês, *quencher*), para promover o supressor a um estado excitado, Q*. A velocidade de *supressão colisional* é proporcional às concentrações de moléculas excitadas (M*) e de moléculas de supressor (Q).

$$\text{Supressão:} \qquad M^* + Q \rightarrow M + Q^* \qquad \text{Velocidade} = -\frac{d[M^*]}{dt} = k_q[M^*][Q]$$

A supressão faz M* retornar a seu estado fundamental M sem emissão de um fóton. O supressor excitado pode perder energia por meio de diversos processos.

Sob iluminação constante, o sistema logo alcança um estado estacionário, em que as concentrações de M* e M permanecem constantes. No estado estacionário, a velocidade de aparecimento de M* é igual à velocidade de desaparecimento de M*. A velocidade de aparecimento é

$$\text{Velocidade de aparecimento de } M^* = \frac{d[M^*]}{dt} = k_a[M]$$

A velocidade de desaparecimento é a soma das velocidades de emissão, de desativação e de supressão:

$$\text{Velocidade de desaparecimento de } M^* = k_e[M^*] + k_d[M^*] + k_q[M^*][Q]$$

No estado estacionário, as velocidades de aparecimento e desaparecimento são iguais.

Igualando as velocidades de aparecimento e de desaparecimento, temos

$$k_a[\mathrm{M}] = k_e[\mathrm{M}^*] + k_d[\mathrm{M}^*] + k_q[\mathrm{M}^*][\mathrm{Q}] \qquad \textbf{(19.27)}$$

Substituindo o valor de k_a[M] pela expressão dada na Equação 19.27 na Equação 19.26 e fazendo [Q] = 0, obtemos uma expressão para o rendimento quântico da emissão no estado estacionário na ausência de um supressor:

Rendimento quântico para emissão na ausência de supressão (Φ_0).

$$\Phi_0 = \frac{k_e[\mathrm{M}^*]}{k_e[\mathrm{M}^*] + k_d[\mathrm{M}^*] + k_q[\mathrm{M}^*][0]} = \frac{k_e}{k_e + k_d} \qquad \textbf{(19.28)}$$

A supressão reduz o rendimento quântico de emissão ($\Phi_Q < \Phi_0$).

Se [Q] ≠ 0, então o rendimento quântico para a emissão (Φ_Q) é

$$\Phi_Q = \frac{k_e[\mathrm{M}^*]}{k_e[\mathrm{M}^*] + k_d[\mathrm{M}^*] + k_q[\mathrm{M}^*][\mathrm{Q}]} = \frac{k_e}{k_e + k_d + k_q[\mathrm{Q}]} \qquad \textbf{(19.29)}$$

Gráfico da equação de Stern-Volmer:

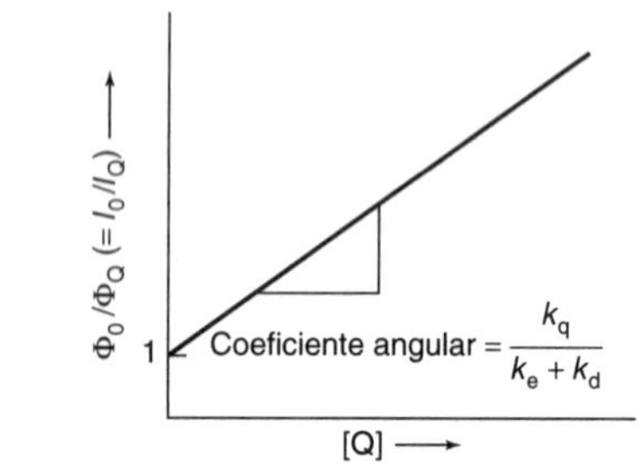

Nas experiências de supressão de luminescência, medimos a emissão na ausência e na presença de um supressor. As Equações 19.28 e 19.29 nos indicam que os rendimentos relativos são

Equação de Stern-Volmer: $$\frac{\Phi_0}{\Phi_Q} = \frac{k_e + k_d + k_q[\mathrm{Q}]}{k_e + k_d} = 1 + \left(\frac{k_q}{k_e + k_d}\right)[\mathrm{Q}] \qquad \textbf{(19.30)}$$

A *equação de Stern-Volmer* mostra que, se medirmos a emissão relativa (Φ_0/Φ_Q) em função da concentração do supressor e traçarmos o gráfico dessa grandeza contra [Q], devemos obter uma reta. A grandeza Φ_0/Φ_Q, no lado esquerdo da Equação 19.30, é equivalente a I_0/I_Q, em que I_0 é a intensidade de emissão na ausência do supressor e I_Q é a intensidade de emissão na presença do supressor.

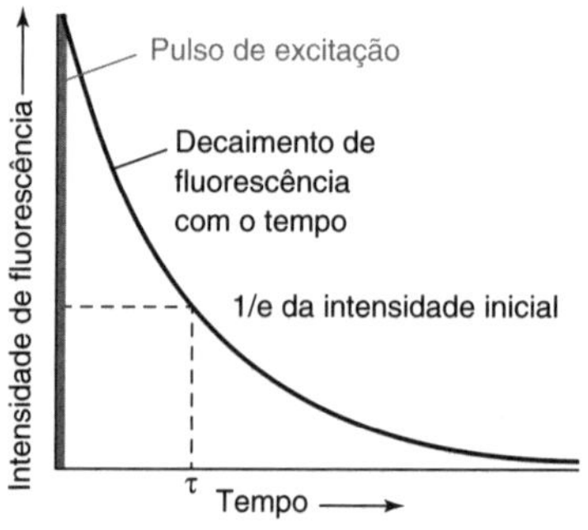

A cinética de luminescência também pode ser descrita em termos de *tempo de vida*, que é o tempo necessário para a intensidade cair a 1/e (= 37%) de seu valor inicial sendo "e" a base do logaritmo natural.* O tempo de vida na ausência (τ_0) e na presença de supressor (τ_Q) é:

Tempo de vida de fluorescência: $$\tau_0 = \frac{1}{k_e + k_d} \qquad \tau_Q = \frac{1}{k_e + k_d + k_q[Q]}$$

Substituindo o tempo de vida na equação de Stern-Volmer temos:

Equação de Stern-Volmer: $$\frac{\tau_0}{\tau_Q} = 1 + k_q\tau_0[\mathrm{Q}] \qquad \textbf{(19.31)}$$

Na *supressão estática*, o supressor e o fluoróforo formam um complexo estável e não fluorescente no estado fundamental. A intensidade da fluorescência segue a mesma dependência com relação à concentração de supressor que na Equação 19.30. No entanto, o tempo de vida da fluorescência não é afetado pela concentração de um supressor estático.

Um Sensor Luminescente de O_2 Intracelular

Vamos restringir nossa discussão aos complexos de Ru(II), que absorvem fortemente a radiação na região do visível e emitem eficientemente radiação com comprimentos de onda significativamente maiores do que eles absorvem, são estáveis por longos períodos de tempo e possuem um estado excitado de vida relativamente longa, cuja emissão é suprimida pelo O_2 (ver Prancha em Cores 19).[39] Um complexo luminescente de rutênio largamente usado é o $\mathrm{Ru(dpp)_3^{2+}}$.

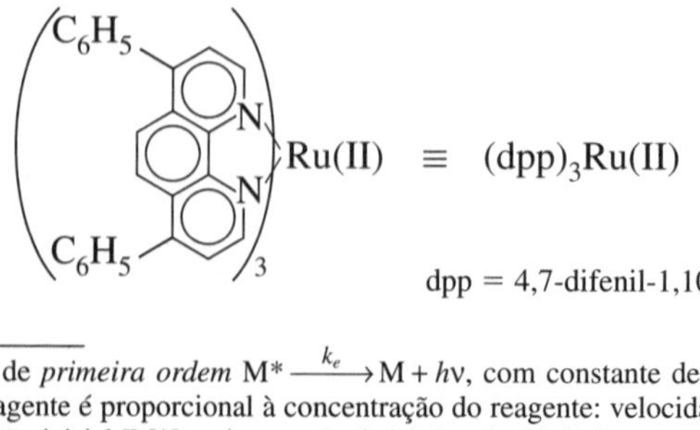

dpp = 4,7-difenil-1,10-fenantrolina

*Para a reação de *primeira ordem* $\mathrm{M}^* \xrightarrow{k_e} \mathrm{M} + h\nu$, com constante de velocidade k_e, a velocidade de consumo do reagente é proporcional à concentração do reagente: velocidade = $-d[\mathrm{M}^*]/dt = k_e[\mathrm{M}^*]$. Para uma concentração inicial $[\mathrm{M}^*]_0$, a integração da lei de velocidade fornece a concentração de M* no tempo *t*: $[\mathrm{M}^*]_t = [\mathrm{M}^*]_0 e^{-kt} = [\mathrm{M}^*]_0 e^{-t/\tau}$, com $\tau = 1/k_e$. Chamamos τ de *tempo de vida* da reação. O tempo de vida é o inverso da constante de velocidade. No tempo $t = \tau$, a concentração de reagentes cai a 1/e do seu valor inicial: $[\mathrm{M}^*]_t = [\mathrm{M}^*]_0 e^{-t/\tau} = [\mathrm{M}^*]_0 e^{-\tau/\tau} = [\mathrm{M}^*]_0 e^{-1}$.

O oxigênio é bom supressor porque o seu estado fundamental possui dois elétrons desemparelhados – é um estado *tripleto* representado por $^3O_2$. O O_2 possui um estado *simpleto* de baixa energia, onde não existem elétrons desemparelhados. A Figura 18.14 mostrou que o estado excitado de menor energia de várias moléculas é um tripleto. Esse estado excitado tripleto $^3M^*$ pode transferir energia para o $^3O_2$ produzindo uma molécula com estado fundamental simpleto ^1M e excitada, $^1O_2^*$.

$$^3M^* + {}^3O_2 \rightarrow {}^1M + {}^1O_2^*$$
Estado excitado + Estado fundamental → Estado fundamental + Estado excitado

Existem dois elétrons com spin para cima e dois com spin para baixo, tanto nos reagentes quanto nos produtos. Essa transferência de energia conserva, portanto, o spin global e é mais rápida do que os processos que provocam mudanças de spin.

No sensor de fibra óptica para O_2 da Figura 19.20, a radiação em 450 nm emitida por um diodo emissor de luz é transmitida até o final da fibra óptica, em que há um revestimento transparente contendo $Ru(dpp)_3^{2+}$. A fluorescência se desloca de volta por meio de uma segunda fibra óptica até um fotodetector. A supressão resultante do oxigênio pode ser determinada pelo decréscimo na intensidade de fluorescência. Contudo, a intensidade de fluorescência também pode decrescer se a radiação emitida pelo diodo estiver menos intensa. Utilizar a radiação do diodo emissor de luz de forma pulsante permite a determinação do oxigênio usando o tempo de vida de fluorescência, que não depende da intensidade da radiação de excitação.

Os níveis de oxigênio em células vivas podem ser determinados pela implantação de partículas de 100 nm contendo dois corantes. Quando iluminado com luz azul, um dos corantes emite luz verde próxima de 550 nm e o outro emite luz laranja próxima de 600 nm (Figura 19.21). O corante verde não é afetado pelo O_2, mas o corante laranja de rutênio é afetado. A intensidade da fluorescência do rutênio e seu tempo de vida diminuem à medida que a concentração do oxigênio aumenta. A partir da proporção entre as intensidades de emissão do laranja e do verde, corrigidas para variações na intensidade da luz em um microscópio, podemos calcular a concentração de O_2 nas vizinhanças das esferas.

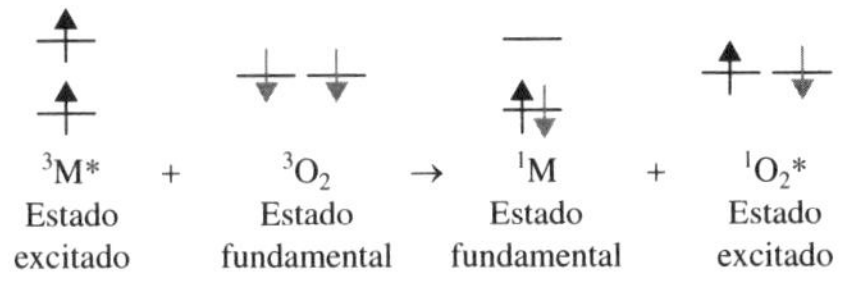

O estado fundamental do Ru(II) é um simpleto, e o estado excitado de menor energia é um tripleto. Quando o Ru(II) absorve radiação na região do visível, o estado simpleto excitado passa para um estado tripleto luminescente. O O_2 suprime a luminescência fornecendo um caminho não radiativo, por meio do qual o tripleto é convertido em um estado fundamental simpleto. A supressão da luminescência do fulereno C_{70} é ainda mais sensível do que a do Ru(II), e responde a níveis de O_2 da ordem de partes por bilhão.[40] A estrutura do fulereno C_{60} citado é mostrada na Figura 17.21.

Transferência de Energia de Ressonância de Förster

A **transferência de energia de ressonância de Förster** (ou de **fluorescência**), abreviada de **FRET** na literatura bioquímica, é uma transferência não radiativa de energia em função das interações dipolo-dipolo entre moléculas que estão próximas, mas sem se tocarem. A energia vai de um doador no estado excitado (D*) para um receptor em um estado fundamental (A), resultando em um doador no estado fundamental (D) e um receptor excitado (A*).

Transferência de energia de ressonância de Förster:
$$D^* + A \longrightarrow D + A^*$$

A transferência de energia de ressonância de fluorescência também é chamada de transferência de energia de ressonância de Förster.

Para a transferência de energia ocorrer, o espectro de emissão do doador deve se sobrepor ao espectro de absorção do receptor. Ou seja, $D^* \rightarrow D$ e $A \rightarrow A^*$ devem ter energias semelhantes. A probabilidade de ocorrer a transferência de energia diminui com a sexta potência da distância entre o doador e o receptor, que deve estar entre 1 e 10 nm.

A Figura 19.22 mostra uma transferência de energia de ressonância de Förster para análise de uma enzima protease cuja concentração é elevada em células cancerosas. A enzima *protease* cliva proteínas. Na sonda intacta (antes da interação com a protease) à esquerda na

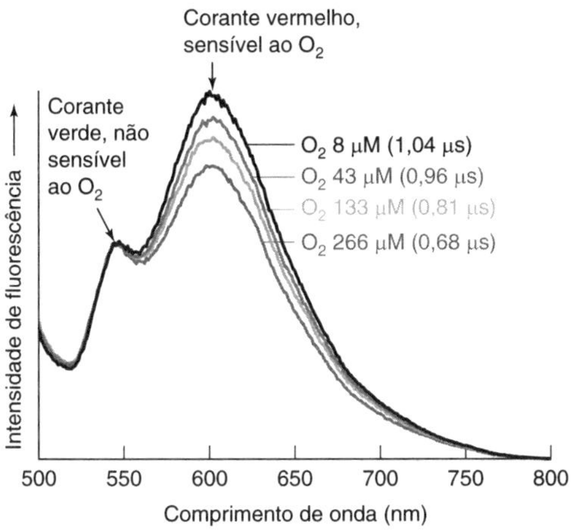

FIGURA 19.21 Fluorescência de esferas indicadoras de O_2 mostrando intensidade constante no comprimento de onda 547 nm e intensidade variável em 601 nm. A proporção entre as intensidades nestes dois comprimentos de onda é relacionada com a concentração de O_2. Os tempos de vida de fluorescência para a emissão do corante de rutênio estão entre parênteses no gráfico. [Dados de A. Byrne, J. Jacobs, C. S. Burke, A. Martin, A. Heise e T. E. Keyes, "Rational Design of Polymeric Core Shell Ratiometric Oxygen-Sensing Nanostructures", *Analyst*. **2017**, *142*, 3400.]

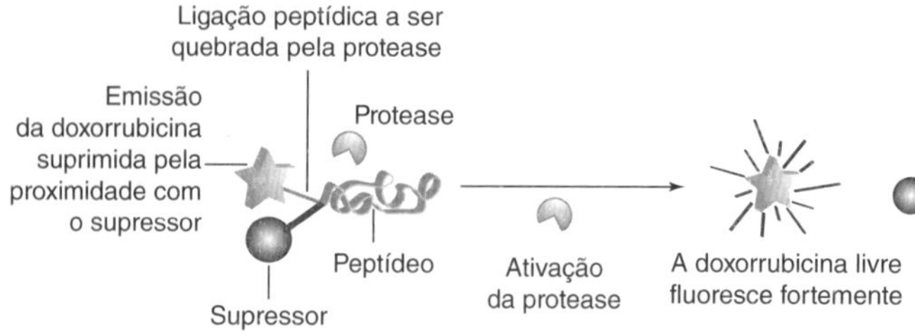

FIGURA 19.22 Transferência de Energia de Ressonância de Förster para a quantificação de protease em células cancerígenas. [Dados de L. L. Lock, Z. Tang, D. Keith, C. Reyes e H. G. Cui, "Enzyme-Specific Doxorubicin Drug Beacon as Drug-Resistant Theranostic Molecular Probes," *ACS Macro Lett.* **2015**, *4*, 552. D. Keith e C. Reyes eram alunos de iniciação científica.]

Supressão de Förster:
$D^* + A \rightarrow D + A^*$
$A^* \rightarrow A + \text{calor}$ Relaxação não radiativa

Figura 19.22, a doxorrubicina é mantida próxima ao supressor pela cadeia peptídica. Em vez de a doxorrubicina fluorescer vermelho, a energia é transferida para o supressor Black Hole (sua marca comercial) que absorve fortemente entre 500 e 650 nm e não fluoresce. Em vez disso, o supressor dissipa a energia por meio de conversão interna não radiativa e relaxação vibracional.

A doxorrubicina está ligada à estrutura do peptídeo por uma sequência de quatro aminoácidos que são reconhecidos pela protease. Quando a sonda é introduzida na célula, a protease cliva o substrato peptídico, liberando a doxorrubicina, que fluoresce fortemente. A velocidade de aumento da intensidade de fluorescência é relacionada com a concentração de protease. Esse é um *método cinético* de análise no qual a velocidade da reação é utilizada para determinar a concentração do analito.

Transferência de energia de ressonância de Förster:
$D^* + A \rightarrow D + A^*$
$A^* \rightarrow A + h\nu$ Receptor de fluorescência

Se o receptor é luminescente, como no sensor para K^+ na abertura deste capítulo, radiação de alta energia (baixo comprimento de onda) é absorvida pelo doador, transferida não radiativamente para o receptor, e emitida como um fóton de baixa energia (alto comprimento de onda). A grande diferença entre os comprimentos de onda absorvido e medido reduz o sinal de fundo em razão da fluorescência de componentes da matriz e permite a utilização de seletores de comprimentos de onda simples e baratos, como os filtros ópticos (Seção 20.2).

A Prancha em Cores 20 mostra a fluorescência azul proveniente de uma solução irradiada com luz verde. Os fótons azuis transportam mais energia do que os fótons verdes, então, como isso pode acontecer? Agora, você tem conhecimentos para compreender a explicação que é dada no Boxe 19.3.

Fotobranqueamento

Fotobranqueamento é um processo irreversível de perda da fluorescência em face da reação de uma molécula quimicamente excitada para produzir um produto não fluorescente. O fotobranqueamento depende no número de vezes que o fluoróforo é excitado e do tempo de vida de seu estado excitado. O número de excitações depende da intensidade da radiação responsável pela excitação e da duração da exposição. O tempo de vida de estados tripleto é maior que a de estados simpleto excitados, por exemplo, ~1 μs contra 4,5 ns para a fluoresceína. O nível do fotobranqueamento depende da tendência do fluoróforo povoar o estado tripleto. Corantes fluorescentes são desenvolvidos para possuir fotoestabilidade, além de alta absortividade molar e rendimento quântico, mas são limitados a 10^4–10^6 excitações antes de sofrer o fotobranqueamento.

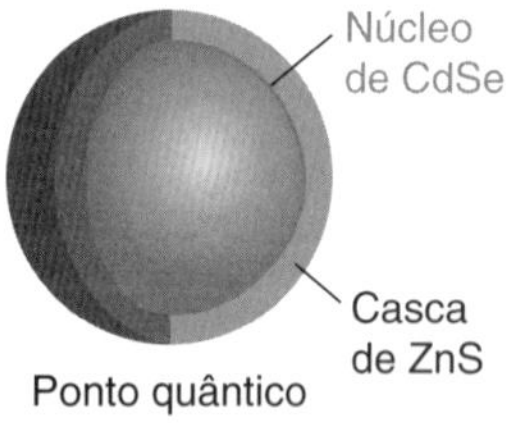

Materiais luminescentes foram desenvolvidos (Tabela 19.3) para possuir maior fotoestabilidade ou outras funções fotoquímicas de interesse. Os tempos de vida dos complexos de lantanídeos são extremamente elevados, o que é vantajoso em ensaios imunológicos (Seção 19.7). Pontos quânticos são semicondutores nanocristalinos na faixa de 4 a 10 nm, com uma estrutura núcleo/casca de materiais como CdSe/ZnS, CdSeS/ZnS e CdTe/ZnS. Pontos quânticos possuem maior absortividade molar e fotoestabilidade que corantes orgânicos, e emissão mais estreita. Os pontos de polímeros são agregados de nanopartículas de polímeros semicondutores em um sistema π-conjugado.

TABELA 19.3 Materiais luminescentes

Propriedade	Corantes e proteínas	Complexos de lantanídeos	Pontos quânticos	Pontos de polímeros
Espectros de excitação	estreito	estreito	muito largo	largo
Absortividade molar	moderada	baixa	alta	muito alta
Espectros de emissão	largo	estreito	estreito	muito largo
Rendimento quântico	variável	alto	moderado	moderado
Tempo de vida da emissão	ns	μs a ms	dezenas de ns	centenas de ps
Fotobranqueamento	comum	resistente	resistente	resistente

FONTE: Dados de W. R. Algar. University of British Columbia. Numerical comparison available in M. Masseys, M. Wu, E. M. Conroy e W. R. Algar, "Mind Your P's and Q's: The Coming of Age of Semiconducting Polymer Dots and Semiconductor Quantum Dots in Biological Applications", Curr. Opin. Biotechnol. ***2015***, 34, 30.

BOXE 19.3 Interconversão de Energia

A fluorescência e a fosforescência sempre provêm de um nível energético menor do que a energia de excitação, como na Figura 18.19, porque parte da energia de excitação é convertida em calor pelos estados de relaxação vibracional como R_1 e R_3 na Figura 18.16. A Prancha em Cores 20 mostra uma luz *laser verde* brilhando em uma solução que emite uma fluorescência *azul*.[41] Os fótons azuis transportam *mais* energia do que os fótons verdes. Esta *interconversão*, que gera fótons de alta energia a partir de fótons de baixa energia, não viola o princípio da conservação de energia porque ela exige *dois* fótons verdes para produzir *um* fóton azul.

A solução na Prancha em Cores 20 contém um complexo de rutênio(II) e 9,10-difenilantraceno em um solvente orgânico desaerado.

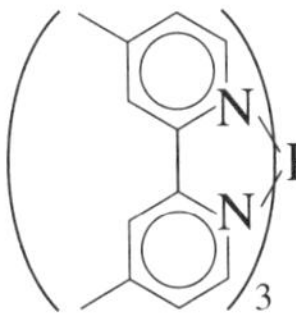

Ru(II) ≡ L_3Ru

L = 4,4'-dimetil-2,2'-bipiridina

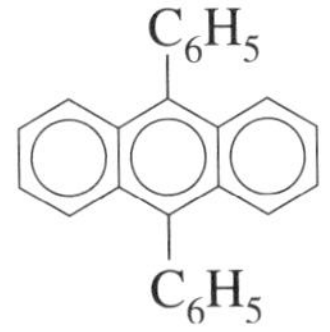

≡ A

9,10-difenilantraceno

A absorção da luz *laser* verde leva à promoção do estado fundamental (S_0) do complexo de Ru para o seu estado simpleto excitado (S_1), que decai para o estado tripleto (T_1).

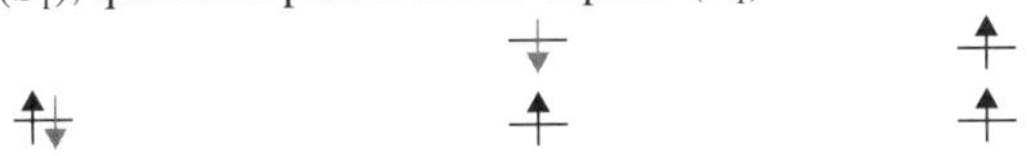

$$L_3Ru(S_0) \xrightarrow{\text{Fóton verde}} L_3Ru^*(S_1) \xrightarrow{-\text{ Calor}} L_3Ru^*(T_1)$$

O estado excitado é identificado por meio de um asterisco. O tripleto excitado $L_3Ru^*(T_1)$ dura relativamente bastante tempo na ausência de O_2. Ele pode transferir sua energia de excitação para o antraceno em seu estado fundamental, produzindo um estado tripleto excitado deste último.

$$L_3Ru^*(T_1) + A(S_0) \longrightarrow L_3Ru(S_0) + A^*(T_1)$$

A reação de $L_3Ru^*(T_1)$ com $A(S_0)$ mantém o momento angular do spin do elétron, com dois spins para cima e dois spins para baixo nos reagentes e nos produtos. Em geral, as reações que conservam o momento angular do spin são mais rápidas do que as reações nas quais o spin muda. Todas as reações a seguir conservam o momento angular do spin.

O estado tripleto do antraceno sobrevive o tempo suficiente para que dois tripletos sofram colisão. Um deles é promovido ao estado simpleto excitado S_1, enquanto o outro volta para o estado fundamental S_0.

$$A^*(T_1) + A^*(T_1) \longrightarrow A^*(S_1) + A(S_0)$$

Finalmente, o simpleto excitado do antraceno pode emitir um fóton azul, retornando ao estado fundamental.

$$A^*(S_1) \xrightarrow{\text{Fluorescência azul}} A(S_0)$$

O resultado líquido é a conversão de dois fótons verdes absorvidos pelo $L_3Ru(II)$ em um fóton azul emitido pelo antraceno a partir de seu estado simpleto excitado. Esta rara combinação de reações bem selecionadas converte a luz verde em luz azul.

O *rendimento quântico* medido para esse processo é 3,3%. Ou seja, para cada 100 fótons verdes absorvidos, são emitidos 3,3 fótons azuis.

Fósforos interconversores de energia são usados em *kits* comerciais para diagnóstico médico[42] e têm sido aplicados em uma ampla gama de aplicações bioanalíticas e em bioimagem.[43] A vantagem da interconversão de energia para sondas biomédicas é que a radiação incidente no infravermelho próximo (800 a 1 000 nm), de baixa energia, produz pouca emissão de ruído de fundo por parte da complexa matriz biológica que pode ser altamente fluorescente sob radiação na região do visível.

19.7 Imunoensaios

Uma aplicação importante do fenômeno de absorção e emissão de radiação é em **imunoensaios**, que empregam anticorpos para detectar o analito. Um *anticorpo* é uma proteína produzida pelo sistema imunológico de um ser vivo em resposta a uma molécula estranha ao organismo, que é chamada *antígeno*. O anticorpo reconhece o antígeno que estimulou a síntese do anticorpo. A constante de formação do complexo anticorpo-antígeno é muito grande, enquanto a ligação do anticorpo com outras moléculas é fraca.

A Figura 19.23 ilustra o princípio de um *teste de enzima ligada a um imunoabsorvente*, abreviado ELISA (do inglês, *enzyme-linked immunosorbent assay*) na literatura bioquímica. O anticorpo 1, que é específico para o analito de interesse (o antígeno), está ligado a um suporte polimérico. Nas etapas 1 e 2, o analito é incubado com o polímero ligado ao anticorpo para formar um complexo. A fração de sítios do anticorpo que se ligam ao analito é proporcional à concentração de analito na amostra desconhecida. A superfície do polímero é então lavada para remover as substâncias que não aderiram à sua superfície. Nas etapas 3 e 4, o complexo anticorpo-antígeno é tratado com o anticorpo 2, que reconhece uma região diferente no analito. O anticorpo 2 foi preparado especialmente para o teste imunológico pela ligação covalente de uma enzima que será usada mais tarde no processo. De novo, o excesso de substâncias que não aderiram à superfície é removido por lavagem.

A enzima ligada ao anticorpo 2 é vital para a análise quantitativa. A Figura 19.24 mostra duas maneiras diferentes de utilizarmos a enzima. A enzima pode transformar um reagente incolor em um produto colorido. Como uma molécula de enzima catalisa a mesma reação diversas vezes, são produzidas várias moléculas do produto colorido para cada molécula de

Rosalyn Yalow recebeu o Prêmio Nobel de Medicina de 1977 por ter desenvolvido, durante os anos 1950, as técnicas de imunoensaios usando proteínas marcadas com o isótopo radioativo ^{131}I, que permitia a identificação do processo.[44] Yalow, uma física, trabalhou com Solomon Berson, um médico, nesse esforço pioneiro.

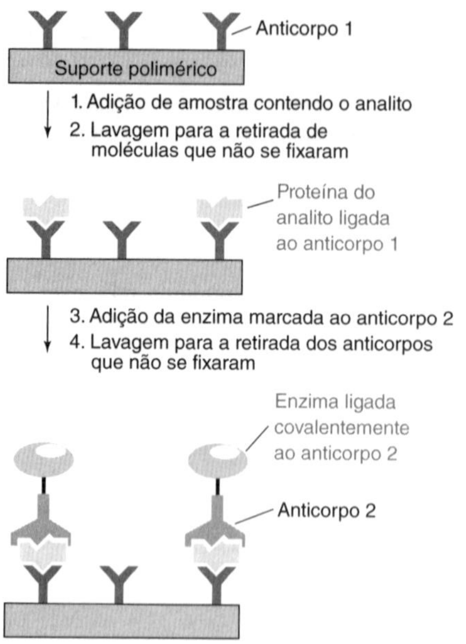

FIGURA 19.23 Teste de enzima ligada a um imunoabsorvente. O anticorpo 1, específico para o analito de interesse, está ligado a um suporte polimérico, que entra em contato com a amostra desconhecida. Após a lavagem para a retirada de todo o excesso, ou seja, das moléculas que não se fixaram, o analito permanece ligado ao anticorpo 1. O analito ligado é então tratado com o anticorpo 2, que reconhece um sítio diferente no analito no qual uma enzima é ligada covalentemente. Após a lavagem para a retirada de qualquer material não ligado, cada molécula de analito é acoplada a uma enzima que será então usada como descrito na Figura 19.24.

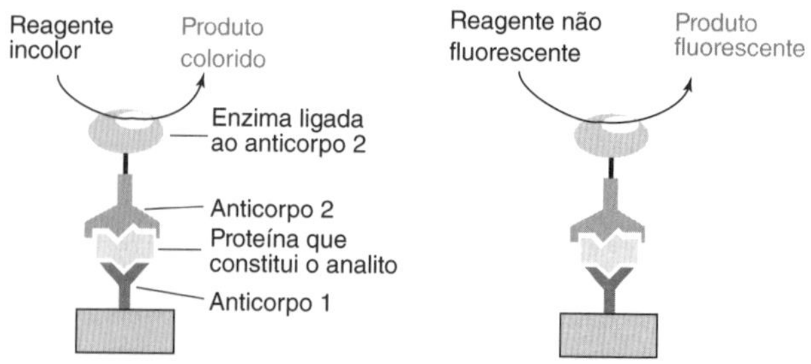

FIGURA 19.24 A enzima ligada ao anticorpo 2 pode catalisar reações que formam produtos coloridos ou fluorescentes. Cada molécula de analito que se liga, durante o teste imunológico, produz várias moléculas de produto colorido ou fluorescente, que são facilmente identificáveis.

analito. Dessa forma, uma enzima *amplifica* o sinal na análise química. Quanto maior for a concentração do analito na amostra desconhecida original, mais enzima estará ligada e maior será a extensão da reação catalisada pela enzima. De outra maneira, a enzima converte um reagente não fluorescente em um produto fluorescente. Os testes imunoenzimáticos colorimétricos e fluorométricos são sensíveis a concentrações menores que um nanograma de analito. O teste de gravidez descrito no Boxe 19.4 é um imunoensaio de uma proteína placentária presente na urina. Aptâmeros (Boxe 17.3) podem ser usados da mesma maneira que os anticorpos em análise química.[45]

Imunoensaios em Análises Ambientais

Kits de imunoensaios comerciais estão disponíveis para triagem e análise de pesticidas, produtos químicos, explosivos e toxinas microbiológicas no nível de partes por trilhão a partes por milhão em amostras de lençóis freáticos, solos e alimentos.[46] Uma vantagem da triagem em campo é que regiões amostrais não contaminadas, que não requerem maior atenção, podem ser rapidamente identificadas. Um imunoensaio pode ser de 20 a 40 vezes mais barato que uma análise cromatográfica e ser finalizado em cerca de 0,3 a 3 horas em campo, utilizando volume de amostra de 1 mL. Uma análise cromatográfica geralmente deve ser feita em um laboratório e pode levar vários dias porque o analito deve primeiro ser extraído ou concentrado a partir de amostras de grande volume para obter uma concentração suficiente.

A Figura 19.25 mostra um imunoensaio para determinar Hg^{2+} em níveis de traço em águas ambientais. Antes da realização do procedimento descrito na Figura 19.25a, o íon Hg^{2+} na amostra é convertido em $HgCl_4^{2-}$ pela adição de HCl até uma concentração 0,1 M. Uma alíquota de amostra de 5 mL é então passada por uma coluna extratora em fase sólida (Seção 28.3) contendo 0,1 mL de uma resina trocadora de ânions (Seção 26.1), que se liga ao íon $HgCl_4^{2-}$, separando-o dos íons de metais de transição e de espécies potencialmente interferentes, Cd^{2+} e Mn^{2+}. O $HgCl_4^{2-}$ é convertido no complexo Hg^{2+}-EDTA (Capítulo 12), que é removido da coluna por solução de EDTA em pH 7,5. A amostra é então tratada com um anticorpo de rato que reconhece o Hg^{2+}-EDTA. A solução contém agora um anticorpo ligado ao Hg^{2+}-EDTA e um excesso desse anticorpo, mostrado na curva oval tracejada no canto superior esquerdo da Figura 19.25a. Quanto maior a quantidade de Hg^{2+} presente na amostra de água, mais anticorpo se liga ao Hg^{2+}-EDTA, e menos anticorpo livre se acha presente.

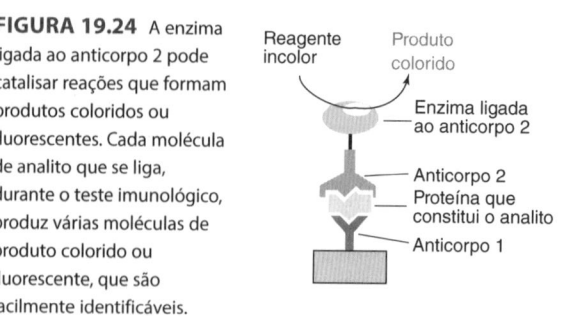

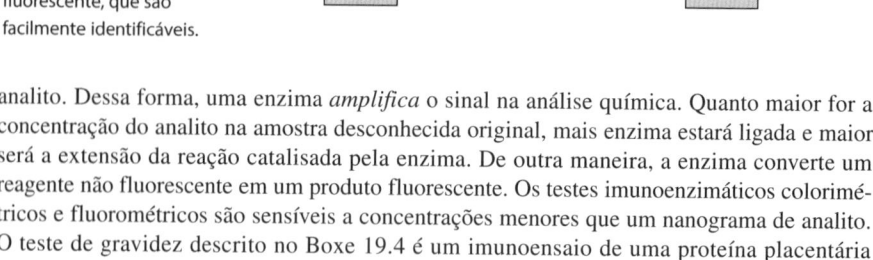

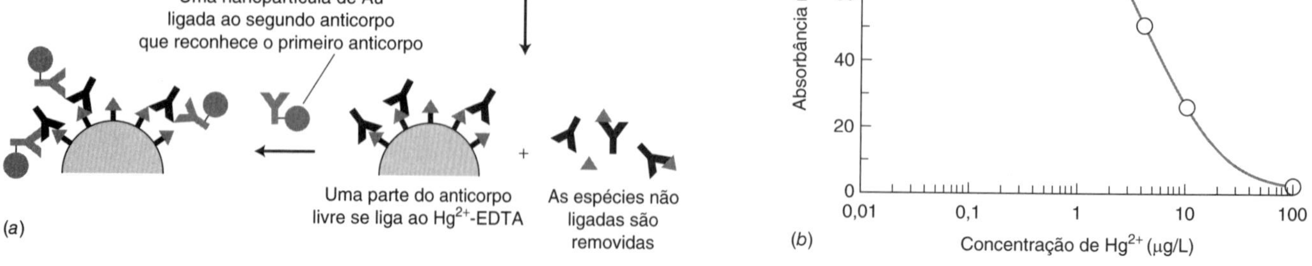

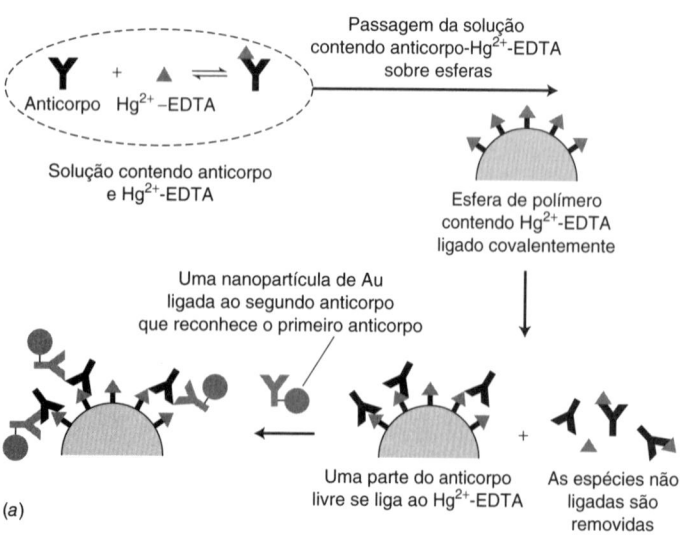

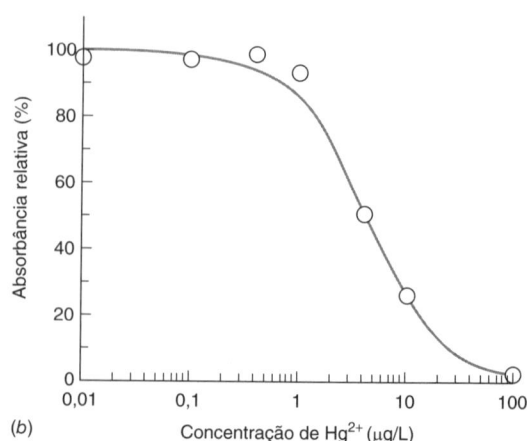

FIGURA 19.25 Imunoensaio para Hg^{2+} em águas naturais. (*a*) Procedimento do imunoensaio. (*b*) Curva-padrão. [Dados de Y. Date, A. Aota, S. Terakado, S. Sasaki, N. Matsumoto, Y. Watanabe, T. Matsue e N. Ohmura, "Trace-Level Mercury In (Hg^{2+}) in Aqueous Sample Based on Solid-Phase Extraction Followed by Microfluidic Immunoassay", *Anal. Chem.* **2013**, *85*, 434.]

BOXE 19.4 Como um Teste de Gravidez Vendido em Farmácia Funciona?

Um teste de gravidez comum detecta um hormônio chamado hCG na urina. Esse hormônio começa a ser secretado logo após a concepção. Anticorpos para proteínas humanas, como o hCG, podem ser cultivados em animais.

Nos *imunoensaios de fluxo lateral para gravidez*, mostrado no diagrama visto a seguir, a urina é aplicada ao suporte de amostra na extremidade esquerda de uma fita de teste horizontal feita de nitrocelulose, que serve como um absorvedor. O líquido flui da esquerda para a direita por capilaridade. O líquido chega primeiro ao reagente de detecção no suporte do conjugado. O reagente é chamado de conjugado pois consiste em um anticorpo hCG ligado a nanopartículas de ouro com coloração vermelha. O anticorpo liga-se a um sítio no hCG.

Conforme o líquido flui para a direita, o hCG ligado ao conjugado fica preso à linha de teste, que contém um anticorpo que se liga a outro sítio do hCG. As nanopartículas de ouro presas à linha de teste juntas com o hCG criam uma linha vermelha visível. Conforme o líquido continua para a direita, ele encontra a linha de controle, com anticorpos que se ligam ao reagente conjugado. Assim, uma segunda linha vermelha se forma na linha de controle. Na extremidade direita há um suporte absorvente que absorve todo o líquido contendo qualquer coisa que não ficou retida nas linhas de teste ou de controle.

Em testes de gravidez positivos, ambas as linhas ficam vermelhas. O teste é negativo se apenas a linha de controle apresentar coloração vermelha. Se nem mesmo a linha de controle apresentar coloração vermelha, significa que o teste é inválido.

Os testes de gravidez e monitores de glicose (Figura 17.12) são exemplos de análises *point-of-care* (testes de diagnóstico rápido em pontos de atendimento), nas quais os ensaios de diagnósticos médicos são executados por pessoas que não são profissionais de laboratório e realizados fora das estruturas de laboratórios, sendo executados próximos aos lugares onde o paciente está recebendo cuidados. Análises *point-of care* trazem a promessa de diagnósticos precoces de doenças e melhoria na gestão do tratamento, e é uma área ativa de pesquisa em química analítica.[47]

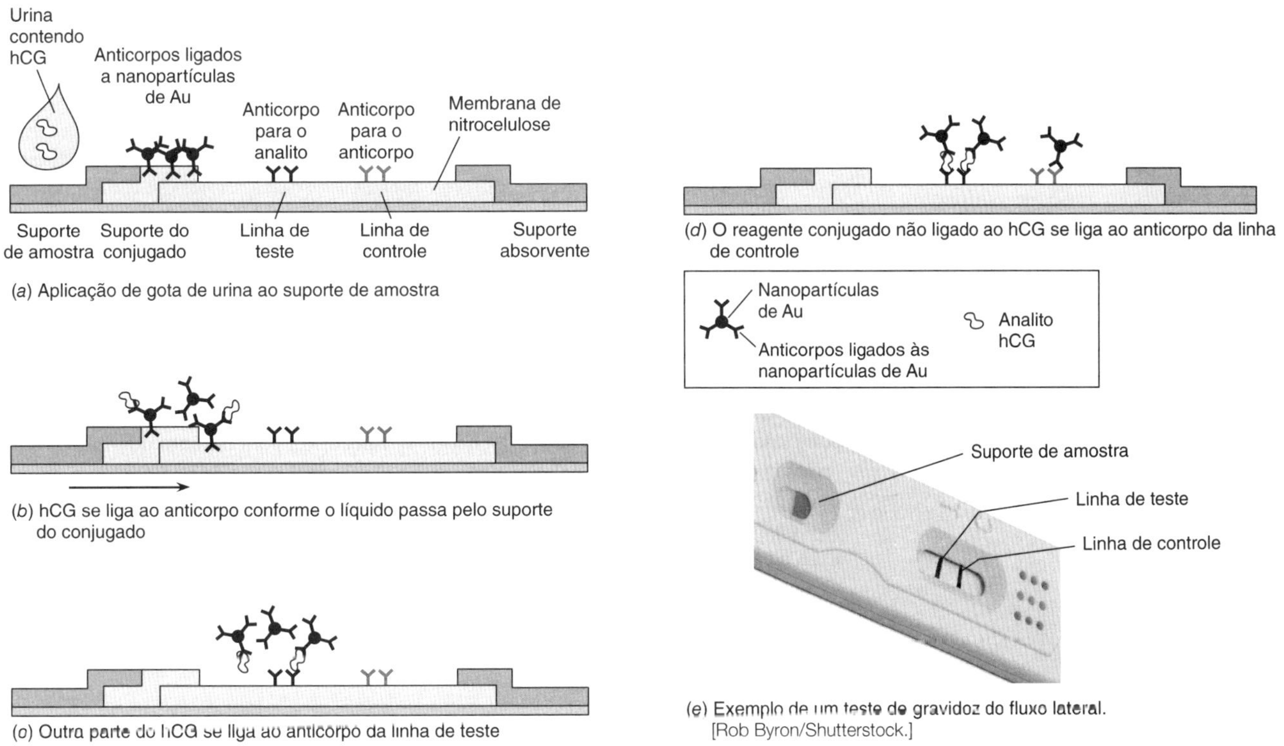

(*a*) Aplicação de gota de urina ao suporte de amostra

(*b*) hCG se liga ao anticorpo conforme o líquido passa pelo suporte do conjugado

(*c*) Outra parte do hCG se liga ao anticorpo da linha de teste

(*d*) O reagente conjugado não ligado ao hCG se liga ao anticorpo da linha de controle

(*e*) Exemplo de um teste de gravidez de fluxo lateral. [Rob Byron/Shutterstock.]

Essa solução é então passada sobre uma parede de 1 mm^2 contendo esferas de 100 μm de diâmetro de poli(meta-acrilato de metila) (PMMA) ao qual o Hg^{2+}-EDTA está ligado covalentemente. Parte do anticorpo livre na amostra se liga ao Hg^{2+}-EDTA na superfície das esferas. Quanto maior a quantidade de Hg^{2+} na amostra de água, menos anticorpo livre se acha disponível para ligar-se às esferas. Na etapa final na Figura 19.25a, um segundo anticorpo é passado sobre as esferas. Esse segundo anticorpo reconhece o primeiro anticorpo de rato. Uma nanopartícula de ouro de 40 nm de diâmetro está ligada a cada molécula do segundo anticorpo. A nanopartícula apresenta uma cor vermelha-intensa que é medida por um diodo emissor de luz de 520 nm com detector de fotodiodo. Quanto maior a quantidade de Hg^{2+} presente na água natural, menos anticorpo se liga às esferas, e menos nanopartículas de ouro acabam ligadas às esferas. A cor vermelha enfraquece com o aumento da concentração de Hg^{2+} na água natural, conforme mostrado pela curva-padrão na Figura 19.25b. O limite inferior de detecção é 0,8 μg de Hg/L (0,8 ppb), que satisfaz às diretrizes de capacidade analítica para água potável. O ensaio completo é conduzido em um dispositivo microfluídico – um “laboratório em um chip” (Seção 26.8) – que pode ser usado no campo.

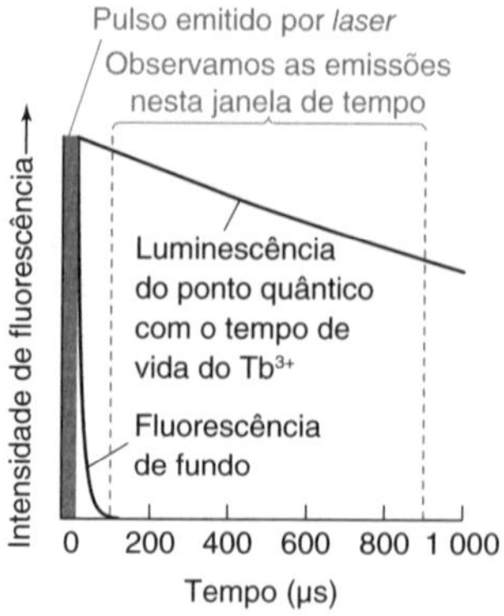

FIGURA 19.26 Intensidade de emissão em um experimento de fluorescência resolvido no tempo.

Imunoensaios Utilizando Fluorescência Resolvida no Tempo[48]

A sensibilidade dos imunoensaios fluorescentes pode ser aumentada de um fator de 100 (para detectarmos 10^{-13} M de analito) por meio de medidas de luminescência resolvidas no tempo utilizando-se os íons lantanídeos Eu^{3+} e Tb^{3+}. Os fluoróforos orgânicos, como a fluoresceína, são afetados por uma fluorescência de fundo, na faixa de 350 a 600 nm, proveniente do solvente, dos solutos e das partículas. Esta fluorescência de fundo decai a um nível desprezível 100 μs após a excitação. Entretanto, a luminescência do Eu^{3+} e Tb^{3+} tem uma vida média muito maior, decaindo para o valor 1/e (= 37%) de sua intensidade inicial em mais de 1 ms.

Em um experimento de fluorescência resolvida no tempo (Figura 19.26), a luminescência é medida entre 100 e 900 μs após um curto pulso de *laser* em 337 nm. O pulso seguinte é disparado 50 ms após o anterior, e o ciclo é repetido cerca de 20 vezes por segundo. Ao rejeitarmos as emissões até 100 μs após o pulso de excitação eliminamos a maior parte da fluorescência de fundo. Quelatos de lantanídeos, como o Lumi4-Tb, estabilizam o Tb^{3+} em solução e aumentam sua luminescência.

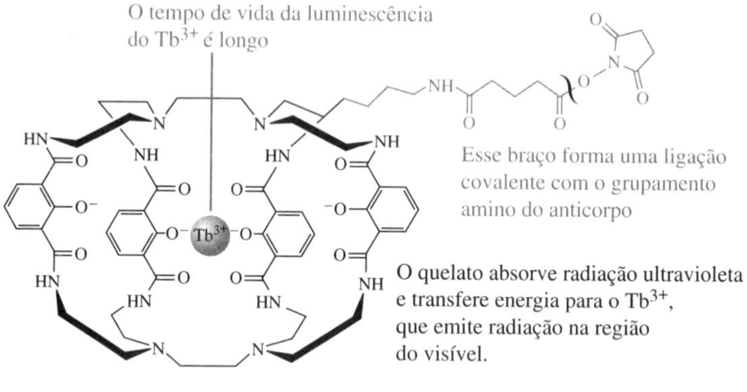

Lumi4-Tb

Um *biomarcador* é uma molécula especificamente relacionada com determinado estado de um sistema biológico. A concentração de um biomarcador fornece informações sobre uma função orgânica, doenças ou outros aspectos de saúde.

A Figura 19.27 mostra como o Tb^{3+} pode ser incorporado a um imunoensaio para um antígeno específico para a próstata, um biomarcador de câncer de próstata. O quelato desse lantanídeo é ligado covalentemente ao anticorpo 1. O anticorpo 2 está marcado com um ponto quântico que alarga a banda de absorção sobrepondo-a à luminescência do Tb^{3+}. Na presença do analito, os anticorpos fazem um sanduíche com o antígeno, deixando o quelato contendo Tb^{3+} e o ponto quântico próximos um do outro. Quando o quelato contendo Tb^{3+} absorve um fóton, a energia é transferida para o ponto quântico por transferência de energia de ressonância de Förster. O tempo de vida da emissão do ponto quântico em 660 nm é regida pelo tempo de vida do $Tb^{3+}*$. A medida da fluorescência entre 100 e 900 μs, depois da excitação, produz sinais a partir do complexo anticorpo-antígeno livre de fluorescência de fundo de vida curta. Na ausência de analito, o Tb^{3+} fica distante de qualquer ponto quântico e a emissão em 660 nm decai em menos de 100 μs. Um limite de detecção de 85 pM de antígeno específico da próstata é alcançado em poços de 150 μL em uma microplaca de 96 poços.

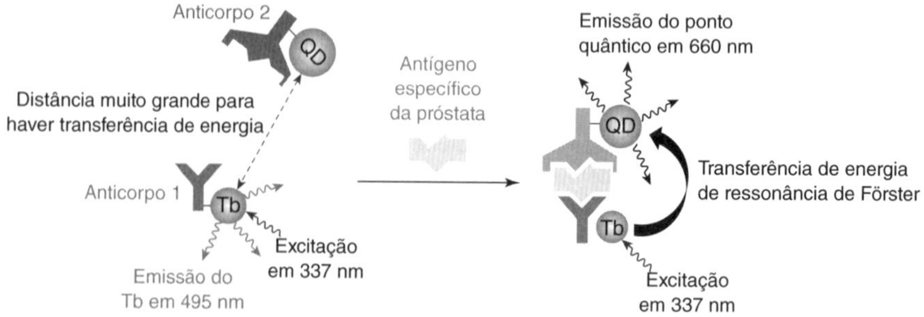

FIGURA 19.27 Imunoensaio para antígeno específico da próstata com fluorescência resolvida no tempo a partir de pontos quânticos em 660 nm. O longo tempo de vida do Tb^{3+} excitado estabelece um longo tempo de vida para a transferência de energia de ressonância de Förster para o ponto quântico. [Dados de G. Annio, T. L. Jennings, O. Tagit e N. Hildebrandt, "Sensitivity Enhancement of Förster Resonance Energy Transfer Immunoassays by Multiple Antibody Conjugation on Quantum Dots", *Bioconj. Chem.* **2018**, *29*, 2082. G. Annio era um aluno de iniciação científica.]

Termos Importantes

analisador discreto
análise por injeção em fluxo
bioluminescência
calibração multivariada
colorímetro
derivatização
fotobranqueamento
imunoensaio
injeção sequencial
microplaca
ponto isosbéstico
quimiluminescência
rendimento quântico
supressão
transferência de energia de ressonância de fluorescência
transferência de energia de ressonância de Förster

Resumo

A absorbância de uma mistura é a soma das absorbâncias dos componentes individuais presentes na mistura. Devemos ser capazes de, pelo menos, determinar as concentrações de duas espécies em uma mistura escrevendo e resolvendo duas equações simultâneas para a absorbância em dois comprimentos de onda diferentes. Este procedimento se torna mais exato se os dois espectros de absorção não têm muita superposição. Com o uso de planilhas eletrônicas podemos realizar operações com matrizes para resolver *n* equações simultâneas, envolvendo a lei de Beer, para *n* componentes em solução, com medidas feitas em *n* comprimentos de onda diferentes. Devemos ser capazes de utilizar a rotina Solver do Excel para decompor um espectro de uma solução em uma soma dos espectros dos componentes presentes na solução, minimizando a função $(A_{calc} - A_m)^2$. Calibrações multivariadas são modelos matemáticos que utilizam diversas variáveis medidas para prever uma informação quantitativa sobre a concentração de um ou mais analitos, ou sobre propriedades da amostra. Métodos de calibração multivariada inversa possibilitam análises de misturas onde o número de componentes ou a identidade de alguns deles não é conhecida.

Os pontos isosbésticos (pontos de cruzamentos de curvas nos espectros de absorção) são observados quando uma solução contém proporções variáveis de dois componentes, com uma concentração total constante. Devemos ser capazes de empregar a rotina Solver do Excel para ajustar medidas experimentais não lineares como a absorbância ou a fluorescência à expressão de equilíbrio a fim de determinar a constante de equilíbrio.

Reações espectrofotométricas convertem o analito em um produto espectrofotometricamente observável tanto por testes portáteis simples quanto por analisadores laboratoriais de alto desempenho. Uma análise discreta utiliza um braço mecânico para verter amostras e reagentes. Múltiplos analitos podem ser determinados em uma única amostra a partir da reação de alíquotas dessa amostra com diferentes reagentes. Microplacas são matrizes bidimensionais de poços com menos de 400 μL que permitem armazenar 96 ou mais soluções para análise. O caminho óptico depende do volume de solução. A reação deve ser completa em cada poço.

Na análise por injeção em fluxo, a amostra injetada dentro de uma fase líquida de arraste é misturada com um reagente formador de cor e passa por um detector em fluxo contínuo. O analito espalha-se e reage sem atingir o equilíbrio. A precisão depende da reprodutibilidade com que o processo é conduzido. Na injeção sequencial, a amostra e o reagente são aspirados separadamente no carreador por uma bomba injetora comandada por computador. Após atingir o regime estacionário, o analito, o produto e o reagente são direcionados para o detector.

A intensidade de luminescência é proporcional à concentração das espécies emissoras se as concentrações forem suficientemente baixas. Uma molécula que não é fluorescente pode ser diretamente analisada ligando-a um fluoróforo ou pode ser indiretamente analisada pela capacidade de essa molécula aumentar ou diminuir a fluorescência de um composto que atua como sensor. A radiação emitida por uma reação química (quimiluminescência) ou por um sistema biológico (bioluminescência) pode ser usada para análises quantitativas. Transferência de energia de ressonância de Förster (ou de fluorescência) é uma transferência de energia não radiativa em distâncias curtas de um doador excitado para um receptor em seu estado fundamental. Especificidades analíticas podem ser obtidas pelo planejamento de sondas moleculares cuja reação aproxima ou afasta o doador e o receptor um do outro.

Os imunoensaios utilizam anticorpos para detectar o analito de interesse. Em um teste imunoenzimático, o sinal é amplificado pelo acoplamento da enzima ao analito, sendo que a enzima catalisa vários ciclos de uma mesma reação que produz um produto colorido ou fluorescente. Medidas de fluorescência resolvida no tempo proporcionam uma maior sensibilidade, separando a fluorescência do analito, em tempo e em comprimento de onda, da fluorescência de fundo.

Exercícios

19.A. Neste problema devemos usar as Equações 19.5 se trabalharmos com uma calculadora, ou a Figura 19.2 se usarmos uma planilha eletrônica. A transferrina é uma proteína transportadora de ferro encontrada no sangue. Possui uma massa molecular de 81 000 e transporta dois íons Fe^{3+}. A desferrioxamina B é um quelante de ferro usado no tratamento de pacientes com excesso de ferro no organismo (ver abertura do Capítulo 12). Possui uma massa molecular de cerca de 650 e cada molécula pode se ligar a um íon Fe^{3+}. A desferrioxamina pode retirar o ferro do sangue de várias regiões do corpo e é excretada (com o ferro ligado) pelos rins. As absortividades molares desses compostos (saturados com ferro) em dois comprimentos de onda são vistas na tabela a seguir. Ambos os compostos são incolores (nenhuma absorção no visível) na ausência de ferro.

	$\varepsilon(M^{-1}\ cm^{-1})$	
λ(nm)	Transferrina	Desferrioxamina
428	3 540	2 730
470	4 170	2 290

(a) Uma solução de transferrina apresenta uma absorbância de 0,463 em 470 nm em uma célula com 1,000 cm de caminho óptico. Calcule a concentração de transferrina em miligramas por mililitro e a concentração de ferro que se encontra ligado à transferrina, em microgramas por mililitro.

(b) Após a adição de desferrioxamina (que dilui a amostra), a absorbância medida em 470 nm foi de 0,424 e a absorbância em 428 nm foi de 0,401. Calcule a fração de ferro presente na transferrina e a fração de ferro na desferrioxamina. Lembre-se de que a transferrina se liga a dois átomos de ferro e a desferrioxamina se liga apenas a um átomo.

19.B. A planilha eletrônica vista a seguir lista as absortividades de três medicamentos para resfriados e a absorbância de uma mistura formada por eles em uma célula de quartzo com 1,000 cm de caminho óptico. Use o método dos mínimos quadrados, da Figura 19.4, para determinar a concentração de cada um dos medicamentos na formulação. Uma planilha com os dados está disponível no Ambiente de aprendizagem do GEN.

	A	B	C	D	E
1	Mistura de Medicamentos para Resfriado				
2					Absorbância
3	Comprimento	Absortividade molar ($M^{-1}\ cm^{-1}$)			medida da
4	de onda (nm)	Guaifenesina	Teofilina	Ambroxol	mistura
5	225	7929	5375	8913	0,546
6	248	297	3183	12510	0,294
7	260	1024	7026	4629	0,332
8	271	2412	9369	1589	0,407
9	280	2081	7177	1175	0,318

FONTE: *Dados de M. M. Abdelralman e N. S. Abdelwahab, "Spectrophotometric Method for Determination of a Ternary Mixture with Overlapping Spectra"*, Anal. Meth. **2014**, *6*, *509*.

19.C. A proteína albumina, presente no soro sanguíneo bovino, pode ligar-se a várias moléculas do corante alaranjado de metila. Para a determinação da constante de ligação, *K*, para uma molécula do corante, foram preparadas soluções com uma concentração fixa do corante (X_0) e uma grande e variável concentração da proteína (P). O equilíbrio é representado pela Equação 19.15, em que X = alaranjado de metila.

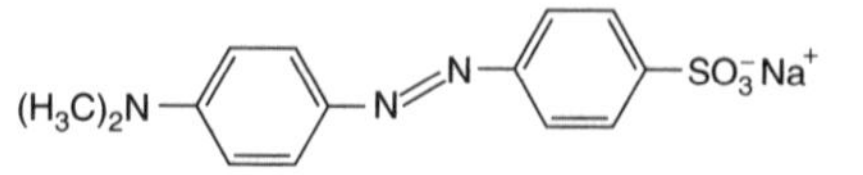

Alaranjado de metila

As células A9-D13, da planilha mostrada a seguir, contêm os dados experimentais. Os autores registram o aumento da absorbância (ΔA) em 490 nm à medida que se adiciona P a X. X e PX absorvem radiação na região do visível, mas P não. A expressão de equilíbrio 19.21 é aplicável, e [PX] é dada pela Equação 19.22. Antes da adição de P, a absorbância é $\varepsilon_0 X_0$. A elevação da absorbância quando se adiciona P é dada por

$$\Delta A = \varepsilon_X[X] + \varepsilon_{PX}[PX] - \varepsilon_X X_0 = \underbrace{\varepsilon_X([X] - X_0)}_{= -\varepsilon_X[PX] \text{ a partir do balanço de massa } [X] = X_0 - [PX]} + \varepsilon_{PX}[PX] = \Delta\varepsilon[PX]$$

$$\Delta\varepsilon = \varepsilon_{PX} - \varepsilon_X$$

A planilha emprega a rotina Solver para variar *K* e $\Delta\varepsilon$ nas células C4:C5 a fim de minimizar a soma dos quadrados das diferenças entre os valores observados e calculados de ΔA nas soluções com quantidades diferentes de P. A célula E9 calcula [PX] a partir da Equação 19.22. As células F9 e G9 determinam [X] e [P] com base nos balanços de massa. A célula H9 calcula $\Delta A_{calc} = \Delta\varepsilon[PX]$.

Para estimar um valor de *K* na célula C4, *suponha* que 50% de X reagiu na linha 13 da planilha. A concentração total de X é X_0 = 5,7 μM. Se metade reagiu, então [X] = [PX] = 2,85 μM e [P] = P_0 − [PX] = 40,4 − 2,85 = 37,55 μM. A constante de ligação é *K* = [PX]/([P][X]) = [2,85 μM]/(37,55 μM][2,85 μM]) = 2,7 × 10^4, que será usado como nossa estimativa para *K* na célula C4. Estimamos $\Delta\varepsilon$ na célula C5 *supondo* que 50% de X reagiu na linha 13. A mudança na absorbância é calculada por $\Delta A_{calc} = \Delta\varepsilon[PX]$. O valor medido de ΔA na linha 13 é 0,0291, e havíamos estimado que [PX] = 2,85 μM. Desse modo, nossa proposta para $\Delta\varepsilon$ na célula C5 é $\Delta\varepsilon = \Delta A/[PX]$ = (0,0291)/(2,85 μM) = 1,0 × 10^4.

Uma planilha com os dados está disponível no Ambiente de aprendizagem do GEN. *Sua tarefa* é escrever fórmulas nas colunas de E a J da planilha para reproduzir o que é mostrado na linha 9 e para determinar os valores nas células E10:I13. Então, empregue a rotina Solver para encontrar os valores de *K* e $\Delta\varepsilon$ nas células C4:C5 que minimizem $\Sigma(A_{obs} - A_{calc})^2$ na célula I14. Faça a representação gráfica dos valores observados e previstos de ΔA contra P_0 para avaliar a qualidade do ajuste.

19.D. A carnosina é um dipeptídeo cujas propriedades antioxidantes protegem as células dos radicais livres. Ela foi determinada por derivatização com naftaleno-2,3-dicarboxialdeído e cianeto, seguida por detecção por fluorescência usando excitação em 445 nm e emissão em 490 nm. A quantificação se deu por adição-padrão. A quatro alíquotas de 20 μL do lisado celular foram adicionados volumes de 100 μM de carnosina-padrão para gerar concentrações finais de 0; 1,0; 2,5 e 5,0 μM de carnosina. As soluções foram diluídas a 70 μL antes da adição de 15 μL de naftaleno-2,3-dicarboxialdeído 5 mM e 15 μL de NaCN 10 mM.

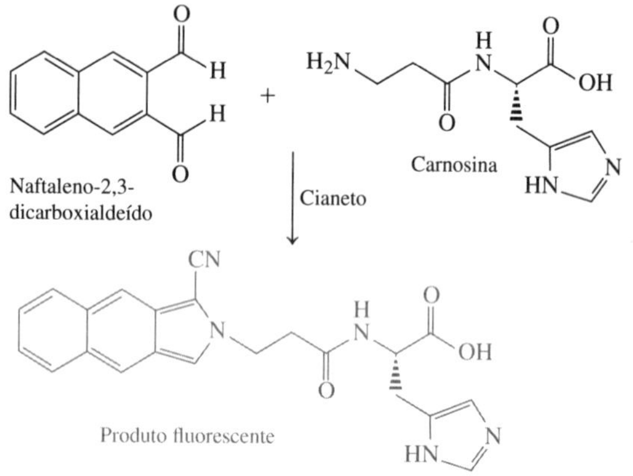

Concentração de carnosina (μM) adicionada em um volume final de 100 μL	Intensidade da fluorescência
0,0	0,406
1,0	0,647
2,5	0,964
5,0	1,605

FONTE: *Dados de C. G. Fresta, M. L. Hogard, G. Caruso, E. E. Melo Costa, G. Lazzarino e S. M. Lunte, "Monitoring Carnosina Uptake by RAW 264.7 Macrophage Cells Using Microchip Electrophoresis with Fluorescence Detection",* Anal. Meth. ***2017**, 9, 402.*

	A	B	C	D	E	F	G	H	I	J
1	Determinação de K para a Ligação do Alaranjado de Metila (X) à Albumina de Soro Sanguíneo Bovino (P)									
2		Parâmetros a serem determinados								
3		por meio do Solver								
4		K =	2,70E+04			estimativa inicial de K =		2,7E+04		
5		Δε =	1,00E+04	$M^{-1}cm^{-1}$		estimativa inicial de Δε =		1,0E+04	$M^{-1}cm^{-1}$	
6					[PX] (M)					$[PX]/X_o$
7	Adição de	X_o	P_o	ΔA_{obs}	Eq. 19.22 com	[X] =	[P] =	ΔA_{calc}		fração de X
8	proteína	(M)	(M)	em 490 nm	sinal negativo	X_o − [PX]	P_o − [PX]	= Δε[PX]	$(\Delta A_{obs}-\Delta A_{calc})^2$	que reagiu
9	1	5,7E-06	8,00E-06	0,0118	9,153E-07	4,785E-06	7,085E-06	0,0092	7,0086E-06	0,161
10	2	5,7E-06	1,14E-05	0,0148						
11	3	5,7E-06	1,63E-05	0,0187						
12	4	5,7E-06	3,28E-05	0,0268						
13	5	5,7E-06	4,04E-05	0,0291						
14								soma =	7,0086E-06	

Planilha para o Exercício 19.C

FONTE: *Dados de A. Östan e J. F. Wojcik, "Spectroscopic Determination of Protein-ligand Binding Constants",* J. Chem. Ed. ***1987**, 64, 814.*

(**a**) Que volumes de carnosina-padrão foram adicionados para preparar as quatro adições-padrão?

(**b**) Qual é a concentração de carnosina no lisado celular?

19.E. Estudantes da Portland State University foram incumbidos de desenvolver um método não destrutivo para detecção de sinais iniciais de corrosão em esculturas metálicas. Eles investigaram a detecção de baixas concentrações de Fe^{3+} baseados na sua capacidade de supressão da fluorescência de pontos quânticos de carbono. As leituras de fluorescência podem ser vistas na tabela a seguir.

(**a**) Faça um gráfico de calibração de Stern-Volmer para a supressão de fluorescência por Fe^{3+}. A curva é linear? *Dica*: existe um padrão nos resíduos ao longo da reta (Seção 5.2)?

(**b**) Determine a concentração de Fe^{3+} na solução de concentração desconhecida.

Solução	Intensidade de fluorescência	Solução	Intensidade de fluorescência
Ruído de fundo	11	Fe^{3+} 30,0 μM	2 344
Fe^{3+} 0,0 μM	2 687	Fe^{3+} 40,0 μM	2 255
Fe^{3+} 10,0 μM	2 600	Fe^{3+} 50,0 μM	2 199
Fe^{3+} 20,0 μM	2 506	amostra de concentração desconhecida	2 477

FONTE: *Dados de C. Hensen, T. L. Clare e J. Barbera, "Using Quenching to Detect Corrosion on Sculptural Metalwork"*, J. Chem. Ed. ***2018****, 95, 858, https://youtu.be/wgytRjUPAPY.*

Problemas

Análise de uma Mistura

19.1. Este problema pode ser resolvido utilizando-se uma calculadora ou por meio da planilha eletrônica apresentada na Figura 19.2. Considere os compostos X e Y no exemplo chamado "Análise de uma Mistura Utilizando as Equações 19.5" na Seção 19.1. Determine as concentrações [X] e [Y] em uma solução, cujas absorbâncias são 0,233 em 272 nm e 0,200 em 327 nm em uma célula com 0,100 cm de caminho óptico.

19.2. A figura adiante apresenta os espectros de uma solução de MnO_4^- 1,00 × 10^{-4} M, de uma solução de $Cr_2O_7^{2-}$ 1,00 × 10^{-4} M e de uma mistura das duas soluções com concentrações finais desconhecidas. Todas as absorbâncias foram medidas em uma célula com 1,000 cm de caminho óptico. Os valores das absorbâncias, em diferentes comprimentos de onda, são dados na tabela a seguir. Use o método de mínimos quadrados, na Figura 19.4, para determinar a concentração de cada espécie presente na mistura.

Comprimento de onda (nm)	Padrão de MnO_4^-	Padrão de $Cr_2O_7^{2-}$	Mistura
266	0,042	0,410	0,766
288	0,082	0,283	0,571
320	0,168	0,158	0,422
350	0,125	0,318	0,672
360	0,056	0,181	0,366

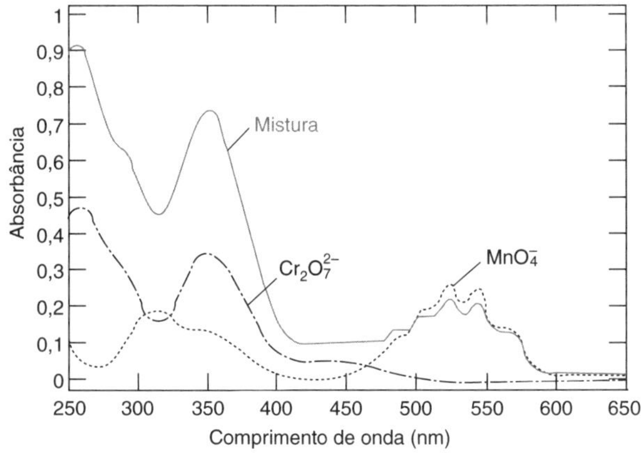

Espectro visível do MnO_4^-, $Cr_2O_7^{2-}$ e de uma mistura desconhecida contendo ambos os íons. [Dados de M. Blanco, H. Iturriaga, S. Maspoch e P. Tarín, "A Simple Method for Spectrophotometric Determination of Two-Components with Overlapped Spectra", *J. Chem. Ed.* **1989**, *66*, 178.]

19.3. Estudantes da Northern Alberta Institute of Technology desenvolveram um método espectrofotométrico para determinação simultânea de ácido acetilsalicílico (AAS), acetaminofeno (ACE) e cafeína (CAF) usando absorbâncias em 228, 243 e 273 nm em uma cubeta com 1,000 cm de caminho óptico.

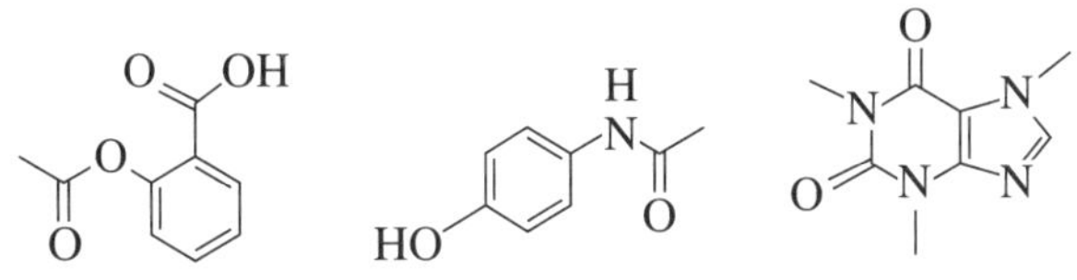

Ácido acetilsalicílico Acetaminofeno Cafeína

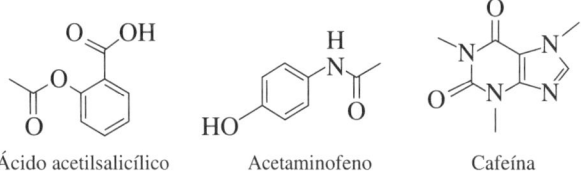

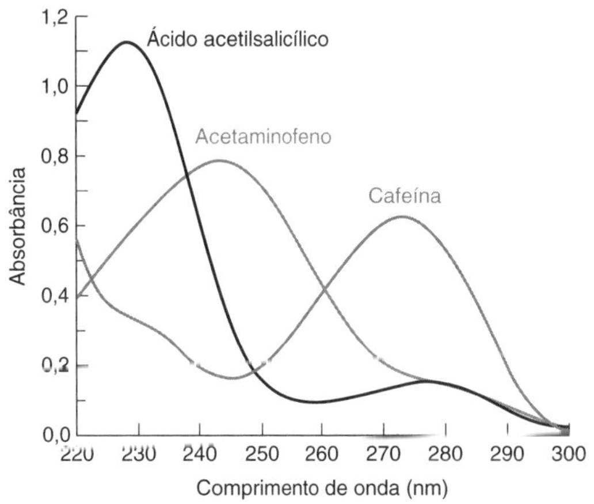

Espectros no ultravioleta para ácido acetilsalicílico 1,38 × 10^{-4} M, acetaminofeno 8,34 × 10^{-5} M e cafeína 6,44 × 10^{-5} M.

[Dados dos estudantes de graduação G. Morrison, J. Slingerland e C. Seneca sob orientação de L. Lucan, Northern Alberta Institute of Technology.]

(**a**) De que material deve ser a cubeta para esta determinação?

(**b**) Por que os estudantes escolheram os picos 228, 243 e 273 nm para as análises?

(**c**) No desenvolvimento desse procedimento, os estudantes procuraram concentrações que forneceram leituras de absorbâncias entre 0,3 e 1,2. Por que eles fizeram isso?

(**d**) Determinações em misturas não tamponadas resultaram em erros acima de 7%. Acidificação dos padrões e misturas resultaram em erros inferiores a 2,5%. Qual é a causa dessa inexatidão inicial?

(e) Use as operações matriciais na Figura 19.2 para determinar a concentração de cada espécie em uma mistura acidificada dos três componentes.

λ(nm)	Absortividade molar (M^{-1} cm^{-1}) ASA	ACE	CAF	Absorbância da mistura
228	8 170	6 820	5 380	1,220
243	2 940	9 440	2 610	0,951
273	1 070	2 120	9 710	0,741

FONTE: *Dados dos estudantes de graduação G. Morrison, J. Slingerland e C. Seneca sob orientação de L. Lucan, Northern Alberta Institute of Technology.*

19.4. Quando se observam pontos isosbésticos e por quê?

19.5. O indicador de íons metálicos alaranjado de xilenol (Tabela 12.3) é amarelo em pH 6,0 ($\lambda_{máx}$ = 439 nm). As mudanças espectrais que ocorrem quando o íon VO^{2+} é adicionado ao indicador, em pH 6,0, são vistas na figura a seguir. A razão molar VO^{2+}/alaranjado de xilenol, em cada ponto, é

Curva	Razão molar	Curva	Razão molar	Curva	Razão molar
0	0	6	0,60	12	1,3
1	0,10	7	0,70	13	1,5
2	0,20	8	0,80	14	2,0
3	0,30	9	0,90	15	3,1
4	0,40	10	1,0	16	4,1
5	0,50	11	1,1		

Sugira uma sequência de reações químicas para explicar as mudanças espectrais, especialmente os pontos isosbésticos em 457 e 528 nm.

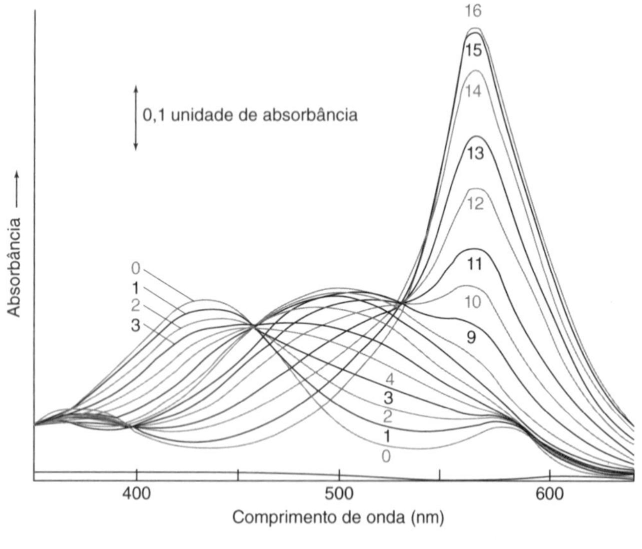

Espectros de absorção para a reação do alaranjado de xilenol com VO^{2+} em pH 6,0. [Dados de D. C. Harris e M. H. Gelb, "Binding of Xylenol Orange to Transferrin: Demonstration of Metal-Anion Linkage", *Biochim. Biophys. Acta* **1980**, *623*, 1.]

19.6. Os espectros na região do infravermelho são normalmente registrados em uma escala de transmitância, de modo que as bandas fortes e fracas podem ser vistas na mesma escala. A região próxima de 2 000 cm^{-1} nos espectros dos compostos A e B, obtidos na região do infravermelho, está apresentada na figura a seguir. Observe que a absorção corresponde a um pico de cabeça para baixo nessa escala. Os espectros de A e de B, em separado, foram medidos para soluções 0,010 0 M em células com 0,005 00 cm de caminho óptico. Uma mistura de A e de B, em uma célula com 0,005 00 cm de caminho óptico, apresentou uma transmitância de 34,0% em 2 022 cm^{-1} e de 38,3% em 1 993 cm^{-1}. Determine as concentrações das espécies A e B.

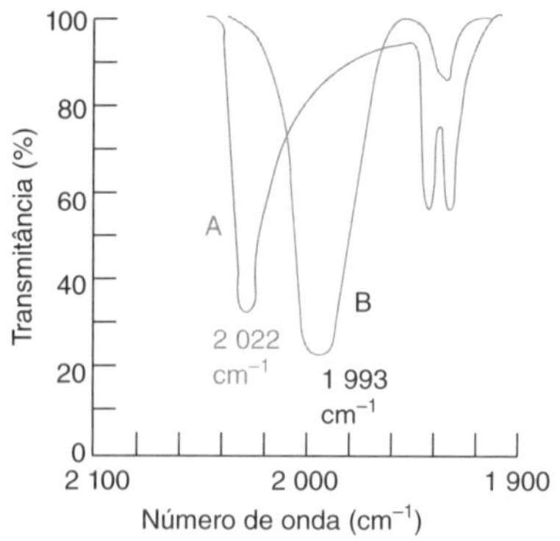

Número de onda	A puro	B puro
2 022 cm^{-1}	31,0% *T*	97,4% *T*
1 993 cm^{-1}	79,7% *T*	20,0% *T*

19.7. Dados espectroscópicos de três indicadores, azul de timol (TB), azul de semitimol (STB) e azul de metiltimol (MTB), estão apresentados na tabela a seguir. Os valores de absorbância para uma solução contendo TB, STB e MTB, em uma cubeta com 1,000 cm de caminho óptico, são 0,412 em 455 nm; 0,350 em 485 nm e 0,632 em 545 nm. Modifique a planilha eletrônica da Figura 19.2 para a resolução de um sistema de três equações simultâneas e determine os valores das concentrações [TB], [STB] e [MTB] na mistura.

λ(nm)	ε(M^{-1} cm^{-1}) TB	STB	MTB
455	4 800	11 100	18 900
485	7 350	11 200	11 800
545	36 400	13 900	4 450

Fonte: Dados de S. Kiciak, H. Gontarz e E. Krzyzanowska, "Monitoring the Syntheses of Semimethylthymol Blue and Methylthymol Blue", Talanta *1995*, 42, 1245.

19.8. A planilha eletrônica a seguir fornece os valores de εb para quatro compostos puros e para uma mistura, em comprimentos de onda na região do infravermelho. Modifique a Figura 19.2 de maneira a resolver o sistema com quatro equações e determine a concentração de cada componente na mistura. Podemos tratar a matriz de coeficientes como se ela fosse de absortividades molares, pois o caminho óptico é o mesmo para todas as medidas (embora seja desconhecido).

Comprimento de onda (μm)	Matriz de coeficientes (εb) *p*-Xileno	*m*-Xileno	*o*-Xileno	Etilbenzeno	Absorbância da amostra desconhecida
12,5	1,5020	0,0514	0	0,0408	0,1013
13,0	0,0261	1,1516	0	0,0820	0,09943
13,4	0,0342	0,0355	2,532	0,2933	0,2194
14,3	0,0340	0,0684	0	0,3470	0,03396

FONTE: *Dados de Z. Zdravkovski, "Mathcad in Chemistry Calculations. II. Arrays"*, J. Chem. Ed. *1992*, 69, 242A.

19.9. *Duas maneiras de se analisar uma mistura.* A Figura 19.5 mostra o espectro da solução do indicador azul de bromotimol, cujo pH foi ajustado em diversos valores. O espectro em pH 12,2 corresponde ao da forma azul pura, e o espectro em pH 1,8 ao da forma amarela pura. Em quaisquer outros valores de pH existe uma mistura das duas formas. A concentração total é 10,0 μM e o caminho óptico é 1,000 cm em todos os espectros. As absorbâncias nos pontos em três das curvas da Figura 19.5 são fornecidas na tabela vista a seguir.

Comprimento de onda (nm)	Absorbância dos padrões: Azul (pH 12,2) In^{2-}	Absorbância dos padrões: Amarelo (pH 1,8) HIn^-	Absorbância da mistura, pH 6,78
400	0,182	0,274	0,248
432	0,076	0,344	0,265
450	0,046	0,323	0,237
550	0,356	0,027	0,131
570	0,570	0,011	0,193
616	0,811	0,005	0,272

FONTE: Dados de E. Klotz, R. Doyle, E. Gross e B. Mattson, "The Equilibrium Constant for Bromothymol Blue", J. Chem. Ed. ***2011****, 88, 637. E. Klotz era um aluno de iniciação científica.*

(**a**) Prepare uma planilha semelhante à da Figura 19.4 para usar a absorção em todos os seis comprimentos de onda para encontrar $[In^{2-}]$ e $[HIn^-]$ na mistura. Comente a respeito da soma $[In^{2-}]$ + $[HIn^-]$.

(**b**) Com base nas concentrações $[In^{2-}]$ e $[HIn^-]$ na mistura, e sabendo-se que o pK_a do HIn^- é 7,10, calcule o pH da mistura. (Esse cálculo é a fonte dos valores de pH na figura.)

(**c**) Use as Equações 19.5 nos picos nos comprimentos de onda 432 e 616 nm para encontrar $[In^{2-}]$ e $[HIn^-]$ na mistura. Compare suas respostas àquelas em (**a**). Qual das respostas, (**a**) ou (**c**), é provavelmente a mais exata? Por quê?

19.10. *Desafiando sua destreza em processos* ***ácido-base****.* Preparou-se uma solução misturando-se 25,00 mL de uma solução de anilina 0,080 0 M com 25,00 mL de solução de ácido sulfanílico 0,060 0 M e 1,00 mL de solução de HIn $1{,}23 \times 10^{-4}$ M, diluindo-se até 100,0 mL. (HIn corresponde à forma protonada do indicador.)

Íon anilínio
pK_a = 4,601

Ácido sulfanílico
pK_a = 3,232

$$HIn \rightleftharpoons H^+ + In^-$$

$\varepsilon_{325} = 2{,}45 \times 10^4\ M^{-1}\,cm^{-1}$ $\qquad$ $\varepsilon_{325} = 4{,}39 \times 10^3\ M^{-1}\,cm^{-1}$

$\varepsilon_{550} = 2{,}26 \times 10^4\ M^{-1}\,cm^{-1}$ $\qquad$ $\varepsilon_{550} = 1{,}53 \times 10^4\ M^{-1}\,cm^{-1}$

A absorbância medida em 550 nm, em uma *célula com 5,00 cm* de caminho óptico, foi 0,110. Determine as concentrações de HIn, In^- e o pK_a para o HIn.

19.11. *Equilíbrio químico e análise de uma mistura. (Cuidado! Este é um problema longo.)* Espectrofotometria com uso de indicadores é o método-padrão para o sensoriamento remoto do pH da água do mar.[49] Um sensor remoto óptico para CO_2 foi projetado para fazer medidas em oceanos, sem necessidade de calibração.[50]

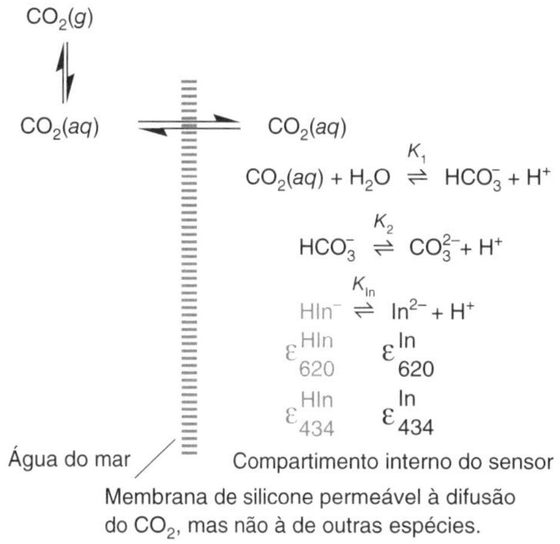

O compartimento onde se encontra o sensor é separado da água do mar por meio de uma membrana de silicone, que é permeável ao CO_2, mas não a outros íons. Dentro do sensor, o CO_2 está em equilíbrio com o HCO_3^- e o CO_3^{2-}. A cada nova medida, um sistema automático renova a solução contendo 50,0 μM do indicador azul de bromotimol (NaHIn) e NaOH 42,0 μM. Em pH neutro todo o indicador se encontra na forma HIn^- ou In^{2-}, de modo que podemos escrever dois balanços de massas: (1) $[HIn^-] + [In^{2-}] = F_{In}$ = 50,0 μM e (2) $[Na^+] = F_{Na}$ = 50,0 μM + 42,0 μM = 92,0 μM. O HIn^- tem um máximo de absorbância em 434 nm e o In^{2-} em 620 nm. O sensor mede a *razão* de absorbâncias $R_A = A_{620}/A_{434}$, que é um valor reprodutível sem necessidade de calibração. A partir dessa razão, podemos determinar a $[CO_2(aq)]$ na água do mar conforme o esquema visto a seguir:

(**a**) A partir da lei de Beer para a mistura dentro do sensor, escreva as expressões para $[HIn^-]$ e $[In^{2-}]$ em termos das absorbâncias em 620 e 434 nm (A_{620} e A_{434}). A seguir demonstre que

$$\frac{[In^{2-}]}{[HIn^-]} = \frac{R_A\varepsilon_{434}^{HIn^-} - \varepsilon_{620}^{HIn^-}}{\varepsilon_{620}^{In^{2-}} - R_A\varepsilon_{434}^{In^{2-}}} \equiv R_{In} \qquad \text{(A)}$$

(**b**) A partir do balanço de massas (1) e da constante de dissociação ácida K_{In}, mostre que

$$[HIn^-] = \frac{F_{In}}{R_{In}+1} \qquad \text{(B)}$$

$$[In^{2-}] = \frac{K_{In}F_{In}}{[H^+](R_{In}+1)} \qquad \text{(C)}$$

(**c**) Mostre que $[H^+] = K_{In}/R_{In}$. **(D)**

(**d**) A partir dos equilíbrios de dissociação do ácido carbônico, demonstre que

$$[HCO_3^-] = \frac{K_1[CO_2(aq)]}{[H^+]} \qquad \text{(E)}$$

$$[CO_3^{2-}] = \frac{K_1K_2[CO_2(aq)]}{[H^+]^2} \qquad \text{(F)}$$

(**e**) Escreva o balanço de cargas para a solução que se encontra dentro do compartimento do sensor. Substitua esse balanço nas expressões B, C, E e F, para determinar as concentrações $[HIn^-]$, $[In^{2-}]$, $[HCO_3^-]$ e $[CO_3^{2-}]$.

(**f**) Suponha que as diferentes constantes têm os seguintes valores:

$$\varepsilon_{434}^{HIn^-} = 8{,}00\times10^3\ M^{-1}\,cm^{-1} \qquad K_1 = 3{,}0\times10^{-7}$$
$$\varepsilon_{620}^{HIn^-} = 0\ M^{-1}\,cm^{-1} \qquad K_2 = 3{,}3\times10^{-11}$$
$$\varepsilon_{434}^{In^{2-}} = 1{,}90\times10^3\ M^{-1}\,cm^{-1} \qquad K_{In} = 2{,}0\times10^{-7}$$
$$\varepsilon_{620}^{In^{2-}} = 1{,}70\times10^4\ M^{-1}\,cm^{-1} \qquad K_w = 6{,}7\times10^{-15}$$

Se a razão de absorbância $R_A = A_{620}/A_{434}$ é 2,84, determine o valor da $[CO_2(aq)]$ na água do mar.

(g) Qual o valor aproximado da força iônica dentro da câmara do sensor? Como pode ser justificado o fato de os coeficientes de atividade serem desprezados nos cálculos desse problema?

19.12. *Calibração multivariada.* Um aspecto importante na criação de uma calibração multivariada é a seleção de quantos e quais recursos (comprimentos e números de onda, por exemplo) devem ser utilizados para a construção do modelo de calibração.

(a) Uma planilha com os dados da Figura 19.4 está disponível no Ambiente de aprendizagem do GEN. Insira palpites aleatórios nas células I15:I17 e use o Solver para minimizar a soma dos quadrados na célula J11 variando as células I15:I17. Sua planilha então se parecerá com a da Figura 19.4. Calcule os erros relativos para as determinações, uma vez que as concentrações verdadeiras são xileno 2,43 M, dicloroetano 3,80 M e tolueno 1,40 M.

(b) Adicione as absorbâncias em 2 971,5 e 2 868,8 cm^{-1} aos cinco conjuntos de dados iniciais da sua planilha. Use o Solver para revisar as concentrações calculadas para os três componentes. Quais são os erros relativos nessas três concentrações?

Números de onda (cm^{-1})	Absorbância dos padrões			Absorbância da mistura
	Xileno	$C_2H_4Cl_2$	Tolueno	
2 971,5	0,570	0,595	0,273	1,443
2 868,8	0,569	0,107	0,244	1,097
3 124,5	0,033	0,027	0,031	0,118
2 780,6	0,019	0,018	0,006	0,069

FONTE: *Dados de M. K. Gilbert, R. D. Lutrell, D. Stout e F. Vogt, "Introducing Chemometrics to the Analytical Curriculum",* J. Chem. Ed. ***2008****, 85, 135. D. Stout era um aluno de iniciação científica.*

(c) Substitua as absorbâncias em 2 971,5 e 2 868,8 cm^{-1} por 3 124,5 e 2 780,6 cm^{-1}. Use o Solver para determinar as concentrações dos três compostos. Quais são os erros relativos?

(d) Por que a adição de informação de absorbância em dois números de onda adicionais tem efeitos diferentes em (b) e (c)?

Determinação do Valor de uma Constante de Equilíbrio

19.13. O iodo reage com o mesitileno para formar um complexo de transferência de carga em solução de tetracloreto de carbono com um máximo de absorção em 332 nm:

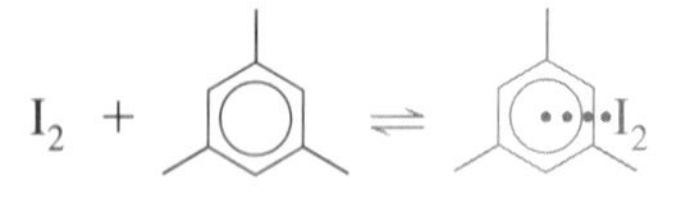

$$K = \frac{[\text{Complexo}]}{[I_2][\text{Mesitileno}]}$$

Iodo $\varepsilon_{332} \approx 0$ — Mesitileno $\varepsilon_{332} \approx 0$ — Complexo $\lambda_{máx} = 332$ nm

Os dados espectrofotométricos para um conjunto de soluções no equilíbrio são mostrados a seguir.

$[\text{Mesitileno}]_{tot}$ (M)	$[I_2]_{tot}$ (M)	Absorbância em 332 nm
1,690	$7,817 \times 10^{-5}$	0,369
0,921 8	$2,558 \times 10^{-4}$	0,822
0,633 8	$3,224 \times 10^{-4}$	0,787
0,482 9	$3,573 \times 10^{-4}$	0,703
0,390 0	$3,788 \times 10^{-4}$	0,624
0,327 1	$3,934 \times 10^{-4}$	0,556

FONTE: *Dados de P. J. Ogren e J. R. Norton, "Applying a Simple Linear Least-Squares Algorithm to Data with Uncertainties in Both Variables",* J. Chem. Ed. ***1992****, 69, A130.*

Use o Solver para determinar o valor de *K*. A única espécie que absorve em 332 nm é o complexo, de modo que, pela lei de Beer, [complexo] = A/ε (pois o caminho óptico é 1,000 cm). O I_2 encontra-se livre ou ligado no complexo, de forma que $[I_2] = [I_2]_{tot}$ – [complexo]. Como existe um grande excesso de mesitileno, então [mesitileno] ≈ $[\text{mesitileno}]_{tot}$.

$$K = \frac{[\text{complexo}]}{[I_2][\text{mesitileno}]} = \frac{A/\varepsilon}{([I_2]_{tot} - A/\varepsilon)[\text{mesitileno}]_{tot}}$$

A planilha eletrônica vista a seguir mostra alguns dos dados, mas você necessita usar todos os dados. A coluna A contém os valores de [mesitileno] e a coluna B contém os valores de $[I_2]_{tot}$. A coluna C contém as absorbâncias medidas. O valor *proposto* inicialmente para a absortividade molar, ε, está na célula A7. A concentração do complexo (= A/ε), a ser calculada, encontra-se na coluna D. A constante de equilíbrio na coluna E é calculada por

$$E2 = [\text{complexo}]/([I_2] \times [\text{mesitileno}]) = (D2)/((B2 - D2) * A2)$$

	A	B	C	D	E
1	[Mesitileno]	$[I_2]_{tot}$	A	[Complexo] = A / ε	K_{eq}
2	1,6900	7,817E-05	0,369	7,380E-05	9,99282
3	0,9218	2,558E-04	0,822	1,644E-04	1,95128
4	0,6338	3,224E-04	0,787	1,574E-04	1,50511
5				Média =	4,48307
6	Estimativa para ε:			Desvio-padrão =	4,77680
7	5,000E+03			Desvio-padrão/Média =	1,06552

Qual a variável que deve ser minimizada pelo Solver? Queremos variar ε na célula A7 até que os valores de *K*, na coluna E, se tornem os mais constantes possíveis. Gostaríamos de minimizar uma função do tipo $\Sigma(K_i - K_{médio})^2$, em que K_i é o valor em cada linha da tabela e $K_{médio}$ é a média de todos os valores calculados. O problema ao usarmos a função $\Sigma(K_i - K_{médio})^2$ é que podemos minimizar esta função fazendo com que o valor de K_i seja muito pequeno, mas não necessariamente constante. O que realmente desejamos é que todos os valores de K_i se aproximem o máximo possível do valor médio. Uma boa maneira para conseguirmos este resultado é minimizarmos o valor do *desvio-padrão relativo* de K_i, expresso como (desvio-padrão)/média. Na célula E5, calculamos o valor médio de *K* e na célula E6 o desvio-padrão. A célula E7 contém o desvio-padrão relativo. Use o Solver para minimizar o valor da célula E7 variando o valor da célula A7.

Reações Espectrofotométricas, Analisadores Discretos, Microplacas e Injeção em Fluxo

19.14. A Tabela 19.1 apresenta exemplos de métodos-padrão para análises utilizando reações espectrofotométricas.

(a) O que é um *método-padrão de análise*?

(b) O método 350.1 da US-EPA para amônia necessita de um branco fortificado, isto é, contendo uma quantidade deliberadamente adicionada de analito, a ser analisado a cada batelada de amostras. Qual é o propósito de um branco fortificado?

(c) O método-padrão 4500-Cl E para cloreto estabelece que o material particulado pode ser removido por filtração ou centrifugação. Por que o particulado deve ser removido?

19.15. Qual das técnicas I a IV é melhor para cada uma das aplicações vistas a seguir? Use cada técnica apenas uma vez. Justifique cada escolha em uma frase.

I. Colorímetro — **III.** Microplaca de 96 poços
II. Analisador discreto — **IV.** Análise por injeção em fluxo

(a) Na segunda semana de um experimento de bioquímica de quatro semanas, você coletou 50 frações de uma coluna de filtração em gel para determinar que frações contêm lactato desidrogenase. Você possui apenas 400 μL de lactato desidrogenase na concentração de 0,100 mg/L para preparar sua curva de calibração.

(**b**) Seu laboratório de análises ambientais possui 2 000 amostras para análise de amônia em concentrações em nível de traço ao longo da próxima semana.

(**c**) Vinte amostras de água devem ser analisadas para Cl^-, NH_3, PO_4^{3-} e SO_4^{2-} durante cada turno de trabalho.

(**d**) Sua professora ouviu você comentar que fará uma trilha ao longo de vários rios no próximo verão. Ela pediu para você coletar amostras de 100 mL de água dos dez rios com maiores concentrações de fosfato.

19.16. *Correção do caminho óptico em micropoços.* A tabela vista a seguir mostra as leituras de absorbância para uma solução de ovoalbumina medida em uma microplaca.

	Absorbância		
Solução	280 nm	900 nm	1 000 nm
Ovoalbumina (micropoço)	0,634	0,052	0,226
Branco (micropoço)	0,016		
Água (cubeta com 1 cm de caminho óptico)		0,058	0,243

(**a**) Determine o caminho óptico que a radiação cruza na solução de ovoalbumina no micropoço.

(**b**) Calcule a absorbância corrigida pelo branco para a solução de ovoalbumina em um caminho óptico de 1,000 cm.

(**c**) A concentração da proteína pode ser estimada em ~5 a 10% baseada na absorbância em 280 nm (Problema 18.22). A ovoalbumina é formada por 386 aminoácidos, incluindo 3 triptofanos, 10 tirosinas e 1 ligação dissulfeto, tendo uma massa molecular de 45 000 Da. Calcule a absortividade molar da ovoalbumina.

(**d**) Determine a concentração de ovoalbumina, em mg/mL, usando informações dos itens (**b**) e (**c**).

19.17. *Densidade celular bacteriana por dispersão.* Bactérias foram cultivadas e amostradas em diferentes estágios de crescimento. Soluções de calibração para *E. coli* em seus estágios inicial e avançado da fase estacionária do ciclo de crescimento microbiano foram preparadas por diluições sucessivas usando uma microplaca de 96 poços. A densidade óptica foi medida em 600 nm. O branco medido para o meio de crescimento foi subtraído de todas as leituras. As concentrações celulares foram determinadas utilizando um microscópio.

E. coli estágio avançado		*E. coli* estágio inicial	
Número de células ($\times 10^8$)/mL	Densidade óptica corrigida para um caminho óptico de 1,000 cm	Número de células ($\times 10^8$)/mL	Densidade óptica corrigida para um caminho óptico de 1,000 cm
0,31	0,018	0,36	0,086
1,26	0,089	0,71	0,183
2,51	0,177	1,43	0,328
5,03	0,316	2,85	0,626
7,54	0,486	5,71	1,243
12,56	0,783	11,41	2,127
17,59	1,081	28,53	3,793
27,64	1,692		

FONTE: *Dados de K. Stevenson, A. F. McVey, I. B. N. Clark, P. S. Swain e T. Pilizota, "General Calibration of Microbial Growth in Microplate Readers",* Sci. Reports ***2017***, *6, 38838, open acess. K. Stevenson era um aluno de iniciação científica.*

(**a**) Use o Excel para traçar um gráfico dos dados de *E. coli* no estágio avançado e adicione uma linha de tendência (Seção 4.9). Escreva a equação da linha, incluindo as incertezas-padrão nos coeficientes angular e linear. Essa calibração é linear? *Dica*: resíduos – a distância vertical entre os pontos e a linha – devem estar distribuídos de forma aleatória ao longo da linha (Seção 5.4).

(**b**) Use o Excel para traçar um gráfico dos dados de *E. coli* no estágio inicial. Essa calibração é linear? Caso não seja, em qual faixa de valores essa calibração é linear?

(**c**) *Ajuste não linear.* Ajustando os dados de *E. coli* no estágio inicial a uma equação quadrática (Apêndice C) temos a equação de calibração $y = -0{,}003\,2x^2 + 0{,}223\,8x + 0{,}020\,9$, com $R^2 = 0{,}999\,7$ e pequenos resíduos aleatoriamente distribuídos. Utilizando essa calibração, qual é a concentração celular para uma densidade óptica de 2,50?

(**d**) O leitor de microplaca usou um fator de 6,37 para corrigir as leituras de absorbância de uma solução de 100 μL para um caminho óptico de 1,000 cm. Qual foi o caminho óptico real para a solução de 100 μL dentro do micropoço? Qual foi densidade óptica medida real em (**c**)?

19.18. Explique o que é feito em um analisador discreto e na análise por injeção em fluxo. Quais são as duas principais diferenças entre as duas técnicas?

19.19. Explique o que é feito na análise por injeção em fluxo e na injeção sequencial. Qual é a principal diferença entre as duas técnicas? Qual delas é também conhecida como "laboratório em uma válvula"?

19.20. Antes de ser implementado na Estação Espacial Internacional, um sistema de análise de íon amônio por injeção sequencial precisou ser validado.

(**a**) O novo método foi comparado ao método-padrão para amônio na Tabela 19.1 com amostras de água potável (PW), água para higiene (HW) e água proveniente da Estação de Pesquisa Concórdia – Antártica (AC) que tem sistema de reciclo de água similar ao da estação espacial. Use o teste *t* pareado (Seção 4.4) para verificar se o novo método é exato.

	Concentração de NH_4^+ (mg/L)						
	PW 1	PW 2	HW 1	HW 2	AC 1	AC 2	AC 3
Método certificado	0,33	0,70	1,05	5,72	3,55	0,34	18,66
Novo método	0,32	0,75	1,08	5,38	3,28	0,32	19,02

FONTE: *Dados de G. Giakisikli, E. Trikas, M. Petala, T. Karapantsios, G. Zachariadis e A. Anthemidis, "An Integrated Sequential Injection Analysis System for Ammonium Determination in Recycled Hygiene and Potable Water Samples for Future Use in Manned Space Missions",* Microchem. J. ***2017***, *133, 490.*

(**b**) Liste dois outros procedimentos que poderiam ser usados para validar a exatidão do novo método (Seção 5.2).

Luminescência e Supressão

19.21. Qual é a diferença entre luminescência, quimiluminescência e bioluminescência?

19.22. Selecione um dos reagentes de derivatização fluorescente (I a III) para cada uma das seguintes aplicações da literatura.[51]

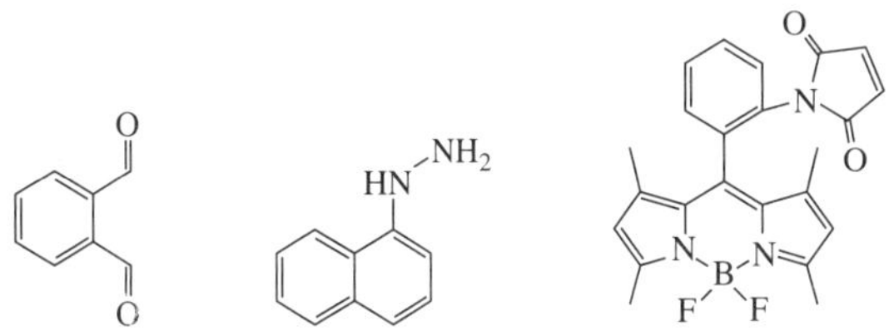

I II III

(**a**) Quantificação de tióis como glutamina, cisteína, homocisteína e γ-glutamilcisteína em uma única célula.

(**b**) Quantificação de traços de 2-alquilciclobutanonas, que são marcadores moleculares que identificam se os alimentos foram irradiados com radiação γ para sua maior conservação.

(**c**) Reagente fluorogênico que permitiria a detecção de fluorescência de aminas primárias neurotransmissoras, como a dopamina, em células vivas.

19.23. *Titulação fluorimétrica de biotina-estreptavidina. Biotina* é um *cofator* em reações enzimáticas de carboxilação. A biotina ativa o CO_2 para reações de biossíntese.

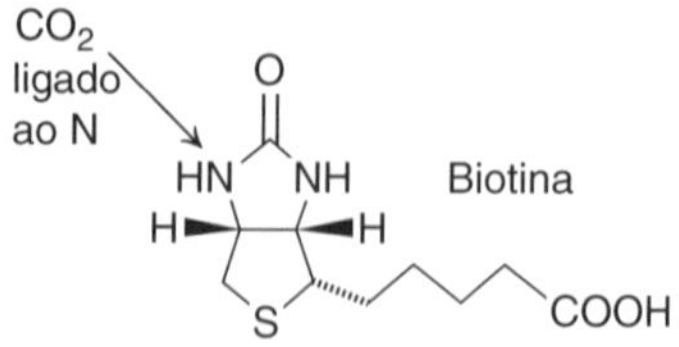

Estreptavidina é uma proteína isolada a partir da bactéria *Streptomyces avidinii* e se liga à biotina com uma constante de formação de $\sim 10^{14}$. O complexo biotina-estreptavidina é amplamente utilizado em biotecnologia e bioanalítica porque o complexo não covalente é estável na presença de detergentes, proteínas desnaturantes e solventes orgânicos, e em pH e temperaturas extremos.

A estequiometria do complexo biotina-estreptavidina foi medida por titulação fluorimétrica. O corante fluoresceína (Seção 19.5) covalentemente ligado a biotina via grupo carboxila da biotina fluoresce em 520 nm quando irradiado em 493 nm. Quando a biotina-fluoresceína (BF) se liga à estreptavidina (SA), a fluorescência diminui. A tabela vista a seguir mostra a intensidade de emissão contra a adição de BF a SA e também contra a adição de SA a BF. Os dados já estão corrigidos para diluição.

Adição de BF a SA[a]		Adição de SA a BF[b]	
Razão molar [BF]:[SA]	Fluorescência (10^5 contagens/s)	Razão molar [SA]:[BF]	Fluorescência (10^6 contagens/s)
0,00	0,000	0,000	2,958
0,51	0,202	0,061	2,394
1,02	0,333	0,122	1,613
1,53	0,476	0,183	0,884
2,04	0,595	0,244	0,212
2,55	0,678	0,306	0,144
3,06	0,749	0,367	0,144
3,57	0,892	0,428	0,144
4,08	1,927	0,489	0,144
4,59	3,770	0,550	0,144
5,10	5,970		
5,61	8,230		
6,12	10,609		

a. Titulação de SA ~0,11 μM com BF em pH 7,3 com tampão trietilamina 10 mM.
b. Titulação de BF ~0,72 μM com SA em pH 7,3 com tampão trietilamina 10 mM.
Dados de D. P. Mascotti e M. J. Waner, "Complementary Spectroscopic Assays for Investigating Protein-Ligand Binding Activity", J. Chem. Ed. ***2010****, 87, 735.*

(a) Faça um gráfico de fluorescência contra a razão molar para cada titulação e estabeleça a estequiometria de ligação da biotina com a estreptavidina.

(b) Explique o formato da curva para cada titulação.

19.24. *Gráfico de Stern-Volmer.* A tabela vista a seguir mostra os dados de intensidade e tempo de vida para a luminescência do complexo de rutênio da Figura 19.21 em determinada faixa de concentração de oxigênio.

Concentração de oxigênio (μM)	Intensidade de fluorescência	Tempo de vida da fluorescência (μs)
0	590	1,008
22	574	0,978
44	557	0,964
72	552	0,950
132	518	0,916
174	503	0,893
267	478	0,836

FONTE: *Dados de A. Byrne, J. Jacobs, C. S. Burke, A. Martin, A. Heise e T. E. Keyes, "Rational Design of Polymeric Core Shell Ratiometric Oxygen-Sensing Nanostructures",* Analyst ***2017****, 142, 3400.*

(a) Por que a intensidade da luminescência diminui à medida que a concentração de oxigênio aumenta?

(b) Trace um gráfico de Stern-Volmer baseado na intensidade da fluorescência. Essa calibração é linear?

(c) Trace um gráfico de Stern-Volmer baseado no tempo de vida da fluorescência. Qual o tipo de supressão indicado por essa curva?

19.25. O gráfico visto a seguir mostra o efeito do pH na supressão da luminescência do tris(2,2′-dipiridina)Ru(II) pelo 2,6-dimetilfenol. Na ordenada, K_{sv} corresponde ao conjunto de constantes $k_q/(k_e + k_d)$ na equação de Stern-Volmer, Equação 19.30. Quanto maior o valor de K_{sv}, maior é o efeito supressor. Sugira uma explicação para a forma do gráfico e estime o valor do pK_a para o 2,6-dimetilfenol.

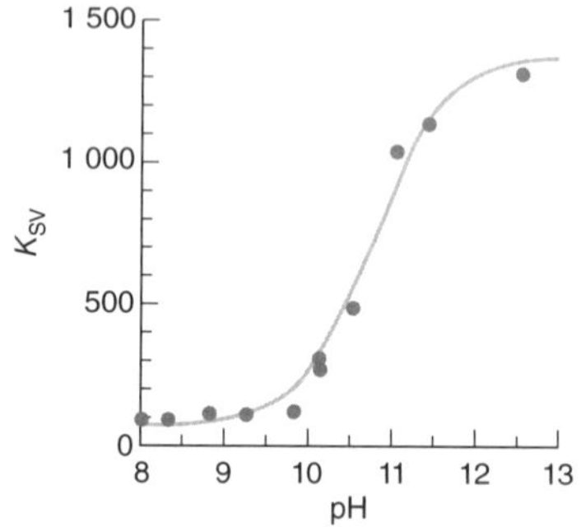

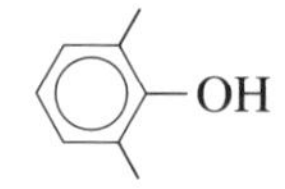

2,6-Dimetilfenol

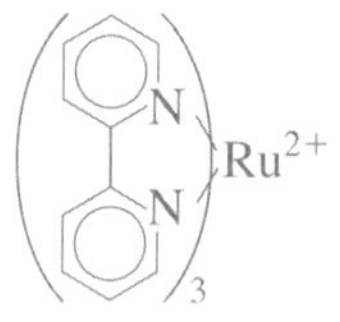

Tris(2,2′-bipiridina)rutênio(II)

Supressão do tris(2,2′-bipiridina)rutênio(II) pelo 2,6-dimetilfenol em função do pH. [Dados de H. Gsponer, G. A. Argüello e G. A. Argüello, "Determinations of pK_a from Luminescence Quenching Data", *J. Chem. Ed.* **1997**, *74*, 968.]

19.26. *Transferência de energia de ressonância de Förster.* Os espectros de seis corantes são mostrados a seguir. Selecione um par apropriado de doador/receptor para cada objetivo analítico.

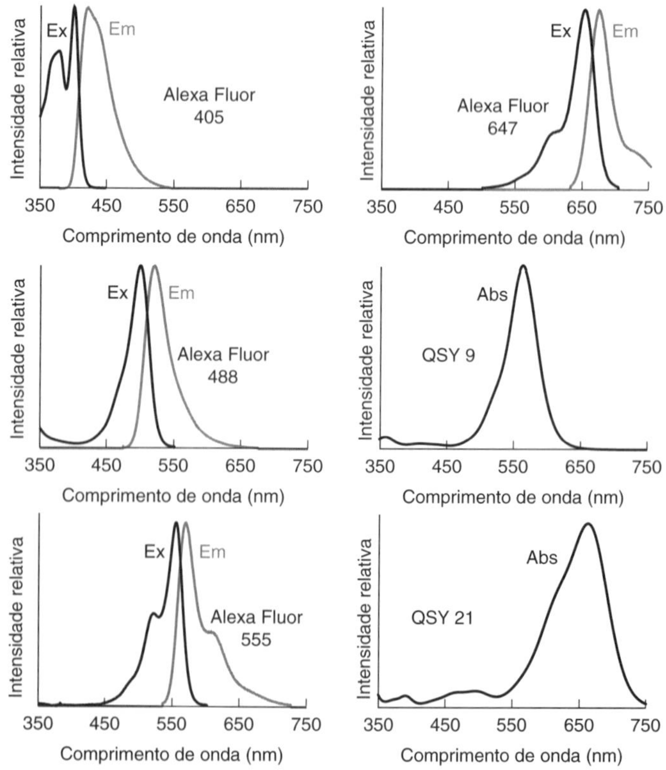

Espectros de excitação e emissão para corantes fluorescentes e supressores. [Dados de *Fluorescence SpectraViewer*, recurso *on-line* da Thermo Fisher Scientific.]

(a) Excitação em 488 nm resulta em uma pequena fluorescência em 600 nm quando os corantes estão distantes e forte fluorescência quando eles estão próximos.

(**b**) Excitação em 488 nm não resulta em fluorescência quando os corantes estão próximos, mas uma forte fluorescência em 520 nm quando eles estão afastados.

(**c**) Excitação em 532 nm resulta em uma fluorescência forte em 670 nm quando os corantes estão próximos e a fluorescência se desloca para 570 nm quando os corantes estão afastados.

19.27. *Supressão da fluorescência em micelas.* Considere uma solução aquosa com alta concentração de micelas (Boxe 26.1), relativamente baixas concentrações da molécula fluorescente de pireno e um supressor (cloreto de cetilpiridínio, representado por Q), sendo que o pireno e o supressor se dissolvem nas micelas.

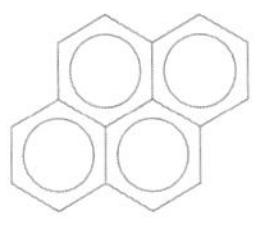

Pireno
(espécie fluorescente)

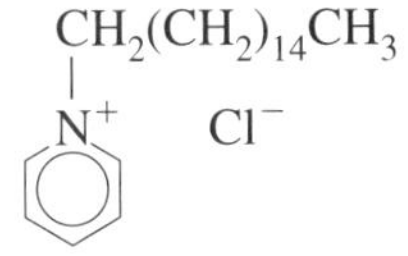

Cloreto de cetilpiridínio
(supressor, Q)

A supressão ocorre se o pireno e o Q estiverem na mesma micela. Seja [Q] a concentração total do supressor e [M] a concentração das micelas. O número médio de supressores por micela é $\bar{Q}$ = [Q]/[M]. Admitindo que Q está aleatoriamente distribuído entre as micelas, podemos dizer que a probabilidade de determinada micela ter *n* moléculas de Q é dada pela *distribuição de Poisson*:[52]

$$\text{Probabilidade de existirem } n \text{ moléculas de Q na micela} \equiv P_n = \frac{\bar{Q}^n}{n!}e^{-\bar{Q}} \quad (1)$$

em que *n*! é o fatorial de *n* (= *n*[*n* − 1][*n* − 2]...[1]). A probabilidade de que não existam moléculas de Q em uma micela é

$$\text{Probabilidade de existir 0 molécula de Q na micela} = \frac{\bar{Q}^0}{0!}e^{-\bar{Q}} = e^{-\bar{Q}} \quad (2)$$

porque 0! ≡ 1.

Sejam I_0 a intensidade de fluorescência do pireno na ausência de Q e I_Q a intensidade na presença de Q (ambas medidas na mesma concentração de micelas). O quociente I_Q/I_0 deve ser $e^{-\bar{Q}}$ que é a probabilidade de que uma micela não possua uma molécula supressora. Substituindo $\bar{Q}$ = [Q]/[M], temos

$$I_Q/I_0 = e^{-\bar{Q}} = e^{-[Q]/[M]} \quad (3)$$

As micelas são feitas a partir da molécula surfactante, dodecil sulfonato de sódio. O dodecil sulfonato de sódio forma micelas com as caudas hidrocarbônicas apontando para dentro e as cabeças iônicas expostas à água.

$$CH_3(CH_2)_{11}O\overset{\overset{\Large O}{\|}}{\underset{\underset{\Large O}{\|}}{S}}O^-\ Na^+$$

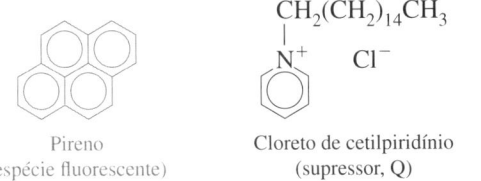

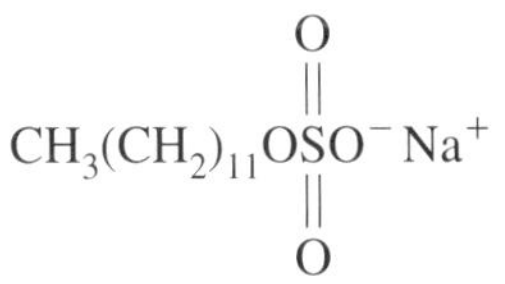

Quando o surfactante é adicionado a uma solução, nenhuma micela é formada até que seja alcançada uma concentração mínima chamada *concentração micelar crítica* (CMC). Quando a concentração total de surfactante, [S], excede a concentração crítica, o surfactante encontrado nas micelas é [S] − [CMC]. A concentração molar de micelas é

$$[M] = \frac{[S]-[CMC]}{N_{méd}} \quad (4)$$

em que $N_{méd}$ é o número médio de moléculas de surfactante em cada micela.

Combinando as Equações 3 e 4, tem-se uma expressão para a fluorescência em função da concentração total de supressor, [Q]:

$$\ln\frac{I_0}{I_Q} = \frac{[Q]N_{méd}}{[S]-[CMC]} \quad (5)$$

Medindo a intensidade de fluorescência em função de [Q], com [S] fixa, podemos determinar o número médio de moléculas de S por micela se soubermos a concentração micelar crítica (medida de maneira independente em soluções de S). A tabela vista a seguir apresenta os dados para a solução de pireno 3,8 μM em uma solução micelar com uma concentração total de dodecil sulfonato de sódio, [S] = 20,8 mM.

Q (μM)	I_0/I_Q	Q (μM)	I_0/I_Q	Q (μM)	I_0/I_Q
0	1	158	2,03	316	4,04
53	1,28	210	2,60	366	5,02
105	1,61	262	3,30	418	6,32

FONTE: *M. F. R. Prieto, M. C. R. Rodriguez, M. M. Gonzáles, A. M. R. Rodriguez e J. C. M. Fernández, "Fluorescence Quenching in Microheterogeneous Media",* J. Chem. Ed. ***1995****, 72, 662.*

(**a**) Se as micelas não estiverem presentes, espera-se que a supressão obedeça à Equação de Stern-Volmer (19.30). Mostre que o gráfico de I_0/I_Q contra [Q] não é linear.

(**b**) A concentração micelar crítica é 8,1 mM. Prepare um gráfico de $\ln(I_0/I_Q)$ contra [Q]. Use a Equação 5 para determinar $N_{méd}$, o número médio de moléculas de dodecil sulfonato de sódio por micela.

(**c**) Determine a concentração de micelas, [M], e o número médio de moléculas de Q por micela, $\bar{Q}$, quando [Q] = 0,200 mM.

(**d**) Calcule as frações de micelas contendo 0; 1 e 2 moléculas de Q quando [Q] = 0,200 mM.

19.28. O texto final do Boxe 19.3 afirma que "a vantagem da interconversão de energia para sondas biomédicas é que a radiação incidente no infravermelho próximo (800 a 1 000 nm), de baixa energia, produz pouca emissão de ruído de fundo por parte da complexa matriz biológica que pode ser altamente fluorescente sob radiação na região do visível". Sugira por que a radiação no infravermelho próximo estimula a produção de menos emissões do que a radiação na faixa do visível e por que esse comportamento é útil.

19.29. *Problema da literatura.* Os níveis de albumina no soro sanguíneo humano são geralmente cerca de 0,75 mM em indivíduos saudáveis, com concentrações mais baixas sendo indicação de doenças cardíacas e diminuição cognitiva na velhice. O atual método de medição requer procedimento em um tempo preciso, pois outras proteínas reagem gradualmente com o corante. S. E. Smith *et al.* escreveram uma Nota Técnica (*Anal. Chem.* **2014**, *86*, 2332, *open access*) descrevendo um método mais sensível e estável para determinação de albumina em soro sanguíneo humano utilizando supressão de fluorescência. Notas Técnicas são descrições curtas de novas aparelhagens ou técnicas, que não precisam ter as seções típicas de um artigo científico completo (Introdução, Parte Experimental e assim por diante).

(**a**) Por que o corante Pittsburgh Green 2 foi escolhido para essa análise?

(**b**) Qual o pH e o tampão que foram utilizados nessa determinação? Por que essa escolha?

(**c**) Como o novo procedimento foi validado?

(**d**) Qual a faixa de linearidade do novo procedimento?

(**e**) Qual foi a causa da queda na fluorescência do corante livre na Figura 3d?

(f) Registrar as observações no seu caderno é de suma importância. J. M. Willians, um coautor que era estudante de graduação, descobriu que o par albumina-corante ficou vermelho, uma observação decisiva para entender o mecanismo de supressão. Outros membros do laboratório não viram a mudança de cor porque estavam utilizando microplacas de 96 poços de paredes pretas. Por que eles estavam utilizando microplacas de paredes pretas? (*Dica*: a resposta está neste capítulo, não no artigo.)

Imunoensaios

19.30. Explique como a amplificação de sinal é obtida nos testes de enzima ligada a imunoabsorvente.

19.31. Qual é a vantagem de uma medida de emissão resolvida no tempo para Eu^{3+} e Tb^{3+} com relação às medidas de fluorescência em cromóforos orgânicos?

19.32. Este problema descreve um *imunoensaio* para determinação de explosivos, por exemplo, o trinitrotolueno (TNT), em um extrato orgânico de um solo. O teste emprega um *citômetro de fluxo*, que conta partículas pequenas (como as células vivas) que fluem em um tubo estreito após um detector. Neste experimento, o citômetro irradia as partículas com um *laser* verde e mede a fluorescência oriunda de cada partícula que flui após o detector.

1. Os anticorpos que se ligam ao TNT são quimicamente ligados a esferas de látex de 5 μm de diâmetro.
2. As esferas são incubadas com um derivado fluorescente do TNT para saturar os anticorpos, e o excesso do derivado do TNT é removido. As esferas são ressuspendidas em solução aquosa de um detergente.

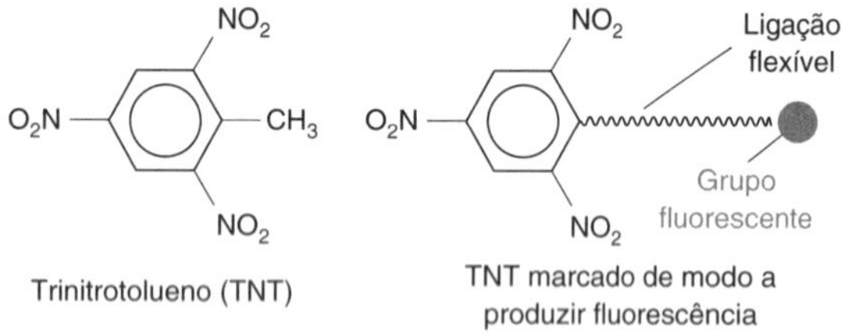

3. 5 μL da suspensão foram adicionados a 100 μL de solução da amostra ou do padrão. O TNT na amostra ou no padrão desloca parte do TNT derivatizado de suas ligações com os anticorpos. Quanto maior a concentração do TNT, maior a quantidade de TNT derivatizado que é deslocado.
4. Uma alíquota é injetada no citômetro de fluxo, que mede a fluorescência das esferas individuais assim que passam pelo detector. A figura a seguir mostra as intensidades de fluorescência médias ± desvio-padrão. O TNT pode ser quantificado em níveis na faixa de ppb a ppm.

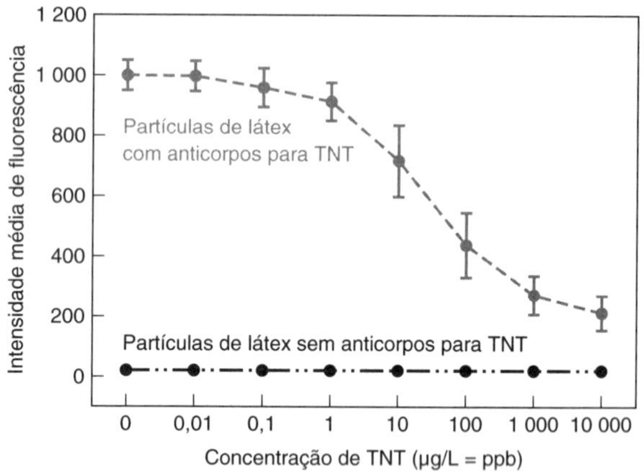

Fluorescência de esferas-anticorpos-TNT *versus* concentração de TNT. [Dados de G. P. Anderson, S. C. Moreira, P. T. Charles, I. L. Medintz, E. R. Goldman, M. Zeinali e C. R. Taitt, "TNT Detection Using Multiplexed Liquid Array Displacement Immunoassays", *Anal. Chem.* **2006**, *78*, 2279.]

Represente, por meio de figuras, o estado das esferas nas etapas 1, 2 e 3 e explique, com suas palavras, como esse método funciona.

20 Espectrofotômetros

ESPECTROSCOPIA DE DECAIMENTO EM CAVIDADE

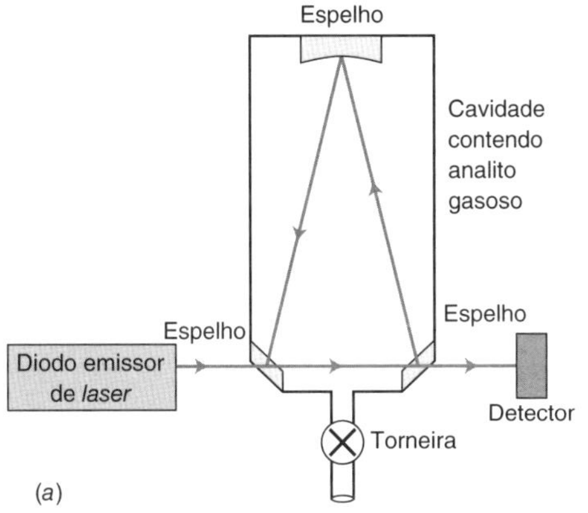

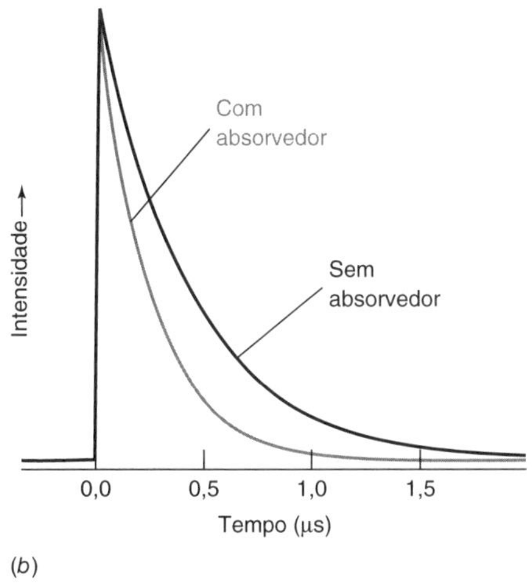

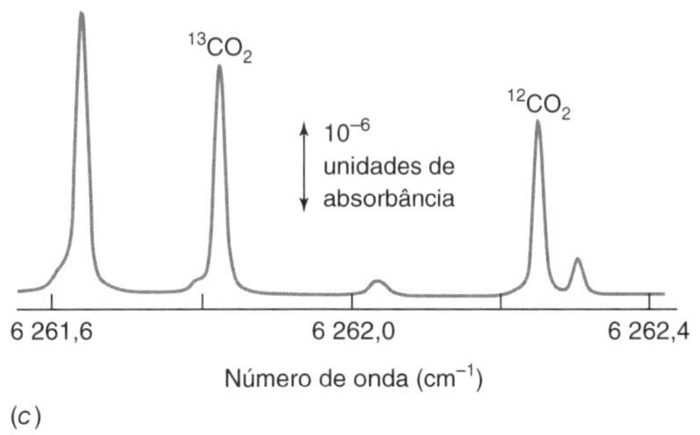

Espectro de decaimento em cavidade de CO_2 em uma pressão de ~3 mbar, semelhante à concentração na respiração humana. [Dados de E. R. Crosson, K. N. Ricci, B. A. Richman, F. C. Chilese, T. G. Owano, R. A. Provencal, M. W. Todd, J. Glasser, A. A. Kachanov, B. A. Paldus, T. G. Spence e R. N. Zare, "Stable Isotope Ratios Using Cavity Ring-Down Spectroscopy: Determination of $^{13}C/^{12}C$ for Carbon Dioxide in Human Breath", *Anal. Chem.* **2002**, *74*, 2003.]

A espectroscopia de decaimento em cavidade utiliza uma cavidade óptica para aumentar consideravelmente o caminho óptico e, desse modo, pode medir absorbâncias muito baixas, da ordem de ~10^{-6}, e tem potencial para ser utilizada em detectores sensíveis para cromatografia ou leitores de microplacas.[1] Na figura *a*, vista neste boxe, um pulso de *laser* é direcionado para uma cavidade que possui um caminho definido por três espelhos altamente refletores. Tendo o espelho uma refletividade de 99,999%, então somente 0,001% da intensidade do *laser* penetra em cada espelho a cada passagem por meio da cavidade. Após menos de 0,05 ms, a cavidade é preenchida com radiação circulante e a fonte é desligada bruscamente. Cada vez que um raio de radiação circulante atinge o espelho no canto inferior direito, ~0,001% de sua energia escapa para o detector. O gráfico na figura *b*, vista neste boxe, mostra o decaimento do sinal do detector proveniente de uma cavidade contendo um gás ou líquido não absorvedor. Se uma espécie absorvedora está presente, o decaimento é mais rápido em virtude da perda de intensidade do sinal em razão da absorção pela amostra durante cada passagem da radiação entre os espelhos. A diferença do tempo de decaimento do sinal com e sem a espécie absorvedora fornece uma medida da absorbância. Em um instrumento comercial com uma cavidade de comprimento igual a 25 cm, o caminho óptico efetivo tem aproximadamente 20 km, pois a radiação circula ~10^5 vezes, com pequenas perdas por fuga a cada passagem. Esse instrumento determina isótopos e concentrações de gases, como CO_2, CH_4, N_2O, NH_3, CO, H_2S, HF, HCl, H_2CO, C_2H_4 e outros.[2]

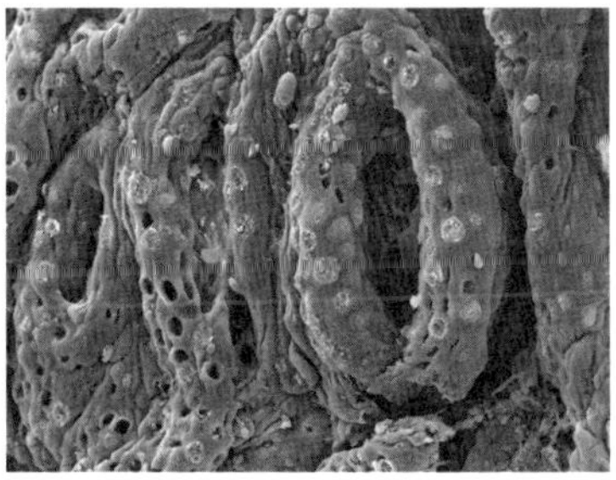

Uma úlcera: superfície mucosa do intestino de um paciente acometido de colite ulcerativa. [SPL/Science Source.]

O espectro apresentado na figura *c*, vista neste boxe, mostra a absorbância medida para $CO_2(g)$ que contém a mistura isotópica natural de 98,9% de ^{12}C e 1,1% de ^{13}C. Os picos do espectro são originados de transições entre níveis rotacionais de dois estados vibracionais. A região espectral foi escolhida para incluir uma absorção intensa do $^{13}CO_2$ e uma absorção fraca do $^{12}CO_2$, de modo que as intensidades dos picos isotópicos fossem similares. Cada ponto do espectro foi obtido a partir da variação da frequência do *laser*.

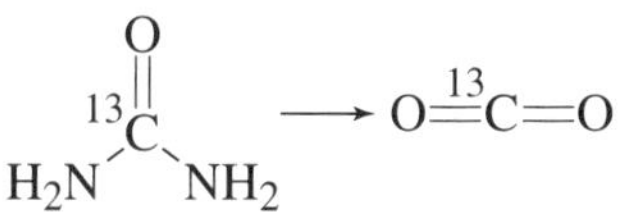

Ureia

As áreas dos picos do $^{13}CO_2$ e do $^{12}CO_2$ obtidos da respiração humana foram utilizadas para determinar se um paciente estava infectado por *Helicobacter pylori*, uma bactéria que causa úlcera. Após a ingestão de ^{13}C-ureia, a bactéria *H. pylori* converte ^{13}C-ureia em $^{13}CO_2$, que é detectado na respiração do paciente. A relação $^{13}C/^{12}C$ na respiração de uma pessoa infectada aumenta de 1 a 5%, enquanto a relação para uma pessoa não infectada permanece constante dentro de uma variação de 0,1%.

Transmitância: $T = P/P_0$
Absorbância: $A = -\log T = \varepsilon_\lambda bc$
ε_λ = absortividade molar no comprimento de onda λ
b = caminho óptico
c = concentração

A Figura 18.4 mostrou as características essenciais de um *espectrofotômetro de feixe simples*. A radiação, proveniente de uma *fonte*, é separada em pequenos intervalos de comprimento de onda por um *monocromador*, passa por uma amostra e é medida por um *detector*. Medimos, inicialmente, a *irradiância* (P_0, watts/m^2) que atinge o detector, usando uma célula com a *referência* (um branco que pode ser um solvente ou um reagente), colocada no compartimento da amostra. Quando a referência é substituída pela amostra de interesse, normalmente parte da radiação é absorvida, e a energia radiante que atinge o detector (P) é menor que P_0. A razão P/P_0, que é um número entre 0 e 1, é a *transmitância* (T). A *absorbância*, que é proporcional à concentração, é dada por $A = \log P_0/P = -\log T$.

Um espectrofotômetro de feixe simples não é conveniente, pois a amostra e a referência têm de ser colocadas alternadamente no caminho do único feixe de radiação. Para medidas em diferentes comprimentos de onda, devemos medir a referência a cada comprimento de onda. Um instrumento de feixe simples não é adequado para medidas de absorbância em função do tempo, por exemplo, em experimentos de cinética química, pois tanto a intensidade da fonte de radiação como a resposta do detector apresentam pequenas variações.

A Figura 20.1 mostra, esquematicamente, um *espectrofotômetro de feixe duplo*, no qual a radiação é dividida em dois feixes mediante o uso de um espelho rotatório (um *alternador de feixe*), de modo que a radiação passa alternadamente através da amostra e da referência. Quando a radiação passa pela amostra, o detector mede a irradiância P. Quando o alternador faz a radiação passar pela referência, o detector mede P_0. O feixe passa alternadamente pelas cubetas da amostra e da referência várias vezes a cada segundo, e o instrumento compara automaticamente P e P_0 de modo a obter a transmitância e a absorbância. Esse procedimento permite a correção automática para as variações na intensidade da fonte e na resposta do detector com o tempo e com o valor de comprimento de onda, porque as intensidades de radiação que emergem das duas cubetas (da amostra e da referência) são comparadas muito frequentemente. A maioria dos espectrofotômetros com qualidade para aplicação em pesquisa permite uma varredura automática do espectro em termos de comprimento de onda e o registro contínuo da absorbância contra comprimento de onda.

Um procedimento de rotina, em espectrofotômetros de feixe duplo, é obter inicialmente um espectro de *linha base* usando-se a solução de referência em ambas as cubetas. O valor da absorbância da linha base, em cada comprimento de onda, é então subtraído do valor da absorbância medido para a amostra, de modo a obter-se o valor real da absorbância da amostra em cada comprimento de onda.

Componentes de um espectrofotômetro ultravioleta visível de feixe duplo são vistos na Figura 20.2. A radiação correspondente à região do visível provém de uma lâmpada incandescente com filamento de tungstênio e bulbo de quartzo, contendo uma atmosfera rarefeita de halogênio (semelhante às lâmpadas halógenas, usadas em faróis de automóveis). Na região do ultravioleta, a fonte é uma lâmpada de descarga elétrica de deutério, que emite na faixa espectral de 200 a 400 nm. Apenas uma das lâmpadas é usada de cada vez. A rede de difração 1 seleciona uma faixa estreita de comprimentos de onda para incidir no monocromador. Este, por sua vez, estreita ainda mais a faixa de comprimentos de onda que passarão pela amostra. Um espelho rotatório – conhecido como *alternador de feixe* – alternadamente direciona o feixe para a amostra e para a referência, executando essa mudança cerca de 30 vezes por segundo. Um segundo alternador de feixe direciona a radiação transmitida, através da amostra ou através da referência, para um *tubo fotomultiplicador*, que produz uma corrente elétrica proporcional à intensidade da irradiância.

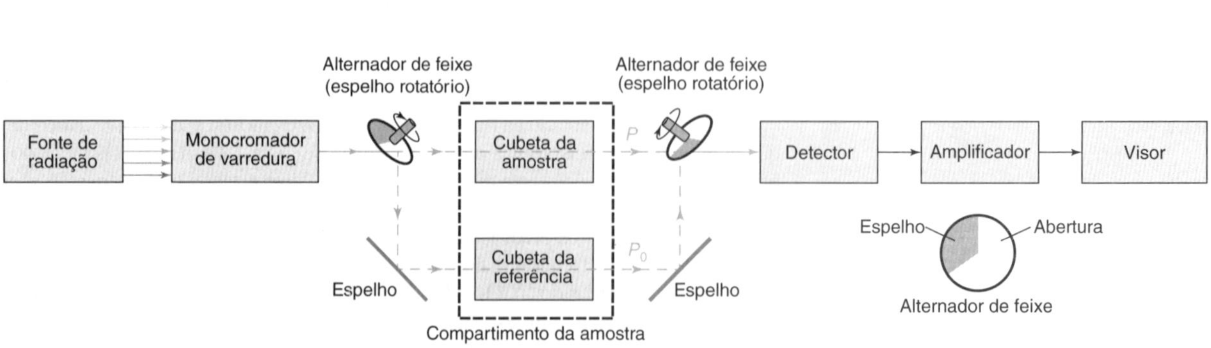

FIGURA 20.1 Diagrama esquemático de um espectrofotômetro de varredura com feixe duplo. Um espelho rotatório permite que a radiação incidente passe de maneira alternada pelas cubetas que contêm a amostra e a referência.

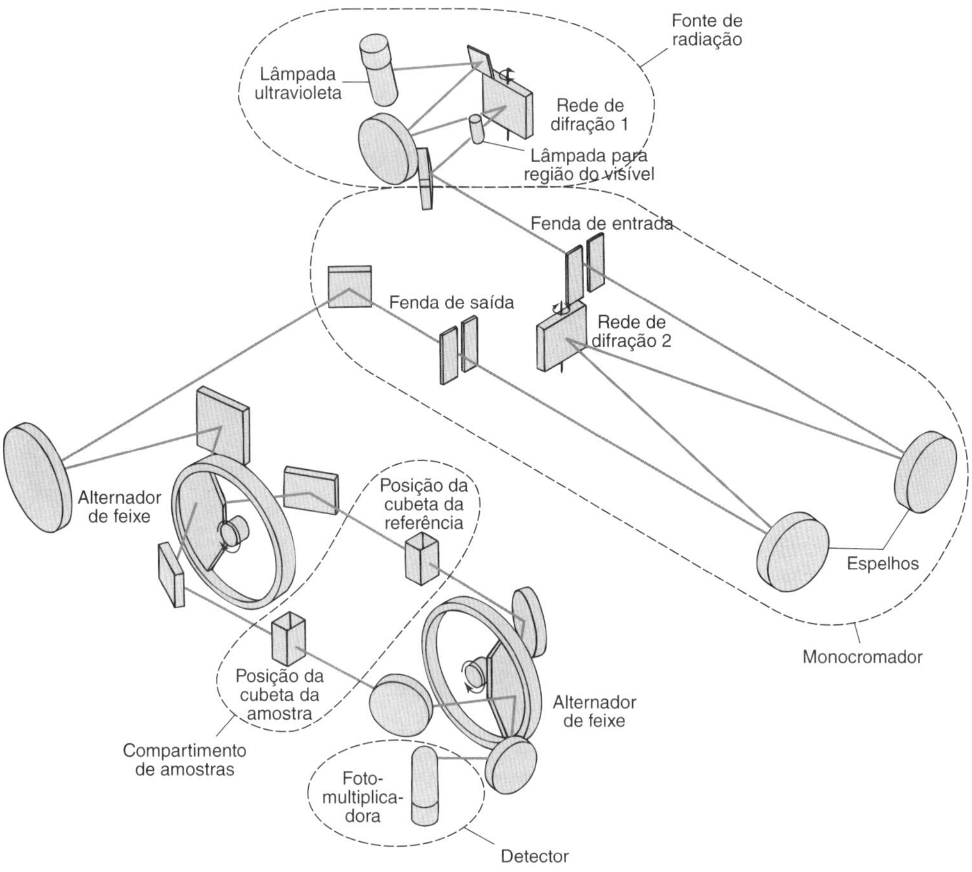

FIGURA 20.2 Diagrama esquemático do banco óptico do espectrofotômetro ultravioleta visível de feixe duplo Agilent Cary 300. Um alternador de feixe conduz o feixe incidente alternadamente para a cubeta da amostra e da referência. Um segundo alternador de feixe conduz alternadamente a radiação transmitida por cada cubeta para o fotodetector. [Dados de Agilent Technologies Inc., Victoria, Australia.]

A Figura 20.3 mostra um esquema alternativo para um espectrofotômetro de feixe duplo. Uma lâmpada de *flash* de xenônio emite radiação no ultravioleta e no visível, e um monocromador seleciona um pequeno intervalo de comprimentos de onda. Um espelho estacionário semitransparente – conhecido como um *divisor de feixe* – divide o feixe de radiação em duas partes, direcionando radiação por meio das cubetas da amostra e da referência para um par de *fotodiodos*, cada um gerando uma corrente proporcional à irradiância. Vamos descrever agora, de forma mais detalhada, os componentes desse espectrofotômetro.

20.1 Lâmpadas e *Lasers*: Fontes de Radiação

Espectrofotômetros usam uma combinação de uma fonte de radiação contínua e um monocromador para selecionar o comprimento de onda apropriado para a absorbância. As características ideais para uma fonte de radiação contínua são emissão em todos os comprimentos de onda nas faixas do ultravioleta e do visível, emissão intensa em cada comprimento de onda e irradiância estável ao longo do tempo. A radiação contínua pode vir de fontes térmica ou de arco. Instrumentos de luminescência e fotômetros específicos podem utilizar fontes de bandas estreitas ou de linhas.

Características ideais de uma fonte de radiação contínua:
- ampla emissão em todos os comprimentos de onda
- emissão intensa
- estabilidade da intensidade ao longo do tempo.

Fontes Contínuas de Radiação de Corpo Negro

Quando um objeto é aquecido, ele emite radiação e fica incandescente. Mesmo à temperatura ambiente, os objetos emitem radiação na faixa do infravermelho. Suponhamos uma esfera oca, cuja superfície interna é perfeitamente negra. Isto é, esta superfície é capaz de absorver toda a radiação que incide sobre ela. Se a temperatura da esfera for constante, ela tem que emitir a mesma quantidade de radiação que ela absorve, ou sua temperatura aumentaria. Se um pequeno orifício fosse feito na parede da esfera, observaríamos que a radiação que escapa tem uma distribuição espectral contínua. O objeto que descrevemos é conhecido como um *corpo negro* e a sua radiação é chamada **radiação de corpo negro**. Objetos reais, por exemplo, um filamento de tungstênio de uma lâmpada incandescente, apresentam uma emissão espectral parecida com a de um corpo negro ideal.

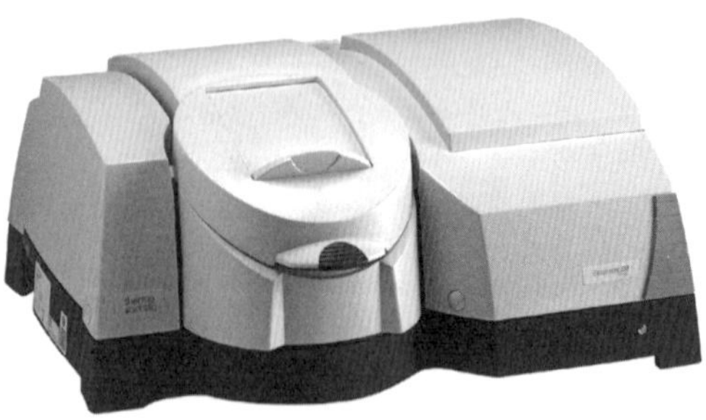

(a)

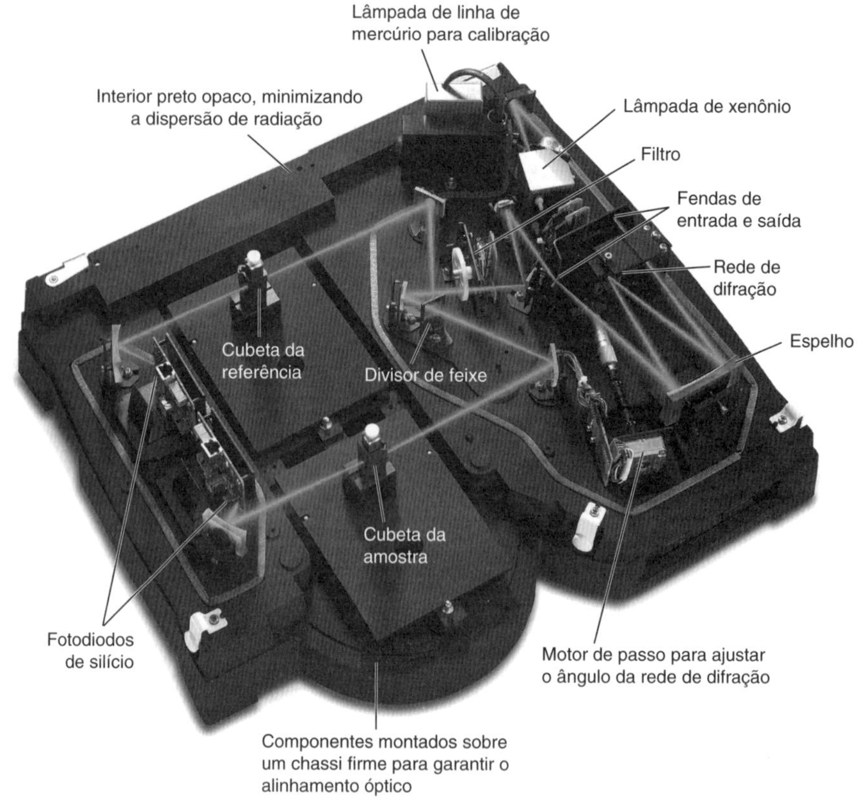

(b)

FIGURA 20.3 (*a*) Espectrofotômetro ultravioleta visível de feixe duplo Thermo Scientific Evolution 350. (*b*) Banco óptico do Evolution 350 mostrando a disposição dos componentes com o caminho da radiação traçado pela linha cinza-clara. Um divisor de feixe direciona uma parte da radiação incidente para a cubeta da amostra e outra parte para a cubeta da referência. [© Cortesia Thermo Fisher Scientific, Madison, WI.]

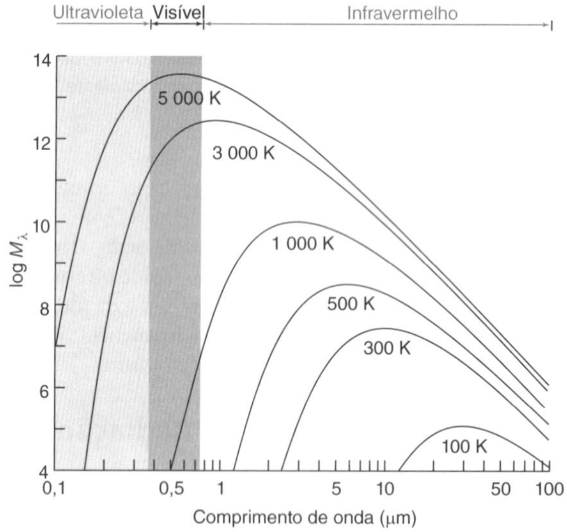

FIGURA 20.4 Distribuição espectral da radiação de corpo negro. As escalas de ambos os eixos são logarítmicas. A família de curvas é conhecida como a *distribuição de Planck*. Este nome, em homenagem ao físico alemão Max Planck (1858-1947), enunciou, em 1900, a lei que rege a distribuição espectral da radiação do corpo negro baseada na hipótese de que a energia eletromagnética pode ser emitida somente de forma discreta (em quanta de energia). Planck recebeu o Prêmio Nobel de Física em 1918.

A potência emitida por uma região superficial de um objeto dividida pela área da superfície emissora é chamada *excitância* (ou *emitância*), *M*.

Excitância de um corpo negro: $$M = \sigma T^4 \quad (20.1)$$

em que σ é a constante de Stefan-Boltzmann (5,669 8 × 10^{-8} W/(m^2 · K^4)). Um corpo negro cuja temperatura é de 1 000 K irradia 5,67 × 10^4 watts por metro quadrado de área superficial. Se o valor da temperatura dobra, a excitância aumenta de 2^4 = 16 vezes.

A Figura 20.4 mostra que a emissão do corpo negro máxima para um objeto em uma temperatura próxima a 300 K ocorre na região do infravermelho (em valores de comprimentos de onda de ~10 μm). A superfície do Sol comporta-se como um corpo negro com uma temperatura próxima a 5 800 K, emitindo, principalmente, radiação na região do visível (em valores de comprimentos de onda de ~0,5 μm = 500 nm). A superfície da Terra, aquecida pelo Sol, emite radiação infravermelha que é parcialmente absorvida por *gases do efeito estufa* na atmosfera (Boxe 20.1) e parcialmente irradiada de volta à Terra.

BOXE 20.1 Efeito Estufa

O fluxo solar médio na órbita da Terra é ~1 365 W/m^2. Promediado sobre a superfície esférica do planeta, o fluxo radiante que alcança a atmosfera superior da Terra é de 340 W/m^2. Vinte e três por cento dessa energia radiante são absorvidos pela atmosfera e 22% são refletidos de volta para o espaço. A superfície da Terra absorve 47% do fluxo solar e reflete 7%. A radiação que atinge a Terra é apenas suficiente para manter a temperatura de sua superfície em 254 K, temperatura que não permitiria a existência de vida como a conhecemos. Por que a temperatura média da superfície terrestre permanece no valor agradável de 287 K?

As curvas da radiação do corpo negro na Figura 20.4 nos mostram que a superfície da Terra irradia principalmente radiação *infravermelha*, em vez de radiação na faixa do visível. Embora a atmosfera seja transparente à radiação visível incidente, ela absorve fortemente a radiação infravermelha que é dissipada pela superfície da Terra. Os principais absorvedores, chamados *gases do efeito estufa*, são a água[3] e o CO_2, e, em menor extensão, o O_3, o CH_4, os clorofluorcarbonos e o N_2O. A radiação emitida pela superfície da Terra é absorvida pela atmosfera, e parte dela é irradiada de volta para a superfície. A atmosfera comporta-se como uma manta isolante, mantendo a temperatura da superfície terrestre 33 K mais quente do que a temperatura da atmosfera superior.[4]

As atividades humanas, desde o início da Revolução Industrial, aumentaram os níveis de CO_2 na atmosfera de ~280 ppm no ano 1750 para ~410 ppm hoje, em razão da queima de combustíveis fósseis. Esse acréscimo de CO_2 contribui com um adicional de ~2 W/m^2 de aquecimento radiativo da superfície da Terra. O CO_2 é a maior fonte antropogênica (*produzida por atividades humanas*) de aquecimento radiativa. A Figura 10.1 mostra que a superfície da Terra está ~0,8 °C mais quente, hoje, do que em 1880-1900. "É fato que a temperatura média global na superfície vem aumentando desde o fim do século XIX. Cada uma das três últimas décadas tem sido sucessivamente mais quente do que todas as décadas anteriores com base nos registros dos instrumentos, e a primeira década do século XXI foi a mais quente."[5]

Os efeitos do acréscimo de CO_2 na atmosfera e do aquecimento global resultante já são observados atualmente. Uma consequência do aquecimento global é a elevação do nível do mar em face da expansão térmica da água e do derretimento do gelo polar, o que poderá inundar áreas costeiras baixas. Um segundo efeito é o aumento de eventos climáticos extremos, incluindo furacões e tufões mais intensos e secas mais severas. O aumento do CO_2 atmosférico aumenta o CO_2 dissolvido nos oceanos, o que ameaça toda a cadeia alimentar oceânica (Boxe 10.1).

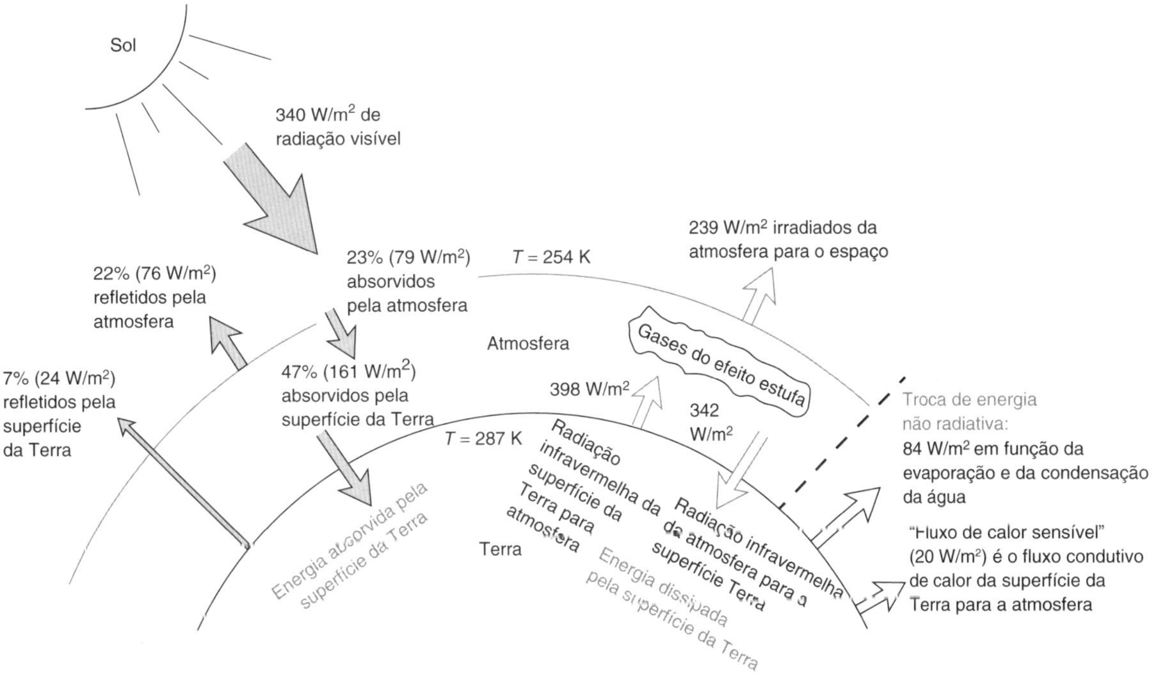

Balanço entre a energia que incide sobre a Terra oriunda do Sol e a energia que é irradiada de volta ao espaço. A troca de radiação infravermelha entre a superfície da Terra e a sua atmosfera torna a superfície terrestre 33 K mais quente do que a parte superior da atmosfera.[5]

Uma *lâmpada halógena de quartzo-tungstênio* é uma excelente fonte de radiação contínua na região do visível e do infravermelho próximo. Um filamento de tungstênio opera, normalmente, em uma temperatura próxima de 3 200 K e produz radiação útil na faixa de 320 a 2 500 nm (Figura 20.5). Essa faixa cobre toda a região visível e parte das regiões infravermelha e ultravioleta. A radiação infravermelha, na faixa de 4 000 a 200 cm^{-1}, é normalmente obtida a partir de um *globar*, um cilindro de carbeto de silício aquecido próximo a 1 500 K em razão da passagem de uma corrente elétrica. O globar emite radiação com praticamente o mesmo espectro de um *corpo negro* a 1 000 K.

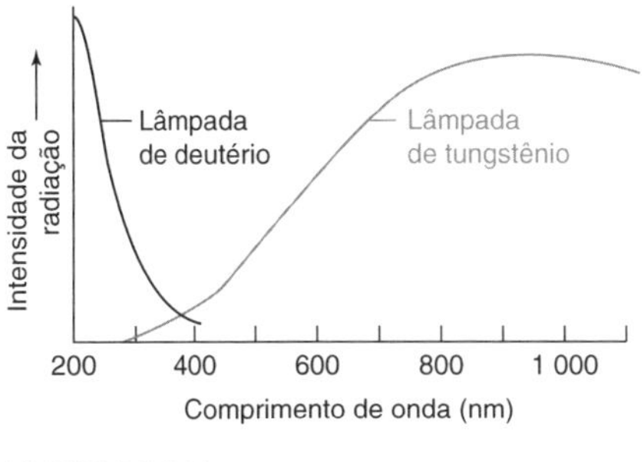

FIGURA 20.5 Intensidade de uma lâmpada de filamento de tungstênio a 3 200 K e de uma lâmpada de deutério.

Fontes de Arco

Fontes de arco fornecem uma emissão contínua, predominantemente radiação ultravioleta, a partir de uma descarga elétrica por meio de um gás ionizado adequado. A espectroscopia na

Cuidado: a radiação ultravioleta é muito prejudicial ao olho nu. Nunca olhe para uma fonte de radiação ultravioleta sem usar proteção adequada.

região ultravioleta utiliza normalmente uma *lâmpada de arco de deutério*, na qual uma descarga elétrica provoca a dissociação do D_2 e a emissão de radiação ultravioleta de 110 a 400 nm (Figura 20.5).

D_2: gás deutério (^2H)

D_2^*: gás deutério no estado excitado

D' e D'': átomos de deutério com uma faixa de energias cinéticas

Arco de deutério: $$D_2\,(g) \xrightarrow{\text{Arco}} D_2^*\,(g) \longrightarrow D'(g) + D''(g) + h\nu$$

Em um espectrofotômetro ultravioleta visível típico, a troca entre as lâmpadas de deutério e tungstênio é feita em torno de 360 nm, de forma que esteja sempre sendo usada a fonte mais intensa.

Em uma *lâmpada de arco de xenônio*, uma descarga elétrica no gás Xe fornece emissão contínua intensa de 175 a 1 000 nm. Esta radiação é similar a uma emissão de corpo negro de 5 000 a 7 000 K, mas com intensas linhas de emissão adicionais na faixa de 800 a 1 000 nm. Fontes de arco de xenônio fornecem radiação pulsada (operam em rajadas curtas) para diminuir o consumo de energia e aumentar o tempo de vida da lâmpada. Essa alta intensidade é particularmente útil para medições de fluorescência.

Fonte de Linhas

Linhas de emissão de lâmpadas de mercúrio de baixa pressão:

184,45 nm	435,8 nm
253,7 nm	546,1 nm
365,4 nm	578,2 nm
404,7 nm	

Lâmpadas de descarga elétrica preenchidas com vapor de mercúrio produzem uma emissão atômica de linhas (raias) estreitas e intensas em alguns comprimentos de onda no ultravioleta e no visível. Filtros ópticos (Seção 20.2) podem selecionar uma emissão monocromática para medidas de absorbância. Comprimentos de onda especificados para alguns métodos espectrofotométricos são um legado do uso antigo de fontes de vapor de mercúrio.

Uma lâmpada fluorescente é um tubo de vidro preenchido com vapor de Hg. A parede interna destas lâmpadas é revestida com uma combinação de *fósforos* (substâncias luminescentes) vermelho e verde. O vapor de Hg na lâmpada é excitado por uma corrente elétrica e emite uma série de linhas no ultravioleta e no visível. O fósforo vermelho é Eu^{3+} dopado em Y_2O_3 e o verde é Tb^{3+} dopado em $CeMgAl_{11}O_{19}$. A emissão de Hg em si parece azul para os nossos olhos. Quando a radiação ultravioleta é absorvida pelos fósforos, Eu^{3+} emite radiação vermelha em 612 nm e o Tb^{3+} emite radiação verde em 542 nm. A combinação das emissões azul, vermelha e verde nos faz visualizar a cor branca.

Lasers

Propriedades da radiação produzida por um *laser*:

monocromática:	um único comprimento de onda
extremamente brilhante:	alta energia em determinado comprimento de onda
colimada:	raios paralelos
polarizada:	o campo elétrico das ondas oscila em apenas em um plano
coerente:	todas as ondas encontram-se em fase

Os ***lasers*** emitem radiação em linhas (raias) isoladas, onde cada uma das linhas corresponde a um único comprimento de onda. Este comportamento permite uma série de diferentes aplicações. Um *laser* emitindo um comprimento de onda de 3 μm possui uma **largura de banda** (uma faixa de comprimentos de onda) de 3×10^{-8} a 9×10^{-5} μm. A largura de banda é medida onde a potência radiante cai para a metade de seu valor máximo. O brilho da radiação emitida por um *laser* de baixa potência, em seu comprimento de onda de emissão, é 10^{13} vezes maior do que o comprimento de onda mais brilhante (amarelo) do Sol. (Entretanto, o brilho total da radiação emitida pelo Sol é muito maior que o do *laser*, pois o Sol emite todos os comprimentos de onda enquanto o *laser* emite apenas em uma faixa bem estreita.) A divergência angular de um feixe de *laser*, com relação à sua direção de propagação, é normalmente menor que 0,05°, uma propriedade que nos permite iluminar um pequeno alvo. A radiação proveniente de um *laser* é normalmente *plano polarizada*, com o campo elétrico oscilando em um plano perpendicular à sua direção de propagação (Figura 18.1). A radiação proveniente de um *laser* é *coerente*, o que significa que todas as ondas que emergem do *laser* oscilam em fase umas com as outras.

A radiação *laser* pode causar dano ocular. Leia e obedeça ao protocolo de segurança sobre *lasers* do seu laboratório quando você se deparar com este símbolo. [Yobidaba/Shutterstock.]

Uma condição necessária para o funcionamento de um *laser* é a *inversão da população*, em que um estado de maior energia tem uma população maior, *n*, que um estado de menor energia no meio onde se produz a radiação *laser*. Na Figura 20.6a, essa condição ocorre quando a população do estado E_2 excede a de E_1. As moléculas no estado fundamental E_0, do meio onde se produz a radiação *laser*, são *bombeadas* para o estado excitado E_3 por meio de radiação de banda larga produzida por uma lâmpada potente ou por uma descarga elétrica. As moléculas no estado E_3 rapidamente relaxam para E_2, que possui um tempo de vida relativamente longo. Após uma molécula no estado E_2 decair para o estado E_1, ela rapidamente relaxa para o estado fundamental, E_0 (mantendo, assim, a população do estado E_2 maior que a população do estado E_1).

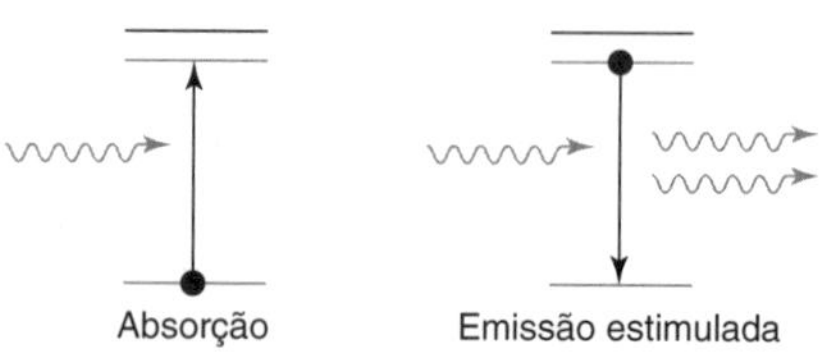

Um fóton, com uma energia que corresponde exatamente à diferença de energia entre dois estados, pode ser absorvido fazendo com que a molécula passe a um estado excitado. Alternativamente, o mesmo fóton pode estimular a molécula excitada a emitir um fóton e retornar ao estado de menor energia. Este processo é chamado de *emissão estimulada*. Quando um fóton emitido por uma molécula, que decai do estado E_2 para o estado E_1, colide com outra molécula em E_2, um segundo fóton pode ser emitido com a mesma fase e polarização do fóton incidente. Se houver uma inversão de população ($n_2 > n_1$), um único fóton estimula a emissão de vários outros fótons ao se deslocar através do *laser*.

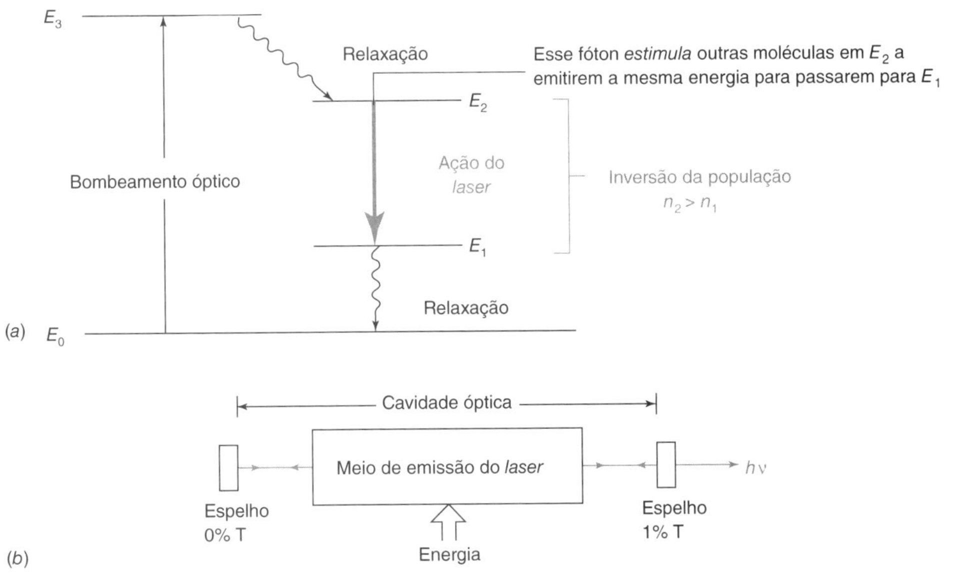

FIGURA 20.6 (*a*) Diagrama de níveis de energia ilustrando o princípio de operação de um *laser*. (*b*) Componentes básicos de um *laser*. A inversão de população ocorre no meio onde se produz a radiação *laser*. A energia necessária para bombear pode ser obtida a partir de lâmpadas intensas ou por descargas elétricas.

A Figura 20.6b mostra os componentes essenciais de um *laser*. Um bombeamento de energia através da lateral do meio, direcionada ao meio onde ocorre a produção da radiação *laser*, dá origem à inversão de população. Uma das extremidades da cavidade *laser* é um espelho que reflete toda a radiação (0% de transmitância). A outra extremidade é um espelho parcialmente transparente (1% de transmitância), que reflete a maior parte da radiação. Os fótons com energia $E_2 - E_1$, que se movimentam de um lado para o outro entre os dois espelhos, estimulam uma avalanche de novos fótons. Para esses novos fótons continuarem se reproduzindo, a distância de ida e volta na cavidade óptica deve ser um múltiplo exato – normalmente muito grande – do comprimento de onda. A pequena fração de radiação que passa pelo espelho parcialmente transparente à direita corresponde ao rendimento útil do *laser*.

Um *laser* de hélio-neônio é uma fonte de luz vermelha bastante comum, com um comprimento de onda de 632,816 nm e uma potência de saída de 0,1–25 mW. Uma descarga elétrica excita os átomos de hélio para o estado E_3 na Figura 20.6. Os átomos de hélio no estado excitado transferem energia ao colidirem com os átomos de neônio, excitando este último para o estado E_2. A alta concentração de hélio e o intenso bombeamento de origem elétrica causam uma inversão de população entre os átomos de neônio.

Laser é um acrônimo para amplificação de radiação por emissão estimulada de radiação (do inglês, ***l**ight **a**mplification by **s**timulated **e**mission of **r**adiation*).

Em um *laser de diodo*,[6] a inversão de população de portadores de carga em um semicondutor (Seção 15.8) é promovida por um campo elétrico muito intenso a partir de uma junção *pn*. Os elétrons promovidos à banda de condução recombinam-se com lacunas deixadas na camada de valência, levando à emissão de radiação. O comprimento de onda de emissão é determinado pela banda proibida do material semicondutor. Normalmente, os *lasers* de diodo disponíveis operam na faixa de 360 a 1 650 nm. Os planos clivados do cristal semicondutor atuam como espelhos paralelos que amplificam a emissão estimulada com uma largura de banda cerca de poucos nanômetros. Um *laser de cascata quântica* emissor de radiação infravermelha possui um mesmo padrão de camadas semicondutoras finas chamado *super-rede*, o qual cria uma série de lacunas de energia igualmente espaçadas em níveis de energia progressivamente menores no material. Um único elétron que transita em etapas do nível energético mais elevado para o nível mais baixo emite múltiplos fótons de mesma energia. Um *laser* de cascata quântica pode ser ajustado para operar acima de uma faixa limitada de comprimentos de onda no infravermelho, desse modo ele se torna útil para aplicações analíticas como detectores seletivos de espécies gasosas com bandas de absorção estreitas, como visto na figura *c* no boxe de abertura deste capítulo.

Semicondutores *laser* ativos	**Comprimentos de onda de emissão típicos**
InGaN	380, 405, 450, 470 nm
AlGaInP	635, 650, 670 nm
AlGaAs	720–850 nm
InGaAs	900–1 100 nm
InGaAsP	1 000–1 650 nm

FONTE: *Dados de R. Paschotta, "Laser Diodes" em* Encyclopedia of Laser Physics and Technology *(Weinheim: Wiley-VCH, 2008).*

Diodos Emissores de Radiação (Luz)[7]

Diodos emissores de radiação são baseados na mesma combinação de lacunas e elétrons em uma junção *pn* que os diodos *lasers*, mas não possuem uma cavidade óptica. A emissão de um diodo emissor de radiação não é colimada ou monocromática como a dos diodos *lasers*. As larguras de banda são normalmente entre 20 e 25 nm, suficientemente estreita para diversas aplicações envolvendo absorbância (Problema 18.27). A intensidade de emissão é suficiente para medições de fluorescência. Fotômetros baseados em diodos emissores de radiação são uma alternativa de baixo custo aos espectrofotômetros comerciais, mas limitados a um único comprimento de onda. O baixo consumo de energia desses fotômetros os tornam atrativos para serem utilizados como instrumentos portáteis.

O Prêmio Nobel de Física de 2014 foi concedido a I. Akasaki, H. Amano e S. Nakamura pela invenção dos eficientes diodos emissores de luz (radiação) (LED) azul. Esses diodos, que não são *lasers*, representam a origem da iluminação branca de LED, que economiza energia (Boxe 18.2).

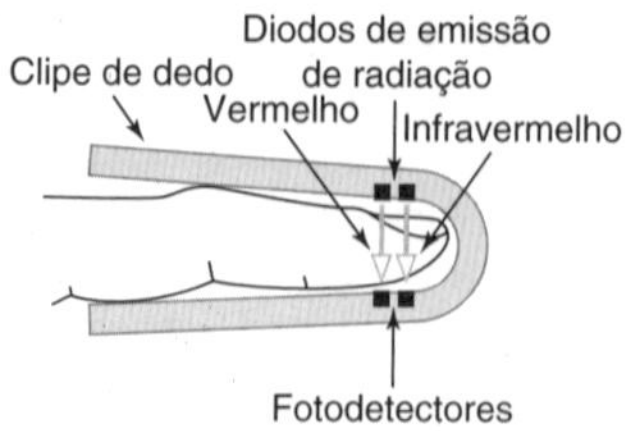

Uma aplicação bastante conhecida para fotômetros baseados em diodos emissores de radiação é a determinação do nível de oxigênio no sangue arterial em hospitais. Um *oxímetro de pulso* é preso a uma parte translúcida do corpo, como a ponta do dedo ou o lóbulo da orelha.[8] Um diodo de emissão no vermelho, em 660 nm, e no infravermelho, em 940 nm, fica em uma haste do clipe e dois fotodetectores na outra haste. Na presença de oxigênio, a hemoglobina se liga ao O_2 para formar oxi-hemoglobina.

$$\text{Desoxi-hemoglobina} + O_2 \leftrightharpoons \text{Oxi-hemoglobina}$$

Oxi-hemoglobina e desoxi-hemoglobina absorvem diferentemente em 660 e 940 nm, permitindo a determinação de suas concentrações por meio da solução de um problema de duas concentrações desconhecidas em dois comprimentos de onda distintos (Seção 19.1). As absorbâncias da oxi-hemoglobina e da desoxi-hemoglobina no sangue arterial variam com o seu batimento cardíaco, permitindo que os sinais correspondentes a esse batimento sejam distinguidos de valores constantes que atenuam a passagem da radiação, como a difração causada pelos tecidos biológicos e a absorbância pelo sangue venoso.

20.2 Monocromadores

Um **monocromador** dispersa a radiação nos comprimentos de onda que a compõem e seleciona uma faixa estreita de comprimentos de onda para passar pela amostra ou pelo detector. O monocromador na Figura 20.2 consiste em duas fendas, uma para a entrada e a outra para a saída da radiação, espelhos e uma *rede de difração* para dispersar a radiação. Os instrumentos mais antigos usavam *prismas* no lugar da rede de difração.

Redes[9]

Redes: dispositivo óptico onde existem ranhuras espaçadas de maneira próxima
Difração: mudança de direção da radiação causada por uma rede
Refração: mudança de direção da radiação causada por um prisma ou uma lente

Uma **rede** é um componente óptico que opera por reflexão ou transmissão de radiação com uma série de ranhuras impressas em sua superfície, bem próximas umas das outras. Quando a radiação é refletida ou transmitida pela rede, cada linha se comporta como uma fonte independente de radiação. Diferentes comprimentos de onda da radiação são refletidos ou transmitidos pela rede em ângulos diferentes (Prancha em Cores 14). A mudança de direção dos raios de radiação, provocada por uma rede, é denominada **difração**. (A mudança de direção dos raios de radiação por meio de um prisma, ou de uma lente, é chamada de *refração* e discutida na Seção 20.4.)

Redes de reflexão viabilizam a produção de espectrofotômetros compactos e são as mais comumente usadas. Iniciaremos discutindo redes de transmissão, que possuem o mesmo princípio, mas têm geometria mais simples. A Figura 20.7 mostra uma rede de transmissão com a radiação incidente normal a duas ranhuras separadas por uma distância d. Cada ranhura atua como uma fonte de radiação a partir da qual a radiação transmitida se propaga em todos os ângulos. Quando os raios de radiação são difratados em um ângulo ϕ, o raio na ranhura inferior se desloca por um caminho maior (d sen ϕ), marcado por uma linha preta tracejada. Em ângulos ϕ nos quais um número inteiro de comprimentos de onda (n) é igual ao comprimento do caminho maior, os raios de radiação adjacentes são considerados como estando *em fase*, e reforçam uns aos outros.

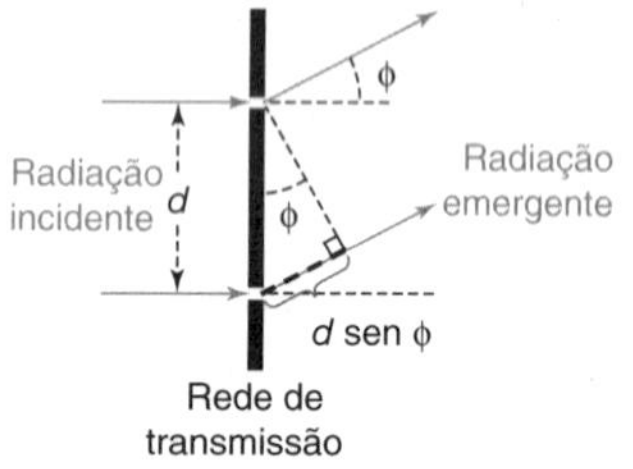

FIGURA 20.7 Princípio da rede de transmissão com a radiação incidente normal (90°) à rede. [Atividade em sala de aula em M. J. Samide, "Understanding Diffraction Using Paper and Protractor", *J. Chem. Ed.* **2013**, *90*, 907.]

Equação de rede: $$n\lambda = d\,(\text{sen}\,\phi) \qquad \textbf{(20.2)}$$

Policromático: vários comprimentos de onda
Monocromático: um único comprimento de onda

Interferência construtiva é mostrada na Figura 20.8a. Quando as ondas de radiação não estão em fase, elas se cancelam parcial ou completamente (Figuras 20.8b e c). A Prancha em Cores 14 mostra que os comprimentos de onda mais curtos da luz azul produzem mais interferência construtiva em ângulos menores que os comprimentos de onda mais longos da luz vermelha. Na Equação 20.2, quanto menor for λ no lado esquerdo, menor será ϕ à direita. A interferência máxima para a qual $n = \pm 1$ é chamada de *difração de primeira ordem*. Quando $n = \pm 2$, temos a *difração de segunda ordem* e assim sucessivamente.

No monocromador de rede de reflexão, na Figura 20.9, os mesmos princípios se aplicam, mas a geometria é mais complicada. A **radiação policromática** (radiação com vários comprimentos de onda) proveniente da fenda de entrada é *colimada* (forma-se um feixe de raios paralelos) por um espelho côncavo. Esses raios atingem uma rede de difração, onde os componentes da radiação, correspondentes a diferentes comprimentos de onda, são difratados em diferentes ângulos. A radiação difratada incide então em um segundo espelho côncavo, que focaliza cada comprimento de onda em um ponto diferente do plano focal. A orientação da rede de difração direciona somente uma estreita faixa de comprimentos de onda na direção da fenda de saída do monocromador. A rotação da rede permite que comprimentos de onda diferentes passem pela fenda de saída.

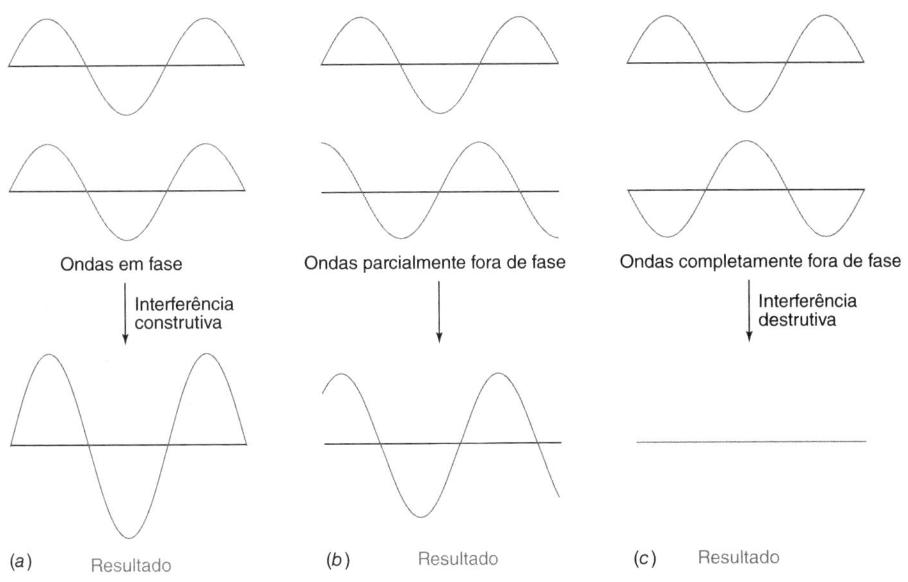

FIGURA 20.8 Interferência de ondas adjacentes que se encontram em (*a*) 0°, (*b*) 90° e (*c*) 180° fora da fase.

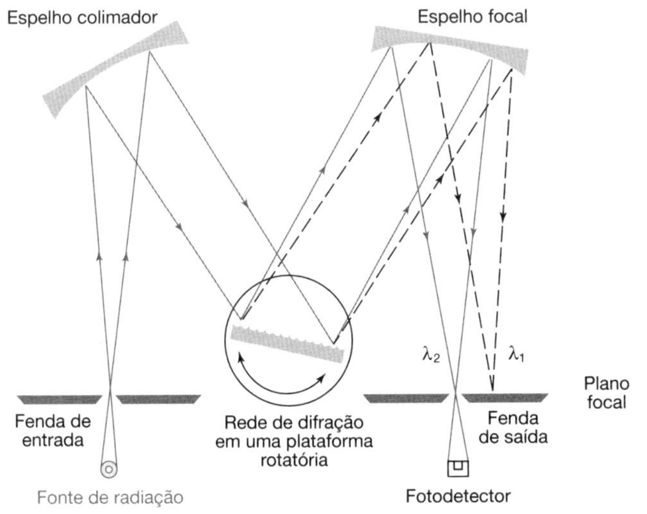

FIGURA 20.9 Monocromador de rede Czerny-Turner.

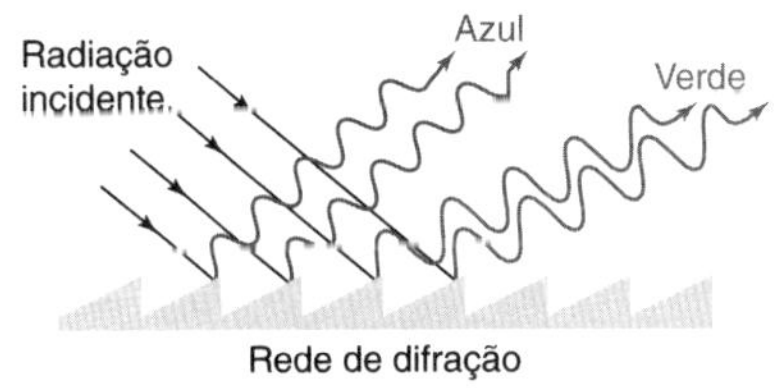

Diferentes comprimentos de onda de radiação difratada sofrem interferência construtiva em diferentes ângulos. [Dados de P. A. Piunno, "Principles of a Diffraction Grating Using a 3D-Pritable Demonstration Kit", *J. Chem. Ed.* **2017**, *94*, 615.]

A rede de reflexão da Figura 20.10 é formada por uma série de ranhuras paralelas muita próximas, separadas por uma mesma distância d. A rede é recoberta com alumínio para torná-la refletora. Em cima do depósito de alumínio existe uma fina camada protetora de sílica (SiO_2) a fim de proteger a superfície metálica da oxidação, que reduziria a sua capacidade de reflexão. Quando a radiação é refletida a partir da rede, cada ranhura se comporta como uma nova fonte de radiação. Quando raios de radiação adjacentes estão em fase, eles se intensificam entre si. Quando eles não estão em fase, eles se cancelam, parcial ou completamente, entre si (Figura 20.8).

Consideremos os raios incidente e emergente vistos na Figura 20.10. A interferência completamente construtiva ocorre quando a diferença na distância percorrida pela radiação nos dois caminhos é um múltiplo inteiro do comprimento de onda da radiação. A diferença de percurso é igual à distância $a - b$ na Figura 20.10. A interferência construtiva ocorre se

$$n\lambda = a - b \qquad \textbf{(20.3)}$$

em que a ordem de difração $n = \pm 1, \pm 2, \pm 3, \pm 4, \ldots$

Na Figura 20.10, o ângulo incidente, θ, é positivo, por definição. O ângulo de difração, ϕ, é medido na direção oposta à do ângulo θ, sendo, então, negativo, por convenção. Pode ocorrer que o ângulo ϕ fique do mesmo lado da face normal como o ângulo θ. Nesse caso, ϕ é positivo. A partir das relações geométricas na Figura 20.10, vemos que $a = d$ sen θ e $b = -d$ sen ϕ (pois ϕ é negativo e, consequentemente, sen ϕ é negativo). Substituindo estes valores na Equação 20.3 obtemos a condição para ocorrer interferência construtiva:

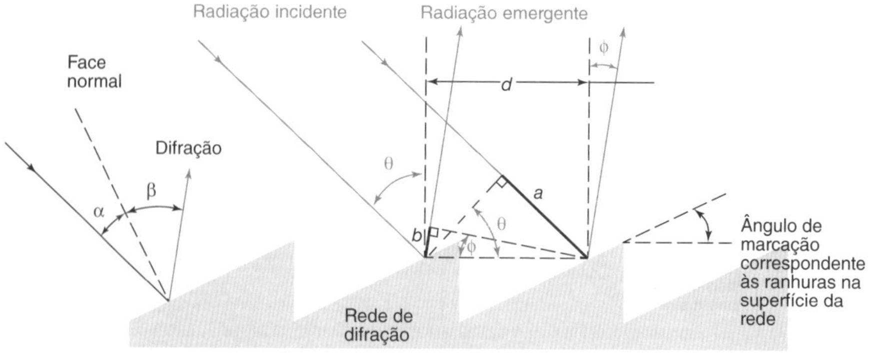

FIGURA 20.10 Princípio de funcionamento de uma rede de reflexão.

Na rede de transmissão da Figura 20.7, $\theta = 0$ e sen $(\theta) = 0$, reduzindo a Equação 20.4 à Equação 20.2.

Equação da rede: $$n\lambda = d\,(\text{sen}\,\theta + \text{sen}\,\phi) \qquad \textbf{(20.4)}$$

em que d é a distância entre as ranhuras adjacentes na rede. Para cada ângulo de incidência θ, há uma série de ângulos de reflexão ϕ nos quais determinado comprimento de onda produzirá uma interferência construtiva máxima (Prancha em Cores 21).

Poder de Resolução, Dispersão e Eficiência de uma Rede de Difração

A **resolução** é a diferença mínima entre dois comprimentos de onda ($\Delta\lambda$) que podem ser distinguidos entre si. A definição precisa (que está além do âmbito de nossa discussão) indica que o vale entre os dois picos está em aproximadamente três quartos da altura dos picos quando eles estão apenas ligeiramente resolvidos. O termo próximo, **poder de resolução**, é definido como $\lambda/\Delta\lambda$, em que λ é o comprimento de onda e $\Delta\lambda$ é a resolução. A resolução é melhor quando ela é um número pequeno. O poder de resolução é melhor quando ele é um número grande. O poder de resolução de uma rede de difração é proporcional a N, o número de ranhuras da rede de difração iluminadas:

Poder de resolução da rede: $$\frac{\lambda}{\Delta\lambda} = nN \qquad \textbf{(20.5)}$$

Resolução: diferença de comprimento de onda entre dois picos distinguíveis muito próximos
Poder de resolução: capacidade de separar dois comprimentos de onda
Dispersão: separação angular entre comprimentos de onda adjacentes

com n sendo a ordem de difração na Equação 20.3. Quanto maior for número de ranhuras em uma rede, melhor será a resolução entre comprimentos de onda vizinhos. Se necessitamos resolver linhas que estão afastadas de 0,05 nm em um comprimento de onda de 500 nm, a resolução requerida é de $\lambda/\Delta\lambda = 500$ nm/0,05 nm $= 10^4$. A Equação 20.5 nos diz que, se desejarmos uma resolução de primeira ordem igual a 10^4, devemos ter 10^4 ranhuras na rede. Se a rede possuir um comprimento de 10 cm, necessitamos 10^3 ranhuras/cm.

A **dispersão** mede a capacidade de separar comprimentos de onda, que diferem entre si de $\Delta\lambda$, a partir da diferença angular $\Delta\phi$ (em radianos). Para a rede na Figura 20.10, a dispersão é

Dispersão da rede de difração: $$\frac{\Delta\phi}{\Delta\lambda} = \frac{n}{d\cos\phi} \qquad \textbf{(20.6)}$$

em que n é a ordem de difração. Tanto a dispersão como o poder de resolução aumentam com a diminuição do espaçamento entre as ranhuras. A Equação 20.6 nos mostra que uma rede com 10^3 ranhuras/cm tem uma resolução de 0,102 radiano (5,8°) por micrômetro de comprimento de onda se $n = 1$ e $\phi = 10°$. Comprimentos de onda diferindo de 1 μm seriam separados por um ângulo de 5,8°.

Para selecionar uma banda mais estreita de comprimentos de onda a partir do monocromador, diminuímos a largura da fenda de saída na Figura 20.9. A diminuição da largura da fenda de saída do monocromador diminui a largura de banda de radiação e a energia que chega ao detector. Dessa maneira, *a resolução de bandas de absorção muito próximas é alcançada à custa da diminuição da relação sinal/ruído.* Para análises quantitativas, é razoável que a largura de banda de um monocromador seja $\lesssim$ 1/5 da largura de banda de absorção (medida na metade da altura do pico).

Relação entre resolução e sinal: quanto mais estreita for a fenda de saída, maior a resolução e mais ruidoso o sinal.

A *eficiência* relativa de uma rede de difração (normalmente de 45 a 80%) é definida como

$$\text{Eficiência relativa} = \frac{E_\lambda^n(\text{rede de difração})}{E_\lambda(\text{espelho})} \qquad \textbf{(20.7)}$$

em que E_λ^n (rede de difração) é a irradiância em dado comprimento de onda difratado na ordem de interesse (n) e E_λ (espelho) é a irradiância no mesmo comprimento de onda que seria refletida por um espelho com o mesmo recobrimento que a rede de difração. A eficiência é parcialmente controlada pelo *ângulo de marcação* no qual as ranhuras foram cortadas na

Reflexão especular: para uma superfície refletora plana, como um espelho, o ângulo de reflexão é igual ao ângulo de incidência ($\alpha = \beta$, na Figura 20.10).

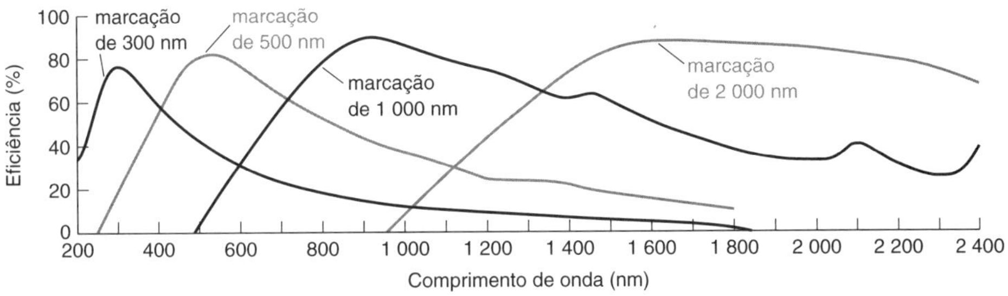

FIGURA 20.11 Eficiências de redes de difração de 3 000 ranhuras/cm e ângulos de marcação otimizados para diferentes comprimentos de onda. [Dados de Princeton Instruments, Trenton, NJ.]

Figura 20.10. O ângulo de reflexão é igual ao ângulo de incidência (α) em reflexões a partir de uma superfície plana. A eficiência de uma rede de difração é máxima quando o ângulo de difração (β) é similar ao ângulo de incidência (α). Esses ângulos são medidos com relação à face normal na Figura 20.10. Para que a difração seja otimizada para certo comprimento de onda, o ângulo de marcação é escolhido de modo a satisfazer duas condições, $n\lambda = d(\text{sen}\ \theta + \text{sen}\ \phi)$ e $\alpha = \beta$. Cada rede de difração é otimizada para uma faixa limitada de comprimentos de onda (Figura 20.11), de modo que um espectrofotômetro pode necessitar de várias redes diferentes para varrer toda a sua faixa espectral.

Escolha da Largura de Banda de um Monocromador

Quanto mais larga for a fenda de saída na Figura 20.9, maior o intervalo de comprimentos de onda selecionado pelo monocromador. Geralmente medimos a largura da fenda em termos da largura de banda de comprimentos de onda que ela deixa passar. Em vez de dizermos que uma fenda tem 0,3 mm de largura, dizemos que a *largura de banda* que passa pela fenda é de 1,0 nm.

Uma fenda com abertura grande aumenta a energia que atinge o detector e causa uma alta relação sinal/ruído, melhorando a precisão nas medidas de absorbância. Entretanto, a Figura 20.12a mostra que se a largura de banda for grande com relação à largura do pico que

Larguras de bandas de absorbância representativas

Composto	Largura de banda
Átomos e íons (fase gasosa)	100^{-2}–10^{-3} nm
Benzeno (vapor)	<< 0,1 nm
Benzeno (em ciclo-hexano)	2 nm
Timina (em água)	30 nm

FONTE: *Dados de* Optimun Parameters for UV-VIS-NIR Spectroscopy *poster, Agilent Technologies Inc., Australia, 2011.*

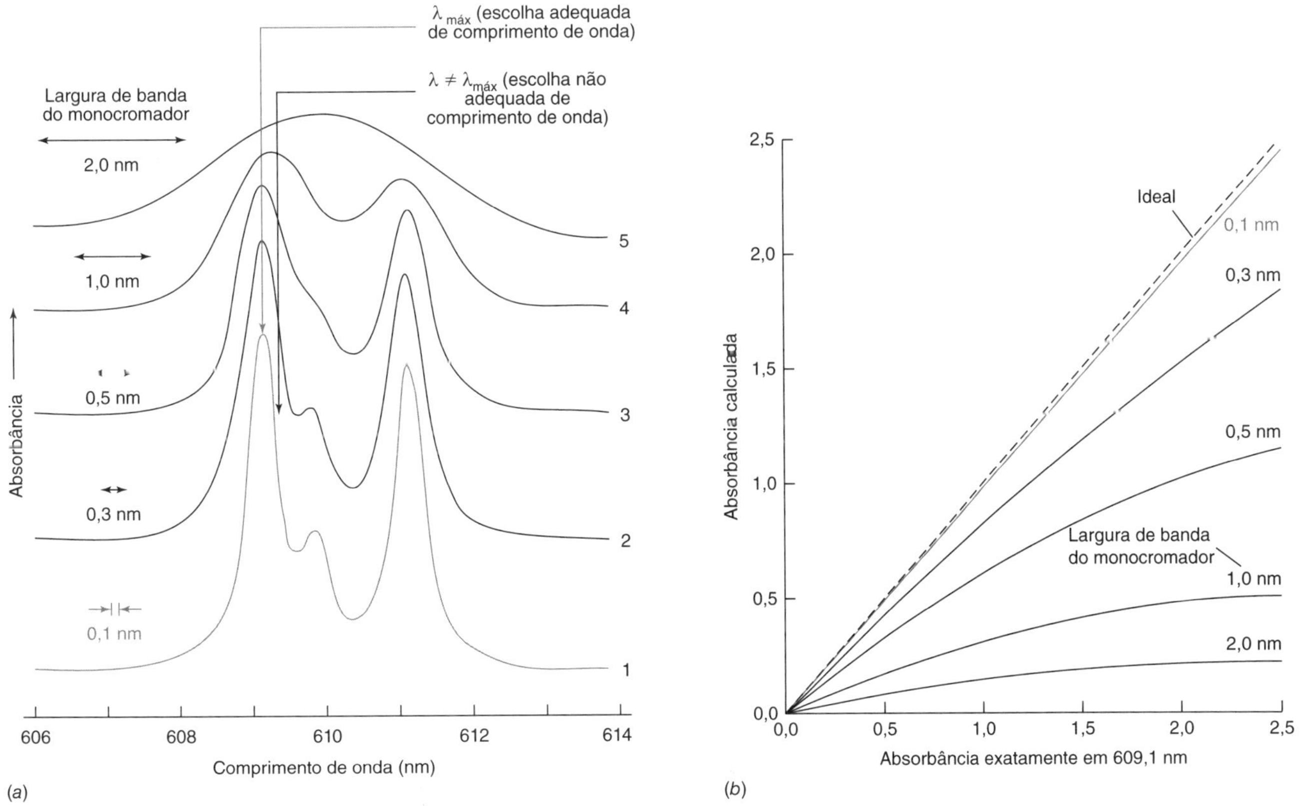

FIGURA 20.12 (*a*) O aumento da largura de banda de um monocromador alarga as bandas de absorção e diminui a absorbância aparente do Pr^{3+} em um cristal de granada de ítrio e alumínio (um cristal usado em *lasers*). [Dados de M. D. Seltzer, Michelson Laboratory, China Lake, CA.] (*b*) O aumento da largura de banda de um monocromador provoca um aumento do desvio policromático da lei de Beer para Pr^{3+} em 609,1 nm. [Calculado usando dados de G. C.-Y. Chan e W. T. Chan, "Beer's Law Measurements Using Non-Monochromatic Light Sources: A Computer Simulation", *J. Chem. Ed.* **2001**, *78*, 1285.]

A largura de banda de um monocromador deve ser tão grande quanto possível, mas deve ser suficientemente pequena quando comparada com a largura do pico que está sendo medido.

está sendo medido, a forma do pico torna-se distorcida. Escolhemos uma largura de banda tão grande quanto o espectro permita, de modo que o máximo de radiação atinja o detector. Uma largura de banda de um monocromador que seja 1/5 da largura de pico de absorção normalmente é aceitável, pois geralmente provoca uma pequena distorção na forma do pico.

O **desvio policromático** da lei de Beer aumenta com
- a absorbância
- $\Delta\varepsilon$ na largura de banda do monocromador.

Radiação Policromática

A lei de Beer é estritamente aplicada à radiação monocromática, isto é, em um único comprimento de onda. Quando a radiação incidente é policromática (vários comprimentos de onda), a absorção em cada comprimento de onda varia com a absortividade molar em cada um desses comprimentos. Na Figura 20.12a, o pico do Pr^{3+} em 609,1 nm possui uma largura de banda de 0,50 nm. A Figura 20.12b mostra as curvas calculadas para a absorbância do Pr^{3+} em 609,1 nm usando várias larguras de banda do monocromador. Uma largura de banda do monocromador de 0,1 nm (1/5 da largura de banda da absorbância) fornece uma calibração linear com coeficiente angular próximo ao da radiação monocromática em 609,1 nm. Uma maior largura de banda do monocromador resulta em um coeficiente angular mais baixo – pois comprimentos de onda com absortividades molares menores contribuem para o sinal – e um desvio para baixo a partir da linearidade. O *desvio policromático* da lei de Beer aumenta com o aumento da largura de banda do monocromador e em absorbâncias maiores.

Normalmente, trabalhamos em comprimentos de onda de absorbância máxima, onde a sensibilidade é maior e a variação na absortividade molar na largura de banda do monocromador é mínima. Se o comprimento de onda de 609,3 nm – próximo ao pico do Pr^{3+} – for usado, a sensibilidade será menor ($\varepsilon_{609,3} \approx \frac{1}{2}\,\varepsilon_{máx}$) e haverá maior curvatura da banda em face da elevada variação na absortividade molar na largura de banda do monocromador.

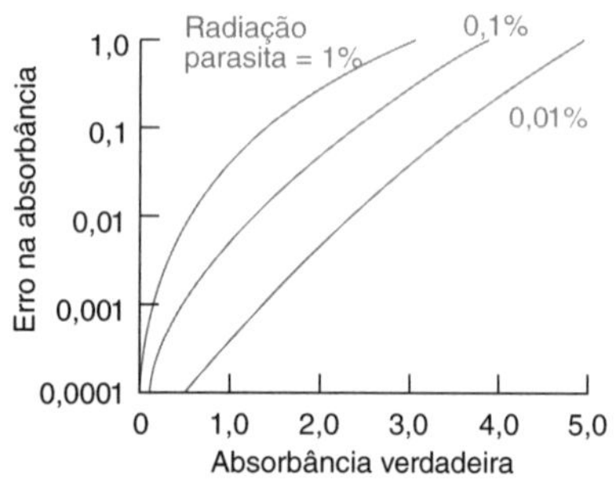

FIGURA 20.13 Erro na absorbância provocado por diferentes níveis de radiação parasita. A radiação parasita é expressa como uma porcentagem da irradiância incidente na amostra. [Dados de M. R. Sharp, "Stray Light in UV-VIS Spectrophotometers", *Anal. Chem.* **1984**, *53*, 339A.]

Radiação Parasita

Em todo instrumento óptico, alguma **radiação parasita** (comprimentos de onda além da largura de banda prevista pelo monocromador) atinge o detector. A radiação parasita, transmitida pelo monocromador, é proveniente da fonte e surge a partir da difração em ordens e ângulos indesejáveis e da dispersão não intencional causada por componentes ópticos e pelas paredes internas. A radiação parasita também pode ser de origem externa, se o compartimento da amostra não estiver devidamente fechado. Orifícios que permitem a passagem de fios elétricos e tubos para dentro do compartimento da amostra, necessários em alguns experimentos, devem ser selados para reduzir a radiação parasita. O erro introduzido pela radiação parasita é mais sério quando a absorbância da amostra é alta (Figura 20.13), pois, nesse caso, a radiação parasita corresponde a uma grande fração da radiação que alcança o detector. A radiação parasita é expressa como uma porcentagem de P_0, que é a irradiância que alcança o detector na ausência da amostra.

O **desvio da lei de Beer** em virtude da radiação parasita aumenta com
- a absorbância
- a magnitude da razão entre radiação parasita e intensidade da radiação incidente.

EXEMPLO Radiação Parasita

Se a absorbância verdadeira de uma amostra for 2,00 e existe 1,0% de radiação parasita, determine a absorbância aparente.

Solução Se a absorbância verdadeira é 2,00, temos uma transmitância verdadeira de $T = 10^{-A} = 10^{-2,00} = 0,010 = 1,0\%$. A transmitância é dada pela razão entre a energia radiante que passa pela amostra (P) e a energia radiante que passa pela referência (P_0): $T = P/P_0$. Se radiação parasita com energia radiante S passa tanto pela amostra quanto pela referência, a transmitância aparente é

$$\text{Transmitância aparente} = \frac{P+S}{P_0+S} \qquad \textbf{(20.8)}$$

Se $P/P_0 = 0,010$ e existe 1,0% de radiação parasita, então $S/P_0 = 0,010$ e a transmitância aparente é

$$\text{Transmitância aparente} = \frac{P+S}{P_0+S} = \frac{0,010+0,010}{1+0,010} = 0,019_8$$

A absorbância aparente é $-\log T = -\log(0,019_8) = 1,70$, no lugar de 2,00.

TESTE-SE Qual o nível de radiação parasita que causa um erro de absorbância de 0,01 em uma absorbância de 2? Ou seja, que valor de S fornece uma absorbância aparente de 1,99? (***Resposta:*** $S = 0,000\,24 = 0,024\%$.)

A radiação parasita em instrumentos com qualidade para aplicação em pesquisa pode ser de 0,01 a 0,000 1%, ou até mesmo menor do que isso.

Os espectrômetros de alta qualidade podem ter dois monocromadores em série (chamado **monocromador duplo**) para reduzir a radiação parasita. A radiação indesejada que passa pelo primeiro monocromador é rejeitada pelo segundo monocromador.

Validação

A Tabela 20.1 mostra os dados de absorbância de uma solução que pode ser preparada para verificar a exatidão das medidas de absorbância feitas em um espectrofotômetro. Soluções-padrão de referência de triptofano e de uracila podem ser utilizadas para verificar o caminho óptico de leitores de microplacas e outros espectrofotômetros de microvolumes.[10] Filtros de vidro de densidade neutra estão disponíveis para calibração no espectro do visível.[11] Para verificar a exatidão do comprimento de onda, são utilizados padrões de óxido de hólmio para absorção e lâmpadas de descarga atômica de baixa pressão ou padrões de lantanídeos para emissão.[12] Alguns espectrofotômetros utilizam linhas de emissão de mercúrio (Figura 20.3) ou linha de emissão de deutério a 486,1 e 656,3 nm para calibração do comprimento de onda durante o processo de iniciação dos equipamentos.

TABELA 20.1 Padrão de calibração para a absorbância no ultravioleta

Comprimento de onda (nm)	Absorbância do $K_2Cr_2O_7$ (60,00 mg/L) em $HClO_4$ 1,0 M em uma célula de 1 cm de caminho óptico
235,0	0,741 ± 0,007
257,0	0,862 ± 0,009
313,0	0,289 ± 0,003
350,0	0,645 ± 0,006

FONTE: Dados de ASTM Standard E925, "Standard Practice for Monitoring the Calibration of Ultraviolet-Visible Spectrophotometers", ASTM International, West Conshohocken, PA, 2014. Absorbâncias certificadas para 40, 80 e 100 mg/L de $K_2Cr_2O_7$ também estão disponíveis.

Filtros

Frequentemente é necessário *filtrar* (remover) determinadas faixas de radiação presentes em um sinal. Por exemplo, o monocromador de rede na Figura 20.9 direciona a difração de primeira ordem de uma pequena faixa de comprimento de onda para a fenda de saída. (Como "primeira ordem" falamos da difração para a qual $n = 1$ na Equação 20.4.) Consideremos que λ_1 seja um comprimento de onda cuja difração de primeira ordem alcança a fenda de saída. Utilizando a Equação 20.4 vemos que se $n = 2$, o comprimento de onda $\frac{1}{2}\lambda_1$ atinge a mesma fenda de saída, pois o comprimento de onda $\frac{1}{2}\lambda_1$ também produz uma interferência construtiva no mesmo ângulo que λ_1. Para $n = 3$, o comprimento de onda $\frac{1}{3}\lambda_1$ também alcança a fenda. Uma maneira para selecionarmos apenas λ_1 é interpormos um filtro na trajetória do feixe, de tal forma que os comprimentos de onda $\frac{1}{2}\lambda_1$ e $\frac{1}{3}\lambda_1$ sejam bloqueados. Para cobrir uma ampla faixa de comprimentos de onda, pode ser necessário usar vários filtros e estes devem ser trocados à medida que as diferentes regiões de comprimento de onda são varridas.

Os filtros permitem apenas a passagem de certas faixas de comprimento de onda.

A forma mais simples de filtro é um vidro colorido, onde a espécie corada absorve uma grande porção do espectro e transmite outras porções. Para um ajuste fino existem *filtros de interferência* e *filtros holográficos* especialmente projetados para deixar passar a radiação na região de interesse e refletir os outros comprimentos de onda (Figura 20.14). Esses dispositivos funcionam com base na existência de interferências construtivas e destrutivas das ondas de radiação que passam pelo filtro. Alguns filtros de entalhe holográfico têm um corte abrupto tal que é possível atenuar a linha Rayleigh na espectroscopia Raman (Boxe 18.3) por um fator de 10^6, permitindo a observação de sinais distantes 100 cm^{-1} da linha Rayleigh.

20.3 Detectores

Um detector produz um sinal elétrico quando é atingido por fótons. Por exemplo, uma **célula fotoemissiva** emite elétrons a partir de uma superfície fotossensível negativamente carregada (o catodo), quando atingida por radiação na região do visível ou do ultravioleta. Os elétrons se

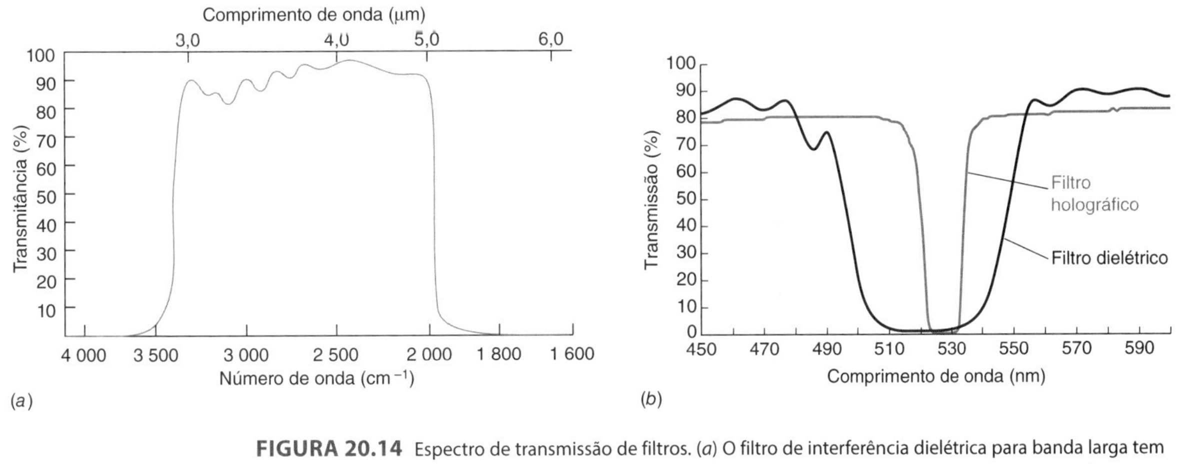

FIGURA 20.14 Espectro de transmissão de filtros. (*a*) O filtro de interferência dielétrica para banda larga tem ~90% de transmitância na faixa de comprimentos de onda de 3 a 5 μm, entretanto, menos que 0,01% de transmitância fora dessa faixa. [Dados de Barr Associates, Westford, MA.] (*b*) O filtro de interferência holográfica fornece uma atenuação maior e uma banda mais estreita do que o filtro dielétrico. [Dados de H. Owen, "The Impact of Volume Phase Holographic Filters and Gratings on the Development of Raman Instrumentation", *J. Chem. Ed.* **2007**, *84*, 61.]

deslocam através do vácuo na direção de um eletrodo carregado positivamente, chamado coletor, dando origem a uma corrente elétrica proporcional à intensidade de radiação incidente. A seleção de um fotodetector depende da faixa espectral de interesse, da intensidade da radiação – alta na absorbância ou baixa na fluorescência – e se é medido um único comprimento de onda ou ponto no espaço, ou se é medido um espectro (ou imagem) completo.

A resposta de um detector é uma função do comprimento de onda da radiação incidente.

A Figura 20.15 mostra que a resposta do detector depende do comprimento de onda dos fótons incidentes. Por exemplo, para uma dada potência radiante (W/m^2) de radiação de 420 nm, a fotomultiplicadora S-20, com um catodo fotoemissivo de $SbNa_2KCs$, produz uma corrente cerca de quatro vezes maior que a corrente produzida pela mesma potência radiante de radiação de 300 nm. A resposta abaixo de 280 nm e acima de 800 nm é praticamente nula. Em um espectrofotômetro de feixe simples, o controle de transmitância 100% tem que ser corrigido cada vez que o comprimento de onda for mudado. Essa calibração ajusta o espectrofotômetro para o máximo de rendimento que pode ser obtido do detector para cada comprimento de onda. As leituras subsequentes são escalonadas com relação à leitura de 100%.

Fotomultiplicadora[13]

Uma **fotomultiplicadora** (Figura 20.16) é um dispositivo de grande sensibilidade, no qual os elétrons emitidos pela superfície fotossensível atingem uma segunda superfície, denominada *dinodo*, que é positiva com relação ao emissor fotossensível. Os elétrons são acelerados e atingem o dinodo com energia cinética superior à sua energia cinética original. Cada um dos elétrons energizados retira mais de um elétron da superfície do dinodo. Esses novos elétrons são acelerados na direção de um segundo dinodo, que é mais positivo que o primeiro dinodo. Ao atingirem o segundo dinodo, mais elétrons são arrancados e acelerados na direção de um terceiro dinodo. Este processo é repetido diversas vezes até que mais que 10^6 elétrons sejam finalmente coletados para cada fóton que atingiu a primeira superfície. Dessa maneira, intensidades de radiação extremamente baixas são traduzidas em sinais elétricos mensuráveis. Deve-se destacar que os olhos humanos são mais sensíveis do que uma fotomultiplicadora (Boxe 20.2).

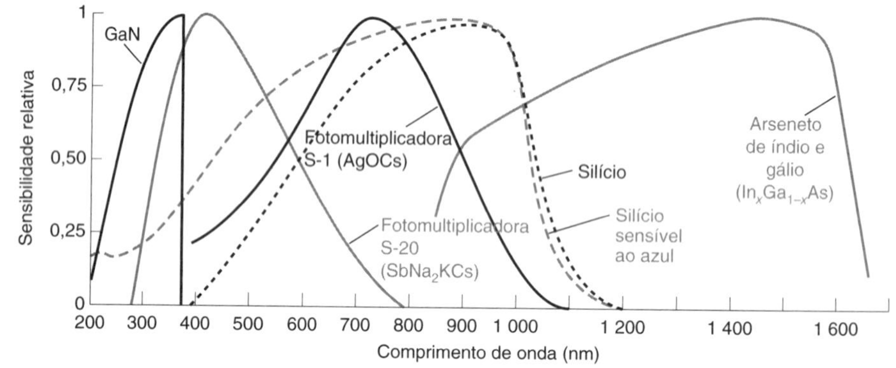

FIGURA 20.15 Resposta de vários detectores diferentes. Quanto maior a sensibilidade, maior a corrente ou a diferença de potencial produzida pelo detector para dada irradiância incidente (W/m^2) de fótons. Cada curva é normalizada para um valor máximo de 1. A resposta do $In_xGa_{1-x}As$ pode ser deslocada para comprimentos de onda maiores ou menores variando-se a composição. [Dados de Barr Associates, Westford, MA. Dados para o GaN obtidos de APA Optics, Blaine, MN.]

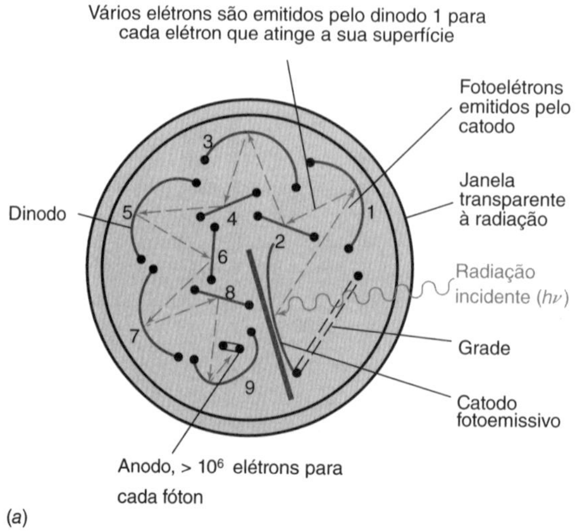

FIGURA 20.16 Diagrama de uma fotomultiplicadora com nove dinodos. A amplificação do sinal ocorre em cada dinodo, que está aproximadamente 90 volts mais positivo do que o dinodo anterior. [David J. Green/Alamy.]

BOXE 20.2 O Fotorreceptor Mais Importante

A retina, na parte de trás de cada globo ocular, contém células fotossensíveis, denominadas *bastonetes* e *cones*, que são sensíveis aos níveis de intensidade luminosa em um intervalo acima de sete ordens de grandeza. A luz que incide nessas células é traduzida em impulsos nervosos que são transmitidos ao cérebro por meio do nervo óptico. Os bastonetes detectam níveis muito baixos de intensidade luminosa, mas não conseguem distinguir cores. Os cones só operam em luz brilhante e nos fornecem a visão das cores.

Uma pilha com cerca de 1 000 *discos* em cada célula bastonete contém a proteína fotossensível *rodopsina*, onde o cromóforo 11-*cis*-retinal (da vitamina A) é fixado à proteína *opsina*. Quando um fóton é absorvido pela rodopsina, a ligação dupla *cis* sofre isomerização em picossegundos para a geometria *trans*, movendo os átomos da proteína ligada em cerca de 0,5 nm. A mudança conformacional da proteína resultante desencadeia uma série de alterações que afetam o transporte de íons pela membrana celular e produz um sinal nervoso para o cérebro. Uma célula bastonete pode responder a um único fóton, e o cérebro percebe luz quando menos de dez bastonetes foram ativados. A absorção de um fóton leva à liberação de todo o *trans*-retinal da rodopsina. Nesse estágio, o pigmento é *descorado* (perde toda a sua cor) e não responde mais à luz até que o retinal volte a se isomerizar na forma 11-*cis* e se recombine com a proteína.

No escuro, há um fluxo contínuo de 10^9 íons Na^+ por segundo para fora do segmento interno da célula bastonete, através do meio adjacente, dirigindo-se para dentro do segmento externo da célula. Um processo dependente de energia, usando o trifosfato de adenosina (ATP) e o oxigênio, bombeia o Na^+ para fora da célula. Outro processo, envolvendo uma molécula chamada GMP cíclico, mantém as barreiras do segmento externo abertas para os íons poderem fluir de volta para dentro da célula. Quando a luz é absorvida e a rodopsina é descorada, uma série de reações químicas leva à destruição do GMP cíclico e ao fechamento dos canais por meio dos quais o Na^+ flui para dentro da célula. Um único fóton causa uma redução de 3% na corrente de íons, o que corresponde a uma diminuição da corrente de 3×10^7 íons por segundo. Essa *amplificação* é maior do que uma fotomultiplicadora, um dos fotodetectores mais sensíveis feitos pelo homem. A corrente de íons retorna ao seu valor de escuro quando a proteína e o retinal se recombinam e o GMP cíclico tem sua concentração inicial restaurada.

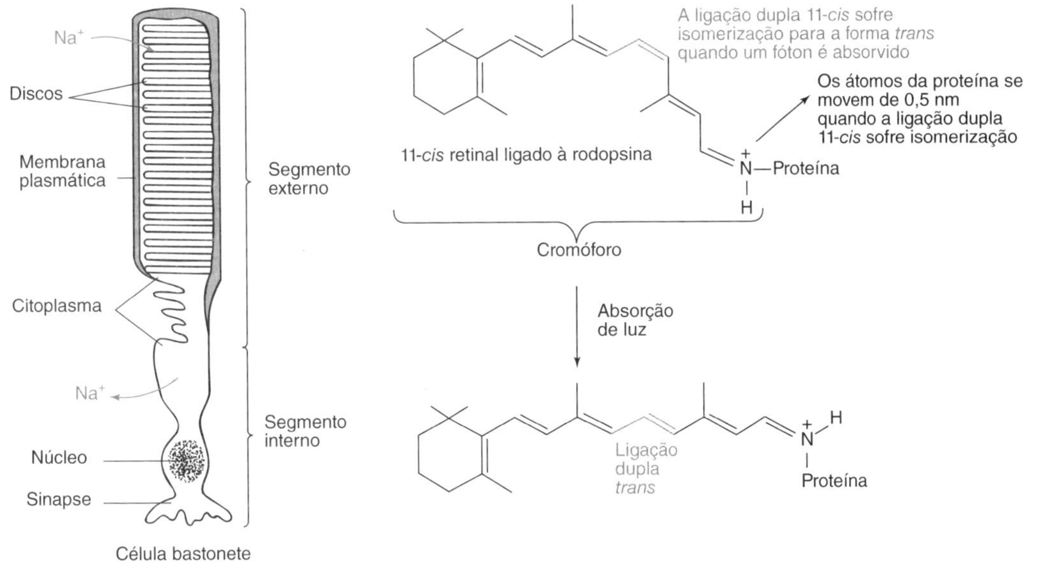

Todos os fotodetectores produzem uma pequena resposta na ausência de radiação. Essa *corrente de escuro* pode ser provocada pela emissão espontânea de elétrons a partir do catodo de uma fotomultiplicadora ou pela produção espontânea de elétrons e lacunas em um dispositivo semicondutor. Por exemplo, vibrações atômicas podem fornecer energia suficiente para que um elétron escape do catodo. Quanto maior a temperatura do catodo, maior a corrente de escuro.

Fotodiodo[14]

Um **fotodiodo** (Figura 20.17a) é um fotodetector compacto, barato e de baixo consumo de energia, no qual a radiação, ao atingir um semicondutor, produz uma corrente elétrica. Um único fotodiodo é constituído de silício tipo *p* sobre um substrato (o corpo subjacente) de silício tipo *n* para criar um diodo de junção *pn*. Muitos diodos de junção *pn* podem ser construídos em um único substrato para formar um conjunto de fotodiodos. Por enquanto, consideraremos uma única junção *pn*. Uma polarização inversa aplicada a cada diodo leva elétrons e lacunas para longe da junção. Na região de depleção de cada junção, há poucos elétrons ou lacunas carregadas, e com isso, há pouca passagem de corrente, como no diodo da esquerda na Figura 20.17a. Quando radiação com energia suficiente chega ao semicondutor (diodo da direita na Figura 20.17a), elétrons e lacunas livres são criados e migram para regiões de carga oposta, resultando em uma corrente elétrica.

Ver Seção 15.8 para relembrar os semicondutores.

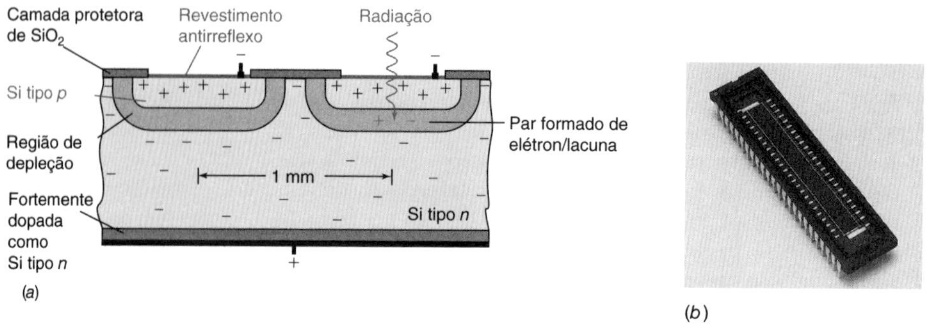

FIGURA 20.17 (*a*) Vista transversal do conjunto de fotodiodos. (*b*) Fotografia de um conjunto com 46 elementos retangulares, cada um com uma área ativa de 0,9 × 4,4 mm. O retângulo preto no centro é o silício fotossensível que responde a comprimentos de onda de 190 a 1 100 nm. O circuito integrado inteiro tem 5 cm de comprimento. [Cortesia de Hamamatsu Photonics.]

O **intervalo de energia** (também chamado **banda proibida**) é a energia que separa as bandas de valência e condução em um semicondutor.

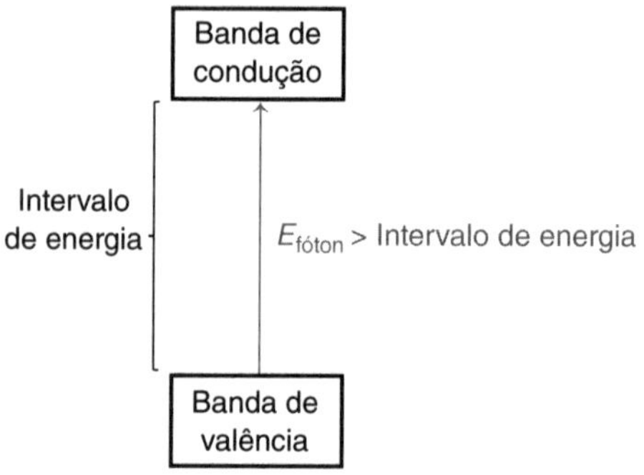

	Intervalo de energia	
Semicondutor	**(eV)**	**(nm)**
Silício	1,1	1 100
InGaAs	0,7	1 700
PbS	0,4	3 000
HgCdTe	0,1	12 500

FONTE: *Dados de* Opto-Semiconductor Handbook *(Hamamatsu City, Japan: Hamamatsu Photonics, 2014.)*

A energia da radiação necessária para criar elétrons e lacunas depende da *banda proibida*, diferença de energia entre banda de valência e banda de condução de um semicondutor. Semicondutores de silício respondem desde comprimentos de onda do ultravioleta até comprimentos de onda no infravermelho próximo (1 100 nm). Fotodiodos de InGaAs e de sulfeto de chumbo respondem ainda mais nos comprimentos de onda na região do infravermelho próximo. Fotodiodos são menos sensíveis que fotomultiplicadoras, e mais comumente utilizados em aplicações de alta intensidade de radiação, como as medições de absorbância.

Conjunto de Fotodiodos

Os espectrofotômetros com uma fotomultiplicadora como detector varrem lentamente as regiões correspondentes a cada comprimento de onda. Um espectrofotômetro com um conjunto de fotodiodos registra o espectro inteiro de uma única vez em uma fração de um segundo. Uma aplicação para este sistema de varredura rápida é na cromatografia, onde o espectro inteiro de um composto é registrado conforme ele emerge da coluna.

O coração da espectroscopia rápida é o **conjunto de fotodiodos** mostrado na Figura 20.17 (ou o dispositivo de carga acoplada que será descrito mais adiante). Um conjunto de fotodiodos pode conter de dezenas a milhares de fotodiodos individuais. Cada junção *pn* do diodo atua como um capacitor, com carga armazenada em ambos os lados de sua região de depleção. No início do ciclo de medições, cada diodo está completamente carregado. Quando a radiação ultravioleta ou visível atinge o semicondutor, são criados elétrons livres e lacunas que migram para as regiões de carga oposta, descarregando parcialmente o capacitor. Quanto mais radiação atinge cada diodo, menos carga permanece armazenada ao fim da medida. Quanto mais longa for a irradiação do conjunto entre diferentes leituras, mais descarregado será cada capacitor. O estado de cada capacitor é determinado ao fim do ciclo medindo-se a corrente necessária para recarregá-lo.

Em um *espectrômetro por dispersão* (Figura 20.1), apenas uma faixa estreita de comprimentos de onda atinge o detector de cada vez. Em um *espectrofotômetro com conjunto de fotodiodos* (Figura 20.18), diferentes comprimentos de onda atingem diferentes partes do conjunto detector. Todos os comprimentos de onda são registrados simultaneamente, permitindo uma aquisição mais rápida do espectro ou uma razão sinal/ruído maior, ou alguma combinação de ambas. No espectrofotômetro com conjunto de fotodiodos, a *radiação branca* (com todos os comprimentos de onda) passa através da amostra. A radiação entra em um **policromador**, que dispersa a radiação nos comprimentos de onda que a compõem e direciona a radiação para o conjunto de diodos. Cada diodo recebe uma *faixa diferente de comprimentos de onda*, e todos os comprimentos de onda são medidos simultaneamente. A resolução depende da proximidade entre os diodos e do valor da dispersão produzida pelo policromador.

Um espectrofotômetro com conjunto de fotodiodos mede todos os comprimentos de onda de uma vez, o que permite uma aquisição de dados mais rápida e uma maior razão sinal/ruído.

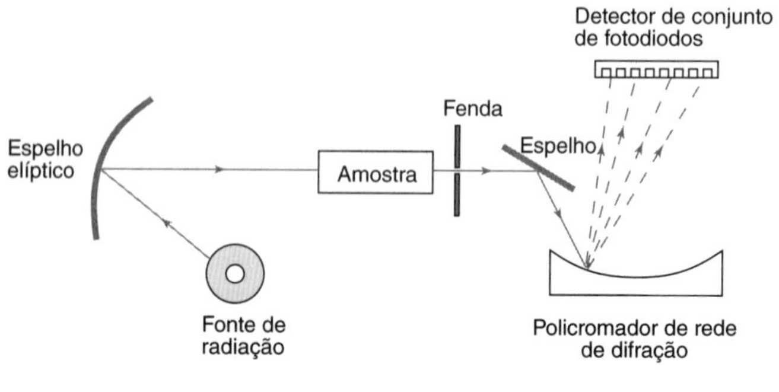

FIGURA 20.18 Esquema de um espectrofotômetro com conjunto de fotodiodos.

Os conjuntos de fotodiodos permitem uma aquisição mais rápida de um espectro (< 1 s) do que os instrumentos que trabalham com monocromadores (que necessitam de vários minutos). Os instrumentos com conjuntos de fotodiodos praticamente não apresentam partes móveis e, por isso, são mais robustos que os instrumentos com monocromadores, onde, durante a varredura do espectro, ocorrem rotação das redes de difração e trocas de filtros. A resolução de ~0,1 nm e a exatidão em estabelecer valores de comprimento de onda são melhores em um instrumento com monocromador do que naqueles com conjunto de fotodiodos (resolução de ~0,5 a 1,5 nm). A radiação parasita é menor nos instrumentos com monocromador do que nos instrumentos que utilizam conjuntos de fotodiodos, fazendo com que o instrumento por dispersão tenha um intervalo dinâmico maior para medir absorbâncias elevadas. A radiação parasita, que atinge o detector em um instrumento com conjunto de fotodiodos, não aumenta substancialmente quando o compartimento da amostra é aberto. Em um instrumento contendo um monocromador, o compartimento deve estar perfeitamente fechado durante a execução das medidas.

Dispositivo de Carga Acoplada[15]

Um **dispositivo de carga acoplada** (CCD, em inglês, *charge coupled device*) é um detector extremamente sensível, que armazena cargas geradas por fótons em um arranjo bidimensional. Um dispositivo de carga acoplada pode produzir uma maior razão sinal/ruído do que a que pode ser obtida por uma fotomultiplicadora. O dispositivo na Figura 20.19a é constituído de Si dopado tipo *p* em um substrato de Si dopado tipo *n*. A estrutura é recoberta com uma camada isolante de SiO_2, sobre a qual é instalado um conjunto de eletrodos condutores de Si. Quando a radiação é absorvida na região dopada tipo *p*, um elétron entra na banda de condução criando uma lacuna na banda de valência. O elétron é então atraído para a região abaixo do eletrodo positivo, onde fica armazenado. A lacuna migra para o substrato dopado tipo *n*, onde ela se combina com um elétron. Cada eletrodo consegue armazenar ~10^5 elétrons antes que estes migrem para os elementos adjacentes.

Câmeras digitais utilizam dispositivos de carga acoplada para registrar as imagens. W. S. Boyle e G. E. Smith, do Bell Laboratories, dividiram o Prêmio Nobel de Física em 2009 pela invenção do dispositivo de carga acoplada em 1969.

O dispositivo de carga acoplada é um detector bidimensional, como mostra a Figura 20.19b. Após o tempo de observação desejado, os elétrons armazenados em cada *pixel* (sigla inglesa que define o menor elemento que guarda informação de imagem) da linha superior são movidos para dentro de um registrador serial no topo e, então, deslocados, um pixel de cada vez, para a direita, onde é feita a leitura da carga armazenada. A próxima linha é então deslocada para cima e lida da mesma maneira que a anterior. Esta sequência é então repetida até que todo o conjunto seja lido. A transferência das cargas armazenadas é feita por um conjunto de eletrodos bem mais complexo que o indicado na Figura 20.19a. A transferência de carga de um pixel para o pixel vizinho é um processo muito eficiente, com uma perda de aproximadamente cinco em cada um milhão de elétrons. A operação de um dispositivo de carga acoplada é aproximadamente análoga ao enchimento de uma série de baldes (os pixels) por gotas de chuva (os elétrons). Para a leitura, o conteúdo de cada balde é retirado e medido.

Os elétrons de pixels adjacentes podem ser combinados para formar um único elemento de imagem maior. Esse processo, chamado *acumulação*, aumenta a sensibilidade do dispositivo de carga acoplada à custa de certa perda de resolução.

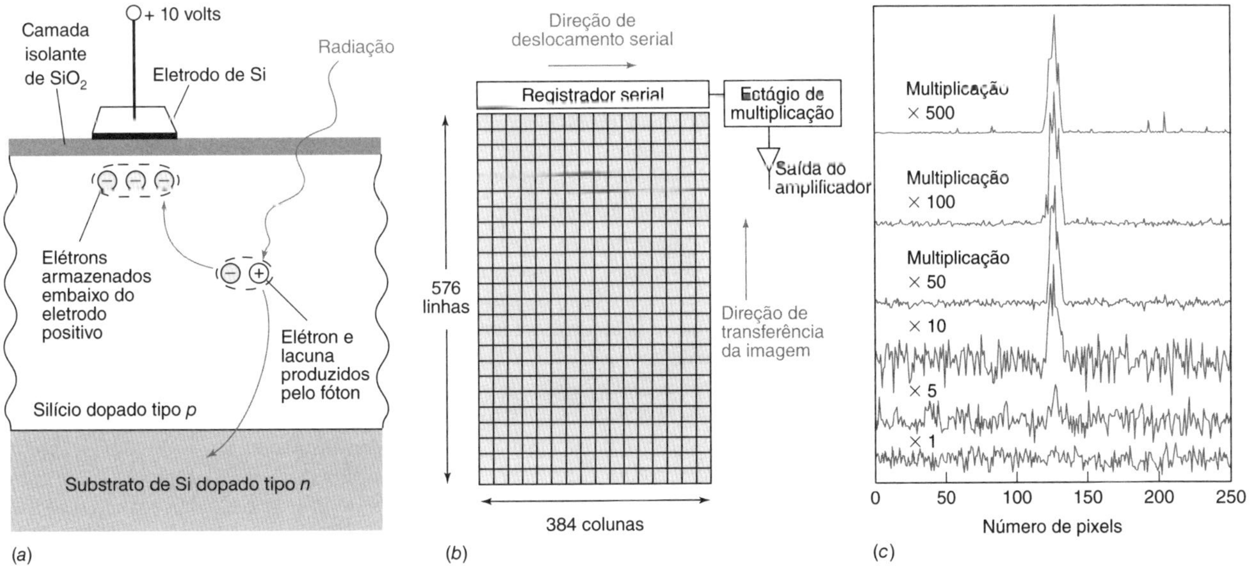

FIGURA 20.19 Representação esquemática de um dispositivo de carga acoplada. (*a*) Vista transversal, indicando a geração de carga e o armazenamento em cada pixel. (*b*) Vista de cima, mostrando a natureza bidimensional de um conjunto. Um conjunto real é aproximadamente do tamanho de um selo postal. (*c*) Efeito do estágio de multiplicação sobre a razão sinal/ruído de um sinal que é muito fraco para ser visto sem amplificação. [Dados de C. G. Coates, "A Sensitive Detector of Ultralow-Light Imaging", *Am. Lab.*, August 2004, p. 13. Dados de C. G. Coates, Andor Technology, Belfast, Ireland.]

TABELA 20.2 Sinal mínimo detectável (fótons/s/elemento detector) de detectores ultravioleta/visível

Tempo de aquisição do sinal (s)	Conjunto de fotodiodos		Fotomultiplicadora		Dispositivo de carga acoplada	
	Ultravioleta	Visível	Ultravioleta	Visível	Ultravioleta	Visível
1	6 000	3 300	30	122	31	17
10	671	363	6,3	26	3,1	1,7
100	112	62	1,8	7,3	0,3	0,2

FONTE: *Dados de R. B. Bilhorn, J. V. Sweedler, P. M. Epperson e M. B. Denton, "Charge Transfer Device Detectors for Analytical Optical Spectroscopy",* Appl. Spectros. *1987,* 41, *1114.*

O sinal mínimo detectável para a radiação na região do visível na Tabela 20.2 é de 17 fótons/s. A sensibilidade do dispositivo de carga acoplada resulta de seu alto *rendimento quântico* (elétrons produzidos por fóton incidente), baixo ruído elétrico de fundo (elétrons livres gerados termicamente) e baixo ruído associado ao processo de leitura de dados.

Os dispositivos de carga acoplada mais sensíveis têm um "estágio de multiplicação" que multiplica o sinal por ~10^2 a 10^3 entre o registrador serial e o amplificador de saída. O ruído que ocorre durante a obtenção do sinal também é multiplicado, mas o ruído associado ao processo de leitura de dados não é multiplicado. Para os sinais mais fracos nos quais o processo de leitura de dados é a fonte dominante de ruído, a multiplicação aumenta a razão sinal/ruído (Figura 20.19c). Para os casos nos quais o ruído dominante ocorre durante a obtenção do sinal, a multiplicação não pode melhorar a razão sinal/ruído, mas diminui o tempo necessário para obtenção do sinal.

Detectores para Infravermelho

Os detectores para a radiação visível e ultravioleta dependem dos fótons incidentes para ejetar elétrons da superfície fotossensível ou para promover elétrons da banda de valência do silício para a banda de condução. Os fótons de infravermelho não possuem energia suficiente para produzir um sinal em qualquer tipo de detector descrito anteriormente. Portanto, outros tipos de dispositivos têm que ser utilizados para a detecção da radiação infravermelha.

Um **termopar** é uma junção entre dois condutores elétricos diferentes. Os elétrons possuem uma energia livre menor em um condutor do que no outro, logo eles se deslocam de um para o outro até que uma pequena diferença de potencial resultante evita o fluxo adicional de elétrons. O potencial de junção é dependente da temperatura, pois os elétrons podem fluir de volta para o condutor de alta energia que se encontra em temperatura mais elevada. Quando um termopar tem a sua superfície enegrecida para absorver radiação, sua temperatura (e, consequentemente, o potencial elétrico) torna-se sensível à radiação. Um valor típico para a sensibilidade é de 6 V por watt de radiação absorvida.

Em um **material ferroelétrico**, os momentos de dipolo das moléculas permanecem alinhados na ausência de um campo externo. Esse alinhamento faz com que o material tenha uma polarização elétrica permanente.

Um **material ferroelétrico**, como o sulfato de triglicina deuterada, possui uma polarização elétrica permanente em função do alinhamento das moléculas no cristal. Uma face do cristal é carregada positivamente e a face oposta é negativa. A polarização é dependente da temperatura, e a sua variação com a temperatura é chamada *efeito piroelétrico*. Quando o cristal absorve radiação infravermelha, muda sua temperatura e sua polarização. A variação de potencial é o sinal em um detector piroelétrico. O sulfato de triglicina deuterada é um detector normalmente usado em espectrômetros com transformada de Fourier, descritos mais adiante.

A radiação infravermelha não pode promover os elétrons da banda de valência do silício para a banda de condução. Os semicondutores utilizados como detectores de infravermelho possuem diferença de energia entre as bandas menor que a do silício.

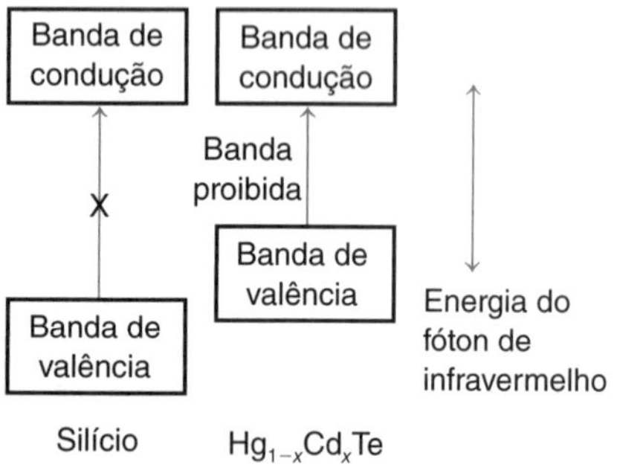

Um **detector fotocondutor** é constituído por um material semicondutor cuja condutividade elétrica aumenta quando a radiação infravermelha excita elétrons da banda de valência para a banda de condução. Os **detectores fotovoltaicos** contêm junções semicondutoras *pn*, por meio das quais existe um campo elétrico. A absorção da radiação infravermelha cria mais elétrons e lacunas, que são atraídos para lados opostos da junção mudando o potencial elétrico na junção. O telureto de mercúrio-cádmio ($Hg_{1-x}Cd_xTe$, $0 < x < 1$) é um material detector cuja sensibilidade para diferentes comprimentos de onda de radiação é afetada pelo coeficiente estequiométrico, x. Os dispositivos fotocondutores e fotovoltaicos podem ser resfriados a 77 K (temperatura do nitrogênio líquido) para reduzir, em mais de uma ordem de grandeza, o ruído elétrico térmico.

A radiação infravermelha absorvida por uma substância é rapidamente convertida em calor (movimentos atômicos), o que aquece o ar ou o gás que circunda a substância. Se a radiação infravermelha é modulada em uma audiofrequência, como 1 000 Hz, então o ar em torno da amostra se aquece (expande) e resfria (se contrai) nessa mesma frequência, produzindo uma onda sonora. Um *detector fotoacústico* mede ondas sonoras resultantes da absorção de radiação infravermelha modulada. A detecção fotoacústica é particularmente útil para medir concentrações de gases em níveis de traço. O Boxe 20.3 descreve um *detector fotoacústico* que permitiu a Charles David Keeling medir as concentrações crescentes de CO_2 atmosférico desde 1958.

BOXE 20.3 Medição Não Dispersiva Fotoacústica de Infravermelho de CO_2 em Mauna Loa

A linha cinza no canto superior direito no gráfico na abertura do Capítulo 10 mostra as medidas de CO_2 atmosférico no vulcão Mauna Loa, no Havaí, a partir de 1958.[16] Quando Charles David Keeling propôs o monitoramento contínuo do CO_2 atmosférico em 1956, ele escolheu um analisador de infravermelho *não dispersivo fotoacústico*, muito diferente dos instrumentos atuais.[17] "Não dispersivo" significa que não havia prisma ou rede de difração para separar a radiação nos comprimentos de onda que a compõem.

A fonte de infravermelho é um fio aquecido resistivamente em ~525 °C. A radiação é dividida em dois feixes e interrompida em 20 Hz por um alternador rotatório. A célula da amostra contém ar seco bombeado de fora do observatório. A célula de referência contém ar seco, livre de CO_2. O CO_2 presente na célula da amostra absorve radiação infravermelha, mas o gás na célula de referência, não. As células do detector contêm CO_2 em argônio. O CO_2 no detector absorve radiação infravermelha, de modo que o gás do detector alternadamente se aquece (expande) e resfria (se contrai) em uma frequência de 20 Hz. O aquecimento e resfriamento produz uma oscilação na pressão em 20 Hz detectada por um microfone em cada detector. O registrador mostra a diferença de resposta entre os dois detectores. O emprego de um microfone para observar a onda de pressão de oscilação causada pela absorção infravermelha é chamado *detecção fotoacústica*. O registrador mostra as diferenças nas respostas dentre os dois microfones. Quanto mais CO_2 na amostra, menos radiação alcança o detector e maior é a diferença entre as respostas.

O observatório em Mauna Loa no Havaí, a uma altitude de 3,4 km, destina-se a medir a pureza do ar sobre o Oceano Pacífico. Quatro entradas de ar localizadas a 90° uma da outra estão cada uma delas a 7 m acima do solo e a 175 m do observatório. As duas entradas contra o vento são selecionadas para monitoramento. O espectrômetro monitora o ar de uma entrada por 10 minutos, a seguir monitora a outra por 10 minutos e, então, mede um gás de referência por 10 minutos.

Um registrador mostra a diferença média entre o ar e o gás de referência a partir de quatro medidas de ar a cada hora. Por vezes, as leituras são estáveis e, em outras, elas variam quando o CO_2 é emitido por ventos vulcânicos sobre Mauna Loa. Dados representativos do ar puro eram obtidos rejeitando-se leituras a qualquer instante quando a variação de CO_2 era maior do que 0,5 ppm. Uma leitura para um dado dia requeria que existisse no mínimo 6 horas consecutivas de dados estáveis a partir dos quais se obtinha uma média. Se as leituras variavam muito, nenhum valor era registrado para aquele dia.

A chave da exatidão era o conhecimento da concentração de CO_2 no gás de referência, que era medido por manometria de precisão no laboratório de Keeling, na Califórnia.[16] A incerteza experimental para o CO_2 no ar era estimada como ±0,2 ppm para níveis de 300 a 400 ppm. O aumento anual de CO_2 desde 1958 nos mostrou a nossa influência sobre a atmosfera da Terra.

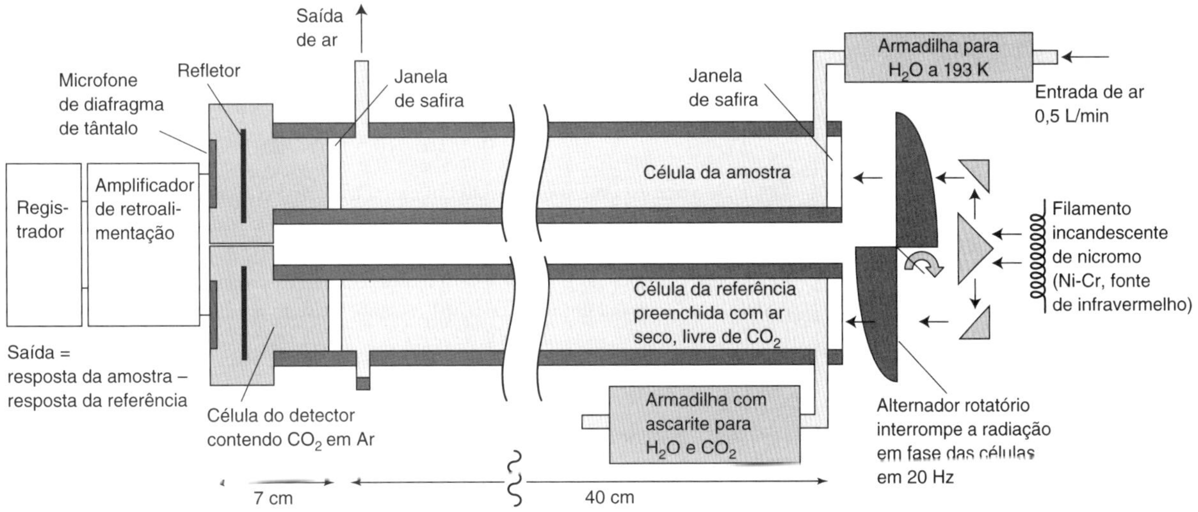

Calibração da Resposta do Detector para Medidas de Luminescência

A Figura 20.15 mostrou que cada espécie de detector tem uma resposta espectral diferente. Para o mesmo número de fótons de entrada em diferentes comprimentos de onda, um detector em particular gerará diferentes sinais de saída. Essa variação de resposta não é um problema quando está se medindo transmitância, que é o quociente da irradiância transmitida (P) dividida pela irradiância incidente (P_0). A razão em dado comprimento de onda não depende da sensibilidade do detector naquele comprimento de onda. A resposta espectral do detector também não é um problema para a análise quantitativa usando-se luminescência em um único comprimento de onda, como na Figura 18.24.

Entretanto, se você quer medir a *forma* verdadeira de uma banda de luminescência, você tem que conhecer como o seu detector responde a diferentes comprimentos de onda. Para obter a forma verdadeira de um espectro de luminescência, temos que medir a resposta relativa do detector em cada comprimento de onda. A calibração pode ser feita com padrões de luminescência certificados, cuja fluorescência foi medida com detectores calibrados.[18] A fluorescência medida pelo seu instrumento é comparada com a fluorescência conhecida para obter um fator de calibração em cada comprimento de onda. Quando um espectro medido é multiplicado pelo fator de calibração em cada comprimento de onda, uma forma espectral real é obtida.

20.4 Sensores Ópticos

Um *optodo* (eletrodo óptico) é um sensor químico baseado em uma *fibra óptica*. Para compreendermos o seu funcionamento precisamos primeiro rever alguns conceitos relativos à refração da radiação eletromagnética.

Refração

A velocidade de propagação da luz em um meio de **índice de refração** n é c/n, em que c é a velocidade de propagação da luz no vácuo. Portanto, para o vácuo, $n = 1$. O índice de refração de um líquido é normalmente relatado para 20 °C no comprimento de onda da linha D do sódio ($\lambda = 589{,}3$ nm). A frequência da luz (ν) em um meio qualquer é igual à frequência no vácuo. Como a velocidade da luz (c/n) dentro de um meio qualquer é menor do que no vácuo, o comprimento de onda da luz no meio material diminui com relação ao valor no vácuo porque $\lambda\nu = c/n$.

Índices de refração da linha D do sódio:

Vácuo	1
Ar (0 °C, 1 bar)	1,000 29
Água	1,33
Sílica fundida	1,46
Benzeno	1,50
Bromo	1,66
Iodo	3,34

Quando a luz é refletida, o ângulo de reflexão é igual ao ângulo de incidência (Figura 20.20). Quando a luz passa de um meio para outro, sua trajetória sofre uma mudança de inclinação (Prancha em Cores 22). Esse processo, chamado **refração**, é descrito pela **lei de Snell**:

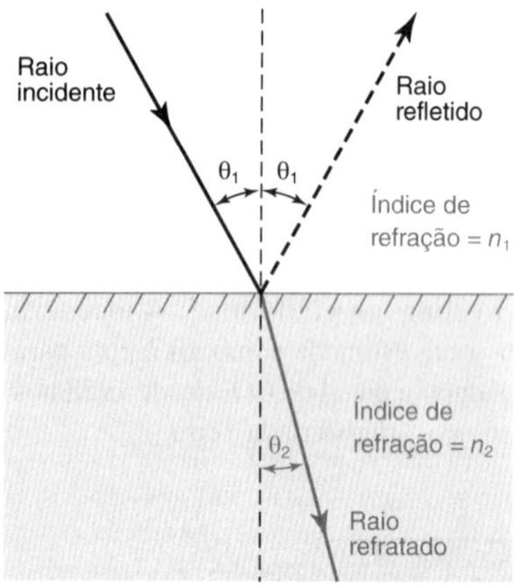

FIGURA 20.20 *Ilustração da lei de Snell*: n_1 sen $\theta_1 = n_2$ sen θ_2. Quando a radiação passa do ar para outro meio qualquer, quanto maior for o índice de refração desse meio, menor será o valor de θ_2.

Lei de Snell:
$$n_1 \operatorname{sen} \theta_1 = n_2 \operatorname{sen} \theta_2 \qquad (20.9)$$

em que n_1 e n_2 são os índices de refração de ambos os meios e θ_1 e θ_2 são os ângulos definidos na Figura 20.20.

Cuidado: as funções trigonométricas no Excel utilizam radianos, não graus.

EXEMPLO Refração da Luz pela Água

Considere que um raio de radiação da região do visível se propaga pelo ar (meio 1) em direção à água (meio 2) segundo um ângulo de 45° (θ_1 na Figura 20.20). Com que ângulo, θ_2, o raio de radiação se desloca pela água?

Solução O índice de refração do ar é praticamente 1 e o da água 1,33. Pela lei de Snell temos

$$(1{,}00)(\operatorname{sen} 45°) = (1{,}33)(\operatorname{sen}\theta_2) \Rightarrow \operatorname{sen}\theta_2 = (\operatorname{sen} 45°)/1{,}33 = 0{,}532$$
$$\theta_2 = \operatorname{sen}^{-1}(0{,}532) = 32°$$

Se você está meio esquecido em como trabalhar com radianos e funções trigonométricas inversas, apresentamos a seguir como resolver a equação anterior para obter θ_2: sen θ_2 = (sen 45°)/1,33 = 0,532, de modo que $\theta_2 = \operatorname{sen}^{-1}(0{,}532) \equiv \operatorname{arcsen}(0{,}532)$. No Excel, a função inversa do seno é ASIN e os ângulos são expressos em radianos. A função do Excel ASIN (0,532) retorna um valor de 0,561 radiano. Existem π radianos em 180 graus. Portanto,

$$\text{Graus} = 180 \times \frac{\text{radianos}}{\pi} = 180 \times \frac{0{,}561}{\pi} = 32°$$

Qual é o valor de θ_2 se o raio incidente for perpendicular à superfície (isto é, $\theta_1 = 0°$)?

$$(1{,}00)(\operatorname{sen} 0°) = (1{,}33)(\operatorname{sen}\theta_2) \Rightarrow \theta_2 = 0°$$

Um raio de radiação que incide perpendicularmente não sofre refração.

TESTE-SE Radiação no visível atinge a superfície do benzeno em um ângulo de 45°. Em que ângulo o raio de radiação passa através do benzeno? (***Resposta:*** 28°.)

Concentração de açúcar em suco, % m/m	Índice de refração
0%	1,333 0
10%	1,347 5
20%	1,363 5
30%	1,381 1
40%	1,399 7

O índice de refração de uma solução depende do índice de refração do soluto e do solvente, e da concentração do soluto. A refratometria pode ser utilizada para monitorar variações das concentrações de um componente. Entusiastas de aquarismo utilizam refratômetros portáteis para monitorar a salinidade em aquários de água salgada. Quando doamos sangue, a enfermeira utiliza a refratometria para verificar a concentração de proteínas plasmáticas. Na indústria de alimentos, refratômetros são utilizados para medir a porcentagem de água no mel, e a porcentagem em massa de açúcar em sucos de frutas, conhecida como grau ou escala Brix. O índice de refração é uma propriedade medida por um detector não específico e de baixa sensibilidade em cromatografia líquida (Seção 25.2).

Fibras Ópticas

As **fibras ópticas** transmitem a radiação de uma extremidade à outra por meio da *reflexão interna total*. Na área de telecomunicações, as fibras ópticas estão substituindo a fiação elétrica, pois são imunes ao ruído elétrico, transmitem dados em velocidades maiores e

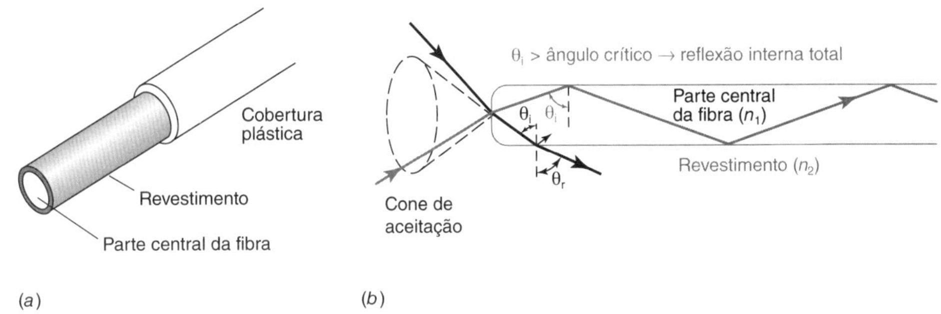

FIGURA 20.21 (*a*) Constituição de uma fibra óptica e (*b*) princípio de operação. Qualquer raio de radiação que penetra no cone de aceitação (θ_i > ângulo crítico) é totalmente refletido na parede da fibra. Qualquer raio de radiação entrando fora do cone de aceitação (θ_i < ângulo crítico) passa pela parede da fibra e se afasta da fibra.

possibilitam a transmissão simultânea de mais sinais. No controle de processos, as fibras ópticas podem trazer um sinal óptico de dentro de um reator químico para um espectrofotômetro.

Uma fibra óptica flexível possui uma parte central transparente com índice de refração elevado e é envolvida por um revestimento, também transparente, com um baixo índice de refração (Figura 20.21a). O revestimento é envolvido por uma cobertura plástica protetora. A parte central e o revestimento podem ser feitos de vidro ou polímeros.

Suponhamos que um raio de luz preta atinge a parede da parte central da fibra, na Figura 20.21b, com um ângulo de incidência θ_i. Parte do raio é refletida para dentro da parte central e parte pode ser transmitida para dentro do revestimento em um ângulo de refração θ_r (Prancha em Cores 23). Se o índice de refração da parte central é n_1 e o índice do revestimento é n_2, a lei de Snell (Equação 20.9) nos diz que

$$n_1 \text{ sen } \theta_i = n_2 \text{ sen } \theta_r \Rightarrow \text{sen } \theta_r = \frac{n_1}{n_2} \text{ sen } \theta_i \qquad \textbf{(20.10)}$$

Se (n_1/n_2) sen θ_i é maior que 1 – como no caso de um raio de luz colorida – nenhuma radiação é transmitida para dentro do revestimento, pois sen θ_r não pode ser maior do que 1. Nesse caso, θ_i ultrapassa o *ângulo crítico* para a reflexão interna total. *Se $n_1/n_2 > 1$, existe uma faixa de ângulos θ_i em que essencialmente toda a radiação será refletida nas paredes da parte central da fibra e uma quantidade desprezível entra no revestimento que envolve a parte central.* Todos os raios que entram em uma extremidade da fibra, dentro de certo cone de aceitação, emergem na outra extremidade da fibra com pouquíssima perda.

A radiação que se propaga de uma região com alto índice de refração (n_1) para uma região de baixo índice de refração (n_2) é totalmente refletida se o valor do ângulo de incidência exceder o *ângulo crítico* dado por sen $\theta_{crítico} = n_2/n_1$.

Optodos

Podemos produzir sensores ópticos para análises específicas, depositando uma camada quimicamente sensível na extremidade de uma fibra.[19] Um sensor baseado em uma fibra óptica é chamado um **optodo** (ou *optrodo*), uma palavra formada por "óptico" e "eletrodo". Têm sido desenvolvidos optodos para diversas medições, como pH, antibióticos e anestésicos em aplicações biomédicas, salinidade na água marinha, anticorpos séricos para febre hemorrágica, e NO_2 e O_3 atmosféricos.[20]

A extremidade do optodo sensível ao O_2 na Prancha em Cores 24 está recoberta com uma camada de polímero contendo um complexo de Ru(II). A luminescência do Ru(II) é *suprimida* (diminuída) pelo O_2, conforme foi discutido na Seção 19.6. O optodo é inserido dentro de uma amostra, que pode ser tão pequena quanto 100 fL (100 × 10^{-15} L), presente em uma lâmina de microscópio. O grau de supressão de fluorescência nos fornece a concentração de O_2 na amostra. O limite de detecção é de 10 amol de O_2. Incorporando a enzima glicose oxidase (Reação 17.13), o optodo se torna um sensor de glicose com um limite de detecção de 1 fmol de glicose.[21] Um optodo para a medida da demanda bioquímica de oxigênio (Boxe 16.2) usa células de levedura imobilizadas em uma membrana para consumir O_2 e, também, a luminescência do Ru(II) para medir o O_2.[22]

Questão: Quantas moléculas existem em 10 amol? (Resposta: 6 milhões.)

Espectrofotômetro de Fibra Óptica

Podemos ver agora o espectrofotômetro baseado em fibra óptica usado na injeção em fluxo e a análise de injeção sequencial. A Figura 19.12 mostrou as principais características da injeção em fluxo, incluindo uma célula de fluxo para medir absorbância. A amostra flui por uma célula cilíndrica que é irradiada em uma extremidade com radiação na faixa do visível levada por uma fibra óptica a partir de uma lâmpada de tungstênio-halogênio. Na outra extremidade da célula de fluxo, uma fibra óptica leva à radiação transmitida para um espectrofotômetro. A Figura 19.18 mostra um analisador sequencial com uma célula de fluxo. Fibras ópticas e um espectrofotômetro compacto são tecnologias que possibilitam essas facilidades analíticas.

A Figura 20.22 mostra o trem óptico do espectrofotômetro compacto. Uma fibra óptica proveniente da célula de fluxo leva radiação por meio do conector 1 e da fenda de entrada 2. A largura da fenda de entrada determina quantas linhas da rede de difração serão iluminadas e,

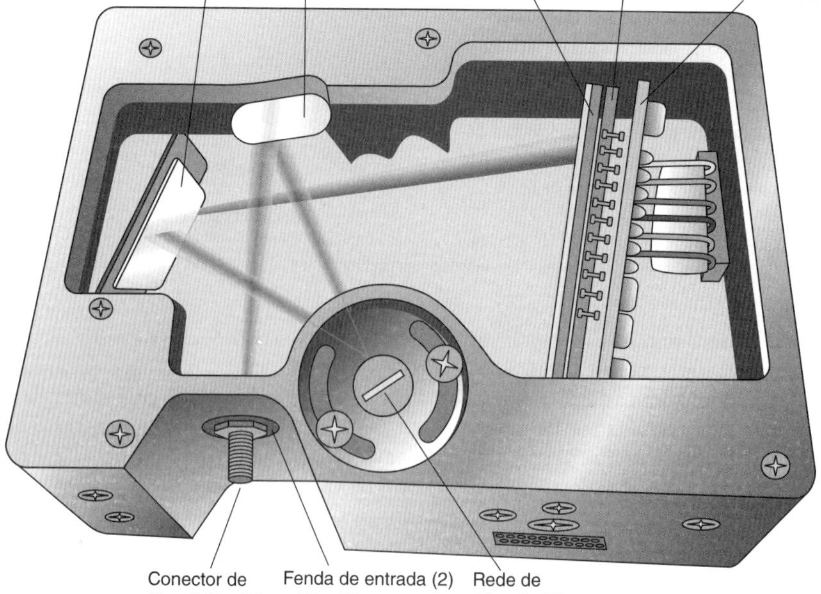

FIGURA 20.22 Trem óptico do espectrofotômetro de fibra óptica USB 4000 da Ocean Optics utilizado em injeção em fluxo e em análise de injeção sequencial. Este espectrofotômetro em miniatura se ajusta em sua mão e pesa 190 gramas. [Dados de Ocean Optics, Dunedin, FL.] Vídeo em www.youtube.com/watch?v=OI3pIvLhVcc.

portanto, a resolução do monocromador (Equação 20.5). O filtro 3 permite que somente uma banda limitada de comprimentos de onda entre no espectrofotômetro. O espelho 4 colima o feixe de modo que todos os raios são paralelos. A rede de difração 5 dispersa a radiação nos comprimentos de onda que a compõem. O espelho 6 foca a radiação difratada para dentro da lente de coleta cilíndrica 7, que direciona a radiação para o detector 8, um dispositivo de carga acoplada de 3 648 pixels. Cada pixel, cujo tamanho físico tem 8 μm de largura e 200 μm de altura, recebe uma faixa de comprimentos de onda. O filtro 9, localizado entre a lente 7 e o detector 8, bloqueia a radiação difratada de segunda e terceira ordem ($n = 2$ e $n = 3$).

Quando um usuário compra o espectrofotômetro, ele especifica a faixa de comprimento de onda de interesse para a sua aplicação. O fabricante instala a rede de difração e os filtros na fábrica para a faixa de comprimento de onda desejada. O espectrômetro é capaz de operar em partes da faixa de 200 a 1 100 nm com diferentes redes de difração de filtros. A radiação parasita é de ~0,05 a 0,1%. O instrumento requer apenas 4 ms para medir um espectro. O sinal pode ser integrado durante 10 s para melhorar a razão sinal/ruído (Seção 20.6). Não existem partes móveis neste instrumento, robusto e relativamente barato.

Uma tecnologia semelhante à de fibra óptica propicia a célula de absorbância de 5 m de caminho óptico no sistema de análise em fluxo na Figura 19.14. *Guia de ondas com núcleo líquido* são tubos capilares construídos com materiais com um índice de refração mais baixo que o fluido em seu interior.[23] Teflon AF possui índice de refração de 1,29–1,31, que é menor que o da água. A radiação introduzida em uma extremidade do capilar terá reflexão interna total nas paredes do capilar e se propagará pelo fluido central.

Reflectância Total Atenuada

A Figura 20.21 mostra a reflexão interna total de um raio de radiação à medida que ele se desloca ao longo de uma fibra óptica. O mesmo comportamento é observado em uma camada plana de um material cujo índice de refração, n_1, é maior que o índice de refração das vizinhanças, n_2. Uma camada plana onde a radiação é totalmente refletida é chamada de **guia de onda**. Um sensor químico pode ser construído, depositando-se uma camada quimicamente sensível em uma guia de onda.[24]

Evanescente significa "efêmero" ou "passageiro". A radiação "escapa" da guia de onda, mas sua intensidade cai a zero em uma curta distância.

Quando a onda de radiação na Figura 20.21 atinge a parede, o raio é totalmente refletido se o valor de θ_i supera o ângulo crítico dado por sen $\theta_{\text{crítico}} = n_2/n_1$. Embora a radiação seja totalmente refletida, o campo elétrico da radiação penetra em certa extensão da camada de baixo índice de refração, que envolve a parte central. A Figura 20.23 mostra que o campo decresce exponencialmente dentro dessa camada de baixo índice de refração. A parte da radiação que penetra na parede de uma fibra óptica, ou de uma guia de onda, é chamada uma *onda evanescente*.

O campo elétrico (E) da onda evanescente em um meio não absorvente na Figura 20.23 decai de acordo com

$$\frac{E}{E_0} = e^{-x/d_p} \qquad \left(d_p = \frac{\lambda/n_1}{2\pi\sqrt{\text{sen}^2\theta_i - (n_2/n_1)^2}} \right) \qquad \textbf{(20.11)}$$

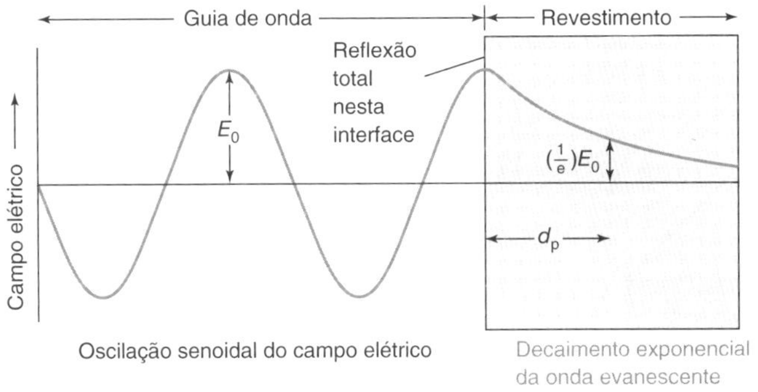

FIGURA 20.23 Comportamento de uma onda eletromagnética quando ela atinge uma superfície na qual é totalmente refletida. O campo penetra a barreira refletora e desaparece exponencialmente.

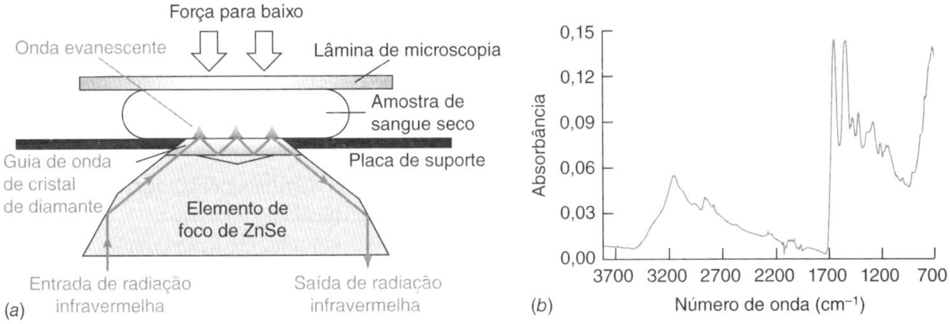

FIGURA 20.24 Determinação da reflectância total atenuada para parasitas da malária em sangue. (*a*) Esquema de um dispositivo PerkinElmer de reflectância total atenuada. (*b*) Espectro de reflectância total atenuada de sangue saudável contaminado propositalmente com parasitas da malária, glicose e ureia. [Dados de S. Roy, D. Perez-Guaita, D. W. Andrew, J. S. Richards, D. McNaughton, P. Heraud e B. R. Wood, "Simultaneous ATR-FTIR Based Determination of Malaria Parasitemia, Glucose and Urea in Whole Blood Dried onto a Glass Slide", *Anal. Chem.* **2017**, *89*, 5238.]

em que E_0 é a intensidade do campo na interface refletora, x é a espessura do revestimento de baixo índice de refração e λ éo comprimento de onda da radiação no vácuo. A *profundidade de penetração*, d_P, é a distância na qual o campo evanescente tem seu valor diminuído a 1/e de seu valor na interface. Uma guia de onda de diamante com $n_1 = 2{,}4$ e $n_2 = 1{,}5$ – típico de compostos orgânicos – fornece um ângulo crítico de 39°. Se a radiação com 1 000 cm^{-1} tem um ângulo de incidência de 45°, então a sua profundidade de penetração será de 2 μm. Materiais com elevado índice de refração, como o germânio, produzem uma penetração mais rasa. Cristais longos fornecem um maior número de reflexões e, com isso, maior sensibilidade.

Material do cristal	Índice de refração	Faixa espectral
Diamante	2,4	4 500–2 300 cm^{-1} 1 800–650 cm^{-1}
Ge	4,0	5 100–600 cm^{-1}
ZnSe	2,4	5 100–600 cm^{-1}

FONTE: *Dados de* ATR Sampling Accessories for Agilent Cary 630 FTIR Spectrometers (*USA: Agilent, 2016*).

A Figura 20.24a nos mostra um sensor de infravermelho de **reflectância total atenuada** para a medida de parasitas da malária no sangue. O cristal de diamante no lado direito do diagrama atua como uma guia de onda. Uma pequena quantidade de amostra – líquido, polímero, pasta ou sólido – é colocada diretamente em um círculo de 2 mm de diâmetro do cristal exposto. Para a detecção de malária, amostras de sangue são *lisadas* (células são rompidas) por ciclos de congelamento e descongelamento, e 3 μL são repicados em uma lâmina de vidro e deixados para secar. A lâmina é colocada de cabeça para baixo e pressionada para garantir o máximo de contato entre a amostra de sangue e o cristal. A radiação que passa pelo cristal é totalmente refletida três vezes. A onda evanescente da radiação infravermelha se deslocando por meio da guia de onda de diamante se estende para dentro da amostra de sangue. Os comprimentos de onda absorvidos pelo sangue são atenuados produzindo o espectro resultante mostrado na Figura 20.24b. Lipídeos sintetizados pelos parasitas diferem em quantidade e estrutura daqueles das células do sangue. O DNA dos parasitas causa uma mudança sutil nas bandas fosfodiéster. Absorbâncias em múltiplos comprimentos de onda são utilizadas para construir modelos de calibração multivariada (Seção 19.1) para parasitas da malária, para glicose e para ureia – indicadores do estado geral de saúde do indivíduo infectado. O espectrômetro de reflectância total atenuada é atrativo para *análises no ponto de cuidado*, em locais remotos e com pouca infraestrutura de laboratório, em razão do preparo de amostras simples e do baixo custo para aquisição e operação do equipamento. Métodos-padrão utilizam reflectância total atenuada de biodiesel e benzeno em combustíveis, fuligem em lubrificantes, polipropileno em misturas poliméricas, e em identificações forenses de fibras e tintas.[25]

A expressão "atenuada" significa "diminuída".

Um vídeo de análise por reflectância total atenuada de uma amostra em pó está disponível em: www.youtube.com/watch?v=mKiV5vQXwKc.

Ressonância de Plasmon de Superfície[26]

Elétrons de condução em um metal são praticamente livres para se moverem em resposta à aplicação de um campo elétrico. Uma *onda de plasma de superfície*, também chamada *plasmon de superfície*, é uma onda eletromagnética que se propaga ao longo da fronteira entre

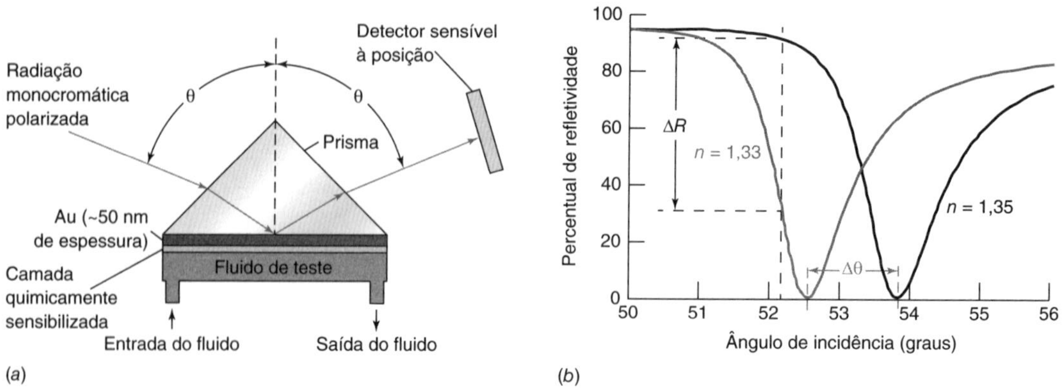

FIGURA 20.25 (*a*) Elementos essenciais em uma medição de ressonância de plasmon de superfície. (*b*) Refletividade *versus* ângulo, θ. [Dados de T.-H. Lee, D. J. Hirst, K. Kulkarni, M. P. Del Borgo e M.-I. Aguilar, "Exploring Molecular-Biomembrane Interactions with Surface Plasmon Resonance and Dual Polarization Interferometry," *Chem. Rev.* **2018**, *118*, 5392.]

um metal e um *dielétrico* (um isolante elétrico). O campo eletromagnético diminui exponencialmente em ambas as camadas, mas é concentrado na camada do dielétrico.

A Figura 20.25a apresenta os elementos essenciais em uma medição comum de **ressonância de plasmon de superfície**. A radiação monocromática cujo campo elétrico oscila no plano da página é direcionada a um prisma cuja face inferior é recoberta com ~50 nm de ouro. Quando o ângulo de incidência, θ, é pequeno, grande parte radiação (mas não toda) é refletida pelo ouro. Quando θ aumenta, atingindo o ângulo crítico para reflexão interna total, a refletividade é, idealmente, 100%. Quando θ aumenta ainda mais, um plasmon de superfície (nuvem de elétrons oscilante) é formado, absorvendo energia da radiação incidente. Como parte da energia é absorvida na camada de ouro, a refletividade é menor que 100%. Existe uma pequena faixa de valores de ângulos na qual o plasmon encontra-se em ressonância com a radiação incidente, dando origem à banda estreita na curva da Figura 20.25b. À medida que θ continua aumentando acima da condição de ressonância, menos energia é absorvida e a refletividade aumenta.

O ângulo no qual a refletividade é mínima é extremamente dependente do índice de refração da parte dielétrica (~150 nm) na camada quimicamente sensibilizada na Figura 20.25a. Instrumentos comerciais podem medir variações no ângulo de ressonância de plasmon de superfície com uma precisão de ~10^{-4} a 10^{-5} graus. Uma resposta não específica ao índice de refração é convertida em uma resposta específica pela adição de uma camada quimicamente sensibilizada à superfície do ouro. No caso de biossensores, essa camada poderia conter um anticorpo ou antígeno, DNA ou RNA, uma proteína ou um carboidrato que possa ter uma interação seletiva com determinado analito. Uma vazão de 5 a 100 μL/min de amostra flui pela camada quimicamente sensibilizada. Quando o analito se liga à camada quimicamente sensibilizada sobre o ouro, o índice de refração dessa camada sofre uma ligeira mudança, acarretando uma pequena alteração do ângulo de refletividade mínima. Alternativamente, a variação na refletividade percentual em um ângulo de incidência constante pode ser monitorada.

A Figura 20.26 mostra o procedimento de preparo de um chip de plasmon de superfície para controle de qualidade de um biofármaco. Há a formação de um complexo forte e seletivo da proteína ligante com o anticorpo dobrado incorretamente. Uma lâmina de 1 cm² é revestida com 50 nm de ouro e 100 nm de carboximetil-dextrana. Ácidos carboxílicos na dextrana são

Amostras não ligadas são lavadas da superfície com tampão antes da medição da mudança no ângulo incidente.

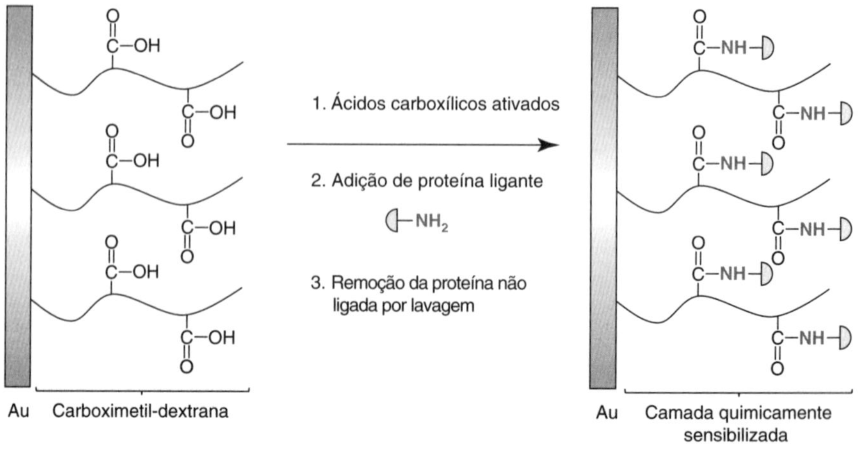

FIGURA 20.26 Procedimento de preparo da camada quimicamente sensibilizada para ressonância de plasmon de superfície.

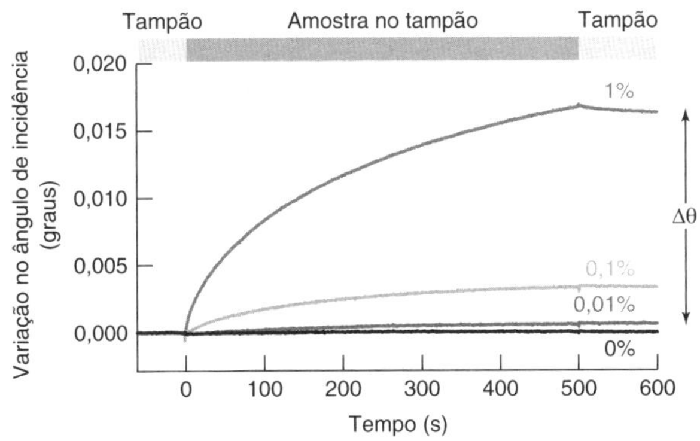

FIGURA 20.27 Mudança no ângulo da ressonância de plasmon de superfície quando o anticorpo dobrado incorretamente se liga à camada quimicamente sensibilizada na superfície do ouro. Os marcadores 0,01 a 1% são a porcentagem de anticorpos dobrados incorretamente. Após 600 s, o anticorpo ligado é dessorvido usando uma solução de regeneração e o chip está pronto para uma nova amostra. [Dados de H. Watanabe, S. Yageta, H. Imamura e S. Honda, "Biosensing Probe for Quality Control Monitoring of Structural Integrity of Therapeutic Antibodies," *Anal. Chem.* **2016**, *88*, 10095, *open access*.]

ativados para produzir éster de succinimida (Tabela 19.2), que é utilizado para unir a proteína ligante à superfície.

O *sensorgrama* na Figura 20.27 mostra a representação gráfica da resposta do plasmon de superfície contra o tempo quando um tampão (branco) e alguns microlitros de amostra de anticorpo 6,7 μM passam por meio de uma célula de microfluxo. Para 500 s após a introdução da amostra, o sinal aumenta quando o anticorpo dobrado incorretamente se liga à camada quimicamente sensibilizada. Após 500 s, um tampão novo remove o anticorpo terapêutico não ligado, causando uma pequena diminuição do sinal. Δθ em 600 s é considerado a medida da fração de anticorpo dobrado inadequadamente. Uma mudança de 0,1° corresponde a ~1 ng de proteína ligada por mm² de superfície de dextrana modificada.

Ligação seletiva de anticorpo dobrado incorretamente:

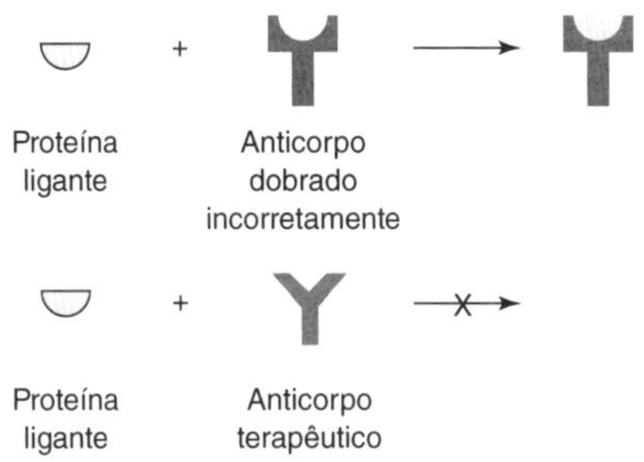

20.5 Espectroscopia no Infravermelho com Transformada de Fourier[27]

Vimos que um conjunto de fotodiodos ou um dispositivo de carga acoplada podem medir um espectro inteiro de uma única vez. O espectro é decomposto nos comprimentos de onda que o compõem, e cada pequena faixa de comprimentos de onda é direcionada a um dos elementos do detector. Para a região do infravermelho, o método mais importante para a observação de um espectro inteiro de uma só vez é a *espectroscopia com transformada de Fourier*.

Análise de Fourier

A **análise de Fourier** é um procedimento em que uma curva é decomposta na soma dos termos seno e cosseno, chamada *série de Fourier*. Para analisarmos a curva na Figura 20.28, que compreende o intervalo $x_1 = 0$ a $x_2 = 10$, a série de Fourier possui a forma

Série de Fourier:
$$y = a_0\text{sen}(0\omega x) + b_0\cos(0\omega x) + a_1\text{sen}(1\omega x) + b_1\cos(1\omega x)$$
$$+ a_2\text{sen}(2\omega x) + b_2\cos(2\omega x) + \cdots$$
$$= \sum_{n=0}^{\infty}[a_n\text{sen}(n\omega x) + b_n\cos(n\omega x)] \qquad \textbf{(20.12)}$$

em que

$$\omega = \frac{2\pi}{x_2 - x_1} = \frac{2\pi}{10 - 0} = \frac{\pi}{5} \qquad \textbf{(20.13)}$$

A Equação 20.12 mostra que o valor de *y*, para qualquer valor de *x*, pode ser expresso por uma soma infinita de ondas seno e cosseno. Os termos sucessivos correspondem às ondas seno e cosseno com frequência crescente.

A Figura 20.29 mostra como sequências de três, cinco ou nove ondas seno e cosseno dão aproximações cada vez melhores para a curva na Figura 20.28. Os coeficientes a_n e b_n, necessários para construir as curvas na Figura 20.29, são dados na Tabela 20.3.

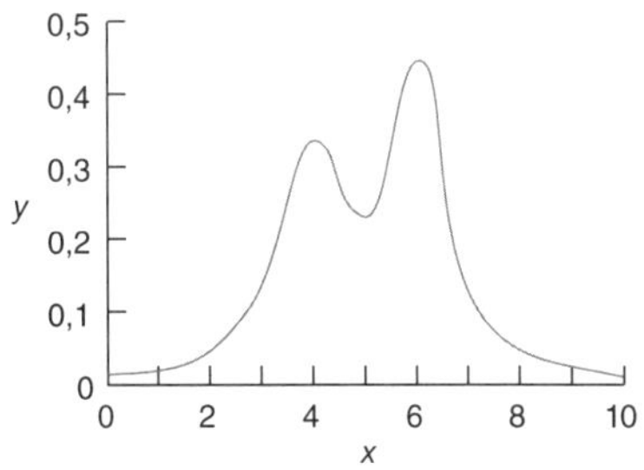

FIGURA 20.28 Uma curva para ser decomposta em uma soma dos termos seno e cosseno pela análise de Fourier.

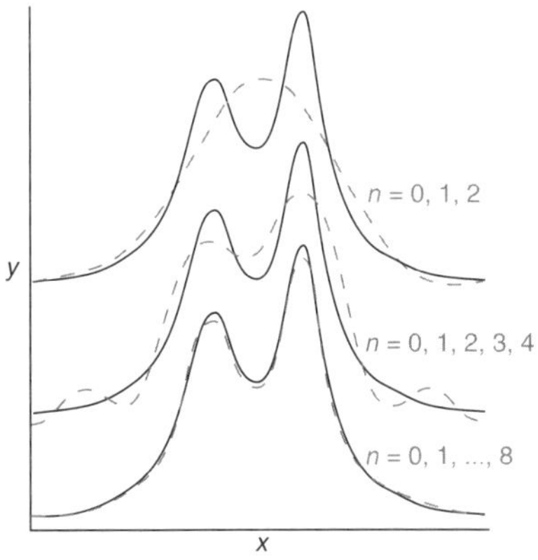

FIGURA 20.29 Reconstrução da curva da Figura 20.28 por meio de uma série de Fourier. A linha contínua é a curva original e as linhas tracejadas são feitas a partir de uma série de $n = 0$ até $n = 2$, 4, ou 8 na Equação 20.12. Os coeficientes a_n e b_n são dados na Tabela 20.3.

Interferometria

A essência de um espectrofotômetro de infravermelho com transformada de Fourier é o **interferômetro** visto na Figura 20.30. A radiação proveniente da fonte à esquerda chega ao *divisor de feixe*, que transmite uma parte da radiação e reflete outra parte. Para facilitar nossa discussão, vamos considerar um feixe de radiação monocromática. (Na realidade, um espectrofotômetro com transformada de Fourier usa uma fonte contínua de radiação infravermelha, e não uma fonte monocromática.) Suponhamos que o divisor de feixe reflete metade da radiação e transmite a outra metade. Quando a radiação alcança o divisor de feixe no ponto O, uma parte

TABELA 20.3 Coeficientes de Fourier para a Figura 20.29

n	a_n	b_n
0	0	0,136 912
1	–0,006 906	–0,160 994
2	0,015 185	0,037 705
3	–0,014 397	0,024 718
4	0,007 860	–0,043 718
5	0,000 089	0,034 864
6	–0,004 813	–0,018 858
7	0,006 059	0,004 580
8	–0,004 399	0,003 019

Albert Michelson desenvolveu, por volta de 1880, o interferômetro e realizou, em 1887, o experimento de Michelson-Morley, por meio do qual descobriu que a velocidade de propagação da luz é independente do movimento da fonte e do observador. Essa experiência de grande importância levou Einstein à teoria da relatividade. Michelson recebeu o Prêmio Nobel de Física em 1907 "pela precisão dos instrumentos ópticos e pelas investigações espectroscópicas e metrológicas realizadas com auxílio desses mesmos instrumentos". O Prêmio Nobel de Física em 2017 foi concedido para a observação das ondas gravitacionais utilizando interferômetros com 4 km de comprimento.

dela é refletida para um espelho estacionário, situado a uma distância OS, e a outra parte é transmitida para um espelho móvel, situado a uma distância OM. Os raios refletidos pelos espelhos retornam ao divisor de feixe, onde metade de cada raio é transmitida e metade é refletida. Um raio recombinado se desloca em direção ao detector e outro retorna para a fonte.

Normalmente, os percursos OM e OS não são iguais, de modo que as duas ondas chegam ao detector fora de fase. Se as duas ondas estiverem em fase, elas interferem construtivamente a fim de produzir uma nova onda com o dobro da amplitude, como vemos na Figura 20.8. Se as ondas tiverem uma diferença de fase de meio comprimento de onda (180°), elas interferem entre si destrutivamente e se cancelam. Para qualquer diferença da fase intermediária existe um cancelamento parcial.

A diferença da distância percorrida pelas duas ondas na Figura 20.30 é de 2(OM – OS). Essa diferença é chamada *atraso*, δ. A interferência construtiva ocorre sempre que δ é um múltiplo inteiro do comprimento de onda λ. Um mínimo aparece quando δ é um múltiplo semi-inteiro de λ. Se o espelho M se afasta do divisor de feixe a uma velocidade constante, a radiação que atinge o detector passa por uma sequência de máximos e mínimos, correspondendo a uma interferência que se alterna entre as fases construtiva e destrutiva.

Um gráfico da intensidade de radiação na saída do interferômetro contra o atraso δ é chamado de **interferograma**. Se a radiação proveniente da fonte for monocromática, o interferograma se reduz a uma simples onda cosseno:

$$I(\delta) = B(\tilde{\nu})\cos\left(\frac{2\pi\delta}{\lambda}\right) = B(\tilde{\nu})\cos(2\pi\tilde{\nu}\delta) \qquad \textbf{(20.14)}$$

em que $I(\delta)$ é a intensidade da radiação que chega ao detector e $\tilde{\nu}$ é o número de onda (= $1/\lambda$) da radiação. Obviamente, I é uma a função do atraso, δ. $B(\tilde{\nu})$ é uma constante que leva em conta a intensidade da fonte de radiação, a eficiência do divisor de feixe (que nunca fornece exatamente 50% de reflexão e 50% de transmissão) e a resposta do detector. Todos esses fatores dependem de $\tilde{\nu}$. No caso de radiação monocromática, existe apenas um único valor de $\tilde{\nu}$.

A Figura 20.31a mostra o interferograma produzido pela radiação monocromática com o número de onda $\tilde{\nu}_0 = 2\ \text{cm}^{-1}$. O comprimento de onda (tamanho correspondente à unidade ondulatória que se repete) do interferograma pode ser visto na figura como $\lambda = 0{,}5$ cm, que é igual a $1/\tilde{\nu}_0 = 1/(2\ \text{cm}^{-1})$. A Figura 20.31b mostra o interferograma que resulta de uma fonte com duas ondas monocromáticas ($\tilde{\nu}_0 = 2$ e $\tilde{\nu}_0 = 8\ \text{cm}^{-1}$) com intensidades relativas 1:1. Há uma oscilação de pequeno comprimento de onda ($\lambda = \frac{1}{8}$ cm) sobreposta a uma oscilação de comprimento de onda maior ($\lambda = \frac{1}{2}$ cm). O interferograma é a soma de dois termos:

$$I(\delta) = B_1\cos(2\pi\tilde{\nu}_1\delta) + B_2\cos(2\pi\tilde{\nu}_2\delta) \qquad \textbf{(20.15)}$$

em que $B_1 = 1$, $\tilde{\nu}_1 = 2\ \text{cm}^{-1}$, $B_2 = 1$ e $\tilde{\nu}_2 = 8\ \text{cm}^{-1}$.

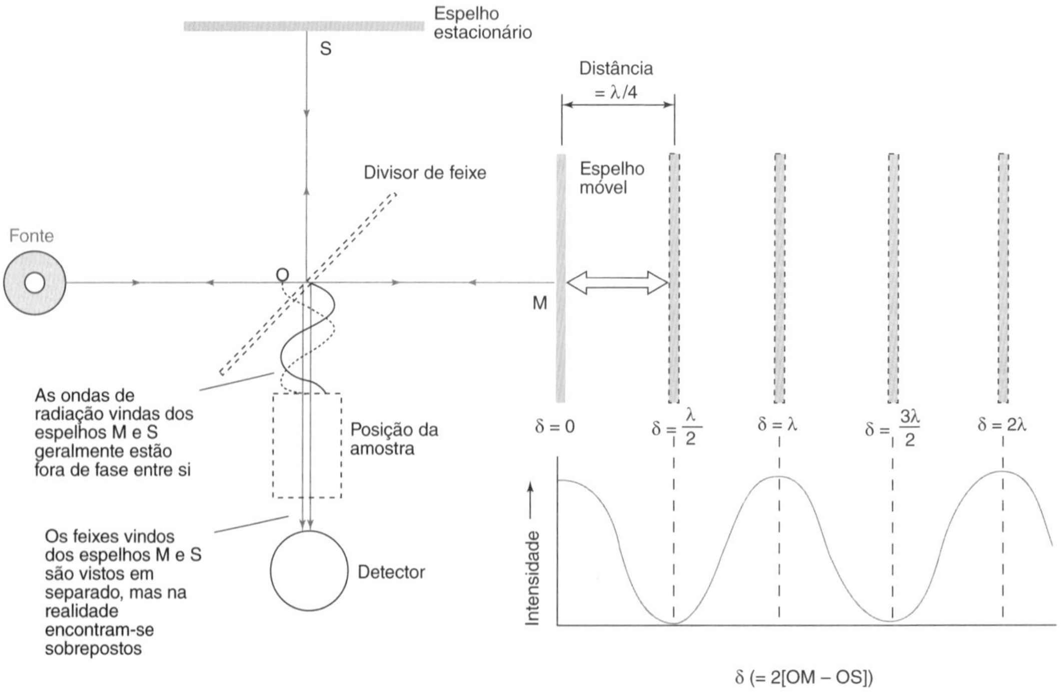

FIGURA 20.30 Diagrama esquemático do interferômetro de Michelson. A resposta do detector em função do atraso (= 2[OM – OS]) é vista para o caso de radiação incidente monocromática com comprimento de onda λ.

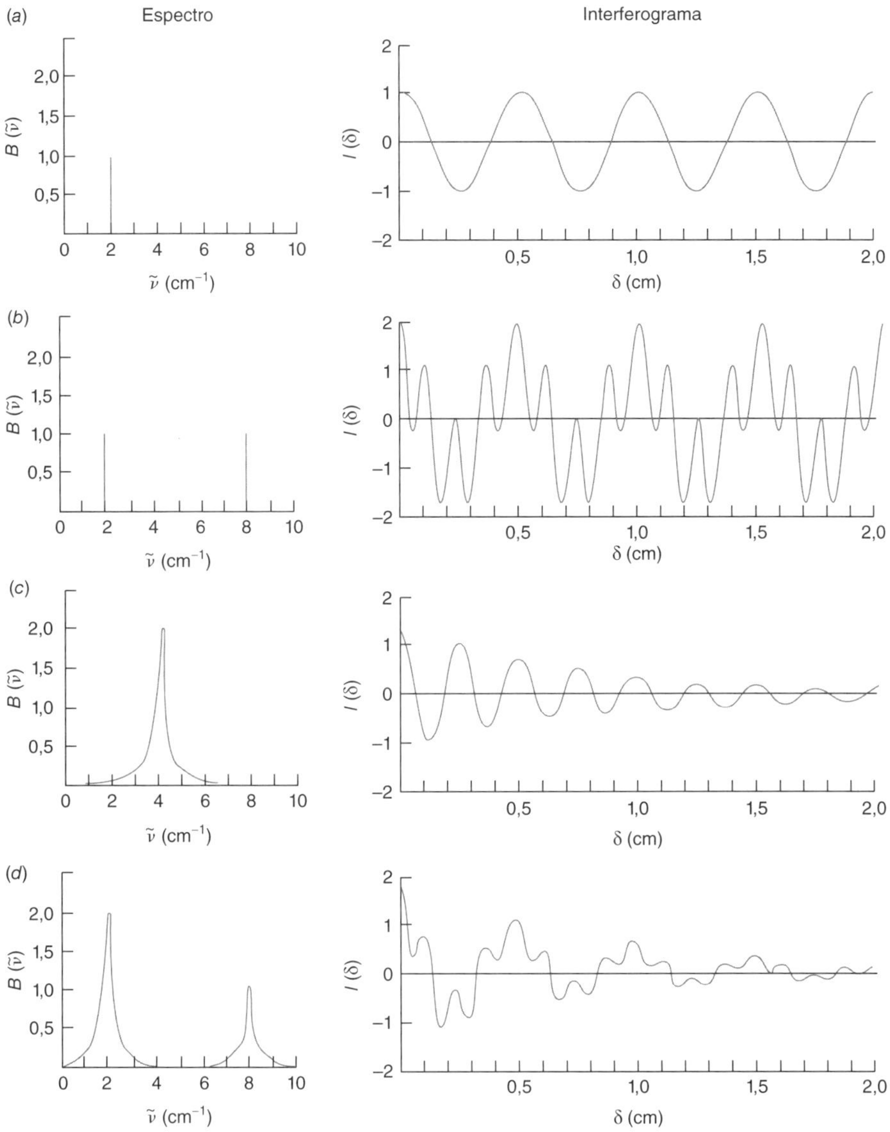

FIGURA 20.31 Interferogramas produzidos por diferentes espectros.

A análise de Fourier decompõe uma curva nos comprimentos de onda que a compõem. A análise de Fourier do interferograma na Figura 20.31a produz o resultado (trivial) de que o interferograma é constituído por um único comprimento de onda, com $\lambda = \frac{1}{2}$ cm. A análise de Fourier do interferograma na Figura 20.31b produz o resultado, um pouco mais interessante, de que o interferograma é composto por dois comprimentos de onda ($\lambda = \frac{1}{2}$ e $\lambda = \frac{1}{8}$ cm) com contribuições relativas de 1:1. Dizemos que o espectro é a *transformada de Fourier* do interferograma.

A análise de Fourier de um interferograma tem como resultado o espectro que produziu o interferograma. *O espectro é a transformada de Fourier do interferograma.*

O interferograma na Figura 20.31c é obtido a partir de um espectro com uma banda de absorção centrada em $\tilde{\nu}_0 = 4$ cm^{-1}. O interferograma é a soma das contribuições de todos os comprimentos de onda da fonte. A transformada de Fourier do interferograma da Figura 20.31c é, na verdade, o terceiro espectro na Figura 20.31c. Isto é, a decomposição do interferograma nos comprimentos de onda que o compõem tem como resultado a banda centrada em torno de $\tilde{\nu}_0 = 4$ cm^{-1}. Portanto, a *análise de Fourier do interferograma tem como resultado as intensidades dos comprimentos de onda que o compõem.*

O interferograma na Figura 20.31d é obtido a partir das duas bandas de absorção no espectro à esquerda. A transformada de Fourier deste interferograma produz de volta o espectro visto à sua esquerda.

Espectroscopia com Transformada de Fourier

Em um espectrômetro com transformada de Fourier, a amostra geralmente é colocada entre a saída do interferômetro e o detector, como mostram as Figuras 20.30 e 20.32. Um interferograma de uma amostra de referência, contendo a célula e o solvente, é primeiramente registrado e transformado em um espectro. A seguir, o interferograma de uma amostra, usando a mesma célula e o mesmo solvente, é registrado e transformado em um espectro. O quociente

O interferograma perde intensidade nos comprimentos de onda absorvidos pela amostra.

FIGURA 20.32 Esquema de um espectrômetro de infravermelho com transformada de Fourier. [Dados de Thermo Fisher Scientific, Madison, WI.]

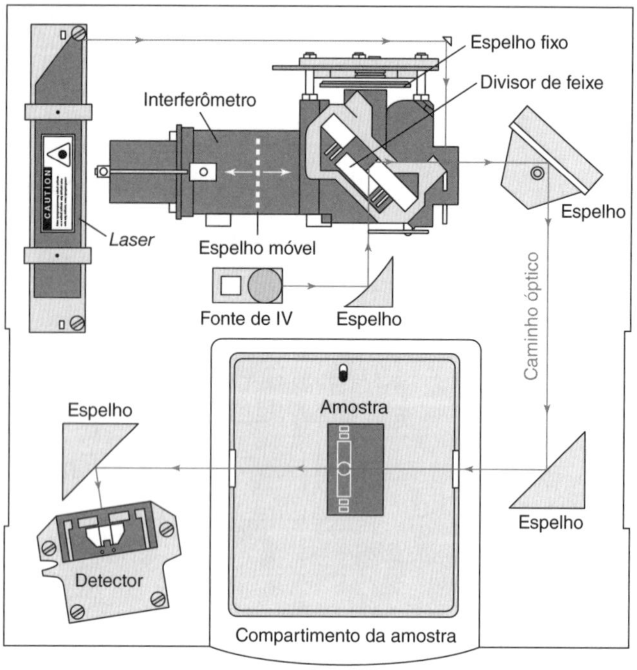

Resolução ≈ $(1/\Delta)$ cm^{-1}
Δ = atraso máximo (cm)

do espectro da amostra dividido pelo espectro de referência é o espectro de transmissão da amostra (Figura 20.33). Expressar a razão entre os dois espectros é o mesmo que calcular P/P_0 para determinar o valor da transmitância. P_0 é a irradiância recebida no detector após a passagem pela referência, e P é a irradiância recebida no detector após a passagem pela amostra.

O interferograma é registrado em intervalos discretos. A *resolução* do espectro (capacidade de separar picos muito próximos) é aproximadamente igual a $(1/\Delta)$ cm^{-1}, em que Δ é o atraso máximo. Se o espelho se desloca ±2 cm, o atraso é de ±4 cm e a resolução é 1/(4 cm) = 0,25 cm^{-1}.

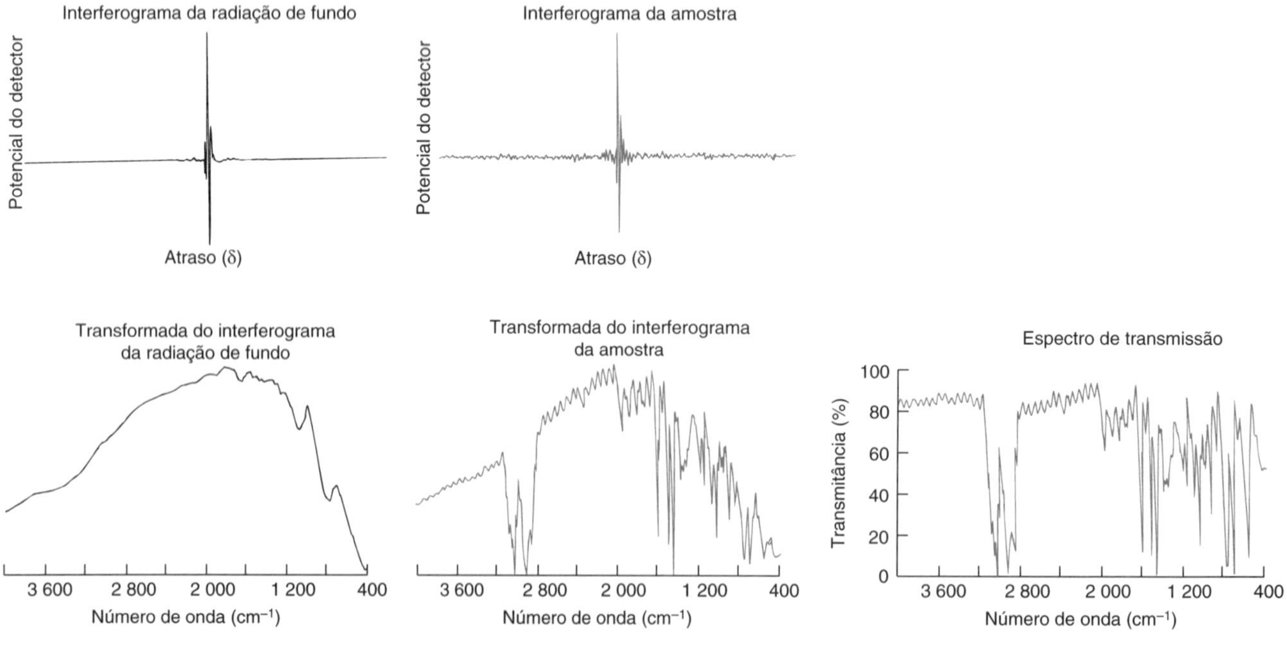

FIGURA 20.33 Espectro infravermelho por transformada de Fourier de um filme de poliestireno. A transformada de Fourier do interferograma da radiação de fundo resulta em um espectro determinado pela intensidade da fonte, pela eficiência do divisor de feixe, pela resposta do detector e pela absorção por traços de H_2O e de CO_2 presentes na atmosfera. O compartimento da amostra é purgado com N_2 seco para reduzir os níveis de H_2O e CO_2. A transformada do interferograma da amostra é uma medida de todos os fatores instrumentais, acrescidos da absorção correspondente à amostra. O espectro de transmissão é obtido dividindo-se a transformada do interferograma da amostra pela transformada do interferograma da radiação de fundo. Cada interferograma é uma média de 32 varreduras e contém 4 096 pontos, o que leva a uma resolução de 8 cm^{-1}. A velocidade do espelho foi de 0,693 cm/s. [Dados de M. P. Nadler, Michelson Laboratory, China Lake, CA.]

A faixa de comprimentos de onda do espectro é determinada pela forma como o interferograma é amostrado. Quanto menor for a distância entre os pontos, maior será a faixa de comprimentos de onda do espectro. Para cobrir uma faixa de $\Delta\tilde{\nu}$ números de onda, é necessário amostrar o interferograma em intervalos de atraso de $\delta = 1/(2\Delta\tilde{\nu})$. Se $\Delta\tilde{\nu}$ for 8 000 cm^{-1}, a amostragem deve ocorrer em intervalos de $\delta = 1/(2 \cdot 8\,000\ cm^{-1}) = 0{,}625 \times 10^{-4}$ cm = 0,625 μm. Esse intervalo de amostragem corresponde a um movimento do espelho de 0,312 μm. Para cada centímetro de movimento do espelho, $3{,}2 \times 10^4$ pontos têm que ser coletados. Se o espelho se move a uma velocidade de 2 mm por segundo, a velocidade de coleta de dados deverá ser de 6 400 pontos por segundo.

Para uma faixa espectral de $\Delta\tilde{\nu}$ cm^{-1}, os valores adquiridos devem ser registrados com intervalos de atraso de $1/(2\Delta\tilde{\nu})$.

O delta maiúsculo tem dois significados diferentes nesta seção:

$\Delta\tilde{\nu}$ = faixa espectral (cm^{-1})

Δ = atraso máximo (cm)

A fonte, o divisor de feixe e o detector limitam a faixa útil de comprimentos de onda. Evidentemente, o instrumento não pode responder a um comprimento de onda que é absorvido pelo divisor de feixe ou para qual o detector não responde. O divisor de feixe para região do infravermelho médio (~4 000 a 400 cm^{-1}) é normalmente uma camada de germânio evaporada sobre uma pastilha de KBr. Para comprimentos de onda maiores ($\tilde{\nu} < 400\ cm^{-1}$), um divisor de feixe adequado é o filme do polímero orgânico Mylar (poliéster).

Para controlar o intervalo de amostragem de um interferograma, um feixe monocromático de radiação, na região do visível, proveniente de um *laser* passa pelo interferômetro juntamente com a radiação infravermelha policromática (Figura 20.32). A radiação proveniente do *laser* tem uma interferência destrutiva sempre que o atraso é um múltiplo semi-inteiro do comprimento de onda da radiação. Esses zeros no sinal do *laser*, observados com um detector de radiação para a região do visível, são usados para controlar a amostragem do interferograma de infravermelho. Por exemplo, um ponto no infravermelho poderia ser coletado a cada segundo ponto zero no interferograma de radiação na região do visível. A precisão com que a frequência da radiação proveniente do *laser* é conhecida fornece uma exatidão de 0,01 cm^{-1} no espectro do infravermelho, uma melhoria de 100 vezes com relação àquela obtida em instrumentos que funcionam por dispersão (rede).

Vantagens da Espectroscopia com Transformada de Fourier

Comparado aos instrumentos que trabalham usando dispersão, o espectrômetro com transformada de Fourier oferece uma melhor relação sinal/ruído para dada resolução, uma exatidão de valores de frequência muito melhor, rapidez e melhores condições para a manipulação de dados. A melhora na relação sinal/ruído se deve, principalmente, ao fato de um espectrômetro com transformada de Fourier utilizar a energia do espectro inteiro, em vez de analisar uma sequência de pequenas faixas de comprimento de onda disponibilizadas por um monocromador. A precisão na reprodução de valores de número de onda entre os espectros adquiridos permite que os instrumentos com transformada de Fourier estabeleçam a média entre sinais a partir de múltiplas aquisições de dados, resultando em uma melhoria adicional na razão sinal/ruído. A precisão em estabelecer valores de número de onda e os baixos níveis de ruído permitem que espectros com poucas diferenças estruturais possam ser subtraídos um do outro de modo a expor essas diferenças. Instrumentos com transformada de Fourier não são tão exatos na medição de transmitância quanto os espectrofotômetros de dispersão. As vantagens dos espectrômetros de infravermelho com transformada de Fourier são tão grandes, que é praticamente impossível, hoje, adquirir um espectrômetro de infravermelho por dispersão.

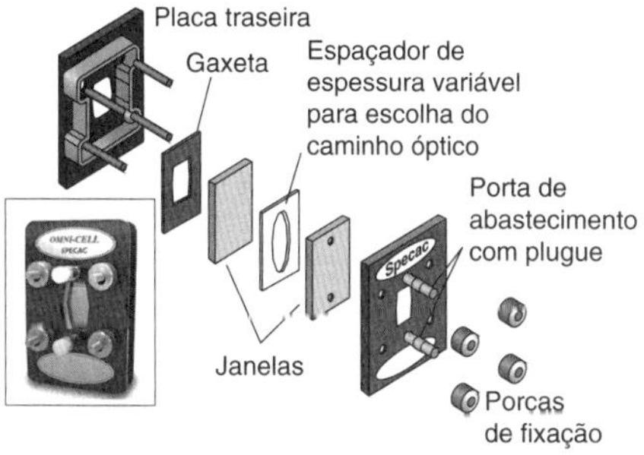

FIGURA 20.34 Célula líquida para espectroscopia no infravermelho com caminho óptico fixado. [Cortesia de Specac Limited, Kent, Inglaterra.]

Espectroscopia Quantitativa no Infravermelho[27,28]

A quantificação em espectroscopia no infravermelho de transmissão e de reflectância total atenuada é baseada na lei de Beer. É possível obter elevada exatidão a partir de amostras líquidas utilizando-se células seladas com caminho óptico estabelecido por um espaçador de 6 a 1 000 μm (Figura 20.34). O volume da célula deve ser lavado no mínimo cinco vezes com a solução. As medições são feitas em um número de onda com absortividade molar elevada para o analito e pequena absorbância para a matriz ou solvente. A concentração do analito e o caminho óptico são ajustados para proporcionar absorbâncias entre 0,3 e 0,8. Soluções diluídas e caminhos ópticos maiores reduzem a não linearidade decorrente das interações químicas. Não linearidades instrumentais são maiores na espectroscopia no infravermelho que na espectroscopia no visível porque as bandas de absorção no infravermelho são mais estreitas e as fontes de radiação, menos intensas. Em determinações de múltiplos componentes, absorbâncias acima de 0,8 podem ser utilizadas, mas os padrões devem incluir a absorbância da amostra, e a absorbância total não deve exceder 1,5.

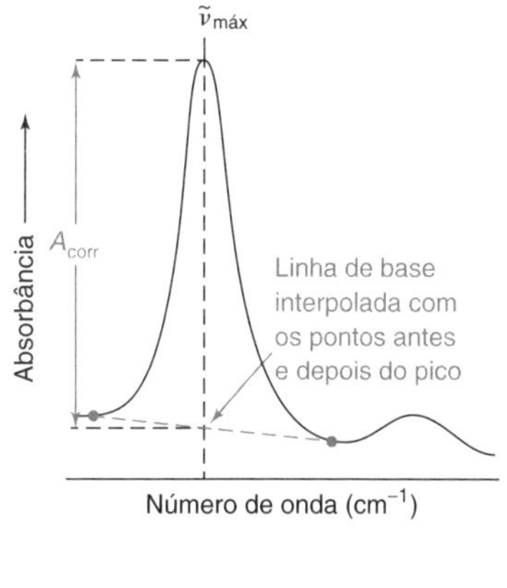

A exatidão para $A < 0{,}3$ depende de uma *correção da linha de base* apropriada. Na ausência de absorbância de fundo, a absorbância do analito pode ser usada diretamente. Na presença de absorbância de fundo, deve-se traçar uma linha reta unindo os pontos na linha de base de ambos os lados do pico. A absorbância da linha de base é subtraída da absorbância medida para obter a absorbância corrigida pela linha de base. Para espectros de transmitância, a transmitância da solução e a transmitância de fundo são convertidas em absorbâncias antes do cálculo da absorbância corrigida pela linha de base.

A reflectância total atenuada pode ser utilizada com amostras aquosas. É recomendada a calibração por padrão interno (Seção 5.4) para amostras de filmes poliméricos, pastilhas prensadas e amostras dispersas. Alternativamente, o caminho óptico pode ser determinado a partir das franjas de interferência (Problema 20.15).

Para amostras gasosas, uma resolução espectral de ≤ 0,5 cm^{-1} (contra a resolução típica de 4 cm^{-1} normalmente utilizada para sólidos e líquidos) é requerida para resolver as muitas transições rotacionais associadas com dada transição vibracional. Medidas de absorbância devem ser feitas em um número de onda no qual H_2O e CO_2 não absorvem, ou esses gases de fundo devem ser removidos para evitar interferência. Amostras e padrões devem estar em uma pressão constante. A radiação pode passar uma vez em uma célula de gás (Boxe 20.3) ou ser refletida de volta e adiante em uma célula de múltiplas passagens, com espelhos em cada extremidade, permitindo caminhos ópticos acima de 20 m.

20.6 Lidando com o Ruído[29]

Uma vantagem da espectroscopia com transformada de Fourier é que um interferograma inteiro é registrado em poucos segundos e armazenado em um computador. A relação sinal/ruído pode ser melhorada coletando-se dezenas ou centenas de interferogramas e calculando-se a sua média.

Promediação de Sinais

A **promediação de sinais** pode melhorar a qualidade dos dados em vários experimentos, como ilustra a Figura 20.35.[30] O espectro na parte mais inferior da figura contém muito ruído. Uma maneira simples para estimarmos o nível de ruído é medirmos a amplitude máxima do ruído em uma região livre de sinal. O sinal é medido a partir da metade do ruído na linha base até a metade do ruído no pico que seja mais ruidoso. Com este critério, o espectro na parte mais inferior da Figura 20.35 possui uma relação sinal/ruído de 14/9 = 1,6.

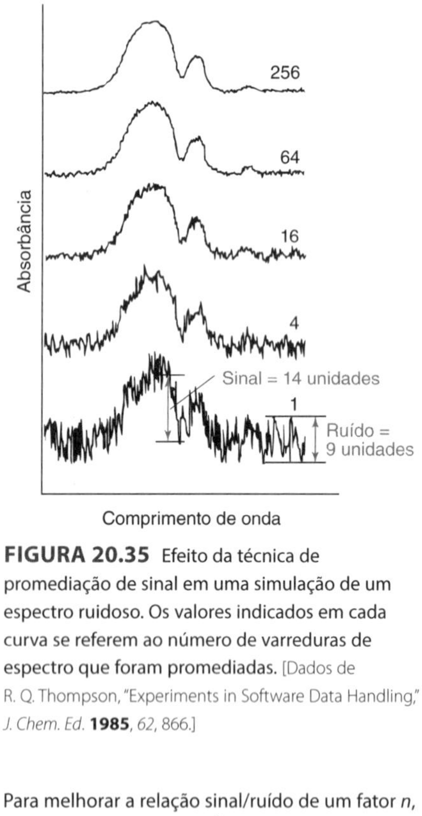

FIGURA 20.35 Efeito da técnica de promediação de sinal em uma simulação de um espectro ruidoso. Os valores indicados em cada curva se referem ao número de varreduras de espectro que foram promediadas. [Dados de R. Q. Thompson, "Experiments in Software Data Handling," *J. Chem. Ed.* **1985**, *62*, 866.]

Uma medida mais comum do ruído, que envolve a digitalização dos sinais e seu processamento por meio de um computador, é a **raiz do ruído quadrático médio** (ou **ruído rms**) definido como

Raiz do ruído quadrático médio:
$$\text{ruído rms} = \sqrt{\frac{\sum_i (A_i - \bar{A})^2}{n}} \qquad (20.16)$$

em que A_i é o valor do sinal medido para o i-ésimo ponto, $\bar{A}$ é o valor do sinal médio e n o número de pontos (de dados). Para um número grande de dados, o ruído rms é o desvio-padrão do ruído. É melhor usar a Equação 20.16 quando a distribuição dos sinais é plana, como é visto nos lados direito e esquerdo da Figura 20.35. O ruído rms é ~5 vezes menor que o valor do ruído medido pico a pico. Se usarmos o ruído rms no lugar do valor pico a pico, diríamos que o ruído no espectro de baixo na Figura 20.35 é 9/5 = 1,8 e a relação sinal/ruído é 14/1,8 = 7,8. Vemos, portanto, que a relação sinal/ruído depende de como definimos o ruído.

Vamos considerar o que acontece quando registramos um espectro duas vezes e adicionamos os resultados. O sinal é o mesmo em ambos os espectros, e a adição resulta em um sinal com o dobro do valor de cada espectro. Se n espectros são adicionados, o sinal será n vezes maior que no primeiro espectro. O ruído é aleatório, de modo que ele pode ser positivo ou negativo em qualquer ponto. Verifica-se que, se forem adicionados n espectros, o ruído aumenta na proporção de $\sqrt{n}$ (Problema 20.36). Como o sinal aumenta na proporção de n, a relação sinal/ruído aumenta na proporção de $n/\sqrt{n} = \sqrt{n}$.

Para melhorar a relação sinal/ruído de um fator n, é necessário promediar n^2 espectros.

Fazendo-se a média de n espectros, a relação sinal/ruído melhora de um fator igual a $\sqrt{n}$. Para melhorar a relação sinal/ruído em 2 vezes, temos que fazer a média de quatro espectros. Para melhorar a relação sinal/ruído em 10 vezes, é necessário fazer a média de 100 espectros. Os espectroscopistas fazem de 10^4 a 10^5 varreduras para poder observar sinais fracos. É muito pouco provável conseguirmos resultados melhores do que esses, pois as instabilidades do instrumento causam um *deslocamento contínuo* além do ruído aleatório. Quando um instrumento apresenta deslocamento, ele não está mais centrado no sinal; por isso, a intensidade do sinal para de crescer em proporção ao número de medidas.

Questão: Qual o fator de aumento da relação sinal/ruído quando fazemos a média de 16 espectros? Meça o nível de ruído na Figura 20.35 para verificar a sua previsão.

A Equação 5.6 expressa que a concentração mínima detectável (o limite de detecção) para um método analítico é frequentemente tomada como $3s/m$, em que s é o desvio-padrão para medidas múltiplas de um branco (ou uma região em que se espera que não haja sinal) e m é o coeficiente angular da curva de calibração linear. Esse coeficiente é a variação do sinal por unidade de variação na concentração analítica, tal como mV de sinal por mudança na concentração do analito (mol por litro). Podemos obter um limite de detecção mais baixo reduzindo o

Limite de detecção $\equiv \frac{3s}{m}$

s = desvio-padrão do ruído

m = inclinação da curva linear de calibração

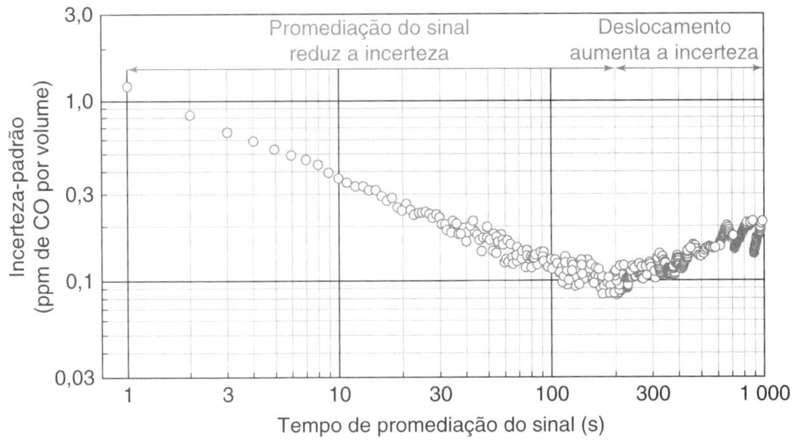

FIGURA 20.36 Redução da incerteza-padrão com o aumento do tempo de promediação do sinal para medidas de espectroscopia no infravermelho não dispersivo de 31,8 ppm de CO no ar. Velocidade de medição com *laser* de diodo = 1 Hz, de modo que 100 s de tempo de promediação de sinal = 100 sinais promediados. A incerteza-padrão diminui por um fator de 10 quando 100 sinais são promediados. [Dados de J. M. Dang, H. Y. Yu, C. T. Zheng, Y. D. Wang e Y. J. Sun, "An Early Fire Sensor Based on Infrared Gas Analytical Methods," *Anal. Meth.* **2018**, *10*, 3325.]

desvio-padrão (o *ruído*) no sinal, se o coeficiente angular *m* da resposta permanece constante para concentrações cada vez menores do analito.

A Figura 20.36 mostra como a incerteza-padrão para medidas de CO no ar baseada na absorbância não dispersiva da radiação infravermelha diminui com o aumento da promediação do sinal. Quanto maior o tempo de promediação do ruído, menor a incerteza, até uma média de ~200 medições. Além disso, fatores de instabilidade como o deslocamento da frequência do diodo fonte de *laser* e variações eletrônicas devido à temperatura levam à piora do limite de detecção (ele aumenta) com a elevação do tempo de promediação do sinal. Se a fonte de *laser* se desloca, ele não estará mais em ressonância com a linha de absorção forte do CO, de modo que a variação na absorção medida aumenta.

Não dispersiva significa que não há prisma ou rede de difração para dividir a radiação em comprimentos de onda. A Figura 20.36 utiliza um *laser* de diodo ajustável no qual o comprimento de onda é exatamente o da transição rotacional e vibracional do CO.

Tipos de Ruído

A Figura 20.37 mostra três tipos de ruído comuns em instrumentos elétricos.[31] O gráfico apresenta a amplitude do ruído contra a sua frequência. A curva de cima é o *ruído branco* (conhecido também como *ruído gaussiano*). A amplitude do ruído independe da frequência. Uma fonte de ruído branco, chamado *ruído Johnson*, é a flutuação aleatória dos elétrons em um dispositivo eletrônico. O abaixamento da temperatura de operação constitui uma das maneiras de reduzir o ruído Johnson. O *ruído balístico* é outra forma de ruído branco atribuído à natureza quantizada de transportadores de carga e fótons. Em baixos níveis de sinais, o ruído surge da variação aleatória no pequeno número de fótons que alcançam um detector ou no pequeno número de elétrons e buracos gerados em um semicondutor.

A curva do meio na Figura 20.37 mostra o *ruído 1/f*, também chamado *ruído Flicker*, que é máximo na frequência zero e diminui o seu valor em função de 1/frequência. Um exemplo de ruído de baixa frequência em instrumentos de laboratório vem a ser a oscilação ou pulsação de uma fonte luminosa em um espectrofotômetro ou em uma chama no caso da espectroscopia atômica. O ruído 1/*f* pode ser proveniente de várias causas e, normalmente, tem origem em variações na rede de alimentação elétrica do laboratório e em pequenas alterações nos componentes do instrumento em virtude de seu envelhecimento ou de variações de temperatura, assim como variações da própria amostra em função do tempo. A maneira clássica de se detectar e corrigir este tipo de erro é medir periodicamente padrões, de modo a corrigir as leituras feitas pelo instrumento considerando-se as variações observadas.[32] Na Figura 20.36, a promediação do sinal não melhora (diminui) a incerteza após média de ~200 medições porque o comprimento de onda do *laser* empregado para medir o CO se desvia da ressonância com a absorção do CO.

A curva de baixo da Figura 20.37 mostra o *ruído de linha* (também denominado *interferência* ou *batimento*). Este tipo de ruído se manifesta em frequências discretas, como a frequência de 60 Hz das linhas de transmissão ou a frequência vibracional de 0,2 Hz quando elefantes caminham no subsolo de seu edifício. A blindagem elétrica e o aterramento da blindagem e do instrumento no mesmo ponto de terra ajudam a reduzir o ruído de linha.

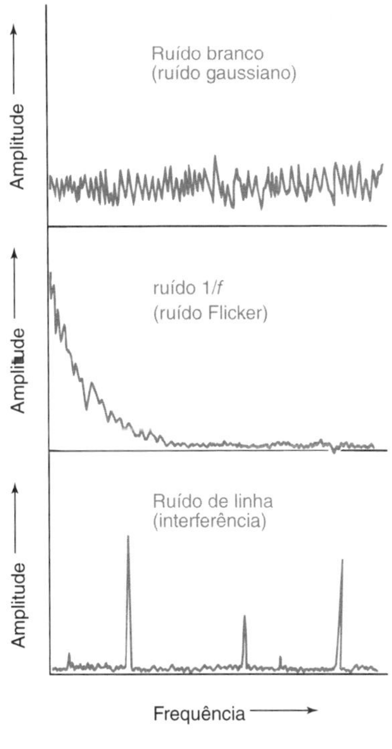

FIGURA 20.37 Três tipos de ruídos em instrumentos elétricos. O ruído branco está sempre presente. A escolha correta de uma frequência de alternância de feixe permite reduzir o ruído de 1/*f* e o ruído de linha para níveis insignificantes.

Minimizando Ruído com um Espectrofotômetro de Feixe Duplo

O ruído dos espectrofotômetros é atribuído de forma geral a (i) fontes que são independentes do nível de radiação, (ii) fontes que são proporcionais à corrente gerada pelos fótons e (iii) variação de intensidade da fonte de radiação.[33] Os espectrofotômetros das Figuras 20.1 e 20.2 possuem um espelho rotatório, também chamado *alternador*, que faz com que a radiação passe alternadamente pelas células contendo a amostra e a referência. A alternância permite que ambas as células sejam amostradas quase continuamente, sendo também um meio de redução do ruído. A **alternância do feixe** desloca o sinal analítico da frequência praticamente nula até a frequência do alternador. A frequência de alternância do feixe pode ser conveniente escolhida, de modo que o ruído 1/*f* e o ruído de linha sejam mínimos. Para obter a vantagem da alternância do feixe, é necessário que o detector do instrumento tenha uma resposta em alta frequência.

A Figura 20.3 mostra um sistema de dois detectores desenvolvido para cancelar o ruído gerado pela variação da fonte de radiação. Radiação na região do visível proveniente de uma lâmpada de *flash* de xenônio passa por um monocromador e é então dividida em dois feixes que passam pelas células da amostra e da referência. A radiação proveniente da célula da amostra alcança um fotodetector que gera uma corrente I_{amostra}. A radiação proveniente da célula de referência chega a um fotodetector que gera uma corrente I_{ref}. Um dispositivo eletrônico converte as correntes em absorbância. O ruído decorrente da variação da intensidade da fonte de radiação afeta igualmente I_{amostra} e I_{ref}. Isto é, se a radiação momentaneamente aumenta de 0,1%, os potenciais registrados por cada um dos detectores aumentam de 0,1%. A razão $I_{\text{amostra}}/I_{\text{ref}}$ permanece constante.

Suavização Digital de Dados Ruidosos

Quando possível, a promediação do sinal é uma excelente primeira tentativa para reduzir o ruído. Se ainda for necessária uma redução de ruído após a técnica de promediação do sinal ter atingido seu limite, existem algoritmos para manipulação numérica de dados. **Suavização digital** é uma aplicação de algoritmos numéricos aos dados para redução de ruídos.

A Figura 20.38c (central) é um sinal ruidoso original, com 400 pontos de dados. Os gráficos laterais mostram a suavização com dois algoritmos usando 7 (*b* e *d*) ou 31 (*a* e *e*) pontos de dados. Uma condição para o ajuste polinomial é que o espaçamento dos pontos experimentais na abscissa (eixo *x*) seja uniforme, isto é, a maneira típica com que a maioria dos instrumentos registra os dados.

Os pontos 1 a 7 dos dados ruidosos originais são mostrados com círculos cheios na Figura 20.39. Utilizando *média móvel* centrada para ajustar o ponto 4 para redução de ruído, a média dos 7 pontos (intervalo 1–7) é calculada e representada graficamente como um quadrado não preenchido na posição *y* em *x* = 4. O quadrado não preenchido é o sinal suavizado para o ponto 4. Para suavizar o ponto 5, a média dos pontos de dados ruidosos originais 2, 3, 4, 5, 6, 7 e 8 seriam representados graficamente na posição *y* para *x* = 5. Esse procedimento é feito continuamente até que todos os pontos de 4 a 397 sejam ajustados. O resultado é o conjunto de dados suavizados de 7 pontos na Figura 20.38b. Com essa suavização, os pontos 1, 2, 3, 398, 399 e 400 são perdidos porque não há três pontos disponíveis em ambos os lados desses pontos.

O algoritmo de suavização por média móvel é facilmente executado em uma planilha. A coordenada y_0 (ajustado) do ponto central de uma média móvel de 7 pontos é

Cuidado: a Opção de Linha de Tendência por Média Móvel no Excel não utiliza a Equação 20.17. Ver Problema 20.39 para mais detalhes.

Média móvel centrada de 7 pontos:

$$y_0(\text{ajustado}) = \frac{y_{-3} + y_{-2} + y_{-1} + y_0 + y_1 + y_2 + y_3}{7} \qquad \textbf{(20.17)}$$

em que y_i são os sete valores medidos de *y* em torno do ponto que está sendo ajustado. Por exemplo, o valor ajustado de y_4 é

$$y_4(\text{ajustado}) = \frac{y_1 + y_2 + y_3 + y_4 + y_5 + y_6 + y_7}{7}$$

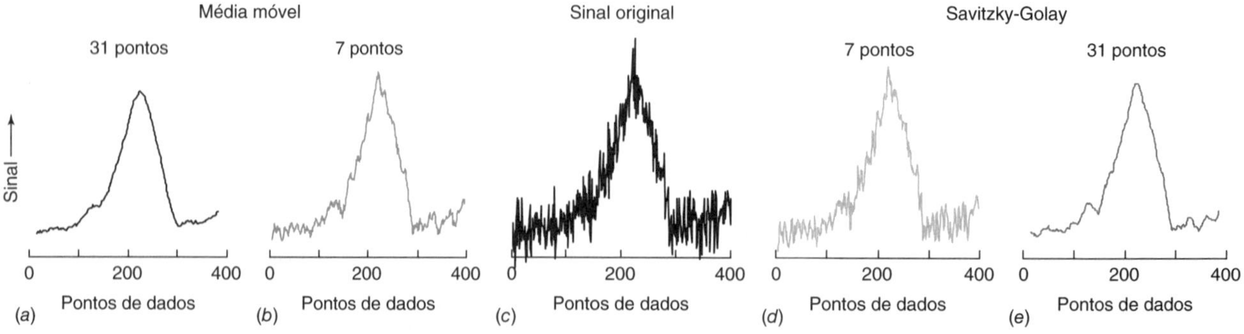

FIGURA 20.38 Suavização digital de dados ruidosos. O gráfico *c* mostra os dados ruidosos originais. Os gráficos *a* e *b* mostram a suavização utilizando 31 e 7 pontos, respectivamente, feita por média móvel centrada. Os gráficos *d* e *e* são suavizados usando polinômios Savitzky-Golay de 7 e 31 pontos, respectivamente. [Dados de T. Drevinskas, L. Telksnys, A. Maruška, J. Gorbatsova e M. Kaljurand, "Capillary Electrophoresis Sensitivity Enhancement Based on Adaptive Moving Average Method," *Anal. Chem.* **2018**, *90*, 6773.]

Os pontos na Figura 20.38c foram obtidos por meio da Equação 20.17 para cada ponto de $x = 4$ a $x = 497$.

A Figura 20.38a mostra a média móvel para 31 pontos. Para ajustar o ponto 16, por exemplo, ajusta-se uma curva para os pontos de 1 a 31 dos dados originais com ruído. Observa-se que a suavização de 31 pontos produz menos ruído que a suavização de 7 pontos. Entretanto, o aumento do número de pontos usados na suavização pode produzir distorções espectrais. Por exemplo, a amplitude (altura) do pico é reduzida em 14% e a largura aumentada em 13% pela média móvel de 31 pontos quando comparada à de 7 pontos. A suavização de ruído por média móvel é efetiva para a redução de ruído, mas utilizar um número muito elevado de pontos para o cálculo da média achata e amplia a curva de dados.

Um número ótimo de pontos consegue balancear a suavização do ruído com a minimização da distorção do sinal.

O algoritmo de Savitzky-Golay é um segundo algoritmo de suavização que retém melhor as características mais nítidas dos dados.[34,35] Para ajustar o ponto 4 na Figura 20.39, ajusta-se uma curva do terceiro grau (cúbica) por meio do método dos mínimos quadrados para os sete pontos de 1 a 7. O ponto 4 é então movido para cima ou para baixo para a posição no eixo y da curva cúbica em $x = 4$. O círculo não preenchido destacado é a posição suavizada do ponto 4. Para suavizar o ponto 5, ajusta-se uma curva cúbica para os pontos originais com ruído de 2 a 8. Esse procedimento prossegue até que todos os pontos de 4 a 457 sejam ajustados, resultando na Figura 20.38d. Aumentando o número de dados no ajuste para um polinomial cúbico de 31 pontos, obtém-se o resultado mostrado na Figura 20.38e. Observa-se que a suavização de Savitzky-Golay de 31 pontos tem maior redução que a suavização de Savitzky-Golay de 7 pontos, e menor distorção de sinal que o ajuste de 31 pontos por média móvel (Figura 20.38a). A suavização de Savitzky-Golay de 31 pontos filtra os resultados em uma perda menor de amplitude e sem alteração da largura.

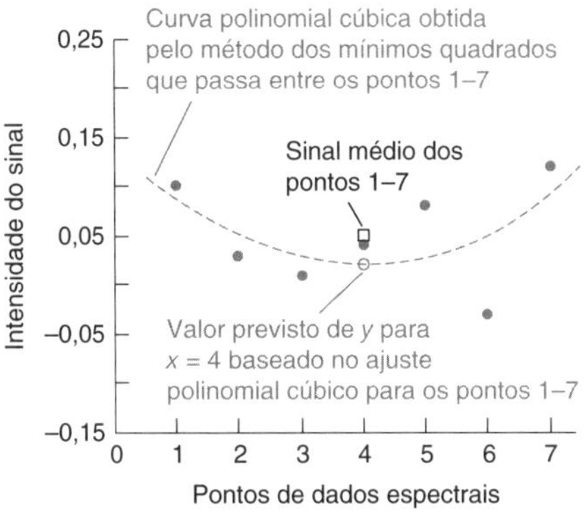

FIGURA 20.39 Como a suavização funciona. Os círculos cheios mostram os dados originais com ruído. O procedimento de média móvel ajusta o ponto 4 com um quadrado não preenchido, com a média dos pontos 1–7. O procedimento de Savitzky-Golay ajusta o ponto 4 pela suavização polinomial cúbica dos pontos 1–7 utilizando a Equação 20.18. O quadrado não preenchido indica a posição suavizada do ponto 4 pelo ajuste polinomial.

Para executar a suavização de Savitzky-Golay de 7 pontos em uma planilha, a coordenada y_0 (ajustado) do ponto central é

Savitzky-Golay de 7 pontos:

$$y_0(\text{ajustado}) = \frac{-2y_{-3} + 3y_{-2} + 6y_{-1} + 7y_0 + 6y_1 + 3y_2 - 2y_3}{21} \quad \textbf{(20.18)}$$

O Apêndice C fornece os coeficientes para o ajuste de Savitzky-Golay de 5 a 25 pontos de dados.

Termos Importantes

alternância do feixe
análise de Fourier
célula fotoemissiva
conjunto de fotodiodos
detector fotocondutor
detector fotovoltaico
difração
dispersão
dispositivo de carga acoplada
fibra óptica
fotodiodo
fotomultiplicadora
gás de efeito estufa
guia de onda
índice de refração
interferograma
interferômetro
largura de banda
laser
lei de Snell
material ferroelétrico
monocromador
optodo
poder de resolução
policromador
promediação de sinal
radiação de corpo negro
radiação parasita
radiação policromática
raiz do ruído quadrático médio (ruído rms)
rede de difração
reflectância total atenuada
refração
resolução
ressonância de plasmon de superfície
suavização digital
termopar

Resumo

Os principais componentes de um espectrofotômetro são a fonte, o compartimento da amostra, o monocromador e o detector. As fontes de corpo negro emitem uma larga faixa de comprimentos de onda, com intensidade e distribuição espectral dependente apenas da temperatura do corpo negro. A emissão se desloca na direção de comprimentos de onda menores quando a temperatura aumenta. As lâmpadas de tungstênio fornecem radiação visível. Um globar de carbeto de silício é uma boa fonte de infravermelho. Fontes de arco fornecem uma emissão contínua a partir de uma descarga elétrica por meio de um gás ionizado. Lâmpadas de deutério fornecem radiação ultravioleta; lâmpadas de arco de xenônio emitem através das faixas de ultravioleta e visível. Fontes de linhas, como as lâmpadas de vapor de mercúrio, fornecem uma emissão atômica estreita, que pode ser utilizada como fonte monocromática quando combinada com um filtro óptico. Os *lasers* fornecem uma radiação de alta intensidade, coerente e monocromática por meio da emissão estimulada de um meio no qual um estado excitado foi bombeado de modo a ter uma população maior que a de um estado de menor energia. Diodos emissores de radiação são uma fonte de radiação de baixo custo com uma largura de banda suficientemente estreita para diversas aplicações de absorbância.

As células, ou cubetas, que contêm a amostra têm de ser transparentes à radiação de interesse. Uma amostra de referência compensa os efeitos de reflexão e dispersão resultantes da célula e do solvente. Um monocromador de rede dispersa a radiação nos comprimentos de onda que a compõem. Quanto mais fino for o retículo de uma rede, maior é a resolução e maior a dispersão de comprimentos de onda em termos angulares. Fendas estreitas melhoram a resolução, mas aumentam o ruído, à medida que menos radiação alcança o detector. Uma largura de banda correspondente a 1/5 da largura de um pico do espectro é um bom compromisso entre a maximização da relação sinal/ruído e a minimização da distorção na forma do pico e do desvio policromático da lei de Beer. Radiação parasita introduz erros nas medidas de absorbância e se torna mais influente quando a transmitância de uma amostra for muito pequena. Os filtros ópticos permitem a passagem de faixas amplas de comprimento de onda, mas rejeitam outras faixas.

Uma fotomultiplicadora é um detector sensível às radiações visível e ultravioleta; os fótons fazem com que elétrons sejam emitidos de um catodo metálico. O sinal é sucessivamente amplificado pelos dinodos, onde colidem os fotoelétrons. O conjunto de fotodiodos e o dispositivo de carga acoplada são detectores de estado sólido onde os fótons criam, em materiais semicondutores, elétrons e lacunas. Acoplados a um policromador, esses dispositivos podem registrar, simultaneamente, todos os comprimentos de onda de um espectro, com a resolução limitada apenas pelo número de elementos e pelo espaçamento entre os elementos do detector. Os detectores infravermelhos mais comuns incluem termopares, materiais ferroelétricos e dispositivos fotocondutores e fotovoltaicos. A espectroscopia fotoacústica detecta absorção de radiação infravermelha convertendo parte da energia absorvida em ondas sonoras, que são detectadas.

Quando a radiação passa de uma região de índice de refração n_1 para uma região de índice de refração n_2, o ângulo de refração (θ_2) está relacionado com o ângulo de incidência (θ_1) pela lei de Snell: n_1 sen $\theta_1 = n_2$ sen θ_2. As fibras ópticas e as guias de onda planas transmitem a radiação por meio de uma série de reflexões totais internas. Os optodos são sensores baseados em fibras ópticas. Alguns optodos têm, em uma de suas extremidades, uma camada de material cuja absorbância ou fluorescência se modifica na presença de um analito. A radiação pode ser transmitida para ou a partir da extremidade por meio da fibra óptica. Quando a radiação é transmitida por uma fibra óptica ou por uma guia de onda por reflectância interna total, uma parte da radiação, conhecida como onda evanescente, penetra pela interface refletora durante cada reflexão. Nos dispositivos de reflectância total atenuada, a guia de onda é recoberta por uma substância capaz de absorver a radiação na presença do analito. Em um sensor de ressonância de plasmon de superfície, medimos a variação do ângulo de refletividade mínima de um conjunto formado por um filme de ouro recoberto com uma camada que possui sensibilidade química, situado na face de trás de um prisma. Um processo químico que modifica o índice de refração da camada sobre o filme de ouro altera o ângulo de reflectância mínima.

A análise de Fourier decompõe um sinal nos diferentes comprimentos de onda que o compõem. Um interferômetro possui um divisor de feixe, um espelho estacionário e um espelho móvel. A reflexão da radiação pelos dois espelhos produz um interferograma. A análise de Fourier do interferograma nos informa quais as frequências que participaram da construção do interferograma. Em um espectrofotômetro com transformada de Fourier, o interferograma da fonte é inicialmente medido sem a presença da amostra. A seguir, a amostra é colocada no feixe e um segundo interferograma é obtido. As transformadas dos interferogramas revelam as intensidades da radiação em cada frequência que atinge o detector, com e sem a amostra presente. A razão entre as duas transformadas é o espectro de transmissão. A resolução de um espectro com transformada de Fourier é aproximadamente $1/\Delta$, em que Δ é o atraso máximo. Para varrer uma faixa de números de onda $\Delta\tilde{\nu}$, é necessária uma amostragem do interferograma em intervalos de $\delta = 1/(2\Delta\tilde{\nu})$. A quantificação em espectroscopia no infravermelho de transmissão e de reflectância total atenuada é baseada na lei de Beer. Não linearidades instrumentais da lei de Beer são maiores em espectroscopia no infravermelho que no visível, em face das bandas de absorção mais estreitas no infravermelho e das fontes de radiação de menor intensidade.

Se fizermos a média de n varreduras, a relação sinal/ruído aumentará de $\sqrt{n}$. Ruído branco (gaussiano), que é independente da frequência, surge em virtude das flutuações aleatórias dos elétrons nos componentes (ruído de Johnson) e da natureza discreta dos transportadores de carga e dos fótons (ruído balístico). O ruído $1/f$ diminui com o aumento da frequência. Oscilação ou pulsação da intensidade de uma fonte luminosa ou do brilho de uma chama no caso da espectroscopia atômica são fontes do ruído $1/f$. O ruído de linha ocorre em frequências discretas, como a de 60 Hz da linha de uma fonte de potência. A alternância do feixe em um espectrofotômetro de feixe duplo reduz o ruído $1/f$ e o ruído de linha. A suavização por média móvel e por Savitzky-Golay (polinomial) são dois dos vários procedimentos digitais para reduzir o ruído nos dados experimentais.

Exercícios

20.A. (**a**) Se uma rede de difração tem uma resolução de 10^4, é possível distinguirmos entre duas linhas espectrais com comprimentos de onda de 10,00 e 10,01 μm?

(**b**) Com uma resolução de 10^4, qual a proximidade, em números de onda (cm^{-1}), da linha mais próxima a 1 000 cm^{-1} que pode ser resolvida?

(**c**) Calcule a resolução de uma rede com 5,0 cm de comprimento contendo 2 500 ranhuras/cm para a difração de primeira ordem (n = 1) e para a difração de décima ordem (n = 10).

(**d**) Determine a dispersão angular ($\Delta\phi$, em radianos e em graus) entre os raios luminosos com números de onda de 1 000 e 1 001 cm^{-1} para a difração de segunda ordem (n = 2) de uma rede com 2 500 ranhuras/cm e $\phi = 30°$.

20.B. A absorbância verdadeira de uma amostra é 1,000, mas 1,0% de radiação parasita atinge o detector. Adicione a radiação que passa pela amostra à radiação parasita para determinar a transmitância aparente da amostra. Converta esse valor de volta para absorbância e determine o erro relativo na concentração calculada da amostra.

20.C. Este exercício se refere ao espectro com transformada de Fourier na Figura 20.33.

(**a**) O interferograma foi amostrado em intervalos com um atraso de $1{,}266\,0 \times 10^{-4}$ cm. Qual é a faixa teórica de números de onda (0 a ?) do espectro?

(**b**) Um total de 4 096 pontos foram coletados de $\delta = -\Delta$ a $\delta = +\Delta$. Calcule o valor de Δ, o atraso máximo.

(**c**) Calcule a resolução aproximada do espectro.

(**d**) A velocidade do espelho do interferômetro é dada na legenda da figura. Quantos microssegundos se passam entre cada dado adquirido?

(**e**) Quantos segundos foram necessários para registrar cada interferograma de uma única vez?

(**f**) Que tipo de divisor de feixe é normalmente usado para a região de 400 a 4 000 cm^{-1}? Explique por que a região abaixo de 400 cm^{-1} não foi observada?

20.D. A tabela vista a seguir contém valores da relação sinal/ruído, registrados em um experimento de ressonância magnética nuclear. Construa os gráficos (**a**) da relação sinal/ruído contra n e (**b**) da relação sinal/ruído contra $\sqrt{n}$, em que n é o número de varreduras. Trace as barras de erro correspondentes ao desvio-padrão em cada ponto. A relação sinal/ruído é proporcional a $\sqrt{n}$? Determine o intervalo de 95% de confiança para cada linha da tabela.

Relação sinal/ruído nos prótons aromáticos de 1% de etilbenzeno em CCl_4

Número de experimentos	Número de acumulações	Razão sinal/ruído	Desvio-padrão
8	1	18,9	1,9
6	4	36,4	3,7
6	9	47,3	4,9
8	16	66,7	7,0
6	25	84,6	8,6
6	36	107,2	10,7
6	49	130,3	13,3
4	64	143,2	15,1
4	81	146,2	15,0
4	100	159,4	17,1

FONTE: *Dados de M. Henner, P. Levior e B. Ancian, "An NMR Spectrometer-Computer Interface Experiment,"* J. Chem. Ed. ***1979***, *56, 685.*

Problemas

Espectrofotômetro

20.1. (**a**) Descreva a finalidade de cada componente no espectrofotômetro da Figura 20.1.

(**b**) O espectrofotômetro da Figura 20.2 utiliza um alternador de feixe e o da Figura 20.3 usa um divisor de feixe. Explique a função do divisor de feixe.

20.2. Você usaria uma lâmpada de tungstênio ou de deutério como fonte para uma radiação de 300 nm? Que espécie de lâmpada fornece radiação com o comprimento de onda de 4 μm?

20.3. Calcule a potência da radiação por unidade de área (a excitância, W/m^2) emitida por um corpo negro a 77 K (temperatura do nitrogênio líquido) e a 298 K (temperatura ambiente).

20.4. A excitância (potência por unidade de área por unidade de comprimento de onda) emitida por um corpo negro é dada pela *distribuição de Planck*:

$$M_\lambda = \frac{2\pi hc^2}{\lambda^5}\left(\frac{1}{e^{hc/\lambda kT} - 1}\right)$$

em que λ é o comprimento de onda, T é a temperatura (K), h é a constante de Planck, c é a velocidade da luz e k é a constante de Boltzmann. A área sob cada curva entre dois comprimentos de onda na Figura 20.4 é igual à potência por unidade de área (W/m^2) emitida entre esses dois comprimentos de onda. Determinamos essa área integrando a função de Planck entre os limites λ_1 e λ_2:

$$\text{Potência emitida} = \int_{\lambda_1}^{\lambda_2} M_\lambda \, d\lambda$$

Para uma faixa estreita de comprimentos de onda, $\Delta\lambda$, o valor de M_λ é praticamente constante e a potência emitida é simplesmente o produto $M_\lambda\Delta\lambda$.

(**a**) Determine M_λ para λ = 2,00 μm e λ = 10,00 μm, a T = 1 000 K.

(**b**) Calcule a potência emitida por metro quadrado, a 1 000 K, no intervalo de λ = 1,99 μm a λ = 2,01 μm, calculando o produto $M_\lambda\Delta\lambda$, com $\Delta\lambda$ = 0,02 μm.

(**c**) Repita o item (**b**) para o intervalo de 9,99 a 10,01 μm.

(**d**) A grandeza $M_{2\mu m}/M_{10\mu m}$ é a excitância relativa nos dois comprimentos de onda. Compare a excitância relativa nesses comprimentos de onda a 1 000 K com a excitância relativa a 100 K. Qual o significado da sua resposta?

20.5. Explique como um *laser* produz radiação. Faça uma lista das principais propriedades da radiação emitida por *laser*.

20.6. Quais são as variáveis que aumentam a resolução de uma rede de difração? Quais são as variáveis que aumentam a dispersão da rede de difração? Como o ângulo de marcação é escolhido para otimizar uma rede de difração para determinado comprimento de onda?

20.7. Qual o papel de um filtro em um monocromador de rede?

20.8. Quais são as vantagens e as desvantagens da diminuição da largura da fenda de saída do monocromador?

20.9. Considere uma rede de reflexão operando com um ângulo de incidência de 40° na Figura 20.10.

(**a**) Quantas ranhuras por centímetro deveriam ser gravadas na rede, se o ângulo de difração de primeira ordem para a radiação de 600 nm (visível) fosse de −30°.

(**b**) Responda à mesma pergunta para a radiação com 1 000 cm^{-1} (infravermelha).

20.10. Mostre que uma rede de difração com 10^3 ranhuras/cm fornece uma dispersão de 5,8° por μm de comprimento de onda se n = 1 e ϕ = 10° na Equação 20.6.

20.11. (**a**) Qual é a resolução necessária para uma rede de difração separar comprimentos de onda de 512,23 e 512,26 nm?

(**b**) Com uma resolução de 10^4, qual a proximidade da linha mais próxima a 512,23 nm que pode ser resolvida?

(**c**) Calcule a resolução de quarta ordem de uma rede que possui 8,00 cm de comprimento e tem 185 ranhuras/mm.

(**d**) Determine o valor da dispersão angular ($\Delta\phi$) entre os raios de radiação com comprimentos de onda de 512,23 e 512,26 nm para a difração de primeira ordem (n = 1) e para a difração de ordem 30, em uma rede com 250 ranhuras/mm e ϕ = 30°.

20.12. Na Figura 20.12a, por que $\lambda_{máx}$ é uma boa escolha de comprimento de onda para análise espectrofotométrica e $\lambda \neq \lambda_{máx}$ é uma escolha pior?

20.13. (**a**) A absorbância verdadeira de uma amostra é 1,500, mas 0,50% de radiação parasita atinge o detector. Determine o valor da transmitância aparente e da absorbância aparente da amostra.

(**b**) Quanta radiação parasita pode ser tolerada se o erro da absorbância não pode exceder 0,001 em uma absorbância real de 2?

(c) Um espectrofotômetro de qualidade apropriada para pesquisa tem um nível de radiação parasita menor do que 0,000 05% em 340 nm. Qual será o erro de absorbância máximo para uma amostra com uma absorbância real de 2? De 3?

20.14. Estudantes da Azusa Pacific University usaram uma lâmpada de xenônio, lentes e espelhos, uma rede de difração, dispositivos ópticos, feitos em impressora 3D, e um fotodiodo para construir um espectrofotômetro no visível. Eles compararam esse espectrofotômetro com um instrumento comercial a partir de uma curva de calibração para $CuSO_4(aq)$.

Concentração de cobre (mM)	Absorbância corrigida: Instrumento comercial	Absorbância corrigida: Instrumento construído pelos estudantes
10,2	0,079	0,053
20,3	0,146	0,089
30,4	0,184	0,111
40,6	0,287	0,176
50,8	0,368	0,219
60,9	0,440	0,258
71,1	0,516	0,299
76,1	0,554	0,322

FONTE: *Dados de E. J. Davis, M. Jones, D. A. Thiel e S. Pauls, "Using Open Source, 3D Printable Optical Hardware to Enhance Student Learning in the Instrumental Analysis Laboratory,"* J. Chem. Ed. ***2018***, *95, 672. M. Jones e D. A. Thiel eram alunos de iniciação científica.*

(a) As curvas de calibração para o instrumento comercial e para o instrumento construído pelos estudantes são lineares?

(b) Existem alguns *outliers* (valores atípicos) nos dados de calibração?

(c) O instrumento construído pelos estudantes era aberto à luz ambiente. Admita que a menor resposta do instrumento dos estudantes era resultante da radiação parasita, ausente no instrumento comercial. Utilize a Equação 20.8 e dados de absorbância para Cu^{2+} 60,9 mM para estimar quanto de radiação parasita afeta o espectrofotômetro construído pelos estudantes.

(d) Qual o efeito que a radiação parasita tem sobre o espectrofotômetro construído pelos estudantes? Por que a sua calibração não perdeu a linearidade?

20.15. O caminho óptico de uma célula para a espectroscopia no infravermelho pode ser determinado pela contagem das *franjas de interferência* (ondulações no espectro de transmissão). O espectro visto a seguir mostra 30 máximos de interferência entre 1 906 e 698 cm^{-1}, obtidos ao colocarmos uma célula de KBr vazia em um espectrofotômetro.

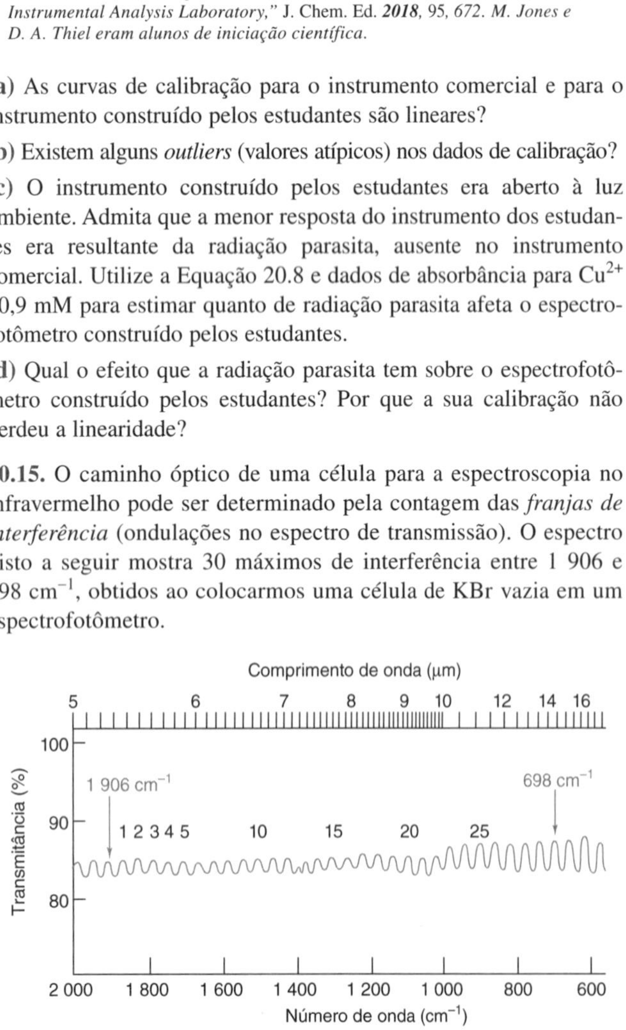

As franjas surgem porque a radiação refletida pelo compartimento da célula interfere construtiva ou destrutivamente no feixe não refletido.

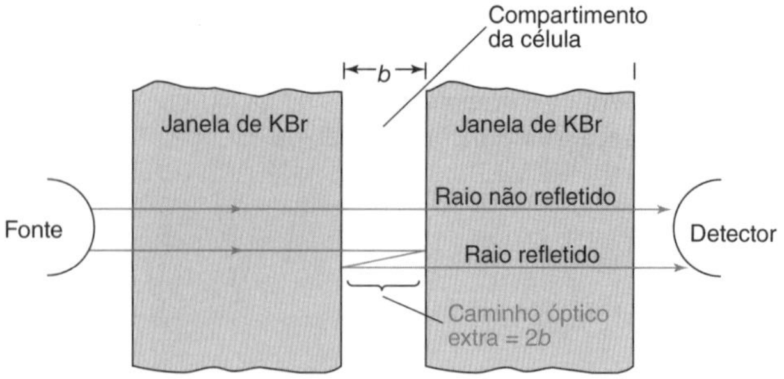

Se o feixe refletido percorre uma distância extra λ, ele irá interferir construtivamente com o feixe que não se refletiu. Se o caminho óptico da reflexão for λ/2, ocorre interferência destrutiva. Portanto, os picos surgem quando $m\lambda = 2b$ e o ponto mínimo ocorre quando $m\lambda/2 = 2b$, em que m é um número inteiro. Se o meio entre as janelas de KBr tem um índice de refração n, o comprimento de onda transmitido através do meio será λ/n. Dessa maneira, as equações passam a ser: $m\lambda/n = 2b$ e $m\lambda/2n = 2b$. Pode ser mostrado que o comprimento do caminho óptico da célula é dado por

$$b = \frac{N}{2n} \cdot \frac{\lambda_1 \lambda_2}{\lambda_2 - \lambda_1} = \frac{N}{2n} \cdot \frac{1}{\tilde{\nu}_1 - \tilde{\nu}_2}$$

onde ocorrem N máximos entre os comprimentos de onda λ_1 e λ_2. Calcule o caminho óptico da célula que deu origem às franjas de interferência vistas anteriormente.

20.16. Explique como funcionam os seguintes detectores de radiação visível: (a) fotomultiplicadora, (b) conjunto de fotodiodos e (c) dispositivo de carga acoplada.

20.17. O sulfato de triglicina deuterado (sigla inglesa DTGS) é um material ferroelétrico frequentemente utilizado em detectores para a região do infravermelho. Explique o seu funcionamento.

20.18. (a) Na medição da espectroscopia *laser* de decaimento em cavidade, descrita no início deste capítulo, a absorbância é dada é dada por

$$A = \frac{L}{c \ln 10}\left(\frac{1}{\tau} - \frac{1}{\tau_0}\right)$$

em que L é o comprimento da trajetória triangular na cavidade, c é a velocidade da luz, τ é o tempo de vida do decaimento com a amostra na cavidade e τ_0 é o tempo de vida do decaimento quando não há amostra na cavidade. Os tempos de vida de decaimento são obtidos pelo ajuste da intensidade I do sinal medido pelo detector ao decaimento exponencial da forma $I = I_0 e^{-t/\tau}$, sendo I_0 a intensidade inicial e t, o tempo. Uma medição de CO_2 é efetuada em um comprimento de onda absorvido pela molécula. O tempo de vida de decaimento para uma cavidade vazia de 21,0 cm de comprimento é 18,52 μs e igual a 16,06 μs para a mesma cavidade contendo CO_2. Determine a absorbância do CO_2 nesse comprimento de onda.

(b) O espectro de decaimento em cavidade mostrado a seguir provém do $^{13}CH_4$ e do $^{12}CH_4$ a partir de 1,9 ppm (v/v) de metano no ar externo a 0,13 bar. O espectro provém de transições rotacionais individuais do estado vibracional fundamental para um segundo estado vibracional excitado da ligação C—H da molécula. (i) Explique que grandeza é lançada na ordenada (eixo y). (ii) O pico para o $^{12}CH_4$ se localiza em

6 046,954 6 cm^{-1}. Qual é o comprimento de onda desse pico, em nm? Qual é o nome da região espectral onde esse pico está situado?

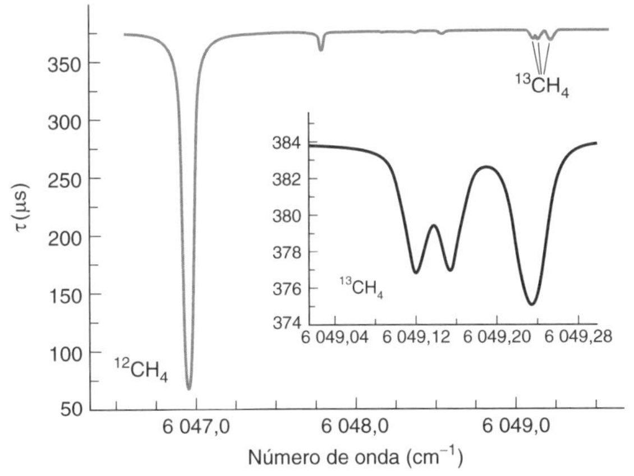

Espectro de decaimento em cavidade do metano no ar. [Dados de Y. Chen, K. K. Lehmann, J. Kessler, B. Sherwood Lollar, G. L. Couloume e T. C. Onstott, "Measurement of the $^{13}C/^{12}C$ of Atmospheric CH_4 Using Near-Infrared Cavity Ring-Down Spectroscopy," *Anal. Chem.* **2013**, *85*, 11250.]

Sensores Ópticos

20.19. Na Figura 20.20, a radiação passa do benzeno (meio 1) para a água (meio 2) em (**a**) $\theta_1 = 30°$ ou (**b**) $\theta_1 = 0°$. Calcule o valor do ângulo θ_2 em cada caso.

20.20. Explique como funciona uma fibra óptica. Por que a fibra ainda consegue funcionar quando é dobrada?

20.21. A fotografia de *upconversion* na Prancha em Cores 20 mostra reflexão interna total da luz azul dentro da cubeta. O ângulo de incidência da luz azul na parede da cubeta é de ~55°. Estimamos que o índice de refração do solvente orgânico é de 1,50 e que o índice de refração da cubeta de sílica fundida é de 1,46. Calcule o ângulo crítico para reflexão interna total na interface solvente/sílica e na interface sílica/ar. A partir desse cálculo, diga qual a interface responsável pela reflexão interna total na foto.

20.22. Explique como funciona o sensor de reflexão total atenuada da Figura 20.24.

20.23. O sinal na reflectância total atenuada está relacionado com a profundidade de penetração.

(**a**) Calcule a profundidade de penetração de uma radiação de 1 500 cm^{-1} em uma amostra orgânica (n_2 = 1,5) para um ângulo de incidência de 45°, com uma guia de onda de diamante (n_1 = 2,42).

(**b**) Calcule a profundidade de penetração de uma radiação de 3 000 cm^{-1} sob as mesmas condições experimentais.

(**c**) É difícil comparar os espectros de reflectância total atenuada e de transmissão porque as intensidades relativas das bandas são diferentes. Baseado em (**a**) e (**b**), por que as intensidades relativas das bandas são diferentes?

(**d**) A reflectância total atenuada não é utilizada para radiação no visível ou no ultravioleta. Calcule a profundidade de penetração de radiação em 500 nm e determine o porquê.

20.24. Considere uma guia de onda planar usada para medição da reflexão total atenuada de um filme recobrindo uma superfície da guia de onda. Para determinado ângulo de incidência, a sensibilidade do sensor de reflexão total atenuada aumenta com a diminuição da espessura da guia de onda. Explique por quê. (A guia de onda pode ter menos que 1 μm de espessura.)

20.25. (**a**) Determine o valor crítico de θ_i na Figura 20.21 além do qual existe reflexão total interna em uma fibra óptica para radiação infravermelha baseada em ZrF_4, cujo índice de refração da parte central é 1,52 e cujo índice de refração da camada de revestimento é 1,50.

(**b**) A perda de energia radiante (em virtude da absorção e da dispersão) em uma fibra óptica de comprimento ℓ é expressa em decibéis por metro (dB/m), e definida como

$$\frac{\text{Potência de saída}}{\text{Potência de entrada}} = 10^{-\ell(\text{dB/m})/10}$$

Calcule a razão potência de saída/potência de entrada para uma fibra de 20,0 m de comprimento com uma perda de 0,010 0 dB/m.

20.26. Determine o ângulo mínimo θ_i para a reflexão total na fibra óptica da Figura 20.21, se o índice de refração da camada de revestimento é 1,400 e o índice de refração da parte central é (**a**) 1,600 e (**b**) 1,800.

20.27. O prisma mostrado a seguir é usado para refletir totalmente a radiação em um ângulo de 90°. Nenhuma superfície do prisma é espelhada. Use a lei de Snell para explicar por que ocorre a reflexão total. Qual o menor índice de refração do material do prisma para ocorrer reflexão total?

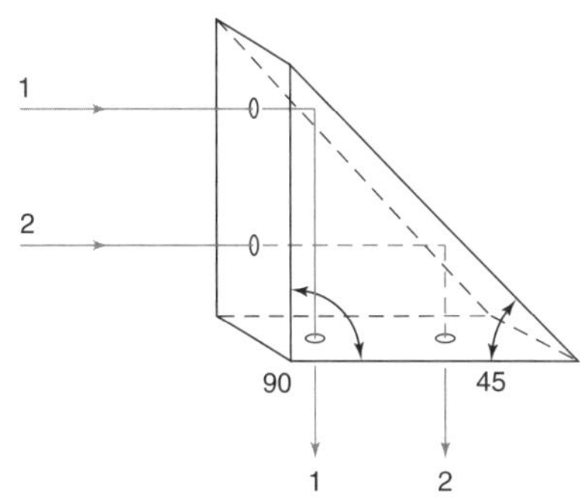

20.28. A seguir descrevemos um método muito sensível para determinação do íon fosfato (PO_4^{3-}) extraído de partículas atmosféricas. O extrato aquoso é tratado com molibdato em solução ácida para formar ácido 12-molibdatofosfórico, que é reduzido por cloreto estanoso a um produto azul de fosfomolibdênio.

$$PO_4^{3-} + 12\ MoO_4^{2-}\ 27\ H^+ \rightarrow H_3PO_4(MoO_3)_{12} + 12\ H_2O$$

$$H_3PO_4(MoO_3)_{12} \xrightarrow{SnCl_2} \text{azul de fosfomolibdênio}$$

A solução colorida é bombeada para dentro de uma bobina de Teflon com 2,5 metros de comprimento, cuja parede apresenta um índice de refração igual a 1,29. A solução aquosa dentro do tubo tem um índice de refração de, aproximadamente, 1,33. Uma fibra óptica ilumina com luz branca uma das pontas do tubo. A reflexão interna total na interface solução/Teflon propaga a radiação através da solução no interior do tubo. Outra fibra óptica, na outra ponta do tubo, coleta a luz, que é então analisada por um policromador e um detector.

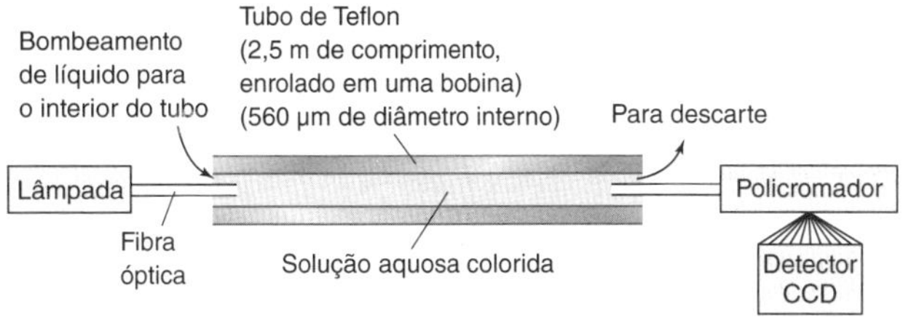

Espectrômetro com caminho óptico longo usado em sistemas de análise por injeção em fluxo, como na Figura 19.14. [Dados de W. Yao, R. H. Byrne e R. D. Waterbury, "Determination of Nanomolar Concentrations of Nitrite and Nitrate Using Long Path Length Absorbance Spectroscopy," *Environ. Sci. Technol.* **1998**, *32*, 2646.]

(a) Qual a finalidade do tubo de Teflon e explique como ele funciona.

(b) Qual o valor do ângulo crítico de incidência para existir reflexão total interna na interface Teflon/água?

(c) Os dados a seguir são de uma calibração por análise de injeção em fluxo de padrões de fosfato. A calibração é linear? Qual é a concentração de fosfato de uma amostra com absorbância de 0,107?

Concentração de fosfato (nM)	Absorbância
6,07	0,024
12,13	0,044
24,27	0,083
48,53	0,160
97,07	0,314

Fonte: Dados de K. Violaki, T. Fang, N. Mihalopoulos, R. Weber e A. Nenes, "Real-Time, Online Automated System for Measurement of Water-Soluble Reactive Phosphate Ions in Atmospheric Particles", Anal. Chem. ***2016****, 88, 7163.*

(d) A recuperação de contaminação intencional foi realizada para testar a exatidão. Uma contaminação intencional (fortificação) com fosfato 63,1 nM foi feita em uma amostra contendo inicialmente fosfato 7,7 nM. A concentração observada na amostra fortificada foi de 73,0 nM. Qual é a recuperação da contaminação intencional?

20.29. (a) Determinada guia de onda de sílica é descrita como tendo um coeficiente de perda de 0,050 dB/cm (potência de saída/potência de entrada, definido no Problema 20.25) para o comprimento de onda da radiação de 514 nm. A espessura da guia de onda é de 0,60 μm e o comprimento de 3,0 cm. O ângulo de incidência (θ_i na figura) é 70°. Que fração de intensidade radiante incidente é transmitida pela guia de onda?

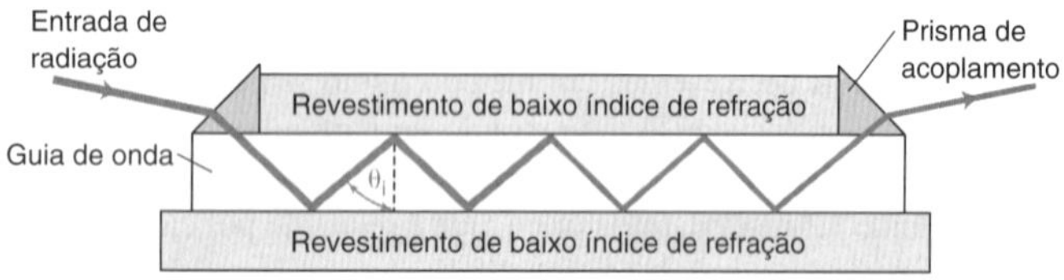

(b) Se o índice de refração do material da guia de onda é 1,5, qual é o comprimento de onda da radiação dentro da guia de onda? Qual é a frequência?

20.30. Para a sílica fundida, a variação do índice de refração (n) com o comprimento de onda é dada por

$$n^2 - 1 = \frac{(0{,}696\,166\,3)\lambda^2}{\lambda^2 - (0{,}068\,404\,3)^2} + \frac{(0{,}407\,942\,6)\lambda^2}{\lambda^2 - (0{,}116\,241\,4)^2} + \frac{(0{,}897\,479\,4)\lambda^2}{\lambda^2 - (9{,}896\,161)^2}$$

com λ sendo expresso em μm.

(a) Construa um gráfico de n contra λ com pontos nos seguintes comprimentos de onda: 0,2, 0,4, 0,6, 0,8, 1, 2, 3, 4, 5 e 6 μm.

(b) A capacidade de um prisma em dispersar comprimentos de onda vizinhos aumenta quando a inclinação (coeficiente angular) $dn/d\lambda$ aumenta. A dispersão da sílica fundida é maior para a luz azul ou para a luz vermelha?

Espectroscopia com Transformada de Fourier

20.31. O espelho do interferômetro de um espectrofotômetro com transformada de Fourier tem um trajeto de ±1 cm.

(a) De quantos centímetros é o atraso máximo, Δ?

(b) Explique, nesse caso, o que significa resolução.

(c) Qual é a resolução aproximada (cm^{-1}) do instrumento?

(d) Em que intervalo de retardo, δ, o interferograma tem que ser amostrado (convertido para forma digital) para cobrir a faixa espectral de 0 a 2 000 cm^{-1}?

20.32. Explique por que o espectro de transmissão na Figura 20.33 é calculado pela razão (transformada da amostra)/(transformada da linha base) em vez da diferença (transformada da amostra) – (transformada da linha base).

Lidando com o Ruído

20.33. Descreva três tipos gerais de ruído que têm uma dependência diferente com relação à frequência. Dê um exemplo da origem de cada uma das espécies de ruído.

20.34. Explique como a alternância do feixe reduz o ruído de linha e o ruído Flicker.

20.35. Um espectro tem uma relação sinal/ruído de 8/1. Quantos espectros têm de ser promediados para aumentar a relação sinal/ruído para 20/1?

20.36. Uma medida com uma relação sinal/ruído de 100/1 pode ser explicada como correspondente a um sinal (S) com 1% de incerteza, e. Isto é, a medida é $S \pm e = 100 \pm 1$.

(a) Use as regras para a propagação da incerteza para mostrar que, se somarmos dois desses sinais, o resultado é o sinal total = 200 ± $\sqrt{2}$, correspondente a uma relação sinal/ruído de $200/\sqrt{2}$ = 141/1.

(b) Mostre que, se você somar quatro dessas medidas, a relação sinal/ruído aumenta para 200/1.

(c) Mostre que, fazendo-se a média de n medidas, aumenta-se a relação sinal/ruído por um fator de $\sqrt{n}$ comparado com o valor de uma única medida.

20.37. A Figura 20.36 mostra a incerteza-padrão para medidas de monóxido de carbono utilizando tempos de promediação de 1 a 1 000 s.

(a) A Figura 20.36 é um gráfico log-log (um gráfico com ambos os eixos em escala logarítmica). Leia a incerteza-padrão para 4 e 16 s de promediação de sinal fora do gráfico.

(b) Baseado em um volume de 1,18 ppm para 1 s de promediação de sinal, quais são as expectativas de incerteza-padrão em 4 e 16 s em um experimento ideal?

(c) Qual a incerteza-padrão prevista se o sinal for promediado por 100 s? Esse valor concorda com o resultado experimental na Figura 20.36?

(d) Por que a incerteza-padrão aumenta quando a promediação se dá para 200 s ou mais?

20.38. Os resultados de um experimento eletroquímico são vistos na figura a seguir. Em todas as curvas, um potencial elétrico é aplicado entre dois eletrodos após um tempo = 20 s e a absorbância de uma solução, contida entre os eletrodos, diminui até que no tempo de 60 s o potencial é retornado ao seu valor inicial. As curvas na parte de cima da figura mostram os resultados médios para 100, 300 e 1 000 repetições do experimento. A relação sinal/ruído rms medida na curva superior é 60,0. Faça a previsão da relação sinal/ruído esperada no caso de 300, 100 e 1 ciclo de medidas, e compare seus resultados com os valores observados na figura.

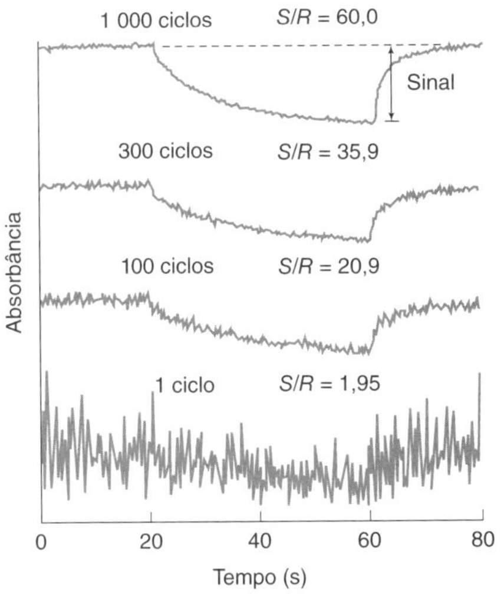

Promediação do sinal em um experimento em que a absorbância é medida após o potencial elétrico ser alterado decorridos 20 s. [Dados de A. F. Slaterbeck, T. H. Ridgeway, C. J. Seliskar e W. R. Heineman, "Spectroelectrochemical Sensing Based on Multimode Selectivity Simultaneously Achievable in a Single Device," *Anal. Chem.* **1999**, *71*, 1196.]

20.39. *Suavização digital.* Os dados experimentais de um espectro de fluorescência de raios X com ruído são apresentados na tabela vista a seguir.

(**a**) Calcule o valor suavizado da ordenada (y) para uma abscissa x = 7,025 eV usando a Equação 20.17 para uma suavização por média móvel de 7 pontos e a Equação 20.18 para uma suavização polinomial cúbica de Savitzky-Golay de 7 pontos.

(**b**) Calcule os valores para suavização por média móvel de 7 pontos e polinomial cúbica de 7 pontos para todos os pontos. Sobreponha os dados originais e os dados suavizados em um gráfico.

x Energia dos raios X (eV)	y Sinal (contagens/s)	x Energia dos raios X (eV)	y Sinal (contagens/s)	x Energia dos raios X (eV)	y Sinal (contagens/s)
6,750	0,000	6,950	6,956	7,150	8,695
6,775	0,000	6,975	5,000	7,175	6,086
6,800	0,869	7,000	6,086	7,200	1,739
6,825	1,086	7,025	14,347	7,225	2,391
6,850	0,000	7,050	14,130	7,250	2,391
6,875	1,086	7,075	13,913	7,275	1,086
6,900	0,869	7,100	11,739	7,300	0,652
6,925	1,956	7,125	9,782		

(**c**) Média Móvel é uma Opção de Linha de Tendência no Excel, mas o *software* não calcula uma média móvel *centrada* utilizando a Equação 20.17. Em vez disso, o Excel calcula a média móvel como

$$y_n(\text{ajustada}) = \frac{y_1 + y_2 + \cdots + y_{n-1} + y_n}{n}$$

Trace um gráfico dos dados originais. Com o botão direito do mouse clique em um dos pontos do gráfico e selecione Adicionar Linha de Tendência. Em Opções de Linha de Tendência selecione Média Móvel e ajuste o Período para 7. Compare a média móvel do Excel contra a média móvel centrada em (**b**).

20.40. *Média do sinal de grande volume de dados* (*Big data*). Baixe a planilha de dez espectros de emissão de fluorescência para antraceno 1 μM em metanol a partir do Ambiente de aprendizagem do GEN.

(**a**) *Inspeção de dados.* Antes de analisar grandes conjuntos de dados, os dados devem ser inspecionados para se verificar a presença de pontos discrepantes, desvios ou outras não idealidades. Os gráficos são instrumentos eficazes para inspecionar dados. Selecione as células A6:K136. Na guia Inserir, selecione Gráficos de dispersão e, em seguida, Dispersão com linhas retas. Clique duas vezes na escala do eixo x, clique no ícone do gráfico de barras e, em Opções do eixo, ajuste o mínimo para 370 e o máximo para 500. Todos os 10 espectros são representados em um gráfico. Essa sobreposição torna as anormalidades aparentes. Identifique os dois pontos discrepantes nesses dados.

(**b**) *Média do sinal de quatro varreduras.* Na célula L6 digite "=MÉDIA(B6:E6)". Você deve ver 544,9. Clique na célula L6, clique na alça de preenchimento – o pequeno quadrado no canto inferior direito da célula – e arraste para baixo até a célula L136. Isso preenche a coluna L com a média das varreduras 1–4. Faça o gráfico dos espectros sobrepostos da varredura 1 e a média de quatro varreduras selecionando as células A6:B136, pressionando Ctrl e, em seguida, selecionando as células L6:L136. As células nas colunas A, B e L devem ser realçadas, mas as células nas colunas C a K não devem ser realçadas. Faça um gráfico da varredura 1 e da média das varreduras 1–4 usando o procedimento em (a).

(**c**) É fácil se perder ao rolar para cima e para baixo grandes arquivos de dados. Selecione a célula B6. Na guia Exibir, selecione Congelar painéis e, em seguida, a opção Congelar painéis. Agora, quando você rolar para baixo, as 5 primeiras linhas permanecem no topo da tela. A coluna A permanece na tela quando você rola para a direita. Para remover Congelar Painéis, clique na faixa Exibir, Congelar Painéis e selecione Descongelar painéis.

(**d**) *Média do sinal de nove varreduras.* Na célula M6 digite "=MÉDIA(B6:J6)". Você deve ver 557,7. Calcule a média descendo a coluna M como em (b). Represente graficamente os espectros sobrepostos da varredura 1 e a média das varreduras 1–9.

(**e**) A faixa de 470–500 nm é o background, sem sinal. Calcule o ruído quadrático médio de 470–500 nm para a varredura 1, média das varreduras 1–4 e média das varreduras 1–9. O ruído depende do número de varreduras n ou $\sqrt{n}$?

(**f**) Calcule a relação sinal-ruído a 399 nm para a varredura 1, média das varreduras 1–4 e média das varreduras 1–9. Use a média de 470–500 nm para estimar o background. A relação sinal-ruído depende do número de varreduras n ou $\sqrt{n}$?

21 Espectroscopia Atômica

A VIDA NA IDADE DO COBRE INVESTIGADA A PARTIR DA ESPECTROSCOPIA ATÔMICA

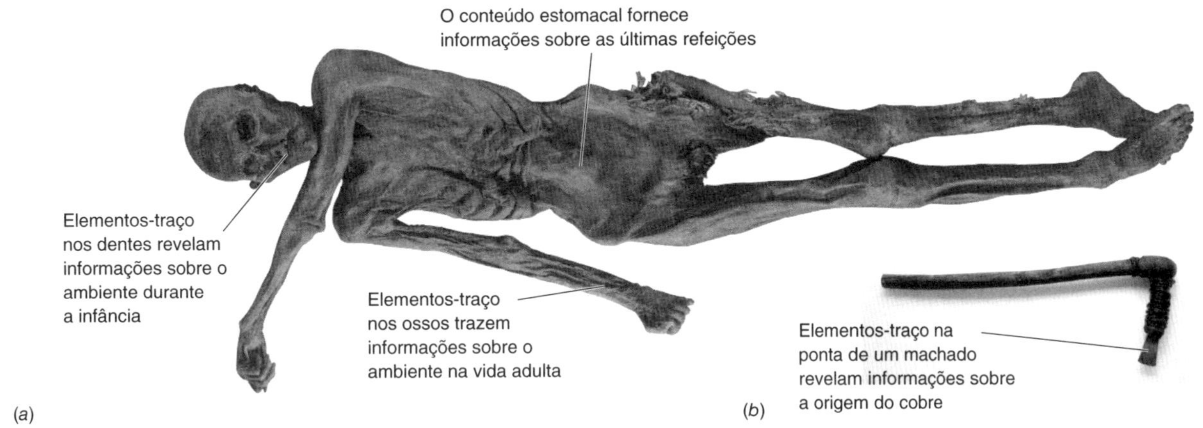

Perfil de elementos-traço e isótopos de (*a*) Ötzi, o homem de gelo tirolês, e (*b*) de seu machado de cobre, utilizando espectroscopia atômica, fornece uma janela para a vida 5 000 anos atrás. [(a) Ötzi, o homem de gelo, (foto)/WOLFGANG NEEB/South Tyrol Museum of Archaeology, Bolzano, Italy/Bridgeman Images; (b) Machado encontrado com Ötzi, o homem de gelo (madeira de teixo com pega de couro) (ver 222117 para detalhes)/Idade do Cobre (4 000 anos a.C.)/WOLFGANG NEEB/ South Tyrol Museum of Archaeology, Bolzano, Italy/Bridgeman Images.]

Em 1991, um casal caminhando nos Alpes italianos descobriu uma múmia envolta em gelo glacial. Ötzi foi um caçador que viveu na Europa entre as Idades da Pedra e do Bronze. Seu cadáver e ferramentas bem preservados forneceram uma janela para estudar sua vida e seu tempo por meio da espectroscopia atômica. Na espectroscopia atômica, a substância que está sendo analisada é decomposta em átomos por meio de uma chama, de um forno, ou por meio de um *plasma*. Chama-se **plasma** uma fase gasosa, que está suficientemente quente para que existam íons e elétrons livres. A quantidade presente de cada elemento é determinada pela absorção ou emissão de radiação visível, ou ultravioleta, pelos átomos no estado gasoso.

Para a determinação de elementos-traço nos dentes e ossos de Ötzi, uma quantidade mínima de amostra é vaporizada por meio de um pulso de *laser* de alta energia (este processo de extração é conhecido como *ablação*) e conduzida para dentro de um plasma, que ioniza alguns dos átomos. Estes íons passam então para um espectrômetro de massa, que mede a quantidade de cada espécie presente separando os íons em função de suas massas. Os elementos químicos se incorporam nos dentes e ossos a partir da alimentação ou da inalação. Os elementos-traço nos dentes refletem o ambiente durante a infância, enquanto os encontrados nos ossos revelam o ambiente durante a vida adulta. Uma sutil variação nos isótopos de Sr e Pb nos dentes e ossos de Ötzi mostram que ele cresceu e viveu em um vale, 60 km a sudeste de onde foi encontrado.[1] Pequenas amostras do conteúdo estomacal de Ötzi foram digeridas com HNO_3 e HCl. A análise dessa amostra líquida digerida, por plasma acoplado indutivamente com espectrometria de massa (ICP-MS), indicou que sua dieta neolítica era balanceada em macro e micronutrientes.[2] Estudos microscópicos e moleculares do conteúdo do trato digestivo de Ötzi mostraram que os principais componentes de sua última refeição foram gordura e carne de íbex e de veado, e matéria vegetal constituída de trigo e samambaias.[2]

Mas de onde veio o cobre do machado de Ötzi? A *fluorescência de raios X* permitiu uma análise direta do machado, sem necessidade de sacrificar nenhuma parte desse precioso artefato. A fluorescência de raios X detectou arsênio e prata, mas não foi capaz de detectar impurezas-traço que pudessem identificar de onde o cobre foi extraído. Após muita discussão, os cientistas coletaram 6,7 mg de amostra do machado. Plasma acoplado indutivamente com espectrometria de massa produz limites de detecção muito baixos para diversos elementos e isótopos. A concentração de impurezas e a razão isotópica de chumbo mostraram que o cobre veio de um local 500 km ao sul de onde a múmia de Ötzi foi encontrada. Esse resultado arqueológico inesperado contestou suposições estabelecidas sobre o comércio 5 000 anos atrás.

Muitas técnicas espectroscópicas atômicas foram utilizadas para estudar Ötzi e seus artefatos. O método depende do número de elementos a serem analisados, suas concentrações, da quantidade de amostra disponível e qual a sua forma. Este capítulo introduz muitas técnicas de espectroscopia atômica e onde cada uma delas é mais apropriada.

Na *espectroscopia atômica*, as amostras são vaporizadas na faixa de 2 000 a 8 000 K, decompondo-se em átomos e íons, cujas concentrações são determinadas pela medida da absorção ou da emissão de radiação em determinados comprimentos de onda, característicos dos elementos. A espectroscopia atômica é uma das ferramentas mais importantes da química analítica em função de sua alta sensibilidade, sua capacidade de distinguir um elemento de outro em uma amostra complexa, da possibilidade de se analisarem simultaneamente vários elementos e da facilidade com que várias amostras podem ser analisadas automaticamente.[3] Os íons na fase vapor podem também ser analisados em um espectrômetro de massa. Os equipamentos para espectroscopia atômica são caros, mas amplamente encontrados em laboratórios.

Pré-concentração: concentra-se um analito diluído até um nível que seja suficientemente alto para ser analisado.

As quantidades presentes de analito são determinadas em concentrações de partes por milhão (μg/g) até partes por trilhão (pg/g). Para analisar os principais constituintes de uma amostra, esta deve ser diluída. Os elementos-traço presentes em uma amostra podem ser determinados diretamente, sem que seja necessário fazer-se uma *pré-concentração*. A precisão na espectroscopia atômica situa-se normalmente na faixa de alguns percentuais (dependendo do tipo da amostra e da matriz), que não é tão boa quanto a de outros métodos de análise química por via úmida. A análise por espectroscopia de emissão atômica por plasma acoplado indutivamente, feita com o maior cuidado possível e com amostras apropriadas, apresenta uma exatidão e uma precisão da ordem de 0,1%. Isso permite que essa técnica possa ser empregada para certificar materiais de referência de DNA com base no teor de fósforo presente.[4]

21.1 Visão Geral

Existem três formas de espectroscopia atômica que se baseiam em fenômenos de absorção, emissão e fluorescência (Figura 21.1).[5] Na **absorção atômica**, ilustrada na Figura 21.2, uma amostra líquida é aspirada (sugada) para dentro de uma chama cuja temperatura é de 2 400 a 3 400 K. O líquido evapora e o sólido restante é **atomizado** (decomposto em átomos) na chama, que substitui a cubeta na espectrofotometria convencional. O caminho óptico da chama é, geralmente, de 10 cm. A *lâmpada de catodo oco*, vista à esquerda na Figura 21.2, possui um catodo feito de ferro. Quando o catodo é bombardeado com os íons Ne^+ ou Ar^+ de energia elevada, os átomos de Fe excitados se vaporizam e emitem radiação com as mesmas

Formas de espectroscopia atômica:

- **emissão** proveniente de uma população de átomos excitados termicamente
- **absorção** de linhas finas (raias) provenientes de uma lâmpada de catodo oco
- **fluorescência** decorrente da absorção de radiação a *laser*

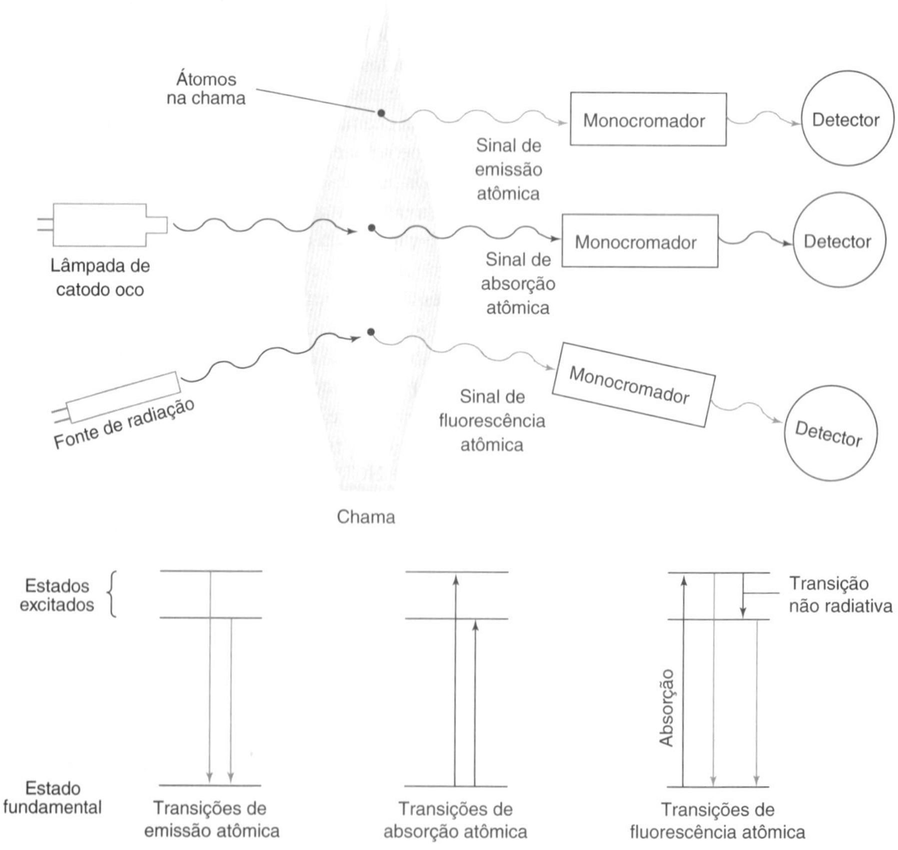

FIGURA 21.1 Absorção, emissão e fluorescência por átomos em uma chama. Na absorção atômica, os átomos absorvem parte da radiação proveniente da fonte e a radiação não absorvida alcança o detector. Os átomos responsáveis pela emissão atômica são aqueles que estão em um estado excitado em virtude da alta energia térmica da chama. Para observarmos a fluorescência atômica, os átomos são excitados por uma lâmpada externa ou por um *laser*.

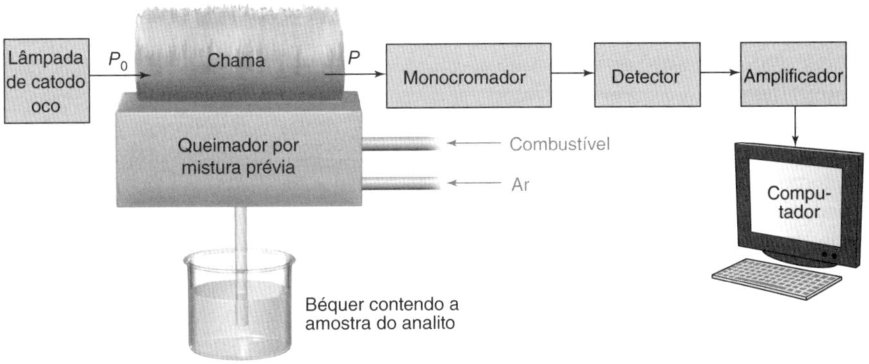

FIGURA 21.2 Experimento de absorção atômica. Da mesma forma que na Figura 18.4, a transmitância é $T = P/P_0$ e a absorbância é $A = -\log T$. Na prática, P_0 é a energia radiante que atinge o detector quando não existe nenhuma amostra presente na chama, e P é a energia medida quando a amostra está presente.

frequências que são absorvidas pelos átomos de Fe do analito presente na chama. No lado direito da Figura 21.2, um detector mede a quantidade de radiação que passa pela chama.

Uma diferença importante entre as espectroscopias atômica e molecular é a largura de banda da radiação absorvida ou emitida. Os espectros de absorção óptica de líquidos e sólidos têm, normalmente, como nas Figuras 18.8 e 18.19, larguras de banda de ~10 a 100 nm. Ao contrário, um espectro proveniente de átomos no estado gasoso é constituído por linhas finas com larguras de banda de ~0,001 nm (Figura 21.3). As linhas são tão estreitas que praticamente não há superposições entre os espectros de elementos diferentes em uma mesma amostra. Por isso, alguns instrumentos podem determinar, simultaneamente, mais de 70 elementos. Veremos mais tarde que linhas estreitas de absorção do analito necessitam de que a fonte de radiação também tenha um espectro constituído por linhas estreitas.

A Figura 21.1 também ilustra um experimento de **fluorescência atômica**. Os átomos presentes na chama são irradiados com um *laser*, sendo promovidos a um estado eletrônico excitado, a partir do qual eles podem fluorescer, retornando ao estado fundamental. A Figura 21.4 mostra os dados de calibração para fluorescência atômica de 0 a 100 partes por trilhão (ng/L) para padrões de cádmio. A fluorescência atômica tem uma sensibilidade cerca de mil vezes maior que a absorção atômica, mas os equipamentos para fluorescência atômica não se encontram disponíveis para uso rotineiro. Um importante exemplo do uso da fluorescência atômica é a análise de mercúrio (Boxe 21.1).

A fluorescência é mais sensível que a absorção, pois podemos observar um sinal fraco de fluorescência em um fundo escuro. Na absorção, temos de observar pequenas diferenças entre as grandes intensidades de radiação que atingem o detector.

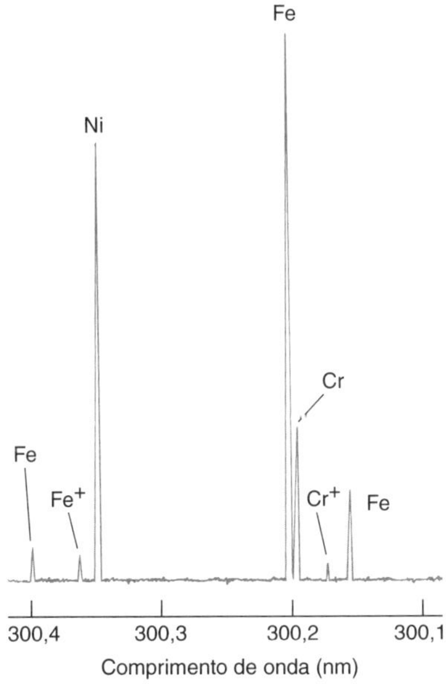

FIGURA 21.3 Uma parte do espectro de emissão de uma lâmpada de catodo oco de aço, mostrando as linhas provenientes dos átomos de Fe, Ni e Cr, no estado gasoso e linhas fracas provenientes dos íons Cr^+ e Fe^+. A resolução do monocromador é de 0,001 nm, comparável às larguras verdadeiras das linhas. [Dados de A. P. Thorne, "Fourier Transform Spectrometry in the Ultraviolet," *Anal. Chem.* **1991**, *63*, 57A.]

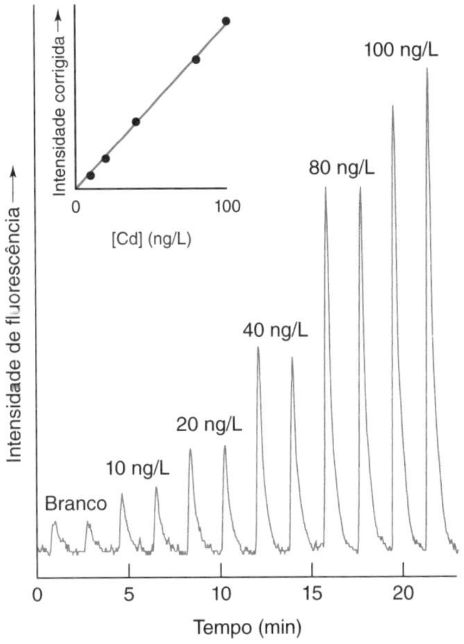

FIGURA 21.4 Fluorescência atômica do cádmio. Água contendo partes por trilhão (ppt) de Cd^{2+} foi injetada em um sistema de injeção em fluxo para gerar vapor atômico de cádmio que é excitado por uma radiação a 228,8 nm proveniente de uma lâmpada de catodo oco de cádmio. O limite de detecção é 2,4 ng Cd/L baseado em 3× o desvio-padrão de 11 injeções de branco. [Dados de Y. X. Li, X. L. Zhu, H. T. Zheng, L. L. Jin e S. H. Hu, "Dielectric Barrier Discharge Plasma Induced Vapor Generation for Mercury and Cadmium by Atomic Fluorescence Spectrometry", *J. Anal. Atom. Spec.* **2016**, *31*, 383.]

Intensidade corrigida = sinal − branco

Limite de detecção $\equiv \frac{3s}{m}$

s = desvio-padrão

m = inclinação da curva de calibração linear

BOXE 21.1 Análise de Mercúrio por Fluorescência Atômica em Amostras Vaporizadas a Frio

O mercúrio é um poluente tóxico volátil. O mercúrio emitido em uma parte do mundo pode ser transportado para outras regiões. Concentrações de Hg(0) são encontradas no ar próximo à superfície terrestre. O elemento também é encontrado como Hg(II) (*aq*) em nuvens e partículas na atmosfera. Aproximadamente um terço do mercúrio atmosférico provêm de atividades humanas, incluindo a queima de carvão, mineração de ouro e produção de Cl_2 no processo cloro-álcali (Problema 17.8).

Um método sensível para medirmos mercúrio em matrizes como água, solo e peixes envolve a formação de Hg(*g*), que é determinado por absorção atômica ou fluorescência.[6] Para a maioria das amostras ambientais, estão disponíveis equipamentos automatizados de digestão e análise.[7] Para a análise de água por um método-padrão, todo o mercúrio é inicialmente oxidado a Hg^{2+} com BrCl presente no frasco de purga no desenho visto a seguir, no canto inferior esquerdo do diagrama. Os halogênios são reduzidos com hidroxilamina (NH_2OH), e o Hg^{2+} é reduzido a Hg(0) com $SnCl_2$. Esse processo em duas etapas evita a interferência do íon I^-, que se liga fortemente ao Hg^{2+}. O Hg(*g*) é então eliminado da solução por borbulhamento de Ar ou N_2 de alta pureza. O Hg(0) é coletado à temperatura ambiente em um retentor (*trap*) de amostra, o qual contém ouro. O Hg liga-se ao Au enquanto outros gases são eliminados por purga. O retentor de amostra é então aquecido a 450 °C para eliminar completamente o Hg(*g*), que é aprisionado por um retentor analítico à temperatura ambiente. Dois retentores prévios são usados de modo que todas as outras impurezas gasosas são removidas antes da análise. O Hg(*g*) é então liberado do retentor analítico por aquecimento, fluindo para a célula de fluorescência. A intensidade de fluorescência depende fortemente das impurezas gasosas que podem suprimir a emissão espectral do Hg.

O limite mínimo de quantificação é ~0,5 ng/L (partes por trilhão). Para medir quantidades tão pequenas necessita-se de cuidados extraordinários em cada estágio da análise para prevenir a contaminação. Amálgamas de mercúrio, presentes na dentição do operador, podem contaminar as amostras por simples exposição à respiração exalada.

Protocolo para Limpeza de Frascos de Teflon[8]

1. Enxague 3× com ácido clorídrico ultrapuro a 1%.
2. Preencha todo o volume com BrCl ultrapuro a 10% por 24 h.
3. Esvazie o frasco e enxague 3× com água ultrapura.
4 e 5. Repita os passos 2 e 3 em um ambiente limpo.
6. Preencha todo o volume com água ultrapura e tampe.
7. Ensaque, sele e guarde os frascos preenchidos em sacos plásticos grandes dentro de caixas plásticas em ambientes limpos ou bancadas até o uso.
8. Esvazie o frasco imediatamente antes da amostragem. Lave 3× com a amostra, preencha com a amostra e acidifique com ácido ultrapuro.

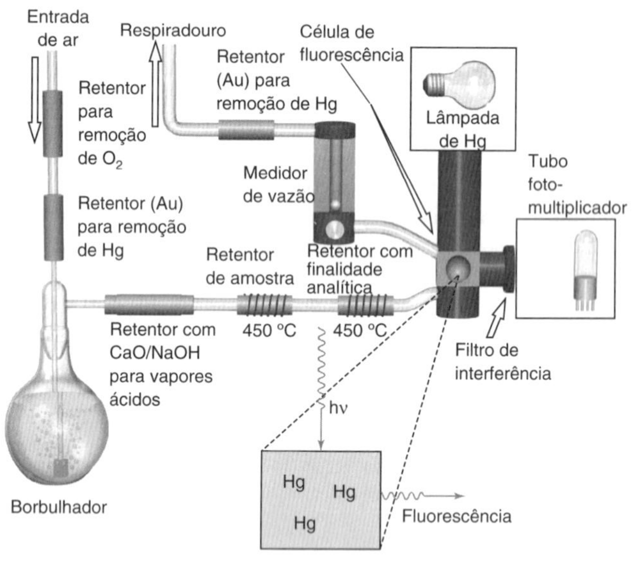

Análise de mercúrio pelo Método 1631 da Agência de Proteção Ambiental dos Estados Unidos.

Por outro lado, a **emissão atômica** (Figura 21.1) é uma técnica amplamente utilizada.[9] As colisões no *plasma* muito quente promovem alguns átomos a estados eletrônicos excitados, a partir dos quais eles podem espontaneamente emitir fótons para retornarem ao estado fundamental. Este experimento é feito sem o uso de lâmpadas. A intensidade de emissão é proporcional à concentração do elemento presente na amostra. Atualmente, a emissão proveniente dos átomos em um plasma é a principal forma de espectroscopia atômica.

21.2 Atomização: Chamas, Fornos e Plasmas

Na espectroscopia atômica, o analito é *atomizado* em uma chama, ou em um forno aquecido eletricamente, ou em um plasma. Durante décadas a atomização foi feita usando-se chamas, mas, atualmente, é mais comum a utilização de plasmas produzidos por indução e de fornos de grafite. Iniciaremos nosso estudo pelas chamas, pois elas ainda são muito comuns nos instrumentos existentes nos laboratórios de ensino.

Chamas

Solventes orgânicos com tensão superficial inferior à da água são excelentes para a espectroscopia atômica, pois tendem a formar gotículas menores, o que permite uma atomização mais eficiente.

A maioria dos espectrômetros de chama utiliza um *queimador por mistura prévia*, como o da Figura 21.5, onde são misturados o combustível, o oxidante e a amostra, antes de serem introduzidos na chama. A amostra em solução é aspirada para dentro do *nebulizador pneumático* pelo fluxo rápido do oxidante (geralmente ar), que passa próximo da ponta do capilar da amostra. O líquido se dispersa como uma fina névoa assim que deixa o capilar. A névoa é direcionada em alta velocidade sobre uma pérola de vidro, onde as gotículas se dispersam em

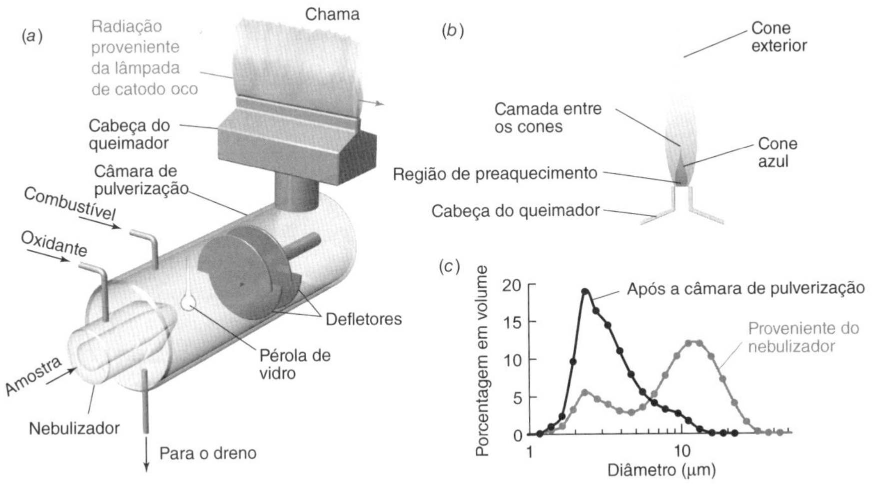

FIGURA 21.5 (*a*) Diagrama esquemático de um queimador por mistura prévia. (*b*) Vista da região correspondente ao cone da chama. A fenda na cabeça do queimador tem cerca de 0,5 mm de largura. (*c*) Distribuição dos tamanhos das gotículas produzidas por determinado nebulizador após remoção das gotículas maiores pela câmara de pulverização. [Dados de A. S. Groombridge, K. Inagaki, S.-I. Fujii, K. Nagasawa, T. Okahashi, A. Takatsu e K. Chiba, "High Performance Concentric Nebulizer," *J. Anal. Atom. Spec.* **2012**, *27*, 1787.]

partículas ainda menores. A formação de pequenas gotículas é chamada **nebulização**. Uma fina suspensão de partículas líquidas (ou sólidas) em um gás é chamada **aerossol**. O nebulizador produz um aerossol a partir da amostra líquida. A névoa, o oxidante e o combustível fluem pelos defletores, que promovem uma homogeneização adicional e evitam a passagem de gotículas grandes de líquido. O excesso de líquido é coletado no fundo da câmara de nebulização e eliminado por meio de um dreno. O aerossol que atinge a chama contém somente cerca de 5% da amostra inicial.

A combinação mais comum de combustível e oxidante é a de acetileno e ar, que produz uma chama com temperatura de 2 400 a 2 700 K (Tabela 21.1). Quando uma chama mais quente é necessária para atomização de elementos com alto ponto de ebulição (chamados de elementos *refratários*), utilizamos, geralmente, uma mistura de acetileno com óxido nitroso. No perfil da chama na Figura 21.5b, o gás que entra na região de aquecimento prévio é aquecido por condução térmica e pela radiação proveniente da zona de reação primária (o cone azul na base da chama). A combustão se completa no cone exterior, onde o ar das redondezas é aspirado para dentro da chama. As chamas emitem radiação, cuja intensidade deve ser subtraída do sinal total para se obter o valor correspondente ao sinal do analito.

A Figura 21.6 ilustra os processos que ocorrem em uma chama. O analito está presente na amostra sob várias formas moleculares e iônicas, representadas por M^+X^-. A nebulização converte a amostra em uma fina névoa; o solvente evapora como aerossol próximo à chama. A chama vaporiza o aerossol seco para formar moléculas gasosas MX(*g*), que se decompõem em átomos gasosos M(*g*) que são monitorados por sua emissão ou absorbância. Idealmente, todos os analitos são convertidos a M(*g*). Compostos refratários não sofrem decomposição térmica e permanecem em suas formas moleculares. Vários elementos formam óxidos e hidróxidos quando alcançam o cone exterior. Alguns metais são ionizados na chama. As moléculas e íons não têm os mesmos espectros que os átomos neutros, logo o sinal atômico para átomos neutros torna-se menos intenso. As moléculas também emitem radiação de faixa larga, que deve ser subtraída dos sinais atômicos finos. As condições da chama são otimizadas para maximizar a formação de átomos gasosos. Se a chama é relativamente rica em combustível (uma chama "rica"), o excesso de carbono tende a reduzir óxidos e hidróxidos metálicos e, portanto, leva a um aumento de sensibilidade. Uma chama pobre, com excesso de oxidante, é mais quente e decompõe compostos refratários mais eficientemente. A Prancha em Cores 25 mostra as chamas de acetileno e óxido nitroso com várias razões combustível/oxidante. Para obtenção de melhores resultados nas análises, elementos diferentes necessitam de chamas ricas ou pobres. A altura da chama, na qual se observa o máximo de absorção ou emissão atômica, depende do elemento que está sendo analisado, bem como da vazão da amostra, do combustível e do

TABELA 21.1 Temperaturas típicas de chama

Combustível	Oxidante	Temperatura (K)
Acetileno, HC≡CH	Ar	2 400–2 700
Acetileno	Óxido nitroso, N_2O	2 900–3 200
Acetileno	Oxigênio	3 350–3 450
Hidrogênio	Ar	2 300–2 400
Hidrogênio	Oxigênio	2 850–3 000

FONTE: *Dados da Tabela 4.1 de A. Sanz-Medel e R. Pereiro,* Atomic Absorption Spectrometry: An Introduction, *2. ed. (New York: Momentum, 2014).*

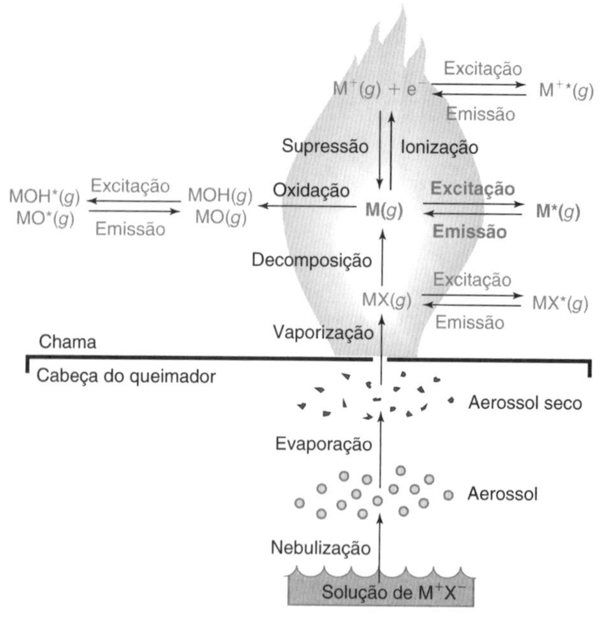

FIGURA 21.6 Processos físicos e químicos que ocorrem na cabeça do queimador e na chama que convertem uma solução aquosa do analito iônico M^+X^- em átomos gasosos de M(*g*). [Dados da Figura 4.1 de A. Sanz-Medel e R. Pereiro, *Atomic Absorption Spectrometry: An Introduction*, 2. ed. (New York: Momentum, 2014).]

oxidante.[10] O Boxe 21.2 descreve como a emissão atômica a partir da chama proveniente de um bico de Bunsen pode ser usada para a determinação de Na^+ em uma bebida.

Geração Química de Vapor

Apenas 5% de uma amostra aquosa injetada por meio de um nebulizador chega até a chama para a análise. Converter o analito em uma forma mais volátil resulta em mais analito chegando à zona de aquecimento. No Boxe 21.1, Hg(II) é reduzido a Hg(0), que possui pressão de vapor adequada para análises a temperaturas muito superiores às de uma chama. Descrevemos a análise de mercúrio como um processo de *vapor frio*. A reação de As, Sb, Bi, Ge, Sn, Pb, Se e Te com boroidreto de sódio ($NaBH_4$) forma hidretos voláteis, como o de arsênio (AsH_3), que são carreados pelo argônio para uma célula de quartzo aquecida onde ocorre a atomização.[11] Na espectroscopia de chama, o *tempo de residência* do analito no caminho óptico é < 1 s quando ele ascende rapidamente pela chama. O tubo de quartzo confina a amostra atomizada no caminho óptico por alguns segundos, possibilitando alcançar maior sensibilidade.

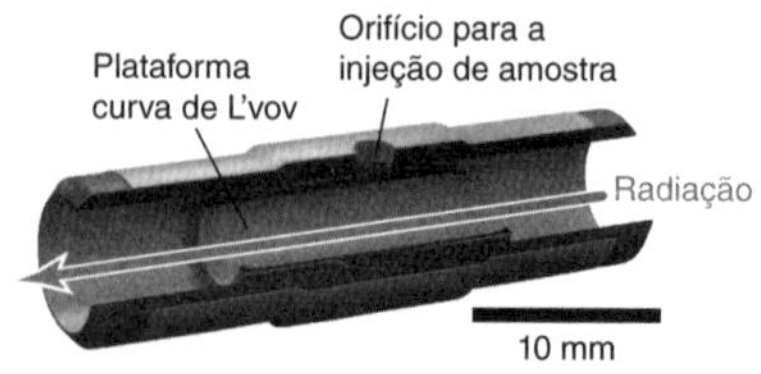

FIGURA 21.7 Visão de corte de um forno tubular de grafite eletricamente aquecido para espectroscopia atômica, com plataforma curva de L'vov. [Omega Tube®, coated, Schunk Part Nº 10508351, Courtesy of Schunk GmbH.]

Fornos[12]

Um **forno de grafite** aquecido eletricamente (Figura 21.7) oferece uma sensibilidade maior do que a proporcionada pelas chamas e necessita de menos amostra. Cerca de 1 a 100 μL de amostra são injetados dentro do forno tubular pelo orifício no centro. A radiação proveniente da lâmpada de catodo oco passa pelas janelas existentes em cada uma das extremidades do tubo de grafite. Para evitar a oxidação do grafite, passa-se uma corrente de argônio pelo forno e a temperatura máxima de operação recomendada é de 2 550 °C por não mais do que 7 s.

Assim como o tubo de quartzo utilizado na geração de hidretos, um forno de grafite confina a amostra atomizada no caminho óptico por vários segundos, o que permite uma maior sensibilidade. Enquanto o volume mínimo de solução, necessário para a análise de chama, é de 1 a 2 mL, apenas 1 μL é suficiente para um forno. A precisão com um forno usando injeção manual de amostras raramente é melhor que 5 a 10%. Porém, com uma injeção automática de amostras, a reprodutibilidade melhora para ~1%.

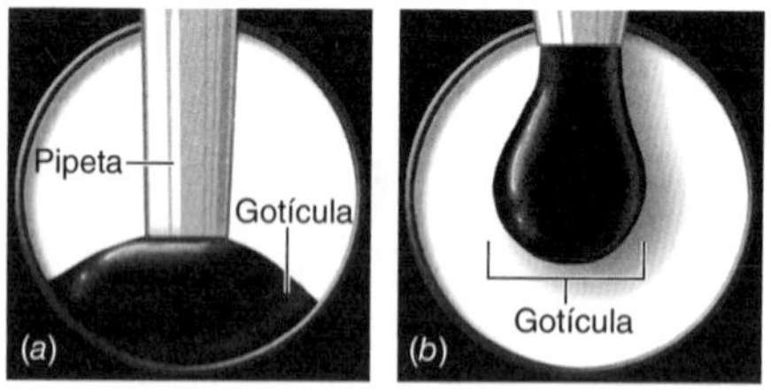

FIGURA 21.8 (*a*) A posição correta para injeção de uma amostra dentro de um forno de grafite consiste em depositar a gotícula em um pequeno volume na parte inferior do forno. (*b*) Se a injeção for feita de uma altura maior, a amostra espirra e a precisão da análise se torna menor. [Dados de P. K. Booth, "Improvements in Method Development for Graphite Furnace Atomic Absorption Spectrometry," *Am. Lab.* feb. **1995**, p. 48X.]

O operador tem de determinar, em cada etapa da análise, qual o tempo razoável de operação e qual a temperatura adequada. Uma vez que uma sequência correta de operações (um programa) tenha sido estabelecida, esta mesma sequência pode ser aplicada a um grande número de amostras semelhantes.

Quando injetamos uma amostra, a gotícula deve entrar em contato com o fundo do forno e permanecer em uma área pequena (Figura 21.8a). Se injetarmos uma gotícula de uma altura muito alta (Figura 21.8b), ela respinga e se dispersa, reduzindo a precisão da medida. No pior caso, a gota adere à ponta da pipeta e, finalmente, se deposita em torno do buraco do injetor quando a pipeta é retirada.

Comparados com as chamas, os fornos exigem mais habilidade por parte do operador em encontrar as condições apropriadas para cada tipo de amostra. O forno é aquecido em três ou mais etapas para atomizar corretamente a amostra. Para medirmos o teor de Fe na ferritina, uma proteína acumuladora de ferro, são injetados 10 μL de uma amostra contendo ~0,1 ppm de Fe dentro do forno a ~90 °C. O forno é programado para *secar* a amostra a 125 °C por 20 s, de modo a remover o solvente. Após a secagem, ocorre a *queima* a 1 400 °C por 60 s para destruir a matéria orgânica. A queima também é chamada *pirólise*, que significa decomposição pelo calor. A etapa de queima produz fumaça, que pode interferir com a determinação do Fe. Após a queima, a amostra é atomizada a 2 100 °C por 10 s. A absorbância atinge um

BOXE 21.2 Determinação de Sódio Usando um Fotômetro com Bico de Bunsen

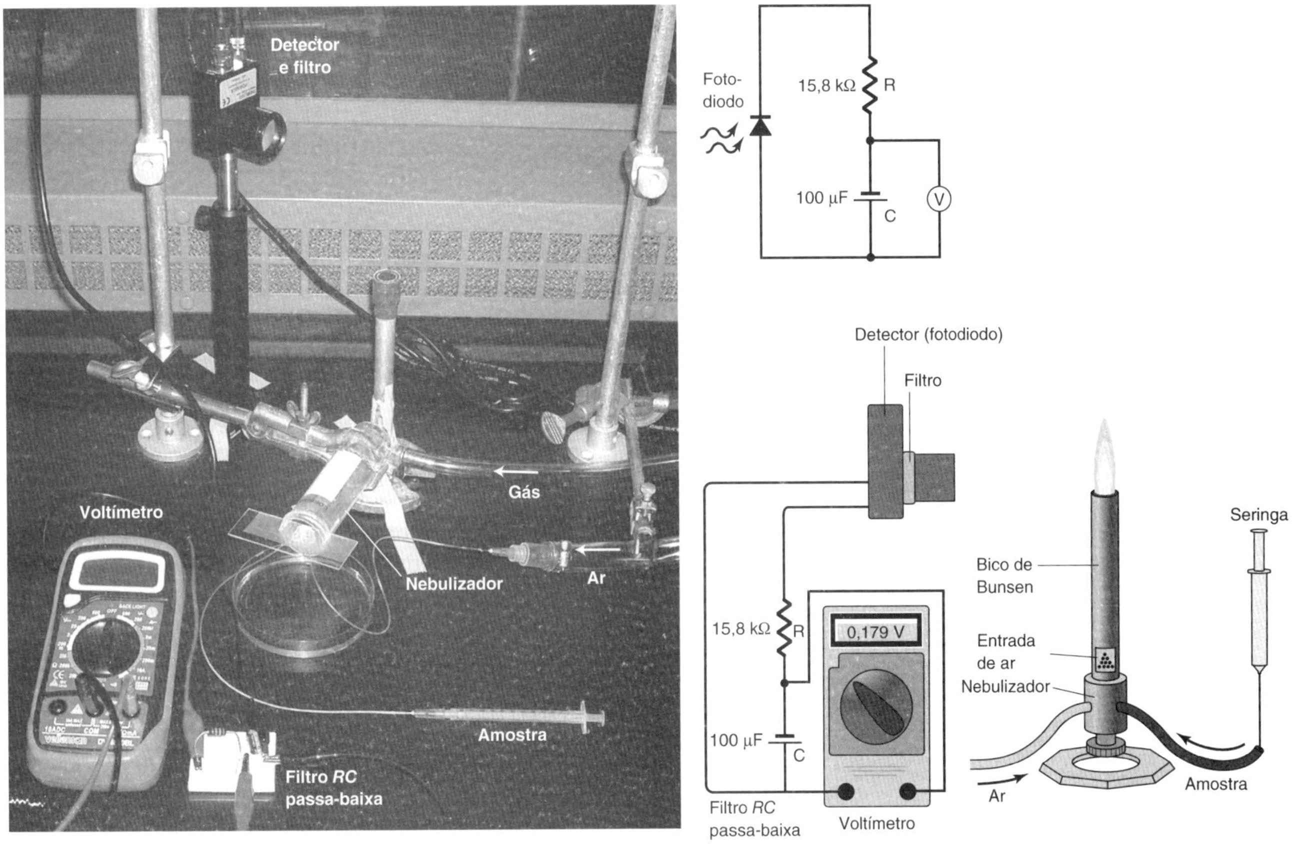

Um fotômetro de chama feito por estudantes emprega a emissão atômica a partir da chama proveniente de um bico de Bunsen para determinação de Na^+ em bebidas. [Dados de C. N. LaFratta, S. Jain, I. Pelse, O. Simoska, and K. Elvy, "Using a Homemade Flame Photometer to Measure Sodium Concentration in a Sports Drink," *J. Chem. Ed.* **2013**, *90*, 372. I. Pelse, O. Simoska e K. Elvy eram alunos de iniciação científica. A foto é uma cortesia de C. N. LaFratta, Bard College, Annandale on Hudson, New York.]

As soluções de íons metálicos emitem cores características quando são introduzidas em uma chama por meio de uma alça de Pt. Esses testes de chama foram, no passado, uma parte essencial da análise *qualitativa* inorgânica. O sódio emite uma intensa radiação amarela em 589 nm quando o átomo passa do seu primeiro estado excitado $(1s)^2(2s)^2(2p)^6(3p)^1$ para o estado fundamental $(1s)^2(2s)^2(2p)^6(3s)^1$. O experimento descrito na fotografia emprega uma chama proveniente de um bico de Bunsen para a determinação de sódio em bebidas como o Gatorade.

Uma amostra preparada a partir da diluição de 20 vezes de uma alíquota de Gatorade com água é injetada em um fluxo de ar em um nebulizador caseiro para transferir uma mistura de gotas à chama de um bico de Bunsen. A emissão atômica amarela é medida pelo detector de fotodiodo equipado com um filtro óptico, que deixa passar somente a radiação em 590 ± 5 nm. A cintilação da chama produz uma quantidade de radiação que varia rapidamente. Para superar essa fonte de ruído, a saída do detector passa por meio de um *filtro RC passa-baixa*, feito a partir de um resistor (R) e de um capacitor (C). O potencial é medido pelo capacitor. Esse circuito rejeita sinais com uma frequência maior que ~0,3 Hz. Uma variação lenta do sinal é aceita, mas uma variação brusca desse sinal em face da cintilação da chama é rejeitada. O gráfico apresentado à direita mostra um sinal resultante de um ruído não filtrado e um sinal filtrado mais suavizado. Uma curva de calibração é construída a partir de soluções-padrão de NaCl. A emissão da amostra desconhecida corresponde a uma concentração de íons sódio dentro da margem de 6% de 460 mg/L estabelecida no rótulo do Gatorade.

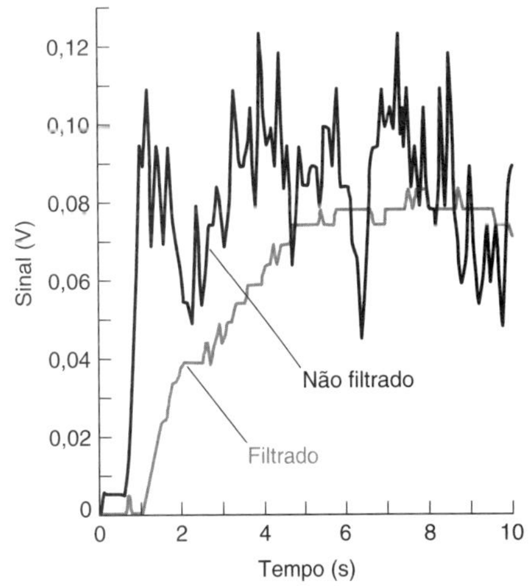

O sinal bruto tem um ruído decorrente da cintilação da chama. Em uma determinação em separado, um filtro passa-baixa reduz o ruído. [Dados de C. N. LaFratta *et al.*, *ibid.*]

máximo e então diminui assim que o Fe começa a evaporar dentro do forno. O sinal analítico é a absorbância integrada no tempo (a área do pico) durante a atomização. Após a atomização, o forno é aquecido a 2 500 °C por 3 s para eliminar qualquer resíduo que tenha permanecido.

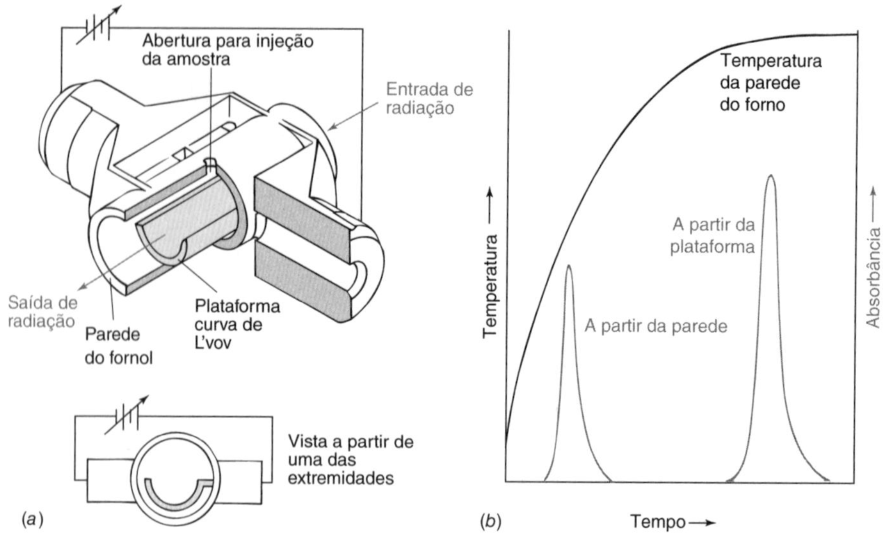

FIGURA 21.9 (*a*) Um forno de grafite, aquecido transversalmente, mantém a temperatura praticamente constante em toda a sua extensão, reduzindo, assim, o efeito de memória proveniente das análises anteriores. A *plataforma de L'vov é* aquecida uniformemente pela radiação da parede externa, e não por condução térmica. A plataforma é fixada à parede por meio de um pequeno suporte, não mostrado na figura. [Dados de Perkin-Elmer Corp., Norwalk, CT.] (*b*) Perfis de aquecimento comparando a evaporação do analito a partir da parede e a partir da plataforma. [Dados de W. Slavin, "Atomic Absorption Spectroscopy," *Anal. Chem.* **1982**, *54*, 685A.]

Como o aquecimento é gerado por eletricidade, a espectroscopia de absorção atômica por forno de grafite é também chamada *espectroscopia de absorção atômica com atomização eletrotérmica*.

Cuidado: o gás nitrogênio reage com o grafite formando o gás tóxico cianogênio (C_2N_2) em temperaturas acima de 2 300 °C. É recomendada a utilização de argônio.

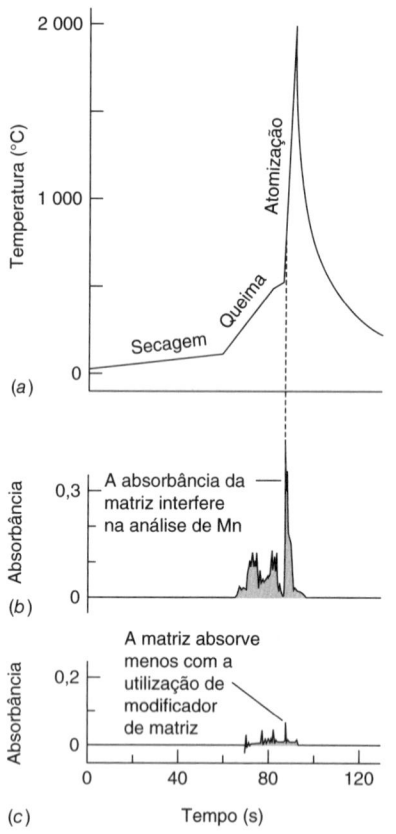

FIGURA 21.10 Redução de interferência utilizando-se um modificador de matriz. (*a*) Perfil de temperatura de um forno de grafite para a análise de Mn na água do mar. (*b*) Perfil de absorbância quando 10 μL de NaCl 0,5 M, com grau analítico, são submetidos ao tratamento térmico previsto na figura *a*. A absorbância é monitorada, com uma largura de banda de 0,5 nm, no comprimento de onda do Mn, 279,5 nm. (*c*) A absorbância é muito reduzida para 10 μL de NaCl 0,5 M mais 10 μL do modificador de matriz NH_4NO_3 a 50% em massa. [Dados de M. N. Quigley e F. Vernon, "Matrix Modification Experiment for Electrothermal Atomic Absorption Spectrophotometry", *J. Chem. Ed.* **1996**, *73*, 980.]

O forno é purgado com Ar ou N_2 durante cada etapa, exceto na atomização, para a remoção do material volátil. O fluxo de gás é interrompido durante a atomização para evitar que o analito seja expulso para fora do forno. No desenvolvimento de um método para um novo tipo de amostra, é importante registrar o sinal em função do tempo, pois existem também sinais decorrentes da fumaça, durante a queima e do brilho avermelhado do forno quente durante a última parte da atomização. Um operador qualificado deve saber interpretar qual é o sinal relativo ao analito, de modo que o pico correto seja integrado.

O desempenho do forno na Figura 21.9a é superior ao de um simples tubo oco de grafite. A amostra é injetada em uma plataforma, que é aquecida pela radiação vinda da parede do forno, de modo que sua temperatura sofra um retardo com relação à da parede, durante o aquecimento. O analito na plataforma não vaporiza até que a parede atinja uma temperatura constante (Figura 21.9b). Em um forno à temperatura constante, a área sob o pico de absorbância na Figura 21.9b é uma medida confiável da quantidade total de analito vaporizado a partir da amostra. Uma velocidade de aquecimento de 2 000 K/s dissocia rapidamente as moléculas e aumenta a concentração de átomos livres no forno.

O forno na Figura 21.9a é aquecido *transversalmente* (de um lado a outro) de modo a proporcionar uma temperatura quase uniforme em toda a sua extensão. Em fornos com aquecimento *longitudinal* (de uma extremidade a outra), o centro do forno é mais quente que as extremidades. Os átomos da região central condensam nas extremidades, onde podem evaporar durante a próxima corrida da amostra. A interferência das corridas anteriores é conhecida como *efeito de memória*. Este efeito é menor em um forno aquecido transversalmente. Para diminuirmos ainda mais os efeitos de memória, o grafite comum é revestido com uma camada densa de *carbono pirolítico*, produzido pela decomposição térmica de um vapor orgânico. O revestimento sela a superfície do grafite, relativamente porosa, de modo a impedir a absorção de átomos pela superfície.

Modificadores de Matriz para Análises em Fornos

Denominamos **matriz** tudo o que esteja presente em uma amostra que não o analito. Idealmente, a matriz de uma amostra deve ser decomposta e evaporada durante a etapa de queima. Um **modificador de matriz** é uma substância adicionada à amostra para tornar a matriz mais volátil, ou o analito menos volátil.

O nitrato de amônio, por exemplo, é um modificador de matriz que pode ser adicionado à água do mar para reduzir a interferência da matriz NaCl. A Figura 21.10a mostra um perfil de aquecimento de um forno de grafite usado na determinação de Mn em água do mar. Quando uma solução de NaCl 0,5 M é submetida a esse perfil são observados os sinais correspondentes ao comprimento de onda analítico do Mn, como se vê na Figura 21.10b. Grande parte da absorbância aparente deve-se, provavelmente, à dispersão da radiação causada pela fumaça produzida durante o aquecimento do NaCl. O pico de absorção mais forte, no início da etapa de atomização, interfere na determinação de Mn. A Figura 21.10c nos mostra que a adição de NH_4NO_3 à amostra reduz muito os picos correspondentes à absorção da matriz. O NH_4NO_3 reage com o NaCl para formar NH_4Cl e $NaNO_3$, substâncias que evaporam de maneira limpa em vez de produzirem fumaça.

O modificador de matriz $Mg(NO_3)_2$ aumenta a temperatura da atomização do Al e outros analitos metálicos.[13] Em altas temperaturas, o $Mg(NO_3)_2$ se decompõe formando $MgO(g)$. O Al presente em uma amostra é convertido em Al_2O_3. Em temperaturas suficientemente altas, o Al_2O_3 se decompõe em Al e O, e o Al evapora. Entretanto, a evaporação do Al é retardada pelo $MgO(g)$ em virtude da reação

$$3MgO(g) + 2Al(s) \rightleftharpoons 3Mg(g) + Al_2O_3(s) \qquad (21.1)$$

Quando todo o MgO tiver evaporado, a Reação 21.1 deixa de ocorrer e o Al_2O_3 finalmente se decompõe e evapora. O modificador nitrato de paládio forma PdO que reage com metais, como o As, e retarda sua volatilização.[14] Cinquenta μg de modificador $Mg(NO_3)_2$ é o recomendado para determinação de Al, Be, Co, Cr, Fe, Mn, V e Zn; 10 μg de modificador $Mg(NO_3)_2$ mais 15 μg de Pd (do modificador $Pd(NO_3)_2$) são recomendados para Ag, As, Au, Bi, Cd, Cu, Ga, Ge, Hg, In, Sb, Se, Sn, Te e Tl.[15]

O **modificador de matriz** aumenta a volatilidade de uma matriz ou diminui a volatilidade de um analito, de modo a obter uma separação mais efetiva entre a matriz e o analito.

Quando se utiliza um forno de grafite, é importante monitorar o sinal de absorção como uma função do tempo, conforme a Figura 21.10b. A forma dos picos ajuda a decidir como ajustar o tempo e a temperatura em cada etapa de modo a se obter um sinal claro do analito. Além disso, um forno de grafite possui um tempo de vida finito. A degradação da forma do pico ou uma variação no coeficiente angular da curva de calibração indica que é o momento de trocar de forno.

Plasma Acoplado Indutivamente

O **plasma acoplado indutivamente** (em inglês, *inductively coupled plasma*),[16] visto no início deste capítulo, é duas vezes mais quente que a chama de combustão (Figura 21.11). No plasma, a temperatura mais elevada, a estabilidade e o ambiente quimicamente inerte da atmosfera de Ar eliminam a maioria das interferências encontradas nas análises usando chamas. A análise simultânea de vários elementos, descrita na Seção 21.4, é rotina na espectroscopia de emissão atômica com plasma acoplado indutivamente, que substituiu a absorção atômica em chama. Um instrumento a plasma é mais caro para compra e operação do que um instrumento de chama.

A vista transversal de um forno de plasma acoplado indutivamente, na Figura 21.12, mostra uma bobina de radiofrequência com duas espiras de 27 ou 41 MHz ao redor da abertura superior da aparelhagem de quartzo. O gás argônio de alta pureza é alimentado pela entrada de gás do plasma. Após uma faísca, obtida a partir de uma bobina de Tesla, o gás Ar se ioniza e os elétrons livres são acelerados pelo campo de radiofrequência. Os elétrons acelerados colidem com átomos e transferem sua energia para todo o gás. Os elétrons absorvem energia suficiente da bobina para manter a temperatura no plasma entre 6 000 e 10 000 K (Prancha em Cores 26a). O queimador (a tocha) de quartzo é protegido contra superaquecimento pelo gás de refrigeração, que também é o argônio. A Figura 21.13 apresenta uma maneira de introduzir uma

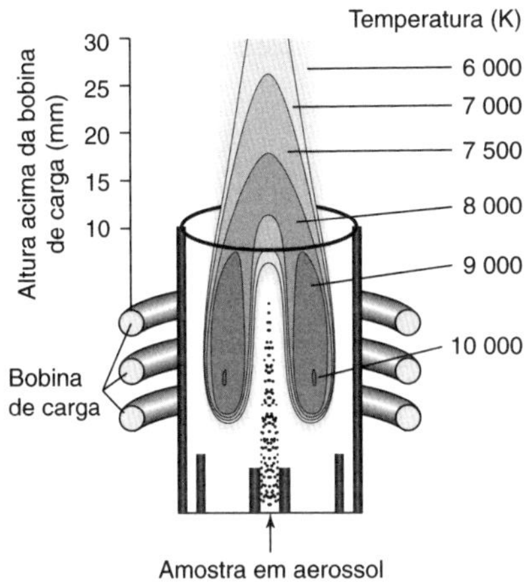

FIGURA 21.11 Perfil de temperatura de um plasma acoplado indutivamente. O analito no aerossol não alcança o equilíbrio térmico. A emissão reflete uma temperatura do analito de cerca de 6 000 K. [Dados de S. Alavi, T. Khayamian e J. Mostaghimi, "Inductively Coupled Plasma Source for Spectrochemical Analysis", *Anal. Chem.* **2018**, *90*, 3036.]

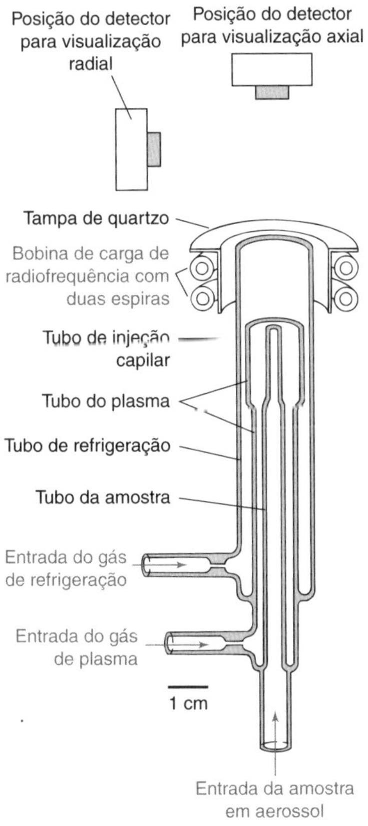

FIGURA 21.12 Queimador de um plasma acoplado indutivamente e posições para visualização radial e axial. [Dados de R. N. Savage e G. M. Hieftje, "Miniature Inductively Coupled Plasma Source for Atomic Emission Spectrometry", *Anal. Chem.* **1979**, *51*, 408.]

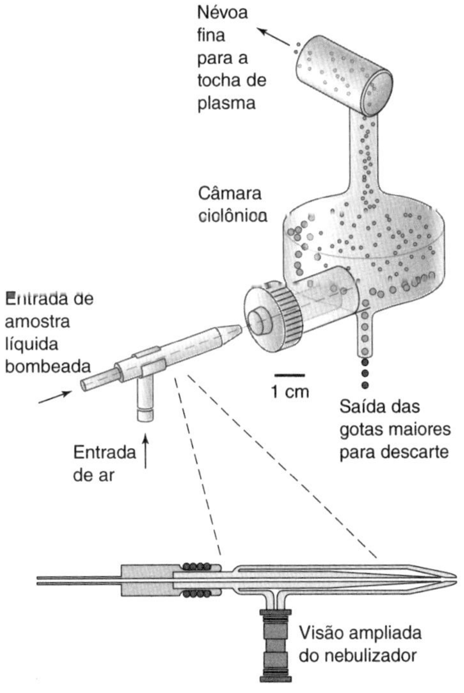

FIGURA 21.13 Nebulizador e câmara ciclônica de pulverização para a tocha de plasma acoplado indutivamente. Eles trabalham juntos para garantir que apenas uma fina névoa de amostra chegue ao plasma. [Dados de P. Liddell, Glass Expansion, West Melbourne, Australia.]

mistura fina na tocha. A amostra líquida é bombeada lentamente para o nebulizador na parte inferior esquerda. O líquido que sai da ponta do capilar do nebulizador é pulverizado por um fluxo coaxial de Ar para uma câmara ciclônica na qual as partículas maiores descem para o fundo. A mistura fina deixa a câmara pelo topo, e se dirige à tocha de plasma, onde a emissão dos íons e átomos excitados é observada (Prancha em Cores 26b).

Um **cristal piezoelétrico** é um cristal cujas dimensões variam na presença de um campo elétrico aplicado. O potencial senoidal aplicado entre duas faces do cristal faz com que ele vibre. O quartzo é o material piezoelétrico mais comum.

A concentração de analito necessária para obtermos um sinal adequado pode ser reduzida em uma ordem de grandeza utilizando-se um *nebulizador ultrassônico*, onde a amostra em solução é direcionada para um cristal *piezoelétrico* oscilando em 1 MHz. A vibração do cristal dá origem a um aerossol fino que é transportado pelo fluxo de Ar por meio de um tubo aquecido, onde o solvente evapora e é removido. O analito atinge a chama do plasma sob a forma de um aerossol constituído por partículas sólidas e secas. A energia do plasma não é necessária para evaporar o solvente, portanto, mais energia está disponível para o processo de atomização. Além disso, neste caso, uma fração maior da amostra alcança o plasma do que com um nebulizador convencional.

A sensibilidade de um instrumento que use um plasma acoplado indutivamente pode ser aumentada de 3 a 10 vezes observando-se a emissão ao longo de todo comprimento do plasma (vista axial na Figura 21.12), em vez de ao longo do diâmetro do plasma. Um acréscimo adicional de sensibilidade é obtido detectando-se os íons com um espectrômetro de massa, como descrito na Seção 21.6, em vez das medidas feitas pela emissão óptica.

O plasma acoplado indutivamente necessita de um fluxo elevado de argônio, que é caro. *Plasmas por micro-ondas* é uma alternativa mais barata.[17] Um campo magnético de micro-ondas com 2,45 GHz forma um plasma de 5 000 K utilizando nitrogênio extraído do ar. A amostra é nebulizada e o aerossol é seco, decomposto, atomizado e excitado no plasma. Estão sendo feitos esforços para a produção de plasmas em miniatura que sejam práticos para análises de campo. Um dispositivo experimental é capaz de identificar 14 elementos por emissão atômica a partir de um plasma de 2 mm de comprimento desenvolvido pela aplicação de corrente alternada de alta-frequência entre dois eletrodos de tungstênio.[18]

21.3 Como a Temperatura Afeta a Espectroscopia Atômica

A temperatura determina o grau com que uma amostra se decompõe em átomos e a probabilidade de determinado átomo (ou da fração de átomos) estar no estado fundamental, excitado ou ionizado (Figura 21.6). Cada um desses efeitos influencia a intensidade do sinal observado.

Distribuição de Boltzmann

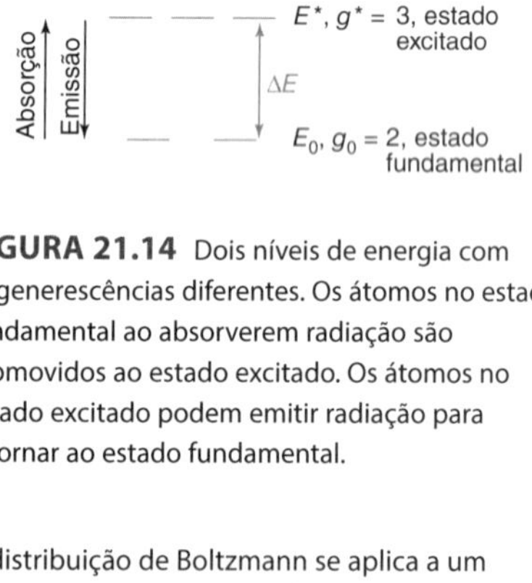

FIGURA 21.14 Dois níveis de energia com degenerescências diferentes. Os átomos no estado fundamental ao absorverem radiação são promovidos ao estado excitado. Os átomos no estado excitado podem emitir radiação para retornar ao estado fundamental.

Consideremos um átomo com níveis de energia E_0 e E^* separados pela diferença de energia ΔE (Figura 21.14). Um átomo (ou uma molécula) pode ter mais de um estado disponível em determinado nível de energia. A Figura 21.14 mostra três estados em E^* e dois em E_0. O número de estados em cada nível de energia é denominado *degeneração*. Chamamos as degenerações de g_0 e g^*.

A **distribuição de Boltzmann** exprime as populações relativas de estados diferentes em equilíbrio térmico. Se existe o equilíbrio (o que não é verdadeiro no cone azul de uma chama, mas provavelmente é verdadeiro na região acima deste), a população relativa (N^*/N_0) de dois estados quaisquer é

A distribuição de Boltzmann se aplica a um sistema que esteja em equilíbrio térmico.

Distribuição de Boltzmann:
$$\frac{N^*}{N_0} = \frac{g^*}{g_0} e^{-\Delta E/kT} \qquad \textbf{(21.2)}$$

em que T é a temperatura (K) e k é a constante de Boltzmann ($1{,}381 \times 10^{-23}$ J/K).

Efeito da Temperatura na População do Estado Excitado

O estado excitado de mais baixa energia de um átomo de sódio se situa $3{,}371 \times 10^{-19}$ J/átomo acima do estado fundamental. A degeneração do estado excitado é 2, enquanto a do estado fundamental é 1. A fração de átomos de sódio no estado excitado em uma chama de ar-acetileno, a 2 600 K, é, a partir da Equação 21.2,

$$\frac{N^*}{N_0} = \left(\frac{2}{1}\right) e^{-(3{,}371\times10^{-19}\ \text{J})/[(1{,}381\times10^{-23}\ \text{J/K})(2\,600\ \text{K})]} = 1{,}67\times10^{-4}$$

Isto é, pouco menos que 0,02% dos átomos estão no estado excitado.

Se a temperatura fosse de 2 610 K, a fração de átomos no estado excitado seria

$$\frac{N^*}{N_0} = \left(\frac{2}{1}\right) e^{-(3{,}371\times10^{-19}\ \text{J})/[(1{,}381\times10^{-23}\ \text{J/K})(2\,610\ \text{K})]} = 1{,}74\times10^{-4}$$

Neste exemplo, um aumento de 10 K leva a uma variação de 4% na população do estado excitado.

A fração de átomos no estado excitado ainda é menor que 0,02%, porém esta fração foi aumentada por $100(1{,}74 - 1{,}67)/1{,}67 = 4\%$.

TABELA 21.2 Efeito da diferença de energia e temperatura na ocupação de estados excitados

Diferença do comprimento de onda entre estados (nm)	Diferença de energia entre estados (J/átomo)	Fração de estados excitados $(N^*/N_0)^a$	
		2 500 K	6 000 K
250	$7{,}95 \times 10^{-19}$	$1{,}0 \times 10^{-10}$	$6{,}8 \times 10^{-5}$
500	$3{,}97 \times 10^{-19}$	$1{,}0 \times 10^{-5}$	$8{,}3 \times 10^{-3}$
750	$2{,}65 \times 10^{-19}$	$4{,}6 \times 10^{-4}$	$4{,}1 \times 10^{-2}$

a. Obtido da equação $N^*/N_0 = (g^*/g_0)e^{-\Delta E/kT}$, *em que* $g^* = g_0 = 1$.

Efeito da Temperatura na Absorção e na Emissão

Vimos que, a 2 600 K, mais de 99,98% dos átomos de sódio estão no estado fundamental. *A variação da temperatura em 10 K praticamente não afeta a população do estado fundamental e não modifica, visivelmente, o sinal em um experimento de absorção atômica.*

Como a intensidade de emissão seria afetada por um aumento de 10 K na temperatura? Na Figura 21.14, vemos que a absorção surge a partir dos átomos no estado fundamental, mas a emissão ocorre a partir dos átomos no estado excitado. A intensidade de emissão é proporcional à população do estado excitado. *Como a população do estado excitado muda de 4% quando a temperatura aumenta 10 K, a intensidade de emissão aumenta em 4%.* É crítico na espectroscopia de *emissão* atômica que a chama seja muito estável, ou a intensidade de emissão sofrerá variações significativas. Na espectroscopia de *absorção* atômica, a variação de temperatura da chama é um fator importante, mas não tão crítico.

A absorção atômica não é tão sensível à temperatura quanto a emissão atômica, que apresenta uma sensibilidade exponencial com relação à temperatura.

Praticamente todas as medidas de emissão atômica são executadas em um plasma acoplado indutivamente, cuja temperatura é mais estável que a de uma chama. O plasma é normalmente usado para a emissão e não para a absorção, pois ele é tão quente que existe uma população significativa de átomos e íons no estado excitado. A Tabela 21.2 compara as populações dos estados excitados de uma chama a 2 500 K e de um plasma a 6 000 K. Embora a fração de átomos excitados seja pequena, cada átomo emite muitos fótons por segundo, pois ele é rapidamente promovido de volta ao estado excitado pelas colisões. A baixa temperatura das chamas limita o uso de emissão atômica por chama a elementos como Li, Na, K, Ca e Mg, que possuem baixa energia de excitação. A emissão com plasmas por micro-ondas alcança limites de detecção comparáveis ao de absorção atômica para a maioria dos metais, e quanto maior for a população no estado excitado em plasmas acoplados indutivamente menor será o limite de detecção.

Os níveis de energia dos átomos dos halogênios (F, Cl, Br, I) são tão elevados, que eles emitem radiação ultravioleta abaixo de 200 nm. Essa região do espectro é chamada *ultravioleta de vácuo*, pois radiação abaixo de 200 nm é absorvida pelo O_2, de modo que os espectrômetros que trabalham no ultravioleta distante (com comprimentos de onda inferiores a 200 nm) costumam ser evacuados para minimizar a absorção causada pelo O_2. Alguns espectrômetros de emissão por plasma são, atualmente, purgados com N_2 ou Ar de modo a retirar o ar, fazendo com que a região de 130 a 200 nm seja acessível à medidas, e a análise de Cl, Br, I, P e S possa ser realizada.[19]

21.4 Instrumentação

Os requisitos fundamentais para um experimento de absorção atômica são mostrados na Figura 21.2. As principais diferenças entre a espectroscopia atômica e a espectroscopia molecular comum residem na fonte de radiação (ou falta de uma fonte de radiação na espectroscopia atômica de emissão), no recipiente da amostra (chama, forno ou plasma) e na necessidade de subtrair a emissão de fundo do sinal observado.

Largura das Linhas[20]

A lei de Beer requer que a largura de linha da fonte de radiação deva ser substancialmente menor que a largura de linha da absorção pela amostra. Se este não for o caso, a absorbância medida não será proporcional à concentração da amostra. As linhas de absorção atômica são muito finas, com uma largura inerente de somente ~10^{-4} nm.

A largura de linha da fonte deve ser menor que a largura de linha do vapor atômico para que a lei de Beer seja obedecida. Os termos "largura de linha" e "largura de banda" são praticamente sinônimos, mas as "linhas" são mais estreitas que as "bandas".

A largura de linha é governada por um efeito da mecânica quântica conhecido como **princípio da incerteza de Heisenberg**, segundo o qual, quanto menor a vida média do estado excitado, maior será a incerteza em sua energia:

Princípio da incerteza de Heisenberg:
$$\delta E \delta t \geq \frac{h}{4\pi} \qquad (21.3)$$

ΔE, na Equação 21.2, é a diferença de energia entre os estados fundamental e excitado. δE, na Equação 21.3, é a incerteza em ΔE. δE é uma pequena fração de ΔE.

em que δE é a incerteza na diferença de energia entre os estados fundamental e excitado, δt é o tempo de vida do estado excitado antes de decair para o estado fundamental e h é a constante de Planck. A Equação 21.3 diz que a incerteza na diferença de energia entre os dois estados multiplicada pelo tempo de vida do estado excitado é pelo menos tão grande quanto $h/4\pi$. Se δt diminui, então δE aumenta. O tempo de vida de um estado excitado de um átomo gasoso isolado é ~10^{-9} s. Portanto, a incerteza em sua energia é

$$\delta E \gtrsim \frac{h}{4\pi\delta t} = \frac{6{,}6 \times 10^{-34}\,\text{J}\cdot\text{s}}{4\pi(10^{-9}\,\text{s})} \approx 10^{-25}\,\text{J}$$

Suponha que a diferença de energia (ΔE) entre os estados excitado e fundamental de um átomo corresponda à radiação no visível com um comprimento de onda de $\lambda = 500$ nm. Esta diferença de energia é $\Delta E = hc/\lambda = 4{,}0 \times 10^{-19}$ J (Equação 18.3), em que c é a velocidade da luz. A incerteza relativa na diferença de energia é $\delta E/\Delta E \gtrsim (10^{-25}\,\text{J})/(4{,}0 \times 10^{-19}\,\text{J}) \approx 2 \times 10^{-7}$. A incerteza relativa no comprimento de onda ($\delta\lambda/\lambda$) é igual à incerteza relativa na energia:

δλ é a largura de uma linha de absorção ou de emissão medida à meia altura do pico.

$$\frac{\delta\lambda}{\lambda} = \frac{\delta E}{\Delta E} \gtrsim 2 \times 10^{-7} \Rightarrow \delta\lambda \gtrsim (2 \times 10^{-7})(500\text{ nm}) = 10^{-4}\text{ nm} \quad \textbf{(21.4)}$$

A largura de linha inerente de um sinal de absorção ou de emissão atômica é ~10^{-4} nm, em função do tempo de vida pequeno do estado excitado.

Dois mecanismos alargam as linhas de 10^{-3} a 10^{-2} nm na espectroscopia atômica. Um deles é o **efeito Doppler**. Um átomo se movendo na direção da fonte de radiação sente a onda eletromagnética com uma frequência maior do que um átomo que esteja se afastando da fonte (Figura 21.15). Dessa maneira, um átomo se movendo na direção da fonte "enxerga" a radiação com uma frequência maior do que aquele que se afasta da fonte. Com relação ao referencial do laboratório, um átomo que se move em direção à fonte absorve radiação com frequência menor que um átomo que está se afastando. A largura de linha, $\delta\lambda$, decorrente do efeito Doppler é dada por

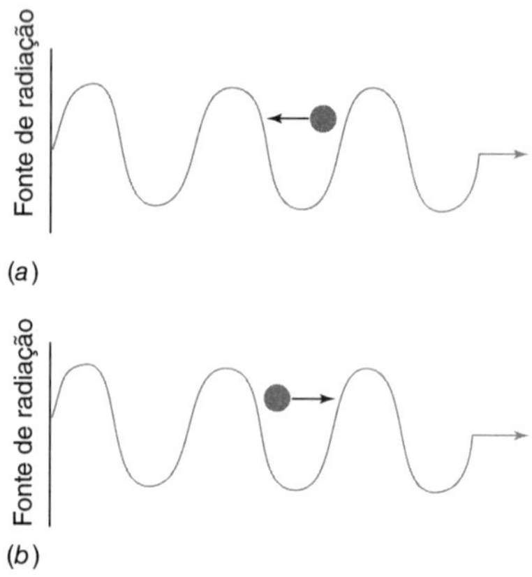

FIGURA 21.15 Efeito Doppler. Uma molécula se movendo (*a*) na direção da fonte de radiação "sente" o campo eletromagnético oscilar mais vezes do que uma que se move (*b*) para longe da fonte.

Largura de linha Doppler:

$$\delta\lambda \approx (7 \times 10^{-7})\sqrt{\frac{T}{M}} \quad \textbf{(21.5)}$$

em que T é a temperatura (K) e M é a massa do átomo em unidades de massa atômica (dáltons). Para uma linha de emissão do Fe (M = 56 Da), próxima a λ = 300 nm, a 2 500 K, na Figura 21.3, a largura de linha Doppler é $(300\text{ nm})(7 \times 10^{-7})\sqrt{2\,500/56} = 0{,}001\,4$ nm, uma ordem de grandeza maior do que a largura de linha normal.

Os efeitos Doppler e de pressão alargam as linhas de absorção e emissão atômicas de duas ordens de grandeza com relação às suas larguras inerentes.

A largura de linha também é afetada pelo **alargamento por pressão**, que se origina das colisões entre os átomos. As colisões diminuem o tempo de vida do estado excitado. A incerteza na frequência das linhas de absorção e emissão atômica tem um valor numérico praticamente igual à frequência das colisões entre os átomos, e é proporcional à pressão. O efeito Doppler e o alargamento por pressão são semelhantes em módulo e causam, na espectroscopia atômica, larguras de linhas de 10^{-3} a 10^{-2} nm.

Lâmpadas de Catodo Oco

Os instrumentos de absorção atômica geralmente usam monocromadores baratos e de baixo poder de resolução, que não conseguem isolar linhas mais estreitas que 10^{-3} a 10^{-2} nm. Para produzirmos linhas estreitas com frequência correta, usamos uma **lâmpada de catodo oco** contendo um vapor do mesmo elemento que está sendo analisado.

Uma lâmpada de catodo oco, como a da Figura 21.16, é preenchida com Ne ou Ar, a uma pressão de ~130 a 700 Pa (1 a 5 Torr). O catodo é feito do elemento cujas linhas de emissão são as desejadas. Quando ~500 V são aplicados entre o anodo e o catodo, o gás presente na lâmpada é ionizado e os íons positivos são acelerados na direção do catodo. Depois da ionização, a lâmpada é mantida em corrente constante de 2 a 30 mA por meio de uma voltagem mais baixa. Os cátions atingem o catodo com energia suficiente para "expelir" átomos metálicos do

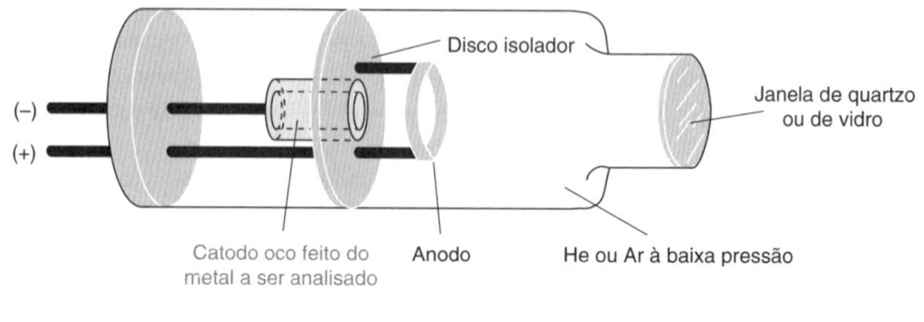

FIGURA 21.16 Uma lâmpada de catodo oco.

catodo para a fase gasosa. Os átomos na fase gasosa são excitados por meio de colisões com elétrons de alta energia e então emitem fótons. Essa radiação atômica tem a mesma frequência que a absorvida pelos átomos do analito em uma chama ou em um forno. Os átomos na lâmpada estão mais frios que os átomos em uma chama, de modo que a emissão da lâmpada é suficientemente mais estreita que a largura de linha dos átomos na chama para se comportar como praticamente "monocromática" (Figura 21.17). O propósito de um monocromador na espectroscopia atômica é selecionar uma linha emitida pela lâmpada de catodo oco e rejeitar, tanto quanto possível, as emissões provenientes do forno ou da chama. Uma lâmpada diferente é normalmente necessária para cada elemento a ser determinado, embora algumas lâmpadas, como a de catodo oco de aço (Figura 21.3), sejam feitas com mais de um elemento no catodo.

Lâmpadas de catodo oco reforçado utilizam uma segunda descarga elétrica para excitar ainda mais os átomos expelidos e fornecer uma radiação de maior intensidade para fluorescência atômica. Lâmpadas de descarga elétrica são utilizadas para elementos voláteis como As, Se, e Hg, para os quais lâmpadas de catodo oco efetivas não são possíveis de serem preparadas.

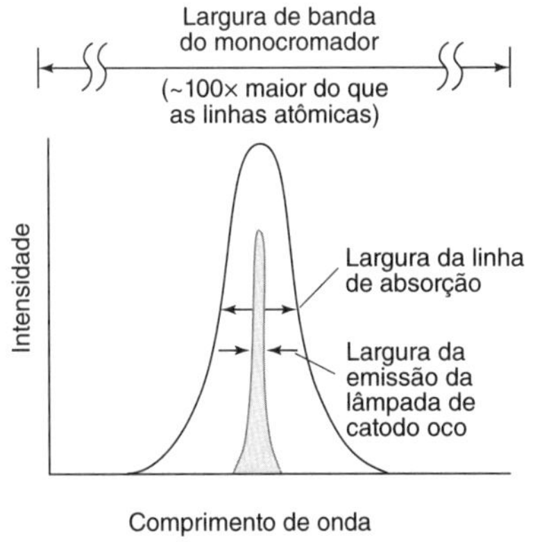

FIGURA 21.17 Larguras de banda relativas, correspondentes à emissão de um catodo oco, à absorção atômica e a um monocromador. As larguras de linha são medidas à meia altura do sinal.

Detecção Simultânea de Elementos por meio da Emissão Atômica

Um espectrômetro de emissão com plasma acoplado indutivamente ou com plasma por micro-ondas não necessita de lâmpadas e permite a determinação simultânea de até 70 elementos. A Prancha em Cores 27 apresenta um diagrama para uma análise multielementar. A radiação atômica emitida, que entra em cima à direita, é refletida por um espelho colimador (que produz raios paralelos), dispersada por um prisma no plano vertical e, então, dispersada no plano horizontal por meio de uma rede de difração. A radiação dispersada atinge um *dispositivo por injeção de carga* (CID, do inglês, *charge injection device*), que é um detector semelhante ao dispositivo de carga acoplada (CCD, do inglês, *charge coupled device*) da Figura 20.19. Na parte superior esquerda da Prancha em Cores 27, vemos um diagrama esquemático mostrando como os diferentes comprimentos de onda se distribuem sobre os 262 000 elementos de imagem (pixels) de um detector CID. No caso de um detector CCD, cada pixel tem que ser lido sequencialmente em uma ordem linha por linha. Cada pixel de um detector CID pode ser lido individualmente a qualquer momento. A leitura seletiva dos pixels mais relevantes evita a perda de tempo na leitura de pixels que não têm interesse. Determinado pixel pode ser monitorado diversas vezes antes de chegar à saturação. A carga no pixel é então neutralizada para reconduzir o pixel ao nível zero. Esses pixels podem acumular mais carga e serem lidos diversas vezes, enquanto outros pixels acumulam carga em um ritmo mais lento. Esse processo aumenta a faixa dinâmica do detector por permitir que sinais fortes sejam medidos em alguns pixels enquanto sinais fracos são medidos em outros pixels. Outra vantagem do detector CID, com relação ao CCD, é que sinais fortes em um pixel são menos propensos a sensibilizar pixels vizinhos (um processo chamado, nos sensores CCD, *ofuscamento*). Consequentemente, os detectores CID podem medir a emissão de sinais fracos adjacentes a sinais fortes. A Figura 21.18 mostra um espectro conforme ele é visto por um detector CID.

Capacidade do detector CID:
- os pixels são considerados individualmente
- o preenchimento do pixel pode ser rapidamente lido, reiniciado e lido novamente
- o pixel preenchido não ofusca pixels vizinhos

Correção da Radiação de Fundo

A espectroscopia atômica incorpora a **correção da radiação de fundo**, o que permite distinguir o sinal do analito do sinal da absorção, da emissão e do espalhamento óptico da matriz da amostra, da chama, do plasma ou de um forno de grafite. A Figura 21.19 mostra a emissão atômica de arsênio sobre uma radiação de fundo que apresenta tanto emissão de banda larga quanto de linhas finas. Se não subtrairmos a absorbância de fundo, teremos erros significativos.

A radiação de fundo surge da absorção, da emissão ou do espalhamento de qualquer coisa presente na amostra além do analito (a *matriz*), bem como da absorção, da emissão ou do espalhamento em razão da chama, do plasma ou do forno.

A Figura 21.20 mostra como a radiação de fundo é subtraída em um espectro de emissão coletado por um dispositivo de injeção de carga, que funciona como detector. A figura mostra 15 pixels em uma linha na superfície do detector, cuja posição encontra-se centrada em uma região correspondente a determinado pico analítico. (O espectro teve sua forma suavizada por meio de um algoritmo de computação, pois a representação direta da leitura da informação contida em cada pixel se assemelharia a um gráfico de barras.) Os pixels 7 e 8 foram selecionados para representar o pico. Os pixels 1 e 2 representam a linha de base à esquerda, e os pixels 14 e 15 a linha-base à direita. A linha de base média é a média aritmética das intensidades dos pixels 1, 2, 14 e 15. A amplitude média do pico é a média aritmética das intensidades dos pixels 7 e 8. A altura corrigida do pico é a amplitude média do pico menos a amplitude da linha de base média.

Na absorção atômica, é utilizada a *interrupção de feixe luminoso* ou a *modulação* da corrente que alimenta a lâmpada de catodo oco (pulsando-a na forma ligada-desligada), para distinguir o sinal da chama do sinal proveniente da linha espectral atômica, que desejamos analisar, no mesmo comprimento de onda. A Figura 21.21 mostra a radiação proveniente da lâmpada sendo periodicamente bloqueada por um interruptor rotatório de feixe de radiação.

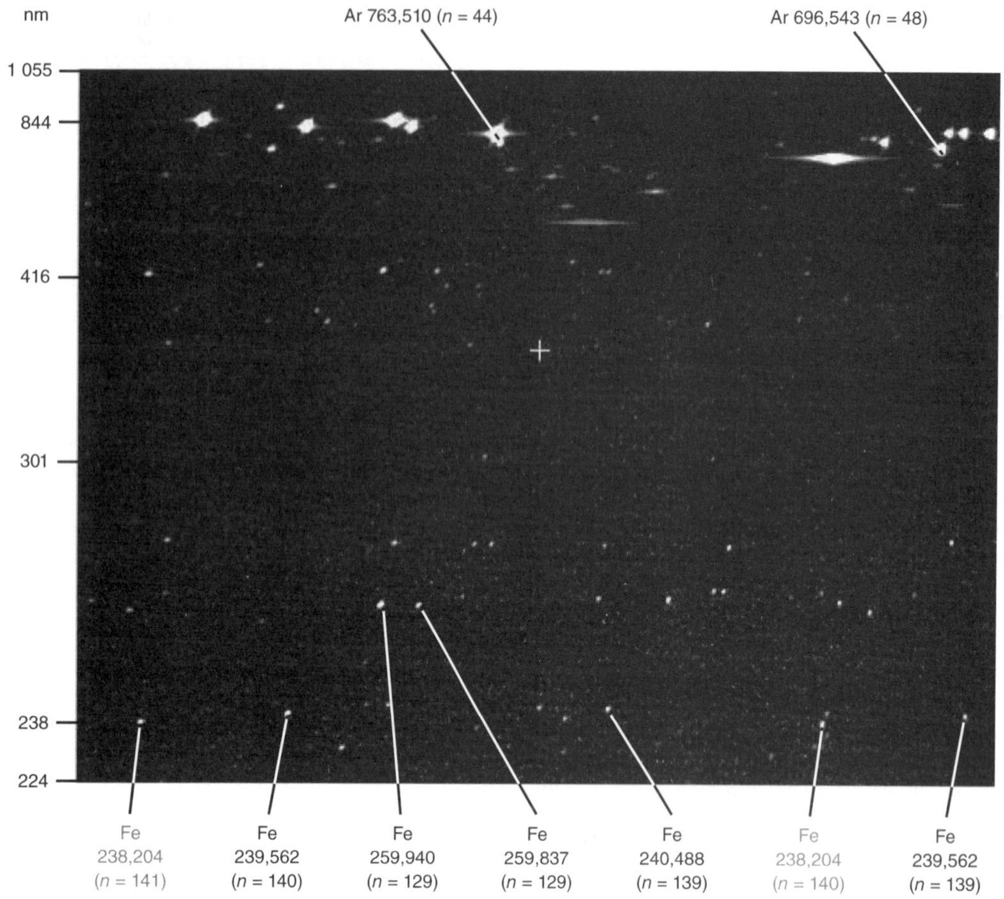

FIGURA 21.18 "Imagem da constelação" da emissão de plasma acoplado indutivamente, visto pelo detector por injeção de carga, a partir de uma amostra contendo 200 μg de Fe/mL. Praticamente todos os picos são provenientes do Fe. A linha horizontal de "galáxias" desfocadas na parte superior da imagem corresponde às emissões do plasma de argônio. Um prisma distribui comprimentos de onda de 200 a 400 nm sobre a maior parte do detector. Emissões em comprimentos de onda > 400 nm estão agrupadas na parte superior da figura. Uma rede de difração fornece alta resolução na direção horizontal. Os picos selecionados estão assinalados com o valor do comprimento de onda (em nanômetros) e da ordem de difração (n na Equação 20.4) entre parênteses. Os dois picos de Fe, destacados na parte inferior esquerda e na parte inferior direita, correspondem ao mesmo comprimento de onda (238,204 nm), mas foram difratados pela rede em ordens diferentes. [Cortesia de M. D. Seltzer, Michelson Laboratory, China Lake, CA.]

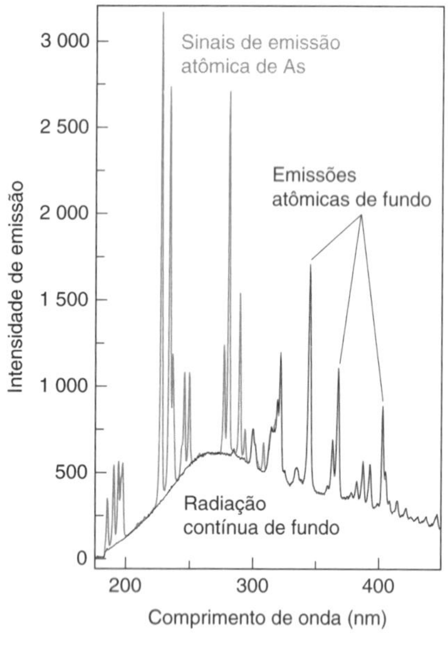

FIGURA 21.19 Espectro de emissão do arsênio sobre uma radiação de fundo que apresenta emissão contínua e atômica. [Dados de S. Burhenn, J. Kratzer, M. Svoboda, F. D. Klute, A. Michels, D. Veža e J. Franzke, "Arsenic in a Capillary Dielectric Barrier Discharge by Hydride Generation High-Resolved Optical Emission Spectrometry", *Anal. Chem.* **2018**, *90*, 3424.]

Métodos de correção da radiação de fundo:

- subtração de pixels adjacentes em um sensor CID
- interrupção de feixe
- lâmpada de D_2
- Zeeman

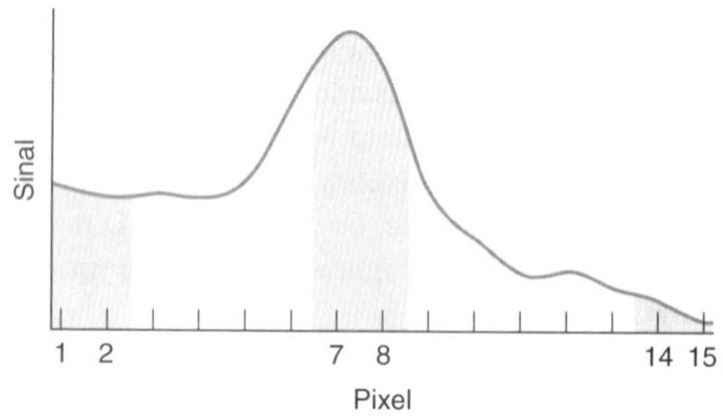

FIGURA 21.20 Dados obtidos a partir de um detector que usa um dispositivo por injeção de carga, ilustrando a correção de linha de base em espectrometria de emissão por plasma. O valor médio das intensidades dos pixels em cada lado de um pico é subtraído do valor médio dos pixels sob o pico. [Dados de M. D. Seltzer, Michelson Laboratory, China Lake, CA.]

O sinal que atinge o detector enquanto o feixe da lâmpada está bloqueado é proveniente da emissão da chama. O sinal que atinge o detector quando o feixe não está bloqueado é proveniente da soma dos sinais correspondentes à lâmpada e à chama. A diferença entre esses dois sinais é o sinal analítico desejado.

A interrupção do feixe consegue compensar a emissão da chama, mas não o espalhamento da radiação. A maioria dos espectrômetros fornece meios adicionais para a correção do espalhamento e da absorção proveniente da radiação de fundo com banda larga. Os meios mais comuns empregam uma lâmpada de deutério e a correção de Zeeman.

Para a *correção da radiação de fundo com lâmpada de deutério*, a emissão com banda larga de uma lâmpada de D_2 (Figura 20.5) e a emissão da lâmpada de catodo oco passam, alternadamente, pela chama. A largura de banda do monocromador é tão grande que apenas uma fração desprezível de radiação de D_2 é absorvida na região de absorção atômica do analito. A radiação da lâmpada de catodo oco é absorvida pelo analito e é absorvida e espalhada pela radiação de fundo. A radiação da lâmpada de D_2 é absorvida e espalhada somente pela radiação de fundo. A diferença entre a absorbância medida com a lâmpada de catodo oco e a absorbância medida com a lâmpada de D_2 é a absorbância do analito.

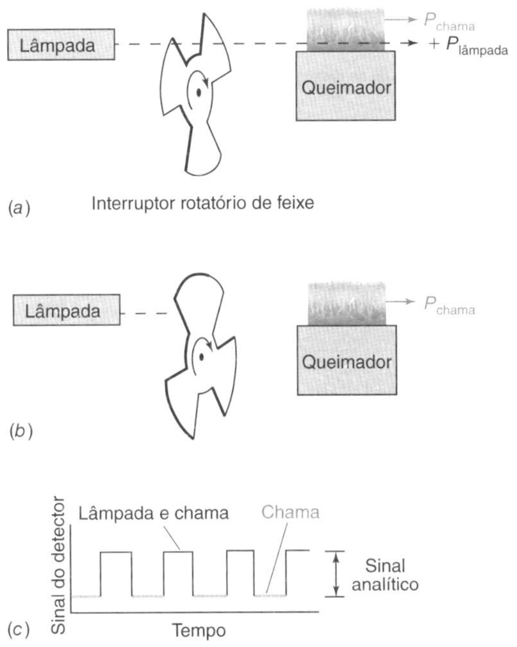

FIGURA 21.21 Funcionamento de um interruptor de feixe para a subtração do sinal em virtude da radiação de fundo da chama. (*a*) A emissão da lâmpada e da chama atingem, simultaneamente, o detector. (*b*) Somente a emissão da chama atinge o detector. (*c*) Sinal resultante com forma de onda quadrada.

Uma excelente, mas onerosa, técnica de correção da radiação de fundo para fornos de grafite para vários elementos se baseia no *efeito Zeeman*. Quando um campo magnético é aplicado, paralelamente ao trajeto da radiação ao longo de um forno, a linha de absorção (ou emissão) dos átomos do analito é dividida em três componentes. Dois desses componentes estão deslocados para comprimentos de onda ligeiramente maior e ligeiramente menor (Figura 21.22), e o terceiro componente não sofre deslocamento. O componente que não sofreu deslocamento não tem a polarização eletromagnética correta para absorver a radiação que se desloca paralelamente ao campo magnético e é, portanto, "invisível".

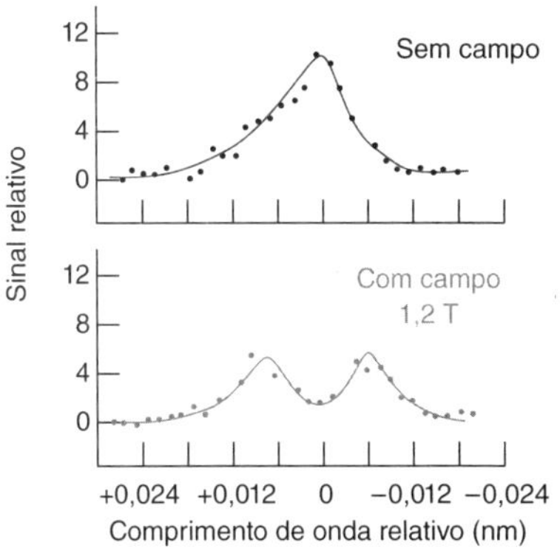

FIGURA 21.22 Efeito Zeeman na fluorescência do Co em um forno de grafite com excitação em 301 nm e detecção em 341 nm. A intensidade do campo magnético para o espectro visto na parte inferior da figura é de 1,2 tesla. [Dados de J. P. Dougherty, F. R. Preli, Jr., J. T. McCaffrey, M. D. Seltzer e R. G. Michel, "Instrumentation for Zeeman Electrothermal Atomizer Laser Excited Atomic Fluorescence Spectrometry", *Anal. Chem.* **1987**, *59*, 1112.]

Para o uso do efeito Zeeman na correção da radiação de fundo, um campo magnético intenso é ligado e desligado alternadamente. A amostra e a radiação de fundo são observadas quando o campo está desligado, e apenas a radiação de fundo é observada quando o campo está ligado. A diferença entre os dois sinais é o sinal corrigido.

A vantagem da correção da radiação de fundo por efeito Zeeman é que ela opera apenas nos comprimentos de onda da amostra. Ao contrário, a correção de D_2 para a radiação de fundo é feita sobre uma larga faixa de comprimentos de onda. Qualquer radiação de fundo que tenha algum aspecto estruturado, ou alguma inclinação na intensidade, é promediada por esse processo, podendo ser interpretada como um sinal válido, levando a uma correção falsa do sinal no comprimento de onda da amostra. A correção da radiação de fundo ilustrada na Figura 21.20 se assemelha à correção da radiação de fundo por D_2, mas a faixa de comprimentos de onda na Figura 21.20 se restringe à vizinhança imediata do pico correspondente ao sinal do analito.

Limites de Detecção

Podemos definir o **limite de detecção** como a concentração de um elemento que produz um sinal cuja intensidade é três vezes a do desvio-padrão do sinal de um branco (Equação 5.6). Em outras palavras, o limite de detecção é a concentração de um elemento que produz um sinal igual a três vezes a raiz do ruído quadrático médio (Equação 20.16) na linha de base adjacente ao sinal do analito.

A Figura 21.23 compara os limites de detecção em análises de chama, forno e plasma acoplado indutivamente, em instrumentos de um mesmo fabricante, e em plasma por micro-ondas de outro fabricante. O limite de detecção para os fornos é normalmente duas ordens de grandeza menor do que o observado em uma chama. A razão para isso é que a amostra está confinada em um pequeno volume no forno por um tempo de permanência relativamente longo. A geração de vapor frio e de hidretos (Seção 21.2) diminui esses limites de detecção em mais de uma ordem de grandeza por transportar mais analito para a chama. Plasmas por micro-ondas podem executar análises multielementares com limites de detecção comparáveis à absorção atômica. Os limites de detecção para a emissão atômica por plasma acoplado indutivamente são para a visualização axial do plasma (Figura 21.12). Os limites de detecção para a visualização radial são 10 vezes maiores.

Espectroscopia de emissão atômica por plasma acoplado indutivamente também é chamado espectroscopia de emissão óptica por plasma acoplado indutivamente.

Fe
5 — Absorção atômica por chama/geração de vapor frio ou de hidretos
0,06 — Absorção atômica em forno de grafite
1,7 — Emissão atômica em plasma por micro-ondas
0,1 — Emissão atômica em plasma acoplado indutivamente
0,0001 — Plasma acoplado indutivamente–espectrometria de massa (Limite de detecção em ambiente controlado)

Limite de detecção (ng/mL)

Li 0,8 0,06 0,007 0,3 0,0000004	**Be** 1,5 0,008 0,09 0,00009											**B** 1000 20 1,1 1 0,0002	**C**	**N**	**O**	**F**	**Ne**
Na 0,3 0,005 0,1 0,5 0,00001	**Mg** 0,15 0,004 0,1 0,04 0,00001											**Al** 40 0,1 0,4 1 0,00001	**Si** 90 1 3 10 0,1	**P** 75000 130 70 4 0,6	**S** - - 3000 10 0,5	**Cl** 2	**Ar**
K 3 0,005 0,6 1 0,00004	**Ca** 1,5 0,01 0,04 0,05 0,00005	**Sc** 30 - 0,1 0,001	**Ti** 80 0,4 2,1 0,4 0,00003	**V** 60 0,1 3 0,5 0,00001	**Cr** 3 0,004 0,3 0,2 0,00005	**Mn** 1,5 0,005 0,2 0,1 0,00005	**Fe** 5 0,06 1,7 0,1 0,0001	**Co** 9 0,15 3 0,2 0,000006	**Ni** 6 0,07 1,1 0,5 0,00006	**Cu** 1,5 0,014 0,5 0,4 0,00003	**Zn** 1,5 0,02 3 0,2 0,0001	**Ga** 80 - 1,5 0,00004	**Ge** 300 - 1 0,0004	**As** 150/0,03 0,05 60 1 0,0003	**Se** 100/0,03 0,05 80 2 0,0003	**Br** 0.04	**Kr**
Rb 3 0,03 5 0,0002	**Sr** 3 0,02 0,05 0,00002	**Y** 80 - 0,2 0,00002	**Zr** 400 - 0,5 0,00002	**Nb** 1500 - 1 0,000009	**Mo** 40 0,03 0,8 0,5 0,00003	**Tc**	**Ru** 100 1 1 0,00002	**Rh** 6 - 0,5 5 0,00003	**Pd** 30 0,09 1,6 2 0,00008	**Ag** 1,5 0,005 0,3 0,6 0,00003	**Cd** 0,8 0,002 1,4 0,1 0,00006	**In** 30 - 1 0,000003	**Sn** 150 0,1 4 2 0,00003	**Sb** 45/0,15 0,05 2 0,00003	**Te** 30/0,03 0,1 2 0,0003	**I** 0,003	**Xe**
Cs 15 - - 0,00005	**Ba** 15 0,4 0,04 0,03 0,00002	**La** 3000 - 0,4 0,00004	**Hf** 300 - 0,5 0,0003	**Ta** 1500 - 1 0,000006	**W** 1500 - 1 0,00002	**Re** 800 - 0,5 0,0003	**Os** - - 6 0,00006	**Ir** 900 3 1 0,00009	**Pt** 60 2 6 1 0,00007	**Au** 9 0,15 2 1 0,00005	**Hg** 300/0,006 0,6 1 0,001	**Tl** 15 0,1 0,8 2 0,000004	**Pb** 15 0,05 2 1 0,00001	**Bi** 30/0,03 0,05 1 0,000004	**Po**	**At**	**Rn**

Ce - - 1,5 0,00005	**Pr** 8000 - 2 0,00003	**Nd** 1500 - 2 0,0003	**Pm**	**Sm** 3000 - 2 0,0002	**Eu** 30 - 0,2 0,00007	**Gd** 1800 - 0,9 0,0003	**Tb** 900 - 2 0,00003	**Dy** 50 - 0,5 0,0002	**Ho** 60 - 0,4 0,00004	**Er** 60 - 0,5 0,0001	**Tm** 15 - 0,6 0,00003	**Yb** 8 - 0,1 0,0001	**Lu** 1000 - 0,1 0,00004
Th - - 2 0,00005	**Pa**	**U** 15000 - 4 10 0,000005	**Np**	**Pu**	**Am**	**Cm**	**Bk**	**Cf**	**Es**	**Fm**	**Md**	**No**	**Lr**

FIGURA 21.23 Limites de detecção (ng/mL = ppb) para chama, forno, plasma por micro-ondas, plasma acoplado indutivamente (ICP, do inglês *inductively coupled plasma*) e plasma acoplado indutivamente–espectrometria de massa (ICP-MS). Análises quantitativas exatas exigem o uso de concentrações de 10 a 100 vezes maiores que o limite de detecção. [Dados de *Atomic Spectrometry: A Guide to Selecting the Appropriate Technique and System*, PerkinElmer, Inc., Waltham, MA, 2018. Plasma por micro-ondas de *Agilent 4200 MP-AES Typical Performance*, Agilent Technologies.]

Branco de campo: branco exposto ao mesmo local da amostragem e estocado da mesma forma que as amostras.

Branco de reagente: contém os mesmos reagentes que as amostras, mas não contém o analito.

Determinações executadas próximas desses baixos limites de detecção devem ser feitas com cuidado e atenção em cada etapa do procedimento.[21] Dispositivos de amostragem, aparatos e recipientes devem ser de materiais plásticos, como polietileno, polipropileno e Teflon, com baixos teores de metais-traço. Dispositivos de amostragem feitos de aço inoxidável cirúrgico 316, de titânio ultrapuro ou de níquel, podem ser utilizados se esses elementos não estiverem sendo analisados. Amostras líquidas são acidificadas para pH < 2 com HNO_3 ou HCl de alta pureza para evitar perdas em função da adsorção nas paredes e inibir a proliferação de bactérias. Um *branco de campo* de água acidificada verifica a contaminação durante a amostragem ou do recipiente durante o armazenamento. Os utensílios de plástico devem ser limpos com ácidos de alta pureza e água (Boxe 21.1) e protegidos contra poeira. Água desmineralizada de alta pureza e reagentes de alta pureza devem ser usados. A adequação da pureza é confirmada pela utilização de *brancos de reagentes* – que contêm todos os reagentes na mesma quantidade que nas amostras. Os níveis de ruído de fundo devem ser inferiores a 10% da concentração do analito. As soluções-padrão de elementos disponíveis comercialmente para uso em absorção atômica em chama não são necessariamente adequadas para análises feitas em plasma ou em forno. Esses dois últimos métodos, especialmente em amostras diluídas, necessitam de água e ácidos com padrão de pureza mais elevado. Os brancos e os padrões de calibração devem ser executados a cada 10 amostras, para garantir que a contaminação não seja um problema.

Qualquer solução-padrão tem um prazo de validade determinado. Frascos plásticos de polietileno de alta densidade, contendo padrões, para espectroscopia atômica, são embalados em bolsas de alumínio fechadas para retardar a evaporação. Em um estudo, a concentração de um padrão não estocado em uma bolsa de alumínio aumentou de 0,11% ao ano a 23 °C, e 0,26% ao ano a 30 °C porque a água evaporou do frasco fechado.[22] A evaporação de frascos fechados em bolsas de alumínio foi de 0,01% ao ano a 23 °C e 0,08% ao ano a 30 °C.

21.5 Interferência

Interferência é qualquer efeito que modifica o sinal enquanto a concentração do analito permanece constante. Ela pode ser eliminada pela remoção da fonte de interferência ou preparando-se padrões que apresentem a mesma interferência.

Tipos de Interferência

A **interferência espectral** refere-se à sobreposição do sinal do analito aos sinais resultantes de outros elementos ou moléculas presentes na amostra, ou aos sinais provenientes da chama ou do forno. A interferência da chama pode ser subtraída utilizando-se as correções da radiação de fundo de D_2 ou do efeito Zeeman. Os melhores meios para trabalhar com a sobreposição entre as linhas de elementos diferentes em uma amostra é escolher outro comprimento de onda para a análise. Os espectrômetros de alta resolução eliminam a interferência de outros elementos separando as linhas com um espaçamento próximo (Figura 21.24).

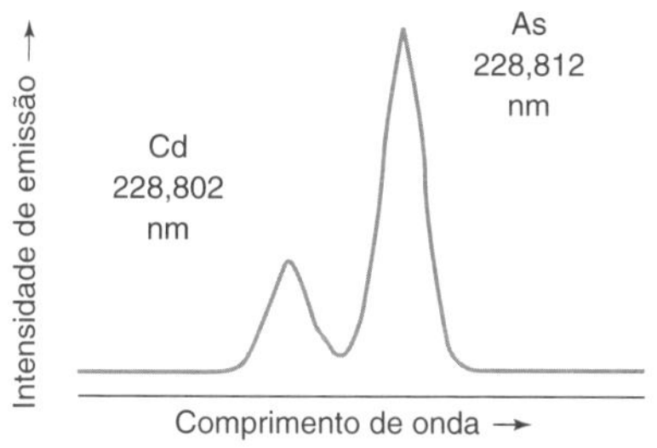

FIGURA 21.24 Na maioria dos espectrômetros, uma linha do Cd em 228,802 nm interfere na linha do As em 228,812 nm. Com uma resolução suficientemente alta, dois picos são separados eliminando-se a interferência. O instrumento usado na obtenção do espectro desta figura tem um monocromador de Czerny-Turner de 1 m (Figura 20.9) com uma resolução de 0,005 nm. [Dados de Jobin Yvon Horiba Group, Longjumeau Cedex, France.]

Os analitos interferentes podem ser identificados observando as tabelas de comprimento de onda – disponíveis no *software* do instrumento – e verificando quais os que podem interferir no comprimento de onda da análise. Um elemento como o nióbio (Nb) apresenta mais de 1 000 linhas de emissão discretas, de modo que algumas dessas linhas se sobrepõem àquelas de outros elementos – mesmo em instrumentos de alta resolução. O programa de computador de um instrumento comercial mede cada elemento em várias linhas espectrais diferentes.[23] Ele converte cada intensidade em um valor de concentração, por meio de uma curva de calibração específica para cada linha. Se não houver interferência espectral, todas as linhas de um elemento fornecerão a mesma concentração. Os resultados que apresentam diferenças significativas com relação aos demais são atribuídos a interferências espectrais e, por isso, são descartados.

Os elementos que formam óxidos diatômicos muito estáveis não são completamente atomizados na temperatura da chama ou do forno. O espectro de uma molécula é mais complexo e as linhas muito mais largas do que de um átomo, pois as transições vibracionais e rotacionais encontram-se combinadas com as transições eletrônicas (Seção 18.6). As linhas largas produzem uma interferência espectral em vários comprimentos de onda. A Figura 21.25 nos mostra um exemplo de um plasma contendo átomos de Cu e Na, bem como moléculas de CaO e CaF. Podemos ver como as linhas de emissão molecular são bem mais largas que as linhas correspondentes à emissão atômica.

Tipos de interferência:

- **espectral:** sinais indesejados se sobrepõem ao sinal do analito
- **física:** a viscosidade ou a massa específica das soluções altera a nebulização e o transporte de analitos.
- **química:** reações químicas reduzem a concentração dos átomos do analito
- **ionização:** ionização de átomos do analito reduzem a concentração dos átomos neutros

A **interferência física** é causada por qualquer componente da amostra que altera o transporte ou a nebulização da amostra. Por exemplo, diferenças na viscosidade ou na massa específica da amostra, em função de sua própria matriz ou de reagentes utilizados na digestão e preservação, podem acarretar variações na nebulização da amostra. Bombas peristálticas garantem um fluxo mais estável de solução para a chama ou plasma. Depósitos de sais no nebulizador também podem afetar a nebulização. A **interferência química** é causada por qualquer constituinte da amostra que diminua a extensão de atomização do analito (Figura 21.6). Por exemplo, os íons SO_4^{2-} e PO_4^{3-} dificultam a atomização do Ca^{2+}, possivelmente pela formação de sais que não são voláteis. **Agentes de liberação** são reagentes adicionados a uma amostra para diminuir a interferência química. O EDTA e a 8-hidroxiquinolina protegem o Ca^{2+} dos efeitos de interferência dos íons SO_4^{2-} e PO_4^{3-}. O íon La^{3+} também pode ser usado como agente de liberação, aparentemente porque ele reage preferencialmente com o íon PO_4^{3-}, liberando o Ca^{2+}. Uma chama rica em combustível reduz certas espécies oxidadas de analito, que poderiam, se presentes, dificultar o processo de atomização. Temperaturas de chama mais elevadas eliminam várias espécies de interferência química.

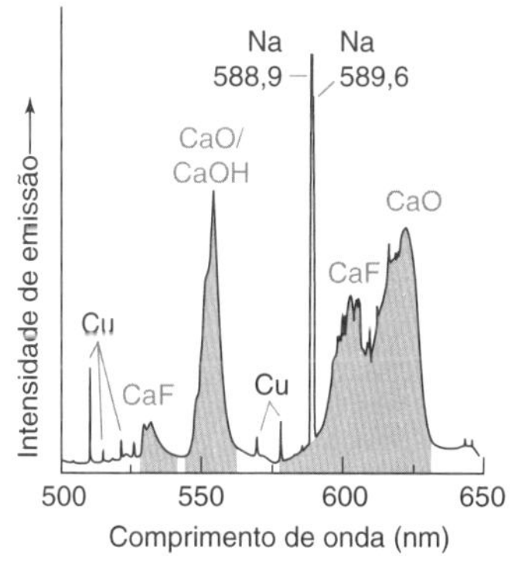

FIGURA 21.25 Emissão de um plasma contendo átomos e moléculas. Os átomos excitados de Cu e Na emitem linhas finas características. As moléculas apresentam emissões largas que podem se sobrepor às linhas de emissão atômica. [Dados de C. Alvarez-Llamas, J. Pisonero e N. Bordel, "Fluorine Analysis Using CaF Emission in Calcium-Samples", *J. Anal. Atom. Spec.* **2017**, *32*, 162. C. Alvarez-Llamas era aluno de iniciação científica.]

A **interferência de ionização** pode ser um problema na análise de metais alcalinos em temperaturas relativamente baixas e em análises de outros elementos em temperaturas mais elevadas. Para qualquer elemento, podemos escrever uma reação de ionização em fase gasosa:

$$M(g) \rightleftharpoons M^+(g) + e^-(g) \qquad K = \frac{[M^+][e^-]}{[M]} \tag{21.6}$$

Como os metais alcalinos possuem os menores potenciais de ionização, eles são os mais facilmente ionizáveis. Em 2 450 K e a uma pressão de 0,1 Pa, o sódio é 5% ionizado. Com seu potencial de ionização menor, o potássio é 33% ionizado nas mesmas condições. Como os átomos ionizados possuem níveis de energia diferentes dos átomos neutros, o sinal desejado diminui. Obviamente, se tivermos um sinal forte a partir do íon, deveremos usar o sinal proveniente deste e não o sinal atômico.

Um **supressor de ionização** diminui a extensão de ionização do analito. Por exemplo, na análise do potássio, é recomendável que as soluções tenham 1 000 ppm de CsCl, pois o césio é mais facilmente ionizável que o potássio. Produzindo uma grande concentração de elétrons na chama, a ionização do Cs suprime a ionização do K. A supressão de ionização é desejável em uma chama à baixa temperatura, onde queremos observar os átomos neutros.

O princípio de Le Chatêlier diz que a adição de elétrons do lado direito da Reação 21.6 desloca o equilíbrio de volta para o lado esquerdo.

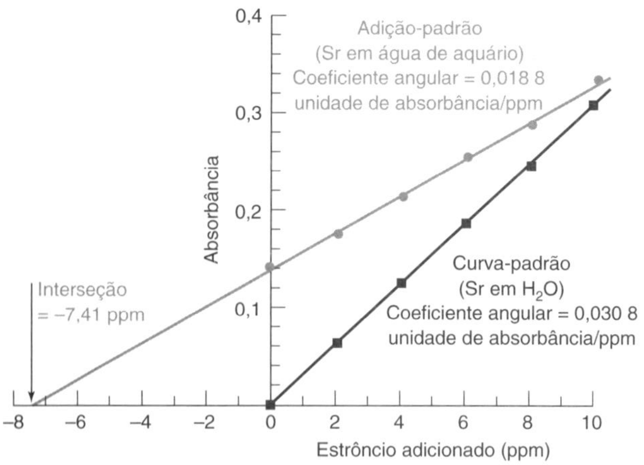

FIGURA 21.26 Curvas de calibração para absorção atômica de Sr obtidas por adição-padrão de Sr à água destilada e à água de aquário. Todas as soluções foram completadas a um volume constante, de modo que a abscissa do gráfico corresponde ao valor da concentração de Sr adicionada. [Dados de L. D. Gilles de Pelichy, C. Adams e E. T. Smith, "Analysis of Sr in Marine Aquariums by Atomic Absorption Spectroscopy," *J. Chem. Ed.* **1997**, *74*, 1192. L. D. Gilles de Pelichy e C. Adams eram alunos de iniciação científica.]

O *método de adição-padrão* (Seção 5.3) compensa uma série de interferências adicionando-se quantidades conhecidas de analito à amostra desconhecida em sua matriz complexa. Por exemplo, a Figura 21.26 mostra a análise de estrôncio em água de aquário pelo método da adição-padrão. O coeficiente angular da curva de adição-padrão é 0,018 8 unidade de absorbância/ppm. Por outro lado, se Sr é adicionado à água destilada, o coeficiente angular é 0,030 8 unidade de absorbância/ppm. Isto é, em água destilada, a absorbância aumenta 0,030 8/0,018 8 = 1,64 vez mais que a cada adição-padrão de Sr feita em água de aquário. Atribuímos a resposta menor em água de aquário à interferência de outras espécies presentes. O valor absoluto da interseção da curva de adição-padrão com o eixo dos *x*, 7,41 ppm, é uma medida razoável do Sr em água de aquário.

Os trabalhos de mais alta exatidão exigem uma associação rigorosa da matriz entre as amostras e os padrões. Por exemplo, a fração em massa de Be de um material padrão de referência de óxido de berílio foi certificada por emissão atômica em plasma acoplado indutivamente.[24] Havia um erro sistemático de 2,3% para o Be e o Mn (um padrão interno) quando a matriz era modificada de 2,1% em volume de H_2SO_4 em H_2O para 2,0% em volume de H_2SO_4 + 0,07% em volume de HCl. Quando quatro laboratórios fizeram, com o maior cuidado, a associação rigorosa da matriz, a concordância entre os resultados dos diversos laboratórios apresentou um desvio-padrão de 0,07%.

Méritos do Plasma Acoplado Indutivamente

Um plasma de argônio acoplado indutivamente elimina várias formas de interferência.[25] O plasma é duas vezes mais quente que a chama convencional, e o tempo de residência do analito na chama é cerca de duas vezes maior. Portanto, a atomização é mais completa e, consequentemente, o sinal aumenta. A formação de óxidos e hidróxidos do analito é, nesse caso, desprezível. O plasma é notavelmente livre da radiação de fundo na região que se encontra 15 a 35 mm acima da bobina de carga, onde a emissão da amostra é observada (Prancha em Cores 26).

Na espectroscopia de emissão de chama, a concentração dos átomos excitados eletronicamente na parte de fora da chama, que é mais fria, é menor do que na parte central da chama, que é mais quente. A emissão na região central é absorvida na região externa. Esta **autoabsorção** aumenta com o aumento da concentração do analito e produz curvas de calibração não lineares. Em um plasma, a temperatura é mais uniforme, e a autoabsorção não é tão importante. As curvas de calibração de emissão de plasma são lineares em praticamente cinco ordens de grandeza. Nas chamas e nos fornos, a faixa linear abrange três ordens de grandeza. Para o sistema plasma acoplado indutivamente–espectrometria de massa, a faixa linear atinge dez ordens de grandeza.

21.6 Plasma Acoplado Indutivamente–Espectrometria de Massa

A energia de ionização do Ar é de 15,8 elétron-volts (eV), maior que a de todos os elementos exceto o He, Ne e F. Em um plasma de Ar, os elementos podem ser ionizados em razão das colisões com Ar^+, átomos de Ar excitados ou elétrons com elevada energia. O plasma pode ser direcionado para um espectrômetro de massas (Capítulo 22), que separa e mede os íons presentes pela sua razão massa/carga.[26] Para medidas mais exatas de razões isotópicas, o espectrômetro de massas usa um detector para cada isótopo desejado.[27]

O perfil de elementos-traço de Ötzi, o homem do gelo, e em seu machado, na abertura deste capítulo, foi obtido por plasma acoplado indutivamente–espectrometria de massa.

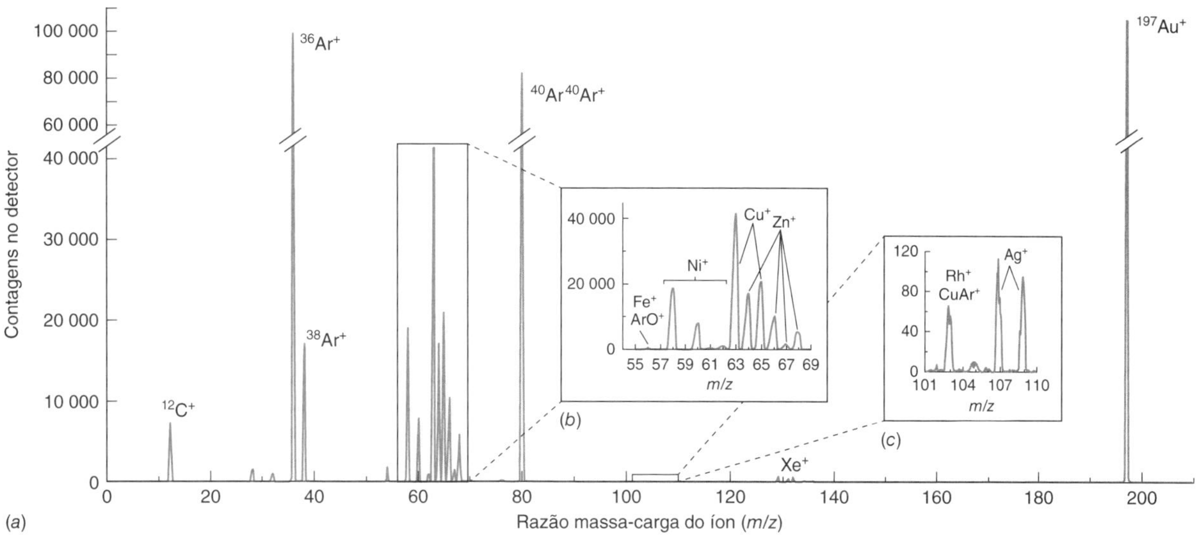

FIGURA 21.27 (*a*) Perfil elementar de um anel de ouro branco por plasma acoplado indutivamente–espectrometria de massa. Faixas expandidas de massas de elementos (*b*) traço e (*c*) ultratraço. Não foram coletados dados entre m/z 38,5 a 42,5 para evitar o sinal intenso de $^{40}Ar^+$. [Dados de G. Schwarz, M. Burger, K. Guex, A. Gundlach-Graham, D. Käser, J. Koch, P. Velicsanyi, C.-C. Wu, D. Günther e B. Hattendorf, "Elemental Analysis of Participant-Supplied Objects", *J. Chem. Ed.* **2016**, *93*, 1749.]

A Figura 21.27 mostra um exemplo onde um anel de casamento de ouro branco foi amostrado por ablação a *laser* (Seção 21.7) e o material ablado foi analisado por plasma acoplado indutivamente–espectrometria de massa. A longa faixa linear permite a análise simultânea desde elementos em concentração mais elevada até elementos ultratraço.

O *ouro branco* utilizado por joalherias é uma liga de ouro–níquel–cobre–zinco com galvanização de ródio.

A principal dificuldade na amostragem de qualquer coisa com um espectrômetro de massas é que o espectrômetro requer alto vácuo para evitar as colisões entre íons e as moléculas de gás residual, que mudam a trajetória dos íons daquela prevista pela ação de um campo magnético. A Figura 21.28 mostra um exemplo de uma interface entre um plasma horizontal de Ar e um espectrômetro de massas. O plasma, na esquerda, é orientado na direção de um cone de amostragem de Ni, refrigerado à água, com um orifício de diâmetro igual a 1 mm, por onde uma fração do plasma pode passar. Por trás do cone de amostragem existe um segundo cone seletor, também refrigerado à água, com um orifício ainda menor. A lente extratora, por trás do cone seletor, possui um potencial elétrico negativo elevado, que atrai os íons positivos presentes no plasma. A pressão vai sendo sucessivamente reduzida ao longo do instrumento. A partir do cone de seleção, os íons entram em uma *célula de reação dinâmica/colisão* que pode conter He ou uma espécie reativa como NH_3 ou CH_4. A célula de reação dinâmica/colisão remove interferentes poliatômicos *isobáricos* do plasma. A **interferência isobárica** ocorre quando a espécie interferente apresenta a mesma relação massa/carga do íon analito. A química em uma célula de reação dinâmica/colisão será discutida mais adiante. Após a célula de reação

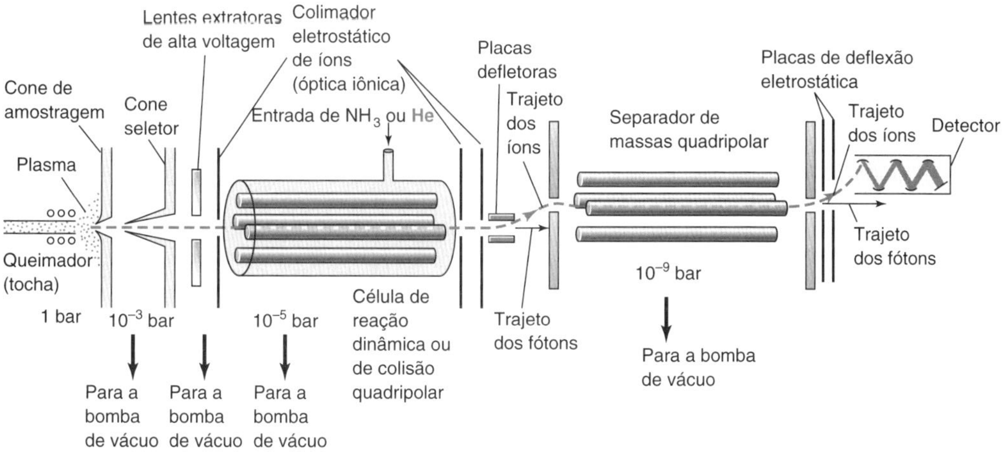

FIGURA 21.28 Plasma indutivamente acoplado e espectrômetro de massa. A interface entre um plasma acoplado indutivamente e um espectrômetro de massa é mostrada contendo uma célula de reação dinâmica ou célula de colisão para reduzir a interferência *isobárica* pelas espécies do plasma com a mesma massa de alguns analitos. A espectrometria de massa é discutida no Capítulo 22.

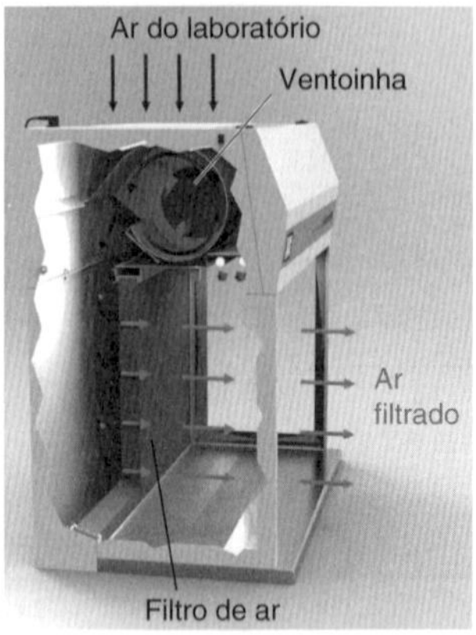

FIGURA 21.29 O gabinete de ar limpo livre de metais limita a contaminação por poeira filtrando o ar do laboratório por meio de um filtro de ar particulado de alta eficiência (HEPA). O fluxo de ar para fora do gabinete evita que a poeira do ambiente entre no gabinete. [Cortesia de Monmouth Scientific.]

Chuck vestido com um macacão completo para entrar em um laboratório ultralimpo livre de metais. Joias e celular devem ser deixados do lado de fora das dependências do laboratório. [Cortesia de C. Lucy, University of Alberta, fotografia cortesia de Chad Cuss.]

dinâmica/colisão, os íons são separados por um espectrômetro de massa. Íons de razão massa/carga selecionada são defletidos no detector (à direita do diagrama), onde eles são contados. Os fótons oriundos do plasma não atingem o detector, do contrário produziriam um sinal.

Os limites de detecção em subpartes por trilhão de muitos elementos com a célula de reação dinâmica são tão baixos que permitem verificar a pureza de reagentes, vidrarias e a confiabilidade de procedimentos de análise. Poeira é normalmente a maior fonte de contaminação. Mantenha os frascos fechados ou recobertos. As soluções devem ser preparadas em uma sala limpa ou gabinete de ar livre de poeira (Figura 21.29) com ar filtrado para reduzir o ruído de fundo dos contaminantes que *será* detectado por seus instrumentos. Cabelo e pele contêm Zn, Cu, Fe, Pb e Mn; joias causam contaminações por Au, Ag, Ni, e Cr; cosméticos elevam os brancos para Bi e Sb; e desodorantes contribuem com Al. Os químicos analistas utilizam macacões brancos que cobrem o corpo inteiro, incluindo cabelo, mãos e pés, para diminuir a contaminação.

Para análise de traços, frascos de vidro devem ser evitados. Utilize uma balança para preparar os padrões e fazer as diluições. As soluções têm que ser feitas com água extremamente pura e HNO_3 grau para análise de metais-traço em recipientes de polietileno, polipropileno ou Teflon (Boxe 21.1) protegidos contra poeira.[28] HCl, H_2SO_4 e H_3PO_4 são geralmente evitados pois causam interferências isobáricas. Todavia, uma célula de reação dinâmica permite a análise de soluções de H_2SO_4 e de H_3PO_4 por meio da remoção de interferentes isobáricos.[29] A interface plasma–espectrômetro de massa normalmente não tolera a presença de altas concentrações de sólidos dissolvidos, que tendem a obstruir o orifício do cone de amostragem. O plasma reduz a matéria orgânica a carbono, que pode também entupir o orifício. O material orgânico pode ser analisado se o plasma é alimentado com um pouco de O_2 para oxidar o carbono.

Os efeitos de matriz influenciam diretamente a produção de íons no plasma, de modo que os padrões de calibração devem ser preparados com a mesma matriz da amostra desconhecida.[30] A adição-padrão é extremamente apropriada para corrigir os efeitos de matriz. Por exemplo, quando elementos-traço em sangue são determinados por plasma acoplado indutivamente–espectrometria de massa, a interferência de matriz produz sinais para $^{75}As^+$ e $^{78}Se^+$ que são quase 2 vezes maiores do que os valores para materiais de referência certificados.[31] A calibração por meio da adição-padrão reduz o erro a 0 a 4%. A adição-padrão não corrige desvios do instrumento decorrentes da deposição gradual de sólidos dissolvidos no nebulizador ou no queimador.

Como alternativa, é possível empregar padrões internos de calibração para plasma acoplado indutivamente–espectrometria de massa se eles tiverem praticamente a mesma energia de ionização que o analito, corrigindo tanto efeitos de matriz quanto desvios causados pelo equipamento. Por exemplo, Tm pode ser usado como padrão interno em análises de U. As energias de ionização desses dois elementos são, respectivamente, 5,81 e 6,08 eV e, portanto, eles se ionizam praticamente da mesma maneira em matrizes diferentes. Sempre que possível, devemos escolher padrões internos que tenham apenas um único isótopo, de modo a obtermos uma resposta máxima de sinal.

Interferência Atômica Isobárica

Interferências isobáricas aparecem em função de isótopos de outros elementos ou espécies poliatômicas que possuem a mesma razão massa/carga que o analito. Por exemplo, o isótopo mais abundante de zinco é o ^{64}Zn (Figura 21.27). O ^{64}Ni é o isótopo de menor abundância do níquel (0,93% de abundância) que contribuirá com um sinal em m/z 64.

$$I\ (m/z\ 64) = I\ (\text{do }^{64}\text{Zn}) + I\ (\text{do }^{64}\text{Ni}) \tag{21.7}$$

em que I é a intensidade do sinal. A maioria dos elementos, incluindo o zinco, possui múltiplos isótopos, e todos os elementos, exceto o índio, possuem ao menos um isótopo livre de interferência isobárica. O ^{66}Zn não possui interferência isobárica e pode ser utilizado para quantificar zinco, porém será menos sensível em face de sua baixa abundância isotópica (27,7% contra 49,2% do ^{64}Zn).

$$I\ (^{66}\text{Zn}) = \left(\frac{27,7}{49,2}\right) I\ (^{64}\text{Zn})$$

De outra maneira, a interferência atômica isobárica pode ser corrigida matematicamente utilizando isótopos de abundância natural e o sinal para um isótopo diferente do elemento interferente. O ^{60}Ni é livre de interferente e tem uma abundância de 26,2%. Medindo a intensidade do níquel na razão massa/carga de 60 permite subtrair a contribuição do níquel na razão massa/carga de 64.

$$I\ (^{64}\text{Zn}) = I\ (m/z\ 64) - \left(\frac{0,93}{26,2}\right) I\ (m/z\ 60) \tag{21.8}$$

Correções devem ser pequenas quando comparadas ao valor do sinal medido. Métodos-padrão como o método 200.8 da Agência de Proteção Ambiental dos Estados Unidos (*U.S. Environmental Protection Agency*) disponibilizam equações de correção recomendadas para a determinação de elementos-traço em águas e efluentes.

Célula de Reação Dinâmica e de Colisão para Interferência Poliatômica

O Ar é um gás "inerte", praticamente sem reatividade química. Entretanto, o íon Ar^+ tem a mesma configuração eletrônica do Cl, e a química de ambas as espécies é similar. A Figura 21.27 mostra que o plasma acoplado indutivamente é uma fonte rica de Ar^+ e de íons poliatômicos (Tabela 21.3). Esses íons interferem nas medidas dos íons do analito que apresentam a mesma razão massa/carga.

O Ar^+ é similar ao Cl em termos de reatividade química.

TABELA 21.3 Interferências isobáricas comuns

Espécies poliatômicas	Analito
$^{12}C^{15}N^+$, $^{12}C^{14}NH^+$	$^{27}Al^+$
$^{38}Ar^1H^+$	$^{39}K^+$
$^{40}Ar^+$	$^{40}Ca^+$
$^{35}Cl^{16}O^+$	$^{51}V^+$
$^{35}Cl^{16}O^1H^+$, $^{40}Ar^{12}C^+$	$^{52}Cr^+$
$^{38}Ar^{16}O^1H^+$	$^{55}Mn^+$
$^{40}Ar^{16}O^+$	$^{56}Fe^+$
$^{40}Ar^{16}O^1H^+$	$^{57}Fe^+$
$^{40}Ar^{35}Cl^+$	$^{75}As^+$
$^{40}Ar^{40}Ar^+$	$^{80}Se^+$

FONTE: *Dados de T. W. May e R. H. Wiedmeyer, "Polyatomic Interferences in ICP-MS"*, Atom. Spec. ***1998***, 19, *150*.

Por exemplo, o $^{40}Ar^{16}O^+$ tem praticamente a mesma massa que o $^{56}Fe^+$, o $^{40}Ar_2^+$ tem virtualmente a mesma massa que o $^{80}Se^+$, e o $^{63}Cu^{40}Ar^+$ interfere com o $^{103}Rh^+$, o único isótopo de ródio (Figura 21.27). A interferência entre íons com razões massa/carga semelhantes é conhecida como *interferência isobárica*. O íon $^{138}Ba^{2+}$, duplamente ionizado, interfere com o $^{69}Ga^+$, pois ambos apresentam aproximadamente o mesmo valor da razão massa/carga (138/2 = 69/1). Espectrômetros de massa com alta resolução eliminam a interferência isobárica mediante a separação de espécies como $^{40}Ar^{16}O^+$ e $^{56}Fe^+$, que diferem entre si de 0,02 unidade de massa atômica. Entretanto, a maioria dos instrumentos não possui resolução suficiente para separar essas espécies.

O quadrupolo, à esquerda na Figura 21.28, opera tanto como uma *célula de colisão* ou como uma *célula de reação dinâmica*. Uma célula de colisão possui uma baixa pressão (~10^{-5} bar) de gás inerte como He ou N_2. A célula de reação dinâmica possui uma baixa pressão de um gás reativo.

Em uma célula de colisão, colisões dos íons se movendo rapidamente vindos do plasma com o gás inerte diminuem a velocidade (a energia cinética) desses íons. Íons poliatômicos, como o $^{35}Cl^{16}O^+$, gerados a partir da solução de HCl, são grandes e, consequentemente, colidem com maior frequência que os íons monoatômicos, como o $^{51}V^+$. Portanto, o $^{35}Cl^{16}O^+$ diminui mais a velocidade que o $^{51}V^+$. Uma barreira de energia eletrostática (um campo elétrico positivo) na saída da célula de colisão permite a passagem de analitos com alta energia cinética ($^{51}V^+$), mas bloqueia os interferentes de baixa energia ($^{35}Cl^{16}O^+$). Com isso, é possível remover a maior parte da interferência do $^{35}Cl^{16}O^+$ com relação ao analito de interesse, o $^{51}V^+$ (Tabela 21.4).

A *célula de reação dinâmica* na Figura 21.28 emprega *reações termodinamicamente favoráveis* para reduzir a interferência isobárica.[32] A célula de reação dinâmica contém um gás reativo como NH_3, CH_4, N_2O, CO ou O_2, e seu campo elétrico é configurado de modo a selecionar massas menores e maiores de íons para passar através da célula. As espécies oriundas do plasma que interferem na análise de alguns elementos podem ser reduzidas em até nove ordens de grandeza por meio de reações como

Célula de colisão: um gás neutro diminui interferentes poliatômicos por meio de discriminação da energia cinética
Célula de reação dinâmica: reações com um gás reativo adicionado removem interferentes deixando o sinal do analito inalterado

Transferência de elétrons do NH_3:

$$^{40}Ar^+ + NH_3 \rightarrow NH_3^+ + Ar \qquad ^{40}Ar^{14}N^+ + NH_3 \rightarrow NH_3^+ + Ar + N$$

$$^{40}Ar^{12}C^+ + NH_3 \rightarrow NH_3^+ + Ar + C \qquad ^{40}Ar^{16}O^+ + NH_3 \rightarrow NH_3^+ + Ar + O$$

Transferência de prótons para o NH_3:

$$^{40}ArH^+ + NH_3 \rightarrow NH_4^+ + Ar \qquad ^{35,37}Cl^{16}OH^+ + NH_3 \rightarrow NH_4^+ + ClO$$

$$^{40}Ar^{14}NH^+ + NH_3 \rightarrow NH_4^+ + Ar + N$$

Por exemplo, o $^{35}Cl^{16}O^+$ gerado a partir da solução de HCl interfere na determinação do $^{51}V^+$. Uma célula de reação dinâmica contendo NH_3 permite a determinação do V mediante a remoção do ClO^+ (Tabela 21.4). De forma similar, o $^{40}Ar^{16}O^+$ interfere com o $^{56}Fe^+$. Tanto o ArO^+ pode ser removido por reação com NH_3, como o Fe^+ pode ser convertido em uma espécie de massa diferente por reação com o N_2O:

$$Fe^+ + N_2O \rightarrow FeO^+ + N_2$$

TABELA 21.4 Remoção da interferência isobárica do $^{35}Cl^{16}O^+$ na determinação de vanádio ($^{51}V^+$) em HCl 2% em plasma acoplado indutivamente–espectrometria de massa

	Concentração aparente de V (ppb)	
	Branco	Padrão com 10 ppb
Sem remoção de interferência	88,8	97,9
Célula de colisão com He	0,39	11,7
Célula de reação dinâmica com NH_3	0,00	10,1

FONTE: *Dados de R. Merrifield, Perkin Elmer Inc.*

Em águas naturais contendo traços de ferro e elevadas concentrações de cálcio, o $^{40}Ca^{16}O^+$ interfere com o $^{56}Fe^+$. O CaO^+ pode ser removido mediante reação com CO:

$$CaO^+ + CO \rightarrow Ca^+ + CO_2$$

A discriminação da energia cinética com um gás inerte como o He é um procedimento simples de ser executado, que reduz o ruído de fundo em amostras com ampla variedade de composição, como as amostras de monitoramento ambiental, e melhora o limite de detecção para diversos elementos. As células de reação dinâmica possibilitam limites de detecção ainda menores para elementos selecionados por remoção de interferências específicas deixando o sinal do analito inalterado, mas requer uma otimização para cada matriz. Pesquisas envolvendo plasma por micro-ondas de nitrogênio–espectrometria de massa mostram potencial para limites de detecção comparáveis ao do plasma acoplado indutivamente–espectrometria de massa com menos interferência poliatômica.[33]

21.7 Espectroscopia Atômica de Amostras Sólidas

Amostras líquidas são comumente utilizadas em espectrometria atômica, mas há abordagens para análises diretas de sólidos. Na *amostragem direta de sólidos* em absorção atômica por forno de grafite, um sólido é analisado sem preparação da amostra (Figura 21.30).[34] Em um estudo da toxicidade ambiental de nanopartículas de prata, invertebrados individuais de *Daphnia magna* (Figura 21.30b) foram colocados em uma plataforma de grafite e pesados usando uma microbalança.[35] A plataforma foi transferida para dentro do forno por um amostrador automático (Figura 21.30c) e aquecida até 1 800 °C para atomizar a prata ingerida pelos invertebrados. O modificador de matriz $Pd(NO_3)_2$ foi adicionado para aumentar a temperatura de ebulição do analito Ag. Uma temperatura de ebulição do analito mais alta permite uma temperatura de carbonização mais alta para remover a matriz sem perder o analito. Como há uma quantidade de amostra muito maior quando o sólido é injetado do que quando o líquido é injetado, os limites de detecção podem ser até 100 vezes menores do que aqueles obtidos para injeção de líquidos. No exemplo anterior, a Ag pôde ser detectada em nível de 3 pg/invertebrado. Curvas de calibração foram obtidas pela injeção de 10 μL de soluções-padrão de Ag^+ em HNO_3 a 1%. A utilização de uma fonte de radiação contínua permitiu a construção de curvas de calibração em diversos comprimentos de onda, estendendo a faixa dinâmica de 3 pg a 1 μg de Ag por *Daphnia magna* individual. Outros sólidos que foram analisados por amostragem sólida direta incluem resíduos de mineração, batons, cristais e alimentos.[36]

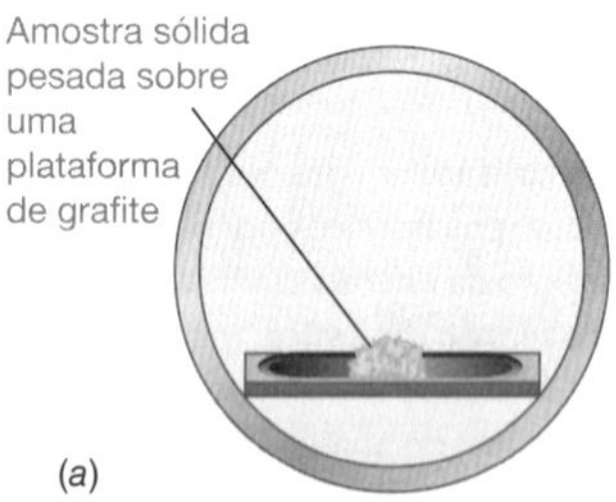

(a)

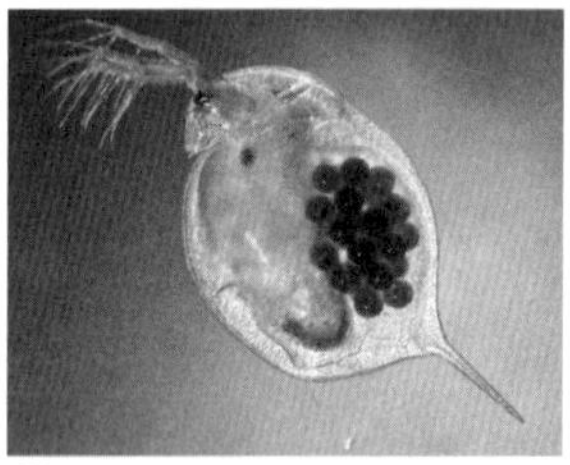

(b)

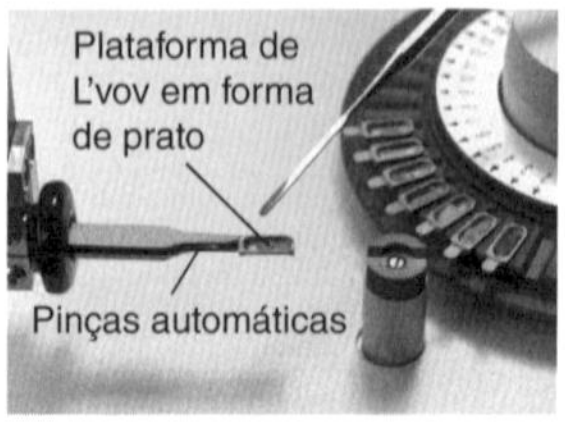

(c)

FIGURA 21.30 (*a*) Amostragem direta de sólidos mostrando a extremidade do forno. (*b*) Um exemplar de *Daphnia magna* pesando aproximadamente 30 μg. (*c*) Um autoamostrador robótico utilizado para inserir a plataforma de L'vov contendo a amostra sólida em um forno de grafite. [Dieter Ebert, Basel, Switzerland. https://commons.wikimedia.org/wiki/File:Daphnia_magna_asexual.jpg.; Cortesia de Analytik Jena.]

Amostragem por Ablação a *Laser*

No início deste capítulo, vimos um exemplo de *ablação a laser–plasma acoplado indutivamente–espectrometria de massa*[37] para a análise de dentes e ossos. Na **ablação** a *laser*, um feixe de *laser* pulsado de alta energia é focalizado em uma região microscópica de uma amostra sólida, causando uma explosão de partículas, átomos, elétrons e íons em fase gasosa. O *laser* mais comum é o Nd:YAG (granada de ítrio-alumínio dopado com neodímio), com um comprimento de onda de 1,064 μm. A multiplicação da frequência do *laser* para produzir comprimentos de onda de 532, 266 ou 213 nm fornece radiação menos intensa, mas mais fortemente absorvida por muitas amostras. Um *laser* de ultravioleta profundo em 193 nm é grandemente absorvido pela maioria das substâncias. Um pulso de 10 ns com energia de 19 mJ focalizado sobre um ponto de diâmetro 50 μm libera uma energia de 50 GW/cm^2. A microcratera resultante parece comprometer o material, mas cada pulso remove por ablação apenas alguns nanogramas de material, tornando o método praticamente não destrutivo – uma boa escolha para o dono do anel de casamento analisado na Figura 21.27. O produto de ablação produzido em uma câmara selada é removido a partir de um fluxo de Ar ou He por meio de um tubo recoberto com Teflon para dentro do plasma para análise por espectrometria de massa ou emissão atômica. *O perfil em função da profundidade* pode ser obtido por meio de pulsos sucessivos, atingindo camadas cada vez mais internas, o que permite determinar as concentrações de elementos em função da profundidade. Uma *varredura* (*raster scan*) move sucessivamente o pulso ao longo da superfície obedecendo a um padrão geométrico, permitindo mapear a composição de uma superfície.

Espectroscopia de Emissão em Plasma Induzido por *Laser*[38]

Cada pulso de *laser* produz um plasma de vida curta com uma temperatura de 10 000 a 20 000 K, onde o material se dissocia em átomos excitados e íons. Se o plasma é analisado por meio da observação da emissão atômica, o método é denominado **espectroscopia de emissão em plasma induzido por *laser***. A emissão óptica inicial a partir do plasma é um contínuo contendo pouca informação de interesse. O plasma se expande supersonicamente e resfria a temperaturas nas quais observam-se linhas de emissão atômica discretas após ~1 a 10 μS. O detector é *programado* para registrar a emissão atômica alguns microssegundos depois do pulso de *laser*. Um sistema comercial detecta a emissão de plasma por meio de sete fibras ópticas direcionadas a sete policromadores, cada um deles contendo um dispositivo acoplado de carga de 2 048 pixels para observar uma região diferente do espectro. A resolução espectral é de 0,1 nm ao longo da faixa 200 a 980 nm. O Boxe 21.3 descreve a espectroscopia de emissão em plasma induzido por *laser* usada em Marte para medir o solo e a composição das rochas. Os espectrômetros portáteis de quebra induzida por *laser* permitem a identificação em materiais de ligas metálicas de elementos de baixo número atômico como Be, Li, Mg, Al e Si.

Análise Quantitativa

A análise quantitativa por espectroscopia de emissão em plasma induzido por *laser* exige uma atenção cuidadosa aos detalhes,[39] e pode ser inexata em ±10% ou mais. Os elementos podem ser seletivamente evaporados por ablação, seletivamente transportados até o plasma ou seletivamente atomizados no próprio plasma. Desse modo, os números relativos de íons detectados não são necessariamente iguais às quantidades relativas de elementos na amostra sólida. O método de calibração mais confiável – mas de difícil execução – é a preparação de uma amostra-padrão contendo os elementos de interesse na mesma matriz da amostra desconhecida. Materiais de referência padrão de polietileno são usados para calibrar a ablação. *Padrões de matriz combinada* podem ser preparados adicionando quantidades conhecidas de elementos de interesse em uma matriz em pó, homogeneizando e pressionando em uma *pastilha* de consistência semelhante às amostras. De modo alternativo, algumas amostras podem ser completamente digeridas, e sua composição elementar determinada utilizando análises em solução. Porções não digeridas dessas amostras caracterizadas podem ser utilizadas para calibrar a ablação a *laser*.

21.8 Fluorescência de Raios X (FRX)[40,41]

Dimitri Mendeleev desenvolveu uma tabela periódica em 1869 na qual os elementos conhecidos eram dispostos segundo suas propriedades químicas e (com algumas exceções) pelo aumento da massa atômica. O número atômico Z atribuído a cada elemento era apenas uma forma de ordenação na tabela periódica, começando pelo hidrogênio = 1. Não havia significado físico relacionado com Z até 1913 quando Harry Moseley – um estudante de pós-graduação de 26 anos que trabalhava com Ernest Rutherford em Manchester, Inglaterra –, encontrou evidências a partir da fluorescência de raios X que Z era o número de cargas positivas no núcleo atômico. Segundo Frederick Soddy, que recebeu o Prêmio Nobel de Química em 1921 pelo estudo do decaimento radioativo e pela teoria dos isótopos, "Moseley... listou os elementos, de modo que, pela primeira vez, poderíamos dizer definitivamente o número de elementos possíveis entre o início e o fim, e o número daqueles que ainda estavam por ser descobertos".[42] Infelizmente, quando a I Guerra Mundial começou em 1914, Moseley alistou-se voluntariamente no serviço militar, e foi morto em Galípoli em 1915. Se ele tivesse vivido, Moseley certamente seria agraciado com um Prêmio Nobel.

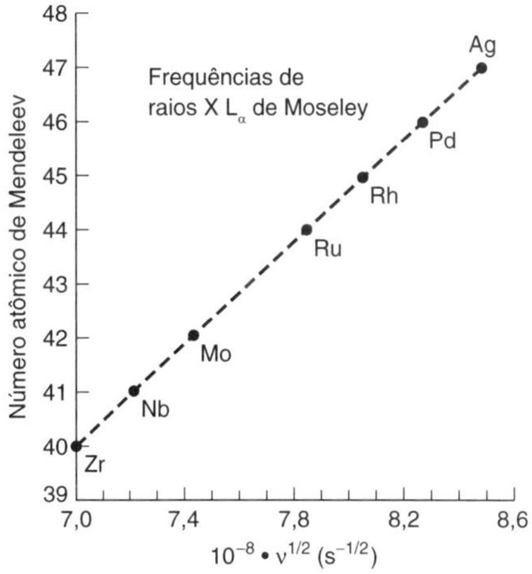

Moseley demonstrou que as frequências de fluorescência de raios X variam de uma maneira suave com o número atômico da tabela periódica de Mendeleev [*Philosophical Magazine* **1914**, *27*, 703]. O gráfico mostra que existe um elemento faltante entre Mo e Ru, e indica qual seria a frequência para aquele elemento quando ele fosse descoberto.

Raios X são fótons de alta energia produzidos quando elétrons de alta energia (10 a 50 kV) são acelerados para um anodo feito de um material como W, Mo, Ag ou Rh. A **fluorescência de raios X** é a emissão de raios X após a absorção de raios X por um material. A Figura 21.31 mostra um espectro de fluorescência de raios X de uma amostra de solo contaminado. Cada elemento presente emite picos de raios X característicos (bandas estreitas). A abscissa (eixo x, para relembrar) é a energia dos raios X em keV (milhares de elétron-volts), e não comprimento de onda. A energia (E) de um fóton é inversamente proporcional ao seu comprimento de onda (λ): $E = hc/\lambda$, em que h é a constante de Planck e c, a velocidade da luz. Os elementos são identificados pelas energias de seus picos e quantificados pelo número de fótons em cada pico.

Exemplo: Converta uma energia de raios X de 6,4 keV em comprimento de onda:

$E = (6\,400\text{ eV})(1{,}602\times10^{-19}\text{ J/eV}) = 1{,}025\times10^{-15}\text{ J}$

(conversão a partir da Tabela 1.4)

$\lambda = hc/E$

$= (6{,}626\times10^{-34}\text{ J}\cdot\text{s})(2{,}998\times10^{8}\text{ m/s})/(1{,}025\times10^{-15}\text{ J})$

$= 1{,}94\times10^{-10}\text{ m} = 0{,}194\text{ nm}$

Comprimento de onda = 0,194 nm (3 000 vezes menor do que os comprimentos de onda da radiação visível)

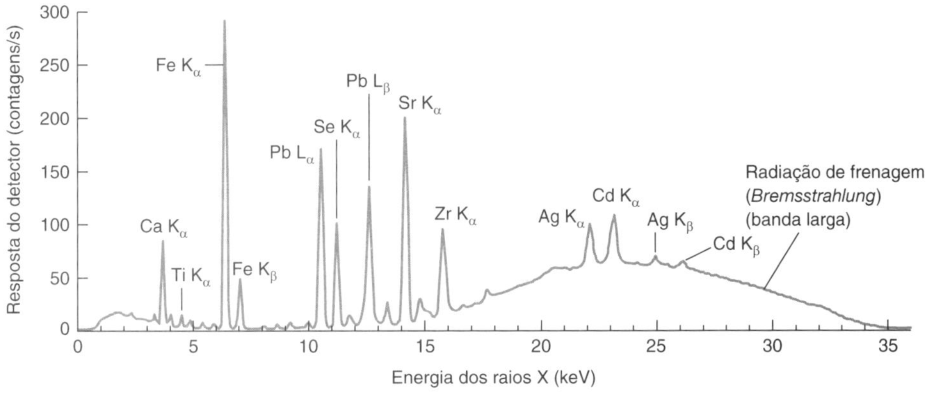

FIGURA 21.31 Espectro de fluorescência de raios X de uma amostra de solo contaminado. [Dados de P. T. Palmer, San Francisco State University.]

BOXE 21.3 Espectrometria de Emissão Atômica em Marte

[NASA/JPL-Caltech.]

Desde 2012, o *Laboratório de Ciência de Marte* (Mars Science Laboratory), montado no veículo de exploração *Curiosity*, vem explorando Marte com um conjunto de dez instrumentos científicos. A unidade de espectroscopia de emissão em plasma induzido por *laser* ChemCam determina a composição química de rochas e do solo até uma profundidade de 7 m. Os cientistas selecionam um alvo por meio do telescópio, de alta resolução da sonda. Um *laser* de comprimento de onda de 1,067 μm dispara uma série de pulsos pelo telescópio, a fim de vaporizar uma área com ~0,4 mm de diâmetro. Cada pulso, com uma densidade acima de 10 MW/mm^2, cria um plasma luminoso de átomos. A emissão óptica a partir do plasma é coletada pelo telescópio e direcionada para três espectrógrafos para geração de um perfil de composição atômica da área irradiada.

Os espectros mostrados a seguir provêm do solo do Vale Hidden coletado no Sol (designado como dia solar marciano) 707 da missão. Emissões atômicas intensas são observadas para elementos abundantes como magnésio, cálcio, sódio e ferro. O formato das emissões atômicas permite observar sinais mais fracos nas proximidades. O gráfico superior mostra emissões produzidas por hidrogênio e carbono. Acredita-se que o hidrogênio provenha de água adsorvida ou água de hidratação no seio de partículas amorfas, permitindo estimar a concentração de água em Marte. O gráfico inferior mostra a emissão de minerais ricos em Mn, revelando que a atmosfera de Marte já foi mais úmida e consideravelmente mais rica em oxigênio que atualmente. A unidade ChemCam foi calibrada para 69 padrões geoquímicos principais, mas diversos minerais inesperados foram descobertos. Um clone da ChemCam no Laboratório Nacional de Los Alamos realizou mais de 400 calibrações matriciais em condições marcianas simuladas para melhorar a precisão das análises quantitativas realizadas a mais de 80 milhões de quilômetros de distância. Siga a missão da ChemCam em www.msl-chemcam.com.

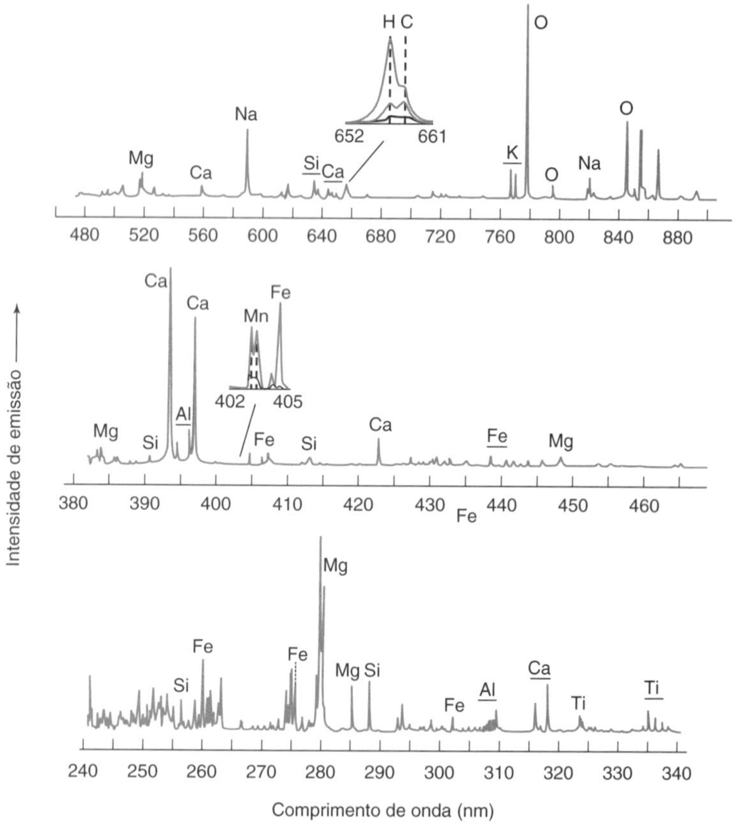

Espectros de emissão atômica em plasma induzido por *laser* do solo marciano. [Dados de S. Maurice *et al.*, "ChemCam Activities and Discoveries of the Mars Science Laboratory", *J. Anal. Atom. Spec.* **2016**, *31*, 863.]

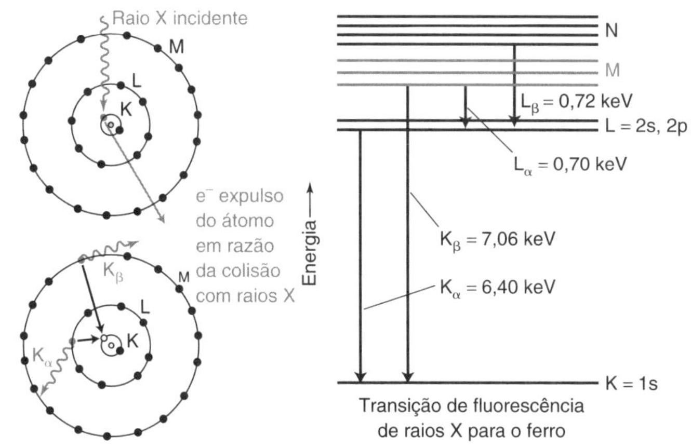

FIGURA 21.32 *Canto superior esquerdo*: um fóton de raios X incidente expulsa um elétron (1s) da camada K de um átomo. *Canto inferior esquerdo*: um elétron da camada L ou M preenche a lacuna na camada K, emitindo fluorescência de raios X K_α ou K_β. *À direita*: transições de fluorescência de raios X do ferro.

Um espectrômetro de fluorescência de raios X portátil custa tanto quanto um carro.

A origem da fluorescência dos raios X é retratada na Figura 21.32, que mostra as *camadas* de níveis de energia dos elétrons em um átomo. Essas camadas foram historicamente denominadas K, L, M... antes de suas estruturas serem explicadas por mecanismos quânticos. Hoje, chamamos a camada K de orbital 1s, e a camada L engloba os orbitais 2s e 2p. Somente as camadas mais internas são bem separadas em termos de energia.

O processo na Figura 21.32 começa no canto superior esquerdo com um fóton de raios X incidente que expulsa um elétron da camada K ou L do átomo. No canto inferior esquerdo, os elétrons de maior energia preenchem a lacuna, emitindo raios X nesse processo. Um elétron que passa do nível L para o K emite uma radiação X chamada K_α. A emissão de M para K é chamada K_β. A lacuna deixada na camada L ou M é preenchida com elétrons de maior energia, acompanhada de emissão de mais raios X. A emissão de M para L é denominada L_α, e a emissão de N para L é denominada L_β. A Tabela 21.5 lista as energias de fluorescência de raios X para os elementos. Essas energias são independentes da forma química como os elementos se encontram (±0,002 keV) porque os elétrons envolvidos estão na parte mais interna do átomo. Fe(0) no aço e Fe(VI) no Na_2FeO_4 têm as mesmas energias k e L. Emissões de 5 a 20 keV propiciam maior sensibilidade.

A Figura 21.33 mostra um analisador de fluorescência de raios X portátil concebido para análises qualitativa e quantitativa rápidas no campo. Em vez de empregar um monocromador, esse espectrômetro *de fluorescência de raios X de energia dispersiva* usa um *detector de silício SSD* (*silicon drift detector*) para medir tanto a energia quanto o número de fótons naquela energia (expressa como contagem por segundo). Uma amostra é colocada o mais perto possível do tubo de raios X e do detector. Os instrumentos portáteis são comumente empregados para revelar chumbo em tintas e brinquedos, ligas em joias, metais em minérios e materiais reciclados, e elementos tóxicos no solo e em alimentos. Os museus empregam a fluorescência de raios X para uma caracterização não destrutiva de artefatos e para inferir sobre a autenticidade e a procedência de obras de arte.

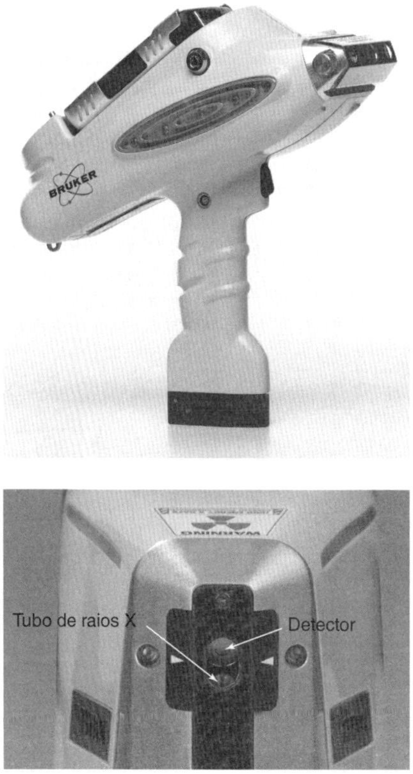

FIGURA 21.33 Analisador de fluorescência de raios X portátil para análises de campo. A imagem inferior mostra a proximidade do tubo de raios X e do detector de fluorescência. [Cortesia de Bruker Corporation.]

Os analisadores de fluorescência de raios X portáteis podem detectar níveis tão baixos como 1 ppm (1 μg/g) para elementos pesados como As, Pb e Hg (Tabela 21.5). Os limites de detecção são próximos a 1% em massa para elementos leves (Mg, Al, Si) que não são excitados com eficiência ou detectados com analisadores típicos, e cuja fluorescência é absorvida pelo ar. Elementos mais leves como H, C, N e O não são detectados. Os limites de detecção dependem da matriz, das condições de excitação e do tempo de medição. Limites de detecção para o Pb são de 5 a 60 ppm em ligas de alumínio, de 30 a 150 ppm em ligas de cobre e de 75 a 450 ppm em ligas de ferro – menores para aços de baixa liga e maiores para aço inoxidável.

Embora a intensidade dos raios X de analisadores portáteis seja bem menor do que aquela usada em equipamentos médicos e odontológicos de raios X, *a segurança deve ser uma palavra de ordem ao usar esses dispositivos.* No laboratório, um analisador portátil deve ser montado sobre uma plataforma de chumbo de teste para evitar que o usuário seja exposto aos raios X. No campo, você deve permanecer atrás do analisador, que nunca deve ser apontado para uma pessoa.

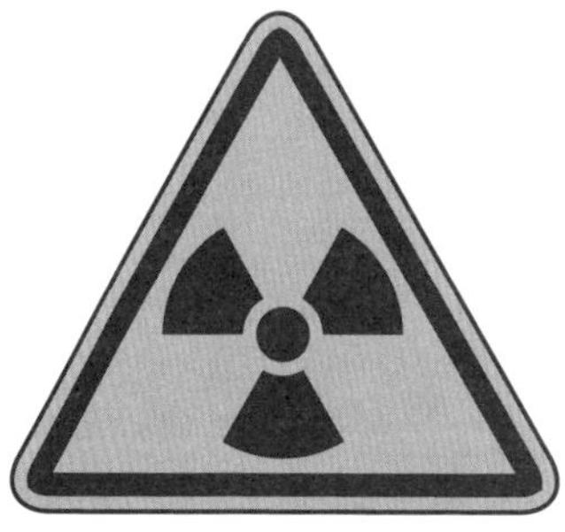

Leia e obedeça ao protocolo de segurança para radiação de seu laboratório quando encontrar este aviso.

Nas análises qualitativas e semiquantitativas (com ± 50%), não há necessidade de preparo da amostra, e a análise é realizada em cerca de um minuto. Para análises com precisão de 10% ou melhor, as amostras devem ser homogeneizadas (por moagem, por exemplo), e padrões de calibração devem ser preparados na mesma matriz da amostra. A *adição-padrão* do analito à uma amostra finamente dividida fornece os resultados quantitativos mais exatos.

Os *softwares* dos fabricantes podem fornecer falso-positivos, falso-negativos e concentrações incorretas dos elementos se você aceita cegamente o que o instrumento registra. *Sempre verifique que ambos os picos K ou ambos os picos L na Tabela 21.5 (±0,05 keV) são observados na razão de intensidades correta para um elemento suspeito de estar presente.*

TABELA 21.5 **Energias de fluorescência de raios X (keV)**

Elemento	$K_{\alpha1}$	$K_{\beta1}$	$L_{\alpha1}$	$L_{\beta1}$	Elemento	$K_{\alpha1}$	$K_{\beta1}$	$L_{\alpha1}$	$L_{\beta1}$
3 Li	0,054				48 Cd	23,174	26,096	3,134	3,317
4 Be	0,109				49 In	24,210	27,276	3,287	3,487
5 B	0,183				50 Sn	25,271	28,486	3,444	3,663
6 C	0,277				51 Sb	26,359	29,726	3,605	3,844
7 N	0,392				52 Te	27,472	30,996	3,769	4,030
8 O	0,525				53 I	28,612	32,295	3,938	4,221
9 F	0,677				54 Xe	29,779	33,624	4,110	
10 Ne	0,849				55 Cs	30,973	34,987	4,287	4,620
11 Na	1,041	1,071			56 Ba	32,194	36,378	4,466	4,828
12 Mg	1,254	1,302			57 La	33,442	37,801	4,651	5,042
13 Al	1,487	1,557			58 Ce	34,720	39,257	4,840	5,262
14 Si	1,740	1,836			59 Pr	36,026	40,748	5,034	5,489
15 P	2,014	2,139			60 Nd	37,361	42,271	5,230	5,722
16 S	2,308	2,464			61 Pm	38,725	43,826	5,433	5,961
17 Cl	2,622	2,816			62 Sm	40,118	45,413	5,636	6,205
18 Ar	2,958	3,191			63 Eu	41,542	47,038	5,846	6,456
19 K	3,314	3,590			64 Gd	42,996	48,697	6,057	6,713
20 Ca	3,692	4,013	0,341	0,345	65 Tb	44,482	50,382	6,273	6,978
21 Sc	4,091	4,461	0,395	0,400	66 Dy	45.998	52,119	6,495	7,248
22 Ti	4,511	4,932	0,452	0,458	67 Ho	47,547	53,877	6,720	7,525
23 V	4,952	5,427	0,511	0,519	68 Er	49,128	55,681	6,949	7,811
24 Cr	5,415	5,947	0,573	0,583	69 Tm	50,742	57,517	7,180	8,101
25 Mn	5,899	6,490	0,637	0,649	70 Yb	52,389	59,370	7,416	8,402
26 Fe	6,404	7,058	0,705	0,719	71 Lu	54,070	61,283	7,656	8,709
27 Co	6,930	7,649	0,776	0,791	72 Hf	55,790	63,234	7,899	9,023
28 Ni	7,478	8,265	0,852	0,869	73 Ta	57,532	65,223	8,146	9,343
29 Cu	8,048	8,905	0,930	0,950	74 W	59,318	67,244	8,398	9,672
30 Zn	8,639	9,572	1,012	1,035	75 Re	61,140	69,310	8,653	10,010
31 Ga	9,252	10,264	1,098	1,125	76 Os	63,001	71,413	8,912	10.355
32 Ge	9,886	10,982	1,188	1,219	77 Ir	64,896	73,561	9,175	10,708
33 As	10,544	11,726	1,282	1,317	78 Pt	66,832	75,748	9,442	11,071
34 Se	11,222	12,496	1,379	1,419	79 Au	68,804	77,984	9,713	11,442
35 Br	11,924	13,291	1,480	1,526	80 Hg	70,819	80,253	9,989	11,823
36 Kr	12,649	14,112	1,586	1,637	81 Tl	72,872	82,576	10,269	12,213
37 Rb	13,395	14,961	1,694	1,752	82 Pb	74,969	84,936	10,552	12,614
38 Sr	14,165	15,836	1,807	1,872	83 Bi	77,108	87,343	10,839	13,024
39 Y	14,958	16,738	1,923	1,996	84 Po	79,290	89,800	11,131	13,447
40 Zr	15,775	17,668	2,042	2,124	85 At	81,520	92,300	11,427	13,876
41 Nb	16,615	18,623	2,166	2,257	86 Rn	83,780	94,870	11,727	14,316
42 Mo	17,479	19,608	2,293	2,395	87 Fr	86,100	97,470	12,031	14,770
43 Tc	18,367	20,619	2,424	2,538	88 Ra	88,470	100,130	12,340	15,236
44 Ru	19,279	21,657	2,559	2,683	89 Ac	90,884	102,850	12,652	15,713
45 Rh	20,216	22,724	2,697	2,834	90 Th	93,350	105,609	12,969	16,202
46 Pd	21,177	23,819	2,839	2,990	91 Pa	95,868	108,427	13,291	16,702
47 Ag	22,163	24,942	2,984	3,151	92 U	98,439	111,300	13,615	17,220

Limites de detecção

<5 ppm	<0,2%
<10 ppm	<0,5%
<20 ppm	<1%
<50 ppm	não medido

Tabelados por J. B. Kortright e A. C. Thompson, X-Ray Data Booklet, http://xdb.lbl.gov/Section1/Sec_1-2.html; fonte original: J. A. Bearden, "X-Ray Wavelengths", Rev. Mod. Phys. 1967, 39, 78.

Limites de detecção para o espectrômetro portátil Olympus Innov-X com 1 a 2 min de tempo de teste para amostras como solos, pós e líquidos.

Intensidade relativa $K_\alpha/K_\beta \approx 5:1$. Para elementos com $Z > 50$, intensidade relativa $L_\alpha/L_\beta \approx 1:1$. O subscrito 1 (como em $K_{\alpha1}$) é inserido porque pode haver várias transições muito próximas de cada tipo. Você verá apenas um pico de cada tipo com a resolução de um analisador de fluorescência de raios X portátil. Espectros dos elementos disponíveis em www.xrfresearch.com/xrf-spectra/.

Na Figura 21.31, você não pode concluir que o ferro está presente a menos que você veja ambos os picos K_α e K_β com as intensidades relativas ~5:1, segundo a nota na Tabela 21.5. Você não pode concluir que o chumbo está presente, a menos que veja ambos os picos L_α e L_β com as intensidades relativas 1:1. Para o cálcio, K_α está tabelado em 3,69 keV; espera-se que K_β esteja em 4,01 keV de acordo com a Tabela 21.5. Vê-se um pico pequeno em 4,01 keV, mas não está marcado no espectro. Em geral, a região do espectro abaixo de 3 keV não é útil para um analisador portátil porque a fonte e o detector fornecem uma baixa seletividade nessa faixa de energia.

Vários artefatos podem ser observados em um espectro bruto. Um pico largo, chamado *radiação de freamento*, entre 15 e 35 keV, na Figura 21.31, é resultado da retrodifusão de raios X da amostra para o detector. Os picos da fonte de raios X e filtros secundários podem aparecer no espectro da amostra em suas energias normais (espalhamento Rayleigh), em energias ligeiramente menores (chamado espalhamento Compton), ou em ambas as energias. Dois fótons provenientes de uma intensa fluorescência do analito podem chegar simultaneamente ao detector produzindo picos de "soma" fracos que, no caso do ferro, ocorrem em $2K_\alpha$, $2K_\beta$ e $K_\alpha + K_\beta$. O silício no detector pode absorver energia de Si K_α (1,74 keV) produzindo picos de "fuga" de fraca intensidade deslocados de 1,74 keV para energia mais baixa com relação aos picos intensos do analito. Picos podem aparecer a partir de elementos presentes na matriz da amostra, suporte da amostra e materiais usados no tubo de raios X, filtros e componentes ópticos. Esses artefatos complicam a interpretação dos espectros. Os guias dos fabricantes e um tutorial[41] na *Analytical Sciences Digital Library* fornecem orientações práticas para a interpretação espectral e métodos de análise quantitativa.

Microscópios eletrônicos de varredura podem executar microanálises de fluorescência de raios X de energia dispersiva.[43] Elétrons incidentes de alta energia se chocam com elétrons das camadas K ou L dos átomos. Elétrons de energia mais elevada ocupam essas lacunas, emitindo raios X nesse processo. A composição elementar é determinada com uma resolução espacial de 0,1 a 10 μm e concentrações elementares menores que 100 ppm podem ser detectadas. Análises qualitativas e quantitativas são executadas de forma similar àquelas com espectrômetros de fluorescência de raios X portáteis.

Espectrômetros de *fluorescência de raios X de comprimento de onda dispersivo* dispersam a fluorescência de raios X utilizando a difração de Bragg. Instrumentos de comprimento de onda dispersivo permitem maior resolução espectral que espectrômetros de energia dispersiva (5 a 20 eV contra 150 a 200 eV), possibilitando a resolução de linhas espectrais próximas – importante em análises quantitativas de misturas complexas como as que contêm elementos das terras raras. O uso de vácuo permite a análise de elementos leves como o Be. Instrumentos de comprimento de onda dispersivo necessitam de fontes de raios X 100 a 1 000 vezes mais intensas que os de energia dispersiva, além de serem mais caros. Instrumentos de fluorescência de raios X por comprimento de onda dispersivo são utilizados para controle de processos e de qualidade de cimento, metais, minerais, semicondutores, cerâmicas e tintas. As amostras são discos circulares de 5 a 50 mm de raio e devem ser homogêneas com uma superfície idealmente perfeitamente plana. Metais, componentes eletrônicos e plásticos são cortados e polidos. Materiais em pó (≥ 15 g) são finamente moídos e prensados firmemente em um suporte de amostra plástico. A fusão de amostras minerais (Seção 28.2) produz os melhores resultados. As amostras líquidas são seladas em copos plásticos.

Os comprimentos de onda de raios X são similares em comprimento às distâncias interatômicas. Linhas de átomos em uma rede cristalina dispersam os raios X, assim como uma rede de difração dispersa a radiação ultravioleta/visível.

Espectrômetros de fluorescência de raios X de comprimento de onda dispersivo são de 3 a 5 vezes mais caros que um carro.

21.9 Escolha do Espectrômetro Atômico Correto

Cada um dos métodos da espectrometria atômica é capaz de analisar diversos elementos com baixos limites de detecção (Figura 21.23). A escolha de qual espectrômetro atômico utilizar se dá, frequentemente, pela disponibilidade em seu laboratório. Caso exista opção de escolha, a decisão depende da finalidade da análise, de quantos elementos precisam ser analisados, e de qual(is) a(s) concentração(ões) esperada(s) do(s) analito(s) (Figura 21.34).

Por exemplo, a poeira dispersa no ar em alguns locais de trabalho pode conter uma grande variedade de metais e metaloides que podem prejudicar a saúde dos trabalhadores se inalados. Para avaliar a exposição a esses componentes, especialistas em higiene ocupacional colocam pequenas bombas no uniforme dos trabalhadores para fazer a sucção do ar por meio de um filtro que coleta as partículas em suspensão. Essa pequena (assim esperamos) quantidade de poeira coletada deve ser analisada para uma grande variedade de elementos. Utilizando a Figura 21.34, o propósito dessa análise é a *quantificação* do nível de exposição por *vários elementos* que podem estar em *quantidades em nível de traço*. Estes objetivos nos levam à escolha entre emissão atômica em plasma por micro-ondas, emissão atômica em plasma acoplado indutivamente ou plasma acoplado indutivamente–espectrometria de massa, dependendo das concentrações que serão determinadas. O método-padrão ASTM D7035 recomenda espectroscopia de emissão atômica em plasma acoplado indutivamente para a quantificação de mais de 40 metais ou metaloides que podem estar presentes nas poeiras de locais de trabalho.

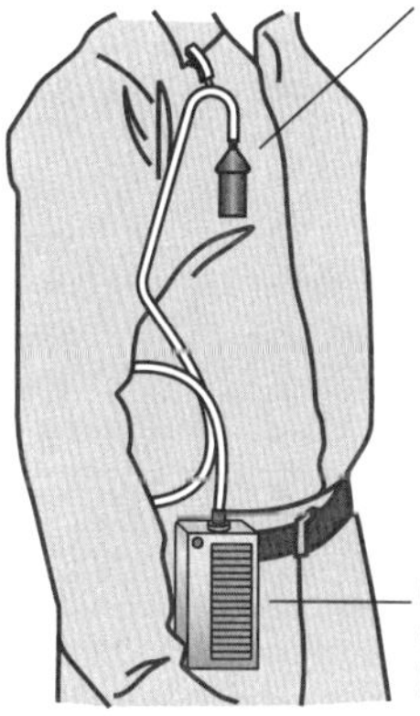

Em algumas aplicações, como a análise de prata em *Daphnia magna* individual (Figura 21.30), fatores adicionais como a quantidade limitada de amostra influenciam a escolha do método. A Tabela 21.6 compara fatores a serem considerados na seleção do método mais apropriado. Fatores importantes incluem quantidade de amostra requerida, faixa linear, precisão e custo de aquisição.

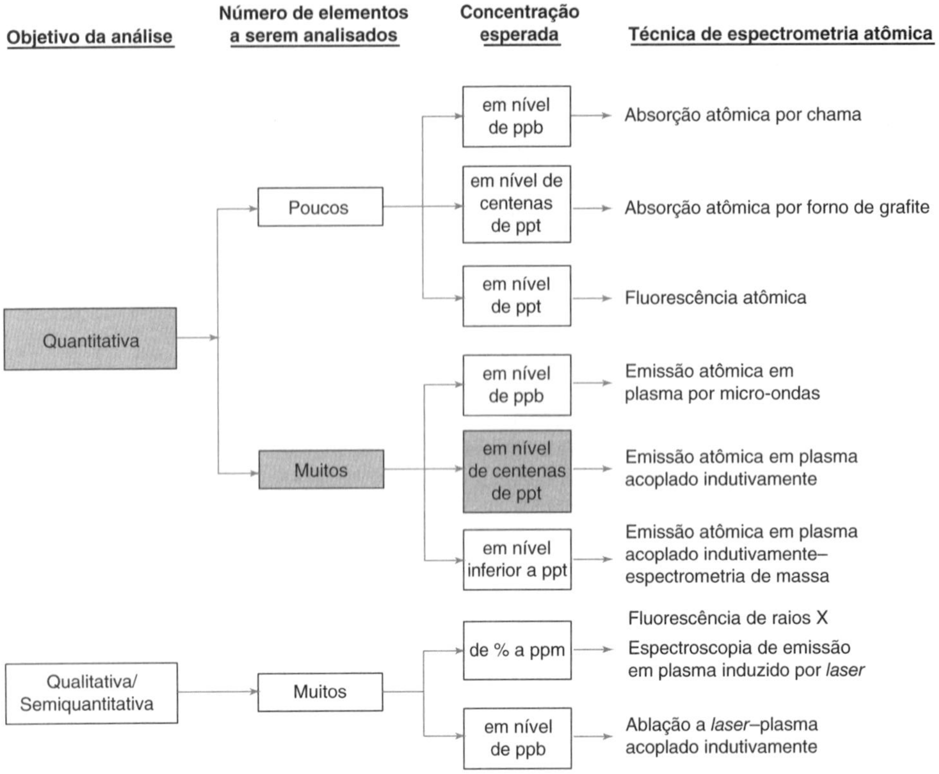

FIGURA 21.34 Guia para seleção de técnica de espectrometria atômica. ppt = partes por trilhão. [Dados de S. Elliott, "Comparison of ICP-QQQ and MP-AES to Alternative Atomic Spectrometry Techniques", *Am. Lab.* mar. 2017, p. 20.]

TABELA 21.6 Comparação de métodos de análises atômicas

	Absorção por chama	Absorção por forno	Emissão por micro-ondas	Emissão por plasma	Plasma–espectrometria de massa
Limites de detecção (ng/g)	1–100	0,01–0,1	1–10	0,1–1	< 0,001
Faixa linear	10^3–10^4	10^2–10^3	10^4–10^5	10^7–10^8	10^{10}–10^{11}
Precisão					
em curto prazo (5 min)	0,1–1%	0,5–5%	0,1–2%	0,1–2%	0,5–2%
em longo prazo (horas)	1–10%	1–10%	< 3%	1-5%	< 5%
Interferências					
espectral	muito pouca	muito pouca	muita	muita	pouca
química	muita	elevadíssima	alguma	muito pouca	alguma
de massa	—	—	—	—	muita
Habilidade exigida do operador	baixa	média	baixa	média	alta
Máximo de amostras por dia	100–200	50–100	300–500	2 000–2 500	750–1 200
Elementos analisados simultaneamente	~6	~2	~10	50+	50+
Sólidos dissolvidos	< 3%	> 20% de pastas e sólidos	< 3%	1–20%	0,1–0,4%
Volume de amostra	elevado	muito baixo	médio	médio	médio
Custo de aquisição[a]	1	2–3	2–3	3–5	7–10

a. Custo de aquisição de 1 ≈ 1 carro de médio porte. Custo de aquisição de 7 ≈ 7 carros de médio porte (ou um carro realmente muito, muito bom).

N. R. T.: O comparativo de custos para aquisição dos equipamentos e dos carros é dado pelo autor considerando a aquisição de ambos nos Estados Unidos.

FONTE: *Informação de TJA Solutions, Franklin, MA, com informação de S. Elliott, "Comparison of ICP-QQQ and MP-AES to Alternative Atomic Spectrometry Techniques",* Am. Lab., *mar. 2017, p. 20;* Microwave Plasma Atomic Emission Spectroscopy, *publicação nº 5991-7282EN (Agilent Technologies, 2016).*

Termos Importantes

ablação
absorção atômica
aerossol
agente de liberação
alargamento por pressão
atomização
autoabsorção
correção da radiação de fundo
distribuição de Boltzmann
efeito Doppler
emissão atômica
espectroscopia de emissão em plasma induzido por *laser*
fluorescência atômica
fluorescência de raios X
forno de grafite
interferência de ionização
interferência espectral
interferência física
interferência isobárica
interferência química
lâmpada de catodo oco
limite de detecção
matriz
modificador de matriz
nebulização
plasma
plasma acoplado indutivamente
princípio da incerteza de Heisenberg
supressor de ionização

Resumo

Na espectroscopia atômica, medimos a absorção, a emissão ou a fluorescência dos átomos no estado gasoso. Os líquidos podem ser atomizados por uma chama, um forno ou um plasma. Na chama ou plasma ocorrem a nebulização para formar um aerossol, a evaporação do solvente, a vaporização de espécies moleculares e a decomposição em átomos. A excitação térmica dos átomos promove a emissão atômica. A ionização e as reações que formam moléculas causam interferência e espécies absorvedoras e emissoras adicionais. A conversão do analito em um composto volátil aumenta a quantidade de analito transportada para a chama. A temperatura de uma chama encontra-se geralmente na faixa de 2 300 a 3 450 K. A escolha do combustível e do oxidante determina a temperatura da chama e afeta a extensão das interferências espectral, química ou de ionização que será encontrada. A instabilidade na temperatura afeta a atomização na absorção atômica e tem um efeito ainda maior na emissão atômica, pois a população do estado excitado é exponencialmente sensível à temperatura. Um forno de grafite, aquecido eletricamente, necessita de menos amostra do que uma chama e possui um limite de detecção menor. Em um plasma acoplado indutivamente, uma bobina de indução de radiofrequência aquece os íons Ar^+ a 6 000 a 10 000 K. Nesta temperatura elevada, é observada emissão de átomos e íons eletronicamente excitados. Há pouca interferência química em um plasma acoplado indutivamente, a temperatura é muito estável e observa-se pouca autoabsorção. Um plasma por micro-ondas, operado com nitrogênio, chega a 5 000 K, e é uma alternativa de custo mais baixo.

A espectroscopia por emissão de plasma não necessita de uma fonte luminosa e é capaz de determinar, simultaneamente, ~70 elementos, utilizando como detector um dispositivo por injeção de carga. A correção da radiação de fundo para determinado pico de emissão pode ser feita subtraindo-se a intensidade dos pixels que são vizinhos ao pico. Os menores limites de detecção são obtidos direcionando-se o plasma para um espectrômetro de massas, que separa e mede a quantidade de íons presentes no plasma. Na espectroscopia de absorção atômica em chama ou em forno, uma lâmpada de catodo oco, construída com um elemento, que é o analito da amostra, proporciona linhas espectrais mais finas que as do vapor atômico. A largura de linha inerente às linhas atômicas é limitada pelo princípio da incerteza de Heisenberg. As linhas em uma chama, em um forno ou em um plasma têm suas larguras alargadas de 10 a 100 vezes em função do efeito Doppler e das colisões atômicas. A correção para a emissão de radiação de fundo de uma chama é possível interrompendo-se periodicamente a corrente elétrica na lâmpada ou interrompendo-se, mecanicamente, de maneira alternada, o feixe luminoso. O espalhamento da radiação e o espectro da radiação de fundo podem ser subtraídos medindo-se a absorção de uma lâmpada de deutério ou pela correção Zeeman para a radiação de fundo, em que os níveis de energia atômicos são deslocados, por meio de um campo magnético, alternadamente para dentro e para fora da ressonância com a frequência da lâmpada. A interferência química pode ser reduzida pela adição de agentes de liberação, que evitam a reação do analito com as espécies interferentes. A interferência de ionização em chamas é suprimida pela adição de elementos facilmente ionizáveis, como o Cs.

Padrões de matriz combinada e adição-padrão podem compensar diversos tipos de interferências. Calibração por padrão interno compensa interferências físicas e perdas de amostra. Análises abaixo de partes por bilhão requerem atenção especial com relação às condições de limpeza e aos protocolos para minimizar a contaminação da amostra e perda do analito. O melhor método de espectrometria atômica para uma aplicação em particular depende de quantos elementos necessitam ser analisados, quais as suas concentrações esperadas e quantas amostras serão analisadas.

Na análise por plasma acoplado indutivamente–espectrometria de massa, a interferência isobárica ocorre entre espécies com a mesma razão massa/carga. A interferência isobárica por átomos de outros elementos é evitada pela utilização de um isótopo do analito livre de interferentes, ou corrigindo matematicamente o sinal do analito baseado na abundância isotópica conhecida. A interferência por íons moleculares como o ArC^+, ArO^+ e $ArCl^+$ pode ser eliminada utilizando-se uma célula de colisão ou de reação dinâmica. Células de colisão utilizam a discriminação de energia cinética, onde íons moleculares são amortecidos por colisões com um gás inerte e não conseguem passar por uma barreira de energia eletrostática. Íons atômicos são menores e por isso sofrem menos colisões, conseguindo passar por essa barreira. Uma célula de reação dinâmica reduz a interferência isobárica por espécies poliatômicas específicas para poucos elementos-alvo. A célula de reação emprega uma reação exotérmica de um gás, como NH_3, N_2O ou CO, capaz de remover íons moleculares interferentes, como ArO^+, ou por transformação de um analito em um íon molecular que pode ser medido sem interferência.

Sólidos podem ser diretamente amostrados utilizando-se forno de grafite ou ablação a *laser*. O material submetido à ablação pode ser removido por meio de um plasma acoplado indutivamente para detectar múltiplos elementos por emissão atômica ou espectrometria de massa. Quando se mede a emissão, a técnica é denominada espectroscopia de emissão em plasma induzido por *laser*. Padrões associados à matriz são necessários para análises semiquantitativas.

A fluorescência de raios X é a emissão de raios X por um material após este ter absorvido raios X. Espectrômetros portáteis permitem determinações qualitativas e semiquantitativas da composição elementar no campo. Os raios X da fonte do espectrômetro ionizam elétrons das camadas internas (K ou L) dos átomos. Quando os elétrons externos preenchem as lacunas, são emitidos raios X característicos. Cada elemento emite linhas estreitas de raios X características, cujas energias identificam o elemento, e cujas intensidades integradas são proporcionais à concentração do elemento. Muitos elementos podem ser determinados em níveis abaixo de 0,01% em massa com exatidão de ~10% quando se emprega o cuidado adequado.

Exercícios

21.A. A limonita é um minério de ferro de baixo teor. Estudantes da Evergreen State College prepararam amostras desse minério por fusão com metaborato de lítio e tetraborato de lítio em um forno (Seção 28.2), e dissolveram o sólido resultante em ácido nítrico. O ferro foi determinado utilizando espectroscopia de absorção atômica em 248,3 nm.

(a) Faça uma curva de calibração (Seção 4.8) utilizando os dados vistos a seguir. Esta calibração é linear?

Concentração de Fe (ppm)	Sinal de absorção atômica (mV)
0,10	1,45
0,40	4,17
1,00	12,80
2,00	24,45
5,00	58,95
Padrão de controle de qualidade	11,87

FONTE: *Dados de A. M. R. P. Bopegedera, C. L. Coughenour e A. J. Oswalt, "Determination of Iron in Limonite Using Spectroscopic Methods",* J. Chem. Ed. ***2016****, 93, 1916. A. J. Oswalt era aluno de iniciação científica.*

(**b**) Qual o propósito de utilizar um padrão de controle de qualidade? Determine a concentração de Fe e sua incerteza-padrão no padrão de controle de qualidade. Esse valor concorda com o valor de referência de 1,00 ppm?

(**c**) Determine a incerteza-padrão no padrão de controle de qualidade se a medida for feita em duplicata (duas vezes), quatro vezes e dez vezes. Qual é o objetivo desse questionamento?

(**d**) Um branco de método contendo todos os reagentes, mas nenhum minério foi preparado e analisado. Nenhum Fe foi detectado. Qual é o propósito do branco de método?

(**e**) Determinações em replicata da porcentagem de Fe em duas amostras de limonita foram analisadas obtendo-se: $\bar{x}_1 = 24{,}1$, $s_{x1} = 1{,}5$, $n_1 = 7$; $\bar{x}_2 = 21{,}5$, $s_{x1} = 0{,}9$, $n_2 = 7$. Use o teste t para determinar se os minérios são estatisticamente equivalentes ou diferentes.

21.B. O Li foi determinado por emissão atômica utilizando-se o método de adições-padrão. Trace um gráfico de adição-padrão (Seção 5.3) para determinar a concentração de Li e a sua incerteza na amostra desconhecida. O padrão de Li contém 1,62 μg de Li/mL.

Desconhecida (mL)	Padrão (mL)	Volume final (mL)	Intensidade de emissão (unidades arbitrárias)
10,00	0,00	100,0	309
10,00	5,00	100,0	452
10,00	10,00	100,0	600
10,00	15,00	100,0	765
10,00	20,00	100,0	906

21.C. Usou-se Mn como padrão interno para a medição de Fe por absorção atômica. Uma mistura-padrão contendo 2,00 μg de Mn/mL e 2,50 μg de Fe/mL deu origem a uma razão (sinal de Fe/sinal de Mn) = 1,05/1,00. Preparou-se uma mistura com um volume de 6,00 mL misturando-se 5,00 mL da solução desconhecida de Fe com 1,00 mL contendo 13,5 μg de Mn/mL. A absorbância desta mistura no comprimento de onda do Mn foi 0,128, e a absorbância no comprimento de onda do Fe foi 0,185. Determine a molaridade da solução desconhecida de Fe.

21.D. (**a**) O sinal de absorção atômica, mostrado a seguir, foi obtido com 0,048 5 μg de Fe/mL em um forno de grafite. A raiz do ruído quadrático médio na linha base, medida pelo computador do instrumento, é $s = 0{,}30$ unidade vertical, onde cada linha horizontal no registrador é uma unidade vertical. Estime onde a linha de base se situa abaixo da cauda do sinal e meça a altura do sinal. Estime o limite de detecção para o Fe definido para este problema como a concentração de Fe que fornece uma altura de sinal igual a $3s$.

(**b**) Sete medidas repetidas de uma solução-padrão contendo 1,00 ng de Hg/L forneceu leituras de 0,88, 1,48, 0,94, 1,12, 1,03, 1,40 e 1,14 ng/L por absorção atômica em amostras vaporizadas a frio (Boxe 21.1). A partir das Equações 5.6 e 5.7, estime os limites de detecção e de quantificação. (Observe que, nas Equações 5.6 e 5.7, o quociente s/m é o desvio-padrão da concentração.)

21.E. A determinação de Li em salmoura (água contendo muito sal) é usada pelos geoquímicos para ajudar a determinar a origem desse fluido em poços petrolíferos. A análise do Li por absorção e emissão atômica em chama estão sujeitas a interferências pelo espalhamento de radiação, ionização e sobreposição com a emissão espectral de outros elementos. Análises de absorção atômica feitas em duplicata em amostras provenientes de um sedimento marinho deram os resultados apresentados na tabela a seguir.

Amostra e tratamento	Li determinado (μg/g)	Método analítico	Tipo de chama
1. Nenhum	25,1	curva-padrão	ar/C_2H_2
2. Diluição a 1/10 com H_2O	64,8	curva-padrão	ar/C_2H_2
3. Diluição a 1/10 com H_2O	82,5	adição-padrão	ar/C_2H_2
4. Nenhum	77,3	curva-padrão	N_2O/C_2H_2
5. Diluição a 1/10 com H_2O	79,6	adição-padrão	N_2O/C_2H_2
6. Diluição a 1/10 com H_2O	80,4	adição-padrão	N_2O/C_2H_2

FONTE: *Dados de B. Baraj, L. F. H. Niencheski, R. D. Trapaga, R. G. França, V. Cocoli e D. Robinson, "Interference in the Flame Atomic Absorption Determination of Li",* Fresenius J. Anal. Chem. ***1999***, *364, 678.*

(**a**) Sugira um motivo para o aumento aparente da concentração de Li nas amostras de 1 a 3.

(**b**) Por que as amostras de 4 a 6 têm um resultado praticamente constante?

(**c**) Que valor você indicaria como a concentração verdadeira de Li na amostra?

21.F. Identifique o número máximo de picos que conseguir no espectro de fluorescência de raios X mostrado a seguir. Para cada pico de K_α, assinale onde o pico K_β deve aparecer, e indique se existe um pico plausível na posição K_β. Deve haver um pico K_β para cada pico K_α, mas a intensidade do pico K_β deve ser ~1/5 da intensidade do pico K_α.

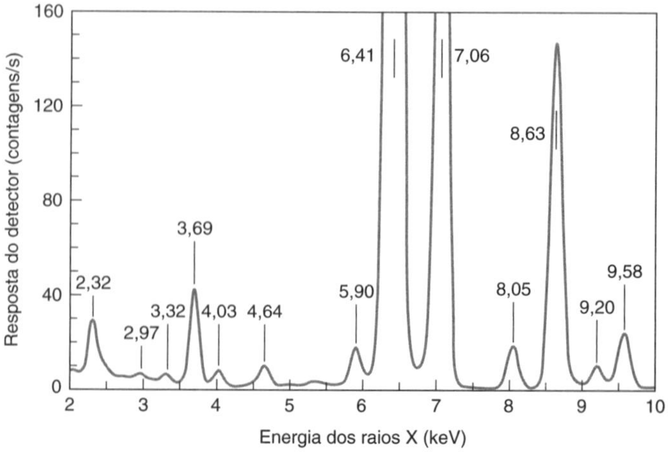

Espectro parcial de fluorescência de raios X de uma amostra de solo. [Dados de P. T. Palmer, San Francisco State University.]

Problemas

Técnicas de Espectroscopia Atômica

21.1. Com base na Figura 21.6, quais são os processos envolvidos na absorção atômica de uma solução de um íon metálico? E na emissão atômica?

21.2. A estabilidade da temperatura de chama é mais crítica na absorção atômica ou na emissão atômica? Por quê?

21.3. Explique como a formação de arsina volátil (AsH_3) melhora os limites de detecção quando comparada à nebulização direta de uma solução de arsênio.

21.4. Estabeleça as vantagens e desvantagens de um forno comparado com o uso de uma chama na espectroscopia de absorção atômica.

21.5. A Figura 21.10 mostra um perfil de temperatura para um experimento de absorção atômica em forno de grafite. Explique o papel de cada uma das partes diferentes do perfil de aquecimento.

21.6. Estabeleça as vantagens e desvantagens do plasma acoplado indutivamente em comparação com a espectroscopia atômica convencional em chama.

21.7. Explique o significado do efeito Doppler. Justifique por que o alargamento de linha resultante do efeito Doppler, previsto pela Equação 21.5, aumenta com a elevação da temperatura e com a diminuição da massa.

21.8. Explique como funciona a técnica de correção da radiação de fundo por: (**a**) interrupção mecânica de feixe; (**b**) lâmpada de deutério; (**c**) efeito Zeeman.

21.9. Explique o significado das interferências: espectral, física, química, de ionização e isobárica.

21.10. Na abertura deste capítulo vimos que metais-traço em dentes e ossos fornecem informações sobre a dieta de Ötzi, o homem de gelo, e o ambiente em que vivia, tanto na infância quando na vida adulta. A matriz mineral inorgânica dos dentes e ossos é a hidroxiapatita, $Ca_{10}(PO_4)_6(OH)_2$. Materiais de matriz combinada foram necessários para calibrar determinações por ablação a *laser* nos estudos sobre Ötzi. Absorção atômica em forno de grafite e plasma acoplado indutivamente–espectrometria de massa foram utilizados para determinar o teor de magnésio em padrões de referência de ossos.[44]

(**a**) Explique por que o $Mg(NO_3)_2$ é adicionado às amostras de osso para suprimir interferências de matriz na análise de Mn na absorção atômica com forno de grafite.

(**b**) Explique por que La^{3+} é adicionado às amostras de osso em um método alternativo de forno de grafite para Mn.

(**c**) Explique por que NH_3 é adicionado em uma célula de reação dinâmica para suprimir a interferência em plasma acoplado indutivamente–espectrometria de massa.

21.11. (**a**) Explique a finalidade da célula de colisão na Figura 21.28.

(**b**) A determinação de ^{28}Si sofre interferência isobárica de $^{14}N_2^+$ e do silício de ruído de fundo proveniente dos componentes de vidro.[45] Qual o efeito que a discriminação de energia cinética provocará no sinal desses dois interferentes?

21.12. (**a**) Explique a finalidade da célula de reação dinâmica na Figura 21.28.

(**b**) Na análise geológica isotópica de estrôncio existe uma interferência isobárica entre $^{87}Rb^+$ e $^{87}Sr^+$. Uma célula de reação dinâmica contendo CH_3F converte Sr^+ em SrF^+, mas não Rb^+ em RbF^+. Como esta reação elimina a interferência isobárica?

21.13. Branco de soluções foi monitorado para vanádio, sob a forma de $^{51}V^+$, utilizando plasma acoplado indutivamente–espectrometria de massa, obtendo-se os resultados vistos a seguir.

Branco	Concentração aparente de vanádio (ppb) Sem remoção de interferência	Célula de colisão com He	Célula de reação dinâmica com NH_3
Água	0,00	0,10	0,00
HCl a 2%	88,8	0,39	0,00
HCl a 5%	205	0,87	0,00
HCl a 10%	418	1,82	0,00

FONTE: *Dados de R. Merrifield, PerkinElmer Inc.*

(**a**) O HCl utilizado para preparar as soluções está contaminado por vanádio?

(**b**) Por que monitorar $^{51}V^+$ seria uma alternativa melhor? (*Dica*: procure na internet a abundância relativa dos isótopos de vanádio.)

(**c**) Que outro ácido poderia ser utilizado no lugar do HCl?

21.14. Qual é a finalidade dos padrões associados à matriz na espectroscopia por ablação a *laser*?

21.15. As concentrações de metais (em pg por g de neve) determinadas por fluorescência atômica, na Crosta de Gelo de Agassiz, na Groenlândia, durante o período de 1988-1992, são:[46] Pb, $1{,}0_4$ $(\pm 0{,}1_7) \times 10^2$; Tl, $0{,}43 \pm 0{,}08_7$; Cd, $3{,}5 \pm 0{,}8_7$; Zn, $1{,}7_4$ $(\pm 0{,}2_6) \times 10^2$; e Al, $6{,}1$ $(\pm 1{,}_7) \times 10^3$. A precipitação anual média de neve foi de 11,5 g/cm^2. Calcule o fluxo anual médio de cada metal, em ng/cm^2. *Fluxo* significa quanto metal cai sobre cada cm^2.

21.16. Calcule o comprimento de onda (nm) da emissão dos átomos excitados que se encontram em um estado de energia de $3{,}371 \times 10^{-19}$ J por molécula acima do estado fundamental.

21.17. Para a Tabela 21.2, refaça o cálculo dos valores correspondentes a 500 nm. Qual seria o valor de N^*/N_0 a 6 000 K se $g^* = 3$ e $g_0 = 1$?

21.18. Calcule a largura de linha resultante do efeito Doppler para a linha de 589 nm do Na e para a linha de 254 nm do Hg, ambas a 2 000 K.

21.19. O primeiro estado excitado do Ca é atingido pela absorção de radiação com comprimento de onda de 422,7 nm.

(**a**) Qual é a diferença de energia (kJ/mol) entre os estados fundamental e excitado?

(**b**) As degenerações relativas para o Ca são $g^*/g_0 = 3$. Qual é a razão N^*/N_0, a 2 500 K?

(**c**) Qual a porcentagem de alteração da fração em N^*/N_0, quando ocorrer um aumento de 15 K na temperatura?

(**d**) Qual será o valor da razão N^*/N_0 a 6 000 K?

21.20. Um *elétron-volt* (eV) é a variação de energia de um elétron que se desloca a partir de uma diferença de potencial de 1 volt: eV = $(1{,}602 \times 10^{-19}$ C) (1 V) = $1{,}602 \times 10^{-19}$ J por elétron = 96,49 kJ/mol de elétrons. Use a distribuição de Boltzmann para completar a tabela a seguir e explique por que o Br não é facilmente observável na absorção atômica ou na emissão atômica.

	Na	Cu	Br
Energia do estado excitado (eV)	2,10	3,78	8,04
Comprimento de onda (nm)			
Razão de degenerescência (g^*/g_0)	3	3	2/3
N^*/N_0 a 2 600 K em chama			
N^*/N_0 a 6 000 K em plasma			

21.21. O MgO evita a evaporação prematura do Al em um forno mantendo o alumínio sob a forma de Al_2O_3. Outro tipo de modificador de matriz previne a perda de sinal de um átomo X, que forma facilmente, em um forno de grafite (que é uma fonte de carbono), o carbeto molecular XC. Por exemplo, adicionando-se ítrio a uma amostra contendo bário, aumentamos o sinal do Ba em 30%. A energia de dissociação de ligação no YC é maior que a no BaC. Explique o que está ocorrendo para aumentar o sinal do Ba.

Análise Quantitativa Usando Espectroscopia Atômica

21.22. Uma série de padrões de potássio forneceram as intensidades de emissão a 404,3 nm, mostradas na tabela vista a seguir.

Amostra (μg de K/mL):	0	5,00	10,00	20,00	30,00
Emissão relativa:	0	124	243	486	712

(a) Esta calibração é linear? *Dica*: observe a dispersão de dados sobre a linha (Seção 5.2).

(b) A emissão da amostra desconhecida foi 417. Determine a concentração do íon potássio e a sua incerteza na amostra desconhecida.

21.23. *Curva de calibração*. Estudantes da St. John Fisher College desenvolveram um procedimento operacional padrão para determinação de potássio por espectroscopia de absorção atômica por chama baseado no método da farmacopeia norte-americana USP-36-NF-31. A absorbância da linha de 766,5 nm de uma lâmpada de catodo oco de potássio foi utilizada para a determinação em uma chama de ar/acetileno.

Concentração de K (ppm)	Sinal da absorção atômica
0,00	0,000
0,15	0,049
0,30	0,105
0,45	0,159
0,60	0,212
0,75	0,266

FONTE: *Dados de I. Kimaru, M. Koetlher, K. Chichester e L. Eaton, "Analytical Method Transfer for Pharmaceuticals",* J. Chem. Educ. *2017, 94, 1066.*

(a) Esta calibração é linear? *Dica*: observe a dispersão de dados em torno da reta (Seção 5.2).

(b) Uma amostra fornece uma absorbância de 0,179. Qual a concentração de potássio na solução analisada?

(c) Os estudantes planejaram o procedimento de modo que a concentração de K nas amostras ficasse próximo ao centro da faixa de calibração. Por quê?

21.24. *Curva de calibração*. A Figura 21.30 descreve uma determinação de prata em indivíduos de *Daphnia magna* utilizando absorção atômica por forno de grafite. Os dados de calibração a 328,068 nm são mostrados a seguir.

Ag (pg)	Área da absorbância	Ag (pg)	Área da absorbância
3,0	0,006 5	253,7	0,405 6
51,0	0,081 7	495,8	0,695 5
99,6	0,162 7	986,0	0,996 3

(a) Faça a representação do gráfico de calibração. Esta calibração é linear?

(b) Ajuste os dados por uma função quadrática que retorne $y = -8,079 \times 10^{-7}x^2 + 1,812 \times 10^{-3}x - 0,004\,8$ com resíduos desprezíveis e $R^2 = 0,999\,9$. Uma amostra desconhecida fornece um pico de área igual a 0,598 2. Quanto há de Ag nessa amostra?

21.25. Por que é mais apropriado o uso de um padrão interno para a análise quantitativa quando são esperadas perdas inevitáveis de amostra durante a etapa de preparo da amostra?

21.26. *Adição-padrão*. Para determinarmos Ca em um cereal alimentício, 0,521 6 g do produto moído foi queimado em um cadinho a 600 °C ao ar por 2 horas.[47] O resíduo foi dissolvido em HCl 6 M, transferido quantitativamente para um balão volumétrico e diluído a 100,0 mL. A seguir, alíquotas de 5,0 mL foram transferidas para balões volumétricos de 50,0 mL. Cada um deles recebeu um padrão de Ca^{2+} (contendo 20,0 μg/mL), seguida de diluição ao volume final com H_2O e analisados por absorção atômica de chama.

Ca^{2+} padrão (mL)	Absorbância	Ca^{2+} padrão (mL)	Absorbância
0,00	0,151	8,00	0,388
1,00	0,185	10,00	0,445
3,00	0,247	15,00	0,572
5,00	0,300	20,00	0,723

(a) Construa um gráfico de adição-padrão. Esta calibração é linear? *Dica*: observe a dispersão de dados em torno da reta (Seção 5.2).

(b) Use o método dos mínimos quadrados para encontrar o valor da interseção com o eixo *x* e sua incerteza.

(c) Determine a porcentagem em massa de Ca na amostra original de cereal e sua incerteza.

21.27. *Adição-padrão*. Estudantes realizaram um experimento como o da Figura 5.8 em que cada frasco continha 25,00 mL de soro sanguíneo com adições variadas de padrão de NaCl 2,640 M, e um volume total constante de 50,00 mL.

Frasco	Volume do padrão (mL)	Sinal de emissão atômica do Na^+ (mV)
1	0	3,13
2	1,000	5,40
3	2,000	7,89
4	3,000	10,30
5	4,000	12,48

(a) Construa um gráfico de adição-padrão. Esta calibração é linear?

(b) Encontre $[Na^+]$ no soro sanguíneo.

(c) Encontre a incerteza-padrão e o intervalo de $[Na^+]$ para 95% de confiança.

21.28. *Padrão interno*. Uma solução foi preparada pela mistura de 10,00 mL de amostra desconhecida (X) com 5,00 mL de padrão (P) contendo 8,24 μg de P/mL e diluindo a 50,0 mL. A razão medida entre os sinais foi (sinal de X/sinal de P) = 1,690/1,000.

(a) Em um experimento separado foi determinado que, para concentrações iguais de X e de P, a razão entre os sinais foi (sinal de X/sinal de P) = 0,930/1,000. Determine a concentração de X na amostra desconhecida.

(b) Responda à mesma pergunta se, em um experimento separado, determinou-se que, para uma concentração de X igual a 3,42 vezes a concentração de P, a razão entre os sinais foi (sinal de X/sinal de P) = 0,930/1,000.

21.29. *Certificação de qualidade.* Estanho pode ser determinado quantitativamente a partir da dissolução por lixiviação de embalagens para alimentos de aço estanhado.[48] Para a análise por emissão atômica em plasma acoplado indutivamente, o alimento é digerido preliminarmente por aquecimento por micro-ondas em uma bomba de Teflon (Figura 28.7) em três etapas distintas, com HNO_3, H_2O_2 e HCl.

(**a**) CsCl é adicionado à solução final em uma concentração de 1 g/L. Qual a razão de se usar CsCl?

(**b**) Dados de calibração são mostrados na tabela vista a seguir. Determine o coeficiente angular, o coeficiente linear, os seus desvios-padrão e R^2, que é uma medida da qualidade do ajuste dos dados à reta. Construa a curva de calibração.

Sn (μg/L)	Emissão em 189,927 nm	Sn (μg/L)	Emissão em 189,927 nm
0	4,0	40,0	31,1
10,0	8,5	60,0	41,7
20,0	19,6	100,0	78,8
30,0	23,6	200,0	159,1

(**c**) A interferência decorrente de elevadas concentrações de outros elementos foi observada em diferentes linhas de emissão do Sn. Alimentos contendo pouco estanho foram digeridos e sujeitos a uma adição-padrão contendo Sn a 100,0 μg/L. Na sequência, outros elementos foram deliberadamente adicionados. A tabela vista a seguir mostra os resultados selecionados. Quais elementos interferem em cada um dos dois comprimentos de onda? Qual dos comprimentos de onda é preferível para a análise?

Elemento adicionado a 50 mg/L	Sn determinado (μg/L) com linha de emissão em 189,927 nm	Sn determinado (μg/L) com linha de emissão em 235,485 nm
Nenhum	100,0	100,0
Ca	96,4	104,2
Mg	98,9	92,6
P	106,7	104,6
Si	105,7	102,9
Cu	100,9	116,2
Fe	103,3	emissão intensa
Mn	99,5	126,3
Zn	105,3	112,8
Cr	102,8	76,4

(**d**) *Limites de detecção e quantificação.* O coeficiente angular da curva de calibração no item (**b**) é 0,782 unidade por (μg/L) de Sn. Alimentos contendo pouco Sn deram um sinal de 5,1 unidades para sete repetições. Alimentos sujeitos a uma adição-padrão com 30,0 μg de Sn/L produziram um sinal médio de 29,3 unidades com um desvio-padrão de 2,4 unidades para sete repetições. Use as Equações 5.6 e 5.7 para estimar os limites de detecção e quantificação.

(**e**) Uma amostra de 2,0 g de alimento foi digerida e ao final diluída a 50,0 mL para análise. Expresse o limite de quantificação do item (**d**) em termos de mg de Sn/kg de alimento.

21.30. Dicloreto de titanoceno, $(\pi\text{-}C_5H_2)_2TiCl_2$, é uma potencial droga anticancerígena que se supõe ser introduzida nas células cancerosas pela proteína transferrina. Para determinar a capacidade de ligação da transferrina ao Ti(IV), a proteína foi tratada com excesso de dicloreto de titanoceno. Após o tempo necessário para que o Ti(IV) se ligasse à proteína, o excesso de moléculas pequenas foi removido por diálise (Demonstração 27.1). A proteína foi então digerida com solução de NH_3 2 M e usada para preparar uma série de soluções contendo adições-padrão para análise química. Todas as soluções foram preparadas para conter o mesmo volume final. O titânio e o enxofre presentes em cada solução foram determinados por plasma acoplado indutivamente–espectrometria de massa, cujos resultados aparecem na tabela vista a seguir. Cada molécula de transferrina possui 39 átomos de enxofre. Encontre a razão molar Ti/transferrina na proteína.

Ti adicionado (mg/L)	Sinal de emissão	S adicionado (mg/L)	Sinal de emissão
0	0,86	0	0,017 4
3,00	1,10	37,0	0,022 1
6,00	1,34	74,0	0,026 8
12,0	1,82	148,0	0,036 2

FONTE: *Dados obtidos de A. Cardona e E. Meléndez, "Determination of the Titanium Content of Human Transferrin by Inductively-Coupled Plasma-Atomic Emission Spectroscopy"*, Anal. Bioanal. Chem. ***2006***, 386, *1689*.

Fluorescência de raios X

21.31. Explique por que a fluorescência de raios X é observada quando a matéria absorve raios X de energia suficiente. Por que cada elemento tem um padrão único de raios X?

21.32. Onde os picos de emissão K_β dos elementos Ti, Se e Zr estariam posicionados na Figura 21.31? Por que eles não estão assinalados?

21.33. Por que os picos L_α e L_β, e não os picos K_α e K_β, foram identificados para o chumbo na Figura 21.31? Por que os picos L_α e L_β para o ferro não são identificados na Figura 21.31?

21.34. Quanta energia, em kJ/mol, é liberada quando o nitrogênio emite radiação K_α em 0,392 keV? Compare a energia de K_α com 945 kJ/mol, que é a energia necessária para quebrar a ligação tripla no N_2 (uma das ligações químicas mais fortes).

21.35. Identifique o número máximo de picos que conseguir no espectro de fluorescência de raios X de uma amostra de solo, mostrado a seguir, referente ao local onde a água do telhado de uma casa goteja sobre o solo. Para cada pico de K_α, assinale onde o pico K_β deve aparecer, e indique se existe um pico plausível na posição K_β. Deve haver um pico K_β para cada pico K_α, mas a intensidade do pico K_β deve ser ~1/5 da intensidade do pico K_α.

21.36. A ayurveda é um sistema de medicina praticada na Índia. Em um estudo, 20% dos medicamentos ayurvédicos fabricados nos Estados Unidos e na Índia, e comprados pela Internet em 2005, continham quantidades detectáveis de vários elementos tóxicos.[49] Identifique o número máximo de picos que puder no espectro de fluorescência de raios X de um medicamento ayurvédico mostrado a seguir.

Escolhendo um Método de Espectroscopia Atômica

21.37. *Problema da literatura.* O zinco é um micronutriente essencial. Estima-se que cerca de 2 bilhões de pessoas tenham deficiência de zinco. B. J. Stevens *et al.* escreveram uma Nota Técnica (*J. Anal. Atom. Spec.* **2017**, *32*, 843, *open access*) descrevendo um método para a determinação de zinco no plasma sanguíneo. Notas Técnicas são uma breve descrição de um novo dispositivo experimental ou uma nova técnica.

(**a**) Apenas o zinco foi alvo de interesse nesse estudo. Amostras clínicas continham de 0,6 a 1,6 ppb de zinco. É desejável que seja utilizado um pequeno volume de amostra. Utilize a Figura 21.34 e a Tabela 21.6 para prever a técnica de espectrometria atômica utilizada.

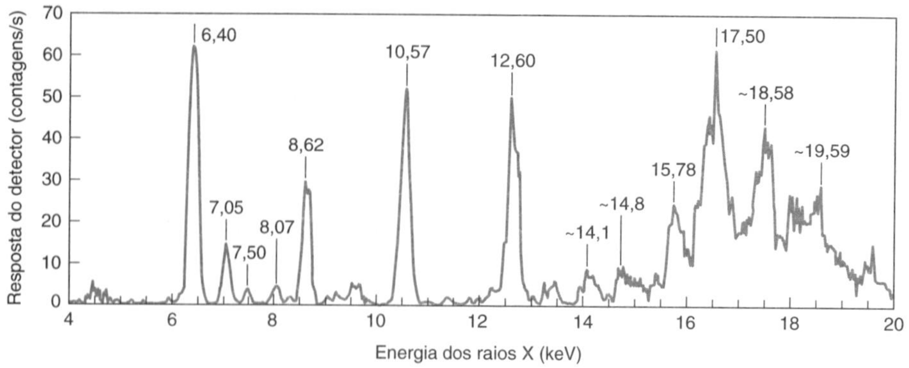

Espectro para o Problema 21.35. Espectro de fluorescência de raios X de uma amostra de solo tomada de um local onde a água goteja do telhado de uma casa. [Dados de S. J. Bachofer, "Sampling the Soils Around a Residence Containing Lead-Based Paints: An X-ray Fluorescence Experiment", *J. Chem. Ed.* **2008**, *85*, 980; o espectro original foi suavizado pelo polinômio de Savitzky-Golay de cinco pontos, Equação C.2 no Apêndice C.]

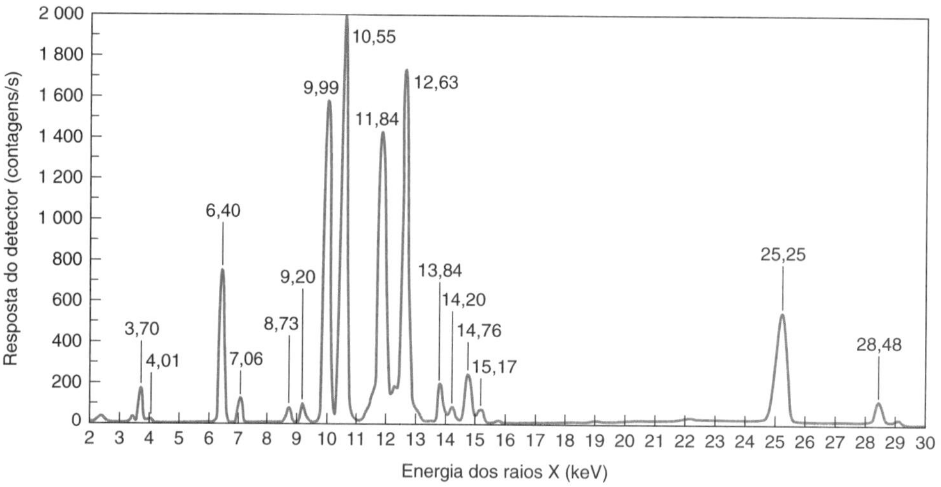

Espectro para o Problema 21.36. Espectro de fluorescência de raios X de um medicamento ayurvédico. [Dados fornecidos por P. T. Palmer, San Francisco State University.]

(b) A **Introdução** fornece uma base sobre o tópico que será abordado e trabalhos anteriores. O que era o "padrão-ouro" para determinação de Zn em soro sanguíneo? Por que esta técnica não foi utilizada nesse estudo?

(c) **Materiais e métodos** é um nome alternativo para a seção "Experimental", onde as condições experimentais são detalhadas. Como a vidraria foi limpa para evitar contaminações na análise de traços? Como a limpeza dos frascos (*vials*) era verificada?

(d) Condições instrumentais podem ser detalhadas na seção experimental ou resumidas em tabelas. Qual o comprimento de onda da lâmpada de catodo oco que foi utilizado?

(e) A calibração utilizada foi linear ou quadrática?

(f) **Resultados e discussão** descrevem os resultados experimentais e a sua importância. Muito da discussão foi sobre a seleção do modificador de matriz. Que modificador de matriz foi utilizado para a quantificação de zinco no plasma?

(g) Como o método foi validado?

21.38. *Problema da literatura.* Mais de 25 elementos são essenciais para a vida. No *J. Anal. Atom. Spec.* **2018**, *33*, 1196, *open access*, Q. Zhang *et al.* desenvolveram um método para a quantificar, simultaneamente, macro e micronutrientes em culturas de fitoplânctons.

(a) Trinta e dois elementos foram analisados e níveis abaixo de partes por bilhão em amostras com alto teor (até 30% em massa) de sólidos dissolvidos. Utilize a Figura 21.34 e a Tabela 21.6 para predizer a técnica espectrométrica utilizada.

(b) **Materiais e métodos** fornecem detalhes da instrumentação e dos procedimentos. Na subseção **Preparo da Amostra**, por que uma capela de fluxo laminar (gabinete de ar limpo) foi utilizada durante o manuseio das amostras e reagentes?

(c) Interferências isobáricas podem surgir em virtude do plasma ou da matriz da amostra. Classifique as potenciais interferências para $^{56}Fe^{+}$ na Tabela 2 do artigo como provenientes do plasma ou da amostra.

(d) **Resultados e discussão** detalham os resultados do estudo e suas importâncias. Por que os autores preferem utilizar discriminação por energia cinética em lugar de reação dinâmica?

(e) Resultados são comumente resumidos em figuras e tabelas. Utilizar uma técnica espectrométrica atômica com uma ampla faixa linear permite a determinação simultânea de analitos com concentrações bastante diferentes. Qual é a faixa de concentração dos elementos no material de referência certificado para plâncton BCR 414?

22 Espectrometria de Massa

ERAM OS DINOSSAUROS ANIMAIS DE SANGUE QUENTE, COMO OS MAMÍFEROS, OU DE SANGUE FRIO, COMO OS RÉPTEIS?

Dependência do enriquecimento em $^{13}C-^{18}O$ em carbonato com relação à temperatura. [Dados de P. Ghosh, J. Adkins, H. Affek, B. Balta, W. Guo, E. A. Schauble, D. Scharg e J. M. Eiler, "$^{13}C-^{18}O$ Bonds in Carbonate Minerals: a New Kind of Paleothermometer," *Geochim. Cosmochim. Acta* **2006**, *70, 1439*, e R. A. Eagle, E. A. Schauble, A. K. Tripati, T. Tütken, R. C. Hulbert e J. M. Eiler, "Body Temperatures of Modern and Extinct Vertebrates from $^{13}C-^{18}O$ Bond Abundances in Bioapatite", *Proc. Natl. Acad. Sci. USA*, **2010**, *107*, 10377.]

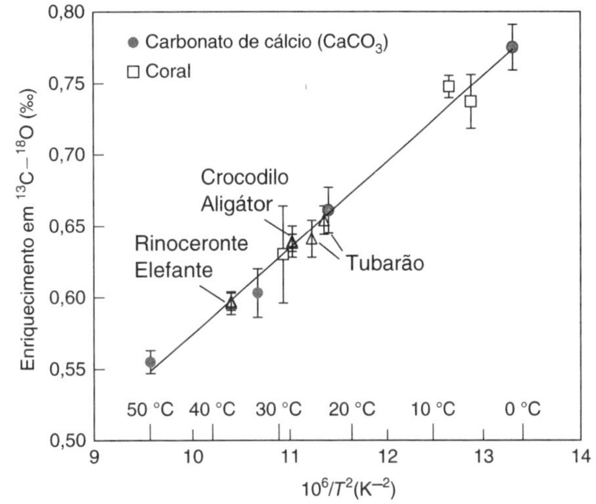

Os animais de sangue quente regulam a temperatura de seu corpo. Os animais de sangue frio, como os crocodilos, têm temperaturas comparáveis àquelas de suas vizinhanças. A espectrometria de massas nos permite medir as quantidades de moléculas isotopicamente distintas em uma mistura. Surpreendentemente, a distribuição isotópica em carbonato nos dentes permite estimar as temperaturas dos corpos dos dinossauros que viveram 150 milhões de anos atrás.

Os isótopos no carbonato, CO_3^{2-}, atingem um equilíbrio dependente da temperatura no qual a proporção das espécies com os isótopos pesados ^{13}C e ^{18}O ligados entre si aumenta em baixas temperaturas.

O gráfico mostrado na figura anterior apresenta a relação entre a composição isotópica de carbonato e a temperatura para corais e para $CaCO_3$ formado em diferentes temperaturas. A composição isotópica de carbonato nos dentes de animais modernos concorda com a temperatura conhecida de seus corpos. O carbonato nos dentes de dinossauros saurópodes é consistente com as temperaturas corporais na faixa de ~34 a 38 °C.

$$^{13}C^{16}O_3^{2-} + {}^{12}C^{18}O^{16}O_2^{2-} \rightleftharpoons {}^{13}C^{18}O^{16}O_2^{2-} + {}^{12}C^{16}O_3^{2-}$$

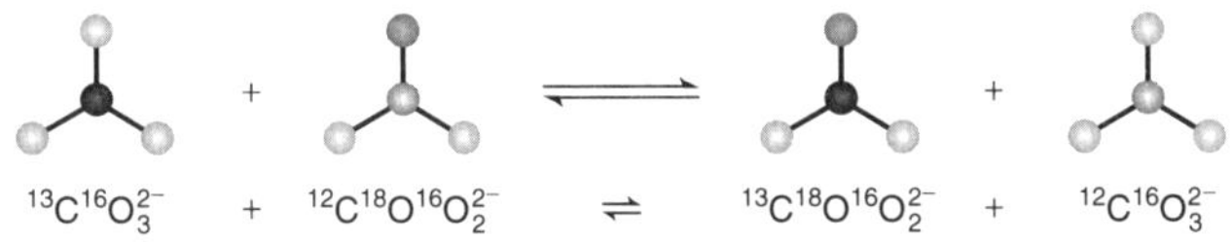

Favorecido em baixas temperaturas

Dinossauro	Temperatura corporal (°C)
Braquiossauro	38,2 ± 1,0
Diplodocíneo	33,6 ± 4,0
Camarassauro	35,7 ± 1,3

FONTE: Dados de R. A. Eagle, T. Tütken, T. S. Martin, A. K. Tripati, H. C. Fricke, M. Connely, R. L. Cifelli e J. M. Eiler, "Dinosaur Body Temperatures Determined from Isotopic ($^{13}C-^{18}O$) Ordering in Fossil Biominerals", Science **2011**, 333, 443. O ritmo de crescimento dos dinossauros e a massa de um adulto sugerem que esses animais usavam energia metabólica principalmente para crescer e não para regular a temperatura corporal. J. M. Grady, B. J. Enquist, E. Dettweiler-Robinson, N. A. Wright, e F. A. Smith, "Evidence for Mesothermy in Dinosaurs", Science **2014**, 344, 1268.

Francis W. Aston (1877-1945) construiu em 1919 um "espectrógrafo de massa" que era capaz de separar íons com uma diferença de apenas 1% em suas massas e de registrá-los em uma placa fotográfica. Uma das primeiras descobertas de Aston foi que o elemento neônio consistia em dois isótopos (^{20}Ne e ^{22}Ne). Após esta descoberta, ele descobriu 212 dos 281 isótopos que ocorrem na natureza, tendo recebido o Prêmio Nobel de Química em 1922.

A *espectrometria de massa* é uma ferramenta que tem sido utilizada há muito tempo para a medida de isótopos e para determinar a estrutura de moléculas orgânicas.[1] Os isótopos de oxigênio encontrados em núcleos de gelo na Antártida registram a história das condições climáticas na Terra, como mostrado na abertura do Capítulo 10, e a temperatura do corpo dos dinossauros, na abertura deste capítulo. A espectrometria de massa pode elucidar a sequência de aminoácidos em proteínas.[2,3] A espectrometria de massa é a mais poderosa técnica de detecção para a cromatografia, oferecendo informações qualitativas e quantitativas, possuindo alta sensibilidade e capacidade de distinção entre diferentes substâncias com o mesmo tempo

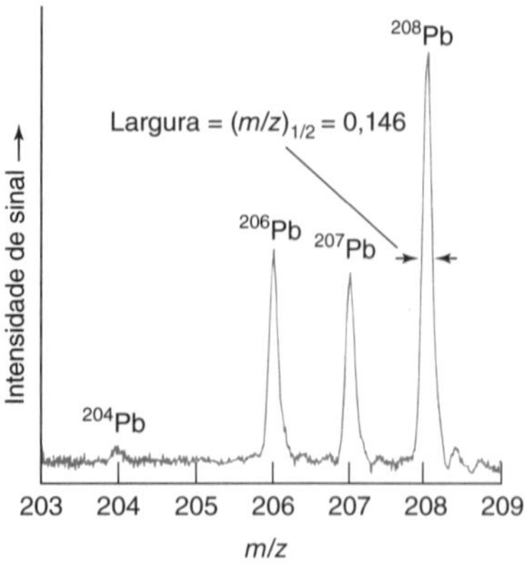

FIGURA 22.1 Espectro de massa mostrando isótopos naturais do Pb. [Dados de Y. Su, Y. Duan e Z. Jin, "Development and Evaluation of a Glow Discharge Microwave-Induced Plasma Tandem Source for Time-of-Flight Mass Spectrometry", *Anal. Chem.* **2000**, *72*, 5600. Reproduzida sob permissão © 2000, American Chemical Society.] A variabilidade das abundâncias isotópicas no Pb a partir de fontes naturais produz uma grande incerteza na massa atômica (207,2 ± 0,1) na tabela periódica.

de retenção. Cromatografia a gás–espectrometria de massa é uma ferramenta decisiva para assegurar a qualidade de nossa alimentação por meio do monitoramento de substâncias tóxicas, como os resíduos de pesticidas.

22.1 O que É a Espectrometria de Massa?

A **espectrometria de massa** mede a **razão massa/carga, *m/z***, de íons moleculares ou atômicos.[4] Um **espectro de massa** mostra o número de íons detectados em cada valor de *m/z*. A razão *m/z* é tratada como adimensional, em que *m* é expresso em *unidades de massa atômica unificada*, *u* (também chamada *dáltons*, *Da*, Boxe 22.1), e *z* é um múltiplo da carga elementar, *e*.

Para obter um espectro de massa, os íons no estado gasoso são acelerados por um campo elétrico e separados de acordo com a razão entre suas massas e suas cargas elétricas. Se todas as cargas forem +1, então *m/z* será numericamente igual à massa. Se, por exemplo, um íon tiver carga +2, *m/z* será a metade de sua massa. O espectro de massa na Figura 22.1 apresenta a resposta do detector contra *m/z* e mostra quatro isótopos naturais dos íons Pb^+. A área de cada pico é proporcional à abundância de cada isótopo. O Boxe 22.1 define a *massa nominal*, que é, geralmente, a massa considerada neste capítulo.

Os três componentes essenciais de qualquer espectrômetro de massa são: (1) uma fonte de íons, (2) um separador de massa e (3) um detector. É necessário um poderoso sistema de vácuo de modo a evitar que as moléculas sejam defletidas por colisões.

Espectrômetro de Massa por Tempo de Voo

A Figura 22.2 mostra um **espectrômetro de massa por tempo de voo**, que é amplamente utilizado para o estudo de macromoléculas – por exemplo, as proteínas –, bem como moléculas pequenas. Ele pode medir valores de *m/z* até ~10^6. Essa figura ilustra a introdução da amostra

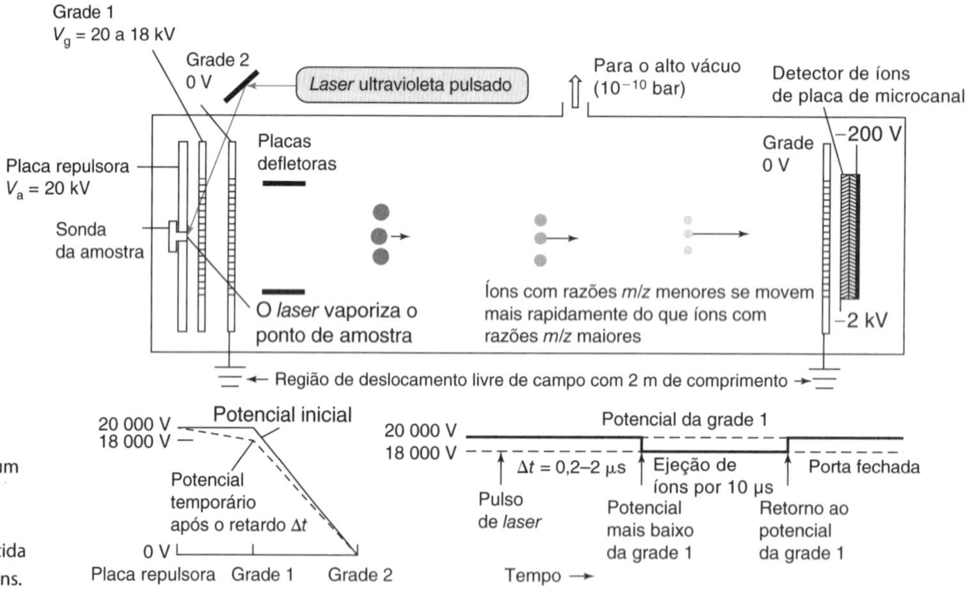

FIGURA 22.2 Diagrama esquemático de um espectrômetro de massa por tempo de voo equipado com um sistema de introdução de amostra por dessorção/ionização a *laser* assistida por matriz (MALDI) e extração retardada de íons.

BOXE 22.1 Massa Molecular e Massa Nominal

A **massa atômica** de um elemento é a média aritmética ponderada das massas dos isótopos desse elemento. A unidade de massa atômica, chamada *unidade de massa atômica unificada* (u) ou Dálton (Da), é definida como 1/12 da massa de um átomo de ^{12}C. O bromo é constituído por 50,69% de ^{79}Br, com uma massa de 78,918 34 Da (dáltons), e 49,31% de ^{81}Br, com uma massa de 80,916 29 Da. Portanto, sua massa atômica é (0,506 9)(78,918 34 Da) + (0,493 1)(80,916 29 Da) = 79,904 Da. Não existe nenhum átomo de bromo com uma massa de 79,904 Da, que é apenas uma média ponderada. As unidades u e Da são equivalentes à unidade g/mol.

A **massa molecular** de uma molécula ou íon é a soma das massas atômicas que se encontram listadas na tabela periódica. Para o bromoetano, C_2H_5Br, a massa molecular é (2 × 12,011 Da) + (5 × 1,008 Da) + (1 × 79,904 Da) = 108,966 Da.

A **massa nominal** de uma molécula ou íon é a soma dos valores *inteiros* das massas dos isótopos mais abundantes de cada um dos átomos constituintes da molécula ou do íon. Para carbono, hidrogênio e bromo, os isótopos mais abundantes são ^{12}C, ^{1}H e ^{79}Br. Portanto, a massa nominal do C_2H_5Br é (2 × 12) + (5 × 1) + (1 × 79) = 108. A *massa monoisotópica* é a massa exata da espécie contendo o isótopo mais abundante de cada um dos átomos constituintes. Para o C_2H_5Br, a massa monoisotópica é (2 × 12 Da) + (5 × 1,007 825 Da) + (1 × 78,918 34 Da) = 107,957 46 Da. A Tabela 22.1 apresenta as massas isotópicas de elementos selecionados.

por meio de **dessorção/ionização a *laser* assistida por matriz** (sigla inglesa **MALDI**)[5], onde um pulso curto de *laser* de ultravioleta (~1 ns = 10^{-9} s) produz íons em fase gasosa a partir de uma amostra sólida introduzida à esquerda do equipamento. Íons gasosos podem também ser produzidos por outros métodos.

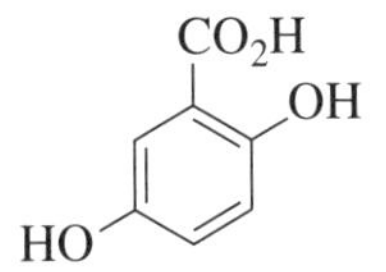

Ácido 2,5-di-hidroxibenzoico, matriz empregada na dessorção/ionização a *laser* assistida por matriz

A Figura 22.3 mostra o processo de dessorção/ionização a *laser* assistida por matriz (MALDI). Na preparação da amostra, normalmente misturamos 1 μL de uma solução 10 μM do analito (talvez protonado com ácido trifuloroacético a 0,1%) com 1 μL de uma solução 1 a 100 mM de um composto com absorção no ultravioleta, por exemplo, o ácido 2,5-di-hidroxi-benzoico (a *matriz*). A mistura é feita diretamente sobre uma sonda que se adapta à região da fonte de íons do espectrômetro. A evaporação do líquido deixa uma mistura íntima de finos cristais da matriz mais o analito. Quando o pulso do *laser* é absorvido, a matriz evapora, carregando consigo o analito a uma velocidade de ~400 m/s. O elevado valor da razão matriz/analito inibe a associação entre moléculas do analito e dá origem a espécies iônicas protonadas, que transferem carga para o analito, formando íons com uma única carga por uma variedade de mecanismos. Um método de ionização diferente para proteínas, chamado ionização por electrospray, produz proteínas carregadas positivamente contendo cargas múltiplas.

Durante a irradiação do *laser*, tanto a placa repulsora como a grade 1 na Figura 22.2 estão sob um mesmo potencial (nesse exemplo, 20 kV), de modo que não há campo elétrico entre a placa repulsora e a grade 1 para afastar os íons da placa. Após um atraso de $\Delta t \approx 0{,}2$ a 2 μs após o pulso de *laser*, o potencial da grade 1 é reduzido a 18 kV para mover cátions pela grade 1 na direção da grade 2, cujo potencial está em 0 V. A voltagem de aceleração é 20 kV entre a placa repulsora e a placa 2. Após ~10 μs, o potencial da grade 1 é elevado de volta a 20 kV de modo que não há mais íons provenientes da região da amostra. A extração retardada de íons no intervalo após o pulso de *laser* aumenta a resolução[6] e permite que os produtos dessorvidos sejam dispersados antes da aceleração. Caso os produtos não sejam dispersados quando se aplica o potencial de aceleração, colisões de alta energia podem quebrar os íons do analito em fragmentos.

Quando um íon de massa m e carga $+ze$ (em que e é a carga elementar) é acelerado por uma diferença de potencial V = 20 kV, sua energia potencial elétrica, zeV, é convertida em energia cinética:

$$\underbrace{\tfrac{1}{2}m\mathrm{v}^2}_{\text{Energia cinética (v = velocidade)}} = \underbrace{zeV}_{\text{Energia potencial (joules)}} \Rightarrow \mathrm{v} = \sqrt{\frac{2zeV}{m}} \qquad \textbf{(22.1)}$$

Massa de uma partícula de 1 dálton:

$$\frac{1\,\text{g}}{\text{mol}}\,\frac{1\,\text{mol}}{6{,}02214\times10^{23}}\,\frac{1\,\text{kg}}{1000\,\text{g}} = 1{,}6605\times10^{-27}\,\text{kg/Da}$$

A massa em quilogramas de um íon M^+ com uma massa molecular de 200 Da é

$$m = (200\text{ Da})(1{,}6605\times10^{-27}\text{ kg/Da}) = 332{,}11\times10^{-27}\text{ kg}$$

O fator $1{,}6605 \times 10^{-27}$ kg/Da, presente na nota de rodapé da Tabela 22.1, é calculado usando o número de Avogadro para encontrar a massa de um átomo cuja massa atômica é 1 g/mol. Em seguida à aceleração por uma diferença de potencial de 20 kV, sua velocidade será

$$\mathrm{v} = \sqrt{\frac{2zeV}{m}} = \sqrt{\frac{2(1)(1{,}60218\times10^{-19}\text{ C})(20\,000\text{ V})}{332{,}11\times10^{-27}\text{ kg}}} = 1{,}3891\times10^5\text{ m/s} \qquad \textbf{(22.2)}$$

Unidades dentro da raiz quadrada:

$$\frac{\text{C}\times\text{V}}{\text{kg}} = \frac{\text{energia (J)}}{\text{kg}}$$

$$\frac{\text{energia}}{\text{kg}} = \frac{\text{força}\times\text{distância}}{\text{kg}}$$

$$\text{força} = \text{massa}\times\text{aceleração} = \text{kg}\times\frac{\text{m}}{\text{s}^2}$$

$$\frac{\text{força}\times\text{distância}}{\text{kg}} = \frac{\text{kg}\times(\text{m/s}^2)\times\text{m}}{\text{kg}} = \frac{\text{m}^2}{\text{s}^2}$$

Se a região de deslocamento livre de campo no espectrômetro na Figura 22.2 tivesse exatamente 2 m, um íon com razão m/z = 200 precisaria de 14 397,4 ns para atingir a grade na frente do detector. Um íon com razão m/z = 200,1 teria um tempo de voo 3,6 ns maior, mensurável pelo detector, que é capaz de discernir uma diferença de tempo de ~0,5 ns entre os íons que chegam até ele. À medida que a razão m/z aumenta, os íons se movem cada vez mais devagar. A proteína caseína, obtida de leite integral, na Figura 22.4 tem uma massa molecular próxima de 24 000 e um tempo de voo de 158 000 ns para um trajeto de 2 m. O espectrômetro de massa deve estar sob vácuo de ~10^{-10} bar a fim de minimizar as colisões entre as moléculas ao longo de trajetos com vários metros.

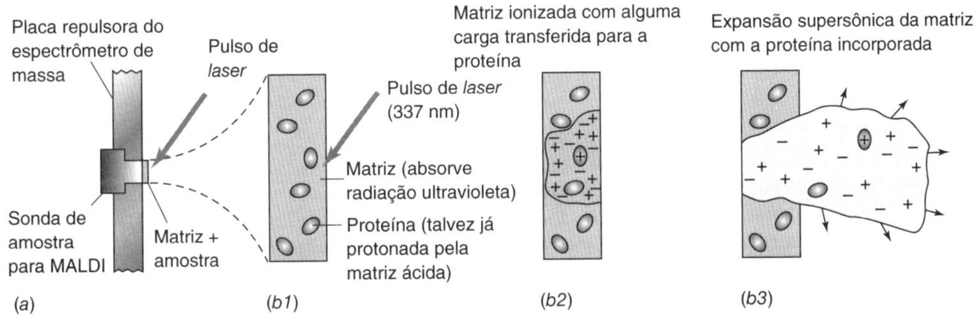

FIGURA 22.3 Sequência de eventos durante o processo de ionização por dessorção a *laser* assistida por matriz. (*a*) Mistura seca do analito e da matriz sobre a sonda de amostra inserida na placa repulsora da fonte de íons. (*b1*) Vista ampliada do pulso de *laser* atingindo a amostra. (*b2*) A matriz é ionizada e vaporizada pelo *laser* e transfere alguma carga para o analito. (*b3*) O vapor se expande em uma velocidade supersônica, formando uma fase gasosa com aspecto de pluma.

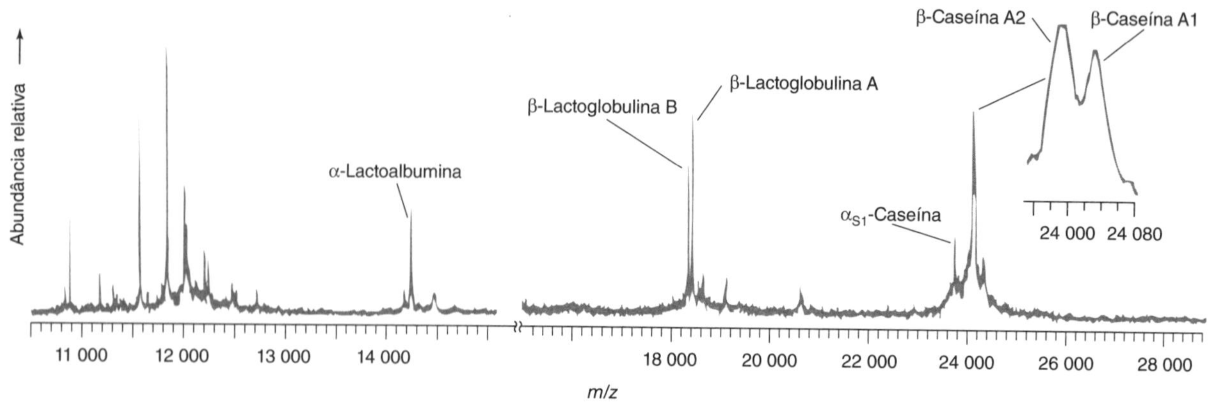

FIGURA 22.4 Espectro de massa parcial do leite de vaca (contendo 2% de gordura) observado por dessorção/ionização a *laser* assistida por matriz (MALDI)–espectrometria de massa por tempo de voo mostrando proteínas do leite com carga única. [Dados de R. M. Whittal e L. Li, "Time-Lag Focusing MALDI-TOF Mass Spectrometry," *Am. Lab.*, dec. 1997, p. 30.]

Os íons produzidos pela dessorção/ionização a *laser* têm uma distribuição de velocidades e posições na fonte de íons na Figura 22.2 antes da aplicação do pulso de voltagem à grade 1 para extrair íons. O espalhamento de velocidades e posições produz uma distribuição de velocidades de deslocamento, fazendo com que íons com a mesma razão *m/z* cheguem ao detector em tempos ligeiramente diferentes, diminuindo, assim, a resolução ($\Delta m/z$) de variantes isotópicas de íons com valores próximos de *m/z*.

Ionização por Elétrons

Na Figura 22.2, os íons na espectrometria de massa por tempo de voo foram produzidos pela ação de um *laser* em uma amostra não volátil embebida em uma matriz. Um modo comum de produzir íons a partir de analitos voláteis é a **ionização por elétrons**. A fonte de ionização por elétrons na Figura 22.5 é aquecida a ~300 °C para evitar a condensação do analito e do solvente. Os elétrons (pontos pretos) emitidos por um filamento quente (~2 000 °C) de rênio ou tungstênio são acelerados por meio de um potencial de 70 V entre o filamento e a parede da câmara de ionização. Dizemos que a energia dos elétrons é de 70 *elétron-volts*.*

Os elétrons se deslocam do filamento para o coletor metálico carregado positivamente. Ímãs permanentes alinhados com o filamento e o coletor em cada lado da fonte fazem com que os elétrons apresentem trajetórias helicoidais estreitas com ~1 mm de diâmetro. Os elétrons interagem com moléculas em fase gasosa (círculos brancos) produzindo alguns cátions (círculos cinzas) em virtude da elevação da energia de uma molécula para o ponto em que ela expele um elétron para chegar a um estado energético mais baixo. Um cátion com a mesma composição elementar da molécula original é chamado **íon molecular**. Alguns cátions possuem energia vibracional suficiente para que ele se quebre, produzindo fragmentos com valores menores de *m/z*.

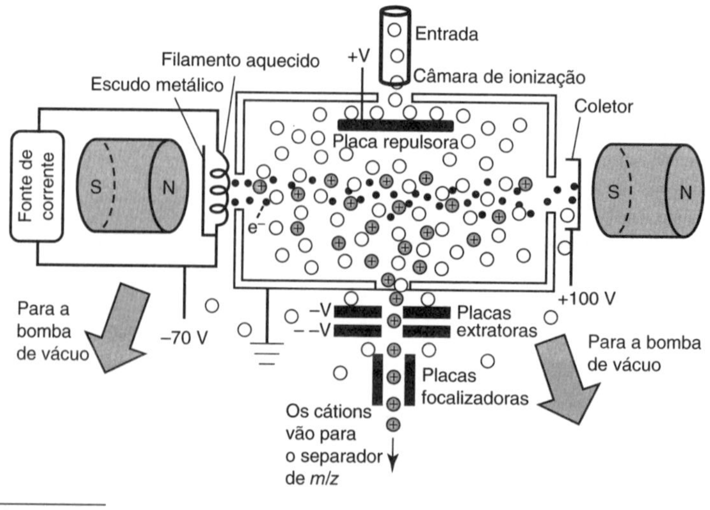

FIGURA 22.5 Fonte de ionização por elétrons para espectrometria de massa.

*A partir da Equação 22.1, a energia do elétron = zeV = (1)(1,602 × 10^{-19} C)(70 V) = 1,12 × 10^{-17} J por elétron, e a velocidade do elétron = $\sqrt{2zeV/m}$ = 5 × 10^6 m/s (m = massa do elétron = 9,109 × 10^{-31} kg). A velocidade de um elétron com 70 eV é cerca de 2% da velocidade da luz. Se a energia fosse maior, precisaríamos da teoria da relatividade especial de Einstein para calcular a velocidade, pois esta não pode exceder a velocidade da luz.

A placa repulsora levemente positiva e as placas de extração negativas na Figura 22.5 aceleram os cátions na direção do separador de *m/z*. Dependendo do separador, as energias dos cátions podem ir de alguns até milhares de elétron-volts. A ionização por elétrons é compatível com vários separadores *m/z* comuns, incluindo o espectrômetro de massa quadrupolar de transmissão, usado como detector para cromatografia gasosa, o quadrupolo de captura de íons e o espectrômetro de massa de setor magnético.

A energia cinética de 70 eV dos elétrons é muito maior que a energia de ionização das moléculas. Quando os elétrons com 70 eV interagem com o analito em fase gasosa, algumas (~0,01%) de suas moléculas (M) absorvem energia na faixa de 12 a 15 elétron-volts (1 eV = 96,5 kJ/mol), que é suficiente para a ionização:

$$\underset{}{M} + \underset{70\text{ eV}}{e^-} \rightarrow \underset{\text{Íon molecular}}{M^{+\bullet}} + \underset{\sim 55\text{ eV}}{e^-} + \underset{0{,}1\text{ eV}}{e^-}$$

Praticamente todas as moléculas estáveis possuem um número par de elétrons. Quando um elétron é perdido, o cátion resultante, com um elétron desemparelhado, é representado como $M^{+\bullet}$, o *íon molecular*. Após a ionização, parte dos íons $M^{+\bullet}$ perde sua energia por colisões com outras moléculas, permanecendo intactos. Outra parte dos íons $M^{+\bullet}$ possui energia interna vibracional suficiente (~1 eV) pelo tempo suficiente para se quebrarem, produzindo fragmentos com valores de *m/z* menores e moléculas neutras ou radicais com um elétron não emparelhado. Por uma questão de simplicidade, não desenharemos pontos em fragmentos contendo elétrons não emparelhados.

Considere o formaldeído na Figura 22.6, cujos orbitais moleculares foram mostrados na Figura 18.13. O elétron mais facilmente retirado da molécula é proveniente de um orbital não ligante ("par isolado") localizado no átomo de oxigênio, com uma energia de ionização de 11,0 eV. Para remover um elétron pi ligante da molécula de formaldeído neutra são necessários 14,1 eV, e, para essa mesma molécula, são necessários 15,9 eV para remover o elétron sigma ligante de maior energia. O orbital sigma de maior energia (σ_4 na Figura 18.13) contém tanto uma ligação sigma como o "par isolado" do oxigênio.

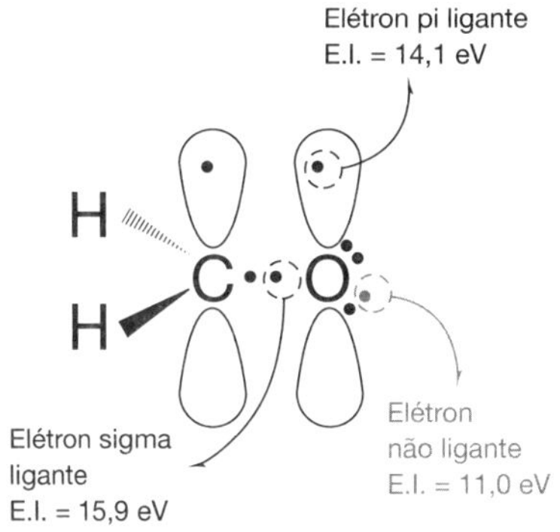

FIGURA 22.6 Energias de ionização (E.I.) dos elétrons de valência no formaldeído. [Dados de C. R. Brundle, M. B. Robin, N. A. Kuebler e H. Basch, "Perfluoro Effects in Photoelectron Spectroscopy," *J. Am. Chem. Soc.* **1972**, *94*, 1451.] A seguir temos os valores da energia da primeira ionização para diversas moléculas:

$CH_3CH_2CH_2CH_3$	10,6 eV (sigma)
$CH_2{=}CHCH_2CH_3$	9,6 eV (pi)
$(CH_3CH_2)_2\ddot{O}$	9,6 eV (não ligante)
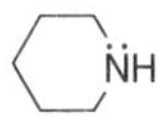	8,6 eV (não ligante)
	9,2 eV (pi)

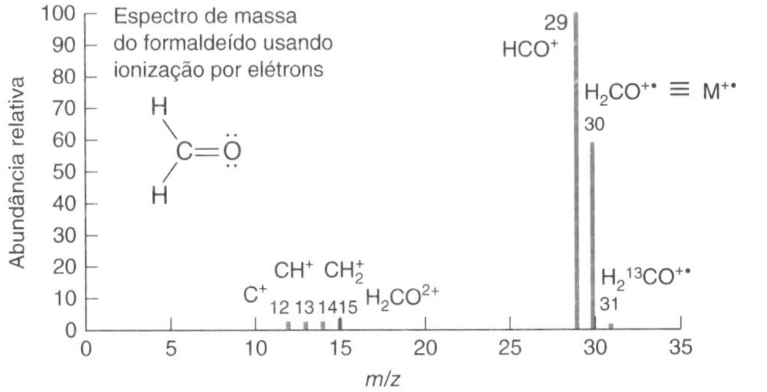

FIGURA 22.7 Espectro de massa do formaldeído usando ionização por elétrons (70 eV). [NIST/EPA/NIH Mass Spectral Database.[7]]

Memorize as massas nominais dos átomos comuns:

C 12	O 16	F 19
H 1	P 31	Cl 35
N 14	S 32	Si 28

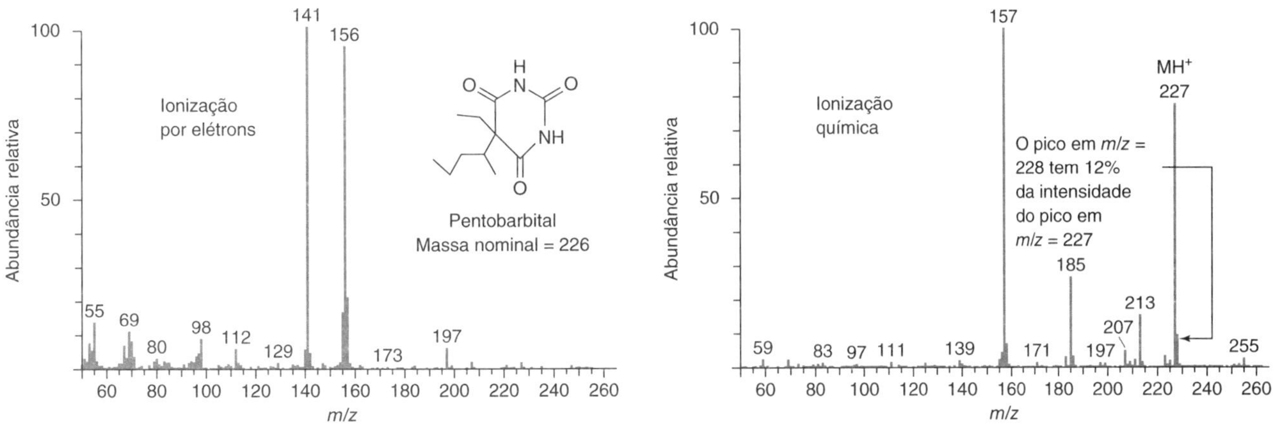

FIGURA 22.8 Espectros de massa do sedativo pentobarbital usando ionização por elétrons (*esquerda*) e ionização química (*direita*). O íon molecular ($M^{+\bullet}$, $m/z = 226$) não aparece na ionização por elétrons. O íon dominante no espectro por ionização química é o MH^+. O pico em $m/z = 255$ no espectro por ionização química deve-se ao $M(C_2H_5)^+$. [Dados de Varian Associates, Sunnyvale, CA.]

No espectro de massas do formaldeído[7] na Figura 22.7, o íon molecular, $M^{+\bullet}$ ($H_2CO^{+\bullet}$, $m/z = 30$), é o segundo íon mais abundante. O pico mais intenso de um espectro de massa é chamado **pico base**, assinalado com uma intensidade relativa de 100. As intensidades dos demais picos são expressas como uma porcentagem da intensidade do pico base. Na Figura 22.7, o pico base em $m/z = 29$ provém do íon molecular pela perda de um átomo de hidrogênio. Picos mais fracos em valores de m/z menores são atribuídos a C^+ ($m/z = 12$), CH^+ ($m/z = 13$) e CH_2^+ ($m/z = 14$). Um pico surpreendente em $m/z = 15$ não corresponde à massa de qualquer fragmento do formaldeído. Todavia, ele pode ser atribuído ao íon molecular com uma carga dupla, H_2CO^{2+}. Outro pico de intensidade fraca na Figura 22.7, em $m/z = 31$, é atribuído à variante isotópica (isotopólogo) $H_2{}^{13}CO^{+\bullet}$, porque 1,1% do carbono natural é constituído por átomos de ^{13}C, e não ^{12}C.

Algumas moléculas se fragmentam tão facilmente que o pico $M^{+\bullet}$ é pequeno ou inexistente no espectro de massa. O espectro de massa de ionização por elétrons, visto à esquerda da Figura 22.8, não apresenta o pico em $m/z = 226$, correspondente ao íon $M^{+\bullet}$. Em lugar dele, existem picos em m/z igual a 197, 156, 141, 112, 98, 69 e 55, correspondentes a fragmentos provenientes do íon $M^{+\bullet}$. Esses picos fornecem indicações a respeito da estrutura da molécula.

Uma semelhança razoável entre o espectro de massa experimental e um espectro existente em um banco de dados de computador ***não*** é prova da estrutura molecular – é apenas uma indicação. Temos de ser capazes de interpretar a origem dos principais picos do espectro (e mesmo dos picos pequenos com um valor grande de m/z) com base na estrutura sugerida, e, antes de qualquer conclusão, devemos obter no mesmo instrumento um espectro parecido a partir de uma amostra autêntica da substância sugerida. Além disso, a amostra autêntica deve ter o mesmo tempo de retenção cromatográfica que a amostra desconhecida. Muitos isômeros produzem espectros de massa praticamente idênticos.

Uma busca feita por computador normalmente é usada para comparar o espectro de massa da amostra desconhecida com espectros semelhantes existentes em um banco de dados.[7] Uma possível identificação de um íon por meio de um banco de dados não assegura a identificação correta. Uma vantagem significativa da ionização por elétrons é a disponibilidade de espectros de massa obtidos com energia de 70 eV de centenas de milhares de compostos. O banco de dados combina a informação do tempo de retenção cromatográfico com o espectro de massa para uma identificação mais positiva. Atualmente, os bancos de dados contêm espetros de íons a partir de íons precursores formados via ionização por electrospray. Essas técnicas serão discutidas mais adiante neste capítulo.

Se diminuirmos a energia cinética dos elétrons na fonte de íons, por exemplo, para 20 eV, haverá uma produção menor de íons e, consequentemente, um nível de fragmentação menor. Provavelmente, observaremos uma intensidade maior de íons moleculares. Se, antes da ionização, um gás é resfriado passando-o por um bocal de expansão supersônico, as moléculas resfriadas têm pouca energia vibracional, e o pico do íon molecular pode ser observado, mesmo que não possa ser detectado sem resfriamento.[8]

Os elétrons com energia da ordem de 70 eV praticamente levam apenas a produtos com carga positiva. Caso a energia seja menor, é possível a formação de íons negativos a partir de moléculas com afinidade eletrônica suficientemente grande:

Captura por ressonância: $$M + e^- \xrightarrow[<0{,}1\ eV]{} M^{-\bullet}$$

Captura dissociativa: $$XY + e^- \xrightarrow[0{,}1-10\ eV]{} X + Y^{-\bullet}$$

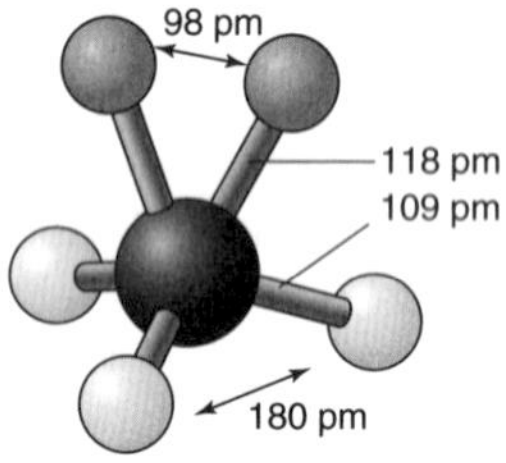

O CH_5^+ é descrito como um tripé de CH_3 com uma unidade adicional de $\mathbf{H_2}$. A ligação [**H**—C—**H**] é mantida coesa por dois elétrons distribuídos entre três átomos. Os átomos da unidade de $\mathbf{H_2}$ rapidamente trocam de posição com os átomos da unidade de CH_3.[9]

O **íon molecular**, $\mathbf{M^{+\bullet}}$ pode ser formado a partir de reações como

$$CH_4^{+\bullet} + M \rightarrow CH_4 + M^{+\bullet}$$

A espécie $\mathbf{MH^+}$ é chamada de **molécula protonada**, não de íon molecular.

Ionização Química

A **ionização química** é uma técnica que produz menos fragmentação que a ionização por elétrons. Para termos uma ionização química, a câmara de ionização na Figura 22.5 é preenchida com um *gás reativo*, por exemplo, metano, isobutano ou amônia, em uma pressão de ~1 mbar. Elétrons com energia suficiente (100 a 200 eV) convertem o CH_4 em uma variedade de produtos reativos:

$$CH_4 + e^- \rightarrow CH_4^{+\bullet} + 2e^-$$
$$CH_4^{+\bullet} + CH_4 \rightarrow CH_5^+ + {}^\bullet CH_3$$
$$CH_4^{+\bullet} \rightarrow CH_3^+ + H^\bullet$$
$$CH_3^+ + CH_4 \rightarrow C_2H_5^+ + H_2$$

A espécie CH_5^+ é um potente doador de prótons que reage com o analito produzindo a *molécula protonada* MH^+, que é, normalmente, o íon mais abundante no espectro de massa por ionização química.

$$CH_5^+ + M \rightarrow CH_4 + MH^+$$

No espectro de massa por ionização química à direita na Figura 22.8, o MH^+ em $m/z = 227$ é o segundo pico mais intenso, e existem menos fragmentos do que no espectro obtido mediante a ionização por elétrons.

Amônia e isobutano são usados no lugar do metano para reduzir a fragmentação do MH^+. Esses reagentes se ligam mais fortemente ao H^+ do que ao CH_4, fornecendo menos energia para o MH^+ quando um próton é transferido para a espécie M. A energia transferida para o MH^+ na ionização química se deve à diferença de afinidade do gás reagente e da molécula do analito pelo próton. A amônia também forma NH_2^- que pode transferir um elétron ao analito. Outros reagentes de ionização química com carga negativa incluem CO_2, O_2^-, F^- e SF_6^-.

Metano e NH_3 também promovem a formação do ânion $M^{-\bullet}$, bem como de alguns fragmentos aniônicos, por um processo denominado *ionização por captura de elétrons*, que é diferente da ionização química. Os elétrons perdem energia quando passam por meio de um gás qualquer, e as moléculas do analito podem capturar esses elétrons menos energéticos para produzir ânions a partir de derivados do analito.

Poder de Resolução

Os espectros de massa na Figura 22.8 são gráficos de barras feitos em computador. Por outro lado, a Figura 22.1 mostra o sinal de um detector real. Cada pico de um espectro de massa tem uma largura que limita quão próximos dois picos podem estar espaçados e ainda serem resolvidos. Se dois picos estão muito próximos, eles aparecem como um único pico.

Quanto maior for o **poder de resolução** do espectrômetro de massa, melhor será a sua capacidade em separar dois picos que correspondem a razões m/z semelhantes. Existem duas definições comuns, mas diferentes entre si, para poder de resolução:

$$P_{\text{LTMA}} = \text{poder de resolução (largura total à meia altura)} \equiv \underbrace{\frac{(m/z)}{(m/z)_{1/2}}}_{\text{Figura 22.9a}} \qquad \textbf{(22.3)}$$

em que (m/z) é a localização de um pico e $(m/z)_{1/2}$ é a largura total à meia altura do pico na Figura 22.9a. Para dois picos de alturas comparáveis na Figura 22.9b, separados por um vale cuja altura é 10% da altura do pico inferior, a segunda definição é

$$R_{\text{vale a 10\%}} = \text{poder de resolução (vale a 10\%)} \equiv \underbrace{\frac{(m/z)}{\Delta(m/z)}}_{\text{Figura 22.9b}} \qquad \textbf{(22.4)}$$

em que (m/z) é o valor mais baixo de m/z e $\Delta(m/z)$ é a diferença entre os dois picos.

As Figuras 22.9a e 22.9b mostram os mesmos dois picos. O poder de resolução, calculado segundo a Equação 22.3, é $(m/z)/(m/z)_{1/2} = 500/0{,}481 = 1{,}04 \times 10^3$, enquanto o cálculo de acordo com a Equação 22.4 fornece $(m/z)/\Delta(m/z) = 500/1{,}00 = 5{,}00 \times 10^2$. Quando a Equação 22.3 mostra um poder de resolução de $5{,}00 \times 10^2$, os picos em $m/z = 500$ e $m/z = 501$ são apenas ligeiramente distinguíveis entre si na Figura 22.9c. De uma maneira geral, devemos especificar qual definição foi utilizada para expressar o poder de resolução.

EXEMPLO Poder de Resolução

A partir do pico do ^{208}Pb na Figura 22.1, determine o poder de resolução utilizando a Equação 22.3.

Solução A largura à meia altura é 0,146 unidade m/z. Portanto,

$$\text{Poder de resolução} = \frac{(m/z)}{(m/z)_{1/2}} = \frac{208}{0{,}146} = 1{,}42 \times 10^3$$

Um instrumento, com um poder de resolução igual a $1{,}42 \times 10^3$, permite uma boa separação entre picos com valores de m/z em torno de 200, mas com uma separação que praticamente não é percebida na região de valores de m/z em torno de 1 420.

TESTE-SE Cada linha vertical na Figura 22.10 é um sinal bruto (contagens do detector) de um espectrômetro de massa de alta resolução com um espaçamento de $m/z = 0{,}000\ 14$ entre os pontos. Determine o poder de resolução, $m/z)/(m/z)_{1/2}$, utilizando o pico correspondente a $^{31}P^+$. (***Resposta:*** 30,973/0,003 3 = 9 400.)

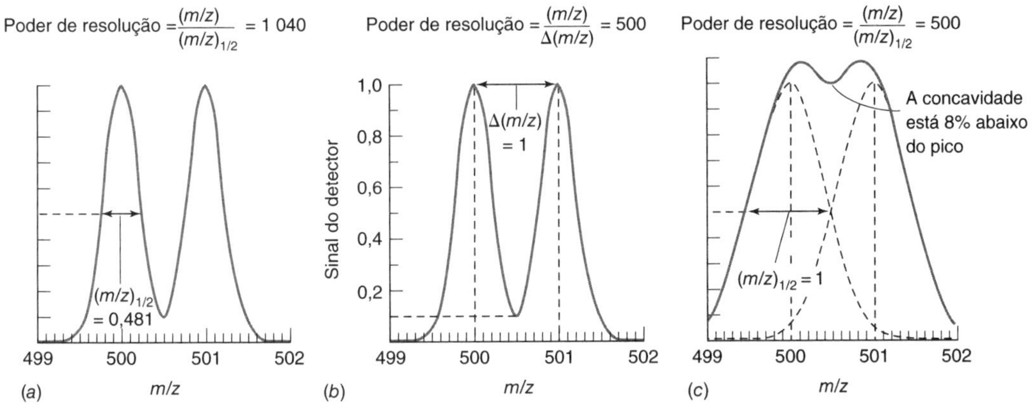

FIGURA 22.9 Poder de resolução. (*a*) Pela Equação 22.3, o poder de resolução é $(m/z)/(m/z)_{1/2} = 500/0{,}481 = 1\ 040$. (*b*) Segundo a Equação 22.4, o poder de resolução para o mesmo par de picos é $(m/z)/\Delta(m/z) = 500/1 = 500$. (*c*) Usando-se a definição pela Equação 22.3, dois picos, em valores de m/z iguais a 500 e 501, são apenas ligeiramente distinguíveis entre si se o poder de resolução for igual a 500.

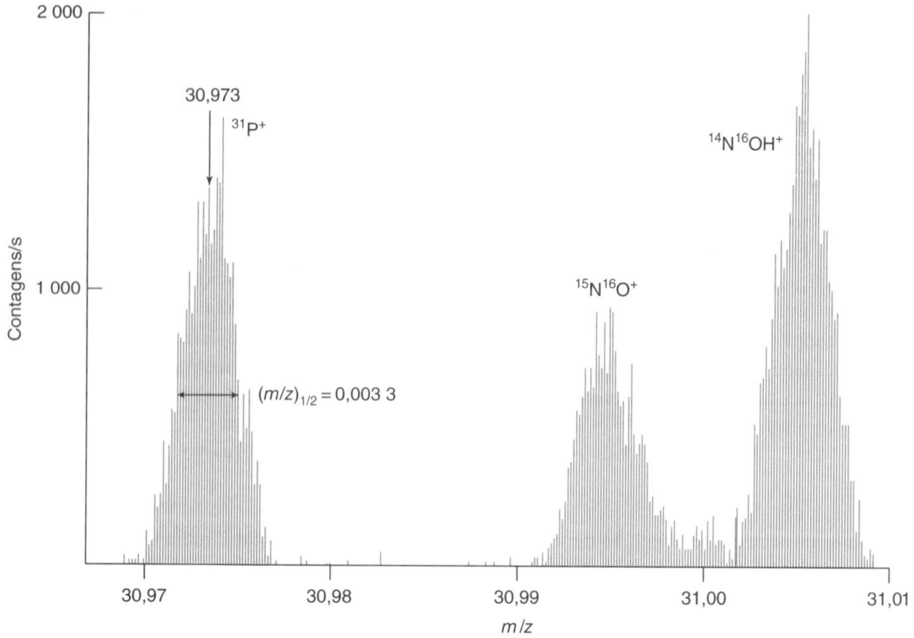

FIGURA 22.10 Espectro de massa de alta resolução mostrando a diferenciação entre $^{31}P^+$, $^{15}N^{16}O^+$ e $^{14}N^{16}OH^+$. O espectro é um gráfico de barras relacionando as contagens por segundo do detector para cada incremento de *m/z*. [Dados de J. S. Becker, S. F. Boulyga, C. Pickhardt, J. Becker, S. Buddrus e M. Przybylski, "Determination of Phosphorus in Small Amounts of Protein Samples by ICP-MS", *Anal. Bioanal. Chem.* **2003**, *375*, 561.]

Resolução é a menor diferença nos valores de *m/z* de dois íons que pode ser detectada por meio de um critério estabelecido. A resolução é $\Delta(m/z)$ na Figura 22.9b e no denominador da Equação 22.4. O termo *resolução* é por vezes usado incorretamente no lugar de *poder de resolução*. Um espectro obtido com um poder de resolução elevado é denominado *espectro de alta resolução*, a fim de distingui-lo dos espectros com resolução *m/z* em números inteiros, como aqueles encontrados em bancos de dados de espectros obtidos por meio de ionização por elétrons.

22.2 Oh, Espectro de Massa, Fale Comigo!*

*Uma expressão adaptada pelo veterano professor O. David Sparkman.

Cada espectro de massa tem uma história para contar. O íon molecular $M^{+\bullet}$ nos informa qual a massa molecular de uma amostra desconhecida. Infelizmente, com a técnica de ionização por elétrons, alguns compostos não exibem um íon molecular, pois o $M^{+\bullet}$ se fragmenta com muita facilidade. Entretanto, os fragmentos fornecem valiosas indicações sobre a estrutura da amostra desconhecida. Para determinarmos a massa molecular, podemos obter um espectro de massa por ionização química, que normalmente tem um pico forte para o MH^+.

Uma maneira prática para estabelecermos a composição de íons moleculares é a **regra do nitrogênio**: se um composto apresenta um número ímpar de átomos de nitrogênio, além de um número qualquer de átomos de C, H, halogênios, O, S, Si e P, então $M^{+\bullet}$ terá uma massa nominal ímpar. Para um composto com um número par de átomos de nitrogênio (0, 2, 4,...), $M^{+\bullet}$ terá uma massa nominal par. Um íon molecular com *m/z* igual a 128 poderá ter 0 ou 2 átomos de nitrogênio, mas não 1 átomo de nitrogênio.

Íons Moleculares e Composições Isotópicas

A ionização por elétrons de compostos aromáticos (aqueles que têm anéis benzênicos) costuma produzir uma intensidade significativa para o pico correspondente ao íon molecular $M^{+\bullet}$. Nos espectros do benzeno e da bifenila, vistos na Figura 22.11, o pico $M^{+\bullet}$ é o pico base (o mais intenso).

Embora escrevamos o íon molecular como $M^{+\bullet}$, iremos usar a notação M+1 e M−29 para os outros picos, sem indicarmos a carga positiva. O pico M+1 se refere a um íon com uma massa uma unidade maior do que $M^{+\bullet}$.

O pico seguinte de massa maior, em M+1, fornece informações a respeito da composição molecular da amostra. A Tabela 22.1 apresenta as abundâncias naturais de vários isótopos. Para o carbono, 98,93% dos átomos são ^{12}C e 1,07% são ^{13}C. A razão entre os dois isótopos é $^{13}C/^{12}C = 1{,}07/98{,}93 = 0{,}010\ 8$. Praticamente todo o hidrogênio é ^{1}H, com 0,012% sendo ^{2}H (deutério). Aplicando-se os fatores da Tabela 22.2 em um composto com a composição C_nH_m, a intensidade do pico M + 1 deve ser

Intensidade do pico M + 1 relativa ao íon molecular para o C_nH_m:

$$\text{Intensidade} = \underbrace{n \times 1{,}08\%}_{\text{Contribuição do } ^{13}\text{C}} + \underbrace{m \times 0{,}012\%}_{\text{Contribuição do } ^{2}\text{H}} \qquad (22.5)$$

Para o benzeno, C_6H_6, o pico $M^{+\bullet}$ é observado em $m/z = 78$. A intensidade prevista em $m/z = 79$ é $6 \times 1{,}08 + 6 \times 0{,}012 = 6{,}55\%$ da abundância do $M^{+\bullet}$. A intensidade observada na Figura 22.11 é 6,5%. Uma intensidade situada no intervalo de ±10% do valor esperado (nesse caso, entre 5,9 e 7,2%) está dentro da precisão dos espectrômetros de massa de uso comum. Para a

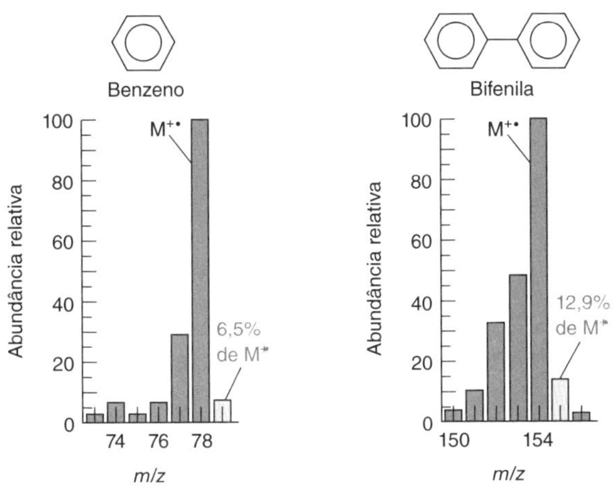

FIGURA 22.11 Espectros de massa por ionização por elétrons (70 eV) da região do íon molecular do benzeno (C_6H_6) e da bifenila ($C_{12}H_{10}$). [Dados de NIST/EPA/NIH Mass Spectral Database.[7]]

bifenila ($C_{12}H_{10}$), fazemos a previsão que a intensidade de M + 1 deve ser 12 × 1,08% + 10 × 0,012% = 13,1% da intensidade do íon molecular $M^{+\bullet}$. O valor observado é 12,9%.

A espectrometria de massa de compostos orgânicos lida principalmente com um conjunto limitado de elementos, C, H, O, N, S, P, Si, halogênios, Na e K. Os metais alcalinos são observados na espectrometria de massa por electrospray, na qual H^+, Na^+ e K^+ são encontrados na forma de adutos com moléculas orgânicas. *A composição elementar de um íon é estabelecida tanto por medições precisas de massa como a partir das intensidades relativas dos picos dos isótopos*. As medições precisas de massa dão melhores resultados, mas necessitam de instrumentos caros. As determinações das intensidades relativas dos picos dos isótopos podem ser feitas com os dados produzidos por espectrômetros de massa mais simples e menos dispendiosos.

O espectro de massa de um íon de carga única é representado por uma sequência de picos separados por uma unidade *m/z*. O pico de menor valor de *m/z* é o *pico de massa*

TABELA 22.1 Isótopos de elementos químicos selecionados

Elemento	Número de massa	Massa (Da)[a]	Abundância (% de átomos)[b]	Elemento	Número de massa	Massa (Da)[a]	Abundância (% de átomos)[b]
Próton	1	1,007 276 467	—	K	39	38,963 71	93,26
Nêutron	1	1,008 664 916	—		40	39,964 00	0,012
Elétron	—	0,000 548 580	—		41	40,961 83	6,73
H	1	1,007 825	99,988	Ar	36	35,967 55	0,336
	2	2,014 10	0,012		38	37,962 73	0,063
B	10	10,012 94	19,9		40	39,962 38	99,600
	11	11,009 31	80,1	Fe	54	53,939 61	5,845
C	12	12(exata)	98,93		56	55,934 94	91,754
	13	13,003 35	1,07		57	56,935 39	2,119
N	14	14,003 07	99,632		58	57,933 27	0,282
	15	15,000 11	0,368	Br	79	78,918 34	50,69
O	16	15,994 91	99,757		81	80,916 29	49,31
	17	16,999 13	0,038	I	127	126,904 47	100
	18	17,999 16	0,205	Hg	196	195,965 83	0,15
F	19	18,998 40	100		198	197,966 77	9,97
Na	23	22,989 77	100		199	198,968 28	16,87
Si	28	27,976 93	92,230		200	199,968 33	23,10
	29	28,976 49	4,683		201	200,970 30	13,18
	30	29,973 77	3,087		202	201,970 64	29,86
P	31	30,973 76	100		204	203,973 49	6,87
S	32	31,972 07	94,93	Pb	204	203,973 04	1,4
	33	32,971 46	0,76		206	205,974 47	24,1
	34	33,967 87	4,29		207	206,975 90	22,1
Cl	35	34,968 85	75,78		208	207,976 65	52,4
	37	36,965 90	24,22				

a. 1 dálton (Da) ≡ 1/12 da massa do ^{12}C ≈ 1,660 539 × 10^{-27} kg. Levantamento de massa isotópica, edição 2016, disponível em http://amdc.in2p3.fr/web/masseval.html, que fornece mais algarismos significativos para as massas atômicas do que os citados nesta tabela.

b. A abundância indica aquilo que é encontrado na natureza. Entretanto, variações significativas são observadas. Por exemplo, a quantidade de ^{18}O em substâncias naturais foi encontrada na faixa entre 0,188% e 0,222% de átomos. A última lista de abundâncias isotópicas, que é ligeiramente diferente desta tabela, pode ser encontrada em J. Merija et al., "Isotopic Compositions of the Elements, 2013", Pure Appl. Chem. ***2016***, *88, 293,* https://www.degruyter.com/view/j/pac.2016.88.issue-3/pac-2015-0503/pac-2015-0503.xml.

monoisotópica (todos os átomos de cada elemento são os nuclídeos de ocorrência natural mais abundantes). Os picos em valores crescentes inteiros de *m/z* são *picos isotópicos*. O primeiro pico com razão *m/z* maior provém de um íon contendo um isótopo de um dos elementos que apresenta uma unidade de massa maior que a massa nominal do isótopo mais abundante. O pico seguinte (monoisotópico com *m/z* + 2) provém de um íon com um isótopo de um dos elementos com duas unidades de massa maior que a massa do isótopo de massa nominal, ou de dois átomos que apresentam um isótopo com uma unidade de massa maior que o isótopo de massa nominal.

TABELA 22.2 Fatores de abundância isotópica (%) para a interpretação de espectros de massa

Elemento	X + 1	X + 2	X + 3	X + 4	X + 5	X + 6
H	$0{,}012n$					
C	$1{,}08n$	$0{,}005\,8n(n-1)$				
N	$0{,}369n$					
O	$0{,}038n$	$0{,}205n$				
F	0					
Si	$5{,}08n$	$3{,}35n$	$0{,}170n(n-1)$	$0{,}056n(n-1)$		
P	0					
S	$0{,}801n$	$4{,}52n$	$0{,}036n(n-1)$	$0{,}102n(n-1)$		
Cl	—	$32{,}0n$	—	$5{,}11n(n-1)$	—	$0{,}544n(n-1)(n-2)$
Br	—	$97{,}3n$	—	$47{,}3n(n-1)$	—	$15{,}3n(n-1)(n-2)$
I	0					

EXEMPLO: Para um pico em m/z = X de uma substância contendo n átomos de carbono, a intensidade do carbono em X + 1 é n × 1,08% da intensidade em X. A intensidade em X + 2 é n(n – 1) × 0,005 8% da intensidade em X. As contribuições dos isótopos de outros átomos presentes no íon são aditivas.

BOXE 22.2 Determinação da Composição Elementar a Partir das Intensidades dos Picos Isotópicos

Os elementos presentes em compostos orgânicos comuns são dos tipos: X, X + 1 e X + 2. Os elementos X (F, P, I e Na) têm apenas um único isótopo natural. H deve ser considerado um elemento X porque a abundância do deutério é insignificante. Os elementos X + 1 (C e N) apresentam apenas um isótopo que é 1 Da mais pesado do que o isótopo mais abundante. Os elementos X + 2 possuem um isótopo 2 Da mais pesado com relação àquele mais abundante. Alguns elementos X + 2 apresentam três isótopos de ocorrência natural (O, S, Si e K) e outros apenas dois (Cl e Br).

1. Identifique o pico monoisotópico. Ele será o pico na região de *m/z* elevado com o valor mais baixo da razão. Todos os picos com valores maiores que *m/z*, cada um deles separados de uma unidade, devem ser atribuídos às multiplicidades dos isótopos. O pico monoisotópico pode não ser o mais intenso no agrupamento de picos, especialmente quando átomos múltiplos de Br e Cl estão presentes. Trata-se de um processo de tentativa e erro associado à identificação do pico monoisotópico. Se você não puder explicar as intensidades dos picos X + 1 e X + 2 com relação ao pico X selecionado, ele pode não ser o pico monoisotópico.
2. Veja se existem picos (originados a partir de outros íons) localizados a uma e duas unidades *m/z* abaixo do pico monoisotópico selecionado. Caso tais picos estejam presentes, pode ser necessário contabilizar os isótopos associados a esses íons com *m/z* menores que contribuem para a intensidade do pico monoisotópico selecionado.
3. Atribua o número de átomos dos elementos X + 2, exceto o oxigênio. No caso de Cl e Br, pode ser necessário comparar os dados tabelados para as intensidades teóricas com aquelas observadas em função da semelhança de alguns padrões X + 2 de Br/Cl.
4. Atribua o número de átomos dos elementos X + 1. Os elementos X + 2 são atribuídos antes dos elementos X + 1 porque os elementos X + 2, Si e S também contribuem em X + 1, o que influencia as contribuições atribuídas ao C e ao N em X + 1. Se a *regra do nitrogênio* confirma que o íon apresenta um número ímpar de átomos de N, comece a atribuição pelo número de átomos de N. Um bom começo é iniciar com um átomo de N. A intensidade da contribuição em X + 1 em razão de três átomos de N equivale à contribuição de um átomo de carbono.
5. Atribua o número de átomos de oxigênio. O carbono tem uma contribuição em X + 2 de um íon com dois átomos de ^{13}C e não de apenas um. Essa contribuição de C em X + 2 é igual à contribuição em X + 2 de um átomo de O (0,205%) quando seis ou sete átomos de carbono estão presentes. Veja a Tabela 22.2 para o carbono, e encontrará que a contribuição em X + 2 é (0,005 8%) × 6 × 5 = 0,17% para seis carbonos, e (0,005 8%) × 7 × 6 = 0,24% para sete carbonos. Se o número de átomos de O for determinado antes do número de átomos de C, o número de átomos de O pode estar erroneamente elevado. A melhor precisão absoluta na determinação da intensidade dos picos é ±0,2%, o que significa que o número atribuído de átomos de O não é melhor que ±1 átomo.
6. Após atribuir o número de átomos dos elementos X + 2 (incluindo O) e X + 1, a massa faltante é resultante de elementos X, incluindo o H.
7. Se átomos de mais de um elemento contribuem para a intensidade de um pico isotópico, as contribuições são aditivas, isto é, se um íon contém um átomo de S e um átomo de Br, a intensidade do pico em X + 2 será decorrente de um átomo de Br (97,3%) mais a intensidade em função do átomo de S (4,5%) = 101,9% de intensidade em X.

Os elementos presentes em compostos orgânicos comuns são de três tipos: X, X + 1 e X + 2. Os elementos X (F, P, I e Na) têm apenas um único nuclídeo natural. H deve ser considerado um elemento X porque a contribuição do deutério em X + 1 é insignificante em íons com massa de até 1 000 Da. Os elementos X + 1 (C e N) apresentam apenas um único isótopo natural que é 1 Da maior do que aquele mais abundante. Os elementos X + 2 possuem um isótopo com 2 Da a mais com relação àquele mais abundante. Alguns elementos X + 2 apresentam três isótopos de ocorrência natural (O, S, Si e K) e outros apenas dois (Cl e Br). O Boxe 22.2 descreve um processo para encontrar o número de átomos de cada elemento presentes em um íon a partir das intensidades dos picos isotópicos em valores mais elevados de *m/z*.

EXEMPLO Escutando um Espectro de Massa

No espectro por ionização química do pentobarbital na Figura 22.8, suspeita-se que o pico de maior intensidade no final do espectro de massa, em $m/z = 227$, é o MH^+. Se isso for verdade, a massa nominal de M é 226. Pela regra do nitrogênio, uma molécula com uma massa par deve ter um número par de átomos de nitrogênio. Se for conhecido a partir da análise elementar que o composto contém apenas C, H, N e O, quantos átomos de carbono podemos supor como presentes na molécula?

Solução O pico em $m/z = 228$ tem 12,0% da altura do pico em $m/z = 227$. A Tabela 22.2 nos informa que n átomos de carbono contribuirão com $n \times 1{,}08\%$ da intensidade em $m/z = 228$ a partir do ^{13}C. As contribuições a partir do ^2H e do ^{17}O são pequenas. O ^{15}N faz uma contribuição maior, mas certamente existem poucos átomos de nitrogênio no composto. Nossa primeira estimativa é

$$\text{Número de átomos de C} = \frac{\text{intensidade do pico observado para M + 1}}{\text{contribuição por átomo de carbono}} = \frac{12{,}0\%}{1{,}08\%} = 11{,}1 \approx 11$$

A composição verdadeira de MH^+ em $m/z = 227$ é $C_{11}H_{19}O_3N_2$. Usando os fatores da Tabela 22.2, temos que a intensidade teórica em $m/z = 228$ é

$$\text{Intensidade} = \underbrace{11 \times 1{,}08\%}_{^{13}C} + \underbrace{19 \times 0{,}012\%}_{^{2}H} + \underbrace{3 \times 0{,}038\%}_{^{17}O} + \underbrace{2 \times 0{,}369\%}_{^{15}N} = 13{,}0\%$$

A intensidade teórica calculada encontra-se dentro de uma incerteza de 10% com relação ao valor observado de 12,0%.

TESTE-SE Um composto com pico base em $m/z = 117$ apresenta um pico em $m/z = 118$ com intensidade relativa de 9,3%. Existe um número par ou ímpar de átomos de nitrogênio? Quantos átomos de carbono existem na fórmula? (***Resposta:*** número ímpar de átomos de N; 8 átomos de C. Não pode haver 9 átomos de C, porque o C_9N seria pesado demais, mesmo sem átomos adicionais, para formar uma molécula factível.)

O Boxe 22.3 descreve outras informações que podem ser obtidas a partir de razões isotópicas, incluindo a determinação da temperatura do corpo dos dinossauros.

Íons contendo Cl ou Br têm picos isotópicos distintos, mostrados na Figura 22.12.[14] No espectro de massa do 1-bromobutano na Figura 22.13, o aspecto dos dois picos, praticamente iguais em $m/z = 136$ e $m/z = 138$, é uma forte indicação que o íon molecular contém um átomo de Br. O fragmento em $m/z = 107$ se encontra próximo a um pico semelhante em $m/z = 109$, um forte indicativo de que o íon fragmentado contém Br.

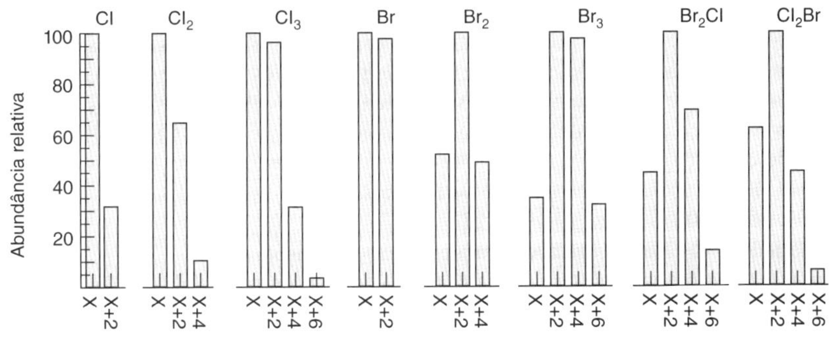

FIGURA 22.12 Distribuições isotópicas calculadas para espécies contendo Cl e Br.

BOXE 22.3 Espectrometria de Massa por Razão Isotópica e Temperatura Corporal dos Dinossauros

O início do Capítulo 24 descreve como a *espectrometria de massa por razão isotópica*[10,11] é usada para detectar o uso ilícito de esteroides por atletas. Um composto eluído de uma coluna de cromatografia gasosa passa por um forno de combustão que contém um catalisador metálico (por exemplo, CuO/Pt a 820 °C) para oxidar os compostos orgânicos a CO_2. A H_2O, subproduto de combustão, é removida pela passagem por um tubo de fluorocarboneto Nafion® (Figura 17.36). A água consegue se difundir pela membrana, mas os outros produtos de combustão são retidos. O CO_2 entra então em um espectrômetro de massa, que monitora os íons com m/z = 44 ($^{12}CO_2$) e m/z = 45 ($^{13}CO_2$). O instrumento possui dois detectores, cada um deles exclusivamente dedicado à monitoração de cada um dos íons.

O carbono natural é constituído por 98,9% de ^{12}C e 1,1% de ^{13}C. O gráfico a seguir mostra valores pequenos e consistentes de variação no ^{13}C proveniente de fontes naturais. O padrão usado para medir razões isotópicas de carbono é o carbonato de cálcio proveniente da formação de belemnita Pee Dee (uma concha fóssil, cuja sigla em inglês é PDB) na Carolina do Sul (Estados Unidos). Este material apresenta uma razão isotópica $R_{PDB} = {}^{13}C/{}^{12}C = 0{,}011\ 23_{72}$. (A composição é exata para 4 algarismos significativos, mas para pequenas diferenças é necessária uma precisão de 6 algarismos significativos.) A escala de $\delta^{13}C$ expressa pequenas variações nas composições isotópicas:

$$\delta^{13}C\ (\text{partes por mil, ‰}) = 1\ 000\left(\frac{R_{amostra} - R_{PDB}}{R_{PDB}}\right)$$

O valor de $\delta^{13}C$ de materiais de origem natural fornece informações sobre suas origens biológicas e geográficas.[12,13] A título de exemplo, o gráfico mostra que o valor de $\delta^{13}C$ para a cafeína em uma bebida pode distinguir se ela é de origem natural ou sintética.

Na abertura deste capítulo, a composição isotópica de carbonato em dentes de dinossauro é usada como uma medida da temperatura corporal desse animal. Quanto mais baixa a temperatura na qual o carbonato de cálcio cristaliza, mais ele é enriquecido nos isótopos ^{13}C e ^{18}O. O esmalte dentário contém o mineral apatita, $Ca_{10}(PO_4)_6(OH)_2$, na qual parte do fosfato é substituído por carbonato. Quando o esmalte dentário é tratado com ácido fosfórico anidro, libera-se $CO_2(g)$. O CO_2 é bombeado para fora, condensado à baixa temperatura, purificado por destilação e cromatografia a gás, e submetido à espectrometria de massa por razão isotópica. A quantidade de $^{13}C^{18}O^{16}O^+$ em m/z = 47 é comparada com a quantidade de $^{12}C^{16}O_2^+$ em m/z = 44:

$$\text{Enriquecimento(‰)} = 1\ 000\left(\frac{R_{obs} - R_{aleatória}}{R_{aleatória}}\right)$$

em que $R_{obs} = (m/z = 47)/(m/z = 44)$ a partir de uma amostra, como o dente de um dinossauro, e $R_{aleatória} = (m/z = 47)/(m/z = 44)$ para uma distribuição aleatória de isótopos naturalmente abundantes. O enriquecimento é a ordenada do gráfico na abertura deste capítulo. A curva de calibração mostra os pontos medidos para o $CaCO_3$ cristalizado a temperaturas conhecidas no laboratório e para o crescimento de corais no oceano a temperaturas conhecidas. O enriquecimento medido a partir dos dentes de animais modernos concorda com as temperaturas corporais conhecidas para esses animais. O enriquecimento medido para os dentes de dinossauro provavelmente indica a temperatura corporal dessas criaturas.

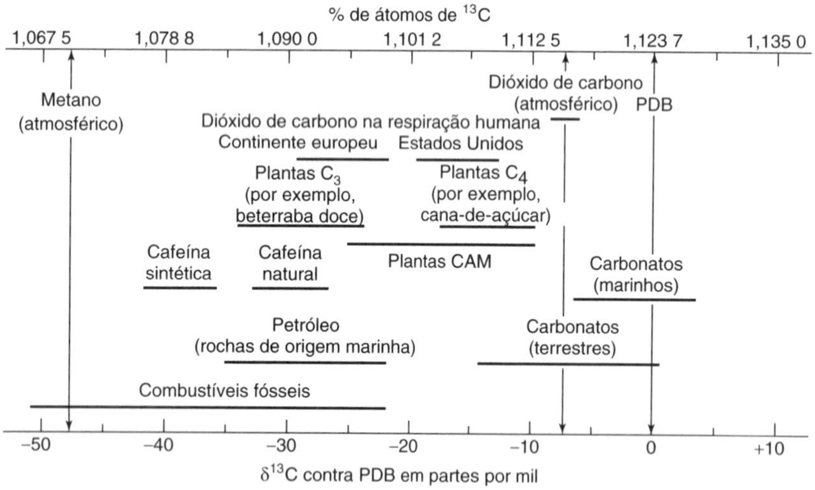

Variações no valor do teor de ^{13}C em materiais de origem natural. C_3, C_4 e CAM são tipos de plantas com metabolismos diferentes, o que leva a uma diferente incorporação de ^{13}C. [Dados de W. Meire-Augustin, *LCGC* **1997**, *15*, 244. Os dados para a cafeína provêm de L. Zhang *et al.*, *Anal. Chem.* **2012**, *84*, 2805.]

O Exercício 22.C ensina a você como calcular as intensidades relativas dos picos para uma molécula com vários átomos de cloro. Métodos computacionais mais avançados permitem cálculos para fórmulas moleculares arbitrariamente mais complicadas.[15]

O adoçante artificial sucralose, observado em águas naturais, é um indicativo de contaminação por esgoto urbano.[16] O íon negativo no espectro de massa da sucralose, mostrado na Figura 22.14, exibe o padrão característico de três átomos de Cl no íon $[M - H]^-$, que representa a perda de um átomo de H por M^-. O pico em m/z = 395 é o $[^{12}C_{12}{}^{1}H_{18}{}^{16}O_8{}^{35}Cl_3]^-$. O padrão isotópico previsto para moléculas contendo $^{35}Cl_3$, $^{35}Cl_2$, ^{37}Cl, $^{35}Cl^{37}Cl_2$ e $^{37}Cl_3$, assinalado como Cl_3 na Figura 22.12, apresenta intensidades relativas X : X + 2 : X + 4 : X + 6 = 1,000 : 0,959 : 0,307 : 0,0327. Na Figura 22.14, as intensidades relativas em m/z = 395, 397, 399 e 401 são 1,00 : 0,99 : 0,28 : 0,02.

Agora devemos usar nossa cabeça para prever as intensidades em X + 1, X + 3 e X + 5 na Figura 22.14. A composição de X + 1 em m/z = 396 é, principalmente, $[^{13}C^{12}C_{11}{}^{1}H_{18}{}^{16}O_8{}^{35}Cl_3]^-$, com pequenas contribuições de moléculas contendo um ^{2}H ou um ^{17}O em vez de um ^{13}C. Aplicando os fatores vistos na Tabela 22.2, prevemos que a razão (intensidade de X + 1)/(intensidade de X) deve ser:

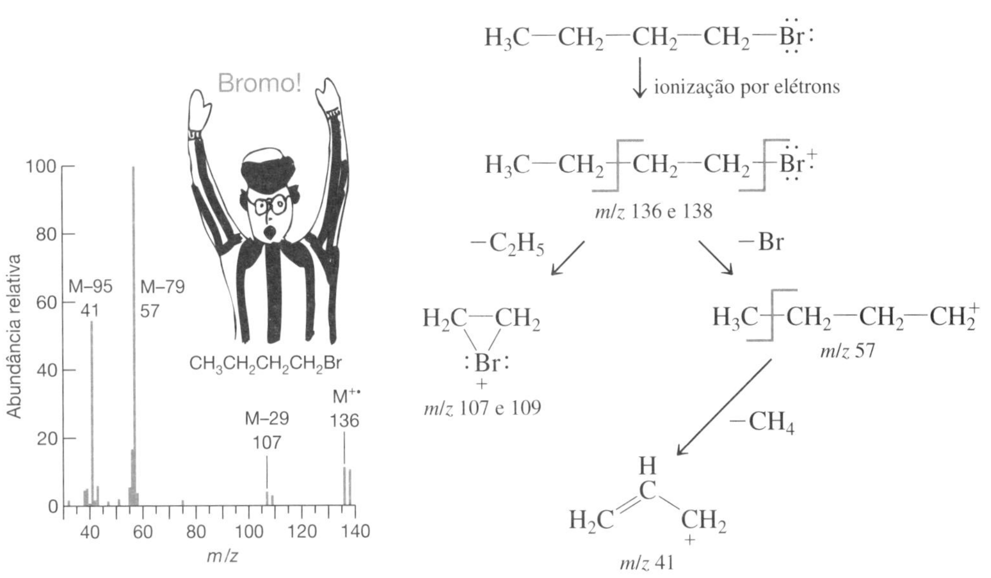

FIGURA 22.13 Espectro de massa do 1-bromobutano usando ionização por elétrons (70 eV). [Dados de A. Illies, P. B. Shevlin, G. Childers, M. Peschke e J. Tsai, "Mass Spectrometry for Large Undergraduate Laboratory Sections," *J. Chem. Ed.* **1995**, *72*, 717. Revista por Maddy Harris.]

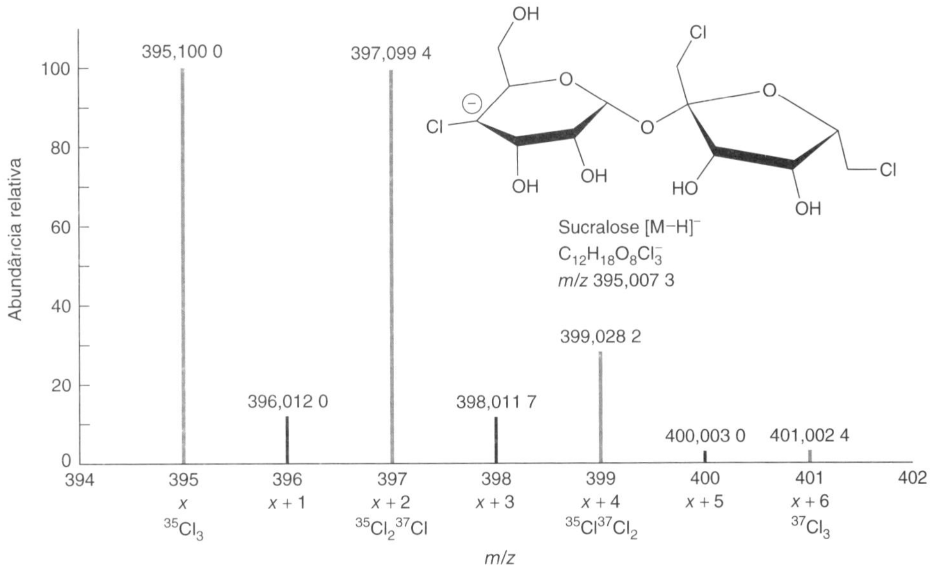

FIGURA 22.14 Espectro de massa de alta resolução por tempo de voo da região do íon molecular do ânion da sucralose $[M - H]^-$. [Dados de I. Ferrer, J. A. Zweigenbaum e E. M. Thurman, "Analytical Methodologies for the Detection of Sucralose in Water", *Anal. Chem.* **2013**, *85*, 9581.]

$$\text{Intensidade em X+1} = \underbrace{12\times 1{,}08\%}_{^{13}\text{C}} + \underbrace{18\times 0{,}012\%}_{^{2}\text{H}} + \underbrace{8\times 0{,}038\%}_{^{17}\text{O}} = 13{,}5\%$$

A intensidade observada para X + 1 na Figura 22.14 é 12,0% da intensidade de X em m/z = 395.

O pico em X + 2 é, principalmente, da molécula $^{35}Cl_2{}^{37}Cl$. X + 3 é, principalmente, o par isotópico de ^{13}C de X + 2. Com a mesma rotina de cálculo que acabamos de fazer, a intensidade do pico X + 3 deve ser 13,5% da intensidade do pico X + 2. A intensidade observada em X + 3 é 11,8% de X + 2.

Espectrometria de Massa de Alta Resolução

Um íon em m/z = 84 pode corresponder a várias composições elementares, por exemplo, $C_5H_8O^+$ = 84,056 96 Da ou $C_6H_{12}^+$ = 84,093 35 Da. Para calcular essas massas de forma exata, conforme visto nos cálculos na margem ao lado, temos de ser capazes até de subtrair a massa de um elétron perdido na formação do cátion. Podemos determinar qual a composição correta, se o espectrômetro tiver a capacidade de distinguir diferenças de massas suficientemente pequenas. Com um espectrômetro de massa por tempo de voo ou um *espectrômetro de massa Orbitrap* (Seção 22.3) podemos discernir íons que diferem de 0,001 (ou menos) em m/z igual a 100. A Figura 22.10 mostra um espectro de massa de alta resolução, onde podemos distinguir $^{31}P^+$, $^{15}N^{16}O^+$ e $^{14}N^{16}OH^+$, todos estes íons com m/z nominal igual a 31.

A elevada exatidão na determinação de m/z está associada a um alto poder de resolução porque os picos são muito estreitos sob resolução elevada, de modo que existe pouca incerteza na localização do ápice do pico. Para garantir medidas exatas de massas, os espectrômetros são calibrados com compostos como o perfluoroquerosene, $(CF_3(CF_2)_nCF_3)$, ou a perfluorotributilamina, $(CF_3CF_2CF_2CF_2)_3N$. Em espectros de alta resolução, as massas exatas

Massas previstas a partir da Tabela 22.1 e massas observadas por espectrometria de massa de alta resolução:

$C_5H_8O^{+\bullet}$:

5C	5× 12,000 00
8H	+8× 1,007 825
1O	+1× 15,994 91
$-e^-$	−1× 0,000 55
	84,056 96
observada:[17]	84,059 1

$C_6H_{12}^{+\bullet}$:

6C	6× 12,000 00
12H	12× 1,007 825
$-e^-$	−1× 0,000 55
	84,093 35
observada:[17]	84,093 9

de fragmentos de fluorocarbonetos são ligeiramente menores que as dos íons contendo C, H, O, N e S e, por isso, não se sobrepõem aos analitos comuns. Em trabalhos de alta resolução, os padrões devem ser medidos conjuntamente com a amostra desconhecida.

A capacidade de distinguir um composto de outro baseado em diferenças nas massas exatas revolucionou a capacidade para pesquisar um grande número de analitos e determinar se eles estão presentes em uma amostra. Por exemplo, ao combinar cromatografia com espectrometria de massa de alta resolução, é possível testar pesticidas, biotoxinas, medicamentos veterinários e contaminantes orgânicos em alimentos com uma velocidade razoável.[18]

Anéis + Ligações Duplas

Se conhecemos a composição de um íon molecular e desejamos propor a sua estrutura, podemos utilizar uma equação bastante prática, que permite calcular o **número de anéis + ligações duplas** (A + LD), em uma molécula

Fórmula para anéis + ligações duplas:

$$A + LD = c - h/2 + n/2 + 1 \qquad (22.6)$$

em que *c* é o número de átomos do Grupo 14 (C, Si etc., onde todos fazem quatro ligações), *h* é o número de átomos de (H + halogênios), que fazem uma ligação, e *n* o número de átomos do Grupo 15 (N, P, As etc., que fazem três ligações). Os elementos do Grupo 16 (O, S etc., que fazem duas ligações) não entram na fórmula. A seguir, temos um exemplo:

Se o P faz mais de 3 ligações ou se o S faz mais de 2 ligações, então a Equação 22.6 não inclui essas ligações adicionais. Exemplos que não seguem a Equação 22.6:

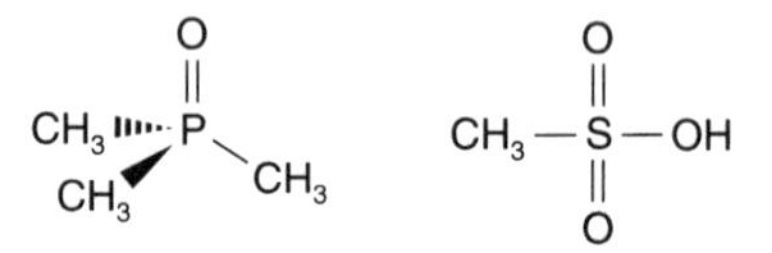

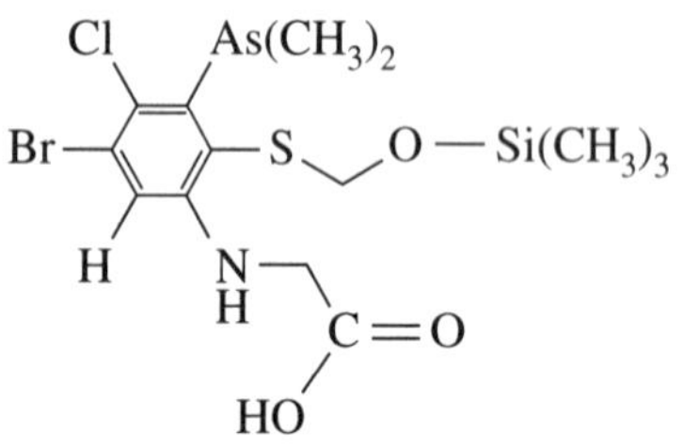

$$\underbrace{C_{14}Si}_{c}\,\underbrace{H_{22}ClBr}_{h}\,\underbrace{NAs}_{n}\,O_3S$$

$$A + LD = c - h/2 + n/2 + 1$$

$$A + LD = (14 + 1) - \frac{22 + 1 + 1}{2} + \frac{1 + 1}{2} + 1 = 5$$

A molécula apresenta um anel + quatro ligações duplas. Observe que *c* inclui C + Si, *h* inclui H + Cl + Br, e *n* inclui N + As.

Identificação do Pico Correspondente ao Íon Molecular

A Figura 22.15 mostra espectros de massa de isômeros com a composição elementar $C_6H_{12}O$, obtidos a partir da ionização por elétrons. O pico correspondente ao íon molecular, $M^{+\bullet}$, encontra-se marcado por um triângulo sólido em $m/z = 100$.

Se esses espectros forem obtidos a partir de amostras desconhecidas, como saberíamos se o pico em $m/z = 100$ corresponde ao íon molecular? Apresentamos a seguir algumas orientações úteis nessa investigação:

1. O pico correspondente a $M^{+\bullet}$ deve ser o de maior valor de m/z entre os picos "significativos" do espectro que não podem ser atribuídos a isótopos ou ruído de fundo. O "ruído de fundo" pode surgir em razão de óleo da bomba de vácuo (íons alifáticos de massa baixa) no espectrômetro de massa ou da fase estacionária de uma coluna de cromatografia gasosa ($m/z = 207$ e 281), e ainda, de contaminantes como plastificantes à base de ftalatos ($m/z = 149$), que podem se acumular no sistema. É necessário experiência para identificar esses diferentes tipos de sinais. Na ionização por elétrons, a intensidade do pico do íon

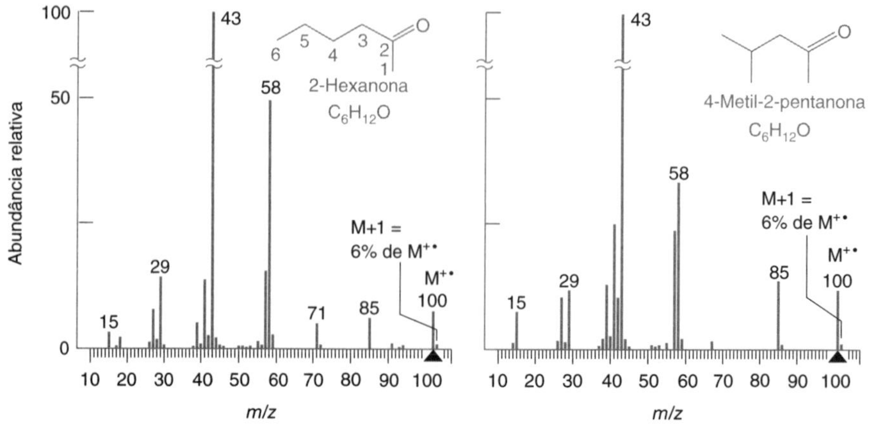

FIGURA 22.15 Espectros de massa de duas cetonas isoméricas com a composição $C_6H_{12}O$, obtidos a partir da ionização por elétrons (70 eV). [Dados de NIST/EPA/NIH Mass Spectral Database.[7]]

molecular geralmente não é maior que 5 a 20% do pico base e pode não representar mais do que 1% da abundância de todos os outros íons presentes.

2. As intensidades dos picos isotópicos M + 1, M + 2 etc. devem ser consistentes com a fórmula química proposta (Boxe 22.2).
3. O pico para o fragmento mais pesado não deve corresponder a uma improvável perda de massa de $M^{+\bullet}$. É raro encontrarmos uma perda de massa na faixa de 3 a 14 ou 21 a 25 Da. Perdas comuns de massas incluem 15 (CH_3), 17 (OH ou NH_3), 18 (H_2O), 29 (C_2H_5), 31 (OCH_3) e 43 Da (CH_3CO ou C_3H_7). Se considerarmos que m/z = 150 corresponde a $M^{+\bullet}$ e, no entanto, encontrarmos um pico significativo em m/z = 145, então a atribuição de $M^{+\bullet}$ não estará correta, pois a perda de massa de 5 Da é muito pouco provável. Por outro lado, os dois picos podem corresponder a íons de compostos diferentes ou a fragmentos de um composto cuja massa é superior a 150 Da.
4. Se é conhecido que um fragmento de íon contém, digamos, 3 átomos de um elemento X, então deve existir pelo menos 3 átomos de X no íon molecular. Nenhum fragmento de íon pode conter mais átomos de um dado elemento do que o íon molecular.

Em ambos os espectros da Figura 22.15, o pico no maior valor de m/z com intensidade “significativa” é em m/z = 100. O maior pico significativo seguinte é em m/z = 85, o que significa uma perda de 15 Da (provavelmente CH_3). Essa diferença é chamada *matéria escura* do espectro de massa, podendo ser mais informativa do que os valores de m/z dos picos. Os picos em m/z = 85 e m/z = 100 são consistentes com m/z = 100 correspondendo a $M^{+\bullet}$. Se $M^{+\bullet}$ tem uma massa par, a regra do nitrogênio nos diz que pode haver um número par de átomos de N (que pode ser 0) na molécula.

O pequeno pico em m/z = 86 não significa uma perda de 14 Da do $M^{+\bullet}$. Ele é o pico do par isotópico com ^{13}C em m/z = 85.

Não observamos evidências em M + 1, M + 2 e M + 3 de que existam os elementos Cl, Br, Si ou S.

Em ambos os espectros, o pico correspondente a M + 1 apresenta 6% da intensidade do pico correspondente a $M^{+\bullet}$, com apenas um algarismo significativo na medida. A partir da intensidade do pico correspondente a M + 1, estimamos o número de átomos de C:

$$\text{Número de átomos de C} = \frac{\text{intensidade observada de } (M+1)/M^{+\bullet}}{\text{contribuição por átomo de carbono}} = \frac{6\%}{1{,}08\%} = 5{,}_6 \approx 6$$

Desafio Quais seriam as intensidades observadas em M + 2, se existisse um átomo de Cl, de Br, de Si, ou de S na molécula?
(***Resposta:*** Cl, 0,32 M em M + 2; Br 0,97 M em M+2; Si, 0,034 M em M+2; S, 0,045 M em M+2)

Se existem 6 átomos de C e nenhum átomo de N, uma composição provável é $C_6H_{12}O$. A intensidade esperada de M + 1 (da Tabela 22.2) é

$$\text{Intensidade} = \underbrace{6\times 1{,}08\%}_{^{13}C} + \underbrace{12\times 0{,}012\%}_{^{2}H} + \underbrace{1\times 0{,}038\%}_{^{17}O} = 6{,}7\% \text{ de } M^{+\bullet}$$

A intensidade de 6% para M + 1 está dentro do erro experimental de 6,7%, portanto, $C_6H_{12}O$ é consistente com os dados apresentados. $C_6H_{12}O$ necessita da presença de um anel ou de uma ligação dupla na estrutura.

$$A + LD = c - h/2 + n/2 + 1 = 6 - 12/2 + 0 + 1 = 1$$

Interpretando os Padrões de Fragmentação

Vejamos como o íon molecular da 2-hexanona pode se fragmentar para produzir os diferentes picos vistos na Figura 22.15. As reações A e B na Figura 22.16 mostram o íon $M^{+\bullet}$ obtido a partir da perda de um elétron não ligante do oxigênio, que tem a menor energia de

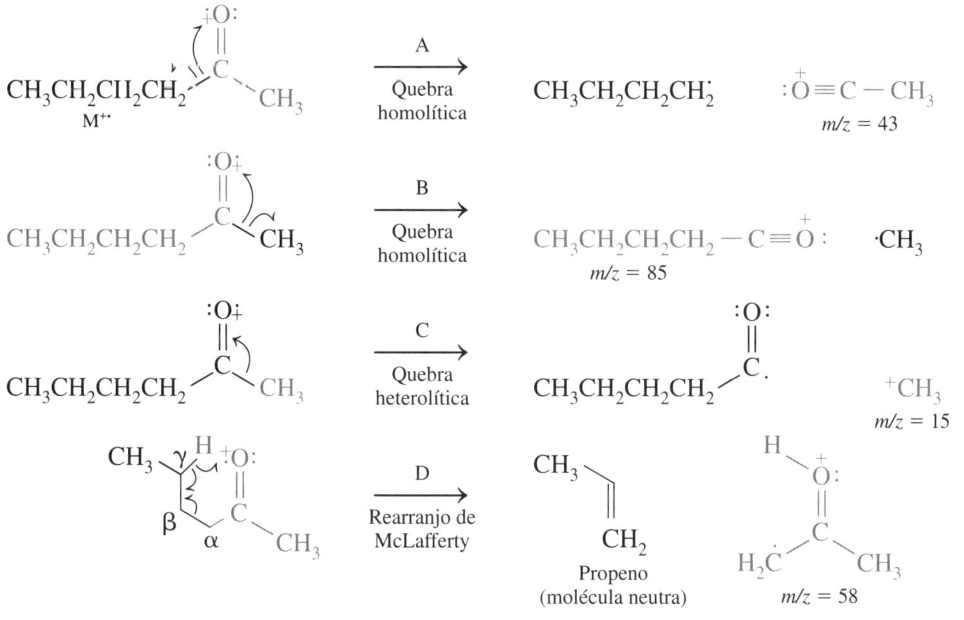

FIGURA 22.16 Quatro sequências possíveis de fragmentação para o íon molecular da 2-hexanona.

↷ é a transferência de um elétron
↷ é a transferência de dois elétrons
Tipos de quebra de ligação:
- **Quebra homolítica:** um elétron permanece em cada fragmento
- **Quebra heterolítica:** ambos os elétrons permanecem em apenas um dos fragmentos

Normalmente, os picos mais intensos correspondem aos fragmentos mais estáveis.

ionização. Na Reação A, a ligação C—C adjacente à ligação C═O se rompe de modo que um elétron vai para cada um dos átomos de carbono. Os produtos são um radical butila neutro ($\bullet C_4H_9$) e o íon CH_3CO^+. Somente o íon é detectado pelo espectrômetro de massa, dando o pico base em $m/z = 43$. O rompimento da ligação C—C na Reação B dá um íon com $m/z = 85$, correspondendo à perda de $\bullet CH_3$ pelo íon molecular. Outros dois picos intensos no espectro se originam da quebra da ligação C_4—C_5 dando $CH_3CH_2^+$ ($m/z = 29$) e $^+CH_2CH_2COCH_3$ ($m/z = 71$). A regra do nitrogênio nos mostrou que moléculas contendo somente C, H, halogênios, O, S, Si, P e um número par de átomos de N (inclusive zero) têm uma massa com valor par. Um fragmento de uma molécula neutra, onde falta um átomo de H, tem uma massa ímpar.

Ainda não falamos a respeito do segundo pico mais intenso em $m/z = 58$, um pico especial por corresponder a um valor de massa *par*. O íon molecular tem uma massa par (100 Da). Fragmentos provenientes de radicais, como $CH_3CH_2^{\bullet}$, têm massa *ímpar*. Aliás, todos os fragmentos que citamos até agora têm massa ímpar. O pico em $m/z = 58$ é proveniente da perda de uma molécula *neutra*, com um valor de massa *par* de 42 Da.

A Reação D na Figura 22.16 mostra um rearranjo bastante comum, onde ocorre a perda de uma molécula neutra com um valor de massa par. Em cetonas, com um átomo de H no átomo de carbono γ (distante 3 carbonos do grupo carbonila), o átomo de H pode ser transferido para o $O^{+\bullet}$. Ao mesmo tempo, a ligação C_α—C_β se rompe e ocorre a perda de uma molécula de propeno ($CH_3CH{=}CH_2$, 42 Da). O íon resultante tem uma massa de 58 Da.

Os espectros e massa na Figura 22.15 nos permitem distinguir os dois isômeros do $C_6H_{12}O$. A principal diferença entre os espectros é a presença de um pico em $m/z = 71$ no espectro da 2-hexanona e que está ausente no espectro da 4-metil-2-pentanona. O pico em $m/z = 71$ resulta da perda de um radical etila, $CH_3CH_2^{\bullet}$, a partir do $M^{+\bullet}$. O radical etila se origina dos átomos de carbono 5 e 6 da 2-hexanona. Não existe nenhuma maneira simples de surgir um radical etila a partir de uma quebra de ligação em uma molécula de 4-metil-2-pentanona. O diagrama, visto na margem, mostra como os picos em m/z igual a 15, 85, 43 e 57 podem surgir a partir da quebra de ligações na 4-metil-2-pentanona. Um rearranjo, como o que vemos na parte inferior da Figura 22.16, é o responsável pelo aparecimento do pico em $m/z = 58$.

Rompimento de ligações na 4-metil-2-pentanona dando origem aos picos em m/z = 15, 85, 43 e 57:

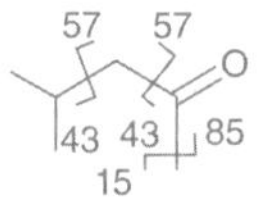

Outros picos intensos nos espectros da Figura 22.15 podem ser atribuídos aos íons $CH_2{=}C{=}O^{+\bullet}$ ($m/z = 42$), $C_3H_5^+$ ($m/z = 41$), $C_3H_3^+$ ($m/z = 39$), $C_2H_5^+$ ou $HC{\equiv}O^+$ ($m/z = 29$) e $C_2H_3^+$ ($m/z = 27$). A presença de pequenos fragmentos é bastante comum em muitos espectros de massa, mas não são de grande utilidade na determinação da estrutura.

Desafio Esboce um rearranjo, como o da Reação D na Figura 22.16, para mostrar como surge o pico em $m/z = 58$ no espectro da 4-metil-2-pentanona.

A interpretação de espectros de massa para elucidar estruturas moleculares é uma aplicação qualitativa importante da espectrometria de massa.[19] Os padrões de fragmentação podem ser usados até mesmo para elucidar as estruturas de macromoléculas biológicas como proteínas e carboidratos.

22.3 Tipos de Espectrômetros de Massa

Apresentaremos a seguir alguns dos tipos comuns de espectrômetros de massa, e descrevemos alguns detectores utilizados nesses instrumentos.

Espectrômetro de Massa Quadrupolar de Transmissão

O **espectrômetro de massa quadrupolar de transmissão**, também chamado *filtro de massa quadrupolar*, é um detector espectral de massa relativamente simples e barato para cromatografia gasosa e líquida.[20] O espectrômetro de massa quadrupolar de transmissão apresentado na Figura 22.17 está conectado, à esquerda da ilustração, a uma coluna capilar de cromatografia gasosa, que permite o registro de múltiplos espectros de cada componente conforme estes são eluídos. O fluxo gasoso que sai da coluna cromatográfica entra em uma fonte de ionização por elétrons (como na Figura 22.5), que se encontra sujeita a um sistema de alto vácuo, de modo a manter uma pressão de $\sim 10^{-9}$ bar, constituído de uma bomba de difusão de óleo ou de uma bomba turbomolecular de alta velocidade. Os íons são acelerados por um potencial de 5 a 15 V antes de entrarem no filtro de massa quadrupolar. Por outro lado, o potencial de aceleração na espectrometria de massa por tempo de voo na Figura 22.2 era ~20 kV. O potencial de aceleração baixo no filtro de massa quadripolar produz íons com menor velocidade, mas ainda suficiente para sofrerem oscilações múltiplas em suas trajetórias na Figura 22.17 à medida que atravessam o filtro.

O quadrupolo consiste em quatro hastes metálicas paralelas sobre as quais se aplica um potencial elétrico constante e um potencial oscilante de radiofrequência. O campo elétrico deflete os íons em trajetórias complexas conforme estes migram da câmara de ionização na direção do detector, permitindo apenas que íons com determinada razão massa/carga (m/z) alcancem o detector. Outros íons (íons *não ressonantes*) colidem com as hastes e se perdem antes de alcançar o detector. Com a variação rápida dos potenciais elétricos aplicados, selecionamos íons com razões m/z diferentes para atingirem o detector. Instrumentos de transmissão com quadrupolos podem registrar de 2 a 8 espectros por segundo, cobrindo uma faixa que normalmente não vai além de 1 500 a 3 000 unidades de m/z.

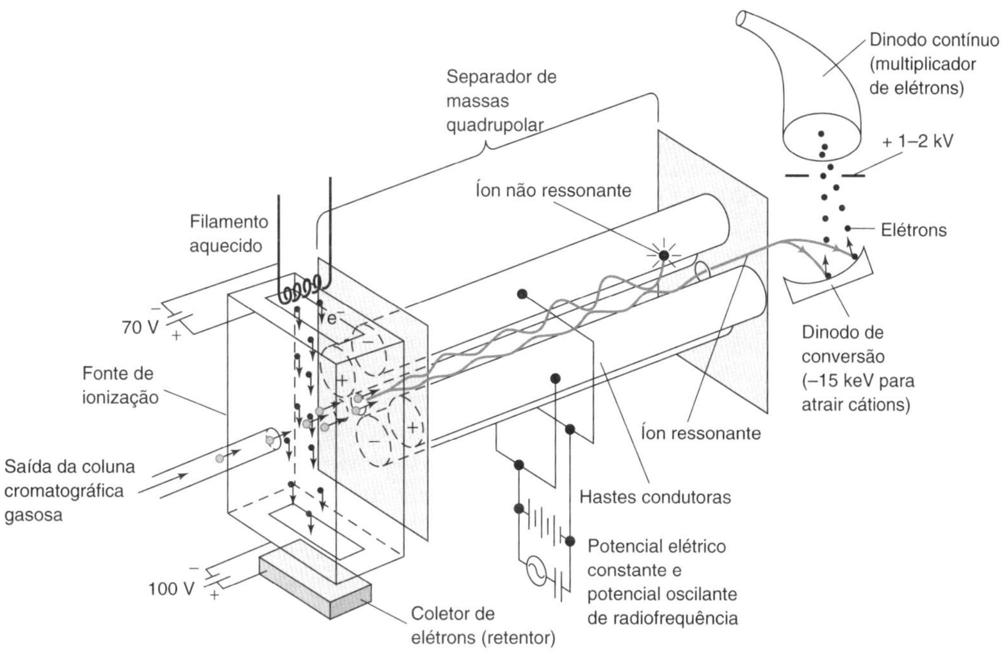

FIGURA 22.17 Espectrômetro de massa quadrupolar de transmissão.

Os espectrômetros de massa quadrupolar de transmissão e outros instrumentos de massa quadrupolares que serão descritos adiante, normalmente separam picos adjacentes com $\Delta m/z$ = 1 em toda a faixa de m/z. Dizemos que o espectrômetro de massa quadrupolar de transmissão tem poder de *resolução unitária*. Isto é, íons com m/z = 500 e m/z = 501 são separados com a mesma resolução que íons com m/z = 100 e m/z = 101. O poder de resolução, $(m/z)/(\Delta m/z)$ na Equação 22.4 é 100 em m/z = 100 e 500 em m/z = 500. Íons que diferem de menos de $\Delta(m/z)$ não são resolvidos. Por outro lado, os instrumentos por tempo de voo operam com um *poder de resolução constante*. À medida que m/z aumenta, a diferença $\Delta(m/z)$ necessária para que íons com valores de m/z muito próximos sejam resolvidos também aumenta.

Detectores para Espectrometria de Massa

O *detector multiplicador de elétrons de dinodo discreto*[21] na Figura 22.18a é análogo à fotomultiplicadora na Figura 20.16. Cada cátion que atinge o catodo na Figura 22.18 desencadeia uma cascata de elétrons, como um fóton inicia uma cascata de elétrons em uma fotomultiplicadora. Uma série de 12 a 18 dinodos, cada um deles ~100 V mais positivo, acelera os elétrons entre os dinodos e multiplica o número de elétrons por um fator de ~10^6 a 10^8 antes de chegarem ao anodo, onde a corrente é medida. O espectro de massa registra a corrente proveniente do detector como uma função do valor de m/z selecionado pelo separador de massas. Alguns detectores possuem um modo digital no qual cada contagem corresponde a um íon que chega ao detector. A maioria dos detectores mostra um sinal analógico proporcional à velocidade com que os íons chegam ao detector. Os espectrômetros de massa podem medir íons negativos invertendo as polaridades dos potenciais elétricos em que os íons são formados e detectados.

No lugar do detector de dinodo discreto, a Figura 22.17 mostra um *dinodo de conversão* e um *multiplicador de elétrons de dinodo contínuo*. Emprega-se um dinodo de conversão em separadores de massas quadrupolares e de captura de íons. O potencial do dinodo é ajustado para atrair tanto cátions (–15 kV) como ânions (+15 kV). Os íons que se chocam com o dinodo levam à ejeção de elétrons pelo dinodo. Esses elétrons são atraídos na direção do multiplicador de elétrons. O dinodo de conversão assegura que todos os íons produzam uma

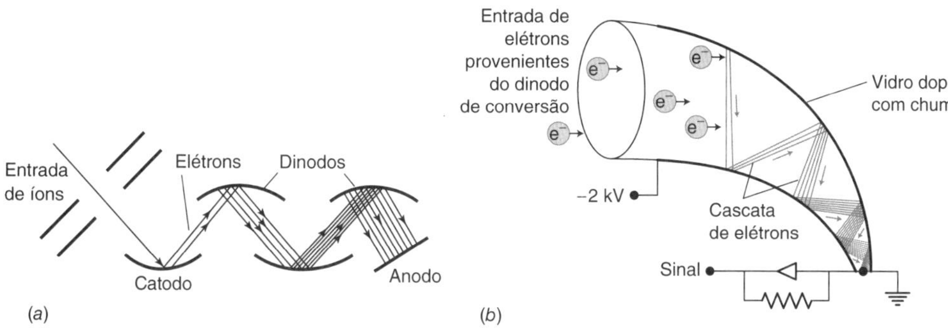

FIGURA 22.18 (*a*) O multiplicador de elétrons de dinodo discreto é análogo à fotomultiplicadora mostrada na Figura 20.16, e pode conter de 12 a 18 dinodos para amplificação do sinal. Para cada elétron incidente, ~10^6–10^8 elétrons atingem o anodo. (*b*) Multiplicador de elétrons de dinodo contínuo, também conhecido comercialmente como Channeltron®. [Dados de J. T. Watson e O. D. Sparkman, *Introduction to Mass Spectrometry*, 4. ed. (Chichester: Wiley, 2007).]

resposta elétrica semelhante no detector, de outra forma, o espectro de massa poderia exibir uma *discriminação de massa*, onde íons com *m/z* diferentes exibem uma resposta diferente.

Qualquer íon que se choca com o dinodo de conversão libera elétrons, que são acelerados na direção da entrada do dinodo multiplicador de elétrons mostrado na Figura 22.18b. A parede de vidro dopada com chumbo, eletricamente resistiva, do multiplicador de elétrons com formato de trombeta está em um potencial de –2 kV na entrada, e aterrada na parte final estreita. O elétron que se choca com a parede do multiplicador de elétrons libera vários elétrons, que são acelerados na direção de um potencial mais positivo à medida que se penetra no interior da trombeta. Após ricochetear várias vezes, cada elétron incidente é multiplicado por ~10^6 a 10^8 elétrons na parte estreita final da trombeta. O dinodo de conversão atrai íons graças ao seu elevado potencial elétrico. Moléculas neutras e fótons que passaram pelo separador de massa continuam em uma trajetória linear e não atingem o multiplicador de elétrons.

O detector descrito no espectrômetro de massa por tempo de voo na Figura 22.2 consiste em um par de placas de microcanais mostradas na Figura 22.19. Essas placas, com 2 a 5 cm de diâmetro, constituem arranjos bidimensionais de poros com diâmetros de 2 a 5 μm, feitos com o mesmo vidro dopado com chumbo usado no multiplicador de elétrons de dinodo contínuo na Figura 22.18b. As faces da placa possuem uma cobertura condutora para permitir a aplicação de uma diferença de potencial de ~800 V entre as faces. Cada elétron que atinge a parede de um canal produz múltiplos elétrons que são acelerados para a direita. Cada uma das duas placas fornece um ganho de ~10^3 a 10^4, produzindo ~10^6 a 10^7 elétrons de saída no lado direito da segunda placa para cada elétron que entra na primeira placa. Os poros nas duas placas são posicionados em ângulo de modo que moléculas neutras ou fótons não possam ir diretamente para o anodo do detector.

Espectrometria de Massa por Tempo de Voo com Espelho Eletrostático

O **espectrômetro de massa por tempo de voo** linear com ionização por dessorção a *laser* assistida por matriz foi mostrado na Figura 22.2.[22,23] A Figura 22.20 emprega uma fonte externa de íons, que está na parte superior esquerda da figura, e contém um *espelho eletrostático* (um *reflectron*), no lado direito. Cerca de 3 000 a 20 000 vezes por segundo, um pulso de ~20 kV é aplicado a uma placa repulsora (contraeletrodo) para acelerar os íons para a direita e propulsioná-los a partir da fonte de íons na direção da região de deslocamento, onde não existe nenhum campo elétrico ou magnético e nenhum processo adicional de aceleração. Idealmente,

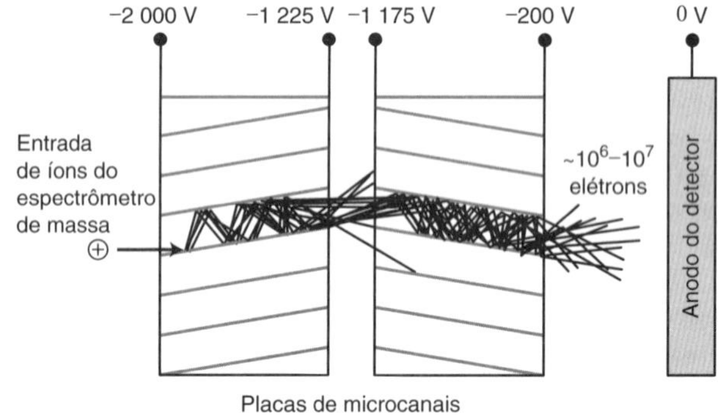

FIGURA 22.19 Detector de placas de microcanais usado em espectrômetros de massa por tempo de voo.

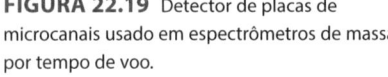

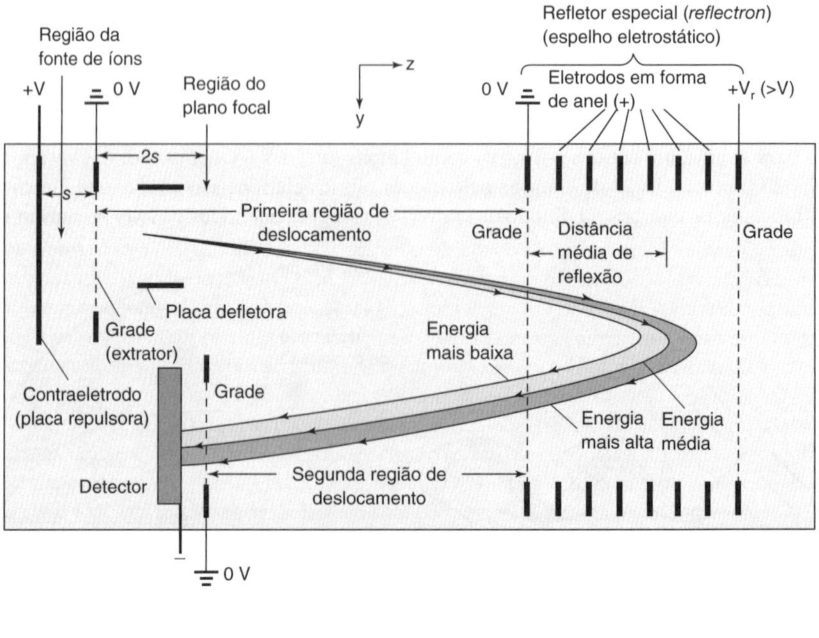

FIGURA 22.20 Espectrômetro de massa por tempo de voo com reflexão eletrostática, que melhora enormemente a resolução. Íons positivos são acelerados a partir da fonte por um potencial +V periodicamente aplicado com relação a um contraeletrodo. Os íons mais leves se deslocam e chegam ao detector mais rapidamente do que os íons mais pesados.

todos os íons devem ter a mesma energia cinética, e suas velocidades obedecem à Equação 22.1. Se os íons têm a mesma energia cinética, mas massas diferentes, *os íons mais leves se deslocarão mais rapidamente que os íons mais pesados*. Na Figura 22.2, o espectrômetro de massa por tempo de voo consiste apenas em um tubo reto, com 2 m de comprimento, e evacuado, com uma fonte de íons de um lado e um detector no outro. Os íons ejetados pela fonte chegam ao detector em ordem crescente de massas, pois os íons mais leves se deslocam mais rapidamente.

Idealmente, a energia cinética de um íon ejetado pela fonte de íons é *zeV*, em que *ze* é a carga do íon e *V* é o potencial na placa repulsora.

O instrumento mostrado na Figura 22.20 foi otimizado para melhorar a resolução. A principal limitação no poder de resolução é que nem todos os íons emergem da fonte de íons com a mesma energia cinética. Um íon que se forma mais próximo do contraeletrodo é acelerado por uma diferença de potencial maior do que aquele que se forma perto da grade, de modo que o íon que se forma próximo ao contraeletrodo tem uma energia cinética maior. Além disso, sempre existe uma distribuição de energia cinética entre os íons, mesmo na ausência de um potencial de aceleração. Os íons mais pesados, com energia cinética maior que a média, atingem o detector ao mesmo tempo que os íons mais leves com energia cinética menor que a média.

Consideremos que dois íons com a mesma razão m/z são ejetados da fonte com velocidades diferentes em tempos diferentes. O íon que se forma mais próximo à grade tem menos energia cinética, mas é ejetado primeiro. O íon formado mais próximo ao contraeletrodo tem uma energia cinética maior, mas é ejetado mais tarde. Ao final, o íon mais rápido encontra o íon mais lento *na região do plano focal*, em uma distância $2s$ da grade (s é a distância entre o contraeletrodo e a grade). É possível demonstrar que todos os íons com a mesma massa alcançam a região do plano focal ao mesmo tempo. Após a região do plano focal os íons voltam a divergir, com os íons mais rápidos ultrapassando os mais lentos. Na ausência de medidas corretivas, os íons sofreriam um mau espalhamento até o momento de atingirem o detector, e o poder de resolução seria baixo. A largura de um pico espectral de massa para um íon monoisotópico deve-se à dispersão de energia para aquele íon.

Para melhorar o poder de resolução, os íons são orientados para outra trajetória, como vemos à direita na Figura 22.20, por meio de um refletor especial conhecido comercialmente como "reflectron". Um *reflectron* é formado por um conjunto de anéis ocos, cada qual em um potencial elétrico mais elevado que o outro, terminando em uma grade, cujo potencial é mais positivo que o potencial de aceleração no contraeletrodo da fonte de íons. (Alternativamente, a reflexão pode ser um tubo de vidro contínuo resistivo contendo chumbo semelhante ao multiplicador de elétrons de dinodo contínuo na Figura 22.18.) Quando os íons entram no *reflectron*, eles sofrem uma desaceleração, param, e são refletidos de volta para a esquerda. Quanto mais energia cinética um íon tiver quando ele entra no *reflectron*, mais ele penetrará antes de retornar. Os íons refletidos atingem uma nova região de plano focal na grade em frente ao detector. *Todos os íons com a mesma massa alcançam essa grade ao mesmo tempo, independentemente de suas energias cinéticas iniciais.*

O poder de resolução pode ser tão elevado quanto ~50 000, e a exatidão de m/z é ~2 ppm. Em $m/z = 500$, a exatidão para 2 ppm é $(500)(2 \times 10^{-6}) = 0{,}001$ m/z. Outras vantagens do espectrômetro por tempo de voo são a sua rápida velocidade de aquisição (de 10^2 a 10^4 espectros/s) e a capacidade de medir todos os íons com todos os valores de m/z em cada ciclo. O espectrômetro de massa por tempo de voo necessita de uma pressão de operação menor que os instrumentos quadrupolares de transmissão ($\sim 10^{-10}$ bar contra $\sim 10^{-9}$ bar) porque a distância de deslocamento é maior e os íons não podem colidir com o gás de fundo.

Um fator que limita a resolução de um espectrômetro de massa por tempo de voo é que os íons ejetados da fonte, mostrada no canto superior esquerdo da Figura 22.20, têm um faixa de energias cinéticas. Portanto, os íons com o mesmo m/z atingem o detector em uma faixa de tempo, dando origem a um pico largo. A *injeção ortogonal* de íons, mostrada na Figura 22.21 (geralmente chamada *aceleração ortogonal*), reduz o espalhamento da energia cinética, e assim, reduz a largura de um pico que atinge o detector. O *reflectron* é ainda mais eficaz do que a injeção ortogonal para melhorar a resolução, de modo que ambos os métodos são comumente usados.

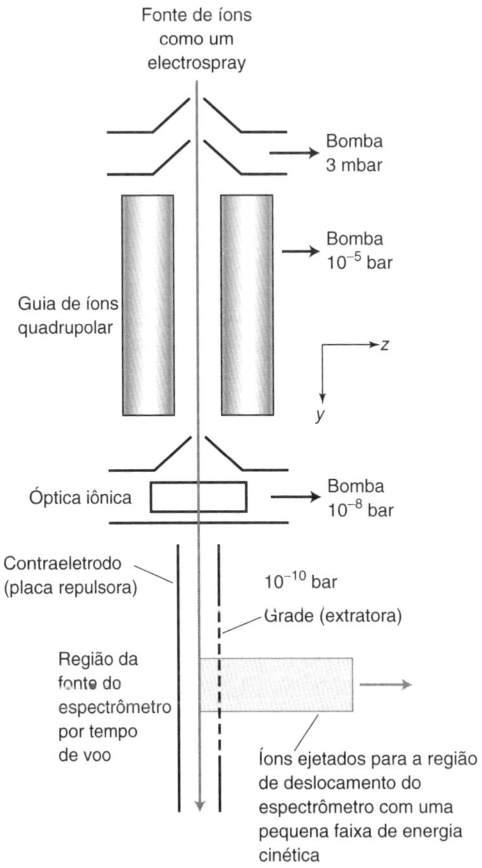

FIGURA 22.21 Injeção ortogonal de íons em um espectrômetro de massa por tempo de voo. O sistema óptico dos íons, guia de íons quadrupolo e a fonte de íons se ligam ao espectrômetro no canto superior esquerdo da Figura 22.20. [Dados de I. V. Chernushevich, W. Ens e K. G. Standing, "Orthogonal Injection TOFMS", *Anal. Chem.* **1999**, *71*, 452A.]

Os íons de uma fonte como o electrospray (Seção 22.4) passam por um quadrupolo de *guia de íons*, o que permite que íons com uma ampla faixa de unidades de m/z passem ao longo do eixo y, enquanto são confinados nas direções dos eixos x e z. Esse quadrupolo é o mesmo separador de massas quadrupolar de transmissão na Figura 22.17, exceto pelo fato que apenas o potencial de oscilação de radiofrequência (e não um potencial constante) é aplicado às hastes. Um quadrupolo (ou um hexapolo, com seis hastes, ou ainda um octapolo, com oito hastes) que funciona apenas no modo radiofrequência é chamado guia de íons, porque ele transfere com eficiência íons de uma extremidade à outra. As moléculas neutras escapam por entre as hastes e são removidas pelo sistema de vácuo. O guia de íons é um tubo que conduz os íons de uma região de alta pressão para uma região de baixa pressão, enquanto permite que as moléculas neutras sejam removidas. As colisões dos íons com o gás presente no guia de íons reduzem o espalhamento de energia cinética a valores quase térmicos. A combinação de pequenos orifícios, quadrupolo de guia de íons e o sistema óptico dos íons na Figura 22.21 produz um feixe estreito de íons com um pequeno espalhamento de energia. Pulsos de potencial periódicos no contraeletrodo de uma fonte de íons por tempo de voo ejetam íons com uma pequena faixa de energia cinética para a região de deslocamento do espectrômetro.

Na década de 1950, na Universidade de Bonn, W. Paul mostrou que os íons podiam ser manipulados por campos elétricos quadrupolares. Ele recebeu o Prêmio Nobel de Física em 1989.

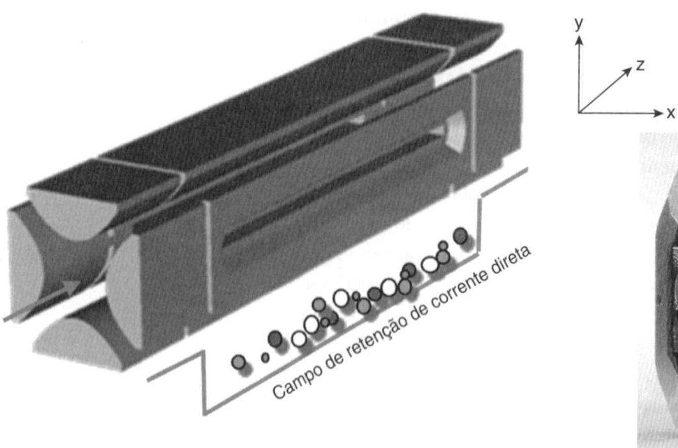

FIGURA 22.22 (*a*) Armadilha de íons quadrupolo. [Desenho de Z. Ouyang, G. Wu, Y. Song, H. Li, W. R. Plass e R. G. Cooks, "Rectilinear Ion Trap: Concepts, Calculations e Analytical Performance of a New Mass Analyzer", *Anal. Chem.* **2004**, *76*, 4595. Reproduzida sob permissão © 2004, American Chemical Society.] (*b*) Fotografia da armadilha de íons quadrupolo LTQ XL. [Cortesia de Thermo Fisher Scientific, Inc.]

Espectrômetro de Massa com Armadilha de Íons Quadrupolo Linear

Comparado a vários tipos de armadilhas de íons, a **armadilha de íons quadrupolo linear** (ou **espectrômetro de massa de captura de íons por quadrupolo linear**) na Figura 22.22, apresenta uma eficiência de captura 10 vezes maior e uma capacidade de armazenamento 30 vezes maior. O filtro de massa quadrupolar na Figura 22.17 utiliza um potencial de corrente direta e um potencial de radiofrequência para selecionar íons com determinado valor de m/z para serem transmitidos pelo filtro. A armadilha de íons quadrupolo linear na Figura 22.22 adiciona seções a cada extremidade do quadrupolo para criar um poço de potencial. Se as extremidades são suficientemente positivas com relação à parte central, os cátions acabam sendo capturados na seção central. Os íons são confinados na direção radial (o plano xy) por um campo de radiofrequência aplicado à seção central. Ao manipular o potencial, os íons com um valor determinado de m/z podem ser ejetados por meio de aberturas no eixo x, ou nas extremidades na direção z, para um ou mais detectores.

As armadilhas de íons quadrupolo linear permitem estabelecer um compromisso entre a velocidade de aquisição espectral e a resolução. Eles são normalmente operados com resolução unitária e velocidades de varredura da ordem de 11 000 unidades de m/z por segundo. À custa da redução da velocidade de varredura a 27 unidades de m/z por segundo, pode-se atingir uma resolução de 0,05 unidade de m/z.

Espectrômetro de Massa Orbitrap

O **espectrômetro de massa Orbitrap** é um analisador de massas de alta resolução que não precisa de um campo magnético ou de um campo de radiofrequência. O Orbitrap fornece um poder de resolução de ~140 000 a 480 000 em m/z = 100 (Figura 22.23), uma exatidão de m/z

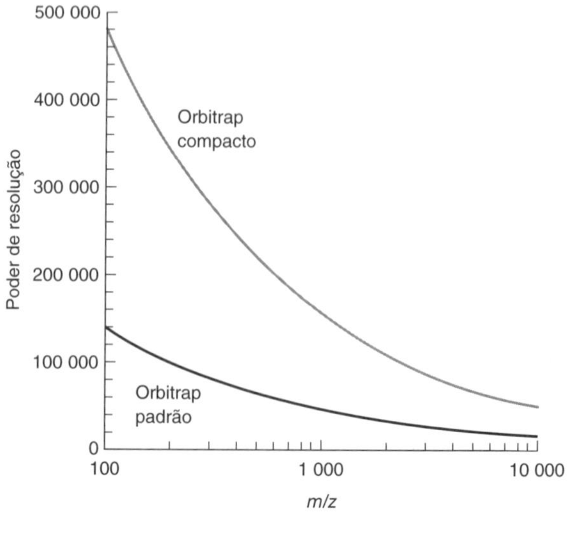

FIGURA 22.23 Poder de resolução de um Orbitrap $(m/z)/(m/z)_{1/2}$ para um tempo de varredura de 0,76 s. O poder de resolução diminui na proporção de $\sqrt{m/z}$ e aumenta com relação ao tempo de varredura. Longos tempos de varredura permitem obter uma maior resolução, mas o limite prático para o tempo de varredura é ~3 s. [Dados de R. A. Zubarev e A. Makarov, "Orbitrap Mass Spectrometry", *Anal. Chem.* **2013**, *85*, 5288.]

de 0,5 a 3 ppm com calibração externa, limite superior de *m/z* de ~6 000, e uma faixa dinâmica da ordem de milhares. Com padrões de calibração interna, pode-se atingir exatidões em *m/z* da ordem de subpartes por milhão. A Figura 22.24 mostra os efeitos do poder de resolução na capacidade de distinguir espécies com diferenças de *m/z* de apenas 0,003 unidade.

A vista em corte na Figura 22.25a mostra os eletrodos central e externo usinados com precisão. O eletrodo central é mantido em –5 kV enquanto os dois eletrodos externos (Figura 22.25b) estão próximos ao terra e eletricamente isolados entre si. A Figura 22.25b mostra os vetores de campo elétrico perpendiculares ao eixo de simetria (*z*) próximo ao centro do Orbitrap, mas que se tornam cada vez mais inclinados à medida que se distanciam do centro.

Um pacote de íons é introduzido perpendicularmente ao plano da Figura 22.25b no ponto indicado. O campo elétrico puxa os íons para uma órbita na direção do centro do Orbitrap na Figura 22.25c. O momento inicial transporta os íons do lado direito do Orbitrap para o lado esquerdo até que o campo elétrico seja forte o bastante para movê-los de volta para o lado direito. Quando os íons tiverem percorrido uma distância grande o bastante à direita, eles são puxados de volta para o lado esquerdo. Eles circulam para frente e para trás ao redor do eletrodo central enquanto não colidem com uma molécula. A manutenção de uma órbita sem perturbações exige um vácuo melhor do que qualquer outro espectrômetro de massa em torno de 10^{-13} bar, o que permite atingir um livre percurso médio de 100 km. A frequência de oscilação de um íon entre as metades direita e esquerda do Orbitrap é proporcional a $1/\sqrt{m/z}$.

Os íons que oscilam entre as duas metades do Orbitrap induzem uma carga oposta denominada *carga especular* no eletrodo externo. Um pacote de cátions na metade direita do Orbitrap atrai elétrons da parte mais externa do eletrodo direito. Um pacote de cátions na metade esquerda do Orbitrap atrai elétrons da parte mais externa do eletrodo esquerdo. Um amplificador conectado às duas metades da fenda do eletrodo externo mede a corrente da imagem que oscila em sincronia com os íons. O Orbitrap contém íons com valores diferentes de *m/z*, cada um deles produzindo um componente da corrente com determinada frequência. O sinal observado é a soma das correntes de todos os valores de *m/z*. Após registrar a corrente por um período predeterminado (~0,1 a 3 s), um computador decompõe a corrente em suas frequências componentes – e com isso calcula os valores de *m/z* – por meio de uma transformada de Fourier (Seção 20.5).

Os íons têm de ser injetados no Orbitrap em um pequeno volume. A Figura 22.26 mostra como isso pode ser feito. Os íons de uma fonte electrospray (Seção 22.4) são acumulados em uma armadilha de íons quadrupolo linear e então transferidos de uma única vez para uma armadilha em forma de C (um quadrupolo de formato curvo, que pode reter ~10^6 cargas elementares), que os comprime eletrodinamicamente em um pequeno volume. Esse volume é então injetado através de óptica iônica dentro do Orbitrap. Durante o período de injeção, ~0,1 ms, o campo elétrico no Orbitrap é elevado de tal maneira que os íons começam a orbitar o eletrodo central. Depois que o potencial no eletrodo central atinge seu nível constante para se obter órbitas estáveis, a detecção tem início.

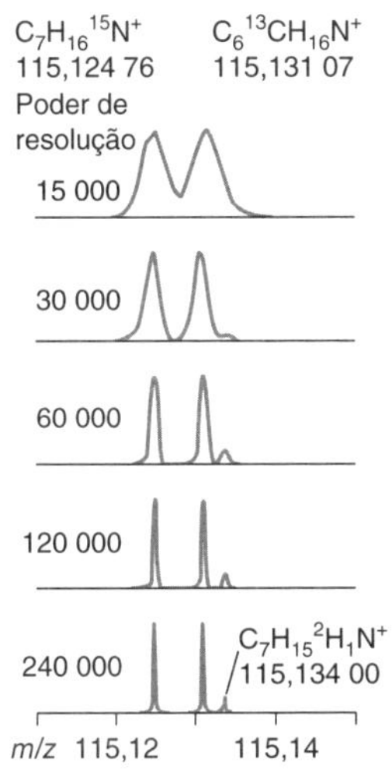

FIGURA 22.24 Efeito da resolução do Orbitrap na capacidade de resolver marcadores de massa isotópicos em tandem muito próximos, relacionados com aqueles na Figura 22.41. [Dados de D. C. Frost, T. Greer e L. Li, "High-Resolution Enabled 12-Plex DiLeu Isobaric Tags for Quantitative Proteomics", *Anal. Chem.* **2015**, *87*, 1646.]

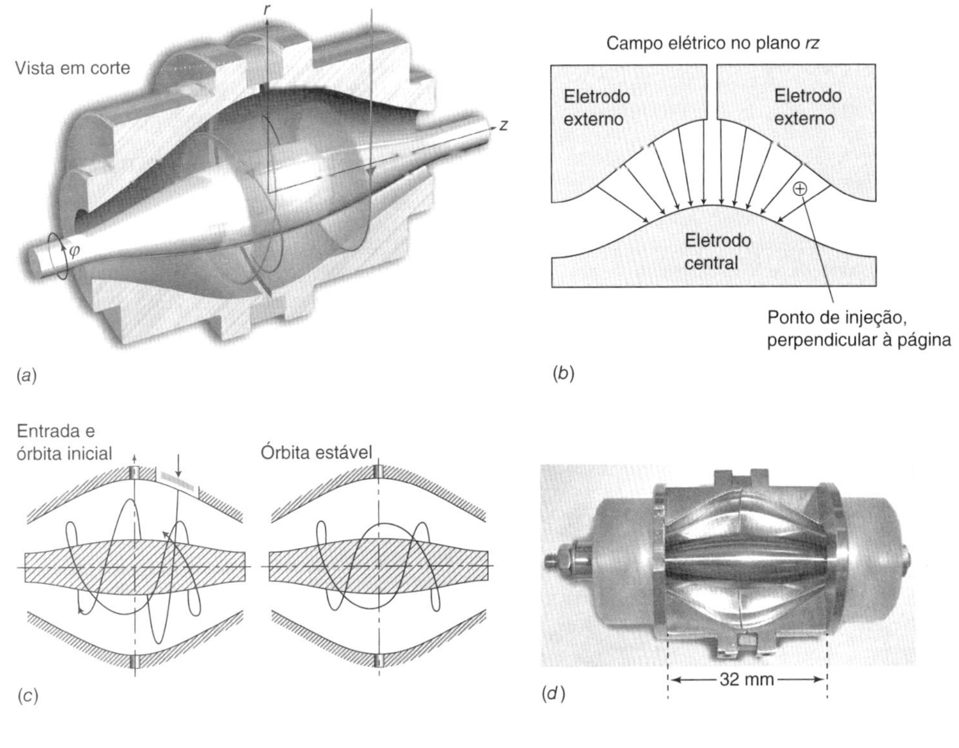

FIGURA 22.25 (*a*) Vista em corte de um desenho de um Orbitrap. (*b*) Campo elétrico em um dos planos longitudinais do Orbitrap. (*c*) Caminho inicial do íon que entra no Orbitrap, e trajetória estável para órbitas sucessivas. [Dados de A. Makarov, "Electrostatic Axially Harmonic Orbital Trapping: A High-Performance Technique of Mass Analysis", *Anal. Chem.* **2000**, *72*, 1156. Reproduzida sob permissão © 2000 American Chemical Society.] (*d*) Fotografia de um Orbitrap com metade da carcaça externa removida. O comprimento correspondente da seção exposta de um Orbitrap compacto é 21 mm. [Cortesia de Thermo Fischer Scientific, San Jose, Inc.]

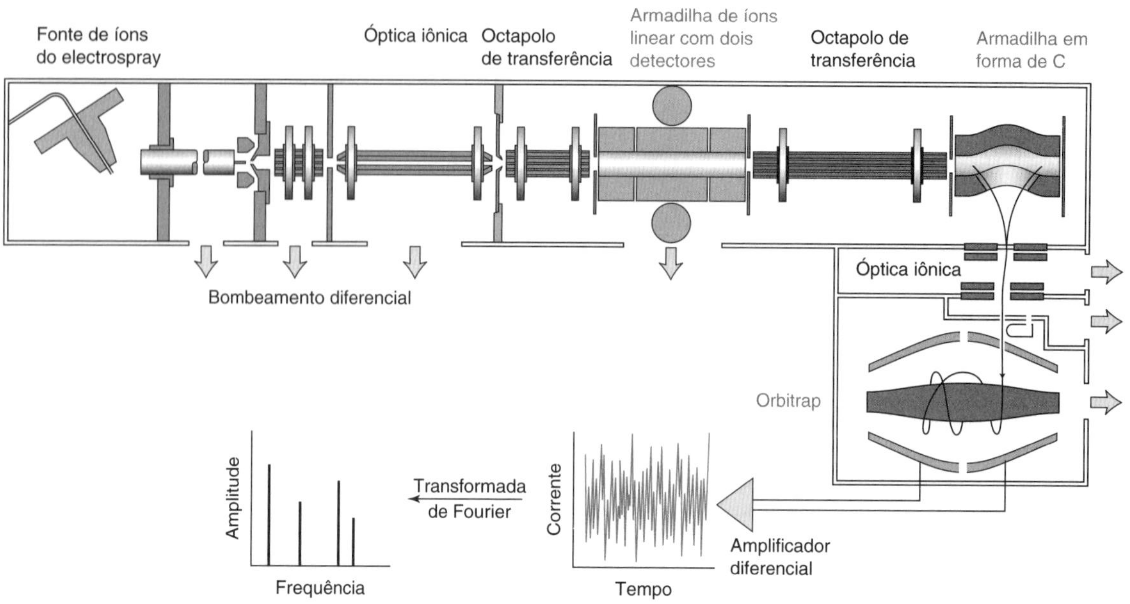

FIGURA 22.26 Imagem esquemática de uma armadilha de íons quadrupolo linear e de uma armadilha em forma de C, comprimindo os íons em um pequeno volume, e introdução desse volume no Orbitrap. [Dados de A. Makarov, E. Denisov, A. Kholomeev, W. Balschun, O. Lange, K. Strupat e S. Horning, "Performance Evaluation of a Hybrid Linear Ion Trap/Orbitrap Mass Spectrometer", *Anal. Chem.* **2006**, *78*, 2113. © 2006 American Chemical Society.]

Isotopólogos: moléculas ou íons com diferentes números de isótopos de um ou mais elementos: $^{12}C_2H_4O$ e $^{12}C^{13}CH_4O$
Isotopômeros: moléculas ou íons com a mesma composição isotópica, mas diferentes localizações dos isótopos: $^{13}CH_3{}^{12}CH{=}O$ e $^{12}CH_3{}^{13}CH{=}O$

Para o cálculo da massa teórica de um cátion, não se esqueça de subtrair a massa de um elétron. Para o $^{12}C_8{}^1H_{11}{}^{14}N_4{}^{16}O_1{}^{18}O_1^+$ (o pico mais alto na Figura 22.27), a massa teórica é igual a 197,091 90 e a massa observada é 197,091 62 Da. A diferença, em ppm (= 10^6), é (197,091 90 − 197,091 62)/(197,091 90) = 1,4 ppm. O $w_{1/2}$ para o pico é 0,000 17 Da, de modo que o poder de resolução é $(m/z)/(m/z)_{1/2}$ = (197,091 62)/(0,000 17) = 1,2 × 10^6.

A Figura 22.27 ilustra o elevado poder de resolução e a exatidão de massa atingível por um Orbitrap. O espectro superior mostra o íon $C_8H_{11}N_4O_2^+$ m *m/z* nominal = 195 Da. Um pico isotópico conjugado com abundância relativa de ~10% é observado em *m/z* = 196, e um segundo pico isotópico com abundância relativa ~0,05% é observado em *m/z* 197. A região em *m/z* = 197 foi alargada no espectro central, e o espectro teórico é apresentado na parte inferior da figura. São observados picos individuais para os *isotopólogos* $^{12}C_7{}^{13}C_1{}^1H_{11}{}^{14}N_3{}^{15}N_1{}^{16}O_2^+$, $^{12}C_8{}^1H_{11}{}^{14}N_4{}^{16}O_1{}^{18}O_1^+$, $^{12}C_6{}^{13}C_2{}^1H_{11}{}^{14}N_4{}^{16}O_2^+$ e $^{12}C_7{}^{13}C_1{}^1H_{10}{}^2H_1{}^{14}N_4{}^{16}O_2^+$. O poder de resolução, $(m/z)/(m/z)_{1/2}$, é ~1 × 10^6, e a diferença entre as massas calculada e medida é ~1,5 ppm.

A Figura 22.28 ilustra a capacidade de um Orbitrap em alcançar uma resolução unitária de massa para uma proteína intacta com 148 kDa, contendo uma carga líquida de +53, proveniente de cadeias laterais protonadas. Apenas uma parte do espectro é exibida na figura. O pico mais alto, em *m/z* = 2 800,69, tem uma massa de 53 × 2 800,69 = 148 436,6 Da. Os picos adjacentes são isotopólogos da proteína, diferindo de 1 Da. O poder de resolução, $(m/z)/(m/z)_{1/2}$, é 3 × 10^5 em *m/z* = 2 800. Um Orbitrap modificado para alta sensibilidade para íons pesados mediu a massa de um vírus intacto com 9,3 MDa com uma carga de +222 ((*m/z*) = 42 040, $(m/z)_{1/2}$ = 70, poder de resolução = 600).[24]

22.4 Interfaces na Cromatografia–Espectrometria de Massa

A espectrometria de massa é amplamente utilizada como detector em cromatografia, pois permite a obtenção de informações tanto qualitativas quanto quantitativas. O espectrômetro pode ser altamente seletivo ao analito de interesse. Esta seletividade facilita as exigências no preparo da amostra ou na necessidade da separação cromatográfica completa dos constituintes presentes em uma mistura, além de aumentar a razão sinal/ruído. O acoplamento do espectrômetro de massa com o cromatógrafo a gás foi um desafio, mas o acoplamento com o cromatógrafo líquido exigiu muita inovação, e ainda está em evolução. Os requisitos da cromatografia para uma fase móvel à alta pressão e a necessidade de alto vácuo na espectrometria de massa para a separação de íons com diferentes *m/z* são diametralmente opostos entre si. Essa combinação não pode ser tratada como o cromatógrafo sendo uma entrada para um espectrômetro ou o espectrômetro de massa desempenhando o papel de detector para o cromatógrafo.

Um espectrômetro de massa deve ser capaz de medir espectros várias vezes por segundo a fim de acompanhar a velocidade com que bandas estreitas de material podem emergir de uma coluna de cromatografia a gás ou líquida. O quadrupolo de transmissão na Figura 22.17, o instrumento por tempo de voo com injeção ortogonal nas Figuras 22.20 e 22.21, a armadilha de íons quadrupolo na Figura 22.22 e o Orbitrap na Figura 22.26 são todos adequados para a cromatografia. Em uma cromatografia muito rápida onde as larguras dos picos podem ser

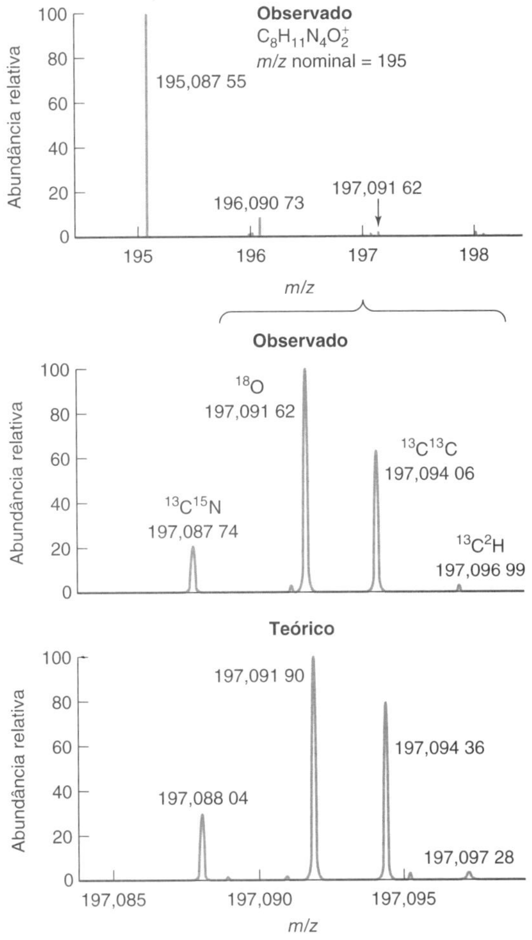

FIGURA 22.27 Exemplo do poder de alta resolução $[(m/z)/(m/z)_{1/2} = 1{,}3 \times 10^6]$ e de exatidão de massa (1,5 ppm) alcançáveis por um espectrômetro de massa Orbitrap, com um tempo de detecção de 3 s e calibração externa. O espectro na parte superior mostra a região entre $m/z = 195$ e 198. O alargamento da região em $m/z = 197$, mostrado ao centro, indica isotopólogos individuais. O espectro na parte inferior da figura é o padrão teórico para $m/z =$ 197 [Adaptada de Elsevier, de E. Denisov, E. Damoc, O. Lang e A. Makarov, "Orbitrap Mass Spectrometer with Resolving Powers Above 1,000,000", *Intl. J. Mass Spectrom.* **2012**, *325-327*, 80, Figura 2. Permissão transferida de Copyright Clearance Center, Inc. © Thermo Fisher Scientific (Bremen) GmbH.]

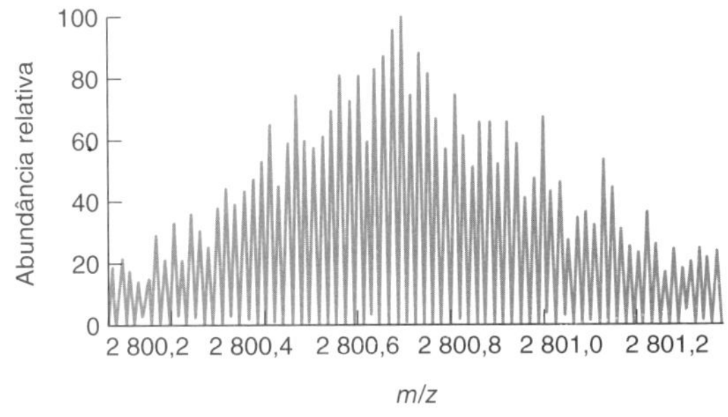

FIGURA 22.28 Parte de um espectro de massa Orbitrap de um anticorpo monoclonal IgG1, com 148 kDa e uma carga de +53, obtido com um tempo de aquisição de 3 s e muitas condições otimizadas para observar a proteína intacta em alta resolução. [J. Shaw e J. S. Brodbelt, "Extending the Isotopically Resolved Mass Range of Orbitrap Mass Spectrometers", *Anal. Chem.* **2013**, *85*, 8313, Figura 4C. Reproduzida sob permissão, © 2013, American Chemical Society.]

inferiores a 1 s, os instrumentos por tempo de voo e Orbitrap são capazes de obter de 60 a 100 espectros por segundo. Contudo, a resolução de um Orbitrap diminui à medida que a velocidade de aquisição aumenta.

A espectrometria de massa necessita de alto vácuo para evitar as colisões moleculares durante a separação dos íons. Por sua vez, a cromatografia é intrinsecamente uma técnica de alta pressão. O problema ao acoplarmos as duas técnicas é a remoção da enorme quantidade de matéria presente entre o cromatógrafo e o espectrômetro. Felizmente, a cromatografia gasosa evoluiu a ponto de empregar colunas capilares estreitas, cujas fases eluídas (eluatos) não chegam a sobrecarregar o sistema de vácuo do espectrômetro de massa. A coluna capilar é diretamente conectada à entrada do espectrômetro de massa mediante uma linha de transferência aquecida, conforme visto na Figura 22.17.[25]

A cromatografia líquida forma um enorme volume de gás quando o solvente evapora na interface entre a coluna e o espectrômetro de massa.[26] Quase todo esse gás tem que ser removido antes da separação dos íons. Aditivos não voláteis presentes na fase móvel (por exemplo, um tampão fosfato), comuns em cromatografia líquida, têm que ser evitados quando se usa espectrometria de massa. A *ionização por electrospray* e a *ionização química à pressão atmosférica* são os métodos mais utilizados para transferir as fases líquidas eluídas, provenientes da cromatografia líquida, para o espectrômetro de massa.

Podemos citar, dentre os componentes voláteis de tampões e dos aditivos usados em cromatografia líquida, os que são compatíveis com a espectrometria de massa: NH_3, HCO_2H, CH_3CO_2H, CCl_3CO_2H, $(CH_3)_3N$ e $(C_2H_5)_3N$. Concentrações de aditivos > 20 mM e de detergentes > 10 μM devem ser evitadas.

Ionização por Electrospray

Electrospray ou *eletronebulização* é um dos métodos para a liberação de íons eletricamente carregados de moléculas não voláteis e termicamente lábeis, como as proteínas para a fase gasosa em espectrometria de massa. A Figura 22.29 mostra o que acontece quando gotículas de acetona com um diâmetro de 16 μm caem próximas a um eletrodo de platina mantido em um potencial de +6 000 V com relação à ponta por onde saem as gotículas. O campo elétrico de alta tensão causa uma descarga elétrica contínua (efeito corona, um plasma constituído de elétrons e íons positivos) em torno do eletrodo, mas a descarga não se encontra visível na figura. As gotículas, caindo por meio da descarga, tornam-se carregadas positivamente e são repelidas pelo eletrodo, deslocando sua trajetória para a direita. Quando as gotículas carregadas positivamente se aproximam do eletrodo, vemos um fluxo fino de líquido, na forma de um jato, em direção oposta ao eletrodo carregado positivamente. As gotículas microscópicas que constituem o fino *spray* evaporam rapidamente. Se o líquido for uma solução aquosa de proteína, a água evaporará, deixando as moléculas de proteína carregadas na fase gasosa.

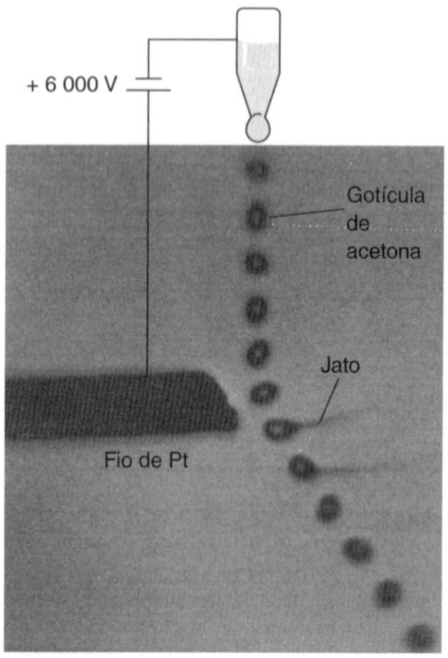

FIGURA 22.29 Deflexão e desintegração de gotículas de líquido que caem próximas a um eletrodo mantido em um potencial de +6 000 V. [De D. B. Hager e N. J. Dovichi, "Behavior of Microscopic Liquid Droplets Near a Strong Electrostatic Field: Droplet Electrospray", *Anal. Chem.* **1994**, *66*, 1593. Reproduzida sob permissão © 1994, American Chemical Society. Ver também D. B. Hager *et al*, *Anal. Chem.* **1994**, *66*, 3944.]

A Figura 22.30a mostra uma interface de **ionização por electrospray**,[27] também conhecida como *nebulização de íons*, usada para conectar a saída de um cromatógrafo líquido à entrada de um espectrômetro de massa. O electrospray também é uma fonte de ionização autônoma para espectrometria de massa sem cromatografia. Em tal situação, a solução do analito é bombeada diretamente para um nebulizador capilar de aço, visto à esquerda na parte superior da Figura 22.30a, junto com um fluxo coaxial de N_2 gasoso. Na espectrometria de massa de íon positivo, o nebulizador é mantido a 0 V e a câmara de nebulização mantida em –3 500 V. Para espectrometria de massa de íon negativo, o sinal de todos os potenciais deve ser invertido. O forte campo elétrico na saída do nebulizador, combinado com o fluxo coaxial de N_2, produz um aerossol fino de partículas carregadas. Em geral, a ionização por electrospray só é aplicável a moléculas polares.

É comum, mas não sempre, que *os íons que vaporizam a partir das gotículas de aerossol já estavam em solução na coluna cromatográfica*. Por exemplo, podemos observar bases protonadas (BH^+) e ácidos ionizados (A^-). Outros íons em fase gasosa surgem pela complexação do analito, M (que pode ser neutro ou eletricamente carregado) com íons estáveis presentes em solução. A seguir, vemos alguns exemplos

MH^+ (massa M + 1)	$M(K^+)$ (massa M + 39)
$M(NH_4^+)$ (massa M + 18)	$M(HCO_2^-)$(massa M + 45)
$M(Na^+)$ (massa M + 23)	$M(CH_3CO_2^-)$ (massa M + 59)

Para a análise de proteínas por electrospray, é comum encontrar íons de carga múltipla, como $[M + nH]^{n+}$ e, por vezes, $[M + nNa]^{n+}$, $[M + nNH_4]^{n+}$, ou $[M + nH + mNa + oK]^{m+n+o+}$. Existe pouca fragmentação em electrospray.

Os íons positivos provenientes do aerossol são atraídos na direção do capilar de vidro, fluindo em direção ao espectrômetro de massa por um potencial ainda mais negativo de –4 500 V. O gás fluindo à pressão atmosférica para a câmara de nebulização transporta íons para a direita por meio do capilar na saída da câmara, onde a pressão é reduzida a ~3 mbar por uma bomba de vácuo.

A Figura 22.30b mostra mais detalhes a respeito do processo de ionização. O potencial elétrico aplicado entre o nebulizador capilar de aço e a entrada do espectrômetro de massa dá origem a um excesso de carga na fase líquida a partir de reações redox. Se o nebulizador for positivamente polarizado, o processo de oxidação enriquece o líquido com íons positivos mediante reações como

$$Fe(s) \rightarrow Fe^{2+} + 2e^-$$

$$H_2O(l) \rightarrow \frac{1}{2}O_2 + 2H^+ + 2e^-$$

Os elétrons provenientes da oxidação fluem pelo circuito externo e, ao final, neutralizam os íons gasosos positivos na entrada do espectrômetro de massa. Também é possível que o analito seja quimicamente alterado por espécies, como $HO^•$, geradas durante o processo de eletronebulização.[29]

O líquido eletricamente carregado que sai pelo capilar forma um cone, em seguida se transforma em um filamento fino e, finalmente, se dispersa em gotículas muito pequenas, conforme visto nas Figuras 22.30c e 22.29. Acredita-se que a gotícula diminui, em virtude da evaporação do solvente, para um diâmetro de ~1 μm até que a força repulsiva do excesso de cargas se iguale à força de coesão da tensão superficial do líquido. Nesse instante, a gotícula se rompe ejetando gotículas ainda menores, com diâmetros de ~10 nm. Essas diminutas gotículas evaporam, liberando o seu teor de íons para a fase gasosa. Forças aerodinâmicas podem também contribuir para o rompimento da gotícula.[30]

J. B. Fenn recebeu, em 2002,[28] parte do Prêmio Nobel de Química pela ionização por electrospray. Fenn afirmou que, ao ejetar proteínas em uma fase gasosa, "nós aprendemos a fazer com que elefantes voem". K. Tanaka recebeu parte do mesmo prêmio pela dessorção/ionização a *laser* assistida por matriz, descrita no Boxe 22.4.

É o químico que deve ajustar o pH do solvente usado na cromatografia para favorecer o aparecimento da espécie BH^+ ou A^- para a sua detecção espectrométrica de massa.

O electrospray requer que o solvente cromatográfico tenha uma força iônica pequena, de modo que os íons do tampão não mascarem os íons do analito no espectro de massa. Um solvente orgânico com baixa tensão superficial é melhor do que a água. Em cromatografia de fase reversa (Seção 25.1) é conveniente usar uma fase estacionária que retenha fortemente o analito, de modo que uma elevada fração de solvente orgânico pode ser usada. Uma vazão entre 0,05 e 0,4 mL/min é a mais conveniente para o electrospray.

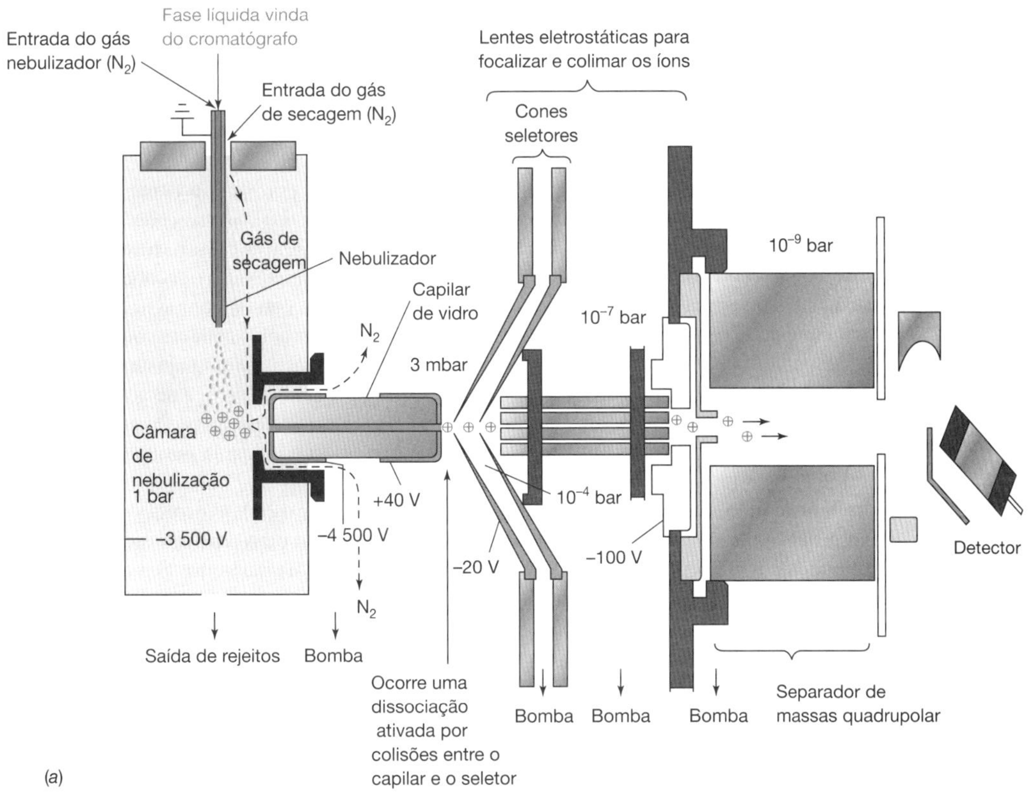

(a)

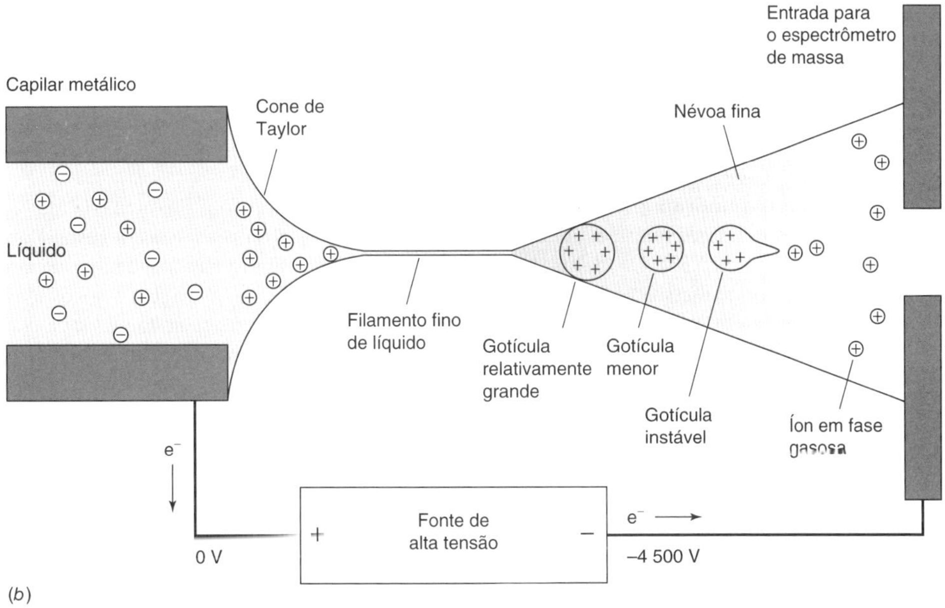

(b)

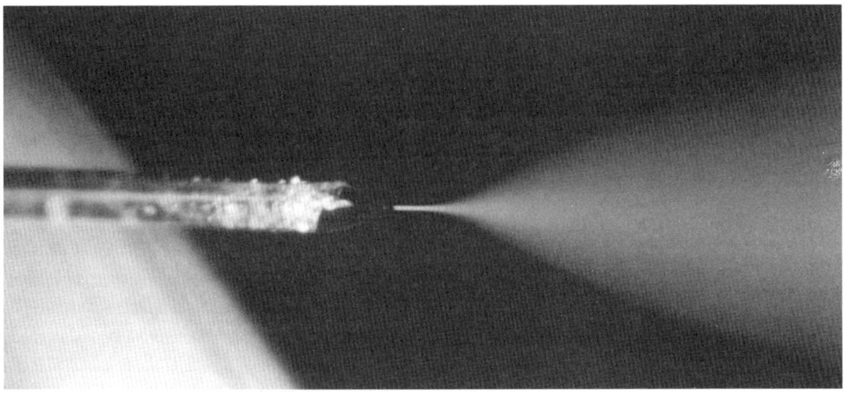
(c)

FIGURA 22.30 (*a*) Interface do electrospray auxiliado por meios pneumáticos para a espectrometria de massa. (*b*) Formação de íons em fase gasosa. [Dados de E. C. Huang, T. Wachs, J. J. Conboy e J. D. Henion, "Atmospheric Pressure Ionization Mass Spectrometry", *Anal. Chem.* **1990**, *62*, 713A e P. Kebarle e L. Tang, "From Ions in Solution to Ions in the Gas Phase," *Anal. Chem.* **1993**, *65*, 972A.] (*c*) Electrospray a partir de um capilar de sílica. [Cortesia de R. D. Smith, Pacific Nortwest Laboratory, Richland, WA.]

Dissociação induzida por colisão do acetaminofeno:

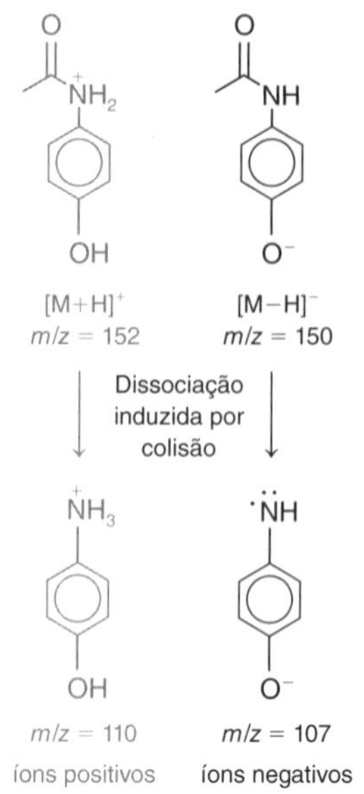

No electrospray ocorre pouca fragmentação do analito, e os espectros de massa são simples, exceto no caso de picos múltiplos de uma mesma molécula com cargas múltiplas a partir da ligação de múltiplos íons como H^+, Na^+, K^+ e outros. O electrospray e a ionização química à pressão atmosférica (que será apresentada na próxima seção) são chamadas *técnicas de ionização suave* porque induzem pouca fragmentação. Em contraste, a ionização por elétrons de 70 eV produz muitos fragmentos.

A fragmentação pode ser intencionalmente aumentada por meio de uma **dissociação induzida por colisão** (também conhecida como *dissociação ativada por colisão*) na região entre o capilar de vidro e o cone seletor, vista na Figura 22.30a. A pressão nessa região é 3 mbar e o gás residual é N_2. Na Figura 22.30a, a saída do capilar de vidro é recoberta com uma camada de metal, mantida em +40 V. A diferença de potencial entre o cone seletor metálico e o capilar é de –20 – (40) = –60 V. Íons positivos acelerados por 60 V colidem com as moléculas de N_2, com energia suficiente para produzir alguma fragmentação. O ajuste do potencial no cone seletor controla o grau de fragmentação. Uma pequena diferença de potencial favorece a formação de íons moleculares, enquanto os potenciais mais elevados dão origem a fragmentos que ajudam na identificação do analito. A dissociação induzida por colisão também tende a romper íons complexos como o $M(H_2O)H^+$.

Por exemplo, com uma diferença de potencial no cone de –20 V, o espectro de íon positivo proveniente do medicamento acetaminofeno apresenta o pico base em m/z = 152, correspondente à molécula protonada $[M + H]^+$ (a espécie cinza na margem). O pico menor em m/z = 110 provavelmente corresponde ao fragmento que também pode ser visto na margem. Quando a diferença de potencial no cone é –50 V, a dissociação induzida por colisão diminui o pico em m/z = 152 e aumenta o pico correspondente ao fragmento em m/z = 110. Em outro experimento, o espectro de íon negativo do acetaminofeno tem um pico grande em m/z = 150 correspondente à espécie $[M - H]^-$. Com o aumento da diferença de potencial no cone de +20 V para +50 V, o pico em m/z = 150 diminui e aumenta o pico em m/z = 107.

A Figura 22.31 nos mostra uma interface de electrospray para eletroforese capilar. O capilar de sílica está contido dentro de um capilar de aço inoxidável, mantido no potencial elétrico necessário para a eletroforese. O aço faz o contato elétrico com o líquido dentro do capilar de sílica por meio de uma camada envoltória líquida fluindo entre os capilares. Essa camada líquida, normalmente uma mistura de solventes do tipo orgânico/aquoso, constitui ~90% do aerossol.

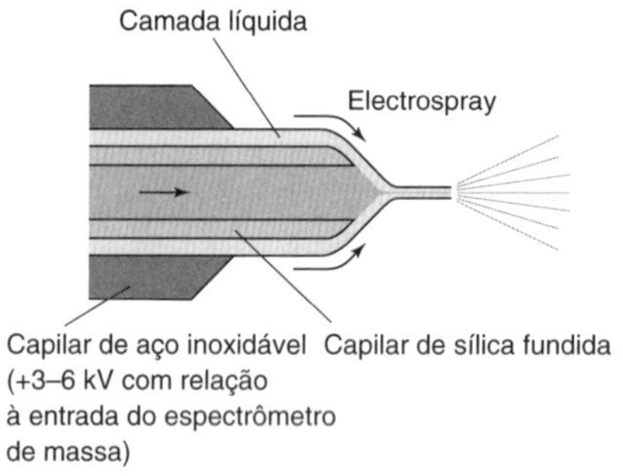

FIGURA 22.31 Interface de electrospray para eletroforese capilar–espectrometria de massa.

Diferentemente do electrospray, a ionização química à pressão atmosférica *forma íons gasosos a partir de moléculas neutras de analito*. Para isso, o analito deve apresentar alguma volatilidade. Para moléculas não voláteis, como açúcares e proteínas, podemos usar o electrospray.

Ionização Química à Pressão Atmosférica

A **ionização química à pressão atmosférica** usa o aquecimento e um fluxo coaxial de N_2 para converter a fase eluída em um aerossol fino, a partir do qual solvente e analito evaporam (Figuras 22.32 e 22.33). Da mesma maneira que a ionização química na fonte de íons de um espectrômetro de massa, a ionização química à pressão atmosférica dá origem a novos íons pela reação em fase gasosa entre íons e moléculas. A principal diferença nesta técnica é que uma alta diferença de potencial é aplicada a uma agulha de metal, posicionada no percurso do aerossol. Um efeito elétrico *corona* (um plasma contendo partículas carregadas) se forma em torno da agulha, injetando elétrons no aerossol e criando íons reagentes a partir de O_2, N_2 e H_2O atmosféricos, e de componentes da fase móvel na cromatografia. Os íons reagentes sofrem então reações envolvendo íons/moléculas em fase gasosa e analitos na fase gasosa. O analito não deve ser termicamente lábil e deve apresentar alguma volatilidade quando aquecido. Para a cromatografia gasosa, a ionização química à pressão atmosférica é considerada um dos métodos de detecção mais sensíveis.

FIGURA 22.32 Interface de ionização química à pressão atmosférica entre uma coluna de cromatografia líquida e um espectrômetro de massa. Um aerossol fino é produzido pelo fluxo de gás de nebulização e o aquecedor. A descarga elétrica contínua da agulha de efeito corona dá origem a íons gasosos a partir do analito. [Dados de E. C. Huang, T. Wachs, J. J. Conboy e J. D. Henion, "Atmospheric Pressure Ionization Mass Spectrometry", *Anal. Chem.* **1990**, *62*, 713A.]

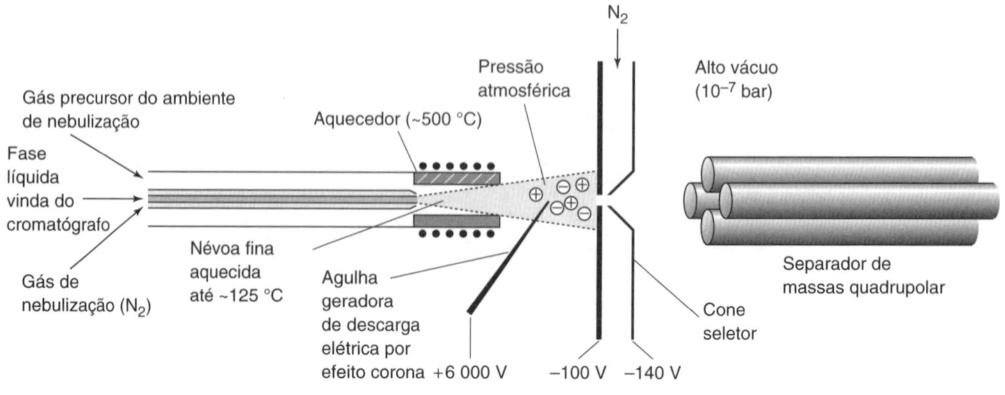

Como um exemplo, a sequência de reações vista a seguir mostra como o analito protonado, MH^+, pode ser formado:

$$N_2 + e^- \rightarrow N_2^{+\bullet} + 2e^-$$
$$N_2^{+\bullet} + 2N_2^{\bullet} \rightarrow N_4^{+\bullet} + N_2$$
$$N_4^{+\bullet} + H_2O \rightarrow H_2O^{+\bullet} + 2N_2$$
$$H_2O^{+\bullet} + H_2O \rightarrow H_3O^+ + {}^{\bullet}OH$$
$$H_3O^+ + nH_2O \rightarrow H_3O^+(H_2O)_n$$
$$H_3O^+(H_2O)_n + M \rightarrow MH^+ + (n+1)H_2O$$

O analito M também pode formar um íon negativo por captura de elétron:

$$M + e^- \rightarrow M^{-\bullet}$$

Uma molécula X—Y, presente na fase eluída, pode dar origem a íons negativos a partir de reações do tipo:

$$X\text{—}Y + e^- \rightarrow X^{\bullet} + Y^-$$

A espécie Y^- pode retirar um próton de um analito fracamente ácido, AH:

$$AH + Y^- \rightarrow A^- + HY$$

A ionização química à pressão atmosférica é aplicável tanto à cromatografia gasosa como à líquida, e permite trabalhar com vazões cromatográficas de até 2 mL/min. A ionização química à pressão atmosférica pode lidar com analitos não polares ou de baixa polaridade que não são passíveis de serem analisados via ionização por electrospray. Geralmente, para que um analito M possa ser observado, ele tem que ser capaz de formar o íon protonado, MH^+. A ionização química à pressão atmosférica tende a formar íons de carga +1 e é inadequada para o estudo de macromoléculas, como as proteínas. Normalmente, ocorre pouca fragmentação, porém, a diferença de potencial elétrico no cone seletor pode ser ajustada de modo a favorecer a formação de um pequeno número de fragmentos por um processo de *dissociação induzida por colisão*.

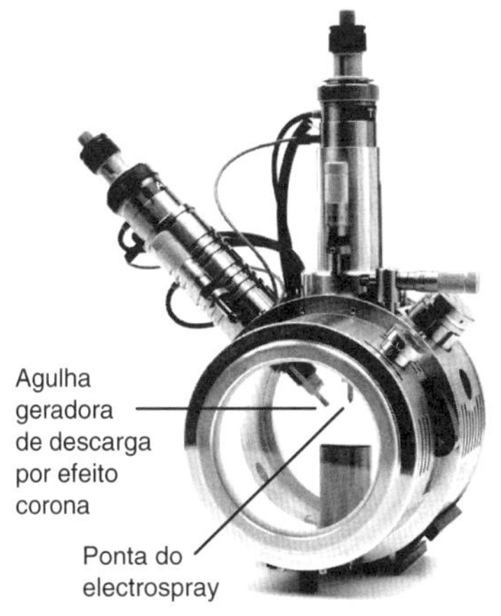

FIGURA 22.33 A interface para cromatografia líquida–espectrometria de massa de dupla função realiza o electrospray por meio da ponta do electrospray ou ionização química à pressão atmosférica por ativação da agulha geradora de descarga por efeito corona. [Cortesia de AB Sciex.]

22.5 Técnicas de Cromatografia–Espectrometria de Massa

O poder da espectrometria de massa combinada à cromatografia se expressa no emprego para o monitoramento seletivo de um ou alguns analitos em uma mistura complexa, mesmo se a separação dos componentes não é perfeita. Nós nos esforçamos para atingir boas separações, mas a espectrometria de massa pode aliviar a responsabilidade que recai sobre a cromatografia.

Monitoramento Seletivo de Íons

O *monitoramento seletivo de íons* reduz o limite de quantificação para analitos individuais e reduz o sinal proveniente do ruído de fundo quando se emprega um espectrômetro de massa quadrupolar de transmissão. A Figura 22.34a mostra um cromatograma líquido produzido pela medida de absorbância no ultravioleta para a detecção de uma mistura de herbicidas (representados pelos números de 1 a 6), deliberadamente adicionados em água de um rio, em uma faixa de 1 ppb. O pico largo em que se encontram sobrepostos os picos correspondentes ao analito é proveniente de várias substâncias naturais presentes na água do rio. A maneira mais simples de usar um espectrômetro de massa como detector cromatográfico é conectá-lo em substituição ao detector espectrofotométrico, somando a corrente de todos os íons de todas as massas detectadas acima de determinado valor. Esse **cromatograma reconstituído a partir de todos os íons**, visto na Figura 22.34b, é tão congestionado quanto o cromatograma detectado no ultravioleta, pois todas as substâncias que emergem da coluna, em qualquer momento, contribuem para a intensidade do sinal.

Para uma maior seletividade e para obter uma maior razão entre o sinal desejado e o ruído de fundo – o que leva a um limite de quantificação menor – usamos o **monitoramento seletivo de íons**, em que o espectrômetro de massa está ajustado para monitorar apenas alguns poucos valores de *m/z* (nunca mais do que dez) em qualquer intervalo de tempo. A Figura 22.34c mostra o cromatograma de íon selecionado, em que apenas *m/z* = 312 é monitorado. O sinal corresponde ao íon MH^+, proveniente do herbicida 6, que é a substância imazaquim. A razão sinal/ruído no monitoramento seletivo de íons é maior do que a razão sinal/ruído nos cromatogramas *a* ou *b*, pois (1) a maior parte do tempo de aquisição espectral é gasto fazendo a aquisição de dados em uma faixa pequena de *m/z* e (2) embora pequeno, o analito de interesse dá um sinal em *m/z* = 312.

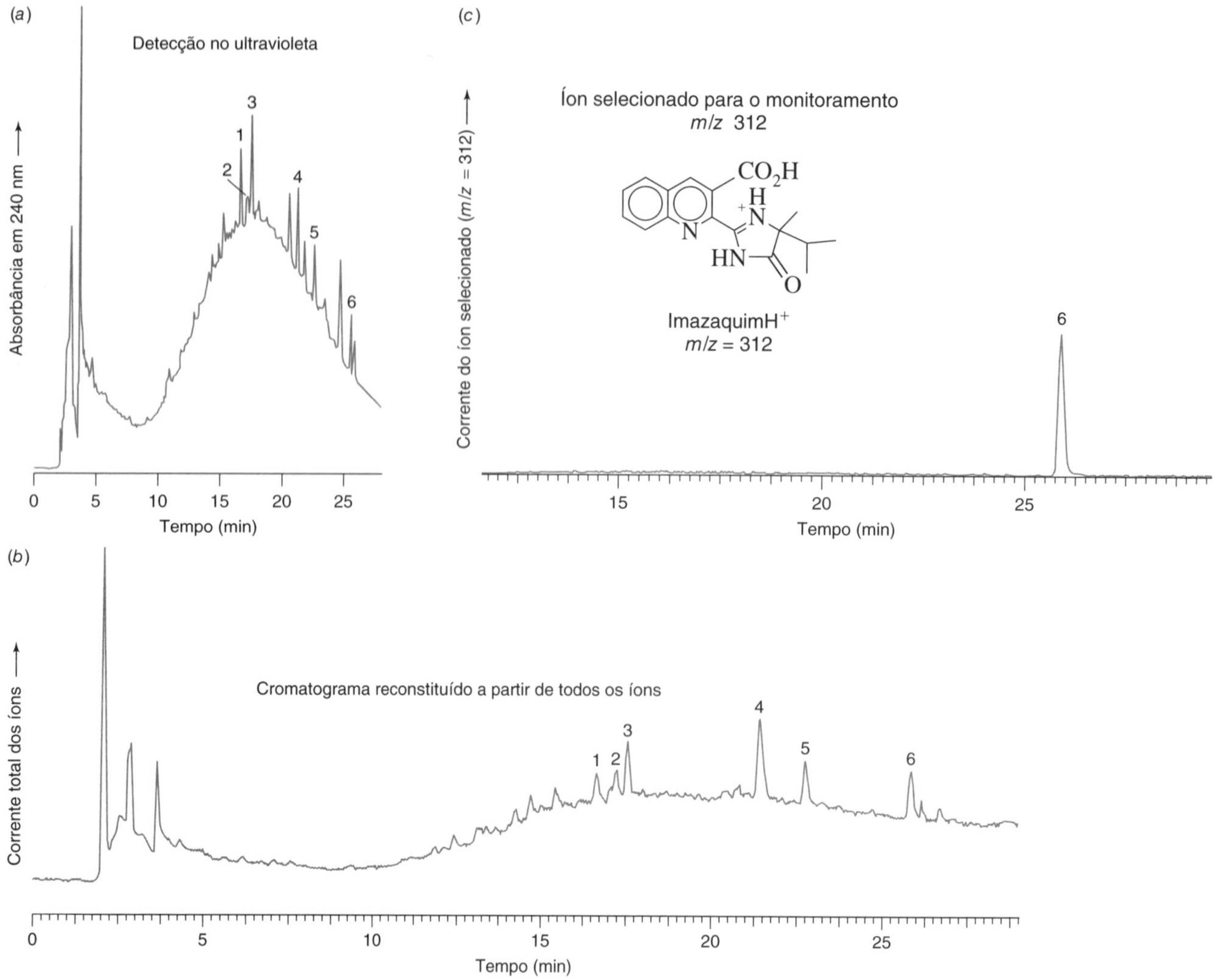

FIGURA 22.34 Cromatogramas de herbicidas (representados pelos números de 1 a 6), adicionados propositalmente à água de um rio, em um nível próximo de 1 ppb. Os resultados demonstram um aumento na razão sinal/ruído em função do monitoramento seletivo de íons. (*a*) Detecção no ultravioleta em 240 nm. (*b*) Cromatograma reconstituído a partir de todos os íons obtido por electrospray. (*c*) Monitoramento seletivo de íons em $m/z = 312$ obtido por electrospray. [Dados de A. Laganà, G. Fago e A. Marino, "Simultaneous Determination of Imidazolinone Herbicides from Soil and Natural Waters", *Anal. Chem.* **1998**, *70*, 121. Reproduzida sob permissão © 1998, American Chemical Society.]

Cromatograma de Íon Extraído

Um **cromatograma de íon extraído** se parece com um cromatograma de íon selecionado, mas o cromatograma de íon extraído não tira proveito de toda a disponibilidade de tempo para medir apenas um ou uns poucos valores de m/z. Para criar um cromatograma de íon extraído, todo o espectro de massa é registrado separadamente durante a corrida cromatográfica. Então, um valor de m/z é tomado de cada espectro para ser mostrado na tela. Por exemplo, o cromatograma poderia mostrar a intensidade observada do pico em $m/z = 312$ como função do tempo. No monitoramento seletivo de íons, apenas o sinal correspondente a $m/z = 312$ seria coletado. Para o cromatograma de íon extraído, todos os valores de m/z são medidos, mas apenas a intensidade da razão $m/z = 312$ é mostrada. Você deve obter todo o espectro de massa quando você não sabe o que está procurando ou quando deseja observar todos os componentes.

A Figura 22.35 mostra um exemplo muito importante de um cromatograma de íon extraído. Por meio do emprego da combinação cromatografia líquida–espectrometria de massa de alta resolução por tempo de voo, é possível pesquisar 100 pesticidas de imediato em extratos de alimentos. O espectrômetro por tempo de voo permite uma identificação praticamente inequívoca de moléculas pequenas, como os pesticidas, por determinações exatas de massas com incertezas de ~1 a 2 partes por milhão em m/z. Os componentes de refrigerantes baseados em sucos de frutas, isolados por extração em fase sólida (Seção 28.3), foram separados por cromatografia líquida para que se obtivesse o complexo cromatograma de íons mostrado na parte superior da Figura 22.35. Quando a janela do cromatograma de íon extraído foi fixada

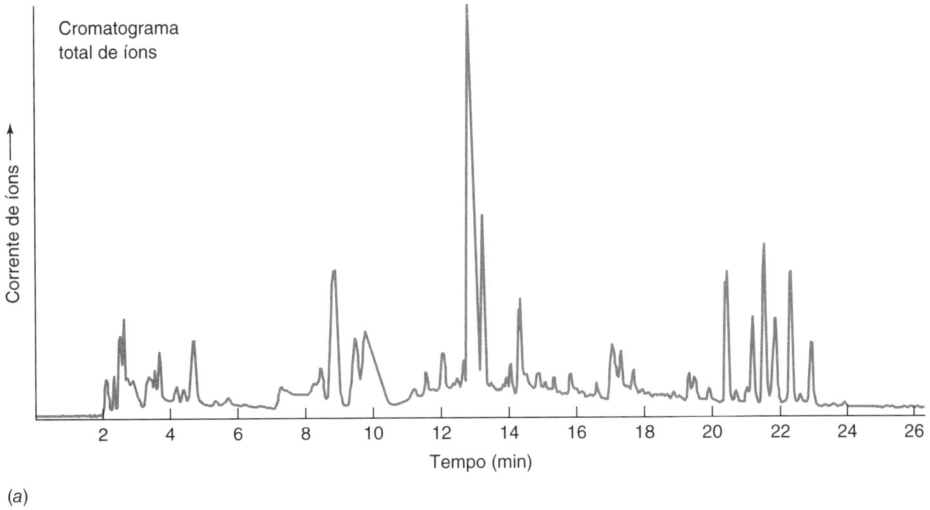

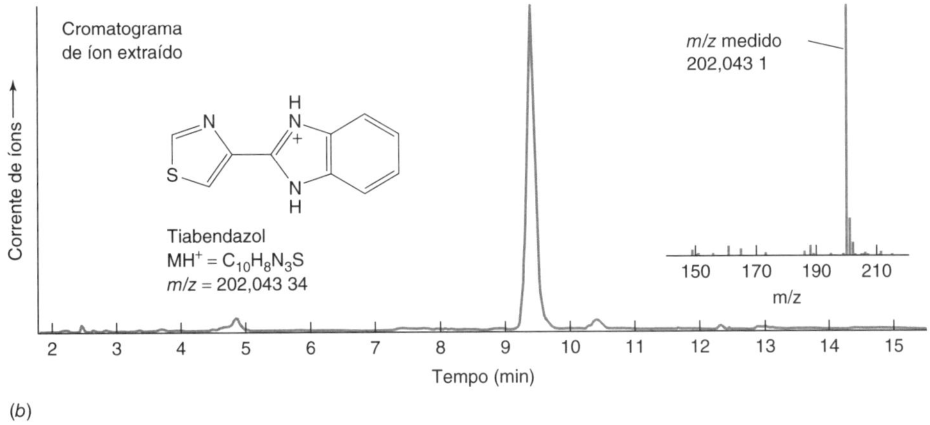

FIGURA 22.35 (*a*) Cromatograma de íons totais de pesticidas presentes em refrigerantes baseados em sucos de frutas do aeroporto de Gatwick, Londres. (*b*) Cromatograma de íon extraído para o tiabendazol, com a janela de m/z = 202,043 ± 0,01. A figura inserida mostra o espectro de massa do pico do tiabendazol em 9,31 minutos. [Dados de J. F. García-Reyes, B. Gilbert-López, A. Molina-Díaz e A. R. Fernández-Alba, "Determination of Pesticide Residues in Fruit-Based Soft Drinks", *Anal. Chem.* **2008**, *80*, 8966.]

em *m/z* = 202,043 ± 0,01 para encontrar o pesticida tiabendazol, um pico principal em 9,31 minutos foi observado. Os níveis combinados de vários pesticidas encontrados na maioria dos refrigerantes testados, provenientes de diversos países, excedem os níveis máximos admitidos pela Comunidade Europeia em água potável por fatores de 10 até 35.

O monitoramento seletivo de íons na Figura 22.34 pode ser feito com um filtro de massa quadrupolar ajustado para deixar passar apenas o(s) valor(es) desejado(s) de *m/z*. O cromatograma de íons extraídos na Figura 22.35 foi obtido com um espectrômetro de massa por tempo de voo. Esse instrumento necessariamente coleta o espectro inteiro de todos os íons a cada ciclo de aquisição. A vantagem do instrumento por tempo de voo na Figura 22.35 é o uso de um alto poder de resolução para selecionar uma faixa de ± 0,01 *m/z* para ser mostrada. O preço da cromatografia de íon extraído é a menor razão sinal/ruído em comparação à que seria obtida com o monitoramento seletivo de íons.

Espectrometria de Massa em Tandem

A **espectrometria de massa em tandem** é uma técnica na qual dois separadores de *m/z* estão conectados em série, separados por uma célula de colisão. Na Figura 22.36, dois quadrupolos de transmissão, denominados Q1 e Q3, estão ligados por uma célula de colisão hexapolo, denominada q2 na figura. A nomenclatura emprega a letra Q maiúscula para um separador de *m/z* quadrupolar de transmissão (como o modelo apresentado na Figura 22.17), e a letra q minúscula para uma célula de colisão, que pode ser um quadrupolo, hexapolo ou octapolo. O campo de radiofrequência aplicado aos polos da célula de colisão guia todos os íons com uma ampla faixa de *m/z* para atravessarem a célula. A célula de colisão contém N_2, Ar ou He a uma pressão de ~10^{-5} bar. As colisões dos íons com o gás fragmentam os íons. A espectrometria de massa em tandem é comumente abreviada como EM/EM ou EM^2.

Além do instrumento Q1q2Q3 mostrado na Figura 22.36, espectrômetros de massa tandem com separadores de *m/z* por tempo de voo podem ter as configurações QqTOF e TOFqTOF, que oferecem alto poder de resolução no segundo estágio de separação ou em ambos os estágios. O instrumento na Figura 22.26 é um espectrômetro de massa em tandem com captura de íons por quadrupolo linear e um Orbitrap. A captura de íons por quadrupolo linear provê tanto a seleção da *razão m/z* do íon precursor quanto a capacidade da célula de colisão, que emprega He como gás de colisão em seu interior.

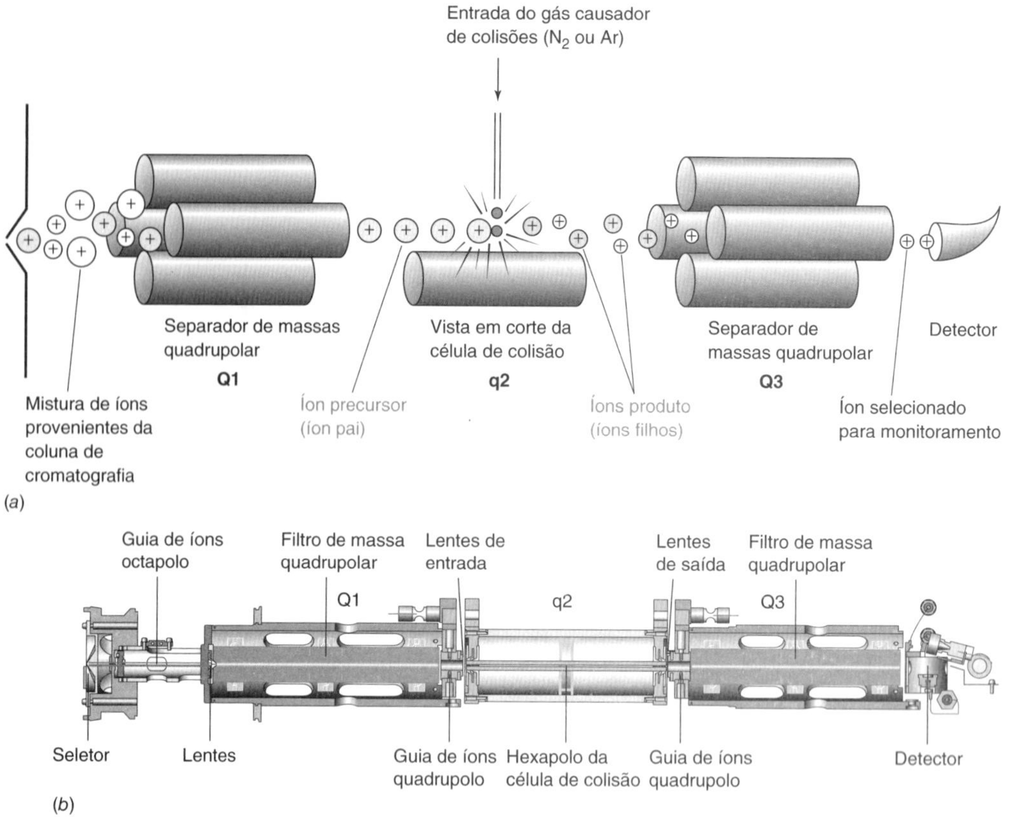

FIGURA 22.36 (*a*) Espectrometria de massa em tandem, também chamada EM/EM ou EM². C. Enke, R. Yost *et al.* inventaram esse processo em 1978.[31] (*b*) Vista em corte longitudinal de um espectrômetro de massa quadrupolar triplo. [Dados de Agilent Technologies, Santa Clara, CA.]

O processo em q2 é denominado **dissociação induzida por colisão** ou **dissociação ativada por colisão.**

Espectrômetros em tandem são especialmente úteis com ionização por electrospray e ionização química à pressão atmosférica, que são técnicas *de ionização suave*, produzindo pouca ou nenhuma fragmentação de íons e, portanto, pouca informação estrutural. Na espectrometria de massa em tandem apresentada na Figura 22.36, Q1 fornece um **íon precursor**, que se quebra em fragmentos (**íons produto**) na célula de colisão q2. A separação dos íons produto no quadrupolo Q3 produz um espectro de massa contendo informação estrutural a respeito do íon precursor.

A espectrometria de massa em tandem fornece informação qualitativa e quantitativa. A combinação do íon precursor e do íon produto é chamada *par de transição*. A intensidade da massa espectral do íon produto é usada na quantificação do íon precursor. Buscamos um ou mais pares de transição adicionais (normalmente, não mais que três) para corroborar a identidade do íon precursor. Em estudos mecanísticos e estruturais, a espectrometria de massa em tandem permite identificar quais são os íons produto originados de um dado íon precursor e que íons precursores formam um dado íon produto. Essas informações nos ajudam a propor estruturas para os íons e as rotas químicas que conduzem de um íon a outro.

Monitoramento Seletivo de Reações

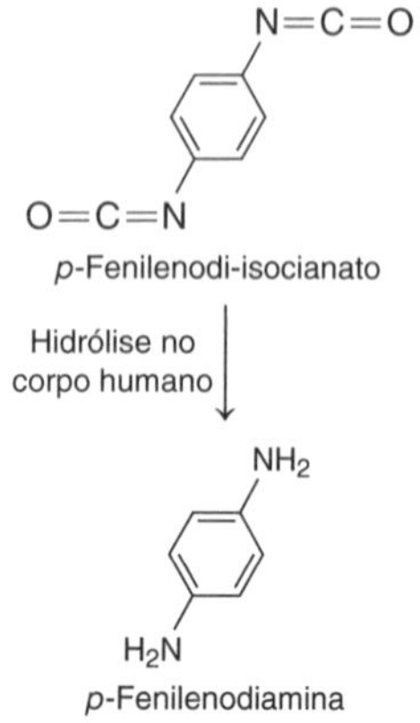

Um uso importante do espectrômetro de massa em tandem é a análise quantitativa por **monitoramento seletivo de reações**. Essa técnica realça a especificidade para um analito em particular e aumenta a razão sinal/ruído, resultando em um limite menor de quantificação. Por exemplo, a espectrometria de massa em tandem vem sendo empregada na análise de urina humana para detecção de traços de di-isocianatos, usados na produção de espumas de poliuretano, fibras, selantes, adesivos e borracha sintética.[32] A inalação de di-isocianatos pode prejudicar os pulmões. A hidrólise metabólica produz *p*-fenilenodiamina, substância suspeita de ser agente cancerígeno para o ser humano.

Para determinar o *p*-fenilenodi-isocianato e a exposição de pessoas à *p*-fenilenodiamina, a urina foi tratada com padrão interno isotópico *p*-fenilenodiamina-$^{13}C_6$, e então hidrolisada com HCl a fim de converter *p*-fenilenodi-isocianato em *p*-fenilenodiamina. A *p*-fenilenodiamina e seu padrão interno foram *pré-concentrados* por extração em fase sólida (Seção 28.3). Componentes do concentrado foram separados por cromatografia líquida de alto desempenho (Capítulo 25), e os componentes individuais foram identificados e quantificados por espectrometria de massa em tandem com o instrumento de quadrupolo triplo mostrado na Figura 22.36. A ionização química à pressão atmosférica foi usada para introduzir o eluato da cromatografia dentro do espectrômetro de massa. O íon precursor protonado, $C_6N_2H_9^+$ (m/z = 109), foi selecionado pelo quadrupolo Q1. Dois fragmentos abundantes produzidos na célula de colisão q2 foram $C_6NH_6^+$ (*m/z* = 92) e $C_5H_5^+$ (*m/z* = 65). O par de transição *m/z* 109 → *m/z* 92 foi usado para a quantificação, e o par de transição *m/z* = 109 → *m/z* = 65 foi empregado para confirmar a identidade do pico em *m/z* = 109.

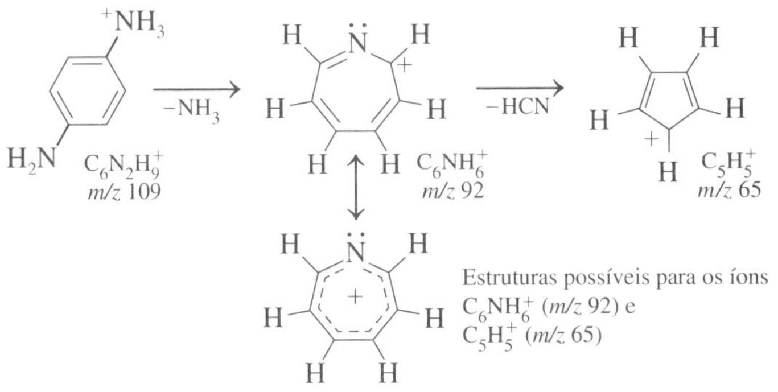

Estruturas possíveis para os íons $C_6NH_6^+$ (*m/z* 92) e $C_5H_5^+$ (*m/z* 65)

O padrão interno isotópico $^{13}C_6N_2H_8$ se comporta como o analito $C_6N_2H_8$ em todos os estágios de separação e purificação. Para a análise quantitativa, a área do pico de $C_6NH_6^+$ (*m/z* = 92) foi comparada com aquela do $^{13}C_6NH_6^+$ (*m/z* = 98) produzido a partir do padrão interno. Para confirmar a identidade do analito (*m/z* = 109), a área do pico do íon produto, $C_5H_5^+$ (*m/z* = 65), precisa estar próxima do valor esperado relativo à área do $C_6NH_6^+$ (*m/z* = 92). O procedimento analítico manipulou 333 amostras de urina por dia (cada uma delas medida em triplicata), e o limite de quantificação para a *p*-fenilenodiamina em urina foi 0,33 ng/mL (0,33 parte por bilhão).

O monitoramento seletivo de reações é extremamente específico para o analito de interesse. Um exemplo é a dosagem de estrogênios humanos em esgotos, em concentrações de partes por trilhão (ng/L). Os estrogênios são hormônios envolvidos na ovulação feminina. O estrogênio sintético 17α-etinilestradiol (sigla inglesa EE_2) é uma substância anticoncepcional. Mesmo em concentrações de partes por trilhão, alguns estrogênios podem causar perturbações na reprodução de peixes.

Um projeto desenvolvido na Itália mediu os estrogênios provenientes de resíduos humanos em ambientes aquáticos. Imagine a complexidade desse problema. O esgoto contém milhares de compostos orgânicos – muitos em altas concentrações. Medir nanogramas de um analito estava além da capacidade da química analítica até o emprego da espectrometria de massa em tandem a esse problema. Foi necessária alguma *preparação de amostra* para remover compostos polares do analito menos polar e para *pré-concentrar* o analito. O esgoto bruto (150 mL) foi filtrado para remover partículas >1,5 μm e passou por um cartucho de *extração em fase sólida* (Seção 28.3), contendo um adsorvente de carbono que reteve o analito. O cartucho foi lavado com solventes polares para remover materiais polares. A fração contendo os estrogênios foi retirada do cartucho por meio de uma mistura de diclorometano e metanol. Essa fração foi evaporada e dissolvida em 200 μL de uma solução aquosa contendo outro estrogênio como um padrão interno. Um volume de 50 μL foi injetado na coluna cromatográfica.

Na *pré-concentração*, o analito é coletado a partir de 150 mL e dissolvido em 200 μL. A concentração aumenta de um fator de

$$\frac{150 \times 10^{-3}\,L}{200 \times 10^{-6}\,L} = 750$$

Uma concentração no esgoto de 3,6 ng/L aumenta para 750 × 3,6 ng/L = 2,7 μg/L na amostra para a cromatografia.

A Figura 22.37a mostra o espectro de massa de dissociação induzida por colisão da molécula desprotonada do estrogênio EE_2. O *íon precursor* $[M - H]^-$ (*m/z* = 295) obtido por electrospray foi isolado pelo separador de massas Q1 da Figura 22.36 e enviado para q2, onde sofreu uma dissociação induzida por colisão. Todos os fragmentos com *m/z* > 140 foram analisados por Q3, obtendo-se o espectro de massa da Figura 22.37a. Para o *monitoramento seletivo de íons* subsequente, somente os *íons produto* em *m/z* = 159 e *m/z* = 145 foram selecionados por Q3. O cromatograma na Figura 22.37b mostra o sinal proveniente desses íons produto quando *m/z* = 295 foi selecionado por Q1. Pela área do pico para o EE_2, sua concentração no esgoto foi calculada como 3,6 ng/L. Espantosamente, existem outros compostos que contribuem para os sinais espectrais de massas para este mesmo conjunto de massas (295 → 159 + 145) em tempos de eluição de 15 a 18 minutos. O EE_2 foi identificado por seu tempo de retenção e seu espectro de massa completo.

A presença de fármacos e substâncias ilícitas em esgotos urbanos é, hoje, amplamente reconhecida.[33] Um estudo feito na Espanha em 2011 encontrou as seguintes doses de drogas por 1 000 habitantes por dia em esgoto urbano: anfetamina, 2,5; cocaína, 4,6; e maconha, 68.[34] Essas substâncias encontram seu caminho a partir das águas residuais para a água potável e o meio ambiente. É alarmante que produtos farmacêuticos vêm sendo agora identificados, no limiar de toxicidade, em vegetais irrigados com água residual tratada.[35]

O monitoramento seletivo de reações é uma poderosa ferramenta em toxicologia forense, sendo capaz, por exemplo, de analisar amostras de urina para 100 drogas ilícitas em uma única corrida praticamente sem interferência entre os analitos.[36] O monitoramento seletivo de reações é tão efetivo para eliminar interferências que ele pode ser usado com injeção de fluxo

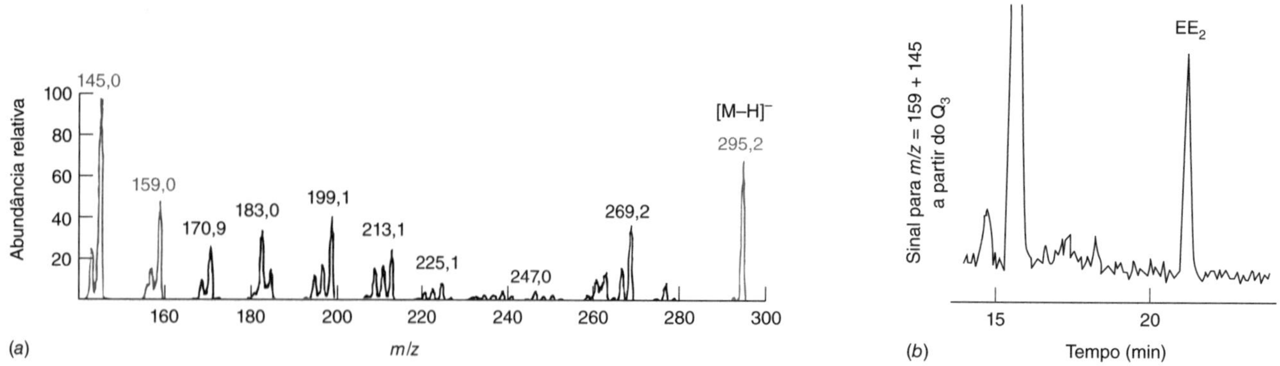

FIGURA 22.37 (*a*) Espectro de massa em tandem, por electrospray, do estrogênio EE_2 puro. O íon $[M-H]^-$ ($m/z = 295$) foi selecionado pelo quadrupolo Q1 na Figura 22.36, dissociado em q2 e o espectro completo de fragmentos foi medido por Q3. (*b*) Cromatograma de monitoramento seletivo de reações mostrando a eluição de 3,6 ng/L do estrogênio EE_2 extraído do esgoto. O sinal é a soma de $m/z = 159 + 145$ a partir de Q3, quando $m/z = 295$ foi selecionado por Q1. [Dados de C. Baronti, R. Curini, G. D'Ascenzo, A. di Corcia, A. Gentilli e R. Samperi, "Monitoring Estrogens at Activated Sludge Sewage Treatment Plants and in a Receiving River Water", *Environ. Sci. Tech.* **2000**, *34*, 5059.]

sem cromatografia para separar os analitos. O tempo para determinar seis resíduos de pesticidas em extratos de alimentos foi reduzido de 15 a 30 minutos por corrida com cromatografia líquida–espectrometria de massa para 65 s por corrida por meio de injeção de fluxo–espectrometria de massa.[37] É possível pesquisar 203 pesticidas de imediato em frutas e vegetais com um limite de quantificação de 2 μg/kg (2 ppb) por cromatografia a gás–monitoramento seletivo de reações em tandem.[38]

Na Figura 22.36, o segundo estágio da separação de massa (quadrupolo Q3) tem uma resolução unitária (*m/z*). O monitoramento seletivo de reações se torna ainda mais imune à interferência quando o segundo estágio da separação de massa é feito em alta resolução com um espetrômetro por tempo de voo ou Orbitrap.

A armadilha de íons quadrupolo linear na Figura 22.22[39] pode realizar um monitoramento seletivo de reações sem um segundo separador de massa. Íons de *m/z* diferentes são injetados dentro da armadilha de íons e todos, exceto os que apresentam uma razão *m/z* específica, são ejetados. Os íons restantes, que possuem a relação *m/z* desejada, são então acelerados para induzir dissociação induzida por colisão com os átomos do gás hélio na armadilha de íons. Após um período de dissociação, os íons produto são ejetados para o detector a fim de se obter um espectro de massa. Um espectrômetro Orbitrap híbrido com uma armadilha de íons linear na Figura 22.26 pode efetuar 60 varreduras EM/EM por segundo.[40]

EM^n: ciclos sucessivos de monitoramento seletivo de reações. O íon produto de um ciclo se torna o íon precursor do ciclo seguinte.

Pode-se obter maior especificidade usando o monitoramento seletivo de reações em uma armadilha de íons por meio de seleção de um íon produto para posterior dissociação em íons produto secundários. Esse processo repetido é denominado EM^n, que significa repetições múltiplas do monitoramento seletivo de reações. O interessante da EM^n com uma armadilha de íons é que todo o processo ocorre em uma seção do equipamento sob o controle de um programa computacional.

Aumento da Razão Sinal/Ruído por Monitoramento Seletivo de Reações

O aumento da razão sinal/ruído é ilustrado na Figura 22.38 para a análise de um fosfoesfingolipídio, componente de membranas celulares. O lipídio mostrado está em cinza na figura vista a seguir. Ele tem uma massa isotópica de 590,44 Da e é um zwitterion neutro.

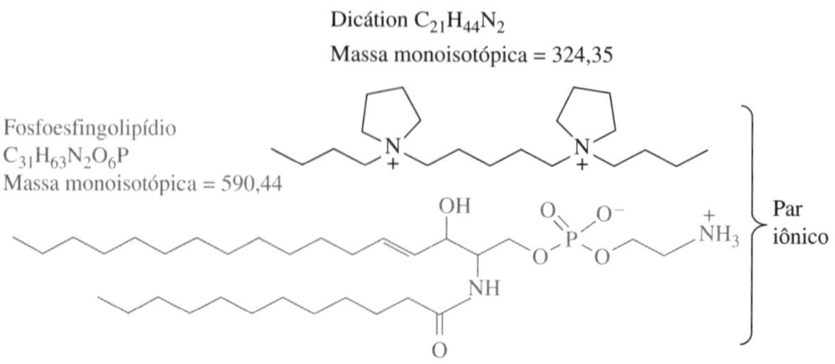

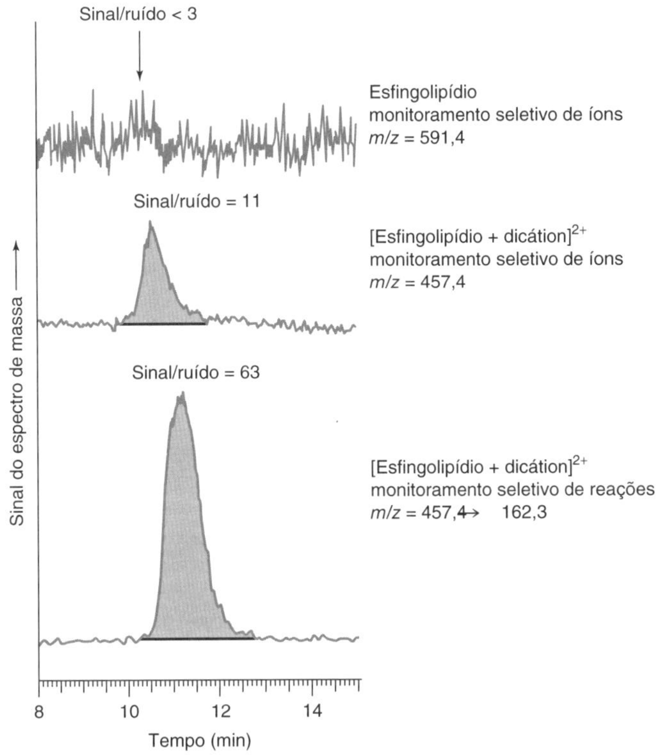

FIGURA 22.38 Aumento da razão sinal/ruído por monitoramento seletivo de reações com um espectrômetro de massa com armadilha de íons quadrupolo linear. O eixo horizontal é o tempo de saída do cromatógrafo líquido antes da entrada no espectrômetro de massa. *Cromatograma superior:* monitoramento seletivo do íon [esfingolipídio] H^+ a partir de uma solução do esfingolipídio em metanol/água introduzida em um espectrômetro de massa de ionização por electrospray após cromatografia líquida. *Cromatograma central:* monitoramento seletivo do par iônico [esfingolipídio + dicátion]$^{2+}$ em m/z = 457,5. O [dicátion]$^{2+}$ foi adicionado ao esfingolipídio após a cromatografia. *Cromatograma inferior:* monitoramento seletivo da reação [esfingolipídio + dicátion]$^{2+}$ dication^{2+} (m/z = 162,2) + esfingolipídio. A concentração do esfingolipídio era 0,85 μM e a do dicátion, 10 μM. [Adaptada de Royal Society of Chemistry, dados de C. Xu, E. C. Pinto e D. W. Armstrong, "Separation and Sensitive Determination of Sphingolipids at Low Femtomole Level by Using HPLC-PIESI-MS/MS", *Analyst* **2014**, *139*, 4169, Figura 4.]

Quando separado por cromatografia líquida e introduzido em um espectrômetro de massa via ionização por electrospray, praticamente não há sinal distinguível para a espécie [lipídio] H^+ no cromatograma superior da Figura 22.38. Quando misturado com um excesso de 12 vezes do dicátion, mostrado em preto na figura anterior, o par iônico duplamente carregado [lipídio + dicátion]$^{2+}$ se forma e sobrevive intacto no espectrômetro de massa em m/z = (590,44 + 324,35)/2 = 457,4. O par iônico fornece uma razão sinal/ruído de 11 no cromatograma central da Figura 22.38 mediante o monitoramento seletivo de íons. Na técnica de monitoramento seletivo de reação, o par iônico em m/z = 457,4 foi quebrado em [lipídio] + [dicátion]$^{2+}$ por dissociação induzida por colisão, e o [dicátion]$^{2+}$ foi monitorado em m/z = 162,3 (previsto em 324,35/2 = 162,2). A razão sinal/ruído no cromatograma inferior da Figura 22.38 é seis vezes maior do que a do cromatograma central.

22.6 Espectrometria de Massa de Proteínas

A espectrometria de massa tem enorme impacto no estudo das proteínas – especialmente no sequenciamento de aminoácidos. Nesta seção, abordaremos apenas alguns dos aspectos da espectrometria de massa de proteínas.

Electrospray de Proteínas

A técnica de electrospray[41,42,33] e a técnica de dessorção/ionização a *laser* assistida por matriz (Figura 22.2) são adequadas para o estudo de macromoléculas carregadas, como as proteínas. Uma proteína típica tem cadeias laterais de ácidos carboxílicos e aminas (Tabela 10.1) que lhe proporciona uma carga líquida positiva ou negativa, dependendo do pH do meio. O electrospray (Figura 22.30) ejeta os íons das proteínas em solução para a fase gasosa segundo mecanismos descritos no Boxe 22.4. Uma aplicação para o electrospray é a identificação de desordens na hemoglobina (como a anemia falciforme) a partir de gotas de amostra de sangue seco.[44]

Cada pico no espectro de massa da proteína transferrina, na Figura 22.39, tem sua origem a partir de moléculas com números diferentes de prótons, MH_n^{n+}.[45] Embora tenhamos estabelecido os valores da carga para quatro dos picos presentes, não sabemos o significado dessas cargas sem analisarmos o espectro. Se pudermos determinar a carga de cada uma das espécies, podemos determinar a massa molecular, M, da proteína neutra.

Para determinarmos a carga, consideramos um pico com $m/z = m_n$ obtido a partir da molécula neutra mais n prótons.

$$m_n = \frac{\text{massa}}{\text{carga}} = \frac{M + n(1{,}008)}{n} = \frac{M}{n} + 1{,}008 \Rightarrow \boxed{m_n - 1{,}008 = \frac{M}{n}} \qquad (22.7)$$

A massa é a soma da massa da proteína (M) mais a massa de n átomos de hidrogênio ($n \times 1{,}008$).

BOXE 22.4 Fazendo Elefantes Voarem (Mecanismos de Electrospray de Proteínas)

Acredita-se que existam dois mecanismos para a liberação de proteínas catiônicas com cargas múltiplas para uma fase gasosa a partir de gotículas de aerossol líquido criado por electrospray. A maioria das proteínas naturais apresenta uma conformação globular compacta, como a mioglobina na Figura 10.6, com os resíduos hidrofílicos e carregados de aminoácidos no lado externo e os resíduos não polares na parte interna. Ao que parece, uma proteína globular se encontra no interior de uma gotícula de aerossol aquoso de modo que os resíduos polares estão solvatados pela água. Caso se adicione um ácido, a predominância de cargas positivas nos resíduos pode fazer com que a proteína se abra. Na forma aberta, os resíduos hidrofóbicos movem-se espontaneamente para a superfície da gotícula, assim como o óleo vai para a superfície da água.

O electrospray em um potencial positivo produz um excesso de íons H^+ na gotícula por eletrólise: $H_2O \rightarrow \frac{1}{2}O_2 + 2H^+ + 2e^-$. A simulação na figura *a* mostra o *modelo de ejeção em cadeia* para uma proteína globular com seis cadeias laterais protonadas próximas ao meio da gotícula de aerossol contendo 1 000 moléculas de água mais íons NH_4^+. A cadeia da proteína protonada se desnovela e se direciona para fora da gotícula em ~100 ps (10^{-10} s). As cadeias

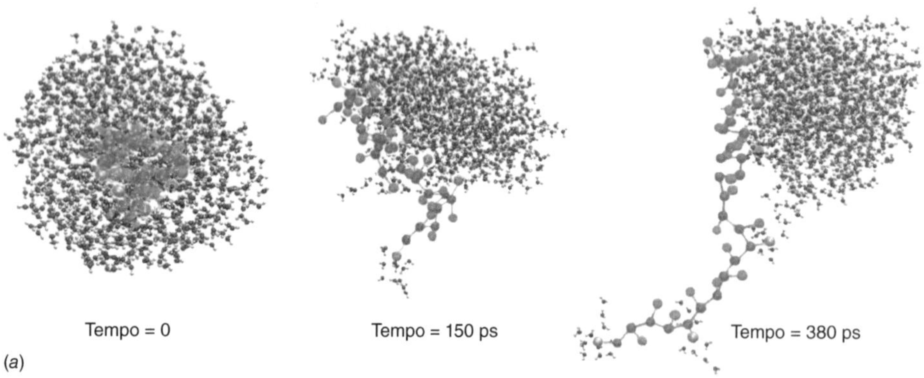

(*a*) *Modelo de ejeção* em cadeia. Simulação dinâmica molecular de uma proteína desnovelada, contendo cadeias laterais carregadas positivamente, sendo ejetada de uma gota de aerossol carregada positivamente. [L. L.onermann, E. Ahadi, A. D. Rodriguez e S. Valdhi, "Unraveling the Mechanism of electrospray Ionization", *Anal. Chem.* **2013**, *85*, 2, Figura 6. Publicação da American Chemical Society. Reproduzida sob permissão © 2013 American Chemical Society.]

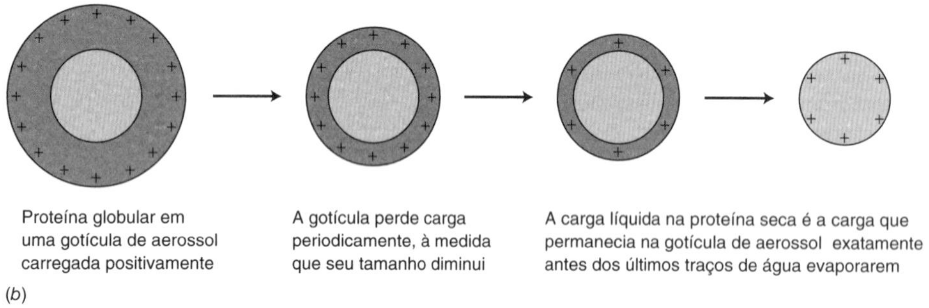

(*b*) *Modelo do resíduo carregado*. Como a gotícula contendo uma proteína globular encolhe, ela periodicamente ejeta água e o excesso de carga, de modo que a repulsão eletrostática não é maior do que a tensão superficial coesiva que mantém a gotícula íntegra. Ao fim, a gota é apenas ligeiramente maior do que a proteína globular, e o excesso de carga é determinado pelo tamanho da proteína mais a última água remanescente. Quando essa última água evapora, o excesso de carga permanece com a proteína. [Dados de L. Konermann, E. Ahadi, A. D. Rodriguez e S. Valdhi, "Unraveling the Mechanism of electrospray Ionization", *Anal. Chem.* **2013**, *85*, 2.]

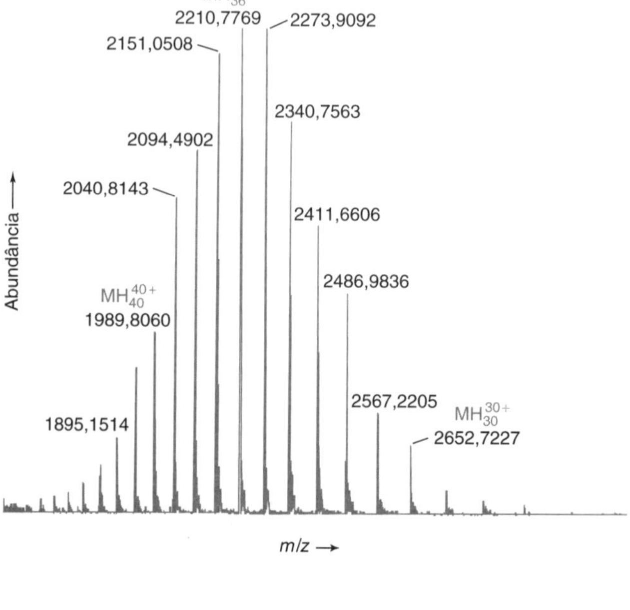

FIGURA 22.39 Espectro de massa por electrospray por tempo de voo de um pico cromatográfico de troca aniônica contendo a proteína transferrina com um conjunto específico de substituintes de carboidrato. Os picos se originam de espécies com diferentes números de prótons, MH_n^{n+}. [Dados de M. E. Del Castillo Busto, M. Montes-Bayón, E. Blanco-González, J. Meija e A. Sanz-Medel, "Strategies to Study Human Serum Transferrin Isoforms Using Integrated Liquid Chromatography ICPMS, MALDI-TOF and ESI-Q-TOF Detection; Application to Chronic Alcohol Abuse", *Anal. Chem.* **2005**, 77, 5615.]

laterais carregadas positivamente são repelidas pelo excesso de cargas positivas na superfície da gotícula. À medida que a cadeia da proteína é expulsa da gotícula, parte do excesso de íons H^+ da gotícula sai junto com a proteína, ligada às suas cadeias laterais. Parte da água permanece ligada aos sítios carregados da proteína na fase gasosa. Em cerca de 1 ns, a proteína é completamente expulsa da gotícula. A água de solvatação é perdida pela proteína por meio de colisões com moléculas do gás.

Caso uma proteína permaneça globular porque, por exemplo, a solução original foi tamponada em pH próximo à neutralidade, ela permanece próxima ao centro da gotícula de aerossol à medida que a água evapora. No *modelo do resíduo carregado*, apresentado na figura *b*, a gotícula encolhe até que a força repulsiva de seu excesso de carga se iguala à força coesiva da tensão superficial. Nesse ponto, a gotícula expele gotículas ainda menores, que levam consigo parte da carga. Esse processo continua até que a gotícula esteja apenas ligeiramente maior do que a proteína que ela contém. Quando a última água evapora, o excesso de carga permanece na proteína. Proteínas globulares liberadas para uma fase gasosa têm uma carga líquida que depende, principalmente, de seu diâmetro e não do grau de equilíbrio de protonação no pH da solução original. O processo na figura *b* leva ~1 μs, que é 10^3 vezes mais longo do que o processo descrito na figura *a*.

A figura *c* compara os espectros de massa de electrospray da proteína mioglobina em soluções em pH 7 e pH 2. A proteína globular, em pH 7, é liberada pelo mecanismo do resíduo carregado. Os dois estados de carga observados são +9 e +8. A carga prevista de uma gotícula de aerossol igual ao diâmetro da mioglobina globular é +9,5, em concordância com a carga observada no espectro de massa. Por outro lado, o espectro por electrospray da mioglobina desnovelada em pH 2 fornece um maior rendimento em proteínas catiônicas, e a faixa de carga vai de +8 a +25. No mecanismo de ejeção em cadeia, a proteína é ejetada de gotículas de vários tamanhos à medida que a gotícula encolhe. Quanto maior a gotícula no momento da ejeção, mais ela se encontra carregada, e mais íons H^+ estão associados à proteína que foi ejetada. A ampla faixa de cargas observadas no espectro de massa representa a ampla faixa de tamanhos de gotícula no momento da ejeção da proteína.

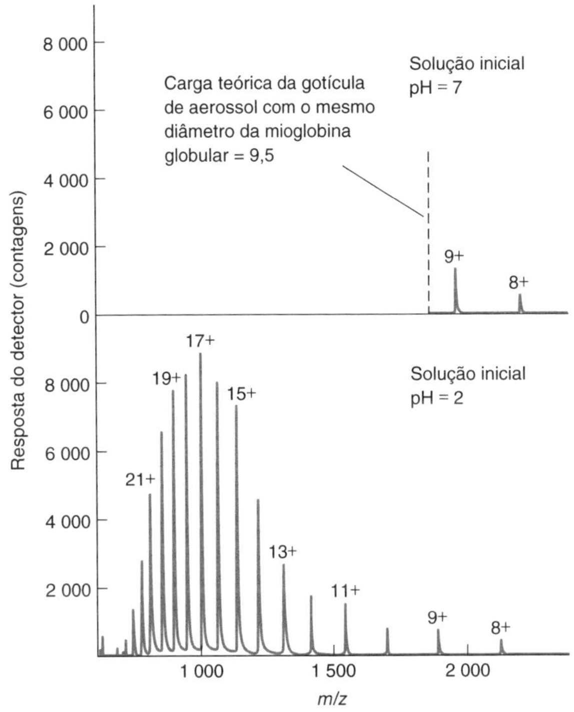

(*c*)

(*c*) Espectro de massa de ionização por electrospray da mioglobina a partir de soluções com pH inicial 7 ou 2. Em pH 7, a proteína globular é liberada pelo mecanismo do resíduo carregado com a carga de uma gotícula que é o tamanho da proteína. Em pH 2, a proteína desnovelada é liberada pelo mecanismo de ejeção em cadeia com uma gama de cargas a partir de uma faixa contínua de tamanho de gotículas. [L. Konermann, E. Ahadi, A. D. Rodriguez e S. Vahidi, "Unraveling the Mechanism of Electrospray Ionization", *Anal. Chem.* **2013**, *85*, 2, Figura 7. Reproduzida sob permissão © 2013, American Chemical Society.]

O pico seguinte, em *m/z* menor, deve ter $n + 1$ prótons e uma carga igual a $n + 1$. Para este pico

$$m_{n+1} = \frac{M + (n+1)(1{,}008)}{n+1} = \frac{M}{n+1} + 1{,}008 \Rightarrow \boxed{m_{n+1} \quad 1{,}008 = \frac{M}{n+1}} \qquad \textbf{(22.8)}$$

Escrevendo a razão entre as expressões que se encontram destacadas nos boxes das Equações 22.7 e 22.8, temos

$$\frac{m_n - 1{,}008}{m_{n+1} - 1{,}008} = \frac{M/n}{M/(n+1)} = \frac{n+1}{n} \qquad \textbf{(22.9)}$$

Resolvendo a Equação 22.9 para n, temos o valor da carga correspondente ao pico m_n:

$$n = \frac{m_{n+1} - 1{,}008}{m_n - m_{n+1}} \qquad \textbf{(22.10)}$$

A quarta coluna na Tabela 22.3 mostra a carga n correspondente a cada pico, calculada usando a Equação 22.10. A carga do pico em m/z = 2 652,722 7 é $n = 30$. Este pico é assinalado como MH_{30}^{30+}. O pico seguinte em m/z = 2 567,220 5 é MH_{31}^{31+} e assim por diante. Encontramos espécies altamente protonadas porque o solvente cromatográfico era ácido (95% em volume de acetonitrila + 5% em volume de H_2O + 0,2% em volume de ácido fórmico). Mesmo sem a adição do ácido fórmico, a eletrólise em um electrospray de íons positivos produz H^+ pela oxidação da água.

TABELA 22.3 Análise do espectro de massa por electrospray da tetrasialotransferrina na Figura 22.39

$m/z \equiv m_n$ observado	$m_{n+1} - 1{,}008$	$m_n - m_{n+1}$	Carga $= n = \dfrac{m_{n+1} - 1{,}008}{m_n - m_{n+1}}$	Massa molecular $= n \times (m_n - 1{,}008)$
2 652,722 7	2 566,212 5	85,502 2	30,013 ≈ 30	79 551,44
2 567,220 5	2 485,975 6	80,236 9	30,983 ≈ 31	79 552,59
2 486,983 6	2 410,652 6	75,323 0	32,004 ≈ 32	79 551,22
2 411,660 6	2 339,748 3	70,904 3	32,999 ≈ 33	79 551,54
2 340,756 3	2 272,901 2	66,847 1	34,001 ≈ 34	79 551,44
2 273,909 2	2 209,768 9	63,132 3	35,002 ≈ 35	79 551,54
2 210,776 9	2 150,042 8	59,726 1	35,998 ≈ 36	79 551,68
2 151,050 8	2 093,482 2	56,560 6	37,013 ≈ 37	79 551,58
2 094,490 2	2 039,806 3	53,675 9	38,002 ≈ 38	79 552,32
2 040,814 3	1 988,798 0	51,008 3	38,990 ≈ 39	79 552,45
1 989,806 0	1 894,143 4		40	79 551,92
				média = 79 551,78 ± 0,48

FONTE: *Dados de M. E. Del Castillo Busto, M. Montes-Bayón, E. Blanco-González e A. Sanz-Medel, "Strategies to Study Human Serum Transferrin Isoforms Using Integrated Liquid Chromatography ICOMS, MALDI-TOF and ESI-Q-TOF Detection: Application to Chronic Alcohol Abuse",* Anal. Chem. ***2005***, *77, 5615.*

A partir de um pico qualquer, podemos determinar a massa da molécula neutra pelo rearranjo do lado direito da Equação 22.7:

$$M = n \times (m_n - 1{,}008) \tag{22.11}$$

As massas reprodutíveis calculadas com a Equação 22.11 aparecem na última coluna da Tabela 22.3. Uma limitação da exatidão na determinação da massa molecular deve-se à exatidão na escala de valores de *m/z*. Para este trabalho, *m/z* foi calibrado com um padrão externo de poli(propilenoglicol).

Dissociação por Transferência de Elétrons para o Sequenciamento de Proteínas[3]

Vimos na Seção 10.6 que as proteínas são constituídas por cadeias de aminoácidos mantidas unidas por meio de ligações amida (também chamadas ligações peptídicas). As proteínas são sintetizadas nos *ribossomas*, que são associações de RNA e proteína, cujo papel é transcrever a sequência do DNA em uma sequência correspondente de aminoácidos. Após a síntese, algumas proteínas são especificamente modificadas por enzimas para a adição de grupos como acetato, fosfato, carboidratos e lipídios, em cadeias laterais específicas de aminoácidos. Um ramo da bioquímica, chamada *proteômica*, busca caracterizar a estrutura e a função do conjunto completo de proteínas em um organismo.

A espectrometria de massa é a ferramenta principal para deduzir a sequência de aminoácidos em uma proteína. A proteína é convertida em cadeias menores por clivagem enzimática. As cadeias individuais são quebradas para gerar fragmentos com todos os comprimentos possíveis. A espectrometria de massa de alta resolução permite deduzir os aminoácidos que estão presentes em cada fragmento. Um computador pode utilizar essas informações para reconstruir a sequência de aminoácidos.

A *dissociação por transferência de elétrons* é um método seletivo para clivar polipeptídeos em fragmentos em um espectrômetro de massa.[46] Esse processo envolve a transferência exotérmica de um elétron de um ânion em fase gasosa para um cátion polipeptídico em fase gasosa, com a quebra concomitante da ligação. Na cadeia de aminoácidos vista a seguir,

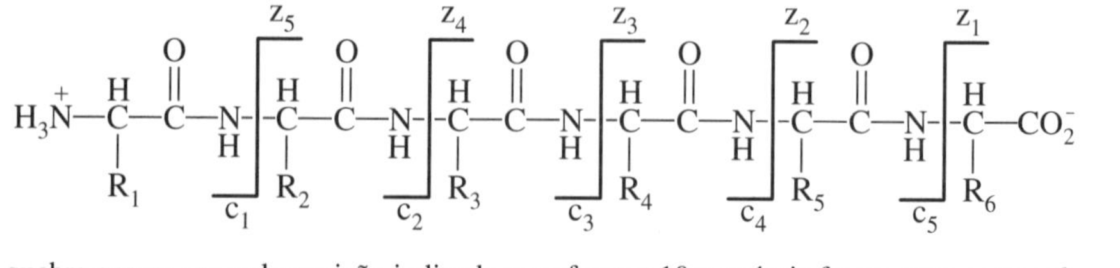

a quebra ocorre em cada posição indicada para formar 10 possíveis fragmentos carregados, denominados c_1 a c_5 e z_1 a z_5. Nos fragmentos c, a carga se localiza à esquerda da ligação que foi quebrada. Nos fragmentos z, a carga está à direita da ligação que foi quebrada. Ao contrário da dissociação induzida por colisão, a dissociação por transferência de elétrons não quebra outras ligações na cadeia peptídica ou nos grupos laterais, incluindo grupos como fosfato ou carboidrato ligados a cadeias laterais. A dissociação por transferência de elétrons fornece informação estrutural complementar àquela obtida pela dissociação induzida por colisão.[47]

O espectrômetro de massa da Figura 22.26, caso esteja equipado com duas fontes de electrospray, pode realizar a dissociação por transferência de elétrons para o sequenciamento de polipeptídeos.[48] Os cátions polipeptídicos produzidos pelo electrospray por 0,2 s são aprisionados na armadilha de íons quadrupolo linear e estocados na seção inferior pela aplicação de potenciais apropriados. A fonte de polipeptídeos é, então, desligada e, após 0,4 s, uma solução de ácido 9-antracenocarboxílico é injetada em uma segunda fonte de electrospray por 0,2 s. Os ânions 9-antracenocarboxilato são capturados na seção superior da armadilha de íons quadrupolo linear. A descarboxilação ativada por colisão na armadilha de íons produz o ânion A^-:

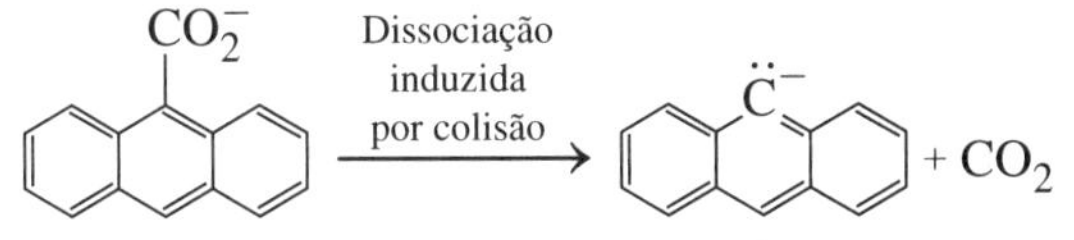

9-Antracenocarboxilato A^-

Os potenciais são então ajustados para que os cátions e os ânions presentes em seções opostas da armadilha de íons se misturem. O ânion A^- transfere um elétron para um polipeptídeo P^{n+}, induzindo, assim, a dissociação por transferência de elétron de uma ligação peptídica:

$$A^- + P^{n+} \rightarrow A + P^{(n-1)+} \rightarrow \text{quebra de uma ligação peptídica}$$

Ligações diferentes são quebradas em moléculas individuais, formando-se todos os possíveis fragmentos c e z mostrados anteriormente. A reação é interrompida pela ejeção dos ânions da armadilha de íons. Ao fim, os cátions peptídicos são expelidos e os valores exatos de m/z são medidos com o Orbitrap na Figura 22.26. Com uma exatidão de 1 parte por milhão em m/z, a maioria dos produtos de dissociação por transferência de elétrons com $m/z < 1\ 000$ pode ser identificada sem ambiguidade como peptídeos terminais em N- ou C-.[49]

Marcações de Massa em Tandem para Análise Quantitativa

Pesquisadores da George Washington University procuraram descobrir como a expressão de proteínas em células isoladas de um embrião de sapo muda à medida que ele crescia.[50] Quando o embrião tinha apenas 16 células (~3 h após a fertilização), três tipos de células diferenciadas foram identificados, com base em suas pigmentações e localizações conforme mostrado na Figura 22.40. A célula do tipo D11 estava destinada a se tornar o sistema nervoso central do sapo. A célula do tipo V11 se tornaria a crista neural e a epiderme. O tipo V21 se tornaria o intestino grosso. O embrião de 16 células foi dessecado a fim de separar os tipos de células, e cada uma delas foi colocada em seu próprio tubo de centrífuga de 0,6 mL. As células foram *lisadas* (postas em contato com um tampão de força iônica baixa para rompê-las), e as ligações dissulfeto entre as cadeias de proteínas foram quebradas por redução e alquiladas de modo a não se regenerarem. A seguir, as proteínas foram digeridas na presença da enzima tripsina, que quebra proteínas no lado carboxílico dos aminoácidos lisina e arginina (Tabela 10.1). Nesse ponto, cada amostra continha uma mistura de centenas a milhares de fragmentos diferentes de proteínas de uma única célula. Cada fragmento é denominado *peptídeo*, que é uma cadeia de aminoácidos menor que a da proteína de origem. Células replicadas de três embriões diferentes foram processados separadamente em cada experimento.

Na Figura 22.40, as digestões de células individuais foram rotuladas covalentemente com *marcações de massa em tandem*, as quais identificam o tipo de célula de onde proveio cada peptídeo. Um marcador de massa rotulou todos os peptídeos das células D11. Outro marcador fez o mesmo em todos os peptídeos das células V11, e um terceiro marcador de massa diferente rotulou todos os peptídeos das células V21. Nesse ponto, as digestões rotuladas dos três tipos de células diferentes foram agrupadas e os peptídeos separados por eletroforese capilar (Capítulo 26). Cada peptídeo que saía da eletroforese era direcionado para um espectrômetro de massa de alta resolução com ionização por electrospray. A quantidade relativa de cada marcador de massa em cada peptídeo nos diz quanto daquele peptídeo proveio das células embrionárias D11, V11 e V21. A partir desse experimento, pode-se construir um catálogo para mostrar as quantidades relativas de cada proteína diferente em cada tipo de célula embrionária. À medida que o embrião cresce, as células vão se diferenciando mais, e a mistura de proteína continua a se diversificar.

A espectrometria de massa de alta resolução dos fragmentos de cada peptídeo permite a determinação da sequência de aminoácidos de cada um deles. A partir da sequência de aminoácidos, a proteína de origem de muitos peptídeos pode ser identificada. Cada célula contém cerca de 10 μg de proteína, 90% das quais é uma única proteína vitelina. Apenas 0,2% (20 ng) da proteína de uma célula foi usada para análise. Um total de 1 709 proteínas originais

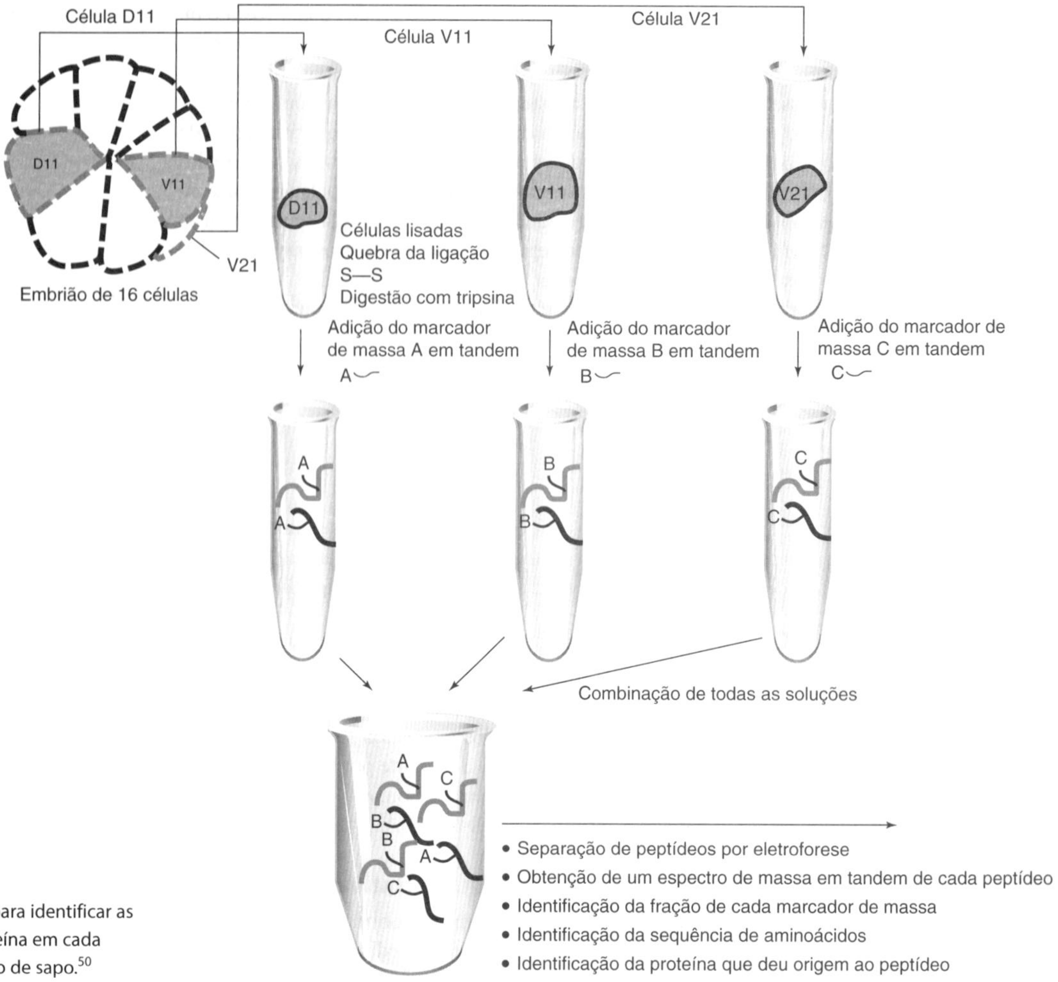

FIGURA 22.40 Procedimento para identificar as quantidades relativas de cada proteína em cada uma das três células de um embrião de sapo.[50]

diferentes foi identificado nos três tipos de células. A cromatografia ou a eletroforese combinada com a espectrometria de massa Orbitrap em tandem de alta resolução é de tirar o fôlego na análise de peptídeos. Na época da redação deste livro, a eletroforese–espectrometria de massa foi capaz de identificar 27 000 peptídeos e 4 400 proteínas a partir de 0,2 μg de digestão em 90 minutos.[51] A cromatografia–espectrometria de massa identificou 53 000 peptídeos a partir de 1 μg de digestão em 120 minutos.[40]

Os **marcadores de massa tandem** são moléculas obtidas para se ligarem covalentemente a peptídeos a partir de várias fontes em uma mistura.[52] Os marcadores permitem determinar que fração de um dado peptídeo é proveniente de determinada fonte. Por exemplo, foi encontrado que a quantidade de uma proteína denominada Vtga2 era 1,55 vez maior em células D11 do que em células V11, mas apenas 0,61 vez em comparação às células V21. Portanto, a razão da proteína Vtga2 nas células V21 e V11 é V21/V11 = 1,55/0,61 = 2,5, sendo o erro-padrão da média igual a 14%.

A Figura 22.41 mostra três marcadores de massa em tandem com a mesma estrutura química e massa molar em números inteiros, mas com isótopos pesados de hidrogênio, carbono, nitrogênio e oxigênio em diferentes posições. Os três marcadores são parte de um conjunto de 12 que podem ser usados para identificar até 12 fontes de proteína.[53] A estrutura geral dos marcadores, mostrada na parte superior da figura, contém três componentes. O grupo amino reativo triazina é deslocado quando o marcador se liga a um grupo amino de um peptídeo. Seleciona-se uma combinação de isótopos de modo que a massa em número inteiro do grupo revelador mais a do grupo de balanço de CO seja sempre 146 Da.

Quando o marcador A é adicionado ao produto da digestão da célula do tipo D11 na Figura 22.40, os grupos amino dos peptídeos formados a partir de D11 ficam marcados com o marcador A. De modo equivalente, o marcador B rotula os peptídeos originados da célula do tipo V11, e o marcador C rotula os peptídeos oriundos da célula do tipo V21. Após a marcação, as três soluções são combinadas e separadas por eletroforese capilar ou cromatografia. Em uma situação favorável, cada pico decorrente da eletroforese ou da cromatografia contém um tipo de peptídeo. Alguns peptídeos em cada pico contêm o marcador A, outros o marcador B e alguns o marcador C.

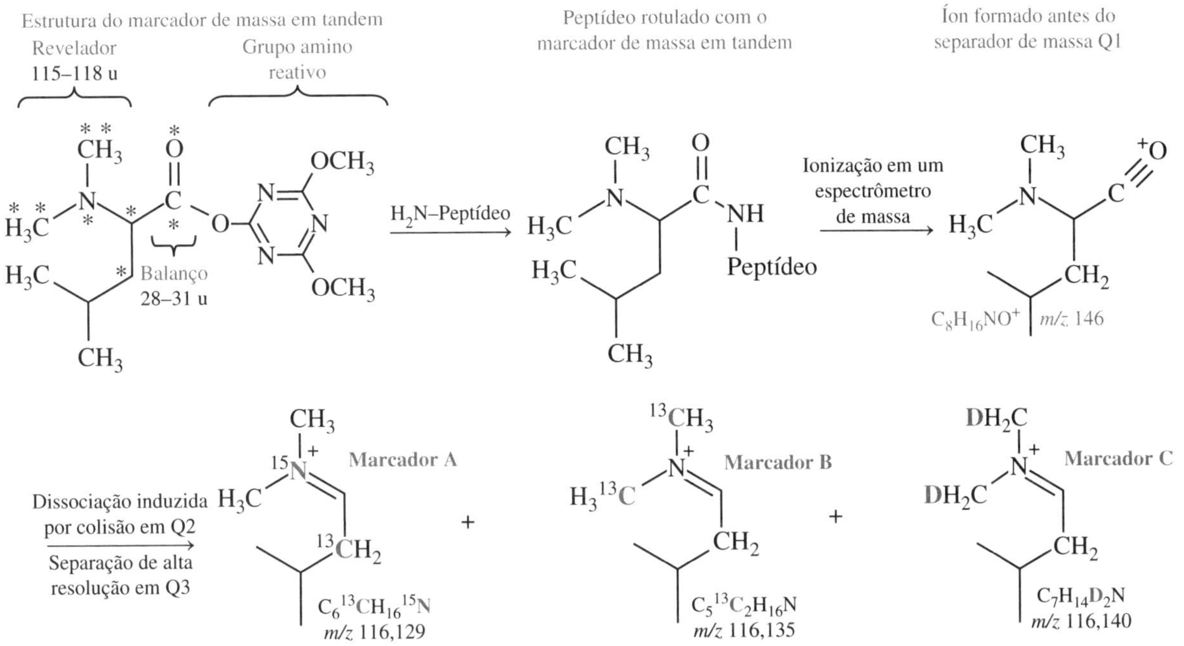

FIGURA 22.41 Marcadores de massa em tandem usados para rotular peptídeos de diferentes fontes de modo a determinar quanto de cada peptídeo em uma mistura provém de cada uma das fontes. Os três marcadores mostrados nesta figura pertencem a um conjunto 12 marcadores, contendo combinações de ^{2}H, ^{13}C, ^{15}N e ^{18}O, que permitem a marcação de até 12 fontes distintas. Os asteriscos na parte superior esquerda mostram sítios que podem ser marcados com átomos pesados nos 12 marcadores de massa. A Figura 22.24 mostra a resolução de dois isotopólogos com $m/z = 115$ nessa família de marcadores de massa como uma função do poder de resolução. [Dados de D. C. Frost, T. Greer e L. Li, "High-Resolution Enabled 12-Plex DiLeu Isobaric Tags for Quantitative Proteomics", *Anal. Chem.* **2015**, *87*, 1646.]

Cada fração obtida a partir da separação é inserido por electrospray em um espectrômetro de massa em tandem como o equipamento mostrado na Figura 22.26. A armadilha de íons quadrupolo linear nessa figura é ajustada para reter um valor inteiro de *m/z* correspondente a um fragmento específico de peptídeo da proteína Vtga2 rotulada com um marcador de massa. Alguns íons retidos na armadilha de íons linear são assinalados com o marcador A, outros com B, e alguns são rotulados com C. Todos eles têm a mesma massa molar expressa em número inteiro. Os peptídeos rotulados com diferentes marcadores caminham juntos em todas as etapas de purificação e separação porque os marcadores têm apenas diferenças isotópicas sutis.

Em seguida, a armadilha de íons quadrupolo linear opera como uma célula de colisão, na qual colisões violentas com o gás hélio quebram algumas ligações químicas, formando fragmentos moleculares. A ligação amida com o nitrogênio do peptídeo sofre ruptura, produzindo espécies isotópicas que têm uma mesma razão $m/z = 146$ na parte superior direita da Figura 22.41. Esses fragmentos perdem então uma molécula de $^{12}C^{18}O$, deixando para trás cátions com $m/z = 116{,}129$, 116,135 ou 116,140 na parte inferior da Figura 22.41. Esses fragmentos são adequadamente resolvidos no Orbitrap com um poder de resolução de pelo menos 30 000. *A razão de íons em m/z = 116,129, 116,135 ou 116,140 nos informa a razão dos peptídeos provenientes das células embrionárias C11, V11 e V21.**

22.7 Amostragem ao Ar Livre para Espectrometria de Massa

Muitas técnicas de amostragem podem vaporizar e ionizar analitos diretamente a partir da superfície de objetos ao ar livre, com poucos danos a estes. Essa possibilidade de amostragem abre novas perspectivas para a análise qualitativa por espectrometria de massa.[54]

Análise Direta em Tempo Real (ADTR)

Uma fonte de **análise direta em tempo real – ADTR** (DART, em inglês *direct analysis in real time*) produz He eletronicamente excitado ou N_2 vibracionalmente excitado, que são

*O cálculo da quantidade relativa dos três marcadores de massa deve levar em conta as purezas isotópicas dos marcadores de massa e a presença de isótopos abundantes de ocorrência natural, como 1,1% de ^{13}C no ponto onde se encontra um átomo de ^{12}C.

direcionados à superfície de um objeto a ser amostrado ao ar livre. Na Figura 22.42, o gás aquecido flui por um eletrodo em forma de agulha, mantido entre +1 e +5 kV com relação a um contraeletrodo aterrado na forma de um disco perfurado. A descarga luminescente de um plasma contém elétrons, íons e espécies neutras excitadas. Os eletrodos 1 e 2 são mantidos em potenciais positivos para a espectrometria de massa de íons positivos, e em potenciais negativos para a espectrometria de massa de íons negativos. Sob potenciais positivos, os eletrodos 1 e 2 evitam que os cátions saiam da fonte de ADTR. Sob potenciais negativos, os ânions e os elétrons são retidos.

$He^* + H_2O \rightarrow H_2O^+ + He + e^-$
$H_2O^+ + H_2O \rightarrow H_3O^+ + OH$
$H_3O^+ + (n-1)H_2O \rightarrow (H_2O)_nH^+$

O processo no qual um átomo excitado de He ioniza uma molécula como a da água é denominado *ionização de Penning*.

O canhão de ADTR é direcionado para o objeto a ser amostrado. Com uma fonte de hélio, os átomos excitados desse gás com uma energia de 19,8 eV (identificados como 2^3S e mostrados como He* na margem) reagem com o vapor d'água atmosférico, produzindo íons moleculares H_2O^+. Esses íons reagem com a água produzindo H_3O^+ e radicais hidroxila (OH). O H_3O^+ reage com mais H_2O formando agregados de água protonada. Esses agregados podem reagir com o analito M na superfície de um objeto, produzindo íons MH^+. Outras reações químicas podem produzir $(M - H)^-$, M^-, ou adutos como $(M + NH_4)^+$ ou $(M + Cl)^-$.

Se a amostra é uma semente de papoula, as duas espécies principais observadas em um espectrômetro de massa de alta resolução por tempo de voo são as moléculas protonadas (morfina)H^+ ($C_{17}H_{19}NO_3H^+$ em m/z = 286,144 3) e (codeína)H^+ ($C_{18}H_{21}NO_3H^+$ em m/z = 300,161 1).[55] Uma análise quantitativa em separado mostra que as sementes de papoula contêm ~33 e ~14 μg/g (ppm) de morfina e codeína, respectivamente.

Plasma de Baixa Temperatura

Em uma técnica relacionada com a ADTR, um plasma de baixa temperatura é criado passando He, Ar, N_2 ou ar à temperatura ambiente em um tubo de vidro contendo um fio aterrado no centro (Figura 22.43 e Prancha em Cores 28). O tubo é envolvido na sua face externa por um revestimento de cobre ao qual se aplica uma corrente alternada com potencial de 3 kV. As espécies excitadas no plasma se ionizam e arrancam moléculas de uma superfície como a pele humana, levando-as para dentro de uma fonte de um espectrômetro de massa. Não existe choque elétrico na superfície sob exame. Recentemente, foi descrita uma fonte de plasma portátil operada à bateria.[56]

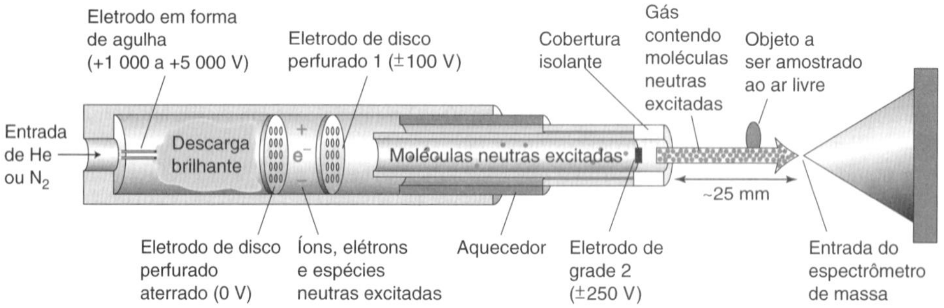

FIGURA 22.42 Fonte para análise direta em tempo real (ADTR). [Dados de R. B. Cody, J. A. Laramée e H. D. Durst, "Versatile New Ion Source for the Analysis of Materials in Open Air Under Ambient Conditions", *Anal. Chem.* **2005**, *77*, 2297, e JEOL USA, Peabody, MA.]

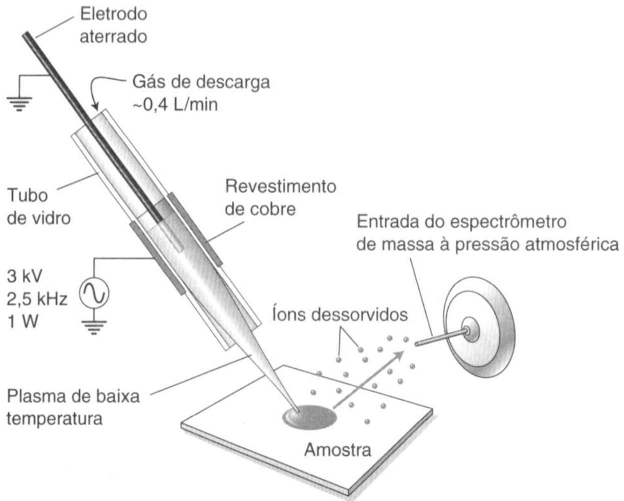

FIGURA 22.43 Plasma de baixa temperatura para amostragem de uma superfície ao ar livre. [Dados de J. D. Harper, N. A. Charipar, C. C. Mulligan, X. Zhang, R. G. Cooks e Z. Ouyang, "Low Temperature Plasma Probe for Ambient Desorption Ionization", *Anal. Chem.* **2008**, *80*, 9097.]

Ionização de Dessorção por Electrospray (IDE)

Na ionização de dessorção por electrospray – IDE (DESI, em inglês, *desorption electrospray ionization*), gotículas carregadas de tamanho da ordem de micrômetros produzidas por electrospray do analito desprovido de solvente (Figura 22.30) são direcionadas para a superfície de um objeto sob exame.[57] O analito na superfície se dissolve nas gotículas. Um bombardeio adicional atinge as gotículas no ar e as direciona para a entrada de um espectrômetro de massa. Como na técnica de electrospray convencional, é comum observar íons de carga múltipla e adutos com metais alcalinos no espectro de massa. IDE tem sido usado para distinguir tecido canceroso de não canceroso durante cirurgia cerebral para ajudar os cirurgiões a decidir qual tecido remover.[58]

A Figura 22.44 mostra o mapeamento de tintas em uma folha de papel por IDE. Uma mistura de metanol e água é dispersa por electrospray sobre a folha, a apenas 2 mm da ponta da saída do nebulizador. O espectro de massa (m/z = 150 a 600) das gotículas rebatidas é registrado a cada 0,67 s. O papel é transcrito em pequenas etapas para se obter um mapa bidimensional. O sinal espectral de massa observado na área não escrita do papel é subtraído do sinal observado de uma área escrita a fim de se obter o espectro da tinta.

Neste exemplo, a data "1432" foi escrita com uma tinta azul. Então, uma segunda caneta azul foi usada para mudar de 4 para 9 e de 3 para 8 de modo que a nova data fosse "1982". A segunda caneta possui uma tinta diferente da primeira, mas a diferença é sutil. O objetivo desta demonstração é mostrar que a data original havia sido alterada.

A primeira tinta era o Violeta Básico 3, cujo pico M^+ se localiza em m/z = 372,243. A segunda tinta era o Azul Solvente 2, cujo pico M^+ está em m/z = 484,275. A imagem A na Figura 22.44 mostra o monitoramento de íon extraído de m/z = 372,4, com resolução de massa unitária. A área em branco indica onde a intensidade de m/z = 372,4 é máxima, enquanto a área negra indica onde m/z = 372,4 é mínima. Desse modo, a imagem A mostra onde a tinta com Violeta Básico 3 está localizada. A imagem B é obtida a partir do monitoramento de íon extraído de m/z = 484,5, com resolução de massa unitária. Ele mostra onde a tinta contendo Azul Solvente 2 está localizada. Observa-se que a segunda tinta foi escrita sobre a primeira para mudar "1432" para "1982". A imagem C é a soma das imagens A e B. A imagem D é a imagem óptica da escrita. Imagens espectrais de massa vêm sendo usadas em casos legais para testar a autenticidade de documentos.

A química brasileira Livia S. Eberlin lidera um grupo de pesquisa na University of Texas em Austin (Estados Unidos), desenvolvendo a amostragem ao ar livre para espectrometria de massa, a fim de auxiliar os médicos durante cirurgias para classificar os tecidos. Por exemplo, um cirurgião pode tocar uma "caneta de amostragem" no tecido para ajudar a decidir se ele é ou não canceroso. O instrumento pode também identificar se uma glândula é uma paratireoide doente que precisa ser removida ou um linfoma nodular, que se parece com a paratireoide. Eberlin foi agraciada com o MacArthur Award por seu trabalho. Ela é mãe de três crianças.

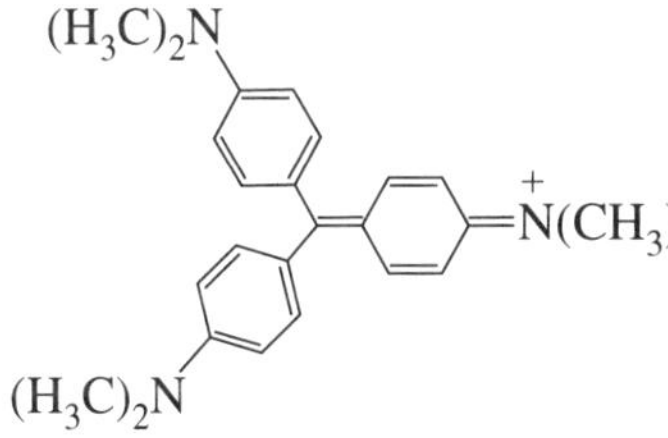

Violeta Básico 3
também chamado violeta cristal
$^{12}C_{25}{}^{1}H_{30}{}^{14}N_3^+$ m/z 372,243

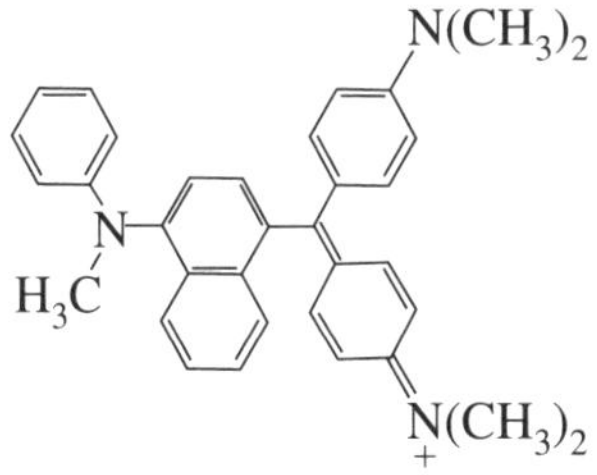

Azul solvente 2
$^{12}C_{34}{}^{1}H_{34}{}^{14}N_3^+$ m/z 484,275

Espectrômetro de Massa em Miniatura[59] e Introdução de Amostra por *Spray* de Papel

A Figura 22.45 apresenta um espectrômetro de massa em miniatura sob desenvolvimento para análises médicas. O instrumento de 25 kg emprega uma armadilha de íons quadrupolo linear, escolhida por sua capacidade de operar em pressões relativamente elevadas (10^{-5} bar) e por conduzir o monitoramento seletivo de reações com uma razão sinal/ruído adequada em matrizes complexas como drogas terapêuticas no sangue. Uma amostra de sangue de 2,5 μL contendo um padrão interno para quantificação é gotejada em um papel triangular recoberto com sílica, e deixa-se secar. O papel é inserido em um compartimento de amostra, e aplicam-se 40 μL de CH_3OH pela bomba de solvente para dissolver pequenos compostos presentes no sangue. Um potencial de 4,3 kV é aplicado ao papel, o que produz um fino electrospray de íons a partir de um vértice do triângulo para o espectrômetro de massa. Ao contrário da ionização por electrospray, que é aplicável apenas a compostos polares, a ionização por *spray* de papel funciona para compostos apolares (como os compostos aromáticos) e compostos de baixa polaridade.[60]

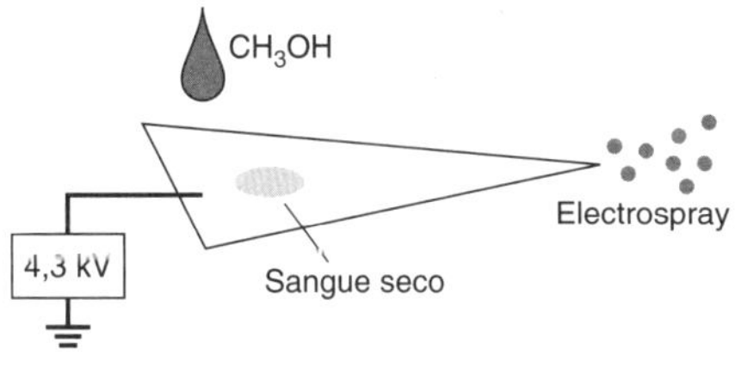

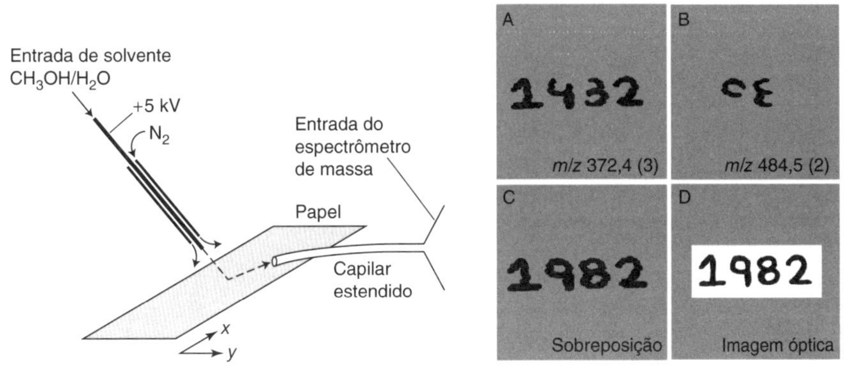

FIGURA 22.44 Mapeamento de tintas por ionização de dessorção por electrospray (IDE). As imagens A, B e C à direita são registros gráficos obtidos escaneando a folha de papel nas direções *x* e *y* abaixo da fonte de electrospray. D é a imagem óptica da superfície. [Adaptada de Royal Society of Chemistry, a partir de D. R. Ifa, M. Gumaelius, L. S. Eberlin, N. E. Manicke and e R. G. Cooks, "Forensic Analysis of Inks by Imaging Desorption Electrospray Ionization (DESI) Mass Spectrometry", *Analyst* **2007**, *132*, 461, Figuras 1 e 5. Adaptada de Copyright Clearance Center, Inc. L. S. Eberlin foi um estudante de graduação pesquisador internacional.]

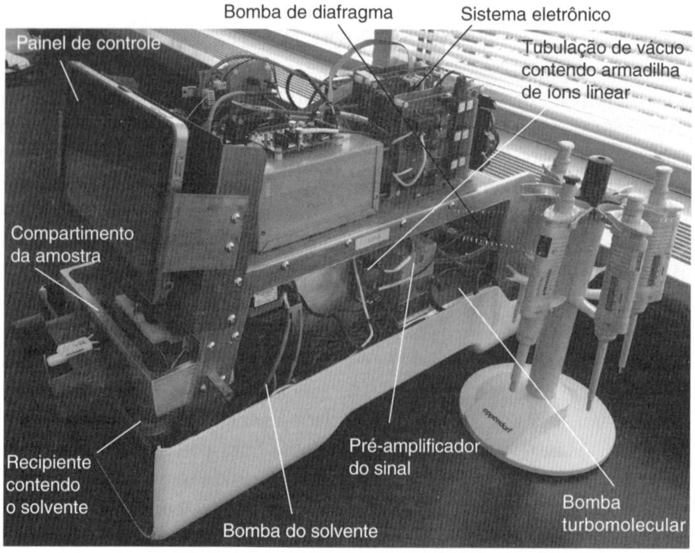

FIGURA 22.45 Protótipo de um espectrômetro de massa em miniatura, equipado com uma armadilha de íons quadrupolo linear para o monitoramento de múltiplas reações em amostras complexas como drogas em sangue. [Cortesia de Zheng Ouyang, Purdue University.]

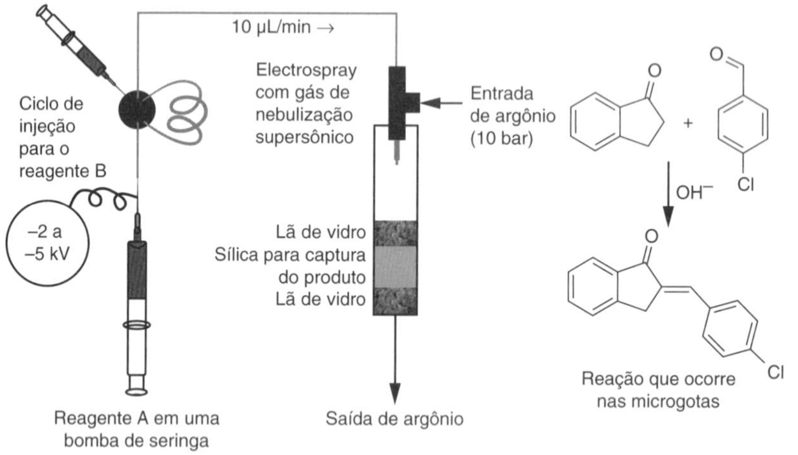

FIGURA 22.46 Síntese química em gotas produzidas por electrospray de solução de metanol. [Dados de T. Müller, A. Badu-Tawiah e R. G. Cooks, "Accelerated Carbon-Carbon Bond-Forming Reactions in Preparative Electrospray", *Angew. Chem. Int. Ed.* **2012**, *51*, 11832.]

No lugar do papel recoberto com sílica, coberturas cromatográficas para microextração em fase sólida (Seção 24.4) e microesferas de poliestireno são outros meios usados para a introdução de amostras por *spray* de papel.[61]

Reações Químicas Aceleradas em Microgotas

Reações químicas em células vivas ocorrem em compartimentos microscópicos nos quais os reagentes nunca estão distantes das membranas ou das fronteiras de fase e sempre estão firmemente confinadas. Os químicos descobriram que as velocidades de algumas reações químicas são fortemente aceleradas quando os reagentes estão confinados em microgotas formadas pelo electrospray ou *spray* em papel. A Figura 22.46 mostra o equipamento para uma reação em microescala em solução de metanol para formar uma ligação carbono–carbono. Essa reação exige horas em uma solução comum, mas ocorre em segundos em gotas produzidas por electrospray. O *spray* de papel também pode acelerar algumas reações químicas.[62]

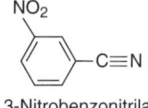

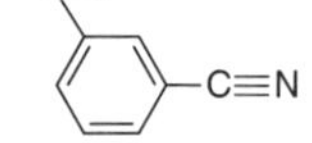

3-Nitrobenzonitrila

Ionização Assistida por Matriz

A **ionização assistida por matriz** é um método surpreendente para produzir íons para espectrometria de massa sem a aplicação de um campo elétrico ou de um *laser*. A amostra é simplesmente misturada a um grande excesso de cristais de um material apropriado para servir como matriz e depois a mistura é sublimada na entrada de um espectrômetro de massa. Para obter uma amostra microscópica de tinta do papel na Figura 22.47a, esfregue o papel com a extremidade arredondadas de um tubo de vidro capilar por ~30 s a fim de adsorver um pouco de tinta. Em seguida, goteje 1 μL de acetonitrila contendo 0,1 mg do *material da matriz* 3-nitrobenzonitrila sobre a extremidade arredondada do tubo capilar (Figura 22.47b). Deixe o solvente evaporar para formar lado a lado cristais da matriz misturados a traços do analito.

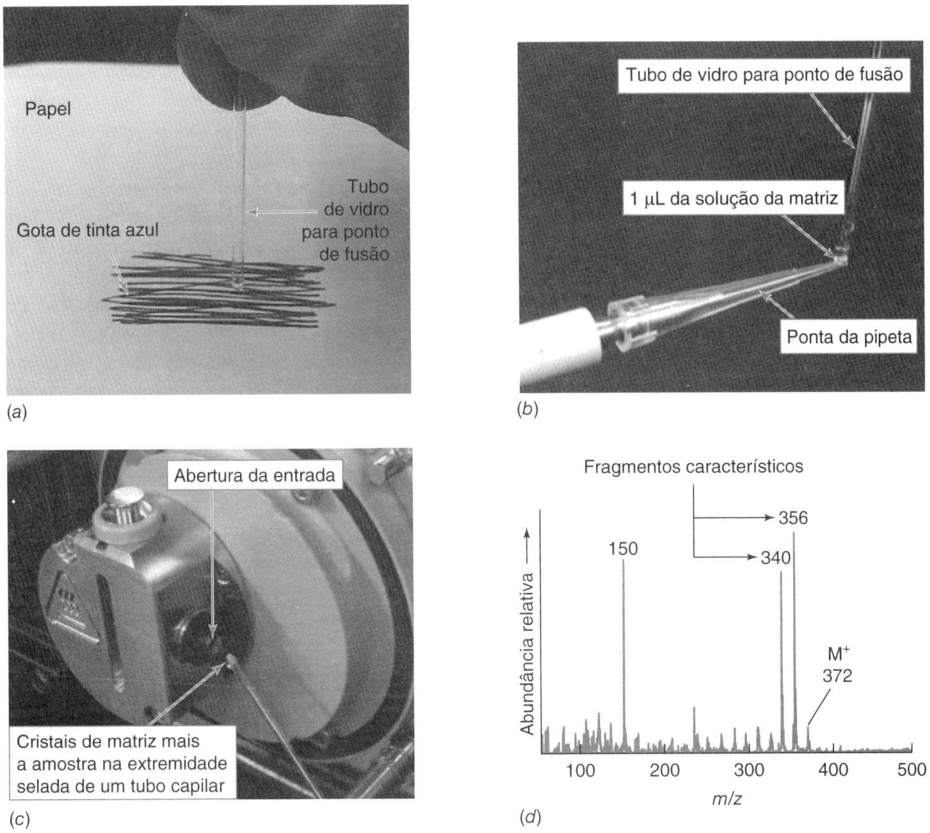

FIGURA 22.47 (*a*) Traços de tinta à base de violeta cristal [ou Violeta Básico 3, mostrado no tópico "Ionização de Dessorção por Electrospray (IDE)", Seção 22.7] são obtidos esfregando a extremidade selada de um tubo capilar de vidro na amostra. (*b*) 1 μL da solução de matriz é gotejado sobre o capilar e deixado secar. (*c*) A matriz mais a amostra são mantidas próximas à entrada do espectrômetro de massa. (*d*) Espectro da tinta. Um potencial de cone de 80 V na entrada do espectrômetro causa dissociação induzida por colisão em fragmentos em m/z = 356 e 340. Os fragmentos e o íon em m/z = 372 dão suporte à identificação do violeta cristal. [Z. J. Devereaux, C. A. Reynolds, J. L. Fischer, C. D. Foley, J. L. DeLeeuw, J. Wagner-Miller, S. B. Narayan, K. Mackie e S. Trimpin, "Matrix-Assisted Ionization on a Portable Mass Spectrometer: Analysis Directly from Biological and Synthetic Materials", *Anal. Chem.* **2016**, *88*, 10831, Figuras 3 e S14. Reproduzida sob permissão, © 2016 American Chemical Society.]

Mantenha o capilar próximo da entrada, à pressão atmosférica, do espectrômetro de massa mostrado na Figura 22.47c, e (veja só!) surge o espectro mostrado na Figura 22.47d. A exposição simples da matriz com o depósito de analito à pressão subatmosférica do espectrômetro de massa produz íons.

Como esse processo cria íons em fase gasosa? A matriz 3-nitrobenzonitrila é um exemplo de material *triboluminescente*, que emite radiação visível quando seus cristais são fraturados. Muitas outras matrizes cristalinas são efetivas para a produção de íons para a espectrometria de massa simplesmente sublimando-as no espectrômetro. Acredita-se que duas superfícies opostas de uma fratura recente de um material triboluminescente possuem cargas elétricas opostas. Na triboluminescência, à medida que a fratura se abre, cargas elétricas pulam pela abertura, e radiação é emitida. Uma possível explicação para a ionização assistida por matriz é que a sublimação de cristais da matriz cria um aerossol de partículas carregadas da matriz. À medida que a matriz sublima e as partículas diminuem, a carga é deixada para trás. Ao final, a carga permanece com o analito que estava em cada partícula do aerossol. O processo pode ser semelhante ao processo de resíduo carregado para ionização por electrospray, mostrado no Boxe 22.4, figura *b*.

Tal como a ionização por electrospray, a ionização assistida por matriz pode produzir proteínas com cargas múltiplas como a lisozima (8+ a 15+).[63] Ao colocar uma gota da matriz 3-nitrobenzonitrila em uma nota de 20 dólares, e mantendo a gota próxima à entrada de um espectrômetro de massa, é possível observar a cocaína protonada.[64] O resíduo seco obtido pela adição de 1 μL de urina mais a matriz na ponta de uma pipeta descartável podem produzir espectros de massa de drogas ilícitas na urina em nível de traços.[65] A precisão analítica é melhorada se a amostra é inserida por completo na região de vácuo na entrada do espectrômetro de massa.[66]

22.8 Espectrometria de Mobilidade Iônica

Mais do que 10^4 **espectrômetros de mobilidade iônica**[67] são empregados em pontos de checagem de segurança em aeroportos para detectar explosivos e, talvez, 10^5 unidades portáteis são usadas pelo pessoal de defesa militar e civil. Embora funcionalmente similares aos espectrômetros de massa, estes espectrômetros móveis são operados ao ar em pressão ambiente, e a espectrometria de mobilidade iônica *não* é um tipo de espectrometria de massa. A espectrometria de mobilidade iônica não mede massas moleculares e não oferece informações estruturais. Entretanto, seu uso é amplamente disseminado e, hoje, está incorporado como um estágio de separação completo no interior de alguns espectrômetros de massa.

A *eletroforese*, discutida no Capítulo 26, é a migração de íons em solução sob a influência de um campo elétrico. A espectrometria de mobilidade iônica é uma *eletroforese em fase gasosa*, que separa os íons de acordo com suas razões entre tamanho e carga elétrica. Diferentemente da espectrometria de massa, a espectrometria de mobilidade iônica é capaz de separar isômeros. Ela pode ser usada para estudar grandes aglomerados de proteínas com massas de até 50 MDa.[68]

À primeira vista, o espectrômetro de mobilidade iônica na Figura 22.48a nos lembra um espectrômetro por tempo de voo. Em unidades portáteis, o tubo de deslocamento mede de 5 a 10 cm de comprimento, com um fluxo de ar (gás de arraste) da direita para a esquerda na figura. Normalmente, uma amostra adsorvida em uma mecha de algodão é colocada sobre uma placa metálica aquecida, mostrada à esquerda, para dessorver o vapor do analito. Ar seco dopado com um reagente químico de ionização (tal como o Cl_2 para ânions e acetona ou NH_3 para cátions) carreia o vapor por meio de um tubo contendo 10 milicuries do radioisótopo ^{63}Ni. O reagente gasoso ionizado pela emissão β proveniente do ^{63}Ni reage com o analito para gerar analitos iônicos.

Uma varredura espectral é iniciada quando um pulso de potencial elétrico de ~250 μs é aplicado sobre a grade comutadora, proporcionando a admissão de um pacote de íons para dentro do tubo de deslocamento. Um campo elétrico entre 200 e 300 V/cm é estabelecido na região de deslocamento a partir da diferença de potencial entre os anéis de deslocamento.

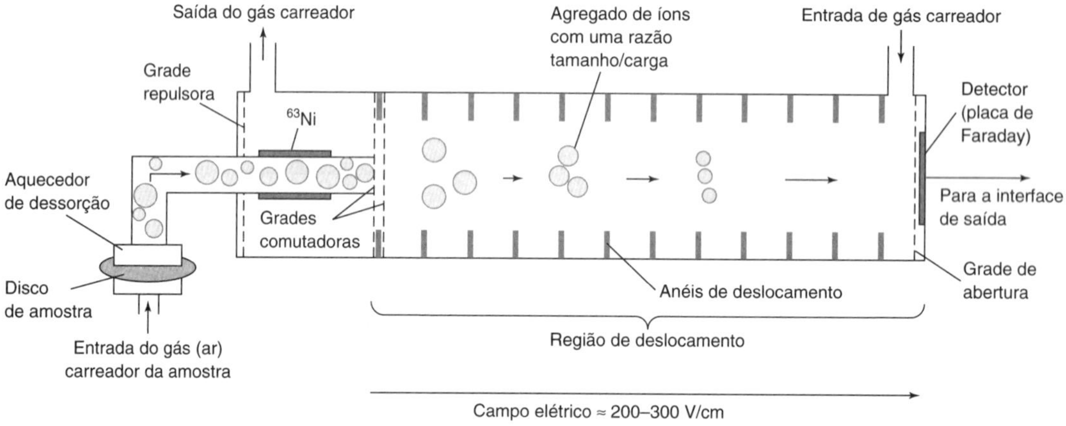

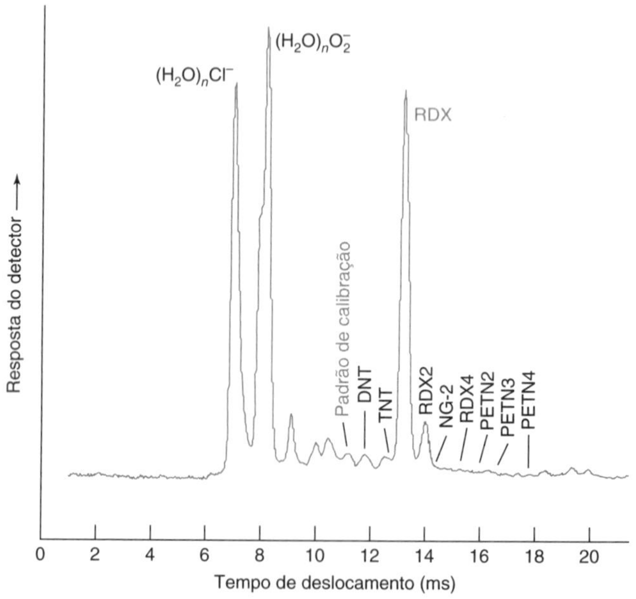

FIGURA 22.48 (*a*) Ilustração esquemática do espectrômetro de mobilidade iônica. A placa de Faraday é um detector que neutraliza os íons de entrada. A corrente elétrica que flui para dentro ou para fora do detector constitui o sinal que é medido. A grade de abertura evita o alargamento excessivo das linhas. Os íons, ao se aproximarem da fina placa do detector, induzem uma corrente que aparece como um sinal antes da chegada dos íons. A grade de abertura protege o detector da corrente induzida até que os íons estejam entre a grade e o detector. (*b*) Espectro de mobilidade iônica negativa de explosivos denominados RDX, TNT, PETN e vários outros. A substância 4-nitrobenzonitrila, usada para calibração, é um padrão interno de mobilidade. O Cl_2 é o reagente gasoso para a geração de ânions a partir de ionização química. [Dados de W. R. Stott, Smiths Deflection, Toronto.]

O campo leva ao deslocamento tanto dos cátions quanto dos ânions para a direita a uma velocidade de ~1 a 2 m/s. Os íons são retardados pelas colisões com as moléculas gasosas em pressão atmosférica. Cada íon viaja com sua própria velocidade igual a KE, em que E é a intensidade do campo elétrico e K, a *mobilidade*. Os íons pequenos apresentam maior mobilidade do que os íons grandes de mesma carga, uma vez que os íons grandes experimentam maior retardo.

Os íons pequenos deslocam-se mais rapidamente do que os íons grandes. Para a descrição da espectrometria de mobilidade iônica em termos de eletroforese, ver Problema 26.53.

O "espectro" de mobilidade iônica na Figura 22.48b é um gráfico da resposta do detector contra o tempo de deslocamento para vários explosivos. O "espectro" é, na verdade, um cromatograma de íons. A área do pico é proporcional ao número de íons. Os picos são identificados por suas mobilidades, que são reprodutivelmente medidos com relação à mobilidade de um padrão interno. Os ensaios são repetidos ~20 vezes por segundo. O espectro final é uma média de muitos ensaios e requer de 2 a 5 s para ser obtido.

O poder de resolução da mobilidade iônica para o explosivo RDX na Figura 22.48b pode ser expresso por meio da Equação 22.3 na forma poder de resolução = (tempo de deslocamento)/(largura total à meia altura) × 50. Os espectrômetros de mobilidade iônica apresentam resoluções limitadas, mas os testes que mostram resultados falso-positivos são minimizados pela combinação da determinação das mobilidades com a ionização seletiva. A resolução pode ser melhorada operando o instrumento em uma câmara fechada com pressões de 2 a 4 bar.[69] Os limites de detecção são de 0,1 a 1 pg para compostos com uma química de ionização favorável.

Mobilidade Iônica–Espectrometria de Massa

Alguns espectrômetros de massa comerciais incorporam um estágio de separação de íons por mobilidade iônica de forma que cada espécie individual pode ser estudada.[70] O instrumento mostrado na Figura 22.49 emprega electrospray para produzir íons que são dessolvatados e introduzidos no tubo de deslocamento da unidade de mobilidade iônica por meio de pulsos curtos. Tanto íons positivos como negativos podem ser selecionados. O tubo de deslocamento, como o dinodo contínuo multiplicador de elétrons mostrado na Figura 22.18, é feito de vidro resistivo com um campo elétrico uniforme de ~400 V/cm. Em seguida à separação por mobilidade iônica, os três estágios seguintes são guias de íons de radiofrequência que servem para reduzir a pressão de 1 bar a 10^{-8} bar, e permitir a dissociação induzida por colisão dos íons em fragmentos. O espectrômetro de massa por tempo de voo com injeção ortogonal de íons pode registrar centenas de espectros de massa durante cada separação por mobilidade iônica, que leva algumas dezenas de milissegundos. Separações representativas obtidas com esse instrumento com um poder de resolução de mobilidade iônica (largura total à meia altura)/(tempo de deslocamento) de ≈ 170 são mostrados na Figura 22.50.

Vários espectrômetros comerciais de mobilidade iônica em tandem com espectrômetros de massa podem realizar monitoramento seletivo de reações de cada tipo de íon separado no estágio de mobilidade iônica. O instrumento mostrado na Figura 22.51 emprega um *separador de mobilidade iônica de onda móvel* em vez de um tubo de deslocamento. Esse separador contém uma pilha de anéis metálicos com um potencial de radiofrequência

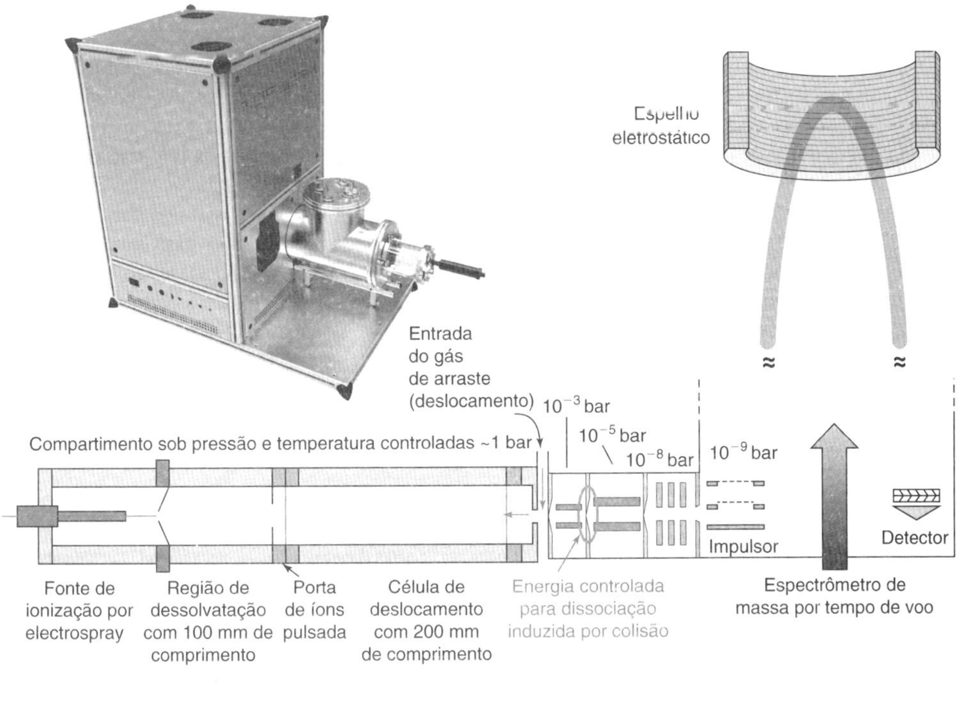

FIGURA 22.49 *Layout* de um instrumento de mobilidade iônica–espectrômetro de massa. [Cortesia de Tofwerk AG.]

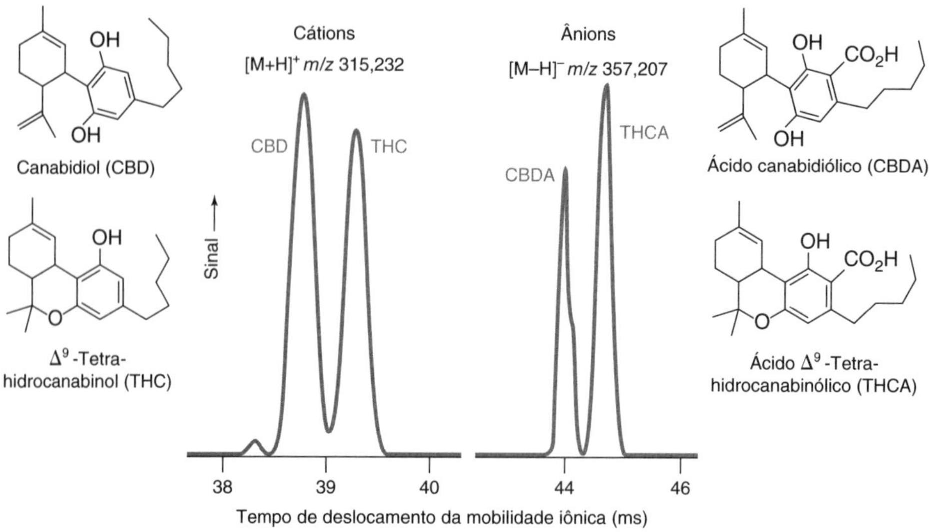

FIGURA 22.50 A mobilidade iônica–espectrometria de massa de componentes de amostras de *Cannabis* pode distinguir a marijuana de formas ilegais do medicamento usando o instrumento apresentado na Figura 22.49. [M. Hädener, M. Z. Kamrath, W. Weinmann e M. Grossl, "High-Resolution Ion Mobility Spectrometry for Rapid Cannabis Potency Testing", *Anal. Chem.* **2018**, *90*, 8764, Figura 3. Reproduzida sob permissão © 2018 American Chemical Society.]

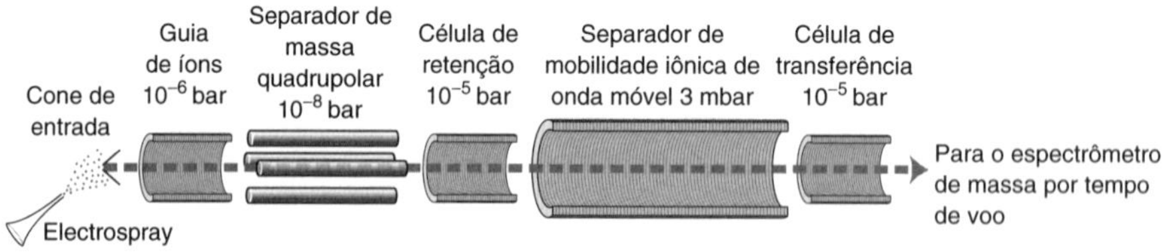

FIGURA 22.51 Diagrama esquemático de um espectrômetro de massa contendo um separador de mobilidade iônica de onda móvel entre o quadrupolo e o separador de massa por tempo de voo. [Cortesia do Prof. Matthew F. Bush, Departamento de Química, Universidade de Washington.]

para confinamento dos íons ao longo do eixo. Aplica-se um pulso de corrente direta a anéis sucessivos, criando uma "onda móvel" de potencial elétrico que empurra os íons da esquerda para a direita por meio do separador. Íons com tamanhos e formas diferentes sofrem níveis de arrasto diferentes a partir das colisões com átomos de hélio no separador.

A combinação da mobilidade iônica com a espectrometria de massa permite a resolução de íons isobáricos (aqueles com a mesma razão *m/z*). Os íons que podem ser separados por essa combinação incluem os *diastereoisômeros* e diferentes conformações de peptídeos encontrados no sequenciamento de proteínas. Um estágio de separação por mobilidade iônica pode simplificar um espectro de massa ao dividir a mistura em seus componentes, e pode aumentar a razão sinal/ruído pelo isolamento de íons de interesse dos demais íons.

O separador de mobilidade iônica de onda móvel localizado no *U. S. Pacific Northwest National Laboratory*, e apresentado na Figura 22.52, oferece um poder de resolução maior que os instrumentos anteriores. Por exemplo, a Figura 22.53 mostra a separação por mobilidade iônica de ácidos isoméricos biliares estreitamente relacionados, diferindo apenas na estereoquímica de um substituinte OH assinalado na figura. A serpentina na fotografia na Figura 22.52 tem um comprimento de 13,5 m. Os íons podem ser encaminhados através do canal múltiplas vezes, obtendo-se caminhos superiores a 100 m. O canal é definido por duas placas de circuito paralelas separadas por ~3 mm.[71] Cada placa possui arranjos individuais de eletrodos de cobre com potenciais de corrente direta e potenciais de oscilação de radiofrequência. Esses potenciais confinam os íons no canal e move-os através dele. Os potenciais dirigem os íons por curvas em ângulo reto com uma eficiência essencialmente de 100%. Não houve perda de íons em um experimento com um caminho de 1,1 km. Para produzir a separação em alta resolução com uma elevada relação sinal/ruído na Figura 22.53, ~10^9 íons produzidos por electrospray foram acumulados por vários segundos e então comprimidos eletrostaticamente em uma banda estreita para a separação por mobilidade iônica.[72]

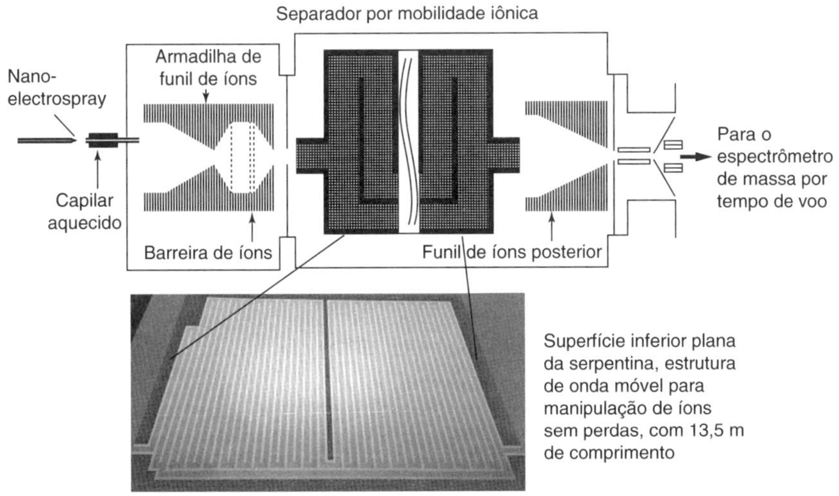

FIGURA 22.52 A estrutura de onda móvel de alta resolução para manipulações de íons sem perdas fornece um caminho de ~100 m para a separação por mobilidade iônica dos estereoisômeros mostrados na Figura 22.53. [L Deng, I. K. Webb, S. V. B. Garimella, A. M. Hamid, X. Zheng, R. V. Norheim, S. A. Prost, G. A. Anderson, J. A. Sandoval, E. S. Baker, Y. M. Ibrahim e R. D. Smith, "Serpentine Ultralong Path with Extended Routing High Resolution Traveling Wave Ion Mobility–MS Using Structures for Lossless Ion Manipulations", *Anal. Chem.* **2017**, *89*, 4628, Figura 1b. Reproduzida sob permissão © 2017 American Chemical Society.]

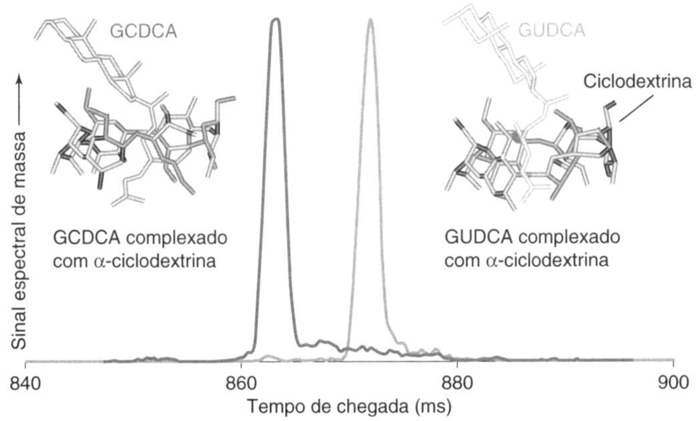

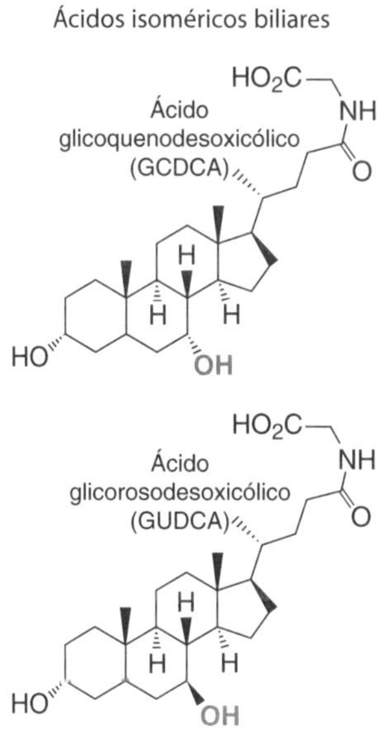

FIGURA 22.53 Separação por mobilidade iônica de ácidos estereoisômeros biliares (M) complexados com α-ciclodextrina (CD), produzindo $[M + CD + H^+ + K^+]^{2+}$. Comprimento do caminho de separação = 72 m, com a estrutura de onda móvel apresentada na Figura 22.52. A ciclodextrina em forma de barril com um interior hidrofóbico é descrita no Boxe 24.1. [C. D. Chouinard, G. Nagy, I. K. Webb, S. V. B. Garimella, E. S. Baker, Y. M. Ibrahim e R. D. Smith, "Rapid Ion Mobility Separations of Bile Acid Isomers Using Cyclodextrin Adducts and Structures for Lossless Ion Manipulations", *Anal. Chem.* **2018**, *90*, 11086. Reproduzida sob permissão © 2018 American Chemical Society.]

Termos Importantes

análise direta em tempo real (ADTR)
cromatograma de íon extraído
cromatograma reconstituído a partir de todos os íons
dessorção/ionização a *laser* assistida por matriz (MALDI)
dissociação induzida por colisão
espectro de massa
espectrometria de massa
espectrometria de massa em tandem
espectrômetro de massa de captura de íons por quadrupolo linear (ou espectrômetro de massa com armadilha de íons quadrupolo linear)
espectrômetro de massa Orbitrap
espectrômetro de massa por tempo de voo
espectrômetro de massa quadrupolar de transmissão
espectrômetro de mobilidade iônica
fórmula para o número de anéis + ligações duplas
íon molecular
íon precursor
íon produto
ionização assistida por matriz
ionização de dessorção por electrospray (IDE)
ionização por electrospray
ionização por elétrons
ionização química
ionização química à pressão atmosférica
marcador de massa em tandem
massa atômica
massa molecular
massa nominal
monitoramento seletivo de íons
monitoramento seletivo de reações
pico base
poder de resolução
razão massa/carga, *m*/*z*
regra do nitrogênio

Resumo

Íons são criados ou dessorvidos em uma fonte de íons de um espectrômetro de massa. Moléculas neutras são convertidas em íons a partir de ionização por elétrons (que produz o íon molecular $M^{+\bullet}$ e vários fragmentos) ou de ionização química (que tende a produzir o íon MH^+ e alguns poucos fragmentos). Na dessorção/ionização a *laser* assistida por matriz, um pulso curto de uma fonte de ultravioleta ou *laser* de infravermelho vaporiza uma mistura da amostra mais excesso de cristais de uma matriz que absorve radiação do *laser*. A vaporização da matriz arrasta o analito para a fase gasosa e transfere carga para o analito.

Um espectrômetro de massa por tempo de voo emprega um campo elétrico pulsado para (idealmente) acelerar todos os íons de mesma carga na fonte com a mesma energia cinética. Após a ejeção a partir da fonte, os íons se deslocam sob alto vácuo por vários metros com velocidades que dependem de sua razão massa/carga (m/z) e do potencial de aceleração. Os íons com valores menores de m/z atingem o detector antes daqueles cujas razões m/z são mais elevadas. O espectro de massa é um gráfico da resposta do detector contra valores de m/z.

A resolução de um espectrômetro de massa por tempo de voo é muito aumentada por meio de um espelho eletrostático (um *reflectron*), que reflete íons de volta para um detector localizado ao lado da fonte de íons. Na verdade, os íons sempre saem da fonte com certa distribuição de energias cinéticas. Para uma dada razão m/z, os íons com maior energia penetram mais profundamente no *reflectron* do que aqueles com energia menor. Visto que os íons de maior energia se deslocam por uma distância maior do que os íons com energias menores, os íons de maior e menor energia com a mesma razão m/z atingem o detector ao mesmo tempo, permitindo resoluções de íons com diferenças de m/z reduzidas, da ordem de partes por milhão. O instrumento por tempo de voo é capaz de apresentar elevadas velocidades de aquisição, e o limite superior de m/z pode se estender até $\sim 10^6$ com detectores especiais otimizados para íons pesados. Faixas elevadas de m/z e elevadas velocidades de aquisição não podem ser obtidas em um mesmo instrumento.

Outros separadores de m/z incluem o quadrupolo de transmissão, a armadilha de íons quadrupolo linear e o Orbitrap. O quadrupolo de transmissão, relativamente barato, consiste em quatro polos elétricos paralelos sobre os quais é aplicada uma combinação de um potencial constante e um potencial de radiofrequência oscilante a fim de selecionar quais valores de m/z devem atingir o detector sem serem perdidos por colisão com as hastes. Uma variação rápida do potencial seleciona diferentes valores de m/z, produzindo o espectro de massa, que é um gráfico da resposta do detector contra m/z. O quadrupolo de transmissão é um instrumento de varredura, enquanto o instrumento por tempo de voo necessariamente coleta um espectro completo a partir de cada pulso de íons fornecidos pela fonte. Os quadrupolos de transmissão podem registrar de 2 a 8 espectros por segundo, cobrindo valores de m/z até ~1 500 a 3 000. Os quadrupolos de transmissão normalmente resolvem íons com diferenças $\Delta m/z = 1$, com uma separação constante em toda a faixa útil de m/z.

O poder de resolução é definido como $(m/z)/\Delta(m/z)$ ou $(m/z)/(m/z)_{1/2}$, em que m/z é a razão que está sendo medida, $\Delta(m/z)$ é a diferença de m/z entre dois picos de mesma intensidade, separados por um vale com uma altura igual a 10% da média das intensidades dos picos, e $(m/z)_{1/2}$ é a largura total à meia altura de um pico. É necessário especificar a definição que será usada porque elas diferem por um fator de aproximadamente 2. Os espectrômetros por tempo de voo e com Orbitrap podem produzir espectros de alta resolução com uma exatidão de m/z em partes por milhão. A exatidão para valores elevados de m/z exige uma calibração com padrões internos fluorados.

Um detector íons baseado em um dinodo discreto multiplicador de elétrons pode ser usado com um quadrupolo de transmissão ou uma armadilha de íons quadrupolo linear. Esse detector funciona como uma fotomultiplicadora. Os íons que atingem o primeiro dinodo liberam mais elétrons na direção do segundo dinodo. A multiplicação dos elétrons continua a cada dinodo cada vez mais positivo. A corrente é finalmente coletada no anodo. Um dinodo de conversão de alta voltagem pode ser empregado antes do multiplicador de elétrons para assegurar que todos os íons produzam uma resposta elétrica semelhante no detector. Um dinodo contínuo multiplicador de elétrons é frequentemente empregado no lugar do dinodo discreto. Ambos os multiplicadores de elétrons produzem $\sim 10^6$ a 10^8 elétrons para cada íon incidente. Uma placa multicanal, normalmente empregada em espectrômetros de massa por tempo de voo, é um conjunto bidimensional de poros microscópicos, cada um deles se comportando como um dinodo contínuo multiplicador de elétrons. Inclinando os eixos dos poros com relação à direção do percurso dos íons evita-se que eles passem diretamente por um poro sem colidir com a parede. A placa multicanal é empregada em espectrômetros de massa por tempo de voo porque o feixe de íons tem uma seção transversal circular, o que exige um detector de grande área.

Um espectrômetro de massa Orbitrap pode oferecer um poder de resolução ainda maior que o instrumento por tempo de voo, com uma exatidão na razão m/z de partes por milhão e um limite superior de m/z tipicamente ~6 000, embora possa alcançar ~40 000 mediante modificações especiais. Para cada medida, um pacote de íons com todos os valores de m/z é injetado no Orbitrap. Os íons oscilam em trajetórias espirais para frente e para trás em torno do eletrodo central com formato especial. Íons com m/z distintos induzem uma corrente da imagem nos eletrodos externos com uma frequência diferente. A corrente é decomposta em seus componentes de frequência várias vezes por segundo por transformada de Fourier, produzindo um espectro de massa.

Em um espectro de massa, o íon molecular corresponde ao maior valor de m/z de qualquer pico "significativo", que não possa ser atribuído a isótopos ou a ruídos de fundo. Para uma dada composição, devemos ser capazes de prever as intensidades relativas dos picos isotópicos em M + 1, M + 2 etc. Entre os elementos frequentemente encontrados, o Cl e o Br têm padrões isotópicos diagnósticos característicos. A partir da composição molecular, a fórmula para anéis + duplas ligações facilita a proposição das estruturas. Um composto orgânico com um número ímpar de átomos de nitrogênio terá uma massa nominal ímpar. Obtemos indicações sobre a estrutura molecular analisando a fragmentação de íons resultante da quebra de ligações e dos rearranjos.

Os gases que emergem de uma coluna capilar na cromatografia gasosa podem ir diretamente para dentro da fonte de íons de um espectrômetro de massa com um bom sistema de bombeamento, de modo a fornecer informações qualitativas e quantitativas sobre os componentes presentes em uma mistura. A ionização por electrospray é frequentemente utilizada com cromatografia líquida e eletroforese capilar. A ionização por electrospray emprega alta voltagem na saída da coluna, combinada com um fluxo coaxial de N_2 gasoso, para criar um aerossol fino contendo as espécies carregadas que já se encontravam presentes na fase líquida. O analito está frequentemente associado a outros íons formando espécies como $[M + Na]^+$ ou $[M + (CH_3CO_2)]^-$. O controle de pH ajuda a garantir que os analitos selecionados estão na forma aniônica ou catiônica. Outra interface entre a cromatografia líquida e a espectrometria de massa é a ionização química à pressão atmosférica, que utiliza uma agulha de descarga, que causa um efeito elétrico corona, para produzir uma variedade de íons gasosos a partir das gotículas de aerossol. Tanto a ionização química à pressão atmosférica quanto o electrospray tendem a formar íons não fragmentados. A dissociação induzida por colisão para produzir íons fragmentados é controlada pelo potencial elétrico no cone seletor na entrada do espectrômetro de massa. O electrospray de proteínas forma, normalmente, um conjunto de íons altamente carregados, por exemplo, MH_n^{n+}. A dessorção/ionização a *laser* assistida por matriz é uma maneira eficaz de produzir, basicamente, íons intactos de proteína, com carga +1.

Um cromatograma reconstituído a partir de todos os íons mostra o sinal de todos os íons com valores superiores a determinado valor de m/z emergindo da coluna cromatográfica em função do tempo. Um cromatograma de íon extraído mostra o sinal para um íon selecionado a partir do espectro de massa completo. O monitoramento seletivo de íons para um único valor ou para alguns poucos valores de m/z aumenta a relação sinal/ruído, quando se emprega um quadrupolo de transmissão, porque todo o tempo de análise é empregado apenas para analisar um ou poucos íons. No monitoramento seletivo de reações, um íon precursor selecionado por um filtro de massas entra em uma célula de colisão, onde se fragmenta em diferentes produtos. Um (ou mais de um) íon produto é então selecionado por um segundo filtro de massas antes de atingir o detector. Esse processo é seletivo para apenas um único tipo de analito e aumenta consideravelmente a razão sinal/ruído para esse analito. A dissociação por transferência de elétron é empregada no sequenciamento de proteínas, e se baseia na quebra de ligações amida em um polipeptídeo sem que outras ligações sejam afetadas.

Marcadores de massa em tandem são isotopólogos de um único composto empregado para marcar proteínas de origens distintas, como as diferentes células ou órgãos. As proteínas marcadas são agrupadas e analisadas por monitoramento seletivo de reações com um espectrômetro de massa Orbitrap ou por tempo de voo de alta resolução. No monitoramento seletivo de reações, as proteínas marcadas sofrem quebra formando fragmentos reveladores isotopicamente distintos, sendo cada fragmento revelador associado a cada fonte distinta de proteína. A quantidade relativa de cada fragmento revelador fornece a quantidade relativa de proteína de cada fonte.

Vários métodos podem ionizar moléculas na superfície de um objeto à pressão atmosférica. A análise direta em tempo real (ADTR) e o plasma de baixa temperatura usam hélio ou nitrogênio excitado para ionizar os analitos. A ionização de dessorção por electrospray (IDE) emprega um fluxo de solvente obtido por electrospray sobre uma superfície para arrancar íons. Na ionização assistida por matriz, um excesso de cristais da matriz sublima e transporta o analito para a fase gasosa sem o auxílio de um campo elétrico ou um *laser*. Durante a sublimação, a matriz produz partículas carregadas que transferem carga às moléculas do analito.

Um espectrômetro de mobilidade iônica separa íons em fase gasosa com base em suas diferentes mobilidades em um campo elétrico à pressão atmosférica. A separação por mobilidade iônica de onda móvel de baixa ou alta resolução pode adicionar uma nova dimensão à espectrometria de massa graças à separação de íons isobáricos (com o mesmo valor de m/z) segundo as suas diferenças de mobilidade.

Exercícios

22.A. (**a**) Na figura vista a seguir, meça a largura à meia altura do pico em $m/z = 53$ e calcule o poder de resolução do espectrômetro de massa utilizado nas medidas a partir da expressão $(m/z)/(m/z)_{1/2}$.

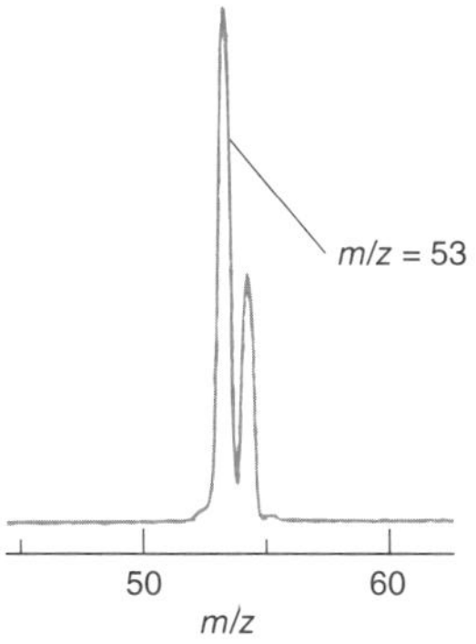

Espectro de massa. [Dados de V. J. Angelico, S. A. Mitchell, and V. H. Wysocki, "Low-Energy Ion–Surface Reactions of Pyrazine with Two Classes of Self-Assembled Monolayers", *Anal. Chem.* **2000**, *72*, 2603.]

(**b**) Se o poder de resolução for constante para valores diferentes de m/z, você esperaria uma separação adequada entre dois picos em $m/z = 100$ e 101? Se o instrumento opera com resolução unitária, você esperaria ele fosse capaz de resolver dois picos em $m/z = 100$ e 101?

22.B. Que poder de resolução $(m/z)/\Delta(m/z)$ é necessário para distinguir o íon $CH_3CH_2^{+\bullet}$ do íon $HC \equiv O^{+\bullet}$?

22.C. *Padrões isotópicos.* Consideremos um elemento com dois isótopos cujas abundâncias naturais são a e b ($a + b = 1$). Se existem n átomos do elemento em um composto, a probabilidade de encontrarmos cada combinação de isótopos é calculada pela expansão matemática do binômio $(a + b)^n$. Para o carbono, as abundâncias são $a = 0{,}989\ 3$ para o ^{12}C e $b = 0{,}010\ 7$ para o ^{13}C. A probabilidade de encontrarmos 2 átomos de ^{12}C no acetileno, HC≡CH, é dada pelo primeiro termo da expansão $(a + b)^2 = a^2 + 2ab + b^2$. O valor de a^2 é $(0{,}989\ 3)^2 = 0{,}978\ 7$, de modo que a probabilidade de encontrarmos 2 átomos de ^{12}C no acetileno é 0,978 7. A probabilidade de encontrarmos 1 átomo de ^{12}C + 1 átomo de ^{13}C é $2ab = 2(0{,}989\ 3)(0{,}010\ 7) = 0{,}021\ 2$. A probabilidade de encontrarmos 2 átomos de ^{13}C é $b^2 = (0{,}010\ 7)^2 = 0{,}000\ 114$. O íon molecular, por definição, contém dois átomos de ^{12}C. O pico M + 1 contém 1 átomo de ^{12}C e 1 átomo de ^{13}C. A intensidade de M + 1 com relação a $M^{+\bullet}$ será $(0{,}021\ 2)/(0{,}978\ 7) = 0{,}021\ 7$. (Ignoramos nos cálculos o ^2H, pois sua abundância natural é muito pequena.) Faça a previsão das quantidades relativas de $C_6H_4{}^{35}Cl_2$, $C_6H_4{}^{35}Cl^{37}Cl$ e $C_6H_4{}^{37}Cl_2$ no 1,2-diclorobenzeno. Construa um diagrama de barras da distribuição, semelhante ao da Figura 22.12.

22.D. (**a**) Determine o número de anéis + duplas ligações em uma molécula com a composição $C_{14}H_{12}$, e represente uma possível estrutura.

(**b**) Para um íon ou radical, a fórmula anéis + duplas ligações dá como resposta valores que não são inteiros, pois esta fórmula é baseada nas valências em moléculas neutras, com todos os elétrons emparelhados. Quantos anéis + duplas ligações são previstos para o íon $C_4H_{10}NO^+$? Represente uma estrutura para o íon $C_4H_{10}NO^+$.

22.E. (**a**) Os espectros A e B, na figura vista a seguir, pertencem a dois isômeros do $C_6H_{12}O$. Com base no raciocínio mostrado na Figura 22.16, explique como você pode dizer a que espectro corresponde cada isômero.

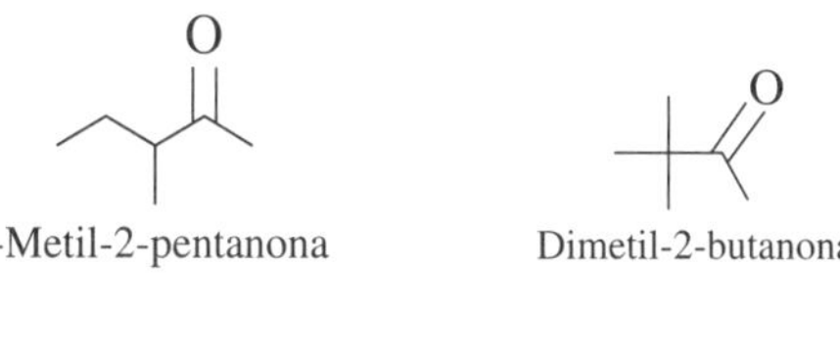

3-Metil-2-pentanona   Dimetil-2-butanona

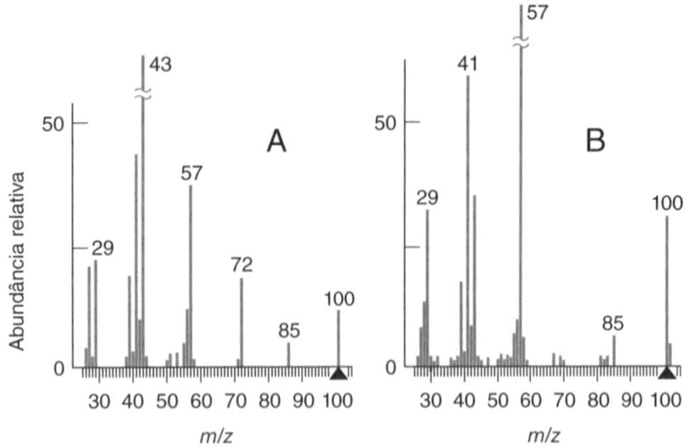

Espectros de massa de cetonas isoméricas com a fórmula $C_6H_{12}O$. [Dados de NIST/EPA/NIH Mass Spectral Database.[7]]

(**b**) A intensidade do pico M + 1 em *m/z* = 101 está incorreta em ambos os espectros. Ela está inteiramente ausente no espectro A e é muito intensa (15,6% da intensidade de $M^{+\bullet}$) no espectro B. Qual deve ser a intensidade do pico M + 1 com relação ao pico $M^{+\bullet}$ para a fórmula $C_6H_{12}O$?

22.F. (Este é um problema longo, adequado para um trabalho em grupo.) As intensidades relativas para a região do íon molecular de vários compostos são vistas na figura a seguir. Sugira uma composição para cada molécula e calcule as intensidades esperadas dos picos isotópicos.

(**a**) *m/z* (intensidade): 94 (999), 95 (68), 96 (3)

(**b**) *m/z* (intensidade): 156 (566), 157 (46), 158 (520), 159 (35)

(**c**) *m/z* (intensidade): 224 (791), 225 (63), 226 (754), 227 (60), 228 (264), 229 (19), 230 (29)

(**d**) *m/z* (intensidade): 154 (122), 155 (9), 156 (12) (*Dica*: contém enxofre.)

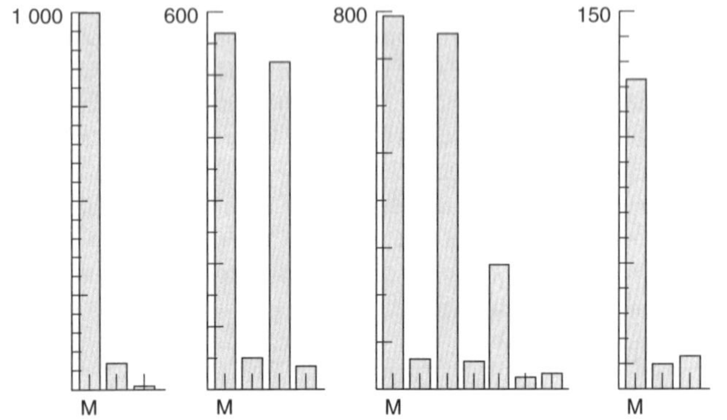

Espectros de massa. [Dados de NIST/EPA/NIH Mass Spectral Database.[7]]

22.G. *Espectrometria de massa de alta resolução.* O pigmento violeta cristal mostrado na Seção 22.7 é o sal cloreto do cátion $C_{25}H_{30}N_3^+$.

(**a**) Com base na Tabela 22.1, calcule a massa exata do íon precursor M^+ em *m/z* = 372. Lembre-se de subtrair a massa de um elétron. Em um espectrômetro de massa de baixa resolução, haverá um pico em M + 1, consistindo em $^{13}C^{12}C_{24}{}^1H_{30}{}^{14}N_3^+$ + $^{12}C_{25}{}^2H^1H_{29}{}^{14}N_3^+$ + $^{12}C_{25}{}^1H_{30}{}^{15}N^{14}N_2^+$. A partir da Tabela 22.2, preveja a intensidade do pico M + 1 relativo ao M^+.

(**b**) Em um espectrômetro de massa de alta resolução, aparecerão três picos em M + 1 para os isotopômeros $^{13}C^{12}C_{24}{}^1H_{30}{}^{14}N_3^+$, $^{12}C_{25}{}^2H^1H_{29}{}^{14}N_3^+$ e $^{12}C_{25}{}^1H_{30}{}^{15}N^{14}N_2^+$. Expresse a massa exata de cada íon com cinco casas decimais e preveja a intensidade de cada um desses três picos com relação a M^+. Esboce a aparência provável do espectro.

(**c**) Que poder de resolução, por meio da Equação 22.3, é necessário para que a largura total à meia altura dos picos não ultrapasse 0,001? Esse poder de resolução permitiria uma separação na linha de base entre os três picos em X + 1? A título de referência, para picos gaussianos, os dois picos na Figura 22.9a estão separados por uma unidade, e a largura total à meia altura é 0,48 unidade. A separação do pico é 1/0,48 = 2,08 × largura total à meia altura.

22.H. *Massas moleculares de proteínas a partir de electrospray.* A enzima lisozima[73] exibe os picos de MH_n^{n+} em *m/z* = 1 789,1, *m/z* = 1 590,4, *m/z* = 1 431,5, *m/z* = 1 301,5 e *m/z* = 1 193,1. Siga o procedimento da Tabela 22.3 para achar a massa molecular média desta enzima e o desvio-padrão associado.

22.I. *Análise quantitativa por monitoramento seletivo de íons.* O teor de cafeína em bebidas e na urina pode ser determinado adicionando-se cafeína-D_3 como um padrão interno, e usando-se o monitoramento seletivo de íons para medir cada composto por cromatografia gasosa. Na figura a seguir, vemos os cromatogramas de massa da cafeína (*m/z* = 194) e da cafeína-D_3 (*m/z* = 197), que têm aproximadamente o mesmo tempo de retenção.

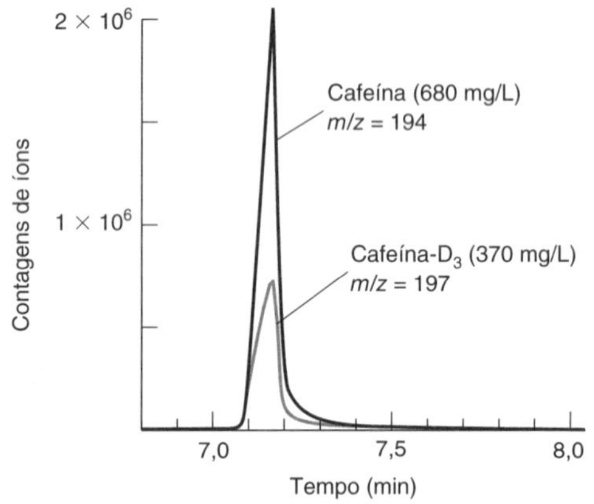

Cromatograma de massa por monitoramento seletivo de íons da cafeína e da cafeína-D_3 eluídas a partir de uma coluna capilar de cromatografia gasosa. [Dados de D. W. Hill, B. T. McSharry e L. S. Trzupek, "Quantitative Analysis by Isotopic Dilution Using Mass Spectrometry", *J. Chem. Ed.* **1988**, *65*, 907.]

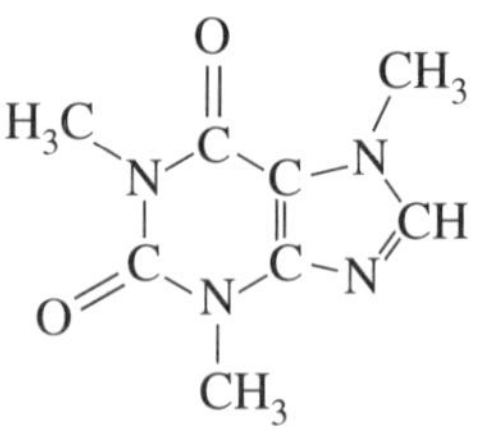

Cafeína (M = 194 Da)

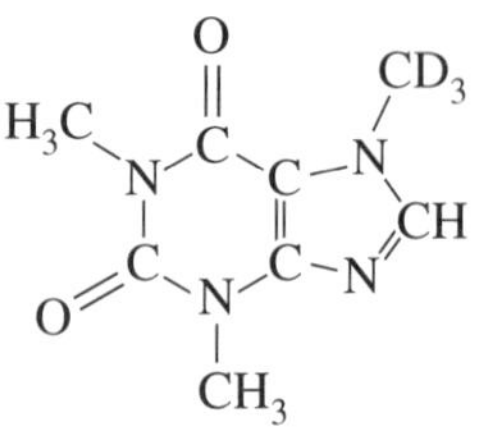

Cafeína-D_3 (M = 197 Da)

Admita que os dados presentes na tabela vista a seguir foram obtidos para misturas-padrão:

Cafeína (mg/L)	Cafeína-D_3 (mg/L)	Área do pico da cafeína	Área do pico da cafeína-D_3
$13,60 \times 10^2$	$3,70 \times 10^2$	11 438	2 992
$6,80 \times 10^2$	$3,70 \times 10^2$	6 068	3 237
$3,40 \times 10^2$	$3,70 \times 10^2$	2 755	2 819

NOTA: O volume injetado foi diferente em todas as três corridas.

(a) Calcule o fator de resposta média na equação

$$\frac{\text{Área do sinal do analito}}{\text{Área do sinal do padrão}} = F\left(\frac{\text{concentração do analito}}{\text{concentração do padrão}}\right)$$

(**b**) Para a análise de um refrigerante do tipo cola, 1,000 mL do refrigerante foi tratado com 50,0 μL de uma solução-padrão contendo 1,11 g/L de cafeína-D_3 em metanol. A solução formada passou por um cartucho de extração em fase sólida que retém a cafeína. A seguir, foram retirados os solutos polares do cartucho mediante lavagem com água. Então, a cafeína foi retirada do cartucho por meio de uma lavagem com um solvente orgânico, e este foi evaporado à secura. Dissolveu-se o resíduo em 50 μL de metanol para a cromatografia gasosa. As áreas dos picos foram 1 144 para m/z = 197 e 1 733 para m/z = 194. Determine a concentração de cafeína (mg/L) no refrigerante.

Problemas

O que É a Espectrometria de Massa?

22.1. Explique resumidamente como funciona o espectrômetro de massa por tempo de voo apresentado na Figura 22.2. Qual é a vantagem do espelho eletrostático mostrado na Figura 22.20?

22.2. O formaldeído tem uma massa nominal (em números inteiros) de 30 Da, mas seu espectro de massa mostrado na Figura 22.7 possui sete picos em valores distintos de m/z. Explique a origem de cada pico. Desenhe uma estrutura de ponto de Lewis para cada íon a fim de identificar qual deles possui um elétron não emparelhado.

22.3. Como foram produzidos os íons de cada um dos espectros de massa da Figura 22.8? Por que eles são tão diferentes?

22.4. Defina a unidade *dalton*. A partir desta definição, calcule a massa de 1 Da (= 1 unidade de massa atômica unificada = 1 u) em gramas. A média de 60 medidas de massas da célula individual de *E. coli*, vaporizada por MALDI e medida com uma armadilha de íons quadrupolo, foi 5,03 (±0,14) × 10^{10} Da. Expresse esta massa em femtogramas.

22.5. O níquel tem dois isótopos majoritários e três minoritários. Para este problema, admita que *somente* existam os isótopos ^{58}Ni e ^{60}Ni. A massa atômica do ^{58}Ni é 57,935 3 Da e a do ^{60}Ni é 59,933 2 Da. A partir das amplitudes dos picos no espectro visto a seguir, determine o valor da massa atômica do Ni e compare a sua resposta com o valor da tabela periódica.

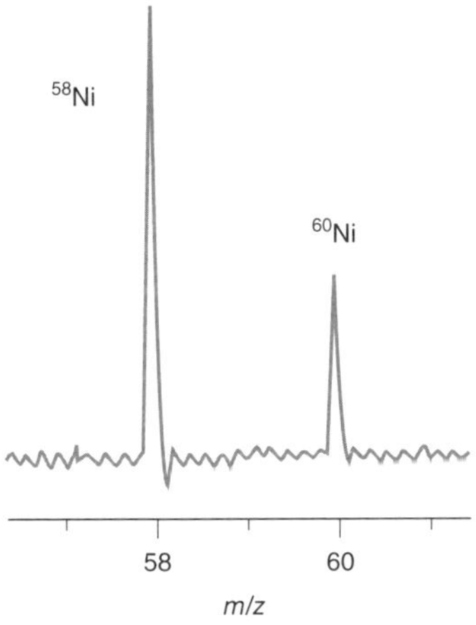

Espectro de massa. [Dados de Y. Su, Y. Duan e Z. Jin, "Helium Plasma Source Time-of-Flight Mass Spectrometry: Off-Cone Sampling for Elemental Analysis", *Anal. Chem.* **2000**, *72*, 2455.]

22.6. O poder de resolução de um espectrômetro de massa Orbitrap pode ser aumentado permitindo uma aquisição por um tempo maior. Os dois picos muito próximos são resolvidos no espectro inferior da figura mostrada a seguir, enquanto eles se sobrepõem no espectro superior.

(**a**) Meça a largura total à meia altura do maior pico no espectro superior e do pico mais alto do espectro inferior. Calcule o poder de resolução do espectrômetro a partir da expressão $(m/z)/(m/z)_{1/2}$. O poder de resolução do instrumento selecionado é 17 500 para o espectro superior e 140 000 para o espectro inferior.

(**b**) O pico alto no espectro inferior tem a composição $C_{15}H_{26}NO_3^+$. O pico menor tem a composição $^{13}CC_{13}H_{23}N_2O_3^+$. Calcule a massa exata para cada composição e compare-as com os valores de m/z no espectro.

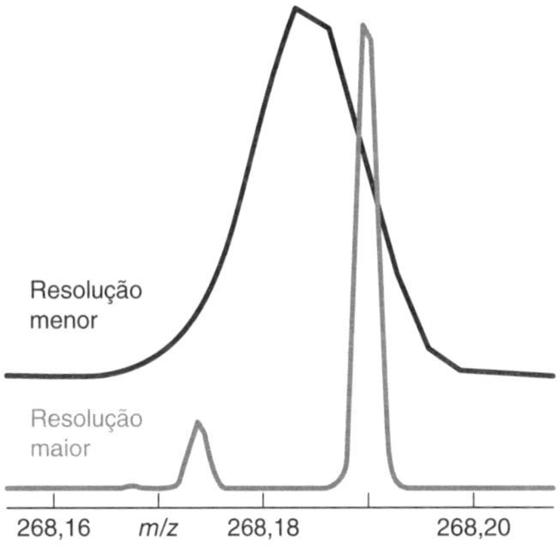

Espectros de massa Orbitrap obtidos com poderes de resolução diferentes. [Dados de N. L. Stock, "Introducing Graduate Students to High-Resolution Mass Spectrometry Using a Hands-On Approach", *J. Chem. Ed.* **2017**, *94*, 1978.]

22.7. Os dois picos próximos a m/z = 31,00 na Figura 22.10 diferem em massa de 0,010 Da, e o vale entre eles é aproximadamente 10% da altura do pico. *Estime* o poder de resolução do espectrômetro por meio da expressão $(m/z)/\Delta(m/z)$ sem fazer nenhuma medida na figura.

22.8. Os espectros de massa que atualmente apresentam a maior resolução[74] e a melhor exatidão de massa[75] são obtidos por espectrometria de massa de ressonância ciclotrônica de íons, usando transformada de Fourier. Os íons moleculares de dois peptídeos (cadeias com sete aminoácidos), diferindo em massa de 0,000 45 Da, foram separados com um vale de 10% de suas intensidades.[76] Cada um dos íons tem a massa de 906,49 Da e uma largura à meia altura de 0,000 27 Da. Calcule o poder de resolução do espectrômetro por meio das Equações 22.3 e 22.4. Compare o valor da diferença de massas entre esses dois compostos com a massa de um elétron.

Espectro de Massa

22.9. A massa de um íon proveniente de fragmentação, em um espectrômetro de alta resolução, é 83,086 5 Da. Qual a composição, $C_5H_7O^+$ ou $C_6H_{11}^+$, melhor se ajusta ao valor da massa observada?

22.10. Calcule as massas teóricas das espécies da Figura 22.10 e compare suas respostas com os valores observados no gráfico.

22.11. Um íon com fórmula $C_7H_{10}NO_2^+$ aparece em m/z = 140.

(**a**) Escreva as fórmulas dos isotopólogos que contribuem para m/z = 141, e preveja a intensidade em m/z = 141 com relação à intensidade em m/z = 140.

(**b**) Escreva as fórmulas dos três isotopólogos mais abundantes que contribuem para m/z = 142.

22.12. (**a**) A Figura 22.27 é um espectro de massa de alta resolução com um íon precursor, $C_8H_{11}N_4O_2^+$ em m/z = 195,087 55. As massas isotópicas na Tabela 22.1 fornecem m/z = 195,087 63 para esta fórmula. A diferença de 0,000 08 deve-se, principalmente, ao emprego de valores de massas isotópicas publicadas em ocasiões diferentes e, em parte, ao arredondamento dos valores das massas na Tabela 22.1 a cinco casas decimais. Escreva as fórmulas dos quatro isotopólogos com massa nominal 197 no espectro central da Figura 22.27.

(b) A partir da Tabela 22.2, preveja os tamanhos relativos dos dois picos maiores, ${}^{12}C_8{}^{1}H_{11}{}^{14}N_4{}^{18}O^{16}O^{+}$ e ${}^{13}C_2{}^{12}C_6{}^{1}H_{11}{}^{14}N_4{}^{16}O_2^{+}$. O espectro observado concorda com a sua previsão?

22.13. Ao olhar para o espectro de massa de uma substância desconhecida, você identifica por tentativa o íon molecular M como o pico com intensidade mais significativa na parte final do espectro, na região cuja razão *m/z* é elevada. A seguir, você observa que o possível pico M + 1 está separado de M por apenas meia unidade de *m/z*. O que você pode concluir a respeito desses dois picos?

22.14. Na Figura 22.14, a espécie sucralose com uma massa nominal X = 395 é $[{}^{12}C_{12}{}^{1}H_{18}{}^{16}O_8{}^{35}Cl_3]^-$. X + 1 provém de isotopólogos contendo um ^{13}C, um ^{2}H ou um ^{17}O. A intensidade prevista em X + 1 é 12 × 1,08% + 18 × 0,012% + 8 × 0,038% = 13,5% de X. Use os fatores da Tabela 22.2 para escrever a equação análoga para a intensidade em X + 2, proveniente de $[{}^{13}C_2{}^{12}C_{10}{}^{1}H_{18}{}^{16}O_8{}^{35}Cl_3]^-$ e $[{}^{12}C_{12}{}^{1}H_{18}{}^{18}O_1{}^{16}O_7{}^{35}Cl_3]^-$. Por que a intensidade em X + 2 é muito maior do que a que você calculou?

22.15. Calcule as massas teóricas das espécies de sucralose na Figura 22.14 nas massas nominais 395, 397, 399 e 401. Encontre a diferença, em ppm, entre os valores de *m/z* observado e calculado.

$$\text{diferença em ppm} = 10^6 \times \frac{m/z \text{ observado} - m/z \text{ calculado}}{m/z \text{ calculado}}$$

22.16. O ftalato de dioctila é uma substância que produz interferência em quase todos os laboratórios porque ele é um plastificante.

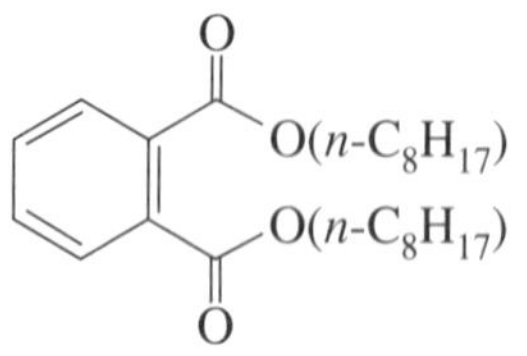

Ftalato de dioctila
$C_{24}H_{38}O_4$
Massa nominal 390

(a) Sugira uma estrutura para o cátion que é o pico base em *m/z* = 149 e o segundo pico mais abundante, em *m/z* = 279, observados por ionização por elétrons.

(b) Em um processo de ionização química com o gás reagente NH_3, existe um pico precursor aniônico proeminente, $M^{-\bullet}$, em *m/z* = 390; fragmentos aniônicos dominantes são observados em *m/z* = 277 e 221. Sugira estruturas para esses ânions.

22.17. *Padrões isotópicos.* Considerando o Exercício 22.C, faça as previsões das quantidades relativas de $C_2H_2{}^{79}Br_2$, $C_2H_2{}^{79}Br{}^{81}Br$ e $C_2H_2{}^{81}Br_2$ no 1,2-dibromoetileno. Compare a sua resposta com a Figura 22.12.

22.18. *Padrões isotópicos.* Considerando o Exercício 22.C, faça previsão das quantidades relativas de ${}^{10}B_2H_6$, ${}^{10}B{}^{11}BH_6$ e ${}^{11}B_2H_6$ para o diborano (B_2H_6).

22.19. *Padrões isotópicos.* Com base na abundância natural dos isótopos ^{79}Br e ^{81}Br, preveja as quantidades relativas de $CH^{79}Br_3$, $CH^{79}Br_2{}^{81}Br$, $CH^{79}Br^{81}Br_2$ e $CH^{81}Br_3$. Como no Exercício 22.C, a fração de cada molécula isotópica é obtida a partir da expansão de $(a + b)^3$, em que *a* é a abundância do isótopo ^{79}Br e *b*, a abundância do isótopo ^{81}Br.

$$(a+b)^n = a^n + \frac{n}{1!}a^{n-1}b^1 + \frac{(n)(n-1)}{2!}a^{n-2}b^2 + \frac{(n)(n-1)(n-2)}{3!}a^{n-3}b^3 + \ldots$$

Compare a sua resposta com a Figura 22.12.

22.20. Os alcanos normalmente não exibem um pico de íon molecular, $M^{+\bullet}$, no espectro de massa por ionização por elétrons porque $M^{+\bullet}$ sofre quebra com produção de fragmentos. Se o vapor do alcano, diluído em He, é expandido de um orifício estreito para uma área sob vácuo, a expansão do gás resfria as moléculas e reduz sua energia vibracional. O pico do íon molecular do alcano $C_{72}H_{146}$ é o pico base quando a molécula está suficientemente fria.[8]

(a) Encontre a massa nominal do íon molecular $C_{72}H_{146}^{+\bullet}$.

(b) Encontre a massa monoisotópica de $C_{72}H_{146}^{+\bullet}$.

(c) ^{13}C apresenta uma abundância natural de 1,07%, enquanto ^{2}H tem uma abundância natural de 0,012%. Portanto, os principais isotopólogos do íon molecular são ${}^{12}C_{72}H_{146}$ e ${}^{12}C_{71}{}^{13}C_1H_{146}$. Como no problema anterior, podemos encontrar as abundâncias relativas de ${}^{12}C_{72}$ e ${}^{12}C_{71}{}^{13}C_1$ a partir dos dois primeiros termos da expansão binomial $(a + b)^{72}$, em que *a* = 0,989 3 para ^{12}C e *b* = 0,010 7 para ^{13}C. Preveja a abundância relativa de M e M + 1 no espectro de massa do $C_{72}H_{146}$.

22.21. Determine o número de anéis + duplas ligações para os compostos vistos a seguir, representando, em cada caso, uma estrutura possível: **(a)** $C_{11}H_{18}N_2O_3$; **(b)** $C_{12}H_{15}BrNPOS$; **(c)** um fragmento em um espectro de massa com a composição $C_3H_5^+$

22.22. (Como cada parte deste problema é longa, recomenda-se trabalho em grupo.) As intensidades dos picos correspondentes à região do íon molecular são listadas nos itens **(a)**–**(g)** e mostrados na figura a seguir. Identifique qual é o pico que corresponde ao íon molecular, sugira a sua composição e calcule as intensidades dos picos isotópicos esperados. Considere apenas os elementos que estão presentes na Tabela 22.1.

(a) *m/z* (intensidade): 112 (999), 113 (69), 114 (329), 115 (21)

(b) *m/z* (intensidade): 146 (999), 147 (56), 148 (624), 149 (33), 150 (99), 151 (5)

(c) *m/z* (intensidade): 90 (2), 91 (13), 92 (96), 93 (999), 94 (71), 95 (2)

(d) *m/z* (intensidade): 226 (4), 227 (6), 228 (130), 229 (215), 230 (291), 231 (168), 232 (366), 233 (2), 234 (83). (Calcule as intensidades esperadas a partir dos isótopos majoritários de cada elemento presente.)

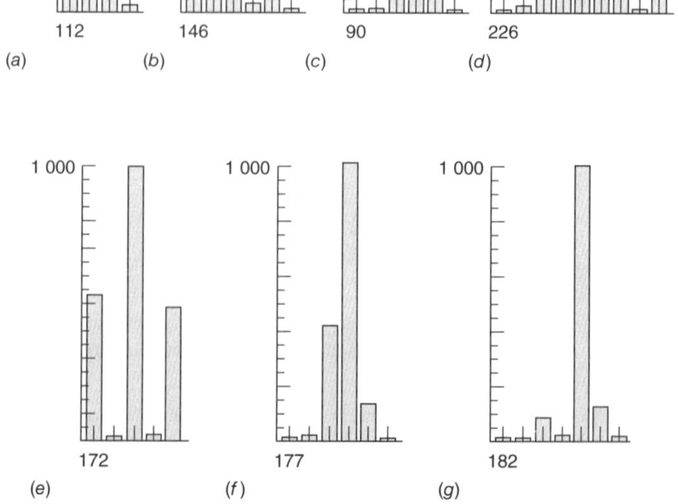

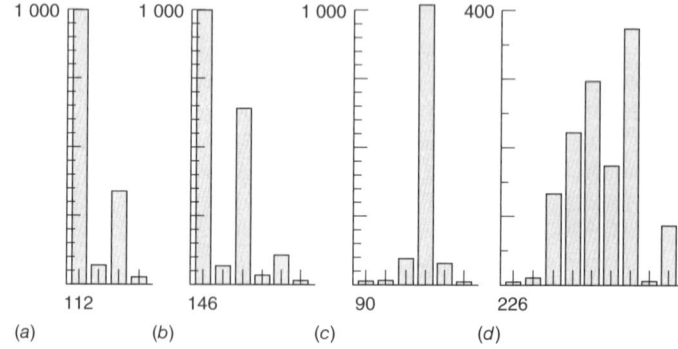

Espectros de massa. [NIST/EPA/NIH Mass Spectral Database.[7]]

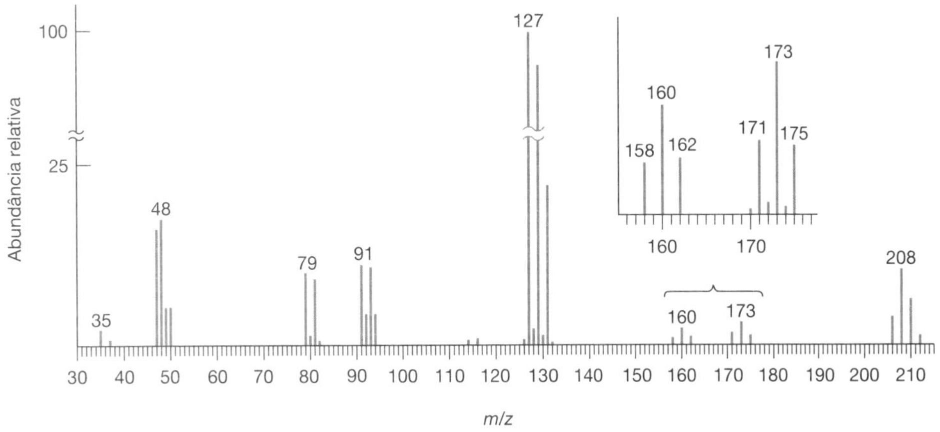

Espectro de massa para o Problema 22.23. [NIST/EPA/NIH Mass Spectral Database.[7]]

(e) m/z (intensidade): 172 (531), 173 (12), 174 (999), 175 (10), 176 (497)

(f) m/z (intensidade): 177 (3), 178 (9), 179 (422), 180 (999), 181 (138), 182 (9)

(g) m/z (intensidade): 182 (4), 183 (1), 184 (83), 185 (16), 186 (999), 187 (132), 188 (10)

22.23. Sugira uma composição para um composto halogenado cujo espectro de massa é visto na figura no topo desta página. Identifique cada um dos picos principais.

22.24. *Interpretação de espectro de massa.* O composto $C_9H_4N_2Cl_6$ é um subproduto encontrado em pesticidas clorados.

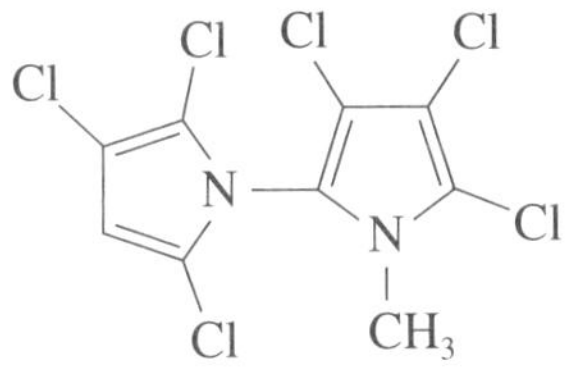

(a) Verifique se a fórmula para o número de anéis + ligações concorda com a estrutura mostrada acima.

(b) Encontre a massa nominal de $C_9H_4N_2Cl_6$.

(c) Sugira uma interpretação para os picos em m/z = 350, 315, 280, 245 e 210 na região de massa elevada do espectro de massa de ionização por elétrons.

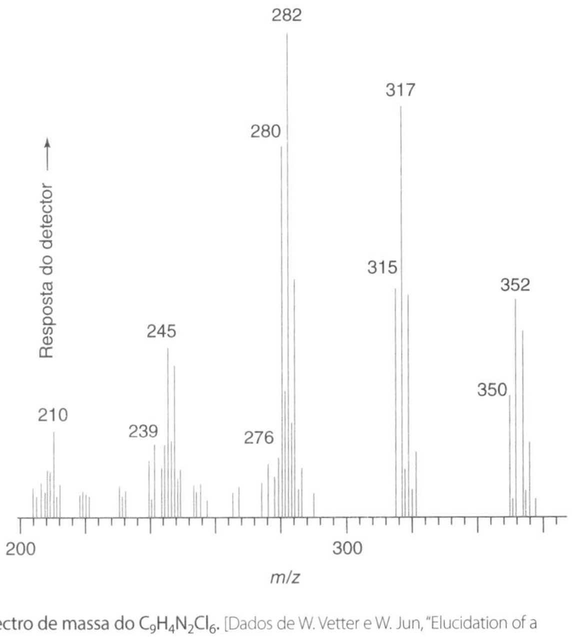

Espectro de massa do $C_9H_4N_2Cl_6$. [Dados de W. Vetter e W. Jun, "Elucidation of a Polychlorinated Bipyrrole Structure Using Enantioselective CG", *Anal. Chem.* **2002**, *74*, 4287.]

22.25. A figura no Boxe 22.3 mostra que o CO_2 (dióxido de carbono) na respiração de seres humanos nos Estados Unidos tem um valor de $\delta^{13}C$ diferente do CO_2 proveniente da respiração de seres humanos no continente europeu. Explique por que isto acontece.

22.26. (a) A massa do ^1H na Tabela 22.1 é 1,007 825 Da. Compare este valor com a soma das massas de um próton e de um elétron dadas na mesma tabela.

(b) O ^2H (deutério) contém um próton, um nêutron e um elétron. Compare a soma das massas dessas três partículas com a massa do ^2H.

(c) A discrepância de valores em (**b**) resulta da conversão de massa na energia de ligação que mantém juntas as partículas dentro do núcleo de um átomo. A relação entre massa (m) e energia (E) é dada pela equação $E = mc^2$, em que c é a velocidade da luz. A partir da discrepância em (**b**), calcule o valor da energia de ligação para o ^2H em joules e em kJ/mol. (1 Da = 1,660 5 × 10^{-27} kg).

(d) A energia de ligação (energia de ionização) do elétron em um átomo de hidrogênio ou de deutério é de 13,6 eV. Use a Tabela 1.4 para converter este valor de energia em kJ/mol e compare-o com a energia de ligação do núcleo do ^2H.

(e) Um valor típico da energia de dissociação de uma molécula é 400 kJ/mol. Quantas vezes a energia de ligação nuclear do ^2H é maior do que a energia de dissociação molecular?

22.27. *Padrões isotópicos.* (*Cuidado*: este problema pode fazer com que você fique mentalmente muito cansado.) Para um elemento com três isótopos, que tenham abundâncias a, b e c, a distribuição de isótopos em uma molécula com n átomos é dada pela expansão de $(a + b + c)^n$. Faça a previsão do aspecto do espectro de massa para o Si_2 com base em um processo análogo àquele mostrado no Exercício 22.C.

Espectrômetros de Massa

22.28. Qual é a incerteza absoluta na massa (±Da) em m/z = 100 e em m/z = 20 000 se a exatidão de massa de um espectrômetro é 2 ppm?

22.29. Uma limitação no número de espectros por segundo que podem ser obtidos por um espectrômetro de massa por tempo de voo é o tempo que leva para que os íons mais lentos se desloquem da fonte até o detector. Admita que desejamos fazer varreduras até m/z = 500. Calcule a velocidade do íon mais pesado se ele é acelerado por um potencial de 5,00 kV na fonte de íons. Quanto tempo levaria para este íon se deslocar 2,00 m pelo espectrômetro? Com que frequência você poderia registrar os espectros, se uma nova varredura começasse cada vez que o íon mais pesado atingisse o detector? Qual seria a frequência de aquisição de espectros se quiséssemos varrer até m/z = 1 000?

22.30. Se íons são acelerados por 20 kV na fonte de um espectrômetro por tempo de voo com uma distância de deslocamento de 2,00 m, quais são os tempos de deslocamento dos íons com *m/z* = 100 e *m/z* = 1 000 000?

22.31. (**a**) O *livre percurso médio* de uma molécula é a distância média que ela consegue se deslocar antes de colidir com outra molécula. O livre percurso médio (λ) é dado por $\lambda = kT/(\sqrt{2}\sigma P)$, em que k é a constante de Boltzmann, T é a temperatura absoluta (K), P é a pressão (Pa) e σ é a seção eficaz de colisão. Para uma molécula com um diâmetro d, a seção eficaz de colisão é πd^2. A seção eficaz de colisão é a área varrida pela molécula dentro da qual ela colidirá com qualquer outra molécula que ela encontre. Um espectrômetro de massa por tempo de voo é mantido em uma pressão de $\sim 10^{-5}$ Pa (10^{-10} bar), de modo que os íons não colidem entre si (e, consequentemente, não sofrem deflexão) ao se deslocarem ao longo do analisador de massas. Qual é o livre percurso médio de uma molécula com um diâmetro de 1 nm, a 300 K, em um analisador de massas?

(**b**) O vácuo em um separador de massas Orbitrap é $\sim 10^{-8}$ Pa (10^{-13} bar). Encontre o livre percurso médio no Orbitrap sob as mesmas condições de (**a**).

Cromatografia–Espectrometria de Massa

22.32. Existe uma interface cromatografia líquida–espectrometria de massa que exige que os íons do analito já estejam presentes em solução antes de serem admitidos na interface. Essa interface é a ionização química à pressão atmosférica ou o electrospray? Como a outra interface produz íons em fase gasosa a partir das espécies neutras presentes em solução?

22.33. O que é a dissociação induzida por colisão? Em que região do espectrômetro de massa ela ocorre?

22.34. Qual a diferença entre um cromatograma reconstituído a partir de todos os íons, um cromatograma de íon extraído e um cromatograma de íon selecionado?

22.35. O que é monitoramento seletivo de reações? Por que ele também é chamado de EM/EM? Por que motivo esta técnica aumenta para determinado analito a razão sinal/ruído?

22.36. (**a**) Para detectar por cromatografia líquida–espectrometria de massa a substância ibuprofeno, qual o modo de operação que você escolheria para o espectrômetro de massa: análise e detecção de íons positivos ou negativos? Você escolheria um solvente para cromatografia ácido ou neutro? Justifique suas respostas.

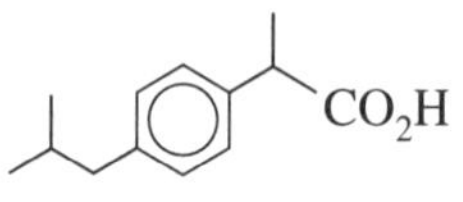

Ibuprofeno (MF 206)

(**b**) Se o íon que não sofreu fragmentação tem uma intensidade de 100, qual deve ser a intensidade de M + 1?

22.37. Um espectro de massa obtido com um espectrômetro quadrupolar de transmissão usando a técnica de electrospray da cadeia α da hemoglobina a partir de uma solução ácida exibe nove picos correspondentes a MH_n^{n+}, listados a seguir. Determine o valor da carga n para os picos de A até I. Calcule a massa molecular da proteína neutra, M, a partir dos picos A, B, G, H e I e encontre o valor médio.

Pico	*m/z*	Amplitude	Pico	*m/z*	Amplitude
A	1 261,5	0,024	F	não fornecido	1,000
B	1 164,6	0,209	G	834,3	0,959
C	não fornecido	0,528	H	797,1	0,546
D	não fornecido	0,922	I	757,2	0,189
E	não fornecido	0,959			

22.38. A região do íon molecular no espectro de massa de uma molécula com grandes dimensões, por exemplo, uma proteína, consiste em um agrupamento de picos que diferem entre si de 1 Da. A razão para isso é que uma molécula com muitos átomos tem uma grande probabilidade de conter um ou vários átomos de ^{13}C, ^{15}N, ^{18}O, ^{2}H e ^{34}S. Na realidade, a probabilidade de encontrar uma molécula com somente ^{12}C, ^{14}N, ^{16}O, ^{1}H e ^{32}S pode ser tão pequena, que o íon correspondente à massa molecular nominal não é observado. O espectro de massa de electrospray da proteína interleucina-8 extraída de ratos consiste em uma série de agrupamentos de picos provenientes de íons, correspondentes a uma mesma molécula de proteína intacta, com cargas diferentes. Um dos agrupamentos tem picos em *m/z* = 1 961,12, 1 961,35, 1 961,63, 1 961,88, 1 962,12 (o pico mais alto), 1 962,36, 1 962,60, 1 962,87, 1 963,10, 1 963,34, 1 963,59, 1 963,85 e 1 964,09. Esses picos correspondem a íons isotópicos, que diferem entre si de 1 Da. A partir da separação observada entre os picos, determine a carga dos íons nesse agrupamento. A partir do valor de *m/z* do pico mais alto, determine a massa molecular da proteína.

22.39. Nanopartículas contendo um núcleo de ouro e uma camada externa contendo um composto organotiol com estequiometrias bem definidas, $Au_x(SR)_y$, podem ser preparadas e isoladas.[77]

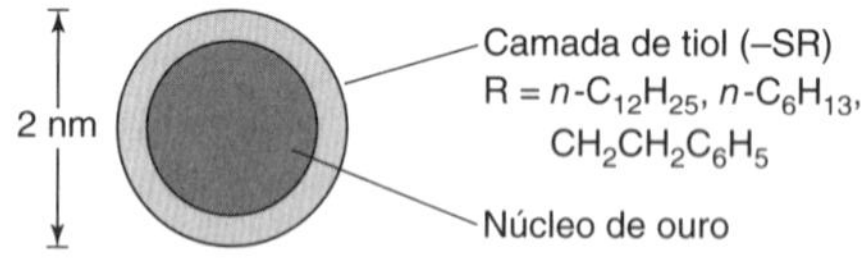

(**a**) O espectro de massa por tempo de voo–MALDI da nanopartícula em que R = $CH_2CH_2C_6H_5$ apresenta um íon molecular largo em *m/z* = 76,3 kDa. A ionização por electrospray fornece uma série de picos fortes e de cargas múltiplas em *m/z* = 38 152,7 (carga +2), 25 433,3 (+3), 19 075,2 (+4) e 15 260,4 (+5). Encontre a massa molar média do $Au_x(SCH_2CH_2C_6H_5)_y$ a partir dos quatro picos.

(**b**) Em outro experimento de ionização por electrospray, os íons (carga −3) referentes a três diferentes camadas de tióis foram encontrados em *m/z* = 27 243 (R = n-$C_{12}H_{25}$), 25 440 (R = $CH_2CH_2C_6H_5$) e 24 876 (R = n-C_6H_{13}). Calcule a massa do íon molecular para essas três nanopartículas de $Au_x(SR)_y$. Admitindo que x é constante, encontre o valor de y para cada nanopartícula a partir da diferença na massa molar entre os íons moleculares. A partir do valor de y, encontre o valor de x. Observe que o ouro é monoisotópico, com massa 196,966 6.

22.40. O fitoplâncton na superfície dos oceanos mantém a fluidez de suas membranas celulares alterando os seus teores de lipídios (gorduras) quando a temperatura se modifica. Quando a temperatura do oceano é elevada, o plâncton sintetiza mais a forma 37:2 que a forma 37:3.[78]

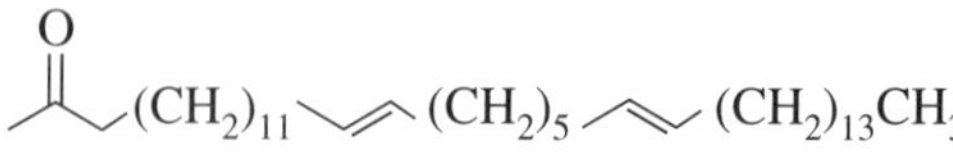

$37{:}2 = C_{37}H_{70}O$

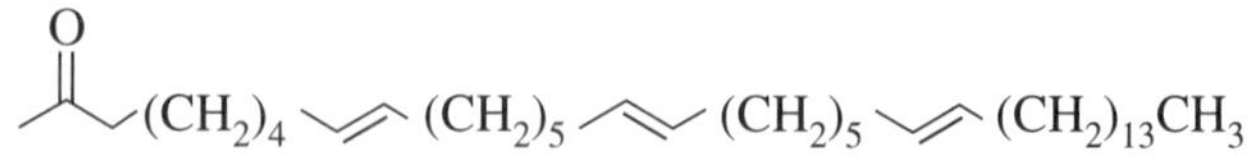

$37{:}3 = C_{37}H_{68}O$

Depois que morre, o plâncton afunda até o leito do oceano e se enterra nos sedimentos existentes. Quanto mais fundo nós amostramos um sedimento, mais antigo será esse sedimento. Por meio da medição da quantidade relativa de compostos provenientes de membranas celulares, em profundidades diferentes no sedimento, podemos inferir um perfil de temperatura do oceano correspondente a diferentes épocas.

As regiões dos íons moleculares dos espectros de massa de ionização química dos compostos 37:2 e 37:3 são apresentadas na tabela vista a seguir. Faça a previsão das intensidades esperadas para M, M + 1 e M + 2 para cada uma das quatro espécies presentes na tabela. Inclua, quando apropriado, as contribuições do C, H, O e N. Compare suas previsões com os valores observados. Intensidades discrepantes são comuns nesses dados, a menos que cuidados especiais sejam tomados de forma a obter dados de alta qualidade.

Composto	Espécies no espectro de massa	Intensidades relativas		
		M	M + 1	M + 2
37:3	$[MNH_4]^+$ (m/z = 546)[a]	100	35,8	7,0
37:3	$[MH]^+$ (m/z = 529)[b]	100	23,0	8,0
37:2	$[MNH_4]^+$ (m/z = 548)[a]	100	40,8	3,7
37:2	$[MH]^+$ (m/z = 531)[b]	100	33,4	8,4

a. Ionização química com amônia.
b. Ionização química com isobutano.

22.41. Os íons clorato (ClO_3^-), clorito (ClO_2^-), bromato (BrO_3^-) e iodato (IO_3^-) podem ser determinados em água potável, em níveis de 1 ppb com uma precisão de 1%, por meio do monitoramento seletivo de reações.[79] Os íons clorato e clorito provêm do ClO_2 usado como desinfetante. Os íons bromato e iodato podem se formar a partir de Br^- e I^- quando a água é desinfetada com ozônio (O_3). Para a determinação altamente seletiva de íon clorato, o íon negativo selecionado por Q1 na Figura 22.36 é em m/z = 83, e o íon negativo selecionado por Q3 é em m/z = 67. Explique o funcionamento desse sistema de medidas e como ele distingue o ClO_3^- do ClO_2^-, do BrO_3^- e do IO_3^-.

22.42. *Marcadores de massa em tandem.* Os marcadores A, B e C na Figura 22.41 com íons reveladores de m/z nominal = 116 fazem parte de um conjunto de 12 marcadores acessíveis por certas rotas sintéticas.

(**a**) Explique as funções do grupo amino reativo do grupo de balanço CO e do revelador na estrutura na parte superior esquerda da Figura 22.41.

(**b**) Todos os íons selecionados por Q1 em um espectrômetro de massa em tandem apresentam m/z nominal = 146. Que ligação química de um peptídeo marcado sofre quebra para produzir m/z = 146? Por que é necessário para todos os marcadores de massa produzir um fragmento com a mesma massa nominal (m/z = 146) no estágio de análise Q1?

(**c**) O conjunto publicado de marcadores de massa com a estrutural geral mostrada na Figura 22.41 possui dois reveladores com m/z nominal = 115, três com m/z nominal = 116, três com m/z nominal = 117 e quatro com m/z nominal = 118. Desenhe um isotopólogo do íon m/z = 146, $C_8H_{16}NO^+$, que produz um revelador com m/z = 115, outro que produz m/z = 117 e um terceiro que produz m/z = 118. A estrutura na parte superior esquerda da Figura 22.41 mostra as posições que podem ser marcadas com ^2H, ^{13}C, ^{15}N ou ^{18}O.

22.43. *Análise quantitativa por diluição isotópica.*[80] Na *diluição isotópica*, uma quantidade conhecida de um isótopo não usual (chamado *marcador*) é adicionada a uma amostra desconhecida como um padrão interno para análise quantitativa. Após homogeneizar-se à mistura, certa quantidade do elemento de interesse deve ser isolada. Faz-se então uma medida da razão isotópica. A partir do valor dessa razão, podemos calcular a quantidade do elemento presente na amostra original. O espectrômetro de massa deve ser calibrado para sua resposta ligeiramente diferente em diferentes valores de m/z.[10]

O vanádio natural tem a fração de átomos de ^{51}V = 0,997 5 e a fração de átomos de ^{50}V = 0,002 5. A fração de átomos é definida como

$$\text{Fração de átomos de } ^{51}\text{V} = \frac{\text{átomos de f } ^{51}\text{V}}{\text{átomos de } ^{50}\text{V} + \text{átomos de } ^{51}\text{V}}$$

Um marcador enriquecido em ^{50}V tem a fração de átomos de ^{51}V = 0,639 1 e a fração de átomos de ^{50}V = 0,360 9.

(**a**) Admita que o isótopo A seja o ^{51}V e o isótopo B o ^{50}V. Admita que A_x seja a fração de átomos do isótopo A (= átomos de A/[átomos de A + átomos de B]) em uma amostra desconhecida. Admita que B_x seja a fração de átomos de B na amostra desconhecida. Admita que A_s e B_s sejam as frações de A e B presentes no marcador. Admita que C_x seja a concentração total de todos os isótopos do vanádio (μmol/g) na amostra desconhecida, e que C_s seja a concentração total de vanádio no marcador. Suponha que m_x seja a massa da amostra desconhecida e m_s, a massa de marcador. Após misturarmos m_x gramas da amostra desconhecida com m_s gramas do marcador, a razão entre os isótopos na mistura é R. Mostre que

$$R = \frac{\text{número de mols de A}}{\text{número de mols de B}} = \frac{A_x C_x m_x + A_s C_s m_s}{B_x C_x m_x + B_s C_s m_s} \qquad \text{(A)}$$

(**b**) Resolvendo a Equação A para C_x, mostre que

$$C_x = \left(\frac{C_s m_s}{m_x}\right)\left(\frac{A_s - RB_s}{RB_x - A_x}\right) \qquad \text{(B)}$$

(**c**) Uma amostra de óleo cru de 0,401 67 g contendo uma concentração desconhecida de vanádio natural foi misturada com 0,419 46 g de marcador, contendo 2,243 5 μmol de V/g, enriquecido com ^{50}V (frações de átomos: ^{51}V = 0,639 1, ^{50}V = 0,360 9).[81] Após a dissolução e de um tempo necessário para se estabelecer o equilíbrio entre o óleo e o marcador, isolou-se um pouco de vanádio por cromatografia de troca iônica. A razão isotópica medida no vanádio isolado foi de R = $^{51}V/^{50}V$ = 10,545. Determine o teor de vanádio (μmol/g) no óleo cru.

(**d**) Examine os cálculos feitos em (**c**) e expresse a resposta com o número correto de algarismos significativos.

23 Introdução às Separações Analíticas

LEITE FAZ BEM AO BEBÊ

[Natalya Perevoshchikova | iStockPhoto.]

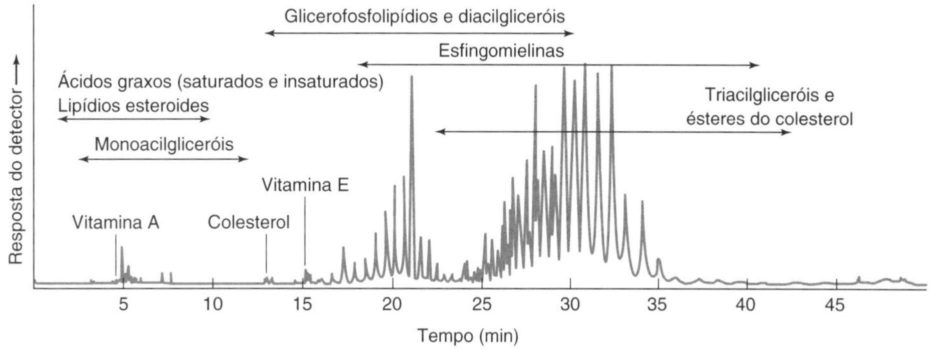

Separação por cromatografia líquida de fase reversa de extrato de leite materno com detecção por espectrometria de massas por ionização electrospray positiva. [Dados de A. Villaseñor, I. García-Perez, A. García, J. N. Posma, M. Fernándes-Lopez, A. J. Nicholas, N. Modi, E. Holmes e C. Barbas, "Breast Milk Metabolome Characterization in a Single-Phase Extraction, Multiplatform Analytical Approach", *Anal. Chem.* **2014**, *86*, 8245.]

O que há no leite materno que faz bem ao bebê?[1] O leite materno possui gotículas de gordura dispersas na água contendo carboidratos, proteínas e muitos micronutrientes. As gotículas de gordura são largamente compostas por triacilgliceróis, estabilizadas por moléculas dotadas de uma superfície ativa como os fosfolipídeos. A composição do leite materno muda durante a lactação e é fortemente afetada pela dieta da mãe que amamenta e pode mudar em um dia.

A *análise direcionada* levanta a hipótese de quais os compostos que podem ser importantes e, em seguida, desenvolve um método para determinar seletivamente suas quantidades. Tendo a esperança de que a hipótese esteja correta, as técnicas *ômicas* analisam e buscam entender o papel de todos os compostos em determinado grupo. A *metabolômica* estuda *todos* os metabólitos dentro de um organismo ou uma célula e tem potencial para detecção precoce de doenças e câncer. A *lipidômica* é a análise e elucidação da função de *todos* os lipídios em amostras complexas como o leite.[2]

A primeira etapa crítica na lipidômica é a extração para isolar os lipídios das proteínas e de outros componentes que interferem na análise subsequente. As extrações líquido-líquido tradicionais geram grandes volumes de resíduos. Novos procedimentos usam solventes mais verdes (ecologicamente corretos) ou microextrações que não utilizam solventes orgânicos. A cromatografia líquida separa os lipídios extraídos de modo que um espectrômetro de massa possa identificar e quantificar cada lipídio. Dos 175 lipídios identificados no leite materno humano, 67 não estão no leite de vaca ou na fórmula infantil (leite artificial para alimentação de bebês e recém-nascidos). Quarenta e oito lipídios na fórmula infantil não são naturais, ou seja, não estão presentes no leite humano ou no leite de vaca. Tais estudos orientam o desenvolvimento de melhores fórmulas infantis. Este capítulo descreve os fundamentos de extrações e cromatografia.

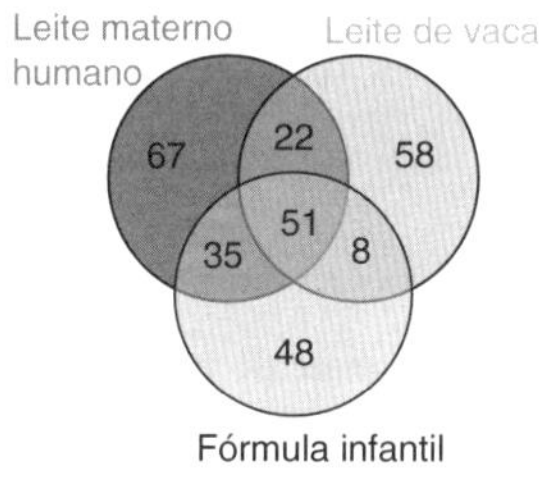

O diagrama de Venn indica lipídios comuns e únicos em cada tipo de leite. [Dados de D. Garwolińska, W. Hewelt-Belka, J. Namieśnik e A. Kot-Wasik, "Rapid Characterization of Human Breast Milk Lipidome Using Solid-Phase Microextraction and Liquid Chromatography-Mass Spectrometry", *J. Proteome Res.* **2017**, *16*, 3200.]

Na maioria dos problemas analíticos reais, devemos separar, identificar e quantificar um ou mais componentes em uma mistura complexa. Neste capítulo, discutimos os fundamentos das separações analíticas, e nos próximos três capítulos descrevemos métodos específicos de separação.

23.1 Extração por Solvente

Extração é a transferência de um soluto presente em uma fase para outra fase. Normalmente, as extrações feitas em química analítica têm como objetivo isolar ou concentrar o analito desejado, ou, então, separá-lo das espécies que interferem em sua análise. O caso mais comum é

Dois líquidos são **miscíveis**, se eles formam uma única fase quando misturados em qualquer proporção. Líquidos **imiscíveis** permanecem em fases separadas. Solventes orgânicos de baixa polaridade geralmente são imiscíveis com a água, que é altamente polar.

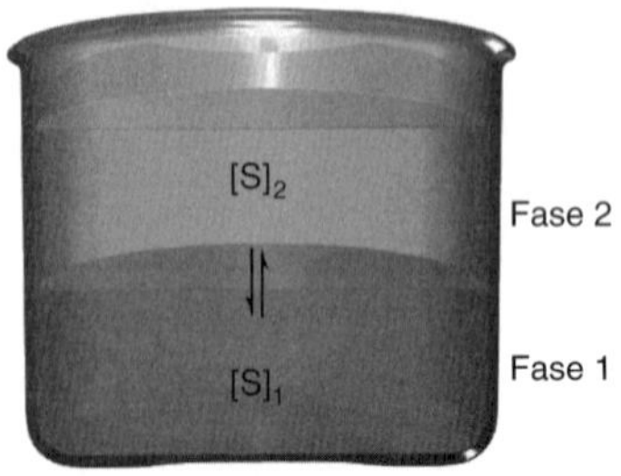

FIGURA 23.1 A distribuição (ou partição) de um soluto entre duas fases líquidas requer o deslocamento físico do soluto de uma fase para a outra. Dizemos que há uma **transferência de massa** do soluto de uma fase para a outra.

Para simplificar, supomos que as duas fases não são solúveis uma na outra. Um tratamento mais realístico considera que a maioria dos líquidos é parcialmente solúvel (miscível) uns nos outros.[3]

Quanto maior o coeficiente de partição, menos soluto permanece na fase 1.

Exemplo de uma extração. Se $q = \frac{1}{4}$, então $\frac{1}{4}$ do soluto permanecerá na fase 1 após uma extração. Uma segunda extração reduz a concentração a $(\frac{1}{4})(\frac{1}{4}) = \frac{1}{16}$ da concentração inicial.

É muito mais eficiente efetuarmos muitas extrações com volumes pequenos do que efetuarmos poucas extrações com volumes grandes.

O limite para extração do soluto S da fase 1 (volume V_1) para a fase 2 (volume V_2) é obtido dividindo-se V_2 em um número infinito de porções infinitesimalmente pequenas para extração. Com $K_D = [S_2]/[S_1]$, a fração limite de soluto restante na fase 1 é[4]

$$q_{\text{limite}} = e^{-(V_2/V_1)K_D}$$

a extração de uma solução aquosa com um solvente orgânico. Tolueno e heptano são solventes comuns, que são *imiscíveis* e menos densos que a água. Eles formam uma fase separada que fica acima da fase aquosa. O clorofórmio, o diclorometano e o tetracloreto de carbono também são solventes comuns, mas são mais densos que a água.* Em uma mistura com duas fases, uma das fases é predominantemente aquosa e a outra predominantemente orgânica.

Suponhamos que o soluto S esteja distribuído entre as fases 1 e 2, conforme visto na Figura 23.1. A partição dos solutos é baseada de forma aproximada em "semelhante dissolve semelhante", que significa que o soluto é mais solúvel em uma fase cuja polaridade é semelhante àquela do soluto. O **coeficiente de partição** ou a **constante de distribuição**, K_D, é a constante de equilíbrio para a reação

$$\text{S (na fase 1)} \rightleftharpoons \text{S (na fase 2)}$$

Coeficiente de partição:
$$K_D = \frac{\mathcal{A}_{S_2}}{\mathcal{A}_{S_1}} \approx \frac{[S]_2}{[S]_1} \qquad (23.1)$$

em que $\mathcal{A}_{S_1}$ se refere à atividade do soluto na fase 1. Na falta de conhecimento dos coeficientes de atividade, escreveremos o coeficiente de partição em termos das concentrações.

Vamos admitir que o soluto S em V_1 mL do solvente 1 (água) é extraído com V_2 mL do solvente 2 (tolueno). Vamos considerar ainda que m seja o número de mols de S no sistema e q seja a fração de S que permanece na fase 1 em equilíbrio. A molaridade na fase 1 é, portanto, qm/V_1. A fração total de soluto transferido para a fase 2 é $(1 - q)$, e a molaridade na fase 2 é $(1 - q)m/V_2$. Logo,

$$K_D = \frac{[S]_2}{[S]_1} = \frac{(1-q)m/V_2}{qm/V_1}$$

que pode ser resolvida para q:

$$\begin{array}{c}\text{Fração restante na fase 1}\\ \text{após uma extração}\end{array} = q = \frac{V_1}{V_1 + K_D V_2} \qquad (23.2)$$

A Equação 23.2 mostra que a fração de soluto que permanece na água (fase 1) depende do valor do coeficiente de partição e dos volumes das respectivas fases. Se as fases são separadas e outro volume V_2 de heptano novo (solvente 2) é adicionado, a fração do soluto que permanece na água, em equilíbrio, será

$$\begin{array}{c}\text{Fração restante na fase 1}\\ \text{após duas extrações}\end{array} = q \cdot q = \left(\frac{V_1}{V_1 + K_D V_2}\right)^2$$

Após n extrações com volume V_2, a fração restante na água é

$$\begin{array}{c}\text{Fração restante na fase 1}\\ \text{após } n \text{ extrações}\end{array} = q^n = \left(\frac{V_1}{V_1 + K_D V_2}\right)^n \qquad (23.3)$$

EXEMPLO Eficiência de Extração

O soluto A distribuído entre o heptano e a água tem um coeficiente de partição igual a 3 (o soluto A está três vezes mais presente na fase do heptano). Suponha que 100 mL de uma solução aquosa de A, em uma concentração de 0,010 M, são extraídos com heptano. Qual a fração de A que permanece na fase aquosa (**a**) se for feita uma única extração com 500 mL e (**b**) se forem feitas cinco extrações com 100 mL em cada uma?

Solução (a) Considerando a água como fase 1 e o heptano como fase 2, a Equação 23.2 mostra que, após uma extração de 500 mL, a fração de soluto que permanece na fase aquosa é

$$q = \frac{100}{100 + (3)(500)} = 0{,}062 \approx 6\%$$

(**b**) Com cinco extrações de 100 mL, a fração restante é dada pela Equação 23.3:

$$\text{Fração restante} = \left(\frac{100}{100 + (3)(100)}\right)^5 = 0{,}000\ 98 \approx 0{,}1\%$$

É mais eficiente fazermos várias extrações com pequenos volumes do que fazermos uma única extração com um volume grande.

TESTE-SE Se o coeficiente de partição vale 10, que fração de soluto permanece em 100 mL de água após uma e após cinco extrações com 20 mL de heptano? (***Resposta:*** 33%, 0,41%.)

*Sempre que possível, solventes clorados e aromáticos devem ser substituídos por alternativas ecológicas (mais verdes). Ver Boxe 23.1.

Efeitos do pH

Se um soluto é um ácido ou uma base, sua carga varia em função do valor do pH. Geralmente, uma espécie neutra é mais solúvel em um solvente orgânico e uma espécie com carga é mais solúvel em solução aquosa. Consideremos uma amina básica, cuja forma neutra, B, possui um coeficiente de partição K_D entre a fase aquosa 1 e a fase orgânica 2. Suponhamos que o ácido conjugado, BH^+, é solúvel *somente* na fase aquosa 1. Vamos representar a constante de dissociação ácida de BH^+ como K_a. A **razão de distribuição**, D, é definida como

Hidrofílico: "ama a água" – solúvel em água
Hidrofóbico: "odeia a água" – insolúvel em água

Razão de distribuição:

$$D = \frac{\text{concentração total na fase 2}}{\text{concentração total na fase 1}} \quad (23.4)$$

portanto,

$$D = \frac{[B]_2}{[B]_1 + [BH^+]_1} \quad (23.5)$$

Substituindo $K_D = [B]_2/[B]_1$ e $K_a = [H^+][B]_1/[BH^+]_1$ na Equação 23.5, temos

Distribuição da base entre as duas fases:

$$D = \frac{K_D \cdot K_a}{K_a + [H^+]} = K_D \cdot \alpha_B \quad (23.6)$$

$$\alpha_B = \frac{[B]_{aq}}{[B]_{aq} + [BH^+]_{aq}}$$

α_B é o mesmo que α_{A^-} na Equação 10.18.

em que α_B é a fração de base fraca na forma neutra, B, na fase aquosa. *A razão de distribuição D é usada no lugar do coeficiente de partição K_D, na Equação 23.2, quando lidamos com uma espécie que tem mais de uma forma química, tal como B e BH^+.*

Uma espécie com carga tende a ser mais solúvel em água do que em solventes orgânicos. Para extrair uma base para a fase aquosa, emprega-se um pH suficientemente baixo para converter B em BH^+ (Figura 23.2). Para extrair o ácido HA para a fase aquosa, o pH deve ser suficientemente alto para converter HA em A^-.

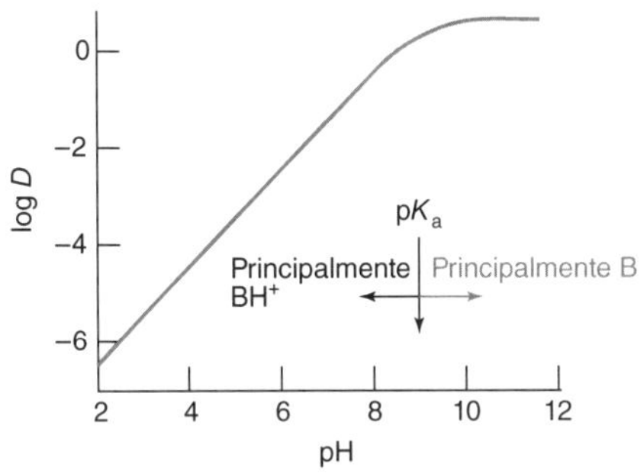

FIGURA 23.2 Efeito do pH sobre a razão de distribuição para a extração de uma base para um solvente orgânico. Neste exemplo, K_D = 3,0 e pK_a para BH^+ é 9,00.

Desafio Suponha que o ácido HA (com constante de dissociação K_a) esteja distribuído entre a fase aquosa 1 e a fase orgânica 2 com coeficiente de partição K_D para HA. Admitindo que A^- não é solúvel na fase orgânica, mostre que a razão de distribuição é dada por

Distribuição do ácido entre duas fases:

$$D = \frac{K_D \cdot [H^+]}{[H^+] + K_a} = K_D \cdot \alpha_{HA} \quad (23.7)$$

em que α_{HA} é a fração do ácido fraco na forma HA presente na fase aquosa.

EXEMPLO Efeito do pH na Extração

Admita que o coeficiente de partição para uma amina, B, seja K_D = 3,0 e que a constante de dissociação ácida de BH^+ seja $K_a = 1,0 \times 10^{-9}$. Se 50 mL da amina aquosa, em uma concentração 0,010 M, forem extraídos com 100 mL de solvente, qual será a concentração formal restante na fase aquosa (**a**) em pH 10,00 e (**b**) em pH 8,00?

Solução (**a**) Em pH 10,00, $D = K_DK_a/(K_a + [H^+]) = (3,0)(1,0 \times 10^{-9})/(1,0 \times 10^{-9} + 1,0 \times 10^{-10}) = 2,73$. *Usando D no lugar de K_D*, a Equação 23.2 mostra que a fração restante na fase aquosa é

$$q = \frac{50}{50 + (2,73)(100)} = 0,15 \Rightarrow 15\% \text{ presentes em água}$$

A concentração de amina na fase aquosa é 15% de 0,010 M = 0,001 5 M.

(**b**) Em pH 8,00, $D = (3,0)(1,0 \times 10^{-9})/(1,0 \times 10^{-9} + 1,0 \times 10^{-8}) = 0,273$. Logo,

$$q = \frac{50}{50 + (0,273)(100)} = 0,65 \Rightarrow 65\% \text{ presentes em água}$$

A concentração na fase aquosa é 0,006 5 M. Em pH 10, a base está predominantemente na forma B e é extraída pelo solvente orgânico. Em pH 8, a base se encontra na forma BH^+ e permanece na fase aquosa.

TESTE-SE Considere um ácido HA com K_D = 3,0 e $K_a = 1,0 \times 10^{-9}$. Qual será a concentração formal restante na fase aquosa em pH 10,00 e em pH 8,00? Explique por que o ácido e a base têm respostas opostas. (***Resposta:*** 65% em pH 10 e 15% em pH 8; as espécies neutras HA e B são mais solúveis na fase orgânica.)

Extração com um Agente de Quelação

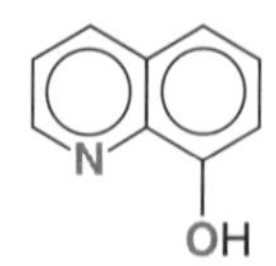

8-hidroxiquinolina
(oxina)

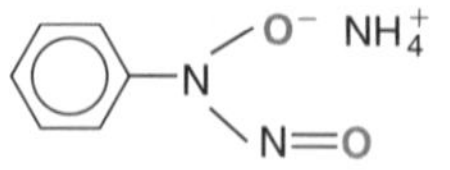

Cupferron

β é a constante de formação global definida no Boxe 6.2.

M^{n+} está na fase aquosa e ML_n está na fase orgânica.

A maioria dos complexos que podem ser extraídos com solventes orgânicos é neutra. Complexos com carga, como $Fe(EDTA)^-$ ou $Fe(1,10\text{-fenantrolina})_3^{2+}$, não são muito solúveis em solventes orgânicos. Um esquema para separar íons metálicos é fazermos uma complexação seletiva de um desses íons com um ligante orgânico, seguida de uma extração com um solvente orgânico. Ligantes como a ditizona (Demonstração 23.1), 8-hidroxiquinolina e cupferron são comumente empregados. Cada um deles é um ácido fraco, HL, que perde um próton quando se liga a um íon metálico por meio de átomos mostrados em **tom de cinza**.

$$HL(aq) \rightleftharpoons H^+(aq) + L^-(aq) \qquad K_a = \frac{[H^+]_{aq}[L^-]_{aq}}{[HL]_{aq}} \tag{23.8}$$

$$nL^-(aq) + M^{n+}(aq) \rightleftharpoons ML_n(aq) \qquad \beta_n = \frac{[ML_n]_{aq}}{[M^{n+}]_{aq}[L^-]_{aq}^n} \tag{23.9}$$

Cada um desses ligantes pode reagir com vários íons metálicos diferentes, mas consegue-se alguma seletividade pelo controle do valor do pH.

Vamos obter uma equação para a razão de distribuição de um metal entre duas fases, quando, essencialmente, todo o metal presente na fase aquosa (*aq*) está na forma M^{n+} e todo o metal presente na fase orgânica (*org*) está na forma ML_n (Figura 23.3). Definimos os coeficientes de partição do ligante e do complexo como:

$$HL(aq) \rightleftharpoons HL(org) \qquad K_L = \frac{[HL]_{org}}{[HL]_{aq}} \tag{23.10}$$

$$ML_n(aq) \rightleftharpoons ML_n(org) \qquad K_M = \frac{[ML_n]_{org}}{[ML_n]_{aq}} \tag{23.11}$$

A razão de distribuição que procuramos é

$$D = \frac{[\text{total de metal}]_{org}}{[\text{total de metal}]_{aq}} \approx \frac{[ML_n]_{org}}{[M^{n+}]_{aq}} \tag{23.12}$$

DEMONSTRAÇÃO 23.1 Extração com Ditizona

A ditizona (difeniltiocarbazona) é um composto verde solúvel em solventes orgânicos apolares e insolúvel em água abaixo de pH 7.[5] Em solução aquosa alcalina, a ditizona forma um íon solúvel amarelo. Ela forma complexos vermelhos, hidrofóbicos, com a maioria dos íons metálicos di e trivalentes. A ditizona é utilizada em extrações analíticas e em determinações colorimétricas de íons metálicos.

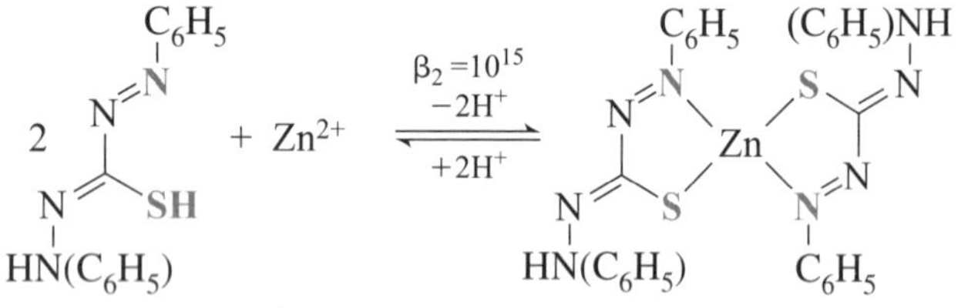

Ditizona ($pK_a \approx 4{,}5$) (verde) — Íon metálico (incolor) — Complexo metálico (vermelho)

A Prancha em Cores 29 mostra o equilíbrio entre o ligante verde e o complexo vermelho em frascos vial de 2 mL. Adicione 1 mL de água destilada aos frascos A e C e 1 mL de $Zn(NO_3)_2$ 20 mM aos frascos B e D. Adicione 1 mL de heptano aos frascos A e B e 0,5 mL de heptano aos frascos C e D. Adicione a cada vial 4 gotas de solução estoque de ditizona em *p*-xileno na concentração de 5 mg/mL. Após agitação e sedimentação, B e D contêm uma fase superior vermelha constituída de ditizona de zinco, enquanto A e C permanecem verdes. Volumes menores de heptano em C e D fornecem extratos mais concentrados (mais fortemente coloridos).

O equilíbrio com relação ao próton, na reação da ditizona, é demonstrado adicionando-se algumas gotas de HCl 1 M ao frasco B. Após vigorosa agitação, a ditizona torna-se novamente verde (vial E). A competição com um ligante mais forte é demonstrada pela adição de poucas gotas de solução de EDTA 0,05 M ao frasco B. Novamente, a agitação causa um retorno à cor verde.

Praticando a Química "Verde"

Os processos químicos que produzem poucos rejeitos, ou rejeitos que sejam menos perigosos, são chamados de "verdes", porque eles reduzem os efeitos prejudiciais ao meio ambiente (Boxe 23.1). Na análise química com ditizona, podemos substituir os líquidos iônicos (Figura 23.4). Os frascos vial F e G na Prancha em Cores 29 contêm 1 mL de solução estoque de ditizona a 1 mg/mL em acetonitrila:água, a 90:10 vol:vol, com 1 mL de $Zn(NO_3)_2$ 20 mM. No vial G, 300 μL do líquido iônico hexafluorofosfato de 1-butil-3-metilimidazólio (camada inferior) extrai o complexo vermelho de ditizona de zinco.

As micelas aquosas (Boxe 26.1) são uma alternativa ainda mais verde aos solventes orgânicos tradicionais, como o clorofórmio ($CHCl_3$).[6] Por exemplo, uma solução contendo 5,0% em massa do surfactante Triton X-100, um formador de micelas, dissolve ditizona $8{,}3 \times 10^{-5}$ M, a 25 °C e em pH < 7. A concentração de ditizona dentro das micelas, que constitui uma pequena fração do volume da solução, é muito maior que $8{,}3 \times 10^{-5}$ M. Soluções aquosas micelares de ditizona podem ser usadas na análise espectrofotométrica de metais, como Zn(II), Cd(II), Hg(II), Cu(II) e Pb(II), com resultados comparáveis aos obtidos com o uso de um solvente orgânico.

A partir das Equações 23.11 e 23.9, podemos escrever

$$[ML_n]_{org} = K_M[ML_n]_{aq} = K_M\beta_n[M^{n+}]_{aq}[L^-]^n_{aq}$$

A substituição de $[L^-]_{aq}$ dada pela Equação 23.8 fornece

$$[ML_n]_{org} = \frac{K_M\beta_n[M^{n+}]_{aq}K_a^n[HL]^n_{aq}}{[H^+]^n_{aq}}$$

Levando este valor de $[ML_n]_{org}$ na Equação 23.12, obtém-se

$$D \approx \frac{K_M\beta_n K_a^n[HL]^n_{aq}}{[H^+]^n_{aq}}$$

Como a maior parte do HL se encontra na fase orgânica, fazemos a substituição $[HL]_{aq} = [HL]_{org}/K_L$, obtendo uma expressão mais útil para a razão de distribuição:

Distribuição do complexo metal-quelato entre as fases:
$$D \approx \frac{K_M\beta_n K_a^n}{K_L^n}\frac{[HL]^n_{org}}{[H^+]^n_{aq}} \qquad (23.13)$$

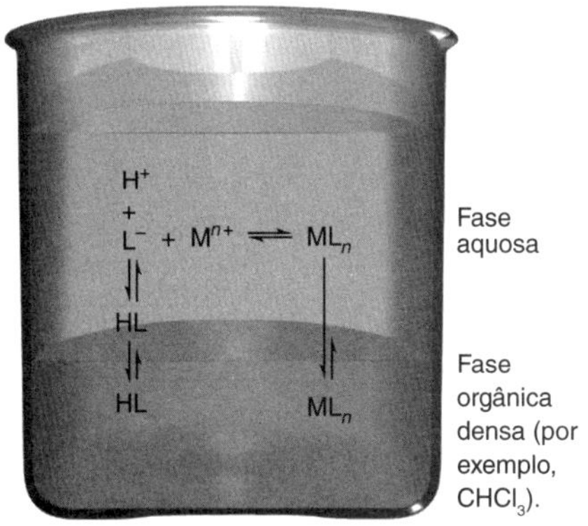

FIGURA 23.3 Extração de um íon metálico por meio de um agente de complexação (quelante). A forma predominante na fase aquosa é M^{n+} e a forma predominante na fase orgânica é ML_n.

Vemos que a razão de distribuição para a extração de um íon metálico depende do pH e da concentração do ligante. Algumas vezes é possível selecionar um valor de pH em que o valor de D é grande para determinado metal e pequeno para outro. Por exemplo, a Figura 23.4 mostra que o Cu^{2+} pode ser separado do Pb^{2+} e do Zn^{2+} pela extração com ditizona em pH 2. A dependência com relação ao pH também pode ser usada para concentrar o analito. O Cd^{2+} foi pré-concentrado 50 vezes para análise de absorbância atômica extraindo seu complexo de ditizona da solução alcalina, separando o líquido iônico da amostra e então removendo o Cd^{2+} do líquido iônico em um pequeno volume de ácido aquoso. O fator de pré-concentração depende da razão volumar da amostra aquosa original com relação à solução de remoção ácida. Os padrões devem ser extraídos da mesma maneira que as amostras para corrigir erros sistemáticos causados por diversos fatores, por exemplo, a extração não quantitativa (< 100%). A Demonstração 23.1 ilustra como uma extração depende do pH. O Boxe 23.1 descreve os *líquidos iônicos* e outros solventes mais verdes usados em extrações.

A partir da seleção do pH, podemos transferir o metal para qualquer uma das fases.

Extração por Par Iônico

Cátions e ânions hidrofóbicos podem funcionar como agentes de *emparelhamento iônico* ao trazerem íons de carga oposta para solventes orgânicos. Por exemplo, a Prancha em Cores 30 mostra a extração de ânions coloridos a partir da fase aquosa inferior para a fase superior de éter dietílico quando o cloreto de trioctilmetilamônio é adicionado e a mistura é agitada. Para o $KMnO_4$ na fase aquosa, o equilíbrio visto a seguir desloca-se para a direita:

$$K^+(aq) + MnO_4^-(aq) + \underbrace{(C_8H_{17})_3\overset{+}{N}CH_3Cl^-(org)}_{\text{Par iônico}} \rightleftharpoons$$
$$K^+(aq) + Cl^-(aq) + \underbrace{(C_8H_{17})_3\overset{+}{N}CH_3MnO_4^-(org)}_{\text{Par iônico}}$$

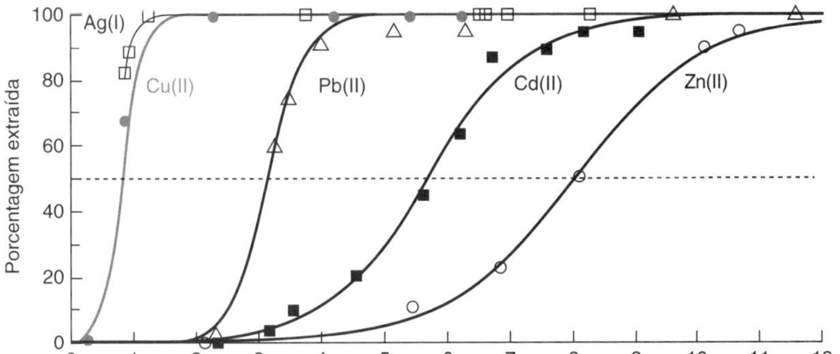

FIGURA 23.4 Extração de íons metálicos por ditizona para o líquido iônico hexafluorofosfato de 1-butil-3-metilimidazólio. Em pH 2, o Cu^{2+} é completamente extraído pelo líquido iônico, enquanto o Pb^{2+} e o Zn^{2+} permanecem na fase aquosa. As curvas são o ajuste dos dados para a Equação 23.13 usando o Solver no Excel. [Dados de G.-T. Wei, Z. S. Yang e C.-J. Chen, "Room Temperature Ionic Liquid for Liquid/Liquid Extraction of Metal Ions", *Anal. Chim. Acta* **2003**, *488*, 183. Z. S. Yang and C.-J. Chen eram alunos de iniciação científica.]

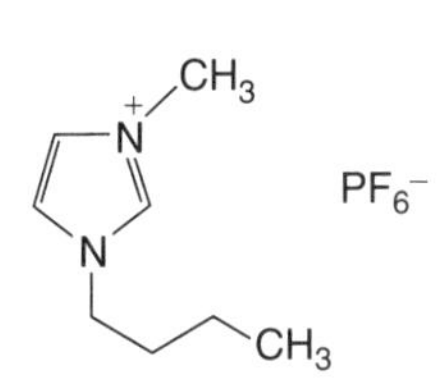

Um **líquido iônico** como o hexafluorofosfato de 1-butil-3-metilimidazólio mostrado aqui contém um cátion e um ânion que não cristalizam facilmente. Ele funde a uma temperatura abaixo da temperatura ambiente e apresenta uma ampla faixa líquida com baixa volatilidade. Não há solvente adicionado na fase líquida iônica.[7]

BOXE 23.1 Extrações Mais Verdes[8]

A *química verde* envolve produtos e processos químicos que minimizam o consumo de recursos e energia, assim como a geração de resíduos perigosos. Os processos de extração a partir da química verde usam volumes mínimos de solventes e reagentes. As técnicas de *microextração* (Seção 28.3) empregam apenas microlitros de solvente para realizar a extração líquido-líquido. A microextração em fase sólida (Seção 24.4) permite a extração sem nenhum solvente. Os guias de seleção de solventes os classificam com base em seu descarte como resíduos, questões ambientais, de saúde e segurança.[9] Solventes mais ecológicos (solventes mais verdes) devem ser usados sempre que possível. A pesquisa em química verde está explorando solventes com base biológica ou renováveis para substituir os solventes tradicionais. Por exemplo, o limoneno pode substituir o tetracloreto de carbono e o 2-metiltetraidrofurano pode substituir o clorofórmio em algumas aplicações.

Líquidos iônicos e solventes eutéticos profundos são alternativas mais verdes (ecológicas) comparados aos solventes orgânicos voláteis. Os *líquidos iônicos*, como os usados na Figura 23.4, consistem em um grande cátion orgânico assimétrico com um heteroátomo de nitrogênio ou fósforo e um ânion orgânico ou inorgânico menor. Esses sais são líquidos na temperatura próxima do ambiente. Líquidos iônicos têm pressão de vapor muito baixa, alta estabilidade térmica e dissolvem uma ampla gama de substâncias orgânicas e inorgânicas. Suas polaridades podem ser ajustadas alterando o cátion ou ânion.

Os *solventes eutéticos profundos* são misturas de compostos que fundem em uma temperatura substancialmente inferior à dos componentes presentes na mistura. Os solventes eutéticos obtidos a partir de produtos do metabolismo celular cumprem os princípios da química verde por serem de origem natural, não tóxicos, renováveis e eficientes para extração e separações. *Fluidos supercríticos* (Boxe 25.2) e surfactantes (Boxe 26.1) são outros solventes mais verdes usados para extração e cromatografia.

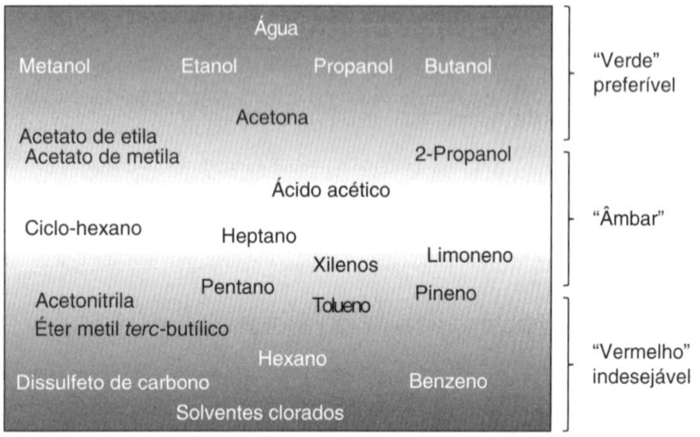

Escala de verde para solventes comuns usados em química analítica. [Dados de M. Tobiszewski, "Metrics for Green Analytical Chemistry," *Anal. Meth.* **2016**, *8*, 2993, *open access*. Gráficos para ácidos e bases comuns também estão disponíveis.]

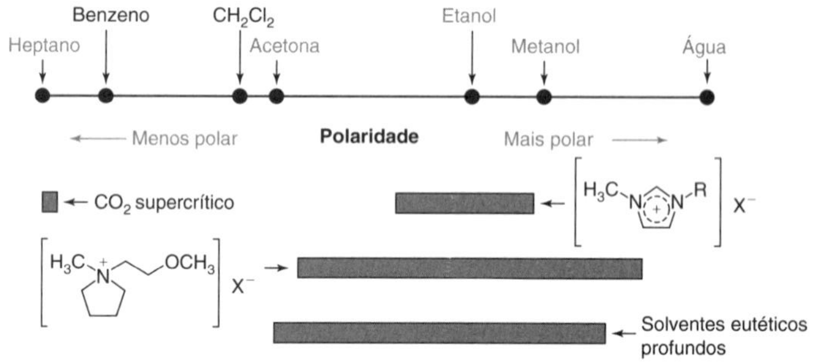

Polaridade de líquidos iônicos e solventes eutéticos profundos contra solventes convencionais. [Inspirado na figura de C. Reichardt, "Polarity of Ionic Liquids", *Green Chem.* **2005**, *7*, 339, com dados de C. Florindo, A. J. S. McIntosh, T. Welton, L. C. Branco e I. M. Marrucho, "Deep Eutectic Solvents: Exploring Intermolecular Interactions", *Phys. Chem. Chem. Phys.* **2018**, *20*, 206.]

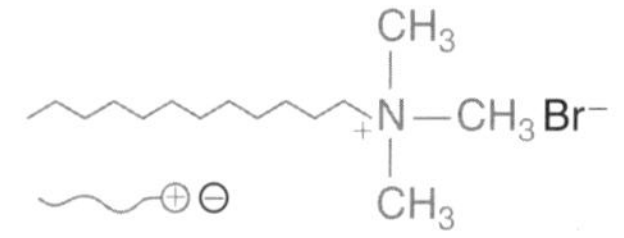

Brometo de dodeciltrimetilamônio

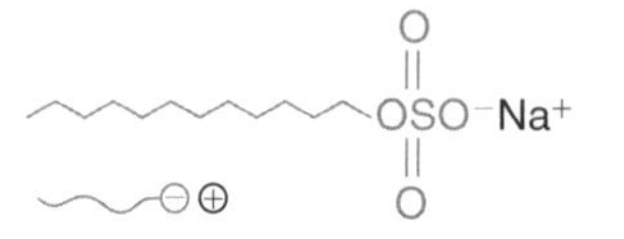

Dodecilsulfato de sódio

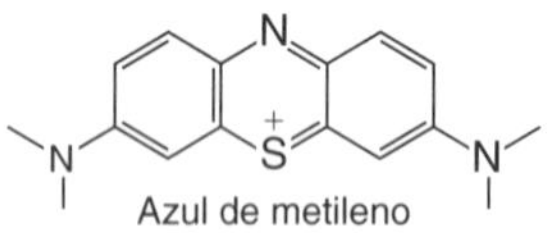

Azul de metileno

Em 1903, em Varsóvia, o botânico M. Tswett aplicou pela primeira vez a cromatografia de adsorção na separação de pigmentos de plantas, usando um hidrocarboneto como solvente e a inulina (um carboidrato) em pó como fase estacionária. A separação das bandas coloridas fez com que a técnica fosse chamada de **cromatografia**, a partir das palavras gregas *cromatos* (que significa "cor") e *graphein* (escrever) – "escrita da cor".[13]

Uma importante aplicação desta reação é a *catálise de transferência de fase* em que um reagente iônico solúvel em água (MnO_4^-) é extraído para a fase orgânica de modo a reagir com um composto orgânico hidrofóbico.

Surfactantes são moléculas com caráter hidrofóbico e hidrofílico que se acumulam nas interfaces entre duas fases e modificam as propriedades da superfície. Surfactantes são usados na indústria do petróleo para melhorar a recuperação de petróleo. Para determinar a concentração do surfactante catiônico em águas de campos petrolíferos, as amostras são tituladas com um surfactante aniônico, como o dodecilsulfato de sódio.[10] Um par iônico de surfactante catiônico/aniônico se forma e é extraído para a fase orgânica. Uma vez que todo surfactante catiônico tenha sido titulado, o azul de metileno catiônico forma um par iônico com o excesso de titulante e é extraído para a fase orgânica. O ponto final é o desaparecimento do azul da fase aquosa.

23.2 O que É Cromatografia?

A cromatografia opera dentro dos mesmos princípios da extração, mas uma das fases é mantida fixa enquanto a outra fase se desloca.[11,12] A Figura 23.5 mostra uma solução contendo os solutos A e B, colocados no topo de uma coluna empacotada com partículas sólidas e preenchida com solvente. Quando a saída é aberta, os solutos A e B fluem para baixo por meio da coluna. Mais solvente é então adicionado no topo da coluna e a mistura escoa pela coluna em função do fluxo contínuo de solvente. Se o soluto A é mais fortemente adsorvido pelas partículas sólidas do que o soluto B, então o soluto A passa menos tempo livre na solução. Consequentemente, o soluto A se movimenta para baixo, pela coluna, mais lentamente do que o soluto B, e emerge no fundo da coluna após o soluto B. Acabamos de separar uma mistura em seus componentes por *cromatografia*.

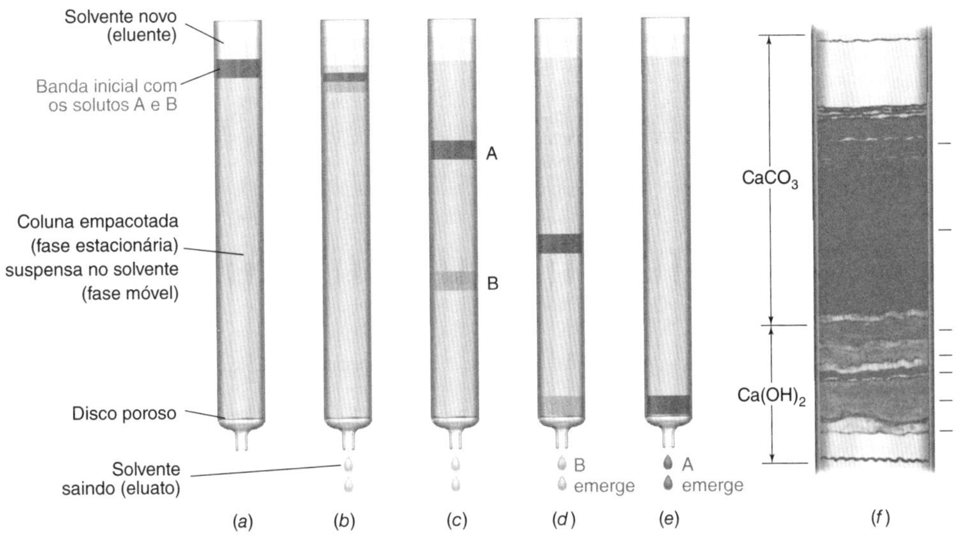

FIGURA 23.5 A ideia por trás da cromatografia: o soluto A, com uma afinidade maior pela fase estacionária do que o soluto B, permanece mais tempo ao longo da coluna. A figura *f* é a reconstituição da separação dos pigmentos da casca de páprica vermelha do trabalho de L. Zechmeister na década de 1930. As bandas marcadas por linhas horizontais são pigmentos diferentes. A fase estacionária inferior é o $Ca(OH)_2$ e a fase estacionária superior é o $CaCO_3$. [Figura *f* de L. S. Ettre, "The Rebirth of Cromatography 75 Years Ago", *LCGC North Am.* **2007**, *25* (july), 640.]

A **fase móvel** (o solvente que se move pela coluna) em cromatografia pode ser um líquido ou um gás. A **fase estacionária** (aquela que fica fixa dentro da coluna) é normalmente um líquido viscoso quimicamente ligado ao interior de um tubo capilar ou sobre a superfície de partículas sólidas empacotadas dentro da coluna. Alternativamente, como na Figura 23.5, as próprias partículas sólidas podem ser a fase estacionária. Em qualquer caso, é a distribuição dos solutos entre as fases móvel e estacionária que provoca a separação.

A cromatografia permaneceu latente até que o método de Tswett fosse aplicado inicialmente em 1931, em separações bioquímicas por E. Lederer e R. Kuhn em Heidelberg, P. Karrer em Zurique e L. Zechmeister na Hungria.[14] Durante a década de 1930 a cromatografia de adsorção tornou-se uma ferramenta estabelecida na bioquímica.

O fluido que entra na coluna é chamado **eluente**. O fluido que emerge ao final da coluna é chamado **eluato**:

eluente entra → COLUNA → **eluato** sai

eluen*te* – *en*tra
elu*ato* – sai

O processo de passagem de um líquido ou de um gás por uma coluna cromatográfica é chamado **eluição**.

As colunas podem ser **empacotadas** ou **capilares**. Uma coluna empacotada é preenchida com partículas da fase estacionária, como na Figura 23.5. Uma coluna capilar é um capilar oco estreito com a fase estacionária cobrindo as paredes internas.

Tipos de Cromatografia

A cromatografia é dividida em diferentes categorias com base no mecanismo de interação entre o soluto e a fase estacionária, como mostra a Figura 23.6.

Cromatografia de adsorção. Utiliza uma fase estacionária sólida e uma fase móvel líquida ou gasosa. O soluto é adsorvido na superfície das partículas sólidas. Quanto mais fortemente um soluto for adsorvido, mais lentamente ele se deslocará pela coluna.

A cromatografia de adsorção foi inventada por Tswett em 1903.

Cromatografia de partição. Uma fase estacionária líquida está ligada a uma superfície sólida. Um exemplo é a cromatografia a gás, em que um polímero líquido está ligado à superfície interna de um capilar de sílica (SiO_2) fundida. O soluto encontra-se em equilíbrio entre a fase estacionária líquida e a fase móvel, que, no caso da cromatografia a gás, vem a ser um gás que flui pela coluna.

Pelo seu trabalho pioneiro na cromatografia de partição líquido-líquido, em 1941, A. J. P. Martin e R. L. M. Synge receberam o Prêmio Nobel de Química em 1952.

Cromatografia de troca iônica. Ânions, como — SO_3^-, ou cátions, como — $N(CH_3)_3^+$, estão ligados covalentemente a uma fase estacionária sólida, que, neste tipo de cromatografia, costuma ser uma *resina*. Os íons do soluto com carga oposta são atraídos para a fase estacionária. A fase móvel é um líquido.

As primeiras resinas trocadoras de íons foram desenvolvidas em 1935 por B. A. Adams e E. L. Holmes. As **resinas** são sólidos orgânicos amorfos relativamente duros. Os **géis** são relativamente macios.

Cromatografia de exclusão por tamanho. Também chamada de cromatografia de *exclusão molecular*, **cromatografia de filtração em gel** ou **cromatografia de permeação em gel**. Esta técnica separa as moléculas pelo tamanho, com os solutos maiores passando com maior velocidade pela coluna. No caso ideal da exclusão molecular, ao contrário de outros tipos de cromatografia, não há interações atrativas entre a "fase estacionária" e o soluto. De forma mais exata, a fase móvel, líquida ou gasosa passa por meio de um gel poroso. Os poros são suficientemente pequenos para excluírem as moléculas maiores de soluto, mas não as menores. O fluxo de moléculas grandes passa sem entrar pelos poros do gel. As moléculas pequenas levam mais tempo para passar pela coluna, pois elas penetram no gel e, portanto, são protegidas da fase móvel que flui ao redor do gel.

Moléculas maiores passam pela coluna *mais rápido* do que moléculas menores.

FIGURA 23.6 Principais tipos de cromatografia.

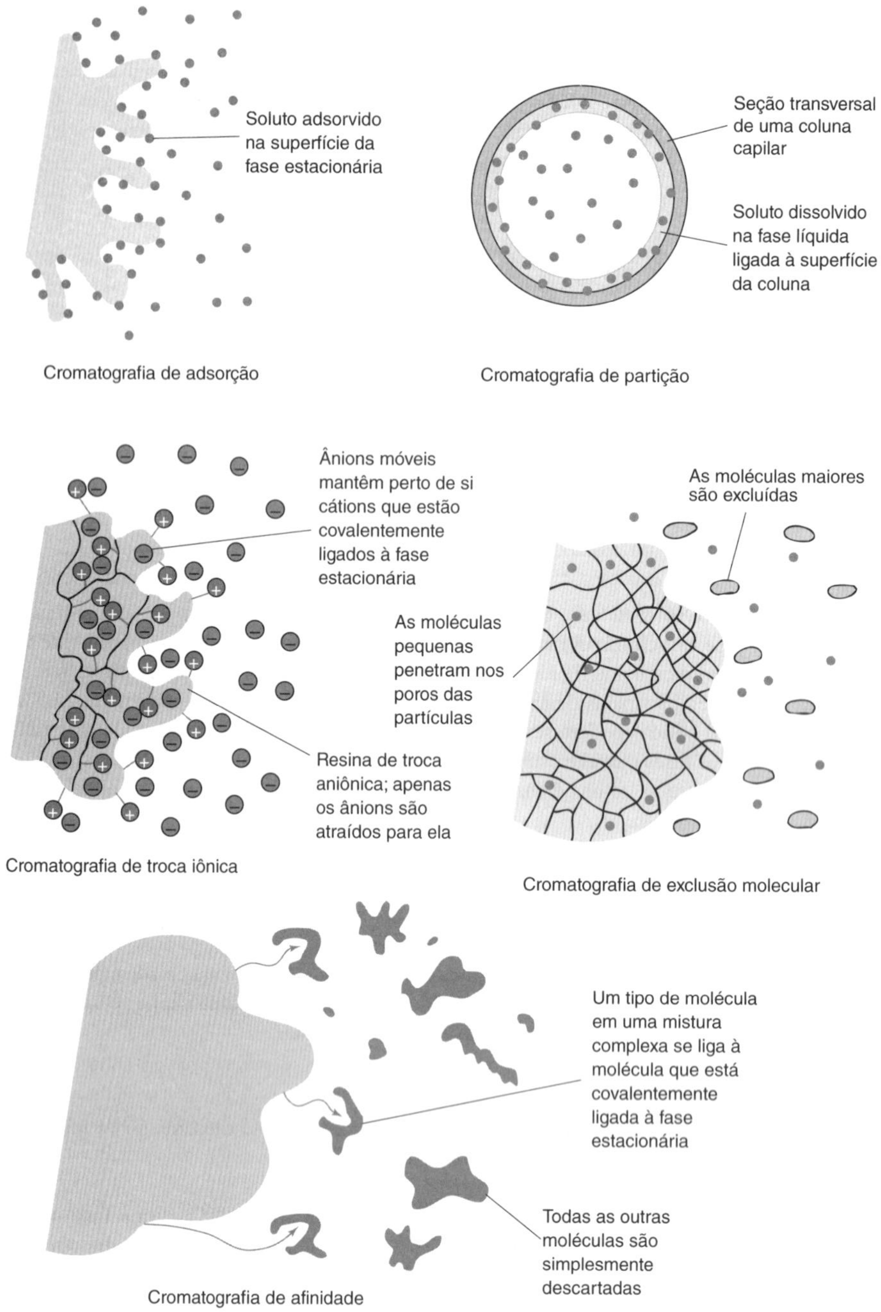

Cromatografia de afinidade. Este é o tipo mais seletivo de cromatografia porque ela usa a interação molecular entre uma molécula imobilizada – que se encontra covalentemente ligada (imobilizada) à fase estacionária – e moléculas do soluto às quais ela se liga especificamente. Por exemplo, a molécula imobilizada pode ser um anticorpo para determinada proteína. Quando uma mistura contendo milhares de proteínas passa pela coluna, somente uma proteína que interage com o anticorpo imobilizado é retida pela coluna. Após eliminarmos todos os outros solutos da coluna, a proteína de interesse é removida por meio de uma mudança no valor do pH ou da força iônica do meio.

23.3 Cromatografia do Ponto de Vista de um Bombeiro Hidráulico

Vazão volumétrica = F = volume de solvente que percorre a coluna por unidade de tempo

Velocidade linear = u_x = distância percorrida pelo solvente por unidade de tempo

A velocidade da fase móvel que passa por uma coluna cromatográfica é expressa na forma de uma vazão volumétrica ou como uma velocidade linear. Consideremos um experimento de cromatografia líquida em que a coluna possui um diâmetro interno de 0,46 cm (raio $\equiv r = 0{,}23$ cm) e a fase móvel ocupa 64% do volume da coluna. Cada centímetro do comprimento da coluna possui um volume de $\pi r^2 \times$ comprimento $= \pi(0{,}23 \text{ cm})^2(1 \text{ cm}) = 0{,}166$ mL, dos quais 64%

(= 0,106 mL) correspondem à fase móvel (solvente). A **vazão volumétrica**, por exemplo de 1,00 mL/min, informa quantos mililitros de solvente se deslocam pela coluna por minuto. A **velocidade linear** nos diz quantos centímetros de coluna são percorridos pelo solvente em 1 minuto. Como 1 cm da coluna contém 0,106 mL de fase móvel, 1,00 mL devem ocupar (1,00 mL)/(0,106 mL/cm) = 9,4 cm de comprimento na coluna. A velocidade linear correspondente a 1,00 mL/min é de 9,4 cm/min ou 0,157 cm/s.

Cromatograma

Solutos eluídos de uma coluna cromatográfica podem ser observados a partir dos vários tipos de detectores descritos nos últimos capítulos. Um **cromatograma** é um gráfico mostrando a resposta do detector em função do tempo de eluição. A Figura 23.7 mostra o que pode ser observado quando uma mistura de octano, nonano e um componente desconhecido é separada por cromatografia a gás, descrita no Capítulo 24. O **tempo de retenção**, t_R, para cada componente é o tempo que decorre entre a injeção da mistura na coluna e a chegada daquele componente ao detector. O **volume de retenção**, V_R, é o volume de fase móvel necessário para eluir determinado soluto em uma coluna. Sob condições cromatográficas constantes, o tempo de retenção e o volume de retenção de um composto são constantes. Identificamos qual é o pico que corresponde ao octano separando um padrão de octano nas mesmas condições da amostra. O padrão de octano produzirá um pico com o mesmo tempo de retenção e volume de retenção que o octano na amostra. A análise quantitativa é baseada na comparação da área do pico ou altura do pico das amostras contra as dos padrões.

Sob condições cromatográficas constantes:
- Tempo de retenção do analito é constante e utilizado para análise *qualitativa*.
- A área ou altura do pico é comparada aos padrões para análise *quantitativa*.

Uma fase móvel ou um soluto que não sofre retenção percorre a coluna no menor tempo possível, representado por t_M. A velocidade linear da fase móvel é determinada dividindo-se o comprimento da coluna por t_M. O **tempo de retenção ajustado**, t'_R, para um soluto que sofre retenção é o tempo adicional necessário para o soluto percorrer o comprimento da coluna, além do tempo necessário para o solvente:

Velocidade linear = $u_x = L/t_M$, em que L é o comprimento da coluna e t_M é o tempo necessário para que o composto não retido seja eluído da coluna.

Tempo de retenção ajustado: $$t'_R = t_R - t_M \qquad (23.14)$$

Na cromatografia a gás, t_M, para um dado conjunto de condições é normalmente considerado como o tempo necessário para que o CH_4 – ou outro composto não retido – percorra a coluna (Figura 23.7).

Para dois componentes, 1 e 2 quaisquer, em que 2 é eluído por último, o **fator de separação**, α (também chamado *separação relativa*), é a razão entre seus tempos de retenção ajustados:

Fator de separação: $$\alpha = \frac{t'_{R2}}{t'_{R1}} = \frac{k_2}{k_1} \qquad (23.15)$$

Uma vez que $t'_{R2} > t'_{R1}$, então, $\alpha > 1$. Quanto maior o fator de separação, maior a separação entre os dois componentes. O fator de separação é independente da vazão e pode, portanto, ser usado para auxiliar na identificação dos picos quando a vazão muda.

Para cada pico no cromatograma, o **fator de retenção**, k, é o tempo necessário para eluir aquele pico menos o tempo t_M necessário para a fase móvel passar pela coluna, expresso em múltiplos de t_M.

Fator de retenção: $$k = \frac{t_R - t_M}{t_M} \qquad (23.16)$$

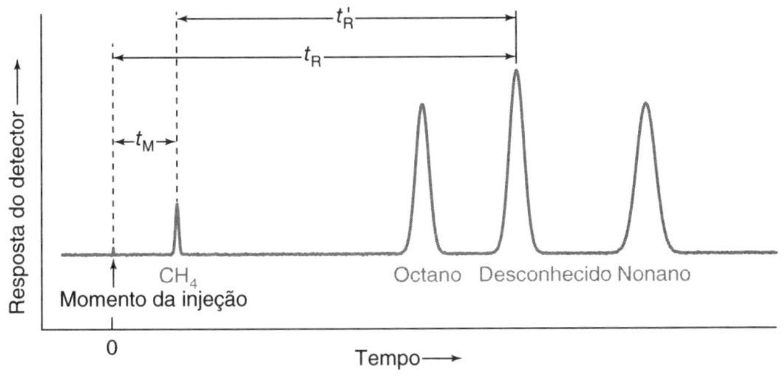

FIGURA 23.7 Representação esquemática de um cromatograma gasoso, mostrando como são medidos os tempos de retenção.

Quanto mais um componente é retido pela coluna, maior é o seu fator de retenção. Ele leva em conta o volume V_M para empurrar o solvente do início da coluna até o final da coluna. Se o volume adicional é $3V_M$ para eluir um soluto, então o fator de retenção para aquele soluto é 3.

EXEMPLO **Parâmetros de Retenção**

Uma mistura de benzeno, tolueno e metano foi injetada em um cromatógrafo a gás com uma coluna de 5,0 m de comprimento. O metano não retido produziu um pico fino após 42 s, enquanto o benzeno necessitou de 251 s e o tolueno foi eluido em 333 s. Determine a velocidade linear, o tempo de retenção ajustado, o fator de retenção para cada soluto e o fator de separação.

Solução A velocidade linear é $u_x = L/t_M = 5{,}0 \text{ m}/42 \text{ s} = 0{,}119 \text{ m/s}$.
Os tempos de retenção ajustados são

$$\text{Benzeno: } t'_R = t_R - t_M = 251 - 42 = 209 \text{ s} \qquad \text{Tolueno: } t'_R = 333 - 42 = 291 \text{ s}$$

Os fatores de retenção são

$$\text{Benzeno: } k = \frac{t_R - t_M}{t_M} = \frac{251-42}{42} = 5{,}0 \qquad \text{Tolueno: } k = \frac{333-42}{42} = 6{,}9$$

O fator de separação é expresso por um número maior que a unidade:

$$\alpha = \frac{t'_{R\,(\text{tolueno})}}{t'_{R(\text{benzeno})}} = \frac{333-42}{251-42} = 1{,}39$$

TESTE-SE Etilbenzeno foi eluído em 353 s. Determine seu fator de retenção. Determine também o fator de separação para o etilbenzeno e o tolueno. (***Resposta:*** 7,4; 1,07.)

Relação entre Tempo de Retenção e Coeficiente de Partição

O fator de retenção na Equação 23.16 é equivalente à

$$k = \frac{\text{tempo de permanência do soluto na fase estacionária}}{\text{tempo de permanência do soluto na fase móvel}} \qquad (23.17)$$

Vejamos por que isso é verdade. Se o soluto permanece todo o tempo na fase móvel e nenhum tempo na fase estacionária, ele seria eluído no tempo t_M. Fazendo-se $t_R = t_M$ na Equação 23.16, temos que $k = 0$, pois o soluto não permanece tempo algum na fase estacionária. Suponhamos que o soluto permanece o mesmo tempo nas fases estacionária e móvel. O tempo de retenção seria então $t_R = 2t_M$ e $k = (2t_M - t_M)/t_M = 1$. Se o soluto permanece três vezes mais tempo na fase estacionária que na fase móvel, $t_R = 4t_M$ e $k = (4t_M - t_M)/t_M = 3$.

Se o soluto permanece três vezes mais tempo na fase estacionária que na fase móvel, existirá, em qualquer instante, três vezes mais mols do soluto na fase estacionária do que na fase móvel. A razão na Equação 23.17 é equivalente a

$$\frac{\text{Tempo que o soluto permanece na fase estacionária}}{\text{Tempo que o soluto permanece na fase móvel}} = \frac{\text{número de mols do soluto na fase estacionária}}{\text{número de mols do soluto na fase móvel}}$$

$$k = \frac{[\text{S}]_S V_S}{[\text{S}]_M V_M} \qquad (23.18)$$

em que $[\text{S}]_S$ é a concentração do soluto na fase estacionária, V_S é o volume da fase estacionária, $[\text{S}]_M$ é a concentração do soluto na fase móvel e V_M é o volume da fase móvel.

O quociente $[\text{S}]_S/[\text{S}]_M$ é a razão entre as concentrações do soluto nas fases estacionária e móvel. Se a coluna é percorrida com uma lentidão suficiente para estar próxima ao equilíbrio, a razão $[\text{S}]_S/[\text{S}]_M$ é o *coeficiente de partição*, K_D, análogo ao processo de extração por solvente. Portanto, podemos escrever a Equação 23.18 na forma

Coeficiente de partição $= K_D = \dfrac{[\text{S}]_S}{[\text{S}]_M}$

Relação entre o tempo de retenção e o coeficiente de partição:

$$k = K_D \frac{V_S}{V_M} \overset{\text{Eq. 23.16}}{=} \frac{t_R - t_M}{t_M} = \frac{t'_R}{t_M} \qquad (23.19)$$

que relaciona o tempo de retenção ao coeficiente de partição e aos volumes das fases estacionária e móvel. Como $t'_R \propto k \propto K_D$, o fator de separação também pode ser expresso como

Fator de separação:

$$\alpha = \frac{t'_{R2}}{t'_{R1}} = \frac{k_2}{k_1} = \frac{K_{D2}}{K_{D1}} \qquad (23.20)$$

Isto é, o fator de separação de dois solutos é proporcional à razão entre seus coeficientes de partição. Essa relação expressa o fundamento físico da cromatografia.

Fundamento físico da cromatografia
Quanto maior a razão entre os coeficientes de partição correspondentes às fases móvel e estacionária, maior será a separação entre dois componentes de uma mistura.

Volume de retenção, V_R, é o volume da fase móvel necessário para eluir determinado soluto da coluna:

Volume de retenção: $$V_R = t_R \cdot F \quad (23.21)$$

em que F é a vazão volumétrica (volume por unidade de tempo) da fase móvel. O volume de retenção de determinado soluto é constante em uma faixa de vazões.

O volume é proporcional ao tempo, portanto, qualquer proporção de tempos pode ser escrita como a proporção correspondente de volumes. Se V_M é o volume de eluição para o soluto não retido,

$$k = \frac{t_R - t_M}{t_M} = \frac{V_R - V_M}{V_M}$$

em que V_R é o volume de retenção do soluto.

EXEMPLO Tempo de Retenção e Coeficiente de Partição

No exemplo anterior, o metano não retido produziu um pico fino depois de 42 s, enquanto o benzeno precisou de 251 s. A coluna cromatográfica capilar tem um diâmetro interno de 250 µm e é recoberta internamente com uma camada de fase estacionária com 1,0 µm de espessura. Estime o coeficiente de partição ($K_D = [S]_S/[S]_M$) do benzeno entre as fases estacionária e móvel e estabeleça que fração do tempo o benzeno permanece na fase móvel.

Solução Precisamos calcular os volumes relativos das fases estacionária e móvel. A coluna é um capilar com um revestimento, de pequena espessura, da fase estacionária na parede interna.

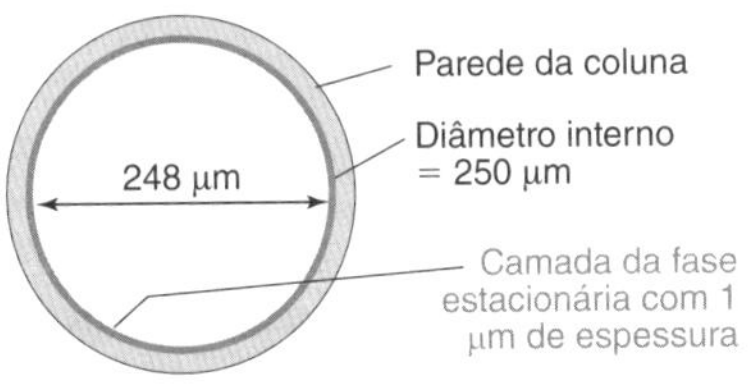

Raio da cavidade oca: r_1 = 124 µm
Raio até o meio da fase estacionária: r_2 = 124,5 µm

Área transversal da coluna $= \pi r_1^2$
$= \pi(124\ \mu\text{m})^2 = 4{,}83 \times 10^4\ \mu\text{m}^2$

Área transversal do revestimento $\approx 2\pi r_2 \times$ espessura
$= 2\pi(124{,}5\ \mu\text{m})^2(1{,}0\ \mu\text{m}) = 7{,}8_3 \times 10^2\ \mu\text{m}^2$

Os volumes relativos das fases são proporcionais às áreas transversais relativas das fases. Portanto, $V_S/V_M = (7{,}8_3 \times 10^2\ \mu\text{m}^2)/(4{,}83 \times 10^4\ \mu\text{m}^2) = 0{,}016\ 2$. No exemplo anterior, determinamos que o fator de retenção para o benzeno é $k = 5{,}0$. Substituindo esse valor na Equação 23.19, temos o coeficiente de partição:

$$k = K_D \frac{V_S}{V_M} \Rightarrow 5{,}0 = K_D(0{,}016\ 2) \Rightarrow K_D = 310$$

Para determinarmos a fração de tempo que o benzeno permanece na fase móvel, utilizamos as Equações 23.16 e 23.17:

$$k = \frac{\text{tempo na fase estacionária}}{\text{tempo na fase móvel}} = \frac{t_R - t_M}{t_M} = \frac{t_S}{t_M} \Rightarrow t_S = kt_M$$

em que t_S é o tempo na fase estacionária. A fração de tempo na fase móvel é

$$\text{Fração do tempo na fase móvel} = \frac{t_M}{t_S + t_M} = \frac{t_M}{kt_M + t_M} = \frac{1}{k+1} = \frac{1}{5{,}0+1} = 0{,}17$$

TESTE-SE Determine o coeficiente de partição para o tolueno (t_R = 333 s) e estabeleça que fração do tempo ele permanece na fase móvel. (***Resposta:*** 430; 0,13.)

Aumento de Escala

Normalmente, usamos a cromatografia com finalidades *analíticas* (para separar e identificar ou medir os componentes de uma mistura) ou com finalidades *preparativas* (para purificar uma quantidade significativa de um componente presente em uma mistura). A cromatografia analítica geralmente é realizada usando-se colunas finas, que permitem uma boa separação. Para a cromatografia preparativa, usamos colunas mais largas, que podem lidar com uma carga maior (Figura 23.8).[15] A cromatografia preparativa é especialmente importante na indústria farmacêutica, que pode arcar com o alto custo da separação de compostos como *isômeros ópticos* de fármacos (Boxe 24.1).

Se foi desenvolvido um procedimento cromatográfico para separar 2 mg de uma mistura em uma coluna com um diâmetro de 1,0 cm, qual é o tamanho da coluna que deve ser usada para separar 20 mg da mistura? A maneira mais fácil de aumentarmos a escala do processo é manter o mesmo comprimento da coluna e aumentar a área transversal, mantendo constante a razão entre a massa da amostra e o volume da coluna. Como a área transversal de uma coluna é πr^2, em que r é o raio da coluna, o diâmetro desejado é dado por

FIGURA 23.8 Coluna para cromatografia preparativa em escala industrial. Algumas colunas podem purificar um quilograma de material. [Maximilian Stock Ltd/SPL/Science Source.]

Regras para o aumento de escala:

- Manter o comprimento da coluna constante
- A área da seção transversal da coluna é $\propto$ à massa do analito

$$\frac{\text{Massa}_2}{\text{Massa}_1} = \left(\frac{\text{raio}_2}{\text{raio}_1}\right)^2$$

(O símbolo matemático $\propto$ significa "proporcional a")

- Manter constante a velocidade linear na coluna:

$$\frac{\text{Vazão volumétrica}_2}{\text{Vazão volumétrica}_1} = \left(\frac{\text{raio}_2}{\text{raio}_1}\right)^2$$

- O volume de amostra a ser injetado na coluna é $\propto$ à massa do analito.
- Se você mudar o comprimento da coluna, então a massa de amostra pode ser aumentada proporcionalmente ao comprimento total.

Equação de proporcionalidade:

$$\frac{\text{Massa grande}}{\text{Massa pequena}} = \left(\frac{\text{raio da coluna grande}}{\text{raio da coluna pequena}}\right)^2 \quad (23.22)$$

$$\frac{20\text{ mg}}{2\text{ mg}} = \left(\frac{\text{raio da coluna grande}}{0{,}50\text{ cm}}\right)^2$$

$$\text{Raio da coluna grande} = 1{,}58\text{ cm}$$

Nesse caso, uma coluna com um diâmetro próximo a 3 cm seria apropriada.

Para reproduzir as condições de uma coluna menor em uma coluna maior, a *velocidade linear* (não a vazão volumétrica) deve ser mantida constante. Como a área (e, consequentemente, o volume) da coluna grande é 10 vezes maior do que a da coluna menor no exemplo anterior, a vazão volumétrica deve ser 10 vezes maior para manter uma velocidade linear constante. Se a coluna menor tinha uma vazão volumétrica de 0,3 mL/min, a coluna maior deve apresentar uma vazão volumétrica de 3 mL/min.

Suponha que você queira separar os compostos A e B em uma coluna preparativa e seu fator de separação seja $\alpha = 2{,}0$ com a coluna pequena. A massa de amostra (g) que pode ser submetida à cromatografia preparativa em uma coluna à base de sílica em fase reversa (Seção 25.1) é *aproximadamente*

$$\text{Capacidade da coluna (g)} \approx (3{,}7\times10^{-8})\left[\frac{\alpha-1}{\alpha}\right]^2 L d_c^2 \sigma_g$$

em que L é o comprimento da coluna em milímetros, d_c é o diâmetro da coluna em mm e σ_g é a área superficial (m^2) por grama da fase estacionária.[16] Para $L = 250$ mm, $d_c = 50$ mm (10 vezes maior que as colunas analíticas) e $\sigma_g = 200\ m^2/g$, estima-se a capacidade da coluna como $(3{,}7 \times 10^{-8})(\frac{1}{2})^2(250)(50)^2(200) = 1{,}2$ g. Para um fator de separação menor (componentes menos bem separados), $\alpha = 1{,}3$, somente até 0,25 g de amostra podem ser separados nesta coluna preparativa.

23.4 Eficiência de Separação

Dois fatores contribuem para que os compostos sejam bem separados pela cromatografia. Um deles é a diferença nos tempos de eluição entre os picos: quanto mais afastados, melhor a sua separação. Outro fator é o alargamento dos picos: quanto mais largos os picos, pior a sua separação. Nesta seção vamos abordar como determinamos a eficiência de uma separação.

Resolução

O soluto que se move por uma coluna cromatográfica tende a se dispersar de acordo com uma distribuição gaussiana, com um desvio-padrão σ (Figura 23.9). Quanto mais tempo um soluto demora para passar por uma coluna, mais larga se torna a sua banda. As medidas comuns da largura de banda são: (1) a largura $w_{1/2}$ medida na altura igual à metade da altura do pico e (2) a largura w na linha base entre as tangentes traçadas a partir das partes mais íngremes do pico. Usando a Equação 4.3 para um pico gaussiano, é possível mostrar que $w_{1/2} = 2{,}35\sigma$ e $w = 4\sigma$.

Em cromatografia, a **resolução** de um pico com relação a outro pico é definida como

Resolução:

$$\text{Resolução} = \frac{\Delta t_R}{w_{\text{méd}}} = \frac{\Delta V_R}{w_{\text{méd}}} = \frac{0{,}589\Delta t_R}{w_{1/2\text{méd}}} \quad (23.23)$$

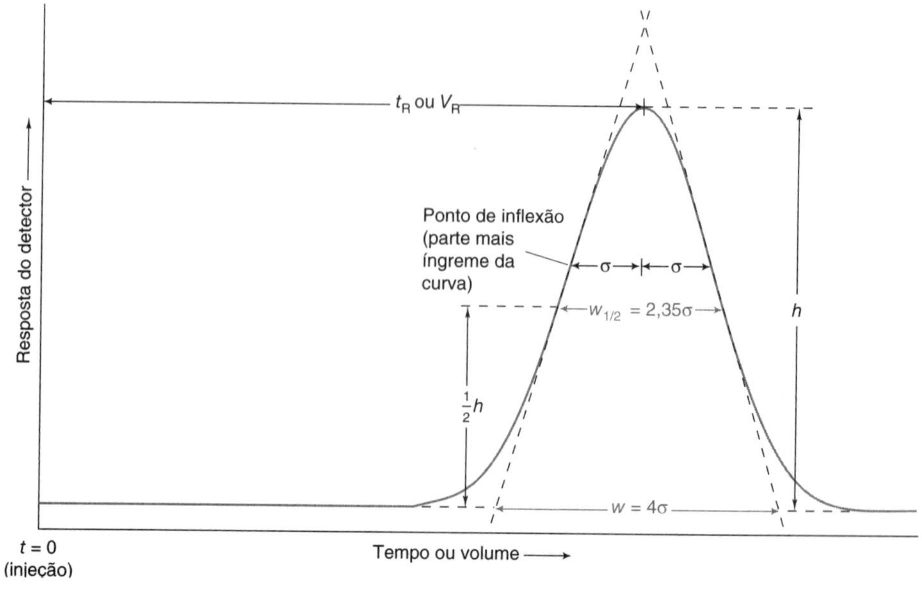

FIGURA 23.9 Cromatograma gaussiano idealizado mostrando como são determinados os valores de w e $w_{1/2}$. O valor de w é obtido pela extrapolação das tangentes nos pontos de inflexão até a linha base. A *linha base* é o sinal de fundo na ausência de soluto.

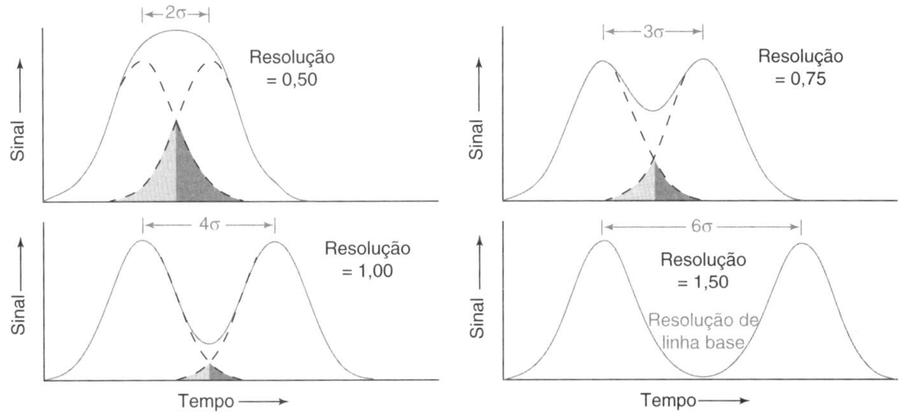

FIGURA 23.10 Resolução de dois picos gaussianos com áreas e amplitudes iguais. As linhas tracejadas mostram os picos individuais e as linhas cheias são a soma dos dois picos. A área de sobreposição está sombreada.

em que Δt_R ou ΔV_R é a separação entre os picos (em unidades de tempo ou de volume) e $w_{\text{méd}}$ é a largura média dos dois picos na unidade correspondente. (A largura de pico é medida na base, como mostrado na Figura 23.9.) Por outro lado, a última expressão na Equação 23.23 usa $w_{1/2\text{méd}}$, a largura total de um pico gaussiano à meia altura. A largura à meia altura é comumente empregada porque ela é mais fácil de ser medida. A Figura 23.10 mostra a sobreposição de dois picos com diferentes graus de resolução. Para a análise quantitativa, é altamente desejável uma resolução > 1,5 (**resolução de linha base**).

Resolução de linha base significa que o sinal retorna ao nível zero entre os picos.

EXEMPLO Medida da Resolução

Um pico com um tempo de retenção de 407 s tem uma largura à meia altura de 7,6 s. Um pico vizinho é eluído 17 s mais tarde com $w_{1/2}$ = 9,4 s. Determine a resolução para esses dois componentes.

Solução

$$\text{Resolução} = \frac{0{,}589\Delta t_R}{w_{1/2\text{méd}}} = \frac{0{,}589(17\text{ s})}{\frac{1}{2}(7{,}6\text{ s} + 9{,}4\text{ s})} = 1{,}1_8 \approx 1{,}2$$

TESTE-SE Que Δt_R fornece resolução de linha base (1,5)? (***Resposta:*** 21,6 s.)

Difusão

A banda correspondente a determinado soluto aumenta à medida que ele se desloca por uma coluna cromatográfica (Figura 23.11). Idealmente, uma banda infinitamente estreita na entrada da coluna emerge com uma forma gaussiana na saída. Em circunstâncias menos ideais, a banda torna-se assimétrica.

Uma das principais causas do alargamento das bandas é a **difusão**, isto é, o transporte líquido de um soluto de uma região de alta concentração para uma região de baixa concentração mediante o movimento aleatório das moléculas. A Figura 23.12 mostra o movimento aleatório das moléculas por meio do *movimento browniano* de uma esférula fluorescente dentro de uma gotícula de água microscópica. A esférula é empurrada pelas moléculas de água movendo-se em direções aleatórias com velocidades também aleatórias. Mudanças nas coordenadas x e y da esférula em intervalos sucessivos seguem uma distribuição gaussiana.

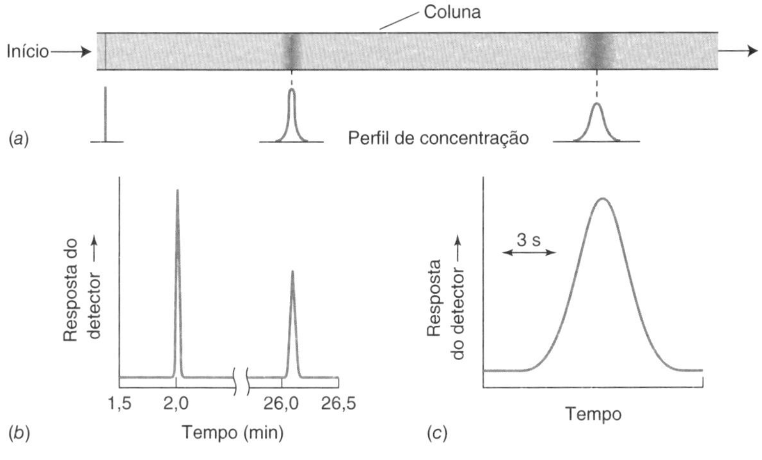

FIGURA 23.11 (*a*) Representação esquemática do alargamento de uma banda de um soluto, inicialmente estreita, à medida que ele se move por uma coluna cromatográfica. (*b*) Alargamento difusional observado experimentalmente de uma banda depois de 2 e 26 minutos em uma coluna de eletroforese capilar. (*c*) Vista expandida de uma banda gaussiana após 26 minutos. [Dados de M. U. Musheev, S. Javaherian, V. Okhonin e S. N. Krylov, "Diffusion as a Tool of Measuring Temperature Inside a Capillary", *Anal. Chem.* **2008**, *80*, 6752. S. Javaherian era aluno de iniciação científica.]

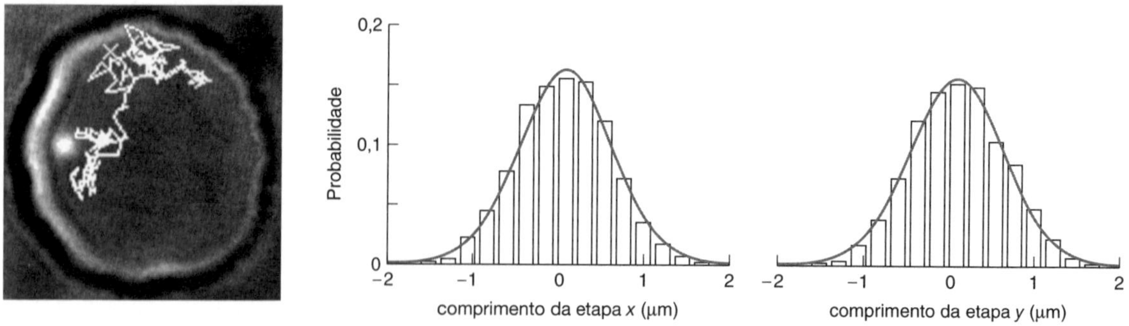

FIGURA 23.12 Movimento browniano de uma esférula fluorescente de 290 nm de diâmetro em uma gota de água de 20 μm de diâmetro em intervalos de 155 ms. Os histogramas mostram Δx e Δy para cada etapa em 800 fotografias. A curva suave é o ajuste gaussiano. [Dados de J. C. Gadd, C. L. Kuyper, B. S. Fujimoto, R. W. Allen e D. T. Chiu, "Sizing Subcellular Organelles and Nanoparticles Confined Within Aqueous Droplets," *Anal. Chem.* **2008**, *80*, 3450. Reproduzida sob permissão © 2008, American Chemical Society.]

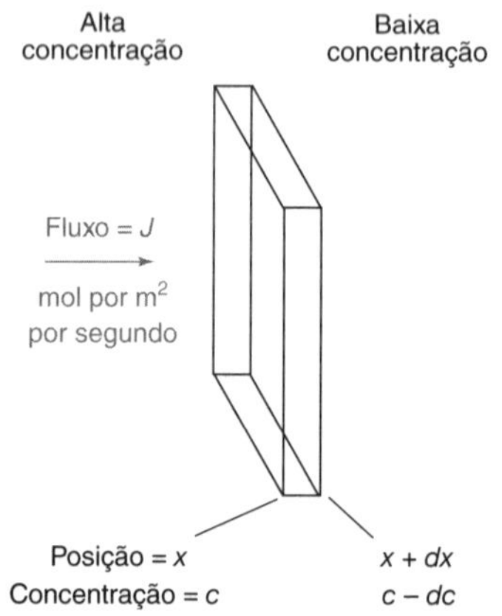

FIGURA 23.13 O fluxo das moléculas que cruzam um plano de área unitária é proporcional ao gradiente de concentração e ao coeficiente de difusão: $J = -D(dc/dx)$.

Viscosidade é uma medida da resistência de um fluido ao escoamento. Quanto mais viscoso for um líquido, mais lentamente ele escoa a determinada pressão.

O **coeficiente de difusão** mede a velocidade com que as moléculas se movem aleatoriamente de uma região de concentração maior para uma região de concentração menor. A Figura 23.13 mostra o movimento do soluto através de um plano com um gradiente de concentração dc/dx. O número de mols que cruza cada metro quadrado por segundo, chamado *fluxo*, J, é proporcional ao gradiente de concentração (dc/dx):

Definição do coeficiente de difusão:
(Primeira Lei de Fick da difusão)

$$\text{Fluxo}\left(\frac{\text{mol}}{\text{m}^2\cdot\text{s}}\right) \equiv J = -D\frac{dc}{dx} \qquad (23.24)$$

A constante de proporcionalidade, D, é o coeficiente de difusão, e o sinal negativo é essencial porque o fluxo líquido é da região de maior concentração para a região de menor concentração. Se a concentração é expressa em mol/m^3, a unidade correspondente a D será m^2/s.

O coeficiente de difusão está relacionado com a energia térmica de uma molécula e o atrito que ela sofre durante a difusão:

Equação de Stokes-Einstein:

$$D = \frac{kT}{f} \qquad (23.25)$$

em que kT é a *energia térmica* da molécula (k = constante de Boltzmann e T, a temperatura absoluta em kelvins) e f é o seu *coeficiente de atrito*. Quanto maior o coeficiente de atrito, mais difícil é a difusão da molécula em um fluido. Para uma partícula esférica de raio r que se move em um fluido de *viscosidade* η, o coeficiente de atrito é

Equação de Stokes:

$$f = 6\pi\eta r \qquad (23.26)$$

O coeficiente de atrito aumenta com a elevação do tamanho da partícula que difunde e com o aumento da viscosidade do fluido. A Tabela 23.1 mostra que a difusão em líquidos é 10^4 vezes mais lenta do que a difusão em gases em razão da maior viscosidade dos líquidos. Em face de seus raios maiores, macromoléculas, como a ribonuclease e a albumina, se difundem de 10 a 100 vezes mais lentamente do que moléculas pequenas.

Se o soluto inicia seu percurso por uma coluna em uma camada infinitamente estreita com m mols por unidade de área transversal da coluna e se dispersa quando ele se desloca em virtude da difusão, então, o perfil gaussiano da banda pode ser descrito por

Alargamento da banda cromatográfica em virtude da difusão:

$$c = \frac{m}{\sqrt{4\pi Dt}}\,e^{-x^2/(4Dt)} \qquad (23.27)$$

em que c é a concentração (mol/m^3), t é o tempo e x é a distância ao longo da coluna a partir do centro da banda. (O centro da banda, nesta equação, é sempre em $x = 0$.) A comparação entre as Equações 23.27 e 4.3 mostra que o desvio-padrão da banda é

A largura da banda é $\propto$ a $\sqrt{t}$. Se o tempo de eluição aumenta de quatro vezes, a difusão alargará a banda de duas vezes.

Desvio-padrão da banda:

$$\sigma = \sqrt{2Dt} \qquad (23.28)$$

Altura do Prato: Uma Medida da Eficiência da Coluna

A Equação 23.28 nos mostra que o desvio-padrão do alargamento da banda em virtude da difusão é $\sqrt{2Dt}$. Se o soluto percorreu uma distância x com uma velocidade linear u_x (m/s), então o tempo que ele permaneceu na coluna é $t = x/u_x$. Logo,

***F* = vazão volumétrica** (volume/tempo) passando pela coluna.

$$\sigma^2 = 2Dt = 2D\frac{x}{u_x} = \underbrace{\left(\frac{2D}{u_x}\right)}_{\text{Altura do prato } \equiv H} x = Hx$$

TABELA 23.1	Coeficientes de difusão de algumas substâncias a 298 K	
Soluto	Solvente	Coeficiente de difusão (m²/s)
Moléculas pequenas em água		
H_2O (MF 18)	H_2O	$2,3 \times 10^{-9}$
CH_3OH (MF 32)	H_2O	$1,6 \times 10^{-9}$
Glicina (MF 75)	H_2O	$1,1 \times 10^{-9}$
Sacarose (MF 342)	H_2O	$0,52 \times 10^{-9}$
Macromoléculas em água		
Ribonuclease (MF 13 700)	H_2O (293 K)	$0,12 \times 10^{-9}$
Albumina de soro (MF 65 000)	H_2O (293 K)	$0,059 \times 10^{-9}$
Moléculas pequenas em solventes orgânicos		
I_2	Hexano	$4,0 \times 10^{-9}$
CCl_4	Heptano	$3,2 \times 10^{-9}$
N_2	CCl_4	$3,4 \times 10^{-9}$
Gases em ar		
$CS_2(g)$	Ar (293 K)	$1,0 \times 10^{-5}$
$O_2(g)$	Ar (273 K)	$1,8 \times 10^{-5}$
Eletrólitos em água		
H^+	H_2O	$9,3 \times 10^{-9}$
OH^-	H_2O	$5,3 \times 10^{-9}$
Li^+	H_2O	$1,0 \times 10^{-9}$
Na^+	H_2O	$1,3 \times 10^{-9}$
K^+	H_2O	$2,0 \times 10^{-9}$
Cl^-	H_2O	$2,0 \times 10^{-9}$
I^-	H_2O	$2,0 \times 10^{-9}$

Coeficientes de difusão:
- dependem inversamente da viscosidade do meio e do tamanho da molécula que se difunde
- 10^4 vezes mais lento em líquidos do que em gases em razão da maior viscosidade dos líquidos
- macromoléculas 10 a 100 vezes mais lentas que moléculas pequenas.

Altura do prato:
$$H = \sigma^2/x \quad (23.29)$$

A **altura do prato**, H, é uma constante de proporcionalidade entre a variância, σ^2, da banda e a distância que ela percorreu, x. O nome vem da teoria da destilação, onde a separação pode ser feita em estágios discretos denominados pratos. A altura do prato era formalmente chamada de *altura equivalente a um prato teórico* (*HEPT*). Ela é, aproximadamente, o comprimento da coluna necessário para que o soluto atinja um equilíbrio entre as fases móvel e estacionária. Este conceito será posteriormente explorado no Boxe 23.2. *Quanto menor a altura do prato, menor a largura da banda.*

A capacidade de uma coluna em separar os componentes de uma mistura aumenta com a diminuição da altura do prato. Dizemos que uma coluna eficiente tem mais pratos teóricos do que uma coluna ineficiente. As alturas dos pratos situam-se na faixa de ~0,1 a 1 mm na cromatografia a gás, ~5 a 10 μm na cromatografia líquida de alto desempenho e < 1 μm na eletroforese capilar.

A altura do prato é o comprimento σ^2/x, em que σ é o desvio-padrão da banda gaussiana na Figura 23.9 e x é a distância percorrida. Para um soluto emergindo de uma coluna de comprimento L, o **número de pratos**, N, na coluna inteira é o comprimento L dividido pela altura do prato:

$$N = \frac{L}{H} = \frac{Lx}{\sigma^2} = \frac{L^2}{\sigma^2} = \frac{16L^2}{w^2}$$

pois $x = L$ e $\sigma = w/4$. Nessa expressão, w tem unidades de comprimento e o número de pratos é adimensional. Se expressarmos L e w (ou σ) em unidades de tempo, em vez de unidades de comprimento, N continua sendo adimensional. Obtemos uma expressão mais útil para N escrevendo

Número de pratos na coluna:
$$N = \frac{16t_R^2}{w^2} = \frac{t_R^2}{\sigma^2} \quad (23.30)$$

em que t_R é o tempo de retenção do pico e w é a largura na base, na Figura 23.9, *em unidades de tempo*. Se usarmos a largura à meia altura, $w_{1/2}$, no lugar da largura definida pela base do pico, temos

u_x = **velocidade linear** (distância/tempo) = L/t_M em que L é o comprimento da coluna e t_M é o tempo necessário para que o composto não retido seja eluído da coluna.

Ainda na adolescência, A. J. P. Martin, um dos inventores da cromatografia de partição, construiu colunas de destilação com seções discretas constituídas por latas usadas em embalagem para café. (Não temos nenhuma ideia do que ele estava destilando!) Quando ele formulou a teoria da cromatografia de partição, ele adotou os mesmos termos da teoria da destilação.

Altura menor do prato ⇒ picos mais estreitos ⇒ melhores separações

Quando determinamos a altura do prato para uma coluna, escolhemos um pico que apresente um fator de retenção, k, maior do que 5.

Desafio Se N é constante, mostre que a largura de um pico cromatográfico aumenta com o aumento do tempo de retenção. Isto é, picos sucessivos em um cromatograma tendem a ser alargados de forma crescente.

Número de pratos na coluna:
$$N = \frac{5{,}55\ t_R^2}{w_{1/2}^2} \quad (23.31)$$

EXEMPLO Determinação do Número de Pratos e da Altura do Prato

Um soluto com um tempo de retenção de 407 s tem um pico com uma largura na base de 13,0 s em uma coluna de 12,2 m de extensão. Determine o número de pratos e a altura do prato.

Solução

$$N = \frac{16t_R^2}{w^2} = \frac{16 \cdot (407\ \text{s})^2}{(13{,}0\ \text{s})^2} = 1{,}57 \times 10^4$$

$$H = \frac{L}{N} = \frac{12{,}2\ \text{m}}{1{,}57 \times 10^4} = 0{,}78\ \text{mm}$$

TESTE-SE Para o mesmo pico, a meia altura, $w_{1/2}$, é 7,6 s. Determine a altura do prato, H. (***Resposta:*** 0,77 mm.)

Para estimar o número de pratos teóricos no pico assimétrico da Figura 23.14, traçamos uma linha horizontal cruzando a banda em uma altura igual a 1/10 da altura máxima. As grandezas A e B podem então ser medidas para se determinar o **fator de assimetria**, B/A. A equação de Foley-Dorsey estima o número de pratos para um pico de cauda como:[17]

$$N \approx \frac{41{,}7(t_R/w_{0,1})^2}{(B/A) + 1{,}25} \quad (23.32)$$

em que $w_{0,1}$ é a largura (= $A + B$) em 1/10 da altura. Todas as grandezas têm de ser medidas nas mesmas unidades, como tempo ou comprimento.

A Farmacopeia norte-americana define o *fator de cauda* (T_f) para assimetria medida a 1/20 da altura do pico como $T_f = w_{0,05}/2A_{0,05}$. Se $T_f > 1$, o pico é *caudal*. Se $T_f < 1$, o pico é de *sobrecarga*. Um pico caudal possui uma cauda longa, e um pico com sobrecarga apresenta uma parte inicial longa.

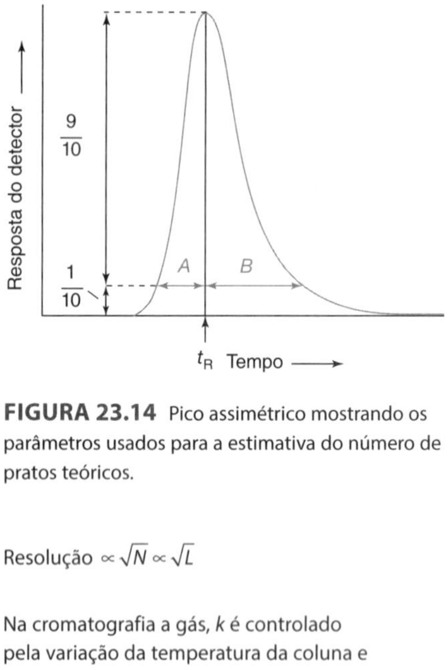

FIGURA 23.14 Pico assimétrico mostrando os parâmetros usados para a estimativa do número de pratos teóricos.

Fatores que Afetam a Resolução

Para dois picos muito próximos entre si, a relação entre o número de pratos e a resolução é[18]

Equação de Purnell:
$$\text{Resolução} = \frac{\sqrt{N}}{4}\frac{(\alpha - 1)}{\alpha}\left(\frac{k_2}{1 + k_2}\right) \quad (23.33)$$

em que N é o número de pratos teóricos, α é a fator de separação dos dois picos (Equação 23.20) e k_2 é o fator de retenção para o componente mais retido (Equação 23.16). A Equação 23.23 é usada para determinar a resolução, enquanto a Equação 23.33 destaca os parâmetros-chave que podem ser variados para se alcançar dada resolução.

Uma característica importante da Equação 23.33 é que a resolução é proporcional a $\sqrt{N}$. Portanto, *quando o comprimento da coluna dobra, a resolução aumenta de* $\sqrt{2}$. A Figura 23.15 mostra o efeito do comprimento da coluna na separação de trissacarídeos diferindo somente na estereoquímica de suas ligações. A mistura passa por um par de colunas de cromatografia líquida por meio de um engenhoso sistema de válvulas, que, repetidas vezes, recicla a mistura em duas colunas. Após duas passagens na Figura 23.15, os picos estão muito pouco resolvidos (resolução = 0,75). Após 16 passagens, a separação na linha base foi atingida (resolução > 1,5).

Resolução $\propto \sqrt{N} \propto \sqrt{L}$

Todavia, o aumento do comprimento da coluna aumenta o tempo de separação. Se a altura do prato (H) de uma coluna se torna menor, o número de pratos teóricos (N) aumenta sem afetar o tempo de separação; desse modo, os picos serão mais estreitos e mais bem resolvidos (Figura 23.16). Os fatores que controlam o espalhamento da banda serão discutidos na próxima seção. Alternativamente, se as condições forem mudadas para reduzir a retenção, k, a resolução piorará. Quando k se torna grande, a resolução normalmente melhora. Se a fator de separação, α, aumenta, os picos se separam mais, melhorando, assim, a resolução. As equações importantes para a cromatografia estão resumidas na Tabela 23.2.

Na cromatografia a gás, k é controlado pela variação da temperatura da coluna e α pela variação da fase estacionária.

EXEMPLO Número de Pratos Necessários para a Resolução Desejada

Dois solutos têm um fator de separação $\alpha = 1{,}08$ e fatores de retenção $k_1 = 5{,}0$ e $k_2 = 5{,}4$. O número de pratos teóricos é praticamente o mesmo para ambos os compostos. Quantos pratos são necessários para se obter uma resolução de 1,5? E de 3,0? Se a altura do prato, H, é de 0,5 mm na cromatografia a gás, qual o comprimento da coluna para uma resolução de 1,5?

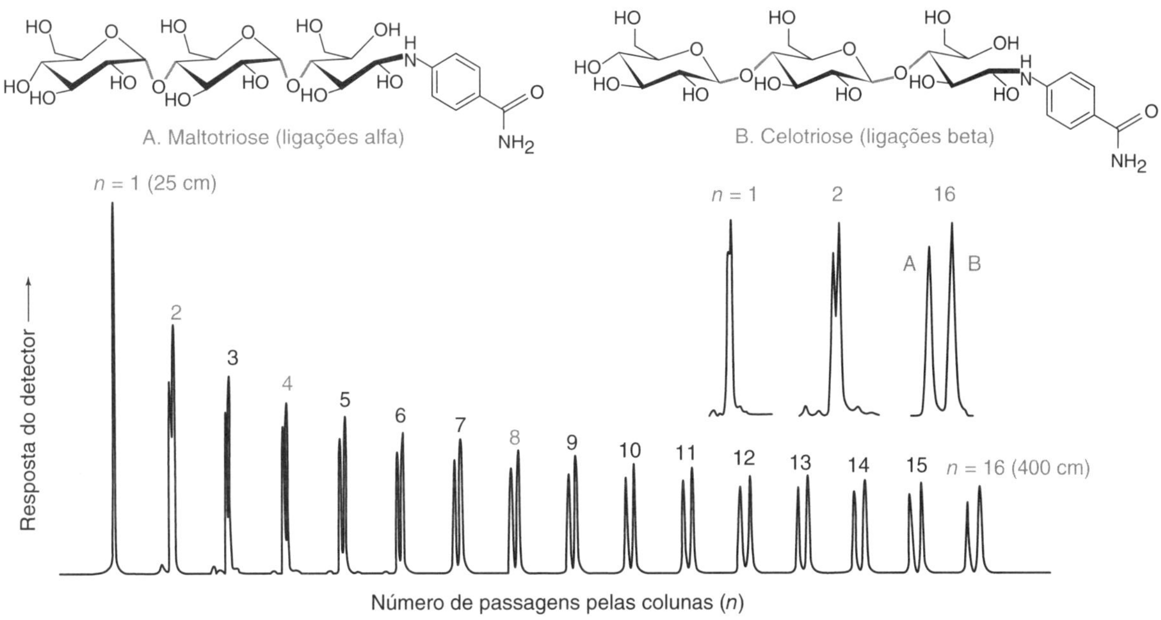

FIGURA 23.15 Separação entre trissacarídeos lineares (diferindo somente na estereoquímica da ligação entre os anéis) por meio de repetidas passagens por um par de colunas de cromatografia líquida Amide 80 (25 cm × 4,6 mm), eluídas com uma mistura acetonitrila-água, na proporção em volume 60:40, contendo acetato de amônio 10 mM (pH 7,0) na água. Os sacarídeos foram derivatizados com 4-aminobenzamida para ajudar na detecção por absorbância no ultravioleta. [Dados de W. R. Alley, Jr., B. F. Mann, V. Hruska e M. V. Novotny, "Isolation and Purification of Glycoconjugates from Complex Biological Sources by Recycling High-Performance Liquid Chromatography", *Anal. Chem.* **2013**, *85*, 10408.]

Solução Usamos a Equação 23.33:

$$\text{Resolução} = 1{,}5 = \frac{\sqrt{N}}{4}\frac{(1{,}08-1)}{1{,}08}\left(\frac{5{,}4}{1+5{,}4}\right) \Rightarrow N = 9{,}2_2 \times 10^3 \text{pratos}$$

Para dobrar a resolução para 3,0, é necessário um número de pratos quatro vezes maior, ou seja, $3{,}6_9 \times 10^4$ pratos. Para uma resolução de 1,5, o comprimento necessário da coluna é (0,5 mm/prato)($9{,}2_2 \times 10^3$ pratos) = 4,6 m.

TESTE-SE Se $\alpha = 1{,}08$, $k_2 = 5{,}4$ e $H = 6$ μm na cromatografia líquida, qual o comprimento da coluna, em cm, que dá uma resolução de 1,5? (***Resposta:*** 5,5 cm.)

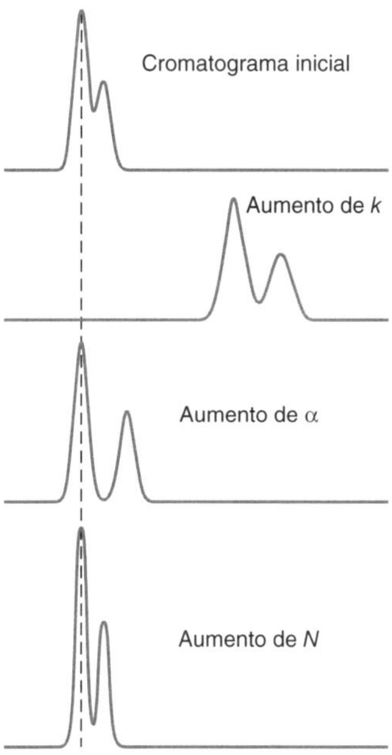

FIGURA 23.16 Efeito dos parâmetros de separação na resolução. [Dados de L. R. Snyder, J. J. Kirkland e J. L. Glajch, *Practical HPLC Method Development*, 2. ed. (New York: Wiley, 1997).]

23.5 Por que as Bandas Alargam[19]

Uma banda de soluto invariavelmente se espalha quando ela percorre uma coluna cromatográfica (Figura 23.11) e emerge no detector com um desvio-padrão σ. Cada mecanismo individual que contribui para o alargamento produz um desvio-padrão σ_i. A variância observada (σ^2_{obs}) de uma banda é a soma das variâncias de todos os mecanismos contribuintes:

A variância é aditiva, mas o desvio-padrão não é.

A variância é aditiva:

$$\sigma^2_{\text{obs}} = \sigma_1^2 + \sigma_2^2 + \sigma_3^2 + \cdots = \sum \sigma_i^2 \qquad (23.34)$$

Alargamento Fora da Coluna[20]

O soluto não pode ser injetado na coluna em um volume infinitesimalmente pequeno. Se a amostra injetada possui um volume ΔV (medida em unidades de volume), a contribuição para a variância da largura de banda final é

Variância decorrente da injeção ou da detecção:

$$\sigma^2_{\text{injeção}} = \sigma^2_{\text{detector}} = \frac{(\Delta V)^2}{12} \qquad (23.35)$$

A mesma relação é válida para o alargamento de banda em um detector cujo volume é ΔV. Algumas vezes é possível a detecção na própria coluna, o que elimina o problema do alargamento da banda no detector.

Os componentes de um cromatógrafo (injetor, coluna e detector) são conectados por meio de tubos capilares. Em um **fluxo laminar** através de uma tubulação, a velocidade do fluido é

Alargamento extracoluna: processos fora da coluna que causam alargamento dos picos cromatográficos.

TABELA 23.2 Resumo das equações úteis em cromatografia

Grandeza	Equação	Parâmetros
Coeficiente de partição	$K_D = [S]_S/[S]_M$	$[S]_S$ = concentração do soluto na fase estacionária $[S]_M$ = concentração do soluto na fase móvel
Tempo de retenção ajustado	$t'_R = t_R - t_M$	t_R = tempo de retenção do soluto de interesse t_M = tempo de retenção do soluto que não é retido
Volume de retenção	$V_R = t_R \cdot F$	F = vazão volumétrica = volume/unidade de tempo
Fator de retenção	$k = t'_R/t_M = K_D V_S/V_M$ $k = \frac{t_S}{t_M} = \frac{t_R - t_M}{t_M}$	V_S = volume da fase estacionária V_M = volume da fase móvel t_S = tempo que o soluto permanece na fase estacionária = $t_R - t_M$ t_M = tempo que o soluto permanece na fase móvel
Fator de separação	$\alpha = \frac{t'_{R2}}{t'_{R1}} = \frac{k_2}{k_1} = \frac{K_{D2}}{K_{D1}}$	Os índices 1 e 2 referem-se aos dois solutos ($\alpha \geq 1$)
Número de pratos	$N = \frac{16t_R^2}{w^2} = \frac{5{,}55\, t_R^2}{w_{1/2}^2}$	w = largura na base $w_{1/2}$ = largura à meia altura
Altura do prato	$H = \frac{\sigma^2}{x} = \frac{L}{N}$	α = desvio-padrão da banda x = distância percorrida pelo centro da banda L = comprimento da coluna N = número de pratos da coluna
Resolução	$\text{Resolução} = \frac{\Delta t_R}{w_{\text{méd}}} = \frac{\Delta V_R}{w_{\text{méd}}}$	Δt_R = diferença nos tempos de retenção ΔV_R = diferença nos volumes de retenção $w_{\text{méd}}$ = largura média medida na linha base nas mesmas unidades que o numerador (tempo ou volume)
	$\text{Resolução} = \frac{\sqrt{N}}{4}\frac{(\alpha - 1)}{\alpha}\left(\frac{k_2}{1+k_2}\right)$	N = número de pratos α = fator de separação k_2 = fator de retenção para o segundo pico

máxima no centro e decresce até zero nas paredes (Figura 19.13). Não há mistura turbulenta do líquido próximo à parede com o líquido próximo ao centro. A contribuição do fluxo laminar para o alargamento da banda é

Variância decorrente da conexão da tubulação:
$$\sigma^2_{\text{tubulação}} = \frac{\pi d_t^4 l_t F}{384D} \qquad (23.36)$$

em que d_t e l_t são, respectivamente, o diâmetro e o comprimento do tubo, F é a vazão volumétrica e D é o coeficiente de difusão. O espalhamento da banda em razão das conexões tubulares é minimizado mediante o emprego de tubos estreitos e curtos.

EXEMPLO Alargamento da Banda Antes e Depois da Coluna

Uma banda de uma coluna eluída em uma vazão de 1,35 mL/min tem uma largura à meia altura ($w_{1/2}$) de 0,272 minuto. A amostra foi injetada por meio de um conector fino com um volume de 0,30 mL, o volume do detector é de 0,20 mL, e o tubo de conexão tem um comprimento de 30 cm e diâmetro de 0,050 cm. Determine as variâncias introduzidas pela injeção, pela detecção e pelo tubo de conexão. Admita que o coeficiente de difusão do soluto é $1{,}0 \times 10^{-9}$ m²/s. Qual seria o valor de $w_{1/2}$ (em unidades de tempo) se o alargamento ocorresse somente na coluna?

Solução A Figura 23.9 nos diz que a largura à meia altura é $w_{1/2} = 2{,}35\sigma$. Portanto, a variância total observada, em unidades de volume, é

$$\sigma^2_{\text{obs}} = \left(\frac{w_{1/2}}{2{,}35}\right)^2 = \left(\frac{0{,}272\text{ min}\cdot 1{,}35\text{ mL/min}}{2{,}35}\right)^2 = 0{,}024\,42\text{ mL}^2$$

O volume de injeção é $\Delta V_{\text{injeção}} = 0{,}30$ mL. Portanto,

$$\sigma^2_{\text{injeção}} = \frac{\Delta V^2_{\text{injeção}}}{12} = \frac{(0{,}30\ \text{mL})^2}{12} = 0{,}007\ 50\ \text{mL}^2$$

O volume do detector é $\Delta V_{\text{detector}} = 0{,}20$ mL; desse modo, $\sigma^2_{\text{detector}} = \Delta V^2_{\text{detector}}/12 = 0{,}003\ 33\ \text{mL}^2$. O coeficiente de difusão é $1{,}0 \times 10^{-9}$ m²/s ou $6{,}0 \times 10^{-4}$ cm²/min. Portanto,

$$\sigma^2_{\text{tubulação}} = \frac{\pi d_t^4 l_t F}{384D} = \frac{\pi(0{,}050\ \text{cm})^4(30\ \text{cm})(1{,}35\ \text{cm}^3/\text{min})}{384(6\times10^{-4}\text{cm}^2/\text{min})} = 0{,}003\ 45\ \text{cm}^6 = 0{,}003\ 45\ \text{mL}^2$$

A variância observada é

$$\sigma^2_{\text{obs}} = \sigma^2_{\text{coluna}} + \sigma^2_{\text{injeção}} + \sigma^2_{\text{detector}} + \sigma^2_{\text{tubulação}}$$

$$0{,}024\ 42\ \text{mL}^2 = \sigma^2_{\text{coluna}} + 0{,}007\ 50\ \text{mL}^2 + 0{,}003\ 33\ \text{mL}^2 + 0{,}003\ 45\ \text{mL}^2$$

$$\Rightarrow \sigma_{\text{coluna}} = 0{,}101\ \text{mL (em volume)}$$

$$\text{ou } \sigma_{\text{coluna}} = \frac{0{,}101\ \text{mL}}{1{,}35\ \text{mL/min}} = 0{,}074\ 6\ \text{min (em tempo)}$$

A largura decorrente do alargamento proveniente apenas da coluna é $w_{1/2} = 2{,}35\sigma_{\text{coluna}} = 0{,}175$ min, que corresponde a cerca de dois terços da largura observada. Assim, os outros componentes contribuem com um terço do alargamento do pico.

TESTE-SE Preveja o valor de $w_{1/2}$ se o volume injetado fosse diminuído para 0,15 mL. (***Resposta:*** 0,239 min.)

Sistemas cromatográficos modernos usam colunas pequenas. Os volumes de injeção, detecção e tubulação têm que ser correspondentemente pequenos.

Equação da Altura do Prato

A altura do prato (H) é proporcional à variância de uma banda cromatográfica (Equação 23.29). Quanto menor a altura do prato, mais estreita a banda. A **equação de van Deemter** nos mostra como a coluna e a vazão afetam a altura do prato:

Equação de van Deemter para a altura do prato:

$$H \approx \underset{\text{Caminhos múltiplos}}{A} + \underset{\text{Difusão longitudinal}}{\frac{B}{u_x}} + \underset{\text{Transferência de massa}}{Cu_x} \qquad (23.37)$$

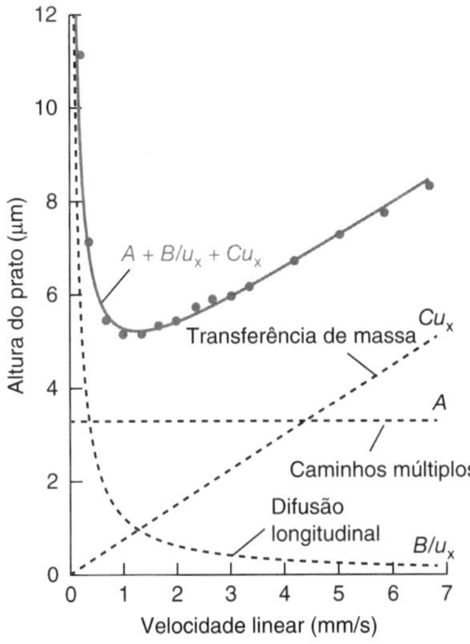

FIGURA 23.17 Aplicação da equação de van Deemter à cromatografia líquida quiral: $A = 3{,}29$ μm, $B = 1{,}26$ μm · mm/s e $C = 0{,}745$ μm · s/mm. [Dados de D. C. Patel, M. F. Wahab, T. C. O'Haver e D. W. Armstrong, "Separations at the Speed of Sensors," *Anal. Chem.* **2018**, *90*, 3356.]

em que u_x é a velocidade linear, e A, B e C são constantes para dada coluna e fase estacionária. Mudando-se a coluna e a fase estacionária, mudam os valores de A, B e C. A equação de van Deemter mostra que existem mecanismos de alargamento de banda que são proporcionais à velocidade linear, inversamente proporcionais à velocidade linear e independentes da velocidade linear (Figura 23.17). Na *velocidade linear ótima*, a altura do prato H da coluna é a menor possível, e por isso, o número de pratos N é o máximo. Abaixo da velocidade linear ótima, o alargamento em virtude da difusão longitudinal, B/u_x, é o mais significativo. Acima da vazão ótima, o alargamento decorrente da transferência de massa, Cu_x, torna-se o dominante. Na velocidade linear ótima, os termos B e C contribuem de forma igual para a altura do prato.

H é ótimo (mais baixo) quando as contribuições para o alargamento em virtude da difusão longitudinal e da transferência de massa são iguais ($B/u_x = Cu_x$).

Em colunas empacotadas, todos os três termos contribuem para o alargamento das bandas. Nas colunas capilares, o termo correspondente aos caminhos múltiplos, A, é zero, de modo que a largura da banda diminui e a resolução aumenta. Na eletroforese capilar (Capítulo 26), tanto A como C tendem a zero, reduzindo, assim, a altura do prato para valores da ordem de submícron, e fornecendo um poder de separação extraordinário.

Colunas empacotadas: $A, B, C \neq 0$
Colunas capilares: $A = 0$
Eletroforese capilar: $A = C = 0$

Difusão Longitudinal

Se pudéssemos aplicar uma quantidade de soluto no centro da coluna, com a banda do soluto tendo a forma de um disco fino, a banda iria lentamente alargar à medida que as moléculas se difundissem a partir da região de maior concentração dentro da banda para as regiões de menor concentração à frente e atrás da banda. O processo de alargamento difusional de uma banda é chamado de **difusão longitudinal**, pois a difusão se dá ao longo do eixo da coluna, e ocorre enquanto a banda inteira é transportada ao longo da coluna pelo fluxo de solvente (Figura 23.18).

A difusão longitudinal em um gás é muito mais rápida do que a difusão em um líquido, de modo que a velocidade linear ótima na cromatografia a gás é maior do que na cromatografia líquida.

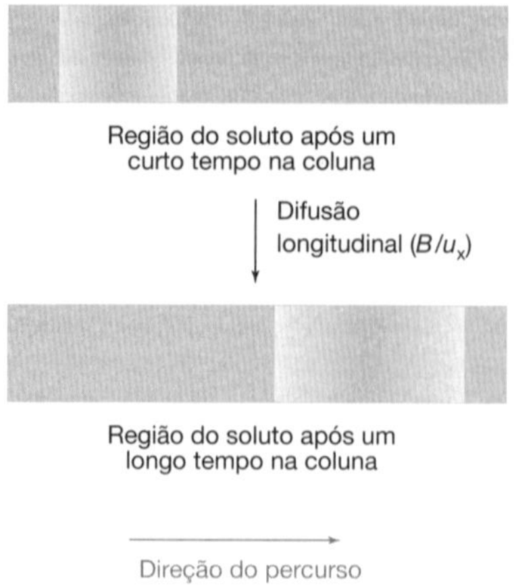

FIGURA 23.18 A difusão longitudinal dá origem ao termo B/u_x na equação de van Deemter. O soluto se difunde continuamente a partir do centro da região onde se encontra concentrado. Quanto mais rápido o fluxo, menos tempo é gasto na coluna e menos difusão longitudinal.

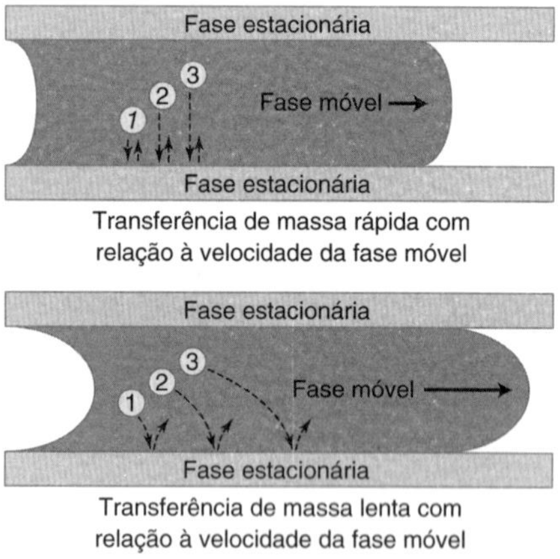

FIGURA 23.19 Se a transferência de massa na fase móvel (setas tracejadas) ocorre rapidamente, as moléculas do soluto não sofrem um alargamento adicional em razão do termo C_M. Se a transferência de massa é lenta com relação à velocidade da fase móvel, ocorre alargamento em razão da C_M. [Dados da Figura 13A.5 de J. F. Rubinson e K. A. Rubinson, *Contemporary Chemical Analysis* (Upper Saddle River, NJ: Prentice Hall, 1998).]

O termo B/u_x na Equação 23.37 surge a partir da difusão longitudinal. Quanto mais rápida a velocidade linear, menor é o tempo de permanência na coluna e menor o alargamento de banda decorrente da difusão. A Equação 23.28 nos mostrou que a variância resultante do processo de difusão é

$$\sigma^2 = 2D_M t = \frac{2D_M L}{u_x}$$

Altura do prato em virtude da difusão longitudinal:

$$H_{\text{difusão logintudinal}} = \frac{\sigma^2}{L} = \frac{2D_M}{u_x} \equiv \frac{B}{u_x} \qquad (23.38)$$

em que D_M é o coeficiente de difusão do soluto na fase móvel, t é o tempo na fase móvel e $H_{\text{difusão longitudinal}}$ é a altura do prato em virtude da difusão longitudinal. O tempo necessário para percorrer toda a extensão da coluna é L/u_x, em que L é o comprimento da coluna e u_x é a velocidade linear.

Tempo Finito para Transferência de Massa entre as Fases

O termo Cu_x na Equação 23.37 é proveniente do tempo finito necessário para o soluto se mover entre as fases móvel e estacionária.[21] A **transferência de massa** é o movimento do soluto de um local para outro. O soluto deve difundir-se através da fase móvel para alcançar a superfície da fase estacionária de modo que o equilíbrio ocorra (Figura 23.19). O tempo necessário depende da distância que o soluto deve se difundir para chegar à fase estacionária e, inversamente, quão rápido ele se difunde. Quanto maior a velocidade da fase móvel (u_x), menor o tempo disponível para que ocorra essa transferência.

A altura do prato a partir do termo de transferência de massa, também chamado *tempo de equilíbrio finito*, é

Altura do prato decorrente do tempo finito para a transferência de massa:

$$H_{\text{transferência de massa}} = Cu_x = (C_M + C_S)u_x \qquad (23.39)$$

em que C_M descreve a transferência de massa na fase móvel, e C_S descreve a transferência de massa na fase estacionária. Equações específicas para C_M e C_S dependem do tipo de cromatografia e da geometria da coluna.

Para a cromatografia a gás em uma coluna capilar, os termos são

Transferência de massa na fase móvel:

$$C_M = \frac{1 + 6k + 11k^2}{24(k+1)^2} \frac{r^2}{D_M} \qquad (23.40)$$

Transferência de massa na fase estacionária:

$$C_S = \frac{2k}{3(k+1)^2} \frac{d_f^2}{D_S} \qquad (23.41)$$

em que k é o fator de retenção, r é o raio da coluna, D_M é o coeficiente de difusão do soluto na fase móvel, d_f é a espessura da fase estacionária e D_S é o coeficiente de difusão do soluto na fase estacionária. A Figura 23.19 descreve o alargamento em função de C_M. A diminuição do raio da coluna, r, reduz a altura do prato, diminuindo a distância por meio da qual o soluto deve se difundir para atingir a fase estacionária. A difusão lenta do soluto para dentro e para fora do filme da fase estacionária leva ao alargamento em função de C_S (Equação 23.41). A diminuição da espessura da fase estacionária, d_f, reduz a altura do prato e aumenta a eficiência, pois o soluto pode se difundir mais rapidamente a partir de profundidades mais distantes da fase estacionária para dentro da fase móvel.

Nas cromatografias a gás e líquida, a altura do prato decorrente da transferência de massa também diminui com aumento da temperatura, que aumenta o coeficiente de difusão do soluto nas fases estacionária e móvel. A elevação da temperatura na cromatografia líquida permite que a velocidade linear seja aumentada, enquanto a resolução se mantém aceitável.[22] A resolução se mantém em razão do aumento da velocidade de transferência de massa entre as fases em temperatura elevada. Os fatores de retenção e de separação são também afetados pela temperatura.

Caminhos de Fluxo Múltiplos

O termo A era chamado anteriormente de *termo de difusão turbulenta*.

O termo A na equação de van Deemter (Equação 23.37) surge a partir de múltiplos efeitos para os quais a explicação teórica é obscura.[23] A Figura 23.20 é uma explicação pictórica para um desses efeitos. Como alguns caminhos de fluxo são mais compridos que outros, as moléculas que entram ao mesmo tempo na coluna à esquerda são eluídas em tempos diferentes à direita. Para simplificar, expressa-se os vários efeitos diferentes pela constante A na Equação 23.37.

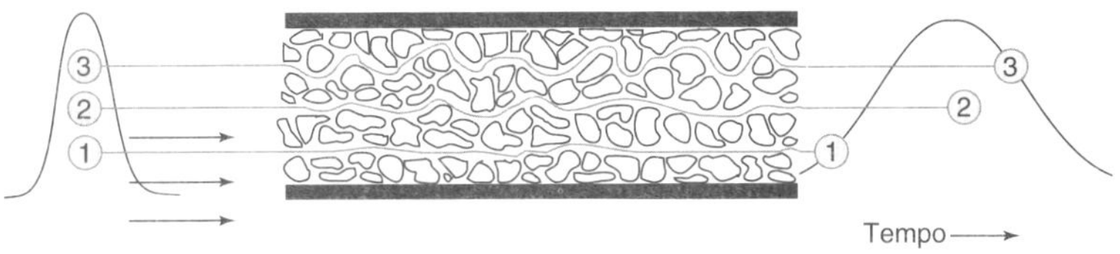

FIGURA 23.20 Alargamento de banda proveniente da existência de caminhos de fluxo múltiplos. Quanto menores forem as partículas da fase estacionária, menos sério é esse tipo de problema. Esse processo não ocorre em uma coluna capilar. [Dados de H. M. McNair e E. J. Bonelli, *Basic Gas Chromatography* (Palo Alto, CA: Varian Instrument Division, 1968).]

Vantagens das Colunas Capilares

Na cromatografia a gás, podemos escolher entre as colunas capilares ou as colunas empacotadas. Para tempos de análises semelhantes, as colunas capilares fornecem uma maior resolução e uma maior sensibilidade para pequenas quantidades de analito. As colunas capilares têm uma pequena capacidade de amostra, de modo que não são apropriadas para separações preparativas.

Comparadas com as colunas empacotadas, as colunas capilares fornecem:
- maior resolução
- menores tempos de análise
- maior sensibilidade

ao custo de uma menor capacidade de amostra.

Em uma coluna empacotada, as partículas resistem ao fluxo da fase móvel e, por isso, a velocidade linear não pode ser muito rápida. Para um mesmo comprimento de coluna e uma mesma pressão aplicada, a velocidade linear em uma coluna capilar é muito maior do que em uma coluna empacotada. Portanto, a coluna capilar pode ser 100 vezes mais comprida do que a coluna empacotada, e ainda alcançar uma queda de pressão semelhante e uma mesma velocidade linear. Se a altura do prato for a mesma, a coluna mais comprida fornece 100 vezes mais pratos teóricos, fazendo com que a resolução aumente em $\sqrt{100} = 10$ vezes.

Para dada pressão, a velocidade linear é proporcional à área da seção transversal da coluna e inversamente proporcional ao comprimento da coluna:

$$u_x \propto \frac{\text{Área}}{\text{comprimento}}$$

A altura do prato é reduzida em uma coluna capilar, pois o alargamento de banda em função dos caminhos de fluxo múltiplos (Figura 23.20) não ocorre. Na curva de van Deemter para a coluna empacotada na Figura 23.17, o termo A responde por dois terços da altura do prato na velocidade linear mais eficiente (H mínimo), próxima de 1 mm/s. Se o termo A fosse eliminado, o número de pratos na coluna triplicaria. Para obtermos em uma coluna capilar um alto rendimento, o raio da coluna tem que ser pequeno e a fase estacionária tem que ser a mais fina possível para assegurar uma rápida transferência de massa do soluto entre as fases móvel e estacionária (os termos C_M e C_S são pequenos).

A Tabela 23.3 compara o desempenho na cromatografia a gás das colunas empacotada e capilar com uma mesma fase estacionária. Para tempos de análise semelhantes, a coluna capilar apresenta uma resolução sete vezes melhor (10,6 contra 1,5) do que a coluna empacotada. Por outro lado, a velocidade pode ser compensada pela resolução. Se a coluna capilar fosse reduzida para um comprimento de 5 m, os mesmos solutos poderiam ser separados com uma resolução de 1,5, mas o tempo seria reduzido de 38,5 para 0,83 minuto.

Comparada com as colunas empacotadas, as colunas capilares permitem:
- uma velocidade linear maior e/ou uma coluna mais comprida
- uma altura de prato menor, o que significa uma resolução maior.

Um Toque de Realidade: Formas Assimétricas de Banda

Uma forma de pico gaussiano ocorre quando o coeficiente de partição, K_D (= $[S]_S/[S]_M$), é independente da concentração do soluto na coluna. Em colunas reais, o valor de K_D muda com o aumento da concentração do soluto, e as formas dos picos são oblíquas.[24] Um gráfico de $[S]_S$ contra $[S]_M$ em certa temperatura é chamado *isoterma*. Na Figura 23.21, vemos três isotermas frequentemente observadas, e as formas dos picos a elas associadas. A isoterma linear no centro é a ideal, aquela que corresponde a um pico simétrico com um tempo de retenção ($t_{R,\text{ ideal}}$) que não depende da concentração do soluto. Essa constância nos permite usar o tempo de retenção, t_R, para identificar o soluto.

$[S]_S$ = concentração do soluto na fase estacionária
$[S]_M$ = concentração do soluto na fase móvel

Em baixas concentrações do analito (diluição infinita), todas as três isotermas parecem lineares. Desse modo, se a capacidade da coluna é elevada o suficiente, observam-se picos gaussianos.

TABELA 23.3 **Comparação do desempenho entre as colunas empacotada e capilar com revestimento na parede interna na cromatografia a gás**[a]

Propriedade	Empacotada	Capilar
Comprimento da coluna, L	2,4 m	100 m
Velocidade linear do gás	8 cm/s	16 cm/s
Altura do prato para o oleato de metila	0,73 mm	0,34 mm
Fator de retenção, k, para o oleato de metila	58,6	2,7
Número de pratos teóricos, N	3 290	294 000
Resolução do estearato de metila e do oleato de metila	1,5	10,6
Tempo de retenção do oleato de metila	29,8 min	38,5 min

a. O estearato de metila ($CH_3(CH_2)_{16}CO_2CH_3$) e o oleato de metila (cis-$CH_3(CH_2)_7CH{=}CH(CH_2)_7CO_2CH_3$) foram separados em colunas com fase estacionária de poli(succinato de dietileno glicol), a 180 °C.

FONTE: *L. S. Ettre. Introduction to Open Tubular Columns (Norwalk, CT: Perkin-Elmer Corp., 1979), p. 26.*

A sobrecarga na cromatografia a gás tende a causar a formação de picos com uma sobrecarga inicial, enquanto a sobrecarga na cromatografia líquida causa o aparecimento de cauda.

As isotermas superior e inferior na Figura 23.21 surgem a partir de uma coluna *sobrecarregada*, na qual foi aplicado muito soluto. A isoterma superior resulta em picos *sobrecarregados* ($B/A < 1$ na Figura 23.14), em que há um aumento gradual do pico cromatográfico seguido de uma queda abrupta. À medida que a concentração do soluto aumenta, ele se torna mais e mais solúvel na fase estacionária. Há tanto soluto na fase estacionária, que esta começa a se assemelhar ao próprio soluto. (Como na extração, a regra geral é "semelhante dissolve semelhante".) A severidade da sobrecarga aumenta com a elevação da quantidade de soluto em excesso injetada.

A isoterma inferior na Figura 23.21 resulta em picos com caudas longas ($B/A > 1$ na Figura 23.14), em que os picos sobem rapidamente para depois decrescerem gradualmente. Se a coluna apresentar uma capacidade de retenção limitada, a injeção de soluto concentrado satura uma porção significativa dos sítios de sorção, deixando menos sítios disponíveis para retenção, o que resulta em um valor de k menor. Tal saturação leva o deslocamento do máximo da altura do pico para um tempo de retenção mais curto. O deslocamento do tempo de retenção aumenta com a elevação da sobrecarga. Em baixas concentrações, todas as três isotermas são aproximadamente lineares e produzem tempos de retenção constantes.

Partículas altamente porosas com elevada área superficial são usadas em cromatografia líquida para maximizar a área superficial e, assim, diminuir a sobrecarga.

Sítios em que o soluto se liga fortemente levam ao aparecimento de cauda. As superfícies das colunas de sílica e as partículas da fase estacionária contêm grupos silanóis (—SiOH), que formam ligações de hidrogênio com solutos polares, o que conduz a uma intensa formação de cauda. A técnica de **silanização** usada pelos fabricantes de colunas reduz a formação de cauda por meio do bloqueio dos grupos silanol com grupos apolares trimetilsilil:

A silanização é também denominada **cobertura final**.

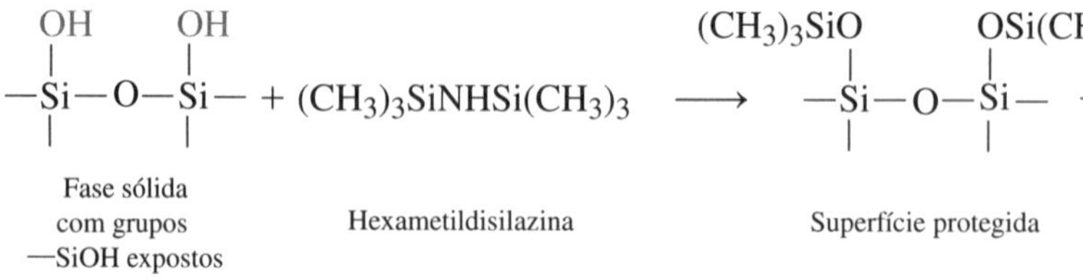

$$\begin{array}{c} \text{OH} \quad \text{OH} \\ | \quad | \\ -\text{Si}-\text{O}-\text{Si}- \\ | \quad | \end{array} + (\text{CH}_3)_3\text{SiNHSi}(\text{CH}_3)_3 \longrightarrow \begin{array}{c} (\text{CH}_3)_3\text{SiO} \quad \text{OSi}(\text{CH}_3)_3 \\ | \quad | \\ -\text{Si}-\text{O}-\text{Si}- \\ | \quad | \end{array} + \text{NH}_3$$

(23.42)

Fase sólida com grupos —SiOH expostos   Hexametildisilazina   Superfície protegida

---

BOXE 23.2 Descrição Microscópica da Cromatografia[25]

Uma teoria *estocástica* fornece um modelo simples para descrever a cromatografia. O termo "estocástico" implica a presença de uma variável aleatória. O modelo supõe que, à medida que uma molécula atravessa uma coluna, ela permanece um tempo médio τ_M na fase móvel entre eventos de adsorção. O tempo entre a dessorção e a próxima adsorção é aleatório, mas o tempo *médio* é τ_M. O tempo médio que a molécula permanece adsorvida na fase estacionária entre uma adsorção e uma dessorção é τ_S. Enquanto a molécula estiver adsorvida na fase estacionária, ela não se move. Quando a molécula está na fase móvel, ela caminha com a velocidade u_x dessa fase móvel. A probabilidade de que uma adsorção ou dessorção ocorra em dado tempo segue a distribuição de Poisson, que foi descrita sucintamente no Problema 19.27.

Admitimos que todas as moléculas gastam o tempo total t_M na fase móvel. Isto é o tempo de retenção do soluto não retido. Os resultados importantes do modelo estocástico são:

- Uma molécula de soluto é adsorvida e dessorvida em média n vezes à medida que ela passa pela coluna, em que $n = t_M/\tau_M$ e t_M é o tempo total na fase móvel.
- O tempo de retenção ajustado para um soluto é

$$t'_R = n\tau_S \quad \textbf{(A)}$$

Este é o tempo médio que o soluto permanece ligado à fase estacionária durante seu trânsito pela coluna.

- A largura de um pico (desvio-padrão) em função dos efeitos da fase estacionária é

$$\sigma = \tau_S\sqrt{2n} \quad \textbf{(B)}$$

Consideremos o cromatograma ideal mostrado na figura a seguir, com um composto não retido e duas substâncias retidas, A e B. Os parâmetros cromatográficos são característicos de uma separação por cromatografia líquida de alta eficiência em uma coluna empacotada com 15 cm de comprimento × 0,39 cm de diâmetro preenchida com partículas esféricas de C_{18}-sílica de 5 μm de diâmetro (Seção 25.1). Com uma vazão volumétrica de 1,0 mL/min, a velocidade linear é u_x = 2,4 mm/s. A partir das larguras medidas à meia altura dos picos ($w_{1/2}$), o desvio-padrão (σ) de um pico gaussiano é calculado pela expressão $w_{1/2} = 2,35\sigma$ (Figura 23.9). O número de pratos para os componentes A e B, calculados por meio da Equação 23.30, é $N = (t_R/\sigma)^2 = 1,00 \times 10^4$.

O modelo estocástico se aplica a processos envolvendo a fase estacionária. Para analisar um cromatograma, precisamos subtrair as contribuições para o alargamento do pico referentes à dispersão na fase móvel e aos efeitos fora da coluna, como a largura de injeção finita, o volume finito do detector e o tubo de

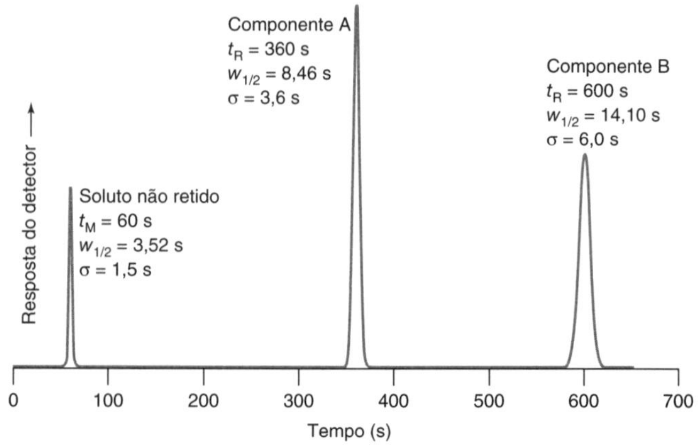

Separação idealizada por cromatografia líquida de três componentes.

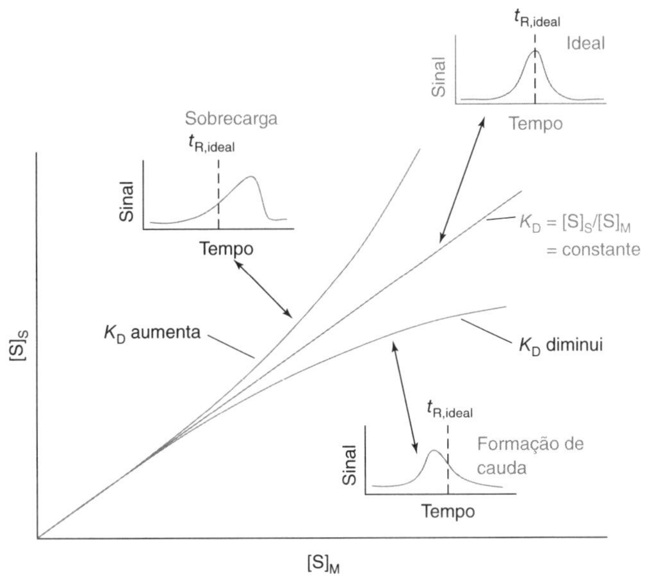

FIGURA 23.21 Isotermas normalmente observadas e suas correspondentes formas de picos cromatográficos resultantes. $t_{R,ideal}$ é o tempo de retenção para condições de isoterma linear.

As colunas de sílica fundida para cromatografia gasosa também podem ser silanizadas para minimizar a interação do soluto com os sítios ativos existentes nas paredes.

Agora que exploramos diversos conceitos, é interessante ler o texto sobre um modelo microscópico de cromatografia no Boxe 23.2.

conexão. Esses efeitos respondem pela largura do pico do composto não retido. Para subtrair os efeitos indesejados, escrevemos

$$\sigma^2_{\text{observada}} = \sigma^2_{\text{fase estacionária}} + \sigma^2_{\text{pico não retido}}$$

$$\sigma^2_{\text{fase estacionária}} = \sigma^2_{\text{observada}} - \sigma^2_{\text{pico não retido}}$$

Para o componente A, $\sigma^2_{\text{fase estacionária}} = \sigma^2_{\text{observada}} - \sigma^2_{\text{pico não retido}} = (3{,}6\ \text{s})^2 - (1{,}5\ \text{s})^2 \Rightarrow \sigma_{\text{fase estacionária}} = 3{,}27$ s. Para o componente B, encontramos $\sigma_{\text{fase estacionária}} = 5{,}81$ s. O tempo de retenção ajustado para o componente A é $t'_R = t_R - t_M = 360 - 60 = 300$ s. Para o componente B, $t'_R = 600 - 60 = 540$ s.

Agora, usamos t'_R e σ (= $\sigma_{\text{fase estacionária}}$) para cada componente a fim de obter parâmetros com significado físico. Combinando as Equações A e B, encontramos

$$n = 2\left(\frac{t'_R}{\sigma}\right)^2 \qquad \tau_S = \frac{\sigma^2}{2t'_R}$$

e já sabíamos que $\tau_M = t_M/n$. A partir dos parâmetros na ilustração, calculamos os resultados mostrados na tabela vista a seguir.

	Componente A	Componente B
n (número de vezes adsorvido)	16 800	17 300
τ_S (duração de uma adsorção)	17,8 ms	31,2 ms
τ_M (intervalo de tempo entre adsorções)	3,6 ms	3,5 ms
Distância entre adsorções (= $u_x\ \tau_M$)	8,6 μm	8,4 μm

Observamos que ambos os componentes gastam quase que o mesmo tempo (~3,5 ms) na fase móvel entre os eventos de adsorção. O componente A permanece uma média de 17,8 ms ligado à fase estacionária cada vez que é adsorvido, e o componente B, 31,2 ms. Esta diferença em τ_S é a razão pela qual A e B são separados um do outro.

Durante seu trânsito pela coluna, cada substância é adsorvida cerca de $n \approx 17\ 000$ vezes. A distância percorrida entre as adsorções é ~8,5 μm. O cromatograma foi simulado para uma coluna com $N = 10\ 000$ pratos teóricos. A altura do prato é 15 cm/(10 000 pratos) = 15 μm. Na Seção 23.4, afirmamos que a altura do prato é aproximadamente o comprimento da coluna necessário para o equilíbrio do soluto entre as fases móvel e estacionária. A partir da teoria estocástica neste exemplo, encontramos que existem aproximadamente dois equilíbrios com a fase estacionária em cada comprimento correspondente à altura do prato.

O tempo necessário para que um soluto passe por uma dada partícula da fase estacionária, com diâmetro d = 5 μm, é t = (5 μm) / (2,4 mm/s) = 2,1 ms. A teoria estocástica prediz que a fração de tempo que a molécula na fase móvel percorre *menos do que* a distância d é $1 - e^{-t/\tau_M} = 1 - e^{-(2{,}1\ \text{ms})/(3{,}5\ \text{ms})} = 0{,}55$. Isto significa que, em aproximadamente metade do tempo, uma molécula do soluto não chega até a próxima partícula da fase estacionária antes de ser adsorvida novamente pela mesma partícula em que acabou de se dessorver. Se usarmos partículas esféricas alinhadas na fase estacionária, serão necessárias 30 000 dessas partículas para preencher os 15 cm de comprimento da coluna. Cada molécula de soluto se liga ~17 000 vezes durante o trânsito pela coluna, e metade dessas etapas de ligação são com a mesma partícula de onde acabou de se dessorver.

Este modelo simples fornece uma visão microscópica dos eventos que ocorrem na cromatografia. O modelo omite alguns fenômenos que ocorrem em colunas reais. Por exemplo, em uma fase estacionária porosa, a fase móvel pode ficar estagnada dentro dos poros. Quando uma molécula entra em um desses poros, ela vai adsorver e dessorver muitas vezes na mesma partícula antes de sair do poro.

Termos Importantes

altura do prato
coeficiente de difusão
coeficiente de partição
coluna capilar
coluna empacotada
cromatografia de adsorção
cromatografia de afinidade
cromatografia de exclusão por tamanho
cromatografia de filtração em gel
cromatografia de partição
cromatografia de permeação em gel
cromatografia de troca iônica
cromatograma
difusão
difusão longitudinal
eluato
eluente
eluição
equação de van Deemter
extração
fase estacionária
fase móvel
fator de assimetria
fator de retenção
fator de separação
fluxo laminar
miscível
número de pratos
razão de distribuição
resolução
resolução de linha base
silanização
tempo de retenção
tempo de retenção ajustado
transferência de massa
vazão volumétrica
velocidade linear
volume de retenção

Resumo

Um soluto pode ser extraído de uma fase para outra em que ele é mais solúvel. A razão entre as concentrações do soluto em cada uma das fases em equilíbrio é chamada coeficiente de partição. Se existir mais de uma forma do soluto, usamos uma razão de distribuição no lugar de um coeficiente de partição. Obtemos as equações que relacionam a fração de soluto extraído com o coeficiente de partição ou com a razão de distribuição, com os volumes e com o pH. Várias extrações com volumes pequenos de solvente são mais eficientes que poucas extrações com volumes maiores. Um agente quelante, solúvel apenas em solventes orgânicos, pode extrair íons metálicos de soluções aquosas, sendo a sua seletividade controlada por meio do ajuste de pH. Na extração de pares iônicos, cátions e ânions hidrofóbicos trazem íons de carga oposta da fase aquosa para um solvente orgânico imiscível. Escolhemos solventes alternativos mais ecológicos e minimizamos os volumes de solvente.

Na cromatografia de adsorção e de partição, ocorre um equilíbrio contínuo entre as fases estacionária e móvel. O eluente entra na coluna e o eluato sai da coluna. As colunas podem ser empacotadas com a fase estacionária ou podem ser capilares, com a fase estacionária ligada à parede interna da coluna. Na cromatografia de troca iônica, o soluto é atraído para a fase estacionária por forças coulombianas. Na cromatografia de exclusão por tamanho, a fração do volume de poros da fase estacionária disponível para o soluto diminui à medida que o tamanho das moléculas de soluto aumenta. A cromatografia de afinidade se baseia nas interações específicas não covalentes entre a fase estacionária e determinado soluto presente em uma mistura complexa.

O fator de separação (α) de dois componentes é a razão entre os seus tempos de retenção ajustados. O fator de retenção para um único componente é o tempo de retenção ajustado dividido pelo tempo de eluição para um componente não retido. O fator de retenção dá a razão entre o tempo de permanência do soluto na fase estacionária e o tempo de permanência na fase móvel. Ao aumentarmos a escala de uma separação de pequenas para grandes quantidades de material processado, a velocidade linear é mantida constante, e a área transversal da coluna deve ser aumentada na mesma proporção da quantidade de solutos.

A altura do prato ($H = \sigma^2/x$) está relacionada com a largura de uma banda que emerge da coluna. Quanto menor for a altura do prato, mais fina será a banda. O número de pratos para um pico gaussiano é $N = 16t_R^2/w^2 = 5{,}55t_R^2/w_{1/2}^2$, em que w e $w_{1/2}$ são a largura na linha de base e a largura total à meia altura. A altura do prato é, aproximadamente, o comprimento da coluna necessário para que o soluto atinja um equilíbrio entre as fases móvel e estacionária. A resolução de picos vizinhos é a diferença no tempo de retenção dividida pela largura média (medida na linha base, $w = 4\sigma$). A resolução é proporcional a $\sqrt{N}$. Dobrando-se o comprimento de uma coluna, aumenta-se a resolução de $\sqrt{2}$.Uma certa retenção é essencial ($k \approx$ 0,5 a 20) para se obter uma resolução, mas $k > 20$ aumenta o tempo de separação sem uma melhora substancial na resolução. O fator de separação (α) influencia fortemente a resolução cromatográfica.

O desvio-padrão de uma banda de difusão de um soluto é $\sigma = \sqrt{2Dt}$, em que D é o coeficiente de difusão e t, o tempo. A equação de van Deemter descreve o alargamento de banda em uma coluna cromatográfica: $H \approx A + B/u_x + Cu_x$, sendo H a altura do prato, u_x a velocidade linear e A, B e C as constantes para determinada coluna e fase móvel. O primeiro termo representa os caminhos de fluxo irregulares, o segundo, a difusão longitudinal, e o terceiro, a velocidade finita de transferência do soluto entre as fases móvel e estacionária. O valor ótimo da velocidade linear que minimiza a altura do prato é maior na cromatografia a gás que na cromatografia líquida. O número de pratos e a velocidade linear ótima aumentam com a diminuição do tamanho das partículas da fase estacionária ou com a redução do diâmetro da coluna capilar. Na cromatografia a gás, as colunas capilares podem proporcionar uma resolução maior ou análises em menos tempo que as colunas empacotadas. As bandas cromatográficas sofrem alargamento durante a injeção, durante a detecção e no tubo de conexão, bem como durante a passagem pela coluna de separação. A variância observada para determinada banda é a soma das variâncias de todos os mecanismos de alargamento. Os efeitos de sobrecarga e de formação de cauda podem ser corrigidos injetando-se uma quantidade menor de amostra e mascarando-se os sítios de adsorção fortes presentes na fase estacionária.

Exercícios

23.A. Um soluto com um coeficiente de partição de 4,0 é extraído a partir de 10 mL da fase 1 para a fase 2.

(a) Que volume da fase 2 é necessário para extrair 99% do soluto em uma única extração?

(b) Qual é o volume total do solvente 2 necessário para remover 99% do soluto em três extrações com volumes iguais?

23.B. Considere um experimento de cromatografia em que dois componentes com fatores de capacidade $k_1 = 4{,}00$ e $k_2 = 5{,}00$ são injetados em uma coluna com $N = 1{,}00 \times 10^3$ pratos teóricos. O tempo de retenção do componente menos retido é $t_{R1} = 10{,}0$ minutos.

(a) Calcule t_M e t_{R2}. Determine os valores de $w_{1/2}$ (largura à meia altura) e w (largura na base) para cada um dos picos.

(b) Usando papel milimetrado, esboce um cromatograma semelhante ao da Figura 23.7, supondo que os dois picos têm a mesma amplitude (altura). Desenhe cuidadosamente as regiões correspondentes à meia largura dos picos.

(c) Calcule a resolução entre os dois picos e compare esse valor com os que foram representados na Figura 23.10.

23.C. (a) Determine, na Figura 23.7, os fatores de retenção para o octano e para o nonano. Ao medir distâncias, estime-as com precisão de 0,1 mm.

(b) Determine a razão

$$\frac{\text{Tempo de permanência do octano na fase estacionária}}{\text{Tempo total de permanência do octano na coluna}}$$

(c) Determine a fator de separação do octano e do nonano.

(d) Se o volume da fase estacionária for igual à metade do volume da fase móvel, determine o valor do coeficiente de partição do octano.

23.D. Um cromatograma de uma mistura de tolueno e acetato de etila obtida a partir de cromatografia a gás é mostrado a seguir.

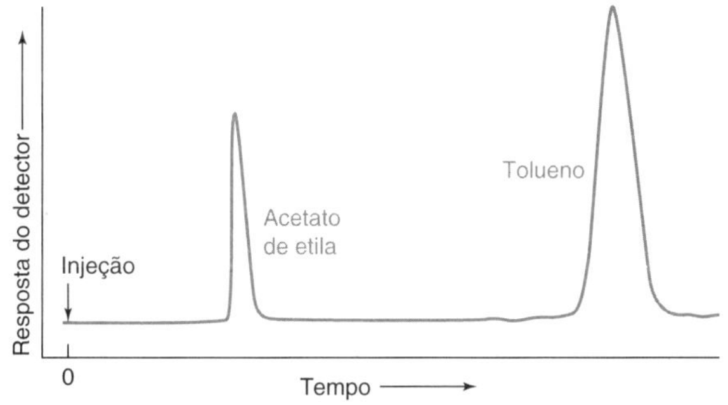

(a) Use a largura de cada pico (medida na base) para calcular o número de pratos teóricos na coluna. Estime todos os comprimentos com precisão de 0,1 mm. Na Figura 23.9, as duas linhas tangentes tracejadas são desenhadas nos pontos de inflexão e extrapoladas para marcar a largura w na linha de base.

(b) Usando a largura do pico do tolueno na sua base, calcule a largura esperada à meia altura. Compare os valores medidos com os valores calculados. Quando a espessura da linha da caneta é significativa com relação ao comprimento que está sendo medido, é importante levarmos em conta a espessura dessa linha. Você pode medir a partir da aresta de um dos traços até a aresta correspondente do outro traço, conforme visto na figura a seguir.

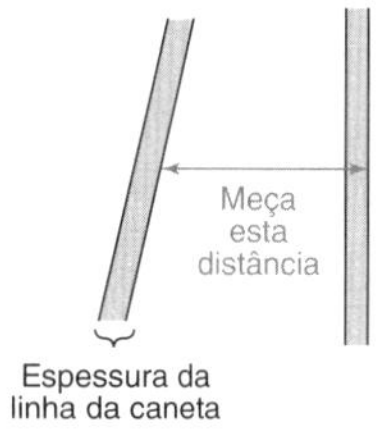

23.E. Os três cromatogramas, mostrados na figura a seguir, foram obtidos com a injeção de 2,5, 1,0 e 0,4 μL de acetato de etila em uma mesma coluna sob as mesmas condições. Explique por que os picos se tornam cada vez menos simétricos à medida que a quantidade de amostra aumenta.

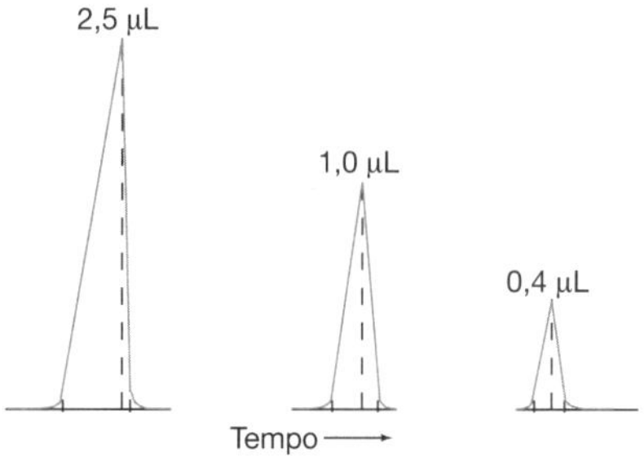

23.F. O fator de separação de dois compostos usando-se cromatografia a gás é 1,068 para uma coluna com uma altura de prato de 0,520 mm. O fator de retenção do composto 1 é 5,16.

(a) Determine o fator de retenção para o composto 2.

(b) Qual o comprimento da coluna que irá separar os compostos com uma resolução de 1,50?

(c) O tempo de retenção do ar (t_M) é de 2,00 minutos. Se o número de pratos é o mesmo para ambos os compostos, determine t_R e $w_{1/2}$ para cada pico.

(d) Se a razão volumar da fase estacionária para a fase móvel é 0,30, determine o coeficiente de partição para o componente 1.

Problemas

Extração por Solvente

23.1. Se você está extraindo uma substância da água para o heptano, é mais eficaz fazer uma única extração com 300 mL de heptano ou três extrações de 100 mL cada uma?

23.2. Ao realizar uma extração líquido-líquido, é prática comum agitar o funil de separação para dispersar uma fase na outra.

(a) O coeficiente de partição é afetado pela agitação do funil de separação?

(b) Explique a finalidade da agitação do funil de separação.

23.3. (a) Se você deseja extrair ácido acético de uma solução aquosa para hexano, é mais eficaz ajustar a fase aquosa para pH 3 ou pH 8?

(b) Use a figura no Boxe 23.1 para sugerir um solvente alternativo mais ecológico para esta extração.

23.4. (a) Por que é difícil extrair o complexo de EDTA com alumínio para um solvente orgânico, mas é fácil extrair o complexo com 8-hidroxiquinoleína?

(b) Se for necessário transferir o complexo de EDTA para o solvente orgânico, deve-se adicionar um agente de transferência de fase por par iônico com um cátion hidrofóbico ou um ânion hidrofóbico?

23.5. Por que a extração de um íon metálico para um solvente orgânico com 8-hidroxiquinoleína é mais completa em pH alto?

23.6. A razão de distribuição para a extração de um complexo metálico de um meio aquoso para solventes orgânicos é $D = [\text{metal total}]_{org}/[\text{metal total}]_{aq}$. Dê as razões físicas para explicar por que β_n e K_a aparecem no numerador da Equação 23.13, e K_L e $[H^+]_{aq}$ aparecem no denominador.

23.7. Dê uma interpretação física para as Equações 23.6 e 23.7 em termos das equações de composição fracionária para um ácido monoprótico, assunto discutido na Seção 10.5.

23.8. O soluto S tem na Equação 23.1 um coeficiente de partição de 4,0 entre a água (fase 1) e o clorofórmio (fase 2).

(a) Calcule a concentração de S no clorofórmio se $[S]_{aq}$ é igual a 0,020 M em equilíbrio.

(b) Se o volume de água é igual a 80,0 mL e o volume de heptano é de 10,0 mL, determine a razão (mols de S em heptano)/(mols de S na água).

23.9. O soluto do Problema 23.8 está dissolvido inicialmente em 80,0 mL de água. Ele é extraído seis vezes com porções de 10,0 mL de heptano. Determine qual a fração de soluto que resta na fase aquosa.

23.10. A base fraca B ($K_b = 1{,}0 \times 10^{-5}$) está em equilíbrio entre a água (fase 1) e o tolueno (fase 2).

(a) Defina a razão de distribuição, D, para esse sistema.

(b) Explique a diferença entre D e K_D, o coeficiente de partição.

(**c**) Calcule o valor de D em pH 8,00 se $K_D = 50{,}0$.

(**d**) D será maior ou menor em pH 10 do que em pH 8? Justifique sua resposta.

23.11. Considere a extração de M^{n+} a partir de uma solução aquosa para uma solução orgânica pela reação com o ligante protonado, HL:

$$M^{n+}(aq) + n\text{HL}(org) \rightleftharpoons \text{ML}_n(org) + nH^+(aq)$$

$$K_{\text{extração}} = \frac{[\text{ML}_n]_{\text{org}}[\text{H}^+]^n_{\text{aq}}}{[\text{M}^{n+}]_{\text{aq}}[\text{HL}]^n_{\text{org}}}$$

Reescreva a Equação 23.13 em termos de $K_{\text{extração}}$ e expresse $K_{\text{extração}}$ em termos das constantes na Equação 23.13. Explique, fisicamente, qual a influência do valor de cada constante no aumento ou diminuição de $K_{\text{extração}}$.

23.12. O ácido butanoico tem um coeficiente de partição de 3,0 (favorável ao benzeno) quando ocorre a sua distribuição entre a água e o benzeno. Determine a concentração formal do ácido butanoico em cada fase quando 100 mL de uma solução aquosa 0,10 M de ácido butanoico são extraídos com 25 mL de benzeno (**a**) em pH 4,00 e (**b**) em pH 10,00. (**c**) Use a figura no Boxe 23.1 para sugerir um solvente alternativo mais ecológico (mais *verde*) para esta extração.

23.13. Para um valor conhecido de $[\text{HL}]_{\text{org}}$ na Equação 23.13, sobre qual faixa de pH (quantas unidades de pH) o valor de D mudará de 0,01 para 100, se $n = 2$?

23.14. Para a extração de Cu^{2+} pela ditizona em um líquido iônico, $K_L = 1{,}1 \times 10^4$, $K_M = 7 \times 10^4$, $K_a = 3 \times 10^{-5}$, $\beta_2 = 5 \times 10^{22}$ e n (número de ligantes no complexo extraído) = 2.

(**a**) Calcule a razão de distribuição para a extração de Cu^{2+} 0,1 μM no líquido iônico pela ditizona 0,1 mM em pH 1,0 e em pH 4,0.

(**b**) Se 100 mL de Cu^{2+} 0,1 μM aquoso são extraídos uma única vez com 10 mL de ditizona 0,1 mM em pH 1,0, qual a quantidade de Cu^{2+} que permanece na fase aquosa?

23.15. Considere a extração de 100,0 mL de $M^{2+}(aq)$ por 2,0 mL de ditizona 1×10^{-5} M em um líquido iônico, em que $K_L = 1{,}1 \times 10^4$, $K_M = 7 \times 10^4$, $K_a = 3 \times 10^{-5}$, $\beta_2 = 5 \times 10^{18}$ e $n = 2$.

(**a**) Obtenha uma expressão para a fração de íon metálico extraído para a fase constituída pelo líquido iônico, em termos da razão de distribuição e dos volumes das duas fases.

(**b**) Faça um gráfico da porcentagem de íon metálico extraído na faixa de pH de 0 a 5.

23.16. O limite teórico para a extração de um soluto S da fase 1 (volume V_1) para fase 2 (volume V_2) é obtido dividindo-se V_2 em um número infinito de volumes infinitesimalmente pequenos e realizando um número infinito de extrações. Com um coeficiente de partição $K_D = [S]_2/[S]_1$, a fração limite de soluto que resta na fase 1 é[4] $q_{\text{limite}} = e^{-(V_2/V_1)K_D}$. São dados $V_1 = V_2 = 50$ mL, e $K_D = 2$. Considerando que o volume V_2 está dividido em n porções iguais para se realizarem n extrações, determine a fração de S extraída para a fase 2 para n = 1, 2, 10 extrações. Quantas porções são necessárias para se atingir 95% do limite teórico.

23.17. *Coeficiente de partição octanol-água.* Um medicamento oral deve passar do trato digestivo para a corrente sanguínea para ser eficaz. O fármaco presente no medicamento deve ser polar o suficiente para ser solúvel em água, mas apolar o suficiente para se distribuir em membranas celulares hidrofóbicas. Uma medida da polaridade do fármaco, chamada *lipofilicidade*, é o logaritmo da constante de distribuição do fármaco entre a água e o 1-octanol:

$$\text{Fármaco na água} \xrightleftharpoons{K_{\text{oa}}} \text{Fármaco no octanol} \quad K_{\text{oa}} = \frac{[\text{fármaco}]_{\text{oct}}}{[\text{fármaco}]_{\text{água}}} \quad \textbf{(A)}$$

Um procedimento para determinar K_{oa} mede a absorbância da fase aquosa antes (A_i) e após (A_f) extração com octanol.[26] O volume V_a de água (saturado com octanol) contendo uma baixa concentração (< 0,01 M) de fármaco dissolvido é extraído com um volume V_{oct} de octanol (saturado com água). A concentração do fármaco é mantida baixa para que os coeficientes de atividade sejam próximos de 1. A mistura é bem agitada e deixada atingir o equilíbrio antes que as fases sejam separadas por centrifugação. A absorbância no ultravioleta ou no visível da fase aquosa é medida em um máximo de absorção do fármaco antes e depois do equilíbrio com o octanol.

Seja A_i a absorbância inicial do fármaco na água e A_f a absorbância final do fármaco na água após ser atingido o equilíbrio com o octanol. Pela lei de Beer, a concentração do fármaco é $c = A/(\varepsilon b)$, em que ε é a absortividade molar e b é o caminho óptico da célula usada para medir a absorbância. A partir da reação A sabemos que $[\text{fármaco}]_{\text{oct}} = K_{\text{oa}}\,[\text{fármaco}]_{\text{água}}$. Escrevemos, então, um balanço de massa substituindo as concentrações pela lei de Beer e resolvemos para a constante de partição K_{oa}:

(número de mols de fármaco na água)$_{\text{inicial}}$
= (número de mols de fármaco na água)$_{\text{final}}$
+ (número de mols de fármaco no octanol)$_{\text{final}}$

$$[\text{fármaco}]_{\text{água,inicial}} \cdot V_a = [\text{fármaco}]_{\text{água,final}} \cdot V_a + [\text{fármaco}]_{\text{oct,final}} \cdot V_{\text{oct}}$$

$$(A_i/\varepsilon b) \cdot V_a = (A_f/\varepsilon b) \cdot V_a + K_{\text{oa}} \cdot (A_f/\varepsilon b) \cdot V_{\text{oct}}$$

$$K_{\text{oa}} = \frac{A_i V_a - A_f V_a}{A_f V_{\text{oct}}} \quad \textbf{(B)}$$

(**a**) As massas específicas da água e do octanol são 1,00 e 0,83 g/mL, respectivamente. A água seria a camada superior ou inferior após a centrifugação?

(**b**) Octanol é ligeiramente solúvel em água e a água é muito solúvel em octanol. Por que é importante pré-saturar octanol com água e água com octanol antes de medir K_{oa}?

(**c**) Uma solução aquosa de 10 mL de acetaminofeno foi extraída com 10 mL de octanol. A solução aquosa inicial tinha uma absorbância de 0,979 depois que 600 μL foram diluídos com 1 400 μL de água. Após a extração, a fase aquosa não diluída tinha uma absorbância de 1,056. Use a Equação B para encontrar o K_{oa} do acetaminofeno. *Dica*: cada absorbância A_i e A_f deve ser corrigida para diluição se a água foi diluída antes de medir a absorbância.

(**d**) Se a absorbância final da fase aquosa for muito baixa, os volumes relativos de octanol e água podem ser ajustados para aumentar a absorbância. Uma tentativa inicial de outro fármaco produziu uma absorbância aquosa final de 0,20 para extração de 10 mL de água com 10 mL de octanol. Deve-se usar mais ou menos octanol?

Cromatografia do Ponto de Vista de um Bombeiro Hidráulico

23.18. Associe os termos da primeira lista com as características descritas na segunda lista.

1. cromatografia de adsorção

2. cromatografia de partição

3. cromatografia de troca iônica

4. cromatografia de exclusão por tamanho

5. cromatografia de afinidade

A. Os íons na fase móvel são atraídos por contraíons ligados covalentemente à fase estacionária.

B. O soluto na fase móvel é atraído por grupos específicos ligados covalentemente à fase estacionária.

C. O soluto está em equilíbrio entre a fase móvel e a superfície da fase estacionária.

D. O soluto está em equilíbrio entre a fase móvel e o filme líquido presente na superfície da fase estacionária.

E. Solutos de tamanhos diferentes penetram os poros na fase estacionária em diferentes extensões. Os solutos maiores são eluídos primeiro.

23.19. O coeficiente de partição de um soluto em cromatografia é $K = [S]_S/[S]_M$, em que $[S]_S$ é a concentração na fase estacionária e $[S]_M$ é a concentração na fase móvel. Explique por que quanto maior for o coeficiente de partição, mais tempo um soluto levará para ser eluído.

23.20. **(a)** Escreva o significado do fator de retenção, *k*, em termos do tempo de permanência do soluto em cada fase.

(b) Escreva uma expressão em termos de *k* para a fração de tempo de permanência de uma molécula de um soluto na fase móvel.

23.21. **(a)** Uma coluna cromatográfica, com um comprimento de 10,3 cm e um diâmetro interno de 4,61 mm, está empacotada com uma fase estacionária que ocupa 61,0% de seu volume. Se a vazão volumétrica é 1,13 mL/min, determine o valor da velocidade linear em cm/min.

(b) Quanto tempo leva para que o solvente (que é o mesmo que soluto não retido) passe pela coluna?

(c) Determine o tempo de retenção para um soluto cujo fator de retenção é igual a 10,0.

23.22. Uma coluna capilar tem 30,1 m de comprimento e possui um diâmetro interno de 0,530 mm. A sua parede interna está recoberta com uma camada de fase estacionária que tem 3,1 μm de espessura. O soluto, que não é retido, passa pela coluna em 2,16 minutos, enquanto determinado soluto tem um tempo de retenção de 17,32 minutos.

(a) Determine o valor das vazões linear e volumétrica.

(b) Determine o fator de retenção para o soluto e a fração de tempo de permanência na fase estacionária.

(c) Determine o coeficiente de partição, $K_D = [S]_S/[S]_M$, para esse soluto.

23.23. Uma experiência cromatográfica separa 4,0 mg de uma mistura desconhecida em uma coluna com comprimento de 40 cm e um diâmetro de 0,85 cm.

(a) Que tamanho de coluna você usaria para separar 100 mg da mesma mistura?

(b) Se a vazão na coluna menor é de 0,22 mL/min, que vazão volumétrica deve ser usada na coluna maior?

(c) Se a fase móvel ocupa 35% do volume da coluna, calcule a velocidade linear para a coluna menor e para a coluna maior.

23.24. Considere uma coluna cromatográfica em que $V_S = V_M/5$. Determine o fator de retenção quando $K_D = 3$ e quando $K_D = 30$.

23.25. A Figura 5.9 é um cromatograma do componente X e do padrão interno S. O pequeno pico no início do cromatograma é um componente não retido.

(a) Qual é a velocidade linear se o comprimento da coluna é de 100 mm?

(b) Quais são o tempo de retenção, o tempo de retenção ajustado e o fator de retenção para X e S?

(c) Qual é o fator de separação entre X e S?

23.26. Uma coluna capilar tem um diâmetro de 207 μm e a espessura da fase estacionária, na parede interna, de 0,50 μm. O soluto, que não é retido, passa pela coluna em 63 s e determinado soluto emerge em 433 s. Encontre para esse soluto o coeficiente de partição e a fração de tempo de permanência na fase estacionária.

23.27. Qual das colunas apresentadas a seguir fornecerá:

(a) O maior número de pratos?

(b) A maior retenção?

(c) O fator de separação mais elevado?

(d) A melhor separação?

Coluna 1: $N = 1\,000$; $k_2 = 1{,}2$; $\alpha = 1{,}16$; resolução = 0,6
Coluna 2: $N = 5\,000$; $k_2 = 3{,}9$; $\alpha = 1{,}06$; resolução = 0,8
Coluna 3: $N = 500$; $k_2 = 4{,}7$; $\alpha = 1{,}31$; resolução = 1,1
Coluna 4: $N = 2\,000$; $k_2 = 2{,}4$; $\alpha = 1{,}24$; resolução = 1,5

23.28. Na cromatografia, a resolução é governada **(a)** pelo número de pratos, **(b)** pelo fator de separação e **(c)** pelo fator de retenção. Faça um conjunto de gráficos que mostrem a dependência da resolução em cada um desses três parâmetros. Comente acerca da natureza da dependência da resolução em função de cada um desses três parâmetros.

23.29. **(a)** Explique por que o coeficiente de difusão do CH_3OH é maior do que para a sacarose (MF 342) na Tabela 23.1.

(b) Faça uma estimativa da ordem de magnitude do coeficiente de difusão do vapor d'água no ar a 298 K.

23.30. *Resolução com o HPLC Teaching Assistant*, uma planilha do Excel que simula separações de cromatografia líquida de alta eficiência.[27] Baixe o arquivo Excel no Ambiente de aprendizagem do GEN e abra o arquivo. Você verá uma página de menu com *Resolution* no canto superior esquerdo. Caso contrário, clique no botão casa azul no canto superior esquerdo. Clique em *Resolution* para este problema. Ajuste o tamanho da imagem para que você veja três gráficos na parte inferior mostrando as relações entre *resolution and retention factor, separation factor (called selectivity), and plate number (efficiency)* [resolução e fator de retenção, fator de separação (chamado de seletividade) e número de pratos (eficiência)] semelhantes aos gerados no Problema 23.28.

(a) Use a barra deslizante superior no canto superior esquerdo para ajustar o fator de retenção. Mantenha *selectivity* (seletividade) em 1,10 e *efficiency* (número de pratos) em 10 000. Qual é a resolução para $k_1 = 0$, 1, 2, 5 e 10? Qual é o *retention time* (tempo de retenção) do segundo pico em cada fator de retenção? Dica: o Excel mostra os valores *x* e *y* para o ponto em um gráfico quando você posiciona o cursor sobre o ponto.

(b) Com um *retention factor* (fator de retenção) de 1 e a *efficiency* (número de pratos) de 10 000, ajuste a *selectivity* (seletividade) para 1,00, 1,10 e 1,20. Qual é a *resolution* (resolução) e o *retention time* (tempo de retenção) do segundo pico em cada valor de *selectivity* (seletividade)?

(c) Com um *retention factor* (fator de retenção) de 1 e *selectivity* (seletividade) de 1,10, ajuste o *plate number* (número de pratos) para 2 000, 4 000, 6 000, 8 000, 10 000, 12 000 e 17 000. Qual é a *resolution* (resolução) e o *retention time* (tempo de retenção) do segundo pico em cada valor de *N*?

(d) Repita **(c)**. Qual é a *maximum absorbance* (absorbância máxima) para o pico 1 para o *plate numbers* (números de pratos) de 2 000, 6 000 e 17 000? Subtraia o *baseline signal* (sinal da linha de base) das *peak heights* (alturas do pico).

Eficiência e Alargamento de Banda

23.31. Os cromatogramas dos compostos A e B foram obtidos na mesma vazão volumétrica em duas colunas de mesmo comprimento. O valor de t_M é 1,3 minuto em ambos os casos.

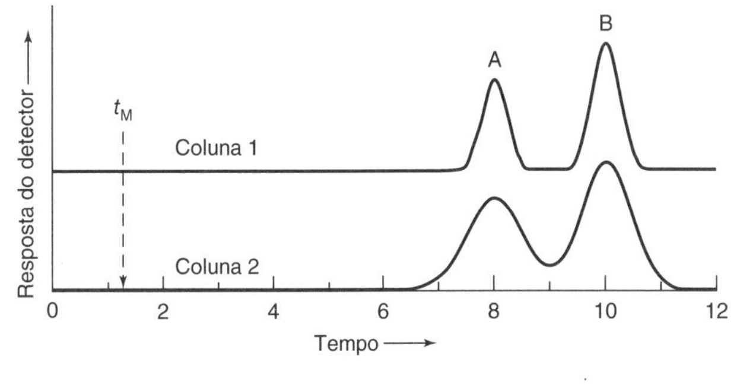

(**a**) Qual a coluna que tem mais pratos teóricos?

(**b**) Qual a coluna que tem a maior altura de prato?

(**c**) Qual a coluna que tem a maior resolução?

(**d**) Qual a coluna que tem o maior fator de separação?

(**e**) Qual o composto com o maior fator de retenção?

(**f**) Qual o composto com o maior coeficiente de partição?

(**g**) Qual o valor numérico do fator de retenção do pico A?

(**h**) Qual o valor numérico do fator de retenção do pico B?

(**i**) Qual o valor numérico do fator de separação?

23.32. Para a separação de A e B por meio da coluna 2 no Problema 23.31:

(**a**) Se o alargamento é principalmente resultante da difusão longitudinal, como a vazão volumétrica deve ser manipulada para aumentar a resolução?

(**b**) Se o alargamento é principalmente resultante do tempo de equilíbrio finito, como a vazão volumétrica deve ser manipulada para aumentar a resolução?

(**c**) Se o alargamento é principalmente resultante dos caminhos múltiplos, qual será o efeito da vazão volumétrica sobre a resolução?

23.33. Por que a altura do prato depende da velocidade linear, e não da vazão volumétrica?

23.34. Que coluna é mais eficiente: aquela com uma altura do prato igual a (**a**) 0,1 mm ou (**b**) 1 mm?

23.35. Por que a difusão longitudinal é um problema mais sério na cromatografia a gás do que na cromatografia líquida?

23.36. Por que a velocidade linear ótima é maior em determinada coluna cromatográfica, se o tamanho das partículas da fase estacionária é menor?

23.37. Qual é a velocidade linear ótima na Figura 23.17 para uma melhor separação dos solutos?

23.38. Associe as afirmações numeradas de 1 a 5 com os termos referentes ao alargamento das bandas, descritos na segunda lista.

1. Depende do raio da coluna capilar.

2. Ausente em uma coluna capilar.

3. Depende do comprimento e do raio do tubo de conexão.

4. Aumenta com o coeficiente de difusão do soluto.

5. Aumenta com a espessura do filme da fase estacionária.

A Caminhos múltiplos

B Difusão longitudinal

C_M Transferência de massa na fase móvel

C_S Transferência de massa na fase estacionária

EC Alargamento de banda extracoluna

23.39. Explique como a silanização reduz a formação de cauda nos picos cromatográficos.

23.40. Descreva como as isotermas de retenção não lineares conduzem a formas de bandas que não são gaussianas. Desenhe o formato de uma banda produzida por uma coluna de cromatografia a gás sobrecarregada e por uma coluna de cromatografia líquida que leva à formação de cauda.

23.41. A separação de uma mistura desconhecida de 2,5 mg foi otimizada para uma coluna com um comprimento *L* e um diâmetro *d*.

(**a**) Explique por que não podemos alcançar a mesma resolução se os 2,5 mg da mistura forem injetados em um volume igual ao dobro do volume original de injeção.

(**b**) Explique por que não se pode alcançar a mesma resolução se 5,0 mg da mistura forem injetados no mesmo volume original de injeção.

23.42. Uma região infinitamente estreita de soluto é colocada no centro de uma coluna no tempo $t = 0$. Após difusão por um tempo t_1, o desvio-padrão da banda gaussiana é de 1,0 mm. Após mais 20 minutos, no tempo t_2, o desvio-padrão é de 2,0 mm. Qual será a largura da banda após outros 20 minutos, no tempo t_3?

23.43. Um cromatograma com bandas gaussianas ideais tem $t_R = 9{,}0$ minutos e $w_{1/2} = 2{,}0$ minutos.

(**a**) Quantos pratos teóricos estão presentes?

(**b**) Determine a altura do prato, se a coluna tem 10 cm de comprimento.

23.44. (**a**) Para o cromatograma assimétrico na Figura 23.14, calcule o fator de assimetria, *B/A*.

(**b**) O cromatograma assimétrico na Figura 23.14 tem um tempo de retenção igual a 15,0 minutos, e um valor de $w_{0,1}$ de 44 s. Determine o número de pratos teóricos.

(**c**) A largura de um pico gaussiano em uma altura igual a um décimo da altura do pico é 4,297σ. Admita que o pico na parte (**b**) do problema seja simétrico com A = B = 22 s. Use as Equações 23.30 e 23.32 para determinar o número de pratos teóricos.

23.45. (**a**) Dois picos cromatográficos, com larguras, $w_{\text{méd}}$, de 6 minutos, são eluídos em 24 e 29 minutos. Qual o diagrama na Figura 23.10 será mais parecido com o cromatograma?

(**b**) Dois picos cromatográficos são separados de tal forma que o sinal retorna à linha base entre os dois picos. Baseado na Figura 23.10, qual é o valor numérico da resolução entre os picos?

23.46. Um pico cromatográfico possui uma largura, *w*, de 4,0 mL e um volume de retenção de 49 mL. Qual a largura esperada para uma banda com volume de retenção de 127 mL? Admita que o único alargamento de banda ocorre na própria coluna.

23.47. Um pico correspondente à sacarose eluída com água a partir de uma coluna com uma vazão de 0,66 mL/min tem uma largura à meia altura, $w_{1/2}$, de 39,6 s. A amostra foi aplicada de maneira pontual com um volume de 0,40 mL, o volume do detector é de 0,25 mL, e o tubo de conexão tem 20 cm de comprimento e um diâmetro de 0,050 cm. Determine as variâncias introduzidas pela injeção, pela detecção e pelo tubo de conexão. Qual seria a largura à meia altura ($w_{1/2}$) se o alargamento ocorresse somente na coluna?

23.48. Dois compostos com coeficientes de partição 15 e 18 devem ser separados por uma coluna com $V_M/V_S = 3{,}0$ e $t_M = 1{,}0$ min. Calcule o número de pratos teóricos necessários para produzir uma resolução de 1,5.

23.49. A Figura 5.9 mostra um cromatograma de um analito X e padrão interno S.

(**a**) Use a Equação 23.30 para encontrar o número de pratos teóricos para X e S.

(**b**) Qual resolução da Figura 23.10 mais se assemelha à resolução da Figura 5.9?

(**c**) Meça a resolução entre os picos X e S.

23.50. Calcule o número de pratos teóricos necessários para se obter uma resolução de 2,0 se:

(**a**) $\alpha = 1{,}05$ e $k_2 = 5{,}00$.

(**b**) $\alpha = 1{,}10$ e $k_2 = 5{,}00$.

(**c**) $\alpha = 1{,}05$ e $k_2 = 10{,}00$.

(**d**) Como você pode aumentar *N*, α e k_2 em um método cromatográfico? Nesse problema, quem tem um efeito maior sobre a resolução, α ou k_2?

23.51. Considere os picos correspondentes ao pentafluorobenzeno e ao benzeno no cromatograma apresentado a seguir. O tempo de eluição para o soluto que não foi retido é de 1,06 minuto. A coluna capilar tem 30,0 m de comprimento e 0,530 mm de diâmetro, com uma camada de fase estacionária de 3,0 μm de espessura na parede interna.

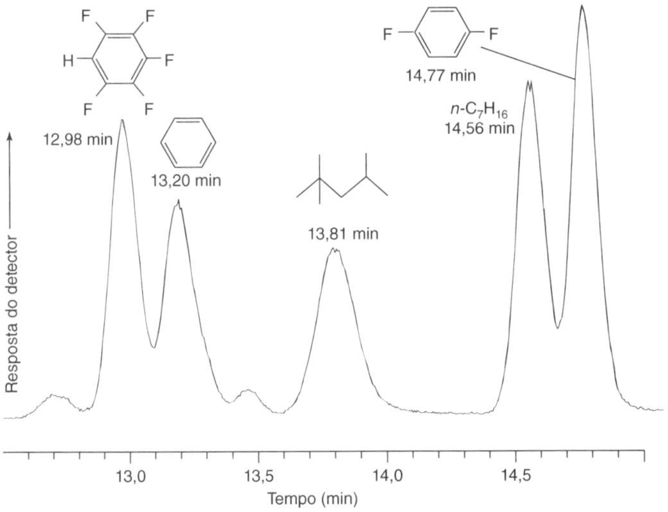

(**a**) Determine os tempos de retenção ajustados e os fatores de retenção para o pentafluorobenzeno e o benzeno.

(**b**) Determine a fator de separação, α.

(**c**) Medindo $w_{1/2}$ no cromatograma, determine o número de pratos (N_1 e N_2) e a altura do prato para esses dois compostos.

(**d**) Medindo a largura (w) na linha base do cromatograma, determine o número de pratos para esses dois compostos.

(**e**) Use sua resposta em (**d**) para determinar a resolução entre os dois picos.

(**f**) Usando o número de pratos $N = \sqrt{N_1 N_2}$, com os valores determinados em (**d**), calcule qual deve ser a resolução e compare sua resposta com a resolução determinada no item (**e**).

23.52. Uma camada de espessura desprezível, contendo 10,0 nmol de metanol ($D = 1{,}6 \times 10^{-9}$ m²/s), foi depositada em um tubo de 5,00 cm de diâmetro, contendo água, sendo sujeita a um alargamento por difusão. Usando a Equação 23.27, faça um gráfico mostrando o perfil de concentração gaussiano da região do metanol, após 1,00, 10,0 e 100 minutos. Trace um segundo gráfico mostrando a mesma experiência feita com a enzima ribonuclease ($D = 0{,}12 \times 10^{-9}$ m²/s).

23.53. Uma coluna capilar de cromatografia a gás com 0,25 mm de diâmetro tem seu interior recoberto com uma camada de fase estacionária de 0,25 μm de espessura. O coeficiente de difusão de um composto, com fator de retenção $k = 10$, é $D_M = 1{,}0 \times 10^{-5}$ m²/s na fase gasosa e $D_S = 1{,}0 \times 10^{-9}$ m²/s na fase estacionária. Considere a difusão longitudinal e a transferência de massa finita nas fases móvel e estacionária como fontes de alargamento. Use as Equações 23.37 a 23.41 para fazer um gráfico mostrando a altura do prato a partir de cada uma dessas três fontes e a altura total do prato em função da velocidade linear (de 2 cm/s a 1 m/s). Refaça, então, todos os procedimentos descritos anteriormente para o caso de uma mesma coluna com uma camada de fase estacionária de 2 μm de espessura. Explique a diferença entre os dois resultados.

23.54. Considere dois picos cromatográficos gaussianos com áreas relativas na proporção de 4:1. Construa um conjunto de gráficos mostrando a sobreposição dos picos quando a resolução é igual a 0,5, 1 ou 2.

23.55. *Eficiência com o HPLC Teaching Assistant*, uma simulação do Excel para cromatografia líquida de alta eficiência.[27] Baixe o arquivo Excel no Ambiente de aprendizagem do GEN e abra o arquivo. Você verá uma página de menu com *Resolution* no canto superior esquerdo. Caso contrário, clique no botão casa azul no canto superior esquerdo. Selecione *Efficiency* no menu. Verifique se você tem as configurações-padrão: *L*col = 150 mm; *d*col = 4,6 mm; *d*p = 5,0 μm; e *Flowrate* (Vazão) = 1,0 mL/min. A linha vermelha no cromatograma inferior rotulada como t_0 é o tempo para um composto não retido, que chamamos de *t*M.

(**a**) Use a barra deslizante de *flow rate* para determinar qual *flow rate* (vazão) fornece o maior *plate number* (número de pratos) N e a menor *plate height* (altura de prato) H.

(**b**) Aumente a *flow rate* (vazão) a partir do valor ótimo obtido em (a). O que acontece com o *plate number* (número de pratos) N e a *plate height* (altura do prato) H? Que processo de alargamento causa essa mudança? O que acontece com o tempo de retenção conforme você aumenta a *flow rate* (vazão)?

(**c**) Retorne à *flow rate* (vazão) ótima encontrada em (**a**). Diminua a *flow rate* (vazão). O que acontece com o *plate number* (número de pratos) N e a *plate height* (altura do prato) H? Que processo de alargamento causa essa mudança? O que acontece com os *retention times* (tempos de retenção) conforme você diminui a *flow rate* (vazão)?

(**d**) Por que a *plate height* (altura do prato) H não é 0 na *flow rate* (vazão) ótima em (**a**)? Dica: a cromatografia líquida usa colunas empacotadas.

23.56. *Alargamento extracoluna com HPLC Teaching Assistant*, uma simulação no Excel de cromatografia líquida de alta eficiência.[27] Baixe o arquivo Excel no Ambiente de aprendizagem do GEN. Abra o arquivo. Você verá uma página de menu com *Resolution* no canto superior esquerdo. Caso contrário, clique no botão casa azul no canto superior esquerdo.

(**a**) Clique em *Injected volume*. Comece com as configurações-padrão:

*L*col = 150 mm	log *P* = 1,6, 2,0 e 2,3
*d*col = 4,6 mm	%MeOH = 30
*d*p = 5,0 μm	*V*inj = 20 μL
Flow rate = 1,0 mL/min	*C*inj = 20 mg/L

Consulte o Problema 23.17 para obter a definição de log *P*, também conhecido como log K_{oa}. Ajuste o tamanho da imagem para que você veja $N_{theoretical}$ no canto inferior esquerdo, que deve ser ~ 11 700. Registre o *plate number* (número de pratos) observados (N_{real}) para os três picos. Registre a *peak height* (altura do pico) para cada pico. *Dica*: o Excel mostra os valores *x* e *y* para um ponto em um gráfico quando você posiciona o cursor sobre o ponto. Subtraia o *baseline signal* (sinal da linha de base) das alturas dos picos. Altere o *injection volume* (volume de injeção) para 100 μL e registre o *plate number* (número de pratos) observado e a *peak height* (altura do pico) corrigida pela linha de base para os três picos. Que tendências você observa para o número de pratos e a altura do pico com o aumento do volume de injeção?

(**b**) Qual é o *plate number* (número de pratos) e a *peak height* (altura do pico) corrigida para uma injeção de 20 μL de 100 mg/L padrão? Como isso se compara à injeção de 100 μL do padrão de 20 mg/L?

(**c**) Clique no botão casa no canto superior esquerdo. No menu, escolha *Tubing geometry*. Comece com as configurações-padrão listadas em (**a**) mais L_{tubing} = 100 cm e D_{tubing} = 127 μm. Registre o *plate numbers* (número de pratos) para os três picos. Quais são os *plate number* (números de pratos) para: L_{tubing} = 200 cm e D_{tubing} = 127 μm; e L_{tubing} = 100 cm e, usando no menu, D_{tubing} = 250 μm?

Quantificação

23.57. Tanto a altura quanto a área do pico em um cromatograma podem ser usadas para determinar a quantidade de analito.

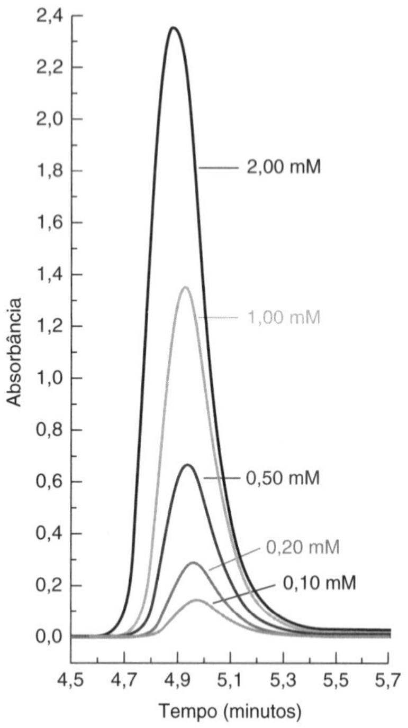

Picos para padrões de nitrato separados por cromatografia de íons. [Dados de F. Kadjo, J. Z. Liao, P. K. Dasgupta e K. G. Kraiczek, "Width Based Characterization of Chromatographic Peaks: Beyond Height and Area", *Anal. Chem.* **2017**, *89*, 3893, *open access*.]

(**a**) Use uma régua para traçar uma linha base sob o pico conectando as regiões planas antes e depois do pico. Meça a altura vertical de cada pico desde a linha base até o cume. Faça a representação gráfica da altura do pico contra a concentração de nitrato. A calibração é linear? *Dica*: os resíduos – distância vertical entre os pontos de dados e a reta – devem estar distribuídos aleatoriamente em torno da reta (Seção 5.2).

(**b**) A área do pico é normalmente integrada por um sistema de tratamento de dados cromatográficos. Se a área do pico precisar ser medida manualmente e se o pico for gaussiano, a área será

$$\text{Área do pico gaussiano} = 1{,}064 \times \text{altura do pico} \times w_{1/2}$$

em que $w_{1/2}$ é a largura total à meia altura. Meça a área de cada pico. Faça a representação gráfica da área do pico contra a concentração de nitrato. A calibração é linear?

(**c**) **Atividade em grupo:** outro método de integração manual (usado quando eu era estudante) que não exige que os picos sejam gaussianos é o método de "*corte e pesagem*". Faça cinco fotocópias dos picos de nitrato, usando a ampliação máxima que cabe em uma página. Desenhe uma linha base sob os picos conectando a linha base antes e depois do pico. Usando uma tesoura, corte cada um dos cinco picos e pese cada pico com uma balança analítica. Use uma cópia separada para cada pico. Faça a representação gráfica da área (peso) de cada pico contra a concentração de nitrato. A calibração é linear?

(**d**) Duas possíveis causas de não linearidade são (1) desvios da lei de Beer em alta concentração e (2) cauda do pico ou sobrecarga causada por isotermas não lineares. Explique como essas causas podem ter um efeito maior na altura do pico do que na área do pico.

23.58. *Adição-padrão.* A alicina é um componente de aproximadamente 0,4% em peso presente no alho com atividade antimicrobiana e, possivelmente, anticancerígena e antioxidante. É instável e, portanto, difícil de medir. Foi desenvolvido um ensaio no qual o precursor estável aliina é adicionado ao alho, recém-esmagado, e convertido em alicina pela enzima aliinase encontrada no alho. Os componentes do alho são extraídos e medidos por cromatografia. O cromatograma mostra adições-padrão relatadas como mg de aliina adicionada por grama de alho. O pico cromatográfico é a alicina proveniente da conversão da aliina.

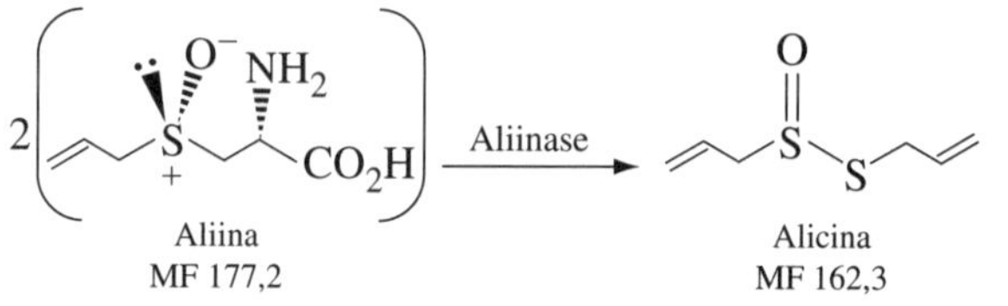

(**a**) O procedimento de adição-padrão tem um volume total constante. Meça as alturas dos picos na figura e faça um gráfico de adição-padrão como na Figura 5.8. A calibração é linear?

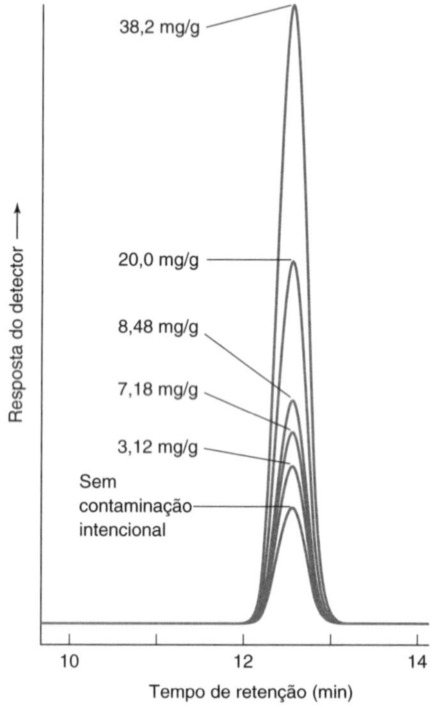

Medida cromatográfica da aliina depois da adição-padrão ao alho. [Dados de M. E. Rybak, E. M. Calvey e J. M. Harnly, "Quantitative Determination of Allicin in Garlic: Supercritical Fluid Extraction and Standard Addition of Alliin", *J. Agric. Food Chem.* **2004**, *52*, 682.]

(**b**) Quanto de aliina equivalente estava no alho sem contaminação intencional? As unidades de sua resposta serão mg de aliina/g de alho. Determine também o intervalo de confiança de 95%.

(**c**) Dado que 2 mols de aliina são convertidos em 1 mol de alicina, determine o teor de alicina no alho (mg de alicina/g de alho), incluindo o intervalo de confiança de 95%.

24 Cromatografia a Gás

DOPING NOS ESPORTES

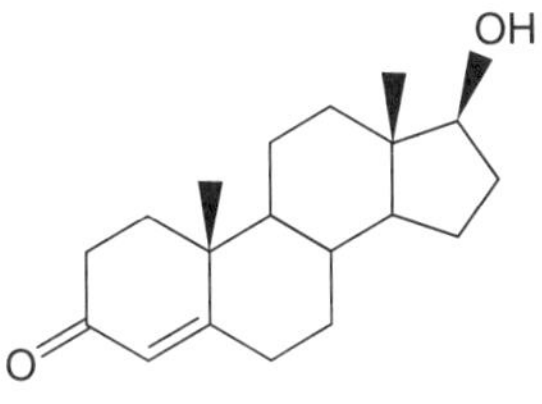

Testosterona

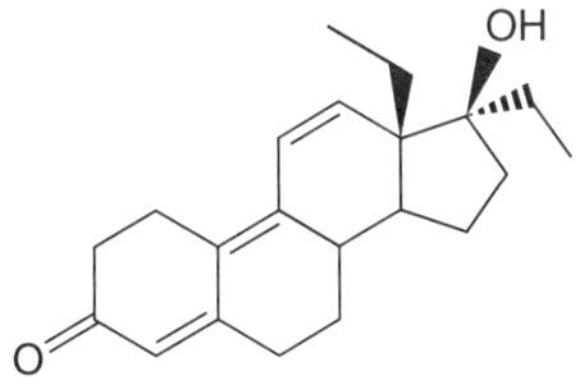

Tetra-hidrogestrinona (THG)

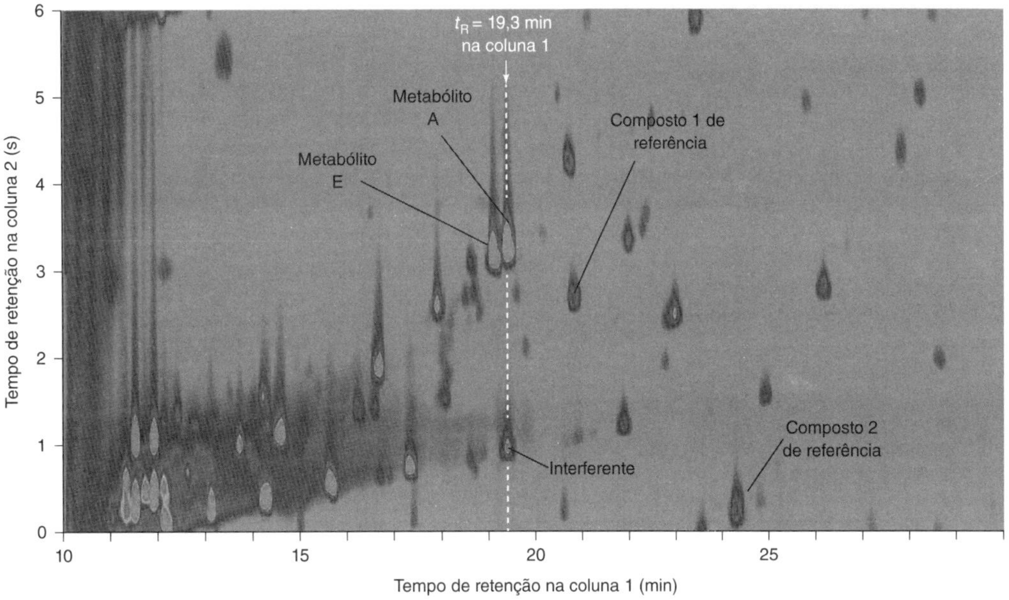

Separação, por cromatografia a gás bidimensional–espectrometria de massa de razão isotópica por combustão, da urina de um atleta, mostrando o sinal para $^{12}CO_2$ (*m/z* 44) como uma função do tempo de retenção em duas colunas distintas. Os picos assinalados representam metabólitos da testosterona e compostos naturais de referência. Coluna 1: 30 m × 0,25 mm contendo filme de 1 μm de dimetilpolissiloxano a 100%. Coluna 2: 1,5 m × 0,1 mm contendo filme de 0,1 μm de (fenilpolissilfenilenossiloxano)$_{0,5}$(dimetilpolissiloxano)$_{0,5}$. [Dados de H. J. Tobias, Y, Zhang, R. J. Auchus e J. T. Brenna, "Detection of Synthetic Testosterone Use by Novel Comprehensive Two-Dimensional Gas Chromatography Combustion-Isotope Ratio Mass Spectrometry", *Anal. Chem.* **2011**, *83*, 7158, Figura 4A. Reproduzida sob permissão © 2011, American Chemical Society.]

Doping é o emprego antiético de drogas para realçar o desempenho esportivo.[1] Os esteroides são os agentes de *doping* mais frequentes. A testosterona natural e esteroides anabólicos sintéticos promovem o desenvolvimento e a reparação muscular. O emprego de esteroides afeta negativamente diversos órgãos. A Agência Mundial Antidoping proíbe quaisquer esteroides anabólicos. A tetra-hidrogestrinona é um exemplo de um *esteroide* sintético *planejado*, o qual é uma droga potente, não testada, com efeitos colaterais desconhecidos.[2]

A urina consiste em uma amostra conveniente, mas complexa, contendo centenas de substâncias naturais. As drogas que realçam o desempenho estão presentes em quantidades muito pequenas. A determinação de esteroides em urina por cromatografia a gás exige uma preparação de amostra extensa e onerosa para reduzir sua complexidade.

Consulte o Boxe 24.3 para obter mais detalhes sobre cromatografia a gás bidimensional.

A preparação meticulosa da amostra pode ser abrandada por meio da *cromatografia a gás bidimensional*. No exemplo mostrado na abertura deste capítulo, os componentes são separados pela coluna 1, de 30 m de comprimento. O eluato é coletado em intervalos de seis segundos e então inserido na coluna 2, de 1,5 m de comprimento. A fase estacionária na coluna 1 contém grupos metila, e a fase estacionária da coluna 2 é rica em anéis benzênicos. Os componentes que eluíram juntos em um intervalo de 6 s na coluna 1, como o metabólito A e um interferente em 19,3 minutos, são separados na coluna 2 porque as forças de retenção molecular são diferentes. O cromatograma em duas dimensões mostra, nos dois eixos, os tempos de retenção para cada uma das colunas.

Ver https://www.youtube.com/watch?v=XzOnQBK_YZo para saber como as amostras são coletadas de atletas, e www.youtube.com/watch?v=BJsIWTYRQU0 para ver dentro de um laboratório antidoping.

Os produtos eluídos da segunda coluna são introduzidos em uma câmara de combustão para converter todos os átomos de carbono em $^{12}CO_2$ ou $^{13}CO_2$. Um espectrômetro de massas de razão isotópica mede a abundância relativa dos dois isótopos (Boxe 22.3). A testosterona sintética contém menos ^{13}C do que a testosterona natural em razão de diferenças em suas rotas biossintéticas. Um déficit de ^{13}C de tão somente 4,6‰ (partes por mil) está acima da incerteza experimental, o que confirma que esteroides sintéticos se acham presentes.

O Capítulo 23 mostrou os fundamentos para a compreensão das separações cromatográficas. Os Capítulos 24 a 26 discutem métodos cromatográficos específicos e a instrumentação correspondente. O objetivo dessa forma de apresentação é fazer com que o leitor entenda como funcionam os diferentes métodos cromatográficos e que parâmetros podem ser controlados para a obtenção de melhores resultados.[3,4]

24.1 Processo de Separação na Cromatografia a Gás

Cromatografia a gás:

fase móvel: gás

fase estacionária: geralmente é um líquido não volátil, mas algumas vezes um sólido

analito: gás ou líquido volátil

Na **cromatografia a gás**,[5,6] o analito gasoso é transportado pela coluna por uma fase gasosa móvel, conhecida como **gás de arraste**. Na *cromatografia de partição gás-líquido*, a fase estacionária é um líquido não volátil (semelhante a um polímero) que recobre a coluna internamente (Figura 23.6, parte de cima à direita) ou um suporte sólido finamente dividido. Na *cromatografia de adsorção gás-sólido*, o analito é diretamente adsorvido sobre as partículas sólidas da fase estacionária (Figura 23.6, parte de cima à esquerda).

A escolha do gás de arraste depende do detector e do que se deseja para a eficiência e velocidade de separação.

A Figura 24.1 mostra, de forma esquemática, um *cromatógrafo a gás* onde uma amostra líquida volátil ou gasosa é injetada por um **septo** (um disco de borracha) para dentro de uma entrada de injeção aquecida, onde é rapidamente vaporizada. O vapor é arrastado pela coluna por meio de um gás de arraste (He, N_2 ou H_2) e os analitos separados fluem pelo detector, cuja resposta é observada em um computador. A coluna deve estar suficientemente aquecida para proporcionar uma pressão de vapor que possibilite a eluição dos analitos em um tempo razoável. O detector é mantido em uma temperatura maior do que a da coluna, de modo que todos os analitos permaneçam na forma gasosa.

Coluna capilar de parede recoberta: fase estacionária líquida sobre a parede interna da coluna
Coluna capilar com camada porosa: partículas sólidas da fase estacionária sobre a parede interna da coluna
Coluna empacotada: coluna preenchida com partículas sólidas da fase estacionária

Colunas Capilares

A maioria das análises é realizada em **colunas capilares** estreitas e compridas (Figura 24.2), feitas de sílica fundida (SiO_2) e recobertas com poli-imida (um plástico capaz de resistir até

Os analitos na cromatografia a gás podem estar abaixo de seu ponto de ebulição e, por isso, apenas parte deles está na fase vapor.

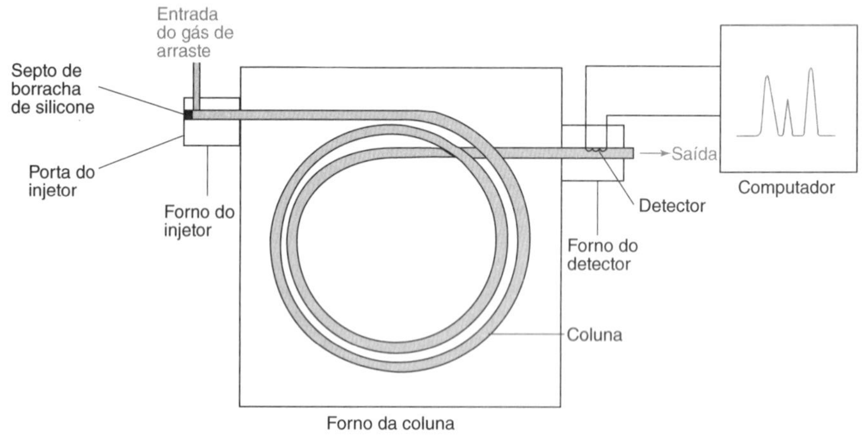

FIGURA 24.1 Diagrama esquemático de um cromatógrafo a gás. Em www.youtube.com/watch?v=08YWhLTjlfo você pode ver um vídeo de um cromatógrafo a gás.[7]

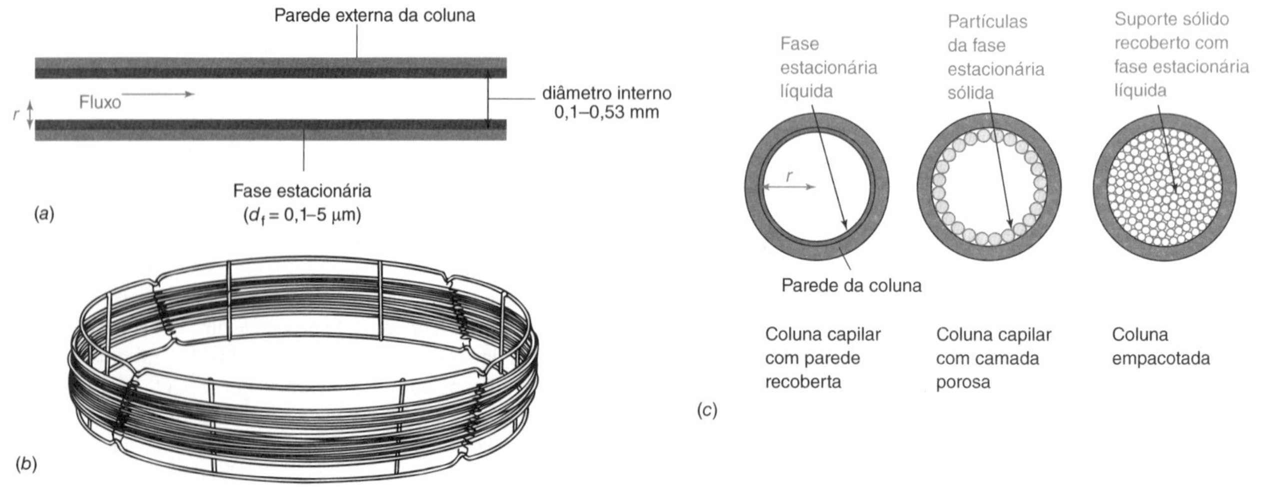

FIGURA 24.2 (*a*) Dimensões normais de uma coluna capilar para cromatografia a gás. (*b*) Coluna de sílica fundida. O diâmetro da armação, que suporta a coluna enrolada, é de 0,2 m e os comprimentos usuais da coluna são de 15 a 100 m. (*c*) Vista transversal de colunas com parede recoberta, camada porosa e coluna empacotada.

350 °C) para suportar e proteger a coluna da umidade atmosférica.[8] Emprega-se uma coluna feita de aço inoxidável desativado quando há possibilidade de quebra da coluna ou necessidade de prendê-la firmemente, como acontece com instrumentos portáteis ou de campo. Como foi discutido na Seção 23.5, as colunas capilares oferecem maior resolução, menores tempos de análise e maior sensibilidade do que as colunas empacotadas, mas elas têm menos capacidade de amostra.

Comparadas com as colunas empacotadas, as colunas capilares oferecem:
- maior resolução
- menor tempo de análise
- maior sensibilidade
- menor capacidade de amostra.

O tipo de coluna mais frequente em cromatografia a gás é a coluna de *parede recoberta*, na Figura 24.2c, que se caracteriza por um filme, com espessura entre 0,1 e 5 μm, de uma fase estacionária líquida de elevada massa molar sobre a parede interna da coluna. Na menos frequente coluna de camada porosa, as partículas sólidas são a fase estacionária depositada sobre a parede interna da coluna.

Os diâmetros internos da coluna são normalmente de 0,10 a 0,53 mm e os comprimentos de 15 a 100 m, sendo comum colunas com 30 m. As colunas são enroladas (Figura 24.2b) para que se encaixem dentro de um forno compacto de temperatura controlada. As colunas estreitas proporcionam maior resolução que as colunas mais largas (Figura 24.3 e Equação 23.40), mas exigem maior pressão de operação – o que aumenta a chance de vazamento – e possuem menor capacidade de amostra. Colunas com diâmetros de 0,32 mm ou maiores tendem a sobrecarregar o sistema de vácuo de um espectrômetro de massa, de forma que o fluxo de gás tem que ser dividido e somente uma fração é direcionada para o espectrômetro de massa. O número de pratos teóricos, N, na coluna é proporcional ao seu comprimento. Na Equação 23.33, a resolução é proporcional a $\sqrt{N}$ e, portanto, à raiz quadrada do comprimento da coluna (Figura 24.4).

Equação 23.33:

$$\textbf{Resolução} = \frac{\sqrt{N}}{4}\frac{(\alpha-1)}{\alpha}\left(\frac{k_2}{1+k_2}\right)$$

N = número de pratos
α = retenção relativa
k_2 = fator de retenção do segundo pico no par

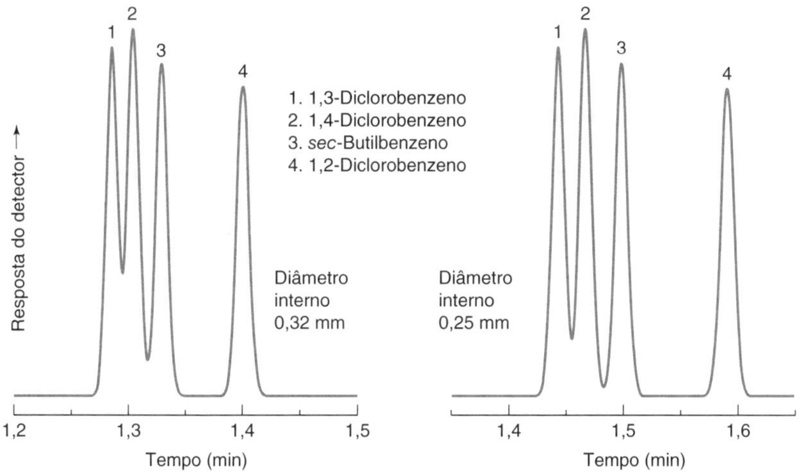

FIGURA 24.3 Efeito do diâmetro interno na resolução de uma coluna capilar. Colunas mais estreitas apresentam maior resolução. Observe o aumento de resolução dos picos 1 e 2 na coluna mais estreita. Condições: Fase estacionária (dimetilpolissiloxano a 100%) Rtx-1 (espessura de 0,25 μm) em coluna de 15 m de parede recoberta, mantida a uma temperatura de 105 °C. Gás de arraste, hélio, com velocidade linear de 34 cm/s. [Adaptada de dados produzidos com o programa Pro*EZGC*® (disponível gratuitamente em: https://www.restek.com/proezgc), Restek Corp., Bellefonte, PA.]

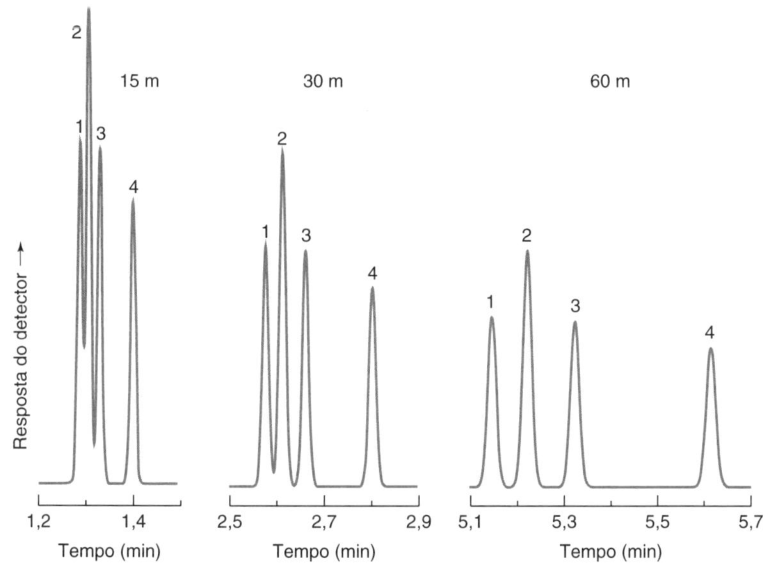

FIGURA 24.4 Aumento da resolução na proporção da raiz quadrada do comprimento da coluna. Observe o aumento de resolução dos picos 1 e 2 com o aumento do comprimento da coluna. Condições: Fase estacionária (dimetilpolissiloxano a 100%) Rtx-1 (espessura de 0,25 μm) em coluna de 0,32 mm de parede recoberta, mantida a uma temperatura de 105 °C. Gás de arraste, hélio, com velocidade linear de 34 cm/s. Os compostos 1 a 4 são os mesmos da Figura 24.3. [Adaptada de dados produzidos com o programa Pro*EZGC*® (disponível gratuitamente em https://www.restek.com/proezgc), Restek Corp., Bellefonte, PA.].

Fator de retenção: $k = \frac{t_R - t_M}{t_M}$

t_R = tempo de retenção do soluto

t_M = tempo de trânsito da fase móvel

Coeficiente de partição: $K_D = [A]_S/[A]_M$

$[A]_S$ = concentração do soluto na fase estacionária

$[A]_M$ = concentração do soluto na fase móvel

O *fator de retenção* (k) na Equação 23.16 para uma coluna com parede recoberta está relacionado com o *coeficiente de partição* (K_D) e a *razão de fase* (β):

$$k = \frac{K_D}{\beta} \tag{24.1}$$

A **razão de fase**, adimensional, é o volume da fase móvel dividido pelo volume da fase estacionária. Para as dimensões típicas da coluna, a razão de fase é

Razão de fase: $$\beta = \frac{r}{2d_f} \tag{24.2}$$

em que r é o raio da coluna e d_f é a espessura da fase estacionária na Figura 24.2a. O aumento da espessura do filme da fase estacionária reduz o valor de β, o que aumenta os tempos de retenção e a capacidade de amostra na Figura 24.5, no caso em que a velocidade linear da fase móvel é mantida constante. O aumento do fator de retenção aumenta a resolução dos primeiros picos eluídos ($k \le 5$, Equação 23.33). Filmes espessos da fase estacionária podem impedir os analitos de chegarem na superfície da sílica e reduzem *a formação de caudas nos picos* (Figura 23.21), mas também podem aumentar o sangramento (decomposição e evaporação) da fase estacionária em temperaturas elevadas. A espessura de 0,25 μm é padrão, porém filmes mais espessos são utilizados para analitos voláteis.

A escolha da fase estacionária líquida (Tabela 24.1) é baseada na regra "semelhante dissolve semelhante". As colunas apolares são melhores para os solutos apolares. Colunas de polaridade intermediária são melhores para solutos de polaridade intermediária, e colunas fortemente polares são melhores para solutos fortemente polares. O Boxe 24.1 descreve as fases estacionárias ligadas *quirais* (opticamente ativas) para a separação de isômeros óticos.

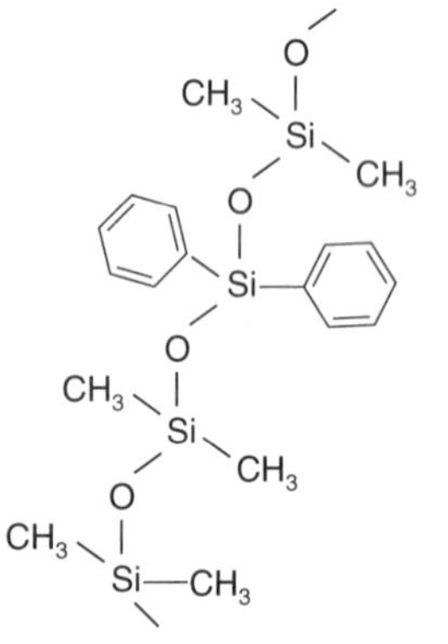

(Difenil)(dimetil)-polissiloxano

Com o envelhecimento da coluna, a fase estacionária se decompõe expondo os grupos silanol superficiais (Si–O–H), o que aumenta a cauda nos picos. Para reduzir a tendência de a fase estacionária sangrar da coluna em temperaturas elevadas, geralmente fazemos com que a fase estacionária se *ligue* (covalentemente) à superfície da sílica ou forme ligações covalentes *cruzadas* entre as moléculas da própria fase. Para monitorar o desempenho da coluna, constitui uma boa prática determinar o fator de retenção de um padrão (Equação 23.16), o número de pratos (Equação 23.30) e a assimetria do pico (Figura 23.14). Mudanças nesses parâmetros indicam degradação da coluna.

Em temperaturas elevadas de operação, a fase estacionária se decompõe, produzindo um "sangramento" lento de produtos de decomposição da coluna. Esses produtos levam a um sinal de ruído elevado na maioria dos detectores, diminuindo com isso a razão sinal/ruído para o analito, e são uma fonte potencial de contaminação do detector. As fases estacionárias à base de arileno têm maior estabilidade térmica, sangram menos em temperaturas elevadas, e são especialmente adequadas para a cromatografia a gás–espectrometria de massa. Em comparação com as fases à base de (difenil)(dimetil)polissiloxano, as fases à base de arileno levam a algumas diferenças nas retenções relativas de diversos compostos.

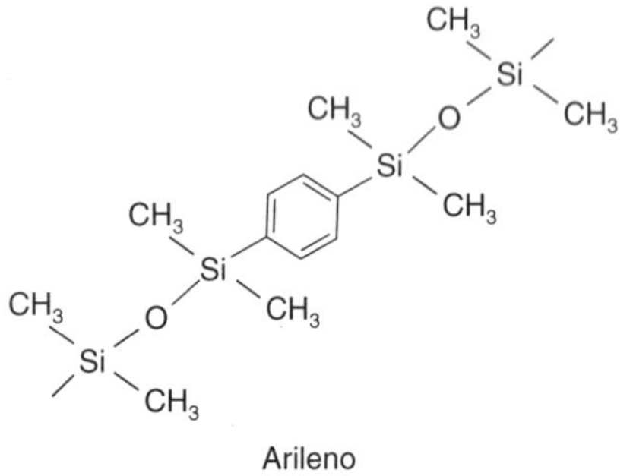

Arileno polissiloxano

Para reduzir a interferência resultante do sangramento da coluna, empregamos a menor espessura possível de fase estacionária e a coluna mais estreita e curta possível que permita uma separação adequada. A oxidação da fase estacionária pelo O_2 é também uma fonte principal de sangramento. Deve-se empregar um gás de arraste de alta pureza, e ele deve passar por um absorvedor de O_2 antes de chegar à coluna. Mesmo uma concentração de 1 ppb de O_2 degrada lentamente a coluna. Em menor extensão, a água pode degradar a fase estacionária por hidrólise. Para minimizar o sangramento, os fabricantes modificam a superfície da sílica do capilar para eliminar os grupos silanóis (Si–OH) que podem iniciar a quebra da fase estacionária.

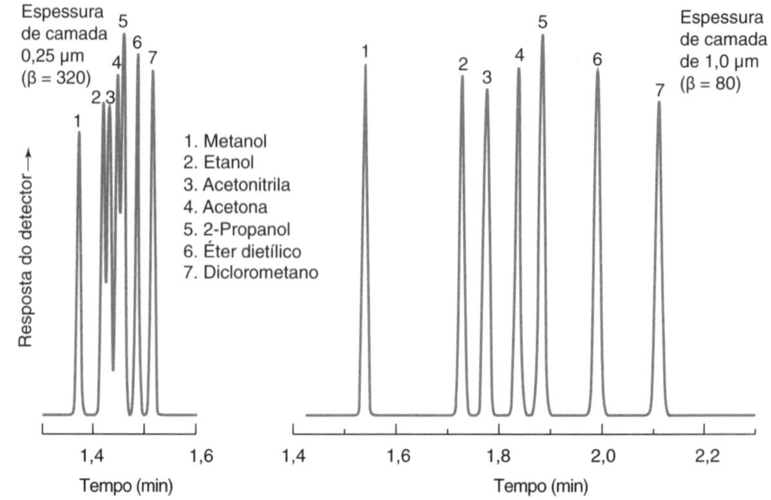

FIGURA 24.5 Efeito da espessura do filme da fase estacionária no desempenho de colunas capilares. Aumentando-se a espessura do filme os tempos de retenção são aumentados, e a resolução dos picos que eluem em baixos tempos de retenção também aumenta. Condições: Fase estacionária (dimetilpolissiloxano a 100%) Rtx-1 em coluna de parede recoberta com 30 m × 0,32 mm de diâmetro, mantida a 40 °C. Gás de arraste, hélio, com velocidade linear de 38 cm/s. [Adaptada de dados produzidos com o programa Pro*EZGC*® (disponível gratuitamente em: https://www.restek.com/proezgc), Restek Corp., Bellefonte, PA.]

TABELA 24.1 Fases estacionárias comuns na cromatografia a gás capilar

Estrutura	Polaridade[a]	Aplicações comuns	Faixa de temperatura[b]
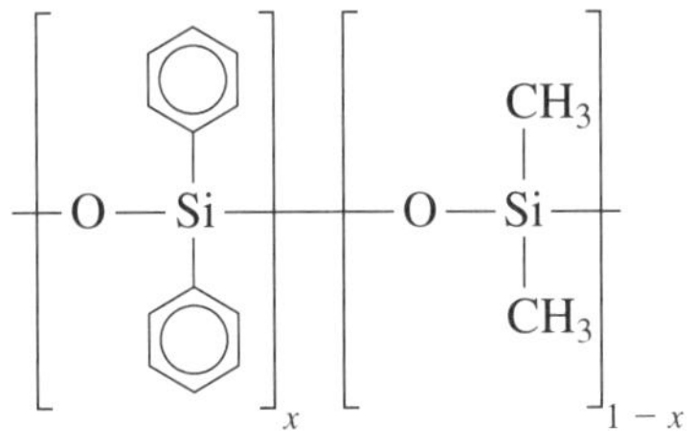 (Difenil)$_x$(dimetil)$_{1-x}$ polissiloxano	$x = 0$ Apolar Forças de van der Waals	Solventes, produtos derivados do petróleo, graxas, destilação simulada	–60° –330°/350 °C
	$x = 0{,}05$ Apolar Forças de van der Waals	Aromas, hidrocarbonetos aromáticos ambientais	–60° –330°/350 °C
	$x = 0{,}35$ Intermediária Forças de van der Waals	Pesticidas, bifenilas policloradas, aminas, herbicidas contendo nitrogênio	40° –310 °C
	$x = 0{,}65$ Intermediária Forças de van der Waals	Triglicerídeos, fenóis, ácidos graxos livres	50°–280°/300 °C
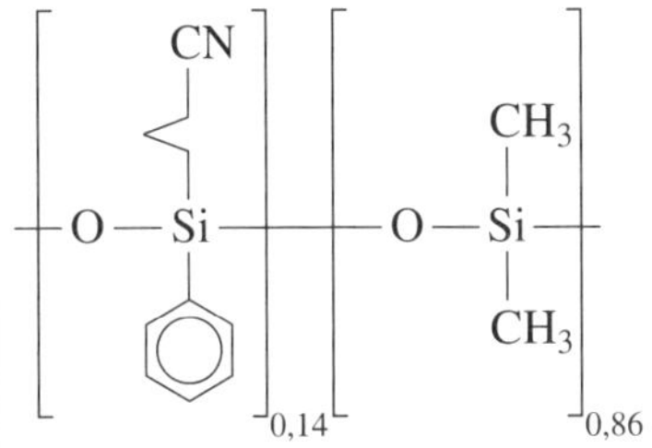 (Cianopropilfenil)$_{0,14}$ (dimetil)$_{0,86}$ polissiloxano	Intermediária Forças dipolo-dipolo e van der Waals	Pesticidas, bifenilas policloradas, álcoois, compostos oxigenados	–20°–270°/280 °C
$—[CH_2CH_2—O]_n—$ Carbowax poli(etilenoglicol))	Fortemente polar Forças dipolo-dipolo, ligação hidrogênio e van der Waals	Ésteres metílicos de ácidos graxos, aromas, aminas, solventes, isômeros do xileno	40°–250°/260 °C
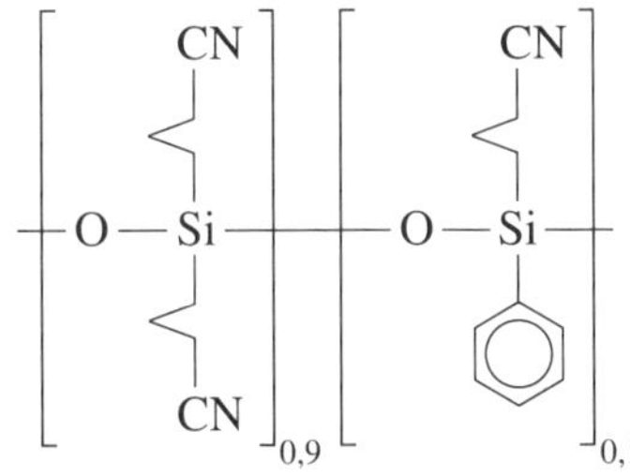 (Biscianopropil)$_{0,9}$ (cianopropilfenil)$_{0,1}$ polissiloxano	Fortemente polar Forças dipolo-dipolo e van der Waals	Ésteres metílicos de ácidos graxos *cis*/*trans*, isômeros da dioxina	0°–260°/275 °C

a. As forças de retenção dominantes são mostradas abaixo da polaridade. Todas as moléculas apresentam forças de van der Waals, que são (i) atrações entre um dipolo instantâneo e um dipolo induzido em uma molécula vizinha, e (ii) atração entre um dipolo permanente e o dipolo induzido em uma molécula vizinha. A força dipolo-dipolo é a atração entre dipolos permanentes. A ligação hidrogênio é a atração resultante do compartilhamento parcial de elétrons de um átomo eletronegativo, como o oxigênio, com um átomo de hidrogênio polarizado positivamente de uma molécula vizinha.

b. O limite inferior é a temperatura em que a fase estacionária líquida se solidifica. Dois limites superiores são fornecidos. O primeiro é a temperatura isotérmica na qual a coluna pode operar rotineiramente. O segundo é a temperatura máxima programada na qual a coluna pode ser submetida somente por curtos períodos de tempo.

Dados obtidos do Restek Chromatography Products Catalog, 2013-2014, Bellefonte, PA.

Os *líquidos iônicos* são o novo tipo de fase estacionária para a cromatografia a gás.[9] Eles fundem a temperaturas abaixo da ambiente, e apresentam uma ampla faixa líquida com baixa volatilidade em temperaturas elevadas. Os líquidos iônicos fornecem vários tipos de interações de solvatação. Assim, eles têm o potencial de oferecer novas seletividades para analitos polares e temperaturas de trabalho mais elevadas com baixo sangramento.

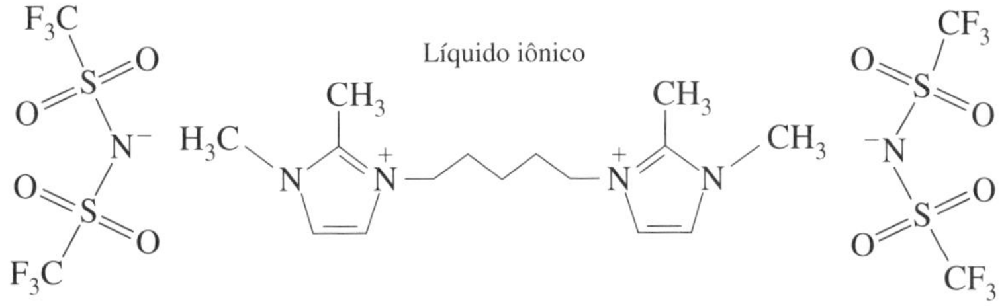

1,5-Di(2,3-dimetilimidazólio)pentano bis(trifluorometanossulfonil)imida
(Fase estacionária SP-IL 111 da Supelco)

BOXE 24.1 Fases Quirais para Separação de Isômeros Ópticos

Isômeros ópticos – também denominados *enantiômeros* – são compostos cujas estruturas são imagens especulares uma da outra, ou seja, não podem ser superpostas. Por exemplo, os aminoácidos naturais, constituintes das proteínas, são L-aminoácidos.

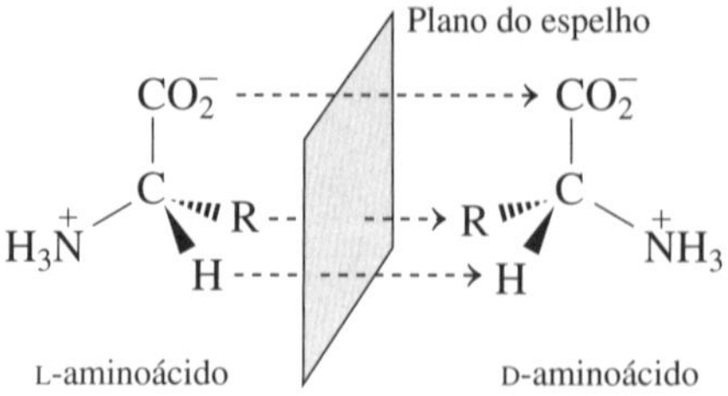

Enantiômeros de um aminoácido

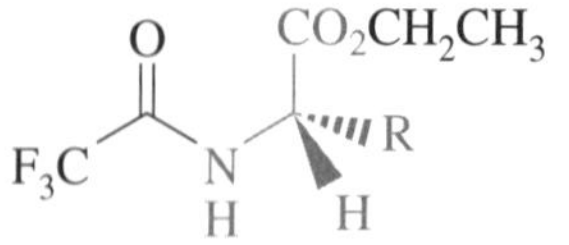

Derivado volátil para cromatografia a gás

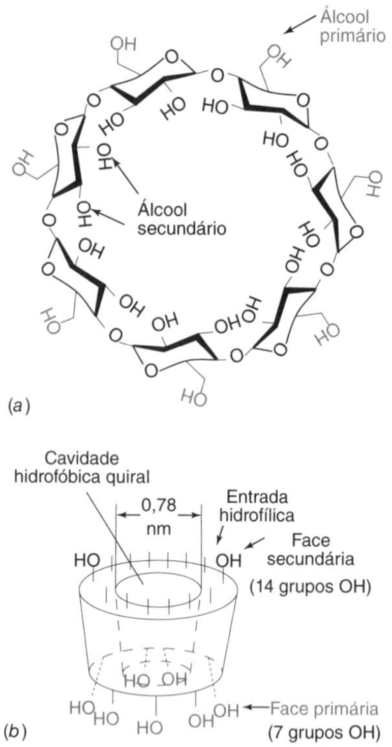

(*a*) Estrutura da β-ciclodextrina, um açúcar cíclico formado por sete moléculas de glicose (a α-ciclodextrina contém seis monômeros e a γ-ciclodextrina contém oito). (*b*) Os grupos hidroxila primários ficam em uma face, e os grupos hidroxila secundários ficam na outra face.

Os enantiômeros podem apresentar propriedades biológicas muito distintas. Um enantiômero do metorfano é supressor de tosse enquanto sua imagem especular é um opioide proibido. A cromatografia com uma fase estacionária *quiral* (opticamente ativa) é um dos poucos métodos capazes de separar enantiômeros. Aminoácidos não possuem pressão de vapor suficiente para permitir sua análise direta por cromatografia a gás. Um derivado volátil adequado para a cromatografia a gás é mostrado na figura anterior.[10]

Um grupo de fases estacionárias quirais comumente usadas na cromatografia a gás contém *ciclodextrinas* ligadas a uma fase estacionária convencional de polissiloxano.[11,12] As ciclodextrinas são açúcares cíclicos naturais. A β-ciclodextrina tem um diâmetro de 0,78 nm em sua cavidade quiral hidrofóbica. As hidroxilas podem ser encapsuladas com grupos alquila para diminuir a polaridade das faces.

As colunas com parede recoberta não retêm gases permanentes (como O_2, N_2 e CH_4) ou compostos de baixo ponto de ebulição (como no gás natural) de forma efetiva. As colunas com *camada porosa*, mostradas na Figura 24.2c, contêm partículas sólidas porosas de elevada área superficial aderidas às paredes da coluna.[13] A superfície dessas partículas, de alto poder de retenção, é a fase estacionária ativa. As **peneiras moleculares** (Figura 24.6) são materiais inorgânicos ou orgânicos com cavidades em sua estrutura, dentro das quais moléculas pequenas podem entrar, sendo parcialmente retidas.[14] Podemos separar moléculas, por exemplo, He, Ar, O_2, N_2, CH_4 e CO umas das outras por meio de peneiras moleculares (Figura 24.7). Polímeros sólidos, carbono de elevada área superficial e *alumina* (Al_2O_3) conseguem separar hidrocarbonetos em uma cromatografia de adsorção gás-sólido.

Podemos secar gases, passando-os por recipientes contendo peneiras moleculares, onde a água é fortemente retida. As peneiras inorgânicas podem ser regeneradas (secas) por aquecimento a 300 °C sob vácuo ou sob fluxo de N_2 seco.

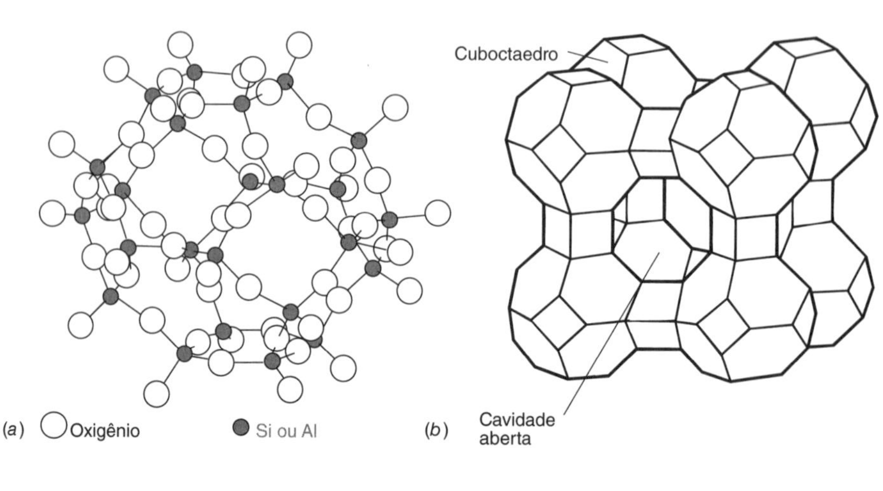

FIGURA 24.6 Estrutura da peneira molecular constituída pela zeólita $Na_{12}(Al_{12}Si_{12}O_{48}) \cdot 27H_2O$. (*a*) Estrutura do aluminossilicato em um cuboctaedro de uma classe mineral chamada *zeólita*. (*b*) Conexão entre oito cuboctaedros formando uma cavidade dentro da qual podem entrar pequenas moléculas.

Cada enantiômero de um analito quiral tem uma afinidade diferente pela cavidade da ciclodextrina. Consequentemente, os dois enantiômeros são separados ao percorrerem a coluna cromatográfica. O cromatograma a seguir mostra uma separação quiral de dois enantiômeros de cada uma de três bifenilas policloradas.

A produção de bifenilas policloradas foi banida porque esses compostos são provavelmente cancerígenos ao homem, mas elas permanecem como uma preocupação ambiental, pois são persistentes no meio ambiente. Quando foram originalmente produzidas, as bifenilas policloradas eram misturas 1:1 (*racêmicas*) de dois enantiômeros. A mistura desigual no cromatograma é uma evidência de que as plantas metabolizam os dois enantiômeros com velocidades diferentes.

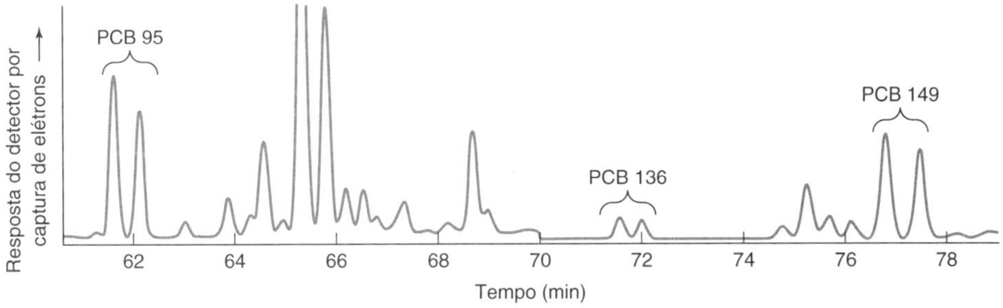

Separação quiral de bifenilas policloradas provenientes de folhas de eucalipto em uma coluna capilar com 25 m × 0,25 mm, com filme de 0,25 μm de fase estacionária contendo β-ciclodextrina metilada ligada quimicamente a poli(dimetilsiloxano). [Dados de S.-J. Chen, M. Tian, J. Zheng, Z.-C. Zhu, Y. Luo, X.-J. Luo e B.-X. Mai, "Elevated Levels of Polychlorinated Biphenyls in Plants, Air, and Soils at an E-Waste Site in Southern China and Enantioselective Biotransformation of Chiral PCBs in Plants," *Environ. Sci. Technol.* **2014**, *48*, 3847.]

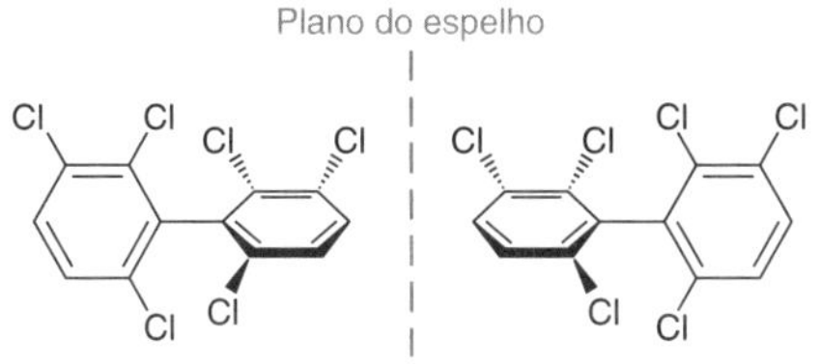

Bifenila policlorada quiral PCB 136. Os dois anéis são perpendiculares entre si. As imagens especulares não são superponíveis porque não é possível a rotação livre ao redor da ligação C—C entre os anéis.

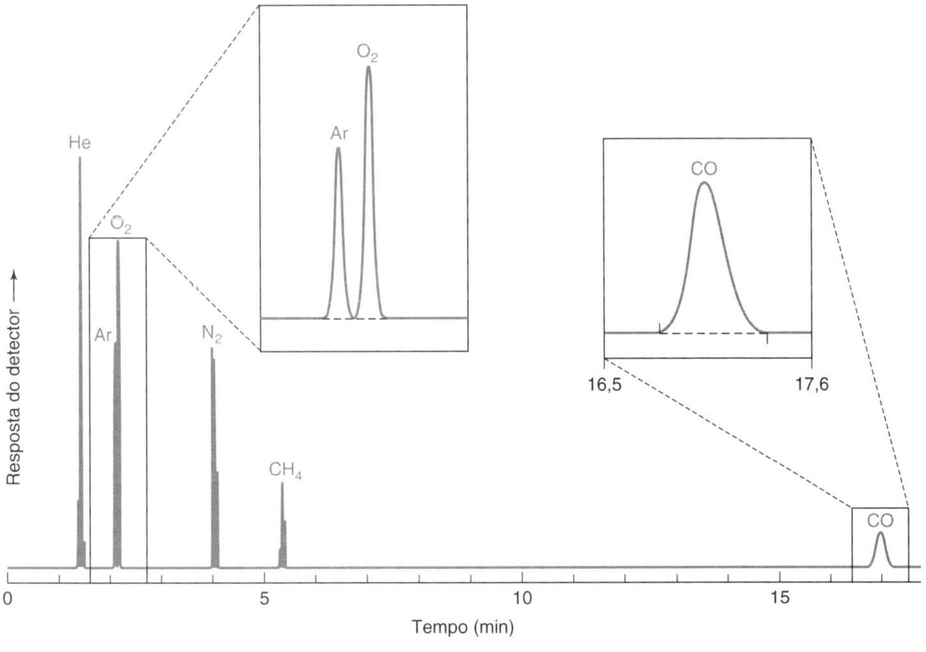

Cromatografia gás-sólido: o analito é diretamente adsorvido por partículas sólidas da fase estacionária

Cromatografia gás-líquido: partições do analito em um filme fino de um líquido não volátil na fase estacionária

FIGURA 24.7 Análise permanente de gases obtida em uma coluna de 30 m × 0,53 mm recoberta com uma camada porosa de MXT-MSieve 5A com espessura 50 μm, operada a 30 °C; o gás de arraste é o H_2 e a detecção é por condutividade microtérmica. Marcas de escala em ambos os lados do pico de CO são os limites de integração aplicados pelo software do instrumento. [Adaptada de J. de Zeeuw, "The Development and Applications of PLOT Columns in Gas-Solid Chromatography", *LCGC Nort Am.* **2010**, *28* (outubro), 848. Cortesia de Restek Corp., Bellefonte, PA].

Colunas Empacotadas

As **colunas empacotadas** (Figura 24.2c) contêm partículas finas de um suporte sólido recoberto com uma fase estacionária líquida não volátil, ou o próprio sólido pode ser a fase estacionária. Comparadas às colunas capilares, as colunas empacotadas possuem uma maior capacidade de amostra, mas produzem picos mais largos, apresentam tempos de retenção maiores e têm menor resolução (Figura 24.8). Apesar de sua resolução inferior, as colunas empacotadas são usadas em separações preparativas, que necessitam de uma grande quantidade de fase estacionária, ou para separar gases que apresentam baixa retenção. As colunas empacotadas geralmente são feitas de aço inoxidável ou vidro e, normalmente, têm 2 a 4 mm de diâmetro e 1 a 5 m de comprimento. O diâmetro de colunas usadas em separações preparativas é de 6 a 10 mm. O suporte sólido é frequentemente constituído por sílica, que é *silanizada* (Reação 23.42) para reduzir as ligações hidrogênio com solutos polares. No caso de solutos que continuam a ter uma tendência à associação, um suporte útil é o Teflon, porém, seu uso é limitado a temperaturas inferiores a 250 °C.

O Teflon é um polímero quimicamente inerte com a estrutura $—CF_2—CF_2—CF_2—CF_2—$.

Em uma coluna empacotada, o tamanho uniforme das partículas diminui o termo correspondente aos caminhos múltiplos na equação da van Deemter (23.37), reduzindo, assim, a altura do prato teórico e aumentando a resolução. Um menor tamanho de partícula diminui o tempo necessário para o soluto atingir o equilíbrio, aumentando, com isso, a eficiência da coluna. Entretanto, quanto menor for o tamanho da partícula, menor é o espaço entre as partículas e, por isso, é necessária uma pressão maior para forçar a fase móvel a passar pela coluna. O tamanho das partículas é expresso em micrômetros ou em *tamanho de malha*, que se refere ao tamanho da tela por meio da qual as partículas passam ou são retidas (Tabela 28.2). Uma partícula de 100/200 mesh passa por uma tela de 100 mesh, mas não passa pela de 200 mesh. O número de mesh é igual ao número de aberturas existentes por polegada linear de superfície da tela.

Retenção

A Figura 24.9 ilustra como os tempos de retenção relativos de substâncias polares e apolares variam com o ponto de ebulição do soluto (T_{eb}) e com a mudança da polaridade da fase estacionária. Na Figura 24.9a, 10 compostos são eluídos de acordo com a ordem crescente de ponto de ebulição em uma fase estacionária apolar. O fator determinante para a retenção nesta coluna é a volatilidade dos solutos. Na Figura 24.9b, a fase estacionária fortemente polar retém fortemente as substâncias polares. Os três álcoois são os últimos a serem eluídos, sendo precedidos pelas três cetonas, as quais vêm depois de quatro alcanos.

A retenção é governada pela Termodinâmica.[15] O fator de retenção (k) depende tanto da entalpia de vaporização (ΔH°_{vap}) como da entalpia da mistura (ΔH°_{mis}) do soluto puro com a fase estacionária líquida.[16]

O sobrescrito ° em ΔH°_{vap} significa que os reagentes e os produtos estão em seus estados-padrão, os quais são líquido puro, gás a pressão de 1 bar e soluto com atividade igual à unidade.

$$\ln k = \frac{\Delta H^\circ_{vap}}{RT} + \frac{\Delta H^\circ_{mis}}{RT} + \text{constante} \qquad \textbf{(24.3)}$$

FIGURA 24.8 Cromatograma de uma mistura de álcoois a 40 °C em uma coluna empacotada (diâmetro interno de 2 mm e comprimento 76 cm), contendo Carbowax 20 M [poli(etilenoglicol)] a 20% sobre suporte de Gas-Chrom R. O detector utilizado foi o de ionização de chama. [Dados de Norman Pearson.]

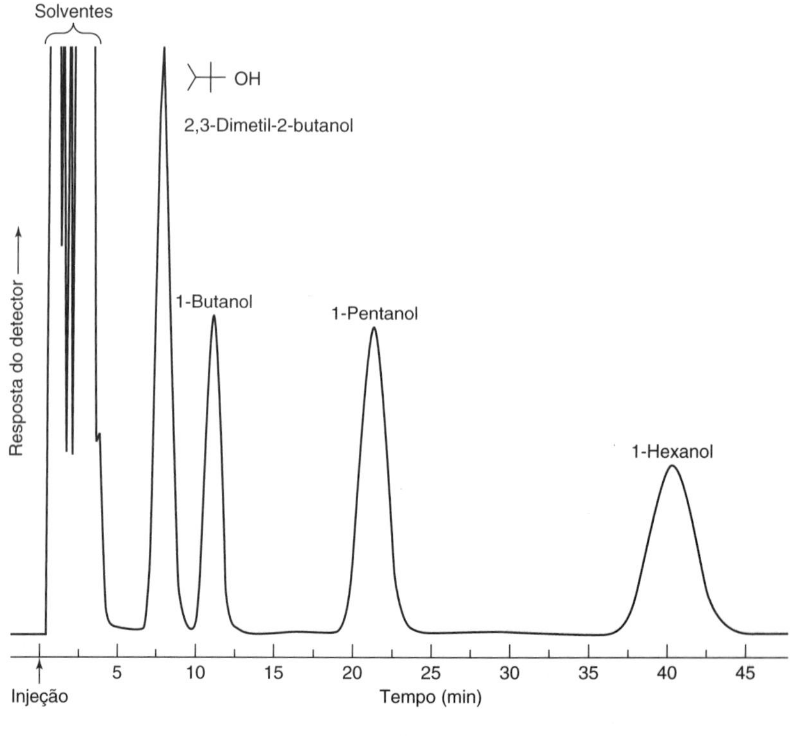

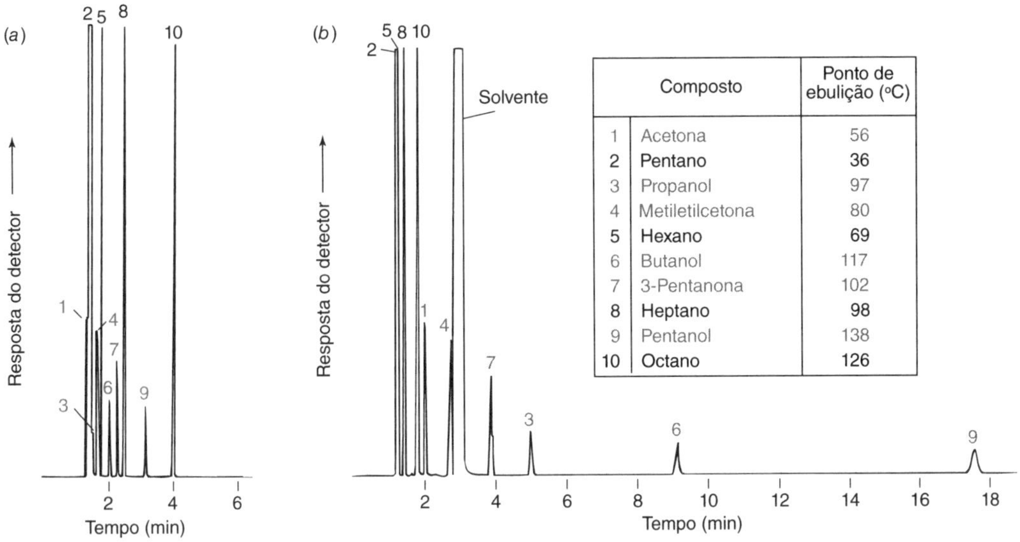

	Composto	Ponto de ebulição (°C)
1	Acetona	56
2	Pentano	36
3	Propanol	97
4	Metiletilcetona	80
5	Hexano	69
6	Butanol	117
7	3-Pentanona	102
8	Heptano	98
9	Pentanol	138
10	Octano	126

FIGURA 24.9 Separação de 10 compostos em colunas capilares de 0,32 mm de diâmetro × 30 m de comprimento, a 70 °C, com fases estacionárias de 1 μm de espessura constituídas por (*a*) poli(dimetilsiloxano) apolar e (*b*) poli(etilenoglicol) fortemente polar. [Dados de Restek Corp., Bellefonte, PA.]

Para solutos que não fazem ligações hidrogênio, a regra de Trouton afirma que o calor de vaporização é proporcional à temperatura de ebulição:[17]

Trouton descobriu a sua regra quando era um aluno de graduação como "resultado de uma tarde brincando com números".

$$\Delta H^\circ_{vap} \approx (88\ \text{J mol}^{-1}\ \text{K}^{-1}) \cdot T_{eb} \quad \textbf{(24.4)}$$

Combinando as Equações 24.3 e 24.4, obtém-se a aproximação

$$\ln k \approx \frac{(88\ \text{J mol}^{-1}\ \text{K}^{-1})T_{eb}}{RT} + \frac{\Delta H^\circ_{mis}}{RT} + \text{constante} \quad \textbf{(24.5)}$$

Na Figura 24.9, a retenção aumenta com o ponto de ebulição (T_{eb}) para compostos de uma mesma classe química (séries homólogas). Uma maior retenção também resulta da regra "semelhante dissolve semelhante", a qual aumenta a entalpia de mistura. Desse modo, os álcoois são mais retidos do que os alcanos na fase polar poli(etilenoglicol) (Figura 24.9b). A retenção relativa em uma fase polar depende da natureza das interações polares (Tabela 24.1). A ligação de hidrogênio entre o analito e a fase polar estacionária na Figura 24.9b é, provavelmente, a interação mais forte que leva à retenção. As interações dipolares das cetonas são a segunda interação mais forte.

Nas separações isotérmicas, o **índice de retenção** de Kovats, *I*, fornece uma escala de retenção relativa que permanece constante em todas as colunas com a mesma fase estacionária. O índice de retenção para um alcano de cadeia linear é igual a 100 vezes o número de átomos de carbono.[18] Para o octano, $I \equiv 800$, e para o nonano, $I \equiv 900$. Um composto eluído entre o octano e o nonano (Figura 23.7) tem um índice de retenção entre 800 e 900, que é calculado pela fórmula

O índice de retenção relaciona o tempo de retenção de um soluto com os tempos de retenção dos alcanos lineares.

$$\textit{Índice de retenção:}\quad I = 100\left[n + (N-n)\frac{\log t'_R(\text{desconhecida}) - \log t'_R(n)}{\log t'_R(N) - \log t'_R(n)}\right] \quad \textbf{(24.6)}$$

em que *n* é o número de átomos de carbono no *menor* alcano; *N* é o número de átomos de carbono no *maior* alcano; $t'_R(n)$ é o tempo de retenção ajustado do *menor* alcano; $t'_R(N)$ é o tempo de retenção ajustado do *maior* alcano.

Tempo de retenção ajustado: $t'_R = t_R - t_M$
t_R = tempo de retenção do soluto
t_M = tempo para o soluto (CH_4) que não apresenta retenção passar pela coluna.

EXEMPLO Índice de Retenção

Se os tempos de retenção na Figura 23.7 são $t_M(CH_4) = 0{,}5$ min, t_R(octano) = 14,3 min, t_R(composto desconhecido) = 15,7 min e t_R(nonano) = 18,5 min, determine o índice de retenção do composto desconhecido.

Solução O índice de retenção é calculado pela Equação 24.6:

$$I = 100\left[8 + (9-8)\frac{\log 15{,}2 - \log 13{,}8}{\log 18{,}0 - \log 13{,}8}\right] = 836$$

TESTE-SE Onde um composto desconhecido com um índice de retenção igual a 936 eluiria na Figura 23.7? (***Resposta:*** após o nonano.)

Quando estamos identificando um composto que foi eluído, comparando seu espectro de massa com os espectros existentes em um banco de dados de espectros de massa, frequentemente encontramos coincidências falsas. Se usarmos o índice de retenção como uma segunda característica, reduzimos bastante as coincidências falsas.

O índice de retenção de 651 para o benzeno no poli(dimetilsiloxano) na Tabela 24.2 indica que, nesta fase estacionária apolar, o benzeno elui entre o *n*-hexano ($I \equiv 600$) e o *n*-heptano ($I \equiv 700$). O nitropropano é eluído logo após o heptano na mesma coluna. À medida que seguimos para baixo na tabela, as fases estacionárias tornam-se mais polares. Para o poli (etilenoglicol), no final da tabela, o benzeno é eluído após o nonano, e o nitropropano é eluído depois do dodecano, O líquido iônico SB IL-111, no fim da tabela, é altamente polar; nele, o benzeno elui com o tetradecano e o nitroproano após o octadecano. A média dos índices de retenção dos compostos listados na Tabela 24.2 define a polaridade geral das fases, mas as seletividades dependerão dos tipos e forças de interações polares oferecidas por cada coluna. Tanto o $(\text{difenil})_{0,35}$ $(\text{dimetil})_{0,65}$ polissiloxano como o $(\text{cianopropilfenil})_{0,14}$ $(\text{dimetil})_{0,86}$ polissiloxano são colunas de polaridade intermediária. O butanol apresenta uma maior retenção relativa na fase cianopropilfenil em função da natureza dipolar dessa fase.

Programação de Temperatura e Pressão

Aumento da temperatura da coluna
- diminui o tempo de retenção
- torna os picos mais agudos

Em grande parte da cromatografia a gás, ela é conduzida sob **programação de temperatura**, na qual a temperatura de uma coluna é elevada *durante* a separação para aumentar a pressão de vapor do analito e diminuir os tempos de retenção dos últimos componentes a serem eluídos. Na cromatografia a gás, os solutos entram em equilíbrio entre as fases estacionária e vapor. A pressão de vapor de um soluto depende da temperatura (T) e do calor de vaporização do soluto (ΔH_{vap}):

A temperatura de ebulição depende da pressão.

Pressão (bar)	Octano T_{eb} (°C)
1,0	126
1,5	142
2,5	162

FONTE: *Dados de C. F. Beaton e C. F. Hewitt, eds.,* Physical Property Data for the Chemical and Mechanical Engineer *(New York: Hemisphere Pub. Corp., 1989).*

A T_{eb} na pressão atmosférica é usada para indicar a pressão de vapor *relativa* das substâncias.

Equação de Clausius-Clapeyron:
$$\log P_{\text{soluto}} = -\frac{\Delta H_{\text{vap}}}{RT} + \text{constante} \qquad \textbf{(24.7)}$$

A uma temperatura constante (isoterma) de 150 °C na Figura 24.10, a coluna está acima das temperaturas de ebulição dos alcanos menores, os quais estão inteiramente na fase vapor e, por isso, são tão fracamente retidos que eluem muito próximos, perto de t_M. A retenção aumenta notavelmente com o ponto de ebulição dos compostos (Equação 24.5). Os compostos menos voláteis podem nem mesmo ser eluídos da coluna. A Figura 24.10a ilustra o **problema geral da eluição**, que é a incapacidade de uma separação por meio de uma isoterma simples fornecer uma separação adequada com um tempo de análise razoável de amostras contendo uma ampla gama de compostos com pontos de ebulição diferentes.

Se a temperatura da coluna é elevada de 35 °C para 280 °C, em uma velocidade de 8 °C/min (Figura 24.10b), todos os compostos são eluídos e a separação dos picos é razoavelmente uniforme. A temperatura inicial (35 °C) está bem abaixo da temperatura de ebulição da maioria dos compostos à pressão atmosférica, de sorte que eles são fortemente aprisionados na cabeça da coluna. Em grande parte da programação de temperatura, a pressão de vapor de cada composto permanece baixa, e eles se mantêm na cabeça da coluna. Uma vez que a temperatura da coluna seja alta o bastante para que um composto tenha uma apreciável pressão de vapor, ele

TABELA 24.2 **Índices de retenção de diversos compostos em fases estacionárias comuns**

	Índice de retenção[a]			
Fase	 **Benzeno p.eb. 80 °C**	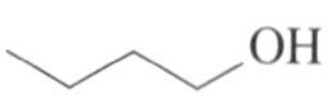 **Butanol p.eb. 117 °C**	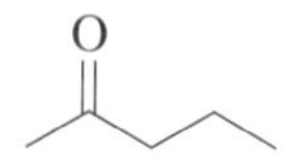 **2-Pentanona p.eb. 102 °C**	 **1-Nitropropano p.eb. 132 °C**
Poli(dimetilsiloxano)	651	651	667	705
$(\text{Difenil})_{0,05}$ $(\text{dimetil})_{0,95}$ polissiloxano	667	667	689	743
$(\text{Difenil})_{0,35}$ $(\text{dimetil})_{0,65}$ polissiloxano	746	733	773	867
$(\text{Cianopropilfenil})_{0,14}$ $(\text{dimetil})_{0,86}$ polissiloxano	721	778	784	881
$(\text{Difenil})_{0,65}$ $(\text{dimetil})_{0,35}$ polissiloxano	794	779	825	938
Poli(etilenoglicol)	963	1 158	998	1 230
1,5-Di(2,3-dimetilimidazólio)pentano bis(trifluorometanossulfonila)imida (SP-IL 111)	1 400	1 567	1 585	1 834

a. Para referência, os pontos de ebulição de vários alcanos são: hexano, 69°C; heptano, 98°C; octano, 126°C; nonano, 151°C; decano, 174°C; undecano, 196°C; dodecano, 216°C. Os índices de retenção para os alcanos de cadeia linear são valores constantes, independentes da fase estacionária: hexano, 600; heptano,700; octano, 800; nonano, 900; decano, 1000; undecano, 1100; dodecano, 1200. O benzeno responde por interações dipolo-dipolo induzido; o butanol por ligações hidrogênio; a 2-pentanona e o nitropropano por interações dipolo-dipolo.

Dados de Restek Chromatography Products Catalog, 2013-2014, Bellefonte, PA. Os dados para o líquido iônico provêm de www.sigmaaldrich.com.

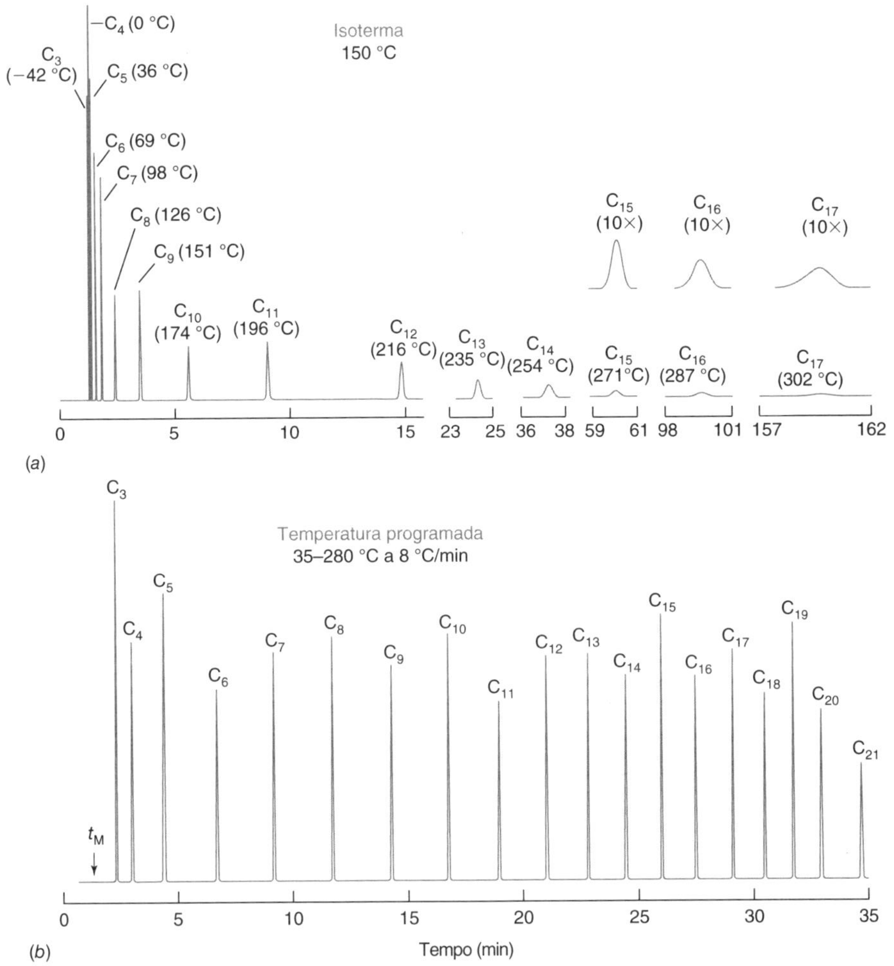

FIGURA 24.10 Comparação de uma cromatografia (*a*) com uma isoterma (temperatura constante) e (*b*) com uma programação de temperatura. Cada amostra contém alcanos lineares, e foi injetada em uma coluna empacotada de 30 m × 0,32 mm com fase estacionária de Rtx-1 poli(dimetilsiloxano). O gás de arraste foi He na vazão de 2 mL/min. A temperatura de ebulição é indicada para cada alcano em (*a*). [Adaptada de dados produzidos com o programa ProEZGC® (disponível gratuitamente em: https://www.restek.com/proezgc), Restek Corp., Bellefonte, PA.]

Com **programação de temperatura**, os solutos são

- fortemente retidos (aprisionados) na cabeça da coluna durante a maior parte de seu tempo dentro da coluna
- fracamente retidos quando eluídos em razão da temperatura mais elevada, de sorte que os picos são finos.

começa a se mover pela coluna. À medida que ele passa pela coluna, a temperatura continua a subir, e o composto se torna cada vez menos retido até que, ao final, ele sai na forma de um pico fino.

A maioria das colunas de cromatografia a gás vem com um registro que indica seus limites de temperatura (Tabela 24.1). O limite inferior é a temperatura na qual a fase líquida se solidifica. O emprego de uma coluna abaixo dessa temperatura não a danificará, mas os picos podem não ter um formato fino, e podem ocorrer problemas de desempenho. Podem ser exibidos dois limites máximos de temperatura. O menor deles é o limite de temperatura isotérmica que pode ser mantido em uma coluna por um longo período. O limite superior é a temperatura limite em uma programação na qual a coluna somente pode permanecer por alguns minutos a cada uso, como durante o condicionamento da coluna para remover contaminantes ou para eluir analitos de massa molar elevada que, de outra forma, não sairiam da coluna. A linha base normalmente começa a subir 30 a 40 °C antes do limite máximo superior de temperatura isotérmica em função de uma pequena decomposição e volatilização da fase estacionária. Temperaturas excessivas ou compostos químicos reativos como o oxigênio decompõem a fase estacionária e levam ao "sangramento" excessivo da coluna. Um aumento da linha base à baixa temperatura é um indicativo da degradação de uma coluna. Outras evidências de degradação da coluna são o alargamento dos picos, o aparecimento de caudas, a redução da intensidade dos picos e a mudança dos tempos de retenção.

Sintomas de um sangramento excessivo de coluna:

- linha base alta ou em elevação em baixas temperaturas, acima do normal
- alargamento crescente e surgimento de caudas nos picos após injeções sucessivas
- alteração nos tempos de retenção após injeções sucessivas

Causas de um sangramento excessivo de coluna:[19]

- temperatura de coluna excessiva
- admissão de oxigênio a partir de um vazamento ou ajuste incorreto do septo
- contaminação do gás carreador com oxigênio
- injeção de compostos que reagem com a fase estacionária

Muitos cromatógrafos são equipados com um controle eletrônico da pressão do gás de arraste a fim de manter a vazão ou a velocidade linear constante durante a programação de temperatura. A pressão programada ou a vazão podem ser usadas juntamente com a temperatura programada para diminuir o tempo de retenção dos últimos componentes que saem da coluna. O aumento da pressão de entrada aumenta o fluxo da fase móvel e diminui o tempo de retenção. No fim de uma corrida cromatográfica, a pressão pode ser rapidamente reduzida ao seu valor inicial para a próxima corrida.

Gás de Arraste

O hélio é o gás de arraste mais utilizado em cromatografia, sendo compatível com a maioria dos detectores. Para um detector de ionização de chama, o N_2 permite um limite de detecção

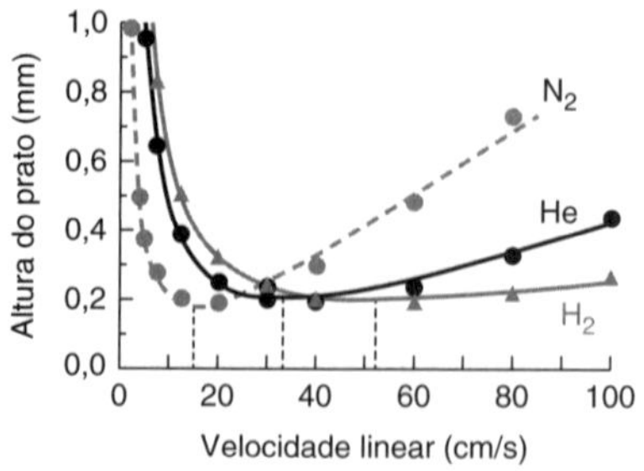

FIGURA 24.11 Curvas de van Deemter para a cromatografia a gás do monoterpeno eucaliptol (k = 4,7), usando N_2, He ou H_2, em uma coluna empacotada de 30 m × 0,32 mm com 0,25 μm de fase estacionária de Rxi-5ms, (difenil)$_{0,05}$-(dimetil)$_{0,95}$polissiloxano), a 70 °C. [Adaptada de dados produzidos com o programa Pro*EZGC*® (disponível gratuitamente em: https://www.restek.com/proezgc), Restek Corp., Bellefonte, PA.]

menor que o He. A Figura 24.11 mostra que H_2, He e N_2 produzem praticamente uma mesma altura do prato ótima (0,2 mm), em vazões bem diferentes. As velocidades ótimas dependem do diâmetro da coluna e da fase estacionária, mas sempre aumentam na ordem, $N_2 < He < H_2$. As separações mais rápidas podem ser obtidas utilizando-se o H_2 como gás de arraste, e este gás pode ser utilizado até em vazões superiores ao seu valor ótimo, com pouca perda de resolução. A Figura 24.12 mostra a influência do gás de arraste na separação de dois compostos, utilizando-se a mesma coluna cromatográfica e a mesma temperatura.

A viscosidade do gás de arraste aumenta com a elevação da temperatura. O uso de uma pressão constante na entrada, combinada com uma programação de temperatura, resulta em uma variação na velocidade linear – o que afeta o alargamento dos picos – e o ruído de fundo em alguns detectores. A maioria dos cromatógrafos dispõe de um controle pneumático eletrônico capaz de manter a vazão ou a velocidade linear constante.[20] O programa de controle requer como dado de entrada o comprimento da coluna, o diâmetro, a espessura da fase e outros parâmetros. Esses parâmetros podem ser ajustados ou predeterminados com base no tempo de retenção de um padrão.

Os gases são mais frequentemente fornecidos em cilindros à alta pressão. Deve-se seguir os protocolos do laboratório para o manuseio de cilindros.[21] Verifique a pressão do cilindro no início para assegurar que haja uma pressão suficiente. Decréscimos significativos ao longo dos dias podem indicar um vazamento. Não use um cilindro até que ele esvazie porque as impurezas ficam mais concentradas à medida que ele se esvazia, e o ar pode contaminar suas linhas de gás. A redução da disponibilidade do hélio vem levando a um emprego crescente do hidrogênio como gás de arraste.[22] Geradores eletrolíticos comerciais produzem H_2 de alta pureza e eliminam a necessidade do uso de cilindros de H_2 comprimido. As vazões baixas na cromatografia capilar são improváveis de causar uma concentração perigosa de H_2. Na cromatografia a gás–espectrometria de massa, o H_2 reduz a eficiência de uma bomba de vácuo turbomolecular, mas tem pouco efeito em uma bomba difusora. O H_2 pode reagir cataliticamente com compostos insaturados em superfícies metálicas, mas tais superfícies são desativadas em equipamentos sob manutenção adequada.

Equação de van Deemter:

$$H \approx \underset{\text{Caminhos múltiplos}}{A} + \underset{\text{Difusão longitudinal}}{\frac{B}{u_x}} + \underset{\text{Transferência de massa}}{Cu_x} \qquad (23.37)$$

O H_2 e o He dão, em vazões elevadas, uma resolução melhor (uma altura do prato menor) que o N_2, pois os solutos se difundem mais rapidamente através do H_2 e do He do que através do N_2. Quanto mais rapidamente o soluto se difunde entre as fases, menor é o termo de transferência de massa (Cu_x) na equação de van Deemter (23.37). As Equações 23.40 e 23.41 descrevem os efeitos de uma velocidade de transferência de massa finita em uma coluna capilar. Se a espessura da fase estacionária for suficientemente pequena (≤ 0,5 μm), o processo de transferência de massa é controlado pela difusão lenta por meio da *fase móvel* e não pela *fase estacionária*. Isto é, $C_s << C_M$ nas Equações 23.40 e 23.41. Para uma coluna com determinado raio, r, e um soluto com determinado fator de retenção, k, a única variável que afeta a velocidade de transferência de massa na fase móvel (Equação 23.40) é o coeficiente de difusão do soluto na fase móvel. Os coeficientes de difusão seguem a ordem $H_2 > He > N_2$.

Eucaliptol

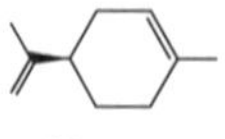

D-Limoneno

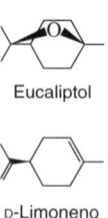

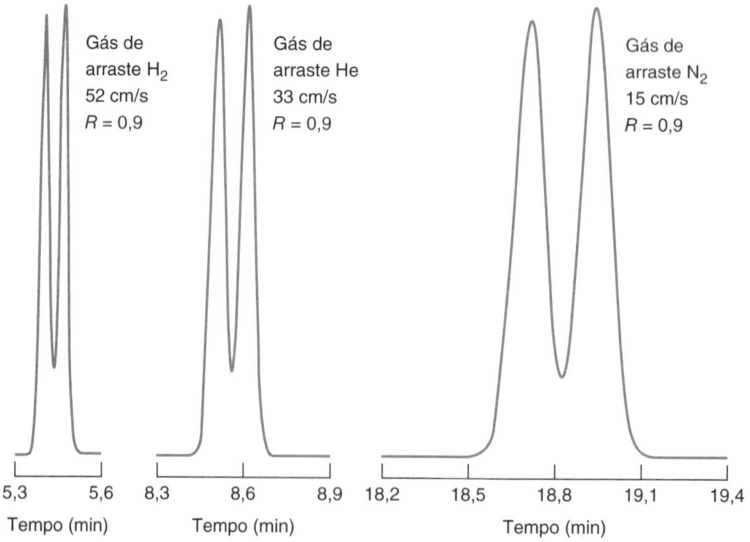

FIGURA 24.12 Separação dos monoterpenos D-limoneno e eucaliptol em uma coluna empacotada de 30 m × 0,32 mm com 0,25 μm de fase estacionária de Rxi-5ms, (difenil)$_{0,05}$-(dimetil)$_{0,95}$ polissiloxano), empregando diversos gases de arraste em suas velocidades lineares ótimas, a 70 °C. A resolução, R, permanece constante, mas o tempo de análise aumenta ao mudar o gás de arraste de H_2 para He e deste para N_2. [Adaptada de dados produzidos com o programa Pro*EZGC*® (disponível gratuitamente em: https://www.restek.com/proezgc), Restek Corp., Bellefonte, PA.]

A maioria das análises é executada com velocidades do gás de arraste que são 1,5 a duas vezes maiores que a velocidade ótima correspondente ao mínimo da curva de van Deemter. As velocidades mais elevadas são escolhidas de modo a fornecerem o máximo de eficiência (o maior número de pratos teóricos) por unidade de tempo. Uma pequena redução na resolução é tolerada em troca de análises mais rápidas.

A vazão de gás através de uma coluna estreita pode ser demasiada baixa para o melhor desempenho do detector. Por isso, por vezes o chamado *gás complementar* é adicionado entre a coluna e o detector. O gás complementar ideal para detecção pode ser diferente do gás usado na coluna.

As impurezas no gás de arraste degradam a fase estacionária ou podem causar ruído na linha base. Devem ser usados gases de alta qualidade, e mesmo estes gases precisam passar por purificadores para a remoção de oxigênio, água e traços de compostos orgânicos antes de entrarem na coluna. Uma armadilha indicadora de oxigênio deve ser posicionada em linha após o purificador principal. Para as linhas de gás, devem ser usados tubos de aço ou de cobre, e não de plástico ou de borracha, porque os metais são menos permeáveis ao ar e não desprendem substâncias voláteis que podem contaminar o fluxo de gás. Assim como ocorre na degradação térmica, os sintomas de degradação oxidativa da fase estacionária incluem o aumento do sinal da linha base em baixa temperatura, o alargamento dos picos, o surgimento de cauda nos picos e a alteração nos tempos de retenção.

Pré-colunas e Colunas de Retenção

Na cromatografia a gás, *uma pré-coluna* e uma *coluna de retenção* são normalmente constituídas de um capilar de sílica vazio de comprimento variando de 3 a 10 m e acopladas à parte frontal da coluna cromatográfica capilar. O capilar é silanizado de forma que os solutos não sejam retidos pelas paredes descobertas de sílica. Fisicamente, as pré-colunas e as colunas de retenção são idênticas, mas empregadas com objetivos distintos.

A função de uma **pré-coluna** é acumular substâncias não voláteis que, de outra forma, contaminariam a coluna cromatográfica e degradariam seu desempenho. Periodicamente, devemos cortar o início do capilar da pré-coluna para eliminarmos os resíduos não voláteis acumulados. Devemos cortar um pedaço do início da pré-coluna quando observamos picos com formas irregulares obtidos em uma coluna que vinha produzindo picos simétricos até então. É uma boa prática cortar 10 a 20 cm da pré-coluna toda vez que a seção de entrada de injeção é trocada. Quando o cromatógrafo é controlado por um sistema pneumático eletrônico, devemos nos certificar de que o novo comprimento da pré-coluna seja incluído no programa de controle.

Pré-coluna: acumula substâncias não voláteis que poderiam contaminar a coluna cromatográfica.

Uma **coluna de retenção** é utilizada para melhorar a forma dos picos sob determinadas condições. Se introduzirmos um grande volume de amostra (> que 2 μL) no modo *sem divisão de fluxo* ou por *injeção direta na coluna* (descritos na próxima seção), microgotículas de solvente líquido podem persistir dentro dos primeiros metros da coluna cromatográfica. Solutos que estejam dissolvidos nessas gotículas de solvente são carreados com elas e dão origem a uma série de bandas irregulares. A coluna de retenção possibilita que o solvente evapore antes de entrar na coluna cromatográfica. As colunas de retenção capilares podem ser adquiridas com superfícies polares ou apolares. A coluna de retenção deve apresentar uma polaridade semelhante àquela do solvente. Normalmente é usado pelo menos 1 m de coluna de retenção por microlitro de solvente injetado. Mesmo pequenos volumes de solventes que possuam polaridade muito diferente da polaridade da fase estacionária podem dar origem a picos dos solutos com formas irregulares. A coluna de retenção ajuda na separação entre soluto e solvente promovendo uma melhora na forma dos picos no cromatograma.

Coluna de retenção: melhora a forma dos picos a partir da separação do solvente volátil dos solutos menos voláteis, antes do início da cromatografia.

Calculamos o número de pratos, N, com a Equação 23.30 utilizando os tempos de retenção e a largura dos picos. A altura do prato, H, é calculada dividindo-se o comprimento da coluna, L, por N. Não se deve considerar a pré-coluna ou a coluna de retenção para o valor de L nem para o cálculo de H.[23] Para picos com fator de retenção $k < 5$, a altura do prato pode não ter significado quando se utiliza uma pré-coluna ou uma coluna de retenção.

O número de pratos só pode ser determinado a partir de um cromatograma sob condições isotérmicas.

24.2 Injeção da Amostra[24]

Volumes de líquidos de ~1 μL são injetados por meio de um septo de borracha em uma seção de vidro dentro de uma entrada de injeção aquecida. Volumes de gases de ~10 μL até 5 mL podem ser injetados por uma seringa especial, à prova de vazamentos de gás, ou introduzidos por uma válvula de injeção similar àquela apresentada para a cromatografia líquida na Figura 25.20.

Uma microsseringa de 10 μL é usada para injetar 0,1 a 2 μL de uma amostra líquida.[25] Para encher a microsseringa, exclui-se inicialmente todo o ar presente, aspirando repetidamente líquido para dentro da seringa e expelindo-o rapidamente de volta. Em seguida, aspire mais líquido do que será injetado. Mantenha a seringa com a agulha apontada para cima e mova o êmbolo até que ele indique o volume desejado. Seque a agulha – mas não a sua ponta – com

FIGURA 24.13 Microsseringa preenchida com 1 μL de amostra líquida. Ar é então admitido a fim de evitar evaporação prematura da amostra na entrada de injeção do cromatógrafo. Para uma demonstração de como usar uma microsseringa, ver www.youtube.com/watch?v=xelz9qbi0T8.

um tecido e aspire um pouco de ar para dentro da seringa, como mostrado na Figura 24.13. Quando a agulha é inserida por meio de um septo de borracha para dentro da entrada de injeção do cromatógrafo, que está aquecida, a amostra não evapora imediatamente, pois não há nenhuma amostra na agulha. Se houvesse amostra na agulha, os componentes mais voláteis começariam a evaporar e estariam esgotados antes de a amostra ser injetada.

Uma entrada de injeção com uma seção de vidro silanizada é mostrada na Figura 24.14. A amostra líquida é rapidamente volatilizada pela seção aquecida. O gás de arraste conduz a amostra vaporizada da entrada de injeção para dentro da coluna cromatográfica. Resíduos da decomposição das amostras, componentes não voláteis e pedaços da borracha do septo se acumulam na seção de vidro, que, por isso, deve ser periodicamente substituída. Lã de vidro desativada de alta pureza é usada próximo ao final de algumas seções de admissão para reter partículas e produtos de decomposição de modo a evitar que cheguem à coluna. A região de admissão deve apresentar uma boa vedação, senão ocorrem vazamentos do gás de arraste. A vida útil do septo de borracha é relativamente pequena, permitindo cerca de 20 injeções manuais. No caso de sistemas automáticos de injeção de amostra, a vida útil do septo aumenta, possibilitando ~100 injeções de amostra. Um septo com vazamento pode permitir a entrada de ar, o que causa mudanças na linha de base e danifica a coluna.[26]

Indicações de que a seção de admissão está contaminada: baixa reprodutibilidade do tempo de retenção; picos para compostos reativos mais baixos, ausentes ou com caudas. Inspecione a seção de admissão quanto a detritos ou sujeira no septo toda vez que ele for substituído.

Indicações de falha de septo: linha de base com ruído ou flutuante; presença de cauda; todos os picos menores ou ausentes; picos extras regularmente espaçados; mudança nos tempos de retenção.

Injeção com Divisão de Fluxo

Se os analitos de interesse estão relativamente concentrados (acima de partes por milhão) na amostra, é preferível, normalmente, utilizar-se a **injeção com divisão de fluxo**. Para trabalhos da alta resolução, os melhores resultados são obtidos com a menor quantidade de amostra ($\leq$ 1 μL) que pode ser detectada adequadamente – contendo de preferência $\geq$ 1 ng de cada componente. Uma injeção completa contém muito material para uma coluna de 0,32 mm de diâmetro ou menos. Uma injeção com divisão de fluxo transfere apenas 0,2 a 2% da amostra para a coluna. Na Figura 24.14, a amostra é injetada rapidamente (< 1 s) por meio do septo dentro da zona de evaporação. A temperatura do injetor é mantida elevada (por exemplo, 250 °C) para promover uma evaporação rápida. Entretanto, se a temperatura do injetor for muito alta, pode ocorrer decomposição. Um fluxo potente de gás de arraste empurra a amostra pela *câmara de mistura*, onde ocorrem a vaporização completa e uma boa mistura. No ponto de divisão, uma pequena fração do vapor entra na coluna cromatográfica, mas a maior parte passa pela válvula de agulha 2 para a saída de rejeito. O regulador de pressão faz com que a válvula de agulha 2 controle a fração de amostra descartada. A proporção da amostra que não chega à coluna é chamada *razão de divisão* e normalmente se situa em uma faixa de 1:1 até 500:1. Razões de divisão baixas produzem picos maiores, mas muita amostra pode sobrecarregar a coluna e produzir picos largos e assimétricos. Razões de divisão altas produzem picos mais estreitos à medida que a amostra é carregada rapidamente na coluna com melhor transferência quantitativa e reprodutibilidade, mas os picos são menores em virtude da menor quantidade de analito

Indicações de temperatura de injeção muito baixa: picos largos, especialmente na frente da fase móvel; picos extras *fantasmas* no próximo cromatograma

Indicações de temperatura de injeção muito alta: perda de vapor na injeção; linha de base plana antes ou depois do pico em função da decomposição do analito

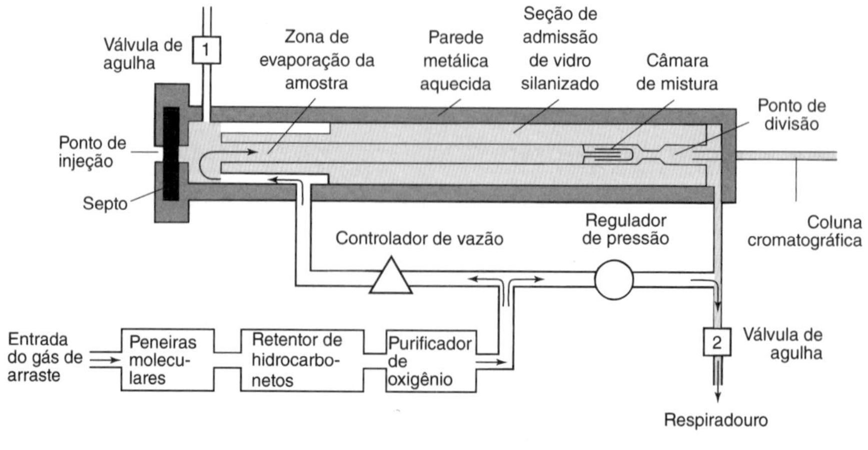

FIGURA 24.14 Entrada de injeção para o modo com divisão de fluxo em uma coluna capilar. A seção de admissão de vidro é lentamente contaminada por resíduos de decomposição das amostras e por constituintes não voláteis, e deve ser substituída periodicamente. Para a injeção sem divisão de fluxo, a seção de admissão de vidro é apenas um tubo reto, sem a câmara de mistura. Para amostras contaminadas, usa-se a injeção com divisão de fluxo e um material adsorvente pode ser colocado dentro da seção de admissão de vidro para adsorver os componentes indesejáveis da amostra. A lã de vidro pode ser colocada próxima ao final da seção de admissão de vidro de modo que o líquido fora da agulha da seringa seja limpo pela lã antes de a agulha ser retirada.

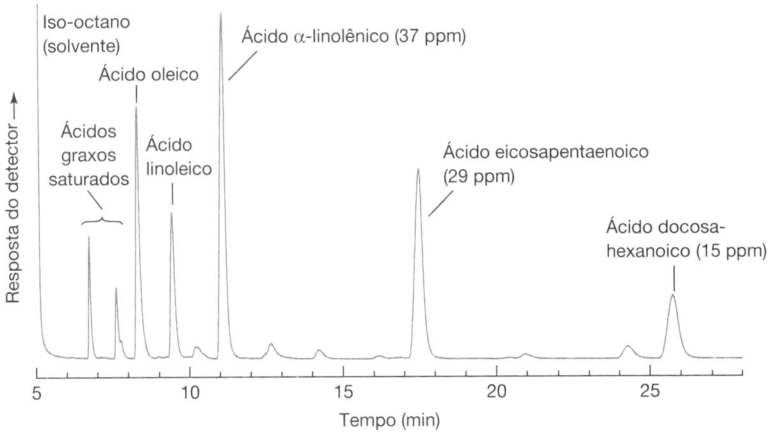

FIGURA 24.15 Análise de ácidos graxos ômega-3 em óleo de peixe e óleo de linhaça dissolvidos em iso-octano. 0,5 μL de amostra foi injetada com uma razão de divisão de 20:1. Os picos em 11,2, 17,6 e 25,9 são ácidos graxos ômega-3. Ver Figura 5.4 para estruturas de picos de eluição inicial. Uma coluna capilar Supelco SLB-IL 111 com parede revestida de líquido iônico (estrutura mostrada na Seção 24.1) com 60 m × 0,25 mm tendo filme de 0,20 μm de espessura, β = 310, foi operada a 180 °C com gás de arraste He em uma vazão de 1 mL/min e detecção por espectrometria de massa. A coleta de dados começou em 5 minutos para minimizar a entrada de solvente no espectrômetro de massa. [Dados de C. A. Weatherly, Y. Zhang, J. P. Smuts, H. Fan, C. D. Xu, K. A. Schug, J. C. Lang e D. W. Armstrong, "Analysis of Long-Chain Unsaturated Fatty Acids by Ionic Liquid Gas Chromatography", *J. Agric. Food Chem.* **2016**, *64*, 1422.]

carregada na coluna. As razões de divisão ótimas equilibram esses fatores. A análise de ácidos graxos ômega-3 na Figura 24.15 empregou uma injeção com divisão de fluxo, na qual 95% da amostra foi direcionada para a saída de rejeito. Após a amostra ter sido completamente eluída da entrada de injeção (~30 s), a válvula de agulha 2, chamada *válvula de divisão*, é fechada e o fluxo de gás de arraste na entrada é correspondentemente reduzido. A quantidade exata de amostra carregada na coluna é desconhecida, mas consistente. A análise dos padrões é feita nas mesmas condições de injeção que as amostras. É esperada uma precisão de 2 a 4% para injeção manual e 1% com amostragem automática.

Uma injeção de 1 μL de líquido produz, aproximadamente, 0,5 mL de volume de gás, que pode preencher a seção de admissão de vidro na Figura 24.14. O volume do vapor deve ser mantido inferior a 50% do volume de admissão; caso contrário, algum vapor pode retornar (*backflash*) e contaminar as linhas de gás de arraste. Para melhores resultados, inserimos rapidamente a agulha pelo septo, injetamos a amostra e retiramos a agulha. Alguma amostra sempre permanece na agulha. Se a injeção for lenta, os componentes com pontos de ebulição mais baixos evaporam primeiro e têm maior probabilidade de escapar da agulha do que os componentes com pontos de ebulição mais altos. A temperatura da entrada de injeção deve ser suficientemente alta para minimizar esse fracionamento da amostra. Durante a injeção e a cromatografia, gás para *purga do septo* flui pela válvula de agulha 1, na Figura 24.14, com uma vazão de ~1 mL/min para remover o excesso de vapores da amostra e os gases que normalmente escapariam pelo septo de borracha aquecido.

Volume de vapor para 1 μL de injeção de líquido:
hexano ⇒ 200 μL de vapor
cloreto de metileno ⇒ 400 μL de vapor
metanol ⇒ 630 μL de vapor
água ⇒ 1 410 μL de vapor
[Dados para 250 °C e 0,69 bar de Solvent Expansion Calculator, Restek Corp., Bellefonte, PA, 2010, disponível *on-line*.]

Indicações de excesso de vapor injetado: pico do solvente grande e com cauda; picos divididos; fraca reprodutibilidade do tamanho dos picos; picos extras *fantasmas* no próximo cromatograma.

Injeção sem Divisão de Fluxo

Para a análise de traços de analitos[27] que constituem menos do que partes por milhão na amostra, a **injeção sem divisão de fluxo** é apropriada. É usada a mesma entrada de injeção mostrada na Figura 24.14. No entanto, a seção de admissão de vidro é um tubo reto, vazio, sem nenhuma câmara de mistura, como mostrado na Figura 24.16. Um grande volume (~2 μL) de solução diluída em solvente de baixo ponto de ebulição é injetado lentamente (~2 s), para dentro da região de admissão, com a saída de divisão fechada. É mantido um pequeno fluxo para purga do septo durante a injeção e a cromatografia para remover quaisquer vapores que escapem da região de admissão. A temperatura do injetor para a injeção sem divisão de fluxo é menor (~220 °C) do que para a injeção com divisão, pois a amostra permanece mais tempo na entrada, e não queremos que ela se decomponha. O tempo de residência da

Diferentes tipos de entradas de injeção são concebidos para a execução das injeções com divisão de fluxo, sem divisão de fluxo, diretamente na coluna e também para o uso com microextração de fase sólida.

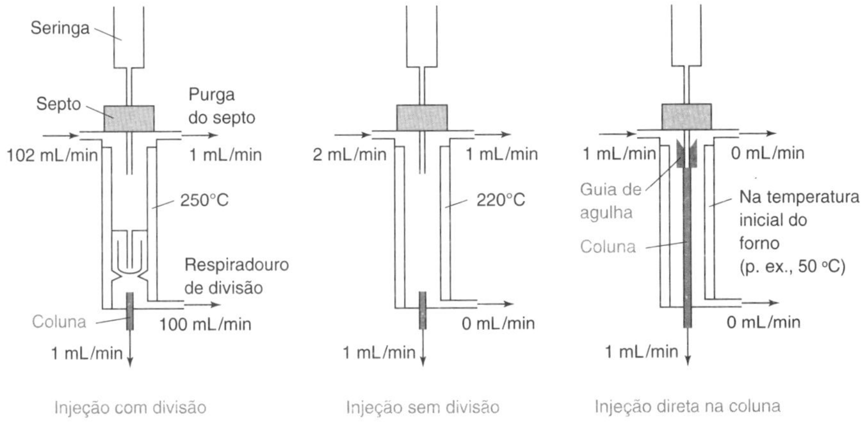

FIGURA 24.16 Condições de injeção típicas para os modos de injeção com divisão de fluxo, injeção sem divisão de fluxo e injeção direta em uma coluna capilar.

amostra na seção de admissão de vidro é de ~1 minuto porque o gás de arraste passa pela região de admissão na vazão da coluna, que é ~1 mL/min. Em ~1 minuto após a injeção, a saída de divisão é aberta para liberar a amostra restante do injetor. Alguma amostra é perdida, mas a quantidade é mínima e consistente entre as injeções. Essa descarga reduz a cauda no pico do solvente e estreita os picos de eluição anteriores. Com a injeção sem divisão, muito mais amostra é carregada na coluna do que na injeção com divisão – aumentando os limites de detecção – e ocorre pouca discriminação entre as quantidades de solutos de ponto de ebulição baixo e de ponto de ebulição alto.

Para o aprisionamento pelo solvente, a amostra deve conter 10^4 vezes mais solvente do que analito e a temperatura da coluna deve estar de 10 a 20 °C abaixo do ponto de ebulição do solvente.

Entretanto, carregar a amostra na coluna por ~1 minuto produzirá picos largos, a menos que o analito esteja localizado na entrada da coluna. No **aprisionamento pelo solvente**, a temperatura inicial da coluna é definida 10 a 20 °C *abaixo* do ponto de ebulição do solvente, que, portanto, condensa no início da coluna. À medida que os solutos alcançam o tampão constituído pelo solvente condensado, eles são aprisionados no solvente numa banda estreita no início da coluna. Esse aprisionamento pelo solvente produz picos cromatográficos estreitos. A cromatografia é iniciada pela elevação da temperatura da coluna para evaporar o solvente aprisionado na cabeça da coluna. Os pontos de ebulição dos primeiros picos de interesse devem estar mais de 30 °C acima do ponto de ebulição do solvente. A combinação da polaridade do solvente com a polaridade da coluna – um solvente apolar com uma coluna apolar – produz um tampão estreito de solvente.

Uma maneira alternativa de condensar os solutos em uma banda estreita no início da coluna é conhecida como **aprisionamento a frio**. Nesse caso, a temperatura inicial da coluna é mantida no mínimo 100 °C abaixo do ponto de ebulição dos solutos de interesse. O solvente e os componentes de baixo ponto de ebulição são eluídos rapidamente, porém os solutos de ponto de ebulição elevado permanecem em uma banda estreita no início da coluna. A coluna é então rapidamente aquecida para iniciar a cromatografia dos solutos de ponto de ebulição elevado. Para os solutos de baixo ponto de ebulição, é necessária uma *focalização criogênica*. Nesse caso, a temperatura inicial da coluna está abaixo da temperatura ambiente.

A Figura 24.17 apresenta os efeitos dos parâmetros operacionais nas injeções com e sem divisão de fluxo. O experimento A é uma injeção com divisão de fluxo padrão usando uma razão de divisão de 20:1 com escoamento rápido através do respiradouro de divisão da Figura 24.16. A coluna foi mantida a uma temperatura constante de 75 °C. A região de admissão foi purgada rapidamente pelo gás de arraste, e os picos são muito finos. O experimento B mostra a mesma amostra injetada nas mesmas condições, exceto que o respiradouro de divisão estava fechado. Em seguida, a região de admissão foi purgada lentamente, e a amostra foi injetada na coluna por um longo tempo. Nesse caso, os picos são largos e tendem a formar caudas pelo fato de que uma nova quantidade de gás de arraste se mistura continuamente com o vapor no injetor, tornando-o cada vez mais diluído, mas nunca removendo completamente a amostra do injetor. As áreas dos picos em B são muito maiores do que as de A, pois toda a amostra injetada alcança a coluna em B, enquanto somente uma pequena fração de amostra atinge a coluna em A.

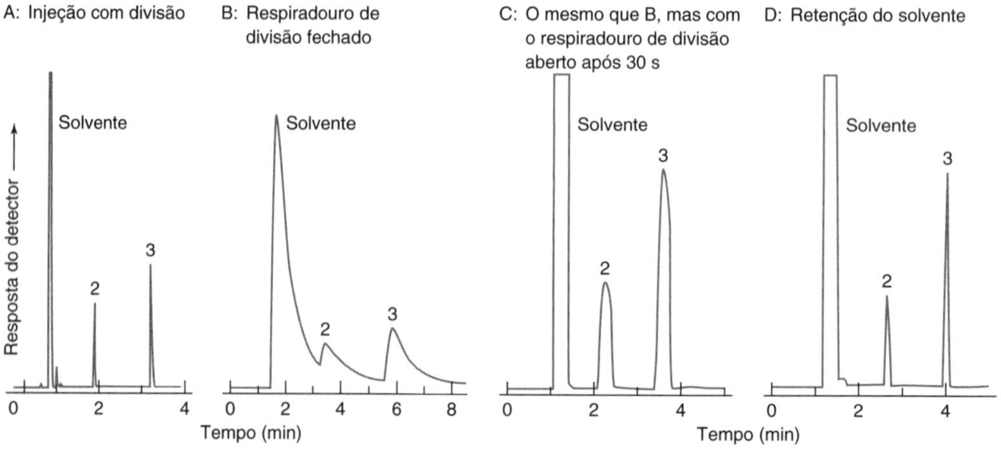

FIGURA 24.17 Injeções com divisão de fluxo e sem divisão de fluxo de uma solução contendo metil isobutil cetona 1% v/v (p.eb. 118 °C) e *p*-xileno 1% v/v (p.eb. 138 °C) em diclorometano (p.eb. 40 °C) em uma coluna capilar BP-10 de cianopropil fenil metil silicone, moderadamente polar (0,22 mm de diâmetro × 10 m de comprimento, espessura do filme = 0,25 μm, temperatura da coluna = 75 °C). A escala vertical é a mesma para A, B e C. Em D, as alturas dos sinais devem ser multiplicadas por 2,33 para ficarem na mesma escala de A a C. [Dados de P. J. Marriott e P. D. Carpenter, "Capillary Gas Chromatography Injection", *J. Chem. Ed.* **1996**, *73*, 96.]

O experimento C é o mesmo que B, mas o respiradouro de divisão foi aberto após 30 s para purgar rapidamente todos os vapores presentes na região de admissão. As bandas no cromatograma C seriam semelhantes às de B, mas as bandas são truncadas após 30 s. O experimento D foi o mesmo que C, exceto que a coluna foi resfriada inicialmente a 25 °C para aprisionar o solvente e os solutos no início da coluna. O solvente diclorometano foi condensado em uma banda estreita perto da entrada da coluna moderadamente polar de cianopropila. Esta é a condição correta para injeção sem divisão de fluxo. Os picos dos solutos são estreitos porque os solutos se dissolvem em uma banda estreita de solvente condensado. À medida que a banda do solvente evapora, o soluto se transfere para a fase estacionária e começa a separação cromatográfica. A resposta do detector em D é diferente de A a C. As áreas reais dos picos em D são maiores do que em A, pois a maior parte da amostra é aplicada na coluna em D e somente uma pequena fração da amostra é aplicada na coluna em A.

Injeção Direta na Coluna

A **injeção direta na coluna** é o melhor método de injeção para a análise quantitativa. A solução é injetada diretamente dentro da coluna sem passar pelo injetor aquecido (Figura 24.16). Como não ocorre nenhuma vaporização, não há discriminação dos analitos com base no ponto de ebulição. A temperatura inicial da coluna é baixa o suficiente para condensar os solutos em uma zona estreita. O aquecimento da coluna inicia a cromatografia. As amostras são submetidas à temperatura mais baixa possível neste procedimento, tornando a injeção em coluna fria adequada para amostras que se decompõem acima de seus pontos de ebulição. A agulha de uma seringa-padrão, para a faixa de microlitros, se encaixa dentro da coluna de 0,53 mm de diâmetro, mas esta coluna não fornece a melhor resolução. Para colunas de 0,25 a 0,32 mm de diâmetro, que dão a melhor resolução, são necessárias seringas especiais com agulhas finas. A injeção na coluna transfere toda a amostra para a coluna e deve ser limitada a amostras limpas contendo pouco ou nenhum componente não volátil. Quaisquer componentes não voláteis injetados permanecerão na coluna e degradarão rapidamente seu desempenho. O uso de um intervalo de retenção é obrigatório para todas as amostras, exceto as mais limpas.

Injeção em colunas capilares:
com divisão de fluxo: é o meio rotineiro para se introduzir pequenos volumes de amostra em colunas capilares
sem divisão de fluxo: é melhor para quantidades traço de solutos com alto ponto de ebulição em solventes com baixo ponto de ebulição
direta na coluna: é melhor para solutos termicamente instáveis e solventes com alto ponto de ebulição; é melhor para análises quantitativas.

A *vaporização a temperatura programada* é semelhante à injeção na coluna, exceto que a amostra é injetada em uma seção de admissão fria em vez de uma coluna fria. Depois de tempo suficiente para que todo o soluto seja transferido para a seção de admissão, a temperatura de entrada é elevada para vaporizar a amostra. Os componentes não voláteis permanecem na seção de injeção e, portanto, não degradam o desempenho da coluna. A vaporização a temperatura programada combina características livres de discriminação quantitativa com a robustez da injeção com e sem divisão de fluxo. Um forno de injeção especial é necessário para rápido aquecimento e resfriamento da entrada. Além disso, é requerida maior habilidade do operador para otimizar as condições de injeção.

24.3 Detectores

Na *análise qualitativa* para identificar um pico, comparamos seu tempo de retenção com o de uma amostra preparada usando-se o composto suspeito. A maneira mais confiável de comparar os tempos de retenção é a partir da **contaminação intencional**, em que um composto suspeito de estar presente é adicionado à amostra desconhecida. Se o composto adicionado for idêntico a um componente da amostra desconhecida, a área desse pico aumentará. A identificação obtida nessas condições é apenas uma sugestão quando realizada em uma única coluna. Entretanto, o resultado se torna seguro se o procedimento for feito em várias colunas com polaridades diferentes da fase estacionária, como na análise confirmatória da concentração de álcool no sangue mostrada na Figura 24.18. Em um teste comercial, um frasco (*vial*) contendo sangue ou urina é aquecido a 60 °C, e uma amostra de gás é retirada do **espaço de cabeça** (fase gasosa acima de um sólido ou líquido em um recipiente selado). A amostra de gás é injetada em uma entrada que leva a duas colunas paralelas com diferentes tipos de fase estacionária. Se aparecer um pico com o tempo de retenção esperado do etanol em ambas as colunas, é muito provável que seja etanol.

Teste confirmatório: na análise forense, uma técnica instrumental usada para identificação e quantificação de um composto específico

Teste presuntivo: na análise forense, um teste simples realizado primeiro para determinar se o teste confirmatório é necessário.

Confirmação adicional da identidade do pico é fornecida pela espectrometria de massa (Capítulo 22), que pode identificar um pico cromatográfico comparando o seu espectro com os espectros presentes em um banco de dados em um computador. Para a identificação espectral de massa, algumas vezes são selecionados dois íons proeminentes no espectro de ionização por elétrons. O *íon de quantificação* é selecionado para a análise qualitativa. Por exemplo, é esperado que o íon de confirmação deva ser 65% tão abundante quanto o íon de quantificação. Se a abundância observada não for próxima de 65%, devemos suspeitar que o composto foi identificado erroneamente.

A *análise quantitativa* se fundamenta na área ou na altura de um pico cromatográfico, em que a área é a métrica preferida. A altura é menos afetada por uma resolução ruim ou linha base inclinada ou ruidosa, mas é afetada por qualquer alteração no alargamento da banda.

Resposta linear significa que a área do pico é proporcional à concentração do analito. Para picos muito finos, a altura do pico é utilizada no lugar de sua área.

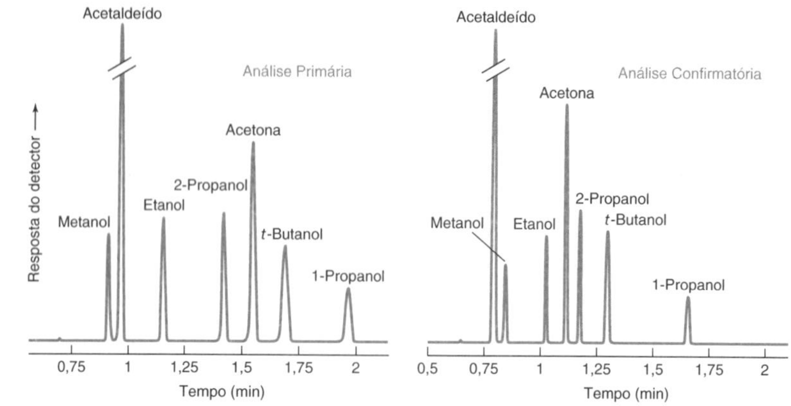

FIGURA 24.18 Análise confirmatória do álcool com uma única amostra medida em duas colunas com fases estacionárias *ortogonais* (elas apresentam mecanismos de retenção diferentes). O espaço de cabeça em equilíbrio com urina ou sangue é injetado em uma única entrada com uma razão de divisão 50:1. O gás de arraste é direcionado em paralelo a duas colunas diferentes, cada qual com seu próprio detector por ionização de chama, para separação a 40 °C. As colunas fornecem ordens de eluição diferentes em face do balanço diferente de ligação de hidrogênio e forças dipolares. *t*-Butanol e 1-propanol são padrões internos para a determinação de etanol. A amostra nesta ilustração era um padrão de laboratório, e não uma amostra de espaço de cabeça de sangue. [Adaptada de Restek Co., Bellefonte, PA.]

Na faixa de concentrações de *resposta linear, a área de um pico é proporcional à quantidade do componente correspondente àquele pico*. Um programa traça as linhas base abaixo dos picos e decide sobre as fronteiras da área a ser mensurada.[28] O início e o fim de uma integração podem ser indicados por traços verticais na linha base, como no caso do CO na Figura 24.7. A inspeção desses marcadores de integração garante que as configurações de integração sejam razoáveis.

A análise quantitativa com um amostrador automático normalmente usa uma curva de calibração construída com padrões externos. A análise quantitativa com injeção manual é quase sempre realizada adicionando-se à amostra desconhecida uma quantidade conhecida de um *padrão interno* (Seção 5.4), como no caso da determinação de álcool no sangue mostrada na Figura 24.18. Após medirmos o *fator de resposta*, com misturas-padrão, a equação mostrada na margem ao lado é usada para medir a quantidade presente do analito na amostra desconhecida.

Análise quantitativa com padrão interno:

$$\frac{A_X}{[X]_f} = F\left(\frac{A_S}{[S]_f}\right)$$

A_X = área do sinal do analito
A_S = área do padrão interno
$[X]_f$ = concentração do analito
$[S]_f$ = concentração do padrão
F = fator de resposta

Classificação dos Detectores

A Tabela 24.3 resume as características dos detectores de cromatografia gasosa. Detectores como ionização de chama e condutividade térmica são detectores *universais*, respondendo a todos os analitos. Outros detectores, como o detector de captura de elétrons, são *seletivos*, respondendo a determinadas classes de analitos. A *seletividade* dos detectores de cromatografia gasosa é a resposta ao tipo de composto de interesse contra a resposta às espécies interferentes que não são de interesse. A ionização de chama responde a todos os compostos orgânicos contendo ligações C–H. Um detector de captura de elétrons é seletivo, com uma resposta um milhão de vezes maior para compostos orgânicos halogenados do que para compostos não halogenados. A detecção seletiva simplifica o cromatograma e permite a análise de traços de

Detector universal: responde a todos os analitos, mas não ao gás de arraste

Detector seletivo: responde a determinadas classes de analito

TABELA 24.3 Características de detectores de cromatografia a gás

Detector	Limite de detecção típico[a]	Faixa linear dinâmica	Seletividade[b]	Responde a
Condutividade térmica	400 pg/mL	10^5		concentração
Ionização de chama	2 pg de C/s	10^7	1	massa
Captura de elétrons	50 fg/mL	10^4	Até 10^6	concentração
Espectrometria de massa (monitoramento seletivo de íons)	10 pg a ng	10^5	Alta	massa
Nitrogênio-fósforo	0,4 pg de N/s	10^5	25 000	massa
	0,2 pg de P/s	10^5	75 000	massa
Fotométrico de chama	4 pg de S/s	10^3	10^6	massa
	0,06 pg de P/s	10^4	10^6	massa
Fotoionização (só detecta compostos ionizados na energia da lâmpada)	10 pg de Cs	10^6	—	massa
Ultravioleta de vácuo	15–250 μg/mL	10^3		concentração
Quimiluminescência	0,5 pg de S/s	10^4	10^7	massa
	3 pg de N/s	10^4	10^7	massa

a. Para injeção s em divisão de fluxo de 1 μL, 1 mL/min e uma largura de pico de 5 s. A resposta do detector sensível à massa é em massa por unidade de tempo. A resposta do detector sensível à concentração é em massa por unidade de volume.

b. A seletividade é a resposta relativa do detector para a espécie de interesse contra a resposta para o carbono.

FONTE: *Dados de M. S. Klee, em C. F. Poole, ed., Gas Chromatography (Amsterdam: Elsevier, 2012), Table 12.1; J. S. Zavahir, Y. Nolvachai e P. J. Marriott, "Molecular Spectroscopy-Information Rich Detection for Gas Chromatography", Trends Anal. Chem.* ***2018***, *99, 47.*

uma classe de compostos dentro de matrizes complexas. Um espectrômetro de massa pode ser um detector universal ou seletivo. Esses quatro detectores são usados em aproximadamente 90% das análises atuais de cromatografia gasosa.[29]

Detector de Condutividade Térmica

No passado, os **detectores de condutividade térmica** eram muito utilizados em cromatografia gasosa, pois são simples e *universais*. A condutividade térmica é útil para colunas empacotadas e colunas capilares com camada porosa, mas ela é menos sensível do que outros detectores para colunas capilares. O detector de condutividade térmica não altera a amostra, de modo que esse detector pode ser usado juntamente com outros detectores.

A *condutividade térmica* mede a capacidade de uma substância em transportar calor de uma região quente para uma região fria (Tabela 24.4). Na detecção por condutividade térmica, o gás de arraste deve apresentar uma condutividade térmica muito diferente daquela dos analitos. O hélio é o gás de arraste mais usado. Ele tem a segunda maior condutividade térmica entre os gases conhecidos (depois do H_2), de modo que qualquer analito que se misture com o hélio diminui a condutividade térmica do fluxo gasoso. No detector da Figura 24.19a, o eluato de uma coluna cromatográfica passa por um filamento de tungstênio-rênio aquecido. Quando o analito emerge da coluna, a condutividade do fluxo gasoso diminui, o filamento torna-se mais quente, sua resistência elétrica aumenta e a diferença de potencial elétrico presente nos terminais do filamento se modifica. O detector mede a variação da diferença de potencial.

A condutividade térmica do eluato é medida com relação à condutividade do gás de arraste puro (Figura 24.19b). Cada fluxo passa por um filamento diferente, ou alternadamente, por um único filamento. A resistência do filamento da amostra é medida com relação àquela do filamento da referência. O filamento é curto com relação à largura do pico de eluição para minimizar o alargamento extracoluna. A sensibilidade aumenta com o quadrado da corrente do filamento. No entanto, a corrente máxima recomendada não deve ser ultrapassada. O filamento nunca deve permanecer ligado quando o gás de arraste não estiver passando.

A resposta da área de pico de um detector de condutividade térmica (mas *não* a do detector de ionização de chama, que descreveremos a seguir) depende diretamente da concentração e é inversamente proporcional à vazão. *Detectores sensíveis à concentração* produzem áreas de pico maiores em uma vazão menor. A sensibilidade também aumenta com o aumento das diferenças de temperatura entre o filamento e o bloco circundante na Figura 24.19. O bloco deve, portanto, ser mantido na menor temperatura possível, que garanta a permanência de todos os solutos no estado gasoso.

TABELA 24.4 Condutividade térmica a 273 K e 1 atm

Gás	Condutividade térmica J/(K · m · s)
H_2	0,170
He	0,141
NH_3	0,021 5
N_2	0,024 3
C_2H_4	0,017 0
O_2	0,024 6
CO	0,023 0
Ar	0,016 2
C_3H_8	0,015 1
CO_2	0,014 4
Cl_2	0,007 6

A energia, por unidade de área e por unidade de tempo, fluindo de uma região quente para uma região fria é dada por

$$\text{Fluxo de energia } (J/m^2 \cdot s) = -\kappa(dT/dx)$$

onde κ é a condutividade térmica [unidades = J/(K m · s)] e dT/dx é o gradiente de temperatura (K/m). A condutividade térmica está para o fluxo de energia assim como o coeficiente de difusão está para o fluxo de massa.

Detector de condutividade térmica:
- Faixa de resposta linear de 10^5
- H_2 e He propiciam o menor limite de detecção
- a sensibilidade aumenta com
  - o aumento da corrente no filamento
  - a diminuição da vazão
  - a diminuição da temperatura no bloco do detector
- não é destrutivo

Detector de Ionização de Chama[30,31]

No **detector de ionização de chama** na Figura 24.20, o eluato é queimado em uma mistura de H_2 e ar. Os átomos de carbono (exceto aqueles provenientes de carbonilas ou carboxilas) produzem radicais CH; supõe-se que eles formam íons CHO^+ e elétrons na chama.

$$CH + O \rightarrow CHO^+ + e^- \quad \textbf{(24.8)}$$

Apenas 1 em cerca de 10^6 átomos de carbono produz um íon, mas a produção de íons é proporcional ao número de átomos de carbono suscetíveis que entram na chama. Na ausência de analitos, uma corrente de $\sim 10^{-14}$ A flui entre a extremidade da chama e o coletor, que é

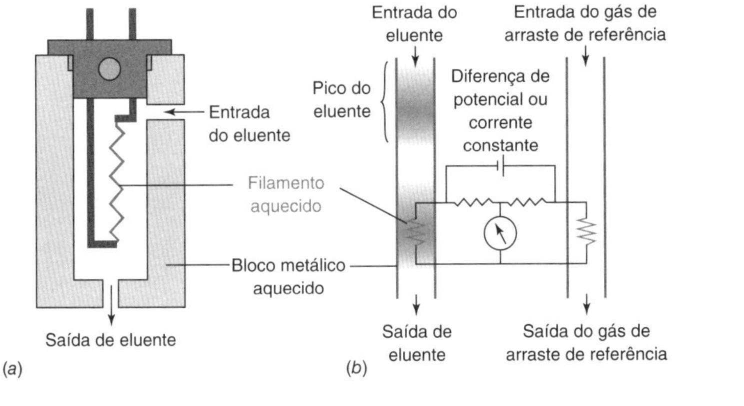

FIGURA 24.19 Detector de condutividade térmica. (*a*) Close do detector. (*b*) A resistência do filamento da amostra é medida com relação ao filamento de referência em um fluxo de gás de arraste. [Dados de J. V. Hinshaw, "The Thermal Conductivity Detector", *LCGC North Am.* **2006**, *24* (January), 38; M. S. Klee, em C. F. Poole, ed., *Gas Chromatography* (Amsterdam: Elsevier, 2012), Figura 12.5.]

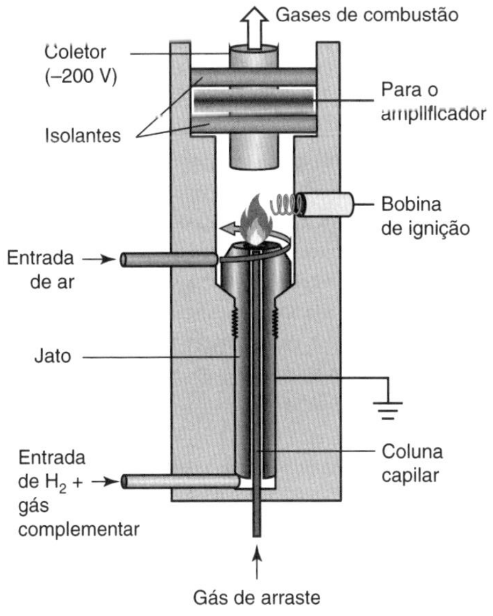

FIGURA 24.20 Detector de ionização de chama. [Dados de C. F. Poole, "Ionization-Based Detectors for Gas Chromatography", *J. Chromatogr. A*, **2015**, *1421*, 137, Figura 1.]

mantido em −200 V com relação à extremidade da chama. Os analitos produzem uma corrente de ~10^{-12} A, que é convertida em diferença de potencial, amplificada, filtrada para remoção de ruídos de alta frequência e, finalmente, convertida em um sinal digital.

Detector de ionização de chama:

- sinal é proporcional ao número de carbonos que são suscetíveis
- limite de detecção 100 vezes melhor do que um detector de condutividade térmica
- faixa de resposta linear de 10^7

A resposta aos compostos orgânicos é diretamente proporcional à massa de soluto acima de sete ordens de grandeza. O limite de detecção é ~100 vezes menor que o do detector de condutividade térmica, e é reduzido em 50% quando se emprega N_2 em vez de He como gás de arraste. O detector de ionização de chama é um *detector sensível à massa* destrutivo cuja resposta é proporcional à massa de carbono que entra por unidade de tempo. Os limites de detecção são da ordem de picogramas de carbono por segundo. O detector de ionização de chama é suficientemente sensível para o uso em colunas capilares com um pequeno diâmetro interno. A extremidade da coluna capilar é posicionada logo abaixo da chama. O efluente da coluna e o H_2 se misturam dentro do jato e, em seguida, o ar é introduzido. O gás complementar N_2 é adicionado ao H_2 para otimizar as condições da chama. O detector de ionização de chama atende à maioria dos hidrocarbonetos com resposta quase constante por átomo de carbono, mas com resposta mais baixa para qualquer C ligado a N ou O.[32] Ele não apresenta sensibilidade a substâncias que não sejam hidrocarbonetos, por exemplo, H_2, He, N_2, O_2, CO, CO_2, H_2O, NH_3, NO, H_2S e SiF_4. A conversão pós-coluna de CO, CO_2 e compostos orgânicos oxigenados em CH_4 fornece uma resposta constante por átomo de carbono.[33] A Figura 24.21 mostra um cromatograma, obtido por cromatografia a gás, de um extrato de tequila, em que o efluente proveniente da coluna foi dividido e enviado a dois detectores. O cromatograma mostrado na parte superior foi obtido com um detector de ionização de chama. O cromatograma inferior empregou uma *detecção olfatométrica*, na qual uma pessoa treinada cheira o efluente e classifica a intensidade e a característica do odor.[35]

Profissões: pesquise "ACS College to Careers" e "food chemistry" para obter informações sobre oportunidades, deveres, educação exigida e salários típicos.

Detector de Captura de Elétrons[31]

O detector seletivo mais popular é o **detector de captura de elétrons** (Figura 24.22). Ele é particularmente sensível a moléculas que contenham halogênios (como no Boxe 24.1), carbonilas conjugadas, nitrilas, nitrocompostos (Boxe 24.2) e compostos organometálicos, mas é relativamente insensível a hidrocarbonetos, álcoois e cetonas. Esse detector é especialmente útil para pesticidas clorados e fluorocarbonetos em amostras ambientais. Um gás complementar de pureza muito elevada, N_2 ou uma mistura de 5 a 10% de metano em argônio, é adicionado ao gás de arraste, He ou H_2, para melhorar a seletividade. O gás que entra no detector é ionizado por elétrons de alta energia ("partículas β") emitidos de um filamento que contém o isótopo radioativo ^{63}Ni. Os elétrons no plasma assim formado são atraídos para um anodo, produzindo uma pequena corrente, que é mantida estável por meio de pulsos de frequência variável aplicados entre o catodo e o anodo. Quando moléculas do analito, com uma

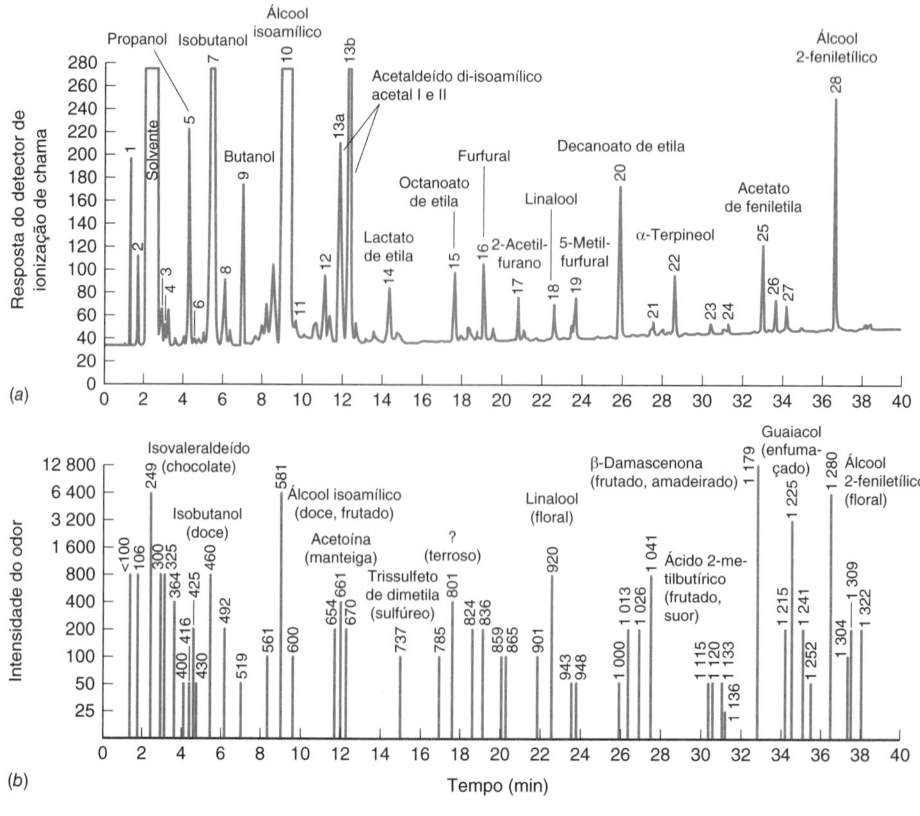

FIGURA 24.21 Cromatogramas de extratos de tequila: (*a*) resposta de um detector de ionização de chama e (*b*) resposta olfatométrica em uma coluna capilar de poli(etilenoglicol) (30 m × 0,53 mm, espessura de filme 1 μm, temperatura: 50 a 230 °C a 3 °C/min). Os picos numerados estão entre 175 constituintes identificados por espectrometria de massa e índice de retenção de Kovats. Muitos dos odores mais intensos da tequila são eluídos em tempos de retenção em que há pouca ou nenhuma resposta do detector de ionização de chama. Os índices de retenção baseados em ésteres etílicos de cadeia linear, mostrados no cromatograma *b*, permitem uma correlação dos picos com aqueles obtidos em outras colunas com outros detectores. [Dados de S. M. Benn e T. L. Peppard, "Characterization of Tequila Flavor by Instrumental and Sensory Analysis", *J. Agric. Food Chem.* **1996**, *44*, 557.] Acesse www.youtube.com/watch?v=ehEnjl22qTI para ver a análise olfatométrica em ação.

BOXE 24.2 Coluna Cromatográfica em um Chip

Instrumentos de pequeno tamanho vêm sendo desenvolvidos para monitoramento ambiental, segurança doméstica, diagnóstico médico e ciência forense.[34] A figura *a*, vista a seguir, mostra um projeto de microchip com 10 segmentos em um padrão serpentino com um comprimento total de 70 cm gravado em silício cuja borda mede 8 cm. Dentro de cada segmento há uma estrutura, vista na figura *b*, que direciona o gás para a frente e para trás através do segmento, aumentando efetivamente o comprimento da coluna em nove vezes. A microfabricação torna as características do produto de fabricação muito uniformes. Cada canal por meio do chip tem exatamente o mesmo comprimento e a mesma largura, minimizando o alargamento da banda de caminhos múltiplos. A forma de diamante na figura *c* distribui o gás de arraste para a esquerda e para a direita para garantir uma mistura completa, e os cantos arredondados nas laterais dos segmentos trazem o fluxo de gás de volta ao centro. Uma placa de vidro colada ao topo do chip de silício cria um canal selado para o gás, o qual é recoberto com uma camada de 75 nm de espessura de (difenil)$_{0,03}$(dimetil)$_{0,97}$-polissiloxano com ligações cruzadas (Tabela 24.1).

Uma aplicação da cromatografia a gás em um chip é o monitoramento de explosivos. 2,4,6-Trinitrotolueno (TNT) não pode ser detectado diretamente em razão de sua baixa volatilidade. Impurezas mais voláteis, como o 2,4 e o 2,6-dinitrotolueno (2,4-DNT e 2,6-DNT) são usados para triagem. Da mesma forma, o 2,3-dimetil-2,3-dinitrobutano (DMNB) é um *traçador* volátil adicionado a todos os explosivos não militares para permitir a sua detecção. Cromatógrafos a gás de microfabricação oferecem portabilidade e velocidade (< 1 min) necessárias para aplicações em triagem. A pré-concentração e um detector de captura de elétrons permitem uma detecção sensível e seletiva desses nitrocompostos na presença de quantidades muito maiores de outros compostos da matriz.

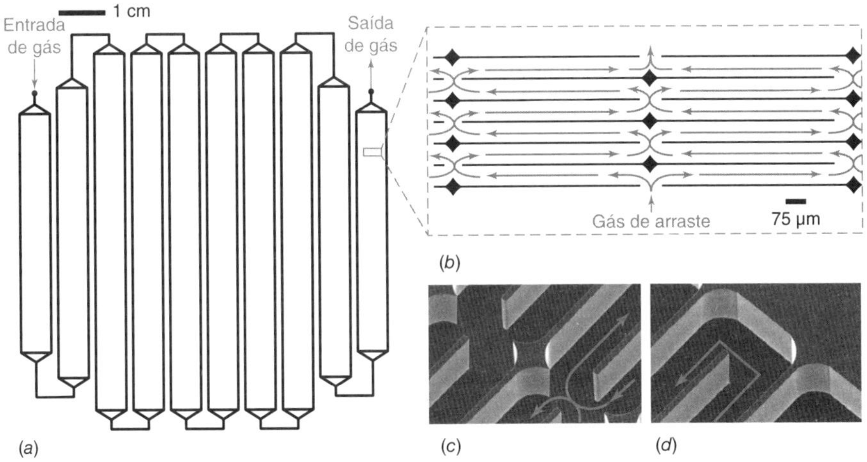

(*a*) *Layout* da microcoluna na forma de serpentina. (*b*) Estrutura de canais de 75 × 75 µm que direciona o gás para a frente e para trás. (*c*) e (*d*) Micrografias eletrônicas de varredura das interseções e cantos no chip. [De S. Jespers, S. Schlautmann, H. Gardeniers, W. De Malsche, F. Lynen e G. Desmet, "Chip-Based Multicapillary Column with Maximal Interconnectivity to Combine Maximum Efficiency and Maximum Loadability", *Anal. Chem.* **2017**, *89*, 11605, Figura 1a, 1c, Figura 2 partes 3, 4. Reproduzida sob permissão © 2017, American Chemical Society. S. Jespers era aluno de iniciação científica.]

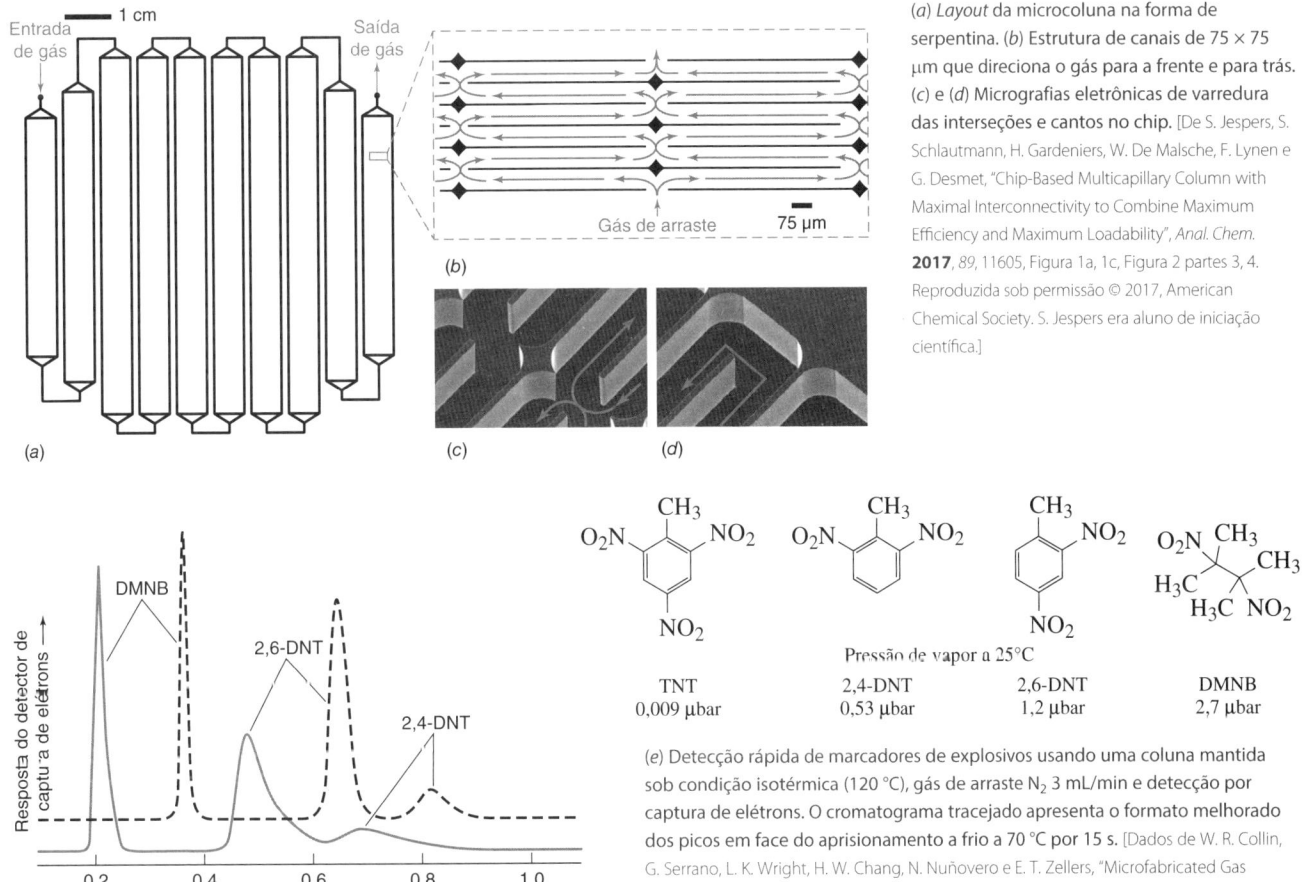

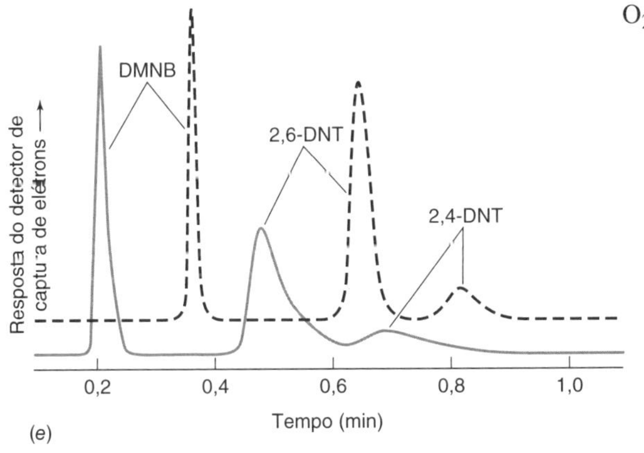

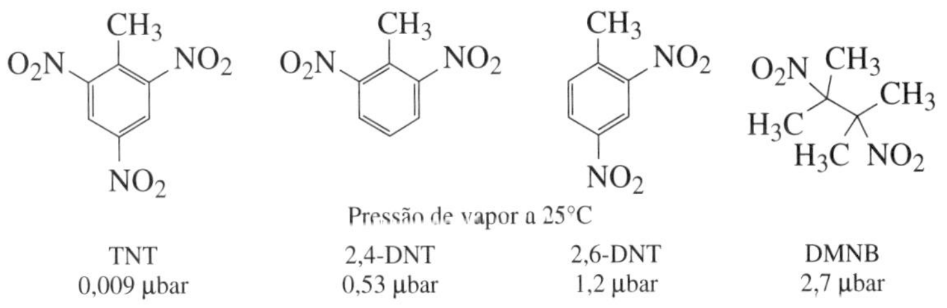

(*e*) Detecção rápida de marcadores de explosivos usando uma coluna mantida sob condição isotérmica (120 °C), gás de arraste N_2 3 mL/min e detecção por captura de elétrons. O cromatograma tracejado apresenta o formato melhorado dos picos em face do aprisionamento a frio a 70 °C por 15 s. [Dados de W. R. Collin, G. Serrano, L. K. Wright, H. W. Chang, N. Nuñovero e E. T. Zellers, "Microfabricated Gas Chromatograph for Rapid, Trace-Level Determination of Gas-Phase Explosive Marker Compounds", *Anal. Chem.* **2014**, *86*, 655.]

alta afinidade por elétrons, entram no detector, elas capturam alguns dos elétrons, reduzindo com isso a condutividade do plasma. O detector responde variando a frequência dos pulsos de potencial elétrico para manter a corrente constante. A frequência dos pulsos é o sinal do detector. O detector de captura de elétrons é extremamente sensível (Tabela 24.3), com um limite de detecção comparável com os detectores por espectrometria de massa com monitoramento seletivo de íons. Cada composto necessita de calibração para que seja feita a quantificação, pois a sensibilidade varia muito para diferentes analitos. A sensibilidade também depende da vazão dos gases de arraste e de complementação e é diminuída pela contaminação e umidade do detector.

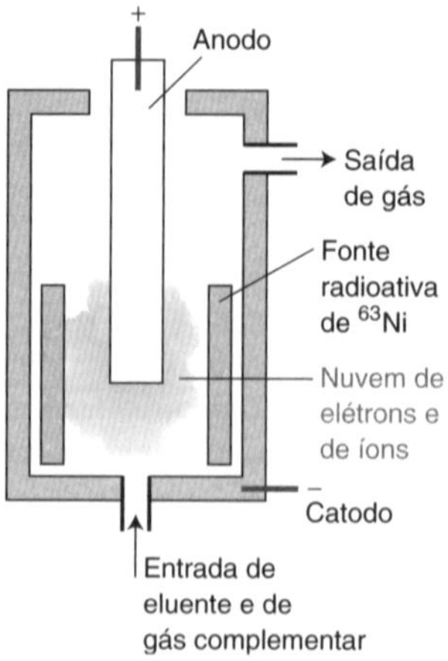

FIGURA 24.22 Detector de captura de elétrons.

A fonte de radiação em um detector de captura de elétrons é selada. No entanto, leia e obedeça ao protocolo de segurança contra radiação do laboratório quando vir este símbolo.

Cromatografia a Gás–Espectrometria de Massa

A espectrometria de massa é um detector sensível que propicia informações tanto de natureza qualitativa como quantitativa. Ele pode ser um detector universal ou seletivo. Os mais comuns são os analisadores de massa quadrupolar de transmissão (Seção 22.3) com *ionização por elétrons* (Figura 22.5), nos quais o bombardeio de analitos gasosos com elétrons de 70 eV resulta em ionização e extensa fragmentação. Os analisadores de tempo de voo são usados quando é necessária uma aquisição espectral rápida ou uma medição de massa precisa. A Figura 24.23 mostra uma análise do querosene. O *cromatograma reconstituído a partir de todos os íons* na figura *a* é proveniente do cromatógrafo a gás–espectrômetro de massa coletando um espectro de massa do efluente da coluna de *m/z* 40 a 400 a cada 2 ms. Um total de 5 628 espectros de eluato foram registrados entre 1 e 12 minutos. Apenas uma parte da separação é mostrada. A ordenada do cromatograma reconstituído a partir de todos os íons é a soma do sinal do detector para todos os *m/z* acima de um limiar selecionado. Ele mede tudo o que é eluído da coluna. Muitos picos são bem resolvidos e podem ser quantificados, mas o etilbenzeno é apenas parcialmente resolvido. O *cromatograma de íon extraído* (Seção 22.5) na figura *b* mostra apenas o sinal coletado em $m/z = 91$ ($C_7H_7^+$), que é característico de monoaromáticos. Essa resposta seletiva para determinada classe simplifica o cromatograma, possibilitando a quantificação. O uso do **monitoramento seletivo de íons**, em que o espectrômetro de massa coleta o sinal para apenas um valor de *m/z*, diminui o limite de detecção por um fator de 10^2 em comparação com varredura de *m/z* porque a relação sinal/ruído é melhorada gastando mais tempo coletando apenas os íons de interesse. Normalmente, pelo menos um *m/z* adicional é monitorado para confirmar a identidade do analito.

O **monitoramento seletivo de reações** é ilustrado na Figura 24.24. A parte (*a*) é o cromatograma reconstituído a partir de todos os íons de um extrato obtido de uma casca de laranja. Para fazer a análise específica para o pesticida fensulfotion, o íon precursor com $m/z = 293$, selecionado pelo filtro de massas Q1 na Figura 22.36, é conduzido para a célula de colisão q2, onde é fragmentado com um pico principal em $m/z = 264$. A parte (*b*) na Figura 24.24 mostra o sinal do detector em $m/z = 264$ a partir do filtro de massa Q3. Observamos apenas um pico, pois somente uns poucos compostos, além do fensulfotion, dão origem a um íon com $m/z = 293$ que produz um fragmento em $m/z = 264$ no tempo de retenção do fensulfotion. O monitoramento seletivo de reações aumenta a razão sinal/ruído na análise cromatográfica mediante a eliminação da interferência química significativa.

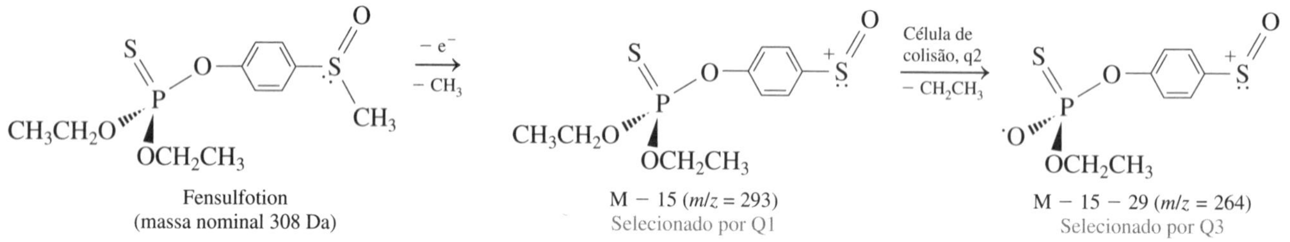

Cromatograma reconstituído a partir de todos os íons: soma das intensidades de todos os íons na faixa selecionada da relação massa/carga (*m/z*) contra o tempo.

Cromatograma de íon extraído: espectros de massa consecutivos de faixa completa são obtidos, mas a representação gráfica é de apenas um *m/z* em função do tempo. A maior parte do tempo é gasta monitorando outros *m/z* que não são exibidos.

Monitoramento seletivo de íons: gráfico da resposta do detector contra o tempo quando um espectrômetro de massa monitora apenas alguns valores de *m/z* selecionados.

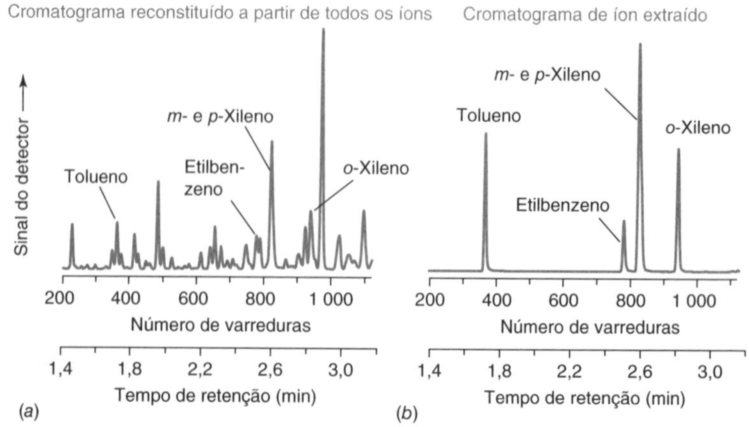

FIGURA 24.23 Espectrometria de massa com ionização por elétrons como um detector universal e seletivo para a cromatografia a gás. (*a*) Cromatograma reconstituído a partir de todos os íons da primeira fração de uma separação de querosene. (*b*) Cromatograma de íon extraído em $m/z = 91$. [Dados de G. M. M. Pacot, L. M. Lee, S.-T. Chin e P. J. Marriott, "Introducing Students to Gas Chromatography-Mass Spectrometry Analysis and Determination of Kerosene Components in a Complex Mixture", *J. Chem. Ed.* **2016**, *93*, 742. L. M. Lee era um aluno de iniciação científica visitante internacional.]

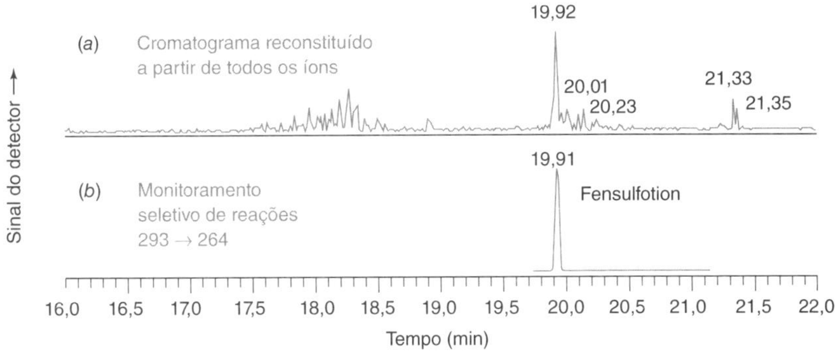

FIGURA 24.24 Monitoramento seletivo de reações em cromatografia a gás–espectrometria de massa. (*a*) Cromatograma reconstituído a partir de todos os íons do extrato de uma casca de laranja, via ionização por elétrons. (*b*) Monitoramento seletivo de reações, com o íon precursor, em $m/z = 293$, selecionado pelo filtro de massas Q1 na Figura 22.36, e o íon produto, em $m/z = 264$, selecionado pelo filtro de massas Q3. O cromatograma é um gráfico da intensidade em $m/z = 264$, a partir de Q3, contra o tempo. [Dados de Thermo Finnigan GC and GC/MS Division, San Jose, CA.]

Outros Detectores

O *detector de nitrogênio-fósforo*, também chamado *detector de chama alcalino* ou *detector de ionização termiônica*, é um detector de ionização de chama modificado, especialmente sensível a compostos contendo N e P [31]. Sua resposta a N e P é 10^5 vezes maior que sua resposta ao carbono. É particularmente importante para as análises de medicamentos, pesticidas e herbicidas. Uma característica do detector é uma pérola de vidro contendo um sal de Rb ou Cs, que se encontra na extremidade do queimador. O metal alcalino diminui a energia necessária para a superfície emitir um elétron. Os compostos contendo N e P se decompõem termicamente para formar produtos de alta afinidade eletrônica, que são ionizados seletivamente pela extração de um elétron da superfície da pérola. Íons como CN^-, PO^-, PO_2^- e PO_3^- produzidos pela reação na superfície da pérola dão origem a corrente que é medida. O N_2 proveniente do ar é inerte a este detector e não interfere. O detector pode ser operado para detectar N e P, ou apenas P. A calibração é necessária para cada analito, pois os fatores de resposta variam com os analitos e as condições operacionais. A pérola de vidro deve ser periodicamente substituída porque o metal alcalino é consumido. Deve-se evitar usar solventes clorados porque eles diminuem a vida útil da pérola.

Outros detectores para a cromatografia a gás:
captura de elétrons: para halogênios, C=O conjugadas, —C≡N, $—NO_2$
espectrômetro de massa: para a maioria dos analitos
nitrogênio-fósforo: particularmente sensível à presença de P e N
fotometria de chama: para certos elementos selecionados como P, S, Sn
absorbância no ultravioleta de vácuo: para a maioria dos analitos
fotoionização: para aromáticos e compostos insaturados
quimiluminescência de enxofre: S
quimiluminescência de nitrogênio: N
emissão atômica: para a maioria dos elementos (seleção individual)

Um *detector fotométrico de chama* mede a emissão óptica proveniente do fósforo, enxofre, chumbo, estanho, ou outros elementos selecionados.[36] Quando o eluato passa por uma chama de ar–H_2, como em um detector de ionização de chama, os átomos excitados emitem radiações características. A emissão do fósforo em 526 nm, ou a emissão do enxofre em 394 nm, pode ser isolada por um filtro de interferência de banda estreita e detectado por meio de uma fotomultiplicadora. A resposta a compostos de enxofre ou de fósforo é 10^6 vezes maior do que a hidrocarbonetos. A sensibilidade e a resposta seletiva permitem a detecção de enxofre em petróleo e fósforo em pesticidas presentes em alimentos ou no ambiente. A emissão de enxofre a partir de S_2^* segue uma relação quadrática. Alguns instrumentos usam um circuito de correção para fornecer uma saída pseudolinear. A emissão de P e S pode ser extinta por meio da coeluição de compostos da matriz.

Um *detector de ultravioleta de vácuo* mede espectros de absorção na faixa 115 a 185 nm.[36,37] Virtualmente, todas as moléculas absorvem nessa faixa de comprimentos de onda. O espectro molecular de fase gasosa mostra características vibracionais e rotacionais resolvidas que fornecem informação qualitativa que complementa a espectrometria de massa, particularmente para análise de compostos instáveis e isoméricos. A lei de Beer é obedecida de 3 a 4 ordens de grandeza com os limites de detecção na faixa de μg/mL.

Um *detector de fotoionização* usa uma fonte na região do ultravioleta de vácuo de 9,5 eV para ionizar os compostos aromáticos e insaturados, mas com pequena resposta para hidrocarbonetos saturados ou compostos orgânicos halogenados.[31] Os elétrons produzidos pela ionização são coletados e medidos. Quanto menor a energia dos fótons, mais seletiva é a detecção. Uma fonte de 8,3 eV torna a fotoionização específica para compostos aromáticos policíclicos. Uma fonte de 10,2 eV fornece resposta quase universal e uma fonte de 11,7 eV responde à mais ampla gama de compostos, incluindo muitos compostos alifáticos clorados. Não são necessários gases de combustão, tornando a fotoionização útil em instrumentos portáteis e em ambientes de trabalho onde tais gases representam um risco.

Um *detector de quimiluminescência de enxofre*[36-38] capta a exaustão proveniente de um detector de ionização de chama, onde o enxofre presente foi oxidado a SO. Uma mistura deste

Reações que se supõem dão origem à *quimiluminescência do enxofre:*

$$\text{Composto de enxofre} \xrightarrow{\text{chama de } H_2\text{-}O_2} SO + \text{produtos}$$

$$SO + O_3 \rightarrow SO_2^* + O_2 \quad (SO_2^* = \text{estado excitado})$$

$$SO_2^* \rightarrow SO_2 + h\nu$$

produto com ozônio (O_3) forma um estado excitado do SO_2, que emite, ao voltar para o estado fundamental, luz azul e radiação ultravioleta. A intensidade de emissão é proporcional à massa de enxofre eluído, independentemente de qual seja a sua origem. Um *detector quimiluminescente para nitrogênio*[38] funciona de maneira semelhante. A combustão do eluato a 1 800 °C converte praticamente todos os compostos nitrogenados (mas não N_2) em NO, que então reage com o O_3 para formar um produto quimiluminescente que emite radiação no infravermelho próximo em 1 200 nm. A resposta ao S e N é 10^7 vezes maior do que a resposta ao C. A resposta depende apenas da quantidade de S ou N, permitindo a medida quantitativa de todos os analitos (mesmo os desconhecidos) dentro de 10%.

O eluato de uma coluna cromatográfica pode passar através de um plasma para atomizar e ionizar seus componentes; isso permite analisar elementos selecionados por espectroscopia de emissão atômica ou espectrometria de massa.[39] Um *detector de emissão atômica* direciona o eluato através de um plasma de hélio em uma cavidade de micro-ondas. Todo elemento da tabela periódica produz uma emissão característica que pode ser detectada por um conjunto policromador de fotodiodos. A sensibilidade para enxofre com este tipo de detector pode ser 10 vezes maior do que com um detector fotométrico de chama. Com a espectroscopia atômica, as espécies moleculares são atomizadas, então a calibração pode ser realizada usando qualquer composto-padrão contendo o elemento de interesse.

24.4 Preparo da Amostra

Exemplo de *derivatização:*

$$\underset{\substack{\text{Ácido carboxílico}\\ \text{não volátil}}}{\text{RC(=O)OH}} \longrightarrow \underset{\substack{\text{Éster de trimetilsilila,}\\ \text{um derivado volátil}}}{\text{RC(=O)OSi}(CH_3)_3}$$

O **preparo da amostra** é o processo de transformação de uma amostra em uma forma adequada para a análise. Esse processo pode envolver a extração do analito a partir de uma matriz complexa, a *pré-concentração* de analitos muito diluídos para se obter uma concentração suficientemente alta que possibilite a medida, a remoção ou o mascaramento das espécies interferentes, ou a transformação química (*derivatização*) do analito em uma forma mais conveniente ou mais fácil de ser detectada. O Capítulo 28 é dedicado ao preparo da amostra, de modo que agora descrevemos apenas técnicas especialmente aplicáveis à cromatografia a gás.[40]

A **microextração em fase sólida** retira compostos presentes em líquidos, no ar, ou até mesmo em sedimentos, sem a utilização de qualquer solvente.[41] O componente principal é uma fibra de sílica fundida recoberta com um filme de espessura de 10 a 100 μm de uma fase estacionária semelhante àquelas usadas na cromatografia a gás. A Figura 24.25 mostra a fibra presa à base de uma seringa com uma agulha metálica fixa que substitui o êmbolo de uma microsseringa normal. A fibra pode se prolongar pela ponta da agulha até ficar totalmente exposta, ou ser recolhida para dentro da agulha. A Figura 24.26 demonstra o processo de exposição da fibra a uma amostra em solução por determinado intervalo de tempo, enquanto o meio é agitado e, talvez, aquecido. Somente uma fração do analito na amostra é extraída para a fibra. É melhor determinar experimentalmente o intervalo de tempo necessário para que a fibra entre em equilíbrio com o analito. Após essa determinação, usamos esse intervalo de tempo na extração. Se usarmos tempos menores, a concentração de analito na fibra provavelmente variará de amostra para amostra, e uma calibração cinética mais complexa será necessária.[42]

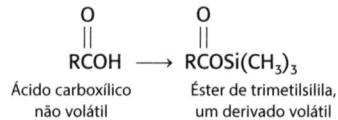

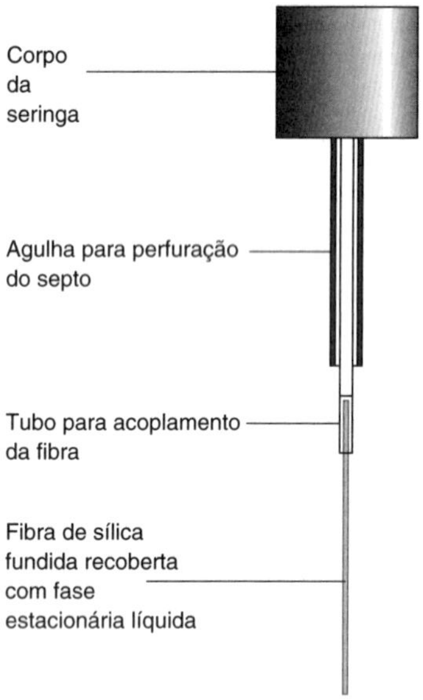

FIGURA 24.25 Seringa para microextração de fase sólida. A fibra de sílica fundida é recolhida para dentro da agulha de aço após a coleta da amostra e quando a seringa é usada para perfurar um septo.

Após a amostragem, a fibra é recolhida e a seringa é inserida na entrada de um cromatógrafo a gás equipado com uma seção de entrada de injeção com diâmetro interno de 0,7 mm. A fibra é estendida dentro da seção de admissão aquecida, onde o analito é termicamente dessorvido da fibra por tempo determinado, no modo de operação sem divisão de fluxo. A entrada estreita mantém o analito dessorvido em uma banda estreita. O analito dessorvido é *aprisionado a frio* (Seção 24.2) na cabeça da coluna, antes do início da cromatografia. Se decorrer um tempo grande entre a amostragem e a injeção, a agulha deve ser mantida dentro de um septo, de modo a isolar a fibra do contato com a atmosfera.

A análise de amostras complexas pode ser simplificada analisando-se o gás do *espaço de cabeça* acima de um sólido ou um líquido dentro de um *vial* selado.[43] Os componentes voláteis se distribuem na fase gasosa e, assim, são separados da matriz não volátil. O etanol no sangue ou na urina (Figura 24.18) é determinado pela injeção de gás no espaço de cabeça em equilíbrio com a amostra. A Figura 24.27 mostra um cromatograma de compostos voláteis de uma amostra de café torrado, determinados por microextração em fase sólida do espaço de cabeça acima dos grãos.

Na microextração de fase sólida em um sistema de duas fases consistindo na fibra e na amostra, a massa de analito (m, μg) absorvida na fibra recoberta é

Massa do analito extraído:
$$m = \frac{K_D V_f c_0 V_s}{K_D V_f + V_s} \tag{24.9}$$

em que V_f é o volume do filme que recobre a fibra, V_s é o volume de solução que está sendo extraída e c_0 é a concentração inicial (μg/mL) de analito na solução que está sendo extraída.

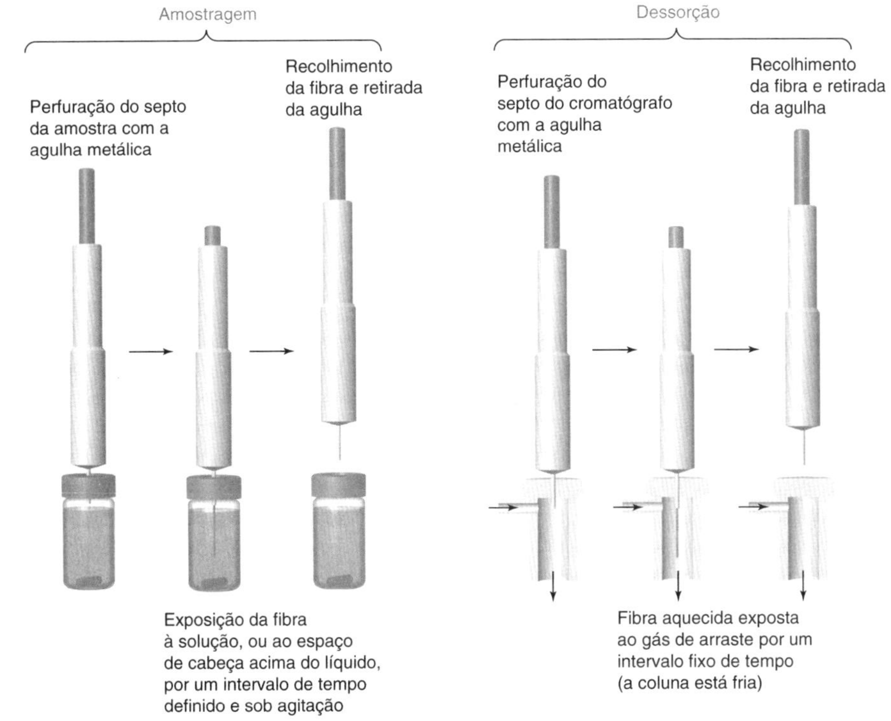

FIGURA 24.26 Amostragem por microextração de fase sólida e dessorção do analito a partir de uma fibra recoberta em um cromatógrafo a gás. [Dados do catálogo da Supelco Chromatography Products Catalog, Bellefonte, PA.]

Para maximizar a recuperação por microextração em fase sólida:

- na seleção da fibra, "semelhante dissolve semelhante"
- filme fino ou poroso para voláteis (C_2–C_6)
- agitar ou mexer a amostra
- adicionar NaCl a 25% e ajustar o pH (reduzir o pH para amostras ácidas e aumentar o pH para amostras básicas)
- para coletas em espaço de cabeça, aquecer a amostra a 40 a 90 °C. Preencher o *vial* com ~2/3 da amostra sólida ou líquida. O espaço de cabeça com muito volume reduz a eficiência da extração.

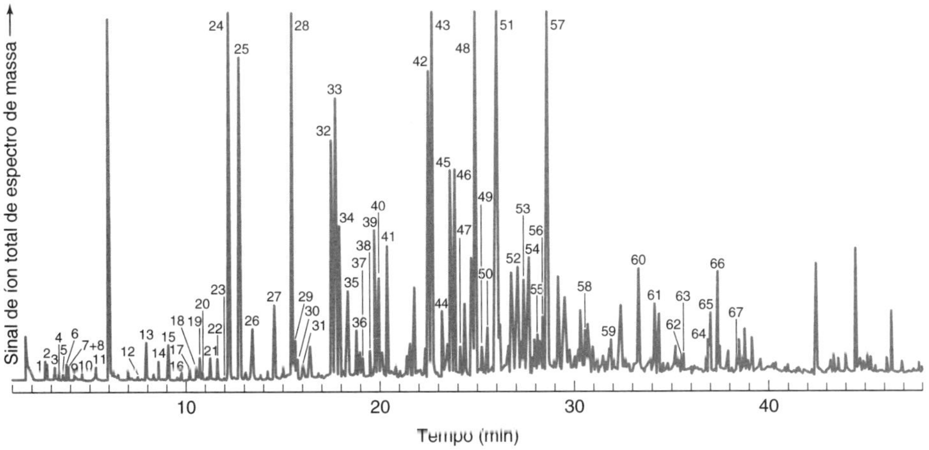

FIGURA 24.27 Cromatograma, obtido por cromatografia a gás, de compostos voláteis obtidos por 40 minutos de microextração de fase sólida do espaço de cabeça de 2 g de grãos de café torrado a 60 °C. Para aprisionar uma variedade de compostos, a fibra tinha um revestimento de divinilbenzeno (50 μm de espessura) e de resina carbonácea em poli(dimetilsiloxano) com uma espessura de 30 μm. Os analitos foram dessorvidos da fibra por 5 minutos, a 260 °C, no modo de operação sem divisão de fluxo no injetor. A temperatura da coluna foi de 40 °C durante a dessorção e aumentada a uma velocidade de 4 °C/min durante a cromatografia. A coluna tinha 0,25 mm × 30 m com um revestimento de 0,25 μm de espessura de polietilenoglicol. O cromatograma reconstituído a partir de todos os íons soma todos os íons na faixa de *m/z* entre 40 e 400. Os picos numerados são identificados como componentes do aroma do café. [Dados de L. Mondello, Universidade de Messina, Itália, e Supelco, Bellefonte, PA.]

K_D é o coeficiente de partição do soluto entre o filme e a solução: $K_D = c_f/c_s$, em que c_f é a concentração de equilíbrio do analito no filme e c_s, a concentração de equilíbrio do analito na solução. Se extrairmos um grande volume de solução, tal que $V_s >> K_D V_f$, então a Equação 24.9 se reduz a $m = K_D V_f c_0$. Ou seja, a massa extraída é proporcional à concentração do analito em solução. Para uma análise quantitativa, podemos construir uma curva de calibração extraindo soluções com concentrações conhecidas. Alternativamente, padrões internos e adições-padrão são úteis para a microextração de fase sólida.[42]

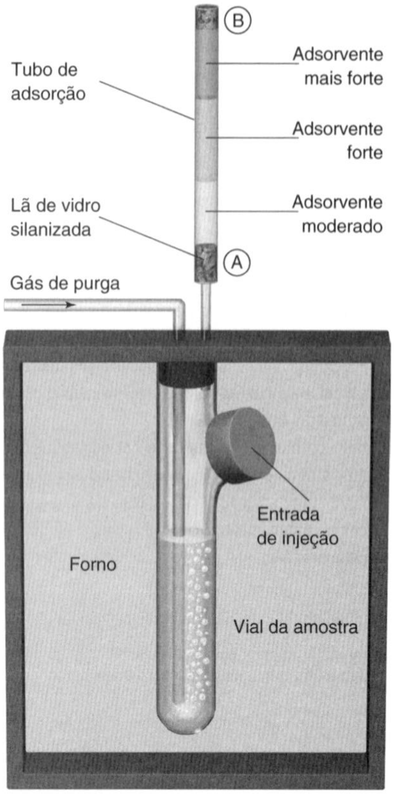

FIGURA 24.28 Dispositivo de purga e aprisionamento para a extração de substâncias voláteis de um líquido ou sólido por meio de um fluxo de gás.

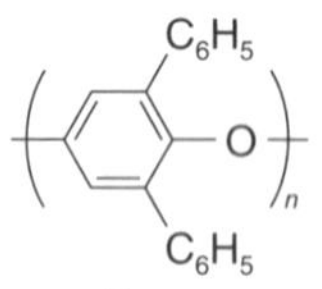

Tenax

A **extração por sorção sob agitação** é muito parecida com a microextração em fase sólida, mas é cerca de 100 vezes mais sensível para a análise de traços.[44] Uma barra de agitação magnética, inserida em um recipiente fino de vidro, é recoberta com uma camada de 0,5 a 1 mm de espessura de um sorvente como o poli(dimetilsiloxano) – o mesmo composto usado como fase estacionária apolar em colunas de cromatógrafos a gás. O agitador magnético é colocado em uma amostra líquida aquosa,– como suco de frutas, vinho, urina ou plasma sanguíneo, e agitado (para assegurar uma transferência de massa eficiente) durante 0,5 a 4 horas para absorção de analitos hidrofóbicos. A massa do analito extraído é fornecida pela Equação 24.9, mas o volume do sorvente (V_f) aumenta de ~0,5 µL na microextração em fase sólida para 25 a 125 µL na extração por sorção sob agitação. Desse modo, de 50 a 250 vezes mais analito de K_D baixo é extraído com o agitador magnético. Após a extração, o agitador magnético é tocado por um tecido para remover gotículas de água, pode ser rinsado com alguns mililitros de água e, então, colocado em um *tubo de dessorção térmica*. A dessorção é normalmente conduzida aquecendo o tubo a 250 °C por 5 minutos sob fluxo de gás de arraste. Os analitos voláteis são coletados por aprisionamento a frio e, então, separados por cromatografia a gás. Analitos em concentrações da ordem de partes por bilhão ou ainda menos concentrados podem ser determinados usando o método da adição-padrão, padrões isotópicos internos ou uma curva de calibração construída com a mesma matriz. A barra de agitação também pode ser suspensa no espaço de cabeça do vial por um fio dobrado para *extração de espaço de cabeça*.[45]

A **purga e aprisionamento** é uma versão dinâmica da análise em espaço de cabeça para remover exaustivamente analitos voláteis de líquidos ou de sólidos (por exemplo, lençóis freáticos ou solos), concentrando os analitos e introduzindo-os em um cromatógrafo a gás. Ao contrário da microextração de fase sólida, que remove somente certa quantidade de analito da amostra, o objetivo na purga e aprisionamento é remover 100% do analito presente na amostra que tem de ser verificada. A remoção quantitativa de analitos polares a partir de matrizes polares pode ser uma tarefa difícil.

A Figura 24.28 mostra um dispositivo para a determinação de componentes voláteis em bebidas carbonatadas. O gás de purga, hélio, é borbulhado a partir de uma agulha de aço inoxidável, no refrigerante contido no vial da amostra, que é aquecido a 50 °C para facilitar a evaporação dos analitos. O gás de purga que sai do vial da amostra passa por um tubo de adsorção contendo três camadas de partículas de adsorventes, ordenados em uma força crescente de adsorção. Por exemplo, o adsorvente moderado pode ser um (difenil)(dimetil) polissiloxano, apolar, seguido de um adsorvente mais forte, que pode ser o polímero Tenax, e, por fim, o adsorvente mais forte de todos, que pode ser constituído por peneiras moleculares de carbono.[46]

Durante o processo de purga e aprisionamento, o gás flui pelo tubo adsorvente na Figura 24.28, da extremidade A até a extremidade B. Após purgar todo analito da amostra para dentro do tubo de adsorção, o fluxo de gás é invertido indo de B para A, purgando a armadilha de aprisionamento, a 25 °C, para remover o máximo possível de água ou de outro solvente dos adsorventes. A saída A do tubo de adsorção é então conectada à entrada de injeção de um cromatógrafo a gás, que opera no modo sem divisão de fluxo, e a armadilha de aprisionamento é aquecida a ~200 °C. Os analitos dessorvidos fluem para dentro da coluna cromatográfica, onde eles são concentrados pelo aprisionamento a frio. Após a dessorção completa a partir da armadilha de aprisionamento, a coluna cromatográfica é aquecida para iniciar o processo de separação.

Dessorção térmica é um método para liberar compostos voláteis presentes em amostras sólidas. Uma massa conhecida de amostra é colocada em um tubo de aço ou vidro, onde é fixada com auxílio de lã de vidro. A amostra assim acondicionada é purgada com gás de arraste para remoção de O_2. O gás da purga é descartado para a atmosfera, para que ele não entre na coluna cromatográfica. Após a purga, o tubo de dessorção é então conectado à coluna cromatográfica e aquecido para a liberação das substâncias voláteis, que são coletadas por aprisionamento a frio no início da coluna. A coluna é então rapidamente aquecida para dar início à cromatografia.

Pirólise: decomposição térmica de uma substância.

Na **pirólise**, amostras não voláteis, como borracha ou polímeros, são aquecidas a temperaturas que provocam decomposição térmica. Uma amostra pesada de 10 a 100 µg é colocada em um recipiente e aquecida a 600 a 800 °C, enquanto uma corrente de gás livre de O_2 transporta produtos voláteis para serem aprisionados a frio na coluna de cromatografia e então analisados. Os produtos de decomposição voláteis são característicos da amostra – a pirólise do poliestireno produz monômeros, dímeros e alguns trímeros de estireno, enquanto os polímeros acrílicos são caracterizados por monômeros acrílicos e metacrílicos. A pirólise–cromatografia a gás acoplada à detecção por espectrometria de massa pode identificar e quantificar microplásticos em amostras ambientais.[47]

24.5 Desenvolvimento de Métodos em Cromatografia a Gás

Em geral, existem várias escolhas satisfatórias de métodos de cromatografia a gás para resolver determinado problema. Como um guia amplo, considere os tópicos seguintes nesta ordem: (1) o objetivo da análise, (2) a preparação da amostra, (3) o tipo de detector, (4) o tipo de coluna e (5) o procedimento de injeção.[48]

Ordem das decisões:
1. objetivo da análise
2. preparação da amostra
3. detector
4. coluna
5. injeção

Objetivo da Análise

Qual a finalidade da análise? É a identificação qualitativa dos componentes em uma mistura? Necessitamos de uma separação completa com alta resolução de todos os constituintes presentes ou apenas necessitamos uma boa resolução em uma dada região do cromatograma? Podemos sacrificar a resolução para diminuirmos os tempos de análise? Precisamos de uma análise quantitativa de um ou de vários componentes? Precisamos de alta precisão? Os analitos estão presentes em uma concentração adequada ou necessitamos de pré-concentração ou de um detector muito sensível para a análise em nível de ultratraço? Quanto pode custar a análise? Cada um desses fatores leva a escolhas bem definidas durante a seleção das técnicas a serem utilizadas.

Preparação da Amostra

Para uma cromatografia bem-sucedida de uma amostra complexa é necessário purificarmos a amostra, tanto quanto possível, antes que ela chegue à coluna. Na Seção 24.4, descrevemos a microextração de fase sólida, a extração por sorção sob agitação, a purga e aprisionamento, a dessorção térmica e a pirólise como métodos para isolar componentes voláteis de matrizes complexas. Outros métodos que podem ser utilizados, a maioria dos quais são descritos no Capítulo 28, incluem a extração em fase líquida, a extração com fluido supercrítico e a extração de fase sólida. Essas técnicas permitem isolar os analitos desejados de substâncias interferentes e podem concentrar analitos diluídos até níveis detectáveis. Se não purificarmos previamente as amostras, os cromatogramas podem conter uma grande "floresta" de picos, que não se encontram devidamente resolvidos, e as substâncias não voláteis irão arruinar a coluna cromatográfica, que é um componente que costuma ser caro.

Impurezas na amostra? Retire as impurezas!

Escolha do Detector

A próxima etapa é a escolha do detector para a cromatografia. Precisamos ter informações a respeito de todas as substâncias na amostra ou queremos detectar um determinado elemento ou determinada classe de compostos?

O detector que se adapta à maioria dos problemas na cromatografia capilar é um espectrômetro de massa. O detector de ionização de chama é provavelmente o método de detecção mais popular, mas ele responde principalmente a hidrocarbonetos, e a Tabela 24.3 mostra que ele não é tão sensível como os detectores por captura de elétrons, nitrogênio-fósforo ou quimiluminescência. O detector de ionização de chama necessita que a amostra contenha $\geq$ 10 ppm de cada analito para injeção com divisão de fluxo. O detector de condutividade térmica responde a todas as classes de compostos, mas não é muito sensível.

Os detectores com sensibilidade suficiente para a análise no nível de ultratraço respondem apenas a uma classe limitada de analitos. Um detector seletivo pode ser escolhido para simplificar o cromatograma por não responder a tudo que é eluído. O detector de captura de elétrons é específico para moléculas contendo halogênios, nitrilas, nitrocompostos e carbonilas conjugadas. Para injeção com divisão de fluxo, a amostra deve ter $\geq$ 100 ppb de cada analito para que se possa usar um detector de captura de elétrons. O detector de espectrometria de massa com monitoramento seletivo de reação (Figura 24.24) é um excelente modo de analisar um analito de interesse em uma amostra complexa. O espectro de massa completo de um composto eluído ajuda a identificá-lo.

Seleção da Coluna

As escolhas básicas são a fase estacionária, o diâmetro e o comprimento da coluna, e a espessura da fase estacionária. Uma fase estacionária apolar, na Tabela 24.1, é a mais útil. Uma fase estacionária com polaridade intermediária permitirá executar a maioria das separações que uma coluna apolar não consegue. Para compostos altamente polares, pode ser necessária uma coluna fortemente polar. Os gases permanentes requerem colunas de camada porosa ou colunas empacotadas. Isômeros ópticos e isômeros geométricos intimamente relacionados necessitam de fases estacionárias especiais para a separação. Os fornecedores de colunas possuem bancos de dados de cromatogramas para conjuntos de analitos comuns que podem orientar a seleção de colunas.

A Tabela 24.5 mostra que existem apenas algumas poucas combinações adequadas de diâmetro da coluna e de espessura de filme. As colunas mais estreitas oferecem a maior

TABELA 24.5 Comparação entre as colunas de cromatografia a gás

Descrição	**Estreita com filme fino**	**Estreita com filme espesso**	**Diâmetro grande com filme espesso**
Diâmetro interno	0,10–0,32 mm	0,25–0,32 mm	0,53 mm
Espessura do filme	~0,2 μm	~1–2 μm	~2–5 μm
Razão de fase $\beta = (V_M / V_S)$	125–400	31–80	26–66
Vantagens	Alta resolução Análise de traço Separações rápidas Baixas temperaturas Eluição de compostos com alto p.eb.	Boa capacidade Boa resolução (4 000 pratos/m) Fácil de usar Retém compostos voláteis Boa para a espectrometria de massa	Alta capacidade (100 ng/soluto) Boa para detectores por condutividade térmica Técnicas de injeção simples
Desvantagens	Baixa capacidade ($\leq$1 ng de soluto) Necessita de detector de alta sensibilidade Atividade superficial da sílica exposta	Resolução moderada Longo tempo de retenção para compostos com alto p.eb.	Baixa resolução (500–2 000 pratos/m) Longos tempos de retenção para compostos com alto p.eb.

FONTE: *Dados de S. Cram, "How to Develop, Validate and Troubleshoot Capillary GC Methods", American Chemical Society Short Course, 1996.*

resolução. As colunas estreitas com revestimento fino são especialmente úteis para a separação de misturas de compostos de alto ponto de ebulição, que são retidos muito fortemente em colunas com filme espesso. Tempos de retenção menores proporcionam análises mais rápidas. Entretanto, as colunas estreitas e com revestimento fino possuem uma capacidade de amostra muito pequena, não têm boa retenção para compostos de baixo ponto de ebulição e podem se deteriorar em virtude da exposição de sítios ativos na superfície da sílica.

As colunas estreitas com filme espesso na Tabela 24.5 proporcionam um bom compromisso entre a resolução e a capacidade de amostra. Elas podem ser usadas com a maioria dos detectores (exceto, geralmente, os por condutividade térmica) e com compostos de alta volatilidade. Os tempos de retenção são maiores do que os das colunas de filme fino. As colunas com maiores diâmetros com filme espesso são necessárias para permitir o uso dos detectores por condutividade térmica. Elas têm alta capacidade de amostra e podem aceitar compostos altamente voláteis, mas produzem baixa resolução e tempos de retenção maiores.

Se determinada coluna é adequada para a maioria dos requisitos, mas não proporciona resolução suficiente, podemos então usar uma coluna mais estreita do mesmo tipo (Equação 23.40). Para obter tempos de retenção similares para o mesmo comprimento de coluna, a razão de fase, β, deve ser mantida constante. Ou seja, a espessura da fase estacionária deve ser reduzida proporcionalmente ao diâmetro. Um diâmetro de coluna de 0,15 mm é razoável para maximizar a resolução sem que seja necessário outro cromatógrafo a gás concebido especialmente para o trabalho com colunas mais estreitas.[49]

Para *melhorar a resolução*, usamos uma
- coluna mais estreita
- coluna mais longa
- fase estacionária diferente.

Duplicando o comprimento da coluna, dobra o número de pratos e, de acordo com a Equação 23.33, aumenta a resolução em $\sqrt{2}$ vezes. A duplicação do comprimento da coluna não é necessariamente a melhor forma de se aumentar a resolução, pois ela dobra o tempo de retenção. O uso de uma coluna mais estreita aumenta a resolução sem prejudicar o tempo de retenção. Selecionando outra fase estacionária, muda-se completamente o fator de separação (α na Equação 23.33), o que pode resolver os componentes de interesse.

Para aumentar a velocidade da análise sem perda de resolução, pode-se optar por uma coluna menor e mais estreita. Outro meio de reduzir o tempo de retenção sem sacrificar a resolução é mudar o gás de arraste de He para H_2 e elevar a vazão por um fator de 1,5 a 2 (Figura 24.11).[22]

Se medirmos a resolução de alguns poucos componentes-chave de uma mistura em um número pequeno de condições, existem *softwares* comerciais que otimizam as condições (por exemplo, a programação de temperatura e pressão) para a melhor separação.[50] Para amostras complexas em que numerosos analitos precisam ser quantificados, a separação bidimensional (Boxe 24.3) pode ser necessária.

BOXE 24.3 Cromatografia a Gás Bidimensional

A cromatografia bidimensional (frequentemente denominada CG × CG) emprega duas colunas com mecanismos de retenção diferentes para resolver componentes de amostras complexas.[51] A figura *a*, vista a seguir, mostra três componentes que não são resolvidos pela coluna apolar 1. O detector de ionização de chama assinala apenas a soma dos sinais (curva em preto), que se parece com um pico. As frações de 1 a 5 ao longo da largura do pico foram coletadas individualmente e injetadas, por sua vez, em uma coluna polar 2, fornecendo cinco cromatogramas na figura *b*. A coluna 2 resolve os componentes que não foram resolvidos pela coluna 1.

para a segunda separação dimensional, que deve ocorrer em um tempo abaixo de 6 s. A figura *d* mostra um mecanismo pelo qual um modulador retém temporariamente o eluato em uma posição via condensação por meio de uma corrente fria de CO_2 ou de N_2 líquido pelo número de segundos desejado.

Para se obter uma separação rápida na coluna 2, a coluna deve ser muito menor do que a coluna 1. Para uma alta resolução, a coluna 2 é mais estreita do que a coluna 1, e possui um filme de fase estacionária mais fino, como descrito na legenda do cromatograma bidimensional na abertura deste capítulo. Todos esses fatores permitem uma alta resolução em um tempo curto.

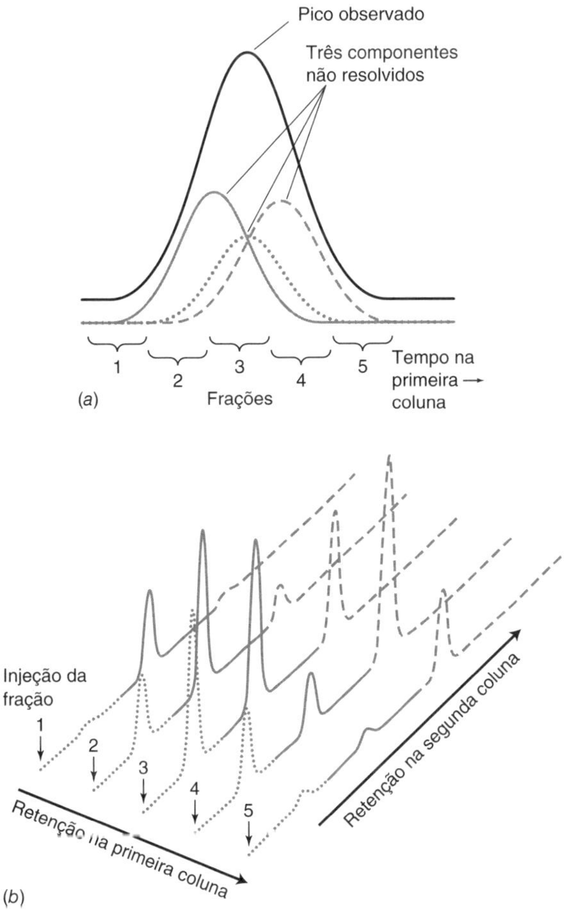

Os componentes não resolvidos na figura *a* são resolvidos na figura *b* pela injeção das frações 1 a 5 da primeira coluna em uma segunda coluna de polaridade diferente. [Dados de J. Dallüge, J. Beens e U. A. Th. Brinkman, "Comprehensive Two-Dimensional Gas Chromatography: A Powerful and Versatile Analytical Tool", *J. Chromatogr.* A. **2003**, *1000*, 69.]

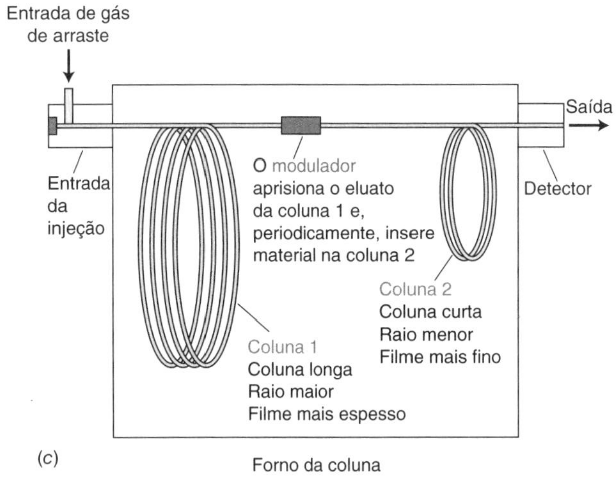

(*c*) Esquema de uma cromatografia bidimensional (CG × CG). O modulador retém o eluato da coluna 1 e, periodicamente, o insere na coluna 2.

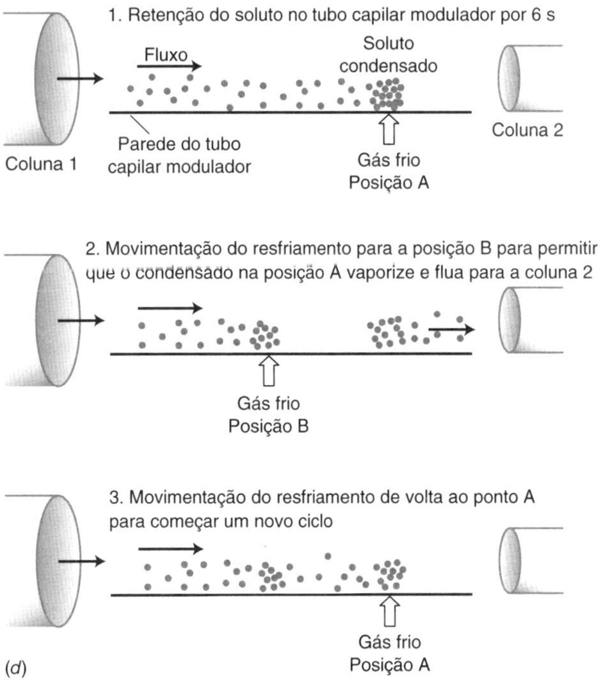

(*d*) Um mecanismo pelo qual um modulador pode funcionar é a condensação do eluato com uma corrente de um gás frio.

Um cromatograma bidimensional, como aquele que mostra os metabólitos de esteroides na abertura deste capítulo, registra o tempo de retenção para a coluna 1 em um eixo e o tempo de retenção para a coluna 2 no eixo perpendicular. A intensidade da resposta do detector é codificada por cores ou brilhos em cada ponto.

O coração da cromatografia bidimensional é o tubo capilar *modulador*, posicionado entre as duas colunas na figura *c*. Na abertura deste capítulo, o modulador acumula o eluato da coluna 1 por 6 s, e então, insere rapidamente o eluato acumulado na coluna 2

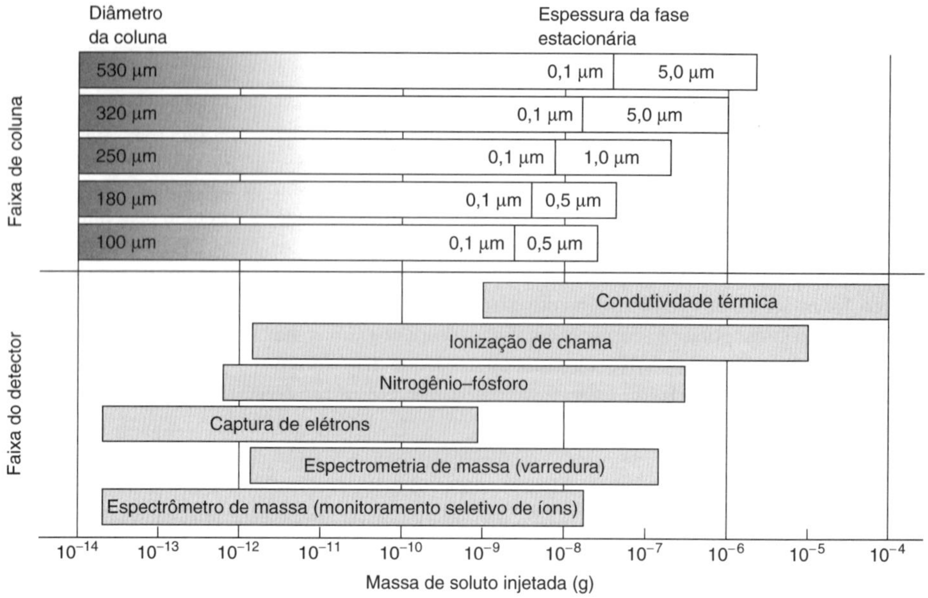

FIGURA 24.29 Limites de massa aproximados para analitos injetados em colunas cromatográficas capilares de parede recoberta e detectores. [Dados de J. V. Hinshaw, "Setting Realistic Expectations for GC Optimization", *LCGC North Am.* **2006**, *24* (november), 1194.]

A Figura 24.29 sugere limites superior e inferior aproximados de massa do analito para diversas colunas e detectores. A abscissa mostra a massa de um dado analito que chega à coluna ou ao detector. Um volume típico de amostra líquida injetada é 1 μL, contendo uma massa de 1 mg. Se a concentração do analito é 1 ppm, a massa de analito em 1 μL é 10^{-9} g = 1 ng. Uma linha vertical em 10^{-9} g se situa na zona operacional de todas as colunas e de quatro dos detectores. A massa de amostra é demasiada pequena para o detector de condutividade térmica, grande demais para o detector por captura de elétrons, e está perto do limite superior para o monitoramento seletivo de íons. Para uma injeção com divisão de fluxo na razão 100:1, a massa de analito introduzida na coluna deve ser 100 vezes menor, ou seja, 10^{-11} g. Essa massa se situa na faixa de todos os detectores, menos o de condutividade térmica. No caso das colunas, a região à esquerda de 10^{-11} g é sombreada porque a cromatografia se torna progressivamente mais problemática à medida que a massa diminui. Massas de analitos inferiores a 10^{-11} g podem ser perdidas por adsorção ou decomposição no injetor e na coluna. Solutos polares podem ser perdidos por adsorção até mesmo em quantidades maiores. No limite superior da escala das colunas, uma linha divisória indica quando se deve mudar de uma coluna de fase estacionária de filme fino para uma de filme espesso de modo a se obter uma capacidade de amostra adequada.

Escolha do Método de Injeção

A última decisão importante é como injetar a amostra. A *injeção com divisão de fluxo* é a melhor técnica para grandes concentrações de analitos ou para a análise de gases. A injeção com divisão de fluxo oferece uma alta resolução e pode processar amostras contaminadas, se lã de vidro for adicionada na seção de admissão.

Injeção com divisão de fluxo:
- amostras concentradas
- amostras contaminadas (uso de adsorvente na região de admissão)

A *injeção sem divisão de fluxo* é necessária para soluções muito diluídas. A injeção sem divisão de fluxo introduz lentamente a amostra dentro da coluna, e, por isso, é necessário o aprisionamento do solvente ou o aprisionamento a frio, e uma programação de temperatura. Na injeção sem divisão de fluxo, as amostras contendo menos que 100 ppm de cada analito podem ser analisadas em uma coluna com espessura de filme < 1 μm. Amostras contendo 100 a 1000 ppm de cada analito necessitam de uma coluna com espessura de filme ≥ 1 μm.

Injeção sem divisão de fluxo:
- amostras diluídas
- requer aprisionamento do solvente ou aprisionamento a frio

A *injeção direta na coluna* é melhor para a análise quantitativa e para compostos termicamente sensíveis. Ela não pode ser usada com colunas cujo diâmetro interno seja menor que 0,2 mm. Ela pode ser usada para soluções diluídas ou concentradas e para volumes pequenos ou relativamente grandes. A injeção direta na coluna é limitada a amostras sem contaminação contendo pouco ou nenhum componente não volátil.

Injeção direta na coluna:
- melhor para análise quantitativa
- compostos termicamente sensíveis
- requer amostras sem contaminação

Termos Importantes

aprisionamento a frio	detector de captura de elétrons	injeção com divisão de fluxo	pirólise
aprisionamento do solvente	detector de condutividade térmica	injeção direta na coluna	pré-coluna
coluna capilar	detector de ionização de chama	injeção sem divisão de fluxo	preparação da amostra
coluna de retenção	espaço de cabeça	microextração de fase sólida	problema geral da eluição
coluna empacotada	extração por sorção sob agitação	monitoramento seletivo de íons	programação de temperatura
contaminação intencional	gás de arraste	monitoramento seletivo de reações	purga e aprisionamento
cromatografia a gás	índice de retenção	peneira molecular	razão de fase
dessorção térmica			septo

Resumo

Na cromatografia a gás, um líquido volátil ou uma substância no estado gasoso é transportado por uma fase móvel gasosa sobre uma fase estacionária, que se encontra na parte interna de uma coluna capilar ou sobre um suporte sólido. As colunas capilares de sílica fundida longas e estreitas têm baixa capacidade, mas propiciam uma excelente separação. Elas podem ser de parede recoberta ou de camada porosa. As colunas empacotadas fornecem alta capacidade, mas uma resolução pequena. Os solutos devem estar parcialmente na fase vapor para que sejam eluídos em uma coluna de um cromatógrafo a gás. A pressão parcial do soluto e a retenção são governados pela Termodinâmica, o que significa que a temperatura da coluna controla a retenção. Cada fase estacionária líquida retém os solutos de acordo com a sua polaridade ("semelhante dissolve semelhante"). As fases estacionárias sólidas, as quais incluem carbono poroso, alumina e peneiras moleculares, são usadas para separar gases permanentes. O índice de retenção mede os tempos de eluição com relação aos dos alcanos lineares. A programação de temperatura ou de pressão reduz os tempos de eluição de componentes fortemente retidos. Sem comprometer a eficiência de separação, a velocidade linear pode ser aumentada quando usamos o H_2 ou o He como gás de arraste, em lugar do N_2. A injeção com divisão de fluxo proporciona separações com alta resolução de amostras relativamente concentradas. A injeção sem divisão de fluxo de amostras muito diluídas necessita do aprisionamento do solvente ou do aprisionamento a frio para concentrar os solutos no início da coluna de modo a obtermos picos mais finos. A injeção direta na coluna é melhor para a análise quantitativa e para solutos termicamente instáveis.

A análise quantitativa na cromatografia a gás é feita geralmente com o uso de padrões externos em uma amostragem automática e padrões internos com injeção manual. A coeluição de um pico de uma substância desconhecida com a contaminação intencional de um composto conhecido em diversas colunas diferentes com diferentes seletividades de retenção é uma técnica útil para a identificação qualitativa de um pico desconhecido. Os detectores por espectrometria de massa fornecem informação qualitativa que ajuda na identificação dos picos desconhecidos. O espectrômetro de massa torna-se mais sensível e menos sujeito a interferências quando se usa o monitoramento seletivo de íons ou o monitoramento seletivo de reações. A detecção por condutividade térmica tem resposta universal, mas não é muito sensível. O detector de ionização de chama é suficientemente sensível para a maioria das colunas e responde à maior parte dos compostos orgânicos. Os detectores por captura de elétrons, nitrogênio–fósforo, fotometria de chama, fotoionização, quimiluminescência e de emissão atômica são específicos para certas classes de compostos ou certos elementos químicos específicos.

Inicialmente, antes de desenvolvermos um método cromatográfico, precisamos definir o objetivo de uma análise. A chave para uma cromatografia bem-sucedida é dispor de uma amostra sem contaminações. A microextração em fase sólida, a extração por sorção sob agitação, a purga e aprisionamento e a dessorção térmica são métodos de preparação da amostra capazes de isolar componentes voláteis de matrizes complexas. A pirólise decompõe analitos não voláteis em produtos voláteis adequados para análise. Após escolhermos o método de preparação da amostra, as decisões que restam para efetivar o desenvolvimento do método são, nessa ordem, a escolha do detector, a escolha da coluna e a escolha do método de injeção.

Exercícios

24.A. (**a**) Na Tabela 24.2, a 2-pentanona tem um índice de retenção de 998 em uma coluna de poli(etilenoglicol) (também chamada Carbowax). Entre que dois hidrocarbonetos de cadeia linear foi eluida a 2-pentanona?

(**b**) Um soluto que não apresenta retenção é eluído a partir de certa coluna em 1,80 minuto. O decano ($C_{10}H_{22}$) é eluído em 15,63 minutos e o undecano ($C_{11}H_{24}$) em 17,22 minutos. Qual é o tempo de retenção de um composto cujo índice de retenção é de 1 050?

24.B. Para eluição isotérmica de uma série homóloga de compostos (aqueles com estruturas semelhantes, mas que diferem entre si no número de grupos CH_2 presentes na cadeia), log t'_R é geralmente uma função linear do número de átomos de carbono. Sabe-se que determinado composto é membro da família

$$(CH_3)_2CH(CH_2)_nCH_2OSi(CH_3)_3$$

(**a**) A partir dos tempos de retenção dados na tabela vista a seguir, construa um gráfico de log t'_R contra n e calcule o valor de n na fórmula química.

$n = 7$	4,0 min	CH_4	1,1 min
$n = 8$	6,5 min	composto desconhecido	42,5 min
$n = 14$	86,9 min		

(**b**) Calcule o fator de retenção, k, para o composto desconhecido.

24.C. A resolução de dois picos (Equação 23.33) depende do número de pratos da coluna, N, do fator de separação, α, e do fator de retenção, k. Suponha que você tem dois picos com uma resolução de 1,0 e deseja aumentar esta resolução para 1,5, de modo a conseguir uma separação de linha base adequada a uma análise quantitativa (Figura 23.10).

(**a**) Você pode aumentar o valor da resolução até 1,5 apenas aumentando o comprimento da coluna. Por qual fator o comprimento da coluna deve ser aumentado? Se a vazão for mantida constante, quantas vezes mais demorará a separação quando o comprimento da coluna é aumentado?

(**b**) Você pode mudar o fator de separação, α, escolhendo outra fase estacionária. Se α era 1,016, para que valor ele tem de ser aumentado de modo que a resolução seja 1,5? Se você estivesse separando dois álcoois com a fase estacionária $(difenil)_{0,05}(dimetil)_{0,95}$polissiloxano (Tabela 24.1), qual a nova fase estacionária que você escolheria para aumentar α? A nova fase afetará o tempo necessário para a cromatografia?

24.D. (**a**) *Revise a Seção 5.4 sobre padrões internos.* Quando uma solução contendo 234 mg de butanol (MF 74,12) e 312 mg de hexanol (MF 102,17) em 10,0 mL foi separada por cromatografia a gás, as áreas relativas dos picos butanol:hexanol foram = 1,00:1,45. Considerando o butanol como padrão interno, determine o fator de resposta do hexanol.

(**b**) A área do pico é normalmente integrada por um terminal cromatográfico computadorizado. Se a área do pico precisar ser medida manualmente e se o pico for gaussiano, então a área é

$$\text{Área do pico gaussiano} = 1{,}064 \times \text{altura do pico} \times w_{1/2}$$

em que $w_{1/2}$ é a largura total à meia altura. Use esta equação para calcular as áreas dos picos do butanol e hexanol na Figura 24.8.

(**c**) A solução, a partir da qual foi gerado o cromatograma, continha 112 mg de butanol. Qual é a massa de hexanol existente na solução?

(**d**) Qual é a maior fonte de incerteza neste problema? Qual é o tamanho desta incerteza?

24.E. *Revise a Seção 5.4 sobre padrões internos.* Quando 1,06 mmol de 1-pentanol e 1,53 mmol de 1-hexanol foram separados por cromatografia a gás, as áreas dos seus picos foram de 922 e 1 570 unidades, respectivamente. Quando 0,57 mmol de pentanol foram adicionados a uma amostra desconhecida contendo hexanol, as áreas dos picos cromatográficos foram 843:816 (pentanol:hexanol). Qual a quantidade de hexanol presente na amostra desconhecida?

Problemas

24.1. (**a**) Quais são as vantagens e desvantagens relativas das colunas empacotadas e das colunas capilares na cromatografia a gás?

(**b**) Explique a diferença entre as colunas capilares de parede recoberta e de camada porosa.

(**c**) Qual é a vantagem de uma fase estacionária que se encontra quimicamente ligada à parede da coluna ou com ligações cruzadas na própria fase na cromatografia a gás?

24.2. Por que as colunas capilares proporcionam uma resolução maior do que as colunas empacotadas na cromatografia a gás?

24.3. (**a**) Quais são as vantagens e desvantagens do emprego de uma coluna capilar estreita?

(**b**) Quais são as vantagens e desvantagens do emprego de uma coluna capilar mais longa?

(**c**) Quais são as vantagens e desvantagens de um filme de fase estacionária de maior espessura?

24.4. (**a**) Que tipos de solutos são normalmente separados com uma coluna capilar recoberta com poli(dimetilsiloxano)?

(**b**) Que tipos de solutos são geralmente separados com uma coluna capilar recoberta com poli(etilenoglicol)?

(**c**) Que tipos de solutos são comumente separados com uma coluna capilar com camada porosa?

24.5. (**a**) Qual são as vantagens e desvantagens da programação de temperatura na cromatografia a gás?

(**b**) Qual é a vantagem da programação de pressão?

24.6. (**a**) Quais são as características de um gás de arraste ideal?

(**b**) Por que o H_2 e o He permitem velocidades lineares mais rápidas na cromatografia a gás que o N_2, sem perda da eficiência da coluna (Figura 24.11)?

24.7. (**a**) Quando você usaria, na cromatografia a gás, a injeção com divisão de fluxo, a injeção sem divisão de fluxo ou a injeção direta na coluna?

(**b**) Explique como funcionam o aprisionamento do solvente ou o aprisionamento a frio na injeção sem divisão de fluxo.

24.8. Para que tipos de analitos cada um dos detectores de cromatografia a gás, vistos a seguir, são sensíveis?

(**a**) condutividade térmica

(**b**) ionização de chama

(**c**) captura de elétrons

(**d**) fotometria de chama

(**e**) nitrogênio-fósforo

(**f**) fotoionização usando radiação de 9,5 eV

(**g**) quimiluminescência de enxofre

(**h**) emissão atômica

(**i**) espectrômetro de massa

(**j**) absorbância no ultravioleta de vácuo

24.9. Por que o detector de condutividade térmica responde a todos os analitos exceto ao gás de arraste? Por que o detector de ionização de chama não é um detector universal?

24.10. Explique o que é mostrado em um cromatograma reconstituído a partir de todos os íons, por monitoramento seletivo de íons e por monitoramento seletivo de reações. Que técnica é mais seletiva e que técnica é menos seletiva? Por quê?

24.11. Qual é o propósito da derivatização na cromatografia a gás? Dê um exemplo.

24.12. (**a**) Explique como funciona a microextração de fase sólida. Por que é necessário o aprisionamento a frio durante a injeção com esta técnica? Será que todo o analito, presente na amostra desconhecida, é extraído pela fibra durante a microextração de fase sólida?

(**b**) Explique as diferenças entre a extração por sorção sob agitação e a microextração em fase sólida. Qual dessas técnicas é a mais sensível e por quê?

24.13. Por que a injeção sem divisão de fluxo é usada quando preparamos a amostra por purga e aprisionamento?

24.14 Como a cromatografia de gás de pirólise permite a caracterização e quantificação de analitos não voláteis, como microplásticos, no ambiente?[47]

24.15. Estabeleça a ordem de decisões durante o desenvolvimento de um método na cromatografia a gás.

24.16. Este problema revê conceitos do Capítulo 23. Um soluto que não apresenta retenção passa por uma coluna cromatográfica em 3,7 minutos e o analito necessita de 8,4 minutos.

(**a**) Determine o tempo de retenção ajustado e o fator de retenção do analito.

(**b**) Encontre a razão de fase, β, para uma coluna com 0,32 mm de diâmetro contendo um filme de fase estacionária de espessura 1,0 μm.

(**c**) Determine o coeficiente de partição do analito.

(**d**) Determine o tempo de retenção em uma coluna com o mesmo comprimento e diâmetro 0,32 mm, contendo a mesma fase estacionária, cuja espessura do filme é 0,5 μm, à mesma temperatura.

24.17. (**a**) Se os tempos de retenção, na Figura 23.7, são de 1,0 minuto para o CH_4, 12,0 minutos para o octano, 13,0 minutos para um componente desconhecido e 15,0 minutos para o nonano, determine o índice de retenção de Kovats para o componente desconhecido.

(**b**) Qual será o índice de Kovats para o componente desconhecido se a razão de fase da coluna for dobrada?

(**c**) Qual será o índice de Kovats para o componente desconhecido se o comprimento da coluna fosse reduzido à metade?

24.18. Usando a Tabela 24.2, faça a previsão da ordem de eluição do hexano, heptano, octano, benzeno, butanol e 2-pentanona nas colunas contendo (**a**) poli(dimetilsiloxano), (**b**) $(\text{difenil})_{0,35}(\text{dimetil})_{0,65}$ polissiloxano e (**c**) poli(etilenoglicol).

24.19. Usando a Tabela 24.2, faça a previsão da ordem de eluição dos compostos dados a seguir, nas colunas contendo (**a**) poli(dimetilsiloxano), (**b**) $(\text{difenil})_{0,35}(\text{dimetil})_{0,65}$polissiloxano e (**c**) poli(etilenoglicol):

1. 1-pentanol (n-$C_5H_{11}OH$, p.eb. 138 °C)

2. 2-hexanona ($CH_3C(=O)C_4H_9$, p.eb. 128 °C)

3. heptano (n-C_7H_{16}, p.eb. 98 °C)

4. octano (n-C_8H_{18}, p.eb. 126 °C)

5. nonano (n-C_9H_{20}, p.eb. 151 °C)

6. decano (n-$C_{10}H_{22}$, p.eb. 174 °C)

24.20. (**a**) Use a regra de Trouton, $\Delta H^\circ_{\text{vap}} \approx (88\ \text{J mol}^{-1}\ \text{K}^{-1}) \times T_{\text{eb}}$ para estimar a entalpia de vaporização do octano (p.eb. 126 °C).

(**b**) Use a forma da equação de Clausius-Clapeyron dada a seguir para estimar a pressão de vapor do octano na temperatura da coluna na Figura 24.9 (70 °C).

$$\ln\left(\frac{P_1}{P_2}\right) = -\left(\frac{\Delta H_{\text{vap}}}{R}\right)\left(\frac{1}{T_1} - \frac{1}{T_2}\right)$$

(**c**) Calcule a pressão de vapor do hexano (p.eb. 69 °C) a 70 °C.

(**d**) Qual é a relação entre a pressão de vapor do soluto e a retenção?

(**e**) Por que a técnica é denominada "cromatografia a gás" se os analitos retidos são apenas parcialmente vaporizados?

24.21. O tempo de retenção depende da temperatura (T) de acordo com a equação $\log t'_R = (a/T) + b$, em que a e b são constantes para determinado composto em determinada coluna. Um composto é eluído a partir de uma coluna, na cromatografia a gás, em um tempo de retenção ajustado de $t'_R = 15{,}0$ minutos, quando a temperatura da coluna é de 373 K. A 363 K, $t'_R = 20{,}0$ minutos. Determine os valores dos parâmetros a e b e faça uma previsão do valor de t'_R a 353 K.

24.22. Descreva como o tempo de retenção do butanol em uma coluna de poli(etilenoglicol) muda com a elevação da temperatura. Use o tempo de retenção do butanol na Figura 24.9b como ponto de partida.

24.23. Este problema revê conceitos do Capítulo 23 por meio da Figura 24.7.

(**a**) Calcule o número de pratos teóricos (N na Equação 23.30) e a altura do prato (H) para o CO.

(**b**) Encontre a resolução (Equação 23.23) entre o argônio e o oxigênio.

24.24. Este problema revê conceitos do Capítulo 23 por meio da Figura 24.15.

(**a**) Calcule o fator de retenção para o ácido docosa-hexanoico, dado $t_M = 4{,}2$ minutos.

(**b**) Calcule o número N de pratos teóricos usando a largura total à meia altura (Equação 23.31) e a largura na linha base (Equação 23.30) para o pico do ácido docosa-hexanoico.

(**c**) Use o número de pratos teóricos médio calculados em (b) para determinar a altura do prato (H) para o pico do ácido docosa-hexanoico.

24.25. (**a**) Um microlitro de benzeno na concentração de 0,1 μg/mL é injetado em um cromatógrafo a gás usando injeção sem divisão de fluxo. Quanto benzeno é carregado na coluna?

(**b**) Quanto benzeno é carregado na coluna se for usada injeção com divisão de fluxo com uma razão de divisão de 100:1?

(**c**) Se ambas as larguras de pico são de 1 s, qual é a massa de carbono que entra no detector para as injeções sem divisão de fluxo e com divisão de fluxo em (**a**) e (**b**)?

(**d**) Com base nos limites de detecção da Tabela 24.3, um detector de ionização de chama seria sensível o suficiente para detectar as injeções sem divisão de fluxo e com divisão de fluxo?

24.26. (**a**) Por que não existe lógica em usar-se uma fase estacionária fina (0,2 μm) em uma coluna capilar larga (0,53 mm)?

(**b**) Considere uma coluna estreita (0,25 mm de diâmetro), com um filme de camada fina (0,10 μm) e 5 000 pratos por metro. Considere também uma coluna mais larga (0,53 mm de diâmetro), com um filme espesso (5,0 μm) e 1 500 pratos por metro. A massa específica da fase estacionária é de aproximadamente 1,0 g/mL. Qual a massa de fase estacionária em cada coluna em um comprimento equivalente a um prato teórico? Quantos nanogramas de analito podem ser injetados dentro de cada coluna, se a massa de analito não exceder 1,0% da massa da fase estacionária em um prato teórico?

24.27. A figura vista a seguir mostra o comportamento de alargamento de banda para o hélio em colunas capilares de diferentes diâmetros internos.

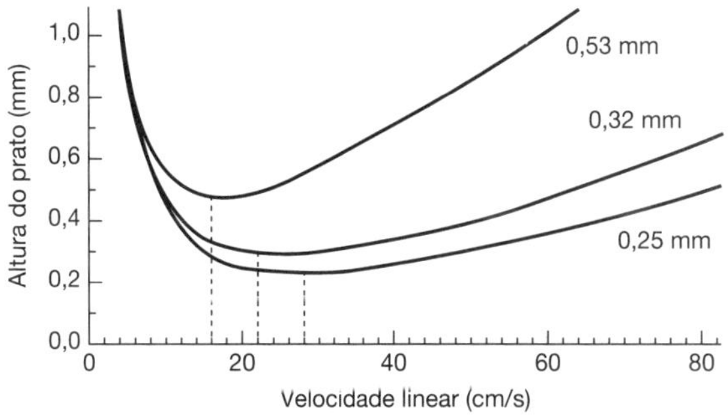

Curvas de van Deemter para o Problema 24.27. [Dados de J. de Zeeuw, "Impact of GC Parameters on Performance: Part 2. Choice of Column Inner Diameter", *Sep. Sci.* **2014**, *6*(4), 2.]

(**a**) Por que a velocidade linear alta afeta mais a altura do prato para a coluna de maior diâmetro?

(**b**) Por que os três diâmetros de coluna mostram alturas de prato semelhantes em velocidades lineares abaixo de 8 cm/s?

(**c**) Qual é a tendência para a velocidade linear ótima em função do diâmetro da coluna?

24.28. O gráfico visto a seguir mostra as curvas de van Deemter para o n-nonano a 70 °C em um canal de 3,0 m de comprimento gravado em silício em um cromatógrafo a gás portátil com uma fase estacionária de espessura de 1 a 2 μm. O ar que é filtrado para remover água e vapores orgânicos é usado como gás de arraste para eliminar a necessidade de transportar cilindros de gás para o campo.

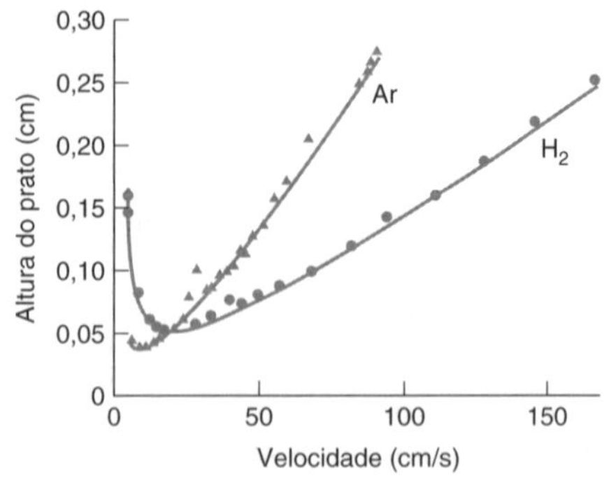

Curvas de van Deemter para o Problema 24.28. [Dados de G. Lambertus, A. Elstro, K. Sensenig, J. Potkay, M. Agah, S. Scheuering, K. Wise, F. Dorman e R. Sacks, "Design, Fabrication, and Evaluation of Microfabricated Columns for Gas Chromatography", *Anal. Chem.* **2004**, *76*, 2629. S. Scheuering era aluno de iniciação científica.]

(**a**) Qual é o perigo em se usar ar como gás de arraste?

(**b**) Determine a velocidade ótima e a altura do prato para os gases de arraste ar e H_2.

(**c**) Quantos pratos existem na coluna de 3 m de comprimento para ambos os gases de arraste na vazão ótima?

(**d**) Quanto tempo o gás não retido leva para percorrer a coluna na velocidade ótima de cada gás de arraste?

(**e**) Se a fase estacionária é suficientemente fina com relação ao diâmetro da coluna, qual dos dois termos de transferência de massa (23.40 ou 23.41) pode ser desprezado? Por quê?

(**f**) Por que a perda da eficiência de coluna em vazões elevadas é menos severa para o H_2 do que para o ar?

24.29. (**a**) Como você pode melhorar a resolução entre dois picos pouco espaçados, presentes na cromatografia a gás?
(**b**) Qual a abordagem em (**a**) que teria um melhor custo efetivo (sem envolver uma compra)?

24.30. (**a**) Quando uma solução contendo 234 mg de pentanol (MF 88,15) e 237 mg de 2,3-dimetil-2-butanol (MF 102,18) em 10,0 mL foi separada, as áreas relativas dos picos foram pentanol:2,3-dimetil-2-butanol = 0,913:1,00. Considerando o pentanol como padrão interno, determine o fator de resposta para o 2,3-dimetil-2-butanol.

(**b**) Use a equação no Exercício 24.D para calcular as áreas dos picos do pentanol e do 2,3-dimetil-2-butanol na Figura 24.8.

(**c**) A concentração do pentanol, o padrão interno, na solução desconhecida era 93,7 mM. Qual era a concentração do 2,3-dimetil-2-butanol?

24.31. Uma solução-padrão contendo iodoacetona $6{,}3 \times 10^{-8}$ M e *p*-diclorobenzeno $2{,}0 \times 10^{-7}$ M (como padrão interno) deu picos com áreas de 395 e 787, respectivamente, em uma cromatografia a gás. 3,00 mL de uma solução desconhecida de iodoacetona foram tratados com 0,100 mL de *p*-diclorobenzeno $1{,}6 \times 10^{-5}$ M, e a mistura foi diluída a 10,00 mL. A cromatografia a gás forneceu picos com áreas de 633 e 520 para a iodoacetona e para o *p*-diclorobenzeno, respectivamente. Determine a concentração de iodoacetona presente nos 3,00 mL da solução desconhecida original.

24.32. Heptano, decano e um composto desconhecido apresentam os seguintes tempos de retenção ajustados: heptano, 12,6 minutos; decano, 22,9 minutos; composto desconhecido, 20,0 minutos. Os índices do heptano e do decano são 700 e 1 000, respectivamente. Determine o índice de retenção do composto desconhecido.

24.33. Na análise dos compostos responsáveis pelo odor da tequila na Figura 24.21, a tequila foi diluída com água e extraída quatro vezes com diclorometano (CH_2Cl_2, p.eb. 40 °C). O volume de 400 mL de CH_2Cl_2 foi evaporado até 1 mL, e 1 μL do extrato foi injetado diretamente em uma coluna capilar de poli(etilenoglicol) (30 m de comprimento × 0,53 mm de diâmetro, espessura do filme = 1 μm), inicialmente a 50 °C. Em seguida, a temperatura foi elevada por programação até 230 °C.

(**a**) Por que a tequila diluída foi extraída quatro vezes com diclorometano em vez de se fazer este procedimento de uma vez com um volume maior?

(**b**) Por que a injeção direta na coluna foi a técnica escolhida?

(**c**) Por que uma coluna de poli(etilenoglicol) foi escolhida para esta análise?

(**d**) Qual era a razão de fase da coluna?

(**e**) Por que uma coluna de diâmetro 0,53 mm foi escolhida para esta análise?

24.34. O aditivo para gasolina metil *t*-butil éter (MTBE) tem contaminado os lençóis freáticos desde o princípio de sua utilização. O MTBE pode ser determinado em níveis de partes por bilhão por microextração de fase sólida a partir de uma amostra de água do lençol freático, a qual foi adicionada uma solução de NaCl 25% (massa/volume) (*salting out*, Problema 8.9). Após a microextração, os analitos são dessorvidos termicamente da fibra na entrada de injeção de um cromatógrafo a gás. Na figura a seguir, vemos um cromatograma reconstituído a partir de todos os íons e um cromatograma obtido por monitoramento seletivo de íons das substâncias que foram dessorvidas da fibra de extração.

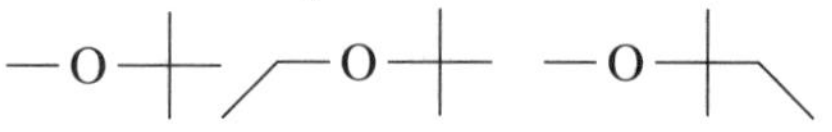

	Metil *t*-butil éter MTBE	Etil *t*-butil éter ETBE	*t*-Amil metil éter TAME
massa nominal:	88	102	102

(**a**) Por que o NaCl é adicionado antes da extração?

(**b**) Qual a massa nominal que está sendo observada pelo monitoramento seletivo de íons? Por que observamos apenas três picos?

(**c**) A seguir vemos uma lista dos picos principais para valores de *m/z* acima de 50 no espectro de massa. O pico base (o mais alto) está

MTBE	ETBE	TAME
73*	87	87
57	59*	73*
	57	71
		55

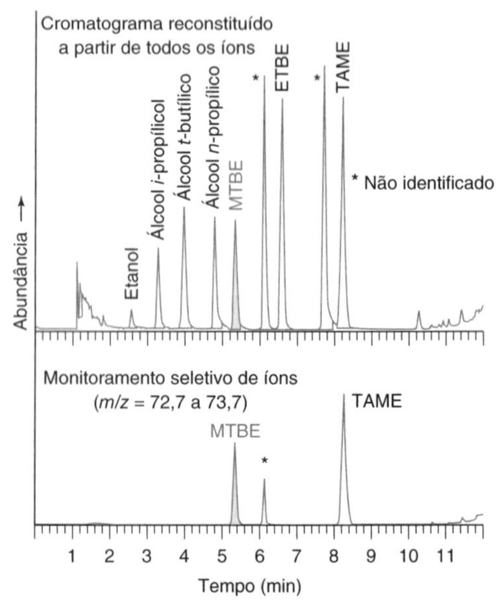

Cromatograma reconstituído a partir de todos os íons e cromatograma por monitoramento seletivo de íons do microextrato de fase sólida de uma amostra de água de lençol freático. Condições da cromatografia: coluna de 0,32 mm × 30 m com um filme de 5 μm de poli(dimetilsiloxano). Temperatura = 50 °C por 4 minutos, então aumentada até 90 °C com uma velocidade de 20 °C/min. A seguir, a temperatura é mantida a 90 °C por 3 minutos e, então, aumentada até 200 °C com uma velocidade de 40 °C/min. [Dados de D. A. Cassada, Y. Zhang, D. D. Snow e R. F. Spalding, "Trace Analysis of Ethanol, MTBE and Related Oxygenated Compounds in Water Using Solid-Phase Microextraction and Gas Chromatography/Mass Spectrometry", *Anal. Chem.* **2000**, *72*, 4654.]

assinalado com um asterisco. Sabendo-se que as substâncias MTBE e TAME têm um pico intenso em $m/z = 73$ e que não existe nenhum pico significativo para o ETBE em $m/z = 73$, sugira uma estrutura para o íon em $m/z = 73$? Sugira também estruturas para todos os outros íons apresentados na tabela.

24.35. Este é um procedimento de um estudante para análise de nicotina em urina. Uma amostra de 1,00 mL do fluido biológico foi colocada em um vial de 12 mL contendo 0,7 g de Na_2CO_3 em pó. Após a injeção de 5,00 μg do padrão interno 5-aminoquinolina, o vial foi vedado com septo de borracha de silicone recoberta com Teflon. O vial foi aquecido a 80 °C por 20 minutos, quando uma agulha de microextração de fase sólida foi passada pelo septo e deixada no espaço de cabeça no interior do vial por 5,00 minutos. A fibra foi recolhida e inserida num cromatógrafo a gás. As substâncias voláteis foram dessorvidas da fibra a 250 °C por 9,5 minutos na entrada de injeção enquanto a coluna encontrava-se a 60 °C. A temperatura da coluna foi então elevada até 260 °C a uma taxa de 25 °C/min e o eluato foi monitorado por espectrometria de massa de ionização por elétrons com monitoramento seletivo de íons em $m/z = 84$ para a nicotina e $m/z = 144$ para o padrão interno. Os dados de calibração para repetições com misturas-padrão executadas segundo o mesmo procedimento são apresentados na tabela vista a seguir.

Nicotina em urina (μg/mL)	Razão entre as áreas m/z 84/144
12	$0{,}05_6$, $0{,}05_9$
51	$0{,}40_2$, $0{,}39_1$
102	$0{,}68_4$, $0{,}66_9$
157	$1{,}01_1$, $1{,}06_3$
205	$1{,}27_8$, $1{,}35_5$

FONTE: *Dados de A. E. Wittner, D. M. Klinger, X. Fan, M. Lam, D. T. Mathers e S. A. Mabury, "Quantitative Determination of Nicotine and Cotinine in Urine and Sputum Using a Combined SPME-GC/MS Method"*, J. Chem. Ed. ***2002**, 79, 1257. D. M. Klinger era aluno de iniciação científica.*

(**a**) Por que o vial foi aquecido a 80 °C antes e durante a extração?

(**b**) Por que a coluna cromatográfica foi mantida a 60 °C durante a dessorção térmica da fibra de extração?

(**c**) Sugira uma estrutura para o íon com $m/z = 84$ formado a partir da nicotina. Qual é o íon com $m/z = 144$ formado a partir do padrão interno 5-aminoquinolina?

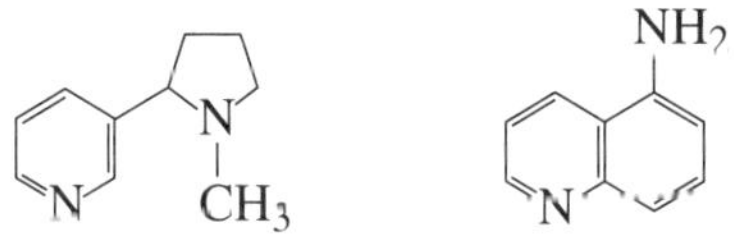

Nicotina $C_{10}H_{14}N_2$ 5-Aminoquinolina $C_9H_8N_2$

(**d**) A urina de uma mulher adulta não fumante forneceu uma razão de áreas entre os íons m/z 84/144 igual a 0,51 e 0,53 em análises repetidas. A urina de uma menina não fumante, cujos pais são fumantes severos, apresentou, para a mesma razão de áreas, os valores de 1,18 e 1,32. Determine a concentração de nicotina (μg/L) e a respectiva incerteza, na urina de cada uma das pessoas.

24.36. O óxido nítrico (NO) é um agente sinalizador da célula envolvido em inúmeros processos fisiológicos, incluindo vasodilatação, inibição da coagulação e inflamação. Um método sensível de cromatografia a gás–espectrometria de massa foi desenvolvido para medir a concentração de dois metabólitos, os íons nitrito (NO_2^-) e nitrato (NO_3^-), em fluidos biológicos. Padrões internos, $^{15}NO_2^-$ e $^{15}NO_3^-$, foram adicionados ao fluido nas concentrações de 80,0 e 800,0 μM, respectivamente. Os íons de ocorrência natural, $^{14}NO_2^-$ e $^{14}NO_3^-$, mais os padrões internos foram então convertidos em derivados voláteis:

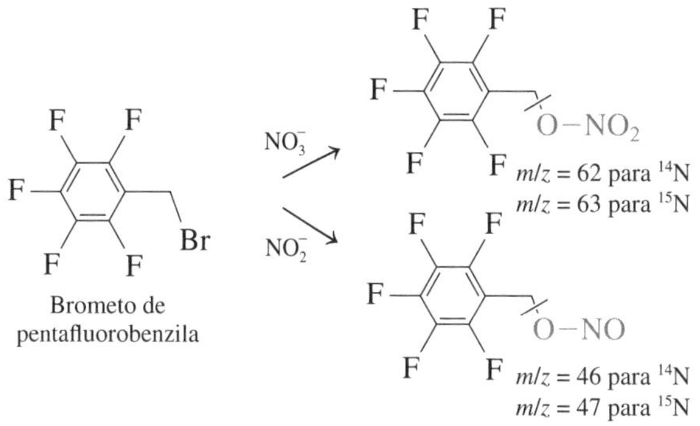

Como os fluidos biológicos são muito complexos, os derivados foram isolados inicialmente por cromatografia líquida de alta eficiência. Para análise quantitativa, os picos da cromatografia líquida correspondentes aos dois produtos foram injetados em um cromatógrafo a gás, ionizados por ionização química de *íons negativos* (dando picos maiores para os íons NO_2^- e NO_3^-) e os produtos medidos por monitoramento seletivo de íons. Os resultados são mostrados na figura vista a seguir. Se os padrões internos contendo ^{15}N sofrem as mesmas reações e as mesmas separações na mesma velocidade que os analitos contendo ^{14}N, então as concentrações dos analitos são dadas simplesmente por

$$[^{14}NO_x^-] = [^{15}NO_x^-](R - R_{branco})$$

em que R é a razão entre as áreas dos picos que foram medidos (m/z 46/47 para o nitrito e m/z 62/63 para o nitrato) e R_{branco} é a mesma razão medida para um branco preparado com os mesmos tampões e reagentes, sem a adição de nitrito ou nitrato. Na figura vista a seguir, as razões entre as áreas dos picos são m/z 46/47 = 0,062 e m/z 62/63 = 0,538. As razões para o branco foram m/z 46/47 = 0,040 e m/z 62/63 = 0,058. Determine o valor das concentrações de nitrito e nitrato na urina.

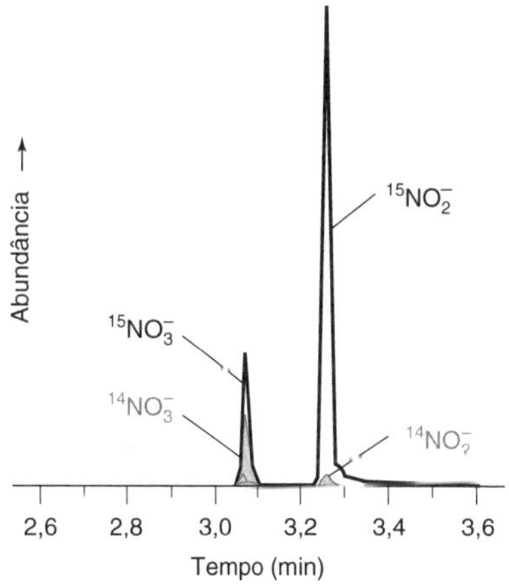

Cromatograma seletivo de íons mostrando *íons negativos* em m/z = 46, 47, 62 e 63, obtidos derivatizando o nitrito e o nitrato mais os padrões internos ($^{15}NO_2^-$ e $^{15}NO_3^-$) em uma amostra de urina. [Dados de D. Tsikas, "Derivatizaton and Quantification of Nitrite and Nitrate in Biological Fluids by Gas Chromatography/Mass Spectrometry", *Anal. Chem.* **2000**, *72*, 4064; *Anal. Chem.* **2010**, *82*, 2585.]

24.37. *Equação de van Deemter para uma coluna capilar*. A Equação 23.37 contém termos (A, B e C) descrevendo três mecanismos de alargamento de banda.

(**a**) Qual dos três termos é igual a zero para uma coluna capilar? Por quê?

(**b**) Expresse o valor de B em função de propriedades físicas mensuráveis.

(**c**) Expresse o valor de C em função de propriedades físicas mensuráveis.

(**d**) A velocidade linear que produz a menor altura do prato é determinada fazendo-se a derivada dH/du_x igual a 0. Encontre uma expressão para a altura mínima do prato em termos das grandezas físicas mensuráveis usadas nas respostas dos itens (**b**) e (**c**).

24.38. *Desempenho teórico na cromatografia a gás.* Quando o raio interno de uma coluna capilar usada na cromatografia a gás diminui, a eficiência máxima possível da coluna aumenta e a capacidade de amostra diminui. Para uma fase estacionária fina, que entra em equilíbrio rapidamente com o analito, a altura mínima do prato teórico é dada por

$$\frac{H_{\text{mín}}}{r} = \sqrt{\frac{1+6k+11k^2}{3(1+k)^2}}$$

em que r é o raio interno da coluna e k é o fator de retenção.

(**a**) Determine o limite do termo da raiz quadrada quando $k \to 0$ (um soluto não retido) e $k \to \infty$ (um soluto infinitamente retido).

(**b**) Se o raio da coluna é de 0,10 mm, determine $H_{\text{mín}}$ para os dois casos descritos em (**a**).

(**c**) Qual é o número máximo de pratos teóricos numa coluna de 50 m de comprimento com um raio de 0,10 mm se $k = 5{,}0$?

(**d**) A razão de fase é definida como o volume da fase móvel dividido pelo volume da fase estacionária ($\beta = V_M/V_S$). Obtenha a relação entre β e a espessura da fase estacionária em uma coluna com parede recoberta (d_f) e o raio interno da coluna (r).

(**e**) Determine o valor de k se $K_D = 1\,000$, $d_f = 0{,}20$ µm e $r = 0{,}10$ mm.

24.39. Considere a cromatografia capilar do n-$C_{12}H_{26}$, a 125 °C, em uma coluna de 25 m de comprimento × 0,53 mm de diâmetro, com uma fase estacionária de 5% fenil-95% metil polissiloxano e com 3,0 µm de espessura, utilizando-se o He como gás de arraste a 125 °C. O fator de retenção observado para o n-$C_{12}H_{26}$ é 8,0. Foram feitas medidas da altura do prato, H (m), em vários valores de velocidade linear, u_x (m/s). Os resultados obtidos foram ajustados, pelo método dos mínimos quadrados, pela seguinte equação

$$H\text{ (m)} = (6{,}0\times10^{-5}\text{ m}^2/\text{s})/u_x + (2{,}09\times10^{-3}\text{ s})u_x$$

A partir dos coeficientes da equação de van Deemter, determine o coeficiente de difusão do n-$C_{12}H_{26}$ na fase móvel e na fase estacionária. Por que um desses coeficientes de difusão é tão maior que o outro?

24.40. *Eficiência da microextração de fase sólida.* A Equação 24.9 fornece a massa de analito, extraída pela fibra de microextração de fase sólida, em função do coeficiente de partição entre o revestimento da fibra e a solução.

(**a**) Uma fibra comercial, com uma espessura de 100 µm de revestimento, tem um volume de filme de $6{,}9 \times 10^{-4}$ mL. Admita que a concentração inicial de analito na solução seja $c_0 = 0{,}10$ µg/mL (100 ppb). Use uma planilha eletrônica para fazer um gráfico mostrando a massa de analito extraída pela fibra em função do volume de solução, para os coeficientes de partição de 10 000, 5 000, 1 000 e 100. Faça com que o volume de solução varie entre 0 e 100 mL.

(**b**) Estime o limite da Equação 24.9 quando V_S é muito grande com relação a K_DV_f. A massa extraída prevista pelo gráfico obtido no item (**a**) se aproxima desse limite?

(**c**) Qual a porcentagem de analito em 10,0 mL da solução é extraída pela fibra quando $K_D = 100$ e quando $K_D = 10\,000$?

24.41. Nitrito NO_2^- foi medido por dois métodos na água de chuva e na água potável não clorada. Os resultados ± desvio-padrão (número de amostras) são

Fonte da amostra	Cromatografia a gás	Espectrofotometria
Água da chuva	0,069 ± 0,005 mg/L (n = 7)	0,063 ± 0,008 mg/L (n = 5)
Água potável	0,078 ± 0,007 mg/L (n = 5)	0,087 ± 0,008 mg/L (n = 5)

FONTE: *Dados de I. Sarudi e I. Nagy, "Gas-Chromatographic Method for the Determination of Nitrite Ions in Natural-Waters",* Talanta *1995*, *42*, *1099.*

(**a**) Os dois métodos concordam entre si com um nível de confiança de 95% tanto para a água da chuva quanto para a água potável?

(**b**) Para cada método, a água potável contém significativamente mais nitrito do que a água da chuva (no nível de confiança de 95%)?

24.42. *Problema de literatura.* A acetamida (CH_3CONH_2), uma possível substância carcinogênica para o ser humano, foi encontrada em alimentos quando analisados por cromatografia gasosa. R. Vismeh *et al.* em *J. Agric. Food Chem.* **2018**, *66*, 298 (*open access*) exploram se a acetamida está realmente presente nos alimentos ou se é um artefato causado pela decomposição térmica da matriz em função do calor do injetor.

(**a**) **Abstract** resume as principais descobertas de um artigo. A acetamida estava realmente presente nos alimentos ou a acetamida detectada era um artefato?

(**b**) **Introduction** fornece a situação geral e o contexto para o estudo. Que evidências levaram os autores a suspeitar que a acetamida determinada por cromatografia a gás poderia ser um artefato?

(**c**) **Introduction** também pode discutir métodos alternativos de análise. Por que os autores decidiram não usar cromatografia líquida?

(**d**) **Materials and Methods** detalham equipamentos e procedimentos experimentais. Acetamida deuterada foi usada como um analito substituto. O que é um *analito substituto* e por que foi usado?

(**e**) **Results and Discussion** detalham os resultados dos experimentos e seu significado. Por que a injeção direta na coluna foi explorada? Por que ela não foi usada?

(**f**) A acetamida foi derivatizada com o reagente xantidrol. Por que essa derivatização foi realizada? Quais variáveis de derivatização foram otimizadas?

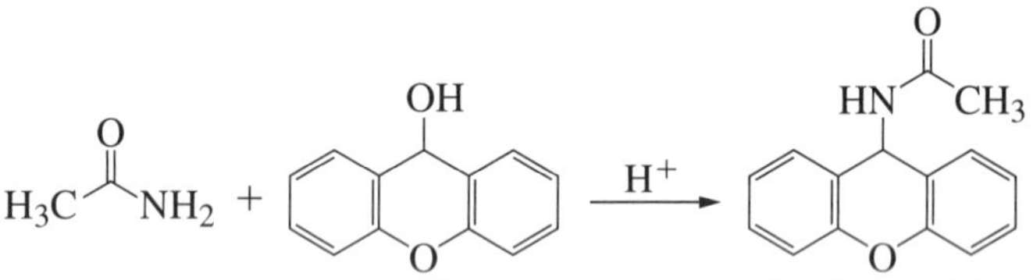

Acetamida Xantidrol Xantil-acetamida (m/z = 239)

(**g**) O monitoramento selecionado de íons (Seção 22.5) em m/z = 239, 242 e 253 foi usado para quantificação. Que íons foram monitorados em cada valor de m/z? Por que os valores de m/z = 196, 181, 168 e 152 também foram monitorados?

24.43. *Problema de literatura.* O oxalato é uma substância de ocorrência natural em alimentos de origem vegetal como frutas e vegetais. Dentro do organismo, o oxalato pode combinar-se com o cálcio produzindo cálculos renais ou urinários. Um método de cromatografia gasosa de espaço de cabeça para a determinação de oxalato em alimentos é descrito em H. L. Li, Y. Y. Liu, Q. Zhang e H. Y. Zhan, *Anal. Methods* **2014**, *6*, 3720.

(**a**) Que tipo de detector de cromatografia a gás é usado? Por que esse detector é apropriado?

(**b**) Quais são a precisão, o limite de quantificação e a faixa linear do método?

(**c**) Como a determinação por cromatografia a gás foi validada?

(**d**) Que métodos alternativos poderiam ser usados para a determinação de oxalato em alimentos?

(**e**) Questão desafio: Que tipo de coluna foi utilizada?

24.44. *Grande Volume de Dados: cromatografia gasosa-espectrometria de massa.* A espectrometria de massa pode ser um detector universal ou específico para a cromatografia gasosa. Este problema explora essas características usando dados para a separação de querosene mostrada na Figura 24.23, que está disponível em uma planilha no Ambiente de aprendizagem do GEN.

(**a**) Trace um cromatograma no intervalo de 0 a 12 minutos da coluna A no eixo *x* e a corrente iônica total da coluna B no eixo *y*. Use o *Scatter plot with straight lines* (gráfico de dispersão com linhas retas). (*Dica:* rolar para baixo nesses grandes conjuntos de dados leva tempo. Pressione a tecla End e, em seguida, a seta para baixo para pular para a última célula preenchida na coluna. A tecla End e a seta para cima retornam ao topo da coluna. O tempo está nas células A7:A5634 e a corrente iônica total está nas células B7:B5634.) Aumentar o *zoom* em 1,4–3,2 min produz o cromatograma de corrente iônica total da Figura 24.23.

(**b**) Trace um cromatograma de íon extraído para $m/z = 91$ (coluna E) que é característico de monoaromáticos. O aumento do *zoom* em 1,4 a 3,2 min produz o cromatograma de íon extraído na Figura 24.23. Qual é a *peak height* (altura do pico) para o tolueno em 1,72 minuto?

(**c**) Os sinais do detector devem ser digitalizados em números para que um computador possa processar os dados. Clique no cromatograma em (**b**) e adicione marcadores para os pontos de dados. Agora dê *zoom* para 1,70 a 1,76 min. Quantos pontos de dados foram coletados na largura da linha de base (4σ) do pico de tolueno?

(**d**) Trace um cromatograma de íon extraído para $m/z = 85$ (coluna C), que é característico de alcanos, incluindo alcanos de cadeia linear e ramificada. Use os dados de retenção para padrões na segunda folha da planilha para identificar os picos de octano, decano e dodecano. Algum alcano elui ao mesmo tempo que o tolueno? Qual é a *peak height* (altura do pico) desse alcano? Que impacto esse alcano teria se o tolueno fosse quantificado usando a corrente total de íons?

(**e**) Trace um cromatograma de íon extraído para m/z 128 (coluna F) que é característico do naftaleno, que tem um *retention time* (tempo de retenção) de ~5,95 minutos. Por que há um pico em 2,91 minutos? [Dica: há um pico em 2,91 minutos nos cromatogramas de íon extraído em (**b**) ou (**c**)?]

(**f**) *Dados adicionais disponíveis*. Se você quiser se divertir mais com os dados, os sinais de íons extraídos também estão disponíveis para outros m/z: $m/z = 83$ é dos compostos ciclohexil- e ciclopentil-di-substituídos, com baixa resposta para alcanos de cadeia linear e ramificada; $m/z = 142$ é para metilnaftalenos e resposta fraca para decano; $m/z = 156$ é para o íon dimetilnaftaleno e undecano. A espectrometria de massa não consegue distinguir os isômeros de dimetilnaftaleno. O sinal em $m/z = 170$ é o íon trimetilnaftaleno e dodecano que domina o cromatograma de íon extraído. Os dados de *retention time* (tempo de retenção) para padrões estão disponíveis na segunda folha da planilha.

25 Cromatografia Líquida de Alta Eficiência

CROMATOGRAFIA DE COQUETEL: TORNANDO A CROMATOGRAFIA LÍQUIDA MAIS VERDE

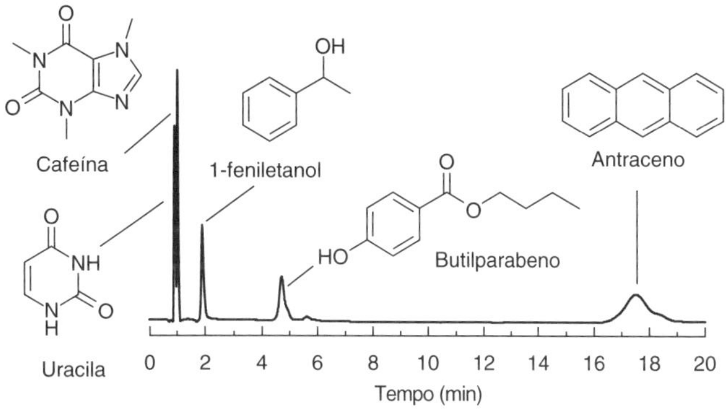

Separação de fase reversa de compostos de polaridade muito diferente usando rum branco e água como fase móvel. A cromatografia foi executada em uma coluna de 150 × 4,6 mm, contendo partículas de sílica-C_8 de 5 μm, a 60 °C, usando 1,5 mL/min de rum branco 100% e monitorando a absorbância em 220 nm. [Dados de C. J. Welch, T. Nowak, L. A. Joyce e E. L. Regalado, "Cocktail Chromatography: Enabling the Migration of HPLC to Nonlaboratory Environments", *ACS Sustain. Chem. & Eng.* **2015**, *3*, 1000.]

A cromatografia líquida de alta eficiência é uma técnica analítica poderosa amplamente utilizada na química, laboratórios e indústria farmacêutica, pesquisa biomédica, monitoramento ambiental e muitos outros campos. A prática convencional consome litros de solventes caros, como acetonitrila, todos os dias por instrumento. A acetonitrila é um solvente "âmbar" (Boxe 23.1), gerando custos adicionais ambientais e de descarte de resíduos.

A química verde busca reduzir ou eliminar o uso ou geração de substâncias perigosas. A separação por cromatografia líquida acima usa etanol – uma alternativa mais ecológica – de uma fonte sustentável – rum! O rum contém 40% em massa de etanol. O etanol não fornece a mesma eficiência cromatográfica e desempenho que a acetonitrila, mas uma compreensão da cromatografia líquida e da instrumentação moderna permitiu separações eficazes. Um cromatógrafo *microfluídico*,[1] onde conexões e volumes são miniaturizados nas escalas de micrômetros e microlitros, permite que mais de 1 500 ensaios de extrato de baunilha sejam realizados com uma única "dose servida em avião" de rum branco ou vodca. Cinco litros de rum seriam necessários para realizar o mesmo número de ensaios usando uma coluna convencional de 4,6 mm de diâmetro.

Separação de fase reversa de extrato de baunilha usando uma coluna convencional de 150 × 4,6 mm e uma coluna capilar de 150 × 0,3 mm, usando ácido acético a 0,1% (a partir de vinagre comprado no comércio) em vodca como fase móvel. [Dados de C. J. Welch, T. Nowak, L. A. Joyce e E. L. Regalado, "Cocktail Chromatography: Enabling the Migration of HPLC to Nonlaboratory Environments", *ACS Sustain. Chem. & Eng.* **2015**, *3*, 1000.]

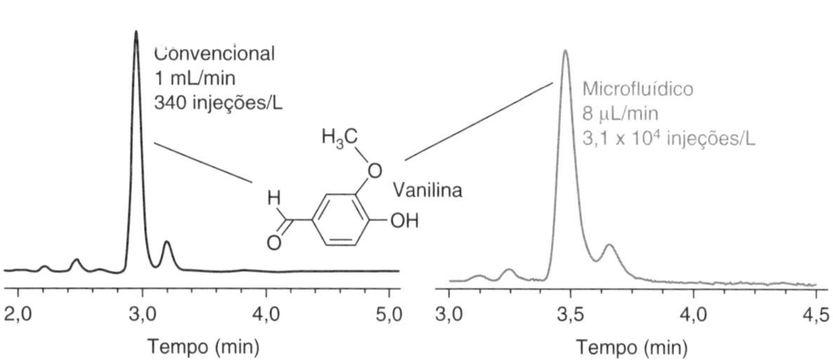

O pioneiro da cromatografia líquida de alta eficiência foi C. Horváth em 1965, na Universidade de Yale.

A **cromatografia líquida de alta eficiência** (**CLAE**, ou **HPLC**, do inglês *high-performance liquid chromatography*)[2-9] usa pressões elevadas para forçar a passagem do solvente por colunas fechadas que contêm partículas muito finas, capazes de proporcionar separações muito eficientes (com alta resolução). Neste capítulo, discutiremos a cromatografia de partição líquido-líquido e a cromatografia de adsorção líquido-sólido. O Capítulo 26 abordará a cromatografia de troca iônica, de exclusão molecular, de afinidade e de interação hidrofóbica.

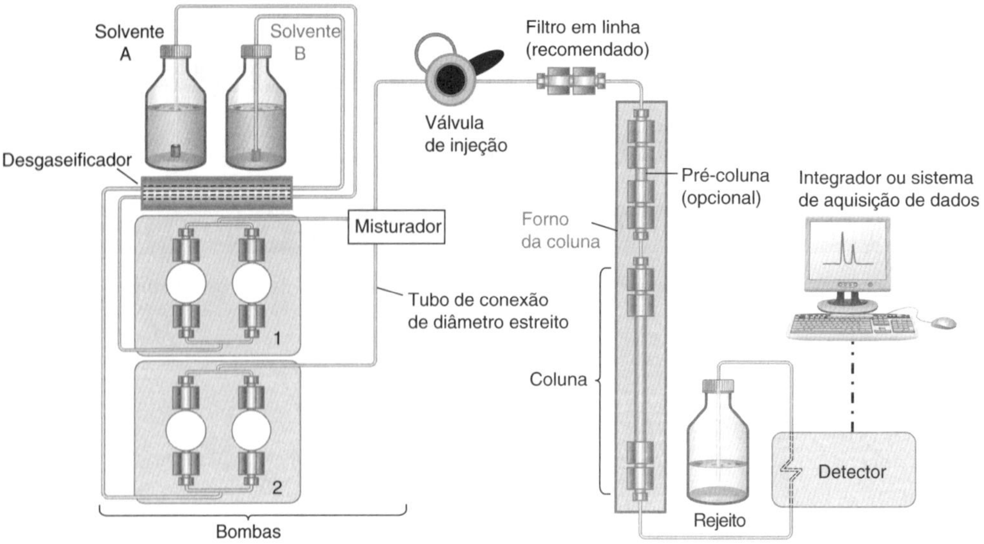

FIGURA 25.1 Diagrama esquemático de um equipamento de cromatografia líquida de alta eficiência (CLAE). Ver www.youtube.com/watch?v=kz_egMtdnL4 para um vídeo demonstrativo da CLAE.

Os especialistas em cromatografia normalmente optam pela cromatografia a gás em vez da cromatografia líquida quando se deve escolher uma delas. Isso se deve ao fato de a cromatografia a gás, em geral, apresentar um menor custo, ter uma maior eficiência de separação e gerar uma quantidade muito menor de resíduos. A cromatografia líquida é importante porque a maioria dos compostos não é suficientemente volátil para a cromatografia a gás.

O dispositivo para a CLAE, na Figura 25.1, consiste em um sistema de distribuição de solvente (uma bomba), uma válvula de injeção de amostra, uma coluna cromatográfica de alta pressão, um detector e um sistema de aquisição de dados. Os componentes são conectados com tubos de diâmetro estreito. A coluna está localizada em um forno para manter sua temperatura constante. A figura não inclui um amostrador automático que contém centenas de amostras e padrões e automatiza o carregamento e a injeção de amostras.

25.1 Processo Cromatográfico

O aumento da eficiência é equivalente à diminuição da altura do prato, *H*, na equação de van Deemter (23.37):

$$H \approx A + \frac{B}{u_x} + Cu_x$$

u_x = velocidade linear

O aumento da velocidade com que um soluto atinge o equilíbrio entre as fases estacionária e móvel aumenta a eficiência da cromatografia. Para a cromatografia gasosa em uma coluna capilar, a velocidade com que o equilíbrio é atingido aumenta com a diminuição do diâmetro da coluna, pois as moléculas podem se difundir rapidamente entre o canal e a fase estacionária sobre a parede. A difusão em líquidos é 10^4 vezes mais lenta que a difusão em gases. Portanto, na cromatografia líquida não é geralmente possível utilizar-se colunas capilares, pois o diâmetro do canal de solvente é muito grande para ser percorrido por uma molécula de soluto em um pequeno intervalo de tempo. Por esse motivo, a cromatografia líquida é feita em colunas empacotadas, pois a molécula do soluto não precisa difundir-se em uma distância grande para encontrar a fase estacionária.

Partículas Pequenas Produzem Alta Eficiência, mas Necessitam de Alta Pressão

A eficiência de uma coluna empacotada aumenta com a diminuição do tamanho das partículas da fase estacionária. Normalmente, os tamanhos de partículas usadas na CLAE se situam na faixa de 1,7 a 5 μm. As Figuras 25.2a e b ilustram o aumento de resolução proporcionado pela diminuição do tamanho das partículas. O número de pratos aumenta de 2 000 para 7 500 quando se diminui o tamanho da partícula, proporcionando, assim, picos mais finos à medida que o tamanho de partícula diminui. Na Figura 25.2c, um solvente mais forte foi usado para eluir em menos tempo os picos da coluna. A diminuição do tamanho da partícula nos permite aumentar a resolução ou manter a mesma resolução em um tempo menor de corrida cromatográfica.

EXEMPLO Relações de Escala entre Colunas[10]

Normalmente, as partículas de sílica ocupam ~40% do volume da coluna e o solvente ocupa ~60% do volume da coluna, independentemente do tamanho da partícula. A coluna na Figura 25.2a apresenta um diâmetro interno de 4,6 mm e foi eluída com uma vazão, *F*, de 3,0 mL/min, com um volume de amostra de 20 μL. A coluna na Figura 25.2b apresenta um diâmetro d_c = 2,1 mm. Que vazão deveria ser usada no cromatograma *b* para alcançar a mesma velocidade linear, u_x, do cromatograma *a*? Que volume de amostra deve ser injetado?

Solução O volume da coluna é proporcional ao quadrado do diâmetro da coluna. A mudança do diâmetro de 4,6 para 2,1 mm reduz o volume por um fator de $(2,1/4,6)^2 = 0,208$. Por isso, F deve ser reduzido por um fator de 0,208 para manter a mesma velocidade linear.

$$F(\text{coluna pequena}) = 0,208 \times F(\text{coluna grande}) = (0,208)(3,0\ \text{mL/min}) = 0,62\ \text{mL/min}$$

Para manter a mesma proporção de amostra injetada para o volume da coluna,

$$\text{Volume de injeção na coluna pequena} = 0,208 \times (\text{volume de injeção na coluna grande}) = (0,208)(20\ \mu\text{L}) = 4,2\ \mu\text{L}$$

TESTE-SE Qual deve ser a vazão e o volume injetado para uma coluna cujo diâmetro interno é 1,5 mm? (***Resposta:*** 0,32 mL/min, 2,1 μL.)

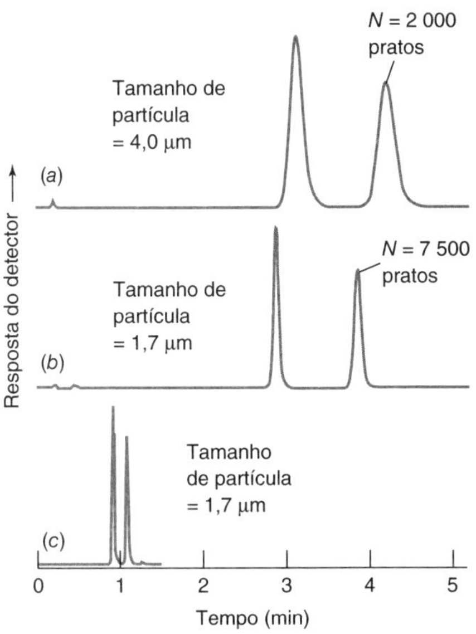

FIGURA 25.2 (*a* e *b*) Cromatogramas de uma mesma amostra em corridas cromatográficas com as mesmas velocidades lineares em colunas de 5,0 cm de comprimento, empacotadas com sílica-C_{18}. (*c*) Um solvente mais forte foi utilizado para eluir os solutos mais rapidamente da coluna do cromatograma *b*. [Dados de Y. Yang e C. C. Hodges, "Assay Transfer from HPLC to UPLC for Higher Analysis Throughput", *LCGC North Am. Supplement*, May 2005, p. S31.]

Os gráficos de van Deemter da altura do prato contra a velocidade linear, na Figura 25.3, mostram que partículas pequenas diminuem a altura do prato e que a altura do prato não é muito sensível ao aumento da vazão quando as partículas são pequenas. Em amostras reais em uma coluna operando em condições típicas, o número de pratos teóricos em uma coluna de tamanho L (cm) é *aproximadamente*[11]

$$N \approx \frac{3\,000 \cdot L(\text{cm})}{d_p(\mu\text{m})} \tag{25.1}$$

em que d_p é o diâmetro da partícula em μm. A previsão para a coluna na Figura 25.2a, com 5,0 cm de comprimento e contendo partículas de 4,0 μm de diâmetro, pode ser estimada em ~(3 000)(5,0)/4,0 = 3 800 pratos. O número de pratos observado para o segundo pico é de 2 000. Pode ser que a coluna não estivesse funcionando na vazão ótima. Quando o diâmetro da partícula da fase estacionária é reduzido para 1,7 μm, o número ótimo de pratos previsto é ~(3 000)(5,0)/1,7 = 8 800. O valor determinado experimentalmente é 7 500.

H ótimo ≈ 2 × diâmetro da partícula = $2d_p$

Uma razão para que partículas pequenas propiciem melhor resolução é que elas promovem uma vazão mais uniforme através da coluna, reduzindo, assim, o termo correspondente aos caminhos múltiplos, A, na equação de van Deemter (23.37). Uma segunda razão é que a distância pela qual o soluto tem que se difundir nas fases móvel e estacionária é da ordem de grandeza do tamanho da partícula. Quanto menores as partículas, menor a distância por meio da qual o soluto tem que se difundir na fase móvel. Este efeito diminui o termo C na equação de van Deemter para a transferência de massa. A vazão ótima para partículas pequenas é mais rápida do que para partículas grandes, pois os solutos se difundem através de distâncias menores.

Um benefício adicional para pequenos tamanhos de partículas, associado com uma coluna estreita e alta vazão, é que o analito não é diluído em demasia enquanto percorre a coluna. O limite de quantificação na Figura 25.2c (50 μg/L) é quatro vezes menor do que o limite de quantificação na Figura 25.2a (200 μg/L).

Partículas de tamanho menor envolvem
- número de pratos maior
- pressão maior
- tempo ótimo de corrida cromatográfica menor
- limite de detecção menor.

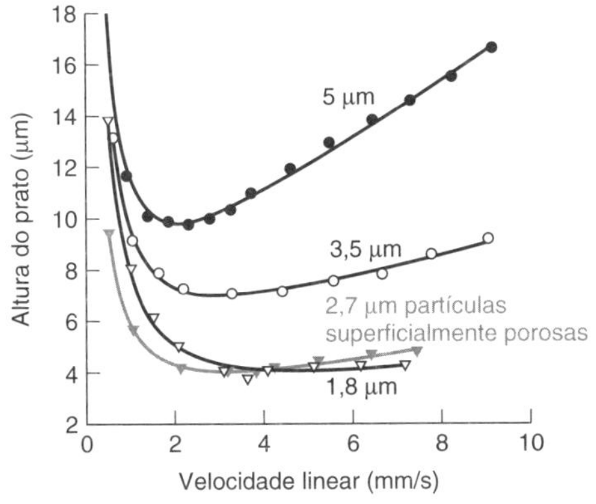

FIGURA 25.3 Curvas de van Deemter. A altura do prato é uma função da *velocidade linear* (mm/s) para diâmetros de partículas microporosas (Figura 25.5) de fase estacionária de 5,0, 3,5 e 1,8 μm, bem como das partículas com *superfície porosa* (Figura 25.9) com diâmetro de 2,7 μm (espessura da fase porosa 0,5 μm). As medidas para o naftaleno eluído de uma coluna de sílica-C_{18} (50 mm de comprimento × 4,6 mm de diâmetro) foram feitas com uma mistura de 60% em volume de acetonitrila/40% em volume de água a 24 °C. [Dados de MAC-MOD Analytical, Chadds Ford, PA.]

Uma limitação imposta pelo pequeno tamanho das partículas é a resistência ao fluxo do solvente. A pressão necessária para mover o solvente pela coluna é

Pressão na coluna: $$P = f\frac{F\eta L}{\pi r^2 d_p^2} \quad (25.2)$$

A **viscosidade** mede a resistência de um fluido em escoar. Quanto mais viscoso um líquido, menos ele flui a uma dada pressão.

em que F é a vazão volumétrica, η é a viscosidade do solvente, L é o comprimento da coluna, r é o raio da coluna e d_p é o diâmetro da partícula. O fator f depende do formato e do empacotamento da partícula. O significado físico da Equação 25.2 é que a pressão na CLAE é proporcional à vazão e ao comprimento da coluna, e inversamente proporcional ao quadrado do raio (ou diâmetro) da coluna e ao quadrado do tamanho da partícula. A diferença entre os cromatogramas *a* e *b* na Figura 25.2 é que o tamanho da partícula foi diminuído de 4,0 μm para 1,7 μm e o diâmetro da coluna foi diminuído de 4,6 para 2,1 μm. Por isso, a pressão necessária precisa aumentar de um fator de $(4,6\ mm/2,1\ mm)^2(4,0\ \mu m/1,7\ \mu m)^2 = 27$. Isto é, *uma pressão 27 vezes maior* é necessária para operar a coluna na Figura 25.2b.

CLAE: Cromatografia Líquida de Alta Eficiência
CLUE: Cromatografia Líquida de Ultraeficiência
Diâmetro de partícula ≤ 2 μm

Até 2004, a CLAE operava em pressões de ~7 a 40 MPa (70 a 400 bar, 1 000 a 6 000 libras/polegada^2) para atingir vazões de ~0,5 a 5 mL/min. Foi então que se tornaram disponíveis equipamentos comerciais que podiam utilizar tamanhos de partículas entre 1,5 e 2 μm em pressões de até 150 MPa (1 500 bar, 22 000 libras/polegada^2).[12] Estes equipamentos promoveram uma melhora substancial na resolução ou no decréscimo do tempo de corrida cromatográfica. A Tabela 25.1 mostra o desempenho teórico para diferentes tamanhos de partículas; tal desempenho foi utilizado em pesquisas com equipamento de ultra-alta pressão. A cromatografia com partículas de diâmetro 1,5 a 2,0 μm em pressões elevadas é normalmente chamada **cromatografia líquida de ultraeficiência – CLUE** (**UHPLC**, do inglês *ultra high performance liquid chromatography*). A Tabela 25.2 mostra que são necessárias uma pré-coluna menor e uma limpeza mais rigorosa da amostra (filtração mais fina) para manter o desempenho da CLUE. Os picos eluídos de uma coluna de CLUE são tão estreitos que demandam detectores rápidos. Separações mais rápidas e colunas estreitas propiciam um menor consumo de solvente em CLUE do que em CLAE.[13]

Intensidade do verde:[13]
CLAE < CLUE < fluido supercrítico (Boxe 25.2).

Outra limitação do pequeno tamanho das partículas é o aumento do aquecimento em função do atrito à medida que o solvente é forçado a passar através das partículas.[14] O centro de uma coluna é mais quente do que a parede externa, e a saída é mais quente do que a entrada. Uma coluna de 100 mm de comprimento e 2,1 mm de diâmetro contendo partículas de 1,7 μm eluída com acetonitrila produz uma diferença de temperatura de ~10 °C entre a entrada e a saída da coluna para uma vazão de 1,0 mL/min. O eixo central da coluna pode estar ~2 °C mais quente do que a parede. Para evitar um alargamento indesejável da banda em razão da diferença de temperatura, o diâmetro da coluna deve ser ≤ 2,1 mm para partículas abaixo de 2 μm.

Analogia entre o fluxo de um fluido e a corrente elétrica:

Potência elétrica (W) = corrente (A) × diferença de potencial elétrico (V)

Geração de calor na cromatografia:

Potência (W) = $\underbrace{\text{vazão volumétrica}}_{m^3/s} \times \underbrace{\text{queda de pressão}}_{Pa = kg/(m \cdot s^2)}$

TABELA 25.1 Eficiência em função do diâmetro da partícula

Tamanho da partícula d_p (μm)	Tempo de retenção (min)	Número de pratos (N)	Pressão necessária (bar)
5,0	30	25 000	19
3,0	18	42 000	87
1,5	9	83 000	700
1,0	6	125 000	2 300

NOTA: *Desempenho teórico de uma coluna capilar de 33 μm de diâmetro × 25 cm de comprimento, para uma altura mínima de prato com um soluto de fator de retenção k = 2 e um coeficiente de difusão = 6,7 × 10^{-10} m^2/s, usando-se como eluente uma mistura de água e acetonitrila.*

FONTE: *J. E. MacNair, K. D. Patel e J. W. Jorgenson, "Ultrahigh-Pressure Reversed-Phase Capillary Liquid Chromatography with 1,0 μm Particles",* Anal. Chem. ***1999****, 71, 700.*

TABELA 25.2 Instrumentação para CLAE e CLUE e características da amostra

Propriedade	CLAE	CLUE
Tubo de conexão	diâmetro interno 0,175–0,125 mm	diâmetro interno 0,125–0,062 5 mm
Variância da pré-coluna	≥ 40 μL^2	≤ 10 μL^2
Disco poroso da coluna	partículas de 5 μm: porosidade de 2,0 μm partículas de 3 μm: porosidade de 0,5 μm	partículas < 2 μm: porosidade de 0,2 μm
Filtração da amostra	partículas de 5 ou 3 μm: filtro de 0,5 μm ou centrifugação	partículas < 2 μm: filtro de 0,2 μm

FONTE: *J. W. Dolan, "UHPLC Tips and Techniques", LCGC North Am.* ***2010****, 28 (november), 944; S. Fekete e J. Fekete, "The Impact of Extra-Column Band Broadening on the Chromatographic Efficiency of 5-cm-Long Narrow-Bore Very Efficient Columns",* J, Chromatogr. *A* ***2011****,* 1218, *5286.*

Coluna

As colunas têm um custo elevado e se degradam com facilidade pela ação da poeira ou de partículas sólidas presentes na amostra ou no solvente e pela adsorção irreversível de impurezas.[15] Para evitar a introdução de material particulado no interior da coluna, as amostras devem ser centrifugadas e/ou filtradas por um filtro ≤ 0,5 ou ≤ 0,2 μm (Tabela 25.2) antes de serem introduzidas em frascos (*vials*) em um amostrador automático ou aspiradas por uma seringa em caso de injeção manual. Um filtro em linha de 0,5 μm deve ser instalado imediatamente na saída do amostrador automático.

O equipamento de CLAE na Figura 25.1 emprega colunas de plástico de alta resistência ou de aço de comprimento igual a 3 a 30 cm e diâmetro interno de 1 a 5 mm (Figura 25.4). A entrada da coluna principal é protegida por uma pequena **pré-coluna** contendo a mesma fase estacionária presente na coluna principal. As partículas finas e os solutos fortemente adsorvidos são retidos pela pré-coluna, que é substituída periodicamente quando a pressão da coluna aumenta ou após determinado número de injeções ou período de operação. Enquanto as pré-colunas fazem sentido para colunas cromatográficas com 10 a 30 cm de comprimento, muitos usuários consideram que a pré-coluna não tem uma relação custo-benefício que justifique seu emprego em colunas com ≤ 5 cm de comprimento.

O aquecimento de uma coluna cromatográfica[16] diminui a viscosidade do solvente, reduzindo, assim, a pressão necessária ou permitindo um fluxo mais rápido. O aumento da temperatura diminui os tempos de retenção e afeta os fatores de separação. Entretanto, o aumento da temperatura pode degradar a fase estacionária e diminuir o tempo de vida útil da coluna. A maioria das fases estacionárias usadas na CLAE suporta temperaturas de até 60 °C, e algumas vão além desse limite. Quando a temperatura da coluna não é controlada, a retenção varia de acordo com a temperatura ambiente. O uso de uma coluna aquecida, cuja temperatura é fixada 10 °C acima da temperatura ambiente, melhora a reprodutibilidade dos tempos de retenção e a precisão da análise quantitativa. Alguns especialistas em cromatografia conduzem rotineiramente as separações em 50 ou 60 °C. Para uma coluna aquecida, a fase móvel precisa passar por uma serpentina de metal preaquecida, posicionada entre o injetor e a coluna, de modo que o solvente e a coluna fiquem na mesma temperatura. Se as temperaturas forem diferentes, os picos se distorcem e o tempo de retenção muda.

Até recentemente, o diâmetro mais comum de uma coluna de CLAE era de 4,6 mm. Hoje, o diâmetro de 2,1 mm está se tornando mais habitual. As colunas estreitas são mais compatíveis com os espectrômetros de massa, que requerem uma vazão de solvente pequena. As colunas estreitas necessitam de menos amostra e produzem menos rejeitos. Os instrumentos concebidos para colunas de 4,6 mm de diâmetro também podem funcionar com as de 2,1 mm. Os instrumentos que utilizam colunas mais estreitas do que 2,1 mm de diâmetro precisam ser especialmente projetados para reduzir o alargamento das bandas na saída da coluna (Tabela 25.2). Colunas capilares como aquelas usadas no boxe de abertura deste capítulo podem ter diâmetros tão estreitos como 10 μm.[17] Sua capacidade de analisar amostras no nível de subnanograma e a compatibilidade com a espectrometria de massa tornam as colunas capilares populares em *proteômica*, que é o estudo abrangente de todas as proteínas produzidas e modificadas em um organismo.

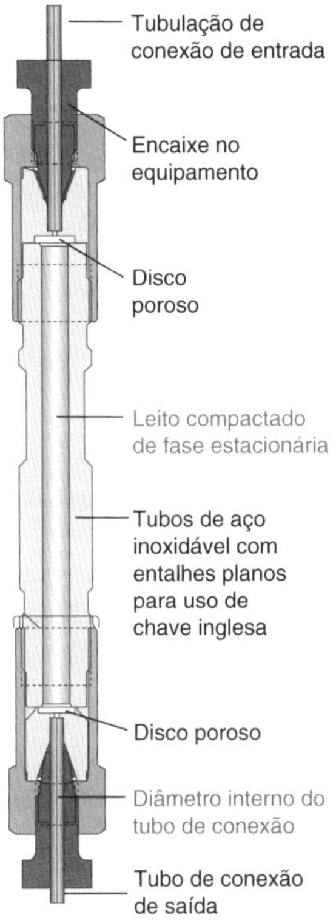

FIGURA 25.4 Coluna de CLAE de 5,0 cm de comprimento × 0,30 cm de diâmetro interno. Discos de aço sinterizado retêm a fase estacionária e distribuem o líquido uniformemente sobre todo o diâmetro da coluna. Os tubos de conexão têm diâmetro interno estreito. [Dados da Waters Corporation, Milford, MA.]

O alargamento das bandas na saída da coluna foi discutido na Seção 23.5.

Fase Estacionária

Os suportes mais comuns são constituídos por **partículas microporosas**, esféricas e de alta pureza de sílica (Figura 25.5), que têm uma área superficial de várias centenas de metros quadrados por grama. Mais de 99% dessa área está situada no interior dos poros. Os poros devem

Moléculas pequenas: poros de 6 a 12 nm
Polipeptídeos e proteínas: poros maiores que 30 nm.

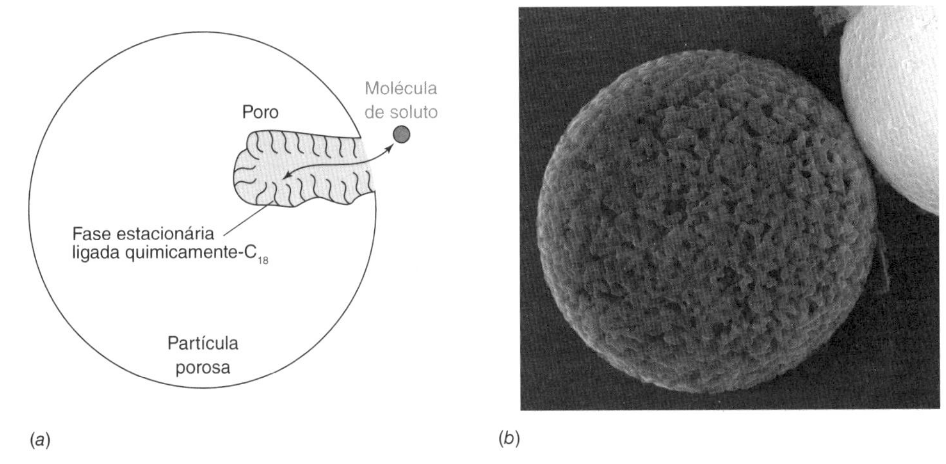

FIGURA 25.5 (*a*) Estrutura esquemática de uma partícula porosa. O diâmetro do poro é, normalmente, ~0,2% do diâmetro da partícula. (*b*) Microfotografias de varredura eletrônica de partículas de sílica microporosa usadas em cromatografia, com 4,4 μm de diâmetro, obtidas em um experimento em batelada feito por K. Wyndham na empresa Waters Corporation. [Cortesia de J. Jorgenson, University of North Carolina.]

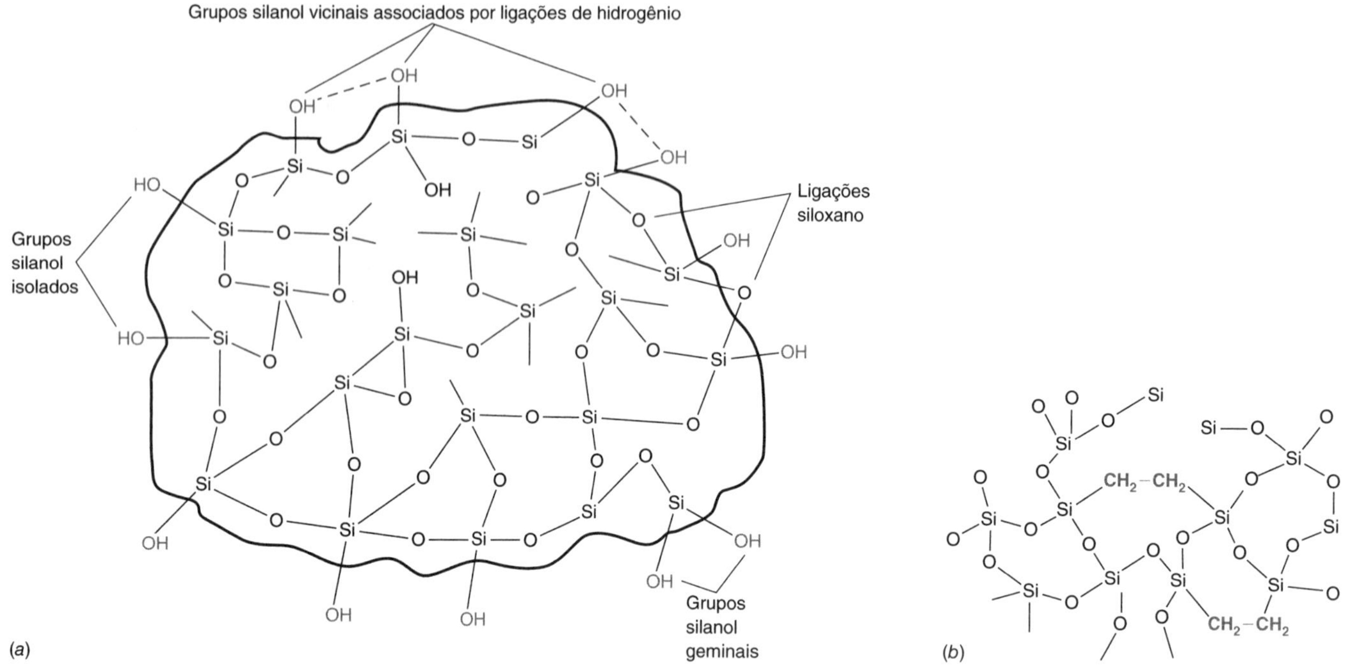

FIGURA 25.6 (*a*) Natureza química da partícula de sílica. [Dados de R. E. Majors, *LCGC Supplement*, May 1997, p. S8.] (*b*) A sílica resistente à hidrólise básica contém pontes de etileno no lugar das pontes de óxido entre alguns átomos de silício. A estrutura com ponte de etileno é mais rígida e apropriada para partículas com diâmetro < 2 μm, que devem suportar altas pressões.

ser largos o bastante para permitir que o soluto e o solvente penetrem por eles. A maior parte dos tipos de sílica não pode ser usada acima de pH 8, pois elas se dissolvem em soluções básicas. A Figura 25.6 mostra as estruturas da sílica comum e da sílica com pontes de etileno, que resiste à hidrólise até pH 12.[18] Para a separação de compostos básicos, em pH entre 8 e 12, pode ser usada a sílica com pontes de etileno ou suportes poliméricos como o poliestireno (Figura 26.1).

Uma superfície de sílica (Figura 25.6) tem até 8 μmol de grupos silanol (Si—OH) por metro quadrado. Os grupos silanol se encontram protonados quando o pH do meio está entre ~2 e 3. Eles se dissociam em Si—O$^-$ em uma ampla faixa de pH superior a 3. Grupos Si—O$^-$ expostos retêm fortemente as bases protonadas (como RNH_3^+) e provocam a formação de cauda (Figura 25.7). A sílica tipo A antiga continha uma alta população de silanóis expostos e impurezas metálicas que causavam severa formação de cauda. O emprego da sílica do tipo A não é recomendado. A sílica tipo B e o híbrido de etileno em ponte, que têm menos grupos silanol expostos e menos impurezas metálicas, são os suportes cromatográficos mais comuns usados atualmente.

A sílica nua pode ser usada como fase estacionária para a cromatografia de adsorção. Normalmente, a cromatografia de partição líquido-líquido é feita com uma **fase estacionária quimicamente ligada**, presa covalentemente à superfície da sílica por meio de reações como

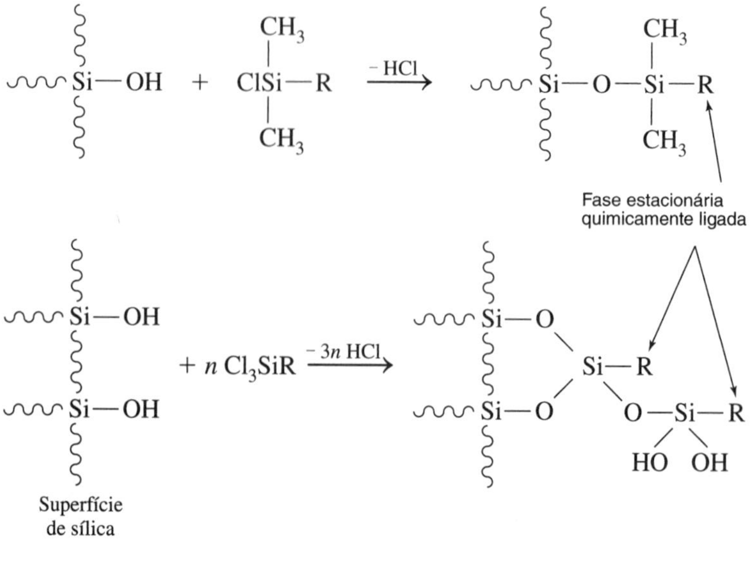

Grupos silanol residuais sobre a superfície da sílica se tornam inativos com grupos trimetilsilil, por meio da reação com $ClSi(CH_3)_3$, para eliminar os sítios de adsorção polar que provocam a formação de cauda.

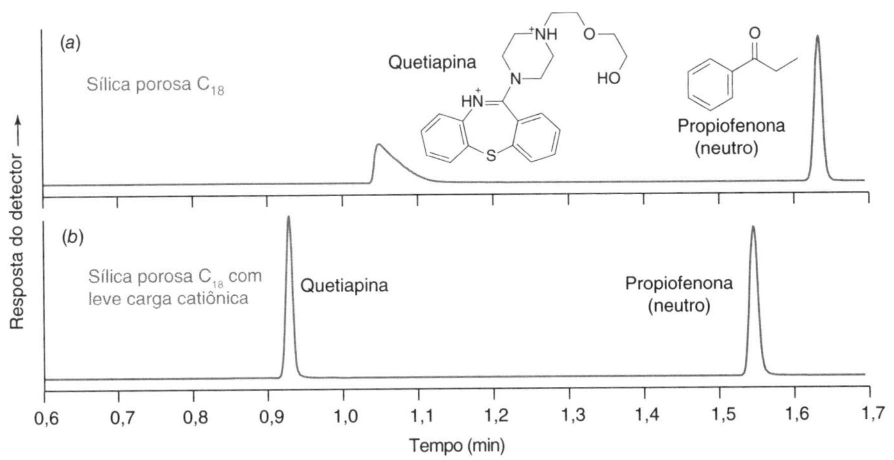

FIGURA 25.7 (*a*) Silanóis expostos causam picos com cauda para bases protonadas. Os compostos neutros não são afetados pelos silanóis e produzem picos simétricos. (*b*) Evitar que as aminas interajam com os silanóis expostos resulta em picos simétricos. As colunas tinham 50 mm de comprimento × 2,1 mm de diâmetro empacotadas com partículas de 1,7 μm. Separação de 0,7 μg de cada analito realizada com gradiente de 0,6 mL/min de acetonitrila a 5% em ácido fórmico aquoso 0,1% até acetonitrila 95% durante 2,5 minutos a 30 °C. [Dados de K. J. Fountain e H. B. Hewitson, "Improving Mass Load Capacity for Basic Compounds Using Charged Surface Hybrid (CSH) Technology Columns", *LCGC North Am.* **2011**, *Application Notebook*, p. 56. Cortesia de Waters Corporation, Milford, MA.]

TABELA 25.3 Algumas fases ligadas quimicamente para cromatografia líquida

Fases polares ligadas		Fases apolares ligadas	
R = espaçador — $(C{=}O)NH_2$	amida	R = $(CH_2)_{17}CH_3$	octadecil
R = $(CH_2)_3NH_2$	amino	R = $(CH_2)_7CH_3$	octil
R = $(CH_2)_3C{\equiv}N$	ciano	R = $(CH_2)_3C_6H_5$	fenil
R = $(CH_2)_2OCH_2CH(OH)CH_2OH$	diol	R = $(CH_2)_3C_6F_5$	pentafluorofenil
R = espaçador — $CH_2\overset{+}{N}(CH_3)_2(CH_2)_3SO_3^-$	ZIC-HILIC®	R = $(CH_2)_3CH_3$	butil
		R = $(CH_2)_3C{\equiv}N$	ciano

As fases apolares estão ordenadas da mais apolar, na parte de cima da tabela, à menos apolar, na parte de baixo. O grupo cianopropil apresenta retenção polar e apolar.

Retenção geral das fases reversas:
Ciano < C_4 < fenil < C_8 < C_{18}

Existem ~4 μmol de grupos R por metro quadrado de área superficial do suporte, com pouco sangramento da fase estacionária a partir da coluna durante a cromatografia.

A Tabela 25.3 apresenta algumas fases ligadas quimicamente comuns. A fase estacionária octadecil (C_{18}), normalmente conhecida pela abreviatura ODS (octadecilsilano), é de longe a fase mais usada. Os fatores de retenção para um dado soluto em diferentes fases ligadas apolares (como C_4, C_8 e C_{18}) são diferentes. Os fatores de retenção para determinado soluto nas colunas C_{18} de fabricantes diferentes podem variar, em parte, em virtude de diferenças nas áreas superficiais.[19] As fases apolares pentafluorofenil e fenil fornecem seletividades diferentes daquelas da fase octadecil e podem ser especialmente úteis para a separação de compostos aromáticos. As fases cianopropil retêm solutos tanto por interações polares como por interações apolares. A retenção apolar, fraca, da fase cianopropil é útil na separação de compostos altamente hidrofóbicos como as membranas lipídicas.

A fase estacionária bidentada C_{18} aumenta a estabilidade em pH acima de 8:

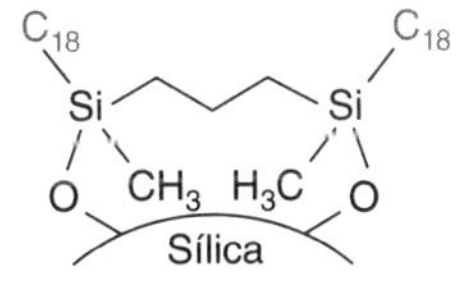

A ligação siloxano (Si—O—SiR) hidrolisa abaixo de pH 2. Por isso, a CLAE, com uma fase ligada quimicamente sobre um suporte de sílica, é geralmente limitada a uma faixa de pH entre 2 e 8. Se os volumosos grupos isobutil encontram-se ligados ao átomo de silício da fases ligada quimicamente (Figura 25.8), a fase estacionária é protegida do ataque do H_3O^+ e é estável por mais tempo em pH baixo, mesmo em temperatura elevada

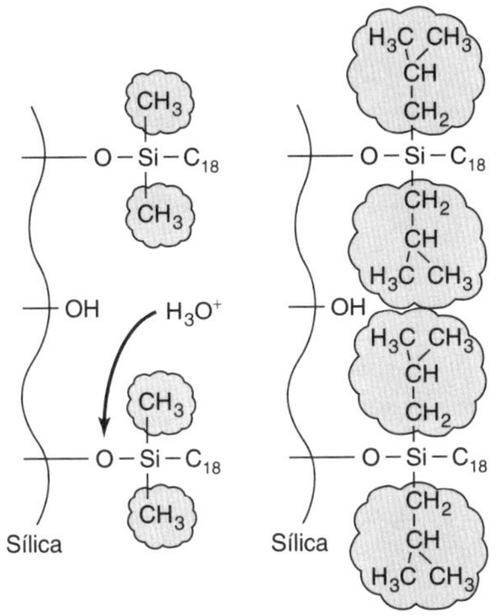

FIGURA 25.8 Os volumosos grupos isobutil protegem as ligações siloxano da hidrólise em pH baixo. [Dados de J. J. Kirkland, *Am. Lab.*, June 1994, p. 28K.]

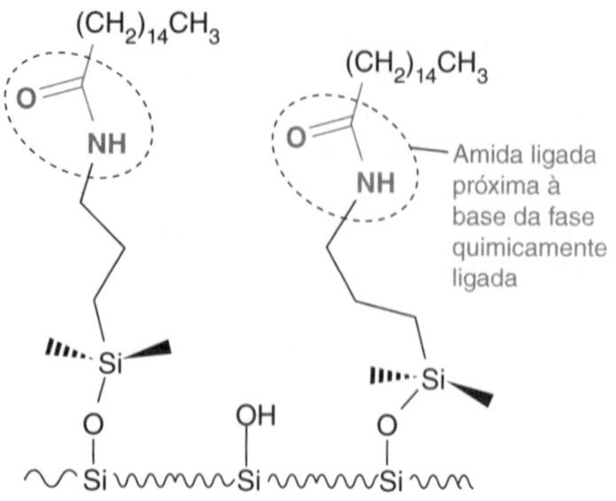

Fases apolares ligadas à sílica contendo grupos polares amida ligados fornecem uma seletividade diferente com relação à fase C_{18}, produzem um melhor formato dos picos das bases e toleram um eluente 100% aquoso.

Partículas superficialmente porosas:

- transferência de massa rápida de macromoléculas em camadas porosas finas
- menor alargamento de caminhos múltiplos para moléculas pequenas
- não exigem alta pressão nas colunas
- capacidade de amostra ~25% menor.

O Problema 25.13 mostra uma separação enantiomérica da talidomida.

(por exemplo, pH = 0,9 a 90 °C). Em face do efeito estérico dos grupos de proteção, essas fases possuem uma menor densidade de ligações (~2 μmol de grupos R por metro quadrado de superfície) e, por isso, exibem uma menor retenção.

Outro tipo de fase estacionária apolar apresenta *um grupo polar ligado*. O exemplo na margem ao lado consiste em uma longa cadeia hidrocarbônica com um grupo polar amida próximo à sua base. Os grupos polares ligados fornecem uma seletividade diferenciada com relação às fases estacionárias C_{18}, um melhor formato dos picos das bases e total compatibilidade com 100% de fase aquosa. Outras fases estacionárias apolares não podem ser expostas a uma fase 100% aquosa porque torna-se muito difícil reequilibrá-las com uma fase móvel.[20]

A Figura 25.9 mostra uma separação rápida de peptídeos em **partículas superficialmente porosas** (também chamadas partículas de *núcleo fundido* ou *casca-núcleo*), que consiste em uma camada de sílica porosa de 0,5 μm de espessura sobre um núcleo de sílica não porosa de 1,7 μm de diâmetro. Uma fase estacionária, como C_{18}, é ligada à fina e porosa camada exterior. A justificativa para o desenvolvimento de partículas superficialmente porosas foi que a transferência de massa para a camada porosa de 0,5 μm de espessura seria mais rápida do que a transferência de massa para partículas totalmente porosas com um diâmetro de 2,7 μm. Essa explicação é adequada para macromoléculas (5 a 500 kDa), que se difundem mais lentamente do que moléculas pequenas. Entretanto, para moléculas pequenas (< 500 Da), a maior eficiência das partículas superficialmente porosas decorre principalmente da diminuição do alargamento do caminho múltiplo em virtude o empacotamento mais uniforme da coluna, e não de um aumento da velocidade de transferência de massa.[21] A Figura 25.3 mostra que a curva de van Deemter para partículas superficialmente porosas com um diâmetro total de 2,7 μm e uma espessura de camada porosa de 0,5 μm é comparável àquela de uma partícula totalmente porosa com um diâmetro de 1,8 μm. As partículas superficialmente porosas permitem separações comparáveis àquelas obtidas com partículas totalmente porosas de 1,8 μm sem que sejam necessárias pressões tão elevadas.

O Boxe 25.1 descreve a cromatografia de alta resolução de alta velocidade com *cristais coloidais* de sílica em colunas capilares. O fenômeno do *fluxo de deslizamento* (*slip flow*), descrito no boxe, reduz a altura do prato e a resistência ao fluxo para permitir uma resolução da ordem de milhões de pratos.

Carbono grafítico poroso[22] é uma fase estacionária que exibe uma retenção maior de compostos apolares do que a retenção pelo C_{18}. A grafita tem alta afinidade por uma ampla gama de compostos, incluindo moléculas polares, e permite a separação de isômeros que não podem ser separados com C_{18}. A fase estacionária é estável na presença de um ácido 10 M ou de uma base 10 M.

As companhias farmacêuticas normalmente separam os dois enantiômeros (isômeros que são imagens especulares) de um fármaco porque cada enantiômero possui um efeito farmacológico diferente. O fármaco talidomida, prescrito na década de 1960 para prevenir o enjoo matinal em mulheres grávidas, provocou severos defeitos de nascença em mais de 10 mil crianças antes de seu banimento. Mais tarde, foi descoberto que um dos enantiômeros da talidomida tinha os efeitos fisiológicos desejados, enquanto sua imagem especular causava defeitos de nascença.

Para resolver os enantiômeros, fases opticamente ativas ligadas, como aquelas mostradas na Figura 25.10 e no Exercício 25.B, são utilizadas.[23] As separações de enantiômeros resultam da formação de complexos diastereoméricos transitórios entre o analito e uma fase

FIGURA 25.9 Separação rápida de peptídeos em partículas de HALO Peptide 160-Å ES-C_{18} di-isobutiloctadecilsilano, superficialmente porosas, de 2,7 μm (Figura 25.8) em uma coluna de 100 × 4,6 mm. Fase móvel A: 0,1% em massa de ácido trifluoroacético em 90% de H_2O/10% de acetonitrila. Fase móvel B: 0,01% em massa de ácido trifluoroacético em 30% de H_2O/70% de acetonitrila. O solvente foi mudado continuamente de 0 a 87,5% de B durante 2 minutos. Vazão = 2,5 mL/min a 60 °C e 26 MPa (260 bar) com detecção no ultravioleta em 220 nm. Picos: 1, GY; 2, H_2N-DRVYIHP-amida; 3, VYV; 4, YGGFM; 5, H_2N-DRVYIHPF-amida; 6, DRVYIHPF; 7, YGGFL; 8, DRVYIHPFHLVI; 9, DRVYIHPFHLLY. As abreviações de aminoácidos estão na Tabela 10.1. [Cortesia de Advanced Materials Technology, Wilmington, DE.]

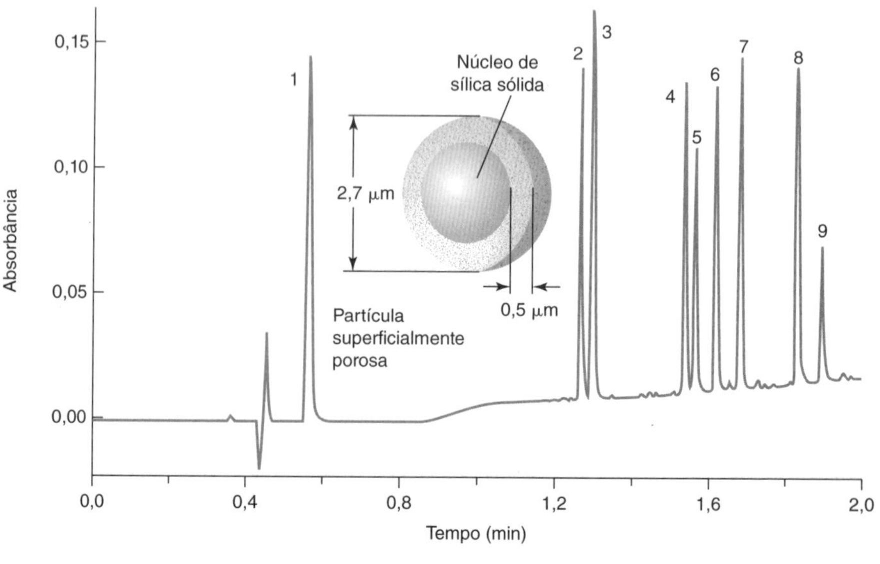

BOXE 25.1 Colunas de Cristais Coloidais de Um Milhão de Pratos Operando em Fluxo de Deslizamento (*Slip Flow*)

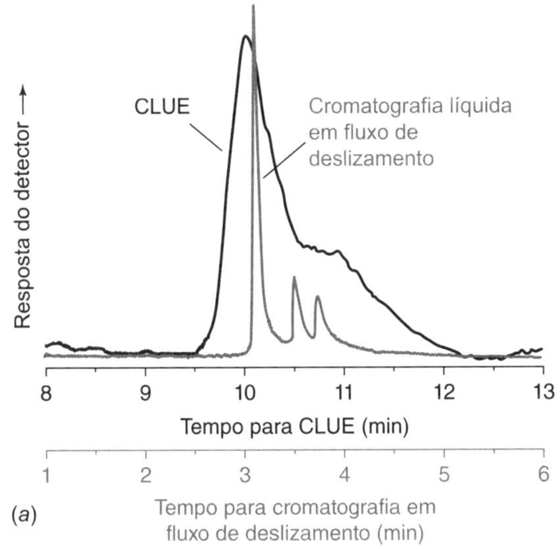

(*a*)

(*a*) Separação por gradiente de um fármaco de anticorpo monoclonal IgG4 e seus dois agregados em uma coluna de CLUE de 50 mm de comprimento e 2,1 mm de diâmetro contendo partículas de C_4-sílica de 1,7 μm, e uma coluna de cristal coloidal de 12,5 mm de comprimento e 75 μm de diâmetro de nanopartículas de C_4-sílica de 470 nm. [Dados de B. J. Rogers, R. E. Birdsall, Z. Wu e M. J. Wirth, "RPLC of Intact Proteins Using Sub-0.5 mμ Particles and Commercial Instrumentation", *Anal. Chem.* **2013**, *85*, 6820.]

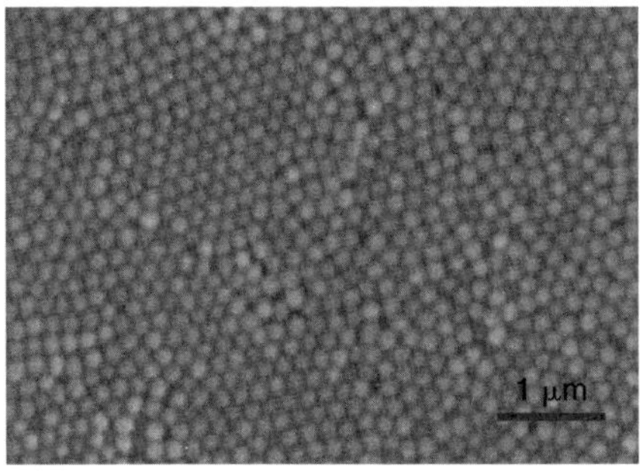

(*b*)

(*b*) Cristais coloidais de partículas esféricas de sílica de 125 nm. [De B. J. Rogers e M. J. Wirth, "Slip Flow Through Colloid Crystals of Varying Particle Diameter", *ACS Nano* **2013**, *7*, 725. Cortesia de Benjamin J. Rogers e Mary J. Wirth, Department of Chemistry, Purdue University. Reproduzida sob permissão © 2013, American Chemical Society.]

Melhoramentos na ciência da separação são uma necessidade para aplicações em proteômica e biotecnologia farmacêutica, e na descoberta de biomarcadores para doenças. Por exemplo, a eficácia de fármacos de anticorpos monoclonais diminui se ocorrer agregação para formar dímeros ou trímeros. Uma coluna de CLUE de 50 mm de comprimento não consegue separar bem um fármaco de anticorpo de seus agregados na figura *a*, mas a resolução da linha de base é alcançada por uma coluna capilar de 12,5 mm de comprimento empacotada com nanopartículas de 470 nm de C_4-sílica. Essas colunas de *cristais coloidais* atingiram números de pratos acima de um milhão, com alturas de prato, *H*, que são 500 vezes menores do que para uma separação convencional de proteínas. *Coloides* são partículas com diâmetros de 1 a 500 nm. Um *cristal coloidal* é uma matriz dessas partículas agrupadas principalmente de forma regular (figura *b*), o que confere à coluna uma aparência colorida semelhante à opala.

Nas colunas de cristais coloidais, o número de pratos é 15 vezes maior do que o esperado com base no tamanho de partícula e na velocidade linear. A pressão é cinco vezes menor do que o previsto pela Equação 25.2. Considere o fluxo entre partículas adjacentes na parte superior da figura *c*. O deslizamento de fricção em uma superfície de uma partícula estacionária faz com que a velocidade do fluido seja normalmente zero na superfície, produzindo o perfil parabólico de velocidade do escoamento laminar (mostrado à esquerda da figura *c*). Caso haja uma pequena interação entre o fluido e a superfície da partícula, ocorre um *fluxo de deslizamento*, no qual o fluido na superfície continua a se mover.[24] O fluxo de deslizamento exige menos pressão para deslocar o líquido entre as partículas e fornece uma velocidade mais uniforme entre as partículas (lado direito da figura *c*). A *extensão do deslizamento* de 100 nm na figura *c* é pequena com relação aos tamanhos de partícula na CLAE, mas tem efeitos significativos com nanopartículas.

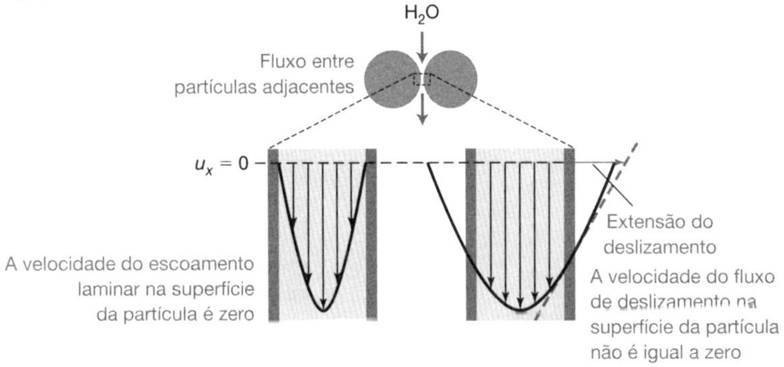

(*c*) Fluxo nos canais entre as partículas: no escoamento laminar, a velocidade na superfície da partícula é igual a zero e o perfil de velocidade parabólico é proeminente. No fluxo de deslizamento, a velocidade na superfície da partícula não é zero porque a água não molha a superfície hidrofóbica muito bem. O perfil parabólico de velocidade resultante não é muito acentuado. [Dados de B. J. Rogers, B. C. Wei e M. J. Wirth, "Ultrahigh-Efficiency Protein Separations with Submicrometer Silica Using Slip Flow," *LCGC North Am.* **2012**, *30* (October), 890.]

estacionária quiral. A formação de complexos é conduzida por interações não covalentes, incluindo ligações de hidrogênio, interações iônicas, íon-dipolo, dipolo-dipolo, van der Waals e π-π. A Figura 25.10 mostra a geometria calculada para o fármaco quiral naproxeno ligado a um enantiômero da fase estacionária. As formas das imagens especulares do fármaco são denominadas *R* e *S*. As formas da imagem especular da fase estacionária são denominadas (*R,R*) e (*S,S*). A ligação do (*S*)-naproxeno à fase estacionária (*S,S*) é mais forte do que a ligação do (*R*)-naproxeno à fase estacionária (*S,S*). Portanto, o (*R*)-naproxeno é eluído antes do (*S*)-naproxeno na fase estacionária (*S,S*). Algumas outras fases estacionárias quirais são baseadas em celulose substituída, em peptídeos cíclicos contendo açúcares como substituintes, e em ciclodextrinas (Boxe 24.1).

FIGURA 25.10 Interação dos enantiômeros do fármaco naproxeno com a fase estacionária quiral (*S,S*) Whelk-O 1. O (*S*)-naproxeno é mais fortemente adsorvido e, por isso, é retido por mais tempo na coluna. [Dados de S. Ahuja ", A Strategy for Developing HPLC Methods for Chiral Drugs", *LCGC North Am.* **2007**, *25* (November), 1112.]

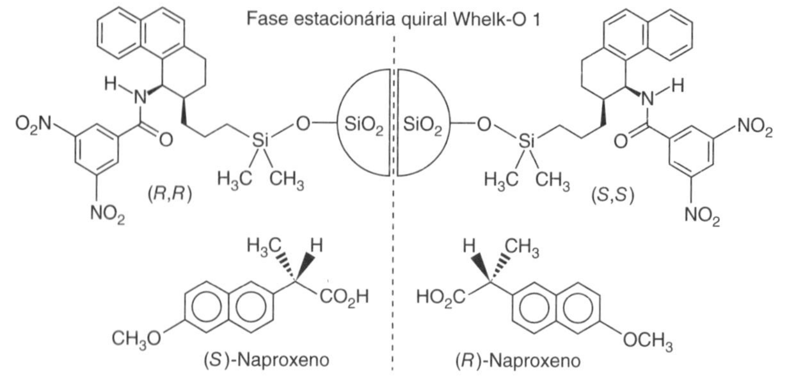

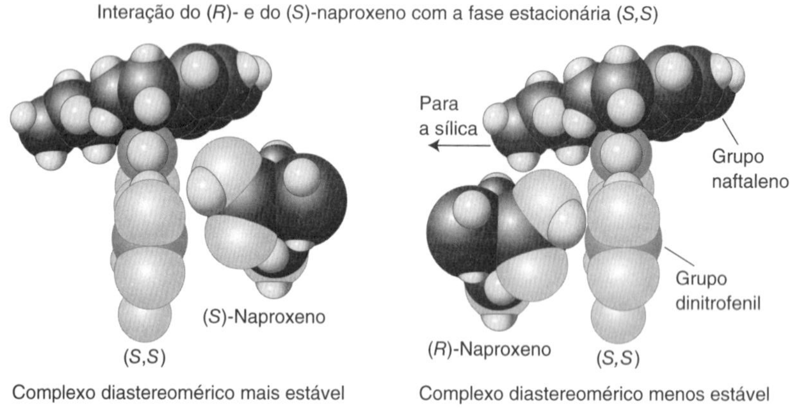

Processo de Eluição

A **cromatografia de fase reversa** é o modo mais comum da CLAE. Sua fase estacionária é apolar ou fracamente polar e o solvente é mais polar. Na *cromatografia de partição*, o soluto é dissolvido na fase móvel ou dissolvido na fase ligada à superfície da sílica (Figura 25.11a). O **índice de polaridade**, *P*′, na Tabela 25.4 classifica os solventes com base na sua capacidade de dissolver solutos polares. Quanto maior for o índice, mais polar é o solvente. A polaridade de um solvente decorre de seu dipolo e sua capacidade em doar hidrogênio para uma ligação de hidrogênio (acidez da ligação de H na Tabela 25.4) ou de aceitar um hidrogênio para formar uma ligação de hidrogênio (basicidade da ligação de H na Tabela 25.4). A polaridade da acetonitrila é resultante, principalmente, de seu dipolo forte, enquanto o metanol forma ligações de hidrogênio. A retenção diminui tornando a fase móvel mais parecida com a fase estacionária. *Na cromatografia de fase reversa, um solvente menos polar é uma fase móvel mais forte*, a qual elui solutos mais rapidamente da coluna.

Cromatografia de fase reversa:
- fase estacionária apolar
- o solvente menos polar tem força eluente maior

Cromatografia de fase normal:
- fase estacionária polar
- o solvente mais polar tem força eluente maior.

Na *cromatografia de adsorção*, as moléculas do solvente competem com as moléculas do soluto por sítios de retenção discretos na fase estacionária (Figura 25.11b). A cromatografia de adsorção em sílica nua é um exemplo de uma **cromatografia de fase normal**, na qual usamos uma fase estacionária polar e um solvente menos polar. *Um solvente mais polar tem uma força eluente maior. Um solvente menos polar tem uma força eluente maior*. As capacidades relativas de diferentes solventes em eluir determinado soluto sobre um adsorvente são, praticamente, independentes da natureza do soluto. A eluição ocorre quando o solvente desloca o soluto da fase estacionária.

FIGURA 25.11 (*a*) *Na cromatografia de partição*, o soluto entra em equilíbrio entre a fase móvel e a fase estacionária quimicamente ligada. Quanto mais tempo o soluto permanecer na fase móvel, mais rapidamente ele é eluído. (*b*) Na *cromatografia de adsorção*, as moléculas de solvente competem com as moléculas de soluto pelos sítios de ligação na fase estacionária. Quanto maior a força eluente do solvente, mais facilmente ele deslocará o soluto.

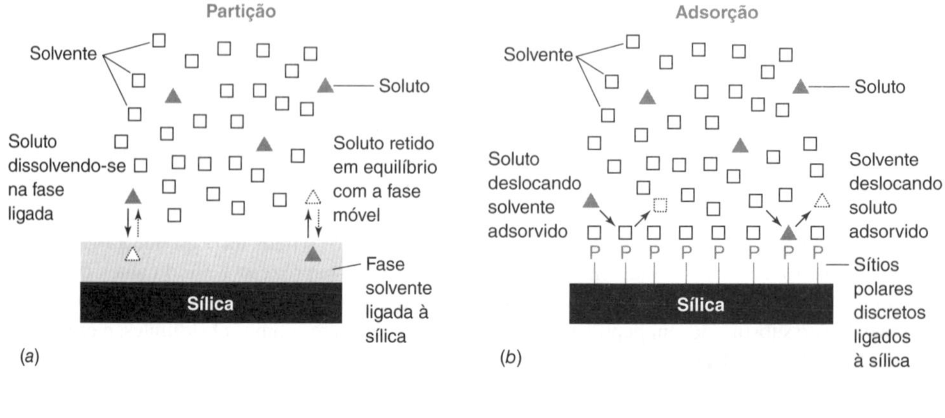

TABELA 25.4 Propriedades dos solventes comuns em CLAE

Solvente	Tipo de polaridade: Acidez da ligação H	Tipo de polaridade: Basicidade da ligação H	Tipo de polaridade: Dipolar	Índice de polaridade (P')	Força do eluente (sílica nua)	Corte no ultravioleta (nm)
Alcanos	0	0	0	0	≤ 0,01	≤ 200
Tolueno	17%	83%	0%	2,4	0,22	284
Metil *t*-butil éter	0%	~60%	~40%	~2,4	0,48	210
Clorofórmio	43%	0%	57%	2,7	0,26	245
Dietil éter	0%	64%	36%	2,8	0,43	215
Diclorometano	27%	0%	73%	3,1	0,30	233
2-Propanol	36%	40%	24%	3,9	0,60	205
Tetraidrofurano (THF)	0%	49%	51%	4,0	0,53	212
Acetato de etila	0%	45%	55%	4,4	0,48	256
Metanol (CH_3OH)	43%	29%	28%	5,1	0,70	205
Acetona	6%	38%	56%	5,1	0,53	330
Acetonitrila (CH_3CN)	15%	25%	60%	5,8	0,52	190
Água	43%	18%	39%	10,2	—	190

FONTE: Dados de L. R. Snyder, J. J. Kirkland e J. W. Dolan em Introduction to Modern Liquid Chromatography, *3. ed. (Hoboken, NJ: Wiley, 2010), revisado usando M. Vitha e P. W. Carr, "The Chemical Interpretation and Practice of Linear Solvatation Energy Relationships in Chromatography",* J. Chromatogr. *A* ***2006****, 1126, 143.*

Solventes sombreados em cinza-escuro normalmente são usados em cromatografia de fase reversa. Solventes sem marcação são usados tipicamente em cromatografia de fase normal. Solventes sombreados em cinza-claro podem ser usados em quaisquer dos modos.

A **força do eluente**, na Tabela 25.4, é uma medida da energia de adsorção do solvente sobre sílica nua, com o valor para o pentano definido como 0. Quanto mais polar o solvente, maior é a sua força eluente para a cromatografia de adsorção com sílica nua. Quanto maior a força do eluente, mais rapidamente os solutos serão eluídos a partir de uma coluna de fase normal. Algumas diferenças entre o índice de polaridade e a força do eluente são evidentes em função de diferenças em seus mecanismos de retenção. A cromatografia de fase normal é sensível a pequenas quantidades de água no eluente, mas a cromatografia de fase reversa não. Os solventes de fase normal são menos verdes do que as misturas de água e solventes polares usados na cromatografia de fase reversa (Boxe 23.1).

Dada a variedade de versões de cromatografia líquida e suas dependências contrárias com relação à polaridade, o termo **força da fase móvel** é usado para descrever a capacidade genérica da fase móvel em eluir componentes de uma coluna de cromatografia líquida. A Demonstração 25.1 fornece uma comparação visual da cromatografia de fase normal e de fase reversa.

Intensidade do verde:[13] fase normal << fase reversa.

Eluição Isocrática e com Gradiente

A **eluição isocrática** é feita com um único solvente (ou com uma mistura de solventes de composição constante). Usamos uma **eluição com gradiente** quando um solvente não propicia uma eluição suficientemente rápida de todos os componentes. Neste caso, quantidades crescentes do solvente B são adicionadas ao solvente A para criar um gradiente contínuo.

Eluição isocrática: fase móvel de composição constante.

Eluição com gradiente: variação contínua na composição do solvente para aumentar a força da fase móvel.

A Figura 25.12 mostra o efeito do aumento da força da fase móvel na eluição isocrática de oito compostos a partir de uma coluna de fase reversa. Em uma separação de fase reversa, a força da fase móvel *diminui* quando o solvente se torna *mais* polar. A polaridade da fase móvel é ajustada por meio da mistura de dois (ou mais) líquidos miscíveis. Normalmente chamamos o solvente aquoso de A e o solvente orgânico de B. O índice de polaridade da mistura (P') é

$$P'_{AB} = \Phi_A P'_A + \Phi_B P'_B \qquad (25.3)$$

em que Φ_A e Φ_B são a fração em volume dos solventes A e B. O primeiro cromatograma (no topo a esquerda) foi obtido com um solvente formado por acetonitrila a 90% em volume e tampão aquoso a 10% em volume. A acetonitrila tem uma elevada força de fase móvel (baixa polaridade) e todos os compostos são eluídos rapidamente. Observamos apenas três picos em razão da sobreposição. Quando a polaridade da fase móvel é aumentada mudando o solvente para B a 80%, há uma separação ligeiramente maior e são observados cinco picos. Em B a 60%, começamos a ver um sexto pico. Em B a 40%, existem oito picos distintos, mas os picos correspondentes aos compostos 2 e 3 não estão completamente resolvidos. Em B a 30%, todos os picos estariam resolvidos, mas a separação é muito demorada. Cada mudança de 10% na porcentagem de B provoca uma alteração de cerca de três vezes no fator de retenção. Retornando a B a 35% (cromatograma inferior), todos os picos são separados em um pouco mais de 2 horas (o que é ainda um tempo muito longo para certas aplicações). A viscosidade da

Programas gratuitos para simular a cromatografia de fase reversa são encontrados em www.hplcsimulator.org.[8]

DEMONSTRAÇÃO 25.1 **Cromatografia de Fase Normal e de Fase Reversa**[25]

Esta demonstração separa pigmentos de plantas – o foco dos estudos pioneiros de cromatografia de Mikhail Tswett – usando cromatografia de camada fina normal e de fase reversa. Na *cromatografia de camada fina*, a fase estacionária é revestida sobre um vidro plano ou uma placa de plástico ou uma folha de alumínio. O soluto é colocado perto do fundo da placa. A borda inferior da placa é colocada em contato com o solvente, que sobe pela placa por capilaridade. O analito se equilibra entre a fase móvel ascendente e a fase estacionária na placa. Você talvez tenha usado cromatografia de camada fina para avaliar se sua reação orgânica estava completa. Ela também é usada para análise quantitativa.[26]

Seque ~5 g de folhas de espinafre ou rúcula pressionando as folhas firmemente entre toalhas de papel usando um rolo ou o fundo de um frasco. Rasgue as folhas em pedaços pequenos e coloque em um almofariz. Adicione uma colher de chá de areia e 6 a 7 g de agente de secagem, como sulfato de sódio ou magnésio. Usando um pistilo, moa bem por 3 a 5 minutos, garantindo que toda a água seja absorvida pelo agente de secagem. Sua amostra seca deve ter a consistência de farinha de mesa. Adicione ~10 mL de acetona e triture por mais 1 a 2 minutos até que o líquido fique verde-escuro.

A separação de fase normal usa uma placa de cromatografia de camada fina de sílica de 1 × 6,5 cm e é desenvolvida em um tubo de ensaio de 1,5 × 10 cm usando ≤ 1 mL de heptano:acetona:etanol anidro 70:28:2 (vol:vol:vol). Esta fase móvel é *menos* polar que a sílica. Com um lápis macio, desenhe suavemente uma linha ~0,7 cm a partir da extremidade da placa. Use um tubo capilar para aplicar uma série de gotas ao longo da linha horizontal, mas não muito perto das bordas da placa. Para obter cores mais vivas, deixe as manchas secarem e aplique outra série de gotas sobre as manchas secas. Repita até 4 a 5 vezes. A evaporação do volume do solvente de extração também fornece cores mais intensas. Adicione o eluente de fase normal ao tubo de ensaio, certificando-se de que seu nível não ultrapasse a linha horizontal da placa. Coloque a placa de cromatografia de camada fina no tubo de ensaio e tampe para evitar a evaporação do solvente. O solvente imediatamente começa a subir pela placa, então continue observando, pois a eluição também começa de imediato. Remova a placa quando a frente do solvente estiver a 0,5 a 1,0 cm do topo. Normalmente, isso leva < 10 minutos. Marque a frente do solvente suavemente com um lápis macio e tire uma foto. Os compostos são sensíveis à luz e ao ar. Cobrir a placa com fita adesiva transparente ou guardá-la na geladeira ajuda a preservar as cores. A Prancha em Cores 31a mostra a separação de fase normal.

A separação de fase reversa usa uma placa de C_{18} de cromatografia de camada fina de 1 × 6,5 cm. Marque a placa com um lápis macio e aplique a amostra como fez na placa de fase normal. Adicione heptano:acetonitrila:etanol a 95% (15:35:50) a um tubo de ensaio de 1,5 × 10 cm até um pouco abaixo da altura da linha na placa. Este eluente é *mais* polar do que a fase estacionária C_{18}. Coloque a placa de cromatografia de camada fina de fase reversa no tubo de ensaio, tampe o tubo e observe a separação acontecer – é rápido; novamente, < 10 minutos. Remova a placa quando a frente do solvente estiver próxima do topo, marque suavemente a frente do solvente e tire uma foto. A Prancha em Cores 31 mostra que a ordem de eluição obtida com a fase reversa é oposta à observada com a cromatografia de fase normal.

fase móvel muda com a porcentagem de B, o que muda a pressão da coluna (Equação 25.2). A pressão da coluna não tem efeito na separação, mas deve ser monitorada para garantir que a pressão não exceda o limite de pressão da coluna.

Um modelo *empírico* é baseado em observações experimentais, e não em considerações teóricas. A Equação 25.4 é empírica à medida que ela descreve, aproximadamente, a relação entre k e Φ. Essa relação não é prevista por uma teoria baseada em princípios fundamentais.

O *modelo empírico linear de força do solvente* supõe uma reação logarítmica entre o fator de retenção, k, para um dado soluto, e a composição da fase móvel, Φ:

$$\log k \approx \log k_W - S\Phi \qquad (25.4)$$

em que $\log k_w$ é o fator de retenção extrapolado para um eluente 100% aquoso, Φ é a fração de solvente orgânico (Φ = 0,4 para um solvente constituído por 40% em volume de solvente orgânico + 60% em volume de H_2O) e S é uma constante para cada composto, com um valor típico de ~4 para moléculas pequenas. A Figura 25.13 mostra o ajuste do modelo linear de força do solvente para a retenção na Figura 25.12.

Baseado nas eluições isocráticas da Figura 25.12, o gradiente na Figura 25.14 foi selecionado para resolver todos os picos em 38 minutos. Inicialmente, B 30% (B = acetonitrila) passou em 8 minutos para separar os componentes 1, 2 e 3. A força da fase móvel foi então aumentada gradativamente durante 5 minutos, até B 45%, e mantida por 15 minutos para eluir os picos 4 e 5. Finalmente, o solvente foi trocado para B 80%, durante 2 minutos e mantido para eluir os últimos picos.

O Boxe 25.2 descreve a eluição com gradiente na **cromatografia de fluido supercrítico**.

Cromatografia de Interação Hidrofílica (CIH)[28]

As **substâncias hidrofílicas** são solúveis em água ou atraem as moléculas de água para as suas superfícies. As moléculas orgânicas polares possuem regiões hidrofílicas. A **cromatografia de interação hidrofílica** (HILIC, do inglês *hydrophilic interaction chromatography*) é usada para separar moléculas que são muito polares para serem retidas em colunas de fase reversa. A Figura 25.15 mostra que a ordem de eluição na CIH é inversa àquela na cromatografia de fase reversa. A CIH é útil para a separação de produtos farmacêuticos polares, peptídeos e sacarídeos (açúcares).

Hidrofílico: "gosta de água" – solúvel em água, a superfície é "molhada" pela água".
Hidrofóbico: "não gosta de água" – insolúvel em água, a superfície não é "molhada" pela água.

- O tampão aquoso para a CLAE é preparado e o valor de pH é ajustado *antes* de se proceder a mistura com o solvente orgânico.[27]

- Devemos utilizar na CLAE água ultrapura recentemente preparada por um sistema de purificação ou por destilação. A água extrai lentamente impurezas do vidro ou do polietileno.

- Para preparar B 70%, por exemplo, misturamos 70 mL de B com 30 mL de A. *O resultado obtido é diferente* de se adicionar 70 mL de B a um balão volumétrico e diluir com A até 100 mL, pois há uma variação de volume quando A e B são misturados.

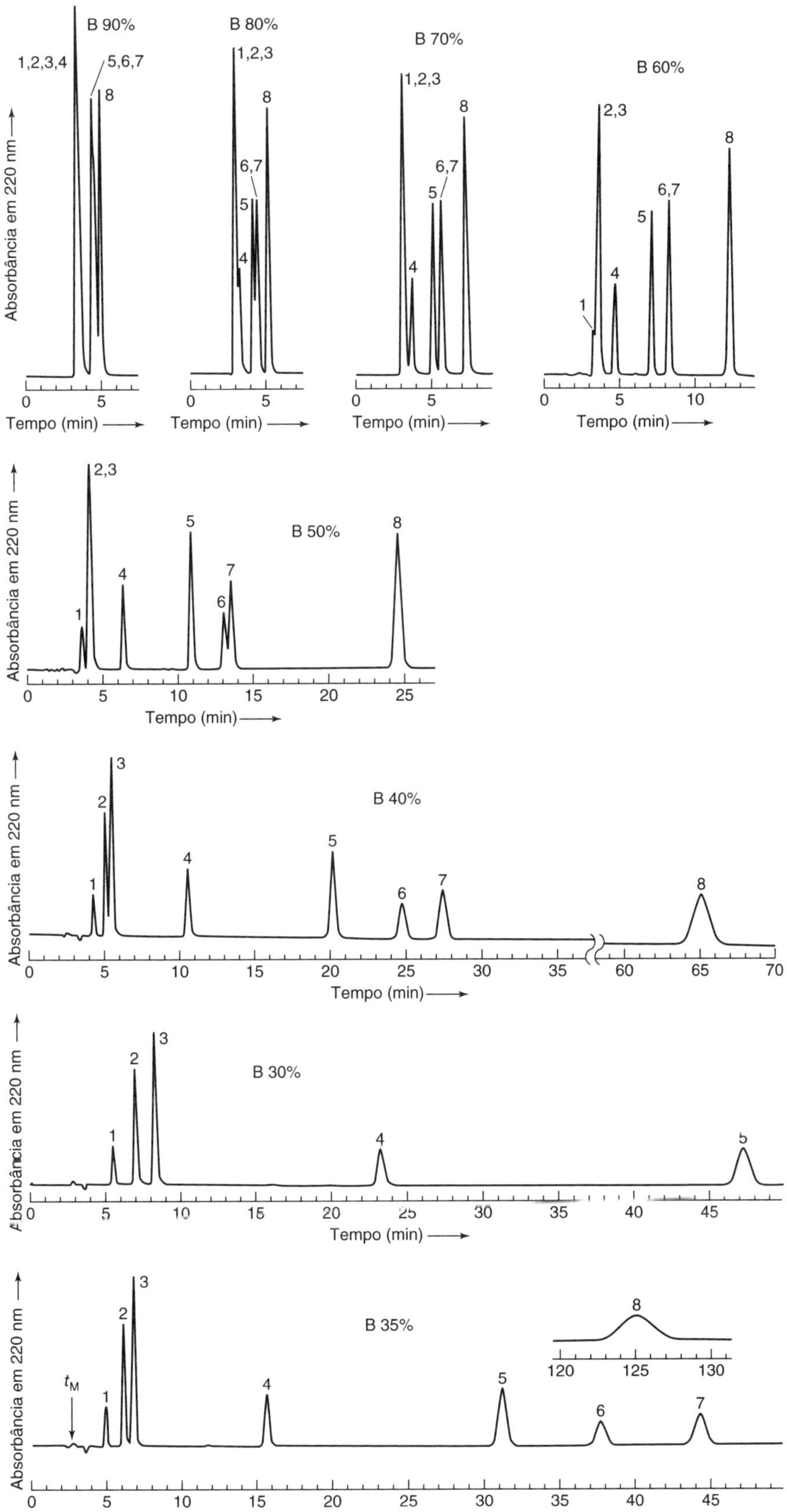

Problema geral de eluição: para uma mistura complexa, as condições isocráticas podem ser frequentemente encontradas para produzir uma separação adequada dos primeiros picos eluídos ou para os últimos picos eluídos, mas não para ambos. Este problema nos leva a utilizar a eluição com gradiente.

A viscosidade muda de acordo com a composição da fase móvel. Para a mesma vazão, 30% em volume de acetonitrila/70% em volume de água provoca o dobro da pressão da coluna do que acetonitrila 90%/água 10%.

FIGURA 25.12 Separação isocrática por CLAE de uma mistura de compostos aromáticos a 1,0 mL/min em uma coluna Hypersil ODS (C_{18} sobre sílica de 5 μm) de 0,46 × 25 cm, à temperatura ambiente (~22 °C): (1) álcool benzílico; (2) fenol; (3) 3′-4′-dimetoxiacetofenona; (4) benzoína; (5) benzoato de etila; (6) tolueno; (7) 2,6-dimetoxitolueno; (8) *o*-metoxibifenila. O eluente consistiu em um tampão aquoso (simbolizado por A) e acetonitrila (simbolizada por B). A notação "B 90%" no primeiro cromatograma significa A a 10% v/v e B a 90% v/v. O tampão continha KH_2PO_4 25 mM mais azida de sódio 0,1 g/L, e o pH foi ajustado a 3,5 com HCl.

BOXE 25.2 Tecnologia "Verde": Cromatografia de Fluido Supercrítico

No diagrama de fase do dióxido de carbono, visto a seguir, o CO_2 sólido (gelo seco) está em equilíbrio com o CO_2 gasoso, na temperatura de –78,7 °C e na pressão de 1,00 bar. O sólido *sublima* sem passar pela fase líquida. Acima do *ponto triplo*, a –56,6 °C (onde o sólido, o líquido e o gás estão em equilíbrio), líquido e vapor coexistem como fases separadas. Por exemplo, a 0 °C, o líquido está em equilíbrio com o gás a 34,9 bar. Movimentando-se ao longo da fronteira do equilíbrio líquido-gás, vemos que existem sempre duas fases até que o *ponto crítico* é alcançado a 31,3 °C e 73,9 bar. *Acima desta temperatura, há apenas uma fase, independentemente do valor da pressão*. Chamamos esta fase de **fluido supercrítico** (Prancha em Cores 32). Sua massa específica e viscosidade se encontram entre os valores correspondentes a um gás e a um líquido, assim como a sua capacidade de atuar como um solvente. Um vídeo da Western Norway University of Applied Sciences demonstra as mudanças de fase pelas quais o CO_2 passa à medida que é aquecido e resfriado ao longo de sua temperatura supercrítica.[29]

Um fluido supercrítico interessante para demonstração é o SF_6.

A *cromatografia de fluido supercrítico* com uma mistura de CO_2 e um solvente orgânico é uma tecnologia "verde" que reduz o uso de solventes orgânicos em até 90% para a separação, em escala de quilograma, de compostos e de enantiômeros na indústria farmacêutica.[30] A baixa viscosidade do fluido supercrítico também permite vazões mais elevadas, elevando a produtividade. Embora o CO_2 intrinsecamente não seja um solvente muito bom, quando misturado com algum solvente orgânico, é capaz de dissolver uma grande variedade de compostos.

A cromatografia de fluido supercrítico proporciona um aumento na resolução e na velocidade, quando comparada com a cromatografia líquida, em virtude do aumento dos coeficientes de difusão dos solutos em fluidos supercríticos. Ao contrário dos gases, os fluidos supercríticos podem dissolver solutos não voláteis. Quando a pressão em uma solução supercrítica é reduzida, o solvente converte-se em gás, deixando o soluto na fase gasosa, o que permite uma fácil detecção. O dióxido de carbono é o fluido supercrítico mais usado em cromatografia, por ser compatível com os detectores de ionização de chama e de absorção no ultravioleta, não absorver radiação ultravioleta acima de 190 nm, possuir uma baixa temperatura crítica e não ser tóxico.

O equipamento para a cromatografia de fluido supercrítico é semelhante ao da CLAE, com colunas empacotadas ou capilares. A força do eluente é aumentada na CLAE pela eluição com

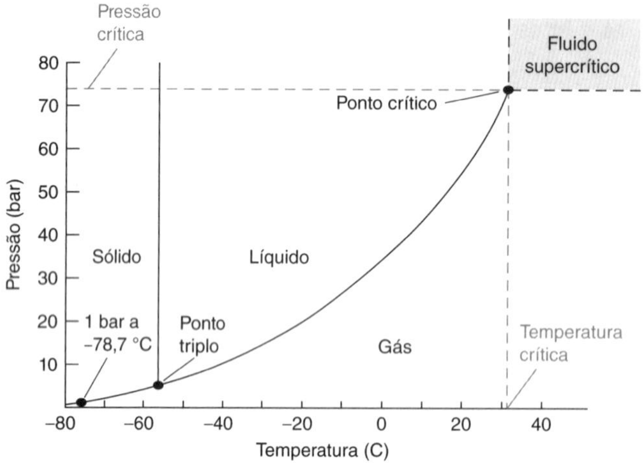

(*a*) Diagrama de fases para o CO_2

As fases estacionárias para a cromatografia de interação hidrofílica, como as da Figura 25.16, são fortemente polares. Normalmente, a fase móvel contém CH_3CN (60 a 97% em volume), ou outro solvente orgânico aprótico, misturado a um tampão aquoso. A fase estacionária aquosa torna-se recoberta com uma camada fina de água. Os solutos polares se repartem nessa fina camada aquosa, e podem também interagir diretamente com a fase polar estacionária. Quanto maior a concentração do solvente orgânico, menos o soluto polar é solúvel na fase móvel. As interações polares diretamente com a superfície da fase estacionária podem afetar o fator de retenção e separação.

O gradiente de eluição vai de uma fase móvel fraca para uma fase móvel forte (Figura 25.15). O solvente é normalmente uma mistura aquosa/orgânica. Na cromatografia de fase reversa, a força da fase móvel aumenta *diminuindo* a fração de água no eluente, de modo a aumentar a solubilidade dos solutos na fase móvel. Na CIH, a força da fase móvel aumenta com a *elevação* da fração de água na fase móvel. O gradiente de eluição vai de um eluente com pequena quantidade de água para um com elevado conteúdo aquoso. Na cromatografia de fase normal, a fase móvel é não aquosa, e os gradientes vão de solventes orgânicos apolares para solventes orgânicos de polaridade crescente (por exemplo, de acetato de etila a 5% em heptano para acetato de etila a 30% em heptano).

gradiente e na cromatografia gasosa pelo aumento de temperatura. Na cromatografia de fluido supercrítico, a força do eluente é aumentada tornando o solvente *mais denso* pelo aumento da pressão, ou por gradiente de eluição. O cromatograma mostra gradiente de eluição usando monitoramento simultâneo com múltiplos detectores de CLAE.

Constantes críticas

Composto	Temperatura crítica (°C)	Pressão crítica (bar)	Massa específica crítica (g/mL)
Argônio	−122,5	47	0,53
Dióxido de carbono	31,3	73,9	0,448
Hexafluoreto de enxofre	45,6	37,0	0,755
Amônia	132,2	113,0	0,24
Dietil éter	193,6	36,8	0,267
Metanol	240,5	79,9	0,272
Água	374,4	229,8	0,344

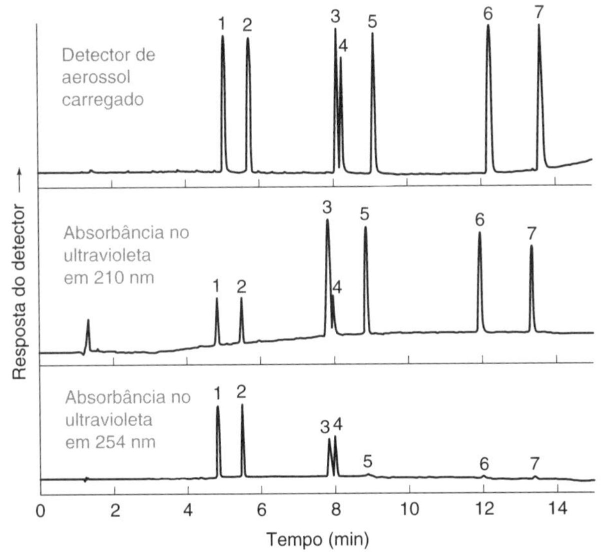

(*b*) Cromatografia de fluido supercrítico em coluna empacotada de sete esteroides (100 mg/L) usando um gradiente de metanol (10 a 35%) em CO_2 a 40 °C e pressão de 10 MPa (100 bar) na saída: (1) 7-metiltestosterona, (2) testosterona, (3) progesterona, (4) cortisona, (5) estrona, (6) estradiol e (7) estriol. O detector de aerossol carregado fornece resposta universal a todos os analitos. A resposta com um detector de absorbância no ultravioleta varia de acordo com o espectro de cada analito. [Dados de C. Brunelli, T. Górecki, Y. Zhao e P. Sandra, "Corona-Charged Aerosol Detection in Supercritical Fluid Chromatography for Pharmaceutical Analysis," *Anal. Chem.* **2007**, *79*, 2472.]

Selecionando o Modo de Separação

Podem existir muitos modos para separar os componentes de determinada mistura. A Figura 25.17 é um diagrama (com a estrutura de árvore) que permite a seleção de uma sequência de decisões para a escolha de um ponto de partida. Se a massa molecular do analito é menor que 2 000, usamos a parte superior da figura; se a massa molecular for maior que 2 000, usamos a parte inferior. Em qualquer uma delas, a pergunta inicial é se os solutos se dissolvem em água ou em solventes orgânicos. Suponhamos que temos uma mistura de moléculas pequenas (massa molecular < 2 000) solúveis em metanol. A Tabela 25.4 expressa, essencialmente, uma lista de solventes ordenados por suas polaridades, com os solventes mais polares na parte de baixo da tabela. O índice de polaridade do metanol (5,1) o coloca dentre os solventes normalmente usados em cromatografia de fase reversa. A Figura 25.17 sugere que tentemos a cromatografia de fase reversa. Esta sequência de decisões está destacada em cor. Nossas escolhas de coluna incluem fases ligadas quimicamente contendo grupos octadecil (C_{18}), octil (C_8), fenil, pentafluorofenil e ciano. As fases móveis podem ser misturas de metanol/água ou acetonitrila/água.

Não existem regras fixas no diagrama de decisão com estrutura em árvore na Figura 25.17. Os métodos em qualquer uma das partes do diagrama podem funcionar perfeitamente para moléculas cujas dimensões correspondam à outra região.

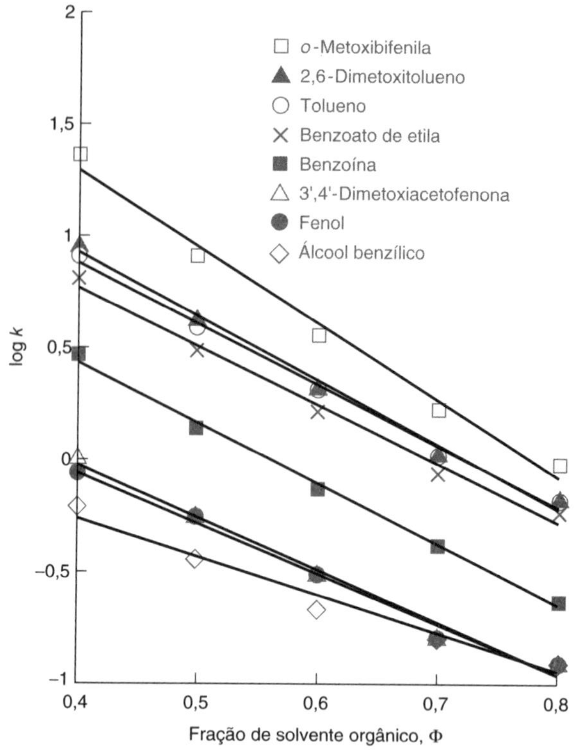

FIGURA 25.13 Modelo linear de força do solvente. Gráfico de log k contra Φ para oito compostos aromáticos mostrados na Figura 25.12. A curvatura evidente para os dados para a *o*-metoxibifenila mostra que o modelo linear de força do solvente é uma aproximação razoável apenas em faixas limitadas de composição da fase móvel.

FIGURA 25.14 Eluição com gradiente da mesma mistura de compostos aromáticos da Figura 25.12, com a mesma coluna, vazão e solventes. O gráfico superior mostra um perfil de *gradiente segmentado*, assim denominado por ser dividido em diferentes segmentos.

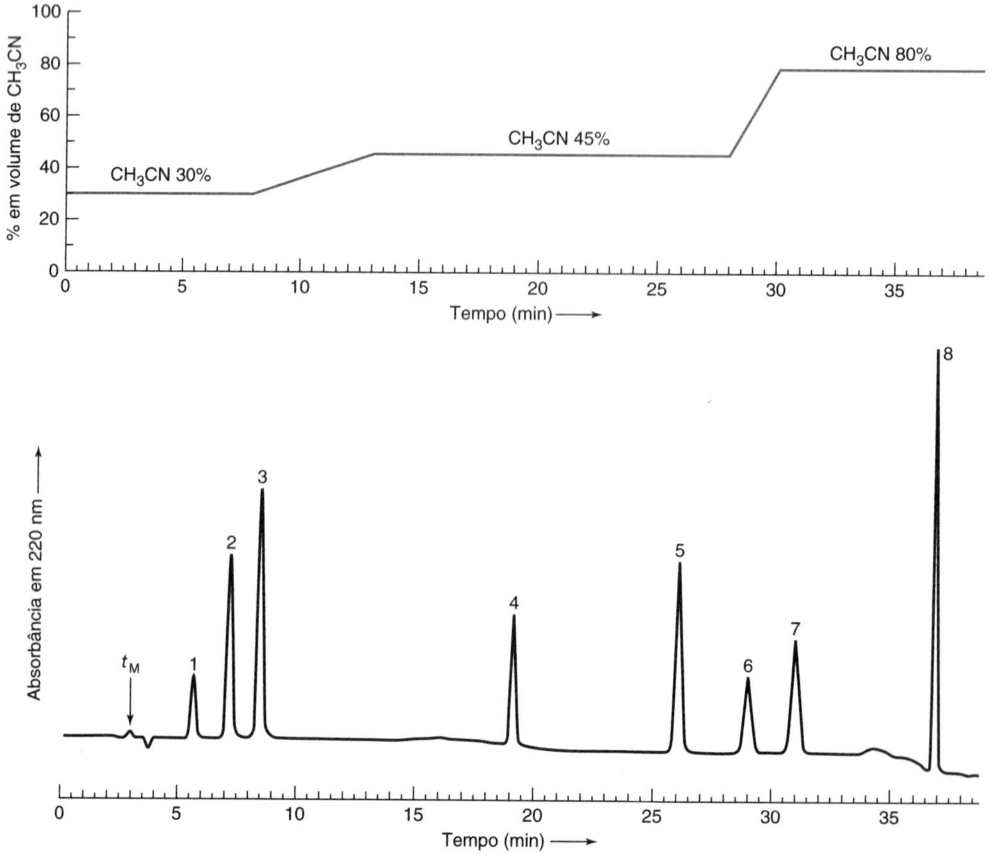

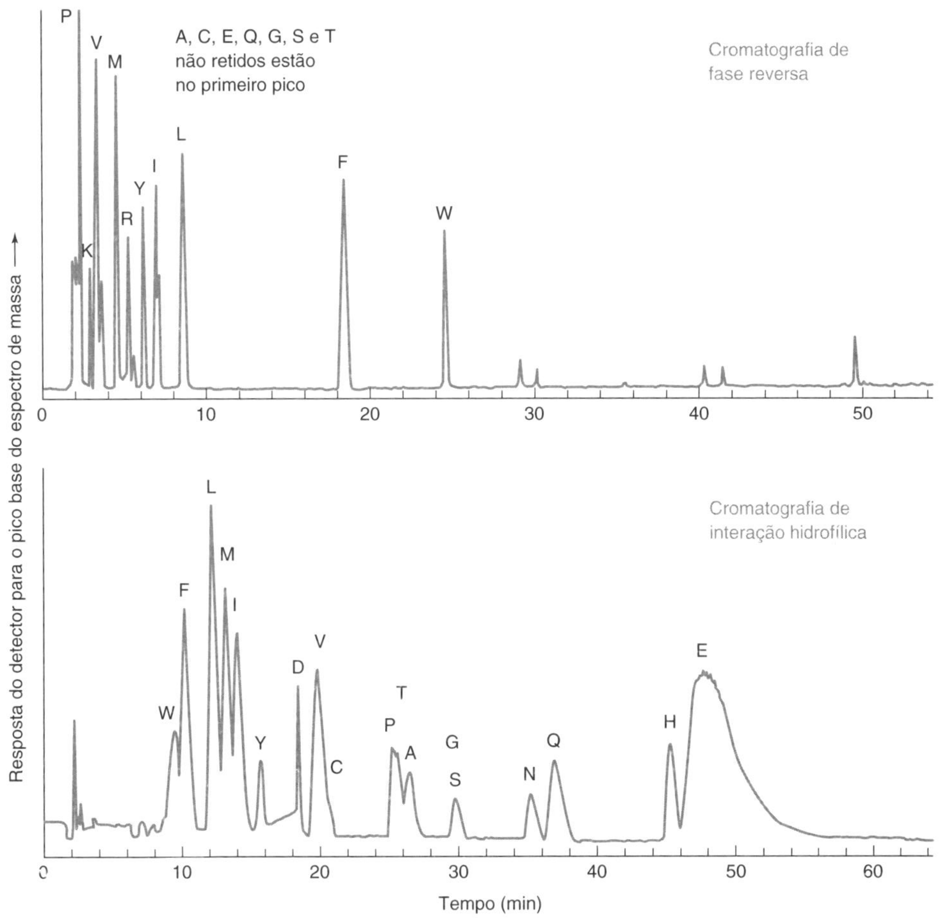

FIGURA 25.15 Gradiente de eluição de aminoácidos derivatizados por cromatografia líquida de fase reversa e cromatografia líquida de interação hidrofílica. Os aminoácidos polares como glicina (G), serina (S) e glutamina (Q), que são fracamente retidos na cromatografia de fase reversa, são fortemente retidos em CIH. A separação em fase reversa foi conduzida em uma coluna de Zorbax XDB C_{18} (3,5 μm), de 15 cm de comprimento e 0,1 cm de diâmetro, usando um gradiente de 5 a 90% de metanol em 64 minutos com uma concentração de ácido fórmico constante de 0,1%. A separação por CIH foi realizada em uma coluna de TSKgel Amide-80 (amida em sílica de 5 μm) com 25 cm de comprimento e 0,1 cm de diâmetro, em 55 μL/min usando um gradiente de CH_3CN de 85 a 55% por 45 minutos com tampão acetato de amônio 15 mM (pH 5,5) na fase aquosa. A derivatização com formaldeído natural ou isotopicamente marcado permitiu a detecção de mais de 400 compostos contendo grupos amina na urina. As abreviaturas para os aminoácidos são apresentadas na Tabela 10.1. [Dados de K. Guo, C. J. Ji e L. Li, "Stable-Isotope Dimethylation Labeling Combined with LC-ESI MS for Quantification of Amine-Containing Metabolites in Biological Samples", *Anal. Chem.* **2007**, *79*, 8631.]

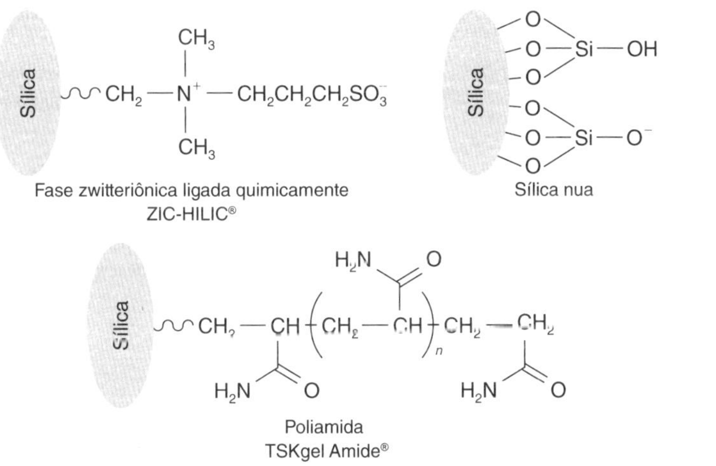

FIGURA 25.16 Fases estacionárias para a cromatografia de interação hidrofílica (CIH).

Se os solutos se dissolvem apenas em água, então a carga dos solutos determinará a decisão. Se os solutos não são carregados, o diagrama de decisões sugere que tentemos a cromatografia de fase reversa ou a cromatografia de interação hidrofílica. Se os solutos incluem um ácido fraco ou uma base fraca, tampões ou outros aditivos são necessários. A cromatografia de troca iônica, descrita na Seção 26.1, pode também ser usada.

Se as massas moleculares dos solutos são > 2 000 e se são solúveis em solventes orgânicos, a Figura 25.17 nos diz para tentar a cromatografia de exclusão molecular, descrita na Seção 26.3. Se as massas moleculares dos solutos são > 2 000, e são solúveis em água, a decisão será baseada em qual característica distingue as macromoléculas presentes na amostra – elas se diferem em tamanho, em carga ou em hidrofobicidade? Os modos correspondentes de cromatografia líquida são descritos no Capítulo 26.

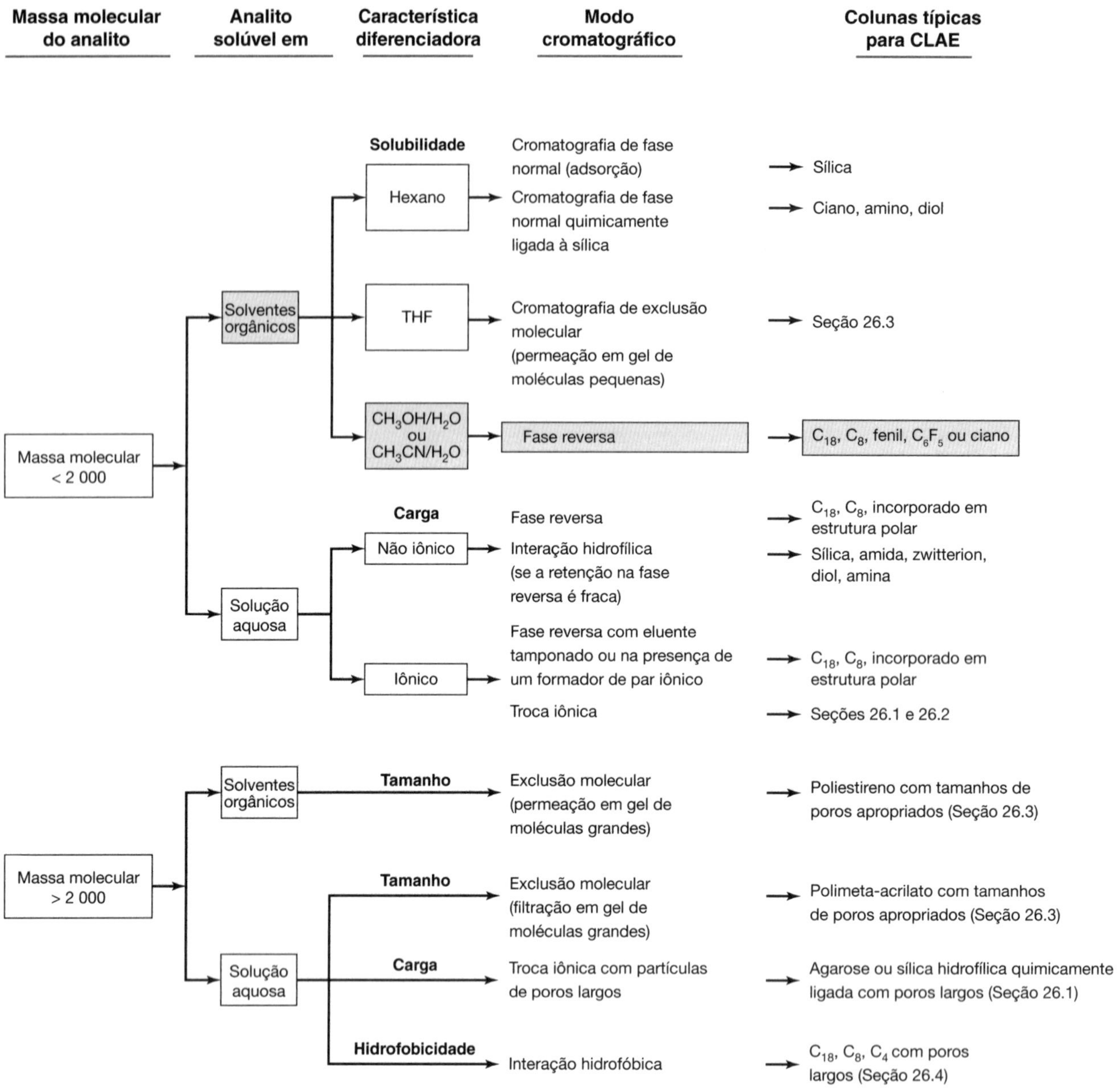

FIGURA 25.17 Guia para a seleção do modo de operação na CLAE. THF é a abreviatura para o tetraidrofurano. [Dados de *The LC Handbook*, publication no. 5990-7595EN (Agilent Technologies, 2016).]

Solventes

Os solventes para CLAE são inflamáveis e devem ser armazenados em um armário metálico quando não estão em uso.

Para a CLAE, são necessários solventes com alto grau de pureza (ou seja, de custo elevado) para evitar a degradação das colunas, de alto custo, por impurezas e para minimizar o sinal de fundo do detector causado por contaminantes. Os contaminantes podem se concentrar na coluna e aparecer como um "pico fantasma" durante as corridas do gradiente. Os picos fantasmas variam em tamanho, dependendo de quanto tempo a fase móvel suja foi bombeada pela coluna antes de iniciar o gradiente.

Indicação de filtro em linha sujo: se a pressão aumentar em mais de 10%, substituímos o filtro em linha.

Antes do uso, os solventes são purgados com He, ou submetidos a um vácuo parcial, para retirar o ar que se encontra dissolvido.[31] A filtração a vácuo com filtros de poro ≤ 0,5 μm também remove material particulado do solvente. As bolhas de ar acarretam problemas para as bombas, as colunas e os detectores. O O_2 dissolvido pode também afetar a resposta de detectores na região do ultravioleta, de fluorescência e eletroquímicos. Muitos instrumentos contêm *desgaseificadores* em linha para remover gases dissolvidos. Emprega-se um filtro no tubo de admissão no reservatório de solvente para excluir material particulado > 0,5 μm para CLAE e > 0,2 μm para CLUE.

Indicação de pré-coluna suja: se o número de pratos diminuir em mais de 10% ou picos divididos forem observados, substituímos a pré-coluna. Se a troca da pré-coluna não melhorar o desempenho, lavamos a coluna.

A amostra e o solvente são passados por uma pequena e extensível *pré-coluna* (Figura 25.1) que possui a mesma fase estacionária da coluna analítica, e cuja finalidade é reter espécies que se adsorvem fortemente. Após uma série de corridas cromatográficas ou para fins de armazenamento, a coluna analítica deve ser limpa. Desconectamos a coluna do detector e, se permitido pelo manual da coluna, invertemos a direção do fluxo na coluna. Algumas colunas com partículas abaixo de 2 μm não podem ser revertidas porque o disco sinterizado de entrada é muito poroso para reter as partículas. Por exemplo, se o último eluente foi acetonitrila-tampão aquoso (40:60 v/v), substituímos inicialmente o tampão aquoso por água[32] e lavamos a coluna com 10 volumes da fase móvel (V_M), constituída de acetonitrila-água (10:90 v/v), para remover os sais do tampão. Em seguida, lava-se a coluna com 10 a 20 volumes da fase móvel (V_M) de um eluente forte como acetonitrila-água (95:5 v/v), para remoção dos solutos fortemente retidos. Então, guarda-se a coluna com esse solvente para inibir um crescimento microbiano. Esse procedimento é adequado para colunas contendo grupos alquil, aril, ciano, fases polares ligadas e colunas de CIH. Recomenda-se um procedimento diferente para as colunas de fase normal.[33] Ao usar pela primeira vez uma nova coluna ou uma coluna que foi armazenada, tentamos reproduzir o cromatograma de teste que acompanha a coluna. Se a retenção original e o número de pratos ainda forem comparáveis, podemos ter confiança de que a coluna está em boas condições de funcionamento.

Volume da fase móvel = $V_M \approx Ld_c^2/2$, em que L e d_c são o comprimento e o diâmetro interno da coluna (em cm). V_M é o volume total de solvente na coluna entre as partículas da fase estacionária e no interior dos poros das partículas.

As separações de fase normal são muito sensíveis à presença de água na fase móvel. Nas trocas de eluente, para aumentar a velocidade do equilíbrio entre o novo eluente e a fase estacionária, os solventes apolares para a cromatografia de fase normal devem estar 50% saturados com água. A saturação pode ser feita adicionando-se uns poucos mililitros de água ao solvente seco e agitando-se a mistura. A seguir, separamos o solvente úmido do excesso de água e misturamos o solvente úmido com igual volume de solvente seco.

Redução do consumo de solvente sem sacrificar a resolução:

- Usamos colunas mais curtas com partículas menores.
- Mudamos de coluna de 4,6 mm de diâmetro para 2,1 mm.
- Para separações isocráticas, usamos um reciclador automático que coleta o eluato quando nenhum pico está sendo eluído.

Manutenção da Forma Simétrica das Bandas[34]

As colunas para CLAE devem ser capazes de fornecer picos estreitos e simétricos. Se uma coluna nova não reproduz para uma mistura-padrão a qualidade da separação estabelecida no cromatograma que vem junto com a coluna, e se chegamos à conclusão de que o problema não é resultado do resto do sistema, o melhor a fazer é devolvermos a coluna.

O fator de assimetria *A/B*, na Figura 23.14, raramente está fora da faixa entre 0,9 e 1,5. Se a forma de um pico muda subitamente, deve-se verificar se essa alteração coincide com uma nova batelada de eluente ou uma nova coluna. Para ácidos fracos e bases fracas, o pH e a capacidade tamponante da fase móvel podem afetar fortemente a retenção e a forma do pico. Se uma pré-coluna está sendo usada, tentamos substitui-la. Se a forma do pico piora progressivamente, lavamos a coluna como descrito na seção anterior. Métodos mais antigos podem incluir a adição de trietilamina à fase móvel. O aditivo ocupa os sítios da sílica impura (Tipo A) que, caso contrário, se ligariam fortemente ao analito, podendo levar à formação de cauda (Figura 25.7). O emprego de sílica de melhor qualidade (Tipo B) reduz a formação de cauda, e, por conseguinte, reduz a necessidade de aditivos.

De modo a verificar se o sistema de CLAE está funcionando corretamente, deve-se injetar todo dia uma mistura-padrão. Mudanças nas formas dos picos ou nos tempos de retenção alertam que existe um problema.

Se todos os picos exibirem caudas ou desdobramentos, o disco sinterizado no início da coluna pode estar entupido com material particulado.[35] Nesse caso, podemos tentar desentupir o disco sinterizado desconectando e invertendo a coluna, e lavá-la com 20 a 30 mL de fase móvel. A coluna não dever estar conectada ao detector durante a lavagem inversa. Se os picos continuarem distorcidos, chegou a hora de trocar a coluna.

Por vezes, a duplicação de picos ou as mudanças no tempo de retenção (Figura 25.18) pode ocorrer se o solvente no qual a amostra foi dissolvida tem uma força do eluente muito maior que a da fase móvel. A solução para esse problema é tentar dissolver a amostra em um solvente com força do eluente menor ou na própria fase móvel. A manutenção dos volumes de injeção no máximo a 1% do volume da fase móvel da coluna minimiza o efeito do solvente da amostra.

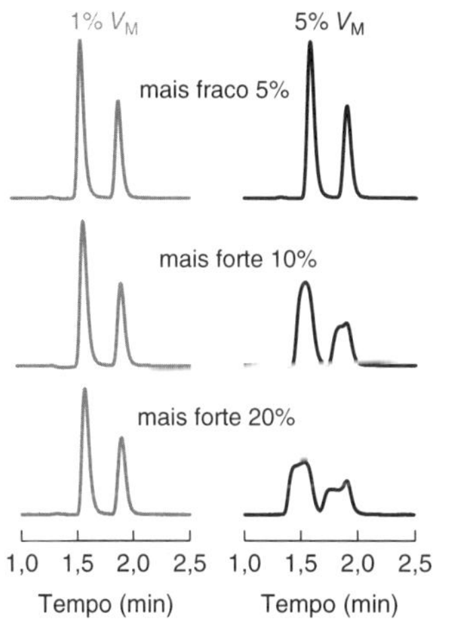

FIGURA 25.18 Efeito do solvente da amostra e do volume de injeção na forma do pico da citidina e da guanosina. Nos cromatogramas na parte de cima, a amostra foi dissolvida em um solvente mais fraco do que a fase móvel. Nos cromatogramas da parte de baixo, a amostra foi dissolvida em um solvente mais forte do que a fase móvel. Injeção: 2 μL (V_M 1%) ou 10 μL (V_M 5%) contendo 50 e 40 μg/mL de citadina e guanosina. O eluente (0,4 mL/min) é constituído por uma mistura acetonitrila/H_2O 90:10 (v/v) contendo formiato de amônio 100 mM ajustado para pH 3,0. Coluna: Ascentis Express HILIC sílica, com 10 cm × 2,1 mm e diâmetro de 2,7 μm, operando a 40 °C. Detecção no ultravioleta em 254 nm. [Dados de D. R. Stoll, "What's Trending in Troubleshooting?" *LCGC North Am.* **2019**, *37* (January), 18.]

A sobrecarga causa a forma distorcida mostrada na Figura 23.21.[36] Para ver se está ocorrendo sobrecarga, reduzimos a massa da amostra em 10 vezes e observamos se os tempos de retenção aumentam ou se os picos se tornam mais estreitos. Se ocorrer alguma dessas variações, reduzimos novamente a massa de amostra até que o volume injetado não afete mais o tempo de retenção e a forma dos picos. Em geral, as colunas de fase reversa podem processar de 1 a 10 μg de amostra por grama de sílica. Uma coluna com 4,6 mm de diâmetro e 10 cm de comprimento contém 1 g de sílica.

O volume de um sistema de cromatografia, fora da coluna, a partir do ponto de injeção até o ponto de detecção é chamado *volume morto* ou *volume extracoluna*. Um volume morto excessivo possibilita que as bandas estreitas alarguem por difusão ou por mistura. O aparecimento de cauda em picos que eluem no início da corrida é um indicativo de alargamento em virtude do volume morto.[37] Devemos usar tubos curtos e estreitos com os diâmetros indicados na Tabela 25.2, e verificar se todas as conexões estão bem encaixadas, de modo a reduzir o volume morto e, dessa forma, minimizar o alargamento das bandas.

As colunas de CLAE têm um tempo de vida normal de 500 a 2 000 injeções. Podemos monitorar o estado de uma coluna a partir da manutenção de um registro da pressão, da resolução e da forma dos picos. A pressão requerida para manter uma dada vazão aumenta conforme a coluna envelhece. A deterioração do sistema se torna séria quando a pressão excede 24 MPa

(3 500 libras/polegada^2). É desejável desenvolver métodos nos quais a pressão não exceda 20 MPa (2 900 libras/polegada^2). Quando a pressão alcança 24 MPa, o disco sinterizado de 0,5 µm disposto na câmara de injeção ou a pré-coluna deve ser substituído. Para determinar qual é o componente que apresenta problema, substituímos o componente suspeito por outro que sabemos que está em bom estado.[38] Se o problema for corrigido, então tudo terminou. Caso o problema persista, recolocamos de volta a peça principal e substituímos um novo componente suspeito. Continuamos esse processo até que o problema seja resolvido. Se tudo isso não resolver, é provável que seja o momento para uma nova coluna. Se utilizarmos uma coluna para análises repetitivas, devemos trocar a coluna quando a resolução esperada é perdida ou quando a formação de cauda se tornar significativa. Os critérios de resolução e de formação de cauda devem ser estabelecidos durante o desenvolvimento do método.

25.2 Injeção e Detecção na CLAE

Iremos considerar agora o equipamento necessário para injetar a amostra e o solvente dentro da coluna e, então, detectar os compostos assim que eles saem da coluna. A detecção por espectrometria de massa, extremamente poderosa e importante, foi discutida nas Seções 22.4 e 22.5.

Bombas e Válvulas de Injeção

A Figura 25.19 mostra o esquema básico de uma bomba que produz uma vazão programável e constante de até 10 mL/min em pressões até 40 MPa (400 bar) para CLAE, e até 100 MPa (1 000 bar) para CLUE.[39] Um pistão de safira bombeia solvente de um reservatório para a câmara do pistão e, então, libera o solvente para dentro da coluna. Duas válvulas de verificação controlam a direção do fluxo de solvente através da bomba. A qualidade de uma bomba para a CLAE é definida pela estabilidade e reprodutibilidade das vazões que ela produz. A flutuação da vazão pode produzir ruídos no detector capazes de encobrir os sinais fracos. A maioria das bombas para CLAE emprega pistões múltiplos para fornecer um fluxo mais suave.

Os solventes devem ser filtrados para remoção de material particulado, o qual pode levar a vazamentos nas válvulas. As vedações das válvulas devem ser trocadas a cada 6 a 12 meses.

Os gradientes podem ser distribuídos de duas maneiras. Em uma *bomba misturadora de alta pressão*, cada solvente é transportado por uma bomba distinta (solvente A pela bomba 1 e solvente B pela bomba 2, na Figura 25.1). As razões de vazão relativas a partir de cada bomba determinarão a composição da fase móvel. De modo alternativo, em uma *bomba misturadora de baixa pressão*, gradientes envolvendo até quatro solventes são construídos mediante o controle da proporção dos líquidos por uma válvula de quatro vias em baixa pressão e, então, bombeando a mistura em alta pressão para dentro da coluna. Em qualquer modo, o gradiente é controlado eletronicamente e programável em incrementos de 0,1% em volume.

Bomba misturadora de alta pressão:
- menor volume de residência
- limitada a gradientes binários (dois solventes).

Bomba misturadora de baixa pressão:
- mais barata; uma única bomba
- gradientes envolvendo até quatro solventes.

A *válvula de injeção* na Figura 25.20 permite o uso de alças de amostra substituíveis (*loop*), cada uma contendo um volume fixo. Alças de amostra de tamanhos diferentes mantêm fixos os volumes de 2 a 1 000 µL. Na posição de carregamento, usamos uma seringa para lavar e preencher a alça com uma nova porção de amostra em pressão atmosférica. O fluxo de alta pressão, vindo da bomba em direção à coluna, passa pelo segmento da válvula na parte inferior à esquerda. Quando se gira a válvula de 60° no sentido anti-horário na Figura 25.20b, a bomba é conectada ao lado direito da alça de amostragem, e o fluxo proveniente da bomba transfere o conteúdo da alça de amostragem para dentro da coluna.

A Figura 25.20 apresenta uma *alça de injeção preenchida*, na qual a amostra é rinsada através da alça até que o excesso de amostra saia pela saída de rejeito. Pelo menos três volumes de amostra devem ser passados pelo injetor para assegurar o preenchimento completo da alça. Para mudar o volume de injeção, a alça deve ser substituída por um tubo

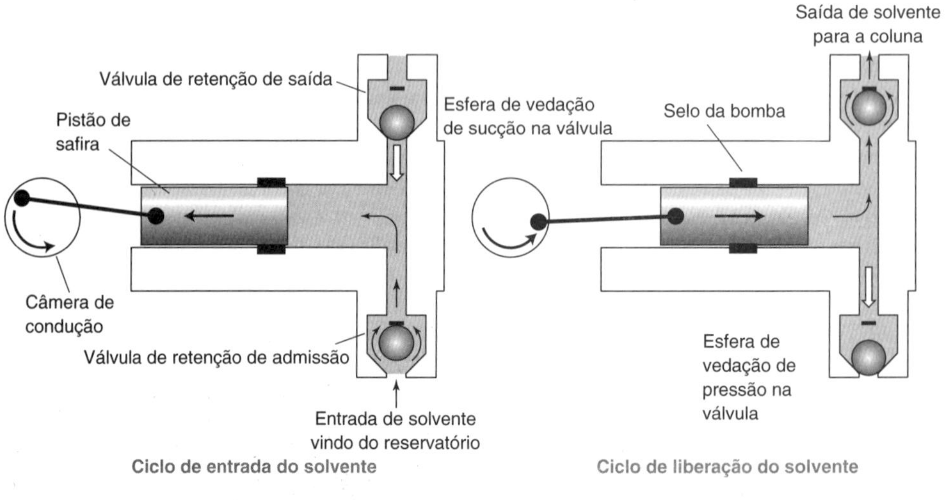

FIGURA 25.19 Bomba de pistão alternante de alta pressão para CLAE. O pistão de safira é movido para trás e para a frente por meio de uma câmara rotativa. As válvulas de controle abrem ou fecham dependendo da direção do fluxo. Quando o pistão se move para a esquerda, o solvente é conduzido para dentro da câmara do pistão pela porta de entrada. A sucção faz com que a esfera na válvula de saída bloqueie a porta de saída. Quando o pistão se move para a direita, o solvente é expulso da câmara do pistão para a coluna. O fluxo faz com que a esfera na válvula de admissão bloqueie a porta de entrada. O fluxo levanta a esfera na válvula de saída, permitindo que o líquido seja liberado para a coluna. A velocidade de liberação é controlada pela frequência de curso ou pelo volume. [Dados de J. W. Dolan, "How Does It Work? Part I: Pumps", *LCGC North Am.* **2016**, *34* (may), 324.]

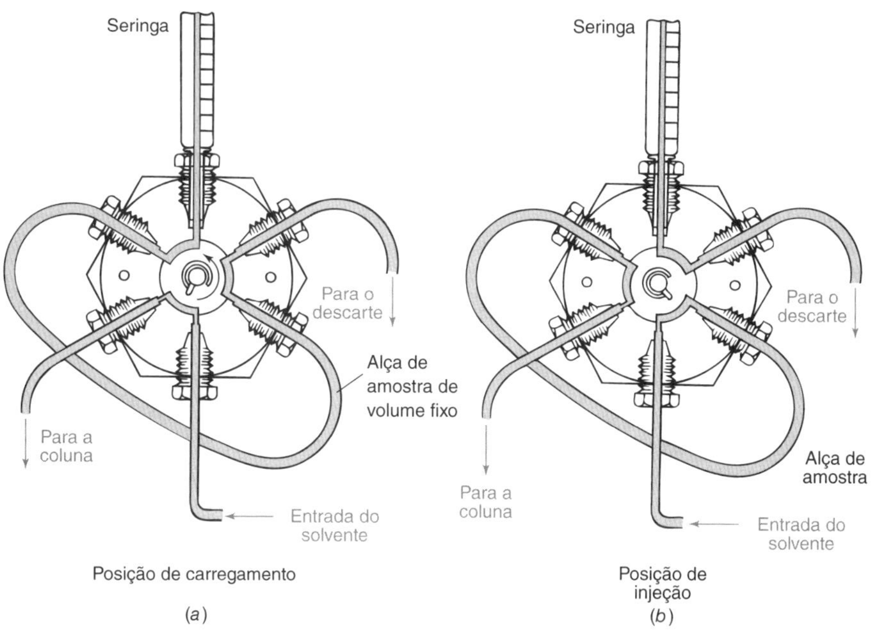

FIGURA 25.20 Válvula de injeção para CLAE no modo de injeção com alça preenchida. (*a*) Na posição de carga, a amostra flui, a partir de uma seringa, através da alça de amostra. O solvente flui a partir da bomba diretamente para a coluna. (*b*) Na posição de injeção, o solvente proveniente da bomba flui através da alça de amostra, deslocando a amostra para dentro da coluna. A seringa é isolada do fluxo proveniente da bomba, podendo ser retirada e preenchida com uma nova amostra ou padrão.

de volume diferente. Alternativamente, em uma *alça de injeção parcialmente preenchida*, um volume, cuidadosamente medido, de menos da metade do volume da alça é introduzido no injetor. Quando a válvula do injetor é girada, o conteúdo da alça é arrastado para dentro da coluna. Titulações argentimétricas determinaram que os autoamostradores podem alcançar 0,6% de precisão na injeção no modo de alça de injeção parcialmente preenchida, e 0,1% no modo de alça preenchida.[40] (As titulações ainda têm um papel – mesmo em análise instrumental.)

Detectores Espectrofotométricos

Um detector ideal de qualquer tipo (Tabela 25.5) é sensível a pequenas concentrações de todos os analitos, fornece uma resposta linear e não causa alargamento nos picos eluídos.[41] Além disso, ele é insensível às variações de temperatura e de composição do solvente. Para evitar o alargamento de pico, o volume do detector deve ser menor que 20% do volume da banda cromatográfica. Para uma quantificação exata, o detector deve apresentar uma resposta rápida o bastante para coletar ao menos 20 pontos experimentais ao longo do pico. Bolhas de gás no detector geram ruído. Para prevenir a formação de bolhas durante a despressurização do eluato, devemos aplicar no detector uma pressão no sentido contrário utilizando um tubo capilar como linha de rejeito.

Um **detector de ultravioleta**, usando uma célula de fluxo como a da Figura 25.21, é o detector mais comum na CLAE, pois muitos solutos absorvem radiação ultravioleta. Os sistemas simples que usavam a emissão intensa de uma lâmpada de vapor de mercúrio em 254 nm foram a espinha dorsal dos primeiros sistemas de CLAE, mas, hoje, são pouco usados. Os detectores de comprimento de onda variável, mais versáteis, possuem lâmpadas de deutério, xenônio ou tungstênio e um monocromador, de modo que podemos escolher o comprimento de onda ótimo, no ultravioleta ou visível, mais adequado para os analitos em questão. Em comprimentos de onda acima de 210 nm, a detecção é seletiva para compostos contendo um cromóforo absorvedor. Cromatogramas de uma mesma amostra podem parecer significativamente diferentes quando monitorados em diferentes comprimentos de onda (Figura 25.22). Muitos compostos absorvem em comprimentos de onda abaixo de 210 nm, de modo que a detecção é praticamente universal em comprimentos de onda menores que 210 nm.

O sistema na Figura 25.23 usa um *conjunto de fotodiodos* para registrar o espectro inteiro de cada soluto quando ele é eluído. O espectro pode ser comparado com um banco de dados de espectros para ajudar na identificação do pico. Os espectros coletados ao longo de um pico podem ser comparados para avaliar a pureza desse pico e detectar coeluição de componentes. A alta eficiência dos sistemas de CLUE exige volumes de pré-coluna pequenos (Tabela 25.2), enquanto a sensibilidade da detecção por absorbância exige um caminho mais longo. A Figura 25.23 mostra a concepção de uma célula de fluxo de reflexão interna total (Seção 20.4), que reduz o volume da célula a 1 μL, enquanto mantém um caminho longo.

Os detectores de alta qualidade fornecem faixas de absorbância de 0,000 5 a 3 unidades de absorbância, com um nível de ruído próximo a 1% do fundo de escala. A faixa linear se estende por cinco ordens de grandeza da concentração do soluto (outra forma de se dizer que a

Dicas de injeção:

- As amostras, antes de serem injetadas, devem passar por um filtro com 0,2 ou 0,5 μm de porosidade para remover o material particulado.
- A força do solvente da amostra deve ser igual ou menor do que a força do solvente eluente (Figura 25.18).
- A agulha da seringa na CLAE é *cega*, não é pontuda, de modo a não danificar a entrada de injeção.
- Carregamos de forma reprodutível a alça do injetor com menos de 0,5 ou mais de 3 volumes da alça.

Faixa linear: faixa de concentração do analito na qual a resposta do detector é proporcional à concentração.

Faixa dinâmica: faixa na qual o detector responde de qualquer maneira (não necessariamente de forma linear) às variações de concentração do analito (Figura 4.14).

Limite de detecção: concentração do analito que dá uma razão sinal/ruído de 3:1.

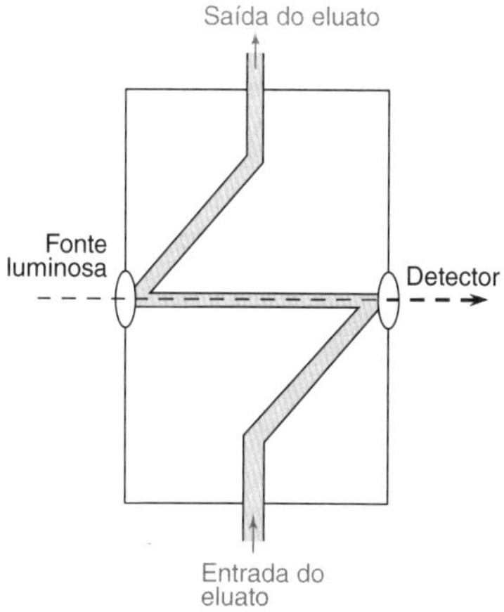

FIGURA 25.21 Caminho óptico em uma microcélula de fluxo de um detector espectrofotométrico. Uma célula comum com caminho óptico de 1 cm tem um volume de 14 μL. Outra célula com 0,3 cm de caminho óptico contém apenas 2 μL.

TABELA 25.5 Comparação entre detectores comerciais para CLAE

Detector	Resposta*	Limite de detecção	Faixa linear	Útil com gradiente?
Ultravioleta	Seletivo ≥ 210 nm universal ≤ 210 nm	ng	10^5	Sim
Índice de refração	Universal	μg	10^3	Não
Evaporativo por espalhamento de luz	Universal	ng elevado	10^3	Sim
Aerossol carregado	Universal	ng baixo	10^4	Sim
Eletroquímico	Muito seletivo	fg–pg	10^5	Não
Fluorescência	Muito seletivo	pg	10^3–10^4	Sim
Quimiluminescência de nitrogênio $N \xrightarrow{\text{combustão}} NO \xrightarrow{O_3} NO_2^* \rightarrow h\nu$	Seletivo	Sub ng		Sim
Condutividade	Seletivo	ng elevado	10^4	Não
Espectrometria de massa	Seletivo ou universal	ng		Sim

Resposta seletiva significa que o detector responde a uma classe limitada de analitos. Por exemplo, o detector de quimioluminescência de nitrogênio responde apenas a compostos contendo átomos de nitrogênio.

Resposta universal significa que o detector responde a quase todos os compostos. Por exemplo, o detector de aerossol carregado responde a quase todos os compostos não voláteis, independentemente de sua estrutura.

Dados de M. Swartz, "HPLC Detectors: A Brief Review", J. Liq. Chromatogr. ***2010**, 33, 1130.*

Um conjunto de fotodiodos foi usado para registrar o espectro de cada pico na Figura 25.12, à medida que ele era eluído. Dessa forma, foi possível determinar que compostos estavam em cada pico.

Derivatização:

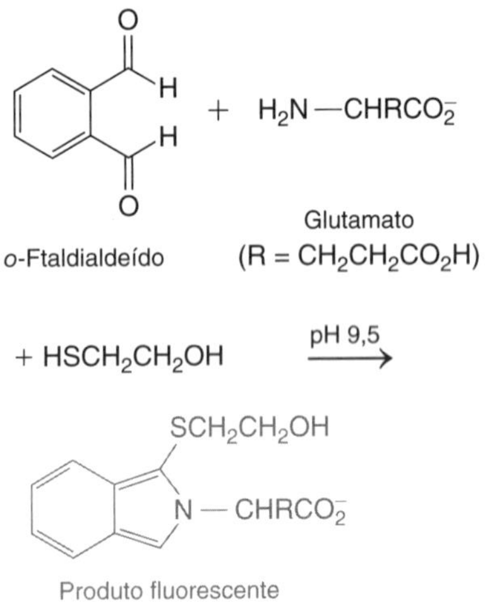

O tamanho do pico depende da concentração do analito e do fator de resposta do detector para cada analito.

lei de Beer é obedecida nesta faixa). Os detectores de ultravioleta são bons para a eluição com gradiente de solventes que não absorvem nessa região. A Tabela 25.4 fornece os comprimentos de onda de corte aproximados, abaixo dos quais o solvente absorve fortemente.

Os *detectores de fluorescência* excitam o eluato com uma lâmpada de arco de xenônio ou um *laser* e medem a fluorescência em comprimentos de onda maiores (Figura 18.22). Esses detectores são até 100 vezes mais sensíveis do que um detector de ultravioleta, mas respondem somente aos poucos analitos que fluorescem. Para aumentar a utilidade dos detectores de fluorescência e dos detectores eletroquímicos (descritos a seguir), grupos fluorescentes ou eletroativos podem ser ligados covalentemente ao analito. Esse processo de **derivatização** (Seção 19.5) pode ser realizado na mistura antes da cromatografia, ou pela adição de reagentes ao eluato entre a coluna e o detector (chamado *derivatização pós-coluna*).[42] Por exemplo, o composto não fluorescente *o*-ftaldialdeído reage sob condições alcalinas com aminas primárias, produzindo um produto fluorescente, que pode ser excitado em comprimentos de onda próximos a 345 nm e emitir fortemente entre 400 e 500 nm. A separação por CLUE com derivatização pós-coluna permite a identificação de histamina, cadaverina, espermidina, tiramina e putrescina, todos indicadores de deterioração de alimentos, e cujos limites de detecção estão na faixa de fmol dentro de 6 minutos.[43] A seleção de um agente de derivatização apropriado depende da funcionalidade do analito a ser derivatizado (Tabela 19.2), compatibilidade da amostra com as condições de derivatização, o comprimento de onda de excitação e quanto a reação é verde.[44]

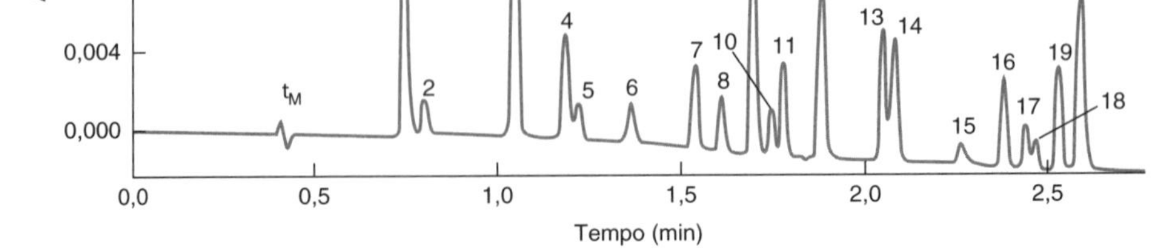

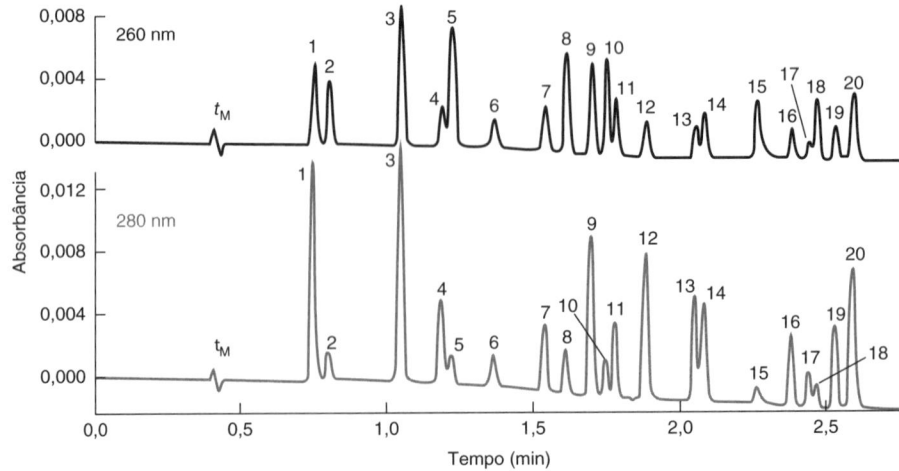

FIGURA 25.22 Comparação da absorbância no ultravioleta em dois comprimentos de onda para separação de compostos fenólicos. Separação em uma coluna empacotada de 100 mm de comprimento × 2,1 mm de diâmetro preenchida com partículas híbridas em ponte de etileno C_{18} de 1,7 μm. Gradiente de 4 a 50% de acetonitrila durante 3 minutos, com 1% de ácido acético. A Figura 25.23 mostra o detector usado. [Dados de W. Setyaningsih, I. E. Saputro, C. A. Carrera, M. Palma e C. García-Barroso, "Fast Determination of Phenolic Compounds in Rice Grains by Ultraperformance Liquid Chromatography Coupled to Photodiode Array Detection", *J. Agric. Food Chem.* **2019**, *67*, 3018.]

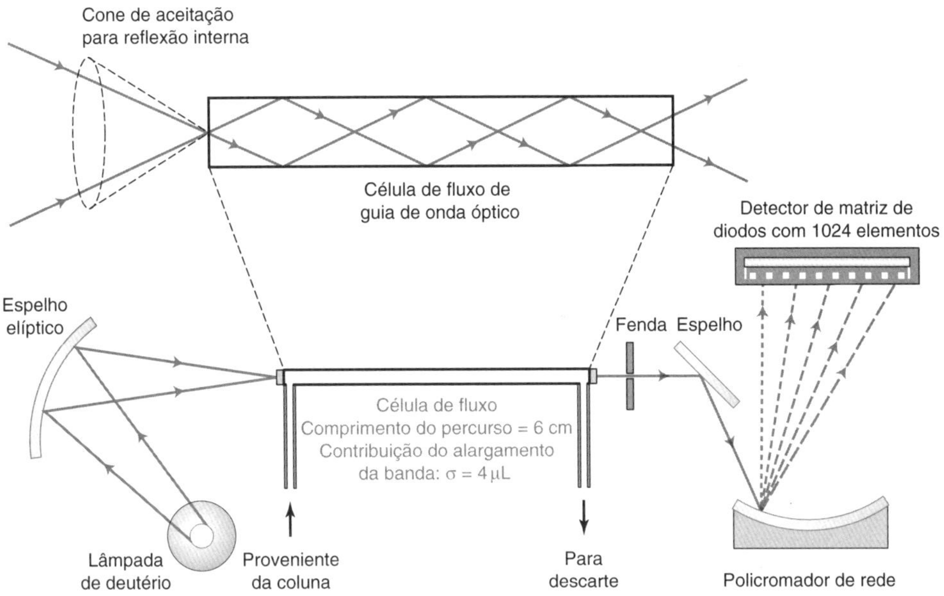

FIGURA 25.23 Detector de ultravioleta com conjunto de fotodiodos para CLUE. A emissão de banda larga de uma lâmpada de deutério é direcionada para um detector de célula de fluxo guiada por luz. A luz transmitida é difratada por uma rede e direcionada a partir de um conjunto de fotodiodos (Seção 20.3). A célula de fluxo guiada por luz é equivalente a uma fibra óptica (Seção 20.4). A célula de fluxo guiada por luz de 6 cm tem uma dispersão (σ) de 4 μL.

Detector Evaporativo por Espalhamento de Luz

Um **detector evaporativo por espalhamento de luz** responde a qualquer analito que seja significativamente menos volátil que a fase móvel.[45,46] Na Figura 25.24a, o eluato entra no detector pela parte de cima. No nebulizador, o eluato é misturado com nitrogênio gasoso e forçado a se deslocar por uma agulha de pequeno diâmetro para formar uma dispersão uniforme de gotículas. O solvente das gotículas evapora no tubo aquecido, produzindo uma névoa fina de partículas sólidas que entram na zona de detecção na parte inferior. As partículas espalham a luz, proveniente de um diodo *laser* na direção de um fotodiodo, e são detectadas por esse

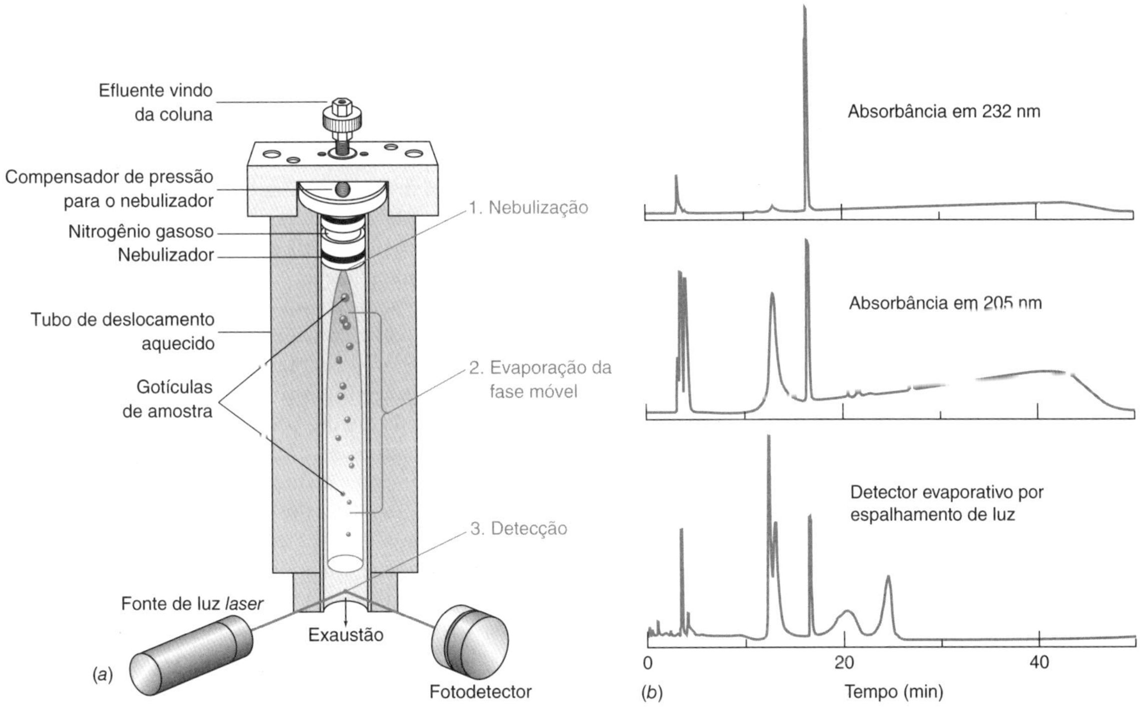

FIGURA 25.24 (*a*) Funcionamento de um detector evaporativo por espalhamento de luz. [Dados de Alltech Associates, Deerfield, IL.] (*b*) Comparação entre a resposta de um detector de absorbância no ultravioleta e de um detector evaporativo por espalhamento de luz. Os componentes solúveis foram extraídos de um comprimido de um medicamento e separados por cromatografia líquida de fase reversa em uma coluna de 150 × 4,6 mm contendo sílica C_8 com um tamanho de poro de 30 nm, destinada à separação de polímeros. O solvente A é uma solução aquosa de ácido trifluoroacético a 0,01% em massa. O solvente B é uma solução aquosa contendo 45% em massa de propanol e 0,01% em massa de ácido trifluoroacético. O gradiente foi variado de 10% em volume de B até 90% em volume de B a 1 mL/min. O tempo de gradiente não está mostrado na figura. [Dados de L. A. Doshier, J. Hepp e K. Benedek, "Method Development Tools for the Analysis of Complex Pharmaceutical Samples", *Am. Lab.*, december 2002, p. 18.]

espalhamento da luz. A resposta do detector não depende da estrutura ou da massa molecular do analito. A resposta depende de m^x, em que m é a massa do analito e x, um coeficiente < 1 que depende da separação e dos parâmetros do detector. Os gráficos de log(área de pico) contra log(quantidade de amostra) são lineares e podem ser usados para quantificação. As equações de calibração quadrática (Apêndice C) também podem ser usadas.

O detector evaporativo por espalhamento de luz é compatível com um gradiente de eluição. Além disso, não existem picos associados com a frente do solvente, de modo que não há interferência com os picos que eluem no início. O que queremos dizer com frente do solvente? Na Figura 25.22, podemos ver pequenos sinais positivos e negativos em 0,4 a 0,45 minuto. Esses sinais advêm de mudanças no índice de refração da fase móvel em função do solvente no qual a amostra foi dissolvida. Essa mudança desloca o sinal do detector de ultravioleta no tempo t_M necessário para que a fase móvel não retida passe pela coluna. Caso haja um pico que elua em um tempo próximo a t_M, ele pode ser distorcido pelos picos da frente do solvente. Um detector evaporativo por espalhamento de luz não responde ao solvente, de modo que seus cromatogramas não apresentam picos devidos à frente do solvente.

Se usamos um tampão no eluente, ele tem de ser volátil, do contrário, quando de sua evaporação, restarão partículas sólidas que espalham a luz, interferindo com o sinal proveniente do analito. Tampões de baixa concentração feitos a partir dos ácidos acético, fórmico ou trifluoroacético, acetato de amônio, hidrogenofosfato de diamônio, amônia ou trietilamina são adequados. Os tampões usados em detectores evaporativos por espalhamento de luz são os mesmos usados na detecção por espectrometria de massa.

Compostos que não absorvem no ultravioleta incluem:
- hidrocarbonetos saturados
- esteroides
- açúcares
- lipídios, fosfolipídios e triglicerídeos
- ácidos graxos
- aminoácidos
- polímeros
- surfactantes.

Os detectores evaporativos por espalhamento de luz são particularmente atrativos para a determinação de compostos não voláteis que não absorvem acima de 200 nm. A Figura 25.24b compara o detector evaporativo por espalhamento de luz com a absorbância no ultravioleta para a detecção de componentes solúveis de um comprimido de medicamento contendo polímeros e moléculas pequenas, que são os ingredientes ativos. Dois componentes apresentam absorbância em 232 nm. Quatro ou cinco componentes são evidenciados por detecção em 205 nm. O gradiente de solvente produz uma linha de base oblíqua em 205 nm. Todos os componentes são observados na detecção evaporativa por espalhamento de luz, e não há inclinação na linha de base. Alguns picos largos provêm de polímeros com uma distribuição de massas moleculares.

Detector por Aerossol Carregado

O **detector por aerossol carregado** é um detector sensível, quase universal, com resposta quase igual a massas iguais de analitos não voláteis, como mostrado no cromatograma no Boxe 25.2.[46,47] Por exemplo, ele é adequado para determinar o balanço material em preparações farmacêuticas porque a área relativa de cada pico no cromatograma é quase igual à massa relativa daquele componente na preparação. Lipídios e carboidratos, que respondem fracamente a um detector de ultravioleta, dão a mesma resposta de outros componentes na mistura. Um pico pequeno em um cromatograma de aerossol carregado deve ser um componente minoritário na mistura correspondente, enquanto poderia ser um componente principal em um cromatograma obtido com um detector de ultravioleta.

No canto superior esquerdo do nebulizador por aerossol carregado na Figura 25.25, o eluato e o gás N_2 entram em um nebulizador parecido com o pré-queimador na Figura 21.5. Uma névoa fina proveniente do nebulizador atinge o tubo de secagem, onde as gotículas maiores saem por um dreno. No tubo de secagem, o solvente evapora à temperatura ambiente, deixando um aerossol contendo ~1% do analito original. Enquanto isso, parte do fluxo de N_2 passa sobre uma agulha de Pt mantida em um potencial de ~+10 kV com relação ao revestimento externo da câmara de alimentação do efeito corona, formando N_2^+. Uma série de eventos, talvez da mesma forma como descritos para a ionização química à pressão atmosférica na Seção 22.4, transfere carga positiva às partículas de aerossol que fluem para fora da câmara por meio de uma pequena armadilha para íons. As placas carregadas da armadilha atraem pequenos íons móveis. As partículas de aerossol são demasiado pesadas para serem defletidas, e passam pela armadilha para o coletor. A carga total que chega ao detector é medida por um eletrômetro, que produz o sinal do detector para o cromatograma.

A faixa dinâmica do detector alcança 4 a 5 ordens de grandeza em termos de concentração. A resposta é aproximadamente proporcional a $m^{2/3}$.[48] Massas iguais de analitos diferentes fornecem a mesma resposta dentro de ~15% em uma eluição isocrática. A resposta depende da composição do solvente; a resposta é maior quando há uma elevada porcentagem de solvente orgânico volátil, e a resposta é menor no caso da água. À medida que a participação de um solvente orgânico aumenta em um gradiente, a resposta também aumenta. Contudo, o detector ainda pode ser usado com gradiente de eluição.[49]

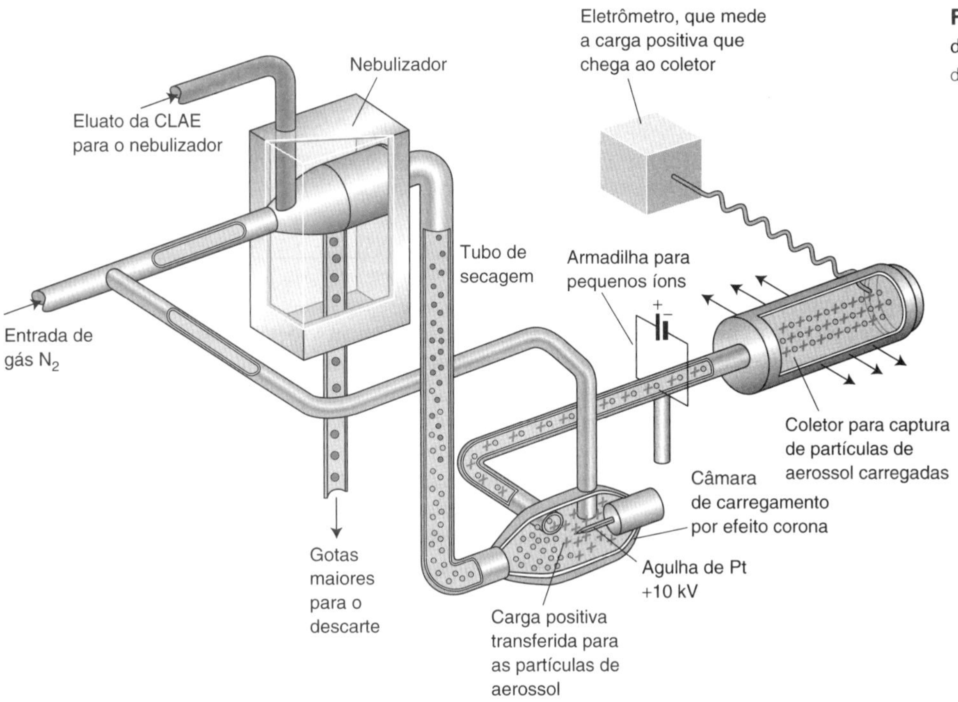

FIGURA 25.25 Princípio de funcionamento de um detector por aerossol carregado. [Dados de ESA Inc., Chelmsford, MA.]

Detector Eletroquímico[50]

Um **detector eletroquímico** responde a analitos que podem ser oxidados ou reduzidos em potenciais moderados. A Figura 25.26 mostra uma célula de fluxo de camada fina com três eletrodos. O analito é oxidado ou reduzido no eletrodo de trabalho, cujo potencial é mantido em um valor selecionado com relação a um eletrodo de referência por um potenciostato (Figura 17.3). Eletrodos de trabalho de platina, ouro, prata, carbono vítreo e diamante dopado com boro são comuns. A corrente é medida entre o eletrodo de trabalho e um eletrodo auxiliar (um contraeletrodo) feito de politetrafluoretileno-carbono. Os limites de detecção estão abaixo de nM para neurotransmissores, como dopamina (catecol) e serotonina (amina aromática), em volumes de amostras de microlitros coletados por microdiálise (Demonstração 27.1), permitindo o monitoramento da função cerebral em animais vivos.[51] A corrente pode ser proporcional à concentração do soluto em seis ordens de grandeza. A eluição isocrática é preferida, pois o sinal de fundo varia com a composição da fase móvel. Solventes aquosos ou outros polares contendo eletrólito 10^{-2} a 10^{-3} M são necessários, e devem estar rigorosamente livres de oxigênio se trabalharem em um potencial em que o oxigênio é reduzido. O detector é sensível a variações de vazão e de temperatura.

Classes de analito detectáveis usando-se detecção eletroquímica:
- fenóis e catecóis
- aminas aromáticas
- peróxidos
- mercaptanos
- cetonas e aldeídos
- nitrilas conjugadas
- compostos aromáticos halogenados
- nitrocompostos aromáticos.

As configurações do eletrodo de trabalho duplo permitem a detecção de analitos que requerem um alto valor do potencial aplicado para oxidação ou redução.[52] Com os dois eletrodos em série, o primeiro eletrodo gera um produto que é detectado seletivamente no segundo eletrodo. Essa configuração do gerador-detector permite a detecção do tranquilizante rupinol no café contaminado intencionalmente – uma análise que não foi possível usando a detecção eletroquímica única em virtude de grandes picos de interferência dos componentes da matriz.

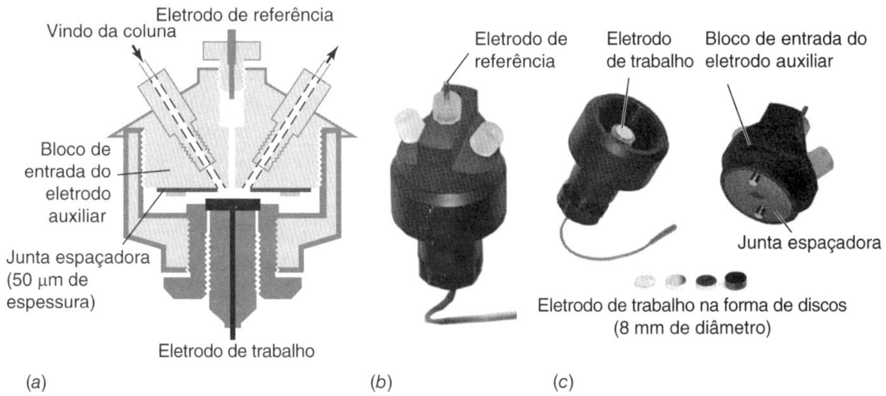

FIGURA 25.26 Célula de fluxo do detector eletroquímico para CLAE. (*a*) Vista esquemática, (*b*) foto e (*c*) vista das partes do dispositivo. O volume da célula de fluxo é de 0,7 μL. Os eletrodos de trabalho são platina, ouro, carbono vítreo e diamante dopado com boro. [Cortesia da Antec Scientific.]

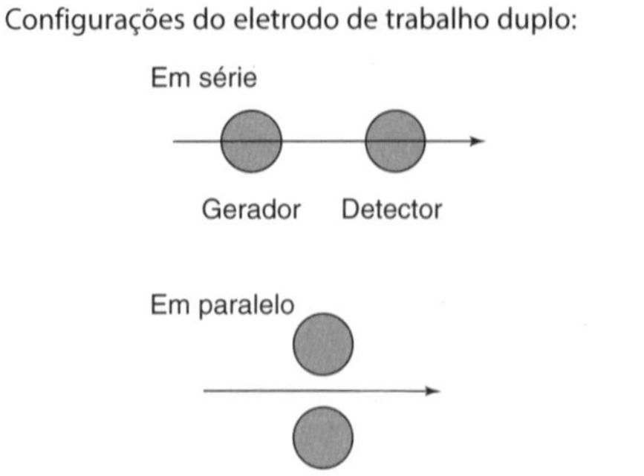

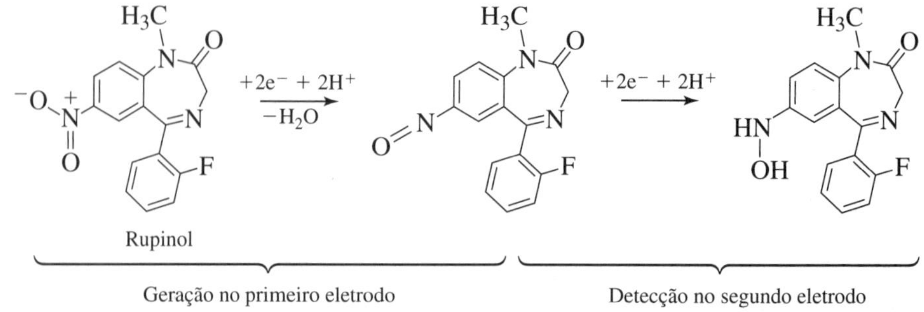

Montar os eletrodos de trabalho em paralelo e aplicar um potencial diferente a cada um deles permite que o detector eletroquímico duplo funcione como um detector de absorção em vários comprimentos de onda.

As *determinações eletroquímicas pulsadas* em eletrodos de trabalho de Au ou Pt aumentam as classes de compostos detectáveis, incluindo álcoois, carboidratos e compostos de enxofre.[53] A superfície da platina normalmente está recoberta por uma camada de óxido, o que dificulta a oxidação dos carboidratos. A amperometria pulsada usa um ciclo rápido de potenciais para limpar o eletrodo de trabalho, converter a superfície do eletrodo em uma forma adequada para medição eletroquímica e, em seguida, medir o sinal amperométrico. A Figura 25.27 mostra a determinação de carboidratos em café instantâneo por cromatografia de troca aniônica e detecção eletroquímica pulsada. O eletrodo é mantido em um potencial de +0,8 V (contra um eletrodo de calomelano saturado) durante 120 ms para dessorver oxidativamente compostos orgânicos da superfície do eletrodo, e para oxidar a superfície do metal. Então, o eletrodo é levado a um potencial de –0,6 V por 200 ms para reduzir o óxido metálico ao metal original. Por fim, o eletrodo é levado a um potencial constante (normalmente na faixa de +0,4 a –0,4 V), no qual o analito é oxidado ou reduzido. Após um período de 400 ms, para permitir que a corrente de carregamento (Figura 17.23) caia a 0, a corrente é integrada pelos 200 ms seguintes a fim de medir o analito. A sequência de pulsos descrita é então repetida para determinar vários pontos experimentais à medida que o eluato sai da coluna.

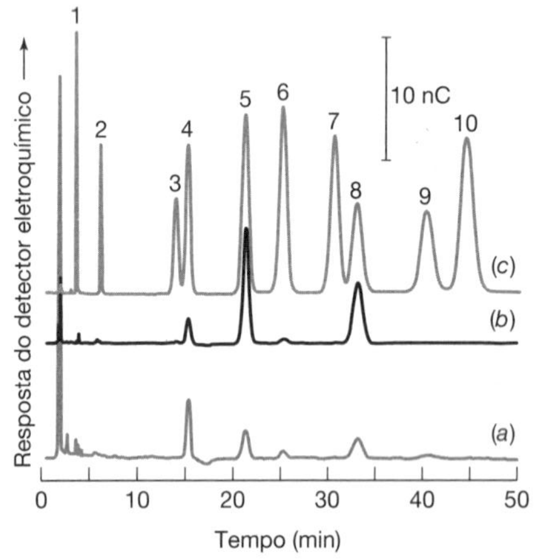

FIGURA 25.27 Detecção eletroquímica pulsada de (*a*) carboidratos livres em café instantâneo, (*b*) extrato de carboidratos totais de café instantâneo e (*c*) padrão de mistura de carboidratos baseado na Associação de Químicos Analíticos (AOAC), Método Oficial 995.13. Separação realizada em uma coluna de troca aniônica CarboPac PA1 com gradiente de NaOH de 10 a 300 mM por 50 min. Picos: 1, manitol; 2, fucose; 3, ramnose; 4, arabinose; 5, galactose; 6, glicose; 7, xilose; 8, manose; 9, frutose; 10, ribose. [Dados de Thermo Scientific, Sunnyvale, CA.]

Detector de Índice de Refração

Um **detector de índice de refração** é sensível a praticamente todos os tipos de soluto, mas seu limite de detecção é cerca de 1 000 vezes menor que o do detector de ultravioleta. O detector típico por deflexão na Figura 25.28 tem dois compartimentos triangulares de 5 a 10 μL, por meio dos quais passa solvente puro ou eluato. A luz visível colimada (com raios paralelos) e filtrada para remover a radiação infravermelha (que pode aquecer a amostra) passa pela célula com solvente puro em ambos os compartimentos e é direcionada para um conjunto de fotodiodos. Quando o soluto com um índice de refração diferente entra na célula, o feixe é defletido e diferentes fotodiodos do conjunto são irradiados.

Os detectores de índice de refração não podem ser utilizados no caso de eluição com gradiente, pois não é possível comparar a amostra e a referência, enquanto a composição está variando. O índice de refração é sensível às variações de pressão e de temperatura (~0,01 °C). Em face de sua baixa sensibilidade, um detector de índice de refração não é útil no caso da análise de traços. Ele também têm uma pequena faixa linear, que se estende somente por um fator de 500 na concentração do soluto. O principal atrativo desse detector é a sua resposta universal para todos os tipos de solutos, incluindo aqueles que têm pouca absorção no ultravioleta.

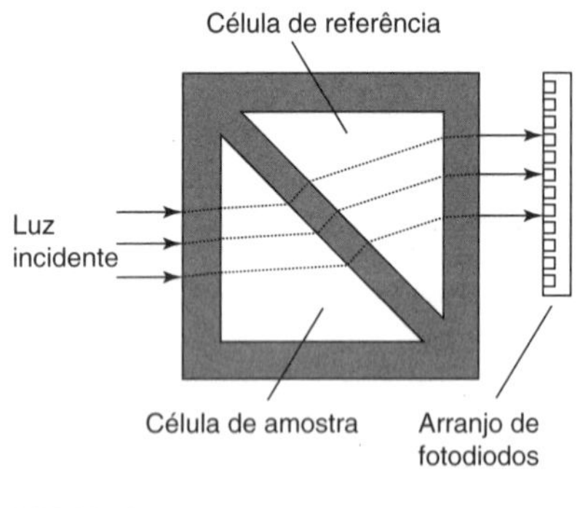

FIGURA 25.28 Detector de índice de refração de deflexão. [Dados de J. W. Dolan, "Avoiding Refractive Index Detector Problems", *LCGC North Am.* **2012**, *30* (december), 1032.]

Comentários a Respeito da Detecção por Espectrometria de Massa na Cromatografia Líquida

A ionização por electrospray (Figura 22.30) é a interface mais comum na cromatografia líquida–espectrometria de massa. A técnica de electrospray exige que o analito esteja carregado em solução. A ionização química à pressão atmosférica (Figura 22.32) é utilizada para compostos que não são bem ionizados via ionização por electrospray. Trata-se de compostos de massa molecular mais baixa que são tipicamente mais estáveis e de alguns compostos apolares. A ionização à pressão atmosférica vaporiza inicialmente a amostra e, então, emprega uma descarga elétrica (efeito corona) para adicionar carga ao analito em fase gasosa. É mais provável que esse processo leve à degradação da amostra do que a ionização por electrospray. Como os dois métodos utilizam técnicas de ionização distintas, a resposta e a seletividade das duas interfaces podem ser significativamente diferentes.

A resposta pode ser aumentada ou suprimida pela coeluição de componentes da matriz (Figura 5.5). Um padrão interno com isótopos estáveis tem vários átomos no analito que são substituídos por ^{13}C, ^{15}N ou ^{17}O. O padrão marcado isotopicamente elui juntamente com o analito e, portanto, experimenta o mesmo aumento ou supressão que o analito, mas pode ser diferenciado pelo espectrômetro de massa.[54]

Tampões voláteis de baixa concentração (≤ 10 mM) são usados com espectrômetros de massa. Não se deve utilizar HCl porque ele corrói a interface metálica do espectrômetro de massa. Injeções em branco devem ser feitas a fim de observar os íons de fundo gerados na ausência de amostra. Solventes orgânicos adequados incluem acetonitrila, metanol, etanol, propanol e acetona. O tetraidrofurano é menos apropriado porque, para alguns tipos de amostras, ele pode levar à geração de muito sinal de fundo em um cromatograma de íons totais. Agentes constituídos por pares iônicos (Figura 26.10) e surfactantes não devem ser usados porque geram sinais de fundo e suprimem os sinais de electrospray. A trietilamina suprime a ionização e produz um pico intenso MH^+ em $m/z = 102$.

Tampões voláteis compatíveis com ionização por electrospray
- ácido fórmico
- ácido acético
- ácido trifluoroacético
- amônia.

Ionização por electrospray é suprimida por
- tampão com alta concentração: > 10 mM
- agentes formadores de pares iônicos
- surfactantes
- trietilamina
- outros componentes da amostra.

A sensibilidade para a detecção por espectrometria de massa é reduzida na presença de uma fase móvel aquosa. Mais fase orgânica pode ser adicionada a partir de uma conexão em "T" entre a coluna e o espectrômetro de massa. Uma alternativa é escolher outra fase estacionária que exige mais fase orgânica. Se os compostos são fracamente retidos por colunas de fase reversa, a cromatografia líquida de interação hidrofílica permite o uso de uma fase móvel rica em solvente orgânico. O pH da fase móvel pode ser ajustado entre a coluna e o detector de modo que os analitos ácidos ou básicos sejam ionizados. A ionização química à pressão atmosférica e a ionização por electrospray nos modos com íons positivos ou negativos podem ser tentadas para se obter uma sensibilidade adequada. O eluato que sai da coluna antes de t_M pode ser direcionado para o descarte a fim de evitar a introdução desnecessária de sais no espectrômetro de massa.

Um *teste de adequação do sistema*, também chamado *teste de qualificação de desempenho* ou *experimento de benchmarking*, é um teste para verificar se o equipamento está funcionando corretamente.[55] As amostras de teste devem ser bem-comportadas e semelhantes em composição às amostras reais, e incluir as características dos analitos de interesse. Um conjunto de 22 peptídeos abrangendo o tempo de retenção e a faixa de resposta do electrospray pode ser usado como uma amostra de adequação do sistema para proteômica. O sistema é adequado se o teste de adequação produzir os resultados esperados. Se forem observados resultados inesperados, há um problema. Um teste de adequação do sistema deve ser realizado com frequência, inclusive no início de cada lote de amostras. O tempo de retenção, a largura do pico e a resolução são indicadores do desempenho cromatográfico. Intensidade de sinal, precisão, exatidão da massa e padrão de fragmentação são testes de espectrometria de massa. Um detector ultravioleta fornece uma avaliação independente da cromatografia e injeção. Podemos testar o espectrômetro de massa sozinho por meio da injeção em fluxo direto de uma amostra-padrão ou de uma solução de calibração no instrumento. Quando um método de cromatografia líquida–espectrometria de massa desenvolve um problema, mas o teste de adequação do sistema mostra-se normal, o problema é mais provável na preparação da amostra ou na análise da cromatografia da amostra desconhecida.

Os testes de adequação do sistema são uma exigência de diversos órgãos reguladores em diversos países, como a Farmacopeia dos Estados Unidos.

25.3 Desenvolvimento de Métodos para Separações em Fase Reversa[2,3,56]

Diversas separações realizadas em laboratórios industriais e de pesquisa podem ser conduzidas por cromatografia de fase reversa. Descreveremos agora um procedimento geral para o desenvolvimento de uma separação isocrática de uma mistura desconhecida utilizando uma coluna de fase reversa. Na próxima seção, consideramos separações com gradiente. No desenvolvimento de um método analítico, os objetivos são obter uma separação adequada em um tempo razoável. Além disso, idealmente, o procedimento deve ser *robusto*, o que significa que a separação não será seriamente prejudicada pela deterioração gradual da coluna, por pequenas variações na composição do solvente, no pH e na temperatura, ou pelo uso de outro lote da mesma fase estacionária, mesmo que seja de um fabricante diferente. Se a coluna não possuir um controle de temperatura, devemos pelo menos isolá-la termicamente, de modo a diminuir as flutuações de temperatura.

Atributos desejáveis em um novo método cromatográfico:
- resolução adequada dos analitos desejados
- análises rápidas
- robusto (não ser afetado drasticamente por pequenas variações nas condições de operação).

A cromatografia de fase reversa geralmente é adequada para separar misturas de compostos orgânicos, neutros ou carregados, de baixa massa molecular. Se os isômeros presentes não se separarem devidamente, é recomendada a cromatografia de fase normal ou de carbono grafítico poroso, pois os solutos têm interações mais específicas e mais fortes com a fase estacionária. Para os enantiômeros, são necessárias fases estacionárias quirais (Figura 25.10). As separações de íons inorgânicos, de polímeros e de macromoléculas biológicas são descritas no Capítulo 26.

Como na cromatografia gasosa (Seção 24.5), as primeiras etapas no desenvolvimento de um método de análise são: (1) a definição do objetivo da análise, (2) a seleção de um método de preparação da amostra que garanta a obtenção de uma amostra "limpa", e (3) a escolha de um detector que permita observar os analitos desejados na mistura. O desenvolvimento restante do método, descrito nas próximas seções, pressupõe que as etapas de 1 a 3 já tenham sido realizadas.

Etapas iniciais no desenvolvimento de um método de análise:
1. Definição do objetivo
2. Seleção do método para o preparo de amostra
3. Escolha do detector.

Critérios para uma Separação Adequada

Na cromatografia líquida, todo o espaço dentro de uma coluna acessível ao solvente e aos solutos pequenos é chamado **volume morto**, V_M. Esse volume inclui os poros nas partículas e o volume entre as partículas. Se o tempo necessário para que o solvente ou o soluto não retido se desloque pela coluna é t_M, o volume morto é $V_M = t_M F$, em que F é a vazão volumétrica.

O *fator de retenção k* na Equação 23.16 é uma medida do tempo de retenção corrigido, $t_R - t_M$, em unidades do tempo t_M, necessário para que a fase móvel passe pela coluna. Separações razoáveis exigem que k para todos os picos esteja na faixa entre 0,5 e 20. Se o fator de retenção for muito pequeno, o primeiro pico é distorcido pela frente do solvente. Se o fator de retenção for muito grande, a corrida cromatográfica levará muito tempo para terminar. No cromatograma inferior da Figura 25.12, t_M é o tempo em que a primeira perturbação na linha de base é observada próxima a 3 minutos. Se não observarmos uma perturbação na linha de base, podemos estimar que

Fator de retenção $= k = \dfrac{t_R - t_M}{t_M}$ (23.16)

t_R = tempo de retenção do analito
t_M = tempo de eluição da fase móvel ou do soluto não retido.

Frente do solvente: $$V_M \approx \frac{Ld_c^2}{2} \text{ ou, de forma equivalente, } t_M \approx \frac{Ld_c^2}{2F} \quad \textbf{(25.5)}$$

em que V_M é o volume em mL no qual o soluto não retido é eluído (= volume no qual a frente do solvente aparece), L é o comprimento da coluna (cm), d_c é o diâmetro da coluna (cm) e F é a vazão (mL/min). Na cromatografia de fase reversa, t_M pode ser medido fazendo-se uma corrida cromatográfica com um soluto não retido, como uracila (detectada em 260 nm), tioureia (detectada em 254 nm) ou $NaNO_3$ (detectado em 210 nm), através da coluna. Na cromatografia de interação hidrofílica, t_M pode ser medido usando-se tolueno (detectado em 215 nm).

Atributos de uma boa separação:
- $0{,}5 \le k \le 20$
- resolução ≥ 2
- pressão de operação $\le$ 20 MPa
- $0{,}9 \le$ fator de assimetria $\le 1{,}5$.

Para uma análise quantitativa, é desejável uma resolução mínima (Figura 23.10) de 1,5 entre os dois picos mais próximos. Por uma questão de robustez, uma resolução igual a 2 é ainda melhor. Dessa maneira, a resolução ainda permanece adequada se ocorrerem pequenas variações nas condições de operação ou uma lenta deterioração na coluna.

Um método cromatográfico nunca deve exceder a pressão operacional superior prevista para o equipamento. Mantendo a pressão abaixo de ~20 MPa (200 bar) para CLAE e 60 MPa (600 bar) para CLUE, prolongamos a vida útil da bomba, das válvulas, das vedações e do amostrador automático. A pressão aumenta durante a vida útil da coluna como resultado do entupimento progressivo. O uso de uma pressão operacional ≤ 20 MPa ou ≤ 60 MPa, durante o desenvolvimento do método analítico, permite compensar os efeitos de degradação da coluna.

Todos os picos (certamente todos que precisam ser medidos) devem ser simétricos, com um fator de assimetria *A/B*, na Figura 23.14, na faixa de 0,9 a 1,5. As formas assimétricas dos picos devem ser corrigidas como descrito no fim da Seção 25.1, antes de otimizarmos uma separação.

Otimização da Separação Isocrática

O desenvolvimento de um método é centrado nos parâmetros que governam a resolução: o fator de retenção k, o número de pratos N e o fator de separação α. O desenvolvimento do método se encerra tão logo a separação satisfaça aos critérios que estabelecemos. Existe uma boa chance de atingir uma separação adequada sem passar por todas as etapas mostradas a seguir.

Resolução $= \dfrac{\sqrt{N}}{4}\dfrac{(\alpha-1)}{\alpha}\left(\dfrac{k_2}{1+k_2}\right)$ (23.33)

N = número de pratos
α = fator de separação
k_2 = fator de retenção do segundo pico no par.

Etapa 1. Escolher a coluna e o solvente orgânico.
Etapa 2. Otimizar a separação por meio de ajuste do fator de retenção k, variando a composição do solvente orgânico/água da fase móvel.
Etapa 3. Verificar se o número de pratos é próximo ao valor esperado (Equação 25.1).
Etapa 4. Ajustar o fator de separação adequando: (**i**) a composição do solvente, (**ii**) a temperatura da coluna, (**iii**) o tipo de solvente orgânico ou (**iv**) o tipo de coluna.
Etapa 5. Otimizar as dimensões da coluna para aumentar o número de pratos, ou para reduzir o tempo de separação, ou para diminuir o consumo do solvente.

Escolha do solvente orgânico:
1. acetonitrila (CH_3CN)
2. metanol (CH_3OH)
3. tetraidrofurano
Para evitar o descarte da acetonitrila como resíduo perigoso, você pode hidrolisá-la a acetato de sódio e descartar a solução na pia do laboratório.[57]

A viscosidade das misturas metanol/água é até 70% maior do que a viscosidade da água pura.

A **Etapa 1** é a escolha das condições iniciais, conforme listado na Tabela 25.6. As condições típicas para CLAE de fase reversa são uma coluna de 15 cm de comprimento preenchida com sílica do tipo B contendo C_{18} (5 μm) ou uma coluna de 10 cm de comprimento preenchida com sílica do tipo B contendo C_{18} (3 μm). Para CLUE de fase reversa emprega-se uma coluna de 10 cm de comprimento preenchida com sílica do tipo B contendo C_{18} (≤ 2 μm). A primeira mistura de solventes a ser tentada é a de acetonitrila e água. A acetonitrila tem uma viscosidade pequena, que proporciona uma pressão operacional relativamente baixa e permite a detecção por ultravioleta até 190 nm (Tabela 25.4). Em 190 nm, muitos analitos possuem alguma absorbância. O metanol é a segunda melhor escolha como solvente orgânico, pois ele tem viscosidade maior e um comprimento de onda de corte no ultravioleta maior do que a acetonitrila. O tetraidrofurano é a última escolha, pois ele tem

TABELA 25.6 Condições iniciais para a cromatografia de fase reversa

Fase estacionária:	C_{18} ou C_8 sobre partículas de sílica tipo B
Coluna:	CLAE: 15 cm para partículas de 5 μm de diâmetro ou 10 cm para partículas de 3 μm de diâmetro (corrida cromatográfica mais curta com a mesma resolução) CLUE: 10 cm para partículas abaixo de 2 μm de diâmetro (corrida cromatográfica mais curta com resolução melhor)
Vazão:	CLAE: 1,0 mL/min para coluna de 0,46 cm de diâmetro 0,2 mL/min para colunas de 0,21 cm de diâmetro $= \left(\dfrac{0{,}21\ \text{cm}}{0{,}46\ \text{cm}}\right)^2 \left(1{,}0\ \dfrac{\text{mL}}{\text{min}}\right)$ CLUE: 0,7 mL/min para colunas de 0,21 cm de diâmetro (corrida cromatográfica mais curta)
Fase móvel:[a]	Analitos neutros: CH_3CN/água Analitos ácidos ou básicos fracos: CH_3CN/tampão aquoso[b] Gradiente: CH_3CN a 5% (v/v) em água ou tampão para CH_3CN a 95% (v/v)
Temperatura:	30–40 °C com controle de temperatura
Tamanho da amostra:	coluna de 0,46 cm de diâmetro × 15 cm de comprimento: ≤ 25 μL contendo ≤ 50 μg de cada analito neutro e ≤ 10 μg de cada analito iônico Para colunas mais estreitas ou mais curtas, dimensionamos o tamanho da amostra pelo V_M da nova coluna para V_M da coluna de 0,46 cm de diâmetro × 15 cm de comprimento ($\approx Ld_c^2/2 \approx 1{,}6$ mL)

a. Para separações isocráticas, começamos com CH_3CN a 80% e ajustamos para percentuais menores em etapas de 10% como na Figura 25.12 até que todos os compostos eluam dentro de $0{,}5 \le k \le 20$.

b. Tampões iniciais comuns são: tampão de fosfato 10 mM/pH 2,5. Preparado tratando-se H_3PO_4 com KOH. O íon K^+ é mais solúvel em solventes orgânicos que o íon Na^+. Essa concentração de fosfato é apropriada para a detecção por ultravioleta. Devemos adicionar solvente orgânico a 10% em volume, ou em maior concentração, como conservante, caso o tampão não seja utilizado imediatamente. Para espectrometria de massa, ácido fórmico a 0,1% ou ácido trifluoroacético a 0,1% são ácidos voláteis usados para diminuir o pH do eluente. Começamos com pH abaixo do pK_a de ácidos e bases fracos garantindo que o desenvolvimento do método comece com analitos em uma forma previsível; os ácidos são neutros e as bases são ionizadas. Ver Tabela 25.8 para outros tampões comuns. Acima de pH 8 são necessárias colunas especiais.

Dados de L. R. Snyder, J. J. Kirkland e J. W. Dolan, Introduction to Modern Liquid Chromatography, *3. ed. (Hoboken, NJ: Wiley, 2010), Tabelas 6.1 e 7.3.*

uma faixa limitada no ultravioleta, é oxidado lentamente formando peróxidos explosivos,[58] é incompatível com os tubos feitos de poliéter-éter-cetona (em inglês, PEEK) e atinge o equilíbrio com a fase estacionária mais lentamente.

A **Etapa 2** é o ajuste da composição da fase móvel para alcançar uma retenção de 0,5 ≤ k ≤ 2,0 para todos os compostos. A Figura 25.12 ilustra uma série de experimentos. O experimento inicial foi feito em uma elevada concentração de CH_3CN (B a 90%), de modo a garantir a eluição de todos os analitos presentes na amostra desconhecida. A seguir, a porcentagem de B foi sendo sucessivamente reduzida a fim de aumentar a retenção de todos os componentes. O eluente contendo B a 35% foi selecionado visto que ele resolveu todos os componentes, embora o último componente tenha levado 2 horas para ser eluído.

"Regra de Três": diminuir a porcentagem de B em 10% aumenta o fator de retenção, *k*, em um fator de ~3.

Com B a 35%, o pico 1 é eluído em 4,9 minutos e o pico 8 é eluído em 125,2 minutos. A frente do solvente aparece em t_M = 2,7 minutos. Portanto, k para o pico 1 é (4,9 – 2,7)/2,7 = 0,8 e k para o pico 8 é (125,2 – 2,7)/2,7 = 45. *Como não é possível enquadrar todos os compostos na faixa 0,5 ≤ k ≤ 20, é indicada uma eluição com gradiente* (Seção 25.4).

Se não tivéssemos que nos preocupar com as medidas dos picos de 1 a 3, fases móveis contendo 40, 50 e 60% de B forneceriam uma retenção adequada (0,5 ≤ k ≤ 20) para os picos de 4 a 8. Ainda é necessária uma otimização adicional da resolução.

Se todos os componentes não são eluídos na faixa 0,5 ≤ k ≤ 20, tentamos a eluição com gradiente.

Etapa 3 Nesse ponto, é uma boa prática verificar se a coluna fornece o número de pratos (N) esperado. O número de pratos observado na Figura 25.12 (12 000 pratos) está próximo do máximo teórico de 15 000 previsto pela Equação 25.1. Assim, a coluna está funcionando bem, e podemos prosseguir com o desenvolvimento do método. Se o número de pratos é baixo, a coluna deve ser lavada ou substituída, e o volume da pré-coluna do instrumento deve ser verificado.

Etapa 4 Otimização do Fator de Separação

O ajuste do fator de separação pode ser feito de várias maneiras:

i. Ajuste fino da composição do solvente (% de B).
ii. Variação da temperatura da coluna.
iii. Mudança de polaridade do solvente orgânico.
iv. Mudança de fase estacionária.

A opção (**i**), o procedimento mais simples e o primeiro a ser feito, é o ajuste fino da porcentagem de B.[59] Se estivermos desenvolvendo um método apenas para os compostos 4 a 8 na Figura 25.12, 45% de B resolve o tolueno (6) e o 2,6-dimetoxitolueno (7), e fornece um tempo total de corrida razoável. Não é necessária uma otimização adicional do fator de separação e, por isso, podemos pular para a etapa 5. A variação da porcentagem de B tem apenas efeitos

A retenção diminui de 1–3% para um aumento de temperatura de um grau.

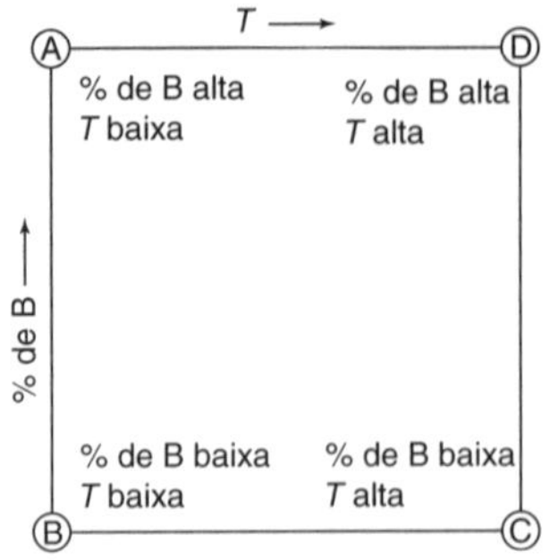

FIGURA 25.29 Desenvolvimento de método isocrático para CLAE, usando a composição do solvente (% de B) e a temperatura (*T*) como variáveis independentes. Os valores da % de B e da *T* variam, cada um deles, entre valores altos e baixos selecionados. A partir da qualidade das separações resultantes das condições A a D, podemos selecionar condições intermediárias para tentar melhorar a separação.

A maneira de sabermos a que composto corresponde cada pico é injetar um ou mais padrões para ver qual pico aumenta após a injeção, ou usar um espectrofotômetro com um conjunto de fotodiodos para registrar o espectro completo no ultravioleta de cada pico à medida que ele é eluído.

sutis na resolução nas Figuras 25.12 e 25.13. Algumas amostras apresentam grandes mudanças no fator de separação – mesmo uma mudança da ordem de eluição – quando se ajusta a porcentagem de B.

(**ii**) Se o ajuste da porcentagem de B não forneceu uma resolução adequada, um segundo procedimento para se fazer um ajuste fino no fator de separação é variar a temperatura da coluna. A maioria dos equipamentos de CLAE tem um dispositivo de controle de temperatura da coluna para assegurar uma retenção reprodutível. A temperatura da coluna pode afetar o fator de separação entre os compostos, e temperaturas elevadas permitem que a cromatografia seja conduzida mais rapidamente.[16,60] A Figura 25.29 sugere um procedimento sistemático para o desenvolvimento de um método no qual a composição do solvente e a temperatura são as duas variáveis independentes. A variação de uma delas por vez, seja % de B ou T, nos permite mapear as variações de seletividade decorrentes de cada variável. Uma combinação ótima de composição do solvente e da temperatura da coluna pode assim ser estabelecida. No caso de operação em temperaturas elevadas, o pH deve se situar abaixo de 6, de modo a retardar a dissolução da sílica. Alternativamente, temos as fases estacionárias baseadas em zircônia que podem operar até pelo menos 200 °C.

(**iii**) Caso nem o ajuste da composição do solvente nem a temperatura forneçam uma resolução adequada, a troca do solvente orgânico de acetonitrila para outro solvente orgânico com um tipo de polaridade diferente (Tabela 25.4) mudará a resolução.[61] A polaridade da acetonitrila é predominantemente dipolar; o metanol é um solvente formador de ligação de hidrogênio muito mais forte, e o tetraidrofurano não pode atuar como doador em uma ligação de hidrogênio.

A Figura 25.30 ilustra o efeito da mudança de solvente em uma separação. Para obter o cromatograma A, a fase móvel acetonitrila/tampão aquoso foi otimizada em conformidade com a etapa 2, de modo que todos os compostos são eluídos dentro da faixa $0,5 \le k \le 20$. Na melhor composição, acetonitrila a 30% em volume e tampão a 70% em volume, os picos 4 e 5 não estão resolvidos adequadamente para a análise quantitativa. O cromatograma B na Figura 25.30 mostra o efeito decorrente da mudança da fase móvel para metanol/tampão. Não é necessário repetirmos tudo novamente com metanol a 90% e tentar uma série em que o teor de metanol diminui. A Figura 25.31 nos permite selecionar uma mistura metanol/água com aproximadamente a mesma força da fase móvel que uma dada mistura acetonitrila/água. Uma linha vertical traçada a partir da acetonitrila a 30% (a composição usada no cromatograma A) intercepta a linha do metanol próximo a 40%. Portanto, o metanol a 40% possui, aproximadamente, a mesma força da fase móvel que a acetonitrila a 30%. O tempo de retenção médio no cromatograma B na Figura 25.30 é, de fato, quase o mesmo no cromatograma A. Com metanol, entretanto, os sete componentes deram somente cinco picos – alguns componentes eluem juntamente. Também, quando trocamos da acetonitrila para metanol, a ordem de eluição de alguns compostos mudou.

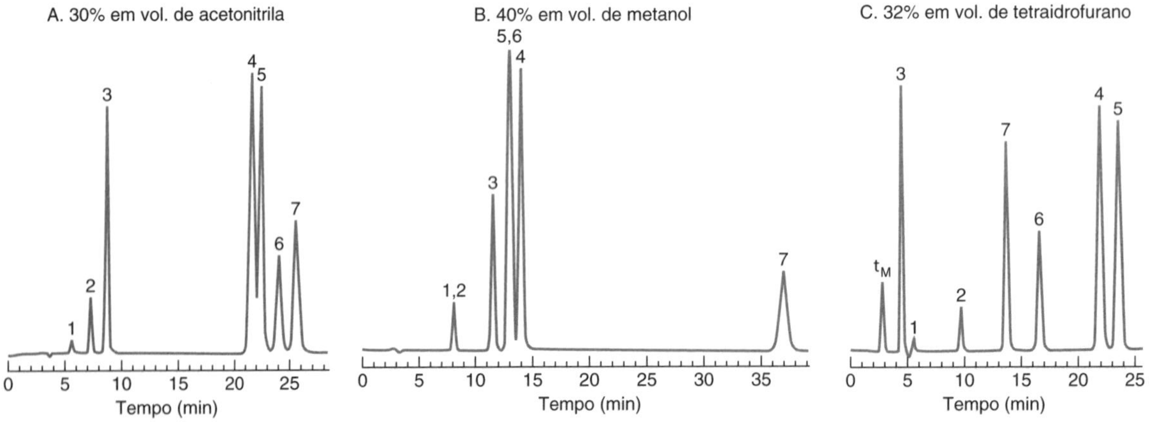

FIGURA 25.30 Efeito do solvente orgânico na separação de sete compostos aromáticos por CLAE. Coluna: 25 cm de comprimento e 0,46 cm de diâmetro contendo Hypersil ODS (C_{18} em sílica com 5 μm) à temperatura ambiente (~22 °C). A vazão de eluição foi 1,0 mL/min com os seguintes solventes: (A) 30% em vol. de acetonitrila/70 % em vol. de tampão aquoso; (B) 40% em vol. de metanol/60% em vol. de tampão aquoso; e (C) 32% em vol. de tetraidrofurano/68% em vol. de tampão aquoso. O tampão aquoso continha KH_2PO_4 25 mM mais 0,1 g de NaN_3, ajustada para pH 3,5 com HCl. A inclinação negativa em C, vista entre os picos 3 e 1, está associada com a frente do solvente. As identidades dos picos foram rastreadas com espectrofotômetro de ultravioleta com um conjunto de fotodiodos: (1) álcool benzílico, (2) fenol, (3) 3′-4′-dimetoxiacetofenona, (4) *m*-dinitrobenzeno, (5) *p*-dinitrobenzeno, (6) *o*-dinitrobenzeno e (7) benzoína.

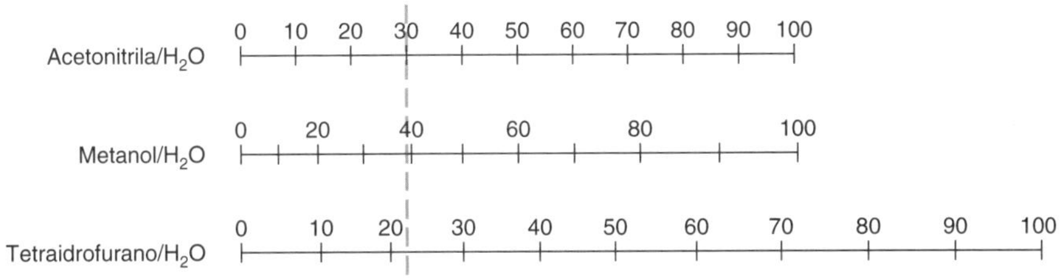

FIGURA 25.31 Diagrama (nomograma) mostrando as porcentagens em volume de solventes tendo a mesma força da fase móvel. Uma linha vertical intercepta cada linha de solvente no mesmo valor de força do eluente. Por exemplo, a mistura acetonitrila 30% em vol./água 70% em vol. tem aproximadamente a mesma força do eluente que a mistura metanol a 40% v/v ou tetraidrofurano a 22% v/v. [Dados de L. R. Snyder, J. J. Kirkland e J. L. Glajch, *Practical HPLC Method Development* (New York: Wiley, 1997).]

O cromatograma C na Figura 25.30 mostra a separação usando tetraidrofurano. A Figura 25.31 nos diz que o tetraidrofurano a 22% tem a mesma força da fase móvel que a acetonitrila a 30%. Quando tentamos usar tetraidrofurano a 22%, os tempos de eluição foram muito longos. O método de tentativa e erro demonstrou que o tetraidrofurano a 32% era a melhor escolha. Todos os sete compostos encontram-se nitidamente separados no cromatograma C, em um tempo aceitável. A ordem de eluição com tetraidrofurano é diferente da ordem vista com acetonitrila. Em geral, a mudança de solventes é um processo eficiente para modificar o fator de separação entre diferentes compostos. Entretanto, não é possível prever como o fator de separação mudará.

A mudança do solvente orgânico alterará a pressão da coluna. Em comparação à acetonitrila a 30% v/v, o metanol a 40% v/v e o tetraidrofurano a 32% v/v exigem, respectivamente, uma pressão 1,6 e 1,4 vez maior para a mesma vazão.

A mistura de múltiplos solventes orgânicos foi um método muito usado no passado para otimizar a resolução. Por exemplo, os solutos na Figura 25.30 são resolvidos em nível de linha de base e com $0,5 \leq k \leq 20$ usando uma fase móvel composta por metanol a 20%/tetraidrofurano a 16%/tampão aquoso a 64%. Entretanto, uma fase móvel contendo três ou mais componentes é complexa e exige um monitoramento constante para manutenção do desempenho. Assim, uma mistura de múltiplos solventes só deve ser usada caso as estratégias mais simples tenham falhado.

As fases móveis mais simples são mais robustas.

(iv) Se outras tentativas de mudar o fator de separação não fornecerem uma resolução adequada, podemos mudar a coluna. C_{18}-sílica é a fase estacionária mais comum, ela separa uma ampla variedade de misturas quando a fase móvel é escolhida criteriosamente, como nas Figuras 25.12 e 25.30. A retenção e a seletividade das colunas C_{18} dependem da sílica, do tamanho de poro, da fase ligada quimicamente e de outras características. Não podemos substituir aleatoriamente um tipo de coluna C_{18} por outro tipo de coluna C_{18} e esperar o mesmo resultado.[62]

Nem todas as colunas C_{18} são parecidas!

A Tabela 25.7 é um guia para a seleção de outras fases ligadas quimicamente. As colunas contendo sílica do tipo A não são recomendadas porque elas produzem picos com cauda para aminas e uma retenção menos reprodutível. A hidrofobicidade da fase depende da área superficial, da massa específica da fase ligada quimicamente, e do comprimento da cadeia de átomos de carbono do ligante unido à sílica. A química da fase ligada quimicamente e a incorporação de qualquer funcionalidade polar podem produzir interações adicionais que podem alterar o fator de separação. Os bancos de dados de várias centenas de colunas comerciais de CLAE estão disponíveis gratuitamente para ajudar o analista a selecionar colunas com seletividades comparáveis ou diferentes.[63]

TABELA 25.7 **Seleção de fases estacionárias ligadas quimicamente para cromatografia líquida de fase reversa**

Propriedades da coluna que afetam o fator de separação (α)
- Tipo de sílica (Tipo A *versus* Tipo B)
- Hidrofobicidade das fases ligadas quimicamente (ciano < fenil < C_8 < C_{18})
- Interações adicionais (fenil = pi-pi, configuração; ciano = dipolo; pentafluorofenil = pi-pi, dipolo, átomos de flúor)
- Grupos polares inseridos (ligação de hidrogênio, dipolo)
- Tipo de cobertura final (afeta particularmente as separações de aminas)

Propriedades da coluna que não afetam o fator de separação (α)
- Tamanho de partícula
- Diâmetro da coluna
- Comprimento da coluna

EXEMPLO Seleção de uma Fase Ligada

Sugira um procedimento para separar em curto intervalo de tempo os compostos vistos a seguir.

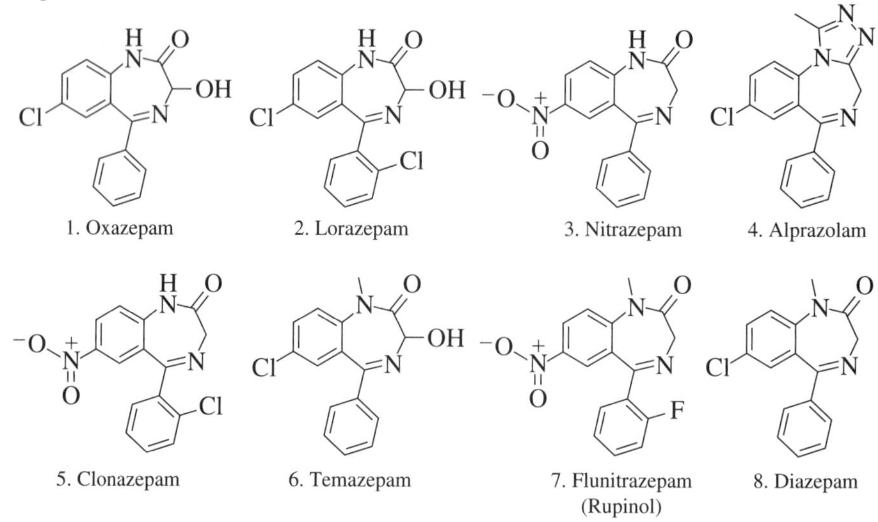

Solução Todos os compostos têm anéis fenila hidrofóbicos, tornando-os passíveis de separação por cromatografia de fase reversa com detecção por ultravioleta. C_{18} é a fase estacionária mais comum usada em cromatografia de fase reversa, por isso ela é tentada inicialmente na Figura 25.32. A ordem de eluição deve ser do mais polar para o menos polar. Entretanto, a mistura de características polares e apolares desses compostos torna difícil prever a ordem de eluição exata. Três pares de analitos têm picos sobrepostos com a coluna C_{18} no cromatograma superior. A Tabela 25.7 sugere que a fase estacionária com grupos fenil retém analitos por interações pi-pi, o que pode ser bom para diferenciar os picos. A interação adicional aumenta a retenção e todos os picos são resolvidos na linha de base.

Ao tentar separar compostos, devemos levar em consideração as *diferenças* nos compostos que eluem juntos, e não as *semelhanças*. Os analitos diferem substancialmente em seu caráter polar. A Tabela 25.7 indica que grupos polares inseridos contribuem com interações polares para a retenção. A coluna contendo grupos polares inseridos muda a ordem de eluição no terceiro cromatograma na Figura 25.32, mas agora diferentes analitos eluem conjuntamente. A Tabela 25.7 mostra que as colunas de pentafluorofenil fornecem interações pi-pi e interações dipolo. O diagrama inferior na Figura 25.32 mostra que isso gera uma seletividade diferente, mas os picos 4 e 6 eluem conjuntamente. Cada tipo de coluna de fase reversa oferece seletividade diferente, sendo a coluna de fenil-hexil a melhor para esta aplicação.

Nas palavras de Izaak Kolthoff, um dos mais proeminentes químicos analíticos do século XX,
A teoria orienta, a experiência decide.

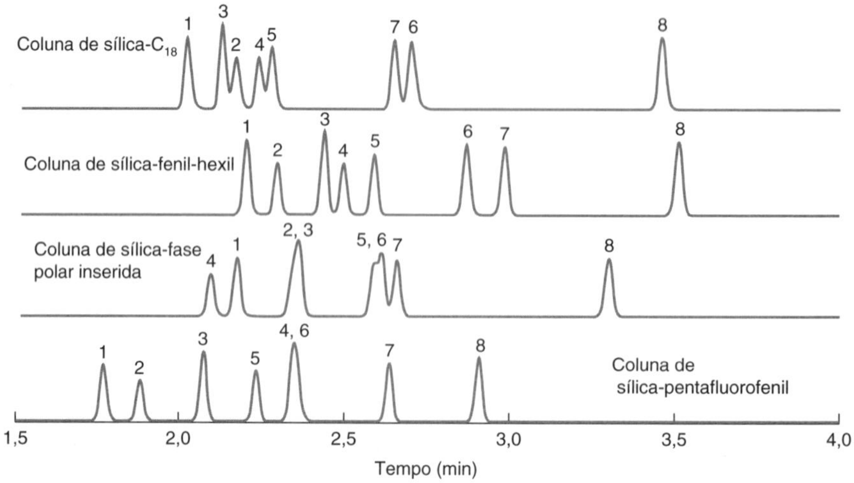

FIGURA 25.32 Cromatogramas de fármacos antiansiedade em colunas HALO superficialmente porosas de fase de sílica-C_{18}, sílica-fenil-hexil, sílica-fase polar inserida e sílica-pentafluorofenil. Colunas: 50 × 4,6 mm compactadas com partículas de 2,7 μm. Fase móvel: gradiente de acetonitrila 34 a 64% (v/v) durante 3,5 minutos, com acetato de amônio 25 mM, 1,5 mL/min a 35 °C. [Cortesia de Advanced Materials Technology, Wilmington, DE.]

TESTE-SE Por que a ordem de retenção dos picos 1 e 4 muda na coluna de sílica-fase polar inserida, que tem um grupo amida como mostrado na Seção 25.1?

(***Resposta:*** Oxazepam (1) possui funcionalidade hidroxila que pode formar ligação de hidrogênio com os grupos amida na coluna de fase polar inserida, aumentando a retenção. Alprazolam (4) não tem qualquer funcionalidade que poderia formar ligação de hidrogênio, como consequência, resulta em uma retenção relativa menor.)

Etapa 5 Otimização das Dimensões da Coluna

O ajuste da retenção (Etapa 2) e, a seguir, do fator de separação (Etapa 4) conduzem frequentemente a uma separação adequada. Melhorias adicionais na resolução podem ser obtidas por alteração das condições da coluna (comprimento, tamanho de partícula ou vazão) para aumentar o número de pratos, *N*.[64,65] Para determinada fase estacionária, a mudança do comprimento da coluna ou do tamanho de partícula não alterará o fator de retenção (k) ou o fator de separação (α), mas pode aumentar o tempo de separação (coluna mais longa ou uma vazão menor).

Inversamente, se a resolução é mais do que adequada (resolução >>2), um número de pratos menor pode ser suficiente, resultando em uma separação mais rápida. Para a separação dos compostos 4 a 8 na Figura 25.12, acetonitrila a 40% fornece uma resolução de 3,3 com a coluna de 25 cm de comprimento com partículas de 5 μm, mas o tempo de execução é 68 minutos. Uma coluna de 10 cm de comprimento com as mesmas partículas fornece uma resolução de 2,1 e reduz o tempo de execução para 27 minutos.

EXEMPLO Ajuste das Condições da Coluna

Como as condições da coluna na Figura 25.12 podem ser modificadas de modo a obter a mesma resolução em um tempo menor?

Solução A Equação 25.1 mostrou que o número de pratos de uma coluna está relacionado com a razão entre seu comprimento e o tamanho de partícula (L/d_p). Uma coluna de 15 cm de comprimento preenchida com partículas de 3 μm fornece o mesmo número de pratos que a coluna de 25 cm de comprimento com partículas de 5 μm usada na Figura 25.12.

$$N \approx \frac{3\,000\ L\ (\text{cm})}{d_p\ (\mu\text{m})} = \frac{3\,000\ (25\ \text{cm})}{(5\ \mu\text{m})} = 15\,000 = \frac{3\,000\ (15\ \text{cm})}{(3\ \mu\text{m})}$$

O tempo necessário para uma separação é proporcional ao comprimento da coluna. O tempo de análise usando uma coluna de 15 cm de comprimento será (15 cm/25 cm) ou 60% do tempo na Figura 25.12.

TESTE-SE Qual é o comprimento de uma coluna preenchida com partículas de 2 μm necessário para se obter o mesmo número de pratos que na Figura 25.12? Quanto tempo levará essa separação?

(***Resposta:*** 10 cm, e a separação levará apenas 10/25 ou 40% do tempo na Figura 25.12.)

Se um método for executado várias vezes, otimizamos as dimensões da coluna para minimizar o consumo de solvente e o tempo de análise. Um método para o medicamento para HIV/AIDS doravirina foi inicialmente desenvolvido em uma coluna de 5,0 cm de comprimento × 0,46 cm de diâmetro preenchida com partículas C_{18} de 5 μm.[66] Usando uma coluna de 0,21 cm de diâmetro e mantendo a velocidade linear constante – mediante a diminuição da vazão de 1,5 para 0,31 mL/min – reduziu o descarte de efluentes em 81%. A redução do tamanho da partícula para 3 μm forneceu maior número de pratos e conduziu a uma resolução > 2. Mudar de 40 para 50% de acetonitrila reduziu o fator de retenção, mas ainda alcançou resolução > 2. Tempos de retenção reduzidos encurtaram a análise em 43%, com redução adicional na geração de efluentes. Dessa forma, uma empresa farmacêutica usou 2 100 L/ano a menos de fase móvel – uma economia de mais de US$ 110 000, além de reduzir o impacto ambiental. Em última análise, as condições da coluna são um balanço entre a resolução, o tempo de execução, a pressão da coluna e o consumo de solvente.

Para tornar os métodos da CLAE mais verdes (mais ecológicos) devemos:
- reduzir o diâmetro da coluna para reduzir o consumo de solvente
- usar uma coluna mais eficiente (*H* mais baixo) para atingir o número de pratos necessários em menos tempo e com menos solvente
- encurtar o tempo de análise, mantendo $0{,}5 \le k \le 20$ e resolução ≥ 2
- usar fase móvel mais verde (Problema 25.40).

Como o pH Afeta a Retenção

Se o soluto é um ácido ou uma base, sua carga depende do pH. A forma neutra é retida por colunas de fase reversa ("semelhante dissolve semelhante"), enquanto a forma ionizada é hidrofílica e, portanto, fracamente retida. A cinética do equilíbrio de dissociação de um ácido é extremamente rápida se comparada à escala de tempo das separações em CLAE. Portanto, a retenção é controlada pela forma "média" do ácido ou da base. Logo

Fator de retenção de um ácido fraco: $$k_{obs} = \alpha_{HA} k_{HA} + \alpha_{A^-} k_{A^-} \quad \textbf{(25.6a)}$$

$$\alpha_{HA} = \frac{[HA]_{aq}}{[HA]_{aq} + [A^-]_{aq}} \qquad \alpha_{A^-} = \frac{[A^-]_{aq}}{[HA]_{aq} + [A^-]_{aq}}$$

em que α_{HA} é a fração do ácido na forma neutra HA na fase móvel, α_{A^-} é a fração do ácido na forma ionizada A^-, e k_{HA} e k_{A^-} são os fatores de retenção para as formas completamente protonada e completamente dsprotonada. Para uma molécula pequena, a forma ionizada não é praticamente retida ($k_{A^-} \approx k_{BH^+} \approx 0$), logo

Fator de retenção de um ácido fraco pequeno: $$k_{obs} \approx \alpha_{HA} k_{HA} \quad \textbf{(25.6b)}$$

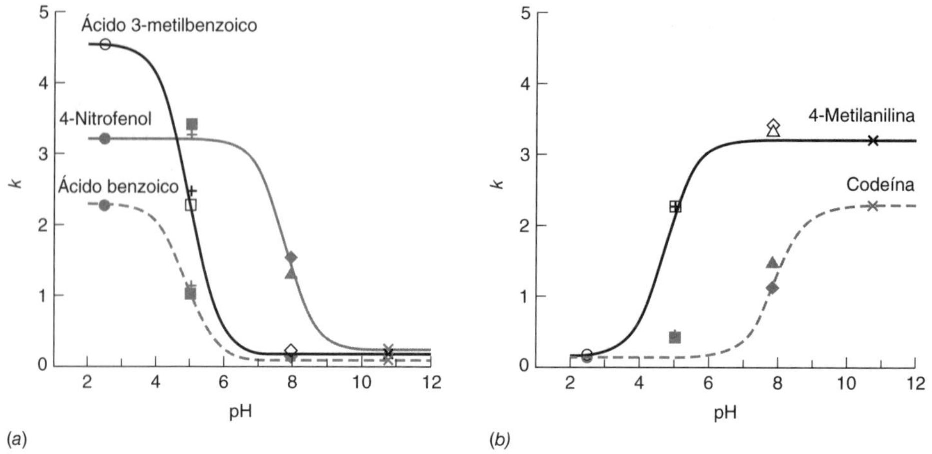

FIGURA 25.33 Efeito do pH na retenção de fase reversa de (*a*) ácidos fracos e (*b*) bases fracas. Tampões diferentes são usados para cobrir a faixa de pH: ○ pH 2,48, fosfato; + 5,01, acetato; □ 5,01, piperazina; ◊ 7,90, fosfato; Δ 7,91, tris; × 10,76, aminobutano. O efeito do pH é muito maior do que o efeito do tipo de tampão. As separações foram conduzidas em uma coluna X-Terra MS-C_{18} de 15 cm de comprimento e 0,46 cm de diâmetro, a 25 °C. As fases comuns de sílica estão limitadas à faixa de pH 2–8. [Dados de L. G. Gagliardi, C. B. Castells, C. Ràfols, M. Rosés e E. Bosch, "Modeling Retention and Selectivity as a Function of pH and Column Temperature in Liquid Chromatography", *Anal. Chem.* **2006**, *78*, 5858.]

O tampão aquoso para CLAE é preparado e o pH é ajustado antes de misturá-lo com solvente orgânico. Registre o pH e a concentração do tampão aquoso antes da mistura.[27]

A Figura 25.33a mostra que em valores de pH baixo um ácido como o ácido benzoico ($pK_a = 4{,}20$) está quase totalmente protonado ($\alpha_{HA} \approx 1$), e sua retenção não é afetada por pequenas variações do pH. À medida que o pH da fase móvel se aproxima do pK_a, há um decréscimo notável da fração de ácido benzoico na forma protonada e, portanto, em sua retenção. Em pH bem acima do pK_a, o benzoato ionizado é a forma dominante e é essencialmente não retida. O solvente orgânico na fase móvel estabiliza a forma neutra HA com relação à forma iônica A^-. Portanto, o solvente orgânico eleva o pK_a de ácidos fracos, mas também eleva o pK_a da maioria dos tampões. Assim, o pK_a da fase aquosa é normalmente usado como guia no desenvolvimento do método para a CLAE.

De maneira análoga, para bases fracas,

Fator de retenção de uma base fraca: $$k_{obs} = \alpha_{BH^+} k_{BH^+} + \alpha_B k_B \underset{\text{aproximação de moléculas pequenas}}{\approx} \alpha_B k_B \qquad (25.7)$$

em que α_{BH^+} é a fração de base na forma protonada BH^+ na fase móvel, α_B é a fração de base na forma neutra B, e k_{BH^+} e k_B são os fatores de retenção para a forma completamente protonada e para a forma neutra. A Figura 25.33b mostra que uma base como a 4-metilanilina ($pK_a = 5{,}08$) está fracamente retida em pH baixo, e é cada vez mais retida à medida que o pH se aproxima de seu pK_a. A seguir, a retenção é constante bem acima do valor de pK_a, quando B está completamente desprotonada. Solventes orgânicos na fase móvel deslocam o pK_a para BH^+ para valores ligeiramente mais baixos do que os valores para as fases aquosas. Ácidos desprotonados hidrofóbicos maiores (A^-) e bases protonadas (BH^+) podem apresentar retenção apreciável.

Testamos a solubilidade de tampões novos, misturando-os com solvente orgânico em um béquer, e esperando pela formação de uma turbidez. Solubilidade dos tampões:

$NH_4^+ A^- > K^+ A^- > Na^+ A^-$

$CH_3OH > CH_3CN >$ tetraidrofurano

Sinais de um mau tamponamento:

- má reprodutibilidade do tempo de retenção
- picos assimétricos em formato de "barbatana de tubarão".

Ao separar ácidos ou bases, o componente aquoso da fase móvel deve conter um tampão. A retenção de compostos neutros praticamente não é afetada pela presença de tampões. Um tampão para CLAE deve apresentar uma capacidade de tamponamento adequada no pH desejado, ser solúvel na fase móvel e ser compatível com o detector e o instrumento. A Tabela 25.8 apresenta tampões comuns para CLAE. Nas separações com detecção por ultravioleta e pH ≤ 8, os tampões usuais são fosfato, trifluoroacetato, formiato e acetato. A volatilidade dos tampões é importante em detectores como os de espectrometria de massa por electrospray ou evaporativo por espalhamento de luz. Os tampões contendo íons amônio são mais solúveis do que os tampões com íons potássio, que, por sua vez, são mais solúveis do que os tampões de íons sódio. Os tampões são mais solúveis em metanol, seguido por acetonitrila, e menos solúveis em tetraidrofurano. Para assegurar uma capacidade de tamponamento adequada, devemos considerar tanto o pK_a como a concentração do tampão (a faixa 5 a 25 mM é típica).

Para evitar contaminação ao preparar um tampão, não mergulhamos o eletrodo de pH diretamente no tampão. Colocamos uma pequena quantidade da fase móvel em um béquer e medimos seu pH. Se o pH não estiver correto, descartamos a alíquota, ajustamos o pH da fase móvel, em seguida colocamos outra alíquota e verificamos seu pH. Adicionamos ≥ 10% de solvente orgânico nas fases aquosas tamponadas para inibir o crescimento microbiano. Armazenamos as soluções-tampão estoque (10 a 50×) em uma geladeira. Marcamos a data de preparação em todas as fases móveis. Substituímos os tampões aquosos após 1 semana. Água acidificada simples, como ácido fórmico a 0,1% ou ácido trifluoroacético, pode ser mantida por 1 a 2 meses.[67]

Otimização de Separações Isocráticas de Ácidos e Bases

As etapas na otimização da separação de ácidos e bases por cromatografia de fase reversa são semelhantes àquelas para compostos neutros, com algumas poucas diferenças importantes.

TABELA 25.8 Tampões comuns em CLAE

Tampão	pK_a fase aquosa	Faixa de pH de tamponamento	Corte no ultravioleta (nm)*	Comentários
Ácido trifluoroacético (TFA)	0,3		210 (0,1%)	Par iônico, volátil
Fosfato pK_{a1}	2,1	1,1–3,1	< 200 (10 mM)	Solubilidade limitada
pK_{a2}	7,2	5,2–8,2	< 200 (10 mM)	
Citrato pK_{a1}	3,1	2,1–4,1	230 (10 mM)	Pode corroer o aço inoxidável
pK_{a2}	4,7	3,7–5,7	230 (10 mM)	
pK_{a3}	6,4	5,4–7,4	230 (10 mM)	
Formiato	3,8	2,8–4,8	210 (10 mM)	Volátil
Acetato	4,8	3,8–5,8	210 (10 mM)	Volátil
BIS-TRIS propano · 2HCl pK_{a1}	6,8	5,8–7,8	215 (10 mM)	A oxidação da solução do tampão pelo ar aumenta a absorbância no UV
pK_{a2}	9,0	8,0–10,0	215 (10 mM)	
Borato	9,1	8,1–10,1	200 (10 mM)	
Amônia	9,2	8,2–10,2	200 (10 mM)	Volátil
Bicarbonato pK_{a2}	10,3	9,3–11,3	< 200 (10 mM)	Volátil
1-Metilpiperidina · HCl	10,1	9,1–11,1	215 (10 mM)	A absorbância no UV aumenta à medida que a solução-tampão envelhece
Trietilamina · HCl	11,0	10,0–12,0	< 200 (10 mM)	A absorbância no UV aumenta à medida que a solução-tampão envelhece

**Absorbância da solução aquosa < 0,5 em comprimentos de onda acima do corte.*

FONTE: Dados de L. R. Snyder, J. J. Kirkland e J. W. Dolan, Introduction to Modern Liquid Chromatography, 3. ed. *(Hoboken, NJ: Wiley, 2010),* Tabela 7.1.

Podemos usar tampões de pH distintos para controlar o grau de protonação dos analitos. A retenção muda drasticamente quando o pH está próximo ao valor do pK_a de ácidos carboxílicos ou aminas (Figura 25.33). Para assegurar uma retenção forte e um método robusto, o pH deve se situar bem abaixo do valor do pK_a de ácidos carboxílicos (4 a 5) ou bem acima do pK_a das aminas (5 a 10). O pH elevado (> 8) necessário para desprotonar a maioria das aminas exige colunas especiais para evitar a dissolução das partículas de sílica.

O desenvolvimento do método geralmente começa com uma fase móvel de pH 2,5 a 3,0 usando tampão fosfato para detecção por ultravioleta ou formiato de amônio para detecção por espectrometria de massa. O pH baixo garante que ácidos e bases fracos estejam em uma forma ionizada previsível – os ácidos são neutros e as bases são ionizadas – a partir da qual iniciamos o desenvolvimento do método. Começamos com um percentual elevado de B para assegurar que todos os compostos sejam eluídos em um tempo razoável, para em seguida ajustarmos o % de B para valores menores até que haja uma retenção razoável de todos os compostos. Caso haja picos que não se enquadram na faixa $0,5 \leq k \leq 20$, faz-se necessário um gradiente de eluição. O fator de separação pode ser muito bem ajustado por meio do pH, mas o ideal é que o pH do tampão esteja uma unidade de pH acima do pK_a dos componentes críticos. Se o pH otimizado estiver próximo ao valor de pK_a, alcança-se uma melhor reprodutibilidade de retenção mediante a preparação de tampões por massa ou volume, e não pelo ajuste do pH por meio de um peagâmetro.

Etapas para otimização da separação de compostos ionizáveis

1. Escolhemos a coluna, o solvente orgânico e o *pH*.
2. Ajustamos o % de B para que $0,5 \leq k \leq 20$.
3. Ajustamos a retenção relativa com *pH* (o mais importante) > solvente ≈ coluna > % de B > temperatura >> *concentração do tampão* ou *tipo de tampão* (o menos importante).

25.4 Separações com Gradiente[3]

A Figura 25.12 mostra uma separação isocrática de oito compostos que necessitava de um tempo de análise superior a 2 horas. Quando a força da fase móvel foi suficientemente baixa para resolver os primeiros picos (2 e 3), a eluição dos últimos picos foi muito lenta. Para manter a resolução desejada, mas diminuir o tempo de análise, o *gradiente segmentado* (um gradiente com várias partes distintas) na Figura 25.14 foi selecionado. Os picos 1 a 3 foram separados com uma força de fase móvel baixa (B a 30%). Entre 8 e 13 minutos, a fração de B foi aumentada linearmente de 30 para 45% para eluir os picos do meio. Entre 28 e 30 minutos, a fração de B foi aumentada linearmente de 45 para 80% para eluir os picos finais.

Gradiente de Exploração para Iniciar o Desenvolvimento de um Método

A forma mais rápida de decidir se usamos eluição isocrática ou com gradiente é fazer uma corrida cromatográfica com um amplo gradiente.[68] A Figura 25.34a mostra como a mistura da

A corrida cromatográfica exploratória de uma nova mistura deve ser com gradiente.

- Se $\Delta t/t_G > 0{,}40$, devemos usar uma eluição com gradiente.
- Se $\Delta t/t_G < 0{,}25$, devemos usar uma eluição isocrática.
- Um solvente isocrático deve ter a composição igual àquela aplicada na coluna a meio caminho do intervalo de tempo Δt.
- Se $0{,}25 \leq \Delta t/t_G \leq 0{,}40$, ambos podem ser usados. A decisão dependerá da complexidade da amostra.

amostra da Figura 25.12 é separada por um gradiente linear de acetonitrila, variando de 10 a 90% de acetonitrila em 40 minutos. O *tempo de gradiente*, t_G, é o tempo em que a composição do solvente varia (40 minutos). Vamos considerar que Δt seja a diferença entre os tempos de retenção do primeiro e do último pico no cromatograma. Na Figura 25.34a, Δt = 35,5 min – 14,0 min = 21,5 min. O critério para a escolha de quando usar um gradiente é

Usamos um gradiente se $\Delta t/t_G > 0{,}40$ Usamos eluição isocrática se $\Delta t/t_G < 0{,}25$

Se todos os picos são eluídos em uma pequena faixa de variação nas concentrações do solvente, então a eluição isocrática é recomendável. Se for necessária uma ampla faixa de concentrações do solvente, a eluição com gradiente é mais prática. Na Figura 25.34a, $\Delta t/t_G$ = 21,5 min/40 min = 0,54 > 0,40. Portanto, a eluição com gradiente é recomendada. A eluição isocrática é possível, mas, em termos práticos, o tempo necessário na Figura 25.12 é longo demais.

Se a eluição isocrática é indicada, em função de $\Delta t/t_G < 0{,}25$, então um bom solvente inicial é aquele com a composição necessária para o ponto na metade do intervalo de tempo Δt. Ou seja, se o primeiro pico é eluído em 10 minutos e o último pico em 20 minutos, um solvente isocrático razoável tem a composição definida como a do gradiente no instante de 15 minutos.

Caso $0{,}25 \leq \Delta t/t_G \leq 0{,}40$, tanto a eluição isocrática como a eluição com gradiente podem ser apropriadas. Outros fatores, como o equipamento disponível e a complexidade da amostra, influenciarão a escolha do tipo de eluição.

Desenvolvimento de uma Separação com Gradiente

Etapas no desenvolvimento de um método com gradiente:

1. Corremos um gradiente amplo (por exemplo, de B a 5% até 95%) em 40 a 60 min. A partir desta corrida cromatográfica, decidimos se a eluição com gradiente ou a eluição isocrática é melhor.
2. Se a eluição com gradiente for escolhida, suprimimos a sua ação antes do primeiro pico, e então prosseguimos aplicando o gradiente até o último pico. O tempo de gradiente a ser utilizado é o mesmo que na etapa 1.
3. Se a separação na etapa 2 é aceitável, tentamos reduzir o tempo de gradiente para tornarmos a corrida cromatográfica mais rápida.

A primeira corrida cromatográfica deve examinar uma ampla faixa de força da fase móvel, como a de B entre 10 e 90% em 40 minutos na Figura 25.34a. Por sorte, a primeira corrida na Figura 25.34 produziu uma separação satisfatória de todos os oitos picos. Podemos parar neste ponto se estivermos satisfeitos com um tempo de corrida cromatográfica de 36 minutos.

Ao desenvolvermos um método com gradiente, a etapa seguinte é a de procurarmos espalhar mais os picos por meio de um gradiente menos pronunciado. O perfil do gradiente da Figura 25.34a se assemelha ao da Figura 25.35. O pico 1 foi eluído em 14,0 minutos, quando o solvente continha 28% de B. O pico 8 foi eluído próximo de 35,5 minutos, em um valor de B de 71%. As regiões do gradiente de B entre 10 e 28% e de B entre 71 e 90% não são realmente necessárias. Logo, a segunda corrida podia ter sido feita com um gradiente entre 28 e 71% de B no mesmo tempo t_G (40 min). As condições escolhidas para a corrida cromatográfica na Figura 25.34b foram entre 30 e 82% de B em 40 minutos. Este gradiente espalhou mais os picos e reduziu o tempo de corrida para 32 minutos.

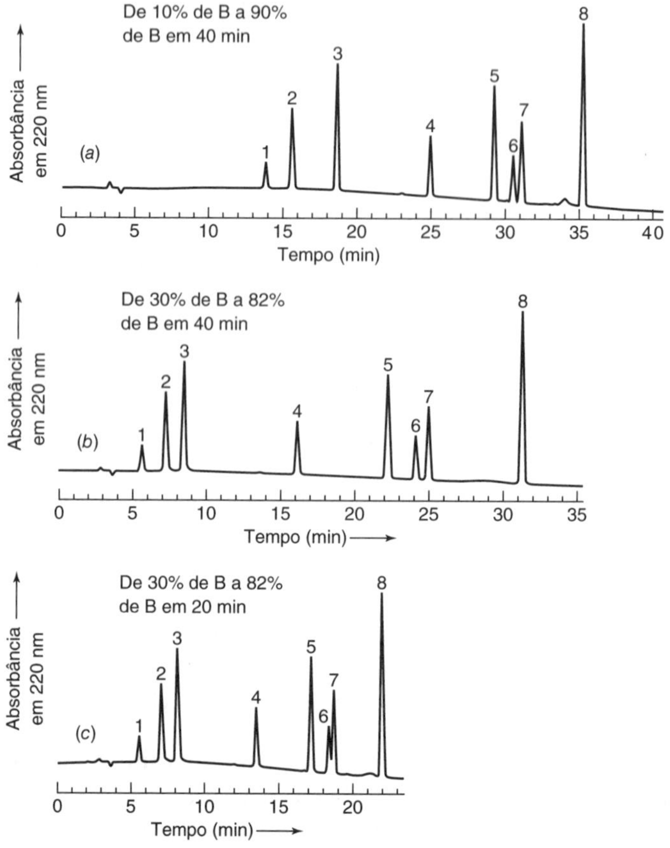

FIGURA 25.34 Separações com gradiente linear da mistura usada na Figura 25.12, com a mesma coluna e o mesmo sistema de solvente [tampão (solvente A) com acetonitrila (solvente B)], em uma vazão de 1,0 mL/min. O tempo de residência foi de 5 minutos.

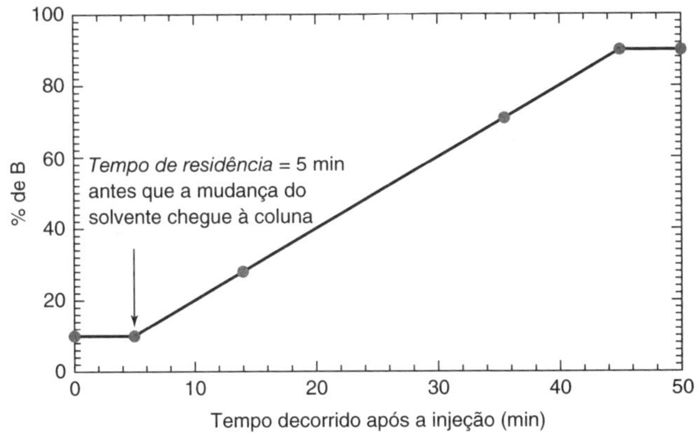

FIGURA 25.35 Gradiente de solvente para Figura 25.34a. O gradiente começou no tempo de injeção ($t = 0$), mas o tempo de residência era de 5 minutos. Logo, o solvente foi B a 10% durante os primeiros 5 minutos. A seguir, a composição aumentou linearmente para 90% de B em 40 minutos. Após $t = 45$ minutos, a composição passou a ser mantida constante em 90% de B.

Na Figura 25.34c, queremos ver se um gradiente mais pronunciado permite reduzir o tempo de corrida cromatográfica. Os limites do gradiente foram os mesmos do cromatograma *b*, mas t_G foi reduzido para 20 minutos. Os picos 6 e 7 não estão completamente resolvidos com o tempo de gradiente menor. O cromatograma *b* representa um conjunto de condições razoáveis para a separação com gradiente.

Se a separação na Figura 25.34b não fosse aceitável, podíamos tentar melhorá-la, reduzindo a vazão ou aplicando um *gradiente segmentado*, como o da Figura 25.14. O gradiente segmentado fornece uma composição de solvente apropriada para cada região do cromatograma. É fácil realizarmos experimentos envolvendo a vazão e os perfis de gradiente. As maiores dificuldades para melhorar uma separação envolvem as trocas de solvente, o uso de colunas maiores, o emprego de tamanho de partícula menor ou a troca da fase estacionária.

BOXE 25.3 Escolha das Condições do Gradiente e a Escala do Gradiente

Agora, vamos apresentar as equações que nos permitem selecionar condições de gradiente linear sensíveis, e a escala dos gradientes de uma coluna para outra. Para a eluição com gradiente, o fator de retenção médio, k^*, para cada soluto, é o valor de k quando o soluto se situa no meio da coluna:

$$k^* = \frac{t_G F}{\Delta\Phi V_M S} \quad (25.8)$$

em que t_G é o tempo de gradiente (min), F é a vazão (mL/min), $\Delta\Phi$ é a mudança da composição do solvente durante o gradiente, V_M é o volume da fase móvel na coluna (mL) e S é o coeficiente angular no modelo linear de força do solvente (Equação 25.4). Usaremos o valor de $S = 4$ como representativo para a discussão que se segue.

Em uma eluição isocrática, um fator de retenção $k \approx 5$ proporciona uma separação da frente de solvente e não requer um tempo excessivo. Para uma eluição com gradiente, $k^* \approx 5$ é uma condição de partida razoável. Vamos calcular um tempo de gradiente sensível para o experimento na Figura 25.34a, no qual escolhemos um gradiente entre 10 e 90% de B ($\Delta\Phi = 0{,}8$), em uma coluna de 25 × 0,46 cm, eluída com uma vazão de 1,0 mL/min. A partir da Equação 25.5, $V_M \approx Ld_c^2/2 = (25\text{ cm})(0{,}46\text{ cm})^2/2 = 2{,}6_5$ mL. Calculamos o tempo de gradiente requerido rearranjando a Equação 25.8:

$$t_G = \frac{k^* \Delta\Phi V_M S}{F} = \frac{(5)(0{,}8)(2{,}6_5\text{ mL})(4)}{(1{,}0\text{ mL/min})} = 42\text{ min} \quad (25.9)$$

Um tempo de gradiente razoável poderia ser 42 minutos. Na Figura 25.34a, t_G é 40 minutos, dando $k^* = 4{,}7$. Na Figura 25.34b, mudamos o gradiente para $\Delta\Phi = 0{,}52$, fornecendo uma melhor separação:

$$k^* = \frac{t_G F}{\Delta\Phi V_M S} = \frac{(40\text{ min})(1{,}0\text{ mL/min})}{(0{,}52)(2{,}6_5\text{ mL})(4)} = 7{,}3$$

A separação é pior na Figura 25.34c, na qual $k^* = 3{,}6$.

Se obtivermos sucesso na separação com gradiente e quisermos transferi-la de uma coluna 1 para uma coluna 2, onde as dimensões são diferentes, as relações de escala são:

$$\frac{F_2}{F_1} = \frac{m_2}{m_1} = \frac{t_{D2}}{t_{D1}} = \frac{V_2}{V_1} \quad (25.10)$$

em que F é a vazão volumétrica (mL/min), m é a massa da amostra, t_D é o tempo de residência antes de o gradiente atingir a coluna e V, o volume total da coluna. O tempo de gradiente, t_G, não deve ser mudado. Na Figura 25.35, o tempo de residência $t_D = 5$ minutos deve-se ao volume de residência entre o misturador e a coluna. A Equação 25.10 nos diz para trocar a vazão volumétrica, a massa de amostra e o tempo de residência em proporção ao volume da coluna. Se o volume de residência é pequeno em comparação com o volume de solvente na coluna, V_M, o tempo de residência t_D pode não ter importância. Contudo, se o volume de residência é grande, ele se torna um fator importante sobre o qual precisamos ter um pequeno controle.

Suponha que temos um gradiente otimizado em uma coluna de 25 × 0,46 cm e queremos transferi-lo para uma coluna de 10 × 0,21 cm. O quociente V_2/V_1 é $(\pi r^2 L)_2/(\pi r^2 L)_1$, em que r é o raio da coluna e L é o comprimento da coluna. Para estas colunas, $V_2/V_1 = 0{,}083$. A Equação 25.10 nos sugere diminuir a vazão volumétrica, a massa de amostra e o tempo de residência por 0,083 vez os valores utilizados para a coluna grande. O tempo de gradiente não pode ser mudado.

Quando fazemos essas mudanças, descobrimos que k^* é o mesmo para ambas as colunas. Se mudarmos uma condição que afeta k^*, precisamos fazer uma mudança compensatória para restaurar k^*. Por exemplo, a Equação 25.8 nos indica que se escolhermos dobrar t_G, precisamos diminuir a vazão pela metade, de maneira que o produto $t_G F$ seja constante e k^* permaneça constante.

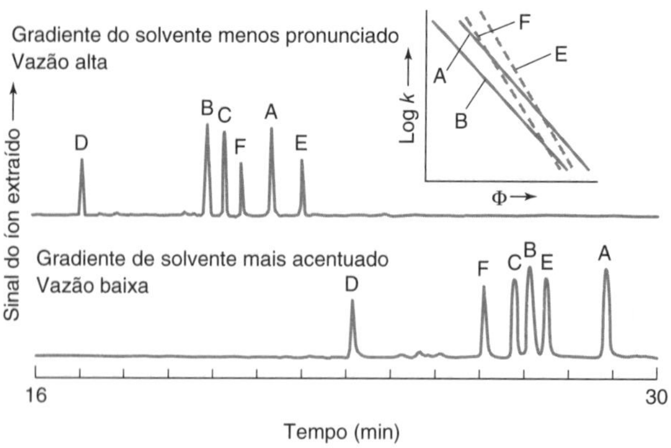

FIGURA 25.36 Efeito da vazão sobre a separação por gradiente de peptídeos de massas moleculares diferentes. A ordem de eluição dos peptídeos mais longos E e F muda com relação aos peptídeos mais curtos A e B quando as condições do gradiente do solvente são alteradas. [Dados de M. Gilar, H. W. Xie e A. Jaworski, "Utility of Retention Prediction Model for Investigation of Peptide Separation Selectivity in Reversed-Phase Liquid Chromatography: Impact of Concentration of Trifluoroacetic Acid, Column Temperature, Gradient Slope and Type of Stationary Phase," *Anal. Chem.* **2010**, *82*, 265.]

O rastreamento da identidade dos picos por meio de suas áreas ou com um detector seletivo, como a espectrometria de massa, ajuda no desenvolvimento de métodos com gradiente.

O Boxe 25.3 mostra como selecionar o tempo de gradiente e a escala de gradientes[69] de um tamanho de coluna para outro.

A ordem de eluição pode mudar quando as condições de gradiente são modificadas. Os gráficos de log k contra Φ, como os da Figura 25.13, mostram se alterações na ordem de eluição podem ocorrer. Na amostra da Figura 25.13, todos os componentes respondem de forma semelhante às mudanças na fase móvel, como evidenciado pelas linhas praticamente paralelas. Não há mudanças na ordem de eluição na Figura 25.34. Por outro lado, a Figura 25.36 mostra um exemplo em que as retas do gráfico de log k contra Φ não são paralelas e se cruzam entre si, de modo que se observam mudanças na ordem de eluição quando as condições do gradiente são alteradas.

Nas separações de fase reversa, devem ser passados 10 volumes de coluna (V_M) do solvente inicial através da coluna após uma corrida para equilibrar a fase estacionária com o solvente para a próxima corrida. O equilíbrio pode demorar tanto quanto a separação. Sob certas circunstâncias, a coluna não precisa chegar ao equilíbrio com o solvente inicial para que se tenha uma repetibilidade de corrida a corrida.[70]

Volume de Residência e Tempo de Residência

$$t_D = \frac{\text{volume de residência (mL)}}{\text{vazão (mL/min)}}$$

O volume entre o ponto em que os solventes são misturados e o início da coluna é chamado **volume de residência**. O *tempo de residência*, t_D, é o tempo necessário para o gradiente atingir a coluna. Em diferentes sistemas, os volumes de residência variam entre 0,5 e 10 mL. Para a Figura 25.35, o volume de residência é de 5 mL e a vazão de 1,0 mL/min. Portanto, o tempo de residência é igual a 5 minutos. Uma variação no solvente iniciada em 8 minutos não alcança a coluna antes de 13 minutos.

As diferenças nos volumes de residência entre diferentes sistemas são uma importante razão para que as condições de separações com gradiente em um cromatógrafo não sejam necessariamente transferidas para outro.[65,71] Os volumes de residência são menores para bombas de mistura de alta pressão e maiores para bombas de mistura de baixa pressão. É bastante útil citar o volume de residência de um sistema quando fazemos um relatório sobre uma separação com gradiente. Uma maneira para compensar o volume de residência é injetar a amostra no tempo t_D, em vez de injetá-la no tempo $t = 0$. Para o gradiente na Figura 25.35, teria sido melhor injetar a amostra em $t = 5$ minutos, mas isso não foi feito.

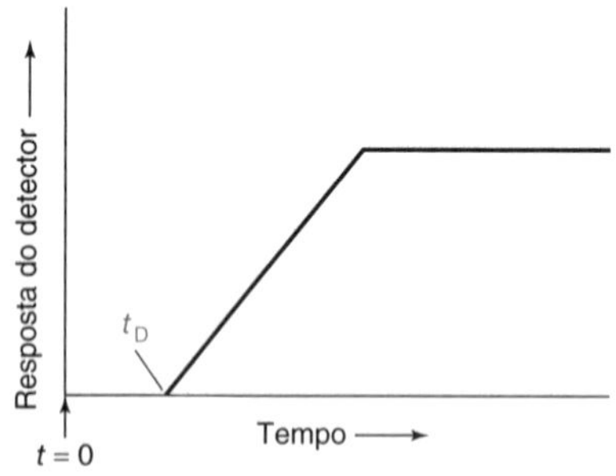

FIGURA 25.37 Medida do tempo de residência usando um solvente que não absorve no reservatório A e um solvente com pouca absorção no reservatório B. O gradiente, de 0 a 100% de B, começa no tempo $t = 0$, mas não alcança o detector antes do tempo t_D. A coluna é removida do sistema para esta medida. A resposta real será arredondada, no lugar das interseções agudas vistas nesta ilustração.

Podemos medir o volume de residência desconectando inicialmente a coluna e conectando o tubo de entrada diretamente ao tubo de saída. Colocamos água nos reservatórios A e B do sistema de distribuição de solvente. Adicionamos acetona 0,1% v/v ao reservatório B. Programamos o gradiente para ir de 0 a 100% de B em 20 minutos e começamos o gradiente em $t = 0$. Com o detector ajustado em 260 nm, a resposta ficará idealmente parecida com a da Figura 25.37. O intervalo de tempo entre o início do gradiente e a primeira resposta no detector é o tempo de residência, t_D.

25.5 Use um Computador

O desenvolvimento de um método analítico pode ser muito simplificado por simulações em computador usando programas disponíveis comercialmente,[3,72] ou sua própria planilha eletrônica. Com os dados de um pequeno número de experimentos, podemos prever os efeitos da composição do solvente e da temperatura nas separações isocráticas ou com gradiente. Usando um computador, podemos estimar as condições ótimas em questão de horas, em vez de dias de trabalho.

A base para a maioria das simulações de separações de fase reversa é o *modelo empírico linear de força do solvente* (Equação 25.4), o qual supõe uma relação logarítmica entre o fator de retenção, k, de um dado soluto e a composição da fase móvel, Φ. A Figura 25.38 mostra as

$$\log k = \log k_w - S\Phi \qquad (25.4)$$

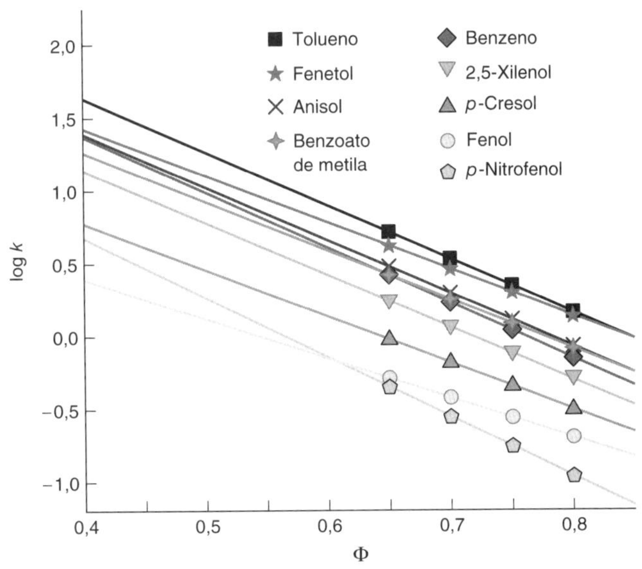

FIGURA 25.38 **Modelo linear de força do solvente. Gráfico de log *k* contra Φ para nove compostos orgânicos eluídos em uma coluna de C_{18} com metanol:água.** [Dados de R. A. Shalliker, S. Kayillo e G. R. Dennis, "Optimizing Chromatographic Separation: An Experiment Using an HPLC Simulator," *J. Chem. Ed.* **2008**, *85*, 1265.]

medidas para nove compostos na faixa de Φ entre 0,65 e 0,8 em metanol/água como eluente em uma coluna de C_{18}. Os parâmetros S e log k_w na Equação 25.4 são, respectivamente, os coeficientes angulares e as interseções com o eixo y das retas da Figura 25.38.

A Equação 25.4 não é exata para uma ampla faixa de composição de solvente (Φ). Na Figura 25.38, os autores variaram apenas Φ de 0,65 até 0,8. Quando extrapolamos além da faixa medida de Φ, estamos em uma região obscura. Os dados da Figura 25.38 foram obtidos em valores elevados de Φ, a fim de manter o tempo de corrida curto. Na faixa medida de Φ, o *p*-nitrofenol elui primeiro e, em seguida, o fenol é eluído. A extrapolação das retas indica que elas se cruzam em Φ = 0,61. Então, para Φ < 0,61, poderíamos prever que o fenol eluirá antes do *p*-nitrofenol.

Para simular um cromatograma para uma composição isocrática de solvente, como no caso de Φ = 0,6 para CH_3OH 60% em volume + H_2O 40% em volume, para determinada coluna de CLAE, começamos com o tempo para que o solvente passe pela coluna (t_M) = 1,85 minuto e o número de pratos (N) = 7 000. Então, para um dado valor de força do solvente Φ, o fator de retenção, k, para cada componente, é calculado a partir da expressão

$$k = 10^{(\log k_W - S\Phi)} \qquad \textbf{(25.11)}$$

O tempo de retenção, t_R, é determinado rearranjando a Equação 23.16 para a forma:

$$t_R = t_M(k+1) \qquad \textbf{(25.12)}$$

Assumindo que os picos têm uma forma gaussiana, o desvio-padrão da banda na Figura 23.9 é encontrado a partir de um rearranjo da Equação 23.30:

$$\sigma = t_R/\sqrt{N} \qquad \textbf{(25.13)}$$

A planilha eletrônica na Figura 25.39 simula uma separação isocrática. As células em destaque necessitam de dados. O tempo na célula C7 fornece o intervalo entre os pontos calculados no cromatograma. As áreas relativas nas células E14:E22 são arbitrárias. Podemos fixar todas elas em 1 ou, então, tentar variá-las para chegar às alturas dos picos em um cromatograma experimental. Os parâmetros lineares de força do solvente, log k_W e S nas células C14:D22 provêm de medidas experimentais na Figura 25.38. A planilha calcula k nas células F14:F22 por meio da Equação 25.11. Ela calcula t_R nas células G14:G22 com a Equação 25.12 e o desvio-padrão de cada pico gaussiano nas células H14:H22 por meio da Equação 25.13.

A forma de cada pico cromatográfico gaussiano é dada pela expressão

$$\text{Sinal do detector } (y) = \frac{\text{área relativa}}{\sigma\sqrt{2\pi}} e^{-(t-t_R)^2/2\sigma^2} \qquad \textbf{(25.14)}$$

em que as áreas relativas são os números que especificamos nas células E14:E22, t é o tempo, t_R é o tempo de retenção nas células G14:G22 e σ é o desvio-padrão nas células H14:H22. O sinal do detector, começando na célula E30, é a soma dos nove termos obtidos com a Equação 25.14 – um termo para cada composto presente na mistura. Cada composto tem seu próprio σ, t_R e área relativa. A planilha calcula o sinal do detector para tempos a partir de t = 0 até após a eluição do último pico.

	A	B	C	D	E	F	G	H
1	Simulador de cromatograma – Picos gaussianos							
2	Dados para metanol:água com coluna C-18 da Waters - Shalliker *et al.*, J. Chem. Ed. **2008,** *85*, 1265							
3								
4		constantes						
5		t_M =	1,85	min	(tempo para que a fase móvel percorra a coluna)			
6		N =	7000	pratos	(número de pratos para a coluna)			
7		tempo da etapa =	0,01	min	(tempo entre os pontos calculados)			
8		raiz quadrada(2*pi) =	2,50663					
9		Φ =	0,56		(fração de solvente orgânico)			
10								
11						k	Tempo de	σ (desvio-padrão
12	Composto				Área	Fator de	retenção	da largura
13	Número	Nome	log k_w	S	relativa	retenção	t_R (min)	do pico) (min)
14	1	p-nitrofenol	2,323	4,113	0,25	1,05	3,79	0,045
15	2	fenol	1,488	2,734	0,2	0,91	3,53	0,042
16	3	p-cresol	2,059	3,205	0,25	1,84	5,25	0,063
17	4	2,5-xilenol	2,591	3,619	0,4	3,67	8,63	0,103
18	5	benzeno	2,895	3,806	0,8	5,80	12,59	0,150
19	6	benzoato de metila	2,617	3,392	0,8	5,22	11,50	0,137
20	7	anisol	2,840	3,646	0,4	6,28	13,48	0,161
21	8	fenetol	2,734	3,258	0,4	8,12	16,87	0,202
22	9	toloueno	3,118	3,705	0,5	11,05	22,28	0,266

	C	D	E
27			y
28	tempo da	tempo	sinal do
29	etapa	(min)	detector
30	0	0	0
31	1	0,01	0
32	2	0,02	0

F14 = 10^(C14-D14*$C$9)
G14 = $C$5*(F14+1)
H14 = G14/SQRT($C$6)
Sinal do detector:
E30 = ($E$14/($H$14*$C$8)*EXP(-((D30-$G$14)^2)/(2*$H$14^2)))
+ ($E$15/($H$15*$C$8)*EXP(-((D30-$G$15)^2)/(2*$H$15^2)))
+ um termo análogo para cada um dos demais compostos

FIGURA 25.39 Planilha eletrônica para a simulação de uma separação cromatográfica isocrática.

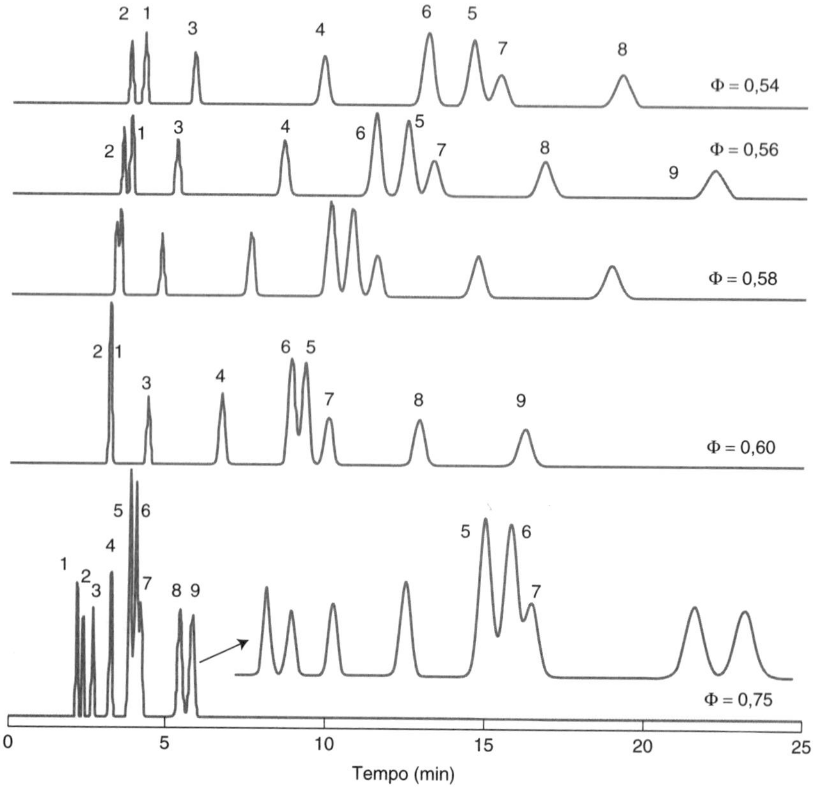

FIGURA 25.40 Cromatogramas simulados com o auxílio da planilha eletrônica da Figura 25.39. Os picos correspondem a: (1) *p*-nitrofenol; (2) fenol; (3) *p*-cresol; (4) 2,5-xilenol; (5) benzeno; (6) benzoato de metila; (7) anisol; (8) fenetol; (9) tolueno.

A Figura 25.40 mostra as simulações feitas com a planilha eletrônica. Em uma força de solvente Φ = 0,75, todos os nove compostos eluem em 6 minutos, mas a resolução dos picos 5, 6 e 7 é ruim. Em Φ = 0,60, os picos 1 e 2 se sobrepõem, e os picos 5 e 6 mudaram sua ordem de eluição. Em Φ = 0,56, todos os picos são resolvidos e o último pico elui em 22 minutos.

A composição do solvente Φ = 0,56 (56% em volume de metanol/44% em volume de tampão aquoso) não é suficiente o bastante para tornar o método cromatográfico robusto. Uma separação *robusta* é aquela que mantém uma resolução adequada a despeito de *pequenas* mudanças nas condições, como Φ, pH e temperatura. A *resolução* entre picos próximos é 1,5 para os picos 1 e 2, 1,8 para os picos 6 e 5, e 1,3 para os picos 5 e 7. Para uma separação robusta, desejamos que a resolução mínima seja 2,0, mas esse valor nem sempre pode ser atingido. Na composição do solvente Φ = 0,54, a resolução dos picos 2 e 3 e dos picos 6 e 5 é superior a 2,0, mas a resolução dos picos 5 e 7 foi reduzida a 1,2. O pico 9, que não aparece no cromatograma, tem um tempo de retenção de 26 minutos. A composição Φ = 0,56 parece ser mais ou menos o que se pode fazer com a mistura metanol + água na coluna empregada. Para se atingir uma melhor resolução, podemos reduzir a vazão, usar partículas de tamanhos menores, aumentar o comprimento da coluna ou mudar a temperatura, o solvente ou a fase estacionária.

$$\text{Resolução} = \frac{\Delta t_R}{w_{\text{méd}}} \qquad \text{(Equação 23.23)}$$

Δt_R = diferença entre tempos de retenção
$w_{\text{méd}}$ = largura média na base do pico = 4σ

Com base em poucos experimentos para determinar S e log k_W, podemos usar a planilha eletrônica para *estimar* que Φ = 0,56 é a condição ótima a ser tentada no laboratório. A composição do solvente Φ = 0,56 está fora da faixa medida na Figura 25.38. A única maneira de saber se as curvas da Figura 25.38 permanecem lineares até chegarem em Φ = 0,56 é fazer o experimento. Com apenas um pouco mais de complexidade, o modelo linear de força do solvente nos permite simular e otimizar separações com gradiente.[3]

Com as ferramentas apresentadas neste capítulo, em geral, podemos encontrar um meio de separar os componentes de uma mistura caso ela não tenha um número não muito grande de compostos. Se a cromatografia de fase reversa falhar, a cromatografia de fase normal ou um dos métodos descritos no Capítulo 26 pode ser apropriado. O desenvolvimento de um método é em parte ciência, em parte arte e em parte sorte.

Em tópicos suplementares no Ambiente de aprendizagem do GEN, você encontrará equações e uma planilha para simular gradiente e eluição isocrática.

Termos Importantes

cromatografia de fase normal
cromatografia de fase reversa
cromatografia de interação hidrofílica
cromatografia líquida de alta eficiência (CLAE)
cromatografia líquida de ultraeficiência
derivatização
detector de índice de refração
detector de ultravioleta
detector eletroquímico
detector evaporativo por espalhamento de luz
detector por aerossol carregado
eluição com gradiente
eluição isocrática
fase estacionária quimicamente ligada
fluido supercrítico
força da fase móvel
força do eluente
índice de polaridade
partícula superficialmente porosa
partículas microporosas
pré-coluna
substância hidrofílica
volume de residência
volume morto

Resumo

Na cromatografia líquida de alta eficiência (CLAE), o solvente é bombeado a uma alta pressão por meio de uma coluna que contém partículas da fase estacionária com diâmetros de 1,5 a 5 μm. Quanto menor for o tamanho da partícula, mais eficiente será a coluna, porém maior será a resistência à vazão. Partículas de sílica microporosa, com uma fase líquida ligada covalentemente, como os grupos octadecil (—$C_{18}H_{37}$), são as mais comuns. O índice de polaridade mede a capacidade de um solvente dissolver moléculas polares. A força da fase móvel mede a capacidade de determinado solvente eluir solutos em uma coluna. Na cromatografia de fase normal e na cromatografia de interação hidrofílica, a fase estacionária é polar e usamos um solvente menos polar. A força da fase móvel aumenta com a elevação da polaridade do solvente. A cromatografia de fase reversa é feita com uma fase estacionária apolar e um solvente polar. A força da fase móvel aumenta com a diminuição da polaridade do solvente. A maioria das separações de compostos orgânicos pode ser feita em colunas de fase reversa. Os compostos polares, que não são retidos em colunas de fase reversa, podem ser separados por cromatografia de interação hidrofílica. Os compostos polares que apenas se dissolvem em solventes orgânicos podem ser separados por cromatografia de fase normal. A cromatografia de fase normal ou a de carbono grafítico poroso é eficiente na separação de isômeros. Podemos usar fases quirais para separar isômeros ópticos.

Se uma solução contendo um solvente orgânico e água for usada em cromatografia de fase reversa, a força da força móvel aumenta com o aumento da porcentagem de solvente orgânico. Se o solvente tiver uma composição fixa durante todo o tempo de eluição, o processo é chamado eluição isocrática. Na eluição com gradiente, a força da fase móvel aumenta durante a cromatografia com o aumento da porcentagem do solvente forte (menos polar).

Uma bomba de alta qualidade fornece um fluxo homogêneo de solvente. A válvula de injeção permite a introdução rápida e precisa da amostra. Um filtro em linha é colocado antes da coluna analítica para protegê-la da contaminação com material particulado. Uma pequena pré-coluna, contendo a mesma fase estacionária da coluna analítica, pode ser colocada antes desta para protegê-la de solutos que se adsorvem irreversivelmente. A melhor instalação para a coluna é dentro de um forno, de modo a manter uma temperatura reprodutível. A eficiência da coluna aumenta com partículas menores e em temperatura elevada, pois aumenta a velocidade de transferência de massa entre as fases. A detecção por espectrometria de massa fornece informação qualitativa e quantitativa para cada substância eluída a partir da coluna. A detecção por ultravioleta é mais comum e pode fornecer informação qualitativa caso um conjunto de fotodiodos for usado para registrar um espectro inteiro de cada analito eluído. A detecção por índice de refração tem resposta universal, porém não é muito sensível. A detecção evaporativa por espalhamento de luz e o detector de aerossol carregado respondem em função das massas de cada soluto não volátil. Os detectores eletroquímicos e de fluorescência são de grande sensibilidade, mas são seletivos. Na cromatografia de fluido supercrítico, os solutos não voláteis são separados por um processo cuja eficiência, velocidade e detectores se assemelham muito mais à cromatografia gasosa do que à cromatografia líquida.

As etapas no desenvolvimento de um método são: (1) determinar quais os objetivos da análise, (2) selecionar um método de preparação da amostra, (3) escolher um detector e (4) usar um procedimento sistemático para selecionar o solvente para a eluição isocrática ou com gradiente. A acetonitrila, o metanol e o tetraidrofurano aquosos são normalmente os solventes para as separações de fase reversa. A retenção é otimizada variando-se a quantidade de solvente orgânico na fase móvel. O fator de separação é regulado por um ajuste cuidadoso da concentração do solvente orgânico, variação da temperatura e pela escolha de um novo solvente orgânico ou uma nova coluna. O comprimento da coluna e o tamanho de partícula podem ser modificados para aumentar o número de pratos ou a velocidade da análise. Os critérios para uma separação bem-sucedida são $0{,}5 \leq k \leq 20$, resolução $\geq 2{,}0$, pressão operacional ≤ 20 MPa (para equipamentos de CLAE) e fator de assimetria na faixa de 0,9 a 1,5. A retenção de ácidos fracos e bases fracas é controlada pelos seus estados de ionização, os quais são controlados pelo pH da fase móvel. Na seleção de uma fase móvel tamponada, devemos considerar o pH desejado, a capacidade de tamponamento, a solubilidade e a compatibilidade com a detecção.

Um gradiente amplo é uma boa escolha inicial para determinarmos se usamos eluição isocrática ou eluição com gradiente. Se não for possível a separação de todos os componentes na faixa $0{,}5 \leq k \leq 20$, é necessário uma eluição com gradiente. Os fatores de retenção medidos em algumas composições de solvente podem ser ajustados pelo modelo linear de força do solvente para que seja possível a otimização de uma separação com o auxílio de um computador.

Exercícios

25.A. Uma mistura conhecida de compostos A e B produziu os seguintes resultados de CLAE:

Composto	Concentração (mg/mL na mistura)	Área do pico (unidades arbitrárias)
A	1,03	10,86
B	1,16	4,37

Uma solução foi preparada a partir da mistura de 12,49 mg de B com 10,00 mL de uma amostra desconhecida, contendo apenas A, e diluindo a mistura formada a 25,00 mL. Foram observadas áreas de picos de 5,97 e 6,38 para A e B, respectivamente. Determine a concentração de A (mg/mL) na amostra desconhecida.

25.B. Uma fase estacionária quimicamente ligada, usada para a separação de isômeros ópticos, possui a estrutura

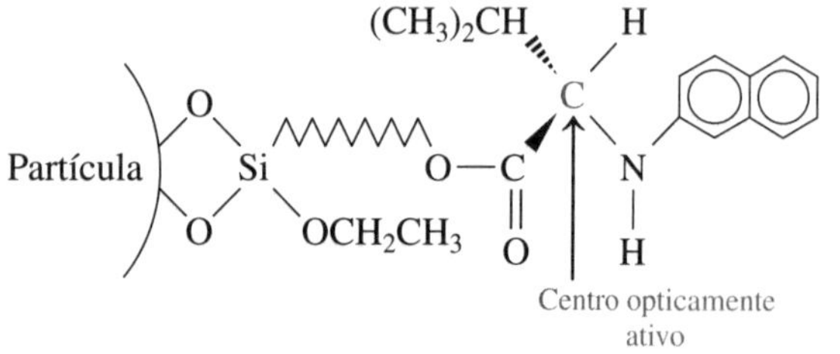

Para resolvermos os enantiômeros de aminas, álcoois ou tióis, os compostos são inicialmente derivatizados com um grupo nitroaromático, que aumenta suas interações com a fase ligada quimicamente e faz com que eles sejam observáveis com um detector espectrofotométrico.

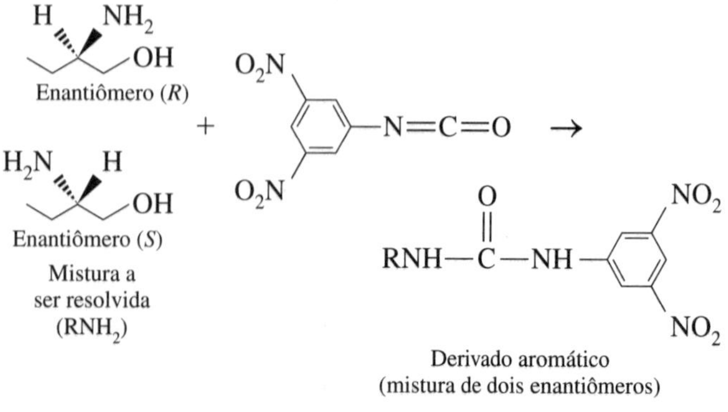

Quando a mistura é eluída com 2-propanol a 20% em volume de hexano, o enantiômero *R* é eluído antes do enantiômero *S*, com os seguintes parâmetros cromatográficos:

$$\text{Resolução} = \frac{\Delta t_R}{w_{\text{méd}}} = 7{,}7 \qquad \text{Retenção relativa}(\alpha) = 4{,}53$$

$$k \text{ para o isômero } (R) = 1{,}35 \qquad t_M = 1{,}00 \text{ min}$$

em que $w_{\text{méd}}$ é a largura média dos dois picos gaussianos nas suas bases.

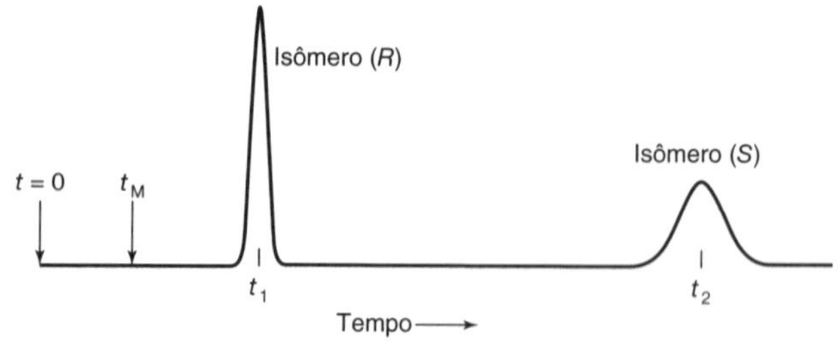

(a) Determine t_1, t_2 e $w_{\text{méd}}$, em unidades de minutos.

(b) A largura de um pico à meia altura é $w_{1/2}$ (Figura 23.9). Se o número de pratos para cada pico é o mesmo, determine $w_{1/2}$ para cada pico.

(c) A área de um pico gaussiano é 1,064 × altura do pico × $w_{1/2}$. Admitindo que as áreas sobre as duas bandas devem ser iguais, determine as alturas relativas dos picos ($\text{altura}_R/\text{altura}_S$).

25.C. Dois picos emergem de uma coluna cromatográfica como esboçado na ilustração vista a seguir.

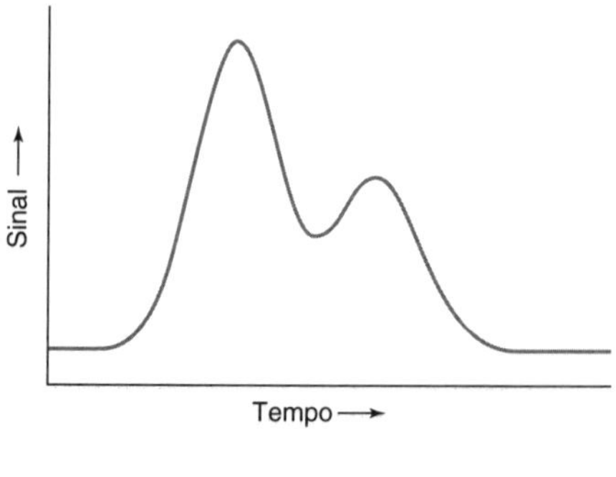

De acordo com a Equação 23.33, a resolução é dada por

$$\text{Resolução} = \frac{\sqrt{N}}{4}\frac{(\alpha-1)}{\alpha}\left(\frac{k_2}{1+k_2}\right)$$

em que N é o número de pratos, α é o fator de separação (Equação 23.20) e k_2 é o fator de retenção para o componente mais retido (Equação 23.16).

(**a**) Se você diminui a quantidade de solvente orgânico na fase móvel, você aumentará a retenção. Esboce o cromatograma se os fatores de retenção aumentam, mas N e α permanecem constantes.

(**b**) Se você muda o tipo de solvente ou a fase estacionária, você mudará o fator de separação (α). Esboce o cromatograma se α aumenta, mas N e k_1 permanecem constantes.

(**c**) Se você diminui o tamanho da partícula ou aumenta o comprimento da coluna, você pode aumentar o número de pratos. Esboce o cromatograma se N aumenta (i) por meio da redução do tamanho de partícula, e (ii) pelo aumento do comprimento da coluna. Admita que α e k_2 permanecem constantes.

25.D. Após a descoberta, em 2008, da presença de melamina e de ácido cianúrico, compostos venenosos, em amostras de leite na China (Boxe 11.3), houve uma intensa atividade no sentido de desenvolver novos métodos analíticos para determinar essas substâncias. Um método analítico para leite envolve a diluição de um volume de leite com nove volumes de H_2O/acetonitrila (20:80 v/v) para a precipitação das proteínas. A mistura é centrifugada por 5 minutos para remover o precipitado. O líquido sobrenadante é filtrado por um filtro de 0,5 μm, e injetado em uma coluna de um cromatógrafo de interação hidrofílica (fase estacionária: TSKgel Amide-80). Os produtos são identificados via espectrometria de massa por monitoramento seletivo de reações (Seção 22.5). A melamina é determinada no modo íon positivo por meio da transição $m/z = 127 \rightarrow 85$. O ácido cianúrico é determinado no modo íon negativo por meio da transição $m/z = 128 \rightarrow 42$.

(**a**) Escreva as fórmulas para os quatro íons, e proponha estruturas para todos eles.

(**b**) Apesar de o leite corresponder a uma mistura complexa, apenas um único pico definido é observado para a melamina e um para o ácido cianúrico, intencionalmente adicionados ao leite. Explique por quê.

25.E. O gráfico mostrado a seguir apresenta dados de retenção para uma coluna de C_8-sílica, tendo uma mistura acetonitrila/água como fase móvel.

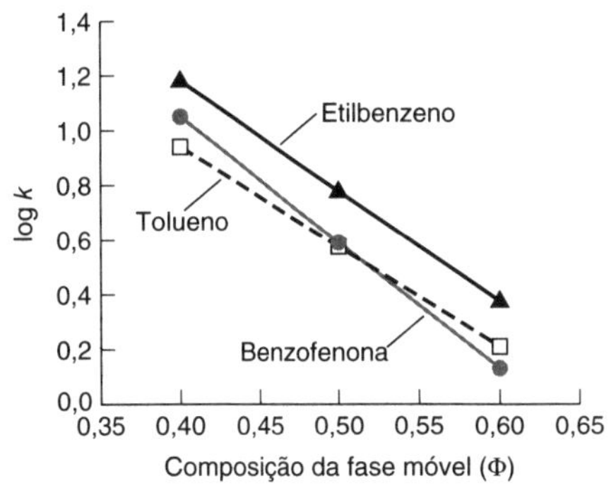

Gráfico de retenção pelo modelo linear de força do solvente em uma coluna de C_8-sílica (15 × 0,46 cm, partículas de 5 μm, 1,0 mL/min, pressão = 7 a 8 MPa). [Dados de J. H. Zhao e P. W. Carr, "An Approach to the Concept of Resolution Optimization Through Changes in the Effective Chromatographic Selectivity", *Anal. Chem.* **1999**, *71*, 2623.]

(**a**) Qual é a composição da fase móvel que fornece a maior retenção (k) para os componentes? A menor retenção? Coeluição (k igual) de dois componentes?

(**b**) Preveja o tempo de retenção de cada pico em duas fases móveis, uma contendo 40% e a outra 60% de CH_3CN. Desenhe um cromatograma (um "diagrama de traço", representando cada pico como uma linha vertical) da separação em cada composição da fase móvel.

(**c**) A fase móvel contendo acetonitrila a 60% fornecerá uma resolução adequada?

(**d**) Admitindo que os picos sejam gaussianos, a separação por meio de uma fase móvel contendo 60% de CH_3CN possui os atributos de uma boa separação?

(**e**) O nomograma na Figura 25.31 permite que seja determinada a porcentagem em volume de diferentes solventes que têm intensidades de fase móvel semelhantes na cromatografia de fase reversa. Que misturas de metanol/água e tetraidrofurano/água forneceriam retenção de 60% de acetonitrila em água?

Problemas

Cromatografia Líquida de Alta Eficiência

25.1. (**a**) Por que a força do eluente aumenta quando o solvente se torna *menos* polar na cromatografia de fase reversa, enquanto a força da fase móvel aumenta quando o solvente se torna *mais* polar na cromatografia de fase normal?

(**b**) Qual o tipo de gradiente usado na cromatografia de fluido supercrítico?

25.2. Por que as forças eluentes relativas dos solventes dependem pouco da natureza do soluto na cromatografia de adsorção?

25.3. Na cromatografia de interação hidrofílica (CIH), por que a força da fase móvel aumenta com a *elevação* da fração (volumétrica) de água na fase móvel?

25.4. (**a**) Por que é necessária alta pressão na CLAE?

(**b**) Para determinado comprimento de coluna, por que partículas menores fornecem um número de pratos maior?

(**c**) O que é uma fase ligada quimicamente na cromatografia líquida?

25.5. (**a**) Use a Equação 25.1 para estimar o comprimento da coluna necessário para alcançar $1{,}0 \times 10^4$ pratos, se o tamanho das partículas da fase estacionária for 10,0, 5,0, 3,0 e 1,5 μm.

(**b**) Qual é o tempo de retenção nas colunas de 5,0, 3,0 e 1,5 μm, citadas em (**a**), se o tempo de retenção foi de 20 minutos na coluna preenchida com partículas de 10,0 μm de tamanho? Suponha que a vazão seja constante para todas as colunas.

(**c**) Use a Equação 25.2 para estimar a pressão das colunas mostradas em (**a**), sabendo-se que a pressão na coluna contendo partículas de tamanho 10 μm era 4,4 MPa.

(**d**) Se a vazão é 2,0 mL/min, qual é a largura da linha de base (em tempo e volume) para os picos nas colunas contendo partículas de tamanho 10,0, 5,0, 3,0 e 1,5 μm, listadas em (**a**)?

(**e**) Qual dessas configurações de coluna exigirá um equipamento de CLUE?

25.6. (**a**) Por que as partículas para CLAE são porosas?

(**b**) Por que as partículas com poros na faixa 60 a 120 Å são usadas para moléculas pequenas, enquanto fases estacionárias com poros grandes de 300 Å são usadas para separar polipeptídeos e proteínas?

25.7. Se uma coluna para CLAE de 15 cm de comprimento tem uma altura do prato de 5,0 μm, qual será a meia largura (em segundos) de um pico eluído em 10,0 minutos? Se a altura do prato = 25 μm, qual será a $w_{1/2}$?

25.8. (**a**) A CLUE pode propiciar uma resolução extraordinária quando a corrida é em colunas longas, ou separações rápidas com resolução aceitável em corridas rápidas em colunas curtas. A corrida cromatográfica do fármaco acetaminofeno em uma coluna de CLUE-C_{18} com 50 mm de comprimento e 2,1 mm de diâmetro apresentou um tempo de retenção de 0,63 minuto e uma largura à meia-altura de 2,3 s. Determine o número de pratos e a altura do prato. Quantas partículas de diâmetro 1,7 μm, acomodadas lado a lado, são iguais a um prato teórico?

(**b**) Com base na Figura 25.3, esperamos uma altura de prato ótima de 4 μm. Quantas partículas, acomodadas lado a lado, são iguais a um prato teórico? Você acha que a coluna em (**a**) está sendo empregada para resolução máxima ou para velocidade máxima?

25.9. Por que as fases estacionárias de sílica estão, geralmente, limitadas a operar na faixa de pH entre 2 e 8? Por que a sílica na Figura 25.8 tem a estabilidade aumentada em pH baixo?

25.10. Como aditivos, como a trietilamina, reduzem a formação de cauda de certos solutos?

25.11. Os picos da CLAE geralmente não têm um fator de assimetria *B/A*, como na Figura 23.14, fora da faixa entre 0,9 e 1,5.

(**a**) Esboce a forma de um pico com uma assimetria de 1,8.

(**b**) O que você pode fazer para corrigir a assimetria?

25.12. (**a**) Esboce um gráfico da equação de van Deemter (altura do prato contra vazão). Como seria a curva se o termo correspondente aos caminhos múltiplos fosse igual a 0? E se o termo de difusão longitudinal fosse 0? E se o termo do tempo de equilíbrio finito fosse 0?

(**b**) Explique por que a curva de van Deemter para partículas de 1,8 μm, na Figura 25.3, quase não varia em vazões elevadas. O que você pode dizer a respeito de cada um dos termos na equação de van Deemter para as partículas com 1,8 μm?

(**c**) Explique por que as partículas superficialmente porosas de 2,7 μm permitem separações similares àquelas obtidas com partículas totalmente porosas de 1,8 μm, mas as partículas superficialmente porosas exigem uma pressão menor.

25.13. A figura a seguir mostra a separação de dois enantiômeros em uma fase estacionária quiral.

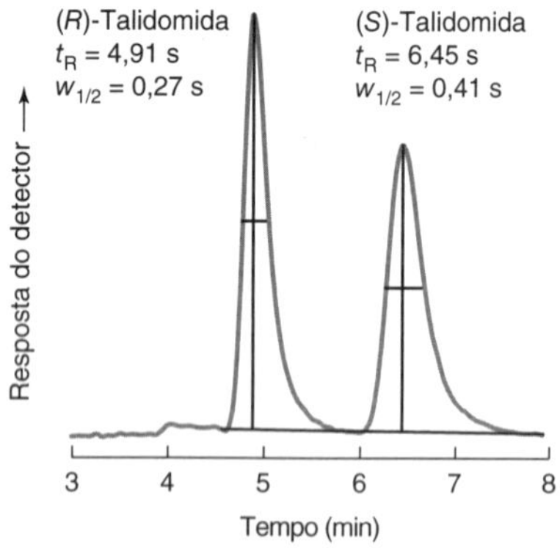

Separação de enantiômeros da talidomida por CLAE com uma fase estacionária quiral. [Dados de D. C. Patel, Z. S. Breitbach, M. F. Wahab, C. L. Barhate e D. W. Armstrong, "Gone in Seconds: Praxis, Performance, and Peculiarities of Ultrafast Chiral Liquid Chromatography with Superficially Porous Particles," *Anal. Chem.* **2015**, *87*, 9137, *open access*.]

(**a**) A partir de t_R e $w_{1/2}$, determine *N* para cada pico.

(**b**) A partir de t_R e $w_{1/2}$, determine a resolução.

(**c**) Dado que t_M = 3,85 minutos, utilize a Equação 23.33 com o *N* médio para prever a resolução.

(**d**) A separação foi realizada em uma coluna de 3,00 cm de comprimento × 0,46 cm de diâmetro preenchida com partículas superficialmente porosas de 2,7 μm usando 4,95 mL/min de metanol. Qual é a velocidade linear? *Dica*: você vai precisar de t_M dado em (**c**). Compare essa velocidade linear com a Figura 25.3. Por que foram usadas partículas superficialmente porosas de 2,7 μm? Por que foi usada uma coluna curta de 3 cm?

25.14. (**a**) De acordo com a Equação 25.2, se todas as condições são mantidas constantes, exceto o tamanho de partícula, que é reduzido de 3 μm para 0,7 μm, por qual fator a pressão deve ser aumentada?

(**b**) Se todas as condições são constantes, por qual fator a pressão será aumentada se a velocidade linear na coluna for aumentada por um fator de 10?

(**c**) Se utilizarmos partículas de 0,7 μm em uma coluna com 50 μm de diâmetro × 9 cm de comprimento, o aumento da pressão de 70 MPa para 700 MPa diminui, aproximadamente, o tempo de análise por um fator de 10, enquanto aumenta o número de pratos de 12 000 para 45 000.[73] Explique por que pequenas partículas permitem uma vazão 10 vezes mais rápida sem perda de eficiência, ou, como nesse caso, com aumento de eficiência.

25.15. Usando a Figura 25.17, sugira qual o tipo de cromatografia líquida que você usaria para separar os compostos em cada uma das seguintes categorias:

(**a**) Massa molecular < 2 000, solúvel em octano

(**b**) Massa molecular < 2 000, solúvel em misturas metanol/água

(**c**) Massa molecular < 2 000, ácido fraco

(**d**) Massa molecular < 2 000, altamente polar

(**e**) Massa molecular < 2 000, iônico

(**f**) Massa molecular > 2 000, solúvel em água, não iônico, vários tamanhos de soluto

(**g**) Massa molecular > 2 000, solúvel em água, variedade de cargas

(**h**) Massa molecular > 2 000, solúvel em tetraidrofurano

25.16. As partículas de sílica microporosa, com uma massa específica de 2,2 g/mL e um diâmetro de 10 μm, têm uma área superficial medida de 300 m^2/g. Calcule a área superficial da sílica esférica se ela fosse simplesmente uma partícula sólida. O que este cálculo lhe diz sobre a forma ou a porosidade das partículas?

25.17. A abertura deste capítulo mostra uma separação por fase reversa usando rum branco (etanol) como fase móvel forte.

(**a**) Explique a ordem de eluição dos compostos nesta separação.

(**b**) A uracila hidrofílica é frequentemente usada para medir o t_M de colunas de fase reversa. O tempo de retenção da uracila na abertura deste capítulo está de acordo com o t_M previsto usando a Equação 25.5?

(**c**) Um desafio com o uso de etanol como um eluente mais verde para a CLAE é a alta viscosidade das misturas de etanol:água. Qual é a pressão relativa para uma coluna utilizada com etanol água 50:50 (viscosidade = η = 0,002 3 kg/ms) ou metanol:água 50:50 (η = 0,001 6 kg/ms) contra acetonitrila:água 50:50 (η = 0,000 80 kg/ms)?

25.18. (**a**) Compostos aromáticos apolares foram separados por CLAE em uma fase ligada quimicamente de octadecil (C_{18}). O eluente foi metanol a 65% v/v em água. Como seriam afetados os tempos de retenção se metanol a 90% fosse usado como solvente?

(**b**) Passaram pela mesma coluna descrita no item (**a**) o ácido octanoico e o 1-amino-octano, usando-se um eluente com metanol 20%/tampão (pH 3,0) 80%. Estabeleça qual o composto que se espera que seja eluído primeiro e por quê.

$CH_3CH_2CH_2CH_2CH_2CH_2CH_2CO_2H$

Ácido octanoico

$CH_3CH_2CH_2CH_2CH_2CH_2CH_2CH_2NH_2$

1-Amino-octano

(**c**) Solutos polares foram separados por cromatografia de interação hidrofílica (CIH) com uma fase fortemente polar ligada quimicamente. Como os tempos de retenção serão afetados se o eluente for modificado de 80% v/v para 90% v/v de acetonitrila em água?

(**d**) Os solutos polares foram separados por cromatografia de fase normal em sílica nua usando como solvente, metil *t*-butil éter e 2-propanol. Como os tempos de retenção serão afetados se o eluente for modificado de 40% v/v para 60% v/v de 2-propanol? (*Dica*: ver Tabela 25.4.)

25.19. Em *colunas monolíticas*[74] a fase estacionária é uma única peça de sílica porosa ou de polímero poroso que preenche toda a coluna. A fase é sintetizada na própria coluna a partir de precursores líquidos. As colunas monolíticas oferecem uma altura de prato semelhante àquela das partículas de CLAE, mas têm uma resistência menor à vazão. Desse modo, uma vazão rápida ou uma coluna mais longa pode ser usada. A figura vista a seguir mostra a separação de moléculas isotópicas em uma coluna monolítica longa. As colunas empacotadas têm uma resistência à vazão demasiadamente alta para que possam ser produzidas com comprimentos tão longos.

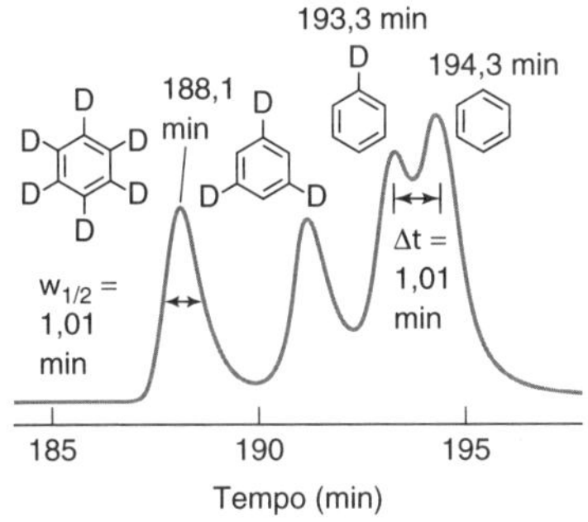

Separação de moléculas isotópicas em uma coluna monolítica de sílica C_{18}, eluídas com CH_3CN/H_2O (30:70 v/v) a 30 °C. [Dados de K. Miyamoto, T. Hara, H. Kobayashi, H. Morisaka, D. Tokuda, K. Horie, K. Koduki, S. Makino, O. Núñez, C. Yang, T. Kawabe, T. Ikegami, H. Takubo, Y. Ishihama e N. Tanaka, "High-Efficiency Liquid Chromatographic Separation Utilizing Long Monolithic Silica Capillary Columns," *Anal. Chem.* **2008**, *80*, 8741.]

(**a**) A tioureia não retida na coluna eluiu em 41,7 minutos. Encontre a velocidade linear, u_x (mm/s).

(**b**) Determine o fator de retenção (*k*) para o C_6D_6.

(**c**) Determine o número de pratos (*N*) e a altura do prato para o C_6D_6.

(**d**) Admitindo que as larguras dos picos para os compostos C_6H_5D e C_6H_6 sejam as mesmas para o C_6D_6, determine a resolução do C_6H_5D e do C_6H_6.

(**e**) Os tempos de retenção para o C_6H_5D e o C_6H_6 são 193,3 e 194,3 min, respectivamente. Determine o fator de separação (α) entre o C_6H_5D e o C_6H_6.

(**f**) Se apenas aumentássemos o comprimento da coluna para aumentar o valor de *N*, qual o valor de *N* e qual o comprimento da coluna necessários para se obter uma resolução de 1 000?

(**g**) Como podemos melhorar a resolução sem aumentar o comprimento da coluna e sem trocar a fase estacionária?

(**h**) Quando o solvente foi mudado de CH_3CN/H_2O (30:70 v/v) para $CH_3CN/CH_3OH/H_2O$ (10:5:85 v/v), o fator de separação para C_6H_5D e C_6H_6 aumentou para $1{,}008_8$, e o fator de retenção para o C_6H_6 mudou para 17,0. Se o número de pratos não foi modificado, qual será a nova resolução?

25.20. O fármaco antitumoral gimatecano está disponível praticamente na forma do enantiômero (*S*) puro. Não existem disponíveis o enantiômero (*R*) puro e a mistura *racêmica* (em quantidades iguais) dos dois enantiômeros. Para a determinação de pequenas quantidades do enantiômero (*R*) presentes no (*S*)-gimatecano praticamente puro, uma preparação foi submetida a uma cromatografia de fase normal na presença de fases estacionárias quirais comerciais denominadas (*S,S*)- e (*R,R*)-DACH-DNB. A cromatografia na fase estacionária (*R,R*) produziu um pico ligeiramente assimétrico em t_R = 6,10 minutos, com um fator de retenção k = 1,22. A cromatografia na fase estacionária (*S,S*) produziu um pico ligeiramente assimétrico em t_R = 6,96 minutos, com um fator de retenção k = 1,50. Com a fase estacionária (*S,S*), observou-se um pico pequeno em 6,10 minutos com área correspondente a 0,03% da área do pico principal.

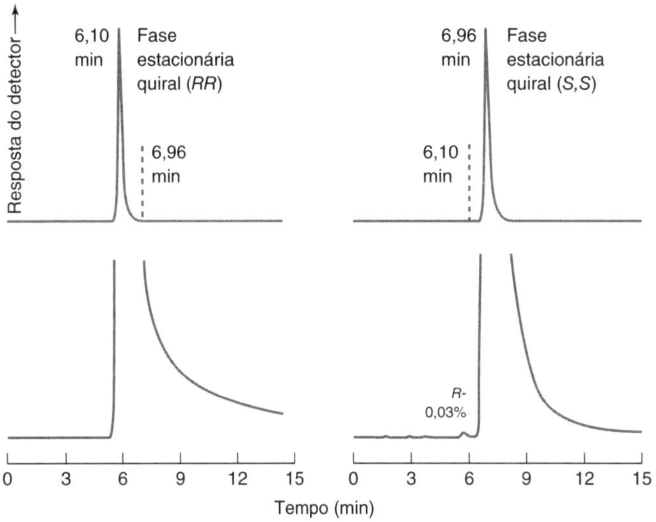

Cromatografia do gimatecano em cada um dos enantiômeros de uma fase estacionária quiral. Os cromatogramas inferiores têm escala vertical ampliada. [Dados de E. Badaloni, W. Cabri, A. Ciogli, R. Deias, F. Gasparrini, F. Giorgi, A. Vigevani e C. Villani, "Combination of HPLC 'Inverted Chirality Columns Approach' and MS/MS Detection for Extreme Enantiomeric Excess Determination Even in Absence of Reference Samples", *Anal. Chem.* 2007, *79*, 6013.]

(**a**) Explique o perfil dos cromatogramas na parte superior da figura. As linhas tracejadas são os marcadores de posição, e não parte integrante do cromatograma. Como seria o aspecto do cromatograma do (*R*)-gimatecano puro nessas mesmas duas fases estacionárias?

(**b**) Explique o perfil dos dois cromatogramas na parte inferior da figura, e por que se pode concluir que há 0,03% do enantiômero (*R*). Por que o enantiômero (*R*) não é observado na corrida com a fase estacionária (*R,R*)?

(**c**) Determine o fator de separação (α) para os dois enantiômeros na fase estacionária (*S,S*).

(**d**) A coluna tem N = 6 800 pratos. Qual seria a resolução entre os dois picos iguais de uma mistura racêmica (em quantidades iguais) do (*R*)- e do (*S*)-gimatecano? Se os picos fossem bem simétricos, essa resolução forneceria uma separação em nível de "linha de base", na qual o sinal retorna à linha de base antes do surgimento do pico seguinte?

25.21. Suponha que uma coluna de CLAE dê origem a picos gaussianos. O detector mede a absorbância em 254 nm. Uma amostra contendo o mesmo número de mols de A e B foi injetada para dentro da coluna. O composto A ($\varepsilon_{254} = 2{,}26 \times 10^4\ M^{-1}\ cm^{-1}$) tem um pico com uma altura h = 128 mm e uma meia largura $w_{1/2}$ = 10,1 mm. O composto B ($\varepsilon_{254} = 1{,}68 \times 10^4\ M^{-1}\ cm^{-1}$) tem $w_{1/2}$ = 7,6 mm. Qual é a altura do pico B em milímetros?

25.22. A morfina e a 3-β-D-glucuronida de morfina foram separadas em duas colunas diferentes de 4,6 mm de diâmetro × 50 mm de comprimento, com partículas de 3 μm.[75] A coluna A era de sílica-C_{18} com uma vazão de 1,4 mL/min, e a coluna B era de sílica nua com uma vazão de 2,0 mL/min.

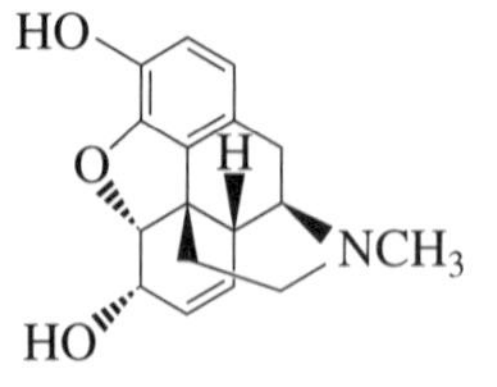

Morfina

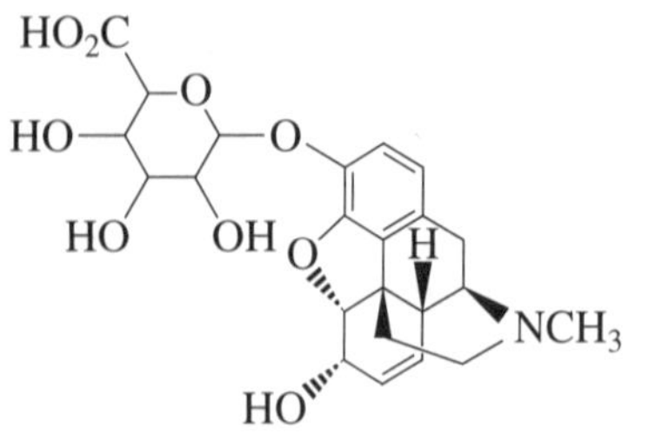

3-β-D-Glucuronida de morfina

(**a**) Estime o volume, V_M, e o tempo, t_M, no qual o soluto não retido emergirá de cada coluna. Os tempos observados são 0,65 minuto para a coluna A e 0,50 minuto para a coluna B.

(**b**) A coluna A foi eluída com uma mistura de acetonitrila 2% (v/v) com água contendo formiato de amônio 10 mM em pH 3. A 3-β-D-glucuronida de morfina emerge em 1,5 minuto e a morfina em 2,8 minutos. Explique a ordem de eluição.

(**c**) Determine o fator de retenção *k* para cada soluto na coluna A, usando $t_M = 0{,}65$ minuto.

(**d**) A coluna B foi eluída com um gradiente de 5,0 minutos, começando em 90% de acetonitrila em água e terminando com 50% (v/v) de acetonitrila em água. Ambos os solventes contêm formiato de amônio 10 mM, em pH 3. A morfina emerge em 1,3 minuto e a 3-β-D-glucuronida de morfina emerge em 2,7 minutos. Explique a ordem de eluição. Por que o gradiente é direcionado para a diminuição da fração em volume da acetonitrila?

(**e**) A partir da Equação 25.8 no Boxe 25.3, estime k^* na Coluna B, admitindo que $S = 4$ e $t_M = 0{,}50$ minuto.

25.23. A velocidade de geração do calor no interior de uma coluna cromatográfica a partir do atrito causado pelo fluido que passa por ela é a potência (watts, W = J/s) expressa pelo produto vazão volumétrica (m^3/s) × queda de pressão (pascals, Pa = $kg/[m \cdot s^2]$).

(**a**) Explique a analogia entre o calor gerado em uma coluna cromatográfica e o calor gerado em um circuito elétrico (energia = corrente × potencial).

(**b**) Qual a velocidade de geração de calor (watts = J/s) para uma vazão de 1 mL/min com uma diferença de pressão de 3 500 bar entre a entrada e a saída da coluna? Você deve converter mL/min em m^3/s. (1 bar ≡ 10^5 Pa.)

25.24. Para que tipos de analitos respondem os seguintes detectores de cromatografia líquida?

(**a**) ultravioleta

(**b**) índice de refração

(**c**) evaporativo por espalhamento de luz

(**d**) aerossol carregado

(**e**) eletroquímico

(**f**) fluorescência

(**g**) quimiluminescência de nitrogênio

(**h**) condutividade

25.25. O cromatograma no Boxe 25.2 mostra a separação por cromatografia de fluido supercrítico de sete esteroides monitorados por três detectores.

(**a**) No cromatograma central, a detecção por ultravioleta fornece uma resposta praticamente universal para os esteroides, enquanto no cromatograma inferior, o detector de ultravioleta fornece uma resposta seletiva para alguns dos esteroides. Como uma detecção por ultravioleta pode funcionar tanto como detector seletivo quanto como detector universal?

(**b**) Por que uma linha de base inclinada é observada em 210 nm, enquanto a linha de base é plana em 254 nm?

(**c**) Use a perturbação na linha de base citada anteriormente no cromatograma em 254 nm para medir t_M. Como o valor medido se compara com aquele previsto por meio da Equação 25.5, dado que a coluna tem 25 cm de comprimento e 0,46 cm de diâmetro, e a vazão é 2,0 mL/min?

25.26. *Cromatografia–espectrometria de massa.* O metabolismo da cocaína em ratos pode ser estudado injetando a droga e periodicamente retirando sangue para determinar o nível dos metabólitos por CLAE/espectrometria de massa. Para a análise quantitativa, padrões internos marcados isotopicamente são misturados à amostra de sangue. O sangue foi analisado por cromatografia de fase reversa, usando-se um eluente ácido e como detector um espectrômetro de massa por ionização química à pressão atmosférica. O espectro de massa dos produtos de dissociação ativada por colisões provenientes do íon positivo $m/z = 304$ é mostrado na figura vista a seguir. O monitoramento seletivo de reações ($m/z = 304$ a partir do filtro de massas Q1 e $m/z = 182$ a partir de Q3 na Figura 22.36) produziu um único pico cromatográfico para a cocaína em 9,22 minutos. O padrão interno $^2H_5$-cocaína deu um único pico em 9,19 minutos para $m/z = 309$(Q1) $\rightarrow m/z = 182$(Q3).

(**a**) Represente a estrutura do íon em $m/z = 304$.

(**b**) Sugira uma estrutura para o íon em $m/z = 182$.

(**c**) Os picos intensos, em $m/z = 182$ e em $m/z = 304$, não se encontram acompanhados de picos isotópicos de ^{13}C em $m/z = 183$ e $m/z = 305$? Explique por quê.

(**d**) O plasma de rato é extremamente complexo. Por que o cromatograma mostra apenas um único pico sem interferências?

(**e**) Dado que a $^2H_5$-cocaína tem apenas dois picos principais em seu espectro de massa, localizados em $m/z = 309$ e em $m/z = 182$, quais os átomos que estão marcados com deutério?

(**f**) Explique como você usaria a $^2H_5$-cocaína para determinar a cocaína no sangue?

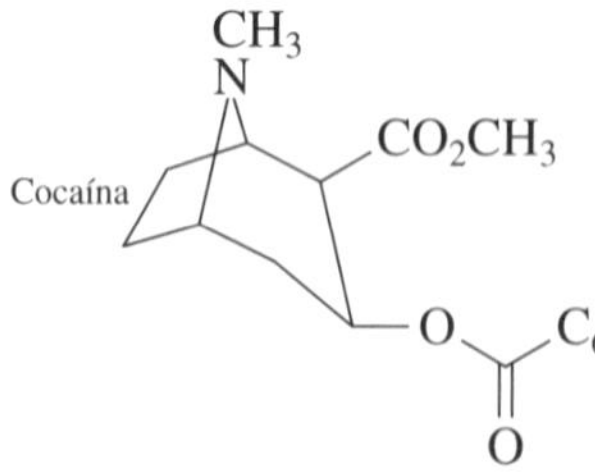

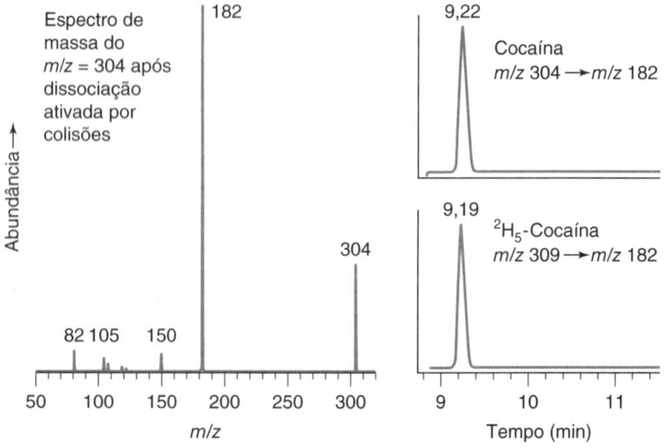

Esquerda: espectro de massa dos produtos da dissociação ativada por colisões provenientes do íon positivo $m/z = 304$, a partir do espectro de massa de ionização química à pressão atmosférica da cocaína. *Direita*: cromatogramas obtidos por monitoramento seletivo de reações.

[De G. Singh, V. Arora, P. T. Fenn, B. Mets e I. A. Blair, "Isotope Dilution Liquid Chromatography Tandem Mass Spectrometry Assay for Trace Analysis of Cocaine and Its Metabolites in Plasma", *Anal. Chem.* **1999**, *71*, 2021.]

25.27. *Cromatografia–espectrometria de massa.* Os enantiômeros do medicamento Ritalina são separados em uma fase estacionária quiral.[76]

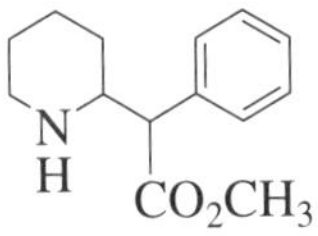

Ritalina (metilfenidato)
$C_{14}H_{19}O_2N$
Massa nominal = 233

(**a**) A detecção se dá a partir de ionização química em pressão atmosférica, com monitoramento de reação selecionada para a transição $m/z = 234 \rightarrow m/z = 84$. Explique como esta detecção funciona e proponha as estruturas para $m/z = 234$ e $m/z = 84$.

(**b**) Para a análise quantitativa, foi adicionado o padrão interno $^2H_3$-Ritalina com um grupo metila deuterado. Os enantiômeros deuterados têm os mesmos tempos de retenção que seus enantiômeros não marcados. Qual transição de monitoramento de reação selecionada deve ser utilizada para produzir um cromatograma do padrão interno no qual a Ritalina não marcada será invisível?

Desenvolvimento de Métodos

25.28. (**a**) Explique como medimos os valores de k e da resolução.

(**b**) Apresente três métodos diferentes para medirmos t_M na cromatografia de fase reversa.

(**c**) Apresente três métodos diferentes para medirmos t_M na cromatografia líquida de interação hidrofílica.

(**d**) Estime t_M para uma coluna de 15 × 0,46 cm contendo partículas de 5 μm e operando a uma vazão de 1,5 mL/min. Estime t_M se o tamanho da partícula fosse de 3,5 μm.

25.29. Qual é a diferença entre volume morto e volume de residência? Como cada um desses volumes afeta um cromatograma?

25.30. O que significa para um procedimento de separação ser "robusto" e por que esta condição é desejável?

25.31. Quais são os critérios para uma separação cromatográfica isocrática adequada?

25.32. Explique como usar uma eluição com gradiente como a primeira separação cromatográfica no desenvolvimento de um método para decidir se a eluição isocrática ou a eluição com gradiente será a mais apropriada.

25.33. Quais são as etapas gerais no desenvolvimento de uma separação isocrática para a cromatografia de fase reversa?

25.34. (**a**) Use a Figura 25.31 para selecionar a força da fase móvel de uma mistura tetraidrofurano/água que tenha a mesma força de metanol a 80% vol.

(**b**) Descreva como preparar 1 L dessa fase móvel contendo tetraidrofurano.

(**c**) Quais são as limitações impostas pelo uso do tetraidrofurano?

25.35. Quais são as etapas gerais no desenvolvimento de uma separação isocrática para a cromatografia de fase reversa usando um solvente orgânico e a temperatura como variáveis?

25.36. A "regra de três" estabelece que o fator de retenção para determinado soluto diminui *aproximadamente* três vezes quando a fase orgânica aumenta de 10%. Na Figura 25.12, $t_M = 2{,}7$ minutos. Determine o valor de k para o pico 5 em B a 50%. Faça uma previsão do valor do tempo de retenção do pico 5 em B a 40%, e compare os tempos de retenção observado e previsto.

25.37. (**a**) Faça um gráfico mostrando os tempos de retenção dos picos 6, 7 e 8, na Figura 25.12, em função da porcentagem de acetonitrila (% B) no eluente. Faça a previsão do tempo de retenção do pico 8 em 45% de B.

(**b**) *Modelo linear de força do solvente:* na Figura 25.12, $t_M = 2{,}7$ minutos. Calcule os valores de k para os picos 6, 7 e 8 como função da porcentagem de B (% B). Prepare um gráfico de log k contra Φ, com Φ = % B/100. Encontre a equação de uma linha reta por meio de uma faixa linear adequada para o pico 8. O coeficiente angular é $-S$ e o coeficiente linear é log k_w. A partir da reta, faça a previsão do valor de t_R para o pico 8 em 45% de B, e compare sua resposta com a parte (**a**).

(**c**) *Gradiente de eluição*: um gradiente de eluição linear de 40 para 80% de acetonitrila ao longo de 30 minutos é realizado na coluna da Figura 25.12. Admitindo um volume de residência igual a 0 mL, use seus dados em (**b**) para fazer um gráfico do fator de retenção dos picos 6 e 8 durante o gradiente. Quais são as características gerais desse gráfico?

(**d**) Por que os picos em um gradiente de separação são agudos?

25.38. Um procedimento para a separação em fase reversa de determinada mistura reacional necessita da eluição isocrática com metanol 48%/água 52%. Se você quer mudar o procedimento para usar acetonitrila/água, qual é uma boa porcentagem inicial de acetonitrila a ser tentada?

25.39. (**a**) Quando você tenta separar uma mistura desconhecida por cromatografia de fase reversa com acetonitrila 50%/água 50%, os picos encontram-se muito próximos e são eluídos na faixa de k = 2–6. Você deve usar, na próxima corrida cromatográfica, uma concentração maior ou menor de acetonitrila?

(**b**) Quando você tenta separar uma mistura desconhecida por cromatografia de fase normal com hexano 50%/metil *t*-butil éter 50%, os picos estão muito próximos e são eluídos na faixa de k = 2–6. Você deve usar, na próxima corrida cromatográfica, uma concentração maior ou menor de hexano?

25.40. *CLAE mais verde.* A *HPLC-Environmental Assessment Tool* compara o impacto ecológico dos métodos de CLAE com base na massa (m) de cada solvente usado, ponderado pela segurança (S), saúde (H) e impactos ambientais (E) de cada solvente.

$$\text{Impacto cumulativo} = \sum S_n m_n + H_n m_n + E_n m_n$$

A segurança (S) leva em conta o potencial para liberação, incêndio, explosão e decomposição. Saúde (H) considera carcinogenicidade, mutagenicidade, toxicidade para o desenvolvimento, potencial para reação alérgica e odor. Meio ambiente (E) é responsável pelo impacto nas mudanças climáticas, destruição do ozônio, acidificação e acúmulo no meio ambiente. Um baixo impacto cumulativo é desejado.

Solvente	Massa específica (g/mL)	*S*	*H*	*E*
Tampão aquoso	0,997	0,00	0,00	0,00
Metanol	0,786	1,91	0,43	0,32
Acetonitrila	0,792	2,72	1,06	0,77
Tetraidrofurano	0,889	1,97	0,99	0,90

FONTE: *Dados de Y. Gaber, U. Törnvall, M. A. Kumar, M. A. Amin e R. Hatti-Kaul, "HPLC-EAT (Environmental Assessment Tool): A Tool for Profiling Safety, Health and Environmental Impacts of Liquid Chromatography Methods",* Green Chem. ***2011****, 13, 2021, supplemental materials.*

Considere o impacto cumulativo de uma separação de 10 minutos usando 1,0 mL/min de acetonitrila:água 50:50 vol%/vol%. Para simplificar, assumimos que não há variação de volume quando a acetonitrila e a água são misturadas. Os impactos de segurança (S), saúde (H) e meio ambiente (E) são todos 0 para a água, então só precisamos calcular o somatório para a acetonitrila.

Massa de acetonitrila por corrida = 10 min × 1,0 mL/min × 0,50 (para acetonitrila 50% em vol.) × 0,792 g/mL = 3,96 g

Portanto, o impacto cumulativo para cada corrida é (2,72 + 1,06 + 0,77)(3,96 g) = 18,0

(**a**) Qual é o impacto cumulativo de cinquenta separações de 10 minutos usando 1,0 mL/min de acetonitrila:água 50:50 vol%/vol%?

(**b**) Qual é o impacto cumulativo de uma separação de 10 minutos usando 1,0 mL/min de uma fase móvel equivalente de metanol: água? *Dica*: use a Figura 25.31 para determinar que % de metanol é um eluente equivalente a 50% de acetonitrila. Suponha que não haja variação de volume ao misturar metanol e água. Qual é o impacto cumulativo de 50 separações?

(**c**) A separação em (**a**) usou uma coluna de 4,6 mm de diâmetro interno. Qual é o impacto cumulativo por corrida e para 50 corridas se for usada uma mistura acetonitrila:água 50:50 vol%/vol% com as mesmas partículas compactadas em uma coluna de 2,1 mm de diâmetro interno? Mantenha a mesma velocidade linear que em (**a**).

(**d**) Que conclusões podem ser tiradas a partir da comparação das respostas para (**b**) e (**c**) com as de (**a**)?

(**e**) Um laboratório farmacêutico usou um instrumento de CLAE para (**a**) e um de CLUE para (**c**).[66] Por que essa mudança foi necessária? *Dica*: considere as diferenças instrumentais detalhadas na Tabela 25.2.

25.41. A figura mostrada a seguir apresenta os dados de retenção em cromatografia de fase reversa para três compostos.

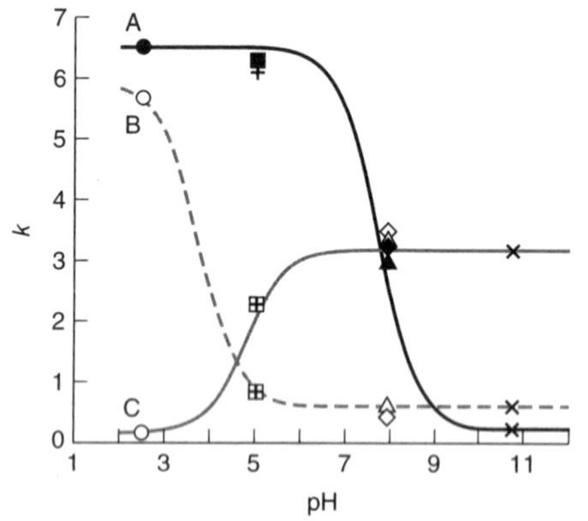

Efeito do pH na retenção de ácidos fracos e bases fracas em uma coluna de fase reversa (coluna X-Terra MS-C_{18}, 15 × 0,46 cm, estável ao pH) a 25 °C. [Dados de L. G. Gagliardi, C. B. Castells, C. Ràfols, M. Rosés e E. Bosch, "Modeling Retention and Selectivity as a Function of pH and Column Temperature in Liquid Chromatography", *Anal. Chem.* **2006**, *78*, 5858.]

(**a**) Identifique se os compostos A, B e C são ácidos fracos ou bases fracas. Para cada composto, qual é o valor de pK_a e o fator de retenção da forma completamente protonada?

(**b**) Em que faixa de pH um método seria menos robusto com relação à retenção do composto C?

(**c**) Cada símbolo diferente no gráfico indica um tampão diferente (círculo = pH 2,48, fosfato; mais = pH 5,01, acetato etc.). Por que são empregados tampões diferentes nesse experimento?

25.42. Use a Figura 25.33 para responder às seguintes questões:

(**a**) Qual será o melhor pH para a separação de ácido benzoico, 4-nitrofenol e ácido 3-metilbenzoico?

(**b**) Qual será o melhor pH para a separação de ácido benzoico, ácido 3-metilbenzoico e 4-metilanilina?

(**c**) Qual será o melhor pH para a separação de 4-nitrofenol, 4-metilanilina e codeína em uma coluna de sílica-C_{18} típica?

25.43. Na tabela vista a seguir, vemos os valores do fator de retenção de três solutos separados em uma fase estacionária apolar C_8. O eluente foi uma mistura 70:30 (v/v) de tampão citrato 50 mM (com o pH ajustado por NH_3) e metanol. Represente a espécie dominante de cada um dos compostos em cada valor de pH encontrado na tabela, explicando o comportamento dos fatores de retenção.

	Fator de retenção		
Analito	pH 3	pH 5	pH 7
Acetofenona	4,21	4,28	4,37
Ácido salicílico	2,97	0,65	0,62
Nicotina	0,00	0,13	3,11

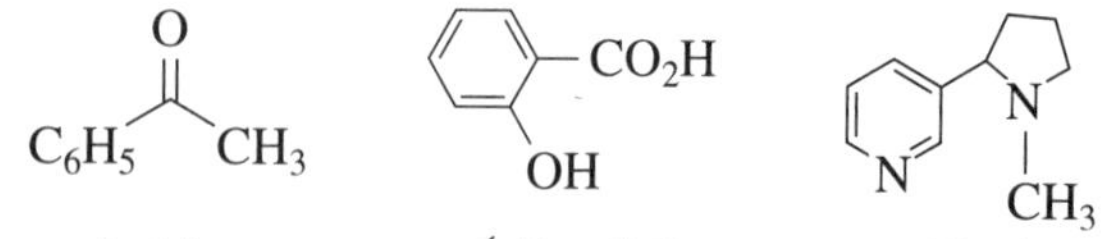

Acetofenona

Ácido salicílico
$pK_a = 2,97$

Nicotina
$pK_1 = 3,15$
$pK_2 = 7,85$

25.44. Uma mistura de 14 compostos foi submetida a uma separação com gradiente de fase reversa, indo de 5 a 100% de acetonitrila em um tempo de aplicação do gradiente de 60 minutos. A amostra foi injetada em *t* = tempo de residência. Todos os picos foram eluídos entre 22 e 50 minutos.

(**a**) A mistura é melhor eluída por eluição isocrática ou por eluição com gradiente?

(**b**) Se a próxima corrida cromatográfica for com gradiente, selecione a porcentagem inicial e final de acetonitrila e qual o tempo de gradiente.

25.45. (**a**) Liste as maneiras com que a resolução entre dois picos muito próximos pode ser mudada.

(**b**) Após a otimização de uma eluição isocrática com vários solventes, a resolução de dois picos é 1,2. Como podemos aumentar a resolução sem mudar solventes ou o tipo de fase estacionária?

25.46. (**a**) Desejamos utilizar um amplo gradiente, de 5% (v/v) a 95% (v/v) de B, para a primeira separação de uma mistura de moléculas pequenas, de forma a decidir entre usar uma eluição isocrática ou com gradiente. Qual deve ser o tempo de gradiente, t_G, para uma coluna de 15 × 0,46 cm contendo partículas de 3 μm, em uma vazão de 1,0 mL/min?

(**b**) Otimizamos uma separação com gradiente variando entre 20% (v/v) e 34% (v/v) de B, em 11,5 minutos, a uma vazão de 1,0 mL/min. Determine k^* para esta separação otimizada. Para aumentar a escala de separação para uma coluna de 15 × 1,0 cm, quais devem ser o tempo de gradiente e a vazão? Se a carga de amostra na coluna pequena foi de 1 mg, qual é carga de amostra que pode ser aplicada na coluna grande? Verifique que k^* não se altera.

25.47. *Simulação de uma separação com uma planilha eletrônica.* Use a planilha eletrônica na Figura 25.39 para simular os cromatogramas da Figura 25.40 para Φ = 0,75 e Φ = 0,56.

25.48. *Separação isocrática com HPLC Teaching Assistant*, uma planilha do Excel que simula uma separação cromatográfica líquida de fase reversa.[8] Baixe o arquivo Excel do Ambiente de aprendizagem do GEN ou do link na referência 8. Ao abrir o arquivo, você verá um menu com *Isocratic mode* (modo isocrático) no canto superior direito. Caso contrário, clique no botão casa azul no canto superior esquerdo. Clique no *Isocratic mode* para este problema. Ajuste o tamanho da imagem para que você veja o cromatograma com cinco picos.

(**a**) A linha vermelha marcada t_0 é o tempo de retenção para um composto não retido, que chamamos de t_M. Registre este tempo. Dica: o Excel mostra os valores *x* e *y* para o máximo de um pico no cromatograma quando você posiciona o cursor sobre o topo do pico.

Use a barra deslizante no canto superior esquerdo rotulada como "% MeOH" para variar o teor de metanol na fase móvel. O outro componente da fase móvel é a água. Varie o teor de metanol. O metanol é o componente forte ou fraco da fase móvel na cromatografia de fase reversa? Algum pico elui antes de t_M?

(**b**) Ajuste o teor de metanol na fase móvel para 70%. Registre o *retention time* (tempo de retenção) do último pico eluindo. Qual é o *retention factor* (fator de retenção) do último pico?

(**c**) Registre o *retention time* (tempo de retenção) do último pico em 60, 50 e 40% de metanol. Calcule o *retention factor* (fator de retenção) em cada porcentagem de metanol. Em que proporção o fator de retenção aumenta para cada diminuição de 10% no metanol?

(**d**) Faça um gráfico de log k para o último pico contra a porcentagem de metanol. Preveja o tempo de retenção para o último pico em 45% de metanol.

(**e**) Ajuste a fase móvel para 30% de metanol. Quantos picos são observados? Por que faltam alguns picos?

(**f**) Que porcentagem de metanol minimiza o tempo de separação enquanto mantém a *resolution* (resolução) = 1,5? Para robustez, uma resolução de 2 é desejável para que a resolução permaneça adequada se houver pequenas mudanças nas condições ou deterioração lenta da coluna. Que porcentagem de metanol forneceria o método mais robusto?

25.49. A Figura 25.9 mostra uma separação com gradiente de fase reversa de peptídeos usando uma coluna C_{18} superficialmente porosa.

(**a**) Use a Equação 25.5 para estimar t_M para esta coluna. Existe alguma característica no cromatograma neste t_M estimado na Figura 25.9?

(**b**) O instrumento usado para esta separação com gradiente tem um volume de residência de 1,00 mL. Qual é o tempo de residência para esta separação?

(**c**) O tempo de residência é o intervalo de tempo antes que as mudanças na fase móvel atinjam a frente da coluna. Em que instante o início do gradiente atingiria o detector? Existe alguma característica no cromatograma neste momento?

25.50. *Separação por gradiente com o HPLC Teaching Assistant*, uma planilha do Excel que simula uma separação por cromatografia líquida de fase reversa.[8] Com o arquivo Excel do Problema 25.48, selecione *Gradient mode* (modo Gradiente) na página do menu. Ajuste o tamanho da imagem para que você veja o cromatograma com cinco picos.

(**a**) Certifique-se de que as condições iniciais sejam: L_{col} = 150 mm, d_{col} = 4,6 mm, d_p = 5,0 μm e *flow rate* =1,0 mL/min. Execute um *scouting gradient* (gradiente de reconhecimento). Use as barras deslizantes para ajustar MeOH inicial para 10%, MeOH final para 90% e tempo de gradiente para 40 min. Determine Δt, que é a diferença no tempo de retenção entre o primeiro e o último pico no cromatograma. *Dica*: o Excel mostra os valores x e y para o máximo de um pico no cromatograma quando você posiciona o cursor sobre o topo do pico. Calcule $\Delta t/t_G$. Essa separação deve ser realizada usando um gradiente ou eluição isocrática?

(**b**) Os picos em uma separação por gradiente podem estar dispersos usando um gradiente menor. Para o gradiente de reconhecimento em (**a**), qual é a % de metanol no *retention time* (tempo de retenção) do primeiro pico? E no t_R do último pico? Iniciar e terminar um gradiente de 40 min nessas condições de fase móvel. Qual é o *retention time* (tempo de retenção) do primeiro e do último pico com esse gradiente menor? Qual é a *minimum resolution* (resolução mínima) da separação?

(**c**) Ajuste a porcentagem inicial e/ou final de metanol (*% methanol*) para obter uma *minimum resolution* (resolução mínima) ≥ 2. Qual é o *retention time* (tempo de retenção) do primeiro e do último pico com esse gradiente menor? Qual é a *minimum resolution* (resolução mínima) da separação?

(**d**) Às vezes, um gradiente mais acentuado pode ser usado para encurtar o tempo de separação. Ajuste o *gradient time* (tempo de gradiente) para 10 minutos. Mantenha a % de metanol inicial e final igual a usada em (**c**). Essa separação seria satisfatória?

25.51. *Problema de literatura.* A pureza da cocaína comprada nas ruas varia enormemente. Impurezas incluem o levamisol, composto normalmente usado para matar parasitas. Em *Analytical Methods* **2013**, *5*, 2584, A. Brancaccio *et al.* desenvolveram um método de cromatografia líquida de fase reversa com detecção por conjunto de fotodiodos para a determinação da pureza da cocaína vendida na rua.

(**a**) O **Resumo (Abstract)** sintetiza as principais descobertas de um artigo. Qual a faixa de pureza foi estudada e qual o limite de detecção foi alcançado?

(**b**) A **Introdução (Introduction)** fornece o conhecimento existente sobre o assunto e a justificativa para o estudo atual. Que métodos alternativos poderiam ser usados para análise de cocaína de rua adulterada?

(**c**) A seção **Experimental** fornece detalhes dos reagentes e instrumentação usados. Que tipo de coluna analítica foi usada para a análise?

(**d**) **Resultados e Discussão (Results and Discussion)** detalham as descobertas do estudo e seu significado. Como os analitos foram identificados neste estudo?

(**e**) Como o método foi validado?

(**f**) O que se entende como "robustez de um método analítico"?

25.52. *Problema de literatura.* A albumina sérica humana, uma proteína, é um ingrediente importante em meios de criopreservação usados em procedimentos como a fertilização *in vitro*. F. Eertmans, V. Bogaert e B. Puype relataram um método de cromatografia líquida de alta eficiência para a determinação da albumina sérica humana e do agente estabilizante *N-acetiltriptofano* em dispositivos médicos em *Analytical Methods* **2011**, *3*, 1296.

(**a**) Que faixa de concentração de albumina sérica humana o método pode analisar?

(**b**) Que métodos alternativos poderiam ser usados para análise da albumina sérica humana?

(**c**) Que tipo de coluna analítica foi usada para a separação?

(**d**) Quanto tempo durou o gradiente? Quanto tempo duraram as etapas adicionais de lavagem e equilíbrio no método com gradiente?

(**e**) Quais parâmetros foram avaliados na validação do método?

(**f**) Por que foram usadas partículas com poros de 300 Å?

26 Métodos Cromatográficos e Eletroforese Capilar

LAB-EM-UM-CHIP

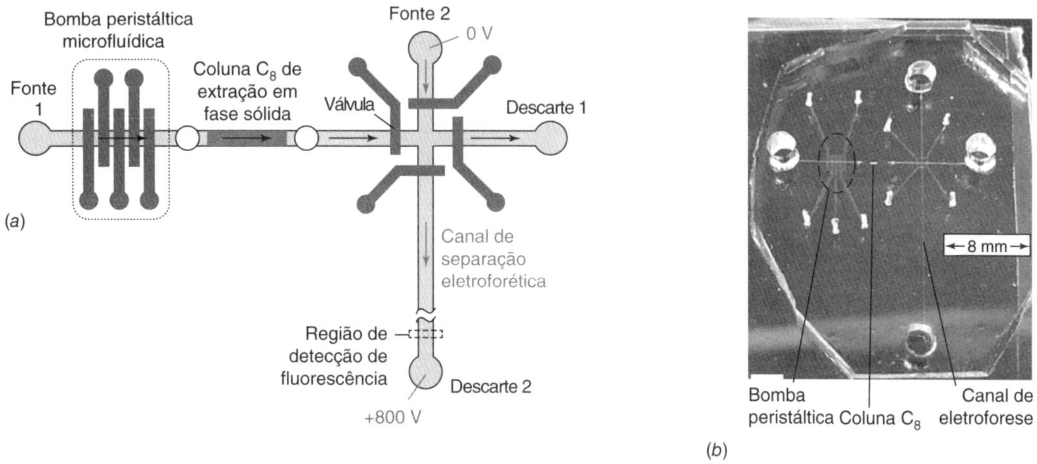

(*a*) Esquema de um dispositivo lab-em-um-chip. As setas pretas mostram a direção do fluxo bombeado e as setas cinzas são a direção da separação eletroforética. (*b*) Protótipo do chip feito em poli(dimetilsiloxano). [Dados para (*a*) de V. Sahore, M. Sonker, A. V. Nielsen, R. Knob, S. Kumar e A. T. Woolley, "Automated Microfluidic Devices Integrating Solid-Phase Extraction, Fluorescent Labeling, and Microchip Electrophoresis for Preterm Birth Biomarker Analysis", *Anal. Bioanal. Chem.* **2018**, *410*, 933. (*b*) Reproduzida sob permissão da Royal Society of Chemistry, de S. Kumar, V. Sahore, C. I. Rogers e A. T. Woolley, "Development of an Integrated Microfluidic Solid-Phase Extraction and Electrophoretic Device", *Analyst* **2016**, *141*(5): 1660-1668, Figura 1. Permissão de Copyright Clearance Center Inc.]

O nascimento prematuro é a principal causa de doença neonatal. Um painel de biomarcadores de proteínas e peptídeos pode prever o nascimento prematuro com semanas de antecedência. Imagine como o tratamento do paciente mudaria se o laboratório pudesse ser levado ao paciente em vez de enviar uma amostra para o laboratório. A tecnologia lab-em-um-chip tem o potencial de integrar e automatizar as várias etapas de uma análise.

O coração de um instrumento microfluídico é um "chip" de plástico ou vidro. O chip esquemático visto na figura *a* inclui três componentes de instrumentos de bancada em um dispositivo que tem aproximadamente o tamanho de um selo postal. As barras cinza-escuras são válvulas operadas por pressão de ar para controlar o fluxo de fluido. Cinco válvulas no canto superior esquerdo operam em sequência para bombear o fluido. Um chip construído após o da ilustração seleciona entre cinco líquidos separados usando microválvulas. Um líquido é a amostra de urina e os outros são reagentes ou solventes. A urina é bombeada para a coluna de extração em fase sólida contendo a fase estacionária C_8. Lá, os analitos-alvo presentes na urina são concentrados. Enquanto estão ligados à coluna de extração, os analitos são derivatizados com um marcador fluorescente bombeado de uma segunda fonte de líquido. O excesso de marcador é removido por lavagem com solventes provenientes de uma terceira e quarta fontes. Finalmente, os analitos são eluídos da coluna com um solvente mais forte vindo de uma quinta fonte.

Os analitos marcados fluem para a região de eletroforese capilar, onde são separados por suas diferentes velocidades em um forte campo elétrico. Os analitos são detectados por fluorescência na extremidade inferior do canal de separação. A capacidade de integrar tantas operações em um único dispositivo com consumo mínimo de reagentes promete fazer com que análises automatizadas e confiáveis sejam realizadas no leito hospitalar ou mesmo utilizadas na busca de sinais de vida em planetas distantes.

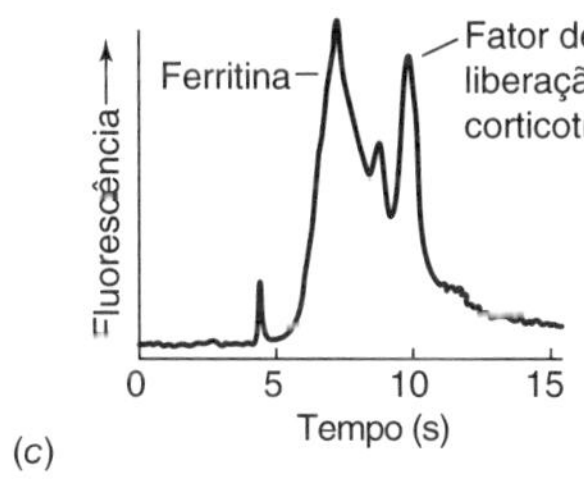

(*c*) Separação de proteínas indicadoras de parto prematuro na urina de uma mulher grávida. [Dados para (*c*) de V. Sahore, M. Sonker, A. V. Nielsen, R. Knob, S. Kumar e A. T. Woolley, "Automated Microfluidic Devices Integrating Solid-Phase Extraction, Fluorescent Labeling, and Microchip Electrophoresis for Preterm Birth Biomarker Analysis", *Anal. Bioanal. Chem.* **2018**, *410*, 933.]

Este capítulo prossegue com a nossa discussão acerca dos métodos cromatográficos conduzidos pela pressão e que incluem cromatografia de troca iônica, de exclusão molecular, de afinidade e de interação hidrofóbica. Também introduzimos separações conduzidas por um campo elétrico. Na eletroforese, um líquido se move por um tubo capilar por *eletrosmose*. Esse processo nos permite construir chips analíticos diminutos, onde fluidos são direcionados por meio de canais capilares, gravados em vidro ou em plástico. Reações químicas e separações químicas são realizadas nesses chips.

26.1 Cromatografia de Troca Iônica[1]

Trocadores aniônicos contêm grupos *positivos* ligados.
Trocadores catiônicos contêm grupos *negativos* ligados.

Na **cromatografia de troca iônica**, a retenção se deve à atração entre os íons do soluto e os sítios carregados, ligados quimicamente à fase estacionária (Figura 23.6). Nos **trocadores aniônicos**, os grupos carregados positivamente na fase estacionária atraem os *ânions* do soluto. Os **trocadores catiônicos** contêm sítios carregados negativamente, ligados covalentemente, que atraem os *cátions* do soluto.

Trocadores de Íons

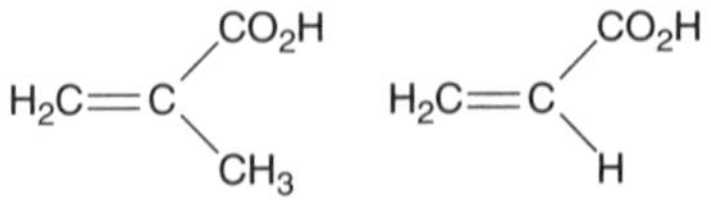

Ácido meta-acrílico   Ácido acrílico

O poli(ácido acrílico) em fraldas descartáveis superabsorventes é um trocador catiônico comum que você pode demonstrar em sua sala de aula.[2]

Trocadores de cátions fortemente ácidos: RSO_3^-
Trocadores de cátions fracamente ácidos: RSO_2^-
Trocadores de ânions "fortemente básicos": RNR'^+_3
Trocadores de ânions fracamente básicos: RNR'_2H^+

Resinas são partículas amorfas (que não são cristalinas) de material orgânico. As *resinas de poliestireno* para troca iônica são obtidas pela copolimerização do estireno e do divinilbenzeno (Figura 26.1). O teor de divinilbenzeno varia de 1 a 16% para aumentar a extensão das **ligações cruzadas** do polímero hidrocarbônico insolúvel. Os anéis benzênicos podem ser modificados para produzir uma resina de troca catiônica, contendo grupos sulfonato ($—SO_3^-$), ou uma resina de troca aniônica, contendo grupos amônio ($—NR_3^+$). Se usarmos ácido meta-acrílico no lugar do estireno, temos a formação de um polímero com grupos carboxila.

A Tabela 26.1 classifica os trocadores de íons como fortemente ou fracamente ácidos ou básicos. Os grupos sulfonato ($—SO_3^-$), das resinas fortemente ácidas, permanecem ionizados mesmo em soluções muito ácidas. Os grupos carboxila ($—CO_2^-$), em resinas fracamente ácidas, são protonados próximo a pH ~ 4, perdendo então a sua capacidade de troca catiônica. Os grupos amônio quaternário "fortemente básicos" ($—CH_2NR_3^+$) (que não são verdadeiramente básicos) permanecem catiônicos em todos os valores de pH. Os trocadores aniônicos de amônio terciário ($—CH_2NHR_2^+$), fracamente básicos, são desprotonados em solução moderadamente básica e perdem sua capacidade de se ligar a ânions. As resinas quelantes, como os trocadores iminodiacetato, têm uma elevada preferência por cátions de metais de transição e, em menor extensão, cátions de metais alcalino-terrosos (Grupo 2). A resina perde seu poder de quelação em pH abaixo de 4.

Resinas de grau analítico ("AG") são extensivamente purificadas para remoção de impurezas orgânicas e inorgânicas.

A extensão das ligações cruzadas em uma resina é indicada pela notação "-X*N*" após o nome da resina. Por exemplo, a Dowex 1-X4 contém 4% de divinilbenzeno e a Bio-Rad AG 50W-X12 contém 12% de divinilbenzeno. A resina torna-se mais rígida e menos porosa com o aumento do número de ligações cruzadas. Resinas com poucas ligações cruzadas permitem um rápido equilíbrio do soluto entre o interior e o exterior das partículas. Entretanto, as resinas que têm poucas ligações cruzadas incham em água. Essa hidratação diminui a densidade

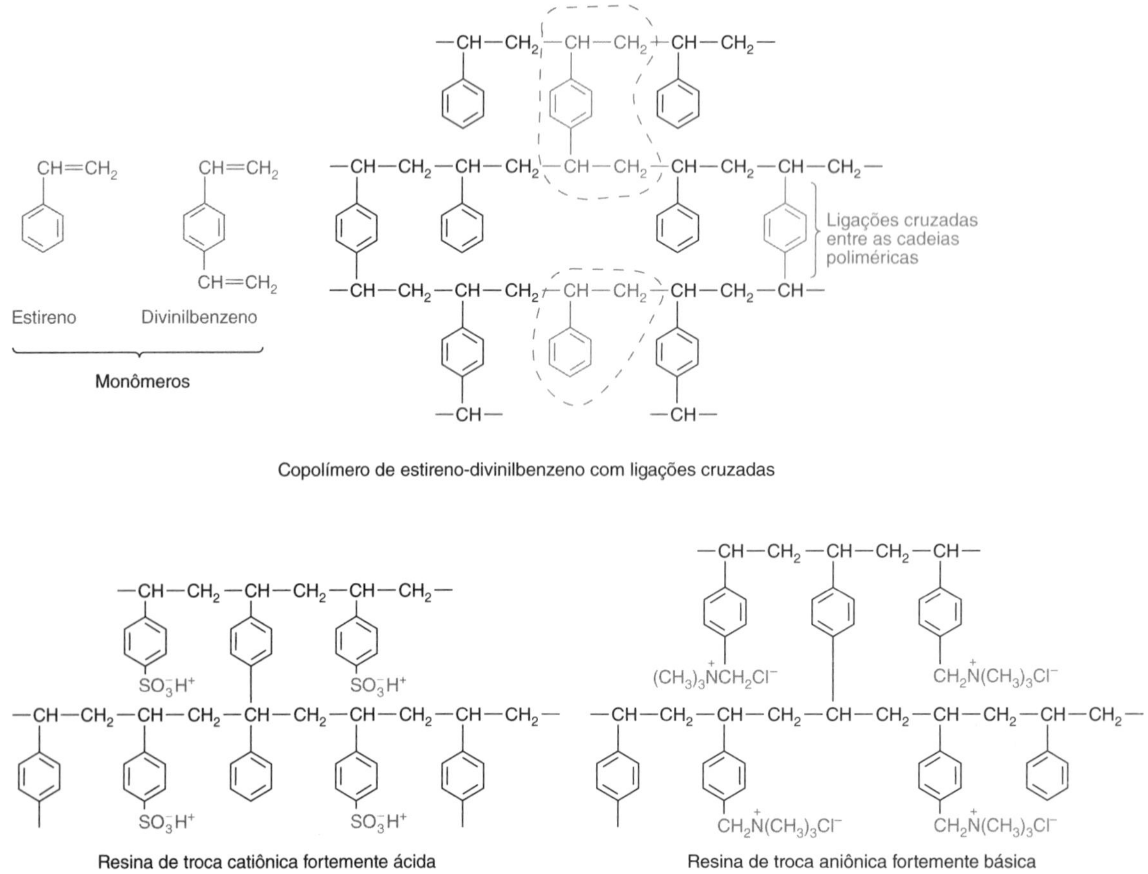

FIGURA 26.1 Estruturas das resinas de troca iônica com ligações cruzadas estireno-divinilbenzeno.

TABELA 26.1 Resinas de troca iônica

Tipo	Estrutura	Exemplos de resinas	Capacidade (meq/mL)[a]
Trocadoras de cátions			
Fortemente ácidos	Aril — $SO_3^-H^+$	Dowex 50W-X4	1,1
		Dowex 50W-X8, Amberlite IR-120	1,7–1,9
		Dowex 50W-X12, Amberlite IR-122	2,1
Fracamente ácidos	R — $CO_2^-Na^+$	Duolite C-433, Bio-Rex 70	2,4–4,5
		Amberlite IRC-86	
Trocadores de ânions			
Fortemente básico			
Tipo 1	Aril — $CH_2\overset{+}{N}(CH_3)_3\ Cl^-$	Dowex 1-X4	1,0
		Dowex 1-X8, Amberlite IRA-400	1,2–1,4
Tipo 2	Aril — $CH_2\overset{+}{N}(CH_3)_2(CH_2)_2\ OH\ Cl^-$	Dowex 2-X8, Amberlite IRA-410	1,2–1,4
Fracamente básico	R — $\overset{+}{N}HR_2\ Cl^-$	Dowex 4-X8, Amberlite IRA-68	1,6
Quelante			
Iminodiacetato	Aril — $N(CH_2CO_2^-)_2$	Chelex 100®	0,4

a. 1 meq/mL significa 1 miliequivalente de sítio de troca iônica por mililitro de resina molhada. Um miliequivalente é um milimol de carga na resina.
FONTE: *J. A. Dean, ed.* Analytical Chemistry Handbook, *2. ed. (New York: McGraw, 2000).*

dos sítios de troca iônica e a seletividade da resina com relação a diferentes íons. Resinas tendo muitas ligações cruzadas exibem menos inchamento, maior capacidade de troca e seletividade, mas necessitam de tempos maiores para atingir o equilíbrio. A densidade de carga de trocadores de íons de poliestireno é tão grande que macromoléculas fortemente carregadas, como as proteínas, podem se ligar irreversivelmente à resina.

As resinas típicas de poliestireno têm diâmetros de poros de aproximadamente 1 nm, enquanto as resinas *macroporosas* (também chamadas *macrorreticulares*) têm poros de aproximadamente 100 nm, permitindo que moléculas grandes, como proteínas, se movam livremente dentro dela. Os trocadores de íons de celulose, dextrano e agarose, que são polímeros de moléculas de açúcares, possuem tamanhos de poro maiores e densidades de carga menores do que as resinas de poliestireno. Eles são apropriados para troca iônica em sistemas contendo macromoléculas, como as proteínas. A Tabela 26.2 apresenta diversos grupos funcionais carregados usados para derivatização dos grupos hidroxila dos polissacarídeos. Por exemplo, o DEAE-Sepharose é um trocador aniônico contendo grupos dietilaminoetil em ligações cruzadas sobre agarose. Outros trocadores de íons macroporosos são baseados em poliacrilamida ou polimeta-acrilato. Para a cromatografia líquida de alta eficiência, trocadores de íons orgânicos e inorgânicos são concebidos para apresentar um tamanho de poro apropriado e uma densidade de carga para interações com proteínas, combinados a uma rigidez para operação em pressões elevadas.

Como o dextrano e seus similares são muito mais macios que as **resinas** de poliestireno, eles são chamados de **géis**.

Os nomes comerciais de géis podem refletir suas estruturas:
- Sepha**cel** e Hyper**Cel**: **cel**ulose com ligações cruzadas
- Sepha**dex**: **dex**trano com ligações cruzadas
- Sepha**rose**: aga**rose** com ligações cruzadas.

Seletividade de Troca Iônica e Equivalentes

Consideremos a competição entre os íons Na^+ e H^+ por sítios na resina de troca catiônica R^-:

Coeficiente de seletividade:

$$R^-H^+ + Na^+ \rightleftharpoons R^-Na^+ + H^+ \qquad K = \frac{[R^-Na^+][H^+]}{[R^-H^+][Na^+]} \tag{26.1}$$

TABELA 26.2 Grupos ativos comuns de géis de troca iônica

Tipo	Abreviação	Nome	Estrutura
Trocadores de cátions			
Fortemente ácidos	SP	Sulfopropil	$—O—CH_2CHOHCH_2OCH_2CH_2CH_2SO_3^-$
	S	Sulfonato de metila	$—O—CH_2CHOHCH_2OCH_2CHOHCH_2SO_3^-$
Fracamente ácidos	CM	Carboximetil	$—O—CH_2CO_2^-$
Trocadores de ânions			
Fortemente básicos	Q	Amônio quaternário	$—O—CH_2\overset{+}{N}(CH_3)_3$
Fracamente básicos	DEAE	Dietilaminoetil	$—O—CH_2CH_2\overset{+}{N}H(CH_2CH_3)_2$
	ANX	Dietilaminopropil	$—O—CH_2CHOHCH_2\overset{+}{N}H(CH_2CH_3)_2$

FONTE: *Dados de Ion Exchange Chromatography:* Principles and Methods *(publicação n. 11000421, GE Healthcare, 2016).*

TABELA 26.3 Coeficientes de seletividade relativa de resinas de troca catiônica

Teor de divinilbenzeno	Seletividade relativa	
	K_{Na^+, H^+}	K_{Ca^{2+}, H^+}
4%	1,3	3,4
8%	1,5	3,9
12%	1,7	4,6
16%	1,9	5,8

FONTE: *F. de Dardel e T. V. Arden, "Ion Exchangers" em* Ullmann's Encyclopedia of Industrial Chemistry, *7. ed. (New York: Wiley-VCH, 2010).*

A **polarizabilidade** é uma medida da capacidade da nuvem eletrônica de um íon ser deformada por cargas vizinhas. A deformação da nuvem eletrônica induz um dipolo no íon. A atração entre o dipolo induzido e as cargas vizinhas aumenta a ligação entre o íon e a resina.

Na década de 1850, J. Thomas Way descobriu muitas das propriedades fundamentais da troca iônica quando estudava o "poder do solo em absorver 'estrume'".[3]

A constante de equilíbrio é chamada de **coeficiente de seletividade**, pois ela descreve a seletividade relativa da resina para o Na^+ e o H^+. As seletividades das resinas de poliestireno tendem a aumentar com a extensão das ligações cruzadas (Tabela 26.3), pois o tamanho de poro da resina diminui com o aumento das ligações cruzadas. Íons como o Li^+, com um *raio hidratado* grande (abertura do Capítulo 8), não têm tanto acesso aos sítios na resina quanto íons menores, por exemplo, o Cs^+.

Em geral, os trocadores de íons favorecem a ligação de íons com carga maior, raio hidratado menor e maior *polarizabilidade*. De uma maneira bem geral, a ordem de seletividade para cátions é

$$\begin{gathered} Pu^{4+} \gg La^{3+} > Ce^{3+} > Pr^{3+} > Eu^{3+} > Y^{3+} > Sc^{3+} > Al^{3+} \gg \\ Tl^{+} > Ba^{2+} > Ag^{+} > Pb^{2+} > Sr^{2+} > Ca^{2+} > Ni^{2+} > Cd^{2+} > \\ Cu^{2+} > Co^{2+} > Zn^{2+} > Mg^{2+} > UO_2^{2+} \gg \\ Cs^{+} > Rb^{+} > K^{+} > NH_4^{+} > Na^{+} > H^{+} > Li^{+} \end{gathered}$$

A hidrofobicidade de íons orgânicos afeta a seletividade em resinas de poliestireno. A ordem de seletividade para ânions monovalentes em um trocador de íons fortemente básico como na Figura 26.1 é

$$\begin{gathered} \text{Sulfonato de benzeno} > \text{salicilato} \gg I^- > \text{fenolato} > HSO_4^- > ClO_3^- > NO_3^- > Br^- \gg \\ CN^- > HSO_3^- > BrO_3^- > NO_2^- > Cl^- > HCO_3^- > IO_3^- > \text{formiato} > \\ \text{acetato} > \text{propionato} > F^- > OH^- \end{gathered}$$

A troca iônica é inerentemente um processo de equilíbrio. O Equilíbrio 26.1 pode ser deslocado em qualquer direção, apesar de o íon Na^+ se ligar mais fortemente que o H^+. A lavagem de uma coluna contendo Na^+ com um excesso substancial de H^+ promove a troca do íon Na^+ pelo H^+, em um processo conhecido como *regeneração*. Apesar de o Fe^{2+} se ligar à resina mais fortemente que o H^+, a lavagem de uma coluna de resina com um excesso de ácido remove o Fe^{2+} da resina. A lavagem da coluna na forma H^+ com Na^+ converterá a coluna à forma Na^+.

Os trocadores de íons carregados com determinado íon, se ligam a pequenas quantidades de outro íon, de maneira aproximadamente quantitativa. Uma resina carregada com H^+ se ligará de forma quase quantitativa a pequenas quantidades de Li^+, mesmo que a seletividade seja maior para o H^+. O íon Li^+ que se liga libera uma carga *equivalente* da resina na forma de íons H^+. A mesma coluna se liga a grandes quantidades de Ni^{2+} ou de Fe^{2+}, pois a resina tem uma seletividade maior para esses íons que para o H^+. A ligação de um íon metálico divalente libera dois íons H^+. A quantidade de carga trocada é medida em **equivalentes** (**eq**), que é a quantidade de íon monovalente, como o H^+, que trocará com um mol de cátion.

Equivalentes: $$nR^-H^+ + M^{n+} \rightarrow R_n^-M^{n+} + nH^+ \qquad eq = n \times (\text{mols de } M^{n+}) \qquad \textbf{(26.2)}$$

Um mol de Ni^{2+} troca com dois mols de H^+, portanto, um mol de Ni^{2+} tem dois equivalentes no processo de troca. Equivalentes de troca aniônica são quantificados de forma semelhante. Um mol de SO_4^{2-} troca com dois mols de Cl^-, portanto, um mol de SO_4^{2-} tem dois equivalentes.

A **capacidade de troca iônica** é o número de sítios iônicos na resina que podem participar do processo de troca. A capacidade é listada como meq por grama de resina seca ou meq por mL de resina úmida. Resinas de estireno-divinilbenzeno típicas têm capacidades de 1 a 5 meq por mL de resina úmida, enquanto partículas usadas para cromatografia de íons (Seção 26.2) têm menor capacidade. Para trocadores de íons fracamente ácidos ou básicos, a capacidade pode variar drasticamente com o pH.

EXEMPLO Equivalentes de uma Coluna Trocadora de Cátions

Qual é a quantidade de íons H^+ liberada quando os íons Na^+ presentes em 100 mL de uma solução 20 mM são quantitativamente retidos em uma resina trocadora de cátions na forma H^+? Qual é a quantidade liberada quando o íon Fe^{3+} contido em 40 mL de uma solução 5,0 mM é retido na coluna?

Solução Cada íon Na^+ retido libera um H^+. Um mol de H^+ possui um equivalente de carga. Portanto,

$$\begin{aligned} eq &= n \times (\text{mols de } M^{n+}) \\ &= 1\ \text{eq/mol} \times 0{,}100\ \text{L} \times 0{,}020\ \text{mol/L} \\ &= 0{,}002\,0\ \text{eq} = 2{,}0\ \text{meq} \end{aligned}$$

Se o Fe^{3+} presente em 40 mL de uma solução 5,0 mM é retido na coluna,

$$\begin{aligned} \text{eq} &= n \times (\text{mols de } M^{n+}) \\ &= 3 \text{ eq/mol} \times 0{,}040 \text{ L} \times 0{,}005\,0 \text{ mol/L} \\ &= 6{,}0 \times 10^{-4} \text{eq} = 0{,}60 \text{ meq} \end{aligned}$$

TESTE-SE Determine o número de miliequivalentes de H^+ liberados quando 100 mL de uma solução de Ni^{2+} 26,3 mM foram carregados em uma coluna trocadora de cátions na forma H^+. (***Resposta:*** 5,26 meq.)

Exclusão de Donnan

Em uma resina trocadora de cátions fortemente ácida (RSO_3^-), os cátions (M^{n+}) entram livremente pelos poros da resina para sofrer a troca iônica nos sítios R^-. Os analitos neutros também podem entrar livremente pelos poros de uma resina trocadora de íons, embora eles não interajam com os sítios de troca iônica. Íons com a mesma carga da resina, como o Cl^-, sofrem repulsão eletrostática por parte dos sítios R^-, e são *excluídos* dos poros da resina, processo conhecido como **exclusão de Donnan**.

A elevada concentração de cargas negativas ligadas dentro da resina repele os ânions da resina.

A exclusão de Donnan é a base da *cromatografia de exclusão iônica*.[4] Quando uma solução de Na^+Cl^- e açúcar é aplicada em uma coluna trocadora de cátions contendo sítios de troca R^- fixos e contraíons Na^+ móveis, o Na^+Cl^- sai da coluna *antes* do açúcar porque o íon Cl^- não pode penetrar nos poros, mas o açúcar pode. Analitos parcialmente ionizados, como os ácidos fracos, são separados com base em seus valores de pK_a, os quais controlam a fração do ácido desprotonado A^- em determinado pH.

Uso da Cromatografia de Troca Iônica

As *resinas* de troca iônica são usadas para aplicações envolvendo moléculas pequenas (MF $\leqslant$ 500), capazes de penetrar nos poros da resina. Uma granulometria (Tabela 28.2) de 100/200 mesh é adequada na maioria dos trabalhos. Números maiores de mesh (tamanho de partícula menor) levam a separações mais apuradas, mas a operação da coluna é mais lenta. Para as separações preparativas, a amostra pode ocupar de 10 a 20% do volume da coluna. Os **géis** trocadores de íons são usados para moléculas maiores (como as proteínas e ácidos nucleicos) que não conseguem penetrar nos poros das resinas. As separações em condições químicas adversas (alta temperatura, altos níveis de radiação, soluções fortemente básicas ou agentes oxidantes potentes) empregam *trocadores iônicos inorgânicos*, como os óxidos hidratados de Zr, Ti, Sn e W.

Três tipos diferentes de trocadores de íons:
1. resinas
2. géis
3. trocadores inorgânicos

A **eluição por gradiente**, com o aumento da força iônica ou pela mudança do pH, é uma prática comum na cromatografia de troca iônica. Consideremos uma coluna na qual o cátion A^+ se liga mais fortemente do que o cátion B^+. Podemos separar A^+ de B^+ por eluição com C^+, que se liga menos fortemente à coluna do que qualquer A^+ ou B^+. Quando a concentração de C^+ aumenta, B^+ é por fim deslocado e desce pela coluna. Em uma concentração ainda maior de C^+, o cátion A^+ também é eluído.

Um gradiente de força iônica ou de pH tem um comportamento análogo a um gradiente de solvente na cromatografia líquida ou a um gradiente de temperatura na cromatografia a gás.

Para anticorpos monoclonais terapêuticos, a variação de carga em função da modificação enzimática ou química altera a eficácia do medicamento e deve ser monitorada de perto. A Figura 26.2 mostra a separação por troca catiônica de variantes de carga do cetuximabe, um *anticorpo monoclonal* usado para tratamento de câncer colorretal e de pulmão. Os gradientes tradicionais de sais concentrados não são compatíveis com a espectrometria de massa das frações eluídas, de modo que se utiliza um gradiente de pH com tampões voláteis. A baixa capacidade dos sítios de troca catiônica sulfonada na coluna permitiu o uso de tampões diluídos. O pH inicial do eluente está abaixo do ponto isoelétrico de todas as variantes de carga para garantir que todas sejam inicialmente catiônicas e retidas. À medida que o pH do eluente aumenta, as proteínas são gradualmente desprotonadas, tornando-se menos catiônicas e menos retidas. As variantes ácidas com pontos isoelétricos mais baixos eluem primeiro, e variantes mais básicas com pontos isoelétricos mais altos eluem em pH mais alto no gradiente.

Anticorpo monoclonal: moléculas de anticorpo produzidas por células imunes idênticas descendentes de um único progenitor. Os anticorpos monoclonais se ligam a uma única parte específica da molécula do antígeno-alvo.

Ponto isoelétrico: pH no qual uma proteína não tem carga líquida.

Aplicações da Troca Iônica

A troca iônica pode ser usada para converter um sal em outro. Por exemplo, podemos preparar o hidróxido de tetrapropilamônio a partir de um sal de tetrapropilamônio de qualquer outro ânion:

$$\underset{\text{Iodeto de tetrapropilamônio}}{(CH_3CH_2CH_2)_4N^+I^-} \xrightarrow[\text{na forma } OH^-]{\text{Trocador de ânions}} \underset{\text{Hidróxido de tetrapropilamônio}}{(CH_3CH_2CH_2)_4N^+OH^-}$$

A troca iônica é usada para fazer uma **pré-concentração** de componentes em níveis de traço de uma solução para obter o suficiente para análise. Por exemplo, um programa

Pré-concentração: processo que consiste em concentrar componentes-traço de uma amostra antes de sua análise.

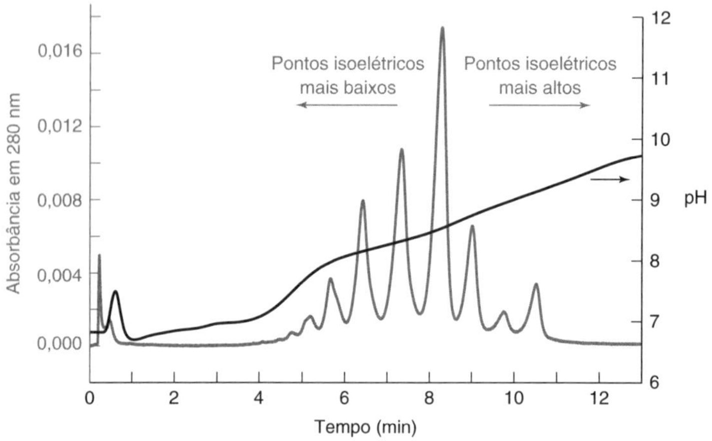

FIGURA 26.2 Separação por troca catiônica por meio de gradiente de pH de variantes de carga do anticorpo monoclonal cetuximabe causada pela perda de ácido carboxílico ou grupos funcionais amina ou desdobramento da proteína. A coluna de 50 × 2,1 mm continha partículas de copolímero de etilvinilbenzeno-divinilbenzeno não porosas de 5 μm de diâmetro com sítios de troca catiônica de sulfonato. Um revestimento hidrofílico nas partículas minimiza a interação não específica entre os anticorpos e o polímero hidrofóbico. [Dados de F. Füssl, K. Cook, K. Scheffler, A. Farrell, S. Mittermayr e J. Bones, "Charge Variant Analysis of Monoclonal Antibodies Using Direct Coupled pH Gradient Exchange Chromatography to High-Resolution Native Mass Spectrometry", *Anal. Chem.* **2018**, *90*, 4669.]

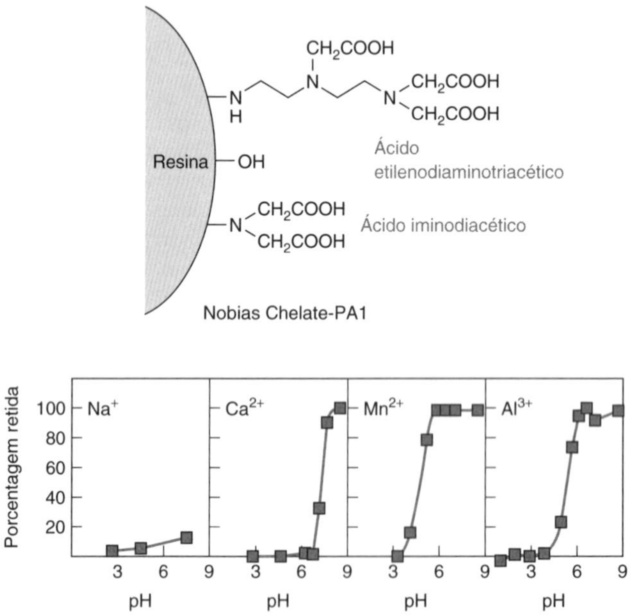

FIGURA 26.3 A resina Nobias Chelate PA1 usada para pré-concentrar metais-traço da água do mar contém grupos de ácido etilenodiaminotriacético e iminodiacético ligados covalentemente à resina polimérica de meta-acrilato hidrofílico. Os gráficos mostram a fração dos íons de metal retidos pela resina em função do pH. O Mn^{2+} e o Al^{3+} são bem retidos em pH 6. O Na^+ e o Ca^{2+} são fracamente retidos em pH 6. [Dados de Y. Sohrin, S. Urushihara, S. Nakatsuka, T. Kono, E. Higo, T. Minami, K. Norisuye e S. Umetani, "Multielemental Determination of GEOTRACES Key Trace Metals in Seawater by ICPMS after Preconcentration Using an Ethylenediaminetriacetic Acid Chelating Resin", *Anal. Chem.* **2008**, *80*, 6267.]

de pesquisa (em andamento) em oceanografia mede Al, Mn, Fe, Cu, Zn e Cd em níveis de partes por trilhão na presença de concentrações várias ordens de grandeza maiores de Na^+, Ca^{2+} e Mg^{2+} no oceano. Elementos-traço são pré-concentrados e separados dos elementos alcalinos (Grupo 1) e alcalino-terrosos (Grupo 2) por meio da passagem pela resina trocadora de íons Chelate PA1, mostrada na Figura 26.3. Os grupos de ácido etilenodiaminotriacético na resina se ligam quantitativamente aos elementos do analito em pH 6 ou superior. Íons de metais alcalinos e alcalino-terrosos são fracamente ligados em pH 6. O procedimento é passar 125 g de água do mar (ajustada em pH 6 com tampão de acetato de amônio) através de 0,5 g de resina e remover metais fracamente ligados com 40 mL de tampão em pH 6. Os íons metálicos firmemente retidos são então eluídos quantitativamente na direção reversa com 15 mL de HNO_3 1 M. Os metais-traço são concentrados por um fator de 8 a partir de 125 g de água do mar em ~15 g de eluato, e > 99,9% dos metais alcalinos e alcalino-terrosos são removidos. O eluato é analisado por um plasma acoplado indutivamente–espectrômetro de massa.

Amaciadores de água usam troca iônica para remover os íons Ca^{2+} e Mg^{2+} da água "dura" (Boxe 12.2).

A troca iônica é muito usada na purificação de água. A **água deionizada** é preparada passando-se a água por uma resina de troca catiônica na sua forma H^+ e por uma resina de troca aniônica na sua forma OH^-. Suponha, por exemplo, que $Cu(NO_3)_2$ esteja presente na água. A resina de troca catiônica se liga ao Cu^{2+}, trocando-o por $2H^+$. A resina de troca aniônica se liga ao NO_3^-, trocando-o por OH^-. O eluato obtido é então água pura:

$$\left.\begin{array}{l} Cu^{2+} \xrightarrow{\text{trocador iônico de } H^+} 2H^+ \\ 2NO_3^- \xrightarrow{\text{trocador iônico de } OH^-} 2OH^- \end{array}\right\} \xrightarrow{} H_2O \text{ pura}$$

No Antigo Testamento (Êxodo 15:25), Moisés usou madeira apodrecida para tornar água salobra potável. A celulose carboxilada é um trocador de cátions efetivo que pode remover cátions amargos da água.

Em muitos prédios onde existem laboratórios, a água encanada é inicialmente purificada por um filtro de carvão ativado, que adsorve material orgânico, e posteriormente por *osmose reversa*. No último processo, a água é forçada por pressão a passar por uma membrana com poros por meio dos quais apenas moléculas um pouco maiores que a H_2O conseguem passar. A maioria dos íons não consegue passar pelos poros, pois seus raios hidratados são maiores que o tamanho dos poros. A osmose reversa remove cerca de 95 a 99% dos íons, moléculas orgânicas, bactérias e partículas da água.

Muitos laboratórios dispõem de equipamentos para obtenção de água ultrapura, preparada por processos que purificam ainda mais a água depois da osmose reversa. Nesse caso, a água volta a passar por outro filtro de carvão ativado e então por vários cartuchos contendo resinas trocadoras de íons, que convertem os íons para H^+ e OH^-. A água ultrapura resultante tem uma resistividade (Capítulo 15, nota 41) de 180 000 ohm · m (18 mohm · cm) com concentrações de íons, individualmente, inferiores a 1 ng/mL (1 ppb).[5]

A água ultrapura deve ser usada imediatamente. Contaminação a partir dos recipientes de armazenamento e o equilíbrio com o CO_2 atmosférico rapidamente degradam a resistividade para ~1 mohm · cm.

Na indústria farmacêutica, as resinas trocadoras iônicas são usadas para estabilização de fármacos e para ajudar na desintegração de comprimidos. Trocadores iônicos são utilizados também para mascarar paladares, para liberação controlada de produtos, como produtos tópicos para aplicação na pele e na aplicação de produtos oftálmicos e nasais.[6]

26.2 Cromatografia Iônica[7]

A **cromatografia iônica**, uma versão de alto desempenho da cromatografia por troca iônica, tornou-se o método ideal para a análise de ânions (Tabela 26.4). O método 300.1 parte A da Agência de Proteção Ambiental (Environmental Protection Agency – EPA) dos Estados Unidos se destina à determinação de F^-, Cl^-, Br^-, NO_2^-, NO_3^-, HPO_4^{2-} e SO_4^{2-} em água potável, enquanto o método 300.1 B aborda a determinação de BrO_3^-, Br^-, ClO_2^- e ClO_3^-. Na indústria de semicondutores, a cromatografia iônica é usada para monitorar a presença de ânions e cátions em níveis de 0,1 ppb na água deionizada.

TABELA 26.4 Limites da EPA para ânions em água potável

Íon	Limite máximo de contaminante (mg/L = ppm)
F^-	4
ClO_2^-	1
Cianeto (livre)	0,2
BrO_3^-	0,01
Cl^-	sem regulação
NO_2^-(como N)	1
Br^-	sem regulação
NO_3^-(como N)	10
ClO_3^-	sem regulação
Ácidos haloacéticos	0,06
Arsênio	0,01
Fosfato	sem regulação
Cromo (total)	0,1
Selênio	0,05
SO_4^{2-}	sem regulação

FONTE: *Dados de C. Pohl, em S. Ahuja, ed.,* Chemistry and Water: The Science Behind Sustaining the World's Most Crucial Resource *(Amsterdam: Elsevier, 2017), Chap. 10.*

Cromatografia Aniônica e Catiônica com Supressão Iônica

Os cromatógrafos iônicos são construídos com plásticos mecanicamente fortes e quimicamente duráveis, como poli(éter-éter-cetona) (PEEK), porque eluentes como OH^- e H^+ corroem os componentes de aço inoxidável usados em instrumentos típicos de CLUE. As colunas são baseadas em materiais poliméricos hidroliticamente estáveis que podem suportar pH extremo. A detecção por condutividade é usada por ser sensível e universal para íons.

Na **cromatografia *aniônica* com supressão iônica** (Figura 26.4a), uma mistura de *ânions* é separada por troca iônica e detectada por condutividade elétrica. A principal característica da cromatografia com supressão iônica é a remoção do eletrólito indesejado antes da medida da condutividade.

A título de ilustração, consideremos uma amostra contendo $Na^+NO_3^-$ e $Ca^{2+}SO_4^{2-}$ injetada em uma *coluna de separação* – uma coluna de troca aniônica na forma de hidróxido – seguida pela eluição com K^+OH^-. O NO_3^- e SO_4^{2-} entram em equilíbrio com a resina e são deslocados lentamente pelo eluente OH^-. Os cátions Na^+ e Ca^{2+} não são retidos, e simplesmente são eliminados por lavagem. Após determinado período de tempo, o $K^+NO_3^-$ e o $2K^+SO_4^{2-}$ são eluídos da coluna de separação, como vemos no gráfico superior da Figura 26.4a. Estas espécies não são facilmente detectáveis, pois o solvente contém uma alta concentração de K^+OH^-, cuja alta condutividade obscurece as condutividades das espécies do analito.

Para superar este problema, o eluato proveniente da coluna separadora passa a seguir por um *supressor*, um sistema onde os cátions são trocados pelo H^+. Neste exemplo, o H^+ troca com o K^+ por meio de uma membrana de troca catiônica no supressor. O H^+ se difunde a partir da alta concentração fora da membrana para a baixa concentração dentro da membrana. O íon K^+ se difunde a partir da alta concentração interna para a baixa concentração do lado de fora. O K^+ fora da membrana é levado embora, de modo que sua concentração é sempre baixa nessa região. O resultado final é que o eluente K^+OH^-, que possui alta condutividade, é convertido em H_2O, que tem baixa condutividade. Quando o analito está presente, são produzidos $H^+NO_3^-$ ou $(H^+)_2SO_4^{2-}$, que possuem alta condutividade e são, portanto, detectados.

A **cromatografia *catiônica* com supressão iônica** é conduzida de forma semelhante, mas o supressor substitui o Cl^-, proveniente do eluente, com OH^- por meio de uma membrana de troca aniônica. A Figura 26.4b ilustra a separação do $Na^+NO_3^-$ e do $Ca^{2+}SO_4^{2-}$. Com H^+Cl^- como eluente, o Na^+Cl^- e o $Ca^{2+}2Cl^-$ emergem da coluna de separação de troca catiônica, e o Na^+OH^- e o $Ca^{2+}(OH^-)_2$ emergem da coluna de supressão. O eluato H^+Cl^- é convertido em H_2O na coluna de supressão.

A coluna de separação separa os analitos, e o supressor substitui o eluente iônico por uma espécie não iônica.

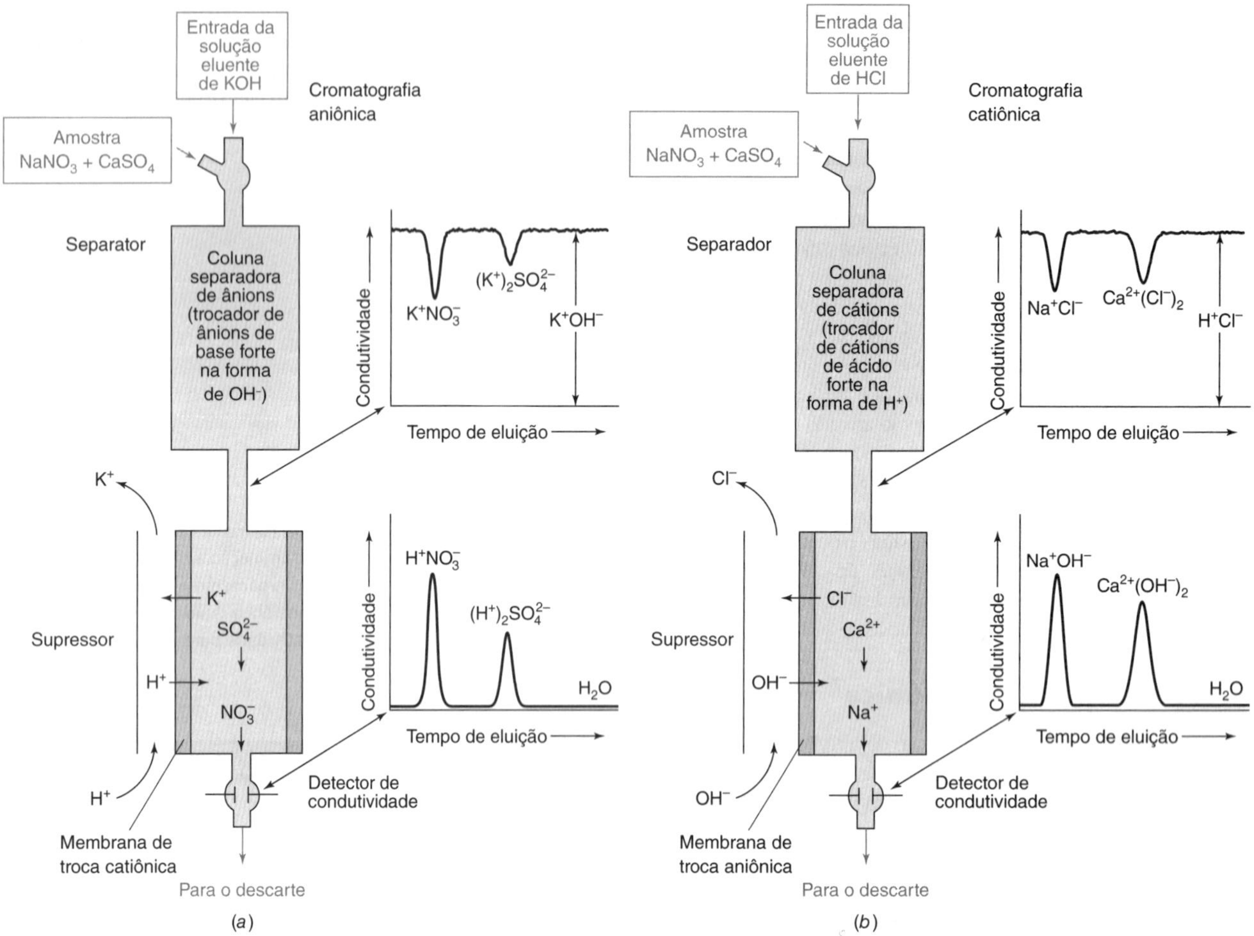

FIGURA 26.4 Ilustrações esquemáticas de (*a*) cromatografia aniônica com supressão iônica e (*b*) cromatografia catiônica com supressão iônica.

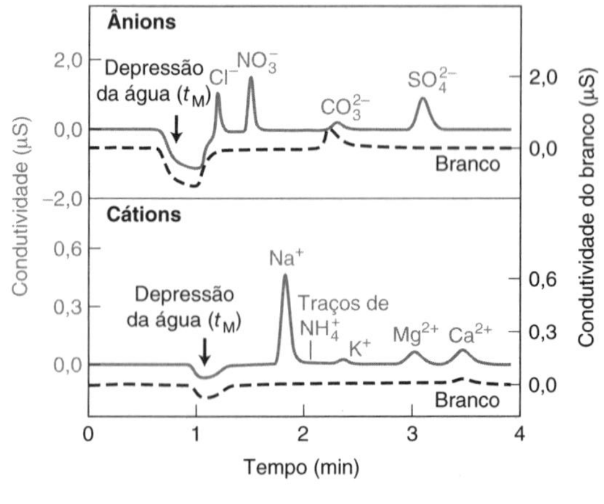

FIGURA 26.5 Cromatografia iônica de traços de ânions e cátions em amostras de gelo do Polo Sul. O transporte do gelo para um laboratório contaminaria as amostras e os brancos. A conexão direta de um cromatógrafo de íons à máquina de fundir gelo reduz a manipulação das amostras, permitindo a detecção de concentrações em níveis de alguns ppb. Análise de ânions: coluna IonPac AS11 usando NaOH 8,0 mM como eluente e supressão de íons. Análise de cátions: IonPAc CS12A usando H_2SO_4 11 mM como eluente e supressão de íons. [Dados de J. H. Cole-Dai, D. M. Budner e D. G. Ferris, "High Speed, High Resolution, and Continuous Chemical Analysis of Ice Cores Using a Melter and Ion Chromatography", *Environ. Sci. Technol.* **2006**, *40*, 6764. Os alunos de graduação S. Klein e C. Duval colaboraram na realização dos testes do equipamento em laboratório.]

Exemplo de análise de ânions em nível de traço. Uma impressão digital contém 80 a 520 ng de Cl^- mais[8]

750 a 2 800 ng de lactato	30 a 150 ng de fosfato
30 a 440 ng de oxalato	70 a 220 ng de nitrato
60 a 100 ng de sulfato	50 a 60 ng de nitrito

A Figura 26.5 ilustra a análise de traços de ânions e cátions nos núcleos de gelo do Polo Sul. Utilizou-se OH^- como eluente para a separação aniônica e H^+ para a separação catiônica. Após passarem pelo supressor, ambos os eluentes foram convertidos em H_2O, que apresenta uma condutividade baixa. A *depressão da água* nos cromatogramas indica o tempo (t_M) para a água não retida passar por cada coluna. São necessários uma água de alta pureza e um manuseio cuidadoso quando se realizam análises em níveis de partes por bilhão.

Para um eluente monovalente, como H^+ e OH^-, a retenção na cromatografia iônica é controlada por

$$\log k = \text{constante} - n \log[E^{+/-}] \qquad (26.3)$$

em que a constante está relacionada com a capacidade da coluna e a seletividade de troca iônica, n é a magnitude da carga do íon do analito e E, o íon eluente. A seletividade de troca iônica é controlada pela natureza do sítio de troca iônica e pelo grau de ligações cruzadas do suporte.[9] Programas disponíveis podem ser usados para simular e otimizar as separações por cromatografia iônica.[10]

Soluções de hidróxido absorvem CO_2 da atmosfera, formando CO_3^{2-} (Seção 11.7). A Figura 26.6a mostra que, mesmo recém-preparada, uma solução de K^+OH^- já contém quantidades apreciáveis de CO_3^{2-}, além de impurezas iônicas como Cl^- e SO_4^{2-}. Esses contaminantes causam ruído na linha de base em separações isocráticas e um aumento acentuado da linha de base em eluição por gradiente. Em sistemas de cromatografia iônica automatizados, os eluentes contendo H^+ e OH^- são produzidos por eletrólise de H_2O. A Figura 26.6b mostra um sistema que produz K^+OH^- para mais de 1 000 horas de eluição isocrática ou por gradiente, antes que seja necessária a reposição dos reagentes. A água no reservatório de K_2HPO_4 aquoso é decomposta no anodo metálico produzindo H^+ e $O_2(g)$. O H^+ reage com o HPO_4^{2-} para formar $H_2PO_4^{2-}$ Para cada íon H^+ gerado, um íon K^+ migra pela membrana de barreira de troca catiônica, que transporta K^+, mas não transporta ânions e permite passagem desprezível de líquido. A membrana de barreira deve resistir à alta pressão do líquido na câmara de geração de K^+OH^-, destinado à alimentação da coluna cromatográfica. Para cada H^+ gerado no anodo, um íon K^+ flui pela barreira de troca catiônica e um íon OH^- é produzido no catodo. O líquido que sai da câmara de geração de K^+OH^- contém K^+OH^- e $H_2(g)$. O fluxo deste líquido passa por uma armadilha de ânions para remoção de traços de ânions, como carbonato e produtos de degradação da resina de troca iônica. A armadilha é continuamente reabastecida com OH^- gerado eletroliticamente, que não é mostrado no diagrama da figura. Após a armadilha de ânions, o líquido passa por um capilar polimérico permeável ao $H_2(g)$. O $H_2(g)$ se difunde para um fluxo externo de líquido e é removido. A concentração de K^+OH^- produzida pelo dispositivo mostrado na Figura 26.6 é governada pela vazão do líquido e pela corrente elétrica. Mediante o controle computadorizado da potência de alimentação pode ser obtido um gradiente preciso de concentração. A Figura 26.7 mostra uma separação de 44 ânions com um gradiente de hidróxido.

A química ácido-base que você aprendeu na primeira metade do livro ainda é relevante quando você estiver usando instrumentos.

Misturas de HCO_3^-/CO_3^{2-} preparadas manualmente são um eluente comum para a cromatografia aniônica. Após a supressão, forma-se ácido carbônico neutro:

$$HCO_3^- \text{ ou } CO_3^{2-} \xrightarrow{H^+} H_2CO_3$$

Os supressores na Figura 26.4 também têm sido substituídos por unidades eletrolíticas como as da Figura 26.8, que geram H^+ ou OH^- necessários para neutralizar o eluato e requerem somente água como alimentação. Com o uso de geração eletrolítica de eluente e supressão eletrolítica, a cromatografia de íons foi simplificada e altamente automatizada. Na cromatografia iônica, os limites de detecção estão na faixa de parte por bilhão, mas níveis de partes

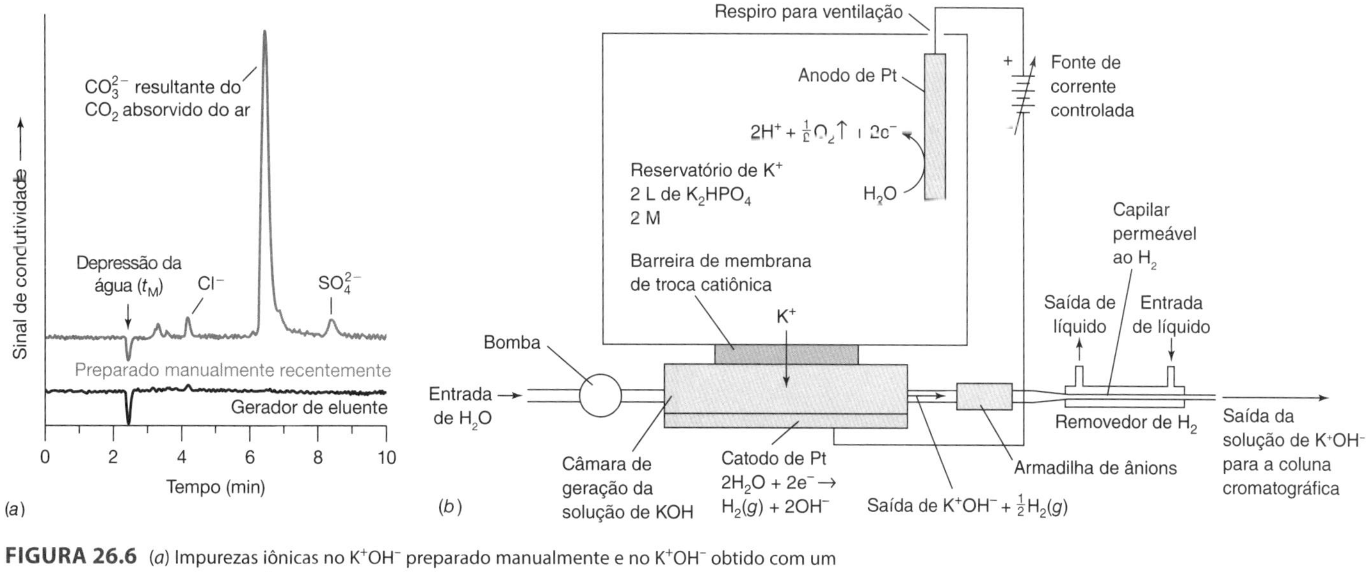

FIGURA 26.6 (*a*) Impurezas iônicas no K^+OH^- preparado manualmente e no K^+OH^- obtido com um gerador eletrolítico de eluente K^+OH^- para cromatografia iônica. (*b*) Esquema do gerador de eluente K^+OH^-. [Dados de Y. F. Lu, L. T. Zhou, B. C. Yang, S. J. Huang e F. F. Zhang, "Online Gas-Free Electrodialytic KOH Eluent Generator for Ion Chromatography", *Anal. Chem.* **2018**, *90*, 12840; Y. Liu, K. Srinivasan, C. Pohl, and N. Avdalovic, "Recent Developments in Electrolytic Devices for Ion Chromatography", *J. Biochem. Biophys. Methods* **2004**, *60*, 205.]

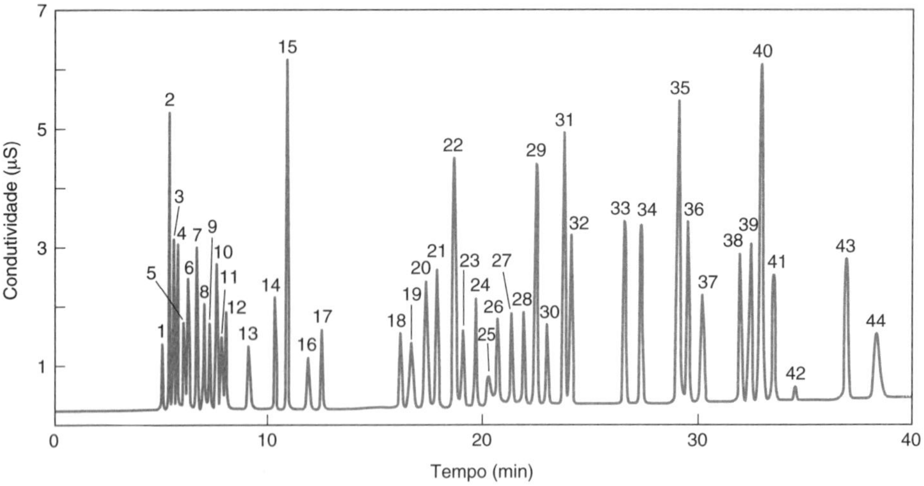

FIGURA 26.7 Separação de ânions por cromatografia com um gradiente de K^+OH^- gerado eletroliticamente e detecção por condutividade, após supressão. Coluna: Thermo IonPac AS11-HC, 25 cm de comprimento e diâmetro = 0,04 cm; partículas de 4 μm; vazão = 15 μL/min. Eluente: OH^- de 1 a 14 mM a partir de 0 até 16 min; OH^- de 14 a 55 mM a partir de 16 até 40 min; injeção = 0,4 μL de padrões em concentração de 0,6 a 4,0 ppm. Picos: (1) quinato, (2) F^-, (3) acetato, (4) lactato, (5) 2-hidroxibutirato, (6) propanoato, (7) formiato, (8) buritato, (9) 2-hidroxivalerato, (10) piruvato, (11) isovalerato, (12) ClO_2^-, (13) valerato, (14) BrO_3^-, (15) Cl^-, (16) 2-oxovalerato, (17) NO_2^-, (18) etilfosfonato, (19) trifluoroacetato, (20) azida, (21) Br^-, (22) NO_3^-, (23) citramalato, (24) malato, (25) CO_3^{2-}, (26) malonato, (27) citraconitato, (28) maleato, (29) SO_4^{2-}, (30) α-cetoglutarato, (31) $C_2O_4^{2-}$, (32) fumarato, (33) oxaloacetato, (34) WO_4^{2-}, (35) MoO_4^{2-}, (36) PO_4^{3-}, (37) ftalato, (38) AsO_4^{3-}, (39) citrato, (40) CrO_4^{2-}, (41) isocitrato, (42) *cis*-aconitato, (43) *trans*-aconitato, (44) I^-. [Dados de Thermo Scientific Sunnyvale, CA.]

por trilhão em água ultrapura são monitorados nas indústrias de energia e de semicondutores por meio de pré-concentração e cromatografia de íons em linha.[11] As curvas de calibração são geralmente lineares, embora não linearidade possa ser observada em concentrações de analito baixas ou quando eluentes à base de HCO_3^-/CO_3^{2-} são usados.[12] As medidas de incertezas são normalmente superiores a 1%, mas podem ser tão baixas quanto 0,2%.[13]

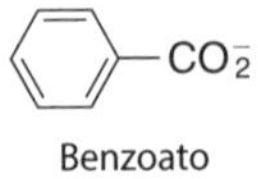

Benzoato

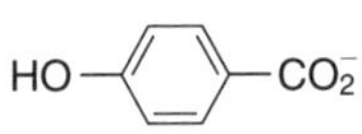

p-Hidroxibenzoato

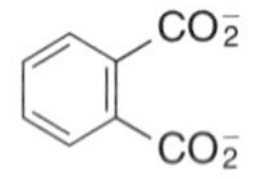

Ftalato

Cromatografia Iônica sem Supressão

Se a capacidade de troca iônica da coluna de separação for suficientemente baixa e for usado um eluente diluído, a supressão iônica é desnecessária. Além disso, ânions provenientes de ácidos fracos, como os íons borato, silicato, sulfeto e cianeto, não podem ser determinados com supressão iônica, pois esses ânions são convertidos em espécies com condutividade muito baixa (por exemplo, H_2S).

Para a *cromatografia aniônica sem supressão*, usamos uma resina com uma capacidade de troca próxima a 5 μmol/g e como eluente sais de Na^+ ou K^+ dos ácidos benzoico, *p*-hidroxibenzoico ou ftálico, na concentração de 10^{-4} M. Esses eluentes propiciam uma pequena condutividade de fundo, e os ânions de interesse são detectados por uma pequena *variação* na

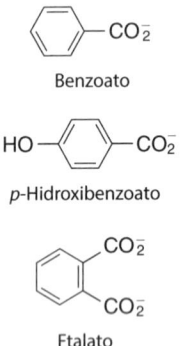

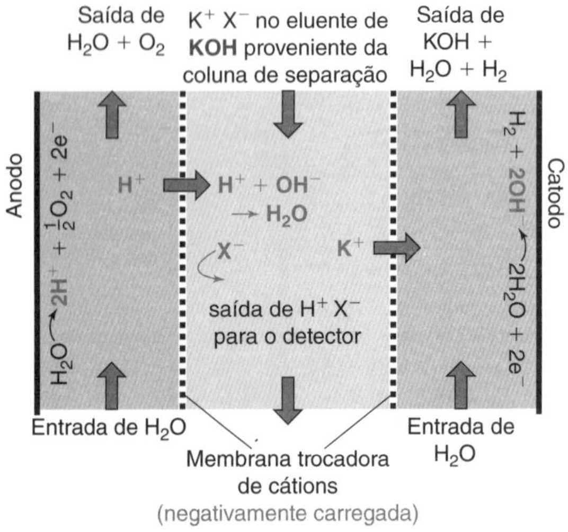

FIGURA 26.8 A supressão eletrolítica para a cromatografia aniônica substitui o eluente K^+OH^- por H_2O. H^+ gerado no ânodo passa pela membrana de troca catiônica e substitui o K^+ no eluente. Ânions como X^- não passam pela membrana de troca catiônica em face da exclusão de Donnan.

condutividade quando eles emergem da coluna. Mediante uma escolha sensata do valor do pH, podemos obter uma carga média no eluente entre 0 e −2, o que permite controlar a força do eluente. Mesmo ácidos carboxílicos diluídos (que são pouco ionizados) são eluentes adequados para algumas separações. Na *cromatografia catiônica sem supressão*, fazemos a eluição com HNO_3 diluído para íons monovalentes e sais de etilenodiamônio ($^+H_2NCH_2CH_2NH_3^+$) para íons divalentes.

Detectores[14]

A maioria dos detectores da CLUE discutidos na Seção 25.2 também pode ser usada na cromatografia iônica. Por exemplo, alguns ânions inorgânicos e ácidos carboxílicos podem ser detectados por sua absorção no ultravioleta. Carboidratos – que são aniônicos no eluente de hidróxido – podem ser monitorados por detecção amperométrica pulsada (Figura 25.27).

Os detectores de condutividade são os mais comuns porque eles respondem a todos os íons. Na cromatografia com supressão iônica, é fácil medir o analito, pois a condutividade do eluente diminui praticamente a 0 pela supressão. A supressão também nos permite usar gradientes de concentração do eluente. Na cromatografia aniônica sem supressão, a condutividade do ânion de interesse é maior do que a do eluente, de forma que a condutividade aumenta quando o analito emerge da coluna. Os limites de detecção estão normalmente na faixa de médio ppb a baixo ppm, mas podem ser diminuídos de 10 vezes usando-se eluentes contendo ácidos carboxílicos no lugar de sais carboxilatos.

Para fins de análise quantitativa com um detector de condutividade, o fator de resposta para cada íon deve ser medido porque íons diferentes apresentam condutividades diferentes. Um detector de carga responde à *carga* total em cada banda eluída, e não à condutividade, o que permite a quantificação de íons conhecidos e desconhecidos.[15] Os detectores de carga apresentam maior sensibilidade para íons fracamente dissociados, como amônia, aminas orgânicas, ácidos carboxílicos e silicatos, e para íons multivalentes, como fosfato.

A utilização de eluentes contendo os íons benzoato e ftalato proporciona uma **detecção indireta** de ânions muito sensível (< 1 ppm). Quando cada analito emerge, os ânions do analito que não absorvem substituem uma quantidade equivalente do ânion do eluente que absorve (Figura 26.29). Portanto, a absorvância do meio *diminui* quando o analito aparece, como na Figura 26.9. Para a cromatografia catiônica, o $CuSO_4$ é um eluente adequado que absorve no ultravioleta.

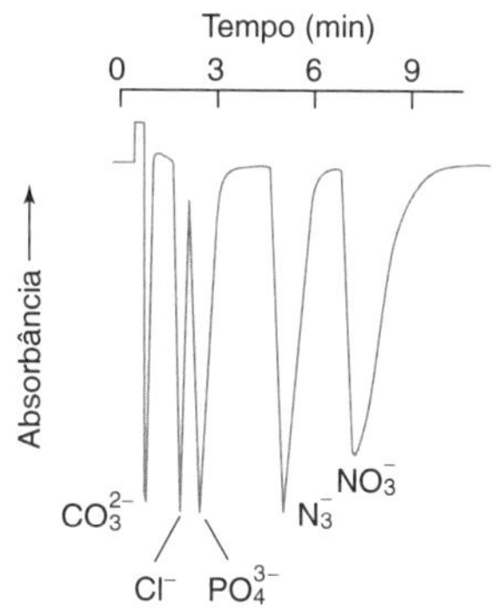

FIGURA 26.9 Detecção espectrofotométrica indireta de íons transparentes. A coluna foi eluída com ftalato de sódio 1 mM mais tampão borato 1 mM, pH 10. O princípio da detecção indireta está ilustrado na Figura 26.29. [Dados de H. Small, "Indirect Photometric Chromatography", *Anal. Chem.* **1982**, *54*, 462.]

Cromatografia de Par Iônico

A **cromatografia de par iônico** usa uma coluna de CLAE com fase reversa, em vez de uma coluna de troca iônica para separar compostos iônicos ou polares.[16] Para separar uma mistura de cátions (por exemplo, bases orgânicas protonadas), adiciona-se à fase móvel um *surfactante* aniônico (Boxe 26.1), como o n–$C_6H_{13}SO_3^-$. O surfactante se aloja na fase estacionária hidrofóbica, transformando efetivamente a fase estacionária em um trocador de íons (Figura 26.10). Os cátions do analito são atraídos pelos ânions do surfactante.[17] O mecanismo de retenção é uma mistura das interações de fase reversa e troca iônica. Na Figura 26.11, quatro

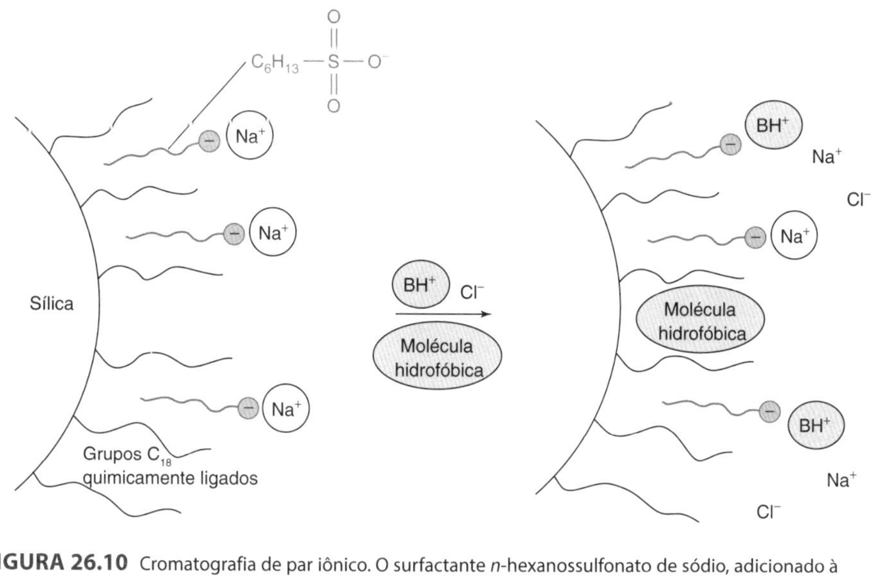

FIGURA 26.10 Cromatografia de par iônico. O surfactante *n*-hexanossulfonato de sódio, adicionado à fase móvel, se liga à fase estacionária apolar. Os grupos sulfonato negativos, que se projetam para fora da fase estacionária, agem com sítios trocadores de íons para os cátions do analito, por exemplo, bases orgânicas protonadas, BH^+. Pode também ocorrer retenção de moléculas hidrofóbicas por fase reversa.

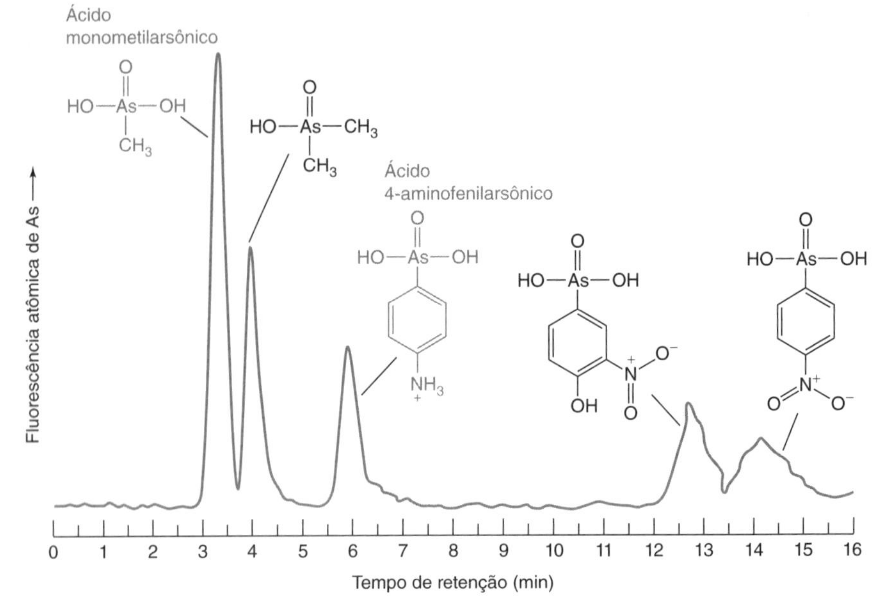

FIGURA 26.11 Especiação de compostos de arsênio em fígados de frango por cromatografia de par iônico usando uma coluna de fase reversa Zorbax SQ-Aq. A coluna foi equilibrada com uma fase aquosa móvel contendo *n*-hexanossulfonato de sódio (n-$C_6H_{13}SO_3^-$) 5 mM e tamponado a pH 2,0 com ácido cítrico 20 mM. O fígado de frango sofreu uma adição intencional de 40 μg de As L^{-1} de cada espécie de arsênio. Os compostos neutros de As são retidos por interação hidrofóbica com C_{18}. Os compostos catiônicos de As são retidos por interação com agentes de par iônico adsorvidos. A detecção por fluorescência atômica do As permite a detecção seletiva de espécies de arsênio em matrizes complexas. [Dados de R. P. Monasterio, J. A. Londonio, S. S. Farias, P. Smichowski e R. G. Wuilloud, "Organic Solvent-Free Reversed-Phase Ion-Pairing Liquid Chromatography Coupled to Atomic Fluorescence Spectrometry for Organoarsenic Species Determination in Several Matrices", *J. Agric. Food Chem.* **2011**, *59*, 3566.]

Especiação: distribuição de um analito entre várias formas químicas possíveis.

espécies neutras de As são retidas pela coluna C_{18}. O termo **especiação** descreve a distribuição de um analito entre várias formas químicas possíveis, como as cinco formas de arsênio na Figura 26.11. As várias espécies de arsênio apresentam uma toxicidade muito diferente. Para separarmos ânions, podemos adicionar sais de tetrabutilamônio à fase móvel como o reagente formador de par iônico.

A cromatografia de par iônico é mais complexa que a cromatografia de fase reversa, pois o equilíbrio entre o surfactante e a fase estacionária é lento, a separação é mais sensível às variações de temperatura e de pH, e a concentração do surfactante afeta a separação. O metanol é o solvente orgânico preferido, pois os surfactantes iônicos são mais solúveis em misturas água/metanol do que em misturas acetonitrila/água. Estratégias para o desenvolvimento de um método semelhante ao esquema na Figura 25.29 variam o pH e a concentração do surfactante, mantendo constantes a concentração de metanol e a temperatura.[18] Em face do lento equilíbrio do surfactante com a fase estacionária, a eluição por gradiente não é recomendada na cromatografia de par iônico. Muitos reagentes de par iônico têm absorção significativa no ultravioleta, o que torna problemática a deteção de analitos nessa região do espectro. Os surfactantes

BOXE 26.1 Surfactantes e Micelas

Um **surfactante** é uma molécula capaz de se acumular na interface entre duas fases líquidas modificando a tensão superficial. (*Tensão superficial* é a energia por unidade de área necessária para formar uma superfície ou uma interface.) Uma classe bastante comum de surfactantes em solução aquosa são moléculas com cadeias hidrofóbicas compridas com terminação iônica:

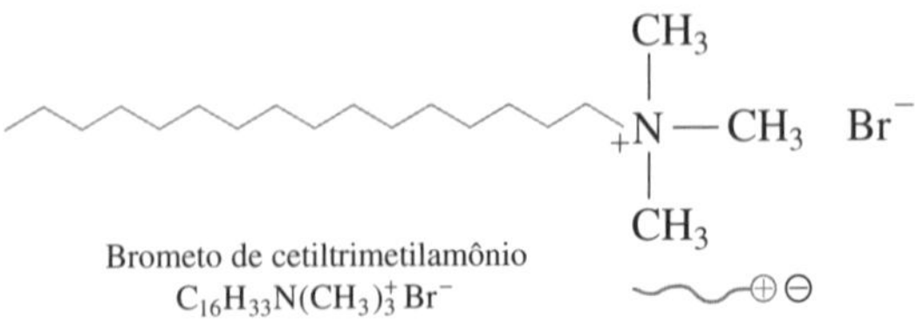

Brometo de cetiltrimetilamônio
$C_{16}H_{33}N(CH_3)_3^+ Br^-$

Uma **micela** é um agregado de surfactantes. Em água, as cadeias hidrofóbicas formam agrupamentos que se comportam como pequenas gotas de óleo isoladas da fase aquosa pelas terminações iônicas. Em baixas concentrações, as moléculas de surfactante não formam micelas. Quando sua concentração excede a *concentração micelar crítica*, começa a ocorrer a agregação espontânea em micelas.[20] Moléculas isoladas de surfactante existem em equilíbrio com as micelas. Solutos orgânicos apolares são solúveis dentro das micelas. O brometo de cetiltrimetilamônio forma micelas contendo cerca de 61 moléculas (massa ≈ 22 kDa) em água a 25 °C com concentração micelar crítica igual a 0,9 mM. As concentrações micelares críticas diminuem com o aumento do comprimento das cadeias (caudas) hidrofóbicas e para surfactantes carregados com a concentração de contraíons em solução.

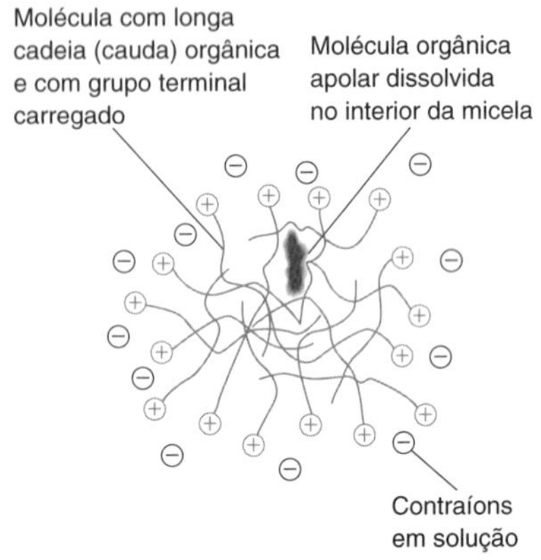

Estrutura de uma micela formada quando moléculas iônicas com cadeias largas apolares agregam em uma solução aquosa. O interior da micela lembra um solvente orgânico apolar, enquanto os grupos carregados no exterior interagem intensamente com a água. [Dados de F. M. Menger, R. Zana e B. Lindman, "Portraying the Structure of Micelles", *J. Chem. Ed.* **1998**, *75*, 115.]

também podem suprimir a ionização por electrospray para espectrometria de massa. O ácido trifluoroacético é um agente de par iônico mais fraco do que os tradicionais alquilsulfonatos. Ele é amplamente empregado na separação de peptídeos e proteínas, visto que ele entra em equilíbrio rapidamente e pode ser usado com eluição por gradiente.

As colunas de **cromatografia de modo misto** retêm os analitos por meio de mais de um mecanismo de retenção – normalmente fase reversa e troca iônica – e, portanto, ela é semelhante à cromatografia de par iônico sem a necessidade de um agente de par iônico na fase móvel.[19] A análise do fármaco ibandronato para o tratamento de osteoporose requer sua separação de impurezas com diferentes grupos alquila, sugerindo que a cromatografia de fase reversa seria apropriada. Mas todos os compostos são ionizados e fracamente retidos nas colunas tradicionais de fase reversa. Uma coluna de fase reversa com sítios de troca aniônica incorporados fornece retenção adicional que produz resolução de linha de base, e sua fase móvel é compatível com a espectroscopia de massa por electrospray. O desenvolvimento de métodos para cromatografia de modo misto requer otimização de parâmetros que regulam as separações de fase reversa e de troca iônica e, portanto, são complexos. As separações de modo misto geralmente são tentadas somente após a fase reversa sozinha ou a troca iônica sozinha terem sido tentadas e terem falhado.

Cromatografia de modo misto: mais de um mecanismo de retenção.

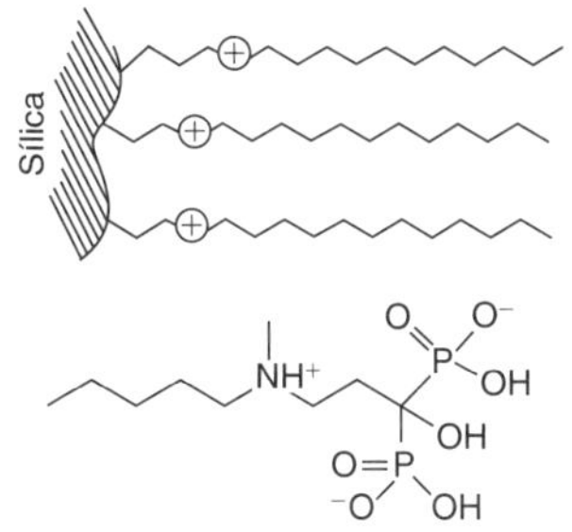

Ibandronato

26.3 Cromatografia de Exclusão Molecular

Na **cromatografia de exclusão molecular** (também conhecida como *exclusão por tamanho*, **filtração em gel** ou *cromatografia de permeação em gel*), as moléculas são separadas de acordo com o seu tamanho.[21] As moléculas pequenas penetram nos poros da fase estacionária, mas as moléculas maiores não (Figura 23.6). Como as moléculas menores têm que passar por meio de um volume efetivamente maior, *as moléculas maiores são eluídas primeiro* (Figura 26.12). Esta técnica é amplamente utilizada em bioquímica, para a purificação de macromoléculas, e em química de polímeros, para caracterizar o tamanho e a distribuição da massa molecular de um polímero.

Filtração em gel: geralmente se refere à fase estacionária hidrofílica e eluente aquoso.

Permeação em gel: geralmente se refere à fase estacionária hidrofóbica e eluente orgânico.

Sais com baixa massa molecular (ou qualquer molécula pequena) podem ser removidos de soluções de moléculas grandes por exclusão molecular, pois as moléculas maiores são eluídas primeiro. Esta técnica, chamada *dessalinização*, é útil para promover mudanças na composição do tampão de uma solução de macromoléculas.

Equação de Eluição

O volume *total* da fase móvel em uma coluna cromatográfica é V_M, que inclui o solvente presente dentro e fora das partículas de gel. O volume da fase móvel *fora* das partículas de gel é chamado geralmente de **volume morto** (**volume intersticial**), V_o. O volume do solvente *dentro* do gel é, portanto, $V_M - V_o$. A grandeza $K_{méd}$ (leia-se "*K* médio") é definida como

$$K_{méd} = \frac{V_R - V_o}{V_M - V_o} \qquad (26.4)$$

em que V_R é o volume de retenção para um soluto. Para uma molécula grande, que não penetra no gel, $V_R = V_o$, e $K_{méd} = 0$. Para uma molécula pequena, que consegue penetrar livremente no gel, $V_R = V_M$, e $K_{méd} = 1$. As moléculas com tamanho intermediário penetram apenas em alguns poros do gel, mas não em outros, de modo que $K_{méd}$ se encontra entre 0 e 1. Idealmente, a penetração no gel é o único mecanismo pelo qual as moléculas são retidas neste tipo de cromatografia. Na realidade, sempre existe alguma adsorção e, por isso, $K_{méd}$ pode ser maior que 1.

O volume morto é determinado pela passagem de uma molécula grande inerte pela coluna. Seu volume de eluição é definido como V_o. O produto Blue Dextran 2000, um corante azul com massa molecular 2×10^6 Da, é uma das substâncias mais usadas para esta finalidade. O volume V_M pode ser calculado a partir da medida do volume de gel da coluna obtido por grama de gel seco. Por exemplo, 1 g de Sephadex G-100 seco produz de 15 a 20 mL de volume de gel, quando expandido com solução aquosa. A fase sólida ocupa apenas ~1 mL do volume de gel, de forma que V_M vale de 14 a 19 mL, ou 93 a 95 % do volume total da coluna de gel. Massas iguais de fases sólidas diferentes produzem uma extensa variedade de volumes de gel quando expandidas com solvente.

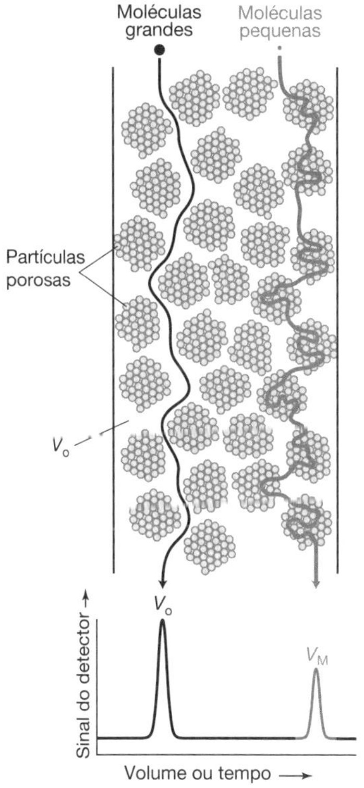

FIGURA 26.12 As moléculas grandes não conseguem penetrar nos poros da fase estacionária. Elas são eluídas por um volume de solvente igual a V_o (o volume da fase móvel entre as partículas). Moléculas pequenas, que podem ser encontradas dentro ou fora do gel, requerem um volume maior para a eluição. As moléculas que são suficientemente pequenas para penetrar nos poros menores são eluídas com um volume V_M, que é o volume total do solvente dentro e fora das partículas de gel.

Fases Estacionárias[22]

Os géis para as colunas capilares de exclusão molecular em escala preparativa incluem o Sephadex (Tabela 26.5) e o Bio-Gel P, que é uma poliacrilamida com ligações cruzadas feitas pela *N,N'*-metilenobisacrilamida. Os menores tamanhos de poro em géis com alto grau de ligações cruzadas excluem moléculas com pesos moleculares $\geqslant$ 700 Da, enquanto os maiores tamanhos de poro excluem moléculas com massas moleculares $\geqslant 10^8$ Da. Quanto menor for o tamanho de partícula do gel, maior será a resolução obtida e menor será a vazão da coluna.

TABELA 26.5 Meios de exclusão molecular representativos

Filtração em gel em colunas capilares		Sílica TSK gel SW para CLAE		
Nome	**Faixa de fracionamento para proteínas globulares (Da)**	**Nome**	**Tamanho de poro (nm)**	**Faixa de fracionamento para proteínas globulares (Da)**
Sephadex G-10	até 700	G2000SW	12,5	5 000–150 000
Sephadex G-25	1 000–5 000	G3000SW	25	10 000–500 000
Sephadex G-50	1 500–30 000	G4000SW	45	20 000–7 000 000
Sephadex G-75	3 000–80 000			
Sephadex G-100	4 000–150 000			
Sephadex G-200	5 000–600 000			

FONTE: *Sephadex é fabricada por GE Amersham Biosciences. Sílica TSK SW é fabricada por Tosoh Bioscience.*

As colunas de CLAE para exclusão molecular são maiores do que outras colunas de CLAE para aumentar o volume de separação entre V_o e V_M.

As colunas de CLAE para exclusão molecular têm normalmente 8 mm de diâmetro e 30 cm de comprimento. Empacotamentos de CLAE hidrofílicos são feitos de polimeta-acrilato hidroxilado com ligações cruzadas. Sílica (Tabela 26.5) com tamanho de poro controlado fornece 10 000 a 20 000 pratos para uma coluna empacotada com partículas de 10 μm. A sílica é recoberta com uma fase hidrofílica para minimizar adsorção do soluto. Uma resina de poliéter hidroxilado com um tamanho de poro bem definido pode ser usada ao longo da faixa de pH 2 a 12, enquanto as fases de sílica geralmente não podem ser usadas acima de pH 8. Partículas com tamanhos de poro diferentes podem ser misturadas para fornecer uma faixa maior de separação por tamanho molecular.

Para a CLAE de polímeros hidrofóbicos, encontram-se disponíveis esferas de poliestireno com ligações cruzadas, com tamanhos de poro na faixa de 5 nm até centenas de nanômetros. Partículas de tamanhos menores fornecem melhores eficiências de coluna, sendo que partículas com 3 μm de diâmetro produzem uma separação equivalente ≥16 000 pratos para uma coluna de 15 cm de comprimento. Polímeros de massa molecular muito elevada (≥ 2 000 000 Da) são separados usando partículas maiores a fim de evitar degradação do polímero por deformação.

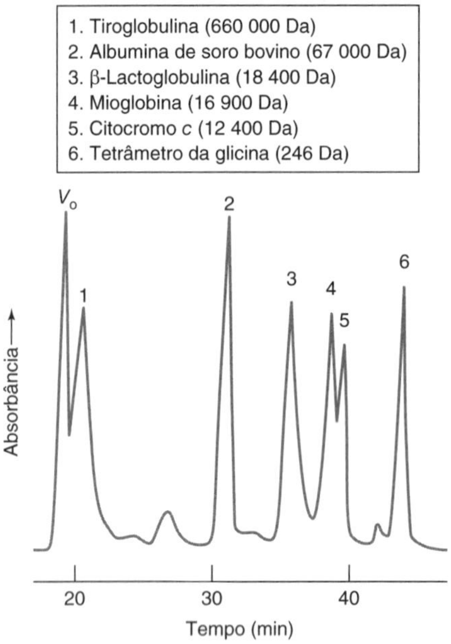

FIGURA 26.13 Separação de proteínas por cromatografia de exclusão molecular em duas colunas (60 cm de comprimento × 0,75 cm de diâmetro) de TSKgel G3000SW em série, eluídas a 1,0 mL/min com NaCl 0,3 M em tampão fosfato 0,05 M, pH 7. [Dados de Tosoh Bioscience, Stuttgart, Alemanha.]

Determinações de Massa Molecular

A exclusão molecular é usada principalmente para separar moléculas com massas moleculares significativamente diferentes (Figura 26.13). O tamanho de poro depende das massas moleculares das moléculas a serem separadas. Para cada fase estacionária, construímos uma curva de calibração, a partir de um gráfico de log(massa molecular) contra volume de eluição (Figura 26.14). Podemos estimar a massa molecular de uma substância desconhecida comparando seu volume de eluição com os volumes de eluição dos padrões. Entretanto, temos que ser cuidadosos na interpretação dos resultados, pois moléculas com a mesma massa molecular, mas formas diferentes, exibem características de eluição diferentes. Para as proteínas, é importante usarmos uma força iônica suficientemente alta (> 0,05 M) para eliminarmos a adsorção eletrostática do soluto em sítios ocasionalmente carregados no gel.

Amostras de polímeros devem ser preparadas e separadas usando um solvente que dissolve o polímero. A fase estacionária deve ser compatível com o solvente e apresentar uma faixa de calibração de massa que abranja a faixa de massa prevista para a amostra. Polímeros sintéticos apresentam uma distribuição de comprimentos de cadeias poliméricas. O volume de eluição reflete a massa molecular média do polímero, e a largura do pico reflete a distribuição dos comprimentos da cadeia. Os polímeros maiores espalham a luz visível, de modo que um detector de espalhamento da luz é comum em cromatografia de permeação em gel.

26.4 Cromatografia de Afinidade

Estão disponíveis comercialmente meios de afinidade e protocolos para muitas aplicações bioquímicas.[23]

A **cromatografia de afinidade** é usada para isolar um único composto ou uma classe de compostos a partir de uma mistura complexa.[24] A técnica se fundamenta na ligação específica e reversível entre um composto e a fase estacionária (Figura 23.6). A cromatografia de afinidade é especialmente aplicável em bioquímica, sendo baseada nas interações específicas entre anticorpos e antígenos, enzimas e substratos ou lectinas e carboidratos. A cromatografia de afinidade pode ser realizada para concentrar seletivamente (*enriquecer*) o analito-alvo ou remover seletivamente (*depleção*) componentes específicos da matriz (Figura 26.15). Quando a amostra passa pela coluna, somente um soluto se liga à fase estacionária. Após uma lavagem da coluna, retirando todas as outras substâncias presentes, o soluto ligado é eluído mudando-se uma condição, como o pH ou a força iônica do meio, de modo a enfraquecer sua ligação com a fase estacionária.

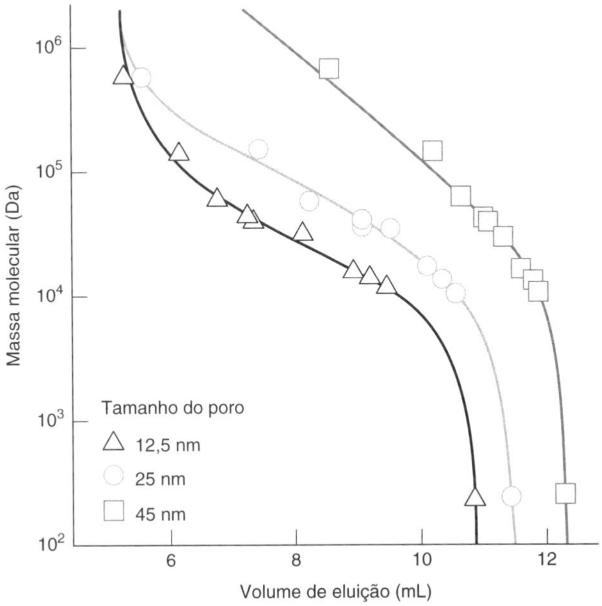

FIGURA 26.14 Gráfico de calibração de massa molecular para colunas de exclusão molecular de sílica hidrofílica (30 × 0,78 cm) de tamanhos de poro diferentes. A calibração é baseada em biomoléculas indo desde a tiroglobina (660 000 Da) até o tetrâmetro da glicina (246 Da). [Dados de Tosoh Bioscience, Stuttgart, Alemanha.]

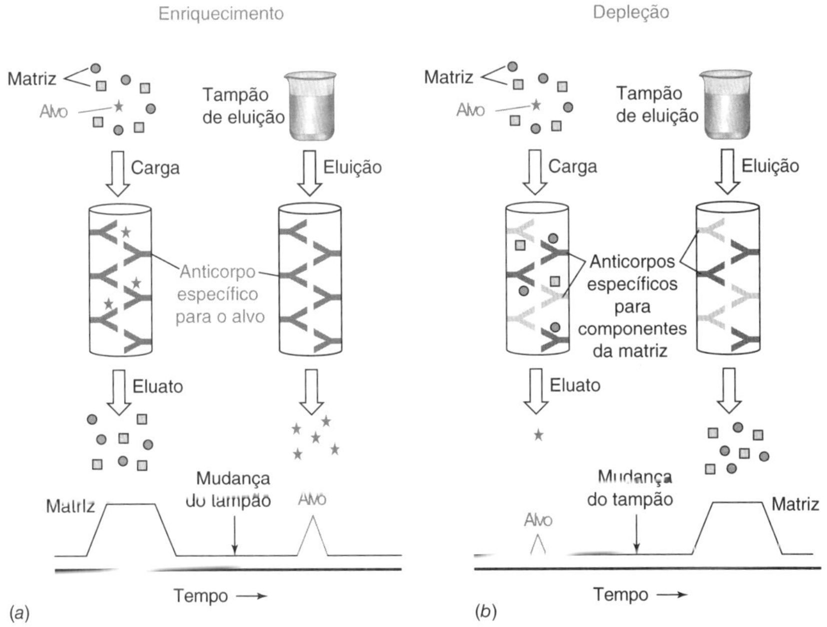

FIGURA 26.15 Modos de enriquecimento e depleção na cromatografia de afinidade. Quando os anticorpos estão ligados à fase estacionária, os modos são referidos como *imunoenriquecimento* e *imunodepleção*. [Dados de C. C. Wu, J. C. Duan, T. Liu, R. D. Smith e W.-J. Qian, "Contributions of Immunoaffinity Chromatography to Deep Proteome Profiling of Human Biofluids", *J. Chromatogr. B* **2016**, *1021*, 57.]

A Figura 26.16 mostra o enriquecimento da proteína imunoglobulina G (IgG) por cromatografia de afinidade em uma coluna contendo a *proteína A* covalentemente ligada. A proteína A se liga a uma região específica da IgG em pH $\gtrsim$ 7,2. Quando uma mistura bruta, contendo IgG e outras proteínas, passou pela coluna em pH 7,6, todos os constituintes da mistura, exceto a IgG, foram eluídos durante 0,3 minuto. Em 1 minuto, o pH do eluente foi diminuído para 2,6 e a IgG foi eluída, em forma purificada e concentrada, em 1,3 minuto. O enriquecimento pode ser da ordem de milhares de vezes com recuperações elevadas de material ativo.

A depleção é usada para remover seletivamente um contaminante específico ou múltiplos componentes de uma matriz. Por exemplo, proteínas em níveis de traço no soro de sangue humano ou plasma, que podem ser *biomarcadores* de uma doença, são difíceis de serem descobertas na presença de outras proteínas cujas concentrações podem ser até 12 ordens de grandeza maiores. As colunas de *imunodepleção* com anticorpos que capturam e retêm as dez proteínas mais abundantes removem 90% da matriz proteica do plasma eluído. A captura das 22 proteínas mais abundantes remove 99% da matriz.[25]

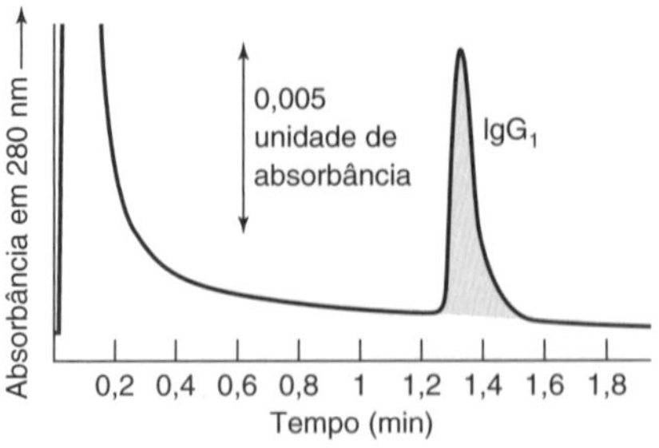

FIGURA 26.16 Purificação do anticorpo monoclonal IgG por cromatografia de afinidade em uma coluna de 5 × 0,46 cm contendo a proteína A covalentemente ligada ao suporte polimérico. As outras proteínas na amostra são eluídas de 0 a 0,3 min em pH 7,6. Quando o pH do eluente é diminuído para 2,6, a IgG é liberada da proteína A e emerge da coluna. [Dados de B. J. Compton e L. Kreilgaard, "Chromatographic Analysis of Therapeutic Proteins", *Anal. Chem.* **1994**, *66*, 1175A.]

A *cromatografia de afinidade com metal imobilizado* retém proteínas e peptídeos com base em sua afinidade por íons metálicos.[26] Os íons Ni^{2+}, Zn^{2+} e Cu^{2+} formam complexos fortes com aminoácidos como histidina, triptofano e citosina. Uma resina quelante do ácido nitrilotriacético (Figura 12.4) retém Ni^{2+}, mas deixa alguns sítios de coordenação Ni^{2+} livres para complexar aminoácidos. Proteínas modificadas geralmente são concebidas com seis histidinas em uma extremidade. Este marcador de histidina liga-se fortemente à resina carregada com Ni^{2+}, permitindo que as proteínas de ligação mais fraca sejam eliminadas. A proteína-alvo é eluída diminuindo o pH ou adicionando um ligante competitivo, como o imidazol. Colunas carregadas com Fe^{3+} ou Ti^{4+} retêm seletivamente proteínas fosforiladas.

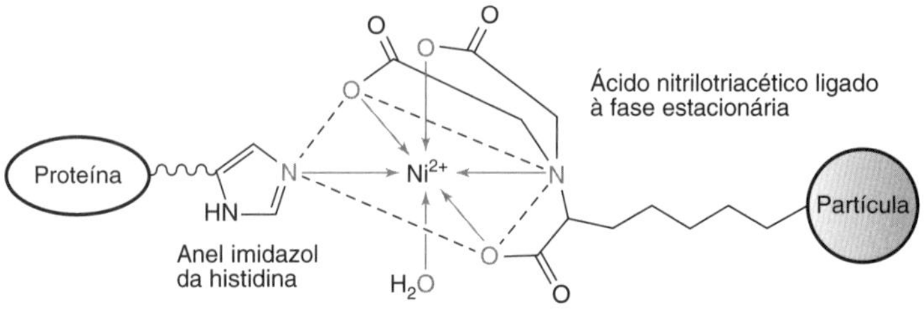

O Boxe 26.2 mostra como *polímeros impressos molecularmente* podem ser utilizados como meio de afinidade. Os *aptâmeros* (Boxe 17.3) são outra classe de compostos úteis cromatograficamente com alta afinidade por um alvo selecionado.[27]

26.5 Cromatografia de Interação Hidrofóbica

Substâncias hidrofóbicas repelem a água, e suas superfícies não são molhadas pela água. Uma proteína pode ter regiões *hidrofílicas* que a fazem solúvel em água, e regiões *hidrofóbicas* capazes de interagir com uma fase cromatográfica estacionária hidrofóbica. Concentrações elevadas de sulfato de amônio provocam a *precipitação* da proteína da solução. Sais de fosfato e sulfato de amônio, sódio e potássio diminuem a solubilidade das proteínas em água. Sais de tiocianato, iodeto e perclorato têm o feito oposto de dissolver proteínas.

A **cromatografia de interação hidrofóbica** é usada para análise e purificação de compostos biológicos com base nas diferenças de suas hidrofobicidades.[29] As fases estacionárias são semelhantes àquelas usadas na cromatografia de fase reversa (Seção 25.1), mas com poros > 30 nm para garantir que proteínas e peptídeos possam entrar livremente. Eluentes

BOXE 26.2 Impressão de Moléculas[28]

Um **polímero impresso molecularmente** é um polímero sintetizado na presença de uma molécula modelo, para a qual os componentes do polímero têm alguma afinidade. Quando o modelo é removido, o polímero está "impresso" com a forma do modelo, tendo grupos funcionais complementares que podem se ligar ao modelo. O modelo pode ser o analito de interesse, mas é melhor usar uma molécula relacionada estruturalmente de modo que o modelo residual no polímero não dê resultados falso-positivos quando o polímero é utilizado. O polímero impresso pode ser usado como uma fase estacionária na cromatografia de afinidade ou como um elemento de reconhecimento em um sensor químico.

Um polímero impresso molecularmente pode ser usado para coletar e pré-concentrar antibióticos à base de penicilina das águas de rios para análise. A figura neste boxe mostra a estrutura conceitual de uma bolsa de polímero formada quando monômeros são polimerizados com penicilina G como modelo. Após a remoção da penicilina G pela lavagem com metanol e ácido clorídrico, a bolsa retém sua forma e a disposição dos grupos funcionais para se ligarem a moléculas semelhantes, como a penicilina V, mostrada em cinza.

Quando a água de um rio contaminada com níveis de 30 ppb de oito diferentes variantes de penicilina passou por uma coluna contendo um polímero impresso, 90 a 99% de seis das penicilinas foram retidas pela coluna. Duas variantes de penicilina não se ligaram tão bem. As penicilinas retidas pela coluna foram eluídas por um pequeno volume de hidrogenossulfato de tetrabutilamônio 0,05 M em metanol e analisadas por CLAE.

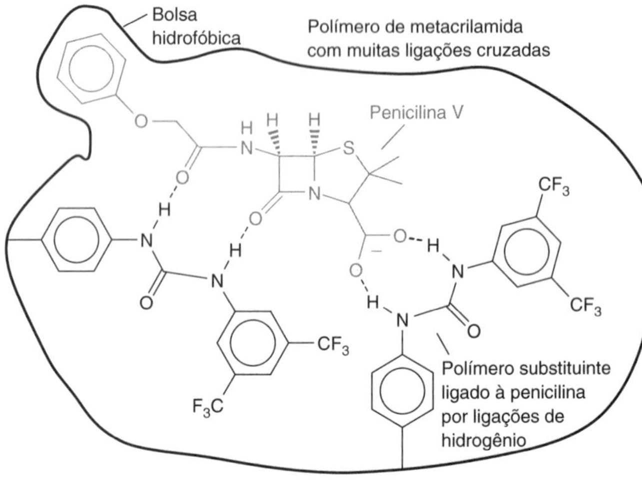

Estrutura conceitual de uma bolsa em um polímero impresso para se ligar a derivativos da penicilina. [Dados de J. L. Urraca, M. C. Moreno-Bondi, A. J. Hall e B. Sellergren, "Direct Extraction of Penicillin G and Derivatives from Aqueous Samples Using a Stoichiometrically Imprinted Polymer", *Anal. Chem.* **2007**, *79*, 695.]

não desnaturantes são usados para preservar a estrutura terciária e a atividade biológica das proteínas. Quando a solução proteica com uma alta concentração de sulfato de amônio (como 1 M) á aplicada à coluna, o sal induz a proteína a se ligar à superfície hidrofóbica da fase estacionária. Em seguida, um gradiente de *concentração decrescente de sal* é aplicado para *aumentar* a solubilidade das proteínas na água e eluí-las da coluna.

A água não *molha* uma superfície hidrofóbica feita de nanotubos de carbono, de modo que uma gota permanece praticamente esférica. A gota seria achatada sobre uma superfície hidrofílica, tal como o vidro. [K. K. S. Lau, J. Bico, K. B. K. Teo, M. Chhowalla, G. A. J. Amaratunga, W. I. Milne, G. H. McKinley e K. K. Gleason, "Superhydrophobic Carbon Nanotube Forests", *Nano Lett.* **2003**, *3*, 1701. Reproduzida sob permissão © 2003, American Chemical Society.]

26.6 Fundamentos da Eletroforese Capilar[30,31]

Em 2007, mais de 200 pessoas ao receberem o anticoagulante *heparina* sofreram reações alérgicas agudas e morreram.[32] A heparina é uma mistura complexa de polissacarídeos com grupos sulfato substituídos que têm massas moleculares de 2 a 50 kDa e são isoladas de intestinos do porco. Tão logo o problema foi reconhecido em janeiro de 2008, os distribuidores norte-americanos recolheram os produtos à base de heparina e a U.S Food and Drug Administration iniciou uma investigação. A heparina é administrada milhares de vezes diariamente para controlar as condições ameaçadores à vida, logo era necessário um imediato entendimento e solução para o problema.

Quando exposta à enzima heparinase, a heparina se quebra em unidades de dissacarídeo. A heparina corrompida contém 20 a 50% de componentes macromoleculares que não reagem com a heparinase. A *eletroforese capilar* mostrou ser a ferramenta de escolha para observar dois contaminantes (Figura 26.17).[33] Um era o sulfato de dermatan, que se sabia não causar reações alérgicas. O outro foi identificado por ressonância magnética nuclear como o sulfato de condroitina supersulfatada. Um estudo com animais mostrou que o sulfato de condroitina supersulfatada causava a reação alérgica. Em março de 2008, as mortes pela heparina contaminada cessaram e regulamentos emergenciais foram estabelecidos para incorporar a eletroforese capilar e a ressonância magnética nuclear nos testes necessários à heparina importada pelos Estados Unidos. A heparina contaminada tinha sido preparada na China. O sulfato de condroitina supersulfatado pode ter sido adicionado porque tem atividade anticoagulante e custa menos que a heparina.

Eletroforese é a migração dos íons em solução sob a influência de um campo elétrico. A técnica foi estabelecida na década de 1930 pelo químico biofísico sueco A. Tiselius, que recebeu o prêmio Nobel em 1948 pelo seu trabalho em eletroforese e pelas "descobertas sobre a natureza complexa das proteínas do soro".

Os cátions são atraídos para o terminal negativo (o catodo).

Os ânions são atraídos para o terminal positivo (o anodo).

Na **eletroforese capilar**, mostrada na Figura 26.18, uma diferença de potencial elétrico de ~30 kV separa os componentes de uma solução dentro de um tubo capilar de sílica (SiO_2) fundida, que tem 50 cm de comprimento e possui um diâmetro interno de 25 a 75 μm. Íons diferentes possuem *mobilidades* diferentes e, portanto, migram através do capilar com velocidades diferentes. Modificações deste experimento descritas mais adiante permitem que

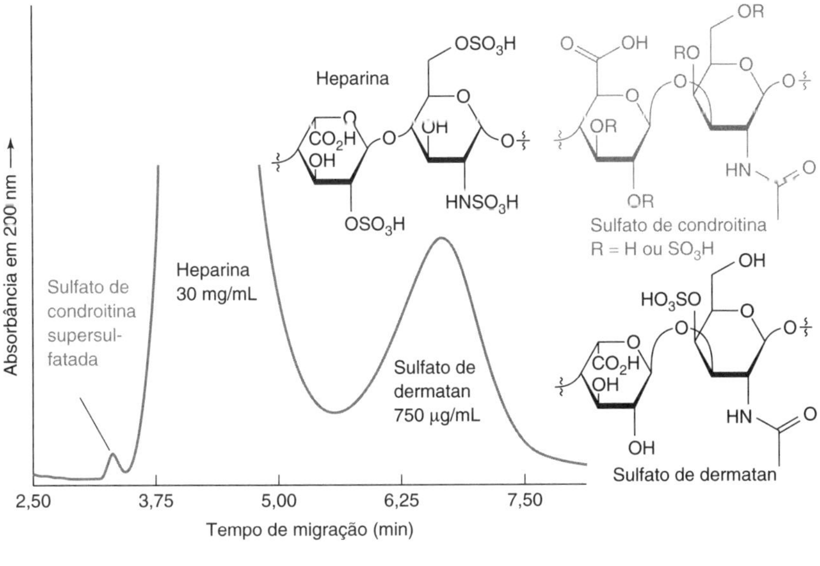

FIGURA 26.17 Eletroferograma da heparina (30 mg/mL) contaminada intencionalmente com sulfato de condroitina supersulfatada e sulfato de dermatan. A heparina contaminada tinha aproximadamente 200 vezes mais sulfato de condroitina supersulfatada que a mostrada na ilustração. Condições: −16 kV, 20 °C, capilar de 30 cm × 25 μm, detector em 21,5 cm. Um tampão de fundo foi produzido pela adição de H_3PO_4 0,60 M a Li_3PO_4 0,60 M para atingir o pH 2,8. [Dados de Robert Weinberger, CE Technologies e Todd Wielgos, Baxter Healthcare. Para detalhes, ver T. Wielgos, K. Havel, N. Ivanova e R. Weinberger, "Determination of Impurities in Heparin by Capillary Electrophoresis Using High Molarity Phosphate Buffers", *J. Pharm. Biomed. Anal.* **2009**, *49*, 319.]

J. W. Jorgenson foi quem primeiro descreveu, em 1981, a eletroforese feita em capilares de vidro.[37]

Diferença de potencial elétrico = 30 kV

$$\textit{Campo elétrico} = \frac{30\ \text{kV}}{0{,}50\ \text{m}} = 60\ \text{kV/m}$$

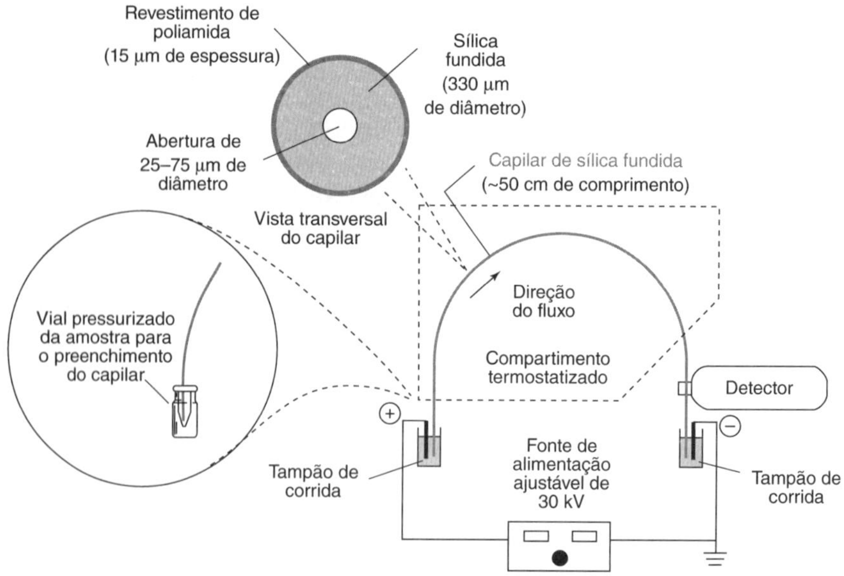

FIGURA 26.18 Aparelhagem para eletroforese capilar. Uma forma de injetarmos a amostra é colocarmos o capilar em um frasco (vial) de amostra e aplicarmos pressão nesse frasco. O uso de um campo elétrico para a injeção de amostra é descrito no texto. Consulte www.youtube.com/watch?v=102gXzAVJ-8 para ver um vídeo de um instrumento de eletroforese capilar.

moléculas neutras, assim como íons, sejam separadas. Uma eletroforese rápida pode monitorar eventos transientes como sinalização celular e liberação de neurotransmissores.[34] O diâmetro pequeno de um capilar permite a análise de células isoladas, núcleos, vesículas ou mitocôndrias.[35] Novas condições de separação quase fisiológicas permitem a sondagem de interações biomoleculares.[36]

A eletroforese capilar fornece uma elevada resolução. Quando conduzimos cromatografia em uma coluna empacotada, o alargamento dos picos deve-se aos três mecanismos descritos pela equação de van Deemter (23.37): caminhos múltiplos de fluxo, difusão longitudinal e velocidade finita de transferência de massa. Com o uso de uma coluna capilar, eliminamos os caminhos múltiplos de fluxo e, assim, reduzimos a altura do prato e melhoramos a resolução. A eletroforese capilar reduz ainda mais a altura do prato eliminando a existência do termo de transferência de massa, proveniente do tempo finito necessário para o soluto atingir o equilíbrio entre as fases móvel e estacionária. Na eletroforese capilar *não existe fase estacionária*. A única fonte de alargamento em condições ideais é a difusão longitudinal:

$$H = \cancel{A} + \frac{B}{u_x} + \cancel{Cu_x} \qquad (26.5)$$

↑ Termo correspondente aos caminhos múltiplos, eliminado pelo uso de uma coluna capilar

↑ Termo de transferência de massa, eliminado em consequência da não existência de fase estacionária

(Outras fontes de alargamento em sistemas reais são mencionadas adiante.) A eletroforese capilar corresponde, rotineiramente, a uma faixa entre 50 000 e 500 000 pratos teóricos (Figura 26.19), um desempenho uma ordem de grandeza melhor do que a cromatografia líquida.

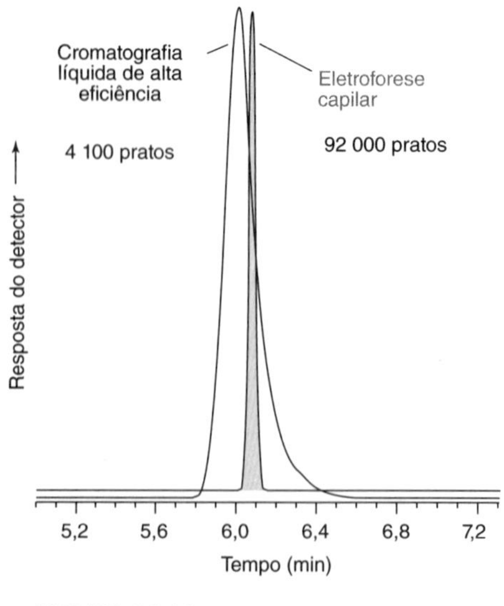

FIGURA 26.19 Comparação das larguras dos picos do álcool benzílico ($C_6H_5CH_2OH$) na eletroforese capilar e na CLAE. [Dados de S. Fazio, R. Vivilecchia, L. Lesueur e J. Sheridan, "Capillary Zone Electrophoresis: Some Promising Pharmaceutical Applications," *Am. Biotech. Lab.* january 1990, p. 10.]

Eletroforese

Quando um íon com carga q (medida em coulombs) é colocado em um campo elétrico E (V/m), a força que atua sobre o íon é qE (newtons). Em solução, a força de atrito retardadora é fu_{ef}, em que u_{ef} é a velocidade do íon e f é o *coeficiente de atrito*. O subscrito "ef" refere-se à "eletroforese". O íon alcança rapidamente velocidade constante, quando a força de aceleração é igual à força de atrito:

$$\begin{array}{c|ccc|c} + & & & & - \\ + & \xleftarrow{fu_{ef}} & \oplus & \xrightarrow{qE} & - \\ + & & & & - \end{array} \qquad \underset{\text{Força de aceleração}}{qE} = \underset{\text{Força de atrito}}{fu_{ef}}$$

Velocidade eletroforética: $$u_{ef} = \frac{q}{f}E \equiv \mu_{ef}E \qquad (26.6)$$

↑
Mobilidade eletroforética

A **mobilidade** *eletroforética* (μ_{ef}) é a constante de proporcionalidade entre a velocidade do íon e a intensidade do campo elétrico. A mobilidade é diretamente proporcional à carga do íon e inversamente proporcional ao coeficiente de atrito. Para moléculas de tamanho semelhante, a mobilidade aumenta com a carga:

O conceito de **mobilidade** foi anteriormente utilizado ao definirmos os potenciais de junção (Tabela 15.1).

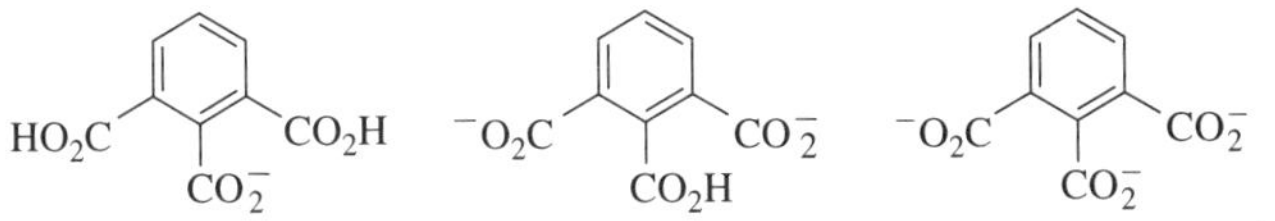

$\mu_{ef} = -2{,}54 \times 10^{-8}\ \frac{m^2}{V \cdot s}$ $\quad \mu_{ef} = -4{,}69 \times 10^{-8}\ \frac{m^2}{V \cdot s}$ $\quad \mu_{ef} = -5{,}95 \times 10^{-8}\ \frac{m^2}{V \cdot s}$

(o solvente é H_2O, a 25 °C)

Para uma partícula esférica de raio r movendo-se por um fluido de *viscosidade* η, o coeficiente de atrito, f, é dado por:

Equação de Stokes: $$f = 6\pi\eta r \qquad (26.7)$$

que foi introduzida na Seção 23.4 quando da discussão da difusão. Como a mobilidade é $\mu = q/f = q/6\pi\eta r$, quanto maior o raio molecular, menor a mobilidade. Embora a maioria das moléculas não seja esférica, a Equação 26.7 define um *raio hidrodinâmico* efetivo de uma molécula, considerando-se como se fosse esférica, a partir de sua mobilidade observada.

A **viscosidade** mede a resistência ao escoamento em um fluido. As unidades são kg m^{-1} s^{-1}. Com relação à água, o xarope de bordo é muito viscoso e o hexano tem baixa viscosidade.

Eletrosmose

A parede interna de um capilar de sílica fundida é revestida com grupos silanol (Si—OH) com uma carga negativa (Si—O^-) acima de pH 3. A Figura 26.20a mostra a *dupla camada elétrica* (Boxe 17.4) na superfície do capilar. A dupla camada elétrica é constituída de cargas negativas fixadas na parede e de excesso de cátions perto da parede. Uma camada imóvel de cátions, fortemente adsorvidos, adjacentes à superfície negativa, neutraliza parcialmente a carga negativa. A carga negativa restante é neutralizada pelo excesso de cátions móveis solvatados *na parte difusa da dupla camada*, localizada na solução próxima à parede. A espessura da parte difusa da dupla camada se situa na faixa próxima a ~10 nm quando a força iônica do meio é 1 mM, e ~0,3 nm quando a força iônica é 1 M.

Na presença de um campo elétrico, os cátions são atraídos para o catodo e os ânions são atraídos para o anodo (Figura 26.20b). O excesso de cátions na parte difusa da dupla camada transfere o momento resultante na direção do catodo. Essa ação de bombeamento, chamada **eletrosmose**, é produzida pelos cátions solvatados na região de ~10 nm com relação às paredes, e produz um *fluxo eletrosmótico* uniforme em toda extensão da seção reta do capilar e da solução inteira, na direção do catodo (Figura 26.21a). Este comportamento contrasta

Os íons na parte difusa da dupla camada, adjacente às paredes do capilar, são os responsáveis pelo "bombeamento" que produz o fluxo eletrosmótico.

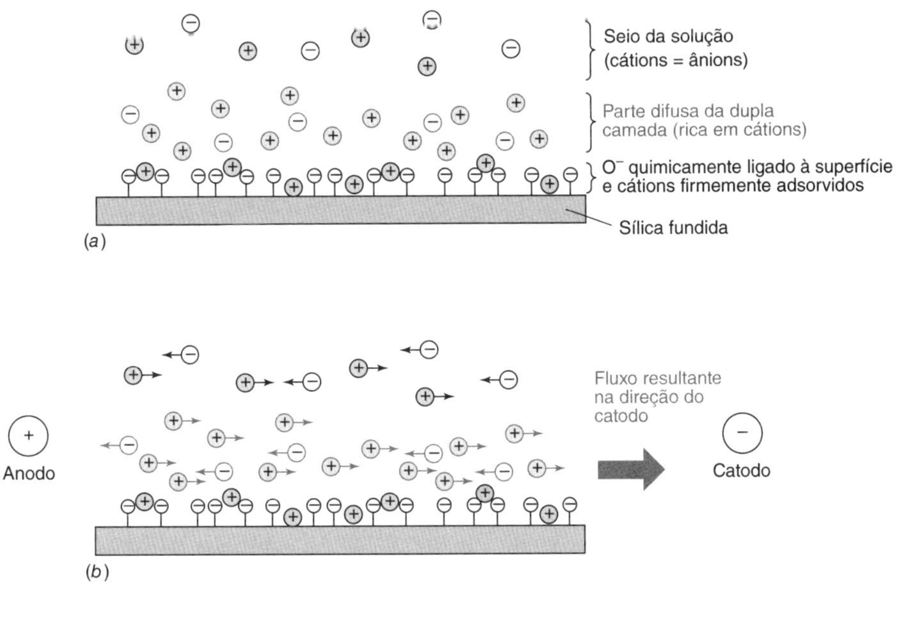

FIGURA 26.20 (*a*) Dupla camada elétrica formada pela superfície de sílica carregada negativamente e pelos cátions que se encontram próximos. (*b*) A predominância de cátions na parte difusa da dupla camada produz um fluxo eletrosmótico resultante na direção do catodo, quando aplicamos um campo elétrico externo.

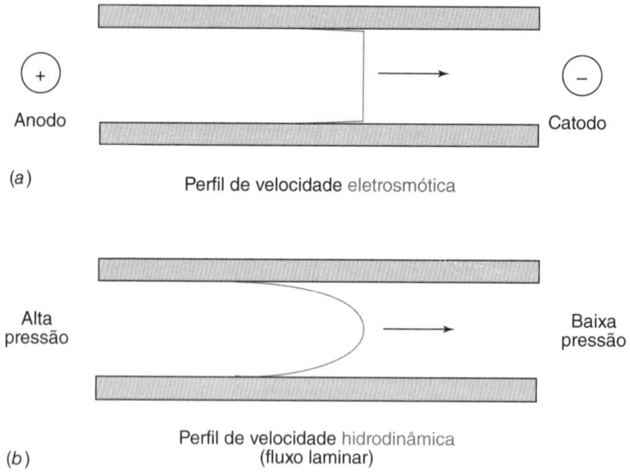

FIGURA 26.21 (*a*) A eletrosmose proporciona um fluxo uniforme em mais de 99,9% da seção transversal do capilar. A velocidade diminui imediatamente na área adjacente à parede do capilar. (*b*) Perfil parabólico da velocidade do fluxo hidrodinâmico (também chamado *fluxo laminar*), com a maior velocidade no centro do tubo e velocidade zero nas paredes. Os perfis de velocidade observados experimentalmente são mostrados na Prancha em Cores 33.

fortemente com o de um *fluxo hidrodinâmico* produzido por uma diferença de pressão entre as extremidades de um capilar. No fluxo hidrodinâmico, o perfil de velocidade ao longo de uma seção transversal do fluido é parabólico; é mais rápido no centro e cai praticamente a zero nas vizinhanças das paredes (Figura 26.21b e Prancha em Cores 33).

A velocidade eletrosmótica é medida adicionando-se à amostra uma molécula *neutra*, para a qual o detector responde.

$$\textbf{Velocidade eletrosmótica} = \frac{\text{distância entre o injetor e o detector}}{\text{tempo de migração da molécula neutra}}$$

A constante de proporcionalidade entre a velocidade eletrosmótica (u_{eo}) e o campo aplicado é chamada *mobilidade eletrosmótica* (μ_{eo}).

Velocidade eletrosmótica:

$$u_{eo} = \mu_{eo} E \qquad \textbf{(26.8)}$$

↑
Mobilidade eletrosmótica
(unidades = $m^2/[V \cdot s]$)

A mobilidade eletrosmótica é diretamente proporcional à densidade de carga superficial na sílica e inversamente proporcional à raiz quadrada da força iônica do meio. A eletrosmose diminui em pH baixo (Si—O$^-$ → Si—OH diminui a densidade de carga superficial) e em força iônica alta. Em pH 9, em tampão borato 20 mM, o fluxo eletrosmótico é ~2 mm/s. Em pH 3, o fluxo é reduzido de uma ordem de grandeza.

O fluxo eletrosmótico uniforme contribui para a alta resolução da eletroforese capilar. Qualquer efeito que diminua a uniformidade causa um alargamento da banda e diminui a resolução. O fluxo de íons no capilar gera calor (chamado *aquecimento Joule*) a uma velocidade de I^2R joules por segundo, em que I é a corrente (A) e R a resistência da solução (ohms) (Seção 14.1). A maior parte do capilar na Figura 26.18 está em um compartimento termostatizado necessário para o controle da temperatura dentro do capilar.[38] Normalmente, o canal central do capilar está 0,02 a 0,3 K mais quente do que a borda do canal. A viscosidade é menor na região mais quente, o que faz com que a mobilidade do íon seja mais rápida no centro do capilar do que próximo as paredes, resultando em alargamento do pico. O aquecimento joule não é um problema sério em um tubo capilar com 50 μm de diâmetro, mas o gradiente de temperatura seria proibitivo se o diâmetro fosse ≥ 100 μm.

O capilar tem de ser suficientemente fino para dissipar o calor rapidamente. Os gradientes de temperatura perturbam a mobilidade e reduzem a resolução.

Mobilidade

A *mobilidade aparente* (ou observada), μ_{ap}, de um íon é a soma da mobilidade eletroforética do íon mais a mobilidade eletrosmótica da solução.

Mobilidade aparente:

$$\mu_{ap} = \mu_{ef} + \mu_{eo} \qquad \textbf{(26.9)}$$

Para um analito *catiônico* movendo-se na mesma direção do fluxo eletrosmótico, μ_{ef} e μ_{eo} têm o mesmo sinal, de forma que μ_{ap} é maior do que μ_{ef}. A eletroforese transporta *ânions* na direção oposta à da eletrosmose (Figura 26.20b), de tal forma que, para os ânions, os dois termos na Equação 26.9 têm sinais opostos. Em pH neutro ou alto, a eletrosmose intensa transporta os ânions para o *catodo*, pois a eletrosmose geralmente é mais rápida do que a eletroforese. Em pH baixo, a eletrosmose é fraca e talvez os ânions nunca alcancem o detector. Se queremos separar ânions em pH baixo, devemos inverter a polaridade da corrente no instrumento, de modo a tornar o lado da amostra negativo e o lado do detector positivo.

A mobilidade aparente, μ_{ap}, de determinada espécie é a velocidade líquida, $u_{líq}$, da espécie dividida pelo valor do campo elétrico, E:

Mobilidade aparente:
$$\mu_{ap} = \frac{u_{líq}}{E} = \frac{L_d/t}{V/L_t} \qquad (26.10)$$

$$\textbf{Velocidade} = \frac{\text{distância percorrida até o detector}}{\text{tempo de migração}} = \frac{L_d}{t}$$

$$\textbf{Campo elétrico} = \frac{\text{potencial aplicado}}{\text{comprimento do capilar}} = \frac{V}{L_t}$$

em que L_d é o comprimento da coluna do ponto de injeção até o detector, L_t é o comprimento total da coluna de uma extremidade à outra, V é o potencial elétrico aplicado entre as duas extremidades e t é o tempo necessário para o soluto migrar do fim da injeção até o detector. O fluxo eletrosmótico é normalmente medido pela adição à amostra de um soluto neutro, que absorve radiação ultravioleta, e medindo-se seu *tempo de migração* (t_{neutro}) até o detector.

Para se fazer análise quantitativa por eletroforese, necessita-se das *áreas de pico normalizadas* (também chamadas *áreas de pico corrigidas*) se o tempo de migração varia de uma corrida para outra corrida.[39] A área de pico normalizada é a medida da área do pico dividida pelo tempo de migração. Na cromatografia, cada um dos analitos passa pelo detector com a mesma vazão, logo a área do pico é proporcional à quantidade do analito. Na eletroforese, analitos com mobilidades aparentes diferentes, passam pelo detector com velocidades diferentes. Quanto maior a mobilidade aparente, menor o tempo de migração e menos tempo o analito permanece no detector. Para corrigir o tempo que o analito permanece no detector, dividimos a área do pico correspondente a cada analito pelo respectivo tempo de migração.

Para análises quantitativas usamos

$$\textbf{Área de pico normalizada} = \frac{\text{Área do pico}}{\text{Tempo de migração}}$$

A *mobilidade eletrosmótica* é a velocidade das espécies neutras (u_{neutro}) dividida pelo campo elétrico:

Mobilidade eletrosmótica:
$$\mu_{eo} = \frac{u_{neutro}}{E} = \frac{L_d/t_{neutro}}{V/L_t} \qquad (26.11)$$

A *mobilidade eletroforética* de um analito é a diferença $\mu_{ap} - \mu_{eo}$. Para uma precisão máxima, as mobilidades são medidas com relação a um padrão interno.[39] A variação absoluta a cada corrida não deve afetar as mobilidades relativas.

Para moléculas com tamanhos semelhantes, o módulo da mobilidade eletroforética aumenta com a carga. Se uma molécula é um ácido ou uma base, sua carga depende do pH.[40] A forma ionizada possui uma carga e, portanto, uma mobilidade eletroforética, mas sua forma neutra não possui carga e, por conseguinte, não apresenta mobilidade eletroforética. As cinéticas dos equilíbrios de dissociação ácida são extremamente rápidas em comparação com a escala de tempo das separações por eletroforese capilar. Desse modo, a mobilidade eletroforética é controlada pela carga média do ácido ou da base. Para um ácido fraco,

Mobilidade eletroforética observada:
$$\mu_{ef\ obs} = \alpha_{A^-}(\mu_{ef\ A^-}) \qquad (26.12)$$

$$\alpha_{A^-} = \frac{[A^-]}{[HA]+[A^-]}$$

Na Figura 26.22, o ácido benzoico (pK_a = 4,20) tem uma carga média de –0,5, sendo separado do ácido 2-metilbenzoico (pK_a = 3,90), cuja carga média é –0,67. O tempo de migração depende da mobilidade aparente (Equação 26.9).

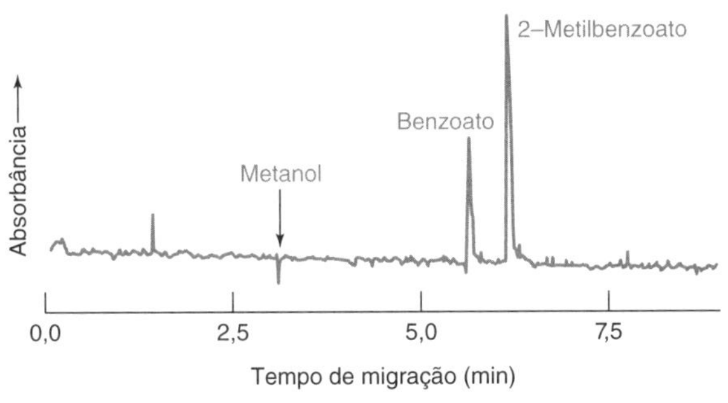

FIGURA 26.22 Separação por eletroforese capilar de ácidos benzoicos substituídos preparados por um estudante por meio da reação de Grignard. A eletroforese foi conduzida em pH 4,20 (pK_a do ácido benzoico) usando tampão de acetato 5 mM em 2,50 × 10^4 V em um capilar de 0,500 m de comprimento e uma distância do detector de 0,400 m. A deflexão da linha de base negativa a partir do metanol na amostra foi usada para medir o fluxo eletrosmótico. [Dados de N. S. Mills, J. D. Spence e M. M. Bushey, "Capillary Electrophoresis of Substituted Benzoic Acids", *J. Chem. Ed.* **2005**, *82*, 1226.]

Ordem normal de eluição na eletroforese capilar de zona:

1. cátions (primeiro os que têm maiores mobilidades)
2. todas as espécies neutras (não se separam)
3. ânions (por último os que têm maiores mobilidades)

EXEMPLO **Cálculos de Mobilidade**

Na Figura 26.22, a velocidade de migração dos ácidos benzoicos substituídos resulta da combinação dos efeitos do fluxo eletrosmótico e da mobilidade eletroforética. O potencial aplicado ao capilar de 0,500 m de comprimento é $2{,}50 \times 10^4$ V. A molécula neutra marcadora transportada pelo fluxo eletrosmótico levou 188 s para percorrer 0,400 m da entrada ao detector. Os tempos de migração do benzoato e do 2-metilbenzoato são 340 e 371 s, respectivamente. Encontre a velocidade eletrosmótica e a mobilidade eletrosmótica. Determine as mobilidades aparente e eletroforética do benzoato e do 2-metilbenzoato.

Solução A velocidade eletrosmótica, u_{eo}, é determinada a partir do tempo de migração do marcador neutro:

$$\text{Velocidade eletrosmótica} = \frac{\text{distância até o detector } (L_d)}{\text{tempo de migração}} = \frac{0{,}400 \text{ m}}{188 \text{ s}} = 0{,}002\ 13 \text{ m/s}$$

O campo elétrico é obtido dividindo-se o potencial pelo comprimento total (L_t) do capilar: $E = 2{,}50 \times 10^4 \text{ V}/0{,}500 \text{ m} = 5{,}00 \times 10^4$ V/m. A mobilidade é a constante de proporcionalidade entre a velocidade e o campo elétrico:

$$u_{eo} = \mu_{eo}E \Rightarrow \mu_{eo} = \frac{u_{eo}}{E} = \frac{0{,}002\ 13 \text{ m/s}}{5{,}00 \times 10^4 \text{ V/m}} = 4{,}26 \times 10^{-8} \frac{\text{m}^2}{\text{V} \cdot \text{s}}$$

A mobilidade do marcador neutro, que acabamos de calcular, é a mobilidade eletrosmótica para a solução inteira.

A mobilidade aparente do benzoato é obtida a partir de seu tempo de migração:

$$\mu_{ap} = \frac{u_{líq}}{E} = \frac{0{,}400 \text{ m}/340 \text{ s}}{5{,}00 \times 10^4 \text{ V/m}} = 2{,}35 \times 10^{-8} \frac{\text{m}^2}{\text{V} \cdot \text{s}}$$

A mobilidade eletroforética descreve a resposta do íon ao campo elétrico. Subtraímos a mobilidade eletrosmótica da mobilidade aparente para determinar a mobilidade eletroforética:

$$\mu_{ap} = \mu_{ef} + \mu_{eo} \Rightarrow \mu_{ef} = \mu_{ap} - \mu_{eo} = (2{,}35 - 4{,}26) \times 10^{-8} \frac{\text{m}^2}{\text{V} \cdot \text{s}} = -1{,}91 \times 10^{-8} \frac{\text{m}^2}{\text{V} \cdot \text{s}}$$

A mobilidade eletroforética é negativa porque o benzoato possui uma carga negativa e migra na direção oposta ao fluxo eletrosmótico. O fluxo eletrosmótico em pH 4,2 é mais rápido do que a eletromigração, de modo que o benzoato é transportado para o detector. Cálculos semelhantes para o 2-metilbenzoato fornecem $\mu_{ap} = 2{,}16 \times 10^{-8}$ m²/(V · s), e $\mu_{ef} = -2{,}10 \times 10^{-8}$ m²/(V · s). A mobilidade eletroforética do 2-metilbenzoato é mais negativa do que a do benzoato porque ele apresenta uma carga negativa média maior.

TESTE-SE Se a mobilidade eletrosmótica fosse $3{,}00 \times 10^{-8}$ m²/(V · s), quais seriam os tempos de migração do marcador neutro e do benzoato? (***Resposta:*** 267 s, 734 s.)

Pratos Teóricos e Resolução

Consideremos um capilar de comprimento L_d, medido da entrada até o detector. Na Seção 23.4, definimos o número de pratos teóricos como $N = L_d^2/\sigma^2$, em que σ é o desvio-padrão da banda. Se o único mecanismo de alargamento da região é a difusão longitudinal, o desvio-padrão é dado pela Equação 23.28: $\sigma = \sqrt{2Dt}$, em que D é o coeficiente de difusão e t é o tempo de migração ($= L_d/u_{líq} = L_d/[\mu_{ap}E]$). A combinação dessas equações com a definição de campo elétrico ($E = V/L_t$, sendo V o potencial aplicado) resulta em uma expressão para o número de pratos:

Número de pratos: $N = \frac{L_d^2}{\sigma^2}$

L_d = distância até o detector
σ = desvio-padrão da banda gaussiana
L_t = comprimento total da coluna

Número de pratos:
$$N = \frac{\mu_{ap}V}{2D}\frac{L_d}{L_t} \quad \textbf{(26.13)}$$

Quantos pratos podemos esperar atingir? Usando um valor típico de $\mu_{ap} = 2 \times 10^{-8}$ m²/(V · s) (obtido para um tempo de migração de 10 minutos em um capilar com L_t = 60 cm, L_d = 50 cm e 25 kV) e os coeficientes de difusão da Tabela 23.1, temos

$$\text{Para } K^+\text{: } N = \frac{[2 \times 10^{-8} \text{ m}^2/(\text{V} \cdot \text{s})][25\ 000 \text{ V}]}{2(2 \times 10^{-9} \text{ m}^2/\text{s})} \frac{0{,}50 \text{ m}}{0{,}60 \text{ m}} = 1{,}0 \times 10^5 \text{ pratos}$$

$$\text{Para a albumina do soro: } N = \frac{[2 \times 10^{-8} \text{ m}^2/(\text{V} \cdot \text{s})][25\ 000 \text{ V}]}{2(0{,}059 \times 10^{-9} \text{ m}^2/\text{s})} \frac{0{,}50 \text{ m}}{0{,}60 \text{ m}} = 3{,}5 \times 10^6 \text{ pratos}$$

Para um íon pequeno e de rápida difusão, como o K^+, esperamos 100 000 pratos. Para a albumina do soro, uma proteína de difusão mais lenta (MF 66 000 Da), esperamos mais do que 3 milhões de pratos. Uma alta contagem de pratos significa que as bandas são muito finas e a resolução entre bandas adjacentes é excelente.

Em condições especiais em que um fluxo hidrodinâmico reverso foi imposto para tornar mais lenta a passagem dos analitos pelo capilar, foram observados mais de 17 milhões de pratos na separação de moléculas pequenas![41]

Na realidade, fontes adicionais de alargamento de banda incluem a largura finita da banda injetada (Equação 23.35), um perfil parabólico do fluxo em função do aquecimento no interior do tubo capilar, a adsorção do soluto na parede do capilar (que atua como uma fase estacionária), o comprimento finito da região de detecção e o desencontro da mobilidade do soluto e dos íons do tampão, que leva a um comportamento eletroforético não ideal. Se todos esses fatores são controlados adequadamente, $\sim 10^5$ pratos podem ser alcançados rotineiramente.

A Equação 26.13 mostra que, para uma razão constante L_d/L_t, o valor do número de pratos é independente do comprimento do capilar. Ao contrário da cromatografia, capilares mais compridos na eletroforese não aumentam a resolução.

A Equação 26.13 também nos diz que, quanto maior o valor do potencial elétrico aplicado, maior será o número de pratos (Figura 26.23). Um fator limitante no aumento do potencial elétrico aplicado é o aquecimento do capilar, que causa um perfil de temperatura parabólico provocando o alargamento de banda. O potencial ótimo pode ser determinado fazendo-se um *gráfico da lei de Ohm* da corrente contra o potencial no *tampão de corrida* (também conhecido como *eletrólito suporte*) no capilar. Na ausência de superaquecimento, este gráfico deve ser uma linha reta. O potencial máximo permitido é o valor no qual a curva se desvia da linearidade (digamos, 5%). A concentração e composição do tampão, a temperatura do termostato e o uso de um sistema ativo de refrigeração são parâmetros que influenciam a determinação do potencial elétrico máximo tolerável para a operação do capilar. Até certo ponto, potenciais elétricos mais elevados propiciam melhor resolução e separações mais rápidas.

O **tampão de corrida** (a solução que se encontra presente no capilar e nos reservatórios do eletrodo) controla o pH e a composição do eletrólito no capilar.

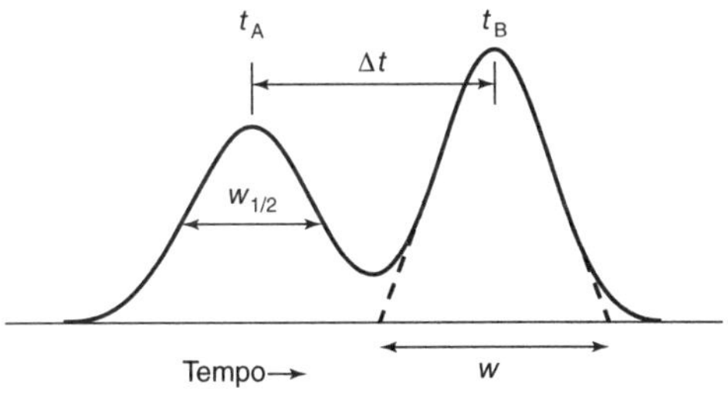

$$\text{Resolução} = \frac{0{,}589\Delta t}{w_{1/2\text{méd}}} = \frac{\Delta t}{w_{\text{méd}}}$$

A resolução entre picos adjacentes A e B em um eletroferograma é controlada por

Resolução:
$$\text{Resolução} = \frac{\sqrt{N}}{4}\frac{\Delta\mu_{ap}}{\bar{\mu}_{ap}} \qquad \textbf{(26.14)}$$

em que N é o número de pratos, $\Delta\mu_{ap}$ é a diferença da mobilidade aparente dos íons e $\bar{\mu}_{ap}$ é a sua mobilidade aparente média. O aumento de $\Delta\mu_{ap}$ aumenta a separação dos picos, e a elevação de N diminui sua largura. A redução da mobilidade aparente média permite que a separação do pico ocorra em um tempo maior.

26.7 Uso da Eletroforese Capilar

Variações inteligentes da eletroforese capilar permitem separar moléculas neutras tão bem como se separam íons, separar isômeros óticos e abaixar os limites de detecção até 10^6.

Controle do Meio Dentro do Capilar

A parede interna do capilar controla a velocidade eletrosmótica e propicia sítios de adsorção indesejáveis para moléculas com cargas múltiplas, por exemplo, proteínas. Muitos métodos usam capilares baratos de sílica fundida não revestidos. Um capilar de sílica fundida deve ser preparado antes de seu *primeiro* uso fazendo-se lavagens por 1 h a uma velocidade de fluxo de ~4 volumes de coluna/min com NaOH 1 M seguida por 1 h com água, mais 1 h com HCl 6 M, seguida de uma lavagem com o tampão de corrida.[42] Acredita-se que o NaOH gera grupos Si—OH na superfície da sílica, e o HCl remove metais da superfície. Para uso subsequente em pH elevado, lavamos por 2 minutos com NaOH 0,1 M, seguido por uma lavagem com água deionizada por 30 s e, finalmente, uma lavagem, por pelo menos 5 minutos, com o tampão de corrida. Se o capilar está sendo usado em pH 2,5 com tampão fosfato, deve ser feita uma lavagem entre as diferentes corridas com ácido fosfórico 1 M, água deionizada e tampão de

As instruções de rinsagem são para capilares de sílica fundida *não revestidos*. Para capilares revestidos, siga o protocolo de rinsagem do fabricante.

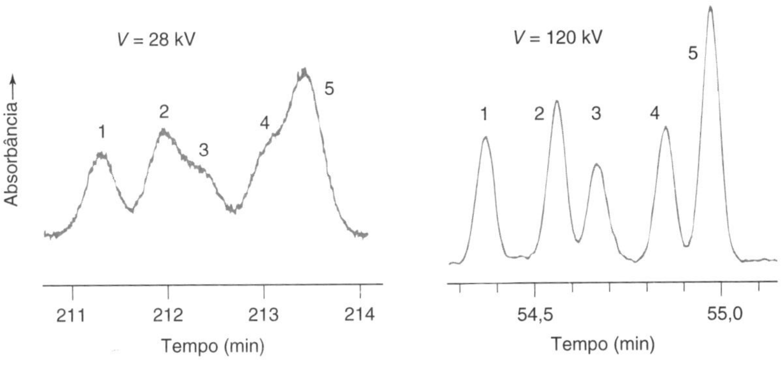

FIGURA 26.23 A pequena região do eletroferograma de uma mistura complexa mostra que, aumentando-se o potencial elétrico aplicado, aumenta-se a resolução. Em ambas as corridas, todas as condições são as mesmas, exceto o potencial elétrico aplicado, que normalmente é limitado em ~30 kV. Precauções especiais foram necessárias para evitar o surgimento de arco elétrico (descargas elétricas) e o superaquecimento quando operamos em 120 kV. [Dados de K. M. Hutterer e J. W. Jorgenson, "Ultrahigh-Voltage Capillary Zone Electrophoresis", *Anal. Chem.* **1999**, *71*, 1293.]

corrida. Quando fazemos troca de tampões, permitimos pelo menos 5 minutos de fluxo para atingir o equilíbrio. Para trabalharmos em uma faixa de pH entre 4 e 6, quando o equilíbrio entre a parede da coluna e o tampão é crítico e muito lento, o capilar necessita de frequente regeneração com NaOH 0,1 M, se os tempos de migração se tornam irregulares. O tampão em ambos os reservatórios deve ser substituído periodicamente, pois os íons acabam se esgotando e a eletrólise eleva o pH no catodo e diminui o pH no anodo. A entrada do capilar deve estar ~2 mm afastada e abaixo do eletrodo, de modo a minimizar a entrada de ácido ou base gerados eletroliticamente na coluna.[43] Ao armazenarmos um capilar, devemos sempre enchê-lo com água destilada.

Separações diferentes necessitam de um fluxo eletrosmótico maior ou menor. Ânions pequenos de alta mobilidade e proteínas com elevada carga negativa necessitam de um fluxo eletrosmótico intenso, ou então não conseguirão migrar na direção do detector no catodo. Em pH 3, há pouca carga nos grupos silanol e pouco fluxo eletrosmótico. Em pH 8, a parede do capilar está muito carregada e o fluxo eletrosmótico é intenso. A Figura 26.24 mostra que a mobilidade eletrosmótica em um capilar de sílica sem revestimento é pequena e positiva abaixo de pH 3. A mobilidade aumenta e atinge um valor elevado e uniforme acima de pH 8.

As proteínas com muitos substituintes carregados positivamente podem se ligar fortemente à sílica carregada negativamente. Para controlarmos isto, adicionamos 1,4-butanodiamina (que forma o íon $^+H_3NCH_2CH_2CH_2NH_3^+$) ao tampão de corrida para neutralizar a carga na parede. Esta carga pode ser reduzida praticamente a 0 pela ligação covalente de silanos com substituintes hidrofílicos neutros, como poliacrilamida ou poli(álcool vinílico). Entretanto, muitos desses revestimentos são instáveis em condições alcalinas.

Um revestimento aderido covalentemente ajuda a evitar a aderência de proteínas no capilar e permite obtermos tempos de migração reprodutíveis:

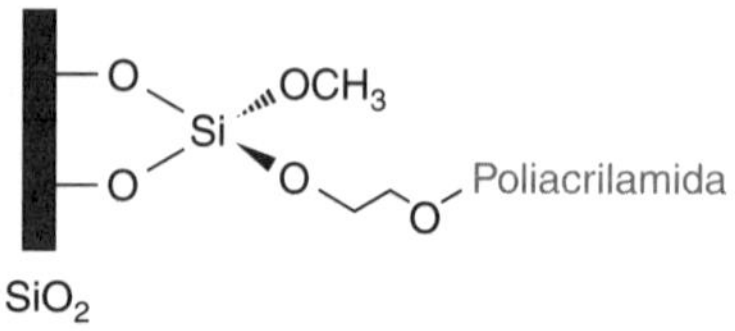

Podemos inverter a direção do fluxo eletrosmótico adicionando um surfactante catiônico, como o brometo de didodecildimetilamônio, ao tampão de corrida.[44] Essa molécula tem uma carga positiva em uma de suas extremidades e duas longas caudas hidrocarbônicas. O surfactante reveste a sílica carregada negativamente com as caudas do surfactante apontando para fora da superfície (Figura 26.25). Uma segunda camada de surfactante se orienta na direção oposta, de modo que as caudas formam uma camada hidrocarbônica apolar. Esta *bicamada* adere muito fortemente à parede do capilar e inverte efetivamente a carga da parede de

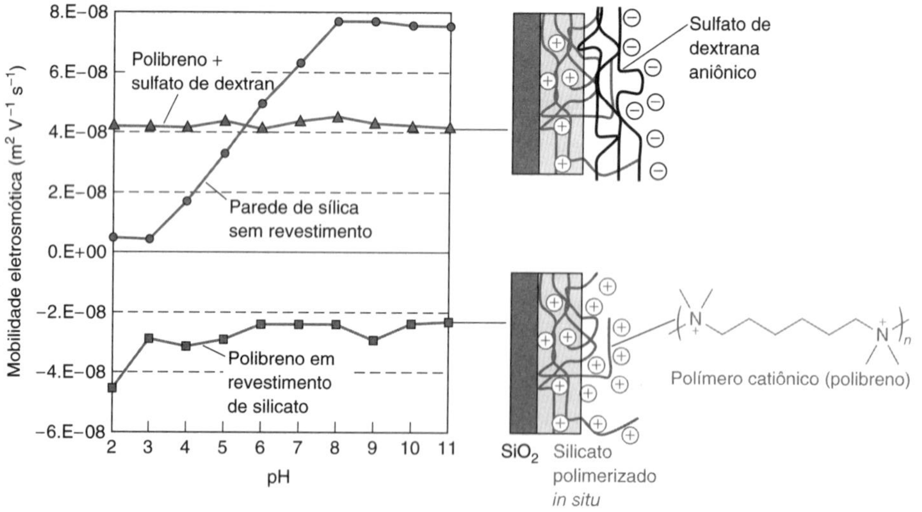

FIGURA 26.24 Efeito do revestimento da parede na mobilidade eletrosmótica. A sílica sem revestimento tem pouca carga abaixo de pH 3 e uma carga negativa elevada acima de pH 8. O cátion polibreno imerso em silicato (estrutura inferior) dá uma carga positiva aproximadamente constante à parede. O sulfato de dextrana, aniônico, adsorvido em polibreno (estrutura superior), fornece uma carga negativa constante à parede. [Dados de M. R. N. Monton, M. Tomita, T. Soga e Y. Ishihama, "Polymer Entrapment in Polymerized Silicate for Preparing Highly Stable Capillary Coatings for CE and CE–MS", *Anal. Chem.* **2007**, *79*, 7838.]

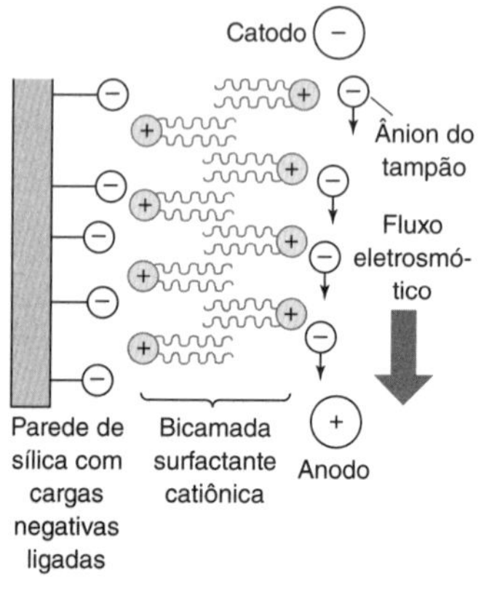

FIGURA 26.25 Fluxo eletrosmótico reverso produzido por uma bicamada de surfactante catiônico revestindo a parede do capilar. A parte difusa da dupla camada contém excesso de ânions, e o fluxo eletrosmótico é na direção oposta àquela mostrada na Figura 26.20. O surfactante é o íon didodecildimetilamônio, $(n\text{-}C_{12}H_{25})N(CH_3)_2^+$, representado por ⊕.

negativa para positiva. O movimento do ânion do tampão produz um fluxo eletrosmótico do catodo para o anodo quando um potencial elétrico é aplicado. O fluxo eletrosmótico está na direção oposta àquela mostrada na Figura 26.20. Os melhores resultados são obtidos quando o capilar é regenerado antes de cada corrida.

A Figura 26.24 mostra um revestimento catiônico mais estável formado pela incorporação do polímero catiônico polibreno em uma camada de silicato formada *in situ* na parede do capilar. O gráfico mostra que o fluxo eletrosmótico é quase constante na faixa de pH 3 a 11 e oposto ao fluxo em sílica sem revestimento. Uma superfície negativa estável e independente do pH pode ser obtida pela adsorção do polímero aniônico sulfato de dextran na superfície do polibreno catiônico.

Composição e Injeção de Amostras

A **injeção hidrodinâmica** na Figura 26.18 usa uma diferença de pressão entre as duas extremidades para introduzir a amostra dentro do capilar. Na injeção hidrodinâmica, o volume injetado é

Para análise quantitativa, recomenda-se usar um padrão interno, pois a quantidade de amostra injetada no capilar não é suficientemente reprodutível.

Injeção hidrodinâmica:
$$\text{Volume} = \frac{\Delta P \pi d^4 t}{128 \eta L_t} \qquad \textbf{(26.15)}$$

em que ΔP é a diferença de pressão entre as extremidades do capilar, d é o diâmetro interno do capilar, t é o tempo de injeção, η é a viscosidade da amostra e L_t é o comprimento total do capilar.

EXEMPLO Tempo de Injeção Hidrodinâmica

Quanto tempo é necessário para injetarmos uma amostra igual a 2,0% do comprimento de um capilar de 50 cm, se o diâmetro é de 50 μm e a diferença de pressão é de $2{,}0 \times 10^4$ Pa (0,20 bar)? Admita que a viscosidade seja 0,001 0 kg/(m · s), próxima da viscosidade da água.

Solução A quantidade injetada tem um comprimento de 1,0 cm e ocupará um volume de πr^2 × comprimento = $\pi(25 \times 10^{-6}\text{ m})^2 (1{,}0 \times 10^{-2}\text{ m}) = 1{,}9_6 \times 10^{-11}\text{ m}^3$. O tempo necessário é

$$t = \frac{128\eta L_t(\text{volume})}{\Delta P \pi d^4} = \frac{128[0{,}001\,0\text{ kg/(m}\cdot\text{s)}](0{,}50\text{ m})(1{,}9_6 \times 10^{-11}\text{ m}^3)}{(2{,}0 \times 10^4\text{ Pa})\pi(50 \times 10^{-6}\text{ m})^4} = 3{,}2\text{ s}$$

As unidades se anulam ao percebermos que Pa = força/área = $(\text{kg} \cdot \text{m/s}^2)/\text{m}^2 = \text{kg/(m} \cdot \text{s}^2)$.

TESTE-SE Quanto tempo seria necessário para injetar uma amostra de 1,0 cm de comprimento com duas vezes a viscosidade da água em uma coluna de 40 cm de comprimento com a mesma ΔP? (***Resposta:*** 5,1 s.)

A **injeção eletrocinética** usa um campo elétrico para direcionar a amostra para dentro do capilar. O capilar é mergulhado na amostra e um potencial elétrico é aplicado entre as extremidades do capilar. O número de mols de cada íon introduzidos no capilar em t segundos é

Injeção hidrodinâmica: uso de pressão ou vácuo para injetar a amostra.

Injeção eletrocinética: uso de campo elétrico para injetar a amostra.

Injeção eletrocinética:
$$\text{Número de mols injetados} = \mu_{ap}\underbrace{\left(E\frac{\kappa_t}{\kappa_a}\right)}_{\text{Campo elétrico efetivo} \equiv E_{ef}} t\pi r^2 C \qquad \textbf{(26.16)}$$

em que μ_{ap} é a mobilidade aparente do analito (= $\mu_{ef} + \mu_{eo}$), E é o campo elétrico aplicado (V/m), r é o raio do capilar, C é a concentração da amostra (mol/m^3) e κ_t/κ_a é a razão entre as condutividades do tampão e da amostra. Cada analito tem uma mobilidade diferente, logo a amostra injetada não tem a mesma composição da amostra original. A injeção eletrocinética é mais útil para a eletroforese capilar em gel (descrita a seguir), na qual o líquido no capilar é muito viscoso para permitir a injeção hidrodinâmica.

EXEMPLO Tempo de Injeção Eletrocinética

Quanto tempo é necessário para injetarmos uma amostra igual a 2,0% do comprimento de um capilar de 50 cm, se o diâmetro for de 50 μm e o campo elétrico durante a injeção for de 10 kV/m? Admita que a amostra tenha 1/10 da condutividade do eletrólito suporte e que $\mu_{ap} = 2{,}0 \times 10^{-8}\text{ m}^2/(\text{V} \cdot \text{s})$.

Solução O fator κ_t/κ_a na Equação 26.16 é igual a 10 neste caso. O comprimento correspondente à amostra injetada na coluna é (velocidade da amostra) × (tempo) = $\mu_{ap}E_{ef} \times t$. O segmento de amostra injetado será de 1,0 cm de comprimento. O tempo necessário é

$$t = \frac{\text{comprimento correspondente à injeção}}{\text{velocidade}} = \frac{\text{comprimento correspondente à injeção}}{\mu_{ap}\left(E\dfrac{\kappa_t}{\kappa_a}\right)} = \frac{0{,}010 \text{ m}}{[2{,}0\times10^{-8}\text{m}^2/(\text{V}\cdot\text{s})](10\,000 \text{ V/m})(10)} = 5{,}0 \text{ s}$$

A Equação 26.16 multiplica o comprimento do segmento de amostra injetado pela área transversal da coluna para determinar seu volume e, então, multiplica pela concentração para determinar o número de mols naquele volume.

TESTE-SE Qual é o efeito no tempo de injeção se você diminui o potencial aplicado por um fator de 2? (***Resposta:*** o tempo de injeção dobra.)

Efeitos da Condutividade Elétrica: Empilhamento e Bandas Deformadas

Empilhamento: concentração do analito em banda estreita na interface entre a região ocupada pela amostra de baixa condutividade e o tampão de corrida de alta condutividade.

Escolhemos as condições de modo a focar o analito em bandas estreitas no início do capilar por um processo chamado **empilhamento** (*stacking*). Sem empilhamento, se injetarmos uma amostra que ocupa uma região com um comprimento de 10 mm, nenhuma banda do analito poderá ser mais estreita do que 10 mm quando alcançar o detector.

O empilhamento depende da relação entre o campo elétrico na zona da amostra injetada e no tampão de corrida em ambos os lados da amostra. A concentração ótima do tampão, presente na solução da amostra é 1/10 da concentração do tampão de corrida, e a concentração da amostra deve ser 1/500 da concentração do tampão de corrida. Se a amostra tem uma força iônica muito menor que o tampão de corrida, a condutividade da amostra é menor e sua resistência muito maior. A intensidade do campo elétrico é inversamente proporcional à condutividade: quanto menor a condutividade, maior será a intensidade do campo elétrico. O campo elétrico presente na região ocupada pela amostra dentro do capilar é maior que o campo elétrico no tampão de corrida. A Figura 26.26 mostra os íons, na região ocupada pela amostra, migrando com grande rapidez, pois o campo elétrico é muito intenso. Quando os íons alcançam a fronteira da região, eles diminuem sua velocidade pelo fato de o campo ser menor fora da região ocupada pela amostra. Este processo de *empilhamento* continua até que os cátions do analito estejam concentrados em uma das extremidades da região ocupada pela amostra e os ânions do analito estejam na outra extremidade. A injeção dispersa torna-se concentrada dentro de bandas estreitas de cátions ou de ânions do analito. A Figura 26.27 mostra um exemplo do aumento na intensidade do sinal causado pelo empilhamento. Vários métodos têm sido desenvolvidos para concentrar os analitos dentro do capilar.[45]

Se a condutividade de uma banda do analito é significativamente diferente da condutividade do eletrólito suporte, ocorre a distorção do pico. A Figura 26.28 mostra uma banda contendo um analito (ao contrário da região ocupada pela amostra na Figura 26.26, que contém todos os analitos em apenas uma única injeção). Se a condutividade de fundo é maior do que a condutividade do analito ($\kappa_t > \kappa_a$), o campo elétrico é menor fora da banda do analito que dentro dela. A banda migra para a direita na Figura 26.28. Uma molécula de analito, que se difunde

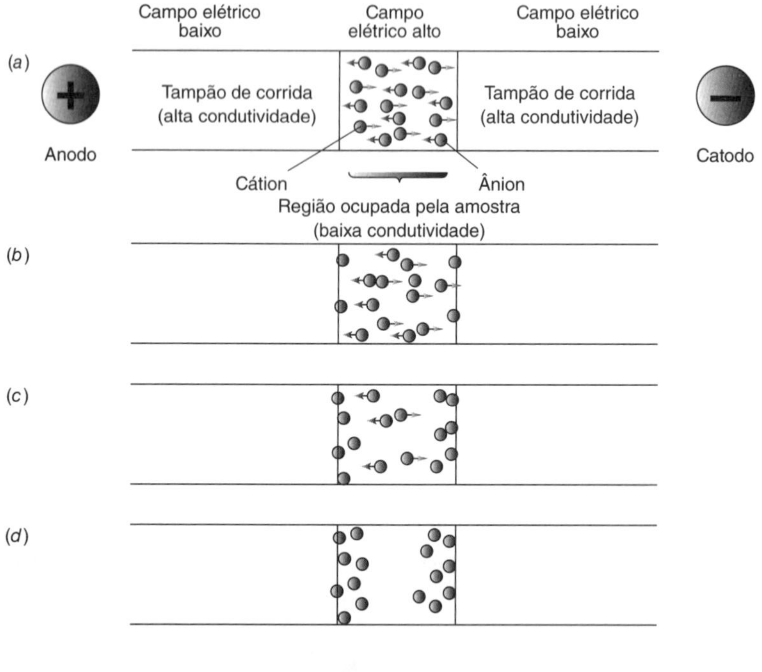

FIGURA 26.26 O empilhamento de ânions e cátions nas extremidades opostas da região ocupada pela amostra, que tem baixa condutividade, se deve ao fato de que a intensidade do campo elétrico na região ocupada pela amostra é muito maior que a intensidade do campo elétrico no tampão de corrida. O tempo aumenta de *a* para *d*. A neutralidade elétrica é mantida pela migração dos íons do tampão de corrida, que não são mostrados.

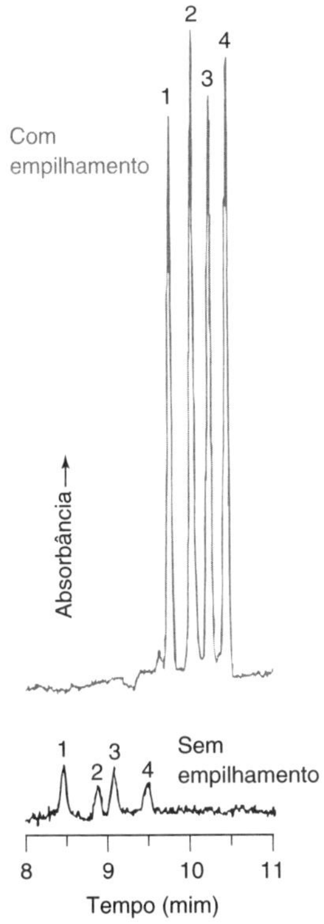

FIGURA 26.27 Gráfico inferior: a amostra injetada eletrocineticamente por 2 s sem empilhamento é limitada em volume para evitar o alargamento de banda. Gráfico superior: com empilhamento, podemos injetar um volume de amostra 15 vezes maior (por 30 s), de modo que o sinal é 15 vezes mais forte sem nenhum aumento na largura de banda. [Dados de Y. Zhao e C. E. Lunte, "pH-Mediated Field Amplification On-Column Preconcentration of Anions in Physiological Samples for Capillary Electrophoresis", *Anal. Chem.* **1999**, *71*, 3985.]

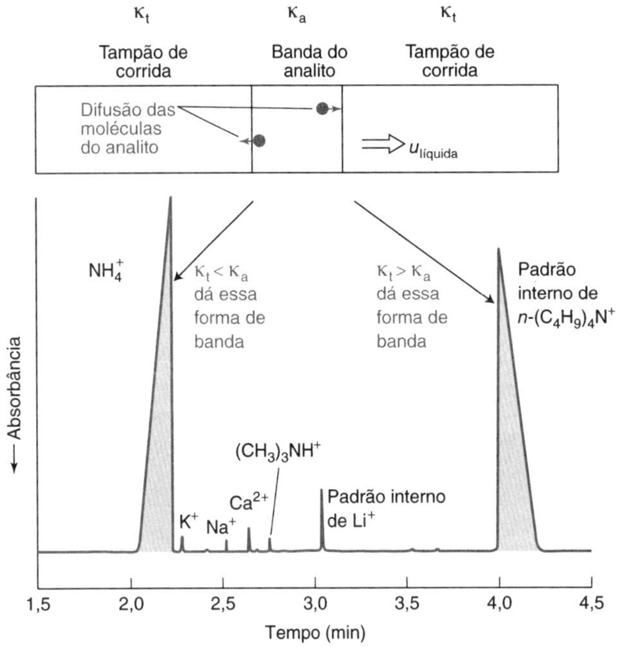

FIGURA 26.28 Formas irregulares de picos surgem quando a condutividade da banda do analito, κ_a, não é igual à condutividade do tampão de corrida, κ_t. O eletroferograma mostra cátions extraídos da superfície de uma fatia de um semicondutor de silício. O tampão de corrida contém o íon imidazólio para detecção espectrométrica *indireta*, cujo princípio é mostrado na Figura 26.29. [Dados de T. Ehmann, L. Fabry, L. Kotz e S. Pahlke, "Monitoring of Ionic Contaminants on Silicon Wafer Surfaces Using Capillary Electrophoresis", *Am. Lab.* june 2002, p. 18.]

para a direita, passa pela fronteira da banda da amostra e encontra repentinamente um campo elétrico mais fraco e diminui sua velocidade. Logo, a banda do analito alcança a molécula, e esta volta para a banda. Uma molécula que se difunde para fora da zona, à esquerda, encontra um campo elétrico mais fraco e também diminui sua velocidade. A zona do analito está se movendo mais rápido que a molécula com menos mobilidade e se afasta dela. Essa condição induz a uma banda que tem uma frente estreita e uma cauda larga, como mostrado na parte inferior à direita do eletroferograma na Figura 26.28. Quando $\kappa_t < \kappa_a$, observamos o eletroferograma oposto.

Para minimizar a distorção de banda, a concentração da amostra tem que ser bem menor do que a concentração do eletrólito suporte. Se isso não acontecer, é necessário escolher um tampão com um *coíon* que tenha a mesma mobilidade do íon do analito.

Coíon: o íon do tampão com a mesma carga do analito.
Contraíon: íon do tampão com carga oposta à do analito.

Detectores

Como a água é muito transparente à radiação ultravioleta, os *detectores de ultravioleta* podem trabalhar em comprimentos de onda relativamente curtos, na região de 185 nm, onde a maioria dos solutos apresenta forte absorção. Para tirarmos vantagem da detecção do ultravioleta em comprimentos de onda curtos, o tampão de corrida tem que, da mesma forma, ter absorção muito baixa na região escolhida. Os tampões de borato são utilizados normalmente na eletroforese em razão de sua transparência à radiação.[46] A sensibilidade não é boa, pois o caminho óptico tem apenas a largura do capilar, ou seja, 25 a 75 μm. A linearidade é limitada a 1 a 2 ordens de grandeza em função da geometria cilíndrica do capilar.[47]

A *detecção por fluorescência* (mostrada na Prancha em Cores 34) é sensível a analitos que sejam naturalmente fluorescentes, ou aos seus derivados fluorescentes,[48] com uma faixa dinâmica até 10^9.[49] A *detecção por condutividade sem contato* (*oscilométrica*) utiliza eletrodos posicionados no lado de fora do capilar para medir a diferença de condutividade entre a zona do analito e o tampão.[50] A *detecção amperométrica* é sensível a analitos que possam ser oxidados ou reduzidos em um eletrodo.[51] A *espectrometria de massa por electrospray* (Figura 22.31) tem limites de detecção baixos e fornece informações sobre a estrutura dos analitos.[52]

Limites de detecção aproximados para a detecção direta (M) na eletroforese capilar:

Absorção no ultravioleta	10^{-5}–10^{-7}
Fluorescência induzida por *laser*	10^{-9}–10^{-12}
Condutividade	10^{-6}–10^{-7}
Amperometria	10^{-10}–10^{-11}
Espectrometria de massa	10^{-8}–10^{-9}

Dados de H. H. Lauer e G. P. Rozing, *High Performance Capillary Electrophoresis*, 2. ed. (Agilent Technologies, 2010), Disponível *online* sem custo.

A Figura 26.29 mostra o princípio da *detecção indireta*, que se aplica à fluorescência, à absorbância, à amperometria, à condutividade e outras formas de detecção.[53] Uma substância, que produz um sinal de fundo estável, é adicionada ao tampão de corrida. Na banda do analito, suas moléculas deslocam a substância cromófora, de modo que o sinal do detector *diminui* quando o analito passa. A Figura 26.30 mostra uma separação marcante dos isótopos do íon Cl^- com detecção indireta na presença de cromato, um ânion que absorve na região do ultravioleta. A neutralidade elétrica faz com que uma banda do analito contendo Cl^- tenha uma concentração menor de CrO_4^{2-} do que aquela encontrada no tampão de corrida. Com menos CrO_4^{2-} para absorver radiação ultravioleta, aparece um pico negativo quando o Cl^- atinge o detector. O benzoato e o ftalato são outros ânions também úteis para esse propósito. Os limites de detecção para ânions inorgânicos na eletroforese capilar com detecção indireta são, geralmente, cerca de uma ordem de grandeza maior que os limites de detecção na cromatografia iônica, mas são uma ou duas ordens de grandeza menores que os limites de detecção dos eletrodos íon seletivos.

Os limites de detecção para detecção indireta são geralmente 10 a 100 vezes maiores do que para a detecção direta.

Cromatografia Eletrocinética Micelar[54]

Até agora discutimos uma modalidade de eletroforese conhecida como **eletroforese capilar de zona**. Nesta técnica, a separação se fundamenta na mobilidade eletroforética. Se a parede do capilar for negativa, o fluxo eletrosmótico é na direção do catodo (Figura 26.20) e a ordem de eluição é cátions antes das espécies neutras e antes dos ânions. Se a carga da parede do capilar é invertida pelo revestimento com um surfactante catiônico (Figura 26.25) e a polaridade do instrumento é invertida, a ordem de eluição é ânions antes das espécies neutras e antes dos cátions. Nenhum desses esquemas separa as moléculas neutras umas das outras.

Ordem normal de eluição na eletroforese capilar de zona:

1. cátions (primeiro os que têm maiores mobilidades)
2. todas as espécies neutras (não se separam)
3. ânions (por último os que têm maiores mobilidades)

A **cromatografia eletrocinética micelar** separa moléculas neutras e íons. Apresentamos um caso em que o surfactante aniônico dodecilsulfato de sódio está presente acima de sua *concentração micelar crítica* (Boxe 26.1), de modo que são formadas micelas carregadas negativamente.[55] Na Figura 26.31, o fluxo eletrosmótico é para a direita. A migração eletroforética das micelas carregadas negativamente é para a esquerda, mas o movimento resultante é para a direita, pois o fluxo eletrosmótico é dominante.

Dodecilsulfato de sódio (n-$C_{12}H_{25}OSO_3^-$ Na^+)

Na ausência de micelas, todas as moléculas neutras alcançam o detector no tempo t_0. As micelas injetadas com a amostra alcançam o detector no tempo t_{mc}, que é maior do que t_0, pois elas migram contra a corrente. Se uma molécula neutra está em equilíbrio entre a solução livre e o interior das micelas, seu tempo de migração aumenta, pois em parte do tempo ela migra com a velocidade mais lenta da micela. A molécula neutra atinge o detector em um tempo entre t_0 e t_{mc}. *Quanto maior o tempo com que uma molécula neutra permanece no interior*

Cromatografia eletrocinética micelar: quanto maior o tempo com que uma molécula neutra permanece dentro da micela, maior será o seu tempo de migração. Esta técnica foi introduzida por S. Terabe em 1984.[56]

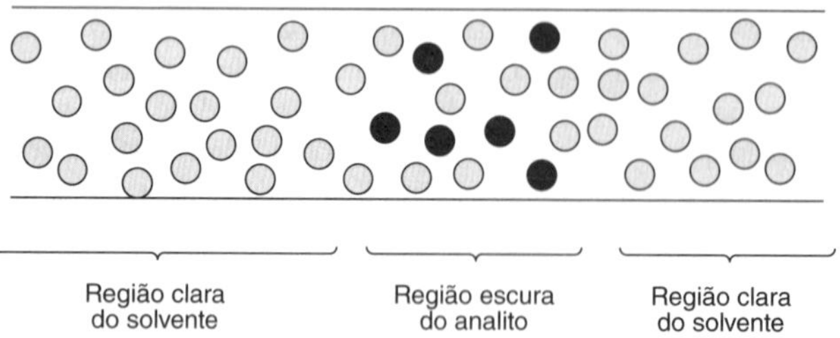

FIGURA 26.29 Princípio de detecção indireta. Quando o analito emerge do capilar, diminui o forte sinal de fundo.

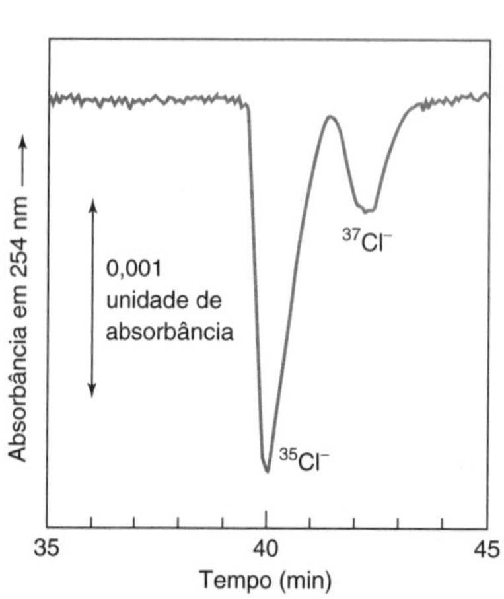

FIGURA 26.30 Separação dos isótopos naturais em uma solução do íon Cl^- 0,56 mM por eletroforese capilar com detecção espectrofotométrica indireta em 254 nm. O eletrólito suporte contém CrO_4^{2-} 5 mM, que proporciona uma absorbância em 254 nm, e tampão borato 2 mM, pH 9,2. A diferença entre as mobilidades eletroforéticas do $^{35}Cl^-$ e do $^{37}Cl^-$ é de apenas 0,12%. As condições foram ajustadas de modo que o fluxo eletrosmótico do solvente fosse aproximadamente igual e oposto ao fluxo eletroforético. A velocidade líquida resultante próxima de zero fez com que decorresse um tempo suficiente para que os picos, correspondentes aos dois isótopos, se separassem em virtude das velocidades de eletroforese dos dois isótopos serem ligeiramente diferentes. [Dados de C. A. Lucy e T. L. McDonald, "Separation of Chloride Isotopes by Capillary Electrophoresis Based on the Isotope Effect on Ion Mobility", *Anal. Chem.* **1995**, *67*, 1074. T. L. McDonald era um aluno de iniciação científica.]

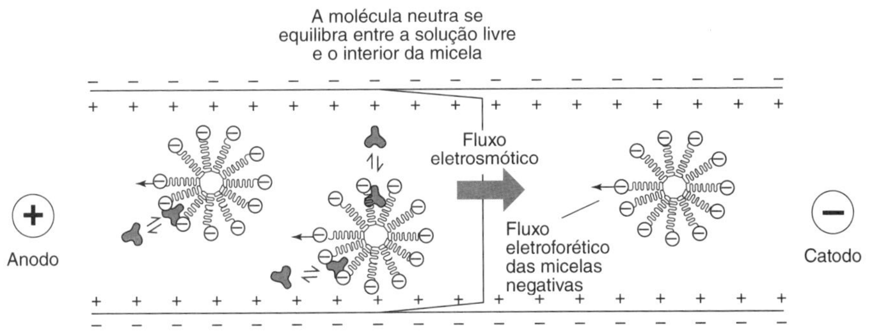

FIGURA 26.31 Micelas de dodecilsulfato de sódio negativamente carregadas migram contra a corrente do fluxo eletrosmótico. As moléculas neutras (cor escura) estão em equilíbrio dinâmico entre a solução livre e o interior da micela. Quanto maior o tempo com que uma molécula neutra permanece na micela, maior dificuldade ela terá em acompanhar o fluxo eletrosmótico.

de uma micela, maior será o seu tempo de migração. Os tempos de migração dos cátions e dos ânions também são afetados pelas micelas, pois os íons se distribuem entre a solução e as micelas, e interagem eletrostaticamente com as micelas.

A cromatografia eletrocinética micelar é uma forma de cromatografia, pois as micelas se comportam como uma *fase pseudoestacionária*. As micelas migram na presença do campo elétrico, mas sua concentração é constante porque elas fazem parte do tampão de corrida. A separação das moléculas neutras se fundamenta na partição entre a solução e a fase pseudoestacionária. O termo de transferência de massa Cu_x deixa de ser 0 na equação de van Deemter (Equação 26.5), mas a transferência de massa para dentro das micelas é razoavelmente rápida e o alargamento de banda não se torna significativo. Números de pratos típicos, N, são de algumas centenas de milhares.

Podemos dar asas à nossa imaginação, se pensarmos na extraordinária quantidade de variáveis capazes de influenciar a cromatografia eletrocinética micelar. Podemos adicionar surfactantes aniônicos, catiônicos, que formam íons duplos (zwitterions), e surfactantes neutros para modificarmos os coeficientes de partição dos analitos. (Surfactantes catiônicos também mudam a carga na parede do capilar e a direção do fluxo eletrosmótico.) Podemos adicionar solventes como acetonitrila e *N*-metilformamida para aumentar a solubilidade dos analitos orgânicos e para mudar o coeficiente de partição entre a solução e as micelas. Podemos adicionar ciclodextrinas (Boxe 24.1) para separar isômeros ópticos, que permanecem por tempos diferentes associados às ciclodextrinas.[57] Na Figura 26.32, as micelas quirais e as ciclodextrinas separam os enantiômeros dos aminoácidos derivatizados. A derivatização com éster *N*-succinimidil de 5-carboxifluoresceína (Tabela 19.2) e a excitação com um *laser* de 488 nm produz limites de detecção de até 5 nM – suficiente para detecção de vida extraterrestre. Derivativos carregados de ciclodextrinas também podem atuar como fases pseudoestacionárias para separações enantioméricas quirais.

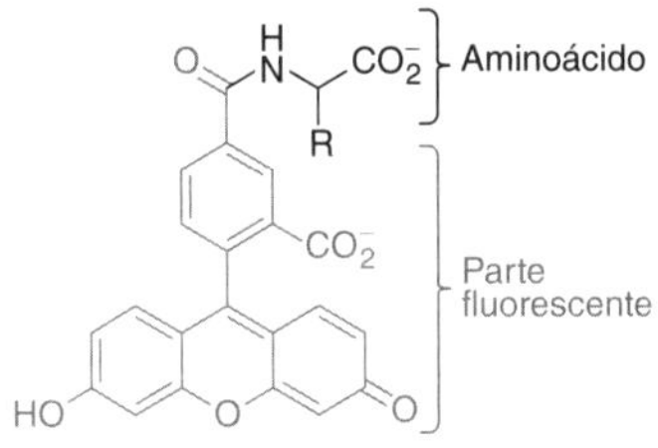

Produto da derivatização fluorescente

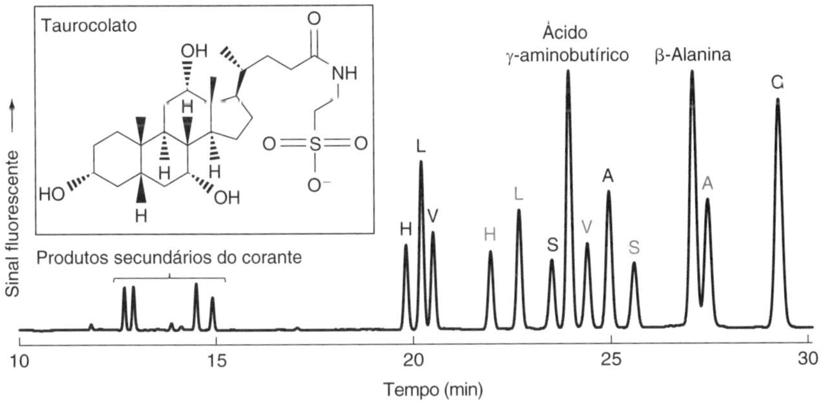

FIGURA 26.32 Separação por cromatografia eletrocinética micelar de enantiômeros de aminoácidos derivatizados com reagente fluorescente. D-Aminoácidos estão em preto. L-Aminoácidos estão em cinza. As abreviações de aminoácidos constam na Tabela 10.1. Picos adicionais surgem da reação do reagente de derivatização com a água e vestígios de impurezas. A separação utilizou um capilar de 40 cm de comprimento com tampão de borato em pH 9,2 e 5% de acetonitrila contendo o surfactante quiral taurocolato (estrutura mostrada na figura) e γ-ciclodextrina (Boxe 24.1) como seletores quirais. [Dados de J. S. Creamer, M. F. Mora e P. A. Willis, "Enhanced Resolution of Chiral Amino Acids with Capillary Electrophoresis for Biosignature Detection in Extraterrestrial Samples", *Anal. Chem.* **2017**, *89*, 1329, *open access*.]

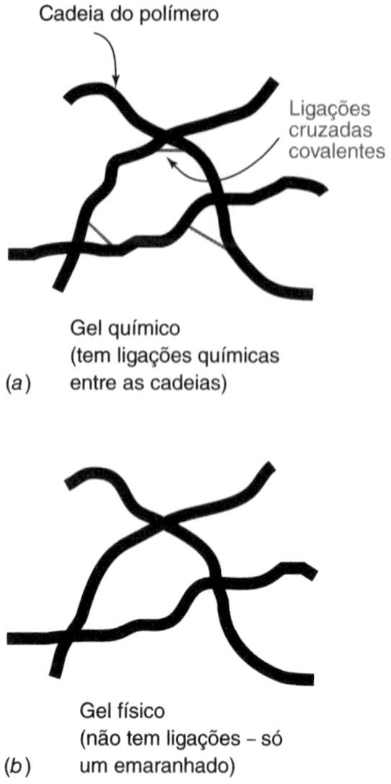

FIGURA 26.33 (*a*) Um gel químico contém ligações cruzadas covalentes entre as diferentes cadeias poliméricas. (*b*) Um gel físico não contém ligações cruzadas, mas suas propriedades têm origem no emaranhamento físico dos polímeros.

Eletroforese Capilar em Gel

A **eletroforese capilar em gel**, também conhecida como *eletroforese capilar de peneiramento*, é uma variante da eletroforese em gel, que é uma ferramenta básica para a bioquímica. Os géis poliméricos, usados para separar as macromoléculas de acordo com o seu tamanho, são geralmente géis químicos, nos quais existem ligações químicas entre as cadeias que desempenham o papel de ligações cruzadas (Figura 26.33a). Os géis químicos não podem ser retirados de um capilar e, por isso, são usados os géis físicos (Figura 26.33b), onde os polímeros estão simplesmente embaraçados. Os géis físicos podem ser lixiviados e recarregados facilmente, tornando possível a preparação de um novo capilar para cada separação, o que torna a eletroforese capilar em gel mais fácil de ser automatizada do que a eletroforese em placa de gel clássica.

As macromoléculas são separadas em um gel por *peneiramento*, no qual as moléculas menores migram mais rapidamente que as moléculas maiores pela rede polimérica emaranhada. A Prancha em Cores 34 mostra parte da análise de uma sequência do ácido desoxirribonucleico (DNA), onde uma mistura de fragmentos marcados por fluorescência, com mais de 400 nucleotídeos foi separada em 32 minutos em um capilar contendo como meio de peneiramento poliacrilamida linear a 38 g/L, e ureia 6 M para estabilizar as fitas simples de DNA. Cada fita, que termina em uma das quatro bases A, T, C ou G, é marcada com um dos quatro marcadores fluorescentes diferentes, que identificam as bases terminais à medida que elas passam por um detector de fluorescência. A eletroforese capilar foi uma tecnologia que tornou possível a determinação da sequência de ácidos nucleicos do genoma humano.[58] A maior parte do sequenciamento e das análises forenses de DNA são realizadas em instrumentos de eletroforese multicapilar automatizados, conhecidos como *analisadores genéticos*.[59]

Os bioquímicos medem a massa molecular de proteínas por *eletroforese de gel–dodecilsulfato de sódio* (*DSS*).[60] As proteínas são primeiramente *desnaturadas* (desnoveladas em espirais aleatórias) a partir da redução de suas ligações dissulfeto (—S—S—) com excesso de 2-mercaptoetanol ($HSCH_2CH_2OH$) e adição de dodecilsulfato de sódio ($C_{12}H_{25}OSO_3^-Na^+$). O ânion dodecilsulfato recobre as regiões hidrofóbicas e confere à proteína uma carga negativa muito grande, aproximadamente proporcional ao comprimento da proteína. As proteínas desnaturadas são então separadas por eletroforese por meio de um gel de peneiramento. Moléculas maiores são retardadas mais que as moléculas menores, que é o oposto do comportamento observado na cromatografia de exclusão molecular. Na Figura 26.34, o logaritmo da massa molecular da proteína é proporcional a 1/(tempo de migração). Como o tempo de migração absoluto varia de corrida para corrida, medem-se os tempos de migração relativos. O tempo de migração relativo é o tempo de migração de uma proteína dividido pelo tempo de migração de uma molécula pequena de corante, que se move rapidamente.

Desenvolvimento de Método

A eletroforese capilar não é tão utilizada quanto a cromatografia líquida. As vantagens da eletroforese com relação à cromatografia incluem: (1) maior resolução, (2) baixa produção de rejeitos da análise e (3) geralmente instrumentação mais simples. As desvantagens da eletroforese capilar são: (1) maiores limites de detecção, (2) irreprodutibilidade dos tempos de migração entre corridas, (3) insolubilidade de alguns analitos nas soluções eletrolíticas mais utilizadas e (4) incapacidade de escalonamento para execução de separações preparativas.

FIGURA 26.34 Curva de calibração para a determinação das massas moleculares de proteínas em dodecilsulfato de sódio por meio de eletroforese capilar em gel. A abscissa, t_{rel}, é o tempo de migração de cada proteína dividido pelo tempo de migração de uma pequena molécula de corante. O tempo de migração relativo (t_{rel}) é mais reprodutível do que o tempo de migração. [Dados de J. K. Grady, J. Zang, T. M. Laue, P. Arosio e N. D. Chasteen, "Characterization of the H- and L-Subunit Ratios in Ferritins by Sodium Dodecyl Sulfate-Capillary Gel Electrophoresis", *Anal. Biochem.* **2002**, *302*, 263.]

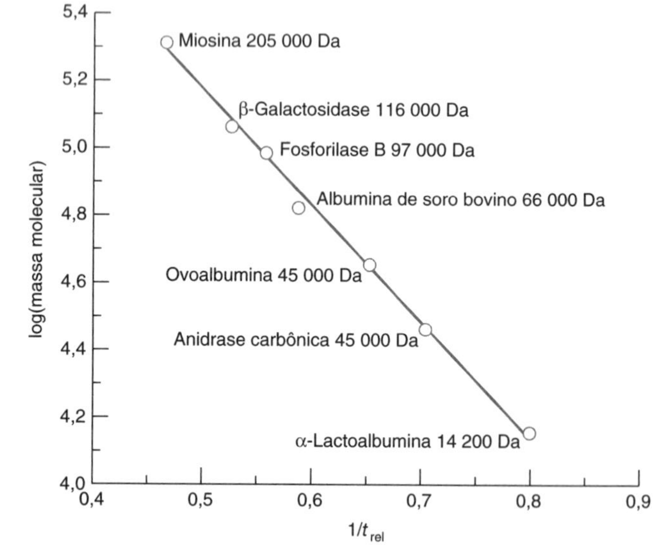

A cromatografia líquida é duas décadas mais madura do que a eletroforese capilar e, por isso, é frequentemente o primeiro método de análise a ser tentado. Entretanto, a eletroforese capilar está, aos poucos, se tornando mais amplamente utilizada na indústria farmacêutica, particularmente para produtos biofarmacêuticos.[61] Por exemplo, a eletroforese capilar é o método presente na farmacopeia (isto é, um método oficial) para separar as isoformas da eritropoietina, um hormônio que aumenta o nível de células vermelhas, e, por esta razão, é por vezes empregada como *doping* em esportes de resistência. *Kits* comerciais incluindo capilares, tampões, reagentes e protocolos estão disponíveis para análise de DNA, proteínas, glicanos, ânions inorgânicos e enantiômeros.

No desenvolvimento de um método, é importante relembrar que a eletroforese é uma técnica de separação fundamentalmente diferente da cromatografia. O desenvolvimento de um método para eletroforese capilar objetiva os seguintes pontos:[62]

1. Selecionar um método de detecção que possa fornecer o limite de detecção requerido pela análise. Para absorção no ultravioleta, selecionar o comprimento de onda ótimo. Caso necessário, utilizar detecção indireta ou derivatização.
2. Se for possível, separar os analitos na forma aniônica que não se fixam nas paredes carregadas negativamente. No caso da separação de policátions, como proteínas em pH baixo, usar um capilar com paredes revestidas ou escolher aditivos para revestir as paredes ou para reverter a carga das paredes. Picos largos indicam que estão ocorrendo efeitos de parede e pode ser necessário um revestimento.
3. Dissolver toda a amostra. Se a amostra não for solúvel no tampão aquoso diluído, tentar a adição de solução de ureia 6 M ou a adição de surfactantes. O tampão de acetato tende a dissolver mais solutos orgânicos do que o tampão de fosfato. (Caso seja necessário para dissolver a amostra, solventes não aquosos podem ser utilizados.[63] A acetonitrila e o metanol são recomendados, mas a corrente elétrica deve ser mantida baixa para minimizar liberação de gases e evaporação. Micelas aquosas ou ciclodextrina resolvem alguns problemas de solubilidade que, de outra forma, iriam exigir um solvente orgânico.)
4. Um capilar deve ser destinado a um único tipo de análise. O capilar novo deve ser cortado de modo que suas extremidades estejam sem pontas, e que esteja condicionado em NaOH e um tampão antes do primeiro uso.
5. Determinar quantos picos estão presentes. Identificar cada pico utilizando amostras-padrão dos analitos e detecção no ultravioleta com conjunto de diodos ou espectrometria de massa.
6. Verificar se somente o pH propicia uma separação adequada. Para ácidos, começar com tampão de borato 50 mM, com pH 9,3. Para bases, tentar tampão de fosfato 50 mM, com pH 2,5. Caso a separação não seja adequada, tentar ajustar o pH do tampão para um valor próximo do pK_a médio dos solutos.
7. Se o pH não propicia uma separação adequada ou se os analitos forem neutros, utilizar surfactantes para a cromatografia eletrocinética micelar capilar. Para separações enantioméricas, tentar a adição de ciclodextrinas.
8. Selecionar um procedimento para lavagem do capilar entre as corridas. Se os tempos de migração são reprodutíveis de corrida para corrida, sem que seja efetuada lavagem do capilar, significa que a lavagem do capilar não se faz necessária. Caso seja observado aumento nos tempos de migração, lavar o capilar por 5 a 10 s com solução 0,1 M de NaOH, seguida de lavagem por 5 minutos com tampão. Caso os tempos de migração continuem variando, tentar aumentar ou diminuir por poucos segundos o tempo de lavagem com NaOH. Se os tempos de migração diminuem, lavar com H_3PO_4 0,1 M. Caso proteínas ou outros cátions fiquem retidos nas paredes, tentar lavagem com dodecilsulfato de sódio 0,1 M ou utilizar um capilar revestido comercial ou um revestimento dinâmico.
9. Se necessário, selecionar um método de limpeza de amostra. A limpeza pode ser necessária se a resolução for ruim, se a concentração de sais é alta ou se o capilar falhar. A limpeza da amostra pode envolver extração em fase sólida (Seção 28.3), precipitação de proteínas ou diálise (Demonstração 27.1).
10. Se o limite de detecção não for suficiente, selecionar um método de empilhamento ou varredura para concentrar o analito no capilar.
11. Para análise quantitativa, determinar a faixa linear necessária para medir o analito menos concentrado e o mais concentrado. Caso seja desejado, escolher um padrão interno. Se o tempo de migração ou a área de pico do padrão variarem, temos uma indicação de que alguma condição saiu de controle.

26.8 Laboratório em um Chip

A abertura deste capítulo apresentou um instrumento miniaturizado para determinação de biomarcadores para parto prematuro. Um dispositivo desse tipo é chamado "laboratório em um chip".[64,65] **Microfluídico** é o movimento preciso e o controle de microlitros a picolitros de

Lab-em-um-chip também é chamado *sistema de microanálise total* (SμAT).

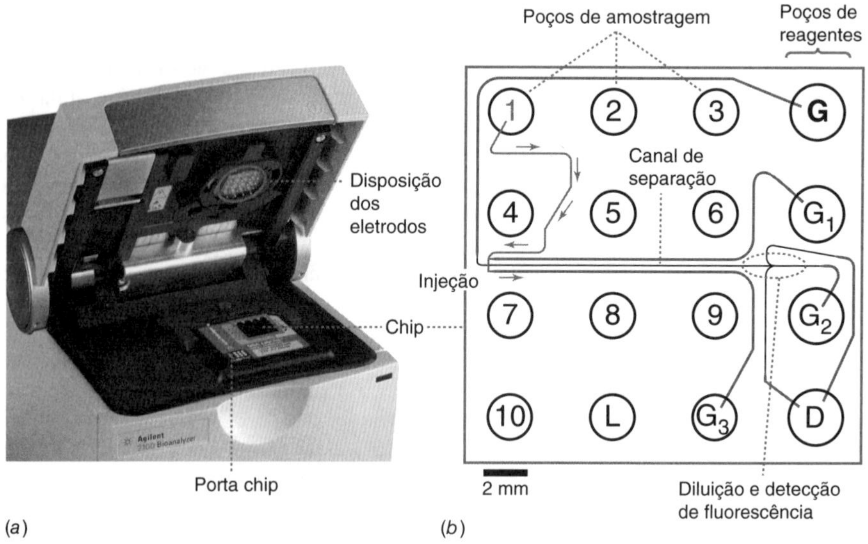

FIGURA 26.35 Dispositivo microfluídico para eletroforese em gel automatizada de proteínas. (*a*) Bioanalisador com chip inserido. (*b*) Disposição do chip. O canal cinza é o caminho da amostra do poço 1 até o injetor. Canais adicionais não mostrados conectam os poços 2 a 10 e L ao injetor. [Dados de L. Bousse, S. Mouradian, A. Minalla, H. Yee, K. Williams e R. Dubrow, "Protein Sizing on a Microchip", *Anal. Chem.* **2001**, 73, 1207. © Agilent Technologies, Inc. Reproduzida sob permissão, cortesia de Agilent Technologies, Inc.]

fluido por eletrosmose ou pressão. Um laboratório em um chip consiste em canais do tamanho de micrômetros gravados em vidro, silício (Boxe 24.2) ou polímero (abertura do capítulo), com componentes eletrônicos, pneumáticos e ópticos externos para controlar o movimento e a detecção de fluidos.[66] Todas as etapas de uma análise são realizadas dentro do chip em condições reprodutíveis. O chip na abertura do capítulo foi alojado em um dispositivo que aplicou uma sequência programada de potenciais e pressões a micropoços e microválvulas para análise de biomarcadores envolvendo extração em fase sólida, derivatização de fluorescência e separação eletroforética. O chip pode funcionar de forma automatizada fora de um laboratório.

A Figura 26.35 mostra um sistema microfluídico comercial para eletroforese em gel de DNA e proteínas chamado *bioanalisador*. O chip de vidro de 17,5 × 17,5 mm possui 16 poços nos quais são introduzidos diferentes reagentes, amostras ou padrões. Os micropoços são conectados por canais de 13 μm de profundidade × 36 μm de largura gravados em vidro por fotolitografia. O porta chip permite a conexão entre o chip e o instrumento, e é projetado para uso único a fim de evitar a contaminação de uma amostra por amostras anteriores. O bioanalisador tem 16 fontes de alimentação de alta tensão, um *laser* e um sistema óptico de detecção. Os eletrodos na matriz de 16 pinos se alinham com os poços no chip, permitindo a aplicação de alta tensão em vários canais para mover a solução para diferentes pontos dentro do chip.

Para realizar uma análise de proteínas por eletroforese em gel, 12 μL de uma mistura de gel físico, surfactante dodecilsulfato de sódio e corante fluorescente é carregada no micropoço **G**. Uma seringa é usada para forçar o gel viscoso a partir do micropoço **G** por meio de todos os canais e para deslocar os rejeitos pelos micropoços G_1–G_3. O gel atua como meio de peneiramento e suprime o fluxo eletrosmótico. As amostras de proteína são misturadas com um agente desnaturante, como o ditiotreitol, para quebrar as pontes dissulfeto, e dez amostras de 6 μL são carregadas nos micropoços 1 a 10. Cada um desses poços está conectado por canais à região de injeção. Para simplificar, apenas o canal do micropoço 1 para o injetor é mostrado na Figura 26.35. Quando o chip é inserido no bioanalisador, um eletrodo entra em contato com a solução em cada micropoço, permitindo a aplicação de um potencial aos vários poços do chip.

Para injetar a amostra 1, uma tensão é aplicada entre os micropoços 1(−) e G_3(+). Os complexos de proteína aniônica-surfactante movem-se eletroforeticamente do poço 1 em direção ao poço G_3 na Figura 26.35. Na zona de injeção na Figura 26.36a, a amostra segue o caminho elétrico do poço 1 até G_3. Em seguida, a tensão é alterada na Figura 26.36b para conduzir o líquido de **G** para G_2, injetando uma pequena quantidade de amostra no canal de separação de G_2. De maneira semelhante, amostras ou padrões de proteínas podem ser injetados do micropoço 2 para 10 e L. O poço L contém uma mistura de padrões de peso molecular de proteína conhecida como *ladder*.

As proteínas se separam no canal de separação de 12,5 mm de comprimento por eletroforese em gel discutida na Seção 26.7. O corante fluorescente no meio de peneiramento sofre partição para o complexo de proteína-surfactante, onde sua fluorescência é intensificada (Figura 26.37). O corante também sofre partição para as micelas, onde a fluorescência é reforçada e cria um alto sinal de fundo. Ao final da separação, dois canais a partir do poço D introduzem líquido para diluir o surfactante abaixo de sua concentração micelar crítica (Boxe 26.1). As micelas se decompõem e a fluorescência de fundo do corante nas micelas desaparece. Os complexos proteína-surfactante-corante permanecem intactos e fortemente fluorescentes. A Figura 26.38 mostra a eletroforese em gel de proteínas do leite.

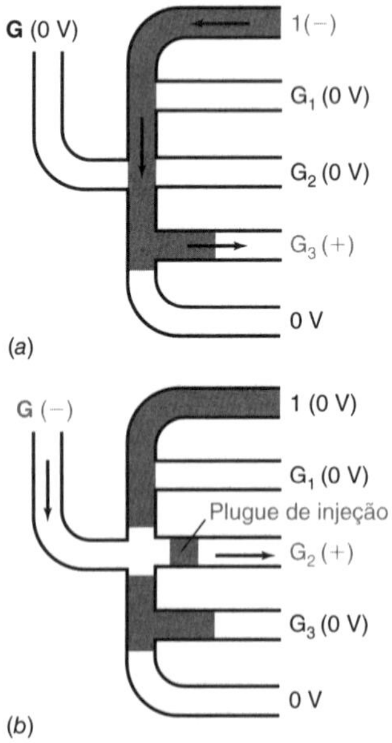

FIGURA 26.36 Injeção de amostra no chip microfluídico. (*a*) A aplicação de tensão entre o poço 1 e G_3 carrega o canal de injeção com a amostra 1. (*b*) A tensão de comutação injeta 25 pL da amostra 1 no canal de separação. [Dados do "Principle of operation figure" of Agilent 2100 Bioanalyzer System/Agilent 4200 TapeStation System: Applications for DNA, RNA, and Protein Analysis, Agilent 5991-8974EN, pg. 11. © Agilent Technologies, Inc. Reproduzida sob permissão, cortesia de Agilent Technologies, Inc.]

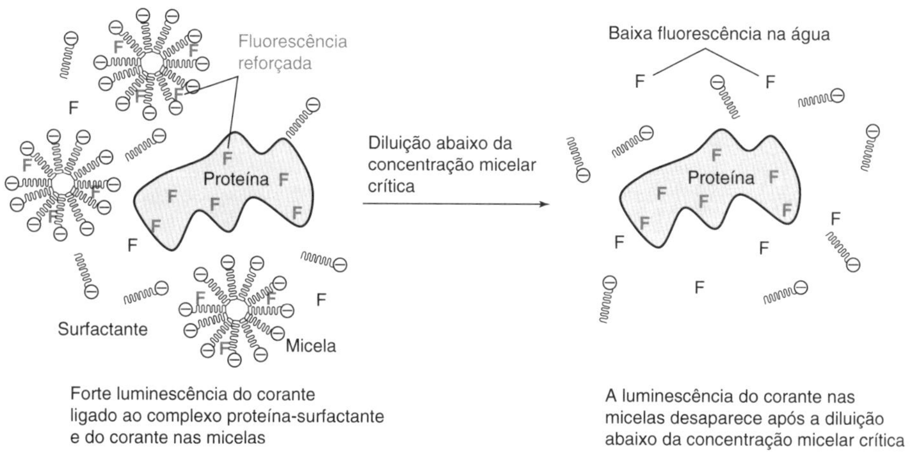

FIGURA 26.37 O corante associado ao complexo proteína-surfactante ou às micelas é fortemente fluorescente. A diluição do surfactante abaixo de sua concentração micelar crítica elimina a fluorescência das micelas.

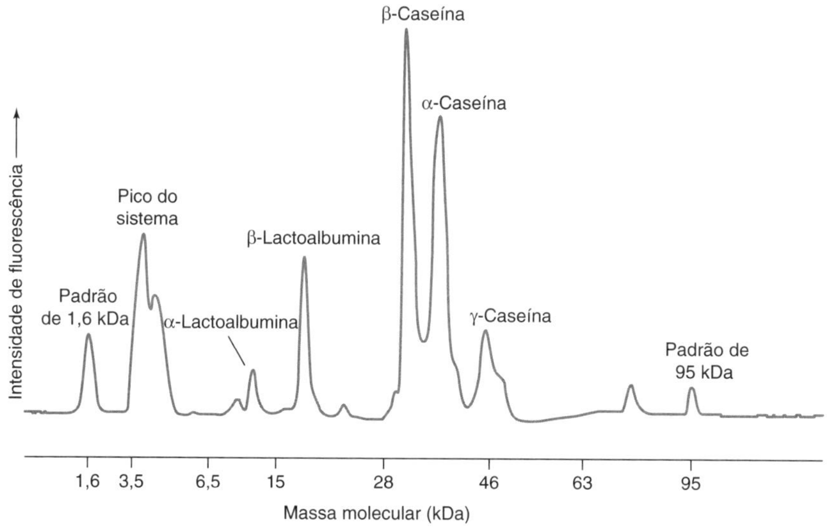

FIGURA 26.38 A eletroforese em gel microfluídica separa os componentes do leite de vaca. [Dados de R. Nitsche, "Milk Protein Analysis with the Agilent 2100 Bioanalyzer and Agilent Protein 80 Kit", Application note 5990-8125, Agilent Technologies, 2016. © Agilent Technologies, Inc. Reproduzida com permissão, Cortesia de Agilent Technologies, Inc.]

Termos Importantes

água deionizada
capacidade de troca iônica
coeficiente de seletividade
cromatografia de afinidade
cromatografia de exclusão molecular
cromatografia de interação hidrofóbica
cromatografia de modo misto
cromatografia de par iônico
cromatografia de supressão iônica
cromatografia de troca iônica
cromatografia eletrocinética micelar
cromatografia iônica
detecção indireta
eletroforese
eletroforese capilar
eletroforese capilar de zona
eletroforese capilar em gel
eletrosmose
eluição por gradiente
empilhamento
equivalente
especiação
exclusão de Donnan
filtração em gel
gel
injeção eletrocinética
injeção hidrodinâmica
ligação cruzada
micela
microfluídico
mobilidade
polímero impresso molecularmente
pré-concentração
resina
substância hidrofóbica
surfactante
trocador aniônico
trocador catiônico
volume morto

Resumo

A cromatografia de troca iônica emprega resinas e géis com grupos carregados, ligados covalentemente, que atraem os contraíons do soluto (e que excluem os íons que possuem a mesma carga da resina). A ligação por troca iônica aumenta com a elevação da carga do íon e da polarizabilidade, e depende inversamente do raio do íon hidratado. A ligação dos íons resulta na liberação de uma carga iônica equivalente da resina. As resinas de poliestireno são úteis para a separação de íons pequenos. Os géis de troca iônica, baseados em celulose e dextrano, têm tamanhos de poro grandes e baixa densidade de carga, sendo apropriados para a separação de macromoléculas. Os trocadores de íons operam pelo princípio da lei da ação das massas, executando normalmente uma separação por meio de um gradiente de força iônica crescente.

Na cromatografia de supressão iônica, uma coluna de separação separa os íons de interesse, e uma membrana supressora converte o eluente em uma forma não iônica, de modo que os analitos podem ser detectados por suas condutividades elétricas. O eluente e o supressor podem ser gerados continuamente por eletrólise. Alternativamente, a cromatografia iônica sem supressão de íons usa uma única coluna de troca iônica e um eluente de baixa concentração. A cromatografia de par iônico utiliza um surfactante iônico no eluente para fazer uma coluna de fase reversa funcionar como uma coluna de troca iônica. As colunas de modo misto possuem características de fase reversa e de troca iônica.

A cromatografia de exclusão molecular é usada nas separações baseadas no tamanho molecular e para determinações de massas moleculares de macromoléculas. A exclusão molecular é baseada na incapacidade de moléculas grandes entrarem nos poros da fase estacionária. As moléculas pequenas entram nesses poros e, portanto, apresentam tempos de eluição maiores do que as moléculas grandes. Na cromatografia de afinidade, a fase estacionária retém determinado soluto ou uma classe de solutos em uma mistura complexa. Enriquecimento é a retenção e concentração do analito de interesse. A depleção é a remoção dos componentes da matriz da amostra. Na cromatografia de interação hidrofóbica, concentrações elevadas de sulfato de amônio induzem as proteínas a aderir a uma fase estacionária hidrofóbica. Um gradiente de pH ou de concentração de sal decrescente é aplicado para aumentar a solubilidade de proteínas na água e eluí-las da coluna.

Na eletroforese capilar de zona, os íons são separados pelas diferenças de suas mobilidades em um campo elétrico intenso aplicado entre as extremidades de um tubo capilar de sílica. Quanto maior a carga e menor o raio hidrodinâmico, maior a mobilidade eletroforética. Normalmente, a parede de um capilar é negativa e a solução é transportada do anodo para o catodo pela eletrosmose dos cátions na dupla camada elétrica. Os cátions de soluto chegam primeiro ao detector, seguidos das espécies neutras, seguidas pelos ânions do soluto (se a eletrosmose for mais forte do que a eletroforese, que é o caso frequente). A mobilidade aparente é a soma da mobilidade eletroforética mais a mobilidade eletrosmótica (a mesma para todas as espécies). A dispersão de zona (o alargamento de banda) surge principalmente a partir da difusão longitudinal e do comprimento finito da amostra injetada. O empilhamento dos íons do soluto no capilar ocorre quando a amostra tem uma condutividade baixa. O fluxo eletrosmótico é reduzido em pH baixo, pois os grupos Si—O$^-$ da superfície estão protonados. Os grupos Si—O$^-$ podem ser mascarados por cátions de poliamina, e a carga na parede pode ser invertida por um surfactante catiônico que forma uma bicamada ao longo da parede. Revestimentos covalentes reduzem a eletrosmose e a adsorção na parede. A injeção hidrodinâmica da amostra é feita por pressão; a injeção eletrocinética usa um campo elétrico. A absorbância no ultravioleta é comumente usada para detecção. A cromatografia eletroforética micelar usa micelas como uma fase pseudoestacionária para separar moléculas neutras e íons. A eletroforese capilar em gel separa macromoléculas por peneiramento. Ao contrário da cromatografia de exclusão molecular, as moléculas pequenas se movem mais rápido na eletroforese em gel. Dispositivos microfluídicos ("laboratórios em um chip") usam o fluxo eletrosmótico ou hidrodinâmico em canais fabricados por fotolitografia, para conduzir reações e análises químicas.

Exercícios

26.A. *Experimento de sais totais.* Cátions inorgânicos podem ser quantificados passando uma solução salina por uma coluna trocadora de cátions na forma H^+, seguido de titulação do H^+ liberado com uma base forte. O número de mols de OH^- do titulante é igual ao número de equivalentes de carga do cátion em solução.

(a) Que volume de NaOH 0,023 1 M é necessário para titular o eluato quando 10,00 mL de KNO_3 0,045 8 M foram introduzidos em uma coluna trocadora de cátions na forma H^+?

(b) 0,269 2 g de uma amostra de um sal desconhecido são dissolvidos em água deionizada e introduzidos em uma coluna trocadora de cátions na forma H^+. A coluna é rinsada com água deionizada, e a combinação da solução introduzida com a solução de rinsagem é titulada com KOH 0,139 6 M. Foi necessário um volume de 30,64 mL para se chegar ao ponto final. Quantos equivalentes de cátion estão presentes na amostra? Determine o número de miliequivalentes de cátion por g de amostra (meq/g).

(c) A massa da substância contendo um equivalente é chamada *massa equivalente*. Se o cátion tem carga +1, a massa equivalente é igual à massa molar. Se o cátion apresenta uma carga +2, a massa equivalente é metade da massa molar. Qual é a massa equivalente da amostra em **(b)**?

26.B. O sulfato de vanadila ($VOSO_4$, MF 163,00), disponível comercialmente, encontra-se contaminado por H_2SO_4 (MF 98,07) e H_2O. Uma solução foi preparada pela dissolução de 0,244 7 g de $VOSO_4$ impuro em 50,0 mL de água. Análises espectrofotométricas indicaram que a concentração do íon VO^{2+}, azul, é 0,024 3 M. Uma amostra de 5,00 mL passou por uma coluna de troca catiônica carregada com H^+. Quando o VO^{2+} proveniente dos 5,00 mL de amostra se ligou à coluna, o H^+ liberado consumiu 13,03 mL de NaOH 0,022 74 M para ser titulado. Determine a porcentagem ponderal de cada componente ($VOSO_4$, H_2SO_4 e H_2O) no sulfato de vanadila.

26.C. O produto comercial Blue Dextran 2000 foi eluído durante a filtração em gel em um volume de 36,4 mL a partir de uma coluna de 40 × 2 cm (comprimento × diâmetro) de Sephadex G-50, que fraciona moléculas na faixa de massa molecular entre 1 500 e 30 000.

(a) Em que volume de retenção a hemoglobina seria esperada (massa molecular 64 000)?

(b) Suponha que ^{22}NaCl radioativo, que não é adsorvido na coluna, seja eluído em um volume de 109,8 mL. Qual seria o volume de retenção de uma molécula com $K_{méd} = 0,65$?

26.D. Considere uma experiência de eletroforese capilar feita em pH próximo a 9, em que o fluxo eletrosmótico é mais forte que o fluxo eletroforético.

(a) Desenhe uma figura do capilar, mostrando onde se situam o anodo, o catodo, o injetor e o detector. Mostre a direção do fluxo eletrosmótico e a direção do fluxo eletroforético de um cátion e de um ânion. Mostre a direção do fluxo resultante.

(b) Usando a Tabela 15.1, explique por que o Cl^- tem um tempo de migração menor do que o I^-. Faça a previsão se o Br^- terá um tempo de migração menor que o do Cl^- ou maior do que o do I^-.

(c) Por que a mobilidade do I^- é maior que a mobilidade do Cl^-?

Problemas

Cromatografia de Troca Iônica e Cromatografia Iônica

26.1. Estabeleça os efeitos do aumento do número de ligações cruzadas em uma coluna de troca iônica.

26.2. A capacidade de troca de uma resina de troca iônica pode ser definida como o número de mols de sítios eletricamente carregados por grama de resina seca. Descreva como você mediria a capacidade de troca de uma resina de troca aniônica, usando NaOH padrão, HCl padrão, ou qualquer outro reagente que desejar.

26.3. O que significa a representação 200/400 mesh em um frasco de fase estacionária cromatográfica? Qual é a faixa de tamanho dessas partículas? (Ver Tabela 28.2.) Que partículas são menores, as de 100/200 mesh ou 200/400 mesh?

26.4. Considere a separação de ânions inorgânicos e orgânicos na Figura 26.7.

(a) Qual é a carga provável (X^{n-}) do piruvato (pico 10), 2-oxovalerato (pico 16) e do maleato (pico 28)? (*Dica*: observe os íons ao redor dos picos em questão.)

(b) O iodeto (pico 44) tem uma carga –1. Explique a sua retenção forte.

26.5. Considere uma proteína carregada negativamente adsorvida em um gel de troca aniônica, em pH 8.

(a) Como um gradiente de pH do eluente (de pH 8 até um valor inferior de pH) será útil para eluir a proteína? Suponha que a força iônica do eluente é mantida constante.

(b) Como um gradiente de força iônica (em pH constante) seria útil para a eluição da proteína?

26.6. Proponha um esquema para a separação da trimetilamina, dimetilamina, metilamina e amônia, por meio de uma cromatografia de troca iônica.

26.7. O que é água deionizada? Que espécies de impurezas não são removidas por deionização?

26.8. Concentrações baixas de ferro (como 0,02 nM) no oceano aberto limitam o crescimento do fitoplâncton. Pré-concentração é necessária para determinar concentrações tão baixas. Os traços de Fe^{3+} presentes em uma enorme amostra de água do mar foram concentradas em 1,2 mL de uma coluna de resina quelante. A coluna foi então rinsada com 30 mL de água de alta pureza e depois eluída com 10 mL de HNO_3 1,5 M de alta pureza.

(a) Para cada amostra, a água do mar foi passada por uma coluna por 17 h a 10 mL/min. De quanto a concentração de Fe^{3+} nos 10 mL de eluato de HNO_3 aumenta em função desse procedimento de pré-concentração?

(b) Qual é a concentração de Fe^{3+} na água do mar quando Fe^{3+} 57 nM foi encontrado no eluato de ácido nítrico?

(c) O reagente ácido nítrico concentrado grau analítico tem concentração 15,7 M e contém ≤ 0,2 ppm de ferro. Qual seria a concentração aparente de ferro (nM) em um branco de água do mar se o ácido de grau analítico fosse usado para preparar o eluente HNO_3 1,5 M?

26.9. *Balanço material.* Se você pretende medir todos os ânions e cátions em uma amostra desconhecida, você pode verificar a qualidade dos seus resultados sabendo que o número total de cargas positivas deve ser igual ao número total de cargas negativas. A tabela apresentada a seguir mostra as concentrações de cátions e ânions na água de uma lagoa, expressas em μg/L, determinadas em um experimento feito por alunos de graduação. Encontre a concentração total de carga negativa e de carga positiva (mol/L) para avaliar a qualidade da análise. O que você conclui a respeito desta análise?

Ânions	μg/mL	Cátions	μg/mL
F^-	0,26	Na^+	2,8
Cl^-	43,6	NH_4^+	0,2
NO_3^-	5,5	K^+	3,5
SO_4^{2-}	12,6	Mg^{2+}	7,3
		Ca^{2+}	24,0

FONTE: *Dados de K. Sinniah e K. Piers, "Ion Chromatography: Analysis of Ions in Pond Water",* J. Chem. Ed. ***2001****, 78, 358.*

26.10. Na cromatografia de exclusão de íons, os íons são separados de não eletrólitos por meio de uma coluna de troca iônica. Os não eletrólitos penetram na fase estacionária, enquanto os íons com a mesma carga da resina são repelidos pelas cargas fixas. Como os coíons têm acesso a um volume da coluna menor, os eletrólitos são eluídos antes dos não eletrólitos. A tabela apresentada a seguir mostra dados de retenção de três ácidos carboxílicos analisados por cromatografia de exclusão de íons–espectrometria de massa usando como eluente ácido tricloroacético 0,1% (pH 1,9).

HO_2CCO_2H	$HOCH_2CO_2H$	$CH_3CH(OH)CO_2H$
Ácido oxálico	Ácido glioxílico	Ácido lático

Ácido	pK_a	Tempo de retenção (min)	Íon $[M-H]^-$ m/z
Ácido oxálico	1,25, 4,27	2,4	89,1
Ácido glioxílico	3,46	3,4	73,2
Ácido lático	3,86	4,5	89,1

FONTE: *Dados de A. Schriewer, M. Brink, K. Gianmoena, C. Cadenas e H. Hayen, "Oxalic Acid Quantification In Mouse Urine and Primary Mouse Hepatocyte Cell Culture Samples by Ion Exclusion Chromatography–Mass Spectrometry",* J. Chromatogr. B ***2017****,* 1068*, 239. M. Brink era aluno de iniciação científica.*

(a) A carga fixa na coluna de exclusão iônica é aniônica ou catiônica? Essa coluna seria descrita como um trocador de ânions ou um trocador de cátions?

(b) Explique por que os três ácidos são separados e por que eles emergem na ordem mostrada.

(c) O procedimento levou um tempo de análise de 7 minutos para eluir ácidos mais fracos que o ácido lático antes da próxima análise. Por que os ácidos mais fracos eluiriam mais tarde?

(d) O íon $[M-H]^-$ para ácido oxálico e ácido lático tem sinais na espectrometria de massa em m/z = 89,1. A largura total à meia altura de ambos os picos é de 0,5 minuto. Qual é a resolução cromatográfica entre os ácidos oxálico e lático? Esta resolução é suficiente para uma análise precisa do ácido oxálico?

(e) As curvas de calibração para padrões externos foram lineares para padrões de ácido oxálico preparados em água e sobrenadante de cultura celular, mas o coeficiente angular foi 48% menor no sobrenadante de cultura celular. Que tipo de calibração deve ser usado para analisar fluidos biológicos, como culturas de células e urina?

26.11. Estabeleça o propósito das colunas de separação e de supressão na cromatografia de supressão iônica. Na cromatografia catiônica, por que o supressor é uma membrana de troca aniônica?

26.12. (**a**) Suponha que o reservatório da Figura 26.6b contenha 1,5 L de K_2HPO_4 2,0 M. Por quantas horas o reservatório pode fornecer solução de KOH de 20 mM em uma vazão de 1,0 mL/min, considerando-se possível um consumo de 75% de K^+ no reservatório?

(**b**) Quais os valores inicial e final de corrente seriam necessários para produzir um gradiente de KOH de 5,0 mM até 0,10 M em uma vazão de 1,0 mL/min?

26.13. O sistema na Figura 26.6b pode ser adaptado para produzir o eluente ácido forte, ácido metanossulfônico ($CH_3SO_3^-H^+$). Para tanto, a polaridade dos eletrodos é invertida e o reservatório pode conter $NH_4^+CH_3SO_3^-$. A membrana de barreira e o leito da resina na parte inferior da figura devem ser ambos os trocadores aniônicos carregados com $CH_3SO_3^-$. Esquematize este sistema e escreva todas as reações que ocorrem em cada parte.

26.14. (**a**) O supressor na Figura 26.8 permite a detecção de condutividade em níveis de parte por bilhão para ânions como Cl^- e Br^-, mas limites de detecção muito ruins para ânions como CN^- e borato. Explique o porquê dessa diferença.

(**b**) Misturas de carbonato e bicarbonato de sódio podem ser usadas como eluente na cromatografia aniônica com supressão de íon. Os limites de detecção são piores do que quando o hidróxido é o eluente em razão de uma maior condutividade de fundo. Explique o motivo.

26.15 Detectores de condutividade e condutividade sem contato foram desenvolvidos para cromatografia capilar com supressão iônica. As alturas de pico, observadas em milivolts, para padrões de brometo são apresentadas na tabela vista a seguir.

Concentração de brometo (mM)	Altura do pico de condutividade (mV)	Altura do pico de condutividade sem contato (mV)
0,01	0,0	0,09
0,05	17,6	0,39
0,10	32,5	0,78
0,20	61,9	1,83
0,30	91,8	3,57
0,40	119,1	5,34
0,50	149,0	8,79

FONTE: *Dados de W. X. Huang, B. Chouhan e P. K. Dasgupta, "Capillary Scale Admittance and Conductivity Detection"*, Anal. Chem. ***2018***, *90, 14561.*

(**a**) Use o Excel para traçar um gráfico de altura de pico para a detecção de condutividade (coluna 2) contra concentração de Br^- e adicione uma linha de tendência. Escreva a equação para a reta incluindo as incertezas-padrão nos coeficientes angular e linear. A calibração é linear?

(**b**) Use o Excel para representar graficamente a altura do pico para a detecção de condutividade sem contato (coluna 3) contra concentração de Br^-. A calibração é linear? Se não for, qual é a faixa linear para esta calibração?

(**c**) O ajuste das alturas dos picos de condutividade sem contato a partir de uma função quadrática resulta em $y = 29{,}84x^2 + 1{,}906x + 0{,}190$, com resíduos desprezíveis e $R^2 = 0{,}996$. Uma amostra desconhecida produz uma altura de pico de 1,46 mV. Quanto brometo está presente na amostra desconhecida?

(**d**) Supondo que a resposta em (**c**) seja a concentração correta, qual o erro que resultaria se as calibrações lineares em (**b**) tivessem sido usadas para determinar a concentração de uma amostra desconhecida que produziu uma altura de pico de 1,46 mV?

$$\text{Erro} = 100 \times \frac{\text{valor encontrado} - \text{valor conhecido}}{\text{valor conhecido}}$$

26.16. A decomposição do ditionito ($S_2O_4^{2-}$) foi estudada por cromatografia em uma coluna de troca aniônica, eluída com 1,3,6-naftalenossulfonato trissódico 20 mM em 90% H_2O / 10%CH_3CN (v/v), com detecção no ultravioleta em 280 nm. Uma solução de ditionito de sódio, armazenada por 34 dias com ausência de ar, deu cinco picos identificados como SO_3^{2-}, SO_4^{2-}, $S_2O_3^{2-}$, $S_2O_4^{2-}$ e $S_2O_5^{2-}$. Todos os picos tiveram absorbância *negativa*. Explique por quê.

26.17. A noradrenalina (norepinefrina) (NE), presente na urina humana, pode ser determinada por cromatografia de troca iônica usando-se uma fase estacionária de octadecilsilano e octilsulfato de sódio como aditivo na fase móvel. Usa-se detecção eletroquímica (oxidação em 0,65 V contra Ag | AgCl) com 2,3-di-hidroxibenzilamina (DHBA) como padrão interno.

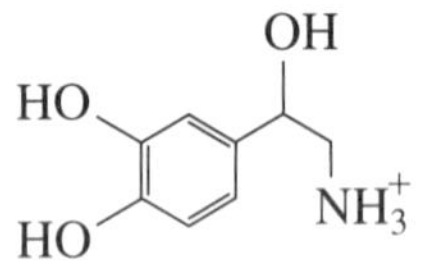

Cátion da noradrenalina (NE)

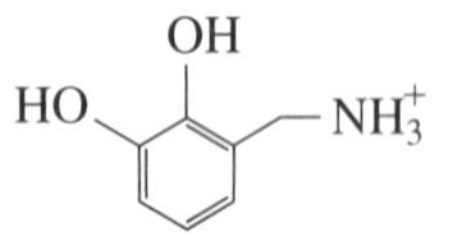

Cátion da 2,3-di-hidroxibenzilamina (DHBA)

$$CH_3CH_2CH_2CH_2CH_2CH_2CH_2CH_2OSO_3^-Na^+$$

Octilssulfato de sódio

(**a**) Explique o mecanismo físico pelo qual ocorre a separação de pares de íons.

(**b**) Uma amostra de urina, contendo uma quantidade desconhecida de NE e uma concentração constante de DHBA adicionada, deu uma razão entre a altura dos picos no detector de NE/DHBA = 0,298. Na sequência, foram feitas pequenas adições de NE padrão, chegando-se aos seguintes resultados:

Concentração adicionada de NE (ng/mL)	Razão entre a altura dos picos de NE/DHBA
12	0,414
24	0,554
36	0,664
48	0,792

Usando o tratamento gráfico mostrado na Seção 5.3, determine a concentração de NE na amostra original de urina.

26.18. O que é cromatografia de modo misto? Como ela difere da cromatografia de par iônico?

Cromatografia de Exclusão Molecular, de Afinidade e de Interação Hidrofóbica

26.19. Qual das técnicas – cromatografia de exclusão molecular, de afinidade ou de interação hidrofóbica – é a mais apropriada para cada uma das aplicações apresentadas a seguir?

(**a**) Purificação e concentração de uma mistura bruta de um antibiótico.

(**b**) Dessalinização de uma solução contendo uma proteína de 30 kDa.

(**c**) Determinação da distribuição de massa molecular do poliestireno com massa molecular média de 15 kDa.

(**d**) Separação do citocromo *c* (12 400 Da) e da ribonuclease A (12 600 Da). O citocromo *c* possui uma hidrofobicidade superficial menor do que a ribonuclease A.

26.20. (**a**) Como a cromatografia por exclusão molecular pode ser usada na determinação da massa molecular de uma proteína?

(**b**) Qual o tamanho do poro na Figura 26.14 mais adequado para a cromatografia de moléculas com massa molecular próxima a 100 000?

26.21. Uma coluna de filtração em gel tem um raio (r) de 0,80 cm e um comprimento (l) de 20,0 cm.

(**a**) Calcule o volume (V_D) da coluna, que é igual a $\pi r^2 l$.

(**b**) Determinou-se o volume morto (V_o) como 18,1 mL, e o volume total da fase móvel igual a 35,8 mL. Determine $K_{méd}$ para um soluto eluído em 27,4 mL.

26.22. Os compostos ferritina (massa molecular 450 000), transferrina (massa molecular 80 000) e citrato férrico foram separados por cromatografia de exclusão molecular em Bio-Gel P-300. A coluna tinha um comprimento de 37 cm e um diâmetro de 1,5 cm. Foram coletadas frações do eluato com 0,65 mL. O máximo de cada um dos picos se originou nas seguintes frações: ferritina, 22; transferrina, 32; e citrato férrico, 84. (Isto é, o pico da ferritina apareceu em um volume de eluição igual a 22 × 0,65 = 14,3 mL.) Supondo que a ferritina seja eluída no volume morto e que o citrato férrico seja eluído em V_M, determine o valor de $K_{méd}$ para a transferrina.

26.23. (**a**) O volume morto, V_o, na Figura 26.14 é o volume no qual as curvas crescem, à esquerda, verticalmente. Determine V_o para uma coluna com tamanho de poro igual a 25 nm. Para a ordem de grandeza mais próxima, qual é a menor massa molecular das moléculas excluídas por essa coluna?

(**b**) Qual é a massa molecular das moléculas eluídas em 9,7 mL, na coluna de 12,5 nm?

(**c**) V_M é o volume no qual a curva cai verticalmente à direita. Determine a maior massa molecular que pode passar livremente pelos poros de 45 nm.

26.24. Uma coluna de exclusão molecular, com resina de poliestireno, tem um diâmetro de 7,8 mm e um comprimento de 30 cm. As porções sólidas das partículas do gel ocupam 20% do volume, os poros ocupam 40% e o volume existente entre as partículas ocupa 40%.

(**a**) Em que volume seria esperado emergir as moléculas que são totalmente excluídas?

(**b**) Em que volume seriam esperadas as moléculas menores?

(**c**) Uma mistura de polietilenoglicóis de várias massas moleculares é eluída entre 23 e 27 mL. Qual o significado deste resultado, com relação ao mecanismo de retenção desses solutos na coluna?

26.25. As substâncias na tabela vista a seguir foram separadas por uma coluna de filtração em gel. Determine a massa molecular da substância desconhecida.

Composto	V_R (mL)	Massa molecular (Da)
Blue Dextran 2000	17,7	2×10^6
Aldolase	35,6	158 000
Catalase	32,3	210 000
Ferritina	28,6	440 000
Tiroglobulina	25,1	669 000
Substância desconhecida	30,3	?

26.26. Na separação de proteínas por cromatografia de interação hidrofóbica, por que a força do eluente aumenta com a *diminuição* da concentração do sal no eluente aquoso?

Eletroforese Capilar

26.27. A mobilidade eletroforética da forma aniônica A^- do ácido fraco fenol (HA = C_6H_5OH) e seus derivados é apresentada na tabela a seguir.

Analito HA	pK_a	μ_{A^-} ($m^2/(V \cdot s)$)
Fenol	9,98	$-2{,}99 \times 10^{-8}$
4-Metilfenol	10,27	$-2{,}59 \times 10^{-8}$
4-Etilfenol	10,22	$-2{,}39 \times 10^{-8}$
2,4,5-Triclorofenol	6,83	$-2{,}85 \times 10^{-8}$

FONTE: *Dados de S. C. Smith e M. G. Khaledi, "Optimization of pH for the Separation of Organic Acids in Capillary Zone Electrophoresis"*, Anal. Chem. ***1993***, *65, 193.*

(**a**) Explique a tendência da mobilidade eletroforética do fenol com relação ao 4-metilfenol e com relação ao 4-etilfenol.

(**b**) Preveja a mobilidade eletroforética dos analitos em pH 10,00. Explique por que a mobilidade prevista é diferente de μ_{A^-}.

(**c**) A mobilidade eletrosmótica tem a direção do catodo, e é maior em magnitude do que as mobilidades eletroforéticas dos analitos. Qual será a ordem de aparecimento dos picos no eletroferograma em pH 10,00?

26.28. Alguns "sais de banho" são catinonas sintéticas projetadas para contornar as leis, mas têm propriedades e efeitos colaterais desconhecidos. A constante de dissociação ácida afeta a toxicologia dos derivados. A mobilidade eletroforética pode ser usada para determinar o pK_a de um composto.

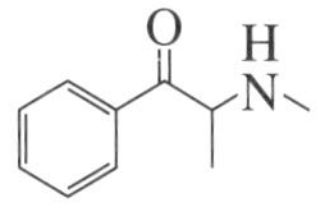

Etedrona

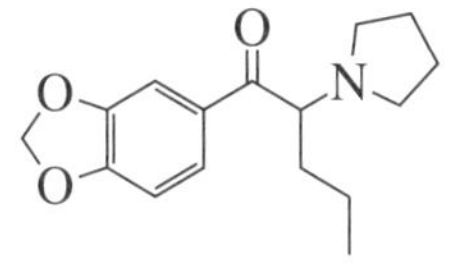

Metilenodioxipirovalerona

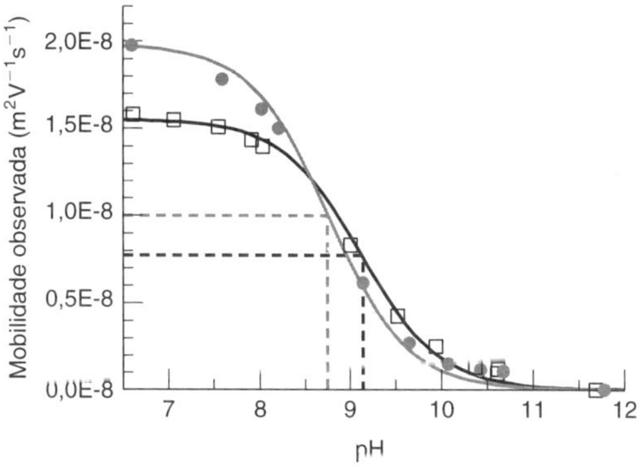

Mobilidade de catinonas sintéticas. [Dados de M. Woźniakiewicz, P. M. Nowak, M. Gołąb, P. Adamowicz, M. Kała e P. Kościelniak, "Acidity of Substituted Cathinones Studied by Capillary Electrophoresis Using the Standard and Fast Alternative Approaches", *Talanta* **2018**, *180*, 193.]

(**a**) Para bases fracas como etedrona e metilenodioxipirovalerona,

$$\textit{Mobilidade eletroforética observada: } \mu_{ef\,obs} = \alpha_{BH^+}(\mu_{ef\,BH^+})$$

Use esta expressão para explicar a forma da representação gráfica da mobilidade eletroforética observada contra pH.

(**b**) A mobilidade eletroforética é proporcional à carga do íon e inversamente proporcional ao tamanho do íon. Qual catinona totalmente protonada deveria ter uma mobilidade eletroforética maior?

(**c**) Com base na mobilidade eletroforética da base totalmente protonada (μ_{efBH^+}), qual curva é para etedrona e qual é para etilenodioxipirovalerona?

(**d**) Os valores de pK_a para as duas catinonas são 8,77 e 9,10 no gráfico. Qual é a constante de dissociação ácida para etedrona?

(**e**) Que pH forneceria a maior resolução entre as duas catinonas?

26.29. O que é eletrosmose?

26.30. Vemos, na tabela a seguir, as velocidades de eletrosmose de soluções tamponadas em um capilar de sílica sem revestimento e em outro capilar com grupos aminopropil (sílica—Si—$CH_2CH_2CH_2NH_2$) ligados covalentemente à parede. Um sinal positivo significa que o fluxo é na direção do catodo. Explique os sinais e os valores relativos do módulo das velocidades.

	Velocidade eletrosmótica (mm/s) para $E = 4{,}0 \times 10^4$ V/m	
Parede do capilar	pH 10	pH 2,5
Sílica sem revestimento	+3,1	+0,2
Sílica modificada por grupos aminopropil	+1,8	−1,3

FONTE: *Dados de K. Emoto, J. M. Harris e M. van Alstine, "Grafting Poly(ethylene glicol) Epoxide to Amino-Derivatized Quartz: Effect of Temperature and pH on Grafting Density",* Anal. Chem. ***1996****, 68, 3751.*

26.31. A Figura 26.22 apresenta a separação de benzoatos substituídos. Existe um pico não identificado em 86,0 s.

(a) Esse composto desconhecido é um cátion, um composto neutro ou um ânion?

(b) Encontre a mobilidade aparente e a mobilidade eletroforética do pico desconhecido.

26.32. Derivativos isotiocianato fluorescentes (Tabela 19.2) de aminoácidos separados por eletroforese capilar de zona tiveram tempos de migração na seguinte ordem: arginina (a mais rápida de todas) < fenilalanina < aspargina < serina < glicina (a mais lenta de todas). Explique por que a arginina apresenta o menor tempo de migração.

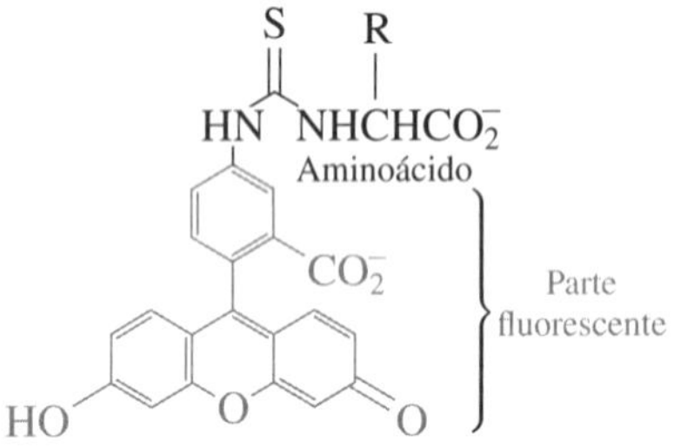

26.33. Em condições ideais, qual é a principal fonte de alargamento de banda na eletroforese capilar?

26.34. Considere a eletroforese da heparina na Figura 26.17.

(a) A eletroforese foi conduzida em pH 2,8, no qual os grupos sulfato são negativos. Por que foi usada a polaridade reversa (extremidade do detector positiva)?

(b) A força iônica de amostras com 30 mg/mL de heparina é maior que a de amostras típicas para eletroforese. Qual é a vantagem de uma concentração elevada de tampão (fosfato 0,6 M)?

(c) Um capilar estreito (diâmetro de 25 μm) foi escolhido para ser compatível com o tampão de força iônica elevada. Qual é a vantagem do capilar estreito?

(d) O Li^+ tem menor mobilidade que o Na^+. Explique por que o fosfato de lítio pode ser usado em um campo elétrico mais alto em vez do fosfato de sódio para gerar a mesma corrente. Qual é a vantagem de um campo elétrico mais alto para essa separação?

26.35. Estabeleça três métodos diferentes para diminuir o fluxo eletrosmótico. Por que a direção do fluxo eletrosmótico muda quando um capilar de sílica é recoberto com um surfactante catiônico?

26.36. Explique como as moléculas neutras podem ser separadas por cromatografia eletrocinética micelar. Por que este processo é uma forma de cromatografia? Por que as micelas são consideradas uma fase pseudoestacionária?

26.37. **(a)** Qual a diferença de pressão necessária para injetar uma amostra igual a 1,0% do comprimento de um capilar de 60,0 cm em 4,0 s, se o diâmetro do capilar é de 50 μm? Admita que a viscosidade da solução seja 0,001 0 kg/(m · s).

(b) A injeção em alguns instrumentos de eletroforese capilar caseiros é realizada elevando o vial da amostra para criar um sifão. A pressão exercida por uma coluna de água de altura h é $h\rho g$, em que ρ é a massa específica da água e g a aceleração da gravidade (9,8 m/s^2). A que altura seria necessário elevar o vial da amostra para produzir a pressão necessária para injetar a amostra em 4,0 s? É possível elevar a entrada da coluna para essa altura? Como você poderia obter a pressão desejada?

26.38. **(a)** Quantos mols de analito estão presentes em uma solução 10,0 μM que ocupa 1,0% do comprimento de um capilar de 60,0 cm × 25 μm?

(b) Qual a diferença de potencial elétrico necessária para injetar essa quantidade de mols dentro de um capilar em 4,0 s, se a amostra tem 1/10 da condutividade do eletrólito suporte, $\mu_{ap} = 3{,}0 \times 10^{-8}$ m^2/(V · s) e a concentração da amostra é 10,0 μM?

26.39. Determine o número de pratos para o pico eletroforético da Figura 26.19. Use a Equação 23.32 para picos assimétricos a fim de determinar o número de pratos para o pico cromatográfico.

26.40. **(a)** Uma molécula, com uma cadeia longa e fina, tem um coeficiente de atrito maior que uma molécula pequena e volumosa. Faça uma previsão, entre o fumarato e o maleato, de quem tem maior mobilidade eletroforética.

(b) A eletroforese foi feita com o polo positivo na área de injeção e o polo negativo na área de detecção. Em pH 8,5, ambos os ânions têm carga igual a −2 . O fluxo eletrosmótico, a partir do terminal positivo para o terminal negativo, é maior do que o fluxo eletroforético, de modo que esses dois ânions têm uma migração resultante, no capilar da eletroforese, do polo positivo para o polo negativo. Com base na sua resposta para **(a)**, faça uma previsão da ordem de eluição das duas espécies.

(c) Em pH 4,0, ambos os ânions têm carga próximo a −1, e o fluxo eletrosmótico é fraco. Portanto, a eletroforese é feita com o terminal de injeção negativo e o terminal de detecção positivo. Os ânions migram do terminal negativo do capilar para o terminal positivo. Faça a previsão da ordem de eluição.

26.41. **(a)** Determinada solução em certo capilar tem uma mobilidade eletrosmótica de $1{,}3 \times 10^{-8}$ m^2/(V · s) em pH 2, e de $8{,}1 \times 10^{-8}$ m^2/(V · s) em pH 12. Quanto tempo um soluto neutro levará para percorrer 52 cm do injetor ao detector, se são aplicados 27 kV ao longo do tubo capilar com 62 cm de comprimento, em pH 2? E em pH 12?

(b) Um analito aniônico tem uma mobilidade eletroforética de −1,6 × 10^{-8} m^2/(V · s). Quanto tempo ele levará para atingir o detector, em pH 2? E em pH 12?

26.42. A Figura 26.23 mostra o efeito na resolução do aumento da diferença de potencial elétrica aplicada de 28 para 120 kV.

(a) Qual é a razão esperada entre os tempos de migração ($t_{120\,kV}/t_{28\,kV}$) nos dois experimentos? Determine os tempos de migração para o pico 1 e a razão observada.

(**b**) Qual a razão esperada entre o número de pratos ($N_{120\ kV}/N_{28\ kV}$) nos dois experimentos?

(**c**) Qual a razão esperada entre as larguras de banda ($\sigma_{120\ kV}/\sigma_{28\ kV}$)?

(**d**) Qual é a explicação física para o fato de que o aumento da diferença de potencial elétrico aplicada diminui a largura de banda e aumenta a resolução?

26.43. Na tabela vista a seguir, vemos o comportamento observado em eletroforese capilar para o álcool benzílico ($C_6H_5CH_2OH$). Faça um gráfico do número de pratos contra o valor do campo elétrico e explique o que acontece quando o campo elétrico aplicado aumenta.

Campo elétrico (V/m)	Número de pratos
6 400	38 000
12 700	78 000
19 000	96 000
25 500	124 000
31 700	124 000
38 000	96 000

26.44. Determine a largura à meia altura do pico do $^{35}Cl^-$ na Figura 26.30 e calcule o número de pratos. O capilar tinha 40,0 cm de comprimento. Determine a altura do prato.

26.45. O tempo de migração do Cl^- em um experimento de eletroforese capilar de zona é de 17,12 minutos, e o tempo de migração do I^- é de 17,78 minutos. Usando as mobilidades da Tabela 15.1, faça a previsão do tempo de migração do Br^-. (O valor observado é de 19,6 minutos.)

26.46. *Determinação da massa molecular por eletroforese em gel–dodecilsulfato de sódio.* A ferritina é uma proteína oca armazenadora de ferro[67] que consiste em 24 subunidades que são uma mistura variável de cadeias pesadas (P) ou leves (L), arranjadas em simetria octaédrica. O centro oco da proteína, com um diâmetro de 8 nm, pode armazenar até 4 500 átomos de ferro, na forma aproximada do mineral ferridrita ($5Fe_2O_3 \cdot 9H_2O$). O ferro(II) entra na proteína por oito poros localizados nos eixos triplamente simétricos do octaedro. A oxidação a Fe(III) ocorre em sítios catalíticos nas cadeias P. Outros sítios no interior das cadeias L parecem nuclear a cristalização da ferridrita.

Os tempos de migração de padrões da proteína e das subunidades da ferritina são apresentadas na tabela vista a seguir. Faça um gráfico do log(massa molecular) *contra* 1/(tempo de migração relativo), onde o tempo de migração relativo = (tempo de migração)/(tempo de migração de um corante marcador). Calcule a massa molecular das cadeias leve e pesada da ferritina. As massas das cadeias, calculadas por sequenciamento de aminoácidos, são 19 766 e 21 099 Da.

Proteína	Massa molecular (Da)	Tempo de migração (min)
Corante marcador alaranjado G	pequena	13,17
α-Lactoalbumina	14 200	16,46
Anidrase carbônica	29 000	18,66
Ovoalbumina	45 000	20,16
Albumina de soro bovino	66 000	22,36
Fosforilase B	97 000	23,56
β-Galactosidase	116 000	24,97
Miosina	205 000	28,25
Ferritina de cadeia leve		17,07
Ferritina de cadeia pesada		17,97

FONTE: *J. K. Grady, J. Zang, T. M. Laue, P. Arosio e N. D. Chasteen, "Characterization of the H- and L-Subunit Ratios in Ferritins by Sodium Dodecyl Sulfate-Capillary Gel Electrophoresis",* Anal. Biochem. ***2002**, 302, 263.*

26.47. *Resolução.* Suponha que a mobilidade eletrosmótica de uma solução é $+1{,}61 \times 10^{-7}\ m^2/(V \cdot s)$. Quantos pratos são necessários para separar sulfato de brometo com resolução igual a 2,0? Use a Tabela 15.1 para obter as mobilidades e a Equação 26.14 para o cálculo da resolução.

26.48. As vitaminas solúveis em água, niacinamida (um composto neutro), riboflavina (um composto neutro), niacina (um ânion) e tiamina (um cátion), foram separadas por cromatografia eletrocinética micelar em tampão borato 15 mM (pH 8,0) com dodecilsulfato de sódio 50 mM. Os tempos de migração foram: niacinamida (8,1 min), riboflavina (13,0 min), niacina (14,3 min) e tiamina (21,9 min). Qual teria sido a ordem na ausência do dodecilsulfato de sódio? Que composto é mais solúvel nas micelas?

26.49. Quando os três compostos vistos a seguir são separados por cromatografia eletrocinética micelar em pH 9,6, três picos são observados. Quando α-ciclodextrina 10 mM é adicionada ao tampão de corrida, dois dos três picos são resolvidos em dois picos, fornecendo um total de cinco picos. Explique esta observação e faça uma previsão de qual composto não é resolvido em mais picos.

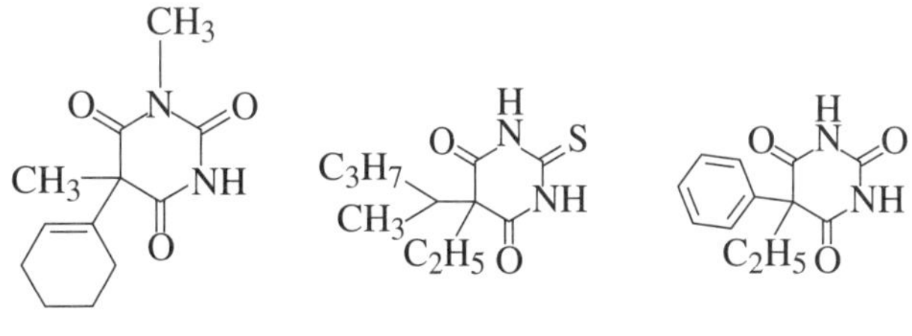

1 Ciclobarbital — 2 Tiopental — 3 Fenobarbital

26.50. Um gráfico de van Deemter para a separação de corantes neutros por cromatografia eletrocinética micelar é apresentado a seguir:[68]

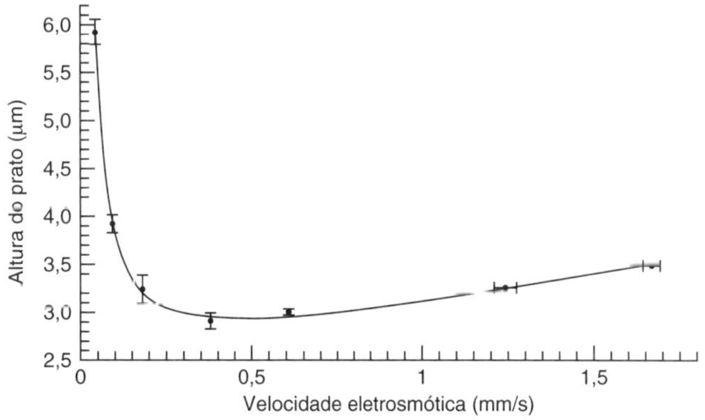

(**a**) Explique por que a altura do prato aumenta em velocidades baixas e altas.

(**b**) O termo *A* na Equação de van Deemter, correspondente ao percurso irregular de fluxo, deve ser igual a 0 no caso ideal de uma cromatografia eletrocinética micelar. O valor observado de *A* é 2,32 μm, que é responsável por dois terços do alargamento de banda na velocidade ótima. Sugira algumas razões para *A* não ser igual a 0.

26.51. *Área de pico corrigida.* Um método de cromatografia eletrocinética micelar para ftalazina e seu metabólito 1-ftalazinona produziu a seguinte *repetibilidade* para seis injeções replicadas de um padrão de ftalazinona 50 μM.

Número da injeção	Tempo de migração (min)	Área do pico (unidades arbitrárias)
1	3,946	8 947
2	3,921	9 124
3	3,900	8 834
4	3,932	9 250
5	3,915	9 057
6	3,881	8 986

FONTE: *Dados de S. Y. Huang, G. Kahsay, E. Adams e A. van Schepdael, "Study of Aldehyde Oxidase with Phthalazine as Substrate Using Both-Line Capillary Electrophoresis",* J. Pharm. Biomed. Anal. ***2019***, *165, 393.*

(**a**) Qual é a diferença entre repetibilidade e reprodutibilidade? *Dica:* ver Seção 5.2.

(**b**) Determine o desvio-padrão relativo para o tempo de migração e para a área do pico.

(**c**) Calcule a área do pico corrigida, isto é, a área do pico dividida pelo tempo de migração, para cada injeção. Qual é o desvio-padrão relativo da área do pico corrigida? Por que ela é diferente do valor da área do pico determinado em (**b**)?

26.52. Para obtermos a melhor separação entre dois ácidos fracos na eletroforese capilar, faz sentido usar o pH em que a diferença de cargas é máxima. Prepare uma planilha para examinar as cargas do ácido malônico e do ácido ftálico em função do pH. Em que valor de pH a diferença é máxima?

26.53. (**a**) A *espectrometria de mobilidade iônica* (Seção 22.8) é a *eletroforese em fase gasosa*. Descreva o princípio da espectrometria de mobilidade iônica e estabeleça as analogias entre esta técnica e a eletroforese capilar.

(**b**) Como na eletroforese, a velocidade, u, de um íon em fase gasosa é $u = \mu E$, em que μ é a mobilidade do íon e E é o campo elétrico ($E = V/L$, com V sendo a diferença de potencial aplicada ao longo da distância L). Na espectrometria de mobilidade iônica, o tempo para ir da entrada até o detector (Figura 22.48a) é chamado *tempo de deslocamento*, t_d. O tempo de deslocamento depende da diferença de potencial: $t_d = L/u = L/(\mu E) = L/(\mu(V/L)) = L^2/(\mu V)$. O número de pratos é $N = 5{,}55(t_d/w_{1/2})^2$, em que $w_{1/2}$ é a largura total à meia altura do pico. No caso ideal, a largura do pico depende somente da largura do pulso de entrada que admite íons para o tubo de desvio e do alargamento difusivo de banda dos íons enquanto eles migram:[69]

$$w_{1/2}^2 = \underbrace{t_g^2}_{\text{Largura inicial do pulso de entrada}} + \underbrace{\left(\frac{16kT \ln 2}{Vez}\right) t_d^2}_{\text{Alargamento difusivo}}$$

em que t_g é o tempo em que a entrada de íons está aberta, k é a constante de Boltzmann, T é a temperatura, V é a diferença de potencial entre a entrada e o detector, e é a carga elementar e z é a carga do íon. Faça um gráfico de N contra V ($0 \leq V \leq 20\ 000$) para um íon com $\mu = 8 \times 10^{-5}$ m^2 (V · s) e t_g = 0, 0,05 e 0,2 ms, a 300 K. Considere o comprimento da região de deslocamento como L = 0,2 m. Explique a forma das curvas. Qual é a desvantagem de utilizar t_g curto?

(**c**) Por que, ao diminuir T, N aumenta?

(**d**) Em um espectrômetro de mobilidade iônica bem ajustado, o íon protonado da arginina (z = 1) tem um tempo de deslocamento de 24,925 ms e $w_{1/2}$ = 0,154 ms a 300 K. Calcule N. Para V = 12 500 V e t_g = 0,05 ms, qual é o número de pratos teóricos?

(**e**) Em um espectrômetro de mobilidade iônica bem ajustado, com um tubo de deslocamento de 10 cm e intensidade de campo 200 V/cm, a leucina protonada apresentou t_d = 22,5 ms e a isoleucina protonada apresentou t_d = 22,0 ms. Ambos possuem $N \approx 80\ 000$. Qual é a resolução dos dois picos?

27 Análise Gravimétrica e por Combustão

ESCALA DE TEMPO GEOLÓGICA E ANÁLISE GRAVIMÉTRICA

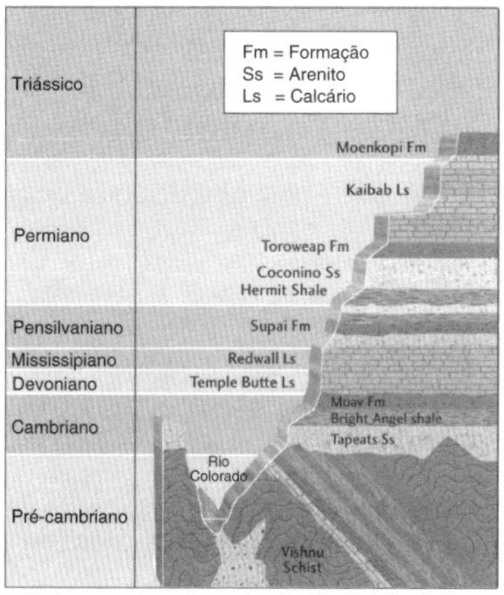

Camadas de rochas expostas no Grand Canyon pela ação erosiva do rio Colorado mostram uma janela histórica de bilhões de anos da Terra. [*Esquerda*: dados de F. Press, R. Siever, J. Gratzinger e T. H. Jordan, *Understanding Earth*, 4. ed. (New York: W. H. Freeman and Company, 2004). *Direita*: Simone Pitrolo/Shutterstock.com.]

No século XIX, os geólogos perceberam que, com o passar do tempo, novas camadas de rocha (*estratos*) se depositavam sobre as camadas mais antigas. Fósseis característicos de cada camada ajudaram os cientistas a identificar em todo o mundo a formação de estratos com uma mesma idade geológica. Entretanto, a idade real de cada camada permanecia desconhecida.

Ernest Rutherford, Frederick Soddy, Bertram Boltwood e Robert Strutt mostraram no início do século XX que o urânio decaía em chumbo mais oito átomos de hélio, com uma meia-vida de vários bilhões de anos. Rutherford estimou a idade de uma rocha a partir de seus teores de U e de He. Boltwood obteve idades mais exatas de minerais determinando neles os teores de U e de Pb.

Em 1910, com 20 anos, Arthur Holmes, um estudante de geologia do Imperial College em Londres, foi a primeira pessoa a determinar as idades atuais de minerais formados em tempos geológicos específicos. Holmes supôs que, quando um mineral contendo U cristalizava a partir do magma quente, ele deveria estar relativamente livre de impurezas como o Pb. Uma vez que o mineral se solidificava, o Pb começaria a se acumular. A razão Pb/U funciona então como um "relógio" da idade do mineral, indicando há quanto tempo o mineral cristalizou. Holmes determinou o conteúdo de U por meio da velocidade de produção do gás radioativo Rn. Para determinar o teor de Pb, ele fundiu cada amostra de mineral em bórax, dissolveu a massa fundida em ácido e precipitou quantitativamente quantidades de $PbSO_4$ da ordem de miligramas. A razão Pb/U = 0,045 g/g em 15 minerais era aproximadamente constante, e isso foi consistente com a hipótese de que o Pb é o produto final do decaimento radioativo, e que pouco Pb estava inicialmente presente quando o mineral cristalizou. A idade calculada dos minerais da "Era Devoniana" foi de 370 milhões de anos – quatro vezes mais do que a idade mais aceita para a Terra naquela ocasião.

Idades geológicas deduzidas por Holmes em 1911

Período geológico	Pb/U (g/g)	Milhões de anos	Valor aceito hoje
Carbonífero	0,041	340	330–362
Devoniano	0,045	370	362–380
Siluriano	0,053	430	418–443
Pré-cambriano	0,125–0,20	1025–1640	900–2500

FONTE: Dados de C. Lewis, *The Dating Game* (Cambridge University Press, 2000); A. Holmes, "The Association of Lead with Uranium in Rock-Minerals and Its Application to the Measurement of Geological Time", *Proc. Royal Soc. Lond.* A **1911**, *85*, 248.

Embora, hoje, possa ser considerado um método tedioso, nos séculos XVIII e XIX, a gravimetria foi a principal forma de análise química utilizada. A gravimetria continua sendo um dos métodos mais exatos entre os existentes. Os padrões utilizados para calibrar instrumentos analíticos são frequentemente oriundos de procedimentos gravimétricos ou titriméricos.

Na **análise gravimétrica**, a massa de determinado produto é usada para calcular a quantidade do analito (da espécie que está sendo analisada) presente na amostra original. No início do século XX, por meio de uma análise gravimétrica muito meticulosa, T. W. Richards *et al.* determinaram, com uma precisão de seis algarismos significativos, as massas atômicas do Ag, Cl e N.[1] Esta pesquisa, que mereceu um prêmio Nobel, permitiu a determinação precisa das massas atômicas de vários outros elementos. Na **análise por combustão**, uma amostra é queimada na presença de excesso de oxigênio e os produtos como CO_2 e H_2O são analisados. A combustão é usada rotineiramente na determinação de C, H, N, S e halogênios em compostos orgânicos. Para a determinação de outros elementos, a matéria orgânica é queimada em um sistema fechado. Os produtos da combustão e a *cinza* (material não queimado) são dissolvidos em ácido ou base e a composição da solução é determinada por plasma indutivamente acoplado com emissão atômica ou espectrometria de massa.

27.1 Exemplo de Análise Gravimétrica

O cloreto pode ser determinado mediante a precipitação do ânion com solução de Ag^+, seguido de determinação da massa do AgCl:

$$Ag^+ + Cl^- \rightarrow AgCl(s) \tag{27.1}$$

EXEMPLO Cálculo Gravimétrico

10,00 mL de uma solução contendo Cl^- foram tratados com um excesso de $AgNO_3$, precipitando 0,436 8 g de AgCl. Qual a molaridade do Cl^- presente na amostra desconhecida?

Solução A massa fórmula do AgCl é 143,32. Um precipitado pesando 0,436 8 g contém

$$\frac{0{,}436\,8\ \cancel{\text{g de AgCl}}}{143{,}32\ \cancel{\text{g de AgCl}}/\text{mol de AgCl}} = 3{,}048 \times 10^{-3}\ \text{mol de AgCl}$$

Como 1 mol de AgCl contém 1 mol de Cl^-, existirão, na amostra desconhecida, $3{,}048 \times 10^{-3}$ mol de Cl^-.

$$[Cl^-] = \frac{3{,}048 \times 10^{-3}\ \text{mol}}{0{,}010\,00\ \text{L}} = 0{,}304\,8\ \text{M}$$

TESTE-SE Quantos gramas de Br^- estão presentes em uma amostra que produziu 1,000 g de precipitado de AgBr (MF 187,77)? (***Resposta:*** 0,425 5 g.)

EXEMPLO Determinação da Massa Atômica do Rádio por Marie Curie

Marie e Pierre Curie e Henri Becquerel dividiram o Prêmio Nobel de Física em 1903 pelas investigações pioneiras de radioatividade. O casal Curie precisou de quatro anos para isolar 100 mg de $RaCl_2$ a partir de várias toneladas de minério. Marie Curie recebeu o Prêmio Nobel de Química em 1911 por seu trabalho de isolamento de rádio metálico. Linus Pauling, John Bardeen e Frederick Sanger são os únicos outros que também receberam duas vezes o Prêmio Nobel.

Como parte de seu trabalho de doutoramento (*Radioactive Substances,* 1903), Marie Curie determinou a massa atômica do rádio, um novo elemento que ela havia descoberto.[2] Ela sabia que o rádio pertencia à mesma família do elemento bário e que, por isso, a fórmula do cloreto de rádio seria $RaCl_2$. Em um experimento, 0,091 92 g de $RaCl_2$ puro foram dissolvidos e tratados com excesso de $AgNO_3$ para precipitar 0,088 90 g de AgCl. Quantos mols de Cl^- estão presentes no $RaCl_2$? A partir desta análise determine a massa atômica do Ra.

Solução O precipitado de AgCl pesando 0,088 90 g contém

$$\frac{0{,}088\,90\ \cancel{\text{g de AgCl}}}{143{,}32\ \cancel{\text{g de AgCl}}/\text{mol de AgCl}} = 6{,}202_9 \times 10^{-4}\ \text{mol de AgCl}$$

Como 1 mol de AgCl contém 1 mol de Cl^-, temos $6{,}202_9 \times 10^{-4}$ mol de Cl^- no $RaCl_2$. Para cada 2 mols de Cl, tem de existir 1 mol de Ra, assim

$$\text{número de mols de rádio} = \frac{6{,}202_9 \times 10^{-4}\ \cancel{\text{mol de Cl}}}{2\ \cancel{\text{mols de Cl}}/\text{mol de Ra}} = 3{,}101_4 \times 10^{-4}\ \text{mol}$$

Considerando que a massa fórmula do $RaCl_2$ seja x, determinamos que 0,091 92 g $RaCl_2$ contém $3{,}101_4 \times 10^{-4}$ mol de $RaCl_2$. Portanto,

$$3{,}101_4 \times 10^{-4} \text{ mol de } RaCl_2 = \frac{0{,}091\,92 \text{ g de } RaCl_2}{x \text{ g de } RaCl_2/\text{mol de } RaCl_2}$$

$$x = \frac{0{,}091\,92 \text{ g de } RaCl_2}{3{,}101_4 \times 10^{-4} \text{ mol de } RaCl_2} = 296{,}3_8 \text{ g/mol}$$

A massa atômica do Cl é 35,45, consequentemente, a massa fórmula do $RaCl_2$ é

$$\text{Massa fórmula do } RaCl_2 = \text{massa atômica do Ra} + 2(35{,}45 \text{ g/mol}) = 296{,}3_8 \text{ g/mol}$$

$$\Rightarrow \text{massa atômica do Ra} = 225{,}5 \text{ g/mol}$$

A tabela nas páginas iniciais deste livro apresenta o número atômico (um valor inteiro de massa) do isótopo de vida mais longa do Ra, que é 226.

TESTE-SE Quantos gramas de AgBr seriam produzidos a partir de 0,100 g de $RaBr_2$? (***Resposta:*** 0,097 g.)

A Tabela 27.1 apresenta algumas precipitações analíticas representativas e a Tabela 27.2 lista alguns **agentes precipitantes** (que causam a precipitação) orgânicos comuns. As condições do meio reacional têm de ser controladas para precipitarmos, seletivamente, apenas uma das espécies. Pode ser necessária, antes da análise, a remoção de substâncias que sejam potencialmente interferentes.

TABELA 27.1 Análises gravimétricas representativas

Espécie analisada	Forma precipitada	Forma pesada	Espécies interferentes
K^+	$KB(C_6H_5)_4$*	$KB(C_6H_5)_4$	NH_4^+, Ag^+, Hg^{2+}, Tl^+, Rb^+, Cs^+
Mg^{2+}	$Mg(NH_4)PO_4 \cdot 6H_2O$	$Mg_2P_2O_7$	Vários metais exceto Na^+ e K^+
Ca^{2+}	$CaC_2O_4 \cdot H_2O$	$CaCO_3$ ou CaO	Vários metais exceto Mg^{2+}, Na^+, K^+
Ba^{2+}	$BaSO_4$	$BaSO_4$	Na^+, K^+, Li^+, Ca^{2+}, Al^{3+}, Cr^{3+}, Fe^{3+}, Sr^{2+}, Pb^{2+}, NO_3^-
Ti^{4+}	TiO(5,7-dibromo-8-hidroxiquinolina)$_2$	Mesma	Fe^{3+}, Zr^{4+}, Cu^{2+}, $C_2O_4^{2-}$, citrato, HF
VO_4^{3-}	Hg_3VO_4	V_2O_5	Cl^-, Br^-, I^-, SO_4^{2-}, CrO_4^{2-}, AsO_4^{3-}, PO_4^{3-}
Cr^{3+}	$PbCrO_4$	$PbCrO_4$	Ag^+, NH_4^+
Mn^{2+}	$Mn(NH_4)PO_4 \cdot H_2O$	$Mn_2P_2O_7$	Vários metais
Fe^{3+}	$Fe(HCO_2)_3$	Fe_2O_3	Vários metais
Co^{2+}	Co(1-nitroso-2-naftolato)$_2$	$CoSO_4$ (por reação com H_2SO_4)	Fe^{3+}, Pd^{2+}, Zr^{4+}
Ni^{2+}	Ni(dimetilglioximato)$_2$	Mesma	Pd^{2+}, Pt^{2+}, Bi^{3+}, Au^{3+}
Cu^{2+}	CuSCN (após redução de Cu^{2+} a Cu^+ com HSO_3^-)	CuSCN	NH_4^+, Pb^{2+}, Hg^{2+}, Ag^+
Zn^{2+}	$Zn(NH_4)PO_4 \cdot H_2O$	$Zn_2P_2O_7$	Vários metais
Ce^{4+}	$Ce(IO_3)_4$	CeO_2	Th^{4+}, Ti^{4+}, Zr^{4+}
Al^{3+}	Al(8-hidroxiquinolato)$_3$	Mesma	Vários metais
Sn^{4+}	Sn(cupferron)$_4$	SnO_2	Cu^{2+}, Pb^{2+}, As(III)
Pb^{2+}	$PbSO_4$	$PbSO_4$	Ca^{2+}, Sr^{2+}, Ba^{2+}, Hg^{2+}, Ag^+, HCl, HNO_3
NH_4^+	$NH_4B(C_6H_5)_4$*	$NH_4B(C_6H_5)_4$	K^+, Rb^+, Cs^+
Cl^-	AgCl	AgCl	Br^-, I^-, SCN^-, S^{2-}, $S_2O_3^{2-}$, CN^-
Br^-	AgBr	AgBr	Cl^-, I^-, SCN^-, S^{2-}, $S_2O_3^{2-}$, CN^-
I^-	AgI	AgI	Cl^-, Br^-, SCN^-, S^{2-}, $S_2O_3^{2-}$, CN^-
SCN^-	CuSCN	CuSCN	NH_4^+, Pb^{2+}, Hg^{2+}, Ag^+
CN^-	AgCN	AgCN	Cl^-, Br^-, I^-, SCN^-, S^{2-}, $S_2O_3^{2-}$
F^-	$(C_6H_5)_3SnF$	$(C_6H_5)_3SnF$	Vários metais (exceto os metais alcalinos), SiO_4^{4-}, CO_3^{2-}
ClO_4^-	$KClO_4$	$KClO_4$	
SO_4^{2-}	$BaSO_4$	$BaSO_4$	Na^+, K^+, Li^+, Ca^{2+}, Al^{3+}, Cr^{3+}, Fe^{3+}, Sr^{2+}, Pb^{2+}, NO_3^-
PO_4^{3-}	$Mg(NH_4)PO_4 \cdot 6H_2O$	$Mg_2P_2O_7$	Vários metais exceto Na^+, K^+
NO_3^-	Nitrato de nitron	Nitrato de nitron	ClO_4^-, I^-, SCN^-, CrO_4^{2-}, ClO_3^-, NO_2^-, Br^-, $C_2O_4^{2-}$
CO_3^{2-}	CO_2 (por acidificação)	CO_2	(O CO_2 liberado é retido em Ascarita e pesado.)

*A solubilidade do $KB(C_6H_5)_4$ em água é $1{,}8 \times 10^{-4}$ M a 25 °C e $1{,}3 \times 10^{-4}$ M a 0 °C. *[Dados de V. P. Kozitskii, "Solubility of Potassium Tetraphenylborate in Mixtures of Acetone with Water at 0–50°C and Its Solubility in Water at 0–97,5°C",* Bull. Acad. Sci. USSR, Div. Chem. Sci., ***1972****, 21, 6.] Para um procedimento gravimétrico para determinação de* K^+ *na presença de* NH_4^+*, ver R. M. Engelbrecht e F. A. McCoy, "Determination of Potassium by a Tetraphenylborate Method",* Anal. Chem. ***1956****, 28, 1772.*

TABELA 27.2 Agentes precipitantes orgânicos comuns

Nome	Estrutura	Íons precipitados
Dimetilglioxima	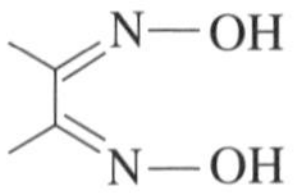	Ni^{2+}, Pd^{2+}, Pt^{2+}
Cupferron	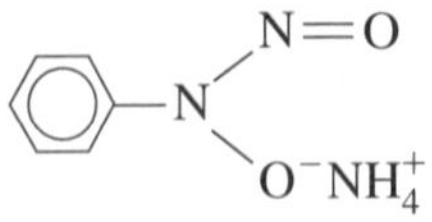	Fe^{3+}, VO_2^+, Ti^{4+}, Zr^{4+}, Ce^{4+}, Ga^{3+}, Sn^{4+}
8-Hidroxiquinolina (oxina)	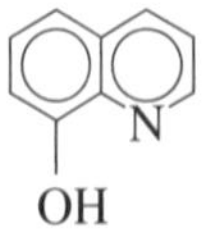	Mg^{2+}, Zn^{2+}, Cu^{2+}, Cd^{2+}, Pb^{2+}, Al^{3+}, Fe^{3+}, Bi^{3+}, Ga^{3+}, Th^{4+}, Zr^{4+}, UO_2^{2+}, TiO^{2+}
Salicilaldoxima	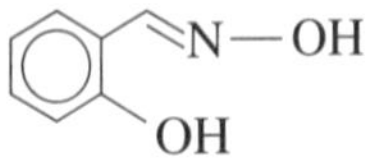	Cu^{2+}, Pb^{2+}, Bi^{3+}, Zn^{2+}, Ni^{2+}, Pd^{2+}
1-Nitroso-2-naftol	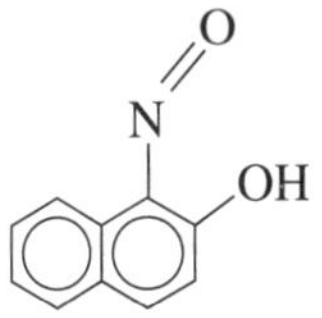	Co^{2+}, Fe^{3+}, Pd^{2+}, Zr^{4+}
Nitron	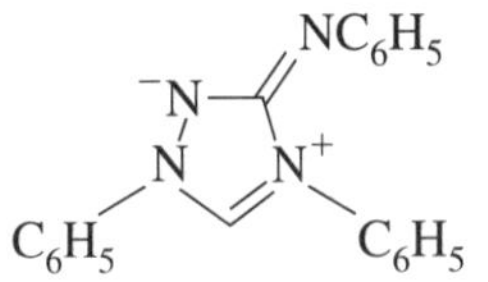	NO_3^-, ClO_4^-, BF_4^-, WO_4^{2-}
Tetrafenilborato de sódio	$Na^+B(C_6H_5)_4^-$	K^+, Rb^+, Cs^+, NH_4^+, Ag^+, íons amônio orgânicos
Cloreto de tetrafenilarsônio	$(C_6H_5)_4As^+Cl^-$	$Cr_2O_7^{2-}$, MnO_4^-, ReO_4^-, MoO_4^{2-}, WO_4^{2-}, ClO_4^-, I_3^-

27.2 Precipitação

O produto ideal de uma análise gravimétrica deve ser puro, insolúvel e facilmente filtrável, além de possuir uma composição conhecida. Embora poucas substâncias reúnam todos esses requisitos, técnicas apropriadas podem auxiliar na otimização das propriedades dos precipitados gravimétricos.

As partículas do precipitado não devem ser tão pequenas a ponto de entupirem ou passarem pelo filtro. Além disso, cristais maiores têm áreas superficiais menores, o que dificulta a agregação de espécies estranhas ao precipitado. O problema com partículas pequenas é maior ainda quando se forma uma *suspensão coloidal* de partículas com diâmetros na faixa de 1 a 500 nm. As partículas, nesta faixa de tamanho, passam pela maioria dos filtros (Figura 27.1 e Demonstração 27.1). O tamanho de uma partícula formada durante uma precipitação depende das condições como o processo foi conduzido.

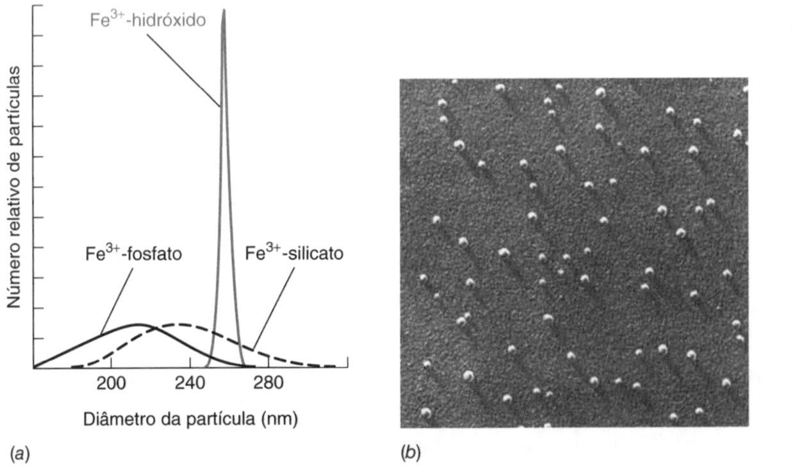

FIGURA 27.1 (*a*) Distribuição do tamanho de partículas medidas de coloides formados quando $FeSO_4$ foi oxidado a Fe^{3+} em OH^- 10^{-4} M na presença de fosfato (PO_4^{3-}), silicato (SiO_4^{4-}), ou sem ânions adicionados. [Dados de M. L. Magnuson, D. A. Lytle, C. M. Frietch e C. A. Kelty, *Anal. Chem.* **2001**, *73*, 4815.] (*b*) Imagem de microscopia eletrônica de partículas coloidais de 7 nm de diâmetro de $[Fe(OH)_{\sim 2,5}(NO_3)_{\sim 0,5}]_{\sim 1000}$ produzidas pelo tratamento de nitrato de ferro(III) com $2HCO_3^-$ por Fe^{3+}. [De T. G. Spiro, S. E. Allerton, J. Renner, A. Terzis, R. Bils e P. Saltman, "The Hydrolytic Polymerization of Iron(III)", *J. Am. Chem. Soc.* **1966**, *88*, 12, 2721. Reproduzida sob permissão © 1966, American Chemical Society.]

DEMONSTRAÇÃO 27.1 Coloides, Diálise e Microdiálise

Coloides são partículas com diâmetros na faixa de ~1 a 500 nm. Elas são maiores que a maioria das moléculas, mas muito pequenas para precipitarem. Permanecem em solução indefinidamente em razão do *movimento browniano* (movimento aleatório) das moléculas do solvente.[3]

Para prepararmos hidróxido de ferro(III) coloidal, aquecemos um béquer, contendo 200 mL de água destilada, entre 70° e 90 °C, e preparamos outro béquer idêntico com a mesma quantidade de água à temperatura ambiente. Adicionamos 1 mL de solução de $FeCl_3$ 1 M a cada béquer e agitamos. A solução aquecida torna-se marrom-avermelhada em poucos segundos, enquanto a solução fria permanece amarela (Prancha em Cores 35). A cor amarela é característica de compostos de Fe^{3+} de baixa massa molecular. A cor vermelha resulta de agregados coloidais de íons Fe^{3+}, que são mantidos juntos pela ação dos íons hidróxido, óxido e alguns íons cloreto. Essas partículas têm massa molecular de 10^5, diâmetro médio de 10 nm e contêm, aproximadamente, 10^3 átomos de Fe.

Podemos demonstrar o tamanho das partículas coloidais por meio de uma experiência de **diálise**, processo em que duas soluções são separadas por uma *membrana semipermeável*, que tem poros com diâmetros de 1 a 5 nm.[4] As moléculas pequenas se difundem facilmente por meio desses poros, mas as moléculas grandes (como as proteínas ou os coloides) não conseguem se difundir.

Colocamos certa quantidade da dispersão coloidal marrom-avermelhada dentro de um tubo de diálise, que tem uma de suas pontas amarrada. A seguir, amarramos a outra ponta, e colocamos o tubo dentro de um frasco de água destilada. Observamos que a cor permanece apenas dentro do tubo, mesmo após vários dias (Prancha em Cores 35). Para comparação, deixamos um tubo idêntico, contendo uma solução azul-escura de $CuSO_4 \cdot 5H_2O$ 1 M, em outro frasco com água. O Cu^{2+} se difunde para fora do tubo, e a solução no frasco passará a ter uma cor azul-clara uniforme em 24 h. No lugar do Cu^{2+} podemos usar a tartrazina, um corante amarelo usado em alimentos. Se a diálise for feita em água quente, o processo ocorre em um tempo suficientemente curto, de modo que pode ser realizado durante uma aula.[5]

A diálise é usada no tratamento de pacientes que sofrem de disfunção renal. O sangue passa por uma membrana, por meio da qual as moléculas pequenas, provenientes dos rejeitos metabólicos, se difundem e são diluídas dentro de um grande volume de líquido, que é descartado. As moléculas de proteína, uma parte essencial do plasma sanguíneo, são muito grandes para atravessarem a membrana e permanecem retidas no sangue.

Microdiálise

Uma *sonda de microdiálise* é usada em Biologia para amostrar moléculas pequenas em fluidos sem contaminação por moléculas maiores, como as proteínas. Por exemplo, uma sonda cilíndrica, feita de um tubo semipermeável rígido e fino, pode ser inserida no cérebro de um rato sob anestesia para coletar moléculas neurotransmissoras. O fluido bombeado pela sonda a uma velocidade de 3 µL/min transporta moléculas pequenas que se difundiram para a sonda. As moléculas pequenas no fluido que sai da sonda (*dialisado*) são monitoradas por cromatografia líquida (Capítulo 25) ou eletroforese capilar (Capítulo 26) – ambas acopladas à espectrometria de massa (Capítulo 22). Alternativamente, uma sonda plana de silício com uma camada cerâmica nanoporosa e uma vazão de 100 nL/min provoca menos danos ao tecido do que a sonda cilíndrica maior.

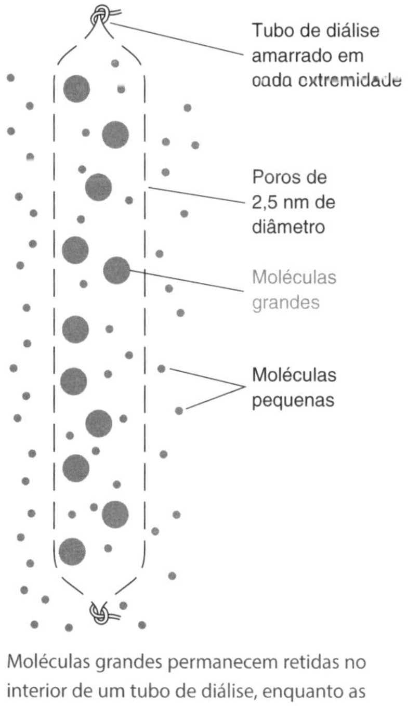

Moléculas grandes permanecem retidas no interior de um tubo de diálise, enquanto as moléculas pequenas se difundem, em ambas as direções, pela membrana.

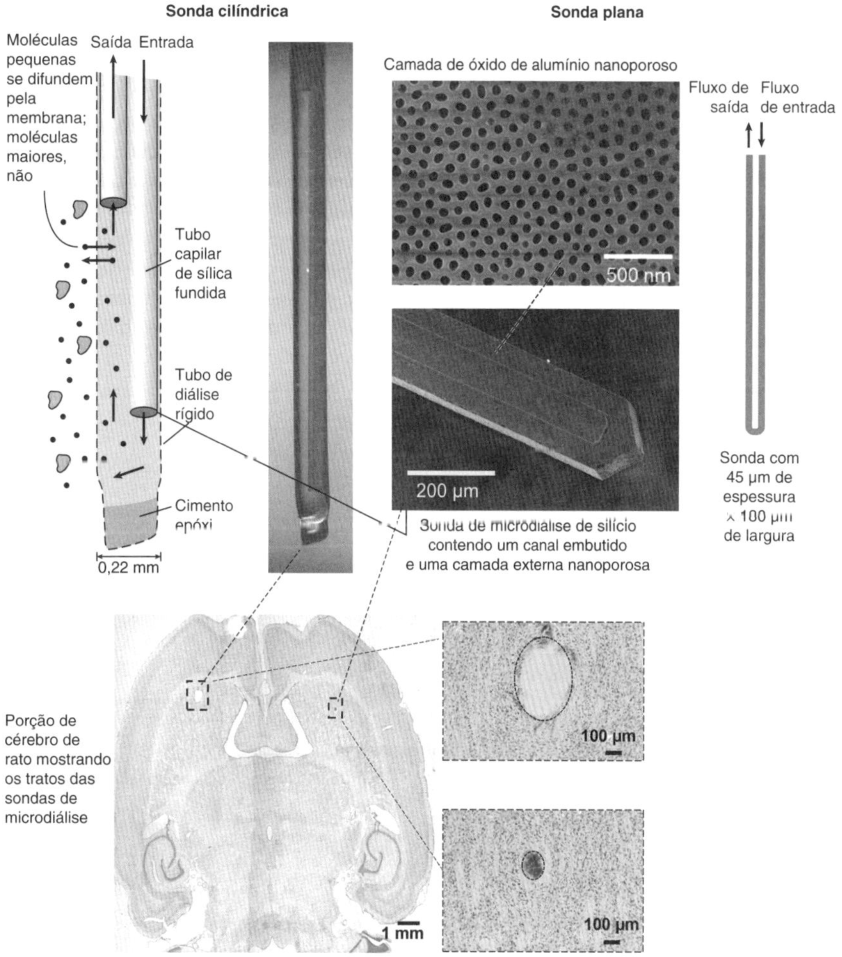

Sondas de microdiálise cilíndricas e planas. Moléculas pequenas passam pela membrana semipermeável, mas as moléculas maiores, não. [A imagem da sonda cilíndrica é uma cortesia de R. T. Kennedy e Z. D. Sandlin, University of Michigan. Os dados da sonda plana provêm de W. H. Lee, T. Ngernsutivorakul, O. S. Mabrouk, J.-M. T. Wong, C. E. Dugan, S. S. Pappas, H. J. Yoon e R. T. Kennedy, "Microfabrication and in Vivo Performance of a Microdialysis Probe with Embedded Membrane", *Anal. Chem.* **2016**, *88*, 1230, Figuras 1 e 6. Reproduzida sob permissão © 2016, American Chemical Society.]

É termodinamicamente favorável às partículas coloidais que elas cresçam formando partículas maiores porque a energia dos átomos na superfície de um cristal é maior do que a energia dos átomos dentro do cristal. À medida que a partícula cresce, a fração de átomos na superfície diminui. As partículas com tamanhos da ordem de nanômetros são mais solúveis do que partículas com tamanhos de micrômetros. O processo no qual partículas pequenas se dissolvem e partículas maiores crescem é denominado *maturação de Ostwald.*

Crescimento de Cristais

Por um curto período após a adição de um precipitante ao analito, a solução contém mais soluto dissolvido do que poderia estar presente no equilíbrio. Uma solução com essa característica é chamada solução **supersaturada.** A cristalização então ocorre em duas fases: a nucleação e o crescimento da partícula. Durante a **nucleação**, os solutos formam agregados de tamanho suficiente, que, posteriormente, se reorganizam em uma estrutura ordenada capaz de crescer, formando partículas maiores.[6] A nucleação pode ocorrer sobre partículas de impurezas em suspensão ou em rugosidades de uma superfície de vidro. Quando Fe(III) reage com hidróxido de tetrametilamônio 0,1 M, a 25 °C, formam-se núcleos de óxido de Fe(III) hidratado (ferridrita, ~$5FeO(OH) \cdot 2H_2O$), de diâmetro de 4 nm contendo ~50 átomos de Fe.[7] No *crescimento da partícula*, moléculas, íons ou outros núcleos[8] condensam-se sobre o núcleo formando um cristal de tamanho maior. A ferridrita se transforma em goetita, FeO(OH), e cresce formando placas cristalinas com dimensões laterais de ~30 × 7 nm após 15 minutos a 60 °C.[7]

Um estudo da cristalização do carbonato de cálcio revelou a existência de caminhos simultâneos de nucleação nos quais os cristais crescem a partir de partículas *amorfas* (não cristalinas) e diretamente da solução ou a partir de núcleos que são pequenos demais para serem vistos.[9] Na *cristalização*, um sólido com elevado grau de ordenação é formado.

$$Ca^{2+}(aq) + CO_3^{2-}(aq) \rightleftharpoons \underset{\text{Amorfo}}{(CaCO_3)_n(aq)} \rightleftharpoons \underset{\text{Cristalino}}{(CaCO_3)_n(s)}$$

Amorfo: partículas que não possuem ordenação cristalina.

Aragonita: $CaCO_3$ cristalino, que não é a forma mais estável a 25 °C.

Calcita: forma mais estável do $CaCO_3$ a 25 °C.

A **supersaturação** tende a diminuir o tamanho das partículas de um precipitado.

A sequência de imagens de microscopia eletrônica apresentada na Figura 27.2 começa com uma partícula esférica *amorfa* de $CaCO_3$ que cresceu até um diâmetro de 3 µm em 95 s após a mistura de soluções de $CaCl_2$ e $NaHCO_3$. A seguir, cristais de *aragonita* ($CaCO_3$) começam a crescer na superfície, consumindo a bola amorfa em 26 s. Outras imagens do mesmo estudo mostram um cristal de *calcita* ($CaCO_3$), mais estável, nucleando na superfície da aragonita, menos estável. A calcita cresce enquanto a aragonita se dissolve.

Na precipitação, a nucleação ocorre mais rapidamente do que o crescimento das partículas em uma solução altamente supersaturada, produzindo partículas diminutas ou, pior ainda, uma dispersão coloidal. Em uma solução menos supersaturada, a nucleação é mais lenta e o núcleo formado tem chances maiores de crescer, obtendo-se partículas maiores, mais adequadas.

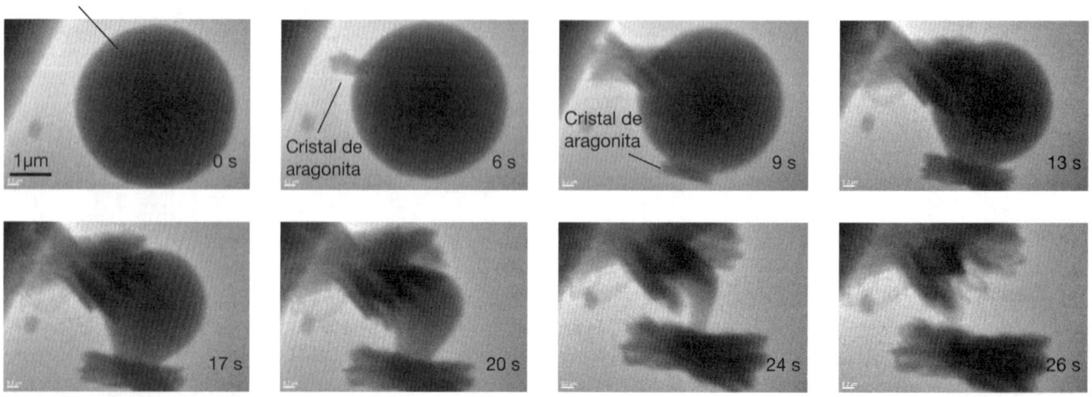

FIGURA 27.2 Sequência de imagens de microscopia eletrônica de transmissão, começando com esferas de 3 µm de diâmetro de carbonato de cálcio amorfo, que cresceram a partir da mistura de soluções de $CaCl_2$ e $NaHCO_3$ por ~95 s. Um monocristal de $CaCO_3$ na forma de aragonita nucleia na superfície da esfera 6 s após o registro da primeira imagem. O crescimento da aragonita prossegue no canto superior esquerdo após 9 s, e a nucleação de um novo cristal surge na parte de baixo da esfera. Os aglomerados de aragonita crescem à custa da esfera em ambos os pontos. A esfera desapareceu 26 s após o início do registro da sequência. [Reproduzida sob permissão de American Association for the Advancement of Science, de M. H. Nielsen, S. Aloni e J. J. De Yoreo, "In Situ TEM Imaging of $CaCO_3$ Nucleation Reveals Coexistence of Direct and Indirect pathways", *Science* **2014**, *345*, 1158, Figura 2. Permissão de Copyright Clearance Center, Inc.]

As técnicas que promovem o crescimento das partículas incluem:

1. Elevação da temperatura para aumentar a solubilidade e, consequentemente, diminuir a supersaturação.
2. Adição lenta do agente precipitante, com agitação intensa da mistura, para evitar uma condição local de elevada supersaturação, onde o fluxo do agente precipitante entra primeiro que o analito.
3. Manutenção de um volume de solução suficientemente grande, de modo que as concentrações de analito e de agente precipitante sejam baixas.

Precipitação Homogênea

Até agora, em nossa discussão, a precipitação foi conduzida misturando uma solução do precipitante com uma solução do analito. Na **precipitação homogênea**, o agente precipitante é gerado lentamente, em uma solução homogênea, por uma reação química (Tabela 27.3). Isso é benéfico porque, quando a precipitação é lenta, o crescimento das partículas prevalece sobre a nucleação, produzindo partículas maiores e mais puras, que são mais fáceis de serem filtradas. Quando a precipitação é rápida, a nucleação tende a prevalecer sobre a cristalização, e as partículas resultantes são pequenas e difíceis de serem filtradas.

Um exemplo de precipitação homogênea é a formação lenta de formiato de ferro(III) a partir de uma solução de Fe(III) mais ácido fórmico. A precipitação é iniciada pela decomposição da ureia em água fervente produzindo, lentamente, íons OH^-:

$$\underset{\text{Ureia}}{H_2N{-}\overset{\overset{\displaystyle O}{\|}}{C}{-}NH_2} + 3H_2O \xrightarrow{\text{Aquecimento}} CO_2 + 2NH_4^+ + 2OH^- \qquad (27.2)$$

A formação lenta de OH^- acentua o tamanho de partícula em um precipitado de formiato de Fe(III):

$$\underset{\text{Ácido fórmico}}{H{-}\overset{\overset{\displaystyle O}{\|}}{C}{-}OH} + OH^- \rightarrow \underset{\text{Formiato}}{HCO_2^-} + H_2O \qquad (27.3)$$

TABELA 27.3 Reagentes comuns usados em precipitações homogêneas

Agente de precipitação	Reagente	Reação	Alguns elementos precipitados
OH^-	Ureia	$(H_2N)_2CO + 3H_2O \rightarrow CO_2 + 2NH_4^+ + 2OH^-$	Al, Ga, Th, Bi, Fe, Sn
OH^-	Cianato de potássio	$HOCN + 2H_2O \rightarrow NH_4^+ + CO_2 + OH^-$ Cianato de hidrogênio	Cr, Fe
S^{2-}	Tioacetamida[a]	$CH_3\overset{\overset{S}{\|}}{C}NH_2 + H_2O \rightarrow CH_3\overset{\overset{O}{\|}}{C}NH_2 + H_2S$	Sb, Mo, Cu, Cd
SO_4^{2-}	Ácido sulfâmico	$H_3\overset{+}{N}SO_3^- + H_2O \rightarrow NH_4^+ + SO_4^{2-} + H^+$	Ba, Ca, Sr, Pb
$C_2O_4^{2-}$	Oxalato de dimetila	$CH_3O\overset{\overset{O}{\|}}{C}\overset{\overset{O}{\|}}{C}OCH_3 + 2H_2O \rightarrow 2CH_3OH + C_2O_4^{2-} + 2H^+$	Ca, Mg, Zn
PO_4^{3-}	Fosfato de trimetila	$(CH_3O)_3P{=}O + 3H_2O \rightarrow 3CH_3OH + PO_4^{3-} + 3H^+$	Zr, Hf
CrO_4^{2-}	Íon crômico mais bromato	$2Cr^{3+} BrO_3^- + 5H_2O \rightarrow 2CrO_4^{2-} + Br^- + 10H^+$	Pb
8-Hidroxiquinolina	8-Acetoxiquinolina	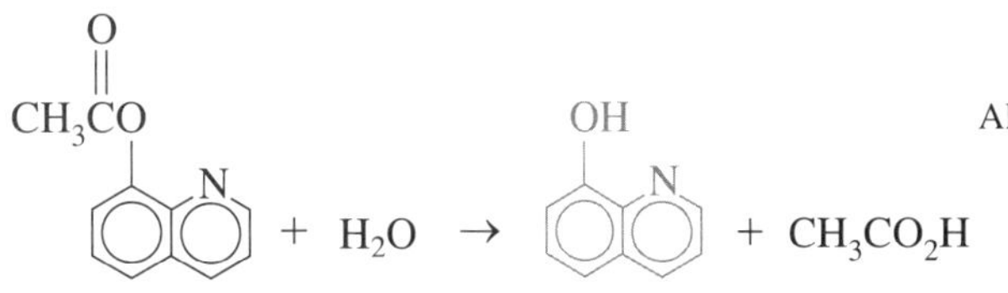	Al, U, Mg, Zn

a. O sulfeto de hidrogênio é volátil e tóxico; ele deve ser manuseado somente em uma capela bem ventilada. A tioacetamida é uma substância cancerígena, que deve ser manuseada com luvas. Se a tioacetamida entrar em contato com a pele, lave-a imediatamente com bastante água. O excesso do reagente pode ser destruído, antes de ser descartado, pelo aquecimento a 50 °C com 5 mol de NaOCl por mol de tioacetamida. [H. Elo, "Is Thioacetamide a Serious Health Hazard in Inorganic Chemistry Laboratories?" J. Chem. Ed. ***1987****, 64, A144.]*

$$3HCO_2^- + Fe^{3+} \rightarrow \underset{\text{Formiato de Fe(III)}}{Fe(HCO_2)_3 \cdot nH_2O(s)\downarrow} \qquad (27.4)$$

O formiato de ferro(III) hidratado produzido não possui uma composição constante, bem definida. Por isso, ele é aquecido a 850 °C por 1 hora para decompô-lo em Fe_2O_3, que pode ser pesado para se determinar quanto de Fe(III) estava presente.

Precipitação na Presença de Eletrólito

Um **eletrólito** é um composto que se dissocia em íons quando dissolvido.

Embora seja normal encontrarmos um excesso de íons comuns adsorvidos na superfície de um cristal, também é possível encontrarmos outros íons que se encontram seletivamente adsorvidos. Por exemplo, na presença dos íons citrato e sulfato, temos mais citrato do que sulfato adsorvido sobre uma partícula de $BaSO_4$.

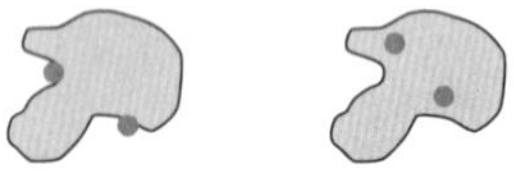

Compostos iônicos são normalmente precipitados na presença de um eletrólito. Para compreendermos o motivo desse procedimento, temos que discutir como minúsculos cristalitos, ainda na forma coloidal, *coagulam* (se agregam), formando cristais maiores. Vejamos o caso do AgCl, que é normalmente formado em HNO_3 0,1 M. A Figura 27.3 mostra uma partícula coloidal de AgCl crescendo em uma solução contendo excesso dos íons Ag^+, H^+ e NO_3^-. A superfície da partícula tem um excesso de carga positiva em virtude da **adsorção** preferencial de íons prata com relação aos íons cloreto. (Ser adsorvido significa estar preso à superfície. A **absorção**, por sua vez, envolve a passagem além da superfície, ou seja, para dentro do material.) A superfície carregada positivamente atrai ânions e repele cátions, formando uma *atmosfera iônica* (Figura 27.3) que envolve a partícula. A partícula carregada positivamente e a atmosfera iônica carregada negativamente formam uma estrutura chamada **dupla camada elétrica**.

As partículas coloidais têm de colidir entre si para coalescer. Entretanto, as suas atmosferas iônicas carregadas negativamente repelem-se entre si. As partículas, portanto, têm de ter energia cinética suficiente para vencer a repulsão eletrostática, antes que possam coalescer.

O aquecimento promove coalescência por meio do aumento da energia cinética das partículas. O aumento da concentração do eletrólito (HNO_3 para o AgCl) diminui a espessura da atmosfera iônica e permite que as partículas se aproximem mais, antes que a repulsão eletrostática se torne significativa. Por esse motivo, a maioria das precipitações gravimétricas é feita na presença de um eletrólito.

A Figura 27.4 mostra as forças medidas entre partículas de mesma carga em uma solução de força iônica baixa e em outra solução cuja força iônica é elevada. Sob força iônica baixa, as partículas sofrem repulsão à medida que se aproximam umas das outras. Em força iônica elevada, as partículas sofrem atração à medida que se aproximam. O experimento mediu a força entre uma partícula esférica de diâmetro 10 μm de Al_2O_3 cristalino e a superfície de um cristal plano de Al_2O_3 em LiCl 1 mM e em LiCl 1 M em pH 11 (LiOH). Nesse pH, ambas as superfícies são carregadas negativamente, provavelmente por adsorção de íons OH^-. A espessura da atmosfera iônica adjacente a cada superfície em LiCl 1 mM é ~10 nm. Quando a esfera se move na direção do cristal, as atmosferas iônicas carregadas positivamente começam a se repelir em uma separação de ~30 nm, atingindo a repulsão máxima próximo a 7 nm. À medida que a separação diminui, as *forças atrativas de van der Waals* passam a dominar (Boxe 27.1). A atração máxima ocorre em uma separação de ~0,5 nm. Quando se aproximam ainda mais, as nuvens eletrônicas começam a se sobrepor, produzindo uma repulsão forte. A Figura 27.4

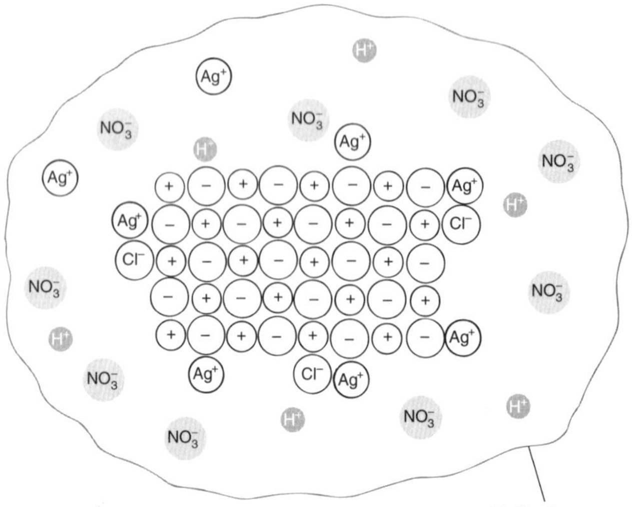

FIGURA 27.3 Partícula coloidal de AgCl crescendo em uma solução contendo excesso de Ag^+, H^+ e NO_3^-. A partícula tem carga global positiva em razão de íons Ag^+ adsorvidos. A região da solução que envolve a partícula é chamada *atmosfera iônica*. Ela tem uma carga líquida negativa, pois a partícula atrai ânions e repele cátions.

BOXE 27.1 Atração de van der Waals

Existem forças de van der Waals entre todos os tipos de moléculas. Consideremos duas moléculas eletricamente neutras sem dipolo permanente (não há separação de carga permanente com as moléculas). Em um instante qualquer, o movimento de elétrons na molécula A dá origem a uma separação instantânea das cargas positivas e negativas dentro da molécula A. A região negativa repele elétrons da molécula B vizinha, produzindo uma separação instantânea de cargas em B. A atração eletrostática entre a região negativa de A e a região positiva de B é a atração de van der Walls. A atração é apenas significativa em um espaço de alguns nanômetros, e ela muda constantemente à medida que os elétrons se movem dentro de cada molécula.

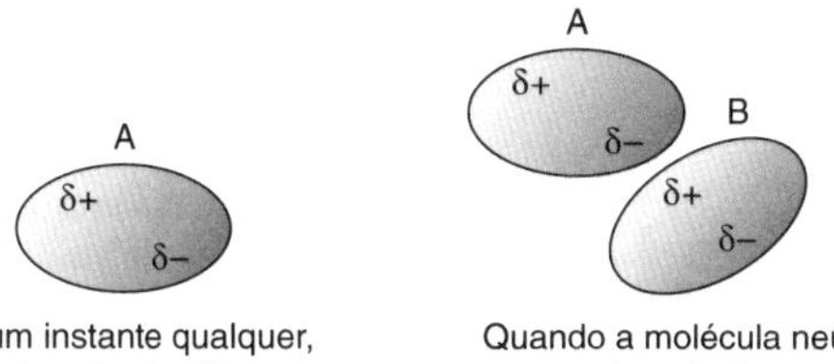

Em um instante qualquer, o movimento de elétrons cria regiões negativas e positivas na molécula neutra A

Quando a molécula neutra B se aproxima de A, as cargas instantâneas em A induzem uma separação de cargas instantânea em B, resultando em uma atração eletrostática entre A e B.

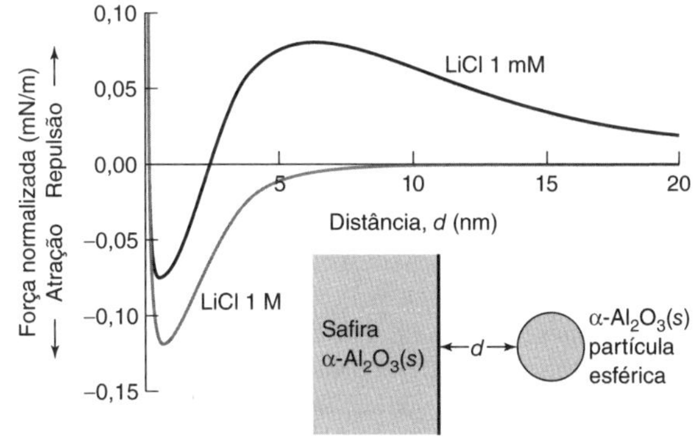

FIGURA 27.4 Força medida entre uma partícula esférica de α-alumina (Al_2O_3), com 10 μm de diâmetro, e o plano *c* do cristal de safira (Al_2O_3) em LiCl 1 mM ou LiCl 1 M em pH 11 (obtido com LiOH). A força normalizada é força/($2\pi r$), em que *r* é o raio da esfera. [Dados de H. Yilmaz, K. Sato e K. Watari, "Ion-Specific Interaction of Alumina Surfaces", *J. Am. Ceram. Soc.* **2009**, *92*, 318.]

também mostra o mesmo experimento conduzido em LiCl 1 M. Nessa elevada concentração de eletrólito, a espessura da atmosfera iônica é ~0,3 nm, de modo que a repulsão de longa distância não é observada. A atração de van der Waals predomina, atingindo um máximo em uma separação de ~0,7 nm.

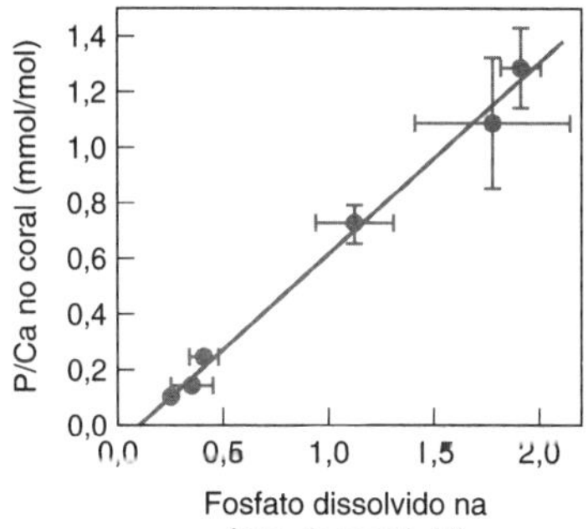

FIGURA 27.5 Coprecipitação de fosfato com carbonato de cálcio em um coral. O fosfato coprecipitado é proporcional à concentração de fosfato na água do mar. A partir da determinação da razão P/Ca em corais antigos, podemos concluir que a concentração de fosfato no Mar Mediterrâneo ocidental há 11 200 anos era duas vezes maior do que os valores atuais. [Dados de P. Montagna, M. McCulloch, M. Taviani, C. Mazzoli, and B. Vendrell, "Phosphorus in Cold-Water Corals as a Proxy for Seawater Nutrient Chemistry", *Science* **2006**, *312*, 1788.]

Digestão

O líquido a partir do qual uma substância precipita ou cristaliza é chamado **água-mãe**. Depois da precipitação, a maioria dos procedimentos necessita de um período de espera na presença da água-mãe aquecida. Este tratamento, chamado **digestão**, promove uma lenta recristalização do precipitado. O tamanho de partícula aumenta e as impurezas tendem a ser removidas do cristal.

Pureza

As impurezas *adsorvidas* estão ligadas à superfície de um cristal. As impurezas *absorvidas* (que estão dentro do cristal) são classificadas como *inclusões* ou *oclusões*. Inclusões são impurezas iônicas que ocupam aleatoriamente sítios no retículo cristalino, ocupados normalmente pelos íons pertencentes ao cristal. As inclusões são mais prováveis quando o íon da impureza tem um tamanho e uma carga semelhantes aos de um dos íons que pertencem ao produto. As oclusões são bolsões de impurezas que se encontram literalmente retidos no interior de um cristal em crescimento.

As impurezas adsorvidas, oclusas e inclusas, são conhecidas como **coprecipitado**. Ou seja, a impureza é precipitada conjuntamente com o produto desejado, mesmo que o limite de solubilidade da impureza ainda não tenha sido ultrapassado (Figura 27.5).

A coprecipitação tende a ser maior em precipitados coloidais (que têm uma área superficial grande), como o $BaSO_4$, o $Al(OH)_3$ e o $Fe(OH)_3$. Diversos procedimentos envolvem a remoção da água-mãe, redissolvendo o precipitado e *reprecipitando* o produto. Durante a segunda precipitação, a concentração das impurezas na solução é menor do que durante a primeira precipitação, e o grau de coprecipitação, portanto, tende a ser menor.

Um componente em nível de traço de uma solução pode ser isolado por coprecipitação com um componente principal da solução ou mediante a adição de um componente.[10] O precipitado usado para coletar o componente que se encontra em nível de traço é conhecido como

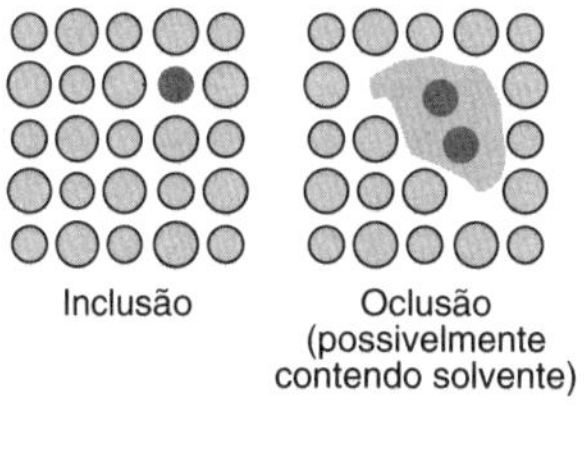

Remoção de NO_3^- ocluído em $BaSO_4$ por *reprecipitação*

	$[NO_3^-]/[SO_4^{2-}]$ no precipitado
Precipitado inicial	0,279
1ª reprecipitação	0,028
2ª reprecipitação	0,001

FONTE: Dados de H. Bao, "Purifying Barite for Oxygen Isotope Measurement by Dissolution and Reprecipitation in a Chelating Solution", *Anal. Chem.* **2006**, *78*, 304.

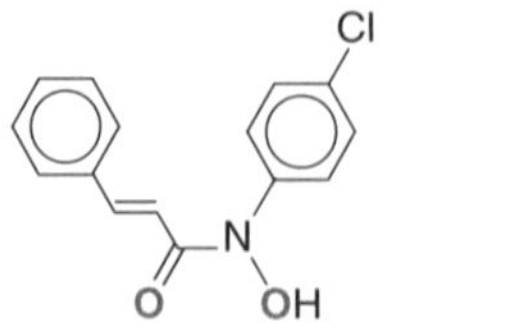

Ácido *N*-*p*-clorofenilcinamoidroxâmico (RH) (os átomos ligantes estão em **cinza**)

agente de acumulação, e o processo é chamado **acumulação**. O arsênio natural em água potável em Bangladesh é um risco significativo para a saúde. Uma maneira de remover arsênio da água potável é mediante a coprecipitação com $Fe(OH)_3$.[11] Fe(II) ou Fe(*s*) é adicionado à água e deixado oxidar ao ar durante várias horas para precipitar $Fe(OH)_3$. Após filtração por meio de areia, para remoção de sólidos, a água pode ser bebida.

Algumas impurezas podem ser tratadas com um **agente de mascaramento**, de modo a evitarmos a sua reação com o agente precipitante. Na análise gravimétrica do Be^{2+}, Mg^{2+}, Ca^{2+} ou Ba^{2+}, usando como reagente o ácido *N*-*p*-clorofenilcinamoidroxâmico, impurezas como Ag^+, Mn^{2+}, Zn^{2+}, Cd^{2+}, Hg^{2+}, Fe^{2+} e Ga^{3+} são mantidas na solução por KCN em excesso. Os íons Pb^{2+}, Pd^{2+}, Sb^{3+}, Sn^{2+}, Bi^{3+}, Zr^{4+}, Ti^{4+}, V^{5+} e Mo^{6+} são mascarados com uma mistura contendo íons citrato e oxalato.

$$\underset{\text{Analito}}{Ca^{2+}} + \underset{\text{Ácido } N\text{-}p\text{-clorofenil-cinamoidroxâmico}}{2RH} \rightarrow \underset{\text{Precipitado}}{CaR_2(s)\downarrow} + 2H^+$$

$$\underset{\text{Impureza}}{Mn^{2+}} + \underset{\text{Agente de mascaramento}}{6CN^-} \rightarrow \underset{\text{Permanece em solução}}{Mn(CN)_6^{4-}}$$

Mesmo quando temos a formação de um precipitado puro, impurezas podem ser coletadas sobre o produto enquanto ele permanece na água-mãe. Isto é chamado *pós-precipitação* e envolve normalmente a presença de uma impureza supersaturada, que não cristaliza facilmente. Um exemplo é a cristalização de MgC_2O_4 sobre CaC_2O_4.

A lavagem de um precipitado presente em um filtro ajuda a remover pequenas gotas de líquido contendo excesso de soluto. Alguns precipitados podem ser lavados com água, mas muitos precisam de um eletrólito para manter a sua coesão. Para esses precipitados, é necessária uma atmosfera iônica, de modo a neutralizar a carga na superfície das partículas pequenas. Se o eletrólito for retirado pela água, as partículas sólidas carregadas eletricamente se repelem e o produto se fragmenta. Esta fragmentação, chamada **peptização**, resulta na perda de produto pelo filtro. O AgCl irá peptizar se for lavado com água, portanto, em vez disso, ele deve ser lavado com HNO_3 diluído. O eletrólito usado para a lavagem tem que ser volátil, de forma que ele saia durante a secagem. Como exemplos de eletrólitos voláteis podemos citar HNO_3, HCl, NH_4NO_3, NH_4Cl e $(NH_4)_2CO_3$.

O cloreto de amônio, quando aquecido, se decompõe, como vemos a seguir:

$$NH_4Cl(s) \rightarrow NH_3(g) + HCl(g)$$

Composição do Produto

O produto final precisa ter uma composição estável e conhecida. Uma **substância higroscópica** é aquela que retira água do ar e, portanto, é difícil de ser pesada com exatidão. Diversos precipitados contêm uma quantidade variável de água e têm que ser secos em condições que proporcionem uma estequiometria conhecida (possivelmente zero) de H_2O.

A **ignição** (aquecimento forte) é usada para mudar a composição química de vários precipitados. Por exemplo, a queima do $Fe(HCO_2)_3 \cdot nH_2O$ (Reação 27.4) a 850 °C, por 1 hora, produz Fe_2O_3, forma adequada à pesagem. A Tabela 27.1 mostra que o fosfato tratado com Mg^{2+} seguido de excesso de NH_4^+ precipita como $Mg(NH_4)PO_4 \cdot 6H_2O$, cuja queima a 1 100 °C dá como produto final um sólido de composição constante, $Mg_2P_2O_7$, que é pesado. Uma aplicação da química do fosfato é o tratamento de efluentes ricos em nutrientes obtidos a partir de lodo de esgoto com $MgCl_2$ e uma fonte de NH_4^+ para precipitar $Mg(NH_4)PO_4$ hidratado, o qual é empregado como fertilizante na agricultura.[12]

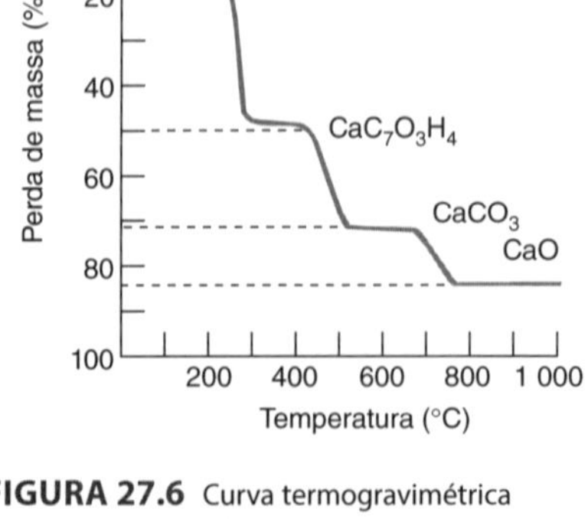

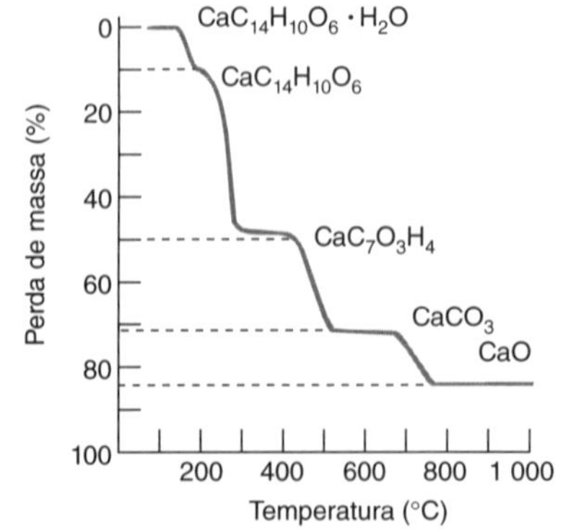

FIGURA 27.6 Curva termogravimétrica do salicilato de cálcio. [Dados de G. Liptay, ed., *Atlas of Thermoanalytical Curves* (London: Heyden and Son, 1976).]

Na **análise termogravimétrica**, uma substância é aquecida e sua massa é medida em função da temperatura. A Figura 27.6 mostra como a composição do salicilato de cálcio se modifica em quatro etapas:

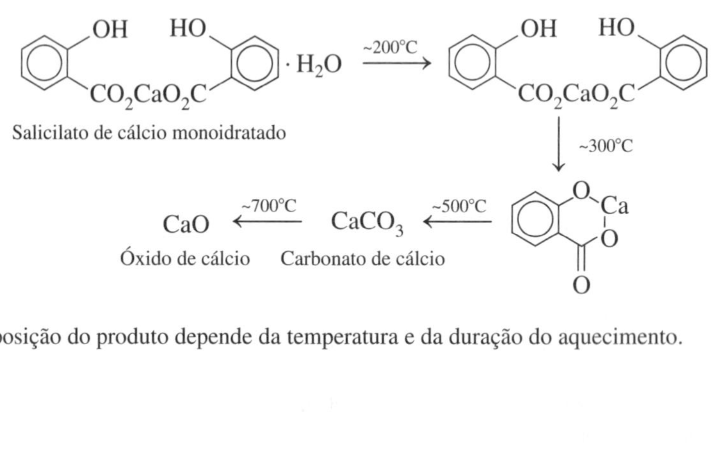

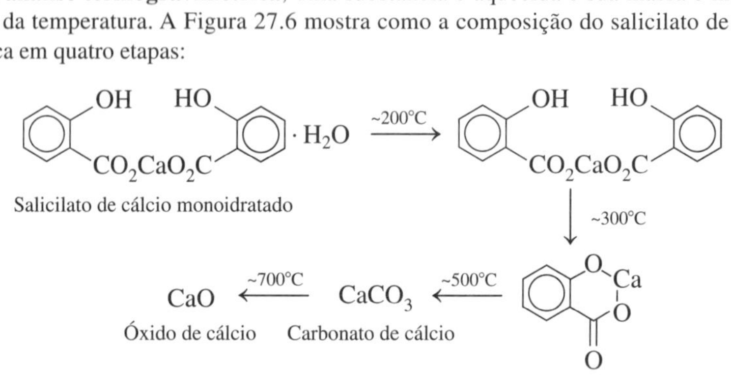

(27.5)

A composição do produto depende da temperatura e da duração do aquecimento.

27.3 Exemplos de Cálculos Gravimétricos

Vejamos agora alguns exemplos que ilustram como podemos relacionar a massa de um precipitado gravimétrico com a quantidade de analito original. O método geral é relacionar o número de mols de produto com o número de mols de reagente.

EXEMPLO Relacionando Massa de Produto com Massa de Reagente

O teor de piperazina em um material comercial impuro pode ser determinado pela precipitação e pesagem de seu diacetato:[13]

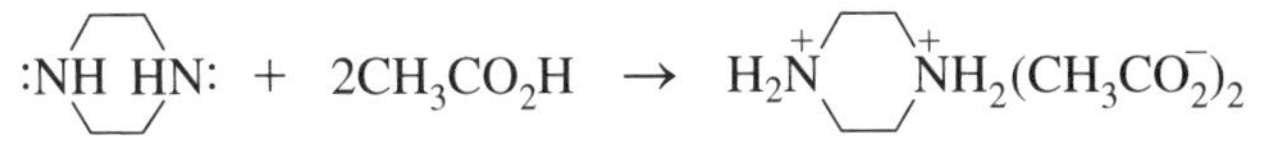

$$:NHHN: + 2CH_3CO_2H \rightarrow H_2\overset{+}{N}\overset{+}{N}H_2(CH_3CO_2^-)_2 \quad (27.6)$$

Piperazina Ácido acético Diacetato de piperazina
MF 86,138   MF 60,052   MF 206,242

Em um experimento, dissolvemos 0,312 6 g de amostra em 25 mL de acetona e adicionamos 1 mL de ácido acético. Após 5 minutos, o precipitado foi filtrado, lavado com acetona e seco a 110 °C, obtendo-se uma massa de 0,712 1 g. Qual é a porcentagem em massa de piperazina no material comercial?

Solução Para cada mol de piperazina, presente no material impuro, temos a formação de 1 mol de produto.

$$\text{Número de mols de produto} = \frac{0,712\ 1\ g}{206,242\ g/mol} = 3,453 \times 10^{-3}\ mol$$

Este número de mols de piperazina corresponde a

$$\text{Gramas de piperazina} = (3,453 \times 10^{-3}\ mol)(86,138\ \frac{g}{mol}) = 0,297\ 4\ g$$

que dá

$$\text{Porcentagem de piperazina na amostra} = \frac{0,297\ 4\ g}{0,312\ 6\ g} \times 100 = 95,14\%$$

Um modo alternativo (mas equivalente) de resolvermos este problema é percebermos que 206,242 g (1 mol) de produto serão formados para cada 86,138 g (1 mol) de piperazina analisada. Como se formaram 0,712 1 g de produto, a quantidade de reagente é dada por

$$\frac{x\ g\ de\ piperazina}{0,712\ 1\ g\ de\ produto} = \frac{86,138\ g\ de\ piperazina}{206,242\ g\ de\ produto}$$

$$\Rightarrow x = \left(\frac{86,138\ g\ de\ piperazina}{206,242\ g\ de\ produto}\right) 0,712\ 1\ g\ de\ produto = 0,297\ 4\ g\ de\ piperazina$$

A quantidade 86,138/206,242 é o *fator gravimétrico*, que relaciona a massa do material inicial com a massa de produto.

TESTE-SE Uma amostra de massa 0,385 4 g forneceu 0,800 0 g de produto. Determine a porcentagem em massa de piperazina na amostra. (***Resposta:*** 86,70%.)

Se estivéssemos executando esta análise, seria importante verificarmos se as impurezas presentes na piperazina também não precipitam. Se isso acontecer, o resultado obtido será maior que o correspondente à piperazina pura.

Fator gravimétrico: relaciona a massa do produto com a massa de analito

---

Para uma reação na qual a relação estequiométrica entre o analito e o produto não é 1:1, temos que usar a estequiometria correta na formulação do fator gravimétrico. Por exemplo, uma amostra desconhecida contendo Mg^{2+} (massa atômica = 24,305) pode ser analisada gravimetricamente pela produção de $Mg_2P_2O_7$ (MF 222,551). O fator gravimétrico é

$$\frac{\text{Gramas de Mg no analito}}{\text{Gramas de }Mg_2P_2O_7\text{ formado}} = \frac{2 \times (24,305)}{222,551}$$

pois são necessários 2 mols de Mg^{2+} para produzir 1 mol de $Mg_2P_2O_7$.

EXEMPLO Cálculo da Quantidade de Agente Precipitante a Ser Usada

(a) Para determinarmos o teor de níquel presente em um aço, dissolvemos a liga em HCl 12 M e neutralizamos a mistura em presença de íons citrato, que mantêm o ferro em solução. A solução, ligeiramente básica, é aquecida e adicionamos dimetilglioxima (DMG) para precipitarmos quantitativamente o complexo vermelho de DMG-níquel. O produto é filtrado, lavado com água fria e seco a 110 °C.

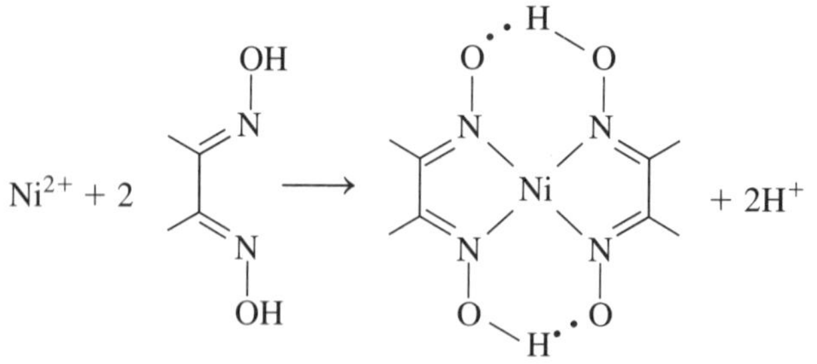

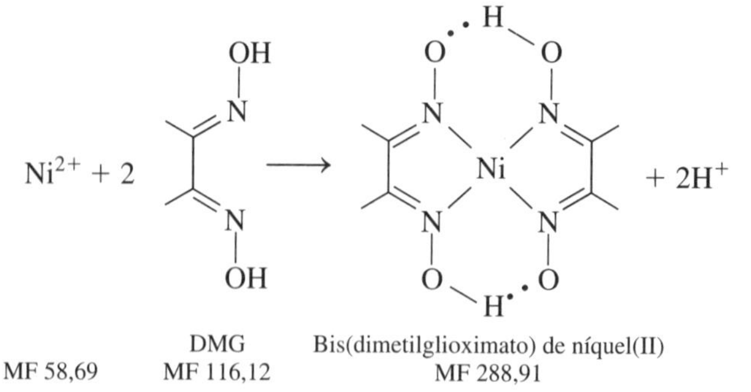

(27.7)

MF 58,69 — DMG MF 116,12 — Bis(dimetilglioximato) de níquel(II) MF 288,91

Sabendo-se que o teor de níquel na liga encontra-se próximo a 3% em massa e que desejamos analisar 1,0 g de aço, qual o volume de solução alcoólica de DMG a 1% em massa que devemos usar de modo a existir um excesso de 50% de DMG na análise? Suponha que a massa específica da solução alcoólica é 0,79 g/mL.

Solução Como o teor de Ni está em torno de 3%, 1,0 g de aço conterá cerca de 0,03 g de Ni, o que corresponde a

$$\frac{0{,}03 \text{ g de Ni}}{58{,}69 \text{ g de Ni/mol de Ni}} = 5{,}11 \times 10^{-4} \text{ mol de Ni}$$

Esta quantidade de metal requer

$$2(5{,}11 \times 10^{-4} \text{ mol de Ni})(116{,}12 \text{ g de DMG/ mol de Ni}) = 0{,}119 \text{ g de DMG}$$

pois 1 mol de Ni^{2+} necessita de 2 mols de DMG. Um excesso de 50% de DMG seria (1,5)×(0,119 g) = 0,178 g. Esta quantidade de DMG está contida em

$$\frac{0{,}178 \text{ g de DMG}}{0{,}010 \text{ g de DMG/g de solução}} = 17{,}8 \text{ g de solução}$$

que ocupa um volume de

$$\frac{17{,}8 \text{ g de solução}}{0{,}79 \text{ g de solução/mL}} = 23 \text{ mL}$$

(b) Se 1,163 4 g de aço deu origem a 0,179 5 g de precipitado, qual é a porcentagem de Ni existente no aço?

Solução Para cada mol de Ni existente no aço, será formado 1 mol de precipitado. Portanto, 0,179 5 g de precipitado corresponde a

$$\frac{0{,}179\,5 \text{ g de Ni(DMG)}_2}{288{,}91 \text{ g de Ni(DMG)}_2\text{/mol de Ni(DMG)}_2} = 6{,}213 \times 10^{-4} \text{ mol de Ni(DMG)}_2$$

A massa de Ni no aço é $(6{,}213 \times 10^{-4} \text{ mol de Ni})(58{,}69 \text{ g/mol de Ni}) = 0{,}036\,46 \text{ g}$, e a porcentagem em massa de Ni presente no aço é

$$\frac{0{,}036\,46 \text{ g de Ni}}{1{,}163\,4 \text{ g de aço}} \times 100 = 3{,}134\%$$

Uma maneira ligeiramente mais simples de resolver este problema consiste em perceber, inicialmente, que 58,69 g de Ni (1 mol) dá origem a 288,91 g (1 mol) de produto. Chamando de x a massa de Ni na amostra, podemos escrever

$$\frac{\text{Gramas de Ni analisado}}{\text{Gramas de produto formado}} = \frac{x}{0{,}179\,5} = \frac{58{,}69}{288{,}91} \Rightarrow \text{Ni} = 0{,}036\,46 \text{ g}$$

TESTE-SE Uma liga contém ~2,0% em massa de níquel. Que volume de uma solução de DMG a 0,83% em massa deve ser empregado para fornecer um excesso de 50% de DMG para a análise de 1,8 g de aço? Qual é a massa de precipitado de $Ni(DMG)_2$ que deve ser obtida? (***Resposta:*** 33 mL, 0,18 g.)

EXEMPLO Um Problema com Dois Componentes

Uma mistura dos complexos de 8-hidroxiquinolina de alumínio e de magnésio pesou 1,084 3 g. Quando queimada ao ar em um forno aberto, a mistura se decompôs, deixando um resíduo de Al_2O_3 e de MgO pesando 0,134 4 g. Determine a porcentagem em massa de $Al(C_9H_6NO)_3$ na mistura original.

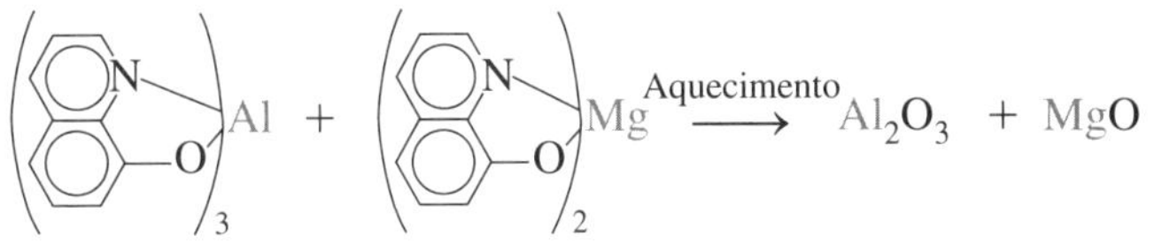

AlQ_3 MF 459,44 — MgQ_2 MF 312,61 — MF 101,96 — MF 40,304

Solução Abreviaremos o ânion 8-hidroxiquinolina como Q. Admitindo que a massa de AlQ_3 seja x e que a massa de MgQ_2 seja y, podemos escrever

$$\underset{\substack{\text{Massa de}\\ AlQ_3}}{x} + \underset{\substack{\text{Massa de}\\ MgQ_2}}{y} = 1{,}084\,3\text{ g}$$

O número de mols de Al é $x/459{,}44$, e o número de mols de Mg é $y/312{,}61$. O número de mols de Al_2O_3 é a metade do número de mols de Al, pois são necessários 2 mols de Al para formar 1 mol de Al_2O_3.

$$\text{Número de mols de } Al_2O_3 = \left(\frac{1}{2}\right)\frac{x}{459{,}44}$$

O número de mols de MgO é igual ao número de mols de Mg = $y/312{,}61$. Podemos escrever agora

$$\overbrace{\underbrace{\left(\frac{1}{2}\right)\frac{x}{459{,}44}}_{\text{mol de }Al_2O_3}\underbrace{(101{,}96)}_{\frac{\text{g de }Al_2O_3}{\text{mol de }Al_2O_3}}}^{\text{Massa de }Al_2O_3} + \overbrace{\underbrace{\frac{y}{312{,}61}}_{\text{mol de MgO}}\underbrace{(40{,}304)}_{\frac{\text{g de MgO}}{\text{mol de MgO}}}}^{\text{Massa de MgO}} = 0{,}134\,4\text{ g}$$

Substituindo $y = 1{,}084\,3 - x$ na equação anterior, temos

$$\left(\frac{1}{2}\right)\left(\frac{x}{459{,}44}\right)(101{,}96) + \left(\frac{1{,}084\,3 - x}{312{,}61}\right)(40{,}304) = 0{,}134\,4\text{ g}$$

da qual determinamos que $x = 0{,}300\,3$ g, que corresponde a 27,70% da mistura original.

TESTE-SE Se a reprodutibilidade é de ±0,5 mg, a massa de produto poderá estar compreendida entre 0,133 9 e 0,134 9 g. Determine o percentual em massa de $Al(C_9H_6NO)_3$ se o produto pesou 0,133 9 g. (***Resposta:*** 30,27%. *A grande variação na porcentagem em massa de* $Al(C_9H_6NO)_3$ *quando se verifica apenas uma variação de 0,5 mg na massa do produto nos indica que este método de análise em particular não é adequado ao propósito.* Um método como a espectrometria de emissão atômica, que determina de forma específica cada metal na mistura, seria apropriado.)

Por favor, avalie esta grande incerteza: uma diferença de 0,5 mg na massa do produto produziu uma diferença de 9% na composição calculada da mistura.

27.4 Análise por Combustão

Uma forma historicamente importante de análise gravimétrica foi a *análise por combustão*, usada para determinar o teor de carbono e hidrogênio de compostos orgânicos queimados em excesso de O_2. Em vez da pesagem dos produtos de combustão, os instrumentos modernos usam, para a determinação dos produtos formados, a condutividade térmica, a absorção no infravermelho, a fotometria de chama (para enxofre) e a coulometria (para halogênios).

Análise Gravimétrica por Combustão

Na análise gravimétrica por combustão apresentada na Figura 27.7, o produto, parcialmente queimado, passa por um catalisador, que pode ser uma tela de Pt, CuO, PbO_2 ou MnO_2, em temperatura suficientemente elevada, de modo a ocorrer uma oxidação completa a CO_2 e H_2O. Os produtos de combustão passam por um recipiente contendo P_4O_{10} (pentóxido de fósforo), que absorve água, e a seguir por um recipiente contendo Ascarita,* que absorve CO_2.

* A Ascarita original era amianto recoberto com NaOH. O amianto não é mais usado, porque a inalação de partículas de amianto pode causar câncer pulmonar fatal. Na Ascarita II®, o amianto foi substituído por um suporte de sílica (SiO_2) inerte.

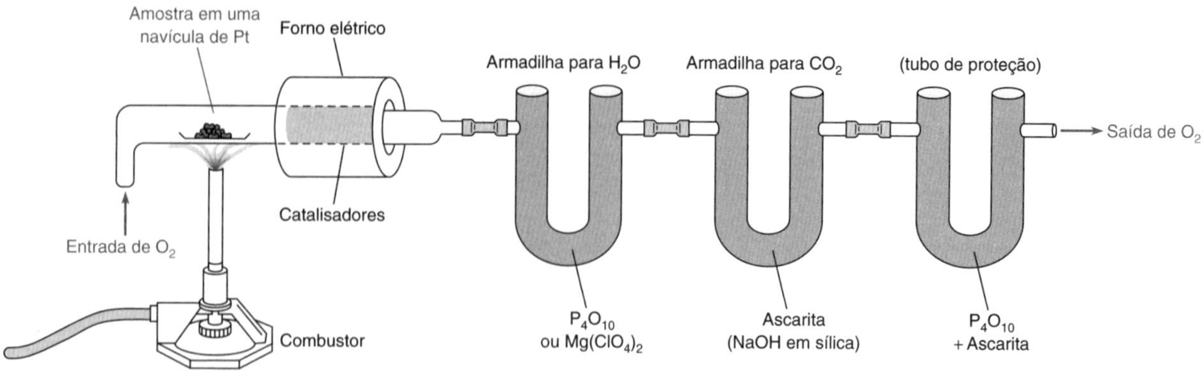

FIGURA 27.7 Análise gravimétrica de carbono e hidrogênio por combustão.

O aumento de massa em cada um dos recipientes corresponde à quantidade de hidrogênio e de carbono, respectivamente, presentes na amostra inicial. Um tubo de proteção evita que a H_2O e o CO_2 provenientes do ar atmosférico entrem nos recipientes.

EXEMPLO **Cálculos em uma Análise por Combustão**

Um composto, pesando 5,714 mg, produziu por combustão 14,414 mg de CO_2 e 2,529 mg de H_2O. Determine a porcentagem em massa de C e de H na amostra.

Solução Um mol de CO_2 contém 1 mol de carbono. Logo,

$$\text{Número de mols de C na amostra} = \text{número de mols de } CO_2 \text{ produzidos}$$

$$= \frac{14{,}414 \times 10^{-3} \text{ g de } CO_2}{44{,}009 \text{ g/mol de } CO_2} = 3{,}275 \times 10^{-4} \text{ mol}$$

$$\text{Massa de C na amostra} = (3{,}275 \times 10^{-4} \text{ mol de C})(12{,}011 \text{ g/mol de C}) = 3{,}934 \text{ mg}$$

$$\% \text{ em massa de C} = \frac{3{,}934 \text{ mg de C}}{5{,}714 \text{ mg de amostra}} \times 100 = 68{,}85\%$$

Um mol de H_2O contém 2 mols de H. Portanto,

$$\text{Número de mols de H na amostra} = 2(\text{mols de } H_2O \text{ produzidos})$$

$$= 2\left(\frac{2{,}529 \times 10^{-3} \text{ g de } H_2O}{18{,}015 \text{ g/mol de } H_2O}\right) = 2{,}808 \times 10^{-4} \text{ mol}$$

$$\text{Massa de H na amostra} = (2{,}808 \times 10^{-4} \text{ mol de H})(1{,}008 \text{ g/mol de H}) = 2{,}830 \times 10^{-4} \text{ g}$$

$$\% \text{ em massa de H} = \frac{0{,}283\,0 \text{ mg de H}}{5{,}714 \text{ mg de amostra}} \times 100 = 4{,}95\%$$

TESTE-SE Uma amostra pesando 6,234 mg produziu 12,123 mg de CO_2 e 2,529 mg de H_2O. Determine a porcentagem em massa de C e de H na amostra. (***Resposta:*** 53,07%, 4,54%.)

Análise por Combustão na Atualidade[14]

A Figura 27.8 mostra um instrumento capaz de determinar, de uma só vez, os teores de C, H, N e S presentes em uma amostra. Inicialmente, pesa-se, com precisão, ~2 mg de amostra, que são selados dentro de uma cápsula de estanho ou prata. O analisador é varrido com gás He, previamente tratado para remover traços de O_2, H_2O e CO_2. No início da corrida um volume de O_2, medido em excesso, é adicionado ao fluxo de He. A seguir, a cápsula da amostra é colocada dentro de um cadinho de porcelana preaquecido, onde a cápsula funde e a amostra é rapidamente oxidada.

$$\text{C, H, N, S} \xrightarrow{1\,050\ ^\circ\text{C}/O_2} CO_2(g) + H_2O(g) + N_2(g) + \underbrace{SO_2(g) + SO_3(g)}_{95\% \text{ de } SO_2}$$

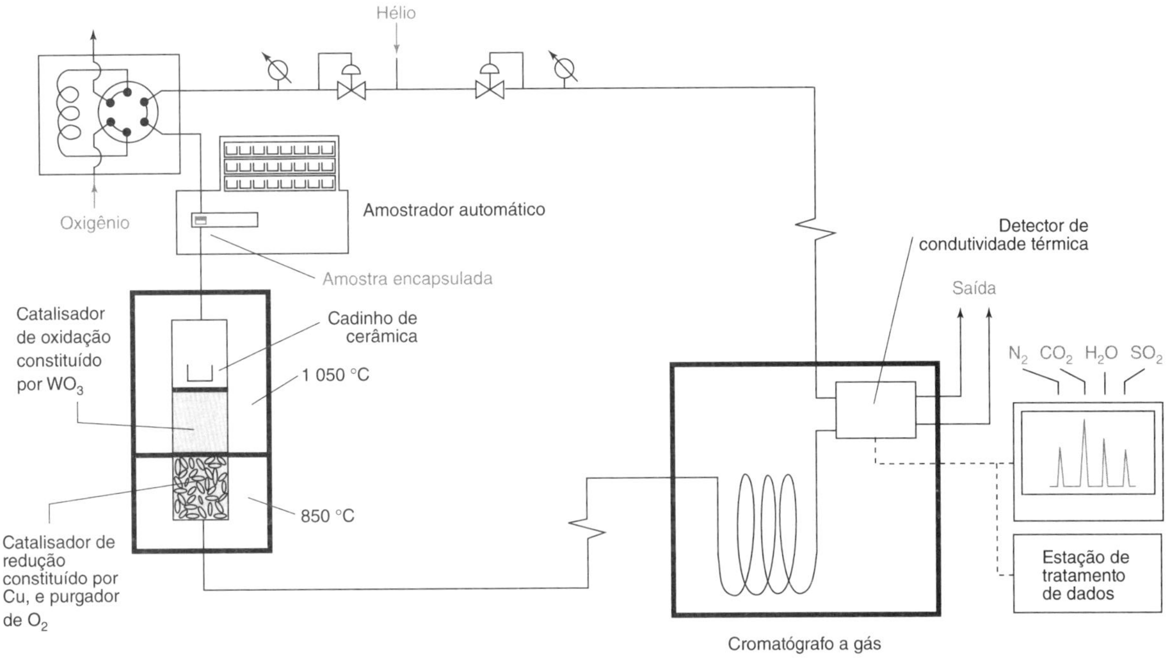

FIGURA 27.8 Diagrama esquemático de um analisador elementar de C, H, N e S, que usa um cromatógrafo a gás com detector por condutividade térmica para a determinação dos produtos de combustão N_2, CO_2, H_2O e SO_2. [Dados de E. Pella, "Elemental Organic Analysis: 2. State of the Art," *Am. Lab.*, August 1990, p. 28.]

Os produtos passam pelo catalisador de WO_3, suficientemente quente para completar a combustão de todo o carbono a CO_2. Na região seguinte, Cu metálico, a 850 °C, reduz o SO_3 a SO_2 e remove o excesso de O_2:

$$Cu + SO_3 \xrightarrow{850\ °C} SO_2 + CuO(s)$$

$$Cu + \frac{1}{2}O_2 \xrightarrow{850\ °C} CuO(s)$$

Um *catalisador de oxidação* completa a oxidação da amostra e um *catalisador de redução* realiza qualquer redução que seja necessária para remover o excesso de O_2.

A mistura de CO_2, H_2O, N_2 e SO_2 é separada por cromatografia a gás, e a concentração de cada componente é determinada por um detector de condutividade térmica (Figura 24.19). Alternativamente, CO_2, H_2O e SO_2 podem ser determinados por absorbância na região do infravermelho.

Um dos avanços mais importantes na análise elementar é a *combustão instantânea* (*dynamic flash combustion*), que produz uma curta explosão de produtos gasosos, em vez de uma lenta evolução dos produtos por vários minutos. A análise cromatográfica exige que a amostra inteira seja injetada de uma só vez. Se isso não for feito, a banda de injeção se torna tão ampla que os produtos não podem ser separados.

Na combustão instantânea, a amostra encapsulada em estanho cai diretamente dentro de um forno preaquecido, logo após ter começado a passar um fluxo da mistura de O_2 50% em volume/He 50% em volume (Figura 27.9). O Sn da cápsula funde a 235 °C e é instantaneamente oxidado a SnO_2, liberando, assim, 594 kJ/mol e aquecendo a amostra a 1700 a 1800 °C. Colocando a amostra antes que muito O_2 seja admitido, a decomposição da amostra (craqueamento) ocorre antes da oxidação, o que minimiza a formação de óxidos de nitrogênio. (Para evitarmos explosões, amostras líquidas inflamáveis devem ser introduzidas antes da admissão de qualquer O_2.)

O Sn da cápsula é oxidado a SnO_2, que

1. libera calor para vaporizar e decompor (craquear) a amostra
2. usa o oxigênio disponível imediatamente
3. garante que a oxidação da amostra ocorra em fase gasosa
4. atua como um catalisador de oxidação

Os analisadores que determinam C, H e N, mas não determinam S, usam catalisadores bem mais otimizados. O catalisador de oxidação é o Cr_2O_3. O gás então passa por meio do Co_3O_4 revestido com Ag, aquecido, para absorver os halogênios e o enxofre. Uma coluna de Cu quente retira o excesso de O_2.

A análise de O_2 exige uma estratégia diferente. A amostra é decomposta termicamente (por meio de uma **pirólise**), em ausência total de qualquer adição de oxigênio. Os produtos gasosos passam por carbono niquelado a 1 075 °C, de modo a converter o oxigênio proveniente da amostra em CO (e não em CO_2). Outros produtos, resultantes da reação incluem o N_2, o H_2, o CH_4 e halogenetos de hidrogênio. Os produtos ácidos são absorvidos em NaOH, e os gases restantes são separados e determinados por cromatografia a gás com um detector de condutividade térmica.

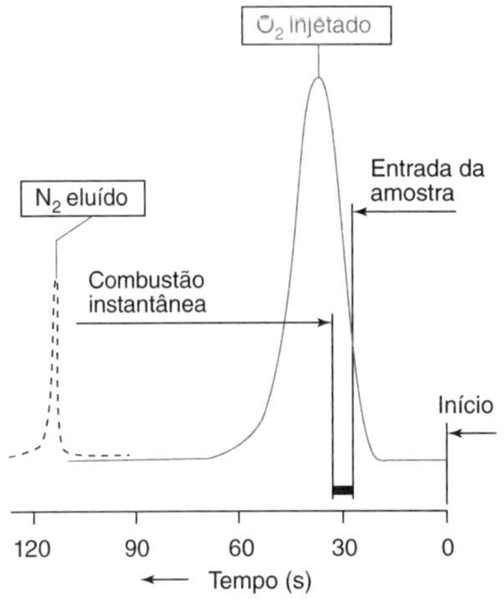

FIGURA 27.9 Sequência de eventos na combustão instantânea. [Dados de E. Pella, "Elemental Organic Analysis: 1. Historical Developments", *Am. Lab.*, February 1990, p. 116.]

Para compostos halogenados, a combustão produz CO_2, H_2O, N_2 e HX (X = halogênio). O HX é retido em solução aquosa e titulado com íons Ag^+ em um coulômetro (Seção 17.3). Este instrumento conta os elétrons produzidos (um elétron para cada Ag^+) durante a reação completa com HX.

A Tabela 27.4 mostra os resultados representativos de dois dos sete compostos enviados para mais de 35 laboratórios para comparar seus desempenhos na análise por combustão. A exatidão para todos os sete compostos é excelente: os valores médios de porcentagem em massa de C, H, N e S para ~150 determinações de cada composto estão quase sempre dentro de 0,1% em massa dos valores teóricos. A precisão para todos os sete compostos está resumida na nota no fim da tabela. O intervalo de confiança de 95% para o C é ±0,47% em massa. Para H, N e S, os intervalos de confiança de 95% são, respectivamente, ±0,24, ±0,31 e ±0,76% em massa. Os químicos normalmente consideram um resultado dentro de ±0,3 da porcentagem teórica de um elemento como uma boa evidência de que o composto tem a fórmula esperada. Este critério pode não ser satisfeito para o C e o S com uma única análise porque os intervalos de confiança de 95% são maiores do que ±0,3% em massa.

Um instrumento comercial para análise de nitrogênio por combustão em águas e efluentes destina-se à verificação de conformidade com as normas ambientais para águas.[15] As formas regulamentadas de nitrogênio em águas são nitrito (NO_2^-), nitrato (NO_3^-), amônia (NH_3), e compostos orgânicos nitrogenados. Os métodos analíticos aprovados de uso corrente, como a análise por Kjeldahl (Seção 11.8), são lentos e tediosos. A combustão na presença de um catalisador de platina depositada em alumina a ≥ 720 °C converte os compostos nitrogenados (mas não N_2) a óxido nítrico (NO). O fluxo gasoso (ar "livre de carbono") contendo os produtos de combustão é então resfriado, desumidificado e misturado com ozônio (O_3) para produzir radiação visível:

Oxidação: $NO + O_3 \rightarrow NO_2^*(NO_2 \text{ eletronicamente excitado}) + O_2$

Quimiluminescência: $NO_2^* \rightarrow NO_2 + h\nu$ (emissão de radiação visível)

O mesmo processo é usado nos detectores de nitrogênio por quimiluminescência. O sinal de luminescência integrado pelo detector é proporcional à quantidade de nitrogênio na amostra de água. A análise completa de uma amostra pode levar aproximadamente 5 minutos.

O F_2 é um elemento excepcionalmente reativo e, por isso, muito perigoso. O F_2 tem de ser manipulado apenas em sistemas que foram projetados especificamente para o seu uso.

Compostos de silício, como SiC, Si_3N_4 e silicatos (provenientes de rochas), podem ser analisados a partir da reação de combustão com flúor elementar (F_2) em um recipiente de níquel, produzindo SiF_4 e produtos fluorados de todos os elementos da tabela periódica, exceto O, N, He, Ne, Ar e Kr.[16] Os produtos podem ser determinados por espectrometria de massa. O nitrogênio presente no Si_3N_4 e em outros nitretos metálicos pode ser analisado mediante aquecimento a 3 000 °C em uma atmosfera inerte, liberando o nitrogênio como N_2, que pode ser determinado por condutividade térmica.

TABELA 27.4 Exatidão e precisão da análise por combustão de compostos puros[a]

Substância	C	H	N	S
Percentual em massa teórico de $C_7H_9NO_2S$	49,10	5,30	8,18	18,73
Toluenossulfonamida	49,1±0,63	5,3±0,31	8,2±0,38	18,7±0,89
Percentual em massa teórico de $C_4H_7NO_2S$	36,07	5,30	10,52	24,08
Ácido 4-Tiazolidiocarboxílico	36,0±0,33	5,3±0,16	10,5±0,16	24,0±0,53
Incerteza na média (% em massa) para 7 compostos diferentes	±0,47	±0,24	±0,31	±0,76

a. Resultados para dois dos sete compostos que foram analisados por 33 a 45 laboratórios a cada ano durante seis anos. Cada laboratório analisou cada composto pelo menos cinco vezes durante ao menos dois dias. Para cada substância, a primeira linha fornece a porcentagem teórica em massa, e a segunda linha fornece a porcentagem em massa determinada experimentalmente. As incertezas são os intervalos de confiança de 95% calculados para todos os resultados após rejeitar dados anômalos em um nível de significância de 1%.

FONTE: *R. Companyó, R. Rubio, A. Sahuquillo, R. Boqué, A. Maroto e J. Riu "Uncertainty Estimation in Organic Elemental Analysis Using Information from Proficiency Tests",* Anal. Bioanal. Chem. ***2008***, *392, 1497.*

Termos Importantes

Absorção	Análise gravimétrica	Digestão	Precipitação homogênea
Acumulação	Análise por combustão	Dupla camada elétrica	Solução supersaturada
Adsorção	Análise termogravimétrica	Ignição	Substância higroscópica
Agente de mascaramento	Coloide	Nucleação	
Agente precipitante	Coprecipitação	Peptização	
Água-mãe	Diálise	Pirólise	

Resumo

A análise gravimétrica se fundamenta na formação de um produto, cuja massa pode ser relacionada com a massa do analito. Normalmente, o íon do analito é precipitado por um contraíon adequado. A precipitação se dá em dois estágios: nucleação e crescimento (do cristal) da partícula. Medidas tomadas para reduzir a supersaturação e, assim, promover a formação de partículas grandes, facilmente filtráveis (um comportamento oposto aos coloides), incluem (1) elevação da temperatura durante a precipitação, (2) adição lenta com uma mistura rápida dos reagentes, (3) manutenção de um grande volume onde se encontra a amostra e (4) uso de uma precipitação homogênea. Os precipitados geralmente são digeridos na água-mãe quente para promover o crescimento das partículas e a recristalização. Todos os precipitados são então filtrados e lavados; alguns têm que ser lavados com um eletrólito volátil para evitar a peptização. O produto é aquecido à secura ou queimado, de modo a alcançar uma composição estável e reprodutível. Os cálculos gravimétricos relacionam o número de mols do produto com o número de mols do analito.

Na análise por combustão para C, H, N, S e halogênios, um composto orgânico em uma cápsula de estanho é aquecido rapidamente, na presença de um excesso de oxigênio, formando, principalmente, CO_2, H_2O, N_2, SO_2 e HX (halogenetos de hidrogênio). Um catalisador de oxidação quente completa o processo, e cobre metálico quente retira o oxigênio em excesso. Na análise de enxofre, o cobre quente também converte SO_3 em SO_2. Os produtos podem ser separados por cromatografia a gás e determinados com base em suas condutividades térmicas. Alguns instrumentos usam a absorção no infravermelho para a determinação de CO_2, H_2O e SO_2. HX é retido em solução aquosa e determinado por titulação coulométrica (contagem de elétrons por meio de um circuito eletrônico) com íons Ag^+ gerados eletroliticamente. A análise de oxigênio em compostos orgânicos é feita por pirólise em ausência de oxigênio adicionado, um processo que converte todo o oxigênio presente em um composto em CO.

Exercícios

27.A. Marie Curie dissolveu 0,091 92 g de $RaCl_2$ e o tratou com excesso de $AgNO_3$ para precipitar 0,088 90 g de AgCl. Naquela época (1900), a massa atômica do Ag era conhecida como 107,8 e a do Cl como 35,4. A partir destes valores encontre a massa atômica do Ra que Marie Curie calculou.

27.B. Um composto orgânico, com uma massa fórmula de 417 g/mol, foi analisado com relação à presença de grupos etoxila (CH_3CH_2O—) pelas reações

$$ROCH_2CH_3 + HI \rightarrow ROH + CH_3CH_2I$$

$$CH_3CH_2I + Ag^+ + OH^- \rightarrow AgI(s) + CH_3CH_2OH$$

25,42 mg de amostra do composto produziram 29,03 mg de AgI. Quantos grupos etoxila existem em cada molécula?

27.C. 0,649 g de amostra contendo somente K_2SO_4 (MF 174,25) e $(NH_4)_2SO_4$ (MF 132,13) foram dissolvidas em água e tratadas com $Ba(NO_3)_2$ para precipitar todo o SO_4^{2-} como $BaSO_4$ (MF 233,38). Determine a porcentagem em massa do K_2SO_4 na amostra, se foram formados 0,977 g de precipitado.

27.D. Considere uma mistura de dois sólidos, $BaCl_2 \cdot 2H_2O$ (MF 244,26) e KCl (MF 74,55), em uma proporção desconhecida. (A notação $BaCl_2 \cdot 2H_2O$ significa que um cristal é formado com duas moléculas de água para cada $BaCl_2$.) Quando a amostra desconhecida é aquecida a 160 °C por 1 hora, a água de cristalização é removida:

$$BaCl_2 \cdot 2H_2O(s) \xrightarrow{160°C} BaCl_2(s) + 2H_2O(g)$$

Uma amostra pesando originalmente 1,783 9 g pesou 1,562 3 g após o aquecimento. Calcule a porcentagem em massa de Ba, K e Cl na amostra original.

27.E. Uma mistura contendo somente tetrafluoroborato de alumínio, $Al(BF_4)_3$ (MF 287,39), e nitrato de magnésio, $Mg(NO_3)_2$ (MF 148,31), pesou 0,282 8 g. Ela foi dissolvida em solução aquosa de HF a 1% em massa e tratada com solução de nitron para precipitar uma mistura de tetrafluoroborato de nitron e nitrato de nitron pesando 1,322 g. Determine a porcentagem em massa de Mg na mistura sólida original.

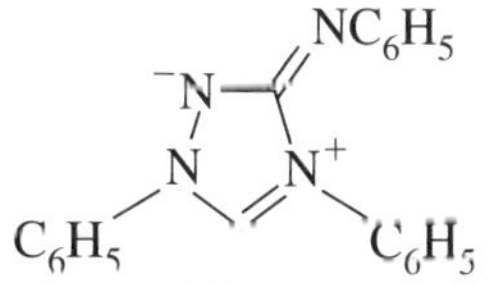

Nitron
$C_{20}H_{16}N_4$
MF 312,37

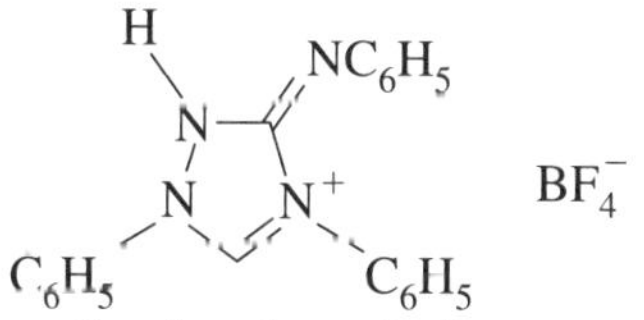

Tetrafluoroborato de nitron
$C_{20}H_{17}N_4BF_4$
MF 400,19

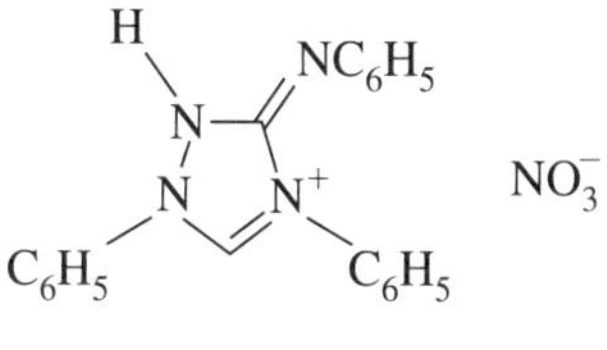

Nitrato de nitron
$C_{20}H_{17}N_5O_3$
MF 375,39

27.F. $LaCoO_{3\pm x}$ apresenta um teor de oxigênio variável. A figura mostrada a seguir apresenta a curva termogravimétrica registrada quando 41,872 4 mg foram aquecidos em H_2 a 5% vol. em Ar. La(III) não reage, mas o cobalto é reduzido a Co(*s*).

(**a**) Qual é o estado de oxidação do cobalto na fórmula ideal $LaCoO_3$?

(**b**) Escreva a reação balanceada do $LaCoO_3$ com H_2, produzindo $La_2O_3(s)$, Co(*s*) e $H_2O(g)$.

(**c**) Se 41,872 4 mg de $LaCoO_3$ reagiram completamente, qual será a massa de produto (La_2O_3 + Co)?

(**d**) Escreva a reação balanceada do $LaCoO_{3+x}$ com H_2 para produzir La_2O_3, Co e H_2O. Se 41,872 4 mg de $LaCoO_{3+x}$ reagiram completamente, qual será a massa do produto sólido? Sua resposta será uma expressão contendo a incógnita x.

(**e**) A partir da massa de produto obtida (37,763 7 mg) a 700 °C, determine x no $LaCoO_{3+x}$. Escreva a fórmula do sólido de partida.

(**f**) Na parte (**c**), a perda de massa a partir da fórmula ideal $LaCoO_3$ foi de 4,087 7 mg. Qual é o produto formando em torno de 500 °C quando a massa era ~40,51 mg?

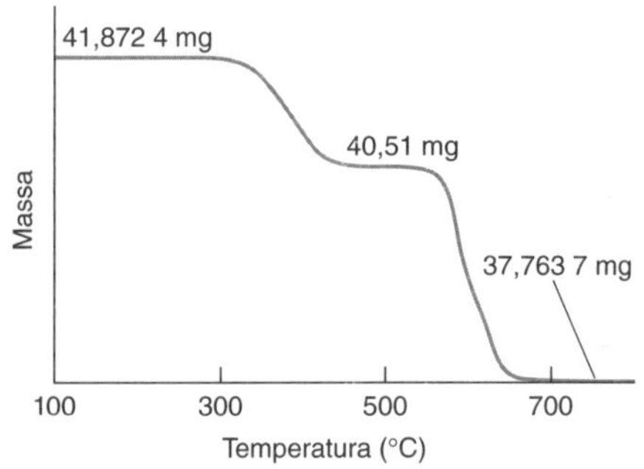

Análise termogravimétrica do $LaCoO_{3+x}$ em H_2 a 5% vol. em Ar. [Dados de O. Haas, Chr. Ludwig e A. Wokaun, "Determination of the Bulk Cobalt Valence State of Co-Perovskites Containing Surface-Adsorbed Impurities," *Anal. Chem.* **2006**, *78*, 7273.]

Problemas

Análise Gravimétrica

27.1. (**a**) Qual é a diferença entre absorção e adsorção?

(**b**) Em que uma inclusão difere de uma oclusão?

27.2. Estabeleça quatro propriedades desejáveis de um precipitado gravimétrico.

27.3. Por que uma supersaturação relativa alta é indesejável em uma precipitação gravimétrica?

27.4. Que medidas podem ser tomadas para diminuir a supersaturação relativa durante uma precipitação?

27.5. Por que vários precipitados iônicos são lavados com solução eletrolítica, no lugar de água pura?

27.6. Por que é melhor lavar o precipitado de AgCl com HNO_3 aquoso do que com solução de $NaNO_3$?

27.7. Por que uma reprecipitação seria usada em uma análise gravimétrica?

27.8. Explique o que é feito na análise termogravimétrica.

27.9. Explique como a microbalança de cristal de quartzo descrita no começo do Capítulo 2 consegue determinar valores extremamente pequenos de massa.

27.10. 50,00 mL de uma solução contendo NaBr foram tratados com excesso de $AgNO_3$ para precipitar 0,214 6 g de AgBr (MF 187,772). Qual era a molaridade de NaBr na solução?

27.11. Para determinar o teor de Ce^{4+} em um sólido, 4,37 g de amostra foram dissolvidas e tratadas com excesso de iodato para precipitar $Ce(IO_3)_4$. O precipitado foi coletado, bem lavado, seco e queimado para produzir 0,104 g de CeO_2 (MF 172,114). Qual era a porcentagem em massa de Ce no sólido original?

27.12. Estudantes da Gonzaga University tentaram preparar fosfato de bário por precipitação a partir da mistura de soluções de cloreto de bário e fosfato trissódico:[17]

$$\underset{\text{MF } 208{,}23}{3BaCl_2(aq)} + \underset{\text{MF } 163{,}94}{2Na_3PO_4(aq)} \rightarrow \underset{\text{MF } 601{,}92}{Ba_3(PO_4)_2(s)} + 6NaCl(aq)$$

(**a**) Em um caso, 0,502 g de $BaCl_2$ e 1,02 g de Na_3PO_4 foram dissolvidos separadamente em béqueres contendo ~50 mL de H_2O. A solução de Na_3PO_4 foi vertida na solução de $BaCl_2$ sob agitação, e a suspensão resultante de um pó branco foi digerida a 80 °C por 30 minutos, produzindo 0,733 g de um sólido branco após filtração, lavagem e secagem ao ar. Identifique o reagente limitante. Use o fator gravimétrico para calcular o rendimento teórico. Qual é o rendimento observado (%)?

(**b**) A análise do pó por difração de raios X identificou que ele não se tratava de fosfato de bário, mas da fase mineral nabafita:

$$BaCl_2(aq) + Na_3PO_4(aq) \rightarrow \underset{\text{Nabafita}}{NaBaPO_4 \cdot 9H_2O(s)} + 2NaCl(aq)$$

Quais são o rendimento teórico e observado (%) do produto isolado?

(**c**) Quando o mesmo procedimento foi feito, mas a digestão foi realizada em uma bomba selada de Teflon (Figura 28.7) a 105 °C por 3 horas em vez de 80 °C por 30 minutos, foi obtido 0,394 g de um sólido branco. A difração de raios X identificou este sólido como $Ba_3(PO_4)_2$, e não nabafita. Qual foi o rendimento (%) desse produto?

27.13. 0,050 02 g de uma amostra de piperazina impura continha 71,29% em massa de piperazina (MF 86,138). Quantos gramas de produto (MF 206,242) serão formados quando esta amostra for analisada pela Reação 27.6?

27.14. 1,000 g de uma amostra desconhecida produziu 2,500 g de bis(dimetilglioximato) de níquel(II) (MF 288,91), quando analisada pela Reação 27.7. Determine a porcentagem em massa de Ni na amostra desconhecida.

27.15. Com relação à Figura 27.6, diga o nome do produto obtido quando salicilato de cálcio monoidratado é aquecido a 550 °C e a 1 000 °C. Usando as massas fórmulas desses produtos, calcule qual massa deve restar quando 0,635 6 g de salicilato de cálcio monoidratado é aquecido a 550 °C ou a 1 000 °C.

27.16. Um método para a determinação de carbono orgânico solúvel em água do mar envolve a oxidação da matéria orgânica a CO_2 com $K_2S_2O_8$, seguida pela determinação gravimétrica do CO_2 retido por uma coluna de Ascarita. Uma amostra de água pesando 6,234 g produziu 2,378 mg de CO_2 (MF 44,009). Calcule o teor de carbono em ppm na amostra de água do mar.

27.17. Quantos mililitros de uma solução alcoólica de dimetilglioxima a 2,15% devem ser usados para proporcionar um excesso de 50% para a Reação 27.7 com 0,998 4 g de aço contendo 2,07% em massa de Ni? Admita que a massa específica da solução de dimetilglioxima seja 0,790 g/mL.

27.18. Vinte tabletes de ferro dietéticos com uma massa total de 22,131 g foram moídos e misturados por completo. A seguir, 2,998 g de pó foram dissolvidos em HNO_3 e aquecidos para converter todo o ferro em Fe^{3+}. A adição de NH_3 levou a uma precipitação quantitativa de $Fe_2O_3 \cdot xH_2O$, que foi calcinado, formando 0,264 g de Fe_2O_3 (MF 159,69). Qual é a massa média de $FeSO_4 \cdot 7H_2O$ (MF 278,01) em cada tablete?

27.19. Um mineral em fino estado de divisão (0,632 4 g) foi dissolvido em 25 mL de HCl 4 M fervente e diluído com 175 mL de H_2O contendo duas gotas do indicador vermelho de metila. A solução foi aquecida a 100 °C, e uma solução aquecida contendo 2,0 g de $(NH_4)_2C_2O_4$ foi adicionada lentamente para precipitar CaC_2O_4. A seguir, NH_3 6 M foi adicionado até que o indicador mudasse de vermelho para amarelo, indicando que o líquido estava neutro ou levemente básico. Após resfriamento lento por 1 hora, o líquido foi decantado, o sólido transferido para um cadinho e lavado com solução fria de $(NH_4)_2C_2O_4$ a 0,1 % em massa até que nenhum Cl^- fosse mais detectado no filtrado com a adição de solução de $AgNO_3$. O cadinho foi seco a 105 °C durante 1 hora e então levado a um forno a 500° ± 25 °C durante 2 horas.

$$\underset{\text{MF } 40{,}078}{Ca^{2+}} + C_2O_4^{2-} \xrightarrow{105°C} CaC_2O_4 \cdot H_2O(s) \xrightarrow{500°C} \underset{\text{MF } 100{,}086}{CaCO_3(s)}$$

A massa do cadinho vazio foi de 18,231 1 g, e a massa do cadinho com $CaCO_3(s)$ foi de 18,546 7 g.

(a) Determine a porcentagem em massa de Ca no mineral.

(b) Porque a solução desconhecida é aquecida à ebulição e a solução precipitante, $(NH_4)_2C_2O_4$, também é aquecida antes da mistura lenta das duas soluções?

(c) Qual é o propósito de se lavar o precipitado com $(NH_4)_2C_2O_4$ 0,1% em massa?

(d) Qual é propósito de se testar o filtrado com solução de $AgNO_3$?

27.20 *O problema do homem no tanque.*[18] Há muito tempo, um trabalhador de uma fábrica de corantes caiu em um tanque contendo uma mistura concentrada e quente de ácidos sulfúrico e nítrico. Ele se dissolveu completamente! Como ninguém testemunhou o acidente, era necessário provar que ele havia caído dentro do tanque, de modo que sua esposa recebesse o dinheiro do seguro. O homem pesava 70 kg, e um corpo humano contém cerca de ~6,3 partes por mil (mg/g) de fósforo. O teor de fósforo foi analisado no ácido contido no tanque para verificar se seu valor correspondia ao da dissolução de um corpo humano.

(a) O tanque continha $8{,}00 \times 10^3$ L de líquido, e foi analisada uma amostra de 100,0 mL. Se o homem tivesse caído no tanque, qual seria a quantidade esperada de fósforo presente em 100,0 mL?

(b) 100,0 mL de amostra foram tratados com um reagente de molibdato, que provocou a precipitação do fosfomolibdato de amônio, $(NH_4)_3[P(Mo_{12}O_{40})] \cdot 12H_2O$. Esta substância foi seca a 110 °C para retirar a água de hidratação, e aquecida a 400 °C até alcançar uma composição constante, correspondente à fórmula $P_2O_5 \cdot 24MoO_3$, que pesou 0,371 8 g. Quando uma nova mistura dos mesmos ácidos (não os do tanque) foi tratada da mesma maneira, foram produzidos 0,033 1 g de $P_2O_5 \cdot 24MoO_3$ (MF 3 596,67). Esta *determinação do branco* fornece a quantidade de fósforo nos reagentes de partida. O $P_2O_5 \cdot 24MoO_3$ que poderia ser proveniente do homem dissolvido é, portanto, 0,371 8 − 0,033 1 = 0,338 7 g. Qual a quantidade de fósforo presente em 100,0 mL da amostra? Esta quantidade é compatível com um homem dissolvido?

27.21. Uma amostra, pesando 1,475 g e contendo NH_4Cl (MF 53,489), K_2CO_3 (MF 138,20) e compostos inertes, foi dissolvida produzindo 0,100 L de solução. Uma alíquota de 25,0 mL foi acidificada e tratada com excesso de tetrafenilborato de sódio, $Na^+B(C_6H_5)_4^-$, para precipitar completamente os íons K^+ e NH_4^+:

$$(C_6H_5)_4B^- + K^+ \rightarrow \underset{\text{MF } 358{,}33}{(C_6H_5)_4BK(s)}$$

$$(C_6H_5)_4B^- + NH_4^+ \rightarrow \underset{\text{MF } 337{,}27}{(C_6H_5)_4BNH_4(s)}$$

O precipitado resultante pesou 0,617 g. Uma nova alíquota de 50,0 mL da solução original foi alcalinizada e aquecida para remover todo o NH_3:

$$NH_4^+ + OH^- \rightarrow NH_3(g) + H_2O$$

Em seguida, ela foi acidificada e tratada com tetrafenilborato de sódio, formando 0,554 g de precipitado. Determine a porcentagem em massa de NH_4Cl e de K_2CO_3 no sólido original.

27.22. Uma mistura contendo apenas Al_2O_3 (MF 101,96) e Fe_2O_3 (MF 159,69) pesa 2,019 g. Quando aquecido em uma corrente de H_2, o Al_2O_3 não se modifica, mas o Fe_2O_3 é convertido a Fe metálico e $H_2O(g)$. Se o resíduo pesa 1,774 g, qual é a porcentagem em massa de Fe_2O_3 na mistura original?

27.23. Uma mistura sólida pesando 0,548 5 g continha apenas sulfato ferroso amoniacal hexa-hidratado e cloreto ferroso hexa-hidratado. A amostra foi dissolvida em H_2SO_4 1 M, oxidada a Fe^{3+} com H_2O_2 e precipitada com cupferron. O complexo de cupferron férrico foi calcinado, formando 0,167 8 g de óxido férrico, Fe_2O_3 (MF 159,69). Calcule a porcentagem em massa de Cl na amostra original.

$FeSO_4 \cdot (NH_4)_2SO_4 \cdot 6H_2O$	$FeCl_2 \cdot 6H_2O$
Sulfato ferroso amoniacal hexa-hidratado	Cloreto ferroso hexa-hidratado
MF 392,12	MF 234,84

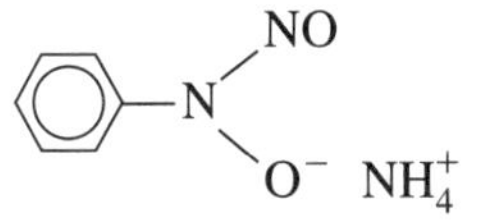

Cupferron
MF 155,16

27.24. *Propagação de erro.* Uma mistura contendo apenas nitrato de prata e nitrato mercuroso foi dissolvida em água e tratada com excesso de hexacianocobaltato(III) de sódio, $Na_3[Co(CN)_6]$, para precipitar os sais de prata e mercúrio:

$AgNO_3$	MF 169,872
$Ag_3[Co(CN)_6]$	MF 538,646
$Hg_2(NO_3)_2$	MF 525,19
$(Hg_2)_3[Co(CN)_6]_2$	MF 1 633,63

(a) A amostra desconhecida pesou 0,432 1 g e o produto pesou 0,451 5 g. Determine a porcentagem em massa de nitrato de prata na amostra desconhecida. *Cuidado:* este tipo de cálculo, você deve manter todos os dígitos em sua calculadora, ou então sérios erros de arredondamento podem ocorrer. O arredondamento só deve ser feito ao fim do cálculo.

(b) Mesmo no caso de um analista habilidoso, não é provável que ele tenha menos de 0,3% de erro quando isola um precipitado. Suponha que haja um erro desprezível em todas as quantidades, exceto na massa do produto. Suponha também que a massa do produto tenha uma incerteza de 0,30%. Calcule a incerteza relativa na massa de $AgNO_3$ na amostra desconhecida.

27.25. O gráfico termogravimétrico a seguir mostra a perda de massa do $Y_2(OH)_5Cl \cdot xH_2O$ sob aquecimento. Na primeira etapa, a água de hidratação é perdida, dando ~8,1% de perda de massa. Após uma segunda etapa de decomposição, 19,2% da massa original é perdida. Finalmente, a composição se estabiliza em Y_2O_3 acima de 800 °C.

(a) Determine o valor de x na fórmula $Y_2(OH)_5Cl \cdot xH_2O$. Como a perda de massa de 8,1% não está definida precisamente na experiência, use a perda de massa total de 31,8% para o seu cálculo.

(b) Sugira uma fórmula para o material restante no patamar de 19,2%. Certifique-se de que a soma das cargas de todos os íons em sua fórmula seja igual a zero. O cátion é Y^{3+}.

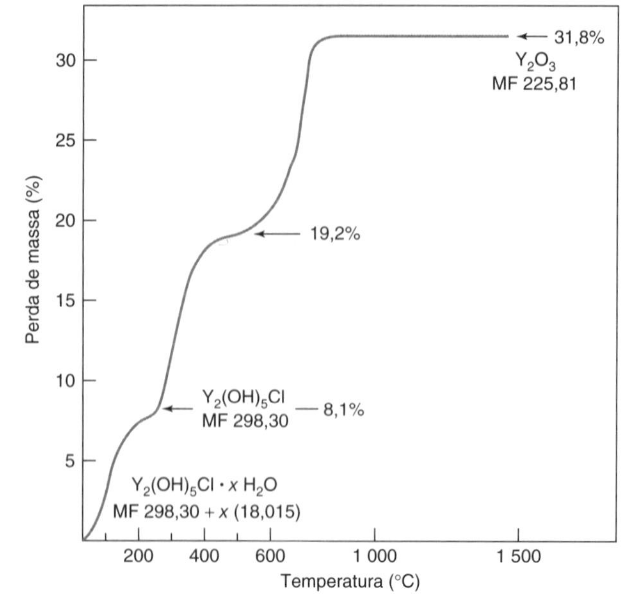

Análise termogravimétrica do $Y_2(OH)_5Cl \cdot xH_2O$. [Dados de T. Hours, P. Bergez, J. Charpin, A. Larbot, C. Guizard e L. Cot, "Preparation and Characterization of Yttrium Oxide by a Sol-Gel Process", *Ceramic Bull.* **1992**, *71*, 200.]

27.26. *Análise termogravimétrica e propagação de erro.*[19] Cristais de di-hidrogenofosfato de potássio deuterado, $K(D_xH_{1-x})_2PO_4$, são usados em óptica como uma válvula luminosa, como defletor de luz e como frequência dobrada em *lasers*. As propriedades ópticas são sensíveis à fração de deutério no material. Uma publicação afirma que o teor de deutério pode ser determinado medindo-se a massa perdida por desidratação do cristal após aquecimento lento até 450 °C em um cadinho de Pt sob fluxo de N_2.

$$\underset{\text{MF } 136{,}084\,+\,2{,}012\,55x}{K(D_xH_{1-x})_2PO_4(s)} \xrightarrow{450°C} \underset{\text{MF } 118{,}069}{KPO_3(s)} + (D_xH_{1-x})_2O(g)$$

As massas fórmulas para K, P e O se encontram na Tabela Periódica. As massas isotópicas para o H e o D estão na Tabela 22.1.

(**a**) Seja α a massa de produto dividida pela massa de reagente:

$$\alpha = \frac{\text{massa de } KPO_3}{\text{massa de } K(D_xH_{1-x})_2PO_4}$$

Mostre que o coeficiente x na fórmula $K(D_xH_{1-x})_2PO_4$ está relacionado com o valor de α pela equação

$$x = \frac{58{,}666\,4}{\alpha} - 67{,}617\,7$$

Qual seria o valor de α se o material de partida estivesse 100% deuterado?

(**b**) Um cristal analisado três vezes resultou em um valor médio de $\alpha = 0{,}8567_7$. Determine x no cristal.

(**c**) A partir da Equação B.1 no Apêndice B, mostre que a incerteza em $x(e_x)$ está relacionada com a incerteza em $\alpha(e_\alpha)$ pela equação

$$e_x = \frac{58{,}666\,4\ e_\alpha}{\alpha^2}$$

(**d**) A incerteza na razão estequiométrica deutério:hidrogênio é e_x. Os autores estimam que a incerteza deles em α é $e_\alpha = 0{,}000\,1$. A partir de e_α, calcule e_x. Escreva a estequiometria na forma $x \pm e_x$. Se e_α fosse 0,001 (que é perfeitamente razoável), qual seria o valor de e_x?

27.27. Quando o *supercondutor de alta temperatura* óxido de ítrio-bário-cobre (ver abertura do Capítulo 16 e Boxe 16.3) é aquecido em uma corrente de H_2, o sólido restante, a 1 000 °C, é uma mistura de Y_2O_3, BaO e Cu. O material de partida tem a fórmula $YBa_2Cu_3O_{7-x}$, na qual a estequiometria do oxigênio varia entre 7 e 6,5 (x = 0 a 0,5).

$$\underset{\substack{\text{MF}\\ 666{,}19\,-\,16{,}00x}}{YBa_2Cu_3O_{7-x}(s)} + (3{,}5-x)H_2(g) \xrightarrow{1\,000°C}$$

$$\underbrace{\frac{1}{2}Y_2O_3(s) + 2BaO(s) + 3Cu(s)}_{YBa_2Cu_3O_{3,5}} + (3{,}5-x)H_2O(g)$$

(**a**) *Análise termogravimétrica.* Quando 34,397 mg do supercondutor $YBa_2Cu_3O_{7-x}$ foram submetidas a esta análise, 31,661 mg do sólido permaneceram após o aquecimento a 1 000 °C. Determine o valor de x em $YBa_2Cu_3O_{7-x}$.

(**b**) *Propagação de erro.* Suponha que a incerteza em cada massa em (**a**) seja ±0,002 mg. Determine a incerteza no valor de x.

Análise por Combustão

27.28. Qual é a diferença entre combustão e pirólise?

27.29. Qual é o objetivo do WO_3 e do Cu na Figura 27.8?

27.30. Por que se usa estanho para encapsular uma amostra para a análise por combustão?

27.31. Por que a amostra foi introduzida dentro do forno preaquecido antes que a concentração de oxigênio atingisse o seu máximo na Figura 27.9?

27.32. Escreva uma equação balanceada para a combustão do ácido benzoico, $C_6H_5CO_2H$, produzindo CO_2 e H_2O. Quantos miligramas de CO_2 e de H_2O serão produzidos pela combustão de 4,635 mg de ácido benzoico?

27.33. Escreva uma equação balanceada para a combustão do $C_8H_7NO_2SBrCl$ em uma análise elementar de C, H, N, S.

27.34. A análise por combustão de um composto, que sabidamente contém apenas C, H, N e O, demonstrou que ele continha os seguintes teores expressos em porcentagem ponderal: 46,21% de C, 9,02% de H, 13,74% de N e, por diferença, 100 – 46,21 – 9,02 – 13,74 = 31,03% de O. Isso significa que 100 g de amostra desconhecida contém 46,21 g de C, 9,02 g de H etc. Determine as razões atômicas C:H:N:O e exprima-as como as menores razões inteiras.

27.35. Uma mistura pesando 7,290 mg continha somente ciclo-hexano, C_6H_{12} (MF 84,162), e oxirano, C_2H_4O (MF 44,053). Quando a mistura foi analisada por combustão, foram produzidos 21,999 mg de CO_2 (MF 44,009). Determine a porcentagem em massa de oxirano na mistura.

27.36. A análise por combustão de um composto orgânico forneceu a seguinte composição: 71,17 ± 0,41% em massa de C, 6,76 ± 0,12% em massa de H e 10,34 ± 0,08% em massa de N. Encontre os coeficientes estequiométricos h e n e as suas incertezas x e y na fórmula $C_8H_{h\pm x}N_{n\pm y}$.

27.37. Uma maneira de determinar enxofre é pela análise por combustão, que produz uma mistura de SO_2 e SO_3, que pode ser passada por meio de H_2O_2, de modo a converter ambos os óxidos em H_2SO_4, que é titulado com uma base padronizada. Quando 6,123 mg de uma substância foram queimados, o H_2SO_4 precisou de 3,01 mL de NaOH 0,015 76 M para a sua titulação. Qual é a porcentagem em massa de enxofre na amostra?

27.38. *Estatísticas de coprecipitação.*[20] No experimento 1, 200,0 mL de solução contendo 10,0 mg de SO_4^{2-} (proveniente do Na_2SO_4) foram tratados com excesso de solução de $BaCl_2$ para precipitar $BaSO_4$ contendo algum Cl^- coprecipitado. Para determinar a quantidade de

Cl^- coprecipitado presente, o precipitado foi dissolvido em 35 mL de H_2SO_4 a 98% em massa e fervido para liberar HCl, que foi removido pelo borbulhamento de N_2 gasoso no H_2SO_4. O fluxo de HCl/N_2 passou em uma solução reagente que reagiu com o Cl^-, produzindo uma cor que foi medida. Dez ensaios repetidos deram valores de 7,8; 9,8; 7,8; 7,8; 7,8: 7,8; 13,7; 12,7; 13,7 e 12,7 μmol de Cl^-. O experimento 2 foi idêntico ao primeiro, exceto que os 200,0 mL de solução também continham 6,0 g de Cl^- (proveniente do NaCl). Dez ensaios repetidos deram 7,8; 10,8; 8,8; 7,8; 6,9; 8,8; 15,7; 12,7; 13,7 e 14,7 μmol de Cl^-.

(a) Determine a média, o desvio-padrão e o intervalo de confiança de 95% para o Cl^- em cada experimento.

(b) Existe uma diferença significativa entre os dois experimentos? O que significa a sua resposta?

(c) Se não houvesse coprecipitado, qual seria a massa esperada de $BaSO_4$ (MF 233,38) a partir de 10,0 mg de SO_4^{2-}?

(d) Se o coprecipitado é $BaCl_2$ (MF 208,23), qual é a massa média do precipitado ($BaSO_4$ + $BaCl_2$) no experimento 1? Em que percentual a massa é maior do que em (**c**)?

28 Preparo de Amostras

CONSUMO DE COCAÍNA? PERGUNTE AO RIO PÓ

Mapa da Itália mostrando onde foram feitas as amostragens no Rio Pó por E. Zuccato, C. Chiabrando, S. Castiglioni, D. Calamari, R. Bagnati, S. Schiarea e R. Fanelli, "Cocaine in Surface Waters: A New Evidence-Based Tool to Monitor Community Drug Use", *Environ. Health* **2005**, *4*, 14, disponível em http://www.ehjournal.net/content/4/1/14.

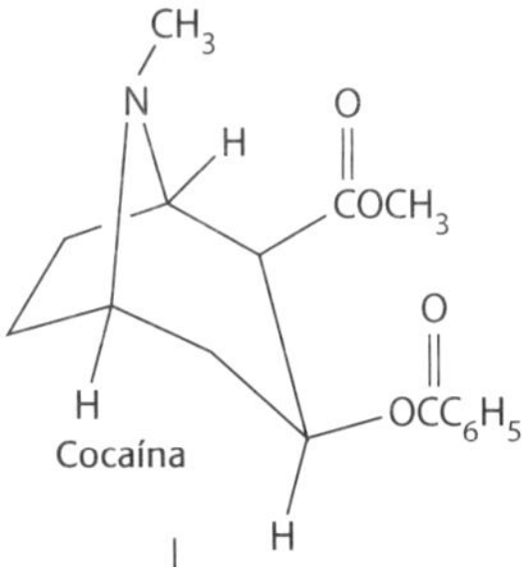

Cocaína

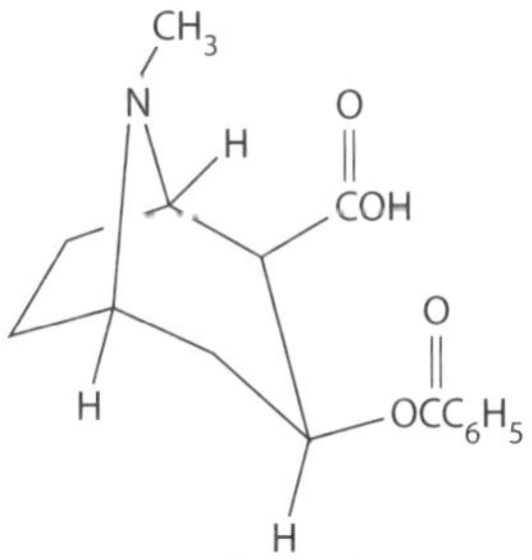

Benzoilecgonina

Quão honestas você espera que as pessoas sejam quando indagadas sobre o consumo de drogas ilegais? Em 2001, na Itália, 1,1% das pessoas com idades entre 15 e 34 anos admitiram que usaram cocaína "pelo menos uma vez no mês anterior". Ao estudarem a presença de drogas terapêuticas no esgoto, pesquisadores perceberam que dispunham de uma ferramenta para determinar o uso de drogas ilegais.

Após a ingestão, a cocaína é largamente convertida em benzoilecgonina antes de ser excretada na urina. Os cientistas coletaram amostras representativas de água do Rio Pó e de esgotos à entrada de estações de tratamento de quatro cidades italianas. Eles **pré-concentraram** quantidades diminutas de benzoilecgonina de grandes volumes de água por meio da extração em fase sólida, que é descrita neste capítulo. As substâncias químicas extraídas foram removidas da fase sólida por meio de uma pequena quantidade de solvente, separados por cromatografia líquida, e determinadas por espectrometria de massa. O consumo de cocaína foi estimado a partir da concentração de benzoilecgonina, da vazão do rio e do fato de que 5,4 milhões de pessoas vivem acima do local de amostragem.

A benzoilecgonina no Rio Pó corresponde a 27 ± 5 doses de 100 mg diárias de cocaína por 1 000 pessoas na faixa etária entre 15 e 34 anos. Resultados similares foram observados na água oriunda das quatro estações de tratamento. O consumo de cocaína é muito maior do que as pessoas admitem na pesquisa.

Heterogêneo: a composição no material varia de lugar para lugar.
Homogêneo: a composição é a mesma em todas as regiões do material.

Uma análise química não tem sentido a menos que a amostra utilizada seja significativa. Para determinar o teor de colesterol presente em um esqueleto de dinossauro, ou a quantidade de herbicida existente em um carregamento de laranjas, temos que usar uma estratégia adequada, de modo a selecionarmos uma *amostra representativa* a partir de um material *heterogêneo*. A Figura 28.1 mostra que a concentração de nitrato no sedimento presente no fundo de um lago diminui de duas ordens de grandeza nos primeiros 3 mm abaixo da superfície do sedimento. Se quisermos medir o teor de nitrato presente no sedimento, temos uma enorme diferença se retirarmos uma amostra para análise a uma profundidade de 1 m ou se retirarmos a

FIGURA 28.1 Perfil de concentração do íon nitrato em função da profundidade em um sedimento proveniente do lago de água doce Søbygård, na Dinamarca. Um perfil semelhante foi observado em sedimentos presentes em águas salinas. As medidas foram feitas com um *biossensor* contendo uma bactéria viva capaz de converter o NO_3^- em N_2O, cujo teor foi então determinado amperometricamente por redução em um catodo de prata. [Dados de L. H. Larsen, T. Kjær e N. P. Revsbech, "A Microscale NO_3^- Biosensor for Environmental Applications", *Anal. Chem.* **1997**, *69*, 3527.]

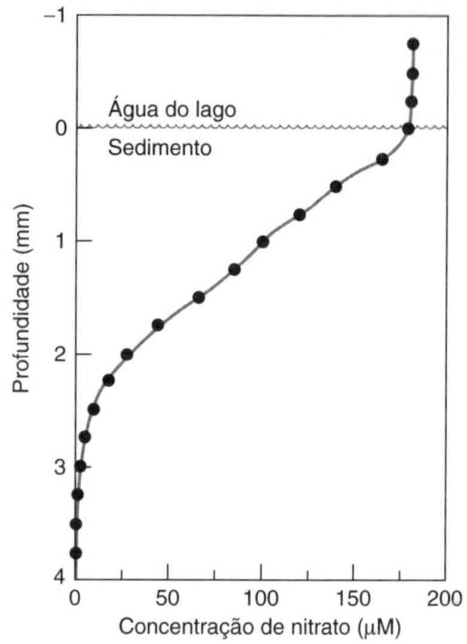

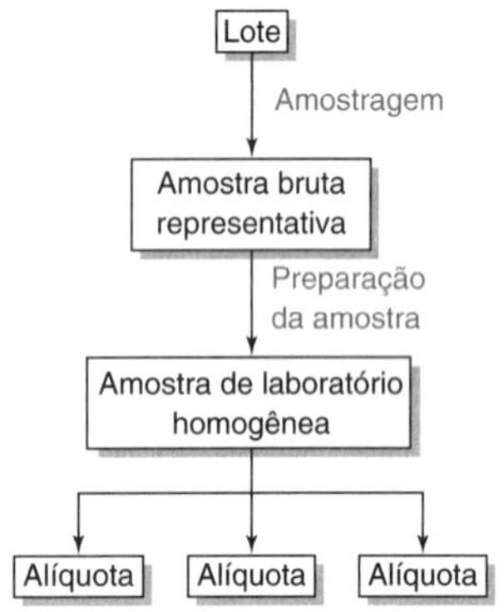

FIGURA 28.2 *Amostragem* é o processo de seleção de uma amostra bruta representativa a partir do lote. *Preparação da amostra* é o processo que converte uma amostra bruta em uma amostra de laboratório homogênea. A preparação da amostra também se refere às etapas que eliminam as espécies interferentes, concentram o analito e preparam derivatizações do analito para facilitar a sua determinação.

amostra a 2 mm da superfície. A **amostragem** é o processo usado para coleta de uma amostra representativa para análise.[1] As amostras reais também necessitam, normalmente, de algum grau de *preparação da amostra* para remover substâncias que interferem na análise do analito desejado e, possivelmente, para converter o analito em uma forma adequada para a análise.

A terminologia de amostragem e preparação de amostra é mostrada na Figura 28.2. Um *lote* é o material total a partir do qual as amostras são obtidas (por exemplo, o esqueleto de dinossauro, a carga do caminhão de laranjas etc.). Uma *amostra bruta* (também chamada *amostra total*) é retirada de um lote para ser analisada ou para ser *arquivada* (guardada para uma futura referência). A amostra bruta tem que ser representativa do lote, e a sua escolha é crítica para que a análise seja válida. O Boxe 0.1 apresenta uma estratégia para a amostragem de um material heterogêneo.

A partir da amostra bruta representativa, obtém-se uma *amostra de laboratório*, homogênea e menor, tendo, obrigatoriamente, a mesma composição da amostra bruta. Por exemplo, podemos obter uma amostra de laboratório moendo uma amostra bruta sólida inteira e misturando homogeneamente o pó fino obtido após a moagem. Guardamos, então, o pó em um frasco para futuros testes. Pequenas porções da amostra de laboratório (denominadas *alíquotas*) são usadas para análises individuais. A *preparação da amostra* constitui a série de etapas necessárias para converter uma amostra bruta representativa em uma forma adequada para a análise química.

Além da escolha criteriosa de uma amostra, devemos ter cuidado com o seu armazenamento. A composição do material pode mudar com o tempo após a coleta, em razão de alterações químicas, da reação com o ar, ou da interação da amostra com o seu recipiente. O vidro é um notório trocador de íons, que altera as concentrações de íons e de proteínas presentes em níveis de traço em uma solução.[2] Por isso, frascos de coleta de plástico (especialmente Teflon) são frequentemente utilizados. Entretanto, mesmo esses materiais podem absorver analitos em níveis de traço. Por exemplo, uma solução de $HgCl_2$ 0,2 μM, em frascos de polietileno, perde 40 a 95% de sua concentração em 4 horas. Uma solução de Ag^+ 2 μM, em um frasco de Teflon, perde 2% de sua concentração em um dia e 28% em um mês.[3]

Os recipientes plásticos têm de ser lavados apropriadamente antes de sua utilização. A Tabela 28.1 mostra que o teor de manganês em amostras de soro sanguíneo aumenta sete vezes antes da análise quando as amostras são armazenadas em recipientes de polietileno, que não foram devidamente lavadas. Em uma delicada *análise de traços* de chumbo em níveis de 1 pg/g na parte central de amostras de gelo polar, observa-se que os recipientes de polietileno contribuíam com um fluxo mensurável de 1 fg de chumbo por cm^2 por dia, mesmo após contato com ácido por 7 meses.[4] Agulhas de aço funcionam como fonte de contaminação metálica e o seu uso deve ser evitado em análises bioquímicas.

Um estudo das concentrações de mercúrio no Lago Michigan encontrou níveis próximos a 1,6 pM ($1,6 \times 10^{-12}$ M), um valor que está *duas ordens de grandeza* abaixo das concentrações observadas em vários estudos anteriores.[5] Nesses estudos prévios, os investigadores aparentemente contaminaram suas amostras inadvertidamente. Um estudo das técnicas de manuseio para a análise de chumbo em rios investigou as variações na coleta das amostras, dos recipientes onde as amostras eram guardadas, na proteção durante o transporte do campo até o laboratório, nas técnicas de filtração, nos conservantes químicos e nos processos de pré-concentração.[6] Cada etapa individual que se desviou da prática reconhecidamente correta chegou a *duplicar* o valor da concentração aparente de chumbo na amostra de água. Salas

TABELA 28.1 Concentração de manganês no soro sanguíneo armazenado em recipientes de polietileno lavados e não lavados

Recipiente[a]	Mn (ng/mL)
Não lavado	0,85
Não lavado	0,55
Não lavado	0,20
Não lavado	0,67
Média	0,57 ± 0,27
Lavado	0 096
Lavado	0,018
Lavado	0,12
Lavado	0,10
Média	0,084 ± 0,045

a. Os recipientes lavados foram enxaguados duas vezes com água destilada proveniente de recipientes de quartzo, material que introduz menos contaminação na água que o vidro.

FONTE: Dados de J. Versieck, "Biological Sample Collection and Preparation for Trace Element Analysis", Trends Anal. Chem. *1983, 2, 110.*

especialmente limpas, com fornecimento de ar filtrado, são essenciais nas análises em níveis de traços. Mesmo com as melhores precauções, a precisão de uma análise em nível de traço torna-se pior à medida que diminui a concentração do analito (Boxe 5.3).

"A menos que a história completa de uma amostra, qualquer que ela seja, seja conhecida com certeza, o melhor é o analista não perder o seu tempo analisando-a."[7] O caderno de laboratório deve descrever detalhadamente como a amostra foi coletada e armazenada, e, exatamente, como ela foi manuseada, bem como em que condições ela foi analisada.

28.1 Estatísticas de Amostragem[8]

Para erros aleatórios, a **variância** global, S_g^2, é a soma da variância do procedimento analítico, S_{an}^2, mais a variância de amostragem, S_{am}^2:

Variância = (desvio-padrão)^2

variância total = variância analítica + variância de amostragem

Aditividade da variância:
$$s_g^2 = s_{an}^2 + s_{am}^2 \qquad (28.1)$$

Se s_{an} for suficientemente menor do que s_{am} ou vice-versa, não há grande vantagem em reduzir o valor menor. Por exemplo, se s_{am} é igual a 10% e s_{an} a 5%, o desvio-padrão global é de 11% ($\sqrt{0{,}10^2 + 0{,}05^2} = 0{,}11$). Um procedimento analítico mais caro, e que consome mais tempo, reduz s_{an} a 1%, mas melhora s_g somente de 11 para 10% ($\sqrt{0{,}10^2 + 0{,}01^2} = 0{,}10$).

Origem da Variância de Amostragem

Para compreendermos a natureza da incerteza na seleção de uma amostra para análise, consideramos uma mistura aleatória de dois tipos de partículas sólidas. A teoria da probabilidade nos permite estabelecer qual a probabilidade que uma amostra, colhida aleatoriamente, tenha a mesma composição que a amostra bruta. É surpreendente descobrirmos que são necessárias grandes quantidades de uma amostra para termos uma amostragem exata.[9]

Suponhamos que a mistura contenha n_A partículas do tipo A e n_B partículas do tipo B. As probabilidades de coletarmos A ou B a partir da mistura são

$$p = \text{probabilidade de coletar A} = \frac{n_A}{n_A + n_B} \qquad (28.2)$$

$$q = \text{probabilidade de coletar B} = \frac{n_B}{n_A + n_B} = 1 - p \qquad (28.3)$$

Se n partículas são coletadas aleatoriamente, o número esperado de partículas do tipo A é np e o desvio-padrão de várias coletas é determinado a partir da distribuição binomial como

Desvio-padrão na operação de amostragem:
$$s_n = \sqrt{npq} \qquad (28.4)$$

EXEMPLO Estatísticas na Coleta de Partículas

Uma mistura contém 1% de partículas de KCl e 99% de partículas de KNO_3. Se 10^4 partículas são coletadas, qual é o número esperado de partículas de KCl e qual será o desvio-padrão se a experiência for repetida várias vezes?

Solução O número esperado é

$$\text{Número esperado de partículas de KCl} = np = (10^4)(0{,}01) = 100 \text{ partículas}$$

e o desvio-padrão será

$$\text{Desvio-padrão} = \sqrt{npq} = \sqrt{(10^4)(0{,}01)(0{,}99)} = 9{,}9$$

O *desvio-padrão* $\sqrt{npq}$ *se aplica a ambos os tipos de partículas.* O desvio-padrão é 9,9% do número esperado de partículas de KCl, mas apenas 0,1% do número esperado de partículas de KNO_3 (nq = 9 900). Se quisermos saber a quantidade de nitrato presente na mistura, a quantidade de amostra citada, provavelmente, é suficiente. Para o cloreto, 9,9% de incerteza não é um valor que possa ser aceitável.

TESTE-SE Se 10^5 partículas são coletadas, qual é o desvio-padrão relativo de cada medida? (***Resposta:*** 3% para o KCl e 0,03% para o KNO_3.)

Qual a quantidade de amostra que corresponde a 10^4 partículas? Suponha que as partículas sejam esféricas e tenham diâmetro de 1 mm. O volume de uma esfera de 1 mm de diâmetro é $\frac{4}{3}\pi(0{,}5 \text{ mm})^3$ = 0,524 μL. A massa específica do KCl é de 1,984 g/mL e a

TABELA 28.2 Peneiras de teste-padrão

Número da peneira	Abertura da tela (mm)	Número da peneira	Abertura da tela (mm)
5	4,00	45	0,355
6	3,35	50	0,300
7	2,80	60	0,250
8	2,36	70	0,212
10	2,00	80	0,180
12	1,70	100	0,150
14	1,48	120	0,125
16	1,18	140	0,106
18	1,00	170	0,090
20	0,850	200	0,075
25	0,710	230	0,063
30	0,600	270	0,053
35	0,500	325	0,045
40	0,425	400	0,038

EXEMPLO: *Partículas de tamanho 50/100 mesh passam por uma peneira de 50 mesh, mas são retidas por uma peneira de 100 mesh. Seu tamanho está na faixa entre 0,150 e 0,300 mm.*

Opa! Estou surpreso por uma amostra de 11,0 g apresentar um desvio-padrão tão elevado.

do KNO_3 é 2,109 g/mL, então a massa específica média da mistura é (0,01)(1,984) + (0,99) (2,109) = 2,108 g/mL. A massa da mistura contendo 10^4 partículas é (10^4)(0,524 × 10^{-3} mL) (2,108 g/mL) = 11,0 g. *Se coletarmos porções com 11,0 g para teste, a partir de uma amostra de laboratório maior, o desvio-padrão de amostragem esperado para o cloreto é de 9,9%.* O desvio-padrão de amostragem para o nitrato será somente de 0,1%.

Como podemos preparar uma mistura de partículas com 1 mm de diâmetro? Poderíamos fazer uma mistura desse tipo moendo as partículas maiores e passando-as por uma peneira de 16 mesh, cujas aberturas na superfície da tela são quadrados com lados de 1,18 mm de comprimento (Tabela 28.2). As partículas que tivessem passado pela peneira de 16 mesh, seriam então passadas por outra peneira de 20 mesh, cujas aberturas são de 0,85 mm. O material que não passa pela peneira de 20 mesh, fica retido para a experiência. Este procedimento fornece partículas cujos diâmetros se situam na faixa de 0,85 a 1,18 mm. Referimo-nos à faixa de tamanho das partículas como 16/20 *mesh*.

Suponhamos que tenham sido utilizadas partículas bem mais finas, com 80/120 mesh (diâmetro médio = 152 μm, volume médio = 1,84 nL). Com isso, a massa contendo 10^4 partículas é reduzida de 11,0 para 0,038 8 g. Poderíamos, agora, analisar uma amostra maior para reduzir a incerteza de amostragem para o cloreto.

EXEMPLO Redução da Incerteza da Amostra com uma Porção Teste Maior

Quantos gramas de uma amostra com 80/120 mesh são necessários para reduzir a incerteza da amostragem de cloreto para 1%?

Solução Desejamos um desvio-padrão de 1% do número de partículas KCl (= 1% de *np*):

$$\sigma_n = \sqrt{npq} = (0{,}01)np$$

Usando p = 0,01 e q = 0,99, encontramos n = 9,9 × 10^5 partículas. Com o volume de partícula igual a 1,84 nL e a massa específica média de 2,108 g/mL, a massa requerida para uma incerteza de amostragem de 1% em cloreto é

Não há vantagem em reduzir a incerteza analítica se a incerteza de amostragem é elevada e vice-versa.

$$\text{Massa} = (9{,}9\times10^5 \text{ partículas})\left(1{,}84\times10^{-6}\frac{\text{mL}}{\text{partícula}}\right)\left(2{,}108\frac{\text{g}}{\text{mL}}\right) = 3{,}84 \text{ g}$$

Mesmo com um diâmetro de partícula de 152 μm, temos que analisar 3,84 g para reduzir a incerteza de amostragem para 1%. Não existe um método analítico dispendioso com uma precisão de 0,1% porque a incerteza global será ainda 1% da amostragem.

TESTE-SE Que massa de partículas de 170/200 mesh reduz a incerteza de amostragem em KCl para 1%? (***Resposta:*** diâmetro da partícula = $0{,}082_5$ mm, 9,9 × 10^5 partículas, 0,61 g.)

A incerteza de amostragem é proveniente da natureza aleatória da coleta de partículas a partir de uma mistura. Se a mistura é um líquido e as partículas são moléculas, existem cerca de 10^{22} partículas/mL. Não será necessário muito volume da solução líquida homogênea para reduzirmos o erro de amostragem a um valor desprezível. No caso de sólidos, estes devem ser moídos a dimensões muito finas, e temos que usar grandes quantidades de material para garantirmos uma pequena variância de amostragem. Um processo de moagem, invariavelmente, contamina a amostra com materiais provenientes do próprio moinho.

A Tabela 28.3 ilustra outro problema com materiais heterogêneos. Um minério de níquel foi moído em partículas pequenas, que foram peneiradas e analisadas. Os pedaços do minério que apresentam pequenos teores de níquel são relativamente resistentes à fratura e, por isso, as partículas maiores não têm a mesma composição química que as partículas menores. É necessário moer cuidadosamente todo o minério, transformando-o em um pó muito fino, para termos alguma esperança em obtermos uma amostra representativa.

TABELA 28.3 Teor de níquel em minério triturado

Tamanho da partícula	Teor de níquel (% m/m)
> 230	13,52 ± 0,69
120/230	13,20 ± 0,74
25/120	13,22 ± 0,49
10/25	10,54 ± 0,84
> 10	9,08 ± 0,69

NOTA: *A incerteza é ±1 desvio-padrão.*

FONTE: *J. G. Dunn, D. N. Phillips e W. van Bronswijk. "An Exercise to Illustrate the Importance of Sample Preparation in Analytical Chemistry",* J. Chem. Ed. ***1997****, 74, 1188.*

Escolha do Tamanho da Amostra

Um pó muito bem misturado, contendo KCl e KNO_3, é um exemplo de um material heterogêneo, onde a variação de composição de um lugar para outro é aleatória. *Qual a quantidade de uma mistura aleatória que deve ser analisada para reduzirmos a variância de amostragem de uma análise para um nível desejável?*

Para respondermos a esta questão, consideremos a Figura 28.3, que mostra os resultados de amostragem do radioisótopo ^{24}Na no fígado humano. O tecido foi "homogeneizado" em um misturador, mas não estava verdadeiramente homogêneo, pois era uma suspensão de partículas pequenas em água. O número médio de contagens radioativas por segundo por grama de amostra foi cerca de 237. Quando a massa de amostra em cada análise era em torno de 0,09 g, o desvio-padrão (mostrado pela barra de erros à esquerda no diagrama) era de ±31 contagens por segundo por grama de mistura homogeneizada, o que corresponde a ±13,1% do valor médio (237). Quando o tamanho da amostra aumentou para cerca de 1,3 g, o desvio-padrão diminuiu para ±13 contagens/s/g, ou seja, ±5,5% da média. Para um tamanho de amostra próximo a 5,8 g, o desvio-padrão diminuiu para ±5,7 contagens/s/g, ou seja, ±2,4% da média.

A Equação 28.4 nos mostra que, quando n partículas são retiradas de uma mistura de dois tipos de partículas (como partículas do tecido do fígado e gotículas de água), o desvio-padrão da amostragem é de $\sigma_n = \sqrt{npq}$, em que p e q são as frações de cada tipo de partícula presente. O desvio-padrão relativo é $\sigma_n/n = \sqrt{npq}/n = \sqrt{pq/n}$. A variância relativa é, portanto

$$\text{Variância relativa} \equiv R^2 = \left[\frac{\sigma_n}{n}\right]^2 = \frac{pq}{n} \Rightarrow nR^2 = pq \qquad \textbf{(28.5)}$$

Sabendo-se que a massa de amostra retirada, m, é proporcional ao número de partículas retiradas, podemos reescrever a Equação 28.5 na forma

Constante de amostragem: $$mR^2 = K_{am} \qquad \textbf{(28.6)}$$

em que R é o desvio-padrão relativo (expresso em porcentagem) decorrente da amostragem, e K_{am} é chamada *constante de amostragem.* K_{am} é a massa de amostra necessária para reduzir o desvio-padrão relativo de amostragem a 1%.

Vejamos se a Equação 28.6 é capaz de explicar a Figura 28.3. A Tabela 28.4 mostra que mR^2 é praticamente constante para amostras grandes, mas a concordância é pior para a amostra menor. Atribuindo a pouca concordância em massas pequenas à variação aleatória de

TABELA 28.4 Cálculo da constante de amostragem para a Figura 28.3

Massa da amostra, m(g)	Desvio-padrão relativo (%)	mR^2 (g)
0,09	13,1	15,4
1,3	5,5	39,3
5,8	2,4	33,4

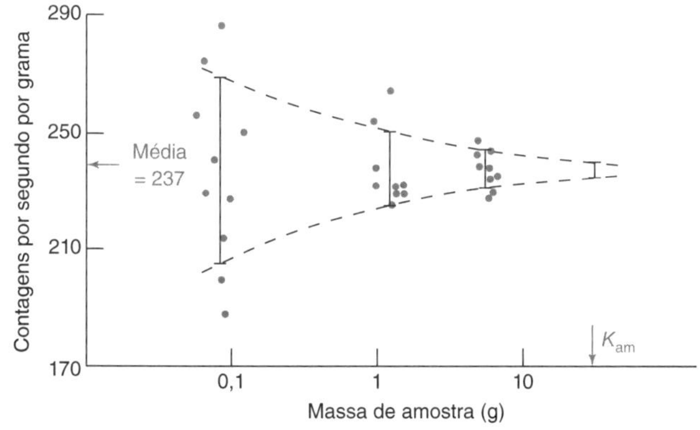

FIGURA 28.3 Diagrama de amostragem dos resultados experimentais para o ^{24}Na em fígado homogeneizado. Os pontos são dados experimentais, e a barra de erros propaga ±1 desvio-padrão em torno da média. Observe que a escala na abscissa é logarítmica. [Dados de B. Kratochvil e J. K. Taylor, "Sampling for Chemical Analysis", *Anal. Chem.* **1981**, *53*, 925A; National Bureau of Standards Internal Report 80-2164, 1980, p. 66.]

EXEMPLO Massa de Amostra Necessária para Produzir uma Dada Variância de Amostragem

Qual a massa na Figura 28.3 que dará um desvio-padrão de amostragem de ±7%?

Solução Com a constante de amostragem $K_{am} \approx 36$ g, a resposta é

$$m = \frac{K_{am}}{R^2} = \frac{36 \text{ g}}{7^2} = 0,73 \text{ g}$$

Uma amostra com 0,7 g deve dar ~7% de desvio-padrão de amostragem. Este valor é estritamente um desvio-padrão de amostragem. A variância global será a soma das variâncias de amostragem e do procedimento analítico (Equação 28.1).

TESTE-SE Qual deve ser o aumento de massa para reduzir o desvio-padrão de amostragem de um fator de 2? (***Resposta:*** a massa tem de ser quatro vezes maior.)

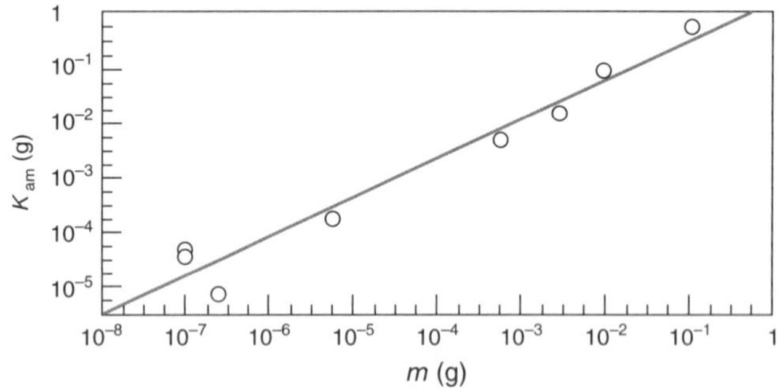

FIGURA 28.4 Dados para o Mn em algas em pó, mostrando que a constante de amostragem, K_{am}, na Equação 28.6 é aproximadamente proporcional à massa de amostra, m, ao longo de seis ordens de grandeza de massa. [Dados de M. Rossbach e E. Zeiller, "Assessment of Element-Specific Homogeneity in Reference Materials Using Microanalytical Techniques," *Anal. Bioanal. Chem.* **2003**, *377*, 334.]

amostragem, admitimos que $K_{am} \approx 36$ g na Equação 28.6. Este valor é a média entre as amostras com 1,3 e 5,8 g na Tabela 28.4. A Figura 28.4 mostra um exemplo em que a Equação 28.6 é aproximadamente válida em seis ordens de grandeza de massa de amostra.

Escolha do Número de Análises Repetidas

Acabamos de ver que é esperado um desvio-padrão de amostragem de ±7% para uma única amostra de 0,7 g. *Quantas amostras de 0,7 g têm de ser analisadas para termos 95% de confiança de que a média esteja dentro de ±4%?* Noventa e cinco por cento de confiança significa que existe somente 5% de chance de que a média verdadeira esteja mais do que ±4% afastada da média medida. A pergunta que acabamos de fazer refere-se somente à incerteza de amostragem, e considera que a incerteza do procedimento analítico é desprezível.

A contribuição da amostragem para a incerteza global pode ser reduzida analisando-se mais amostras.

O rearranjo da Equação 4.7 do teste t de Student nos permite responder à questão.

Número necessário de amostras repetidas:

$$\underbrace{\mu - \bar{x}}_{e} = \frac{ts_{am}}{\sqrt{n}} \Rightarrow n = \frac{t^2 s_{am}^2}{e^2} \qquad \textbf{(28.7)}$$

em que μ é a média populacional verdadeira, $\bar{x}$ é a média medida, n é o número de amostras necessárias, s_{am}^2 é a variância da operação de amostragem e e, o parâmetro que define a busca pela incerteza. Tanto s_{am} quanto e têm de ser expressos como incertezas absolutas, ou ambos têm de ser expressos como incertezas relativas. O teste t de Student é obtido a partir da Tabela

EXEMPLO Amostragem de um Material Bruto Aleatório

Quantas amostras de 0,7 g devem ser analisadas para termos 95% de confiança de que a média esteja dentro de ±4%?

Solução Uma amostra de 0,7 g dá s_{am} = 7%, e desejamos que e seja igual a 4%. Expressaremos ambas as incertezas na forma relativa. Com o valor t = 1,960 (da Tabela 4.4 para 95% de confiança e ∞ graus de liberdade) como valor inicial, encontramos

$$n = \frac{t^2 s_{am}^2}{e^2} \approx \frac{(1,960)^2(0,07)^2}{(0,04)^2} = 11,8 \approx 12$$

Para n = 12, existem 11 graus de liberdade, de forma que na segunda tentativa com o teste t de Student usamos um valor (interpolado da Tabela 4.4) igual a 2,209. Um segundo ciclo de cálculos dá

$$n \approx \frac{(2,209)^2(0,07)^2}{(0,04)^2} = 14,9 \approx 15$$

Para $n = 15$, existem 14 graus de liberdade e $t = 2{,}150$, o que dá

$$n \approx \frac{(2{,}150)^2(0{,}07)^2}{(0{,}04)^2} = 14{,}2 \approx 14$$

Para $n = 14$, existem 13 graus de liberdade e $t = 2{,}170$, o que dá

$$n \approx \frac{(2{,}170)^2(0{,}07)^2}{(0{,}04)^2} = 14{,}4 \approx 14$$

Os cálculos alcançam um valor constante próximo de $n \approx 14$, portanto, precisamos de cerca de 14 amostras de 0,7 g para determinarmos o valor médio dentro de 4% com 95% de confiança.

TESTE-SE Quantas amostras de 2,8 g devem ser analisadas para termos 95% de confiança de que a média esteja dentro de ±4%? (***Resposta:*** 6.)

4.4 para 95% de confiança em $n - 1$ graus de liberdade. Como n ainda não é conhecido, o valor de t para $n = \infty$ pode ser usado para estimar n. Depois que um valor de n tenha sido calculado, o processo é repetido algumas vezes até seja encontrado um valor constante para n.

Para os cálculos anteriores, precisávamos de um conhecimento prévio a respeito do desvio-padrão. Um estudo preliminar da amostra tem que ser feito antes que o restante da análise possa ser finalmente planejado. Se existem várias amostras semelhantes a serem analisadas, uma análise meticulosa de uma única amostra permite que sejam planejadas análises menos meticulosas – porém, adequadas – das amostras restantes.

28.2 Dissolvendo Amostras para Análise[10]

Uma vez que a *amostra bruta* tenha sido selecionada, uma *amostra de laboratório* tem que ser preparada para análise (Figura 28.2). Uma amostra bruta sólida deve ser macerada e misturada, de forma que a amostra de laboratório tenha a mesma composição da amostra bruta. Os sólidos são secos normalmente a 110 °C, sob pressão atmosférica, para removermos a água adsorvida antes da análise. Amostras sensíveis à temperatura podem simplesmente ser armazenadas em um meio que as mantenha em um nível de umidade reprodutível e constante.

A amostra de laboratório geralmente é dissolvida antes de ser analisada. É importante dissolver a amostra inteira para estarmos seguros de que todos analitos de interesse sejam dissolvidos. Se a amostra não se dissolve em condições normais, podemos usar uma *digestão ácida* ou uma *fusão ácida*. A matéria orgânica pode ser destruída por *combustão* (também chamada *carbonização a seco*) ou por *carbonização úmida* (oxidação com reagentes líquidos), o que permite que os elementos inorgânicos fiquem em forma adequada para análise.

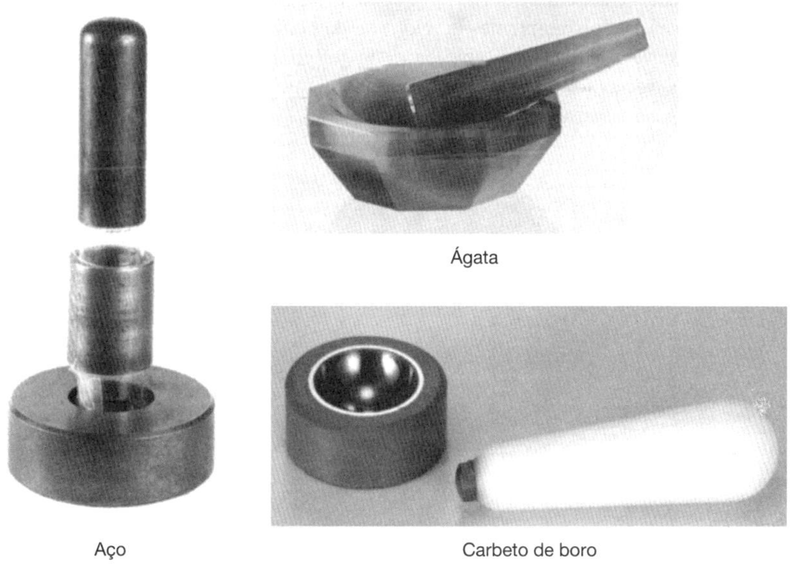

FIGURA 28.5 Almofarizes e pistilos de aço, ágata e carbeto de boro. O almofariz é a base e o pistilo é a ferramenta de moagem. No caso do carbeto de boro, o almofariz é uma concha hemisférica encapsulada em um corpo de plástico ou de alumínio. O pistilo é constituído por uma ponteira de carbeto de boro, presa a um cabo de plástico. [Cortesia de Thomas Scientific, Swedesboro, NJ.]

Trituração

Os sólidos podem ser moídos em um **almofariz** (**gral**) por meio de um **pistilo**, como vemos na Figura 28.5. O almofariz de aço (também chamado almofariz de percussão ou almofariz de "diamante") é uma ferramenta de aço endurecido dentro da qual se ajusta o pistilo. Materiais como minérios e minerais podem ser moídos golpeando-se cuidadosamente o pistilo com um martelo. O almofariz de *ágata* (ou outros semelhantes, feitos de porcelana, mulita ou alumina) é projetado para moer partículas pequenas, transformando-as em um pó bem fino. Almofarizes mais baratos tendem a ser mais porosos e arranham com mais facilidade, o que pode ocasionar uma contaminação da amostra com o material do almofariz, ou com materiais de amostras moídas anteriormente. Um almofariz de cerâmica pode ser limpo esfregando-se a sua superfície com um tecido úmido e lavando-a com água destilada. Resíduos difíceis de serem retirados podem ser removidos pela moagem com HCl 4 M feita diretamente no almofariz, ou pela moagem de um abrasivo doméstico para limpeza, seguido por uma lavagem com HCl e água. Um almofariz e pistilo de *carbeto de boro* é cinco vezes mais duro do que o de ágata e menos propenso a contaminações por amostras.

Um **moinho de bolas** é um dispositivo de moagem onde bolas de aço ou cerâmica rodam dentro de um cilindro para moer a amostra em um pó muito fino. O moinho de bolas Wig-L-Bug® pulveriza uma amostra pela agitação em um recipiente (vial) com uma bola que se move de um lado para o outro. Para materiais macios, são apropriados recipientes e bolas de plástico. Para materiais mais duros, são usados aço, ágata e carbeto de tungstênio. Um moinho de bolas de laboratório gira no interior de um recipiente a 825 rotações por minuto para pulverizar até 100 g de material (Figura 28.6). São usados recipientes de carbeto de tungstênio e de zircônia no caso de amostras que sejam muito duras.

Dissolução de Materiais Inorgânicos com Ácidos

A Tabela 28.5 lista os principais ácidos usados na dissolução de materiais inorgânicos. Os ácidos não oxidantes HCl, HBr, HF, H_3PO_4, H_2SO_4 diluído e $HClO_4$ diluído dissolvem metais por meio da reação redox

$$M + nH^+ \rightarrow M^{n+} + \frac{n}{2}H_2 \qquad \textbf{(28.8)}$$

Os metais com potenciais de redução negativos também se dissolvem, embora alguns, como o Al, formem um revestimento protetor de óxido que inibe a dissolução. Espécies voláteis formadas pela protonação de ânions, como o carbonato ($CO_3^{2-} \rightarrow H_2CO_3 \rightarrow CO_2$), o sulfeto ($S^{2-} \rightarrow H_2S$), o fosfeto ($P^{3-} \rightarrow PH_3$), o fluoreto ($F^- \rightarrow HF$) e o borato ($BO_3^{3-} \rightarrow H_3BO_3$), se volatilizam, podendo ser perdidos quando temos soluções ácidas quentes em frascos abertos. (Os gases H_2S, PH_3 e HF são extremamente tóxicos, e jamais devem ser liberados para a atmosfera, mesmo em uma capela. Eles devem ser quimicamente aprisionados para evitar seu escape.) Halogenetos metálicos voláteis, como o $SnCl_4$ e o $HgCl_2$, e alguns óxidos moleculares, como o OsO_4 e o RuO_4, também podem ser perdidos, devendo ser quimicamente aprisionados. O ácido fluorídrico quente é especialmente útil na dissolução de silicatos. Podem ser usados recipientes de vidro ou de platina para HCl, HBr, H_2SO_4, H_3PO_4 e $HClO_4$. O HF deve ser usado em recipientes de Teflon, polietileno, prata ou platina. Temos que usar ácidos da melhor qualidade possível para minimizarmos contaminações provenientes de reagentes concentrados.

FIGURA 28.6 Moinho de laboratório, onde um disco e um anel giram em alta velocidade dentro de um recipiente. Este moinho é capaz de moer até 100 mL de amostra, obtendo-se um pó fino. [SPEX SamplePrep LLC.]

TABELA 28.5 Ácidos para a dissolução de amostras

Ácido	Composição típica (% em massa e massa específica)	Comentários
HCl	37% 1,19 g/mL	Ácido não oxidante útil para vários metais, óxidos, sulfetos, carbonatos e fosfatos. A solução de ponto de ebulição constante a 109 °C contém 20% de HCl. As, Sb, Ge e Pb formam cloretos voláteis que podem se perder em recipientes abertos.
HBr	48–65%	Semelhante ao HCl nas propriedades de solvente. A solução de ponto de ebulição constante a 124 °C contém 48% de HBr.
H_2SO_4	95–98% 1,84 g/mL	Bom solvente em seu ponto de ebulição de 338 °C. Ataca metais. Desidrata e oxida compostos orgânicos.
H_3PO_4	85% 1,70 g/mL	O ácido quente dissolve óxidos refratários insolúveis em outros ácidos. Torna-se anidro acima de 150 °C. Desidrata-se acima de 200 °C, formando o ácido pirofosfórico (H_2PO_3—O—PO_3H_2). Acima de 300 °C ocorre outra desidratação, formando o ácido metafosfórico ($[HPO_3]_n$).
HF	50% 1,16 g/mL	Usado principalmente para dissolver silicatos, formando SiF_4, que é volátil. Esse produto e o excesso de HF são removidos pela adição de H_2SO_4 ou de $HClO_4$, conjuntamente com aquecimento. A solução de ponto de ebulição constante a 112 °C contém 38% de HF. Usado em recipientes de Teflon, prata ou platina. Extremamente nocivo quando em contato com a pele ou por inalação. Fluoretos de As, B, Ge, Se, Ta, Nb, Ti e Te são voláteis. LaF_3, CaF_2 e YF_3 precipitam. O F^- é retirado pela adição de H_3BO_3 e levado à secura na presença de H_2SO_4.
$HClO_4$	60–72% 1,54–1,67 g/mL	O ácido frio e diluído não é oxidante, mas quente e concentrado é um oxidante explosivo, extremamente poderoso. É especialmente útil para matéria orgânica, que já tenha sido parcialmente oxidada pelo HNO_3 à quente. A solução de ponto de ebulição constante a 203 °C contém 72% de $HClO_4$. **Antes de usarmos o $HClO_4$, devemos evaporar a amostra várias vezes com HNO_3 quente, bem próximo à secura, para destruirmos o máximo possível de material orgânico presente.**

As substâncias que não se dissolvem em ácidos não oxidantes podem ser dissolvidas em ácidos oxidantes como o HNO_3; o H_2SO_4 concentrado a quente; ou o $HClO_4$ concentrado a quente. O ácido nítrico ataca a maioria dos metais, mas não ataca Au e Pt, que se dissolvem em uma mistura 3:1 (volume/volume) de HCl:HNO_3, conhecida como água-régia. Oxidantes fortes, por exemplo, o Cl_2 ou o $HClO_4$ em HCl, dissolvem materiais de difícil dissolução, como o Ir em temperaturas elevadas. Uma mistura de HF e HNO_3 ataca carbetos, nitretos e boretos refratários de Ti, Zr, Ta e W. Uma solução de alto poder oxidante, conhecida como "solução piranha", é uma mistura 1:1 (v/v) de H_2O_2 a 30% em massa e H_2SO_4 a 98% em massa. O $HClO_4$ concentrado a quente (descrito mais adiante para o caso de substâncias orgânicas) é um oxidante poderoso e **PERIGOSO**, cujo poder oxidante aumenta pela adição de H_2SO_4 concentrado e catalisadores como o V_2O_5 ou o CrO_3.

O HF causa uma queimadura excruciante. **A exposição a apenas 2% do corpo ao HF concentrado (48% em massa) pode matar.** Lave bem a área afetada por 5 minutos e então envolva-a com gel de gluconato de cálcio a 2,5% (mantido em laboratório para esse fim). Em seguida, procure auxílio médico. Na ausência de gluconato, utilize qualquer sal de cálcio disponível. Os danos decorrentes do HF podem perdurar até alguns dias após a exposição.

O processo de digestão de amostras pode ser feito de uma maneira conveniente em uma **bomba** de Teflon (um vaso fechado) aquecida em um forno de micro-ondas.[11] O vaso, na Figura 28.7, tem um volume de 23 mL e consegue digerir até 1 g de material inorgânico (ou 0,1 g de material orgânico, que libera grande quantidade de $CO_2(g)$), em até 15 mL de ácido concentrado. Um forno de micro-ondas aquece o conteúdo do vaso até 200 °C, em um minuto. Para evitar explosões, a tampa libera o gás presente dentro do vaso se a pressão

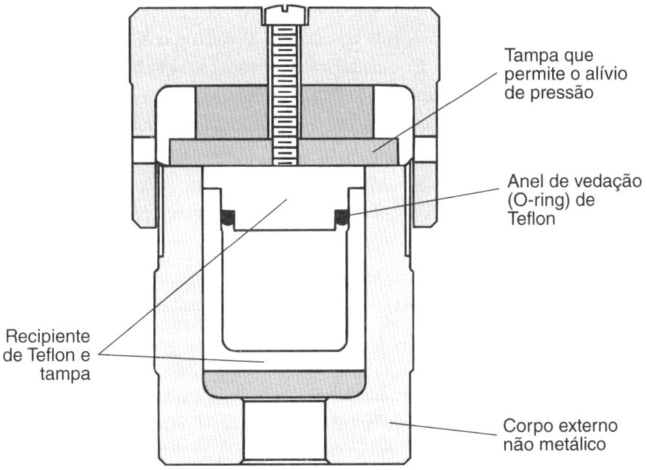

FIGURA 28.7 Bomba, revestida com Teflon, para digestão por micro-ondas. O recipiente exterior resiste até 150 °C, mas raramente atinge 50 °C. [Dados de Parr Instrument Co., Moline, IL.]

interna exceder 8 MPa (80 bar). A bomba não pode ser feita de metal, material que absorve as micro-ondas. A bomba deve ser resfriada antes de ser aberta, evitando-se, assim, a perda de produtos voláteis.

Um exemplo de amostra complexa que pode ser digerida por aquecimento em micro-ondas é uma mistura de rejeitos de material eletrônico.[12] Componentes como placas de circuitos são cortados em pequenos pedaços. Então, 0,1 g é atacado com uma mistura de 6 mL de HNO_3 70% em massa / 2 mL de H_2O_2 30% em massa / 1 mL de HF 49% em massa. O plástico bruto pode ser atacado com 9 mL HNO_3 70% em massa. A potência pode ser elevada de 0 a 600 W durante 5 minutos, mantida assim por 15 minutos, elevada até 1 400 W durante 5 minutos, e mantida assim por 20 minutos.

FIGURA 28.8 Aparelho automático que funde três amostras ao mesmo tempo, em combustores de propano. Os cadinhos de Pt/Au giram à medida que eles são inclinados. [Cortesia de Claisse, Quebec]

A fusão é o último recurso, uma vez que o fundente pode introduzir impurezas no meio reacional.

Dissolvendo Materiais Inorgânicos por Fusão

Substâncias que não se dissolvem em ácidos geralmente podem ser dissolvidas em um **fundente** inorgânico, suficientemente quente para estar fundido (Tabela 28.6). A amostra desconhecida, finamente moída, é misturada com uma massa de fundente sólido, que corresponde de 2 a 20 vezes a massa da amostra. A **fusão** (derretimento do material) é feita em um cadinho de ouro-platina entre 300 e 1 200 °C, em um forno ou em um combustor. O aparelho na Figura 28.8 funde ao mesmo tempo três amostras em combustores de propano com agitação mecânica dos cadinhos. Quando as amostras ficam homogêneas, o fundente derretido é vertido em béqueres contendo HNO_3 10% em massa, de modo a dissolver o produto.

A maioria das fusões para fins analíticos pode ser feita em tetraborato de lítio ($Li_2B_4O_7$, p.f. 930 °C), ou em metaborato de lítio ($LiBO_2$, p.f. 845 °C), ou mesmo em uma mistura desses dois sais. Podemos adicionar um agente antiumectante, como o KI, para evitarmos que o fundente fique aderente ao cadinho. Por exemplo, 0,2 g de cimento podem ser fundidos com 2 g de $Li_2B_4O_7$ e 30 mg de KI.

Uma desvantagem de um fundente é que impurezas são introduzidas no meio reacional pela grande quantidade de reagente sólido. Se parte da amostra desconhecida pode ser dissolvida em ácido antes da fusão, devemos dissolvê-la. A seguir, apenas o componente insolúvel é dissolvido pelo fundente. Misturamos os produtos provenientes da dissolução e da fusão, de modo a obter a amostra que será submetida à análise.

Os fundentes alcalinos na Tabela 28.6 ($LiBO_2$, Na_2CO_3, NaOH, KOH e Na_2O_2) são mais usados para dissolver óxidos ácidos de Si e P. Os fundentes ácidos ($Li_2B_4O_7$, $Na_2B_4O_7$, $K_2S_2O_7$ e B_2O_3) são mais adequados para óxidos básicos (incluindo cimentos e minérios) de metais alcalinos, alcalino-terrosos, lantanídeos e Al. O KHF_2 é muito útil para óxidos de lantanídeos. Os sulfetos e alguns óxidos, algumas ligas de ferro e platina e alguns silicatos

TABELA 28.6 Fundentes para a dissolução de amostras

Fundente	Cadinho	Aplicações
Na_2CO_3	Pt	Para a dissolução de silicatos (argilas, rochas, minerais, vidros), óxidos refratários, fosfatos insolúveis e sulfatos.
$Li_2B_4O_7$ ou $LiBO_2$ ou $Na_2B_4O_7$	Pt, grafita, liga de Au-Pt, liga de Au-Rh-Pt	São usados boratos, misturados ou individualmente, para a dissolução de aluminossilicatos, carbonatos e amostras com altos teores de óxidos básicos. O $B_4O_7^{2-}$ é conhecido como tetraborato e o BO_2^- como metaborato.
NaOH ou KOH	Au, Ag	Dissolve silicatos e SiC. Ocorre a formação de espuma quando a H_2O é eliminada do fundente. Por isso, é melhor fundir primeiramente o fundente e, então, adicionar a amostra. A qualidade analítica desse processo de fusão é limitada pelas impurezas presentes no NaOH e no KOH.
Na_2O_2	Zr, Ni	Base forte e oxidante enérgico, um bom reagente no caso de silicatos que não se dissolvem em Na_2CO_3. Útil para ligas de ferro e cromo. Como ataca lentamente os cadinhos, o interior de um cadinho de Ni é revestido com Na_2CO_3 fundido, resfriado e então adiciona-se Na_2O_2. Os peróxidos fundem em temperaturas menores que os carbonatos, o que protege o cadinho da massa fundida.
$K_2S_2O_7$	Porcelana, SiO_2, Au, Pt	O pirossulfato de potássio ($K_2S_2O_7$) é preparado pelo aquecimento de $KHSO_4$ até que toda a água se perca e o material pare de espumar. Alternativamente, o persulfato de potássio ($K_2S_2O_8$) decompõe-se pelo aquecimento, formando $K_2S_2O_7$. É um bom reagente para óxidos refratários, mas não para silicatos.
B_2O_3	Pt	Útil no caso de óxidos e silicatos. A principal vantagem é que o fundente pode ser completamente eliminado como borato de metila ($[CH_3O]_3B$), volátil, após vários tratamentos com HCl dissolvido em metanol.
$Li_2B_4O_7$ + Li_2SO_4 (2:1 m/m)	Pt	Trata-se de uma mistura muito eficiente para a dissolução, em 10 a 20 minutos a 1 000 °C, de silicatos refratários e óxidos. Um grama de fundente dissolve 0,1 g de amostra. O material fundido, após solidificação, é facilmente dissolvido em 20 mL de HCl 1,2 M a quente.

necessitam de um fundente oxidante para a sua dissolução. Nesse caso, podemos usar Na_2O_2 puro, ou oxidantes como o KNO_3, $KClO_3$, ou ainda, adicionar Na_2O_2 ao Na_2CO_3. Após a fusão, o óxido bórico pode ser convertido em $B(OCH_3)_3$, sendo evaporado de maneira completa. A massa fundida resfriada e solidificada é tratada com 100 mL de metanol saturado com HCl gasoso e, então, suavemente aquecido. O processo é repetido várias vezes, se necessário, para remoção de todo boro presente.

Cadinhos de platina são caros e devem ser aquecidos ao ar, em uma atmosfera não redutora. A platina quente deve ser manuseada somente com pinças de platina. Você pode soldar uma lâmina de platina na ponta de uma pinça comum para manusear o cadinho de platina. O cadinho quente só poderá ser colocado sobre uma superfície limpa e inerte ou sobre um triângulo de Pt/Ir. O carbono fuliginoso pode fragilizar a platina. Outros elementos como Sb, As, Pb, P, Se, Te e Zn também podem fragilizar a platina. Ouro e prata fundidos e a maioria dos metais reativos dissolvem a platina. Óxidos de ferro e chumbo atacam a platina acima de 1 000 °C, assim como silicatos em condições redutoras.

Decomposição de Substâncias Orgânicas

A digestão de material orgânico se divide em **carbonização seca**, quando o processo não envolve líquido, ou **carbonização úmida**, quando é usado líquido. Ocasionalmente, a fusão com Na_2O_2 (chamada oxidação de Parr) ou com metais alcalinos pode ser feita em uma bomba fechada. Na Seção 27.4, discutimos as *análises por combustão*, em que se determinam os teores de C, H, N, S e halogênios.

Uma forma de *carbonização seca* é a combustão induzida por micro-ondas, como na análise de halogênios em carvão[13] e metais em plantas.[14] Por exemplo, pastilhas de carvão pesando de 50 a 500 mg são envolvidas em um papel de filtro de baixo teor de cinzas e colocadas em um vaso de quartzo sobre um suporte de quartzo, contendo no fundo 6 mL de uma solução de $(NH_4)_2CO_3$ 50 mM. Após o papel de filtro ter sido umedecido com 50 μL de solução de NH_4NO_3 6 M (um oxidante), o vaso é fechado e pressurizado com 20 bar de O_2. A aplicação de uma potência de micro-ondas de 1 400 W inicia a combustão na qual o carvão atinge a temperatura de 1 400 °C. Os haletos liberados na combustão são dissolvidos na solução de $(NH_4)_2CO_3$ e determinados por cromatografia de íons.

Processos interessantes de *carbonização úmida* envolvem a digestão por micro-ondas com ácido, em uma bomba de Teflon (Figura 28.7). Por exemplo, 0,25 g de um tecido animal pode ser digerido, para a análise de metais, colocando-se a amostra em um recipiente de Teflon de 60 mL, contendo 1,5 mL de HNO_3 a 70% de alta pureza, mais 1,5 mL de H_2SO_4 a 96% de alta pureza. A mistura é aquecida em um forno de micro-ondas, para uso doméstico, a 700 W, por 1 minuto.[15] Uma bomba de Teflon equipada com sensores de temperatura e de pressão permite um controle seguro e programável das condições de digestão. Outro processo de carbonização úmida importante é a *digestão de Kjeldahl* com H_2SO_4 para a análise de nitrogênio (Seção 11.8).

No *método de Carius*, a digestão é feita com HNO_3 fumegante (que contém NO_2 dissolvido em excesso) em um tubo de vidro fechado, com paredes reforçadas, a 200 a 300 °C. Por segurança, o tubo de vidro de Carius deve estar dentro de um recipiente de aço pressurizado com aproximadamente a mesma pressão prevista para dentro do tubo de vidro.[16] Para análise em nível de traço, a amostra deve ser colocada dentro de um tubo de sílica fundida, que, por sua vez, é inserido no tubo de vidro. A sílica contamina a amostra com metais 1 a 10% menos que o vidro.[17]

A Figura 28.9 mostra uma aparelhagem de micro-ondas para carbonização úmida. Ácido sulfúrico, ou uma mistura de H_2SO_4 e HNO_3 (~15 mL de ácido por grama de amostra desconhecida), é adicionado a uma substância orgânica em um tubo de digestão de vidro fechado com uma tampa de refluxo. Na primeira etapa, a amostra é *carbonizada* por 10 a 20 minutos em refluxo suave, até que todas as partículas tenham se dissolvido e a solução assuma uma aparência negra uniforme. O aparelho é desligado e a amostra é resfriada por 1 a 2 minutos. A seguir, é feita a *oxidação*, pela adição de H_2O_2, ou de HNO_3, por meio da tampa de refluxo, até que desapareça a cor ou então que a solução fique apenas levemente colorida. Se a solução não estiver homogênea, o aparelho é ligado e a amostra é aquecida para solubilizar todos os sólidos. Podem ser necessários ciclos repetidos de oxidação e solubilização. Uma vez que as condições para determinado tipo de material já estejam estabelecidas, o processo pode ser automatizado, com os níveis de potência elétrica e liberação de reagente (por meio de uma bomba peristáltica) programados pelo controlador existente na aparelhagem.

O mineralizador de alta pressão na Figura 28.10 contém um elemento aquecedor resistivo dentro de uma câmara selada para digestão a temperaturas de até 270 °C, sob pressão de até 140 bar. A alta pressão possibilita o aquecimento de ácidos a temperaturas elevadas sem que haja fervura. À alta temperatura, o HNO_3 oxida matéria orgânica sem a ajuda do H_2SO_4, que não tem um grau de pureza tão bom quanto o do HNO_3, sendo, por isso, menos apropriado

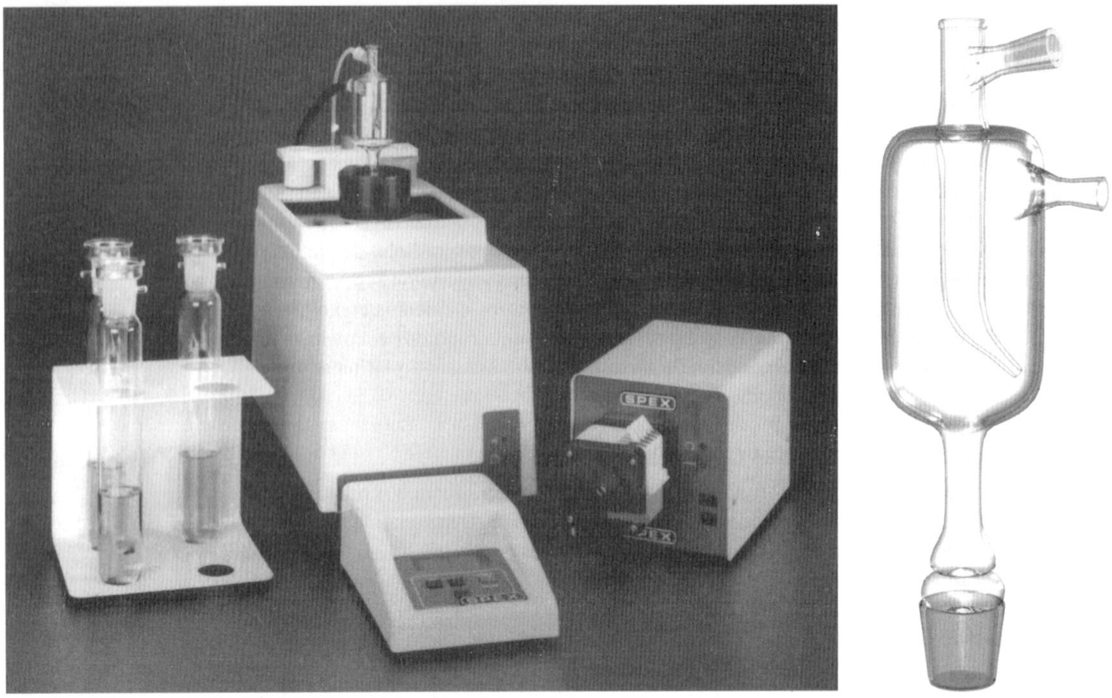

FIGURA 28.9 Aparelhagem de micro-ondas para a digestão de materiais orgânicos por carbonização úmida. [SPEX SamplePrep LLC.]

FIGURA 28.10 Autoclave de alta pressão, permitindo digestão até 270 °C, sem H_2SO_4, em recipientes abertos no interior do autoclave. [Dados de B. Maichin, M. Zischka e G. Knapp, "Pressurized Wet Digestion in Open Vessels", *Anal. Bioanal. Chem.* **2003**, *376*, 715.]

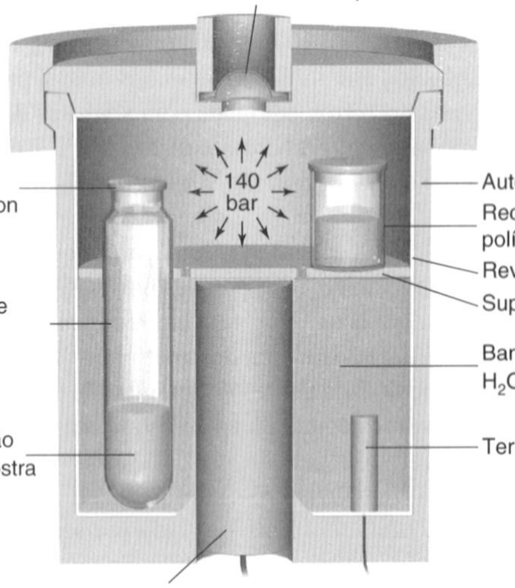

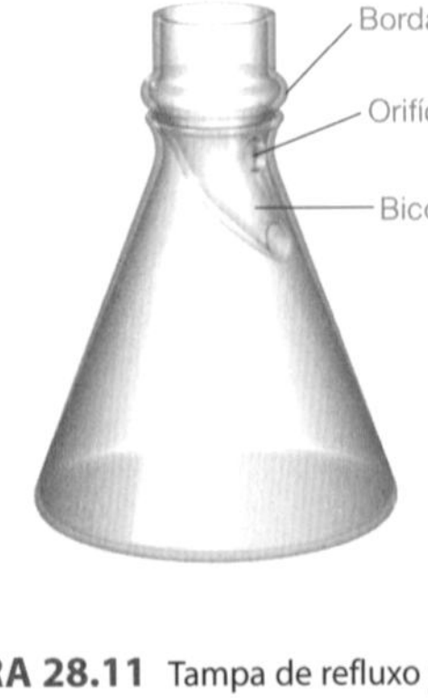

FIGURA 28.11 Tampa de refluxo para a carbonização úmida em um erlenmeyer. O orifício permite que o vapor escape, e o bico é curvado de modo a estar em contato com o interior do frasco. [Dados de D. D. Siemer e H. G. Brinkley, "Erlenmeyer Flask-Reflux Cap for Acid Sample Decomposition", *Anal. Chem.* **1981**, *53*, 750.]

para análise de traços. Vasos de sílica ou de polímeros fluorados no interior da câmara selada são fechados frouxamente com tampas de Teflon de modo a permitir o escape de gases. O fundo do vaso é preenchido com H_2O_2 a 5% em vol. em H_2O. O peróxido de hidrogênio reduz os óxidos de nitrogênio gerados pela digestão da matéria orgânica. A título de exemplo, 1 g de amostra de tecido animal pode ser digerido em um frasco de 50 mL de sílica fundida contendo 5 mL de HNO_3 de alta pureza a 70% em vol. mais 0,2 mL de HCl de alta pureza a 37% em vol. Os elementos metálicos presentes na solução de digestão podem ser medidos em níveis de partes por bilhão a partes por milhão por meio de espectrometria de emissão atômica de plasma indutivamente acoplado.

A carbonização úmida com refluxo de HNO_3-$HClO_4$ (Figura 28.11) é um processo amplamente aplicável, porém perigoso.[18] **O ácido perclórico tem provocado numerosas explosões.** Por isso, usamos um bom protetor contra explosões em uma capela revestida de metal, especialmente projetada para trabalhos com $HClO_4$. Inicialmente, aquecemos a amostra com

HNO_3, lentamente até a ebulição, mas *sem* $HClO_4$. Fervemos até bem próximo da secura, para completarmos a oxidação do material facilmente oxidável, que poderia explodir na presença de $HClO_4$. Adicionamos novamente HNO_3 e repetimos a evaporação diversas vezes. Após o resfriamento até a temperatura ambiente, adicionamos $HClO_4$ e aquecemos de novo. Se possível, o HNO_3 deve estar presente durante o tratamento com $HClO_4$. Um grande excesso de HNO_3 deve estar presente ao oxidarmos materiais orgânicos.

O $HClO_4$ junto com material orgânico representa um sério **risco de explosão**. Sempre oxidamos primeiramente a amostra com HNO_3. Sempre usamos proteção contra explosões quando trabalhamos com $HClO_4$.

Frascos contendo $HClO_4$ não devem ser armazenados em prateleiras de madeira, pois o ácido derramado na madeira pode formar ésteres explosivos de perclorato de celulose. O ácido perclórico também não deve ser armazenado próximo a reagentes orgânicos ou a agentes redutores. Um dos revisores deste livro escreveu uma vez: "Vi uma pessoa, em uma experiência com redutor de Jones, substituir o ácido perclórico por ácido sulfúrico com resultados espetaculares – não houve explosão, mas o tubo se fundiu!"

A combinação de Fe^{2+} e H_2O_2, conhecida como *reagente de Fenton*, produz radicais OH^* e, possivelmente, $Fe^{II}OOH$ como agentes oxidantes poderosos.[19] O reagente de Fenton oxida o material orgânico em soluções aquosas diluídas.[20] Por exemplo, os compostos orgânicos presentes na urina podem ser destruídos em 30 minutos, a 50 °C, liberando traços de mercúrio para análise.[21] Para isso, o pH de 50 mL de uma amostra foi ajustado com solução de H_2SO_4 para 3 a 4. A seguir, foram adicionados 50 μL de solução aquosa saturada de sulfato de ferro(II) e amônio, $Fe(NH_4)_2(SO_4)_2$, seguido de adição de 100 μL de H_2O_2 a 30%.

28.3 Técnicas de Preparação da Amostra

A **preparação da amostra** é a série de etapas necessárias para transformarmos uma amostra, de tal forma que ela se torne apropriada para análise. A preparação de uma amostra pode incluir a sua dissolução, a extração do analito de uma matriz complexa, a concentração de um analito diluído em um nível dentro dos limites de determinação, a conversão química do analito a uma forma que seja detectável e, finalmente, a remoção ou mascaramento de espécies interferentes.

A Seção 24.4 descreve três métodos de preparação de amostra, especialmente úteis para a cromatografia a gás: *microextração em fase sólida, purga e aprisionamento, e dessorção térmica.*

Técnicas de Extração Líquida

Em uma **extração**, o analito é dissolvido em um solvente, que não dissolve necessariamente toda a amostra e não provoca a decomposição do analito. Em uma *extração assistida por micro-ondas* de pesticidas do solo, uma extração rotineira, uma mistura contendo o solo e os solventes acetona e hexano é colocada em uma bomba de Teflon (Figuras 28.7 e 28.12) e aquecida por micro-ondas a 150 °C. Esta temperatura é de 50 a 100 °C maior que os pontos de ebulição de cada um dos solventes à pressão atmosférica. Os pesticidas se dissolvem, mas o solo permanece insolúvel. A fase líquida obtida é então analisada por cromatografia.

A acetona absorve micro-ondas, de sorte que ela pode ser aquecida em um forno de micro-ondas. O hexano não absorve micro-ondas. Para realizar uma extração com hexano puro, o líquido é colocado em um recipiente de polímero fluorado dentro de um vaso de Teflon na Figura 28.7.[22] As paredes do recipiente contêm negro de carbono, que absorve micro-ondas, aquecendo o solvente.

A **extração por fluido supercrítico** usa um *fluido supercrítico* (Boxe 25.2) como solvente de extração.[23] CO_2 é o fluido supercrítico mais comum, pois é barato e elimina a necessidade de uma remoção dispendiosa de rejeitos de solventes orgânicos. A adição de um segundo solvente, como o metanol, aumenta a solubilidade dos analitos polares. Substâncias apolares,

FIGURA 28.12 Forno de micro-ondas com 1,8 kW de potência para extração por solventes ou digestão ácida de até 40 amostras em recipientes de 75 mL inseridos em suportes de Kevlar à prova de explosão. Os recipientes são projetados para lidar com temperaturas de até 260 a 300 °C e pressões de até 30 a 100 bar. Discos de ruptura reduzem a pressão se esta ultrapassar um valor crítico. Os vapores são descarregados em uma capela. A temperatura no interior de cada recipiente é monitorada por sensores de infravermelho e usada para controlar a potência do micro-ondas. [© Cortesia de CEM Corp., Matthews, NC.]

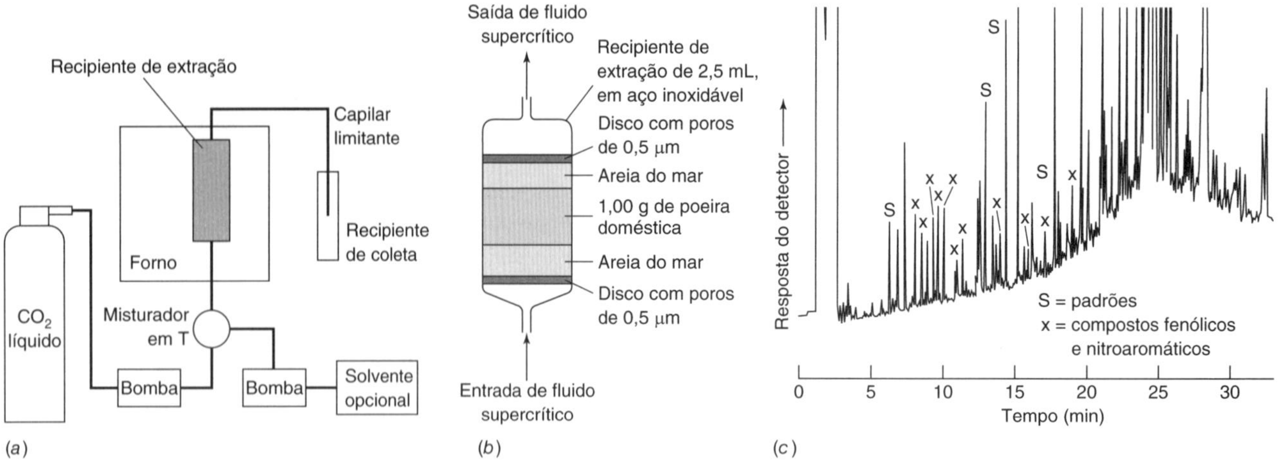

FIGURA 28.13 (*a*) Aparelhagem para extração por fluido supercrítico. (*b*) Recipiente para extração de poeira doméstica a 50 °C, com solução a 20 mol% de metanol/80 mol% de CO_2 a 24,0 MPa (240 bar). (*c*) Cromatograma obtido por cromatografia a gás da solução em CH_2Cl_2 do extrato, usando uma coluna de 30 m × 0,25 mm de difenil$_{0,05}$dimetil$_{0,95}$siloxano (filme com 1 μm de espessura) com intervalo de temperatura de 40 a 280 °C e detecção por ionização de chama. [Dados de T. S. Reighard e S. V. Olesik, "Comparison of Supercritical Fluids and Enhanced-Fluidity Liquids for the Extraction of Phenolic Pollutants from House Dust", *Anal. Chem.* **1996**, *68*, 3612.]

Alguns agentes quelantes podem extrair íons metálicos para o CO_2 supercrítico (contendo pequenas quantidades de metanol ou água). O ligante visto a seguir dissolve lantanídeos e actinídeos:[24]

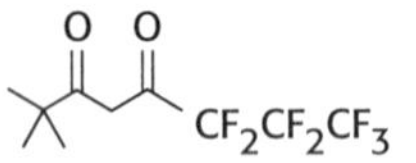

como os hidrocarbonetos do petróleo, podem ser extraídas com argônio supercrítico.[25] O processo de extração pode ser monitorado em tempo real por espectroscopia de infravermelho, pois o argônio não absorve nesta região do espectro.

A Figura 28.13a mostra como podemos fazer uma extração por fluido supercrítico. O fluido pressurizado é bombeado por meio de um recipiente de extração aquecido. O fluido pode ficar em contato com a amostra por algum tempo, ou então, ser bombeado continuamente. Na saída do recipiente de extração, o fluido passa por um tubo capilar, de modo a aliviar a pressão. Ao sair, o CO_2 evapora, deixando o analito extraído dentro do recipiente de coleta. Alternativamente, o CO_2 pode ser borbulhado em um solvente no recipiente de coleta, de modo a formarmos uma solução contendo o analito.

A Figura 28.13b mostra a extração de compostos orgânicos a partir da poeira coletada por um aspirador de pó no capacho existente na porta do prédio de Química da Universidade Estadual de Ohio. O cromatograma do extrato, na Figura 28.13c, exibe uma infinidade de compostos orgânicos capazes de serem inalados a cada respiração. Em outro estudo, difenil éteres polibromados, retardadores de chama, foram encontrados na poeira doméstica.[26] Os níveis encontrados nos Estados Unidos são uma ordem de grandeza maior que na Europa. Foi estimado que a poeira ingerida por dia, por crianças de 1 a 4 anos, contenha de 0,1 a 6 μg de retardadores de chama.

A Figura 28.14 mostra a vidraria para a **extração líquido-líquido** contínua de um analito não volátil, normalmente de uma solução aquosa para um solvente orgânico. Na Figura 28.14a, o solvente de extração é mais denso do que o líquido que está sendo extraído. O solvente evapora (por ebulição) a partir do balão e condensa dentro do recipiente de extração. As densas gotas do solvente caindo pela coluna de líquido extraem o analito. Quando o nível de líquido está suficientemente alto, o solvente de extração retorna por um tubo para o balão. Dessa maneira, o analito é transferido lentamente do líquido pouco denso à esquerda para dentro do balão, onde se encontra o líquido mais denso. A Figura 28.14b mostra o processo no qual o solvente de extração é menos denso que o líquido que está sendo extraído.

A **microextração líquido-líquido dispersiva** é uma excelente maneira de reduzir o uso de solventes e a geração de resíduos perigosos.[27] Na Figura 28.15, um volume pequeno de *solvente de extração* como o clorofórmio ($CHCl_3$) misturado com um volume grande de *solvente dispersante* (como acetona, metanol, acetonitrila ou um surfactante) é injetado rapidamente em uma amostra aquosa para produzir uma *emulsão* nebulosa (uma dispersão de gotículas de líquido). O solvente dispersante é escolhido de modo que seja miscível nas duas fases, reduzindo com isso a energia da interface entre elas e permitindo a formação de uma emulsão de gotículas com grande área superficial. A transferência de massa do analito entre as duas fases é rápida porque a área superficial da interface é muito grande. Em alguns casos, o tubo é inserido em um vibrador ultrassônico para promover a quebra das gotículas e a transferência de massa entre as fases. O tubo é, então, centrifugado para quebrar a emulsão em duas fases distintas. Na Figura 28.15, o solvente de extração é mais denso do que a água. Uma amostra pode ser retirada por meio de

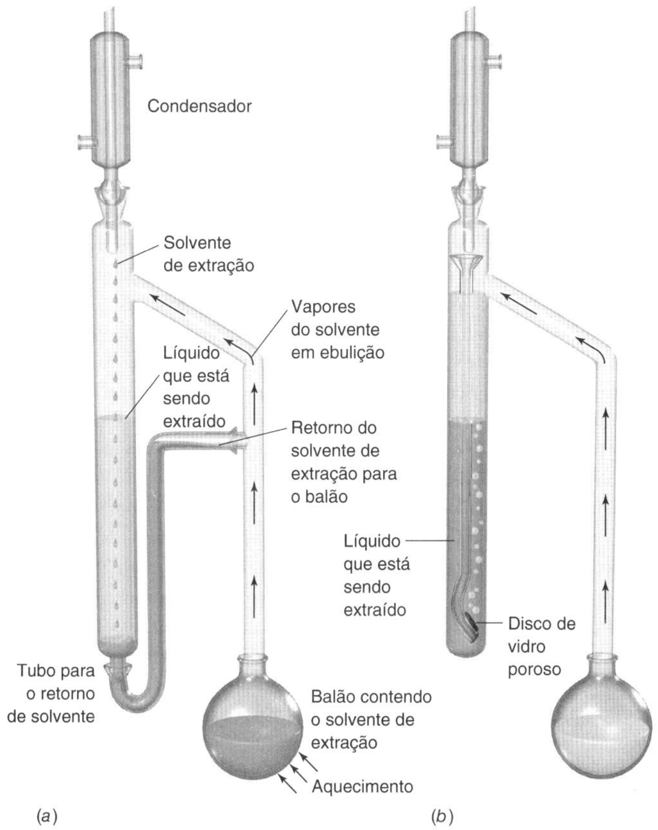

FIGURA 28.14 Aparelhagem para extração contínua líquido-líquido usada quando o solvente de extração é (*a*) mais denso do que o líquido que está sendo extraído ou (*b*) menos denso do que o líquido que está sendo extraído.

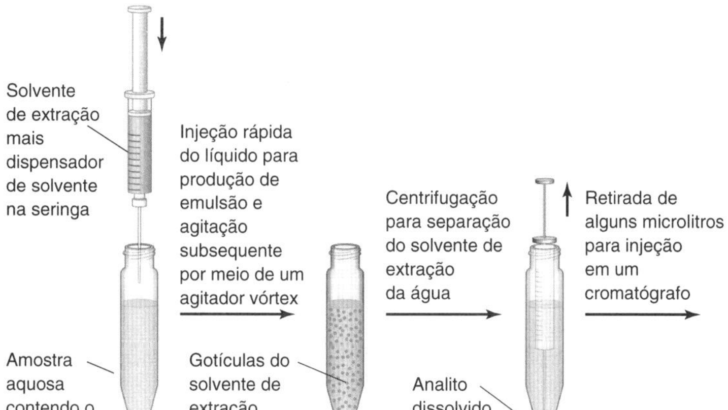

FIGURA 28.15 Microextração líquido-líquido dispersiva.

uma microsseringa e injetada em um cromatógrafo líquido ou a gás para análise. Em um exemplo, a ocratoxina A, de origem microbiana presente no vinho, pode ser extraída injetando-se uma mistura de 100 μL de $CHCl_3$ com 1,0 mL de acetona como dispersante. A razão entre o solvente de extração e o dispersante deve ser controlada de modo a se produzir uma emulsão opalescente. Um recipiente contendo uma abertura bem estreita pode ser usado para coletar os solventes de extração como dodecanol ou ciclo-hexano, que flutuam sobre a água. Adiciona-se água à fase aquosa até que o solvente de extração suba até a abertura estreita.

Outra maneira de reduzir a utilização de solvente na extração líquido-líquido é empregar a **extração líquido-líquido em suporte sólido**, na qual a fase aquosa fica em suspensão em um meio microporoso por meio do qual o solvente orgânico permeia para a extração dos analitos (Figura 28.16).[28] Essa técnica é convenientemente conduzida em uma placa com 96 poços, descrita adiante na Figura 28.21. Em um procedimento representativo para a extração de medicamentos prescritos, plasma humano foi diluído com um volume igual de NH_3 0,5 M. Então, 200 μL do plasma diluído foram aplicados durante 10 s com sucção em uma pequena coluna de terra diatomácea microporosa. Após 5 minutos, a fase aquosa se dispersa através da fase sólida, e a coluna é lavada com 1 mL de um solvente orgânico imiscível

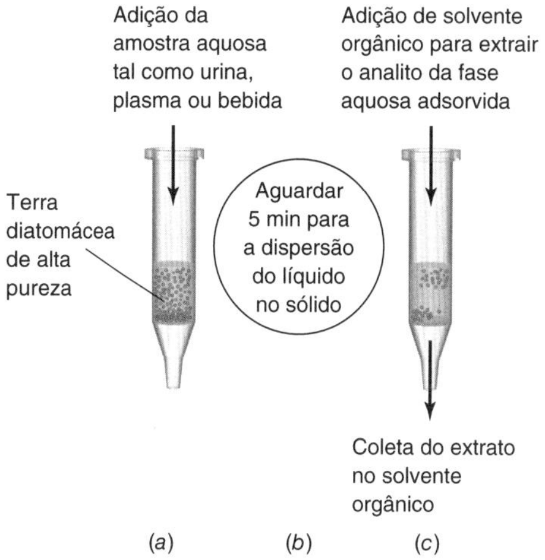

FIGURA 28.16 Extração líquido-líquido suportada por sólido.

(hexano:2-metil-1-butanol, 98:2 vol/vol), o qual escoa durante 5 minutos por gravidade. Sucção é aplicada por 2 minutos para completar a eluição. Após a evaporação do solvente até a secura, o resíduo é dissolvido em uma fase móvel para cromatografia líquida.

A **extração em ponto de nuvem** compreende uma extração líquido-líquido e uma pré-concentração do analito por meio de um *surfactante* que forma *micelas* esféricas (Boxe 26.1), as quais extraem o analito.[29] Em baixas concentrações, as micelas se acham dispersas em solução. Acima da *concentração micelar crítica*, o surfactante se agrega formando micelas, como as do surfactante Triton X-114 na Figura 28.17. Cada micela é uma gotícula em nanoescala, contendo um núcleo hidrofóbico e uma parte externa hidrofílica. As extremidades hidrofóbicas se agrupam no centro da micela. As pontas hidrofílicas na superfície externa interagem com a água. Um analito aquoso de baixa polaridade pode ser extraído da fase aquosa para a parte interior hidrofóbica da micela. Se a solução é aquecida acima da *temperatura do ponto de nuvem*, a parte externa de cada micela é parcialmente desidratada e as micelas se organizam em uma fase à parte, mais densa que a solução aquosa. Após centrifugação para separar as duas fases, a mistura é resfriada em gelo para tornar a fase micelar mais viscosa, e a fase aquosa superior é removida com o auxílio de uma pipeta, deixando o analito concentrado em um volume reduzido da fase micelar.

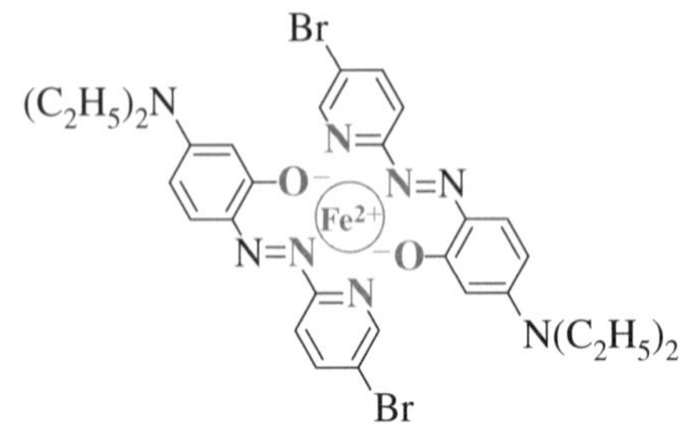

O complexo púrpura de Fe(II) com 2-(5-bromo-2-piridilazo)-5-dietilaminofenol apresenta uma parte externa hidrofóbica. Os átomos ligantes estão assinalados em cinza.

Em um experimento de ensino, a concentração de ferro em cerveja foi determinada espectrofotometricamente após extração em ponto de nuvem. O ferro na cerveja foi reduzido a Fe(II) pelo ácido ascórbico (vitamina C, Seção 14.6), e tratado com 2-(5-bromo-2-piridilazo)-5-dietilaminofenol para formar um complexo púrpura contendo uma parte exterior hidrofóbica. Após a adição do surfactante Triton X-114, a amostra aquosa homogênea tinha um volume de 10,0 mL em um tubo de centrífuga de 15 mL (Prancha em Cores 36). Após aquecimento a 50 °C por 5 minutos, a fase micelar contendo o complexo de Fe(II) colorido se separou, formando uma suspensão turva. Após centrifugação, a fase micelar densa contendo o complexo colorido de Fe(II) ocupava < 0,2 mL no fundo do tubo de centrífuga. O tubo foi resfriado em gelo para tornar a fase micelar mais viscosa. O sobrenadante aquoso foi então removido com uma pipeta Pasteur e a fase micelar foi diluída a 2,00 mL com etanol, produzindo uma solução homogênea para a determinação da absorbância em 748 nm.

Extração em Fase Sólida[30]

A **extração em fase sólida** usa um pequeno volume de uma fase estacionária cromatográfica, ou então, um polímero especialmente moldado a partir de determinada molécula[31] (Boxe 26.2), para isolar os analitos desejados presentes em uma amostra. A extração em fase sólida emprega pouco solvente e produz pouco resíduo.

A Figura 28.18 mostra as etapas na extração em fase sólida de 10 ng/mL de esteroides a partir da urina. Primeiramente, uma seringa contendo 1 mL de sílica-C_{18} é condicionada com 2 mL de metanol para remoção do material orgânico adsorvido. A seguir, a coluna é lavada com 2 mL de água (*a*). Quando os 10 mL de amostra de urina são aplicados, os componentes apolares aderem à sílica-C_{18} e os componentes polares passam por ela (*b*). A coluna é então rinsada com 4 mL de tampão borato 25 mM, em pH 8, para remover as substâncias polares (*c*). A seguir, a coluna é rinsada com 4 mL de metanol a 40%/água a 60%, em volume, e 4 mL de acetona a 20%/água a 80%, em volume, para remoção das substâncias menos polares (*d*). Finalmente, a eluição com

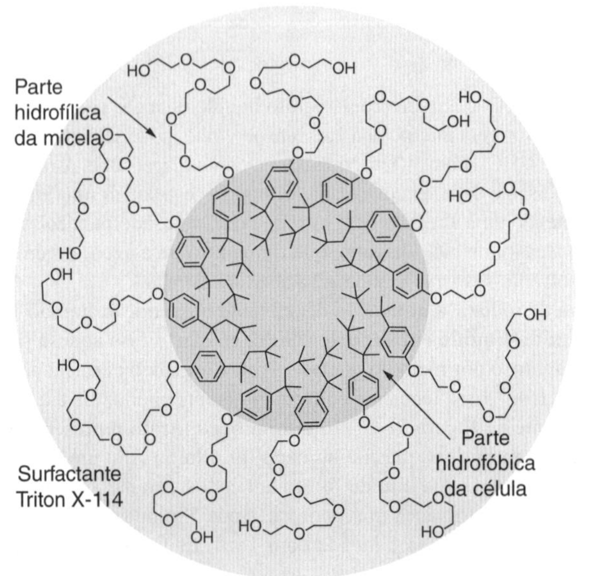

FIGURA 28.17 A micela esférica do surfactante Triton X-114 apresenta um núcleo hidrofóbico e uma parte externa hidrofílica. [Dados de L. Khalafi, P. Doolittle e J. Wright, "Speciation and Determination of Low Concentration of Iron in Beer Samples by Cloud Point Extraction", *J. Chem. Ed.* **2018**, *95*, 463.]

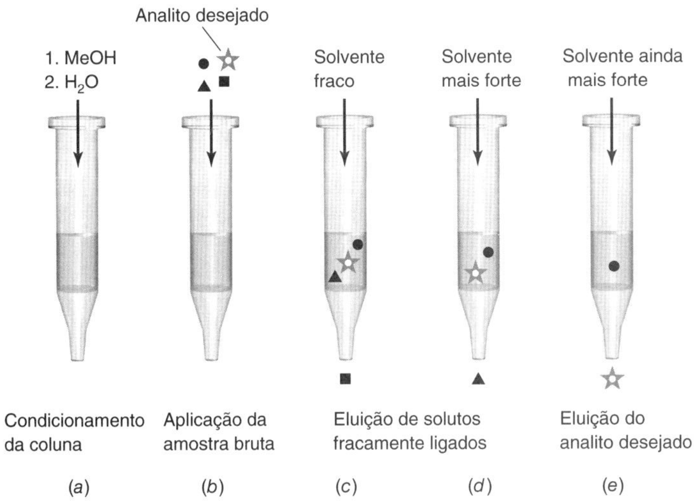

FIGURA 28.18 Etapas na extração em fase sólida.

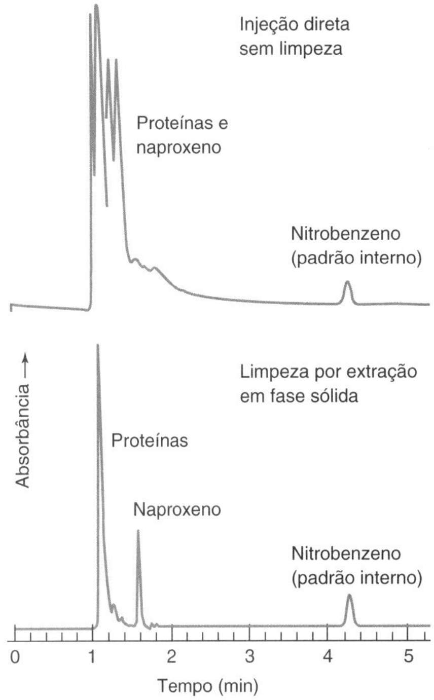

FIGURA 28.19 Cromatografia líquida de alta eficiência de naproxeno em soro sanguíneo sem purificação prévia (*gráfico superior*) e com purificação prévia da amostra (*gráfico inferior*), por extração em fase sólida com 1 mL de sílica-C_8. [Dados de R. E. Majors e A. D. Broske, "New Directions in Solid-Phase Extraction Particle Design", *Am Lab.*, February 2002, p. 22.]

duas alíquotas de 0,5 mL de metanol a 73%/água a 27% retira os esteroides da coluna (*e*). O carregamento da amostra e a eluição em uma vazão baixa (1 a 2 gotas/s) aumentam a recuperação e a reprodutibilidade. A Prancha em Cores 1 mostra uma extração em fase sólida.

A Figura 28.19 compara os cromatogramas do fármaco naproxeno em soro sanguíneo, com ou sem purificação prévia da amostra por extração em fase sólida. Sem essa purificação prévia, as proteínas séricas coeluem e mascaram o pico do naproxeno. A extração em fase sólida remove a maioria das proteínas.

Na abertura deste capítulo, a extração em fase sólida foi usada para *pré-concentrar* e purificar parcialmente traços de cocaína e benzoilecgonina. Um volume de 500 mL de água de rio foi filtrado, contaminado intencionalmente com 10 ng de um padrão interno e acidificado até pH 2,0 com HCl. Um cartucho de extração de cátions em fase sólida contendo 60 mg de resina foi tratado, antes da utilização, com 6 mL de CH_3OH, 3 mL de água deionizada e 3 mL de água acidificada até pH 2,0 com HCl. A água do rio foi transferida por meio do cartucho a 20 mL/min. O líquido foi removido do cartucho por sucção durante 5 minutos. Os analitos então eluíram do cartucho com 2 mL de CH_3OH, seguido por 2 mL de uma solução de amônia a 2% em CH_3OH. Este procedimento pré-concentra a amostra por um fator de 500 mL/4 mL = 125.

O cartucho de extração em fase sólida utilizado para pré-concentrar cocaína a partir da água do rio é o adsorvente de troca catiônica em fase reversa na parte superior esquerda da Figura 28.20. Esta é uma família de resinas cujo esqueleto contém anéis benzênicos lipofílicos e anéis pirrolidona hidrofílicos. As resinas são umedecidas com água e têm afinidade por substâncias polares e apolares. Os quatro derivativos de troca iônica são úteis para reter e, posteriormente, liberar diferentes tipos de analitos quando as condições de pH, solvente e força iônica são alteradas.

A pré-concentração de cocaína a partir de 500 mL da água do rio foi feita com somente 60 mg de resina em uma seringa. Para múltiplas amostras ou em uma pesquisa exploratória, uma placa com *96 poços*, tal como a mostrada na Figura 28.21, pode ser usada. A placa convencional na parte superior à direita possui poços do tipo seringa, cada um podendo conter de 5 a 60 mg de resina. A placa μElution® na parte superior à esquerda tem 96 poços do tipo pipeta Pasteur com pequeno volume pelos quais pode eluir 25 a 50 μL de solvente.

Um procedimento-padrão para a análise de pesticidas em 1 L de efluente aquoso emprega 200 mL de diclorometano para a extração líquido-líquido. Os mesmos analitos podem ser isolados por extração em fase sólida, em discos de sílica-C_{18} suportados por discos porosos de vidro, conforme apresentado na Figura 2.17. Os pesticidas são recuperados dos discos pela extração com CO_2, como fluido supercrítico, que é finalmente despejado em um pequeno

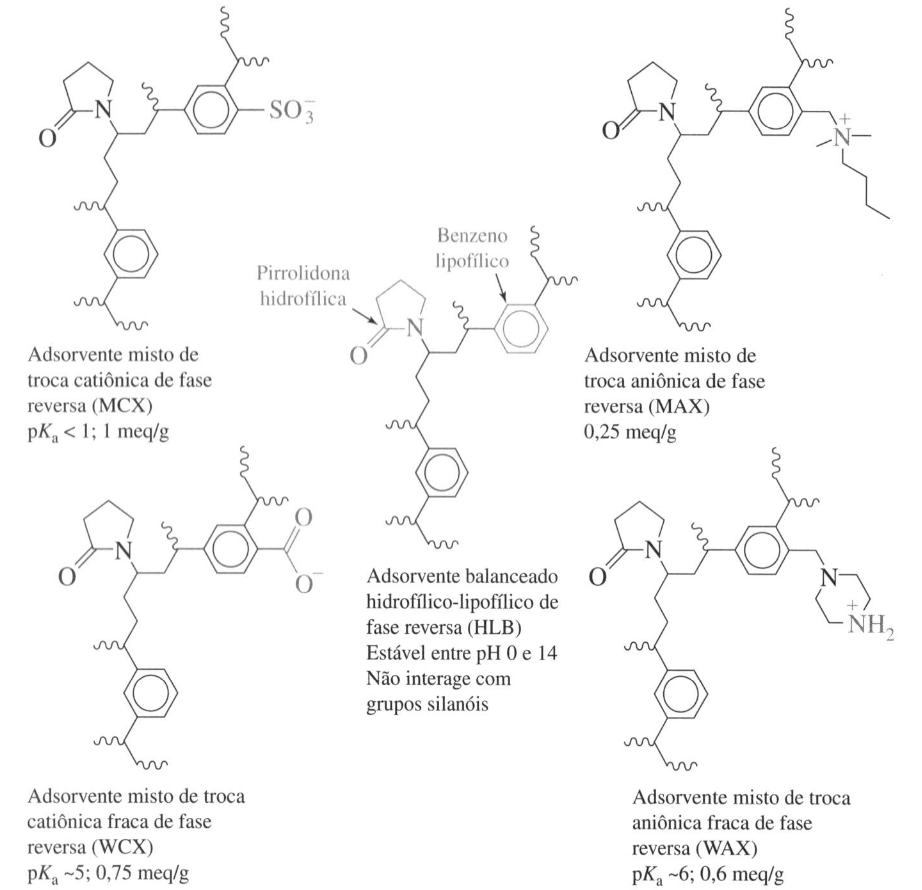

Na Figura 28.20, a notação 1 meq/g significa 1 miliequivalente de sítios de troca iônica por grama de resina. Um miliequivalente corresponde a 1 milimol de sítios carregados.

FIGURA 28.20 Estruturas dos polímeros trocadores iônicos hidrofóbicos Oasis® permeáveis à água para extração em fase sólida. [Dados de Waters Corp., Milford, MA.]

volume de hexano. Este é um tipo de análise que pode economizar 10^5 kg de CH_2Cl_2 por ano.[32] Os discos de extração em fase sólida empregam sorbentes como C_{18}, trocadores de íons, quelatos e carvão ativado.

As resinas de troca iônica podem capturar gases com comportamento básico ou ácido. O carbonato liberado como CO_2 do $(ZrO)_2CO_3(OH)_2 \cdot xH_2O$, usado no reprocessamento de combustível nuclear, pode ser determinado adicionando-se uma quantidade conhecida do sólido pulverizado ao tubo de ensaio na Figura 28.22, seguida de adição de HNO_3 3 M. Quando a solução é purgada com N_2, o CO_2 é capturado quantitativamente pela resina de troca aniônica umedecida, presente em um tubo conectado lateralmente ao tubo de ensaio:

$$CO_2 + H_2O \rightarrow H_2CO_3$$

$$2\,\text{resina}^+OH^- + H_2CO_3 \rightarrow (\text{resina}^+)_2CO_3^{2-} + 2H_2O$$

O carbonato é eluído a partir da resina com solução de $NaNO_3$ 1 M e determinado por uma titulação com ácido. A Tabela 28.7 nos mostra outras aplicações desta técnica.

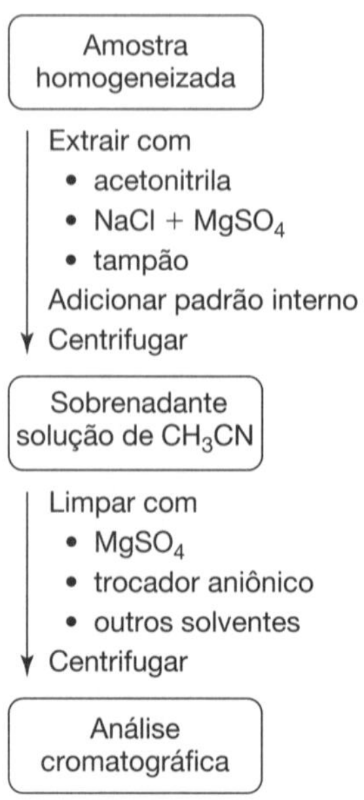

QuEChERS[33]

QuEChERS é um acrônimo em inglês para um procedimento de preparo de amostra que é rápido (*Qu*ick), fácil (*E*asy), barato (*Ch*eap), efetivo (*E*ffective), robusto (*R*ugged) e seguro (*S*afe). As duas etapas são (1) *extração* de analitos, seguida (2) de *limpeza da amostra* para remoção de componentes da matriz do extrato antes da análise cromatográfica. QuEChERS extrai pesticidas e outros contaminantes orgânicos de frutas, vegetais, plantas, solos e sedimentos. Pode também extrair antibióticos de carne. Emprega-se pouca quantidade de solvente orgânico, várias amostras podem ser manipuladas ao mesmo tempo, e são obtidas boas recuperações de muitos analitos. Os fornecedores vendem o *kit* completo para esse procedimento.

Em uma variante do procedimento, frutas picadas são congeladas a –20 °C e homogeneizadas com gelo seco para produzir um pó sem agregação, contendo normalmente > 80% de água. Para a *extração* de resíduos orgânicos, 10 mL de acetonitrila são misturados a 10 g do pó em um tubo plástico de centrífuga de 50 mL tampado. Um padrão interno e padrões de controle de qualidade são adicionados para medir a recuperação. Após agitar bem por 1 minuto, sais (1 g de NaCl + 4 g de $MgSO_4$) e um tampão quase neutro (1 g de Na_3citrato · $2H_2O$ + 0,5 g de

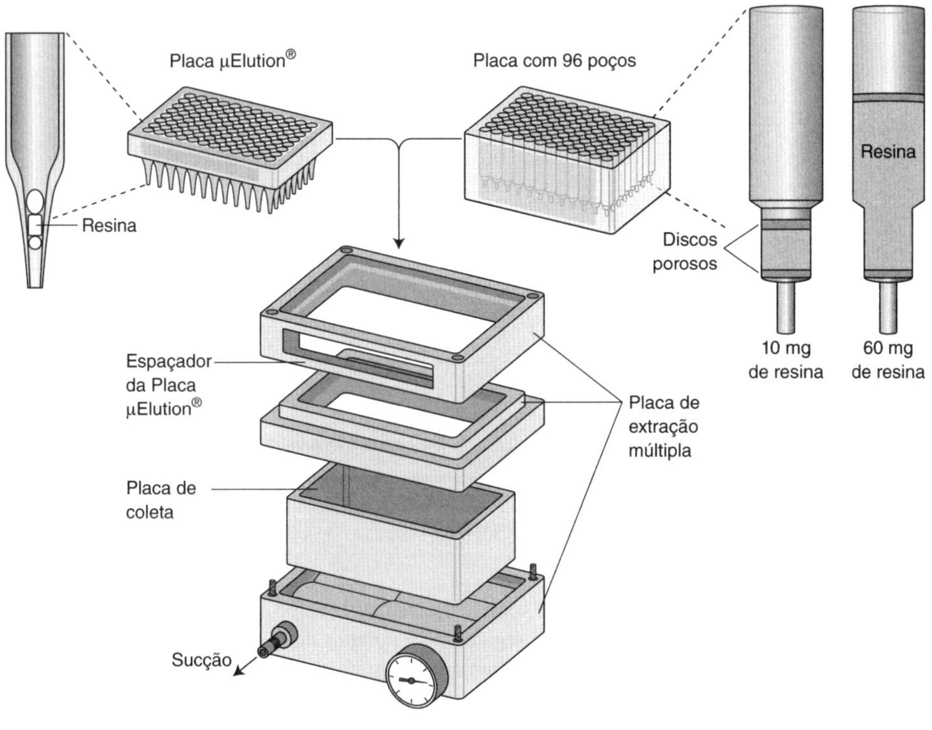

FIGURA 28.21 Placa com 96 poços e placa μElution® com 96 poços para extração em fase sólida. [Dados de Waters Corporation, Miford, MA.]

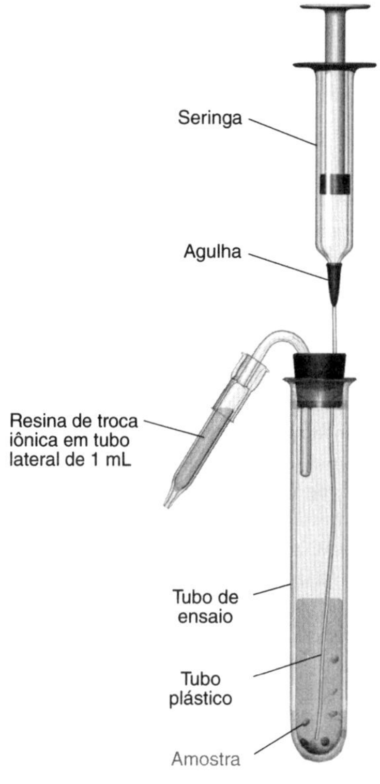

FIGURA 28.22 Aparelhagem para o aprisionamento de gases básicos ou ácidos por troca iônica. [Dados de D. D. Siemer, "Ion Exchange Resins for Trapping Gases: Carbonate Determination", *Anal. Chem.* **1987**, *59*, 2439.]

TABELA 28.7 Uso de resinas de troca iônica para a captura de gases

Gás	Espécie capturada	Eluente	Método analítico
CO_2	CO_3^{2-}	$NaNO_3$ 1M	Titulado com ácido
H_2S	S^{2-}	Na_2CO_3 0,5 M + H_2O_2	O S^{2-} é oxidado a SO_4^{2-} pelo H_2O_2. O sulfato é determinado por cromatografia iônica.
SO_2	SO_3^{2-}	Na_2CO_3 0,5 M + H_2O_2	O SO_3^{2-} é oxidado a SO_4^{2-} pelo H_2O_2. O sulfato é determinado por cromatografia iônica.
HCN	CN^-	Na_2SO_4 1 M	Titulação do CN^- com hipobromito: $CN^- + OBr^- \rightarrow CNO^- + Br^-$
NH_3	NH_4^+	$NaNO_3$ 1 M	NH_4^+ Eletrodo íon seletivo ou ensaio colorimétrico por meio da reação de Berthelot: 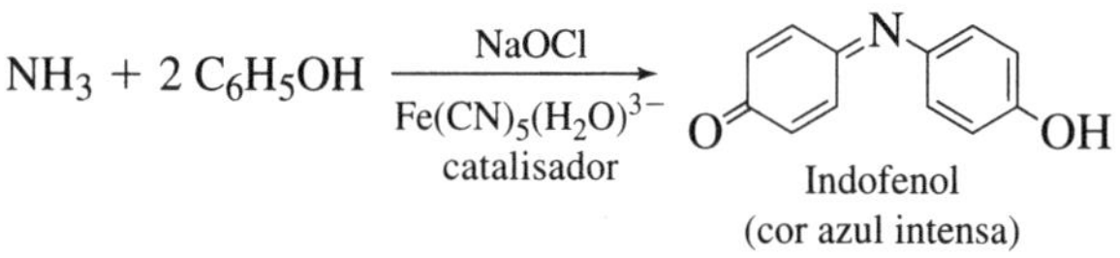

FONTE: *Dados de D. D. Siemer, "Ion Exchange Resins for Trapping Gases: Carbonate Determination",* Anal. Chem. ***1987****, 59, 2439; C. J. Patton e S. R. Crouch, "Spectrophotometric and Kinetics Investigation of the Berthelot Reaction for the Determination of Ammonia",* Anal. Chem. ***1972****, 49, 464.*

Na_2Hcitrato · 1,5H_2O) são adicionados. A elevada concentração de sal provoca a formação de uma fase aquosa e uma fase orgânica, e transfere os compostos orgânicos para a fase orgânica. O tampão protege certos analitos sensíveis a bases. Após agitar por mais 1 minuto, a amostra é centrifugada por 5 minutos e a fase líquida da acetonitrila é removida. (Para extrair compostos orgânicos de 5 g de solo seco, podemos adicionar ~3–8 mL de água ao solo antes da aplicação do procedimento QuEChERS.)

Para a *limpeza da amostra*, 1 mL de extrato é colocado em um tubo plástico de centrífuga de 2 mL com tampa e contendo 150 mg de $MgSO_4$ anidro (para absorver H_2O residual), 25 mg de um trocador aniônico fraco (chamado sorbente PSA, "amina primária secundária") e ~5 mg de um sorbente sólido opcional, como sílica-C_{18} e negro de carbono

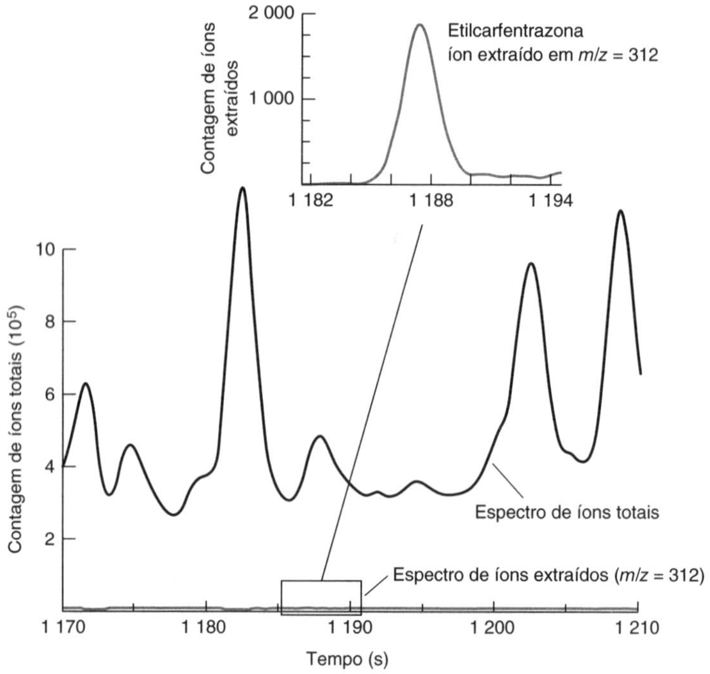

FIGURA 28.23 Parte de um registro de cromatografia a gás–espectrometria de massa por tempo de voo de um pesticida extraído de um suplemento dietético por QuEChERS. Coluna: 30 m × 0,25 mm contendo Restek Rxi-5Sil MS (0,25 μm de espessura); vazão de He, 1,5 mL/min; 90 a 340 °C a 8 °C/min. Ionização por impacto de elétrons (70 eV), e injeção de 1 μL no modo sem divisão de fluxo (*splitless*). O espectro de massa central é o total da contagem de íons. O espectro tirado em $m/z = 312$ está inserido na figura. [Dados de J. Kowalski, M. Misselwitz, J. Thomas e J. Cochran, "Evaluation of QuEChERS, Cartridge SPE Cleanup, and Gas Chromatography Time-of-Flight Mass Spectrometry for the Analysis of Pesticides in Dietary Supplements", *LCGC North Am.* **2010**, *28*, 972.]

grafitizado. A limpeza da amostra remove substâncias da matriz como ânions de ácidos graxos e carboidratos. Após agitar por 2 minutos seguido de 5 minutos de centrifugação, o sobrenadante líquido é removido para introdução em um cromatógrafo a gás ou líquido.

Alternativamente, o extrato de acetonitrila é passado por um cartucho contendo sorbentes, inserido em uma seringa. O cartucho requer 50 mL de uma mistura em volume de acetonitrila:tolueno (3:1) para eluição, e o eluato deve ser evaporado a ~0,5 mL para a cromatografia. O resíduo pode ser evaporado à secura e reconstituído com um solvente de ponto de ebulição baixo para cromatografia a gás, ou com um solvente à base de água para cromatografia líquida.

A Figura 28.23 mostra uma pequena parte de um registro de espectrometria de massa–cromatografia a gás de um pesticida extraído de um suplemento dietético por QuEChERS. Ambos os gráficos provêm de uma amostra. A figura superior, com muitos picos (que vão até ~10^6 contagens), é o cromatograma total de íons representando todos os componentes no extrato. Embora a amostra tenha sido "limpa", ela é constituída por uma mistura de muitos compostos. O gráfico inferior mostra apenas o espectro de massa de íons extraídos em m/z = 312, que provém do pesticida de interesse. O íon em m/z = 312, com 2 000 contagens, é invisível no espectro de íons totais, mas apresenta uma relação sinal/ruído igual a 105 no espectro de íons extraídos mostrado na parte de cima da figura. A especificidade da espectrometria de massa é capaz de assinalar um analito em um cromatograma complexo.

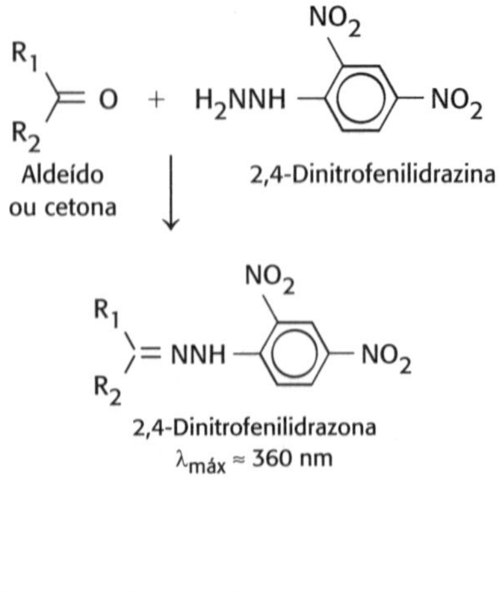

Derivatização

A **derivatização** é um processo pelo qual um analito é quimicamente modificado, de modo a torná-lo mais facilmente detectável ou separável. Por exemplo, o formaldeído e outros aldeídos e cetonas presentes no ar, na respiração ou na fumaça de cigarro[34] podem ser aprisionados e derivatizados pela passagem do ar em um pequeno cartucho contendo 0,35 g de sílica revestida com 2,4-dinitrofenilidrazina a 0,3% m/m. As carbonilas presentes são convertidas nos derivados da 2,4-dinitrofenilidrazona. O produto obtido é eluído com 5 mL de acetonitrila e analisado por CLAE. Os produtos são facilmente detectados em função de sua forte absorbância no ultravioleta, próximo a 360 nm.

Termos Importantes

água-régia	extração	fundente	QuEChERS
almofariz (gral) e pistilo	extração em fase sólida	fusão	variância
amostragem	extração em ponto de nuvem	microextração líquido-líquido dispersiva	
bomba	extração líquido-líquido	moinho de bolas	
carbonização a seco	extração líquido-líquido em suporte sólido	pré-concentração	
carbonização úmida	extração por fluido supercrítico	preparação de amostra	
derivatização			

Resumo

A variância em uma análise é a soma da variância de amostragem com a variância do procedimento analítico. A variância de amostragem pode ser explicada em termos das estatísticas relativas à seleção de partículas a partir de uma mistura heterogênea. Se as probabilidades de selecionarmos dois tipos de partículas, a partir de uma mistura contendo duas partículas diferentes, são p e q, o desvio-padrão na seleção de n partículas é $\sqrt{npq}$. Devemos ser capazes de usar essa relação para estimarmos qual o tamanho necessário de uma amostra, de modo a reduzirmos a variância de amostragem em um nível desejado. O teste t de Student pode ser usado para estimarmos quantas repetições da análise são necessárias para alcançarmos certo nível de confiança no resultado final.

Muitos materiais inorgânicos podem ser dissolvidos em ácidos fortes com aquecimento. São usados frequentemente recipientes de vidro, mas o Teflon, a platina ou a prata são necessários quando trabalhamos com HF, que dissolve silicatos. Se um ácido não oxidante for insuficiente, podem ser usados água-régia ou ácidos oxidantes. Uma bomba de Teflon aquecida em forno de micro-ondas é um meio conveniente para dissolver amostras difíceis. Se a digestão ácida falha, normalmente trabalhamos com uma fusão em sal fundido, mas a grande quantidade de fundente adiciona traços de impurezas. Materiais orgânicos são decompostos pela carbonização úmida com ácidos concentrados a quente, ou pela carbonização a seco por aquecimento.

Os analitos podem ser separados de matrizes complexas por técnicas de preparação de amostra, que incluem a extração líquida, a extração por fluido supercrítico, a microextração líquido-líquido dispersiva, a extração líquido-líquido em suporte sólido, a extração em ponto de nuvem, a extração em fase sólida e o QuEChERS. A derivatização transforma o analito em uma forma mais facilmente detectável ou separável.

Exercícios

28.A. Uma caixa contém 120 000 bolas de gude vermelhas e 880 000 bolas de gude amarelas.

(**a**) Se você retira da caixa uma amostra aleatória de 1 000 bolas de gude, quais seriam os números esperados de bolas de gude vermelhas e amarelas?

(**b**) Ponha as bolas que você retirou de volta na caixa e repita a experiência. Quais seriam os desvios-padrão, absoluto e relativo, para os números em (**a**) após várias retiradas de 1 000 bolas de gude?

(**c**) Quais serão os desvios-padrão absoluto e relativo após várias retiradas de 4 000 bolas de gude?

(**d**) Se você quadruplicar o tamanho da amostra, você diminui o desvio-padrão de amostragem por um fator de _____. Se você aumentar o tamanho da amostra por um fator de n, você diminui o desvio-padrão de amostragem por um fator de _____.

(**e**) Qual o tamanho de amostra necessário para reduzir o desvio-padrão de amostragem das bolas de gude vermelhas para ±2%?

28.B. (**a**) Qual a massa de amostra, na Figura 28.3, que se espera que dê um desvio-padrão de amostragem de ±10%?

(**b**) Com a massa de (**a**), quantas amostras devem ser coletadas para garantir 95% de confiança de que a média esteja dentro de ±20 contagens por segundo por grama?

28.C. Uma amostra de solo contém alguma matéria inorgânica solúvel em ácido, algum material orgânico e alguns minerais que não se dissolvem em qualquer combinação de ácidos a quente que você tente.

(**a**) Sugira um procedimento para a dissolução completa da amostra a fim de determinar os constituintes inorgânicos.

(**b**) Sugira um procedimento para determinar pesticidas e herbicidas no solo.

Problemas

Estatísticas de Amostragem

28.1. Explique qual o significado da seguinte afirmação: "Um analista não deve perder o seu tempo analisando uma amostra, a não ser que ele conheça perfeitamente toda a sua história".

28.2. Explique qual o significado das expressões "qualidade analítica" e "qualidade dos dados", na seguinte afirmação: "Nós precisamos atualizar os modelos de qualidade de dados ambientais para distinguir claramente *qualidade analítica* de *qualidade dos dados*. Nós precisamos começar a ter a mesma dedicação para se certificar da representatividade de amostras e subamostras diante de matrizes heterogêneas, como temos quando avaliamos as análises de um extrato. Precisamos parar de pensar que a causa da variabilidade dos dados em análise laboratorial é tudo, enquanto a causa da variabilidade do processo de amostragem pode ser ignorado...".[35]

28.3. (**a**) Na análise de um barril de pólvora, o desvio-padrão da operação de amostragem é ±4% e o desvio-padrão do processo analítico é ±3%. Qual é o desvio-padrão global?

(**b**) Para que valor deve ser reduzido o desvio-padrão de amostragem, de modo que o desvio-padrão global seja ±4%?

28.4. Que massa de amostra, na Figura 28.3, propicia um desvio-padrão de amostragem de ±6%?

28.5. Explique como se prepara um material pulverizado, com um diâmetro médio de partícula próximo a 100 μm, usando as peneiras descritas na Tabela 28.2. Como seria representado em mesh esse tamanho de partícula?

28.6. Após a Equação 28.4 temos um exemplo de uma mistura de partículas de KCl e de KNO_3 com 1 mm de diâmetro, em uma razão de 1:99. Uma amostra contendo 10^4 partículas pesa 11,0 g. Qual o número esperado e o desvio-padrão das partículas de KCl em uma amostra que pesa $11{,}0 \times 10^2$ g?

28.7. Ao jogarmos uma moeda para o ar, a probabilidade de obtermos cara é $p = \frac{1}{2}$ e a probabilidade de obtermos coroa é $q = \frac{1}{2}$, de acordo com as Equações 28.2 e 28.3. Se jogarmos a moeda n vezes, o número esperado de caras é igual ao número esperado de coroas = $np = nq = \frac{1}{2}n$. O desvio-padrão esperado para n lançamentos é $\sigma_n = \sqrt{npq}$. Pela Tabela 4.1, esperamos que 68,3% dos resultados estejam dentro de $\pm 1\sigma_n$ e 95,5% dentro de $\pm 2\sigma_n$.

(**a**) Determine o desvio-padrão esperado para o número de caras em 1 000 lançamentos de moeda.

(**b**) Por interpolação na Tabela 4.1, determine o valor de z que inclui 90% da área da curva gaussiana. Esperamos que 90% dos resultados estejam dentro desse número de desvios-padrão a partir da média.

(**c**) Se repetirmos 1 000 lançamentos da moeda várias vezes, qual é a faixa esperada do número de caras que inclui 90% dos resultados? (Por exemplo, a resposta pode ser: "Em 90% do tempo, será observada uma faixa de 490 a 510".)

28.8. Na análise de um lote, com uma variação de amostra aleatória, você acha um desvio-padrão de amostragem de ±5%. Admitindo um erro desprezível no procedimento analítico, quantas amostras devem ser analisadas para se ter 95% de confiança de que o erro na média está dentro de ±4% do valor verdadeiro? Responda à mesma pergunta para um grau de confiança de 90%.

28.9. Em um experimento semelhante ao da Figura 28.3, descobriu-se que a constante de amostragem é $K_{am} = 20$ g.

(a) Qual é a massa de amostra necessária para um desvio-padrão de amostragem de ±2%?

(b) Quantas amostras do tamanho em (**a**) são necessárias para produzir 90% de confiança de que a média esteja dentro de 1,5%?

28.10. As razões isotópicas $^{87}Sr/^{86}Sr$ foram medidas na parte central de amostras de gelo polar, com tamanhos de amostra variados. O intervalo de confiança de 95%, expresso como porcentagem da média da razão isotópica $^{87}Sr/^{86}Sr$, diminuiu com o aumento da quantidade medida de Sr:

pg de Sr	Intervalo de confiança	pg de Sr	Intervalo de confiança
57	±0,057%	506	±0,035%
68	±0,069%	515	±0,027%
110	±0,049%	916	±0,018%
110	±0,045%	955	±0,022%

FONTE: *Dados de G. R. Burton, V. I. Morgan, C. F. Boutron e K. J. R. Rosman, "High-Sensitivity Measurements of Strontium Isotopes in Polar Ice,"* Anal. Chim. Acta ***2002***, *469, 225.*

Postula-se que o intervalo de confiança se relaciona com a massa de amostra pela expressão $mR^2 = K_{am}$, em que m é a massa de Sr em picogramas, R é o intervalo de confiança expresso como porcentagem da razão isotópica (R = 0,022 para a amostra de 955 pg) e K_{am} é uma constante expressa em picogramas. Encontre o valor médio de K_{am} e seu desvio-padrão. Justifique por que se admite que $mR^2 = K_{am}$ é válida se todas as medidas são feitas com o mesmo número de repetições.

28.11. Considere uma mistura aleatória contendo 4,00 g de Na_2CO_3 (massa específica 2,532 g/mL) e 96,00 g de K_2CO_3 (massa específica 2,428 g/mL) com partículas de raio esférico uniforme de 0,075 mm.

(a) Calcule a massa de uma única partícula de Na_2CO_3 e o número de partículas de Na_2CO_3 na mistura. Faça o mesmo para o K_2CO_3.

(b) Qual é o número de partículas esperado em 0,100 g de mistura?

(c) Calcule o desvio-padrão de amostragem no número de partículas de cada tipo em 0,100 g de amostra da mistura.

Preparação de Amostra

28.12. *Extração em ponto de nuvem.*[29] Traços de chumbo em água potável levam a efeitos adversos na saúde. O surfactante formador de micelas Triton X-114 (mais o cossurfactante brometo de cetiltrimetilamônio) e um ligante do tipo éter de coroa extraem e pré-concentram Pb^{2+} para análise por plasma indutivamente acoplado–espectrometria de emissão óptica. O complexo metálico hidrofóbico é extraído para o interior hidrofóbico das micelas formadas pelo Triton X-114 (Figura 28.17).

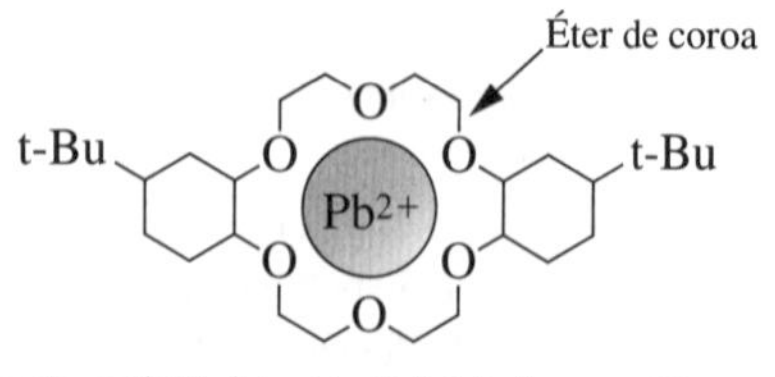

Complexo Pb(II)-di-*tert*-butildiciclo-hexano-18-coroa-6

(a) Os surfactantes e o éter de coroa são adicionados a 195 mL da amostra aquosa acidificada. Após extração por 30 minutos, a solução é aquecida e torna-se turva em virtude de agregação das micelas em uma fase à parte contendo praticamente todo o Pb(II). A fase aquosa é então removida. A fase micelar é tratada com 5,0 mL de solução aquosa de citrato, que complexa mais fortemente o Pb(II) do que o surfactante. Todo o Pb(II) se encontra nessa solução aquosa. Por qual fator o Pb(II) é pré-concentrado nesse procedimento?

(b) Água potável com teor de chumbo desprezível foi fortificada (sofreu adição deliberada) com 2,3 μg Pb(II)/L. Determinações em triplicada forneceram uma média de 1,9 μg/L e um desvio-padrão de 0,2 μg/L. Encontre o percentual de recuperação do chumbo adicionado intencionalmente.

(c) O percentual de recuperação calculado em (**b**) difere do valor esperado de 2,3 μg/L de Pb^{2+} no intervalo de confiança de 95%? Se os resultados fossem os mesmos para seis determinações em vez de três, o percentual de recuperação do chumbo adicionado intencionalmente seria distinto do valor esperado no intervalo de confiança de 95%?

28.13. Considerando seus potenciais-padrão de redução, quais dos seguintes metais se dissolvem em HCl pela reação $M + nH^+ \rightarrow M^{n+} \rightarrow \frac{n}{2} H_2$: Zn, Fe, Co, Al, Hg, Cu, Pt, Au? (Quando o potencial prevê que o elemento não se dissolverá, provavelmente a dissolução não irá ocorrer. Se é esperado que ele se dissolva, ele pode se dissolver se algum outro processo não interferir. As previsões feitas com base nos potenciais-padrão de redução a 25 °C são apenas uma aproximação, pois os potenciais e as atividades nas soluções concentradas quentes têm valores muito diferentes daqueles apresentados na tabela de potenciais-padrão.)

28.14. O seguinte processo de carbonização úmida foi usado para medir arsênio, em amostras orgânicas de solo, por espectroscopia de absorção atômica. 0,1 a 0,5 g de uma amostra foram aquecidas em uma bomba de Teflon com 150 mL de capacidade, em um forno de micro-ondas por 2,5 minutos, com 3,5 mL de solução de HNO_3 a 70%. Após o resfriamento, uma mistura contendo 3,5 mL de HNO_3 a 70%, 1,5 mL de $HClO_4$ a 70% e 1,0 mL de H_2SO_4 foi adicionada à bomba e a amostra foi reaquecida em três intervalos de 2,5 minutos com períodos de 2 minutos entre eles. A solução final foi diluída com HCl 0,2 M para análise. Explique por que não adicionamos o $HClO_4$ antes do segundo aquecimento.

28.15. O barbital pode ser isolado da urina pela extração em fase sólida com sílica-C_{18}. O barbital é eluído com a mistura acetona:clorofórmio na proporção 1:1 em volume. Explique como funciona esse processo.

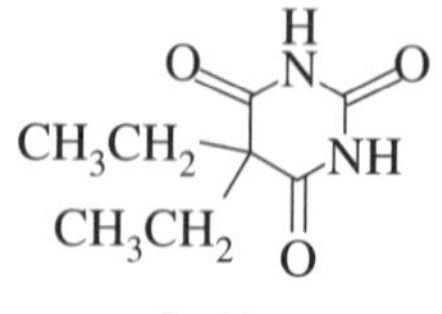

Barbital

28.16. Na abertura desse capítulo, a extração em fase sólida foi usada para pré-concentrar cocaína e benzoilecgonina em pH 2 utilizando uma resina mista de troca catiônica como na Figura 28.20. Após a passagem de 500 mL da água do rio em 60 mg da resina, os analitos retidos foram eluídos inicialmente com 2 mL de CH_3OH e, posteriormente, com 2 mL de uma solução a 2% de amônia em CH_3OH. Explique por que se utiliza pH 2 para retenção e amônia diluída para eluição.

28.17. Com referência à Tabela 28.7, explique como uma resina de troca aniônica pode ser usada para a absorção e análise de SO_2 liberado por combustão.

28.18. Por que é vantajoso utilizar partículas grandes (50 μm) para extração em fase sólida e partículas pequenas (5 μm) em cromatografia?

28.19. Em 2002, pesquisadores da Agência Nacional Sueca de Alimentação descobriram que alimentos ricos em carboidratos após aquecimento, como batatas fritas e pão, contêm níveis alarmantes (0,1 a 4 μg/g) de acrilamida, um composto reconhecidamente cancerígeno.[36]

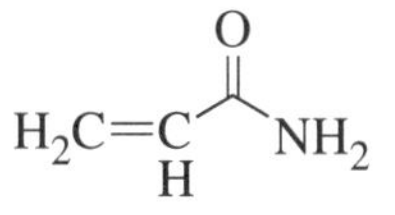

Acrilamida

Após a descoberta, foram desenvolvidos métodos simplificados para medir a acrilamida em alimentos em níveis de ppm. Em um procedimento, 10 g de batatas fritas congeladas pulverizadas foram misturadas durante 20 minutos com 50 mL de H_2O para extrair a acrilamida, que é muito solúvel em água (216 g/100 mL). O líquido foi decantado e centrifugado para remover sólidos em suspensão, e a 1 mL do extrato foi adicionado um padrão interno acrilamida-$^2H_3$. Uma coluna de extração em fase sólida contendo 100 mg de um polímero de troca catiônica com grupos ácido sulfônico ($—SO_3H$) foi lavado duas vezes com porções de 1 mL de metanol e duas vezes com porções de 1 mL de água. O extrato aquoso do alimento (1 mL) foi então passado pela coluna para ligar a acrilamida protonada ($—NH_3^+$) ao grupo sulfonato ($—SO_3^-$) na coluna. A coluna foi seca por 30 s a 0,3 bar e a acrilamida foi então eluída com 1 mL de H_2O. O eluato foi analisado por cromatografia líquida com uma fase polar. Os cromatogramas vistos a seguir mostram os resultados obtidos por absorbância no ultravioleta ou por espectrometria de massa. O tempo de retenção da acrilamida é diferente nas duas colunas porque elas têm dimensões distintas e vazões diferentes.

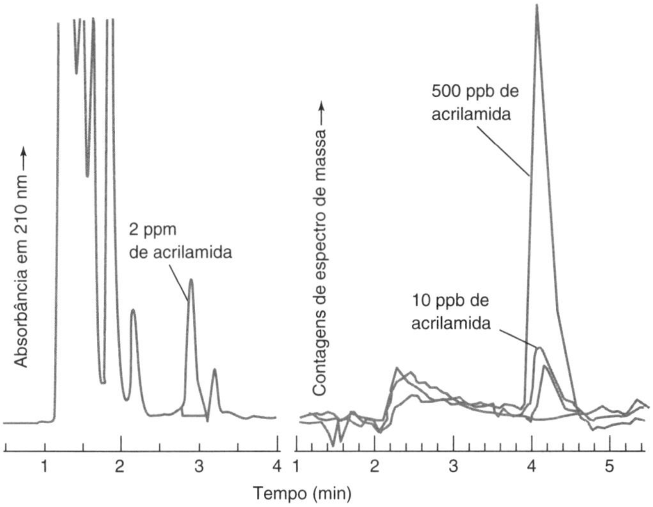

Cromatogramas do extrato de acrilamida após passagem em coluna de extração em fase sólida. *Esquerda*: coluna Phenomenex Synergi Polar-RP 4 μm, eluída com H_2O:CH_3CN 96:4 (vol/vol). *Direita*: coluna Phenomenex Synergi Hydro-RP 4 μm, eluída com H_2O:CH_3OH:HCO_2H 96:4:0,1 (vol/vol/vol) [Dados de L. Peng, T. Farkas, L. Loo, J. Teuscher e K. Kallury, "Rapid and Reproducible Extraction of Acrylamide in French Fries Using a Single Solid-Phase Sorbent", *Am. Lab. News Ed.*, October 2003, p. 10.]

(**a**) Qual é a finalidade da extração em fase sólida antes da cromatografia? Como a coluna de troca iônica retém a acrilamida?

(**b**) Por que existem tantos picos quando a cromatografia é monitorada por absorbância no ultravioleta?

(**c**) A detecção por espectrometria de massa utilizou a técnica de monitoramento seletivo de reação (Figura 22.36), com as transições $m/z = 72 \rightarrow 55$ para a acrilamida e $75 \rightarrow 58$ para a acrilamida-$^2H_3$. Explique como este método de detecção funciona e sugira estruturas para os íons com $m/z = 72$ e 55 a partir da acrilamida.

(**d**) Por que a detecção por espectrometria de massa forneceu apenas um pico principal?

(**e**) De que forma é empregado o padrão interno para a quantificação por meio da detecção por espectrometria de massa?

(**f**) Onde aparece a acrilamida-$^2H_3$ na detecção por absorbância no ultravioleta? E no monitoramento seletivo de reação na detecção por espectrometria de massa?

(**g**) Por que o método de espectrometria de massa fornece resultados quantitativos apesar de a retenção da acrilamida pela coluna de troca iônica não ser quantitativa e a eluição da acrilamida da coluna com 1 mL de água poder não ser quantitativa?

28.20. (**a**) Descreva as etapas no método QuEChERS e explique as suas finalidades.

(**b**) Por que se emprega um padrão interno no método QuEChERS?

(**c**) O que é mostrado no cromatograma total de íons na Figura 28.23?

(**d**) O que é mostrado no cromatograma de íons extraídos na Figura 28.23? Qual é a diferença entre um cromatograma de íons extraídos e um cromatograma de íons selecionados? Qual deles apresenta a maior relação sinal/ruído?

(**e**) Que método de espectrometria de massa pode ser usado para se obter uma relação sinal/ruído ainda maior a partir do mesmo extrato de QuEChERS?

28.21. (**a**) Explique como a microextração líquido-líquido dispersiva reduz o emprego de solventes em comparação à extração líquido-líquido.

(**b**) Qual é a finalidade do solvente dispersante usado em volume muito maior do que o solvente de extração?

28.22. Como se diferencia a extração líquido-líquido em suporte sólido da extração em fase sólida?

28.23. Vários metais presentes na água do mar podem ser pré-concentrados para análise pela coprecipitação com $Ga(OH)_3$. O volume de 200 μL de uma solução de HCl, contendo 50 μg de Ga^{3+}, é adicionado a 10,00 mL de água do mar. Quando o pH é elevado a 9,1 com NaOH, forma-se um precipitado gelatinoso. Após a centrifugação para comprimirmos o precipitado, a água é removida e o gel é lavado com água. A seguir, o gel é dissolvido em 50 μL de HNO_3 1 M e aspirado para dentro de um plasma indutivamente acoplado, para a análise de emissão atômica. O fator de pré-concentração é 10 mL/50 μL = 200. A figura a seguir mostra as concentrações dos elementos na água do mar em função da profundidade, nas proximidades de chaminés hidrotérmicas.

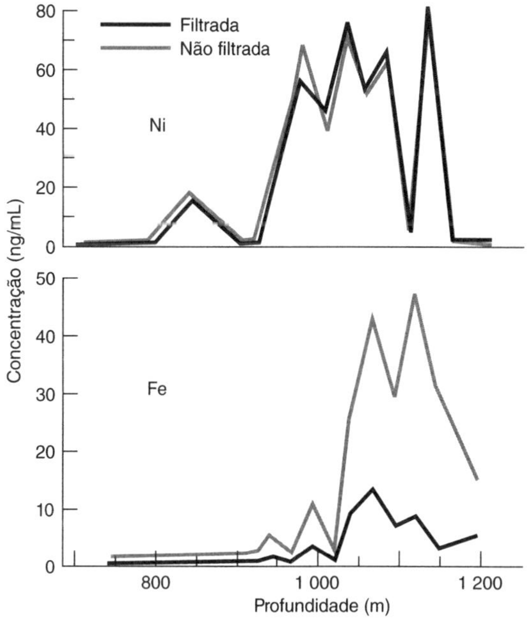

Perfil dos elementos na água do mar em função da profundidade, nas proximidades de chaminés hidrotérmicas. [Dados de T. Akagi e H. Haraguchi, "Simultaneous Multielement Determination of Trace Metals Using 10 mL of Seawater by Inductively Coupled Plasma Atomic Emission Spectrometry with Gallium Coprecipitation and Microsampling Technique", *Anal. Chem.* **1990**, *62*, 81.]

(a) Qual o valor da razão atômica (Ga adicionado):(Ni na água do mar) para a amostra com a maior concentração de Ni?

(b) Os resultados representados pelas linhas em cinza-claro foram obtidos com amostras de água do mar, que não foram filtradas antes da coprecipitação. As linhas em cinza-escuro referem-se às amostras filtradas. Os resultados para o Ni não variam entre os dois processos, mas os resultados para o Fe variam. Explique qual o significado dessa variação.

28.24. O titanato de bário, uma cerâmica usada em eletrônica, foi analisado pelo seguinte procedimento: foram colocados dentro de um cadinho de platina 1,2 g de Na_2CO_3 e 0,8 g de $Na_2B_4O_7$ mais 0,314 6 g de amostra desconhecida. Após a fusão a 1 000 °C em forno por 30 minutos, o sólido resfriado foi extraído com 50 mL de HCl 6 M, transferido para um balão volumétrico de 100 mL e diluído até a marca. Uma alíquota de 25,00 mL foi tratada com 5 mL de ácido tartárico a 15% (que complexa o Ti^{4+} sem precipitá-lo) e 25 mL de tampão de amônia, pH 9,5. A solução foi tratada com reagentes orgânicos que complexam o Ba^{2+}, e o complexo de Ba^{2+} foi extraído por CCl_4. Após a acidificação (para liberar o Ba^{2+} de seu complexo orgânico), o Ba^{2+} foi extraído novamente em HCl 0,1 M. A amostra aquosa final foi tratada com tampão de amônia e azul de metiltimol (um indicador de íon metálico) e titulada com 32,49 mL de solução de EDTA 0,011 44 M. Determine a porcentagem em peso de Ba presente na cerâmica.

28.25. O equilíbrio ácido-base do Cr(III) encontra-se resumidamente descrito no Problema 10.36. O Cr(VI) existe em solução aquosa, na forma do íon tetraédrico cromato, CrO_4^{2-}, amarelo, em valores de pH superiores a 6. Na faixa de pH entre 2 e 6, o Cr(VI) existe como uma mistura em equilíbrio do íon $HCrO_4^-$ e do íon dicromato, $Cr_2O_7^{2-}$, alaranjado. O Cr(VI) é considerado cancerígeno, mas o Cr(III) não é classificado como perigoso. O procedimento descrito a seguir pode ser usado para determinações de Cr(VI) na poeira existente em locais de trabalho.

1. As partículas são coletadas, passando-se um volume conhecido de ar por um filtro de poli(cloreto de vinila) (PVC), com poros de 5 μm.
2. O filtro é colocado dentro de um tubo de centrífuga, conjuntamente com 10 mL de uma solução-tampão pH 8 ($(NH_4)_2SO_4$ 0,05 M / NH_3 0,05 M). A mistura é agitada por ultrassom durante 30 minutos a 35 °C para extrair todo o Cr(III) e o Cr(VI) presentes na solução.
3. Um volume medido do extrato é passado por uma coluna de troca aniônica "fortemente básica" (Tabela 26.1), na forma de Cl^-. Lava-se então a resina com água destilada. A fase líquida obtida, contendo o Cr(III) proveniente do extrato, é descartada.
4. O Cr(VI) é então eluído da coluna por meio de uma solução-tampão, pH 8, de $(NH_4)_2SO_4$ 0,5 M / NH_3 0,05 M, e coletado em um frasco do tipo vial.
5. A solução de Cr(VI) eluída é acidificada com HCl e tratada com uma solução de 1,5-difenilcarbazida, um reagente que forma um complexo colorido com o Cr(VI). A concentração do complexo pode ser determinada pelo valor de sua absorbância na região do visível.

(a) Quais são as espécies dominantes de Cr(VI) e de Cr(III) em pH 8?

(b) Qual é a finalidade do trocador aniônico na etapa 3?

(c) Por que usamos um trocador iônico "fortemente básico" em lugar de um trocador "fracamente básico"?

(d) Por que o Cr(VI) foi eluído na etapa 4, e não na etapa 3?

28.26. O aterro de lixo municipal, descrito no diagrama visto a seguir, foi monitorado para verificar se compostos tóxicos não contaminavam os reservatórios de água da cidade. Poços perfurados em 21 pontos diferentes foram monitorados durante um ano, e os poluentes foram observados apenas nos poços 8, 11, 12 e 13. O controle a cada mês, de todos os 21 poços, é muito caro. Sugira uma estratégia para usar *amostras múltiplas* (Boxe 0.1) feitas a partir de mais de um poço, de modo a reduzir os custos do processo de monitoramento. Como este esquema iria influenciar, para determinado poço, o nível mínimo detectável de poluentes?

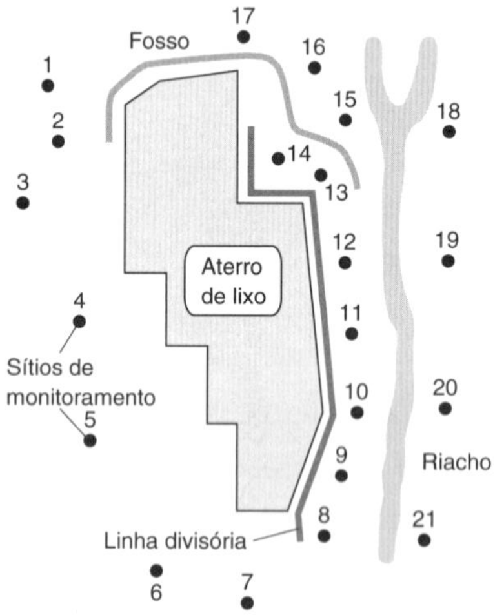

Diagrama do aterro municipal mostrando a localização dos poços usados para o monitoramento de águas subterrâneas. [Dados de P.-C. Li e R. Rajagopal, *Am. Environ. Lab.*, October 1994, p. 37.]

SOLUÇÕES DOS EXERCÍCIOS

Capítulo 1

1.A. **(a)** $$\frac{(25{,}00\ \cancel{mL})(0{,}791\,4\ \cancel{g}/\cancel{mL})/(32{,}042\ \cancel{g}/mol)}{0{,}500\,0\ L} = 1{,}235\ M$$

(b) 500,0 mL da solução pesam (1,454 g/mL) × (500,0 mL) = 727,0 g e contêm 25,00 mL (= 19,78 g) de metanol. A massa de clorofórmio em 500,0 mL deve ser de 727,0 – 19,78 = 707,2 g. A molalidade do metanol é

$$\text{Molalidade} = \frac{\text{número de mols de metanol}}{\text{kg de clorofórmio}}$$
$$= \frac{(19{,}78\ \cancel{g})/(32{,}042\ \cancel{g}/mol)}{0{,}707\,2\ kg} = 0{,}872\,9\ m$$

Se você mantiver todos os números na sua calculadora, a resposta é 0,873 1 *m*. Você encontrará pequenas diferenças em muitas respostas neste livro em função de arredondamentos em cálculos intermediários.

1.B. **(a)**

$$\left(\frac{48{,}0\ \text{g de HBr}}{100{,}0\ \cancel{\text{g de solução}}}\right)\left(1{,}50\frac{\cancel{\text{g de solução}}}{\text{mL de solução}}\right) = \left(\frac{0{,}720\ \text{g de HBr}}{\text{mL de solução}}\right) = \left(\frac{0{,}720\ \text{g de HBr}}{\text{L de solução}}\right)$$

$$\text{Concentração formal} = \frac{720\ \text{g de HBr/L}}{80{,}912\ \text{g/mol}} = 8{,}90\ M$$

(b) $$\frac{36{,}0\ \text{g de HBr}}{0{,}480\ \text{g de HBr/g de solução}} = 75{,}0\ \text{g de solução}$$

(c) 233 mmol = 0,233 mol

$$\frac{0{,}233\ \cancel{mol}}{8{,}90\ \cancel{mol}/L} = 0{,}026\,2\ L = 26{,}2\ mL$$

(d) $M_{conc} \cdot V_{conc} = M_{dil} \cdot V_{dil}$

(8,90 M) · (*x* mL) = (0,160 M) · (250 mL) ⇒ *x* = 4,49 mL

1.C. **(a)** Cada mol de $Ca(NO_3)_2$ (MF 164,09) contém 2 mols de NO_3^- (MF 62,00), de modo que a fração de massa que é nitrato é

$$\left(\frac{2\ \cancel{\text{mol de } NO_3^-}}{\cancel{\text{mol de } Ca(NO_3)_2}}\right)\left(\frac{62{,}00\ \text{g de } NO_3^- / \cancel{\text{mol de } NO_3^-}}{164{,}09\ \text{g de } Ca(NO_3)_2 / \cancel{\text{mol de } Ca(NO_3)_2}}\right)$$

$$= 0{,}755\,7\frac{\text{g de } NO_3^-}{\text{g de } Ca(NO_3)_2}$$

Se $Ca(NO_3)_2$ = 12,6 ppm (= 12,6 μg de $Ca(NO_3)_2$/g de solução), NO_3^- = (0,755 7) × (12,6 ppm) = 9,52 ppm, porque 1 μg de $Ca(NO_3)_2$ contém 0,755 8 μg de NO_3^-.

(b) $Ca(NO_3)_2$ 0,144 mM

$$= \left(1{,}44 \times 10^{-4}\frac{\cancel{\text{mol de } Ca(NO_3)_2}}{L}\right)\left(164{,}09\frac{\text{g de } Ca(NO_3)_2}{\cancel{\text{mol de } Ca(NO_3)_2}}\right) = 0{,}023\,63\ g/L$$

Admitindo que a massa específica da solução é próxima a 1,00 g/mL, a concentração de $Ca(NO_3)_2$ é 0,023 63 g/(1 000 g solução).

$$\text{ppm} = \frac{\text{massa de substância}}{\text{massa de amostra}} \times 10^6 = \frac{0{,}023\,63\ \text{g de } Ca(NO_3^-)_2}{1\,000\ \text{g de solução}} \times 10^6 = 23{,}6\ \text{ppm}$$

(c) Encontramos em (a) que a fração em massa de nitrato no nitrato de cálcio é 0,755 7. Portanto, se uma solução contém 23,6 ppm de $Ca(NO_3)_2$, ela contém (0,755 7)(23,6 ppm) = 17,8 ppm de NO_3^-.

1.D. mol de OBr^- = (0,005 00 L)(0,623 M) = $3{,}11_5$ mmol
mol de NH_3 = (183 × 10^{-6} L)(14,8 M) = $2{,}70_8$ mmol

A reação necessita de 2 mols de NH_3 para 3 mols de OBr^-. Portanto, $3{,}11_5$ mmol de OBr^- necessitam de

$$\left(\frac{2\ \text{mmols de } NH_3}{3\ \cancel{\text{mmols de } OBr^-}}\right)(3{,}11_5\ \cancel{\text{mmol de } OBr^-}) = 2{,}077\ \text{mmol de } NH_3.$$

Existe uma quantidade mais do que necessária de NH_3 para a reação, de modo que NaOBr é o reagente limitante. NH_3 em excesso = $2{,}70_8$ mmol – $2{,}07_7$ mmol = 0,63 mmol.

Capítulo 2

2.A. **(a)** A 15 °C, a massa específica da água = 0,999 102 g/mL.

$$m = \frac{(5{,}397\,4\ g)\left(1 - \dfrac{0{,}001\,2\ g/mL}{8{,}0\ g/mL}\right)}{\left(1 - \dfrac{0{,}001\,2\ g/mL}{0{,}999\,102\ g/mL}\right)} = 5{,}403\,1\ g$$

(b) A 25 °C, a massa específica da água = 0,997 047 g/mL e *m* = 5,403 1 g.

2.B. Use a Equação 2.1 com m' = 0,296 1 g, d_a = 0,001 2 g/mL, d_w = 8,0 g/mL e *d* = 5,24 g/mL ⇒ *m* = 0,296 1 g.

2.C. $\dfrac{c'}{d'} = \dfrac{c}{d}$

Mantenha o primeiro a 16 °C:

$$\Rightarrow \frac{c'\ \text{a 16 °C}}{0{,}998\,945\ g/mL} = \frac{0{,}051\,38\ M}{0{,}997\,299\ g/mL}$$

$\Rightarrow c'$ a 16 °C = 0,051 46 M

2.D. A solução estoque é aproximadamente 50 mM. Para se obter ~1 mM é necessária uma diluição de 1/50. Isso pode ser feito por diluição de 2 até 100 mL. Pipetar 2 mL da solução estoque para um balão volumétrico de 100 mL e diluir ao volume com água. A molaridade exata será 51,38 mM/50 = 1,028 mM. Se o cálculo da molaridade não é óbvio, você pode usar a fórmula de diluição 1.3:

$$M_{conc} \cdot V_{conc} = M_{dil} \cdot V_{dil}$$
$$(51{,}38\ mM)(2\ mL) = (x\ mM)(100\ mL) \Rightarrow x = 1{,}028\ mM$$

Um procedimento ligeiramente melhor é diluir 5 mL da solução estoque a 250 mL porque a pipeta de 5 mL tem uma incerteza relativa menor do que a pipeta de 2 mL, e o balão de 250 mL tem uma incerteza relativa inferior ao do balão de 100 mL.

Para se obter uma solução ~2 mM é preciso o dobro da solução estoque; assim, diluir 4 a 100 mL ou diluir 10 a 250 mL. Molaridade = (4 mL)(51,38 mM)/(100 mL) = 2,055 mM.

Para se obter uma solução ~3 mM é preciso o triplo da solução estoque; assim, diluir 6 mL (2 porções de 3 mL) a 100 mL ou diluir 15 a 250 mL. Molaridade = (6 mL)(51,38 mM)/(100 mL) = 3,083 mM.

Para se obter uma solução ~4 mM é preciso o quádruplo da solução estoque; assim, diluir 8 mL (2 porções de 4 mL) a 100 mL ou diluir 20 a 250 mL. Molaridade = (8 mL)(51,38 mM)/(100 mL) = 4,110 mM.

2.E. A Tabela 2.7 nos indica que a água ocupa 1,003 3 mL/g a 22 °C. Portanto, (15,569 g) × (1,003 3 mL/g) = 15,620 mL.

Capítulo 3

3.A. **(a)**
$$\begin{array}{r} 12{,}529\,6 \pm 0{,}000\,3\ g \\ -12{,}437\,2 \pm 0{,}000\,3\ g \\ \hline 0{,}092\,4\ g \leftarrow \text{3 algarismos significativos} \end{array}$$

(b) Incerteza absoluta = $\sqrt{(0{,}000\,3\ g)^2 + (0{,}000\,3\ g)^2} = 0{,}000\,4_2$ g
Incerteza relativa = $0{,}000\,4_2$ g/0,092 4 g x 100 = $0{,}4_6$ % = 0,5%
Massa de precipitado = 0,092 4 ± 0,000 4 (±0,5%) g

3.B. **(a)** [6,28 (±0,01) M × 9,954 (±0,003) mL] ÷ 500,0 (±0,2) mL = ?

$$= \frac{6{,}28(\pm 0{,}15_9\%) \times 9{,}954(\pm 0{,}03_0\%)}{500{,}0(\pm 0{,}04_0\%)}$$

$= 0{,}125\,0_2$ M $(\pm 0{,}16_7\%)$ (porque $\sqrt{0{,}15_9^2 + 0{,}03_0^2 + 0{,}04_0^2} = 0{,}16_7$)
$= 0{,}125\,0_2$ $(\pm 0{,}000\,2_1)$ M ou 0,125 0 (±0,000 2) M

$$\text{Incerteza relativa} = \frac{0{,}000\,2_1}{0{,}125_0} \times 100 = 0{,}17\%$$

Verifique: a incerteza relativa na molaridade original $(0{,}15_9\%)$ é 4 vezes a próxima maior incerteza relativa $(0{,}04_0\%)$ e, portanto, deve dominar a incerteza global. 0,17% ≈ $0{,}15_9$. Assim, a resposta é razoável.

(b) $[3{,}26(\pm 0{,}10)\ \text{M} \times 8{,}47\ (\pm 0{,}05)\ \text{L}] - 0{,}18\ (\pm 0{,}06)$ mols
$= [3{,}26\ \text{M}\ (\pm 3_{,07}\ \%) \times 8{,}47\ \text{L}\ (\pm 0{,}5_9\ \%)] - 0{,}18\ (\pm 0{,}06)$ mol
$= [27{,}612\ \text{mol}\ (\pm 3_{,12}\ \%)] - 0{,}18\ (\pm 0{,}06)$ mol
$= [27{,}612\ (\pm 0{,}8_{63})\ \text{mol}] - 0{,}18\ (\pm 0{,}06)$ mol
$= [27{,}4_3(\pm 0{,}8_6)\ \text{mol}]$ ou 27,4 (±0,9) mol; incerteza relativa 3%

(c) $6{,}843\ (\pm 0{,}008) \times 10^4 \div \underbrace{[2{,}09\ (\pm 0{,}04) - 1{,}63\ (\pm 0{,}01)]}_{\text{Combinação das incertezas absolutas}}$

$= \underbrace{6{,}843\ (\pm 0{,}008) \times 10^4 \div [0{,}46\ (\pm 0{,}04_{12})]}_{\text{Combinação das incertezas relativas}}$

$= 6{,}843\ (\pm 0{,}11_7\%) \times 10^4 \div [0{,}46(\pm 8_{,96}\%)] = 1{,}49\ (\pm 8_{,96}\%) \times 10^5$

$= 1{,}49\ (\pm 0{,}13) \times 10^5$; incerteza relativa = 9%

(d) $y = x^a \Rightarrow \%e_y = a(\%e_x)$

$$\%e_y = \frac{1}{2}(\%e_x) = \frac{1}{2}\left(\frac{0{,}08}{3{,}24} \times 100\right) = 1{,}2_{35}\%$$

$(3{,}24 \pm 0{,}08)^{1/2} = 1{,}80 \pm 1{,}2_{35}\%$
$= 1{,}80 \pm 0{,}02_2\ (\pm 1{,}2\%)$

(e) $y = x^a \Rightarrow \%e_y = a(\%e_x)$

$$\%e_y = 4(\%e_x) = 4\left(\frac{0{,}08}{3{,}24} \times 100\right) = 9_{,88}\%$$

$(3{,}24 \pm 0{,}08)^4 = 110{,}20 \pm 9_{,88}\%$
$= 1{,}1_0\ (\pm 0{,}1_1) \times 10^2\ (\pm 9_{,9}\%)$

(f) $y = \log x \Rightarrow e_y = \dfrac{1}{\ln 10}\dfrac{e_x}{x} \approx 0{,}434\ 29\ \dfrac{e_x}{x}$

$$e_y = 0{,}434\ 29\left(\frac{0{,}08}{3{,}24}\right) = 0{,}01_{0\,7}$$

$\log(3{,}24 \pm 0{,}08) = 0{,}510\ 5 \pm 0{,}01_{0\,7}$
$= 0{,}51 \pm 0{,}01\ (\pm 2\%)$

(g) $y = 10^x \Rightarrow \dfrac{e_y}{x} = (\ln 10)\, e_x \approx 2{,}302\ 6\, e_x$

$\dfrac{e_y}{y} = 2{,}302\ 6\ (0{,}08) = 0{,}18_4$

$10^{3{,}24 \pm 0{,}08} = 1{,}74 \times 10^3 \pm 18_{,4}\%$
$= 1{,}7_4\ (\pm 0{,}3_2) \times 10^3\ (\pm 18\%)$ ou $1{,}7\ (\pm 0{,}3) \times 10^3 (\pm 18\%)$

3.C. **(a)** 2,000 L de NaOH 0,169 M (MF = 39,997) necessita de 0,338 mol $13{,}5_2$ g de NaOH

$$\frac{13{,}5_2\ \text{g de NaOH}}{0{,}534\ \text{g de NaOH/g de solução}} = 25{,}3_2\ \text{g de solução}$$

$$\frac{25{,}3_2\ \text{g de solução}}{1{,}52\ \text{g de solução/mL de solução}} = 16{,}6_6\ \text{mL}$$

(b) Molaridade =

$$\frac{[16{,}6_6(\pm 0{,}10)\ \text{mL}]\left[1{,}52(\pm 0{,}01)\ \dfrac{\text{g de solução}}{\text{mL}}\right] \times \left[0{,}534(\pm 0{,}004)\dfrac{\text{g de NaOH}}{\text{g de solução}}\right]}{\left(39{,}997\ \dfrac{\text{g de NaOH}}{\text{mol}}\right)(2{,}000\ \text{L})}$$

Como os erros relativos na massa fórmula e no volume final são desprezíveis (≈ 0), podemos escrever

$$\text{Erro relativo na molaridade} = \sqrt{\left(\frac{0{,}10}{16{,}6_6}\right)^2 + \left(\frac{0{,}01}{1{,}52}\right)^2 + \left(\frac{0{,}004}{0{,}534}\right)^2} \times 100 = 1{,}1_6\%$$

Molaridade = 0,169 (±0,002) M

3.D. $y = 10^x \Rightarrow \dfrac{e_y}{y} = (\ln 10)\, e_x \approx 2{,}302\ 6\, e_x$

$[\text{H}^+] = 10^{-\text{pH}} = 10^{-4{,}44} = 3{,}63 \times 10^{-5}$ M

$\dfrac{e_{[\text{H}^+]}}{[\text{H}^+]} = 2{,}302\ 6\ e_{\text{pH}} = (2{,}302\ 6)(0{,}04) = 0{,}092\ 1$

$e_{[\text{H}^+]} = (0{,}092\ 1)[\text{H}^+] = (0{,}092\ 1)[3{,}63 \times 10^{-5}\ \text{M}] = 3{,}34 \times 10^{-6}$ M

$[\text{H}^+] = 3{,}6_3\ (\pm 0{,}3_{34}) \times 10^{-5}\ \text{M} = 3{,}6\ (\pm 0{,}3) \times 10^{-5}$ M

3.E. 0,050 0 mol (±2%) =

$$\frac{[4{,}18(\pm x)\ \text{mL}]\left[1{,}18(\pm 0{,}01)\ \dfrac{\text{g de solução}}{\text{mL}}\right]\left[0{,}370(\pm 0{,}005)\dfrac{\text{g de HCl}}{\text{g de solução}}\right]}{36{,}45_8\ \dfrac{\text{g de HCl}}{\text{mol}}}$$

Como o erro relativo na massa fórmula é desprezível (≈ 0), podemos escrever Análise do erro:

$$(0{,}02)^2 = \left(\frac{x}{4{,}18\ \text{mL}}\right)^2 + \left(\frac{0{,}01}{1{,}18}\right)^2 + \left(\frac{0{,}005}{0{,}370}\right)^2$$

$$x = 0{,}05_0\ \text{mL} = 0{,}05\ \text{mL}$$

Capítulo 4

4.A. $\text{Média} = \frac{1}{5}(116{,}0 + 97{,}9 + 114{,}2 + 106{,}8 + 108{,}3) = 108{,}6_4$

$$\text{Desvio-padrão} = \sqrt{\frac{(116{,}0 - 108{,}6_4)^2 + \ldots + (108{,}3 - 108{,}6_4)^2}{5 - 1}}$$
$$= 7{,}1_4$$

$$\text{Incerteza-padrão} = \text{desvio-padrão da média} = \frac{7{,}1_4}{\sqrt{5}} = 3{,}1_9$$

Faixa = 116,0 − 97,9 = 18,1

$$\text{Intervalo de confiança de 90\%} = 108{,}6_4 \pm \frac{(2{,}132)(7{,}1_4)}{\sqrt{5}} = 108{,}6_4 \pm 6{,}8_1$$

$G_{\text{calculado}} = |97{,}9 - 108{,}6_4|/7{,}14 = 1{,}50$

$G_{\text{tabelado}} = 1{,}672$ para cinco medidas

Como $G_{\text{calculado}} < G_{\text{tabelado}}$, mantemos 97,9.

4.B.

	A	B	C	D
1	Cálculo do desvio-padrão			
2				
3		Dados = x	x = média	(x =média)^=
4		17,4	−0,44	0,1936
5		18,1	0,26	0,0676
6		18,2	0,36	0,1296
7		17,9	0,06	0,0036
8		17,6	−0,24	0,0576
9	soma =	89,2		0,452
10	média =	17,84		
11	desv. pad. =	0,3362		
12				
13	Fórmulas:	B9 = B4+B5+B6+B7+B8		
14		B10 = B9/5		
15		B11 = RAIZ(D9/(5−1))		
16		C4 = B4−$B$10		
17		D4 = C4^2		
18		D9 = D4+D5+D6+D7+D8		
19				
20	Cálculos usando funções internas:			
21	soma =	89,2		
22	média =	17,84		
23	desv. pad. =	0,3362		
24				
25	Fórmulas:	B21 = SOMA(B4:B8)		
26		B22 = MÉDIA(B4:B8)		
27		B23 = DESVPAD(B4:B8)		

4.C. **(a)** Necessitamos determinar a fração da área da curva gaussiana entre $x = -\infty$ e $x = 40\ 860$ h. Quando $x = 40\ 860$, $z = (40\ 860 - 62\ 700)/10\ 400 = -2{,}100\ 0$. A curva gaussiana é simétrica, de modo que a área de $-\infty$ até $-2{,}100\ 0$ é igual à área de 2,100 0 até $+\infty$. A Tabela 4.1 nos diz que a área entre $z = 0$ e $z = 2,1$ é 0,482 1. Como a área de $z = 0$ até $z = \infty$ é 0,500 0, a área de $z = 2,100\ 0$ até $z = \infty$ é 0,500 0 – 0,482 1 = 0,017 9. A fração dos freios prevista como tendo sido 80% utilizada em menos de 40 860 milhas é 0,017 9 ou 1,79%.

(b) Em 57 500 milhas, $z = (57\ 500 - 62\ 700)/10\ 400 = -0,500\ 0$. Em 71 020 milhas, $z = (71\ 020 - 62\ 700)/10\ 400 = +0,800\ 0$. A área sob a curva gaussiana de $z = -0,500\ 0$ até $z = 0$ é igual à área de $z = 0$ até $z = +0,500\ 0$, que é 0,191 5 na Tabela 4.1. A área de $z = 0$ até $z = +0,800\ 0$ é 0,288 1. A área total de $z = -0,500\ 0$ até $z = +0,800\ 0$ é 0,191 5 + 0,288 1 = 0,479 6. A fração prevista como tendo sido 80% utilizada entre 57 500 e 71 020 milhas é 0,479 6 ou 47,96%.

4.D. **(a)** $\bar{x}_A = \dfrac{31,40 + 31,24 + 31,18 + 31,43}{4} = 31,31_2 \text{ mM}$

$$s_A = \sqrt{\frac{(31,40 - 31,31_2)^2 + (31,24 - 31,31_2)^2 + ... + (31,43 - 31,31_2)^2}{4 - 1}}$$

$$= 0,12_1 \text{ mM}$$

$$u_A = s_A/\sqrt{n} = (0,12_1 \text{ mM})/\sqrt{4} = 0,06_1$$

$$\bar{x}_B = \frac{30,70 + 29,49 + 30,01 + 30,15}{4} = 30,08_8 \text{ mM}$$

$$s_B = \sqrt{\frac{(30,70 - 30,08_8)^2 + (29,49 - 30,08_8)^2 + ... + (30,15 - 30,08_8)^2}{4 - 1}}$$

$$= 0,49_7 \text{ mM}$$

$$u_B = s_B/\sqrt{n} = (0,49_7 \text{ mM})/\sqrt{4} = 0,24_9$$

(b) $F_{\text{calculado}} = \dfrac{s_1^2}{s_2^2}(s_1 \geq s_2) = \dfrac{(0,49_7)^2}{(0,12_1)^2} = 16,_8$

Para três graus de liberdade em ambos os desvios-padrão, $F_{\text{tabelado}} = 15,44$. $F_{\text{calculado}} > F_{\text{tabelado}}$, portanto, os desvios-padrão são significativamente diferentes.

4.E. Para 117, 119, 111, 115, 120 μmol/100 mL, $\bar{x} = 116,_4$ e $s = 3,_{58}$. O intervalo de confiança de 95% para 4 graus de liberdade é

$$\bar{x} \pm \frac{ts}{\sqrt{n}} = 116,_4 \pm \frac{(2,776)(3,_{58})}{\sqrt{5}} = 116,_4 \pm 4,_4$$

$$= 112,_0 \text{ até } 120,_8 \mu\text{mol/100 mL}$$

O intervalo de confiança de 95% não inclui o valor de 111 μmol/100 mL, de modo que a *diferença é significativa*.

4.F. **(a)** pg/g corresponde a 10^{-12} g/g, que é partes por trilhão.

(b) $F_{\text{calculado}} = 4,6^2/3,6^2 = 1,6_3 < F_{\text{tabelado}} = 7,15$ (para $n - 1 = 5$ graus de liberdade no numerador e no denominador). Desvios-padrão não são significativamente diferentes no nível de confiança de 95%.

(c) Como $F_{\text{calculado}} < F_{\text{tabelado}}$, podemos usar as Equações 4.10a e 4.9a.

$$s_{\text{agrupado}} = \sqrt{\frac{s_1^2(n_1 - 1) + s_2^2(n_2 - 1)}{n_1 + n_2 - 2}}$$

$$= \sqrt{\frac{4,6^2(6-1) + 3,6^2(6-1)}{6 + 6 - 2}} = 4,1_3$$

$$t_{\text{calculado}} = \frac{|\bar{x}_1 - \bar{x}_2|}{s_{\text{agrupado}}}\sqrt{\frac{n_1 n_2}{n_1 + n_2}} = \frac{|51,1 - 34,4|}{4,1_3}\sqrt{\frac{6 \cdot 6}{6 + 6}} = 7,0_0$$

Como $t_{\text{calculado}}$ (= $7,0_0$) > t_{tabelado} (= 2,228 para $n_1 + n_2 - 2 = 10$ graus de liberdade), a diferença é significativa no nível de confiança de 95%.

(d) $F_{\text{calculado}} = 3,6^2/1,2^2 = 9,0_0 > F_{\text{tabelado}} = 7,15$. Os desvios-padrão são significativamente diferentes no nível de confiança de 95%. Portanto, usamos as Equações 4.10b e 4.9b para comparar as médias:

$$\text{Graus de liberdade} = \frac{(s_1^2/n_1 + s_2^2/n_2)^2}{\dfrac{(s_1^2/n_1)^2}{n_1 - 1} + \dfrac{(s_2^2/n_2)^2}{n_2 - 1}}$$

$$= \frac{(3,6^2/6 + 1,2^2/6)^2}{\dfrac{(3,6^2/6)^2}{6 - 1} + \dfrac{(1,2^2/6)^2}{6 - 1}} = 6,10 \approx 6$$

$$t_{\text{calculado}} = \frac{|\bar{x}_1 - \bar{x}_2|}{\sqrt{(s_1^2/n_1) + (s_2^2/n_2)}} = \frac{|34,4 - 42,9|}{\sqrt{3,6^2/6 + 1,2^2/6}} = 5,4_9$$

Como $t_{\text{calculado}}$ (= $5,4_9$) > t_{tabelado} (= 2,447 para 6 graus de liberdade), a diferença é significativa no nível de confiança de 95%.

4.G. **(a)**

	x_i	y_i	$x_i y_i$	x_i^2	d_i	d_i^2
	0,00	0,466	0	0	−0,004 6	$2,12 \times 10^{-5}$
	9,36	0,676	6,327	87,61	+0,001 6	$2,56 \times 10^{-6}$
	18,72	0,883	16,530	350,44	+0,004 8	$2,30 \times 10^{-5}$
	28,08	1,086	30,495	788,49	+0,004 0	$1,60 \times 10^{-5}$
	37,44	1,280	47,923	1 401,75	−0,005 8	$3,36 \times 10^{-5}$
Soma:	93,60	4,391	101,275	2 628,29		$9,64 \times 10^{-5}$

$$D = \begin{vmatrix} \Sigma(x_i^2) & \Sigma x_i \\ \Sigma x_i & n \end{vmatrix}$$

$$= (2\ 628,29)(5) - (93,60)(93,60) = 4380,5$$

$$m = \begin{vmatrix} \Sigma(x_i y_i) & \Sigma x_i \\ \Sigma y_i & n \end{vmatrix} \div D$$

$$= \frac{(101,275)(5) - (93,60)(4,391)}{D} = 0,021\ 773$$

$$b = \begin{vmatrix} \Sigma(x_i^2) & \Sigma(x_i y_i) \\ \Sigma x_i & \Sigma y_i \end{vmatrix} \div D$$

$$= \frac{(2\ 628,29)(4,391) - (101,275)(93,60)}{D} = 0,470\ 60$$

Agora que temos o coeficiente angular (m) e o coeficiente linear (b), podemos calcular os desvios: $d_i = y_i - (mx + b)$. Os d_i e d_i^2 são tabulados nas colunas 5 e 6 da tabela anterior. A partir de Σd_i^2 podemos calcular s_y:

$$s_y^2 = \frac{\Sigma(d_i^2)}{n - 2} = \frac{9,64 \times 10^{-5}}{3} = 3,21 \times 10^{-5}$$

$$s_y = 0,005\ 67$$

$$u_m = \sqrt{\frac{s_y^2\, n}{D}} = \sqrt{\frac{(3,21 \times 10^{-5})5}{4\ 380,5}} = 0,000\ 191$$

$$u_b = \sqrt{\frac{s_y^2\, \Sigma(x_i^2)}{D}} = \sqrt{\frac{(3,21 \times 10^{-5})(2\ 628,29)}{4\ 380,5}}$$

$$= 0,004\ 39$$

Equação da melhor reta:

$$y = [0,021\ 7_7\ (\pm 0,000\ 1_9)]x + [0,470_6\ (\pm 0,004_4)]$$

(c) $x = \dfrac{y - b}{m} = \dfrac{0,973 - 0,470_6}{0,021\ 7_7} = 23,0_8\ \mu\text{g}$

Incerteza-padrão em x (u_x)

$$u_x = \frac{s_y}{|m|}\sqrt{\frac{1}{k} + \frac{1}{n} + \frac{(y - \bar{y})^2}{m^2 \Sigma(x_i - \bar{x})^2}}$$

$$= \frac{0,005\ 67}{|0,021\ 7_7|}\sqrt{\frac{1}{1} + \frac{1}{5} + \frac{(0,973 - 0,878\ 2)^2}{(0,021\ 7_7)^2(876,1)}} = 0,29\ \mu\text{g}$$

A resposta final é 23,1 ± 0,3 μg.

	A	B	C	D	E
1	Planilha de Mínimos Quadrados				
2					
3		x	y		
4		0	0,466		
5		9,36	0,676		
6		18,72	0,883		
7		28,08	1,086		
8		37,44	1,280		
9	PROJ.LIN saída:				
10	m	0,021774	0,47060	b	
11	u_m	0,000192	0,00439	u_b	
12	R^2	0,999768	0,00567	s_y	
13					
14	n =	5	B14 = CONT.NUM(B4:B8)		
15	y médio =	0,8782	B15 = MÉDIA(C4:C8)		
16	$\Sigma(x_i - \text{x médio})^2$ =	876,096	B16 = DESVQ(B4:B8)		
17	y medido =	0,973	Entrada		
18	Número de medidas repetidas de y(k) =	1	Entrada		
19	x obtido =	23,07392	B19 = (B17−C10)/B10		
20	u_x =	0,287754	B20 = (C12/ABS(B10))*RAIZ((1/		
21		B18)+(1/B14)+((B17−B15)^2)/(B10^2*B16))			

Planilha para o Exercício 4.G.

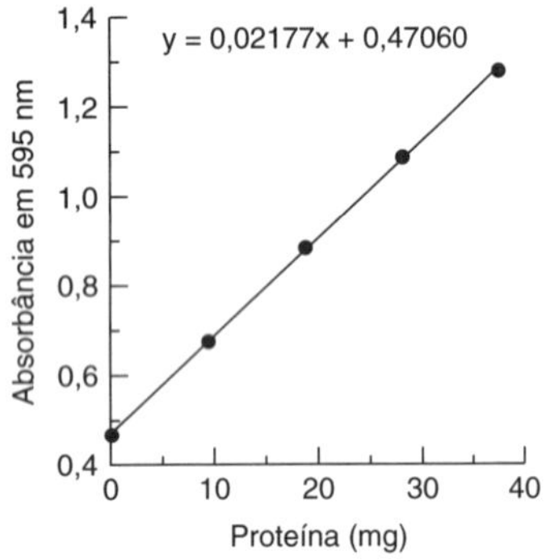

Curva de calibração para o Exercício 4.G

Capítulo 5

5.A. **(a)** Desvio-padrão de 9 amostras = s = 0,000 6_{44}

Média dos brancos = y_{branco} = 0,001 1_{89}

$$y_{\text{dl}} = y_{\text{branco}} + 3s = 0{,}001\,1_8 + (3)(0{,}000\,6_{44}) = 0{,}003\,1_{12}$$

(b) $$\text{Concentração mínima detectável} = \frac{3s}{m} = \frac{(3)(0{,}000\,6_{44})}{2{,}24\times10^4\ \text{M}^{-1}} = 9\times10^{-8}\ \text{M}$$

(c) $$\text{Limite inferior de quantificação} = \frac{10s}{m} = \frac{(10)(0{,}000\,6_{44})}{2{,}24\times10^4\ \text{M}^{-1}} = 3\times10^{-7}\ \text{M}$$

5.B. **(a)** $$[\text{Ni}^{2+}]_f = [\text{Ni}^{2+}]_i \frac{V_i}{V_i + V_s} = [\text{Ni}^{2+}]_i\left(\frac{25{,}0}{25{,}5}\right) = 0{,}980_4[\text{Ni}^{2+}]_i$$

(b) $$[\text{S}]_f = (0{,}028\,7\ \text{M})\left(\frac{0{,}500}{25{,}5}\right) = 0{,}000\,562_7\ \text{M}$$

(c) $$\frac{[\text{Ni}^{2+}]_i}{0{,}000\,562\,7 + 0{,}980\,4[\text{Ni}^{2+}]_i} = \frac{2{,}36\ \mu\text{A}}{3{,}79\ \mu\text{A}}$$

$$\Rightarrow [\text{Ni}^{2+}]_i = 9{,}00\times10^{-4}\ \text{M}$$

5.C. **(a)**

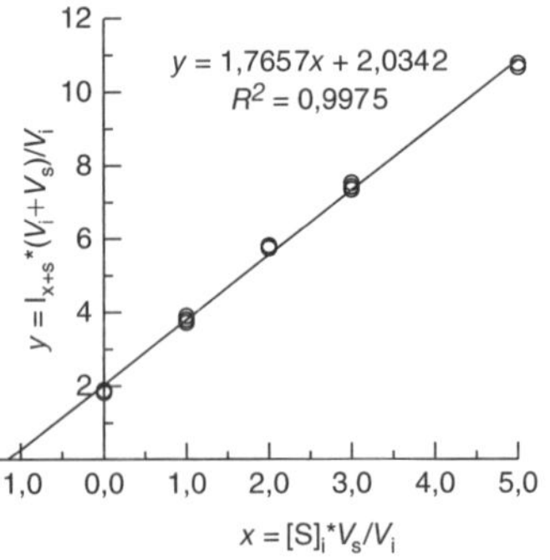

(b) R^2 diminuiu de 0,999 1 na Figura 5.7 para 0,997 5. R^2 é uma medida de linearidade ruim, pois os pontos com um R^2 próximo a 1 ainda podem apresentar não linearidade.

(c) Os dados ficam abaixo da linha reta em (a) em baixa concentração, acima da linha no meio e abaixo da linha em alta concentração. Esses padrões sistemáticos de resíduos indicam curvatura nos dados de calibração.

(d) Um gráfico de resíduos torna a curvatura mais aparente

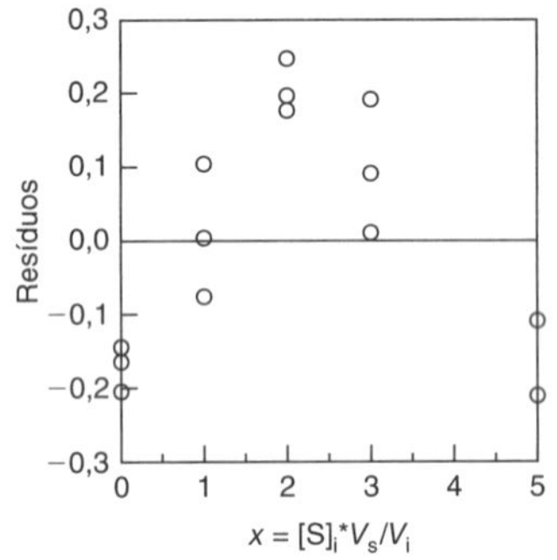

5.D. **(a)** $$[\text{As}]_f = [\text{As}]_i\frac{V_i}{V_f} = [\text{As}]_i\left(\frac{2{,}50}{5{,}00}\right) = 0{,}500[\text{As}]_i$$

(b) $$[S]_f = [S]_i\frac{V_i}{V_f} = (200\ \mu\text{g/L})\left(\frac{V_i}{5{,}00\ \text{mL}}\right)$$

Para 0, 0,5, 1,0, 1,5 e 2,0 μg/L, adicione 0, 12,5, 25,0, 37,5 e 50,0 μL.

(c) As células B12:C13 da planilha fornecem o coeficiente angular m = 0,550 6, u_m = 0,029 2; coeficiente linear (b) = 0,646 2, u_b = 0,035 7. Os dados estão espalhados aleatoriamente sobre a linha reta traçada pelo método dos mínimos quadrados. Uma calibração linear é apropriada.

	A	B	C	D
1	Arsênio em suco de maçã em um gráfico usando adição-padrão			
2	$[S]_f$	I_{X+S}		
3	0,0	0,629		
4	0,5	0,978		
5	1,0	1,162		
6	1,5	1,441		
7	2,0	1,774		
8	Assinalar células B12:B14			
9	Digite "=PROJ.LIN(B3:B7,A3:A7, VERDADEIRO,VERDADEIRO)"			
10	PC: CTRL + SHIFT + ENTER			
11	Mac: CTRL + SHIFT + RETURN			coeficiente
12	coeficiente angular	0,5506	0,6462	linear
13	u_m	0,0292	0,0357	u_b
14	R^2	0,9917	0,0461	s_y
15	interseção-x =	−1,174	B15=−C12/B12	
16	$[As]_i$ =	2,347	B16=−B15*(5,00/2,50)	
17	n =	5	B17=CONT.NUM(B3:B7)	
18	y-médio =	1,197	B18=MÉDIA(B3:B7)	
19	$\Sigma(x_i - \text{x-médio})^2$=	2,5	B19=DESVQ(A3:A7)	
20	u_x =	0,121	B20=C14/ABS(B12)*	
21		RAIZ(1/B17+B18^2/(B12^2*B19))		
22	$u_{[As]_i}$ =	0,242	B22=B20*5,00/2,50	

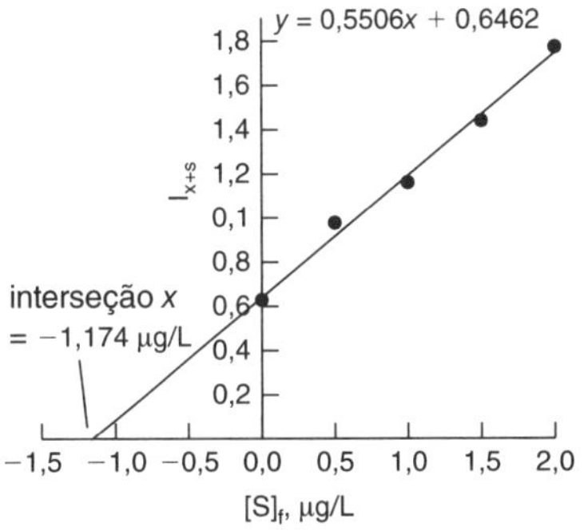

(d) interseção-$x = -b/m = -(0{,}646\ 2)/(0{,}550\ 6) = -1{,}174$ μg/L $= -[As]_f$

A partir de **(a)**, $[As]_f = [As]_i\left(\dfrac{2{,}50}{5{,}00}\right) \Rightarrow [As]_i = 1{,}174\left(\dfrac{5{,}00}{2{,}50}\right) = 2{,}35$ μg/L

(e) A incerteza-padrão da interseção-x é $u_x = 0{,}12_1$ μg/L, na célula B20.

Incerteza-padrão em $[As]_i = u_x\left(\dfrac{5{,}00}{2{,}50}\right) = 0{,}24_2$ μg/L .

(f) Intervalo de confiança de 95% = $\pm t \times 0{,}24_2$ μg/L

5 pontos fornecem 5 − 2 = 3 graus de liberdade e $t = 3{,}182$.

Intervalo de confiança de 95% = $\pm(3{,}182)(0{,}24_2$ μg/L$) = \pm 0{,}77$ g/L

5.E. Utilize a mistura-padrão para encontrar o fator de resposta. Sabemos que quando $[X]_f = [S]_f$, a razão entre os sinais A_X/A_S é 1,31.

$$\frac{A_X}{[X]_f} = F\left(\frac{A_S}{[S]_f}\right) \Rightarrow F = \frac{A_X/A_S}{[X]_f/[S]_f} = \frac{1{,}31}{1} = 1{,}31$$

Na mistura desconhecida mais o padrão, a concentração de S é

$$[S]_f = \underbrace{(4{,}13\ \mu g/mL)}_{\text{Concentração inicial}}\underbrace{\left(\frac{2{,}00}{10{,}0}\right)}_{\text{Fator de diluição}} = 0{,}826\ \mu g/mL$$

Para a mistura desconhecida: $F = \dfrac{A_X/A_S}{[X]_f/[S]_f}$

$$1{,}31 = \frac{0{,}808}{[X]_f/[0{,}826\ \mu g/mL]} \Rightarrow [X]_f = 0{,}509\ \mu g/mL$$

Como X foi diluído de 5,00 para 10,00 mL na mistura com S, a concentração original de X era de (10,0/5,0)(0,509 μg/mL) = 1,02 μg/mL.

5.F. (a) As células B10:C11 da planilha fornecem o coeficiente angular (m) = 1,075 6, u_m = 0,051 7; coeficiente linear (b) = 0,008 4, u_b = 0,033 5. O valor teórico do coeficiente linear é 0. O valor observado (0,008 4) é menor que uma incerteza-padrão (0,033 5) distante de 0, o que se encontra dentro do erro experimental do 0.

	A	B	C	D
1	Curva de calibração com padrões internos $C_{10}H_8/D_{10}H_8$			
2	[X]/[S]	A_X/A_S		
3	0,100	0,101		
4	0,500	0,573		
5	1,000	1,072		
6	Assinalar células B10:C12			
7	Digitar "= PROJ.LIN(B3:B5,A3:A5, VERDADEIRO, VERDADEIRO)"			
8	PC: CTRL + SHIFT + ENTER			
9	Mac: CTRL + SHIFT + RETURN			
10	m	1,0756	0,0084	b
11	u_m	0,0517	0,0335	u_b
12	R^2	0,9977	0,0330	s_y
13	n =	3	B13 = CONT.NUM(B3:B5)	
14	y médio =	0,582	B14 = MÉDIA(B3:B5)	
15	$\Sigma(x_i$ – x-médio$)^2$ =	0,406667	B15 = DESVQ(A3:B5)	
16				
17	y medido =	0,652	Entrada	
18	k = Número de medidas repetidas de y =	1	Entrada	
19	x obtido =	0,598	B19 = (B17–C10)/B10	
20	u_x =	0,0355	B20 = (C12/ABS(B10))*	
21	RAIZ((1/B18)+(1/B13)+((B17–B14)^2)/(B10^2*B15))			

Planilha para o Exercício 5.F.

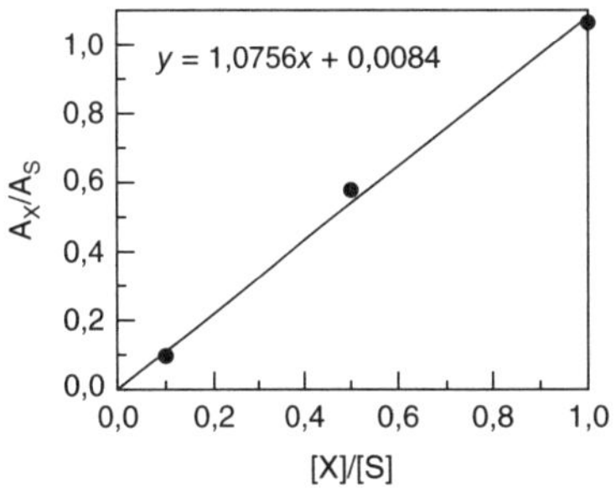

Gráfico de calibração com padrão interno para o Exercício 5.F

(b) As células B19 e B20 na planilha fornecem $[C_{10}H_8]/[C_{10}D_8] = x = 0{,}598$ com uma incerteza-padrão de $u_x = 0{,}035\ 5$.

(c) O teste t de Student para um intervalo de confiança de 95% e um grau de liberdade é 12,706. O intervalo de confiança de 95% para $[C_{10}H_8]/[C_{10}D_8]$ é 0,598 ± (12,706) × (0,035 5) = 0,598 ± 0,451. Incerteza relativa = 0,451/0,598 = 75%. A incerteza de uma calibração com três pontos é enorme (75%) porque o teste t de Student é 12,706 quando existe apenas um grau de liberdade. Se tivéssemos apenas mais um ponto (dando 2 graus de liberdade), o intervalo de confiança de 95% seria reduzido por um fator de 3.

5.G. Para os 18 primeiros pontos, média = 1 136 e o desvio-padrão = 186. Os critérios de estabilidade são

- Não devem existir observações fora das linhas de ação – Dia 22 fica abaixo da linha ação inferior.
- De 3 medidas consecutivas, não existem 2 fora entre as linhas de ação e advertência – Dias 21 e 22 estão abaixo da linha de advertência inferior.
- Não há 8 medidas consecutivas acima ou abaixo da linha do centro – OK, mas a conclusão mudaria se o Dia 41 estivesse acima da linha do centro.
- Não existem 6 medidas consecutivas todas continuamente aumentando ou todas continuamente diminuindo – Os dias 17 a 22 estão diminuindo continuamente. Dia 22 já era um problema abaixo da linha de ação.
- Não existem 14 pontos alternando para cima e para baixo – OK.
- Não há de forma óbvia nenhum padrão não aleatório – OK.

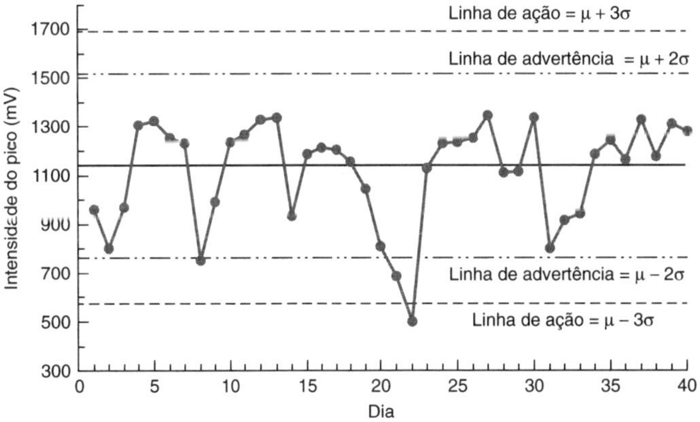

Gráfico de controle para o Exercício 5.G

Capítulo 6

6.A. (a)

$$\begin{array}{ll} \cancel{Ag^+} + \cancel{Cl^-} \rightleftharpoons AgCl(aq) & K_1 = 2{,}0\times10^3 \\ AgCl(s) \rightleftharpoons \cancel{Ag^+} + \cancel{Cl^-} & K_2 = 1{,}8\times10^{-10} \\ \hline AgCl(s) \rightleftharpoons AgCl(aq) & K_3 = K_1K_2 = 3{,}6\times10^{-7} \end{array}$$

(b) A resposta de (a) nos informa que $[AgCl(aq)] = 3{,}6 \times 10^{-7}$ M.

(c)

$$\begin{array}{ll} AgCl_2^- \rightleftharpoons \cancel{AgCl(aq)} + Cl^- & K_1 = 1/(9{,}3\times10^1) \\ \cancel{Ag^+} + \cancel{Cl^-} \rightleftharpoons AgCl(s) & K_2 = 1/(1{,}8\times10^{-10}) \\ \cancel{AgCl(aq)} \rightleftharpoons \cancel{Ag^+} + \cancel{Cl^-} & K_3 = 1/(2{,}0\times10^3) \\ \hline AgCl_2^- \rightleftharpoons AgCl(s) + Cl^- & K_4 = K_1K_2K_3 = 3{,}0\times10^4 \end{array}$$

6.B. **(a)** $\dfrac{(x)(x)(1{,}00+8x)^8}{(0{,}010\,0-x)(0{,}010\,0-2x)^2}=1\times10^{11}$

(b) Tanto $[Br^-]$ como $[Cr_2O_7^{2-}]$ são 0,005 00 M, pois o Cr^{3+} é o *reagente limitante*. A reação precisa de 2 mols de Cr^{3+} por mol de BrO_3^-. O Cr^{3+} será consumido primeiro, produzindo 1 mol de Br^- e 1 mol de $Cr_2O_7^{2-}$ por 2 mols de Cr^{3+} que reagiram. Para resolver a equação anterior, fazemos $x = 0{,}005\,00$ M em todos os termos exceto $[Cr^{3+}]$. A concentração de Cr^{3+} será uma quantidade desconhecida e pequena.

$$\frac{(0{,}005\,00)(0{,}005\,00)[1{,}00+8(0{,}005\,00)]^8}{(0{,}010\,0-0{,}005\,00)[Cr^{3+}]^2}=1\times10^{11}$$

$[Cr^{3+}] = 2{,}_6\times10^{-7}$ M

$[BrO_3^-] = 0{,}010\,0 - 0{,}005\,00 = 0{,}005\,00$ M

6.C. O K_{ps} para o $La(IO_3)_3$ é suficientemente pequeno $(1{,}0\times10^{-11})$, de modo que presumimos que a concentração de iodato não será alterada pela pequena quantidade de $La(IO_3)_3$ que se dissolve.

$$[La^{3+}]=\frac{K_{ps}}{[IO_3^-]^3}=\frac{1{,}0\times10^{-11}}{(0{,}050)^3}=8{,}0\times10^{-8}\text{ M}$$

A resposta concorda com a suposição de que o iodato proveniente do $La(IO_3)_3$ é muito menor que 0,050 M.

6.D. Esperamos que o $Ca(IO_3)_2$ seja mais solúvel porque seu K_{ps} é maior e os dois sais têm a mesma estequiometria. Se a estequiometria não fosse a mesma, não poderíamos comparar diretamente os valores de K_{ps}. Nossa previsão poderia estar errada se, por exemplo, o sal de bário formasse uma grande quantidade de pares de íons $Ba(IO_3)^+$ ou $Ba(IO_3)_2(aq)$ e o sal de cálcio não formasse pares de íons.

6.E. **(a)** Usamos o K_{ps} para o $Fe(OH)_3$ para encontrar a concentração de OH^- em equilíbrio com uma concentração especificada de Fe^{3+}:

$[Fe^{3+}][OH^-]^3 = (10^{-10})[OH^-]^3 = 1{,}6\times10^{-39}$

$\Rightarrow [OH^-] = 2{,}5\times10^{-10}$ M

(b) Agora usamos o K_{ps} para o $Fe(OH)_2$ para encontrar a concentração de OH^- em equilíbrio com uma concentração especificada de Fe^{2+}:

$[Fe^{2+}][OH^-]^2 = (10^{-10})[OH^-]^2 = 7{,}9\times10^{-16}$

$\Rightarrow [OH^-] = 2{,}8\times10^{-3}$ M

6.F. Queremos reduzir $[Ce^{3+}]$ a 1,0% de 0,010 M, ou seja, a 0,000 10 M. A concentração de oxalato em equilíbrio com 0,000 10 M de Ce^{3+} é calculada da seguinte forma:

$[Ce^{3+}]^2[C_2O_4^{2-}]^3 = K_{ps} = 5{,}9\times10^{-30}$

$(0{,}000\,10)^2[C_2O_4^{2-}]^3 = 5{,}9\times10^{-30}$

$$[C_2O_4^{2-}]=\left(\frac{5{,}9\times10^{-30}}{(0{,}000\,10)^2}\right)^{1/3}=8{,}4\times10^{-8}\text{ M}$$

Para ver se $C_2O_4^{2-}$ $8{,}4\times10^{-8}$ M precipitará com Ca^{2+} 0,010 M, calculamos o valor de Q para o CaC_2O_4:

$$Q=[Ca^{2+}][C_2O_4^{2-}]=(0{,}010)(8{,}4\times10^{-8})=8{,}4\times10^{-10}$$

Como $Q < K_{ps}$ para o CaC_2O_4 $(= 1{,}3\times10^{-8})$, o Ca^{2+} não precipitará.

6.G. Admitindo que todo o Ni está na forma $Ni(en)_3^{2+}$, $[Ni(en)_3^{2+}] = 1{,}00\times10^{-5}$ M contendo 3×10^{-5} M de en. A quantidade de en ligada ao níquel é desprezível em comparação com 0,100 M, portanto, $[en]\approx 0{,}100$ M. A soma das três equações dá

$$Ni^{2+}+3\,en \rightleftharpoons Ni(en)_3^{2+} \qquad K=K_1K_2K_3=2{,}1_4\times10^{18}$$

$$[Ni^{2+}]=\frac{[Ni(en)_3^{2+}]}{K[en]^3}=\frac{(1{,}00\times10^{-5})}{(2{,}1_4\times10^{18})(0{,}100)^3}=4{,}7\times10^{-21}\text{ M}$$

Agora verificamos que $[Ni(en)^{2+}]$ e $[Ni(en)_2^{2+}] \ll 10^{-5}$ M :

$$[Ni(en)^{2+}]=K_1[Ni^{2+}][en]=1{,}5\times10^{-14}\text{ M}$$

$$[Ni(en)_2^{2+}]=K_2[Ni(en)^{2+}][en]=3{,}2\times10^{-9}\text{ M}$$

6.H. **(a)** Neutro – nem o Na^+ ou o Br^- possuem quaisquer propriedades ácidas ou básicas.

(b) Básico —$CH_3CO_2^-$ é a base conjugada do ácido acético, e o Na^+ nem é ácido nem básico.

(c) Ácido —NH_4^+ é o ácido conjugado do NH_3, e o Cl^- nem é ácido nem básico.

(d) Básico – PO_4^{3-} é uma base, e o K^+ nem é ácido nem básico.

(e) Neutro – nenhum íon é ácido ou básico.

(f) Básico – o íon amônio quaternário nem é ácido nem básico, e o ânion $C_6H_5CO_2^-$ é a base conjugada do ácido benzoico.

(g) Ácido – o Fe^{3+} é ácido, e o nitrato nem é ácido nem básico.

6.I. $K_{b1} = K_w/K_{a2} = 4{,}3\times10^{-9}$
$K_{b2} = K_w/K_{a1} = 1{,}6\times10^{-10}$

6.J. $K \equiv K_{b2} = K_w/K_{a2} = 1{,}2\times10^{-8}$

6.K. **(a)** $[H^+][OH^-] = x^2 = K_w \Rightarrow x = \sqrt{K_w} \Rightarrow pH = -\log\sqrt{K_w} = 7{,}469$ a 0 °C, 7,082 a 20 °C e 6,770 a 40 °C.

(b) Como $[D^+] = [OD^-]$ em D_2O puro, $K = 1{,}35\times10^{-15} = [D^+][OD^-] = [D^+]^2 \Rightarrow [D^+] = \sqrt{K} = 3{,}67\times10^{-8}$ M $\Rightarrow$ pD = 7,435

Capítulo 7

7.A.

(a)

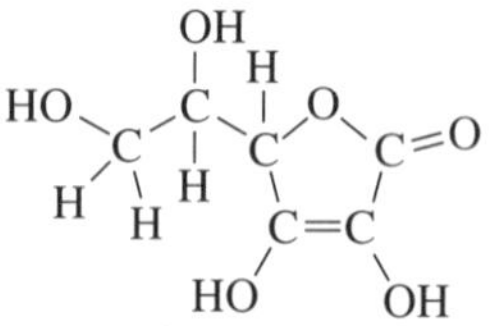

Ácido ascórbico
$C_6H_8O_6$

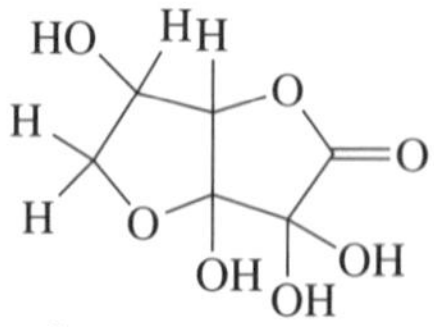

Ácido deidroascórbico
$C_6H_8O_7$

Massa fórmula do ácido ascórbico = 6(massa atômica do C) + 8(massa atômica do H) + 6(massa atômica do O) = 6(12,011) + 8(1,008) + 6(15,999) = 176,124 g/mol

(b) $\dfrac{0{,}197\,0\text{ g de ácido ascórbico}}{176{,}124\text{ g/mol}}=1{,}118\,5\text{ mmol}$

Molaridade do I_3^- = 1,118 5 mmol/29,41 mL = 0,038 03 M

(c) 31,63 mL de I_3^- = 1,203 mmol de I_3^-
= 1,203 mmol de ácido ascórbico
= 0,211 9 g = 49,94% do tablete

7.B. **(a)**

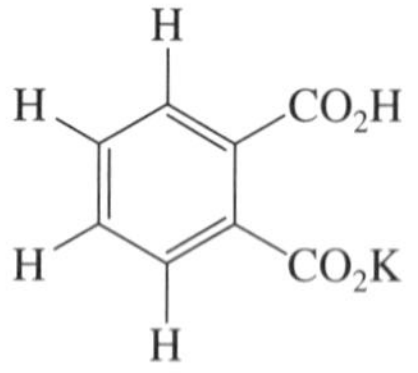

$C_8H_5O_4K$

(b) $\dfrac{0{,}824\text{ g de ácido}}{204{,}22\text{ g/mol}}=4{,}03_{49}\text{ mmol}$

Esse número de mmol de NaOH está contido em 0,038 314 kg de solução de NaOH

$$\Rightarrow \text{concentração}=\frac{4{,}03_{49}\times10^{-3}\text{ mol de NaOH}}{0{,}038\,314\text{ kg de solução}}=0{,}105_{31}\text{ mol/kg de solução}$$

(c) mol de NaOH = (0,057 911 kg de solução)($0{,}105_{31}$ mol/kg de solução) = $6{,}09_{86}$ mmol

Como 2 mols de NaOH reagem com 1 mol de H_2SO_4,

$$[H_2SO_4]=\frac{\frac{1}{2}(6{,}09_{86}\text{ mmol})}{10{,}00\text{ mL}}=0{,}305\,\frac{\text{mmol}}{\text{mL}}=0{,}305\text{ M}$$

7.C. 34,02 mL de NaOH 0,087 71 M = 2,983 9 mmol de OH^-. Seja x a massa de ácido malônico e y a massa de cloreto de anilínio.

Então, $x + y = 0{,}237\,6$ g e

(mols de cloreto de anilínio) + 2(mols de ácido malônico) = 0,002 983 9

$$\frac{y\text{ g}}{129{,}59\text{ g/mol}}+2\left(\frac{x\text{ g}}{104{,}06\text{ g/mol}}\right)=0{,}002\,983\,9\text{ mol}$$

Substituindo $y = 0{,}237\,6 - x$, obtém-se $x = 0{,}100\,01$ g = 42,09% de ácido malônico, cloreto de anilínio = 57,91%.

7.D. A reação é $SCN^- + Cu^+ \rightarrow CuSCN(s)$. O ponto de equivalência ocorre quando o número de mols de Cu^+ é igual ao número de mols de $SCN^- \Rightarrow$ $V_e = 100{,}0$ mL. Antes do ponto de equivalência, existe um excesso de SCN^- na solução. Calculamos a molaridade do SCN^- para, em seguida, encontrar $[Cu^+]$ a partir da relação $[Cu^+] = K_{ps}/[SCN^-]$. Por exemplo, quando 0,10 mL de Cu^+ for adicionado,

$$[SCN^-] = \left(\frac{100{,}0\text{ mL} - 0{,}10\text{ mL}}{100{,}0\text{ mL}}\right)(0{,}080\,0\text{ M})\left(\frac{50{,}0\text{ mL}}{50{,}1\text{ mL}}\right)$$

$$= 7{,}98 \times 10^{-2}\text{ M}$$

$$[Cu^+] = 4{,}8 \times 10^{-15}/7{,}98 \times 10^{-2}$$

$$= 6{,}0 \times 10^{-14}$$

$$pCu^+ = 13{,}22$$

No ponto de equivalência, $[Cu^+][SCN^-] = x^2 = K_{ps} \Rightarrow x = [Cu^+] = 6{,}9 \times 10^{-8}$ $\Rightarrow pCu^+ = 7{,}16$.

Após o ponto de equivalência, existe um excesso de Cu^+. Por exemplo, quando $V = 101{,}0$ mL,

$$[Cu^+] = (0{,}040\,0\text{ M})\left(\frac{101{,}0\text{ mL} - 100{,}0\text{ mL}}{151{,}0\text{ mL}}\right) = 2{,}6 \times 10^{-4}\text{ M}$$

$$pCu^+ = 3{,}58$$

mL	pCu	mL	pCu	mL	pCu
0,10	13,22	75,0	12,22	100,0	7,16
10,0	13,10	95,0	11,46	100,1	4,57
25,0	12,92	99,0	10,75	101,0	3,58
50,0	12,62	99,9	9,75	110,0	2,60

7.E. $V_e = 23{,}66$ mL para AgBr. Em 2,00, 10,00, 22,00 e 23,00 mL, o AgBr está parcialmente precipitado e permanece um excesso de Br^-.
Em 2,00 mL

$$[Ag^+] = \frac{K_{ps}(\text{para AgBr})}{[Br^-]}$$

$$= \frac{5{,}0 \times 10^{-13}}{\underbrace{\left(\frac{23{,}66\text{ mL} - 2{,}00\text{ mL}}{23{,}66\text{ mL}}\right)}_{\text{Fração remanescente}}\underbrace{(0{,}050\,00\text{ M})}_{\text{Molaridade original do Br}^-}\underbrace{\left(\frac{40{,}00\text{ mL}}{42{,}00\text{ mL}}\right)}_{\text{Fator de diluição}}}$$

$$= 1{,}15 \times 10^{-11}\text{ M} \Rightarrow pAg^+ = 10{,}94$$

Por um raciocínio semelhante, encontramos

em 10,00 mL: $pAg^+ = 19{,}66$

em 22,00 mL: $pAg^+ = 9{,}66$

em 23,00 mL: $pAg^+ = 9{,}25$

Em 24,00, 30,00 e 40,00 mL, o AgCl está precipitando e permanece um excesso de Cl^- em solução.

Em 24,00 mL:

$$[Ag^+] = \frac{K_{ps}\text{ (para AgCl)}}{[Cl^-]}$$

$$= \frac{1{,}8 \times 10^{-10}}{\left(\frac{47{,}32\text{ mL} - 24{,}00\text{ mL}}{23{,}66\text{ mL}}\right)(0{,}050\,00\text{ M})\left(\frac{40{,}00\text{ mL}}{64{,}00\text{ mL}}\right)}$$

$$= 5{,}8 \times 10^{-9}\text{ M} \Rightarrow pAg^+ = 8{,}23$$

Por um raciocínio semelhante, encontramos

em 30,00 mL: $pAg^+ = 8{,}07$

em 40,00 mL: $pAg^+ = 7{,}63$

No segundo ponto de equivalência (47,32 mL), $[Ag^+] = [Cl^-]$, e podemos escrever

$$[Ag^+][Cl^-] = x^2 = K_{ps}\text{ (para AgCl)}$$

$$\Rightarrow [Ag^+] = 1{,}34 \times 10^{-5}\text{ M} \quad \Rightarrow pAg^+ = 4{,}87$$

Em 50,00 mL, existe um excesso de (60,00 – 47,32) = 2,68 mL de Ag^+

$$[Ag^+] = \left(\frac{2{,}68\text{ mL}}{90{,}00\text{ mL}}\right)(0{,}084\,54\text{ M}) = 2{,}5 \times 10^{-3}\text{ M}$$

$$pAg^+ = 2{,}60$$

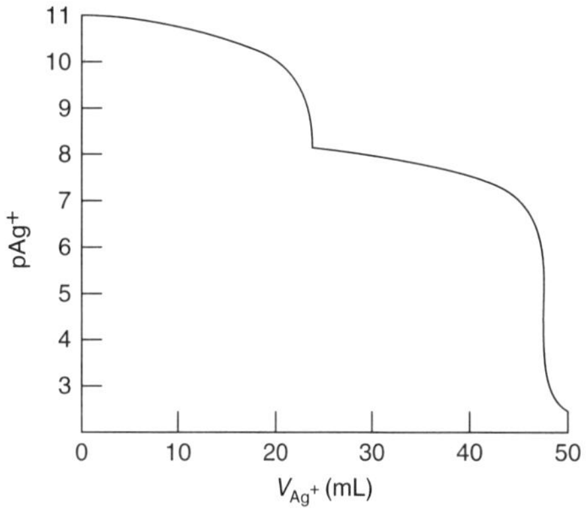

7.F. **(a)** São necessários 12,6 mL de Ag^+ para precipitar I^-, então (27,7 – 12,6) = 15,1 mL são necessários para precipitar SCN^-.

$$[SCN^-] = \frac{\text{número de mols de Ag}^+\text{ necessários para reagir com SCN}^-}{\text{volume original de SCN}^-}$$

$$= \frac{[27{,}7\ (\pm 0{,}3) - 12{,}6\ (\pm 0{,}4)\text{ mL}][0{,}068\,3\ (\pm 0{,}000\,1)\text{ M}]}{50{,}00\ (\pm 0{,}05)\text{ mL}} \qquad \textbf{(A)}$$

$$= \frac{[15{,}1\ (\pm 0{,}5)][0{,}068\,3\ (\pm 0{,}000\,1)]}{50{,}00\ (\pm 0{,}05)}$$

$$= \frac{[15{,}1\ (\pm 3{,}31\%)][0{,}068\,3\ (\pm 0{,}146\%)]}{50{,}00\ (\pm 0{,}100\%)} = 0{,}020\,6\ (\pm 0{,}000\,7)\text{ M}$$

Na expressão (A), escolhi manter os volumes em mL e não em L. Contanto que as unidades se mantenham consistentes e se cancelem, essa opção é possível. Contudo, você também poderia ter escrito todos os volumes em L.

(b) $[SCN^-](\pm 4{,}0\%) = \dfrac{[27{,}7\ (\pm 0{,}3) - 12{,}6\ (\pm ?)][0{,}068\,3\ (\pm 0{,}000\,1)]}{50{,}00\ (\pm 0{,}05)}$

Seja y% o erro na diferença de 15,1 mL

$$(4{,}0\%)^2 = (y\%)^2 + (0{,}146\%)^2 + (0{,}100\%)^2$$

$$\Rightarrow y = 4{,}00\% = 0{,}603\text{ mL}$$

$$27{,}7\ (\pm 0{,}3) - 12{,}6\ (\pm ?) = 15{,}1\ (\pm 0{,}603)$$

$$\Rightarrow 0{,}3^2 + ?^2 = 0{,}603^2 \Rightarrow ? = 0{,}5\text{ mL}$$

Capítulo 8

8.A. **(a)** $\mu = \frac{1}{2}([K^+] \cdot 1^2 + [NO_3^-] \cdot (-1)^2) = 0{,}2$ mM

(b) $\mu = \frac{1}{2}([Cs^+] \cdot 1^2 + [CrO_4^{2-}] \cdot (-2)^2)$

$$= \frac{1}{2}([0{,}4] \cdot 1 + [0{,}2] \cdot 4) = 0{,}6\text{ mM}$$

(c) $\mu = \frac{1}{2}([Mg^{2+}] \cdot 2^2 + [Cl^-] \cdot (-1)^2 + [Al^{3+}] \cdot 3^2)$

$$= \frac{1}{2}([0{,}2] \cdot 4 + [\underset{\text{Do MgCl}_2}{0{,}4} + \underset{\text{Do AlCl}_3}{0{,}9}] \cdot 1 + [0{,}3] \cdot 9) = 2{,}4\text{ mM}$$

8.B. Para uma solução de $(CH_3CH_2CH_2)_4N^+Br^-$ 0,005 0 M mais $(CH_3)_4N^+Cl^-$ 0,005 0 M, $\mu = 0{,}010$ M. O tamanho do íon $(CH_3CH_2CH_2)_4N^+$ é de 800 pm. Em $\mu = 0{,}01$ M, $\gamma = 0{,}912$ para um íon de carga ±1 com $\alpha = 800$ pm.

$\mathcal{A} = (0{,}005\,0)(0{,}912) = 0{,}004\,6$.

8.C. μ = 0,060 M a partir do KSCN, admitindo que o AgSCN tem solubilidade desprezível.

$K_{ps} = [Ag^+]\gamma_{Ag^+}[SCN^-]\gamma_{SCN^-} = 1,1 \times 10^{-12}$

Os coeficientes de atividade em μ = 0,060 M são γ_{Ag^+} = 0,79 e γ_{SCN^-} = 0,80.

$K_{ps} = [Ag^+](0,79)[0,060](0,80) = 1,1 \times 10^{-12}$

$\Rightarrow [Ag^+] = 2,9 \times 10^{-11}$ M

8.D. Em uma força iônica de 0,050 M, γ_{H^+} = 0,86 e γ_{OH^-} = 0,81.

$[H^+]\gamma_{H^+}[OH^-]_{OH^-} = (x)(0,86)(x)(0,81) = 1,0 \times 10^{-14} \Rightarrow x =$

$[H^+] = 1,2 \times 10^{-7}$ M. pH $= -\log[(1,2 \times 10^{-7})(0,86)] = 6,99$

8.E. **(a)** Número de mols de I^- = 2(número de mols de Hg_2^{2+})

$(V_e)(0,100 \text{ M}) = 2(40,0 \text{ mL})(0,040\,0) \Rightarrow V_e = 32,0$ mL

(b) Praticamente todo Hg_2^{2+} foi precipitado junto com 3,20 mmol de I^-. Os íons que restam na solução são

$$[NO_3^-] = \frac{3,20 \text{ mmol}}{100,0 \text{ mL}} = 0,032\,0 \text{ M}$$

$$[I^-] = \frac{2,80 \text{ mmol}}{100,0 \text{ mL}} = 0,028\,0 \text{ M}$$

$$[K^+] = \frac{6,00 \text{ mmol}}{100,0 \text{ mL}} = 0,060\,0 \text{ M}$$

$$\mu = \frac{1}{2}\sum c_i z_i^2 = 0,060\,0 \text{ M}$$

(c) $\mathcal{A}_{Hg_2^{2+}} = K_{ps}/\mathcal{A}_{I^-}^2 = K_{ps}/([I^-]^2\gamma_{I^-}^2)$

$= 4,6 \times 10^{-29}/[(0,028\,0)^2(0,795)^2] = 9,3 \times 10^{-26}$

$\Rightarrow pHg_2^{2+} = -\log \mathcal{A}_{Hg_2^{2+}} = 25,03$

8.F. **(a)** $[Cl^-] = 2[Ca^{2+}]$

(b) $\underbrace{[Cl^-] + [CaCl^+]}_{\text{Espécies contendo } Cl^-} = 2\underbrace{\{[Ca^{2+}] + [CaCl^+] + [CaOH^+]\}}_{\text{Espécies contendo } Ca^{2+}}$

(c) $[Cl^-] + [OH^-] = 2[Ca^{2+}] + [CaCl^+] + [CaOH^+] + [H^+]$

8.G. Balanço de carga:

$[F^-] + [HF_2^-] + [OH^-] = 2[Ca^{2+}] + [CaOH^+] + [CaF^+] + [H^+]$

Balanço de massa: o CaF_2 dá 2 mols de F para cada mol de Ca.

$\underbrace{[F^-] + [CaF^+] + 2[CaF_2(aq)] + [HF] + 2[HF_2^-]}_{\text{Espécies contendo } F^-}$

$= 2\underbrace{\{[Ca^{2+}] + [CaOH^+] + [CaF^+] + [CaF_2(aq)]\}}_{\text{Espécies contendo } Ca^{2+}}$

8.H. Balanço de carga:

$2[Ca^{2+}] + [CaOH^+] + [H^+]$

$= [CaPO_4^-] + 3[PO_4^{3-}] + 2[HPO_4^{2-}] + [H_2PO_4^-] + [OH^-]$

Balanço de massa: 2(espécies contendo cálcio) = 3(espécies contendo fosfato)

$2\underbrace{\{[Ca^{2+}] + [CaOH^+] + [CaPO_4^-]\}}_{\text{Espécies contendo cálcio}}$

$= 3\underbrace{\{[CaPO_4^-] + [PO_4^{3-}] + [HPO_4^{2-}] + [H_2PO_4^-] + [H_3PO_4]\}}_{\text{Espécies contendo fosfato}}$

8.I. **(a)** Reações pertinentes:

$Mn(OH)_2(s) \overset{K_{ps}}{\rightleftharpoons} Mn^{2+} + 2OH^- \qquad K_{ps} = 10^{-12,8}$

$Mn^{2+} + OH^- \overset{K_1}{\rightleftharpoons} MnOH^+ \qquad K_1 = 10^{3,4}$

$H_2O \overset{K_w}{\rightleftharpoons} H^+ + OH^- \qquad K_w = 10^{-14,00}$

Balanço de carga: $2[Mn^{2+}] + [MnOH^+] + [H^+] = [OH^-]$

Balanço de massa: $\underbrace{[OH^-] + [MnOH^+]}_{\text{Espécies contendo } OH^-} = 2\underbrace{\{[Mn^{2+}] + [MnOH^+]\}}_{\text{Espécies contendo } Mn^{2+}} + [H^+]$

(O balanço de massa é equivalente ao balanço de carga neste sistema.)

Expressões das constantes de equilíbrio:

$$K_{ps} = [Mn^{2+}]\gamma_{Mn^{2+}}[OH^-]^2\gamma_{OH^-}^2$$

$$K_1 = \frac{[MnOH^+]\gamma_{MnOH^+}}{[Mn^{2+}]\gamma_{Mn^{2+}}[OH^-]\gamma_{OH^-}}$$

$$K_w = [H^+]\gamma_{H^+}[OH^-]\gamma_{OH^-}$$

Precisamos estimar (número de incógnitas) – (número de equilíbrios) = 4 – 3 = 1 concentração em que escolhi pMn^{2+} = 4 a partir da expressão de equilíbrio do K_{ps}. A planilha tem a mesma forma para a solubilidade do $Mg(OH)_2$ no texto, mas com μ fixado em 0,1 M na célula B5. As concentrações após executar o Solver para minimizar a célula H15 variando a célula B8 estão mostradas nas células C8:C11.

	A	B	C	D	E	F	G	H
1	Equilíbrios do hidróxido de manganês							
2	1. *Estime* pMn na célula B8							
3	2. Use Solver para ajustar B8 a fim de minimizar a soma na célula H15							
4	Força iônica					Debye-		
5	μ	0,1	fixada			Hückel	Coeficiente de	
6				Tamanho		estendida	atividade	
7	Espécies	pC	C (M)	α (pm)	Carga	log γ	γ	
8	Mn^{2+}	4,271737	5,349E-05	600	2	–3,977E-01	4,002E-01	
9	OH^-		1,130E-04	350	–1	–1,183E-01	7,615E-01	
10	$MnOH^+$		6,016E-06	400	1	–1,140E-01	7,691E-01	
11	H^+		1,408E-10	900	1	–8,343E-02	8,252E-01	
12								
13	pK_{ps} =	12,80	K_{ps} =	1,58E–13			Balanço de carga:	10^6*b_i
14	pK_1 =	–3,40	K_1 =	2,51E+03	$b_1 = 2[Mn^{2+}] + [MnOH^+] + [H^+] – [OH^-]$			–3,12E–13
15	pK_w =	14,00	K_w =	1,00E–14			$\Sigma(10^\wedge 6*b_i)^2$ =	9,72E-26
16								H14 = 1e6*(2*C8+C10+C11–C9)
17	Estimativas do tamanho do íon:							H15 = H14^2
18	tamanho do $MnOH^+$ = 400 pm							C8 = 10^–B8
19								C9 = RAIZ(D13/(C8*G8))/G9
20	Valores iniciais:							C10 = D14*C8*G8*C9*G9/G10
21	pMn =	4						C11 = D15/(C9*G9*G11)
22								F8 = –0,51*E8^2*RAIZ($B$5)/(1+D8*RAIZ($B$5)/305)
23								G8 = 10^–F8

Planilha para o Exercício 8.I(a).

(b) A planilha é a mesma que em (a), exceto que a célula B5 contém a fórmula "= 0,5*(E8^2*C8 + E9^2*C9 + E10^2*C10 + E11^2*C11)".
O Solver encontra $[Mn^{2+}] = 3{,}30 \times 10^{-5}$, $[MnOH^+] = 5{,}68 \times 10^{-6}$, $[OH^-] = 7{,}18 \times 10^{-5}$, $[H^+] = 1{,}43 \times 10^{-10}$ e $\mu = 1{,}05 \times 10^{-4}$ M
(c) Os íons Na^+ e ClO_4^- criam atmosferas iônicas que reduzem a atração do Mn^{2+} e do OH^-, portanto, aumentando a solubilidade do $Mn(OH)_2$.
(Mn dissolvido em $NaClO_4$ 0,1 M)/(Mn dissolvido sem $NaClO_4$) = ([5,35 × 10^{-5} M] + [6,0 × 10^{-6} M])/([3,30 × 10^{-5} M] + [5,7 × 10^{-6} M]) = 1,54

Capítulo 9

9.A. $\text{pH} = -\log \mathcal{A}_{H^+}$. Mas $\mathcal{A}_{H^+}\mathcal{A}_{OH^-} = K_w \Rightarrow \mathcal{A}_{H^+} = K_w/\mathcal{A}_{OH^-}$. Para $1{,}0\times10^{-2}$ M NaOH, $[OH^-] = 1{,}0\times10^{-2}$ M e $\gamma_{OH^-} = 0{,}900$ (Tabela 8.1, com μ = 0,010 M).

$$\mathcal{A}_{H^+} = \frac{K_w}{[OH^-]\gamma_{OH^-}} = \frac{1{,}0\times10^{-14}}{(1{,}0\times10^{-2})(0{,}900)}$$

$$= 1{,}11\times10^{-12} \Rightarrow \text{pH} = -\log \mathcal{A}_{H^+} = 11{,}95$$

9.B. **(a)** Balanço de carga: $[H^+] = [OH^-] + [Br^-]$
Balanço de massa: $[Br^-] = 1{,}0 \times 10^{-8}$ M
Equilíbrio: $[H^+][OH^-] = K_w$
Fazendo $[H^+] = x$ e $[Br^-] = 1{,}0 \times 10^{-8}$ M, o balanço de carga nos informa que $[OH^-] = x - 1{,}0 \times 10^{-8}$. Substituindo estes resultados na expressão de K_w, temos

$$(x)(x - 1{,}0\times10^{-8}) = 1{,}0\times10^{-14}$$
$$\Rightarrow x = 1{,}0_5\times10^{-7}\text{ M} \Rightarrow \text{pH} = 6{,}98$$

(b) Balanço de carga: $[H^+] = [OH^-] + 2[SO_4^{2-}]$
Balanço de massa: $[SO_4^{2-}] = 1{,}0 \times 10^{-8}$ M
Equilíbrio: $[H^+][OH^-] = K_w$
Escrevendo como antes que $[H^+] = x$ e $[SO_4^{2-}] = 1{,}0 \times 10^{-8}$ M, obtemos $[OH^-] = x - 2{,}0 \times 10^{-8}$ M e $[H^+][OH^-] = (x)[x - 2{,}0\times10^{-8}] = 1{,}0\times10^{-14} \Rightarrow$
$x = 1{,}10\times10^{-7}$ M $\Rightarrow$ pH = 6,96.

9.C.

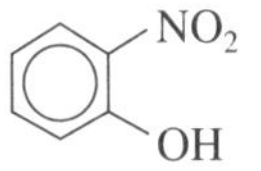

2-Nitrofenol $C_6H_5NO_3$ MF = 139,11 $K_a = 5{,}89\times10^{-8}$

$$F_{HA}(\text{concentração formal}) = \frac{1{,}23\text{ g}/(139{,}11\text{ g/mol})}{0{,}250\text{ L}} = 0{,}035\,4\text{ M}$$

$$\underset{F-x}{HA} \rightleftharpoons \underset{x}{H^+} + \underset{x}{A^-}$$

$$\frac{x^2}{0{,}035\,4 - x} = 5{,}89\times10^{-8}\text{ M}$$

$$\Rightarrow x \approx \sqrt{(0{,}035\,4)(5{,}89\times10^{-8})} = 4{,}57\times10^{-5}\text{ M}$$

$$\Rightarrow \text{pH} = -\log x = 4{,}34$$

9.D.

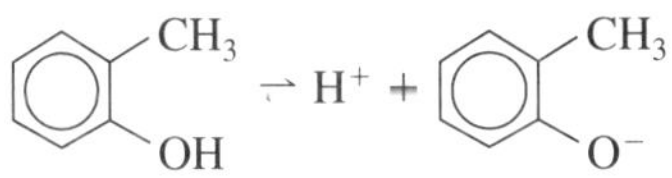

F − x x x

Mas $[H^+] = 10^{-\text{pH}} = 6{,}9\times10^{-7}$ M $\Rightarrow [A^-] = 6{,}9\times10^{-7}$ M e $[HA] = 0{,}010 - [H^+] = 0{,}010$.

$$K_a = \frac{[H^+][A^-]}{[HA]} = \frac{(6{,}9\times10^{-7})^2}{0{,}010} = 4{,}8\times10^{-11} \Rightarrow \text{p}K_a = 10{,}32$$

9.E. Quando $[HA] \rightarrow 0$, pH $\rightarrow 7$. Se pH = 7.

$$\frac{[H^+][A^-]}{[HA]} = K_a \Rightarrow [A^-] = \frac{K_a}{[H^+]}[HA]$$

$$= \frac{10^{-5{,}00}}{10^{-7{,}00}}[HA] = 100[HA]$$

$$\alpha = \frac{[A^-]}{[HA]+[A^-]} = \frac{100[HA]}{[HA]+100[HA]} = \frac{100}{101} = 99\%$$

Se pK_a = 9,00, determinamos que α = 0,99%

9.F. $$\underset{F-x}{CH_3CH_2CH_2CO_2^-} + H_2O \rightleftharpoons \underset{x}{CH_3CH_2CH_2CO_2H} + \underset{x}{OH^-}$$

$$K_b = \frac{K_w}{K_a} = 6{,}58\times10^{-10}$$

$$\frac{x^2}{F-x} = \frac{x^2}{0{,}050-x} = K_b$$

$$\Rightarrow x \approx \sqrt{(0{,}050)(6{,}58\times10^{-10})} = 5{,}7_4\times10^{-6}\text{ M}$$

$$\text{pH} = -\log\left(\frac{K_w}{x}\right) = 8{,}76$$

9.G. **(a)** $$\underset{F-x}{CH_3CH_2NH_2} + H_2O \rightleftharpoons \underset{x}{CH_3CH_2NH_3^+} + \underset{x}{OH^-}$$

Como pH = 11,82, $[OH^-] = K_w/10^{-\text{pH}} = 6{,}6\times10^{-3}$ M $= [BH^+]$

$[B] = F - x = F - [OH^-] = 0{,}093$ M

$$K_b = \frac{[BH^+][OH^-]}{[B]} = \frac{(6{,}6\times10^{-3})^2}{0{,}093} = 4{,}7\times10^{-4}$$

(b) $$\underset{F-x}{CH_3CH_2NH_3^+} \rightleftharpoons \underset{x}{CH_3CH_2NH_2} + \underset{x}{H^+}$$

$$K_a = \frac{K_w}{K_b} = 2{,}1\times10^{-11}$$

$$\frac{x^2}{F-x} = K_a \Rightarrow x = 1{,}4_5\times10^{-6}\text{ M} \Rightarrow \text{pH} = 5{,}84$$

9.H.

Composto	pK_a (para o ácido conjugado)	
Amônia	9,24	← Mais adequado, pois o pK_a é o mais próximo do pH 9,00
Anilina	4,60	
Hidrazina	8,02	
Piridina	5,20	

Haveria problemas usando os outros compostos mesmo que tivessem o pK_a adequado. A hidrazina é altamente tóxica, perigosamente instável e muito reativa como forte agente redutor. A piridina é altamente inflamável, tem odor desagradável e é de alguma forma tóxica.

9.I. pH = pK_a + log ($[A^-]/[HA]$) = 4,25 + log 0,75 = 4,13

Não precisamos saber as concentrações de outros pares ácido-base para encontrar o pH porque, em uma solução em equilíbrio, todos os equilíbrios são satisfeitos simultaneamente. Podemos usar qualquer equilíbrio para o qual tenhamos informações. Todos os equilíbrios devem dar o mesmo pH. A solução tem apenas um pH.

9.J. **(a)** $$\text{pH} = \text{p}K_a + \log\frac{[B]}{[BH^+]}$$

$$= 8{,}04 + \log\frac{[(1{,}00\text{ g})/(74{,}08\text{ g/mol})]}{[(1{,}00\text{ g})/(110{,}54\text{ g/mol})]} = 8{,}21$$

(b) $$\text{pH} = \text{p}K_a + \log\frac{\text{número de mols de B}}{\text{número de mols de BH}^+}$$

$$8{,}00 = 8{,}04 + \log\frac{\text{número de mols de B}}{(1{,}00\text{ g})/(110{,}54\text{ g/mol})}$$

$\Rightarrow$ número de mols de B = 0,008 25 = 0,611 g de glicinamida

(c)

	B	+	H^+	→	BH^+
Número de mols iniciais:	0,013 499		0,000 500		0,009 046
Número de mols finais:	0,012 999		—		0,009 546

$$\text{pH} = 8{,}04 + \log\left(\frac{0{,}012\,999}{0{,}009\,546}\right) = 8{,}17$$

(d)

	BH$^+$	+	OH$^-$	→	B
Número de mols iniciais:	0,009 546		0,001 000		0,012 999
Número de mols finais:	0,008 546		—		0,013 999

$$pH = 8,04 + \log\left(\frac{0,013\,999}{0,008\,546}\right) = 8,25$$

(e) A solução em (a) contém 9,046 mmols de cloridrato de glicinamida e 13,499 mmols de glicinamida. Agora estamos adicionando 9,046 mmols de OH$^-$, que irá converter todo o cloridrato de glicinamida em glicinamida. A nova solução contém 9,046 + 13,499 = 22,545 mmols de glicinamida em 190,46 mL. A concentração formal de glicinamida é (22,545 mmols)/(190,46 mL) = 0,118$_4$ M. O pH é determinado pela hidrólise da glicinamida:

$$H_2N-CH_2-C(=O)-NH_2 + H_2O \rightleftharpoons H_3N^+-CH_2-C(=O)-NH_2 + OH^-$$
$$\quad 0,118_4 - x \qquad\qquad\qquad x \qquad\qquad x$$

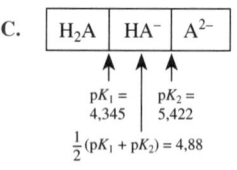

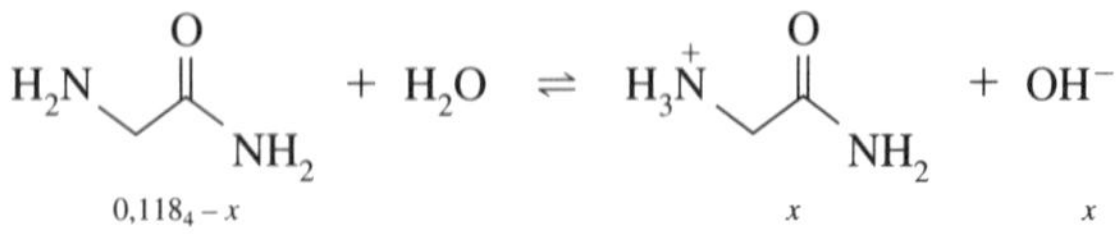

$$\frac{x^2}{0,118_4 - x} = K_b = \frac{K_w}{K_a} = \frac{10^{-14,00}}{10^{-8,04}} = 1,10 \times 10^{-6} \text{ M}$$

$\Rightarrow x = 3,60 \times 10^{-4}$ M

$pH = -\log(K_w/x) = 10,56$

9.K. Dois candidatos são o MES (HA, pK_a = 6,27) e o ácido cítrico (H$_3$A, pK_3 = 6,40). Ambos os compostos são ácidos fracos, de modo que se deve adicionar base para produzir A$^-$, formando um tampão. Pesar (0,25 L)(0,2 mol/L) = 0,05 mol de HA sólido e dissolver em ~200 mL de água. Adicionar NaOH concentrado (como 10 M) gota a gota sob agitação e monitorar o pH com um eletrodo. ~2,5 mL de NaOH 10 M serão consumidos para neutralizar metade do MES ou ~12,5 mL para remover o primeiro, o segundo e metade do terceiro H$^+$ do ácido cítrico. Diluir a solução com água a 250 mL após ajustar o pH.

9.L. A reação da fenil-hidrazina com água é

$$B + H_2O \rightleftharpoons BH^+ + OH^- \qquad K_b$$

Sabemos que pH = 8,13, de modo que podemos determinar [OH$^-$].

$$[OH^-] = \frac{\mathcal{A}_{OH^-}}{\gamma_{OH^-}} = \frac{K_w/10^{-pH}}{\gamma_{OH^-}} = 1,78 \times 10^{-6} \text{ M}$$

usando γ_{OH^-} = 0,76 para μ = 0,10 M. Com [BH$^+$] = [OH$^-$],

$$K_b = \frac{[BH^+]\gamma_{BH^+}[OH^-]\gamma_{OH^-}}{[B]\gamma_B}$$

$$= \frac{(1,78 \times 10^{-6})(0,80)(1,78 \times 10^{-6})(0,76)}{[0,010 - (1,78 \times 10^{-6})](1,00)}$$

$$= 1,93 \times 10^{-10}$$

$K_a = \frac{K_w}{K_b} = 5,19 \times 10^{-5} \Rightarrow pK_a = 4,28$

9.M. Usamos a ferramenta Atingir Meta para variar a célula B5 até que a célula D4 seja igual a K_a. A planilha mostra que [H$^+$] = 4,236 × 10^{-3} (célula B5) e pH = 2,37 na célula B7.

	A	B	C	D	E
1	Ka = 10^–pKa =	0,00316228		Quociente reacional	
2	Kw =	1,00E-14		para Ka =	
3	FHA =	0,03		[H+][A–]/[HA] =	
4	FA =	0,015		0,0031623	
5	H =	4,236E-03		<–Solução Atingir Meta	
6	OH = Kw/H =	2,3609E-12		D4 = H*(FA+H–OH)/(FHA–H+OH)	
7	pH = –logH =	2,37			

Se estivéssemos fazendo este problema com a aproximação de que o que misturamos é o que nós conseguimos, teremos [H$^+$] = K_a[HA]/[A$^-$] = $10^{-2,50}$[0,030]/[0,015] = 0,006 32 M ⇒ pH = 2,20.

Capítulo 10

10.A. (a) $H_2SO_3 \rightleftharpoons HSO_3^- + H^+$
$\quad\; 0,050 - x \qquad\quad x \qquad x$

$\frac{x^2}{0,050 - x} = K_1 = 1,39 \times 10^{-2} \Rightarrow x = 2,03 \times 10^{-2}$

$[HSO_3^-] = [H^+] = 2,03 \times 10^{-2}$ M ⇒ pH = 1,69

$[H_2SO_3] = 0,050 - x = 0,030$ M

$[SO_3^{2-}] = \frac{K_2[HSO_3^-]}{[H^+]} = K_2 = 6,7 \times 10^{-8}$ M

(b) $[H^+] = \sqrt{\frac{K_1 K_2(0,050) + K_1 K_w}{K_1 + (0,050)}}$

$= 2,71 \times 10^{-5}$ M ⇒ pH = 4,57

$[H_2SO_3] = \frac{[H^+][HSO_3^-]}{K_1} = \frac{(2,71 \times 10^{-5})(0,050)}{1,39 \times 10^{-2}}$

$= 9,7 \times 10^{-5}$ M

$[SO_3^{2-}] = \frac{K_2[HSO_3^-]}{[H^+]} = 1,2 \times 10^{-4}$ M

$[HSO_3^-] = 0,050$ M

(c) $SO_3^{2-} + H_2O \rightleftharpoons HSO_3^- + OH^-$
$\; 0,050 - x \qquad\qquad\quad x \qquad\; x$

$\frac{x^2}{0,050 - x} = K_{b1} = \frac{K_w}{K_{a2}} = 1,49 \times 10^{-7}$

$[HSO_3^-] = x = 8,6 \times 10^{-5}$ M

$[H^+] = \frac{K_w}{x} = 1,16 \times 10^{-10}$ M ⇒ pH = 9,94

$[SO_3^{2-}] = 0,050 - x = 0,050$ M

$[H_2SO_3] = \frac{[H^+][HSO_3^-]}{K_1} = 7,2 \times 10^{-13}$ M

10.B. (a) $pH = pK_2(\text{para } H_2CO_3) + \log \frac{[CO_3^{2-}]}{[HCO_3^-]}$

$10,80 = 10,329 + \log \frac{(4,00 \text{ g})/(138,20 \text{ g/mol})}{x/(84,01 \text{ g/mol})}$

⇒ $x = 0,822$ g

(b)

	CO$_3^{2-}$	+	H$^+$	→	HCO$_3^-$
Número de mols iniciais:	0,028 9$_4$		0,010 0		0,009 7$_8$
Número de mols finais:	0,018 9$_4$		—		0,019 7$_8$

$$pH = 10,329 + \log \frac{0,018\,9_4}{0,019\,7_8} = 10,31$$

(c)

	CO$_3^{2-}$	+	H$^+$	→	HCO$_3^-$
Número de mols iniciais:	0,028 9$_4$		x		—
Número de mols finais:	0,028 9$_4 - x$		—		x

$10,00 = 10,329 + \log \frac{0,028\,9_4 - x}{x} \Rightarrow x = 0,019\,7$ mol

⇒ Volume = $\frac{0,019\,7 \text{ mol}}{0,320 \text{ M}} = 61,6$ mL

10.C.

pK_1 = 4,345   pK_2 = 5,422
$\frac{1}{2}(pK_1 + pK_2) = 4,88$

O pH 4,40 é maior do que o pK_1. Em pH = pK_1, haveria uma mistura 1:1 de H_2A e HA^-. Temos que adicionar KOH suficiente para converter algum H_2A em HA^- a fim de produzir uma mistura com pH = 4,40. Há, inicialmente, 5,02 g de H_2A/(132,12 g/mol) = 0,038 0 mol de H_2A.

	H_2A	+	OH^-	→	HA^-
Número de mols iniciais:	0,038 0		x		—
Número de mols finais:	0,038 0 − x		—		x

$$pH = pK_1 + \log\frac{[HA^-]}{[H_2A]}$$

$$4,40 = 4,345 + \log\frac{x}{0,038\ 0 - x} \Rightarrow x = 0,020\ 2\ mol$$

Volume de KOH = (0,020 2 mol)/(0,800 M) = 25,2 mL

10.D. (a) Chamando as três formas da glutamina de H_2G^+, HG e G^-, a forma mostrada é a forma HG.

$$[H^+] = \sqrt{\frac{K_1K_2(0,010) + K_1K_w}{K_1 + 0,010}} = 1,9_8 \times 10^{-6}\ M \Rightarrow pH = 5,70$$

(b) Chamando as quatro formas da cisteína de H_3C^+, H_2C, HC^- e C^{2-}, a forma mostrada é a forma HC^-.

$$[H^+] = \sqrt{\frac{K_2K_3(0,010) + K_2K_w}{K_2 + 0,010}} = 2,8_9 \times 10^{-10}\ M \Rightarrow pH = 9,54$$

(c) Chamando as quatro formas da arginina de H_3A^{2+}, H_2A^+, HA e A^-, a forma mostrada é a forma HA.

$$[H^+] = \sqrt{\frac{K_2K_3(0,010) + K_2K_w}{K_2 + 0,010}} = 4,2_8 \times 10^{-11}\ M \Rightarrow pH = 10,37$$

10.E.

	pH 9,00	pH 11,00
Espécies principais:	OH, OH (resorcinol)	O^-, OH
Porcentagem na forma principal:	66,5%	52,9%
Espécies secundárias:	O^-, OH	O^-, O^-

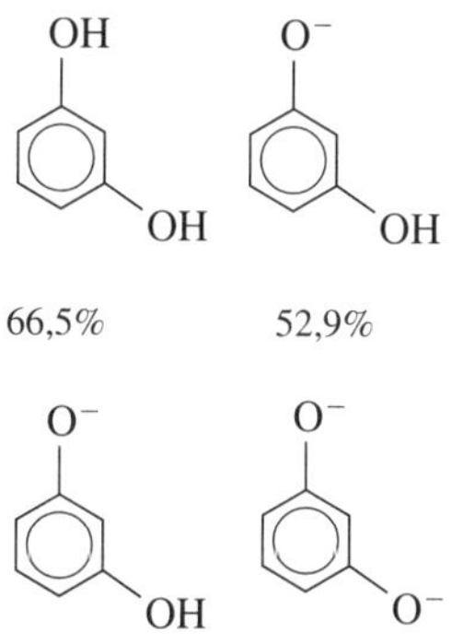

A porcentagem na forma principal foi calculada com as fórmulas para α_{H_2A} (Equação 10.19 em pH 9,00) e α_{HA^-} (Equação 10.20 em pH 11,00).

10.F.

	pH 9,0	pH 10,0
Forma principal:	NH_3^+–$CHCH_2CH_2CO_2^-$–CO_2^-	NH_2–$CHCH_2CH_2CO_2^-$–CO_2^-
Forma secundária:	NH_2–$CHCH_2CH_2CO_2^-$–CO_2^-	NH_3^+–$CHCH_2CH_2CO_2^-$–CO_2^-

	pH 9,0	pH 10,0
Forma principal:	NH_2–$CHCH_2$–⟨⟩–OH–CO_2^-	NH_2–$CHCH_2$–⟨⟩–OH–CO_2^-
Forma secundária:	NH_3^+–$CHCH_2$–⟨⟩–OH–CO_2^-	NH_2–$CHCH_2$–⟨⟩–O^-–CO_2^-

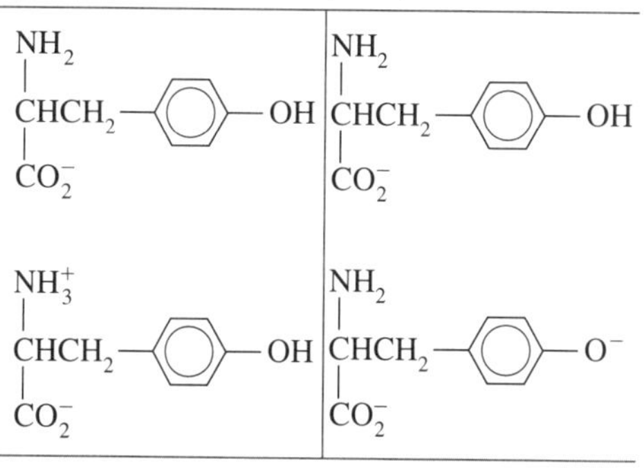

10.G. O pH isoiônico é o pH de uma solução de lisina neutra pura, ou seja,

$$NH_2–CHCH_2CH_2CH_2CH_2NH_3^+–CO_2^-$$

$$[H^+] = \sqrt{\frac{K_2K_3F + K_2K_w}{K_2 + F}} \Rightarrow pH = 9,93$$

10.H. Sabemos que o ponto isoelétrico será próximo de $\frac{1}{2}(pK_2 + pK_3) \approx$ 9,95. Nesse pH, a fração de lisina na forma H_3L^{2+} é desprezível. Portanto, a condição de eletroneutralidade reduz a $[H_2L^+] = [L^-]$, para a qual se aplica a expressão pH isoelétrico = $\frac{1}{2}(pK_2 + pK_3) = 9,95$.

Capítulo 11

11.A. A reação de titulação é $H^+ + OH^- \rightarrow H_2O$ e V_e = 5,00 mL. São dados três cálculos representativos:

Em 1,00 mL: $[OH^-] = \left(\frac{4,00\ mL}{5,00\ mL}\right)(0,010\ 0\ M)\left(\frac{50,00\ mL}{51,00\ mL}\right) = 0,007\ 84\ M$

$$pH = -\log\left(\frac{K_w}{[OH^-]}\right) = 11,89$$

Em 5,00 mL: $H_2O \rightleftharpoons \underset{x}{H^+} + \underset{x}{OH^-}$

$$x^2 = K_w \Rightarrow x = 1,0 \times 10^{-7}\ M$$
$$pH = -\log x = 7,00$$

Em 5,01 mL: $[H^+] = \left(\frac{0,01\ mL}{55,01\ mL}\right)(0,100\ M)$

$$= 1,82 \times 10^{-5}\ M \Rightarrow pH = 4,74$$

V_e (mL)	pH	V_e (mL)	pH	V_e (mL)	pH
0,00	12,00	4,50	10,96	5,10	3,74
1,00	11,89	4,90	10,26	5,50	3,05
2,00	11,76	4,99	9,26	6,00	2,75
3,00	11,58	5,00	7,00	8,00	2,29
4,00	11,27	5,01	4,74	10,00	2,08

11.B. A reação da titulação é $HCO_2H + OH^- \rightarrow HCO_2^- + H_2O$ e V_e = 50,0 mL. Para o ácido fórmico, $K_a = 1,80 \times 10^{-4}$. São dados quatro cálculos representativos:

Em 0,0 mL: $HA \rightleftharpoons \underset{x}{H^+} + \underset{x}{A^-}$

$$\frac{x^2}{0,050\ 0 - x} = K_a \Rightarrow x = 2,91 \times 10^{-3}\ M \Rightarrow pH = 2,54$$

Em 48,0 mL:	HA	+	OH^-	→	A^-	+	H_2O
Quantidade relativa inicial	50		48		—		—
Quantidade relativa final	2		—		48		48

$$pH = pK_a + \log\frac{[A^-]}{[HA]} = 3{,}744 + \log\frac{48{,}0}{2{,}0} = 5{,}12$$

Em 50,0 mL: $\underset{F-x}{A^-} + H_2O \overset{K_b}{\rightleftharpoons} \underset{x}{HA} + \underset{x}{OH^-}$

$$K_b = \frac{K_w}{K_a} \quad e \quad F = \left(\frac{50\ mL}{100\ mL}\right)(0{,}050\ 0\ M)$$

$$\frac{x^2}{0{,}025\ 0 - x} = 5{,}56 \times 10^{-11} \Rightarrow x = 1{,}18 \times 10^{-6}\ M$$

$$pH = -\log\frac{K_w}{x} = 8{,}07$$

Em 60,0 mL: $[OH^-] = \left(\frac{10{,}0\ mL}{110{,}0\ mL}\right)(0{,}050\ 0\ M)$

$$= 4{,}55 \times 10^{-3}\ M \Rightarrow pH = 11{,}66$$

V_b (mL)	pH	V_b (mL)	pH	V_b (mL)	pH
0,0	2,54	45,0	4,70	50,5	10,40
10,0	3,14	48,0	5,12	51,0	10,69
20,0	3,57	49,0	5,43	52,0	10,99
25,0	3,74	49,5	5,74	55,0	11,38
30,0	3,92	50,0	8,07	60,0	11,66
40,0	4,35				

11.C. A reação da titulação é $B + H^+ \rightarrow BH^+$ e $V_e = 50{,}0$ mL. Cálculos representativos:

Em $V_a = 0{,}0$ mL: $\underset{0,100-x}{B} + H_2O \rightleftharpoons \underset{x}{BH^+} + \underset{x}{OH^-}$

$$\frac{x^2}{0{,}100 - x} = 2{,}6 \times 10^{-6} \Rightarrow x = 5{,}09 \times 10^{-4}\ M$$

$$pH = -\log\frac{K_w}{x} = 10{,}71$$

Em $V_a = 20{,}0$ mL	B	+	H^+	→	BH^+
Quantidade relativa inicial:	50,0		20,0		—
Quantidade relativa final:	30,0		—		20,0

$$pH = pK_a(\text{para } BH^+) + \log\frac{[B]}{[BH^+]} = 8{,}41 + \log\frac{30{,}0}{20{,}0} = 8{,}59$$

Em $V_a = V_e = 50{,}0$ mL: Todo B foi convertido no ácido conjugado, BH^+.
A concentração formal de BH^+ é $\left(\frac{100\ mL}{150\ mL}\right)(0{,}100\ M) = 0{,}066\ 7\ M$
O pH é determinado pela reação

$$\underset{0,0667-x}{BH^+} \rightleftharpoons \underset{x}{B} + \underset{x}{H^+}$$

$$\frac{x^2}{0{,}066\ 7 - x} = K_a = \frac{K_w}{K_b} \Rightarrow x = 1{,}60 \times 10^{-5}\ M \Rightarrow pH = 4{,}80$$

Em $V_a = 51{,}0$ mL: Há excesso de H^+:

$$[H^+] = \left(\frac{1{,}0\ mL}{151{,}0\ mL}\right)(0{,}200\ M) = 1{,}32 \times 10^{-3}\ M \Rightarrow pH = 2{,}88$$

V_a (mL)	pH	V_a (mL)	pH	V_a (mL)	pH
0,0	10,71	30,0	8,23	50,0	4,80
10,0	9,01	40,0	7,81	50,1	3,88
20,0	8,59	49,0	6,72	51,0	2,88
25,0	8,41	49,9	5,71	60,0	1,90

11.D. As reações de titulação são

$$HO_2CCH_2CO_2H + OH^- \rightarrow {}^-O_2CCH_2CO_2H + H_2O$$
$${}^-O_2CCH_2CO_2H + OH^- \rightarrow {}^-O_2CCH_2CO_2^- + H_2O$$

e os pontos de equivalência ocorrem em 25,0 e 50,0 mL. Representamos o ácido malônico como H_2M. Consideramos também $K_{a1} = 1{,}42 \times 10^{-3}$ e $K_{a2} = 2{,}01 \times 10^{-6}$.

Em 0,0 mL: $\underset{0,0500-x}{H_2M} \rightleftharpoons \underset{x}{H^+} + \underset{x}{HM^-}$

$$\frac{x^2}{0{,}050\ 0 - x} = K_1 \Rightarrow x = 7{,}75 \times 10^{-3}\ M \Rightarrow pH = 2{,}11$$

Em 8,0 mL	H_2M	+	OH^-	→	HM^-	+	H_2O
Quantidade relativa inicial:	25		8		—		—
Quantidade relativa final:	17		—		8		—

$$pH = pK_1 + \log\frac{[HM^-]}{[H_2M]} = 2{,}847 + \log\frac{8}{17} = 2{,}52$$

Em 12,5 mL: $V_b = \frac{1}{2}V_e \Rightarrow pH = pK_1 = 2{,}85$

Em 19,3 mL:	H_2M	+	OH^-	→	HM^-	+	H_2O
Quantidade relativa inicial:	25		19,3		—		—
Quantidade relativa final:	5,7		—		19,3		—

$$pH = pK_1 + \log\frac{[HM^-]}{[H_2M]} = 2{,}847 + \log\frac{19{,}3}{5{,}7} = 3{,}38$$

Em 25,0 mL: Em V_e, H_2M foi convertida em HM^-.

$$[H^+] = \sqrt{\frac{K_1K_2F + K_1K_w}{K_1 + F}}$$

em que $F = \left(\frac{50}{75}\right)(0{,}050\ 0\ M) = 0{,}033\ 3\ M$

$$[H^+] = 5{,}23 \times 10^{-5}\ M \Rightarrow pH = 4{,}28$$

Em 37,5 mL: $V_b = \frac{3}{2}V_e \Rightarrow pH = pK_2 = 5{,}70$

Em 50,0 mL: Em $2V_e$, H_2M foi convertida em M^{2-}.

$$\underset{\left(\frac{50\ mL}{100\ mL}\right)(0,0500)-x}{M^{2-}} + H_2O \rightleftharpoons \underset{x}{HM^-} + \underset{x}{OH^-}$$

$$\frac{x^2}{0{,}025\ 0 - x} = K_{b1} = \frac{K_w}{K_{a2}} \Rightarrow x = 1{,}12 \times 10^{-5}\ M$$

$$\Rightarrow pH = -\log\left(\frac{K_w}{x}\right) = 9{,}05$$

Em 56,3 mL: Existem 6,3 mL em excesso de NaOH.

$$[OH^-] = \left(\frac{6{,}3\ mL}{106{,}3\ mL}\right)(0{,}100\ M) = 5{,}93 \times 10^{-3}\ M \Rightarrow pH = 11{,}77$$

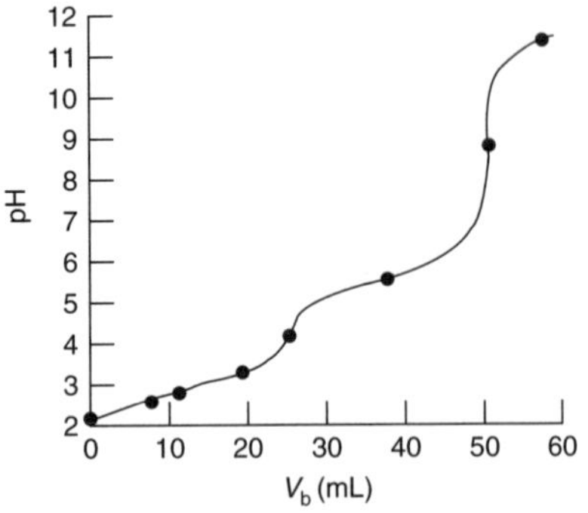

Caso você esteja se perguntando, a curva suave para a titulação no gráfico foi calculada com muito mais pontos do que os oito aqui mostrados.

11.E.

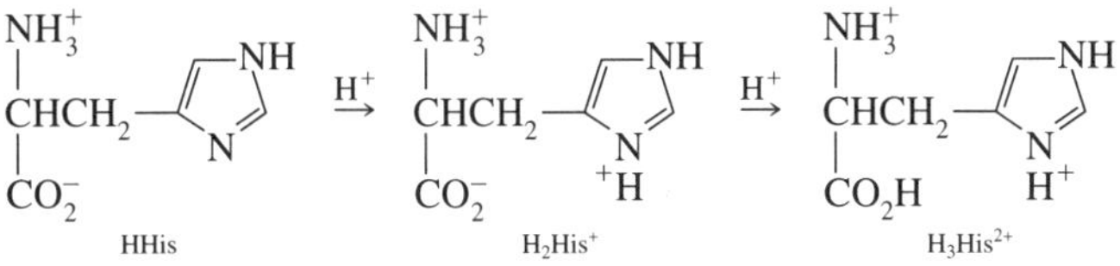

HHis H_2His^+ H_3His^{2+}

Os pontos de equivalência ocorrem em 25,0 e 50,0 mL.

Em 0 mL: HHis é a segunda forma intermediária derivada do ácido triprótico, H_3His^{2+}.

$$[H^+] = \sqrt{\frac{K_2K_3(0{,}050\,0) + K_2K_w}{K_2 + (0{,}050\,0)}} = 2{,}37 \times 10^{-8}\text{ M} \Rightarrow \text{pH} = 7{,}62$$

Em 4,0 mL	HHis	+	H^+	→	H_2His^+
Quantidade relativa inicial:	25		4		—
Quantidade relativa final:	21		—		4

$$\text{pH} = \text{p}K_2 + \log\frac{21}{4} = 6{,}69$$

Em 12,5 mL: $\text{pH} = \text{p}K_2 = 5{,}97$

Em 25,0 mL: A histidina foi convertida em H_2His^+ na concentração formal

$$F = \left(\frac{25\text{ mL}}{75\text{ mL}}\right)(0{,}050\,0\text{ M}) = 0{,}025\,0\text{ M}$$

$$[H^+] = \sqrt{\frac{K_1K_2F + K_1K_w}{K_1 + F}} = 1{,}16 \times 10^{-4}\text{ M} \Rightarrow \text{pH} = 3{,}94$$

Em 26,0 mL	H_2His^+	+	H^+	→	H_3His^{2+}
Quantidade relativa inicial:	25		1		—
Quantidade relativa final:	24		—		1

$$\text{pH} = \text{p}K_1 + \log\frac{24}{1} = 2{,}98$$

A aproximação de que a histidina reage completamente com o HCl falha entre 25 e 50 mL. Se você usasse as equações de titulação da Tabela 11.5, encontraria pH = 3,28, em vez de 2,98, em V_a = 26,0 mL.

Em 50,0 mL: A histidina foi convertida em H_3His^{2+} na concentração formal

$$F = \left(\frac{25\text{ mL}}{75\text{ mL}}\right)(0{,}050\,0\text{ M}) = 0{,}016\,7\text{ M}$$

$$\underset{0{,}016\,7 - x}{H_3His^{2+}} \rightleftharpoons \underset{x}{H_2His^+} + \underset{x}{H^+}$$

$$\frac{x^2}{0{,}016\,7 - x} = K_1 = 10^{-1{,}6} \Rightarrow 0{,}011\,5\text{ M} \Rightarrow \text{pH} = 1{,}94$$

Alternativamente, se você usar K_1 = 0,03 no lugar de $10^{-1,6}$, você encontrará x = 0,011 9 M e pH = 1,92. Ambas as formas de resolver este problema são razoáveis e as respostas estão dentro da incerteza de K_1.

11.F. Figura 11.1: azul de bromotimol: azul → amarelo

Figura 11.2: azul de timol: amarelo → azul

Figura 11.3: timolftaleína: incolor → azul

11.G. A reação da titulação é $HA + OH^- \rightarrow A^- + H_2O$. Ela requer que um mol de NaOH reaja com um mol de HA. Portanto, a concentração formal de A^- no ponto de equivalência é

$$F = \underbrace{\left(\frac{27{,}63}{127{,}63}\right)}_{\text{Fator de diluição para o NaOH}} \times \underbrace{(0{,}093\,81)}_{\text{Concentração inicial de NaOH}} = 0{,}020\,31\text{ M}$$

Como o pH é 10,99, $[OH^-] = 9{,}77 \times 10^{-4}$ M, e podemos escrever

$$\underset{F - x}{A^-} + H_2O \rightleftharpoons \underset{x}{HA} + \underset{x}{OH^-}$$

$$K_b = \frac{[HA][OH^-]}{[A^-]} = \frac{(9{,}77 \times 10^{-4})^2}{0{,}020\,31 - (9{,}77 \times 10^{-4})} = 4{,}94 \times 10^{-5}$$

$$K_a = \frac{K_w}{K_b} = 2{,}03 \times 10^{-10} \Rightarrow \text{p}K_a = 9{,}69$$

Para o ponto de 19,47 mL, temos

	HA	+	OH^-	→	A^-	+	H_2O
Quantidade relativa inicial:	27,63		19,47		—		—
Quantidade relativa final:	8,16		—		19,47		—

$$\text{pH} = \text{p}K_a + \log\frac{[A^-]}{[HA]} = 9{,}69 + \log\frac{19{,}47}{8{,}16} = 10{,}07$$

	A	B	C	D	E	F	G
1	Derivadas da curva de titulação						
2							
3	µl de		Derivada primeira		Derivada segunda		
4	NaOH	pH	µL	Derivada	µL	Derivada	Vb*10^-pH
5	107	6,921					
6	110	7,117	108,5	6,533E-02			
7	113	7,359	111,5	8,067E-02	110	5,11E-03	4,94E-06
8	114	7,457	113,5	9,800E-02	112,5	8,67E-03	3,98E-06
9	115	7,569	114,5	1,120E-01	114	1,40E-02	3,10E-06
10	116	7,705	115,5	1,360E-01	115	2,40E-02	2,29E-06
11	117	7,878	116,5	1,730E-01	116	3,70E-02	1,55E-06
12	118	8,090	117,5	2,120E-01	117	3,90E-02	9,59E-07
13	119	8,343	118,5	2,530E-01	118	4,10E-02	5,40E-07
14	120	8,591	119,5	2,480E-01	119	–5,00E-03	3,08E-07
15	121	8,794	120,5	2,030E-01	120	–4,50E-02	1,94E-07
16	122	8,952	121,5	1,580E-01	121	–4,50E-02	1,36E-07
17							
18	C6 = (A6+A5)/2			E7 = (C7+C6)/2		G7 = A7*10^-B7	
19	D6 = (B6-B5)/(A6-A5)			F7 = (D7-D6)/(C7-C6)			

Planilha para o Exercício 11.I.

11.H. Quando $V_b = \frac{1}{2}V_e$, $[HA] = [A^-] = 0{,}033\,3$ M (usando uma correção para a diluição pelo NaOH). $[Na^+] = 0{,}033\,3$ M também. Força iônica = 0,033 3 M.

$$pK_a = pH - \log\frac{[A^-]\gamma_{A^-}}{[HA]\gamma_{HA}}$$

$$= 4{,}62 - \log\frac{(0{,}033\,3)(0{,}854)}{(0{,}033\,3)(1{,}00)} = 4{,}69$$

O coeficiente de atividade de A^- foi determinado por interpolação na Tabela 8.1.

11.I. **(a)** As derivadas estão apresentadas na planilha vista a seguir. No gráfico da derivada primeira, o máximo está próximo de 119 mL. Na Figura 11.7, o gráfico da derivada segunda mostra o ponto final em 118,9 μL.

(b) A coluna G na planilha mostra $V_b(10^{-pH})$. Em um gráfico de $V_b(10^{-pH})$ contra V_b, os pontos entre 113 e 117 μL dão uma reta cujo coeficiente angular vale $-8{,}48 \times 10^{-7}$ e cuja interseção (ponto final) é 118,7 μL.

11.J. **(a)** O pH 9,6 passa do ponto de equivalência, de modo que o volume em excesso (V) é dado por

$$[OH^-] = \frac{K_w}{[H^+]} = \frac{K_w}{10^{-pH}} = 10^{-4{,}4} = (0{,}100\,0\text{ M})\frac{V}{50{,}00 + 10{,}00 + V}$$

$$\Rightarrow V = 0{,}024\text{ mL}$$

(b) O pH 8,8 está antes do ponto de equivalência:

$$8{,}8 = 6{,}27 + \log\frac{[A^-]}{[HA]} \Rightarrow \frac{[A^-]}{[HA]} = 339$$

Reação de titulação	HA	+	OH^-	→	A^-	+	H_2O
Quantidades relativas iniciais	10		V		—		—
Quantidades relativas finais	$10 - V$		—		V		—

Para atingir uma razão $[A^-]/[HA] = 339$, precisamos de $V/(10 - V) = 339 \Rightarrow V = 9{,}97$ mL. O erro do indicador é de $10 - 9{,}97 = 0{,}03$ mL.

11.K. **(a)** $A = 2\,080[HIn] + 14\,200[In^-]$

(b) $[HIn] = x;\ [In^-] = 1{,}84 \times 10^{-4} - x$

$A = 0{,}868 = 2\,080x + 14\,200(1{,}84 \times 10^{-4} - x)$

$\Rightarrow x = 1{,}44 \times 10^{-4}$ M

$$pK_a = pH - \log\frac{[In^-]}{[HIn]}$$

$$= 6{,}23 - \log\frac{(1{,}84 \times 10^{-4}) - (1{,}44 \times 10^{-4})}{(1{,}44 \times 10^{-4})} = 6{,}79$$

Capítulo 12

12.A. Para todo mol de K^+ que participa da primeira reação, são produzidos quatro mols de EDTA na segunda reação.

Número de mols de EDTA = número de mols de Zn^{2+} usados na titulação

$$[K^+] = \frac{\frac{1}{4}(\text{número de mols de } Zn^{2+})}{\text{Volume da amostra original}}$$

$$= \frac{\frac{1}{4}[28{,}73\ (\pm 0{,}03)\text{ mL}][0{,}043\,7\ (\pm 0{,}000\,1)\text{ M}]}{250{,}0\ (\pm 0{,}1)\text{ mL}}$$

$$= \frac{[\frac{1}{4}(\pm 0\%)][28{,}73\ (\pm 0{,}104\%)][0{,}043\,7\ (\pm 0{,}229\%)]}{250{,}0\ (\pm 0{,}040\,0\%)}$$

$$= 1{,}256\ (\pm 0{,}255\%) \times 10^{-3}\text{ M} = 1{,}256\ (\pm 0{,}003)\text{ mM}$$

12.B. Primeira titulação: $Fe^{3+} + Cu^{2+}$ totais em 25,00 mL = (16,06 mL) × (0,050 83 M) = 0,816 3 mmol.

Segunda titulação:

número de milimols de EDTA utilizados:	(25,00 mL)(0,050 83 M) =	1,270 8
número de milimols de Pb^{2+} necessários:	(19,77 mL)(0,018 83 M) =	0,372 3
número de milimols de Fe^{3+} presentes:	(diferença)	0,898 5

Como 50,00 mL da amostra desconhecida foram usados na segunda titulação, Fe^{3+} em 25,00 mL = $\frac{1}{2}$(0,898 5 mmol) = 0,449 2 mmol. O número de milimols de Cu^{2+} em 25,00 mL é 0,816 3 − 0,449 2 = 0,367 1 mmol/25,00 mL = 0,014 68 M.

12.C. Representando a concentração total de EDTA livre como [EDTA], podemos escrever:

$$K_f' = \frac{[CuY^{2-}]}{[Cu^{2+}][EDTA]} = \alpha_{Y^{4-}} K_f = (2{,}9 \times 10^{-7})(10^{18{,}78})$$

$$= 1{,}7_4 \times 10^{12}$$

Cálculos representativos:
Em 0,1 mL:

$$[EDTA] = \left(\frac{25{,}0\text{ mL} - 0{,}1\text{ mL}}{25{,}0\text{ mL}}\right)(0{,}040\,0\text{ M})\left(\frac{50{,}0\text{ mL}}{50{,}1\text{ mL}}\right) = 0{,}039\,8\text{ M}$$

$$[CuY^{2-}] = \left(\frac{0{,}1\text{ mL}}{50{,}1\text{ mL}}\right)(0{,}080\,0\text{ M}) = 1{,}60 \times 10^{-4}\text{ M}$$

$$[Cu^{2+}] = \frac{[CuY^{2-}]}{K_f'[EDTA]} = \frac{(1{,}60 \times 10^{-4}\text{ M})}{(1{,}7_4 \times 10^{12})(0{,}039\,8\text{ M})}$$

$$= 2{,}3 \times 10^{-15}\text{ M} \Rightarrow pCu^{2+} = 14{,}64$$

Em 25,0 mL:

$$\text{Concentração formal de } CuY^{2-} = \left(\frac{25{,}0\text{ mL}}{75{,}0\text{ mL}}\right)(0{,}080\,0\text{ M}) = 0{,}026\,7\text{ M}$$

	Cu^{2+}	+	EDTA	⇌	CuY^{2-}
Concentração inicial:	—		—		0.026 7
Concentração final:	x		x		$0{,}026\,7 - x$

$$\frac{0{,}026\,7 - x}{x^2} = 1{,}7_4 \times 10^{12} \Rightarrow [Cu^{2+}] = 1{,}2_4 \times 10^{-7}\text{ M} \Rightarrow pCu^{2+} = 6{,}91$$

Em 26,0 mL:

$$[Cu^{2+}] = \left(\frac{1{,}0\text{ mL}}{76{,}0\text{ mL}}\right)(0{,}080\,0\text{ M}) = 1{,}05 \times 10^{-3}\text{ M} \Rightarrow pCu^{2+} = 2{,}98$$

Volume (mL)	pCu^{2+}	Volume	pCu^{2+}	Volume	pCu^{2+}
0,1	14,64	15,0	12,07	25,0	6,91
5,0	12,84	20,0	11,64	26,0	2,98
10,0	12,42	24,0	10,86	30,0	2,30

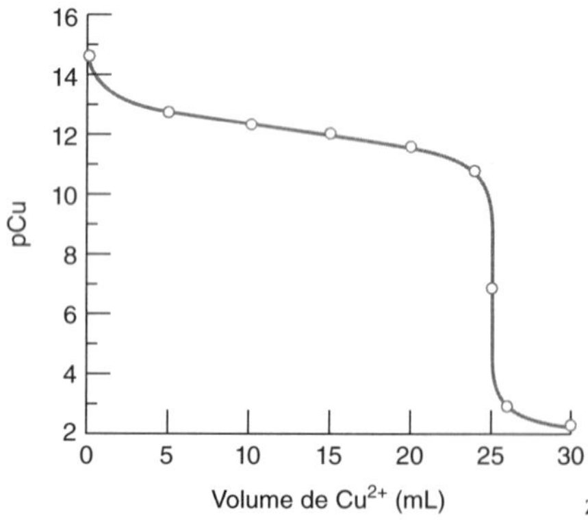

Z

12.D. Procuramos uma relação entre $[H_2Y^{2-}]$ e $[Y^{4-}]$, que podemos relacionar com o EDTA total:

$$HY^{3-} \rightleftharpoons H^+ + Y^{4-} \qquad K_6$$

$$H_2Y^{2-} \rightleftharpoons H^+ + HY^{3-} \qquad K_5$$

$$H_2Y^{2-} \rightleftharpoons 2H^+ + Y^{4-} \qquad K = K_5K_6 = \frac{[H^+]^2[Y^{4-}]}{[H_2Y^{2-}]}$$

$$[H_2Y^{2-}] = \frac{[H^+]^2[Y^{4-}]}{K_5K_6} = \frac{[H^+]^2\alpha_{Y^{4-}}[EDTA]}{K_5K_6}$$

Com $[H^+] = 10^{-5{,}00}$ M, $\alpha_{Y^{4-}} = 2{,}9 \times 10^{-7}$ e $[EDTA] = 1{,}2_4 \times 10^{-7}$ M obtém-se que $[H_2Y^{2-}] = 1{,}1 \times 10^{-7}$ M.

12.E. **(a)** Um volume de Mn^{2+} requer dois volumes de EDTA para alcançar o ponto de equivalência. A concentração formal de MnY^{2-} no ponto de equivalência é $\left(\frac{1}{3}\right)(0{,}010\,0\ M) = 0{,}003\,33\ M$.

$$\underset{x}{Mn^{2+}} + \underset{x}{EDTA} \rightleftharpoons \underset{0{,}003\,33\,-\,x}{MnY^{2-}}$$

$$\frac{0{,}003\,33 - x}{x^2} = \alpha_{Y^{4-}} K_f = (3{,}8\times10^{-4})10^{13{,}89} = 2{,}9\times10^{10}$$

$$\Rightarrow x = [Mn^{2+}] = 3{,}4\times10^{-7}\ M$$

(b) Como o pH é constante, a *razão* $[H_3Y^-]/[H_2Y^{2-}]$ é constante durante a titulação *inteira*.

$$\frac{[H_2Y^{2-}][H^+]}{[H_3Y^-]} = K_4 \Rightarrow \frac{[H_3Y^-]}{[H_2Y^{2-}]} = \frac{[H^+]}{K_4} = \frac{10^{-7{,}00}}{10^{-2{,}69}} = 4{,}9\times10^{-5}$$

12.F. K_f para $CoY^{2-} = 10^{16{,}45} = 2{,}8\times10^{16}$

$\alpha_{Y^{4-}} = 0{,}041$ em pH 9,00

$$\alpha_{Co^{2+}} = \frac{1}{1+\beta_1[C_2O_4^{2-}]+\beta_2[C_2O_4^{2-}]^2} = 6{,}8\times10^{-6}$$

(usando $\beta_1 = K_1 = 10^{4{,}69}$ e $\beta_2 = K_1K_2 = 10^{7{,}15}$)

$K_f' = \alpha_{Y^{4-}} K_f = 1{,}1_6\times10^{15}$

$K_f'' = \alpha_{Co^{2+}}\alpha_{Y^{4-}} K_f = 7{,}9\times10^{9}$

Em 0 mL:

$$[Co^{2+}] = \alpha_{Co^{2+}}(1{,}00\times10^{-3}\ M) = 6{,}8\times10^{-9}\ M \Rightarrow pCo^{2+} = 8{,}17$$

Em 1,00 mL:

$$C_{Co^{2+}} = \underbrace{\left(\frac{1{,}00\ mL}{2{,}00\ mL}\right)}_{\text{Fração remanescente}} \underbrace{(1{,}00\times10^{-3}\ M)}_{\text{Concentração inicial}} \underbrace{\left(\frac{20{,}00\ mL}{21{,}00\ mL}\right)}_{\text{Fator de diluição}}$$

$$= 4{,}76\times10^{-4}\ M$$

$$[Co^{2+}] = \alpha_{Co^{2+}} C_{Co^{2+}} = 3{,}2\times10^{-9}\ M \Rightarrow pCo^{2+} = 8{,}49$$

Em 2,00 mL: Este é o ponto de equivalência.

$$\underset{x}{C_{Co^{2+}}} + \underset{x}{EDTA} \overset{K_f''}{\rightleftharpoons} \underset{\left(\frac{20{,}00\ mL}{22{,}00\ mL}\right)(1{,}00\times10^{-3}\ M)\,-\,x}{CoY^{2-}}$$

$$K_f'' = \frac{9{,}09\times10^{-4} - x}{x^2} \Rightarrow x = 3{,}4\times10^{-7}\ M = C_{Co^{2+}}$$

$$[Co^{2+}] = \alpha_{Co^{2+}} C_{Co^{2+}} = 2{,}3\times10^{-12}\ M \Rightarrow pCo^{2+} = 11{,}64$$

Em 3,00 mL:

$$[\text{excesso de EDTA}] = \frac{1{,}00\ mL}{23{,}00\ mL}(1{,}00\times10^{-2}\ M) = 4{,}35\times10^{-4}\ M$$

$$[CoY^{2-}]\frac{20{,}00\ mL}{23{,}00\ mL}(1{,}00\times10^{-3}\ M) = 8{,}70\times10^{-4}\ M$$

Conhecendo [EDTA] e $[CoY^{2-}]$, podemos usar K_f' para determinar $[Co^{2+}]$:

$$K_f' = \frac{[CoY^{2-}]}{[Co^{2+}][EDTA]} = \frac{[8{,}70\times10^{-4}M]}{[Co^{2+}][4{,}35\times10^{-4}M]}$$

$$\Rightarrow [Co^{2+}] = 1{,}7\times10^{-15}\ M \Rightarrow pCo^{2+} = 14{,}76$$

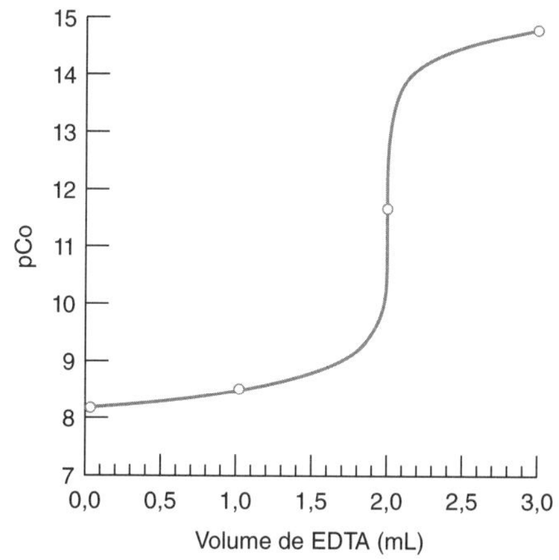

12.G. 25,0 mL de ácido iminodiacético 0,120 M = 3,00 mmol

25,0 mL de Cu^{2+} 0,050 0 M = 1,25 mmol

	Cu^{2+}	+	2 ácidos imino-diacéticos	$\rightleftharpoons$	CuX_2^{2-}
Número de milimols inicial:	1,25		3,00		—
Número de milimols final	—		0,50		1,25

$$\frac{[CuX_2^{2-}]}{[Cu^{2+}][X^{2-}]^2} = K_f$$

$$\frac{[1{,}25\ mmol/50{,}0\ mL]}{[Cu^{2+}][(0{,}50\ mmol/50{,}0\ mL)(4{,}6\times10^{-3})]^2} = 3{,}5\times10^{16}$$

$$\Rightarrow [Cu^{2+}] = 3{,}4\times10^{-10}\ M$$

Capítulo 13

13.A. Hidroxibenzeno = HA com $pK_{HA} = 9{,}997$

Dimetilamina = B do BH^+ monoprótico com $pK_{BH^+} = 10{,}774$

Mistura contém 0,010 mol de HA, 0,030 mol de B e 0,015 mol de HCl em 1,00 L

Reações químicas: $HA \rightleftharpoons A^- + H^+$ $\quad K_{HA} = 10^{-9{,}997}$

$BH^+ \rightleftharpoons B + H^+$ $\quad K_{BH^+} = 10^{-10{,}774}$

$H_2O \rightleftharpoons H^+ + OH^-$ $\quad K_w = 10^{-14{,}00}$

Balanço de carga: $[H^+] + [BH^+] = [OH^-] + [A^-] + [Cl^-]$

Balanços de massa: $[Cl^-] = 0{,}015\ M$

$[BH^+] + [B] = 0{,}030\ M \equiv F_B$

$[HA] + [A^-] = 0{,}010\ M \equiv F_A$

Temos sete equações e sete espécies químicas.
Equações de composição fracionária:

$$[BH^+] = \alpha_{BH^+}F_B = \frac{[H^+]F_B}{[H^+]+K_{BH^+}}$$

$$[B] = \alpha_B F_B = \frac{K_{BH^+}F_B}{[H^+]+K_{BH^+}}$$

$$[HA] = \alpha_{HA}F_A = \frac{[H^+]F_A}{[H^+]+K_{HA}}$$

$$[A^-] = \alpha_{A^-}F_A = \frac{K_{HA}F_A}{[H^+]+K_{HA}}$$

Substituímos no balanço de carga:

$$[H^+] + \alpha_{B^+}F_B = K_W/[H^+] + \alpha_{A^-}F_A + [0{,}015\ M] \qquad \text{(A)}$$

Resolvemos a Equação A para $[H^+]$ usando Solver na planilha eletrônica, com um "chute" inicial para o valor de pH igual a 10 na célula H10.

Em Opções do Solver, selecione a aba Todos os Métodos. Fixe Precisão da Restrição = 1E-15. Ainda em Opções, selecione a aba GRG Não Linear. Em Derivativos, selecione Central. Na janela Parâmetros do Solver, clique no botão OK. Na janela Parâmetros do Solver, digite E12 em Definir Objetivo, Para: Valor de: 0, e Alterando Células Variáveis H10. A seguir, clique em Solver e o Solver encontra pH = 10,331 na célula H10, dando uma carga líquida próxima a 0 na célula E12.

13.B. Usamos as constantes de equilíbrio efetivas, K', como se segue:

$$K_{HA} = \frac{[A^-]\gamma_{A^-}[H^+]\gamma_{H^+}}{[HA]\gamma_{HA}} = 10^{-9{,}997}$$

$$K_{HA}' = K_{HA}\left(\frac{\gamma_{HA}}{\gamma_{A^-}\gamma_{H^+}}\right) = \frac{[A^-][H^+]}{[HA]}$$

$$[HA] = \alpha_{HA}F_A = \frac{[H^+]F_A}{[H^+]+K_{HA}'}$$

$$[A^-] = \alpha_{A^-}F_A = \frac{K_{HA}'F_A}{[H^+]+K_{HA}'}$$

	A	B	C	D	E	F	G	H	I
1	Mistura de HA 0,010 M, B 0,030 M e HCl 0,015 M								
2									
3	F_A =	0,010		F_B =	0,030		[Cl⁻] =	0,015	
4	pK_{HA} =	9,997		pK_{BH+} =	10,774		pK_w =	14,000	
5	K_{HA} =	1,01E-10		K_{BH+} =	1,68E-11		K_w =	1,00E-14	
6									
7	Espécies no balanço de carga:						Outras concentrações:		
8	[H⁺] =	4,67E-11		[A⁻] =	6,83E-03		[HA] =	3,17E-03	
9	[BH⁺] =	2,20E-02		[Cl⁻] =	0,015		[B] =	7,95E-03	
10				[OH⁻] =	2,14E-04		pH =	10,331	
11							↑o valor inicial é uma tentativa		
12	Carga positiva menos carga negativa				–4,92E-17	= B8+B9-E8-E9-E10			
13	Fórmulas:								
14	B5 = 10^-B4		B8 = 10^-H10			H5 = 10^-H4			
15	E5 = 10^-E4		E10 = H5/B8			E9 = H3			
16	B9 = B8*E3/(B8+E5)					E8 = B5*B3/(B8+B5)			
17	H9 = E5*E3/(B8+E5)					H8 = B8*B3/(B8+B5)			

Planilha eletrônica para o Exercício 13.A.

$$K_{BH^+} = \frac{[B]\gamma_B[H^+]\gamma_{H^+}}{[BH^+]\gamma_{BH^+}} = 10^{-10,774}$$

$$K'_{BH^+} = K_{BH^+}\left(\frac{\gamma_{BH^+}}{\gamma_B\gamma_{H^+}}\right) = \frac{[B][H^+]}{[BH^+]}$$

$$[BH^+] = \alpha_{BH^+}F_B = \frac{[H^+]F_B}{[H^+]+K'_{BH^+}}$$

$$[B] = \alpha_B F_B = \frac{K'_{BH^+}F_B}{[H^+]+K'_{BH^+}}$$

$$K_w = [H^+]\gamma_{H^+}[OH^-]\gamma_{OH^-} = 10^{-13,995}$$

$$K'_w = \frac{K_w}{\gamma_{H^+}\gamma_{OH^-}} = [H^+][OH^-]$$

$$[OH^-] = K'_w/[H^+]$$

$$pH = -\log([H^+]\gamma_{H^+})$$

$$[H^+] = (10^{-pH})/\gamma_{H^+}$$

A planilha eletrônica no Exercício 13.A é modificada. Para lidar com a referência circular no Excel 2016, selecione a aba Arquivo e, em seguida, Opções. Na janela Opções do Excel, selecione Fórmulas. Em Opções de Cálculo, marque "Habilitar cálculo iterativo" e fixe o Número Máximo de Alterações em 1e-15. Clique OK. Adicione os coeficientes de atividade nas células A8:H9. Constantes de equilíbrio efetivas são calculadas na linha 5. Como as dificuldades são maiores pelo uso dos coeficientes de atividade, consideramos pK_w = 13,995 na célula H4 em vez do valor menos exato de 14,00. Com uma força iônica original igual a 0 na célula C17 e uma tentativa de pH = 10 na célula H14, a carga líquida na célula E16 é 0,005 56 M. Escreva a fórmula para a força iônica na célula E17. Execute o Solver para determinar o valor de pH na célula H14 que reduz a carga líquida para próximo de 0 na célula E16. O pH final na célula H14 é 10,358, fornecendo uma força iônica de 0,022 5 *m* na célula E17.

13.C. **(a)** Ácido 2-aminobenzoico = HA a partir do diprótico H_2A^+, pK_1 = 2,08, pK_2 = 4,96

Dimetilamina = B do monoprótico BH^+, pK_a = 10,774

Mistura contém 0,040 mol de HA, 0,020 mol de B e 0,015 mol de HCl em 1,00 L

Reações químicas:

$$H_2A^+ \rightleftharpoons HA + H^+ \qquad K_1 = 10^{-2,08}$$

$$HA \rightleftharpoons A^- + H^+ \qquad K_2 = 10^{-4,96}$$

$$BH^+ \rightleftharpoons B + H^+ \qquad K_a = 10^{-10,774}$$

$$H_2O \rightleftharpoons H^+ + OH^- \qquad K_w = 10^{-14,00}$$

Balanço de carga: $[H^+]+[H_2A^+]+[BH^+] = [OH^-]+[A^-]+[Cl^-]$

Balanços de massa: $[Cl^-] = 0,015$ M

$[BH^+]+[B] = 0,020\ M \equiv F_B$

$[H_2A^+]+[HA]+[A^-] = 0,040\ M \equiv F_A$

Temos oito equações e oito espécies químicas.

Equações de composição fracionária:

$$[BH^+] = \alpha_{BH^+}F_B = \frac{[H^+]F_B}{[H^+]+K_a}$$

$$[B] = \alpha_B F_B = \frac{K_a F_B}{[H^+]+K_a}$$

$$[H_2A^+] = \alpha_{H_2A^+}F_A = \frac{[H^+]^2F_A}{[H^+]^2+[H^+]K_1+K_1K_2}$$

$$[HA] = \alpha_{HA}F_A = \frac{K_1[H^+]F_A}{[H^+]^2+[H^+]K_1+K_1K_2}$$

$$[A^-] = \alpha_{A^-}F_A = \frac{K_1K_2F_A}{[H^+]^2+[H^+]K_1+K_1K_2}$$

Substituímos no balanço de carga:

$$[H^+]+\alpha_{H_2A^+}F_A+\alpha_{BH^+}F_B = K_w/[H^+]+\alpha_{A^-}F_A+[0,015\ M] \qquad (A)$$

Resolvemos a Equação A para $[H^+]$ usando Solver na planilha eletrônica, com uma tentativa inicial de pH = 7 na célula H12. Na janela Parâmetros do Solver, digite E14 em Definir Objetivo, Para: Valor de: 0, e Alterando Células Variáveis H12. A seguir, clique em Solver e o Solver encontra pH = 4,153 na célula H12, dando uma carga líquida próxima a 0 na célula E14.

(b) A partir das concentrações na planilha eletrônica, encontramos as seguintes frações do ácido 2-aminobenzoico: H_2A^+ = 0,7%, HA = 85,9% e A^- = 13,4%. As frações de dimetilamina são BH^+ = 100,0% e B = 0,0%. A previsão simples é que HCl consumiria B, dando 100% de BH^+. Os 5 mmol restantes de B consomem 5 mmol de HA produzindo 5 mmol de A^- e deixando 35 mmol de HA.

Frações previstas: $A^- = 5/40 = 12,5\%$, $HA = 35/40 = 87,5\%$

pH estimado = $pH = pK_2 + \log([A^-]/[HA]) = 4,96 + \log(5/35) = 4,11$

	A	B	C	D	E	F	G	H	I
1	Mistura de HA 0,010 M, B 0,030 M e HCl 0,015 M								
2	Com atividades								
3	F_A =	0,010		F_B =	0,030		[Cl⁻] =	0,015	
4	pK_{HA} =	9,997		pK_{BH+} =	10,774		pK_w =	13,995	
5	K_{HA}' =	1,35E-10		K_{BH+}' =	1,68E-11		K_w' =	1,35E-14	
6									
7	Coeficientes de atividade:								
8	H^+ =	0,86		A^-	0,86		HA	1,00	
9	OH^- =	0,86		BH^+	0,86		B	1,00	
10									
11	Espécies no balanço de carga:						Outras concentrações:		
12	[H^+] =	5,07E-11		[A^-] =	7,26E-03		[HA] =	2,74E-03	
13	[BH^+] =	2,25E-02		[Cl^-] =	0,015		[B] =	7,47E-03	
14				[OH^-] =	2,67E-04		pH =	10,358	
15							↑ o valor inicial é uma tentativa		
16	Carga positiva menos carga negativa =				7,67E-17	= B12+B13–E12–E13–E14			
17			Força iônica =		2,25E-02	= 0,5*(B12+B13+E12+E13+E14)			
18	Fórmulas:								
19	B5 = (10^–B4)*H8/(E8*B8)				H8 = H9 = 1				
20	E5 = (10^–E4)*E9/(H9*B8)				E13 = H3				
21	H5 = (10^–H4)/(B8*B9)								
22	B8 = B9 = E8 = E9 = 10^(–0,51*1^2*(RAIZ($E$17)/(1+RAIZ($E$17))–0,3*$E$17))								
23	B12 = (10^–H14)/B8				E14 = H5/B12				
24	B13 = B12*E3/(B12+E5)				H13 = E5*E3/(B12+E5)				
25	E12 = B5*B3/(B12+B5)				H12 = B12*B3/(B12+B5)				

Planilha eletrônica para o Exercício 13.B.

	A	B	C	D	E	F	G	H	I
1	Mistura de HA 0,040 M, B 0,020 M e HCl 0,015 M								
2									
3	F_A =	0,040		F_B =	0,020		[Cl⁻] =	0,015	
4	pK_1 =	2,080		pK_a =	10,774		K_w =	1,00E-14	
5	pK_2 =	4,960		K_a =	1,68E-11				
6	K_1 =	8,32E-03							
7	K_2 =	1,10E-05							
8									
9	Espécies no balanço de carga:						Outras concentrações:		
10	[H^+] =	7,03E-05		[H_2A^+] =	2,90E-04		[HA] =	3,43E-02	
11	[BH^+] =	2,00E-02		[A^-] =	5,36E-03		[B] =	4,79E-09	
12	[OH^-] =	1,42E-10		[Cl^-] =	0,015		pH =	4,153	
13							↑ O valor inicial é uma tentativa		
14	Carga positiva menos carga negativa				0,00E+00	= B10+B11+E10-B12-E11-E12			
15	Fórmulas:								
16	B16 = 10^-B4		B7 = 10^-B5			E5 = 10^-E4			
17	B10 =10^-H12		B12 = H4/B10			E12 = H3			
18	B11 = B10*E3/(B10+E5)								
19	E10 = B10^2*B3/(B10^2+B10*B6+B6*B7)								
20	E11 = B6*B7*B3/(B10^2+B10*B6+B6*B7)								
21	H10 = B10*B6*B3/(B10^2+B10*B6+B6*B7)								
22	H11 = E5*E3/(B10+E5)								

Planilha eletrônica para o Exercício 13.C.

13.D. Constantes de equilíbrio efetivas:

$$H_2T \overset{pK_1=3{,}036}{\rightleftharpoons} HT^- + H^+ \qquad K_1' = K_1\left(\frac{\gamma_{H_2T}}{\gamma_{HT^-}\gamma_{H^+}}\right) = \frac{[HT^-][H^+]}{[H_2T]}$$

$$HT^- \overset{pK_2=4{,}366}{\rightleftharpoons} T^{2-} + H^+ \qquad K_2' = K_2\left(\frac{\gamma_{HT^-}}{\gamma_{T^{2-}}\gamma_{H^+}}\right) = \frac{[T^{2-}][H^+]}{[HT^-]}$$

$$PyH^+ \overset{pK_a=5{,}20}{\rightleftharpoons} Py + H^+ \qquad K_a' = K_a\left(\frac{\gamma_{PyH^+}}{\gamma_{Py}\gamma_{H^+}}\right) = \frac{[Py][H^+]}{[PyH^+]}$$

$$H_2O \overset{pK_w=13{,}995}{\rightleftharpoons} H^+ + OH^- \qquad K_w' = \left(\frac{K_w}{\gamma_{H^+}\gamma_{OH^-}}\right) = [H^+][OH^-]$$

$$[OH^-] = K_w'/[H^+] \qquad pH = -\log([H^+]\gamma_{H^+})$$

A planilha eletrônica é modificada com relação àquela usada no capítulo para adição dos coeficientes de atividade nas células A10:H11. A força iônica para o cálculo dos coeficientes de atividade usando a equação de Davies está na célula E20. Usamos Solver para encontrar o pH na célula H17 que faz a carga líquida na célula E19 próxima de 0. Na planilha, um pH de 4,114 fornece uma força iônica de 0,054 0 *m*.

13.E. $AgCN(s) \rightleftharpoons Ag^+ + CN^- \qquad pK_{ps} = 15{,}66$

$$[CN^-] = K_{ps}/[Ag^+]$$

$$HCN(aq) \rightleftharpoons CN^- + H^+ \qquad pK_{HCN} = 9{,}21$$

$$[HCN(aq)] = \frac{[H^+][CN^-]}{K_{HCN}} = \frac{[H^+]K_{ps}}{K_{HCN}[Ag^+]}$$

$$Ag^+ + H_2O \rightleftharpoons AgOH(aq) + H^+ \qquad pK_{Ag} = 12{,}0$$

$$[AgOH(aq)] = \frac{K_{Ag}[Ag^+]}{[H^+]}$$

Balanço de massa: prata total = cianeto total

$$[Ag^+] + [AgOH(aq)] = [CN^-] + [HCN(aq)]$$

Substituindo as expressões para concentrações no balanço de massa:

$$[Ag^+] + \frac{K_{Ag}[Ag^+]}{[H^+]} = \frac{K_{ps}}{[Ag^+]} + \frac{[H^+]K_{ps}}{K_{HCN}[Ag^+]} \qquad \text{(A)}$$

Rearranjamos a Equação A de modo a obter a solução da $[Ag^+]$ em função de $[H^+]$, ou utilizamos Solver para encontrar $[Ag^+]$ como função de $[H^+]$. Usaremos a solução algébrica, que é fácil para este exercício. Multiplicamos ambos os lados por $[Ag^+]$ e resolvemos:

$$[Ag^+]^2 + \frac{K_{Ag}[Ag^+]^2}{[H^+]} = K_{ps} + \frac{[H^+]K_{ps}}{K_{HCN}}$$

$$[Ag^+]^2\left(\frac{[H^+] + K_{Ag}}{[H^+]}\right) = K_{ps}\left(\frac{K_{HCN} + [H^+]}{K_{HCN}}\right)$$

$$[Ag^+] = \sqrt{\frac{K_{ps}(K_{HCN} + [H^+])[H^+]}{K_{HCN}([H^+] + K_{Ag})}} \qquad \text{(B)}$$

A planilha usa a Equação B para encontrar $[Ag^+]$ na coluna C. O pH é a entrada na coluna A. Para encontrar o pH de uma solução não tamponada, determinamos o pH no qual a carga líquida na coluna H é zero. Utilizamos Solver para encontrar que o pH é igual a 7,28 na célula A12, o que torna a carga líquida na célula H12 igual a zero. Atingir Meta é uma ferramenta ainda melhor do que o Solver para resolver uma equação com uma incógnita (pH).

Para ver se a solubilidade do Ag_2O é excedida, avalie o produto de solubilidade em pH = 7,28 com valores da linha 12 da planilha: $[Ag^+]^2[OH^-]^2 = (1{,}4 \times 10^{-7})^2(1{,}89 \times 10^{-7})^2 = 7 \times 10^{-28} < K_{Ag_2O} = 10^{-15{,}42}$. Prevemos que o Ag_2O não precipitará de uma solução não tamponada saturada de AgCN.

	A	B	C	D	E	F	G	H
1	Mistura de Na^+HT^- 0,020 M, PyH^+Cl^- 0,015 M e KOH 0,010 M = cálculo com atividades							
2								
3	F_{H2T} =	0,020		F_{PyH^+} =	0,015		$[K^+]$ =	0,010
4	pK_1 =	3,036		pK_a =	5,20		pK_w =	13,995
5	pK_2 =	4,366		K_a' =	6,31E-06		K_w' =	1,52E-14
6	K_1' =	1,38E-03						
7	K_2' =	9,67E-05						
8								
9	Coeficientes de atividade da equação de Davies:							
10	H^+ =	0,817		HT^- =	0,817		OH^- =	0,817
11	PyH^+ =	0,817		T^{2-} =	0,445			
12								
13	Espécies no balanço de carga:						Outras concentrações:	
14	$[H^+]$ =	9,42E-05		$[OH^-]$ =	1,61E-10		$[H_2T]$ =	6,51E-04
15	$[PyH^+]$ =	1,41E-02		$[HT^-]$ =	9,54E-03		[Py] =	9,42E-04
16	$[Na^+]$ =	0,020		$[T^{2-}]$ =	9,80E-03			
17	$[K^+]$ =	0,010		$[Cl^-]$ =	0,015		pH =	4,114
18							↑o valor inicial é uma	
19	Carga positiva menos carga negativa =				0,00E+00		tentativa	
20				Força iônica =	5,40E-02			
21	Fórmulas:							
22	B6 = 10^–B4*(1/(E10*B10))			B14 = (10^–H17)/B10			E14 = H5/B14	
23	B7 = 10^–B5*(E10/(E11*B10))			B16 = B3			E17 = E3	
24	E5 = 10^–E4*(B11/B10)			B17 = H3				
25	H5 = (10^–E4)/(B10*H10)							
26	B10=B11=E10=H10 = 10^(–0.51*1^2*(RAIZ($C$20)/(1+RAIZ($C$20))–0,3*$C$20))							
27	E11 = 10^(–0.51*2^2*(RAIZ($C$20)/(1+RAIZ($C$20))–0,3*$C$20))							
28	B15 = B14*E3/(B14+E5)							
29	E15 = B14*B6*B3/(B14^2+B14*B6+B6*B7)							
30	E16 = B6*B7*B3/(B14^2+B14*B6+B6*B7)							
31	H14 = B14^2*B3/(B14^2+B14*B6+B6*B7)							
32	H15 = E5*E3/(B14+E5)							
33	C21 = 0,5*(B14+B15+B16+B17+E14+E15+4*E16+E17)							
34	E19 = B14+B15+B16+B17–E14–E15–2*E16–E17							
35	E20 = 0,5*(B14+B15+B16+B17+E14+E15+4*E16+E17)							

Planilha eletrônica para o Exercício 13.D.

	A	B	C	D	E	F	G	H
1	Solubilidade do AgCN							
2								
3	pK_{ps} =	15,66		K_{ps} =	2,2E-16		K_w =	1,00E-14
4	pK_{HCN} =	9,21		K_{HCN} =	6,2E-10			
5	pK_{Ag} =	12,00		K_{Ag} =	1,0E-12			
6								Carga
7	pH	$[H^+]$	$[Ag^+]$	$[CN^-]$	[HCN]	[AgOH]	$[OH^-]$	líquida
8	0	1,0E+00	6,0E-04	3,7E-13	6,0E-04	6,0E-16	1,00E-14	1.0E+00
9	2	1,0E-02	6,0E-05	3,7E-12	6,0E-05	6,0E-15	1,00E-12	1,0E-02
10	4	1,0E-04	6,0E-06	3,7E-11	6,0E-06	6,0E-14	1,00E-10	1,1E-04
11	6	1,0E-06	6,0E-07	3,7E-10	6,0E-07	6,0E-13	1,00E-08	1,6E-06
12	7,28	5,3E-08	1,4E-07	1,6E-09	1,4E-07	2,6E-12	1,89E-07	3,7E-21
13	8	1,0E-08	6,1E-08	3,6E-09	5,8E-08	6,1E-12	1,00E-06	–9,3E-07
14	10	1,0E-10	1,6E-08	1,4E-08	2,2E-09	1,6E-10	1,00E-04	–1,0E-04
15	12	1,0E-12	1,0E-08	2,1E-08	3,4E-11	1,0E-08	1,00E-02	–1,0E-02
16	14	1,0E-14	1,5E-09	1,5E-07	2,4E-12	1,5E-07	1,00E+00	–1,0E+00
17								
18	B8 = 10^-A8		D8 = $E$3/C8		E8 = B8*D8/$E$4		F8 = $E$5*C8/B8	
19	C8 = RAIZ($E$3*($E$4+B8)*(B8)/($E$4*(B8+$E$5)))							
20	G8 = $H$3/B8		H8 = B8+C8-D8-G8					

Planilha eletrônica para o Exercício 13.E.

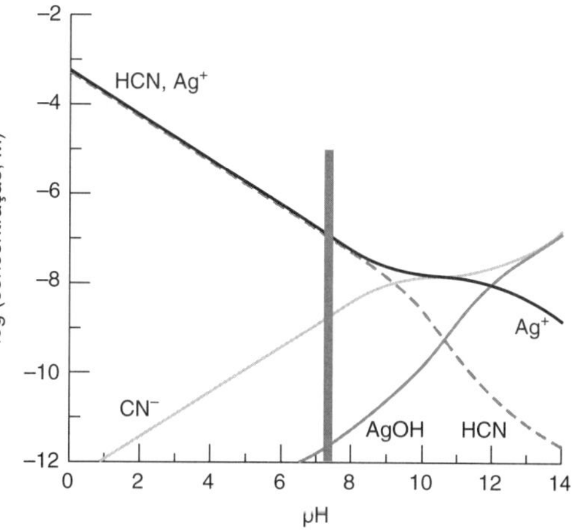

Gráfico para o Exercício 13.E

13.F. **(a)** $\bar{n}_H = \dfrac{\text{número de mols de H}^+ \text{ ligado}}{\text{número de mols total de ácido fraco}} = \dfrac{[HA]}{[HA]+[A^-]}$

$$= \frac{[HA]}{F_{HA}} = \frac{F_{HA} - [A^-]}{F_{HA}} \qquad \text{(A)}$$

Balanço de carga: $[H^+]+[Na^+] = [OH^-]+[Cl^-]_{HCl}+[A^-]$

$\Rightarrow -[A^-] = [OH^-]+[Cl^-]_{HCl}-[H^+]-[Na^+]$

Coloque esta expressão para $-[A^-]$ no numerador da Equação A:

$$\bar{n}_H = \frac{F_{HA}+[OH^-]+[Cl^-]_{HCl}-[H^+]-[Na^+]}{F_{HA}}$$

$$\bar{n}_H = 1+\frac{[OH^-]+[Cl^-]_{HCl}-[H^+]-[Na^+]}{F_{HA}} \qquad \text{(B)}$$

A Equação B é igual à Equação 13.61 com $n = 1$. Fazendo as mesmas substituições usadas abaixo da Equação 13.61, obtemos a Equação 13.62 para $\bar{n}_H$(experimental) com $n = 1$. A expressão teórica é $\bar{n}_H$(teórico) = $\alpha_{HA} = [H^+]/([H^+] + K_a)$.

(b) Os valores otimizados de pK'_W e pK_a nas células B9 e B10 na planilha eletrônica são 13,869 e 4,726. Eles foram obtidos a partir das tentativas iniciais de $pK'_W = 14$ e $pK_a = 5$ depois da execução de Solver para minimizar a soma dos resíduos ao quadrado na célula B11. O banco de dados do NIST lista $pK_a = 4{,}757$ em $\mu = 0$ e $pK_a = 4{,}56$ em $\mu = 0{,}1$ M. Nosso valor observado de 4,726 em $\mu = 0{,}1$ M sugere que o experimento de titulação não foi muito exato.

Capítulo 14

14.A. O potencial da célula é $E° = 1{,}35$ V porque todas as atividades são unitárias.

$I = P/E = 0{,}010\,0 \text{ W}/1{,}35 \text{ V} = 7{,}41\times10^{-3}$ C/s

mol de e^-/s = $(7{,}41\times10^{-3}$ C/s$)/(9{,}649\times10^{4}$ C/mol)

$= 7{,}68\times10^{-8}$ mol e^-/s = 2,42 mol e^-/365 dias

HgO aceita $2e^-$ quando ele é reduzido de Hg(II) a Hg(0), de modo que a velocidade de consumo é = (2,42 mol de e^-/365 dias)(1 mol de HgO/2 mol de e^-) = 1,21 mol de HgO/365 dias = 0,262 kg de HgO = 0,578 lb.

	A	B	C	D	E	F	G
1	Gráfico de diferença para o ácido acético						
2				C15 = 10^-B15/$B$8			
3	NaOH titulante =	0,4905	C_b (M)	D15 = 10^-$B$9/C15			
4	Volume inicial =	200	V_o (mL)	E15 = $B$7+($B$6-$B$3*A15			
5	Ácido acético =	3,96	L (mmol)		–(C15-D15)*($B$4+A15))/$B$5		
6	HCl adicionado =	0,484	A (mmol)	F15 = $C15/($C15+$E$10)			
7	Número de H^+ =	1	n	G15 = (E15-F15)^2			
8	Coef. de atividade =	0,78	γ_H				
9	pK_w' =	13,869					
10	pK_a =	4,726		K_a =	1,881E-05	= 10^-B10	
11	$\Sigma(\text{resid})^2$ =	0,0045	= soma da coluna G				
12							
13	v	pH	$[H^+]$ =	$[OH^-]$ =	Experimental	Teórico	$(\text{resíduos})^2$ =
14	mL de NaOH		$(10^{-pH})/\gamma_H$	$(10^{-pK_w})/[H^+]$	n_H	$n_H = \alpha_{HA}$	$(n_{exp} - n_{teo})^2$
15	0,00	2,79	2,08E-03	6,50E-12	1,017	0,991	0,000685
16	0,30	2,89	1,65E-03	8,19E-12	1,002	0,989	0,000163
17	:						
18	4,80	4,78	2,13E-05	6,36E-10	0,527	0,531	0,000018
19	5,10	4,85	1,81E-05	7,47E-10	0,490	0,491	0,000001
20	:						
21	10,20	11,39	5,22E-12	2,59E-03	–0,004	0,000	0,000014
22	10,50	11,54	3,70E-12	3,66E-03	0,016	0,000	0,000259

Planilha eletrônica para o Exercício 13.F.

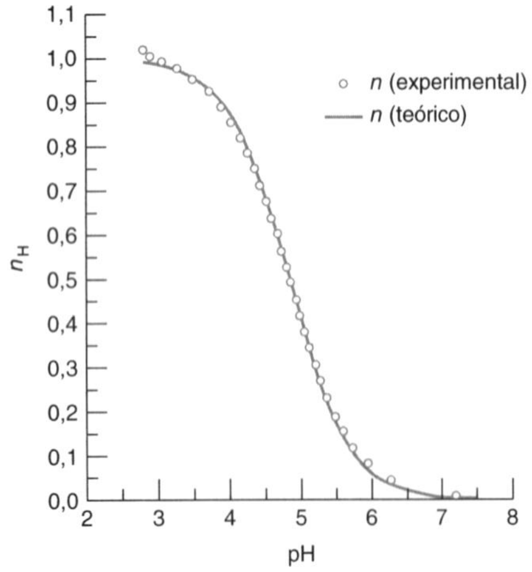

Gráfico para o Exercício 13.F

14.B.

(a)

$$\begin{array}{l} -\ 5Br_2(aq) + \cancel{10e^-} \rightleftharpoons 10Br^- \\ \quad 2IO_3^- + 12H^+ + \cancel{10e^-} \rightleftharpoons I_2(s) + 6H_2O \\ \hline I_2(s) + 5Br_2(aq) + 6H_2O \rightleftharpoons 2IO_3^- + 10Br^- + 12H^+ \end{array}$$

$E_+^\circ = 1,098$ V

$E_-^\circ = 1,210$ V

$E^\circ = 1,098 - 1,210 = -0,112$ V

$K = 10^{10(-0,112)/0,059\,16} = 1 \times 10^{-19}$

(b)

$$\begin{array}{l} -\ Cr^{2+} + \cancel{2e^-} \rightleftharpoons Cr(s) \\ \quad Fe^{2+} + \cancel{2e^-} \rightleftharpoons Fe(s) \\ \hline Cr^{2+} + Fe(s) \rightleftharpoons Cr(s) + Fe^{2+} \end{array}$$

$E_+^\circ = -0,89$ V

$E_-^\circ = -0,44$ V

$E^\circ = -0,89 - (-0,44) = -0,45$ V

$K = 10^{2(-0,45)/0,059\,16} = 6 \times 10^{-16}$

(c)

$$\begin{array}{l} -\ Cl_2(g) + \cancel{2e^-} \rightleftharpoons 2Cl^- \\ \quad Mg^{2+} + \cancel{2e^-} \rightleftharpoons Mg(s) \\ \hline Mg(s) + Cl_2(g) \rightleftharpoons Mg^{2+} + 2Cl^- \end{array}$$

$E_+^\circ = 1,360$ V

$E_-^\circ = -2,360$ V

$E^\circ = 1,360 - (-2,360) = 3,720$ V

$K = 10^{2(3,720)/0,059\,16} = 6 \times 10^{125}$

(d)

$$\begin{array}{l} -\ 3[MnO_2(s) + 4H^+ + \cancel{2e^-} \rightleftharpoons Mn^{2+} + 2H_2O] \\ \quad 2[MnO_4^- + 4H^+ + \cancel{3e^-} \rightleftharpoons MnO_2(s) + 2H_2O] \\ \hline 5MnO_2(s) + 4H^+ \rightleftharpoons 2MnO_4^- + 3Mn^{2+} + 2H_2O \end{array}$$

$E_+^\circ = 1,230$ V

$E_-^\circ = 1,692$ V

$E^\circ = 1,230 - 1,692 = -0,462$ V

$K = 10^{6(-0,462)/0,059\,16} = 1 \times 10^{-47}$

Outra forma de se responder (d) é a seguinte:

$$\begin{array}{l} -\ 5[MnO_2(s) + 4H^+ + \cancel{2e^-} \rightleftharpoons Mn^{2+} + 2H_2O] \\ \quad 2[MnO_4^- + 8H^+ + \cancel{5e^-} \rightleftharpoons Mn^{2+} + 4H_2O] \\ \hline 5MnO_2(s) + 4H^+ \rightleftharpoons 2MnO_4^- + 3Mn^{2+} + 2H_2O \end{array}$$

$E_+^\circ = 1,230$ V

$E_-^\circ = 1,507$ V

$E^\circ = 1,230 - 1,507 = -0,277$ V

$K = 10^{10(-0,277)/0,059\,16} = 2 \times 10^{-47}$

(e)

$$\begin{array}{l} -\ Ag^+ + e^- \rightleftharpoons Ag(s) \\ \quad Ag(S_2O_3)_2^{3-} + e^- \rightleftharpoons Ag(s) + 2S_2O_3^{2-} \\ \hline Ag^+ + 2S_2O_3^{2-} \rightleftharpoons Ag(S_2O_3)_2^{3-} \end{array}$$

$E_+^\circ = 0,799$ V

$E_-^\circ = 0,017$ V

$E^\circ = 0,799 - 0,017 = 0,782$ V

$K = 10^{0,782/0,059\,16} = 2 \times 10^{13}$

(f) $\underline{}\,CuI(s) + e^- \rightleftharpoons Cu(s) + I^-$

$$\begin{array}{l} Cu^+ + e^- \rightleftharpoons Cu(s) \\ \hline CuI(s) \rightleftharpoons Cu^+ + I^- \end{array}$$

$E^\circ_+ = -0{,}185\text{ V}$

$E^\circ_- = 0{,}518\text{ V}$

$E^\circ = -0{,}185 - 0{,}518 = -0{,}703\text{ V}$

$K = 10^{-0{,}703/0{,}059\,16} = 1 \times 10^{-12}$

14.C. **(a)** $\underline{}\,Br_2(l) + 2e^- \rightleftharpoons 2Br^- \qquad E^\circ_+ = 1{,}078\text{ V}$

$$\begin{array}{ll} Fe^{2+} + 2e^- \rightleftharpoons Fe(s) & E^\circ_- = -0{,}44\text{ V} \\ \hline Br_2(l) + Fe(s) \rightleftharpoons 2Br^- + Fe^{2+} & \end{array}$$

$$E = \left\{1{,}078 - \frac{0{,}059\,16}{2}\log(0{,}050)^2\right\} - \left\{-0{,}44 - \frac{0{,}059\,16}{2}\log\frac{1}{0{,}010}\right\}$$

$$= 1{,}155 - (-0{,}50) = 1{,}65\text{ V}$$

Elétrons fluem do eletrodo de Fe, mais negativo (–0,50 V), para o eletrodo de Pt, mais positivo (1,155 V) pelo circuito.

(b) $\underline{}\,Fe^{2+} + 2e^- \rightleftharpoons Fe(s) \qquad E^\circ_+ = -0{,}44\text{ V}$

$$\begin{array}{ll} Cu^{2+} + 2e^- \rightleftharpoons Cu(s) & E^\circ_- = 0{,}339\text{ V} \\ \hline Fe^{2+} + Cu(s) \rightleftharpoons Fe(s) + Cu^{2+} & \end{array}$$

$$E = \left\{-0{,}44 - \frac{0{,}059\,16}{2}\log\frac{1}{0{,}050}\right\} - \left\{0{,}339 - \frac{0{,}059\,16}{2}\log\frac{1}{0{,}020}\right\}$$

$$= -0{,}48 - (0{,}289) = -0{,}77\text{ V}$$

Elétrons fluem do eletrodo de Fe, mais negativo (–0,48 V), para o eletrodo de Cu, mais positivo (0,289 V) pelo circuito.

(c) $\underline{}\,Cl_2(g) + 2e^- \rightleftharpoons 2Cl^- \qquad E^\circ_+ = 1{,}360\text{ V}$

$$\begin{array}{ll} Hg_2Cl_2(s) + 2e^- \rightleftharpoons 2Hg(l) + 2Cl^- & E^\circ_- = 0{,}268\text{ V} \\ \hline Cl_2(g) + 2Hg(l) \rightleftharpoons Hg_2Cl_2(s) & \end{array}$$

$$E = \left\{1{,}360 - \frac{0{,}059\,16}{2}\log\frac{(0{,}040)^2}{0{,}50}\right\} - \left\{0{,}268 - \frac{0{,}059\,16}{2}\log(0{,}060)^2\right\}$$

$$= 1{,}434 - (0{,}340) = 1{,}094\text{ V}$$

Elétrons fluem do eletrodo de Hg, mais negativo (0,340 V), para o eletrodo de Pt, mais positivo (1,434 V) pelo circuito.

14.D. **(a)** $H^+ + e^- \rightleftharpoons \frac{1}{2}H_2(g) \qquad E^\circ_+ = 0\text{ V}$

$Ag^+ + e^- \rightleftharpoons Ag(s) \qquad E^\circ_- = 0{,}799\text{ V}$

$E^\circ = E^\circ_+ - E^\circ_- = -0{,}799\text{ V}$

$$E = \left\{0 - 0{,}059\,16\log\frac{P_{H_2}^{1/2}}{[H^+]}\right\} - \left\{0{,}799 - 0{,}059\,16\log\frac{1}{[Ag^+]}\right\}$$

(b) $[Ag^+] = \dfrac{K_{ps}}{[I^-]} = \dfrac{8{,}3\times10^{-17}}{0{,}10} = 8{,}3\times10^{-16}\text{ M}$

$$E = \left\{0 - 0{,}059\,16\log\frac{\sqrt{0{,}20}}{0{,}10}\right\} - \left\{0{,}799 - 0{,}059\,16\log\frac{1}{8{,}3\times10^{-16}}\right\}$$

$$= -0{,}038 - (-0{,}093) = 0{,}055\text{ V}$$

Elétrons fluem do eletrodo de Ag, mais negativo (–0,093 V), para o eletrodo de Pt, mais positivo (–0,038 V) pelo circuito.

(c) $H^+ + e^- \rightleftharpoons \frac{1}{2}H_2(g) \qquad E^\circ_+ = 0\text{ V}$

$AgI(s) + e^- \rightleftharpoons Ag(s) + I^- \qquad E^\circ_- = ?$

$$0{,}055 = \left\{0 - 0{,}059\,16\log\frac{\sqrt{0{,}20}}{0{,}10}\right\} - \{E^\circ_- - 0{,}059\,16\log(0{,}10)\}$$

$\Rightarrow E^\circ_- = -0{,}153\text{ V}$

(O Apêndice H informa que $E^\circ_- = -0{,}152$ V.)

14.E. $Ag(CN)_2^- + e^- \rightleftharpoons Ag(s) + 2CN^- \qquad E^\circ_+ = -0{,}310\text{ V}$

$Cu^{2+} + 2e^- \rightleftharpoons Cu(s) \qquad E^\circ_- = 0{,}339\text{ V}$

$$E = \left\{-0{,}310 - 0{,}059\,16\log\frac{[CN^-]^2}{[Ag(CN_2^-)]}\right\} - \left\{0{,}339 - \frac{0{,}059\,16}{2}\log\frac{1}{[Cu^{2+}]}\right\}$$

Sabemos que $[Ag(CN)_2^-] = 0{,}010$ M e $[Cu^{2+}] = 0{,}030$ M. Para determinar $[CN^-]$ em pH 8,21, escrevemos

$$\frac{[CN^-]}{[HCN]} = \frac{K_a}{[H^+]} = \frac{10^{-9{,}21}}{10^{-8{,}21}} \Rightarrow [CN^-] = 0{,}10\,[HCN]$$

Mas, como $[CN^-] + [HCN] = 0{,}10$ M, $[CN^-] = 0{,}009\,1$ M. Colocando essa concentração na equação de Nernst, temos que $E = -0{,}187 - (0{,}294) = -0{,}481$ V. Elétrons fluem do eletrodo de Ag, mais negativo (–0,187 V), para o eletrodo de Cu, mais positivo (0,294 V).

14.F. **(a)** $PuO_2^+ + e^- + 4H^+ \rightleftharpoons Pu^{4+} + 2H_2O$

$$\begin{array}{ll} PuO_2^{2+} \rightarrow PuO_2^+ & \Delta G = -1F\,(0{,}966) \\ PuO_2^+ \rightarrow Pu^{4+} & \Delta G = -1F\,E^\circ \\ Pu^{4+} \rightarrow Pu^{3+} & \Delta G = -1F\,(1{,}006) \\ \hline PuO_2^{2+} \rightarrow Pu^{3+} & \Delta G = -3F\,(1{,}021) \end{array}$$

$-3F\,(1{,}021) = -1F\,(0{,}966) - 1F\,E^\circ - 1F\,(1{,}006) \Rightarrow E^\circ = 1{,}091\text{ V}$

(b) $\underline{}\,2PuO_2^{2+} + 2e^- \rightleftharpoons 2PuO_2^+ \qquad E^\circ_+ = 0{,}966\text{ V}$

$$\begin{array}{ll} \frac{1}{2}O_2(g) + 2H^+ + 2e^- \rightleftharpoons H_2O & E^\circ_- = 1{,}229\text{ V} \\ \hline 2PuO_2^{2+} + H_2O \rightleftharpoons 2PuO_2^+ + \frac{1}{2}O_2(g) + 2H^+ & \end{array}$$

$$E = \left\{0{,}966 - \frac{0{,}059\,16}{2}\log\frac{\cancel{[PuO_2^+]^2}}{\cancel{[PuO_2^{2+}]^2}}\right\} - \left\{1{,}229 - \frac{0{,}059\,16}{2}\log\frac{1}{P_{O_2}^{1/2}[H^+]^2}\right\}$$

Em pH = 2,00: $E = \{0{,}966\} - \{1{,}100\} = -0{,}134$ V

Em pH = 7,00: $E = \{0{,}966\} - \{0{,}895\} = +0{,}161$ V

$[PuO_2^+]$ cancela$[PuO_2^{2+}]$ porque elas são iguais. Em pH 2,00, inserimos $[H^+] = 10^{-2{,}00}$ e $P_{O_2} = 0{,}20$ bar para determinar $E = -0{,}134$ V. Como $E < 0$, a reação não é espontânea e a água não é oxidada. Em pH 7,00, determinamos $E = +0{,}161$ V, de modo que a água será oxidada.

14.G. $2H^+ + 2e^- \rightleftharpoons H_2(g) \qquad E^\circ_+ = 0\text{ V}$

$Hg_2Cl_2(s) + 2e^- \rightleftharpoons 2Hg(l) + 2Cl^- \qquad E^\circ_- = 0{,}268\text{ V}$

$$E = \left\{-\frac{0{,}059\,16}{2}\log\frac{P_{H_2}}{[H^+]^2}\right\} - \left\{0{,}268 - \frac{0{,}059\,16}{2}\log[Cl^-]^2\right\}$$

Determinamos $[H^+]$ na meia célula da direita considerando a química ácido-base do KHP, a forma intermediária de um ácido diprótico:

$$[H^+] = \sqrt{\frac{K_1K_2(0{,}050) + K_1K_w}{K_1 + 0{,}050}} = 6{,}5\times10^{-5}\text{ M}$$

$$E = \left\{\frac{-0{,}059\,16}{2}\log\frac{1}{(6{,}5\times10^{-5})^2}\right\} - \left\{0{,}268 - \frac{0{,}059\,16}{2}\log(0{,}10)^2\right\}$$

$$= -0{,}247_7 - 0{,}327_2 = -0{,}575\text{ V}$$

Elétrons fluem do eletrodo de Pt, mais negativo (–0,247₇ V), para o eletrodo de Hg, mais positivo (0,327₂ V)

14.H. $CuY^{2-} + 2e^- \rightleftharpoons Cu(s) + Y^{4-} \qquad E^\circ_+ = ?$

$$\begin{array}{ll} Cu^{2+} + 2e^- \rightleftharpoons Cu(s) & E^\circ_- = 0{,}339\text{ V} \\ \hline CuY^{2-} \xrightleftharpoons{1/K_f} Cu^{2+} + Y^{4-} & E^\circ \end{array}$$

$$E^\circ = \frac{0{,}059\,16}{2}\log\frac{1}{K_f} = -0{,}556\text{ V}$$

$E^\circ_+ = E^\circ + E^\circ_- = -0{,}556 + 0{,}339 = -0{,}217\text{ V}$

14.I. Para comparar a glicose e o H_2 em pH = 0, precisamos saber o E° de cada um. Para o H_2, $E^\circ = 0$ V. Para a glicose, determinamos E° a partir de $E^{\circ\prime}$:

$$\underset{\text{Ácido glicônico}}{HA} + 2H^+ + 2e^- \rightleftharpoons \underset{\text{Glicose}}{G} + H_2O \qquad \text{(A)}$$

$$E = E^\circ - \frac{0{,}059\,16}{2}\log\frac{[G]}{[HA][H^+]^2}$$

Porém, $F_G = [G]$ e $[HA] = \dfrac{[H^+]F_{HA}}{[H^+] + K_a}$. Substituindo esses valores na equação de Nernst, tem-se

$$E = E^\circ - \frac{0{,}059\,16}{2}\log\frac{F_G}{\left(\dfrac{[H^+]F_{HA}}{[H^+] + K_a}\right)[H^+]^2}$$

$$= E^\circ - \underbrace{\frac{0{,}059\,16}{2}\log\frac{[H^+]+K_a}{[H^+]^3}}_{\text{Isto é } E^{\circ\prime} = -0{,}45\text{ V quando }[H^+]=10^{-7}} - \frac{0{,}059\,16}{2}\log\frac{F_G}{F_{HA}}$$

$$-0{,}45\text{ V} = E^\circ - \frac{0{,}059\,16}{2}\log\frac{10^{-7{,}00}+10^{-3{,}56}}{(10^{-7{,}00})^3}$$

$\Rightarrow E^\circ = +0{,}06_6$ V para o ácido glicônico

O ácido glicônico é o oxidante e a glicose é o redutor na Reação A. Na Tabela 14.1, os agentes redutores mais fortes estão no canto inferior direito com os potenciais mais negativos. Como E° do H_2 é mais negativo que o E° da glicose, o H_2 é o agente redutor mais forte em pH 0.

14.J. (a) Cada H^+ fornece $\frac{1}{2}$(34,5 kJ/mol) quando passa do exterior para o interior.

$$\Delta G = -\tfrac{1}{2}(34{,}5\times10^3\text{ J/mol}) = -RT\ln\frac{\mathcal{A}_{\text{alta}}}{\mathcal{A}_{\text{baixa}}}$$

$$\frac{\mathcal{A}_{\text{alta}}}{\mathcal{A}_{\text{baixa}}} = 1{,}05\times10^3 \Rightarrow \Delta\text{pH} = \log(1{,}05\times10^3) = 3{,}02\text{ unidades de pH}$$

(b) $\Delta G = nFE$ (em que n = carga do H^+ = 1)

$$-\frac{1}{2}(34{,}5\times10^3\text{ J/mol}) = -(1)(9{,}6485\times10^4\text{ C/mol})(E)$$

$\Rightarrow E = 0{,}179$ J/C = 0,179 V

(c) Se ΔpH = 1,00, $\mathcal{A}_{\text{alta}}/\mathcal{A}_{\text{baixa}} = 10$

$$\Delta G(\text{pH}) = -RT\ln 10 = -5{,}7\times10^3\text{ J/mol}$$

$$\Delta G(\text{elétrico}) = \left[\frac{1}{2}(34{,}5) - 5{,}7\right]\text{kJ/mol} = 11{,}5_5\text{ kJ/mol}$$

$$E = \frac{\Delta G(\text{elétrico})}{nF} = \frac{11{,}5_5\times10^3\text{ J/mol}}{(1)(96\,485\text{ C/mol})} = 0{,}120\text{ V}$$

Capítulo 15

15.A. A reação no eletrodo de prata (escrita como uma redução) é $Ag^+ + e^- \rightleftharpoons Ag(s)$, e o potencial da célula é escrito como

$$E = E_+ - E_- = E_+ - E(\text{E.C.S.}) = E_+ - 0{,}241$$

$$= \left(0{,}799 - 0{,}059\,16\log\frac{1}{[Ag^+]}\right) - 0{,}241$$

$$= 0{,}558 + 0{,}059\,16\log[Ag^+]$$

Reação de titulação: $Br^- + Ag^+ \rightarrow AgBr(s)$ $\quad K_{ps} = 5{,}0\times10^{-13}$

O ponto de equivalência é V_e = 25,0. Entre 0 e 25 mL, existe na solução Ag^+ que não reagiu.

$$1{,}0\text{ mL:}\quad [Ag^+] = \underbrace{\left(\frac{24{,}0\text{ mL}}{25{,}0\text{ mL}}\right)}_{\text{Fração de Ag}^+\text{ restante}}\underbrace{(0{,}100\text{ M})}_{\text{Concentração inicial de Ag}^+}\underbrace{\left(\frac{50{,}0\text{ mL}}{51{,}0\text{ mL}}\right)}_{\text{Fator de diluição}} = 0{,}094\,1\text{ M}$$

$$\Rightarrow E = 0{,}558 + 0{,}059\,16\log[0{,}094\,1] = 0{,}497\text{ V}$$

$$12{,}5\text{ mL:}\quad [Ag^+] = \left(\frac{12{,}5\text{ mL}}{25{,}0\text{ mL}}\right)(0{,}100\text{ M})\left(\frac{50{,}0\text{ mL}}{62{,}5\text{ mL}}\right) = 0{,}040\,0\text{ M}$$

$\Rightarrow E = 0{,}475$ V

$$24{,}0\text{ mL:}\quad [Ag^+] = \left(\frac{1{,}0\text{ mL}}{25{,}0\text{ mL}}\right)(0{,}100\text{ M})\left(\frac{50{,}0\text{ mL}}{74{,}0\text{ mL}}\right) = 0{,}002\,70\text{ M}$$

$\Rightarrow E = 0{,}406$ V

$$24{,}9\text{ mL:}\quad [Ag^+] = \left(\frac{0{,}10\text{ mL}}{25{,}0\text{ mL}}\right)(0{,}100\text{ M})\left(\frac{50{,}0\text{ mL}}{74{,}9\text{ mL}}\right) = 2{,}67\times10^{-4}\text{ M}$$

$\Rightarrow E = 0{,}347$ V

Além de 25 mL, todo o AgBr precipitou e existe excesso de Br^- na solução.

$$25{,}1\text{ mL:}\quad [Br^-] = \left(\frac{0{,}1\text{ mL}}{75{,}1\text{ mL}}\right)(0{,}200\text{ M}) = 2{,}_{67}\times10^{-4}\text{ M}$$

$$\Rightarrow [Ag^+] = K_{ps}/[Br^-] = (5{,}0\times10^{-13})/(2{,}_{67}\times10^{-4}) = 1{,}_{88}\times10^{-9}\text{ M}$$

$\Rightarrow E = +0{,}042$ V

$$26{,}0\text{ mL:}\quad [Br^-] = \left(\frac{1{,}0\text{ mL}}{76{,}0\text{ mL}}\right)(0{,}200\text{ M}) = 2{,}6_6\times10^{-4}\text{ M}$$

$$\Rightarrow [Ag^+] = 1{,}9_0\times10^{-10}\text{ M} \Rightarrow E = -0{,}017\text{ V}$$

$$\text{Em }35{,}0\text{ mL:}\quad [Br^-] = \left(\frac{10{,}0\text{ mL}}{85{,}0\text{ mL}}\right)(0{,}200\text{ M}) = 0{,}023\,5\text{ M}$$

$$\Rightarrow [Ag^+] = 2{,}1_2\times10^{-11}\text{ M} \Rightarrow E = -0{,}073\text{ V}$$

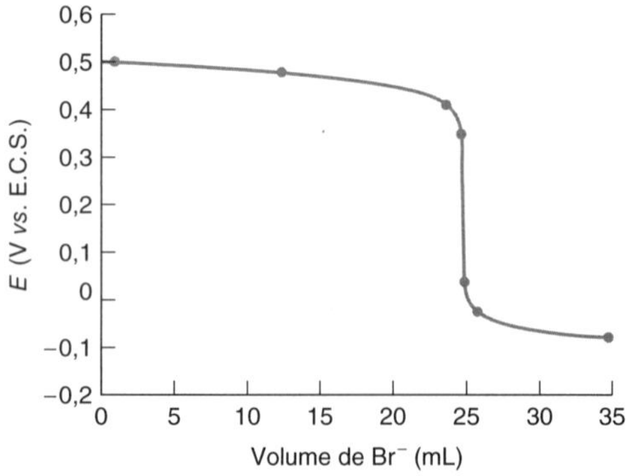

15.B. O potencial da célula é dado pela Equação C, em que K_f é a constante de formação do $Hg(EDTA)^{2-}$(= $10^{21{,}5}$). Para determinar o potencial, temos que calcular $[HgY^{2-}]$ e $[Y^{4-}]$ em cada ponto. A concentração de HgY^{2-} é $1{,}0\times10^{-4}$ M quando V = 0, e daí em diante é afetada somente pela diluição, porque $K_f(HgY^{2-}) >> K_f(MgY^{2-})$. A concentração de Y^{4-} é determinada a partir do equilíbrio Mg-EDTA, menos no primeiro ponto. Em V = 0 mL, o equilíbrio Hg-EDTA determina $[Y^{4-}]$.

$$0\text{ mL:}\quad \frac{[HgY^{2-}]}{[Hg^{2+}][\text{EDTA}]} = \alpha_{Y^{4-}}K_f(\text{para }HgY^{4-}) = (0{,}30)(10^{21{,}5})$$

$$\frac{1{,}0\times10^{-4} - x}{(x)(x)} = 9{,}5\times10^{20} \Rightarrow x = [\text{EDTA}] = 3{,}2\times10^{-13}\text{ M}$$

$$[Y^{4-}] = \alpha_{Y^{4-}}[\text{EDTA}] = 9{,}7\times10^{-14}\text{ M}$$

Usando a Equação C, escrevemos

$$E = 0{,}852 - 0{,}241 - \frac{0{,}059\,16}{2}\log\frac{10^{21{,}5}}{1{,}0\times10^{-4}} - \frac{0{,}059\,16}{2}\log(9{,}7\times10^{-14}) = 0{,}242\text{ V}$$

10,0 mL: V_e = 25,0 mL, de modo que $\frac{10}{25}$ do Mg^{2+} está na forma MgY^{2-}, e $\frac{15}{25}$ está na forma Mg^{2+}.

$$[Y^{4-}] = \frac{[MgY^{2-}]}{[Mg^{2+}]}/K_f(\text{para }MgY^{2-}) = \left(\frac{10}{15}\right)/6{,}2\times10^8 = 1{,}08\times10^{-9}\text{ M}$$

$$[HgY^{2-}] = \underbrace{\left(\frac{50{,}0\text{ mL}}{60{,}0\text{ mL}}\right)}_{\text{Fator de diluição}}(1{,}0\times10^{-4}\text{ M}) = 8{,}33\times10^{-5}\text{ M}$$

$$E = 0{,}852 - 0{,}241 - \frac{0{,}059\,16}{2}\log\frac{10^{21{,}5}}{8{,}33\times10^{-5}} - \frac{0{,}059\,16}{2}\log(1{,}08\times10^{-9}) = 0{,}120\text{ V}$$

$$20{,}0\text{ mL:}\quad [Y^{4-}] = \left(\frac{20}{5}\right)/6{,}2\times10^8 = 6{,}45\times10^{-9}\text{ M}$$

$$[HgY^{2-}] = \left(\frac{50{,}0\text{ mL}}{70{,}0\text{ mL}}\right)(1{,}0\times10^{-4}\text{ M}) = 7{,}14\times10^{-5}\text{ M}$$

$\Rightarrow E = 0{,}095$ V

$$24{,}9\text{ mL:}\quad [Y^{4-}] = \left(\frac{24{,}9\text{ mL}}{0{,}1\text{ mL}}\right)/6{,}2\times10^8 = 4{,}02\times10^{-7}\text{ M}$$

$$[HgY^{2-}] = \left(\frac{50{,}0\text{ mL}}{74{,}9\text{ mL}}\right)(1{,}0\times10^{-4}\text{ M}) = 6{,}68\times10^{-5}\text{ M}$$

$\Rightarrow E = 0{,}041$ V

25,0 mL: Este é o ponto de equivalência, em que $[Mg^{2+}] = [EDTA]$.

$$\frac{[MgY^{2-}]}{[Mg^{2+}][EDTA]} = \alpha_{Y^{4-}} K_f(\text{para } MgY^{2-})$$

$$\frac{\left(\frac{50{,}0 \text{ mL}}{75{,}0 \text{ mL}}\right)(0{,}010\,0) - x}{x^2} = 1{,}85\times10^8 \Rightarrow x = 6{,}0\times10^{-6} \text{ M}$$

$$[Y^{4-}] = \alpha_{Y^{4-}}(6{,}0\times10^{-6} \text{ M}) = 1{,}80\times10^{-6} \text{ M}$$

$$[HgY^{2-}] = \left(\frac{50{,}0 \text{ mL}}{75{,}0 \text{ mL}}\right)(1{,}0\times10^{-4} \text{ M}) = 6{,}67\times10^{-5} \text{ M}$$

$$\Rightarrow E = 0{,}021 \text{ V}$$

26,0 mL: Agora há excesso de EDTA na solução:

$$[Y^{4-}] = \alpha_{Y^{4-}}[EDTA] = (0{,}30)\left[\left(\frac{1{,}0 \text{ mL}}{76{,}0 \text{ mL}}\right)(0{,}020\,0 \text{ M})\right] = 7{,}89\times10^{-5} \text{ M}$$

$$[HgY^{2-}] = \left(\frac{50{,}0 \text{ mL}}{76{,}0 \text{ mL}}\right)(1{,}0\times10^{-4} \text{ M}) = 6{,}58\times10^{-5} \text{ M}$$

$$\Rightarrow E = -0{,}027 \text{ V}$$

15.C. Em pH intermediário, o potencial fica constante em 100 mV. Quando $[OH^-] \approx [F^-]/10 = 10^{-6}$ M (pH = 8), o eletrodo começa a ser sensível ao OH^- e o potencial irá diminuir (ou seja, o potencial do eletrodo mudará na mesma direção como se fosse adicionado mais F^-). Em pH próximo de 3,17 (= pK_a do HF), o F^- reage com o H^+ e a concentração de F^- livre diminui. Em pH = 1,17, $[F^-] \approx 1\%$ de 10^{-5} M = 10^{-7} M, e $E \approx 100 + 2(59) = 218$ mV. A seguir é mostrado um esboço qualitativo deste comportamento.

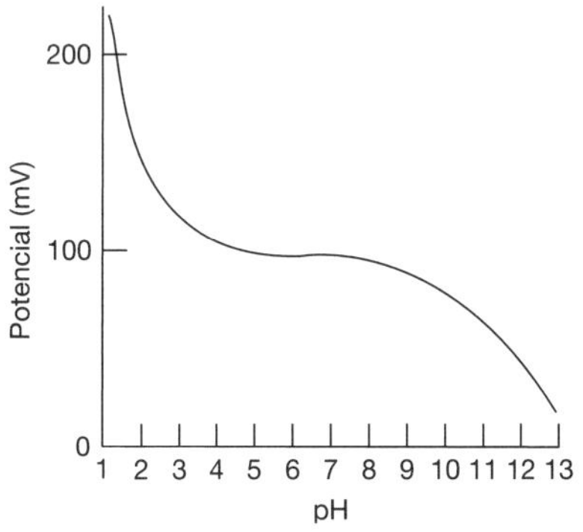

15.D. (a) Para solução de Na^+ 1,00 mM em pH 8,00, podemos escrever

$$E = \text{constante} + 0{,}059\,16 \log([Na^+] + 36[H^+])$$

$$0{,}038 = \text{constante} + 0{,}059\,16 \log[(1{,}00\times10^{-3}) + (36\times10^{-8})]$$

$$\Rightarrow \text{constante} = +0{,}139 \text{ V}$$

Para solução de Na^+ 5,00 mM em pH 8,00, temos

$$E = +0{,}139 + 0{,}059\,16 \log[(5{,}00\times10^{-3}) + (36\times10^{-8})] = 0{,}003 \text{ V}$$

(b) Para solução de Na^+ 1,00 mM em pH 3,87, temos

$$E = +0{,}139 + 0{,}059\,16 \log[(1{,}00\times10^{-3}) + (36\times10^{-3{,}87})] = 0{,}007 \text{ V}$$

15.E. Um gráfico de E(mV) contra log[NH_3(M)] dá uma reta cuja equação é $E = 563{,}4 + 59{,}05 \times \log[NH_3]$. Para $E = 339{,}3$ mV, $[NH_3] = 1{,}60 \times 10^{-4}$ M. A amostra analisada contém (100 mL) ($1{,}60 \times 10^{-4}$ M) = 0,016 0 mmol de nitrogênio. Mas essa amostra representa apenas 2,00% (20,0 mL/1,00 L) da amostra de alimento. Portanto, o alimento contém (0,016 mmol de N)/0,020 0 = 0,800 mmol de nitrogênio = 11,2 mg de N = 3,59% em massa de nitrogênio.

15.F. O gráfico da função a ser feito no eixo y é $(V_i + V_s)10^{E/S}$, em que $S = (\beta RT/nF)\ln 10$. β é 0,985. Considerando R = 8,314 5 J/(mol · K), F = 96 485 C/mol, T = 298,15 K e n = –2 dá S = –0,029 136 J/C = –0,029 136 V. (Relembre que joule/coulomb = volt.)

V_S (mL)	**E (V)**	***y***
0	0,046 5	0,633 8
1,00	0,040 7	1,042 5
2,00	0,034 4	1,781 1
3,00	0,030 0	2,615 2
4,00	0,026 5	3,571 7

Os dados são representados graficamente na Figura 15.36, que tem um coeficiente angular de m = 0,744 84 e um coeficiente linear b = 0,439 19, dando uma interseção em x de $-b/m = 0{,}58_{965}$ mL. A concentração da amostra desconhecida original é

$$c_X = \frac{(\text{interseção em } x)c_S}{V_i} = -\frac{(-0{,}58_{965} \text{ mL})(1{,}78 \text{ mM})}{25{,}0 \text{ mL}}$$

$$= 4{,}2\times10^{-5} \text{ M}$$

(Decidimos que o último algarismo significativo na interseção em x foi a casa decimal 0,01, pois os dados originais foram medidos somente até a casa decimal 0,01.)

Capítulo 16

16.A. Reação de titulação: $Sn^{2+} + 2Ce^{4+} \rightarrow Sn^{4+} + 2Ce^{3+}$ V_e = 10,0 mL

Cálculos representativos:

0,100 mL: Fração na direção de V_e = 0,100 mL/10,00 mL

$$E_+ = 0{,}139 - \frac{0{,}059\,16}{2}\log\frac{[Sn^{2+}]}{[Sn^{4+}]}$$

$$= 0{,}139 - \frac{0{,}059\,16}{2}\log\frac{9{,}90 \text{ mL}}{0{,}100 \text{ mL}} = 0{,}080 \text{ V}$$

$$E = E_+ - E_- = 0{,}080 - 0{,}241 = -0{,}161 \text{ V}$$

10,00 mL:

$$2E_+ = 2(0{,}139) - 0{,}059\,16 \log\frac{[Sn^{2+}]}{[Sn^{4+}]}$$

$$E_+ = 1{,}47 - 0{,}059\,16 \log\frac{[Ce^{3+}]}{[Ce^{4+}]}$$

$$3E_+ = 1{,}748 - 0{,}059\,16 \log\frac{[Sn^{2+}][Ce^{3+}]}{[Sn^{4+}][Ce^{4+}]}$$

No ponto de equivalência, $[Sn^{4+}] = \frac{1}{2}[Ce^{3+}]$ e $[Sn^{2+}] = \frac{1}{2}[Ce^{4+}]$, o que torna o termo log igual a 0. Portanto, $3E_+ = 1{,}748$ e $E_+ = 0{,}583$ V.

$E = E_+ - E_- = 0{,}583 - 0{,}241 = 0{,}342$ V

10,10 mL: Os primeiros 10,00 mL foram usados para produzir Ce^{3+}. Os 0,10 mL seguintes introduzem Ce^{4+} que não reagirá:

$$E_+ = 1{,}47 - 0{,}059\,16 \log\frac{[Ce^{3+}]}{[Ce^{4+}]}$$

$$= 1{,}47 - 0{,}059\,16 \log\frac{10{,}0 \text{ mL}}{0{,}10 \text{ mL}} = 1{,}35_2 \text{ V}$$

$$E = E_+ - E_- = 1{,}35_2 - 0{,}241 = 1{,}11 \text{ V}$$

mL	E (V)	mL	E (V)
0,100	–0,161	10,00	0,342
1,00	–0,130	10,10	1,11
5,00	–0,102	12,00	1,19
9,50	–0,064		

16.B. Potenciais-padrão: índigo tetrassulfonato, 0,36 V; $Fe[CN]_6^{3-} | Fe[CN]_6^{4-}$, 0,356 V; $Tl^{3+} | Tl^+$, 0,77 V. O potencial do ponto final estará entre 0,356 e 0,77 V. O índigo tetrassulfonato muda de cor próximo a 0,36 V. Portanto, ele não será um indicador útil para esta titulação.

16.C. Titulação: $MnO_4^- + 5Fe^{2+} + 8H^+ \rightarrow Mn^{2+} + 5Fe^{3+} + 4H_2O$

$Fe^{3+} + e^- \rightleftharpoons Fe^{2+}$ $E° = 0{,}68$ V em H_2SO_4 1 M

$MnO_4^- + 8H^+ + 5e^- \rightarrow Mn^{2+} + 4H_2O$ $E° = 1{,}507$ V

O ponto de equivalência é atingido em 15,0 mL. Antes do ponto de equivalência:

$$E = E_+ - E_- = \left(0{,}68 - 0{,}059\,16 \log\frac{[Fe^{2+}]}{[Fe^{3+}]}\right) - 0{,}241$$

1,0 mL: $[Fe^{2+}]/[Fe^{3+}] = 14{,}0 \text{ mL}/1{,}0 \text{ mL} \Rightarrow E = 0{,}371$ V

7,5 mL: $[Fe^{2+}]/[Fe^{3+}] = 7{,}5 \text{ mL}/7{,}5 \text{ mL} \Rightarrow E = 0{,}439$ V

14,0 mL: $[Fe^{2+}]/[Fe^{3+}] = 1{,}0 \text{ mL}/14{,}0 \text{ mL} \Rightarrow E = 0{,}507$ V

No ponto de equivalência, use a Equação E da Demonstração 16.1:

$$6E_+ = 8,215 - 0,059\,16 \log \frac{1}{[H^+]^8} \overset{pH=0}{\Rightarrow} E_+ = 1,369 \text{ V}$$

$$E = E_+ - E_- = 1,369 - 0,241 = 1,128 \text{ V}$$

Após o ponto de equivalência:

$$E = E_+ - E_- = \left(1,507 - \frac{0,059\,16}{5} \log \frac{[Mn^{2+}]}{[MnO_4^-][H^+]^8}\right) - 0,241$$

16,0 mL: $[Mn^{2+}]/[MnO_4^-] = 15,0$ mL/1,0 mL e $[H^+] = 1$ M

$\Rightarrow E = 1,252$ V

30,0 mL: $[Mn^{2+}]/[MnO_4^-] = 15,0/15,0$ e $[H^+] = 1$ M

$\Rightarrow E = 1,266$ V

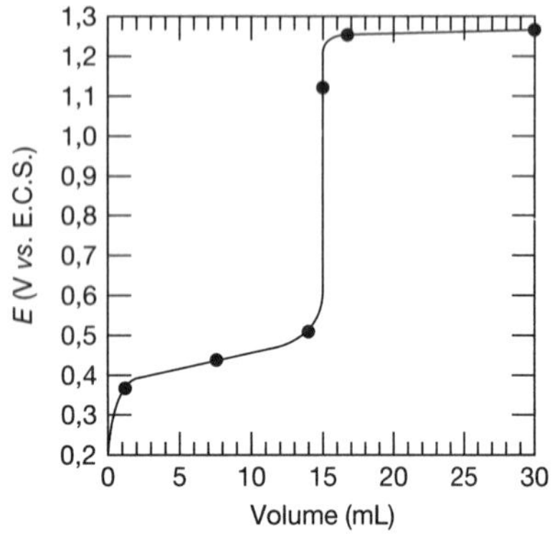

16.D. O gráfico de Gran de $V \cdot 10^{-E/0,05916}$ contra V é mostrado na Figura 16.4. Os dados de 8,5 a 12,5 mL parecem estar em uma linha reta. A reta obtida por mínimos quadrados a partir desses quatro pontos tem um coeficiente angular de $m = -1,567\,3 \times 10^{-11}$ e um coeficiente linear $b = 2,170\,2 \times 10^{-10}$. A interseção em x é $-b/m = 13,85$ mL. A quantidade de Ce^{4+} necessária para alcançar o ponto de equivalência é (0,100 mmol/mL)(13,85 mL) = 1,385 mmol, e a concentração da amostra desconhecida de Fe^{2+} é 1,385 mmol/50,0 mL = 0,027 7 M.

Volume de titulante, V (mL)	E (volts)	$V \cdot 10^{-E/0,059\,16}$
6,50	0,635	$1,200\,3 \times 10^{-10}$
8,50	0,651	$8,421\,0 \times 10^{-11}$
10,50	0,669	$5,162\,6 \times 10^{-11}$
11,50	0,680	$3,685\,1 \times 10^{-11}$
12,50	0,696	$2,148\,8 \times 10^{-11}$

16.E. Consideramos x = mg de $FeSO_4 \cdot (NH_4)_2SO_4 \cdot 6H_2O$ e $(54,85 - x)$ = mg de $FeCl_2 \cdot 6H_2O$

número de mmols de Ce^{4+} = número de mmols de $FeSO_4 \cdot (NH_4)_2SO_4 \cdot 6H_2O$ + número de mmols de $FeCl_2 \cdot 6H_2O$

$$(13,39 \text{ mL})(0,012\,34 \text{ M}) = \frac{x \text{ mg}}{392,12 \text{ mg/mmol}} + \frac{(54,85 - x)}{234,84 \text{ mg/mmol}}$$

$$\Rightarrow x = 40,01 \text{ mg } FeSO_4 \cdot (NH_4)_2SO_4 \cdot 6H_2O$$

Massa de $FeCl_2 \cdot 6H_2O$ = 14,84 mg = 0,063 19 mmol = 4,48 mg de Cl

$$\% \text{ em massa de Cl} = \frac{4,48 \text{ mg}}{54,85 \text{ mg}} \times 100 = 8,17\%$$

Capítulo 17

17.A. Catodo: $2H^+ + 2e^- \rightleftharpoons H_2(g)$ $\quad E° = 0$ V

Anodo (escrito como uma redução):

$$\tfrac{1}{2}O_2(g) + 2H^+ + 2e^- \rightleftharpoons H_2O \qquad E = 1,229 \text{ V}$$

$$E(\text{catodo}) = 0 - \frac{0,059\,16}{2} \log \frac{P_{H_2}}{[H^+]^2}$$

$$E(\text{anodo}) = 1,229 - \frac{0,059\,16}{2} \log \frac{1}{[H^+]^2 P_{O_2}^{1/2}}$$

E(célula) = E(catodo) − E(anodo)

$$= -1,229 - \frac{0,059\,16}{2} \log P_{H_2} P_{O_2}^{1/2} = -1,229 \text{ V}$$

E = E(célula) − $I \cdot R$ − sobretensões

$= -1,229 - (0,100 \text{ A})(2,00\ \Omega)$

$$\underbrace{\underset{\text{Sobretensão anódica}}{-0,85 \text{ V}} - \underset{\text{Sobretensão catódica}}{0,068 \text{ V}}}_{\text{A partir da Tabela 17.1}} = -2,35 \text{ V}$$

Para eletrodos de Au, as sobretensões são 0,963 e 0,390 V, dando $E = -2,78$ V.

17.B. **(a)** Para eletrolizar uma solução de SbO^+ 0,010 M precisa-se de um potencial de

$$E(\text{catodo}) = 0,208 - \frac{0,059\,16}{3} \log \frac{1}{[SbO^+][H^+]^2}$$

$$= 0,208 - \frac{0,059\,16}{3} \log \frac{1}{(0,010)(1,0)^2} = 0,169 \text{ V}$$

E(catodo contra Ag | AgCl) = E(contra E.P.H.) − E(Ag | AgCl) = 0,169 − 0,197 = −0,028 V

(b) A concentração de Cu^{2+} que estaria em equilíbrio com Cu(s) em 0,169 V é

$$Cu^{2+} + 2e^- \rightleftharpoons Cu(s) \qquad E° = 0,339$$

$$E(\text{catodo}) = 0,339 - \frac{0,059\,16}{2} \log \frac{1}{[Cu^{2+}]}$$

$$0,169 = 0,339 - \frac{0,059\,16}{2} \log \frac{1}{[Cu^{2+}]} \Rightarrow [Cu^{2+}] = 1,8 \times 10^{-6} \text{ M}$$

$$\text{Porcentagem de } Cu^{2+} \text{ não reduzido} = \frac{1,8 \times 10^{-6}}{0,10} \times 100 = 1,8 \times 10^{-3}\%$$

Porcentagem de Cu^{2+} reduzido = 99,998%

17.C. **(a)** $Co^{2+} + 2e^- \rightleftharpoons Co(s)$ $\quad E° = -0,282$ V

$$E(\text{catodo contra E.P.H.}) = -0,282 - \frac{0,059\,16}{2} \log \frac{1}{[Co^{2+}]}$$

Fazendo $[Co^{2+}] = 1,0 \times 10^{-6}$ M, tem-se $E = -0,459$ V e

$$E(\text{catodo contra E.C.S.}) = -0,459 - \underbrace{0,241}_{E(\text{E.C.S.})} = -0,700 \text{ V}$$

(b) $Co(C_2O_4)_2^{2-} + 2e^- \rightleftharpoons Co(s) + 2C_2O_4^{2-}$ $\quad E° = -0,474$ V

E(catodo contra E.C.S.)

$$= -0,474 - \frac{0,059\,16}{2} \log \frac{[C_2O_4^{2-}]^2}{[Co(C_2O_4)_2^{2-}]} - 0,241$$

Para $[C_2O_4^{2-}] = 0,10$ M e $[Co(C_2O_4)_2^{2-}] = 1,0 \times 10^{-6}$ M, $E = -0,833$ V.

(c) Podemos pensar na redução como $Co^{2+} + 2e^- \rightleftharpoons Co(s)$, para a qual $E°$ = −0,282 V. Mas a concentração de Co^{2+} é uma quantidade diminuta no equilíbrio com solução de EDTA 0,10 M mais solução de $Co(EDTA)^{2-}$ $1,0 \times 10^{-6}$ M. Na Tabela 12.2, encontramos que a constante de formação para o $Co(EDTA)^{2-}$ é $10^{16,45} = 2,8 \times 10^{16}$.

$$K_f = \frac{[Co(EDTA)^{2-}]}{[Co^{2+}][EDTA^{4-}]} = \frac{[Co(EDTA)^{2-}]}{[Co^{2+}]\alpha_{Y^{4-}} F}$$

em que F é a concentração formal de EDTA (= 0,10 M) e $\alpha_{Y^{4-}} = 3,8 \times 10^{-4}$ em pH 7,00 (Tabela 12.1). Fazendo $[Co(EDTA)^{2-}] = 1,0 \times 10^{-6}$ M e resolvendo para $[Co^{2+}]$, tem-se que $[Co^{2+}] = 9,4 \times 10^{-19}$ M.

$$E = -0,282 - \frac{0,059\,16}{2} \log \frac{1}{9,4 \times 10^{-19}} - 0,241 = -1,056 \text{ V}$$

17.D. **(a)** 75,00 mL de KSCN 0,023 80 M = 1,785 mmol de SCN^-, o que dá 1,785 mmol de AgSCN, contendo 0,103 7 g de SCN.

Massa final = 12,463 8 + 0,103 7 = 12,567 5 g.

(b) Anodo: $AgBr(s) + e^- \rightleftharpoons Ag(s) + Br^-$ $\quad E° = 0,071$ V

$E(\text{anodo}) = 0,071 - 0,059\,16 \log[Br^-]$

$= 0,071 - 0,059\,16 \log[0,10] = 0,130$ V

E(catodo) = E(E.C.S.) = 0,241 V

$E = E(\text{catodo}) - E(\text{anodo}) = 0{,}111$ V

(c) Para remover 99,99% de KI 0,10 M, deve-se deixar $[I^-] = 1{,}0 \times 10^{-5}$ M. A concentração de Ag^+ no equilíbrio com esta quantidade de I^- é

$$[Ag^+] = K_{ps}/[I^-] = (8{,}3\times10^{-17})/(1{,}0\times10^{-5}) = 8{,}3\times10^{-12}\ \text{M}.$$

A concentração de Ag^+ no equilíbrio com solução de Br^- 0,10 M é $[Ag^+] = K_{ps}/[Br^-] = (5{,}0 \times 10^{-13})/(0{,}10) = 5{,}0 \times 10^{-12}$ M. Logo, a solução de Ag^+ $8{,}3 \times 10^{-12}$ M começará a precipitar a solução de Br^- 0,10 M. A separação não é possível.

17.E. O tempo da titulação coulométrica corrigida é 387 – 6 = 381 s.

$$\text{Número de mols de } X^- \text{ que reduziu} = \frac{It}{nF} = \frac{(4{,}23\ \text{mA})(381\ \text{s})}{(1)(96\ 485\ \text{C/mol})} = 16{,}7\ \mu\text{mol}$$

[haleto orgânico] = 16,7 μM; se todo o halogênio é Cl, isto corresponde a 592 μg de Cl/L.

17.F. (a) Use a equação do padrão interno com $X = Pb^{2+}$ e $S = Cd^{2+}$. A partir da mistura-padrão, determinamos o fator de resposta, F:

$$\frac{\text{Sinal}_X}{[X]} = F\left(\frac{\text{sinal}_S}{[S]}\right)$$

$$\frac{1{,}58\ \mu\text{A}}{[41{,}8\ \mu\text{M}]} = F\left(\frac{1{,}64\ \mu\text{A}}{[32{,}3\ \mu\text{M}]}\right) \Rightarrow F = 0{,}744_5$$

$[Cd^{2+}]$ padrão adicionada à amostra desconhecida

$$= \left(\frac{10{,}00\ \text{mL}}{50{,}00\ \text{mL}}\right)(3{,}23\times10^{-4}\ \text{M}) = 6{,}46\times10^{-5}\ \text{M}$$

Para a mistura desconhecida, podemos agora dizer que

$$\frac{\text{Sinal}_X}{[X]} = F\left(\frac{\text{sinal}_S}{[S]}\right)$$

$$\frac{3{,}00\ \mu\text{A}}{[Pb^{2+}]} = 0{,}744_5\left(\frac{2{,}00\ \mu\text{A}}{[64{,}6\ \mu\text{M}]}\right) \Rightarrow [Pb^{2+}] = 130{,}_2\ \mu\text{M}$$

A concentração de Pb^{2+} na amostra desconhecida diluída é 130,₂ μM. Na amostra desconhecida não diluída,

$$[Pb^{2+}] = \left(\frac{50{,}00\ \text{mL}}{25{,}00\ \text{mL}}\right)(130{,}_2\ \mu\text{M}) = 2{,}60\times10^{-4}\ \text{M}.$$

(b) Inicialmente, determinamos a incerteza relativa no fator de resposta:

$$F = \frac{(1{,}58\pm0{,}03\ \mu\text{A})(32{,}3\pm0{,}1\ \mu\text{M})}{(1{,}64\pm0{,}03\ \mu\text{A})(41{,}8\pm0{,}1\ \mu\text{M})} \Rightarrow F = 0{,}744\ 5\pm0{,}019\ 9(\pm2{,}67\%)$$

Então, determinamos a incerteza na $[Pb^{2+}]$ escrevendo o cálculo a partir de (a) em uma única etapa:

$$\frac{(3{,}00\pm0{,}03\ \mu\text{A})\dfrac{(10{,}00\pm0{,}05\ \text{mL})}{\cancel{(50{,}00\pm0{,}05\ \text{mL})}}\dfrac{\cancel{(50{,}00\pm0{,}05\ \text{mL})}}{(25{,}00\pm0{,}05\ \text{mL})}[3{,}23\ (\pm0{,}01)\times10^{-4}\ \text{M}]}{(2{,}00\pm0{,}03\ \mu\text{A})(0{,}744\ 5\pm0{,}019\ 9)}$$

$$\Rightarrow [Pb^{2+}] = 2{,}60(\pm0{,}08)\times10^{-4}\ \text{M}$$

17.G. Vemos duas reduções consecutivas. A partir do valor de $E_{pa} - E_{pc} = 60$ mV, determinamos que $n = 1e^-$ envolvido em cada redução (usando a Equação 17.20) e a igualdade das alturas dos picos anódicos e catódicos sugere que as reações são reversíveis. Uma possível sequência reacional é

$$\text{Co(III)}(B_9C_2H_{11})_2^- \xrightarrow{1e^-} \text{Co(II)}(B_9C_2H_{11})_2^{2-} \xrightarrow{1e^-} \text{Co(I)}(B_9C_2H_{11})_2^{3-}$$

Os polarogramas esperados de corrente por amostragem (figura *a*) e de onda quadrada (figura *b*) estão esboçados a seguir.

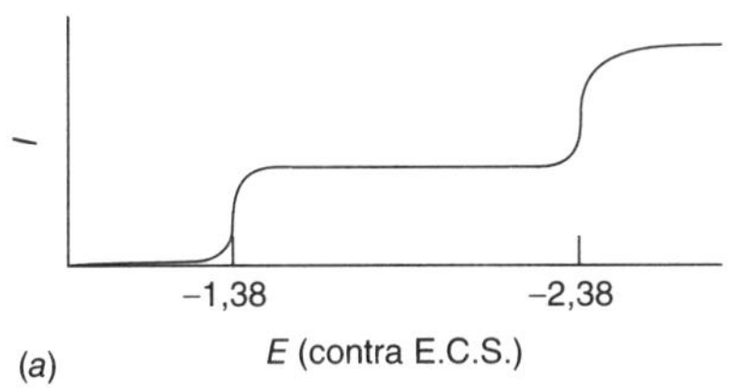

(*a*)

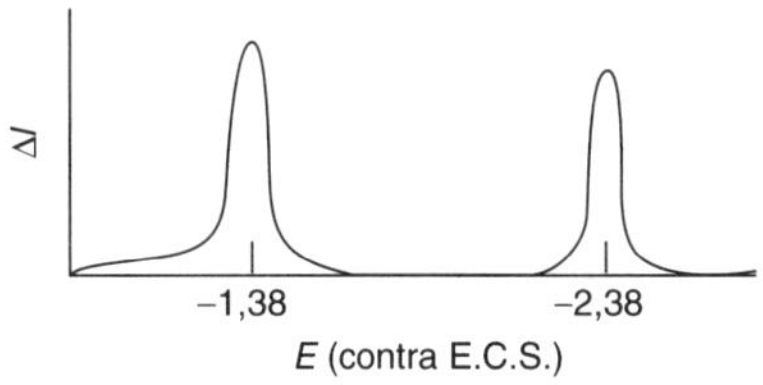

(*b*)

17.H. A carga elétrica necessária para H_2O em 0,847 6 g de polímero é = (63,16 C – 4,23 C) = 58,93 C

$$\frac{58{,}93\ \text{C}}{96\ 485\ \text{C/mol}} = 0{,}610\ 8\ \text{mmol de e}^-$$

correspondente a $\frac{1}{2}$(0,610 8 mmol) = 0,305 4 mmol de I_2 = 0,305 4 mmol de H_2O = 5,502 mg de H_2O

$$\text{Teor de água} = 100\times\frac{5{,}502\ \text{mg de } H_2O}{847{,}6\ \text{mg de polímero}} = 0{,}649\ 1\%\ \text{m/m}$$

Capítulo 18

18.A. (a) $A = -\log P/P_0 = -\log T = -\log(0{,}45) = 0{,}347$

(b) A absorbância é proporcional à concentração, de modo que a absorbância duplicará para 0,694, dando $T = 10^{-A} = 10^{-0{,}694} = 0{,}202 \Rightarrow \%T = 20{,}2\%$.

18.B. (a) $\varepsilon = \dfrac{A}{cb} = \dfrac{0{,}624-0{,}029}{(3{,}96\times10^{-4}\ \text{M})(1{,}000\ \text{cm})} = 1{,}50\times10^3\ \text{M}^{-1}\ \text{cm}^{-1}$

(b) $c = \dfrac{A}{\varepsilon b} = \dfrac{0{,}375-0{,}029}{(1{,}50\times10^3\ \text{M}^{-1}\ \text{cm}^{-1})(1{,}000\ \text{cm})} = 2{,}31\times10^{-4}\ \text{M}$

(c) $c = \underbrace{\left(\dfrac{25{,}00\ \text{mL}}{2{,}00\ \text{mL}}\right)}_{\text{Fator de diluição}}\dfrac{0{,}733-0{,}029}{(1{,}50\times10^3\ \text{M}^{-1}\ \text{cm}^{-1})(1{,}000\ \text{cm})} = 5{,}87\times10^{-3}\ \text{M}$

18.C. (a) 0,500 10^{-3} g de N em 1,00 L = $3{,}570 \times 10^{-5}$ de nitrogênio

Concentração de nitrogênio na solução colorida $= \left(\frac{10\ \text{mL}}{50\ \text{mL}}\right)(3{,}570\times10^{-5}\ \text{M})$ $= 7{,}140\times10^{-6}\ \text{M}$.

$\varepsilon = A/bc = (0{,}306-0{,}028)/[(1{,}000\ \text{cm})(7{,}140\times10^{-6}\ \text{M})]$ $= 3{,}89\times10^4\ \text{M}^{-1}\ \text{cm}^{-1}$.

(b) Calcula-se a absorbância corrigida (absorbância da amostra – absorbância do branco) para cada padrão. Representa-se graficamente a absorbância corrigida contra a concentração de nitrogênio nos padrões.

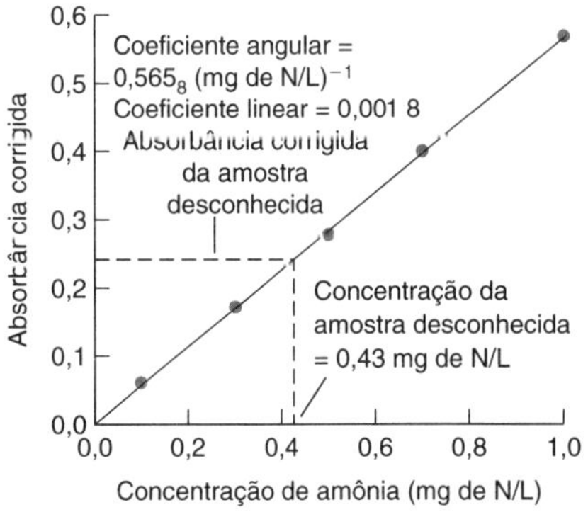

Os dados estão próximos e espalhados aleatoriamente sobre a reta. A interseção passa essencialmente por 0. A curva de calibração é linear.

(c) Absorbância corrigida para a amostra desconhecida = 0,272 – 0,028 = 0,244

Reta de calibração obtida por mínimos quadrados: $y = 0{,}565_8x + 0{,}001_8$. Inserindo a absorbância corrigida da amostra desconhecida, obtém-se

$$x = \frac{(0{,}244-0{,}001_8)}{0{,}565_8\ (\text{mg de N/L})^{-1}} = 0{,}428\ \text{mg de N/L}$$

(d) A solução estoque contém 100,0 mg de N/L de amônia = 0,100 mg de N/mL. Primeiro, fazemos um padrão de 1,00 mg de N/L transferindo 5,00 mL de solução estoque com uma pipeta aferida (volumétrica) de 5 mL Classe A para um balão volumétrico de 500 mL, Em seguida, é feita a diluição até a marca de aferição com água destilada e mistura-se bem. Usando pipetas volumétricas Classe A e balões volumétricos são feitos outros padrões a partir da solução de 1,00 mg de N/L.

Volume de solução de 1,00 mg de N/L	Pipeta Classe A	Volume do balão volumétrico (mL)	[padrão] mg de N/L
10,00 mL	10 mL	100 mL	0,100
15,00 mL	15 mL	50 mL	0,300
25,00 mL	10 mL + 15 mL	50 mL	0,500
35,00 mL	(2 × 10 mL) + 15 mL	50 mL	0,700

18.D. **(a)** Calcula-se a absorbância corrigida do branco para cada padrão. Representa-se graficamente a absorbância corrigida contra a concentração de catinona.

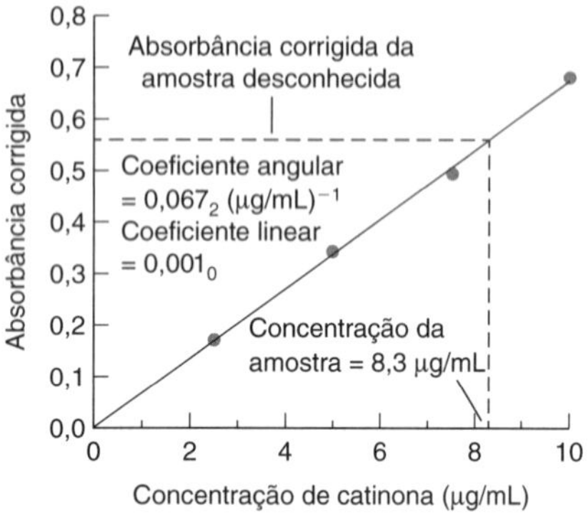

Absorbância corrigida para a amostra desconhecida = 0,59 – 0,03 = 0,56

Reta de calibração obtida por mínimos quadrados: $y = 0{,}067_2x + 0{,}001_0$. (Se o coeficiente linear obtido foi 0,03, você esqueceu de subtrair o branco das absorbâncias.) Rearranjando e inserindo a absorbância corrigida da amostra desconhecida, obtém-se

$$x = \frac{(0{,}56 - 0{,}001_0)}{0{,}067_2\ (\mu g/mL)^{-1}} = 8{,}3_2\ \mu g/mL$$

$$\mu g/g \text{ de folhas} = \frac{(8{,}3_2\ \mu g/mL)(500\ mL)}{1{,}27\ g} \approx 3\,300\ \mu g/g$$

(b) Calcula-se a absorbância corrigida pelo branco para cada solução. Representa-se a absorbância corrigida contra μg de catinona adicionada.

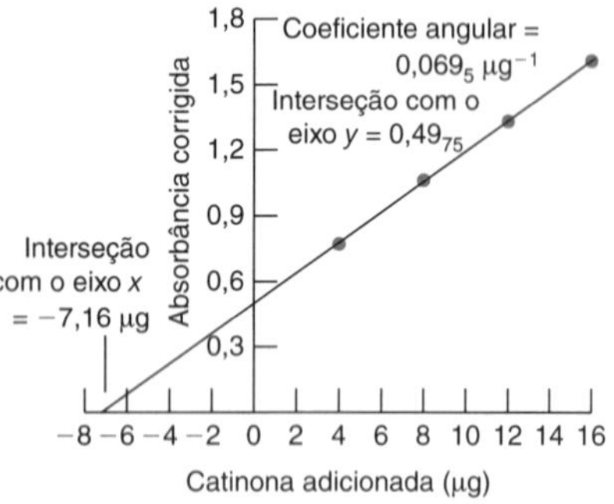

interseção com o eixo x = – (interseção com o eixo y)/coeficiente angular = $-0{,}49_{75}/(0{,}069_5\ \mu g^{-1}) = -7{,}1_6\ \mu g$

$$\mu g/g \text{ de folhas} = \frac{(7{,}1_6\ \mu g/mL)(500\ mL)}{1{,}12\ g} \approx 3\,200\ \mu g/g$$

18.E. A absorbância é corrigida para a diluição multiplicando-se a absorbância observada pelo (volume total/volume inicial). Por exemplo, em 36,0 μL, A(corrigido) = (0,399)[(2 025 + 36)/2 025] = 0,406. Um gráfico de absorbância corrigida contra volume de Pb^{2+} apresenta duas regiões lineares que se interceptam em 46,7 μL. O número de mols de Pb^{2+} nesse volume é = $(46{,}7 \times 10^{-6}\ L)(7{,}515 \times 10^{-4}\ M) = 3{,}510 \times 10^{-8}$ mol. A concentração de alaranjado de semixilenol é = $(3{,}510 \times 10^{-8}\ mol)(2{,}025 \times 10^{-3}\ L) = 1{,}73 \times 10^{-5}$ M.

Capítulo 19

19.A. **(a)** $c = A/\varepsilon b = 0{,}463/[(4\,170\ M^{-1}\ cm^{-1})(1{,}000\ cm)] = 1{,}110 \times 10^{-4}\ M = 8{,}99$ g/L = 8,99 mg de transferrina/mL. A concentração de Fe é $2{,}220 \times 10^{-4}$ M = 0,012 4 g/L = 12,4 μg/mL.

(b) $A_\lambda = \sum \varepsilon bc$

Em 470 nm: 0,424 = 4 170[T] + 2 290[D]

Em 428 nm: 0,401 = 3 450[T] + 2 730[D]

em que [T] e [D] são as concentrações de transferrina e desferrioxamina, respectivamente. Resolvendo para [T] e [D], tem-se [T] = $7{,}30 \times 10^{-5}$ M e [D] = $5{,}22 \times 10^{-5}$ M. A fração de ferro na transferrina (que se liga a dois íons férricos) é 2[T]/(2[T] + [D]) = 73,7%. A fração de desferrioxamina é 26,3%.

A planilha com a solução é semelhante a esta:

	A	B	C	D	E	F	G
1	Mistura de transferrina/desferrioxamina						
2				Absorbância			
3	Comprimento	Coeficiente da		da amostra		Concentrações	
4	de onda (nm)	matriz (εb)		desconhecida		na mistura	
5	428	3540	2730	0,401		7,2992E-05	← [T]
6	470	4170	2290	0,424		5,2238E-05	← [D]
7		K		A		C	
8	1. Destaque as células F5:F6						
9	2. Digite "=MMULT(MINVERSE(B5:C6,D5:D6)"						
10	3. Pressione CTRL + SHIFT + ENTER no PC ou CTRL + SHIFT + RETURN no Mac						

Planilha para o Exercício 19.A.

19.B.

	A	B	C	D	E	F	G
1	Mistura de medicamentos para resfriado						
2					Absorbância		
3	Comprimento	Absortividade molar (M^{-1} cm^{-1})			medida da	Absorbância	
4	de onda(nm)	Guaifenesina	Teofilina	Ambroxol	mistura	calculada	$(A_{calc}-A_m)^2$
5	225	7929	5375	8913	0,546	0,5459	9,89E-09
6	248	297	3183	12510	0,294	0,2943	1,11E-07
7	260	1024	7026	4629	0,332	0,3311	8,5E-07
8	271	2412	9369	1589	0,407	0,4073	8,95E-08
9	280	2081	7177	1175	0,318	0,3184	1,93E-07
10	Caminho					SOMA(G5:G9) =	1,25E-06
11	óptico =	1.000	cm				
12	F5 = (B5*$B$11*$F$12)+(C5*$B$11				[Guaifenesina] =	3,02E-05	M
13	*$F$13)+(D5*$B$11*$F$14)				[Teofilina] =	3,33E-05	M
14	G5 = (F5-E5)^2				[Ambroxol] =	1,43E-05	M

19.C.

	A	B	C	D	E	F	G	H	I	J
1	Determinação de K para a ligação do alaranjado de metila com a albumina do sangue bovino (P)									
2										
3		Parâmetros a serem encontrados por meio do Solver:								
4		K =	5,59E+04			estimativa inicial =		2,7E+04		
5		Δε =	7,58E+03	$M^{-1}cm^{-1}$		estimativa inicial =		1,0E+04	$M^{-1}cm^{-1}$	
6					[PX] (M)					$[PX]/X_o$
7	Adição de	X_o	P_o	ΔA_{obs}	Eq. 19.22 usando	[X] =	[P] =	ΔA_{calc}		fração de X
8	proteína	(M)	(M)	em 490 nm	sinal negativo	X_o – [PX]	P_o – [PX]	= Δε[PX]	$(A_{obs} - A_{calc})^2$	que reagiu
9	1	5,7E-06	8,00E-06	0,0118	1,517E-06	4,183E-06	6,483E-06	0,0115	8,7864E-08	0,266
10	2	5,7E-06	1,14E-05	0,0148	1,969E-06	3,731E-06	9,431E-06	0,0149	1,6442E-08	0,345
11	3	5,7E-06	1,63E-05	0,0187	2,485E-06	3,215E-06	1,381E-05	0,0188	2,0176E-08	0,436
12	4	5,7E-06	3,28E-05	0,0268	3,539E-06	2,161E-06	2,926E-05	0,0268	9,3629E-10	0,621
13	5	5,7E-06	4,04E-05	0,0291	3,829E-06	1,871E-06	3,657E-05	0,0290	4,7689E-09	0,672
14	E9 = (($C$4*(C9+B9)+1)–RAIZ(($C$4*(C9+B9)+1)^2–4*$C$4^2*B9*C9))/(2*$C$4)							soma =	1,3019E-07	
15	F9 = B9 – E9			H9 = $C$5*E9			J9 = E9/B9			
16	G9 = C9 – E9			I9 = (D9 – H9)^2			I14 = SOMA(I9:I13)			

Planilha para o Exercício 19.C.

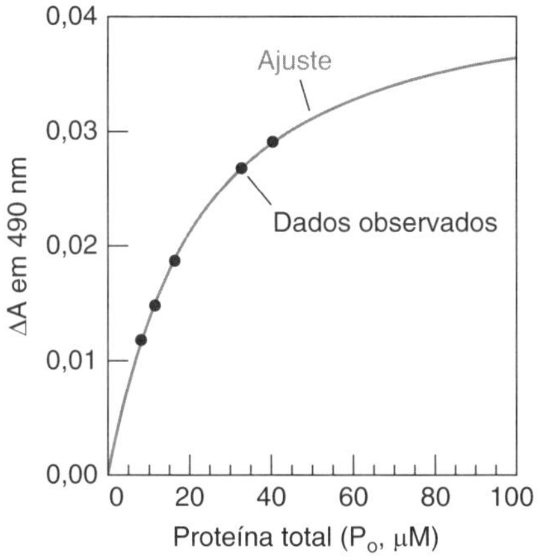

19.D. (a) $C_1V_1 = C_2V_2 \Rightarrow V_{\text{adicionado}} = \left(\frac{C_{\text{final}}V_{\text{final}}}{C_{\text{adicionado}}}\right)$

Para preparar carnosina 1,0 μM adicionada, $V_{\text{adicionado}} = \left(\frac{1{,}0\ \mu M \times 100\ \mu L}{100\ \mu M}\right) = 1{,}0\ \mu L$.

As quatro soluções são preparadas pela adição de 0, 1,0 μL, 2,5 μL e 5,0 μL.

(b)

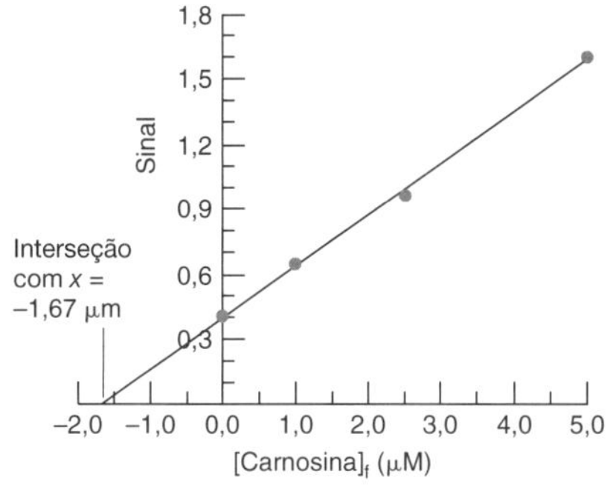

[Carnosina] em 100 μL de solução final = 1,67 μM

$$[\text{Carnosina}] \text{ no lisado celular} = \left(\frac{\text{volume total de } 100\ \mu L}{20\ \mu L \text{ de carnosina}}\right) 1{,}67\ \mu M = 8{,}4\ \mu M$$

19.E. **(a)**

	A	B	C	D
1	Supressão da fluorescência de pontos quânticos de			
2	carbono pelo Fe^{3+}		Intensidade	
3			corrigida pelo	
4	$[Fe^{3+}]$	Intensidade	branco	I_0/I_Q
5	Ruído de fundo	11	0	
6	0,0	2687	2676	1,0000
7	10,0	2600	2589	1,0336
8	20,0	2506	2495	1,0725
9	30,0	2344	2333	1,1470
10	40,0	2255	2244	1,1925
11	50,0	2199	2188	1,2230
12	concentração	2477	2466	1,0852
13	desconhecida		C6=B6–$B$5	D6=$C$6/C6

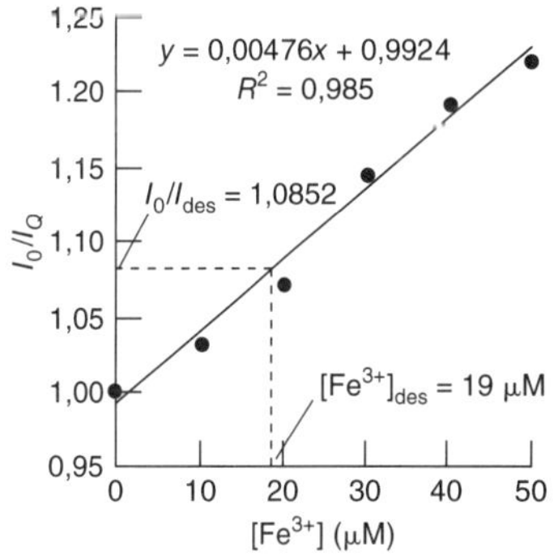

R^2 é < 0,995, mas o coeficiente de correlação não deve ser usado sozinho para avaliar a linearidade. A inspeção do gráfico mostra que os dados estão espalhados aleatoriamente sobre a reta e a interseção está próxima do valor teórico de 1,00 para o gráfico de Stern-Volmer. A calibração é linear.

(b) $I_0/I_Q = 1{,}085\,2 = 0{,}047_6x + 0{,}99_{24} \Rightarrow x = (1{,}085\,2 - 0{,}992\,4)/0{,}047\,6 = 19{,}_{496}\ \mu M = 19\ \mu M$

Capítulo 20

20.A. (a) Para $\lambda = 10{,}00\ \mu m$ e $\Delta\lambda = 0{,}01\ \mu m$, $\lambda/\Delta\lambda = 10{,}00/0{,}01 = 10^3$. A resolução é 10^4, de modo que essas linhas estarão resolvidas.

(b) $\lambda = \dfrac{1}{\tilde{\nu}} = \dfrac{1}{(1\,000\ cm^{-1})(10^{-4}\ cm/\mu m)} = 10\ \mu m$

$\Delta\lambda = \dfrac{\lambda}{10^4} = 10^{-3}\ \mu m$

$\Rightarrow$ 10,001 μm podia ser resolvida a partir de 10,000 μm

$$\left.\begin{array}{l}10{,}000\ \mu m = 1000{,}0\ cm^{-1}\\ 10{,}001\ \mu m = 999{,}9\ cm^{-1}\end{array}\right\}\ \text{Diferença} = 0{,}1\ cm^{-1}$$

(c) $5{,}0\ cm \times 2\,500\ \text{linhas/cm} = 12\,500\ \text{linhas}$

$\text{Resolução} = nN = 1 \cdot 12\,500 = 12\,500 \text{ para } n = 1$

$\text{Resolução} = nN = 10 \cdot 12\,500 = 125\,000 \text{ para } n = 10$

(d) $\dfrac{\Delta\phi}{\Delta\lambda} = \dfrac{n}{d\cos\phi} = \dfrac{2}{\left(\dfrac{1\ cm}{2\,500}\right)\cos 30°}$

$= 5\,770\ \dfrac{\text{radianos}}{cm} = 0{,}577\ \dfrac{\text{radianos}}{\mu m}$

$\text{Conversão de radianos para graus} = \dfrac{\text{radianos}}{\pi} \times 180$

$\Rightarrow \dfrac{\Delta\phi}{\Delta\lambda} = 33{,}1\ \text{graus}/\mu m$

Os dois comprimentos de onda são $1\,000\ cm^{-1} = 10{,}00\ \mu m$ e $1\,001\ cm^{-1} = 9{,}99\ \mu m \Rightarrow \Delta\lambda = 0{,}01\ \mu m$

$\Delta\phi = 0{,}577\ \dfrac{\text{radianos}}{\mu m} \times 0{,}01\ \mu m$

$= 6 \times 10^{-3}\ \text{radiano} = 0{,}3°$

20.B. Transmitância verdadeira $= 10^{-1{,}000} = 0{,}100$. Com 1,0% de luz pedida, a transmitância aparente é

$\text{Transmitância aparente} = \dfrac{P + S}{P_0 + S} = \dfrac{0{,}100 + 0{,}010}{1 + 0{,}010} = 0{,}109$

A absorbância aparente é $-\log T = -\log 0{,}109 = 0{,}963$.
Concentração aparente = 96,3% da concentração verdadeira $\Rightarrow$ erro = −3,7%

20.C. (a) $\Delta\tilde{\nu} = 1/2\delta = 1/(2 \cdot 1{,}266\,0 \times 10^{-4}\ cm) = 3\,949\ cm^{-1}$

(b) Cada intervalo é de $1{,}266\,0 \times 10^{-4}$ cm. 4 096 intervalos = $(4\,096)(1{,}266\,0 \times 10^{-4}\ cm) = 0{,}518\,6$ cm. Esta é uma faixa de $\pm\Delta$, de modo que $\Delta = 0{,}259\,3$ cm.

(c) Resolução $\approx 1/\Delta = 1/(0{,}259\,3\ cm) = 3{,}86\ cm^{-1}$

(d) Velocidade do espelho = 0,693 cm/s

$\text{Intervalo} = \dfrac{1{,}266\,0 \times 10^{-4}\ cm}{0{,}693\ cm/s} = 183\ \mu s$

(e) (4 096 pontos)(183 μs/ponto) = 0,748 s

(f) O divisor de feixes é de germânio sobre KBr. O KBr absorve a luz abaixo de 400 cm^{-1}, cuja transformação do *background* mostra claramente.

20.D. Os gráficos mostram que a razão sinal/ruído é proporcional a $\sqrt{n}$. O intervalo de confiança é $\pm ts/\sqrt{n}$, em que s é o desvio-padrão, n é o número de experimentos e t é o t de Student da Tabela 4.4 para a confiança de 95% e $n - 1$ graus de liberdade. Para a primeira linha da tabela, $n = 8$, $s = 1{,}9$ e $t = 2{,}365$ para 7 graus de liberdade. Intervalo de confiança de 95% = $\pm(2{,}365)(1{,}9)/\sqrt{8} = \pm 1{,}6$. Para as linhas restantes, intervalo de confiança de 95% = 3,9, 5,1, 5,9, 9,0, 11,2, 14,0, 24,0, 23,9 e 27,2.

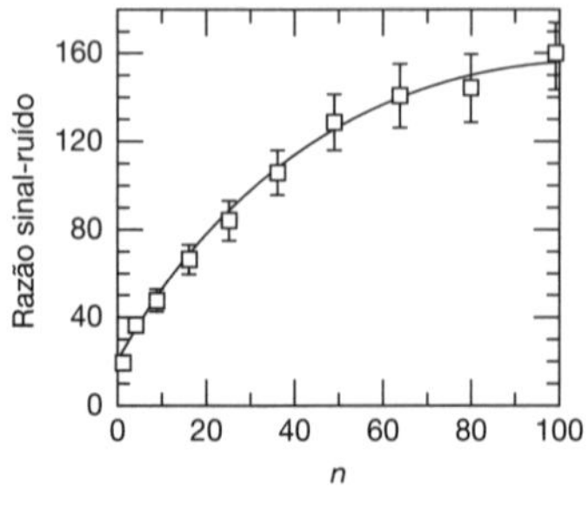

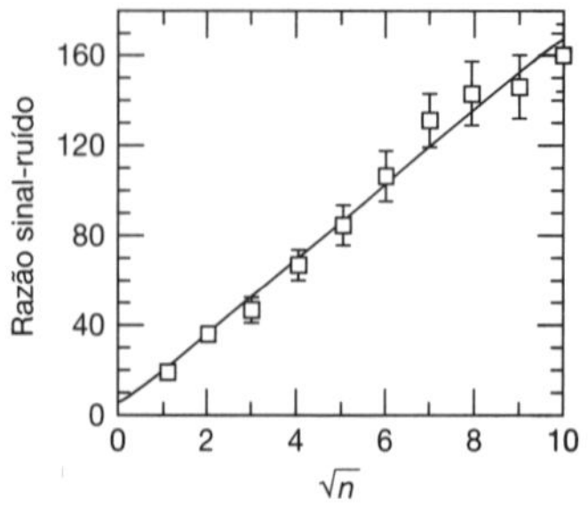

Capítulo 21

21.A. (a) A linha de tendência do mínimos quadrados passa por todos os dados e os resíduos aparecem com comportamento aleatório. A interseção com o eixo y é maior que 0, mas < 2% do padrão de concentração mais alto e dentro da incerteza-padrão (u_b) de 0. $R^2 > 0{,}999$. Todas as características sugerem que a calibração é linear.

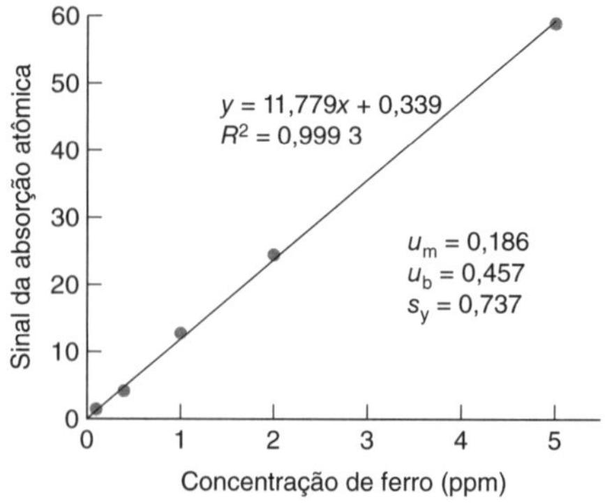

(b) Os padrões de controle de qualidade são executados periodicamente para verificar se o método está produzindo resultados exatos. O padrão de controle de qualidade está dentro da faixa linear definida pelos padrões. Reorganizando a equação de calibração $y = 11{,}779x + 0{,}339$ resulta

$$[Fe^{3+}] = \frac{\text{absorbância} - b}{m} = \frac{11{,}87 - 0{,}339}{11{,}779} = 0{,}979 \text{ ppm}$$

A incerteza-padrão de x é $u_x = \dfrac{s_y}{|m|}\sqrt{\dfrac{1}{k} + \dfrac{1}{n} + \dfrac{(y - \bar{y})^2}{m^2\sum(x_i - \bar{x})^2}}$

$$u_x = \frac{0{,}737}{|11{,}779|}\sqrt{\frac{1}{1} + \frac{1}{5} + \frac{(8{,}494)^2}{(11{,}779)^2(15{,}720)}} = 0{,}070$$

O valor medido de 0,979 ± 0,070 ppm concorda com a concentração conhecida de 1,00 ppm, indicando que o método é adequado para o propósito.

	A	B	C	D
1	Calibração para a absorção atômica de Fe			
2		x = [Fe]	y = sinal da absorção atômica	
3		(ppm)		
4		0,10	1,45	
5		0,40	4,17	
6		1,00	12,80	
7		2,00	24,45	
8		5,00	58,95	
9	B10:C12 = PROJ.LIN(C4:C8,B4:B8,VERDADEIRO,VERDADEIRO)			
10	m	11,779	0,339	b
11	u_m	0,186	0,457	u_b
12	R^2	0,9993	0,737	s_y
13	n =	5	B13 = CONT.NUM(C4:C8)	
14	y medido =	11,87	<= Valor a partir do problema	
15	k =	1	<= número de medidas	
16	x previsto =	0,979	B16 = (B14–C10)/B10	
17	y médio =	20,364	B17 = MÉDIA(C4:C8)	
18	(y – y médio) =	8,494	B18 = ABS(B14–B17)	
19	Σ(x – x médio)^2 =	15,720	B19 = DESVQ(B4:B8)	
20	Incerteza-padrão			
21	do x previsto =	0,070	B21 = C12/ABS(B10)	
22	*RAIZ(1/B15 + 1/B13 + B18^2/(B10^2*B19))			

(c) Duplicata: $u_x = \dfrac{0{,}737}{|11{,}779|}\sqrt{\dfrac{1}{2} + \dfrac{1}{5} + \dfrac{(8{,}494)^2}{(11{,}779)^2(15{,}720)}} = 0{,}054$

$n = 4$: $u_x = 0{,}044$ $\quad$ $n = 10$: $u_x = 0{,}036$

As medições repetidas da amostra reduzem a incerteza, até que as incertezas da calibração limitem uma melhoria adicional.

(d) O branco de método mostra se os reagentes ou o ambiente do laboratório adicionam ferro ao sinal observado para os minérios.

(e) $F_{calculado} = (1{,}5/0{,}9)^2 = 2{,}78 < F_{tabelado} = 5{,}82$ (7 – 1 = 6 graus de liberdade no numerador e 7 – 1 = 6 graus de liberdade no denominador)

Como $F_{calculado} < F_{tabelado}$, podemos usar as seguintes equações:

$$s_{agrupado} = \sqrt{\frac{1{,}5^2(6) + 0{,}9^2(6)}{7+7-2}} = 1{,}2_4$$

$$t = \frac{|24{,}1 - 21{,}5|}{1{,}2_4}\sqrt{\frac{7\cdot 7}{7+7}} = 3{,}9_2 > 2{,}1_9$$ (interpolado a partir de 10 e 15 graus de liberdade para o limite de confiança de 95%). Os resultados são estatisticamente diferentes.

21.B. Um gráfico de intensidade contra concentração de padrão adicionado intercepta o eixo x em –0,164 ± 0,005 μg/mL. Como a amostra foi diluída por um fator de 10, a concentração da amostra original é 1,64 ± 0,05 μg/mL.

	A	B	C	D
1	Mínimos Quadrados da Adição-padrão a Volume Constante			
2	x = Li adicionado	y		
3	(μg/mL)	Sinal		
4	0,000	309		
5	0,081	452		
6	0,162	600		
7	0,243	765		
8	0,324	906		
9	B11:C13 =PROJ.LIN(B4:B8,A4:A8,VERDADEIRO,VERDADEIRO)			
10		saída PROJ.LIN:		
11	m	1860,5	305,0	b
12	u_m	26,3	5,2	u_b
13	R^2	0,9994	6,7	s_y
14	interseção com x = –b/m =	–0,164		
15	n =	5	= CONT.NUM(A4:A8)	
16	y médio =	606,400	= MÉDIA(B4:B8)	
17	$\Sigma(x_i$ – x médio$)^2$ =	0,06561	= DESVQ (A4:A8)	
18	Incerteza-padrão na			
19	interseção com x (u_x) =	0,0049		
20	B19=(C13/ABS(B11))*RAIZ((1/B15) + B16^2/(B11^2*B17))			

21.C. A concentração de Mn na mistura desconhecida é (13,5 μg/mL) (1,00/6,00) = 2,25 μg/mL.

Mistura-padrão:

$$\frac{A_X}{[X]_f} - F\left(\frac{A_S}{[S]_f}\right)$$

$$\frac{1{,}05}{[2{,}50\ \mu g/mL]} = F\left(\frac{1{,}00}{[2{,}00\ \mu g/mL]}\right) \Rightarrow F = 0{,}840$$

Mistura desconhecida:

$$\frac{A_X}{[X]_f} = F\left(\frac{A_S}{[S]_f}\right)$$

$$\frac{0{,}185}{[Fe]} = 0{,}840\left(\frac{0{,}128}{[2{,}25\ \mu g/mL]}\right) \Rightarrow [Fe] = 3{,}87\ \mu g/mL$$

A concentração inicial de Fe necessária tem de ser

$$\frac{6{,}00}{5{,}00}(3{,}87\ \mu g/mL) = 4{,}65\ \mu g/mL = 8{,}33\times10^{-5}\ M$$

21.D. (a) Estimamos que a altura do sinal do Fe é 21,2 unidades verticais. O ruído da raiz do valor quadrático médio é dado como s = 0,30 unidade vertical. Uma altura de $3s$ é igual a 0,90. A concentração de Fe que produziria uma altura de sinal igual a 0,90 unidade é

$$\left(\frac{0{,}90}{21{,}2}\right)(0{,}048\,5\ \mu g/mL) = 0{,}002\,1\ \mu g/mL\ (= 2{,}1\ ppb)$$

(b) Desvio-padrão de 7 padrões = $0{,}22_{48}$ ng/L ≡ s/m

Limite de detecção = $3s/m$ = 0,67 ng/L

Limite de quantificação = $10s/m$ = 2,2 ng/L

21.E. (a) O resultado maior no experimento 2 com relação ao do experimento 1 é provavelmente o efeito da diluição das espécies interferentes, de modo que elas não interferem tanto no experimento 2 como no experimento 1. A diluição abaixa a concentração da espécie que podia reagir com o Li ou produz fumaça que espalha a luz. No experimento 3, a interferência está presente na mesma extensão que no experimento 2, mas o procedimento de adição de padrões corrige a interferência. O ponto global da adição de padrões é medir o efeito da matriz complexa que interfere na resposta de quantidades conhecidas de analito.

(b) Os experimentos 4 a 6 usam uma chama mais quente do que os experimentos de 1 a 3. A temperatura maior parece eliminar a maioria da interferência observada em temperatura menor. A diluição tem um efeito muito pequeno sobre os resultados.

(c) Como parece, a partir dos experimentos 1 a 3, que a adição de padrões fornece um resultado verdadeiro, imaginamos que os experimentos 3 e 6, e possivelmente o 5, estão dentro do erro experimental um do outro. Eu provavelmente informaria o valor "verdadeiro" como a média dos experimentos 3 e 6 (81,4 ppm). Também poderia ser razoável tomar uma média dos experimentos 3, 5 e 6 (80,8 ppm).

21.F. Possíveis correspondências

Energia (keV)	Interpretação e comentários
2,32	K_α de S
	K_β em 2,46 keV é um ombro no lado direito do pico de K_α
	Observe a assimetria do pico no lado direito
2,97	K_α de Ar (K_β em 3,19 keV é uma ondulação da linha de base)
3,32	K_α de K (K_β em 3,59 keV é uma ondulação sob o pico a 3,69 keV)
3,69	K_α de Ca
4,03	K_β de Ca
4,64	Pico de fuga do pico forte K_α de Fe em 6,40 keV
	Silício no detector absorve a energia K_α do Si (1,74 keV)
	K_α de Fe – K_α de Si = 6,40 – 1,74 = 4,66 keV
5,90	K_α de Mn (K_β em 6,49 keV está sob o pico em 6,41 keV)
6,41	K_α de Fe
7,06	K_β de Fe
8,05	K_α de Cu (K_β em 8,90 keV é uma cauda no pico em 8,60)
8,63	K_α de Zn
9,20	?
9,58	K_β de Zn

Capítulo 22

22.A. **(a)** $$\text{Poder de resolução} = \frac{(m/z)}{(m/z)_{1/2}} = \frac{53}{0{,}6_0} \approx 88$$

(b) Dois picos que diferem por $\Delta(m/z) = 1$ em um $m/z = 53$ têm alguma sobreposição. Se o poder de resolução fosse constante, haveria mais sobreposição entre dois picos em m/z 100 e 101. Se o instrumento operasse em resolução unitária, haveria a mesma separação entre os picos em 100 e 101 como em 53 e 54.

22.B. $C_2H_5^{+\bullet}$

$$\begin{array}{rr} & 2\times 12{,}000\,00 \\ & +5\times\ 1{,}007\,825 \\ \text{massa do } e^- & -1\times\ 0{,}000\,55 \\ \hline & 29{,}038\,58 \end{array}$$

$HCO^{+\bullet}$

$$\begin{array}{rr} & 1\times 12{,}000\,00 \\ & +1\times\ 1{,}007\,825 \\ & +1\times 15{,}994\,91 \\ \text{massa do } e^- & -1\times\ 0{,}000\,55 \\ \hline & 29{,}002\,18 \end{array}$$

Necessitamos distinguir uma diferença de massa de 29,038 58 – 29,002 18 = 0,036 40. O poder de resolução exigido é $(m/z)/\Delta(m/z)$ = 29,0/(0,036 40) = 800

22.C. Abundância do $^{35}Cl \equiv a = 0{,}757\ 8$

Abundância do $^{37}Cl \equiv b = 0{,}242\ 2$

Abundância relativa do $C_6H_4{}^{35}Cl_2 = a^2 = 0{,}574\ 2_6$

Abundância relativa do $C_6H_4{}^{35}Cl^{37}Cl = 2ab = 0{,}367\ 0_8$

Abundância relativa do $C_6H_4{}^{37}Cl_2 = b^2 = 0{,}058\ 66_1$

Abundâncias relativas: $^{35}Cl_2$: $^{35}Cl^{37}Cl$: $^{37}Cl_2$ = 1: 0,639 2: 0,102 2

A Figura 22.12 mostra o diagrama de barras.

22.D. (a) $C_{14}H_{12}$

Anéis + ligações duplas = $c - h/2 + n/2 + 1 = 14 - 12/2 + 0/2 + 1 = 9$

Uma molécula com dois anéis + sete ligações duplas é o *trans*-estilbeno:

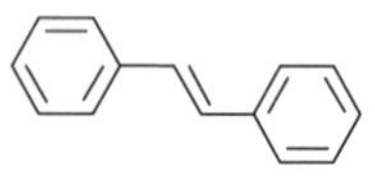

(b) $C_4H_{10}NO^+$

$$R + DB = c - h/2 + n/2 + 1 = 4 - 10/2 + 1/2 + 1 = \frac{1}{2} \quad \text{Hã?}$$

Consideramos uma fração porque a espécie é um íon em que pelo menos um átomo não faz seu número habitual de ligações. Na estrutura a seguir, N faz 4 ligações em vez de 3:

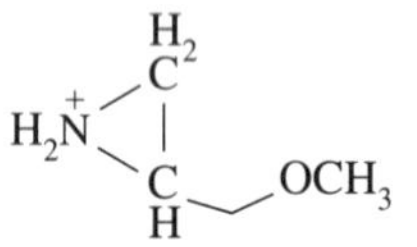

Um fragmento em um espectro de massa

22.E. (a) A principal diferença entre os dois espectros é o aparecimento de um pico significativo com m/z = 72 em A que não é visto em B. Este pico representa a perda de uma molécula neutra com uma massa par de 28 Da a partir do íon molecular. O rearranjo de McLafferty pode separar o C_2H_4 a partir da 3-metil-2-pentanona, mas não a partir da 3,3-dimetil-2-butanona, em que falta um grupo γ–CH.

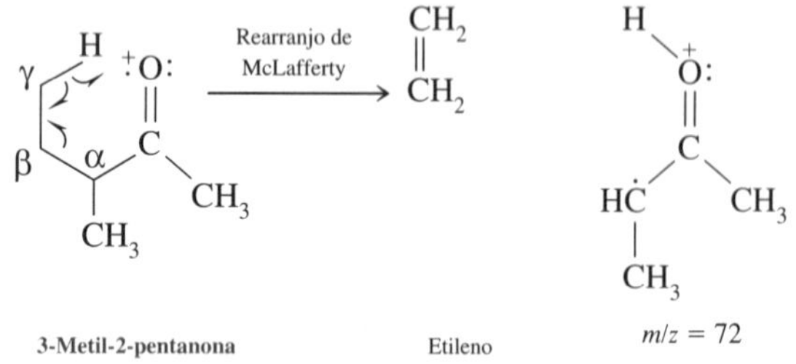

O espectro A tem de ser proveniente da 3-metil-2-pentanona, e o espectro B é proveniente da 3,3-dimetil-2-butanona.

(b) Intensidade esperada de M + 1 com relação ao $M^{+\bullet}$ para o $C_6H_{12}O$:

$$\text{Intensidade} = \underbrace{6 \times 1{,}08\%}_{^{13}C} + \underbrace{12 \times 0{,}012\%}_{^{2}H} + \underbrace{1 \times 0{,}038\%}_{^{17}O} = 6{,}7\% \text{ de } M^{+\bullet}$$

22.F. (a) 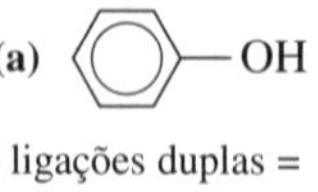 C_6H_6O $M^{+\bullet} = 94$

Anéis + ligações duplas = $c - h/2 + n/2 + 1 = 6 - 6/2 + 0/2 + 1 = 4$

Intensidade esperada de M + 1 a partir da Tabela 22.2:

$$\underset{\text{Carbono}}{1{,}08(6)} + \underset{\text{Hidrogênio}}{0{,}012(6)} + \underset{\text{Oxigênio}}{0{,}038(1)} = 6{,}59\%$$

Intensidade observada de M + 1 = 68/999 = 6,8%

Intensidade esperada de M + 2 = (0,005 8)(6)(5) + 0,205(1) = 0,38%

Intensidade observada de M + 2 = 0,3%

(b) 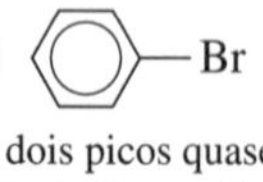 C_6H_5Br $M^{+\bullet} = 156$

Os dois picos quase iguais em m/z = 156 e m/z = 158 sinalizam fortemente a saída de "bromo"!

$$\text{Anéis + ligações duplas} = c - \underset{h \text{ inclui H + Br}}{\underset{\uparrow}{h}}/2 + n/2 + 1 = 6 - 6/2 + 0/2 + 1 = 4$$

$$\text{Intensidade esperada de } M+1 = \underset{\text{Carbono}}{1{,}08(6)} + \underset{\text{Hidrogênio}}{0{,}012(5)} = 6{,}54\%$$

Intensidade observada de M + 1 = 46/566 8,1%

$$\text{Intensidade esperada de } M+2 = \underset{\text{Carbono}}{(0{,}005\,8)(6)(5)} + \underset{\text{Bromo}}{97{,}3(1)} = 97{,}5\%$$

Intensidade esperada de M + 2 = 520/566 91,9%

O pico M + 3 é o par isotópico do pico M + 2 ($C_6H_5{}^{81}Br$). O M + 3 contém ^{81}Br mais 1 ^{13}C ou 1 ^{2}H. Portanto, a intensidade esperada de M + 3 (relativa a $C_6H_5{}^{81}Br$ em M + 2) é 1,08(6) + 0,012(5) = 6,54% da intensidade prevista do $C_6H_5{}^{81}Br$ em M + 2 = (0,0654)(97,3) = 6,4% de $M^{+\bullet}$. A intensidade observada de M + 3 é 35/566 = 6,2%.

(c) 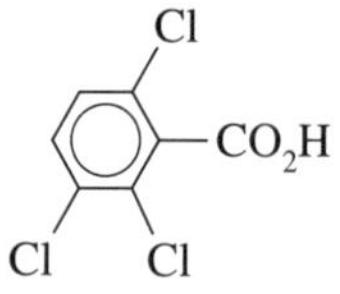 $C_7H_3O_2Cl_3$ $M^{+\bullet} = 224$

A partir da Figura 22.12, o padrão M : M+2 : M+4 parece semelhante a uma molécula contendo 3 átomos de cloro. A estrutura correta é mostrada aqui, mas não há nenhuma maneira que você pudesse atribuir a composição a um isômero a partir dos dados que foram fornecidos.

Anéis + ligações duplas = $c - h/2 + n/2 + 1 = 7 - 6/2 + 0/2 + 1 = 5$

Intensidade esperada de M + 1 a partir da Tabela 22.2:

$$\underset{\text{Carbono}}{1{,}08(7)} + \underset{\text{Hidrogênio}}{0{,}012(3)} + \underset{\text{Oxigênio}}{0{,}038(2)} = 7{,}67\%$$

Intensidade observada de M + 1 = 63/791 = 8,0%

Intensidade esperada de M + 2 = (0,005 8)(7)(6) + 0,205(2) + 32,0(3) = 96,7%

Intensidade observada de M + 2 = 754/791 = 95,4%

O pico M + 3 é o par isotópico do $C_7H_3O_2{}^{35}Cl_2{}^{37}Cl$ em M + 2. M + 3 contém um ^{37}Cl mais 1 ^{13}C ou 1 ^{2}H ou 1 ^{17}O. A intensidade esperada de M + 3 (relativa a $C_7H_3O_2{}^{35}Cl_2{}^{37}Cl$ em M + 2) = 1,08(7) + 0,012(3) + 0,038(2) = 7,67% da intensidade prevista do $C_7H_3O_2{}^{35}Cl_2{}^{37}Cl$ em M + 2. A intensidade prevista de $C_7H_3O_2{}^{35}Cl_2{}^{37}Cl$ é 32,0(3) = 96,0% de $M^{+\bullet}$.

A intensidade esperada de M + 3 = 7,67% de 96,0% = 7,4% de $M^{+\bullet}$. Intensidade observada = 60/791 = 7,6%.

M + 4 é constituído principalmente de $C_7H_3O_2{}^{35}Cl^{37}Cl_2$ mais uma pequena quantidade de $C_7H_3{}^{16}O^{18}O^{35}Cl_2{}^{37}Cl$. Outras fórmulas, como $^{12}C_6{}^{13}CH_3{}^{16}O^{17}O^{35}Cl_2{}^{37}Cl$, também somam ao M + 4, mas elas são menos prováveis de ocorrer, pois elas têm 2 isótopos menos abundantes (^{13}C e ^{17}O). A intensidade esperada de M + 4 a partir de $C_7H_3O_2{}^{35}Cl^{37}Cl_2$ é 5,11(3)(2) = 30,7% de $M^{+\bullet}$. A contribuição de $C_7H_3{}^{16}O^{18}O^{35}Cl_2{}^{37}Cl$ é baseada na intensidade prevista de $C_7H_3O_2{}^{35}Cl_2{}^{37}Cl$ em M + 2. A intensidade prevista de $C_7H_3O_2{}^{35}Cl_2{}^{37}Cl$ é 32,0(3) = 96,0% de $M^{+\bullet}$. A intensidade prevista de $C_7H_3{}^{16}O^{18}O^{35}Cl_3{}^{37}Cl$ em M + 4 é 0,205(2) = 0,410% de 96,0% = 0,4%. A intensidade total esperada de M + 4 é 30,7% + 0,4% = 31,1% de $M^{+\bullet}$.

Intensidade observada = 264/791 = 33,4%.

A intensidade esperada de M + 5 a partir de $^{12}C_6{}^{13}CH_3O_2{}^{35}Cl^{37}Cl_2$ e $^{12}C_7H_2{}^{2}HO_2{}^{35}Cl^{37}Cl_2$ e $C_7H_3{}^{16}O^{17}O^{35}Cl^{37}Cl_2$ é baseada na intensidade prevista de $C_7H_3O_2{}^{35}Cl^{37}Cl_2$ em M + 4. M + 5 deve ter 1,08(7) + 0,012(3) + 0,038(2) = 7,7% de $C_7H_3O_2{}^{35}Cl^{37}Cl_2$ em M + 4 = 7,7% de 30,7% = 2,4%.

Intensidade observada = 19/791 = 2,4%

A intensidade esperada de M + 6 a partir de $C_7H_3O_2{}^{37}Cl_3$ é 0,544(3)(2)(1) = 3,26% de $M^{+\bullet}$. Haverá também uma pequena contribuição de $C_7H_3{}^{16}O^{18}O^{35}Cl^{37}Cl_2$, que será 0,205(2) = 0,410% da intensidade prevista de $C_7H_3{}^{16}O^{35}Cl^{37}Cl_2$ = 0,410% de 30,7% de $M^{+\bullet}$ = 0,13% de $M^{+\bullet}$. A intensidade total esperada em M + 6 é, portanto, 3,26 + 0,13 = 3,4% de $M^{+\bullet}$.

Intensidade observada = 29/791 = 3,7%

(d) 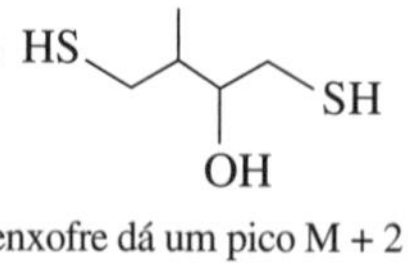 $C_4H_{10}O_2S_2$ $M^{+\bullet} = 154$

O enxofre dá um pico M + 2 significativo (4,52% de M por enxofre). O M + 2 observado é 12/122 = 9,8%, que pode representar 2 átomos de enxofre.

A espécie $C_4H_{10}O_2S_2$ tem 2 átomos de enxofre e tem uma massa molar de 154. A estrutura conhecida é mostrada aqui, mas você não podia deduzir a estrutura a partir da composição.

$$\text{Anéis + ligações duplas} = c - h/2 + n/2 + 1$$
$$= 4 - 10/2 + 0/2 + 1 = 0$$

Intensidade esperada de M + 1:

$$\underset{\text{Carbono}}{1,08(4)} + \underset{\text{Hidrogênio}}{0,012(10)} + \underset{\text{Oxigênio}}{0,038(2)} + \underset{\text{Enxofre}}{0,801(2)} = 6,12\%$$

Intensidade observada de M + 1 = 9/122 = 7,4%

Intensidade esperada de M + 2 = (0,005 8)(4)(3) + 0,205(2) + 4,52(2) = 9,52%

Intensidade observada de M + 2 = 12/122 = 9,8%

22.G. **(a)** Massa exata = 25 × 12 + 30 × 1,007 825 + 3 × 14,003 07 – 0,000 549 = 372,243 41

$$\frac{\text{Intensidade em X+1}}{\text{Intensidade do íon precursor M}^+} = \underbrace{25\times1,08\%}_{^{13}\text{C}} + \underbrace{30\times0,012\%}_{^{2}\text{H}} + \underbrace{3\times0,369\%}_{^{15}\text{N}} = 28,47\%$$

(b) Massa de $^{13}C^{12}C_{24}{}^{1}H_{30}{}^{14}N_3^+ = 1\times13,003\,35 + 24\times12 + 30\times1,007\,825 + 3\times14,003\,07 - 0,000\,549 = 373,246\,76$

$^{12}C_{25}{}^{2}H^{1}H_{29}{}^{14}N_3^+ = 373,249\,69$; $^{12}C_{25}{}^{1}H_{30}{}^{15}N^{14}N_2^+ = 373,240\,45$

$$\frac{\text{Intensidade em } ^{13}C^{12}C_{24}{}^{1}H_{30}{}^{14}N_3^+}{\text{Intensidade do íon precursor M}^+} = \underbrace{25\times1,08\%}_{^{13}\text{C}} = 27,0\%$$

$$\frac{\text{Intensidade em } ^{12}C_{25}{}^{2}H^{1}H_{29}{}^{14}N_3^+}{\text{Intensidade do íon precursor M}^+} = \underbrace{30\times0,012\%}_{^{2}\text{H}} = 0,36\%$$

$$\frac{\text{Intensidade em } ^{12}C_{25}{}^{1}H_{30}{}^{15}N^{14}N_2^+}{\text{Intensidade do íon precursor M}^+} = \underbrace{3\times0,369\%}_{^{15}\text{N}} = 1,11\%$$

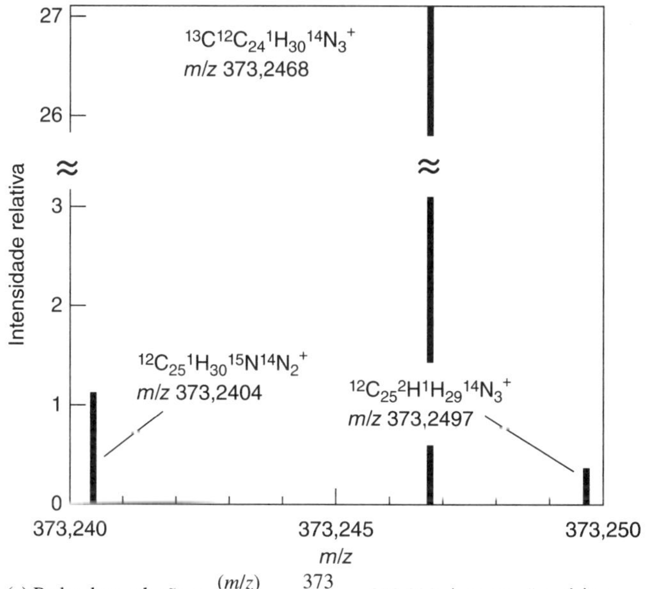

(c) Poder de resolução $= \dfrac{(m/z)}{(m/z)_{1/2}} = \dfrac{373}{0,001} = 373\,000$. A separação mínima entre os picos é 373,249 69 – 373,246 76 = 0,002 93. Se a largura total na meia altura for 0,001, os picos são separados por cerca de 3 vezes a largura total na meia altura. Haverá alguma sobreposição na linha de base, especialmente considerando que o pico alto é 27,0/0,36 = 75 vezes mais alto que o pico pequeno.

22.H. Análise do espectro de massas de *electrospray* da lisozima

Observada $m/z \equiv m_n$	$m_{n+1} - 1{,}008$	$m_n - n_{n+1}$	Carga $= n = \dfrac{m_{n+1} - 1{,}008}{m_n - m_{n+1}}$	Massa molecular $= n \times (m_n - 1{,}008)$
1 789,1	1 589,39	198,7	7,99 = 8	14 304,7
1 590,4	1 430,49	158,9	9,00 = 9	14 304,5
1 431,5	1 300,49	130,0	10,00 = 10	14 304,9
1 301,5	1 192,09	108,4	11,00 = 11	14 305,4
1 193,1	—	—	12	14 305,1
				Média = 14 304,9 (±0,3)

22.I. **(a)** Para encontrar o fator de resposta, inserimos os valores provenientes da primeira linha da tabela na equação:

$$\frac{\text{Área do sinal do analito}}{\text{Área do sinal do padrão}} = F\left(\frac{\text{concentração do analito}}{\text{concentração do padrão}}\right)$$

$$\frac{11\,438}{2\,992} = F\left(\frac{13,60\times10^2}{3,70\times10^2}\right) = F = 1,04_0$$

Para os outros dois conjuntos de dados, determinamos que $F = 1,02_0$ e $1,06_4$, dando um valor médio de $F = 1,04_1$.

(b) A concentração do padrão interno na mistura de cafeína-D_3 mais cola é

$$(1,11\text{ g/L})\times\frac{0,050\,0\text{ mL}}{1,050\text{ mL}} = 52,8_6\text{ mg/L}$$

A concentração de cafeína na solução que foi cromatografada é

$$\frac{\text{Área do sinal do analito}}{\text{Área do sinal do padrão}} = F\left(\frac{\text{concentração do analito}}{\text{concentração do padrão}}\right)$$

$$\frac{1\,733}{1\,144} = 1,04_1\left(\frac{[\text{cafeína}]}{52,8_6\text{ mg/L}}\right) \Rightarrow [\text{cafeína}] = 76,9\text{ mg/L}$$

A bebida desconhecida tinha sido diluída de 1,000 para 1,050 mL quando o padrão foi adicionado. Logo, a concentração de cafeína na bebida original era $\left(\frac{1,050\,0\text{ mL}}{1,00\text{ mL}}\right)(76,9\text{ mg/L}) = 80,8\text{ mg/L}$.

Capítulo 23

23.A. **(a)** Fração remanescente $= q = \dfrac{V_1}{V_1 + K_D V_2}$

$$0,01 = \frac{10}{10+4,0\,V_2} \Rightarrow V_2 = 248\text{ mL}$$

(b) $q^3 = 0,01 = \left(\dfrac{10}{10+4,0V_2}\right)^3 \Rightarrow V_2 = 9,1\text{ mL}$

Volume total = 27,3 mL

23.B. **(a)** $k_1 = \dfrac{t_{R1} - t_M}{t_M}$

$$\Rightarrow t_M = \frac{t_{R1}}{k_1+1} = \frac{10,0\text{ min}}{5,00} = 2,00\text{ min}$$

$$t_{R2} = t_M(k_2+1) = (2,00\text{ min})(5,00+1) = 12,0\text{ min}$$

$$\sigma_1 = \frac{t_{R1}}{\sqrt{N}} = \frac{10,0\text{ min}}{\sqrt{1\,000}} = 0,316\text{ min}$$

$$\Rightarrow w_{1/2}\text{ (pico 1)} = 2,35\sigma_1 = 0,74\text{ min}$$

$$w_1 = 4\sigma_1 = 1,26\text{ min}$$

$$\sigma_2 = \frac{t_{R2}}{\sqrt{N}} = \frac{12,0\text{ min}}{\sqrt{1\,000}} = 0,379\text{ min}$$

$$\Rightarrow w_{1/2}\text{ (pico 2)} = 2,35\sigma_2 = 0,89\text{ min}$$

$$w_2 = 4\sigma_2 = 1,52\text{ min}$$

(b)

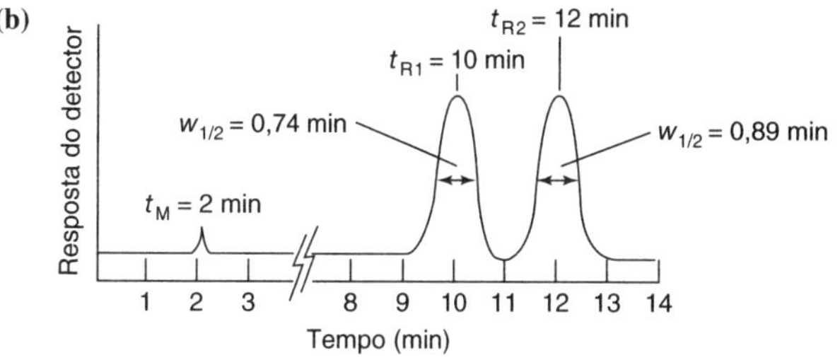

(c) Resolução $= \dfrac{\Delta t_R}{w_{\text{méd}}} = \dfrac{2\text{ min}}{(1,26\text{ min} + 1,52\text{ min})/2}$

$= 1,44$(quase resolução de linha de base)

23.C. **(a)** As distâncias relativas medidas na figura são:

$t_M = 10,_4$ $t'_R = 39,_8$ para o octano $t'_R = 76,_0$ para o nonano

$k = t'_R/t_M = 3,8_3$ para o octano e $7,3_1$ para o nonano

(b) Considere que t_S = tempo na fase estacionária, t_M = tempo na fase móvel e t como o tempo total na coluna. Sabemos que $k = t_S/t_M$. Mas,

$$t = t_S + t_M = t_S + \frac{t_S}{k} = t_S\left(1+\frac{1}{k}\right) = t_S\left(\frac{k+1}{k}\right)$$

Portanto, $t_S/t = \frac{k}{k+1} = 3{,}8_3/4{,}8_3 = 0{,}79_3$.

(c) $\alpha = t'_R(\text{nonano})/t'_R(\text{octano}) = 76{,}_0/39{,}_8 = 1{,}9_1$

(d) $K_D = kV_M/V_S = 3{,}8_3(V_M/\frac{1}{2}V_M) = 7{,}6_6$

23.D. (a) Para o acetato de etila, eu medi $t_R = 20{,}3$ e $w = 3{,}0$ mm. (Você terá números diferentes dependendo do tamanho da figura no seu livro.) Portanto, $N = 16\, t_R^2/w^2 = 730$ pratos. Para o tolueno, os valores são $t_R = 66{,}8$, $w = 8{,}3$ mm e $N = 1\,040$ pratos.

(b) Esperamos $w_{1/2} = 2{,}35\sigma = 2{,}35(w/4) = 4{,}9$ mm. O valor medido de é $w_{1/2} = 4{,}8$ mm.

23.E. A coluna está sobrecarregada, causando uma subida gradual e uma queda abrupta do pico. Quando a quantidade da amostra diminui, a sobrecarga diminui e o pico torna-se mais simétrico.

23.F. (a) Sabemos que $\alpha = 1{,}068$ e $k_1 = 5{,}16$.

Como $\alpha = k_2/k_1$, $k_2 = \alpha k_1 = (1{,}068)(5{,}16) = 5{,}51_1$.

$$\textbf{(b)}\ \text{Resolução} = \frac{\sqrt{N}}{4}\left(\frac{\alpha-1}{\alpha}\right)\left(\frac{k_2}{1+k_2}\right)$$

$$1{,}50 = \frac{\sqrt{N}}{4}\left(\frac{1{,}068-1}{1{,}068}\right)\left(\frac{5{,}51_1}{1+5{,}51_1}\right) \Rightarrow N = 1{,}24_0 \times 10^4 \text{ pratos}$$

Comprimento necessário = $(1{,}24_0 \times 10^4$ pratos$)(0{,}520$ mm/prato$) = 6{,}45$ m

(c) A relação entre o fator de capacidade e o tempo de retenção é

$$k_1 = (t_1 - t_M)/t_M = t_1/t_M - 1 \Rightarrow$$

$$t_1 = t_M(k_1+1) = t_M(6{,}16) = (2{,}00\text{ min})(6{,}16) = 12{,}32\text{ min}$$

$$t_2 = t_M(k_2+1) = t_M(6{,}51_1) = (2{,}00\text{ min})(6{,}51_1) = 13{,}02\text{ min}$$

$$w_{1/2} = \sqrt{\frac{5{,}55}{N}}\, t_R = \sqrt{\frac{5{,}55}{1{,}24_0\times 10^4}}(12{,}32\text{ min}) = 0{,}26_1 \text{ para o componente 1}$$

$$w_{1/2} = \sqrt{\frac{5{,}55}{1{,}24_0\times 10^4}}(13{,}02\text{ min}) = 0{,}27_5 \text{ para o componente 2}$$

(d) Foi informado que $V_S/V_M = 0{,}30$. A relação entre o fator de capacidade e o coeficiente de partição para cada soluto é $k = K_D V_S/V_M \Rightarrow K_D = kV_M/V_S$. Para o componente 1, $K_{D1} = k_1V_M/V_S = (5{,}16)(1/0{,}30) = 17{,}_2$.

Capítulo 24

24.A. (a) Entre o nonano (C_9H_{20}) e o decano ($C_{10}H_{22}$), mas muito próximo do decano.

(b) Os tempos de retenção ajustados são 13,83 (C_{10}) e 15,42 min (C_{11}):

$$1\,050 = 100\left[10 + (11-10)\frac{\log t'_R(\text{desconhecida}) - \log 13{,}83}{\log 15{,}42 - \log 13{,}83}\right]$$

$\Rightarrow t'_R(\text{desconhecida}) = 14{,}60$ min $\Rightarrow t_R$ (desconhecida) $= 16{,}40$ min.

24.B. (a) Um diagrama de $\log t'_R$ contra (número de átomos de carbono) deve ser uma linha razoavelmente reta para os compostos de séries homólogas.

Pico	t'_R	$\log t'_R$
$n = 7$	2,9	0,46
$n = 8$	5,4	0,73
$n = 14$	85,8	1,93
Desconhecida	41,4	1,62

A partir de um gráfico de $\log t'_R$ contra n, aparece $n = 12$ para a amostra desconhecida.

(b) $k = t'_R/t_M = (42{,}5 - 1{,}1)/1{,}1 = 38$

24.C. (a) O número de pratos (N) é proporcional ao comprimento da coluna. A resolução é proporcional a $\sqrt{N}$. Se tudo é igual exceto o comprimento, podemos dizer que

$$\frac{1{,}5}{1{,}0} = \frac{R_2}{R_1} = \frac{\sqrt{N_2}}{\sqrt{N_1}} \Rightarrow N_2 = 2{,}25N_1$$

A coluna tem de ser 2,25 vezes mais comprida para alcançar a resolução desejada e o tempo de eluição será 2,25 vezes maior.

(b) Se N e k são constantes, a relação entre resolução e fator de separação é

$$\frac{1{,}5}{1{,}0} = \frac{R_2}{R_1} = \frac{(\alpha_2-1)/\alpha_2}{(\alpha_1-1)/\alpha_1} = \frac{(\alpha_2-1)/\alpha_2}{(1{,}016-1)/1{,}016} \Rightarrow \alpha_2 = 1{,}024_2$$

Álcoois são polares, de modo que podíamos provavelmente aumentar o fator de separação escolhendo uma fase estacionária mais polar. $(\text{Difenil})_{0{,}05}(\text{dimetil})_{0{,}95}$polissiloxano é listado como não polar. Podíamos tentar uma fase de polaridade intermediária tal como a $(\text{difenil})_{0{,}35}(\text{dimetil})_{0{,}65}$polissiloxano. A fase mais polar provavelmente reterá álcoois mais fortemente e aumentará o fator de retenção e, portanto, o tempo de retenção.

24.D. (a) $\text{S} = [\text{butanol}] = \dfrac{234\text{ mg/(74,12 g/mol)}}{10{,}0\text{ mL}} = 0{,}315_7\text{ M}$

$$\text{X} = [\text{hexanol}] = \frac{312\text{ mg/(102,17 g/mol)}}{10{,}0\text{ mL}} = 0{,}305_4\text{ M}$$

$$\frac{A_X}{[\text{X}]_f} = F\left(\frac{A_S}{[\text{S}]_f}\right) \Rightarrow \frac{1{,}45}{[0{,}305_4\text{ M}]} = F\left(\frac{1{,}00}{[0{,}315_7\text{ M}]}\right) \Rightarrow F = 1{,}49_9$$

(b) Estimei as áreas medindo a altura e $w_{1/2}$ em milímetros. Sua resposta será diferente da minha se o tamanho da figura no seu livro for diferente daquela existente no meu manuscrito. Todavia, as áreas relativas dos picos serão as mesmas.

Butanol: Altura = 41,3 mm; $w_{1/2} = 2{,}2$ mm;
Área = 1,064 × altura do pico × $w_{1/2} = 96{,}_7$ mm^2

Hexanol: Altura = 21,9 mm; $w_{1/2} = 6{,}9$ mm; Área = 161 mm^2

(c) O volume de solução não está estabelecido, mas a concentração é diretamente proporcional ao número de mols. Podemos substituir o número de mols por concentrações na equação do padrão interno:

$$\frac{A_X}{[\text{X}]_f} = F\left(\frac{A_S}{[\text{S}]_f}\right) \Rightarrow \frac{161\text{ mm}^2}{\text{mg de hexanol/(102,17 mg/mmol)}}$$

$$= 1{,}49_9\left(\frac{96{,}7\text{ mm}^2}{112\text{ mg/(74,12 mg/mmol)}}\right)$$

$\Rightarrow$ hexanol = 171 mg

(d) A maior incerteza está na largura do pico razoavelmente fino do butanol. A incerteza na largura é ~5 a 10%.

24.E. S = [pentanol]; X= [hexanol]. Substituímos as concentrações pelo número de milimols, porque o volume é desconhecido e as concentrações são proporcionais ao número de milimols.

Para a mistura-padrão, podemos escrever

$$\frac{A_X}{[\text{X}]_f} = F\left(\frac{A_S}{[\text{S}]_f}\right) \Rightarrow \frac{1\,570}{[1{,}53]} = F\left(\frac{922}{[1{,}06]}\right) \Rightarrow F = 1{,}18_0$$

Para a mistura desconhecida,

$$\frac{816}{[\text{X}]_f} = 1{,}18_0\left(\frac{843}{[0{,}57]}\right) \Rightarrow [\text{X}] = 0{,}47\text{ mmol}$$

Capítulo 25

25.A. $\dfrac{\text{Área}_A}{[\text{A}]} = F\dfrac{\text{Área}_B}{[\text{B}]} \Rightarrow \dfrac{10{,}86}{[1{,}03]} = F\left(\dfrac{4{,}37}{[1{,}16]}\right) \Rightarrow F = 2{,}79_9$

A concentração do padrão interno (B) misturado com a amostra desconhecida (A) é 12,49 mg/25,00 mL = 0,499 6 mg/mL

$$\frac{5{,}97}{[\text{A}]} = 2{,}79_9\left(\frac{6{,}38}{[0{,}499\,6]}\right) \Rightarrow [\text{A}] = 0{,}167_0\text{ mg/mL}$$

[A] na amostra desconhecida original =

$$\frac{25{,}00}{10{,}00}(0{,}167_0\text{ mg/mL}) = 0{,}418\text{ mg/mL}$$

25.B. (a) $k = \dfrac{t_R - t_M}{t_M} \Rightarrow \dfrac{t_1 - 1{,}00}{1{,}00} = 1{,}35 \Rightarrow t_1 = 2{,}35$ min

$$\alpha = \frac{t'_{R2}}{t'_{R1}} \Rightarrow 4,53 = \frac{t_2 - 1,00}{t_1 - 1,00} \Rightarrow t_2 = 7,12 \text{ min}$$

$$\text{Resolução} = \frac{\Delta t_R}{w_{\text{méd}}} \Rightarrow 7,7 = \frac{7,12 - 2,35}{w_{\text{méd}}} \Rightarrow w_{\text{méd}} = 0,62 \text{ min}$$

(b) Sabemos que $w_{1/2}$ é proporcional a t_R se N for constante. Portanto, $\frac{w_{1/2}(\text{pico 1})}{w_{1/2}(\text{pico 2})} = \frac{t_1}{t_2} = \frac{2,35}{7,12} = 0,330$. Sabemos que $w_{\text{méd}}$, a largura média da base, é 0,62 min. Para cada pico, $w = 4\sigma$ e $w_{1/2} = 2,35\sigma$, de modo que $w = 1,70w_{1/2}$.

$w_{\text{méd}} = 0,62 = \frac{1}{2}(w_1 + w_2) = \frac{1}{2}[1,70w_{1/2}\,(\text{pico 1}) + 1,70w_{1/2}\,(\text{pico 2})]$

Substituindo $w_{1/2}$ (pico 1) = $0,330w_{1/2}$ (pico 2) na equação anterior, tem-se $w_{1/2}$ (pico 2) = $0,54_8$ min. Então, $w_{1/2}$ (pico 1) = $0,330w_{1/2}$ (pico 2) = $0,18_1$ min.

(c) Como as áreas são iguais, podemos dizer que

$$\text{Altura}_R \times w_R = \text{altura}_S \times w_S \Rightarrow \frac{\text{Altura}_R}{\text{Altura}_S} = \frac{w_S}{w_R} = \frac{0,54_8}{0,18_1} = 3,0$$

25.C.

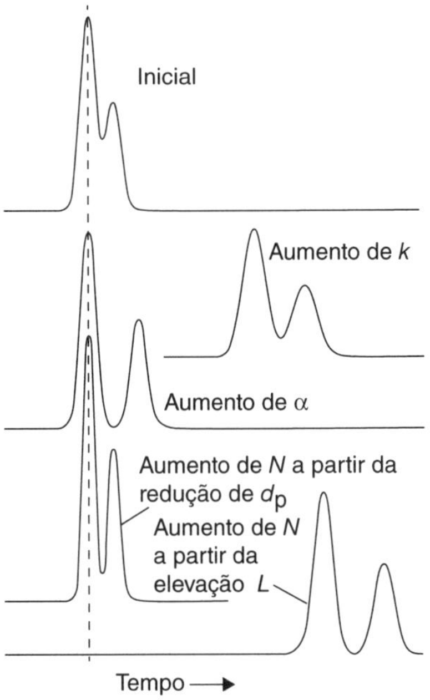

25.D. **(a)**

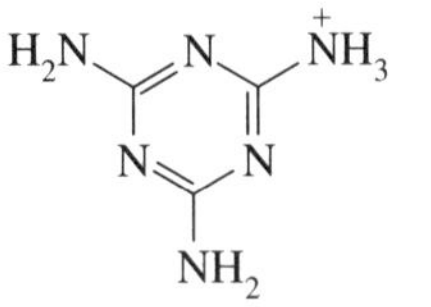
Melamina H^+
$m/z = 127$

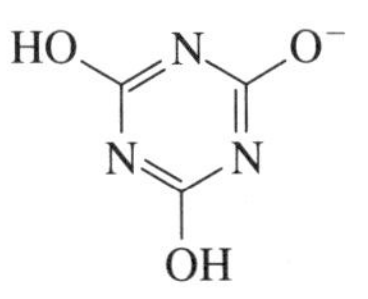
[Ácido cianúrico – H]$^-$
$m/z = 128$

Quando a melaminaH$^+$ se decompõe formando a espécie $m/z = 85$, ela perde uma massa de 42 Da, que é provavelmente CN_2H_2. O cátion restante é o $C_2N_4H_5^+$, que pode ter a estrutura

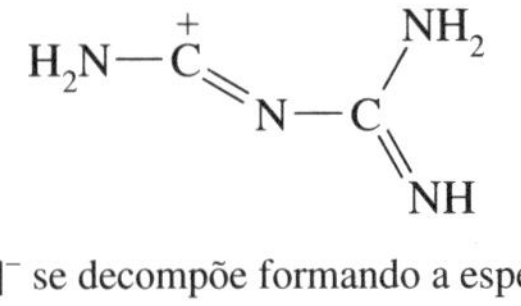

O [ácido cianúrico – H]$^-$ se decompõe formando a espécie $m/z = 42$, que provavelmente é o cianato, N≡C—O$^-$.

(b) No monitoramento seletivo de reações para a melamina, o espectrômetro de massa isola $m/z = 127^+$ do leite e este íon sofre então dissociação ativada por colisão formando $m/z = 85^+$. Não existem muitas outras espécies moleculares no leite que forneçam esses dois íons. Para o ácido cianúrico, o espectrômetro isola $m/z = 128^-$, e esse íon se dissocia formando $m/z = 42^-$. Novamente, não existem muitas outras espécies no leite que forneçam esses mesmos dois íons.

25.E. **(a)** Sílica-C_8 é uma coluna de fase reversa. Na cromatografia de fase reversa, a força da fase móvel aumenta com a elevação da quantidade de solvente orgânico. As maiores retenções são observadas com 40% de acetonitrila, e as menores retenções com 60% de acetonitrila. Tolueno e benzofenona são coeluídos com 51,6% de acetonitrila.

(b) Convertemos log k do gráfico para k e a seguir para tempo de retenção, t_R. Por exemplo, para 40% de CH_3CN, log k do etilbenzeno é 1,18 a partir do gráfico, de modo que $k = 15,1$. O tempo de retenção é obtido a partir de k:

$$k = \frac{t_R - t_M}{t_M} \Rightarrow t_R = t_M \times (1 + k)$$

t_M pode ser estimado por meio da equação

$$t_M \approx \frac{Ld_c^2}{2F} \approx \frac{15 \text{ cm} \times (0,46 \text{ cm})^2}{2 \times 1,0 \text{ mL/min}} = 1,6 \text{ min}$$

$t_R = 1,6 \text{ min} \times (1+15,1) - 25,8 \text{ min}$

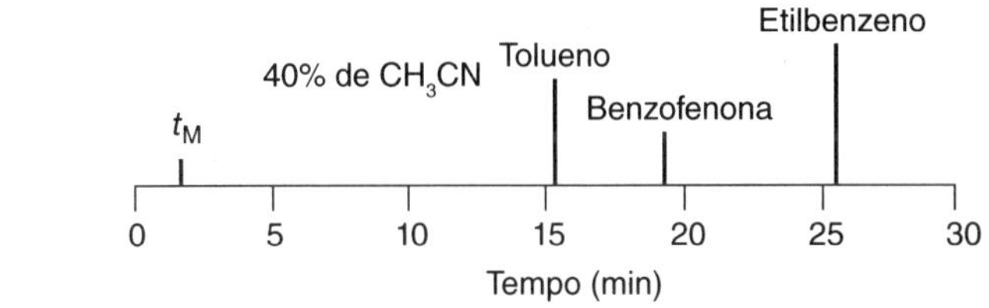

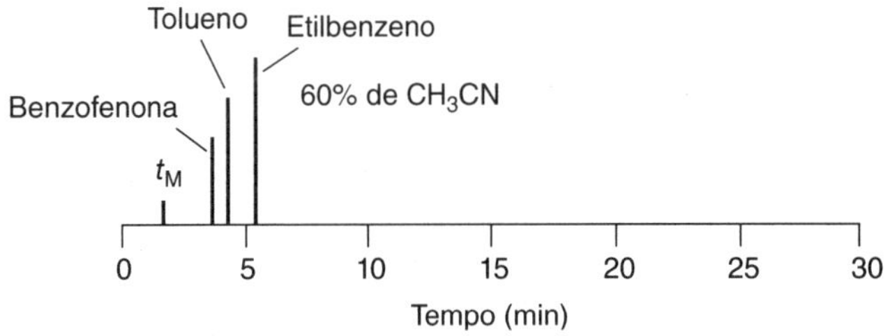

$$\textbf{(c)} \text{ Resolução} = \frac{\sqrt{N}}{4}\frac{(\alpha - 1)}{\alpha}\left(\frac{k_2}{1 + k_2}\right)$$

A benzofenona e o tolueno são os dois picos mais próximos e, portanto, têm uma resolução menor. Os fatores de retenção da benzofenona e do tolueno são $10^{0,13} = 1,35$ e $10^{0,21} = 1,62$, respectivamente.

O fator de separação é $\alpha = k_2/k_1 = 1,62/1,35 = 1,20$

$$N \approx \frac{3\,000 \cdot L(\text{cm})}{d_p(\mu\text{m})} \approx \frac{3\,000 \times 15}{5} \approx 9\,000$$

$$\text{Resolução} = \frac{\sqrt{9\,000}}{4}\frac{(1,20 - 1)}{1,20}\left(\frac{1,62}{1 + 1,62}\right) = 2,4$$

(d) Os requisitos para uma boa separação são (1) $0,5 \le k \le 20$, (2) resolução ≥ 2, (3) pressão de operação ≤ 20 MPa, (4) $0,9 \le$ fator de assimetria $\le 1,5$. Com 60% de acetonitrila, k varia de 1,35 a 2,40. A resolução em (c) está acima de 2. A pressão na legenda da figura é 7 a 8 MPa. O pico gaussiano apresenta fator de assimetria igual a 1. Sim, a separação com 60% de acetonitrila apresenta todos os requisitos de uma boa separação. O tempo de separação curto (< 6 min) é uma vantagem adicional.

(e) 70% de metanol e 44% de tetraidrofurano

Capítulo 26

26.A. **(a)** Cada K^+ introduzido na coluna libera um H^+ da coluna. O número de mols de NaOH titulante necessários será igual ao número de mols de H^+ trocados com a coluna.

Número de mols de NaOH = 0,045 8 M × 0,010 00 L = $4,58 \times 10^{-4}$ mol

Volume de NaOH = ($4,58 \times 10^{-4}$ mols)/(0,023 1 M) = $19,8_3$ mL

(b) Número de equivalentes de cátions na amostra = número de mols de OH^- titulante necessários = 0,139 6 M × 0,030 64 L = 4,277 mmol de OH^- = 4,277 meq

$$\text{Número de miliequivalentes por grama de amostra} = \frac{4,277 \text{ meq}}{0,269\,2 \text{ g}} = 15,8_9 \text{ meq/g}$$

(c) Massa equivalente = massa de uma substância contendo um equivalente. Ou seja, é igual à massa de amostra carregada dentro da coluna de troca iônica dividida pelo equivalente determinado por titulação.

$$\text{Massa equivalente} = 0,269\,2 \text{ g}/4,277 \times 10^{-3} \text{ eq} = 62,94 \text{ g/eq}$$

26.B. 13,03 mL de solução de NaOH 0,022 74 M = 0,296 3 mmol de OH^-, que deve ser igual à carga total de cátion (= $2[VO^{2+}] + 2[H_2SO_4]$) na alíquota de 5,00 mL. Portanto, 50,00 mL contêm 2,963 mmol de cátion. O teor de VO^{2+} é (50,0 mL)(0,024 3 M) = 1,215 mmol = 2,43 mmol de carga. O H_2SO_4 tem que ser, portanto, (2,963 – 2,43)/2 = $0,266_5$ mmol.

1,215 mmol de $VOSO_4$ = 0,198 g de $VOSO_4$ em 0,244 7 g de amostra = 80,9% m/m

$0,266_5$ mmol de H_2SO_4 = 0,026 1 g de H_2SO_4 em 0,244 7 g de amostra = 10,7% m/m

H_2O (por diferença) = 8,4% m/m

26.C. **(a)** Como a faixa de fracionamento do Sephadex G-50 está entre 1 500 e 30 000, a hemoglobina não deve ser retida e deve ser eluída em um volume de 36,4 mL.

(b) O volume de eluição do $^{22}NaCl$ é V_M. Inserindo V_o = 36,4 mL na equação de eluição, obtemos

$$K_{méd} = \frac{V_R - V_o}{V_M - V_o} \Rightarrow 0,65 = \frac{V_R - 36,4}{109,8 - 36,4} \Rightarrow V_R = 84,1 \text{ mL}$$

26.D. **(a)**

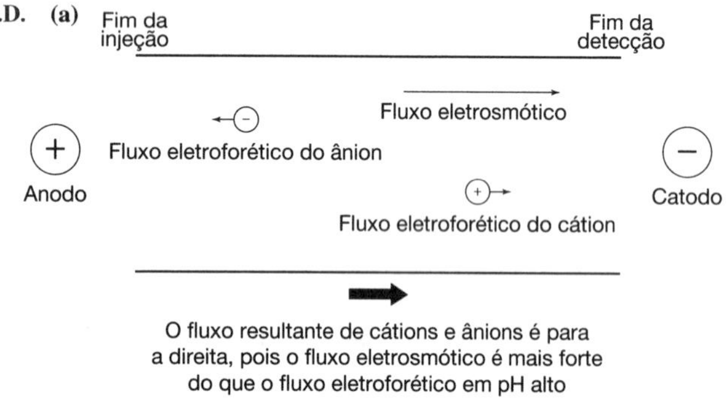

(b) O I^- possui uma mobilidade maior do que a do Cl^-. Portanto, o I^- desliza contra a corrente mais rápido do que o Cl^- (pois a eletroforese é contrária à eletrosmose) e é eluído depois do Cl^-. A mobilidade do Br^- é maior do que a do I^- na Tabela 15.1. Logo, o Br^- terá um tempo de migração maior do que o I^-.

(c) O I^- sem hidratação é um íon maior do que o Cl^-, também sem hidratação, de modo que a densidade de carga no I^- é menor do que a densidade de carga no Cl^-. Dessa forma, o I^- deve ter um raio de hidratação menor do que o Cl^-. Isso significa que o I^- possui menor atrito e uma maior mobilidade do que o Cl^-.

Capítulo 27

27.A. Massa fórmula do AgCl = 107,8 + 35,4 = 143,2

$$\text{mol de AgCl} = \frac{0,088\,90 \text{ g de AgCl}}{143,2 \text{ g de AgCl/mol de AgCl}} = 6,208_1 \times 10^{-4} \text{ mol}$$

$$\text{mol de rádio} = \frac{6,208_1 \times 10^{-4} \text{ mol de Cl}}{2 \text{ mols de Cl/mol de Ra}} = 3,104_0 \times 10^{-4} \text{ mol}$$

$$3,104_0 \times 10^{-4} \text{ mol de } RaCl_2 = \frac{0,091\,92 \text{ g de } RaCl_2}{x \text{ g de } RaCl_2\text{/mol de } RaCl_2}$$

$$x = \frac{0,091\,92 \text{ g de } RaCl_2}{3,104_0 \times 10^{-4} \text{ mol de } RaCl_2} = 296,1_3 \text{ g de } RaCl_2\text{/mol de } RaCl_2$$

$296,1_3$ g/mol = massa atômica do Ra + 2(35,4 g/mol) ⇒ massa atômica do Ra = 225,3 g/mol

27.B. 1 mol de grupos etoxila produz 1 mol de AgI. (29,03 mg de AgI)/(234,77 g/mol) = $0,123\,6_5$ mmol de AgI. A quantidade de composto analisado é (25,42 mg)/(417 g/mol) = $0,060\,9_6$ mmol. Existem

$$\frac{0,123\,6_5 \text{ mmol de grupos etoxila}}{0,060\,9_6 \text{ mmol de composto}} = 2,03\ (= 2) \text{ grupos etoxila/molécula}$$

27.C. Há um mol de SO_4^{2-} em cada mol de cada reagente e do produto. Dado que x = g de K_2SO_4 e y = g de $(NH_4)_2SO_4$.

$$x + y = 0,649 \text{ g} \quad (1)$$

$$\underbrace{\frac{x}{174,25}}_{\text{Número de mols de } K_2SO_4} + \underbrace{\frac{y}{132,13}}_{\text{Número de mols de } (NH_4)_2SO_4} = \underbrace{\frac{0,977}{233,38}}_{\text{Número de mols de } BaSO_4} \quad (2)$$

Fazendo a substituição de $y = 0,649 - x$ na Equação 2, tem-se $x = 0,400_7$ g = 61,7% da amostra.

27.D. A massa atômica e a massa fórmula são: Ba(137,327), Cl(35,45), K(39,098), H_2O(18,015), KCl(74,55), $BaCl_2 \cdot 2H_2O$(244,26). H_2O perdida = 1,783 9 – 1,562 3 = 0,221 6 g = 1,230 1 × 10^{-2} mol de H_2O. Para cada dois mols de H_2O perdidos, um mol de $BaCl_2 \cdot 2H_2O$ deve estar presente. $\frac{1}{2}$(1,230 1 × 10^{-2} mol de H_2O perdido) = 6,150 4 × 10^{-3} mol de $BaCl_2 \cdot 2H_2O$ = 1,502 3 g. Os teores de Ba e Cl do $BaCl_2 \cdot 2H_2O$ são

$$Ba = \left(\frac{137,327}{244,26}\right)(1,502\,3 \text{ g}) = 0,844\,62 \text{ g}$$

$$Cl = \left(\frac{2(35,45)}{244,26}\right)(1,502\,3 \text{ g}) = 0,436\,06 \text{ g}$$

Como a amostra total pesa 1,783 9 g e contém 1,502 3 g de $BaCl_2 \cdot 2H_2O$, a amostra deve conter 1,783 9 – 1,502 3 = 0,281 6 g de KCl, que contém

$$K = \left(\frac{39,098}{74,55}\right)(0,281_6) = 0,147\,69 \text{ g}$$

$$Cl = \left(\frac{35,45}{74,55}\right)(0,281_6) = 0,133\,91 \text{ g}$$

Porcentagem em massa de cada elemento:

$$Ba = \frac{0,844\,62}{1,783\,9} = 47,35\%$$

$$K = \frac{0,147\,69}{1,783\,9} = 8,28\%$$

$$Cl = \frac{0,436\,09 + 0,133\,91}{1,783\,9} = 31,95\%$$

27.E. Dado x = massa de $Al(BF_4)_3$ e y = massa de $Mg(NO_3)_2$. Podemos dizer que $x + y$ = 0,282 8 g. Sabemos também que

Número de mols de tetrafluoroborato de nitron = 3(número de mols de $Al(BF_4)_3) = \dfrac{3x}{287,39}$

Número de mols de nitrato de nitron = 2(número de mols de $Mg(NO_3)_2) = \dfrac{2y}{148,31}$

Equacionando a massa do produto com a massa de tetrafluoroborato de nitron mais a massa de nitrato de nitron, podemos escrever

$$\underbrace{1,322}_{\text{Massa do produto}} = \underbrace{\left(\frac{3x}{287,39}\right)(400,19)}_{\text{Massa de tetrafluoroborato de nitron}} + \underbrace{\left(\frac{2y}{148,31}\right)(375,39)}_{\text{Massa de nitrato de nitron}}$$

A substituição de $x = 0,282\,8 - y$ na equação anterior nos permite encontrar $y = 0,158\,9_2$ g de $Mg(NO_3)_2$ = $1,071_5$ mmol de Mg = $0,026\,04_4$ g de Mg = 9,210% da amostra sólida original.

27.F. **(a)** $Co(III)(La^{3+}Co^{3+}(O^{2-})_3)$

(b) $$\underset{\text{MF } 245,836}{LaCoO_3(s)} + \frac{3}{2}H_2(g) \rightarrow \underbrace{\frac{1}{2}La_2O_3(s) + Co(s)}_{\text{MF } 221,837} + \underset{\text{MF } 18,015}{\frac{3}{2}H_2O(g)}$$

(c) 245,836 g de $LaCoO_3$ produziriam 221,837 g de produto sólido

$$\frac{\text{Produto a partir de } 41,872\,4 \text{ mg}}{41,872\,4 \text{ mg}} = \frac{221,837 \text{ g}}{245,836 \text{ g}} \Rightarrow \text{produto} = 37,784\,7_3 \text{ mg}$$

(d) $$\underset{\text{MF}(245,836+15,999x)}{LaCoO_{3+x}(s)} + \frac{3}{2}H_2(g) \rightarrow \underbrace{\frac{1}{2}La_2O_3(s) + Co(s)}_{\text{MF } 221,837} + \left(\frac{3}{2} + x\right)H_2O(g)$$

$$\frac{\text{Massa final}}{\text{Massa inicial}} = \frac{\text{Massa final}}{41{,}872\,4 \text{ mg}} = \frac{221{,}837}{245{,}836 + (15{,}999)x}$$

$$\Rightarrow \text{massa final} = \frac{(221{,}837)(41{,}872\,4 \text{ mg})}{245{,}836 + (15{,}999)x}$$

(e) A massa final observada é 37,763 7 mg. Substituindo essa massa na equação obtida em (d):

$$\text{Massa final} = 37{,}763\,7 \text{ mg} = \frac{(221{,}837)(41{,}872\,4 \text{ mg})}{245{,}836 + (15{,}999)x} \Rightarrow x = 0{,}008\,6$$

A fórmula do sólido de partida é $LaCoO_{3{,}008\,6}$

(f) Massa perdida a 500 °C ≈ 41,872 4 mg – 40,51 mg = 1,36 mg, que corresponde a 1/3 da perda de massa teórica completa a partir do $LaCoO_3$ (1/3 de 4,087 7 mg = 1,362 6 mg). O platô a 500 °C corresponde à mudança Co(III) → Co(II), que é o mesmo que $LaCoO_3 \rightarrow LaCoO_{2{,}5}$

Capítulo 28

28.A. **(a)** Número de bolas de gude vermelhas esperado = np_{vermelho} = (1 000)(0,12) = 120. Número esperado de amarelas = nq_{amarelo} = (1 000)(0,88) = 880.

(b) Absoluto: $\sigma_{\text{vermelho}} = \sigma_{\text{amarelo}} = \sqrt{npq}$

$= \sqrt{(1\,000)(0{,}12)(0{,}88)} = 10{,}28$

Relativo: $\sigma_{\text{vermelho}}/n_{\text{vermelho}} = 10{,}28/120 = 8{,}56\%$

$\sigma_{\text{amarelo}}/n_{\text{amarelo}} = 10{,}28/880 = 1{,}17\%$

(c) Para 4 000 bolas de gude, $n_{\text{vermelho}} = 480$ e $n_{\text{amarelo}} = 3\,520$.

$\sigma_{\text{vermelho}} = \sigma_{\text{amarelo}} = \sqrt{npq} = \sqrt{(4\,000)(0{,}12)(0{,}88)} = 20{,}55$

$\sigma_{\text{vermelho}}/n_{\text{vermelho}} = 4{,}28\%$ $\quad \sigma_{\text{amarelo}}/n_{\text{amarelo}} = 0{,}58\%$

(d) $2, \sqrt{n}$

(e) $\dfrac{\sigma_{\text{vermelho}}}{n_{\text{vermelho}}} = 0{,}02 = \dfrac{\sqrt{n(0{,}12)(0{,}88)}}{(0{,}12)n}$

$\Rightarrow n = 1{,}83 \times 10^4$

28.B. **(a)** $mR^2 = K_s \Rightarrow m(10)^2 = 36 \text{ g} \Rightarrow m = 0{,}36 \text{ g}$

(b) Uma incerteza de ±20 contagens por segundo por grama é 100 × 20/237 = 8,4%.

$$n = \frac{t^2 s_s^2}{e^2} = \frac{(1{,}96)^2(0{,}10)^2}{(0{,}084)^2} = 5{,}4 \approx 5$$

$\Rightarrow t = 2{,}776$ (4 graus de liberdade)

$$n \approx \frac{(2{,}776)^2(0{,}10)^2}{(0{,}084)^2} = 10{,}9 \approx 11 \Rightarrow t = 2{,}228$$

$$n \approx \frac{(2{,}228)^2(0{,}10)^2}{(0{,}084)^2} = 7{,}0 \approx 7 \Rightarrow t = 2{,}447$$

$$n \approx \frac{(2{,}447)^2(0{,}10)^2}{(0{,}084)^2} = 8{,}5 \approx 8 \Rightarrow t = 2{,}365$$

$$n \approx \frac{(2{,}365)^2(0{,}10)^2}{(0{,}084)^2} = 7{,}9 \approx 8$$

28.C. **(a)** A matéria inorgânica solúvel em ácido e o material orgânico provavelmente podem ser dissolvidos (e oxidados) juntos mediante a digestão por via úmida com $HNO_3 + H_2SO_4$ em uma bomba de Teflon em forno de micro-ondas. O resíduo insolúvel deve ser bem lavado com água e as águas de lavagem devem ser combinadas com a solução ácida. Após o resíduo ter sido seco, ele deve ser fundido com um dos fundentes da Tabela 28.6, dissolvido em ácido diluído, e combinado com a solução anterior.

(b) Pulverizar bem o solo com um gral e pistilo, ou moinho de bolas, ou um moinho de Shatter. Misturar bem 5 g do pó seco com ~3 a 8 mL de H_2O. Então, realizar o procedimento QuEChERS seguido de cromatografia do extrato.

RESPOSTAS DOS PROBLEMAS

Capítulo 0

6. Mn^{2+} interfere com o método A, mas não com o método B, cujo resultado (0,009 mg/L) é mais confiável.

Capítulo 1

1. **(a)** metro (m), quilograma (kg), segundo (s), ampère (A), kelvin (K), mol (mol). **(b)** hertz (Hz), newton (N), pascal (Pa), joule (J), watt (W).

2. Ver Tabela 1.3

3. **(a)** miliwatt = 10^{-3} watts **(b)** picômetro = 10^{-12} metros **(c)** quilo-ohm = 10^{3} ohms **(d)** microfarad = 10^{-6} farads **(e)** terajoule = 10^{12} joules **(f)** nanossegundo = 10^{-9} segundos **(g)** fentograma = 10^{-15} gramas **(h)** decipascal = 10^{-1} pascais

4. **(a)** 100 fJ ou 0,1 pJ **(b)** 43,172 8 nF **(c)** 299,79 THz ou 0,299 79 PHz **(d)** 0,1 nm ou 100 pm **(e)** 21 TW **(f)** 0,483 amol ou 483 zmol

5. **(a)** 8×10^{12} kg de C **(b)** $2,9 \times 10^{13}$ kg de CO_2 **(c)** 4 t de CO_2 por pessoa

6. 15 dias para um pedaço de atum *branco*; 3,5 dias para um pedaço de atum *light*

7. $7,457 \times 10^{4}$ J/s, $6,416 \times 10^{7}$ cal/h

8. **(a)** 2,0 W/kg e 3,0 W/kg **(b)** A pessoa consome $1,1 \times 10^{2}$ W.

9. **(a)** verdade **(b)** 0,621 37 milha por km **(c)** 1,37 mg de CO_2 por km por kg de massa de veículo **(d)** 33,6 toneladas métricas de CO_2 para o carro a gasolina **(e)** 6,2 toneladas métricas de CO_2 para o carro elétrico na Califórnia

10. **(a)** 80 amol **(b)** 4×10^{11} moléculas

11. 6 toneladas/ano

12. **(a)** molaridade = mols de soluto/litro de solução **(b)** molalidade = mols de soluto/quilograma de solvente **(c)** massa específica = gramas de substância/mililitro de substância **(d)** porcentagem em massa = 100 × (massa de substância/massa de solução ou mistura) **(e)** porcentagem em volume = 100 × (volume de substância/volume de solução ou mistura) **(f)** partes por milhão = 10^{6} × (gramas de substância/gramas de amostra) **(g)** partes por bilhão = 10^{9} × (gramas de substância/gramas de amostra) **(h)** concentração formal = mols de fórmula/litro de solução

13. CH_3CO_2H é um eletrólito fraco que está parcialmente dissociado. $[CH_3CO_2H] + [CH_3CO_2^-] = 0,01$ M. $[CH_3CO_2H]$ sozinho é < 0,01 M.

14. 1,10 M

15. 5,48 g

16. **(a)** 39 ppb = 3,9 mPa na superfície da Terra quando a pressão atmosférica é igual a 1 bar **(b)** 19 mPa a uma altitude de 16 km = 2 000 ppb quando a pressão atmosférica é 9,6 kPa

17. **(a)** $1,9 \times 10^{-7}$ bar **(b)** 11 nM

18. **(a)** $2,11 \times 10^{-7}$ M **(b)** Ar: $3,77 \times 10^{-4}$ M; Kr: $1,60 \times 10^{-8}$ M; Xe: $3,5 \times 10^{-9}$ M

19. 10^{-3} g/L, 10^{3} μg/L, 1 μg/mL, 1 mg/L

20. 7×10^{-10} M

21. 26,5 g de $HClO_4$, 11,1 g de H_2O

22. **(a)** 1 670 g de solução **(b)** $1,18 \times 10^{3}$ g de $HClO_4$ **(c)** 11,7 mol

23. 1,51 *m*

24. **(a)** 6,0 amol/vesícula **(b)** $3,6 \times 10^{6}$ moléculas **(c)** $3,35 \times 10^{-20}$ m³, $3,35 \times 10^{-17}$ L **(d)** 0,30 M

25. $4,4 \times 10^{-3}$ M, $6,7 \times 10^{-3}$ M

26. **(a)** 1 046 g, 376,6 g/L **(b)** 9,07 *m*

27. Cal/g, Cal/onça: Trigo em pedaços (3,6, 102); rosquinha (3,9, 111); hambúrguer (2,8, 79); maçã (0,48, 14)

28. 6,18 g em um balão volumétrico de 2 L

29. Dissolva 6,18 g de $B(OH)_3$ em 2,00 kg de H_2O.

30. 3,2 L

31. 8,0 g

32. **(a)** 55,6 mL **(b)** 1,80 g/mL

33. 1,52 g/mL

34. 1,29 mL

35. 10,8 g

36. **(a)** 60,05 g/mol, 84,01 g/mol **(b)** 3,57 g **(c)** 72 mL **(d)** vinagre **(e)** 3 bar

Capítulo 2

1. Familiarize-se com os perigos relacionados com o que você está prestes a fazer, e não conduza um procedimento perigoso sem que tome precauções adequadas.

2. Líquidos orgânicos apolares podem atravessar luvas de borracha. HCl concentrado é uma solução aquosa polar que provavelmente não atravessará luvas de borracha.

3. A redução de Cr(VI) a Cr(III) diminui a toxidade do metal. A conversão de Cr(III)(*aq*) a $Cr(OH)_3$(*s*) diminui a solubilidade. A evaporação diminui o volume a ser descartado.

4. Química verde é um conjunto de princípios cuja finalidade é ajudar a manter a habitabilidade da Terra. A química verde busca conceber processos e produtos químicos que reduzam o emprego de recursos naturais e a geração de resíduos perigosos.

5. O caderno de laboratório deve (1) estabelecer o que foi feito; (2) estabelecer o que foi observado; e (3) ser compreensível à outra pessoa.

7. A correção do empuxo é 1 quando a substância a ser pesada tem massa específica igual ao peso usado para calibrar a balança.

8. 14,85 g

9. menor: PbO_2; maior: Li

10. 4,239 1 g; menor cerca de 0,06%

11. $1,266_8$ g – a massa no ar é desprezivelmente diferente da massa no vácuo porque a massa específica do CsCl é elevada.

12. **(a)** 0,000 164 g/mL **(b)** 0,823 g **(c)** 0,824 g

13. **(a)** 979 Pa **(b)** 0,001 1 g/mL (c) 1,001 0 g

14. 99,999 1 g

15. **(a)** 11 pg **(b)** A variação de frequência de –4,4 Hz advém da ligação de 14 pg, que corresponde a 1,3 nucleotídeo de citosina por molécula de DNA.

16. Carga útil de 80 kg

17. TD significa "transferir" e TC significa "conter".

18. Dissolver 0,037 50 mol de K_2SO_4 (6,534 g) em < 250 mL de H_2O em um balão volumétrico de 250 mL. Adicionar H_2O e misturar. Diluir até a marca e homogeneizar bem invertendo o balão várias vezes.

19. Balões de plástico são usados para a análise de traços, ou seja, para analitos na faixa de ppb que poderiam se adsorver sobre o vidro.

20. **(a)** Ver Seção 2.6 **(b)** pipeta aferida

21. **(a)** Utilizar o modo direto descrito no livro. **(b)** Utilizar o modo reverso descrito no livro.

22. A armadilha (*trap*) previne que líquido seja sugado para dentro de um sistema de vácuo. O vidro de relógio protege a amostra de poeira.

23. pentóxido de fósforo

24. **(a)** $3,053_0$ g **(b)** $3,050_6$ g **(c)** Você precisa de uma diluição de 2 000 vezes, o que pode ser conseguido com uma diluição de 20 vezes seguido de outra de 100 vezes. Dilua 5,00 mL a 100,00 mL. Em seguida, dilua 10,00 mL da solução resultante a 1 000,0 mL.

25. 9,979 9 mL

26. 0,2%; 0,499 0 M

27. 49,947 g no vácuo; 49,892 g no ar

28. massa verdadeira = 50,506 g; massa no ar = 50,484 g

29. O procedimento (ii) possui a menor incerteza relativa. Calibrar a pipeta e o balão volumétrico a fim de posteriormente reduzir a incerteza.

30. **(b)** 54 dias

31. 0,70%

Capítulo 3

1. **(a)** 5 **(b)** 4 **(c)** 3

2. **(a)** 1,237 **(b)** 1,238 **(c)** 0,135 **(d)** 2,1 **(e)** 2,00

3. **(a)** 0,217 **(b)** 0,216 **(c)** 0,217

4. **(a)** 3,71 **(b)** 10,7 **(c)** $4,0 \times 10^{1}$ **(d)** $2,85 \times 10^{-6}$ **(e)** 12,625 1 **(f)** $6,0 \times 10^{-4}$ **(g)** 242

5. **(a)** 125,62 **(b)** 105,988

6. **(a)** 12,3 **(b)** 75,5 **(c)** $5{,}520 \times 10^3$ **(d)** 3,04 **(e)** $3{,}04 \times 10^{-10}$ **(f)** 11,9 **(g)** 4,600 **(h)** $4{,}9 \times 10^{-7}$

9. **(a)** baixo **(b)** sistemático **(c)** o cadinho deve estar seco antes de ser pesado

10. **(a)** sistemático **(b)** ±0,009 mL – erro aleatório **(c)** 1,98 e 2,03 mL – erros sistemáticos; ±0,01 e ±0,02 mL – erros aleatórios **(d)** erro aleatório **(e)** erro grosseiro **(f)** erro aleatório

11. **(a)** correção do empuxo **(b)** calibrar a pipeta de 2 mL ou reescrever o procedimento para usar uma pipeta maior **(c)** calibrar a micropipeta **(d)** combinar os padrões da matriz com a amostra

12. **(a)** Katniss **(b)** Gale **(c)** Peeta **(d)** Haymitch

13. **(a)** Haymitch: erro grande e aleatório; Gale: erro moderado e aleatório; Katniss: erro pequeno e aleatório; Peeta: pequeno erro aleatório com erro sistemático

14. 3,124 (±0,005), 3,124 (±0,2%)

15. **(a)** 2,1 M (±0,2 M ou ±11%) **(b)** 0,151 mol (±0,009 mol ou ±6%) **(c)** $0{,}22_3$ mmol ($\pm 0{,}02_4$ mmol ou ±11%) **(d)** $0{,}097_1$ mol ($\pm 0{,}002_2$ mol ou $2{,}_2$%)

16. **(a)** 10,18 mL (±0,07 mL ou ±0,7%) **(b)** 174 mM (±3 mM ou ±2%) ou $174{,}_4$ mM (±2,7 mM ou ±1,5%) **(c)** 0,147 M (±0,003 M ou ±2%) ou $0{,}147_4$ M ($\pm 0{,}002_8$ M) (±1,9%) **(d)** 7,86 g (±0,01g ou ±0,1%) **(e)** 2 185,8 g (±0,8 g ou ±0,04%) **(f)** 1,464 (±0,008 ou ±0,5%) **(g)** 0,497 (±0,007 ou ±1,4%)

18. 0,450 7 (±0,000 5) M

19. 1,035 7 (±0,000 2) g

20. **(a)** 0,667 ± 0,001 M **(b)** a incerteza aumenta de 5 unidades na quinta casa decimal, por isso a resposta continua sendo 0,667 ± 0,001 M. **(c)** volume de HCl

21. **(a)** 1,500 ± 0,005 μg/mL **(b)** 1,50 ± 0,01 μg/mL; a incerteza na pipeta de 1 mL é 3 vezes maior do que a maior incerteza seguinte.

22. **(a)** $2{,}2 \times 10^{-6}$% **(b)** 999,698 453 (24) g **(c)** sim, erro = $2{,}4 \times 10^{-6}$%

Capítulo 4

1. Um desvio-padrão menor significa uma melhor precisão. Não existe necessariamente uma relação entre desvio-padrão e exatidão.

2. **(a)** 0,682 6 **(b)** 0,954 6 **(c)** 0,341 3 **(d)** 0,191 5 **(e)** 0,149 8

3. **(a)** 1,527 67 **(b)** 0,001 26 **(c)** $1{,}59 \times 10^{-6}$ **(d)** 0,000 45 **(e)** $1{,}527_7 \pm 0{,}001_3$

4. **(a)** lebre 0,47%, tartaruga 0,35% **(b)** lebre 0,34%, tartaruga 0,25% **(c)** Ser cuidadoso no laboratório é melhor do que ser rápido.

5. **(a)** $0{,}890\ 2_0$ g, $0{,}896\ 4_9$ g **(b)** $0{,}027\ 8_5$ g, $0{,}011\ 9_5$ g **(c)** quociente previsto $\sigma_{16}/\sigma_4 = 0{,}5$, quociente observado = 0,429

6. **(a)** 0,045 **(b)** 0,174

9. O intervalo de confiança é a região ao redor do valor médio medido na qual a média verdadeira provavelmente se encontra.

10. 50%. As barras no intervalo de 90% têm de ser mais compridas porque 90% delas têm de atingir a média.

11. Caso 1: Comparar o resultado medido com o valor conhecido por meio da Equação 4.8.

Caso 2: Comparar as medidas repetidas por meio das Equações 4.9 e 4.10 após o teste *F*.

Caso 3: Comparar as diferenças individuais por meio das Equações 4.11 e 4.12.

12. 90%: $0{,}14_8 \pm 0{,}02_8$; 99%: $0{,}14_8 \pm 0{,}05_6$

13. $\bar{x} \pm 0{,}000\ 10$ (1,527 83 até 1,528 03)

14. **(a)** dL = decilitro = 0,1 L **(b)** sim ($t_{calculado} = 2{,}12 < t_{tabelado} = 2{,}262$)

15. **(a)** A diferença não é significativa ($F_{calculado} = 6{,}0_6 < F_{tabelado} = 39{,}0$)

(b) A diferença não é significativa ($t_{calculado} = 0{,}70 < t_{tabelado} = 2{,}776$)

(c) A diferença é significativa ($F_{calculado} = 3{,}5_4 < F_{tabelado} = 39{,}0$ e $t_{calculado} = 4{,}2_5 > t_{tabelado} = 2{,}776$).

16. A diferença não é significativa ($t_{calculado} = 0{,}863 < t_{tabelado} = 2{,}447$)

17. A diferença não é significativa ($t_{calculado} = 0{,}86 < t_{tabelado} = 2{,}45$)

18. As diferenças não são significativas ($F_{calculado} = 2{,}43 < F_{tabelado} = 15{,}4$, e $t_{calculado} = 1{,}55 < t_{tabelado} = 2{,}447$)

19. A diferença é significativa ($F_{calculado} = 92{,}7 > F_{tabelado} = 9{,}36$, de modo que usamos as Equações 4.9b e 4.10b. $t_{calculado} = 11{,}3 > t_{tabelado} = 2{,}57$ para 5 graus de liberdade).

20. sim (90%: $\bar{x} \pm 1{,}1_8$%)

21. A diferença entre os indicadores A e B é significativa ($F_{calculado} = 5{,}3 > F_{tabelado} \approx 2{,}54$, de modo que usamos as Equações 4.9b e 4.10b. $t_{calculado} = 18{,}2 > t_{tabelado} = 2{,}02$ para 40 graus de liberdade); a diferença entre os indicadores B e C não é significativa ($F_{calculado} = 1{,}3 < F_{tabelado} \approx 2{,}52$, de modo que usamos as Equações 4.9a e 4.10a. $t_{calculado} = 1{,}39 < t_{tabelado} \approx 2{,}02$ para 43 graus de liberdade).

22. A diferença é significativa nos níveis de 95 e 99% ($t_{calculado} = 2{,}88$).

23. A diferença é significativa em ambos os casos. No primeiro caso, para o intervalo de confiança de 95% = $94{,}9_4$ a $99{,}0_6$. No segundo caso, para o intervalo de confiança de 95% = $94{,}6_9$ a $98{,}4_7$.

24. Manter 216. $G_{calculado} = 1{,}52 < G_{tabelado} = 1{,}672$.

25. Rejeitar 32,77. $G_{calculado} = 1{,}7_8 > G_{tabelado} = 1{,}672$.

Para os 4 dados restantes, $\bar{x} = 32{,}54_2$; $s = 0{,}01_3$

26. A afirmativa (i) é verdadeira.

27. $m = -1{,}299\ (\pm 0{,}001) \times 10^4$ ou $-1{,}298_7\ (\pm 0{,}001_3) \times 10^4$; $b = 3(\pm 3) \times 10^2$

28. $m = 0{,}6_4 \pm 0{,}1_2$; $b = 0{,}9_3 \pm 0{,}2_6$; $s_y = 0{,}27$

30. $m = -0{,}138 \pm 0{,}007$; $b = 0{,}2_0 \pm 0{,}1_6$; $s_y = 0{,}20$

31. Temos de medir a resposta de um procedimento analítico para quantidades conhecidas antes de utilizar o procedimento para uma amostra desconhecida.

32. Se o valor negativo estiver dentro do erro experimental de 0, o valor é 0. Caso o valor negativo esteja além do erro experimental, algo está errado com a análise.

33. $15{,}2_2 \pm 0{,}8_6$ μg, $15{,}_2 \pm 1{,}_5$ μg

34. **(a)** $2{,}0_0 \pm 0{,}3_8$ **(b)** $0{,}2_6$ **(c)** ±1,6 para **(a)** e ±1,1 para **(b)**

35. **(a)** 10,1 μg **(b)** 10,1 ± 0,4 μg ou $10{,}0_8 \pm 0{,}4_5$ μg ($u_x = 0{,}204\ 5$ μg, $t = 2{,}179$)

36. **(a)** $m = 869 \pm 11$, $b = -22{,}_1 \pm 8{,}_9$ **(b)** 145,0 mV **(c)** $0{,}19_2(\pm 0{,}01_4)$% em volume, intervalo de confiança de 95% $0{,}19_2\ (\pm 0{,}03_5)$% em volume

37. 21,9 μg

38. **(a)** A faixa inteira é linear. **(b)** log(corrente) = 0,969 2 log(concentração, μg/mL) + 1,338 9 **(c)** 4,80 μg/mL **(d)** ± 0,49 μg/mL

39. **(b)** 60,4 e 1 232 são dados suspeitos; massas molares de cerca de 105, 135 e 150 g/mol **(c)** rejeitar 60,4; $G_{calculado} = 5{,}23 > G_{tabelado}$ (mesmo 2,956 para 50 observações); $105{,}3_8\ (\pm 2{,}5_2)$ g/mol, 95% de confiança $105{,}3_8(\pm 0{,}9_2)$ g/mol

(d) Há viés sistemático.

Capítulo 5

5. Recuperação de um contaminante intencional > gráfico de resíduos > gráfico de inspeção > interseção diferente de zero > R^2

6. A *amostra de verificação de calibração* é feita pelo analista; a *amostra de teste de desempenho* é feita por alguma outra pessoa, e o analista não tem conhecimento da resposta esperada.

7. O *branco* encontra a resposta de um método quando nenhum analito está deliberadamente presente. O *branco de método* é realizado em todas as etapas da análise. O *branco para reagente* é igual ao branco de método, mas não foi submetido à preparação da amostra. O *branco de campo* é semelhante ao *branco de método*, mas foi exposto ao ambiente de campo.

8. *Faixa linear:* faixa de concentração do analito sobre a qual o sinal é proporcional à concentração do analito. *Faixa dinâmica:* faixa de concentração do analito com resposta utilizável ao analito, mesmo que não seja linear. *Faixa:* faixa de concentração do analito que atende à linearidade, exatidão e precisão especificadas.

9. O *falso-positivo* conclui que o analito excede a um limite quando na realidade está abaixo dele. O *falso-negativo* conclui que o analito está abaixo de um limite quando na verdade se situa acima dele.

10. ~1% das amostras sem analito produzem um sinal acima do limite de detecção. 50% das amostras contendo o analito no limite de detecção produzem um sinal abaixo do limite de detecção.

11. Ver Boxe 5.2.

12. iii

13. (a) metais e metais-traço em água e resíduos **(b)** E2866 **(c)** 996,06 **(d)** água em produtos farmacêuticos por titulação de Karl Fischer

16. sim: 8 medidas consecutivas (dias 19 a 29), todas acima ou abaixo da linha central

17. (a) ppb **(b)** $y = 109{,}55x + 616{,}56$ com $R^2 = 0{,}996\,8$ **(c)** o padrão para os resíduos sugere calibração curva **(d)** $-0{,}70$ pg/µL **(e)** os resíduos mostram a forma de U invertido **(f)** $R^2 = 0{,}999\,7$, $3{,}84$ pg/µL **(g)** $4{,}23$ pg/µL

18. $R^2 = 0{,}993\,2$, barra de erro de $y = \pm ts_y = \pm 162$, intervalo de confiança de 95% para 20 unidades de contaminação intencional de $x = 11{,}2$ a $24{,}2$ unidades, recuperações de 55,8 e 121,2%

19. (a) 22,2 ng/mL: precisão = 23,8%, exatidão = 6,6%
88,2 ng/mL: precisão = 13,9%, exatidão = $-6{,}5\%$
314 ng/mL: precisão = 7,8%, exatidão = $-3{,}6\%$
(b) limite de detecção do sinal = $129{,}6$; limite de detecção = $4{,}8 \times 10^{-8}$ M; limite de quantificação = $1{,}6 \times 10^{-7}$ M

20. (a) 4%, 16%, 22% **(b)** 1,4%

21. recuperação = 96%; limite de detecção da concentração = $0{,}064$ µg/L = $0{,}06$ µg/L

22. limites de detecção: 0,086, 0,102, 0,096 e 0,114 µg/mL; média = 0,10 µg/mL

23. Testar duas amostras independentes obtidas ao mesmo tempo de cada atleta reduziria a taxa de falso-positivos a $0{,}01 \times 0{,}01 = 0{,}000\,1$.

24. Lab. C vs. Lab A: $F_{\text{calculado}} = 31{,}0 > F_{\text{tabelado}} = 5{,}10$ (2 graus de liberdade para s_C e 12 graus de liberdade para s_A). $t_{\text{calculado}} = 2{,}4_1 < t_{\text{tabelado}} = 4{,}303$ para confiança de 95% e 2 graus de liberdade ⇒ a diferença não é significativa.

Lab. C vs. Lab B: $F_{\text{calculado}} = 1{,}9_4 < F_{\text{tabelado}} = 6{,}54$ (2 graus de liberdade para s_C e 12 graus de liberdade para s_A). $s_{\text{agrupado}} = 0{,}61_6$. $t_{\text{calculado}} = 2{,}4_7 > t_{\text{tabelado}} = 2{,}262$ para confiança de 95% e 9 graus de liberdade ⇒ a diferença é significativa.

A conclusão de que C é maior do que B, mas que C não é maior que A não faz nenhum sentido. O problema é $s_C \gg s_A$ e o número de análises em amostras idênticas para C $\ll$ número de análises em amostras idênticas para A. Sugiro que C > A e C > B. Eu procuraria aumentar o número de análises em amostras idênticas para C.

25. A adição de um pequeno volume mantém a matriz aproximadamente constante em virtude da não diluição da amostra.

26. (c) 1,04 ppm

27. (a) $R^2 = 0{,}997$ com resíduos aleatórios ⇒ linear **(b)** $8{,}7_2 \pm 0{,}4_3$ ppb **(c)** 116 ppm **(d)** ±6 ppm **(e)** ±18 ppm

28. (a) linear **(b)** água da torneira, 0,091 ng/mL; água da lagoa, 22,2 ng/mL **(c)** Este é um efeito de matriz. Alguma coisa na água da lagoa provavelmente diminui a emissão do Eu(III).

29. (b) coeficiente angular = 2,529 ± 0,095, coeficiente linear = 158,1 ± 9,0, $s_y = 14{,}7$ **(c)** 6,2 ± 0,6 g **(d)** 4,6 ± 0,2 g **(e)** evita curvatura na calibração; Os resultados de Blaine foram validados como adequados ao propósito analisando um material de referência certificado **(f)** validar o método e analistas com materiais de referência, executar amostras de controle

30. (a) $R^2 = 0{,}999\,2$ e resíduos aleatórios ⇒ linear **(b)** 0,117 ppm. **(c)** incerteza-padrão = 0,000 98 ppm, intervalo de confiança de 95% = 0,004 2 ppm, incerteza relativa do coeficiente linear = 16,6%, incerteza na concentração = 0,019 ppm

31. (a) $R^2 = 0{,}997$ e resíduos aleatórios ⇒ linear **(b)** 0,279 µg/L **(c)** incerteza-padrão = 0,016 9 µg/L, intervalo de confiança de 95% = 0,054 µg/L

32. A adição-padrão é apropriada quando a matriz da amostra é desconhecida ou complexa e difícil de ser duplicada. O padrão interno é apropriado quando (1) existem perdas não controladas de amostra durante a análise, ou (2) as condições do instrumento variam de análise para análise.

33. (a) $0{,}168_4$ **(b)** 0,847 mM **(c)** 6,16 mM **(d)** 12,3 mM

34. 9,09 mM

35. (b) $m = 3{,}47$, $u_m = 0{,}15$, $b = 0{,}038$, $u_b = 0{,}057$, $s_y = 0{,}072$ **(c)** linear **(d)** $[X]_f/[S]_f = 0{,}560$ com $u_x = 0{,}024\,6$, $t = 2{,}776$, $\pm tu_x = (2{,}776) \times (0{,}024\,6) = 0{,}068$, $[X]_f/[S]_f = 0{,}56 \pm 0{,}07$ **(e)** Intervalo de confiança de 95% para o coeficiente linear = $-0{,}12$ a $+0{,}20$, que inclui 0 **(f)** erro = $-3{,}8\%$, precisão = 4,4%, adequado ao propósito

36. O sinal do analito é medido com relação ao sinal do padrão interno. O padrão interno é tão semelhante ao analito que os efeitos de matriz provavelmente são idênticos.

Capítulo 6

4. (a) $K = 1/[\text{Ag}^+]^3 [\text{PO}_4^{3-}]$ **(b)** $K = P_{\text{CO}_2}^6 / P_{\text{O}_2}^{15/2}$

5. $1{,}2 \times 10^{10}$

6. $2{,}0 \times 10^{-9}$

7. (a) diminui **(b)** libera **(c)** negativo

8. 5×10^{-11}

9. (a) direita **(b)** direita **(c)** nenhum dos dois **(d)** direita **(e)** menor

10. (a) $4{,}7 \times 10^{-4}$ bar **(b)** 153 °C

11. (a) 7,82 kJ/mol **(b)** Um gráfico de $\ln K$ contra $1/T$ terá uma inclinação de $-\Delta H°/R$.

12. (a) direita **(b)** $P_{\text{H}_2} = 1\,366$ Pa, $P_{\text{Br}_2} = 3\,306$ Pa, $P_{\text{HBr}} = 57{,}0$ Pa **(c)** nenhum dos dois **(d)** formado

13. 0,663 mbar

14. 5×10^{-8} M

15. 8,5 zM

16. $3{,}9 \times 10^{-7}$

17. (a) $2{,}1 \times 10^{-8}$ M **(b)** $8{,}4 \times 10^{-4}$ M

18. BX_2 coprecipita com AX_3.

19. não, 0,001 4 M

20. não

21. $\text{I}^- < \text{Br}^- < \text{Cl}^- < \text{CrO}_4^{2-}$

22. Determina Pb no precipitado

23. diminuindo $[\text{Pb}]_{\text{total}}$: $\text{Pb}^{2+} + 2\text{I}^- \rightarrow \text{PbI}_2(s)$
aumentando $[\text{Pb}]_{\text{total}}$: $\text{PbI}_2(s) + \text{I}^- \rightarrow \text{PbI}_3^-$

24. (a) BF_3 **(b)** AsF_5

25. 0,096 M

26. $[\text{Zn}^{2+}] = 2{,}93 \times 10^{-3}$ M, $[\text{ZnOH}^+] = 9 \times 10^{-6}$ M, $[\text{Zn(OH)}_2(aq)] = 6 \times 10^{-6}$ M, $[\text{Zn(OH)}_3^-] = 8 \times 10^{-9}$ M, $[\text{Zn(OH)}_4^{2-}] = 9 \times 10^{-14}$ M

27. 15%

28. $1{,}1 \times 10^{-5}$ M

30. (a) um aduto **(b)** dativa ou covalente coordenada **(c)** conjugado **(d)** $[\text{H}^+] > [\text{OH}^-]$, $[\text{H}^+] < [\text{OH}^-]$

33. (a) HI **(b)** H_2O

34. $2\text{H}_2\text{SO}_4 \rightleftharpoons \text{HSO}_4^- + \text{H}_3\text{SO}_4^+$

35. (a) $(\text{H}_3\text{O}^+, \text{H}_2\text{O})$; $(\text{H}_3\overset{+}{\text{N}}\text{CH}_2\text{CH}_2\overset{+}{\text{N}}\text{H}_3, \text{H}_3\overset{+}{\text{N}}\text{CH}_2\text{CH}_2\text{NH}_2)$
(b) $(\text{C}_6\text{H}_5\text{CO}_2\text{H}, \text{C}_6\text{H}_5\text{CO}_2^-)$; $(\text{C}_5\text{H}_5\text{NH}^+, \text{C}_5\text{H}_5\text{N})$

36. (a) 2,00 **(b)** 12,54 **(c)** 1,52 **(d)** $-0{,}48$ **(e)** 12,00

37. (a) 6,998 **(b)** 6,132

38. $1{,}0 \times 10^{-56}$

39. 7,8

40. (a) endotérmico **(b)** endotérmico **(c)** exotérmico

44. $\text{Cl}_3\text{CCO}_2\text{H} \rightleftharpoons \text{Cl}_3\text{CCO}_2^- + \text{H}^+$

C$_6$H$_5$–$\overset{+}{\text{N}}\text{H}_3 \rightleftharpoons$ C$_6$H$_5$–$\text{NH}_2 + \text{H}^+$

$\text{La}^{3+} + \text{H}_2\text{O} \rightleftharpoons \text{LaOH}^{2+} + \text{H}^+$

45. C$_5$H$_5$N + H$_2$O $\rightleftharpoons$ C$_5$H$_5\overset{+}{\text{N}}$H + OH$^-$

$\text{HOCH}_2\text{CH}_2\text{S}^- + \text{H}_2\text{O} \rightleftharpoons \text{HOCH}_2\text{CH}_2\text{SH} + \text{OH}^-$

46. K_a: $\text{HCO}_3^- \rightleftharpoons \text{H}^+ + \text{CO}_3^{2-}$
K_b: $\text{HCO}_3^- + \text{H}_2\text{O} \rightleftharpoons \text{H}_2\text{CO}_3 + \text{OH}^-$

47. (a) $\text{H}_3\overset{+}{\text{N}}\text{CH}_2\text{CH}_2\overset{+}{\text{N}}\text{H}_3 \overset{K_{a1}}{\rightleftharpoons} \text{H}_2\text{NCH}_2\text{CH}_2\overset{+}{\text{N}}\text{H}_3 + \text{H}^+$
$\text{H}_2\text{NCH}_2\text{CH}_2\overset{+}{\text{N}}\text{H}_3 \overset{K_{a2}}{\rightleftharpoons} \text{H}_2\text{NCH}_2\text{CH}_2\text{NH}_2 + \text{H}^+$
(b) $^-\text{O}_2\text{CCH}_2\text{CO}_2^- + \text{H}_2\text{O} \overset{K_{b1}}{\rightleftharpoons} \text{HO}_2\text{CCH}_2\text{CO}_2^- + \text{OH}^-$
$\text{HO}_2\text{CCH}_2\text{CO}_2^- + \text{H}_2\text{O} \overset{K_{b2}}{\rightleftharpoons} \text{HO}_2\text{CCH}_2\text{CO}_2\text{H} + \text{OH}^-$

48. a, c

49. $\text{CN}^- + \text{H}_2\text{O} \rightleftharpoons \text{HCN} + \text{OH}^-$; $K_b = 1{,}6 \times 10^{-5}$

50. $\text{H}_2\text{PO}_4^- \overset{K_{a2}}{\rightleftharpoons} \text{HPO}_4^{2-} + \text{H}^+$
$\text{HC}_2\text{O}_4^- + \text{H}_2\text{O} \overset{K_{b2}}{\rightleftharpoons} \text{H}_2\text{C}_2\text{O}_4 + \text{OH}^-$

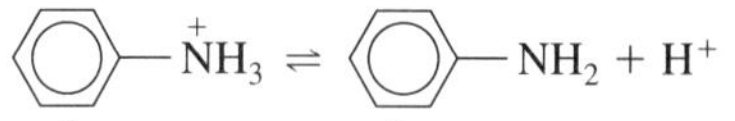

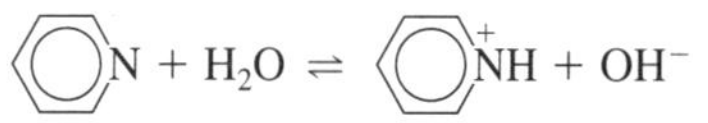

51. $K_{a1} = 7{,}04 \times 10^{-3}$, $K_{a2} = 6{,}25 \times 10^{-8}$, $K_{a3} = 4{,}3 \times 10^{-13}$

52. $3{,}0 \times 10^{-6}$

53. **(a)** $1{,}2 \times 10^{-2}$ M **(b)** A solubilidade será maior.

54. 0,22 g

Capítulo 7

7. 32,0 mL

8. 43,20 mL de $KMnO_4$ 270,0 mL de $H_2C_2O_4$

9. 0,149 M

10. 0,100 3 M

11. 92,0% m/m

12. **(a)** 0,020 34 M **(b)** 0,125 7 g **(c)** 0,019 82 M

13. 56,28% m/m

14. 8,17% m/m

15. 0,092 54 M

16. **(a)** 17 L **(b)** 793 L **(c)** $1{,}05 \times 10^3$ L

17. antes do V_e: $[Ag^+] = K_{ps}/[I^-]$; no V_e: $[Ag^+][I^-] = [Ag^+]^2 = K_{ps}$; depois do V_e: $[I^-] = K_{ps}/[Ag^+]$

18. **(a)** 13,08 **(b)** 8,04 **(c)** 2,53

19. **(a)** 6,06 **(b)** 3,94 **(c)** 2,69

20. $[AgCl(aq)]$ = 370 nM, $[AgBr(aq)]$ = 20 nM, $[AgI(aq)]$ = 0,32 nM

21. **(a)** SO_4^{2-} [do solo] + Ba^{2+} [do $BaCl_2(s)$] $\rightarrow$ $BaSO_4(s)$ **(b)** $0{,}11_8$ mmol **(c)** $0{,}11_8$ mmol **(d)** 1,1% m/m

22. **(i)** $[Ag^+] = K_{ps}$ (para o AgI)/$[I^-]$

(ii) KI precipitado

(iii) $[Ag^+] = K_{ps}$ (para o AgCl)/$[Cl^-]$

(iv) $[Ag^+] = \sqrt{K_{ps}\text{ (para o AgCl)}}$

(v) $$[Ag^+] = [Ag^+]_{\text{titulante}} \cdot \left(\frac{\text{volume adicionado após o } 2^{\text{o}} \text{ ponto de equivalência}}{\text{volume total}} \right)$$

23. $[Ag^+] = 9{,}1 \times 10^{-9}$ M; $Q = [Ag^+][Cl^-] = 2{,}8 \times 10^{-10} > K_{ps}$ para o AgCl

24. V_{e1} = 18,76 mL, V_{e2} = 37,52 mL

25. **(a)** 14,45 **(b)** 13,80 **(c)** 8,07 **(d)** 4,87 **(e)** 2,61

26. **(a)** 19,00, 18,85, 18,65, 17,76, 14,17, 13,81, 7,83, 1,95 **(b)** não

27. $V_X = V_M^o(C_M^o - [M^+] + [X^-])/(C_X^o + [M^+] - [X^-])$

32. negativo

34. 0,574 0 M, 1 376 mg

35. $CO_2(g)$ borbulharia para fora da solução quando da adição de HNO_3.

Capítulo 8

2. **(a)** verdadeiro **(b)** verdadeiro **(c)** verdadeiro

3. O aumento da concentração do íon promove a dissociação do HBG^-, amarelo, em BG^{2-}, azul.

4. **(a)** 0,008 7 M **(b)** $0{,}001_2$ M

5. **(a)** 0,660 **(b)** 0,54 **(c)** 0,18 **(d)** 0,83

6. $0{,}88_7$

7. **(a)** $0{,}42_2$ **(b)** $0{,}43_2$

8. $0{,}20_2$

9. aumenta

10. $7{,}0 \times 10^{-17}$ M

11. $6{,}6 \times 10^{-7}$ M

12. $\gamma_{H^+} = 0{,}86$, pH = 2,07

13. 11,94, 12,00

14. 0,329

15. 0,63

18. $[H^+] + 2[Ca^{2+}] + [Ca(HCO_3)^+] + [Ca(OH)^+] + [K^+] = [OH^-] + [HCO_3^-] + 2[CO_3^{2-}] + [ClO_4^-]$

19. $[H^+] = [OH^-] + [HSO_4^-] + 2[SO_4^{2-}]$

20. $[H^+] = [OH^-] + [H_2AsO_4^-] + 2[HAsO_4^{2-}] + 3[AsO_4^{3-}]$

21. **(a)** carga: $2[Mg^{2+}] + [H^+] + [MgBr^+] + [MgOH^+] = [Br^-] + [OH^-]$; massa: $[MgBr^+] + [Br^-] = 2\{[Mg^{2+}] + [MgBr^+] + [MgOH^+]\}$

(b) $[Mg^{2+}] + [MgBr^+] + [MgOH^+]$ = 0,2 M; $[MgBr^+] + [Br^-]$ = 0,4 M

22. $2{,}3 \times 10^6$ N, $5{,}2 \times 10^5$ libras, não

23. $[CH_3CO_2^-] + [CH_3CO_2H]$ = 0,1 M

24. $[Y^{2-}] = [X_2Y_2^{2+}] + 2[X_2Y^{4+}]$

25. $3\{[Fe^{3+}] + [Fe(OH)^{2+}] + [Fe(OH)_2^+] + 2[Fe(OH)_2^{4+}] + [FeSO_4^+]\}$
$= 2\{[FeSO_4^+] + [SO_4^{2-}] + [HSO_4^-]\}$

26. $[H^+] = 1{,}08 \times 10^{-11}$ M, $[NH_4^+] = 9{,}29 \times 10^{-4}$ M, $[OH^-] = 9{,}29 \times 10^{-4}$ M, e $[NH_3] = 4{,}91 \times 10^{-2}$ M; pH = 10,97 e fração de hidrólise = 1,86% para NH_3 0,05 M. Fração de hidrólise = 4,11% para NH_3 0,01 M

27. Mesmos resultados que os encontrados pelo Atingir Meta na Figura 8.8; fração de hidrólise = 4,11%

28. **(b)** $[A^-] = 1{,}00 \times 10^{-2}$ M, $[OH^-] = 2{,}39 \times 10^{-6}$ M, $[HA] = 2{,}39 \times 10^{-6}$ M, $[H^+] = 5{,}08 \times 10^{-9}$ M, μ = 0,010 0 M, pH = 8,33, fração de hidrólise = 0,024%

29. **(b)** $[Ca^{2+}]$ = 0,015 6 M, $[CaOH^+]$ = 0,005 3 M, $[OH^-]$ = 0,036 4 M, $[H^+] = 4{,}0 \times 10^{-13}$ M; fração de hidrólise = $[CaOH^+]/\{[Ca^{2+}] + [CaOH^+]\}$ = 25%; solubilidade = $[Ca^{2+}] + [CaOH^+]$ = 0,020 9 M

30. $[Na^+] = [Cl^-]$= 0,024 86 M, $[NaCl(aq)]$= 0,000 143 M, força iônica = 0,024 86 M, fração de par iônico = 0,57%

31. $[Na^+]$ = 0,047 75 M, $[SO_4^{2-}]$= 0,022 75 M, $[NaSO_4^-(aq)]$ = 0,002 246 M força iônica = 0,070 51 M, fração de par iônico = 9,0%

32. **(a)** $[Mg^{2+}] = [SO_4^{2-}]$ = 0,016 16 M, $[MgSO_4(aq)]$ = 0,008 844 M, força iônica = 0,064 63 M, fração de emparelhamento de íons = 35,4%

(b) $Mg^{2+} + OH^- \rightleftharpoons MgOH^+$ $K_1 = 10^{2{,}6}$ $[MgOH^+] = K_1[Mg^{2+}][OH^-] = 10^{2{,}6}[0{,}016]10^{-7} = 6 \times 10^{-7}$ M, que é desprezível em comparação com $[Mg^{2+}]$ = 0,016 M

$SO_4^{2-} + H_2O \rightleftharpoons HSO_4^- + OH^-$ pK_b = 12,01

$[HSO_4^-] \approx K_b[SO_4^{2-}]/[OH^-] = 10^{-12{,}01}[0{,}016]/10^{-7} = 2 \times 10^{-7}$ M, que é desprezível em comparação com $[SO_4^{2-}]$ = 0,016 M

33. $[Li^+] = [F^-]$ = 0,050 1 M, $[LiF(aq)]$ = 0,002 88 M, $[HF] = 8{,}5 \times 10^{-7}$ M, $[OH^-] = 8{,}7 \times 10^{-7}$ M, $[H^+] = 1{,}7 \times 10^{-8}$ M, μ = 0,050 1 M

34. **(a)** $4{,}3 \times 10^{-5}$ **(b)** $5{,}2 \times 10^{-4}$ M = 21 mg/L **(c)** 0,023 bar

Capítulo 9

1. O H^+ adicionado suprime a ionização da H_2O (princípio de Le Châtelier).

2. **(a)** 3,00 **(b)** 12,00

3. 6,89, 0,61

4. **(a)** 0,809 **(b)** 0,791 **(c)** O coeficiente de atividade depende ligeiramente do contraíon.

5.

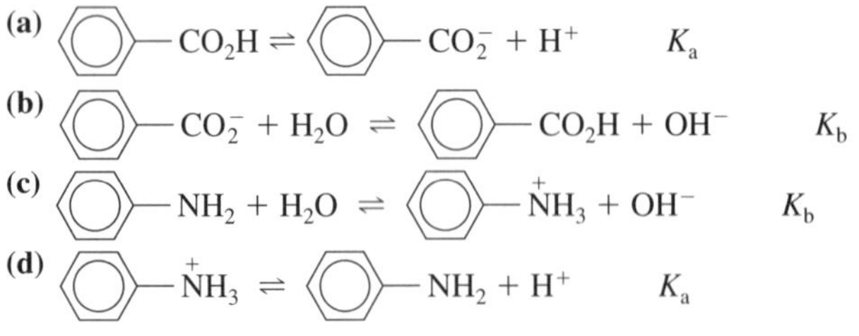

6. pH 3,00, α = 0,995%

7. 5,50

9. 5,51, $3{,}1 \times 10^{-6}$ M, 0,060 M

10. 4,20

11. 5,79

12. **(a)** 3,03, 9,4% **(b)** 7,00, 99,9%

13. 5,64, 0,005 3%

14. 2,86, 14%

15. 99,6%, 96,5%

16. O ácido no suco de limão converte R_3N, volátil, em R_3NH^+, menos volátil.

17. 11,00, 0,995%

18. 11,28, [B] = 0,058 M, $[BH^+] = 1,9 \times 10^{-3}$ M

19. 10,95

20. 0,007 6%, 0,024%, 0,57%

21. $3,6 \times 10^{-9}$

22. $4,1 \times 10^{-5}$

23. Pese 0,020 0 mol de ácido acético (= 1,201 g) em um béquer com ~75 mL de água. Monitore o pH por meio de um eletrodo enquanto adiciona NaOH 3 M (são necessários ~4 mL) até pH = 5,00. Transfira quantitativamente o líquido para balão volumétrico de 100 mL fazendo várias lavagens do béquer com pequenas quantidades de água, dilua até a marca, e misture bem.

24. Coloque 16,9 mL de NH_3 28% em massa em ~160 mL de água em um béquer. Adicione ~9 mL de HCl 37,2% em massa. Monitore o pH por meio de um eletrodo enquanto adiciona mais alguns mL de HCl, gota a gota, até que o pH esteja exatamente em 9,00. Transfira quantitativamente o líquido para um balão volumétrico de 250 mL fazendo várias lavagens com pequenas quantidades de água, e dilua até a marca.

25. O tampão contém $B(OH)_3$ ~5 mmol e $B(OH)_4^-$ ~5 mmol. Se o ácido gerado consome metade do $B(OH)_4^-$, o pH é reduzido de 9,24 para pH = $pK_a + \log[B(OH)_4^-]/[B(OH)_3]$ = 9,24 + log (2,5 mmol/7,5 mmol) = 8,76.

26. Quando o volume muda, a razão $[A^-]/[HA]$ não se altera.

27. Tampões mais concentrados contêm mais A^- e HA para consumir o ácido ou a base adicionada.

28. Em pH baixo ou elevado, o ácido ou a base adicional é muito inferior do que a quantidade de H^+ ou de OH^- já presente.

29. Quando pH = pK_a, um incremento adicional de ácido ou de base apresenta o menor efeito sobre a razão $[A^-]/[HA]$.

30. A equação de Henderson-Hasselbalch é equivalente à expressão de equilíbrio de K_a, o que é sempre verdadeiro. É uma aproximação considerar que [HA] e $[A^-]$ não se modificam com relação ao que foi colocado em solução.

31. Ácido 4-aminobenzenossulfônico

32. 4,70

33. **(a)** 0,180 **(b)** 1,00 **(c)** 1,80

34. 1,5

35. **(a)** 14 **(b)** $1,4 \times 10^{-7}$

36. **(a)** NaOH porque HEPES é um ácido **(b)** (1) Pesar (0,250 L)(0,050 0 M) = 0,012 5 mol de HEPES e dissolver em ~200 mL. (2) Ajustar o pH até 7,45 com NaOH. (3) Diluir a 250 mL.

37. 3,38 mL

38. **(b)** 7,18 **(c)** 7,00 **(d)** 6,86 mL

39. **(a)** 2,56 **(b)** 2,61 **(c)** 2,86

40. 16,2 mL

41. **(a)** pH = 5,06, [HA] = 0,001 99 M, $[A^-]$ = 0,004 01 M

42. **(a)** pH aproximado = 11,70; pH mais exato = 11,48

43. 6,86

44. $pK_a \approx 5,2$. O deslocamento químico em pH baixo (8,67 ppm) é resultado do $C_5H_5NH^+$. O deslocamento químico em pH alto (7,89 ppm) se refere ao C_5H_5N. Quando pH = pK_a, existirão quantidades iguais de ambas as espécies e o deslocamento químico será $\frac{1}{2}$ (8,87 + 7,89) = 8,28 ppm. Esse deslocamento químico intercepta a curva por meio dos pontos dos dados em pH ≈ 5,2.

Capítulo 10

1. O H^+ produzido pela dissociação do ácido reage com OH^- proveniente da hidrólise da base, deslocando a reação de hidrólise da base para a direita.

2. 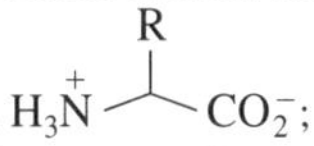

; os valores de pK se aplicam a $-NH_3^+$, $-CO_2H$ e, em alguns casos, R.

3. $4,37 \times 10^{-4}$, $8,93 \times 10^{-13}$

4. **(a)** pH = 2,51, $[H_2A]$ = 0,096 9 M, $[HA^-] = 3,11 \times 10^{-3}$ M, $[A^{2-}] = 1,00 \times 10^{-8}$ M **(b)** 6,00, $1,00 \times 10^{-3}$ M, $1,00 \times 10^{-1}$ M, $1,00 \times 10^{-3}$ M **(c)** 10,50, $1,00 \times 10^{-10}$ M, $3,16 \times 10^{-4}$ M, $9,97 \times 10^{-2}$ M

5. **(a)** pH = 1,95, $[H_2M]$ = 0,089 M, $[HM^-] = 1,12 \times 10^{-2}$ M, $[M^{2-}] = 2,01 \times 10^{-6}$ M **(b)** pH = 4,28, $[H_2M] = 3,7 \times 10^{-3}$ M, $[HM^-] \approx 0,100$ M, $[M^{2-}] = 3,8 \times 10^{-3}$ M **(c)** pH = 9,35, $[H_2M] = 7,04 \times 10^{-12}$ M, $[HM^-] = 2,23 \times 10^{-5}$ M, $[M^{2-}]$ = 0,100 M

6. pH = 11,60, [B] = 0,296 M, $[BH^+] = 3,99 \times 10^{-3}$ M, $[BH_2^{2+}] = 2,15 \times 10^{-9}$ M

7. pH = 3,69, $[H_2A] = 2,9 \times 10^{-6}$ M, $[HA^-] = 7,9 \times 10^{-4}$ M, $[A^{2-}] = 2,1 \times 10^{-4}$ M

8. 4,03

9. **(a)** pH = 6,002, $[HA^-]$ = 0,009 8 M, $[H_2A]$ = 0,000 098 M, $[A^{2-}]$ = 0,000 099 M **(b)** pH = 4,50, $[HA^-]$ = 0,006 1 M, $[H_2A]$ = 0,001 9 M, $[A^{2-}]$ = 0,002 0 M

10. $[CO_2(aq)] = 10^{-4,9}$ M, pH = 5,67

11. **(a)** $[CO_3^{2-}] = K_{a2}K_{a1}K_HP_{CO_2}/[H^+]^2$ **(b)** 0 °C: $6,6 \times 10^{-5}$ mol kg^{-1}; 30 °C: $1,8 \times 10^{-4}$ mol kg^{-1} **(c)** 0 °C: $[Ca^{2+}][CO_3^{2-}] = 6,6 \times 10^{-7}$ mol^2 kg^{-2} (a aragonita se dissolve, a calcita não); 30 °C: $[Ca^{2+}][CO_3^{2-}] = 1,8 \times 10^{-6}$ mol^2 kg^{-2} (nenhuma delas se dissolve)

12. 2,96 g

13. 2,22 mL

14. Procedimento: Dissolver 10,0 mmol (1,23 g) de ácido picolínico em ~75 mL de H_2O em um béquer. Adicionar NaOH (~5,63 mL) até que o pH medido seja 5,50. Transferir para um balão volumétrico de 100 mL e usar pequenas porções de H_2O para rinsar o béquer para dentro do balão volumétrico. Diluir até 100 mL e misturar bem.

15. 26,5 g de Na_2SO_4 + 1,30 g de H_2SO_4

16. não

17. 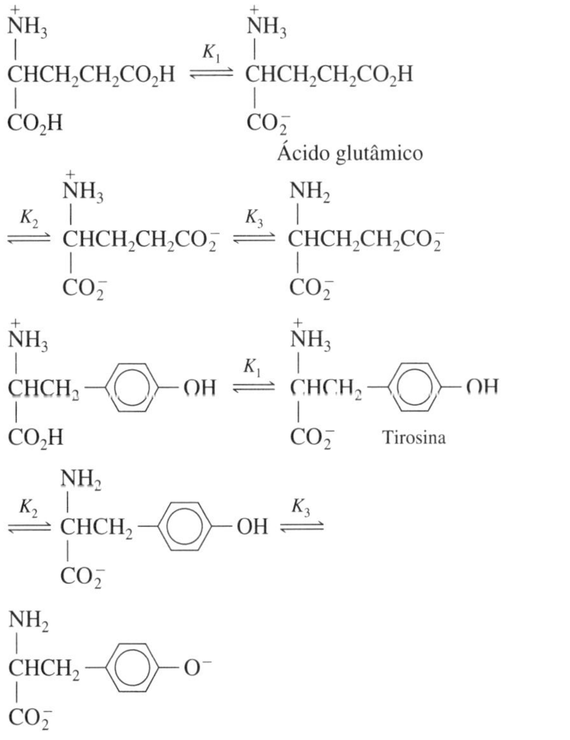

18. **(a)** $2,8 \times 10^{-3}$ **(b)** $2,8 \times 10^{-8}$

19. **(a)** O NaH_2PO_4 e o Na_2HPO_4 seriam os mais simples, mas outras combinações como H_3PO_4 e Na_3PO_4, ou H_3PO_4 e Na_2HPO_4 também funcionam bem. **(b)** 4,55 g de Na_2HPO_4 + 2,15 g de NaH_2PO_4 **(c)** Um de vários modos: Pese 0,050 0 mol de Na_2HPO_4 e dissolva-o em 900 mL de água. Adicione HCl enquanto controla o pH com um eletrodo de pH. Quando o pH estiver em 7,45, pare de adicionar HCl e dilua até exatamente 1 L com H_2O.

20. pH = 5,64, $[H_2L^+]$ = 0,010 0 M, $[H_3L^{2+}] = 1,36 \times 10^{-6}$ M, $[HL] = 3,68 \times 10^{-6}$ M, $[L^-] = 2,40 \times 10^{-11}$ M

21. 78,9 mL

22. **(a)** 5,88 **(b)** 5,59

23. **(a)** HA **(b)** A^- **(c)** 1,0, 0,10

24. **(a)** 4,00 **(b)** 8,00 **(c)** H_2A **(d)** HA^- **(e)** A^{2-}

25. **(a)** 9,00 **(b)** 9,00 **(c)** BH^+ **(d)** $1,0 \times 10^3$

26.

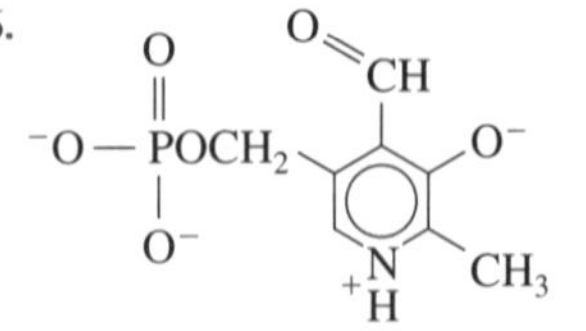

27. $\alpha_{HA} = 0,091$, $\alpha_{A^-} = 0,909$, $[A^-]/[HA] = 10$

28. 0,91

29. $\alpha_{H_2A} = 0,876, 0,0491$; $\alpha_{A^-} = 0,124, 0,693$; $\alpha_{A^{2-}} = 4,60 \times 10^{-4}, 0,258$

30. $\alpha_{H_2A} = 0,893, 0,500, 5,4 \times 10^{-5}, 2,2 \times 10^{-5}, 1,55 \times 10^{-12}$

$\alpha_{HA} = 0,107, 0,500, 0,651, 0,500, 1,86 \times 10^{-4}$

$\alpha_{A^{2-}} = 5,8 \times 10^{-7}, 2,2 \times 10^{-5}, 0,349, 0,500, 0,999\ 8$

31. **(b)** $8,6 \times 10^{-6}$, 0,61, 0,39, $1,6 \times 10^{-6}$

32. 0,36

33. 96%

35. Em pH 10: $\alpha_{H_3A} = 1,05 \times 10^{-9}$, $\alpha_{H_2A^-} = 0,040\ 9$, $\alpha_{HA^{2-}} = 0,874$, $\alpha_{A^{3-}} = 0,085\ 4$

36. **(b)** $[Cr(OH)_3(aq)] = 10^{-6,84}$ M

(c) $[Cr(OH)_2^+] = 10^{-4,44}$ M, $[Cr(OH)^{2+}] = 10^{-2,04}$ M

37. substituintes ácidos: ácido aspártico, cisteína, ácido glutâmico, tirosina. substituintes básicos: arginina, histidina, lisina.

38. pH isoelétrico: a proteína não apresenta carga líquida, embora ela apresente muitos sítios positivos e negativos. O pH isoiônico é o pH de uma solução contendo apenas a proteína, H^+ e OH^-.

39. A carga média é 0. Não existe nenhum pH em que todas as moléculas possuem carga zero.

40. O pH isoelétrico é 5,59; e o pH isoiônico é 5,72

Capítulo 11

1. Ponto de equivalência: quantidade de titulante é a quantidade exata necessária para a reação com o analito. Ponto final: marcado por uma mudança abrupta em uma propriedade física, como o pH ou a cor de um indicador.

2. 13,00, 12,95, 12,68, 11,96, 7,00, 3,04, 1,75

3. pH = $-\log [H^+]$. Mesmo quando $[H^+]$ quase não se modifica próximo de V_e, seu logaritmo muda rapidamente próximo de V_e porque $[H^+]$ diminui de várias ordens de grandeza com mínimas adições de OH^-, quando existe muito pouco H^+ presente.

4. Esboce como a Figura 11.2. O pH inicial é determinado pela dissociação ácida de HA. Entre o ponto inicial e V_e, os íons OH^- adicionados convertem a quantidade equivalente de HA em A^-, produzindo um tampão (HA e A^-). Em V_e, HA foi convertido em A^-, cujo pH é controlado pela hidrólise de A^-. Após V_e, o pH é determinado pelo excesso de OH^-.

5. Se o analito é muito fraco ou está muito diluído, existe pouca mudança de pH no ponto de equivalência.

6. 3,00, 4,05, 5,00, 5,95, 7,00, 8,98, 10,96, 12,25

7. $V_e/11$; $10V_e/11$; $V_e = 0$, pH = 2,80; $V_e/11$, pH = 3,60; $V_e/2$, pH = 4,60; $10V_e/11$, pH = 5,60; V_e, pH = 8,65; $1,2V_e$, pH = 11,96

8. 8,18

9. $5,4 \times 10^7$

10. 0,107 M

11. 9,72

12. Esboce como a Figura 11.9. O pH inicial é determinado por $B + H_2O \rightleftharpoons BH^+ + OH^-$. Entre o ponto inicial e V_e, os íons H^+ adicionados convertem a quantidade equivalente de B em BH^+, produzindo um tampão (B e BH^+). Em V_e, B foi convertido em BH^+, cujo pH é controlado pela hidrólise de BH^+. Após V_e, o pH é determinado pelo excesso de H^+.

13. Em V_e, B é convertido em BH^+, que é um ácido.

14. 11,00, 9,95, 9,00, 8,05, 7,00, 5,02, 3,04, 1,75

15. $V_e/2$

16. $2,2 \times 10^9$

17. 10,92, 9,57, 9,35, 8,15, 5,53, 2,74

18. **(a)** 9,45 **(b)** 2,55 **(c)** 5,15

19. O pH inicial é determinado pela dissociação ácida de H_2A. $V_0 < V_b < V_{e2}$: mistura tampão de H_2A e HA^-. V_{e1}: H_2A convertido em HA^-, cujo pH é determinado pelas reações ácido-base de HA^-. $V_{e1} < V < V_{e2}$: mistura tampão entre HA^- e A^{2-}. V_{e2}: HA^- convertido em A^{2-}, cuja hidrólise básica determina o pH. Após V_{e2}: o excesso de OH^- determina o pH.

20. positivo (Carga média = 0 no ponto isoelétrico. Quando se adiciona H^+ para se chegar ao ponto isoiônico, alguns grupos básicos são protonados.)

21. isoiônico (Ponto H pode ser atingido misturando-se HA com NaCl. O pH é equivalente ao da solução de HA puro, que é o pH isoiônico.)

22. Curva superior: $\frac{3}{2}V_e$ está em pH = pK_2 (mistura 1:1 de HA^- e A^{2-}).

Curva inferior: "pK_2" (= pK_{BH^+}) ocorre em uma mistura 1:1 de B e BH^+. Para produzir essa mistura, B é inicialmente transformado em BH^+ em V_e por reação com HA. Em $2V_e$ foi adicionado mais um equivalente de B, o que produz uma razão molar $B:BH^+$ igual a 1:1.

23. 11,49, 10,95, 10,00, 9,05, 8,00, 6,95, 6,00, 5,05, 3,54, 1,79

24. 2,51, 3,05, 4,00, 4,95, 6,00, 7,05, 8,00, 8,95, 10,46, 12,21

25. 11,36, 10,21, 9,73, 9,25, 7,53, 5,81, 5,33, 4,86, 3,41, 2,11, 1,85

26. 5,01

27. **(a)** 1,99 **(b)** Em V_a = 90,0 mL, a aproximação dá pH = 1,75, que é menor do que o valor correto em 100,0 mL. Em V_a = 101,0 mL, a aproximação dá pH = 3,18, que é maior do que o valor correto em 100,0 mL. As equações na Tabela 11.5 dão pH = 2,16 em 90,0 mL e pH = 1,98 em 101,0 mL.

28. **(b)** 7,13

29. 2,72

30. **(a)** 9,54 **(b)** $7,9 \times 10^{-10}$

31. 6,28 g

32. $pK_2 = 9,84$

33. O gráfico de Gran encontra V_e a partir da extrapolação dos pontos antes de V_e. Pontos antes de V_e têm menos incerteza de medição do que pontos muito próximos a V_e.

34. ponto final = 23,39 mL

35. ponto final = 10,727 mL

36. $[HIn]/[In^-]$ muda de 10:1 em pH = $pK_{HIn} - 1$ para 1:10 em pH = $pK_{HIn} + 1$

37. O intervalo de pH de transição do indicador corretamente escolhido coincide com a parte mais íngreme da curva de titulação, o que inclui o ponto de equivalência.

38. Caso saibamos pK_{HIn} e determinemos $[In^-]/[HIn]$ espectroscopicamente, podemos calcular o pH a partir da equação de Henderson-Hasselbalch.

39. H_2SO_4, HCl, HNO_3 ou $HClO_4$

40. amarelo, verde, azul

41. **(a)** vermelho **(b)** laranja **(c)** amarelo

42. **(a)** vermelho **(b)** laranja **(c)** amarelo **(d)** vermelho

43. não (o pH no ponto final deve ser > 7)

44. **(a)** 2,47 **(b)** O pH é muito baixo para que se veja muita mudança (inflexão) em V_e

45. **(a)** violeta **(b)** azul **(c)** amarelo

46. **(a)** 5,62 **(b)** vermelho de metila usando o ponto final amarelo

47. 2,859% em massa

48. *Alcalinidade* = número de mols de H^+ necessários para atingir pH 4,5, que é o pH do H_2CO_3. A alcalinidade mede $[OH^-] + [CO_3^{2-}] + [HCO_3^-]$ mais outras bases presentes. O verde de bromocresol é azul acima de pH 5,4 e amarelo abaixo de pH 3,8. A faixa de cor verde inclui o pH 4,5.

49. Padronização do HCl: qualquer base na Tabela 11.4; NaOH: qualquer ácido na Tabela 11.4.

50. Maior equivalente-massa requer mais massa de padrão primário com menos erro relativo ao pesar o reagente.

51. Seque o ftalato ácido de potássio a 110 °C e pese exatamente dentro de um frasco. Titule com NaOH, usando eletrodo de pH ou fenolftaleína para observar o ponto final.

52. 0,079 34 mol/kg

53. $1{,}023_8$ g, erro sistemático = 0,08%, a molaridade calculada do HCl está baixa

54. 0,31 g

55. **(a)** 20,253% em massa **(b)** 17,984 g

56. **(a)** 204,223 ± 0,006 g/mol **(b)** 1,000 00 ± 0,000 03

57. 15,1% em massa

58. **(a)** 15,3% em massa **(b)** 8,40 **(c)** 13% **(d)** 1,02

59. O ácido mais forte que o H_3O^+ é nivelado ao H_3O^+ em água. As bases mais fortes que o OH^- são niveladas ao OH^-.

60. **(a)** ácido acético **(b)** piridina

61. Cada uma delas reage com H_2O produzindo OH^-: $NH_2^- + H_2O \rightarrow NH_3 + OH^-$ $C_6H_5^- + H_2O \rightarrow C_6H_6 + OH^-$

62. CH_3OH é menos polar que H_2O. Se CH_3OH é adicionado à solução aquosa, a molécula neutra de piridina tenderá a ser favorecida com relação ao cátion protonado piridínio. É necessária uma maior concentração de ácido para protonar a piridina em CH_3OH aquoso do que em H_2O.

67. **(b)** $K = 0{,}279$, pH = 4,16

71. $$\phi = \frac{\alpha_{BH^+} + 2\alpha_{BH_2^{2+}} + 3\alpha_{BH_3^{3+}} + 4\alpha_{BH_4^{4+}} + \frac{[H^+]-[OH^-]}{C_b}}{1 - \frac{[H^+]-[OH^-]}{C_a}}$$

72. 0,139 M

73. 0,815

Capítulo 12

1. Ligantes multidentados formam complexos mais estáveis do que aqueles correspondentes a partir de ligantes monodentados.

2. **(a)** $2{,}7 \times 10^{-10}$ **(b)** 0,57

3. **(a)** $2{,}5 \times 10^7$ **(b)** $4{,}5 \times 10^{-5}$ M

4. 5,60 g

5. H_5DTPA neutro é $DTPA(CO_2H)_2(CO_2^-)_3(NH^+)_3$. A espécie predominante em pH 14 é $DTPA^{5-}$. Por analogia com o EDTA, considera-se que todos os grupos carboxila estão provavelmente ionizados em pH 3 a 4, de modo que a espécie predominante é H_3DTPA^{2-}, que é $DTPA(CO_2^-)_5(NH^+)_3$. Em pH 14 e pH 3, o sulfato está na forma SO_4^{2-}. H^+ 10^{-3} M desloca o Ba^{2+} do DTPA, mas H^+ 10^{-4} M, não.

6. **(a)** 100,0 mL **(b)** 0,016 7 M **(c)** 0,041 **(d)** $4{,}1 \times 10^{10}$ **(e)** $7{,}8 \times 10^{-7}$ M **(f)** $2{,}4 \times 10^{-10}$ M

7. **(a)** 2,93 **(b)** 6,79 **(c)** 10,52

8. **(a)** 1,70 **(b)** 2,18 **(c)** 2,81 **(d)** 3,87 **(e)** 4,87 **(f)** 6,85 **(g)** 8,82 **(h)** 10,51 **(i)** 10,82

9. (∞), 10,30, 9,52, 8,44, 7,43, 6,15, 4,88, 3,20, 2,93

10. $4{,}6 \times 10^{-11}$ M

14. O agente complexante auxiliar mantém o analito em solução, mas fornece o analito para o EDTA.

15. **(a)** 25 **(b)** 0,016

16. **(a)** 15,03 **(b)** 15,05 **(c)** 16,31 **(d)** 17,02 **(e)** 17,69

17. **(b)** $\alpha_{ML} = 0{,}28$, $\alpha_{ML_2} = 0{,}70$

19. **(b)** 1,34 mL, pNi = 7,00; 21,70 mL, pNi = 8,00; 26,23 mL, pNi = 17,00

22. A maior parte do Mg^{2+} não se acha ligada à pequena quantidade de indicador. O Mg^{2+} livre reage com EDTA antes que o MgIn reaja. [MgIn] é constante até que todo o Mg^{2+} seja consumido. Quando o MgIn começa a reagir, a cor muda.

23. HIn^{2-}; vermelho-vinho; azul

24. tampão (1): amarelo → azul; outros tampões: violeta → azul, que é mais difícil de se ver

25. O analito precipita sem EDTA; o analito reage lentamente com o EDTA ou bloqueia o indicador.

26. O analito desloca um íon metálico de um complexo

28. Dureza ≈ $[Ca^{2+}] + [Mg^{2+}]$. A dureza temporária, em razão do $Ca(HCO_3)_2$, é perdida por aquecimento. A dureza permanente é decorrente de outros sais, como o $CaSO_4$, e não é afetada pelo aquecimento.

29. 10,0 mL, 10,0 mL

30. 0,020 0 M

31. 0,995 mg

32. 0,092 54 M

33. 21,45 mL

34. $[Ni^{2+}] = 0{,}012\ 4$ M, $[Zn^{2+}] = 0{,}007\ 18$ M

35. 0,024 30 M

36. 0,092 28 M

37. observado: 32,7% m/m; teórico: 32,90% m/m

Capítulo 13

1. $PbS(s) + H^+ \rightleftharpoons Pb^{2+} + HS^-$

$PbCO_3(s) + H^+ \rightleftharpoons Pb^{2+} + HCO_3^-$

2. **(a)** pH = 9,98 **(b)** pH = 10,00 **(c)** pH = 9,45

3. pH = 9,95

4. valores previstos: $pK_1' = 2{,}350$, $pK_2' = 9{,}562$

5. pH = 10,194 a partir da planilha eletrônica e 10,197 pelo método manual

6. pH = 4,52

7. pH = 5,00

8. força iônica = 0,025 M, pH = 4,94

9. **(a)** pH = 7,420 **(b)** pH = 7,403

10. pH = 4,44

11. **(d)** $[Fe^{3+}] = 4{,}20$ mM, $[SCN^-] = 2{,}03$ μM, $[H^+] = 15{,}8$ mM, $[Fe(SCN)^{2+}] = 2{,}97$ μM, $[Fe(SCN)_2^+] = 106$ pM, $[FeOH^{2+}] = 0{,}802$ mM, $\mu = 0{,}043\ 4$ M **(e)** A hidrólise do Fe(III) produz H^+ 0,000 8 M. **(f)** quociente calculado = 293, o gráfico dá 270 **(g)** $[Fe^{3+}] = 4{,}45$ mM, $[SCN^-] = 2{,}81$ μM, $[H^+] = 15{,}6$ mM, $[Fe(SCN)^{2+}] = 2{,}19$ μM, $[Fe(SCN)_2^+] = 68{,}2$ pM, $[FeOH^{2+}] = 0{,}546$ mM, $[OH^-] = 1{,}18$ pM, $\mu = 0{,}244$ M; quociente calculado = 156, o gráfico dá 150

12. $[Fe^{2+}] = 1{,}74$ mM, $[G^-] = 0{,}954$ mM, $[H^+] = 3{,}67$ nM, $[FeG^+] = 18{,}7$ mM, $[FeG_2] = 29{,}0$ mM, $[FeG_3^-] = 0{,}459$ mM; $[FeOH^+] = 0{,}121$ mM, $[HG] = 21{,}0$ mM, $[H_2G^+] = 12{,}8$ nM, $[OH^-] = 3{,}67$ μM, $[Cl^-] = 20{,}9$ mM; fração do Fe em cada forma: $[Fe^{2+}]$, 3,49%; $[FeG^+]$, 37,40%; $[FeG_2]$, 57,95%; $[FeG_3^-]$, 0,92%; $[FeOH^+]$, 0,24%; fração da glicina em cada forma: $[G^-]$, 0,95%; [HG], 21,02%; $[H_2G^+]$, 0,00%; $[FeG^+]$, 18,70%; $2[FeG_2]$, 57,95%; $3[FeG_3^-]$, 1,38%; HCl adicionado = 20,9 mmol; força iônica = 24,1 mM; química: $FeG_2 \rightleftharpoons FeG^+ + G^-$ seguida por $G^- + H^+ \rightleftharpoons HG$. G^- é liberado quando o FeG_2 se dissolve e requer HCl para abaixar o pH para 8,50.

13. **(b)** A fixação do pK_W' em 13,797 faz com que o $\bar{n}_H$(medido) se desvie sistematicamente acima do $\bar{n}_H$(teórico) no fim da titulação quando $\bar{n}_H$ deve tender a zero.

Capítulo 14

2. **(a)** $6{,}241\ 509\ 074 \times 10^{18}$ e^-/C **(b)** 96 485,332 12 C/mol

3. **(a)** 3,00 mA, $1{,}87 \times 10^{16}$ e^-/s **(b)** $9{,}63 \times 10^{-19}$ J/ e^- **(c)** $5{,}60 \times 10^{-5}$ mol **(d)** 447 V

4. **(a)** $71{,}_5$ A **(b)** 4,35 A **(c)** 79 W

5. **(a)** I_2 **(b)** $S_2O_3^{2-}$ **(c)** 861 C **(d)** 14,3 A

6. **(a)** NH_4^+ e Al, agentes de redução; ClO_4^-, agente de oxidação **(b)** 9,576 kJ/g

8. **(a)** $Fe(s) | FeO(s) | KOH(aq) | Ag_2O(s) | Ag(s)$;

$FeO(s) + H_2O + 2e^- \rightleftharpoons Fe(s) + 2OH^-$;

$Ag_2O(s) + H_2O + 2e^- \rightleftharpoons 2Ag(s) + 2OH^-$

(b) $Pb(s) | PbSO_4(s) | K_2SO_4(aq) || H_2SO_4(aq) | PbSO_4(s) | PbO_2(s) | Pb(s)$;

$PbSO_4(s) + 2e^- \rightleftharpoons Pb(s) + SO_4^{2-}$;

$PbO_2(s) + 4H^+ + SO_4^{2-} + 2e^- \rightleftharpoons PbSO_4(s) + 2H_2O$

9. $Fe^{3+} + e^- \rightleftharpoons Fe^{2+}$; $Cr_2O_7^{2-} + 14H^+ + 6e^- \rightleftharpoons 2Cr^{3+} + 7H_2O$

10. **(a)** Elétrons fluem do Zn para o C. **(b)** 1,32 kg

11. **(a)** anodo: $C_6Li \rightleftharpoons C_6 + Li^+ + e^-$; catodo: $2Li_{0,5}CoO_2 + Li^+ + e^- \rightleftharpoons 2LiCoO_2$; $2Li_{0,5}CoO_2 + LiC_6 = 267{,}81$ g/fórmula massa **(b)** 3 600 C; 0,037 311 mol de e^- **(c)** 370 W · h/kg

12. **(a)** $3{,}6 \times 10^9$ C **(b)** $3{,}7 \times 10^4$ L **(c)** 187 tambores **(d)** 650 tambores

13. O Cl_2 tem o $E°$ mais positivo.

14. **(a)** Fe(III) **(b)** Fe(II)

15. No equilíbrio, $E = 0$. $E°$ é constante

16. **(a)** e^- se movem do Zn para o Cu **(b)** Zn^{2+}

17. –0,356 V

18. **(a)** $Pt(s)\,|\,Br_2(l)\,|\,HBr(aq, 0{,}10\ M)\,||\,Al(NO_3)_3(aq, 0{,}010\ M)\,|\,Al(s)$
(b) $E_+ = -1{,}716_4$ V, $E_- = 1{,}137_2$ V, $E = -2{,}854$ V , elétrons fluem do Al para a Pt, $\frac{3}{2}Br_2(l) + Al(s) \rightleftharpoons 3Br^- + Al^{3+}$ **(c)** Br_2 **(d)** 1,31 kJ
(e) $2{,}69 \times 10^{-8}$ g/s

19. As atividades dos sólidos não variam até que eles se esgotem. $OH^-(aq)$ é produzido no catodo e consumido no anodo, de modo que sua concentração se mantém constante.

20. **(a)** 1,219 V **(b)** 4,88 g/h **(c)** 26,8 cavalos-vapor (HP)

21. **(a)** 0,572 V **(b)** e^- fluem da esquerda para a direita. **(c)** 0,568 V

22. 0,799 2 V

23. $HOBr + H^+ + 2e^- \rightleftharpoons Br^- + H_2O$ $E° = 1{,}331$ V

24. $3X^+ \rightleftharpoons X^{3+} + 2X(s)$ é espontânea se $E_2^\circ > E_1^\circ$

25. 0,580 V, elétrons fluem do Ni para o Cu

26. **(a)** $Pb(s)\,|\,PbSO_4(s)\,|\,H_2SO_4(aq)\,|\,PbSO_4(s)\,|\,PbO_2(s)\,|\,Pb(s)$
(b) catodo: $PbO_2(s) + SO_4^{2-} + 4H^+ + 2e^- \rightleftharpoons PbSO_4(s) + 2H_2O$ $E° = 1{,}685$ V
anodo: $PbSO_4(s) + 2e^- \rightleftharpoons Pb(s) + SO_4^{2-}$ $E° = -0{,}355$ V
reação líquida: $Pb(s) + PbO_2(s) + 2SO_4^{2-} + 4H^+ \rightleftharpoons 2PbSO_4(s) + 2H_2O$ $E° = 2{,}040$ V

(d) $$E = 2{,}040 - \frac{0{,}059\ 16}{2}\log\frac{\mathcal{A}_{H_2O}^2}{m_{H^+}^4 m_{SO_4^{2-}}^2 \gamma_{H^+}^4 \gamma_{SO_4^{2-}}^2}$$

(e) $$E_{líq} = 2{,}040 - \frac{0{,}059\ 16}{2}\log\frac{(0{,}66)^2}{(11{,}0)^4(5{,}5)^2(0{,}22)^6} = 2{,}101\ V$$

27. **(a)** 1,33 V **(b)** 1×10^{45}

28. **(a)** $0{,}69_1$ V, $-2{,}7 \times 10^5$ J, $K = 10^{47}$
(b) –0,339 V, 32,7 kJ, $K = 1{,}9 \times 10^{-6}$

29. **(a)** $E° = 0{,}19_3$ V **(b)** $\Delta G° = -93{,}_1$ kJ, $K = 2 \times 10^{16}$
(c) $E = -0{,}02_0$ V **(d)** $\Delta G = 10$ kJ **(e)** pH = 0,21

30. $E° = -0{,}266$ V, $K = 1{,}0 \times 10^{-9}$

31. 0,101 V

32. 34 g/L

33. **(a)** $E° = -0{,}035_6$ V, $[Cl_2(aq)] = 0{,}063$ M
(b) $E° = 0{,}048_8$ V, $[Cl_2(aq)] = 0{,}030$ M, a solubilidade decresce à medida que a temperatura aumenta

34. 0,117 V

35. –1,664 V

36. $\Delta G° = -31{,}_4$ kJ, $E° = +0{,}16_3$ V, $K = 3 \times 10^5$

37. $E°'$ é o potencial de redução em pH 7, em vez de pH 0. Os sistemas vivos têm um pH muito mais próximo de 7 do que de 0.

38. **(c)** 0,317 V

39. –0,041 V

40. –0,268 V

41. –0,036 V

42. $7{,}2 \times 10^{-4}$

43. –0,447 V

44. **(a)** $[Ox] = 3{,}82 \times 10^{-5}$ M, $[Red] = 1{,}88 \times 10^{-5}$ M
(b) $[S^-] = [Ox]$, $[S] = [Red]$ **(c)** –0,092 V

Capítulo 15

1. **(b)** 0,044 V

2. **(a)** 0,326 V **(b)** 0,086 V **(c)** 0,019 V **(d)** –0,021 V **(e)** 0,021 V

3. 0,684 V

4. 0,627

5. 0,243 V

6. **(c)** 0,068 V

7. Um eletrodo de Ag responde ao Ag^+. Caso esteja presente um halogeneto de prata, $[Ag^+] = K_{ps}$/[halogeneto]; desse modo, ao variar [halogeneto], o potencial do eletrodo muda.

8. 0,481 V; –0,039 V

9. 3×10^{21}

10. **(a)** $Fe^{3+} + e^- \rightleftharpoons Fe^{2+}$ **(b)** 1×10^{11} **(c)** 2,00 mM, 1,00 mM, 1,00 mM **(d)** 6×10^{10}

11. $[CN^-] = 0{,}847$ mM; [KOH] $0{,}29_6$ M

12. O potencial de junção surge quando íons distintos se difundem com velocidades diferentes por meio de uma junção líquida, levando à separação de cargas. A Figura 14.5 não possui junção líquida.

13. H^+ se difunde em KCl mais rapidamente do que K^+ se difunde no HCl. K^+ possui uma mobilidade maior que Na^+, de modo que NaCl | KCl têm sinais opostos. Potencial HCl | KCl > potencial HCl | NaCl porque a diferença de mobilidade entre H^+ e K^+ > diferença de mobilidade entre K^+ e Na^+.

14. esquerdo

15. Os potenciais de junção são dominados pela elevada mobilidade dos íons H^+ e OH^-. O potencial de junção do sistema NaOH 0,1 M | KCl (saturado) é dominado pela elevada concentração de íons K^+ e Cl^-, que têm aproximadamente a mesma mobilidade.

16. Ambas as meias células contêm KCl saturado, por isso faz sentido empregar KCl saturado na ponte salina.

17. **(a)** 42,4 s **(b)** 208 s

18. **(a)** $3{,}_2 \times 10^{13}$ **(b)** 8% **(c)** 49,0, 8%

19. Ambas as reações das meias células são as mesmas. Idealmente, potencial da célula = 0 se não existisse potencial de junção. O potencial medido pode ser atribuído ao potencial de junção.

20. **(c)** HCl 0,1 M | KCl 1 mM, 93,6 mV; HCl 0,1 M | KCl 4 M, 4,7 mV

21. Use tampões MOPSO e HEPES; calibre a 37 °C; meça o sangue a 37 °C.

22. A incerteza nos tampões-padrão de pH, o potencial de junção, o deslocamento do potencial de junção, os erros alcalino ou ácido em valores extremos de pH, o tempo de equilíbrio, a hidratação do vidro, a temperatura da medida e da calibração, e a limpeza do eletrodo

23. 10,67

24. hidrogenotartarato de potássio e hidrogenoftalato de potássio

25. Na^+ compete com H^+ nos sítios de troca catiônica no vidro, que responde como se o H^+ estivesse presente.

26. +0,10 unidade de pH

27. **(a)** 274 mV **(b)** 285 mV

28. pH = 5,686; coeficiente angular = $-57{,}17_3$ mV/unidade de pH; coeficiente angular teórico = –58,17 mV/ unidade de pH; $\beta = 0{,}983$

29. **(b)** 0,465 (a tabela dá 0,458) (c) $Na_2HPO_4 = 0{,}026\ 8\ m$ e $KH_2PO_4 = 0{,}019\ 6\ m$

30. **(b)** $p(\mathcal{A}_H\gamma_{Cl})^o = 6{,}972$, $\gamma_{Cl} = 0{,}777$, $\mathcal{A}_H = 1{,}37 \times 10^{-7}$, pH = 6,862

31. **(a)** Os íons do analito entram em equilíbrio entre a solução externa e a membrana ligante L, causando um ligeiro desbalanceamento de carga porque outros íons não estão disponíveis para atravessar a interface solução-membrana. As variações da concentração do analito na solução externa alteram a diferença de potencial na interface solução-membrana. **(b)** Os eletrodos compostos contêm um eletrodo convencional circundado por uma membrana que isola (ou gera) o analito para o qual o eletrodo responde.

32. Quanto menor $K_{A,X}^{Pot}$, mais seletivo.

33. Uma molécula móvel dissolvida na fase líquida da membrana se liga fortemente ao íon de interesse e fracamente aos íons interferentes.

34. O tampão de íon metálico mantém uma baixa concentração de íon metálico (M) com relação à grande reserva do complexo metálico (ML) e do ligante livre (L). Sem o tampão, M pode se ligar às paredes do recipiente ou a um ligante em solução, sendo perdido.

35. Os eletrodos respondem à *atividade*. Se a força iônica é constante, o coeficiente de atividade do analito será constante em todas as soluções-padrão e desconhecidas.

36. **(a)** −0,407 V **(b)** $1{,}5_5 \times 10^{-2}$ M **(c)** $1{,}5_2 \times 10^{-2}$ M

37. +0,029 6 V

38. 0,211 mg/L

39. Grupo 1: K^+; Grupo 2: Sr^{2+} e Ba^{2+}; $[K^+] \approx 100[Li^+]$

40. $3{,}8 \times 10^{-9}$ M

41. **(a)** $E = 51{,}10\ (\pm 0{,}24) + 28{,}14\ (\pm 0{,}08_5)\ \log[Ca^{2+}]\ (s_y = 0{,}2_7)$
(b) 0,951 **(c)** 2,43 (±0,04) ± 10^{-3} M

42. −0,331 V

43. $3{,}0 \times 10^{-5}$ M

44. **(a)** 0,36 ± 0,15 ppm **(b)** Há muito padrão adicionado.

45. $\log K^{\text{Pot}}_{Na^+,Mg^{2+}} = -8{,}09, -8{,}15$; $\log K^{\text{Pot}}_{Na^+,K^+} = -4{,}87, -4{,}87$

46. erro em Na^+ = 0,25%; erro em Ca^{2+} = 2,5%

47. $E = 120{,}2 + 28{,}80 \log([Ca^{2+}] + 6{,}0 \times 10^{-4}\,[Mg^{2+}])$

49. **(a)** $pK_a(HNO_2) = 3{,}15$. Abaixo de pH = 4, o nitrito reage com H^+ para formar HNO_2, assim, $[NO_2^-]$ diminui e o potencial do eletrodo se torna mais positivo. **(b)** Em pH > 6, $[NO_2^-]$ é constante em 1 μM. $[OH^-]$ aumenta por um fator de 10 para cada aumento de uma unidade no pH. Se OH^- interferir na medição de $[NO_2^-]$, espera-se ver o potencial diminuir à medida que $[OH^-]$ aumenta.

50. $[Hg^{2+}]$ é calculada a partir das constantes de equilíbrio. As constantes de equilíbrio para o sistema $HgCl_2$ podem estar erradas. Quando preparamos um tampão mediante mistura de quantidades *calculadas* de reagentes, estamos à mercê da qualidade das constantes de equilíbrio tabeladas.

51. **(a)** $1{,}13 \times 10^{-4}$ **(b)** $4{,}8 \times 10^{4}$

52. O analito sobre a superfície da porta altera o potencial elétrico da mesma, portanto, ele regula a corrente entre a fonte e o dreno. A chave para uma resposta específica a um íon é dispor de um reagente na porta que se liga seletivamente a um analito.

Capítulo 16

1. **(d)** 0,490, 0,526, 0,626, 0,99, 1,36, 1,42, 1,46 V

2. **(d)** 1,58, 1,50, 1,40, 0,733, 0,065, 0,005, −0,036 V

3. **(d)** −0,120, −0,102, −0,052, 0,21, 0,48, 0,53 V

4. **(b)** 0,570, 0,307, 0,184 V

5. **(d)** −0,143, −0,102, −0,061, 0,096, 0,408, 0,450

6. ácido difenilaminossulfônico: incolor → vermelho-violeta;
ácido difenilbenzidinossulfônico: incolor → violeta;
tris-(2,2′-bipiridina) de ferro: vermelho → azul-pálido;
ferroína: vermelho → azul-pálido

7. não

8. Na pré-oxidação e na pré-redução, o estado de oxidação do analito é ajustado para se tornar adequado à titulação. O reagente de pré-oxidação ou pre-reduçao deve ser destruído para que não reaja com o titulante.

9. $2S_2O_8^{2-} + 2H_2O \xrightarrow{\text{Ebulição}} 4SO_4^{2-} + O_2 + 4H^+$

$Ag^{3+} + H_2O \xrightarrow{\text{Ebulição}} Ag^+ + \frac{1}{2}O_2 + 2H^+$

$2H_2O_2 \xrightarrow{\text{Ebulição}} O_2 + 2H_2O$

10. Uma coluna de grânulos de Zn recoberta com amálgama de Zn reduz o analito que passa pela coluna.

11. Ag não é um agente redutor forte o bastante para reduzir Cr^{3+} e TiO^{2+}.

12. Uma quantidade pesada da mistura sólida é adicionada a um excesso de solução aquosa padrão de Fe^{2+} mais H_3PO_4. O excesso de Fe^{2+} é então titulado com $KMnO_4$ padrão para se determinar quanto de Fe^{2+} foi consumido pelo $(NH_4)_2S_2O_8$. O H_3PO_4 mascara a cor amarela do Fe^{3+}.

13. **(a)** $MnO_4^- + 8H^+ + 5e^- \rightleftharpoons Mn^{2+} + 4H_2O$
(b) $MnO_4^- + 4H^+ + 3e^- \rightleftharpoons MnO_2(s) + 2H_2O$
(c) $MnO_4^- + e^- \rightleftharpoons MnO_4^{2-}$

14. $3MnO_4^{2-} + 5Mo^{3+} + 4H^+ \rightleftharpoons 3Mn^{2+} + 5MoO_2^{2+} + 2H_2O$; 0,011 29 M

15. $2MnO_4^- + 5H_2O_2 + 6H^+ \rightleftharpoons 2Mn^{2+} + 5O_2 + 8H_2O$; 0,586 4 M

16. **(a)** esquema 1: $6H^+ + 2MnO_4^- + 5H_2O_2 \rightleftharpoons 2Mn^{2+} + 5O_2 + 8H_2O$
esquema 2: $6H^+ + 2MnO_4^- + 3H_2O_2 \rightleftharpoons 2Mn^{2+} + 4O_2 + 6H_2O$
(b) esquema 1: 25,3 mL; esquema 2: 42,38 mL

17. $2MnO_4^- + 5H_2C_2O_4 + 6H^+ \rightleftharpoons 2Mn^{2+} + 10CO_2 + 8H_2O$; 3,826 mM

18. $C_3H_8O_3 + 8Ce^{4+} + 3H_2O \rightleftharpoons 3HCO_2H + 8Ce^{3+} + 8H^+$; 41,9% m/m

19. $Fe(NH_4)_2(SO_4)_2 \cdot 6H_2O$; 78,67% m/m

20. número de oxidação = 3,761; 217 μg/g

21. **(a)** 0,020 34 M **(b)** 0,125 7 g **(c)** 0,019 82 M

22. I^- reage com I_2 produzindo I_3^-. Essa reação aumenta a solubilidade do I_2 e reduz a sua volatilidade.

23. I_3^- padrão pode ser preparado a partir de uma quantidade pesada de KIO_3 mais H^+ e I^-. Alternativamente, I_3^- pode ser padronizado por meio de reação com $S_2O_3^{2-}$ padrão preparado a partir de $Na_2S_2O_3$ anidro.

24. O amido não é adicionado logo de início na iodometria, de modo que ele não se liga irreversivelmente ao I_2.

25. $S_4O_6^{2-} + 2e^- \rightleftharpoons 2S_2O_3^{2-}$ ou $S_4O_6^{2-} + 4H^+ + 2e^- \rightleftharpoons 2H_2SO_3$
$E°$ para a segunda meia-reação anterior é 0,57 V. $E°$ para a meia-reação $\frac{1}{2}O_2(g) + 2H^+ + 2e^- \rightleftharpoons H_2O$ é 1,23 V. O O_2 é um oxidante mais forte que o tetrationato.

26. **(a)** 1,433 mmol **(b)** 0,076 09 M **(c)** 12,8% m/m
(d) Não adicione goma de amido até um pouco antes do ponto final.

27. 11,43% m/m; um pouco antes do ponto final

28. **(a)** 98,66% **(b)** 97,98% **(c)** 196,0 mL **(d)** $1O_2$ forma $4Mn(OH)_3$ que produz $2I_3^-$ **(e)** 11,7 mg de O_2/L **(f)** 80%
(g) $2HNO_2 + 2H^+ + 3I^- \rightarrow 2NO + I_3^- + 2H_2O$

29. 0,007 744 M; um pouco antes do ponto final

30. **(a)** 7×10^2 **(b)** 1,0 **(c)** 0,34 g/L

31. número de mols de NH_3 = 2(número de mols iniciais de $H_2SO_4 - \frac{1}{2}$ × número de mols de tiossulfato)

32. **(a)** não, não **(b)** $I_3^- + SO_3^{2-} + H_2O \rightarrow 3I^- + SO_4^{2-} + 2H^+$
(c) $5{,}079 \times 10^{-3}$ M, 406,6 mg/L **(d)** não: $t_{\text{calculado}} = 2{,}56 < t_{\text{tabelado}} = 2{,}776$

33. 5,730 mg

34. **(a)** 0,125 ⇒ $YBa_2Cu_3O_{6,875}$ **(b)** 6,875 ± 0,038

35. Dissolve-se o supercondutor em um excesso conhecido de Cu(I):

$Cu^{3+} + Cu^+ \rightarrow 2Cu^{2+}$

$H_2O_2 + 2Cu^+ + 2H^+ \rightarrow 2H_2O + 2Cu^{2+}$

Mede-se Cu(I) que não reagiu por coulometria para descobrir quanto Cu(I) foi consumido pelo supercondutor. Número de mols de Cu(I) consumido = número de mols de Cu^{3+} + 2(número de mols de O_2^{2-}). Se o supercondutor contiver Cu(I) (mas não Cu(III) ou peróxido), então o Cu(I) encontrado por coulometria seria maior do que a quantidade inicial em solução.

36. **(a)** 0,191 5 mmol **(b)** 2,80 **(c)** 0,20 **(d)** 0,141 3, a diferença é o erro experimental

37. Estado de oxidação do Bi = +3,200, estado de oxidação do Cu = +2,200
fórmula = $Bi_2Sr_2CaCu_2O_{8,400}$

Capítulo 17

1. 2,68 h

2. −1,228 8 V

3. **(a)** −1,906 V **(b)** 0,20 V **(c)** −2,71 V **(d)** −2,82 V

4. **(a)** O E para $H^+ + e^- \rightleftharpoons \frac{1}{2}H_2(g)$ em NaOH 1 M ($[H^+] = 10^{-14}$ M) é o mesmo que o $E°$ para $H_2O + e^- \rightleftharpoons \frac{1}{2}H_2(g) + OH^-$. **(b)** Esperamos o início da redução para o eletrodo da liga de Pt próximo a −0,83 V. O início observado próximo −1,05 a −1,1 V para eletrodo de Ti é a sobretensão para o Ti.

5. **(a)** V_2 **(b)** Há uma corrente desprezível no eletrodo de referência ou em qualquer lugar desde o eletrodo de referência até a abertura do capilar Luggin. Portanto, há uma queda ôhmica insignificante, uma sobretensão ou polarização de concentração desprezível. O potencial dentro da abertura capilar é igual ao potencial no eletrodo de referência. O potencial capilar externo é o do sistema eletroquímico.

6. **(a)** Cu: $E_+ = 0{,}339$ V; Ag | AgCl; $E_- = 0{,}197$ V;
$E_{\text{previsto}} = E_+ - E_- = 0{,}142$ V
A diferença entre $E_{\text{observado}}$ e E_{previsto} se deve à não consideração do coeficiente de atividade do Cu^{2+} e ao KCl 3 M no lugar do KCl saturado no eletrodo de referência.

(**b**) A elevação da corrente aumenta as sobretensões, resultando em uma interseção no anodo > 122 mV e em uma interseção no catodo < 85 mV.

7. (**a**) $6{,}64 \times 10^3$ J (**b**) 0,012 4 g/h

8. O OH^- gerado no compartimento do catodo e o Cl^- no compartimento do anodo não podem atravessar a membrana de Nafion®. O Na^+ atravessa livremente a membrana para preservar o balanço de carga.

9. As perdas elétricas (ôhmica, sobretensões e polarização de concentração) reduzem o valor do potencial que pode ser fornecido por uma célula e elevam o valor do potencial necessário para reverter a reação espontânea da célula.

10. anodo, 54,77% m/m

11. –0,619 V, negativo

12. $[Cd^{2+}] = 2{,}8 \times 10^{-12}$ M $\Rightarrow$ E(catodo) = –0,744 V

13. 94%

14. Quando Br_2 aparece no ponto final, a corrente flui sob potencial baixo pela oxidação do Br^- em um eletrodo e redução do Br_2 no outro eletrodo. O ponto final é quando a corrente retorna ao seu valor inicial antes da adição do analito.

15. O mediador transfere elétrons entre o analito e o eletrodo. Após ser oxidado ou reduzido pelo analito, o mediador é regenerado no eletrodo.

16. (**a**) $5{,}_2 \times 10^{-8}$ mol (**b**) $0{,}002_6$ mL

17. (**a**) $5{,}32 \times 10^{-5}$ mol (**b**) $2{,}66 \times 10^{-5}$ mol (**c**) $5{,}32 \times 10^{-3}$ M

18. 151 μg/mL

19. 2,00 nmol de frutose → 4,00 nmol de e^- = 0,386 mC, o que concorda com a área integrada

20. (**a**) tipo *p* (**b**) 11%

21. (**a**) densidade de corrente = $1{,}00 \times 10^2$ A/m², sobretensão = 0,85 V (**b**) –0,036 V (**c**) 1,160 V (**d**) –2,57 V

22. $96\,486{,}6_7 \pm 0{,}2_8$ C/mol

23. (**a**) H_2SO_3 < pH 1,86; pH 1,86 < HSO_3^- < pH 7,17; SO_3^{2-} > pH 7,17
(**b**) catodo: $H_2O + e^- \rightarrow \frac{1}{2}H_2(g) + OH^-$; anodo: $3I^- \rightarrow I_3^- + 2e^-$
(**c**) $I_3^- + HSO_3^- + H_2O \rightleftharpoons 3I^- + SO_4^{2-} + 3H^+$; $I_3^- + 2S_2O_3^{2-} \rightleftharpoons 3I^- + S_4O_6^{2-}$
(**d**) 3,64 mM

24. (**a**) Para consumir Ee^- requer $(E/4)O_2$, porque cada O_2 consome $4e^-$ (**b**) $2{,}44_3 \times 10^{-8}$ mol (**c**) 57,9 mg de O_2/L (**d**) $2{,}26 \times 10^{-4}$ M

25. O eletrodo de Clark mede O_2 dissolvido reduzindo-o a H_2O em uma ponteira de ouro em um eletrodo de platina mantido a –0,75 V contra Ag | AgCl. A corrente é proporcional a $[O_2]$ no meio externo. O eletrodo é calibrado em soluções de $[O_2]$ conhecidas.

26. (**d**) A amperometria mede a corrente durante a oxidação da glicose catalisada por enzima. Corrente ∝ velocidade da reação de oxidação. As velocidades da maioria das reações aumentam com a temperatura. Portanto, a corrente aumentará com a temperatura da amostra de sangue. A coulometria mede os elétrons liberados na oxidação. A glicose libera 2 elétrons por molécula, independentemente da temperatura. O sinal coulométrico não deve ter dependência com a temperatura. (**e**) 321 μC

27. Em baixas velocidades de rotação, o valor da corrente em ambas as extremidades das curvas diminuiriam.

28. 15 μm, $7{,}8 \times 10^2$ A/m²

29. (**a**) Uma onda de redução em –0,6 V para $Cu^+ \rightarrow Cu$ (*em Hg*) (**b**) Uma onda em –0,3 V para $Cu^{2+} \rightarrow Cu^+$ e uma segunda onda em –0,6 V onda para $Cu^+ \rightarrow Cu$ (*em Hg*)

30. (**a**) corrente capacitiva: em razão da carga ou descarga da dupla camada elétrica na interface eletrodo-solução; corrente faradaica: em face das reações redox (**b**) uma onda em –0,3 V para $Cu^{2+} \rightarrow Cu^+$ e uma segunda onda em –0,6 V para $Cu^+ \rightarrow Cu$ (*em Hg*)

31. (**a**) Amostragem de corrente: degrau de potencial e espera de um tempo fixo antes de medir a corrente. Durante a espera, o reagente próximo ao eletrodo é esgotado e os íons migram para carregar a dupla camada elétrica. Quando a corrente é medida, a concentração do reagente perto do eletrodo é menor do que no início do degrau. Onda quadrada: o pulso anódico segue cada pulso catódico; o sinal é a diferença entre os dois. O pulso anódico oxida o produto do pulso catódico, repondo, assim, as espécies eletroativas no eletrodo. A concentração do analito no eletrodo é maior na voltametria de onda quadrada. Além disso, o tempo entre os pulsos é menor para onda quadrada, logo, o reagente tem menos tempo para ser consumido antes de a corrente ser medida. (**b**) O voltamograma de corrente amostrada representa a corrente (I) contra o potencial (E). O voltamograma de onda quadrada exibe a *diferença* ΔI entre a corrente 1 e a corrente 2 na Figura 17.27 para uma pequena variação ΔE. ΔI aumenta nas partes de inclinação acentuada do voltamograma de corrente amostrada, onde a corrente aumenta rapidamente para uma pequena mudança no potencial. O voltamograma de onda quadrada exibe $\Delta I/\Delta E$, que se aproxima da derivada do voltamograma de corrente amostrada para pequena variação de ΔE.

32. (**a**) Em um eletrodo plano macroscópico, em potencial suficientemente grande, a reação é rápida o suficiente para que a difusão unidimensional seja muito lenta para manter próximo ao eletrodo as mesmas concentrações do seio. O reagente se esgota perto do eletrodo. (**b**) Reagentes e produtos se aproximam de um eletrodo microscópico a partir de um hemisfério bidimensional. A difusão a partir do hemisfério é rápida o suficiente para manter altas concentrações perto do eletrodo. Se a velocidade de varredura for suficientemente grande, haverá um pico, não um patamar, para o eletrodo microscópico. (**c**) O eletrodo de disco rotatório transporta ativamente a solução, induzindo uma convecção em direção ao eletrodo. O reagente só tem que se difundir através de ~10 a 100 μm da camada de difusão para alcançar o eletrodo. O fornecimento constante de reagente dá um patamar no voltamograma.

33. (**a**) $Fe(CN)_6^{3-}$; b > c > d (**b**) A corrente é máxima em c porque o potencial é mais negativo em c do que em b e há fornecimento adequado de $Fe(CN)_6^{3-}$ se difundindo para o eletrodo em c. A corrente é menor em d porque a $[Fe(CN)_6^{3-}] \approx 0$ no eletrodo e a espessura da camada de difusão é maior em d do que em c. (**c**) $Fe(CN)_6^{4-}$; e > f > g (**d**) A $[Fe(CN)_6^{4-}]$ no eletrodo é menor em f do que em e. O potencial é mais positivo em f do que em e. A intensidade da corrente é maior em f do que em e porque o potencial é mais positivo em f e o $Fe(CN)_6^{4-}$ se difunde para o eletrodo com uma velocidade suficiente para suportar maior corrente em f. A corrente não é 0 em g porque o $Fe(CN)_6^{4-}$ se difunde para o eletrodo rápido o suficiente para manter alguma oxidação. (**e**) O tempo aumenta de acordo com e < f < g. A oxidação em f consome $Fe(CN)_6^{4-}$ perto do eletrodo. Ainda há $Fe(CN)_6^{4-}$, que não reagiu, longe do eletrodo. À medida que o tempo aumenta, a $[Fe(CN)_6^{4-}]$ máxima diminui a partir do eletrodo porque o $Fe(CN)_6^{4-}$ próximo ao eletrodo é consumido e o $Fe(CN)_6^{4-}$ se difunde de mais longe do eletrodo.

34. 0,12%

35. 0,096 mM

36. O analito é reduzido e concentrado no eletrodo de trabalho em potencial controlado por um tempo constante. O potencial é então aumentado na direção positiva para reoxidar o analito. Durante o aumento de potencial, a corrente é medida. A altura da onda de oxidação é ∝ à concentração original do analito. A redissolução é sensível porque o analito é concentrado a partir de uma solução diluída.

37. (**a**) $Cu^{2+} + 2e^- \rightarrow Cu(s)$ (**b**) $Cu(s) \rightarrow Cu^{2+} + 2e^-$ (**c**) 313 ppb

38. As alturas relativas estimadas dos picos são 1, $1{,}5_6$ e $1{,}9_8$. Fe(III) em água do mar = $1{,}0 \times 10^2$ pM.

39. O poli(3-octiltiofeno) é oxidado para torná-lo positivo. Um ClO_4^- se difunde na membrana de PVC para neutralizar cada carga positiva. A quantidade de ClO_4^- que se difunde na membrana de PVC em um tempo de oxidação constante é ∝ à concentração total de ClO_4^-. A velocidade de oxidação do poli(3-octiltiofeno) não pode exceder a velocidade com que o ClO_4^- se difunde no PVC. Redissolução catódica: o e^- é adicionado ao poli(3-octiltiofeno) oxidado para reduzir a carga de volta a 0. Um ClO_4^- se difunde para fora da membrana de PVC para cada elétron adicionado ao poli(3-octiltiofeno). O número de e^- na corrente de redissolução catódica é igual ao ClO_4^- que estava no PVC, que era ∝ à concentração de ClO_4^- no seio da solução.

40. pico C: $RNO + 2\,H^+ + 2e^- \rightarrow RNHOH$.

Não havia nenhum RNO presente antes da varredura inicial.

41. $7{,}8 \times 10^{-10}$ m²/s

42. Cabe em lugares pequenos; útil em solução não aquosa (pequenas perdas ôhmicas); permite varreduras rápidas de potencial (pequena capacitância), o que possibilita o estudo de espécies de vida curta. A baixa capacitância fornece baixa corrente capacitiva, o que aumenta a sensibilidade ao analito.

43. A membrana de Nafion® permite que espécies neutras e catiônicas passem para o eletrodo, mas exclui ânions. A membrana de Nafion® reduz o sinal de fundo do ânion ascorbato que, de outra forma, encobriria o sinal da dopamina.

44. 5,2 μm

45. $t_{calculado} = 0{,}987 < 2{,}571$ (*t* de Student para 95% de confiança e $n - 1 = 5$ graus de liberdade) ⇒ a diferença não é significativa no nível de confiança de 95%

46. mesmo resultado do problema anterior

47. $ROH + SO_2 + B \rightarrow BH^+ + ROSO_2^-$

$H_2O + I_2 + ROSO_2^- + 2B \rightarrow ROSO_3^- + 2BH^+I^-$

48. O detector bipotenciométrico mantém 10 μA constante entre dois eletrodos do detector, enquanto mede o potencial necessário para manter a corrente. Antes de V_e, a solução contém I^-, mas pouco I_2. Para manter 10 μA, o cátodo deve ser suficientemente negativo para reduzir o solvente (talvez $CH_3OH + e^- \rightleftharpoons CH_3O^- + \frac{1}{2}H_2(g)$). No V_e, o excesso de I_2 aparece e a corrente pode ser transportada em baixo potencial pelas reações vistas a seguir. A queda abrupta do potencial marca o ponto final.

catodo: $I_3^- + 2e^- \rightarrow 3I^-$

anodo: $3I^- \rightarrow I_3^- + 2e^-$

Capítulo 18

1. **(a)** dobra **(b)** reduz à metade **(c)** dobra

2. **(a)** 184 kJ/mol **(b)** 299 kJ/mol

3. **(a)** $5{,}33 \times 10^{14}$ Hz, $1{,}78 \times 10^4$ cm^{-1}, $3{,}53 \times 10^{-19}$ J/fóton, 213 kJ/mol **(b)** 3,303 μm, $9{,}076 \times 10^{13}$ Hz, $6{,}015 \times 10^{-20}$ J/fóton, 36,22 kJ/mol

4. rotação, vibração, excitação eletrônica, excitação eletrônica e quebra de ligação

5. $\nu = 5{,}088\,49$ e $5{,}083\,33 \times 10^{14}$ Hz, $\lambda = 588{,}995$ e $589{,}593$ nm, $\tilde{\nu} = 1{,}697\,808$ e $1{,}696\,086 \times 10^4$ cm^{-1}

6. T = fração de luz transmitida; $A = -\log T$; ε = constante de proporcionalidade entre A e (concentração × caminho óptico)

7. gráfico de absorbância (A) contra comprimento de onda (λ)

8. A cor transmitida é complementar à cor absorvida.

9.

Curva	Pico de absorção (nm)	Cor prevista (Tabela 18.1)	Cor observada
A	760	verde	verde
B	700	verde	verde-azul
C	600	azul	azul
D	530	violeta	violeta
E	500	vermelho ou vermelho-púrpura	vermelho
F	410	verde-amarelo	amarelo

10. Elevada absorbância: muito pouca luz chega ao detector; baixa absorbância: muito pouca diferença entre a amostra e a referência

11. **(a)** $3{,}56 \times 10^4$ M^{-1} cm^{-1} **(b)** quartzo ou copolímero de olefina cíclica

12. Violeta-azul. Plástico, vidro e quartzo podem ser usados.

13. $2{,}19 \times 10^{-4}$ M

14. **(a)** 0,613 **(b)** $1{,}22_3 \times 10^{-6}$ M **(c)** $1{,}67 \times 10^5$ M^{-1} cm^{-1}

15. **(a)** 280 nm: $T = 1{,}3 \times 10^{-14}$, $A = 13{,}9$; 340 nm: $T = 0{,}98_4$, $A = 0{,}007$ **(b)** 2,0% **(c)** $T_{inverno} = 0{,}142$; $T_{verão} = 0{,}095$; 49%

16. **(a)** mesmo coeficiente angular, mas coeficiente linear positivo **(b)** coeficiente angular menor, sensível a pequenos desvios no comprimento de onda selecionado, possivelmente com desvio negativo em função da luz policromática **(c)** diluir a amostra para trazer sua absorção para a faixa calibrada

17. **(a)** para verificar se o procedimento é preciso **(b)** significativamente diferente

(c) a neocuproína mascara o Cu(I) **(d)** $t_{calculado} = 3{,}591 > t_{tabelado} = 2{,}365$; a diferença é significativa

18. **(a)** $6{,}97 \times 10^{-5}$ M **(b)** $6{,}97 \times 10^{-4}$ M **(c)** 1,02 mg

19. sim

20. **(a)** $7{,}87 \times 10^4$ M^{-1} cm^{-1} **(b)** $1{,}98 \times 10^{-6}$ M

21. **(a)** $y = (0{,}029\,8 \pm 0{,}000\,6)x + (0{,}004\,5 \pm 0{,}009\,7)$; sim, com base nos resíduos aleatórios, coeficiente linear = 0, e $R^2 > 0{,}995$ **(b)** $1{,}36 \times 10^5$ M^{-1} cm^{-1} **(c)** 9,4 % **(d)** $F_{calculado} = 82{,}_1 > F_{tabelado} = 39{,}00$, as precisões são estatisticamente diferentes. $t_{calculado} = 1{,}353 < t_{calculado} = 4{,}303$, as concentrações são estatisticamente iguais

22. **(a)** $8{,}512 \times 10^4$ M^{-1} cm^{-1} **(b)** 10,7 **(c)** 0,14% em massa = 1,40 mg/mL

23. **(a)** $4{,}97 \times 10^4$ M^{-1} cm^{-1} **(b)** 4,69 μg **(c)** 93,8 mg/L de NO_2^-, 28,6 mg de N/L

24. **(a)** $1{,}71_1$ g **(b)** 475,6 μg de Fe/mL **(c)** Dilua 1, 2, 3, 4 e 5 mL de solução estoque a 500 mL com H_2SO_4 0,1 M para obter 0,9512, 1,902, 2,85, 3,80 e 4,76 μg de Fe/mL **(d)** Dilua 5 mL da solução estoque a 50 mL com H_2SO_4 0,1 M para obter ~50 μg de Fe/mL. Então, dilua 1, 2, 3, 4 ou 5 mL de solução estoque contendo ~50 μg de Fe/mL com H_2SO_4 0,1 M para obter ~1, 2, 3, 4 ou 5 μg de Fe/mL.

25. **(a)** 3,511 g **(b)** 1 033 μg de Fe/mL **(c)** Dilua 10 mL de 1 033 μg de Fe/mL para 250 mL. Então, dilua 5 mL da solução resultante para 250 mL ⇒ 0,826 μg de Fe/mL.

Volume para a primeira diluição (mL)	Volume para a segunda diluição (mL)	μg de Fe/mL final
10	5	0,826
10	10	1,653
10	15	2,479
15	15	3,719
15	20	4,958
20	20	6,611
20	25	8,264
20	30	9,917

26. 6,516 ± 0,020 [±0,30%] μg de Fe/mL

27. **(a)** Diodo laranja **(b)** Diodo laranja. A emissão do diodo vermelho está ao lado da absorbância, onde a absortividade muda significativamente. Causaria curvatura para baixo. **(c)** linear, indicado por resíduos aleatórios, coeficiente linear = 0, e $R^2 > 0{,}995$

(d) 1,81 cm

28. **(b)** $1{,}580 \times 10^{-4}$ mol **(c)** 158 mg/L

29. **(a)** Previsões: In^{2-} é azul e HIn^- é laranja/amarelo.

(b) ponto final = 5,11 mL **(c)** 610 nm

30. **(a)** ponto final = 21,3 μL, 2,30 mmol de Au(0)/g **(c)** 1,24 mmol de $C_{12}H_{25}S$/g

(d) 1,51 mmol de Au(I)/g, razão molar Au(I):$C_{12}H_{25}S$ = 1,22

31. $\Delta E(S_1 - T_1) = 36$ kJ/mol

32. Em seguida à absorção de um fóton, a fluorescência é uma emissão imediata sem que haja mudança do estado de spin eletrônico. A fosforescência é mais lenta e o spin eletrônico muda durante a emissão. A fosforescência também ocorre em energia mais baixa que a fluorescência.

33. Espalhamento Rayleigh: elétrons em moléculas oscilam na frequência da radiação incidente e emitem essa mesma frequência em todas as direções. A escala de tempo é ~10^{-15} s para a luz visível. Espalhamento Raman: moléculas extraem energia vibracional a partir da luz incidente e espalham a luz com energia menor do que a luz incidente. A escala de tempo para os espalhamentos de Rayleigh e de Raman é ≈ 10^{-15} s para a luz visível. A fluorescência ocorre de 10^{-9} a 10^{-4} s.

34. Comprimento de onda: absorção < fluorescência < fosforescência

35. O espectro de excitação se assemelha ao espectro de absorção.

36. A fluorescência é proporcional à concentração até 5 μM (dentro de 5%); sim.

37. 3,56 (±0,07) × 10^{-4}% m/m; intervalo de confiança de 95%: 3,56 (±0,22) × 10^{-4}% m/m

Capítulo 19

1. [X] = $8{,}03 \times 10^{-5}$ M, [Y] = $2{,}62 \times 10^{-4}$ M

2. [$Cr_2O_7^{2-}$] = $1{,}78 \times 10^{-4}$ M, [MnO_4^-] = $8{,}36 \times 10^{-5}$ M

3. **(a)** quartzo ou copolímero de olefina cíclica **(b)** comprimentos de onda de absorbância máxima **(c)** a absorbância é mais precisa para $A = 0{,}3 - 1{,}2$

(d) os espectros variam com o pH, o ácido controla o pH **(e)** [ASA] = 5,62 × 10^{-5} M, [ACE] = 6,80 × 10^{-5} M, [CAF] = 5,53 × 10^{-5} M

4. Se os espectros de dois compostos com concentração total constante se cruzam em um comprimento de onda qualquer, todas as misturas com a mesma concentração atravessam aquele ponto.

5. M + L($\lambda_{máx}$ 439 nm) → ML($\lambda_{máx}$ 485 nm) seguido de ML + M → M_2L($\lambda_{máx}$ 566 nm)

6. [A] = 9,11 × 10^{-3} M, [B] = 4,68 × 10^{-3} M

7. [TB] = 1,22 × 10^{-5} M, [STB] 9,30 × 10^{-6} M, [MTB] = 1,32 × 10^{-5} M

8. [*p*-xileno] = 0,062 7 M, [*m*-xileno] = 0,079 5 M, [*o*-xileno] = 0,075 9 M, [etilbenzeno] = 0,076 1 M

9. **(a)** [In^{2-}] = 3,28 μM, [HIn^-] = 6,91 μM **(b)** pH = 6,78 **(c)** 3,31 μM, 6,97 μM; o procedimento (a) é provavelmente mais exato porque ele usa mais dados.

10. [In^-] = 0,794 μM, [HIn] = 0,436 μM, pK_a = 4,00

11. **(f)** [CO_2 (*aq*)] = 3,0 μM **(g)** μ = 10^{-4} M, sim

12. **(a)** erros: xileno = −2,7%, dicloroetano = 4,5% e tolueno = 2,6% **(b)** erros: xileno = −1,7%, dicloroetano = 3,0% e tolueno 1,5% **(c)** erros: xileno = −2,7%, dicloroetano = 4,7% e tolueno = 2,6% **(d)** Os analitos absorvem nos números de onda adicionados em (b) e não absorvem naqueles em (c).

13. K = 0,464 e ε = 1,073 × 10^4 M^{-1} cm^{-1}.

14. **(b)** Verificar a precisão na presença da matriz da amostra. **(c)** As partículas espalham a luz, resultando em falsa absorção.

15. **(a)** III, microplaca **(b)** IV, análise por injeção em fluxo **(c)** II, analisador discreto **(d)** I, colorímetro

16. **(a)** 0,940 cm **(b)** 0,657 **(c)** 31 500 M^{-1} cm^{-1} **(d)** 0,94 mg/mL

17. **(a)** y = (0,060 8 ± 0,000 4)x + (0,014 ± 0,005); R^2 = 0,999 8 O gráfico é linear. **(b)** O intervalo total não é linear. O intervalo linear é (0,36 a 5,71) × 10^8 células/mL. **(c)** 13,8 × 10^8 células/mL **(d)** $b_{poço}$ = 0,157 cm, $A_{poço}$ = 0,392

20. **(a)** A diferença não é significativa ($t_{calculado}$ = 0,329 < $t_{tabelado}$ = 2,447) **(b)** material de referência certificado, branco fortificado, calibração de adição-padrão

21. Luminescência: luz emitida após uma molécula absorver luz. Quimiluminescência: luz emitida por uma molécula produzida em um estado excitado por meio de uma reação química. A bioluminescência é a luz emitida por um sistema vivo.

22. **(a)** tióis reagem com maleimidas, III **(b)** carbonilas com hidrazinas, II **(c)** aminas primárias com dialdeídos, I

23. **(a)** 4 biotinas por estreptavidina **(b)** Quando se adiciona BF a SA, a fluorescência aumenta lentamente até que SA esteja saturado, quando então a fluorescência do excesso de BF aumenta rapidamente. Quando se adiciona SA a BF, a fluorescência de BF diminui até que esteja todo ligado a SA, quando então a fluorescência passa a ter um valor constante e baixo.

24. **(a)** extinção por colisão **(b)** Sim, a calibração é linear. **(c)** τ_0/τ_Q aumenta linearmente com a concentração de O_2. Indica extinção por colisão.

25. O dimetilfenol é um ácido fraco HA. Interpretação: A^- é um forte supressor, com K_{sv} ≈ 1 350. HA é um supressor fraco, com K_{sv} ≈ 100. pK_a ≈ 10,8 divide as duas regiões.

26. **(a)** Alexa Fluor 488 como doador e Alexa Fluor 555 como receptor **(b)** Alexa Fluor 488 e QSY 9 **(c)** Alexa Fluor 555 e 647

27. **(b)** $N_{méd}$ = 55,9 **(c)** [M] = 0,227 mM; $\overline{Q}$ = 0,881 molécula por micela **(d)** P_0 = 0,414; P_1 = 0,365; P_2 = 0,161

28. Poucas moléculas biológicas absorvem radiação no infravermelho próximo, em 800 a 1 000 nm, por isso pouca fluorescência da matriz é estimulada.

29. **(a)** a maior parte foi extinta pela albumina **(b)** pH 7 e HEPES; a extinção foi mais forte **(c)** com material de referência certificado **(d)** 2 a 10 mg/L **(e)** fotobranqueamento (perda irreversível de fluorescência pela exposição à luz) **(f)** para evitar que a fluorescência passasse para outros poços

30. Cada molécula da enzima ligada ao anticorpo 2 catalisa vários ciclos de reação na qual se forma um produto colorido ou fluorescente. Muitas moléculas do produto são formadas para cada molécula do analito.

31. A fluorescência de fundo decai a quase zero antes do registro da emissão do íon lantanídio.

Capítulo 20

2. D_2, globar® de carbeto de silício

3. 77 K: 1,99 W/m^2; 298 K: 447 W/m^2

4. **(a)** M_λ = 8,79 × 10^9 W/m^3 para 2,00 μm; M_λ = 1,164 × 10^9 W/m^3 para 10,00 μm **(b)** 1,8 × 10^2 W/m^2 **(c)** 2,3 × 10^1 W/m^2 **(d)** $M_{2,00\,\mu m}/M_{10,00\,\mu m}$ = 7,55 em 1 000 K; $M_{2,00\,\mu m}/M_{10,00\,\mu m}$ = 3,17 × 10^{-22} em 100 K

6. A redissolução aumenta com o número de ranhuras iluminadas e com a ordem de difração selecionada pelo ângulo de marcação. A dispersão é proporcional à ordem de difração e inversamente proporcional ao espaçamento entre linhas. O ângulo de marcação é selecionado para fornecer uma reflexão especular no ângulo de difração desejado.

7. O filtro remove ordens de difração superiores (diferentes comprimentos de onda) no mesmo ângulo da difração desejada.

8. vantagem: maior capacidade de resolver picos espectrais pouco espaçados desvantagem: maior ruído porque menos luz atinge o detector

9. **(a)** 2,38 × 10^3 linhas/cm **(b)** 143 linhas/cm

11. **(a)** 1,7 × 10^4 **(b)** 0,05 nm **(c)** 5,9 × 10^4 **(d)** 0,000 43°, 0,013°

12. sensibilidade e linearidade maiores em $\lambda_{máx}$

13. **(a)** T = 0,036 4, A = 1,439 **(b)** 0,002 3% **(c)** 0,000 022, 0,000 22

14. **(a)** Ambas são lineares. **(b)** Sim, $CuSO_4$ 30,4 mM é baixo em ambos os gráficos. **(c)** 42% **(d)** coeficiente angular menor; sem curvatura em razão da baixa absorbância

15. 0,124 2 mm

17. Quando a temperatura do cristal de DTGS muda por absorção de radiação infravermelha, a diferença de potencial entre as duas faces muda.

18. **(a)** 2,51 × 10^{-6} **(b)** (i) A ordenada se volta para baixo com o tempo. Quanto maior a absorbância, menor é a linha do tempo. O espectro é análogo ao de transmitância. (ii) 1 653,725 00 nm (iii) infravermelho

19. **(a)** 34° **(b)** 0°

20. A luz na fibra atinge a parede em um ângulo maior que o ângulo crítico para a reflexão total. Se o ângulo de dobra não for muito grande, o ângulo de incidência supera o ângulo crítico.

21. $\theta_{crítico}$ (solvente/sílica)= 76,7°, $\theta_{crítico}$ (sílica/ar) = 43,2°. A reflexão total é resultante da interface sílica/ar.

23. **(a)** 1,29 μm **(b)** 0,64 μm **(c)** O caminho varia com o número de onda. **(d)** A profundidade de penetração da radiação no visível é muito curta

24. Para o mesmo ângulo de incidência, o número de reflexões aumenta à medida que a espessura do guia de onda diminui.

25. **(a)** 80,7° **(b)** 0,955

26. **(a)** 61,04° **(b)** 51,06°

27. $n_{prisma} > \sqrt{2}$

28. **(b)** 76° **(c)** pequenos desvios, coeficiente linear = 0, R^2 > 0,999; calibração linear **(d)** 103%

29. **(a)** 0,964 **(b)** 343 nm, 5,83 × 10^{14} Hz

30. **(b)** azul

31. **(a)** ±2 cm **(c)** 0,5 cm^{-1} **(d)** 2,5 μm

32. A transformada do ruído de fundo fornece P_0. A transformada da amostra fornece P. Transmitância = P/P_0, e não $P - P_0$.

33. O ruído branco como o movimento aleatório de elétrons é independente da frequência. O ruído 1/*f* como o de flutuação ou de cintilação de uma lâmpada diminui com a elevação da frequência. O ruído de linha como a frequência de rede de 60 Hz resulta de perturbações em frequências discretas.

34. O feixe é dirigido alternadamente através da amostra e da referência. O alternador move o sinal analítico da frequência zero para a frequência do alternador, que pode ser selecionada de modo que o ruído 1/*f* e o ruído de linha sejam mínimos.

35. 7

37. **(a)** 0,6 e 0,3 ppm **(b)** 0,59 e 0,30 ppm **(c)** 0,118 ppm, sim **(d)** deslocamento

38. S/N previsto: (300 ciclos, 32,9) (100 ciclos, 19,0) (1 ciclo, 1,90)

39. **(a)** 10,310, 11,480 **(b)** A média móvel do Excel desloca o sinal para a direita.

40. **(a)** *outliers*: 450 e 476 nm da varredura 10
(e) raiz quadrada média$_1$ = 108,9, rms$_{1\text{-}4}$ = 52,2, rms$_{1\text{-}9}$ = 36,9, $\sqrt{n}$
(f) $\sqrt{n}$

Capítulo 21

1. absorção: nebulização → evaporação → decomposição para M(*g*), que absorve a luz; emissão: nebulização → evaporação → decomposição para M(*g*) → excitação para M*(*g*), que emite luz

2. emissão, porque a população do estado excitado varia com a temperatura

3. Mais As fica em chama e permanece no feixe de luz por mais tempo.

4. vantagens: sensibilidade e pequeno tamanho de amostra. desvantagem: má reprodutibilidade com injeção manual de amostra e mais caro

5. A secagem remove água; a calcinação remove o máximo possível de matriz sem evaporar o analito; a atomização vaporiza o analito.

6. Vantagens: menor interferência química e autoabsorção; não são necessárias lâmpadas; é possível a análise multielementar simultânea. Desvantagem: custo

7. Um átomo que se move na direção da fonte de radiação "percebe" uma frequência maior do que outro que se distancia da fonte. A elevação da temperatura produz maiores velocidades (maior alargamento) e a elevação da massa produz menores velocidades (menor alargamento).

9. Interferência espectral: sobreposição do sinal do analito com outros sinais.

Interferência física: a viscosidade ou a massa específica alteram a nebulização ou o transporte do analito.

Interferência química: componentes da matriz reduzem a atomização do analito.

Interferência de ionização: perda de átomos do analito por ionização.

Interferência isobárica: sobreposição de diferentes espécies com a mesma razão massa:carga.

10. **(a)** Mg^{2+} aumenta a temperatura de atomização para o Mn. **(b)** La^{3+} atua como agente de liberação, ligando-se ao PO_4^{3-} e liberando Mn^{2+}. **(c)** NH_3 reage com espécies poliatômicas isobáricas.

11. **(a)** A célula de colisão contém um gás inerte que retarda os interferentes poliatômicos que são bloqueados pela barreira de energia cinética. **(b)** Remover o interferente isobárico $^{14}N_2^+$; nenhum efeito na contaminação de Si

12. **(a)** A célula de reação dinâmica contém gás reativo e seu campo elétrico limita a faixa de massa de íons que passa por ela. Espécies interferentes são eliminadas por reação química ou o sinal do analito é movido para uma massa onde não existe interferência. **(b)** $^{87}Sr^+ \rightarrow {}^{87}Sr^{19}F^+$ (m/z = 106) não se sobrepõe mais ao $^{87}Rb^+$ (m/z = 87).

13. **(a)** não **(b)** não, baixa sensibilidade **(c)** HNO_3 de grau de pureza no nível de traço metálico

14. O ajuste de matriz visa ajustar a extensão na qual o analito sofre ablação, é transportado para o plasma e atomizado.

15. Pb: 1,2 ± 0,2; Tl: 0,005 ± 0,001; Cd: 0,04 ± 0,01; Zn: 2,0 ± 0,3;
Al: 7 (±2) × 10^1 ng/cm^2

16. 589,3 nm

17. 0,025

18. Na: 0,003$_8$ nm; Hg: 0,000 5$_6$ nm

19. **(a)** 283,0 kJ/mol **(b)** $3{,}67 \times 10^{-6}$ **(c)** +8,5% **(d)** $1{,}03 \times 10^{-2}$

20.

comprimento de onda (nm)	591	328	154
N^*/N_0 a 2 600 K em chama:	$2{,}6 \times 10^{-4}$	$1{,}4 \times 10^{-7}$	$1{,}8 \times 10^{-16}$
N^*/N_0 a 6 000 K em plasma:	$5{,}2 \times 10^{-2}$	$2{,}0 \times 10^{-3}$	$1{,}2 \times 10^{-7}$

Br não é prontamente observado por absorção atômica porque seu estado excitado mais baixo exige radiação no ultravioleta distante que é absorvida pelo N_2 e O_2 no ar. Br não é prontamente observado na emissão porque o estado excitado não é suficientemente populado.

21. Y retira C do BaC, de modo que BaC + Y ⇌ Ba + YC se desloca para a direita.

22. **(a)** linear **(b)** 17,4 ± 0,3 μg/mL

23. **(a)** linear **(b)** 0,507 ppm **(c)** $(y - \bar{y})^2$ é menor

24. **(a)** não linear **(b)** 406 pg de Ag

25. O analito e o padrão são perdidos em proporções idênticas, de modo que sua razão se mantém constante.

26. **(a)** linear **(b)** −5,60 ± 0,16$_3$ mL **(c)** 0,429 ± 0,012% m/m

27. **(a)** linear **(b)** 0,140 M **(c)** desvio-padrão = ±0,004$_7$; 95% de confiança = ±0,015 M

28. **(a)** 7,49 μg/mL **(b)** 25,6 μg/mL

29. **(a)** O CsCl inibe a ionização do Sn. **(b)** m = 0,782 ± 0,018; b = 0,86 ± 1,55; R^2 = 0,997. **(c)** A melhor escolha de comprimento de onda é 189,927 nm, onde existe pouca interferência. Em 235,485 nm, há interferência do Fe, Cu, Mn, Zn, Cr e, talvez, Mg. **(d)** limite de detecção = 9 μg/L; limite de quantificação = 31 μg/L. **(e)** 0,8 mg/kg.

30. [Ti] = 0,224 6 mM, [S] = 4,273 mM, [transferrina] = 0,109 6 mM, Ti/transferrina = 2,05

31. Quando um elétron é removido de uma camada interna de um átomo por absorção de raios X, um elétron de uma camada externa preenche a lacuna. O excesso de energia do elétron que faz a transição é emitido na forma de raios X. Os níveis eletrônicos de energia são diferentes para diferentes elementos, de modo que a assinatura (energias dos raios X emitidos) é diferente para cada elemento.

32. Ti K_β pode ser o pico fraco próximo a 4,9 keV. K_β do Se em 12,50 keV está sob o pico intenso de Pb L_β. Zr K_β em 17,67 keV é um pico fraco.

33. K_α = 74,97 e K_β = 84,94 keV estão além da faixa do espectro. As energias K para o Pb excedem a energia disponível dos tubos de raios X comuns.

34. 0,392 keV = $3{,}78 \times 10^4$ kJ/mol = 40 vezes maior que a energia da ligação N≡N

35. 6,40 keV Fe K_α, 7,05 Fe K_β, 7,50 Ni K_α, 8,07 Cu K_α, 8,62 Zn K_α, 10,57 Pb L_α, 12,60 Pb L_β, ~14,1 Sr K_α?, ~15,78 Zr K_α, 17,50 Mo K_α, 19,59 Mo K_β

36. 3,70 keV Ca K_α, 4,01Ca K_β, 6,40 keV Fe K_α, 7,06 Fe K_β, 9,99 Hg L_α, 10,55 Pb L_α, 11,84 Hg L_β, 12,63 Pb L_β, 25,25 Sn K_α, 28,48 Sn K_β

37. **(a)** forno de grafite **(b)** absorção atômica de chama requer muita amostra **(c)** detergente, vários enxágues com água deionizada, EDTA, vários enxágues com água deionizada **(d)** 213,9 nm **(e)** curva quadrática **(f)** $Mg(NO_3)_2$/Pd(acetato)$_2$/Na_2H_2EDTA **(g)** análise do material de referência, recuperação do contaminante proposital, comparação com outros métodos

38. **(a)** Necessidade de medir muitos elementos ⇒ plasma de micro-ondas, plasma indutivamente acoplado–emissão atômica e plasma indutivamente acoplado–espectrometria de massa. O plasma de micro-ondas é limitado a ~10 elementos simultâneos. Sólidos muito dissolvidos favorecem a emissão atômica de plasma indutivamente acoplado. **(b)** Minimizar as concentrações em brancos a partir de fontes aéreas de analitos **(c)** plasma: $^{40}Ar^{16}O$, $^{40}Ar^{15}N^1H$, $^{38}Ar^{18}O$, $^{38}Ar^{17}O^1H$; amostra: $^{40}Ca^{16}O$, $^{37}Cl^{18}O^1H$ **(d)** NH_3 forma aglomerados de íons. **(e)** 0,047 μg/g de Tl a 12 300 μg/g de P

Capítulo 22

2. $H_2{}^{13}CO^{+\bullet}$ (m/z = 31), $H_2CO^{+\bullet}$ (m/z = 30), HCO^+ (m/z = 29), H_2CO^{2+} (m/z = 15), CH_2^+(m/z = 14), CH^+ (m/z = 13), C^+ (m/z = 12). C^+, CH_2^+ e $H_2CO^{+\bullet}$, cada um tem um elétron desemparelhado.

3. Energia de ionização: elétrons com 70 eV colidem com o pentobarbital, produzindo $M^{+\bullet}$ (m/z = 226) com energia suficiente para se quebrar em fragmentos. Ionização química: o pentobarbital reage com o doador de prótons CH_5^+, produzindo MH^+ (m/z = 227). Ocorre alguma fragmentação.

4. 1 Da ≡ 1/12 massa do ^{12}C = $1{,}660\,54 \times 10^{-24}$ g, 83,5 (± 2,3) fg

5. massa atômica = 58,5 a partir do espectro

6. **(a)** $1{,}8 \times 10^4$ × (superior) e $1{,}2 \times 10^5$ (inferior)
(b) $C_{15}H_{26}NO_3^+$ 268,190 7; $^{13}CC_{13}H_{23}N_2O_3^+$ 268,173 7

7. 3 100

8. $3{,}4 \times 10^6$; $2{,}0 \times 10^6$

9. $C_6H_{11}^+$

10. $^{31}P^+$ = 30,973 21, $^{15}N^{16}O^+$ = 30,994 47, $^{14}N^{16}OH^+$ 31,005 25

11. **(a)** m/z = 141: $^{13}C^{12}C_6{}^1H_{10}{}^{14}N^{16}O_2^+$ e $^{12}C_7{}^2H^1H_9{}^{14}N^{16}O_2^+$ e $^{12}C_7{}^1H_{10}{}^{15}N^{16}O_2^+$ e $^{12}C_7{}^1H_{10}{}^{14}N^{17}O^{16}O^+$, intensidade = 8,1%
(b) $^{12}C_7{}^1H_{10}{}^{14}N^{18}O^{16}O^+$ e $^{13}C_2{}^{12}C_5{}^1H_{10}{}^{14}N^{16}O_2^+$ e $^{13}C^{12}C_6{}^1H_{10}{}^{15}N^{16}O_2^+$

12. **(a)** $^{13}C^{12}C_7{}^{1}H_{11}{}^{15}N^{14}N_3{}^{16}O_2^{+}$, $^{12}C_8{}^{1}H_{11}{}^{14}N_4{}^{18}O^{16}O^{+}$, $^{13}C_2{}^{12}C_6{}^{1}H_{11}{}^{14}N_4{}^{16}O_2^{+}$ e $^{13}C^{12}C_7{}^{2}H^{1}H_{10}{}^{14}N_4{}^{16}O_2^{+}$
(b) A abundância relativa do $^{12}C_8{}^{1}H_{11}{}^{14}N_4{}^{18}O^{16}O^{+}$ para m/z = 195 deve ser 0,205% × 2 = 0,410%; a abundância relativa do $^{13}C_2{}^{12}C_6{}^{1}H_{11}{}^{14}N_4{}^{16}O_2^{+}$ para m/z = 195 deve ser (0,005 8%)(8)(7) = 0,325%. Alturas de pico relativas esperadas = 0,410%/0,325% = 1,26. Alturas de pico relativas medidas no espectro experimental = 1,59.

13. Os dois picos têm carga $z = 2$.

14. 2,4% não contando a espécie predominante, que é $[^{12}C_{12}{}^{1}H_{18}{}^{16}O_8{}^{35}Cl_2{}^{37}Cl]^{-}$

15. massa exata calculada = 395,007 23, 397,004 28, 399,001 33, 400,998 38
diferença = 0,2, 0,6, 1,2 ppm

16. (a) 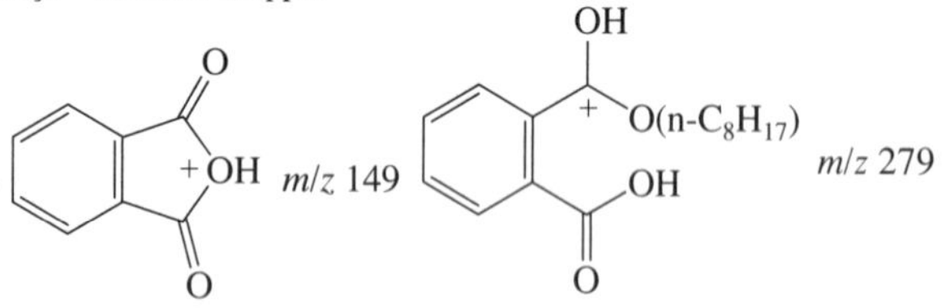

(b) 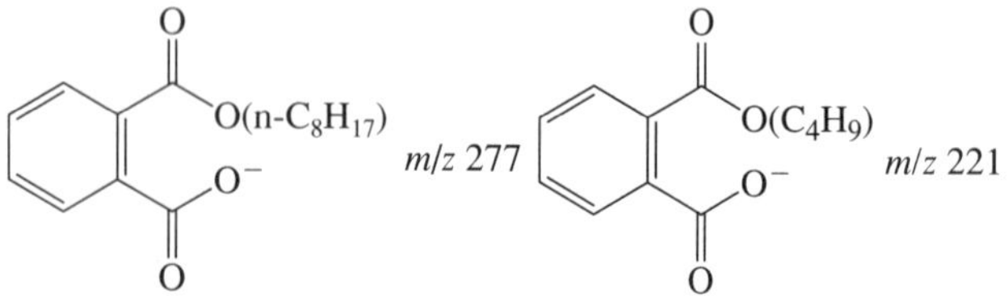

17. 1 : 1,946 : 0,946 3

18. 1 : 8,05 : 16,20

19. 0,342 7: 1 : 0,972 8 : 0,315 4

20. **(a)** 1 010 Da **(b)** 1 011,14 Da **(c)** 1 : 0,778 7

21. **(a)** 4 **(b)** 6 **(c)** $1\frac{1}{2}$ pode ser $[H_2C{=}C(H){-}CH_2]^+$

22. **(a)** 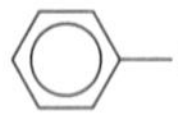 —Cl, C_6H_5Cl: $M^{+\cdot} = 112$

intensidades previstas M + 1 : M + 2 : M + 3 = 6,54 : 32,2 : 2,11%

(b)  Cl—⟨⟩—Cl, $C_6H_4Cl_2$: $M^{+\cdot} = 146$

intensidades previstas M + 1 : M + 2 : M + 3 : M + 4 : M + 5 = 6,53 : 64,2 : 4,19 : 10,33 : 0,67%

(c) 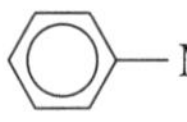 —NH_2, C_6H_7N: $M^{+\cdot} = 93$

intensidades previstas M + 1 : M + 2 = 6,93 : 0,17%

(d) $(CH_3)_2Hg$: $M^{+\cdot} = 228$

intensidades previstas M + 1 : M + 2 = 169,2 : 231,7%

(e) CH_2Br_2: $M^{+\cdot} = 172$

intensidades previstas M + 2 : M + 4 = 194,6 : 94,6%

(f) 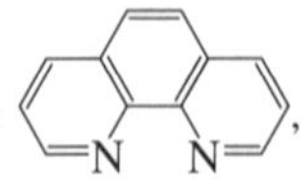 , 1,10-fenantrolina, $C_{12}H_8N_2$: $M^{+\cdot} = 180$

Intensidades previstas M + 1 : M + 2 = 13,8 : 0,8% ($C_{13}H_8O$ também se ajusta às intensidades observadas)

(g)  , ferroceno, $C_{10}H_{10}Fe$: $M^{+\cdot} = 186$

intensidades previstas M – 2 : M + 1 : M + 2 = 6,37 : 13,23 : 0,83%

23. $M^{+\cdot} = 206$, $CH^{79}Br_2{}^{35}Cl$

24. **(a)** 6 **(b)** 350 **(c)** 350, 315, 280, 245, 210 = M^+, $(M - Cl)^+$, $(M - 2Cl)^+$, $(M - 3Cl)^+$, $(M - 4Cl)^+$

25. A dieta nos Estados Unidos pode conter mais plantas C_4 e CAM, e a dieta europeia pode conter mais plantas C_3.

26. **(a)** massa de $p^+ + e^-$ = massa de ^1H
(b) massa de $p^+ + n + e^-$ = 2,016 489 963 Da; massa de ^2H = 2,014 10 Da
(c) $2,15 \times 10^8$ kJ/mol **(d)** $1,31 \times 10^3$ kJ/mol **(e)** 5×10^5

27.

Massa:	84	85	86	87	88	89	90
Intensidade:	1	0,152	0,108	0,010 3	0,003 62	0,000 171	0,000 037

28. 0,000 2 em m/z = 100 e 0,04 em m/z = 20 000

29. $4,39 \times 10^4$ m/s; 45,6 μs; $2,20 \times 10^4$ espectros/s; $1,56 \times 10^4$ espectros/s

30. 10,2 μs para 100 Da e 1,02 ms para 1 000 000 Da

31. **(a)** 93 m **(b)** 93 km

32. A técnica de electrospray vê íons já em solução. A ionização química à pressão atmosférica produz íons na descarga corona.

33. Os íons acelerados por um campo elétrico se quebram em fragmentos quando eles colidem com N_2 ou Ar. Esse processo pode ser conduzido na entrada do espectrômetro ou em uma célula de colisão no meio da espectrometria de massa tandem.

34. O cromatograma reconstituído a partir de todos os íons mostra a corrente de todos os íons acima de uma massa selecionada como uma função do tempo. O cromatograma de íon extraído mostra a corrente de um ou de uns poucos íons selecionados a partir de todo o espectro de massa. O cromatograma de íon selecionado monitora apenas a corrente proveniente de um íon a fim de aumentar a razão sinal:ruído.

35. Um íon com uma razão m/z selecionada pelo primeiro separador de massa é direcionado para uma célula de colisão para produzir íons a partir de fragmentos. Um fragmento selecionado é monitorado. O nome EM/EM se refere a duas separações de massa consecutivas. A razão sinal/ruído é aumentada porque existem poucas fontes do íon precursor além do analito, e é improvável que outros íons percursores possam se decompor para produzir o mesmo íon produto.

36. **(a)** modo íon negativo, solução neutra **(b)** 14,32

37. $n_A = 12$ e $n_I = 20$; a massa molecular média (desprezando-se o pico G) é 15 126 Da

38. carga = 4; massa molecular = 7 848,48 Da

39. **(a)** 76 302,0 **(b)** $Au_{329}(SR)_{84}$

40.

37:3:		$[MNH_4]^+ = C_{37}H_{72}ON$	$[MH]^+ = C_{37}H_{69}O$
	M + 1:	previsto 41,2%	previsto 40,8%
		observado 35,8%	observado 23,0%
	M + 2:	previsto 7,9%	previsto 7,9%
		observado 7,0%	observado 8,0%
37:2:		$[MNH_4]^+ = C_{37}H_{74}ON$	$[MH]^+ = C_{37}H_{71}O$
	M + 1:	previsto 41,3%	previsto 40,8%
		observado 40,8%	observado 33,4%
	M + 2:	previsto 7,9%	previsto 7,9%
		observado 3,7%	observado 8,4%

41. Q1 seleciona $^{35}ClO_3^-$ e Q3 seleciona $^{35}ClO_2^-$ a partir da célula de colisão.

43. **(d)** $7,63_9$ μmol de V/g

Capítulo 23

1. três

2. **(a)** não **(b)** A agitação forma pequenas gotas de uma fase na outra, encurtando a distância que o soluto deve difundir-se para que se transfira de uma fase para outra.

3. **(a)** 3 **(b)** heptano

4. **(a)** AlY^- é um ânion, mas AlL_3 é neutro **(b)** cátion hidrofóbico

5. mHL + $M^{m+} \rightleftharpoons ML_m + mH^+$ é deslocada para a direita em pH elevado, aumentando a fração de metal na forma ML_m, que é extraído para o solvente orgânico.

6. ML_n, neutro, é extraído para o solvente orgânico. A formação de ML_n é favorecida pelo aumento de β e pela elevação de K_a. O aumento de K_L diminui [L] na fase aquosa, com isso reduzindo $[ML_n]$. O aumento de $[H^+]$ reduz $[L^-]$ disponível para complexação.

7. Quando pH > pK_{BH^+}, a forma predominante é B, que é extraído para a fase orgânica. Quando pH > pK_{HA}, a forma predominante é A^-, que é extraído para a água.

8. **(a)** 0,080 M **(b)** 0,50

9. 0,088

10. **(c)** 4,5 **(d)** maior

12. **(a)** 0,16 M em benzeno **(b)** 2×10^{-6} M em benzeno **(c)** tolueno ou xilenos

13. 2 unidades de pH

14. **(a)** $2,6 \times 10^4$ em pH = 1 e $2,6 \times 10^{10}$ em pH = 4 **(b)** $3,8 \times 10^{-4}$

15. **(a)** % que é extraída = $100\left(\frac{DV_{org}}{V_{aq} + DV_{org}}\right)$ **(b)** pontos de amostragem: 4,95% extraído em pH 2 e 92,9% extraído em pH 3,2

16. (n, fração extraída) = (1, 0,667), (2, 0,750), (3, 0,784), (10, 0,838) q_{limite} = 0,865; 95% do q_{limite} é atingido em seis extrações

17. **(a)** inferior **(b)** menor volume de octanol **(c)** 2,09 **(d)** menos octanol

18. 1-C, 2-D, 3-A, 4-E, 5-B

19. Maior coeficiente de partição ⇒ maior fração do soluto na fase estacionária ⇒ menor fração de soluto que se move pela coluna

20. **(a)** k = (tempo do soluto na fase estacionária)/(tempo do soluto na fase móvel) **(b)** fração de tempo na fase móvel = $1/(1 + k)$

21. **(a)** 17,4 cm/min **(b)** 0,592 min **(c)** 6,51 min

22. **(a)** 13,9 m/min, 3,00 mL/min **(b)** k = 7,02, fração de tempo = 0,875 **(c)** $3,0 \times 10^2$

23. **(a)** 40 cm de comprimento × 4,2 cm de diâmetro **(b)** 5,5 mL/min **(c)** 1,11 cm/min para ambas

24. 0,6, 6

25. **(a)** 200 mm/min = 3,3 mm/s **(b)** k_X = 2,8, k_S = 4,2 **(c)** 1,5

26. $6,0 \times 10^2$, 0,85

27. **(a)** Coluna 2 **(b)** Coluna 3 **(c)** Coluna 3 **(d)** Coluna 4

29. **(a)** Moléculas menores difundem-se mais rapidamente do que moléculas maiores.
(b) $\sim 10^{-5}$ m²/s

30. **(a)** 0 a 2,07, 1,7 a 21,0 min **(b)** 0 a 2,08, 3,5 a $3,8_5$ min **(c)** 0,51 para 1,48, t_R constante **(d)** aumentando a altura do pico

31. **(a)** 1 **(b)** 2 **(c)** 1 **(d)** nenhuma **(e)** B **(f)** B **(g)** 5,2 **(h)** 6,7 **(i)** 1,3

32. **(a)** aumenta a vazão **(b)** diminui a vazão **(c)** sem efeito

33. A velocidade linear determina o tempo disponível para que a difusão longitudinal e a transferência de massa ocorram.

34. 0,1 mm

35. **A** difusão longitudinal ocorre muito mais rapidamente na cromatografia a gás do que na cromatografia líquida.

36. Partículas menores permitem uma transferência de massa mais rápida entre as fases estacionária e móvel.

37. 1,3 mm/s

38. 1-C_M, 2-A, 3-EC, 4-B, 5-C_S

39. A silanização recobre grupos hidroxila onde podem ocorrer ligações hidrogênio fortes.

40. A sobrecarga provoca picos de sobrecarga na cromatografia a gás e picos caudais na cromatografia líquida.

41. **(a)** Banda de injeção mais larga ⇒ picos eluídos mais largos
(b) Maiores concentrações de amostra podem sobrecarregar a coluna.

42. 2,65 mm

43. **(a)** $1,1 \times 10^2$ **(b)** 0,89 mm

44. **(a)** 2,1 **(b)** $5,2 \times 10^3$ **(c)** $N = (t_R/\sigma)^2 = 7,7 \times 10^3$; $N_{B/A} = 7,8 \times 10^3$

45. **(a)** resolução = 0,83 **(b)** resolução > 1,5

46. 10,4 mL

47. 0,013 3 mL², 0,005 2 mL², 0,002 2 mL²; 25 s

48. $1,8 \times 10^3$

49. **(a)** ambos ~500 **(b)** 1,5 **(c)** 1,8

50. (a) N = 41 000 pratos **(b)** N = 11 000 pratos **(c)** N = 34 000 pratos

51. **(a)** k = 11,25, 11,45 **(b)** 1,018 **(c)** C_6HF_5: N = 60 800, H = 0,493 mm; C_6H_6: 66 000, H = 0,455 mm **(d)** C_6HF_5: 55 700, C_6H_6: 48 800 **(e)** 0,96 **(f)** 0,93

55. **(a)** 0,5 mL/min **(b)** N diminui, H aumenta; tempo insuficiente para transferência de massa; t_R mais curto **(c)** N diminui, H aumenta; tempo aumentado para difusão longitudinal; t_R mais longo **(d)** alargamento de multipercurso em coluna empacotada

56. **(a)** A injeção de 100 μL tem N mais baixo, particularmente para picos iniciais; alturas de pico aumentam, mas menos do que o volume de injeção.
(b) Injeção de pequeno volume tem menos alargamento extracoluna, produzindo picos mais altos. **(c)** Tubulação estreita mais longa reduz N um pouco; tubos mais largos reduzem muito o N, especialmente para picos iniciais.

57. **(a)** curvatura muito pequena **(b)** linear **(c)** linear

58. **(a)** linear **(b)** 8,2 ±1,7 mg alifna/g de alho **(c)** 3,8 ± 0,8 mg de alicina/g de alho

Capítulo 24

1. **(a)** colunas empacotadas: maior capacidade de amostra; colunas capilares: melhor eficiência de separação (menor altura de prato), menor tempo de análise, maior sensibilidade **(b)** parede recoberta: fase estacionária líquida ligada à parede da coluna; camada porosa: fase estacionária sólida na parede da coluna **(c)** tendência reduzida de a fase estacionária sangrar da coluna

2. O alargamento de banda em virtude do termo caminhos múltiplos (A) na equação de van Deemter é eliminado.

3. **(a)** Vantagem: maior resolução; desvantagem: a menor capacidade de amostra exige um detector mais sensível **(b)** Vantagem: mais pratos e maior resolução; desvantagem: tempo de corrida mais longo **(c)** Vantagem: maior retenção e maior capacidade de amostra; desvantagem: menor resolução, tempo de corrida mais longo, aumento do sangramento

4. **(a)** solutos apolares **(b)** solutos polares **(c)** gases leves

5. **(a)** Vantagens: compostos com ampla faixa de retenções características podem ser resolvidos e separados em tempo razoável; a baixa temperatura inicial permite a injeção sem divisão de fluxo ou por injeção direta na coluna. Desvantagem: elevação da linha de base em função de sangramento da coluna, tempo de resfriamento longo entre corridas. **(b)** Tempo de retenção reduzido para os últimos compostos que eluem, e decomposição térmica reduzida

6. **(a)** inerte, baixa viscosidade, compatível com o detector **(b)** a difusão é mais rápida em H_2 e em He.

7. **(a)** injeção com divisão de fluxo para concentrações elevadas; elevada resolução e amostras sujas; injeção sem divisão de fluxo para análise em nível de traço; injeção direta na coluna para análise quantitativa e amostras termicamente sensíveis. **(b)** No aprisionamento do solvente, o soluto se dissolve em uma banda estreita de solvente condensado no início da coluna. O aprisionamento a frio confina o soluto em uma banda estreita no início da coluna antes da elevação da temperatura.

8. **(a)** todos os analitos **(b)** átomos de C contendo H **(c)** halogênios, CN, NO_2, C=O conjugado **(d)** P, S e outros elementos selecionados por comprimento de onda **(e)** P e N (e muito menos para hidrocarbonetos) **(f)** compostos aromáticos e insaturados **(g)** S **(h)** a maior parte dos elementos (selecionados individualmente por comprimento de onda) **(i)** todos os analitos **(j)** todos os analitos

9. Qualquer substância além do gás carreador altera a condutividade do fluxo de gás.

10. O cromatograma reconstituído a partir de todos os íons (menos seletivo) detecta tudo. O monitoramento de íon selecionado apenas observa o m/z selecionado. O monitoramento de reação selecionada (mais seletivo) toma um íon do analito, quebra-o em fragmentos e monitora apenas um desses fragmentos.

11. A derivatização converte um analito em uma forma que é mais fácil de separar ou de detectar.

12. **(a)** O analito é extraído da amostra para uma camada fina que recobre uma fibra de sílica; o aprisionamento a frio condensa o analito no início da coluna durante a evaporação lenta na fibra; não. **(b)** A extração por sorção sob agitação é 100 vezes mais sensível porque o analito é extraído para uma camada fina que recobre a barra de agitação.

13. Purga e aprisionamento coleta todo o analito da amostra desconhecida. A injeção sem divisão de fluxo é necessária para que o analito não seja perdido durante a injeção.

14. Os analitos não voláteis se decompõem termicamente em espécies voláteis, que são aprisionadas na coluna e então separadas.

15. (1) objetivo da análise, (2) método de preparação da amostra, (3) detector, (4) coluna e (5) método de injeção

16. (a) $t'_R = 4{,}7$ min, $k = 1{,}3$ **(b)** 80 **(c)** 104 **(d)** 6,1 min

17. **(a)** 836 **(b)** sem alteração **(c)** sem alteração

18. **(a)** hexano < butanol = benzeno < 2-pentanona < heptano < octano

(b) hexano < heptano < butanol < benzeno < 2-pentanona < octano

(c) hexano < heptano < octano < benzeno < 2-pentanona < butanol

19. **(a)** 3, 1, 2, 4, 5, 6 **(b)** 3, 4, 1, 2, 5, 6 **(c)** 3, 4, 5, 6, 2, 1

20. **(a)** 35 kJ/mol **(b)** 0,18 bar **(c)** 1,05 bar **(d)** menor pressão de vapor ⇒ maior retenção **(e)** fase gasosa móvel

21. $t'_R = 27{,}1$ min

22. t_R diminui com a elevação da temperatura, aproximando-se de t_M em alguma temperatura acima do ponto de ebulição do butanol.

23. **(a)** $N = 4{,}0 \times 10^4$, $H = 0{,}75$ mm **(b)** 1,7

24. **(a)** $k = 5{,}2$ **(b)** $N_{méd} = 2{,}2 \times 10^4$ **(c)** $H = 2{,}7$ mm

25. **(a)** 100 pg **(b)** 1 pg **(c)** 92 pg de C/s, 0,92 pg de C/s

(d) detectável com injeção sem divisão de fluxo, não com divisão de fluxo

26. **(a)** Uma fase estacionária fina fornece uma transferência de massa rápida na fase estacionária. Uma coluna de grande diâmetro produz uma transferência de massa lenta na fase móvel. **(b)** Injeções: 0,16 ng (coluna estreita), 56 ng (coluna larga)

27. **(a)** Transferência de massa na fase móvel; o alargamento aumenta com o diâmetro da coluna. **(b)** A difusão longitudinal não depende do diâmetro da coluna. **(c)** A velocidade ótima é menor para colunas de maior diâmetro (mais largas).

28. **(a)** O_2 no ar pode degradar a fase estacionária (coluna) **(b)** ar: 9,3 cm/s, 0,036 cm; H_2: 17,6 cm/s, 0,051 cm **(c)** ar: 8 300; H_2: 5 900 **(d)** ar: 32 s; H_2, 17 s **(e)** C_s torna-se desprezível **(f)** o soluto difunde-se no H_2 mais rapidamente do que no ar.

29. **(a)** aumento do comprimento da coluna e redução do diâmetro; mudar a fase estacionária; otimizar a vazão; possivelmente, aumentar a espessura do filme e reduzir a temperatura para aumentar o fator de retenção **(b)** vazão e temperatura

30. **(a)** 1,25 **(c)** 78 mM

31. 0,41 μM

32. 932

33. **(a)** Múltiplas extrações com pequenos volumes são mais eficientes do que uma única extração **(b)** pequena probabilidade de decomposição térmica e maior quantidade de moléculas responsáveis pelo odor **(c)** coluna polar para analitos polares **(d)** 132 **(e)** permite uma injeção maior, de modo que os componentes podem ser cheirados quando eluem.

34. **(a)** menor solubilidade do MTBE no lençol freático **(b)** $m/z = 73$, apenas três componentes apresentam esse íon **(c)** $m/z = 73$ é $CH_3OC^+(CH_3)_2$

35. **(a)** aumenta a pressão de vapor do analito **(b)** a baixa temperatura aprisiona a frio o analito durante a dessorção térmica na fibra **(d)** não fumante: 78 ± 5 μg/L; não fumante cujos pais são fumantes: 192 ± 6 μg/L

36. $[^{14}NO_2^-] = 1{,}8$ μM; $[^{14}NO_3^-] = 384$ μM

37. **(a)** $A = 0$ **(b)** $B = 2D_M$

(c) $C = C_S + C_M = \dfrac{2k}{3(k+1)^2}\dfrac{d_f^2}{D_S} + \dfrac{1+6k+11k^2}{24(k+1)^2}\dfrac{r^2}{D_M}$

(d) u_x (ótima) $= \sqrt{\dfrac{B}{C}}$; $H_{mín} = 2\sqrt{B(C_S + C_M)}$

38. **(a)** 0,58, 1,9 **(b)** 0,058 mm, 0,19 mm **(c)** $3{,}0 \times 10^5$

(d) $\beta = r/2d_f$ **(e)** 4,0

39. $D_M = 3{,}0 \times 10^{-5}$ m²/s, $D_S = 5{,}0 \times 10^{-10}$ m²/s (a difusão no gás é 6×10^4 vezes mais rápida do que a difusão na fase estacionária)

40. **(b)** m limite $= K_D V_f C_o = 6{,}9$ ng para $K_D = 100$ e 690 ng para $K_D = 10\ 000$

(c) 0,69%, 41%

41. **(a)** água da chuva: $t_{calculado} = 1{,}6_1$, a diferença não é significativa; água potável: $t_{calculado} = 1{,}8_9$, a diferença não é significativa **(b)** cromatografia gasosa: $t_{calculado} = 2{,}6$, a diferença é significativa; espectrofotometria: $t_{calculado} = 4{,}7$, a diferença é significativa

42. **(a)** ambas estavam presentes e eram um artefato **(b)** os níveis observados em estudos anteriores variavam amplamente, componentes da matriz que podiam se decompor em acetamida e a observação da literatura de formação por aquecimento **(c)** baixa sensibilidade, baixa retenção, picos largos, contaminação do eluente **(d)** comporta-se como analito, mas não é analito; usado porque não há matriz livre de analito disponível **(e)** picos largos e coluna obstruída **(f)** desloca m/z para valores mais altos onde há menos interferência; acidez, temperatura, tempo de reação e quantidade de xantidrol **(g)** íons moleculares da acetamida, $^2H_3$-acetamida e padrão interno; para confirmar a detecção.

43. **(a)** condutividade térmica **(b)** $s = 0{,}84\%$, limite de quantificação = 1,95 μmol, faixa linear 1,95 μmol a 30 μmol **(c)** as amostras também foram analisadas usando o método enzimático **(d)** listado na Introdução **(e)** Coluna GS-Q de 30 m × 0,53 mm de diâmetro, que é uma coluna de camada porosa.

44. **(b)** ~ 300 000 **(c)** ~ 11 pontos **(d)** alcano a 1,75 min de altura ~31 000; interferiria com a análise de tolueno **(e)** possivelmente nonano

Capítulo 25

1. **(a)** Fase reversa: solutos apolares são mais solúveis em solventes apolares. Fase normal: solutos polares são mais solúveis em solventes polares.
(b) gradiente de pressão (= gradiente de massa específica)

2. O solvente compete com o soluto pelos sítios de adsorção. A interação solvente-absorvente é independente do soluto.

3. O soluto está em equilíbrio entre a fase móvel e a camada superficial aquosa. A água no eluente compete com a camada superficial para dissolver o soluto polar.

4. **(a)** Pequenas partículas aumentam a resistência à vazão. **(b)** A velocidade de transferência de massa aumenta se a distância de difusão é menor ⇒ termo C diminui na equação de van Deemter. Os caminhos de fluxo com partículas pequenas são mais uniformes ⇒ termo A menor **(c)** ligado covalentemente ao suporte sólido

5. **(a)** $L = 33$, 17, 10, 5 cm **(b)** 10, 6, 3 min **(c)** 9, 15, 30 MPa

(d) 1 600, 820, 490, 240 μL **(e)** 1,5 μm requer CLUE

6. **(a)** Os poros aumentam a área superficial, o que leva a um aumento da capacidade de amostra. **(b)** Os poros devem ser largos o bastante para que o soluto possa entrar. Poros largos reduzem a área superficial disponível, de modo que eles não devem ser mais largos do que o necessário para a entrada do soluto.

7. 0,14 min, 0,30 min

8. **(a)** $N = 1\ 500$, $H = 33$ μm, 19 partículas/prato **(b)** 2,4 partículas/prato, velocidade máxima

9. SiO_2 se dissolve em base. A fase estacionária ligada ao SiO_2 sofre hidrólise em meio ácido. Grupos volumosos impedem a aproximação de H_3O^+ à ligação Si–O–Si.

10. O aditivo se liga aos sítios que provocam a formação de cauda.

11. **(b)** reduzir a concentração da amostra, desobstruir o disco sinterizado mediante fluxo reverso, usar sílica do Tipo B, usar aditivos no solvente

12. **(b)** O termo C se aproxima de zero e o termo A é pequeno para partículas pequenas. **(c)** Os termos A e C são pequenos; a partícula apresenta resistência à vazão igual à partícula de diâmetro de 2,7 μm.

13. **(a)** 1 800 para o enantiômero (R) e 1 400 para o enantiômero (S)

(b) 2,7 **(c)** 2,4 **(d)** $u_x = 7{,}8$ mm/s, que é rápida. As partículas superficialmente porosas minimizam o alargamento de transferência de massa. Coluna curta e alta velocidade linear proporcionam separação rápida.

14. **(a)** 18 **(b)** 10 **(c)** Tanto a velocidade de transferência de massa quanto a velocidade ótima aumentam.

15. **(a)** fase normal **(b)** cromatografia de fase reversa ligada **(c)** cromatografia de fase normal ligada com fase móvel tamponada **(d)** CIH **(e)** cromatografia de troca iônica ou cromatografia iônica **(f)** cromatografia de exclusão molecular **(g)** cromatografia de troca iônica com fase estacionária contendo poros grandes **(h)** cromatografia de exclusão molecular

16. 0,27 m²

17. **(a)** mais polar para o mais apolar **(b)** $1{,}0_6$ min **(c)** 2,9 e 2,0 vezes

18. **(a)** menores **(b)** amina **(c)** maiores **(d)** menores

19. **(a)** 1,76 mm/s **(b)** 3,51 **(c)** 192 000, 22,9 μm **(d)** 0,59

(e) $1{,}006_6$ **(f)** $5{,}5_3 \times 10^5$, 12,7 m **(g)** diminuir o fluxo, diminuir a força da fase móvel, ou mudar o solvente **(h)** 0,90

20. **(a)** O (*R*)-gimatecano seria eluído em 6,96 min a partir da fase estacionária (*R,R*) e 6,10 min a partir da fase estacionária (*S,S*). **(b)** O (*R*)-gimatecano em 6,96 min está escondido embaixo da cauda do (*S*)-gimatecano **(c)** $\alpha = 1{,}23$

(d) 2,3 (melhor do que a separação em nível de linha de base)

21. 126 mm

22. **(a)** $V_M = 0{,}53$ mL para ambas as colunas, $t_M = 0{,}38$ min para a coluna A e 0,26 min para a coluna B **(b)** A glucuronida, mais polar, é menos retida pela coluna de fase reversa. **(c)** 1,3, 3,3 **(d)** A sílica polar e hidrofílica retém mais a glucuronida do que a morfina, menos polar. O gradiente vai na direção do aumento da polaridade para remover o soluto mais polar. **(e)** 6,2

23. **(b)** 5,8 W

24. **(a)** universal < 210 nm, seletivo > 210 nm **(b)** universal, mas insensível **(c)** e **(d)** quase universal para compostos não voláteis **(e)** compostos com atividade redox **(f)** moléculas fluorescentes **(g)** moléculas contendo N **(h)** compostos iônicos ou ionizáveis

25. **(a)** Muitos cromóforos absorvem < 210 nm, mas apenas alguns deles absorvem em 254 nm **(b)** o aumento do gradiente de CH_3OH absorve fracamente em 210 nm **(c)** t_M medido = 1,23 min, t_M previsto = 1,32 min

26. **(a)** $m/z = 304$ é BH^+ (cocaína protonada no N) **(b)** perda de $C_6H_5CO_2H$ **(c)** $m/z = 304$, selecionado por Q1, é isotopicamente puro, portanto, não há contribuição do ^{13}C **(d)** Q1 seleciona apenas $m/z = 304$, Q3 seleciona apenas o fragmento $m/z = 182$. Poucos componentes no plasma que produzem $m/z = 304$ também se quebram formando $m/z = 182$ **(e)** grupo fenila **(f)** Fator de resposta medido para a razão cocaína/cocaína-D_5. Adicionar o padrão interno cocaína-D_5 ao plasma e medir as áreas dos picos da cocaína e da cocaína-D_5.

27. **(a)** $m/z = 234$ é MH^+, $m/z = 84$ é $C_5H_{10}N^+$ **(b)** 237 → 84

28. **(b)** (i) Fazer a corrida com nitrato de uracila ou nitrato de sódio com detecção por ultravioleta. (ii) observar a primeira perturbação da linha de base (iii) $t_M \approx Ld_c^2/(2F)$ **(c)** Fazer a corrida com tolueno com detecção por ultravioleta. (ii) e (iii) do item (b) também funcionam na CIH **(d)** 1,1 min para ambas

29. Volume da pré-coluna: da injeção à detecção, não incluindo a coluna. Volume morto: do ponto de mistura de solventes ao início da coluna. O volume da pré-coluna leva ao alargamento do pico. O volume morto retarda o início da eluição com gradiente.

30. Um procedimento robusto não é muito afetado por pequenas alterações nas condições.

31. $0{,}5 \le k \le 20$, resolução ≥ 2, pressão ≤ 20 MPa, 0,9 ≤ fator de assimetria ≤ 1,5.

32. Empregar um gradiente amplo selecionado para produzir $k^* \approx 5$. Determinar Δt entre o primeiro e o último pico. Use gradiente se $\Delta t/t_G > 0{,}40$. Use eluição isocrática caso $\Delta t/t_G < 0{,}25$.

33. (i) Determinação do objetivo (ii) Preparação da amostra (iii) Escolha do detector (iv) Emprego de um gradiente amplo para decidir entre eluição isocrática ou com gradiente (v) Para uma separação isocrática, variar %B até que $0{,}5 \le k \le 20$. Para uma resolução adequada, tentar um ajuste menor no %B, solvente orgânico diferente com força de fase móvel equivalente, ou coluna diferente. Selecionar um comprimento de coluna ou tamanho de partícula para aumentar a resolução ou encurtar o tempo de separação.

34. **(a)** 53% de tetraidrofurano em H_2O **(b)** Misturar 530 mL de tetraidrofurano + 470 mL de H_2O; não ajustar o volume. **(c)** O tetraidrofurano apresenta absorção no ultravioleta e ataca componentes plásticos à base de poliéter-éter-cetona.

35. Corrida A: % de B elevada, T baixa; Corrida B: % de B elevada, T elevada; Corrida C: % de B baixa, T elevada; Corrida D: % de B baixa, T baixa. Com base no aspecto dos cromatogramas, explorar condições entre as corridas A, B, C e D para melhorar a separação.

36. *k*(B a 50%) = 3,1. *k*(B a 40%): 27,8 min previsto, 20,2 min observado

37. **(a)** ~36 min. **(b)** 42,9 min usando pontos de $\phi = 0{,}35$ até 0,6

(c) *k* é elevado no início do gradiente e diminui exponencialmente até os compostos serem quase não retidos no final do gradiente **(d)** No momento em que um composto é eluído, ele é praticamente não retido e tem a largura do pico de um composto fracamente retido.

38. 38%

39. **(a)** menor **(b)** maior

40. **(a)** 900 **(b)** 12,6, 630 **(c)** 3,75, 187 **(d)** Reduzir o volume do solvente usando uma coluna mais estreita reduz o impacto mais do que mudar para um solvente mais verde, mas a escolha do solvente tem um impacto significativo. **(e)** menor volume da pré-coluna

41. **(a)** A ácido fraco, $pK_a = 7{,}7$, $k_{HA} = 6{,}5$; B ácido fraco, $pK_a = 3{,}7$, $k_{HA} = 5{,}9$; C base fraca, $pK_a = 4{,}7$, $k_B = 3{,}2$ **(b)** pH ≈ 3 a 6,5

(c) diferentes tampões são necessários para cobrir diversas faixas de pH

42. **(a)** pH = 2,0 fornece retenção na faixa $0{,}5 \le k \le 20$ **(b)** pH ≈ 4 **(c)** pH = 7,5

43. Acetofenona: neutra e retida em pH 3 a 7; ácido salicílico: 50% de HA em pH 3 com alguma retenção, A^- com pequena retenção em pH 5 a 7; nicotina: 50% de B com alguma retenção em pH 7. BH^+ ou BH_2^{2+} em pH 3 a 7 com pequena retenção.

44. **(a)** $\Delta t/t_G = 0{,}47 > 0{,}25 \Rightarrow$ eluição com gradiente **(b)** 40 a 85% de acetonitrila em 60 min

45. **(a)** mude a força do solvente, a temperatura ou o pH; use um solvente diferente ou um tipo diferente de fase estacionária **(b)** vazão mais lenta, temperatura diferente, coluna maior, tamanho de partícula menor

46. **(a)** ~29 min **(b)** $k^* = 12{,}9$, $F = 4{,}7$ mL/min, $m = 4{,}7$ mg, $t_G = 11{,}5$ min

48. **(a)** 1,74 min (b) 0,18 **(c)** 2,5 vezes para cada diminuição de 10% na % de metanol **(d)** 4,77 min **(e)** alguns analitos coeluem **(f)** 52% de metanol, 45% de metanol

49. **(a)** 0,42 min, pico para cima/para baixo **(b)** 0,40 min **(c)** tempo em que o gradiente atinge o detector = $t_M + t_D = 0{,}82$ min quando começa o aumento da linha de base

50. **(a)** $\Delta t/t_G = 0{,}336$, isocrático ou gradiente **(b)** 29%, 55%, 4,4 a 24,7 min, 1,3 **(c)** 25 a 55% de metanol, 5,4 a 27,7 min, 2,4 **(d)** resolução = 1,9, satisfatório

Capítulo 26

1. Redução do inchamento, capacidade e seletividade aumentadas, tempo de equilíbrio mais longo

2. Lavar a coluna com NaOH para converter a resina para a forma OH^-. Eluir todo o OH^- ligado com excesso de Cl^-. Então, titule o OH^- no eluato com HCl.

3. 38 a 75 μm; 200 a 400 mesh

4. **(a)** piruvato –1, 2-oxovalerato –1, e maleato –2 **(b)** I^- é altamente polarizável

5. **(a)** Proteínas aniônicas são protonadas à medida que o pH diminui, e por isso são menos retidas. **(b)** Um aumento da concentração do ânion desloca as proteínas.

6. Possivelmente $NH_3 < (CH_3)_3N < CH_3NH_2 < (CH_3)_2NH$ em razão do pK_a

7. Cátions e ânions foram removidos. Impurezas não iônicas não são removidas.

8. **(a)** 1 000 vezes **(b)** 0,057 nM **(c)** ≤ 340 000 nM ($6 \times 10^6 \times [Fe^{3+}]_{\text{água do mar}}$)

9. carga do cátion = 0,002 02 M, carga do ânion = –0,001 59 M; algumas concentrações são inexatas ou algum material iônico não foi detectado

10. **(a)** aniônica, trocador de cátions **(b)** a ordem de eluição se dá do mais dissociado ao menos dissociado. **(c)** ainda menos dissociados, portanto, mais retidos **(d)** 2,5, bem separados **(e)** padrões de correspondência de matriz, adição-padrão ou padrão interno de isótopo estável

11. O separador da coluna separa íons por troca iônica. O supressor neutraliza o eluente, trocando Cl^- por OH^- para converter H^+Cl^- em H_2O.

12. **(a)** $3{,}8 \times 10^3$ h **(b)** 8,0 mA, 0,16 A

14. **(a)** Ácidos são formados por supressão. Ácidos fortes como HCl se dissociam completamente, ácidos fracos como HCN se dissociam fracamente. **(b)** O produto da supressão é H_2CO_3, que se dissocia parcialmente.

15. **(a)** $y = (298 \pm 5)x + (1{,}1 \pm 1{,}5)$, linear **(b)** curvas ascendentes, 0,01 a 0,20 mM **(c)** 0,177 mM **(d)** −25,4% para calibração completa, −6,8% para calibração de 0,01 a 0,20 mM

16. detecção indireta, onde um analito aniônico não absorvente substitui um eluente aniônico absorvente no eluato

17. **(a)** Sulfonato de octila se liga à fase estacionária apolar para torná-la um trocador de cátions **(b)** 29 ng/mL

18. mais de um mecanismo de retenção; nenhum agente de par iônico na fase móvel

19. **(a)** afinidade **(b)** exclusão molecular **(c)** exclusão molecular **(d)** interação hidrofóbica

20. **(a)** compare o volume de eluição com aqueles de padrões de massas **(b)** 25 nm

21. **(a)** 40,2 mL **(b)** 0,53

22. 0,16

23. **(a)** 10^6 Da **(b)** 10^4 Da **(c)** 10^4 Da

24. **(a)** 5,7 mL **(b)** 11,5 mL **(c)** os solutos têm que estar adsorvidos

25. 320 000 Da

26. A redução do sal torna a proteína mais solúvel em uma fase móvel aquosa.

27. **(a)** μ_{ep} depende inversamente do tamanho do analito **(b)** fenol $-1,53 \times 10^{-8}$ $m^2/(V \cdot s)$ e triclorofenol $-2,85 \times 10^{-8}$ $m^2/(V \cdot s)$; apenas uma fração de HA se acha ionizada, de modo que $\mu_{previsto}$ é apenas uma fração de μ_{A^-} **(c)** etilfenol ≈ metilfenol < fenol < triclorofenol

28. **(b)** etedrona **(c)** a curva superior em pH baixo é da etedrona **(d)** 8,77 **(e)** pH < 7

29. fluxo de fluido causado pela eletromigração do excesso de íons na dupla camada

30. Parede negativa ⇒ fluxo na direção do catodo; parede positiva ⇒ fluxo na direção do anodo; a velocidade depende da protonação do silanol e das aminas.

31. **(a)** cátion **(b)** $\mu_{ap} = 9,30 \times 10^{-8}$ $m^2/(V \cdot s)$; $\mu_{ep} = +5,04 \times 10^{-8}$ $m^2/(V \cdot s)$

32. A cadeia lateral positiva da arginina faz com que seu derivado seja o menos negativo

33. difusão longitudinal

34. **(a)** Na ausência de fluxo eletrosmótico, o analito aniônico migra para o anodo. **(b)** Maior condutividade do que a amostra leva a empilhamento **(c)** Um capilar estreito dissipa melhor o calor **(d)** Li_3PO_4 tem condutividade menor que Na_3PO_4. Uma menor condutividade exige um campo mais forte para produzir a mesma corrente. Um campo elétrico mais forte produz mais pratos.

35. menor pH, adicionar poliamina, recobrimento capilar; reverte a carga da parede

36. Quando particionado em uma micela, o analito neutro se move com a velocidade da micela. O tempo de migração depende da fração do analito na micela.

37. **(a)** $1,15 \times 10^4$ Pa **(b)** 1,17 m de altura (não é possível), de modo que se deve usar uma pressão de 11,5 kPa = 0,114 atm

38. **(a)** 29,5 fmol **(b)** $3,00 \times 10^3$ V

39. $9,2 \times 10^4$ pratos, $4,1 \times 10^3$ pratos (As minhas medidas são cerca de 1/3 menor do que os valores marcados na figura da fonte original.)

40. **(a)** maleato **(b)** o fumarato é eluído primeiro **(c)** o maleato é eluído primeiro

41. **(a)** pH 2: 920 s; pH 12: 150 s **(b)** pH 2: nunca; pH 12: 180 s

42. **(a)** $t_{120\,kV}/t_{28\,kV} = 0,23$ (razão observada = 0,26)
(b) $N_{120\,kV}/N_{28\,kV} = 4,3$ **(c)** $\sigma_{120\,kV}/\sigma_{28\,kV} = 0,48$ **(d)** O aumento do potencial diminui o tempo de migração, dando bandas com menos tempo para alargar por difusão.

43. Linear para 25 000 V, seguido de alargamento em função de aquecimento capilar

44. $1,3_5 \times 10^4$ pratos, 30 μm

45. 20,5 min

46. cadeia leve = 17 300 Da, cadeia pesada = 23 500 Da

47. $2,0 \times 10^5$ pratos

48. tiamina < (niacinamida + riboflavina) < niacina. A tiamina é mais solúvel.

49. O ciclobarbital e o tiopental se separam, cada um deles em dois picos porque cada um deles tem um átomo de carbono quiral.

50. **(a)** aumenta em baixa velocidade em face da difusão longitudinal e em velocidade elevada em virtude do tempo finito que o soluto necessita para entrar em equilíbrio com a micela **(b)** efeitos da pré-coluna resultantes da injeção e da detecção

51. **(b)** tempo de migração, 0,59%, área de pico, 1,6% **(c)** 1,5%; a divisão pelo tempo de migração corrige a variação da velocidade do detector

52. 5,55

53. **(c)** O alargamento de difusão diminui **(d)** $N_{obs} = 1,45 \times 10^5$, $N_{teórico} = 2,06 \times 10^5$ **(e)** 1,6

Capítulo 27

1. **(a)** adsorção na superfície, absorção interna **(b)** A inclusão ocupa sítios da rede; a oclusão é um agregado de impurezas.

2. insolúvel, filtrável, puro, composição conhecida

3. Elevada supersaturação pode formar um produto coloidal, impuro.

4. aumentar a temperatura, misturar durante a adição, usar reagentes diluídos, precipitação homogênea

5. O eletrólito preserva a dupla camada elétrica de modo a evitar a peptização.

6. HNO_3 evapora durante a secagem; $NaNO_3$ não evapora.

7. A reprecipitação permite obter um produto mais puro.

8. A massa de uma amostra é determinada à medida que ela é aquecida.

9. A adição de massa ao eletrólito reduz a frequência de oscilação.

10. 0,022 86 M

11. 1,94% m/m

12. **(a)** $BaCl_2$ é o reagente limitante, 0,484 g de rendimento teórico, 151% de rendimento observado **(b)** 1,006 g de rendimento teórico, 73% de rendimento observado **(c)** 0,484 g de rendimento teórico, 81% de rendimento observado

13. 0,085 39 g

14. 50,79% m/m

15. 0,191 4 g de carbonato de cálcio, 0,107 3 g de óxido de cálcio

16. 104,1 ppm

17. 7,22 mL

18. 0,339 g

19. **(a)** 19,98% **(b)** O aquecimento reduz a supersaturação, formando partículas maiores. **(c)** $(NH_4)_2C_2O_4$ fornece oxalato para reduzir a solubilidade do CaC_2O_4 e eletrólito para evitar a peptização. **(d)** Teste negativo para Cl^- assegura que a solução original foi removida e que não há sólido dissolvido que elevará a massa do produto seco.

20. **(a)** 5,5 mg/100 mL **(b)** 5,834 mg, sim

21. 14,5% m/m de K_2CO_3, 14,6% m/m de NH_4Cl

22. 40,4% m/m

23. 22,65% m/m

24. **(a)** 40,01% m/m **(b)** 39%

25. **(a)** 1,82 **(b)** $Y_2O_2(OH)Cl$ ou $Y_2O(OH)_4$

26. **(a)** 0,854 975 **(b)** 0,856 2 **(c)** 0,856 ± 0,008, 0,86 ± 0,08

27. **(b)** 0,204 (±0,004)

28. combustão: calor na presença de excesso de O_2 para converter $C \rightarrow CO_2$ e $H \rightarrow H_2O$
pirólise: decomposição pelo calor sem O_2, $O \rightarrow CO$

29. WO_3 catalisa $C \rightarrow CO_2$ com excesso de O_2.
Cu converte $SO_3 \rightarrow SO_2$ e remove excesso de O_2.

30. A cápsula funde e é oxidada a SnO_2, liberando calor e craqueando a amostra. Sn consome O_2, assegurando que a oxidação da amostra ocorra na fase gasosa. Sn é um catalisador de oxidação.

31. A pirólise forma produtos gasosos antes da oxidação para minimizar a formação de NO_x.

32. 11,69 mg de CO_2, 2,051 mg de H_2O

33. $C_8H_7NO_2SBrCl + 9\frac{1}{4}O_2 \rightarrow 8CO_2 + \frac{5}{2}H_2O + \frac{1}{2}N_2 + SO_2 + HBr + HCl$

34. $C_4H_9NO_2$

35. 10,5% m/m

36. $C_8H_{9,06\pm0,17}N_{0,997\pm0,010}$

37. 12,4% m/m

38. **(a)** 95% de confiança: $10,16_0 \pm 1,93_6$ μmol de Cl^- (Experimento 1), $10,77_0 \pm 2,29_3$ μmol de Cl^- (Experimento 2) **(b)** a diferença não é significativa, de modo que a adição de excesso de Cl^- antes da precipitação não dá mais coprecipitação neste experimento **(c)** 24,3 mg de $BaSO_4$ **(d)** $BaSO_4 + BaCl_2$ = 25,35 mg; massa adicional 4,35%

Capítulo 28

1. Você deve saber como a amostra foi coletada e armazenada.

2. Qualidade analítica significa exatidão e precisão do método analítico. Qualidade dos dados significa que a amostra é representativa e o procedimento analítico é apropriado para a finalidade pretendida.

3. **(a)** 5% **(b)** 2,6%

4. 1,0 g

5. 120/170 mesh

6. $10^4 \pm 0{,}99\%$

7. **(a)** 15,8 **(b)** 1,647 **(c)** 474 a 526

8. 95%: 8; 90%: 6

9. **(a)** 5,0 g **(b)** 7

10. 0,34 ± 0,14 pg

11. **(a)** Na_2CO_3: 4,47 μg, $8{,}94 \times 10^5$ partículas; K_2CO_3: 4,29 μg, $2{,}24 \times 10^7$ partículas **(b)** $2{,}33 \times 10^4$ **(c)** Na_2CO_3: 3,28%; K_2CO_3: 0,131%

12. **(a)** 39 **(b)** 83% **(c)** três resultados não são significativamente diferentes de 2,3 μg/L; seis resultados são significativamente inferiores a 2,3 μg/L.

13. Zn, Fe, Co, Al

14. evita uma possível explosão com $HClO_4$

15. O barbital na solução aquosa é retido pela coluna, mas se dissolve em uma mistura acetona/clorofórmio, que o elui da coluna.

16. pH = 2: a amina é protonada e o ácido carboxílico é neutro, de modo que os analitos são retidos pelo trocador catiônico. pH elevado: a amina é neutra e o carboxilato é negativo, de modo que os analitos não são retidos pelo trocador catiônico.

17. $SO_2 + H_2O \rightarrow H_2SO_3$; 2 $\text{resina}^+OH^- + H_2SO_3 \rightarrow (\text{resina}^+)_2\, SO_3^{2-} + H_2O$; SO_3^{2-} eluído com Na_2CO_3 e oxidado por H_2O_2 a SO_4^{2-}, que é determinado por cromatografia de íons

18. Extração: partículas grandes permitem uma vazão rápida sem pressão. Cromatografia: partículas pequenas aumentam a eficiência de separação, mas exigem pressão elevada.

19. **(a)** A extração em fase sólida retém $CH_2{=}CHCONH_3^+$ enquanto deixa passar muitos outros componentes. **(b)** Muitos componentes absorvem no UV. **(c)** Acrilamida, $m/z = 72$ selecionado por Q1 e dissocia por colisões em q2. Produto $m/z = 55$ selecionado em Q3 para detecção; $CH_2{=}CHCONH_3^+$ ($m/z = 72$) $\rightarrow$ $CH_2{=}CHCO^+$ ($m/z = 55$); $CD_2{=}CDCONH_3^+$ ($m/z = 75$) $\rightarrow$ $CD_2{=}CDCO^+$ ($m/z = 58$) **(d)** A acrilamida é o único composto cujo $m/z = 72$ produz $m/z = 55$; **(e)** [acrilamida]/[padrão interno] = [área de m/z 72 $\rightarrow$ 55]/[área de m/z 75 $\rightarrow$ 58]; **(f)** UV: tempo idêntico ao da acrilamida com sinal comparável; MSR: o detector vê tanto a acrilamida quanto o padrão interno, sem interferência mútua. **(g)** A fração de acrilamida e a fração do padrão interno que se ligam à coluna de extração em fase sólida e que são recuperados dela são essencialmente iguais.

20. **(b)** o padrão sofre as mesmas perdas que o analito; **(c)** sinal total de todos os íons em qualquer momento; **(d)** o cromatograma de íon extraído mostra $m/z = 312$ tomado a partir do espectro completo; o cromatograma de íon selecionado mostra $m/z = 312$ registrado continuamente, apresentando uma razão sinal:ruído mais elevada; **(e)** monitoramento de reação selecionada

21. **(a)** A extração líquido-líquido utiliza $\gtrsim$ 100 mL de solvente orgânico para extrair a fase aquosa por destilação contínua. A microextração dispersiva líquido-líquido utiliza ~10 a 100 μL de solvente orgânico imiscível mais ~0,5 a 1 mL de solvente dispersante para produzir uma emulsão nebulosa para extração. **(b)** O solvente dispersante é miscível tanto com a fase aquosa como a fase orgânica, reduzindo a energia interfacial e permitindo a formação de uma emulsão de elevada área superficial combinada a uma transferência de massa rápida.

22. Extração líquido-líquido em suporte sólido: a fase aquosa é suspensa em um meio microporoso através do qual solvente orgânico é passado para extrair analitos. Extração em fase sólida: a amostra aquosa é passada por uma coluna pequena de fase estacionária que retém analitos. Impurezas e analitos são eluídos por uma série de lavagens com pequenos volumes de solvente com força crescente.

23. **(a)** 53 **(b)** Ni está em solução ou em partículas demasiadamente finas para serem removidas por filtração. Fe está presente na forma de uma suspensão de partículas sólidas que são removidas por filtração.

24. 64,90% m/m

25. **(a)** Cr(III) é $Cr(OH)_2^+$ e $Cr(OH)_3(aq)$; Cr(VI) é CrO_4^{2-}; **(b)** O trocador de ânions retém CrO_4^{2-}, mas não $Cr(OH)_2^+$ e $Cr(OH)_3(aq)$; **(c)** O trocador de ânions "fracamente básico" contém ($-^+NHR_2$) que pode perder a sua carga positiva em solução básica. O trocador de ânions "fortemente básico" ($-^+NR_3$) se mantém na forma catiônica em solução básica; **(d)** CrO_4^{2-} é eluído quando $[SO_4^{2-}]$ aumenta de 0,05 para 0,5 M.

26. Monitorar poços 8, 11, 12 e 13 individualmente, mas combinar amostras de outros sítios. Caso não se encontre nenhum nível de alerta do analito na amostra múltipla, admita que está OK. Caso o analito seja encontrado na amostra múltipla, então analise cada poço separadamente. A combinação de amostras de n poços reduz a sensibilidade para o analito em qualquer poço por um fator $1/n$.

ÍNDICE ALFABÉTICO

D

Constantes Físicas (2019 – Definições das Constantes Fundamentais)

Termo	Símbolo	Valor	
Carga elementar*	e	1,602 176 634	$\times 10^{-19}$ C
Velocidade da luz no vácuo*	c	2,997 924 58	$\times 10^{8}$ m/s
Constante de Planck*	h	6,626 070 15	$\times 10^{-34}$ J · s
Número de Avogadro*	N_A	6,022 140 76	$\times 10^{23}$ mol^{-1}
Constante de Boltzmann*	k	1,380 649	$\times 10^{-23}$ J/K
Constante dos gases (= kN_A)	R	8,314 4626...	J/(mol · K)
			V · C/(mol · K)
			$\times 10^{-2}$ L · bar/(mol · K)
		8,205 7366...	$\times 10^{-5}$ m^3 · atm/(mol · K)
			$\times 10^{-2}$ L · atm/(mol · K)
		1,987 2042...	cal/(mol · K)
Constante de Faraday (= $N_A e$)	F	9.648 533 212...	$\times 10^{4}$ C/mol
Valores de 2014 de constantes selecionadas:†			
Massa do elétron em repouso	m_e	9,109 383 56 (11)	$\times 10^{-31}$ kg
			$\times 10^{-28}$ g
Massa do próton em repouso	m_p	1,672 621 898 (21)	$\times 10^{-27}$ kg
			$\times 10^{-24}$ g
Constante gravitacional	G	6,674 08 (31)	$\times 10^{-11}$ m^3/(s^2 · kg)
Permissividade do vácuo na lei de Coulomb (= $1/[4° \times 10^{-7} c^2]$)	ε_0	8,854 187 817	$\times 10^{-12}$ C^2/(N · m^2)

*Exatos por definição. As constantes R, F e ε_0 são decimais contínuas calculadas pelas fórmulas mostradas.

†Valores recomendados pelo CODATA em 2014 a partir de http://physics.nist.gov/cuu/constants/index.html (July 2017).

Os números entre parênteses são as incertezas de um desvio-padrão nos últimos algarismos.

Ácidos e Bases Concentrados

Nome	Porcentagem em massa aproximada	Massa molecular	Molaridade aproximada	Massa específica aproximada (g/mL)	mL de reagente necessários para preparar 1 L de uma solução ~1,0 M
Ácido					
Acético	99,8	60,05	17,4	1,05	57,3
Clorídrico	37,2	36,46	12,1	1,19	82,4
Fluorídrico	49,0	20,01	28,4	1,16	35,2
Nítrico	70,4	63,01	15,8	1,41	63,5
Perclórico	70,5	100,46	11,7	1,67	85,3
Fosfórico	85,5	97,99	14,7	1,69	67,8
Sulfúrico	96,0	98,08	18,0	1,84	55,5
Base					
Amônia*	28,0	17,03	14,8	0,90	67,6
Hidróxido de sódio	50,5	40,00	19,3	1,53	51,8
Hidróxido de potássio	45,0	56,11	11,5	1,44	86, 6

*28,0% em massa de amônia é o mesmo que 56,6% em massa de hidróxido de amônio.

2023/1